Useful Data

M_e	Mass of the earth	5.98×10^{24} kg	
R_e	Radius of the earth	6.37×10^{6} m	
g	Free-fall acceleration on earth	9.80 m/s^2	
G	Gravitational constant	$6.67 \times 10^{-11} \text{ N m}^2/\text{kg}^2$	
k_B	Boltzmann's constant	1.38×10^{-23} J/K	
R	Gas constant	8.31 J/mol K	
N_A	Avogadro's number	6.02×10^{23} particles/mol	
T_0	Absolute zero	-273°C	
σ	Stefan-Boltzmann constant	$5.67 \times 10^{-8} \text{ W/m}^2\text{K}^4$	
p_{atm}	Standard atmosphere	101,300 Pa	
v_{sound}	Speed of sound in air at 20°C	343 m/s	
m_p	Mass of the proton (and the neutron)	1.67×10^{-27} kg	
m_e	Mass of the electron	9.11×10^{-31} kg	
K	Coulomb's law constant ($1/4\pi\epsilon_0$)	$8.99 \times 10^{9} \text{ N m}^2/\text{C}^2$	
ϵ_0	Permittivity constant	$8.85 \times 10^{-12} \text{ C}^2/\text{N m}^2$	
μ_0	Permeability constant	1.26×10^{-6} T m/A	
e	Fundamental unit of charge	1.60×10^{-19} C	
c	Speed of light in vacuum	3.00×10^{8} m/s	
h	Planck's constant	6.63×10^{-34} J s	4.14×10^{-15} eV s
$\hbar$	Planck's constant	1.05×10^{-34} J s	6.58×10^{-16} eV s
a_B	Bohr radius	5.29×10^{-11} m	

Common Prefixes

Prefix	Meaning
femto-	10^{-15}
pico-	10^{-12}
nano-	10^{-9}
micro-	10^{-6}
milli-	10^{-3}
centi-	10^{-2}
kilo-	10^{3}
mega-	10^{6}
giga-	10^{9}
terra-	10^{12}

Conversion Factors

Length
1 in = 2.54 cm
1 mi = 1.609 km
1 m = 39.37 in
1 km = 0.621 mi

Velocity
1 mph = 0.447 m/s
1 m/s = 2.24 mph = 3.28 ft/s

Mass and energy
1 u = 1.661×10^{-27} kg
1 cal = 4.19 J
1 eV = 1.60×10^{-19} J

Time
1 day = 86,400 s
1 year = 3.16×10^{7} s

Pressure
1 atm = 101.3 kPa = 760 mm of Hg
1 atm = 14.7 lb/in^2

Rotation
1 rad = $180°/\pi = 57.3°$
1 rev = $360° = 2\pi$ rad
1 rev/s = 60 rpm

Mathematical Approximations

Binominal approximation: $(1 + x)^n \approx 1 + nx$ if $x \ll 1$

Small-angle approximation: $\sin\theta \approx \tan\theta \approx \theta$ and $\cos\theta \approx 1$ if $\theta \ll 1$ radian

Greek Letters Used in Physics

Alpha		α	Mu		μ
Beta		β	Pi		π
Gamma	Γ	γ	Rho		ρ
Delta	Δ	δ	Sigma	Σ	σ
Epsilon		ϵ	Tau		τ
Eta		η	Phi	Φ	ϕ
Theta	Θ	θ	Psi		ψ
Lambda		λ	Omega	Ω	ω

문제 풀이 전략과 모형

Physics for Scientists and Engineers

A Strategic Approach with Modern Physics 4/e

4판

대학물리학

Randall D. Knight 지음
심경무 외 옮김

Pearson

교문사
청문각이 교문사로 새롭게 태어납니다.

Authorized translation from the English language edition, entitled PHYSICS FOR SCIENTISTS AND ENGINEERS: A STRATEGIC APPROACH WITH MODERN PHYSICS, 4th Edition, ISBN: 0133942651 by KNIGHT, RANDALL D., published by Pearson Education, Inc, Copyright © 2017

역자 머리말

본 교재 《대학물리학》은 랜들 나이트 교수가 30년이 넘는 풍부한 물리학 교육 경험과 물리 교육의 연구 성과를 기반으로 다양한 배경의 학생들이 물리학을 쉽게 배울 수 있도록 저술한 《*Physics for Scientists and Engineers: A Strategic Approach with Modern Physics*, 2017》 4판을 번역한 것이다.

물리학의 방대한 분야를 소개하다보면 백과사전적인 교재가 되기 십상이지만 본 교재는 핵심 개념에 초점을 맞추고 일관성 있게 여러 분야를 아우르고 있다. 특히 운동량보다 일과 에너지를 먼저 배우고, 광학은 전기와 자기 다음에 배우도록 구성되어 있으며, 로켓 추진, 파동 방정식, 기체에서의 음속과 같은 심화 주제들을 추가하여 강의 목적에 따라 선택적인 심화 학습을 할 수 있도록 했다. 그리고 미적분을 사용하여 수학적 개념들을 간결하게 표현하고 있지만, 실제로는 미적분학의 기초적인 지식 외에는 더 필요한 것이 없도록 아주 쉽고 명확한 상황에서 개념을 도입하고 설명한 후 미적분을 사용하는 표현으로 확장한다. 모든 수학적 전개 과정은 건너뜀 없이 세심하게 제시되어 있으므로 학생들이 어려움 없이 스스로 공부할 수 있도록 되어 있다.

또한 학생들이 핵심적인 사고 기술을 배양할 수 있도록 다양한 전략을 적절하고 짜임새 있게 구축하고 있으며, 정량적인 추론과 개념의 이해 사이에 적절한 균형을 맞추고 있다. 그리고 학생들이 어려움을 느끼는 개념에는 특별한 주의를 기울여 세심하고 명료한 설명을 제공하고 있다. 더불어 장, 원자, 양자화와 같은 과학적 개념은 과학적 맥락을 곁들어 설명함으로써 개념의 중요성과 의의를 잘 알게 해준다. 또한 그림과 그래프에 의한 추론, 정성적 추론, 비유적 추론을 활용하여 주제의 핵심을 잘 파악할 수 있게 한다. '모형' 상자는 실제 세계의 복잡한 상황을 간단하고 합리적으로 이상화한 모형화를 강조하여 보여준다. '풀이 전략'은 자유 물체 도형, 광선 추적법과 같은 구체적인 문제 풀이 기술을 개발하기 위한 단계별 과정을 제공한다. '문제 풀이 전략'은 여러 장들에 관련된 문제를 해결할 수 있는 종합적인 전략을 제공한다. 예제들은 이러한 전략을 체계적으로 익히고 활용할 수 있도록 구성되어 있다. 특히 예제에 제공되는 '핵심'과 '시각화'는 문제의 핵심적인 요소와 암묵적인 가정들을 명시하고 물리적 상황을 그림 또는 그래프로 잘 요약하여 학생들이 문제의 핵심을 쉽게 파악할 수 있도록 돕는다. 또한 각 장의 끝에는 다양한 난이도의 전통적인 문제 유형뿐만 아니라 개념을 묻는 서술형 문제와 생물 관련 문제, 미적분 기반 문제들이 다수 포함되어 있다.

일반물리학은 물리학을 전공하는 학생뿐만 아니라 대다수 이공계 학과의 학생들에게도 필수적이다. 많은 학과에서 일반물리학을 전공 기초 과목 또는 교양 필수 과

목으로 지정하고 있다. 일반물리학의 방대한 내용을 모두 다루기에는 두 학기도 부족하다. 더구나 고등학교에서 물리학을 이수하지 않고 대학에 진학하는 학생들이 많은 우리 교육 현실에서 일반물리학의 핵심적인 개념을 소개하기에 앞서 기초적인 개념을 충실히 하지 않을 수 없다. 기본 개념을 세심하고 명료하게 설명하고 핵심 개념들 사이의 관계를 잘 아우르고 있는 본 교재가 우리 교육의 현 실정에 가장 적합한 책이라고 생각한다.

역자 대표 심경무

저자 소개

랜들 나이트(Randall Knight) 교수는 오하이오 주립 대학교와 캘리포니아 폴리테크닉 주립 대학교에서 32년간 일반물리학을 가르쳤고, 현재는 명예 교수이다. 나이트 교수는 버클리 대학교에서 물리학 박사 학위를 받았고, 하버드-스미소니언 천체 물리학 센터에서 박사 후 연구원으로 일한 뒤에 오하이오 주립 대학교의 교수가 되었다. 그는 오하이오 주립 대학교에 재직하면서 물리 교육에 관한 연구에 관심을 기울였고 수년이 지난 후에 브라이언 존스(Brian Jones), 스튜어트 필드(Stuart Field)와 함께 저술한 《*College Physics: A Strategic Approach*》뿐만 아니라 《*Five Easy Lessons: Strategies for Successful Physics Teaching*》과 본서를 내놓게 되었다. 나이트 교수의 연구 분야는 레이저 분광학과 환경과학이다. 컴퓨터 앞에 앉아 있지 않을 때는 하이킹, 바다 카약 타기, 피아노 연주를 즐기거나 아내 샐리(Sally), 고양이 다섯 마리와 함께 시간을 보낸다.

저자 머리말

여러분에게

우주에 대해 가장 이해하기 어려운 것은 우주를 이해할 수 있다는 것이다.

—알버트 아인슈타인(Albert Einstein)

물리학 수업에 들어간 날은 정말 죽음이었다.

—실비아 플라스(Sylvia Plath), 《벨자》(*The Bell Jar*)

시작하기 전에 잠깐 대화를 하지요. 여러분이 대응할 수 없기 때문에 오히려 일방적인 채팅이라고 생각하지만, 그래도 괜찮습니다. 저는 수년 동안 많은 학생들과 이야기를 나누었으므로 여러분 마음이 어떤지 잘 알고 있습니다.

물리학에 대해 여러분은 어떻게 반응합니까? 공포와 혐오? 불안정? 흥분? 또는 이 모든 것인가요? 알다시피 캠퍼스에서 물리학의 이미지는 좋지 않습니다. 물리학은 어렵고, 아마 여러분이 아인슈타인이 아니라면 불가능할지도 모른다는 말을 들었을 것입니다. 여러분이 들었던 것들, 다른 과학 강좌에서의 경험, 그리고 다른 많은 요소들은 모두 여러분이 이 강좌에 **기대하는** 것에 영향을 줍니다.

물리학에는 배워야 하는 새로운 개념들이 많이 있고, 일반적으로 대학 과정의 강좌는 고등학교의 과학 과정보다 훨씬 빠른 속도로 진행될 것입니다. 그래서 여러분은 이 **집중적인** 강좌를 따라가기 힘듭니다. 그러나 초기에 이 과정이 어떠한지, 그리고 여러분과 나에게 기대되는 것이 무엇인지 확립할 수 있다면 많은 잠재적인 문제와 어려움을 피할 수 있습니다!

어쨌든 물리학은 어떤 것일까요? 물리학은 자연의 물리적 측면에 대해 생각하는 방법입니다. 물리학은 마찬가지로 자연을 생각하는 방법인 예술이나 생물학, 시, 종교보다 우수하지 않습니다. 그것은 단지 다른 것입니다. 이 강좌에서 강조하게 될 것들 중 하나는 물리학이 인간의 노력이라는 것입니다. 이 책에 제시되는 개념은 동굴에서 발견되지도 않았고 외계인이 우리에게 전달해준 것도 아닙니다. 실제적인 문제를 해결하기 위해 애쓰는 실제 사람들이 그 개념들을 발견하고 개발했습니다. 물리학이 '사실'에 관한 것이 아니라고 하면 여러분은 놀랄 것입니다. 물론, 사실이 중요하지 않다는 것은 아닙니다. 물리학은 사실 그 자체를 배우는 것보다는 **관계**와 **패턴**을 발견하는 데 훨씬 더 중점을 둡니다.

예를 들어, 흰색 빛이 프리즘을 통과할 때, 그리고 사진에서와 같이 흰색 빛이 물 위의 얇은 기름 막에서 반사할 때 무지개의 색상이 모두 나타납니다. 이 점은 빛의 본질에 대해 무엇을 말해 줍니까?

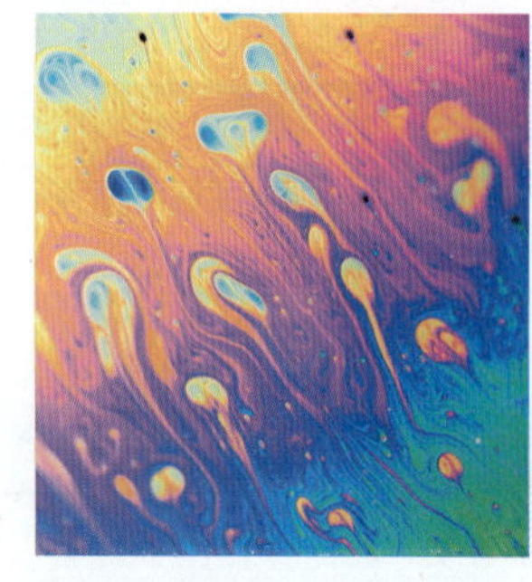

관계와 패턴에 대한 강조는 여러분이 물리학을 공부할 때 암기할 것이 많지 않다는 것을 의미합니다. 그래도 배워야 하는 정의와 방정식이 약간 있지만 다른 여러 강좌보다 적습니다. 우리는 사고와 추론을 더 강조합니다. 이 점은 강좌에 대한 기대를 고려할 때 중요한 요소입니다.

아마도 무엇보다 가장 중요한 점은 **물리학은 수학이 아니라는** 것입니다! 물리학은 훨씬 광범위합니다. 본질적으로 패턴과 관계를 찾고, 다른 개념과 관련된 논리를 개발하고, 현상이 그런 식으로 발생하는 **이유**를 찾아야 합니다. 그 과정에서 정성적 추론, 그림 및 그래프를 활용한 추론, 비유에 의한 추론을 강조할 것입니다. 그리고 당연히 수학을 사용하겠지만, 수학은 다양한 도구 중의 하나일 뿐입니다.

처음부터 물리학과 수학의 구분을 잘 알고 있다면 좌절감이 줄어들 것입니다. 많은 학생들이 공식을 찾아서 숫자를 대입하려고 합니다. 그것은 그저 수학 문제를 푸는 것입니다. 어쩌면 그것은 고등학교에서는 통했을지도 모르지만 이 강좌에서 여러분에게 기대하는 바는 **아닙니다**. 확실히 계산을 많이 하겠지만, 구체적인 수치는 대개 분석의 마지막 단계이고 중요도도 가장 낮습니다.

공부하다 보면 때로는 당황스럽고 혼란스러울 것입니다. 그것은 완전히 정상적이며 예상된 바이기도 합니다. 경험을 통해 배우고자 한다면 실수를 하는 것도 괜찮습니다. 누구도 피아노를 연주하거나 농구를 하는 법을 알고 태어나지 않는 것처럼 물리학을 하는 법을 알고 태어나지 않습니다. 물리학을 하는 능력은 개념을 '체득'하고 스스로 새로운 상황에 적용할 수 있을 때까지 연습하고, 반복하고 고민하는 것에서 옵니다. 배울만한 가치가 있는 것은 노력 없이 배울 수 없으므로 어려운 순간을 미리 예상하십시오. 그렇지만 발견의 즐거움에 흥분하는 순간도 기대하십시오. 조각들이 갑자기 제자리에 맞아 들어가고 강력한 개념을 이해하게 되었다는 것을 **아는** 순간이 있을 것입니다. 풀 수 없다고 생각했던 어려운 문제를 성공적으로 해결함으로써 스스로 놀라게 될 때가 있을 것입니다. 저자로서 저는 여러분의 흥분과 모험심이 어려움과 좌절감을 훨씬 능가할 것을 희망합니다.

강좌를 최대한 활용하기

여러분 중 많은 사람들이 이 강좌를 공부하는 '최고의' 방법을 알고 싶어 합니다. 최고의 방법은 없습니다. 사람들은 서로 다르며, 한 학생에게 효과적인 방법이 다른 학생에게는 효과가 적기도 합니다. 그러나 **교재를 읽는** 것이 정말로 아주 중요하다는 것을 강조하고 싶습니다. 이 강좌의 기본 지식은 교재에 잘 쓰여 있으므로 그런 지식을 찾아 배우기 위해 교재를 신중하게 읽어야 합니다.

최고의 공부 방법은 없지만 많은 학생들에게 성공적인 방법을 알려드리겠습니다.

1. **수업에 앞서 학습할 장을 읽으십시오.** 이 과정은 정말로 아주 중요합니다. 준비가 되면 수업은 훨씬 효과적입니다. 각 장을 처음 읽을 때 새로운 어휘, 정의, 표기

법에 주의하십시오. 용어와 기호가 무엇을 의미하는지 모르는 경우에는 논의되는 내용이나 개념이 사용되는 방식을 이해하지 못합니다.

2. **수업에 적극적으로 참여하십시오.** 메모를 하고, 질문과 대답을 하며 토론에 참여하십시오. 적극적인 참여가 수동적인 학습보다 과학 학습에 훨씬 더 효과적이라는 과학적 증거가 아주 많습니다.
3. **수업이 끝나면 학습한 장을 주의 깊게 다시 읽으십시오.** 이번에는 세부 사항과 예제를 자세히 살펴보십시오. 단순히 각 예제에 사용된 공식을 찾지 말고 그 배후에 있는 논리를 찾아보십시오(이 점을 명확히 하기 위해 강조 표시를 했습니다). 그리고 문제 풀이 전략과 같이 학습을 돕기 위해 고안된 도구를 사용하십시오.
4. **마지막으로, 배운 내용을 각 장 끝에 있는 연습문제에 적용하십시오.** 두세 명으로 이루어진 학습 동아리를 구성하는 것이 아주 좋습니다. 여럿이 함께 정기적으로 공부하는 학생들이 홀로 공부하는 개인주의자보다 더 나은 성과를 냅니다.

여러분 중 많은 사람들이 곧장 과제에 달려들어서 교재를 훑어보면서 그 문제에 적용할 공식을 찾고 싶은 유혹을 느낄 것입니다. 이러한 접근 방식은 이 강좌에서는 성공하지 못할 것이며, 여러분은 분명 좌절감을 느끼고 낙담할 것입니다. 그저 공식에 숫자를 넣는 '단순 대입식'의 연습문제는 거의 없습니다. 과제를 성공적으로 해결하려면 더 나은 학습 전략이 필요합니다. 개념과 그들 사이의 관계를 배우는 데 도움을 줄 수 있는 여러분 자신의 방법이나 앞서 설명한 방법을 택하십시오.

교과서를 최대한 활용하기

교재에는 물리학의 개념을 배우고 문제를 더 효과적으로 해결하는 데 도움이 되는 많은 기능이 있습니다.

- **풀이 전략**은 그래프 해석 또는 도형 그리기와 같은 특정 기술에 대한 단계별 절차를 제공합니다. 풀이 전략 단계는 이후의 예제에 명확히 예시되어 있으며, 종종 전체 문제 풀이 전략의 출발점이 됩니다.
- **문제 풀이 전략**은 각 장이나 여러 장들에 관련된 문제의 범주별로 제공됩니다. 이 전략은 자신감과 숙련된 문제 풀이 능력을 개발하는 데 도움이 되도록 일관된 접근 방식을 따르고 있습니다. 그것은 **핵심**, **시각화**, **풀이**, **검토**의 4단계입니다.
- **예제**는 4단계 문제 풀이 방식을 일관되게 사용하여 문제를 해결하는 좋은 방법을 보여줍니다. 예제는 보통 매우 자세하며 여러분을 수치 계산뿐만 아니라 풀이 배후의 논리로 주의 깊게 이끌어갑니다.
- 그림의 **파란색 주석** 때문에 그림이 무엇을 나타내고 있는지 더 잘 이해할 수 있습니다. 주석은 그래프를 해석하고, 그래프 및 수식과 도형 사이의 관계를 파악하는 데 도움을 줄 것입니다. 그리고 시각적 비유를 통해 어려운 개념을 파악하고 다른 많은 중요한 기술을 개발하는 데 도움을 줍니다.

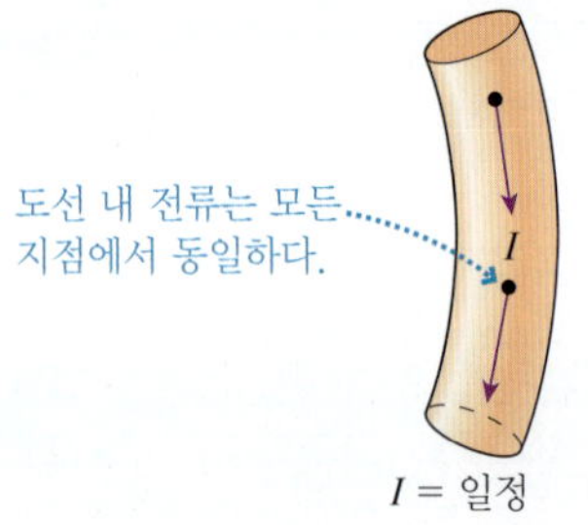

이제 여러분에게 기대하는 것을 잘 알게 되었으니, 여러분은 저에게 무엇을 기대할 수 있을까요? 불행하게도 책은 이미 쓰였습니다! 그렇지만 제가 수년 동안 학생들을 가르치면서 학생들이 물리학 교과서에서 기대하고 원했던 것을 반영하여 이 교재를 만들었습니다. 또한 저는 이 교재의 이전 판들을 사용한 여러분과 같은 수천 명의 학생들과 강사들이 보내준 광범위한 의견에 귀를 기울였습니다.

저는 학생들이 물리학을 배우는 방법과 그들이 직면하는 어려움에 관한 광범위한 연구를 기반으로 이 교재를 만들었습니다. 여러분에게 호소력이 있고 읽기 쉽도록 허물없는 스타일로 이 책을 썼습니다. 마지막으로, 물리학이 지식의 기술적인 부분으로서 여러분의 직업과 관련이 있을 뿐만 아니라 물리학이 인간의 마음을 자극하는 흥미진진한 모험임을 분명히 하기 위해 노력했습니다.

함께 보낼 시간을 즐기시기 바랍니다.

차례

VII부 광학

| 현대물리학편 |

VIII부 상대성 이론과 양자물리

I부 뉴턴의 법칙 Newton's Laws

운동은 느리고 천천히 진행할 수도 있고, 빠르고 갑작스러울 수도 있다. 이 로켓은 매우 빠른 가속도로 추력과 중력, 그리고 공기가 가하는 힘들에 반응한다.

훑어보기

왜 사물들은 움직이는가?

이 책의 7개 부는 다음 몇 장에서 여러분을 어떤 여행으로 인도할지 미리 슬쩍 보여주는 훑어보기로 시작한다. 각 장에 익숙해지기 바빠서 큰 그림을 잃어버리기 쉽다. I부의 큰 그림은 한마디로 말해서, **운동**이다.

우리가 해결해야 할 큰 두 질문이 있다.

- **어떻게 운동을 기술할 것인가?** 물체가 움직인다고 말하는 것은 쉽다. 그러나 운동을 수학적으로 분석하기 위하여 운동을 재거나 특징을 찾아내는 것은 어렵다. 운동을 수학적으로 기술하는 것을 **운동학**(kinematics)이라고 한다. 그리고 이것이 1장에서 4장까지의 주제이다.
- **어떻게 운동을 설명할 것인가?** 왜 사물들은 그들 자신이 하고 있는 특별한 운동을 하는가? 왜 공을 위로 던질 때 공이 계속 위로 올라가지 않고 올라갔다가 되돌아오는가? 운동의 원인으로 운동을 설명하는 것을 **동역학**(dynamics)이라고 하며, 이는 5장부터 8장까지의 주제이다.

이런 질문에 답하는 두 가지 중요한 아이디어는 **힘**(원인)과 **가속도**(결과)이다. 다양한 그림과 그래프 도구들이 힘과 가속도의 연결 관계에 대한 **직관**을 가질 수 있도록, 1장에서 5장까지 개발될 것이다. 그런 다음, 점점 더 복잡한 운동을 분석해 나감에 따라 5장에서 8장까지 이 지식을 사용하게 될 것이다.

또 다른 중요한 도구는 **모형**의 사용이다. 현실은 매우 복잡하다. 만약 우리가 모든 세부 사항을 다 좇아간다면, 우리는 영원히 과학을 발전시킬 수 없을 것이다. 마치 모형 비행기가 실제 비행기의 단순화된 버전인 것처럼, 모형은 실제가 분석되고 이해되도록 문제의 복잡성을 줄이는 데 사용되는 실제의 단순화된 기술이다. 우리는 운동의 몇몇 중요한 모형을 소개하고, 특히 앞에 나오는 장에서 왜 단순화하는 가정을 하는지에 대해서 매우 주의를 기울일 것이다.

'운동의 법칙'은 350년 전 뉴턴(Issac Newton)에 의해 발견되었다. 따라서 운동을 연구하는 것은 최신 과학이 아니다. 그럼에도 불구하고, 그것은 지극히 중요하다. 운동의 과학인 역학은 매우 많은 공학과 응용과학의 기초이다. 또한 여기에서 소개된 많은 아이디어는 나중에 파동 운동이나, 회로에서 전자가 움직이는 것과 같은 것을 이해하는 데 필요할 것이다. 뉴턴의 역학은 현대 과학의 많은 부분의 초석이기에 처음에 시작한다.

1 운동의 개념
Concepts of Motion

운동은 많은 형태를 띤다. 여기 보이는 스키 점프 선수는 병진 운동의 한 예이다.

이 장에서는 운동의 기본적인 개념을 배운다.

장의 미리보기는 무엇일까?

각각의 장은 훑어보기로 시작한다. 이것은 여러분이 미리 훈련하고, 공부하는 것을 최대한 이용할 수 있도록 도와주는 로드맵 정도로 생각하라.

《 되돌아보기: 되돌아보기는 이전 장에서 어떤 내용이 새로운 주제를 이해하는 데 중요한지를 말해준다. 빠른 복습은 공부를 도와줄 것이다. 또한 추가적인 되돌아보기는 필요할 때마다 바로 장 안에 있다.

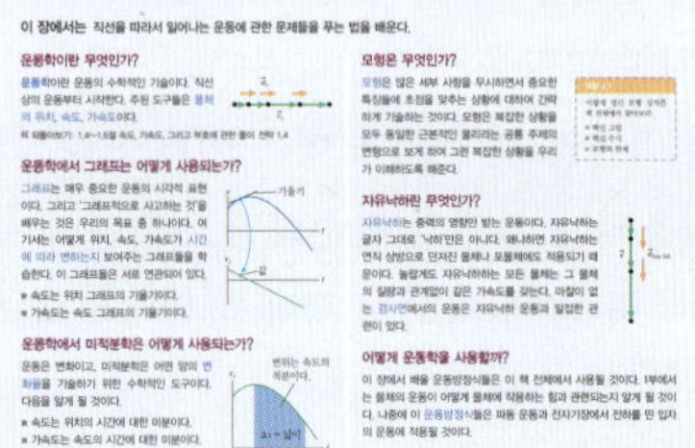

운동이란 무엇인가?

운동의 문제를 풀기 전에, 먼저 운동을 기술하는 법을 배워야 한다. 우리는

- 운동 도형
- 그래프
- 그림

등을 이용할 것이다. 이 장에서 소개되는 운동 개념은 위치, 속도, 가속도를 포함한다.

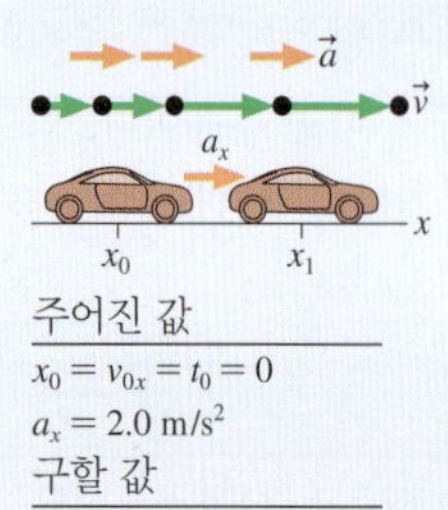

왜 벡터가 필요한가?

속도와 같이 운동을 기술하는 많은 양들은 크기와 방향을 갖는다. 우리는 이런 양들을 표현할 때 벡터를 사용한다. 이 장에서는 벡터를 더하거나 뺄 때 그래프를 이용하는 방법을 소개한다. 3장에서 벡터를 더 자세하게 탐구할 것이다.

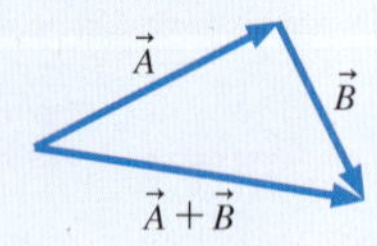

단위와 유효 숫자는 왜 중요한가?

과학자와 공학자는 다른 사람과 서로의 아이디어를 소통해야 한다. 그러기 위해서는 양들이 재어지는 단위에 대해서 동의해야 한다. 물리학에서 SI 단위를 사용한다. 또한 다른 사람에게 어떤 양이 얼마나 정확하게 알려져 있는지 말할 규칙이 필요하다. 이 장에서 우리는 유효 숫자를 올바르게 사용하는 법칙을 배울 것이다.

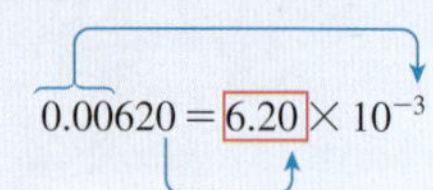

왜 운동은 중요한가?

아주 작은 스케일의 전자와 원자에서부터 거대한 스케일의 전체 은하까지, 우주는 움직이고 있다. 우리는 자동차나 공이나 사람과 같은 일상에서 보는 물체의 운동에서부터 시작하여 나중에는 파동 운동이나, 기체 안의 원자 운동, 회로 안의 전자 운동을 공부할 것이다. 첫 장에서 끝장까지 운동은 우리와 함께 할 주제이다.

1.1 운동 도형

운동은 어떤 형태나 또 다른 형태로 이 책 전반에 걸쳐 나타날 주제이다. 우리는 모두 운동에 대해 경험에 기초한 직관을 가지고 있지만, 운동의 몇몇 중요한 부분은 오히려 미묘하다. 따라서 많은 수학이나 계산에 곧바로 뛰어들기보다는, 이 첫 번째 장은 운동을 **보여주고**, 운동하는 물체를 기술하는 데 필요한 **개념**에 익숙해지는 데 초점을 둘 것이다. 우리의 목표는 운동을 이해하기 위한 기반을 놓는 것이다.

그림 1.1 네 가지 기본적 형태의 운동

직선 운동

원운동

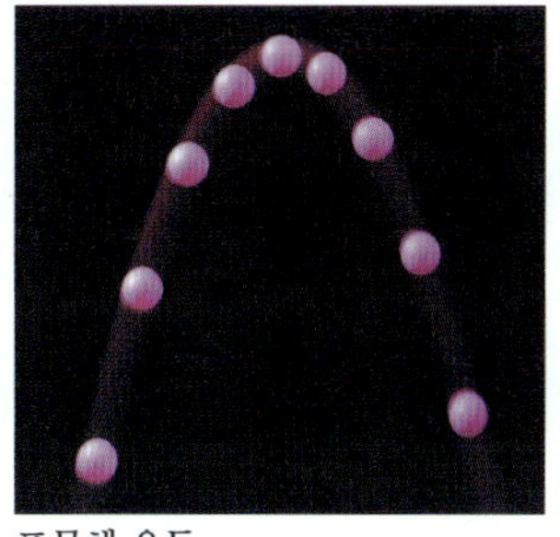

포물체 운동

회전 운동

운동을 시간에 따른 물체의 위치 변화로 정의하자. 그림 1.1은 이 책에서 배울 네 가지 기본적 형태의 운동을 나타낸다. 처음 세 가지 직선, 원, 포물체 운동에서는 물체가 공간상에서 움직이는데, 이를 **병진 운동**(translational motion)이라고 한다. 물체가 움직이는 경로를, 똑바르건 휘어졌건 간에 물체의 **궤적**(trajectory)이라고 한다. 회전 운동은 조금 다른데, 이는 움직임이 있긴 하지만 전체로 봤을 때는 물체의 위치는 변하지 않는다. 회전 운동은 뒤로 미루고, 지금은 병진 운동에 집중하자.

그림 1.2 비디오의 4개 프레임

운동 도형 만들기

운동을 공부하는 쉬운 방법 중 하나는 운동하는 물체의 움직임을 비디오로 찍는 것이다. 잘 알듯이, 비디오카메라는 정해진 속도로 비디오를 찍는데, 대개 초당 30개의 사진을 찍는다. 각각의 이미지를 **프레임**이라고 한다. 예를 들어, 그림 1.2는 지나가는 차를 찍은 비디오의 4개 프레임을 보여준다. 놀랄 것 없이, 차는 각각의 프레임에서 위치가 다르다.

각각의 프레임을 겹쳐서 비디오를 편집했다고 하자. 그림 1.3에 겹친 이미지를 만들었다. 동일 시간 간격에 따른 물체의 위치를 보여주는 편집된 그림을 **운동 도형**(motion diagram)이라고 한다. 아래 예가 보여주듯이, 물체가 운동 도형에서 어떻게 나타나느냐에 따라 등속, 가속, 감속과 같은 개념을 정의할 수 있다.

그림 1.3 운동 도형은 모든 프레임을 함께 나타낸다.

운동 도형의 예

동일 간격으로 그려진 이미지는 등속 운동한다는 것을 말한다.

이미지 간의 간격이 증가하는 것은 물체가 가속한다는 것을 보여준다.

이미지 간의 간격이 감소하는 것은 물체가 감속한다는 것을 보여준다.

1.2 모형 및 모형화

비행기가 이륙하는 것을 어떤 입자(기술하기 편한 모형)가 일정한 힘에 의해(이유를 설명하는 모형) 일정한 가속도를 갖는 것(기술하기 편한 모형)으로 모형화할 수 있다.

실제 세계는 혼잡하고 복잡하다. 물리에서 우리의 목표는 반복해서 일어나는 형태를 구분해 내기 위해 실제 세계의 많은 세부 사항을 치워 버리는 것이다. 예를 들어, 흔들리는 진자, 떨고 있는 기타 줄, 음파, 고체 격자에서 움직이는 원자들은 모두 매우 다르다. 그럼에도 불구하고, 어쩌면 그리 다른 것이 아닐 수도 있다. 각각은 평형 상태에서 앞뒤로 움직이는 계의 한 예이다. 만약 우리가 용수철에 매달린 질량과 같이 간단한 진동을 하는 계를 이해하는 데 집중한다면, 실제 진동의 형태로 나타나는 많은 것에 대해서 저절로 이해할 수 있을 것이다.

핵심적인 특징에 집중하기 위해 세부 사항을 벗겨 내는 것이 **모형화**라고 불리는 과정이다. **모형**(model)은 실제의 매우 단순화된 그림이다. 그러나 우리가 공부하고자 하는 것의 핵심을 잘 잡아낸 것이다. 따라서 '용수철에 매달린 질량'은 단순하지만 거의 모든 진동하는 계의 실제적 모형이다.

모형은 매우 복잡한 상황을 생각하는 사고의 틀을 제공함으로써 우리가 그것들을 잘 이해하게 한다. 혹자는 모형을 만들고 시험하는 것이 과학적인 과정의 핵심이라고도 한다. 아인슈타인(Albert Einstein)은 "물리는 가능한 한 단순해야 한다. 하지만 너무 단순해서는 안 된다."라고 했다. 우리는 우리가 공부하는 현장을 이해할 수 있게 하는 단순한 모형을 찾고자 한다. 그러나 현상의 매우 중요한 부분을 잃어버리도록 모형을 만들어서는 안 된다.

이 책에서 많은 모형들을 만들 것이다. 이러한 모형들은 사고 도구들의 하나가 될 것이다. 다음의 두 가지 유형이 있다.

- **기술을 위한 모형**: 어떤 형상의 핵심적인 특징과 성질은 무엇인가? 어떻게 하면 가장 단순한 언어로 현상을 기술할 수 있을까? 예를 들면, 용수철에 매달린 질량은 기술을 위한 모형이다.
- **원인을 설명하기 위한 모형**: 왜 사물들은 그런 방식으로 행동하는가? 원인을 설명하기 위한 모형은 물리 법칙에 근거하여 미래를 예측하는 능력을 갖고 있어서, 우리가 관찰한 것에 대해 적절한 설명을 제공하는지 여부를 실험 데이터에 의거하여 검증할 수 있게 해준다.

입자 모형

공, 차, 로켓과 같은 다양한 유형의 운동에서, 물체의 운동은 전체적으로 물체의 크기와 모양의 세부 사항에 의해 영향을 받지 않는다. 물체의 운동을 따라가는 데 필요한 것은 물체의 한 점의 운동이다. 따라서 그 물체를 마치 그 물체의 모든 질량이 한 점에 모여 있는 것으로 다룰 수 있다. 공간의 한 점에 있는 질량으로 표현할 수 있는 물체를 **입자**(particle)라고 한다. 입자는 크기도 없고, 모양도 없고, 위아래, 앞뒤의 구분도 없다.

물체를 입자로 모형화하면, 각각의 운동 도형의 프레임에서 물체를 전부 다 그릴 필요 없이 단순한 점으로 표현할 수 있다. 그림 1.4는 물체가 입자로 표현되었을 때 얼마나 단순하게 운동 도형이 나타나는지 보여준다. 점들은 0, 1, 2, …와 같이 숫자가 매겨져 있는데 이는 프레임이 노출된 순서를 의미한다.

물론 물체를 입자로 다루는 것은 실제 세계를 단순화한 것이다. 이런 단순화를 모형이라고 한다. 운동의 **입자 모형**(particle model)은 하나의 단순화된 것이데, 여기에서는 움직이는 물체를 다룰 때, 마치 모든 질량이 한 점에 집중되어 있는 것처럼 다룬다. 입자 모형은 차, 비행기, 로켓과 이들과 비슷한 물체들의 병진 운동에 대해서 매우 훌륭한 실체의 근사이다.

물론 모든 것이 입자로 모형화되는 것은 아니다. 모형은 한계를 지닌다. 예를 들어, 회전 기어를 생각해보자. 중심부는 거의 움직이지 않는 반면, 각각의 톱니는 다른 방향으로 움직인다. 새로운 유형의 운동에 맞닥뜨릴 때, 우리는 새로운 모형을 개발할 필요가 있을 것이다. 그러나 입자 모형은 이 책의 I부 내내 적용될 것이다.

그림 1.4 물체를 입자로 모형화한 운동 모형

(a) 로켓 발사의 운동 도형

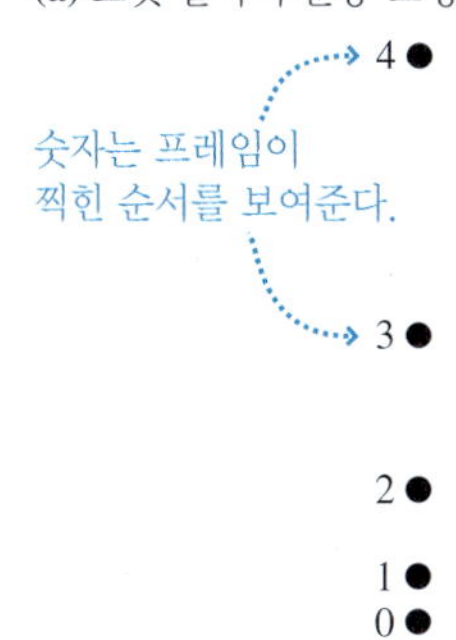

(b) 차가 정지할 때의 운동 도형

1.3 위치, 시간, 변위

운동 도형을 사용하기 위해서 여러분은 어디에 물체가 있고(위치), 언제 물체가 그곳에 있었는지(시간) 알고 싶을 것이다. 위치 측정은 운동 도형 위에 좌표계의 그리드(역자주: 좌표를 측정하기 위한 보조선)를 올려놓으면 가능하다. 물론 세상은 좌표계를 붙여 놓은 상태가 아니다. 좌표계는 운동을 분석하기 위해 어떤 문제에 여러분이 인공적인 그리드를 놓은 것이다. 여러분이 원하는 곳 어떤 곳이라도 좌표계의 원점을 놓을 수 있고, 운동하는 물체를 관측하는 다른 관찰자도 모두 다른 원점을 택할 수 있다.

이런 식으로 생각해본 일이 없겠지만, 어떤 면에서 시간은 하나의 좌표계로 볼 수 있다. 운동에서 임의의 점을 뽑아서 '$t=0$초'라고 붙일 수 있다. 이것은 단순히 시계나 스톱워치를 시작하기로 결정한 그 시간이다. 따라서 이 시간이 시간 좌표의 원점이 된다.

우리는 어떤 문제의 '시작점'을 표현하기 위해서 $t=0$을 선택한다. 그러나 그 물체는 그 시간 전에도 운동을 계속하고 있었을 수도 있다. 그런 $t=0$ 이전의 순간들은

그림 1.5 1초마다의 프레임으로 나타낸 운동 도형

(a)

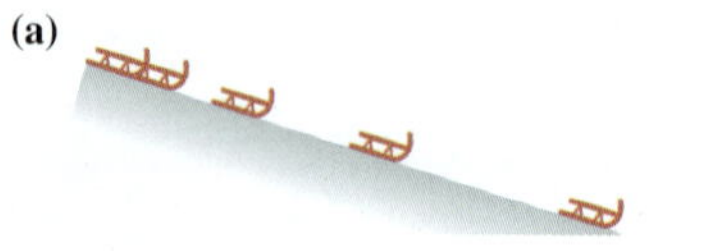

(b)

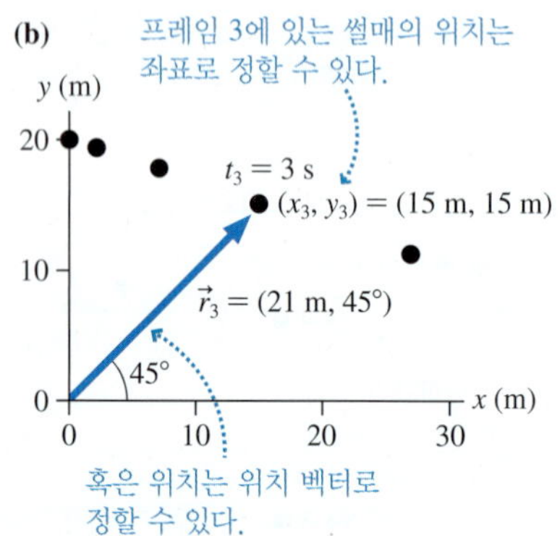

음의 시간으로 측정할 수 있다. 마치 원점의 왼쪽에 있는 물체가 음의 위치에 있는 것과 마찬가지다. 음의 숫자라고 해서 거리낄 필요는 없다. 이 숫자들은 단순히 시간이나 공간의 **원점**에 대해 **상대적인** 양들이다.

이를 보이기 위해, **그림 1.5a**는 눈으로 덮인 언덕을 내려가는 썰매를 보여준다. **그림 1.5b**는 썰매의 운동 도형이고, 이것을 xy좌표계에 그렸다. 여러분은 $t_3 = 3$초에 썰매의 위치가 $(x_3, y_3) = (15$ m, 15 m$)$에 있는 것을 알 수 있다. 운동 도형에서 정해진 프레임의 시간과 물체의 위치를 나타내기 위해서 어떻게 아래 첨자를 사용하는지 주목하기 바란다.

썰매의 위치를 정하기 위한 다른 방법은 그것의 **위치 벡터**(position vector)를 그리는 것이다. 위치 벡터는 원점에서 썰매를 표현하는 점을 이은 화살표라고 할 수 있다. 위치 벡터는 $\vec{r}$이라는 기호로 표현한다. 그림 1.5b는 위치 벡터 $\vec{r}_3 = (21$ m, $45°)$를 보여준다. 위치 벡터 $\vec{r}$은 좌표 (x, y) 이외의 다른 것을 말해주지는 않는다. 이것은 단순히 같은 정보를 다른 형태로 제공하는 것이다.

스칼라와 벡터

시간이나 질량, 온도와 같은 물리량들은 단위와 함께 하나의 수로 완전하게 기술된다. 예를 들면, 어떤 물체의 질량은 6 kg이고, 그것의 온도는 30°C이다. 물리량을 기술하는 (단위가 주어진) 하나의 수를 **스칼라**(scalar)라고 한다. 스칼라는 양수, 음수, 0이 될 수 있다.

그러나 다른 많은 양들은 방향성을 가지며, 하나의 수로 기술이 불가능하다. 예를 들어, 자동차의 운동을 기술하려면 그것이 얼마나 빨리 움직이는가 뿐만 아니라, 그것이 어느 방향으로 움직이는가도 정해줘야 한다. **크기**(얼마나 멀리, 얼마나 빠르게)와 **방향**(어느 쪽으로)을 모두 갖고 있는 양을 **벡터**(vector)라고 한다. 벡터의 길이나 크기를 벡터의 **크기**(magnitude)라고 한다. 벡터는 3장에서 완벽히 공부하게 되며, 지금은 기초적인 지식만 필요하다.

벡터를 표시하기 위해 양을 표현하는 기호 위에 화살표를 그린다. 따라서 r, A와 같이 화살표가 없는 기호가 스칼라에 사용되는 기호인 반면, $\vec{r}$, $\vec{A}$는 벡터를 나타내는 기호이다. 손으로 쓸 때, 벡터를 표현하는 모든 기호 위에 화살표를 반드시 그려야 한다. 익숙해지기 전까지는 이상하게 보일 수도 있지만, 같은 문제 안에서도 r, $\vec{r}$ 또는 A, $\vec{A}$를 종종 함께 쓰고, 그들이 다른 의미이기 때문에 중요하다! 벡터가 가리키는 실제 방향과 상관없이 기호 위의 화살표는 항상 왼쪽에서 오른쪽을 향한다는 것에 주목하라. 즉 $\vec{r}$, $\vec{A}$라고 쓰지 $\overleftarrow{r}$, $\overleftarrow{A}$라고 쓰지 않는다.

변위

운동을 시간에 따른 물체의 위치 변화라고 하였다. 그러면 위치의 변화를 어떻게 보일까? 운동 도형은 완벽한 도구이다. **그림 1.6**은 눈이 쌓인 언덕을 내려가는 썰매의 운동 도형이다. 예를 들어 $t_3 = 3$ s와 $t_4 = 4$ s 사이의 썰매의 위치가 얼마나 변화했는지 나타내기 위해 운동 도형의 두 점을 연결하는 벡터 화살표를 그린다. 이 벡터가 썰매의 **변위 벡터**(displacement vector)이고, 이를 기호 $\Delta\vec{r}$로 나타낸다. 그리스 문자 델타(Δ)는 수학이나 과학에서 어떤 양의 **변화**를 표시할 때 사용된다. 앞으로 설명하겠지만, 이 경우 변위 $\Delta\vec{r}$은 물체의 위치 변화이다.

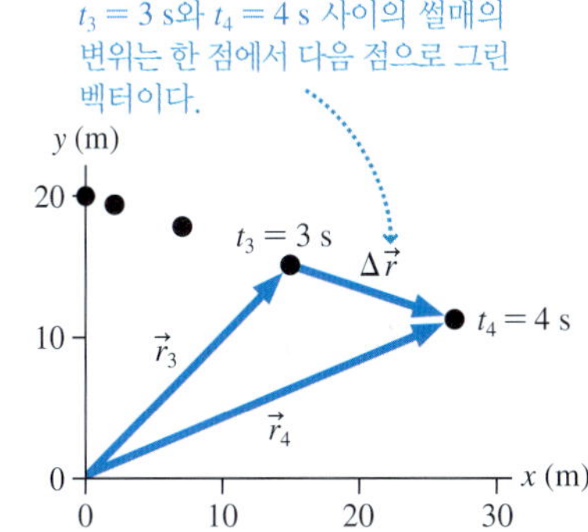

그림 1.6 썰매는 $\vec{r}_3$에서 $\vec{r}_4$까지의 변위를 갖는다.

위치 벡터 $\vec{r}_4$가 어떻게 이전 위치 $\vec{r}_3$와 변위 벡터 $\Delta\vec{r}$의 조합이 되는지 주목하라. 사실 $\vec{r}_4$는 벡터 $\vec{r}_3$와 $\Delta\vec{r}$의 벡터합(vector sum)이다. 이를

$$\vec{r}_4 = \vec{r}_3 + \Delta\vec{r} \tag{1.1}$$

로 쓸 수 있다. 여기서 수가 아닌 두 벡터양을 더했다. 그리고 벡터의 덧셈은 '보통의' 더하기와는 다르다. 3장에서 완벽히 벡터의 덧셈을 다루겠지만, 지금은 풀이 전략 1.1에 나와 있는 세 단계 절차로 두 벡터 $\vec{A}$와 $\vec{B}$를 더할 수 있다.

풀이 전략 1.1

벡터의 덧셈

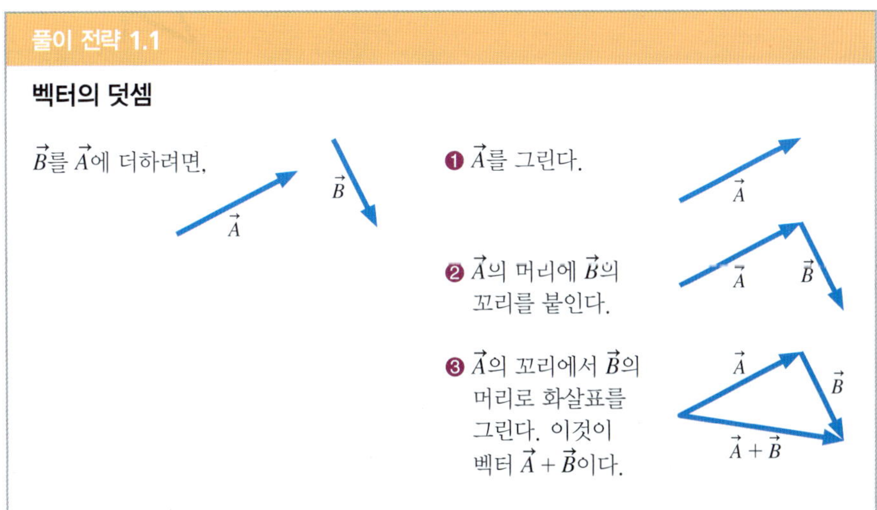

그림 1.6을 살펴보면, 풀이 전략 1.1의 단계들은 정확히 $\vec{r}_3$와 $\Delta\vec{r}$이 더해져서 $\vec{r}_4$가 되는 방법이다.

식 (1.1)은 $\vec{r}_4 = \vec{r}_3 + \Delta\vec{r}$이라는 것을 말해준다. 이를 잘 정돈하면 변위를 정의하는 것을 좀 더 정확하게 할 수 있다. **어떤 물체가 초기 위치 $\vec{r}_i$에서 최종 위치 $\vec{r}_f$로 이동했을 때 이 물체의 변위 $\Delta\vec{r}$은**

$$\Delta\vec{r} = \vec{r}_f - \vec{r}_i \tag{1.2}$$

이다. 그림으로 표현하면, $\Delta\vec{r}$은 위치 $\vec{r}_i$에서 위치 $\vec{r}_f$로 그린 벡터 화살표이다.

$\Delta\vec{r}$의 정의는 벡터의 **뺄셈**과 관련된다. 수를 사용할 때 빼기는 음의 수를 더하는 것과 같다. 다시 말하면 $5 - 3$은 $5 + (-3)$과 같다. 마찬가지로, $-\vec{B}$를 정의한다면, $\vec{A} - \vec{B} = \vec{A} + (-\vec{B})$를 알기 위해서 벡터의 덧셈 규칙을 이용할 수 있다. 그림 1.7이 보여주듯, 벡터 $\vec{B}$에 음의 부호를 취한 것은, 길이는 같지만 반대 방향을 가리키는 것을 보여준다. 이는 $\vec{B} - \vec{B} = \vec{B} + (-\vec{B}) = \vec{0}$이기 때문에 타당하고, 여기서 $\vec{0}$는 길이가 0인

그림 1.7 벡터와 음의 벡터

벡터 $-\vec{B}$는 $\vec{B}$와 길이는 같지만 방향은 반대이다.

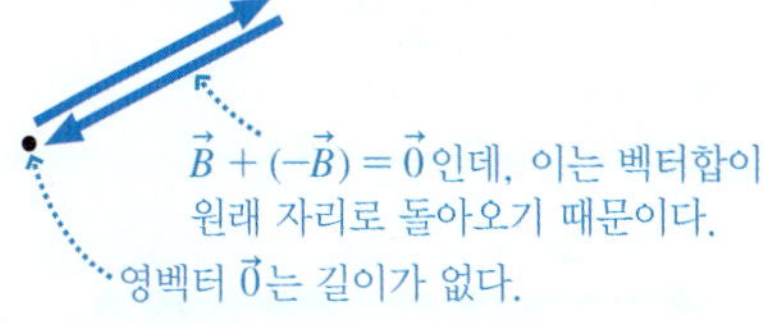

벡터이며, **영벡터**(zero vector)라고 한다.

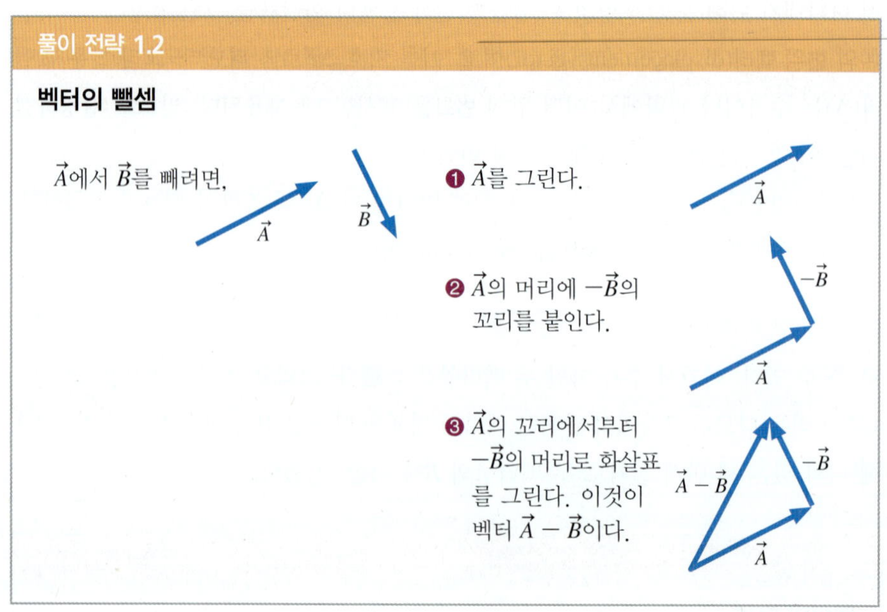

그림 1.8은 변위 $\Delta\vec{r}$이 단순히 운동 도형의 점들을 이은 벡터라는 것을 증명하기 위해 풀이 전략 1.2의 벡터의 뺄셈 규칙을 이용한다.

▼ **그림 1.8** $\Delta\vec{r}=\vec{r}_f-\vec{r}_i$를 알기 위해 벡터의 뺄셈을 이용한다.

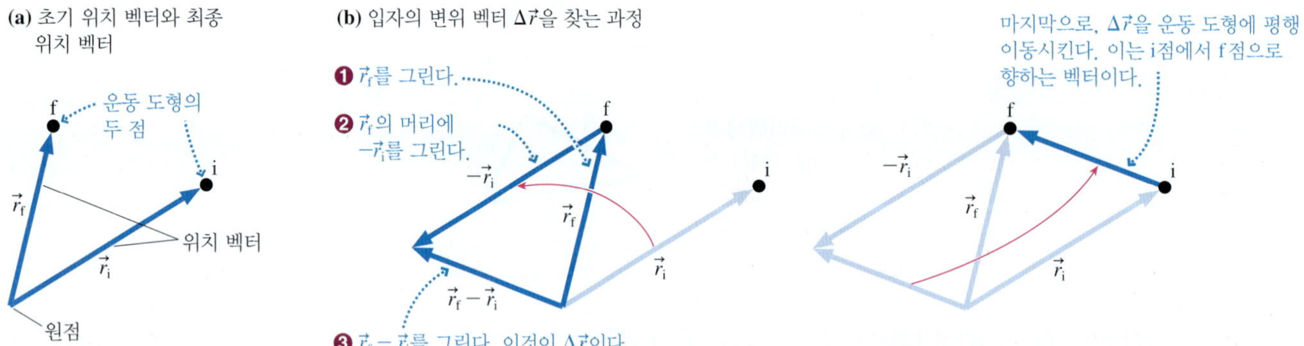

그림 1.9 변위 벡터를 포함한 운동 도형

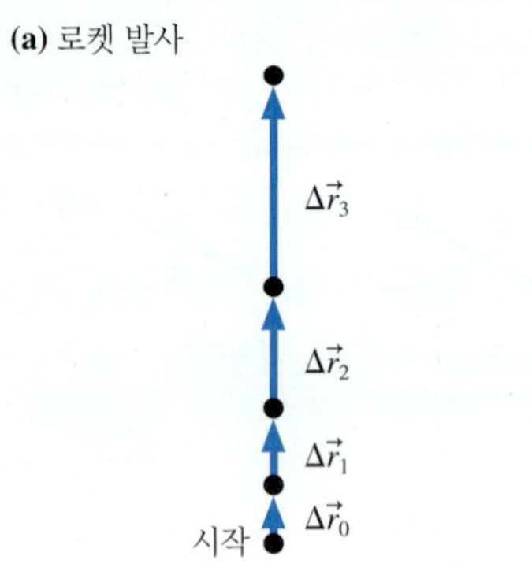

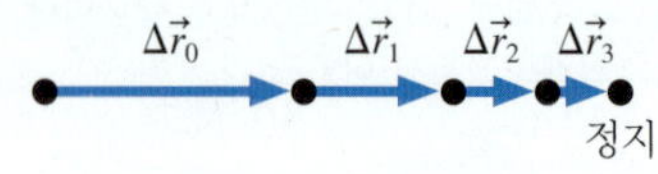

변위 벡터와 운동 도형

운동 도형을 분석하는 첫 단계는 모든 변위 벡터를 결정하는 것이다. 그림 1.8이 보여주듯이, 변위 벡터들은 단순히 각각의 점의 다음 점으로 연결하는 화살표들이다. 각각의 화살표를 $n=0$부터 시작하여 벡터 기호 $\Delta\vec{r}_n$이라고 하자. **그림 1.9**는 그림 1.4의 운동 도형을 변위 벡터를 포함하도록 다시 그린 것이다. 위치 벡터를 보여줄 필요는 없다.

이제 예전보다 훨씬 정확하게, 시간이 지남에 따라 다음을 결론지을 수 있다.

- 만약 변위 벡터의 길이가 증가한다면, 그 물체는 속도가 증가하고 있다.
- 만약 변위 벡터의 길이가 감소한다면, 그 물체는 속도가 감소하고 있다.

예제 1.1 | **눈 속으로 머리 박기**

앨리스가 얼음이 낀 미끄러운 길을 따라 미끄러지다가 아주 크고 부드러운 눈더미에 머리부터 부딪히며 정지하였다. 앨리스의 운동 도형을 그려보시오. 모든 변위 벡터에 표시를 하시오.

핵심 앨리스와 썰매의 세부 사항인 크기, 모양, 색깔 등은 전체 운동을 이해하는 데 불필요하다. 따라서 앨리스와 썰매를 하나의 입자로 모형화할 수 있다.

시각화 그림 1.10은 운동 도형을 보여준다. 문제 설정은 썰매의 속도는 눈더미에 부딪히기 전까지 거의 일정하다는 것을 암시한다. 따라서 앨리스가 얼음이 낀 미끄러운 길을 따라 미끄러질 때, 변위 벡터들은 길이가 동일하다. 그녀가 눈더미에 부딪히는 순간부터 속도가 줄어든다. 따라서 변위 벡터들은 썰매가 멈출 때까지 길이가 점점 줄어든다. 앨리스가 멈추는 것은 서서히 일어난다고 했으므로, 벡터들의 길이가 갑작스럽게 준다기보다 천천히 줄어든다.

그림 1.10 앨리스와 썰매의 운동 도형

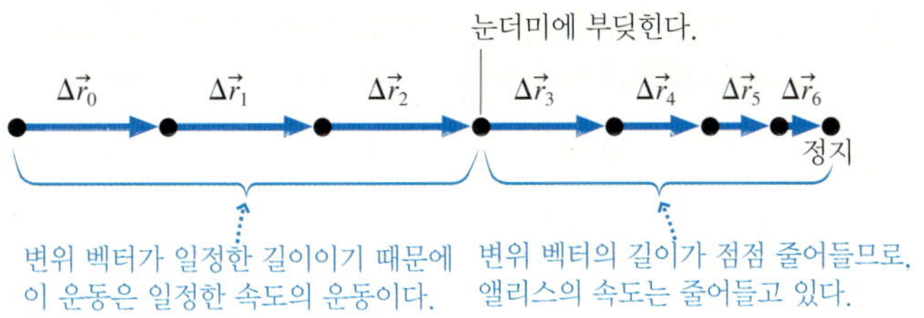

시간 간격

시간적 변화를 생각해보는 것은 유용하다. 예를 들어, 영상의 2개 프레임은 시각을 읽은 것이 t_1과 t_2일 수 있다. 특정한 값은 임의의 값인데, 그것은 $t = 0$이라는 시간을 정한 임의의 시간에 대해서 상대적인 값이기 때문이다. 그러나 **시간 간격**(time interval) $\Delta t = t_2 - t_1$은 임의의 값이 아니다. 그것은 그 물체가 한 위치에서 다음 위치로 이동할 때 소요된 시간을 표현한다.

시간 간격 $\Delta t = t_f - t_i$는 한 물체가 시간 t_i에 초기 위치 $\vec{r}_i$로부터 시간 t_f에 최종 위치 $\vec{r}_f$로 움직였을 때 소요된 시간이다. Δt의 값은 시간을 재는 특정한 시계에 의존하지 않는다.

이 절의 주요 개념을 요약하면, 언제 각각의 프레임이 찍혔고 그 시간에 그 물체가 어디에 있는지 측정하기 위해서 좌표계와 시계를 추가하였다. 운동을 관찰하는 서로 다른 관찰자는 다른 좌표계나 다른 시계를 사용할 수도 있다. 그러나 모든 관측자는 변위 $\Delta\vec{r}$과 시간 간격 Δt에 대해서 동일한 값을 관측한다. 이는 이런 양들이 그것들을 재는 데 사용하는 특정한 좌표계에 의존하지 않기 때문이다.

스톱워치는 시간 간격을 재는 데 사용된다.

1.4 속도

주어진 시간 간격 동안 가속하는 총알이 가속하는 달팽이보다 더 많이 가는 것은 놀랍지 않다. 총알과 달팽이를 비교할 수 있도록 운동에 대한 공부를 확장하려면 어떤

승리는 최고 평균 속력의 주자에게 돌아간다.

물체가 얼마나 빨리 또는 얼마나 느리게 가는지 잴 방법이 필요하다.

어떤 물체의 빠름과 느림을 재는 양은 그것의 **평균 속력**(average speed)이다. 이는 아래와 같이 정의한다.

$$\text{평균 속력} = \frac{\text{이동한 거리}}{\text{이동하는 데 걸린 시간}} = \frac{d}{\Delta t} \tag{1.3}$$

만약 30분 동안 15마일을 운전했다면 평균 속력은 다음과 같다.

$$\text{평균 속력} = \frac{15\text{ mi}}{\frac{1}{2}\text{ h}} = 30\text{ mph} \tag{1.4}$$

속력의 개념은 우리 일상 생활에서 매우 폭넓게 사용되고 있지만, 운동의 과학에는 충분한 개념은 아니다. 그 이유는 다음과 같다. 여러분이 제트 비행기를 항공모함에 착륙시키려고 한다고 상상해보라. 항공모함이 북쪽으로 20 mph로 가고 있는지, 동쪽으로 20 mph로 가고 있는지는 여러분에게 무척 중요하다. 단지 배의 속력이 20 mph인 것은 충분한 정보가 되지 않는다!

그림 1.11 변위 벡터들과 배 A와 B의 속도

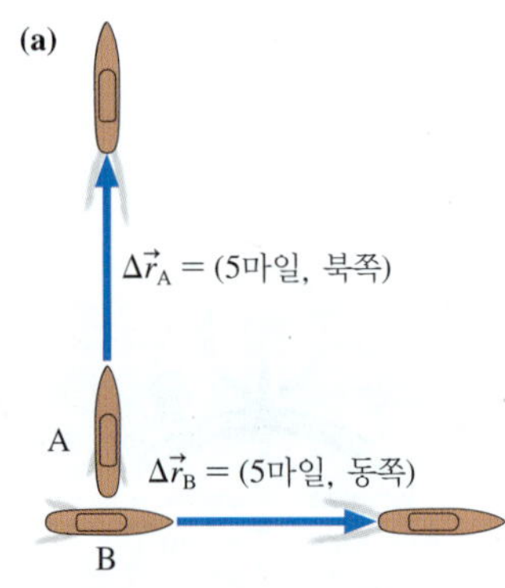

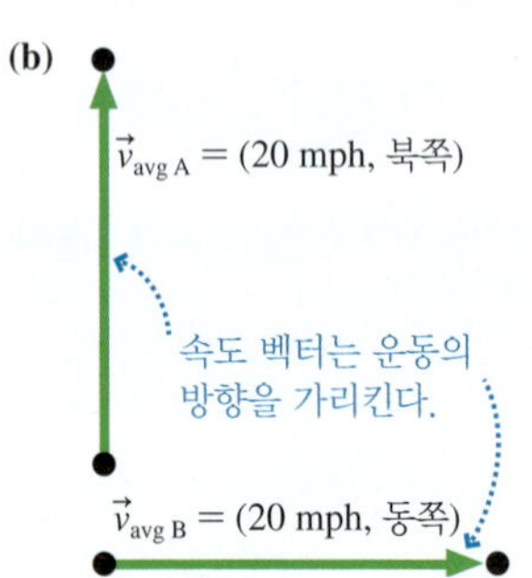

움직이는 물체가 가는 이동거리뿐 아니라 운동 방향까지 말해주는 것은 변위 $\Delta\vec{r}$이라는 벡터양이다. 따라서 $d/\Delta t$보다 유용한 비율은 $\Delta\vec{r}/\Delta t$이다. 얼마나 물체가 빨리 움직이고 있느냐를 재는 것과 더불어 이 비율은 운동 방향도 가리키는 벡터이다.

이 비율에 이름을 부여하는 것이 매우 편리하므로 **평균 속도**(average velocity)라고 하고, 기호는 $\vec{v}_{avg}$이다. **시간 간격 Δt 동안 물체의 변위가 $\Delta\vec{r}$인 물체의 평균 속도는**

$$\vec{v}_{avg} = \frac{\Delta\vec{r}}{\Delta t} \tag{1.5}$$

이며, 어떤 물체의 평균 속도 벡터는 변위 벡터 $\Delta\vec{r}$과 방향이 같다. 이것이 운동 방향이다.

예를 들어, 그림 1.11a는 15분 동안 5마일을 이동하는 2척의 배를 보여준다. $\Delta t =$ 0.25 h와 식 (1.5)를 이용하면,

$$\begin{aligned} \vec{v}_{avg\,A} &= (20\text{ mph, 북쪽}) \\ \vec{v}_{avg\,B} &= (20\text{ mph, 동쪽}) \end{aligned} \tag{1.6}$$

임을 알 수 있다. 두 배는 20 mph의 속력을 가지고 있지만, 그들의 속도는 서로 다르다. 어떻게 그림 1.11b에서 속도 벡터가 운동의 방향을 가리키고 있는지 주목하라.

속도 벡터를 포함하는 운동 도형

속도 벡터는 변위 벡터 $\Delta\vec{r}$과 같은 방향을 가리킨다. 그리고 $\vec{v}$의 길이는 $\Delta\vec{r}$의 길이에 정비례한다. 결론적으로, 이전에 변위라고 표시했던 각각의 운동 도형의 점을 다음 점으로 연결하는 벡터들은 속도 벡터로 똑같이 정의될 수 있다.

이 생각은 그림 1.12에 나타나 있으며, 이 그림은 토끼와 경주하는 거북이의 운동

도형의 프레임 4개를 보여준다. **물체가 두 점 사이를 움직이는 속도 벡터의 길이는 평균 속력을 표현한다.** 더 긴 속도 벡터는 더 빠른 움직임을 지시한다. 여러분은 토끼가 거북이보다 빠르게 움직인다는 것을 알 수 있다.

토끼의 속도 벡터가 변하지 않는 것을 주목하라. 각각의 벡터는 길이와 방향이 동일하다. 이때 우리는 토끼가 **등속도**로 운동한다고 말한다. 거북이 또한 일정한 속도로 움직이고 있다.

그림 1.12 토끼와 경주하는 거북이의 운동 도형

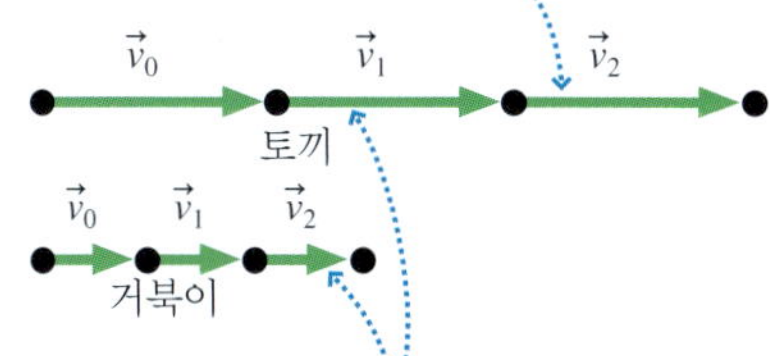

예제 1.2 언덕 위로의 가속

교통신호가 녹색으로 바뀌고 차가 20° 기울어진 경사면에서 출발하여 가속한다. 차의 속도를 보여주는 운동 도형을 그리시오.

핵심 차를 점으로 표현하는 입자 모형을 사용하라.

시각화 차의 운동은 일직선 위를 따라 일어난다. 그러나 이 선은 수평이나 수직이 아니다. 운동 도형은 올바른 방향으로 움직이는 물체를 보여주어야 한다. 이 경우, 수평면에 대해 20°의 각으로 움직여야 한다. 그림 1.13은 가속하는 차의 운동 도형의 몇몇 프레임들을 보여준다. 차는 정지한 상태에서부터 출발하기 때문에 처음 화살표는 가능한 한 짧게 그리고, 처음 점에 '출발'이라고 표기한다. 변위 벡터들은 각각의 점에서 다음 점을 연결하여 그린다. 이때 변위 벡터들은 평균 속도 $\vec{v}$라고 인식되고 표시된다.

그림 1.13 언덕 위로 가속하는 차의 운동 도형

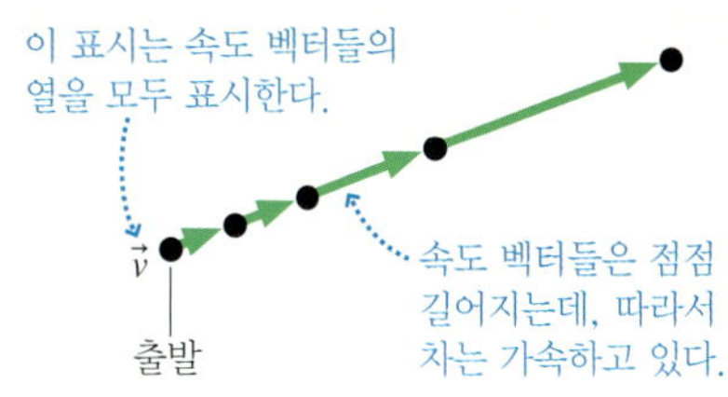

예제 1.3 구르는 축구공

마르코스는 축구공을 찬다. 공은 호세가 공을 멈출 때까지 바닥을 굴러간다. 공의 운동 도형을 그리시오.

핵심 이 예제는 과학이나 공학에서 많은 문제들이 어떻게 말로 표현되는지에 대한 전형적인 예이다. 이 문제는 운동이 어디서 시작해서 어디서 끝나는지 명확히 이야기하지 않는다. 단지 마르코스와 호세 사이에서 공이 굴러가는 동안의 공의 운동에 관심이 있는 것인가? 마르코스가 공을 차는 동안(공은 급격히 가속한다)은 어떠한가? 또는 호세가 공을 멈추는 동안(공은 급격히 감속한다)은 어떠한가? 요점은 문제의 진술을 합리적으로 해석하라고 요청된다는 점이다. 이 문제에서 공을 차는 것과 멈추는 것의 세부 사항들은 복잡하다. 바닥에서 움직이는 공의 운동은 좀 더 기술하기 쉽다. 그리고 이 운동이 물리학 수업에서 배울 것으로 기대되는 것이다. 따라서 이 문제의 해석은 운동 도형이 마르코스의 발에서 떠나는 순간(이미 공은 움직인다) 시작해서 호세의 발에 닿는 순간(공은 여전히 운동하고 있다) 끝나야 한다. 그 사이에서 공은 조금 속도가 감소할 것이다. 공을 입자로 모형화할 수 있다.

시각화 그림 1.14는 이런 해석을 기반으로 공의 운동 도형을 보여준다. 그림 1.13의 차와 대비해서 어떻게 공이 운동 도형 비디오가 시작함에 따라 이미 움직이고 있는지 주의하라. 이전과 마찬가지로 평균 속도 벡터는 점들을 연결함으로써 알 수 있다. 평균 속도 벡터는 공이 감속함에 따라 점점 더 작아지는 것을 알 수 있다. 각각의 $\vec{v}$는 다르다. 따라서 이것은 등속 운동이 아니다.

그림 1.14 마르코스로부터 호세로 굴러가는 축구공의 운동 도형

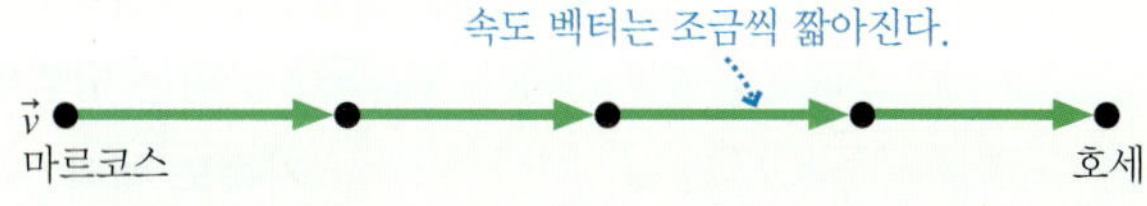

1.5 선가속도

위치, 시간, 그리고 속도는 중요한 개념이다. 처음에는 이것들이 운동을 기술하기에 충분한 것처럼 보인다. 그러나 실상은 그렇지 않다. 가끔씩 물체의 속도는 그림 1.12에서처럼 일정하다. 더 많은 경우에, 어떤 물체의 속도는 그림 1.13이나 1.14처럼 움직임에 따라 달라진다. 속도의 **변화**를 기술하기 위해 운동의 개념이 하나 더 필요하다.

속도는 벡터이기 때문에 다음 두 가지 방법에 의해 변할 수 있다.

1. 속력의 변화를 의미하는 속도의 크기가 변할 수 있다.
2. 물체가 방향을 바꾼다는 것을 의미하는 운동의 방향이 변할 수 있다.

당분간 첫 번째 경우, 즉 속력이 변하는 경우에 집중할 것이다. 그림 1.13에서 언덕 위로 가속하는 차는 속도 벡터의 크기는 변하지만 방향은 변하지 않는 예이다. 두 번째 경우는 4장에서 배울 것이다.

위치의 변화를 재고 싶을 때 $\Delta\vec{r}/\Delta t$의 비율은 유용하다. 이 비율이 **위치의 변화율**이다. 비슷하게 시간 간격 Δt 동안에 초기 $\vec{v}_i$에서 나중 $\vec{v}_f$로 속도가 변화하는 물체를 생각하자. $\Delta\vec{r}=\vec{r}_f-\vec{r}_i$가 위치의 변화이듯이, $\Delta\vec{v}=\vec{v}_f-\vec{v}_i$는 속도의 변화이다. 비율 $\Delta\vec{v}/\Delta t$는 **속도의 변화율**이 된다. 가속을 빠르게 하는 물체의 경우 큰 값을 갖게 되고, 느리게 가속하는 물체는 작은 값을 갖는다.

아우디 TT는 6 s 동안 0 mph에서 60 mph로 가속한다.

비율 $\Delta\vec{v}/\Delta t$는 **평균 가속도**(average acceleration)라고 하고, 기호는 $\vec{a}_{avg}$이다. **시간 간격 Δt 동안 속도가 $\Delta\vec{v}$만큼 변하는 물체의 평균 가속도는**

$$\vec{a}_{avg}=\frac{\Delta\vec{v}}{\Delta t} \tag{1.7}$$

이고, 평균 가속도 벡터는 벡터 $\Delta\vec{v}$의 방향과 같다.

가속도는 꽤 추상적인 개념이다. 그럼에도 불구하고 그것은 가속에 대해 좋은 직관을 갖는 데 필수적인데, 어떤 물체가 왜 그런 식으로 움직이는지를 이해하는 데 핵심 개념이 되기 때문이다. 운동 도형은 그런 직관을 키우는 데 중요한 도구가 될 것이다.

운동 도형에서 가속도 벡터 구하기

운동 도형에서 평균 가속도 벡터 $\vec{a}$를 어떻게 정할 수 있는지 보자. 식 (1.7)의 가속도 벡터의 정의로부터 **$\vec{a}$가 $\Delta\vec{v}$와 같은 방향을 가리킨다**는 것을 안다. 이 중요한 생각은 $\vec{a}$를 구하는 방법의 기초이다.

가속도 벡터가 속도 벡터의 옆이 아니라, 가운데 점의 중간 옆에 놓이는 것을 주목하라. 이것은 각각의 가속도 벡터가 그 점의 양 옆에 있는 두 속도 벡터 사이의 차이에 의해 결정되기 때문이다. $\vec{a}$의 길이는 $\Delta\vec{v}$의 진짜 길이와 꼭 같을 필요는 없다. 중

풀이 전략 1.3

가속도 벡터 구하기

속도가 $\vec{v}_i$에서 $\vec{v}_f$로 변화할 때 가속도 벡터를 구하기 위해 속도 변화 $\Delta\vec{v} = \vec{v}_f - \vec{v}_i$를 정해야 한다.

❶ 속도 벡터 $\vec{v}_f$를 그린다.

❷ 속도 벡터 $-\vec{v}_i$를 $\vec{v}_f$의 끝에 그린다.

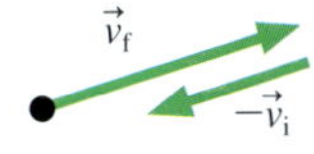

❸ $\Delta\vec{v} = \vec{v}_f - \vec{v}_i = \vec{v}_f + (-\vec{v}_i)$를 그린다. 이것이 $\vec{a}$의 방향이다.

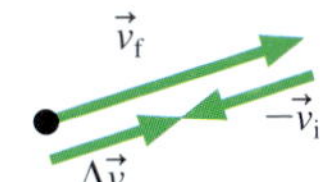

❹ 원래 운동 도형으로 돌아간다. $\Delta\vec{v}$의 방향으로 가운데 점에 벡터를 그린다. 이것이 $\vec{v}_i$ 와 $\vec{v}_f$ 사이의 가운데 점에서의 평균 가속도이다.

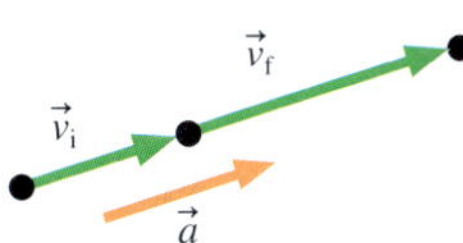

요한 것은 $\vec{a}$의 방향이다.

풀이 전략 1.3에 있는 순서는 운동 도형의 각각의 점에서 $\vec{a}$를 구하는 데 반복될 수 있다. 처음과 마지막 점에서는 $\vec{a}$를 정할 수 없는데, 이는 하나의 벡터만 가지고 있어서 $\Delta\vec{v}$를 구할 수 없기 때문이다.

완전한 운동 도형

이제 특정한 작업을 끝내는 것을 도와주는 여러 개의 **풀이 전략**들을 보아 왔다. 풀이 전략들은 이 책의 거의 모든 장에 등장할 것이다. 또한 이 책의 적당한 곳에 **문제 풀이 전략**을 제공할 것이다.

문제 풀이 전략 1.1

운동 도형

핵심 운동하는 물체를 입자로 모형화하는 것이 합당한지 결정해본다. 문제의 진술을 해석할 때 가정들을 단순화한다.

시각화 완전한 운동 도형은 다음과 같이 구성된다.

(계속)

- 비디오의 각각의 프레임에서 물체의 위치는 점으로 보여진다. 5개나 6개의 점으로 운동을 명확하게 하되, 그림에 너무 많은 것이 나오지 않도록 한다. 좀 더 복잡한 운동은 좀 더 많은 점들을 필요로 한다.
- 각각의 점들과 그 다음 점을 벡터 화살표로 연결하여 평균 속도 벡터를 구한다. 2개의 위치 점들을 연결하는 속도 벡터는 하나뿐이다. 속도 벡터의 열을 $\vec{v}$라고 표시한다.
- 풀이 전략 1.3을 이용하여 가속도 벡터를 구한다. 2개의 속도 벡터를 연결하는 가속도 벡터는 하나뿐이다. 각각의 가속도 벡터를 그것이 연결하는 두 속도 벡터 사이의 점에 그린다. $\vec{0}$로 가속도가 0인 곳을 표시한다. 가속도 벡터의 열을 $\vec{a}$로 표시한다.

운동 도형의 예

운동 도형을 그리는 완벽한 전략의 예제들을 보자.

예제 1.4 화성에 착륙한 최초의 우주인

화성에 처음으로 도착한 우주인을 실은 우주선이 표면에 안전하게 내린다. 내려가는 마지막 몇 초 동안의 운동 도형을 그리시오.

핵심 우주선의 크기는 우주선이 가는 거리에 비해서 작고, 크기나 모양을 바꾸지 않는다. 따라서 우주선을 입자로 모형화하는 것은 합당하다. 마지막 몇 초 동안의 운동이 연직 아래라고 가정한다. 이 문제는 우주선이 표면에 닿으면 끝난다.

시각화 그림 1.15는 우주선이 감속하면서 하강하여 표면에 정지할 때까지의 완전한 운동 도형을 보여준다. 우주선이 감속하면서 어떻게 점들이 서로 가까워지는지 주목하라. 안쪽 그림은 어떻게 가속도 벡터 $\vec{a}$가 한 점에서 결정되는지 보여주기 위해서 (원 안의 수로 매겨진) 풀이 전략 1.3의 단계들을 이용했다. 다른 모든 가속도 벡터는 서로 비슷한데, 그것은 각각의 속도 벡터 쌍에 대해서 먼저 것이 나중 것보다 길기 때문이다.

그림 1.15 화성에 착륙하는 우주선의 운동 도형

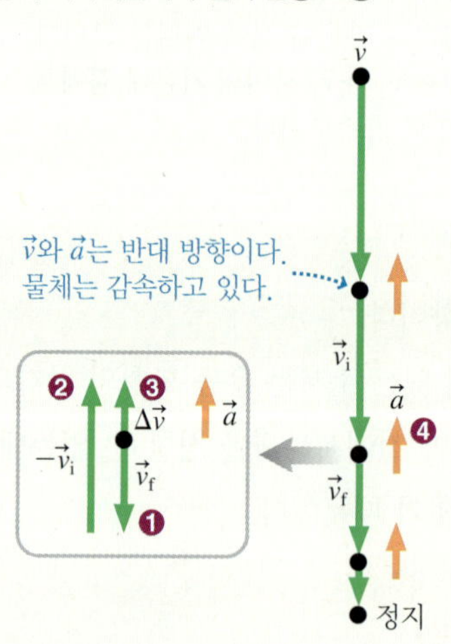

예제 1.5 숲을 가르며 스키 타기

한 스키 선수가 매끄럽고 평평한 눈 위를 따라 일정한 속력으로 움직이다가 언덕 아래로 내려가면서 가속한다. 스키 선수의 운동 도형을 그리시오.

핵심 스키 선수를 입자로 모형화한다. 언덕 아래로 내려가는 경사면은 직선으로 가정하는 것이 타당하다. 운동은 전체적으로 볼 때 직선이 아니지만, 스키 선수의 운동을 2개의 직선 운동으로 다룰 수 있다.

시각화 그림 1.16은 스키 선수의 완전한 운동 도형을 보여준다. 점들은 수평 운동에 대해서 동일한 간격으로 있는데, 이는 속력이 일정함을 나타낸다. 그 뒤의 점들은 스키 선수가 언덕 아래로 가속함에 따라 점점 더 멀리 떨어지게 된다. 안쪽 그림은 수평 운동과 경사면을 따른 운동에 대해 평균 가속도 벡터 $\vec{a}$가 어떻게 결정되는지를 보여준다. 경사면을 따른 모든 다른 가속도 벡터는 서로 비슷한데, 각각의 속도 벡터가 그 전의 속도 벡터보다 길기 때문이

그림 1.16 스키 선수의 운동 도형

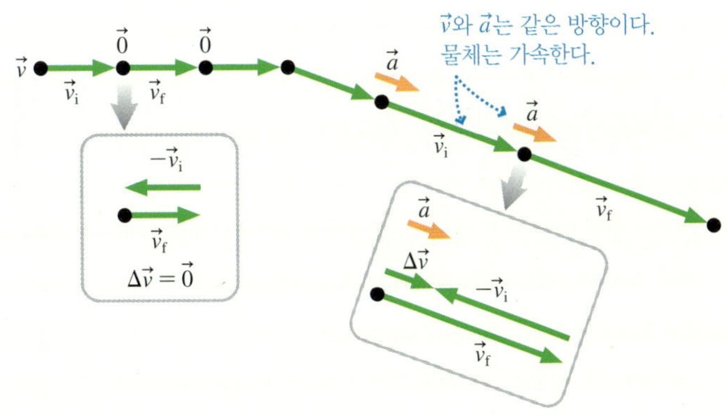

다. 속도가 일정한 곳에서는 점 옆에 가속도 벡터에 대하여 $\vec{0}$로 적은 것을 주목하라. 방향이 바뀌는 곳에서의 가속도는 4장에서 고려할 것이다.

그림 1.15와 1.16에서 흥미로운 점이 있음을 주목하라. 물체가 가속할 때는 가속도와 속도가 같은 방향을 향한다. 물체가 감속할 때는 가속도와 속도 벡터가 반대 방향을 향한다. 이 결과는 일직선 상의 운동에 대해서는 항상 참이다. **일직선 상의 운동에 대해서**

- **물체가 가속하는 것과 $\vec{v}$, $\vec{a}$가 같은 방향이라는 것은 필요충분조건이다.**
- **물체가 감속하는 것과 $\vec{v}$, $\vec{a}$가 반대 방향이라는 것은 필요충분조건이다.**
- **물체의 속도가 일정한 것은 $\vec{a} = \vec{0}$와 필요충분조건이다.**

예제 1.6 | 공 던지기

연직 위로 던져 올려진 공의 운동 도형을 그리시오.

핵심 이 문제는 약간의 해석이 필요하다. 던지는 과정 그 자체를 넣어야 하는가? 아니면 공이 손을 떠난 후의 운동만 넣어야 하는가? 바닥에 닿는 공을 넣어야 하는가? 이 문제는 공중에 있는 공의 운동에만 관심이 있는 것으로 보인다. 따라서 공이 공을 던지는 사람의 손을 떠난 그 순간부터 시작하여, 지면에 닿기 직전까지에서 운동 도형을 끝낸다. 공을 던지는 것이나 공이 지면으로부터 받는 충격에 대해서는 고려하지 않는다. 그리고 당연하지만 공을 입자로 모형화한다.

시각화 공이 떨어질 때 올라간 경로를 따라 다시 내려가기 때문에 약간 어려움이 있다. 문자 그대로의 운동 도형은 연직 위 방향의 운동과 연직 아래 방향의 운동이 겹쳐져서 나타날 것이다. 연직 위 방향의 운동과 연직 아래 방향의 운동 도형을 수평으로 분리하여 이 어려움을 피한다. 이것이 어떤 벡터도 바꾸지 않으므로 결론을 바꾸지 않을 것이다.

공은 올라감에 따라 감속한다. 여러분은 일직선 상에서 움직이는 물체에 대해서 가속도 벡터와 속도 벡터의 방향이 반대가 됨을 배웠다. 비슷하게, $\vec{a}$와 $\vec{v}$는 떨어지는 공이 가속함에 따라 같은 방향을 가리킨다. 여기서 흥미로운 점은, 가속도 벡터는 공이 올라갈 때도 또한 떨어질 때도 모두 아래 방향을 가리킨다는 것이다. '가속'이나 '감속'이나 모두 같은 가속도 벡터로 일어난다. 이것은 생각해보아야 할 중요한 결론이다.

공의 궤적에서 가장 높은 곳을 쳐다보자. 속도 벡터는 위로 향하고 있지만, 공이 꼭대기에 가까이 갈수록 점점 짧아진다. $\vec{v}$가 위를 향하고 있다가 아래를 향하는 방향으로 바뀌는 그 순간이 있을 것이다. 이때 속도는 0이다. 정말로 공의 속도는 운동의 맨 꼭대기에

(계속)

서 정확히 0이다.

그렇다면 꼭대기에서 가속도는 어떻게 될까? 안쪽 그림은 꼭대기 바로 전에 마지막으로 올라가는 속도와 처음으로 내려가는 속도로부터 평균 가속도가 어떻게 결정되는지 보여준다. 이 운동의 다른 지점과 마찬가지로 꼭대기에서 가속도가 아래 방향임을 안다.

많은 사람들이 맨 꼭대기에서 가속도가 0일 것으로 기대한다. 그러나 꼭대기에서 속도는 위 방향에서 아래 방향으로 변화하고 있다. 이것을 생각하는 또 다른 방법은, 가속도가 0이라는 사실은 속도의 변화가 없다는 것은 의미한다는 것을 주목하는 것이다. 공이 꼭대기에서 0의 속도에 이르렀을 때 가속도가 0이라면, 공이 꼭대기에 매달려서 더 이상 떨어지지 않을 것이다!

그림 1.17 공중에서 연직 위로 던져진 공의 운동 도형

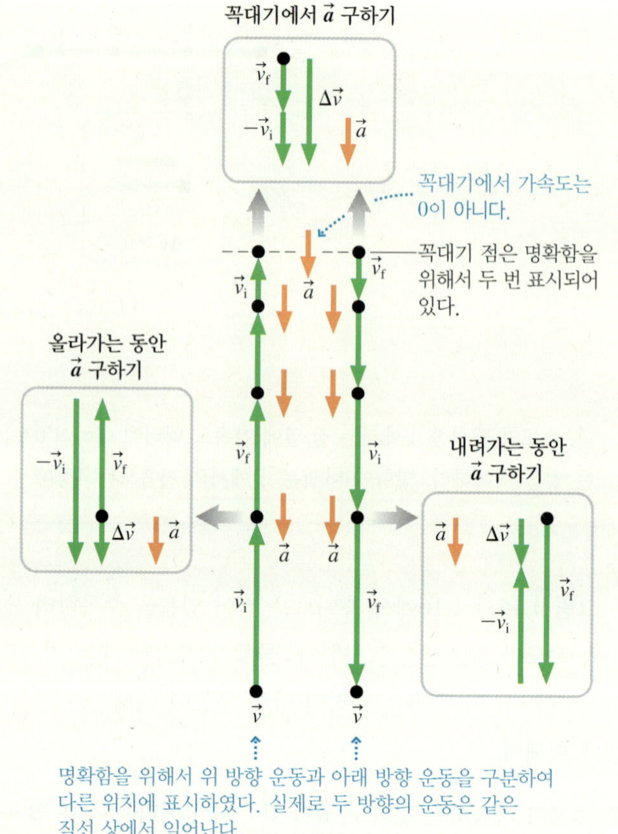

1.6 1차원 운동

어떤 물체의 운동은 세 가지 기본적인 양인 위치 $\vec{r}$, 속도 $\vec{v}$, 가속도 $\vec{a}$로 기술할 수 있다. 이들은 벡터양인데, 1차원 운동에서는 이 벡터들이 단지 '앞쪽'을 가리키거나 '뒤쪽'을 가리키게 된다. 따라서 1차원 운동을 더 간단한 양들인 x, v_x, a_x(또는 y, v_y, a_y)로 기술할 수 있다. 그러나 이 양들에 겉으로 드러나는 **부호**를 부여할 필요가 있는데, 이는 위치, 속도, 가속도 벡터가 앞을 향하는지 뒤를 향하는지 표시하기 위한 것이다.

위치, 속도, 가속도의 부호 결정하기

위치, 속도, 가속도는 좌표계에 대하여 측정된다. 좌표계는 운동을 분석하기 위해서 문제에 부여되는 그리드나 축을 의미한다. 수평 운동이나 경사면에서의 운동을 기술하기 위하여 x축을 사용하는 것이 편리하다. y축은 수직 방향의 운동을 기술하는 경우에 편리하다. 좌표축은 두 가지 중요한 특징을 갖는다.

풀이 전략 1.4

위치, 속도, 가속도의 부호 결정하기

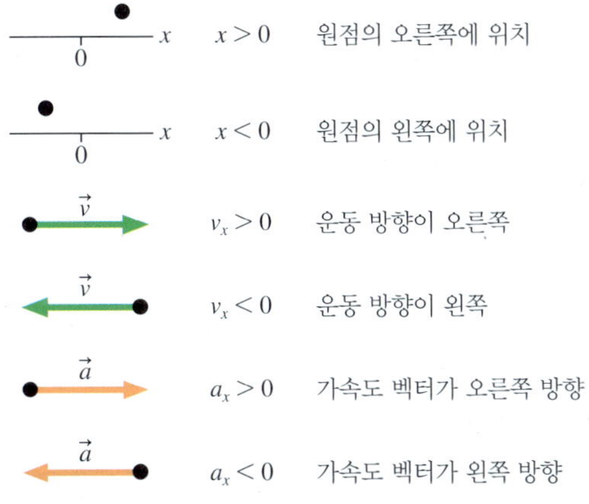

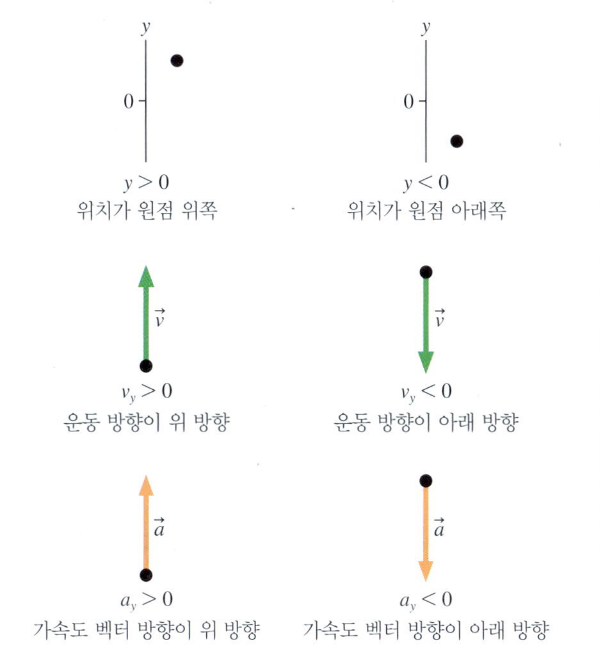

- 위치(x 또는 y)의 부호는 물체가 어디 있는지를 말해준다.
- 속도(v_x 또는 v_y)의 부호는 물체가 어느 방향으로 운동하는지를 말해준다.
- 가속도(a_x 또는 a_y)의 부호는 가속도 벡터의 방향이 어느 방향으로 향하는지 말해준다. 이것은 물체가 감속하는지 가속하는지를 말해주지는 않는다.

1. 원점을 0으로 한다.
2. (단위가 있는) x나 y를 각 축의 양의 방향 끝에 표기한다.

이 책에서는 **x축의 양의 방향 끝을 오른쪽에, y축은 위 방향에** 표시하는 규칙을 따를 것이다. 위치, 속도, 가속도의 부호는 이 규칙에 근거한다.

가속도는 해석하기에 조금 미묘한 구석이 있다. a_x나 a_y의 값이 양수인 것은 물체가 가속하는 것을, 음수인 것은 감속하는 것을 기술한다고 생각하는 것이 자연스러운 경향이다. 그러나 이 해석은 실제로는 **작동하지 않는다.**

가속도는 $\vec{a}_{avg} = \Delta\vec{v}/\Delta t$로 정의된다. 가속도 $\vec{a}$의 방향은 $\Delta\vec{v}$의 방향을 알아내기 위해서 운동 도형을 사용함으로써 결정된다. 1차원 가속도 a_x(또는 a_y)는 벡터 $\vec{a}$가 오른쪽(또는 위쪽)을 향할 때 양수이고, $\vec{a}$가 왼쪽(또는 아래쪽)을 향할 때 음수이다.

그림 1.18은 a의 부호를 결정하는 방법이 가속하거나 감속하는 간단한 생각과 일치하지 않는 것을 보여준다. 그림 1.18a의 물체는 양의 가속도($a_x > 0$)를 가지고 있는데, 이는 물체가 가속하기 때문이 아니라 벡터 $\vec{a}$가 양의 방향을 향하고 있기 때문이다. 이를 그림 1.18b의 운동 도형과 비교해보자. 여기서 물체는 감속하는데, 물체는 여전히 양의 가속도($a_x > 0$)를 가지고 있다. 이는 $\vec{a}$가 오른쪽을 향하고 있기 때문이다.

이 앞의 절에서 $\vec{v}$와 $\vec{a}$가 같은 방향을 가리키면 물체가 가속하고, 반대 방향을 가리

그림 1.18 이 물체 중의 하나는 가속하고 있고, 다른 하나는 감속하고 있다. 그러나 모두 양의 가속도 a_x를 갖는다.

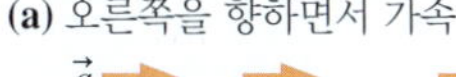

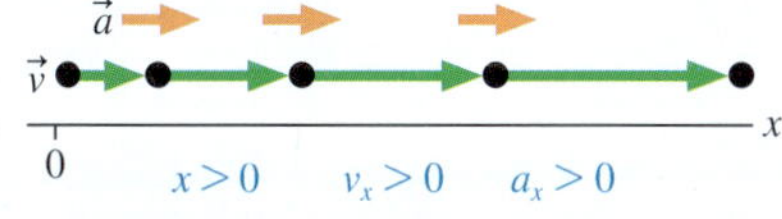

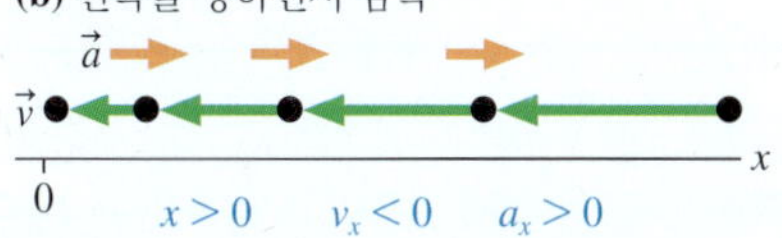

키면 감속하는 것을 알았다. 1차원 운동에서 이 규칙은,

- 물체가 가속하는 것과 v_x, a_x가 같은 부호를 갖는 것은 필요충분조건이다.
- 물체가 감속하는 것과 v_x, a_x가 다른 부호를 갖는 것은 필요충분조건이다.
- 물체의 속도가 일정한 것은 $a_x = 0$과 필요충분조건이다.

처음의 두 규칙이 그림 1.18에서 작동하는 것을 주목하라.

위치-시간 그래프

그림 1.19는 등교하는 학생의 위치에 대해 분당 1프레임으로 운동 도형을 만든 것이다. 학생이 $t = 0$분이라고 선택한 시간에 집을 출발하고, 얼마간 꾸준하게 나아가는 것을 볼 수 있다. $t = 3$분부터는 각각의 시간 간격 동안 이동한 거리가 줄어든 구간이 있다. 어쩌면 친구와 대화를 하느라고 속도를 늦췄을 수도 있다. 그 후 학생은 다시 페이스를 올려 각 구간에서의 거리가 길어진다.

그림 1.19 등교하는 학생의 운동 도형과 측정을 위한 좌표축

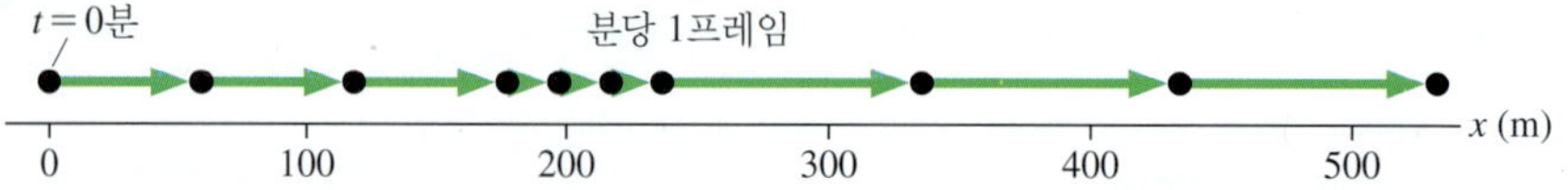

표 1.1 등교하는 학생의 측정된 위치

시간 t(분)	위치 x(m)	시간 t(분)	위치 x(m)
0	0	5	220
1	60	6	240
2	120	7	340
3	180	8	440
4	200	9	540

그림 1.19는 좌표축을 포함하고, 운동 도형의 모든 점이 특정한 위치에서 일어남을 이 그림을 통해 알 수 있다. 표 1.1은 이 축을 따라 다른 시각에 측정된 학생의 위치를 나타낸다. 예를 들면, 학생은 $t = 2$분에 $x = 120$ m에 있다.

운동 도형은 학생의 운동을 표현하는 하나의 방법이다. 또 다른 방법은 표 1.1에서 측정한 것을 그래프로 만드는 것이다. 그림 1.20a는 학생의 위치 x를 시간 t에 따라 그린 그래프이다. 운동 도형은 단지 몇몇 불연속적인 시각에 학생이 어디에 있는지 말해준다. 따라서 이 자료의 그래프는 선이 아니라 점들만 보여준다.

그림 1.20 운동하는 학생의 위치 그래프

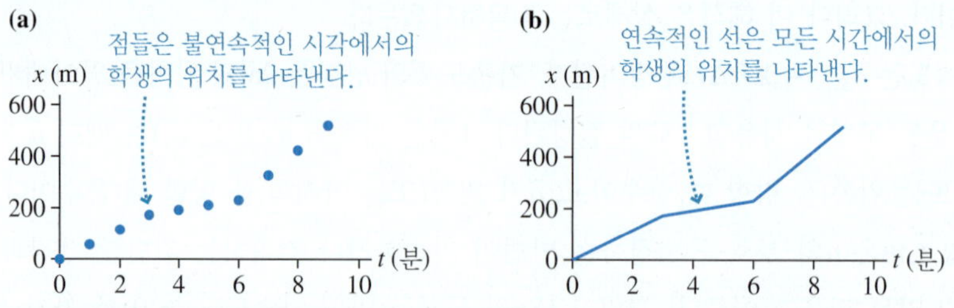

그러나 상식은 다음을 말해준다. 첫째, 학생은 모든 시간에 정해진 어떤 곳에 있었다. 즉, 학생은 잘 정의된 위치에 있지 않는 적이 없고, 또한 학생이 동일한 시간에 두 위치를 차지할 일도 없다. (지금은 이 믿음이 매우 타당해 보이지만, 양자역학을 접할 때 이 말은 완전하게 정확한 것이 아님을 알게 될 것이다.) 둘째, 학생은 모든 공간의 사이사이에서 연속적으로 움직였다. 학생은 $x = 100$ m와 $x = 200$ m 사이의 모

든 점을 통과하지 않고는 결코 $x = 100$ m에서 $x = 200$ m까지 갈 수 없다. 따라서 학생의 운동은 그림 1.20b에 나타났듯이 측정된 점들을 통과하는 연속적인 선으로 나타날 것이라고 믿는 것은 타당하다. 시간의 함수로 물체의 위치를 연속적인 선이나 곡선으로 나타낸 것을 **위치-시간 그래프**(position-versus-time graph)라고 한다. 또는 간단히 위치 그래프라고 한다.

예제 1.7 | 위치 그래프의 해석

그림 1.21a의 그래프는 일직선 도로를 따라 움직이는 자동차의 운동을 표현한 것이다. 자동차의 운동을 기술하시오.

핵심 자동차를 각각의 순간에 정확한 위치를 가지는 입자로 모형화한다.

시각화 그림 1.21b가 보여주듯이, 그래프는 왼쪽으로 30분 이동했다가 10분 동안 멈추고, 그 다음 40분 동안 오른쪽으로 다시 이동하는 자동차의 운동을 표현한다.

그림 1.21 자동차의 위치-시간 그래프

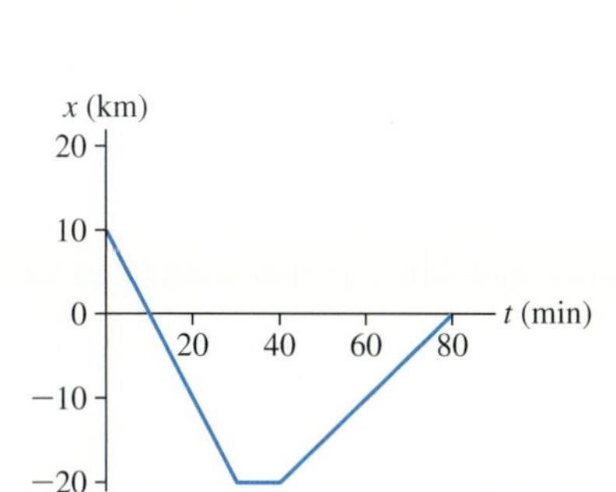

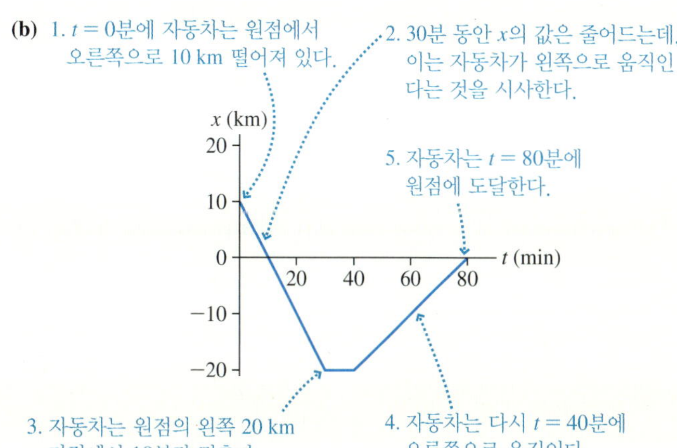

1.7 물리학에서 문제 풀기

물리학은 수학이 아니다. 수학 문제는 "2 + 2는 무엇인가?"와 같이 명확하게 진술되어 있다. 물리학은 우리를 둘러싼 세계에 대한 학문이며, 그 세계를 기술하기 위해서 우리는 언어를 사용해야만 한다. 언어는 훌륭하다. 우리는 언어 없이는 의사소통을 할 수 없다. 그러나 언어는 가끔씩 부정확하고 모호하다.

물리학 문제를 읽을 때 어려운 점은 말들을 우리가 능숙하게 다루고, 계산하고, 그래프로 만들 수 있는 기호로 전환하는 것이다. **말들을 기호로 전환하는 것이 물리학에서 문제를 푸는 핵심이다.** 모호한 단어들과 문구들은 명료하게, 부정확한 것은 정확하게 만들어야 한다. 이렇게 함으로써 문제가 묻고자 하는 것을 정확히 이해할 수 있게 된다.

기호 사용하기

기호는 문제에서 양들 사이의 관계에 대해 정밀하게 이야기할 수 있게 해주는 언어이다. 다른 언어들과 마찬가지로, 우리 모두는 서로 의사소통할 때와 같은 방식으로 단어나 기호를 이용하는 데 동의할 필요가 있다. 과학이나 공학에서 기호를 사용하는 많은 방식들은 조금은 무작위적이기도 한데, 이는 역사적인 근거들을 반영한 것이다. 그럼에도 불구하고, 연구하는 과학자들과 기술자들은 어떻게 기호의 언어를 사용하는지에 대해 동의를 해왔다.

기호에 x_3와 같이 아래 첨자들을 사용할 것이다. 이는 문제에서 특정한 점을 지정하기 위해서이다. 과학자들은 보통 문제의 시작점을 아래 첨자 '1'보다 아래 첨자 '0'을 붙인다. 기호를 사용할 때는 문제에서 같은 점에 대응하는 모든 기호가 **같은 숫자 첨자**를 갖도록 주의하라. 한 문제에서 같은 점에 대해 위치는 x_1인데 속도는 v_{2x}라고 사용하는 것은 혼동을 불러 온다.

그림 그리기

물리학에서 문제를 푸는 첫 단계는 '그림을 그리는 것'이라고 들었을 것이다. 그러나 어쩌면 왜 그러는지 또는 무엇을 그려야 하는지 알지 못했을 수도 있다. 그림을 그리는 목적은 단어에서 기호로 전환하는 데 도움을 주고자 하는 것이다. 복잡한 문제는 한번에 머릿속에 넣기에는 너무 많은 정보가 있다. 그림을 '기억의 연장'으로 생각한다면 중요한 정보를 놓치지 않도록 머릿속을 정리하는 데 도움이 될 것이다.

풀이 전략 1.5

그림 표현 그리기

❶ **운동 도형을 그린다.** 운동 도형은 운동에 대한 직관을 개발한다.

❷ **좌표계를 설정한다.** 운동에 잘 맞는 축과 원점을 선택한다. 1차원 운동에 대해서는, 운동에 평행한 x축이나 y축을 선택한다. 좌표계는 v와 a가 양인지 음인지 결정한다.

❸ **상황을 스케치한다.** 단순한 스케치는 아니다. 운동의 **시작**에 있는 물체를 보여주고, 운동의 **끝**에서도 보여준다. 그리고 운동의 성격이 변하는 지점에서도 물체를 보여준다. 물체를 보여주되 단순히 점으로는 하지 않도록 한다. 매우 간단한 그림 정도면 적당할 것이다.

❹ **기호를 정의한다.** 위치, 속도, 가속도, 시간과 같은 양들을 표현하는 기호들을 정의하기 위해 스케치를 이용한다. 수학적인 해에서 사용될 **모든** 변수는 스케치 위에 정의되어야 한다. 어떤 것은 아는 값이고, 또 다른 것들은 처음에는 모르는 것이지만, 모든 변수는 기호 이름이 주어져야 한다.

❺ **알려진 정보를 나열한다.** 문제의 진술로부터 결정할 수 있거나 간단한 기하, 단위 변환 등으로 빨리 알아낼 수 있는 양들의 표를 만든다. 어떤 양들은 밖으로 나타나 있기보다는 유추해야 하는 것들도 있다. 다른 양들은 선택된 좌표계에 의해 결정되기도 한다.

❻ **알아야 할 모르는 양들을 구한다.** 어떤 양들이 문제의 답을 말할 수 있게 할 것인가? 모르는 양들은 단계 4의 기호들로 정의되었어야 한다. 모르는 모든 양들을 나열하지는 않는다. 단지 문제에 답을 하는 데 필요한 1개나 2개 정도면 된다.

어떤 그림이라도 없는 것보다는 있는 게 낫지만, 그림을 그리는 방법이 존재하고, 그것은 여러분을 좀 더 문제를 잘 푸는 사람이 되도록 도와줄 것이다. 이는 문제의 **그림 표현**(pictorial representation)이라고 한다. 앞으로 진도를 나가면서 다른 그림 표현도 추가할 것이지만 풀이 전략 1.5의 과정은 운동 문제에 대해 적절하다.

문제에 대해 잘 만들어진 그림 표현은 문제를 푸는 과정의 절반을 차지한다고 해도 과언이 아니다. 다음 예제는 앞으로 나올 몇몇 장에서 볼 문제들이 가지고 있는 전형적인 문제에 대한 그림 표현을 어떻게 구성하는지 설명한다.

예제 1.8 그림 표현 그리기

다음 문제에 대하여 그림 표현을 그리시오. 로켓 썰매가 5.0초 동안 50 m/s^{2}의 가속도로 수평 방향으로 가속한다. 그 후 3.0초 동안 등속으로 진행한다. 전체 이동 거리는 얼마인가?

시각화 그림 1.22가 그림 표현이다. 운동 도형은 가속도 구간과 그 후의 등속도 구간을 보여준다. 운동이 수평이므로 적당한 좌표계는 x축이다. 원점을 시작점으로 하자. 운동은 시작과 끝, 그리고 운동이 가속에서 등속으로 바뀌는 점을 가지고 있고, 이들이 그림에서 썰매의 세 위치이다. x, v_x, t의 양들은 각각의 세 점에서 필요하다. 따라서 이들은 스케치에서 정의되었고, 아래 첨자로 구분된다. 가속도는 점들 사이의 간격과 관련이 있다. 따라서 2개의 가속도만 정하면 된다. 세 양의 값은 문제에서 주어졌다. 그러나 $\vec{a}$가 오른쪽을 향하는 운동 도형을 이용할 필요가 있다. 그리고 좌표계는 가속도 a_{0x}가 -50 m/s^{2}이 아니라 50 m/s^{2}이 됨을 알 수 있게 선택한다. 좌표계를 설정할 때 $t_0 = 0$초에서 $x_0 = 0$ m를 선택한다. $v_{0x} = 0$ m/s 값은 문제 해석의 일부이다. 마지막으로, 문제에 답하기 위해 x_2를 알아낸다. 이제 문제에 대해 꽤 많은 것을 이해하고, 양적인 분석을 시작할 준비가 되었다.

그림 1.22 그림 표현

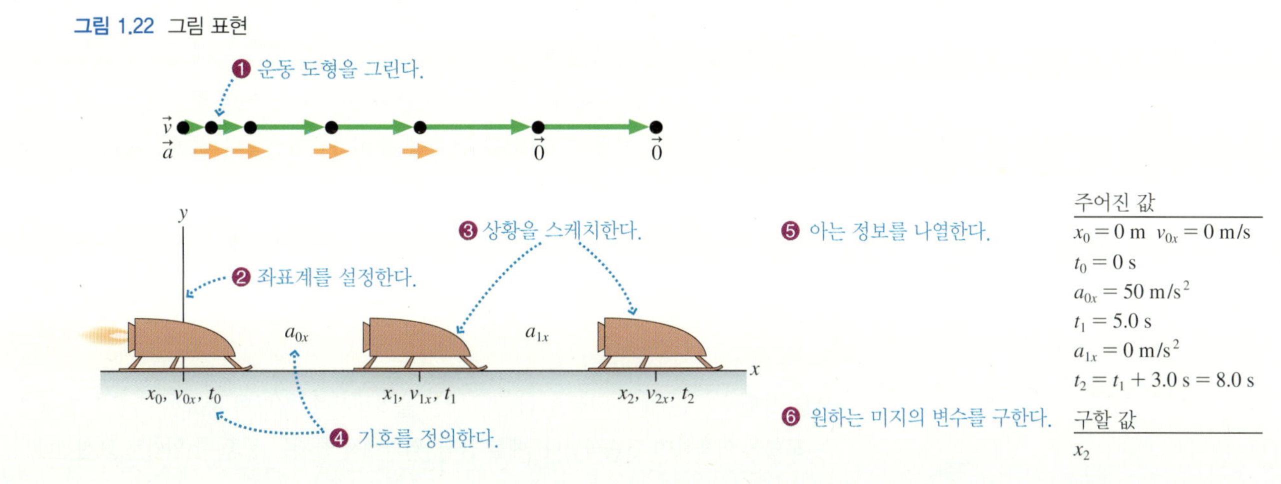

우리는 문제를 풀지 않았다. 그것은 그림 표현의 목적이 아니다. 그림 표현은 문제를 해석하고 수학적인 해를 구하는 준비를 하는 체계적인 방법이다. 이 문제가 단순한 문제이고, 물리학을 이전에 배웠으면 어떻게 푸는지 알고 있을지도 모르지만, 곧 훨씬 더 어려운 문제와 마주칠 것이다. 비록 문제가 쉽더라도 처음에 문제를 푸는 좋은 방법을 배우는 것은 정말로 그것들이 필요할 때 문제들을 익숙한 문제들로 만들어 줄 것이다.

표현

새 건물은 신중한 계획을 요한다. 건축가의 시각화와 그림들은 실제 건설의 세세한 과정이 진행되기 전에 완성되어야 한다. 물리학에서 문제를 푸는 것도 이와 같다.

그림은 어떤 상황에 대해 아는 것을 표현하는 한 방법이다. 또한 말이나, 그래프, 수식으로 지식을 표현할 수도 있다. 각각의 **지식의 표현**은 문제에 대해서 다른 관점들을 제공한다. 복잡한 문제를 생각하는 데에 더 많은 도구를 가질수록 그 문제를 풀 수 있는 확률은 커진다.

반복해서 사용할 지식의 표현에는 네 가지가 있다.

1. **구두 표현** 말로 된 문제의 진술은 구두로 표현하는 것이다. 여러분이 적는 설명도 그렇다.
2. **그림 표현** 방금 제시한 그림 표현은 상황을 가장 잘 이해할 수 있도록 묘사한 것이다.
3. **그래프 표현** 그래프를 방대하게 사용할 것이다.
4. **수학 표현** 특정한 양의 수치값을 알아내는 데 사용되는 수식은 수학 표현이다.

문제 푸는 전략

이 책의 목표 중 하나는 여러분이 물리 문제를 푸는 **전략**을 학습하도록 도와주는 것이다. 전략의 목적은 쓸데없는 노력을 최소화하면서 여러분을 올바른 방향으로 인도하는 것이다. 아래에 제시된 네 부분의 문제 풀이 전략인 **핵심**, **시각화**, **풀이**, **검토**는 각각 서로 다른 지식의 표현을 이용하는 데 기초한다. 이 문제 풀이 전략이 이 책 전체를 통해 예를 들어 풀 예제에서 지속적으로 사용되는 것을 보게 될 것이다. 또한 여러분 자신의 문제를 푸는 데에도 그것을 응용하는 노력을 해야 한다.

이 책 전체를 통해 처음 두 단계를 강조할 것이다. 그것들이 결과적으로 나온 수식을 푸는 수학에 대비되는 **물리**이다. 이는 수학적인 연산이 항상 쉽다는 것을 말하는 것이 아니다. 많은 경우 쉽지 않다. 그러나 우리의 주된 목표는 물리를 이해하는 것이다.

일반적인 문제 풀이 전략

핵심 상황의 모든 세부 사항을 다루는 것은 불가능하다. 상황의 중요한 특징을 잡아내는 모형을 이용하여 단순화한다. 예를 들면, 역학에서 물체는 종종 한 입자로 표현된다.

시각화 이것이 문제 풀이 전문가가 가장 노력하는 부분이다.

- **그림 표현**을 그린다. 이는 물리의 중요한 부분을 시각화하는 데 도움을 주고, 주어진 정보를 평가하는 데 도움을 준다. 그것은 문제를 기호로 바꾸는 과정을 시작하게 한다.
- 만약 문제에 적당하다면, **그래프 표현**을 이용한다.
- 이런 표현들을 왔다 갔다 하면서 살펴본다. 정해진 순서로 할 필요는 없다.

풀이 모형화와 시각화가 끝난 후에 풀어야 할 특정한 수식으로 **수학 표현**을 개발할 때가 온다. 여기서 모든 기호는 그림 표현에 정의되어 있어야 한다.

검토 결과가 믿을만한가? 올바른 단위를 가지고 있는가? 논리적으로 말이 되는가?

책의 그림들은 여러분이 종이에 그리는 것보다 훨씬 더 세련되어 보인다. 여러분이 그려야 하는 것과 매우 비슷한 그림을 보여주기 위해서 이 절의 마지막 예제는 '연필로 스케치'한 스타일로 되어 있다. 문제 풀이를 잘하는 사람이 그리는 것을 정확하게 보여주기 위해 거의 모든 장에서 하나 이상의 연필 스케치 예를 제시할 것이다.

예제 1.9 | 기상 로켓 쏘기

문제 풀이 전략의 처음 두 단계를 이용하여 다음 문제를 해석하시오. 대기의 기상 관측에 사용되는 작은 로켓을 연직 위 방향으로 가속도 30 m/s^{2}으로 쏘아 올린다. 30초 후에 로켓의 연료는 소진된다. 최고 고도는 얼마인가?

핵심 이 문제는 해석이 좀 필요하다. 상식적으로 로켓은 연료가 소진된 순간 멈추지 않는다. 대신 최고 고도에 올라갈 때까지 로켓은 계속 위로 올라가면서 속력이 줄어든다. 연료가 소진된 후인 두 번째 운동은 예제 1.6에서 위로 올려진 공의 운동과 비슷할 것이다. 이 문제는 로켓의 하강에 대해서는 묻고 있지 않으므로, 이 문제가 최고 고도점에서 끝난다고 결론 맺을 것이다. 로켓을 입자로 모형화한다.

시각화 그림 1.23은 연필로 스케치하는 스타일 방식의 그림 표현을 보여준다. 로켓은 처음 운동하는 동안에는 가속하므로 $\vec{a}_0$는 양의 y 방향으로 위를 향한다. 따라서 초기 가속도는 $a_{0y} = 30$ m/s^{2}이다. 두 번째 운동에서는 로켓이 감속하므로 $\vec{a}_1$은 아래를 향한다. 따라서 a_{1y}는 음수이다.

이 정보는 알려진 정보에 포함되어 있다. 속도 v_{2y}는 문제 진술에서 주어져 있지 않지만, 그것은 예제 1.6의 공과 마찬가지로 궤적의 꼭대기에서 0일 것이다. 마지막으로, y_2를 구하고자 하는 미지의 양으로 파악한다. 이것은 물론 문제에서 처음에 모르는 유일한 양은 아니지만, 문제에서 특정하여 구해야 하는 양이다.

그림 1.23 로켓의 그림 표현

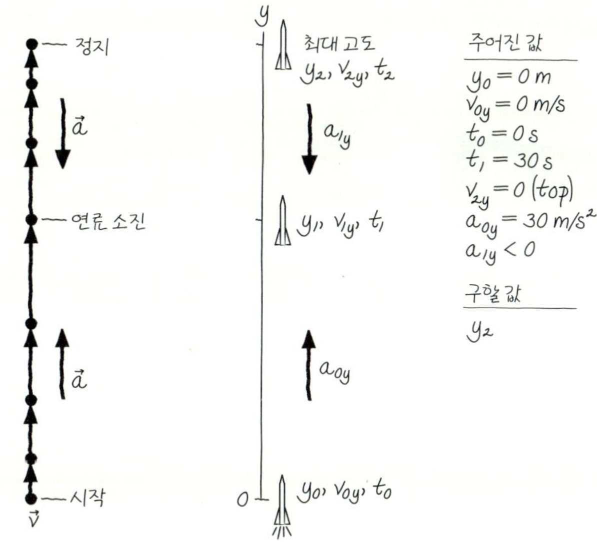

검토 만약 이전에 물리학 수업을 들었다면, a_{1y}의 값을 자유낙하의 가속도인 −9.8 m/s^{2}으로 놓고 싶어 할 것이다. 그러나 그것은 로켓에 공기의 저항이 없을 때만 참이다. a_{1y}의 값을 알기 전에 두 번째 운동 동안 로켓에 작용하는 힘을 고려할 필요가 있다. 지금 안전하게 결론 지을 수 있는 것은 a_{1y}가 음수라는 것 뿐이다.

이 절에서 주어진 일은 적당한 시간 내에 문제를 푸는 것이 아니라 문제에서 어떤 일이 일어나고 있는가에 초점을 맞추는 것이다. 즉, 앞으로 나올 수학적 분석을 위해 말을 기호로 바꾸는 것으로, 모형화와 그림 표현은 가장 중요한 도구가 될 것이다.

1.8 단위와 유효 숫자

과학은 실험 관측에 기반을 두고 있고, 관측은 **단위**를 필요로 한다. 과학에서 사용되는 단위계는 **국제 단위계**라고 하며, 보통 **SI 단위계**(SI units)라고도 한다. 일상 용어로

표 1.2 국제표준단위

양	단위	약어
시간	초	s
길이	미터	m
질량	킬로그램	kg

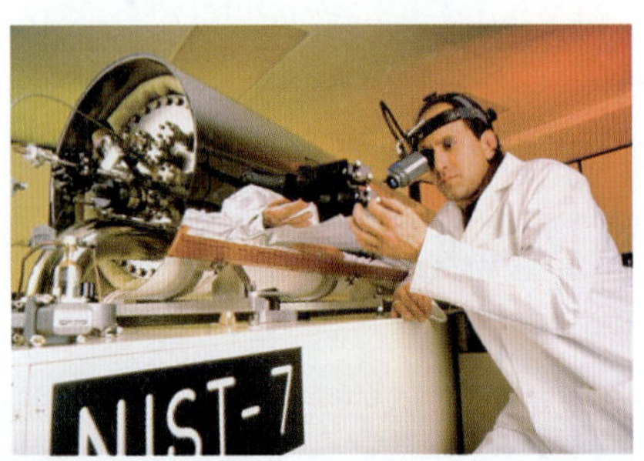

국가표준연구소의 원자 시계는 시간의 기본 표준이다.

는 미터 단위계라고도 한다.

운동을 이해하기 위해 필요한 모든 양들은 표 1.2에 나와 있는 3개의 기본적인 SI 단위로 표현된다. 미터/초 또는 m/s로 표현되는 속도는 길이 단위와 시간 단위의 비이다.

시간

1960년 이전의 시간의 표준은 **평균 태양일**에 기반을 두고 있었다. 시간 재는 정확도와 천문학 관측이 발전함에 따라 지구의 회전이 완벽하게 일정하지 않는다는 사실이 분명해졌다. 그 사이 물리학자들은 **원자 시계**라는 장치를 개발해왔다. 이 장치는 라디오파가 원자 내의 2개의 인접한 에너지 준위를 왔다 갔다 할 때, 원자에 흡수되는 라디오파의 진동수를 믿을 수 없을 정도로 정확하게 측정할 수 있다. 이 진동수는 세계의 많은 연구실에서 엄청난 정확도로 재현될 수 있다. 결론적으로, 시간의 국제 단위계는 1967년 다음과 같이 재정의되었다.

> 1초는 세슘-133 원자에 의해 흡수되는 라디오파의 9,192,631,770 진동에 필요한 시간이다. 초의 약어는 글자 s이다.

세계의 몇몇 라디오 방송국은 원자 시계와 직접 연결되어 있는 진동수의 신호를 방송한다. 이 신호가 시간 표준이며, 이 표준으로부터 우리가 사용하는 어떤 시간 재는 장비도 세부조절된 것이다.

길이

길이의 국제표준단위인 미터는 원래 북극에서 적도까지 파리를 지나는 선의 천만분의 1로 정의되었다. 이 정의를 구현하기에는 분명히 실제적인 어려움이 있다. 그래서 파리의 특별한 창고에 저장된 백금-이리듐 막대기의 두 눈금 사이의 거리로 바뀌었다. 현재의 정의는 1983년에 합의되어 다음과 같이 되어 있다.

> 1미터는 빛이 진공에서 1초의 1/299,792,458 동안 이동한 거리이다. 미터의 약어는 글자 m이다.

이것은 빛의 속력을 정확히 299,792,458 m/s로 정의하는 것과 동등하다. 많은 국가 연구소에서 이 정의를 구현하고 좀 더 사용하기 쉬운 2차 표준을 보정하는 데 레이저 기술을 사용한다. 이들 표준은 궁극적으로 여러분의 자 또는 미터 자가 된다. 어떤 측정 장치도 그것이 보정되어지는 신중함만큼 정확하다는 것을 마음에 새겨야 한다.

질량

원래 질량의 단위는 그램이었다. 그램은 물 1세제곱 센티미터의 질량이다. 이것이 우리가 물의 밀도가 1 g/cm^{3}라고 알고 있는 이유이다. 이 정의는 과학자들이 매우 정밀한 측정을 필요로 할 때 비실용적임이 드러났다. 질량의 국제 단위계(킬로그램)는 1889년 다시 정의되었다.

> **1킬로그램**은 파리에 보관되어 있는 잘 연마된 백금-이리듐 합금으로 만들어진 국제표준 킬로그램의 질량이다. 킬로그램의 약어는 kg이다.

킬로그램은 인공적으로 만들어진 물체에 의해 정의된 유일한 SI 단위이다. 접두사인 **킬로**가 있지만 국제 단위계는 그램이 아니라 킬로그램이다.

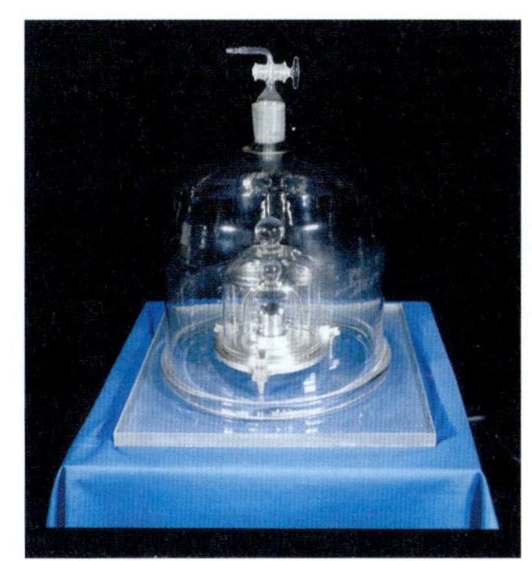

국제적인 동의에 의해 파리에 있는 이 금속 실린더는 킬로그램의 정의이다.

접두어 사용

우리는 1미터, 1초, 1킬로그램의 표준보다 훨씬 더 작은 양이나 훨씬 더 큰 길이, 시간, 질량을 사용하게 될 때가 많다. 우리는 다양한 10의 지수를 표시하기 위해 **접두어**를 사용함으로써 그렇게 할 것이다. 표 1.3은 이 책 전체를 통하여 종종 사용하게 될 공통의 접두어를 나열하고 있다. 기억하라! 과학에서 기계적인 암기로 기억할 것이 거의 없는데, 이 목록이 기억할 것들 중 하나이다. 더 많은 확장된 접두어들의 목록은 이 책의 앞표지 안쪽에 있다.

접두어는 양들에 대해서 논하는 것을 쉽게 만들어 주기는 하지만 국제표준단위는 미터, 초, 킬로그램이다. 접두어가 있는 단위로 주어진 양들은 계산하기 전에 국제표준단위로 변환해야만 한다. 단위 변환은 그림 표현의 부분으로, 문제의 초기에 하는 게 최상이다.

표 1.3 자주 사용하는 접두사

접두사	10의 지수	약어
기가(giga-)	10^9	G
메가(mega-)	10^6	M
킬로(kilo-)	10^3	k
센티(centi-)	10^{-2}	c
밀리(milli-)	10^{-3}	m
마이크로(micro-)	10^{-6}	μ
나노(nano-)	10^{-9}	n

단위 변환

국제 단위계가 우리의 표준이긴 하지만 미국이 영국 단위계를 사용한다는 것을 전적으로 잊을 수는 없다. 따라서 SI 단위계와 영국 단위계 사이를 서로 오고가면서 변환할 수 있어야 한다. 표 1.4는 몇몇 자주 사용하는 변환을 보여준다. 모른다면 기억하는 것이 좋다. 영국 단위계는 원래 왕의 발의 길이에 기반하고 있었지만 오늘날 1 in = 2.54 cm는 인치의 **정의**인 것을 주목하는 것은 흥미롭다. 즉, 길이의 영국 단위계는 미터에 기반한다!

표 1.4 유용한 단위 변환

1 in = 2.54 cm
1 mi = 1.609 km
1 mph = 0.447 m/s
1 m = 39.37 in
1 km = 0.621 mi
1 m/s = 2.24 mph

단위 변환을 하는 여러 가지 기술들이 있다. 한 가지 유효한 방법은 1에 해당하는 비율을 변환 인자로 적는 것이다. 예를 들면, 표 1.3과 1.4에 있는 정보를 사용하면,

$$\frac{10^{-6}\text{ m}}{1\ \mu\text{m}} = 1 \quad \text{그리고} \quad \frac{2.54\text{ cm}}{1\text{ in}} = 1$$

임을 안다. 어떤 표현이든지 1을 곱하는 것은 값의 변화가 없으므로, 이 비율들은 변환에 쉽게 이용될 수 있다. 3.5 μm를 변환하기 위해서

$$3.5\ \cancel{\mu\text{m}} \times \frac{10^{-6}\text{ m}}{1\ \cancel{\mu\text{m}}} = 3.5 \times 10^{-6}\text{ m}$$

로 계산한다. 비슷한 방식으로, 2피트를 미터로 바꾸는 것은

$$2.00\,\text{ft} \times \frac{12\,\text{in}}{1\,\text{ft}} \times \frac{2.54\,\text{cm}}{1\,\text{in}} \times \frac{10^{-2}\,\text{m}}{1\,\text{cm}} = 0.610\,\text{m}$$

이다. 원하는 값이 마지막에 남을 때까지 어떻게 분자와 분모에서 단위들이 약분되는지 주목하라. 모든 변환을 완성하는 데 필요한 횟수만큼 1을 곱하는 과정을 계속할 수 있다.

검토

문제 풀이로 점점 들어갈수록 문제에 대한 해답이 말이 되는지 안되는지 결정할 필요가 생길 것이다. 이것을 결정하기 위해서 적어도 SI 단위에 더 많은 경험을 쌓을 때까지, SI 단위계를 다시 영국 단위계로 변환해야 할 필요가 있을지도 모른다. 그런데 이 변환은 매우 정확할 필요는 없다. 예를 들면, 만약 자동차 속력에 관한 문제를 푸는 데 35 m/s라는 답을 얻었다면, 여러분이 정말 알고 싶은 것은 이 속력이 차의 실제 속력인지 아닌지이다. 그것은 아주 정확한 변환이 아니라, '빠르고 좀 부정확한' 변환을 필요로 한다.

표 1.5 대략적인 변환 인자. 문제 풀이가 아닌 검토에 사용한다.

$1\,\text{cm} \approx \frac{1}{2}\,\text{in}$
$10\,\text{cm} \approx 4\,\text{in}$
$1\,\text{m} \approx 1\,\text{yard}$
$1\,\text{m} \approx 3\,\text{feet}$
$1\,\text{km} \approx 0.6\,\text{mile}$
$1\,\text{m/s} \approx 2\,\text{mph}$

표 1.5는 문제에 대한 답을 평가하기 위해 사용되는 몇몇 대략적인 변환 인자를 보여준다. $1\,\text{m/s} \approx 2\,\text{mph}$를 사용하면, 35 m/s가 대략 70 mph라는 것을 알게 된다. 그리고 이 속력은 자동차 속력으로 타당하다. 그러나 계산 실수를 해서일지도 모를 350 m/s의 답은 700 mph가 되어 말이 되지 않는다. 이런 것을 연습하는 것은 미터 단위계에 대한 직관을 개발한다.

유효 숫자

늘 야기되는 어려움의 근원에 대해 몇 가지 말할 필요가 있다. 유효 숫자이다. 수학은 수와 관계가 원하는 만큼 정확해야 하는 학문이지만, 물리학은 모호한 실제 세계를 다룬다. 상황에 대해 알고 있는 것을 명확하게 진술하는 것은 과학과 공학에서 중요하다. 수는 지식을 특정하는 한 가지 방법을 제공한다.

만약 어떤 길이가 6.2 m라고 한다면, 함축된 뜻은 실제값은 6.15 m에서 6.25 m 사이의 값에 해당하고, 따라서 이 값이 6.2 m로 조정된 것이다. 만약 그렇다면, 단지 6 m라고 하는 것은 아는 것보다 더 적게 말하는 것이다. 반대로, 6.213 m라고 하는 것도 잘못이다. 여러분의 풀이를 검토하는 사람은 6.213이라는 숫자를 실제로 6.2125 m와 6.2135 m 사이의 숫자를 의미해서 6.213으로 근사한 것으로 해석하려고 할 것이다. 이 경우에는 실제 가지고 있지 않은 지식과 정보를 가지고 있다고 주장하는 셈이 된다.

아는 바를 정확하게 말하는 방법은 **유효 숫자**를 적절하게 사용하는 것이다. 유효 숫자는 믿을만하게 알려진 자릿수로 생각할 수 있다. 6.2 m와 같은 수는 다음 십진법의 자리인 0.01자리의 믿을만한 수가 알려져 있지 않으므로 2개의 유효 숫자를 가지

고 있다. **그림 1.24**가 보여주듯이, 어떤 수가 얼마나 많은 유효 숫자를 가지고 있는지 결정하는 가장 최선의 방법은 수를 과학적 표기법으로 쓰는 것이다.

그림 1.24 유효 숫자 결정하기

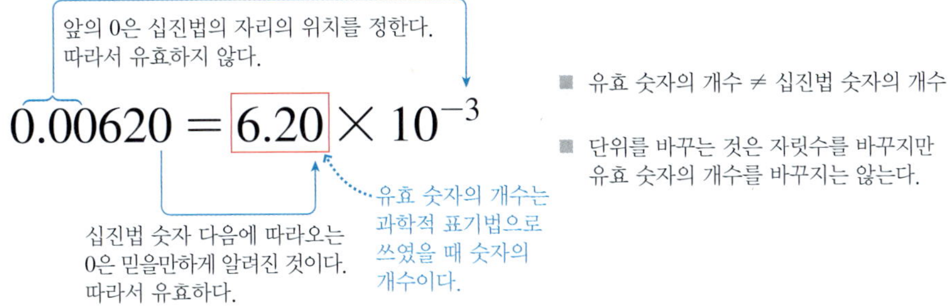

320 m나 20 kg 같은 숫자는 어떻게 해야 할까? 뒤따라오는 0들을 가진 전체 숫자는 과학적 표기를 쓰지 않는다면 모호하다. 그렇더라도 2.0×10^1 kg은 지루하고, 현실의 과학자나 공학자는 그렇게 쓰지 않을 것이다. 이 책에서는 뒤에 따라 오는 숫자가 0이더라도 **전체 숫자는 적어도 2개의 유효 숫자를 항상 갖는다**는 규칙을 사용할 것이다. 이 규칙에 의하면 320 m, 20 kg, 8000 s 등은 각각 2개의 유효 숫자를 갖고 있다. 그러나 8050 s는 3개를 갖고 있다.

숫자로 계산하는 것은 '가장 약한 고리' 법칙을 갖고 있다. 이 말은, 어쩌면 알지 모르지만, "체인은 가장 약한 고리만큼만 강하다"는 것이다. 만약 체인의 고리 10개 중에서 9개가 1000파운드의 무게를 버틸 수 있더라도, 열 번째 고리가 200파운드만 버티는 것이라면 1000파운드의 힘은 무의미하다. 계산에서 10개의 숫자 중 9개는 0.01%만큼의 정확도로 알려져 있다고 한다. 그러나 열 번째 숫자가 정확도 10%로 부정확하게 알려져 있다고 하면 계산 결과는 10%보다 더 정확할 수 없다.

풀이 전략 1.6

유효 숫자 사용하기

❶ 몇몇 숫자를 곱하거나 나눌 때, 혹은 제곱근을 구할 때, 답의 유효 숫자의 개수는 계산에 사용되는 **가장 최소로** 정확하게 알려진 숫자의 유효 숫자의 개수와 맞추어야 한다.

❷ 몇몇 숫자를 더하거나 뺄 때, 답의 소수점 아래 자리의 개수는 계산에 사용되는 어떤 숫자이든지 **가장 적은** 소수점 아래 자리에 맞추어야 한다.

❸ 정확한 숫자는 완벽히 알려져 있고, 답이 가져야 할 유효 숫자 개수에 영향을 주지 않는다. 정확한 숫자의 예는 원의 지름을 나타내는 공식 $C=2\pi r$에서 2와 π이다.

❹ 마지막 답이 적절한 유효 숫자의 개수를 가진 것으로 보고되는 한, 근사한 오차를 줄이기 위해, 중간 계산 과정 중에 1개나 2개 더 숫자를 유지하는 것은 받아들일 수 있다.

❺ 이 책의 예와 문제들은 보통 상황에 적당하다면 2개나 3개의 유효 숫자를 가진 자료를 제공할 것이다. **답에 대한 적당한 수의 유효 숫자는 제공된 자료에 의해 결정된다.**

예제 1.10 | 유효 숫자 사용하기

어떤 물체는 두 쪽으로 구성되어 있다. 한 조각은 6.47 kg으로 재어졌다. 알루미늄으로 만들어진 다른 조각의 부피는 4.44×10^{-4} m^3로 재어졌다. 참고서에 알루미늄의 밀도가 2.7×10^3 kg/m^3로 나와 있다. 물체 전체의 질량은 얼마인가?

풀이 먼저, 알루미늄으로 만들어진 물체의 질량을 계산한다.

$$m = (4.44 \times 10^{-4}\ m^3)(2.7 \times 10^3\ kg/m^3)$$
$$= 1.199\ kg = 1.2\ kg$$

곱의 유효 숫자의 개수는 가장 최소로 정확하게 알려진 숫자의 유효 숫자의 개수와 맞추어야 한다. 여기서는 2개의 유효 숫자를 가진 알루미늄의 밀도이다. 이제 두 질량을 더하면

$$\begin{array}{r} 6.47\ kg \\ +\ 1.2\ \ kg \\ \hline 7.7\ \ kg \end{array}$$

이다. 합은 7.67 kg이지만, 1/100자리 수는 믿을 수 없는데, 그 이유는 알루미늄으로 만들어진 물체의 질량이 이 숫자에서 믿을 수 있는 정보를 갖고 있지 않기 때문이다. 따라서 1.2 kg의 소수점 아래 숫사 하나로 근사해야 한다. 신뢰성을 가지고 최선으로 말할 수 있는 것은 전체 질량이 7.7 kg이라는 것이다.

유효 숫자의 적절한 사용은 과학과 공학의 '문화'의 한 부분이다. 여러분이 효과적으로 의사소통을 하기 위해서는 원주민과 같은 언어를 배워야만 하므로, 이러한 '문화적 주제'들을 종종 강조할 것이다. 대부분의 학생들은 고등학교 때 유효 숫자의 규칙을 배워서 알고 있다. 그러나 많은 학생들이 적용하는 것에 실패한다. 유효 숫자를 사용하는 이유를 이해하는 것과 그것을 적절하게 사용하는 습관을 들이는 것은 중요하다.

크기 자릿수와 추정

정확한 계산은 정확한 자료를 가지고 있을 때 적당하다. 그러나 많은 경우 매우 대략적인 추측값이 충분할 때가 많다. 돌 하나가 절벽에서 떨어지는 것을 보고 얼마나 빨리 돌이 땅에 닿을지 알고 싶다고 하자. 자동차나 자전거와 같이 익숙한 물체의 속도와 상식적으로 비교함으로써 돌이 '약' 20 mph로 떨어질 것이라고 판단할지도 모른다.

이것은 유효 숫자 하나의 추정값이다. 여러분은 아마도 20 mph를 10 mph나 30 mph와 구분할 수 있을 것이다. 그러나 20 mph와 21 mph를 구분할 수 없을 것이다. 유효 숫자 하나로 추정하거나 계산하는 것을 **크기 자릿수 추정**(order-of-magnitude estimate)이라고 한다. 크기 자릿수 추정은 기호 ~로 표시하는데, 이것은 '근사적으로 같은'이라는 기호 ≈보다는 정확도가 떨어지는 것을 의미한다. 따라서 돌의 속력을 $v \sim 20$ mph라고 말할 수 있다.

유용한 기술은 알려진 정보, 간단한 추론, 그리고 상식에 기반하여 믿을만한 추정을 하는 것이다. 이것은 연습에 의해 획득되는 기술이다. 이 책의 많은 장은 여러분에게 크기 자릿수 추정을 하라고 하는 숙제 문제를 낼 것이다. 다음 예제는 전형적인 추정 문제이다.

표 1.6과 1.7은 추정을 하는 데 유용한 정보를 갖고 있다.

표 1.6 몇몇 근사한 거리

	길이(m)
제트 비행기의 고도	10,000
캠퍼스의 종단 거리	1000
미식축구 경기장의 길이	100
교실의 길이	10
팔의 길이	1
책의 폭	0.1
손톱의 길이	0.01

표 1.7 몇몇 근사한 질량

	질량(kg)
작은 차	1000
성인	100
중형 개	10
과학 책	1
사과	0.1
연필	0.01
건포도	0.001

예제 1.11 | 단거리 선수의 속력 추정하기

100 m 달리기의 결승선을 통과하는 올림픽 단거리 달리기 선수의 속력을 추정하시오.

풀이 우리는 하나의 정보를 필요로 한다. 그러나 스포츠에서는 사소한 것으로 널리 알려져 있다. 다시 말하면, 세계 정상급 단거리 달리기 선수들은 100 m 달리기를 10 s에 주파한다. 그들의 **평균 속력**은 $v_{avg} \approx (100\text{ m})/(10\text{ s}) = 10\text{ m/s}$이다. 그러나 이것은 평균에 불과하다. 그들은 출발 초기에는 평균보다 느리게 가고, 평균보다 더 빠른 속력으로 결승선을 통과한다. 얼마나 더 빠른가? 20 m/s를 두 배 하면 $\approx$40 mph가 될 것이다. 단거리 선수들은 40 mph 차와 같이 빠르게 움직이는 것 같지 않다. 따라서 이는 너무 빠르다. 선수들의 최종 속력을 평균보다 50% 더 빠르다고 **추정**하자. 그렇다면 선수들은 결승선을 $v \sim 15\text{ m/s}$로 통과한다.

서술형 질문

1. 다음 숫자들은 각각 얼마나 많은 유효 숫자를 가지고 있는가?
   a. 9.90 b. 0.99 c. 0.099 d. 99

2. 그림 Q1.2의 입자는 가속하고 있는가? 감속하고 있는가? 그것을 구분할 수 있겠는가? 설명하시오.

그림 Q1.2

3. 그림 Q1.3이 표현하는 물체의 a_x는 양인가 음인가? 설명하시오.

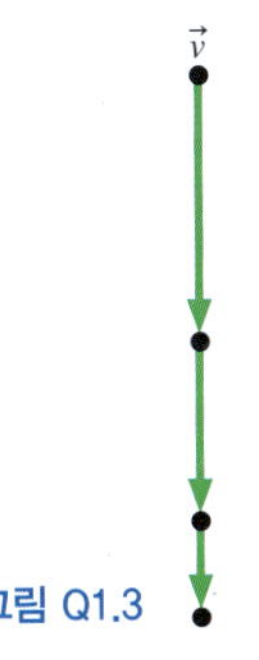

그림 Q1.3

4. 그림 Q1.4의 물체의 위치, 속도, 가속도의 부호를 판별하시오.

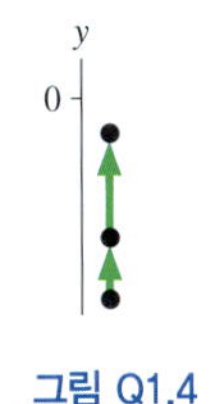

그림 Q1.4

연습문제

연습

1.1 운동 도형

1. | 자동차가 도로에 있는 물체에 부딪히지 않기 위해서 멈추려고 브레이크를 밟는다. 자동차가 미끄러져서 멈출 때까지 비디오에서 얻은 이미지를 이용하여 기본적인 운동 도형을 그리시오.

2. | 제트 스키 경주를 관람하고 있다. 한 경주자가 정지 상태에서 몇 초 사이에 70 mph로 가속하고, 그 다음 등속 운동을 한다. 최고 속력이 되기 10초 전부터 최고 속력에 이른 후 10초 후까지 비디오에서 얻은 이미지를 이용하여 기본적인 운동 도형을 그리시오.

1.2 모형 및 모형화

1.3 위치, 시간, 변위

1.4 속도

3. | 3층 높이의 발코니에서 축구공을 떨어뜨린다. 입자 모형을 이용하여 공을 떨어뜨린 순간부터 지면에 닿는 순간까지 공의 위치와 평균 속도를 보여주는 운동 도형을 그리시오.

4. | 소프트볼 선수가 2루에 슬라이딩하고 있다. 입자 모형을 이용하여 선수가 슬라이딩할 때부터 2루에 다다를 때까지 선수의 위치와 평균 속도를 보여주는 운동 도형을 그리시오.

1.5 선가속도

5. | 그림 EX1.5는 운동 도형의 5개의 점을 보여준다. 풀이 전략 1.3을 이용하여 점 1, 2, 3에서의 평균 가속도 벡터를 구하시오. 속도 벡터와 가속도 벡터를 보여주는 완전한 운동 도형을 그리시오.

그림 EX1.5

6. || 그림 EX1.6은 운동 도형의 두 점과 벡터 $\vec{v}_2$를 보여준다. 이 그림을 복사해서 (a) 가속도 벡터가 오른쪽을 향하도록 점 4와 $\vec{v}_3$를 그리고, (b) 왼쪽을 향하도록 점 4와 $\vec{v}_3$를 그리시오.

그림 EX1.6

7. | 자동차가 왼쪽 방향으로 몇 초 동안 일정한 속력으로 운동하다가 정지 신호를 보고 멈춘다. 자동차의 완전한 운동 도형을 그리시오.

8. | 접힌 종이를 고무줄로 연직 위로 발사한다. 접힌 종이가 당겨진 고무줄에서 떠나 최대 높이로 갈 때까지 완전한 운동 도형을 그리시오.

9. | 3층 높이의 발코니에서 테니스공을 떨어뜨린다. 공은 지면에서 튕겨서 2층 높이까지 올라간다. 테니스공이 손을 떠나 튀었을 때 최대 높이까지 올라가는 동안 완전한 운동 도형을 그리시오. 맨 아래 점에서 가속도를 정하고 보이는 것을 확실히 하시오.

1.6 1차원 운동

10. | 그림 EX1.10이 실제 일어날 수 있는 위치-시간 그래프이므로 이 실제 물체를 짧게 기술하는 것을 작성해보시오.

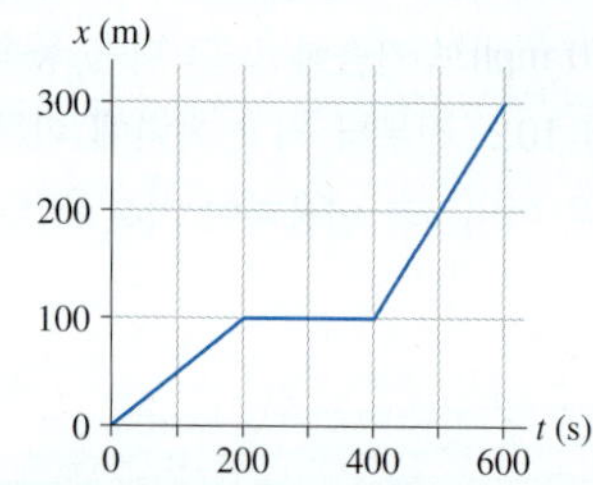

그림 EX1.10

1.7 물리학에서 문제 풀기

11. | 다음 문제의 그림 표현을 그리시오. 문제를 풀 필요는 없다. 신호가 녹색이 되어, 자전거 타는 사람이 앞으로 1.5 m/s^{2}의 가속도로 출발한다. 7.5 m/s의 속도가 되기 위해서 얼마나 가야 하는가?

1.8 단위와 유효 숫자

12. | 다음 수의 유효 숫자의 개수는 몇 개인가?
    a. 0.05×10^{-4}　　b. 0.00340
    c. 7.2×10^4　　d. 103.00

13. | 다음을 SI 단위로 변환하시오.
    a. 60 in　　b. 1.45×10^6 yr
    c. 50 ft/day　　d. 2.0×10^4 mi^2

14. | 표 1.5의 적당한 변환 인자를 이용하여 계산기를 사용하지 말고 다음을 SI 단위로 변환하시오.
    a. 20 ft　　b. 60 mi　　c. 60 mph　　d. 8 in

15. | 올바른 유효 숫자의 개수로 다음 계산을 수행하시오.
    a. 159.31×204.6　　b. $5.1125 + 0.67 + 3.2$
    c. $7.662 - 7.425$　　d. $16.5/3.45$

16. | 전신주의 높이를 추정하시오. ft와 m로 답하시오. 이 추정을 어떻게 했는지 간단히 기술하시오.

17. | 포유류의 모터 뉴런은 뇌로부터 뼈근육까지 25 m/s의 속력으로 신호를 보낸다. 뇌에서 팔까지 신호를 보내는 데 얼마나 시간이 걸리는지 추정하여 ms로 나타내시오.
BIO

문제

문제 18부터 22까지 완벽한 그림 표현을 그리시오. **문제를 풀거나 수학 계산을 할 필요는 없다.**

18. | 제트 비행기가 300 m/s로 등속 운동을 하고 있었다. 이때 조종사가 최대 속력으로 비행하기 위해 급격히 엔진을 조작하였다. 4.0 km를 이동한 후, 비행기는 400 m/s의 속력이 되었다. 가속하는 동안 비행기의 가속도는 얼마인가?

19. | 천장에 물을 뿌리고 싶다. 물의 속력은 10 m/s이다. 3.0 m 위의 천장에 닿기까지 얼마나 시간이 걸리겠는가?

20. | 산타가 발을 헛디뎌 30° 기울어진 지붕 위를 미끄러진다. 산타가 끝에 도달하기까지 10 m 이동하였다면 지붕에서 떨어질 때 산타의 속력은 얼마인가?

21. | 30 m/s로 달리던 자동차가 10°의 경사면 위로 가는 도중 연료가 떨어졌다. 뒤로 밀리기 전에 자동차는 얼마나 멀리 언덕 위쪽으로 이동할 수 있겠는가?

22. ‖ 데이비드는 티나를 지날 때 30 m/s의 일정한 속력으로 운전하고 있었다. 티나는 정지해 있다가 데이비드가 지나가는 순간부터 일정한 가속도 2.0 m/s^{2}로 가속한다. 티나가 데이비드를 따라잡으려면 얼마만큼 이동해야 하는가?

문제 23부터 24까지는 운동 도형을 보여준다. 각각의 문제에 대해 이런 운동 도형을 가질 수 있는 **실제 물체**에 대한 '이야기'를 만들어 보시오. 여러분의 이야기는 사람이나 물체를 이름으로 말하고 그들이 무엇을 하는지 말해야 한다. 문제 18부터 22까지는 이런 짧은 운동 이야기의 예들이다.

23. |

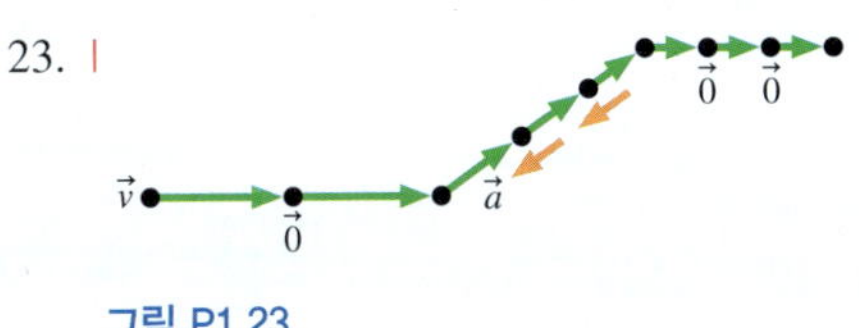

그림 P1.23

24. |

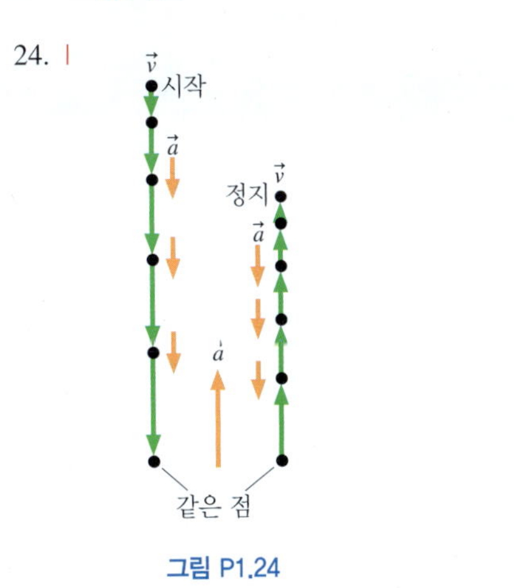

그림 P1.24

문제 25부터 26까지는 운동 도형의 일부를 보여준다. 각각에 대해서

a. 가속도 벡터를 추가하여 완전한 운동 도형을 그리시오.
b. 이것이 올바른 운동 도형이 되도록 물리 문제를 만드시오. 창의적으로 해보시오. 문제를 완전히 하기 위해 충분한 정보를 포함시키고, 구해야 할 것을 명확하게 진술하시오.
c. 문제에 해당하는 그림 표현을 그리시오.

25.

그림 P1.25

26.

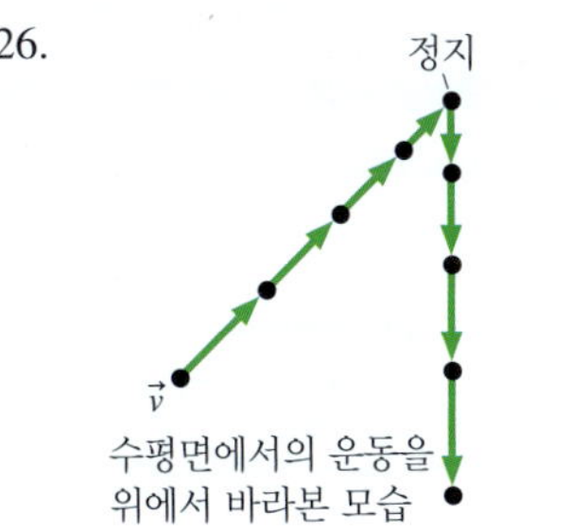

그림 P1.26

27. | 국제 규격의 축구 경기장은 길이가 50 m에서 55 m여야 하고, 폭은 32 m에서 37.5 m여야 한다. 축구장의 가장 큰 넓이와 가장 작은 넓이는 무엇인가?

28. ‖ 지름 5 cm인 실린더의 길이가 12 cm이다. 실린더의 부피는 SI 단위로 얼마인가?

29. ‖ 질량 밀도는 어떤 물질의 단위 부피당 질량이다. 다음 물체의 질량 밀도는 SI 단위로 얼마인가?
a. 질량이 0.15 kg인 210 cm^{3}의 고체
b. 질량 70 g인 90 cm^{3}의 액체

30. | 그림 P1.30이 실제로 일어날 수 있는 위치-시간 그래프가 되도록 실제 물체로 짧은 기술을 적어보시오.

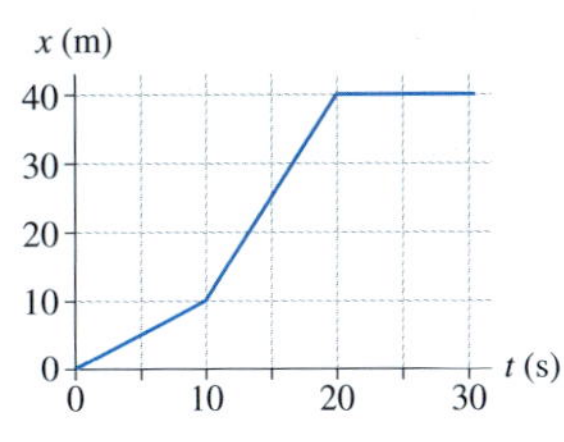

그림 P1.30

2 1차원 운동학
Kinematics in One Dimension

일본이 만든 '총알 열차'는 천천히 가속하지만 300 km/h의 속력에 이를 때까지 일정하게 가속한다.

이 장에서는 직선을 따라서 일어나는 운동에 관한 문제들을 푸는 법을 배운다.

운동학이란 무엇인가?

운동학이란 운동의 수학적인 기술이다. 직선 상의 운동부터 시작한다. 주된 도구들은 물체의 위치, 속도, 가속도이다.

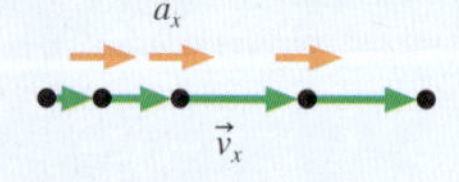

« 되돌아보기: 1.4~1.6절 속도, 가속도, 그리고 부호에 관한 풀이 전략 1.4

운동학에서 그래프는 어떻게 사용되는가?

그래프는 매우 중요한 운동의 시각적 표현이다. 그리고 '그래프적으로 사고하는 것'을 배우는 것은 우리의 목표 중 하나이다. 여기서는 어떻게 위치, 속도, 가속도가 시간에 따라 변하는지 보여주는 그래프들을 학습한다. 이 그래프들은 서로 연관되어 있다.

- 속도는 위치 그래프의 기울기이다.
- 가속도는 속도 그래프의 기울기이다.

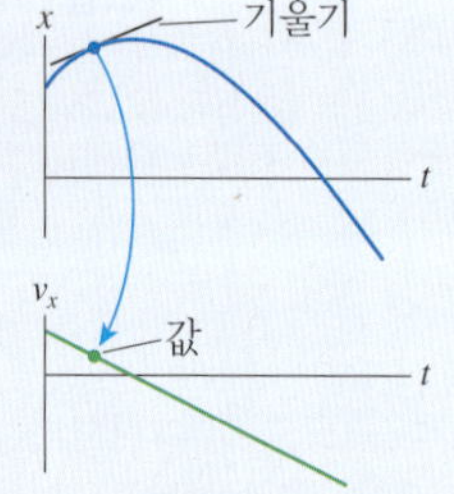

운동학에서 미적분학은 어떻게 사용되는가?

운동은 변화이고, 미적분학은 어떤 양의 변화율을 기술하기 위한 수학적인 도구이다. 다음을 알게 될 것이다.

- 속도는 위치의 시간에 대한 미분이다.
- 가속도는 속도의 시간에 대한 미분이다.

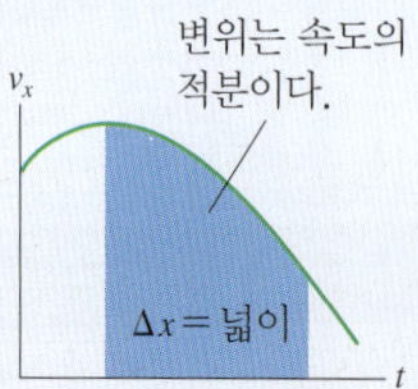

모형은 무엇인가?

모형은 많은 세부 사항을 무시하면서 중요한 특징들에 초점을 맞추는 상황에 대하여 간략하게 기술하는 것이다. 모형은 복잡한 상황을 모두 동일한 근본적인 물리라는 공통 주제의 변형으로 보게 하여 그런 복잡한 상황을 우리가 이해하도록 해준다.

모형 2.1

이렇게 생긴 모형 상자를 책 전체에서 찾아보라.

- 핵심 그림
- 핵심 수식
- 모형의 한계

자유낙하란 무엇인가?

자유낙하는 중력의 영향만 받는 운동이다. 자유낙하는 글자 그대로 '낙하'만은 아니다. 왜냐하면 자유낙하는 연직 상방으로 던져진 물체나 포물체에도 적용되기 때문이다. 놀랍게도 자유낙하하는 모든 물체는 그 물체의 질량과 관계없이 같은 가속도를 갖는다. 마찰이 없는 경사면에서의 운동은 자유낙하 운동과 밀접한 관련이 있다.

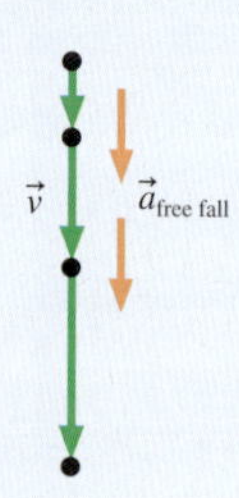

어떻게 운동학을 사용할까?

이 장에서 배울 운동방정식들은 이 책 전체에서 사용될 것이다. I부에서는 물체의 운동이 어떻게 물체에 작용하는 힘과 관련되는지 알게 될 것이다. 나중에 이 운동방정식들은 파동 운동과 전자기장에서 전하를 띤 입자의 운동에 적용될 것이다.

2.1 등속 운동

가능한 가장 단순한 운동은 물체가 직선을 따라가면서 속력이 일정하고 변하지 않는 운동이다. 이를 **등속 운동**(uniform motion)이라고 한다. 속도는 속력과 방향의 결합이므로 **등속 운동은 일정한 속도를 가진 운동이다.**

그림 2.1은 등속 운동 상태에 있는 물체의 운동 도형을 보여준다. 예를 들면 이것은 정확하게 일정한 속도 5 m/s(≈ 10 mph)로 직선을 따라 자전거를 타고 가는 여러분일 수도 있다. 모든 변위가 얼마나 정확하게 같은지 주목하라. 이것은 등속 운동의 특징이다.

그림 2.1 등속 운동의 운동 도형과 위치 그래프

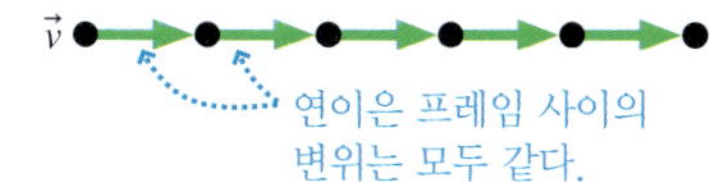

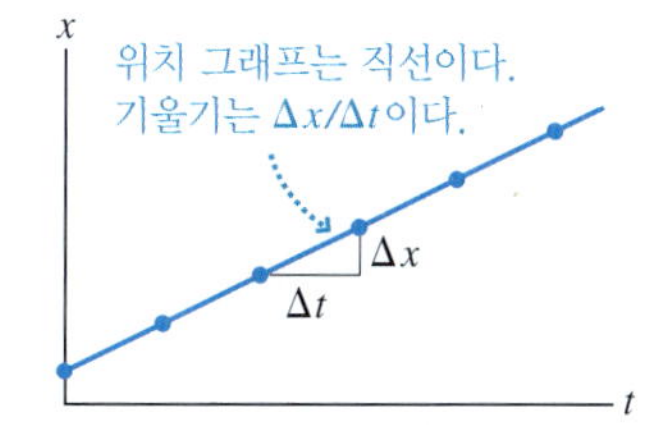

만약 위치-시간 그래프를 만든다면(위치는 수직축에 그리는 것을 기억하라), 그것은 직선이 된다. 사실 **어떤 물체가 등속 운동을 한다는 것의 또 다른 정의는 위치-시간 그래프가 직선**이라는 것이다.

« 1.4절에서 물체의 **평균 속도**(average velocity)를 $\Delta\vec{r}/\Delta t$로 정의했다. 1차원 운동에서 이것은 단순히 $\Delta x/\Delta t$(수평 운동에 대해서) 또는 $\Delta y/\Delta t$(수직 운동에 대해서)이다. 그림 2.1에서 Δx와 Δt는 위치 그래프에서 각각 얼마나 '올라가는지'와 얼마나 '오른쪽으로 가는지'를 나타냄을 알 수 있다. 올라가는 것과 오른쪽으로 가는 것의 비율이 직선의 기울기이므로, 평균 속도는

$$v_{\text{avg}} \equiv \frac{\Delta x}{\Delta t} \quad \text{또는} \quad \frac{\Delta y}{\Delta t} = \text{위치-시간 그래프의 기울기} \qquad (2.1)$$

이다. 다시 말하면, **평균 속도는 위치-시간 그래프의 기울기이다.** 속도는 '마일/시간'과 같이 '길이/시간'의 단위를 갖는다. 속도의 SI 단위는 초당 미터(m/s)이다.

직선 그래프의 일정한 기울기는 등속 운동에서 속도가 일정하다는 것을 알 수 있게 하는 또 다른 방법이다. 변하지 않는 속도에 대해서 '평균'을 정하는 것은 실제로는 불필요하다. 따라서 아래 첨자를 없애고 평균 속도를 v_x 또는 v_y로 언급하겠다.

물체의 **속력**(speed) v는 방향에 관계없이 물체가 얼마나 빠르게 움직이는지를 말해주는 양이다. 이것은 단순히 $v = |v_x|$ 또는 $v = |v_y|$이다. 즉 물체의 속도의 크기나 절댓값이다. 속력을 가끔씩 사용하겠지만 운동에 대한 수학적 분석은 속력이 아니라 속도에 기반한다. v_x나 v_y에 있는 아래 첨자는 1차원일지라도 속도가 벡터임을 상기시켜주는 중요한 기호이다.

예제 2.1 | 속도 그래프를 위치 그래프와 연관시키기

그림 2.2는 자동차의 위치-시간 그래프이다.

a. 자동차의 속도-시간 그래프를 그리시오.

b. 자동차의 운동을 기술하시오.

핵심 각각의 시간에 위치를 잘 정의하도록 자동차를 입자로 모형화한다.

시각화 그림 2.2는 그림 표현이다.

(계속)

그림 2.2 위치-시간 그래프

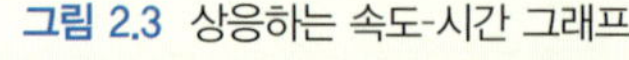

그림 2.3 상응하는 속도-시간 그래프

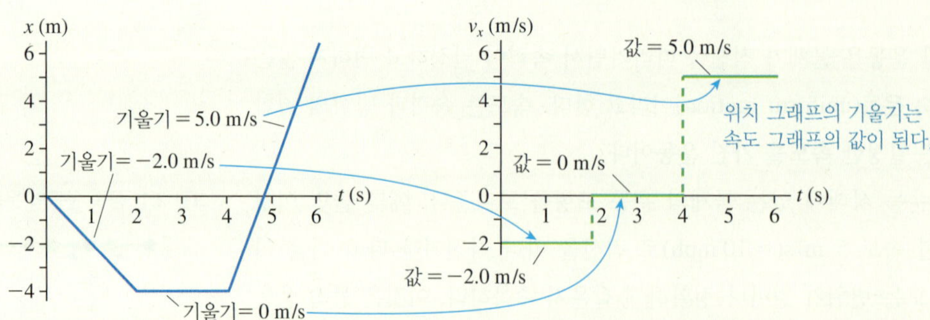

풀이 a. 자동차의 위치-시간 그래프는 3개 직선이 순서대로 나열된 것이다. 각각의 직선은 등속도로 운동하는 등속 운동을 표현한다. 직선의 기울기를 측정함으로써 각각의 구간에서 자동차의 속도를 결정할 수 있다.

위치 그래프는 아래 방향을 향하는 기울기를 가진 것으로부터 시작한다. 즉, 음의 기울기이다. 첫 2.0 s 동안 자동차가 4.0 m의 거리를 움직이지만, 그것의 변위는 다음과 같다.

$$\Delta x = x_{\text{at 2.0 s}} - x_{\text{at 0.0 s}} = -4.0\ \text{m} - 0.0\ \text{m} = -4.0\ \text{m}$$

이 변위에 대한 시간 간격은 $\Delta t = 2.0$ s이다. 따라서 이 구간에서의 속도는

$$v_x = \frac{\Delta x}{\Delta t} = \frac{-4.0\ \text{m}}{2.0\ \text{s}} = -2.0\ \text{m/s}$$

이다. 자동차 위치는 $t = 2$ s에서 $t = 4$ s까진 변하지 않는다($\Delta x = 0$). 따라서 $v_x = 0$이다. 마지막으로 $t = 4$ s에서 $t = 6$ s 사이의 변위는 $\Delta x = 10.0$ m이다. 따라서 이 구간에서의 속도는

$$v_x = \frac{10.0\ \text{m}}{2.0\ \text{s}} = 5.0\ \text{m/s}$$

이다. 이들 속도는 그림 2.3의 속도-시간 그래프에 나타나 있다.

b. 자동차는 2 s 동안 2.0 m/s의 속력으로 후진하고, 2 s 동안 정지해 있다가, 적어도 2 s 동안 전진한다. $t > 6$ s에는 어떤 일이 일어날지 그래프로는 알 수 없다.

검토 속도 그래프와 위치 그래프는 완전히 다르다. 어떤 시간에서도 속도 그래프의 값은 위치 그래프의 기울기와 같다.

예제 2.1은 몇몇 강조할 만한 가치가 있는 점들을 야기한다.

풀이 전략 2.1

위치-시간 그래프의 해석

❶ 더 많이 기울어진 기울기는 더 빠른 속력에 해당한다.

❷ 음의 기울기는 음의 속도에 해당한다. 따라서 왼쪽으로(혹은 아래로) 가는 운동이다.

❸ 기울기는 간격들 사이의 비율 $\Delta x/\Delta t$이고, 좌표들의 비율이 아니다. 다시 말하면 기울기는 단순히 x/t가 아니다.

등속 운동의 수학

운동의 물리는 물체가 x축을 따르든지 y축을 따르든지 또는 어떤 직선을 따르든지 관계없이 동일하다. 따라서 s축이라 부를 '일반적인 축'에 대해 수식을 적는 것이 편리할 것이다. 물체의 위치는 기호 s로 표현되고, 속도는 v_s로 표현될 것이다.

그림 2.4에 나오는 직선 위치-시간 그래프로 s축을 따라 등속 운동을 하는 물체를 생각해보자. 물체의 **초기 위치**(initial position)는 시간 t_i일 때 s_i이다. 초기 위치라는 말은 분석이 시작하는 점이나 어떤 문제에서 시작하는 점을 말한다. 물체는 t_i 이전에 운동 상태에 있을 수도 있고 아닐 수도 있다. 분석이 끝나는 나중 시간 t_f에 물체의 **최종 위치**(final position)는 s_f이다.

s축에 따른 물체의 속도 v_s는 그래프의 기울기를 알아냄으로써 결정된다.

$$v_s = \frac{\text{올라간 양}}{\text{나아간 양}} = \frac{\Delta s}{\Delta t} = \frac{s_f - s_i}{t_f - t_i} \tag{2.2}$$

식 (2.2)는 쉽게 재배열하여 다음과 같이 쓸 수 있다.

$$s_f = s_i + v_s \Delta t \qquad \text{(등속 운동)} \tag{2.3}$$

식 (2.3)은 소요되는 시간 Δt가 증가함에 따라 물체의 위치가 선형적으로 증가함을 말해준다. 일직선 위치 그래프에서 알 수 있는 것과 정확히 동일하게 말이다.

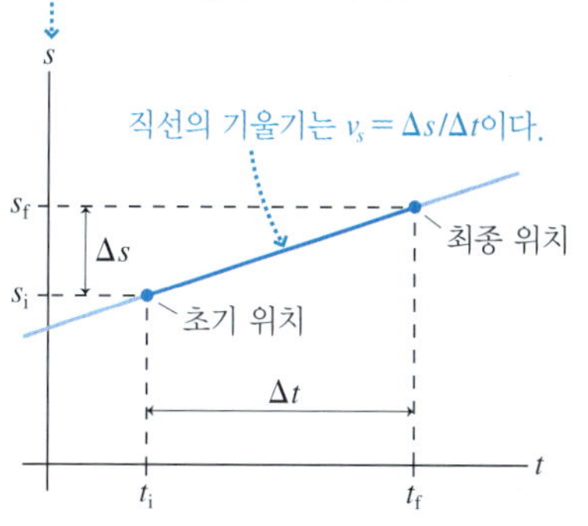

그림 2.4 속도를 위치-시간 그래프의 기울기로부터 알 수 있다.

등속 운동 모형

1장에서 소개된 바와 같이 **모형**은 실제의 단순화된 그림이지만 공부하고자 하는 핵심을 여전히 잘 담아낸다. 실제로 정확하게 등속도로 움직이는 물체는 거의 없다. 그럴지라도, 그것의 운동을 등속이라고 모형화하는 것이 충분히 합리적인 경우가 많다. 즉, 등속 운동은 물체의 실제 복잡한 운동의 아주 좋은 근사이다. **등속 운동 모형**(uniform-motion model)은 글, 그림, 그래프, 수식의 표현들의 일관된 집합이다. 이는 물체의 운동을 설명하고, 미래의 어느 시점에 물체가 어디 있을지 예측하도록 해준다.

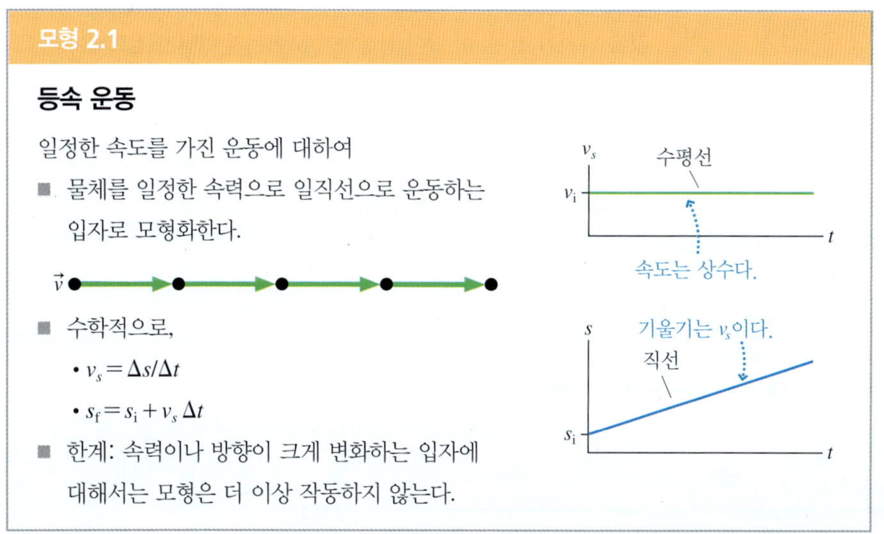

모형 2.1

등속 운동

일정한 속도를 가진 운동에 대하여

- 물체를 일정한 속력으로 일직선으로 운동하는 입자로 모형화한다.

- 수학적으로,
  - $v_s = \Delta s/\Delta t$
  - $s_f = s_i + v_s \Delta t$
- 한계: 속력이나 방향이 크게 변화하는 입자에 대해서는 모형은 더 이상 작동하지 않는다.

예제 2.2 클리블랜드에서의 점심식사?

밥은 9:00 AM에 시카고에 있는 집을 떠나 동쪽으로 60 mph의 속도로 운전한다. 수잔은 시카고에서 동쪽으로 400마일 떨어진 피츠버그에서 같은 시간에 떠나 40 mph로 서쪽으로 이동한다. 점심시간에 그들은 어디에서 만나게 될까?

핵심 이 예제에서 처음으로 문제 풀이 전략 네 가지를 모두 사용한다. 먼저, 밥과 수잔의 차를 등속 운동하는 것으로 모형화한다. 그들의 실제 운동은 분명히 좀 더 복잡할 것이다. 그러나 긴 운전을 하게 되는 그들의 운동을 일정한 속력의 직선 운동으로 근사하는 것은 합리적이다.

시각화 그림 2.5는 그림 표현을 보여준다. 운동 도형에서 점들 사이의 동일한 간격은 운동이 등속이라는 것을 말해준다. 주어진 정보를 검토함에 있어 9:00 AM이라는 시작 시간이 문제에 관여하지 않는다는 것을 깨닫는다. 따라서, 초기 시간을 단순히 $t_0 = 0$ h로 선택한다. 밥과 수잔은 반대 방향으로 이동하므로 둘 중 한 명의 속도는 음수여야 한다. 밥이 원점에서 출발하여 오른쪽(동쪽)으로 이동하고, 반면 수잔은 왼쪽(서쪽)으로 이동하는 좌표계를 선택했다. 따라서 수잔은 음의 속도를 갖는다. 운동 중의 각각의 점에서 어떻게 위치, 속도, 시간 기호를 부여했는지 주목하라. 문제에서 다른 점들은 구별하고, 밥의 기호를 수잔의 기호와 구분하기 위해 어떻게 아래 첨자가 사용되었는지에 특별히 주의를 기울여라.

그림 표현의 목적은 알아야 할 것이 무엇인지 잘 설정하는 일이다. 밥과 수잔은 같은 시간 t_1에 같은 위치에 있을 때 만난다. 따라서 $(x_1)_B = (x_1)_S$일 때, $(x_1)_B$를 구하고 싶다. 여기서 $(x_1)_B$와 $(x_1)_S$는 밥과 수잔의 위치이며, 이 위치들은 그들이 만났을 때 동일하고, 이동한 거리를 나타내는 것이 아니다.

풀이 수학 표현의 목적은 그림 표현에서 문제의 수학적 답을 구하는 것이다. 수잔과 밥이 만나는 시간 t_1에 밥과 수잔의 위치를 알아내기 위하여 식 (2.3)을 이용하는 것부터 시작한다.

$$(x_1)_B = (x_0)_B + (v_x)_B(t_1 - t_0) = (v_x)_B t_1$$
$$(x_1)_S = (x_0)_S + (v_x)_S(t_1 - t_0) = (x_0)_S + (v_x)_S t_1$$

두 가지를 주목하라. 먼저 식 (2.3)을 완전히 적으며 시작했다. 그러고 난 뒤에 0으로 주어진 항들을 없애어 간략하게 했다. 이 과정을 따른다면 우발적인 실수들을 덜 하게 될 것이다. 다음으로, 일반적인 기호 s를 특정한 수평 위치 기호 x로 대체하였고, 일반적인 아래 첨자 i와 f를 그림 표현에서 정의한 특정한 기호 0과 1로 대체하였다. 이것 또한 문제를 푸는 좋은 기술이다.

밥과 수잔이 만난다는 조건은

$$(x_1)_B = (x_1)_S$$

이다. 위의 두 식을 이 식에 대입하면

$$(v_x)_B t_1 = (x_0)_S + (v_x)_S t_1$$

이 되고, t_1에 대해서 식을 풀면, 그들이 만나는 시간 t_1은 다음과 같다.

$$t_1 = \frac{(x_0)_S}{(v_x)_B - (v_x)_S} = \frac{400 \text{ miles}}{60 \text{ mph} - (-40) \text{ mph}} = 4.0\text{시간}$$

마지막으로 t_1값을 $(x_1)_B$에 대한 식에 대입하여 $(x_1)_B$를 구한다.

$$(x_1)_B = \left(60 \frac{\text{miles}}{\text{hour}}\right) \times (4.0 \text{ hours}) = 240 \text{ miles}$$

1장에 언급했듯이, 이 책은 모든 자료가 비록 뒤에 나오는 0이 있더라도 적어도 2개의 유효 숫자만큼 유효하다고 가정할 것이다. 따라서 400마일, 60 mph, 40 mph는 각각 2개의 유효 숫자를 가지고 있고, 따라서 2개의 유효 숫자까지 결과를 계산했다.

240마일이 하나의 숫자이지만, 질문에 대한 답은 아니다. '240마일'이라는 말 자체는 그 자체로 아무 의미 없다. 이것은 밥의 위치의 값이고, 밥은 오른쪽으로 운전했으므로, 문제에 대한 답은 "그들은 시카고에서 동쪽으로 240마일 떨어진 곳에서 만난다."이다.

검토 마치기 전에, 이 답이 합당하게 보이는지 아닌지 검토해야 한다. 우리는 분명히 0과 400마일 사이의 값을 기대했다. 또한 밥이 수잔보다 빠르게 운전하는 것을 알기 때문에 그들이 만나는 지점이 시카고와 피츠버그의 중간점보다 오른쪽일 것이라고 예상했다. 따라서 240마일은 합당해 보인다.

그림 2.5 예제 2.2의 그림 표현

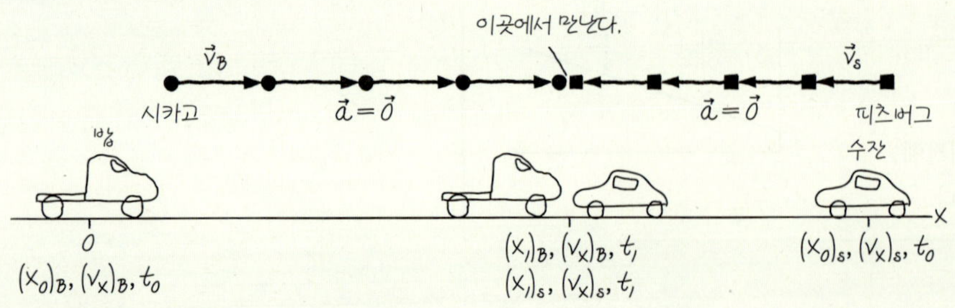

이 예제를 그래프의 관점에서 바라보는 것도 유익하다. 그림 2.6은 밥과 수잔의 위치-시간 그래프를 보여준다. 수잔의 그래프가 음의 속도를 나타내는 기울기를 가진 것을 주목하라. 흥미로운 점은 두 직선의 교점이다. 이것이 밥과 수잔이 같은 시간에 같은 위치를 갖는 점이다. $(x_1)_B$와 $(x_1)_S$를 같게 놓은 풀이 방법은 실제로 두 직선의 교점을 구하는 수학 문제를 푸는 것에 지나지 않는다. 이 과정은 2개 물체가 움직이는 여러 문제에서 유용하다.

그림 2.6 밥과 수잔의 위치-시간 그래프

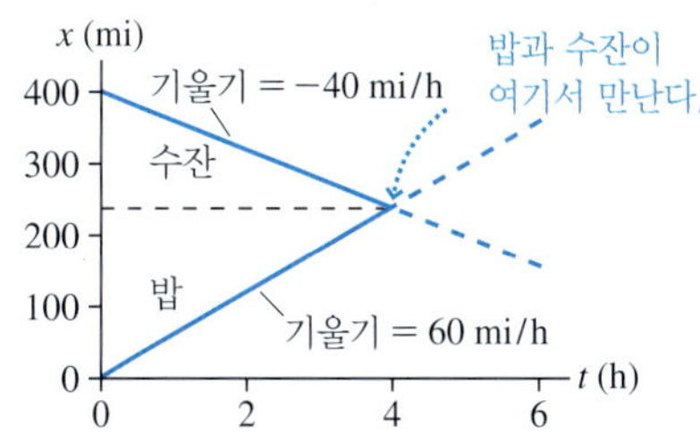

2.2 순간 속도

등속 운동은 간단하다. 그러나 물체들이 등속으로 오랫동안 가는 것은 흔하지 않다. 시간에 따라 속도가 변화하는 것이 훨씬 일반적이다. 예를 들면 그림 2.7은 교통 신호가 녹색으로 바뀐 후 가속하는 차의 운동 도형과 위치 그래프이다. 자동차의 변위가 점점 더 커질수록 그래프를 위쪽으로 휘게 하면서 속도 벡터의 크기가 어떻게 증가하는지 주목하라.

만약 자동차의 속도계를 유심히 보고 있다면, 속도계가 0 mph에서 10 mph로, 또 20 mph 등으로 증가하는 것을 볼 것이다. 어느 순간일지라도, 속도계는 **그 순간** 차가 얼마나 빨리 가고 있는지 말해준다. 만약 방향에 대한 정보를 포함시킨다면, 주어진 시간에 물체의 속도인 **순간 속도**(instantaneous velocity)(속력과 방향)를 정의할 수 있다.

등속 운동에 대해서 직선 위치 그래프의 기울기가 물체의 속도이다. 그림 2.8은 순간 속도와 휘어진 위치 그래프의 기울기 사이에 비슷한 관련성이 있음을 보여준다.

그림 2.7 가속하고 있는 자동차의 운동 도형과 위치 그래프

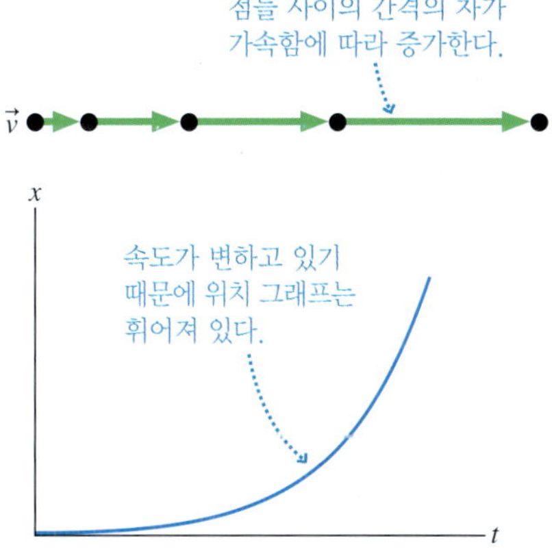

그림 2.8 시간 t에서의 순간 속도는 그 순간 곡선의 접선의 기울기이다.

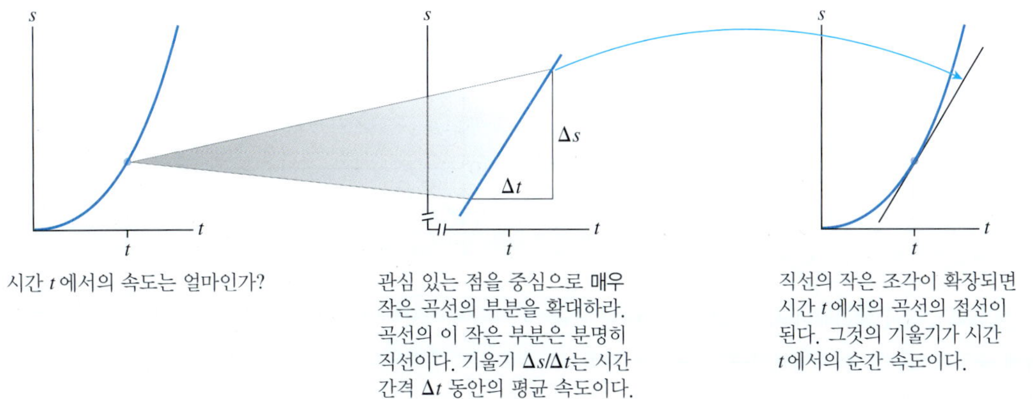

평균을 구하는 시간 간격 Δt가 작아질수록 평균 속도 $v_{avg} = \Delta s/\Delta t$가 순간 속도에 더 좋은 근삿값이 되는 것을 그래프에서 알 수 있다. 이 아이디어를 수학적으로 $\Delta t \to 0$인 극한으로 나타낼 수 있다.

$$v_s \equiv \lim_{\Delta t \to 0} \frac{\Delta s}{\Delta t} = \frac{ds}{dt} \quad \text{(순간 속도)} \tag{2.4}$$

Δt가 계속 작아질수록 평균 속도 $v_{avg} = \Delta s/\Delta t$는 상수나 극한값에 가까워진다. 다시 말해, **시간 t에서의 순간 속도는 Δt가 0으로 근접할 때, t가 중앙값인 Δt 동안의 평균 속도이다.** 미적분학에서 이 극한은 t에 대한 s의 미분이라 하고, ds/dt라고 표기한다.

그래프에서, $\Delta s/\Delta t$는 직선의 기울기이다. Δt가 작아짐에 따라(다시 말하면 더욱더 확대) 직선은 그 점에서 곡선에 더 좋은 근사가 된다. $\Delta t \to 0$인 극한에서, 직선은 곡선에 접한다. 그림 2.8이 나타내듯이, **시간 t에서의 순간 속도는 시간 t에서 위치-시간 그래프에 접하는 직선의 기울기이다.**

$$v_s = \text{시간 } t\text{에서 위치-시간 그래프의 기울기} \tag{2.5}$$

기울기가 급할수록 속도의 크기는 더 크다.

예제 2.3 그래프를 이용하여 위치로부터 속도 알아내기

그림 2.9는 엘리베이터의 위치-시간 그래프를 보여준다.

a. 어떤 점에서 엘리베이터는 가장 작은 속도를 갖는가?
b. 어떤 점에서 엘리베이터는 최대 속도를 갖는가?
c. 엘리베이터의 속도-시간 그래프를 근사적으로 그려보시오.

그림 2.9 위치-시간 그래프

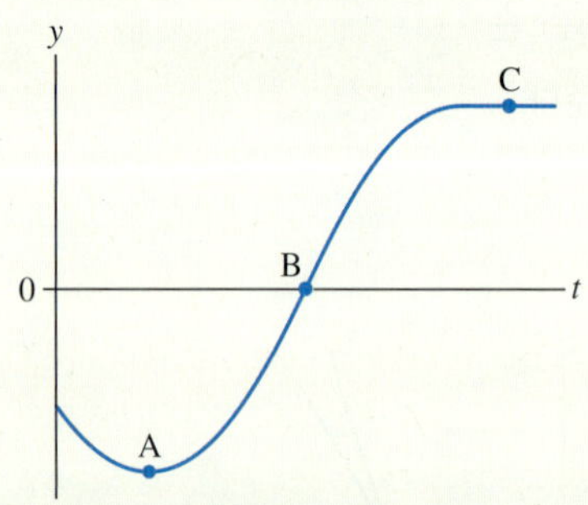

핵심 엘리베이터를 입자로 모형화한다.

시각화 그림 2.9는 그래프 표현이다.

풀이 a. 어느 순간이든 물체의 속도는 위치 그래프의 기울기이다. 그림 2.10a는 기울기가 0이 되는 A와 C에서 엘리베이터가 최소 속력을 갖는 것을 보여준다(아예 속도가 없는!). 점 A에서 속도가 단지 순간적으로 0이다. 점 C에서는 엘리베이터는 멈추었고 정지해 있다.

b. 엘리베이터는 기울기가 가장 급한 점 B에서 최대 속도를 갖는다.

c. 정확한 속도-시간 그래프를 알아낼 수는 없지만 기울기, 즉 v_y가 처음에는 음수였다가 점 A에서 0이 되고, 점점 커져서 점 B에서 최대가 되고, 그 다음 줄어서 점 C가 되기 조금 전부터 다시 0으로 돌아가고, 그 후 0으로 유지된다. 따라서 그림 2.10b는 적어도 근사적으로 엘리베이터의 속도-시간 그래프를 나타낸다.

그림 2.10 위치 그래프의 기울기로부터 알아낸 속도-시간 그래프

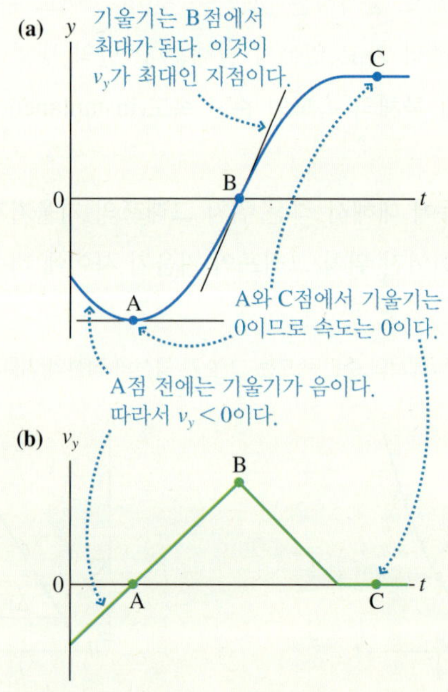

검토 속도 그래프의 모양은 위치 그래프의 모양과 닮은 점이 없다. 위치 그래프로부터 기울기 정보를 속도 그래프의 값 정보로 전환해야 한다.

미적분학 맛보기: 미분 또는 도함수

과학자와 공학자들은 위성의 궤도를 계산하기 위해서 미적분학을 사용해야만 한다.

영국의 뉴턴과 독일의 라이프니츠에 의해 동시 발명된 미적분학은 순간적인 양을 다루도록 설계되었다. 달리 말하면, 미분학은 식 (2.4)의 수식과 같은 극한을 구하는 데 사용되는 도구를 제공한다.

ds/dt 기호는 t에 대한 s의 미분이라고 한다. 그리고 식 (2.4)는 어떤 비율의 극한값으로 이를 정의한다. 그림 2.8이 보여주듯이, ds/dt는 위치 그래프에 접하는 직선의 기울기로 그래프적으로 해석할 수 있다.

이 책의 I부와 II부에서 사용할 주된 함수는 거듭제곱꼴과 다항식이다. $u(t)=ct^n$인 함수를 고려해보자. 여기서 c와 n은 상수이다. 기호 u는 $x(t)$나 $y(t)$와 같이, 어떤 시간의 함수를 표현하는 '모형 이름'이다. 다음의 결과가 미적분학에서 증명되어 있다.

$$u=ct^n\text{의 미분은 } \frac{du}{dt}=nct^{n-1}\text{이다.} \tag{2.6}$$

예를 들면, 입자의 위치가 시간의 함수 $s(t)=2t^2$ m이고, t의 단위는 s라고 하자. 입자의 속도 $v_s=ds/dt$를 식 (2.6)에 $c=2$, $n=2$를 대입하여 알아낼 수 있고, 그 계산은

$$v_s=\frac{ds}{dt}=2\cdot 2t^{2-1}=4t$$

이다. 이것이 시간에 대한 함수로 입자의 속도를 표현한 것이다.

그림 2.11은 어떤 입자의 위치와 속도 그래프를 보여준다. 두 그래프 사이의 관계를 이해하는 것은 매우 중요하다. 수직축에서 바로 읽어낼 수 있는 어느 시간에서 속도 그래프의 값은 같은 시간에서 위치 그래프의 기울기이다. 이것은 $t=3$ s에서 잘 설명되어 있다.

그림 2.11 위치-시간 그래프와 그에 상응하는 속도-시간 그래프

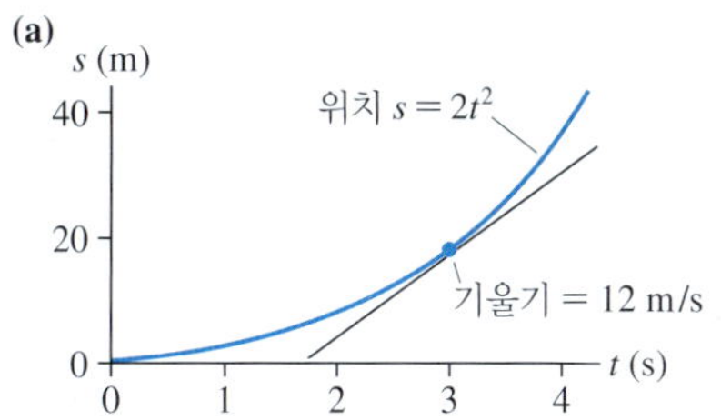

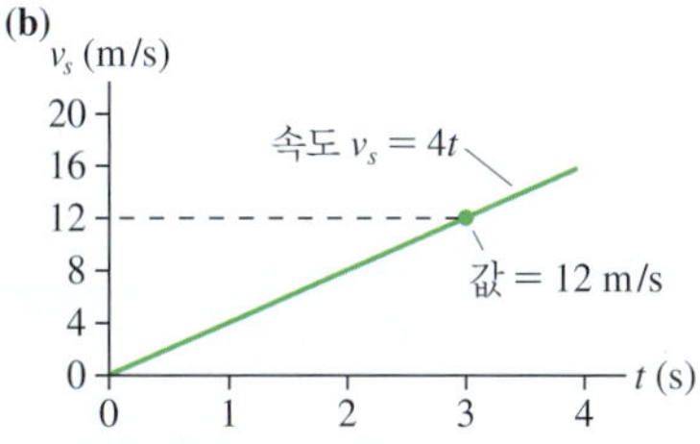

정지해 있는 물체의 위치와 같이, 시간에 따라 변하지 않는 값은 함수 $u=c=$상수로 표현할 수 있다. 즉, t^n의 지수 $n=0$이다. 식 (2.6)으로부터 상수의 미분이 0임을 알 수 있다. 즉,

$$u=c=\text{상수이면 } \frac{du}{dt}=0\text{이다.} \tag{2.7}$$

이는 논리적으로 일리가 있다. 함수 $u=c$의 그래프는 단순히 수평 직선이다. du/dt 미분의 값인 수평 직선의 기울기는 0이다.

미분에 관해 알아야 하는 또 다른 것은 2개 함수의 합의 미분을 어떻게 구하는가이다. u와 w가 2개의 별개의 시간의 함수라고 하자. 미적분학에서

$$\frac{d}{dt}(u+w)=\frac{du}{dt}+\frac{dw}{dt} \tag{2.8}$$

라고 배울 것이다. 즉, 합의 미분은 미분의 합과 같다.

예제 2.4 속도를 알기 위해 미분 사용하기

어떤 입자의 위치가 함수 $x(t) = (-t^3 + 3t)$ m로 주어져 있다. t는 초 단위이다.

a. $t = 2$ s에서 입자의 위치와 속도는 얼마인가?

b. 구간 $-3\text{ s} \le t \le 3\text{ s}$에서 x와 v_x의 그래프를 그리시오.

c. 이 운동을 설명하기 위해 운동 도형을 그리시오.

풀이 a. 함수 x로부터 직접 위치를 계산할 수 있다.

$$x(t = 2\text{ s에서}) = -(2)^3 + 3(2) = -8 + 6 = -2\text{ m}$$

속도는 $v_x = dx/dt$이다. x에 대한 함수는 2개 항의 합이다. 따라서

$$v_x = \frac{dx}{dt} = \frac{d}{dt}(-t^3 + 3t) = \frac{d}{dt}(-t^3) + \frac{d}{dt}(3t)$$

이다. 첫 번째 미분에서 $c = -1$, $n = 3$이고, 두 번째 미분에서는 $c = 3$, $n = 1$이다. 식 (2.6)을 이용하면,

$$v_x = (-3t^2 + 3)\text{ m/s}$$

이고, t는 초 단위이다. $t = 2$ s에서 속도의 값을 구하면

$$v_x(t = 2\text{ s에서}) = -3(2)^2 + 3 = -9\text{ m/s}$$

이다. 음의 부호는 입자가 이 시간에 속력 9 m/s로 **왼쪽**으로 움직이고 있다는 것을 의미한다.

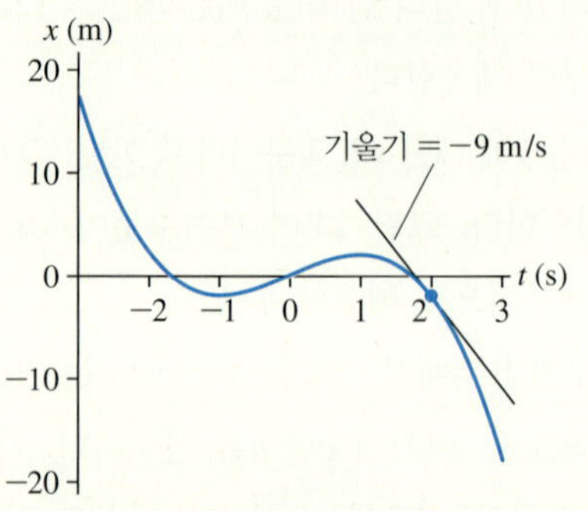

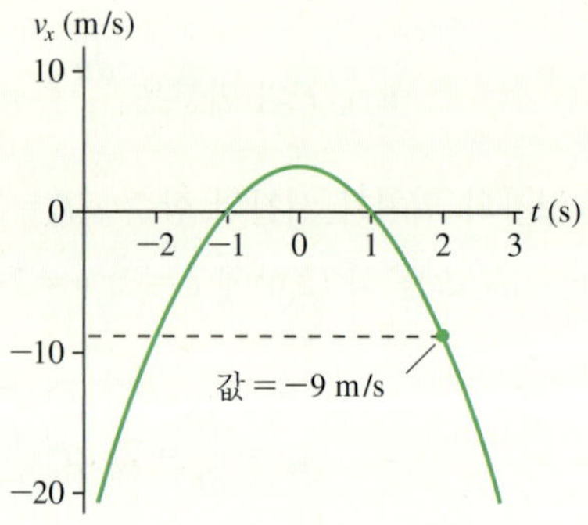

그림 2.12 위치 그래프와 속도 그래프

b. 그림 2.12는 위치 그래프와 속도 그래프를 보여준다. 그래픽 전자계산기나 그래픽 소프트웨어를 이용하여 이런 그래프들을 그릴 수 있다. $t = 2$ s에서 위치-시간 그래프의 기울기는 -9 m/s이다. 이것은 $t = 2$ s에서 속도를 그래프에 그릴 때의 값이 된다.

c. 마지막으로 그림 2.12의 그래프들을 해석하여 그림 2.13의 운동 도형을 그린다.

- 입자는 처음에 원점의 오른쪽($t = -3$ s일 때 $x > 0$)에 있다. 그러나 왼쪽($v_x < 0$)으로 움직이고 있다. 그것의 **속력**($v = |v_x|$는 감소)은 느려지고 있다. 따라서 속도 벡터의 화살표는 점점 짧아진다.
- 입자는 $t \approx -1.5$ s쯤에 원점 $x = 0$ m를 지난다. 그것은 계속 왼쪽으로 움직이고 있다.
- 위치는 $t = -1$ s에 최소가 된다. 즉 입자는 가는 길에서 가장 왼쪽에 있다. 속도는 입자가 방향을 바꾸면서 **순간적으로** $v_x = 0$ m/s이다.
- 입자는 $t = -1$ s와 $t = 1$ s 사이에서 다시 오른쪽으로 움직인다 ($v_x > 0$).
- 입자는 $t = 1$ s에 방향을 바꾸어 다시 왼쪽으로 움직인다($v_x < 0$). 입자는 가속하여 왼쪽으로 사라진다.

입자가 운동 방향을 바꾸는 곳을 **반환점**(turning point)이라고 한다. 이 점에서 위치가 최대나 최소가 되면서 속도는 순간적으로 0이 된다. 이 입자는 $t = -1$ s와 $t = +1$ s에서 2개의 반환점을 갖는다. 앞으로 반환점의 또다른 많은 예들을 보게 될 것이다.

그림 2.13 예제 2.4의 운동 도형

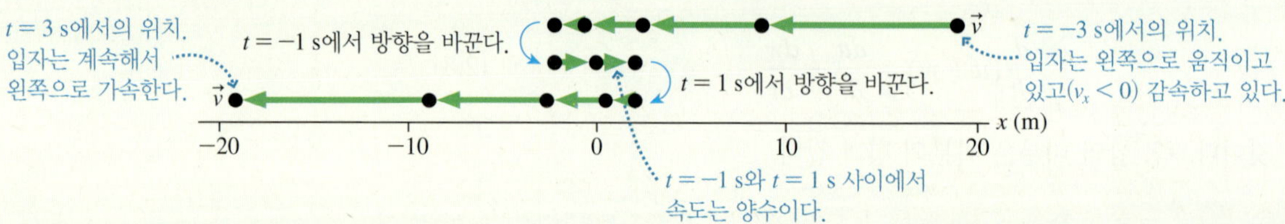

2.3 속도로부터 위치 알아내기

시간에 대한 함수로 위치 s가 주어질 때, 식 (2.4)로부터 순간 속도 v_s를 구할 수 있다. 그러나 이것과 반대 문제는 어떨까? 물체의 속도를 이용하여 미래의 어느 시간 t에서의 물체의 위치를 계산할 수 있을까? $s_f = s_i + v_s\,\Delta t$의 식 (2.3)을 이용하여 속도가 일정한 등속 운동의 경우에 대해서 이를 구할 수 있다. v_s가 일정하지 않을 때도 사용할 수 있는 일반적인 표현이 필요하다.

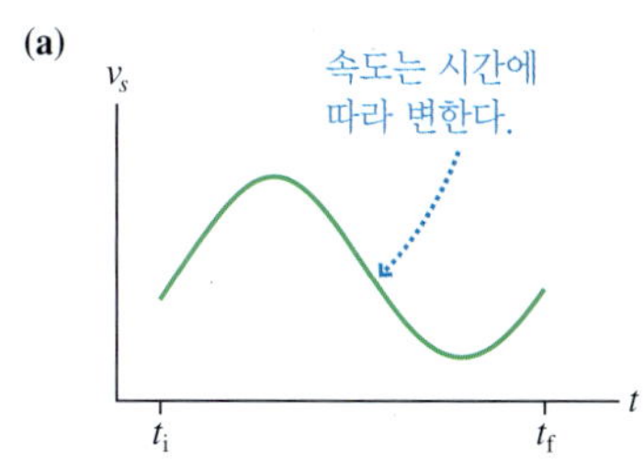

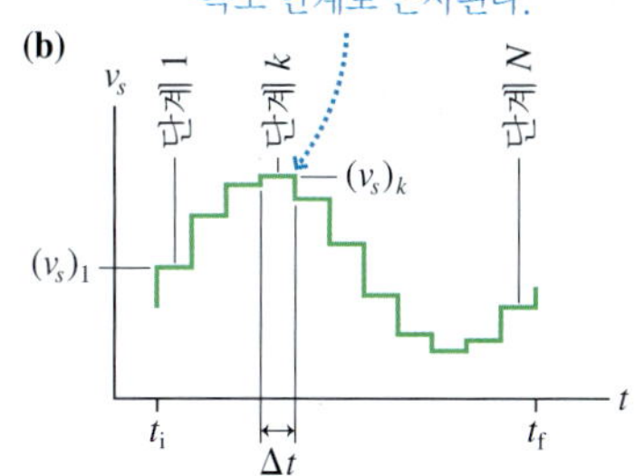

그림 2.14 일정 속도 단계의 나열로 속도-시간 그래프 근사하기

그림 2.14a는 시간에 따라 속도가 변하는 어떤 물체의 속도-시간 그래프이다. 초기 시간 t_i에 물체의 위치 s_i를 안다고 가정하자. 나중 시간 t_f에 물체의 위치 s_f를 알아보자.

식 (2.3)을 이용하여 등속도에 대해서 구하는 법을 알고 있기 때문에, 그림 2.14a의 속도 함수를 폭 Δt의 일정 속도 단계들의 나열로 근사해보자. 이것은 그림 2.14b에 설명되어 있다. 시간 t_i에서 $t_i + \Delta t$까지의 단계 1 동안 속도는 일정한 값 $(v_s)_1$을 갖는다. 단계 k 동안의 속도는 일정 속도 $(v_s)_k$를 갖는다. 그림에 나타난 근사는 단계가 11개밖에 되지 않아 다소 개략적이지만, 더 많고 좁은 단계들을 도입하면 원하는 만큼 정확하게 만들 수 있을 것이라고 쉽게 생각할 수 있다.

각각의 단계에서 속도는 상수이다(등속 운동). 따라서 각 단계에서 식 (2.3)을 적용할 수 있다. 단계 1에서의 물체의 변위는 간단히 $\Delta s_1 = (v_s)_1\,\Delta t$이다. 단계 2의 변위는 $\Delta s_2 = (v_s)_2\,\Delta t$이고, 단계 k에서의 변위는 $\Delta s_k = (v_s)_k \Delta t$이다.

t_i에서 t_f까지의 물체의 전체 변위는 N개의 등속 단계 동안의 개별적인 변위들의 총합으로 근사할 수 있다. 즉,

$$\Delta s = s_f - s_i \approx \Delta s_1 + \Delta s_2 + \cdots + \Delta s_N = \sum_{k=1}^{N} (v_s)_k\,\Delta t \tag{2.9}$$

이다. 여기서 Σ(그리스 문자 시그마)는 합하는 것의 기호이다. 간단한 재정리를 하면 입자의 마지막 위치는 다음과 같다.

$$s_f \approx s_i + \sum_{k=1}^{N} (v_s)_k\,\Delta t \tag{2.10}$$

물체의 속도를 이용하여 그것의 최종 위치 s_f를 구하는 것이 우리의 목표다. 식 (2.10)은 목표에 거의 다달았지만, 일정 속도 단계는 실제 속도 그래프의 근사이기 때문에 식 (2.10)은 근삿값에 불과하다. 그러나 $\Delta t \to 0$인 극한을 취하면, 각각의 단계의 폭은 0에 근접하고, 단계의 수 N은 무한대로 근접한다. 이러한 극한에서 단계들의 나열은 속도-시간 그래프와 완전히 같아지고 식 (2.10)은 정확한 s_f의 식이 된다. 따라서

$$s_f = s_i + \lim_{\Delta t \to 0} \sum_{k=1}^{N} (v_s)_k\,\Delta t = s_i + \int_{t_i}^{t_f} v_s\,dt \tag{2.11}$$

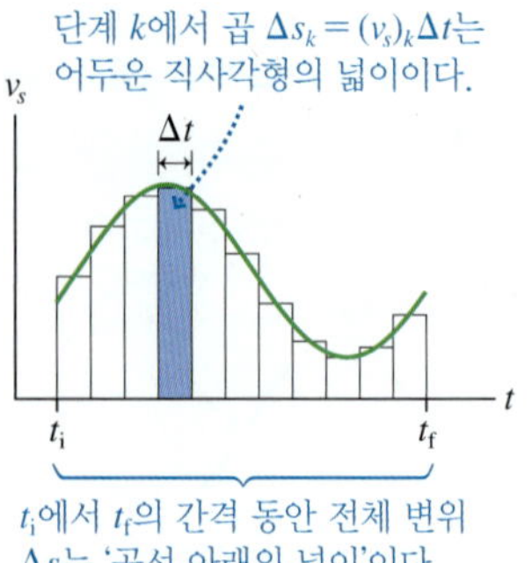

그림 2.15 전체 변위 Δs는 '곡선 아래의 넓이'이다.

이다. 오른쪽의 표현은 "$v_s\,dt$를 t_i부터 t_f까지 적분"이라고 읽는다. 식 (2.11)은 구하고자 했던 결과로, 미래의 시간 t_f에 물체의 위치를 예측하게 해준다.

식 (2.11)에 대해서 중요한 기하적인 해석을 부여할 수 있다. 그림 2.15는 속도 그래프의 근사에서 폭 Δt와 높이 $(v_s)_k$의 가는 직사각형의 단계 k를 보여준다. 곱 $\Delta s_k = (v_s)_k\,\Delta t$는 이 작은 직사각형의 넓이(밑변×높이)이다. 식 (2.11)의 합은 이런 직사각형의 넓이들을 모두 모아서 t축과 단계의 최고점으로 싸인 전체 넓이가 된다. $\Delta t \to 0$인 합의 극한은 t축과 속도 곡선 사이로 에워싸인 전체 넓이가 된다. 이것은 '곡선 아래의 넓이'라고 불린다. 따라서 식 (2.11)의 그래프적인 해석은

$$s_f = s_i + t_i\text{와 } t_f \text{ 사이의 속도 곡선 아래의 넓이} \tag{2.12}$$

이다.

예제 2.5 드래그 레이스 동안의 변위

그림 2.16은 드래그 레이서의 속도-시간 그래프이다. 처음 3.0 s 동안 레이서는 얼마나 이동하는가?

그림 2.16 예제 2.5에 대한 속도-시간 그래프

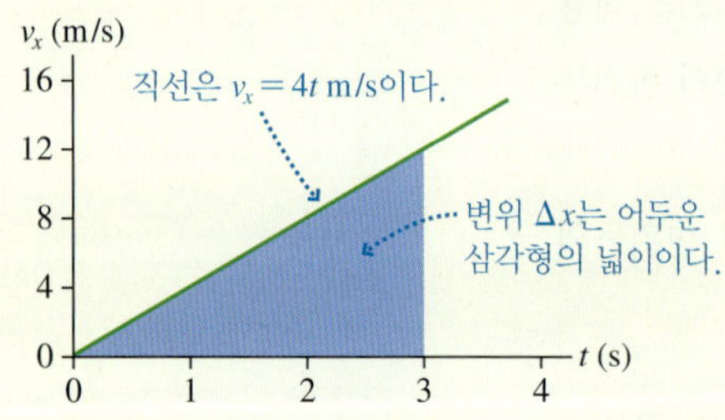

핵심 드래그 레이서를 모든 시간에 잘 정의된 위치를 갖는 입자로 모형화한다.

시각화 그림 2.16은 그래프 표현이다.

풀이 '얼마나 멀리'라는 질문은 위치보다는 변위 Δx를 알아내는 것이 필요하다는 것을 의미한다. 식 (2.12)에 따르면 $t=0$ s에서 $t=3$ s 사이의 자동차의 변위 $\Delta x = x_f - x_i$는 $t=0$ s에서 $t=3$ s까지의 곡선 아래의 넓이이다. 이 경우 곡선은 비스듬한 직선이다. 따라서 넓이는 삼각형의 넓이이다.

$$\begin{aligned}\Delta x &= t=0\text{ s와 } t=3\text{ s 사이의 삼각형 넓이}\\ &= \tfrac{1}{2} \times \text{밑변} \times \text{높이}\\ &= \tfrac{1}{2} \times 3\text{ s} \times 12\text{ m/s} = 18\text{ m}\end{aligned}$$

드래그 레이서는 처음 3 s 동안 18 m를 이동한다.

검토 '넓이'는 s와 m/s의 곱이다. 따라서 Δx는 m의 단위를 갖는다.

예제 2.6 반환점 구하기

그림 2.17은 $t_i = 0$ s에 $x_i = 30$ m에서 출발하는 입자의 속도 그래프이다.

a. 입자의 운동 도형을 그리시오.
b. 입자의 반환점은 어디인가?
c. 입자는 언제 원점에 이르는가?

그림 2.17 예제 2.6의 입자의 속도-시간 그래프

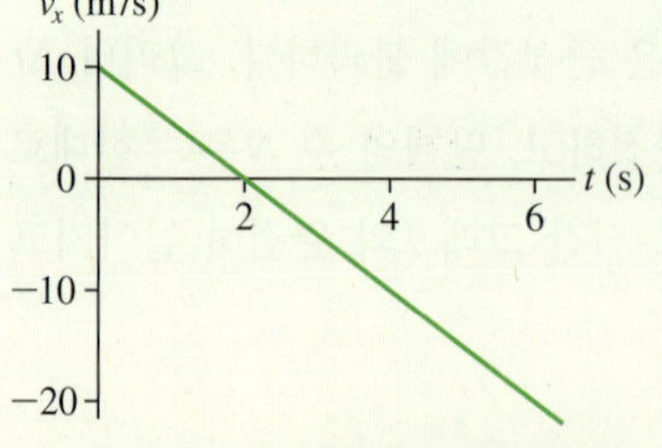

시각화 입자는 처음에 원점의 오른쪽 30 m 지점에 있고 오른쪽으로 속력 10 m/s로 움직이고 있었다($v_x > 0$). 그러나 v_x는 점점 줄어들어 입자는 감속한다. $t=2$ s에서 속도는 음이 되기 전에 순간적으로 0이 된다. 이 점이 반환점이다. $t > 2$ s에서는 속도가 음이므로 입자는 방향을 바꾸어서 원점으로 다시 이동한다. 얼마의 시간 뒤에 입자는 $x=0$ m를 통과하는데, 이 시간을 구하고자 한다.

풀이 a. 그림 2.18은 운동 도형을 보여준다. 거리 비율은 풀이 b와 c에서 확정될 것이지만 여기서는 편의상 보여주었다.

b. 입자는 $t=2$ s에서 반환점에 이른다. 그 시간에 입자가 어디에 있는지 알려면 처음 2 s 동안의 변위를 알아야 한다. 이것은 $t=0$ s에서 $t=2$ s 사이의 곡선 아래의 넓이로 구할 수 있다.

$$\begin{aligned} x(t=2\text{ s일 때}) &= x_i + 0\text{ s와 2 s 사이의 곡선 아래의 넓이} \\ &= 30\text{ m} + \tfrac{1}{2}(2\text{ s} - 0\text{ s})(10\text{ m/s} - 0\text{ m/s}) \\ &= 40\text{ m} \end{aligned}$$

반환점은 40 m이다.

c. 입자는 $\Delta x = -40$ m를 움직여야 반환점으로부터 원점에 이른다. 즉, $t=2$ s부터 구하고자 하는 시간 t까지 곡선 아래의 넓이가 −40 m이어야 한다. 곡선이 음의 v_x값을 가지고 축 아래에 있기 때문에 $t=2$ s 오른쪽의 넓이는 음의 넓이이다. 기하를 조금 사용하면, 밑변이 $t=2$ s에서 $t=6$ s까지 뻗은 삼각형의 넓이가 −40 m임을 알 것이다. 따라서 입자는 $t=6$ s에 원점에 도달한다.

그림 2.18 그림 2.17에 나타난 속도 그래프를 갖는 입자의 운동 도형

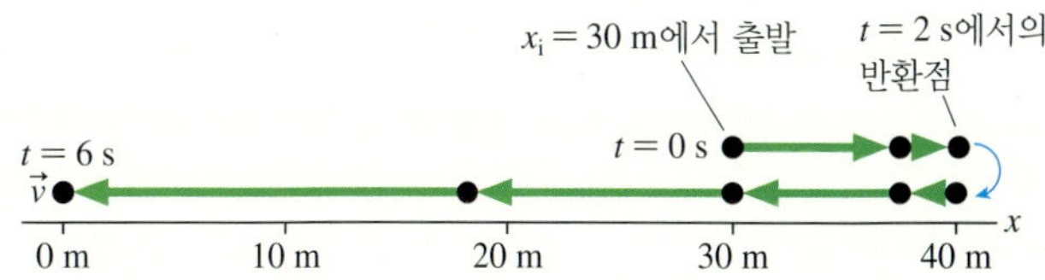

미적분학을 조금 더 공부하기: 적분

어떤 함수의 미분을 구하는 것은 그 함수의 그래프에서 기울기를 구하는 것과 같다. 마찬가지로, 적분을 구하는 것은 그 함수의 그래프 아래의 넓이를 구하는 것과 같다. 그래프를 사용하는 것은 운동에 대해 직관을 가지는 데 매우 중요하지만 실제 응용에서는 한계가 있다. 표준 함수들의 미분이 계산되어 목록으로 만들 수 있는 것과 마찬가지로, 적분 또한 그러하다.

식 (2.11)의 적분은 구하고자 하는 2개의 명백한 경계가 있으므로 정적분이라고 한다. 이들 경계는 적분의 하한(t_i)과 상한(t_f)으로 불린다. $u(t) = ct^n$이라는 중요한 함수에 대하여, 미적분의 주요 결과는 아래 식과 같다.

$$\int_{t_i}^{t_f} u\,dt = \int_{t_i}^{t_f} ct^n\,dt = \frac{ct^{n+1}}{n+1}\bigg|_{t_i}^{t_f} = \frac{ct_f^{n+1}}{n+1} - \frac{ct_i^{n+1}}{n+1} \qquad (n \neq -1) \qquad (2.13)$$

세 번째 단계에서 아래 첨자 t_i와 위 첨자 t_f를 가지는 수직선은 마지막 단계에서 보이듯이 미적분학에서 축약된 표기로, 상한 t_f에서 구한 적분과 하한 t_i에서 구한 적분의 차이다. 또한 2개의 함수 u와 w에 대하여

$$\int_{t_i}^{t_f} (u+w)\,dt = \int_{t_i}^{t_f} u\,dt + \int_{t_i}^{t_f} w\,dt \qquad (2.14)$$

임을 알아야 한다. 즉, 합의 적분은 각각의 적분의 합과 같다.

예제 2.7 **미적분학을 이용한 위치 구하기**

미적분학을 이용하여 예제 2.6을 푸시오.

풀이 그림 2.17은 직선 그래프이다. 'y절편'은 10 m/s이고 기울기는 −5 (m/s)/s이다. 따라서 속도는

$$v_x = (10 - 5t)\text{ m/s}$$

의 식으로 기술될 수 있다. 여기서 t의 단위는 s이다. 식 (2.11)을 이용하여 시간 t에서의 위치 x를 구할 수 있다.

(계속)

$$x = x_i + \int_0^t v_x\,dt = 30\text{ m} + \int_0^t (10 - 5t)\,dt$$

$$= 30\text{ m} + \int_0^t 10\,dt - \int_0^t 5t\,dt$$

마지막 표현을 얻기 위하여 합의 적분에 대하여 식 (2.14)를 이용하였다. 처음 적분은 $u = ct^n$에서 $c = 10$, $n = 0$이다. 두 번째는 $u = ct^n$의 형태이고 $c = 5$이고 $n = 1$이다. 식 (2.13)을 사용하면

$$\int_0^t 10\,dt = 10t\Big|_0^t = 10 \cdot t - 10 \cdot 0 = 10t\text{ m}$$

를 얻는다. 그리고

$$\int_0^t 5t\,dt = \tfrac{5}{2}t^2\Big|_0^t = \tfrac{5}{2} \cdot t^2 - \tfrac{5}{2} \cdot 0^2 = \tfrac{5}{2}t^2\text{ m}$$

이다. 이 조각들을 합하면 다음 식을 얻는다.

$$x = \left(30 + 10t - \tfrac{5}{2}t^2\right)\text{ m}$$

이 결과는 임의의 시간에 위치를 나타내는 일반적인 식이다.

입자의 반환점은 $t = 2$ s에 일어나고, 그 시간에서 그 위치는 다음과 같다.

$$x(t = 2\text{ s일 때}) = 30 + (10)(2) - \tfrac{5}{2}(2)^2 = 40\text{ m}$$

입자가 원점에 도달할 때의 시간을 $x = 0$ m라고 놓으면 다음과 같다.

$$30 + 10t - \tfrac{5}{2}t^2 = 0$$

이 2차방정식은 $t = -2$ s와 $t = 6$ s의 두 가지 해를 갖는다.

2차방정식을 풀 때, 우리가 원하는 해를 임의로 선택할 수 없다. 대신, 어떤 것이 의미 있는 해인가를 결정해야만 한다. 여기서 음근은 문제가 시작되기 전의 시간을 말하고 있다. 따라서 의미 있는 근은 양근이고 $t = 6$ s이다.

검토 이 결과는 그래프를 이용해서 구한 이전 답과 일치한다.

2.4 등가속도 운동

1차원 운동을 기술하기 위해서 중요한 개념이 하나 더 필요하다. 그것은 가속도이다. 1장에서 봤듯이, 가속도는 조금은 추상적인 개념이다. 그럼에도 불구하고, 가속도는 역학에서 핵심이다. 뉴턴의 법칙을 통해 물체의 가속도가 그 물체에 작용하는 힘과 연관되는 것을 곧 알게 될 것이다.

폭스바겐 비틀과 포르쉐 중 어떤 것이 더 짧은 시간에 30 m/s(≈ 60 mph)의 속도에 도달하는지 알기 위해 경주를 한다고 해보자. 두 차 모두 매초에 10번씩 속도계를 기록하는 컴퓨터를 장착한다. 이것은 각 차의 거의 연속적인 순간 속도를 준다. 표 2.1은 이 자료의 일부이다. 이 자료에 기초하여 그림 2.19에 속도-시간 그래프를 보였다.

표 2.1 포르쉐와 폭스바겐 비틀의 속도

t (s)	v_{Porsche} (m/s)	v_{VW} (m/s)
0.0	0.0	0.0
0.1	0.5	0.2
0.2	1.0	0.4
0.3	1.5	0.6
⋮	⋮	⋮

그림 2.19 포르쉐와 폭스바겐 비틀의 속도-시간 그래프

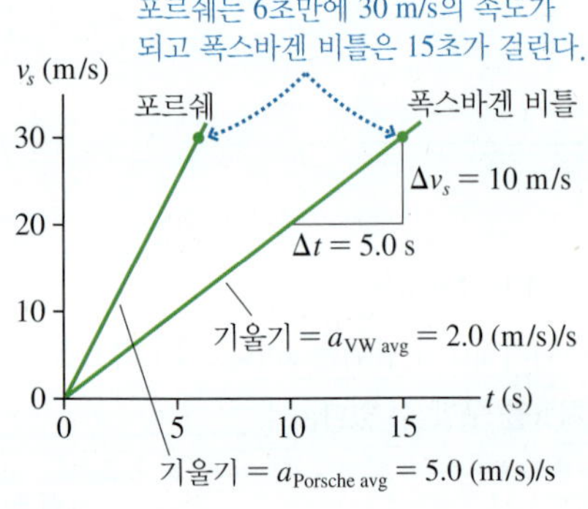

두 차의 성능의 차이를 어떻게 기술할 수 있을까? 그것은 어느 한 차가 다른 차와 다른 속도를 가졌다는 것이 아니다. 두 차 모두 0부터 30 m/s까지의 모든 속도를 섭렵한다. 포르쉐는 속도를 6.0 s 내에 빨리 변화시킨다. 반면, 폭스바겐 비틀은 같은 속도 변화에 15 s가 필요하다. 포르쉐는 시간 간격 $\Delta t = 6.0$ s 동안 $\Delta v_s = 30$ m/s의 속도 변화를 가지므로, 속도의 **변화율**은 다음과 같다.

$$\text{속도의 변화율} = \frac{\Delta v_s}{\Delta t} = \frac{30\text{ m/s}}{6.0\text{ s}} = 5.0\text{ (m/s)/s} \tag{2.15}$$

단위를 주목하라. 단위는 '속도/초'이다. 속도 변화율 5.0'미터/초/초'는 처음 1초 동안 속도가 5 m/s만큼 증가하고, 다음 1초 동안에도 5.0 m/s만큼 증가하고, 계속 이렇게 증가한다는 뜻이다. 사실, 속도가 5.0 (m/s)/s의 비율로 변화하는 동안에는 속도는 1초 동안 5.0 m/s씩 증가한다.

가속도는 '속도 변화의 변화율'이라고 1장에서 소개하였다. 즉, 가속도는 물체의 속도가 얼마나 빨리 혹은 느리게 변화하는지 재는 양이다. 속도를 다룰 때와 마찬가지로 시간 간격 Δt 동안의 **평균 가속도**(average acceleration) a_{avg}를 다음과 같이 정의하자.

$$a_{\text{avg}} \equiv \frac{\Delta v_s}{\Delta t} \quad \text{(평균 가속도)} \tag{2.16}$$

식 (2.15)와 (2.16)은 포르쉐가 5.0 (m/s)/s라는 비교적 큰 가속도를 갖고 있다는 것을 말해준다.

Δv_s와 Δt는 속도-시간 그래프에서 '올라간 것'과 '나아간 것'이므로, a_{avg}는 직선인 속도-시간 그래프에서의 **기울기**로 그래프적으로 해석할 수 있다. 다시 말하면,

$$a_{\text{avg}} = \text{속도-시간 그래프의 기울기} \tag{2.17}$$

이다. 그림 2.19는 이 아이디어를 이용하여 폭스바겐 비틀의 평균 가속도가

$$a_{\text{VW avg}} = \frac{\Delta v_s}{\Delta t} = \frac{10\ \text{m/s}}{5.0\ \text{s}} = 2.0\ (\text{m/s})/\text{s}$$

임을 보여준다. 이는 예상대로 포르쉐의 가속도보다 작다.

속도-그래프가 직선인 물체는 변하지 않는 일정한 가속도를 갖는다. 만약 가속도가 일정하다면 '평균'이라고 명시할 필요가 없다. 따라서 일정한 가속도를 갖는 s축 위의 유동에 대해 논의할 때 a_s라는 기호를 사용할 것이다.

부호와 단위

가속도의 중요한 측면 중의 하나는 **부호**이다. 위치 $\vec{r}$과 속도 $\vec{v}$와 마찬가지로 가속도 $\vec{a}$는 벡터이다. 1차원 운동에 대해서, 만약 벡터 $\vec{a}_x$가 오른쪽(혹은 위쪽)을 향할 때는 a_x(또는 a_y)의 부호는 양이고, 왼쪽(또는 아래쪽)을 향할 때는 부호가 음이다. 이는 **«그림 1.18**과 매우 중요한 **«풀이 전략 1.4**에 설명되어 있다. 양의 값과 음의 값의 a_s가 '가속'과 '감속'에 해당하지 않는다는 것을 강조하는 것은 매우 중요하다.

예제 2.8 가속도를 속도와 관련 짓기

a. 자전거 타는 사람이 6 m/s의 속도인데, 일정한 가속도 2 (m/s)/s를 가지게 되었다. 1 s 후 그녀의 속도는 얼마인가? 2 s 후 그녀의 속도는 얼마인가?

b. 자전거 타는 사람이 −6 m/s의 속도인데, 일정한 가속도 2 (m/s)/s를 가지게 되었다. 1 s 후 그의 속도는 얼마인가? 2 s 후 그의 속도는 얼마인가?

풀이 a. 2 (m/s)/s의 가속도는 1 s마다 속도가 2 m/s씩 증가한다는 것을 의미한다. 만약 자전거 타는 사람의 초기 속도가 6 m/s라면, 1 s 후 그녀의 속도는 8 m/s가 될 것이다. 2 s 후, 즉 추가로 1 s가 지난 후에는, 2 m/s만큼 더 증가하여 10 m/s가 될 것이다. 3 s 후에는 12 m/s가 된다. 여기서 양의 a_x는 자전거 타는 사람을 가속시킨다.

b. 자전거 타는 사람의 초기 속도가 음의 값인 −6 m/s인데, 가속도는 양의 값 +2 (m/s)/s라 하면, 1 s 후의 그의 속도는 −4 m/s가 된다. 2초 후에는 −2 m/s가 되고, 계속 진행된다. 이 경우 양의 가속도 a_x는 물체를 **감속**시킨다(속력이 줄어든다). 이것은 풀이 전략 1.4와 일치한다. 즉, v_x와 a_x가 반대 부호인 경우 물체는 감속한다.

예제 2.9 코트 위를 달리기

농구 선수가 코트의 왼쪽에서 출발하여 그림 2.20에 보이는 속도로 움직인다. 운동 도형을 그리고 농구 선수의 가속도-시간 그래프를 그리시오.

그림 2.20 예제 2.9의 농구 선수에 대한 속도-시간 그래프

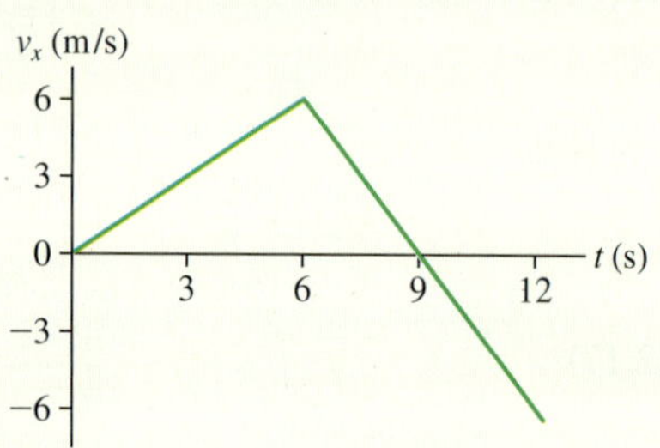

시각화 속도는 양(오른쪽으로 운동)이고, 처음 6 s 동안 증가한다. 따라서 운동 도형의 속도 화살표는 오른쪽으로 향하고 길어진다. $t=6$ s부터 9 s까지 운동은 여전히 오른쪽인데(v_x는 여전히 양수) v_x가 감소하고 있으므로 화살표는 점점 짧아진다. $v_x=0$이 되는 $t=9$ s에 반환점이 있고, 그 후 운동은 왼쪽 방향이고(v_x는 음수) 점점 빨라진다. 그림 2.21a의 운동 도형은 속도와 가속도 벡터를 보여준다.

풀이 가속도는 속도 그래프의 기울기이다. 처음 6 s 동안 기울기는 일정한 값

$$a_x = \frac{\Delta v_x}{\Delta t} = \frac{6.0\text{ m/s}}{6.0\text{ s}} = 1.0\text{ m/s}^2$$

이다. $t=6$ s에서 $t=12$ s까지의 6 s 동안 속도는 12 m/s만큼 감소한다. 따라서

$$a_x = \frac{\Delta v_x}{\Delta t} = \frac{-12\text{ m/s}}{6.0\text{ s}} = -2.0\text{ m/s}^2$$

이다. 이 12 s 동안 가속도 그래프는 그림 2.21b에 나타냈다. 반환점인 $t=9$ s에는 가속도 변화가 없음을 주목하라.

그림 2.21 예제 2.9에 대한 운동 도형과 가속도 그래프

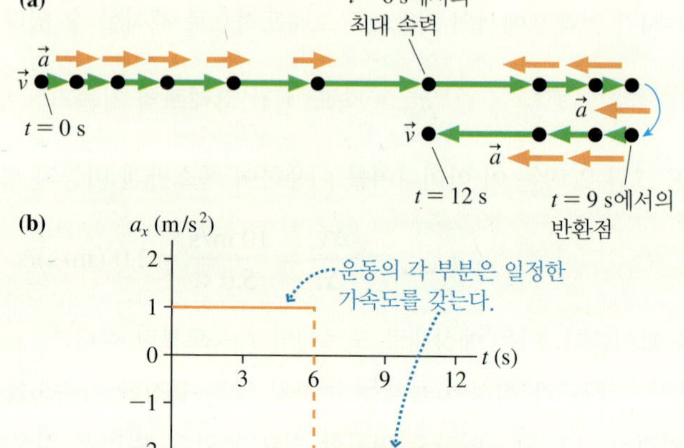

검토 a_x의 부호는 물체가 가속하는지 감속하는지 말해주지 않는다. 농구 선수는 $t=6$ s에서 $t=9$ s까지 감속한다. 그러고 나서 $t=9$ s에서 $t=12$ s까지 가속한다. 그럼에도 불구하고, 운동 도형에서 보듯이 그의 가속도는 항상 왼쪽을 향하고 있으므로 이 전체 구간에서 음이다.

등가속도의 운동학 수식

시간 간격 $\Delta t = t_f - t_i$ 동안 가속도 a_s가 일정한 물체를 생각해보자. 이 시간 간격이 시작되는 초기 시간 t_i에 물체는 초기 속도 v_{is}와 초기 위치 s_i를 갖는다. t_i는 종종 0이지만, 항상 그럴 필요는 없음에 주의하라. 시간 t_f에 최종 위치 s_f와 나중 속도 v_{fs}를 예측하고자 한다.

물체가 가속하고 있기 때문에 물체의 속도는 변하고 있다. 그림 2.22a에서 보여주듯이 가속도-시간 그래프는 t_i와 t_f 사이의 수평 직선이다. 나중 시간 t_f에서 물체의 속도 v_{fs}를 알아내는 것은 어렵지 않다. 정의를 따르면

$$a_s = \frac{\Delta v_s}{\Delta t} = \frac{v_{fs} - v_{is}}{\Delta t} \tag{2.18}$$

이고, 이것을 정리하면 다음 식과 같다.

그림 2.22 등가속도에 대한 가속도와 속도 그래프

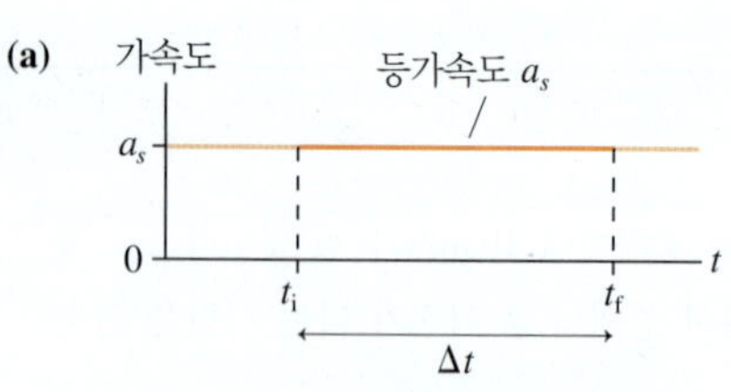

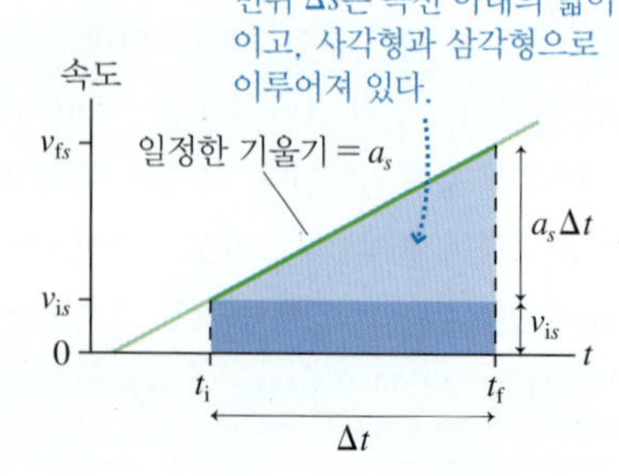

$$v_{fs} = v_{is} + a_s \Delta t \tag{2.19}$$

그림 2.22b에 보인 속도-시간 그래프는 v_{is}에서 시작하여 기울기 a_s를 갖는 직선이다.

이전 절에서 공부했듯이 물체의 최종 위치는

$$s_f = s_i + t_i\text{와 } t_f \text{ 사이의 속도 } v_s \text{ 곡선 아래의 넓이} \tag{2.20}$$

이다. 그림 2.22b의 어두운 부분은 사각형 넓이 $v_{is}\Delta t$와 삼각형 넓이 $\frac{1}{2}(a_s \Delta t)(\Delta t) = \frac{1}{2}a_s(\Delta t)^2$으로 분리할 수 있다. 이 둘을 합하면

$$s_f = s_i + v_{is}\Delta t + \frac{1}{2}a_s(\Delta t)^2 \tag{2.21}$$

이고, 여기서 $\Delta t = t_f - t_i$는 흘러간 시간이다. Δt에 대해 2차식이 되는 것은 모형 2.2에 나와 있듯이 등가속도 운동에 대해서 위치-시간 그래프가 포물선 형태를 가지게 한다.

식 (2.19)와 (2.21)은 등가속도 운동에 대한 2개의 기본적인 운동학 수식이다. 이들을 통해 미래의 어떤 시간에 물체의 위치와 속도를 예측할 수 있다. 식들을 완성하기 위해서 위치와 속도 사이의 직접적인 관계를 나타내는 식 하나가 더 필요하다. 먼저 식 (2.19)를 이용하여 $\Delta t = (v_{fs} - v_{is})/a_s$라고 쓴다. 이것을 식 (2.21)에 대입하면,

$$s_f = s_i + v_{is}\left(\frac{v_{fs} - v_{is}}{a_s}\right) + \frac{1}{2}a_s\left(\frac{v_{fs} - v_{is}}{a_s}\right)^2 \tag{2.22}$$

이고, 조금 더 계산을 하고 재배열하면 다음과 같이 쓸 수 있다.

$$v_{fs}^2 = v_{is}^2 + 2a_s \Delta s \tag{2.23}$$

여기서 $\Delta s = s_f - s_i$는 **변위**이다(이동거리가 아니다!). 식 (2.23)은 등가속도 운동에 대한 세 가지 운동학 수식의 마지막 식이다.

등가속도 운동 모형

속도가 변하는 물체가 완벽하게 등가속도를 갖는 경우는 거의 없다. 그러나 그들의 가속도가 일정하다고 모형화하는 것은 종종 합리적이다. 우리는 **등가속도 모형**(constant-acceleration model)을 활용한다. 다시 말해서 모형은 물체의 운동을 설명하고 예측하게 하는 말, 그림, 그래프, 수식의 집합이다.

모형 2.2

등가속도

일정한 가속도를 가진 운동에 대하여

- 물체를 일정한 가속도를 가지고 직선상에서 운동하는 입자로 모형화한다.

(계속)

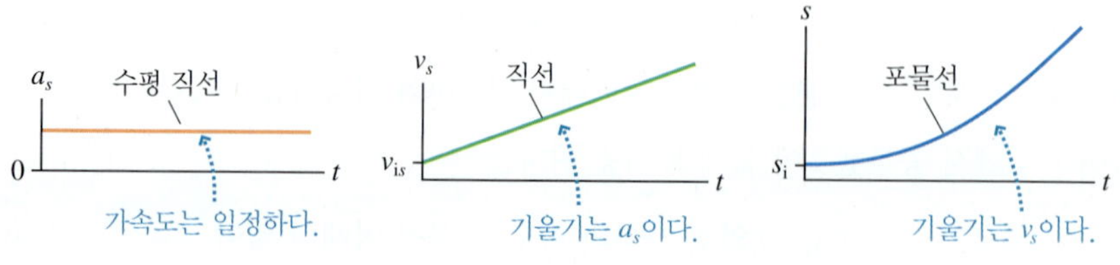

■ 수학적으로

- $v_{fs} = v_{is} + a_s \Delta t$
- $s_f = s_i + v_{is} \Delta t + \frac{1}{2} a_s (\Delta t)^2$
- $v_{fs}^2 = v_{is}^2 + 2a_s \Delta s$

■ 한계: 만약 입자의 가속도가 바뀐다면 모형은 작동하지 않는다.

이 책에서 달리는 사람, 차, 비행기, 로켓을 일정한 가속도를 가진 것으로 보통 모형화할 것이다. 그것들의 실제 가속도는 종종 더 복잡하다(예를 들면, 차가 최대 속도에 이를 때까지 가속도가 일정하게 유지되기보다는 점점 감소한다). 그러나 실제의 가속도를 다루는 수학적인 복잡함 때문에 우리가 배우려고 하는 물리에서 벗어나게 될 것이다.

등가속도 모형은 문제 풀이 전략의 기본이다.

문제 풀이 전략 2.1

등가속도 운동학

핵심 일정한 가속도를 가지는 물체를 모형화한다.

시각화 문제의 정보에 대하여 서로 다른 표현을 사용한다.

- ■ **그림 표현**을 그린다. 이것은 주어진 정보를 접하여 문제 내용을 기호로 바꾸는 과정을 시작하게 도와준다.
- ■ 만약 문제에 적당하다면 **그래프 표현**을 사용한다.
- ■ 필요하다면 이 두 표현을 오가며 공부한다.

풀이 수학 표현은 세 가지 운동학 수식에 기반한다.

$$v_{fs} = v_{is} + a_s \Delta t$$
$$s_f = s_i + v_{is} \Delta t + \frac{1}{2} a_s (\Delta t)^2$$
$$v_{fs}^2 = v_{is}^2 + 2a_s \Delta s$$

- ■ 문제에 적당하다면 일반적인 s를 쓰기보다는 x나 y를 사용한다.
- ■ i와 f를 그림 표현에 정의된 숫자 아래 첨자로 바꾼다.

검토 결과가 옳은 단위와 유효 숫자를 갖는지, 합리적인지, 문제에 답을 하는지 확인한다.

예제 2.10 로켓 썰매의 운동

로켓 썰매의 엔진이 5.0 s 동안 연소한다. 이것이 썰매를 가속시켜 250 m/s의 속력을 갖게 한다. 그 다음 썰매는 제동 낙하산을 펼쳐서 정지할 때까지 매초 3.0 m/s씩 감속한다. 이동한 총 거리는 얼마인가?

핵심 썰매의 엔진이 연소하는 동안 썰매의 초기 가속도 정보가 없다. 그러나 로켓 썰매는 공기역학적으로 공기 저항이 최소화되도록 모양이 만들어졌기 때문에, 썰매를 일정한 가속도를 가지는 입자로 모형화하는 것은 합리적이다.

시각화 그림 2.23은 그림 표현을 보여준다. 썰매가 정지 상태에서 출발하고, 로켓의 연소가 끝나자마자 제동 낙하산은 펴진다는 합리적인 가정을 하였다. 이 문제에는 세 가지 흥미로운 지점이 있다(시작, 추진에서 제동까지의 변화, 그리고 정지). 각 지점들에 위치, 속도, 시간이 주어져 있다. 운동학 수식에서 일반적인 아래 첨자 i와 f를 숫자 아래 첨자인 0, 1, 2로 바꾼 것을 주목하라. 가속도들은 운동의 어떤 특정한 점과 관련된 것이 아니라 점들 사이의 간격과 관련이 있으며, 가속도 a_{0x}는 점 0과 1 사이의 가속도이고, a_{1x}는 점 1과 2 사이의 가속도이다. 가속도 벡터 $\vec{a}_1$은 왼쪽을 가리키므로 a_{1x}는 음수이다. 썰매는 끝점에서 멈춘다. 따라서 $v_{2x} = 0$ m/s이다.

풀이 얼마나 오랫동안 로켓의 연소가 지속하는지와 연소가 끝날 때의 속도를 알고 있다. 썰매가 일정한 가속도를 가지고 있다고 모형화했기 때문에 문제 풀이 전략 2.1의 첫 번째 운동학 수식을 이용하여

$$v_{1x} = v_{0x} + a_{0x}(t_1 - t_0) = a_{0x}t_1$$

으로 쓴다. 완전한 수식으로 시작하고 나서 0인 항들을 알아내어 식을 단순하게 한다. 가속 구간의 가속도를 풀면

$$a_{0x} = \frac{v_{1x}}{t_1} = \frac{250 \text{ m/s}}{5.0 \text{ s}} = 50 \text{ m/s}^2$$

이다. 마지막 단계까지 대수적으로 푸는 것을 주목하라. 이는 계산 착오의 기회를 최소화하는 좋은 문제 풀이 기술을 보증한다. 또한 1장의 유효 숫자의 규칙과 일치하도록 50 m/s²는 2개의 유효 숫자를 갖는 것으로 생각한다.

이제 로켓이 연소하고 있는 동안 썰매가 얼마나 움직였는지 알아낼 충분한 정보를 가지고 있다. 문제 풀이 전략 2.1의 두 번째 수식은

$$\begin{aligned} x_1 &= x_0 + v_{0x}(t_1 - t_0) + \tfrac{1}{2}a_{0x}(t_1 - t_0)^2 = \tfrac{1}{2}a_{0x}t_1^2 \\ &= \tfrac{1}{2}(50 \text{ m/s}^2)(5.0 \text{ s})^2 = 625 \text{ m} \end{aligned}$$

이다. 제동이 얼마나 지속되는지 모르기 때문에 제동 구간은 조금 다르다. 그러나 초기 속도와 나중 속도를 알고 있으므로 문제 풀이 전략 2.1의 세 번째 운동학 수식을 이용할 수 있다.

$$v_{2x}^2 = v_{1x}^2 + 2a_{1x}\Delta x = v_{1x}^2 + 2a_{1x}(x_2 - x_1)$$

Δx가 x_2가 아님을 주의하라. 그것은 제동 구간 동안 변위 $(x_2 - x_1)$이다. 이제 x_2에 대해서 풀 수 있다.

$$\begin{aligned} x_2 &= x_1 + \frac{v_{2x}^2 - v_{1x}^2}{2a_{1x}} \\ &= 625 \text{ m} + \frac{0 - (250 \text{ m/s})^2}{2(-3.0 \text{ m/s}^2)} = 11{,}000 \text{ m} \end{aligned}$$

계산의 중간 단계에서 x_1에 대해 3개의 유효 숫자를 유지하였으나, 마지막에는 2개의 유효 숫자로 반올림하였다.

검토 전체 거리는 11 km ≈ 7 mi이다. 이는 크지만 믿을만하다. 표 1.5의 대략적인 변환 비율 1 m/s ≈ 2 mph를 이용하면, 최고 속도가 ≈ 500 mph임을 알 수 있다. 그렇게 큰 속도에서 썰매가 점차 감속하여 멈추는 데에는 긴 거리가 필요할 것이다.

그림 2.23 로켓 썰매의 그림 표현

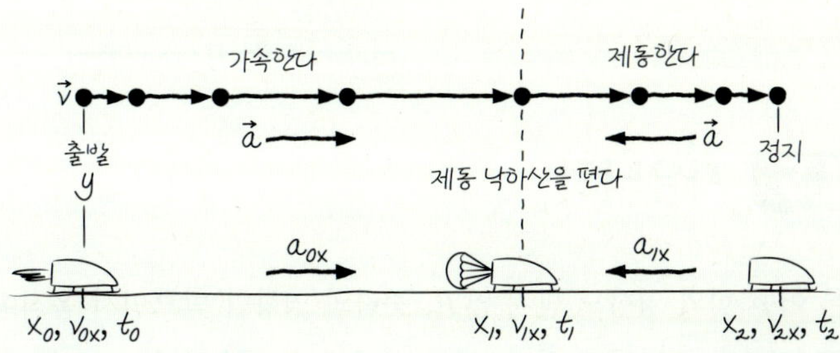

예제 2.11 두 자동차의 경주

정지한 포르쉐 안에 앉아 있는 베티를 프레드는 폭스바겐 비틀을 일정한 속도로 운전하며 지나친다. 베티는 그 순간 5.0 m/s²의 가속도로 가속한다. 베티가 프레드를 따라잡으려면 얼마의 거리를 가야 하는가?

핵심 폭스바겐 비틀을 등속 운동하는 입자로, 포르쉐를 등가속도 운동하는 입자로 모형화한다.

시각화 그림 2.24는 그림 표현을 보여준다. 프레드의 운동 도형은 등속 운동을, 베티의 운동 도형은 등가속도 운동을 보여준다. 프레드는 영역 1, 2, 3에서 베티에 앞서 있지만 영역 4에서 베티가 프레드를 따라잡는다. 좌표계는 차들이 처음과 마지막에 같은 위치에 있는 것을 보여준다. 그러나 베티의 포르쉐는 가속도가 있는 반면 프레드의 폭스바겐 비틀은 가속도가 없는 중요한 차이가 있다.

풀이 이 문제는 밥과 수잔이 점심에 만나는 예제 2.2와 비슷하다. 그 예제에서 했듯이, $(x_1)_B = (x_1)_F$일 때의 시간 t_1에 베티의 위치 $(x_1)_B$를 알고자 한다. 등속 운동과 등가속도 운동의 모형에서 프레드의 위치 그래프는 직선이지만 베티의 위치 그래프는 포물선이다. 그림 2.24의 위치 그래프들을 보면 직선과 포물선의 교점을 구하는 것임을 알 수 있다.

시간 t_1에 프레드와 베티의 위치는

$$(x_1)_F = (x_0)_F + (v_{0x})_F(t_1 - t_0) = (v_{0x})_F t_1$$
$$(x_1)_B = (x_0)_B + (v_{0x})_B(t_1 - t_0) + \frac{1}{2}(a_{0x})_B(t_1 - t_0)^2 = \frac{1}{2}(a_{0x})_B t_1^2$$

이다. 두 식을 같다고 놓으면 다음과 같다.

$$(v_{0x})_F t_1 = \frac{1}{2}(a_{0x})_B t_1^2$$

베티가 프레드를 지날 때의 시간을 풀 수 있다.

$$t_1\left[\frac{1}{2}(a_{0x})_B t_1 - (v_{0x})_F\right] = 0$$
$$t_1 = \begin{cases} 0\ \text{s} \\ 2(v_{0x})_F/(a_{0x})_B = 8.0\ \text{s} \end{cases}$$

흥미롭게도 2개의 해가 있다. 생각해보면, 직선과 포물선인 두 위치 그래프는 두 교점을 가지므로 놀랍지는 않다. 프레드가 베티를 처음 지날 때와 8.0 s 후 베티가 프레드를 지날 때이다. 이들 중 두 번째 시간에만 관심이 있으므로 이동거리 수식 중 하나를 이용하여 $(x_1)_B = (x_1)_F = 160$ m임을 구한다. 베티가 프레드를 따라잡으려면 160 m를 운전해 가야 한다.

검토 160 m ≈ 160 yards이다. 베티는 정지한 상태에서 출발하고, 반면 프레드는 20 m/s ≈ 40 mph로 이동하고 있기 때문에 프레드를 잡기 위한 160 yards 가야 하는 것은 합리적으로 보인다.

그림 2.24 예제 2.11의 그림 표현

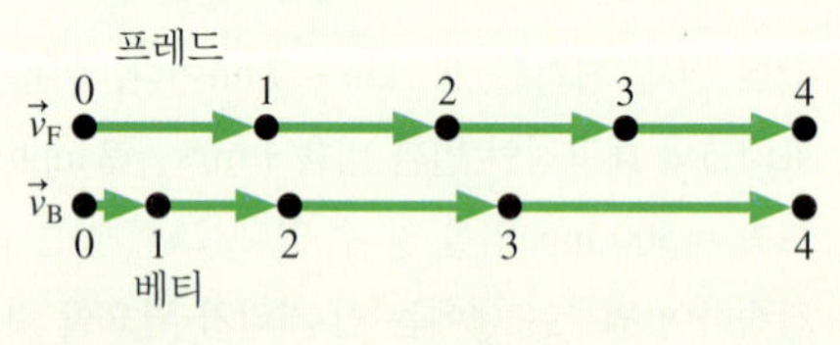

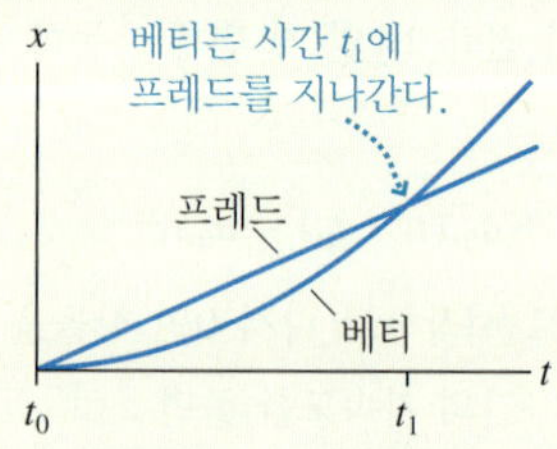

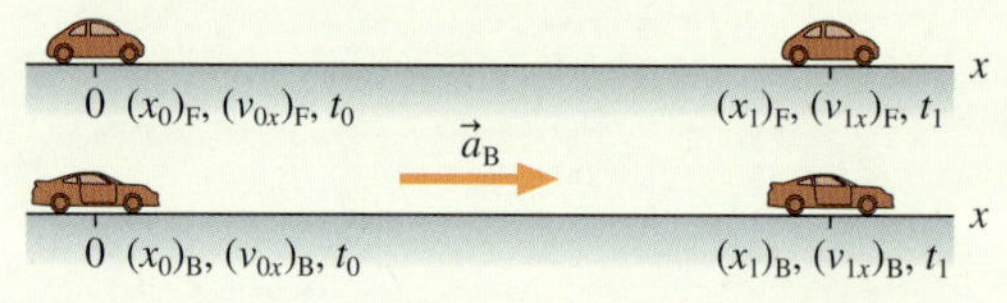

주어진 값
$(x_0)_F = 0$ m $(x_0)_B = 0$ m $t_0 = 0$ s
$(v_{0x})_F = 20$ m/s $(v_{0x})_B = 0$ m/s
$(a_{0x})_B = 5.0$ m/s² $(v_{1x})_F = 20$ m/s
구할 값
$(x_1)_B = (x_1)_F$일 때 t_1에서 $(x_1)_B$

2.5 자유낙하

다른 어떤 힘의 영향도 받지 않고, 중력의 영향만 받으면서 움직이는 물체의 운동을 **자유낙하**(free fall)라고 한다. 엄밀히 말해서, 자유낙하는 공기 저항이 없는 진공 중에서만 일어난다. 운이 좋게도 '무거운 물체'는 공기 저항이 작다. 따라서 무거운 물체가 자유낙하한다고 가정할 때, 아주 작은 오차 범위 내에서 다룰 수 있다. 깃털 같은 매우 가벼운 물체, 또는 매우 긴 거리를 떨어지면서 속력이 매우 커지는 물체는 공기 저항을 무시할 수 없다. 공기 저항이 있는 운동에 관한 문제는 6장에서 다룬다. 그때까지는 '무거운 물체'에 주의를 한정시키고, 떨어지는 물체가 자유낙하 상태라는 합리적인 가정을 할 것이다.

갈릴레오는 17세기에 처음 자유낙하하는 물체를 세밀하게 측정하였다. 역사가들은 그 진실을 확인할 수 없지만, 피사의 기울어진 사탑에서 다른 물체들을 떨어뜨린 갈릴레오의 이야기는 잘 알려져 있다. 갈릴레오는 실험을 통해 공기 저항이 없을 때의 운동에 대한 **모형**을 개발했다.

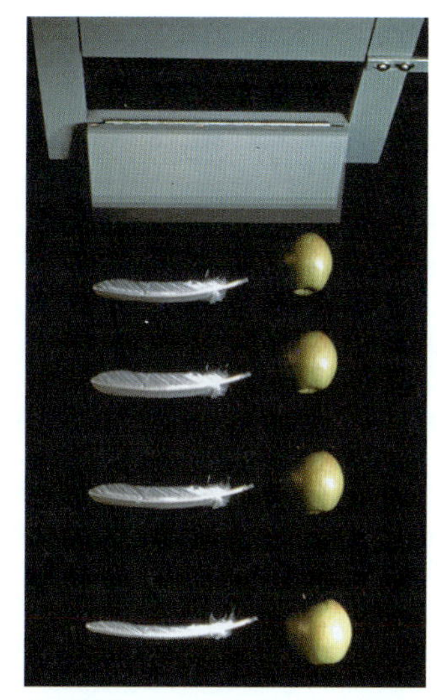

진공에서는 사과와 깃털이 같은 속도로 떨어지고 같은 시간에 땅에 닿는다.

- 만약 공기 저항을 무시한다면 같은 높이에서 떨어뜨린 두 물체는 같은 시간에 같은 속도로 땅에 닿는다.
- 따라서 **자유낙하하는 어떤 두 물체라도 질량에 관계없이 같은 가속도 $\vec{a}_{\text{free fall}}$을 갖는다.**

그림 2.25a는 정지 상태에서 놓아져 자유낙하하는 물체의 운동 도형을 보여준다. 그림 2.25b는 물체의 속도 그래프를 보여준다. 운동 도형과 그래프는 떨어지는 조약돌이나 벽돌이나 동일하다. 속도 그래프가 일직선이라는 사실은, 이 운동이 등가속도 운동의 일종이라는 것을 말해주고, $a_{\text{free fall}}$은 그래프의 기울기로부터 얻어진다. 정밀하게 측정하면, 지구가 완전한 구가 아니고 또 돌고 있기 때문에, $\vec{a}_{\text{free fall}}$은 지구에서 지역마다 약간씩 차이가 난다. 지구에서의 평균은 해수면에서

$$\vec{a}_{\text{free fall}} = (9.80\text{ m/s}^2,\ \text{연직 아래 방향}) \tag{2.24}$$

이다. 여기서 **연직 아래**라는 뜻은 지구의 중심을 향하는 직선을 따른다는 뜻이다.

$\vec{a}_{\text{free fall}}$의 길이 또는 크기는 **자유낙하 가속도**(free-fall acceleration) 또는 중력 가속도로 알려져 있고, 특정 기호 g로 나타낸다.

$$g = 9.80\text{ m/s}^2 \quad (\text{자유낙하 가속도, 중력 가속도})$$

자유낙하에 대해서 몇몇 주의할 점들이 있다.

- g는 정의에 따라 항상 양수이다. **g에 대해서 음수를 사용하는 문제는 존재하지 않을 것이다.** 하지만 물체를 놓으면 올라가기보다는 떨어지는데 어떻게 g가 양수냐고 할 수도 있다.
- g는 가속도 $a_{\text{free fall}}$이 아니고, 단지 그것의 크기이다. 연직 위 방향을 y축으로 정했기 때문에 아래 방향의 가속도 $\vec{a}_{\text{free fall}}$은 1차원 가속도를 갖는다.

$$a_y = a_{\text{free fall}} = -g \tag{2.25}$$

음수인 것은 a_y이지 g가 아니다.
- 자유낙하를 $a_y = -g$인 등가속도 운동으로 모형화할 수 있다.
- g는 '중력'이라고 불리지 않는다. 중력은 힘이지 가속도가 아니다. 기호 g는 중력

그림 2.25 자유낙하하는 물체의 운동

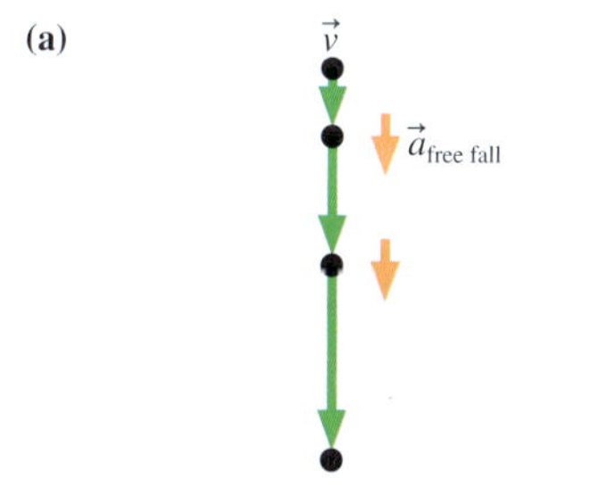

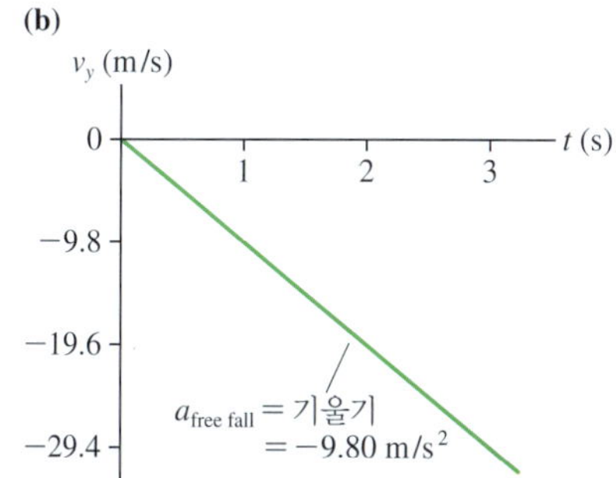

의 효과를 나타내지만, g는 자유낙하 가속도이다.

- $g = 9.80\ \mathrm{m/s^2}$는 지구에서만이다. 다른 행성은 다른 값의 g를 갖는다. 13장에서 다른 행성에 대해 어떻게 g를 결정하는지 배울 것이다.

예제 2.12 | 떨어지는 돌

돌이 20 m 높이의 건물 꼭대기에서 떨어졌다. 충돌할 때 속도는 얼마인가?

핵심 돌은 꽤 무겁고, 공기 저항은 아마도 20 m를 떨어지는 데에는 큰 문제가 되지 않을 것이다. 돌의 운동을 $a_y = a_{\text{free fall}} = -g$의 일정한 가속도 운동의 자유낙하로 모형화하는 것은 합리적이다.

시각화 그림 2.26은 그림 표현을 보여준다. 원점을 지면에 놓았고 $y_0 = 20$ m가 된다. 돌이 20 m를 떨어지지만 변위는 $\Delta y = y_1 - y_0 = -20$ m임에 주의하라.

풀이 이 문제에서 변위는 알지만 시간은 모른다. 따라서 문제 풀이 전략 2.1의 세 번째 수식을 이용한다.

$$v_{1y}^2 = v_{0y}^2 + 2a_y\,\Delta y = -2g\,\Delta y$$

일반적인 식을 쓰는 것으로 시작한다. 그러고 나서 $v_{0y} = 0$ m/s임을 알고, $a_y = -g$를 대입한다. v_{1y}에 대해서 풀면

$$v_{1y} = \sqrt{-2g\Delta y} = \sqrt{-2(9.8\ \mathrm{m/s^2})(-20\ \mathrm{m})} = \pm 20\ \mathrm{m/s}$$

이다. 일반적인 오류는 "돌이 20 m를 떨어졌다. 따라서 $\Delta y = 20$ m이다."라고 하는 것이다. 그것은 음수의 제곱근을 구하도록 하게 할 것이다. 위에서 주목했듯이 Δy는 변위이지 이동거리가 아니며, 이 경우 $\Delta y = -20$ m이다.

$\pm$ 부호는 두 가지 수학적 해가 있다는 것을 지시한다. 따라서 둘 중에 답을 선택하기 위해서 물리적 논리를 사용해야 한다. 돌은 속력 20 m/s로 지면에 닿는다. 그러나 문제는 충돌하는 속도를 묻고 있다. 속도 벡터는 아래 방향을 향하고 있으므로 v_{1y}의 부호는 음이다. 따라서 충돌하는 속도는 -20 m/s이다.

검토 답이 합리적인가? 20 m는 약 60 ft로, 5~6층 건물 높이이다. 1 m/s ≈ 2 mph를 사용하면 20 m/s ≈ 40 mph임을 안다. 이것은 5~6층 높이에서 떨어진 물체의 속력으로 꽤 합리적이다. 만약 소수점 위치를 잘못 놓아서 2.0 m/s라고 했다면 이는 4 mph로 너무 느리지 않은가 의심할 것이다.

그림 2.26 떨어지는 돌의 그림 표현

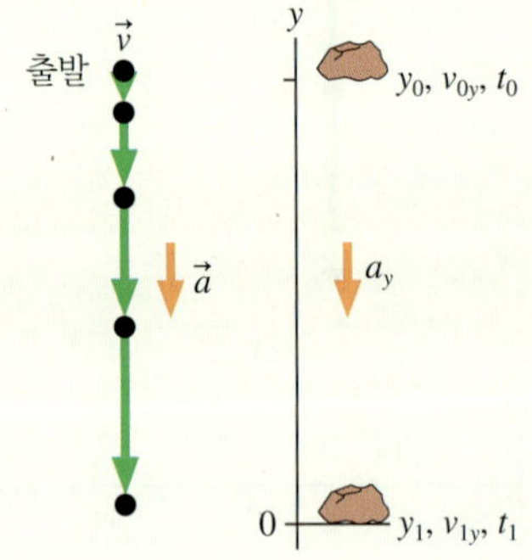

주어진 값

$y_0 = 20$ m
$v_{0y} = 0$ m/s $\quad t_0 = 0$ s
$y_1 = 0$ m
$a_y = -g = -9.80\ \mathrm{m/s^2}$

구할 값

v_{1y}

예제 2.13 | 도약한 높이 구하기

아프리카에 서식하는 스프링복이라는 영양은 뛰어난 점프 능력 때문에 이름이 그렇게 지어졌다. 스프링복이 놀라면 공중으로 도약하는데, 이는 '프롱크(pronk)'라고 불리는 행동이다. 스프링복은 프롱크를 하기 위해서 웅크린 자세가 된다. 그러고 나서 다리를 힘차게 뻗는다. 이때 다리를 펴는 동안 0.70 m를 35 m/s²로 가속하게 된다. 다리를 완전히 뻗으면, 스프링복은 지면을 떠나 공중으로 떠오른다. 얼마나 높이 올라가겠는가?

핵심 스프링복은 뛰어오르면서 모양이 변한다. 이것을 입자로 합리적으로 모형화할 수 있을까? 만약 스프링복의 몸체에만 집중하고, 뻗는 다리를 연장된 용수철과 같이 다룬다면 그렇게 할 수 있다. 처음에 스프링복의 몸체는 다리에 의해 위로 올려지는데, 이때의 몸체를 등가속도 운동을 하는 입자로 모형화하고, 스프링복의 다리가 지면을 떠나는 순간 스프링복의 몸체의 운동을 자유낙하하는 입자로 모형화할 것이다.

시각화 그림 2.27은 그림 표현을 보여준다. 이 문제는 처음 순간, 끝 순간, 그리고 운동의 성질이 변하는 중간 순간을 가지고 있다. 이들 구간을 0, 1, 2의 아래 첨자로 구분한다. 0에서 1로 가는 운동

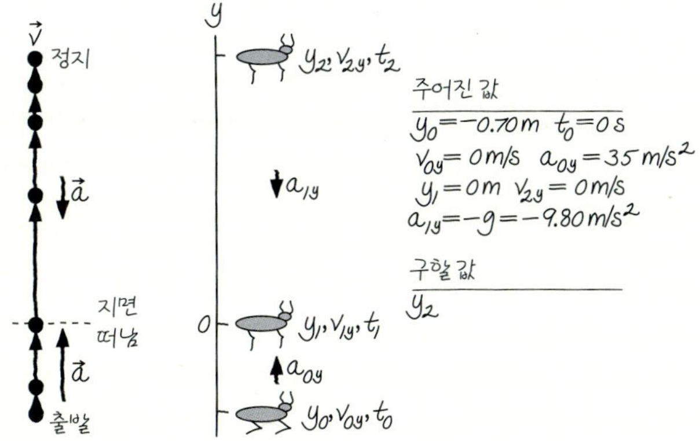

그림 2.27 놀란 스프링복의 그림 표현

은 스프링복의 발이 지면을 떠날 때까지의 빠른 위쪽 방향의 가속도 운동이다. 스프링복이 1에서 2로 움직일 때 위로 향하고 있지만 이것은 스프링복이 중력에 의해서만 영향을 받고 있기 때문에 자유낙하 운동이다.

'얼마나 높이'를 어떻게 기호로 전환할 것인가? 단서는 궤적의 꼭대기가 **반환점**이라는 것이고, 반환점에서 순간 속도가 $v_{2y} = 0$이라는 것이다. 이는 드러나게 진술되지 않았지만, 문제 해석의 한 부분이다.

풀이 운동의 처음 부분인 스프링복이 위로 올려지는 부분에 대해서는 변위를 알지만 시간 간격은 모른다.

$$v_{1y}{}^2 = v_{0y}{}^2 + 2a_{0y}\,\Delta y = 2(35\ \text{m/s}^2)(0.70\ \text{m}) = 49\ \text{m}^2/\text{s}^2$$

$$v_{1y} = \sqrt{49\ \text{m}^2/\text{s}^2} = 7.0\ \text{m/s}$$

를 사용할 수 있다. 스프링복은 7.0 m/s의 속도로 지면을 떠난다. 이는 지면에서 연직 상방으로 발사한 포물체 운동의 시작점이다. 가능한 해는 속도 식을 이용하여 최대 높이에 도달하기까지 시간이 얼마나 걸리는지 알아내고, 위치 식을 이용하여 최대 높이를 계산하는 것이다. 그러나 그것은 2개의 분리된 계산을 필요로 한다. 또 다른 속도–변위 식을 이용하는 것이 더 쉽다.

$$v_{2y}{}^2 = 0 = v_{1y}{}^2 + 2a_{1y}\,\Delta y = v_{1y}{}^2 - 2g(y_2 - y_1)$$

여기서 가속도는 $a_{1y} = -g$이다. $y_1 = 0$임을 이용하면 y_2에 대해서 풀 수 있고, 뛰어오르는 높이는

$$y_2 = \frac{v_{1y}{}^2}{2g} = \frac{(7.0\ \text{m/s})^2}{2(9.80\ \text{m/s}^2)} = 2.5\ \text{m}$$

이다.

검토 2.5 m는 8 ft를 조금 넘는다. 뛰어난 상방 점프이다. 그러나 스프링복은 점프 능력으로 유명하므로 답은 합리적으로 보인다. 이런 여러 부분으로 나누어지는 문제의 경우 운동의 서로 다른 부분을 구분하기 위해 수치 아래 첨자를 사용하는 것이 특별히 중요하다.

2.6 경사면에서의 운동

그림 2.28a는 자유낙하와 밀접하게 관련 있는 문제를 보여준다. 아래 방향으로 일직선이지만 마찰이 없는 기울어진 평면에서의 운동으로, 마치 마찰이 없는 눈 위의 슬로프를 따라 내려가는 스키 타는 사람의 운동과 같다. 물체의 가속도는 무엇일까? 아직 엄밀한 유도를 하는 데 준비가 되지 않았지만, 꽤 그럴듯한 논의로 가속도를 유도할 수 있다.

그림 2.28b는 만약 경사면이 갑자기 사라진다면 물체가 가질 자유낙하 가속도 $\vec{a}_{\text{free fall}}$을 보여준다. 자유낙하 가속도는 연직 아래 방향을 향한다. 이 벡터는 경사면에 평행인 벡터 $\vec{a}_{\parallel}$와 경사면에 수직인 벡터 $\vec{a}_{\perp}$로 분해할 수 있다. 경사면은 어찌되었든 6장에서 우리가 검토할 과정에 따라 $\vec{a}_{\perp}$를 막고 있다. 그러나 $\vec{a}_{\parallel}$은 방해 받지 않는다. 경사면에 평행한 $\vec{a}_{\text{free fall}}$의 성분이 물체를 가속시킨다.

정의를 따르면, $\vec{a}_{\text{free fall}}$의 길이 또는 크기는 g이다. 벡터 $\vec{a}_{\parallel}$은 각도 θ(그리스 문자 세타)의 대각이므로, $\vec{a}_{\parallel}$의 길이 또는 크기는 $g\sin\theta$여야 한다. 따라서 경사면 위의 1차원 가속도는

$$a_s = \pm g\sin\theta \tag{2.26}$$

그림 2.28 경사면에서의 가속도

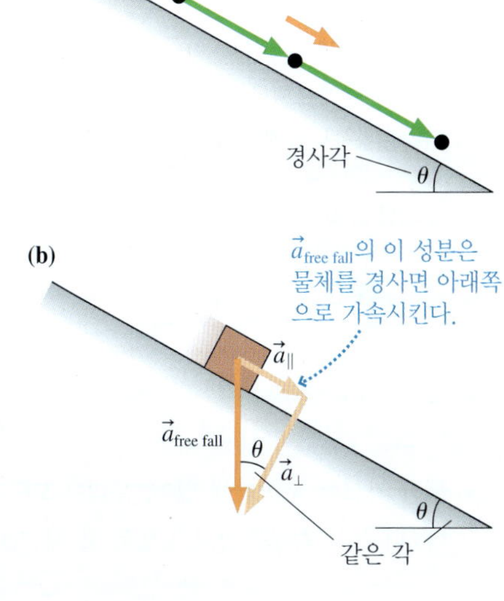

이다. 올바른 부호는 경사면의 기울어진 방향에 의존한다. 예를 들어 보면 알 수 있다.

식 (2.26)은 논리적으로 말이 된다. 평면이 완벽하게 수평면이라고 해보자. 만약 물체를 수평면에 놓으면, 물체가 가속도 없이 정지해 있을 것으로 기대한다. 식 (2.26)은 $\theta = 0°$일 때 $a_s = 0$이고, 이는 우리의 기대와 일치한다. 이제 평면을 기울여 수직이 되게 하자. 이때 $\theta = 90°$이다. 마찰이 없으므로 물체는 단순히 수직면에 평행하게 자유낙하할 것이다. 식 (2.26)은 $\theta = 90°$에서 $a_s = -g = a_{\text{free fall}}$임을 보여주며 이는 우리의 예상과 잘 맞는다. 식 (2.26)은 이러한 극한에서 올바른 결과를 준다.

예제 2.14 가속도 재기

실험실에 있는 2.00 m 길이의 트랙이 그림 2.29와 같이 기울어져 있다. 여러분의 임무는 트랙을 따라가는 카트의 가속도를 재고, 그 결과를 여러분이 예상한 값과 비교하는 것이다. 카트가 지나갈 때 카트의 속력을 재는 5개의 '포토게이트'를 사용할 수 있으며, 트랙의 거의 꼭대기 부분을 출발선으로 표시하고 직선을 따라 30 cm마다 포토게이트를 놓는다. 한 번 달린 카트 결과가 표에 나타나 있다. 처음 값은 포토게이트의 값은 아니지만 카트를 놓았을 때의 점에서 카트의 속력이 0임을 알고 있기 때문에 의미 있는 자료이다.

그림 2.29 실험 장치

거리(cm)	속력(m/s)
0	0.00
30	0.75
60	1.15
90	1.38
120	1.56
150	1.76

핵심 카트를 입자로 모형화한다.

시각화 그림 2.30은 트랙 위 카트의 그림 표현을 보여준다. 트랙과 축은 각 $\theta = \tan^{-1}(20.0\text{ cm}/180\text{ cm}) = 6.34°$로 기울어져 있다. 이것은 경사면에서의 운동이다. 따라서 카트의 가속도를 $a_x = g\sin\theta = 1.08\text{ m/s}^2$로 기대할 것이다.

그림 2.30 트랙 위 카트의 그림 표현

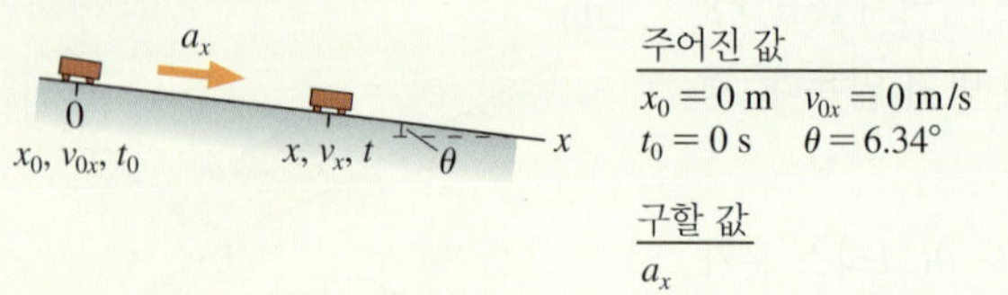

풀이 자료를 분석함에 있어, 우리는 모든 자료를 이용하기를 원한다. 더구나, 측정을 연속적으로 할 때 거의 항상 그래프를 이용하기를 원한다. 속력을 이동한 거리에 따라 그리는 것으로 시작할 수도 있다. 이것은 그림 2.31a에 보여진다. 여기서 이동거리를 미터로 바꾸었다. 기대했듯이, 속력은 이동거리와 함께 증가한다. 그러나 그래프는 직선이 아니고, 그래서 이것을 분석하기 어렵다.

시행착오를 하면서 계속하는 것보다 이론과 함께 생각해보자. 만약 카트가 아직 알지 못하고 검증할 필요가 있기는 하지만 일단 일정한 가속도를 갖는다 가정하면, 운동학의 세 번째 식은 속도와 변위가

$$v_x^2 = v_{0x}^2 + 2a_x\Delta x = 2a_x x$$

의 관계식을 갖는다는 것을 말해준다. 마지막 단계는 원점에서 ($\Delta x = x - x_0 = x$) 정지한 상태에서 ($v_{0x} = 0$) 출발한다는 데 기반을 두고 있다.

v_x를 x에 따라 그리지 말고, v_x^2을 x에 따라 그린다고 가정해보자. 만약 $y = v_x^2$이라고 하면 운동학 식은

$$y = 2\,a_x x$$

가 된다. 이는 1차방정식 $y = mx + b$의 형태이다. 여기서 m은 기울기, b는 y절편이다. 이 경우 $m = 2\,a_x$이고 $b = 0$이다. 따라서 만약 카트가 정말로 일정한 가속도를 갖는다면 x에 대한 v_x^2의 그래프는 y절편이 0인 직선이어야 한다. 이것은 우리가 검증할 수 있는 예측이다.

따라서 세 단계로 분석할 수 있다.

그림 2.31 속도 그래프와 속도 제곱의 그래프

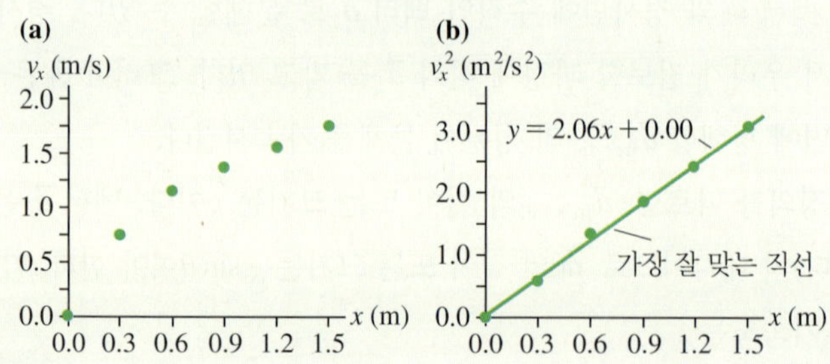

1. v_x^2을 x에 따라 그래프로 그린다. 만약 그래프가 y절편이 0인(혹은 0에 아주 가까운) 직선이라면, 카트가 트랙 위에서 일정한 가속도를 가진다고 결론지을 수 있다. 그렇지 않다면, 가속도는 일정하지 않으므로 등가속도에 대한 운동학 식을 사용할 수 없다.
2. 만약 그래프가 올바른 모양이라면, 기울기 m을 정할 수 있다.
3. 운동학이 $m=2a_x$라고 예측하기 때문에 가속도는 $a_x=m/2$이어야 한다.

그림 2.31b는 v_x^2을 x에 따라 그린 그래프이고 y절편이 0인 직선으로 나타났다. 이것은 트랙에서 카트가 일정한 가속도를 가진다는 우리의 가정에 필요한 증거이다. 좀 더 나아가면, 우리는 자료에 '가장 잘 맞는' 직선(최적선, best fit line)을 찾아서 기울기를 정하고 싶다. 이것은 통계학에서 정당화되는 통계적 방법인데, 스프레드시트나 그래픽 계산기에 장착된 것이다. 그림 2.31b에서 실선은 이 자료에 대한 가장 잘 맞는 직선이고, 그 식이 나타나 있다. 우리는 기울기가 $m=2.06\ \text{m/s}^2$임을 안다. **기울기는 단위를 가지고 있고,** 단위는 직선을 찾는 과정에서가 아니라 그래프의 축으로부터 온다. 여기서 수직축은 속도의 제곱, 단위는 $(\text{m/s})^2$이고, 수평축은 위치, 단위는 m이다. 따라서 기울기, 즉 올라간 것 나누기 나아간 것은 m/s^2의 단위를 갖는다.

마지막으로 카트의 가속도가

$$a_x = \frac{m}{2} = 1.03\ \text{m/s}^2$$

임을 안다. 이는 우리가 예상한 $1.08\ \text{m/s}^2$보다 5% 정도 작다. 두 가지 가능성을 생각해볼 수 있다. 어쩌면 기울어진 각도를 재기 위한 거리가 정확하게 재어지지 않았을 수도 있다. 또는 좀 더 일어나기 쉬운 것은 카트가 조금의 마찰을 가지면서 구를 수 있는 것이다. 예측된 $a_x=g\sin\theta$는 경사면에서 마찰이 없는 것에 대한 것이다. 어떤 마찰이라도 가속도를 감소시킨다.

검토 가속도는 마찰이 없는 경사면에 대해 예측한 값보다 조금 작다. 따라서 결과는 합리적으로 보인다.

그래프로 사고하기

운동에 대한 직관적인 이해를 견고하게 하는 좋은 방법은 단단하고 매끄러운 공이 매끄러운 트랙에서 굴러가는 문제를 생각해보는 것이다. 트랙은 몇 개의 평평하며 일직선인 판들로 이루어져 있으며 서로 연결되어 있다. 각각의 판(영역)들은 수평이거나 기울어져 있다. 여러분의 임무는 공의 운동을 그래프를 이용하여 분석하는 것이다.

따라야 할 몇 가지 규칙이 있다.

1. 공이 트랙의 한쪽 판(영역)에서 다음 판(영역)으로 갈 때 갑작스런 속력의 변화 없이 또는 트랙을 벗어남 없이 부드럽게 지나간다고 가정한다.
2. 그래프들은 숫자가 없다. 그러나 그들은 정확한 **관계**를 보여주어야 한다. 예를 들면, 위치 그래프는 속도가 큰 구간에서는 더 가팔라야 한다.
3. 위치 s는 트랙을 따라 잰 위치이다. 비슷하게, v_s와 a_s는 트랙에 평행한 속도와 가속도이다.

예제 2.15 트랙으로부터 그래프로

그림 2.32의 매끄러운 트랙 위의 공에 대하여 위치, 속도, 가속도의 그래프를 그리시오.

시각화 종종 속도로 시작하는 것이 가장 쉽다. 수평면에서는 가속도가 없으므로($\theta=0°$일 때 $a_s=0$), 공이 슬로프에 도착할 때까지 속도는 v_{0s}로 유지된다. 슬로프는 공이 일정한 가속도를 갖는 경사면이다. 속도는 등가속도 운동을 하는 동안 시간에 따라 선형으로 증가한다. 공은 아래의 수평 부분에 도달한 이후에는 등속 운동으로 돌아온다. 그림 2.33의 중간 그래프는 속도를 보여준다.

(계속)

그림 2.32 트랙을 따라 굴러가는 공

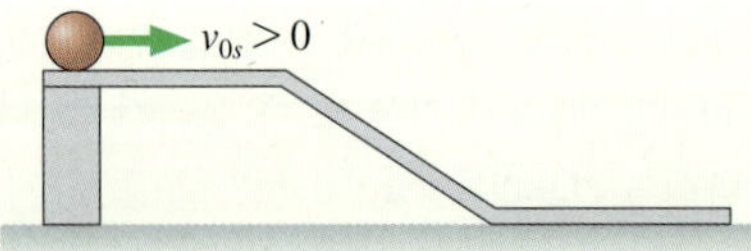

그림 2.33 예제 2.15의 공에 대한 운동 도형

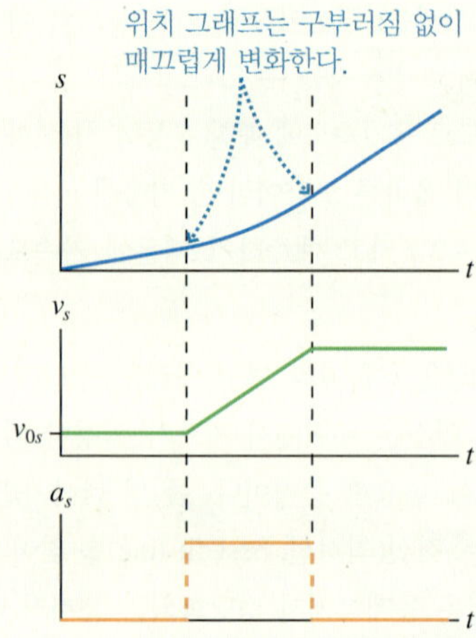

우리는 쉽게 가속도 그래프를 그릴 수 있다. 가속도는 공이 수평 부분에서 움직이는 동안에는 0이고, 슬로프에서는 일정한 양의 값을 갖는다. 이 가속도들은 속도 그래프의 기울기와 일치한다. 기울기 0, 그 다음에는 양의 기울기, 그 다음에는 0으로 돌아온다. 가속도는 **실제로는** 0에서 0이 아닌 값으로 순간적으로 변화할 수는 없다. 그러나 그 변화는 매우 빨라서 그래프의 시간 비율에서 볼 수 없을 수도 있다. 그것은 수직의 점선이 함축하는 것이다.

마지막으로 위치-시간 그래프를 구할 필요가 있다. 처음 영역을 지나는 동안 일정한 속도를 갖기 때문에 위치는 시간에 따라 선형으로 증가한다. 그것은 세 번째 영역에서 나타나는 운동에서도 그렇다. 그러나 더 빠른 속도임을 나타내기 위해서 좀 더 가파른 기울기를 갖는다. 가속도가 0이 아닌 일정한 값을 갖는 중간 영역에서 위치 그래프는 **포물선** 모양을 갖는다. 포물선 부분은 양쪽의 직선과 **부드럽게** 합쳐진다. 갑작스런 기울기의 변화('구부러짐')는 속도가 갑자기 변화하는 것을 의미하고 이는 규칙 1에 위배된다.

예제 2.16 그래프로부터 트랙으로

그림 2.34는 트랙에서 움직이는 공에 대한 운동 그래프의 집합을 보여준다. 트랙의 그림을 그리고 공의 초기 조건을 기술하시오. 트랙의 각각의 구간은 **똑바르지만**, 기울어진 부분이 있을 수도 있다.

시각화 공은 $v_{0s} > 0$인 초기 속도로 시작하고, 이 속도를 일정 시간 동안 유지한다. 가속도는 없다. 따라서 공은 수평한 트랙 위에서 오른쪽으로 굴러가는 것으로 시작해야만 한다. 운동의 마지막에서 공은 다시 수평인 트랙에서 구른다(가속도는 없고 일정한 속도이다). 그러나 v_s가 음수이기 때문에 **왼쪽**으로 굴러간다. 더구나, 나중 속력($|v_s|$)은 초기 속력보다 더 크다. 그래프의 중간 부분은 무슨 일이 일어나는지 보여준다. 공은 일정한 가속도로 감속하기 시작하여(언덕 위로 굴러감) 반환점에 도달하고(s는 최대, $v_s = 0$), 그 다음 반대 방향으로 가속한다(언덕 아래로 굴러감). 이것은 공이 음의 s방향으로 가속하기 때문에 여전히 음의 가속도이다. 공은 트랙의 수평 부분에 도달하기 전에 올라갈 때보다 더 멀리 아래 방향으로 굴러야 한다. 그림 2.35는 그림 2.34의 그래프의 원인이 되는 트랙과 초기 조건들을 보여준다.

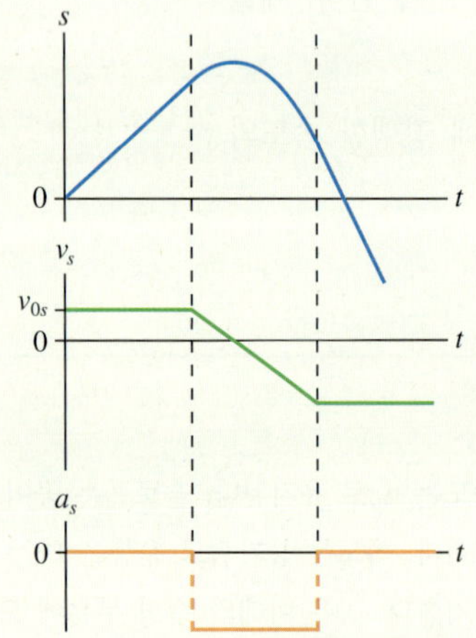

▶ 그림 2.34 모양을 알 수 없는 트랙을 따라 움직이는 공의 운동 그래프

그림 2.35 그림 2.34의 운동 그래프의 원인이 되는 트랙

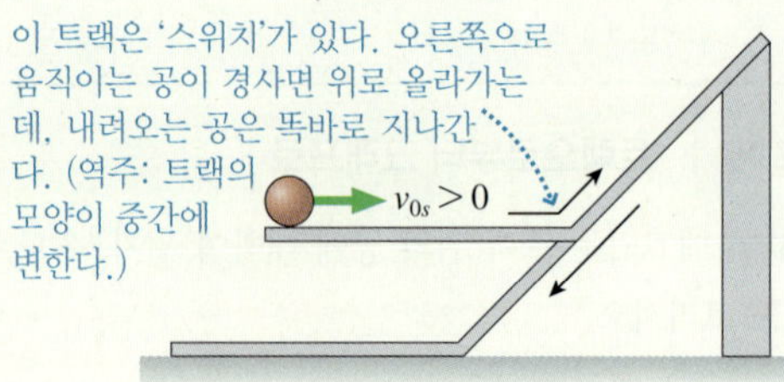

2.7 심화 주제: 순간 가속도

등가속도 모형이 매우 유용하긴 하지만, 실제 움직이는 물체들이 일정한 가속도를 가지는 경우는 거의 없다. 예를 들면, 그림 2.36a는 정지 신호에서 출발하는 자동차에 대한 실제 속도-시간 그래프이다. 그래프는 직선이 아니다. 따라서 이것은 등가속도 운동이 아니다.

순간 속도를 정의하는 것과 마찬가지로 순간 가속도를 정의할 수 있다. 시간 t에서 순간 속도는 그 시간에서 위치-시간 그래프의 기울기이거나 혹은 수학적으로 위치를 시간에 대하여 미분한 것이다. **순간 가속도**(instantaneous acceleration) $\boldsymbol{a_s}$**는 시간** $\boldsymbol{t}$**에서 속도-시간 곡선에 접하는 직선의 기울기이다.** 수학적으로 다음과 같이 쓸 수 있다.

$$a_s = \frac{dv_s}{dt} = \text{시간 } t\text{에서 속도-시간 그래프의 기울기} \tag{2.27}$$

그림 2.36b는 자동차의 가속도 그래프를 보여줌으로써 이 아이디어를 적용한다. 각각의 시간에서 자동차의 가속도 값은 속도 그래프의 기울기이다. 처음 가파른 기울기는 큰 초기 가속도를 의미한다. 가속도는 자동차가 일정한 속도에 도달하면 0으로 감소한다.

그림 2.36 정지 신호에서 출발하는 자동차의 속도와 가속도 그래프

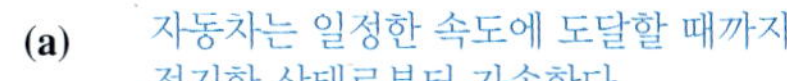

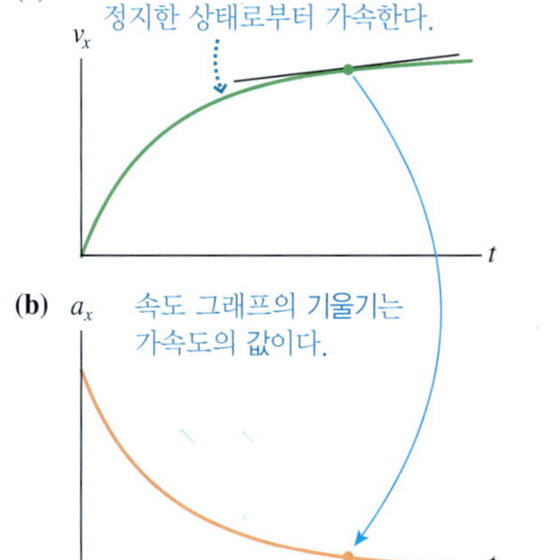

이것의 역문제인 모든 시간에서 가속도 a_s를 알 때 속도를 구하는 문제 또한 중요하다. 다시, 속도와 위치의 관계식과 유사하게 다음 식을 얻는다

$$v_{fs} = v_{is} + \int_{t_i}^{t_f} a_s\, dt \tag{2.28}$$

식 (2.28)의 그래프적인 해석은 다음과 같다.

$$v_{fs} = v_{is} + t_i\text{에서 } t_f\text{까지 가속도 곡선 아래의 넓이} \tag{2.29}$$

예제 2.17 | 가속도로부터 속도 알아내기

그림 2.37은 초기 속도가 10 m/s인 입자에 대한 가속도 그래프를 보여준다. $t = 8$ s일 때 입자의 속도는 얼마인가?

그림 2.37 예제 2.17에 대한 가속도 그래프

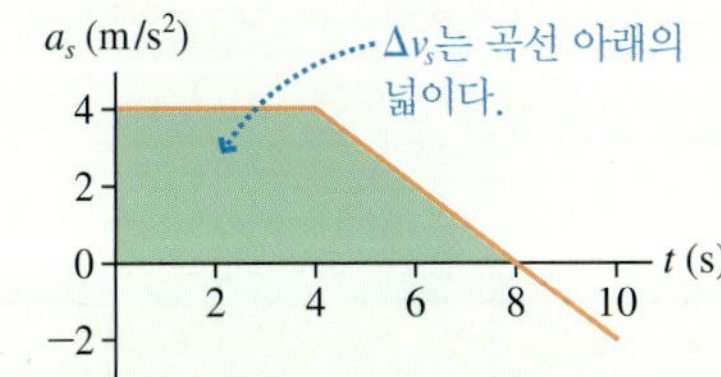

핵심 이것이 입자의 운동임을 명시하였다.

시각화 그림 2.37은 운동의 그래프 표현이다.

풀이 속도의 변화량은 시간 t_i에서 t_f까지의 가속도 곡선 아래의 넓이다.

$$v_{fs} = v_i s + t_i\text{에서 } t_f\text{까지 가속도 곡선 아래의 넓이}$$

$t_i = 0$ s에서 $t_f = 8$ s 사이의 곡선 아래의 넓이는 사각형($0\text{ s} \le t \le 4\text{ s}$)과 삼각형($4\text{ s} \le t \le 8\text{ s}$)으로 나눌 수 있다. 이들 넓이는 쉽게 계산된다. 따라서

$$\begin{aligned} v_s(t = 8\text{ s일 때}) &= 10\text{ m/s} + (4\text{ (m/s)/s})(4\text{ s}) \\ &\quad + \tfrac{1}{2}(4\text{ (m/s)/s})(4\text{ s}) \\ &= 34\text{ m/s} \end{aligned}$$

이다.

예제 2.18 | 실제 차의 가속도

차가 정지한 상태에서 출발하여 v_{max}로 달리는 속도에 도달하는 데 T s가 소요되었다. 속도에 대한 시간의 함수로 타당한 표현은 다음과 같다.

$$v_x(t) = \begin{cases} v_{max}\left(\dfrac{2t}{T} - \dfrac{t^2}{T^2}\right) & t \le T \\ v_{max} & t \ge T \end{cases}$$

a. 속도와 가속도 그래프를 그려서 이것이 타당한 함수라는 것을 보이시오.

b. T시간까지 이동한 거리를 T와 최대 가속도 a_{max}로 표현한 식으로 구하시오.

c. 8.0 s 동안 15 m/s의 주행 속력에 도달하는 차에 대해서 최대 가속도와 이동한 거리는 얼마인가?

핵심 차를 입자로 모형화한다.

시각화 그림 2.38a는 속도 그래프를 보여준다. 이것은 시간 T에 v_{max}에 도달하는 거꾸로 된 포물선이고, 그 다음 그 값을 유지한다. 기울기로부터 가속도가 최댓값 a_{max}에서 출발하여 T가 될 때까지 계속 감소하고, $t > T$에서는 0임을 안다.

풀이 a. v_x를 미분하여 a_x에 대한 표현을 구할 수 있다. $t \le T$에서 시작하여 다항식의 미분에 대한 식 (2.6)을 이용하면

$$a_x = \frac{dv_x}{dt} = v_{max}\left(\frac{2}{T} - \frac{2t}{T^2}\right) = \frac{2v_{max}}{T}\left(1 - \frac{t}{T}\right) = a_{max}\left(1 - \frac{t}{T}\right)$$

이고, 여기서 $a_{max} = 2\,v_{max}/T$이다. $t \ge T$에 대해서 $a_x = 0$이다. 이를 합하면

$$a_x(t) = \begin{cases} a_{max}\left(1 - \dfrac{t}{T}\right) & t \le T \\ 0 & t \ge T \end{cases}$$

이다. 가속도에 대한 이 표현은 그림 2.38b에 그래프로 나타냈다. 가속도는 차가 정지 상태에서 주행 속력에 이를 때까지(a_{max}에서 0까지) 선형으로 줄어든다.

b. 시간에 대한 함수로 위치를 구하기 위해서 다항식의 적분에 대한 식 (2.13)을 이용하여 속도를 적분한다[식 (2.11)]. 시간 T, 즉 주행 속력에 도달했을 때,

그림 2.38 예제 2.18에 대한 속도와 가속도 그래프

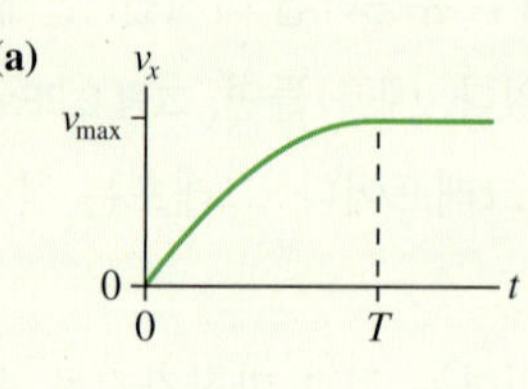

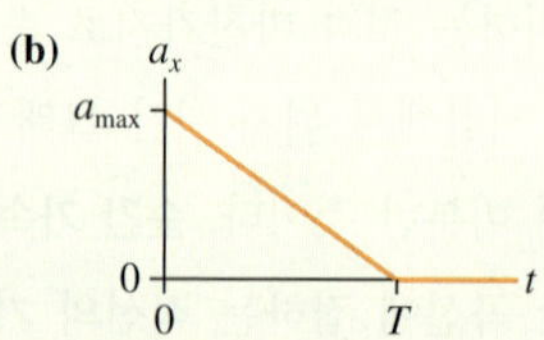

$$x_T = x_0 + \int_0^T v_x\,dt = 0 + \frac{2v_{max}}{T}\int_0^T t\,dt - \frac{v_{max}}{T^2}\int_0^T t^2\,dt$$

$$= \frac{2v_{max}}{T}\left.\frac{t^2}{2}\right|_0^T - \frac{v_{max}}{T^2}\left.\frac{t^3}{3}\right|_0^T$$

$$= v_{max}T - \tfrac{1}{3}v_{max}T = \tfrac{2}{3}v_{max}T$$

이다. $a_{max} = 2\,v_{max}/T$임을 상기하면, 이동한 거리는 다음과 같이 쓸 수 있다.

$$x_T = \tfrac{2}{3}v_{max}T = \tfrac{1}{3}\left(\frac{2v_{max}}{T}\right)T^2 = \tfrac{1}{3}a_{max}T^2$$

만약 가속도가 일정하다면, 거리는 $\frac{1}{2}aT^2$이 되었을 것이다. 비슷한 식을 얻긴 했지만, 가속도가 꾸준히 감소하므로 앞에 좀 더 작은 인수가 있다.

c. $v_{max} = 15$ m/s와 $T = 8.0$ s를 이용하여 도시 주행의 실제값

$$a_{max} = \frac{2v_{max}}{T} = \frac{2(15\ \text{m/s})}{8.0\ \text{s}} = 3.75\ \text{m/s}^2$$

$$x_T = \tfrac{1}{3}a_{max}T^2 = \tfrac{1}{3}(3.75\ \text{m/s}^2)(8.0\ \text{s})^2 = 80\ \text{m}$$

를 구한다.

검토 주행 속력 15 m/s ≈ 30 mph에 도달하기 위해서 8.0 s 안에 80 m를 가는 것은 매우 합리적이다. 이것은 차의 초기 가속도가 $\approx \frac{1}{3}g$라고 믿게 하는 좋은 이유가 된다.

응용 예제 2.19 | 로켓 타기

로켓 썰매가 긴 수평 레일을 따라 가속한다. 정지한 상태에서 출발한 2개의 로켓이 10 s 동안 연소하여 일정한 가속도를 제공한다. 이때 둘 중 하나의 로켓이 소진되고, 가속도는 반이 된다. 그러나 다른 로켓은 추가 5 s 동안 연소하여 썰매의 속력을 625 m/s

까지 가속시킨다. 두 번째 로켓이 완전 연소될 때까지 썰매는 얼마나 이동하는가?

핵심 로켓 썰매를 등가속도 운동을 하는 입자로 모형화한다.

시각화 그림 2.39는 그림 표현을 보여준다. 이 운동은 처음과 끝(두 번째 로켓이 완전 연소했을 때), 그리고 중간에 운동이 바뀐 점(첫 번째 로켓이 완전 연소된 순간)의 두 부분으로 된 운동이다.

그림 2.39 로켓 썰매의 그림 표현

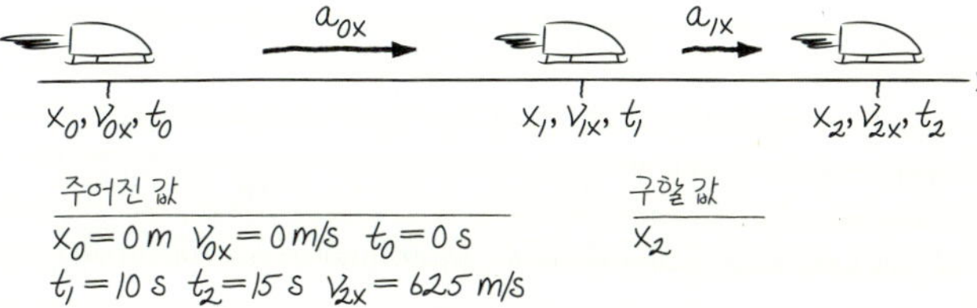

풀이 이 문제에서 어려운 점은 운동의 처음 부분과 두 번째 부분을 완벽하게 분석하는 데 충분한 정보가 없다는 점이다. 성공적인 풀이는 두 부분의 운동에 관한 정보를 잘 합치는 것을 필요로 하고, 그것은 문제 끝까지 수치를 걱정하지 말고 대수적으로 푸는 것에 의해서만 성취될 수 있다. 잘 그려진 그림 표현과 명확하게 정의된 기호들은 필수적이다.

운동의 처음 부분, 즉 두 로켓이 모두 연소하고 있는 부분은 a_{0x}의 가속도를 갖는다. 썰매의 위치와 속도는 처음 로켓이 완전 연소한 순간

$$x_1 = x_0 + v_{0x}\,\Delta t + \tfrac{1}{2}a_{0x}(\Delta t)^2 = \tfrac{1}{2}a_{0x}t_1^{\,2}$$
$$v_{1x} = v_{0x} + a_{0x}\,\Delta t = a_{0x}t_1$$

이고, 여기서 썰매가 $t_0 = 0$ s에 정지한 상태이고, 원점에 위치하고 있는 것을 알기에 식을 최대한 단순화하였다. 수치를 완벽하게 계산할 수는 없지만 이 식들은 두 번째 운동 부분으로 넘길 의미 있는 대수적인 표현들이다.

t_1에서 t_2까지 가속도는 a_{1x}보다 작다. 두 번째 로켓이 완전 연소될 때 속도는

$$v_{2x} = v_{1x} + a_{1x}\,\Delta t = a_{0x}t_1 + a_{1x}(t_2 - t_1)$$

이고, 여기서 v_{1x}에 대하여 처음 운동 부분의 대수적 결과를 이용하였다. 이제 풀이를 완성할 충분한 정보를 가지고 있다. 첫 번째 로켓이 완전 연소한 후에 가속도가 반으로 줄어든 것을 알고 있으므로 $a_{1x} = \frac{1}{2}a_{0x}$이다. 따라서

$$v_{2x} = 625\text{ m/s} = a_{0x}(10\text{ s}) + \tfrac{1}{2}a_{0x}(5\text{ s}) = (12.5\text{ s})a_{0x}$$

이고, 이를 풀면 $a_{0x} = 50\text{ m/s}^2$이다.

이제 가속도를 알기 때문에 첫 번째 로켓이 완전 연소했을 때 위치와 속도를 계산할 수 있다.

$$x_1 = \tfrac{1}{2}a_{0x}t_1^{\,2} = \tfrac{1}{2}(50\text{ m/s}^2)(10\text{ s})^2 = 2500\text{ m}$$
$$v_{1x} = a_{0x}t_1 = (50\text{ m/s}^2)(10\text{ s}) = 500\text{ m/s}$$

마지막으로 두 번째 로켓이 완전 연소할 때 위치는 다음과 같다.

$$x_2 = x_1 + v_{1x}\,\Delta t + \tfrac{1}{2}a_{1x}(\Delta t)^2$$
$$= 2500\text{ m} + (500\text{ m/s})(5\text{ s}) + \tfrac{1}{2}(25\text{ m/s}^2)(5\text{ s})^2 = 5300\text{ m}$$

썰매는 두 번째 로켓이 완전 연소되고 속도가 625 m/s에 이르렀을 때 5300 m를 이동하였다.

검토 5300 m는 5.3 km이고, 약 3마일이다. 15 s 동안에 이동한 것으로는 긴 여정이다! 그러나 썰매는 믿을 수 없을 만큼 큰 속력에 도달한다. 나중 속력이 625 m/s, 1200 mph를 넘었을 때 썰매는 15 s 동안 거의 10 km 이동할 것이다. 따라서 가속하는 썰매에 대해 15 s 동안 5.3 km를 이동한 것은 합리적으로 보인다.

서술형 질문

질문 1과 2에 대해서 무슨 일이 일어나고 있는지 짧은 '이야기'를 적어서 각각의 그림에 주어진 위치 그래프를 해석하시오. 창의적으로 해보시오! 인물과 상황을 만드시오! 단순히 "자동차가 오른쪽으로 100 m를 움직인다."라고 말하는 것은 이야기라고 할 수 없다. 여러분의 이야기에는 이동거리나 흐른 시간과 같은, 그래프에서 여러분이 얻은 정보에 대해 특정한 언급이 들어있어야 한다.

1.

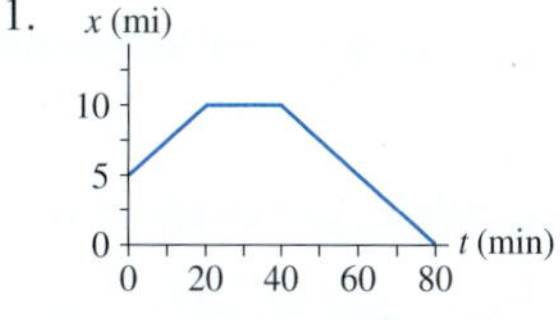

그림 Q2.1

2.

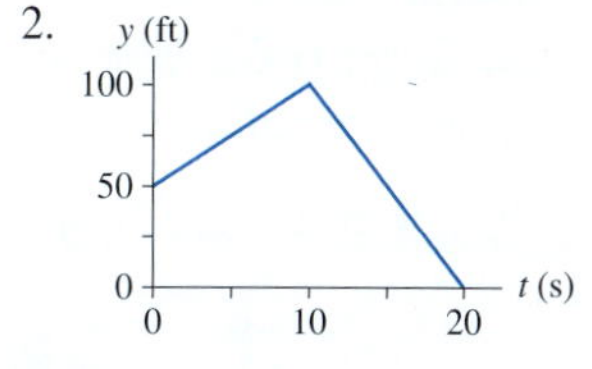

그림 Q2.2

3. 그림 Q2.3은 물체 A, B가 같은 축 위를 움직일 때, 그것들의 운동에 대한 위치-시간 그래프이다.
   a. 시간 $t = 1$ s에서 A의 속력은 B보다 큰가, 같은가, 작은가? 이유를 설명하시오.
   b. 물체 A, B는 같은 속력일 때가 있는가? 있다면 어느 때인가? 이유를 설명하시오.

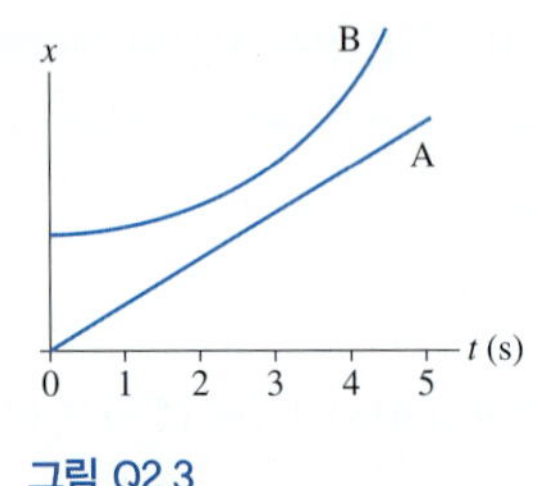

그림 Q2.3

4. 그림 Q2.4는 운동하는 물체의 위치–시간 그래프를 보여준다. 물체는 A~F 중 어떤 점에서
   a. 가장 빠르게 움직이는가?
   b. 왼쪽으로 움직이는가?
   c. 가속하는가?
   d. 반환점을 도는가?

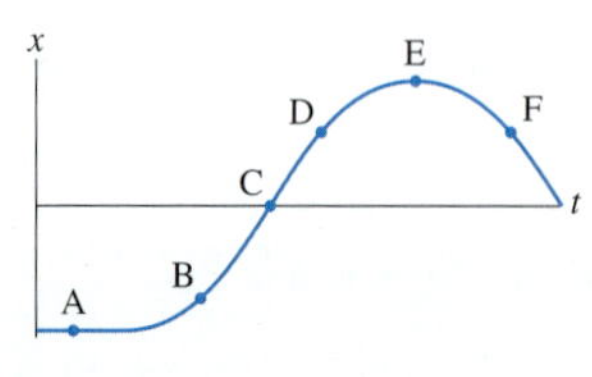

그림 Q2.4

5. 여러분은 여러분 집 앞에서 멈추지 않는 버스를 타고 있는 친구에게 공책을 건네주려고 한다. 멀리서 버스를 본 순간 버스를 향해서 달리기 시작했다. 버스가 여러분을 지나칠 때 여러분은 손을 뻗은 여러분의 친구에게 공책을 건네줄 수 있겠는가?

6. a. 가속도는 양이고 속도는 0인 운동의 예를 들어보시오.
   b. 속도는 양이지만 가속도는 0인 운동의 예를 들어보시오.

7. 돌멩이가 다리 위에서 아래 강물을 향해 (그냥 떨어진 것이 아니라) 던져졌다. 다음 각각의 순간에 돌멩이의 가속도는 g보다 큰가, 같은가, 작은가, 아니면 0인가? 이유를 설명하시오.
   a. 던져진 직후
   b. 물에 닿기 직전

연습문제

연습문제

2.1 등속 운동

1. ‖ 앨런은 LA를 9:00 AM에 출발하여 차로 400마일 떨어진 샌프란시스코를 향한다. 그는 55 mph의 주행 속력으로 이동한다. 베스는 LA를 9:30 AM에 출발하여 60 mph의 주행 속력으로 운전한다.
   a. 누가 샌프란시스코에 먼저 도착하겠는가?
   b. 먼저 도착한 사람이 나중 사람이 도착할 때까지 얼마나 기다려야 하는가?

2. ‖ 래리는 9:05에 집을 떠나, 그림 EX2.2에 보이는 가로등을 향해 일정한 속력으로 달려간다. 그는 9:07에 가로등에 도달하고, 바로 돌아서 나무를 향해 뛴다. 래리는 9:10에 나무에 도착한다.
   a. 각각 두 구간에서 래리의 평균 속도는 m/min 단위로 얼마인가?
   b. 전체 달린 구간에서 래리의 평균 속도는 얼마인가?

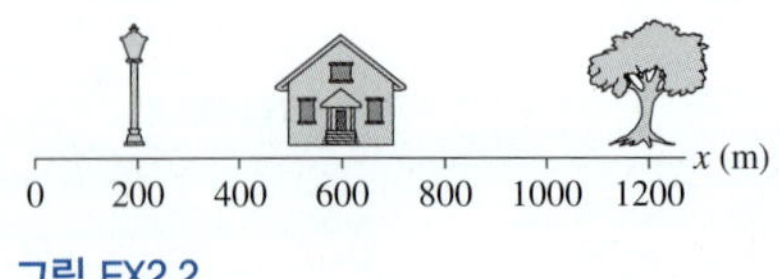

그림 EX2.2

2.2 순간 속도

2.3 속도로부터 위치 알아내기

3. | 그림 EX2.3은 입자의 위치 그래프를 보여준다.
   a. 구간 0 s ≤ t ≤ 4 s에서 입자의 속도 그래프를 그리시오.
   b. 입자의 운동에는 반환점이 있는가? 있다면 어느 시간에 그러한가?

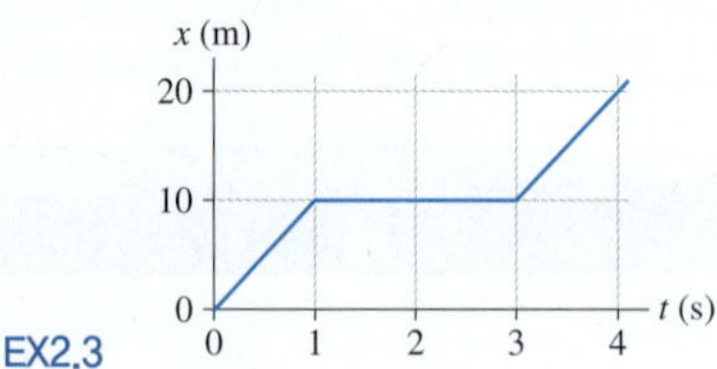

그림 EX2.3

4. ‖ 그림 EX2.4는 심장이 한 번 박동할 때 상행 대동맥에서 나타나는 혈액 속도의 이상적인 그래프이다. 한 번 박동하는 동안 혈액은 근사적으로 몇 cm 이동하는가?
BIO

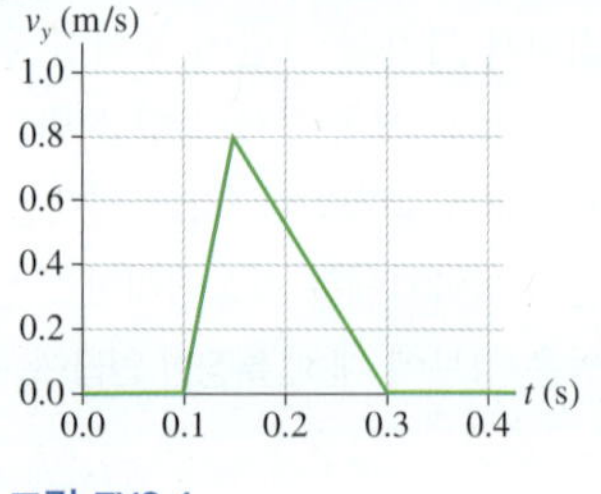

그림 EX2.4

2.4 등가속도 운동

5. ‖ 그림 EX2.5는 입자의 속도 그래프를 보여준다. 구간 $0\text{ s} \le t \le 4\text{ s}$에서 입자의 가속도 그래프를 그리시오.

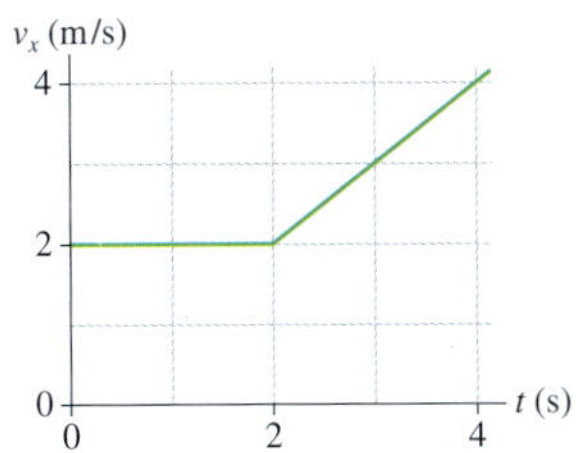

그림 EX2.5

6. ‖ 그림 EX2.6은 x축에서 움직이는 입자의 속도 그래프를 보여준다. 입자의 초기 위치는 $t_0 = 0\text{ s}$일 때 $x_0 = 2.0\text{ m}$이다. $t = 2.0\text{ s}$에서 입자의 (a) 위치, (b) 속도, (c) 가속도를 구하시오.

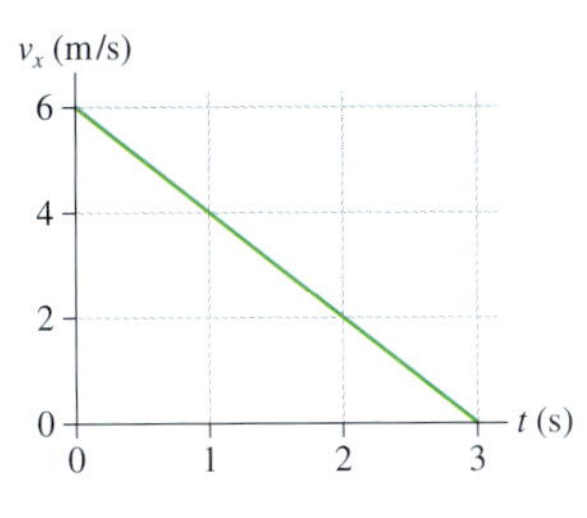

그림 EX2.6

7. | a. 10 s 동안 0 mph에서 60 mph로 등가속하는 자동차의 가속도를 SI 단위로 구하시오.
   b. 60 mph에 이르기까지 자동차는 얼마나 이동하는가? SI 단위와 피트로 답을 구하시오.

8. ‖ a. 우주선이 g의 가속도로 빛의 속력(3.0×10^8 m/s)까지 가속하는 데 며칠이 걸리는가?
   b. 이 시간 동안 얼마나 많은 거리를 여행하는가?
   c. 문항 b의 거리는 몇 광년인가? 1광년은 빛이 1년 동안 이동하는 거리이다.

9. ‖ 8 m/s의 속력으로 마찰 없는 얼음 위를 움직이는 스피드 스케이팅 선수가 폭이 10 m인 거친 얼음판을 맞닥뜨린다. 그녀는 지속적으로 감속하여, 5 m/s로 진행한다. 거친 얼음판 위에서 그녀의 가속도는 얼마인가?

10. ‖ 자동차가 정지 표지판에서 정지했다가 출발한다. 자동차는 5 s 동안 8 m/s^{2}의 가속도로 가속한 후 3 s 동안 그 속도로 주행했다가, 다음 정지 표지판을 향해서 4 m/s^{2}씩 감속한다. 두 정지 표지판 사이의 거리는 얼마인가?

2.5 자유낙하

11. ‖ 지면 위에 서 있는 학생이 공을 똑바로 위로 던진다. 공은 손이 지면에서 2.0 m 위에 있을 때, 속력 15 m/s로 학생의 손을 떠난다. 공이 지면에 닿기 전에 공중에 얼마나 오랫동안 머무르는가? (학생은 공이 가는 길에서 자신의 손을 치운다.)

12. ‖ 점프를 할 때, 벼룩은 깜짝 놀랄만한 가속도 1000 m/s^{2}로 가속한다. 그러나 매우 짧은 거리 0.50 mm를 이동하는 동안뿐이다. 만약 벼룩이 똑바로 올라가고, 공기 저항이 무시된다면(이 상황에서 조금은 좋지 않은 근사이긴 하지만) 벼룩은 얼마나 올라가는가?
BIO

13. ||| 높은 건물의 꼭대기에서 돌멩이를 떨어뜨린다. 돌멩이가 지면에 닿기 전 마지막 1 s 동안의 돌멩이의 변위는 돌멩이가 떨어진 전체 거리의 45%이다. 건물의 높이는 얼마인가?

2.6 경사면에서의 운동

14. ‖ 자동차가 30 m/s로 10° 경사의 언덕을 올라가는 도중에 연료를 소진한다. 올라가다가 다시 내려오기 시작하는 점까지 자동차는 언덕을 따라 얼마나 멀리 올라갔는가?

15. ‖ 스노보드 선수가 50 m 길이의 15° 경사의 언덕을 미끄러져 내려온다. 그러고 나서 그녀는 수평면에서 10 m 동안 미끄러진 후 위로 25° 경사진 곳에 도달한다. 눈은 마찰이 없다고 가정한다.
    a. 언덕의 맨 아래 부분에서 그녀의 속도는 얼마인가?
    b. 25° 경사면에서 그녀는 얼마나 멀리 올라가는가?

2.7 순간 가속도

16. ‖ 그림 EX2.16은 x축을 따라 움직이는 입자의 가속도-시간 그래프이다. 입자의 초기 속도는 $t_0 = 0\text{ s}$일 때 $v_{0x} = 8.0\text{ m/s}$이다. $t = 4.0\text{ s}$에서의 입자의 속도는 얼마인가?

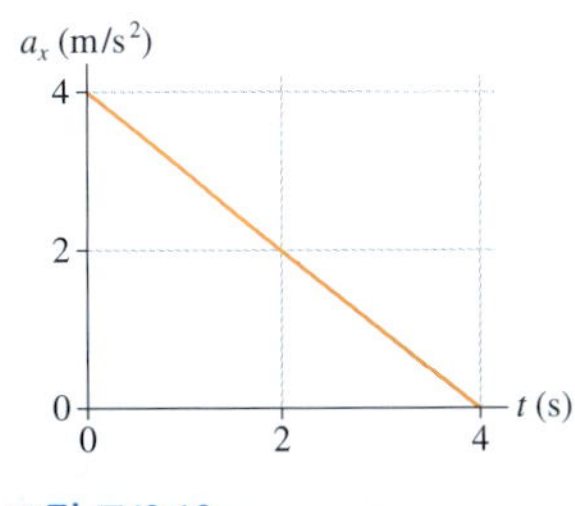

그림 EX2.16

17. | x축을 따라 움직이는 입자가 $x = (3.00t^3 - 3.00t + 5.00)$의 함수로 기술되는 위치를 가지고 있다. 여기서 t는 시간이며 단위는 s이다. $t = 2.00\text{ s}$일 때 다음을 구하시오.
CALC
    a. 입자의 위치
    b. 입자의 속도
    c. 입자의 가속도

18. | 입자의 위치가 함수 $x = (2t^3 - 9t^2 + 12)$ m로 주어지고, 시간 t의 단위는 s이다.
CALC

a. 언제 $v_x = 0$ m/s인가?

b. 이때 입자의 위치와 가속도는 얼마인가?

문제

19. ‖ 입자 A, B, C는 x축에서 움직인다. 입자 C의 초기 속도는 10 m/s이다. 그림 P2.19에서 A에 대한 그래프는 위치-시간 그래프이다. B에 대한 그래프는 속도-시간 그래프이다. C에 대한 그래프는 가속도-시간 그래프이다. $t = 7.0$ s에 각 입자의 속도를 구하시오.

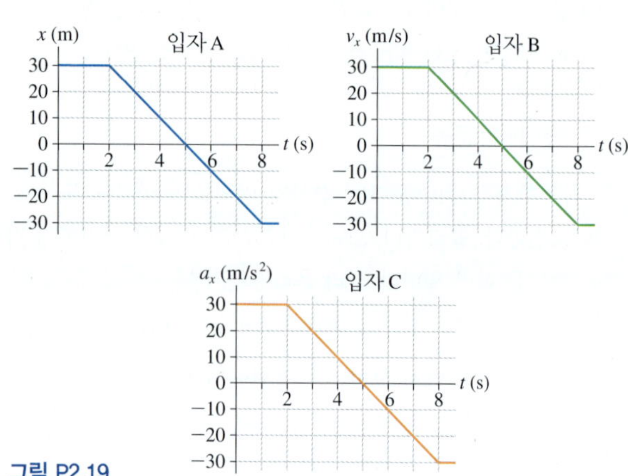

그림 P2.19

20. ‖ 입자의 속도는 함수 $v_x = (t^2 - 7t + 10)$ m/s이고, 여기서 t의 단위는 s이다.
CALC

a. 언제 입자가 반환점에 도달하는가?

b. 반환점에서 입자의 가속도는 얼마인가?

21. ‖ 입자의 가속도는 $a_x = (10 - t)$ m/s^{2}의 함수로 기술되고, 시간 t의 단위는 s이다. 입자의 초기 조건은 $t = 0$ s에 $x_0 = 0$ m와 $v_{0x} = 0$ m/s이다.
CALC

a. 언제 속도가 다시 0이 되는가?

b. 그때 입자의 위치를 구하시오.

22. ‖ 공이 그림 P2.22에 보여진 매끄러운 트랙을 따라 구른다. 트랙의 각 영역은 반듯하고, 공은 한 영역에서 다른 영역으로 지나갈 때 속력이 변하거나 트랙에서 벗어나지 않고 부드럽게 이동한다. 시간에 따른 위치, 속도, 가속도를 수직으로 쌓은 3개의 그래프로 그리시오. 각각의 그래프는 같은 시간축을 공유하고, 그래프의 비율은 정성적으로 바르게 맞춘다. 공이 꼭대기에 도달할 수 있는 충분한 속력을 가지고 있는 것으로 가정한다.

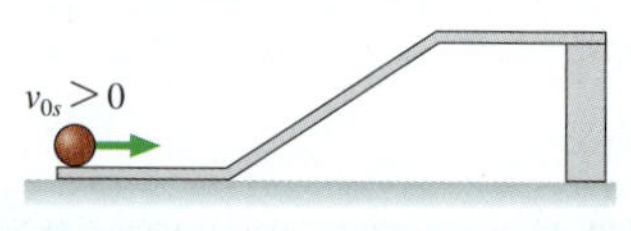

그림 P2.22

23. ‖ 그림 P2.23은 트랙 위를 굴러가는 공에 대한 운동학 그래프의 집합을 보여준다. 트랙의 모든 영역들은 쭉뻗은 직선들인데, 몇몇은 기울어져 있을 수도 있다. 트랙의 그림을 그리고 공의 초기 조건을 기술하시오.

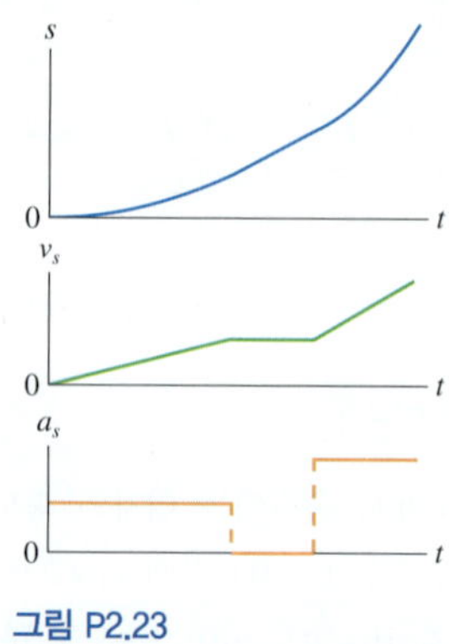

그림 P2.23

24. ‖ 에어버스 A320의 이륙 속력은 80 m/s이다. 이륙하는 동안 속도 자료는 다음과 같다.

t (s)	v_x (m/s)
0	0
10	23
20	46
30	69

a. 이륙하는 동안 제트기의 가속도는 일정한가? 설명해보시오.

b. 언제 비행기 바퀴는 땅에서 떨어지는가?

c. 안전 문제로 이륙을 중단할 때, 이륙하는 데 필요한 길이보다 세 배 길이의 활주로가 필요하다. A320은 2.5마일 길이의 활주로에서 안전하게 이륙할 수 있는가?

25. ‖ 고속도로에서 밤에 20 m/s의 속도로 운전하고 있는데, 사슴이 여러분의 35 m 앞으로 뛰어 들어온다. 브레이크에 발을 올려 놓는 데 걸리는 반응시간이 0.50 s이고, 여러분의 차의 최대 감속 가속도는 10 m/s^{2}이다.

a. 여러분이 멈추었을 때, 사슴과 여러분 사이의 거리는 얼마인가?

b. 사슴을 치지 않기 위한 최대 속력은 얼마인가?

26. ‖ 수잔은 그림 P2.26에 보여지는 골프 코스에서 미니 골프를 하고 있다. 가짜 플라스틱 잔디 때문에 공은 수평으로 진행할 때는 1.0 m/s^{2}의 감속 가속도를 갖고, 경사면에서는 6.0 m/s^{2}의 감속 가속도를 갖는다. 수잔이 홀인원을 하고 싶다면, 공이 수잔의 클럽에 맞아 나아갈 때, 최소 속력은 얼마여야 하는가?

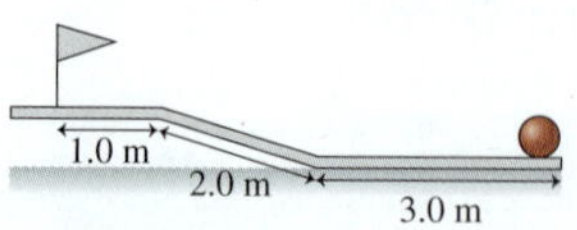

그림 P2.26

27. ∥ 치타가 좋아하는 먹잇감인 톰슨 가젤의 위치를 파악하고 행동
BIO 에 돌입할 때 빠르게 가속하여 최고 속력 30 m/s에 도달하는데 이는 포유류 중 가장 높은 값이다. 그러나 치타는 이 최고 속력을 단지 15 s만 유지할 수 있고, 그 후에는 포기한다. 치타는 최고 속력에 도달했을 때 가젤과 170 m 거리에 있고, 가젤은 이때 치타를 발견한다. 무시할만한 반응시간으로 가젤은 치타로부터 멀리 도망가는데, 5 s 동안 4.6 m/s^{2}의 가속도로 운동한 후 등속력으로 움직인다. 가젤은 치타를 피할 수 있는가? 만약 그렇다면, 가젤은 치타가 가젤을 포기할 때, 치타 앞에 얼마의 거리에 있는가?

28. ∥∥ 200 kg짜리 기상 로켓이 100 kg의 연료를 태우고 연직 상방으로 출발한다. 30 s 동안 30 m/s^{2}의 가속도로 가속하고 난 후 연료를 소진한다. 공기 저항의 효과는 무시한다.
a. 로켓의 최대 고도는 얼마인가?
b. 로켓이 땅에 떨어지기 전에 공중에 얼마나 오래 있는가?

29. ∥∥ 납으로 된 공이 물 위 5.0 m의 다이빙 보드로부터 호수 아래로 떨어진다. 물에 들어간 후 공은 물에 닿기 직전의 속도로 바닥까지 등속도로 가라 앉는다. 공이 놓아진 뒤 3.0 s 후에 바닥에 닿았다. 호수는 얼마나 깊은가?

30. ∥ 농구 선수는 55 cm 높이까지 점프할 수 있다. 아래로 일정한 속도 1.0 m/s로 내려가는 엘리베이터에서 선수는 얼마나 점프할 수 있는가?

31. ∥ 앤과 캐롤은 동일한 똑바른 길을 따라 그들의 차를 운전하고 있다. 캐롤은 $t = 0$ h일 때 $x = 2.4$ mi에 위치하고, 36 mph의 일정한 속도로 운전한다. 앤은 $t = 0.50$ h에서 $x = 0.0$ mi에 위치하고 같은 방향으로 50 mph의 일정한 속도로 운전한다.
a. 언제 앤은 캐롤을 따라잡는가?
b. 이 순간, 그들의 위치를 구하시오.
c. 앤과 캐롤의 운동을 보여주는 위치-시간 그래프를 그리시오.

32. ∥ 매우 미끄러운 얼음 조각이 각 θ로 기울어진 매끄러운 경사면을 따라 내려간다. 정지한 상태의 얼음을 경사면의 바닥으로부터 수직 높이 h에서 놓는다. 바닥에서의 얼음의 속력에 대한 표현을 구하시오.

33. ∥ 놀이 동산에서 한 게임은 퍽을 쳐서 길고 마찰이 없는 경사면 위로 올리는 게임이다. 만약 퍽이 밖으로 나가지 않고 가장 높은 곳에서 경사면 끝의 10 cm 안에 도달하면 동물 인형을 딴다. 퍽이 경사면의 끝으로부터 8.5 m 아래 있을 때, 퍽을 쳐서 5.0 m/s 속력으로 움직이게 만들었다. 3.0 m를 이동한 퍽의 속력은 4.0 m/s이다. 퍽이 멈출 때, 경사면 끝에서부터 퍽은 얼마나 멀리 떨어져 있는가?

34. ∥ 니콜이 공을 연직 상방으로 던진다. 채드는 니콜이 공을 던진 지점보다 5.0 m 위에 있는 창문에서 공을 지켜본다. 공은 올라가는 동안 채드를 지나고, 돌아와서 채드를 다시 지날 때 속력이 10 m/s이다. 니콜은 공을 얼마나 빠르게 던졌는가? (니콜이 공을 던질 때 공의 속력은?)

35. ∥ 고양이가 폭 3.0 m의 방 한가운데 마루에서 자고 있는데, 개가 짖으며 1.50 m/s의 속력으로 방에 들어온다. 개가 들어오자, 고양이는(고양이들이 늘 하듯이) 곧바로 방의 반대편에 있는 열린 창문을 향해 0.85 m/s^{2}의 가속도로 가속한다. 개는(마구 짖지만 물지는 않는) 방에 들어오자마자 고양이에 놀라 0.10 m/s^{2}의 가속도의 크기로 감속한다. 고양이가 창문으로 뛰어오를 때, 고양이는 개 앞에 얼마나 멀리 있는가?

36. ∥∥ 20 m/s의 속도로 운전 중이던 운전자가 앞을 보지 않고 CD를 바꾸려고 한다. 고개를 들자, 자신이 기차 건널목으로부터 45 m 떨어져 있는 것을 발견한다. 그리고 30 m/s 속도로 움직이는 기차가 건널목에서 단지 60 m 떨어져 있다. 단박에 그는 건널목에서 기차와 부딪힐 것이고, 자신에게 충분한 시간이 남지 않았음을 깨닫는다. 유일한 희망은 기차가 도착하기 전 기차의 선로를 건너도록 충분히 가속하는 것이다. 만약 가속하기 위한 그의 반응 시간이 0.50 s라면, 차가 필요로 하는 최소한의 가속도는 얼마인가?

37. ∥ 실험실에서 여러분의 목표는 질량 m인 공을 연직 위로 발사하여, 발사 튜브의 꼭대기 위로 정확히 높이 h 위에 노날하게 하는 것이다. 여러분과 여러분의 실험실 동료는 공이 너무 높게 가거나 낮게 가면 적은 점수를 받게 된다. 발사 튜브는 압축 공기를 이용하여 공을 거리 d 동안 가속하고, 여러분은 원하는 가속도를 얻기 위해 어떻게 공기 펌프를 설정해야 하는지 여러분에게 알려주는 자료의 표를 가지고 있다. 여러분이 최고점을 얻기 위한 가속도에 대한 식을 구하시오.

38. ∥ 그림 P2.38의 두 질량은 마찰이 없는 줄 위에서 미끄러진다. 이들은 길이가 L인 고정 강체 막대로 연결되어 있다. $v_{2x} = -v_{1y} \tan\theta$임을 증명하시오.

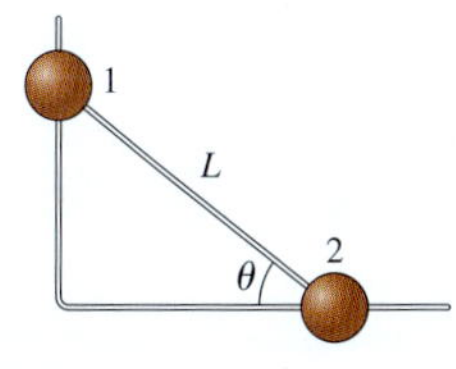

그림 P2.38

문제 39에서 40까지는 운동학 수식이나 문제를 풀기 위해 사용되는 수식이 주어진다. 이들 각각의 문제에 대하여

a. 이것이 올바른 식이기 위한 현실적인 문제를 만들어 작성하시오. 문제가 요구하는 답과 주어진 식이 일관되는지 확인하시오.
b. 문제에 대한 그림 표현을 그리시오.

c. 문제의 풀이를 끝내시오.

39. $(10 \text{ m/s})^2 = v_{0y}{}^2 - 2(9.8 \text{ m/s}^2)(10 \text{ m} - 0 \text{ m})$

40. $v_{1x} = 0 \text{ m/s} + (20 \text{ m/s}^2)(5 \text{ s} - 0 \text{ s})$
$x_1 = 0 \text{ m} + (0 \text{ m/s})(5 \text{ s} - 0 \text{ s}) + \frac{1}{2}(20 \text{ m/s}^2)(5 \text{ s} - 0 \text{ s})^2$
$x_2 = x_1 + v_{1x}(10 \text{ s} - 5 \text{ s})$

응용 문제

41. ||| 100 m 달리기의 올림픽 단거리 선수에 대해 신중한 측정이 이루어진다. 단순하지만 합리적이면서 정확한 모형은, 단거리 선수는 $3\frac{1}{3}$ s 동안 3.6 m/s^{2}로 가속하고 결승선까지 등속도로 달린다는 것이다.
    a. 이 모형을 따르는 단거리 선수에 대한 경주 시간은 얼마인가?
    b. 어떤 단거리 선수는 처음에 더 빨리 가속해서 최고 속도에 더 일찍 도달함으로써 좀 더 빠른 경주를 할 수 있을 것이다. 단거리 선수의 최고 속력이 문항 a와 같을 때, 100 m를 9.9 s에 달리기 위해 필요한 가속도는 얼마인가?
    c. 시간을 1% 줄이려면 단거리 선수가 가속도를 몇 % 증가시켜야 하는가?

42. ||| 단거리 선수가 최고 속력에 이르기 전에 4.0 s 동안 일정한 가속도로 가속한다. 그는 10.0 s에 100 m를 주파할 수 있다. 그가 결승선을 지나는 순간 그의 속력은 얼마인가?

43. ||| 우주선 엔터프라이즈호는 50 km/s의 전진 속력으로 워프 비행으로부터 평범한 우주로 돌아간다. 놀랍게도 같은 방향으로 단지 20 km/s의 속도로 이동하는 클링온호가 전방 100 km 앞에 있다. 피하는 동작이 없다면 엔터프라이즈호는 클링온호를 따라잡아 약 3.0 s 조금 넘는 순간에 부딪힌다. 엔터프라이즈의 컴퓨터는 곧바로 우주선을 제동하기 위해 반응한다. 엔터프라이즈호가 클링온호와의 충돌을 겨우 피하기 위해 얼마나 큰 가속도를 가져야 하는가? 가속도는 일정하다고 가정한다.
    힌트: 엔터프라이즈호와 클링온호의 운동을 보여주는 위치-시간 그래프를 그리시오. 엔터프라이즈호가 워프 비행을 하고 돌아왔을 때, 엔터프라이즈호의 위치는 $x_0 = 0$ km이다. 충돌이 '가까스로 피해졌을' 때의 상황을 어떻게 그래프를 이용하여 보일 수 있겠는가? 일단 그것이 그래프적으로 어떻게 보일지 결정되면, 그 상황을 수학적으로 표현하시오.

3 벡터와 좌표계

Vectors and Coordinate Systems

바람은 속력과 방향 둘 다 가지고 있다. 따라서 바람의 움직임은 벡터로 표현된다.

이 장에서는 벡터의 표현법과 사용법을 배운다.

벡터는 무엇인가?

벡터는 크기와 방향을 모두 포함하는 물리량이다. 다음 몇 개장에서 만나게 될 벡터에는 위치, 변위, 속도, 가속도, 힘 및 운동량이 포함된다.

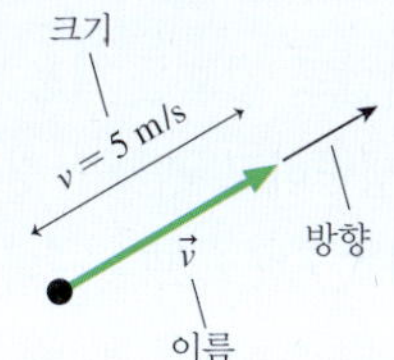

« 되돌아보기: 풀이 전략 1.1과 1.2의 벡터의 덧셈과 뺄셈

벡터는 어떻게 더해지거나 빼지는가?

벡터는 '두미연결법'으로 더해진다. 순서는 상관이 없다. 벡터의 뺄셈에서는 벡터를 $\vec{A} - \vec{B} = \vec{A} + (-\vec{B})$와 같이 써줌으로써 뺄셈을 더하기로 바꾸어주면 된다. 벡터 $-\vec{B}$는 $\vec{B}$와 길이는 같지만 방향은 반대임을 나타낸다.

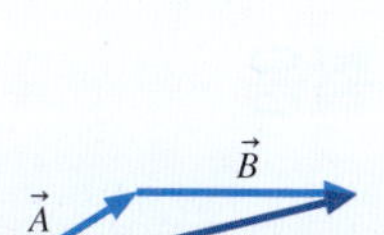

단위 벡터란 무엇인가?

단위 벡터는 공간상에서 $+x$방향과 $+y$방향이 무엇인지를 정의한다.

- 단위 벡터의 크기는 1이다.
- 단위 벡터는 단위를 가지지 않는다.

단위 벡터는 단순히 어떤 방향을 가리킨다.

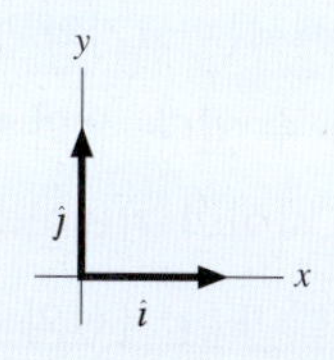

벡터의 성분이란 무엇인가?

벡터의 성분은 좌표축에 평행한 벡터의 조각이다(단위 벡터의 방향으로). 이를 다음과 같이 쓴다.

$$\vec{E} = E_x \hat{\imath} + E_y \hat{\jmath}$$

성분은 벡터 수학을 단순하게 한다.

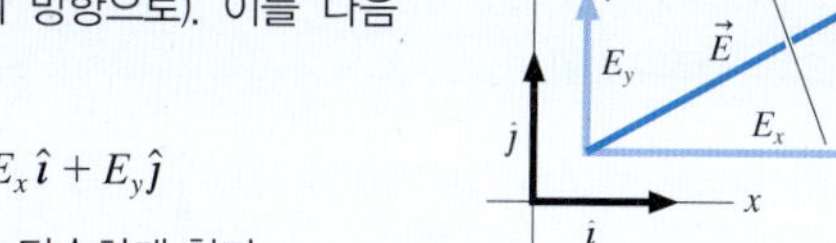

벡터의 성분은 어떻게 쓰이는가?

벡터의 성분을 활용하면 기하학과 삼각법을 사용하여 벡터를 더하거나 빼는 것보다 더 쉽고 정확히 벡터 수학을 할 수 있다. 벡터에 숫자를 곱하면 벡터의 모든 성분에 해당 숫자가 곱해진다.

$\vec{C} = 2\vec{A} + 3\vec{B}$는 $\begin{cases} C_x = 2A_x + 3B_x \\ C_y = 2A_y + 3B_y \end{cases}$를 의미한다.

벡터를 어떻게 사용할 것인가?

벡터는 속도에서 전기장, 그리고 힘에서 유체 흐름에 이르기까지 물리학과 공학의 모든 곳에 쓰인다.

3.1 스칼라와 벡터

하나의 숫자(단위 포함)로만 기술된 양을 **스칼라**(scalar)라고 한다. 질량, 온도, 부피 및 에너지는 모두 스칼라이다. 스칼라 물리량을 표현하기 위해 종종 대수 기호를 사용한다. 따라서 m은 질량, T는 온도, V는 부피, E는 에너지를 나타낸다.

우리가 살고 있는 공간은 3차원을 가지고 있기 때문에 어떤 양은 물리적 상황의 완전한 묘사를 위하여 방향을 필요로 한다. 예를 들어 어떤 사람이 우체국으로 가는 길을 묻는다면 "3 블록 간다."라는 대답은 별로 도움이 되지 않는다. 자세한 설명은 "남쪽으로 3 블록 가야 한다."라고 하여야 한다. 이렇게 크기와 방향이 모두 있는 양을 **벡터**(vector)라고 한다.

벡터의 길이 또는 크기에 대한 수학적 용어는 **크기**(magnitude)이므로 **벡터는 크기와 방향을 갖는 수량이라고 할 수 있다.**

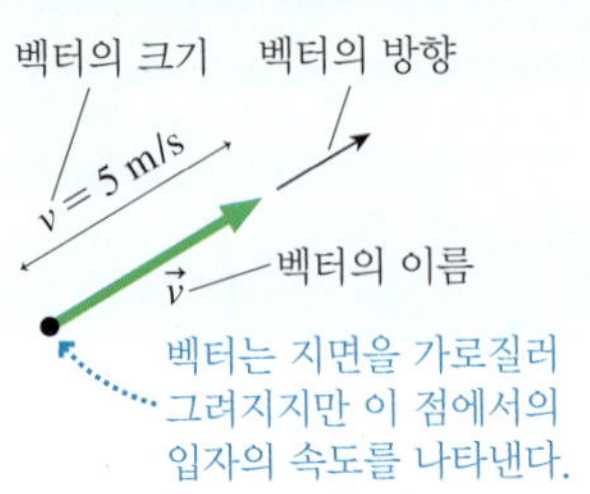

그림 3.1 속도 벡터 $\vec{v}$는 크기와 방향 둘 다 가지고 있다.

그림 3.1은 벡터를 화살표로 표현한 것을 보여주고 있는데, 화살의 꼬리(머리가 아니다!)는 측정이 이루어지는 지점에 놓여 있다. 화살표는 본질적으로 길이와 방향을 모두 가지고 있기 때문에 벡터를 자연스럽게 표현할 수 있다. 앞서 보았듯이 벡터의 이름은 문자 위에 작은 화살표를 그려 표시한다. 위치는 $\vec{r}$, 속도는 $\vec{v}$, 가속도는 $\vec{a}$이다.

벡터의 크기는 절댓값 기호를 사용하거나 일반적으로는 화살표가 없는 문자로 표현한다. 예를 들어, 그림 3.1의 속도 벡터의 크기는 $v = |\vec{v}| = 5$ m/s이다. 이것은 물체의 속력이다. 가속도 벡터 $\vec{a}$의 크기는 a라고 쓴다. **벡터의 크기는 스칼라이다.** 따라서 벡터의 크기는 음수가 될 수 없다. 해당 물리량의 단위로 양수 또는 0이어야 한다.

벡터를 표시할 때 화살표 기호를 사용하는 습관을 갖는 것이 중요하다. 속도 벡터 $\vec{v}$에서 벡터 화살표를 생략하고 v만 쓸 경우, 속도가 아닌 물체의 속력만을 고려하는 것이 될 수 있다. 즉 기호 $\vec{r}$과 r, 또는 $\vec{v}$와 v는 같지 않다는 것이다.

그림 3.2 벡터의 변위

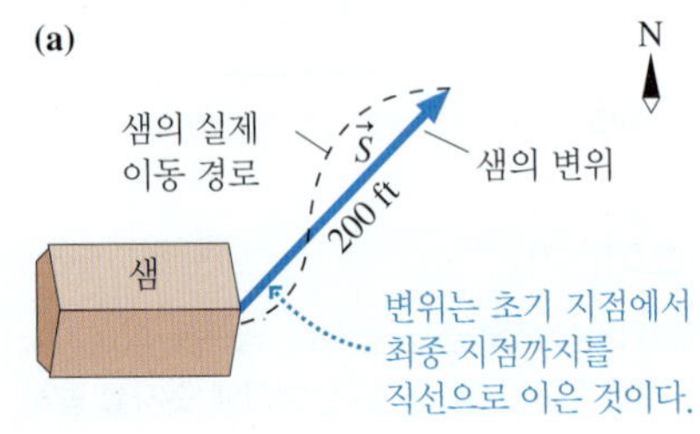

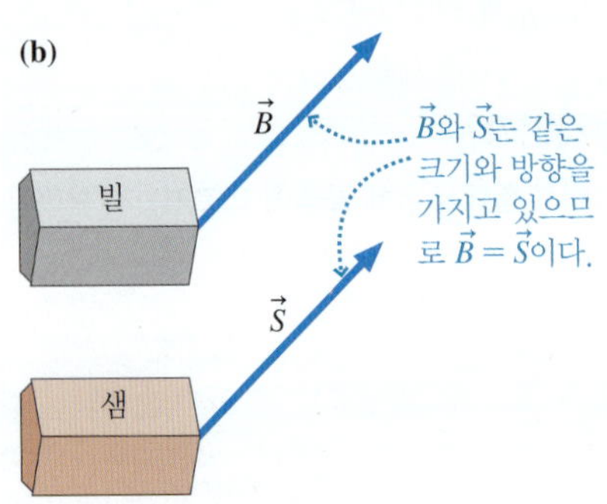

3.2 벡터의 활용

샘이 자신의 집 현관에서 출발하여 거리를 가로질러 그가 시작한 곳으로부터 북동쪽으로 200 ft 가량 진행했다고 가정하자. 샘의 변위 $\vec{S}$는 그림 3.2a에 나와 있다. 이때 변위 벡터는 그의 실제 경로가 아닌 그의 초기 위치에서 최종 위치까지의 직선 연결이다.

벡터를 표현하기 위해서는 크기와 방향을 모두 지정해야 한다. 샘의 변위를 $\vec{S} =$ (200 ft, 북동쪽)으로 쓸 수 있다. 샘의 변위의 크기는 $S = |\vec{S}| = 200$ ft, 즉 샘이 있던 초기 지점과 최종 지점 사이의 거리이다.

샘의 이웃집에 사는 빌 또한 자신의 집 현관에서 시작하여 북동쪽으로 200 ft를 걸어간다. 빌의 변위 $\vec{B} =$ (200 ft, 북동쪽)은 샘의 변위 $\vec{S}$와 동일한 크기와 방향을 갖는다. 벡터는 크기와 방향으로 정의되기 때문에 **동일한 크기와 방향을 갖는 경우 두 벡**

터는 같은 벡터가 된다. 따라서 그림 3.2b의 두 변위는 서로 동일하며 $\vec{B} = \vec{S}$라고 쓸 수 있다.

벡터의 덧셈

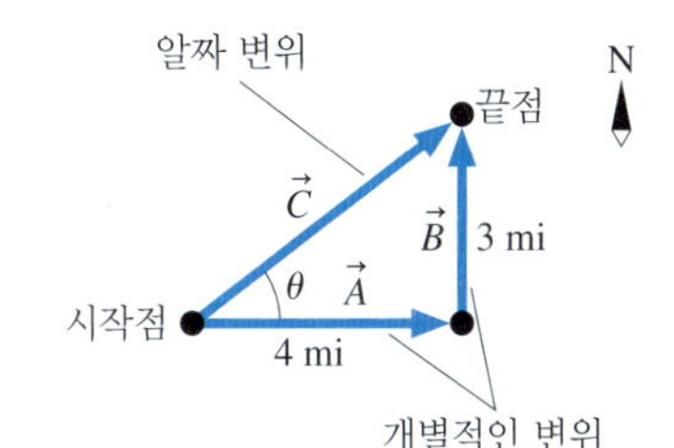

그림 3.3 두 변위 $\vec{A}$와 $\vec{B}$가 만든 알짜 변위 $\vec{C}$

토요일에 50달러, 일요일에 60달러를 벌면 주말의 순 수입은 50달러와 60달러의 합이다. 숫자의 경우 '알짜'라는 단어는 덧셈을 의미한다. 벡터에서도 마찬가지이다. 예를 들어, 그림 3.3은 동쪽으로 4마일, 북쪽으로 3마일을 등반한 등산객의 변위를 보여준다. 하이킹의 첫 번째 변위는 $\vec{A} = (4 \text{ mi, 동쪽})$으로 표현하며, 두 번째 변위는 $\vec{B} = (3 \text{ mi, 북쪽})$이라고 표현한다. 벡터 $\vec{C}$는 등산객의 첫 번째 변위 $\vec{A}$, 그 다음 변위 $\vec{B}$의 최종 결과를 설명하기 때문에 등산객의 **알짜 변위**이다.

이때 알짜 변위인 $\vec{C}$는 첫 번째 변위 $\vec{A}$와 두 번째 변위인 $\vec{B}$의 합, 즉

$$\vec{C} = \vec{A} + \vec{B} \tag{3.1}$$

이다. 두 벡터의 합을 **결과 벡터**(resultant vector)라고 한다. 벡터의 덧셈에서는 교환법칙이 가능하다($\vec{A} + \vec{B} = \vec{B} + \vec{A}$). 즉, 순서에 관계없이 벡터의 덧셈을 할 수 있다.

1장의 **«풀이 전략** 1.1은 2개의 벡터를 더하는 3단계를 보여주므로 다시 살펴보기 바란다. 그림 3.3에서 벡터를 더하는 데 사용되는, 즉 $\vec{C} = \vec{A} + \vec{B}$를 구하는 데 사용되는 두미연결법을 **덧셈작도법**(graphical addition)이라고 한다. 벡터가 동일한 유형이면(2개의 속도 벡터 또는 2개의 힘 벡터) 어떤 벡터라도 정확히 같은 방식으로 더할 수 있다.

벡터를 더하는 이 작도법은 간단하지만 결과 벡터 $\vec{C}$에 대한 완전한 설명을 제시하기 위해 약간의 기하학을 사용하는 것이 좋다. 그림 3.3의 벡터 $\vec{C}$는 크기 C와 그 방향에 의해 정의된다. 3개의 벡터 $\vec{A}$, $\vec{B}$, 그리고 $\vec{C}$가 직각삼각형을 형성하기 때문에, $\vec{C}$의 크기 또는 길이는 피타고라스의 정리에 의해 다음과 같이 주어진다.

$$C = \sqrt{A^2 + B^2} = \sqrt{(4 \text{ mi})^2 + (3 \text{ mi})^2} = 5 \text{ mi} \tag{3.2}$$

식 (3.2)는 벡터 $\vec{A}$와 $\vec{B}$의 크기 A와 B를 사용한다는 것을 유념하라. $\vec{C}$의 방향을 설명하기 위해 그림 3.3에서 사용된 각도 θ는 직각삼각형에서 쉽게 계산할 수 있다.

$$\theta = \tan^{-1}\left(\frac{B}{A}\right) = \tan^{-1}\left(\frac{3 \text{ mi}}{4 \text{ mi}}\right) = 37° \tag{3.3}$$

따라서 결과적으로 등산객의 알짜 변위는 $\vec{C} = \vec{A} + \vec{B} = (5 \text{ mi}, 37° \text{ 북동쪽})$이다.

예제 3.1 변위를 구하기 위한 덧셈작도법의 활용

어떤 새가 나무에서 날아오른 후 동쪽으로 100 m, 이후 북서쪽(서쪽에서 북쪽으로 45°)으로 50 m 날아간다. 새의 알짜 변위는 얼마인가?

시각화 그림 3.4는 우리가 $\vec{A}$와 $\vec{B}$라고 부른 2개의 벡터 변위를 보

(계속)

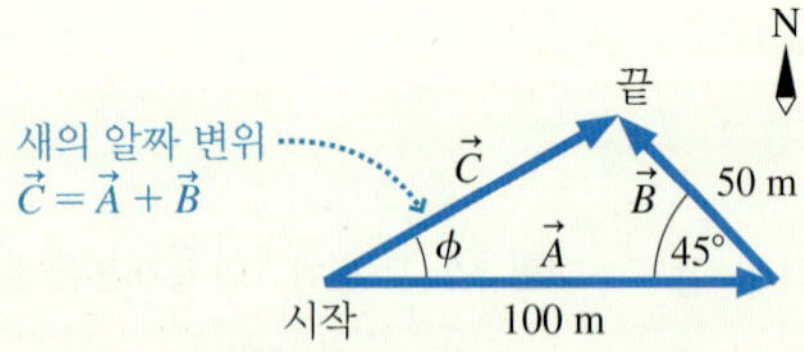

그림 3.4 새의 알짜 변위는 $\vec{C}=\vec{A}+\vec{B}$이다.

여준다. 알짜 변위는 벡터합 $\vec{C}=\vec{A}+\vec{B}$이며 그래픽적으로는 위의 그림과 같이 나타난다.

풀이 두 벡터 변위는 $\vec{A}$ = (100 m, 동쪽) 및 $\vec{B}$ = (50 m, 북서쪽)이다. 알짜 변위 $\vec{C}=\vec{A}+\vec{B}$는 초기 위치에서 최종 위치까지 벡터를 그려서 구한다. 그러나 $\vec{C}$를 표현하는 것은 등산객의 예보다 조금 더 까다롭다. 왜냐하면 $\vec{A}$와 $\vec{B}$가 서로 직각을 이루지 않았기 때문이다. 이러한 경우 벡터 $\vec{C}$를 구하는 방법은 첫째, 삼각법의 코사인 법칙을 사용하여 $\vec{C}$의 크기를 구한다.

$$\begin{aligned} C^2 &= A^2 + B^2 - 2AB\cos 45° \\ &= (100\text{ m})^2 + (50\text{ m})^2 - 2(100\text{ m})(50\text{ m})\cos 45° \\ &= 5430\text{ m}^2 \end{aligned}$$

따라서 $C=\sqrt{5430\text{ m}^2}=74$ m이다. 둘째, 코사인 법칙을 사용하여 ϕ(그리스 문자 피, π)의 각도를 결정할 수 있다.

$$B^2 = A^2 + C^2 - 2AC\cos\phi$$

$$\phi = \cos^{-1}\left[\frac{A^2 + C^2 - B^2}{2AC}\right] = 29°$$

따라서 새의 알짜 변위는

$$\vec{C} = (74\text{ m, }29°\text{ 북동쪽})$$

이다.

그림 3.5a와 같이 2개 벡터의 꼬리를 함께 그리는 것이 때로는 편리할 때가 있다. $\vec{D}+\vec{E}$를 연산하려면 $\vec{E}$를 $\vec{D}$의 끝에 있는 머리 부분으로 이동시킨 다음 덧셈작도법의 두미연결법을 사용할 수 있다. 그러면 그림 3.5b의 벡터 $\vec{F}=\vec{D}+\vec{E}$가 된다. 다른 풀이로, 그림 3.5c는 벡터합 $\vec{D}+\vec{E}$가 $\vec{D}$와 $\vec{E}$에 의해 정의된 평행사변형의 대각선이 됨을 보여준다. 이런 식으로 벡터를 덧셈하는 방법을 벡터 덧셈의 **평행사변형법**이라고 한다.

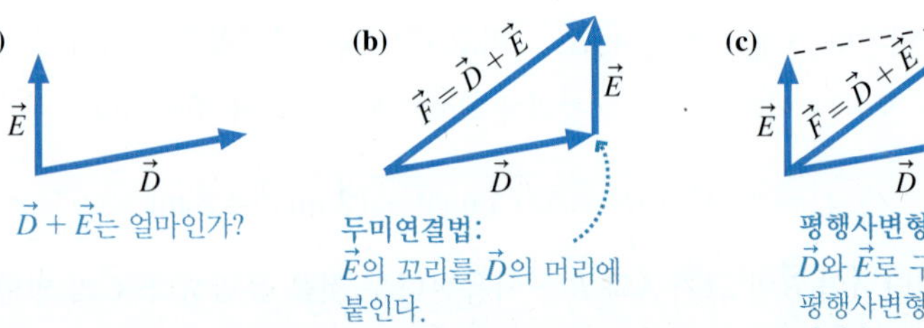

▶ 그림 3.5 두 벡터는 두미연결법이나 평행사변형법을 사용하여 더할 수 있다.

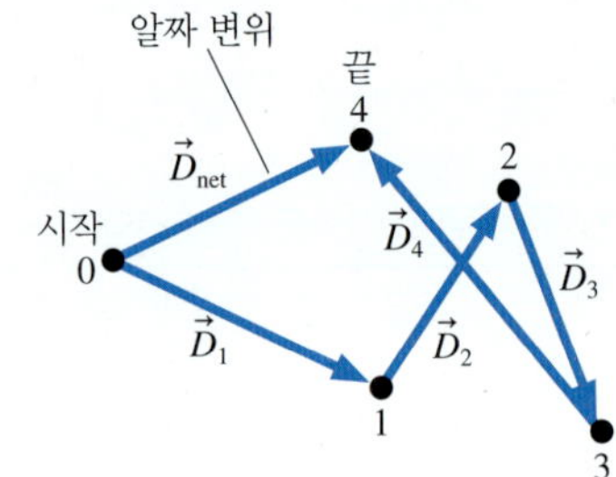

그림 3.6 각 4번의 이동 후 알짜 변위

벡터의 덧셈은 2개 이상의 벡터로 확장될 수 있다. 그림 3.6은 초기 위치 0에서 위치 1로 이동한 다음 위치 2에서 위치 3으로 이동하고, 마지막으로 위치 4에 도달하는 등산객의 경로를 보여준다. 이러한 네 단계는 변위 벡터 $\vec{D}_1$, $\vec{D}_2$, $\vec{D}_3$ 및 $\vec{D}_4$로 나타낼 수 있다. 등산객의 **알짜 변위**는, 즉 위치 0에서 위치 4로 가는 화살표는 벡터 $\vec{D}_{net}$이다. 이 경우

$$\vec{D}_{net} = \vec{D}_1 + \vec{D}_2 + \vec{D}_3 + \vec{D}_4 \tag{3.4}$$

이며, 이는 두미연결법을 연속적으로 세 번 시행함으로써 얻어진다.

더 많은 벡터 수학

벡터를 더하는 것 외에도 벡터를 빼고(1장의 **《풀이 전략** 1.2 참고) 벡터를 스칼라로 곱하고 벡터의 음수를 해석하는 방법을 이해해야 하는데, 이러한 작업은 그림 3.7에 나와 있다.

그림 3.7 벡터 연산

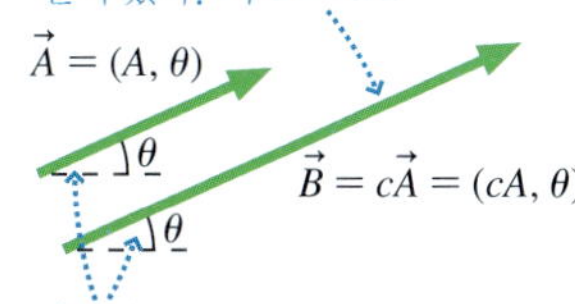

스칼라 곱

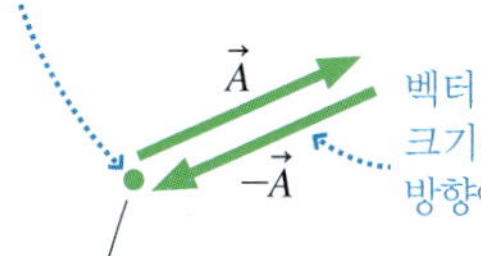

음의 벡터

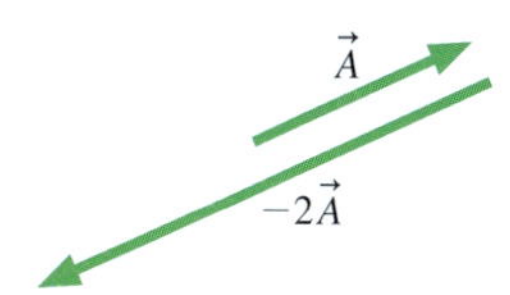

음의 스칼라 곱

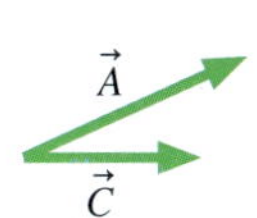

벡터 뺄셈: $\vec{A} - \vec{C}$는 무엇인가? 이것을 $\vec{A} + (-\vec{C})$로 바꾸어 써준 다음 더하라!

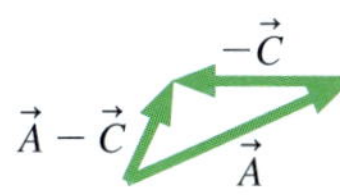

$-\vec{C}$를 사용하고 두미연결법을 써서 빼주기

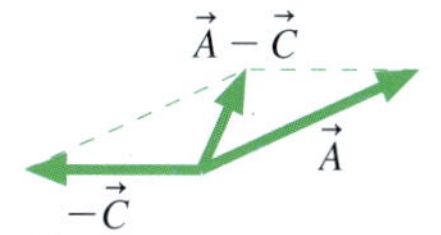

$-\vec{C}$를 사용하고 평행사변형법을 써서 빼주기

예제 3.2 | 속도와 변위

캐롤린은 1시간 동안 30 km/h로 북쪽으로, 2시간 동안 60 km/h로 동쪽으로, 그 뒤 1시간 동안 50 km/h로 북쪽으로 차를 몰고 간다. 캐롤린의 알짜 변위는 무엇인가?

풀이 1장에서는 평균 속도를 다음과 같이 정의하였다.

$$\vec{v} = \frac{\Delta\vec{r}}{\Delta t}$$

따라서 시간 간격 Δt 동안의 변위 $\Delta\vec{r}$은 $\Delta\vec{r} = (\Delta t)\vec{v}$이다. 이것은 벡터 $\vec{v}$와 스칼라 Δt의 곱셈이다. 처음 1시간 동안 캐롤린의 속도는 $\vec{v} = (30\text{ km/h, 북쪽})$이고, 따라서 이 간격 동안의 변위는

$$\Delta\vec{r}_1 = (1\text{시간})(30\text{ km/h, 북쪽}) = (30\text{km, 북쪽})$$

이다. 이와 비슷하게

$$\Delta\vec{r}_2 = (2\text{시간})(60\text{ km/h, 동쪽}) = (120\text{km, 동쪽})$$

$$\Delta\vec{r}_3 = (1\text{시간})(50\text{ km/h, 북쪽}) = (50\text{km, 북쪽})$$

이다. 이 경우, 스칼라에 의한 곱셈은 벡터의 길이뿐만 아니라 km/h에서 km로 단위도 변화시킨다. 그러나 방향은 변경되지 않는다. 캐롤린의 알짜 변위는

$$\Delta\vec{r}_{net} = \Delta\vec{r}_1 + \Delta\vec{r}_2 + \Delta\vec{r}_3$$

그림 3.8 알짜 변위는 벡터합 $\Delta\vec{r}_{net} = \Delta\vec{r}_1 + \Delta\vec{r}_2 + \Delta\vec{r}_3$이다.

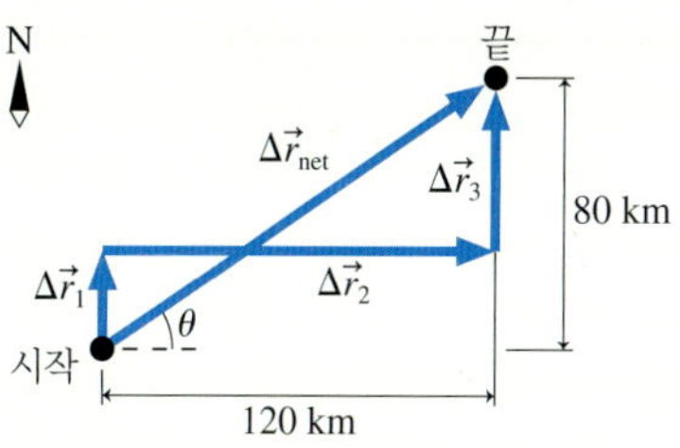

이다. 이 세 벡터의 덧셈은 두미연결법을 사용하여 구할 수 있으며, 이는 그림 3.8에 나와 있다. $\Delta\vec{r}_{net}$은 캐롤린의 초기 위치에서 최종 위치까지 뻗어 있다. 알짜 변위의 크기는 피타고라스의 정리를 사용하여 구할 수 있다.

$$r_{net} = \sqrt{(120\text{ km})^2 + (80\text{ km})^2} = 144\text{ km}$$

$\Delta\vec{r}_{net}$의 방향은 각도 θ로 표시되며, 이는

$$\theta = \tan^{-1}\left(\frac{80\text{ km}}{120\text{ km}}\right) = 34°$$

이다. 따라서 캐롤린의 알짜 변위는 $\Delta\vec{r}_{net} = (144\text{ km, }34°\text{ 북동쪽})$이다.

3.3 좌표계와 벡터 성분

GPS는 지구 좌표계에서 위성신호를 사용하여 놀랄만한 정확도로 현재의 위치를 찾을 때 쓰인다.

벡터에는 좌표계가 필요하지 않다. 우리는 벡터를 그래픽적으로 더하거나 뺄 수 있으며, 이러한 방법은 상황에 대한 이해를 명확히 하기 위해 자주 사용된다. 그러나 벡터의 덧셈작도법은 양적 결과를 찾는 방법은 아니다. 이 절에서는 벡터 연산을 수행하는 좀 더 쉬운 방법으로 벡터의 **좌표 표현법**을 소개한다.

좌표계

세상에는 좌표계가 붙어 있지 않다. 좌표계는 인위적으로 부과된 표식으로, 정량적 측정을 하기 위해 어떤 문제에 배치하는 것이다. 우리는 이러한 좌표계를 다음 사항을 고려하여 문제에 맞게 자유롭게 선택하면 된다.

- 어디에 원점을 둘 것인가?
- 어떻게 축들을 놓을 것인가?

다른 사람은 다른 좌표계를 사용할 수도 있다. 그러나 어떤 좌표계는 문제를 쉽게 해결하는 데 매우 유용하다. 각 문제에 대해 적절한 좌표계를 선택하는 방법을 배워야 한다.

그림 3.9 일반적인 xy좌표계와 xy평면의 사분면

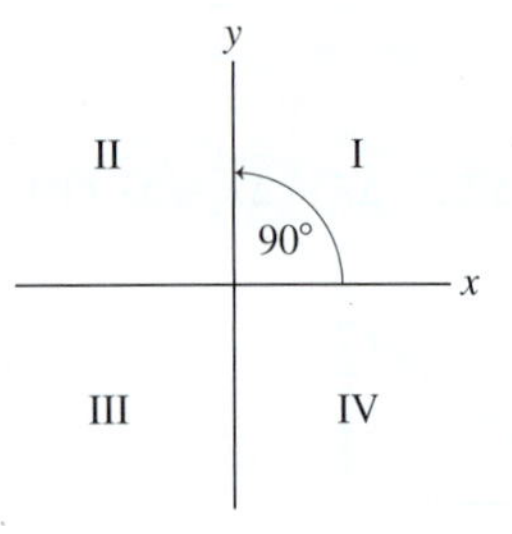

그림 3.9는 이 책에서 사용할 xy좌표계를 보여준다. 축의 배치는 일반적으로 완전히 임의적이지는 않다. 즉 관례에 따라 양의 y축은 양의 x축에서 **반시계 방향**(ccw)으로 90°에 위치한다. 그림 3.9는 좌표계의 4 **사분면**(quadrants)을 I에서 IV까지 구분하여 보여준다.

각 좌표축은 두 축이 교차하는 원점에서 0으로 분리되며 이를 중심으로 양(+)의 끝과 음(−)의 끝을 갖는다. 좌표계를 그리는 경우 축에 이름을 정하는 것이 중요한데, 그림 3.9에서와 같이 축의 양단에 x 및 y를 쓴다. 이름을 정하는 목적은 두 가지이다.

- 어느 축이 어떤 것인지 식별한다.
- 축의 양(+)의 끝을 식별한다.

이는 문제에서 어떤 물리적인 양이 양수 또는 음수의 값을 가지는지 여부를 결정할 때 중요하다.

그림 3.10 $\vec{A} = \vec{A}_x + \vec{A}_y$가 이루어지게 각각의 성분 벡터 $\vec{A}_x$와 $\vec{A}_y$가 좌표계의 축들과 평행하게 그려져 있다.

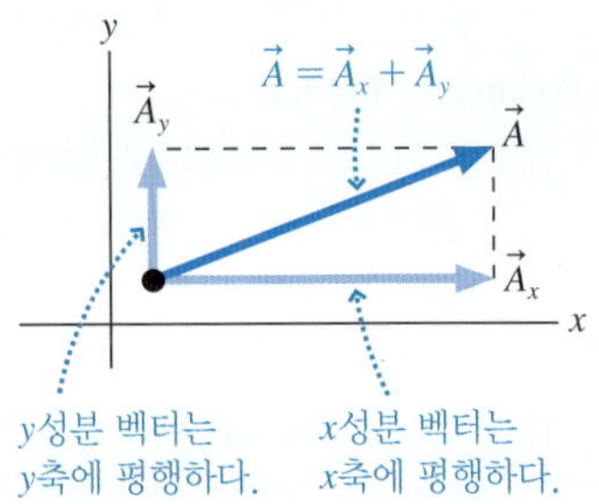

성분 벡터

그림 3.10은 벡터 $\vec{A}$와 우리가 선택한 xy좌표계를 보여준다. 일단 축의 방향이 알려지면 축에 평행한 2개의 새로운 벡터를 정의할 수 있으며, 이를 $\vec{A}$의 **성분 벡터**(component vectors)라고 한다. 평행사변형법을 사용하여 $\vec{A}$가 2개의 성분 벡터의 벡터합임을 알 수 있다.

$$\vec{A} = \vec{A}_x + \vec{A}_y \tag{3.5}$$

즉, 벡터 $\vec{A}$는 좌표축과 평행한 2개의 수직 벡터로 분해된다. 이 과정을 벡터 $\vec{A}$를 성분 벡터로 **분해**(decomposition)한다고 한다.

성분

1장 및 2장에서 속도 벡터 $\vec{v}$가 x축의 양의 방향을 가리키는 경우에는 운동학적 변수 v_x에 양의 부호를 부여하고, $\vec{v}$가 음의 x 방향을 가리키는 경우에는 음의 부호로 표시하도록 배웠다. 이 개념을 일반적인 벡터에까지 확장한다.

벡터 $\vec{A}$가 좌표축에 평행한 성분 벡터 $\vec{A}_x$와 $\vec{A}_y$로 분해되었다고 가정하자. 각 성분 벡터를 **성분**(component)이라는 단일 숫자로 표현한다. 즉, 벡터 $\vec{A}$의 x성분과 y성분은 A_x와 A_y로 표시하며 다음과 같이 결정된다.

풀이 전략 3.1

벡터의 성분 결정

❶ 성분 A_x의 절댓값 $|A_x|$는 성분 벡터 $\vec{A}_x$의 크기이다.

❷ $\vec{A}_x$의 부호가 양의 x 방향(오른쪽)을 가리키면 A_x의 부호는 양수이고, $\vec{A}_x$가 음의 x 방향(왼쪽)을 가리키면 A_x의 부호는 음수이다.

❸ y성분 A_y도 유사하게 결정된다.

다시 말해서, A_x라는 성분은 우리에게 $\vec{A}_x$가 얼마나 큰지, 그리고 부호로써 $\vec{A}_x$가 x좌표축의 어느 쪽으로 향하고 있는지를 알려준다. 그림 3.11은 벡터의 성분을 결정하는 세 가지 예를 보여준다.

그림 3.11 벡터의 성분 결정하기

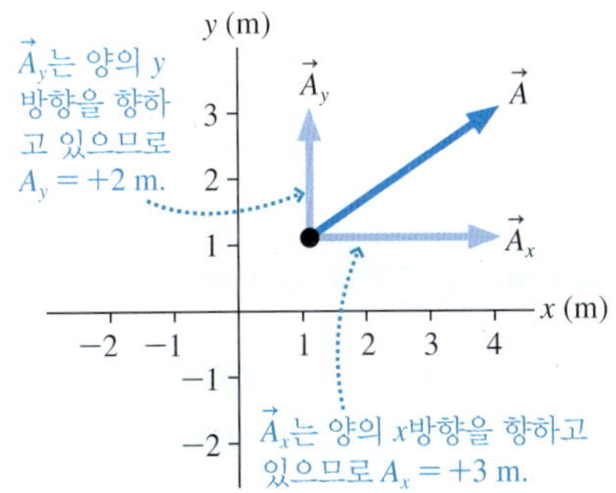

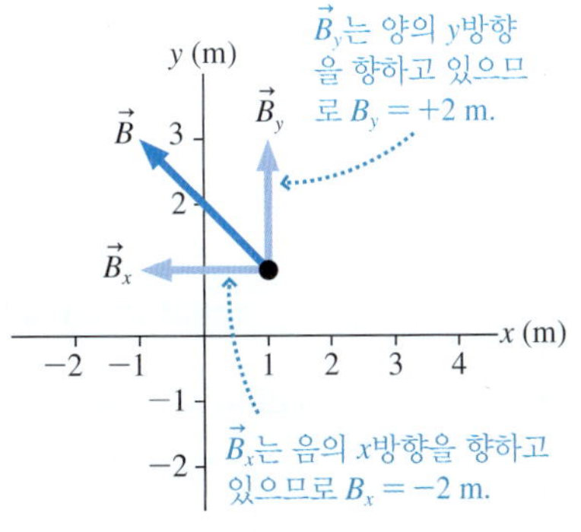

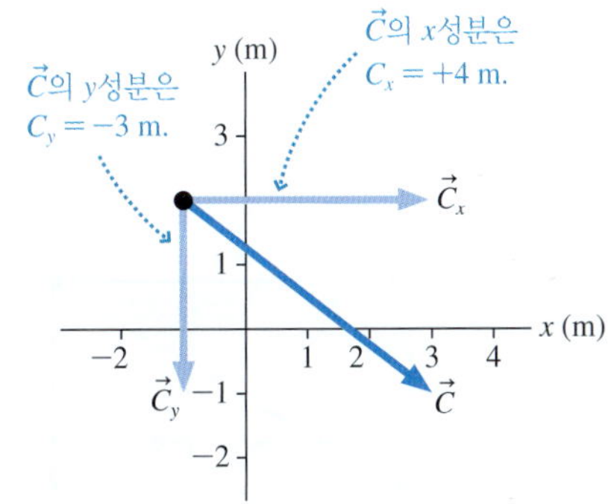

벡터를 성분으로 분해해야 하는 경우가 자주 있다. 또한 성분으로부터 벡터를 '재조립'해야 할 때도 있다. 즉, 벡터를 기하학적으로 표현하는 것과 성분으로 표현하는 것을 수시로 바꿔줄 수 있어야 한다. 그림 3.12는 이러한 것들이 어떻게 행해지는지 보여준다.

▶ **그림 3.12** 기하학적 표현과 성분 표현의 뒤바꿈

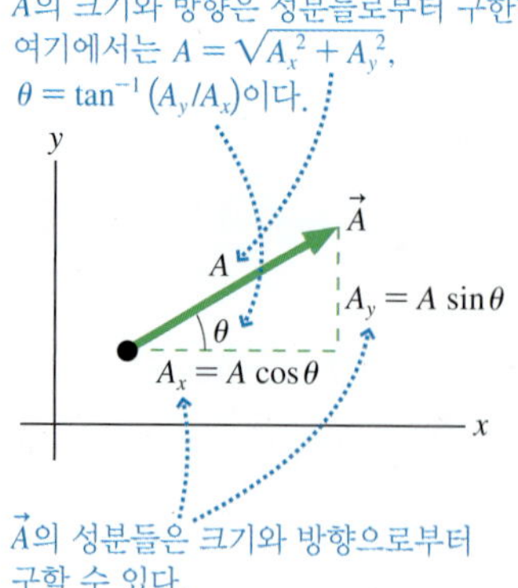

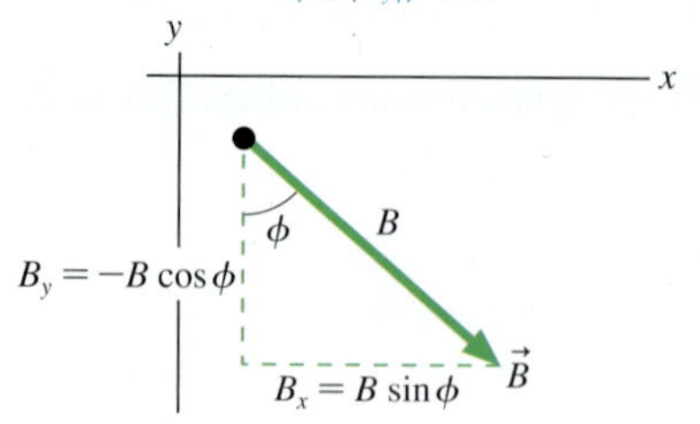

벡터를 분해할 때 벡터가 가리키는 방향과 각도에 세심한 주의를 기울여야 한다.

- 성분 벡터가 왼쪽(또는 아래)을 가리키는 경우 그림 3.12의 B_y와 마찬가지로 인위적으로 성분 앞에 음의 부호를 써주어야 한다.
- 사인과 코사인의 역할은 방향을 정의하는 데 사용되는 각도에 따라 바뀔 수 있다. A_x와 B_x를 비교하면 알 수 있다.
- 방향을 정의하는 데 사용되는 각도는 거의 항상 0°에서 90° 사이이므로 양수의 역탄젠트를 이용하여야 한다. 그림 3.12처럼 각도 ϕ(그리스 문자 피, π)를 찾을 때 성분의 절댓값을 사용한다.

예제 3.3 가속도 벡터의 성분 구하기

위에서 보았을 때 벌새의 가속도는 (6.0 m/s², 30° 남서쪽)이다. 가속도 벡터 $\vec{a}$의 x성분과 y성분을 구하시오.

시각화 벡터를 그림으로 나타내는 것은 벡터를 이해하는 데 있어 중요하다. 그림 3.13은 x축이 동쪽을 가리키고 y축이 북쪽을 가리키는 지도와 같은 좌표계를 보여준다. 여기에서 벡터 $\vec{a}$는 축과 평행한 성분 벡터로 분해되었다. 이때 우리가 가속도 벡터를 측정하고 있기 때문에 각각의 축들이 xy축이 아닌, 가속도 단위가 있는 '가속도 축'임에 주의하여야 한다.

그림 3.13 벡터 $\vec{a}$의 분해

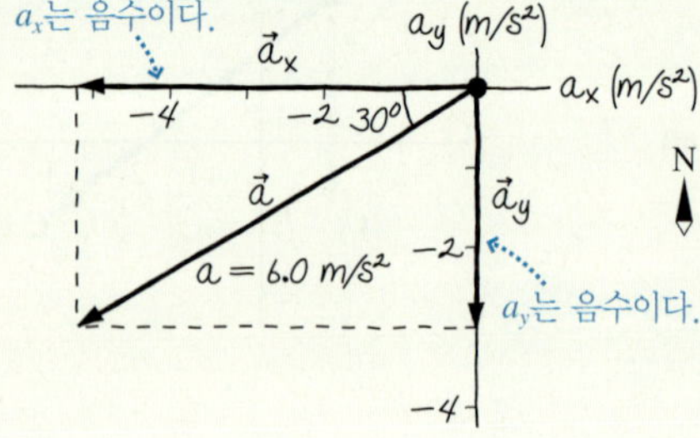

풀이 가속도 벡터는 왼쪽(음의 x방향)과 아래쪽(음의 y방향)을 가리키고 있으므로 성분 a_x와 a_y는 모두 음수이다.

$$a_x = -a\cos 30° = -(6.0\ \text{m/s}^2)\cos 30° = -5.2\ \text{m/s}^2$$
$$a_y = -a\sin 30° = -(6.0\ \text{m/s}^2)\sin 30° = -3.0\ \text{m/s}^2$$

검토 a_x와 a_y의 단위는 벡터 $\vec{a}$의 단위와 같다. 벡터가 왼쪽과 아래를 가리키는지 관찰하여 인위적으로 음의 부호를 사용했는지를 유념하라.

예제 3.4 **움직임의 방향 구하기**

그림 3.14는 어떤 차의 속도 벡터 $\vec{v}$를 보여준다. 이때 이 차의 움직임의 속력과 방향을 구하시오.

그림 3.14 예제 3.4의 속도 벡터 $\vec{v}$

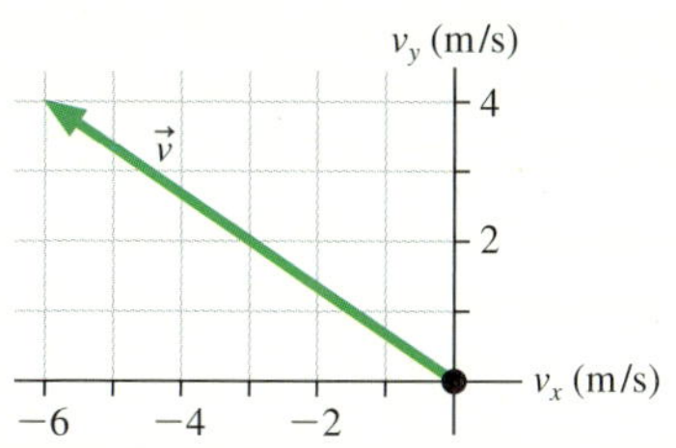

시각화 그림 3.15는 성분 v_x와 v_y를 보여주고 차의 움직임의 방향을 나타내는 각도 θ를 정의한다.

그림 3.15 벡터 $\vec{v}$의 분해

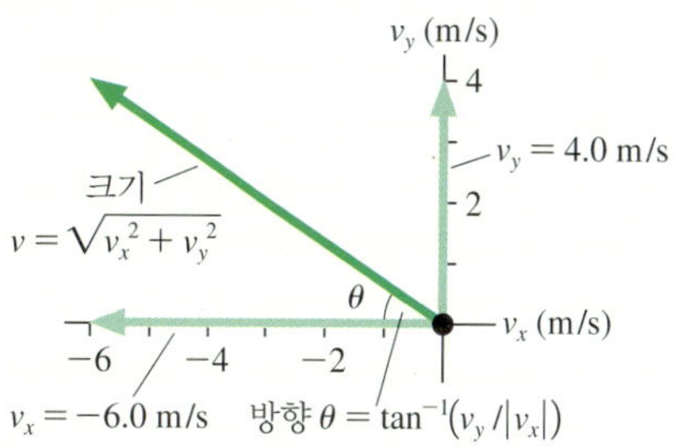

풀이 $\vec{v}$의 성분을 축에서 직접 구할 수 있다($v_x = -6.0$ m/s 및 $v_y = 4.0$ m/s). v_x는 음수임을 유념하라. 피타고라스의 정리를 사용하여 차의 속력 v를 구할 수 있다.

$$v = \sqrt{v_x^2 + v_y^2} = \sqrt{(-6.0\text{ m/s})^2 + (4.0\text{ m/s})^2} = 7.2\text{ m/s}$$

삼각법에 의해 각도 θ는

$$\theta = \tan^{-1}\left(\frac{v_y}{|v_x|}\right) = \tan^{-1}\left(\frac{4.0\text{ m/s}}{6.0\text{ m/s}}\right) = 34°$$

이다. v_x는 음수이므로 절댓값 기호가 필요하다. 속도 벡터 $\vec{v}$는 속력과 움직임의 방향으로 다음과 같이 쓸 수 있다.

$$\vec{v} = (7.2\text{ m/s, 음의 }x\text{축 위로부터 }34°)$$

3.4 단위 벡터와 벡터 대수학

그림 3.16에 표시된 벡터 (1, +x방향) 및 (1, +y방향)은 흥미롭고 유용한 특성을 가지고 있다. 각각의 크기는 1이며 단위가 없고 좌표축과 평행하다. 이러한 속성을 가진 벡터를 **단위 벡터**(unit vector)라고 한다. 이 단위 벡터를 나타내는 특수 기호가 있다.

$$\hat{\imath} \equiv (1,\ \text{양의 }x\text{방향})$$

$$\hat{\jmath} \equiv (1,\ \text{양의 }y\text{방향})$$

그림 3.16 단위 벡터 $\hat{\imath}$과 $\hat{\jmath}$

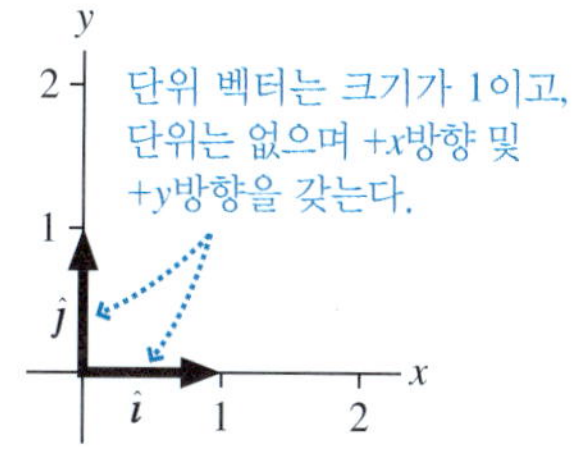

표기법 $\hat{\imath}$('i 헷'이라고 읽는다.)과 $\hat{\jmath}$('j 헷'이라고 읽는다.)은 크기가 1인 단위 벡터를 나타낸다. 기호 ≡는 '정의 됨'을 의미한다.

단위 벡터는 좌표계의 양의 축 방향을 설정한다. 우리가 선택한 좌표계는 임의적일 수 있지만 일단 문제에 좌표계를 배치하기로 결정하면 "그 방향은 양의 x방향입니다."라고 하여 방향을 설정해줄 필요가 있다. 이것이 단위 벡터의 기능이다.

단위 벡터는 성분 벡터를 작성하는 유용한 방법을 제시해준다. 성분 벡터 $\vec{A}_x$는 x축에 평행한 벡터 $\vec{A}$의 성분이다. 유사하게 $\vec{A}_y$는 y축과 평행하다. 애초의 정의에 의하여 단위 벡터 $\hat{\imath}$은 x축 방향을 가리키고, 단위 벡터 $\hat{\jmath}$은 y축 방향을 가리키며 다음과 같이 쓸 수 있다.

그림 3.17 벡터 $\vec{A}$는 $A_x\hat{\imath} + A_y\hat{\jmath}$이다.

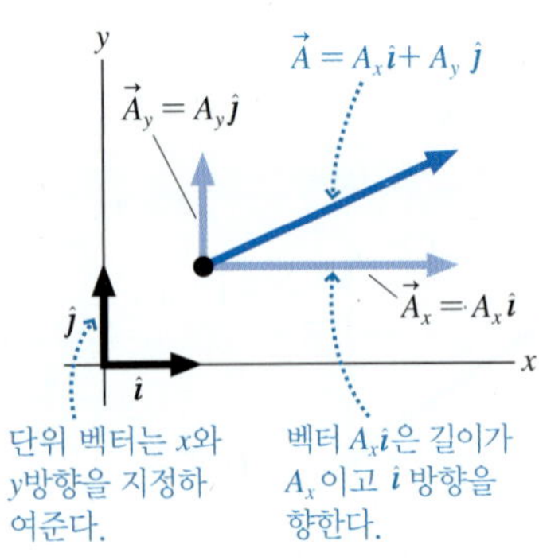

$$\vec{A}_x = A_x\hat{\imath}$$
$$\vec{A}_y = A_y\hat{\jmath} \tag{3.6}$$

식 (3.6)은 각 성분 벡터를 길이와 방향으로 분리한다. 벡터 $\vec{A}$의 모든 방향의 분해는 다음과 같이 쓸 수 있다.

$$\vec{A} = \vec{A}_x + \vec{A}_y = A_x\hat{\imath} + A_y\hat{\jmath} \tag{3.7}$$

그림 3.17은 단위 벡터와 성분들이 벡터 $\vec{A}$를 형성하기 위해 어떠한 역할들을 하고 있는지를 보여준다.

예제 3.5 토끼야 뛰어, 뛰어!

여우를 피하는 토끼는 북서쪽으로 속력 10.0 m/s, 각도는 40.0°로 뛰고 있다. 좌표계는 동쪽의 양의 x축과 북쪽의 양의 y축으로 설정되어 있다. 토끼의 속도를 성분과 단위 벡터로 표현하시오.

시각화 그림 3.18은 토끼의 속도 벡터와 좌표축을 보여준다. 속도 벡터를 보여주기 때문에 각각의 축들은 x와 y보다는 v_x와 v_y로 표시된다.

그림 3.18 속도 벡터 $\vec{v}$는 성분 v_x와 v_y로 분해된다.

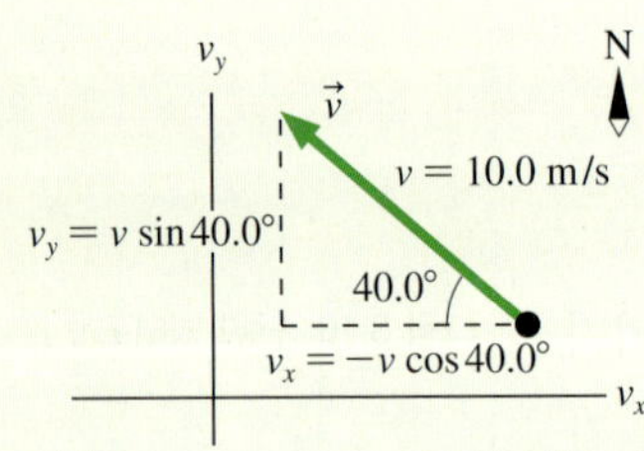

풀이 10.0 m/s는 토끼의 속도가 아니라 속력이다. 방향 정보를 포함하는 속도는 다음과 같다.

$$\vec{v} = (10.0 \text{ m/s}, 40.0° \text{ 북서쪽})$$

벡터 $\vec{v}$는 왼쪽과 위쪽을 가리키므로 성분 v_x와 v_y는 각각 음수와 양수이다. 이때 벡터 $\vec{v}$의 성분들은

$$v_x = -(10.0 \text{ m/s})\cos 40.0° = -7.66 \text{ m/s}$$
$$v_y = +(10.0 \text{ m/s})\sin 40.0° = 6.43 \text{ m/s}$$

이다. 이제 토끼의 속도 성분 v_x와 v_y를 알고 있으므로 토끼의 속도 벡터는

$$\vec{v} = v_x\hat{\imath} + v_y\hat{\jmath} = (-7.66\hat{\imath} + 6.43\hat{\jmath}) \text{ m/s}$$

이다. 단위를 각 성분들과 함께 쓰지 않고 끝에 썼음을 유의하라.

검토 v_x의 음의 부호가 의도적으로 쓰였음을 유념하라. **부호는 자동으로 써지지 않는다. 벡터의 방향을 확인한 후에 설정해야 한다.**

벡터 수학

3.2절에서 벡터의 덧셈작도법을 배웠지만, 결과의 크기와 방향에 대한 정확한 값을 찾기 위해 기하학과 삼각법을 쓰는 것이 상황에 따라 때론 불편할 때도 있다. 이럴 때 성분과 단위 벡터를 사용하면 벡터의 덧셈과 뺄셈이 훨씬 쉬워진다.

이를 확인하기 위해 벡터합 $\vec{D} = \vec{A} + \vec{B} + \vec{C}$를 계산하여보자. 우선 각 벡터의 성분의 합을 쓴다.

$$\begin{aligned}\vec{D} = D_x\hat{\imath} + D_y\hat{\jmath} &= \vec{A} + \vec{B} + \vec{C} \\ &= (A_x\hat{\imath} + A_y\hat{\jmath}) + (B_x\hat{\imath} + B_y\hat{\jmath}) + (C_x\hat{\imath} + C_y\hat{\jmath})\end{aligned} \tag{3.8}$$

즉 모든 x축 성분들과 모든 y축 성분들을 오른쪽에 모은다. 이 경우 식 (3.8)은 다음

과 같다.

$$(D_x)\hat{\imath} + (D_y)\hat{\jmath} = (A_x + B_x + C_x)\hat{\imath} + (A_y + B_y + C_y)\hat{\jmath} \tag{3.9}$$

식 (3.9)의 왼쪽과 오른쪽에 있는 x성분과 y성분을 비교하면 다음과 같다.

$$\begin{aligned} D_x &= A_x + B_x + C_x \\ D_y &= A_y + B_y + C_y \end{aligned} \tag{3.10}$$

말로 표현하면 식 (3.10)은 각 벡터의 x성분을 더하여 결과 벡터의 x성분을 구하고, 각 벡터의 y성분을 더하여 결과 벡터의 y성분을 구함으로써 벡터 덧셈을 수행할 수 있다. 이렇게 벡터를 더하는 방법을 **대수 덧셈**(algebraic addition)이라고 한다.

예제 3.6 **변위를 구하기 위하여 대수 덧셈 사용하기**

예제 3.1은 동쪽으로 100 m, 북서쪽으로 50 m 비행한 새에 관한 것이다. 새의 알짜 변위를 찾기 위해 벡터의 대수 덧셈을 사용하시오.

시각화 그림 3.19는 변위 벡터 $\vec{A} = (100\text{ m, 동쪽})$과 $\vec{B} = (50\text{ m, 북서쪽})$을 보여준다. 벡터를 덧셈작도법으로 구하기 위해 두미연결법을 사용한다. 그러나 대수 덧셈을 사용하려면 원점에 모든 벡터의 꼬리를 놓는 것이 일반적으로 편리하다.

그림 3.19 알짜 변위는 $\vec{C} = \vec{A} + \vec{B}$이다.

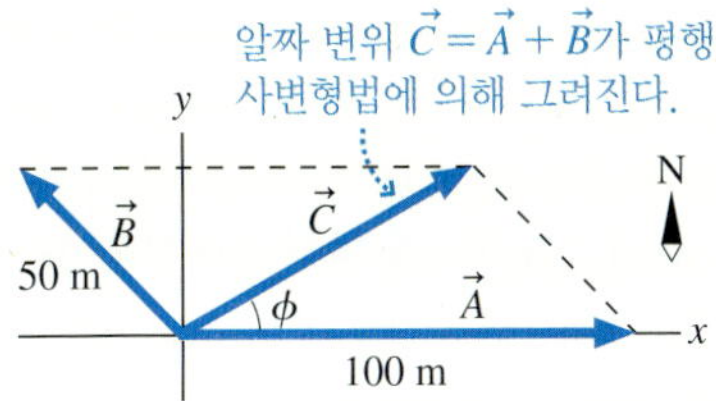

풀이 벡터를 대수적으로 더하려면 해당 성분들을 알아야 한다. 그림에서 볼 수 있듯이

$$\vec{A} = 100\,\hat{\imath}\text{ m}$$
$$\vec{B} = (-50\cos 45°\,\hat{\imath} + 50\sin 45°\hat{\jmath})\text{ m} = (-35.3\hat{\imath} + 35.3\hat{\jmath})\text{ m}$$

이다. 벡터양에는 단위가 포함되어야 한다. 또한 그림에서 예상하는 바와 같이 $\vec{B}$는 음의 x성분을 가지고 있다. $\vec{A}$와 $\vec{B}$의 성분들을 각각 더하면 다음과 같다.

$$\begin{aligned} \vec{C} &= \vec{A} + \vec{B} = 100\hat{\imath}\text{ m} + (-35.3\hat{\imath} + 35.3\hat{\jmath})\text{ m} \\ &= (100\text{ m} - 35.3\text{ m})\hat{\imath} + (35.3\text{ m})\hat{\jmath} = (64.7\hat{\imath} + 35.3\hat{\jmath})\text{ m} \end{aligned}$$

이것은 완벽한 해답이 될 수 있다. 그러나 이 결과를 이전의 답과 비교하고자 한다면 $\vec{C}$의 크기와 방향을 계산해야 한다. $\vec{C}$의 크기는

$$C = \sqrt{C_x^2 + C_y^2} = \sqrt{(64.7\text{ m})^2 + (35.3\text{ m})^2} = 74\text{ m}$$

이고, 그림 3.19에 정의된 각도 ϕ는 다음과 같다.

$$\phi = \tan^{-1}\left(\frac{C_y}{|C_x|}\right) = \tan^{-1}\left(\frac{35.3\text{ m}}{64.7\text{ m}}\right) = 29°$$

그러므로 해답으로 구한 $\vec{C} = (74\text{ m, }29°\text{ 북동쪽})$는 예제 3.1의 답과 완벽하게 일치하는 것이다.

벡터의 성분을 사용하여 벡터의 빼기와 벡터에 스칼라를 곱하는 것은 벡터의 덧셈과 매우 비슷하다. $\vec{R} = \vec{P} - \vec{Q}$를 구하려면 다음과 같이 계산한다.

$$\begin{aligned} R_x &= P_x - Q_x \\ R_y &= P_y - Q_y \end{aligned} \tag{3.11}$$

마찬가지로 $\vec{T} = c\vec{S}$는 아래와 같이 계산한다.

$$\begin{aligned} T_x &= cS_x \\ T_y &= cS_y \end{aligned} \tag{3.12}$$

즉, 벡터 방정식은 다음과 같은 의미로 해석된다. 등호 기호의 양쪽에 있는, 같은 부호로 표시되어 있는 x성분을 같다고 놓고 대수 계산을 한 다음, y성분과 z성분도 마찬가지 방법으로 계산한다. 벡터 표기법을 사용하면 이 세 가지 방정식을 훨씬 더 간결한 형식으로 작성할 수 있다.

기울어진 축 및 임의의 방향

그림 3.20 축이 기울어진 좌표계

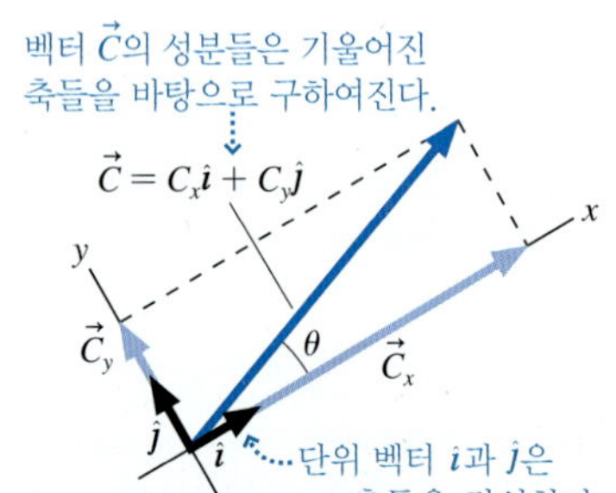

앞에서 설명한 것처럼 좌표계는 전적으로 사용자가 선택한다. 어떤 문제를 가장 쉽게 해결할 수 있는 방식으로는 문제에 알맞게 좌표축을 그리는 것이다. 2장에서 이미 보았듯이, 그림 3.20과 같이 좌표계의 축을 기울이는 것이 편리할 때가 있다. 각각의 축들은 직각이며, y축은 x축에 대해 올바른 방향을 향하고 있으므로 이것은 올바른 좌표계이다. 즉 x축이 꼭 수평이어야 한다는 법은 없는 것이다.

기울어진 축을 가진 좌표계에서 성분을 찾는 것은 지금까지 했던 방법으로 하면 된다. 그림 3.20의 벡터 $\vec{C}$는 $\vec{C} = C_x\hat{\imath} + C_y\hat{\jmath}$으로 분해할 수 있다. 여기서 $C_x = C\cos\theta$이고 $C_y = C\sin\theta$이다. 단위 벡터 $\hat{\imath}$과 $\hat{\jmath}$은 꼭 '수평' 및 '수직'이 아닌, 기울어지기도 한다는 것에 유념하라.

기울어진 축은 임의의 선이나 곡면에 '평행'과 '수직'인 성분 벡터를 결정할 필요가 있을 때 유용하다. 다음 예제에서 이런 예를 보여준다.

예제 3.7 근육과 뼈

삼각근(팔 상단의 둥근 근육)은 팔을 들어 올릴 수 있게 한다. 상완골의 상단에 있는 부착점을 상완골과 15° 각도를 이루게 당김으로써 그렇게 된다. 팔을 수평보다 30° 아래로 기울이면 그림 3.21a와 같이 삼각근이 팔의 무게를 지탱하기 위해 720 N의 힘으로 당겨야 한다. (5장에서 힘은 뉴턴 단위로 측정된 벡터양이며 N으로 나타낸다.) 이때 뼈와 평행한, 그리고 수직한 근육의 힘의 성분은 무엇인가?

그림 3.21 상완골과 평행하고 수직한 힘의 성분 구하기

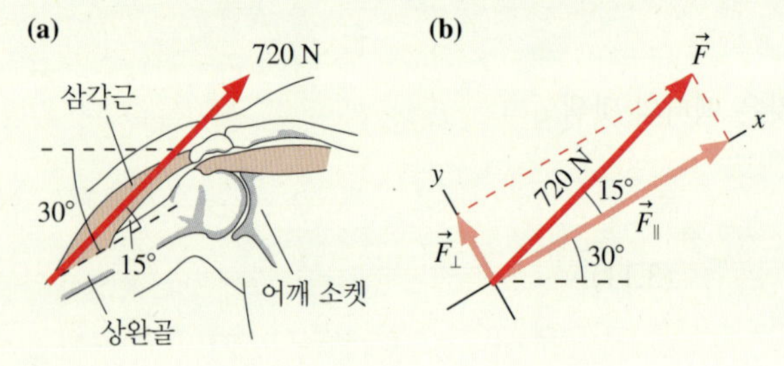

시각화 그림 3.21b는 x축이 상완골과 평행한 기울어진 좌표계를 보여준다. 힘 $\vec{F}$는 x축에서 15°로 각도가 있는 것으로 표시되어 있다. 뼈와 평행한 힘의 성분, 즉 $F_{\parallel}$라고 하는 것은 x축의 성분이다. 마찬가지로 뼈에 수직한 성분은 $F_{\perp} = F_y$이다.

풀이 그림 3.21b의 기하학적 모양으로부터

$$F_{\parallel} = F\cos 15° = (720\ \text{N})\cos 15° = 695\ \text{N}$$
$$F_{\perp} = F\sin 15° = (720\ \text{N})\sin 15° = 186\ \text{N}$$

을 얻는다.

검토 근육은 뼈와 거의 평행을 이룬다. 따라서 $F_{\parallel} \approx 720$ N과 $F_{\perp} \ll F_{\parallel}$임을 예상했다. 이러한 면에서 보았을 때 이 결과는 매우 합리적이라고 볼 수 있다.

응용 예제 3.8 알짜힘 구하기

그림 3.22는 한 지점에서 작용하는 세 가지 힘을 보여준다. 알짜힘 $\vec{F}_{\text{net}} = \vec{F}_1 + \vec{F}_2 + \vec{F}_3$는 무엇인가?

그림 3.22 세 가지 힘

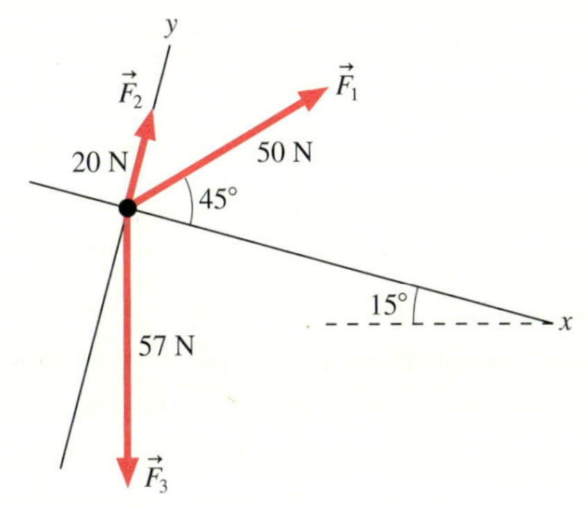

시각화 그림 3.22는 힘과 기울어진 좌표계를 보여준다.

풀이 $\vec{F}_{\text{net}} = \vec{F}_1 + \vec{F}_2 + \vec{F}_3$는 실제로 아래 두 식으로 표현할 수 있다.

$$(F_{\text{net}})_x = F_{1x} + F_{2x} + F_{3x}$$
$$(F_{\text{net}})_y = F_{1y} + F_{2y} + F_{3y}$$

힘의 성분은 축에 따라 결정된다. 그러므로

$$F_{1x} = F_1 \cos 45° = (50\text{ N}) \cos 45° = 35\text{ N}$$
$$F_{1y} = F_1 \sin 45° = (50\text{ N}) \sin 45° = 35\text{ N}$$

이다. $\vec{F}_2$가 더 쉽다. 즉 이 벡터는 y축을 향하고 있기 때문에 $F_{2x} = 0$ N이고 $F_{2y} = 20$ N이다. $\vec{F}_3$의 성분을 구하려면 $\vec{F}_3$와 x축 사이의 각도가 75°인 점을—$\vec{F}_3$가 아래쪽을 향하고 있기 때문에—인식하여야 한다. 그러므로

$$F_{3x} = F_3 \cos 75° = (57\text{ N}) \cos 75° = 15\text{ N}$$
$$F_{3y} = -F_3 \sin 75° = -(57\text{ N}) \sin 75° = -55\text{ N}$$

이다. F_{3y}의 음의 부호는 매우 중요하다. 그리고 이것은 어떤 수식이 아닌, 즉 그림으로부터 $\vec{F}_3$의 y성분이 $-y$ 방향을 가리키는 것으로 인식했기 때문에 쉽게 알 수 있다. 이렇듯 각각을 조합해서,

$$(F_{\text{net}})_x = 35\text{ N} + 0\text{ N} + 15\text{ N} = 50\text{ N}$$
$$(F_{\text{net}})_y = 35\text{ N} + 20\text{ N} + (-55\text{ N}) = 0\text{ N}$$

을 얻을 수 있다. 따라서 알짜힘은 $\vec{F}_{\text{net}} = 50\hat{\imath}$ N이다. 이것은 기울어진 좌표계에서 x축 방향을 가리킨다.

검토 모든 작업은 수직 또는 수평이 아닌 기울어진 좌표계, 그 자체의 축을 기준으로 수행되었다.

서술형 질문

1. 변위 벡터의 크기가 이동거리보다 클 수 있는가? 이동거리보다 작을 수 있는가? 설명하시오.
2. 만일 $\vec{C} = \vec{A} + \vec{B}$라면 $C = 0$이 될 수 있는가? 또 $C < 0$이 될 수 있는가? 각각에 대하여 어떻게 또는 왜 안 되는지를 설명하시오.
3. 영벡터 $\vec{0}$를 어떻게 정의할 수 있는가?
4. 벡터의 성분 중 하나가 0이 아니면 벡터의 크기가 0이 될 수 있는가? 설명하시오.
5. 다음 진술이 사실인가 혹은 거짓인가? 여러분의 대답을 설명하시오.
   a. 벡터의 크기는 서로 다른 좌표계에서 다를 수 있다.
   b. 벡터의 방향은 서로 다른 좌표계에서 다를 수 있다.
   c. 벡터의 성분은 서로 다른 좌표계에서 다를 수 있다.

연습문제

연습

3.1 스칼라와 벡터

3.2 벡터의 활용

1. | 그림 EX3.1의 벡터들을 종이에 그리고 (a) $\vec{A}+\vec{B}$와 (b) $\vec{A}-\vec{B}$를 구하시오.

그림 EX3.1

3.3 좌표계와 벡터 성분

2. | a. 각도 θ와 크기 E로 표기해서, 그림 EX3.2에 표시된 벡터 $\vec{E}$의 x성분과 y성분을 구하시오.
   b. 같은 벡터에 대해서, 각도 ϕ와 크기 E로 표기해서 x성분과 y성분을 구하시오.

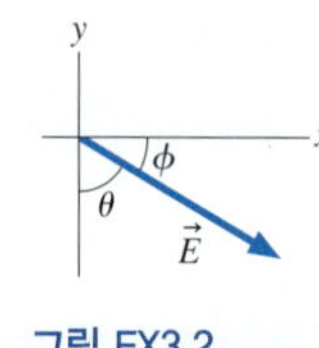

그림 EX3.2

3. | 1사분면의 위치 벡터는 x성분이 10 m이고, 위치 벡터의 크기가 12 m이다. 이 벡터의 y성분의 값을 구하시오.

4. || 아래의 벡터를 그림으로 그리고 x성분과 y성분을 구하시오.
   a. $\vec{v}=(7.5\text{ m/s}$, 양의 y축으로부터 시계 방향으로 30°)
   b. $\vec{a}=(1.5\text{ m/s}^2$, 음의 x축 위)
   c. $\vec{F}=(50.0\text{ N}$, 양의 y축으로부터 반시계 방향으로 36.9°)

5. | 어떤 달리기 주자가 80 m 지름의 원형 트랙을 일정 속력으로 달리며 다가오는 마라톤 대회를 위해 훈련한다. 좌표계의 원 중심에 있고 x축이 동쪽을 가리키고 y축이 북쪽을 가리키는 좌표계를 고려하자. 주자는 $(x, y)=(40\text{ m}, 0\text{ m})$에서 시작하여 트랙 주위를 시계 방향으로 1.5회 돈다. 주자의 변위 벡터는 무엇인가? 해답을 크기와 방향으로 구하시오.

3.4 단위 벡터와 벡터 대수학

6. || 다음 벡터 각각을 그리고, 각 벡터의 방향을 지정하는 각도를 벡터 옆에 쓰고 벡터의 크기와 방향을 찾으시오.
   a. $\vec{A}=3.0\hat{\imath}+7.0\hat{\jmath}$
   b. $\vec{a}=(-2.0\hat{\imath}+4.5\hat{\jmath})\text{ m/s}^2$
   c. $\vec{v}=(14\hat{\imath}-11\hat{\jmath})\text{ m/s}$
   d. $\vec{r}=(-2.2\hat{\imath}-3.3\hat{\jmath})\text{ m}$

7. | $\vec{A}=4\hat{\imath}-2\hat{\jmath}$, $\vec{B}=-3\hat{\imath}+5\hat{\jmath}$이고 $\vec{C}=\vec{A}+\vec{B}$라 하자.
   a. 벡터 $\vec{C}$를 성분으로 쓰시오.
   b. 좌표계를 그리고 그 위에 $\vec{A}$, $\vec{B}$, $\vec{C}$를 그리시오.
   c. 벡터 $\vec{C}$의 크기와 방향을 구하시오.

8. | $\vec{A}=4\hat{\imath}-2\hat{\jmath}$, $\vec{B}=-3\hat{\imath}+5\hat{\jmath}$이고 $\vec{E}=2\vec{A}+3\vec{B}$라 하자.
   a. 벡터 $\vec{E}$를 성분으로 쓰시오.
   b. 좌표계를 그리고 그 위에 $\vec{A}$, $\vec{B}$, $\vec{E}$를 그리시오.
   c. 벡터 $\vec{E}$의 크기와 방향을 구하시오.

9. | $\vec{E}=2\hat{\imath}+3\hat{\jmath}$이고 $\vec{F}=2\hat{\imath}-2\hat{\jmath}$이라 하자. 다음 벡터들의 크기를 구하시오.
   a. $\vec{E}$와 $\vec{F}$ b. $\vec{E}+\vec{F}$ c. $-\vec{E}-2\vec{F}$

10. | 그림 EX3.10에서 볼 수 있는 속도 벡터의 x성분과 y성분은 무엇인가?

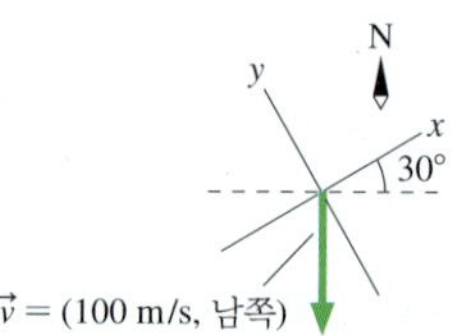

그림 EX3.10

11. | 어떤 계기 내부의 자기장은 $\vec{B}=(2.0\hat{\imath}-1.0\hat{\jmath})$ T이고 여기서 $\vec{B}$는 자기장 벡터를, T는 자기장의 단위인 테슬라를 나타낸다. 자기장의 크기와 방향을 구하시오.

문제

12. || 어떤 입자의 위치는 t가 시간(단위 s)일 때 $\vec{r}=(5.0\hat{\imath}+4.0\hat{\jmath})t^2$ m로 주어진다. 이때
CALC
   a. $t=0$, 2, 5초에서 입자의 원점으로부터의 거리는 얼마인가?
   b. 입자의 속도 $\vec{v}$에 대한 표현식을 시간의 함수로 구하시오.
   c. $t=0$, 2, 5초에서 입자의 속력은 얼마인가?

13. || 그림 P3.13은 벡터 $\vec{A}$와 $\vec{B}$를 보여준다. 이때 $\vec{A}+\vec{B}+\vec{C}=0$이 되는 벡터 $\vec{C}$를 구하시오. 또 해답을 성분의 형태로 쓰시오.

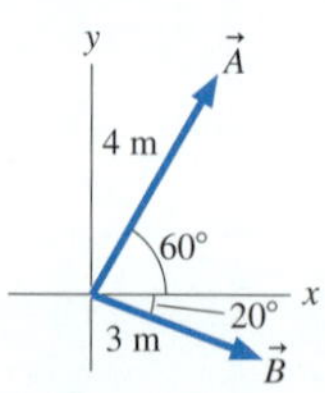

그림 P3.13

14. ‖ 벡터 $(\hat{\imath}+\hat{\jmath})$과 같은 방향을 가리키며 크기가 1인 벡터를 구하시오.

15. ‖ 시계의 분침 길이가 1.5 cm이다. 분침의 변위 벡터는 아래와 같은 상황에서 얼마인가?
a. 오전 8:00부터 오전 8:20까지
b. 오전 8:00부터 오전 9:00까지

16. ‖ 루스는 북쪽과 동쪽으로 각각 50마일, 100마일 떨어진 곳에 살고 있는 그녀의 친구인 워드를 방문하려고 한다. 그녀는 처음에는 동쪽으로 운전하여 출발하지만, 30마일을 간 후에 15마일 남쪽으로 우회했다. 그 다음 그녀는 동쪽으로 8마일을 주행하였으나 차의 기름이 떨어져서 워드가 작은 비행기로 그녀를 데리러 왔다. 워드의 변위 벡터는 무엇인가? (a) y축이 북쪽을 가리키는 좌표계를 사용하여 성분으로 답하시오. (b) 크기와 방향으로 답하시오.

17. | 집 지붕을 고정시키는 작업을 하고 있는데 망치를 놓쳐서 망치가 지붕에서 아래로 미끄러지고 있다고 하자. 지붕은 수평선과 30° 각도를 이루고, 망치는 가장자리에 도달할 때, 3.5 m/s로 움직였다. 망치가 지붕을 떠날 때, 속도의 수평 성분 및 수직 성분은 무엇인가?

18. | 솔방울은 20° 경사면에서 자라는 소나무에서 곧장 떨어진다. 솔방울은 10 m/s의 속력으로 땅에 닿는다. 이때 솔방울의 (a) 지면에 평행하고 (b) 지면에 수직인 충돌 속도의 성분은 각각 무엇인가?

19. ‖ 샘은 놀이터에서 그네를 타고 있다. 그넷줄의 길이는 2.5 m이고, 샘이 그네의 가장 낮은 지점보다 55 cm 위에 있을 때 그넷줄의 장력은 450 N이다. 장력은 N으로 나타내는 **뉴턴** 단위로 측정된 그넷줄 방향으로의 벡터이다. 이 그네의 위치에서 장력의 수평 성분 및 수직 성분은 무엇인가?

20. ‖ 톰은 지상에서 2.5 m 높이의 수직 벽에 기대어 있는 3.0 m 길이의 사다리에 올라가 있다. 그의 680 N인 무게는 수직으로 아래를 가리키는 벡터이다. (무게는 N으로 나타내는 **뉴턴** 단위로 측정된다.) 톰의 무게 벡터의 사다리와 평행하고 수직한 성분들은 각각 얼마인가?

21. ‖‖ *E. coli* 세균은 인간을 포함한 건강한 동물들과 함께 사는 단세포 유기체이다. 실험실의 균일한 어떤 물질 속에서 자라면, 이 세균은 지그재그 경로를 따라 20 μm/s의 등속력으로 수영한다. 그림 P3.21은 *E. coli*가 A지점에서 E지점으로 이동할 때의 궤적을 보여준다. 전체 여행에 대한 세균의 평균 속도의 크기와 방향은 무엇인가?
BIO

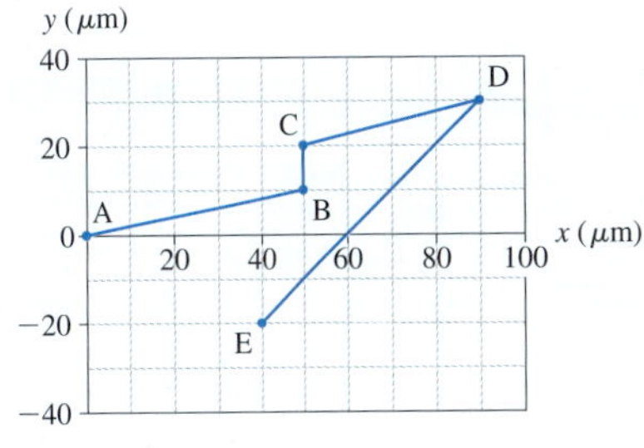

그림 P3.21

22. ‖ 그림 P3.22는 매듭으로 묶인 3개의 줄을 보여준다. 친구 중 한 명은 3.0 단위 힘으로 줄을 당기고 다른 한 명은 5.0 단위 힘으로 두 번째 줄을 당긴다. 매듭이 움직이지 않도록 하려면 세 번째 줄을 얼마나 세게 잡아 당겨야 하는가?

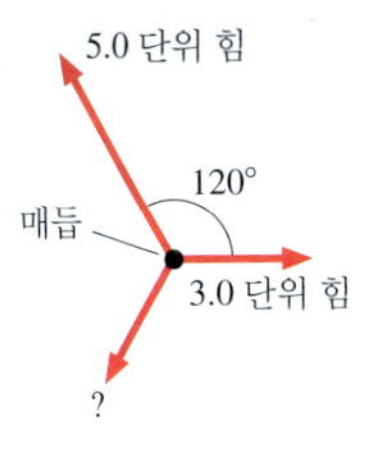

그림 P3.22

23. ‖ 그림 P3.23은 직사각형 모서리에 위치한 4개의 전하를 보여준다. 이 전하들은 전하의 종류에 따라 서로 밀기도 하고 당기기도 한다. 전하 B는 전하 A에게(전하 B에서 멀어지는 방향으로) 3.0 N의 척력을 작용한다. 전하 C는 전하 A에게(전하 C로 향하는 방향으로) 6.0 N의 인력을 작용한다. 마지막으로 전하 D는 2.0 N의 인력을 전하 A에게 작용한다. 힘이 벡터라고 가정할 때, 전하 A에 작용되는 알짜힘의 크기와 방향은 무엇인가?

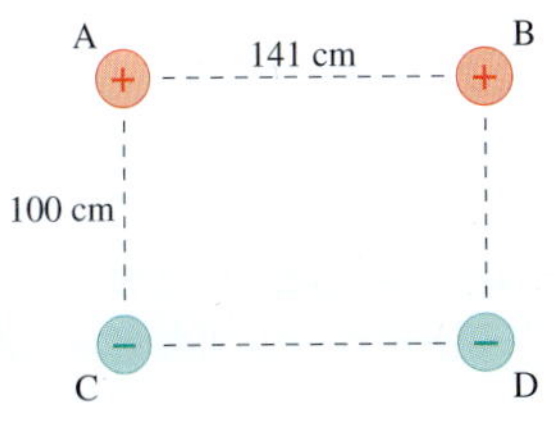

그림 P3.45

4 2차원 운동학

Kinematics in Two Dimensions

물방울이 포물체 운동의 포물선 궤적을 따른다.

이 장에서는 평면에서의 운동에 관한 문제를 푸는 방법을 배운다.

물체가 2차원에서 어떻게 가속되는가?

속도가 바뀔 때 물체가 가속된다. 2차원에서 속도의 크기(속력)나 속도의 방향을 변화시킴으로써 속도를 변화시킬 수 있다. 그리고 가속도는 물체의 궤적에 나란한 성분과 수직한 성분으로 표현할 수 있다.

« 되돌아보기: 1.5절 운동 도형에서 가속도 벡터 구하기

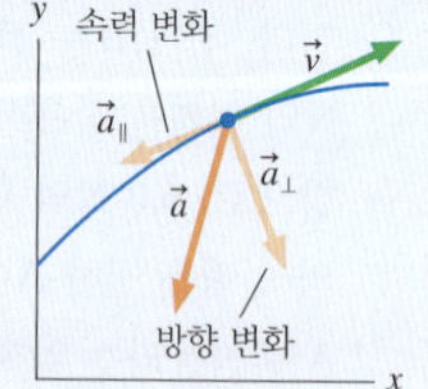

포물체 운동은 무엇인가?

포물체 운동은 중력만의 영향을 받는 2차원에서의 자유낙하 운동이다. 포물체 운동은 포물선 궤적을 따른다. 이 운동은 수평 방향으로는 등속 운동을, 수직 방향으로는 $a_y = -g$의 가속 운동을 한다.

« 되돌아보기: 2.5절 자유낙하

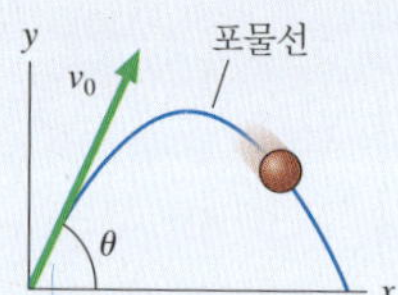

상대 운동은 무엇인가?

서로에 대해 상대적으로 움직이는 좌표계를 기준계라고 한다. 물체 C가 기준계 A에 대해 속도 $\vec{v}_{CA}$를 갖고 있고 A가 다른 기준계 B에 대해 속도 $\vec{v}_{AB}$로 움직인다면 기준계 B에서의 C의 속도는 $\vec{v}_{CB} = \vec{v}_{CA} + \vec{v}_{AB}$가 된다.

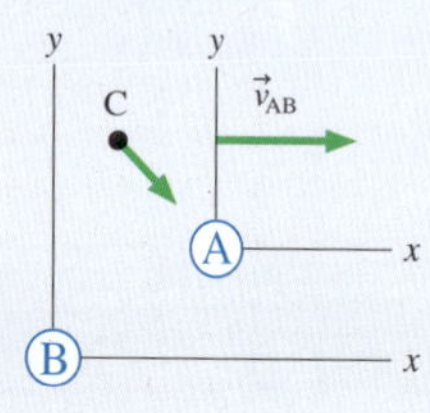

원운동은 무엇인가?

원에서 움직이는(또는 회전하는) 물체는 선형 변위 대신 각변위(angular displacement)를 갖는다. 원운동은 각속도 ω(속도 v_s에 해당)와 각가속도 α(가속도 a_s에 해당)로 기술된다. 등속 및 가속 원운동 모두를 공부할 것이다.

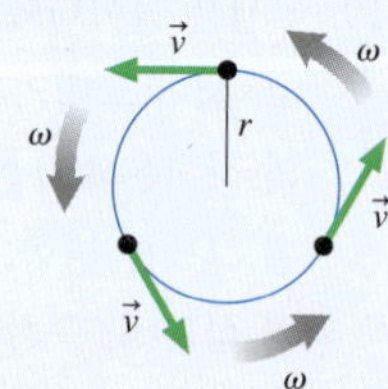

구심 가속도는 무엇인가?

원운동 하는 물체는 항상 방향이 변한다. 구심 가속도라고 하는 방향이 변하는 가속도는 원의 중심을 향한다. 모든 원운동은 구심 가속도를 갖는다. 물체의 속력이 변한다면 이 물체는 추가로 접선 가속도도 갖는다.

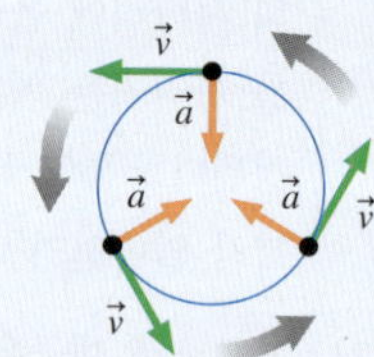

2차원 운동은 어디에 사용되는가?

직선 운동은 운동의 개념을 소개하였지만 대부분의 실제 운동은 2차원 또는 3차원에서 일어난다. 공이 곡선 궤적을 따라 움직이고 자동차는 코너를 돌아가며, 행성은 태양 주위를 돌고, 전자는 지구 자기장에서 나선 운동을 한다. 2차원 운동이 어디에 사용되는가? 모든 곳에 사용된다!

4.1 2차원 운동

운동 도형은 운동을 시각화하는 중요한 도구이므로 계속해서 사용하려고 한다. 그리고 2차원 운동을 수학적으로 기술하는 방법을 개발할 필요가 있다. 편의상 2차원 운동을 하는 면이 수평이든 수직이든 상관없이 xy평면에서 일어난다고 생각하자.

그림 4.1은 xy평면에서 곡선 경로[운동의 **궤적(trajectory)**]를 따라 움직이는 입자를 보여준다. 입자의 위치를 위치 벡터 $\vec{r} = x\hat{\imath} + y\hat{\jmath}$로 표시할 수 있다.

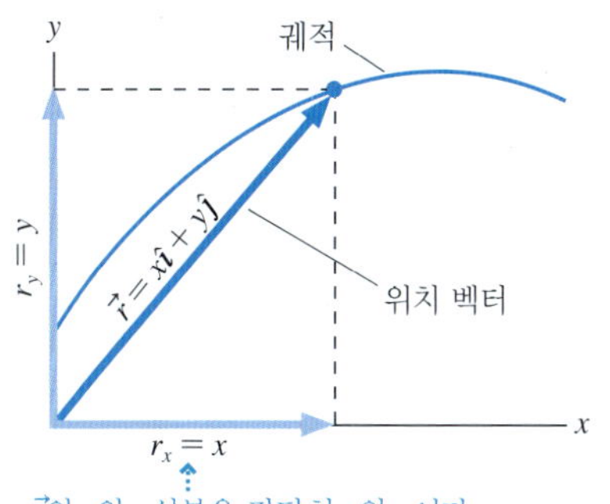

그림 4.1 xy평면에 있는 궤적을 따라 움직이는 입자

그림 4.2a는 시간 t_1에 위치 $\vec{r}_1$에 있다가 나중 시간 t_2에 위치 $\vec{r}_2$로 움직이는 입자를 보여준다. 변위 $\Delta\vec{r}$ 방향을 향하는 평균 속도는

$$\vec{v}_{\text{avg}} = \frac{\Delta\vec{r}}{\Delta t} = \frac{\Delta x}{\Delta t}\hat{\imath} + \frac{\Delta y}{\Delta t}\hat{\jmath} \tag{4.1}$$

이다. 2장에서 순간 속도는 $\Delta t \to 0$일 때 $\vec{v}_{\text{avg}}$의 극한값이라는 것을 배웠다. Δt가 감소함에 따라 점 2가 점 1에 더 근접하게 되어 결국 그림 4.2b가 보여주듯이 변위 벡터는 궤적의 접선이 된다.

수학적으로 식 (4.1)의 극한값은 아래와 같이 나타내어진다.

$$\vec{v} = \lim_{\Delta t \to 0} \frac{\Delta\vec{r}}{\Delta t} = \frac{d\vec{r}}{dt} = \frac{dx}{dt}\hat{\imath} + \frac{dy}{dt}\hat{\jmath} \tag{4.2}$$

또 속도 벡터를 다음처럼 x와 y성분으로 나타낼 수도 있다.

$$\vec{v} = v_x\hat{\imath} + v_y\hat{\jmath} \tag{4.3}$$

식 (4.2)와 (4.3)을 비교하면 속도 벡터 $\vec{v}$가 아래와 같이 x와 y성분을 가짐을 알 수 있다.

$$v_x = \frac{dx}{dt} \quad 그리고 \quad v_y = \frac{dy}{dt} \tag{4.4}$$

즉 속도 벡터의 x성분 v_x는 입자의 x좌표의 시간 변화율인 dx/dt이다. y성분에 대해서도 유사하다.

그림 4.2c는 속도 벡터의 또 다른 속성을 보여준다. 속도 벡터의 각도 θ를 양의 x축으로부터 측정하면 속도 벡터 성분들은

$$v_x = v\cos\theta \qquad v_y = v\sin\theta \tag{4.5}$$

가 되고, 여기서

$$v = \sqrt{v_x^2 + v_y^2} \tag{4.6}$$

은 이 점에서의 입자의 **속력**이다. 속도 벡터의 방향에 대한 정보를 전달하기 위해 속도는 **부호를 가진** 물리량(즉 양이나 음이 될 수 있다)인 반면 속력은 항상 양의 수(또는 0)이다. 운동 방향을 결정하기 위해서는 2개의 속도 성분이 필요하다.

그림 4.2 순간 속도 벡터는 궤적의 접선이다.

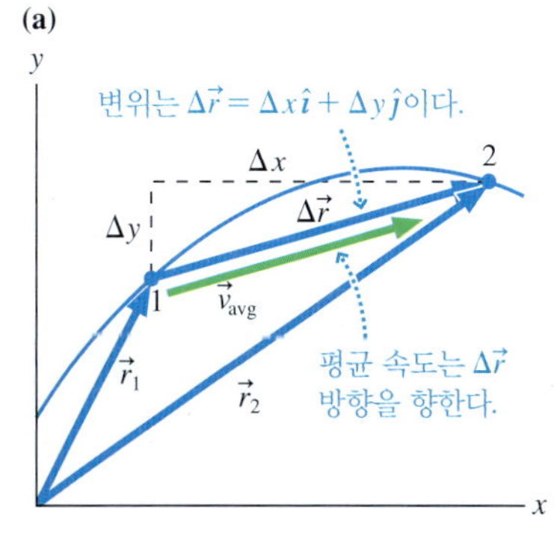

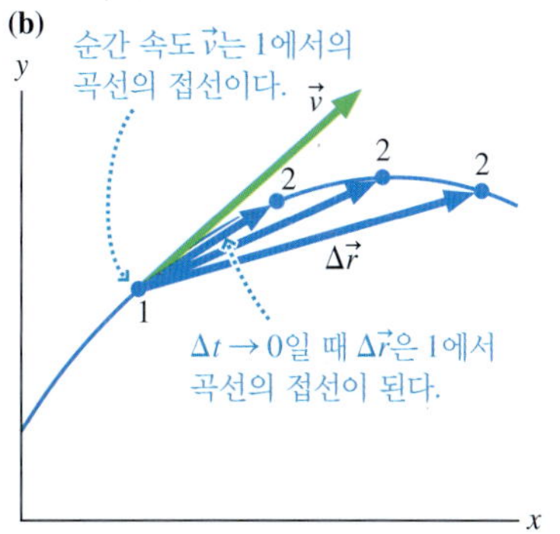

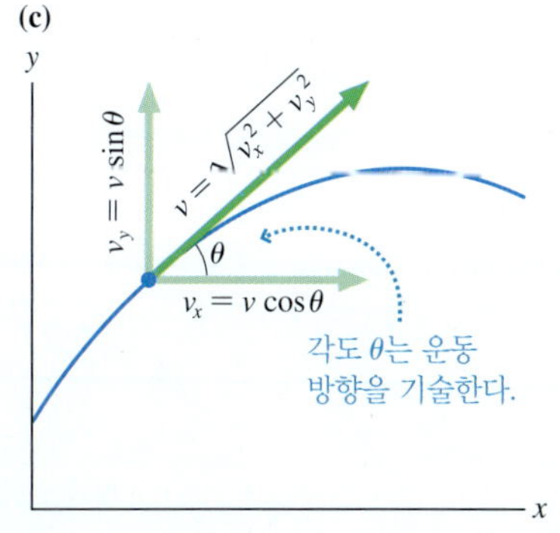

$$\theta = \tan^{-1}\left(\frac{v_y}{v_x}\right) \tag{4.7}$$

예제 4.1 | 속도 구하기

굽은 도로 위 스포츠카의 위치가

$$\vec{r} = (6.0t - 0.10t^2 + 0.00048t^3)\hat{\imath} + (8.0t + 0.060t^2 - 0.00095t^3)\hat{\jmath}$$

으로 주어지며, 여기서 y축은 북쪽, t의 단위는 s이며, r의 단위는 m이다. $t = 120$ s에서 스포츠카의 속력과 방향은 얼마인가?

핵심 스포츠카를 입자로 모형화한다.

풀이 속도는 위치의 도함수이므로

$$v_x = \frac{dx}{dt} = 6.0 - 2(0.10t) + 3(0.00048t^2)$$

$$v_y = \frac{dy}{dt} = 8.0 + 2(0.060t) - 3(0.00095t^2)$$

이다. 벡터 형태로 표현하면 속도는

$$\vec{v} = (6.0 - 0.20t + 0.00144t^2)\hat{\imath} + (8.0 + 0.120t - 0.00285t^2)\hat{\jmath}$$

으로 나타내어진다. 여기서 t의 단위는 s이고 v의 단위는 m/s이다. $t = 120$ s에서 속도를 계산하면 $\vec{v} = (2.7\hat{\imath} - 18.6\hat{\jmath})$ m/s를 얻는다. 이 순간에 스포츠카의 속력은

$$v = \sqrt{v_x^2 + v_y^2} = \sqrt{(2.7\text{ m/s})^2 + (-18.6\text{ m/s})^2} = 19\text{ m/s}$$

이다. 속도 벡터가 음의 y성분을 가지므로 운동 방향은 오른쪽(동쪽) 아래(남쪽) 방향이다. 각도는 x축 아래로

$$\theta = \tan^{-1}\left(\frac{|-18.6\text{ m/s}|}{2.7\text{ m/s}}\right) = 82°$$

가 된다. 그러므로 이 순간에 스포츠카는 19 m/s 속력으로 남동쪽 82°를 향한다.

가속도와 그래프

«1.5절에서 운동하는 물체의 **평균 가속도** $\vec{a}_{\text{avg}}$를 정의하였다.

$$\vec{a}_{\text{avg}} = \frac{\Delta\vec{v}}{\Delta t} \tag{4.8}$$

이 정의로부터 $\vec{a}$가 속도 변화인 $\Delta\vec{v}$ 방향과 같은 방향을 향하는 것을 알 수 있다. 물체가 움직일 때 물체의 속도 벡터는 두 경로를 통해 변할 수 있다.

1. $\vec{v}$의 크기가 변할 수 있다. 즉 속력의 변화를 가리키거나
2. $\vec{v}$의 방향이 변할 수 있다. 즉 물체가 방향을 변화시킨 것을 가리킨다.

2장의 운동학에서는 속력 변화에 의한 가속도만을 고려했다. 이제 방향 변화와 관련된 가속도를 살펴볼 시간이 되었다. 풀이 전략 4.1은 평균 가속도 벡터의 방향을 결정하기 위해 어떻게 운동 도형에서 속도 벡터를 사용하는지 보여준다. 이것은 1차원 운동에서 $\vec{a}$를 구하는 방법을 보여준 풀이 전략 1.3을 확장한 것이다.

풀이 전략 4.1

가속도 벡터 구하기

속도 $\vec{v}_i$와 속도 $\vec{v}_f$ 사이의 가속도를 구하기 위해

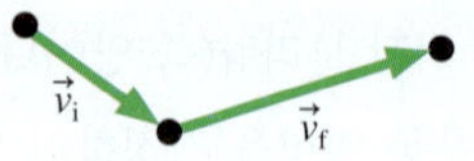

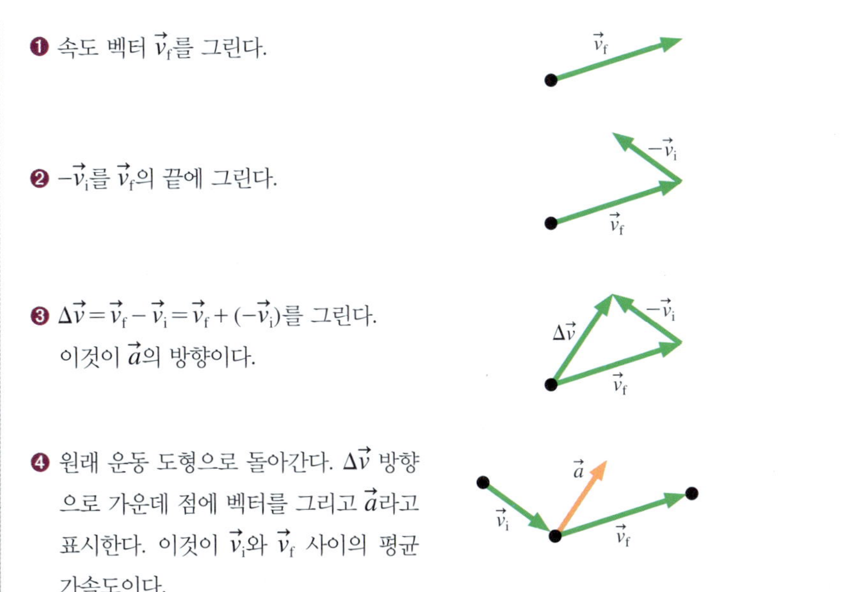

일상생활에서 사용하는 '가속한다'라는 표현은 "속력을 높인다"는 것을 의미한다. 가속도의 수학적 정의(속도의 시간 변화율)는 2장에서 배운 것처럼 속도를 낮추는 것과 방향을 변화시키는 것도 포함한다. 이 모든 것들이 속도를 변화시키는 운동이다.

예제 4.2 계곡을 지나

공이 긴 언덕을 굴러 내려간 뒤 반대편에서 다시 위로 올라간다. 이 공의 완전한 운동 도형을 그리시오.

핵심 공을 입자로 모형화한다.

시각화 그림 4.3은 운동 도형이다. 입자가 직선을 따라 움직일 때 $\vec{a}$와 $\vec{v}$가 같은 방향이면 입자의 속력이 빨라지고 $\vec{a}$와 $\vec{v}$가 반대 방향이면 속력이 느려진다. 이런 중요한 아이디어가 2장에서 개발한 1차원 운동학의 근거가 되었다. $\vec{v}$ 방향이 변할 때, 공이 계곡을 지날 때 그랬던 것처럼, $\Delta\vec{v}$, 즉 $\vec{a}$ 방향을 구하기 위해 벡터 뺄셈을 사용할 필요가 있다. 운동 도형에 있는 두 점에서 이 과정을 보여주고 있다.

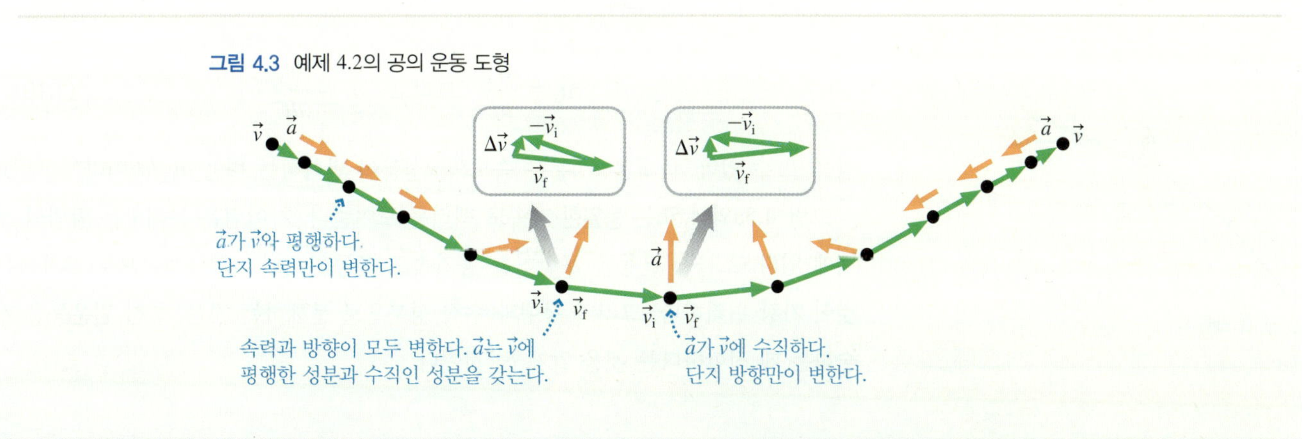

그림 4.3 예제 4.2의 공의 운동 도형

그림 4.4 가속도 벡터의 분석

$\vec{a}$의 이 성분은 운동 방향을 변화시킨다.

$\vec{a}$의 이 성분은 운동 속력을 변화시킨다.

그림 4.4는 물체의 가속도 벡터가 속도에 평행한 성분, 다시 말해 운동 방향과 평행한 성분과 속도에 수직인 성분으로 나누어질 수 있음을 보여준다. **$\vec{a}_{\parallel}$는 물체의 속력을 변화시키는 가속도 성분**으로 $\vec{a}_{\parallel}$가 $\vec{v}$와 같은 방향이면 속력이 증가하고 반대 방향이면 속력이 줄어든다. **$\vec{a}_{\perp}$는 물체의 방향을 변화시키는 가속도 성분**이다. 방향을 바꾸는 물체는 항상 운동 방향에 수직인 가속도 성분을 가진다.

예제 4.2를 되돌아보면 속력만이 변하는 언덕의 직선 부분에서는 $\vec{a}$와 $\vec{v}$가 평행하다. 공의 방향이 변하지만 속력은 변하지 않는 맨 아래에서는 $\vec{a}$가 $\vec{v}$에 수직이다. 속력과 방향이 모두 변하는 지점에서는 가속도가 속도에 대해 각을 이룬다. 즉, 가속도가 평행 및 수직 성분을 가지는 것이다.

가속도의 수학

풀이 전략 4.1에서 시간 간격 Δt만큼 떨어진 두 속도 벡터로부터 평균 가속도를 구했다. Δt를 점점 더 작게 하면 두 속도 벡터가 점점 더 가까워진다. $\Delta t \to 0$인 극한에서 순간 속도 $\vec{v}$를 구했던 것처럼 궤적 위의 동일한 점에서 (그리고 동일한 순간에서) 순간 가속도 $\vec{a}$를 구하게 된다. 그림 4.5는 이러한 과정을 보여준다.

정의상 가속도 벡터 $\vec{a}$는 속도 $\vec{v}$가 이 순간에 변화하는 비율이다. 이를 보여주기 위해 그림 4.5a는 $\vec{a}$를 궤적에 평행한 성분과 수직인 성분인 $\vec{a}_{\parallel}$와 $\vec{a}_{\perp}$로 분해한다. 방금 전 보여준 것처럼 $\vec{a}_{\parallel}$는 속력 변화와 관련이 있고 $\vec{a}_{\perp}$는 방향 변화와 관련이 있다. 두 종류의 변화 모두 가속도이다. $\vec{a}_{\perp}$는 항상 곡선 '내부'를 향한다. 왜냐하면 가속도의 방향은 방향이 $\vec{v}$가 변하는 방향이기 때문이다.

그림 4.5 순간 가속도 $\vec{a}$

(a)

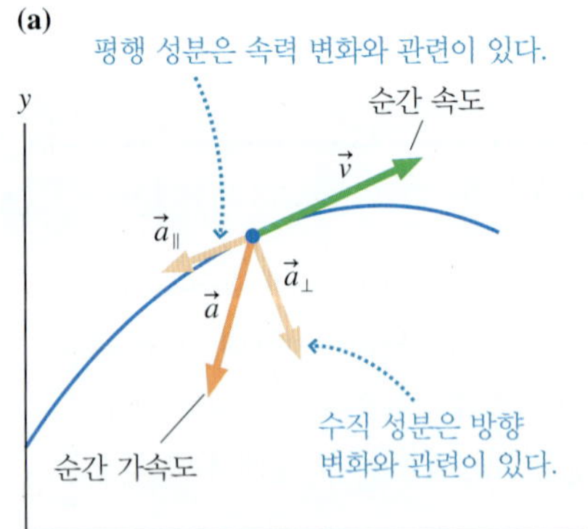

(b)

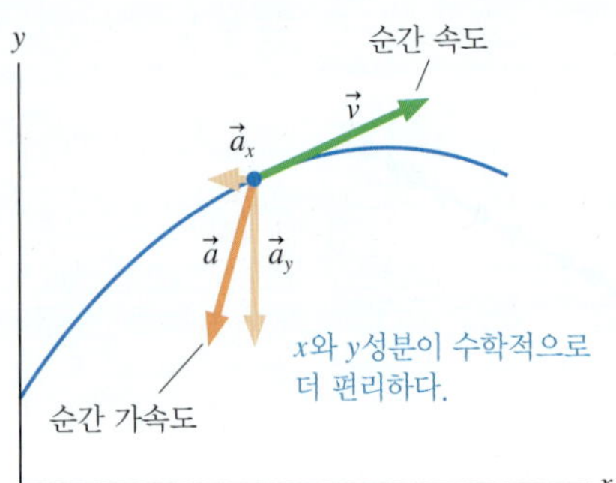

$\vec{a}$의 수평과 수직 성분이 가속도에 관한 중요한 아이디어들을 전해주긴 하지만 그림 4.5b에서처럼 $\vec{a}$를 x와 y성분으로 표현하는 것이 더 실용적일 때가 많다. $\vec{v} = v_x\hat{\imath} + v_y\hat{\jmath}$이므로

$$\vec{a} = a_x\hat{\imath} + a_y\hat{\jmath} = \frac{d\vec{v}}{dt} = \frac{dv_x}{dt}\hat{\imath} + \frac{dv_y}{dt}\hat{\jmath} \tag{4.9}$$

으로 표현되고, 이로부터

$$a_x = \frac{dv_x}{dt} \quad \text{그리고} \quad a_y = \frac{dv_y}{dt} \tag{4.10}$$

임을 알 수 있다. 즉 $\vec{a}$의 x성분은 속도의 x성분이 변화하는 비율 dv_x/dt이다.

그림 4.5a와 4.5b는 동일한 가속도 벡터를 보여준다. 차이점은 분해하는 방법의 선택에 있다. 포물체 운동을 포함하는 등가속도 운동의 경우 x와 y성분으로 분해하는 것이 가장 편리하다. 그러나 평행과 수직 성분으로 분해하는 것은, 특히 원운동을 기술하는 데 적합하다는 것을 알게 될 것이다.

등가속도

가속도 $\vec{a} = a_x\hat{\imath} + a_y\hat{\jmath}$이 일정하다면 두 성분 a_x와 a_y 모두 일정하다. 이 경우 «2.4절의 등가속도 운동학에서 배운 모든 것들이 2차원 운동에 대해서도 적용된다.

초기 위치 $\vec{r}_i = x_i\hat{\imath} + y_i\hat{\jmath}$에서 초기 속도 $\vec{v}_i = v_{ix}\hat{\imath} + v_{iy}\hat{\jmath}$으로 출발한 입자가 등가속도로 움직인다고 생각해보자. 최종점에서의 위치와 속도는 다음과 같이 주어진다.

$$x_f = x_i + v_{ix}\,\Delta t + \tfrac{1}{2}a_x(\Delta t)^2 \qquad y_f = y_i + v_{iy}\,\Delta t + \tfrac{1}{2}a_y(\Delta t)^2$$
$$v_{fx} = v_{ix} + a_x\,\Delta t \qquad v_{fy} = v_{iy} + a_y\,\Delta t \tag{4.11}$$

2차원 운동학으로 기술되는 많은 물리량들이 있으며, 이를 위해서는 그림으로 운동을 표현하는 것이 문제 풀이 도구로써 중요하다.

예제 4.3 우주선 궤적 그리기

먼 미래에 작은 우주선이 은하를 지나 '북쪽'으로 680 m/s로 표류하고 있다가 모함 우주선으로 돌아오라는 명령을 받는다. 조종사가 우주선의 앞쪽이 동쪽에서 북쪽으로 25°가 될 때까지 우주선을 회전시킨 뒤 이온 엔진을 점화한다. 우주선이 75 m/s²으로 가속된다. 처음 20 s 동안의 우주선의 궤적을 그리시오.

핵심 우주선을 등가속도를 가진 입자로 모형화한다.

시각화 그림 4.6은 y축이 북쪽을 가리키고 우주선이 원점에 있는 그림 표현을 보여준다. 운동의 각 지점에 두 위치 성분(x와 y), 두 속도 성분(v_x와 v_y)과 시간 t를 표시하였다. 이는 궤적 문제에 있어 표준적인 표시 방법이 될 것이다.

풀이 가속도 벡터는 x와 y성분을 갖고 있다. 이들 값은 그림의 오른쪽 표에 나타내었다. 우주선의 운동은 등가속도 운동이므로 아래와 같이 표현할 수 있다.

$$x_1 = x_0 + v_{0x}(t_1 - t_0) + \tfrac{1}{2}a_x(t_1 - t_0)^2$$
$$= 34.0t_1^2 \text{ m}$$
$$y_1 = y_0 + v_{0y}(t_1 - t_0) + \tfrac{1}{2}a_y(t_1 - t_0)^2$$
$$= 680t_1 + 15.8t_1^2 \text{ m}$$

여기서 t_1의 단위는 s이다. 그림 4.7은 우주선의 궤적을 그래프로 보여준다. 이 궤적은 등가속도를 가진 2차원 운동의 특징인 포물선의 형태를 가짐을 보여준다.

그림 4.6 우주선의 그림 표현

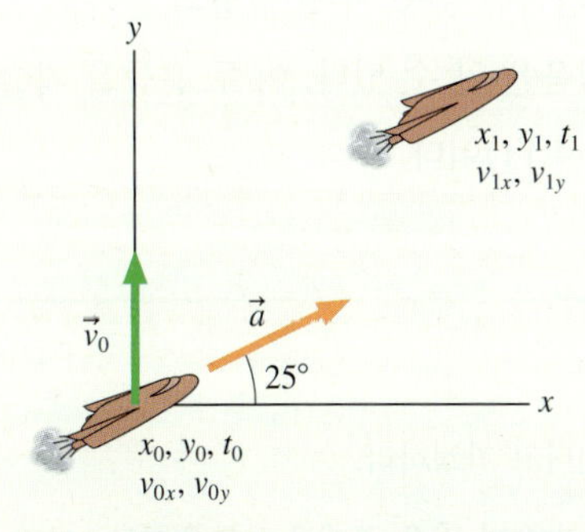

알려진 값

$x_0 = y_0 = 0$ m $\quad v_{0x} = 0$ m/s $\quad v_{0y} = 680$ m/s
$a_x = (75 \text{ m/s}^2)\cos 25° = 68.0 \text{ m/s}^2$
$a_y = (75 \text{ m/s}^2)\sin 25° = 31.6 \text{ m/s}^2$
$t_0 = 0$ s $\quad t_1 = 0$ s to 20 s

구할 값

x_1, y_1

그림 4.7 우주선의 궤적

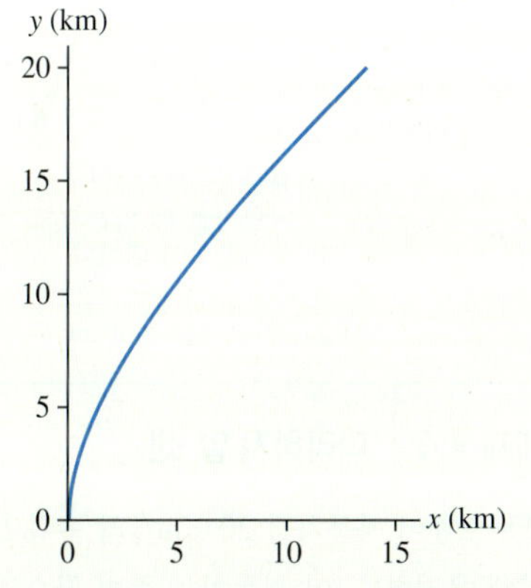

4.2 포물체 운동

그림 4.8 포물선 궤적

공중에서 움직이는 야구공과 테니스공, 올림픽 다이빙 선수와 대포로부터 발사되는 인간 탄환 모두 **포물체 운동**이라고 부르는 운동을 보여준다. **포물체**(projectile)는 **오직 중력의 영향만 받으며 2차원에서 움직이는 물체**를 지칭한다. 포물체 운동은 2장에서 배운 자유낙하 운동을 확장한 것이다. 계속해서 공기 저항의 영향은 무시할 것이며 비교적 느린 속력으로 비교적 짧은 거리를 움직이는 비교적 무거운 물체의 경우 실제와 거의 근사한 결과를 얻을 수 있다. 앞으로 알게 되듯이 2차원의 포물체는 그림 4.8에 보인 것과 같은 **포물선 궤적**(parabolic trajectory)을 따라 움직인다.

손으로 던지거나 총에서 발사하는 포물체 운동의 시작을 **발사**(launch), 초기 속도 $\vec{v}_0$의 수평으로부터의(즉 x축 위로) 각도 θ를 **발사각**(launch angle)이라고 한다. 그림 4.9는 초기 속도 벡터 $\vec{v}_0$와 성분 v_{0x}와 v_{0y}의 초깃값 사이의 관계를 보여준다.

그림 4.9 초기 속도 $\vec{v}_0$로 발사한 포물체

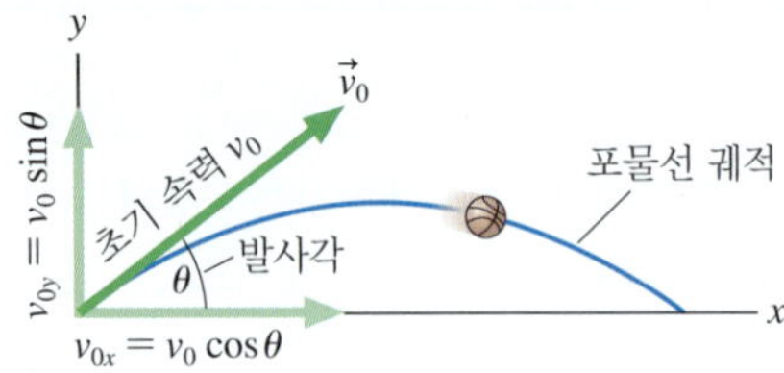

$$v_{0x} = v_0 \cos\theta$$
$$v_{0y} = v_0 \sin\theta \tag{4.12}$$

임을 알 수 있다. 여기서 v_0는 초기 속력이다.

중력은 아래로 작용하며 정지하고 있다가 놓여진 물체가 옆이 아닌 수직으로 떨어진다는 것을 알고 있다. 따라서 포물체는 수평 가속도를 갖지 않는 반면 수직 가속도는 단순히 자유낙하 가속도가 된다. 따라서

$$a_x = 0$$
$$a_y = -g \qquad \text{(포물체 운동)} \tag{4.13}$$

이다. 즉, **가속도의 수직 성분 a_y는 자유낙하 가속도 $-g$인 반면 수평 성분 a_x는 0이다. 포물체는 자유낙하 상태에 있다.**

그림 4.10 포물체의 속도와 가속도 벡터

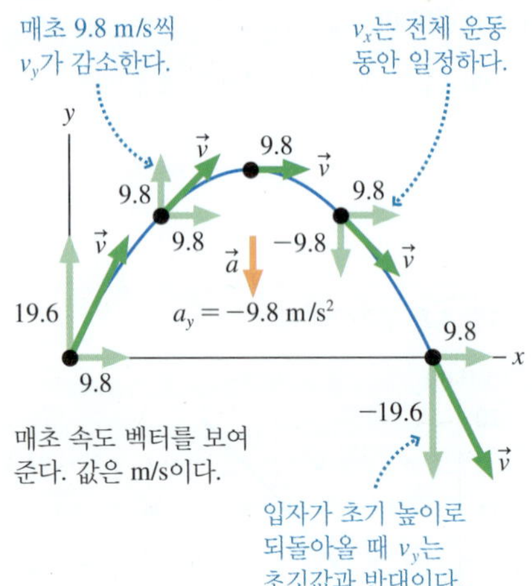

이 조건들이 어떻게 운동에 영향을 미치는지 알아보기 위해 그림 4.10에 초기 속도 $\vec{v}_0 = (9.8\hat{\imath} + 19.6\hat{\jmath})$ m/s로 $(x_0, y_0) = (0\text{ m}, 0\text{ m})$에서 발사된 포물체를 나타내었다. 수평 가속도가 없기 때문에 v_x의 값은 변하지 않지만 v_y는 매초 9.8 m/s씩 감소한다. 이는 $a_y = -9.8\text{ m/s}^2 =$ 매초 (-9.8 m/s)로 가속된다는 것을 의미한다.

그림 4.10으로부터 **포물체 운동이 2개의 독립적인 운동, 수평 방향의 등속도 운동과 수직 방향의 자유낙하 운동으로 구성되어 있음**을 알 수 있다. 이 두 운동을 기술하는 운동학 식은 단순히 $a_x = 0$과 $a_y = -g$인 식 (4.11)이다.

예제 4.4 | 따라하지 말 것!

스턴트맨이 자동차를 20.0 m/s의 속력으로 10.0 m 높이의 절벽을 향해 운전한다. 이 자동차는 절벽 끝으로부터 얼마나 멀리 떨어진 곳에 떨어질까?

핵심 자동차를 자유낙하하는 입자라고 모형화하고, 자동차가 절벽을 떠날 때 수평으로 움직인다고 가정하라.

시각화 고려해야 할 물리량의 수가 많은 관계로 운동을 그림 4.11과 같이 그림으로 표현하는 것은 매우 중요하다. 절벽 끝을 원점으로 잡도록 하자. 자동차가 절벽을 떠날 때 수평으로 움직인다는 가정

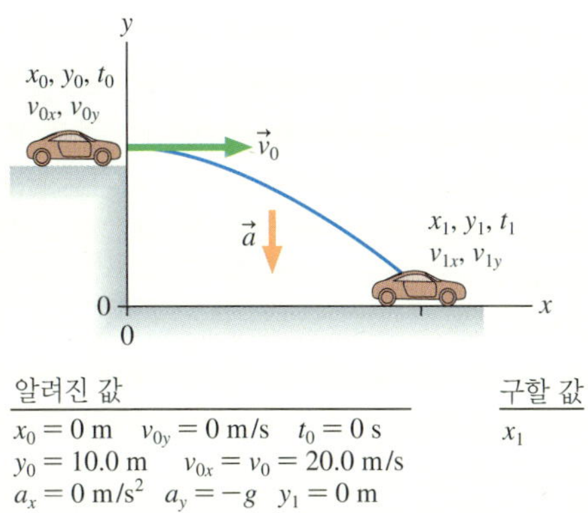

그림 4.11 예제 4.4의 자동차의 그림 표현

알려진 값			구할 값
$x_0 = 0$ m	$v_{0y} = 0$ m/s	$t_0 = 0$ s	x_1
$y_0 = 10.0$ m	$v_{0x} = v_0 = 20.0$ m/s		
$a_x = 0$ m/s^2	$a_y = -g$	$y_1 = 0$ m	

은 $v_{0x} = v_0$와 $v_{0y} = 0$ m/s임을 뜻한다.

풀이 궤적 위의 각 점은 위치, 속도와 가속도의 x와 y성분을 가지고 있지만 시간의 값은 하나뿐이다. 수평으로 x_1까지 이동하는 데 필요한 시간은 수직으로 거리 y_0만큼 이동하는 데 필요한 시간과 동일하다. **수평과 수직 운동은 서로 독립적이지만, 시간 t를 통해 연결되어 있다.** 이는 포물체 운동 문제를 푸는 데 있어 결정적인 요소이다. $a_x = 0$과 $a_y = -g$인 운동학 식은 다음과 같다.

$$x_1 = x_0 + v_{0x}(t_1 - t_0) = v_0 t_1$$

$$y_1 = 0 = y_0 + v_{0y}(t_1 - t_0) - \tfrac{1}{2}g(t_1 - t_0)^2 = y_0 - \tfrac{1}{2}g t_1^2$$

낙하 거리 y_0를 구하는 데 필요한 시간 t_1을 구하기 위해서는 수직 식을 사용할 수 있다.

$$t_1 = \sqrt{\frac{2y_0}{g}} = \sqrt{\frac{2(10.0\text{ m})}{9.80\text{ m/s}^2}} = 1.43\text{ s}$$

t에 대한 이 표현을 수평 식에 대입하면 이동한 거리를 구할 수 있다.

$$x_1 = v_0 t_1 = (20.0\text{ m/s})(1.43\text{ s}) = 28.6\text{ m}$$

검토 절벽의 높이가 10.0 m이고 초기 속력이 $v_0 =$ 20.0 m/s이다. 지면과 충돌하기 전 $x_1 \approx 29$ m를 이동하는 것은 타당해 보인다.

예제 4.4에서의 x와 y 식은 매개 변수 방정식(parametric equation)이다. 시간 t를 소거하고 y를 x의 함수로 표현하는 것은 그리 어렵지 않다. x_1 식으로부터 $t_1 = x_1/v_0$를 얻는다. 이것을 y_1 식에 대입하면

$$y = y_0 - \frac{g}{2v_0^2}x^2 \tag{4.14}$$

을 얻는다. $y = cx^2$의 그래프는 포물선이므로 식 (4.14)는 높이 y_0로부터 시작하는 뒤집힌 포물선을 나타낸다. 앞서 언급하였듯이 이는 포물체가 포물선 궤적을 따른다는 것을 증명하고 있다.

포물체 운동에 대한 추리

무거운 공을 수평면 위 높이 h인 지점에서 수평으로 발사한다고 가정하자. 공이 발사되는 순간 두 번째 공을 높이 h에서 떨어뜨린다. 어느 공이 지면에 먼저 닿을까?

믿기 어렵겠지만, 공기 저항을 무시할 경우 공이 동시에 지면과 충돌한다. 포물체 운동의 수평과 수직 성분이 서로 독립적이기 때문에 그렇다. 첫 번째 공의 초기 수평 속도는 수직 운동에 영향을 주지 않는다. 어느 공도 초기에 수직 방향의 운동을 하지 않기 때문에 두 공 모두 같은 시간 간격에 거리 h를 낙하한다. 이는 그림 4.12를 통해 확인할 수 있다.

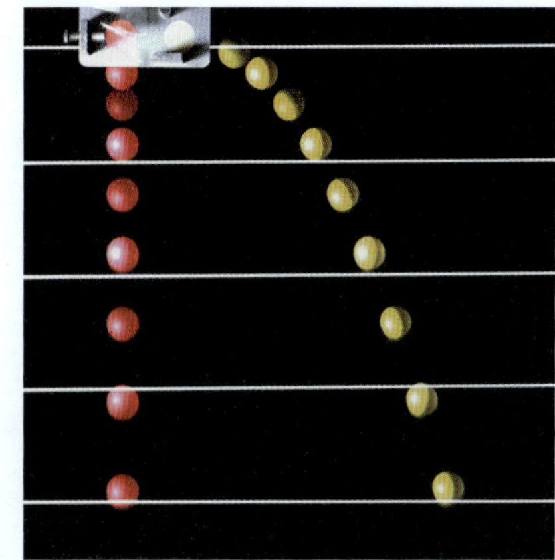

그림 4.12 수평으로 발사된 포물체는 정지해 있다가 자유낙하하는 포물체와 동일한 시간에 떨어진다.

그림 4.13a는 포물체의 궤적을 이해하는 데 있어 유용한 수단을 제공해준다. 중력이 없다면 포물체는 직선을 따를 것이다. 중력 때문에 시간 t에서 입자가 직선 아래로 거리 $\frac{1}{2}gt^2$만큼 '낙하'한다. 그리고 이 간격은 시간의 경과에 따라 $\frac{1}{2}gt^2$으로 증가하므로

그림 4.13 포물체는 직선 궤적 아래로 거리 $\frac{1}{2}gt^2$만큼 '낙하'하기 때문에 포물선 궤적을 따른다.

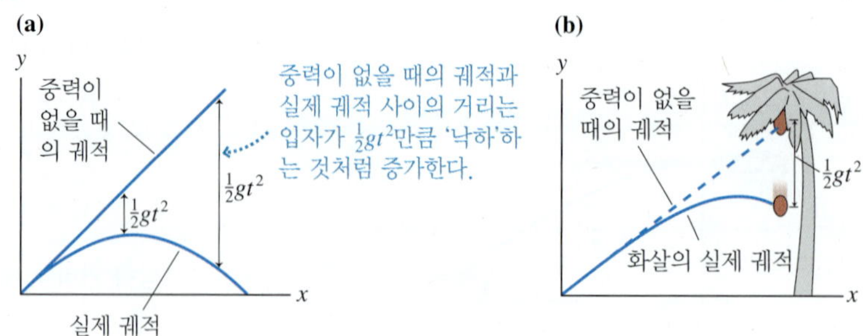

궤적은 포물선 형태를 가지게 된다.

다음과 같은 물리학의 '고전적인' 문제를 해결하는 데 이 아이디어를 사용해보자.

> 활과 화살을 가진 배고픈 사냥꾼이 정글에서 나뭇가지에 매달린 코코넛 열매를 맞춰 떨어뜨리려 한다. 사냥꾼은 화살을 직접 열매를 향해 겨냥하지만, 운이 없는지, 사냥꾼이 줄을 놓는 바로 그 순간 열매가 가지로부터 떨어진다. 화살이 열매에 맞을까?

화살이 떨어지는 코코넛 열매를 맞추지 못할 것으로 생각되지만 그렇지 않다. 화살이 매우 빠르게 날아가긴 하지만 화살은 약간 휜 포물선 궤적을 따르지 직선을 따르지 않는다. 열매가 나뭇가지에 매달려있다면 중력이 화살을 직선 아래 거리 $\frac{1}{2}gt^2$만큼 떨어지게 하기 때문에 화살이 목표물 아래로 휘어 지나가게 된다. 그러나 $\frac{1}{2}gt^2$은 또한 화살이 날아가는 동안 코코넛 열매가 떨어지는 거리이기도 하다. 따라서 그림 4.13b가 보여주는 것처럼 화살과 열매는 같은 거리만큼 이동하여 동일 지점에서 만나게 되는 것이다!

포물체 운동 모형

포물체 운동은 실제 물체에서는 거의 일어나지 않는 이상적인 운동이다. **포물체 운동 모형**(projectile motion model)은 현실에 대한 또 다른 주요 단순화를 포함하고 있어 모형 리스트에 추가될 수 있다.

모형 4.1

포물체 운동

중력의 영향 아래에서 운동할 경우

- 물체를 속력 v_0로 각도 θ로 발사한 입자로 모형화한다.
- 수학적으로
  - 수평 방향으로 $v_x = v_0 \cos\theta$를 가진 **등속 운동**
  - 수직 방향으로 $a_y = -g$를 가진 **등가속도 운동**
  - 두 운동 모두에 대해 동일한 Δt
- 한계: 공기 저항이 커지면 모형이 실패한다.

y
초기 속력 v_0
발사각 θ
포물선 궤적
x

포물체는 포물선 궤적을 따른다.

문제 풀이 전략 4.1

포물체 운동 문제

핵심 공기 저항을 무시하는 것이 타당한가? 그렇다면 포물체 운동 모형을 사용한다.

시각화 x축이 수평이고 y축이 수직인 좌표계를 잡는다. 기호를 정의하고 문제에서 구하려고 하는 것을 분명히 한다. 발사각이 θ인 경우 초기 속도 성분은 $v_{ix} = v_0 \cos\theta$와 $v_{iy} = v_0 \sin\theta$이다.

풀이 가속도가 주어져 있다($a_x = 0$, $a_y = -g$). 그러므로 문제는 2차원 운동학으로 기술된다. 운동학 식은 다음과 같다.

수평	수직
$x_f = x_i + v_{ix}\,\Delta t$	$y_f = y_i + v_{iy}\,\Delta t - \frac{1}{2}g(\Delta t)^2$
$v_{fx} = v_{ix} =$ 일정	$v_{fy} = v_{iy} - g\,\Delta t$

Δt가 운동의 수평과 수직 성분 모두에서 동일하다. 한 성분으로부터 Δt를 구한 뒤 다른 성분에 이 값을 사용한다.

검토 결과가 올바른 단위와 유효 숫자를 갖고 있는지, 타당한 값인지, 그리고 질문에 답하고 있는지 확인한다.

예제 4.5 개구리 점프 시합

길고 강한 다리를 가진 개구리는 훌륭한 점프 선수이다. 그리고 매년 마크 트웨인의 이야기를 기념하기 위해 개구리 점프 시합을 개최하는 캘리포니아 주 캘리베러스 군(Calaveras County)의 주민들 덕분에 개구리가 얼마나 멀리 점프할 수 있는지 아주 좋은 데이터를 갖게 되었다.

고속 카메라는 우수한 점프 개구리가 웅크리고 있다가 갑자기 다리를 통상적으로 15 cm 쭉 뻗어서 65 ms 동안 도약해 30° 각도로 지면을 떠나는 것을 보여준다. 이 개구리는 얼마나 멀리 도약할까?

핵심 지면을 차고 오르는 것을 등가속도 직선 운동으로 모형화한다. 개구리는 상당히 무거우며 밀도가 높기 때문에 공기 저항을 무시하고 도약을 포물체 운동으로 모형화한다.

시각화 이 문제에서는 두 가지 운동을 고려해야 한다(선형 가속 후에 포물체 운동). **지면을 차고 오를 때의 나중 속도가 포물체 운동의 초기 속도가 된다**는 것이 중요한 점이다. 그림 4.14는 각 지점에

그림 4.14 점프하는 개구리의 그림 표현

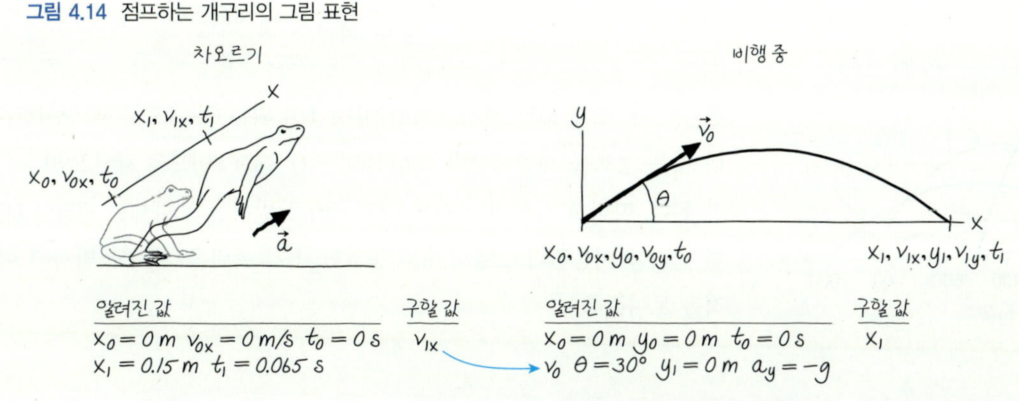

(계속)

서의 개별적인 그림 표현이다. 두 지점에 대해 다른 좌표계를 사용한 것에 주목하라. 좌표계는 우리가 선택하는 것이므로 각 부분의 운동에 대해 문제를 푸는 데 가장 편리한 좌표계를 선택할 수 있다.

풀이 지면을 차고 오르는 동안 개구리는 65 ms = 0.065 s 동안 15 cm = 0.15 m 이동한다. 가속도를 알고 있을 경우 차고 오른 뒤의 개구리의 속력을 구할 수 있다. 초기 속도가 0이기 때문에 위치-가속도-시간 운동학 식으로부터 가속도를 구할 수 있다.

$$x_1 = x_0 + v_{0x}\,\Delta t + \tfrac{1}{2}a_x(\Delta t)^2 = \tfrac{1}{2}a_x(\Delta t)^2$$

$$a_x = \frac{2x_1}{(\Delta t)^2} = \frac{2(0.15\text{ m})}{(0.065\text{ s})^2} = 71\text{ m/s}^2$$

이는 상당히 큰 가속도이지만 그리 오래 지속되지는 않는다. 65 ms의 차오르기가 끝난 후 개구리의 속도는

$$v_{1x} = v_{0x} + a_x\,\Delta t = (71\text{ m/s}^2)(0.065\text{ s}) = 4.62\text{ m/s}$$

가 된다. 여기서 여분의 유효 숫자를 사용하는 것은 문제의 두 번째 절반에서 반올림 오차를 피하기 위해서이다.

차고 오른 후 포물체 운동이 시작되므로 문제의 두 번째 부분은 속도 $\vec{v}_0 = (4.62\text{ m/s}, 30°)$로 발사된 포물체의 거리를 구하는 것이다. 발사 속도의 초기 x와 y성분은 다음과 같다.

$$v_{0x} = v_0\cos\theta \qquad v_{0y} = v_0\sin\theta$$

$a_x = 0$과 $a_y = -g$인 포물체 운동의 운동학 식은

$$x_1 = x_0 + v_{0x}\,\Delta t = (v_0\cos\theta)\Delta t \qquad y_1 = y_0 + v_{0y}\,\Delta t - \tfrac{1}{2}g(\Delta t)^2 = (v_0\sin\theta)\Delta t - \tfrac{1}{2}g(\Delta t)^2$$

이다. $y_1 = 0$으로 잡으면 수직 식으로부터 비행 시간을 구할 수 있다.

$$0 = (v_0\sin\theta)\Delta t - \tfrac{1}{2}g(\Delta t)^2 = (v_0\sin\theta - \tfrac{1}{2}g\,\Delta t)\Delta t$$

따라서

$$\Delta t = 0 \quad \text{또는} \quad \Delta t = \frac{2v_0\sin\theta}{g}$$

가 된다. 처음 값은 $y = 0$인 발사 때의 순간에 해당하고 두 번째 값은 개구리가 지면에 떨어져 $y = 0$인 때에 해당한다. 이중 문제에서 요구하는 값은 두 번째 것이다. Δt의 값을 x_1의 식에 대입하면 다음과 같이 된다.

$$x_1 = (v_0\cos\theta)\frac{2v_0\sin\theta}{g} = \frac{2v_0^2\sin\theta\cos\theta}{g}$$

이 결과를 삼각함수 등식 $2\sin\theta\cos\theta = \sin(2\theta)$를 사용하여 간략히 할 수 있다. 따라서 개구리가 이동한 거리는

$$x_1 = \frac{v_0^2\sin(2\theta)}{g}$$

가 된다. $v_0 = 4.62$ m/s와 $\theta = 30°$를 사용하면 개구리의 도약 거리가 1.9 m인 것을 알 수 있다.

검토 1.9 m는 개구리 몸 길이의 대략 10배 정도가 된다. 이것은 아주 놀라운 결과이지만 사실이다. 실험실에서 2.2 m 점프 기록이 나온 적이 있다. 그리고 캘리베러스 군의 기록 보유자인 Rosie the Ribeter는 세 번의 점프에서 6.5 m를 기록했다!

포물체가 이동한 거리를 도달 거리(range)라고 한다. 예제 4.5에서 구한 것처럼 발사 장소와 동일한 높이에 떨어진 포물체는

$$\text{도달 거리} = \frac{v_0^2\sin(2\theta)}{g} \tag{4.15}$$

를 갖는다. 최대 도달 거리는 $\sin(2\theta) = 1$이 되는 $\theta = 45°$일 때 얻어진다. 식 (4.15)는 더 많은 정보를 제공해준다. $\sin(180° - x) = \sin x$이므로 $\sin(2(90° - \theta)) = \sin(2\theta)$가 된다. 따라서 각도 θ나 각도 $(90° - \theta)$로 발사한 포물체는 **평평한 지면 위에서 동일한 거리를 이동한다.** 그림 4.15는 동일한 초기 속력을 가지고 발사된 여러 포물체 궤적을 보여준다.

그림 4.15 99 m/s의 속력으로 각도를 달리하여 발사한 포물체 궤적

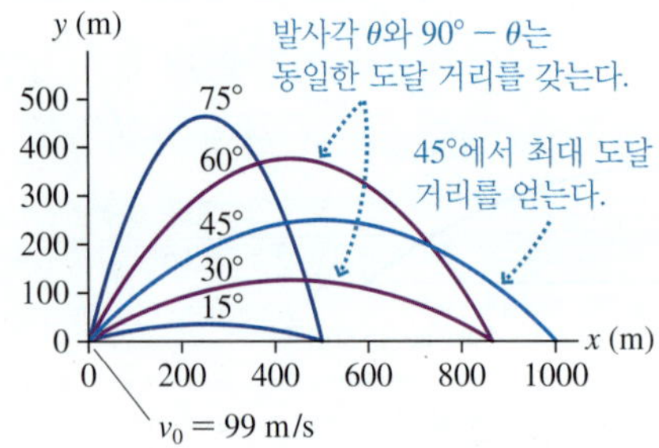

4.3 상대 운동

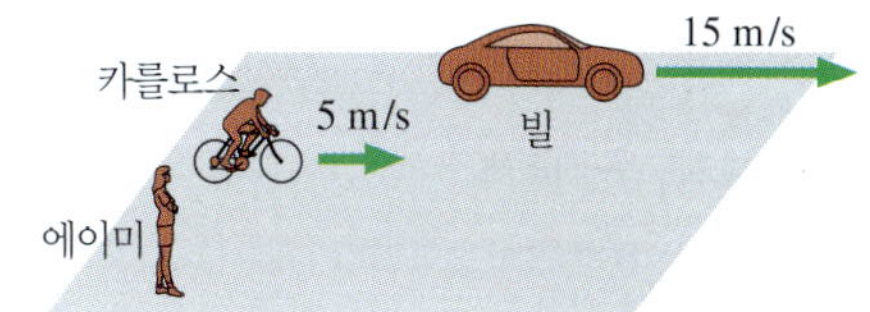

그림 4.16 에이미 기준계에서의 속도

그림 4.16은 자전거에 탄 카를로스를 보고 있는 에이미와 빌을 보여준다. 에이미에 의하면 카를로스의 속도는 $v_x = 5$ m/s이다. 빌은 후방거울 속에서 자전거가 뒤로, 즉 음의 x방향으로 매초 10 m씩 멀어져 가는 것을 본다. 빌에 의하면 카를로스의 속도는 $v_x = -10$ m/s이다. 카를로스의 **진짜** 속도는 이중 어떤 것인가?

속도는 진짜 또는 가짜의 개념이 아니다. **에이미에 대한** 카를로스의 속도는 $(v_x)_{CA} = 5$ m/s이다. 여기서 아래 첨자 표기는 "A에 대한 C"를 의미한다. 동일하게 **빌에 대한** 카를로스의 속도는 $(v_x)_{CB} = -10$ m/s이다. 두 속도 모두 카를로스의 운동을 정당하게 기술한 것이다.

1차원 운동의 속도들을 결합하는 방법을 아는 것은 어렵지 않다.

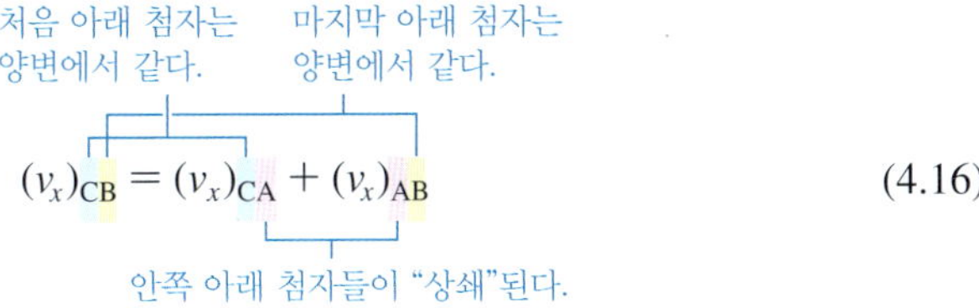

$$(v_x)_{CB} = (v_x)_{CA} + (v_x)_{AB} \tag{4.16}$$

이 관계식을 이 절의 뒤에서 증명할 것이며, 그리고 식을 2차원 운동으로 확장할 것이다.

식 (4.16)은 B에 대한 C의 속도가 C에 대한 A의 속도에 A에 대한 B의 속도를 더한 것임을 말해준다.

$$(v_x)_{AB} = -(v_x)_{BA} \tag{4.17}$$

인 것에 주목하라. 왜냐하면 B가 A에 대해 오른쪽으로 움직이면 A는 B에 대해 왼쪽으로 움직이기 때문이다. 그림 4.16에서 빌은 에이미에 대해 오른쪽으로 $(v_x)_{BA} = 15$ m/s로 움직이고 있으므로 $(v_x)_{AB} = -15$ m/s가 된다. 에이미에 대한 카를로스의 속도가 5 m/s라는 것을 알고 있으므로 빌에 대한 카를로스의 속도는 예상한 대로 $(v_x)_{CB} = (v_x)_{CA} + (v_x)_{AB} = 5\text{ m/s} + (-15\text{ m/s}) = -10$ m/s가 된다.

예제 4.6 | **총알의 속도**

경찰이 은행 강도를 쫓고 있다. 50 m/s로 운전하면서 경찰이 강도의 자동차 타이어를 쏘기 위해 총알을 발사한다. 경찰 총은 총알을 300 m/s로 쏜다. 길가에 주차한 TV 카메라맨이 측정한 총알의 속력은 얼마인가?

핵심 모든 운동이 양의 x방향이라고 가정하라. 총알은 경찰차와 지면 모두에서 관측한 물체이다.

풀이 총 G에 대한 총알 B의 속도는 $(v_x)_{BG} = 300$ m/s이다. 자동차 안에 있는 총은 TV 카메라맨 C에 대해 $(v_x)_{GC} = 50$ m/s로 움직인다. 지상에 있는 TV 카메라맨에 대한 총알의 속도를 구하기 위해 이들 값을 결합하면 된다.

$$(v_x)_{BC} = (v_x)_{BG} + (v_x)_{GC} = 300\text{ m/s} + 50\text{ m/s} = 350\text{ m/s}$$

검토 이런 간단한 상황에서 속도를 단순히 더하면 된다는 것은 그리 놀라운 일은 아니다.

기준계

실험자(아마 조교의 도움을 받는)가 물리적 사건의 위치와 시간을 측정하는 좌표계를 **기준계**(reference frame)라고 한다. 그림 4.16에서 에이미와 빌 각자는 카를로스의 속도를 측정하는 자신만의 고유한 기준계(이들이 정지해 있는)를 갖고 있다.

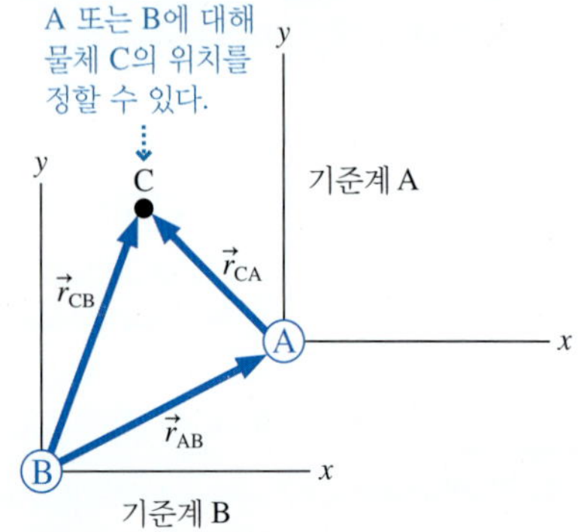

그림 4.17 두 기준계

더 일반적으로 그림 4.17은 2개의 기준계 A, B와 물체 C를 보여준다. 기준계가 서로에 대해 움직이고 있다고 가정한다. 이 순간에 기준계 A에서 C의 위치 벡터가 $\vec{r}_{CA}$라는 것은 "기준계 A의 원점에 대해 C의 위치"라는 것을 의미한다. 동일하게 $\vec{r}_{CB}$는 기준계 B에 대한 C의 위치 벡터이다. 벡터의 덧셈을 사용하면

$$\vec{r}_{CB} = \vec{r}_{CA} + \vec{r}_{AB} \tag{4.18}$$

임을 알 수 있다. 여기서 $\vec{r}_{AB}$는 B의 원점에서 A의 원점까지의 위치 벡터이다.

일반적으로 물체 C가 두 기준계에 대해 움직이고 있다. 각 기준계에서의 C의 속도를 구하려면 식 (4.18)의 시간 도함수를 취한다.

$$\frac{d\vec{r}_{CB}}{dt} = \frac{d\vec{r}_{CA}}{dt} + \frac{d\vec{r}_{AB}}{dt} \tag{4.19}$$

정의에 의해 $d\vec{r}/dt$는 속도이다. 처음 도함수는 $\vec{v}_{CB}$로 B에 대한 C의 속도이다. 동일하게 두 번째 도함수는 A에 대한 C의 속도 $\vec{v}_{CA}$이다. 마지막 도함수는 물체 C를 인용하지 않으므로 조금 다르다. 대신 이는 기준계 B에 대한 기준계 A의 속도 $\vec{v}_{AB}$이다. 1차원에서 언급된 바와 같이 $\vec{v}_{AB} = -\vec{v}_{BA}$이다.

식 (4.19)를 속도의 항으로 적으면 다음 식을 얻는다.

$$\vec{v}_{CB} = \vec{v}_{CA} + \vec{v}_{AB} \tag{4.20}$$

서로 다른 기준계에서 속도 사이의 이러한 관계식은 물체의 운동에 대해 선도적 연구를 수행한 갈릴레오에 의해 처음 인식되었다 하여 **갈릴레이의 속도 변환**(Galilean transformation of velocity)으로 알려져 있다. 물체의 속도를 한 기준계에서 알고 있다면 다른 기준계에서 측정한 속도로 **변환**할 수 있다. 1차원에서처럼 B에 대한 C의 속도는 A에 대한 C의 속도에 B에 대한 A의 속도를 더한 것이다. 그러나 2차원 운동의 경우 속도를 벡터로 더해야 한다.

살펴본 것처럼 갈릴레이의 속도 변환은 1차원 운동의 경우 아주 상식적이다. 물체가 지구에 대해 움직이는 **매질** 속을 통과할 때 실제적인 유용성이 드러난다. 예를 들어 보트가 물에 대해 움직인다. 물이 흐르는 강물이라면 보트의 알짜 운동은 무엇인가? 비행기가 공기에 대해 날아가지만 고도가 높은 곳에서의 공기는 고속으로 흐른다. 보트와 비행기의 운항은 매질 속에서의 운반체의 운동과 지구에 대한 매질의 운동을 모두 알아야 한다.

예제 4.7 클리블랜드로의 비행 I

클리블랜드는 시카고에서 동쪽으로 480 km 떨어져 있다. 비행기가 시카고를 떠나 정동 방향으로 800 km/h로 날고 있다. 조종사가 날씨를 확인하는 것을 잊어 바람이 남쪽으로 80 km/h로 불고 있다는 사실을 인지하지 못하고 있다. 지면에 대한 비행기의 속력은 얼마인가? 조종사가 클리블랜드에 착륙할 것으로 예상하는 0.60 h 뒤에 비행기는 어디에 있는가?

핵심 x축이 동쪽을 가리키고 y축은 북쪽을 가리키는 좌표계를 잡는다. 비행기 P가 공중을 날기 때문에 대기 A에 대한 비행기의 속도는 $\vec{v}_{PA} = 800\hat{\imath}$ km/h이다. 한편 대기는 지면 G에 대해 $\vec{v}_{AG} = -80\hat{\jmath}$ km/h로 움직인다.

풀이 속도 식 $\vec{v}_{PG} = \vec{v}_{PA} + \vec{v}_{AG}$는 벡터의 덧셈 식이다. 그림 4.18은 무슨 일이 일어나는지를 그래프로 보여준다. 비행기의 기수가 동쪽을 향하지만 바람이 비행기를 약간 남동쪽 방향으로 이동시킨다. 지면에 대한 비행기의 속도는

$$\vec{v}_{PG} = \vec{v}_{PA} + \vec{v}_{AG} = (800\hat{\imath} - 80\hat{\jmath})\ \text{km/h}$$

가 된다. 지면에 대한 비행기의 속력은

그림 4.18 지면에 대해 남동쪽으로 움직이기 위해서 바람이 공중에서 비행기가 정동 방향으로 날게 한다.

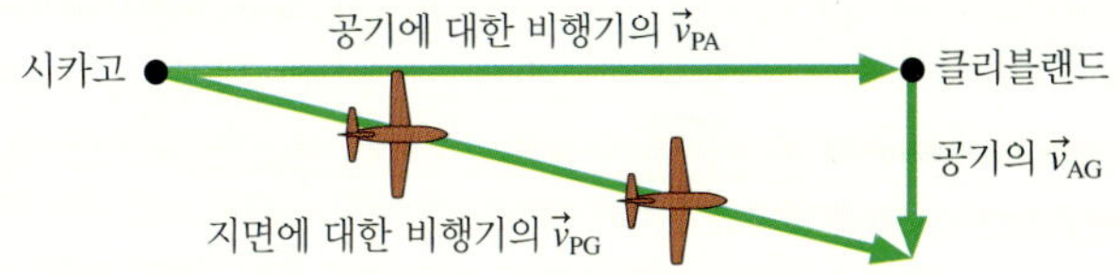

$$v = \sqrt{(v_x)_{PG}^2 + (v_y)_{PG}^2} = 800\ \text{km/h}$$

이다. 이 속도로 0.60 h를 비행한 후 비행기의 위치(시카고에 대한)는 다음과 같다.

$$x = (v_x)_{PG}t = (800\ \text{km/h})(0.60\ \text{h}) = 480\ \text{km}$$
$$y = (v_y)_{PG}t = (-80\ \text{km/h})(0.60\ \text{h}) = -48\ \text{km}$$

비행기는 클리블랜드의 정남쪽 48 km에 있다! 조종사가 동쪽으로 날아간다고 생각하였지만 실제로는 $\tan^{-1}\left(\dfrac{80\ \text{km/h}}{800\ \text{km/h}}\right) = \tan^{-1}(0.10) = 5.71°$ 남동쪽을 향하고 있었다.

예제 4.8 클리블랜드로의 비행 II

같은 날 시카고로부터 클리블랜드로 날아가는 더 현명한 조종사가 클리블랜드로 직접 데려다 줄 코스를 그리고 있다. 이 조종사는 어느 방향으로 비행기를 비행해야 하는가? 클리블랜드에 도착하는 데 걸리는 시간은 얼마인가?

핵심 x축이 동쪽을 가리키고 y축은 북쪽을 가리키는 좌표계를 잡는다. 대기는 지면에 대해 $\vec{v}_{AG} = -80\hat{\jmath}$ km/h로 움직인다.

풀이 항해의 목적은 지표면 위 두 점 사이를 이동하는 것이다. 바람이 비행기에 영향을 준다는 것을 아는 현명한 조종사는 그림 4.19의 벡터 그림을 그린다. 조종사는 클리블랜드까지 정동 방향으로 날기 위해 $(v_y)_{PG} = 0$이 필요하다는 것을 알고 있다. 이것은 비행기의 기수를 북동쪽으로 각도 θ만큼 돌려 $\vec{v}_{PA} = (800\cos\theta\hat{\imath} + 800\sin\theta\hat{\jmath})$ km/h가 되게 해야 한다는 것이다.

그림 4.19 남풍을 받으며 정동 방향으로 비행하기 위해 조종사는 비행기의 방향을 조금 북동쪽으로 향해야 한다.

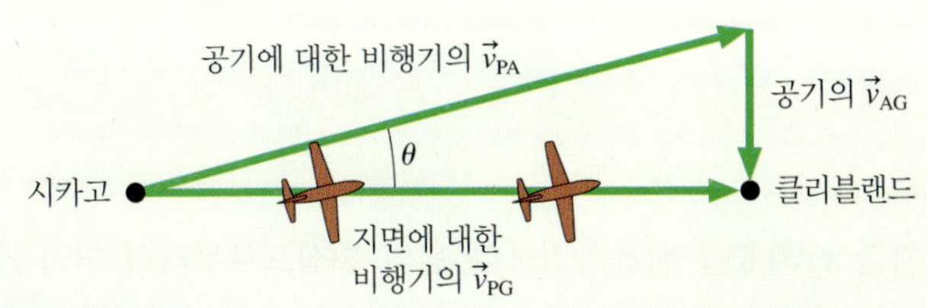

속도 식은 $\vec{v}_{PG} = \vec{v}_{PA} + \vec{v}_{AG}$이다. 이 식의 y성분을 0으로 놓아 원하는 방향을 구할 수 있다.

$$(v_y)_{PG} = (v_y)_{PA} + (v_y)_{AG} = (800\sin\theta - 80)\ \text{km/h} = 0\ \text{km/h}$$

$$\theta = \sin^{-1}\left(\frac{80\ \text{km/h}}{800\ \text{km/h}}\right) = 5.74°$$

그러면 지면에 대한 비행기의 속도는 $\vec{v}_{PG} = (800\ \text{km/h}) \times \cos 5.74°\hat{\imath} = 795\hat{\imath}$ km/h가 된다. 이것은 대기에 대한 속력보다 조금 느리다. 이 속력으로 클리블랜드까지 날아가는 데 걸리는 시간은

$$t = \frac{480\ \text{km}}{795\ \text{km/h}} = 0.604\ \text{h}$$

이다. 바람이 없는 날 클리블랜드까지 가는 데 걸리는 시간보다 0.004 h = 14 s 더 걸린다.

검토 강을 건너거나 조류를 거스르는 보트는 같은 어려움에 직면한다. 이들은 정확히 보트와 비행기의 조종사들이 항해의 일부로 써 해야 할 계산과 동일하다.

4.4 등속 원운동

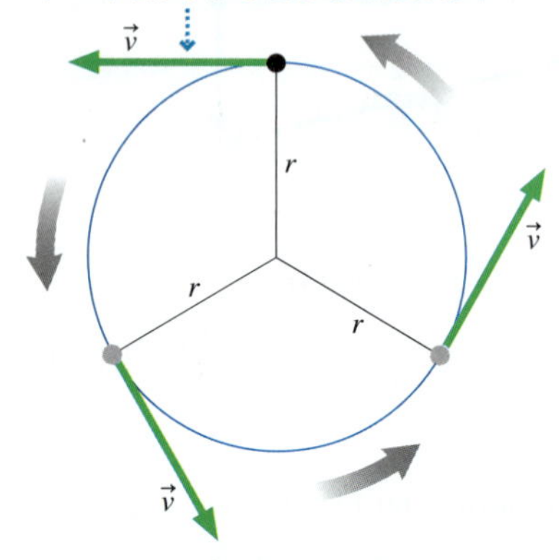

그림 4.20 등속 원운동 하는 입자

그림 4.20은 반지름 r인 원을 따라 움직이는 입자를 보여준다. 이 입자는 궤도에 있는 위성일 수도 있고 줄 끝에 달린 공일 수도, 또는 회전하는 바퀴의 가장자리에 있는 색칠한 점일 수도 있다. 원운동은 평면에서 일어나는 또 다른 운동 예이지만 포물체 운동과는 아주 다르다.

원운동에 대해 알아보기 위해 반지름 r인 원을 따라 **등속**으로 움직이는 입자를 생각해보자. 이러한 운동을 **등속 원운동**(uniform circular motion)이라고 한다. 이 입자가 무엇이든 간에 입자의 속도 벡터 $\vec{v}$는 항상 원의 접선 방향이다. 입자의 속력 v는 일정하므로 벡터 $\vec{v}$는 항상 동일한 길이를 갖는다.

이 입자가 원을 한 번 도는 데, 즉 한 회전(약자로 rev)을 마치는 데 걸리는 시간 간격을 운동의 **주기**(period)라고 한다. 주기는 기호 T로 표기한다. 입자의 주기 T를 입자의 속력 v와 쉽게 연결할 수 있다. 등속력으로 움직이는 입자의 경우 속력은 간단히 거리/시간이다. 한 주기 동안 입자는 반지름 r인 원을 한 번 돌기 때문에 원주 $2\pi r$을 이동한다. 따라서

$$v = \frac{1\text{ 원주}}{1\text{ 주기}} = \frac{2\pi r}{T} \tag{4.21}$$

이 된다.

예제 4.9 **회전하는 크랭크축**

지름 4.0 cm인 크랭크축이 2400 rpm(분당 회전수)으로 회전한다. 크랭크축 표면 위의 한 점의 속력은 얼마인가?

풀이 크랭크축이 한 회전을 하는 데 걸리는 시간을 구해야 한다. 우선 분당 회전수 2400 rpm을 초당 회전수로 변환한다.

$$\frac{2400\text{ rev}}{1\text{ min}} \times \frac{1\text{ min}}{60\text{ s}} = 40\text{ rev/s}$$

크랭크축이 1초에 40번 회전한다면 1 rev에 걸리는 시간은

$$T = \frac{1}{40}\text{ s} = 0.025\text{ s}$$

이다. 따라서 $r = 2.0\text{ cm} = 0.020\text{ m}$인 표면 위에 있는 점의 속력은 다음과 같다.

$$v = \frac{2\pi r}{T} = \frac{2\pi(0.020\text{ m})}{0.025\text{ s}} = 5.0\text{ m/s}$$

각위치

원운동 하는 입자의 위치를 xy좌표를 사용하기보다 원의 중심으로부터의 거리 r과 양의 x축으로부터의 각도 θ로 기술하는 것이 편리하다. 이는 그림 4.21에 그려져 있다.

각도 θ가 입자의 **각위치**(angular position)이다.

양의 x축으로부터 **반시계 방향**으로 측정한 각을 양의 θ값으로 **정의**함으로써 x축 위쪽 위치를 x축 아래쪽 위치와 구별할 수 있다. 양의 x축으로부터 **시계 방향**으로 측정한 각도는 음의 값을 갖는다. 원운동에서 '시계 방향'과 '반시계 방향'은 각각 직선 운동에서 x의 음과 양의 값과 연관이 지어진 '원점의 왼쪽'과 '원점의 오른쪽'과 유사하다. 양의 x축 아래 30°인 입자는 $\theta = -30°$ 또는 $\theta = +330°$로도 기술할 수 있다. 또한 이 입자를 $\theta = \frac{11}{12}$ rev로 기술할 수 있는데, 여기서 **회전**은 각도를 측정하는 또 다른 방법이다.

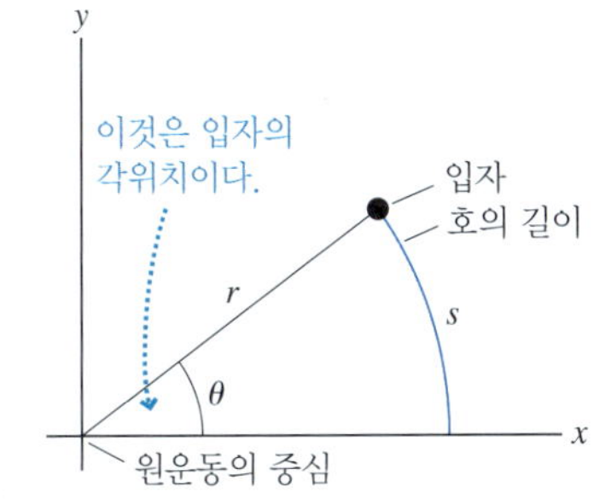

그림 4.21 입자의 위치를 거리 r과 각도 θ로 기술한다.

각과 회전이 널리 사용되는 각도의 척도이기는 하지만 수학자들과 과학자들은 그림 4.21에서처럼 보통 각도 θ를 입자가 반지름 r인 원의 가장자리를 따라 이동한 **호의 길이**(arc length) s를 사용하여 측정하는 것이 더 유용하다는 것을 알았다. 각 단위인 **라디안**(radian)은 다음과 같이 정의한다.

$$\theta(\text{radians}) \equiv \frac{s}{r} \tag{4.22}$$

약자로 rad인 라디안은 각도의 SI 단위이다. 각도 1 rad은 정확히 반지름 r과 같은 호의 길이 s를 갖는다.

원 주위를 완전히 한바퀴 도는 호의 길이는 원의 원주 $2\pi r$이다. 따라서 완전한 원의 각도는

$$\theta_{\text{full circle}} = \frac{2\pi r}{r} = 2\pi \text{ rad}$$

이 된다. 이 관계는 잘 알려진 변환 인자의 기초가 된다.

$$1 \text{ rev} = 360° = 2\pi \text{ rad}$$

라디안과 도(°) 사이 변환의 간단한 예로써 1 rad을 도로 바꿔보자.

$$1 \text{ rad} = 1 \text{ rad} \times \frac{360°}{2\pi \text{ rad}} = 57.3°$$

따라서 대략 1 rad ≈ 60°이다. 종종 각도를 도로 표시하지만 SI 단위는 라디안이라는 것을 명심하라.

원운동은 가장 흔한 운동 가운데 하나이다.

식 (4.22)의 중요한 사항은 각도 θ에 대응되는 호의 길이가

$$s = r\theta \qquad (\theta\text{의 단위가 rad일 때}) \tag{4.23}$$

라는 것이다. 이는 앞으로 종종 사용할 관계식으로 θ를 도가 아닌 라디안으로 측정했을 때만 성립한다. 각도와 호의 길이 사이의 이런 간단한 관계는 라디안을 사용하는 주된 이유 중 하나이다.

각속도

그림 4.22는 시간 t_i일 때 초기 각위치 θ_i에서 나중 시간 t_f일 때 최종 각위치 θ_f로 원에

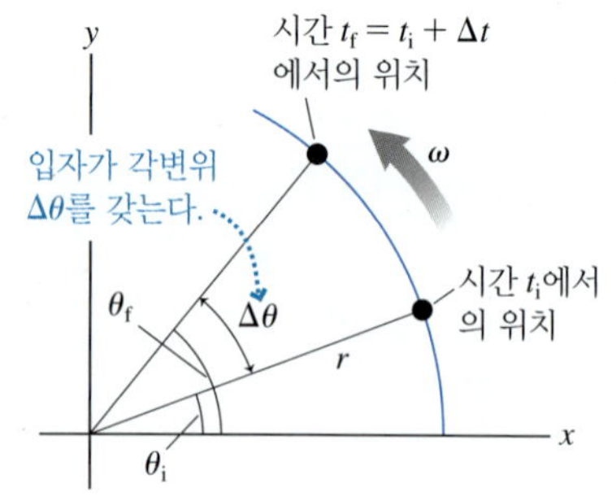

그림 4.22 입자가 각속도 ω로 움직인다.

서 움직이는 입자를 보여준다. 변화 $\Delta\theta = \theta_f - \theta_i$를 **각변위**(angular displacement)라고 정의한다. 입자의 직선 운동을 위치 s의 변화율로 측정하는 것처럼 원운동을 θ의 변화율로 측정할 수 있다.

직선 운동과 유사하게 **평균 각속도**를 다음처럼 정의하자.

$$\text{평균 각속도} \equiv \frac{\Delta\theta}{\Delta t} \tag{4.24}$$

시간 간격 Δt가 아주 작아지면($\Delta t \to 0$), 순간 **각속도**의 정의에 이르게 된다.

$$\omega \equiv \lim_{\Delta t \to 0} \frac{\Delta\theta}{\Delta t} = \frac{d\theta}{dt} \quad \text{(각속도)} \tag{4.25}$$

기호 ω는 보통의 w가 아닌 그리스 소문자 오메가이다. 각속도의 SI 단위는 rad/s지만 °/s, rev/s와 rev/min 역시 흔한 단위이다. 분당 회전수는 약자로 rpm이다.

각속도는 입자가 원 주위로 움직일 때 입자의 각위치가 변화하는 비이다. 0.5 rad/s의 각속도를 갖고 $\theta = 0$ rad에서 출발한 입자는 1 s 후 $\theta = 0.5$ rad의 각도에 있을 것이고 2 s 후에는 $\theta = 1.0$ rad, 3 s 후에는 $\theta = 1.5$ rad처럼 된다. 입자의 각위치가 초당 0.5 rad의 비로 증가한다. **각속도 ω가 일정할 경우 입자의 운동을 등속 원운동이라고 한다.**

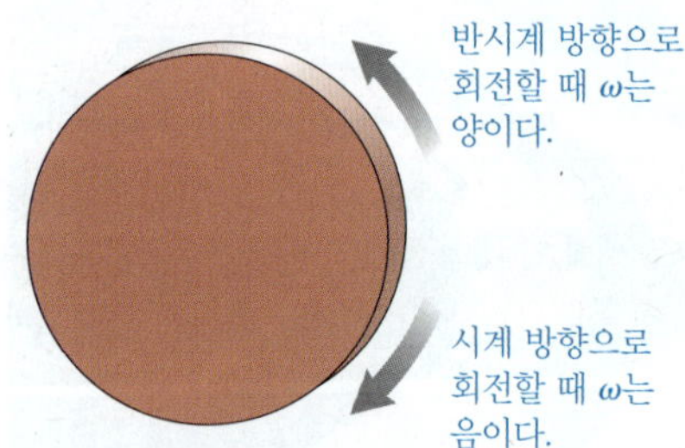

그림 4.23 양과 음의 각속도

1차원 운동의 속도 v_s처럼 각속도도 양 또는 음이 될 수 있다. 그림 4.23에 보인 부호는 반시계 방향으로 회전할 때 θ를 양으로 정의한다는 사실에 근거한다. 원운동에 대한 정의 $\omega = d\theta/dt$는 직선 운동에 대한 $v_s = ds/dt$와 유사하기 때문에 2장에서 알게 된 v_s와 s 사이의 그래프 관계가 ω와 θ 사이에도 동일하게 적용된다.

$$\begin{aligned} \omega &= \text{시간 } t\text{에서의 } \theta\text{-}t \text{ 그래프의 기울기} \\ \theta_f &= \theta_i + t_i\text{와 } t_f \text{ 사이의 } \omega\text{-}t \text{ 곡선 아래의 넓이} \\ &= \theta_i + \omega\Delta t \end{aligned} \tag{4.26}$$

선형 변수를 각 변수로 대체하면 원운동이 직선 운동과 유사한 더 많은 사례들을 보게 될 것이다. 따라서 선운동학에 대해 배운 많은 것들이 원운동에도 적용된다.

예제 4.10 원운동의 그래프 표현

그림 4.24는 회전하는 바퀴의 가장자리에 색칠한 점의 각위치를 보여준다. 바퀴의 운동을 기술하고 ω-t 그래프를 그리시오.

풀이 원운동이 모든 회전(모든 2π rad)마다 "시작을 되풀이"하는 것처럼 보이지만 각위치 θ는 계속 증가한다. $\theta = 6\pi$ rad은 3회전에 해당한다. 이 바퀴는 3 s 동안 반시계 방향으로 3 rev(왜냐하면 θ가 점점 더 양이 되기 때문)을 한 후 즉시 방향을 바꾸어 2 s 동안 시계 방향으로 1 rev을 하고 $t = 5$ s에 멈춘 뒤 $\theta = 4\pi$ rad을 유지

그림 4.24 예제 4.10의 바퀴에 대한 각위치 그래프

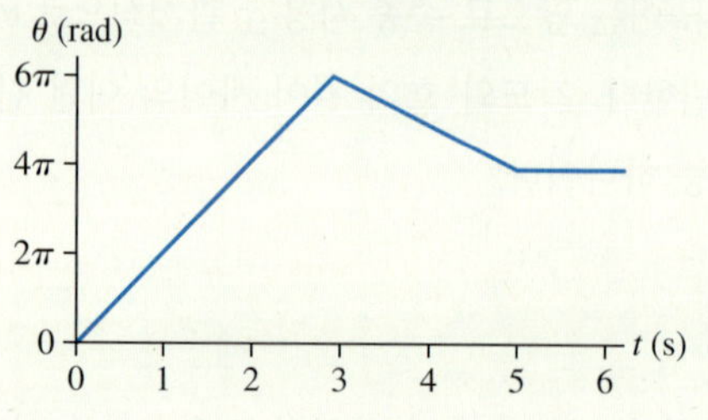

한다. 그래프의 기울기를 측정하여 각속도를 구한다.

$t=0-3$ s　　기울기 $=\Delta\theta/\Delta t=6\pi$ rad/3 s $=2\pi$ rad/s

$t=3-5$ s　　기울기 $=\Delta\theta/\Delta t=-2\pi$ rad/2 s $=-\pi$ rad/s

$t>5$ s　　기울기 $=\Delta\theta/\Delta t=0$ rad/s

그림 4.25에 있는 ω-t 그래프가 이 결과를 보여준다. 처음 3 s 동안 $\omega=2\pi$ rad/s인 등속 원운동을 한다. 그 후 바퀴는 2 s 동안 $\omega=-\pi$ rad/s인 다른 등속 원운동을 하다가 멈춘다.

그림 4.25 예제 4.10의 바퀴에 대한 ω-t 그래프

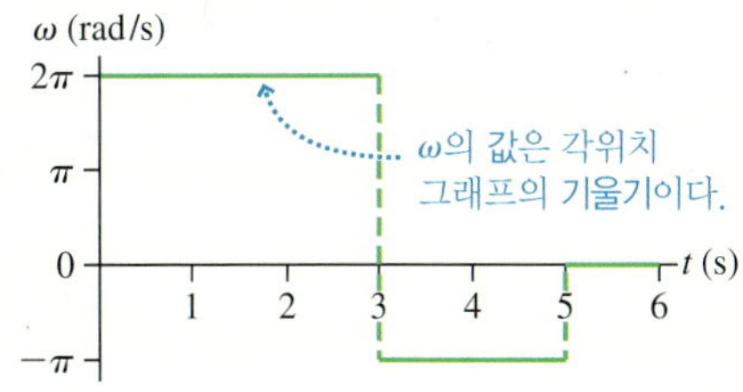

예상한 바와 같이 각속도 ω는 운동의 주기와 속력에 밀접하게 관련되어 있다. 입자가 원 주위를 한 바퀴 돌면 간격 $\Delta t=T$ 동안 입자의 각변위는 $\Delta\theta=2\pi$ rad이 된다. 그러므로 각속도의 정의를 사용하여

$$|\omega|=\frac{2\pi\text{ rad}}{T}\quad\text{또는}\quad T=\frac{2\pi\text{ rad}}{|\omega|}\tag{4.27}$$

을 얻는다. 주기로부터는 $|\omega|$의 절댓값만을 알 수 있다. ω의 부호를 결정하기 위해서는 운동 방향을 알아야 한다.

예제 4.11 | 룰렛 바퀴

작은 강철 룰렛 공이 지름 30 cm의 룰렛 바퀴 내부를 따라 반시계 방향으로 구른다. 공은 1.20 s 동안에 2.0 rev을 한다.

a. 공의 각속도는 얼마인가?

b. $t=2.0$ s에서 공의 위치는 얼마인가? $\theta_i=0$으로 가정하라.

핵심 공을 등속 원운동을 하는 입자로 모형화한다.

풀이 a. 공의 운동 주기인 1 rev 하는 데 걸리는 시간은 $T=0.60$ s이다. 반시계 방향 운동의 경우 각속도는 양이므로

$$\omega=\frac{2\pi\text{ rad}}{T}=\frac{2\pi\text{ rad}}{0.60\text{ s}}=10.47\text{ rad/s}$$

이다.

b. 공은 $\theta_i=0$ rad에서 출발한다. $\Delta t=2.0$ s 후 공의 위치는

$$\theta_f=0\text{ rad}+(10.47\text{ rad/s})(2.0\text{ s})=20.94\text{ rad}$$

이 된다. 여기서 반올림 오차를 피하기 위해 여분의 유효 숫자를 유지하였다. 수학적으로 용인되는 답이기는 하지만 관찰자가 공이 항상 0°와 360° 사이 어딘가에 위치할 것이라고 말할 것이다. 그러므로 답에서 완전한 회전을 나타내는 2π rad의 정수배를 빼는 것이 일반적이다. $20.94/2\pi=3.333$이므로

$$\begin{aligned}\theta_f&=20.94\text{ rad}=3.333\times2\pi\text{ rad}\\&=3\times2\pi\text{ rad}+0.333\times2\pi\text{ rad}\\&=3\times2\pi\text{ rad}+2.09\text{ rad}\end{aligned}$$

을 얻는다. 달리 표현하면 $t=2.0$ s에서 공은 3 rev을 완전히 끝내고 4번째 회전에서 2.09 rad $=120°$를 돌았다. 관찰자는 공의 위치가 $\theta_f=120°$라고 말한다.

그림 4.20이 보여주고 있듯이 속도 벡터 $\vec{v}$는 항상 원의 접선 방향이다. 달리 말하면 속도 벡터는 v_t로 명명할 **접선 성분**만을 갖는다. 접선 속도는 반시계 방향 운동을 할 때 양이고 시계 방향 운동의 경우 음이다.

운동 방향을 나타내는 ω의 부호를 유지하면서 속력에 대한 $v=2\pi r/T$를 각속도에

대한 $\omega = 2\pi/T$와 결합시키면 접선 속도와 각속도는

$$v_t = \omega r \qquad (\omega\text{의 단위는 rad/s}) \tag{4.28}$$

의 관계를 갖는다. v_t만이 $\vec{v}$의 유일한 성분이기 때문에 입자의 속력은 $v = |v_t| = |\omega|r$이다. ω의 부호가 양일 경우 이 식은 $v = \omega r$로 표현된다.

간단한 예로써 반지름 40 cm의 원을 2.0 m/s로 시계 방향으로 움직이는 입자는 다음과 같은 각속도를 갖는다.

$$\omega = \frac{v_t}{r} = \frac{-2.0\ \text{m/s}}{0.40\ \text{m}} = -5.0\ \text{rad/s}$$

여기서 시계 방향 운동이므로 v_t와 ω는 음이다. 단위에 주목하라. 거리로 속도를 나누면 단위는 s^{-1}이 된다. 이 경우 나누기가 각도와 관계된 물리량이므로 단위에 rad를 삽입하여 rad/s로 표현한다.

4.5 구심 가속도

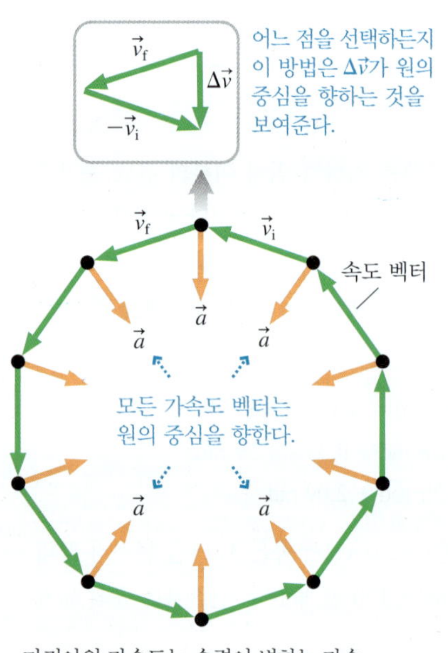

그림 4.26 풀이 전략 4.1을 사용하여 대회전식 관람차에 탄 마리아의 가속도를 구한다.

마리아의 가속도는 속력이 변하는 가속도가 아닌 방향이 변하는 가속도이다.

그림 4.26은 놀이공원에서 대회전식 관람차를 타고 있는 마리아의 운동 도형을 보여준다. 마리아는 일정한 속력을 갖고 있지만 속도 벡터가 방향을 바꾸기 때문에 일정한 속도는 아니다. 마리아의 속력이 증가하지는 않지만 마리아의 속도가 변하기 때문에 가속 운동을 하고 있다. 그림 4.26의 작은 삽입그림은 모든 점에서 **마리아의 가속도 벡터가 원의 중심을 향한다**는 것을 보여주기 위해 풀이 전략 4.1의 규칙들을 적용한 것이다. 속력 변화에 의한 것이 아니라 방향 변화에 의해 가속도가 생긴다. 순간 속도가 원에 접선 방향이므로 $\vec{v}$와 $\vec{a}$가 원의 모든 점에서 서로 수직하다.

등속 원운동의 가속도를 **구심 가속도**(centripetal acceleration)라고 지칭한다. 이 용어는 "중심을 찾아가는"이라는 의미를 가진 그리스어에서 나온 것이다. 구심 가속도는 새로운 종류의 가속도가 아니라 특정 운동에 해당하는 가속도를 지칭한다. 운동 도형에서 연속된 각각의 $\Delta\vec{v}$가 같은 길이를 갖고 있기 때문에 구심 가속도의 크기는 일정하다.

운동 도형은 $\vec{a}$의 방향을 말해주지만 a의 값을 알려주지는 않는다. 등속 원운동을 완전하게 기술하기 위해서는 a와 입자의 속력 v 사이의 정량적인 관계를 구해야 할 필요가 있다. 그림 4.27은 운동의 한 순간에 속도 $\vec{v}_i$와 미소 시간 dt 후에 속도 $\vec{v}_f$를 보여준다. 이 작은 시간 간격 동안 입자가 미소 각도 $d\theta$만큼 돌아 거리 $ds = r\,d\theta$를 이동한다.

정의상 가속도는 $\vec{a} = d\vec{v}/dt$이다. 그림 4.27의 작은 삽입그림으로부터 $d\vec{v}$가 원의 중심을 향한다는 것을 알 수 있다. 즉 $\vec{a}$가 구심 가속도이다. $\vec{a}$의 크기를 구하기 위해 속도 벡터의 이등변삼각형으로부터 $d\theta$가 라디안이라면,

$$dv = |d\vec{v}| = v\,d\theta \tag{4.29}$$

임을 알 수 있다. 등속력인 등속 원운동의 경우 $v = ds/dt = r\,d\theta/dt$이고, 따라서 각도

$d\theta$를 회전하는 데 걸리는 시간은

$$dt = \frac{r\,d\theta}{v} \tag{4.30}$$

이다. 식 (4.29)와 (4.30)을 결합하면 가속도의 크기가 다음과 같음을 알 수 있다.

$$a = |\vec{a}| = \frac{|d\vec{v}|}{dt} = \frac{v\,d\theta}{r\,d\theta/v} = \frac{v^2}{r}$$

벡터 표기법으로

$$\vec{a} = \left(\frac{v^2}{r}, \text{ 원의 중심을 향한다}\right) \quad \text{(구심 가속도)} \tag{4.31}$$

로 표현한다. 식 (4.28) $v = \omega r$을 사용하면 구심 가속도의 크기를 각속도 ω로 표현하면

$$a = \omega^2 r \tag{4.32}$$

의 관계식으로 나타내어진다.

그림 4.27 원운동의 가속도 구하기

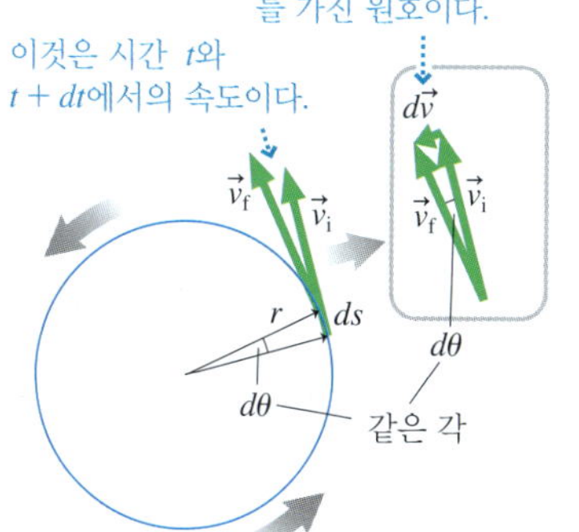

등속 원운동 모형

등속 원운동 모형(uniform circular motion model)은 원을 따라 움직이는 입자뿐 아니라 고체 물체의 균일한 회전에도 적용되기 때문에 특히 중요하다.

모형 4.2

등속 원운동

등각속도 ω를 가진 운동의 경우

- 원형 궤적을 따라 등속으로 움직이는 입자 또는 균일한 각속도로 회전하는 고체 물체 위의 점들에 적용한다.
- 수학적으로:
  - 접선 속도는 $v_t = \omega r$이다.
  - 구심 가속도는 v^2/r 또는 $\omega^2 r$이다.
  - 반시계 방향 회전의 경우 ω와 v_t가 양이고 시계 방향 회전의 경우 음이다.
- 한계: 회전이 균일하지 않으면 모형은 실패한다.

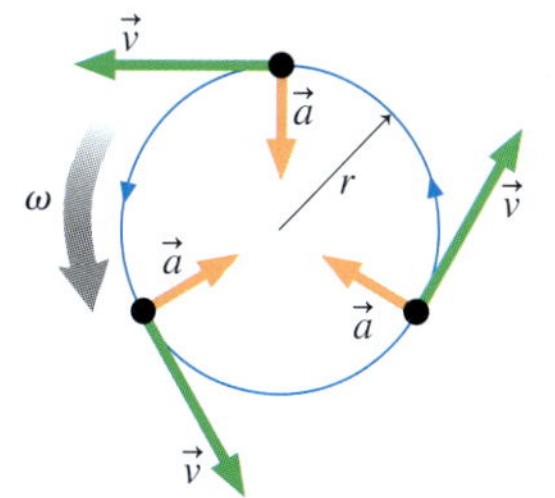

벡터가 원에 접선 방향이다. 가속도는 중심을 향한다.

예제 4.12 **대회전식 관람차의 가속도**

일반적인 축제 대회전식 관람차는 반지름이 9.0 m이고 분당 4.0번 회전한다. 관람차에 탄 사람이 느끼는 속력과 가속도는 얼마인가?

핵심 관람차에 탄 사람을 등속 원운동을 하는 입자로 모형화한다.

풀이 주기는 $T = \frac{1}{4}\text{min} = 15\text{ s}$이다. 식 (4.21)로부터 사람의 속력은

(계속)

$$v = \frac{2\pi r}{T} = \frac{2\pi(9.0\ \text{m})}{15\ \text{s}} = 3.77\ \text{m/s}$$

이다. 결과적으로 구심 가속도는

$$a = \frac{v^2}{r} = \frac{(3.77\ \text{m/s})^2}{9.0\ \text{m}} = 1.6\ \text{m/s}^2$$

의 크기를 갖는다.

검토 수준 높은 문제를 내고자 한 것은 아니고 단지 어떻게 구심 가속도를 계산하는지 보여주고자 하였다. 가속도는 충분히 감지할 만하며 관람차에 탄 것을 흥미롭게 하지만 무서울 정도는 아니다.

4.6 비균일 원운동

여러 번에 걸쳐 회전을 하는 롤러코스터는 한쪽으로 올라갈 때 속력이 느려지고 반대쪽으로 내려갈 때는 속력이 증가한다. 룰렛 바퀴 안에 있는 공은 정지할 때까지 점차 느려진다. 변하는 속력을 가진 원운동을 **비균일 원운동**(nonuniform circular motion)이라고 한다. 뒤에 다시 언급되듯이 비균일 원운동은 가속하는 직선 운동과 유사하다.

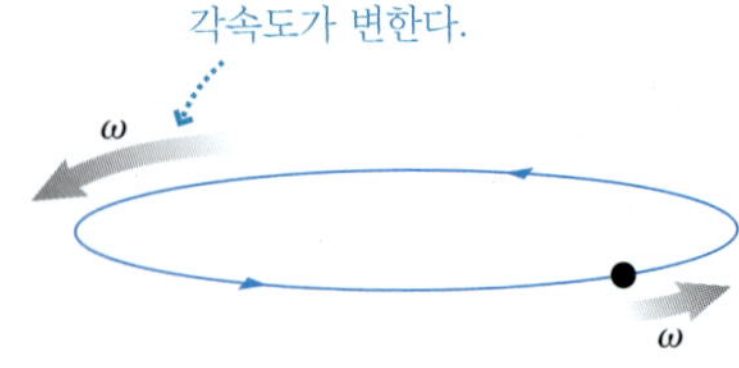

그림 4.28 변하는 각속도를 가진 원운동

그림 4.28은 원 궤도를 따라 회전하여 속력이 증가하는 입자를 보여준다. 이 입자는 커브를 돌면서 속력을 높이는 자동차 또는 회전이 점점 빨라지는 고체 물체 위의 한 점일 수도 있다. 이 운동을 묘사하는 데 있어 핵심이 되는 특징은 **각속도가 변화한다**는 점이다. 직선 운동의 경우 가속도를 $a_x = dv_x/dt$로 정의했다. 유사하게 회전하는 물체 또는 물체 위의 점의 **각가속도**(angular acceleration) α(그리스 문자 알파)를 다음처럼 정의하자.

$$\alpha \equiv \frac{d\omega}{dt} \quad \text{(각가속도)} \tag{4.33}$$

선가속도가 선속도 v_x가 변화하는 비율을 나타내는 것과 같이 각가속도는 각속도 ω가 변화하는 비율로서 규정된다. 각가속도의 단위는 rad/s^{2}이다.

선가속도의 경우 물체의 속력이 커질 때 a_x와 v_x가 같은 부호를 갖고 물체의 속력이 줄어들 때 반대 부호를 갖는다는 사실을 배웠다. 동일한 규칙이 원운동과 회전 운동에도 적용된다. 회전이 빨라질 때 ω와 α가 같은 부호를 갖고 회전이 느려질 때 반대 부호를 갖는다. 이러한 개념은 아이디어를 그림 4.29에 나타내었다.

그림 4.29 각속도와 각가속도의 부호. ω와 α가 같은 부호를 가지면 회전이 빨라지고 부호가 반대이면 회전이 느려진다.

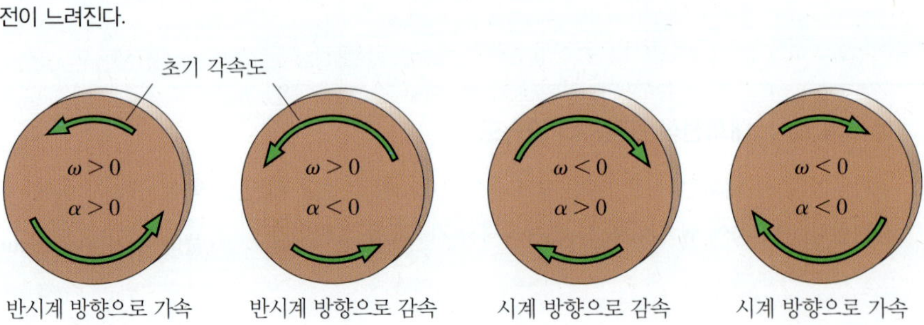

각위치, 각속도와 각가속도는 선위치, 선속도와 선가속도의 정의와 매우 유사하게 정의된다. 원운동의 경우 위치의 선형 측정 대신 각 측정이라는 사실로부터 시작된다. 따라서 **일정한 각가속도를 가진 원/회전 운동의 그래프 해석과 운동학 식은 일정한 가속도를 가진 직선 운동에 대한 것과 동일하다.** 아래 **등각가속도 모형**(constant angular acceleration model)이 이 내용을 보여주고 있다. 2장에서 직선 운동에 대해 배운 모든 문제 풀이 기술들이 원운동과 회전 운동에 그대로 사용된다.

모형 4.3

등각가속도

등각가속도 α를 가진 운동의 경우

- 원형이 궤적을 가진 입자 또는 회전하는 고체 물체에 적용한다.

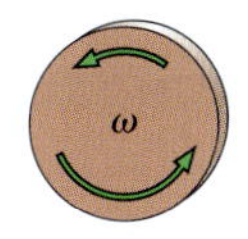

- 수학적으로: 이 원/회전 운동의 그래프와 식은 등가속도를 가진 직선 운동과 유사하다.
  - 유사성: $s \to \theta \quad v_s \to \omega \quad a_s \to \alpha$

회전 운동학	선운동학
$\omega_f = \omega_i + \alpha\,\Delta t$	$v_{fs} = v_{is} + a_s\,\Delta t$
$\theta_f = \theta_i + \omega_i\,\Delta t + \frac{1}{2}\,\alpha(\Delta t)^2$	$s_f = s_i + v_{is}\,\Delta t + \frac{1}{2}\,a_s(\Delta t)^2$
$\omega_f^2 = \omega_i^2 + 2\alpha\,\Delta\theta$	$v_{fs}^2 = v_{is}^2 + 2a_s\,\Delta s$

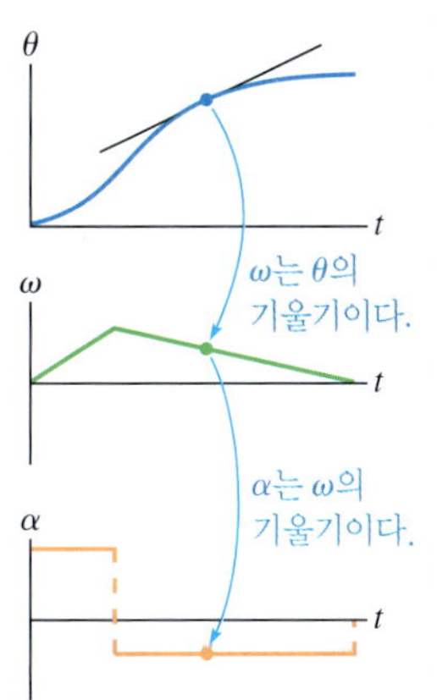

예제 4.13 | **회전 바퀴**

그림 4.30a는 회전 바퀴에 대한 각속도-시간의 그래프이다. 운동을 기술하고 각가속도-시간의 그래프를 그리시오.

풀이 오른쪽 그래프는 정지 상태로부터 출발하여 t_1에서 최고 속력에 도달할 때까지 반시계 방향으로 점진적으로 속력이 증가하고, t_2일 때까지 일정한 각속도를 유지한 후 t_3에서 멈출 때까지 점차적으로 속력이 줄어든다는 것을 나타낸다. ω가 항상 양이기 때문에 이 운동은 항상 반시계 방향이다. 그림 4.30b의 각가속도 그래프는 α가 ω-t 그래프의 기울기라는 사실에 근거하고 있다.

반대로 초기에 ω가 선형 증가하는 것을 t가 0에서 t_1까지 증가할 때 α-t 그래프 아래의 넓이가 증가하는 것으로 알 수 있다. α-t 아래 넓이가 0인 t_1에서 t_2까지는 각속도가 변하지 않는다.

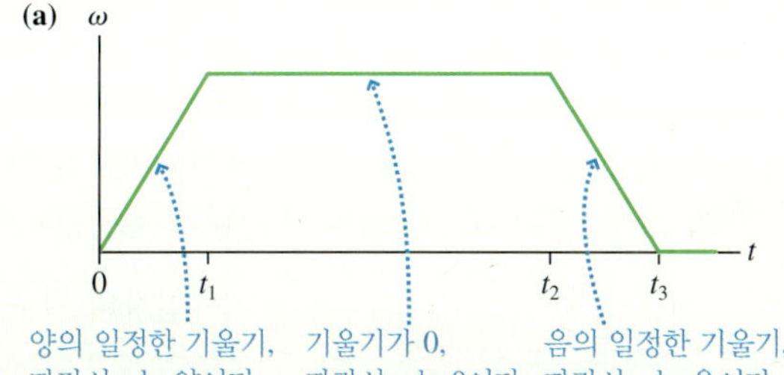

▶ 그림 4.30 회전 바퀴의 ω-t 그래프와 대응되는 α-t 그래프

예제 4.14 **선풍기 속도 늦추기**

60 rpm으로 회전하는 천장 선풍기가 전원을 끈 뒤 25 s 후에 정지한다. 이 선풍기는 정지하는 동안 몇 회전을 하는가?

핵심 선풍기를 등각가속도를 가진 회전하는 물체로 모형화한다.

풀이 선풍기가 어느 방향으로 회전하는지 모르지만 회전이 느려진다는 사실은 ω와 α가 반대 부호를 갖는다는 것을 말해준다. ω는 양의 값을 가진다고 가정한다. 초기 각속도를 SI 단위로 변환할 필요가 있다.

$$\omega_{\text{i}} = 60\,\frac{\text{rev}}{\text{min}} \times \frac{1\text{ min}}{60\text{ s}} \times \frac{2\pi\text{ rad}}{1\text{ rev}} = 6.28\text{ rad/s}$$

각가속도를 구하기 위해 모형 4.3의 첫 회전 운동학 식을 사용할 수 있다.

$$\alpha = \frac{\omega_{\text{f}} - \omega_{\text{i}}}{\Delta t} = \frac{0\text{ rad/s} - 6.28\text{ rad/s}}{25\text{ s}} = -0.25\text{ rad/s}^2$$

이제 두 번째 회전 운동학 식으로부터 이 25 s 동안의 각변위를 구하면

$$\begin{aligned}\Delta\theta &= \omega_{\text{i}}\Delta t + \tfrac{1}{2}\alpha(\Delta t)^2 \\ &= (6.28\text{ rad/s})(25\text{ s}) + \tfrac{1}{2}(-0.25\text{ rad/s}^2)(25\text{ s})^2 \\ &= 78.9\text{ rad} \times \frac{1\text{ rev}}{2\pi\text{ rad}} = 13\text{ rev}\end{aligned}$$

가 된다. 운동학 식은 rad의 각도를 알려주지만 질문은 회전수를 요구하므로 마지막 단계는 단위 변환이다.

검토 정지하는 25 s 동안 13회전을 하는 것은 타당해 보인다. 2장에서 푸는 법을 배운 선운동학 문제처럼 이 문제를 풀었다는 것에 주목하라.

접선 가속도

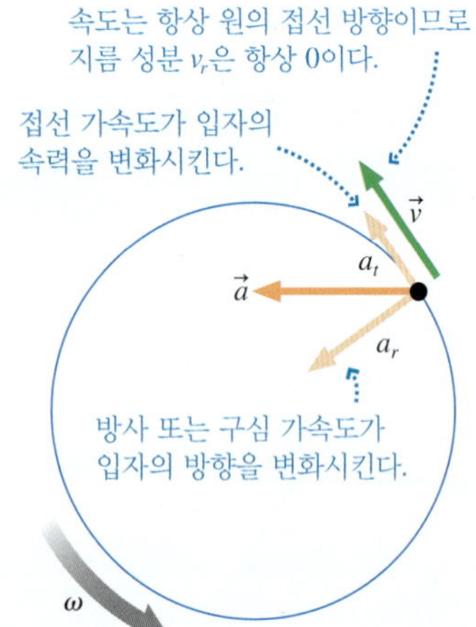

그림 4.31 비균일 원운동의 가속도

그림 4.31은 비균일 원운동을 하는 입자를 보여준다. 등속 원운동이나 비균일 원운동 모두 입자가 방향을 바꾸기 때문에 구심 가속도를 갖는다. 이것이 그림 4.6의 가속도 성분 $\vec{a}_\perp$이었다. 벡터 성분으로서 원의 중심을 향하는 구심 가속도는 **방사 가속도**(radial acceleration) a_r이다. $a_r = v_t^2/r = \omega^2 r$의 표현은 비균일 원운동에서도 여전히 성립한다.

원을 따라 움직일 때 속력이 증가하거나 감소하는 입자의 경우, 구심 가속도에 더하여, 궤적에 평행한 또는 동일하게 $\vec{v}$에 평행한 가속도가 필요하다. 이것이 속력 변화와 연관된 가속도 성분 $\vec{a}_\parallel$이다. 이것을 **접선 가속도**(tangential acceleration) a_t라고 부르는데, 왜냐하면 속도 v_t처럼 항상 원의 접선 방향이기 때문이다. 접선 가속도 때문에 **비균일 원운동을 하는 입자의 가속도 벡터 $\vec{a}$는 원의 중심을 향하지 않는다.** 속력이 증가하는 입자의 경우 가속도 벡터는 중심의 '앞쪽'을 향하지만 속력이 느려지는 입자의 경우 가속도 벡터는 중심의 '뒤쪽'을 향한다. 가속도의 크기가

$$a = \sqrt{a_r^2 + a_t^2} \tag{4.34}$$

인 것을 그림 4.31로부터 알 수 있다. 만약 a_t가 일정하다면 입자가 원을 따라 이동한 호의 길이 s와 접선 속도 v_t를 등가속도 운동학으로부터 구할 수 있다.

$$\begin{aligned}s_{\text{f}} &= s_{\text{i}} + v_{\text{it}}\Delta t + \tfrac{1}{2}a_t(\Delta t)^2 \\ v_{\text{ft}} &= v_{\text{it}} + a_t\Delta t\end{aligned} \tag{4.35}$$

접선 가속도는 접선 속도가 변하는 비이므로 $a_t = dv_t/dt$이고 접선 속도가 각속도와 $v_t = \omega r$의 관계를 갖는 것을 이미 알고 있다. 따라서

$$a_t = \frac{dv_t}{dt} = \frac{d(\omega r)}{dt} = \frac{d\omega}{dt} r = \alpha r \qquad (4.36)$$

이 성립한다. 따라서 $v_t = \omega r$과 $a_t = \alpha r$은 접선 속도와 가속도의 식과 유사한 형태를 가진다. 선풍기가 각가속도 $\alpha = -0.25$ rad/s^{2}를 갖는 것을 구한 예제 4.14에서 중심으로부터 65 cm 떨어진 날개 끝은 다음과 같은 접선 가속도를 갖는다.

$$a_t = \alpha r = (-0.25 \text{ rad/s}^2)(0.65 \text{ m}) = -0.16 \text{ m/s}^2$$

예제 4.15 | 회전 데이터의 분석

거대한 산업용 모터의 시동 특성을 측정하는 과제를 지시받았다. 몇 s 후 모터가 최대 속력에 도달했을 때 각가속도가 0이 되는 것을 알았지만 모터 속력이 증가하는 처음 몇 s 동안 각가속도가 일정했다고 가정한다. 이를 알아보기 위해 회전축 기록기를 지름 3.0 cm의 축에 부착한다. 회전축 기록기는 회전축이나 축의 각위치를 컴퓨터가 읽을 수 있는 신호로 바꿔주는 장치이다. 컴퓨터 프로그램이 초당 4개의 값을 읽도록 조정한 후 모터를 켜고 다음과 같은 데이터를 얻는다.

시간 (s)	각도 (°)	시간 (s)	각도 (°)
0.00	0	1.00	267
0.25	16	1.25	428
0.50	69	1.50	620
0.75	161		

a. 데이터가 등각가속도라는 가정을 지지하는가? 그렇다면 각가속도는 얼마인가? 그렇지 않다면 각가속도가 시간에 따라 증가하는가 아니면 감소하는가?

b. 76 cm 지름의 날개를 모터 회전축에 부착한다. 날개 끝의 가속도가 언제 10 m/s^{2}에 도달하는가?

핵심 축은 비균일 원운동을 한다. 날개 끝을 입자로 모형화한다.

시각화 그림 4.32는 날개 끝이 접선 및 방사 가속도 모두를 갖고 있음을 보여준다.

그림 4.32 축과 날개의 그림 표현

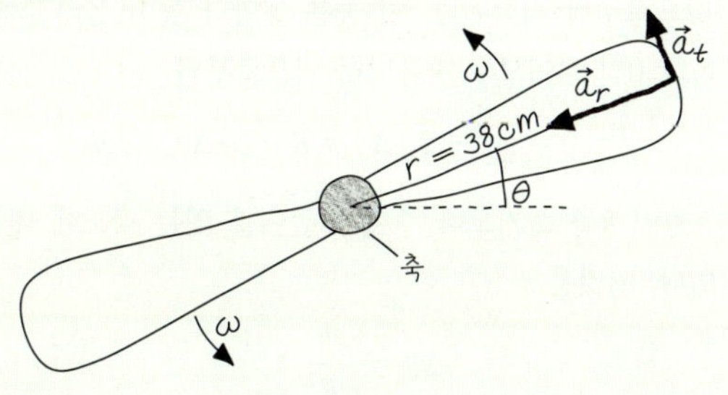

풀이 a. 만약 모터가 $\theta_i = 0$과 $\omega_i = 0$ rad/s에서 등각가속도로 출발한다면 회전 운동학의 각도-시간 식은 $\theta = \frac{1}{2}\alpha t^2$이다. $\theta = y$와 $t^2 = x$로 잡으면 이것을 선형 식 $y = mx + b$로 나타낼 수 있다. 이 경우 등각가속도는 θ-t^2의 그래프에서 기울기 $m = \frac{1}{2}\alpha$와 y축 절편값 $b = 0$을 갖는 직선이 되어야 한다는 것을 의미한다. 이를 점검해 보자.

그림 4.33은 θ-t^2 그래프이며 모터가 등각가속도로 운동한다는 가정을 확인해주고 있다. 스프레드시트를 사용하여 구한 가장 잘 맞는 직선은 274.6°/s^{2}의 기울기를 나타낸다. 이 단위는 스프레드시트가 아니라 수평 단위(s^2, 왜냐하면 x축에 t^2을 표시하기 때문에)에 대한 수직 단위(°)를 들여다봄으로써 얻는다. 따라서 각가속도는

$$\alpha = 2m = 549.2°/\text{s}^2 \times \frac{\pi \text{ rad}}{180°} = 9.6 \text{ rad/s}^2$$

이고 여기서 SI 단위인 rad/s^{2}로 변환하기 위해 $180° = \pi$ rad을 사용하였다.

그림 4.33 모터 축의 θ-t^2 그래프

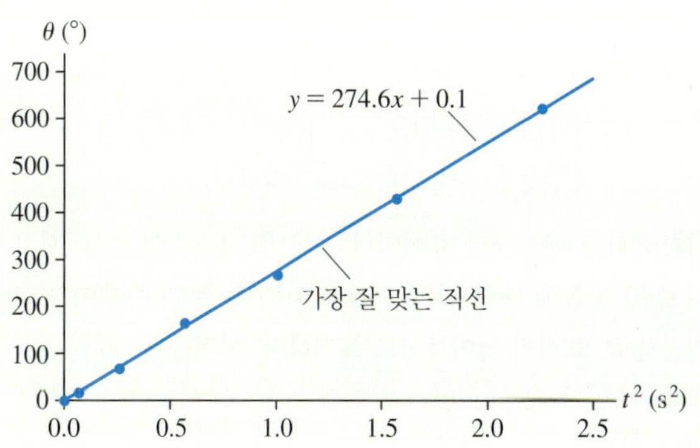

b. 선가속도의 크기는

$$a = \sqrt{a_r^2 + a_t^2}$$

(계속)

이다. 날개 끝의 접선 가속도는

$$a_t = \alpha r = (9.6\ \text{rad/s}^2)(0.38\ \text{m}) = 3.65\ \text{m/s}^2$$

이다. 날개의 지름이 아닌 반지름을 사용해야 하는 것에 조심하였고 반올림 오차를 피하기 위해 여분의 유효 숫자를 유지하였다. 회전 속력이 증가할 때 방사(구심) 가속도가 증가하고

$$a_r = \sqrt{a^2 - a_t^2} = \sqrt{(10\ \text{m/s}^2)^2 - (3.65\ \text{m/s}^2)^2} = 9.31\ \text{m/s}^2$$

일 때 총 가속도가 10 m/s^2일 때 이 값에 도달한다. 방사 가속도는 $a_r = \omega^2 r$이므로 대응되는 각속도는

$$\omega = \sqrt{\frac{a_r}{r}} = \sqrt{\frac{9.31\ \text{m/s}^2}{0.38\ \text{m}}} = 4.95\ \text{rad/s}$$

가 된다. 등각가속도의 경우 $\omega = \alpha t$이므로 이 각속도는

$$t = \frac{\omega}{\alpha} = \frac{4.95\ \text{rad/s}}{9.6\ \text{rad/s}^2} = 0.52\ \text{s}$$

일 때 달성된다. 따라서 날개 끝의 가속도가 10 m/s^2에 도달하는 데 0.52 s가 걸린다.

검토 긴 날개의 끝의 가속도는 크기가 쉽다. 가속도가 ≈0.5 s만에 10 m/s^2에 도달하는 것은 타당해 보인다.

응용 예제 4.16 표적을 맞춰라!

실험실에 들어가 보니 공을 수직으로 발사할 수 있는 용수철이 달린 바퀴가 있었다. 공을 발사하려면 공을 바퀴 가장자리에 있는 컵 속에 놓고 용수철을 늘이기 위해 바퀴를 회전시켰다가 놓아준다. 바퀴가 각도 $\Delta\theta$ 회전한 후 컵이 축과 수평이고 수직 위를 향할 때 바퀴를 멈춘다. 컵은 정지하지만 공은 컵에서 나와 계속 날아간다. 바퀴가 $\Delta\theta$ 회전하는 동안 등각가속도를 갖도록 설계가 되었다는 이야기를 듣는다. 첫 번째 실험 과제는 바퀴의 각가속도를 측정하는 일이다. 그후 실험 조교가 공이 발사되는 점 위로 높이 h인 곳에 표적을 세운다. 또 다른 과제는 공을 발사하여 공이 최고점에서 표적을 맞추도록 하는 일이다.

a. 공을 올바른 속력으로 발사할 수 있는 각도 $\Delta\theta$를 측정 가능한 물리량들로 표현하시오.

b. 바퀴의 지름이 62 cm이고 측정한 각가속도가 200 rad/s^2, 공의 질량이 25 g, 조교가 공을 발사점 위 190 cm에 표적을 놓았다고 할 때 $\Delta\theta$를 계산하시오.

핵심 공을 입자로 모형화한다. 공은 처음에는 등각가속도를 가진 것으로 모형화할 수 있는 원운동을 경험한다. 그리고 공기 저항을 무시하고 수직 운동은 자유낙하로 모형화한다.

시각화 그림 4.34는 그림 표현이다. 이것은 각가속이 끝날 때의 속력이 수직 운동에 대한 발사 속력이 되는 두 부분 문제이다. 바퀴 반지름을 R, 표적의 높이를 h로 표기하자. 이것들과 각가속도 α를 측정할 수 있기 때문에 '알려져 있다'고 볼 수 있지만 수치값을 갖고 있지는 않다.

풀이 a. 원운동 문제와 수직 운동 문제는 공의 속력으로 연결되어 있다. 각가속도의 나중 속력이 수직 운동의 발사 속력이다. 시간 간격을 알지 못하므로 (수직 운동에 대한) 거리와 가속도, (원운동에 대한) 각도와 각가속도 사이의 관계를 알려주는 운동학 식을 사용하는 것이 좋다. $\omega_0 = 0$ rad/s인 각가속도의 경우

그림 4.34 공 발사기의 그림 표현

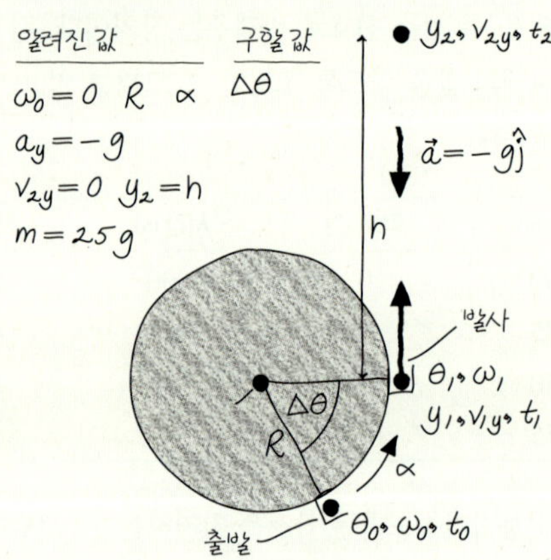

$$\omega_1^2 = \omega_0^2 + 2\alpha\Delta\theta = 2\alpha\Delta\theta$$

이다. 바퀴가 정지할 때 공과 컵의 나중 속력은

$$v_1 = \omega_1 R = R\sqrt{2\alpha\Delta\theta}$$

가 된다. 그러므로 수직 운동 문제는 위로 속도 $v_{1y} = R\sqrt{2\alpha\Delta\theta}$로 발사된 것으로부터 시작된다. 이 공은 얼마나 높이 올라갈까? 최고점은 $v_{2y} = 0$인 점이므로 자유낙하 식으로부터

$$v_{2y}^2 = 0 = v_{1y}^2 - 2g\,\Delta y = R^2 \cdot 2\alpha\Delta\theta - 2gh$$

가 된다. 높이 h를 풀기보다 주어진 높이를 얻는 각도에 대해 풀 필요가 있다. 이것은

$$\Delta\theta = \frac{gh}{\alpha R^2}$$

이다. 바퀴의 성질을 결정하고 나면 조교가 표적을 놓은 높이를 측정하여 공을 발사시키기 위해 바퀴를 뒤로 당겨야 하는 각도를 신속하게 계산할 수 있다.

b. 문제에서 주어진 값들에 대해 $\Delta\theta = 0.969$ rad $= 56°$를 얻는다. 각도를 포함한 식이 라디안의 값을 필요로 하고 라디안으로 값을 되돌려 주는 것을 잊지 말아야 한다.

검토 필요로 하는 각도가 90°보다 작아야 공이 발사되기 전에 컵에서 떨어지지 않는다. 그리고 단지 몇 ° 정도의 각도는 의심스러울 정도로 작다. 그러므로 56°는 타당해 보인다. 이 문제에서 질량이 불필요한 것에 주목하라. 문제를 더 잘 푸는 한 방법은 가지고 있는 정보가 어떤 관계가 있는지 평가하는 것이다. 일부 숙제 문제들에서는 불필요한 정보를 제공하여 이런 능력을 개발할 수 있게 도울 것이다.

서술형 질문

1. a. 그림 Q4.1은 한 시점에서 입자의 속도와 가속도를 나타낸다. 입자의 속력이 증가하는가, 줄어드는가 아니면 등속으로 움직이는가?
   b. 이 입자는 오른쪽으로 휘어지는가, 왼쪽으로 휘어지는가 아니면 직진하는가?

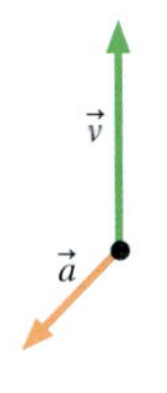

그림 Q4.1

2. 높은 탑에서 3개의 크리켓 공을 던진다. 첫 번째 공은 정지 상태에 있다가 떨어진다. 두 번째 공은 동쪽으로 7 m/s의 수평 속도로 던진다. 그리고 마지막 공은 서쪽으로 10 m/s의 수평 속도로 던진다. 어느 공이 지면에 가장 먼저 닿을까?

3. 포물체에 대해 물리량 x, y, r, v_x, v_y, v, a_x, a_y 가운데 어느 것이 날아가는 동안 일정한가? 이들 물리량 가운데 어느 것이 날아가는 동안 0인가?

4. 다리에서 수평 아래로 45° 각도로 돌을 던진다. 돌을 던진 직후 돌의 가속도의 크기는 g보다 큰가, 작은가 아니면 같은가? 설명하시오.

5. 비행기 천장에 있는 전자석이 강철공을 붙잡고 있다. 단추를 누르자 전자석에서 공이 풀려난다. 처음 실험은 비행기가 지상에 멈춰 있을 때 실시되었으며 공이 바닥에 낙하한 지점에 X 표시를 했다. 그러고 나서 비행기가 수평으로 일정하게 805 km/h로 비행하는 동안 다시 실험을 했다. 공이 X 표시보다 조금 앞쪽(비행기의 기수 방향)에 떨어질까, 정확히 X 표시에 떨어질까 아니면 X 표시보다 조금 뒤쪽(비행기의 꼬리 방향)에 떨어질까? 설명하시오.

6. 그림 Q4.6에서 이베트와 잭이 창문을 내린 채 나란히 고속도로를 달리고 있다. 잭은 그의 물리학 책을 창문 밖으로 던져 이베트의 앞좌석에 떨어뜨리려고 한다. 공기 저항을 무시할 때 잭은 밖으로 차의 앞쪽을 향해(던지기 1) 던져야 할까, 밖으로 똑바로(던지기 2) 던져야 할까 아니면 밖으로 차의 뒤를 향해(던지기 3) 던져야 할까? 설명하시오.

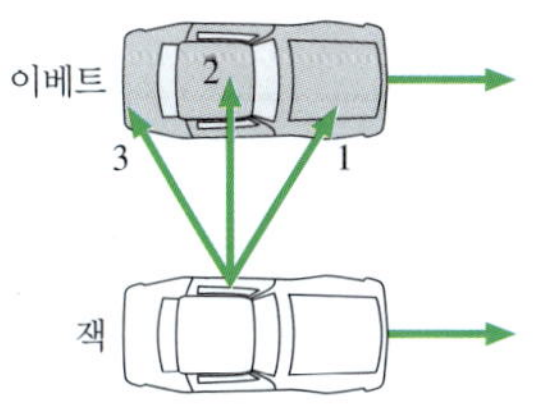

그림 Q4.6

7. 그림 Q4.7은 일정하게 회전하는 바퀴 위의 세 점을 보여준다.
   a. 큰 것부터 작은 것 순으로 이 점들의 각속도 ω_1, ω_2와 ω_3의 순위를 매기고 설명하시오.
   b. 큰 것부터 작은 것 순으로 이 점들의 속도 v_1, v_2와 v_3의 순위를 매기고 설명하시오.

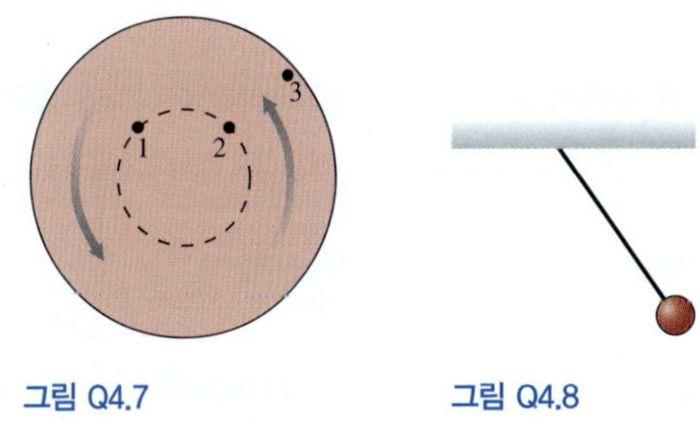

그림 Q4.7 그림 Q4.8

8. 그림 Q4.8은 호의 한쪽 끝에 있는 진자를 보여준다.
   a. 이 점에서 ω는 양인가, 음인가 아니면 0인가? 설명하시오.
   b. 이 점에서 α는 양인가, 음인가 아니면 0인가? 설명하시오.

연습문제

연습

4.1 2차원 운동

1. I 그림 EX4.1은 부분적인 운동 도형을 보여준다.
   a. 가속도 벡터를 추가하여 운동 도형을 완성하시오.
   b. 이것이 올바른 운동 도형이 되는 물리학 문제를 만들어보시오. 상상력을 동원하시오! 문제가 완전할 수 있도록 충분한 정보를 포함하고 어떤 값을 구해야 하는지 명확하게 밝히는 것을 잊지 마시오.

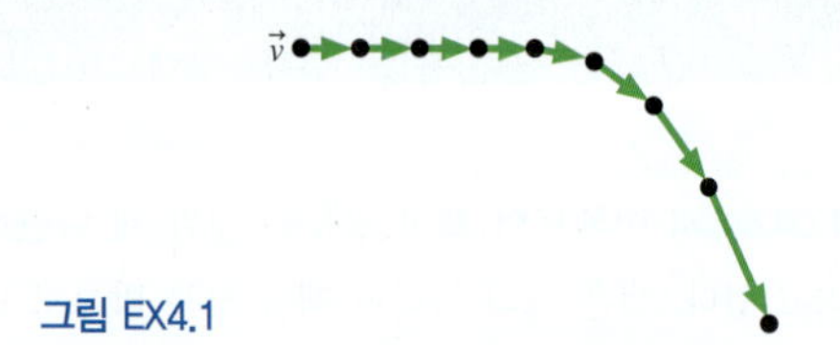

그림 EX4.1

문제 2–3은 표시된 8개의 가속도 벡터 가운데 하나를 선택하거나 선택지 I: $\vec{a}=\vec{0}$를 택하여 답하시오.

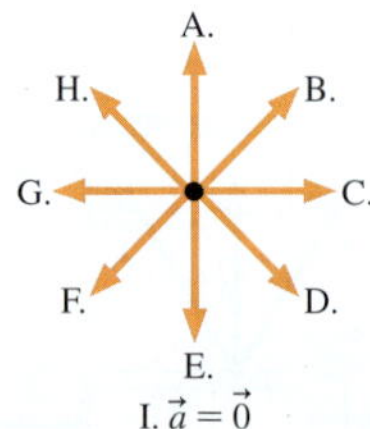

2. II 일정 시점에 입자는 일정한 속력을 가지며 오른쪽으로 휜다. 가속도의 방향은 무엇인가?

그림 EX4.2 그림 EX4.3

3. II 일정 시점에 입자의 속력이 증가하고 있으며 아래로 휜다. 가속도의 방향은 무엇인가?

4. II 아주 빠른 하키 퍽이 마찰이 없는 수평 탁자 위를 움직인다. 그림 EX4.4는 퍽 속도의 x와 y성분인 v_x와 v_y의 그래프를 보여준다. 퍽은 원점에서 출발한다. $t=5$ s에서 퍽의 가속도의 크기는 얼마인가?

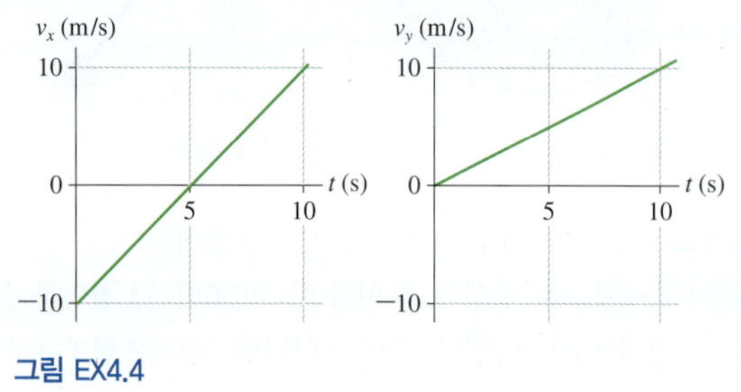

그림 EX4.4

5. I xy평면에서 움직이는 입자의 속도가 $\vec{v}=(2t\hat{\imath}+(3-t^2)\hat{\jmath})$ m/s이다. 여기서 t의 단위는 s이다. $t=4$ s에서 입자의 가속도의 벡터는 얼마인가? CALC

4.2 포물체 운동

6. II 수평으로 20 m/s로 던진 공이 지면에 닿기 전에 수평으로 40 m를 이동한다. 이 공은 얼마의 높이에서 던진 것인가?

7. II 보급 비행기가 그린랜드의 빙하 위에서 작업 중인 과학자들에게 식료품을 떨어뜨릴 필요가 생겼다. 비행기는 빙하 위 80 m에서 100 m/s 속력으로 날고 있다. 목표물 앞쪽 얼마의 거리에서 식료품을 떨어뜨려야 하는가?

8. II 올림픽 투포환 경기에서 선수가 포환을 수평으로부터 40.0° 각도로 초기 속력 12.0 m/s로 던진다. 포환은 지면 위 1.80 m 높이에서 선수의 손을 떠난다. 이 포환은 얼마나 멀리 이동할까?

9. III 야구선수 친구가 선수의 투구 속력을 결정하고 싶어한다. 야구선수는 친구를 선반에 세우고 지면 위 6 m의 높이에서 공을 수평으로 던진다. 공은 40 m 날아가 떨어진다. 야구선수가 던진 공의 속력은 얼마인가?

4.3 상대 운동

10. II 종종 접하는 일이지만 공항에 있는 움직이는 보도가 고장이 날 경우 게이트로부터 짐 찾는 곳까지 걸어서 50 s가 걸린다. 움직이는 보도가 정상 작동하여 전체 경로를 보도에 서서 걷지 않고 이동할 경우 동일한 거리를 가는 데 75 s가 걸린다. 움직이는 보도에 타고 있는 동안 걷는다면 게이트로부터 짐 찾는 곳까지 얼마의 시간이 걸리는가?

11. I 카약 선수가 폭 80 m의 항구를 건너기 위해 북쪽으로 노를 저어야 한다. 조류가 빠져나가면서 동쪽으로 3 m/s의 흐름을 만든다. 카약 선수는 4 m/s의 속력으로 노를 저을 수 있다.
    a. 카약 선수가 항구를 향해 직선으로 나가려면 어느 방향으로 노를 저어야 하는가?
    b. 건너는 데 얼마의 시간이 걸리는가?

4.4 등속 원운동

12. II 그림 EX4.12는 원을 따라 움직이는 입자의 각속도-시간 그래프를 보여준다. 이 입자는 처음 4 s 동안 몇 회전을 하는가?

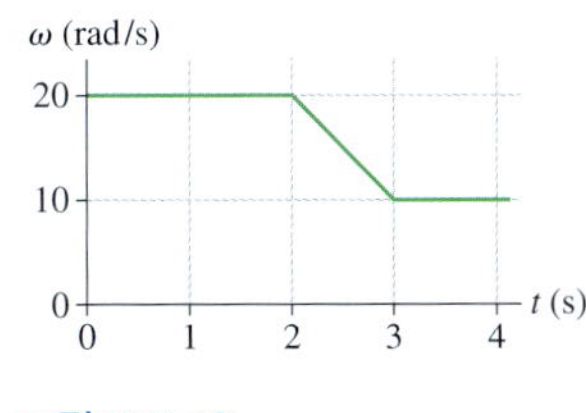

그림 EX4.12

13. ‖ 그림 EX4.13은 처음 $t = 0$ s에서 $\theta_0 = 0$ rad으로부터 출발하여 원을 따라서 움직이는 입자의 각속도-시간 그래프를 보여준다. 각위치-시간 그래프를 그리시오. 두 축의 대략적인 눈금을 표시하시오.

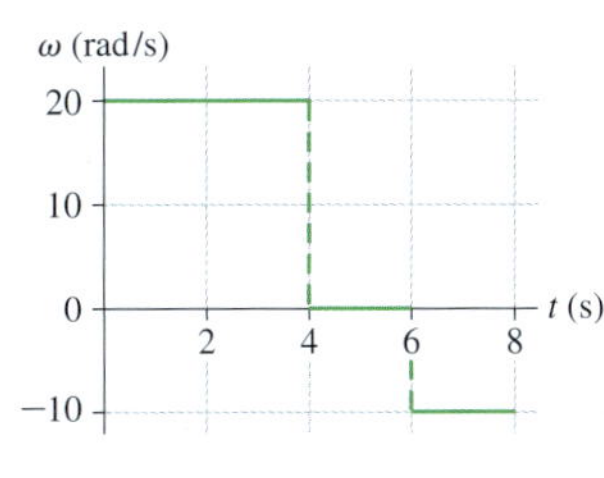

그림 EX4.13

14. | 낡은 비닐 레코드 판이 턴테이블 위에서 72 rpm으로 회전한다. (a) rad/s 단위의 각속도와 (b) 운동 주기는 얼마인가?

15 | 태양이 비행기 승객에 대하여 정지해 있으려면 이 비행기는 얼마의 속력으로 지구 적도를 따라 비행해야 하는가? 이 비행기는 어느 방향, 즉 동쪽에서 서쪽으로 아니면 서쪽에서 동쪽으로 비행해야 하는가? km/h와 mph 단위 모두로 답하시오. 지구 반지름은 6400 km이다.

4.5 구심 가속도

16. | 매는 비행기술로 잘 알려져 있다. 작은 반지름의 원형 회전에서 매는 자유낙하 가속도의 1.5배의 구심 가속도를 얻을 수 있다. 매가 25 m/s로 날고 있다면 회전 반지름은 얼마인가?
BIO

17. ‖ 지구는 반지름이 1.5×10^{11} m인 거의 완전한 원형 궤도로 태양 주위를 공전한다. 지구가 태양 주위를 돌 때 지구의 (a) 속도, (b) 각속도와 (c) 구심 가속도의 크기를 구하시오. 1년은 365일이라고 가정하라.

18. ‖ 방친구가 자전거를 고치기 위해 자전거를 뒤집어 놓았다. 친구는 지름이 60 cm인 바퀴를 회전시키고 있고 타이어 틈에 박힌 작은 돌이 매초 세 번 돌고 있음을 알게 되었다. 이 돌의 속력과 가속도는 얼마인가?

4.6 비균일 원운동

19. ‖ 그림 EX4.19는 정지 상태로부터 출발한 턴테이블의 각가속도 그래프를 보여준다. (a) $t = 1$ s, (b) $t = 2$ s와 (c) $t = 3$ s에서의 턴테이블의 각속도는 얼마인가?

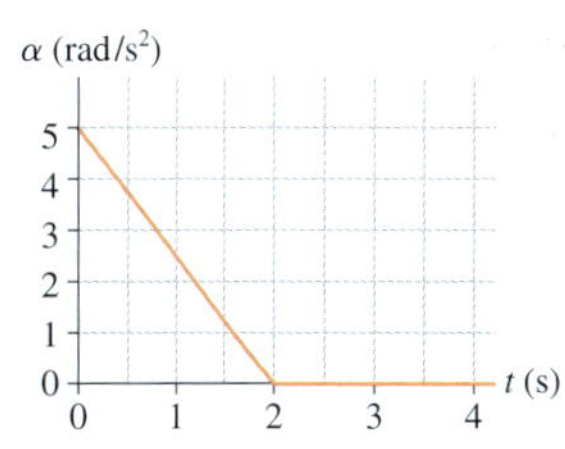

그림 EX4.19

20. ‖ 처음에 60 rpm으로 회전하고 있던 바퀴가 그림 EX4.20에 보인 각가속도를 경험한다. $t = 3.0$ s에서의 이 바퀴의 각속도는 rpm 단위로 얼마인가?

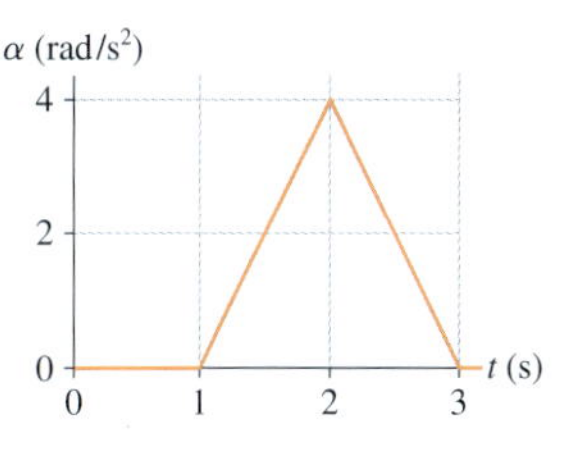

그림 EX4.20

21. ‖ 전기 선풍기가 정지 상태로부터 4.0 s 후 1800 rpm으로 회전한다. 각가속도는 얼마인가?

22. ‖ 정지 상태로부터 출발하여 DVD 플레이어가 1.0 s만에 500 rpm으로 균일하게 가속된 후 3.0 s 동안 이 각속력으로 회전하다가 균일하게 감속하여 2.0 s 뒤 멈춘다. 이 플레이어는 몇 회전을 했는가?

문제

23. ||| xy평면에서 움직이는 입자의 속도가 $t = 0$에서 $\vec{v}_0 = v_{0x}\hat{\imath} + v_{0y}\hat{\jmath}$이다. 이 입자가 가속도 $\vec{a} = bt\hat{\imath} - cv_y\hat{\jmath}$을 받는다. 여기서 b와 c는 상수이다. 나중 시간 t에서 이 입자의 속도의 표현식을 구하시오.

24. ‖ a. 포물체를 속력 v_0와 각도 θ로 발사한다. 이 포물체의 최대 높이 h의 표현식을 유도하시오.
    b. 야구공을 33.6 m/s의 속력으로 때린다. 야구공이 30.0°, 45.0°와 60.0°로 날아갈 때 야구공이 이동한 높이와 거리를 계산하시오.

25. ||| 회색 캥거루는 수평한 지면에서 한 번 도약에 이륙점에서 10 m씩 나가는 점프를 할 수 있다. 캥거루는 보통 20°의 각도로 지면을 떠난다. 그렇다면
BIO
    a. 이륙 속력은 얼마인가?
    b. 지면으로부터 최대 높이는 얼마인가?

26. ‖ 테니스 선수가 지면 위 2.0 m에서 공을 때린다. 공은 수평으

로부터 위로 5.0°의 각도와 20.0 m/s의 속력으로 라켓을 떠난다. 네트까지의 수평 거리는 7.0 m이고 네트의 높이는 1.0 m이다. 공이 네트를 넘어갈 수 있을까? 넘어간다면 얼마의 차이로 넘어갈까? 넘어가지 않는다면 얼마의 차이로 넘지 못할까?

27. ‖ 35 g의 강철공이 바닥으로부터 3.5 m 높이의 천장에 달린 전자석에 붙어있다. 압축공기 대포가 공 바로 아래 4.0 m 떨어진 바닥에 놓여 있다. 단추를 누르자 공이 떨어지고 동시에 대포가 25 g의 플라스틱 공을 발사한다. 두 공이 바닥으로부터 1.0 m 위에서 충돌한다. 플라스틱 공의 발사 속력은 얼마인가?

28. ‖ 한 사람이 그림 P4.28에 보인 집의 벽으로부터 6.0 m 떨어져 있다. 공을 반대편 벽에서 6.0 m 떨어진 친구에게 던지고자 한다. 공을 던지는 것과 받는 것 모두 지면 위 1.0 m에서 일어난다.
a. 공이 지붕을 넘어가기 위한 최소 속력은 얼마인가?
b. 얼마의 각도로 공을 던져야 하는가?

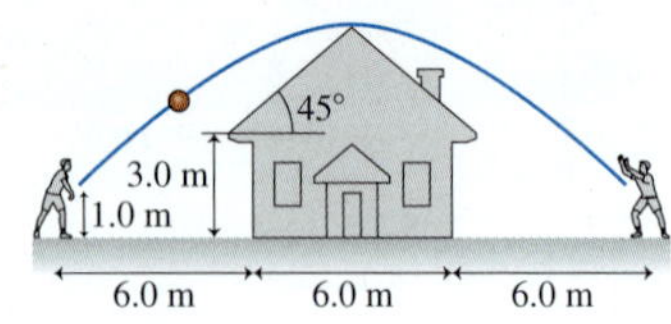

그림 P4.28

29. ‖ 스턴트맨이 자동차를 20 m/s의 속력으로 30 m 높이의 절벽을 향해 운전한다. 절벽으로 가는 도로가 위로 20° 각도의 경사를 이루고 있다.
a. 이 자동차는 절벽 끝에서 얼마나 멀리 떨어진 곳에 떨어질까?
b. 자동차의 충격 속력은 얼마인가?

30. ‖ 그림 P4.30에 보인 것처럼 고무공을 20° 기울어진 경사로에 떨어뜨린다. 튀는 공은 공이 표면에 접근할 때와 같은 각도로 표면을 떠나는 '반사 법칙'을 따른다. 공의 다음 번 튀어오르는 곳은 처음 튀어오른 곳으로부터 오른쪽으로 3.0 m 떨어져 있다. 처음 튀어오를 때 공의 반발 속력은 얼마인가?

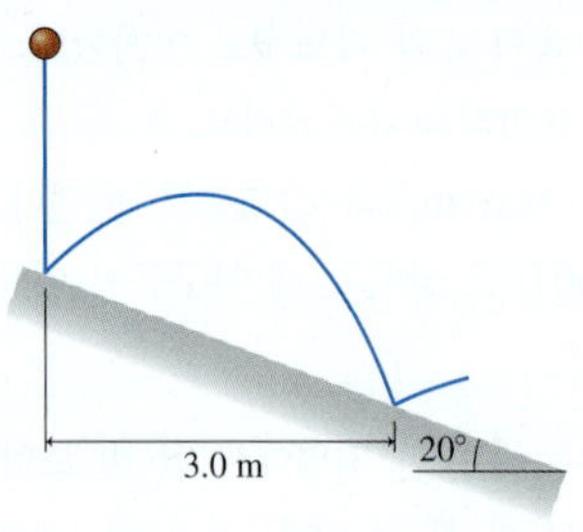

그림 P4.30

31. ‖ 선박 A와 B가 함께 항구를 떠난다. 다음 2시간 동안 선박 A는 북쪽에서 서쪽으로 30° 방향으로 32 km/h로 항해한다. 반면 선박 B는 북쪽에서 동쪽으로 20° 방향으로 40 km/h로 항해한다.
a. 항구를 떠난 지 2시간 후 두 선박 사이의 거리는 얼마인가?
b. 선박 B가 본 선박 A의 속력은 얼마인가?

32. ‖ 여러분이 특정한 조건 아래에서 엔진의 크랭크축의 회전을 분석하기 위해 회전축의 각도를 측정하여 컴퓨터에 신호를 보내는 장치인 축 계수기를 사용하는 임무를 맡았다. 아래 표는 회전축의 각도를 0.6 s 시간 간격으로 나열한 것이다.

시간(s)	각도(rad)
0.0	0.0
0.1	2.0
0.2	3.2
0.3	4.3
0.4	5.3
0.5	6.1
0.6	7.0

이 크랭크축은 등속 원운동을 하는가? 그렇다면 각속도가 rpm으로 얼마인가? 아니라면 각가속도가 양인가 음인가?

33. ‖ 전형적인 실험실 원심분리기는 4000 rpm으로 회전한다. 매우 큰 가속도 때문에 시험관을 원심분리기에 아주 조심스럽게 놓아야 한다.
a. 회전축으로부터 10 cm 떨어진 시험관의 끝에 작용하는 가속도는 얼마인가?
b. 비교하기 위해 높이 1.0 m에서 떨어뜨린 시험관이 단단한 바닥과 부딪쳐 1.0 ms 후 정지할 때의 가속도의 크기는 얼마인가?

34. ‖ 지구가 회전할 때 적도 위 고정된 지점 바로 위에 머물도록 하는 원형 궤도에 통신위성이 놓여 있다. 이러한 궤도를 **정지 궤도**라고 한다. 지구 반지름은 6.37×10^6 m이고 정지 궤도의 고도는 3.58×10^7 m이다. 정지 궤도에 있는 위성의 (a) 속력과 (b) 가속도의 크기는 얼마인가?

35. ‖ 2400 rpm으로 반시계 방향으로 회전하던 고속 드릴이 2.5 s 후에 멈춘다.
a. 드릴의 각가속도의 크기는 얼마인가?
b. 멈출 때까지 드릴이 몇 회전을 했는가?

36. ‖ 64 cm 지름의 자동차 타이어가 3.5 rev/s로 회전하고 있을 때 자동차 가속 페달을 갑자기 세게 밟는다. 200 m를 나간 후 타이어의 회전이 6.0 rev/s로 증가했다. 타이어의 각가속도는 얼마인가? rsd/s^2 단위로 답하시오.

37. ‖ 반지름 R의 대회전식 관람차가 정지해 있다가 각가속도 α로 속력을 높인다. 관람차가 각도 $\Delta\theta$ 회전한 후 관람자의 (a) 속도와 (b) 구심 가속도의 표현식을 구하시오.

38. ‖ 회전 기어의 색칠한 톱니가 각가속도 $\alpha = (20 - t)$ rad/s^{2}를 갖는다. 여기서 t의 단위는 s이다. $t = 0$ s에서의 초기 각속도가 300 rpm이다. $t = 20$ s에서 톱니의 각속도는 rpm으로 얼마인가?
CALC

39. ‖‖ 긴 줄이 정지해 있는 지름 6.0 cm의 원통에 감겨있다. 원통은 축에 대해 자유로이 회전할 수 있다. 1.0 m 길이의 줄이 풀릴 때까지 줄을 1.5 m/s^{2}의 등가속도로 당긴다. 줄이 미끄러지지 않고 풀린다면 이때 원통의 각속력은 rpm 단위로 얼마인가?

문제 40에서는 문제를 푸는 데 사용될 식이 주어져 있다. 이 문제에 대해

a. 주어진 식이 올바른 식이 되는 실제적인 문제를 적으시오. 문제가 요구하는 답이 주어진 식과 일치해야 한다.

b. 그림 표현을 포함한 문제의 풀이를 끝내시오.

40. $v_x = -(6.0\cos 45°)$ m/s + 3.0 m/s
$v_y = (6.0\sin 45°)$ m/s + 0 m/s
100 m $= v_y t_1$, $x_1 = v_x t_1$

응용 문제

41. ‖‖ 그림 CP4.41에 보인 시골장터 시합에서 용수철이 장착된 발사기가 3.0 m/s의 속력으로 공을 매끄럽고 평평한 판자 한끝에서 발사한다. 판자는 20° 각도로 위로 기울어져 있다. 시합에서 이기기 위해서는 공이 2.50 m 떨어진 인접한 모서리에 놓인 작은 표적을 맞춰야 한다. 공 발사기를 얼마의 각도 θ로 기울여야 하는가?

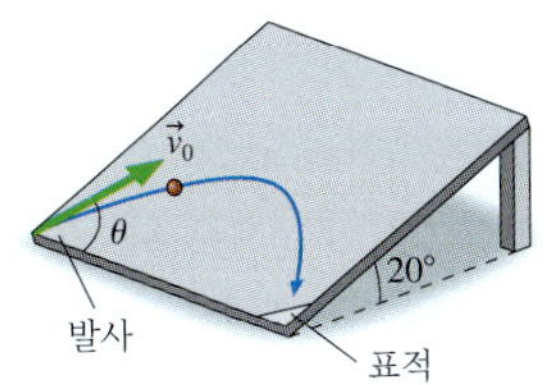

그림 CP4.41

42. ‖‖ 스케이트보드 선수가 1.0 m 높이, 30° 경사면을 7.0 m/s의 속력으로 올라간다. 스케이트보드 바퀴는 마찰 없이 구른다. 정상에서 선수가 경사면을 떠나 공중을 난다. 경사면 끝에서 얼마나 먼 곳에 선수가 착지하는가?

43. ‖‖ 강에서 익사 위험에 놓인 아이가 2.0 m/s의 균일한 속력으로 흐르는 강물을 따라 아래로 떠내려간다. 아이는 강둑에서 200 m 떨어져 있고 구조대가 출발하는 보트 정박지로부터 1500 m 상류에 있다. 구조대 보트의 속력이 강물에 대해 8.0 m/s라면 강둑으로부터 아이에게 직선으로 다가가기 위해 어떤 각도로 보트가 강둑을 떠나야 하는가?

5 힘과 운동
Force and Motion

얼음 위를 미끄러지는 썰매는 힘과 운동으로 설명할 수 있는 인상적인 예 중의 하나다.

이 장에서는 힘과 운동 사이의 관계를 배운다.

힘이란 무엇인가?

역학의 기본 개념은 힘이다.

- 힘은 밀거나 당기는 것이다.
- 힘은 물체에 작용한다.
- 힘은 행위자가 있다.
- 힘은 벡터이다.

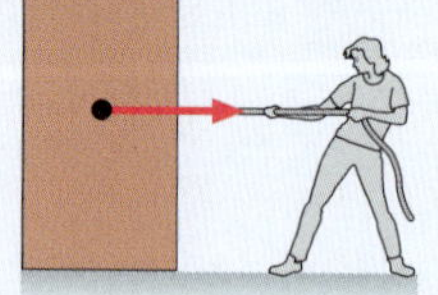

힘을 어떻게 확인할 수 있는가?

힘은 접촉힘 혹은 장거리힘이다.

- 접촉힘은 환경과 물체에 닿는 곳에서 발생한다.
- 접촉힘은 접촉이 없어지면 즉시 사라진다. 힘은 기억이 없다.
- 장거리힘에는 중력과 전자기력이 있다.

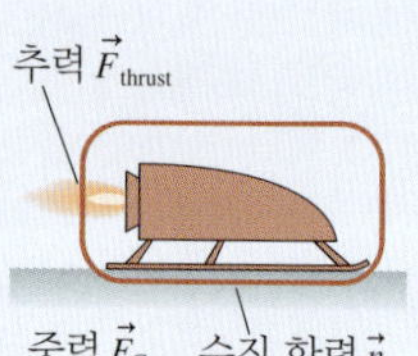

힘을 어떻게 표시하는가?

힘은 자유 물체 도형에 표시할 수 있다. 여러분은 밀고 당기는 모든 힘들을 입자에 꼬리를 놓은 벡터로 그릴 것이다. 자유 물체 도형을 잘 그리는 것은 여러분이 다음 장에서 볼 수 있듯이 문제를 해결하는 데 필수적인 단계이다.

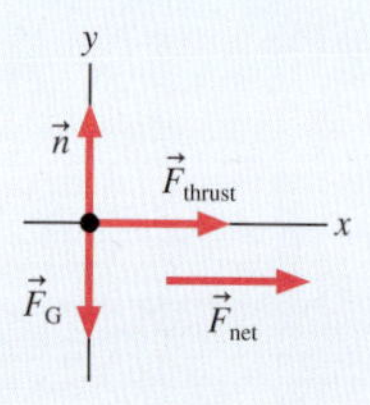

힘은 무엇을 하는가?

알짜힘은 힘의 크기에 정비례하는 가속도로 물체를 가속한다. 이것은 역학에서 가장 중요한 진술인 뉴턴의 제2법칙이다. 질량 m인 입자는

$$\vec{a} = \frac{1}{m}\vec{F}_{net}$$

인 가속도를 가진다.

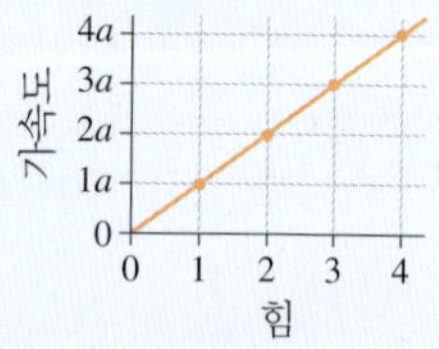

« 되돌아보기: 1.4절, 2.4절, 그리고 3.2절의 가속도와 벡터의 덧셈

뉴턴의 제1법칙은 무엇인가?

뉴턴의 제1법칙은 힘이 무엇인지 정의하는 데 도움이 된다. 물체에 작용하는 알짜힘이 0이면, 정지 상태에 있는 물체는 정지 상태를 유지하고, 운동 중인 물체는 계속 등속 직선 운동을 한다. 이런 계를 관성계라고 하며, 이런 계에서만 뉴턴의 법칙이 유효하다.

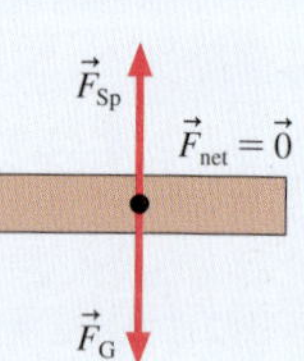

힘은 무엇에 유용한가?

앞에서 배운 운동학은 단순히 물체가 어떻게 움직이는지만 설명한다. 더 중요한 일을 물체가 왜 움직이는지 이해하고, 미래에 위치와 방향을 예측하는 일인데, 이를 위해서는 물체에 작용하는 힘을 알아야 한다. 힘을 운동과 관련시키는 것은 **동역학**의 주제이며, 모든 과학과 공학의 가장 중요한 기초 중 하나이다.

5.1 힘

다음은 이 장에서 검토해야 할 두 가지 주된 주제이다.

- 힘이란 무엇인가?
- 힘과 운동 사이의 관계는 무엇인가?

아래의 표에서 첫 질문부터 시작한다.

힘이란 무엇인가?

힘은 밀거나 당기는 것이다.

힘에 대한 일반적인 생각은 **밀거나 당기는** 것이다. 앞으로 이러한 생각을 구체화해갈 것이지만 이것이 적절한 출발점이다. 앞으로 조심할 점은, 단순히 '힘(force)'이라고 말하기보다는 '하나의 힘(a force)'이라고 하는 것이다. 힘을 매우 구체적인 **행동**으로서 어떤 하나의 힘 또는 명확히 구분할 수 있는 2개 혹은 3개의 개별적인 힘에 대해 이야기할 수 있어야 한다. 이러한 이유로 '어떤 힘'이란 구체적인 의미는 물체에 작용하는 개별 힘을 이야기한다.

힘은 물체에 작용한다.

힘의 개념에 내포된 것은 **힘은 물체에 작용한다**는 것이다. 다시 말해, 밀기와 당기기는 어떤 물체에 작용한다. 물체의 관점에서는 **가해지는** 힘이 있다. 힘은 힘을 받는 대상과 분리되어 존재하지 않는다.

힘은 행위자가 있다.

모든 힘에는 힘을 행하는 다른 물체, 즉 **행위자**(agent)가 있다. 힘은 구체적이고 식별 가능한 원인을 갖고 있다. 공을 던질 때 공과 접촉하는 동안 손이 행위자 혹은 공에 힘을 가하는 원인이다. 대상에 힘이 가해지고 있다면, 그 힘의 특정 원인(즉 행위자)을 확인할 수 있어야 한다. 반대로, 특정 원인이나 행위자를 인식할 수 없다면 힘은 없다. 이러한 생각이 당연한 것처럼 보일 수도 있지만, 무엇이 힘인지 아닌지에 대한 일반적인 오해에서 벗어나는 강력한 도구라는 것을 알게 될 것이다.

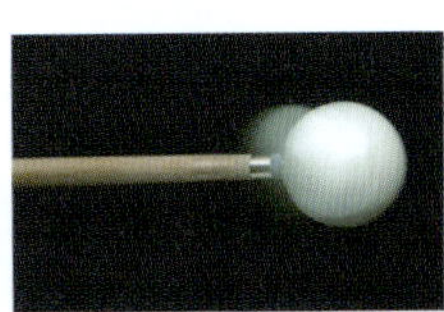

힘은 벡터이다.

물체를 밀 때 조심스럽게 혹은 매우 강하게 밀 수 있다. 마찬가지로, 왼쪽 혹은 오른쪽, 위 혹은 아래로 밀 수도 있다. 밀기를 정량화하려면 세기와 방향을 모두 명확히 해야 한다. 따라서 힘이 벡터라는 것은 놀랄 일이 아니다. 힘에 대한 일반적인 기호는 벡터 표시로 $\vec{F}$이다. 힘의 크기 혹은 세기는 벡터의 크기 F이다.

힘은 접촉힘이거나…

행위자가 대상에 닿았는지 여부에 따라 힘은 두 가지의 기본 종류가 있다. **접촉힘**은 접촉 지점에서 물체에 작용하는 힘이다. 방망이는 공을 치기 위해 공에 닿아야 한다. 줄은 대상을 당기기 위해 그것에 묶여 있어야 한다. 앞으로 다룰 힘의 대부분은 접촉힘이다.

… 또는 장거리힘이다.

장거리힘은 물리적 접촉 없이 물체에 작용하는 힘이다. 자기력은 장거리힘의 한 예이다. 종이 클립 위로 자석을 가져가면 의심할 여지없이 종이 클립이 자석으로 끌려가는 것을 본다. 손에서 놓은 커피잔은 중력의 장거리힘에 의해 지구로 끌려간다.

힘 벡터

힘이 물체에 어떻게 가해지는지를 보여주기 위해 간단한 도형을 사용할 수 있다.

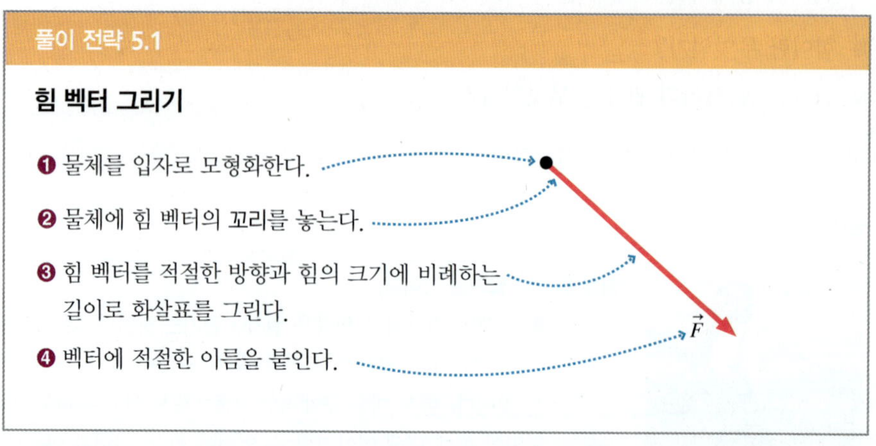

두 번째 단계는 '밀기'를 하는 경우에 다르게 보일 수 있지만, 길이와 각도가 변경되지 않는 한 벡터를 움직여도 바뀌지 않는다. 벡터 $\vec{F}$는 꼬리가 입자에 놓여 있든, 머리가 입자에 놓여 있든 같은 벡터이다. 그림 5.1은 힘 벡터의 세 가지 예를 보여준다.

그림 5.1 힘의 세 가지 예와 그들의 벡터 묘사

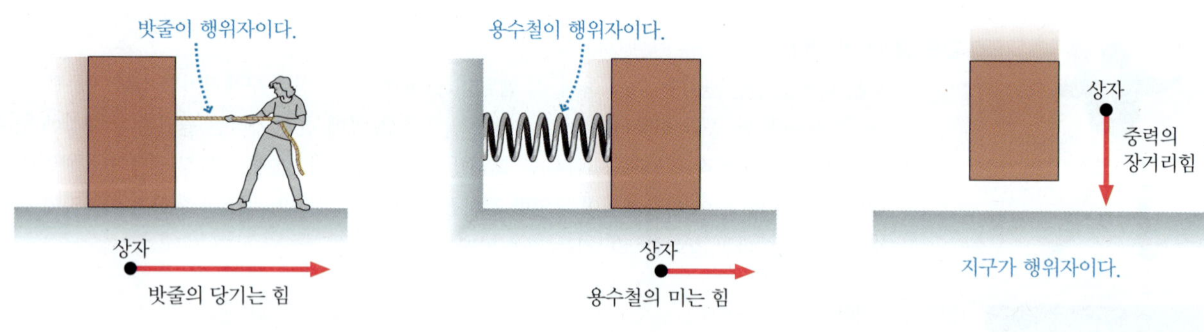

합력

그림 5.2a는 2개의 밧줄에 의해 당겨지는 상자를 보여준다. 상자는 어떻게 반응할까? 실험적으로 몇 개의 $\vec{F}_1$, $\vec{F}_2$, $\vec{F}_3$, … 힘들이 물체에 가해질 때, 모든 힘의 벡터합으로 주어지는 **알짜힘**(net force)이라는 것을 확인할 수 있다.

$$\vec{F}_{\text{net}} \equiv \sum_{i=1}^{N} \vec{F}_i = \vec{F}_1 + \vec{F}_2 + \cdots + \vec{F}_N \tag{5.1}$$

기호 ≡는 '정의된다'를 의미한다. 수학적으로, 이러한 합을 **힘의 중첩**(superposition of forces)이라고 한다. 그림 5.2b는 상자에 작용하는 알짜힘을 보여준다.

그림 5.2 상자에 가해지는 두 힘

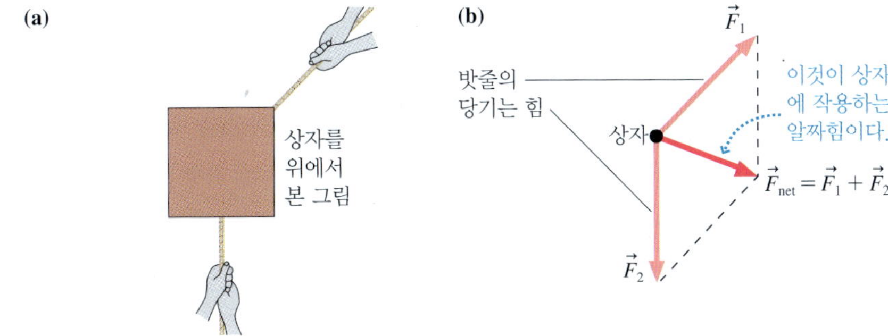

5.2 몇 가지 힘들

앞으로 많은 종류의 힘들을 다룰 것이다. 여기에서 그들 중 일부를 소개한다. 힘들은 종류에 따라 특별한 기호를 갖고 있다. 여러분들이 주요 힘들을 배울 때, 반드시 기호를 함께 기억하라.

중력

다음 몇 개의 장에서 접하게 될 장거리힘인 중력은 사람들을 의자에 앉아 있게 하고, 행성이 태양 주위의 궤도를 유지하게 한다. 13장에서 중력에 대해 자세히 살펴볼 것이다. 이제 지구 표면 위나 가까이에 있는 물체를 살펴보자.

표면 가까이에 있는 물체를 행성이 당기는 힘을 **중력**(gravitational force)이라고 한다. 중력의 행위자는 **행성 전체**(entire planet)이다. 중력은 움직이거나 멈춰있는 모든 물체에 작용한다. 중력의 기호는 $\vec{F}_G$이다. 그림 5.3에서 볼 수 있듯이 **중력 벡터는 항상 수직으로 아래를 향한다.**

그림 5.3 중력

용수철 힘

용수철은 가장 일반적인 접촉힘 중 하나이다. **용수철은 밀거나(압축되었을 때) 당길(늘어나 있을 때) 수 있다.** 그림 5.4는 기호 $\vec{F}_{Sp}$로 표시하는 **용수철 힘**(spring force)을 보여준다. 밀거나 당기는 두 경우 힘 도형에서는 모두 힘 벡터의 꼬리를 입자에 놓는다.

용수철을 그저 늘일 수 있거나 압축할 수 있는 금속 코일로 생각할 수 있지만, 다른 유형도 있다. 자 또는 얇은 나무 조각이나 금속 조각의 끝부분을 잡고 살짝 구부려 보자. 그것들은 휜다. 잡고 있던 것을 놓으면 그것들은 원래 모양으로 '튕겨져 돌아간다.' 이것들도 금속 코일처럼 용수철의 특성을 가지고 있다.

그림 5.4 용수철 힘

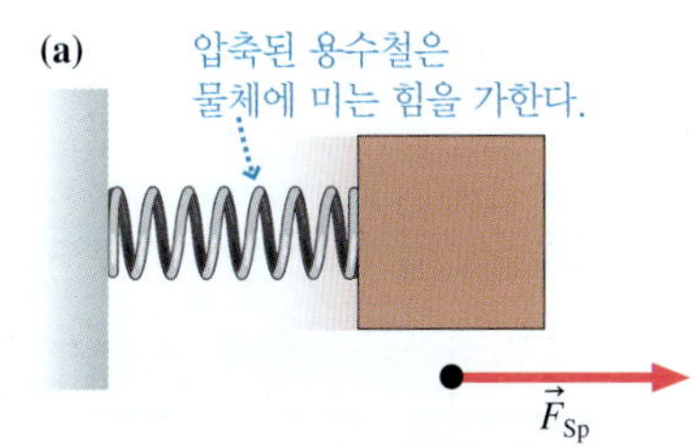

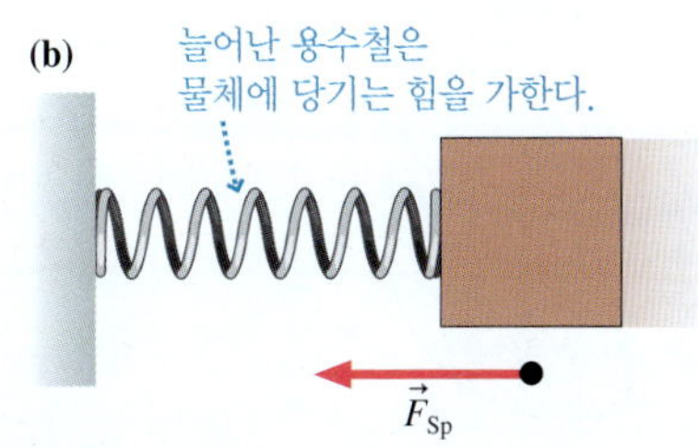

장력

끈이나 밧줄 또는 도선이 물체를 당길 때, 기호 $\vec{T}$로 표시하는 **장력**(tension force)이

그림 5.5 장력

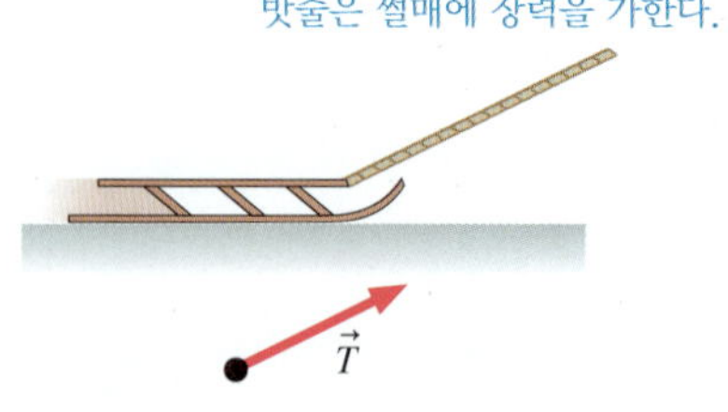

라는 접촉힘이 작용한다. 그림 5.5에서 볼 수 있듯이 **장력의 방향은 항상 끈 또는 밧줄의 방향을 따른다.** 줄에서 단순히 '장력'이라고 하면, 장력의 크기에 대한 T를 주로 의미한다.

원자 수준에서 일어나는 그림을 통해 몇 가지 힘과 상호작용에 대해 더 깊이 이해할 수 있다. 원자들로 구성된 물질은 **분자 결합**에 의해 서로 끌어당긴다는 것을 화학에서 배웠을 것이다. 자세한 과정은 양자물리학을 사용해야 할 만큼 복잡하지만, 원자 수준에서 어떤 일이 발생하는지를 알아보기 위해 고체를 단순한 **공·용수철 모형**(ball-and-spring model)으로 표현하기도 한다.

모형 5.1

고체의 공·용수철 모형

고체는 분자 결합에 의해 결합된 원자들로 이루어져 있다.

- 고체를 **용수철로 연결된 공의 배열**로 나타낸다.
- 고체를 당기거나 밀면, 이런 결합이 늘어나거나 압축된다. **늘어나거나 압축된 결합은 용수철 힘을 발휘한다.**
- 엄청난 수의 결합이 있다. 한 결합의 힘은 매우 작지만 모든 결합이 합해진 힘은 굉장히 클 수 있다.
- 한계: 이 모형은 액체 및 기체에 대해서는 맞지 않는다.

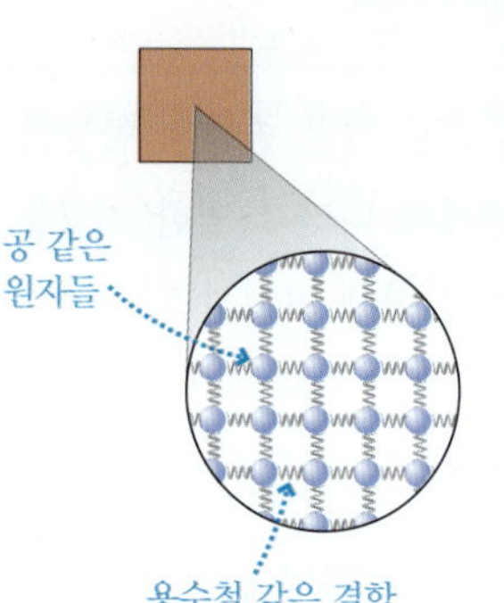

장력의 경우, 끈이나 밧줄의 끝을 당기면 용수철 같은 분자 결합이 아주 약간 늘어난다. 우리가 '장력'이라 하는 것은 수많은 미시적인 용수철들이 만드는 힘의 알짜 힘이다.

수직 항력

여러분이 침대에 앉아 있다고 가정하자. 매트리스의 용수철은 압축되고 그 결과로 침대가 여러분을 위로 미는 힘이 생긴다. 빽빽한 용수철은 훨씬 적은 압축을 보여줄 것이지만 여전히 위로 미는 힘을 발휘한다. 굉장히 빽빽한 용수철의 변화는 민감한 도구에 의해서만 측정될 것이다. 그렇더라도 용수철은 약간 압축될 것이고, 여러분을 위로 미는 힘을 발휘할 것이다.

그림 5.6 책상은 책에 위로 향하는 힘을 발휘한다.

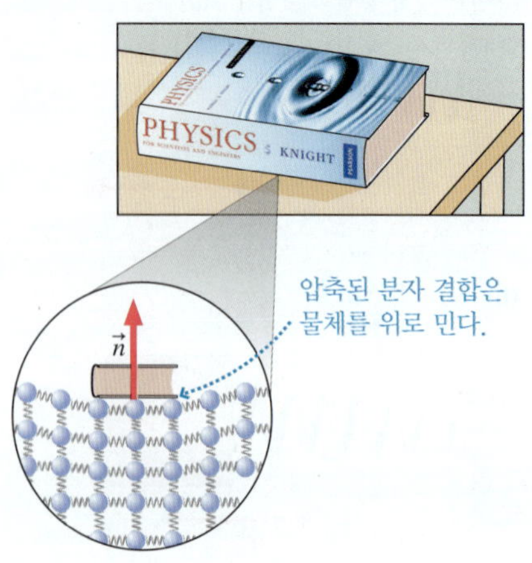

그림 5.6은 튼튼한 책상 위에 물체가 놓여 있는 것을 보여준다. 책상은 시각적으로 휘어지거나 축 처지지 않지만, 여러분이 침대에 하듯이 물체는 책상에 있는 용수철 같은 분자 결합을 압축한다. 압축의 크기는 굉장히 작지만 0은 아니다. 그 결과로 압축된 '분자 용수철'은 물체를 위로 민다. '책상'이 위로 미는 힘을 발휘한다고 말하지만 실제로 책을 위로 미는 힘은 분자 결합이 만든다는 것을 이해하는 것이 중요하다.

이 생각을 확장할 수 있다. 여러분이 벽에 손을 대고 기대었다고 하자. 벽이 여러분의 손에 힘을 발휘하는가? 여러분이 기대면서 벽에 있는 분자 결합을 압축하고, 그 분자 결합의 합력이 여러분의 손을 밖으로 민다. 그래서 벽이 여러분에게 힘을 발휘하는 것이다.

책상 표면이 발휘하는 힘은 수직이고 벽이 발휘하는 힘은 수평이지만, 모든 경우에 표면을 누르고 있는 물체에 작용하는 힘은 표면과 직각이다. 수학은 수직(normal)이라고 한다. **수직 항력**(normal force)은 **물체가 누르고 있는 표면에 대해 수직으로 물체에 작용하는 힘**으로 정의한다. 수직 항력의 기호는 $\vec{n}$이다.

표면은 분자 용수철이 밖으로 밀기 때문에 그것에 직각으로 힘을 발휘한다. 그림 5.7은 일반적으로 일어나는 기울어진 표면 위의 물체를 보여준다.

본질적으로 수직 항력은 용수철 힘에 불과하지만 그것은 아주 많은 수의 미세한 용수철이 동시에 발휘한 것이다. 수직 항력은 고체의 '단단함'에 기인한다. 그것은 사람들이 앉아 있는 의자를 통과하지 못하게 막고, 문에 머리를 박았을 때 고통과 혹이 생기게 한다.

그림 5.7 수직 항력

마찰

수직 항력과 마찬가지로 **마찰**(friction)은 표면에서 생긴다. 수직 항력은 표면에 수직인데 반해 **마찰력은 항상 표면에 평행하다.** 두 가지 종류의 마찰을 구별하는 것이 필요하다.

- 운동 마찰력은 $\vec{f}_k$로 표시하고, 물체가 표면을 미끄러져 운동할 때 나타난다. 마찰력 벡터 $\vec{f}_k$는 속도 벡터 $\vec{v}$(운동)의 반대 방향을 가리키면서, '운동을 방해하는' 힘이다.
- 정지 마찰력은 $\vec{f}_s$로 표시하고, 물체가 계속 '고정'되게 유지하고 움직이는 것을 막는 힘이다. 정지 마찰력 $\vec{f}_s$의 방향을 찾는 것은 $\vec{f}_k$의 방향을 찾는 것보다 좀 더 어렵다. 정지 마찰력은 마찰력이 없다면 물체가 움직였을 방향에 반대되는 방향을 가리킨다. 다시 말해, 그것은 움직임을 막는 데 필요한 방향을 가리킨다.

그림 5.8은 운동 마찰력과 정지 마찰력의 예를 보여준다.

그림 5.8 운동 마찰력과 정지 마찰력

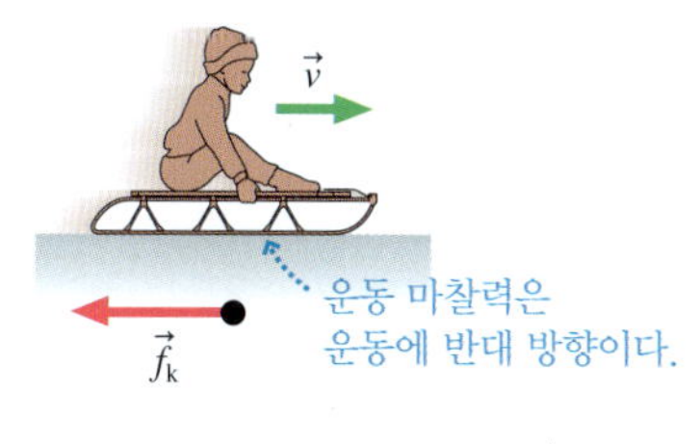

끌림

표면의 마찰력은 운동을 방해하는 혹은 저항하는 **저항력**(resistive force)의 한 예이다. 저항력은 유체(기체 혹은 액체) 속을 운동하는 물체에 작용한다. 유체의 저항력은 **끌림**(drag)이라 하며 $\vec{F}_{drag}$로 표시한다. **운동 마찰력과 유사한 끌림은 운동의 반대 방향을 가리킨다.** 그림 5.9는 그 예를 보여준다.

끌림은 높은 속력 혹은 밀도가 높은 유체 속을 움직이는 물체에 작용하는 중요한 힘이 될 수 있다. 차를 탈 때 팔을 창밖으로 내밀고 차의 속력을 증가시키면서 공기의 저항이 얼마나 급격히 증가하는지를 느껴 보라. 가벼운 물체를 물이 든 비커에 떨어

그림 5.9 공기 저항은 끌림의 한 예이다.

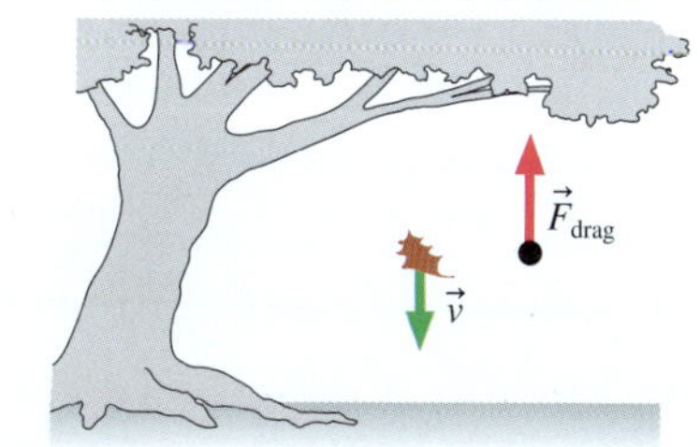

뜨리고 바닥에 얼마나 천천히 내려앉는지를 보라.

공기를 통과하는 속력이 빠르지 않은 무겁고 단단한 물체에는 공기 저항에 의한 끌림힘이 굉장히 작다. 여러 상황들을 간단히 다루기 위해, **문제에서 명확히 공기 저항을 포함하라고 하기 전에는 모든 문제에서 그것을 무시할 수 있다.**

추력

그림 5.10 로켓의 추력

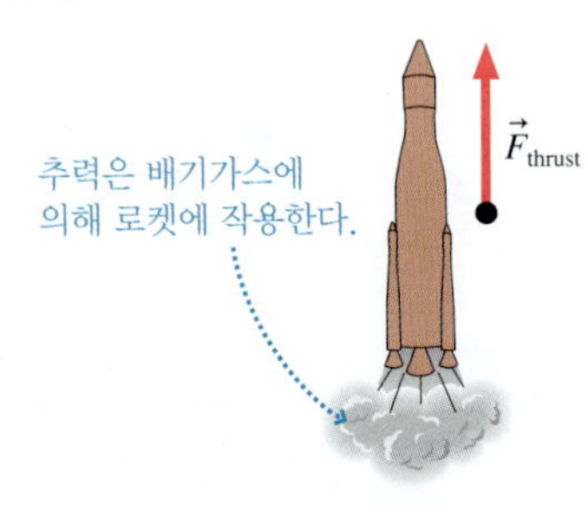

제트기는 이륙 시 그것을 앞으로 나아가게 하는 힘이 분명히 있다. 그림 5.10의 발사되는 로켓 또한 그러하다. 제트기나 로켓이 빠른 속력으로 기체 분자를 방출할 때 생기는 힘을 **추력**(thrust)이라고 한다. 추력은 엔진을 미는 행위자가 배기가스인 접촉힘이다. 추력이 일어나는 과정은 약간 미묘하다. 그래서 7장에 있는 뉴턴의 제3법칙을 배울 때까지 논의를 연기할 것이다. 지금은 추력을 배기가스가 방출하는 방향에 반대되는 힘으로 다룰 것이다. 추력을 표현하는 특별한 기호가 없으므로 $\vec{F}_{\text{thrust}}$라고 하자.

전기력과 자기력

전기력과 자기력은 중력과 마찬가지로 장거리힘이다. VI부에서 전기력과 자기력에 대해 자세히 공부할 것이다. 지금은 분자를 같이 묶어놓는 힘(분자 결합)이 실제로는 작은 용수철들이 아니라는 것을 언급하겠다. 원자와 분자는 작은 입자들(전자와 양성자)로 만들어져 있고, 분자 결합이라 하는 것은 실제로는 이 작은 입자들 사이의 전기력이다. 즉 수직 항력과 장력을 '분자 용수철' 때문이라 하거나 마찰력이 원자들이 서로에게 가까이 가기 때문이라고 할 때, 실제로 의미하는 것은 이 힘들이 본질적으로는 원자 내부의 하전 입자들 사이의 전기력이란 뜻이다.

5.3 힘 확인하기

일반적인 물리 문제는 물체가 특정한 방향으로 밀리거나 당겨지는 상황을 묘사한다. 어떤 힘은 쉽게 찾을 수 있지만 어떤 힘들은 그렇지 않다. 문제를 풀려면, 물체에 가해지는 모든 힘을 알아내는 것이 중요하다. 모든 힘을 알아내려면 문제를 그림으로 잘 표현하여야 한다.

풀이 전략 5.2

힘 확인하기

❶ **관심의 대상인 물체를 정한다.** 그것은 여러분이 조사하고 싶은 물체이다.

❷ **상황을 그림으로 그린다.** 관심의 대상인 물체와 그 물체와 접촉하고 있는 밧줄, 용수철, 표면과 같은 모든 물체들을 찾는다.

❸ **물체 주변에 닫힌 곡선을 그린다.** 관심이 있는 물체만 곡선 안에 있다. 나머지는 바깥에 있다.

❹ **관심 있는 물체와 다른 물체가 접하는 지점은 모두 이 곡선의 경계에 있어야 한다.** 이것들은 물체에 접촉힘이 작용하는 지점들이다.

❺ **물체에 작용하는 각각의 접촉힘에 이름을 붙여 표시한다.** 각 접촉 지점에는 적어도 하나의 힘이 있다. 하나 이상이 있을 수도 있다. 동일한 유형의 힘을 구별할 필요가 있으면 첨자를 이용하라.

❻ **물체에 작용하는 각각의 장거리힘에 이름을 붙여 표시한다.** 당분간 유일한 장거리힘은 중력이다.

힘	표시
일반적 힘	$\vec{F}$
중력	$\vec{F}_G$
용수철 힘	$\vec{F}_{Sp}$
장력	$\vec{T}$
수직 항력	$\vec{n}$
정지 마찰력	$\vec{f}_s$
운동 마찰력	$\vec{f}_k$
끌림	$\vec{F}_{drag}$
추력	$\vec{F}_{thrust}$

예제 5.1 **번지점프 하는 사람에게 작용하는 힘**

번지점프 하는 사람이 다리에서 뛰어내려서 낙하의 최저점 가까이 있다. 이 사람에게 어떤 힘이 작용하고 있는가?

시각화 **그림 5.11** 번지점프 하는 사람에게 작용하는 힘

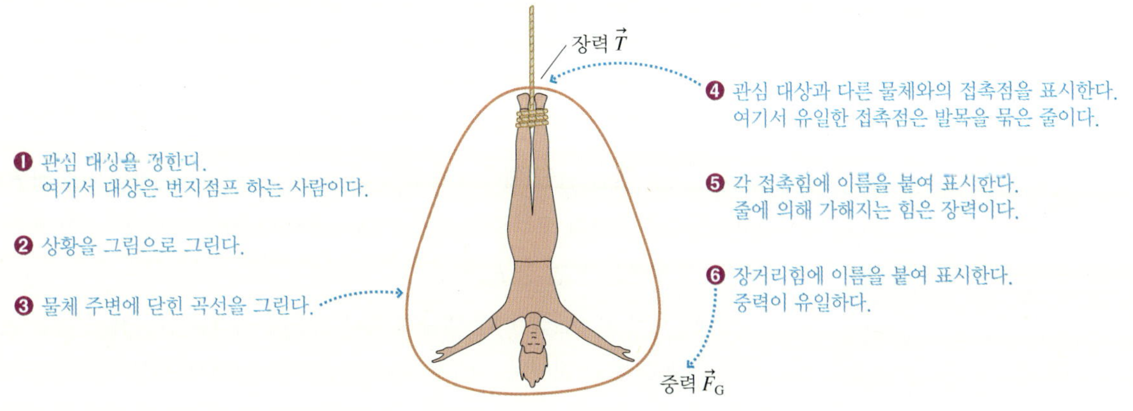

예제 5.2 **스키 타는 사람에게 작용하는 힘**

스키 타는 사람을 견인 밧줄로 눈 덮인 언덕 위로 끌어 올리고 있다. 이 사람에게 어떤 힘이 작용하고 있는가?

시각화 **그림 5.12** 스키 타는 사람에게 작용하는 힘

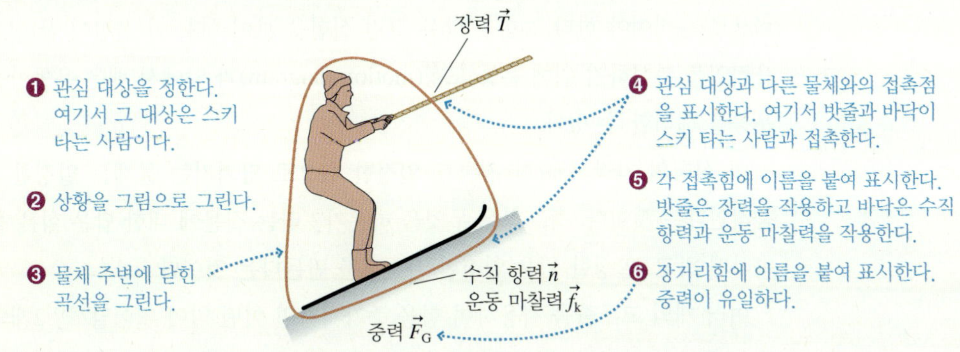

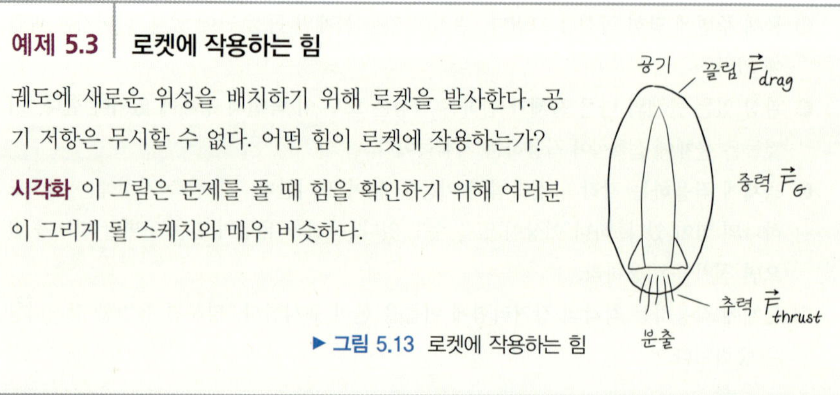

예제 5.3 | 로켓에 작용하는 힘

궤도에 새로운 위성을 배치하기 위해 로켓을 발사한다. 공기 저항은 무시할 수 없다. 어떤 힘이 로켓에 작용하는가?

시각화 이 그림은 문제를 풀 때 힘을 확인하기 위해 여러분이 그리게 될 스케치와 매우 비슷하다.

▶ **그림 5.13** 로켓에 작용하는 힘

5.4 힘은 무엇을 하는가?

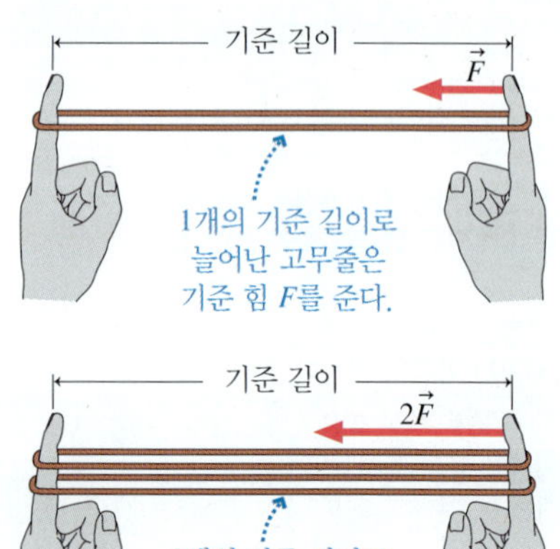

그림 5.14 재현 가능한 힘

힘을 확인하는 방법을 익혔으니 다음 질문으로 넘어가자. "물체에 힘이 가해졌을 때 물체는 어떻게 움직이는가?" 이 질문에 답하기 위한 유일한 방법은 실험을 하는 것이다. 쉽게 상상할 수 있는 '가상 실험'을 하자. 그림 5.14에서 보듯이 손가락을 이용해서 고무줄을 특정 길이만큼(10 cm라고 하자) 늘였다고 하자. 고무줄이 손가락을 당기는 힘을 쉽게 느낄 수 있다. 늘어난 고무줄이 용수철 같은 힘을 작용하기 때문이다. 고무줄을 이 길이만큼 늘일 때마다 매번 같은 힘이 작용한다. 이것을 기준 힘 F라고 할 것이다. 당연히 2개의 고무줄을 쓰면 한 고무줄이 당기는 것의 두 배의 힘이 작용하고, N개의 고무줄을 쓰면 힘 $F_{\text{net}} = NF$이 작용한다.

이제 1개의 고무줄을 1 kg 벽돌에 묶고 기준 길이만큼 늘이자. 물체는 손가락이 느꼈던 힘 F를 받을 것이다. 고무줄을 쓰면 크기를 알면서 재현이 가능한 힘을 물체에 가할 수 있다. 마찰이 없는 수평한 책상 위에서 고무줄을 이용해 벽돌을 당기는 것을 상상하자(가상 실험이기 때문에 마찰이 없는 책상을 상상할 수 있다. 그리고 실제로 에어쿠션에 물체를 올려놓으면 마찰을 거의 없앨 수 있다).

만약 여러분이 고무줄을 늘였다가 물체를 잡은 손을 놓으면, 물체는 여러분의 손 쪽으로 움직일 것이다. 그동안 고무줄은 짧아지고 당기는 힘은 감소한다. 당기는 힘을 일정하게 유지하려면, 여러분의 손을 고무줄의 길이가 바뀌지 않도록 정확한 속력으로 움직여야 한다. 그림 5.15a는 그런 실험을 보여준다. 이 실험이 끝나면, 물체의 움직임을 분석하기 위해 운동 도형(motion diagram)과 앞에서 배운 운동학을 이용해 운동을 해석할 수 있다.

이 실험의 가장 중요한 결론은 **일정한 힘으로 당겨지는 물체는 일정한 가속도로 움직인다**는 것이다. 즉, "힘은 무엇을 하는가?"라는 질문에 대한 답은 힘은 물체를 가속하게 하고, 일정한 힘은 일정한 가속도를 만든다는 것이다.

여러 개의 고무줄을 사용하여 힘을 증가시키면 어떤 일이 일어날까? 2개의 고무줄을 사용하면 힘이 두 배가 될 것이고, 3개, 4개, … 점점 늘려가면서 N개의 고무줄을

그림 5.15 일정한 힘으로 당겨지는 1 kg 벽돌의 운동 측정하기

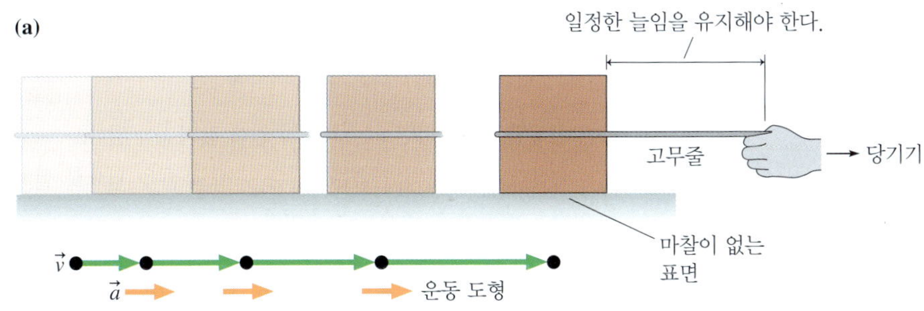

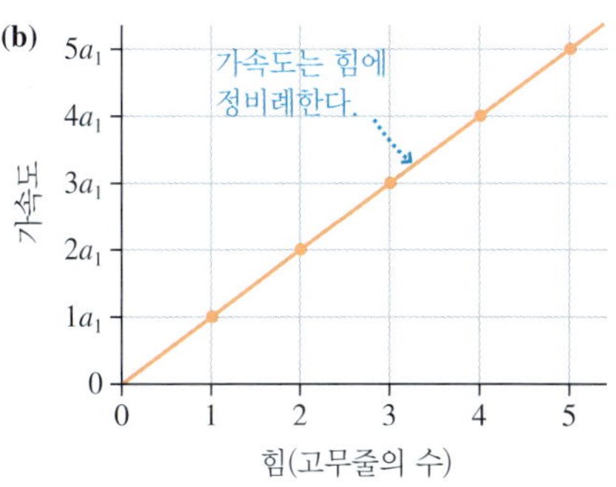

사용하면 벽돌에 작용하는 힘은 NF가 된다. 그림 5.15b는 이 실험의 결과를 보여준다. 힘을 두 배로 하면 가속도가 두 배가 되고, 힘을 세 배로 하면 가속도가 세 배가 되고, 그 다음도 그렇다는 것을 알 수 있다. 그래프는 두 번째 중요한 사실을 보여준다. **가속도는 힘에 정비례한다.** 이 결과는

$$a = cF \tag{5.2}$$

로 나타낼 수 있고, 여기서 비례 상수 c는 이 그래프에서의 기울기이다.

수학 이야기

비례성과 비례 추론

비례의 개념은 물리학에서 자주 발생한다. 만일

$$u = cv$$

이면, u로 표시된 양은 또 다른 v로 표시된 양에 **비례**한다. 여기서 c는(단위를 가질 수 있는) **비례 상수**(proportionality constant)이다. u와 v 사이의 이러한 관계는

$$u \propto v$$

라고 쓰고, 기호 $\propto$는 '비례함'을 의미한다.

만약 v가 $2v$로 두 배가 되면, u는 $c(2v) = 2(cv) = 2u$로 두 배가 된다. 일반적으로 v가 임의의 계수 f만큼 변경되면 u는 동일한 계수만큼 변경된다. 이것은 비례의 의미이다.

v-u 그래프는 기울기 c를 갖는 원점을 지나는 직선이다(수직 절편이 0이다). 비례는 u와 v 사이의 단순한 선형보다 더 구체적인 관계다. 선형 방정식 $u = cv + b$는 비례식과 같이 직선 그래프이지만, v를 두 배로 늘려도 u는 두 배가 되지 않고 (b가 0이 아닌 경우에는) 원점을 통과하지도 않는다.

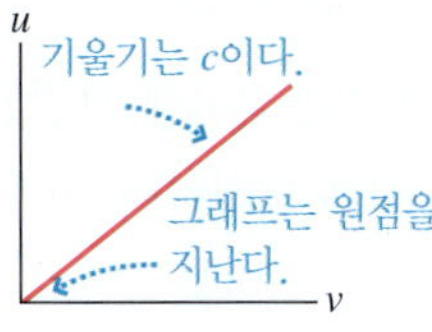

u는 v에 비례한다.

만약 $u \propto v$라면, $u_1 = cv_1$이고 $u_2 = cv_2$이다. 두 번째 방정식을 첫 번째 방정식으로 나누면

$$\frac{u_2}{u_1} = \frac{v_2}{v_1}$$

이다. 비율을 이용하면 c의 값을 몰라도 u에 대한 정보를 알 수 있다. (관계가 단순한 선형이라면 이것은 사실이 아닐 것이다.) 이를 **비례 추론**(proportional reasoning)이라고 한다.

비례는 선형 비례에 국한되지 않는다. 아래 그림의 왼쪽 그래프는 u가 w에 비례하지 않는다. 그러나 u와 $1/w^2$ 그래프는 원점을 지나는 직선이다. 따라서 이 경우 u는 $1/w^2$에 비례한다. 즉 $u \propto 1/w^2$이다. 이는 'u는 w의 역수의 제곱에 비례한다'고 할 수 있다.

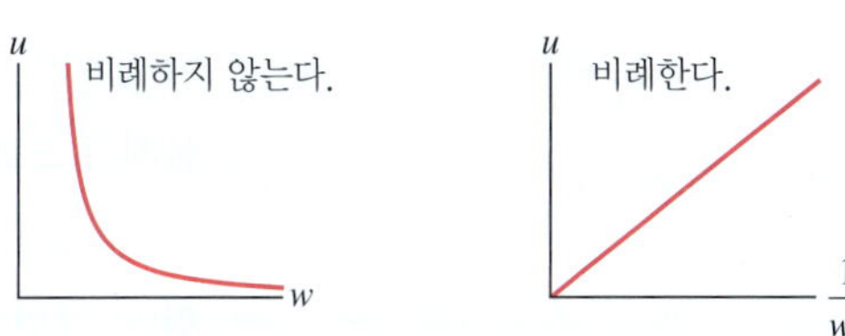

u는 w의 역수의 제곱에 비례한다.

(계속)

예제 u는 w의 역수의 제곱에 비례한다. w가 3배가 되면 u는 몇 배 바뀌는가?

풀이 이것은 비례 추론을 위한 예제로, 비례 상수를 알 필요가 없다. 만약 u가 $1/w^2$에 비례하면,

$$\frac{u_2}{u_1} = \frac{1/w_2^2}{1/w_1^2} = \frac{w_1^2}{w_2^2} = \left(\frac{w_1}{w_2}\right)^2$$

이다. $w_2/w_1 = 3$으로 w를 세 배 하면 $w_1/w_2 = \frac{1}{3}$이어서 u를

$$u_2 = \left(\frac{w_1}{w_2}\right)^2 u_1 = \left(\frac{1}{3}\right)^2 u_1 = \frac{1}{9} u_1$$

으로 바꾼다. w를 세 배 하면 u는 그것의 원래 값의 $\frac{1}{9}$이 된다.

많은 문제집과 단원 끝의 연습문제들은 비례 추론을 필요로 할 것이다. 이것은 배워야 할 중요한 기술이다.

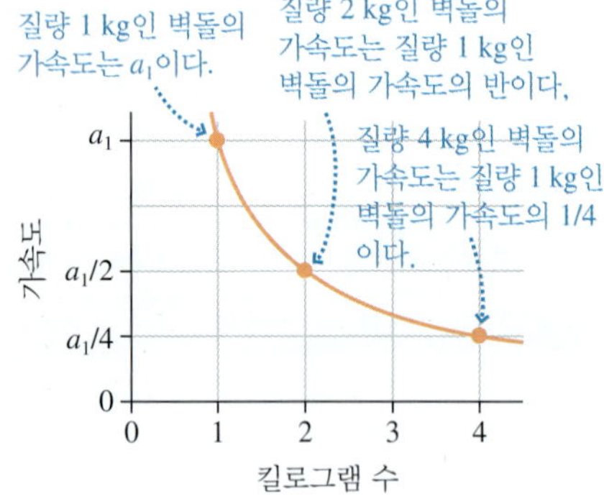

그림 5.16 가속도는 질량에 반비례한다.

다음은 가상 실험에서의 마지막 질문이다. 가속도는 잡아당겨지는 물체의 질량에 어떻게 좌우되는가? 이것을 알아내기 위해 동일한 힘(예로써, 고무줄의 기준 힘)을 2 kg 벽돌에 적용하고 다음으로 3 kg에, 그리고 계속 늘려나가면서 각각의 가속도를 측정하자. 이렇게 하면 그림 5.16에 나온 결과를 얻는다. 기존 벽돌에 대해 두 배의 질량을 가진 물체는 같은 힘을 받을 때 가속도가 절반 밖에 되지 않는다.

수학적으로, 그림 5.16은 반비례 그래프 중의 하나이다. 즉, **가속도는 물체의 질량에 반비례한다.** 만약 1 kg 질량을 1 m/s^{2}으로 가속시키는 힘을 힘의 기본 단위라 정의하면, 가속도는 작용한 힘에 정비례하고 물체의 질량에 반비례한다는 결과를

$$a = \frac{F}{m} \tag{5.3}$$

라는 하나의 식으로 쓸 수 있다. 즉,

$$1 \text{ 힘의 기본 단위} \equiv 1\ \text{kg} \times 1\ \frac{\text{m}}{\text{s}^2} = 1\ \frac{\text{kg}\cdot\text{m}}{\text{s}^2}$$

이다. 이 힘의 기본 단위를 뉴턴이라 한다.

> 1**뉴턴**은 1 kg 질량을 1 m/s^{2}로 가속시키는 힘이다. 뉴턴의 약어는 N이다. 수학적으로 1 N = 1 kg · m/s^{2}이다.

몇 가지 대표적인 힘들을 표 5.1에 나열했다. 보다시피 '일반적인' 물체들에 작용하는 힘들은 0.01~10,000 N의 범위에 있다.

표 5.1 대표적인 힘들의 근삿값

힘	근삿값(N)
25센트짜리 미국 동전의 무게	0.05
설탕 1/4 컵의 무게	0.5
1파운드 물체의 무게	5
집고양이의 무게	50
약 50 kg인 사람의 무게	500
자동차의 추력	5,000
작은 제트 엔진의 추력	50,000

질량

우리는 명확한 정의 없이 **질량**이라는 용어를 사용해왔다. 1장에서 배웠듯이, 질량의 SI 단위인 킬로그램은 파리의 금고에 보관된 특정 금속 조각에 기반한다. **질량**이란 물체가 포함하는 물질의 양을 의미하며, 그것은 확실히 질량에 대한 일상적인 개념이다. 이제 물체의 질량에 대한 엄밀한 정의는 힘에 반응하는 가속도를 사용하여 할 수 있다. 그림 5.16은 두 배의 질량을 가진 물체가 동일한 힘에 반응하여 단지 절반만큼 가속된다는 것을 보여준다. 물체가 더 무거울수록, 힘에 반응하여 가속하는 것이 더욱 어려워진다. 여러분은 이러한 생각에 익숙할 것이다. 차는 자전거에 비해 밀기가 훨씬 어렵다. 물체의 속도 **변화**에 저항(가속에 저항)하는 경향은 **관성**(inertia)이라고

한다. 결과적으로, 식 (5.3)에 사용된 질량, 운동의 변화에 대한 물체의 저항의 척도는 **관성 질량**(inertial mass)이라고 한다. 13장에서 뉴턴의 중력 법칙을 공부할 때, 질량에 대한 다른 개념으로 **중력 질량**을 공부하게 될 것이다.

5.5 뉴턴의 제2법칙

식 (5.3)은 중요한 발견이다. 하지만 우리의 실험은 하나의 힘이 작용하는 물체의 반응을 관찰하는 것으로 제한하였다. 실제로 물체는 각각 다른 방향을 향하는 $\vec{F}_1$, $\vec{F}_2$, $\vec{F}_3$, …의 여러 개의 힘을 받기 쉽다. 그러면 어떤 일이 생기는가? 이런 경우 가속도는 **알짜힘**에 의해 결정됨이 실험적으로 밝혀졌다.

뉴턴은 힘과 운동의 관계를 인지한 첫 번째 사람이다. 이 관계는 오늘날 **뉴턴의 제2법칙**(Newton's second law)으로 알려져 있다.

뉴턴의 제2법칙 힘 $\vec{F}_1$, $\vec{F}_2$, $\vec{F}_3$, …을 받는 질량 m인 물체는 다음의 식으로 주어진 가속도 $\vec{a}$를 갖는다.

$$\vec{a} = \frac{\vec{F}_{\text{net}}}{m} \tag{5.4}$$

여기서 알짜힘은 $\vec{F}_{\text{net}} = \vec{F}_1 + \vec{F}_2 + \vec{F}_3 \cdots$로서 물체에 작용하는 모든 힘들의 벡터 합이다. 가속도 벡터 $\vec{a}$는 알짜힘 벡터 $\vec{F}_{\text{net}}$와 같은 방향이다.

뉴턴의 제2법칙의 중요성은 아무리 강조해도 부족함이 없다. 힘과 가속도 사이에 간단한 관계가 있다는 것을 믿어야 할 이유는 없지만, 사실 둘 사이를 관계짓는 간단하지만 대단히 강력한 방정식이 있다. 중요한 점은 **물체는 알짜힘 벡터 $\vec{F}_{\text{net}}$ 방향으로 가속한다**는 것이다.

뉴턴의 제2법칙을 다음의 형식으로 다시 적을 수 있다.

$$\vec{F}_{\text{net}} = m\vec{a} \tag{5.5}$$

이것이 많은 교과서에서 본 공식이다. 식 (5.4)와 (5.5)는 수학적으로 동등하다. 하지만 식 (5.4)는 뉴턴 역학의 중심 아이디어를 더 잘 설명한다. 물체에 작용하는 힘은 물체를 가속하게 하는 원인이다.

물체는 힘이 작용하는 순간에만 반응한다는 것은 주목할 만하다. 물체는 오래전에 받은 힘을 기억하지 않는다. 이 아이디어를 때로 **뉴턴의 제0법칙**(Newton's zeroth law)이라 한다.

한 가지 예로 그림 5.17a는 2개의 밧줄에 의해 끌리는 상자를 보여준다. 밧줄들은 상자에 장력 $\vec{T}_1$과 $\vec{T}_2$를 작용한다. 그림 5.17b는 상자를 입자로 표현해서 상자에 작용하는 힘을 보여주고, 알짜힘 $\vec{F}_{\text{net}}$를 알아내기 위해서 기하학적으로 더한다. 상자는 다음의 가속도를 갖고 $\vec{F}_{\text{net}}$의 방향으로 가속할 것이다.

그림 5.17 끌리는 상자의 가속도

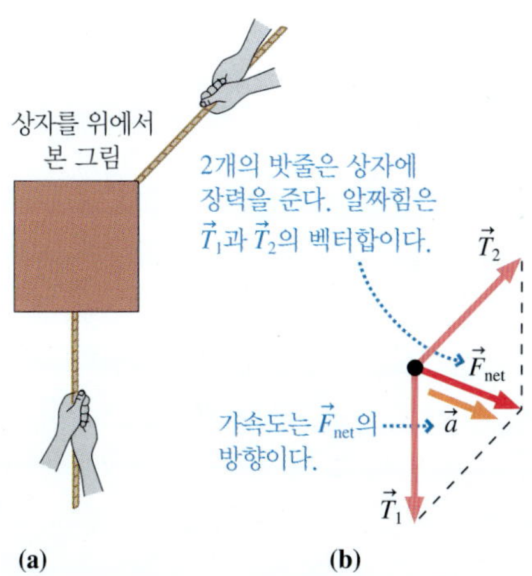

$$\vec{a} = \frac{\vec{F}_{net}}{m} = \frac{\vec{T}_1 + \vec{T}_2}{m}$$

힘은 상호작용이다

힘에 대한 또 다른 중요한 측면이 있다. 만일 문을 닫기 위해서 문(물체)을 밀면, 그 문은 손(행위자)을 되민다. 만일 견인줄이 자동차(물체)를 당기면, 자동차는 밧줄(행위자)을 되당긴다. 일반적으로, 행위자가 물체에 힘을 가하면, 물체는 행위자에게 힘을 가한다. 우리는 힘을 두 물체 사이의 **상호작용**으로 생각할 필요가 있다. 이러한 개념이 **뉴턴의 제3법칙**(Newton's third law)에 포함되어 있다. 모든 작용에는 크기가 같지만 방향이 반대인 반작용이 있다.

비록 상호작용의 관점이 힘을 보는 데 있어서 더 정확하지만, 이것은 너무 복잡하므로 여기서는 피하겠다. 당분간 우리는 하나의 물체가 그것에 가해진 힘에 어떻게 반응하는지에 초점을 맞출 것이다. 7장에서 뉴턴의 제3법칙과 둘 또는 더 많은 물체들이 어떻게 상호작용하는지 배울 것이다.

5.6 뉴턴의 제1법칙

2000년 동안 과학자들과 철학자들은 물체의 '자연적 상태(natural state)'는 정지해 있는 것이라 생각했다. 정지한 물체는 아무런 설명도 필요치 않다. 반면에 움직이는 물체는 자연적인 상태에 있는 것이 아니어서 설명이 필요하다. 왜 이 물체는 움직이고 있는가? 무엇이 이것을 계속 움직이게 하는가?

1600년대에 갈릴레오는 조절된 실험을 수행한 과학자들 중 하나였다. 마찰의 영향을 최소화한 실험에서 행한 많은 주의 깊은 측정들은 갈릴레오가 공기의 저항과 마찰이 없을 때 움직이는 물체는 속력을 잃지 않고 직선을 따라 영원히 계속 움직인다는 결론을 얻었다. 다시 말해서, 물체의 자연적 상태(외부의 영향이 없는 경우의 상태)는 정지하는 것이 아니라 일정한 속도를 갖는 **등속 운동**(uniform motion)인 것이다! '정지한 상태'는 운동에 대한 갈릴레오의 견해에서 특별한 의미가 아니다. 그것은 우연히 $\vec{v} = \vec{0}$를 갖는 단순한 등속 운동이다.

뉴턴이 이 결과를 일반화하였으므로 오늘날 이것을 **뉴턴의 제1법칙**(Newton's first law)이라고 한다.

> **뉴턴의 제1법칙** 물체에 작용하는 알짜힘이 0인 경우에, 그리고 오직 그런 경우에만 정지한 물체는 정지한 채로 있을 것이고, 운동하는 물체는 일정한 속도를 갖고 직선을 따라 계속해서 운동할 것이다.

뉴턴의 제1법칙은 **관성의 법칙**(law of inertia)으로 알려져 있다. 물체가 정지한 상태에 있다면, 그것은 정지한 상태로 머무르려는 경향이 있다. 만일 운동하고 있으면,

그것은 같은 속도(same velocity)로 계속 운동하려는 경향을 갖는다.

뉴턴의 제1법칙의 관점에서 '~인 경우에, 그리고 오직 그런 경우에만'을 주목하라. 만일 물체가 정지 상태에 있거나 등속도 운동을 하면, 물체에 작용하는 알짜힘이 없다고 결론을 내린다. 역으로 물체에 작용하는 알짜힘이 없다면, 물체는 일정한 속력뿐만 아니라 일정한 속도를 갖는다고 결론 내릴 수 있다. 방향 역시 일정하게 유지된다!

정지한 상태에 있거나 일정한 속도로 직선을 따라 움직이는 알짜힘이 0인 물체는 **역학적 평형**(mechanical equilibrium)에 있다고 말한다. 그림 5.18에서 보는 것처럼 역학적 평형에 있는 물체는 가속도를 갖지 않는다($\vec{a}=\vec{0}$).

그림 5.18 역학적 평형의 두 가지 예

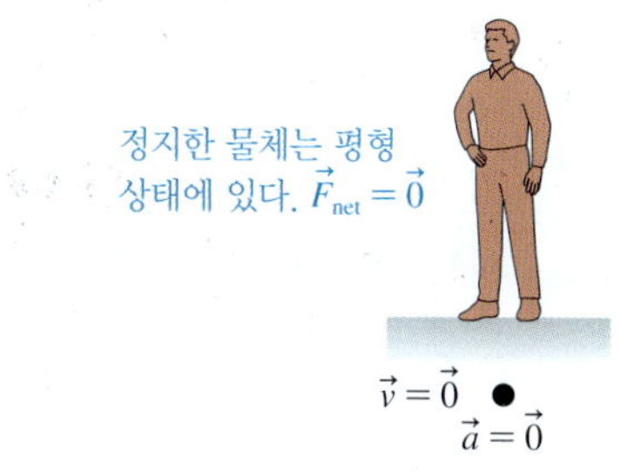

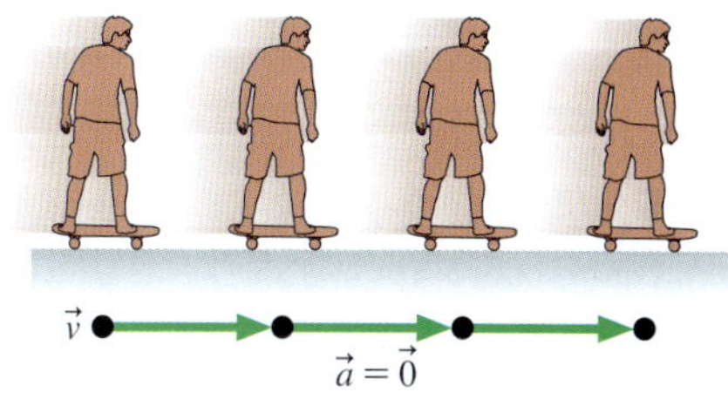

뉴턴의 제1법칙은 어떤 장점을 갖는가?

무엇이 물체를 운동하게 하는가? 뉴턴의 제1법칙은 **물체가 운동하는 데 아무것도 필요하지 않음**을 알려준다. 등속 운동은 물체의 자연스런 상태이다. 그 상태에 머무르기 위해서는 아무것도 필요치 않다. 뉴턴에 따르면 "물체의 속도를 변하게 하는 것은 무엇인가?"는 적절한 질문이다. 갈릴레오의 도움으로 뉴턴은 답을 주었다. **힘이 물체의 속도를 변하게 하는 것이다.**

앞의 문장은 뉴턴 역학의 본질을 포함하고 있다. 하지만 이 운동에 대한 새로운 관점은 우리의 일상 경험과 종종 충돌한다. 우리는 물체가 계속 운동하기 위해서는 물체에 힘을 주어 계속해서 밀어야 한다는 것을 아주 잘 알고 있다. 뉴턴은 우리에게 우리의 견해를 바꾸어, 우리의 개인적 관점보다 물체의 관점에서 운동을 생각하라고 요구하고 있다. 물체의 입장에서 우리가 미는 것은 물체에 작용하는 여러 힘들 중의 하나이다. 다른 것들로는 마찰력, 공기 저항 또는 중력이 포함된다. 알짜힘을 앎으로써 물체의 운동을 결정할 수 있다.

뉴턴의 제1법칙은 단순히 뉴턴의 제2법칙의 특별한 경우인 것처럼 보인다. 결국, 방정식 $\vec{F}_{net}=m\vec{a}$에 따르면 일정한 속도($\vec{a}=\vec{0}$)로 운동하는 물체는 $\vec{F}_{net}=\vec{0}$를 갖는다. 어려운 것은 뉴턴의 제2법칙이 힘이 무엇인지를 우리가 이미 알고 있다는 것을 가정하고 있다는 것이다. 뉴턴의 제1법칙의 목적은 평형 상태를 방해하는 어떤 것으로써 힘을 인식하는 것이다. 그러면 뉴턴의 제2법칙은 물체가 이 힘에 어떻게 반응하는지를 설명한다. 그러면 논리적 측면에서 뉴턴의 제1법칙은 제2법칙에 앞서는 독립된 진술이 된다. 하지만 이것은 다소 형식적인 구별이다. 교육적 측면에서는 앞에서 한 것처럼 힘에 대한 상식적 이해와 함께 뉴턴의 제2법칙을 먼저 다루는 것이 더 좋다.

관성계

안전벨트를 매고 있지 않으면 자동차가 갑자기 멈출 때 아마도 앞 유리로 내던져질지도 모른다. 여러분은 자동차에 대하여 매우 실질적인 앞방향의 가속도를 갖는다. 그런데 여러분을 앞으로 미는 힘이 있는가? 힘은 물체와 접촉하고 있는 알 수 있는 행위

이 친구는 그를 앞 유리로 던지는 힘이 있다고 생각한다. 얼마나 바보스러운가!

자에 의해 밀거나 당겨진다. 여러분이 앞으로 밀리는 것 같지만, 미는 행위자는 없다.

명백한 힘이 없는 가속도의 어려움은 적절치 못한 기준계를 사용함에 기인한다. 자동차에 고정된 기준계에 대하여 측정된 가속도는 지면에 기준을 둔 기준계에 대하여 측정된 가속도와 같지 않다. 뉴턴의 제2법칙은 $\vec{F}_{\text{net}} = m\vec{a}$이다. 그런데 $\vec{a}$는 어떤 것인가? 어떤 기준계에서 측정된 것인가?

뉴턴의 제1법칙이 타당한 기준계를 **관성계**(inertial reference frame)라고 정의한다. 만일 $\vec{F}_{\text{net}} = \vec{0}$일 때 $\vec{a} = \vec{0}$(정지 상태이거나 일정한 속도로 운동하는 물체)이면, 벡터 $\vec{a}$가 측정된 기준계는 관성계이다.

모든 기준계가 관성계는 아니다. 그림 5.19a는 항공기에서 일정한 속도로 비행하는 물리학과 학생을 보여준다. 만일 학생이 바닥에 공을 놓으면, 그 공은 거기에 머무른다. 수평 힘들이 없다. 그래서 공이 항공기에 대하여 정지한 상태로 남아 있다. 즉 $\vec{F}_{\text{net}} = \vec{0}$일 때 항공기의 기준계에서 $\vec{a} = \vec{0}$이다. 뉴턴의 제1법칙이 만족된다. 따라서 이 항공기는 관성계이다.

그림 5.19 관성계들

(a) 일정한 속력으로의 비행

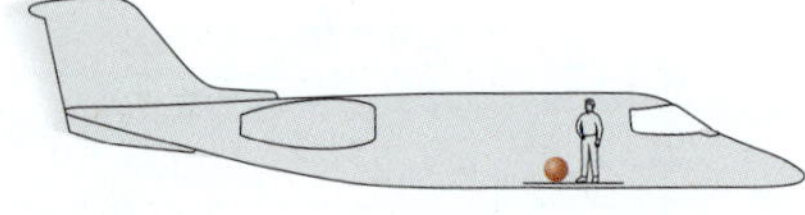

공은 그 장소에 머물러 있다. 항공기는 관성계이다.

(b) 이륙하는 동안 가속

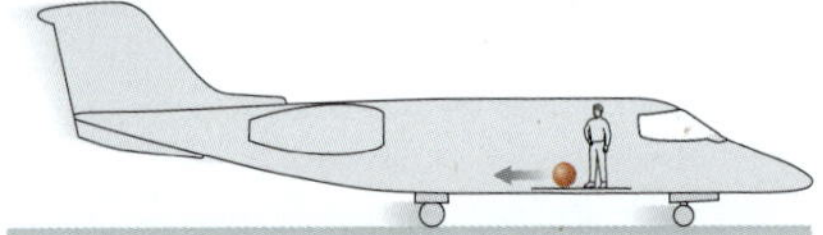

수평 힘은 없지만 공은 뒤쪽으로 가속한다. 항공기는 관성계가 아니다.

그림 5.19b에서 물리학과 학생은 이륙하는 동안 똑같은 실험을 한다. 학생은 항공기가 활주로를 가속하여 출발하는 동안 공을 바닥에 조심스럽게 놓는다. 여러분은 무슨 일이 생길지 상상할 수 있다. 승객들이 그들의 등받이 쪽으로 밀리는 동안 공은 항공기의 뒤로 구른다. 공에 작용하는 수평의 접촉힘은 전혀 작용하지 않는데 공은 항공기의 기준계에서 가속한다. 이것은 뉴턴의 제1법칙에 어긋나므로, 항공기는 이륙하는 동안에는 관성계가 아니다.

첫 번째 예에서 항공기는 일정한 속도로 운동한다. 두 번째 예에서 항공기는 가속하고 있다. **가속하는 기준계는 관성계가 아니다.** 뉴턴의 법칙들은 가속하는 기준계에서는 타당하지 않다.

지구는 자전축에 대해 회전하고 태양에 대해 궤도 운동을 하므로 정확하게는 관성계가 아니다. 하지만 지구의 가속도가 매우 작아서 뉴턴의 법칙에서 벗어나는 일은 매우 정밀한 실험에서나 측정될 수 있다. 여기서는 지구와 지구에 고정된 실험실들을 근사적으로 아주 잘 정의된 관성계로 다룰 것이다.

감속하는 자동차 안의 승객의 운동을 이해하기 위해서 지면에 대한 속도와 가속도를 측정할 필요가 있다. 자동차가 감속하는 동안, 뉴턴의 제1법칙에 의해 기대되는 것처럼 지면 위 관찰자의 관점에서는 정지하려는 자동차 안의 승객의 몸은 일정한 속도로 계속 운동하려고 한다. 승객은 앞 유리로 내던져지는 것이 아니다. 앞 유리가 승객에게로 다가오는 것이다.

힘에 대한 생각

물체에 작용하는 모든 힘을 올바르게 파악하는 것은 중요하다. 실제로 작용하지 않는 힘들을 포함하지 않는 것도 똑같이 중요하다. 힘들을 파악하기 위한 세 가지 중요한 기준은 다음과 같다.

- 힘에는 행위자가 있다. 실제로 존재해서 확인할 수 있는 어떤 물체가 힘의 원인이다.
- 힘의 행위자와 힘을 받는 물체가 접촉하고 있는 곳에(장거리힘이 작용하는 몇 가지 특별한 경우는 제외) 힘이 존재한다.
- 과거에 일어났던 일에 의한 것이 아니고, **현재** 발생하고 있는 상호작용에 의해 힘이 존재한다.

매끄러운 마루를 따라 구르는 볼링공을 생각하자. 수평의 '운동의 힘'이 그것을 앞으로 계속 움직이게 한다고 생각하기 쉽다. 하지만 마루를 제외하고는 **아무것도** 공에 **닿아있지 않다**. 공을 앞으로 미는 행위자는 아무도 없다. 그래서 정의에 따르면, 공을 앞으로 운동하게 하는 '운동의 힘'은 **없다**. 무엇이 공을 계속 운동하게 하는가? 뉴턴의 제1법칙에 대한 논의를 생각하자. 어떤 것도 물체를 일정한 속도로 운동하게 하는데 필요하지 않다. 관성 때문에 공은 단순히 앞으로 계속 운동한다.

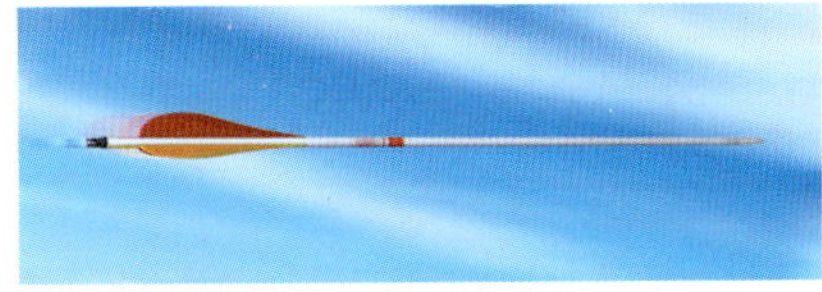
'운동의 힘' 또는 이 화살을 앞으로 나가게 하는 어떤 힘도 없다. 관성 때문에 이 화살은 계속 앞으로 운동한다.

만일 공을 던진다면 유사한 문제가 생긴다. **공을 던지기** 위해 공을 가속시키기 위해서는 실제로 미는 힘이 필요하다. 하지만 공이 손을 떠나는 순간 그 힘은 사라진다. 공이 공중으로 움직일 때 힘은 공에 작용하지 않는다. 한 번 공이 속도를 얻으면, 공은 그 속도로 움직이기 위해 **아무것도** 필요로 하지 않는다.

5.7 자유 물체 도형

무엇이 힘이고 힘이 아닌지 길게 논의해 와서, 힘과 운동에 대한 지식을 **자유 물체 도형**이라는 하나의 도형으로 종합할 준비가 되었다. 다음 장에서 자유 물체 도형으로부터 운동 방정식을 어떻게 쓰는지를 배울 것이다. 방정식의 풀이는 아마도 어려운 수학적 훈련일 수도 있지만 어쨌든 컴퓨터의 도움으로 풀 수 있다. 단순한 계산과 구별되는, 문제를 물리학적으로 이해하는 단계는 자유 물체 도형을 만들면서 이루어진다.

문제를 그림으로 표현하는 **자유 물체 도형**(free-body diagram)은 물체를 입자로 나타내고, 그 물체에 작용하는 모든 힘을 표시한다.

풀이 전략 5.3

자유 물체 도형 그리기

- **물체에 작용하는 모든 힘들을 확인한다.** 이 단계는 풀이 전략 5.2에서 설명하였다.
- **좌표계를 그린다.** 그림 표현에 정의된 좌표축들을 사용한다.
- **물체를 좌표축의 원점에 점으로 나타낸다.** 물체의 입자 모형이다.
- **확인한 각각의 힘들을 나타내는 벡터를 그린다.** 이것은 풀이 전략 5.1에서 설명하였다.
- **알짜힘 벡터를 $\vec{F}_{net}$로 쓰고 그린다.** 입자 위가 아니라 도형 옆에 이 벡터를 그린다. 만일 필요하다면 $\vec{F}_{net}=\vec{0}$를 쓴다. 그리고 $\vec{F}_{net}$가 운동 도형에서 가속도 벡터 $\vec{a}$와 같은 방향을 가리키는지 확인한다.

예제 5.4 위로 가속하는 승강기

케이블에 달린 승강기가 1층에서 위로 올라가며 속력을 높인다. 힘들을 파악하고 승강기의 자유 물체 도형을 그리시오.

핵심 승강기를 입자로 모형화한다.

시각화

그림 5.20 위로 가속하고 있는 승강기의 자유 물체 도형

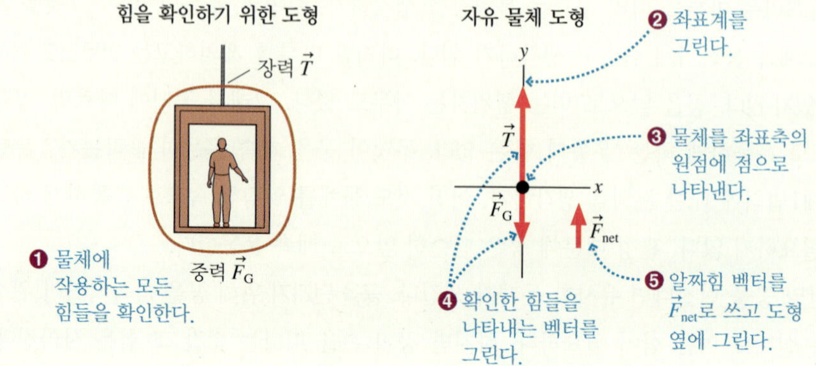

검토 운동을 그림으로 표현할 때 좌표축을 사용하고, 보통 수직 방향을 y축으로 표시한다. 승강기는 위로 가속하고 있어서 $\vec{F}_{net}$는 위 방향이어야 한다. 이것이 맞으려면, $\vec{T}$의 크기는 $\vec{F}_G$의 크기보다 커야 한다. 도형은 그렇게 그려졌다.

예제 5.5 얼어 있는 호수 위에 얼음 덩어리 쏘기

보비는 작은 모형 로켓을 얼음 덩어리에 묶어서 얼어 있는 호수의 매끄러운 표면 위로 쏘았다. 마찰은 무시할 수 있다. 얼음 덩어리의 그림 표현을 그리시오.

핵심 얼음 덩어리를 입자로 모형화한다. 그림 표현은 $\vec{a}$를 결정하기 위한 운동 도형, 힘을 확인하기 위한 도형, 자유 물체 도형으로 구성된다. 마찰은 무시할 수 있다.

시각화 그림 5.21 마찰이 없는 얼어 있는 호수 위로 쏘아진 얼음 덩어리의 그림 표현

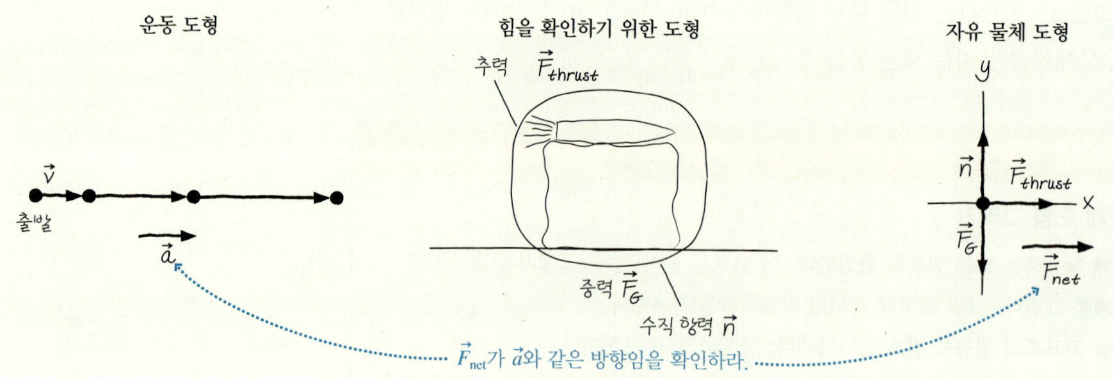

검토 운동 도형은 가속도가 양의 x방향임을 알려준다. 그러려면 벡터의 덧셈 규칙에 따라 위 방향의 $\vec{n}$와 아래 방향의 $\vec{F}_G$가 크기가 같아서 서로 상쇄되어야 한다. 자유 물체 도형의 벡터들은 그렇게 그려져서 운동 도형에서의 $\vec{a}$와 방향이 일치하도록 알짜힘 벡터가 오른쪽을 향하도록 되어 있다.

예제 5.6 언덕 위로 끌려 올라가는 스키 타는 사람

밧줄이 눈 덮인 언덕 위로 일정한 속력으로 스키 타는 사람을 끌어 당긴다. 이 사람의 그림 표현을 그리시오.

핵심 예제 5.2에서 스키 타는 사람이 있었다. 지금은 이 사람이 일정한 속력으로 움직이는 경우다. 스키 타는 사람은 **역학적 평형**에서 입자로 모형화된다. 이런 상황의 운동학 문제를 다룬다면, x축이 경사면과 나란히 기울어진 좌표계를 사용해야 계산이 간단해진다. 따라서 자유 물체 도형에서도 똑같이 기울어진 좌표축을 사용할 것이다.

시각화 그림 5.22 일정한 속력으로 끌려가는 스키 타는 사람에 대한 그림 표현

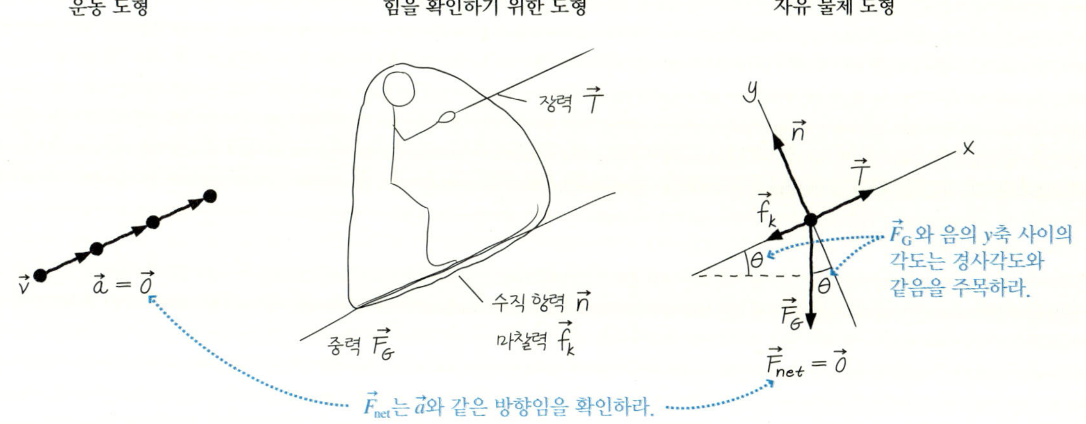

검토 $\vec{T}$는 경사와 평행하게 끌어당기고 $\vec{f}_k$는 경사의 아래쪽을 향해 운동 방향과 반대로 당긴다. 수직 항력 $\vec{n}$은 표면에 수직이어서 y축 방향이다. 결국 중력 $\vec{F}_G$는 음의 y축 방향이 아닌 수직으로 아래 방향이라는 점이 중요하다. 사실 기하학으로부터 $\vec{F}_G$ 벡터와 음의 y축과의 사이의 각 θ는 수평으로부터의 경사면의 각도 θ와 같다는 것을 확인할 수 있어야 한다. 스키 타는 사람은 직선의 일정한 속력으로 움직인다. $\vec{a} = \vec{0}$이어서 뉴턴의 제1법칙으로부터 $\vec{F}_{net} = \vec{0}$이다. 그러므로 $\vec{F}_G$의 y성분을 $\vec{n}$의 크기와 같게 그렸다. 마찬가지로 $\vec{T}$는 $\vec{f}_k$와 $\vec{F}_G$ 둘의 음의 x성분에 맞도록 충분히 커야 한다.

자유 물체 도형은 다음 몇 장에 걸쳐 필요한 주요한 도구이다. 이 장의 예제와 연습문제를 주의 깊게 공부하면 다음 장에서의 학습에 직접적인 도움이 된다. 실제로 여러분이 자유 물체 도형을 완성한다면 문제의 반 이상을 풀었다고 생각해도 된다.

서술형 질문

1. 케이블에 의해 매달린 승강기가 일정한 속도로 내려가고 있다. 얼마나 많은 힘 벡터를 자유 물체 도형에 나타내어야 하는가? 그것들의 이름을 적으시오.
2. 벽돌이 3층 건물의 지붕에서 떨어지고 있다. 얼마나 많은 힘 벡터를 자유 물체 도형에 나타내어야 하는가? 그것들의 이름을 적으시오.
3. 공을 수직 위로 던진다. 공을 던지고 난 바로 후에, 어떤 힘 또는 힘들이 공에 작용하는가? 각각의 힘들의 이름을 쓰시오. (a) 접촉힘인지 장거리힘인지 쓰시오. (b) 힘의 행위자를 밝히시오.
4. 일정한 힘을 받는 물체가 5 m/s^2으로 가속한다. 다음의 경우에 이 물체의 가속도는 얼마인가? 설명하시오.
   a. 힘이 $\frac{1}{2}$배인 경우
   b. 질량이 $\frac{1}{2}$배인 경우
   c. 힘과 질량이 모두 $\frac{1}{2}$배인 경우
5. 물체가 정지해 있다면, 그 물체에 작용하는 힘이 없다고 결론지을 수 있는가? 설명하시오.
6. "물체는 항상 물체에 작용하는 알짜힘의 방향으로 운동한다."는 표현이 진실인지 거짓인지를 설명하시오.
7. 물체에 작용하는 알짜힘이 0이 아닐 때에도 물체의 속력이 일정하게 유지되는 조건은 무엇인가?
8. 그림 Q5.8은 원의 4분의 3 되는 속이 빈 관이다. 이것은 책상 위에 수평으로 놓여 있다. 빠른 속력으로 공을 관 속으로 쏜다. 공이 다른 쪽 끝으로 나올 때, 공이 A, B, C 중 어느 경로로 나오겠는가? 설명하시오.

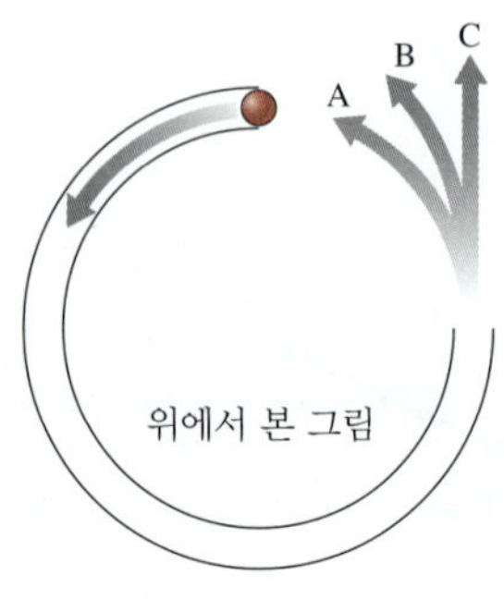

그림 Q5.8

9. 젊은 성인의 이를 바르게 정렬하기 위해 사용하는 치열 교정기는 약 30 N의 장력을 갖는 강철선으로 만들어진다. 이 힘은 하나의 이를 부술 수도 있지만, 이 교정기는 오랜 시간 동안 이를 바르게 정렬하는 데 도움을 준다. 이것이 어떻게 가능한가?

연습문제

연습

5.3 힘 확인하기

1. | 자동차가 가파른 언덕에 주차되어 있다. 자동차에 작용하는 힘들을 알아보시오.
2. | 야구선수가 2루 베이스로 미끄러진다. 야구선수에게 작용하는 힘들을 알아보시오.
3. || 화살이 방금 활로부터 쏘아져서 수평으로 운동하고 있다. 공기 저항은 무시할 수 없다. 화살에 작용하는 힘들을 알아보시오.

5.4 힘은 무엇을 하는가?

4. | 어떤 물체를 당기는 2개의 고무줄은 물체를 1.2 m/s^2으로 가속하게 한다.
   a. 만일 그 물체가 4개의 고무줄에 의해 당겨지면 물체의 가속도는 얼마인가?
   b. 만일 그 물체와 동일한 2개의 물체가 함께 붙여진 것이 2개의 고무줄에 의해 당겨지면 가속도는 얼마인가?
5. || 그림 EX5.5는 고무줄들에 의해 당겨지는 세 가지 물체에 대한 힘-가속도 그래프이다. 물체 2의 질량은 0.20 kg이다. 물체 1과 물체 3의 질량들은 얼마인가? 여러분의 추론을 설명하시오.

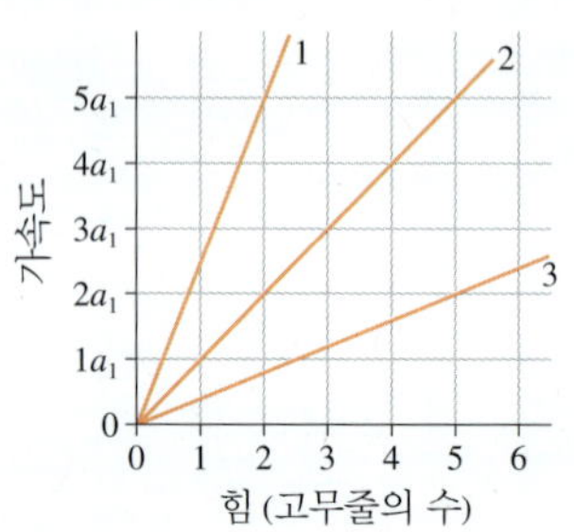

그림 EX5.5

6. ‖ 두 전하들 사이의 퍼텐셜 에너지는 그들 사이의 거리에 반비례한다는 것을 25장에서 배우게 된다. 거리가 30 nm 떨어진 두 전하는 1.0 J의 퍼텐셜 에너지를 갖는다. 만일 그들이 10 nm 떨어져 있으면 그들의 퍼텐셜 에너지는 얼마인가?

5.5 뉴턴의 제2법칙

7. | 그림 EX5.7은 질량 500 g인 물체의 힘-가속도 그래프이다. 수직축 눈금의 빈칸의 가속도 값은 얼마인가?

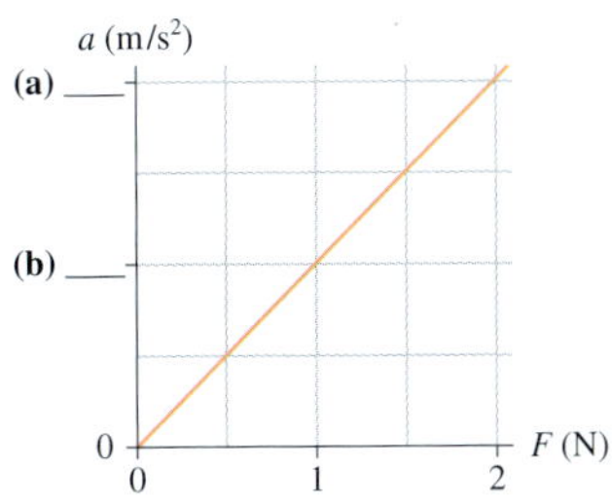

그림 EX5.7

8. | 그림 EX5.8은 어떤 물체의 힘-가속도 그래프이다. 물체의 질량은 얼마인가?

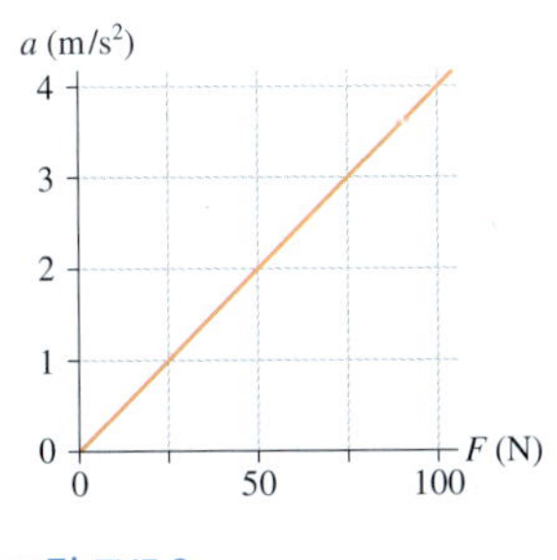

그림 EX5.8

5.6 뉴턴의 제1법칙

문제 9–10은 평형 상태에 있는 어떤 물체에 작용하는 3개의 힘 중에 2개를 보여준다. 세 번째 힘을 $\vec{F}_3$로 표시하시오.

9. ‖

10. ‖

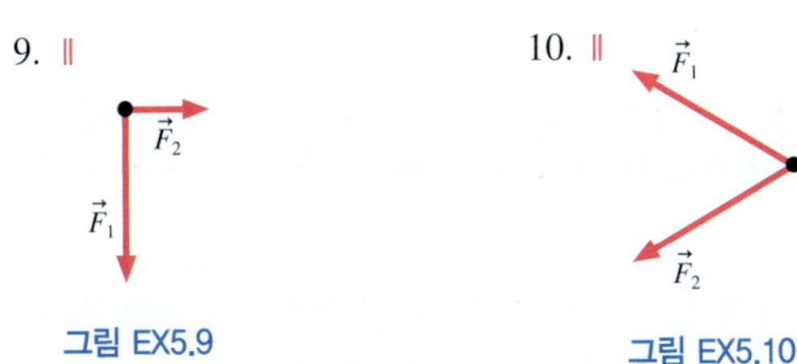

그림 EX5.9

그림 EX5.10

5.7 자유 물체 도형

11. | 그림 EX5.11은 자유 물체 도형이다. 이것이 어떤 실제 물체에 대한 올바른 자유 물체 도형이 될 수 있는지 간단한 설명을 쓰시오. 그럴 듯한 설명의 모델로 예제 5.4, 5.5, 그리고 5.6을 사용하시오.

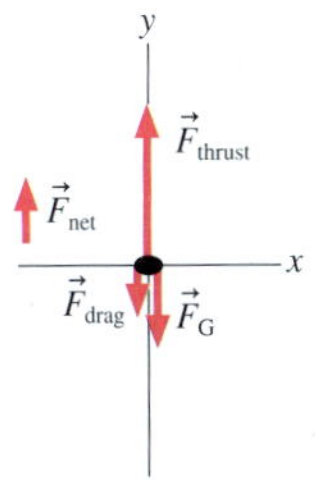

그림 EX5.11

문제 12–14는 어떤 상황을 설명한다. 각각에 대하여 그 물체에 작용하는 모든 힘들을 파악하고 자유 물체 도형을 그리시오.

12. | 고양이가 창틀에 앉아 있다.

13. | 물리 교과서가 책상 위에서 미끄러진다.

14. | 제트 비행기가 이륙하는 동안 활주로에서 가속한다. 마찰은 무시하지만 공기의 저항은 무시할 수 없다.

문제

15. | 질량 2.0 kg의 물체가 x축을 따라 운동하는 동안 x성분의 힘 F_x가 물체에 작용한다. 시간에 따른 물체의 가속도 그래프는 그림 P5.15이다. 시간에 따른 F_x의 그래프를 그리시오.

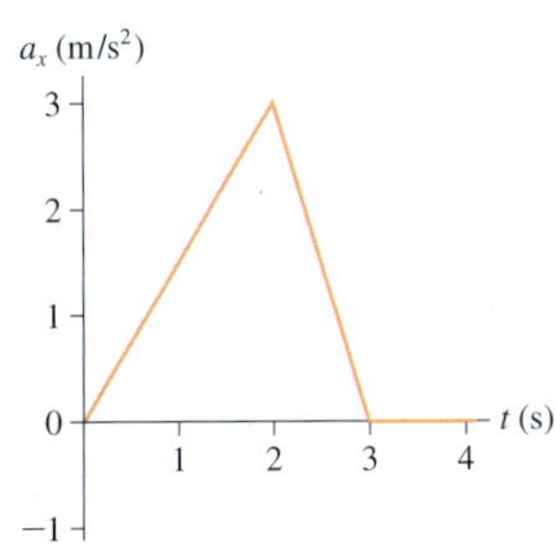

그림 P5.15

16. | 질량 2.0 kg의 물체가 x축을 따라 운동하는 동안 x성분의 힘 F_x가 물체에 작용한다. 그림 P5.16은 시간의 함수로 표현한 F_x 그래프이다. 이 물체의 시간에 대한 가속도 그래프를 그리시오.

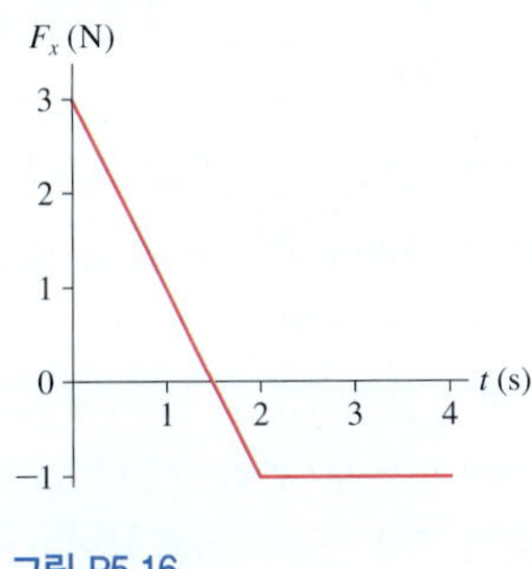

그림 P5.16

17. | 일정한 힘이 어떤 물체에 작용해서, 그 물체의 가속도가 6.0

m/s^2이 되었다. 다음의 경우에 가속도는 얼마인가?

a. 힘이 두 배가 된다.

b. 물체의 질량이 두 배가 된다.

c. 힘과 물체의 질량이 모두 두 배가 된다.

d. 힘은 두 배이고 물체의 질량은 반이 된다.

문제 18–20은 어떤 자유 물체 도형을 나타낸다. 각각에 대하여

a. 가속도 벡터 $\vec{a}$의 방향을 확인하고, 도형 옆에 벡터로 표시하시오. 필요한 경우 $\vec{a}=\vec{0}$을 쓰시오.

b. 가능하다면, 속도 벡터 $\vec{v}$의 방향을 확인하고, 이름을 붙이시오.

c. 이것이 어떤 실제 물체에 대한 올바른 자유 물체 도형이 되도록 간단한 설명을 쓰시오. 그럴듯한 설명의 모델로 예제 5.4, 5.5, 그리고 5.6을 사용하시오.

18. | 19. |

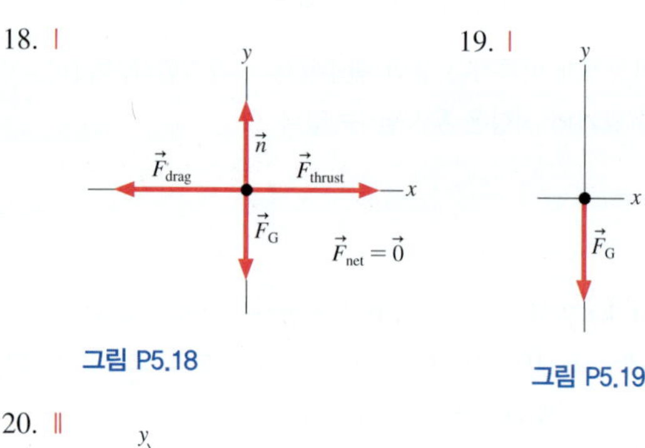

그림 P5.18

그림 P5.19

20. ||

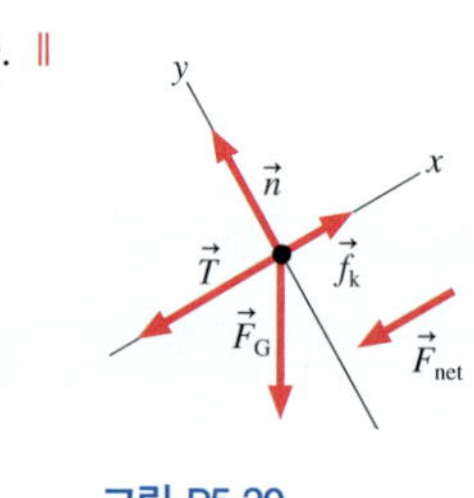

그림 P5.20

21. || 실험실에서 수레의 가속도를 측정하기 위해 초음파 운동 측정 장치(ultrasonic motion detector)를 사용하면서 4개의 알려진 힘들로 수레를 추진한다. 자료는 다음과 같다.

힘(N)	가속도(m/s^2)
0.25	0.5
0.50	0.8
0.75	1.3
1.00	1.8

a. 직선의 기울기로부터 수레의 질량을 결정하기 위해 이 자료로 어떻게 그래프를 그려야 하는가? 즉 수평축과 수직축에 어떤 값들을 나타내어야 하는가?

b. 비록 측정은 하지 않았지만 첨가하기에 적절한 또 다른 자료점(data point)이 있는가? 만일 그렇다면 무엇인가?

c. 수레의 질량으로 가장 알맞은 값은 무엇인가?

문제 22–26은 어떤 상황을 설명한다. 각각에 대하여 운동 도형, 힘을 확인하기 위한 도형, 그리고 자유 물체 도형을 그리시오.

22. || 로켓이 수직 위로 발사되고 있다. 공기 저항은 무시할 수 없다.

23. | 암벽 등반가가 수직 벽을 일정한 페이스로 위로 오르고 있다.

24. | 방금 한 학생이 찬 길가의 돌이 콘크리트를 따라서 미끄러지고 있다.

25. || 높은 다리에서 번지점프를 하면 번지 줄이 펴지는 동안 번지 점프 하는 사람은 아래 방향으로 운동한다.

26. || 용수철 장전총은 플라스틱 공을 발사한다. 방아쇠가 바로 당겨져서 공이 총신을 따라 움직이기 시작한다. 총신은 수평이다.

27. || 곤충세계의 점프 챔피언 매미충은 4 m/s^2으로 수직으로 점프 할 수 있다. 곤충이 지면을 떠나기 전 점프 그 자체는 단지 1 ms 동안 지속된다.
BIO

a. 점프가 진행되고 있는 동안 이 강력한 도약자의 자유 물체 도형을 그리시오.

b. 점프가 진행되고 있는 동안 지면이 매미충에게 주는 힘은 매미충에 작용하는 중력보다 큰가, 작은가, 또는 같은가? 설명하시오.

28. || 시속 120 km의 속력을 갖는 질량 850 kg의 자동차를 50 m의 거리 내에서 정지시키기 위해서 필요한 평균 알짜힘은 얼마인가? 답으로부터 여러분은 어떤 결론을 이끌어낼 수 있는가?

29. || 고무공은 되튀어 오른다. 우리는 고무공이 어떻게 되튀어 오르는지 이해하려고 한다.

a. 고무공이 마루에 떨어져서 되튀어 오른다. 공이 마루와 접촉하고 있는 짧은 시간 간격 동안 운동 도형을 그리시오. 공이 압축하는 4 또는 5 장면 그리고 공이 팽창하는 4 또는 5 장면을 그리시오. 운동의 이 부분들 각각에서 $\vec{a}$의 방향은 무엇인가?

b. 마루와 접촉하고 있는 공의 그림을 그리고, 공에 작용하는 모든 힘들을 파악하시오.

c. 공이 지면과 접촉하고 있는 동안 공의 자유 물체 도형을 그리시오. 공에 작용하는 알짜힘이 있는가? 만일 있다면 어느 방향인가?

d. '공은 어떻게 되튀어 오르나?'라는 질문에 답을 하기 위해 문항 a부터 c에서 여러분이 찾은 내용을 설명하는 글을 작성하시오.

6 동역학 I: 직선 운동
Dynamics I: Motion Along a Line

제트 엔진의 강력한 추력은 어마어마한 항공기를 1마일보다 작은 거리에서 150 mph의 속력까지 가속하게 한다.

이 장에서는 선형 힘과 운동의 문제를 푸는 것을 배운다.

뉴턴의 법칙들은 문제를 풀 때 어떻게 이용되는가?

뉴턴의 제1, 제2법칙들은 벡터 방정식들이다. 그것들을 사용하기 위해서는

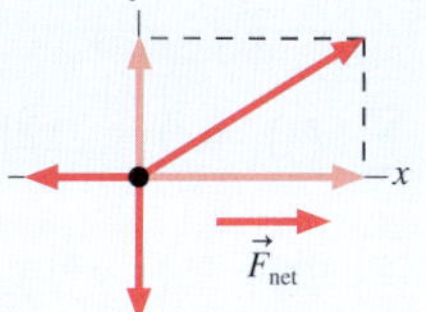

- 자유 물체 도형을 그린다.
- 자유 물체 도형으로부터 힘의 x와 y성분을 읽는다.
- 다음 두 식들을 사용한다.
  $\sum F_x = ma_x$, $\sum F_y = ma_y$.

동역학 문제는 어떻게 푸는가?

물체에 작용하는 알짜힘은 물체를 가속시킨다.

- 작용하는 힘들을 파악하고 자유 물체 도형을 그린다.
- 뉴턴의 제2법칙을 이용하여 물체의 가속도를 알아낸다.
- 운동학을 사용하여 속도와 위치를 구한다.

« 되돌아보기: 2.4절~2.6절 운동학

평형 문제는 어떻게 푸는가?

정지하거나 일정한 속도로 움직이는 물체는 알짜힘이 없는 평형 상태에 있다.

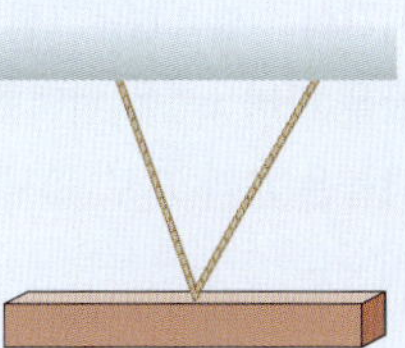

- 힘을 파악하고 자유 물체 도형을 그린다.
- 뉴턴의 제2법칙($a = 0$)을 사용하여 모르는 힘을 구한다.

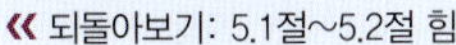
« 되돌아보기: 5.1절~5.2절 힘

질량과 무게란 무엇인가?

질량과 무게는 같지 않다.

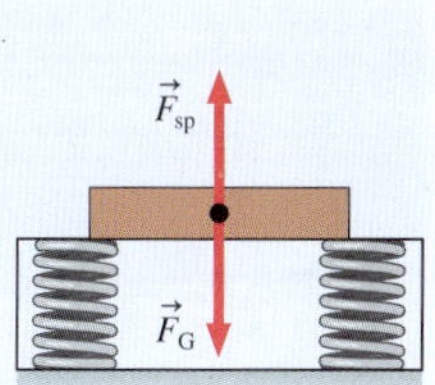

- 질량은 물체의 관성을 설명한다. 대략 말해서, 질량은 어떤 물체에서 물질의 양이다. 이것은 모든 곳에서 같다.
- 중력은 힘이다.
- 무게는 저울 위에서 물체의 무게를 측정한 결과이다. 이것은 질량, 중력, 그리고 가속도에 의존한다.

마찰과 끌림을 어떻게 모형화해야 하는가?

마찰과 끌림은 복잡한 힘들이다. 하지만 각각에 대해 간단한 모형을 만들 것이다.

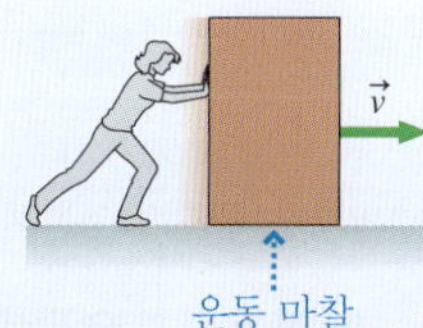

- 정지, 운동, 굴림 마찰들은 마찰 계수에 의존하고 물체의 속력에 의존하지 않다.
- 끌림은 물체의 속력의 제곱과 단면적에 의존한다.
- 떨어지는 물체는 끌림과 중력이 균형을 이룰 때, 종단 속력에 도달한다.

문제들을 어떻게 풀어야 하는가?

문제 풀이 전략으로 네 단계를 따른다.

- 물체들과 힘들에 대한 정보를 사용하여 문제를 모형화한다.
- 그림 표현을 사용하여 상황을 시각화한다.
- 뉴턴의 법칙들로 문제를 설정하고 푼다.
- 결과를 검토하여 결과가 타당한지 살펴본다.

6.1 평형 모형

우리는 운동학으로 물체가 어떻게 움직이는지 기술할 수 있다. 하지만 우리의 목표는 그 이상이다. 우리는 물체의 운동이 왜 그런지를 설명하고자 한다. 갈릴레오와 뉴턴은 힘에 의해서 운동이 결정된다는 것을 발견했다. 알짜힘이 없는 경우에 물체는 정지해 있거나 일정한 속도로 움직인다. 그것의 **가속도는 0**이다. 이것이 우리가 설명하는 첫 번째 모형, 즉 **평형 모형**의 기초를 이룬다.

모형 6.1

역학적 평형

물체에 작용하는 알짜힘이 0인 물체에 대하여

- 물체를 가속도가 없는 입자로 모형화
  - 정지한 입자는 평형 상태에 있다.
  - 일정한 속력으로 직선으로 움직이는 입자도 평형 상태에 있다.
- 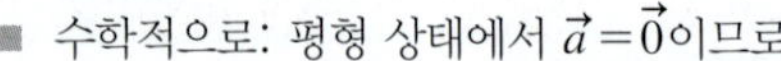
  수학적으로: 평형 상태에서 $\vec{a} = \vec{0}$이므로
  - 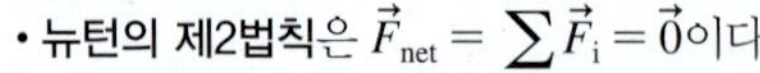
    뉴턴의 제2법칙은 $\vec{F}_{\text{net}} = \sum_i \vec{F}_i = \vec{0}$이다.
  - 작용하는 힘들은 자유 물체 도형으로부터 '읽는다'.
- 한계: 이 모형은 힘들의 균형이 깨지면 맞지 않는다.

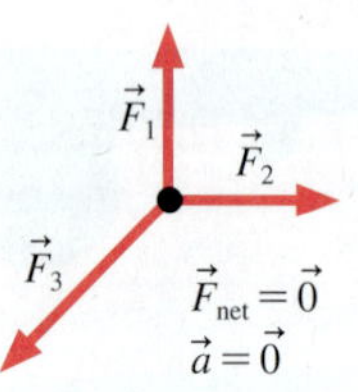

물체가 정지해 있거나 일정한 속도로 움직인다.

평형의 개념은 다리처럼 정지한 물체의 공학적 해석의 기본이다.

뉴턴의 법칙들은 벡터 방정식들이다. 평형의 조건은 $\vec{F}_{\text{net}} = \vec{0}$ 그래서 $\vec{a} = \vec{0}$이고, 다음 2개의 방정식으로 분해된다.

$$(F_{\text{net}})_x = \sum_i (F_i)_x = 0 \quad \text{그리고} \quad (F_{\text{net}})_y = \sum_i (F_i)_y = 0 \qquad (6.1)$$

다시 말해서, 모든 x성분의 합과 모든 y성분의 합들이 동시에 0이어야 한다. 종종 실제 상황에서는 3차원 공간에서 기술되는 힘들을 가져서 알짜힘 $\vec{F}_{\text{net}}$의 z성분에 대한 세 번째 방정식이 필요하지만, 여기서는 2차원에서 해석될 수 있는 문제들만 다룬다.

평형의 문제는 자주 등장한다. 몇 개의 예제를 보자.

예제 6.1 | 슬개골에 작용하는 힘 찾기

사람의 슬개골은 사두근에 힘줄로 연결되어 있다. 이 힘줄은 대퇴골에 대해 10°로 잡아당긴다. 슬개골은 또한 다리에 대하여 나란하게 당기는 힘줄로 경골에 연결되어 있다. 이 힘들이 균형을 이루기 위해서 사람의 대퇴골의 끝은 슬개골을 밖으로 민다. 무릎을 굽히면 두 힘줄에 작용하는 장력이 증가하고, 무릎을 윗다리와 아랫다리 사이의 각이 70°가 되도록 굽히면 두 힘줄에는 60 N의 장력이 작용한다. 이 위치에서 대퇴골이 슬개골에 주는 힘은 얼마인가?

핵심 평형 상태에서 슬개골을 입자로 모형화한다.

시각화 그림 6.1은 그림 표현을 어떻게 그리는지를 보여준다. 대퇴골을 따라 x축을 선택했다. 자유 물체 도형에 보인 세 힘 중에서 장력들은 $\vec{T}_1$과 $\vec{T}_2$로 표시했고, 대퇴골이 미는 힘은 $\vec{F}$로 표시했다. 대

그림 6.1 평형 상태에서 슬개골의 그림 표현

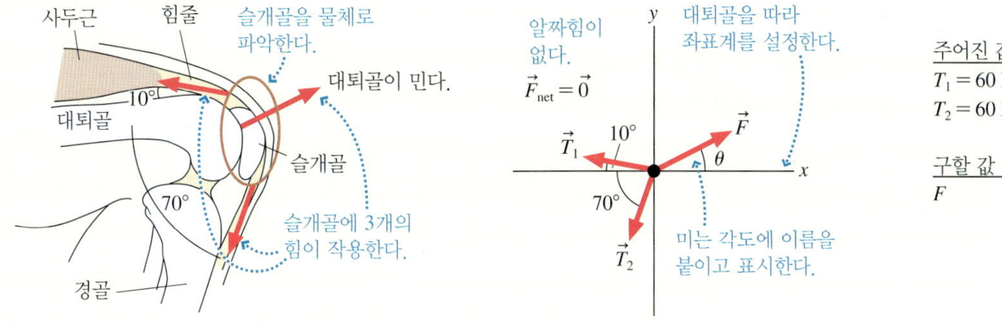

퇴골이 슬개골을 미는 힘의 방향을 가리키는 각도를 θ로 정의했음을 주목하라.

풀이 이것은 슬개골에 작용하는 세 힘의 평형 문제이다. 평형 상태에서 $\vec{a} = \vec{0}$이므로 뉴턴의 제2법칙은 각 성분별로 다음과 같다.

$$(F_{\text{net}})_x = \sum_i (F_i)_x = T_{1x} + T_{2x} + F_x = 0$$
$$(F_{\text{net}})_y = \sum_i (F_i)_y = T_{1y} + T_{2y} + F_y = 0$$

힘 벡터들의 성분들은 자유 물체 도형으로부터 직접 계산할 수 있다.

$$T_{1x} = -T_1 \cos 10° \qquad T_{1y} = T_1 \sin 10°$$
$$T_{2x} = -T_2 \cos 70° \qquad T_{2y} = -T_2 \sin 70°$$
$$F_x = F\cos\theta \qquad F_y = F\sin\theta$$

여기 T_{1x}에 음의 부호가 들어가 있다. 왜냐하면 $\vec{T}_1$이 왼쪽을 향하기 때문이다. 유사하게 $\vec{T}_2$ 역시 왼쪽 아래를 향한다. 그래서 T_{2x}와 T_{2y}는 둘 다 음이다. 이 성분들을 이용하면 뉴턴의 제2법칙은 다음과 같다.

$$-T_1 \cos 10° - T_2 \cos 70° + F\cos\theta = 0$$
$$T_1 \sin 10° - T_2 \sin 70° + F\sin\theta = 0$$

이것들은 2개의 미지수 F와 θ에 대한 2개의 연립 방정식이다. 많은 경우에 있어서 이러한 형태의 방정식을 만나게 될 것이므로 풀이방법을 메모해 두자. 우선 두 방정식을 다음과 같이 다시 쓰자.

$$F\cos\theta = T_1 \cos 10° + T_2 \cos 70°$$
$$F\sin\theta = -T_1 \sin 10° + T_2 \sin 70°$$

두 번째 방정식을 첫 번째 방정식으로 나누어서 F를 소거한다.

$$\frac{F\sin\theta}{F\cos\theta} = \tan\theta = \frac{-T_1 \sin 10° + T_2 \sin 70°}{T_1 \cos 10° + T_2 \cos 70°}$$

그리고 θ에 대하여 푼다.

$$\theta = \tan^{-1}\left(\frac{-T_1 \sin 10° + T_2 \sin 70°}{T_1 \cos 10° + T_2 \cos 70°}\right)$$
$$= \tan^{-1}\left(\frac{-(60\text{ N}) \sin 10° + (60\text{ N}) \sin 70°}{(60\text{ N}) \cos 10° + (60\text{ N}) \cos 70°}\right) = 30°$$

마지막으로, θ를 이용하여 F를 결정한다.

$$F = \frac{T_1 \cos 10° + T_2 \cos 70°}{\cos\theta}$$
$$= \frac{(60\text{ N}) \cos 10° + (60\text{ N}) \cos 70°}{\cos 30°} = 92\text{ N}$$

질문은 어떤 힘인지 물었고, 힘은 벡터이다. 따라서 크기와 방향을 모두 지정해야 한다. 이런 무릎 자세에서 대퇴골은 $\vec{F}$ = (92 N, 대퇴골 위 30°)의 힘을 슬개골에 가한다.

검토 힘의 크기는 다리가 똑바른 경우 0 N, 2개의 힘줄이 평행하게 당길 수 있게 무릎을 180° 구부릴 수 있는 경우 120 N이다. 무릎은 직선이기보다는 완전히 구부러지는 것에 더 가깝기 때문에 대퇴골의 힘을 60 N에서 120 N 사이로 기대할 수 있다. 따라서 계산된 크기 92 N은 합리적인 것으로 보인다.

예제 6.2 | 언덕 위로 자동차 견인하기

15,000 N의 무게를 가진 자동차가 등속도로 20°의 경사진 도로 위로 견인되고 있다. 마찰은 무시할만 하다. 견인 밧줄이 견디는 최대 장력은 6000 N이다. 밧줄은 끊어지겠는가?

핵심 자동차를 평형 상태에 있는 입자로 모형화한다.

시각화 제시된 문제에 우리가 예 또는 아니오라고 답하기 위해서는, 어떤 양을 분석해야 하는지 결정해야 한다. 이 경우 밧줄의 장력을 계산해야 한다. 그림 6.2는 그림 표현을 보여준다. 5장의 예제 5.2, 5.6과 유사함에 주목하라.

5장에서 정지해 있는 물체의 무게는 그것에 작용하는 중력 F_G의 크기임을 기억하자. 그 사실을 이용하자.

풀이 자유 물체 도형은 자동차에 작용하는 힘 $\vec{T}$, $\vec{n}$, 그리고 $\vec{F}_G$를 보여준다. $\vec{a} = \vec{0}$이므로 뉴턴의 제2법칙은

$$(F_{net})_x = \sum F_x = T_x + n_x + (F_G)_x = 0$$
$$(F_{net})_y = \sum F_y = T_y + n_y + (F_G)_y = 0$$

이다. 여기서, 힘의 x성분과 y성분을 모두 더했다는 것을 나타내기 위해 간단한 기호로 i 없이 ΣF_x와 ΣF_y를 사용한다.

자유 물체 도형에서 성분들을 바로 찾을 수 있다.

$$T_x = T \qquad T_y = 0$$
$$n_x = 0 \qquad n_y = n$$
$$(F_G)_x = -F_G \sin\theta \qquad (F_G)_y = -F_G \cos\theta$$

이 성분들로부터, 뉴턴의 제2법칙은 다음과 같이 쓴다.

$$T - F_G \sin\theta = 0$$
$$n - F_G \cos\theta = 0$$

첫 번째 식은 다음과 같이 쓸 수 있다.

$$T = F_G \sin\theta = (15{,}000\ \text{N}) \sin 20° = 5100\ \text{N}$$

장력 $T < 6000$ N이므로 밧줄은 끊어지지 않는다. 이 문제를 푸는 데 있어서 y성분은 필요하지 않다.

검토 마찰이 없기 때문에, 자동차가 수평면($\theta = 0°$)을 따라 계속 구르게 하는 데는 어떠한 장력도 받지 않는다. 다른 극단 $\theta = 90°$에서 일정한 속도로 자동차를 똑바로 들어올리기 위한 장력은 자동차의 무게($T = 15{,}000$ N)와 동일하다. 20° 경사에서 장력은 그 사이 어딘가에 존재해야 하고, 5100 N은 자동차 무게의 절반보다 약간 적다. 우리의 결과가 합리적이라는 것은 그것이 옳다는 것을 증명한 것은 아니다. 그러나 적어도 이러한 검토과정을 통해 불합리적인 결과를 주는 부주의한 실수의 가능성을 배제할 수 있었다.

그림 6.2 언덕 위로 견인되는 자동차의 그림 표현

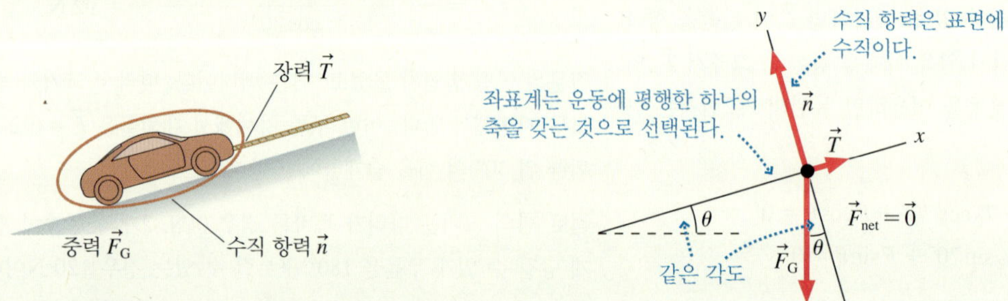

6.2 뉴턴의 제2법칙의 응용

« 5.4절에서 소개된 뉴턴 역학의 핵심은 두 단계로 표현할 수 있다.

- 물체에 작용하는 힘은 가속도를 결정한다($\vec{a} = \vec{F}_{net}/m$).
- 물체의 궤적은 운동 방정식에서 $\vec{a}$를 사용하여 결정한다.

이 두 아이디어가 문제 풀이 전략의 기초이다.

문제 풀이 전략 6.1

뉴턴 역학

핵심 물체를 입자로 모형화한다. 어떤 종류의 힘들이 작용하는지에 따라 다른 것들도 단순화시킨다.

시각화 그림으로 **표현**한다.

- 운동에서 중요한 점들을 그림에 보이고, 좌표계를 설정하고, 기호를 정의하고, 문제에서 알아내려고 하는 것이 무엇인지 확인한다.
- 물체의 가속도 벡터 $\vec{a}$를 결정하기 위해서 운동 도형을 이용한다. 평형 상태에 있는 물체는 가속도가 0이다.
- 그 순간에 물체에 작용하는 모든 힘을 파악하고 자유 물체 도형에 표시한다.
- 상황을 시각화할 때 이 단계들 사이를 왔다 갔다 하는 것도 좋다.

풀이 수학적 표현은 뉴턴의 제2법칙에 기반한다.

$$\vec{F}_{\text{net}} = \sum_i \vec{F}_i = m\vec{a}$$

힘들은 자유 물체 도형에서 바로 '읽힌다'. 문제에 따라 다음의 방법을 사용한다.

- 가속도에 대해서 풀고, 운동학을 사용하여 속도와 위치를 찾는다.
- 운동학을 사용하여 가속도를 알아내고 그 다음 알려지지 않은 힘을 찾는다.

검토 결과가 올바른 단위와 유효 숫자를 갖는지, 합리적으로 질문에 답하고 있는지를 확인한다.

뉴턴의 제2법칙은 벡터 방정식이다. 풀이 단계를 적용하려면, 뉴턴의 제2법칙을 2개의 연립 방정식으로 써야 한다.

$$\begin{aligned}(F_{\text{net}})_x &= \sum F_x = ma_x \\ (F_{\text{net}})_y &= \sum F_y = ma_y\end{aligned} \tag{6.2}$$

이 장의 가장 중요한 목표는 이 전략의 사용법을 설명하는 것이다.

예제 6.3 | **견인되는 차의 속력**

질량이 1500 kg인 자동차가 견인트럭에 의해 끌리고 있다. 견인줄의 장력은 2500 N이고 200 N의 마찰력이 운동을 방해하고 있다. 만약 자동차가 정지 상태로부터 시작하면, 5.0초 뒤 자동차의 속력은 얼마인가?

핵심 자동차를 가속하는 입자로 모형화한다. 도로는 수평이고 자동차의 운동 방향이 오른쪽이라고 가정하여 문제를 해석한다.

시각화 그림 6.3은 그림 표현을 보여준다. 좌표계를 정하고 운동학적인 양을 나타내기 위해 기호를 정의했다. 속도 v_{1x}가 아닌 속력 v_1이 우리가 찾는 것임을 기억하자.

풀이 뉴턴의 제2법칙으로부터 시작한다.

$$\begin{aligned}(F_{\text{net}})_x &= \sum F_x = T_x + f_x + n_x + (F_G)_x = ma_x \\ (F_{\text{net}})_y &= \sum F_y = T_y + f_y + n_y + (F_G)_y = ma_y\end{aligned}$$

자동차에 작용하는 네 가지 모든 힘들은 벡터합에 포함되어 있다. 방정식들은 일반적으로 쓰였고, 모든 곳에서 +부호를 갖는다. 왜냐하면 4개의 벡터가 더해져 $\vec{F}_{\text{net}}$가 되기 때문이다. 자유 물체 도형에서 벡터 성분들을 '읽을 수 있다'.

(계속)

그림 6.3 견인되는 자동차의 그림 표현

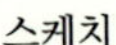

스케치

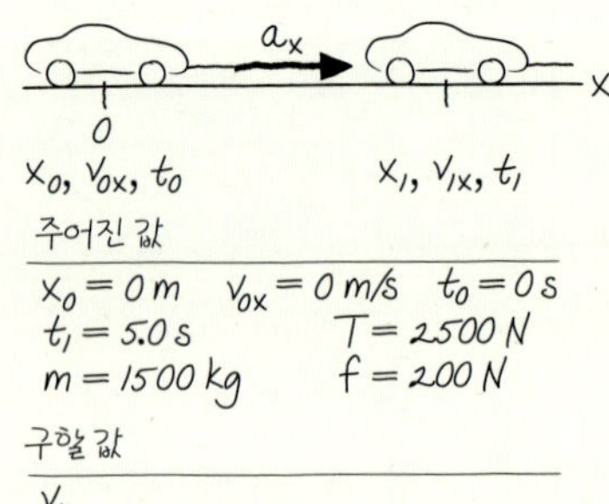

운동 도형과 힘

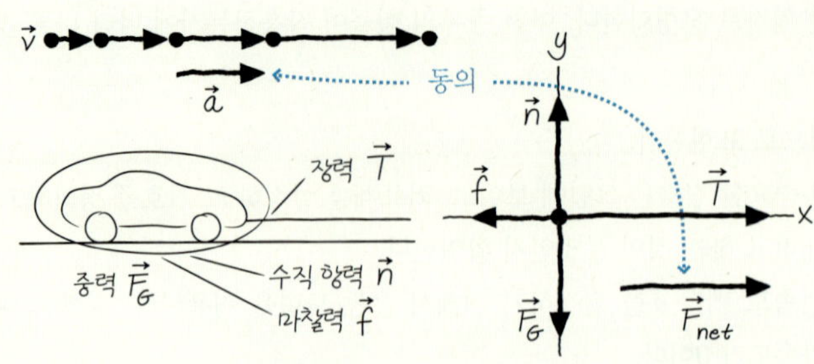

$$T_x = +T \qquad T_y = 0 \qquad n_x = 0 \qquad n_y = +n$$

$$f_x = -f \qquad f_y = 0 \qquad (F_G)_x = 0 \qquad (F_G)_y = -F_G$$

우리가 손으로 직접 써야 하는 부호들은 벡터가 가리키는 방향에 달려 있다. 이것들을 제2법칙 방정식에 대입하고 m으로 나누면 다음 식을 얻는다.

$$a_x = \frac{1}{m}(T - f)$$

$$= \frac{1}{1500 \text{ kg}}(2500 \text{ N} - 200 \text{ N}) = 1.53 \text{ m/s}^2$$

$$a_y = \frac{1}{m}(n - F_G) = 0$$

가속도 a_x는 1.53 m/s²인 상수이므로 등가속도 운동학을 적용함으로써 속도를 알아낼 수 있다.

$$v_{1x} = v_{0x} + a_x \Delta t$$

$$= 0 + (1.53 \text{ m/s}^2)(5.0 \text{ s}) = 7.7 \text{ m/s}$$

문제는 5.0 s 후에 속력에 대하여 물었고, 그 답은 7.7 m/s이다.

검토 속력 7.7 m/s ≈ 15 mph는 가속 5초 후의 상당히 합리적인 속력이다.

마지막 예제에서와 같이 물체에 작용하는 모든 힘이 일정하다면, 물체는 일정한 가속도로 움직이고 우리는 운동학의 등가속도 모형을 이용할 수 있다. 모든 힘이 일정하지는 않지만(나중에 위치나 시간에 따라 변화하는 힘들을 보게 될 것이다), 많은 상황에서 운동을 일정한 힘에 의한 운동으로 모형화하는 것이 합리적이다. **일정힘 모형**(constant-force model)은 다음 몇 개장에서 가장 중요한 동역학 모형이 될 것이다.

모형 6.2

일정힘

일정한 알짜힘이 작용하는 물체의 경우

- 물체를 등가속도로 운동하는 입자로 모형화한다.
  - 입자는 알짜힘의 방향으로 가속한다.
- 수학적으로:
  - **뉴턴의 제2법칙**은 $\vec{F}_{net} = \sum_i \vec{F}_i = m\vec{a}$이다.
  - 등가속도 운동학을 이용한다.
- 한계: 이 모형은 힘이 일정하지 않다면 더 이상 유효하지 않다.

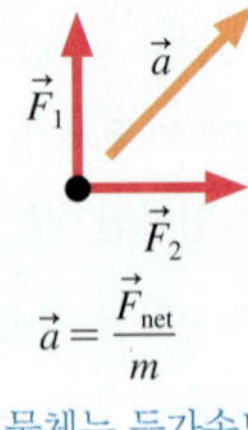

$$\vec{a} = \frac{\vec{F}_{net}}{m}$$

물체는 등가속도 운동을 한다.

예제 6.4 로켓의 고도

무게 4.90 N을 갖는 질량 500 g인 모형 로켓이 곧장 위로 발사되었다. 작은 로켓 모터는 5.00 s 동안 연소하고 20.0 N의 일정한 추력을 낸다. 로켓의 최대 고도는 얼마인가?

핵심 속도에 의존하는 공기 저항을 무시하고(로켓은 공기역학적인 모양을 갖는다) 연소된 연료의 질량 손실을 무시함으로써 일정한 힘이 작용하는 입자로 로켓을 모형화한다.

시각화 그림 6.4의 그림 표현은 문제가 두 부분으로 나뉘어 있음을 나타낸다. 첫째, 로켓은 수직 위로 가속된다. 둘째, 중력이 작용하는 상황에서 로켓은 속도가 느려지면서 계속 올라간다. 최대 고도는 전체 운동의 둘째 부분에서 구할 수 있다.

풀이 이제 문제가 무엇인지 알고, 관련 기호와 좌표를 설정하였고, 작용하는 힘이 무엇인지 안다. 로켓이 위쪽으로 가속하는 상황을 뉴턴의 제2법칙을 사용하여 수학적으로 표현한다. 자유 물체 도형은 두 가지 힘을 보여준다.

$$(F_{\text{net}})_x = \sum F_x = (F_{\text{thrust}})_x + (F_{\text{G}})_x = ma_{0x}$$
$$(F_{\text{net}})_y = \sum F_y = (F_{\text{thrust}})_y + (F_{\text{G}})_y = ma_{0y}$$

벡터 $\vec{F}_{\text{G}}$가 아래쪽을 가리킨다는 사실은(그래서 이것이 여러분이 y성분 방정식에서 빼기 부호를 사용하도록 유도했을 수도 있다) 성분들을 계산할 때 고려된다. 이 문제에서 어떠한 벡터도 x성분을 갖지 않고 있어서, 제2법칙의 y성분만이 필요하다. 자유 물체 도형을 이용하여 다음을 안다.

$$(F_{\text{thrust}})_y = +F_{\text{thrust}}$$
$$(F_{\text{G}})_y = -F_{\text{G}}$$

여기가 힘 벡터에 대한 방향 정보가 입력되는 시점이다. 제2법칙의 y성분은 다음과 같다.

$$a_{0y} = \frac{1}{m}(F_{\text{thrust}} - F_{\text{G}}) = \frac{20.0\ \text{N} - 4.90\ \text{N}}{0.500\ \text{kg}} = 30.2\ \text{m/s}^2$$

계산하기 전에 질량을 SI 단위의 킬로그램으로 환산했으며, 뉴턴의 정의 때문에 뉴턴을 킬로그램으로 나누면 자동으로 정확한 가속도의 SI 단위를 얻을 수 있음을 인지하자.

로켓의 가속도는 연료가 다 떨어질 때까지 일정하다. 그래서 연료가 다 없어질 때 고도와 속도를 알기 위해 등가속도 운동학을 사용한다($\Delta t = t_1 = 5.00$ s).

$$y_1 = y_0 + v_{0y}\,\Delta t + \tfrac{1}{2}a_{0y}(\Delta t)^2$$
$$= \tfrac{1}{2}a_{0y}(\Delta t)^2 = 377\ \text{m}$$
$$v_{1y} = v_{0y} + a_{0y}\,\Delta t = a_{0y}\,\Delta t = 151\ \text{m/s}$$

연료의 연소가 끝난 후 로켓의 유일한 힘은 중력이므로, 운동의 두 번째 부분은 자유낙하이다. 정상에 도달하는 데 걸리는 시간을 알지 못하지만, 정상에서 속도가 $v_{2y} = 0$이라는 것을 알고 있다. $a_{1y} = -g$를 갖는 등가속도 운동학은 다음을 준다.

$$v_{2y}{}^2 = 0 = v_{1y}{}^2 - 2g\,\Delta y = v_{1y}{}^2 - 2g(y_2 - y_1)$$

그림 6.4 로켓 발사의 그림 표현

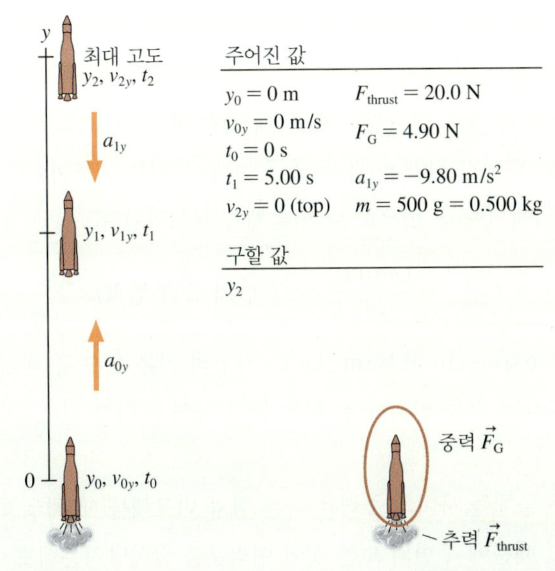

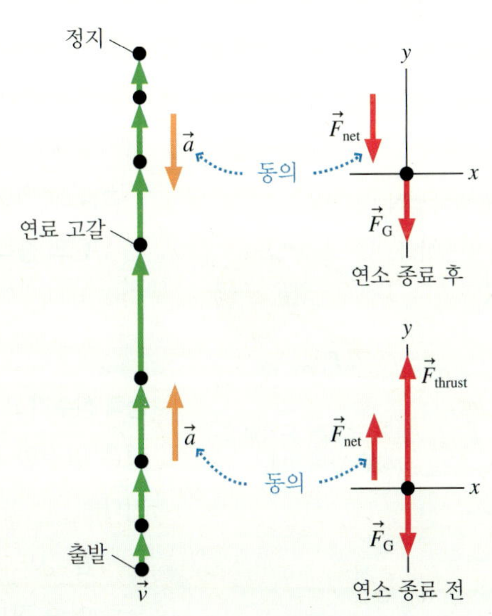

(계속)

이것을 풀면 다음을 알 수 있다.

$$y_2 = y_1 + \frac{{v_{1y}}^2}{2g} = 377\ \text{m} + \frac{(151\ \text{m/s})^2}{2(9.80\ \text{m/s}^2)}$$

$$= 1540\ \text{m} = 1.54\ \text{km}$$

검토 이 로켓이 도달할 수 있는 최대 고도는 1.54 km 또는 1마일보다 약간 작다. 이것이 큰 가속도를 갖는 로켓에 대해 비합리적인 것처럼 보이지는 않지만, 공기 저항을 무시하는 것이 매우 현실적인 가정은 아마도 아닐 것이다.

6.3 질량, 무게, 그리고 중력

일상적인 말에서는 질량과 무게를 크게 구분하지 않는다. 그러나 이것들은 과학과 공학에서 명백히 별개의 개념이다. 힘과 운동에 대해 명확하게 생각하려 한다면 이것들이 어떻게 다른지, 그리고 어떻게 이것들이 중력과 연관되어 있는지를 이해할 필요가 있다.

질량: 본질적 속성

«5.4절에서 공부한 질량은 물체의 관성을 설명하는 스칼라 양이다. 대략적으로, 그것은 또한 물체의 물질의 양을 표현한다. **질량은 물체의 본질적인 속성이다.** 그것은 물체가 어디 있는지, 무엇을 하는지, 그것에 가해지는 힘이 무엇인지와 관계없이 물체에 대한 무언가를 알려준다.

그림 6.5에 보이는 **양팔 저울**은 질량을 측정하는 장치이다. 양팔 저울은 기능하기 위해서 중력이 필요하지만, 중력의 세기에 의존하지 않는다. 결과적으로 양팔 저울은 다른 행성에서도 같은 결과를 나타낸다.

그림 6.5 양팔 저울은 질량을 측정한다.

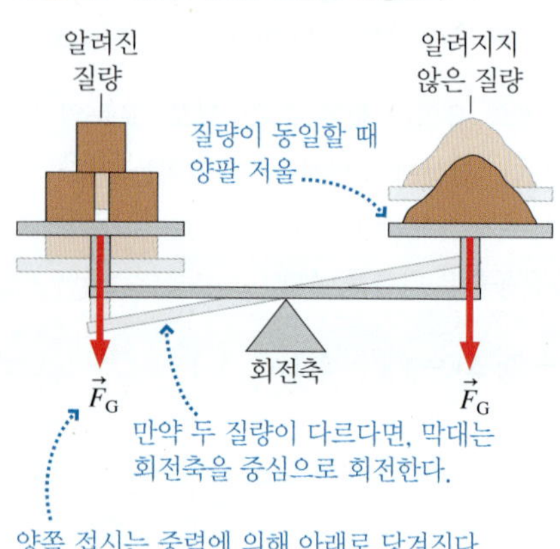

중력: 힘

중력에 대한 개념에는 태양계에 대한 우리의 개념의 진보와 얽힌 길고 흥미로운 역사가 있다. 뉴턴은 운동의 세 가지 법칙을 발견하면서 **중력이 어느 두 물체 사이에서도 끌어당기는 장거리힘이라는 것**을 알아차린 첫 번째 사람이다.

그림 6.6은 거리 r만큼 떨어진 질량 m_1과 m_2를 갖는 두 물체들을 보여준다. 각 물체는 **뉴턴의 중력 법칙**에 의해 주어진 힘으로 다른 물체를 끌어당긴다.

$$F_{1\ \text{on}\ 2} = F_{2\ \text{on}\ 1} = \frac{Gm_1m_2}{r^2} \quad \text{(뉴턴의 중력 법칙)} \qquad (6.3)$$

그림 6.6 뉴턴의 중력 법칙

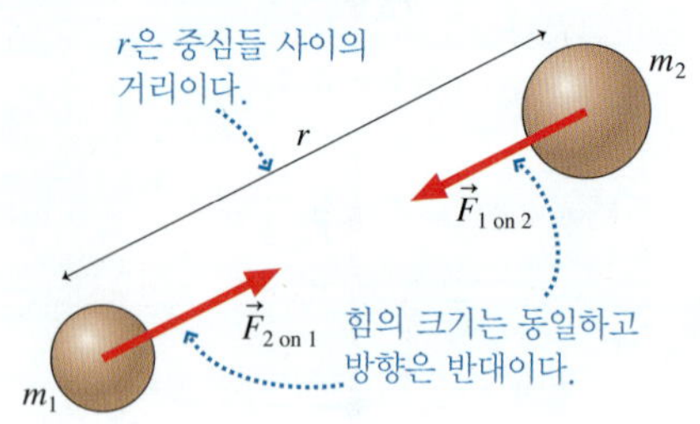

중력 상수라고 하는 $G = 6.67 \times 10^{-11}\ \text{N}\cdot\text{m}^2/\text{kg}^2$은 자연의 기본 상수 중 하나이다. 중력은 일정한 힘이 아니라는 것을 인지하라. 힘은 물체 사이 거리가 멀어질수록 약해진다.

사람 정도 크기의 두 물체들 사이의 중력은 다른 힘과 비교해볼 때 매우 하찮을 정도로 아주 작다. 그렇기 때문에 주변의 모든 것이 여러분을 끌어당기는데도 여러분이 모르는 이유이다. 하나 또는 2개의 물체가 행성 정도 크기이거나 더 큰 경우에만 중력이 중요한 힘이 된다. 실제로 13장에서 뉴턴의 중력 법칙을 인공위성과 행성의 궤도에 적용하는 방법을 자세히 살펴볼 것이다.

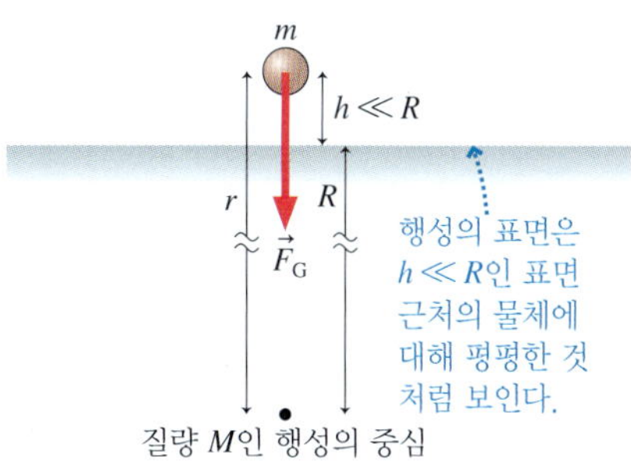

그림 6.7 행성의 표면 근처에서 중력

다음 몇 개장에서 배우게 될, 지구(또는 다른 행성)의 표면 근처를 움직이는 공, 자동차, 그리고 비행기와 같은 물체에 대해 그림 6.7에 보이는 **평평한 지구 근사**(flat-earth approximation)를 만들 수 있다. 즉, 만약 표면 위의 물체의 높이가 행성의 크기와 비교할 때 매우 작다면, 표면의 곡률은 인지되지 않으며 r과 행성의 반지름 R 사이에는 거의 차이가 없다. 결과적으로, 질량 m인 물체에 대한 행성의 중력을 근사적으로 다음과 같이 간단히 쓸 수 있다.

$$\vec{F}_G = \vec{F}_{\text{planet on } m} = \left(\frac{GMm}{R^2}, \text{아래 방향}\right) = (mg, \text{아래 방향}) \tag{6.4}$$

중력의 양 혹은 크기는 행성의 속성인 g의 값이

$$g = \frac{GM}{R^2} \tag{6.5}$$

으로 정의된 곳에서 $F_G = mg$이다. 또한 중력의 방향은 '아래'를 의미하는 것으로 정의한다.

그런데 왜 자유낙하 가속도를 위해 이미 사용한 기호인 g를 다시 사용했는가? 관계를 살펴보기 위해, 자유낙하는 단지 중력이 영향으로 하는 운동이란 것을 상기하자. 그림 6.8은 행성 표면 근처에서 자유낙하하고 있는 물체의 자유 물체 도형을 보여준다. $\vec{F}_{net} = \vec{F}_G$일 때 뉴턴의 제2법칙으로부터 가속도는 다음과 같이 주어진다.

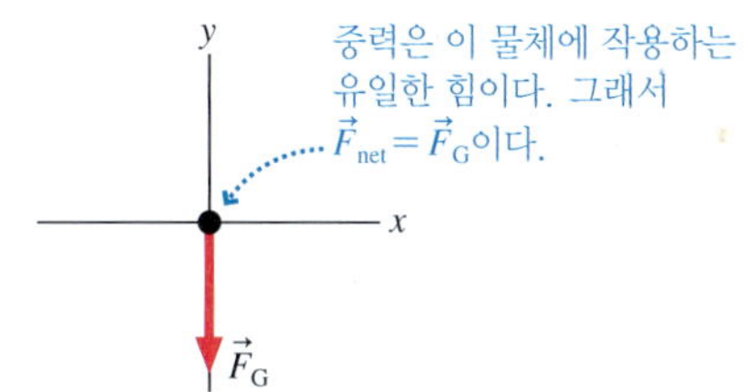

그림 6.8 자유낙하하는 물체의 자유 물체 도형

$$\vec{a}_{\text{free fall}} = \frac{\vec{F}_{net}}{m} = \frac{\vec{F}_G}{m} = (g, \text{아래}) \tag{6.6}$$

g가 행성의 속성이기 때문에 물체의 **질량과는 관계없이 같은 행성에 있는 모든 물체는 같은 자유낙하 가속도를 갖는다.** 2장에서 갈릴레오의 실험에 의한 발견으로 이 개념을 소개했었다. 그러나 이제 질량의 값에 무관한 $\vec{a}_{\text{free fall}}$는 뉴턴의 중력 법칙의 예측이란 것을 알 수 있다.

그러나 뉴턴의 법칙이 실험에서 알게 된 $g = |a_{\text{free fall}}| = 9.80\ \text{m/s}^2$ 값을 정확히 예측하는가? 지구의 평균 반지름($R_{\text{earth}} = 6.37 \times 10^6$ m)과 질량($M_{\text{earth}} = 5.98 \times 10^{24}$ kg)을 이용하여 다음과 같이 g값을 계산해보자.

$$g_{\text{earth}} = \frac{GM_{\text{earth}}}{(R_{\text{earth}})^2} = \frac{(6.67 \times 10^{-11}\ \text{N m}^2/\text{kg}^2)(5.98 \times 10^{24}\ \text{kg})}{(6.37 \times 10^6\ \text{m})^2} = 9.83\ \text{N/kg}$$

N/kg과 m/s^2은 동등하므로, $g_{\text{earth}} = 9.83\ \text{m/s}^2$이 됨을 알 수 있다.

뉴턴의 예측은 매우 근사하지만 옳지는 않다. 자유낙하 가속도는 정지된 지구에서는 9.83 m/s^2가 되겠지만, 현실에서는 지구는 축을 중심으로 회전한다. '사라진' 0.03 m/s^2는 지구의 회전 때문이다. 이 주장은 8장에서 원운동을 배울 때 정당화될 것이다. 회전목마의 바깥쪽 모서리에 있는 것과 같이 우리가 회전하는 구의 바깥쪽에 있기 때문에 회전의 효과는 중력을 '약화'시키는 것이다.

엄밀히 말하자면, 지구가 회전하고 그래서 관성계가 아니기 때문에 지구 기반 기준계에서는 뉴턴의 운동 법칙이 유효하지 않다. 다행히도, 뉴턴의 법칙을 지구 표면 근처에서의 운동을 분석하기 위해 이용하고 $g = g_{\text{earth}}$보다 $g = |a_{\text{free fall}}| = 9.80 \text{ m/s}^2$를 이용한다면 $F_G = mg$를 중력으로 이용할 수 있다(이 주장은 고급 강좌에서 증명된다). 회전계에서 $\vec{F}_G$는 **유효 중력**이고, 뉴턴의 중력 법칙에 의한 진정한 중력에 회전에 의한 작은 보정이 더해진 것이다. 이 힘을 자유 물체 도형에 보여주고 계산에 이용한다.

무게: 측정

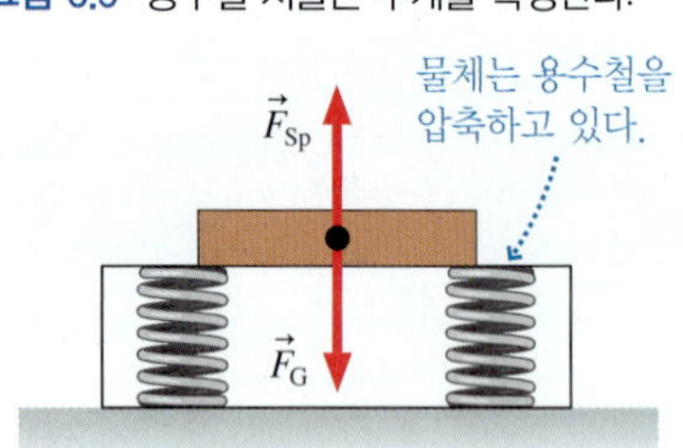

그림 6.9 용수철 저울은 무게를 측정한다.

몸무게를 잴 때, 여러분은 **용수철 저울** 위에 올라가 용수철을 압축한다. **그림 6.9**에서 보이는 것과 같이 용수철 저울의 눈금은 용수철이 위로 향하는 힘인 F_{Sp}이다.

이를 염두에 두고, 물체가 용수철에 상대적으로 정지된 상태로 있을 때 눈금이 매겨진 용수철 저울의 눈금값 F_{Sp}를 물체의 **무게**(weight)로 정의하자. 즉, **무게는 물체의 '무게를 측정'한 결과이다.** F_{Sp}가 힘이기 때문에 무게는 뉴턴 단위로 측정된다.

그림 6.9에서 물체와 눈금이 고정되어 있다면, 무게가 재어지는 물체는 평형 상태에 있다. 오로지 위로 가해지는 용수철 힘이 정확히 mg 크기의 아래를 향하는 중력과 평형일 때 $\vec{F}_{\text{net}} = \vec{0}$이다.

$$F_{Sp} = F_G = mg \tag{6.7}$$

용수철 저울의 눈금값 F_{Sp}를 무게로 정의했기 때문에 정지된 물체의 무게는 다음과 같다.

$$w = mg \quad \text{(정지된 물체의 무게)} \tag{6.8}$$

저울은 물체의 무게를 '알지' 못한다는 것을 주목하자. 그것이 할 수 있는 전부는 용수철이 얼마나 압축됐는지를 측정하는 것이다. 지구에서, 70 kg의 질량을 갖는 학생은 $w = (70 \text{ kg}) \times (9.80 \text{ m/s}^2) = 686 \text{ N}$의 무게를 갖는다. 왜냐하면 그가 용수철이 위로 686 N으로 밀 때까지 용수철을 압축시키기 때문이다. 다른 g의 값을 갖는 행성에서 용수철이 압축되는 정도는 다르므로 학생의 무게는 다를 것이다.

놀랍게도, 여러분은 직접 중력을 느끼거나 감지하지 못할 것이다. 여러분의 감각, 즉 여러분이 얼마나 무겁다고 느끼는지는 여러분을 압박하고 여러분을 만지거나 여러분의 피부에 있는 신경 말단을 활성화시키는 힘인 접촉힘에 기인한다. 여러분이 이것을 읽을 때, 여러분의 무게에 대한 감각은 여러분이 앉아 있는 의자의 수직 항력 때문일 것이다. 여러분이 서 있을 때, 여러분의 발에 대해 바닥이 미는 접촉힘을 느낄 것이다.

그러나 가속하는 동안 느끼는 감각을 생각해보자. 승강기가 갑자기 위로 가속할 때 '무겁다'고 느낄 것이다. 그러나 이 감각은 승강기가 일정한 속력에 도달하자마자 사라진다. 승강기가 위로 움직이는 것을 멈추기 위해 속도를 줄이거나 롤러코스터가 꼭대기를 통과할 때 여러분의 위장은 조금 올라가는 것처럼 보이고 평소보다 더 가벼워졌다고 느낀다. 여러분의 무게가 실제로 바뀌었는가?

이 질문에 답하기 위해, 그림 6.10은 가속하는 승강기에서 자신의 무게를 재는 사람을 보여준다. 이 사람에게 작용하는 유일한 힘은 저울의 위로 향하는 용수철 힘과 아래로 향하는 중력이다. 이것은 그림 6.9와 같은 상황이다. 그러나 한 가지 큰 차이가 있다. 사람은 가속 중이기 때문에 $\vec{a}$ 방향으로 사람에게 알짜힘이 있어야만 한다.

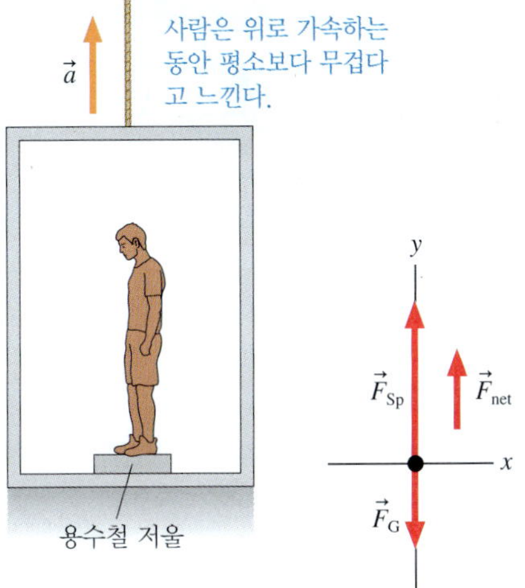

그림 6.10 가속하는 승강기에서 자신의 무게를 측정하는 사람

알짜힘 $\vec{F}_{net}$가 위쪽 방향일 때, 용수철 힘의 크기는 중력의 크기보다 **크다**. 즉 $F_{Sp} > mg$이다. 그림 6.10의 자유 물체 도형을 보면 m이 사람의 질량일 때, 뉴턴의 제2 법칙의 y성분이

$$(F_{net})_y = (F_{Sp})_y + (F_G)_y = F_{Sp} - mg = ma_y \tag{6.9}$$

와 같음을 알 수 있다.

물체가 저울에 상대적으로 정지된 상태일 때 눈금이 매겨진 용수철의 눈금값 F_{Sp}로 무게를 정의했다. 이 경우 저울과 사람이 함께 위로 가속하고 있다. 따라서 사람이 수직으로 가속함에 따라 사람의 몸무게는 다음과 같다.

$$w = F_{Sp} = mg + ma_y = mg\left(1 + \frac{a_y}{g}\right) \tag{6.10}$$

물체가 정지해 있거나 일정 속도로 움직인다면, $a_y = 0$이고 $w = mg$이다. 즉 정지한 물체의 무게는 그것에 작용하는 (유효) 중력의 크기이다. 그러나 그것의 무게는 수직 가속도가 있다면 달라진다.

사람은 위로 가속할 때($a_y > 0$) 무게가 더 나간다. 왜냐하면 저울의 눈금이 증가하기 때문이다. 비슷하게 가속도 벡터 $\vec{a}$가 아래를 가리킬 때($a_y < 0$) 사람의 무게는 적어진다. 왜냐하면 눈금이 내려가기 때문이다. 여기서 정의했듯이 무게라는 것은 여러분이 느끼는 무거움 혹은 가벼움에 해당한다.*

가속하는 승강기에 있는 사람을 고려하여 식 (6.10)을 구했지만, 이 식은 수직 가속도가 있는 모든 물체에 적용된다. 또한 물체는 무게를 갖기 위해 저울에 올라갈 필요는 없다. 물체의 무게는 그것을 지지하는 접촉힘의 크기이다. 이것은 저울의 용수철 힘이든 혹은 단순히 바닥의 수직 항력이든 상관없다.

무중력 상태

승강기 케이블이 끊어지고 승강기가 사람, 그리고 저울과 함께 자유낙하로 똑바로 떨어진다고 가정하자! 저울의 눈금은 얼마이겠는가? 자유낙하 가속도 $a_y = -g$를 식 (6.10)에 대입하면, $w = 0$이다. 다른 말로, **사람의 무게가 없다!**

* 놀랍게도, **무게**에 대해 보편적으로 동의된 정의가 없다. 일부 교과서는 무게를 물체에 작용하는 중력 $\vec{w} = (mg$, 아래)라고 정의한다. 이 경우, 가속 중인 물체의 저울의 눈금값, 그리고 여러분의 무게 감각이 종종 **겉보기 체중**이라고 불린다. 이 책은 **체중**의 정의를 체중 측정의 결과로서 저울 눈금을 읽는 것으로 한다.

우주비행사들은 지구 궤도를 돌 때 무중력 상태에 있게 된다.

승강기가 떨어짐에 따라 안에 있는 사람이 그의 손에서 공을 놓았다고 가정하자. 갈릴레오가 발견했듯이 공기의 저항이 없다면 공과 사람은 같은 속도로 떨어질 것이다. 사람의 관점에서 볼 때 공은 그의 옆에 '떠' 있는 것처럼 보인다. 비슷하게, 저울은 그의 아래서 떠 있을 것이고 그의 발을 밀지 않는다. 그는 우리가 말하는 **무중력 상태**에 있다. 중력은 그를 여전히 아래로 당긴다. 그것이 그가 떨어지는 이유이다. 그러나 자유낙하 중 그의 주변에 물체들은 모두 떠 있기 때문에 그는 무게의 감각이 없다.

그런데 이것은 바로 지구를 돌고 있는 우주비행사에게 일어나는 일이 아닌가? 우주비행사가 저울에 서면, 저울은 그의 발에 어떠한 힘도 가하지 않고 0으로 읽힌다. 우주비행사는 무중력 상태에 있다고 말해진다. 그러나 무중력 상태의 기준이 자유낙하 상태에 있어야 하는 것이라면, 지구를 도는 우주비행사가 무중력 상태에 있을 때 이것이 우주비행사가 자유낙하 중에 있다는 것을 뜻하는가? 이는 8장에서 보게 될 흥미로운 질문이다.

6.4 마찰

마찰은 우리가 하는 많은 것들에서 절대적으로 꼭 필요한 것이다. 마찰이 없으면 걷거나, 자동차를 운전하거나, 앉을 수도 없다. 의자에서 미끄러져 떨어질지도 모른다. 마찰력은 복잡한 힘이지만, 마찰의 여러 양상들은 간단한 모형으로 설명할 수 있다.

정지 마찰

그림 6.11 정지 마찰력은 물체가 미끄러지지 않게 한다.

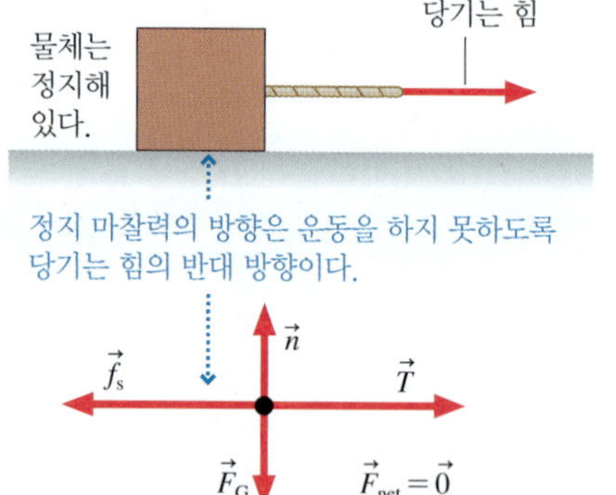

«5.2절에서 물체가 미끄러지지 않게 하는 물체에 작용하는 힘으로 **정지 마찰력** $\vec{f}_s$를 정의했다. 그림 6.11은 정지 마찰력 때문에 움직이지 않는 상자를 당기고 있는 밧줄을 보여준다. 상자는 평형 상태에 있다. 그래서 정지 마찰력은 정확하게 장력과 평형이다.

$$f_s = T \tag{6.11}$$

마찰력 $\vec{f}_s$의 방향을 결정하기 위해서 마찰이 없을 때 물체가 운동하려는 방향을 먼저 정하라. 정지 마찰력 $\vec{f}_s$는 운동을 하지 못하도록 **반대 방향**을 가리킨다.

정확하고 명백한 크기 $F_G = mg$를 갖는 중력과는 다르게, 정지 마찰력의 크기는 얼마나 세게 밀거나 당기는지에 따라 다르다. 그림 6.11에서 밧줄을 더 세게 당길수록 마루는 더 세게 되잡아 당긴다. 장력을 줄이면, 정지 마찰력은 자동적으로 장력과 맞추기 위해 줄어든다. 정지 마찰력은 작용된 힘에 응답하는 반응을 한다. 그림 6.12는 이 개념을 보여준다.

그림 6.12 정지 마찰력은 작용된 힘에 응답하는 반응을 한다.

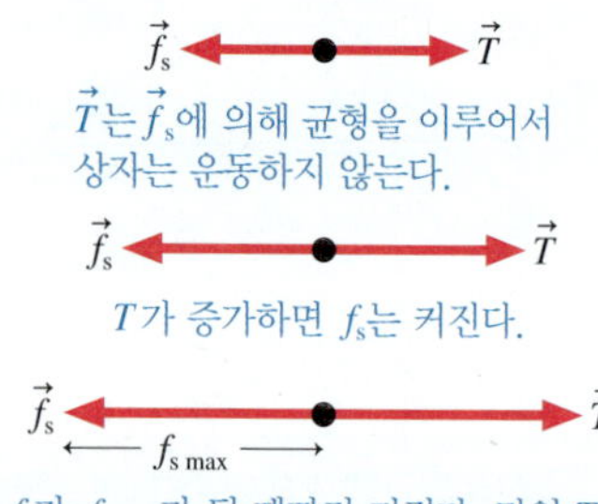

하지만 정지 마찰력 f_s는 커질 수 있는 데에 분명한 한계가 있다. 충분히 세게 당기면 물체는 미끄러져 운동하기 시작한다. 다시 말해서, 정지 마찰력은 가능한 **최대 크기** $f_{s,\,max}$가 있다.

- $f_s < f_{s,\,max}$일 때 물체는 정지한 상태로 있다.

- $f_s = f_{s,\,max}$일 때 물체는 미끄러진다.
- 정지 마찰력 $f_s > f_{s,\,max}$인 것은 물리적으로 불가능하다.

마찰력에 대한 실험은 $f_{s,\,max}$는 수직 항력의 크기에 비례한다는 것을 보여준다. 즉

$$f_{s,\,max} = \mu_s n \tag{6.12}$$

이다. 여기서 비례 상수 μ_s는 **정지 마찰 계수**(coefficient of static friction)라고 한다. 정지 마찰 계수는 물체와 표면이 만들어진 물질에 따라 다른 값을 갖는 차원이 없는 숫자이다. 표 6.1은 전형적인 마찰 계수들의 값이다. 이것들은 단지 근삿값이다. 계수들의 정확한 값들은 표면의 거칠고 깨끗함 그리고 건조한 정도에 따라 다른 값을 갖는다.

표 6.1 마찰 계수들

물질	정지 μ_s	운동 μ_k	굴림 μ_r
마른 콘크리트 위의 고무	1.00	0.80	0.02
젖은 콘크리트 위의 고무	0.30	0.25	0.02
마른 철 위의 철	0.80	0.60	0.002
기름칠한 철 위의 철	0.10	0.05	
나무 위의 나무	0.50	0.20	
눈 위의 나무	0.12	0.06	
얼음 위의 얼음	0.10	0.03	

운동 마찰

그림 6.13에서 보이는 것처럼 일단 상자가 미끄러져 출발하면 정지 마찰력은 운동 마찰력 $\vec{f}_k$로 대체된다. 실험에 의하면 정지 마찰력과는 다르게 운동 마찰력은 거의 일정한 값을 갖는다. 더욱이 운동 마찰력은 최대 정지 마찰력보다 작아서 $f_k < f_{s,\,max}$이다. 이것이 상자가 운동을 시작하게 하는 것보다 운동하는 상자를 계속 운동하게 하는 것이 더 쉬운 이유이다. 운동 마찰력 $\vec{f}_k$의 방향은 항상 물체가 표면을 미끄러져 운동하는 방향과 반대이다.

운동 마찰력은 또한 수직 항력의 크기에 비례한다.

$$f_k = \mu_k n \tag{6.13}$$

여기서 μ_k는 **운동 마찰 계수**(coefficient of kinetic friction)라고 한다. 표 6.1은 여러 물질들에 대해 전형적인 μ_k값들을 보여준다. 운동 마찰력이 최대 정지 마찰력보다 작도록 $\mu_k < \mu_s$가 됨을 확인할 수 있다.

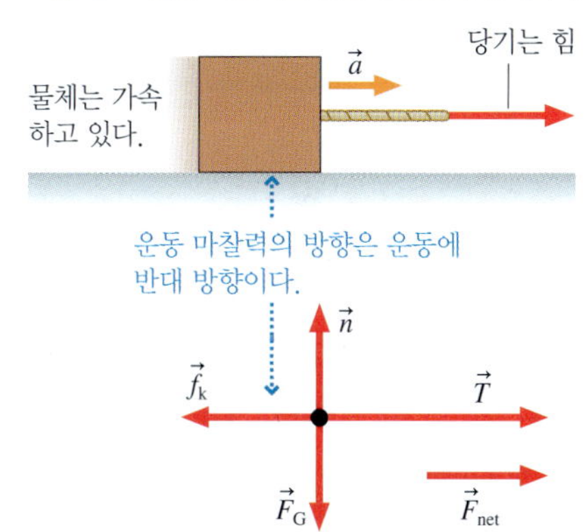

그림 6.13 운동 마찰력은 운동의 방향에 반대이다.

굴림 마찰

만일 브레이크를 심하게 꽉 밟으면, 자동차 타이어는 도로 표면에 대해 미끄러져서 자국을 남긴다. 이것은 운동 마찰이다. 표면 위를 구르는 바퀴 또한 마찰을 겪지만 운동 마찰은 아니다. 그림 6.14에서처럼 표면과 접촉하고 있는 바퀴의 위치는 표면에 대하여 미끄러지지 않고 정지해 있다. 표면과 접촉면의 상호작용은 **굴림 마찰력**(rolling friction)이다. 굴림 마찰력은 **굴림 마찰 계수**(coefficient of rolling friction)의 항으로 계산할 수 있다.

$$f_r = \mu_r n \tag{6.14}$$

굴림 마찰은 운동 마찰과 매우 비슷하게 작용한다. 하지만 표 6.1에서처럼 μ_r의 값들은 μ_k의 값들과 비교해서 훨씬 작다. 이것이 물체를 미끄러지게 하는 것보다 바퀴 달린 물체를 굴리는 것이 더 쉬운 이유이다.

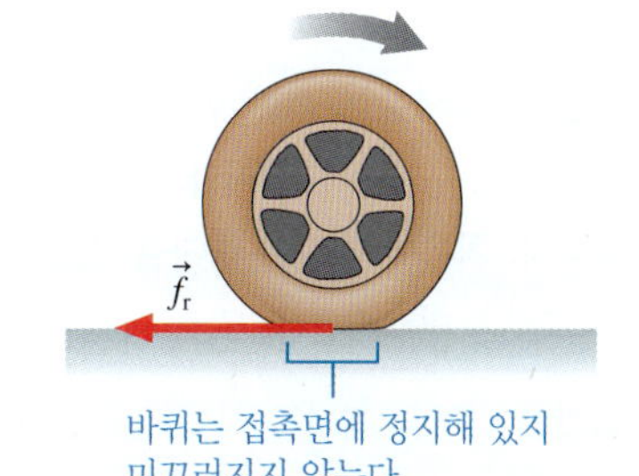

그림 6.14 굴림 마찰 또한 운동의 방향에 반대이다.

마찰 모형

마찰 방정식은 뉴턴의 법칙들 수준의 '자연의 법칙'이 아니다. 대신에 그것들은 마찰 힘이 어떻게 작용하는지에 대해 완벽하지는 않지만 꽤 정확하게 기술한다. 즉 마찰에 대한 일종의 **모형**이다. 그리고 마찰을 일정한 힘으로 나타내기 때문에 마찰 모형은 일정한 힘이 작용하는 동역학 모형과 훌륭하게 잘 맞는다.

모형 6.3

마찰

마찰력은 표면과 나란하다.

- 정지 마찰: 운동을 못하게 작용한다.
  $f_{s,\,max} = \mu_s n$까지 어떤 값이든 가질 수 있다.
- 운동 마찰: $f_k = \mu_k n$을 갖고 운동의 반대 방향이다.
- 굴림 마찰: $f_r = \mu_r n$을 갖고 운동의 반대 방향이다.
- 그림으로:

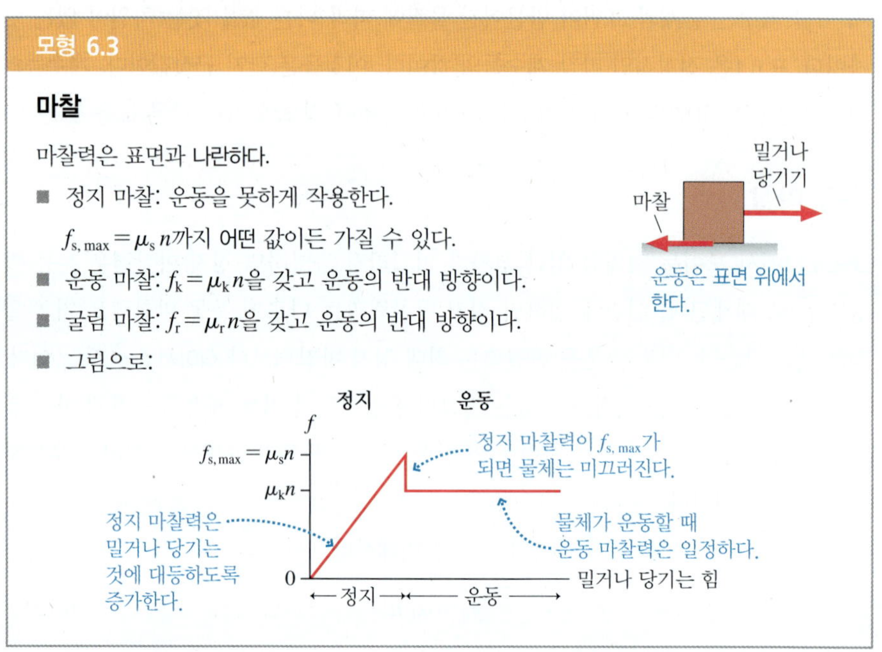

예제 6.5 상자는 얼마나 멀리 미끄러지는가?

캐럴은 25 kg의 나무상자를 2.0 m/s의 일정한 속력으로 나무 마루 위에서 민다. 캐럴은 그 상자에 얼마만큼의 힘을 주는가? 그녀가 밀기를 멈추면, 정지하기까지 나무상자는 얼마나 멀리까지 미끄러지는가?

핵심 이 상황은 일정한 힘을 갖는 동역학으로 모형화할 수 있다. 힘들 중에 하나는 마찰이다. 문제가 두 부분으로 나뉘어 있음을 주목하자. 처음에 캐럴이 상자를 밀고 있고, 그녀가 밀기를 멈춘 후에 그것은 미끄러진다.

시각화 이것은 세심한 시각화를 요구하는 꽤 복잡한 상황이다. 그림 6.15는 캐럴이 밀고 있는 동안, 즉 $\vec{a} = \vec{0}$일 때와 그녀가 밀기를 멈춘 후의 두 가지 그림 표현이다. 그녀가 밀기를 멈춘 점을 $x = 0$이라 했다. 왜냐하면 운동 거리를 알아내기 위한 운동학 계산을 시작하는 점이기 때문이다. 각각의 운동 영역은 각각의 자유 물체 도형을 필요로 한다. 문제에서 상자는 계속 움직이는 상황이고, 그래서 오직 운동 마찰력만 고려한다.

풀이 상자가 일정한 속력으로 계속 운동하도록 캐럴이 얼마나 열심히 밀어야 하는지 찾는 것으로부터 시작한다. 상자는 평형 상태에서 일정한 속도를 갖고 $\vec{a} = \vec{0}$이다. 뉴턴의 제2법칙으로부터 다음을 얻는다.

$$\sum F_x = F_{push} - f_k = 0$$
$$\sum F_y = n - F_G = n - mg = 0$$

중력에 대해 $F_G = mg$를 사용했다. $\vec{f}_k$가 왼쪽을 가리키므로 첫째 방정식에서 음의 부호가 생겨서 그 성분은 음의 값이다[$(f_k)_x = -f_k$]. 마찬가지로 크기 mg를 갖는 중력 벡터는 아래 방향을 향하므로 $(F_G)_y = -F_G$이다. 뉴턴의 법칙과 더불어 운동 마찰 모형을 알고 있다.

$$f_k = \mu_k n$$

따라서 3개의 미지의 값들 F_{push}, f_k, 그리고 n에 대한 연립 방정식을 갖는다. 다행히 이 방정식들은 풀이하기 쉽다. 뉴턴의 제2법칙의 y성분은 $n = mg$를 알려준다. 그러면 마찰력을 알 수 있다.

그림 6.15 바닥을 미끄러지는 상자의 그림 표현

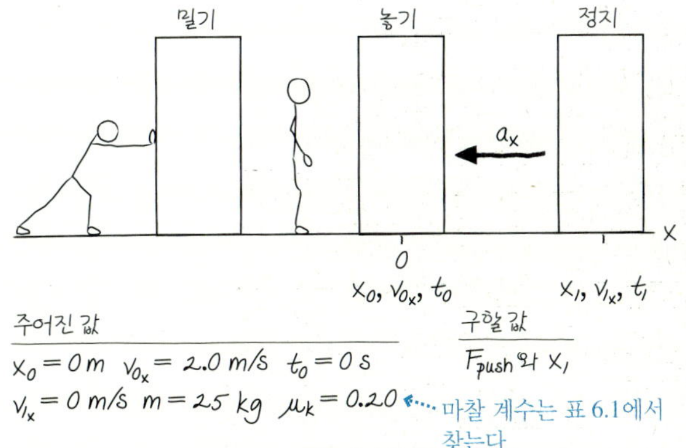

$$f_k = \mu_k mg$$

이것을 제2법칙의 x성분에 대입하면 다음을 얻는다.

$$F_{push} = f_k = \mu_k mg$$
$$= (0.20)(25\text{ kg})(9.80\text{ m/s}^2) = 49\text{ N}$$

캐럴은 상자가 일정한 속력으로 계속 운동하도록 이렇게 열심히 민다.

상자는 캐럴이 상자 밀기를 멈춘 후에 평형 상태에 있지 않다. 문제의 두 번째 부분에서는 가속도를 알기 위해 뉴턴의 제2법칙을 이용한다. 상자가 멈추기 전까지 얼마나 멀리까지 운동하는지를 알기 위해서 등가속도 운동학을 이용한다. 운동 도형으로부터 $a_y = 0$임을 안다. 그림 6.15의 두 번째 자유 물체 도형에 적용된 뉴턴의 제2법칙은 다음과 같다.

$$\sum F_x = -f_k = ma_x$$
$$\sum F_y = n - mg = ma_y = 0$$

그리고 마찰 모형은 다음과 같다.

$$f_k = \mu_k n$$

방정식의 y성분으로부터 $n = mg$임을 안다. 그래서 $f_k = \mu_k mg$이다. 방정식의 x성분에 이것을 이용하면 다음을 얻는다.

$$ma_x = -f_k = -\mu_k mg$$

상자의 가속도를 알아내는 것은 쉽게 해결되었다.

$$a_x = -\mu_k g = -(0.20)(9.80\text{ m/s}^2) = -1.96\text{ m/s}^2$$

운동 도형에서 보이는 것처럼 가속도 벡터 $\vec{a}$가 왼쪽을 가리키기 때문에 가속도 성분 a_x는 음의 값이다.

이제 등가속도 운동학의 문제가 남았다. 우리는 시간 간격보다는 거리에 관심이 있다. 그래서 풀기에 가장 쉬운 방법은 다음과 같다.

$$v_{1x}^2 = 0 = v_{0x}^2 + 2a_x\,\Delta x = v_{0x}^2 + 2a_x x_1$$

이것으로부터 상자가 미끄러지는 거리는 다음과 같다.

$$x_1 = \frac{-v_{0x}^2}{2a_x} = \frac{-(2.0\text{ m/s})^2}{2(-1.96\text{ m/s}^2)} = 1.0\text{ m}$$

검토 캐럴은 꽤 빠른 2 m/s ≈ 4 mph로 밀고 있었다. 상자는 3 ft가 약간 넘는 1.0 m 미끄러진다. 이것은 적절해 보인다.

예제 6.6 서류보관함 쏟아버리기

질량 50 kg의 철재 서류보관함이 덤프트럭 뒤에 실려 있다. 트럭의 바닥 또한 철로 되어 있고 천천히 기울어진다. 바닥이 20° 기울어 있을 때 서류보관함에 작용하는 정지 마찰력의 크기는 얼마인가? 어떤 각도에서 서류보관함이 미끄러지기 시작하는가?

핵심 서류보관함을 평형 상태의 입자로 모형화한다. 그리고 정지 마찰력의 모형을 사용한다. 서류보관함은 정지 마찰력이 그 최댓값 $f_{s,max}$가 될 때 미끄러질 것이다.

시각화 그림 6.16은 트럭의 바닥이 θ의 각도로 기울어 있을 때의 그림 표현이다. 트럭 바닥과 잘 맞는 기울어진 좌표계를 사용하면 분석을 쉽게 할 수 있다.

풀이 서류보관함은 평형 상태에 있다. 뉴턴의 제2법칙을 이용하면 다음의 식들을 얻는다.

$$(F_{net})_x = \sum F_x = n_x + (F_G)_x + (f_s)_x = 0$$
$$(F_{net})_y = \sum F_y = n_y + (F_G)_y + (f_s)_y = 0$$

(계속)

그림 6.16 기울어진 덤프트럭의 서류보관함의 그림 표현

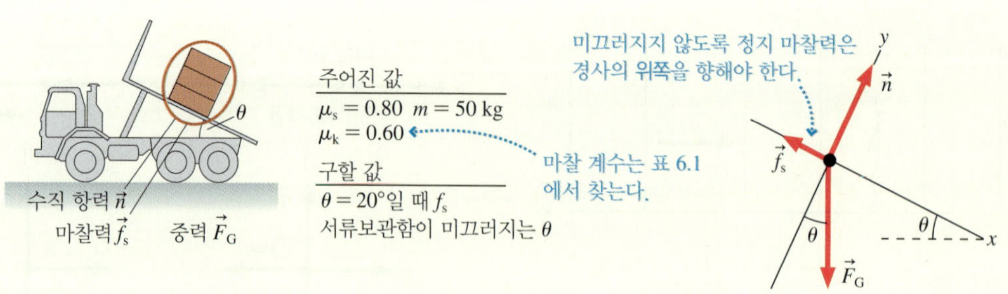

자유 물체 도형으로부터 f_s는 음의 x성분만을 갖고 n은 오직 양의 y성분만을 갖는다는 것을 알 수 있다. 중력 벡터는 $\vec{F}_G = +F_G \sin\theta\, \hat{\imath} - F_G \cos\theta\, \hat{\jmath}$으로 쓸 수 있어서, 이 좌표계에서 x성분과 y성분 둘 다를 갖는다. 그러므로 뉴턴의 제2법칙은 다음과 같다.

$$\sum F_x = F_G \sin\theta - f_s = mg\sin\theta - f_s = 0$$
$$\sum F_y = n - F_G \cos\theta = n - mg\cos\theta = 0$$

여기서 $F_G = mg$를 이용했다.

수직 항력 n을 구하기 위해 y성분 방정식을 풀고, 정지 마찰력 $\mu_s n$을 계산하기 위해서 식 (6.12)를 이용하려는 유혹을 받는다. **하지만 식 (6.12)는 $f_s = \mu_s n$을 의미하지 않는다.** 식 (6.12)는 단지 물체가 미끄러지는 순간에 가능한 최대 정지 마찰력 $f_{s,\,max}$를 준다. 거의 모든 경우에 있어서 정지 마찰력은 $f_{s,\,max}$보다 작다. 이 문제에서 정지 마찰력의 크기를 알기 위해서 x성분 방정식을 사용할 수 있다. 이 식에서 정지 마찰력은 경사를 따르는 중력의 성분과 정확히 균형을 이뤄야 한다.

$$f_s = mg\sin\theta = (50\text{ kg})(9.80\text{ m/s}^2)\sin 20°$$
$$= 170\text{ N}$$

미끄러짐은 정지 마찰력이 그것의 최댓값일 때 생긴다.

$$f_s = f_{s,max} = \mu_s n$$

뉴턴 법칙의 y성분으로부터 $n = mg\cos\theta$임을 알 수 있다. 결국

$$f_{s,max} = \mu_s mg\cos\theta$$

이다. 이것을 제1법칙의 x성분에 대입하면

$$mg\sin\theta - \mu_s mg\cos\theta = 0$$

을 얻는다. mg들은 소거돼서 다음의 표현을 얻는다.

$$\frac{\sin\theta}{\cos\theta} = \tan\theta = \mu_s$$
$$\theta = \tan^{-1}\mu_s = \tan^{-1}(0.80) = 39°$$

검토 철은 기름칠하지 않은 철 위에서 잘 미끄러지지 않는다. 그래서 꽤 큰 값의 각도가 놀랍지 않다. 답은 타당해 보인다.

그림 6.17 마찰의 원자 수준의 관점

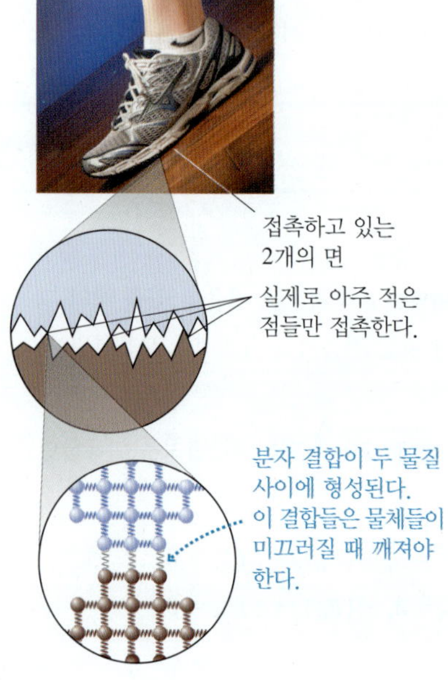

마찰의 원인

마찰의 원인을 알아보기 위해서 잠깐 생각해보자. 만져 봤을 때 충분히 미끄러운 대부분의 면들도 미시적 기준에서는 매우 거칠다. 두 물체가 접촉해 있을 때, 그것들은 부드럽게 맞지 않는다. 대신에 그림 6.17에 보이는 것처럼 한 표면 위에 높은 점들은 다른 표면의 높은 점들 사이에 끼인다. 반면에 낮은 점들은 전혀 접촉이 없다. 접촉의 정도는 표면들이 서로 얼마나 세게 미는가에 달려있다. 이것이 마찰력이 수직 항력 n에 비례하는 이유이다.

실제의 접촉점에서 두 물질의 원자들은 가까이 함께 눌린다. 그래서 그들 사이에 분자 결합이 생긴다. 이들 결합이 정지 마찰력의 '원인'이다. 미끄러지는 물체들에서는 표면들 사이의 이들 분자 결합을 깨기 위해서 충분히 세게 밀어야 한다. 그것들이 한 번 깨지고 나면 두 표면은 서로 미끄러진다. 거기에는 여전히 반대 표면 위의 원자들 사이에 물질들의 높은 점들이 서로 밀려 지나치면서 생기는 당기는 힘이 있다. 하

지만 원자들은 서로 매우 빠르게 지나쳐서, 정지 마찰의 단단한 결합을 만들 만한 시간이 없다. 이것이 운동 마찰력이 더 작은 이유이다. 마찰은 윤활 작용으로 최소화할 수 있다. 표면들 사이의 매우 얇은 액체 막은 훨씬 더 적은 점들만이 실제로 접촉하면서 서로를 지나치도록 '띄운다'.

6.5 끌림

물체가 공기 속을 운동할 때 공기는 물체에 끌림힘을 준다. 조깅할 때나 스키를 탈 때, 또는 자동차 운전을 할 때 매일 끌림힘을 경험한다. 끌림힘 $\vec{F}_{\text{drag}}$는

- 속도 $\vec{v}$의 방향에 반대 방향이다.
- 물체의 속력이 증가하면 크기가 커진다.

그림 6.18은 끌림힘의 한 예시이다.

그림 6.18 고속의 오토바이를 타는 사람에 작용하는 끌림힘은 상당하다.

끌림은 물체의 속력에 따라 다르기 때문에 보통의 마찰력보다 더 복잡한 힘이다. 또한 끌림은 물체의 모양과 그것이 운동하는 매질의 밀도에 따라 다르다. 다행히 다음 세 가지 조건을 만족한다면 끌림의 아주 간단한 **모형**을 적용할 수 있다.

- 물체가 지표 근처에서 공기 속을 운동한다.
- 물체의 크기(지름)는 수 밀리미터에서 몇 미터 사이이나.
- 물체의 속력은 수백 미터/초보다 작다.

이 조건들은 공, 사람, 자동차, 그리고 우리 일상의 많은 물체들에 대하여 만족된다. 이 조건에서, 속력 v로 운동하고 있는 물체에 작용하는 끌림힘은 다음과 같이 쓸 수 있다.

$$\vec{F}_{\text{drag}} = \left(\tfrac{1}{2}C\rho A v^2, \text{ 운동 방향의 반대 방향}\right) \tag{6.15}$$

식 (6.15)에서 기호들을 살펴보면,

- A는 그림 6.19에서 보이는 것처럼 '바람을 맞고 있는' 물체의 **단면적**이다.

그림 6.19 다른 모양 물체들의 단면적

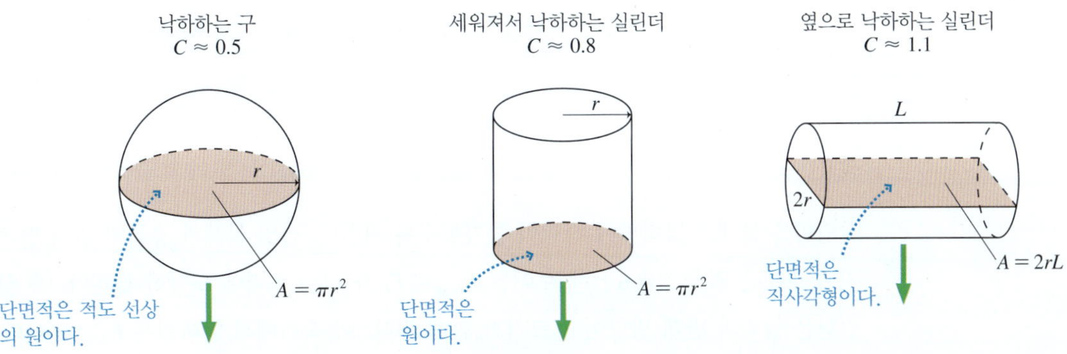

- ρ는 공기의 밀도이고 일반적인 기준의 온도와 압력인 0°C 대기압에서 1.3 kg/m³이다.
- C는 **끌림 계수**(drag coefficient)이다. 이 값은 공기역학적인 모양의 물체에서는 더 작고, 바람에 편평하게 면한 물체에서는 더 크다. 그림 6.19는 구와 2개의 실린더에 대한 근삿값들을 보여준다. C는 차원이 없는 양이므로 단위를 갖지 않는다.

끌림힘이 물체의 속력의 **제곱**에 비례함에 주목하라. 끌림힘은 일정한 힘이 아니어서 (v가 일정하지 않으면) 등가속도 운동학을 이용할 수 없다.

끌림힘 모형은 물체가 먼지처럼 매우 작거나, 총알처럼 매우 빠르거나, 물과 같은 액체 속을 운동하는 물체에 대해서는 맞지 않는다. 액체 속에서의 운동은 응용 문제 6.39에서 다룰 것이다. 그 외에 이러한 상황들은 상위 수준의 교과서에서 다룰 것이다.

예제 6.7 굴림 마찰과 비교한 공기 저항

질량 1500 kg의 전형적인 승용차의 제원은 앞에서 보면 1.6 m 폭과 1.4 m의 높이를 갖는다. 공기역학적 모양의 이 물체는 0.35의 끌림 계수를 갖는다. 어떤 속력에서 끌림힘의 크기가 굴림 마찰력의 크기와 같아지는가?

핵심 자동차를 입자로 모형화한다. 굴림 마찰력과 끌림힘의 모형을 이용한다. 일정한 힘의 상황이 아님을 주목하라.

시각화 그림 6.20은 자동차와 자유 물체 도형을 보여준다. 어떤 운동학적 계산을 하려는 것이 아니기 때문에 전체 그림 표현은 필요하지 않다.

그림 6.20 자동차는 굴림 마찰력과 끌림을 모두 경험한다.

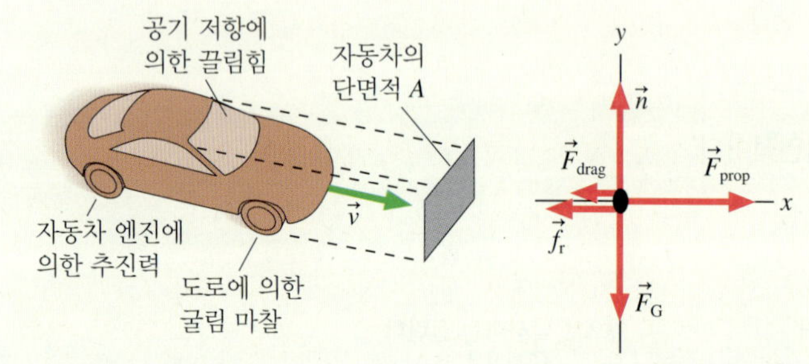

풀이 느린 속력에서 끌림힘은 마찰력보다 작다. 이 경우 공기 저항은 무시할 수 있다. 하지만 끌림힘은 v가 커짐에 따라 증가한다. 그래서 두 힘의 크기가 같아질 때가 있다. 이 속력 이상에서 끌림힘은 굴림 마찰력보다 더 중요해진다.

수직 방향의 운동과 가속도는 없기 때문에 자유 물체 도형으로부터 $n = F_G = mg$임을 안다. 따라서 $f_r = \mu_r mg$이다. 마찰력과 끌림힘을 같게 놓으면 다음과 같다.

$$\frac{1}{2}C\rho A v^2 = \mu_r mg$$

속력 v를 풀면

$$v = \sqrt{\frac{2\mu_r mg}{C\rho A}} = \sqrt{\frac{2(0.02)(1500\text{ kg})(9.80\text{ m/s}^2)}{(0.35)(1.3\text{ kg/m}^3)\,(1.4\text{ m}\times 1.6\text{ m})}} = 24\text{ m/s}$$

이다. 여기서 표 6.1의 콘크리트 위의 고무에 대한 μ_r의 값을 이용했다.

검토 속력 24 m/s는 근사적으로 50 mph이며 적절한 결과이다. 이 계산은 자동차의 속력이 30 또는 40 mph보다 작은 경우 공기 저항을 합리적으로 무시할 수 있음을 보여준다. 끌림힘을 무시한 계산들은 속력이 50 mph 이상이면 점점 더 부정확해질 것이다.

종단 속력

끌림힘은 물체가 낙하하여 속력이 증가할수록 커진다. 만일 물체가 충분히 멀리 떨어지면 그것은 결국 그림 6.21에 보이는 $F_{drag} = F_G$가 되는 속력에 도달하게 된다. 즉 끌림힘은 중력과 반대 방향이고 크기가 같게 된다. 이 속력에서 알짜힘은 $\vec{F}_{net} = \vec{0}$이다.

그래서 더 이상의 가속도는 없고 물체는 일정한 속력으로 낙하한다. 위 방향의 끌림힘과 아래 방향의 중력이 정확하게 균형을 이루어 물체가 가속도 없이 낙하하게 될 때의 속력을 **종단 속력**(terminal speed) v_{term}이라 한다. 물체가 한 번 종단 속력에 이르면, 그 물체는 지면에 닿을 때까지 계속 그 속력으로 낙하한다.

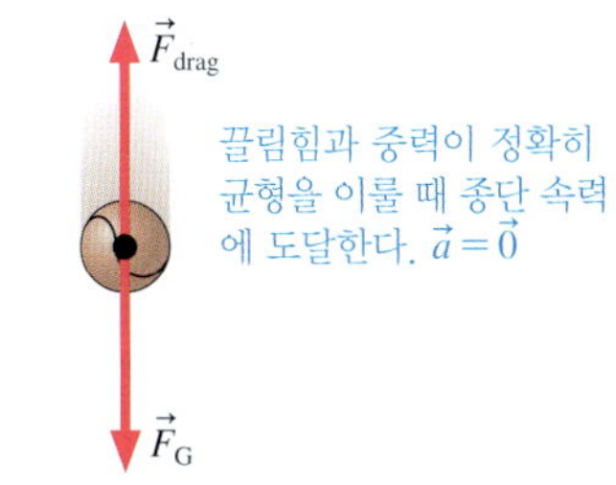

그림 6.21 종단 속력으로 낙하하는 물체

종단 속력의 계산은 어렵지 않다. 정의에 따라 $F_{\text{drag}} = F_{\text{G}}$일 때, 즉 $\frac{1}{2}C\rho A v^2 = mg$일 때의 속력이다. 이 속력은 다음과 같다.

$$v_{\text{term}} = \sqrt{\frac{2mg}{C\rho A}} \tag{6.16}$$

더 무거운 물체는 크기와 모양이 같은 더 가벼운 물체들보다 더 큰 종단 속력을 갖는다. 질량이 50 g이고 지름이 10 cm인 스티로폼 공은 15 m/s의 종단 속력을 갖지만 질량이 6 kg이고 지름이 10 cm인 납덩이 공은 160 m/s의 종단 속력을 갖는다.

식 (6.16)을 이용하여 스카이다이버의 종단 속력을 알아보자. 스카이다이버는 그림 6.19의 옆으로 눕힌 실린더 형태이다. 이 경우 $C \approx 1.1$이다. 전형적인 스카이다이버는 1.8 m 키에 0.40 m의 폭($A = 0.72\ \text{m}^2$)과 75 kg의 질량을 갖는다. 그의 종단 속력은 다음과 같다.

$$v_{\text{term}} = \sqrt{\frac{2mg}{C\rho A}} = \sqrt{\frac{2(75\ \text{kg})(9.8\ \text{m/s}^2)}{(1.1)(1.3\ \text{kg/m}^3)(0.72\ \text{m}^2)}} = 38\ \text{m/s}$$

이것은 대략 90 mph이다. 더 높은 속력은 다리나 머리 방향으로 낙하하여 넓이와 끌림 계수를 줄여서 얻을 수 있다.

비록 수직으로 운동하는 물체들에 대한 해석에 집중했지만, 수평으로 운동하는 물체에도 같은 개념이 적용된다. 만일 물체를 수평으로 던지거나 쏘면, $\vec{F}_{\text{drag}}$는 물체를 느리게 한다. 항공기는 끌림힘이 추력의 반대 방향일 때($F_{\text{drag}} = F_{\text{thrust}}$) 종단 속력에 해당하는 최고 속력에 도달한다. 이때 알짜힘이 0이어서 항공기는 더 이상 빨라질 수 없다. 여객기의 최고 속력은 약 550 mph이다.

6.6 뉴턴의 제2법칙의 추가 예제

예제 4개를 추가로 제시하고 이 장을 마무리한다. 여기에서는 좀 더 복잡한 상황에서 적용하는 문제 풀이 전략을 사용한다.

예제 6.8 | **정지거리**

운전자가 브레이크를 꽉 밟아서 속력이 30 m/s이고 질량 1500 kg인 자동차가 정지하기 위해 미끄러지기 시작한다. 만일 자동차가 10° 경사로를 오르고 있거나, 10° 경사로를 내려가고 있거나, 또는 수평도로를 달리고 있다면 정지거리는 각각 얼마인가?

(계속)

그림 6.22 미끄러지는 자동차의 그림 표현

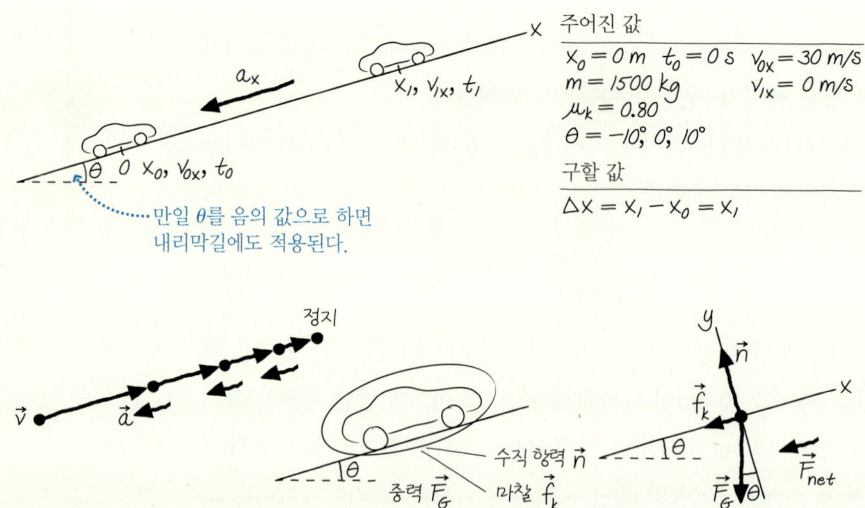

핵심 일정한 힘을 갖는 자동차의 운동을 동역학으로 모형화하고 운동 마찰 모형을 사용한다. 문제를 세 번이 아니라 한 번에 풀기를 원하므로 끝까지 경사각 θ값을 대입하지 않고 남겨둘 것이다.

시각화 그림 6.22는 그림 표현이다. 언덕을 미끄러지는 자동차를 보여주지만, 각도를 0이나 음의 값으로 하면 이 표현은 수평이나 내리막을 미끄러지는 자동차에도 똑같이 적용된다. 기울어진 좌표계를 사용하며, 운동 방향은 축들 중의 한 방향이다. 문제에서 언급은 없었지만, 자동차가 오른쪽으로 달리고 있다고 가정한다. 반대의 가정을 할 수도 있지만, 위치 x와 v_x가 음수가 되므로 주의해야 한다. 자동차는 미끄러져서 정지한다. 그래서 표 6.1의 콘크리트 위의 고무의 운동 마찰 계수를 택한다.

풀이 뉴턴의 제2법칙과 운동 마찰 모형을 이용하여 다음의 식들을 쓸 수 있다.

$$\sum F_x = n_x + (F_G)_x + (f_k)_x = -mg\sin\theta - f_k = ma_x$$

$$\sum F_y = n_y + (F_G)_y + (f_k)_y = n - mg\cos\theta = ma_y = 0$$

$$f_k = \mu_k n$$

운동 도형과 자유 물체 도형을 '읽어서' 이들 방정식을 썼다. 중력 벡터 $\vec{F}_G$의 두 성분들이 모두 음의 값임에 주의하라. 운동은 모두 x축을 따르므로 $a_y = 0$이다.

둘째 방정식을 풀면 $n = mg\cos\theta$이다. 마찰 모형에서 이것을 이용하면 $f_k = \mu_k mg\cos\theta$임을 안다. 이 결과를 첫째 방정식에 대입하면 다음을 얻는다.

$$ma_x = -mg\sin\theta - \mu_k mg\cos\theta = -mg(\sin\theta + \mu_k\cos\theta)$$

$$a_x = -g(\sin\theta + \mu_k\cos\theta)$$

이것은 일정한 가속도이다. 등가속도 운동학은 다음 결과를 준다.

$$v_{1x}{}^2 = 0 = v_{0x}{}^2 + 2a_x(x_1 - x_0) = v_{0x}{}^2 + 2a_x x_1$$

이 식으로 정지거리 x_1을 구할 수 있다.

$$x_1 = -\frac{v_{0x}{}^2}{2a_x} = \frac{v_{0x}{}^2}{2g(\sin\theta + \mu_k\cos\theta)}$$

가속도 a_x의 표현에서 음의 부호가 x_1의 표현에서 음의 부호를 상쇄함에 주의하라. 세 가지 다른 각도에 대해 결과를 적용하여 다음의 정지거리들을 얻는다.

$$x_1 = \begin{cases} 48\ \text{m} & \theta = 10° & \text{언덕} \\ 57\ \text{m} & \theta = 0° & \text{평지} \\ 75\ \text{m} & \theta = -10° & \text{내리막} \end{cases}$$

내리막길에서 너무 빨리 달리면 위험함은 명확하다.

검토 수평면에서 30 m/s ≈ 60 mph 그리고 57 m ≈ 80 ft이다. 이것은 운전면허를 취득할 때 배운 정지거리와 비슷하다. 그래서 결과가 그럴듯해 보인다. 또한 $\mu_k = 0$이면 가속도 a_x가 $-g\sin\theta$이다. 이 결과는 마찰이 없는 경사면의 가속도에 대해 2장에서 배운 것이다.

예제 6.9 수레를 당기는 장력 측정

강사는 질량 250 g의 수레가 2.00 m 길이의 수평으로 놓인 트랙을 따라 구르는 동안 운동 측정기로 수레의 속도를 측정하는 시범실험을 한다. 우선, 강사는 단순히 수레를 밀어 수레가 굴러갈 때 그것의 속도를 측정한다. 아래의 자료는 수레가 트랙의 끝에 도달하기 전에 속도가 약간 느려짐을 보여준다. 그 다음 그림 6.23에 보이는 것처럼 강사는 수레에 줄을 연결하여 수레를 당기기 위해 낙하 추를 사용한다. 그러고 나서 줄의 장력을 결정하라고 여러분에게 요구한다. 추가로 굴림 마찰 계수를 알아보시오.

시각 (s)	굴렸을 때 속도 (m/s)	당겼을 때 속도 (m/s)
0.00	1.20	0.00
0.25	1.17	0.36
0.50	1.15	0.80
0.75	1.12	1.21
1.00	1.08	1.52
1.25	1.04	1.93
1.50	1.02	2.33

그림 6.23 실험 장치

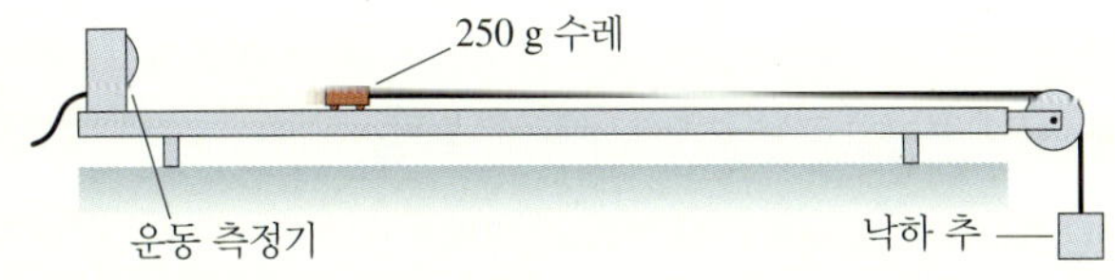

핵심 수레를 일정한 힘이 작용하는 입자로 모형화한다.

시각화 수레는 당겨지고 굴려진 두 경우에 모두 속도가 변한다. 즉 가속한다. 따라서 두 운동 모두에는 알짜힘이 있어야 한다. 굴렸을 때에 대한 힘을 생각해보면 수평 방향의 힘은 굴림 마찰뿐이다. 이 힘은 운동을 방해해서 수레를 느리게 한다. 손은 더 이상 수레에 닿아 있지 않기 때문에 '운동의 힘' 또는 '손의 힘'이 없다. (뉴턴의 제0법칙을 기억하라. 수레는 단지 작용하고 있는 힘에만 반응한다.) 당김은 운동 방향으로 장력을 더한다. 2개의 자유 물체 도형이 그림 6.24에 나타나 있다.

그림 6.24 수레의 그림 표현들

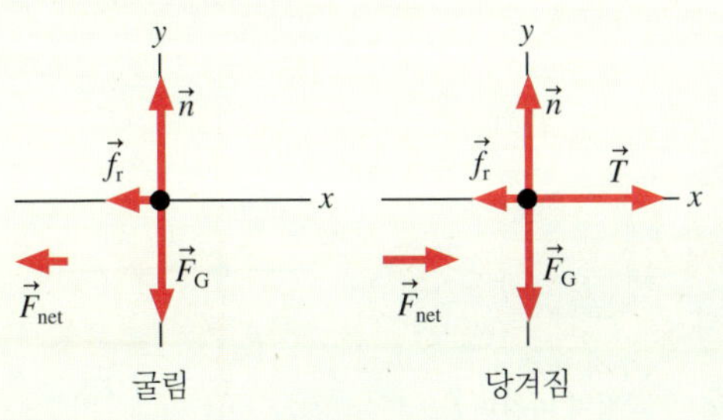

풀이 수레가 당겨질 때의 속도 자료로부터 알 수 있는 수레의 가속도는 알짜힘을 알 수 있게 해준다. 장력을 알아내기 위해서는 마찰력을 알 필요가 있지만, 굴림 운동으로부터 그것을 알 수 있다. 굴림 운동에 대하여, 뉴턴의 제2법칙은 자유 물체 도형을 '읽어서' 쓸 수 있다.

$$\sum F_x = (f_r)_x = -f_r = ma_x = ma_{roll}$$
$$\sum F_y = n_y + (F_G)_y = n - mg = 0$$

부호가 어디서 왔는지 그리고 a_{roll}이라 칭하는 $\vec{a}$가 오직 x성분만 갖고 있다는 것을 어떻게 이용했는지 확실히 이해하라. 장력을 결정하는 데 필요한 마찰력의 크기는 방정식의 x성분에서 얻는다.

$$f_r = -ma_{roll} = -m \times (\text{굴림 속도 그래프의 기울기})$$

하지만 굴림 마찰 계수를 얻기 위해서는 약간의 추가적인 분석이 필요하다. 방정식의 y성분은 $n = mg$임을 알려준다. 굴림 마찰 모형에 이것을 이용하면, $f_r = \mu_r n = \mu_r mg$이고, 굴림 마찰 계수는 다음과 같다.

$$\mu_r = \frac{f_r}{mg}$$

수레가 당겨질 때 뉴턴의 제2법칙의 x성분 방정식은 다음과 같다.

$$\sum F_x = T + (f_r)_x = T - f_r = ma_x = ma_{pulled}$$

그러므로 알고자 하는 장력은 다음 식으로 주어진다.

$$T = f_r + ma_{pulled} = f_r + m \times (\text{당김 속도 그래프의 기울기})$$

그림 6.25는 속도 자료 그래프이다. 가속도는 이 선들의 기울기이다. 가장 잘 맞는 직선의 방정식으로부터 $a_{roll} = -0.124\ \text{m/s}^2$와 a_{pulled}

그림 6.25 굴림과 당김 운동의 속도 그래프. 이 그래프의 기울기는 수레의 가속도이다.

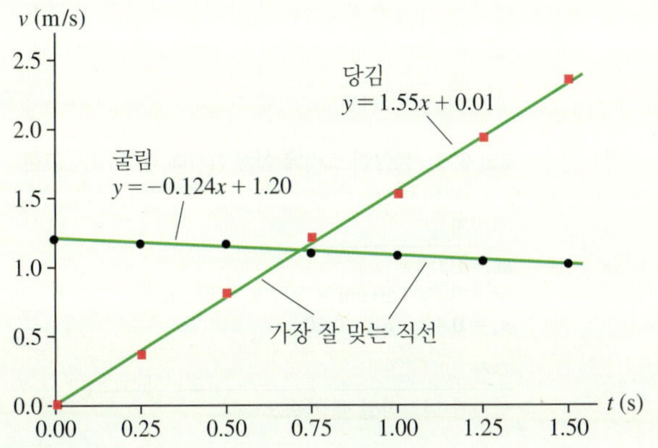

(계속)

$= 1.55\ \mathrm{m/s^2}$임을 안다. 그러므로 마찰력은 다음과 같다.

$$f_r = -ma_{roll} = -(0.25\ \mathrm{kg})(-0.124\ \mathrm{m/s^2}) = 0.031\ \mathrm{N}$$

이제 수레를 당기는 줄의 장력을 다음과 같이 구할 수 있다.

$$T = f_r + ma_{pulled} = 0.031\ \mathrm{N} + (0.25\ \mathrm{kg})(1.55\ \mathrm{m/s^2}) = 0.42\ \mathrm{N}$$

그리고 굴림 마찰 계수는 다음과 같다.

$$\mu_r = \frac{f_r}{mg} = \frac{0.031\ \mathrm{N}}{(0.25\ \mathrm{kg})(9.80\ \mathrm{m/s^2})} = 0.013$$

검토 굴림 마찰 계수는 매우 작지만 표 6.1의 값들과 유사해서 믿을만 하다. 따라서 장력의 값 또한 옳다는 확신을 준다. 수레는 가볍고 마찰력이 매우 작기 때문에 수레를 가속하는 데 필요한 장력이 작은 것은 타당하다.

예제 6.10 화물이 꼭 미끄러지지 않도록 하시오.

크기가 50 cm × 50 cm × 50 cm이고 질량 100 kg인 상자가 평상형 트럭 뒤에 실려 있다. 상자와 트럭 바닥의 마찰 계수는 $\mu_s = 0.40$이고 $\mu_k = 0.20$이다. 상자가 미끄러지지 않는 트럭의 최대 가속도는 얼마인가?

핵심 이것은 지금까지의 문제와는 조금 다른 문제이다. 우리가 관심을 갖는 물체인 상자를 입자로 모형화하자. 그리고 트럭 바닥과 접촉한다. 따라서 오직 트럭만이 그 상자에 접촉힘을 줄 수 있다. 상자가 미끄러지지 않는다면, **트럭에 대한 상자의 운동은 없어서** 상자는 **트럭과 함께** 가속되어야만 한다($a_{box} = a_{truck}$). 상자는 뉴턴의 제2법칙에 따라 가속하기 때문에 그것에 작용하는 알짜힘이 있어야 한다. 그런데 그 힘은 무엇일까?

만약 트럭의 바닥이 마찰이 없다고 상상해보면 트럭이 가속할 때 상자는 (트럭의 좌표계에서 볼 때) 뒤로 미끄러질 것이다. 미끄러지지 않게 하는 힘은 **정지 마찰력**이다. 따라서 **트럭에 대하여** 미끄러짐을 방지하고 상자를 '당기기' 위해 트럭이 상자에 정지 마찰력을 작용해야 한다.

시각화 이 상황은 그림 6.26에 나타나 있다. 상자에 수평으로 가해지는 힘 $\vec{f}_s$가 있고, 상자를 가속시키는 방향으로 앞을 향하고 있다. 가속하는 트럭은 관성계가 아니기 때문에 뉴턴의 법칙들은 가속하는 트럭에 대해서는 유효하지 않다. 관성계인 지면을 기준계로 사용함에 주목하라.

풀이 자유 물체 도형으로부터 '읽을' 수 있는 뉴턴의 제2법칙은 다음과 같다.

$$\sum F_x = f_s = ma_x$$
$$\sum F_y = n - F_G = n - mg = ma_y = 0$$

정지 마찰은 0과 $f_{s,max}$ 사이의 아무 값이나 될 수 있다. 트럭이 천천히 가속하면, 상자는 미끄러지지 않고 $f_s < f_{s,max}$이다. 하지만 상자가 미끄러지기 시작하는 a_{max}에 관심이 있고, 이것은 f_s가 가능한 최댓값에 도달하는 조건에서 구할 수 있다.

$$f_s = f_{s,max} = \mu_s n$$

제2법칙의 y성분 방정식과 마찰 모형을 결합하면 $f_{s,max} = \mu_s mg$를 얻는다. 이것을 x성분 방정식에 대입하고 a_x가 a_{max}임을 파악하면 다음을 얻는다.

$$a_{max} = \frac{f_{s,max}}{m} = \mu_s g = 3.9\ \mathrm{m/s^2}$$

미끄러짐을 피하려면 트럭은 $3.9\ \mathrm{m/s^2}$보다 작게 가속하여야 한다.

검토 가속도 $3.9\ \mathrm{m/s^2}$은 g의 삼분의 일 정도이다. 출발하거나 멈출 때 자동차나 트럭에 세워 둔 물건들은 쉽게 넘어지려고 한다. 하지만 물건들을 바닥에 눕혀 놓고 가면 매우 빠르게 가속할 때만

그림 6.26 평상형 트럭에 실린 상자에 대한 그림 표현

주어진 값
$m = 100$ kg
상자의 크기 50 cm × 50 cm × 50 cm
$\mu_s = 0.40$ $\mu_k = 0.20$

구할 값
상자가 미끄러질 때 가속도

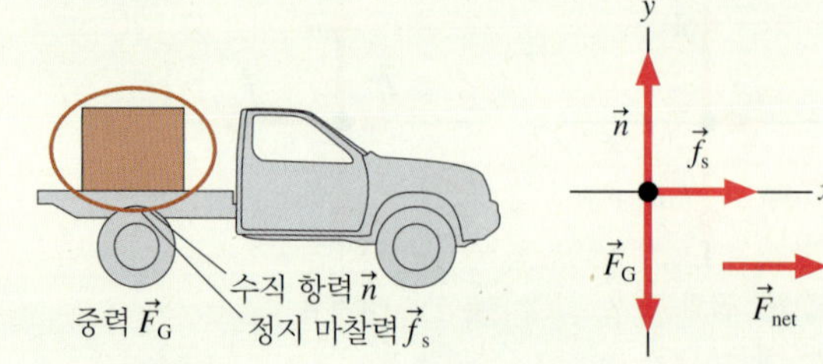

미끄러진다. 그래서 이 답은 타당하다. 나무상자의 크기나 μ_k는 필요치 않음을 주목하라. 실제 상황에서는 아무도 필요한 정보들이 무엇인지 정확히 알려주지 않는다. 이 책의 많은 문제들을 해결하기 위해서는 문제의 설명에서 풀이와 관련된 정보를 스스로 파악하는 능력을 키워나가야 한다.

지난 예제에서 수학적 표현은 매우 단순했다. 어려운 점은 수학보다는 문제에 대한 **물리학적** 해석에 있다. 따라서 해석 도구들인 운동 도형, 힘을 확인하기 위한 도형, 그리고 자유 물체 도형들을 능숙하게 사용할 필요가 있다.

응용 예제 6.11 변하는 힘에 의한 가속도

힘 $F_x = c\sin(\pi t/T)$가 마찰이 없는 표면에서 수평으로 운동하는 질량 m인 물체에 작용한다. 여기서 c와 T는 상수이다. 물체는 시각 $t=0$에 원점에 정지해 있다.

a. 물체의 속도에 대한 표현을 알아내시오. $0 < t < T$ 동안의 결과를 그래프로 그리시오.

b. 만일 $c = 2.5$ N이고 $T = 1.0$ s이면 질량이 500 g인 물체의 최대 속도는 얼마인가?

핵심 물체를 입자로 모형화한다. 하지만 일정힘 모형 또는 등가속도 운동학은 이용할 수 없다.

시각화 사인 함수의 값은 $t=0$에서 0이고 각도의 값이 π인 $t=T$에서 다시 0이다. 시간 간격 $0 \le t \le T$ 동안 힘은 항상 양의 x방향을 가리키면서 0에서 c로 커지고 다시 0으로 돌아온다. 그림 6.27은 힘의 그래프와 그림 표현을 보여준다.

그림 6.27 변하는 힘에 대한 그림 표현

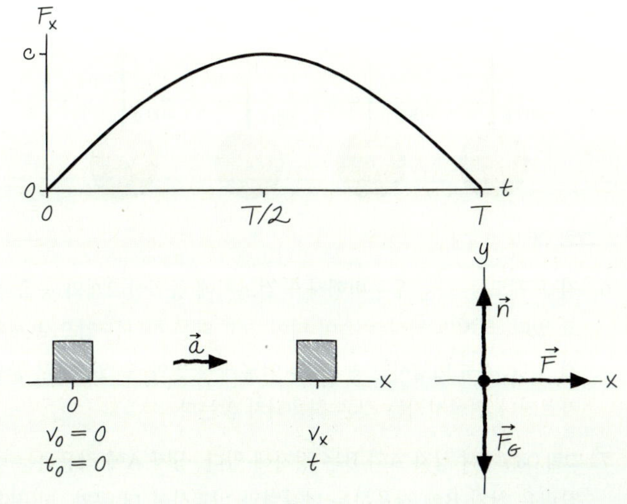

풀이 0과 $T/2$ 사이 시간에서 힘이 증가하기 때문에 물체의 가속도는 증가한다. 한편 $T/2$와 T 사이에서는 힘이 감소하기 때문에 물체가 느려질 것이라고 기대할지 모르겠지만 여전히 양의 x방향으로 알짜힘이 있으므로 양의 x방향으로 가속도가 있어야 한다. 즉, 물체는 계속해서 속력이 증가하지만 가속도가 줄어들어서 조금 천천히 증가한다. 최대 속도는 $t=T$일 때 도달한다.

a. 이것은 등가속도 운동이 아니다. 그래서 등가속도 운동학의 방정식들을 이용할 수 없다. 대신에 속도의 변화율(시간 미분)인 가속도의 정의를 이용해야 한다. 마찰이 없으므로 뉴턴의 제2법칙의 x성분 방정식만 필요하다.

$$a_x = \frac{dv_x}{dt} = \frac{F_{\text{net}}}{m} = \frac{c}{m}\sin\left(\frac{\pi t}{T}\right)$$

우선 이것을 다시 쓰자.

$$dv_x = \frac{c}{m}\sin\left(\frac{\pi t}{T}\right)dt$$

그리고 양쪽 항을 초기 조건($t=t_0=0$에서 $v_x = v_{0x} = 0$)으로부터 나중 조건(마지막 시각 t에서 v_x)까지 각각 적분한다.

$$\int_0^{v_x} dv_x = \frac{c}{m}\int_0^t \sin\left(\frac{\pi t}{T}\right)dt$$

분수 c/m는 상수이므로 적분 기호 밖에 쓸 수 있다. 우변의 적분은 다음의 꼴이다.

$$\int \sin(bx)\,dx = -\frac{1}{b}\cos(bx)$$

이것을 사용하여 방정식의 양변을 각각 적분하면 다음과 같다.

$$v_x\Big|_0^{v_x} = v_x - 0 = -\frac{cT}{\pi m}\cos\left(\frac{\pi t}{T}\right)\Big|_0^t = -\frac{cT}{\pi m}\left(\cos\left(\frac{\pi t}{T}\right) - 1\right)$$

(계속)

간단히 하면, 시각 t에서 물체의 속도는 다음과 같다.

$$v_x = \frac{cT}{\pi m}\left(1 - \cos\left(\frac{\pi t}{T}\right)\right)$$

이 표현을 그림 6.28에 그래프로 그렸다. 기대했던 것처럼 시각 $t = T$

그림 6.28 시간의 함수로 그린 물체의 속도

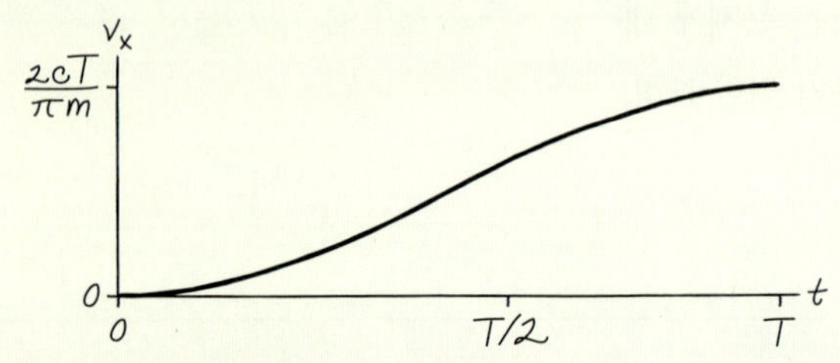

에서 최대 속도가 됨을 알 수 있다.

b. 최대 속도는 $t = T$일 때

$$v_{max} = \frac{cT}{\pi m}(1 - \cos\pi) = \frac{2cT}{\pi m} = \frac{2(2.5\ \text{N})(1.0\ \text{s})}{\pi(0.50\ \text{kg})} = 3.2\ \text{m/s}$$

이다.

검토 일정한 2.5 N의 힘은 0.5 kg의 물체를 5 m/s²로 가속시켜서 1 s 후 5 m/s의 속력에 도달하게 한다. 최댓값 2.5 N의 변하는 힘은 이보다 작은 가속도를 만든다. 따라서 최고 속력 3.2 m/s는 타당하다.

서술형 질문

1. 다음 상황의 물체들이 정지 상태의 평형에 있는지, 운동 상태의 평형에 있는지, 또는 전혀 평형이 아닌지 설명하시오.
   a. 200파운드의 역기가 머리 위로 들려 있다.
   b. 대들보가 크레인에 의해 일정한 속력으로 들린다.
   c. 대들보가 어떤 장소에 내려지고 있다. 그것은 속력이 느려지고 있다.
   d. 제트 비행기가 순항 속력과 고도에 이르렀다.
   e. 트럭 뒤에 실린 상자가 트럭이 정지할 때 미끄러지지 않는다.

2. 케이트, 매튜와 다니엘은 책상 위에 놓인 물리책이 왜 떨어지지 않는지 논쟁 중이다. 케이트에 따르면 "중력은 책을 아래로 당긴다. 하지만 책상이 그 경로에 있어서 책이 떨어질 수 없다." 매튜가 "터무니없는 소리"라며 말하길 "위 방향의 힘이 아래 방향의 힘을 압도해서 책이 떨어지지 못하도록 한다." 다니엘이 응수한다. "뉴턴의 제1법칙이 무엇이냐? 그것은 움직이지 않는다. 그래서 책에는 어떤 힘도 작용하지 않는다." 이 말들 중 어떤 것도 정확히 옳지 않다. 누구의 말이 가장 옳음에 가까운가? 옳게 하려면 그 사람의 말을 어떻게 바꾸어야 하는가?

3. 1개의 케이블에 매달린 승강기가 일정한 속력으로 올라간다. 마찰과 공기 저항은 무시할 수 있다. 케이블의 장력은 승강기에 작용하는 중력과 비교하여 더 큰가, 더 작은가 아니면 같은가? 자유 물체 도형을 포함하여 설명하시오.

4. 다음 진술 중 옳지 않은 것은 어떤 것인가?
   a. 질량과 무게는 다른 단위를 사용하여 측정된다.
   b. 질량은 물체의 근본 속성인 반면, 무게는 장소에 따라 변할 수 있다.
   c. 질량을 줄이면 물체의 무게는 항상 작아지며 반대의 경우도 그러하다.
   d. 가속계에서도 양팔 저울을 이용하여 질량을 정확히 측정할 수 있다.

5. 그림 Q6.5는 4개의 공이 수직 위로 던져진 그림이다. 그것들은 크기는 같지만 질량은 다르다. 공기 저항은 무시할 수 있다. 각 공에 작용하는 알짜힘의 크기가 큰 것부터 작은 것의 순으로 쓰시오. 일부는 같을 수 있다. $a > b > c = d$ 형식으로 답하고 그렇게 답한 이유를 설명하시오.

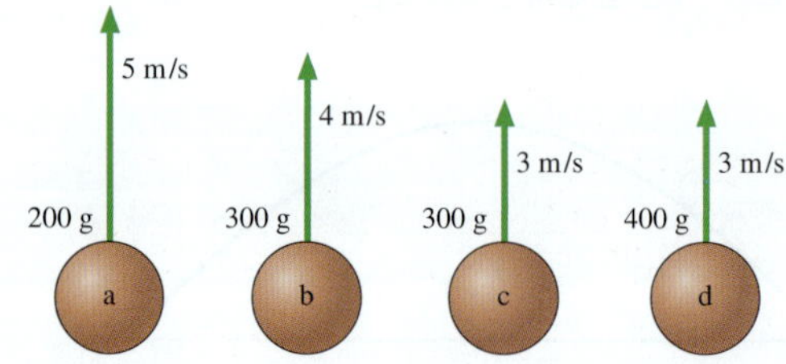

그림 Q6.5

6. 지구 궤도를 도는 우주비행사가 겉보기에 동일한 2개의 공을 들고 있다. 하지만 하나는 속이 비어 있고 다른 하나는 납으로 채워져 있다. 우주비행사는 두 공을 어떻게 구별할 수 있는가? 공을 자르거나 변형시키는 것은 허용되지 않는다.

7. 그림 Q6.7에서 상자 A와 B는 정지해 있다. 상자 A에 작용하는 마찰력은 상자 B에 작용하는 마찰력과 비교하여 더 큰가, 더 작은가 아니면 같은가? 설명하시오.

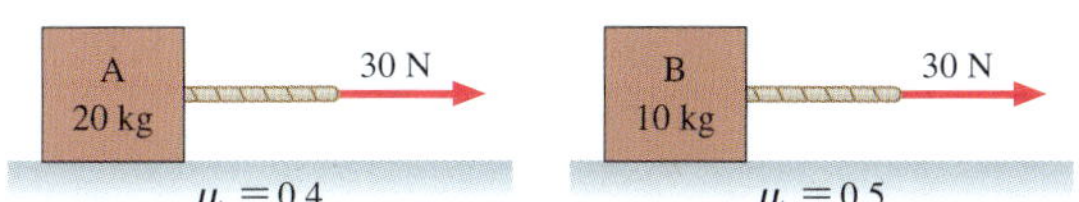

그림 Q6.7

8. 속도 v_{0x}로 마루를 따라 밀린 벽돌은 미는 힘이 제거된 후 거리 d 만큼 미끄러진다.
   a. 벽돌의 초기 속도는 변하지 않고 질량이 절반이 되면 벽돌은 멈추기 전까지 얼마나 미끄러지는가?
   b. 벽돌의 질량은 변하지 않고 초기 속도가 세 배가 되면($3v_{0x}$) 벽돌은 멈추기 전까지 얼마나 미끄러지는가?

9. 그림 Q6.9에 보이는 것처럼 5개의 공이 공기 중에서 움직인다. 5개의 공은 모두 같은 크기와 모양을 갖는다. 공기 저항은 무시할 수 없다. 가속도 a_a부터 a_e의 크기가 큰 것부터 작은 순으로 쓰시오. 일부는 같을 수 있다. $a > b = c > d > e$ 형식으로 답하고 그렇게 답한 이유를 설명하시오.

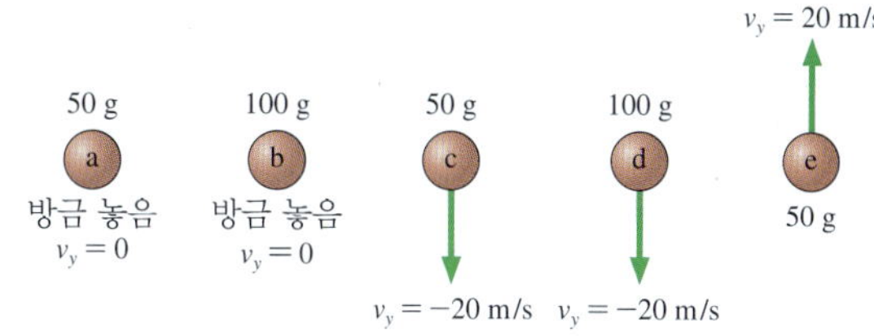

그림 Q6.9

연습문제

연습

6.1 평형 모형

1. ‖ 그림 EX6.1에 보이는 것처럼 3개의 밧줄이 작고 매우 가벼운 고리에 묶여 있다. 이들 중 2개는 그림에 나타난 장력으로 직각으로 벽에 단단히 고정되어 있다. 세 번째 줄에 작용하는 장력 $\vec{T}_3$의 크기와 방향은 무엇인가?

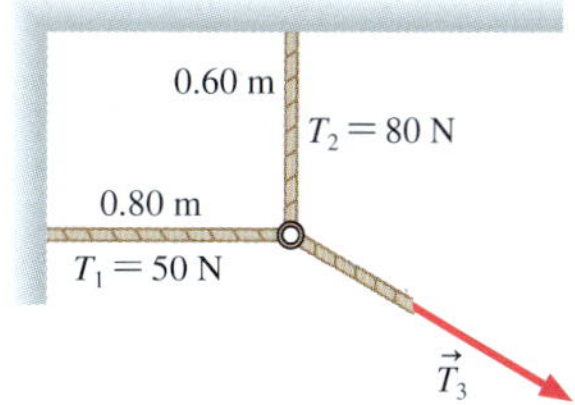

그림 EX6.1

2. | 축구 코치는 썰매에 앉아 있고, 두 선수는 밧줄로 연결된 썰매를 끌면서 운동장을 가로지르며 체력을 향상시킨다. 썰매의 마찰력은 2000 N이고, 두 선수는 동일하게 당기며, 두 밧줄 사이의 각은 20°이다. 코치를 일정한 속력 2 m/s로 끌려면 각각의 선수는 얼마나 열심히 당겨야 하는가?

3. | 60 kg의 체조선수가 손과 발로 벽을 밀면서 자신의 몸을 좁은 공간의 두 수직 벽 사이에 끼워 넣는다. 각 손과 발에 작용하는 마찰력의 크기는 얼마인가? 그것들은 모두 같다고 가정한다.

4. ‖ 어떤 전기 실험에서, 질량 1.0 g의 플라스틱 공이 60 cm 길이의 줄에 전하를 가지고 매달려 있다. 대전된 막대를 공 가까이 가져가 공에 수평 방향의 힘 $\vec{F}_{elec}$을 주어 각도 20° 움직이게 하고 거기서 멈춘다.
   a. 힘 $\vec{F}_{elec}$의 크기는 얼마인가?
   b. 줄의 장력은 얼마인가?

6.2 뉴턴의 제2법칙의 응용

5. | 그림 EX6.5에서 힘이 2.0 kg인 물체에 작용한다. 물체의 가속도의 x와 y성분 a_x와 a_y의 값은 얼마인가?

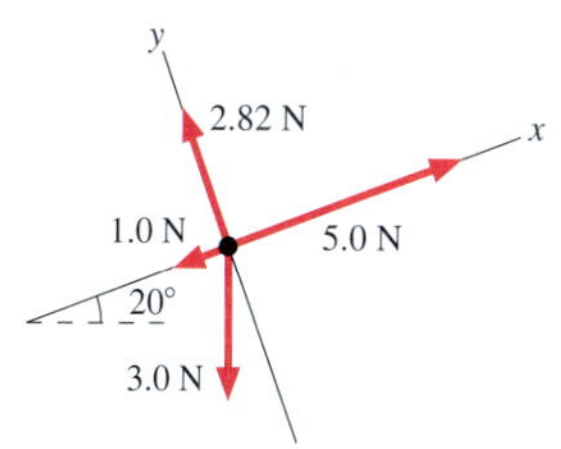

그림 EX6.5

6. ‖ 그림 EX6.6은 2.0 kg의 물체가 x축을 따라 움직이는 동안 물체에 작용하는 힘을 보여준다. 물체는 $t = 0$ s에 원점에 정지해 있다. 시각 $t = 6$ s에 물체의 가속도와 속도는 얼마인가?

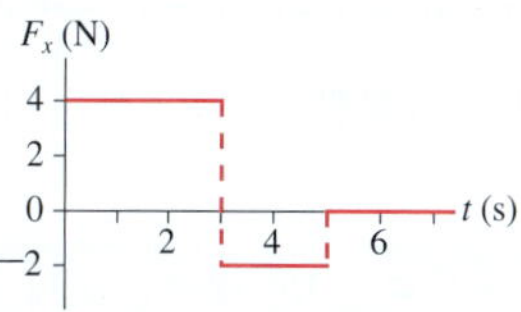

그림 EX6.6

7. | 20 kg의 상자가 줄에 매달려 있다. 다음의 경우에서 줄의 장력은 얼마인가?

a. 상자는 정지해 있다.
b. 상자는 일정한 속력 7 m/s로 올라간다.
c. 상자는 $v_y = 7$ m/s에서 7 m/s^{2}로 속력을 높인다.
d. 상자는 $v_y = 7$ m/s에서 7 m/s^{2}로 속력을 낮춘다.

8. ‖ 8.0×10^4 kg의 우주선이 심우주 공간에 정지해 있다. 우주선의 추진엔진은 1200 kN의 힘을 공급한다. 우주선은 20 s 동안 추진엔진을 점화한 후, 12 km 동안 항해한다. 우주선이 이 거리를 항해하는 데 얼마나 걸리는가?

6.3 질량, 무게, 그리고 중력

9. | 한 여성의 질량이 55 kg이다.
   a. 지구에 서 있는 동안 그녀의 무게는 얼마인가?
   b. 화성에서 그녀의 질량과 무게는 얼마인가? 화성에서 $g = 3.76$ m/s^{2}이다.

10. ‖ 재크의 질량은 80 kg이다. 그는 10 m/s로 내려가는 승강기 안에 있다. 승강기는 브레이크를 작동해 1층에 멈추기까지 3.0 s 걸린다.
    a. 브레이크를 작동하기 전에 재크의 무게는 얼마인가?
    b. 브레이크가 작동하는 동안 재크의 무게는 얼마인가?

11. | 질량 200 g의 모형 로켓이 수직 가속도 10 m/s^{2}를 갖기 위해 필요한 추력은 다음 경우에 얼마인가?
    a. 지구에서?
    b. 달에서? 달에서 $g = 1.62$ m/s^{2}이다.

12. ‖ 지구는 태양으로부터 1.50×10^{11} m 떨어져 있다. 지구의 질량은 5.98×10^{24} kg이다. 태양의 질량은 1.99×10^{30} kg이다. 태양을 향한 지구의 가속도는 얼마인가?

6.4 마찰

13. | 고집 센 120 kg의 당나귀가 앉아서 움직이기를 거부한다. 당나귀를 헛간으로 끌기 위해서 분노한 농부가 당나귀를 밧줄로 묶어 800 N의 최대 힘으로 당긴다. 당나귀와 땅바닥의 마찰 계수는 $\mu_s = 0.8$이고 $\mu_k = 0.5$이다. 농부는 당나귀를 움직이게 할 수 있는가?

14. ‖ 밥은 100 N의 힘으로 30 kg인 서류보관함을 당기고 있지만 서류보관함은 움직이지 않는다. 서류보관함과 바닥의 정지 마찰 계수는 0.80이다. 서류보관함에 작용하는 마찰력의 크기는 얼마인가?

15. ‖ 질량 4000 kg의 트럭이 15° 경사진 곳에 주차되어 있다. 트럭에 작용하는 마찰력은 얼마나 큰가? 트럭과 도로의 정지 마찰 계수는 0.90이다.

16. ‖ 질량 50,000 kg의 기관차가 엔진과 브레이크가 고장 나서 10 m/s로 이동한다. 그 기관차가 멈추기까지 얼마나 움직이는가? 궤도는 수평이라고 가정하자(표 6.1 참조).

17. ‖ 에어버스 A320 제트 항공기는 이륙 질량이 75,000 kg이다. 그 항공기는 35초만에 이륙 속도 82 m/s(180 mph)에 이른다. 엔진의 추력은 얼마인가? 공기 저항은 무시할 수 있지만 굴림 마찰은 무시할 수 없다.

6.5 끌림

18. ||| 질량 75 kg인 스카이다이버를 20 cm × 40 cm × 180 cm인 직육면체의 '상자'로 생각하자. 만일 그가 발부터 떨어지면 종단 속도는 얼마인가? 끌림 계수는 0.8로 한다.

문제

19. ‖ 처음에 정지 상태로 원점에 있는 2.0 kg의 물체에 그림 P6.19와 같이 시간에 따라 변하는 힘이 작용한다. 시각 $t = 4$ s에서 물체의 속도는 얼마인가?

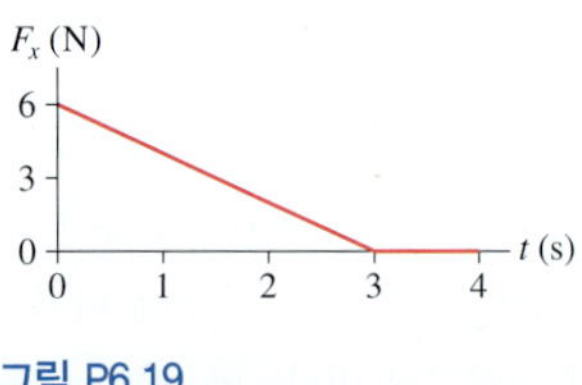

그림 P6.19

20. ‖ 질량 1000 kg인 금속 대(beam)를 그림 P6.20처럼 2개의 밧줄로 지지한다. 각 줄의 장력은 얼마인가?

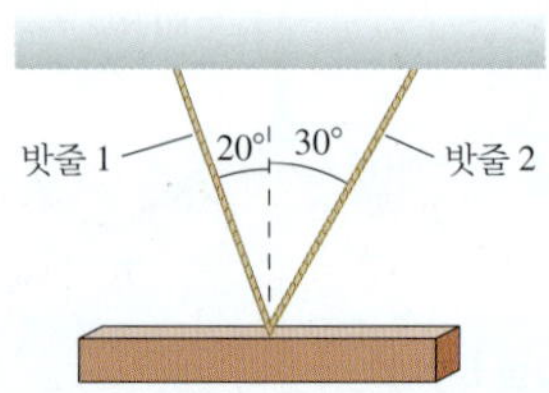

그림 P6.20

21. ‖ 다리가 부러진 사고 희생자가 견인기에 놓여 있다. 환자는 바닥에 도르래가 달린 특수한 부츠를 신고 있다. 발과 부츠는 합하여 질량이 4.0 kg이다. 의사는 밧줄을 통해 6.0 kg의 질량을 매달 것을 결정했다. 부츠는 침대에 접촉하지 않고 그림 P6.21처럼 밧줄에 달려서 지지된다.
BIO
    a. 매달린 질량을 분석하기 위해 뉴턴의 법칙을 이용하여 밧줄의 장력의 크기를 결정하시오.
    b. 알짜 견인력이 다리를 똑바로 당겨야 한다. 위쪽 밧줄의 적절한 각도 θ는 얼마인가?
    c. 다리를 당기는 알짜 견인력은 얼마인가?

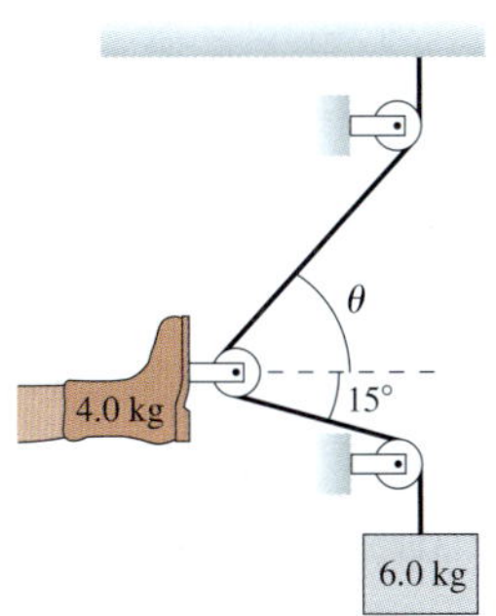

그림 P6.21

힌트: 도르래에 마찰이 없다고 가정하면, 밧줄의 한쪽 끝에서 다른 쪽 끝까지 장력은 일정하다.

22. ‖ 어떤 기계의 피스톤은 수평으로 15 cm 움직이며 공에 일정한 힘을 준다. 5개의 다른 공들이 피스톤을 벗어났을 때 공들의 속력을 측정하기 위해 운동 검출기를 사용한다. 자료는 표에 나타나 있다. 이론을 사용하여 직선 그래프가 되는 2개의 양을 찾으시오. 그런 다음 그래프를 사용하여 피스톤의 힘의 크기를 구하시오.

질량(g)	속력(m/s)
200	9.4
400	6.3
600	5.2
800	4.9
1000	4.0

23. ‖ a. 질량 m인 로켓이 추력 $\vec{F}_{thrust}$로 수직으로 발사되었다. 공기 저항은 무시하고 고도 h에서 로켓의 속력에 대한 표현을 알아내시오.
    b. 질량 350 g인 모형 로켓의 모터는 9.5 N의 추력을 낸다. 만일 공기 저항을 무시할 수 있으면, 고도 85 m에 다다랐을 때 로켓의 속력은 얼마인가?

24. ‖ 무거운 짐을 실은 트럭의 총 질량이 7500 kg이다. 불행하게도 느슨하게 결박된 짐이 떨어질 때, 이 트럭은 15° 경사를 일정한 15 m/s로 오르고 있다. 짐이 떨어진 직후, 트럭은 1.5 m/s^{2}로 가속하기 시작한다. 짐의 질량은 얼마인가? 굴림 마찰은 무시한다.

25. ‖ 질량이 75 kg인 샘은 제트 스키를 타고 평평한 눈밭을 출발한다. 스키는 200 N의 추력을 갖고 있고, 눈과의 운동 마찰 계수는 0.10이다. 불행하게도 스키는 단지 10초 후에 연료를 다 소모했다.
    a. 샘의 최고 속력은 얼마인가?
    b. 샘이 결국 멈출 때까지 얼마나 멀리까지 여행하겠는가?

26. ‖ 질량 2.0 kg의 나무 벽돌을 30° 기울어진 나무로 된 경사면을 위로 쏘았다. 벽돌의 초기 속력은 10 m/s이다.
    a. 출발점으로부터 벽돌이 다다르는 수직 높이는 얼마인가?
    b. 출발점으로 되돌아 왔을 때 벽돌의 속력은 얼마인가?

27. ‖ 질량이 M인 큰 상자가 장력 T인 밧줄로 수평인 마찰이 없는 수평면 위에서 당겨진다. 질량이 m인 작은 상자는 큰 상자 위에 놓여 있다. 두 상자 사이의 정지 마찰 계수와 운동 마찰 계수는 각각 μ_s와 μ_k이다. 작은 상자가 큰 상자 위에서 미끄러지지 않을 수 있는 최대 장력 T_{max}에 대한 표현을 구하시오.

28. ‖ 이모의 고가의 골동품들을 여러분의 픽업트럭 뒤에 싣고 25 m/s로 달리고 있다. 가는 길 앞 55 m에 거대한 구덩이를 발견한다. 다행히 브레이크 옆에 발이 있어서 반응시간은 0이다!
    a. 구덩이에 빠지기 전에 트럭을 멈출 수 있는가?
    b. 문항 a에 그렇다고 답하면, 골동품들이 미끄러져 손상됨 없이 멈출 수 있는가? 그것들의 마찰 계수는 $\mu_s = 0.60$, $\mu_k = 0.30$이다.

    힌트: 골동품을 보호하기 위해 가능한 한 가장 짧은 거리에서 멈추려 하지 않을 것이다. 골동품들이 손상되지 않게 하는 가장 좋은 방법은 무엇인가?

29. ‖ 질량 1.0 kg인 나무벽돌은 그림 P6.29처럼 수직한 나무 벽에 대어져 12 N의 힘으로 눌린다. 만일 처음에 벽돌이 정지해 있다면, 나무벽돌은 위로 움직이는가, 아래로 움직이는가 이니면 정지해 있는가?

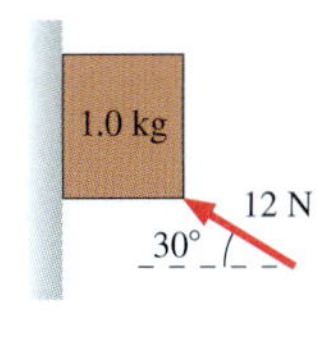

그림 P6.29

30. ‖ 공이 압축 공기총으로부터 종단 속력의 두 배로 발사된다.
    a. 만일 공이 수직 위 방향으로 발사되면, 공의 초기 가속도는 중력 가속도 g의 몇 배인가?
    b. 만일 공이 수직 아래 방향으로 발사되면, 공의 초기 가속도는 중력 가속도 g의 몇 배인가?

31. ‖ 우주비행사들은 용수철에 올라 진동하여 그들의 '질량을 잰다.' CALC 75 kg인 우주비행사의 위치가 $x = (0.3\text{ m})\sin[(\pi\text{ rad/s}) \times t]$라고 하자. t의 단위는 s이다. (a) $t = 1.0$ s에서, (b) $t = 1.5$ s에서 용수철이 우주비행사에게 주는 힘은 얼마인가? 사인 함수의 각도는 라디안임에 주의하라.

32. ‖ 질량 m인 물체가 $t = 0$일 때 $x = 0$에 마찰이 없는 수평면 위에 CALC 정지한 상태로 놓여 있다. 시각 $t = 0$일 때 F_0에서 $t = T$일 때 0으로 줄어드는 수평 힘 $F_x = F_0(1 - t/T)$가 물체에 작용한다. 시각

T일 때 물체의 (a) 속도와 (b) 위치에 대한 표현을 알아내시오.

33. ||| BIO 큰 물체들은 관성을 갖고 계속 움직이려 한다(뉴턴의 제1법칙). 물속을 헤엄치는 작은 미생물들의 삶은 매우 다르다. 그들은 수영을 하지 않으면 끌림힘이 너무 커서 순간적으로 멈춘다. 일정한 속력으로 수영하기 위해서 그들은 코르크스크루 같은 편모들을 돌리거나 머리카락 같은 섬모들을 두드려서 끊임없이 추진력을 주어야 한다. 식 (6.15)의 끌림 2차 모형은 매우 작은 입자들에는 맞지 않는다. 대신에, 액체 속을 움직이는 작은 물체는 선형 끌림힘[$\vec{F}_{\text{drag}} = (bv$, 운동 반대 방향)]을 경험한다(여기서 b는 상수이다). 반지름 R인 구에 대하여, 끌림 상수는 $b = 6\pi\eta R$로 쓸 수 있다. 여기서 η는 액체의 점성이다. 온도 20°C의 물은 1.0×10^{-3} Ns/m^{2}의 점성을 갖는다.
   a. 짚신벌레는 대략 100 μm의 길이이다. 만일 이것을 구로 생각하면 이것은 전형적인 속력 1.0 mm/s로 수영하기 위해서 얼마의 추진력이 필요한가? 지름 2.0 μm의 대장균 박테리아가 30 μm/s로 수영하기 위해서 얼마의 추진력이 필요한가?
   b. 추진력들은 매우 작지만 생물 또한 그렇다. 추진력이 큰지 작은지의 판단은 생물에 따라 상대적이다. 끌림힘이 없다고 가정하고 추진력이 생물에 주는 가속도를 계산하시오. 두 생물의 밀도는 물의 밀도 1000 kg/m^{3}와 같다.

34. ||| 먼지 알갱이 같은 작은 물체들은 선형 끌림힘[$\vec{F}_{\text{drag}} = (bv$, 운동 반대 방향)]을 경험한다(여기서 b는 상수이다). 즉, 식 (6.15)의 끌림 2차 방정식 모형은 매우 작은 입자들에는 맞지 않는다. 반지름 R인 구에 대하여, 끌림 상수는 $b = 6\pi\eta R$로 쓸 수 있다. 여기서 η는 기체의 점성이다.
   a. 점성이 η인 기체를 통과해 떨어지는 질량이 m이고 반지름이 R인 구형 입자의 종단 속력 v_{term}에 대한 표현을 구하시오.
   b. 돌풍이 불어 지름 50 μm인 먼지 알갱이를 고도 300 m 높이에 올렸다고 하자. 바람이 갑자기 멈추어 먼지 알갱이가 다시 땅에 떨어지기까지 얼마나 걸리는가? 먼지의 밀도는 2700 kg/m^{3}이고, 섭씨 25°C 공기의 점성은 2.0×10^{-5} Ns/m^{2}이며, 떨어지는 먼지 알갱이는 거의 즉시 종단 속력에 다다를 수 있다고 가정한다.

35. 그림 P6.35는 자유 물체 도형이다.

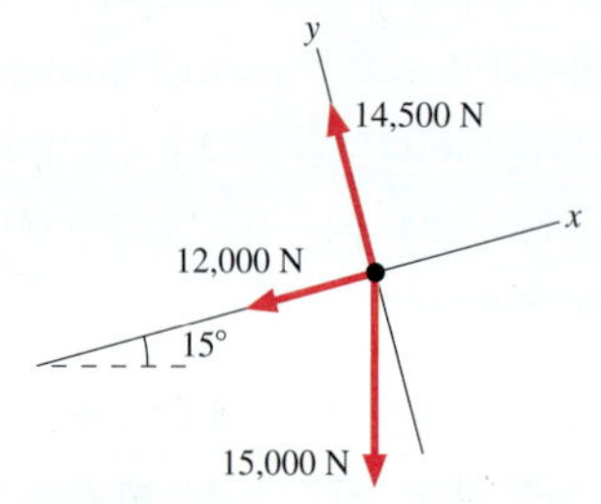

그림 P6.35

   a. 이 자유 물체 도형에 해당하는 실제의 동역학 문제를 쓰시오. 여러분의 문제는 위치나 속도를 답할 수 있는 질문을 해야 하고, 답을 할 수 있는 충분한 정보를 제공해야 한다.
   b. 문제를 풀이하시오.

36. 문제를 풀이하는 데 사용될 동역학 방정식들이 다음과 같이 주어진다.

$$T - 0.20n - (20\text{ kg})(9.80\text{ m/s}^2)\sin 20° = (20\text{ kg})(2.0\text{ m/s}^2)$$
$$n - (20\text{ kg})(9.80\text{ m/s}^2)\cos 20° = 0$$

이들 각각에 대하여
   a. 이 방정식에 해당하는 실제의 동역학 문제를 쓰시오.
   b. 여러분의 문제에 대한 그림 표현과 자유 물체 도형을 그리시오.
   c. 문제의 답을 구하시오.

응용 문제

37. ||| CALC 질량 m인 벽돌이 시각 $t = 0$에 원점에 정지해 있다. 이것이 일정한 힘 F_0로 $x = 0$으로부터 $x = L$까지 운동 마찰 계수가 $\mu_k = \mu_0(1 - x/L)$인 수평면 위에서 밀린다. 즉 마찰 계수는 $x = 0$에서 μ_0로부터 $x = L$에서 0으로 감소한다.
   a. 미적분학에서 배운 내용을 사용하여 다음을 증명하시오.

$$a_x = v_x \frac{dv_x}{dx}$$

   b. 위치 L에 도달했을 때 벽돌의 속력에 대한 표현을 구하시오.

38. ||| CALC 그림 CP6.38은 항공기나 자동차의 수평 가속도를 측정하는 장치인 가속도계를 보여준다. 공은 방정식 $y = x^2$로 표현되는 포물선 트랙 위를 자유롭게 구른다. 여기서 x와 y의 단위는 미터이다. 바닥의 눈금은 공의 수평 위치 x를 나타낸다.
   a. 측정된 위치 x(단위 m)를 사용하여 가속도 a_x(단위 m/s^2)를 계산하는 표현을 구하시오. 예를 들면 $a_x = 3x$는 가능한 표현이다.
   b. 만일 $x = 20$ cm이면 가속도는 얼마인가?

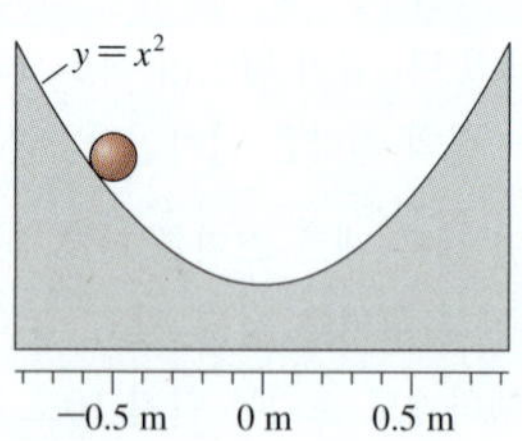

그림 CP6.38

39. ||| CALC 액체 속을 움직이는 물체의 선형 끌림힘은 $\vec{F}_{drag} = (bv$, 운동 반대 방향)이다. 여기서 b는 **끌림 계수**라고 하는 상수이다. 반지름 R인 구에 대하여, 끌림 계수는 $b = 6\pi\eta R$로 쓸 수 있다. 여기서 η는 액체의 **점성**이다.

a. 미적분학에서 배운 내용을 사용하여 다음을 증명하시오.

$$a_x = v_x \frac{dv_x}{dx}$$

b. 점성이 η인 액체 속에서 초기 속력 v_0로 수평으로 쏘아진 반지름 R이고 질량 m인 구형의 입자의 속도의 x성분 $v_x(x)$에 대한 대수적인 표현을 이동거리의 함수로 구하시오.

c. 섭씨 20°C인 물은 $\eta = 1.0 \times 10^{-3}$ N s/m^{2}의 점성을 갖는다. 지름이 1.0 cm이고 질량 1.0 g인 구슬이 10 cm/s로 20 °C의 물탱크 안으로 수평으로 쏘아졌다고 하자. 이 구슬이 정지하기 전까지 얼마나 멀리까지 이동하는가?

7 뉴턴의 제3법칙

Newton's Third Law

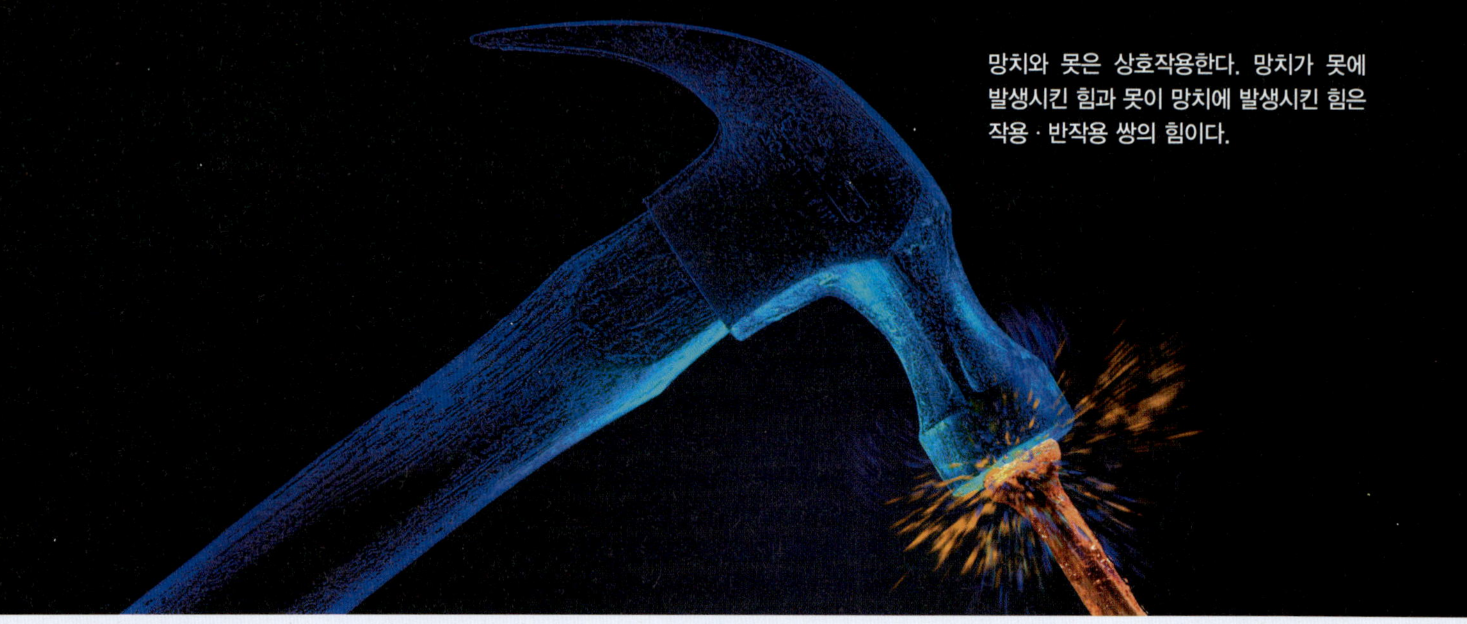

망치와 못은 상호작용한다. 망치가 못에 발생시킨 힘과 못이 망치에 발생시킨 힘은 작용 · 반작용 쌍의 힘이다.

이 장에서는 물체들이 상호작용하는 방법을 이해하기 위해서 뉴턴의 제3법칙을 사용한다.

상호작용은 무엇인가?

모든 힘들은 물체들이 서로서로에게 힘을 발생시키는 상호작용이다. A가 B를 밀면, 그때 B는 A를 반대 방향으로 민다. 이러한 두 힘은 작용·반작용 쌍을 형성한다. 하나의 힘이 다른 힘 없이 존재할 수 없다.

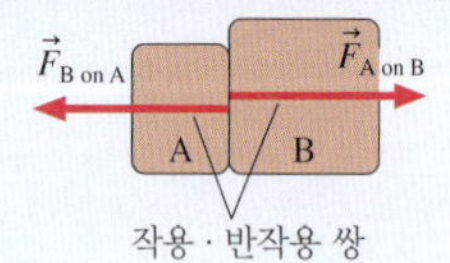

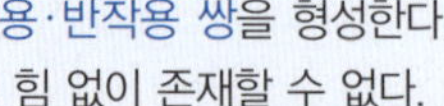

« 되돌아보기: 5.5절 힘, 상호작용, 그리고 뉴턴의 제2법칙

상호작용 도형은 무엇인가?

자주 관심 대상인 물체들을 계로 정하고 계 외부에서 계에 힘을 작용하는 환경을 정하여 문제를 분석할 것이다. 상호작용 도형은 계 내부의 상호작용인 작용·반작용 쌍의 힘들을 정하고 환경이 계에 가하는 외력을 정하는 중요한 도구이다.

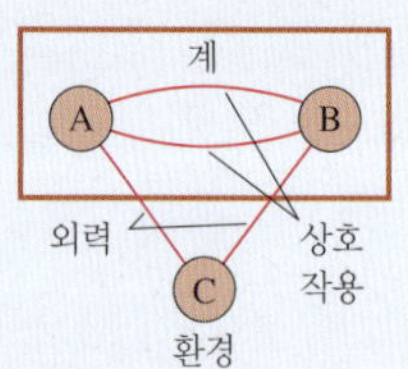

줄과 도르래는 어떤 모형으로 다루는가?

두 물체가 상호작용하는 하나의 방법은 줄로 연결되는 것이다. 도르래는 장력의 방향을 바꾼다. 다음과 같은 모형을 자주 사용할 것이다.

- 질량 없는 줄
- 질량 없고 마찰 없는 도르래

위의 조건에서는 물체들의 가속도는 같은 크기를 갖는다.

뉴턴의 제3법칙은 무엇인가?

뉴턴의 제3법칙은 상호작용을 설명한다.

- 모든 힘은 작용·반작용 쌍의 힘이다.
- 쌍의 각각의 힘은 서로 다른 물체들에 각각 작용한다.
- 쌍의 각각의 힘은 크기는 같으나 방향은 반대이다.

뉴턴의 제3법칙은 어떻게 사용되는가?

6장의 동역학 문제 풀이 전략은 아직도 제일의 도구이다.

- 각각의 물체에 관하여 자유 물체 도형을 그려라.
- 작용·반작용 쌍을 정하고 표시하라.
- 각각의 물체에 뉴턴의 제2법칙을 사용하라.
- 뉴턴의 제3법칙으로 힘들의 관계를 정하라.

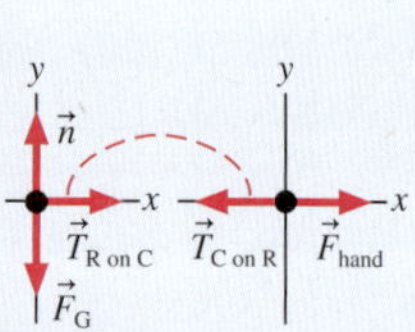

« 되돌아보기: 6.2절 문제 풀이 전략 6.1

뉴턴의 제3법칙은 왜 중요한가?

힘을 정하고 사용하기 위해서 뉴턴 법칙의 처음 2개만 가지고 동역학 분석을 시작했다. 그러나 자연의 물체들은 고립되어 있지 않고 서로서로 상호작용한다. 뉴턴의 제3법칙으로 역학에 대한 이해가 더 완전해진다. 또한 뉴턴의 제3법칙은 물리학의 실제 응용인 공학과 기술의 문제를 다루는 데 있어서 근본적 도구이다.

7.1 상호작용하는 물체

그림 7.1은 망치로 못을 때리는 것을 보여준다. 못이 벽 쪽으로 움직이도록 망치는 못에 힘을 발생시킨다. 동시에 못은 망치에 힘을 발생시킨다. 이것을 이해하기 어렵다면 유리망치로 못을 때리는 것을 상상하라. 유리망치는 산산조각이 나고 그 원인은 못이 유리망치에 발생시킨 힘 때문이다.

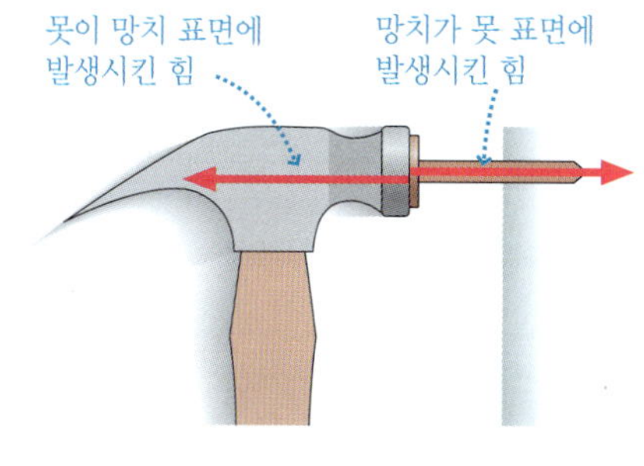

그림 7.1 망치와 못은 서로 상호작용한다.

사실은 물체 A가 다른 물체 B를 밀거나 당길 때, 물체 B도 물체 A를 동시에 밀거나 당긴다. 여러분이 어떤 사람과 줄다리기를 하여 잡아당기면 그 사람도 여러분을 되잡아당긴다. 의자에 앉아 의자를 내리누르면 의자는 여러분에게 수직 항력을 발생시켜 여러분을 위로 들어올린다. 이것들은 두 물체가 서로 영향을 주는 **상호작용**(interaction)의 예이다.

더 자세히 표현하면 물체 A가 물체 B에 힘 $\vec{F}_{\text{A on B}}$를 발생시킬 때 물체 B도 물체 A에 힘 $\vec{F}_{\text{B on A}}$를 발생시킨다. 그림 7.2에 표시된 이 2개의 힘을 **작용·반작용 쌍**(action/reaction pair)이라 한다. 두 물체는 작용·반작용 쌍의 힘을 가함으로써 서로 상호작용한다. 힘 벡터의 첨자 표기 의미에 유의하라. 첨자의 앞 문자는 힘을 가하는 물체이고 첨자의 뒤 문자는 발생된 힘을 받는 물체이다. $\vec{F}_{\text{A on B}}$는 A에 의해서 B에 가해진 힘이다.

그림 7.2 힘의 작용·반작용 쌍

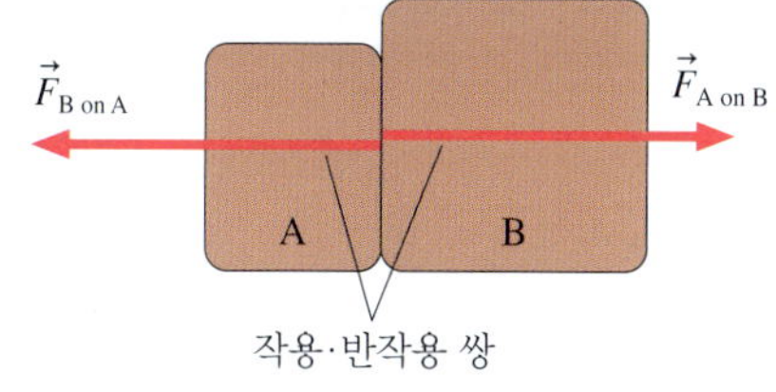

망치와 못은 2개의 접촉힘(contact force)을 통하여 상호작용한다. 중력과 같은 장거리힘(long-range force)에도 동일한 의미가 적용되는가? 뉴턴은 동일한 의미가 적용된다는 것을 설명한 첫 번째 과학자였다. 그가 설명한 증거는 조석(tide) 현상이었다. 고대 이래로 천문학자들은 조석 현상이 달의 위상과 관계가 있다고 생각해왔다. 그러나 뉴턴은 조석 현상이 달이 지구와 바닷물을 중력으로 당기는 현상의 결과라고 이해한 첫 번째 과학자였다.

물체, 계, 환경

5장과 6장은 입자로 간주하는 단일 물체에 작용한 힘을 생각했다. 그림 7.3a는 단일 입자 동역학을 도형으로 나타낸 것이다. 입자의 가속도를 결정하기 위해서는 뉴턴의 제2법칙 $\vec{a} = \vec{F}_{\text{net}}/m$을 사용할 수 있다.

그림 7.3 단일 입자 동역학과 상호작용하는 물체의 모형

(a) 단일 입자 동역학

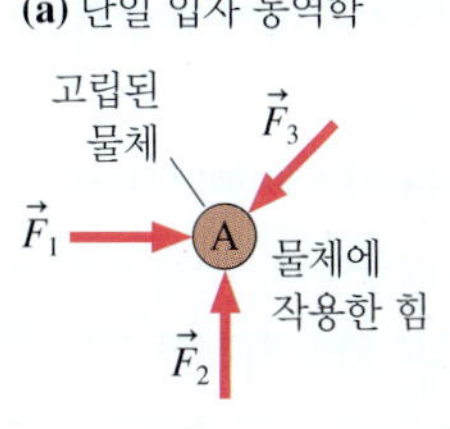

이것은 힘 도형이다.

(b) 상호작용하는 물체

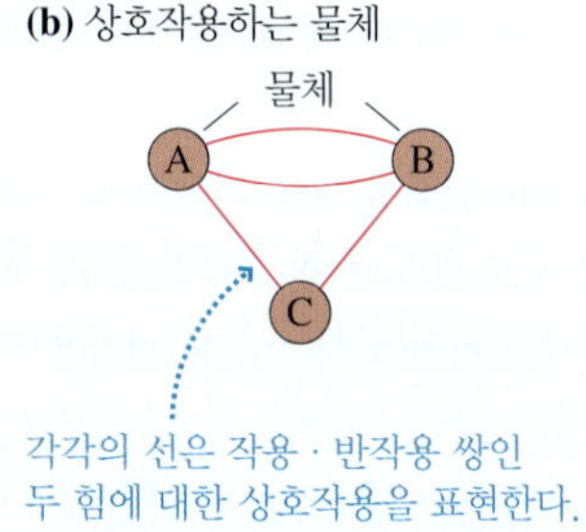

(c) 계와 환경

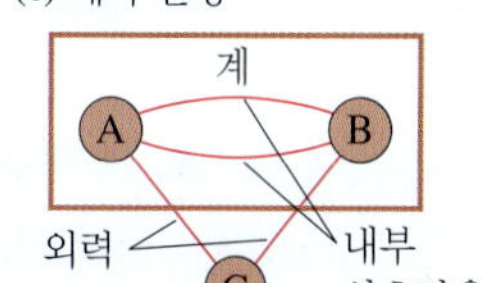

이것은 **상호작용 도형**이다.

서로 상호작용하는 2개 이상의 물체로 입자 모형을 확장하고 싶다. 예로 그림 7.3b는 작용·반작용 쌍의 힘으로 상호작용하는 3개의 물체를 보여준다. 힘은 $\vec{F}_{\text{A on B}}$와 $\vec{F}_{\text{B on A}}$와 같이 표현할 수 있다. 이 입자들은 어떻게 움직이는가?

우리는 몇 개의 물체들의 운동에 관심을 갖는다. 말하자면 물체 A와 B의 운동을 알고 싶고 주변의 다른 물체들의 운동에 관심이 없는 상황이다. 예를 들면 물체 A와 B는 망치와 못이고 다른 물체 C는 지구이다. 지구는 중력을 통하여 망치 및 못과 상호작용한다. 그러나 지구는 '정지'하고 망치와 못은 움직인다. 우리가 운동을 분석하고 싶은 물체들을 **계**(system)라 하고, 계를 제외한 외부에 있는 물체들을 **환경**(environment)이라 한다.

방망이와 공은 서로 상호작용한다.

그림 7.3c는 계를 상자 안에 가두고 상호작용하는 두 물체를 선으로 연결하여 표시하는 **상호작용 도형**(interaction diagram)이다. 이것은 추상적인 도형이나 상호작용의 본질을 잘 보여준다. 환경에 있는 물체가 계에 있는 물체에 발생시킨 힘을 **외력**(external force)이라 함을 주목하라. 망치와 못을 살펴볼 때 지구와 상호작용하여 발생한 중력은 외력이다.

7.2 상호작용하는 물체 해석

풀이 전략 7.1

상호작용하는 물체 해석

❶ **각각의 물체를 이름과 표시문자의 원으로 표시하라.** 각각의 물체를 올바른 위치에 그려라. 지구 표면(S로 표기, 접촉힘)과 전체 지구(EE로 표기, 장거리힘)는 분리된 다른 물체로 생각해야 한다.

❷ **상호작용을 식별하라.** 각각의 상호작용을 표현하기 위해서 2개의 원들을 하나의 연결선으로 연결하라.

- 모든 상호작용 선은 두 물체만을 연결한다.
- 표면은 두 종류의 상호작용을 발생시킬 수 있다. 하나는 표면에 평행한 마찰력이고 다른 하나는 표면에 수직한 수직 항력이다.
- 전체 지구는 장거리힘인 중력을 통하여 상호작용한다.

❸ **계를 명시하라.** 운동을 분석하는 대상 물체들을 선택하라. 이 물체들이 상자 안에 있도록 그려라. 이것은 상호작용 도형을 완성한다.

❹ **계 내부의 각각의 물체에 관하여 자유 물체 도형을 그려라.** 계의 물체가 발생시킨 힘이 아니라 계의 물체에 작용한 힘만을 자유 물체 도형에 포함하라.

- 상호작용 선이 계의 경계를 교차할 때 이 상호작용은 물체에 외력을 발생시킨다. $\vec{n}$와 $\vec{T}$ 등의 기호가 사용될 수 있다.
- 계 내부의 상호작용 선은 작용·반작용 쌍을 의미한다. 두 물체의 각각에는 하나의 힘 벡터가 작용하고, 이 힘들의 방향은 서로 반대 방향이다. $\vec{F}_{\text{A on B}}$와 $\vec{F}_{\text{B on A}}$의 기호를 사용하라.
- 다른 자유 물체 도형에 각각 그려져야 하는 작용·반작용 두 힘들은 점선으로 연결하라.

2개의 구체적 예제를 풀어봄으로써 이러한 생각들을 보여줄 것이다. 첫 번째 예제는 생각하는 모든 과정을 유의해서 살펴볼 것이기 때문에 설명이 매우 많을 것이다.

예제 7.1 나무상자 밀기

그림 7.4는 거친 표면 위의 큰 나무상자를 사람이 미는 상황을 보여준다. 모든 상호작용을 식별하고, 상호작용 도형에 그것들을 나타내고 사람과 나무상자에 관하여 자유 물체 도형을 그리시오.

그림 7.4 사람이 거친 마루 위의 나무상자를 민다.

그림 7.6 사람과 나무상자의 자유 물체 도형

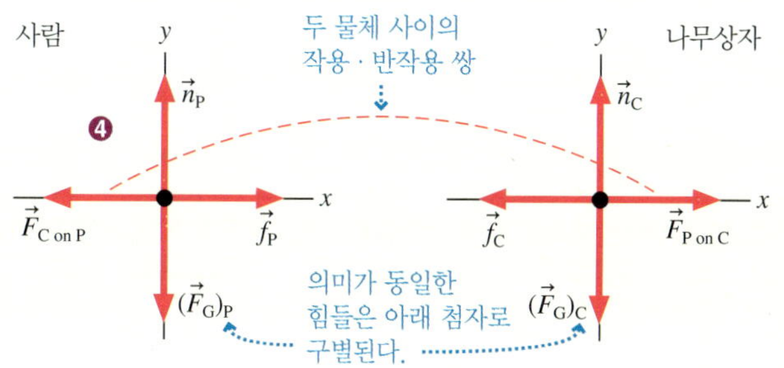

시각화 그림 7.5의 상호작용 도형은 각각의 물체를 원으로 대응하여 올바른 위치에 표시하는 것으로 시작한다. 사람과 나무상자는 물체임이 분명하다. 지구는 사람과 나무상자에 힘을 발생시키는 물체이다. 그러나 접촉힘을 발생시키는 지구 표면과 장거리힘인 중력을 발생시키는 전체 지구는 다른 물체로 구별되어야 한다.

그림 7.5는 다양한 상호작용을 구별한다. 사람과 나무상자 사이의 미는 상호작용은 분명하다. 지구와의 상호작용은 약간 파악하기 어렵다. 장거리힘인 중력은 각각의 물체와 전체 지구 사이의 상호작용이다. 마찰력과 수직 항력은 각각의 물체와 지구 표면 사이의 접촉 상호작용이다. 마찰력과 수직 항력은 다른 상호작용이므로, 나무상자와 지구 표면 그리고 사람과 지구 표면 사이를 2개의 상호작용 선으로 연결한다. 마지막으로 사람과 나무상자를 둘러싸는 계로 명시된 상자를 그린다. 이것들은 우리가 운동을 알고 싶은 물체들이다.

그림 7.5 상호작용 도형

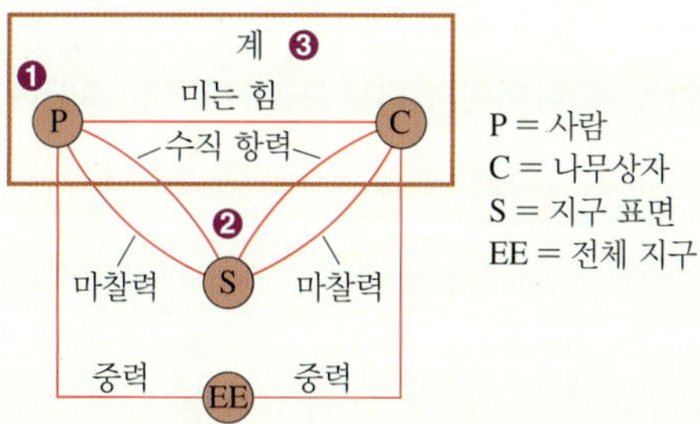

계의 물체들인 사람과 나무상자에 관하여 자유 물체 도형을 그릴 수 있다. 그림 7.6에서 사람의 자유 물체 도형 오른쪽에 나무상자의 자유 물체 도형이 올바르게 위치를 잡았다. 각각의 경우에 3개의 상호작용 선이 계의 경계를 교차하므로 이것들은 외력을 뜻한다. 이 외력은 전체 지구에 의한 중력과 지구 표면에 의한 위 방향의 수직 항력과 지구 표면에 의한 마찰력이다. $\vec{n}_P$와 $\vec{f}_C$ 같은 익숙한 표시를 사용할 수 있다. **아래 첨자를 이용하여 다른 힘들을 구별하는 것은 매우 중요하다.** 지금 2개의 수직 항력이 있다. 이 두 힘을 $\vec{n}$로 표시하면 뉴턴의 제2법칙 방정식을 적을 때 실수를 범하기 쉽다.

수직 항력과 중력의 방향은 분명하나, 마찰력의 방향은 주의를 요한다. 지구 표면에서 움직이는 나무상자에 작용한 운동 마찰력 $\vec{f}_C$의 방향은 운동 방향과 반대 방향인 왼쪽을 향한다. 그런데 사람과 지구 표면 사이의 마찰력은 어떻게 되는가? 사람에 작용한 마찰력 $\vec{f}_P$의 방향을 아마도 왼쪽으로 시도할 수 있다. 이것은 마찰력의 방향은 물체의 운동 방향과 반대라는 생각에 기인한다. 그러나 이렇게 하면 사람은 왼쪽으로 향하는 2개의 힘 $\vec{F}_{C\ on\ P}$와 $\vec{f}_P$를 갖게 되고, 그 결과 왼쪽으로 가속 운동을 하며 움직일 것이다. 이런 일은 절대 일어나지 않는다. 그럼 무엇이 잘못됐는가?

물기 없는 모래 위의 나무상자를 오른쪽으로 미는 것을 상상하라. 한 걸음 걸을 때마다 사람은 모래를 왼쪽으로 찬다. 그러므로 사람이 모래 표면에 발생시킨 마찰력 $\vec{f}_{P\ on\ S}$의 방향은 왼쪽이다. 반작용으로 모래 표면이 사람에게 발생시킨 마찰력의 방향은 오른쪽이다. 이 힘은 $\vec{f}_{S\ on\ P}$로 표시되고, 줄여 쓰면 $\vec{f}_P$이며, 이 마찰력은 사람을 오른쪽 방향으로 가속시킨다. 다음에 토의할 것이지만 이것은 정지(static) 마찰력이다. 사람의 발은 표면을 미끄러지는 것이 아니라 밟는 것이다.

(계속)

마지막으로 내부 상호작용이 하나 있다. 나무상자는 힘 $\vec{F}_{\text{P on C}}$로 밀린다. 만약 A가 B를 밀거나 또는 당기면, 반작용으로 B도 A를 밀거나 또는 당긴다. 그러므로 나무상자가 사람의 손을 미는 힘 $\vec{F}_{\text{C on P}}$는 힘 $\vec{F}_{\text{P on C}}$의 반작용이다. 힘 $\vec{F}_{\text{P on C}}$는 나무상자에 발생한 힘이어서 나무상자의 자유 물체 도형에 표시한다. 힘 $\vec{F}_{\text{C on P}}$는 사람에게 발생한 힘이어서 사람의 자유 물체 도형에 그린다. **작용·반작용 쌍의 두 힘은 한 물체의 자유 물체 도형에 결코 그리지 않는다.** 작용·반작용 쌍의 관계에 있는 두 힘 $\vec{F}_{\text{P on C}}$와 $\vec{F}_{\text{C on P}}$는 점선으로 연결한다.

추진력

지구 표면이 사람에게 작용한 마찰력 $\vec{f}_{\text{P}}$는 **추진력**(propulsion)의 예이다. 이 힘은 계가 앞으로 움직이도록 내부 에너지를 사용하여 발생시킨 힘이다. 추진력은 걷거나 달리게 하고, 자동차나 제트기나 로켓을 전진시킨다. 추진력은 약간 반직관적이어서 자세히 들여다볼 필요가 있다.

마찰 없는 바닥에서 걷기를 시도하면 발은 뒤로 미끄러진다. 걷기 위해서 바닥은 마찰이 있을 필요가 있다. 그러면 발로 바닥을 밟고 구부린 다리를 펼치면 몸은 앞으로 움직이게 된다. 미끄러짐을 방지하는 마찰은 정지(static) 마찰이다. 정지 마찰은 미끄러짐을 방지하는 방향으로 작용한다. 정지 마찰력 $\vec{f}_{\text{P}}$는 발이 뒤로 미끄러지는 것을 방지하기 위해서 앞쪽으로 작용해야만 한다. 앞쪽으로 작용한 정지 마찰력은 사람을 앞으로 추진시킨다. 작용·반작용 쌍으로서 발이 바닥에 발생시킨 힘은 반대 방향을 향한다.

사람과 나무상자의 다른 점은 사람은 표면을 뒤로 밀어 다리를 펴도록 하는 내부 에너지원(internal source of energy)을 갖는다는 것이다. 근본적으로 사람은 지구 표면을 밀어서 걷는다. 지구 표면은 사람을 앞으로 밀도록 반응한다. 이 힘은 정지 마찰력이다. 대조적으로 나무상자가 할 수 있는 것은 미끄러지는 것이어서 운동(kinetic) 마찰이 나무상자의 운동을 방해한다.

그림 7.7은 추진력이 어떻게 작동하는지를 보여준다. 자동차 엔진은 타이어를 회전시켜서 땅을 뒤로 민다. 먼지와 자갈이 뒤로 움직이는 이유이다. 지구 표면은 자동차를 앞으로 밀도록 반응한다. 이것 또한 정지 마찰력이다. 타이어는 회전하나 땅과 접촉된 타이어 밑바닥은 순간적으로 정지 상태이다. 그렇지 않다면 운전할 때 크게 미끄러진 자국을 남기고 약간의 이동 후 타이어 밑바닥은 다 타버릴 것이다.

그림 7.7 추진력의 예

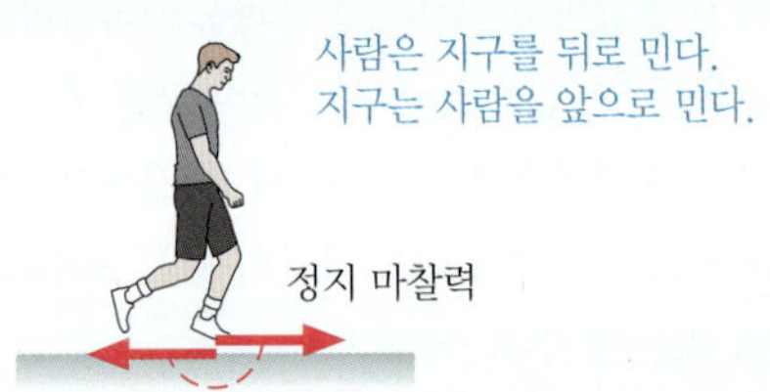

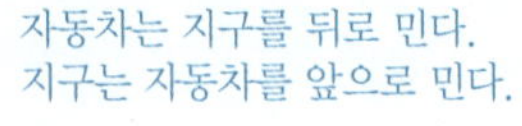

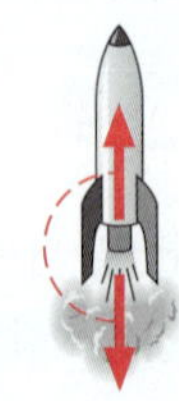

예제 7.2 | 자동차 견인

그림 7.8에서 견인 트럭은 수평 길을 따라 자동차를 당기기 위해서 줄을 사용한다. 모든 상호작용을 정하고, 그것들을 상호작용 도형에 표시하고, 계의 각각의 물체에 관하여 자유 물체 도형을 그리시오.

그림 7.8 자동차를 견인하는 트럭

그림 7.9 상호작용 도형

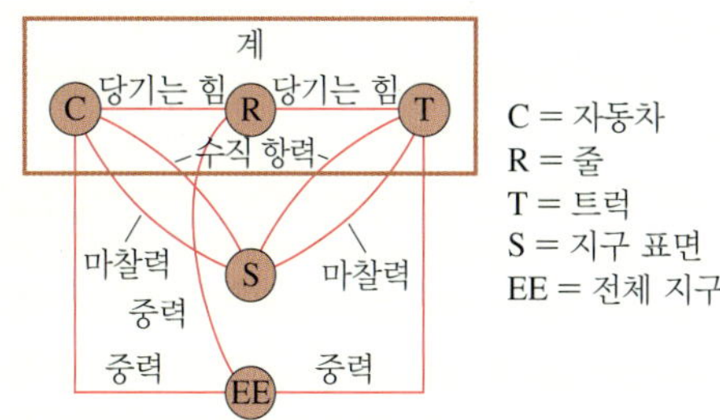

시각화 그림 7.9의 상호작용 도형은 올바른 상대적 위치에 분리된 원으로 물체를 표현한다. 줄을 별개의 물체로 취급한다. 많은 상호작용들이 예제 7.1의 상호작용들과 동일하다. 트럭과 줄과 자동차를 계로 보자.

그림 7.10은 계의 3개의 물체에 관하여 자유 물체 도형을 보여준다. 중력과 마찰력과 수직 항력은 계의 경계를 교차하는 상호작용이어서 외력이 된다. 자동차는 트럭을 따라 굴러가는 동력이 없는 물체이다. 줄이 끊어진다면 자동차는 느려지고 멈출 것이다. 그래서 지구 표면이 자동차에 발생시킨 굴림 마찰력 $\vec{f}_C$의 방향은 왼쪽이어야 한다. 그러나 트럭은 내부 에너지원을 갖는다. 트럭 바퀴는 땅에 힘 $\vec{f}_{T\,on\,S}$를 발생시켜 땅을 왼쪽으로 민다. 반작용으로 땅은 트럭에 오른쪽 방향으로 힘 $\vec{f}_T$를 발생시켜 트럭을 앞으로 추진시킨다.

다음으로 자동차와 트럭과 줄 사이에 작용한 힘들을 정할 필요가 있다. 줄은 장력 $\vec{T}_{R\,on\,C}$를 자동차에 작용하여 자동차를 당긴다. "트럭이 자동차를 당기고 있다"고 말하기 때문에 반작용력을 트럭에 놓는 것을 시도할 수 있다. 그러나 트럭은 자동차와 접촉하고 있지 않다. 트럭은 줄을 당기고, 그때 줄은 자동차를 당긴다. 그러므로 $\vec{T}_{R\,on\,C}$의 반작용력은 줄에 작용한 장력 $\vec{T}_{C\,on\,R}$이다. 이 힘들은 작용·반작용 쌍이다. 또한 줄의 다른 쪽을 보면 $\vec{T}_{T\,on\,R}$과 $\vec{T}_{R\,on\,T}$는 작용·반작용 쌍이다.

줄의 장력의 방향은 수평일 수 없음에 주목하라. 수평이라면 줄의 자유 물체 도형은 무게 때문에 연직 아래 방향으로 알짜힘을 보일 것이고, 줄은 아래로 가속될 것이다. 중력과 균형을 이루기 위해서 장력 $\vec{T}_{T\,on\,R}$과 $\vec{T}_{C\,on\,R}$은 위로 약간 올라간 방향을 갖게 되고, 그래서 줄의 중앙 부분은 약간 처지게 되어야 한다.

검토 수직 항력 $\vec{n}$과 중력 $\vec{F}_G$를 작용·반작용 쌍으로 생각하는 잘못을 확실히 피하도록 하라. 이 힘들은 같은 물체에 가해지는 반면에 작용·반작용 쌍의 두 힘은 서로 상호작용하는 2개의 다른 물체에 각각 가해진다. 수직 항력과 중력은 자주 크기가 같을 경우가 발생하나, 이 두 힘은 작용·반작용 쌍의 힘들이 아니다.

그림 7.10 예제 7.2의 자유 물체 도형

자동차 줄 트럭

줄은 힘의 균형을 이루기 위해 처져야 한다.

정지 마찰력이 트럭을 앞으로 미는 추진력으로 작용한다.

$\vec{n}_C$, $\vec{f}_C$, $\vec{T}_{R\,on\,C}$, $(\vec{F}_G)_C$, $\vec{T}_{C\,on\,R}$, $\vec{T}_{T\,on\,R}$, $(\vec{F}_G)_R$, $\vec{n}_T$, $\vec{f}_T$, $\vec{T}_{R\,on\,T}$, $(\vec{F}_G)_T$

7.3 뉴턴의 제3법칙

뉴턴은 작용·반작용 쌍의 두 힘의 관계를 파악한 첫 번째 과학자였다. 오늘날 이것이 **뉴턴의 제3법칙**(Newton's third law)이다.

뉴턴의 제3법칙 모든 힘은 작용·반작용 쌍의 두 힘의 하나로서 발생한다.
- 작용·반작용 쌍의 두 힘은 2개의 **다른** 물체에 각각 작용한다.
- 작용·반작용 쌍의 두 힘은 크기가 같고 방향은 반대이다($\vec{F}_{\text{A on B}} = -\vec{F}_{\text{B on A}}$).

7.2절에서 제3법칙의 대부분을 알아보았다. 그림 7.6과 7.10에서 작용·반작용 쌍의 두 힘은 방향이 반대임을 보았다. 제3법칙에 의하면 이것은 항상 사실일 것이다. 전혀 자명하지는 않지만 제3법칙의 가장 중요한 것은 작용·반작용 쌍의 두 힘이 **같은 크기**를 갖는다는 것이다. 즉 $F_{\text{A on B}} = F_{\text{B on A}}$이다. 이것은 상호작용하는 물체들의 문제를 해결하도록 하는 정량적 관계이다.

자주 뉴턴의 제3법칙은 "모든 작용에 관하여 크기가 같고 방향이 반대인 반작용이 있다."라고 기술된다. 이것은 실로 간단한 표현이기는 하지만 정확도가 부족한 표현이다. 특히 이 표현은 작용·반작용 쌍의 두 힘이 2개의 **다른** 물체에 각각 작용한다는 근본적인 내용을 담고 있지 않다.

뉴턴의 제3법칙 적용하여 추론하기

뉴턴의 제3법칙을 적기는 쉽지만 이해하기는 어렵다. 예를 들면 공을 놓았을 때 발생하는 현상을 들여다보자. 공은 아래로 떨어진다. 그러나 뉴턴의 제3법칙에 따라 공과 지구가 서로에게 크기가 같고 방향이 반대인 힘들을 작용시킨다면 지구는 왜 '위로' 움직이지 않는가?

이것과 많은 유사한 문제들을 이해하는 열쇠는 **힘의 크기는 같으나 가속도의 크기는 다르다**는 것이다. 같은 원인이 매우 다른 효과를 발생시킬 수 있다. 그림 7.11은 공과 지구에 작용한 크기가 같은 힘들을 보여준다. 공 B에 작용한 힘은 6장의 중력이다.

그림 7.11 공과 지구에 작용한 작용·반작용 힘들은 크기가 같다.

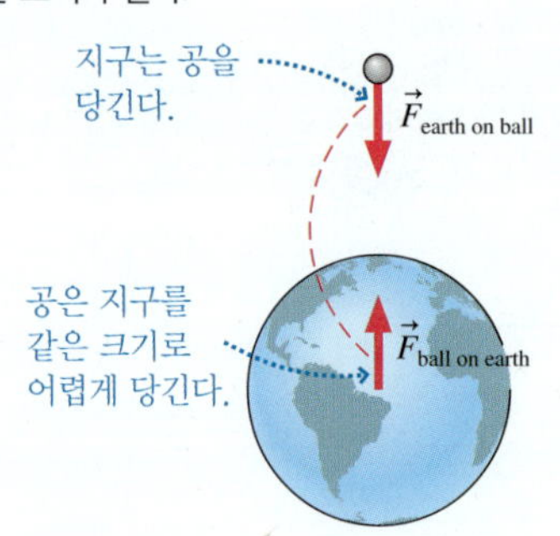

$$\vec{F}_{\text{earth on ball}} = (\vec{F}_{\text{G}})_{\text{B}} = -m_{\text{B}}g\hat{j} \tag{7.1}$$

m_{B}는 공의 질량이다. 뉴턴의 제2법칙에 의하면 이 힘은 공에 가속도를 준다.

$$\vec{a}_{\text{B}} = \frac{(\vec{F}_{\text{G}})_{\text{B}}}{m_{\text{B}}} = -g\hat{j} \tag{7.2}$$

이것은 바로 익숙한 자유낙하 가속도이다.

뉴턴의 제3법칙에 의하면 공은 지구에 힘 $\vec{F}_{\text{ball on earth}}$를 작용하여 위로 당긴다. $\vec{F}_{\text{earth on ball}}$과 $\vec{F}_{\text{ball on earth}}$는 작용·반작용 쌍이므로, 힘 $\vec{F}_{\text{ball on earth}}$는 힘 $\vec{F}_{\text{earth on ball}}$과 비교하여 크기는 같고 방향은 반대이어야 한다. 즉,

$$\vec{F}_{\text{ball on earth}} = -\vec{F}_{\text{earth on ball}} = -(\vec{F}_G)_B = +m_B g\hat{j} \tag{7.3}$$

이다. 뉴턴의 제2법칙에 이 결과를 사용하여 전체 지구의 위 방향 가속도를 구한다.

$$\vec{a}_E = \frac{\vec{F}_{\text{ball on earth}}}{m_E} = \frac{m_B g\hat{j}}{m_E} = \left(\frac{m_B}{m_E}\right)g\hat{j} \tag{7.4}$$

지구의 위 방향 가속도는 공의 아래 방향 가속도보다 인자 m_B/m_E만큼 작다. 공의 질량이 1 kg이라면 지구의 가속도 $\vec{a}_E$의 크기를 다음의 수식으로 추정할 수 있다.

$$\vec{a}_E = 2 \times 10^{-24}\ \text{m/s}^2$$

이렇게 엄청나게 작은 가속도로 지구가 움직인다면 속력이 1 mph에 도달하는 데 대략 우주 나이의 500,000배인 8×10^{15}년이 걸린다. 그래서 공을 떨어뜨린 후 지구가 '위로' 움직이는 것을 보거나 느낄 수 없을 것이다.

예제 7.3 가속 상자들에 작용한 힘

그림 7.12에서 손은 마찰 없는 탁자 위의 상자 A와 B를 오른쪽으로 민다. B의 질량은 A의 질량보다 더 크다.

a. 수평 힘만 보여주는 A와 B와 손 H에 관한 자유 물체 도형을 그리시오. 작용·반작용 쌍을 점선으로 연결하시오.

b. 자유 물체 도형에 표시한 수평 힘들을 크기 순으로 나열하시오.

그림 7.12 손 H는 상자 A와 B를 민다.

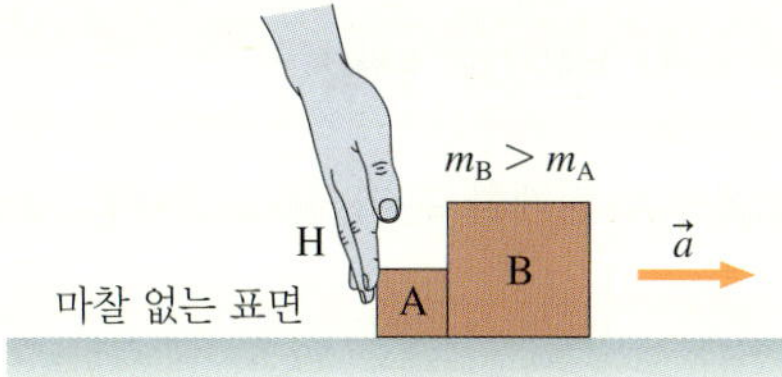

시각화 a. 손 H는 상자 A를 앞으로 밀고, A는 H를 뒤로 민다. 그러므로 $\vec{F}_{\text{H on A}}$와 $\vec{F}_{\text{A on H}}$는 작용·반작용 쌍이다. 마찬가지로 A는 B를 밀고 B는 A를 뒤로 민다. **손 H는 상자 B와 접촉하고 있지 않아서 서로 상호작용이 없다.** 마찰이 없어서 그림 7.13에 5개의 수평 힘들을 보여주고 2개의 작용·반작용 쌍을 표시하였다. 물체의 자유 물체 도형에 작용한 각각의 힘들이 보여짐에 주목하라.

b. 뉴턴의 제3법칙에 의하면 $F_{\text{A on H}} = F_{\text{H on A}}$이고 $F_{\text{A on B}} = F_{\text{B on A}}$이다. 그러나 제3법칙만이 유일한 도구인 것은 아니다. 마찰이 없어서 상자들은 오른쪽으로 가속 운동을 한다. 그래서 뉴턴의 제2법칙에 의하면 상자 A는 오른쪽으로 알짜힘을 갖는다. 결과적으로 $F_{\text{H on A}} > F_{\text{B on A}}$이다. 마찬가지로 손을 가속시키기 위해서 $F_{\text{arm on H}} > F_{\text{A on H}}$이다. 그러므로 다음과 같다.

$$F_{\text{arm on H}} > F_{\text{A on H}} = F_{\text{H on A}} > F_{\text{B on A}} = F_{\text{A on B}}$$

검토 $m_B > m_A$이기 때문에 $F_{\text{A on B}}$가 $F_{\text{H on A}}$보다 더 크다는 잘못된 생각을 할 수 있다. B에 작용한 알짜힘은 A에 작용한 알짜힘보다 더 크다는 것은 사실이나, 개개의 힘들을 구별하기 위해서 더 자세히 추론하여야 한다. 이 문제에 답하기 위해서 제2법칙과 제3법칙 둘 다를 사용했던 방법을 주목하라.

그림 7.13 수평 힘들만 보여주는 자유 물체 도형

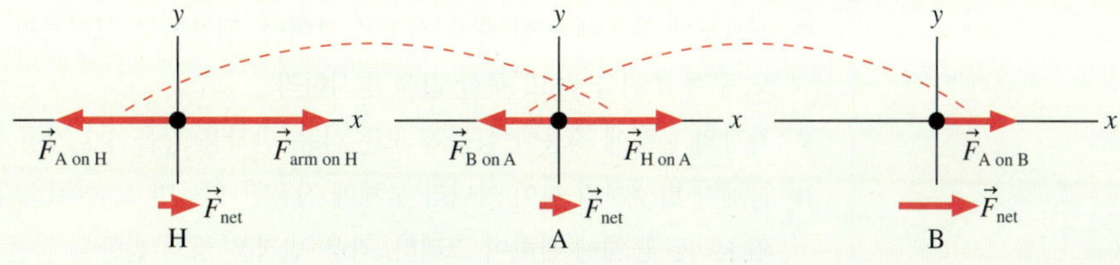

가속도 구속 조건

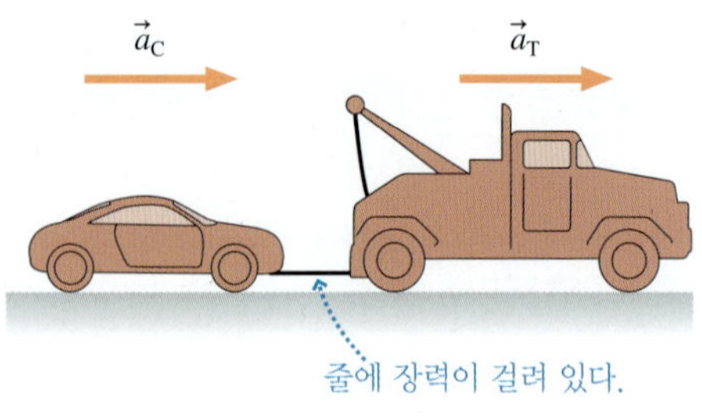

그림 7.14 자동차와 트럭은 같은 가속도를 갖는다.

뉴턴의 제3법칙은 상호작용하는 물체의 문제를 풀기 위해서 사용할 수 있는 정량적 관계이다. 추가로 문제를 풀 때 운동에 관한 다른 정보를 자주 갖는다. 예로써 두 물체 A와 B가 함께 움직인다면 이들의 가속도는 같아야 한다($\vec{a}_A = \vec{a}_B$). 2개 이상의 물체들의 가속도의 관계를 **가속도 구속 조건**(acceleration constraint)이라 한다. 이것은 문제를 푸는 데 도움을 줄 수 있는 독립적인 정보이다.

실제로 가속도 구속 조건을 $\vec{a}$의 x성분과 y성분으로 표현할 것이다. 그림 7.14의 견인되는 자동차를 보라. 이것은 1차원 운동이며 가속도 구속 조건을 다음과 같이 쓸 수 있다.

$$a_{Cx} = a_{Tx} = a_x$$

두 물체의 가속도가 같으므로 아래 첨자 C와 T를 버리고 a_x로 표현할 수 있다.

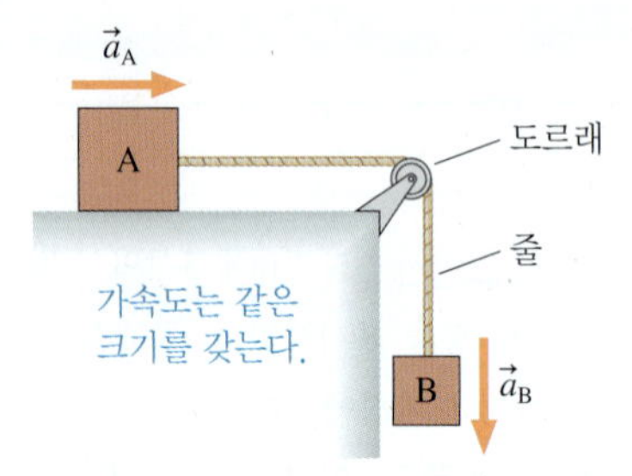

그림 7.15 줄은 두 물체가 함께 가속되도록 구속한다.

A와 B의 가속도가 항상 같은 부호를 갖는다고 가정하지 말자. 그림 7.15의 나무토막 A와 B를 보라. 나무토막은 줄로 연결되어서 함께 움직이고 가속도의 크기는 같도록 구속된다. 그러나 A는 x방향에서 오른쪽으로 양의 가속도를 갖고 B는 y방향에서 아래 방향인 음의 가속도를 갖는다. 그러므로 가속도 구속 조건을 다음과 같이 쓸 수 있다.

$$a_{Ax} = -a_{By}$$

이 관계식은 a_{Ax}가 음수라고 말하는 것은 아니다. 단순히 a_{Ax}는 a_{By}가 갖는 값에 -1을 곱한 값이라는 것이다. 그림 7.15의 가속도 성분 a_{By}는 음수여서 a_{Ax}는 양수이다. 어떤 문제들은 문제가 해결될 때까지 a_{Ax}와 a_{By}의 부호를 알 수 없으나, 문제 풀이를 시작할 때 둘 사이의 관계는 알 수 있다.

상호작용하는 물체들 문제에 관한 변경된 전략

상호작용하는 물체들 문제는 **«6.2절**에서 전개한 문제 풀이 전략을 약간 변경함으로써 풀 수 있다.

문제 풀이 전략 7.1

상호작용하는 물체들 문제

핵심 계에 속하는 물체들과 환경에 속하는 물체들을 구별하라. 문제를 간단하게 만드는 가정을 하라.

시각화 그림 표현을 그려라.

- 개요도에 운동에 관한 중요 사항을 보여라. 좌표계를 설정하라. 기호를 정하고, 가속도 구속 조건을 적고, 구할 값을 명시하라.
- 각각의 물체에 작용한 힘들과 모든 작용·반작용 쌍을 상호작용 도형에 그려라.
- 물체가 발생시킨 힘이 아니라 물체에 작용한 힘들만 보여주는 자유 물체 도형을 각각의 분리된 물체에 관하여 그려라. 작용·반작용 쌍의 힘들을 점선으로 연결하라.

풀이 뉴턴의 제2법칙과 제3법칙을 사용하라.

- 자유 물체 도형의 힘 정보를 사용하여 각각의 물체에 뉴턴의 제2법칙의 식들을 적어라.
- 작용·반작용 쌍의 힘들의 크기를 같게 하라.
- 가속도 구속 조건, 마찰력 모형, 문제에 주어진 정량적인 정보를 적용하라.
- 가속도를 구하고, 그때 속도와 위치를 알기 위해 운동학을 사용하라.

검토 단위와 유효 숫자가 맞는지, 타당한 결과인지 확인하고 질문에 답하라.

위 전략의 '풀이' 단계에서 제3법칙의 작용·반작용 쌍의 힘들의 크기가 같다는 내용만 사용하는 것이 의아할 수 있다. 제3법칙 중 '방향이 반대'인 속성은 언제 필요한가? 이것은 이미 '시각화' 단계에서 적용했다. 자유 물체 도형은 작용·반작용 쌍의 두 힘의 방향이 반대임을 보여주어야 하며, 이 정보는 제2법칙의 식을 적는 데 사용될 것이다. 방향 정보는 이미 적용됐으므로, 남은 모든 것은 크기에 관한 정보이다.

예제 7.4 나무상자의 미끄러짐 방지

여러분은 2000 kg의 트럭 뒤 칸에 가치 없는 예술품으로 채워진 나무상자 200 kg을 실었다. 가속 페달을 밟았을 때, 힘 $\vec{F}_{\text{surface on truck}}$은 트럭을 앞으로 추진시킨다. 간단히 이 힘을 $\vec{F}_{\text{T}}$라 하자. 나무상자의 미끄러짐 없이 가능한 추진력 $\vec{F}_{\text{T}}$의 크기의 최댓값은 얼마인가? 나무상자와 트럭의 뒤 칸 바닥 사이의 정지 마찰 계수와 운동 마찰 계수는 0.80과 0.30이다. 트럭의 굴림 마찰은 무시한다.

핵심 나무상자와 트럭은 계를 구성하는 분리된 물체들이다. 이 두 물체를 입자로 보기로 하자. 지구와 도로 표면은 환경에 속한다.

시각화 그림 7.16의 개요도는 좌표계를 보여주고, 주어진 값을 나열하고, 가속도 구속 조건을 적는다. 나무상자가 미끄러지지 않는 한 트럭과 똑같이 가속되어야 한다. 가속도의 방향은 양의 x방향이어서 가속도 구속 조건은 $a_{\text{C}x} = a_{\text{T}x} = a_x$이다.

그림 7.16의 상호작용 도형은 나무상자가 트럭과 두 번 상호작용함을 보여준다. 이것은 트럭의 뒤 칸 바닥 표면에 평행한 마찰력과 수직한 수직 항력이다. 마찬가지로 트럭은 도로 표면과 상호작용한다. 그러나 나무상자는 도로 표면과 접촉하지 않기 때문에 도로 표면과 상호작용하지 않는다는 것을 주목하라. 계 내부의 2개의 상호작용은 각각 작용·반작용 쌍이어서, 힘은 4개 있게 된다. 또한 계의 경계를 교차하는 상호작용과 관련된 4개의 외력이 있음을 알 수 있어서, 자유 물체 도형에는 8개의 힘이 나타나야 한다.

마지막으로 상호작용 정보는 자유 물체 도형에 전달된다. 나무상자와 트럭 사이에 작용·반작용 쌍으로 마찰력이 발생함을 알고 있고, 다른 작용·반작용 쌍으로 트럭이 나무상자를 위로 밀고 나

그림 7.16 예제 7.4의 나무상자와 트럭의 그림 표현

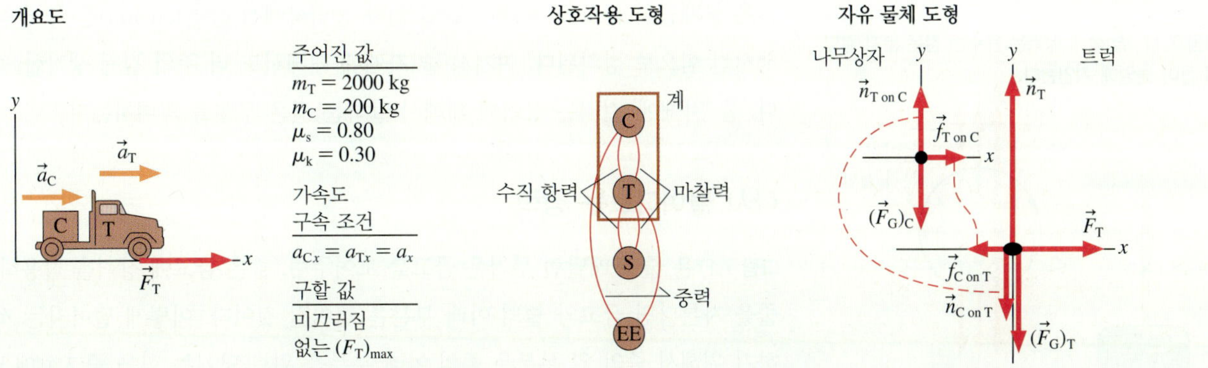

(계속)

무상자가 트럭을 아래로 미는 수직 항력이 발생함을 알고 있다. 힘 $\vec{f}_{\text{C on T}}$를 못보고 넘어가기가 쉽다. 그러나 상호작용 도형에 작용·반작용 쌍을 잘 정하면 이런 실수를 하지 않을 것이다. $\vec{f}_{\text{C on T}}$와 $\vec{f}_{\text{T on C}}$는 미끄러짐을 방지하는 힘이기 때문에 **정지** 마찰력임을 주목하라. 그리고 힘 $\vec{f}_{\text{T on C}}$의 방향은 나무상자가 트럭 뒤로 미끄러지는 것을 방지하기 위해서 앞을 향해야 한다.

풀이 지금 뉴턴의 제2법칙을 적용한다. 나무상자에 적용하면

$$\sum (F_{\text{on crate}})_x = f_{\text{T on C}} = m_C a_{Cx} = m_C a_x$$
$$\sum (F_{\text{on crate}})_y = n_{\text{T on C}} - (F_G)_C = n_{\text{T on C}} - m_C g = 0$$

이고, 트럭에 적용하면

$$\sum (F_{\text{on truck}})_x = F_T - f_{\text{C on T}} = m_T a_{Tx} = m_T a_x$$
$$\sum (F_{\text{on truck}})_y = n_T - (F_G)_T - n_{\text{C on T}} = n_T - m_T g - n_{\text{C on T}} = 0$$

이다. 자유 물체 도형을 보면서 모든 부호들이 맞는지 확인하라. y방향에서 정지하므로 y방향의 알짜힘은 없다. 아래 첨자를 쓰는 것이 많은 노력이 드는 것 같으나, 2개 이상의 물체 문제에서는 매우 중요하다.

가속도 구속 조건 $a_{Cx} = a_{Tx} = a_x$는 이미 사용되었음을 주목하라. 다른 중요 정보는 뉴턴의 제3법칙 $f_{\text{C on T}} = f_{\text{T on C}}$와 $n_{\text{C on T}} = n_{\text{T on C}}$이다. 마지막으로 F_T의 최댓값은 나무상자의 정지 마찰력이 최댓값에 도달할 때 발생될 것이다.

$$f_{\text{T on C}} = f_{\text{s max}} = \mu_s n_{\text{T on C}}$$

마찰력은 트럭의 수직 항력이 아니고 나무상자의 수직 항력에 의존한다.

지금 모든 정보를 종합할 수 있다. 나무상자의 y성분 식으로부터 $n_{\text{T on C}} = m_C g$를 얻는다. 그러므로

$$f_{\text{T on C}} = \mu_s n_{\text{T on C}} = \mu_s m_C g$$

이다. 나무상자의 x성분 식으로부터 가속도를 다음과 같이 얻는다.

$$a_x = \frac{f_{\text{T on C}}}{m_C} = \mu_s g$$

이것은 나무상자가 미끄러지지 않을 때 갖는 최대 가속도이다. 트럭의 x성분 식에 이 가속도와 $f_{\text{C on T}} = f_{\text{T on C}} = \mu_s m_C g$를 사용하면 다음 식을 얻는다.

$$F_T - f_{\text{C on T}} = F_T - \mu_s m_C g = m_T a_x = m_T \mu_s g$$

F_T에 관하여 풀면 나무상자의 미끄러짐 없는 트럭의 최대 추진력은 다음과 같다.

$$(F_T)_{\max} = \mu_s (m_T + m_C) g = (0.80)(2200\ \text{kg})(9.80\ \text{m/s}^2) = 17{,}000\ \text{N}$$

검토 이 힘을 발생시키기는 어렵다. 자동차나 트럭의 추진력의 크기에 관한 직관력을 갖고 있는 사람은 거의 없다. 그렇지만 트럭의 추진력이 트럭과 나무상자의 무게의 합의 80%라는 것은 그럴 듯하다. F_T가 무게보다 매우 크다면 또는 매우 작다면 믿기 어렵다.

상호작용하는 물체의 문제를 풀 때 많은 식과 많은 정보들이 있다. 이 문제들은 6장에서 풀이 방법을 배웠던 문제들보다 근본적으로 더 어렵지는 않으나 높은 수준의 구조화를 요구한다. 문제 풀이 전략의 조직적 접근을 사용하면 유사한 문제들을 성공적으로 해결하는 데 도움이 될 것이다.

7.4 줄과 도르래

많은 물체들이 줄로 연결된다. 단일 입자 동역학에서 **장력**(tension)은 줄이 물체에 발생시킨 힘으로 정의된다. 여기서 줄 자체에 대해서도 더 주의 깊게 생각할 필요가 있다. 줄 '자체에' 걸리는 장력에 대해서 말하는 것은 무엇을 의미하는가?

그림 7.17 줄 속의 장력은 용수철 같은 분자 결합의 잡아 늘임에 기인한다.

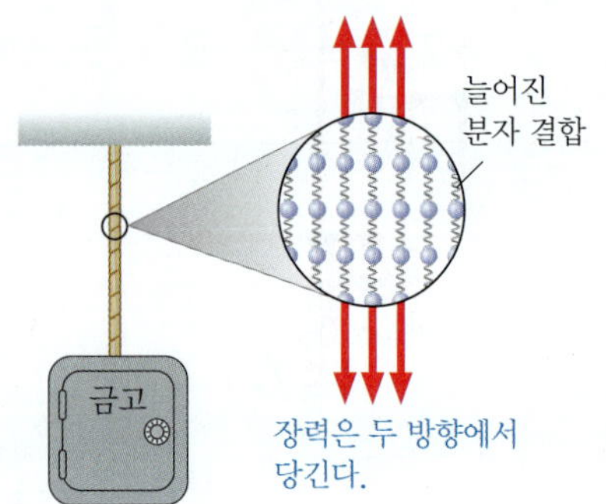

다시 들여다보는 장력

그림 7.17은 줄에 매달린 무거운 금고를 보여주며, 줄은 금고에 장력을 작용하고 있다. 줄을 자른다면 금고와 줄의 아래 부분은 떨어질 것이다. 이렇게 떨어지는 것을 방지하기 위해서 줄의 위 부분은 줄의 아래 부분을 위로 당기는 힘을 줄 **자체**에 발생시켜야 한다.

5장에서 장력은 줄 속의 용수철 같은 분자 결합의 잡아 늘임에 기인한다는 원자 수준의 모형을 소개했다. 늘어난 용수철은 당기는 힘을 발생시키며, 줄 속의 매우 많은 늘어난 분자 용수철들의 당기는 힘의 합이 **장력**이다.

장력의 중요 사항은 **두 방향에서** 당긴다는 것이다. 몸소 느끼기 위해서 여러분의 두 팔을 펼치고 두 명의 친구가 여러분의 두 팔을 당기는 상황을 상상하라. 두 명의 친구가 반대 방향으로 크기가 같은 힘으로 당기는 한 여러분은 '장력'을 받고 정지하고 있을 것이다. 그러나 줄이 잘려질 때 분자 결합이 파괴되는 것처럼, 한 친구가 가버리면 여러분은 다른 방향으로 움직일 것이다.

예제 7.5 | 줄다리기

그림 7.18a에서 학생은 벽에 부착된 줄에 수평 방향으로 100 N의 힘을 가하며 당기고 있다. 그림 7.18b에서는 두 학생이 줄의 양 끝을 각각 100 N의 힘으로 당기는 줄다리기 시합을 하고 있다. 두 번째 줄의 장력은 첫 번째 줄의 장력보다 큰가, 작은가, 같은가?

그림 7.18 어느 줄의 장력이 더 큰가?

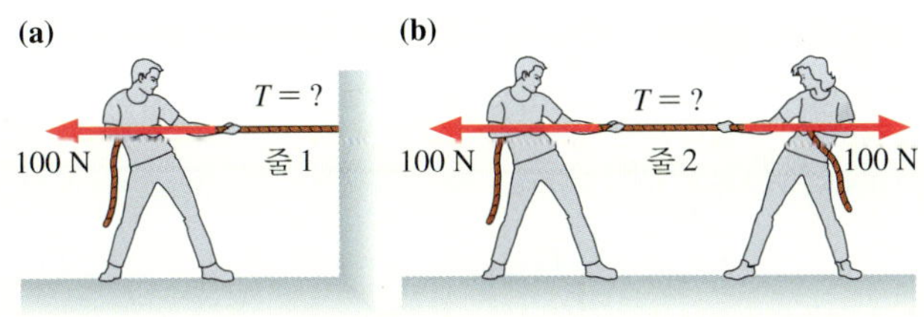

풀이 줄의 양 끝을 당기는 것은 한끝을 당기는 것보다 장력이 더 큰가? 결론을 내리기 전에 상황을 조심스럽게 분석하자.

그림 7.19a는 학생, 줄, 벽을 분리된 상호작용하는 물체들로 보여준다. 힘 $\vec{F}_{\text{S on R}}$은 학생이 줄에 발생시킨 당기는 힘이며 크기는 100 N이다. $\vec{F}_{\text{S on R}}$과 $\vec{F}_{\text{R on S}}$는 작용·반작용 쌍의 관계로 힘의 크기는 같아야 한다. 마찬가지로 힘 $\vec{F}_{\text{W on R}}$과 $\vec{F}_{\text{R on W}}$에도 똑같이 적용된다. 마지막으로 줄은 정지 평형 상태이므로, 힘 $\vec{F}_{\text{W on R}}$은 힘 $\vec{F}_{\text{S on R}}$과 평형 관계이다. 그러므로 다음과 같다.

$$F_{\text{R on W}} = F_{\text{W on R}} = F_{\text{S on R}} = F_{\text{R on S}} = 100\text{ N}$$

처음과 세 번째 등호는 뉴턴의 제3법칙이고, 두 번째 등호는 줄에 관한 뉴턴의 제1법칙이다.

힘 $\vec{F}_{\text{R on S}}$와 $\vec{F}_{\text{R on W}}$는 줄이 발생시킨 당기는 힘이며 '줄에 의한 장력'이라 한다. 그러므로 첫 번째 줄에 의한 장력은 100 N이다.

그림 7.19b에서 두 학생이 당기는 줄에 관한 분석을 반복한다. 각각의 학생은 100 N으로 당겨서, $F_{\text{S1 on R}} = 100\text{ N}$이고 $F_{\text{S2 on R}} = 100\text{ N}$이다. 앞에서처럼 작용·반작용 쌍이 2개 있고 줄은 정지 평형 상태에 있다. 그러므로

$$F_{\text{R on S2}} = F_{\text{S2 on R}} = F_{\text{S1 on R}} = F_{\text{R on S1}} = 100\text{ N}$$

이다. 줄에 의한 장력 $\vec{F}_{\text{R on S1}}$과 $\vec{F}_{\text{R on S2}}$의 크기는 100 N이다.

여러분은 아마도 그림 7.18b에서 오른쪽에 있는 학생이 그림 7.18a에서 벽이 하지 않는 무언가를 줄에 한다고 **가정**할 수 있다. 그러나 우리 분석은 벽이 학생처럼 오른쪽으로 100 N의 힘을 주며 당긴다는 것을 발견한다. 줄은 벽이 당기는지 또는 사람이 당기는지를 구별하지 않는다. 줄은 두 경우에서 같은 힘을 경험하므로 줄의 장력은 두 경우에서 같다.

검토 줄은 양 끝에서 다른 물체에 힘을 가한다. 우리가 줄 끝을 잡아당기고 또 반대쪽에서 우리를 잡아당기는 힘은 줄 자체에 걸린 장력이다. 장력은 당기는 힘들의 합은 아니다.

그림 7.19 장력 분석

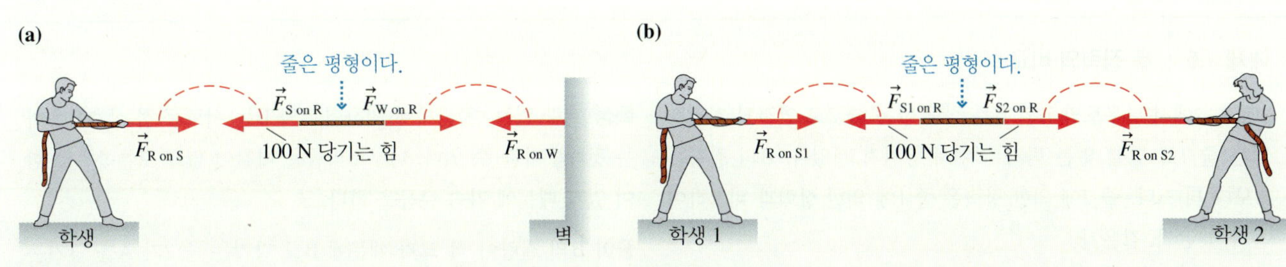

질량 없는 줄 근사

그림 7.20 장력은 나무토막 A를 앞으로 당기고, 나무토막 B를 뒤로 당긴다.

(a)

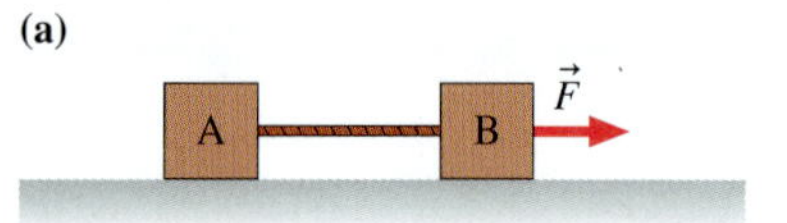

(b)

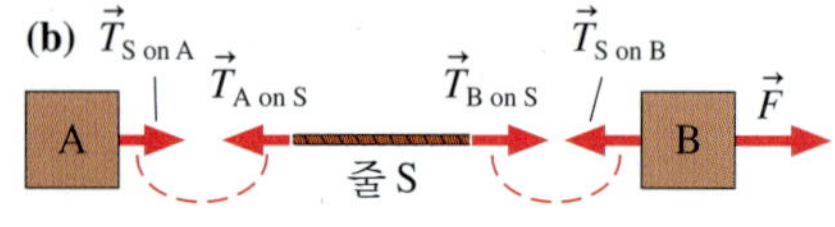

장력들은 평형인 줄에서 크기가 같지만 줄이 가속 운동을 하면 무슨 일이 일어나는가? 예를 들면 그림 7.20a는 힘 $\vec{F}$로 당겨지는 2개의 연결된 나무토막을 보여준다. B를 뒤로 잡아당기는 줄의 오른쪽 끝에서의 장력은 A를 앞으로 당기는 왼쪽 끝에서의 장력과 같은가?

그림 7.20b는 줄과 나무토막에 작용한 수평 힘들을 보여준다. 줄에 작용한 수평 힘들은 $\vec{T}_{\text{A on S}}$와 $\vec{T}_{\text{B on S}}$이며, 줄에 관한 뉴턴의 제2법칙은

$$(F_{\text{net}})_x = T_{\text{B on S}} - T_{\text{A on S}} = m_{\text{S}} a_x \tag{7.5}$$

이다. m_{S}는 줄의 질량이다. 줄이 가속 운동을 하면 양 끝의 장력은 같지 않다. 줄을 가속시키기 위해서는 줄 '앞'에서의 장력이 줄 '뒤'에서의 장력보다 더 커야 한다!

물리와 공학 문제에서 자주 줄의 질량은 줄에 연결된 물체의 질량보다 매우 작다. 그런 경우에 **질량 없는 줄 근사**(massless string approximation)를 적용할 수 있다. $m_{\text{S}} \to 0$의 극한에서 식 (7.5)는

$$T_{\text{B on S}} = T_{\text{A on S}} \quad \text{(질량 없는 줄 근사)} \tag{7.6}$$

가 된다. 달리 말하면 **질량 없는 줄에서 장력들은 크기가 같다**. 질량 없는 줄 근사에 관하여 이것은 좋은 표현이나, 제일 중요한 의미를 표현하고 있지는 않다.

그림 7.20b를 보라. $T_{\text{B on S}} = T_{\text{A on S}}$이면

$$\vec{T}_{\text{S on A}} = -\vec{T}_{\text{S on B}} \tag{7.7}$$

이다. 즉 A에 작용한 힘과 B에 작용한 힘은 방향이 반대이며 크기는 같다. 힘 $\vec{T}_{\text{S on A}}$와 $\vec{T}_{\text{S on B}}$는 작용·반작용 쌍인 것처럼 행동한다. 그러므로 줄은 없고 나무토막 A와 B는 $\vec{T}_{\text{A on B}}$와 $\vec{T}_{\text{B on A}}$로 불리는 힘을 통하여 서로 직접 상호작용하는 그림 7.21의 단순화된 도형을 그릴 수 있다.

그림 7.21 질량 없는 줄 근사는 물체 A와 B가 직접 상호작용하는 것처럼 행동하도록 한다.

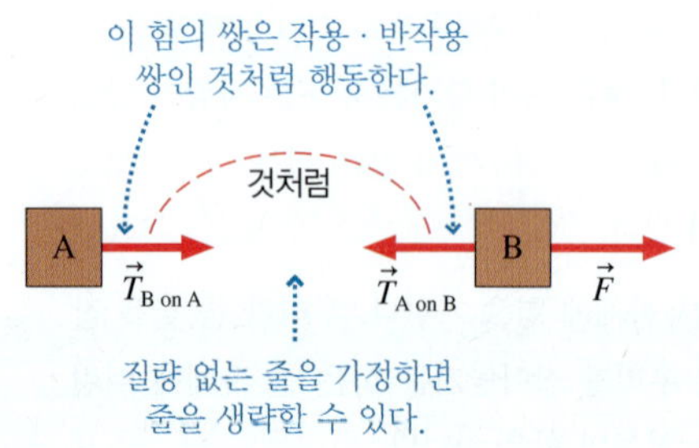

달리 말하면 **물체 A와 B가 질량 없는 줄을 통하여 서로 상호작용한다면, 줄을 생략할 수 있고 힘 $\vec{F}_{\text{A on B}}$와 $\vec{F}_{\text{B on A}}$를 작용·반작용 쌍인 것처럼 취급할 수 있다**. 이 두 힘은 A와 B가 접촉하고 있지 않으므로 작용·반작용 쌍은 아니다. 그럼에도 불구하고 모든 질량 없는 줄은 힘의 크기를 변화시키지 않고 A로부터 B로 힘을 전달한다. 이것이 질량 없는 줄 근사의 진짜 의미이다.

예제 7.6 | 두 장력의 비교

그림 7.22에서 나무토막 A와 B는 질량 없는 줄 2로 연결되고 질량 없는 줄 1로 마찰 없는 탁자 위에서 당겨지고 있다. B의 질량은 A보다 더 크다. 줄 2에 의한 장력은 줄 1에 의한 장력과 비교하여 큰가, 작은가, 같은가?

핵심 질량 없는 줄 근사에 의하면 A와 B는 서로 직접 상호작용하는 것처럼 다룰 수 있다. 나무토막들은 마찰이 없고 오른쪽으로 힘이 있기 때문에 가속 운동을 한다.

풀이 B의 질량이 더 크기 때문에 B를 당기는 줄 2가 A를 당기는

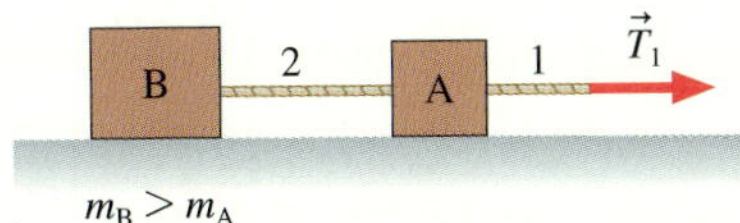

그림 7.22 나무토막 A와 B는 질량 없는 줄로 마찰 없는 탁자 위에서 당겨지고 있다.

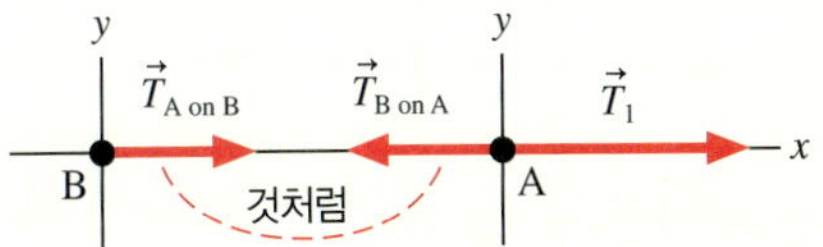

그림 7.23 나무토막 A와 B에 작용한 수평 힘

줄 1보다 장력이 더 크다는 결론을 시도할 수 있다. 이 설명에서 챙기지 못한 것은 뉴턴의 제2법칙은 알짜힘을 사용한다는 것이다. B에 작용한 알짜힘은 A에 작용한 알짜힘보다 더 크다. 그러나 A에 작용한 알짜힘이 앞을 향하는 장력 $\vec{T}_1$은 아니다. 줄 2에 의한 장력은 A를 뒤로 당긴다.

그림 7.23은 마찰 없는 상황에서 수평 힘들을 보여준다. 줄은 질량이 없기 때문에 힘 $\vec{T}_{A\text{ on }B}$와 $\vec{T}_{B\text{ on }A}$는 작용·반작용 쌍인 것처럼 행동한다.

뉴턴의 제3법칙으로부터

$$T_{A\text{ on }B} = T_{B\text{ on }A} = T_2$$

이다. T_2는 줄 2에 의한 장력이다. 뉴턴의 제2법칙으로부터 A에 작용한 알짜힘은

$$(F_{A\text{ net}})_x = T_1 - T_{B\text{ on }A} = T_1 - T_2 = m_A a_{Ax}$$

이다. A에 작용한 알짜힘은 두 장력의 차이이다. 나무토막들은 오른쪽으로 가속 운동하기 때문에 $a_{Ax} > 0$이므로

$$T_1 > T_2$$

이다. 줄 2에 의한 장력은 줄 1에 의한 장력보다 작다.

검토 이것은 직관적으로 분명한 결과는 아니다. 이 예제의 추론과정은 주의 깊게 살펴볼 만하다. 힘 $\vec{T}_1$은 합해진 질량 $(m_A + m_B)$의 두 나무토막을 가속시키지만 $\vec{T}_2$는 단지 B만을 가속시킨다는 분석도 가능하다. 그러므로 줄 1에 의한 장력이 더 크다.

도르래

줄은 자주 도르래에 걸려 있다. 응용으로는 무거운 물체를 당겨 올리는 간단한 것부터 로봇의 팔을 정확하게 움직이는 내부에 있는 줄과 도르래처럼 복잡한 경우까지 다양하다.

그림 7.24a는 나무토막 B가 내려가면서 탁자 위의 나무토막 A를 끌어당기는 간단한 상황을 보여준다. 줄이 움직일 때 줄과 도르래 사이의 정지 마찰력은 도르래를 돌게 한다. 다음과 같은 가정을 하면 줄을 가속시키거나 도르래를 돌리기 위해서 알짜힘이 필요하지는 않다.

그림 7.24 나무토막 A와 B는 도르래에 걸쳐 지나가는 줄로 연결된다.

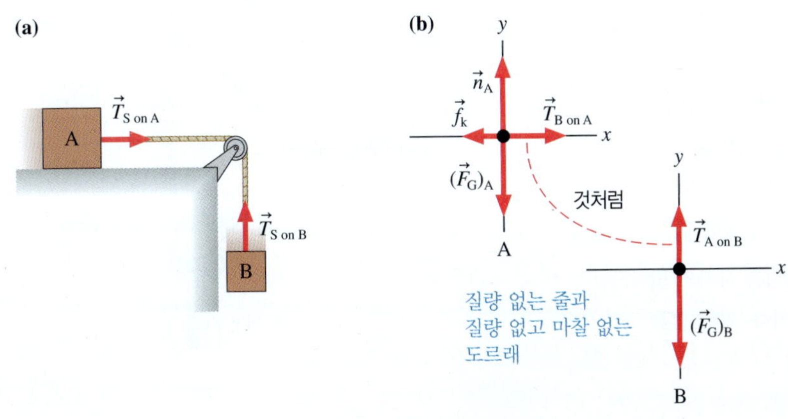

- 줄과 도르래는 둘 다 질량이 없다.
- 도르래와 도르래 축 사이에 마찰력은 없다.

그러므로 **질량 없는 줄에 의한 장력들은 줄이 질량 없고 마찰 없는 도르래에 걸쳐 지나갈 때 크기가 같다.**

이것 때문에 줄과 도르래가 생략된 그림 7.24b와 같은 자유 물체 도형을 그릴 수 있다. 힘 $\vec{T}_{\mathrm{A\ on\ B}}$와 $\vec{T}_{\mathrm{B\ on\ A}}$는 도르래에 의해서 '돌려졌기' 때문에 방향이 반대가 아닐지라도 작용·반작용 쌍인 것처럼 행동한다.

풀이 전략 7.2

줄과 도르래가 관련된 문제

질량 없는 줄과 질량 없고 마찰 없는 도르래에 관하여,

- 줄의 한쪽 끝을 힘으로 당기면, 줄에 의한 장력의 크기는 당기는 힘의 크기와 같다.
- 두 물체가 줄로 연결되면 줄의 양 끝에서 장력의 크기는 같다.
- 줄이 도르래에 걸쳐 지나가면 줄에 의한 장력들의 크기는 같다.

7.5 상호작용하는 물체들 문제의 예제

3개의 발전된 예제들을 분석하면서 이 장을 끝낼 것이다. 지금까지의 분석보다는 수학이 더 많이 포함되겠지만, 문제를 접근하면서 사용한 개념들을 계속 강조하고자 한다. 답은 문제 풀이 전략 7.1의 과정을 따라서 얻어질 것이다. 사실은 복잡한 수준의 문제들은 잘 만들어진 전략을 따라서 작업하지 않으면 풀 수가 없다. 앞에서 강조한 힘을 찾고 자유 물체 도형을 그리는 것의 중요성을 이제 확인할 수 있을 것이다.

예제 7.7 | 다리를 당기는 의료 기구

다리가 심하게 부러졌을 때, 다리의 수축근육이 부러진 뼈들을 서로 너무 세게 잡아당기지 않도록 잡아당겨 펴줘야 하는 경우가 있다. 이것은 그림 7.25에 그려진 줄과 추와 도르래로 만들어진 의료 기구를 사용하여 행해진다. 다리를 당기는 힘이 수평 방향이 되도록 줄은 도르래 양쪽에 같은 각도를 만들어야 하는데, 그 각도를 조절하여 당기는 힘의 세기를 조정한다. 의사는 4.2 kg의 추를 가지고 환자의 다리를 50 N의 힘으로 당기고자 한다. 각도는 얼마인가?

핵심 다리와 추를 입자로 보라. 분리된 물체로 취급되는 환자의 발에 부착된 도르래는 힘이 작용되는 또 하나의 입자이다. 질량 없는 줄과 질량 없고 마찰 없는 도르래를 가정할 것이다.

그림 7.25 다리를 당기는 의료 기구

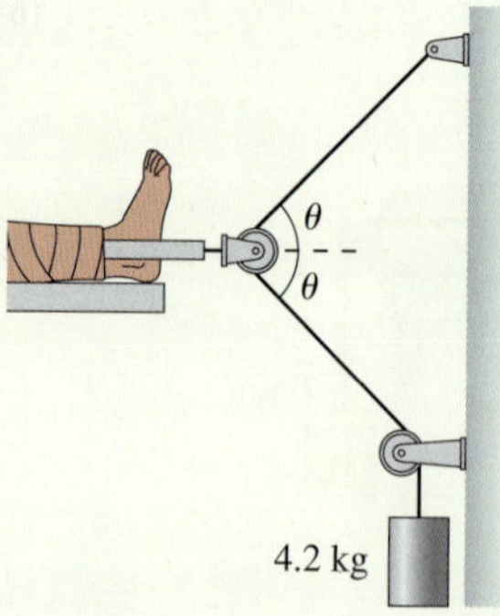

시각화 그림 7.26은 3개의 자유 물체 도형을 보여준다. 힘 $\vec{T}_{P1}$과 $\vec{T}_{P2}$는 줄이 도르래를 당기는 장력이다. 도르래는 평형 상태에 있으므로 이 힘들은 50 N의 다리를 당기는 힘 $\vec{F}_{P\,on\,L}$과 작용·반작용 쌍을 이루는 힘 $\vec{F}_{L\,on\,P}$와 균형을 이룬다. 줄과 도르래의 가정에 의하면 장력의 크기는 $T_{P1} = T_{P2} = T_W$이고, 이것을 T라고 하자.

그림 7.26 자유 물체 도형

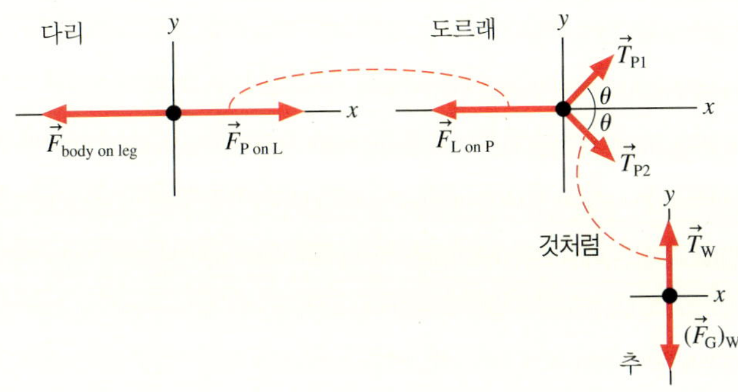

풀이 도르래에 관하여 뉴턴의 제2법칙의 x성분 식은

$$\sum (F_{on\,P})_x = T_{P1}\cos\theta + T_{P2}\cos\theta - F_{L\,on\,P}$$
$$= 2T\cos\theta - F_{L\,on\,P} = 0$$

이다. 그러므로 줄에 관한 각도는

$$\theta = \cos^{-1}\left(\frac{F_{L\,on\,P}}{2T}\right)$$

이다. 뉴턴의 제3법칙으로부터 $F_{L\,on\,P} = F_{P\,on\,L} = 50$ N이다. 추를 분석함으로써 장력을 정할 수 있다. 추 또한 평형 상태에 있으므로 위를 향하는 장력은 아래를 향하는 중력과 균형을 이룬다.

$$T = (F_G)_W = m_W g = (4.2\text{ kg})(9.80\text{ m/s}^2) = 41\text{ N}$$

그러므로 의사가 원하는 각도는

$$\theta = \cos^{-1}\left(\frac{50\text{ N}}{2(41\text{ N})}\right) = 52°$$

이다.

검토 두 줄을 평행하게 당기는 경우, 즉 각도 θ가 0에 접근하면 다리를 당기는 힘은 82 N에 접근할 것이다. 반대로 각도 θ가 90°에 접근하면 다리를 당기는 힘은 0 N에 접근할 것이다. 바라는 각도는 대략 이 두 극값의 중간이어서 45° 근처의 각도가 합리적인 것 같다.

예제 7.8 무대 장치가 무대로 나오다.

연극에 사용되는 200 kg의 무대 장치가 무대 위 다락에 있다. 무대 장치를 연결한 줄은 도르래를 걸친 후 무대 뒤에 고정된다. 연출가는 100 kg의 무대 담당자에게 무대 장치를 내리라고 말한다. 무대 담당자가 줄을 풀고 잡으면 무대 장치는 내려오고 무대 담당자는 다락으로 올라간다. 무대 담당자의 가속도는 얼마인가?

핵심 무대 담당자 M과 무대 장치 S를 계로 보고, 이것들을 입자로 간주한다. 질량 없는 줄과 질량 없고 마찰 없는 도르래를 가정하라.

시각화 그림 7.27은 그림 표현을 보여준다. 무대 담당자의 가속도 a_{My}는 양수이고 무대 장치의 가속도 a_{Sy}는 음수이다. 두 물체는 줄로 연결돼 있으므로 이 두 가속도는 같은 크기를 갖는다. 그

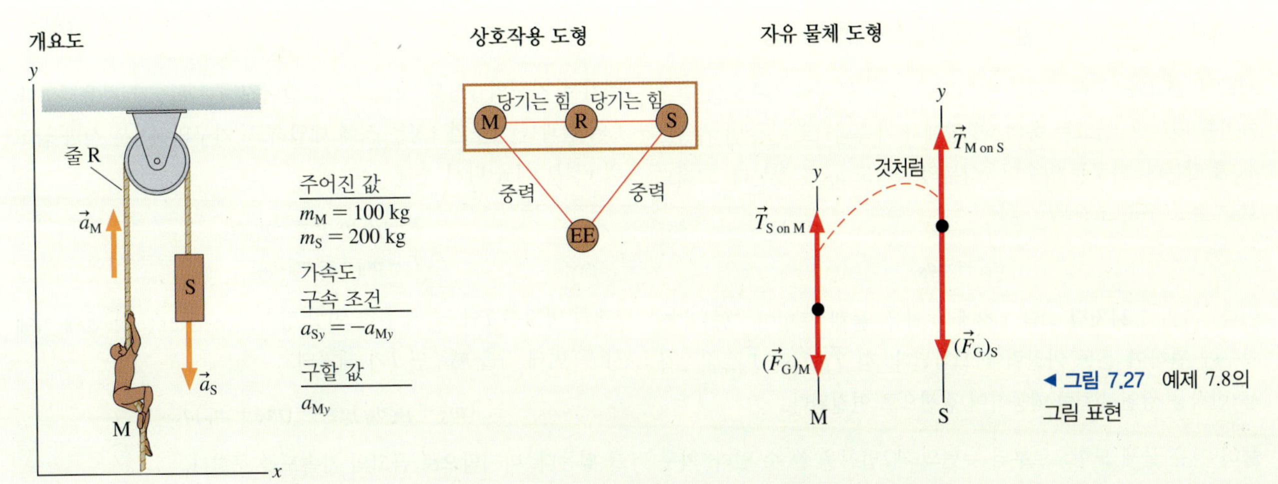

◀ **그림 7.27** 예제 7.8의 그림 표현

(계속)

러나 이들은 반대 부호를 갖는다. 그러므로 가속도 구속 조건은 $a_{Sy} = -a_{My}$이다. 장력 $\vec{T}_{M\,on\,S}$와 $\vec{T}_{S\,on\,M}$은 원칙적으로 작용·반작용 쌍은 아니다. 그러나 질량 없는 줄과 질량 없고 마찰 없는 도르래의 가정 때문에 이 힘들은 작용·반작용 쌍인 것처럼 행동한다. 작용·반작용 쌍의 두 힘의 방향은 반대인 것과는 달리 장력 $\vec{T}_{M\,on\,S}$와 $\vec{T}_{S\,on\,M}$은 도르래 때문에 **평행**하고 방향이 같음을 주목하라.

풀이 무대 담당자 M과 무대 장치 S에 관한 뉴턴의 제2법칙은

$$\sum (F_{on\,M})_y = T_{S\,on\,M} - m_M g = m_M a_{My}$$
$$\sum (F_{on\,S})_y = T_{M\,on\,S} - m_S g = m_S a_{Sy} = -m_S a_{My}$$

이다. y방정식만 필요하다. 두 번째 식에서 가속도 구속 조건이 사용됨을 주목하라. 뉴턴의 제3법칙은

$$T_{M\,on\,S} = T_{S\,on\,M} = T$$

이다. 아래 첨자를 버리고 장력을 간단히 T로 놓을 수 있다. 이것을 대입하면 2개의 제2법칙 식은

$$T - m_M g = m_M a_{My}$$
$$T - m_S g = -m_S a_{My}$$

로 쓸 수 있다. 이것은 2개의 미지수 T와 a_{My}에 관한 연립 방정식이다. 첫 번째 식에서 두 번째 식을 빼주면 T가 제거되고

$$(m_S - m_M)g = (m_S + m_M)a_{My}$$

를 얻는다. 마지막으로 무대 담당자의 가속도를 구할 수 있다.

$$a_{My} = \frac{m_S - m_M}{m_S + m_M} g = \frac{100\ \text{kg}}{300\ \text{kg}} 9.80\ \text{m/s}^2 = 3.27\ \text{m/s}^2$$

이것은 또한 내려오는 무대 장치의 가속도의 크기이다. 줄에 의한 장력을 알고 싶으면 $T = m_M a_{My} + m_M g$로부터 구할 수 있다.

검토 무대 담당자가 줄을 잡지 않는다면 무대 장치는 자유낙하 가속도 g로 떨어진다. 무대 담당자는 가속도를 줄여주는 **평형추**(counterweight) 역할을 수행한다.

응용 예제 7.9 영리하지 못한 은행 강도

은행 강도들은 2층에 있던 1000 kg의 금고를 창문 가까이로 밀었다. 그들은 창문을 깨뜨리고 금고를 3.0 m 아래에 있는 트럭에 내려놓을 계획을 세운다. 그들은 영리하지 못하여 2층 바닥에 500 kg의 가구를 놓고 줄로 금고와 가구를 연결한 다음 줄을 도르래에 걸쳐 창문 밖으로 금고를 밀어낸다. 금고가 트럭에 도착한 순간 금고의 속력은 얼마인가? 가구와 바닥 사이의 운동 마찰 계수는 0.50이다.

핵심 이것은 그림 7.15와 7.24에서 분석한 상황의 연속이다. 금고 S와 가구 F를 계로 보고, 이것들을 입자로 간주할 것이다. 질량 없는 줄과 질량 없고 마찰 없는 도르래를 가정할 것이다.

시각화 금고와 가구는 서로 연결되어서 두 물체의 가속도는 같은 크기를 갖는다. 금고는 음의 y방향에서 가속되므로 음수인 가속도 a_{Sy}를 갖는다. 가구는 양수인 x성분의 가속도 a_{Fx}를 갖는다. 그러므로 가속도 구속 조건은

$$a_{Fx} = -a_{Sy}$$

이다. 그림 7.24처럼 그림 7.28에서 자유 물체 도형이 그려지고, 가구에 관하여 운동 마찰력이 포함된다. 힘 $\vec{T}_{F\,on\,S}$와 $\vec{T}_{S\,on\,F}$는 작용·반작용 쌍인 것처럼 행동하여 점선으로 연결된다.

풀이 자유 물체 도형으로부터 뉴턴의 제2법칙을 쓸 수 있다. 가구에 관하여

$$\sum (F_{on\,F})_x = T_{S\,on\,F} - f_k = T - f_k = m_F a_{Fx} = -m_F a_{Sy}$$
$$\sum (F_{on\,F})_y = n - m_F g = 0$$

이고, 금고에 관하여

$$\sum (F_{on\,S})_y = T - m_S g = m_S a_{Sy}$$

이다. 첫 번째 식에서 가속도 구속 조건이 사용됨을 주목하라. 또한 위 식들에서 뉴턴의 제3법칙 $T_{F\,on\,S} = T_{S\,on\,F} = T$를 사용했다. 우리는 운동 마찰력에 관한 추가 정보를 가지고 있다.

$$f_k = \mu_k n = \mu_k m_F g$$

여기서 가구의 y성분 식으로부터 얻어진 $n = m_F g$가 사용되었다. f_k의 결과를 가구의 x성분 식에 대입하고, 가구의 x성분 식과 금고의 y성분 식을 다시 쓴다.

$$T - \mu_k m_F g = -m_F a_{Sy}$$
$$T - m_S g = m_S a_{Sy}$$

2개의 미지수 T와 a_{Sy}에 관한 연립 방정식을 얻는다. 첫 번째 식에서 두 번째 식을 빼주면 T가 제거되고

$$(m_S - \mu_k m_F)g = -(m_S + m_F)a_{Sy}$$

를 얻는다. 마지막으로 금고의 가속도를 구한다.

그림 7.28 응용 예제 7.9의 그림 표현

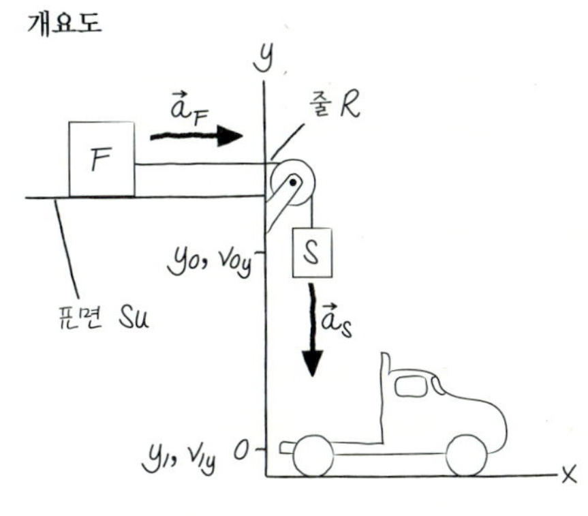

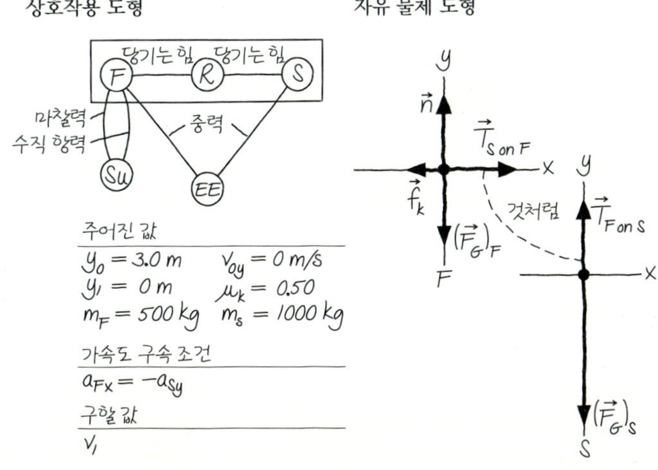

$$a_{Sy} = -\left(\frac{m_S - \mu_k m_F}{m_S + m_F}\right)g$$

$$= -\left(\frac{1000\text{ kg} - (0.50)(500\text{ kg})}{1000\text{ kg} + 500\text{ kg}}\right) 9.80\text{ m/s}^2 = -4.9\text{ m/s}^2$$

지금 내려오는 금고의 운동학을 계산할 필요가 있다. 낙하하는 데 걸리는 시간을 알 필요가 없기 때문에, 다음과 같은 식을 사용한다.

$$v_{1y}^2 = v_{0y}^2 + 2a_{Sy}\,\Delta y = 0 + 2a_{Sy}(y_1 - y_0) = -2a_{Sy}y_0$$

$$v_1 = \sqrt{-2a_{Sy}y_0} = \sqrt{-2(-4.9\text{ m/s}^2)(3.0\text{ m})} = 5.4\text{ m/s}$$

검토 v_{1y}의 값은 음수이나 속력만 알 필요가 있기 때문에 절댓값을 취한다. 이 값은 대략 12 mph여서, 트럭이 1000 kg 금고의 충격을 견디기는 불가능한 것 같다.

서술형 질문

1. 한 학생이 얼어버린 호수의 중앙에 있다. 호수 표면은 마찰이 없어서 걸을 수 없다. 그러나 다행히도 호주머니에 몇 개의 돌이 있다. 얼음은 너무 단단하여 돌은 표면 위를 미끄러질 수만 있다. 학생이 호숫가로 가는 방법이 있는가? 추론과정을 설명하기 위해서 그림, 힘, 뉴턴의 법칙을 사용하라.

2. 로켓은 어떻게 이륙하는가? 로켓에 작용한 위 방향의 힘은 무엇인가? 상호작용 도형과 로켓과 방출된 기체에 관한 자유 물체 도형을 포함하여 설명하시오.

3. 60 mph 속력으로 움직이는 자동차에 모기가 정면충돌한다. 모기가 자동차에 발생시킨 힘은 자동차가 모기에게 발생시킨 힘보다 큰가? 작은가? 아니면 같은가? 설명하시오.

4. 소형 자동차가 큰 트럭을 밀고 가고 있다. 그것들의 속력은 증가하고 있다. 트럭이 자동차에 발생시킨 힘은 자동차가 트럭에게 발생시킨 힘보다 큰가? 작은가? 아니면 같은가? 설명하시오.

5. 말이 마차를 끌고 갈 때, 말이 마차에게 발생시킨 힘은 마차가 말에게 발생시킨 힘과 항상 크기는 같고 방향은 반대이다. 이 내용은 사실인가? 사실이라면 마차가 움직이는 이유는 무엇인가?

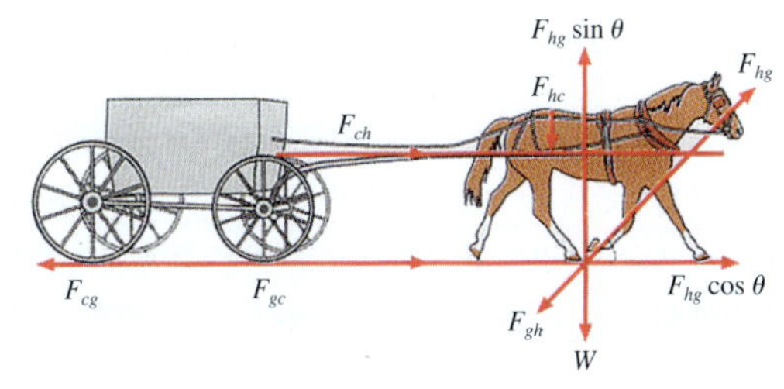

그림 Q7.5

6. 그림 Q7.6에서 5 kg의 물체 둘 다 정지하고 있다. 줄은 질량이 없고 도르래는 마찰이 없다. 용수철 저울은 kg 단위로 되어 있다. 용수철 저울의 눈금은 얼마인가?

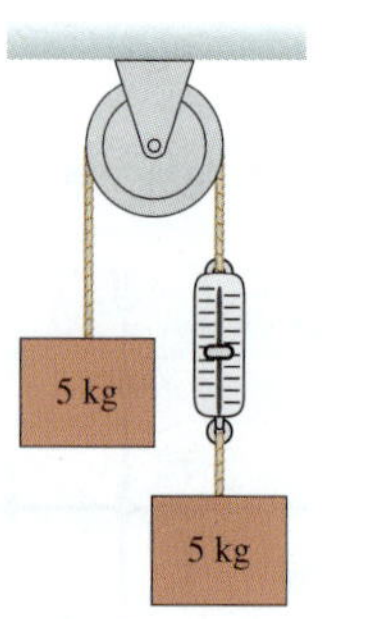

그림 Q7.6

7. 그림 Q7.7에서 손은 물체 A의 뒷면을 밀고 있다. 질량 $m_B > m_A$인 물체 A와 B는 질량 없는 줄로 연결되어 마찰 없는 표면에서 미끄러진다. 줄이 물체 B에 발생시킨 장력은 손이 물체 A에 발생시킨 힘보다 큰가? 작은가? 아니면 같은가? 설명하시오.

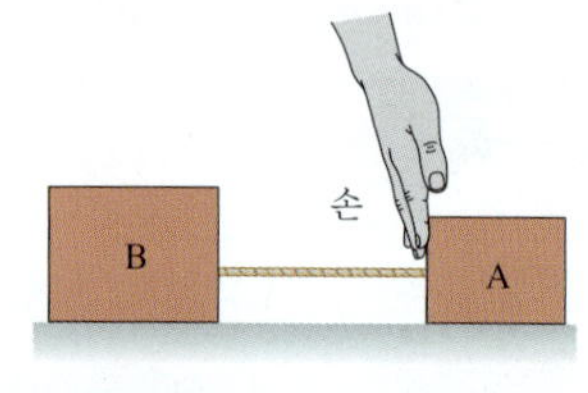

그림 Q7.7

8. 그림 Q7.8의 물리적 상황 a에서 물체 A는 10 N의 무게(1.02 kg의 물체) 때문에 마찰 없는 탁자 위에서 가속된다. 물리적 상황 b에서 물체 A는 줄에 걸린 일정한 10 N의 장력에 의해서 마찰 없는 탁자 위에서 가속된다. 상황 a와 b 둘 다에서 줄은 질량이 없고 도르래는 질량이 없고 마찰이 없다. 상황 b에서 물체 A의 가속도는 상황 a에서 물체 A의 가속도보다 큰가? 작은가? 아니면 같은가? 설명하시오.

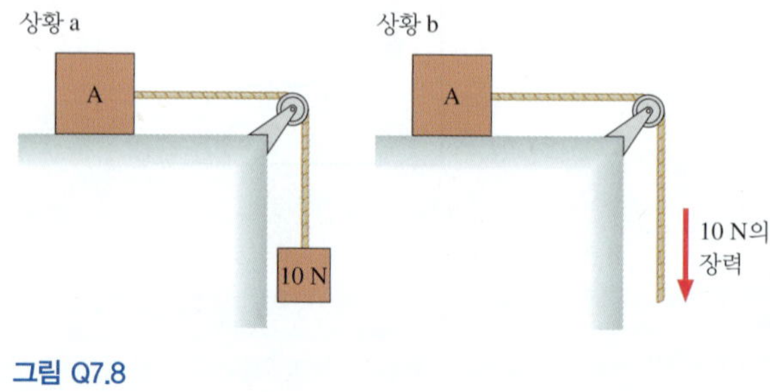

그림 Q7.8

연습문제

연습

7.2 상호작용하는 물체 해석

문제 1–3에 관하여,

a. 상호작용 도형을 그리시오.
b. 상호작용 도형에 '계'를 표시하시오.
c. 계에 속하는 각각의 물체에 관하여 자유 물체 도형을 그리시오. 작용·반작용 쌍의 힘들을 점선으로 연결하시오.

1. | 축구공과 볼링공이 정면충돌한다. 굴림 마찰은 무시한다.

2. | 질량을 갖는 쇠줄이 대들보를 들어올린다. 대들보의 속력은 증가한다.

3. || 그림 EX7.3의 물체 A는 경사면을 미끄러져 내려오고 있다. 줄의 질량은 없고, 질량 없는 도르래는 마찰 없는 축에서 돌아간다. 경사면의 마찰은 있다. 줄과 도르래가 계에 속하는지를 결정해야만 할 것이다.

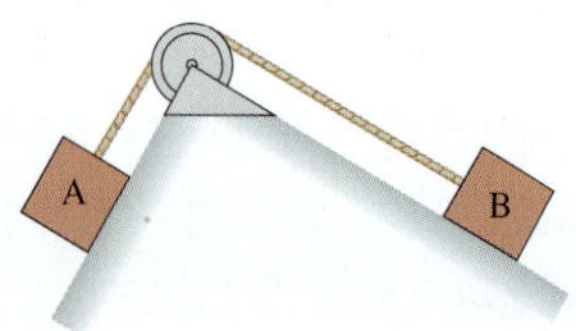

그림 EX7.3

7.3 뉴턴의 제3법칙

4. | 그림 EX7.4의 물체 B는 정지 마찰 계수가 0.60이고 운동 마찰 계수가 0.40인 표면 위에 정지하고 있다. 줄의 질량은 없다. 물체 A가 정지 상태를 유지하는, 물체 A의 최대 질량은 얼마인가?

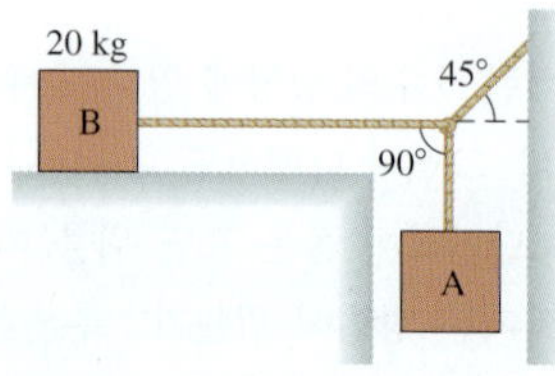

그림 EX7.4

5. || 1 kg, 2 kg, 3 kg의 질량을 갖는 물체들이 이 순서로 접촉되어 마찰 없는 탁자 위에 한 줄로 놓여 있다. 1 kg 물체를 12 N의 힘으로 밀었다.
   a. 2 kg 물체가 3 kg 물체에 발생시킨 힘은 얼마인가?
   b. 2 kg 물체가 1 kg 물체에 발생시킨 힘은 얼마인가?

6. | 55 kg의 달리기 선수의 한 발이 0.25초 동안 땅을 밟고 있을 때 선수의 몸은 정지 상태로부터 2.0 m/s로 가속된다.
   a. 선수의 발과 땅 사이의 마찰은 정지 마찰인가, 운동 마찰인가?
   b. 선수의 발과 땅 사이의 마찰력의 크기는 얼마인가?

7. ‖ 우주 공간에서 80 kg의 우주비행사는 640 kg의 위성을 두 손으로 민다. 그의 두 팔을 펴는 데 0.50초 걸리고 그동안 100 N의 힘을 위성에 발생시킨다. 우주비행사와 위성은 두 팔을 편 후 분리되며, 1분이 지난 후 우주비행사와 위성의 떨어진 거리는 얼마인가?

8. ‖ 1500 kg인 자동차 무게의 2/3가 구동축에 가해진다. 콘크리트 도로에서 이 자동차의 최대 가속도는 얼마인가?

7.4 줄과 도르래

9. ‖ 그림 EX7.9에서 줄에 의한 사람의 장력은 얼마인가?

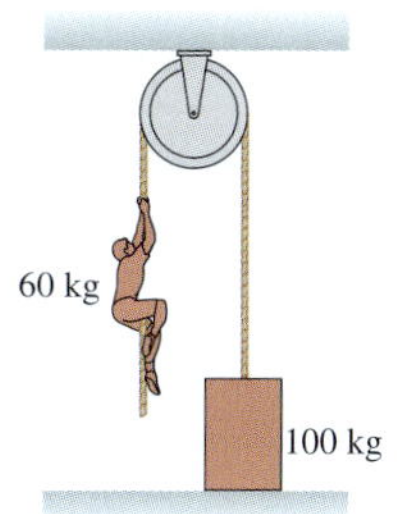

그림 EX7.9

10. | 아파트 3층에 사는 여자가 이사한다. 그녀는 짐을 계단을 걸어서 이동시키지 않고, 짐을 나무상자에 넣은 후, 마찰 없는 도르래를 발코니에 설치하고, 나무상자를 줄로 연결한 후 줄을 도르래에 걸쳐 나무상자를 땅으로 내리기로 결정한다. 25 kg의 나무상자를 등속도로 내려가도록 하려면 그녀가 수평 방향으로 줄 끝을 잡아당기는 힘은 얼마인가?

11. ‖ 샌프란시스코에 있는 케이블카가 9.5 mph로 움직이는 케이블에 의해서 당겨진다. 케이블은 중앙의 발전소에서 큰 모터에 의해 구동되는데 복잡한 도르래 장치에 의해 도시의 거리 아래 수마일에 걸쳐 깔려 있다. 사용기간 동안 케이블은 100 ft 정도 늘어난다. 케이블의 장력이 거의 일정하도록 철도에서 앞뒤로 움직일 수 있는 지름이 1.5 m인 장력유지 도르래가 제작되었다. 그림 EX7.11에 보여진 것처럼 2000 kg의 물체가 줄과 도르래를 이용하여 장력유지 도르래 장치에 연결된다. 케이블에 걸린 장력은 얼마인가?

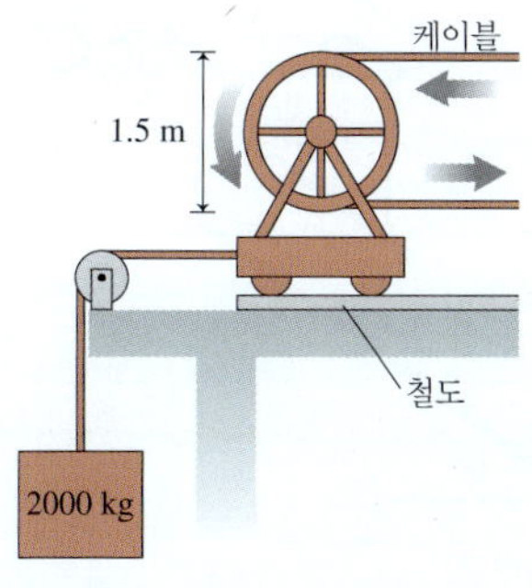

그림 EX7.11

12. ‖ 그림 EX7.12처럼 2.0 kg의 쇠 고양이와 4.0 kg의 쇠 개가 가벼운 줄에 매달려 있는 움직일 수 있는 조각이 미술관에 전시되어 있다. 중앙 줄은 수평이며 $\theta_1 = 20°$이다. 줄 3에 걸리는 장력과 각도 θ_3는 얼마인가?

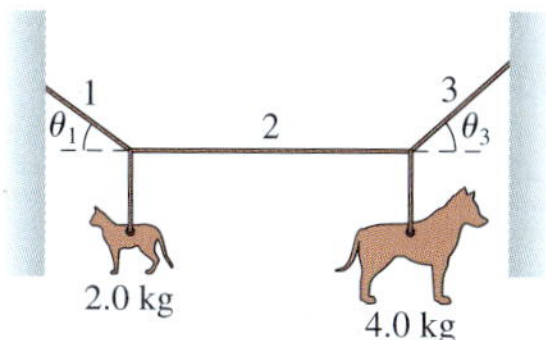

그림 EX7.12

13. ‖ 그림 EX7.13에서 100 kg의 물체가 정지 상태에서 움직여 바닥에 도착하는 데 6.0 s가 걸린다. 도르래는 질량이 없고 마찰이 없다. 왼쪽에 있는 물체의 질량은 얼마인가?

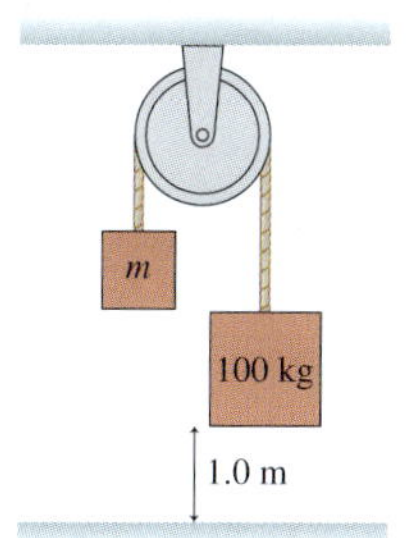

그림 EX7.13

문제

14. ‖ 그림 P7.14는 공기 부양 장치 위의 두 물체를 6.0 N의 힘으로 밀고 있는 것을 보여준다. 200 g의 용수철은 두 물체 사이에서 압축된다. (a) 용수철이 물체 A에 발생시킨 힘은 얼마인가? (b) 용수철이 물체 B에 발생시킨 힘은 얼마인가? 용수철은 두 물체에 견고하게 부착돼 있고 아래로 휘어지지 않는다.

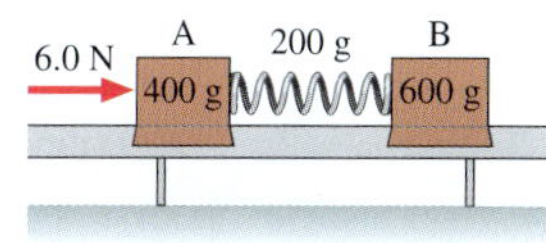

그림 P7.14

15. ‖ 샘은 작년에 운전 중에 커피가 든 잔을 왼손에 들고 있었다. 스마트폰이 울려서 커피가 든 잔을 자동차 계기반 옆 평평한 면에 놓았다. 그때 사슴이 숲에서 도로로 들어왔다. 샘은 즉각 반응하여 브레이크를 밟고 속력 20 m/s의 자동차를 50 m 이동 후 사슴 바로 앞에 정지시켰다. 커피가 든 잔과 계기반 옆 평평한 면의 정지 마찰 계수는 0.50, 운동 마찰 계수는 0.30이고, 커피가 든 잔의 질량은 0.50 kg이다. 커피가 든 잔은 미끄러졌겠는가?

16. ‖ 이마는 대략 6.0 kN의 힘까지 깨지지 않고 견딜 수 있고, 광대
BIO 뼈는 대략 1.3 kN의 힘까지 깨지지 않고 견딜 수 있다. 30 m/s

의 속력으로 날라오는 140 g의 야구공이 한 학생의 이마를 때리고 1.5 ms 후에 정지한다.

a. 야구공을 정지시킨 힘의 크기는 얼마인가?

b. 야구공이 이마에 발생시킨 힘의 크기는 얼마인가? 이유를 설명하시오.

c. 야구공이 이마에 충돌하면 이마는 깨지는가? 야구공이 광대뼈에 충돌하면 광대뼈는 깨지는가?

17. ||| 그림 P7.17은 20°의 경사면에서 두 물체가 정지해 있다가 내려가기 시작하는 모습이다. 물체 A는 질량이 5.0 kg이고 운동 마찰 계수가 0.20이다. 물체 B는 질량이 10 kg이고 운동 마찰 계수가 0.15이다. 물체 A가 바닥에 도달하는 데 걸리는 시간은 얼마인가?

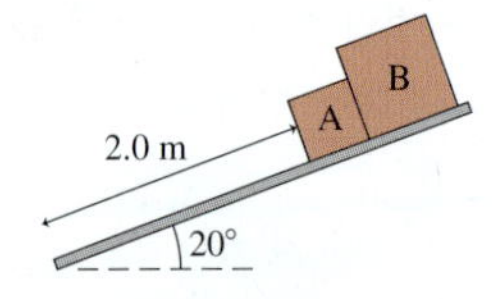

그림 P7.17

18. || 그림 P7.18에서 두 물체 사이의 정지 마찰 계수는 0.60이고, 아래 물체와 바닥 사이의 운동 마찰 계수는 0.20이다. 힘 $\vec{F}$를 가해서 두 물체를 정지 상태에서 5.0 m의 거리를 이동시키고자 한다. 4.0 kg의 물체가 3.0 kg의 물체 위에서 미끄러짐 없이, 이 운동을 수행할 수 있는 최소 시간은 얼마인가?

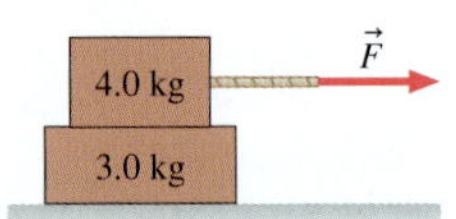

그림 P7.18

19. || 그림 P7.19에서 10.2 kg의 물체는 줄에 작용한 힘 $\vec{F}$에 의해 정지하고 있다. 두 도르래는 질량이 없고 마찰이 없다. T_1부터 T_5까지 장력의 크기와 힘 $\vec{F}$의 크기는 얼마인가?

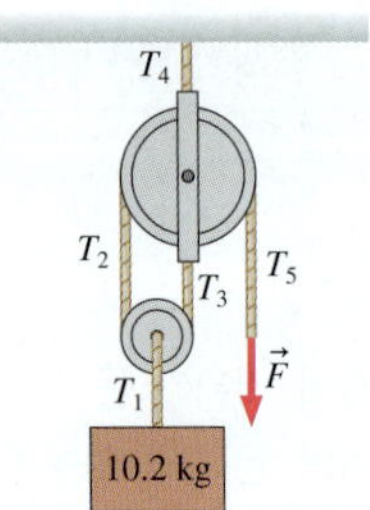

그림 P7.19

20. ||| 그림 P7.20은 20° 경사각의 경사면에 정지하고 있는 질량 m인 물체를 보여준다. 이 물체와 경사면의 정지 마찰 계수는 0.80이고 운동 마찰 계수는 0.50이다. 이 물체를 질량 없는 줄로 질량 없고 마찰 없는 도르래를 걸쳐 2.0 kg의 물체에 연결하였다.

a. 경사면 위의 물체가 움직이지 않는 질량 m의 최솟값은 얼마인가?

b. 최소 질량을 갖는 경사면 위의 물체를 팔꿈치로 살짝 치면 경사면의 위 방향으로 움직인다. 이 물체의 가속도는 얼마인가?

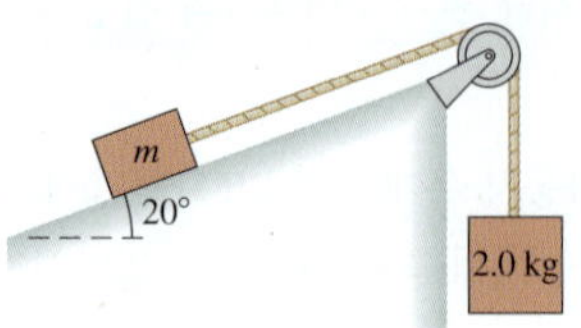

그림 P7.20

21. || 그림 P7.21에서 1.0 kg의 책이 줄에 의해 500 g의 커피잔에 연결된다. 책에 순간적으로 미는 힘을 작용하여 출발 속력 3.0 m/s를 갖고 경사면 위 방향으로 움직이게 하였다. 책과 경사면의 정지 마찰 계수는 0.50이고 운동 마찰 계수는 0.20이다.

a. 책이 경사면 위 방향으로 가장 높은 위치까지 움직인 거리는 얼마인가?

b. 책이 가장 높은 위치에 도착한 후에 정지하는가? 아니면 내려오는가?

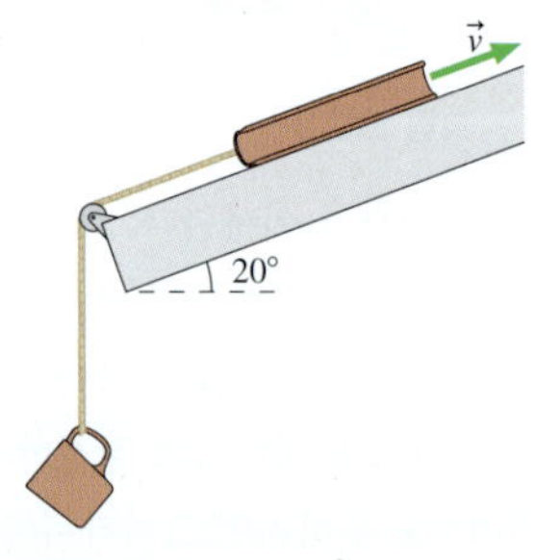

그림 P7.21

22. || 그림 P7.22는 한 케이블카는 올라가고 다른 케이블카는 내려가는 것을 보여준다. 줄 하나는 도르래에 걸쳐 두 케이블카를 연결시키고, 전동기에 연결된 다른 줄은 하나의 케이블카에 고정된다. 승객을 포함하여 각각의 케이블카의 질량은 1500 kg으로 같고, 케이블카의 굴림 마찰 계수는 0.020이다. 그리고 두 케이블카는 등속도 운동을 한다. (a) 두 케이블카를 연결시킨 줄에 의한 장력은 얼마인가? (b) 전동기에 연결된 줄에 의한 장력은 얼마인가?

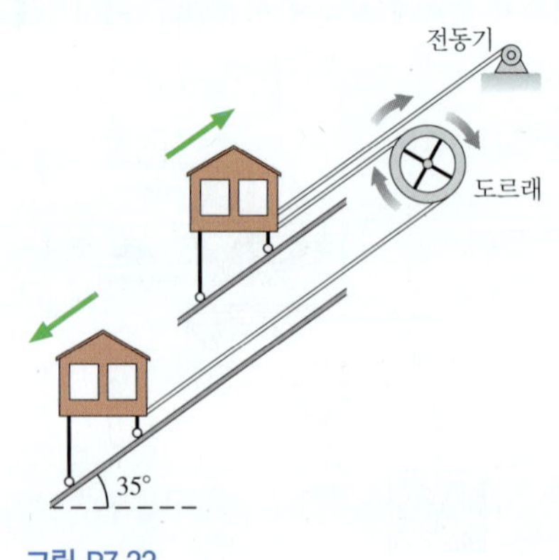

그림 P7.22

23. Ⅱ 그림 P7.23은 페인트 도장공이 자신을 위로 올리기 위해서 의자와 도르래를 사용하는 모습이다. 페인트 도장공의 질량은 70 kg이고 의자의 질량은 10 kg이다. 위로 0.20 m/s²의 가속도로 올라가기 위해서 손으로 줄을 당기는 힘의 크기는 얼마인가?

그림 P7.23

24. Ⅱ 지름이 50 cm이고 질량이 400 g인 비치볼이 지면에 수직으로 떨어진다. 비치볼의 꼭대기에 질량 4.0 mg의 개미가 타고 있다. 비치볼에는 공기 저항이 작용하나 개미에게는 공기 저항이 작용하지 않는다. 비치볼의 속력이 2.0 m/s일 때 개미에게 작용한 수직 항력의 크기는 얼마인가?

25. Ⅱ 그림 P7.25에서 물체 m_1이 빗면을 따라서 위나 아래로 움직이지 않을 수평 힘 $\vec{F}$의 크기를 구하시오. 모든 표면의 마찰은 없다.

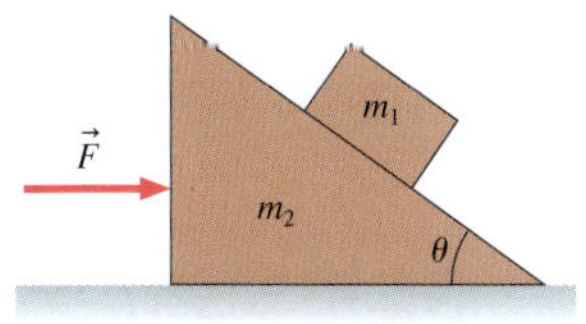

그림 P7.25

26. 그림 P7.26은 두 물체가 계를 구성할 때 자유 물체 도형이다.
   a. 이 자유 물체 도형에 합당한 실제 물리 문제를 만들어 작성하시오.
   b. 이 실제 물리 문제의 답을 구하시오.

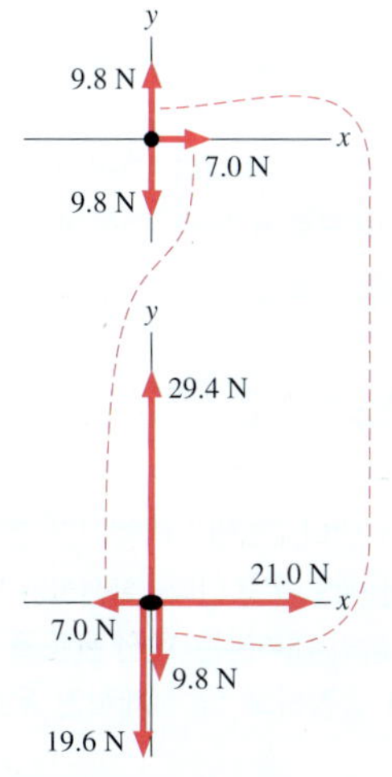

그림 P7.26

응용 문제

27. Ⅲ 그림 CP7.27에서 2.0 kg의 물체는 20 N의 장력으로 당겨진다. 2.0 kg의 물체와 바닥 사이의 운동 마찰 계수는 0.30이다. 2.0 kg의 물체와 1.0 kg의 물체 사이의 운동 마찰 계수도 0.30이다. 2.0 kg의 물체의 가속도는 얼마인가?

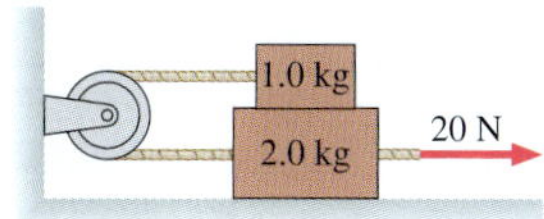

그림 CP7.27

28. Ⅲ 그림 CP7.28에서 마찰 없는 탁자 위를 움직이는 3.0 kg의 물체의 가속도는 얼마인가?

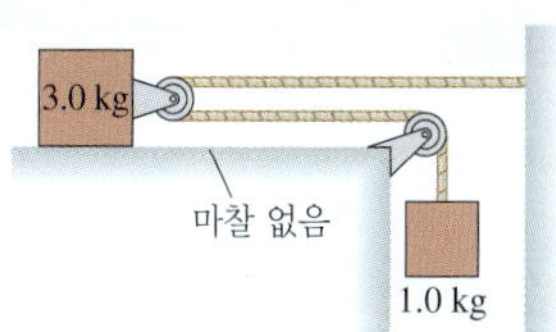

그림 CP7.28

29. Ⅲ 그림 CP7.29는 800 g의 경사진 물체 위에 200 g의 쥐 한 마리가 앉아 있는 것을 보여준다. 이 경사진 물체는 용수철 저울 위에 정지하고 있다. 경사진 면에 기름을 뿌리면 이 면의 마찰 현상은 무시되며 쥐는 아래로 미끄러져 내려온다. 쥐가 아래로 미끄러져 내려오더라도 경사진 물체와 저울 사이의 최대 정지 마찰력은 충분히 커서 경사진 물체는 용수철 저울 위에 정지하고 있다. 쥐가 아래로 미끄러져 내려올 때 저울의 눈금은 몇 g인가?

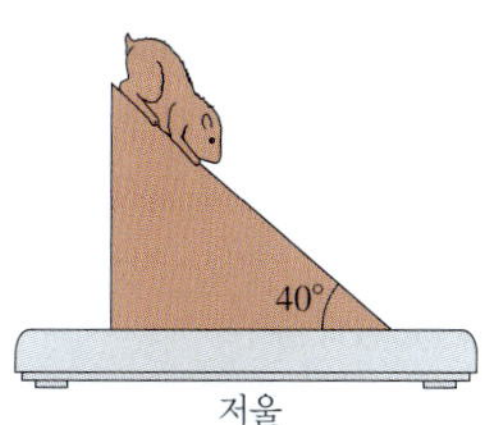

그림 CP7.29

8 동역학 II: 평면 운동

Dynamics II: Motion in a Plane

이 장에서는 2차원 운동에 대한 문제들을 푸는 방법을 배운다.

뉴턴의 법칙들은 2차원에서 다른가?

아니다. 뉴턴의 법칙들은 벡터 방정식이고, 2차원과 3차원에서 잘 작동한다. 우리는 평면 운동에서 입자의 궤적에 접선 방향으로 작용하는 힘이 입자의 속력을 어떻게 바꾸는지, 입자 궤적에 수직 (법선) 방향으로 작용하는 힘이 입자의 방향을 어떻게 바꾸는지에 대해 집중할 것이다.

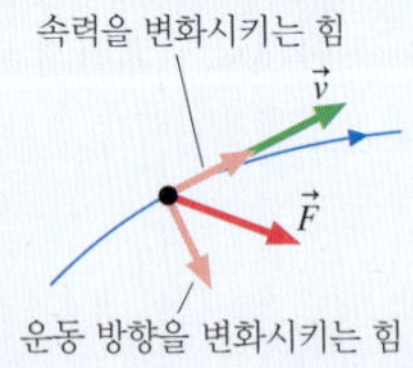

« 되돌아보기: 4장 포물체와 원운동의 운동학

포물체와 유사한 운동은 어떻게 분석하는가?

직선 운동에서 가속도의 한 성분은 항상 0이다. 일반적으로 평면 운동은 두 축 방향으로 가속도를 갖는다. 이 두 가속도가 무관하다면 x축과 y축을 사용할 수 있고, 4장에서 알아본 포물체 운동과 유사한 운동을 찾을 것이다.

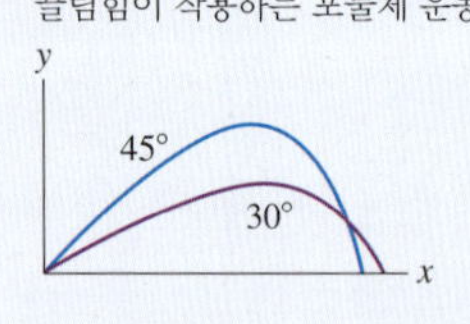

원운동을 어떻게 분석하는가?

원운동은 구심 가속도를 발생시키기 위해서 원운동에서 구심 가속도가 발생하기 위해서는 원의 중심 방향으로 힘 성분이 있어야만 한다. 이러한 경우에 가속도 성분은 반지름 방향이며, 경우에 따라 접선 방향 성분도 존재한다. 원운동의 동역학을 해석하기 위해서 다른 좌표계인 rtz 좌표계를 사용할 것이다.

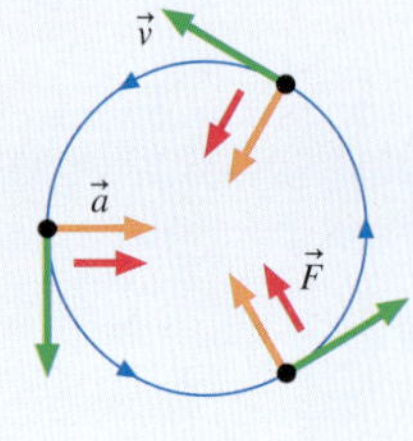

이 분석은 궤도에 적용할 수 있는가?

그렇다. 위성의 원형 궤도는 중력이 구심 가속도를 발생시킴으로써 나타난 운동이다. 궤도 운동하는 발사체는 자유 낙하임을 알게 될 것이다.

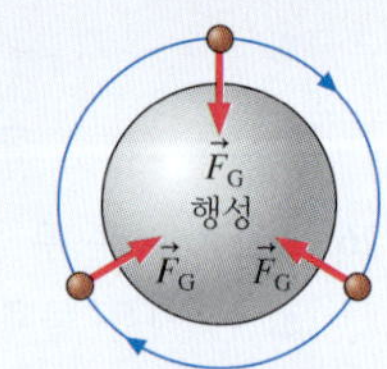

« 되돌아보기: 6.3절 중력과 무게

왜 물이 물통에서 쏟아지지 않는가?

물이 든 물통의 물을 쏟지 않고 어떻게 머리 위로 회전시킬 수 있는가? 원형 선로를 달리는 자동차는 꼭대기에서 왜 떨어지지 않는가? 원운동은 항상 직관적인 것은 아니다. 그러나 이러한 문제들을 분석함으로써 뉴턴 역학의 추론을 사용하는 능력을 기를 것이다.

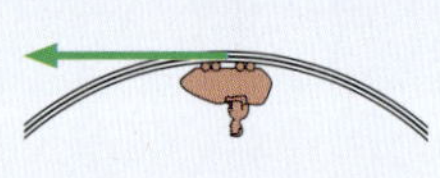

평면 운동은 왜 중요한가?

직선 운동으로부터 시작해서 우리는 뉴턴 역학의 여러 개념들과 도구들을 발전시킬 수 있게 되었다. 그러나 비행기와 로켓은 평면 운동한다. 위성과 전자는 평면에서 궤도 운동한다. 회전하는 물체의 점들은 평면 운동한다. 사실은 이번 장의 대부분은 회전 운동을 분석하는 12장의 전주곡이다. 이번 장은 더 복잡하고 더 실제적인 운동을 분석하는 데 필요한 도구를 준다.

8.1 2차원에서 동역학

뉴턴의 제2법칙 $\vec{a}=\vec{F}_{\text{net}}/m$은 물체의 가속도를 결정한다. 평면에서 직선 운동과 2차원 운동 사이에 차이는 없다. 근본적인 물리적 성질을 알아보기 위해 직선 운동을 먼저 다뤘고, 여기서 2차원 운동인 포물체 운동, 위성 운동 등을 알아볼 것이다. **«문제풀이 전략 6.1**을 사용할 것이다. 그러나 각각의 문제에 관하여 적절한 좌표계를 주의해서 선택할 필요가 있다.

예제 8.1 로켓 비행에서 바람의 영향

질량 30 kg의 작은 로켓은 1500 N의 추력을 발생시킨다. 바람 부는 날에 바람은 로켓에 20 N의 수평 힘을 발생시킨다. 로켓을 수직 상방으로 발사시키면 궤적은 어떤 모양이며, 로켓이 1.0 km 높이에 도달할 때 수평 방향으로 편향된 거리는 얼마인가? 로켓이 1.0 km 높이에 도달할 때까지 로켓의 질량 손실은 없다고 가정한다.

핵심 로켓을 입자로 보라. 로켓의 궤적인 함수 $y(x)$를 구하라. 로켓의 모양은 공기 저항을 적게 받도록 제작되므로 공기 저항은 없다고 가정한다.

시각화 그림 8.1은 그림 표현을 보여준다. 수직 방향의 y축을 갖는 좌표계를 선택한다. 로켓에 3개의 힘이 작용한다. 수직 방향으로 추력과 중력이 작용하고 수평 방향으로 바람 힘이 작용한다.

그림 8.1 로켓 비행의 그림 표현

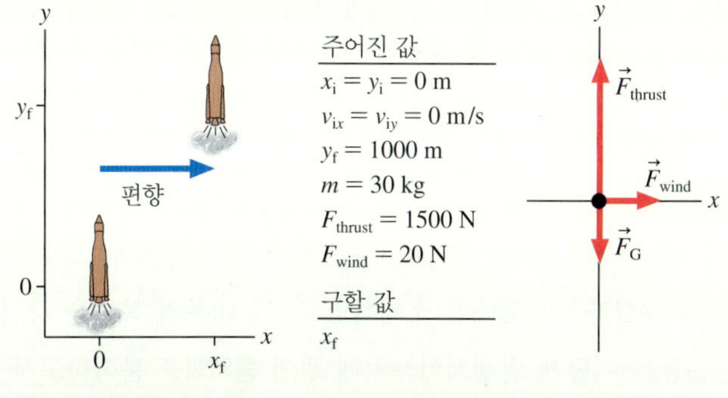

풀이 수평 힘과 수직 힘은 서로 무관하다. 뉴턴의 제2법칙은

$$a_x = \frac{(F_{\text{net}})_x}{m} = \frac{F_{\text{wind}}}{m}$$

$$a_y = \frac{(F_{\text{net}})_y}{m} = \frac{F_{\text{thrust}} - mg}{m}$$

이다. 직선 운동과의 중요한 차이는 로켓이 두 축을 따라서 가속되는 것이다. 두 가속도는 일정하여 운동학을 사용하면 다음과 같은 식을 얻는다.

$$x = \tfrac{1}{2}a_x(\Delta t)^2 = \frac{F_{\text{wind}}}{2m}(\Delta t)^2$$

$$y = \tfrac{1}{2}a_y(\Delta t)^2 = \frac{F_{\text{thrust}} - mg}{2m}(\Delta t)^2$$

여기서 초기 위치와 초기 속도는 0이 사용되었다. x식으로부터 $(\Delta t)^2 = 2mx/F_{\text{wind}}$이다. 이것을 y식에 대입하면

$$y(x) = \left(\frac{F_{\text{thrust}} - mg}{F_{\text{wind}}}\right)x$$

식을 얻는다. 이것은 로켓의 궤적에 관한 식이다. 로켓은 수직 방향 가속도와 수평 방향 가속도를 가지며 궤적은 직선이다. 높이 y 값을 가질 때 로켓의 편향 거리는

$$x = \left(\frac{F_{\text{wind}}}{F_{\text{thrust}} - mg}\right)y$$

이다. 주어진 값들로부터 높이 1000 m에서 로켓의 편향 거리는 17 m이다.

검토 운동의 두 성분에 관하여 시간 Δt가 같다는 조건은 답을 찾게 해주었다.

포물체 운동

6장에서 행성 표면 근처에 있는 물체에 작용한 중력은 $\vec{F}_G = (mg,\ \text{아래 방향})$임을 알았다. 수직 방향의 y축을 갖는 좌표계를 선택하면

$$\vec{F}_G = -mg\hat{j} \tag{8.1}$$

이다. 뉴턴의 제2법칙으로부터 가속도는

$$a_x = \frac{(F_G)_x}{m} = 0$$
$$a_y = \frac{(F_G)_y}{m} = -g \tag{8.2}$$

이다. 식 (8.2)는 «4.2절에서 다뤘던 수평 가속도가 없고 수직 가속도가 $a_y = -g$인 끌림힘이 작용하지 않은 포물체 운동이다. 이 물체의 궤적은 포물선이다. 가속도의 두 성분이 연관돼 있지 않으므로 수직 운동과 수평 운동을 따로따로 분리하여 풀 수 있다.

그러나 질량이 작은 포물체는 끌림힘이 커서 무시할 수 없으므로 운동의 결과는 매우 다르다. 끌림힘이 작용하는 포물체의 가속도가 다음과 같은 식들이 됨을 숙제로 남겨둔다.

$$a_x = -\frac{\rho CA}{2m} v_x \sqrt{v_x^2 + v_y^2}$$
$$a_y = -g - \frac{\rho CA}{2m} v_y \sqrt{v_x^2 + v_y^2} \tag{8.3}$$

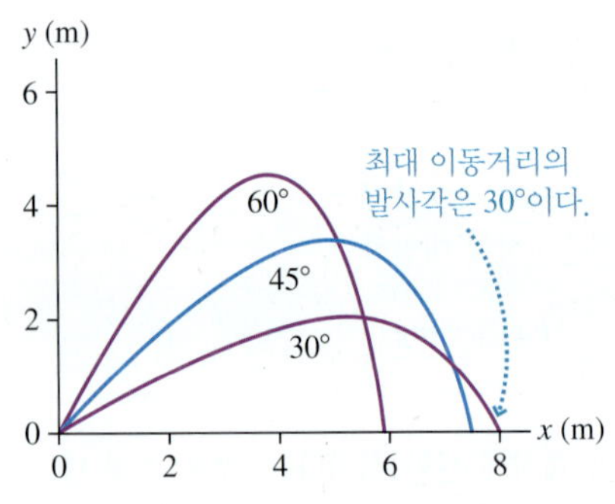

그림 8.2 포물체에 끌림힘이 작용한다. 여러 각도로 발사된 플라스틱 공의 궤적들이다.

이 식들을 보면 가속도의 두 성분은 일정하지 않고 v_x와 v_y에 의존하므로 서로 연관돼 있다. 이 두 식을 정확히 풀 수 없기 때문에 궤적을 구하는 것이 불가능하다고 알려져 있다. 그러나 컴퓨터로 이 두 식의 답을 구할 수 있다. 그림 8.2는 초기 속력 25 m/s로 발사된 5 g의 플라스틱 공에 관하여 컴퓨터로 계산하여 얻은 궤적을 보여준다. 끌림힘이 없을 때 수평 방향으로 최대 이동거리는 60 m보다 크다. 그러나 끌림힘이 작용한 플라스틱 공의 최대 이동거리는 훨씬 작고, 최대 이동거리를 갖는 발사 각도도 45°가 아니다. 궤적도 포물선이 아님을 주목하라.

8.2 등속 원운동

등속 원운동의 운동학을 «4.4절과 «4.5절에서 소개하였고, 그 내용의 복습을 상력히 추천한다. 이제 힘이 원운동을 어떻게 발생시키는지에 관한 **동역학**을 분석하고자 한다. 그림 8.3은 입자의 속도는 원에 접하고 입자의 가속도, 즉 **구심 가속도**(centripetal acceleration)는 원의 중심을 향함을 보여준다. 입자의 각속도의 크기가 ω일 때 입자의 속력은 $v = \omega r$이고 구심 가속도는 다음과 같다.

$$\vec{a} = \left(\frac{v^2}{r}, \text{원의 중심 방향}\right) = (\omega^2 r, \text{원의 중심 방향}) \tag{8.4}$$

가속도의 x성분과 y성분은 일정하지 않기 때문에 xy좌표계는 원운동을 분석하는 데 좋은 선택이 아니다. 대신에 그림 8.3에 보인 대로 좌표축을 다음처럼 정하는 좌표계를 사용할 것이다.

■ 원점은 입자의 위치이다.
■ r축(지름 축)은 입자로부터 원의 중심을 향한다.
■ t축(접선 축)은 반시계 방향으로 원에 접한다.
■ z축은 운동의 평면에 수직이다.

이러한 서로 수직인 3개의 축들은 ***rtz* 좌표계**를 만든다.

속도 $\vec{v}$와 가속도 $\vec{a}$의 rtz성분은

$$\begin{aligned} v_r &= 0 \qquad & a_r &= \frac{v^2}{r} = \omega^2 r \\ v_t &= \omega r \qquad & a_t &= 0 \\ v_z &= 0 \qquad & a_z &= 0 \end{aligned} \tag{8.5}$$

이다. 여기서 각속도의 크기 $\omega = d\theta/dt$의 단위는 rad/s이다. 등속 원운동에서 **속도는 접선 성분만 갖고 가속도는 지름 성분만 갖는다.** 이제 rtz 좌표계의 장점을 볼 수 있을 것이다.

그림 8.3 등속 원운동과 rtz 좌표계

속도는 접선 성분만 갖는다.

z축은 지면으로 부터 나온다.

가속도는 지름 성분만 갖는다.

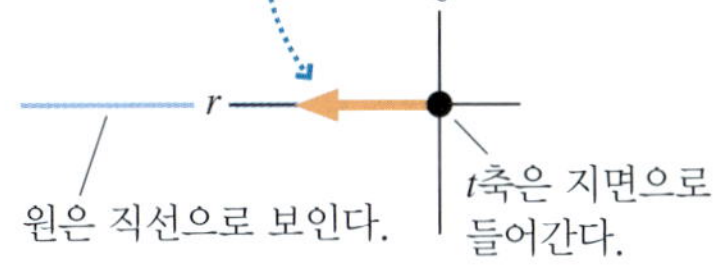

등속 원운동의 동역학

등속 원운동 하는 입자는 직선에서 등속도로 움직이는 것이 아니다. 그러므로 뉴턴의 제1법칙에 의해서 입자에 작용하는 알짜힘은 있어야 한다. 등속 원운동 하는 입자의 가속도, 즉 식 (8.4)의 구심 가속도를 이미 정했다. 뉴턴의 제2법칙으로부터 이 가속도를 발생시키는 알짜힘은 다음과 같이 주어진다.

$$\vec{F}_{\text{net}} = m\vec{a} = \left(\frac{mv^2}{r}, \text{ 원의 중심 방향}\right) \tag{8.6}$$

달리 말하면 질량 m인 입자가 반지름 r인 원을 따라 v의 속력으로 등속 운동할 때, 알짜힘은 원의 중심 방향으로 크기는 mv^2/r을 갖는다. 이 힘이 없다면 입자는 원의 접선 방향으로 움직일 것이다. 이 힘이 없어지면 입자는 원에 접하는 직선을 따라서 움직일 것이다.

그림 8.4는 등속 원운동 하는 입자에 작용한 알짜힘 $\vec{F}_{\text{net}}$를 보여준다. **가속도 $\vec{a}$처럼 *rtz* 좌표계의 지름 축을 따라서 원의 중심을 향하는 $\vec{F}_{\text{net}}$**를 볼 수 있다. $\vec{F}_{\text{net}}$의 접선 성분과 수직 성분은 0이다.

식 (8.6)의 뉴턴의 제2법칙을 r, t, z성분들로 쓸 때 rtz 좌표계의 장점을 볼 수 있다.

$$\begin{aligned} (F_{\text{net}})_r &= \sum F_r = ma_r = \frac{mv^2}{r} = m\omega^2 r \\ (F_{\text{net}})_t &= \sum F_t = ma_t = 0 \\ (F_{\text{net}})_z &= \sum F_z = ma_z = 0 \end{aligned} \tag{8.7}$$

등속 원운동에서 t축 방향의 모든 힘의 합과 z축 방향의 모든 힘의 합은 0이고, r축 방향의 모든 힘의 합은 ma_r과 같다. 여기서 a_r은 구심 가속도이다.

경사진 곡선 도로에서 수직 항력은 자동차를 회전시키는 구심 가속도를 발생시킨다.

그림 8.4 알짜힘은 지름 방향에서 원의 중심을 향한다.

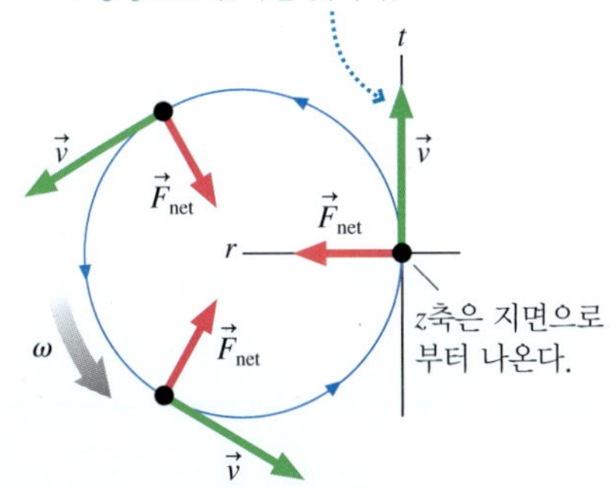

예제 8.2 | 원형 궤적으로 돌리기

아버지는 길이 2.0 m의 줄이 부착된 5.0 kg의 바퀴 달린 놀이 기구에 20 kg의 아들을 태운다. 아버지는 줄 끝을 잡고 줄이 땅에 평행하도록 유지하면서 놀이 기구와 아들을 원으로 돌린다. 줄이 발생시킨 장력이 100 N이면, 1분 동안에 놀이 기구가 회전한 회전수는 몇 번인가? 놀이 기구의 바퀴와 땅 사이의 굴림 마찰은 무시한다.

핵심 놀이 기구와 아들을 등속 원운동 하는 1개의 입자로 보라.

시각화 그림 8.5는 그림 표현을 보여준다. 원운동 문제는 보통 시작 위치와 끝 위치를 알려주지 않아서, x_1 또는 y_2 같은 숫자 아래 첨자는 필요하지 않다. 여기서 놀이 기구의 속력 v와 원의 반지름 r을 정의할 필요가 있다. 등속 원운동 하는 입자에 관하여 가속도 $\vec{a}$가 원의 중심을 향한다는 것을 알기 때문에 운동 도형은 필요하지 않다.

그림 표현에서 중요한 것은 자유 물체 도형이다. **등속 원운동 하는 입자에 관하여 힘들이 작용하는 평면인 rz평면에서 자유 물체 도형을 그릴 것이다.** 놀이 기구에 작용한 접촉힘은 땅에 의한 수직 항력과 줄에 의한 장력이다. 수직 항력은 운동 평면에 수직이므로 z방향이다. 장력 $\vec{T}$의 방향은 줄이 지면에 평행하도록 정해진다. 추가로 장거리힘인 중력 $\vec{F}_G$가 있다.

풀이 원의 중심을 향하도록 r축을 잡는다. 그래서 장력 $\vec{T}$의 방향은 양의 r방향이고, r성분 $T_r = T$이다. 뉴턴의 제2법칙인 식 (8.7)을 사용하면

$$\sum F_r = T = \frac{mv^2}{r}$$
$$\sum F_z = n - mg = 0$$

이다. 이 식들은 6장에서 배웠듯이 자유 물체 도형에 표시된 힘들을 대입하여 얻은 것이다. z성분 식으로부터 $n = mg$를 얻을 수 있다. 마찰력을 알고 싶으면 이것이 필요할 것이다. 그러나 이 예제는 마찰력이 필요하지 않다. r성분 식으로부터 놀이 기구의 속력은

$$v = \sqrt{\frac{rT}{m}} = \sqrt{\frac{(2.0\ \text{m})(100\ \text{N})}{25\ \text{kg}}} = 2.83\ \text{m/s}$$

이다. 식 (8.5)로부터 놀이 기구의 각속력은

$$\omega = \frac{v_t}{r} = \frac{v}{r} = \frac{2.83\ \text{m/s}}{2.0\ \text{m}} = 1.41\ \text{rad/s}$$

를 얻는다. 마지막으로 ω를 분당 회전수 rpm(revolutions per minute)으로 변환한다.

$$\omega = \frac{1.41\ \text{rad}}{1\ \text{s}} \times \frac{1\ \text{rev}}{2\pi\ \text{rad}} \times \frac{60\ \text{s}}{1\text{분}} = 14\ \text{rpm}$$

검토 14 rpm은 4초의 주기에 해당한다. 이 결과는 아들이 놀이 기구를 탈만 하다.

그림 8.5 등속 원운동 하는 놀이 기구의 그림 표현

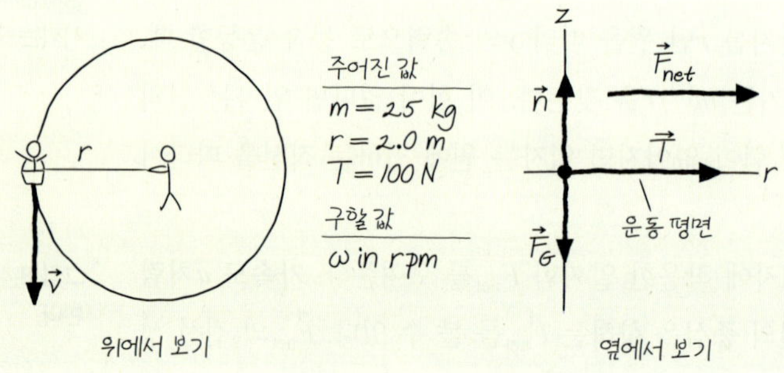

중심력 모형

항상 한 점을 향하는 힘을 **중심력**(central force)이라 한다. 예제 8.2의 줄에 의한 장력은 지구를 도는 위성에 작용하는 중력처럼 중심력이다. 중심력이 작용하는 물체는 등속 원운동을 할 수도 있다. 어떤 상황에서는 타원 궤도처럼 복잡한 궤적들이 발생할 수 있으나, 지금은 원운동에 집중할 것이다. 이 **중심력 모형**(central-force model)은 운동의 중요한 모형이다.

모형 8.1

r이 일정한 중심력

중심점을 향하는 일정한 알짜힘이 작용하는 물체에 관하여,

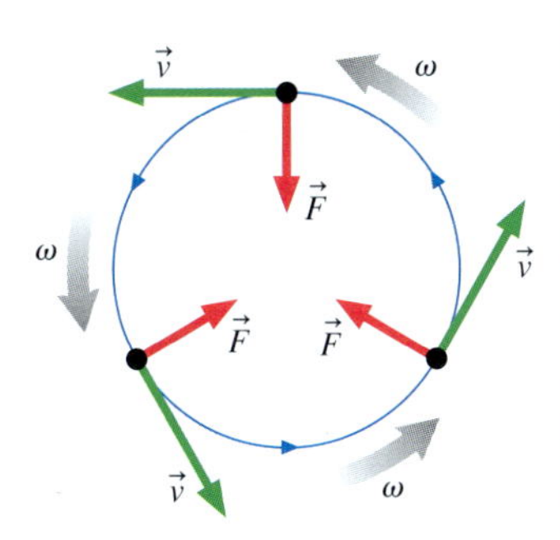

물체는 등속 원운동을 한다.

- 물체를 입자로 보라.
- 힘은 구심 가속도를 발생시킨다.
  - 운동은 등속 원운동이다.
- 수학적으로,
  - 뉴턴의 제2법칙은 다음과 같다.

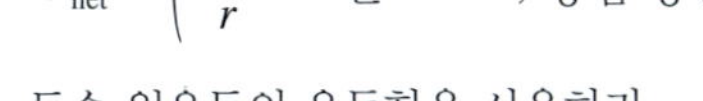

$$\vec{F}_{\text{net}} = \left(\frac{mv^2}{r} \quad \text{또는} \quad m\omega^2 r, \text{ 중심 방향}\right)$$

  - 등속 원운동의 운동학을 사용하라.

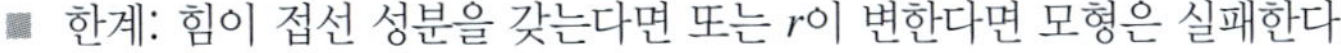

- 한계: 힘이 접선 성분을 갖는다면 또는 r이 변한다면 모형은 실패한다.

중심력 모형의 더 많은 예제들을 풀어 보자.

예제 8.3 길모퉁이 돌기 I

반시름 50 m의 평평한 곡선 길을 미끄러지지 않고 좌회전하는 1500 kg 자동차의 최대 속력은 얼마인가?

핵심 자동차는 원 한 바퀴를 도는 것이 아니고, 곡선 길인 원의 일부만 등속 원운동으로 움직인다. 자동차는 중심력이 작용하는 입자로 간주된다. 굴림 마찰은 무시할 수 있다고 가정하라.

시각화 그림 8.6은 그림 표현을 보여준다. 자동차가 길모퉁이를 도는 방법이 중요하다. 어떤 힘이 속도의 방향을 변하게 만드는가? 빙판길처럼 마찰 없는 길에서 자동차는 길모퉁이를 돌 수 없다. 길모퉁이를 따라서 자동차 바퀴를 돌릴 수 없고, 뉴턴의 제1법칙에 의해서 자동차는 직선으로 미끄러질 것이다. 그러므로 자동차를 회전시키기 위해서는 **마찰력**이 작용해야 한다.

그림 8.6에는 길모퉁이를 회전하는 바퀴를 위에서 본 그림이 있다. 도로가 마찰이 없으면 바퀴는 직선으로 미끄러질 것이다. 물체가 미끄러지는 것을 방지하는 힘은 **정지 마찰력**이다. 정지 마찰력 $\vec{f}_s$는 바퀴 **옆으로** 원의 중심을 향하여 민다. 방향이 바퀴 옆인지를 어떻게 아는가? $\vec{f}_s$가 속도 $\vec{v}$에 평행한 성분을 갖는다면, 자동차의 속력은 빨라지거나 또는 느려진다. 자동차의 방향은 변하지만 속력은 일정하기 때문에, 정지 마찰력은 속도 $\vec{v}$에 수직이어야 한다. 그러므로 자동차 뒤에서 본 자유 물체 도형은 원의 중심을 향하는 정지 마찰력을 보여준다.

풀이 정지 마찰력이 최댓값 $f_{s\,\max} = \mu_s n$에 도달할 때 자동차는 최대 회전 속력에 도달한다. 자동차가 최대 속력보다 더 빠르게 곡선 길에 들어가면, 정지 마찰력은 필요한 구심 가속도를 공급할 만큼 크지 않아서 자동차는 미끄러질 것이다.

정지 마찰력은 양의 r방향을 향하기 때문에 정지 마찰력의 지름 성분은 정지 마찰력의 크기이다. 즉 $(f_s)_r = f_s$이다. rtz 좌표계에서

그림 8.6 길모퉁이를 회전하는 자동차의 그림 표현

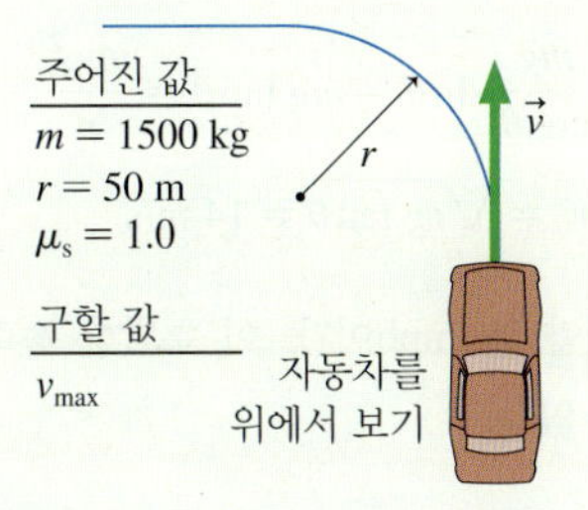

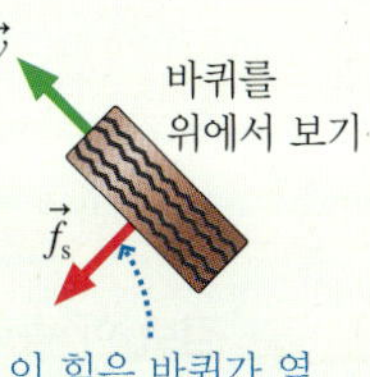

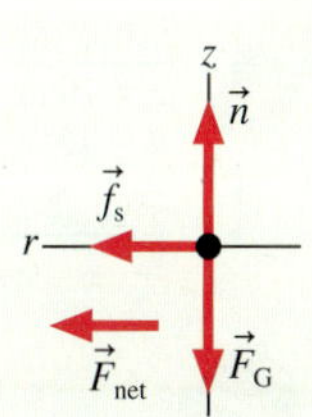

(계속)

뉴턴의 제2법칙은

$$\sum F_r = f_s = \frac{mv^2}{r}$$
$$\sum F_z = n - mg = 0$$

이다. 예제 8.2와 비교하면 차이점은 장력이 정지 마찰력으로 대치되었다. 지름 성분 식으로부터 속력은

$$v = \sqrt{\frac{rf_s}{m}}$$

이다. f_s가 최댓값

$$f_s = f_{s\,max} = \mu_s n = \mu_s mg$$

에 도달할 때 속력은 최대일 것이다. 여기서 z성분 식으로부터 얻은 $n = mg$가 사용되었다. 최대 속력은

$$v_{max} = \sqrt{\frac{rf_{s\,max}}{m}} = \sqrt{\mu_s rg}$$
$$= \sqrt{(1.0)(50\text{ m})(9.80\text{ m/s}^2)} = 22\text{ m/s}$$

이다. 여기서 정지 마찰 계수는 표 6.1의 값을 사용하였다.

검토 22m/s ≈ 45 mph는 자동차가 기계적으로 가능한 속력 값이다. v_{max}는 질량에 무관함을 주목하라.

μ_s값은 길의 상황에 따라 변하기 때문에, 회전할 때 최대 안전 속력은 변한다. 빗길은 μ_s값이 더 작아서 최대 회전 속력 값도 더 작다. 빙판길은 더 나쁘다. 최대 회전 속력이 45 mph인 정지 마찰 계수 1의 평상시 도로가 상황이 나빠져 정지 마찰 계수 0.1인 도로로 변하면 최대 회전 속력은 대략 15 mph로 느려진다.

예제 8.4 | 길모퉁이 돌기 II

반지름 70 m의 곡선 도로가 바깥쪽이 높게 15° 각도로 경사져 있다. 자동차가 마찰력의 도움 없이 이 곡선 도로를 회전하며 달릴 수 있는 속력 v_0는 얼마인가?

핵심 자동차를 중심력이 작용하는 입자로 보라.

시각화 예제 8.3에서 마찰력에 의해 자동차가 길모퉁이를 돌았지만, 마찰력 없이 자동차가 길모퉁이를 돌 수 있다는 것을 제안하는 것은 놀라운 일이다. 예제 8.3에서 평평한 도로를 다뤘으나, 보통 곡선 도로는 바깥쪽으로 높여진 경사를 갖는다. 그림 8.7의 자유 물체 도형을 보면 경사의 목적은 분명해진다. 수직 항력 $\vec{n}$은 도로 표면에 수직하고, 도로는 기울어져 있어서 원의 중심을 향하는 수직 항력의 성분이 있게 된다. **지름 성분 n_r은 자동차를 회전시키는 구심 가속도를 발생시키는 중심력이다.** 이 예제가 경사진 평면 문제처럼 보일지라도 경사진 좌표계를 사용하지 않음을 주목하라. 자동차의 궤적인 원운동에서 원의 중심은 지구 표면에 평행한 평면에 있고, r축은 이 원의 중심을 향한다.

그림 8.7 경사진 곡선 도로 위의 자동차의 그림 표현

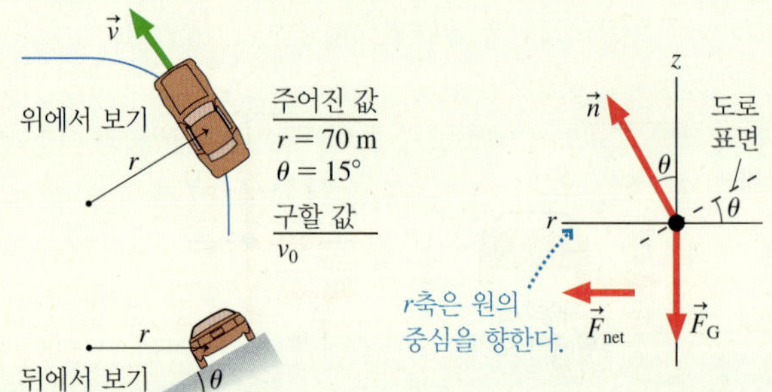

풀이 마찰력이 없을 때 $n_r = n\sin\theta$ 힘은 지름 방향의 유일한 성분이다. 이 힘은 수직 항력의 구심 성분이며 자동차를 회전시킨다. 뉴턴의 제2법칙은

$$\sum F_r = n\sin\theta = \frac{mv_0^2}{r}$$
$$\sum F_z = n\cos\theta - mg = 0$$

이다. 여기서 θ는 도로의 경사각이다. z성분 식으로부터

$$n = \frac{mg}{\cos\theta}$$

이다. 이것을 r성분 식에 대입하고 v_0에 관하여 풀면 다음과 같다.

$$\frac{mg}{\cos\theta}\sin\theta = mg\tan\theta = \frac{mv_0^2}{r}$$
$$v_0 = \sqrt{rg\tan\theta} = 14\text{ m/s}$$

검토 이 속력은 대략 28 mph이다. 이 특별한 속력에서만 마찰력 없이 원운동 할 수 있다.

경사진 곡선 도로에서 다른 속력들로 운동하면 어떤 일이 일어날지 알아보는 것도 흥미로운 일이다. 자동차가 v_0보다 빠른 속력으로 또는 느린 속력으로 곡선 도로를 회전한다면, 운동은 경사와 마찰력 둘 다에 의존한다는 것을 그림 8.8은 보여준다.

그림 8.8 마찰력이 없을 때의 속력 v_0보다 빠르거나 느린 속력에서 경사진 곡선 도로를 달리는 자동차의 자유 물체 도형

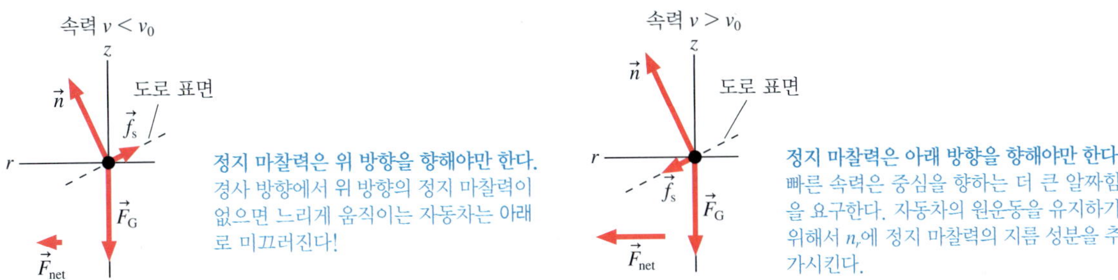

예제 8.5 투석기 안의 돌

석기 시대의 사냥꾼이 길이 1.0 m의 덩굴 줄기에 매달린 투석기 안에 1.0 kg의 돌을 넣고 그의 머리 위에서 투석기를 등속 원운동시킨다. 이때 이 투석기의 등속 원운동은 지면에 수평이다. 덩굴 줄기의 장력이 200 N일 때 끊어진다면 돌이 등속 원운동 하는 최대 각속력은 몇 rpm인가?

핵심 돌을 등속 원운동 하는 입자로 보라.

시각화 이 예제는 아버지가 줄로 아들을 회전시키는 예제 8.2와 근본적으로 같다. 그러나 수직 항력이 없다는 것이 큰 차이이다. 이 예제에서 돌에 작용한 접촉힘은 덩굴 줄기에 의한 장력뿐이다. 돌은 지면에 수평으로 원운동 하기 때문에, 장력 $\vec{T}$가 r축을 향하는 그림 8.9a의 자유 물체 도형을 그려보는 것을 시도하고 싶을 수 있다. 그러나 이 자유 물체 도형은 z방향에서 알짜힘을 갖게 되어 $\sum F_z = 0$이 되지 않는 잘못된 일이 발생하게 된다. 중력 $\vec{F}_G$는 수직 방향에서 아래로 향하므로 잘못은 $\vec{T}$의 방향에 있다.

작은 물체를 줄에 매달아 머리 주위로 회전시키며 줄이 수평과 이루는 각도를 점검하는 실험을 수행하라. 줄은 수평이 아니고 아래로 각도를 갖게 됨을 발견할 것이다. 그림 8.9b의 개요도에 각도를 θ로 표시하고 있다. 돌은 지면에 수평으로 원운동 하므로 원의 중심은 사냥꾼의 손이 아님을 주목하라. r축은 원의 중심을 향하나 장력의 방향은 덩굴 줄기의 방향이다. 그러므로 옳은 자유 물체 도형은 그림 8.9b에 있다.

풀이 자유 물체 도형은 아래 방향의 중력과 위 방향의 장력의 z성분이 균형을 이룸을 보여준다. 그리고 장력의 지름 성분은 구심 가속도를 발생시킨다. 뉴턴의 제2법칙은

$$\sum F_r = T\cos\theta = \frac{mv^2}{r}$$

$$\sum F_z = T\sin\theta - mg = 0$$

이다. 여기서 θ는 수평 아래로 덩굴 줄기가 이루는 각도이다. z성분 식으로부터

$$\sin\theta = \frac{mg}{T}$$

$$\theta_{max} = \sin^{-1}\left(\frac{(1.0\text{ kg})(9.8\text{ m/s}^2)}{200\text{ N}}\right) = 2.81°$$

를 얻는다. 여기서 200 N의 최대 장력에서 각도 값을 구하였다. 덩

그림 8.9 투석기 안의 돌의 그림 표현

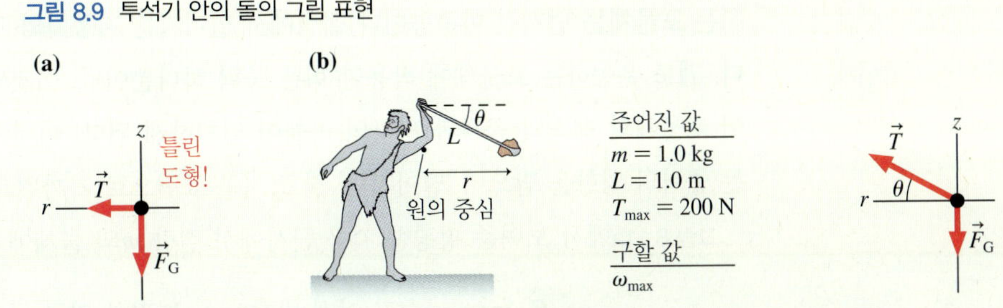

(계속)

굴 줄기의 경사 각도는 작지만 0은 아니다.

r성분 식을 풀면 돌의 속력은

$$v_{max} = \sqrt{\frac{rT\cos\theta_{max}}{m}}$$

이다. 원의 반지름 r은 덩굴 줄기의 길이 L이 아님을 주의하라. 그림 8.9b에서 $r = L\cos\theta$임을 알 수 있다. 그러므로

$$v_{max} = \sqrt{\frac{LT\cos^2\theta_{max}}{m}} = \sqrt{\frac{(1.0\text{ m})(200\text{ N})(\cos 2.81°)^2}{1.0\text{ kg}}} = 14.1\text{ m/s}$$

이다. 덩굴 줄기가 끊어지는 ω의 값, 즉 최대 각속력을 다음과 같이 구할 수 있다.

$$\omega_{max} = \frac{v_{max}}{r} = \frac{v_{max}}{L\cos\theta_{max}} = \frac{14.1\text{ rad}}{1\text{ s}} \times \frac{1\text{ rev}}{2\pi\text{ rad}} \times \frac{60\text{ s}}{1\text{ min}} = 135\text{ rpm}$$

8.3 원형 궤도

위성은 지구를 돌고, 지구는 태양을 돌고, 전체 태양계는 은하수의 중심을 돈다. 모든 궤도는 원이 아니다. 그러나 이 절에서 분석을 원형 궤도로 제한할 것이다.

위성은 지구를 어떻게 도는가? 위성에 작용한 힘은 무엇인가? 이 질문들에 답하기 위해서 포물체 운동으로 돌아가자. 포물체 운동은 물체에 작용한 힘이 중력만 있을 때 발생한다. 포물체의 분석은 지구는 평평하고 중력에 의한 가속도는 수직 아래 방향이라는 것을 가정하였다. 이것은 야구공이나 포탄 같은 제한된 영역의 포물체에 관하여 합당한 근사이나, 지구의 곡률을 무시할 수 없는 경우가 발생한다.

그림 8.10 공기 없는 행성 위의 높이 h에서 속력을 증가시키며 발사된 포물체

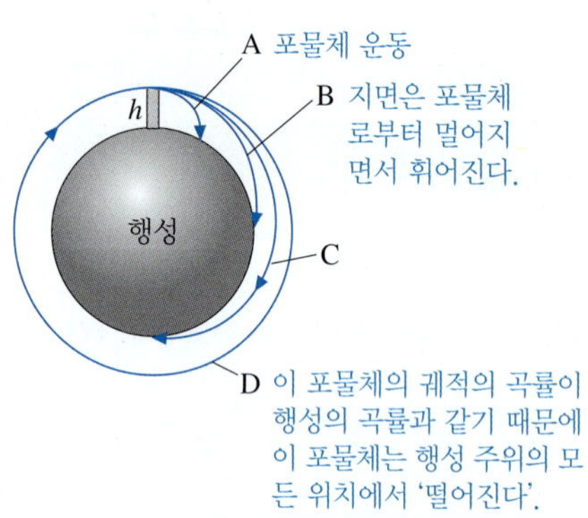

그림 8.10은 높이 h의 발사대가 있는 공기 없는 구 모양의 행성을 보여준다. 포물체는 속력 v_0로 지면에 평행하게($\theta = 0°$) 발사대로부터 발사된다. 속력 v_0가 매우 작다면 궤적 A가 되고 '평평한 지구 근사'는 유효하다. 포물체는 간단하게 포물선을 따라서 땅에 떨어진다.

초기 속력 v_0가 증가할 때, 포물체는 지면이 아래로 휘어지는 것을 보게 된다. 포물체가 땅에 접근할 때 땅은 포물체로부터 멀어지게 휘어지므로 포물체가 땅에 도착하는 도달거리는 증가한다. 궤적 B와 C가 이 유형이다. 이러한 궤적들의 실제 계산은 이 책의 수준을 넘어서나, 궤적에 영향을 주는 인자들을 이해할 수 있어야만 한다.

발사 속력 v_0가 충분히 크면, 포물체의 운동 곡선과 지구의 곡선이 평행해지는 경우가 발생한다. 이 경우에 포물체는 '떨어지나' 땅에 결코 가까워지지 않는다. 이것은 궤적 D에 관한 상황이다. 궤적 D처럼 행성 주위로 닫힌 궤적을 **궤도**(orbit)라 한다.

이러한 정성적 분석의 가장 중요한 점은 **궤도 운동하는 포물체는 자유낙하한다**는 것이다. 이것은 분명 이상한 생각이지만, 주의 깊게 생각해볼 가치가 있다. 궤도 운동하는 포물체는 던져진 야구공이나 절벽에서 떨어지는 자동차와 정말로 다른 점이 없다. 궤도 운동하는 포물체에 작용한 힘은 중력 하나뿐이나, 이것의 접선 속도가 커서 이 포물체의 궤적의 곡률과 지구의 곡률이 일치하게 된다. 이것이 발생할 때 포물체는 중력의 영향을 받으며 '떨어지나' 결코 지구 표면으로 가까워지지 않는다.

그림 8.11a에서 보여준 평평한 지구 근사에서 질량 m의 물체에 작용한 중력은

$$\vec{F}_G = (mg, \text{ 수직 아래 방향}) \quad (\text{평평한 지구 근사}) \tag{8.8}$$

이다. 그러나 별들이나 행성들은 구형 모양이므로 물체에 작용한 '실제' 중력은 그림 8.11b에서 보여진 것으로서 행성의 **중심** 쪽을 향한다. 이 경우에 중력은

$$\vec{F}_G = (mg, \text{중심 방향}) \quad (\text{구형 행성}) \tag{8.9}$$

이다.

즉 중력은 등속 원운동의 구심 가속도를 발생시키는 중심력이다. 그러므로 중력은 그림 8.11b의 물체가 다음과 같은 가속도를 갖도록 만든다.

$$\vec{a} = \frac{\vec{F}_{net}}{m} = (g, \text{중심 방향}) \tag{8.10}$$

반지름 r의 원에서 속력 v_{orbit}로 운동하는 물체는 다음과 같은 구심 가속도를 갖게 될 것이다.

$$a_r = \frac{(v_{orbit})^2}{r} = g \tag{8.11}$$

즉 물체가 속력

$$v_{orbit} = \sqrt{rg} \tag{8.12}$$

를 갖고 행성 표면에 평행하게 움직이면, 그때 자유낙하 가속도는 반지름 r의 원형 궤도에 필요한 구심 가속도가 된다. 이 속력과 다른 속력의 물체는 반지름 r의 원형 궤도를 이탈할 것이다.

지구의 반지름은 $r = R_e = 6.37 \times 10^6$ m이다. 공기 없는 지구 표면 위를 도는 포물체의 궤도 속력은

$$v_{orbit} = \sqrt{rg} = \sqrt{(6.37 \times 10^6 \text{ m})(9.80 \text{ m/s}^2)} = 7900 \text{ m/s} \approx 16{,}000 \text{ mph}$$

이다. 나무와 산이 없을지라도 공기 저항의 마찰이 있다면 이 속력으로 움직이는 포물체는 타버릴 것이다.

그림 8.11 '실제' 중력은 항상 행성의 중심을 향한다.

(a)

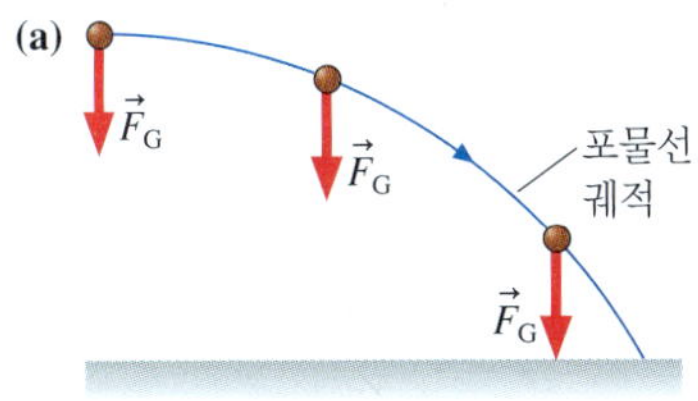

(b)

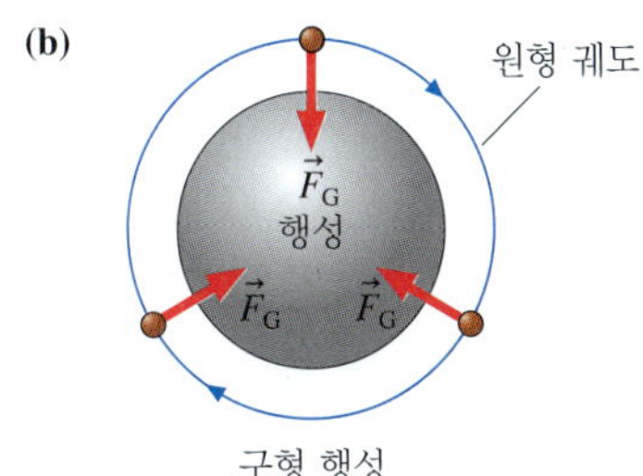

위성

그러나 지구 대기 바로 위인 높이 $h = 230$ mi $\approx 3.8 \times 10^5$ m의 발사대로부터 포물체를 발사했다고 가정해보자. 이것은 근사적으로 국제 우주 정거장과 낮은 궤도 위성의 높이이다. $h \ll R_e$여서 궤도 반지름 $r = R_e + h = 6.75 \times 10^6$ m는 지구 반지름보다 5% 더 크다는 것을 주목하라. 많은 사람들은 위성이 지구에서 멀리 떨어져 돈다고 생각하나, 사실 많은 위성들은 지구 표면 위를 스치듯 가깝게 돈다. 그러므로 v_{orbit}의 계산은 낮은 궤도 위성의 속력의 적절한 추정이다.

국제 우주 정거장은 자유낙하한다.

위성 궤도의 주기를 v_{orbit}로 표현할 수 있다.

$$T = \frac{2\pi r}{v_{orbit}} = 2\pi\sqrt{\frac{r}{g}} \tag{8.13}$$

$r = R_e + 230$ mi의 낮은 궤도 위성에 관하여 $T = 5210$ s $= 87$ min을 얻는다. 높이

230 mi의 국제 우주 정거장의 주기는 실제로 87분에 가깝다. (실제 주기는 93분이다. 13장에서 배울 것이지만, 이 차이는 위성의 고도에서 중력 가속도 g값이 조금 작기 때문에 발생한다.)

6장에서 **무중력**(weightlessness)을 토의할 때, 무중력은 자유낙하하는 동안에 발생한다는 것을 알았다. «6.3절의 끝에서 우주비행사와 우주선은 자유낙하하는지의 질문을 했다. 지금 답을 줄 수 있다. 실제로 우주비행사와 우주선은 자유낙하한다. 우주비행사와 우주선은 중력을 받으며 지구 둘레를 연속적으로 낙하하나, 지구 표면이 그것들 아래에서 휘어지기 때문에 결코 땅에 가까워지지 않는다. 우주선에서 무중력은 자유낙하하는 승강기에서 무중력과 다르지 않다. 무중력은 중력이 없다는 것으로부터 발생하는 것이 아니다. 대신에 우주비행사와 우주선과 우주선 안의 모든 것이 함께 떨어지기 때문에 저울로 측정한 그것들의 무게가 없다.

8.4 원운동 추론하기

원운동은 어떤 측면에서 어렵고 직관적이지도 않다. 이러한 경우를 몇 가지 탐구해보는 것은 뉴턴 역학 추론을 연습해볼 수 있는 좋은 기회가 될 것이다.

원심력?

자동차가 갑자기 곡선 도로를 회전하면 승객은 문 쪽으로 '던져지는' 것을 느낀다. 그러나 이런 힘을 발생시키는 행위자가 없기 때문에 이런 힘은 정말로 없다. **그림 8.12**는 왼쪽으로 회전하는 자동차를 타고 있는 승객을 위에서 본 모습이다. 승객은 뉴턴의 제1법칙으로 직선 운동을 계속하려 하고, 문은 갑자기 승객 앞으로 회전하며 승객 쪽으로 달린다. 이런 일이 발생할 때 승객은 문이 자신을 미는 힘으로 느낀다. 이 힘은 문이 승객에게 작용하는 수직 항력이며 곡선 도로의 중심 방향으로 작용한다. 따라서 이 힘 때문에 승객은 곡선 도로를 회전하게 되는 것이다. 이때 승객이 문 쪽으로 '던져지는' 것이 아니라 문이 승객을 중심 방향으로 밀고 있는 것이다.

그림 8.12 곡선 도로를 회전하는 자동차 안의 승객을 위에서 보기

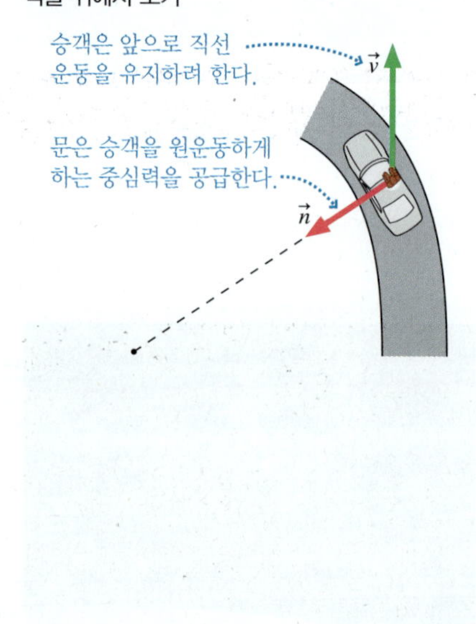

원 밖으로 물체를 미는 것 같은 힘을 **원심력**(centrifugal force)이라 한다. 원심력은 이름은 있지만 겉보기힘이다. 이 힘은 **비관성계**에 대한 승객의 경험을 묘사하나, 실제로 이 힘은 없다. **뉴턴의 법칙들은 항상 관성계에서 사용되어야만 한다.** 관성계에서 원심력은 없다.

회전하는 지구에서 중력

뉴턴의 법칙을 사용할 때 반드시 주의해야 할 점은 관성계(혹은 관성 좌표계)에서 사용되어야 한다는 것이다. 땅에 접지된 기준계는 지구의 회전 때문에 진정한 관성계가 아니지만, 다행히도 우리는 간단한 보정을 통해 지표면에서 뉴턴의 법칙을 사용할 수 있다.

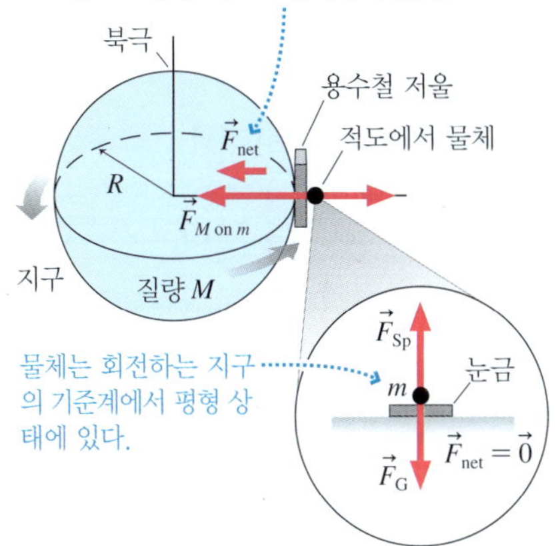

그림 8.13 지구 회전은 g의 측정값에 영향을 준다.

그림 8.13은 지구의 적도에서 용수철 저울로 물체의 무게를 측정하는 것을 보여준다. 북극 위의 하늘에 떠 있는 관성계의 관찰자는 물체에 작용한 2개의 힘을 본다. 그 힘들은 뉴턴의 중력 법칙으로 주어지는 중력 $\vec{F}_{M\text{ on }m}$과 지구 바깥 방향의 용수철 힘 $\vec{F}_{Sp}$이다. 지구는 회전하기 때문에 물체는 원운동 하며, 뉴턴의 제2법칙은

$$\sum F_r = F_{M\text{ on }m} - F_{Sp} = m\omega^2 R$$

이다. 여기서 ω는 회전하는 지구의 각속력이다. 용수철 저울의 눈금 $F_{Sp} = F_{M\text{ on }m} - m\omega^2 R$은 회전하지 않는 지구에서의 눈금보다 작다.

그림 8.13에서 확대된 그림은 비관성계인 평평한 지구에서의 관찰자가 어떻게 보는지를 보여준다. 물체는 평형 상태에서 정지하고 있으므로, 위 방향의 용수철 힘은 아래 방향의 중력 $\vec{F}_G$와 정확하게 균형을 이뤄야 한다. 그러므로 $F_{Sp} = F_G$이다.

하늘에 떠 있는 관성계의 관찰자와 비관성계인 평평한 지구에서의 관찰자가 용수철 저울의 눈금값을 동일한 값으로 측정한다. F_{Sp}는 두 관찰자에게 같기 때문에

$$F_G = F_{M\text{ on }m} - m\omega^2 R \tag{8.14}$$

이다. 달리 말하면 6장에서 유효 중력이라 하는 $\vec{F}_G$는 지구 회전 때문에 실제 중력 $\vec{F}_{M\text{ on }m}$보다 조금 작다. 핵심을 보면 $m\omega^2 R$은 비관성계인 회전하는 자동차의 승객이 밖으로 '던져지는' 것을 느끼는 겉보기힘인 원심력이다. 사실 이 힘은 없다. 그러나 **거짓으로 이 힘이 있다고 하면 회전 기준계에서 뉴턴의 법칙들을 사용할 수 있다.**

$F_G = mg$이므로 식 (8.14)의 원심력의 효과는 g값이 회전하지 않는 지구에서의 값보다 조금 작은 값을 갖도록 만든다.

$$g = \frac{F_G}{m} = \frac{F_{M\text{ on }m} - m\omega^2 R}{m} = \frac{GM}{R^2} - \omega^2 R = g_{earth} - \omega^2 R \tag{8.15}$$

6장에서 $g_{earth} = 9.83\ \text{m/s}^2$을 계산했다. $\omega = 1$ rev/day(SI 단위로 변환해야 한다)와 $R = 6370$ km를 사용하면 적도에서 $\omega^2 R = 0.033\ \text{m/s}^2$을 얻는다. 그러므로 회전 기준계에서 측정한, 즉 우리 실험실에서 측정한 자유낙하 가속도는 대략 $9.80\ \text{m/s}^2$이다.

다른 위도에서는 조금 더 복잡하다. 그러나 기본적으로 진짜 중력 가속도 g_{earth}가 아닌 회전 때문에 보정된 값, 즉 실험실에서 측정한 자유낙하 가속도 값 g를 가지고 중력을 $F_G = mg$로 계산한다면, 회전하는 비관성계인 지구 표면에서 뉴턴의 법칙들을 안전하게 사용할 수 있다.

왜 물이 물통 안에 머무를 수 있는가?

물이 찬 물통을 머리 위로 빠르게 회전시키면 물이 물통 안에 머무르지만, 너무 느리게 회전시키면 물이 물통에서 쏟아질 것이다. 왜 그런가? 동일한 상황으로 원형 선로를 도는 롤러코스터 차 문제를 분석함으로써 이 질문에 답할 것이다.

그림 8.14는 반지름 r인 연직 원형 선로를 도는 롤러코스터 차를 보여준다. 원의 꼭대기에서 차는 왜 떨어지지 않는가? 차의 연직 원운동은 등속 원운동이 아니다. 차는

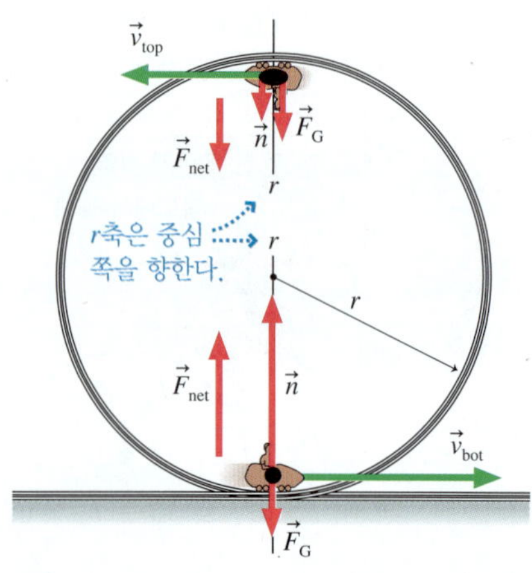

그림 8.14 원형 선로를 도는 롤러코스터 차

올라갈 때 점점 느려지고 내려갈 때 점점 빨라진다. 그러나 최고점과 최저점에서는 차의 운동 방향만 변할 뿐 속력은 변하지 않으므로, 이 지점들에서는 구심 가속도만 있다. 그러므로 **최고점과 최저점에서는 원의 중심 방향으로 알짜힘이 있어야만 한다.**

우선 선로의 최저점을 생각하자. 이 지점에서 위 방향인 중심 쪽으로 알짜힘을 갖기 위해서 $n > F_G$이 필요하다. 최저점에서 '회전하는 데' 필요한 알짜힘을 제공하기 위해서 수직 항력은 중력보다 커야만 한다. 이것이 원형 선로의 최저점에서 여러분이 무겁게 느끼는 이유이다.

뉴턴의 제2법칙의 r성분을 기술해봄으로써 정량적으로 상황을 분석할 수 있다. 원의 최저점에서 위로 향하는 r축에 대하여

$$\sum F_r = n_r + (F_G)_r = n - mg = ma_r = \frac{m(v_{bot})^2}{r} \tag{8.16}$$

을 얻는다. 식 (8.16)으로부터

$$n = mg + \frac{m(v_{bot})^2}{r} \tag{8.17}$$

을 얻는다. 원의 최저점에서 수직 항력은 mg보다 더 크다.

롤러코스터 차가 원의 꼭대기를 지나갈 때 상황을 분석하는 것은 조금 더 어렵다. 롤러코스터 차가 원의 바닥을 지나갈 때 선로가 주는 수직 항력은 위로 미는 반면에, 차가 원의 꼭대기를 지나갈 때 선로가 주는 수직 항력은 아래로 누른다. 이것을 이해하기 위해서 자유 물체 도형을 생각하라.

차가 원의 꼭대기를 지나갈 때 원의 중심 쪽으로 알짜힘이 있어야만 한다. 원의 중심 쪽을 향하는 r축은 아래를 향한다. 결과적으로 두 힘은 양의 성분을 갖는다. 원의 꼭대기에서 뉴턴의 제2법칙은

$$\sum F_r = n_r + (F_G)_r = n + mg = \frac{m(v_{top})^2}{r} \tag{8.18}$$

이다. 그러므로 원의 꼭대기에서 선로가 차에 작용한 수직 항력은

$$n = \frac{m(v_{top})^2}{r} - mg \tag{8.19}$$

이다.

v_{top}이 충분히 크다면 원의 꼭대기에서 수직 항력이 mg보다 클 수 있다. 그러나 여기에서의 관심은 차가 점점 더 느리게 달릴 때 무슨 일이 발생하는지이다. v_{top}이 감소하면 수직 항력 n이 0에 도달하게 된다. '수직 항력이 없다'는 말은 물체들이 '접촉하고 있지 않다'는 말이다. 그래서 이런 속력에서는 선로가 차를 밀지 않는다. 대신에 중력 혼자 충분한 구심 가속도를 공급하기 때문에 차는 원운동을 할 수 있다.

$n = 0$인 속력을 임계 속력(critical speed) v_c라 한다.

$$v_c = \sqrt{\frac{rmg}{m}} = \sqrt{rg} \tag{8.20}$$

임계 속력은 자동차가 원운동을 한 바퀴 완성할 수 있는 최저 속력이다. 식 (8.19)에서 $v_{top} < v_c$이면 n값은 음수이며, 이것은 물리적으로 불가능하다. 선로는 차 바퀴를 밀 수는 있으나($n > 0$), 잡아당길 수는 없다. $v_{top} < v_c$이면 차는 원을 한 바퀴 완성할 수 없고, 선로를 이탈하여 포물체가 된다! 그림 8.15는 이러한 추론을 요약하여 보여준다.

같은 이유로 머리 위로 돌아가는 물통 안의 물은 머무른다. 원운동은 최고점과 최저점에서 원의 중심 방향으로 알짜힘을 요구한다. 물통을 충분히 빠르게 돌린다면 원의 꼭대기에서, 롤러코스터 차에게 선로가 주는 아래 방향의 수직 항력처럼, 물통이 물을 아래로 미는 힘이 중력에 추가된다. 물통이 물을 밀고 있는 한, 물통과 물은 접촉 상태에 있고 물은 물통 '안에' 머무른다. 점점 더 느리게 돌리면 물은 점점 더 작은 구심 가속도를 요구하며, 물의 수직 항력은 임계 속력을 주는 0에 도달할 때까지 점점 감소한다. 임계 속력에서는 중력 혼자 충분한 구심 가속도를 공급한다. 임계 속력보다 느린 속력에서 중력은 원운동에 관하여 너무 큰 아래 방향의 힘을 제공하므로, 물은 물통 밖으로 떠나며 여러분의 머리 쪽으로 포물선을 그리는 포물체가 된다.

그림 8.15 원의 꼭대기에서 롤러코스터 차

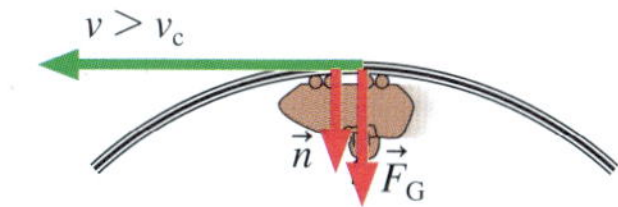

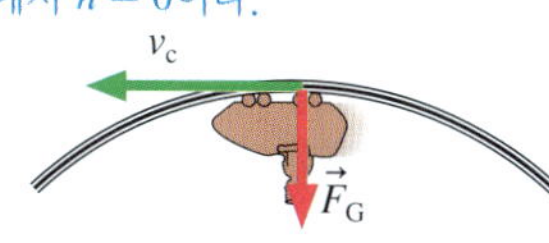

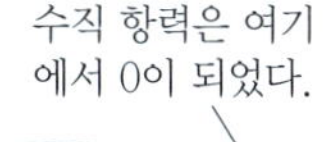

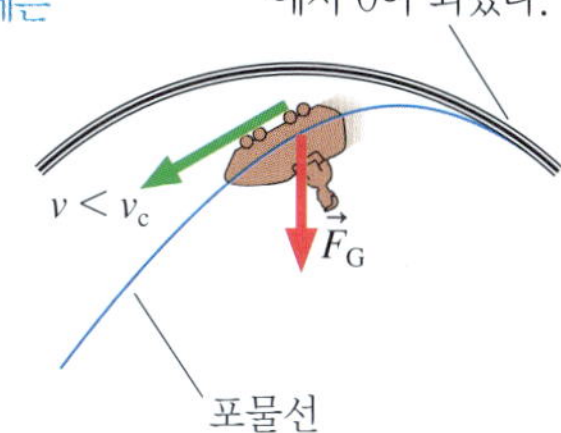

8.5 비균일 원운동

원운동의 많은 흥미로운 예들은 물체의 속력이 변하는 경우이다. 이미 지적한 대로 연직 원형 선로를 도는 롤러코스터 차는 올라갈 때 점점 느려지고 내려갈 때 점점 빨라진다. 속력이 변하는 원운동을 **비균일 원운동**(nonuniform circular motion)이라 한다.

그림 8.16은 반지름 r인 원에서 움직이는 입자를 보여준다. 이 입자는 모든 원운동에서 필요한 지름 힘 성분 외에 추가로 **접선 힘 성분** $(F_{net})_t$를 갖는다. 그러므로 접선 가속도는

$$a_t = \frac{dv_t}{dt} \tag{8.21}$$

이다. v_t는 속력 $v = |v_t|$를 갖는 원에 **접하는** 입자의 속도이다. 그래서 접선 힘 성분은 입자의 속력을 변화시킨다. 즉 입자는 비균일 원운동을 한다. v_t처럼 $(F_{net})_t$는 반시계 방향일 때 양이고, 시계 방향일 때 음임을 주목하라.

그림 8.16 원운동 하는 입자에 작용한 알짜힘 $\vec{F}_{net}$

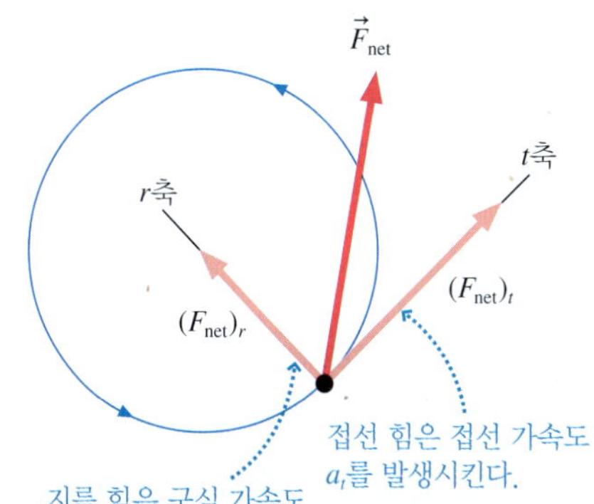

힘과 가속도는 뉴턴의 제2법칙에 의해 서로 관계된다.

$$\begin{aligned}(F_{net})_r &= \sum F_r = ma_r = \frac{mv_t^2}{r} = m\omega^2 r \\ (F_{net})_t &= \sum F_t = ma_t \\ (F_{net})_z &= \sum F_z = 0\end{aligned} \tag{8.22}$$

접선 힘이 일정하면 미래 시간에서 v_t를 구하기 위해 등가속도 운동학을 사용할 수 있다.

예제 8.6 곡선 도로 밖으로 미끄러짐

1500 kg 자동차가 반지름 50 m의 평평한 도로를 정지 상태에서 출발하여 달린다. 자동차에 525 N의 일정한 동력이 앞 방향으로 작용한다. 자동차 타이어와 도로 사이의 정지 마찰 계수는 0.90이다. 자동차가 곡선 도로 밖으로 미끄러지기 전까지 원형 도로를 몇 회 회전하였는가?

핵심 자동차를 비균일 원운동 하는 입자로 보라. 굴림 마찰과 공기 저항은 무시될 수 있다고 가정하라.

시각화 그림 8.17은 그림 표현을 보여준다. 타이어에 수직한 정지 마찰력은 원운동의 구심 가속도를 발생시킨다. 추진력은 접선 힘이다. 우선 3차원에서 힘들을 보여주는 자유 물체 도형을 그린다.

그림 8.17 원을 돌면서 속력을 올리는 자동차의 그림 표현

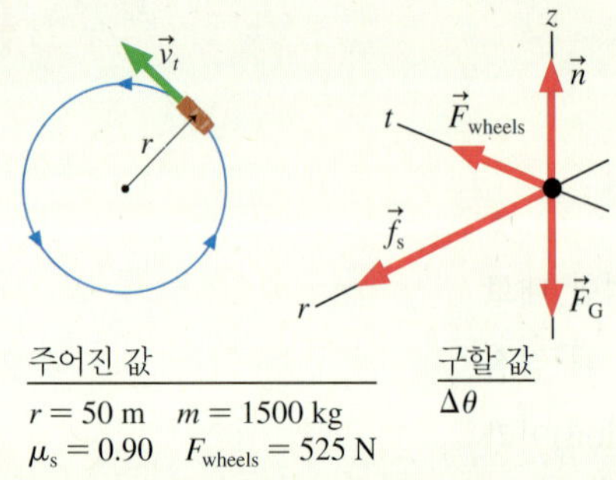

주어진 값
$r = 50$ m $m = 1500$ kg
$\mu_s = 0.90$ $F_{wheels} = 525$ N

구할 값
$\Delta\theta$

풀이 느린 속력에서 지름 방향인 정지 마찰력은 자동차의 원운동을 유지시킨다. 그러나 정지 마찰력은 최대 한계값이 있기 때문에, 그 한계값에 도달할 때 자동차는 곡선 도로 밖으로 미끄러지기 시작할 것이다. 뉴턴의 제2법칙의 r성분은

$$\sum F_r = f_s = \frac{mv_t^2}{r}$$

이다. 즉 최대 정지 마찰력 $f_{s\,max}$를 발생시키는 자동차의 속도 v_{max}에 도달할 때까지 정지 마찰력은 v_t^2에 비례하여 증가한다.

최대 정지 마찰력은 $f_{s\,max} = \mu_s n$임을 상기하라. 뉴턴의 제2법칙의 z성분으로부터 수직 항력을 알 수 있다.

$$\sum F_z = n - F_G = 0$$

그러므로 $n = F_G = mg$이고 $f_{s\,max} = \mu_s mg$이다. 이것을 뉴턴의 제2법칙의 r성분에 적용하면

$$v_{max}^2 = \mu_s rg$$

를 얻는다. 이 속력에 도달할 때 자동차의 이동거리는 얼마인가? 뉴턴의 제2법칙의 t성분으로부터 자동차의 접선 가속도를 구할 수 있다($a_t = F_{wheels}/m$). 이것은 등가속도여서 등가속도 운동학을 사용할 수 있다. 원형 궤도를 따라 측정한 거리를 호의 길이 s라 하자. 초기 속도 $v_0 = 0$이므로

$$v_t^2 = v_0^2 + 2a_t s = 2a_t s = \frac{2sF_{wheels}}{m}$$

이다.

라디안으로 측정되는 각변위는 $\Delta\theta = s/r$이다. 자동차의 속도가 v_t에 도달할 때 회전한 각변위는

$$\Delta\theta = \frac{s}{r} = \frac{mv_t^2}{2rF_{wheels}}$$

이다. 미끄러지기 전의 최대 속력을 사용하면, 각변위 $\Delta\theta_{max}$ 회전 후 자동차는 곡선 도로 밖으로 미끄러지기 시작할 것이다.

$$\Delta\theta_{max} = \frac{mv_{max}^2}{2rF_{wheels}} = \frac{m}{2rF_{wheels}} \times \mu_s rg = \frac{\mu_s mg}{2F_{wheels}}$$

이 예제의 자동차에 관하여

$$\Delta\theta_{max} = \frac{(0.90)(1500\text{ kg})(9.80\text{ m/s}^2)}{2(525\text{ N})}$$

$$= 12.6\text{ rad} \times \frac{1\text{ rev}}{2\pi\text{ rad}} = 2.0\text{ rev}$$

이다. 자동차는 미끄러지기 시작하기 전에 2.0번 회전한다.

검토 1500 kg 자동차에 작용한 525 N의 힘은 접선 가속도 $a_t \approx 0.3\text{ m/s}^2$을 발생시킨다. 이 가속도는 그다지 크지 않아서 자동차가 미끄러지기 전에 2.0번 회전하는 것은 합당한 것 같다.

6장의 동역학 문제들 이후에 다양한 조사를 해왔으나 기본 전략은 변하지 않았다.

문제 풀이 전략 8.1

원운동 문제

핵심 물체를 입자로 보고 문제를 간단하게 만드는 가정을 하라.

시각화 그림 표현을 그려라. rtz좌표계를 사용하라.

- 원의 중심 쪽으로 향하는 r축을 갖는 좌표계를 설정하라.
- 개요도에 운동의 중요 사항들을 보여라. 기호를 정의하고 문제에서 구할 값을 명시하라.
- 힘들을 정하고 이 힘들을 자유 물체 도형에 보여라.

풀이 뉴턴의 제2법칙은

$$(F_{\text{net}})_r = \sum F_r = ma_r = \frac{mv_t^2}{r} = m\omega^2 r$$
$$(F_{\text{net}})_t = \sum F_t = ma_t$$
$$(F_{\text{net}})_z = \sum F_z = 0$$

이다.

- 자유 물체 도형으로부터 힘의 성분들을 정하라. 부호에 주의하라.
- 등속 원운동에 관하여 접선 가속도는 $a_t = 0$이다.
- 가속도를 구하라. 그때 속도와 위치를 찾기 위해서 운동학을 사용하라.

검토 결과가 올바른 단위와 유효 숫자를 갖는지, 합당한지, 질문에 답하고 있는지를 확인하라.

응용 예제 8.7 | 두 줄에 매달려 회전하기

그림 8.18에서 수직 막대기가 회전함으로써 250 g 공은 수평 평면에서 회전한다. 두 줄을 팽팽하게 유지하기 위해서 막대기가 초과해야만 하는 임계 각속력은 rpm 단위로 얼마인가?

그림 8.18 두 줄에 매달려 회전하는 공

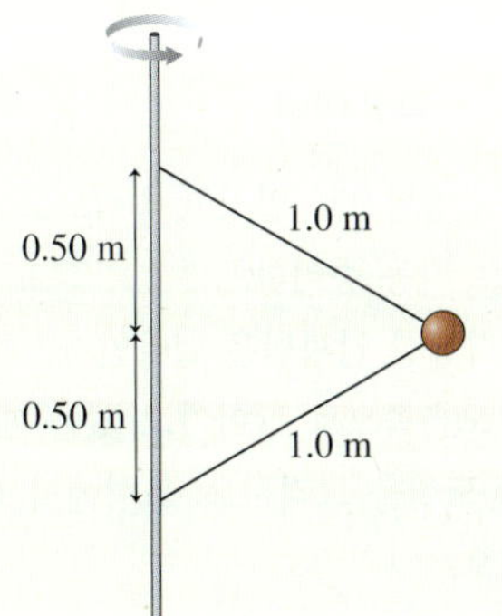

핵심 공을 등속 원운동 하는 입자로 보라. 두 줄이 직선이기 위해서 둘 다 장력이 작용해야만 한다. 각속력이 감소하면 아래 줄은 느슨하게 될 것이다. 임계 각속력 ω_c는 아래 줄에서 장력이 0에 도달하는 각속력이다. 여기서는 아래 줄에 의한 장력에 관한 표현을 찾을 필요가 있고, 그때 이 장력이 0이 되는 각속력을 정한다.

시각화 그림 8.19는 원의 중심 쪽으로 향하는 r축을 갖는 공의 자유 물체 도형이다. 수평선 위와 아래로 같은 각도를 갖는 2개의 장력과 중력이 공에 작용하고 있다. 자유 물체 도형은 예제 8.5와 비슷하나 수평 아래로 장력 하나가 추가된다.

그림 8.19 공의 자유 물체 도형

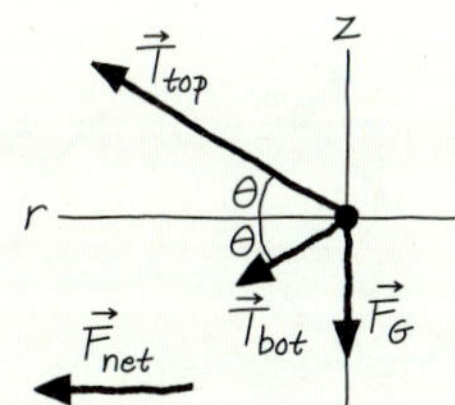

풀이 이 예제는 등속 원운동이어서 뉴턴의 제2법칙의 r성분과 z성분만 생각하면 된다. 모든 정보는 자유 물체 도형에 있다. 중력은 단지 z성분만 가지나 장력은 r성분과 z성분 둘 다를 갖는다. 뉴턴의 제2법칙의 r성분과 z성분은

(계속)

$$\sum F_r = T_{top}\cos\theta + T_{bot}\cos\theta = m\omega^2 r$$
$$\sum F_z = T_{top}\sin\theta - T_{bot}\sin\theta - mg = 0$$

이다. 위의 식들은 다음과 같은 2개의 연립 방정식이 된다.

$$T_{top} + T_{bot} = \frac{m\omega^2 r}{\cos\theta}$$

$$T_{top} - T_{bot} = \frac{mg}{\sin\theta}$$

첫째 식으로부터 둘째 식을 빼면

$$2T_{bot} = \frac{m\omega^2 r}{\cos\theta} - \frac{mg}{\sin\theta}$$

이므로

$$T_{bot} = \frac{m}{2}\left(\frac{\omega^2 r}{\cos\theta} - \frac{g}{\sin\theta}\right)$$

이다. ω가 너무 작으면 이 표현은 음수이며 물리적으로 불가능한 상황이다. 장력이 0에 도달하는 각속력, 즉 임계 각속력은

$$\omega_c = \sqrt{\frac{g}{r\tan\theta}}$$

이다. 이 상황에서

$$r = \sqrt{(1.0\text{ m})^2 - (0.50\text{ m})^2} = 0.866\text{ m}$$
$$\theta = \sin^{-1}[\,(0.50\text{ m})/(1.0\text{ m})\,] = 30°$$

이다. 그러므로 임계 각속력은

$$\omega_c = \sqrt{\frac{9.80\text{ m/s}^2}{(0.866\text{ m})\tan 30°}} = 4.40\text{ rad/s}$$

이다. rpm으로 변환하면

$$\omega_c = 4.40\text{ rad/s} \times \frac{1\text{ rev}}{2\pi\text{ rad}} \times \frac{60\text{ s}}{1\text{ min}} = 42\text{ rpm}$$

이다.

검토 ω_c는 두 줄을 팽팽하게 유지하기 위해서 필요한 최소 각속력이다. 초당 1회전보다 적은 42 rpm은 그럴 듯하다. 직관적으로 막대기가 한 자리 숫자의 rpm에서 회전한다면 아래 줄은 팽팽하지 않을 것이고, 수백 rpm은 너무 높은 것 같다. 검토의 목적은 답이 옳은지를 증명하는 것이 아니고, 약간의 생각으로 분명히 틀린 답을 배제하는 것이다.

서술형 질문

1. 등속 원운동의 속력, 속도, 각속도, 구심 가속도, 알짜힘의 크기에서 일정한 것을 고르시오.

2. 그림 Q8.2는 줄에 매달린 입자가 탁자 위에서 수평 원운동 하는 것을 위에서 본 것이다. 모든 상황은 속력이 같다. 장력 T_a부터 T_d까지 큰 것부터 작은 것으로 순서를 매기시오. 답을 a > b = c > d 형식으로 쓰고, 이유를 설명하시오.

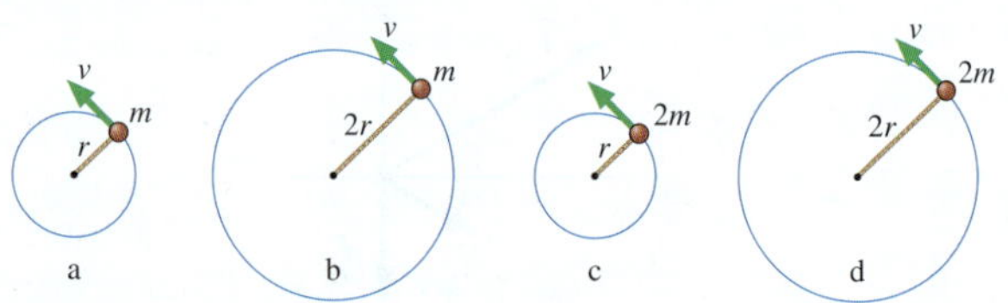

그림 Q8.2

3. 그림 Q8.3은 연직 원운동 하는 질량이 같은 2개의 공을 보여준다. 공들이 원의 꼭대기를 지나갈 때, 두 공의 속력이 같은 경우 줄 A에 의한 장력은 줄 B에 의한 장력보다 큰가, 작은가, 같은가? 두 공의 각속도가 같은 경우에 어떻게 되는가?

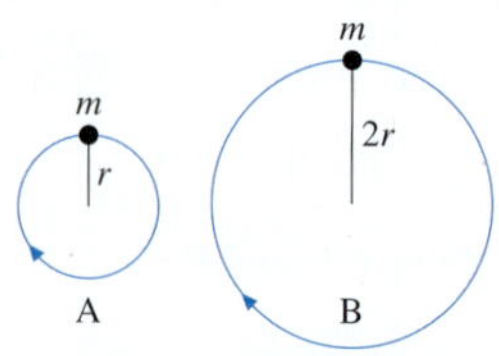

그림 Q8.3

4. 비행기가 수평 방향으로 일정한 속력으로 날아가고 있다. 엔진은 최대 출력으로 가동 중이다.
   a. 비행기에 작용한 알짜힘은 얼마인가? 설명하시오.
   b. 비행기가 오른쪽으로 날아가고 있을 때, 옆에서 본 비행기의 자유 물체 도형을 그리시오. 도형에서 보인 모든 힘들의 이름을 적으시오.
   c. 비행기는 회전할 때 모양을 기울인다. 비행기가 우회전할 때 뒤에서 본 비행기의 자유 물체 도형을 그리시오.
   d. 왜 비행기는 회전할 때 모양을 기울이는가? 설명하시오.

5. 오토바이 운전자가 지면에 수직인 원형 선로 안을 오토바이를 타고 달린다. 그가 떨어지지 않고 회전할 필요조건은 무엇인가?

연습문제

표시가 된 연습문제들은 이전 장들에서 다룬 내용과 관련이 있다.

연습

8.1 2차원에서 동역학

1. ‖ 800 g 로켓을 연직 상방으로 발사하고 30 m 올라갔을 때 수평으로 움직이는 목표물을 명중시키는 과학 박람회 과제를 수행하고자 한다. 로켓 엔진은 15 N의 일정한 추력을 공급한다. 목표물은 15 m/s의 일정한 속력으로 움직인다. 로켓을 발사할 때 로켓과 목표물 사이의 수평 거리는 얼마가 되어야 하는가?

2. ‖ 4.0×10^{10} kg의 작은 유성이 지구 중심 방향으로 20 km/s의 일정한 속력으로 접근하고 있다. 지구와 충돌을 방지하기 위해서 우주비행사는 큰 로켓을 유성의 운동 방향에 수직으로 유성에 부착시킨다. 로켓은 5.0×10^9 N의 추력을 발생시킬 수 있다. 작은 유성이 지구 중심으로부터 4.0×10^6 km 거리에 도달할 때 로켓은 5.0×10^9 N의 추력을 운동 방향에 수직으로 가동시킨다. 지구가 유성에 작용한 중력과 태양에 대한 공전 효과는 무시할 수 있다.
   a. 계획이 실패한다면 지구 중심으로부터 4.0×10^6 km 거리에 있는 유성이 지구와 충돌하는 데 몇 시간이 걸리는가?
   b. 지구의 반지름은 6400 km이다. 유성이 지구와 충돌 없이 지나가는 최소 편향 각도는 얼마인가?
   c. 로켓이 300초 동안 추력을 가동시키면 유성의 실제 편향 각도는 얼마인가?

8.2 등속 원운동

3. | 1500 kg 자동차가 지름이 200 m인 평평한 원형 도로를 25 m/s의 속력으로 달린다. 자동차에 작용한 알짜힘의 크기와 방향은 어떻게 되는가? 이 힘은 어떤 힘인가?

4. ‖ 길이가 50 cm인 줄에 매달린 200 g의 물체가 마찰 없는 탁자의 수평 면 위에서 75 rpm으로 등속 원운동 하고 있다.
   a. 물체의 속력은 얼마인가?
   b. 줄이 물체에 작용한 장력은 얼마인가?

5. | 달의 운동 궤도는 중력에 의해서 유지되는 것이 아니고 지구 중심에 부착된 질량 없는 줄에 의해서 유지되는 것으로 가정하라. 줄에 의해 달에 걸린 장력은 얼마인가? 이 책의 뒤 표지 안쪽에 있는 천문학 자료를 이용하시오.

6. ‖ 미래의 우주 정거장은 회전함으로써 인공 중력을 제공하려 한다. 우주 정거장은 원통 축에 대하여 회전하는 지름이 1000 m인 원통이라고 가정하라. 내부 표면은 우주 정거장의 갑판이다. 어떤 회전 주기가 지구의 중력을 제공할 것인가?

7. ‖ 그림 EX8.7의 마찰 없는 탁자 위의 질량 m_1인 물체가 구멍을 통하여 질량 m_2인 물체에 줄로 연결되어 있다. m_2가 정지한다면 m_1은 반지름 r인 원에서 어떤 속력으로 회전하여야 하는가?

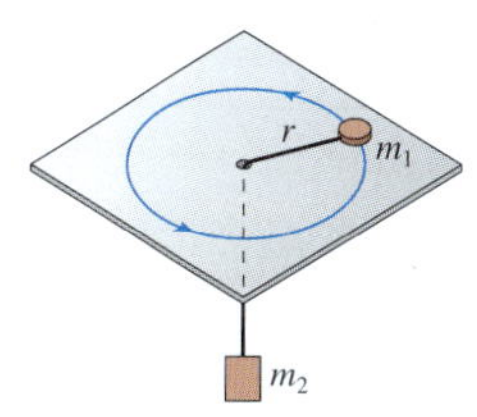

그림 EX8.7

8.3 원형 궤도

8. ‖ 지구의 공전 궤도의 위치에서 태양 쪽으로의 자유낙하 가속도는 얼마인가? 천문학 자료는 이 책의 뒤 표지 안쪽에 있다.

9. ‖ 통신 위성들은 원형 궤도를 갖고, 지구가 자전할 때 그것들은 적도 위의 고정 위치에서 머무른다. 이 궤도들을 **지구 동기 궤도**라 한다. 특별한 지구 동기 궤도의 높이는 3.58×10^7 m($\approx$ 22,000 마일)이다.
   a. 이 지구 동기 궤도에서 위성의 주기는 얼마인가?
   b. 이 높이에서 자유낙하 가속도는 얼마인가?
   c. 이 지구 동기 궤도에서 회전하는 2000 kg 위성의 무게는 얼마인가?

8.4 원운동 추론하기

10. ‖ 롤러코스터 차가 곡률 반지름 30 m의 움푹 들어간 롤러코스터의 바닥을 지나갈 때 승객의 무게는 50% 증가한다. 움푹 들어간 롤러코스터의 바닥에서 롤러코스터 차의 속력은 얼마인가?

11. ‖ 롤러코스터 차가 지름이 40 m인 연직 원형 궤도의 꼭대기를 지나갈 때 수직 항력의 크기는 중력의 크기와 같다. 꼭대기에서 롤러코스터 차의 속력은 얼마인가?

12. | 축제 기간에 여러분은 페리스 관람차를 타기로 한다. 여러분은 음식을 너무 많이 먹어서 타는 것이 어느 정도 불쾌할 거라 생각한다. 페리스 관람차는 승객이 좌석에 앉아서 연직으로 등속 원운동 하는 놀이 기구이다. 이 기구의 반지름은 15 m이고, 한 바퀴 회전하는 데 25초 걸린다.
   a. 여러분의 속력과 가속도의 크기는 얼마인가?
   b. 기구의 꼭대기에서 여러분의 무게를 땅에 서 있을 때의 무게

와 비교하면 비율은 얼마인가?

c. 기구의 바닥에서 여러분의 무게를 땅에 서 있을 때의 무게와 비교하면 비율은 얼마인가?

13. ‖ 102 cm 길이의 줄에 매달린 500 g의 공이 연직 원에서 움직인다. 꼭대기에서 속력이 4.0 m/s이면, 바닥에서 속력이 7.5 m/s일 것이다. (이것을 보이는 방법을 10장에서 배울 것이다.)

a. 공에 작용한 중력은 얼마인가?

b. 공이 꼭대기에 있을 때 줄에 의한 장력은 얼마인가?

c. 공이 바닥에 있을 때 줄에 의한 장력은 얼마인가?

8.5 비균일 원운동

14. ‖ 장남감 기차가 지름이 1.0 m인 수평 선로를 굴러간다. 굴림 마찰 계수는 0.10이다. 30 rpm의 각속력으로 출발한다면 기차가 멈출 때까지 걸린 시간은 얼마인가?

15. ‖ 곡예비행을 하는 85,000 kg 비행기가 지름 260 m인 연직 원운동을 한다. 비행기가 연직 하방으로 움직이는 지점에서 속력은 55 m/s이고, 1초당 12 m/s의 비율로 속력을 증가시킨다.

a. 비행기가 연직 하방으로 움직이는 지점에서 비행기에 작용한 알짜힘의 크기는 얼마인가? 공기 저항은 무시될 수 있다.

b. 알짜힘의 방향은 수평 기준으로 각도가 얼마인가? 수평 위는 각도가 양이고 수평 아래는 각도가 음이다.

문제

16. ‖ 끌림힘이 작용하는 포물체의 가속도에 관한 식 (8.3)을 유도하시오.

17. ‖ 우주 과학자는 내부가 진공이고 수평 방향으로 균일한 전기장을 발생시킬 수 있는 큰 실험 상자를 가지고 있다. 전기장은 대전된 물체에 일정한 수평 힘을 발생시킨다. 15 g의 대전된 포물체는 수평 위로 각도 35°에서 6.0 m/s의 속력으로 발사된다. 이 포물체는 수평 방향으로 발사대로부터 2.9 m 떨어진 지점에 착륙한다. 포물체에 작용한 전기력의 크기는 얼마인가?

18. ‖ 무모한 오토바이 운전자가 2.0 m 높이를 갖는 20° 경사면을 오토바이를 타고 올라간 후에, 배고픈 악어들로 가득 찬 폭 10 m의 물웅덩이를 날아서, 맞은 편 육지에 착륙하고자 한다. 그는 이 묘기를 여러 번 성공하였기 때문에 자신 있게 이 묘기를 시작한다. 불행하게도 오토바이 엔진은 경사면에 진입하자마자 꺼져버린다. 이 순간 오토바이 속력은 11 m/s이고, 경사면에서 오토바이 고무 타이어의 굴림 마찰 계수는 0.02이다. 그는 생존하는가, 아니면 악어 먹이가 되는가? 경사면의 끝을 떠난 후 공기 속을 비행한 수평 거리를 계산함으로써 답하시오.

19. ‖ 500 g의 모형 로켓이 높이 40 m 벽의 꼭대기의 모서리에 수평으로 정지하고 있다. 로켓이 쿵 하고 부딪힘을 당하면서 수평 방향으로 0.5 m/s의 속력을 갖고 모서리를 떠나고 동시에 엔진은 가동된다. 엔진이 가동될 때 로켓은 수평 방향으로 일정한 20 N의 추력을 발생시킨다.

a. 로켓이 착륙한 벽으로부터의 수평 도달 거리는 얼마인가?

b. 로켓이 땅에 착륙할 때까지 운동한 궤적을 묘사하시오.

20. ‖ 75 kg 남자가 자신의 몸무게를 북극과 적도에서 측정한다. 어느 저울의 눈금이 더 큰가? 얼마나 더 큰가? 지구는 구라고 가정하라.

21. ‖ a. 수평면 아래로 각도 θ만큼 내려간 길이 L의 줄에 매달린 질량 m의 물체가 수평 원으로 돌아간다. 각속력 ω에 관한 표현을 찾으시오.

b. 학생이 길이 1.0 m의 줄에 매달린 500 g의 돌을 머리 주위로 수평 원으로 돌린다. 줄은 어떤 각속력에서 수평면 아래로 각도 10°만큼 내려가는가? rpm 단위로 구하시오.

22. ‖ 지름이 4.4 cm인 24 g의 플라스틱 공이 길이 1.2 m의 줄에 부착되어 연직 원을 돌고 있다. 공이 연직 상방으로 움직이는 지점에서 속력은 6.1 m/s이다. 공에 작용한 알짜힘의 크기는 얼마인가? 공기 저항은 무시할 수 없다.

23. ‖‖ 그림 P8.23에서 2.0 kg의 공이 두 줄에 팽팽하게 연결되어 돌고 있다. 공은 수평면에서 등속 원운동 한다.

a. 두 줄에 의해서 공에 작용한 2개의 장력이 크기가 같아지는 공의 속력은 얼마인가?

b. 장력은 얼마인가?

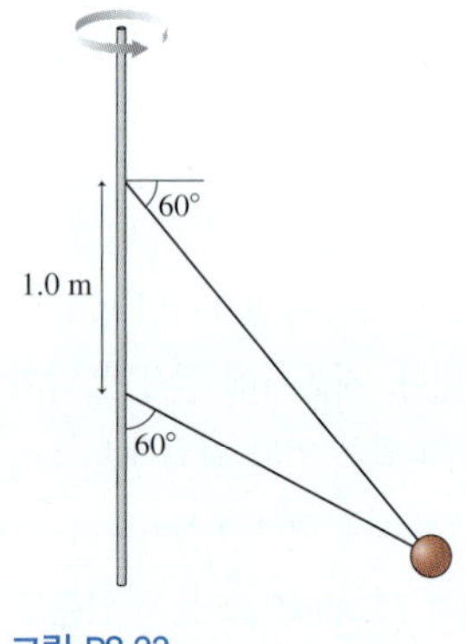

그림 P8.23

24. ‖ 원뿔 진자는 길이 L인 줄에 질량 m인 공을 매달고, 공이 반지름 r의 수평 원에서 운동하도록 하는 것이다. 그림 P8.24는 줄이 원뿔의 표면을 지나가는 것을 보여준다.

a. 줄에 의한 장력 T에 관한 표현을 찾으시오.

b. 공의 각속력 ω에 관한 표현을 찾으시오.

c. 길이 1.0 m의 줄에 500 g의 공을 매달고, 공이 반지름 20 cm의 수평 원에서 회전할 때 장력과 각속력은 rpm 단위로 얼마인가?

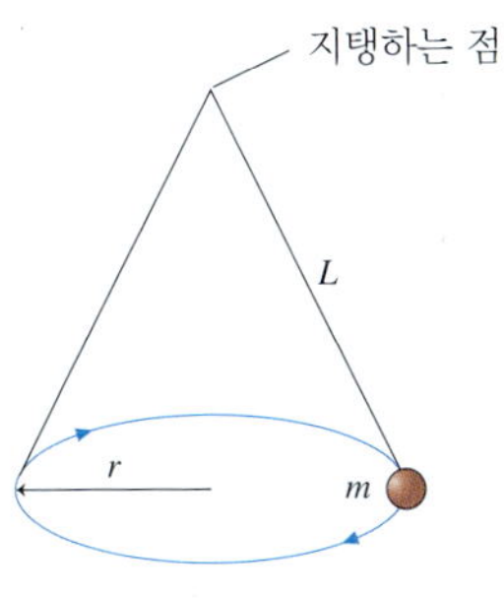

그림 P8.24

25. ||| 유원지에서 승객들은 지름이 5.0 m인 속이 빈 강철 원통 안의 벽에 등을 붙이고 서 있다. 원통은 수직축에 대하여 회전하기 시작한다. 그때 승객들이 서 있는 바닥이 갑자기 아래로 떨어져나간다. 잘 되면 승객들은 미끄러지지 않고 벽에 붙어 있을 것이다. 옷은 강철에 대하여 0.60에서 1.0 사이의 정지 마찰 계수를 갖고 0.40에서 0.70 사이의 운동 마찰 계수를 갖는다. 입구에 30 kg보다 가벼운 어린이들은 입장 불가라고 적혀 있다. 이 놀이 기구를 타는 것이 안전하려면 최소 각속력은 rpm 단위로 얼마인가?

26. || 유원지에서 승객들은 지름이 16 m인 고리 안의 벽에 등을 붙이고 서 있다. 고리를 충분한 속력으로 회전시킨 후에, 그림 P8.26에서 보인 모양으로 고리를 수직으로 세운다.

a. 고리는 4.5초에 한 바퀴 회전한다. 승객의 질량이 55 kg이면, 고리의 꼭대기에서 고리가 승객을 민 힘은 얼마인가? 그리고 고리의 바닥에서 고리가 승객을 민 힘은 얼마인가?

b. 고리의 꼭대기에 도달할 때까지 승객이 떨어지지 않는 가장 긴 회전 주기는 얼마인가?

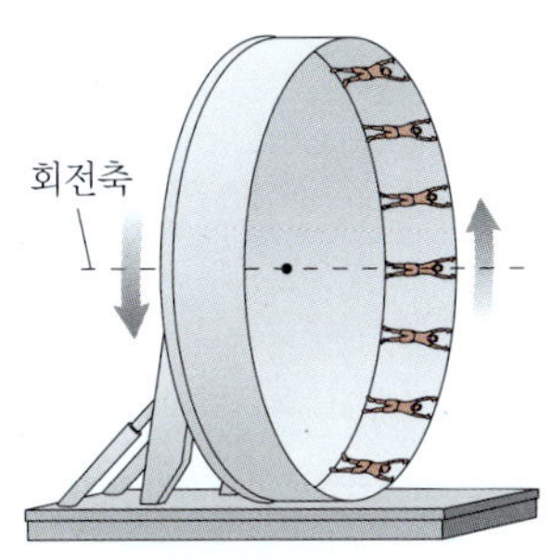

그림 P8.26

27. || 그림 P8.27에서 보인 모양대로 30 g 공이 지름이 40 cm인 L자 모양의 선로를 60 rpm으로 굴러간다. 선로가 공에 발생시킨 알짜힘의 크기는 얼마인가? 굴림 마찰은 무시할 수 있다.
힌트: 선로는 공에 여러 개의 힘을 작용시킬 수 있다.

그림 P8.27

28. || 원운동의 물리는 사람의 걷기 속력의 상한값을 제공한다. (빨리 가고 싶으면 걷는 모양을 걷기에서 달리기로 바꾼다.) 두세 걸음 걸어 보면서 일어나는 현상을 관찰하면, 몸은 앞발을 축으로 원운동을 하고 다음 걷기를 위해서 뒷발을 앞으로 가져온다.
BIO

a. 사람의 질량 중심은 다리의 꼭대기인 엉덩이 근처에 있다. 사람을 길이 L의 다리의 꼭대기에 있는 질량 m의 입자로 모형화하시오. 사람의 최대 걷기 속력 v_{max}에 관한 표현을 찾으시오.

b. 다리 길이가 70 cm이고 70 kg인 사람의 최대 걷기 속력을 m/s와 mph 단위로 구하시오. 경험을 통하여 이 속력이 적합한 결과인지 검토하시오. 보통 걷기 속력은 대략 3 mph이다.

29. || 60 g의 공이 길이 50 cm의 줄에 부착되어 연직 원을 돌고 있다. 그림 P8.29에서 원의 중심은 바닥 위로 150 cm에 있다. 공은 꼭대기에 도달할 수 있는 최소 속력을 갖도록 회전하고 있다. 공이 꼭대기에 도달할 때 줄이 풀리면, 공이 바닥을 때리는 수평 거리는 오른쪽으로 얼마인가?

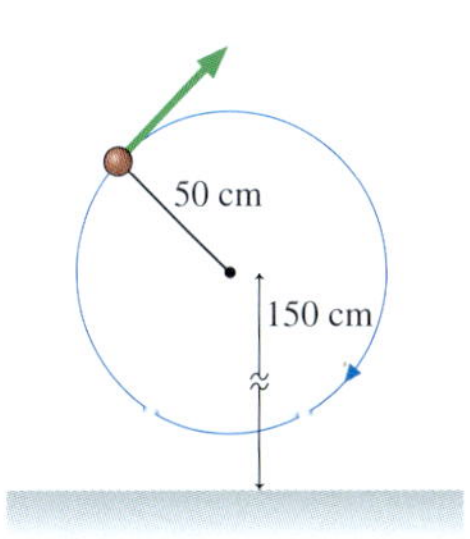

그림 P8.29

30. || 100 g의 공이 길이 60 cm의 줄에 부착되어 연직 원을 돌고 있다. 원의 중심은 바닥 위로 200 cm에 있다. 줄이 바닥에 평행할 때 갑자기 끊어져서 공이 연직 상방으로 움직인다. 공이 올라간 최고점은 바닥 위로 600 cm이다. 줄이 끊어지기 직전의 장력은 얼마인가?

31. ||| 1500 kg인 자동차가 지름이 50 m인 평평한 원형 도로를 정지 상태에서 출발하여 달린다. 자동차가 발생시킨 전진 동력은 1000 N으로 일정하다.

a. 시간 $t = 10$ s에서 자동차의 가속도의 크기와 방향은 어떻게 되는가? 방향은 r축과 이루는 각도로 답하시오.

b. 자동차의 타이어는 고무이고 도로는 콘크리트이면, 원을 이탈하기 시작할 때의 자동차의 속력은 얼마인가?

32. ||| 2.0 kg의 공이 길이 80 cm의 줄에 부착되어 연직 원을 돌고 있다. 원의 최고점으로부터 각도가 $\theta = 30°$인 지점에서 줄에 의한 장력은 20 N이다.

a. $\theta = 30°$일 때 공의 속력은 얼마인가?

b. $\theta = 30°$일 때 공의 가속도의 크기와 방향은 어떻게 되는가?

33. a. 아래 주어진 식이 옳은 방정식이 되는 실제 문제를 작성하시오.
 b. 아래 주어진 식의 답 v를 구하시오.

$$(1500\ \text{kg})(9.8\ \text{m/s}^2) - 11{,}760\ \text{N} = (1500\ \text{kg})\, v^2/(200\ \text{m})$$

응용 문제

34. ||| 공기 저항이 없을 때 수평면에 대해 각도 45°로 발사된 포물체는 최대 수평 거리에 도달한다. 질량 m의 포물체가 속력 v_0로 바람 속으로 발사되었다. 포물체에 작용하여 운동을 방해하는 힘인 수평 방향의 일정한 풍력은 $\vec{F}_{\text{wind}} = -F_{\text{wind}}\,\hat{\imath}$이다.
CALC
 a. 최대 수평 도달 거리를 주는 발사 각도에 관한 표현을 찾으시오.
 b. $F_{\text{wind}} = 0.60$ N이면 0.50 kg인 공의 최대 수평 도달 거리는 풍력이 없을 때 45°로 발사된 최대 수평 도달 거리보다 몇 % 줄어드는가?

35. ||| 작은 구슬이 그림 CP8.35에 보인 원뿔 내부의 높이 y에서 수평 원을 돌고 있다. a, h, y, g로 구슬의 속력에 관한 표현을 찾으시오.

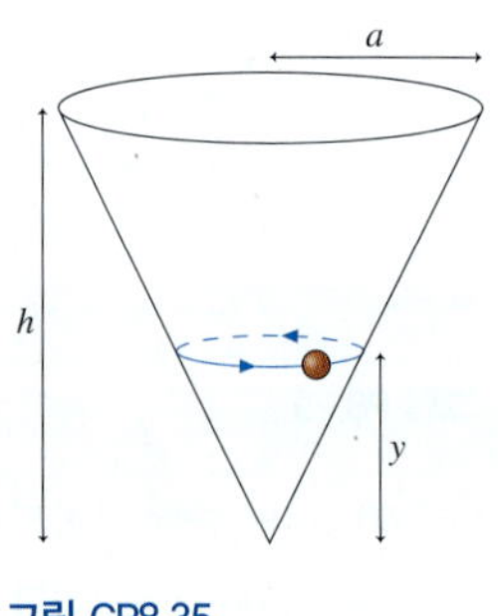

그림 CP8.35

36. ||| 물이 담긴 수직 원통이 그림 CP8.36에 보인 것처럼 회전축인 z축에 대해 회전하면, 표면은 부드러운 곡선을 형성한다. 물의 모든 입자들이 같은 각속도로 회전한다면, 표면의 모양은 식 $z = (\omega^2/2g)r^2$으로 기술되는 포물선임을 보이시오.
힌트: 표면의 각각의 물 입자는 단지 2개의 힘이 작용한다. 중력과 입자 바로 아래의 물에 기인한 수직 항력이다. 수직 항력은 표면에 수직한 방향으로 작용한다.

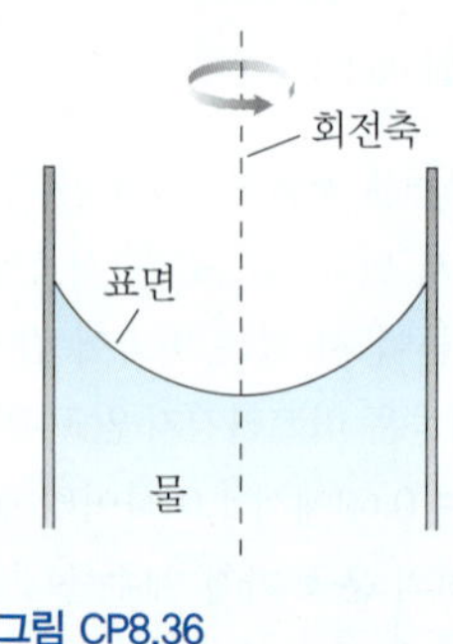

그림 CP8.36

II부 보존 법칙 Conservation Laws

훑어보기

왜 어떤 것들은 변하지 않는가?

I부는 **변화**에 관한 내용이었다. 특정한 유형의 변화인 운동은 뉴턴의 제2법칙을 따른다. 뉴턴의 제2법칙은 매우 강력한 진술이지만 그것만이 전체 이야기는 아니다. II부에서는 주변의 다른 것들은 변하는 와중에도 자신은 변하지 않고 **동일하게** 있는 것에 초점을 맞출 것이다.

예를 들어 밀폐된 상자 내부에서 일어나는 폭발적인 화학 반응을 생각해보자. 폭발이 얼마나 격렬하든, 결과물의 총 질량인 마지막 질량 M_f는 반응물의 초기 질량 M_i와 동일하다. 다시 말해서 물질을 생성하거나 파괴할 수 없고 재배열만 할 수 있다. 이것은 자연에 대한 중요하고 강력한 진술이다.

상호작용을 하는 내내 동일하게 유지되는 양은 **보존된다**고 말한다. 가장 중요한 그와 같은 예는 **에너지**이다. 상호작용하는 물체의 계가 **고립되어** 있다면, 상호작용의 복잡성에 관계없이 계의 에너지는 결코 변하지 않는다. 이러한 자연의 행동에 대한 진술을 **에너지 보존 법칙**이라고 하는데, 이것은 아마도 지금까지 발견된 물리학적 법칙 중에서 가장 중요한 것이다.

그렇지만 에너지는 무엇인가? 계의 에너지를 어떻게 결정하는가? 이것들은 쉬운 질문이 아니다. 에너지는 추상적인 개념으로, 질량이나 힘과 같이 설명하기가 쉽지 않다. 뉴턴 이후 200년이 지난 19세기 중반에 **에너지**와 **열**의 관계가 마침내 이해된 뒤에야 겨우 현대적인 에너지 개념이 정립되었다. 이것은 에너지 개념이 열역학의 기초가 되는 V부에서 다루게 될 주제이다. 모든 것은 때가 있으므로, II부에서는 에너지 개념을 도입하고 에너지가 유용한 문제 풀이 도구가 될 수 있음을 보여주는 것에 만족하고자 한다. 또한 적절한 상황에서 보존되는 양인 **운동량**을 소개할 것이다.

보존 법칙은 운동을 새롭고 다른 시각으로 볼 수 있게 한다. 이것은 사소한 것이 아니다. 여러분은 정보가 바뀌지 않았음에도 그림이 이렇게 보였다가 저렇게도 보이는 착시 현상을 경험해 보았을 것이다. 운동도 마찬가지이다. 어떤 상황은 뉴턴 법칙의 관점에서 가장 쉽게 분석할 수 있고, 또 어떤 상황은 보존 법칙의 관점에서 더 잘 이해할 수 있다. II부의 중요한 목표는 어느 쪽이 주어진 문제에 대해 더 적합한지를 배우는 것이다.

에너지는 현대 사회의 원동력이다. 이 광기전력 패널은 태양 에너지를 전기 에너지로 변환시키면서 불가피하게 열에너지를 증가시킨다.

9 일과 운동 에너지
Work and Kinetic Energy

활이 매우 현대적일 수는 있지만 화살이 날아가도록 일을 하는 것은 여전히 활줄이다.

이 장에서는 에너지가 어떻게 전달되고 변환되는지 배운다.

에너지에 대해 어떻게 생각해야 하는가?

9장과 10장에서 에너지를 사용하는 강력한 개념인 기본 에너지 모형을 개발할 것이다. 에너지가 있는 계와 환경 사이의 구별이 핵심이다. 에너지는 계와 환경 사이에서 전달되거나 계 내부에서 변환될 수 있다.

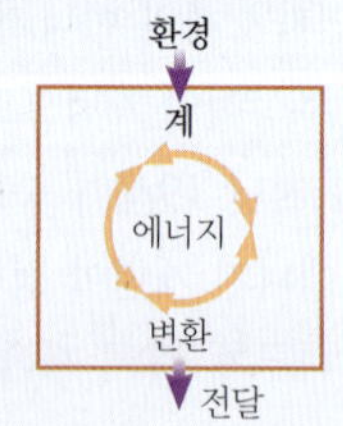

« **되돌아보기:** 7.1절 상호작용하는 물체

중요한 에너지의 형태는 무엇인가?

세 가지 중요한 에너지의 형태:

- **퍼텐셜 에너지**는 물체의 위치와 관련된 에너지이다.
- **운동 에너지**는 물체의 움직임과 관련된 에너지이다.
- **열에너지**는 물체 속의 원자의 마구잡이 운동의 에너지이다.

퍼텐셜 에너지

운동 에너지

에너지는 줄 단위로 측정된다.

일은 무엇인가?

밀거나 당기는 역학적 방식으로 계의 에너지를 변화시키는 과정을 일이라고 한다.

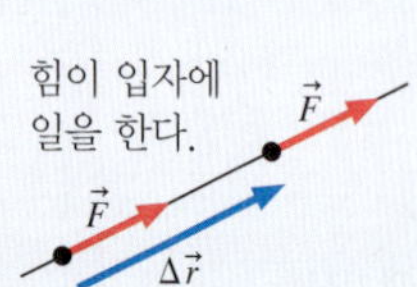

힘이 변위를 통해 입자를 밀거나 당길 때 W의 일을 하고, 그 결과 입자의 운동 에너지가 변한다.

에너지는 어떤 법칙을 따르는가?

에너지와 관련된 일은 회계와 매우 흡사하다. 계의 에너지 E는 계에 해준 일의 양만큼 변한다. 이것에 대한 수학적 진술을 에너지 원리라고 한다.

$$\Delta E_{sys} = W_{ext}$$

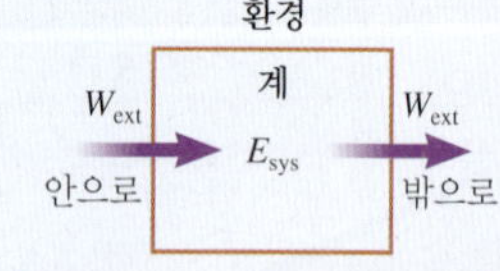

일률은 무엇인가?

일률은 에너지가 전달되거나 변환되는 비율이다. 기계의 경우 일률은 기계가 일을 하는 비율이다. 전기의 경우, 일률은 전기 에너지가 열이나 소리, 빛으로 변환되는 비율로서 전력이라고도 한다. 일률은 와트 단위로 측정된다. 여기서 1와트는 초당 1줄의 비율이다.

왜 에너지가 중요한가?

과학, 공학, 사회에서 에너지는 아주 중요한 개념이다. 어떤 사람은 그것이 가장 중요하다고 말할 수도 있다. 모든 생명은 태양 에너지에서 화학 에너지로 변환되는 현상에 의존하고 있다. 사회는 산업과 수송에서 냉난방에 이르기까지 에너지에 의존한다. 에너지를 현명하고 효율적으로 사용하는 것이 21세기의 중요 관심사이다.

9.1 에너지 훑어보기

에너지(energy). 에너지는 여러분이 항상 듣는 말이며, 누구나 에너지가 무엇을 의미하는지에 대해 나름의 관념을 가지고 있다. 움직이는 물체에는 에너지가 있다. 에너지는 상황을 발생시키는 능력이다. 에너지는 열 및 전기와 관련되어 있다. 우리는 끊임없이 에너지를 절약하라는 말을 듣는다. 살아있는 유기체는 에너지가 필요하다. 공학자는 에너지를 통제하여 유용한 일을 한다. 일부 과학자들은 자연의 법칙 중에서 **에너지 보존 법칙**(law of conservation of energy)이 가장 중요하다고 생각한다. 그러나 모든 것은 때가 있으니, 우선 기본 개념부터 시작하자.

도대체 에너지는 무엇인가? 에너지의 개념은 시간이 지남에 따라 성장하고 변화했으므로 에너지를 일반적으로 정의하는 것은 쉽지 않다. 우리는 형식적인 정의로 시작하기보다는 에너지의 개념이 여러 장들을 거치면서 천천히 확장되도록 할 것이다. 우리의 목표는 에너지의 특성, 에너지의 사용 방식, 에너지가 한 형태에서 다른 형태로 변환되는 방식을 이해하는 것이다. 이것은 복잡한 이야기이므로 모든 조각이 제자리를 잡을 때까지 단계별로 살펴보겠다.

중요한 에너지 형태

운동 에너지 K

운동 에너지는 움직임의 에너지이다. 모든 움직이는 물체에는 운동 에너지가 있다. 물체가 더 무겁고 빠를수록 운동 에너지는 커진다.

퍼텐셜 에너지 U

퍼텐셜 에너지는 물체의 위치와 관련되어 저장된 에너지이다. 롤러코스터의 중력 퍼텐셜 에너지는 롤러코스터의 지상 높이에 의존한다.

열에너지 E_{th}

열에너지는 물체를 구성하는 모든 원자와 결합의 미시적 운동 에너지와 퍼텐셜 에너지의 합이다. 물체는 차가울 때보다 뜨거울 때 열에너지가 더 많다.

에너지 원리

«7.1절에서는 **상호작용 도형**과 매우 중요한 구분인 **계**와 **환경**을 도입했다. 계는 분석하고자 하는 운동과 상호작용을 하는 물체들이고, 환경은 계 외부에 있지만 계에 힘을 작용하는 물체들이다. 에너지 분석에서 가장 중요한 단계는 계를 명확하게 정의하는 것이다. 왜 그런가? 에너지는 비물질화한, 에테르 같은 것이 아니기 때문이다. 그것은 무언가의 에너지이다. 구체적으로, 그것은 **계의 에너지**이다.

그림 9.1은 그 개념을 도형으로 나타낸 것이다. 계에는 에너지가 있다. 그 **계 에너지**(system energy)를 E_{sys}로 나타내겠다. 에너지에는 운동 에너지 K, 퍼텐셜 에너지 U,

그림 9.1 에너지에 대한 계와 환경의 관점

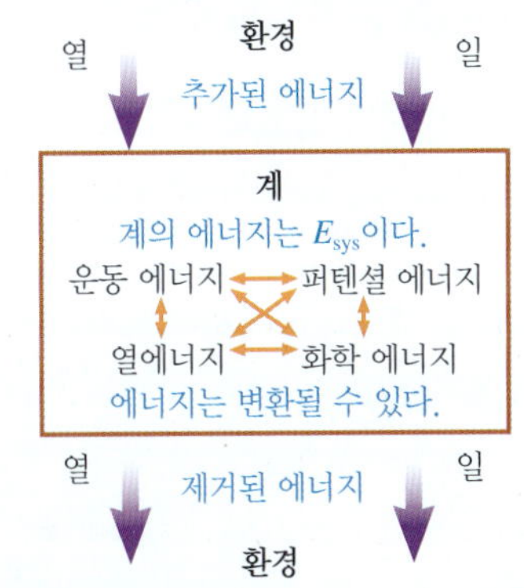

열에너지 E_{th}, 화학 에너지 등 많은 종류가 있다. 차차 이들을 하나씩 소개할 것이다. 계 내부에서는 에너지가 **손실 없이 변환**될 수 있다. 화학 에너지는 운동 에너지로 변환된 뒤 다시 열에너지로 변환될 수 있다. 계가 환경과 상호작용하지 않는 한, 계의 총 에너지는 변하지 않는다. 이 개념을 **에너지 보존 법칙**의 1차 진술로 간주할 수 있다.

그러나 계는 종종 환경과 상호작용한다. 이러한 상호작용은 계의 에너지를 **변화**시킨다. 즉, 계의 에너지가 증가되거나(에너지가 추가됨) 감소된다(에너지가 제거됨). 환경과의 상호작용이 에너지를 계 안팎으로 **전달**한다고 말한다. 흥미롭게도 에너지를 전달하는 데는 두 가지 방법 밖에 없다. 하나는 역학적 방식으로, 밀고 당기는 힘을 계에 작용한다. 역학적인 방식을 통해 계 안팎으로 에너지를 전달하는 것을 **일**(work)이라고 하고, 기호 W로 나타낸다. 이 장에서 일에 대해 많이 논의할 것이다. 두 번째는 환경이 계보다 더 차거나 뜨거울 때 열적 방식을 통한 에너지 전달이다. 열적 방식으로 계 안팎으로 에너지를 전달하는 과정을 **열**(heat)이라고 한다. 18장까지는 열을 논의하지 않겠지만, 에너지가 무엇인지에 대한 개요를 주기 위해 지금 열을 언급했다.

에너지 전달과 … **… 변환**

포환던지기

계: 포환

전달: $W \rightarrow K$

운동선수(환경)가 포환을 밀어서 일을 하여 포환에 운동 에너지를 준다.

낙하하는 다이빙 선수

계: 다이빙 선수와 지구

변환: $U \rightarrow K$

중력 퍼텐셜 에너지가 운동 에너지로 변환되면서 다이빙 선수가 점점 빨라지고 있다.

새총 쏘기

계: 새총

전달: $W \rightarrow U$

소년(환경)이 고무줄을 늘이면서 일을 하여 고무줄에 퍼텐셜 에너지를 준다.

빠른 유성

계: 유성과 공기

변환: $K \rightarrow E_{th}$

유성의 운동 에너지가 열에너지로 변환되면서 유성과 공기가 충분히 뜨거워져서 빛을 낸다.

핵심 개념은 환경과 계 사이의 **에너지 전달**(energy transfer), 그리고 계 내부의 **에너지 변환**(energy transformation)이다. 이것은 돈과 관련하여 발생하는 것과 매우 흡사하다. 은행에 수표 계좌와 저축용 예금 계좌가 여러 개 있는 경우를 생각해보자. 계좌 간에 돈을 이동시킬 수 있으므로 총 금액을 변경하지 않으면서 돈을 변환할 수 있다. 물론 예금이나 출금을 통해 돈을 계좌로 보내거나 계좌에서 빼낼 수도 있다. 출금을 음의 예금으로 간주하면(이것이 정확히 회계사가 하는 일이다) 간단한 회계로

$$\Delta\,(\text{대차}) = \text{순예금}$$

임을 알 수 있다. 즉, 은행 잔고의 변동은 단순히 모든 예금의 합계이다.

에너지 회계도 같은 방식으로 작동한다. 계 내부의 에너지 변환은 에너지를 이리저리 이동시키지만 계의 총에너지는 변화시키지 않는다. 계와 환경 사이에 에너지가 전달되는 경우에만 **변화**가 발생한다. 들어오는 에너지를 양의 전달로, 나가는 에너지를 음의 전달로 취급하고, 현재 고려하는 에너지 전달 과정이 일뿐인 경우,

$$\Delta E_{\text{sys}} = W_{\text{ext}} \tag{9.1}$$

로 쓸 수 있다. 여기서 W에 있는 아래 첨자는 환경이 해준 외부 일을 지칭한다. 에너지 회계에 불과한 이 매우 간단한 진술을 **에너지 원리**(energy principle)라고 한다. 그러나 이 단순함에 속지 말자. 이 원리가 물리적인 상황을 분석하고 문제를 해결하는 데 있어서 믿을 수 없을 만큼 강력한 도구임이 드러날 것이다.

기본 에너지 모형

다음 두 개장의 로드맵인 에너지에 관한 개요를 소개하며 **기본 에너지 모형**(basic energy model)으로 마칠까 한다.

모형 9.1

기본 에너지 모형

에너지는 계의 성질이다.

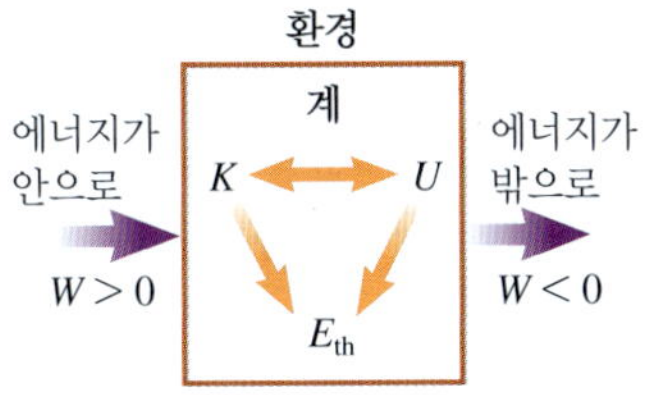

- 에너지는 계 내부에서 손실 없이 **변환된다**.
- 환경이 작용하는 힘이 에너지를 계 안팎으로 **전달한다**.
  - 힘이 계에 일을 한다.
  - 에너지가 추가되면 $W > 0$이다.
  - 에너지가 제거되면 $W < 0$이다.

환경
계
에너지가 안으로
$W > 0$
K
U
E_{th}
에너지가 밖으로
$W < 0$

- **고립계**는 환경과 상호작용을 하지 않으므로 그 에너지는 변하지 않는다. 이 경우에 에너지가 **보존된다**고 말한다.
- 에너지 원리는 $\Delta E_{\text{sys}} = W_{\text{ext}}$이다.
- 한계: 열적 과정을 통한 에너지 전달(열)이 있으면 모형은 맞지 않는다.

지금 이 모형은 **기본적**이다. 왜냐하면 고려하는 에너지 형태가 운동 에너지, 퍼텐셜 에너지, 열에너지뿐이고, 고려하는 에너지 전달 과정은 일뿐이기 때문이다. 이것은 역학적인 과정에 대해서는 훌륭한 모형이지만, 완전하지는 않다. 열역학에 이르면 모형을 확장하여 다른 형태의 에너지인 화학 에너지를 포함하고 또 다른 에너지 전달 과정인 열도 추가할 것이다. 이 모형은 기본적인 것이지만 여전히 많은 복잡성이 있다. 그래서 이 장과 다음 장에서 이를 하나하나 조금씩 전개할 것이다.

9.2 단일 입자의 일과 운동 에너지

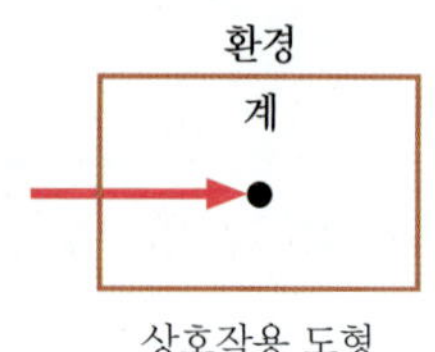

그림 9.2 단일 입자계에서 상호작용 도형과 전·후 그림 표현

전·후 그림 표현은 상호작용 전과 후에서 물체의 위치와 속도를 나타낸다.

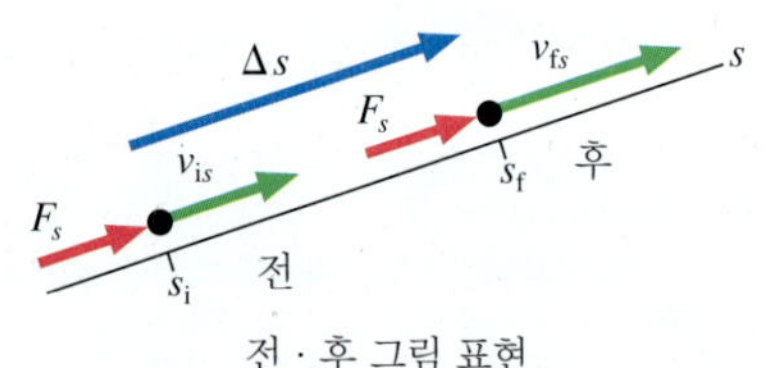

가능한 가장 단순한 상황에서 에너지를 살펴보자. 질량 m인 입자가 운동하는 방향과 평행한 일정한 힘 $\vec{F}$가 입자에 작용한다. 입자가 Δs의 변위를 겪는 동안 그 힘은 입자를 밀거나 당긴다. 그 입자를 계(단일 입자계)로, 힘이 작용하는 것을 환경으로 정의하자. 그림 9.2는 상호작용 도형과 새로운 종류의 그림 표현인 **전·후 그림 표현**(before-and-after representation)을 나타낸다. 전·후 그림 표현은 상호작용 전과 후의 물체를 나타내고, 대개 좌표계를 설정하고 적절한 기호를 정의한다.

여러분은 무슨 일이 일어날지 알고 있다. 힘이 운동 방향이면(그림에 표시된 상황) 입자는 점점 빨라지고 '움직임의 에너지'가 증가한다. 반대로, 힘이 운동 방향과 반대이면 입자는 점점 느려지고 에너지를 잃게 된다. 우리의 목표는 변화하는 에너지와 적용된 힘 사이의 정확한 관계를 발견하는 것이다.

입자에 대해 뉴턴의 제2법칙을 표현하는 것으로 시작하자.

$$F_s = ma_s = m\frac{dv_s}{dt} \tag{9.2}$$

뉴턴의 제2법칙은 입자의 속도가 시간에 따라 어떻게 변하는지 알려준다. 그러나 속도가 어떻게 위치에 따라 변하는지 알고 싶은 경우도 있다. 이 경우에는 다음과 같이 미적분에서 배운 연쇄 법칙을 사용할 수 있다.

$$\frac{dv_s}{dt} = \frac{dv_s}{ds}\frac{ds}{dt} = v_s\frac{dv_s}{ds} \tag{9.3}$$

위의 마지막 단계에서 $ds/dt = v_s$를 사용했다. 이것으로 뉴턴의 제2법칙을 다음과 같이 쓸 수 있다.

$$F_s = mv_s\frac{dv_s}{ds} \tag{9.4}$$

이제 위치에 따른 속도의 변화율의 관점에서 기술한 뉴턴의 제2법칙을 얻었다.

식 (9.4)를 사용하기 위해 먼저 식을 다음과 같이 표현한다.

$$mv_s\,dv_s = F_s\,ds \tag{9.5}$$

이제 적분을 할 수 있다. 이것은 전·후 그림 표현에 나타낸 운동에 대한 정적분이 될 것이다. 즉, 우변은 초기 위치 s_i에서 최종 위치 s_f까지의 위치 s에 대한 적분이 될 것이다. 좌변은 속도 v_s에 대한 적분이며, 적분 구간은 우변의 적분 구간과 짝을 이뤄야 하므로 s_i일 때 v_{is}에서 s_f일 때 v_{fs}까지다. 따라서

$$\int_{v_{is}}^{v_{fs}} mv_s\,dv_s = \int_{s_i}^{s_f} F_s\,ds \tag{9.6}$$

가 된다.

두 적분을 하나씩 차례대로 계산할 것이다. 좌변에 있는 $\int x\,dx$ 형식의 적분부터

시작하자. 상수인 m을 바깥으로 꺼내면

$$m\int_{v_{is}}^{v_{fs}} v_s\,dv_s = m\left[\tfrac{1}{2}v_s^2\right]_{v_{is}}^{v_{fs}} = \tfrac{1}{2}mv_{fs}^2 - \tfrac{1}{2}mv_{is}^2 = \Delta\left(\tfrac{1}{2}mv^2\right) = \Delta K \qquad (9.7)$$

를 얻는다. 마지막 이전 단계에서 아래 첨자 s를 생략했다. v_s는 벡터 성분이고 그 부호는 방향을 가리키지만, v_s를 제곱한 뒤에는 그 부호는 아무런 차이를 주지 않는다. 오로지 중요한 것은 입자의 **속력** v이다.

식 (9.7)의 마지막 단계에서 입자의 **운동 에너지**(kinetic energy)라고 하는 새로운 양이 도입된다.

$$K = \tfrac{1}{2}mv^2 \quad \text{(운동 에너지)} \qquad (9.8)$$

운동 에너지는 움직임의 에너지이다. 그것은 입자의 질량과 속력에 의존하지만 위치와는 무관하다. 또한, 운동 에너지는 계의 성질 또는 특성이다. 그래서 좌변의 적분으로 계산한 것은 $\Delta K = K_f - K_i$로, 힘이 입자를 변위 Δs에 걸쳐 밀었을 때 계의 운동 에너지에 발생한 **변화**이다. ΔK는 입자가 빨라지면 양의 값을 가지며(운동 에너지를 얻음), 느려지면 음의 값을 가진다(운동 에너지를 잃음).

운동 에너지의 단위는 질량 곱하기 속도의 제곱이다. SI 단위에서 이것은 kg m^2/s^{2}이다. 에너지는 아주 중요하기 때문에, 에너지 단위에는 그 자체의 이름인 **줄**(joule)이 부여되어 있고, 그 정의는 다음과 같다.

$$1 \text{ joule} = 1 \text{ J} = 1 \text{ kg m}^2/\text{s}^2$$

다른 모든 형태의 에너지도 줄 단위로 측정된다.

줄의 크기에 대한 감을 얻기 위해 4 m/s로 운동하고 있는 0.5 kg의 물체를 생각해 보자. 이것의 운동 에너지는

$$K = \tfrac{1}{2}mv^2 = \tfrac{1}{2}(0.5 \text{ kg})(4 \text{ m/s})^2 = 4 \text{ J}$$

이다. 이것은 일상적인 속도로 움직이는 일상적인 물체의 에너지가 몇 줄에서 수천 줄 정도임을 뜻한다. 달리는 사람은 $K \approx 1000$ J인 반면에 고속 트럭은 $K \approx 10^6$ J일 수도 있다.

일

이제 식 (9.6)의 우변에 있는 적분을 살펴보자. 이 적분은 힘 때문에 운동 에너지가 **얼만큼** 변화하는지 알려준다. 즉, 그것은 힘이 계 안팎으로 전달하는 에너지이다. 앞에서 말했듯이 역학적 방식으로(힘으로) 에너지를 계 안팎으로 전달하는 과정을 일이라고 한다. 따라서 식 (9.6)의 우변에 있는 적분은 **힘 $\vec{F}$가 한 일 W이다.**

식 (9.6)의 좌변을 계의 운동 에너지의 변화로, 우변을 계에 한 일로 확인했으므로 식 (9.6)을 다음과 같이 다시 쓸 수 있다.

$$\Delta K = K_f - K_i = W \tag{9.9}$$

(계의 운동 에너지의 변화 / 나중 운동 에너지 / 초기 운동 에너지 / 외력이 한 일의 양)

(단일 입자계의 에너지 원리)

이것이 에너지 원리의 첫 번째 표현이다. 이것이 원인과 결과에 대한 진술임을 유의하자. 즉, **단일 입자계에 해준 일은 계의 운동 에너지를 변화시킨다.**

다음 절에서 일에 대해 자세히 공부하겠지만, 지금은 가장 간단한 경우로 운동 방향(s축)에 평행한 일정한 힘만 고려해보자. 일정한 힘을 적분에서 빼낼 수 있으므로

$$\begin{aligned} W &= \int_{s_i}^{s_f} F_s\, ds = F_s \int_{s_i}^{s_f} ds = F_s s \Big|_{s_i}^{s_f} = F_s(s_f - s_i) \\ &= F_s \Delta s \end{aligned} \tag{9.10}$$

를 얻는다. 일의 단위는 힘 곱하기 거리인 Nm이다. $1\,\text{N} = 1\,\text{kg m/s}^2$임을 고려하면

$$1\,\text{N m} = 1\,(\text{kg m/s}^2)\,\text{m} = 1\,\text{kg m}^2/\text{s}^2 = 1\,\text{J}$$

이 된다. 따라서 일의 단위는 실제로 에너지의 단위이다. 이것은 일이 에너지의 전달이라는 개념과 일치한다. 일을 측정할 때 일반적으로 Nm보다는 줄을 사용한다.

예제 9.1 | 대포 발사

5.0 kg의 포탄을 35 m/s로 똑바로 위로 발사했다. 45 m 올라간 후에 포탄의 속력은 얼마인가?

핵심 포탄만 계로 선택하고, 포탄을 입자로 모형화한다. 공기 저항은 무시할 만하다고 가정한다.

시각화 그림 9.3은 전·후 그림 표현이다. 이 전·후 그림 표현은 일반적으로 동역학 문제에 사용하는 그림 표현보다 단순하기 때문에 주어진 정보를 표로 만드는 대신에 도형에 직접 포함하는 것이 좋다.

그림 9.3 포탄의 전·후 그림 표현

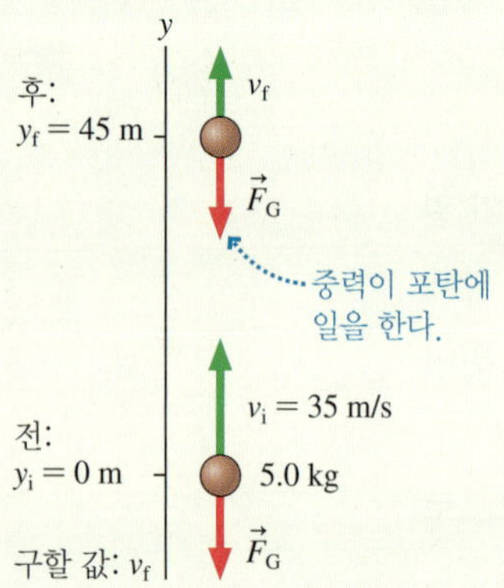

풀이 이 문제를 풀기 위해 일과 에너지를 꼭 사용할 필요는 없다. 이것을 자유낙하 문제로 풀 수도 있다. 또는 다음 장에서 다룰 예정인 퍼텐셜 에너지를 사용하여 이 문제를 해결하는 방법을 예전에 배웠을 수도 있다. 그러나 일과 에너지를 사용하는 것은 이 두 가지 핵심 개념이 어떻게 관련되어 있는지 강조하며, 더 복잡한 문제를 다루기 전에 문제 풀이 과정의 간단한 예를 보여준다. 에너지 원리는 $\Delta K = W$인데, 여기서 일은 중력이 한 일이다. 포탄이 올라가고 있으므로, 그 변위 Δy는 양의 값이 된다. 그러나 힘 벡터는 아래를 가리키고, 그 성분은 $F_y = -mg$이다. 따라서 포탄이 45 m 올라가면서 중력은

$$W = F_y \Delta y = -mg\,\Delta y = -(5.0\,\text{kg})(9.80\,\text{m/s}^2)(45\,\text{m}) = -2210\,\text{J}$$

의 일을 한다. 음의 일은 계가 에너지를 잃고 있다는 것을 의미한다. 이것은 포탄이 느려질 때 예상한 바이다.

포탄의 운동 에너지 변화는 $\Delta K = K_f - K_i$이다. 초기 운동 에너지는 다음과 같다.

$$K_i = \tfrac{1}{2}mv_i^2 = \tfrac{1}{2}(5.0\,\text{kg})(35\,\text{m/s})^2 = 3060\,\text{J}$$

에너지 원리를 사용하면 나중 운동 에너지는 $K_f = K_i + W = 3060\,\text{J} - 2210\,\text{J} = 850\,\text{J}$임을 알 수 있다. 따라서 나중 속력은 다음과 같다.

$$v_f = \sqrt{\frac{2K_f}{m}} = \sqrt{\frac{2(850\text{ J})}{5.0\text{ kg}}} = 18\text{ m/s}$$

검토 위로 35 m/s로 발사된 포탄은 꽤 높이 올라간다. 45 m에서 속력이 절반으로 줄어드는 것은 타당해 보인다.

일의 부호

일은 양 또는 음의 값이 될 수 있지만 일을 계산할 때 올바른 부호를 얻으려면 주의가 필요하다. 요점은 일이 에너지의 전달이라는 것을 기억하는 것이다. 힘이 입자를 더 빠르게 하면 그 힘은 양의 일을 한 것이다. 마찬가지로, 음의 일은 힘이 물체를 더 느려지게 하고 에너지를 잃게 한 것을 의미한다.

힘 벡터가 가리키는 방향만으로는 W의 부호가 정해지지 않는다. 그것은 문제의 절반에 불과하다. 변위 Δs에도 부호가 있으므로 힘 방향과 변위 방향을 **모두** 고려해야 한다. 그림 9.4에서 알 수 있듯이, **힘이 변위 방향으로 작용할 때**(그래서 입자가 빨라지면) **일은 양의 값이다**. 마찬가지로 **힘과 변위가 서로 반대 방향일 때**(그래서 입자가 느려지면) **일은 음의 값이다**. 그리고 입자가 움직이지 않으면 일은 전혀 없다 ($W = 0$)!

그림 9.4 W의 부호를 결정하는 방법

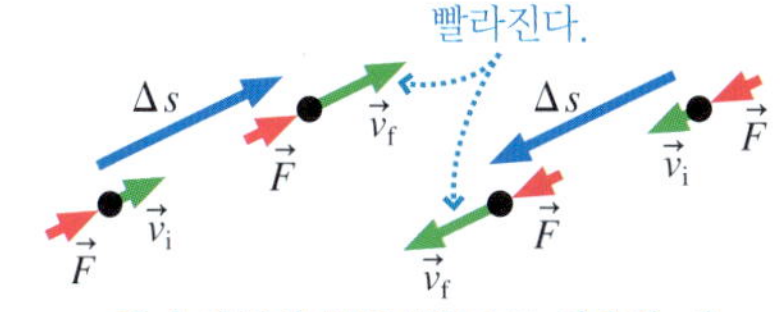

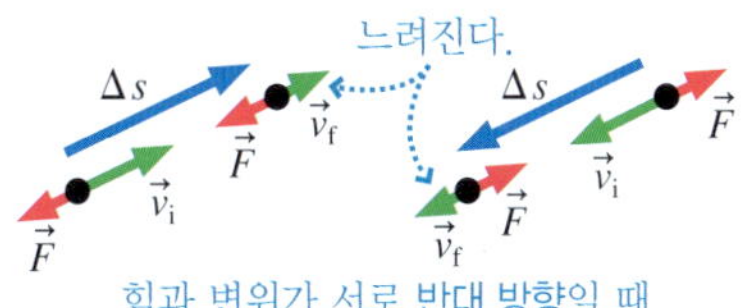

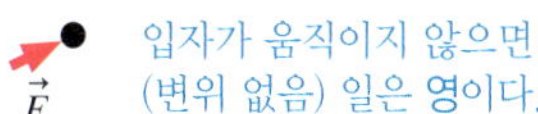

모형 확장

첫 모형은 변위에 평행한 일정한 힘이 작용하는 단일 입자로 되어 있었다. 이 모형을 약간 더 복잡하고 흥미로운 상황으로 쉽게 확장할 수 있다.

- **변위에 수직한 힘:** 입자의 변위에 평행한 힘은 입자가 빨라지거나 느려지게 하고, 그 에너지를 변화시킨다. 그러나 변위에 **수직한** 힘은 입자의 속력을 변화시키지 않는다. 그 힘이 속력을 높이거나 낮추지 않으므로 입자의 에너지는 변하지 않고, 어떠한 일도 하지 않는다. **변위에 수직한 힘은 일을 하지 않는다.**
- **여러 힘:** 계에 여러 힘이 작용하는 경우에 그 일들은 더해진다. 즉, $\Delta K = W_{tot}$인데 해준 총 일은 다음과 같다.

$$W_{tot} = W_1 + W_2 + W_3 + \cdots \tag{9.11}$$

- **다입자계:** 계가 여러 입자로 이루어져 있으면, 계의 에너지는 모든 입자의 총 운동 에너지이다.

$$E_{sys} = K_{tot} = K_1 + K_2 + K_3 + \cdots \tag{9.12}$$

K_{tot}는 어느 한 입자의 에너지가 아니라 진짜로 **계** 에너지이다. 일을 해주면 K_{tot}는 어떻게 변하는가? 정의로부터 ΔK_{tot}는 모든 개별적인 운동 에너지 변화의 합이고, 이러한 변화 각각은 특정 입자에 해준 일임을 알 수 있다. 그러므로

$$\Delta K_{tot} = W_{tot} \tag{9.13}$$

이다. 여기서 W_{tot}는 계의 모든 입자에 해준 총 일이다.

9.3 한 일의 계산

9.2절에서는 두 가지 주요 개념을 도입했다. 즉, (1) 계에는 에너지가 있고, (2) 일은 계의 에너지를 변화시키는 역학적인 과정이다. 이제 다양한 상황에서 해준 일을 계산하는 방법을 자세히 살펴볼 때가 되었다. 일을 계산하는 수학적 기법에 초점을 맞추겠지만, 실제 목적은 힘이 계에 작용할 때 계의 에너지가 어떻게 변하는지 배우는 것임을 명심하자.

'일'은 많은 의미가 있는 일상적인 단어이다. 일은 육체적인 작업, 직업, 심지어 하루를 가리킬 수도 있다. 그러나 그 관념들은 물리학에서 일이 의미하는 것이 아니기 때문에 그것들은 제쳐두자. 물리학에서 우리가 사용하는 단어인 일은 **과정**이다. 구체적으로 말하자면 힘으로 계를 밀거나 당기는 역학적 방식으로 계의 에너지를 변화시키는 과정이 일이다. 일이 환경과 계 사이에서 에너지를 **전달한다**고 말한다.

식 (9.6)은 일을 다음과 같이 정의했다.

$$W = \int_{s_i}^{s_f} F_s\, ds \tag{9.14}$$

(입자가 s_i에서 s_f까지 이동할 때 힘 $\vec{F}$가 한 일)

여기서 F_s는 운동 방향(s방향)에 있는 $\vec{F}$의 성분이다. 변위에 평행한 힘을 살펴본 것이지만, 운동에 수직한 어떠한 힘 성분도 일을 하지 않기 때문에 그러한 제한은 필요하지 않다. 실제로 식 (9.14)는 일의 일반적인 정의이다.

일정한 힘이 한 일을 계산하는 방법을 배우는 것으로 시작해서 새로운 수학적 개념인 두 벡터의 **점곱**(dot product)을 도입할 것이다. 점곱을 사용하면 일을 간결한 표기법으로 쓸 수 있다. 그런 다음 입자가 움직이는 중에 변화하는 힘이 한 일을 고려할 것이다.

일정힘

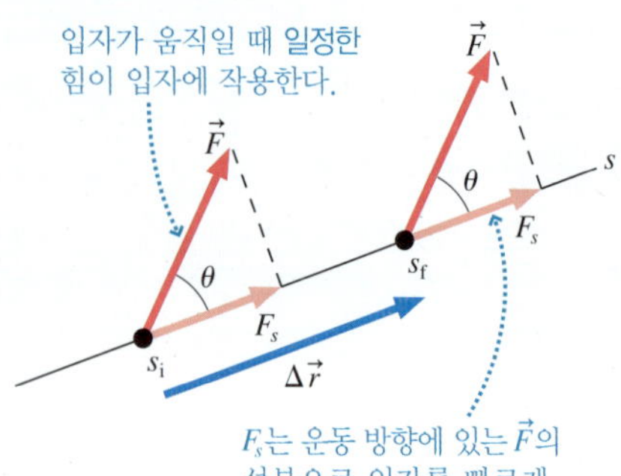

그림 9.5 일정힘이 한 일

그림 9.5는 입자가 직선으로 움직이는 것을 나타낸다. 입자가 운동하는 동안 입자의 변위 $\Delta\vec{r}$에 대해 각 θ로 기울어져 있는 일정힘 $\vec{F}$가 입자에 작용한다. 운동 방향으로 s축을 설정했으므로 운동 방향의 힘 성분은 $F_s = F\cos\theta$이다. 식 (9.14)에 따르면, 이 힘이 입자에 한 일은

$$W = \int_{s_i}^{s_f} F_s\, ds = \int_{s_i}^{s_f} F\cos\theta\, ds \tag{9.15}$$

가 된다. F와 $\cos\theta$는 상수이므로 둘 다 적분 밖으로 꺼낼 수 있다. 그러므로 일을 다음과 같이 쓸 수 있다.

$$W = F\cos\theta \int_{s_i}^{s_f} ds = F\cos\theta(s_f - s_i) \tag{9.16}$$

지금 s_i와 s_f는 이 좌표계에 특유하지만 그 차이인 $s_f - s_i$는 Δr로서 입자의 변위 벡터의 크기이다. 따라서 일정힘 $\vec{F}$가 한 일을 특정 좌표계와 무관하게 더 일반적으로

$$W = F(\Delta r)\cos\theta \quad \text{(일정힘이 한 일)} \tag{9.17}$$

와 같이 쓸 수 있다. 여기서 θ는 힘과 입자의 변위 $\Delta\vec{r}$ 사이의 각이다.

예제 9.2 | 여행 가방 끌기

공항에서 여행 가방을 위쪽으로 45° 각도 기울어진 줄로 100 m 끌고 간다. 줄의 장력은 20 N이다. 이 장력이 여행 가방에 한 일은 얼마인가?

핵심 계를 여행 가방만으로 구성하고, 가방을 입자로 모형화한다.

시각화 그림 9.6은 전·후 그림 표현이다.

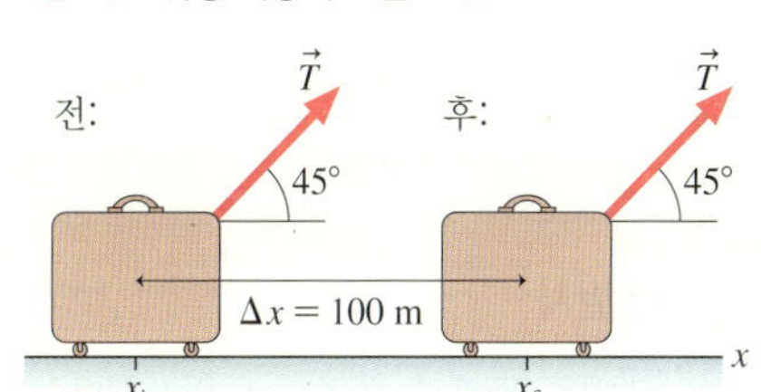

그림 9.6 여행 가방의 그림 표현

풀이 x축을 따라 움직이므로 이 경우에 $\Delta r = \Delta x$이다. 식 (9.17)을 사용하면 장력이 한 일을 구할 수 있다.

$$W = T(\Delta x)\cos\theta = (20\text{ N})(100\text{ m})\cos 45° = 1400\text{ J}$$

검토 사람이 줄을 끌고 있으므로 그 사람이 여행 가방에 1400 J의 일을 한다고 말할 수 있다.

기본 에너지 모형에 따르면, 일은 에너지가 계 안팎으로 전달되는 것을 나타내기 위해 양이나 음의 값이 될 수 있다. F와 Δr는 항상 양의 값이므로 **힘 $\vec{F}$와 변위 $\Delta\vec{r}$ 사이의 각 θ가 W의 부호를 결정한다.**

풀이 전략 9.1

일정힘이 한 일 계산하기

힘과 변위	θ	일 W	W의 부호	에너지 전달
	0°	$F(\Delta r)$	+	에너지가 계로 전달된다. 입자가 빨라진다. K가 증가한다.
	< 90°	$F(\Delta r)\cos\theta$	+	
	90°	0	0	전달된 에너지가 없다. 속력과 K가 일정하다.

(계속)

풀이 전략 9.1 (계속)

힘과 변위	θ	일 W	W의 부호	에너지 전달
	$>90°$	$F(\Delta r)\cos\theta$	−	에너지가 계 밖으로 전달된다. 입자가 느려진다. K가 감소한다.
	$180°$	$-F(\Delta r)$	−	

예제 9.3 로켓 발사

150,000 kg의 로켓을 똑바로 위쪽으로 발사했다. 로켓 모터는 4.0×10^6 N의 추력을 발생시킨다. 500 m 높이에서 로켓의 속력은 얼마인가?

핵심 계를 로켓만으로 구성하고, 로켓은 입자로 모형화한다. 추력과 중력은 로켓에 일을 하는 일정힘이다. 공기 저항과 약간의 질량 손실은 무시할 것이다.

시각화 그림 9.7은 전·후 그림 표현과 자유 물체 도형을 보여준다.

그림 9.7 로켓 발사의 전·후 그림 표현과 자유 물체 도형

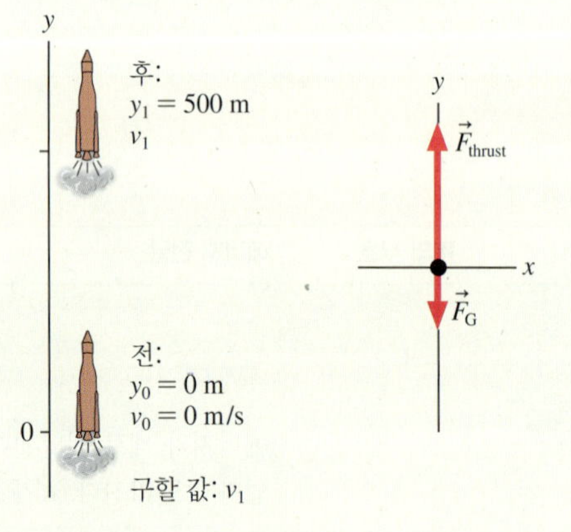

풀이 에너지 원리 $\Delta K = W_{tot}$를 사용하여 이 문제를 풀 수 있다. 두 힘 모두 로켓에 일을 한다. 추력은 운동 방향으로 $\theta = 0°$이므로

$$W_{thrust} = F_{thrust}(\Delta r) = (4.0\times10^6\ \text{N})(500\ \text{m}) = 2.00\times10^9\ \text{J}$$

이 된다. 중력은 아래로 향하고, 변위 $\Delta\vec{r}$와 반대 방향이므로 $\theta = 180°$이다. 따라서 중력이 한 일은

$$W_{grav} = -F_G(\Delta r) = -mg(\Delta r)$$
$$= -(1.5\times10^5\ \text{kg})(9.8\ \text{m/s}^2)(500\ \text{m}) = -0.74\times10^9\ \text{J}$$

이다. 추력이 한 일은 양의 값이다. 추력은 그 자체로는 로켓이 빨라지게 한다. 중력이 한 일은 음의 값이다. 이것은 $\vec{F}_G$가 아래를 향해서가 아니라 $\vec{F}_G$가 변위와 반대 방향이기 때문이다. 중력은 그 자체로는 로켓이 느려지게 한다. $K_i = 0$이므로 에너지 원리에 따르면

$$\Delta K = \tfrac{1}{2}mv_1^2 - 0 = W_{tot} = W_{thrust} + W_{grav} = 1.26\times10^9\ \text{J}$$

이 된다. 속력을 구하면 다음과 같다.

$$v_1 = \sqrt{\frac{2W_{tot}}{m}} = 130\ \text{m/s}$$

검토 총 일이 양의 값이므로 에너지가 로켓으로 전달된다. 이에 따라 로켓이 빨라진다.

두 벡터의 점곱으로 표현한 일

식 (9.17)의 양 $F(\Delta r)\cos\theta$는 뭔가 다르다. 그 동안 벡터를 더하기는 했지만 두 벡터를 곱한 것은 이번이 처음이다. 벡터를 곱하는 것은 스칼라를 곱하는 것과 다르다. 또

한 벡터를 곱하는 방법에는 한 가지만 있는 것이 아니다. 지금은 **점곱**이라는 한 가지 방법을 소개할 것이다.

그림 9.8은 둘 사이의 각이 α인 벡터 $\vec{A}$와 $\vec{B}$를 보여준다. $\vec{A}$와 $\vec{B}$의 **점곱**(dot product)을

$$\vec{A}\cdot\vec{B} = AB\cos\alpha \tag{9.18}$$

로 정의한다. 점곱은 벡터 사이에 점 기호 ·이 있어야 한다. 점이 없는 기호 $\vec{A}\vec{B}$는 $\vec{A}\cdot\vec{B}$와 같은 것이 아니다. 점곱은 그 값이 스칼라이기 때문에 **스칼라곱**(scalar product)이라고도 한다. 나중에 필요할 때 벡터를 곱하는 다른 방법인 가위곱을 소개할 것이다.

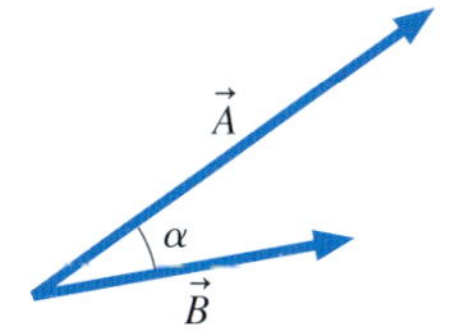

그림 9.8 둘 사이의 각이 α인 벡터 $\vec{A}$와 $\vec{B}$

두 벡터의 점곱은 두 벡터의 방향에 따라 달라진다. 그림 9.9는 그러한 다섯 가지 상황을 나타내고 있는데, $\alpha = 0°$, 90°, 180°인 세 가지 '특별한 경우'가 포함되어 있다.

그림 9.9 α의 범위가 0°에서 180°까지일 때 점곱 $\vec{A}\cdot\vec{B}$

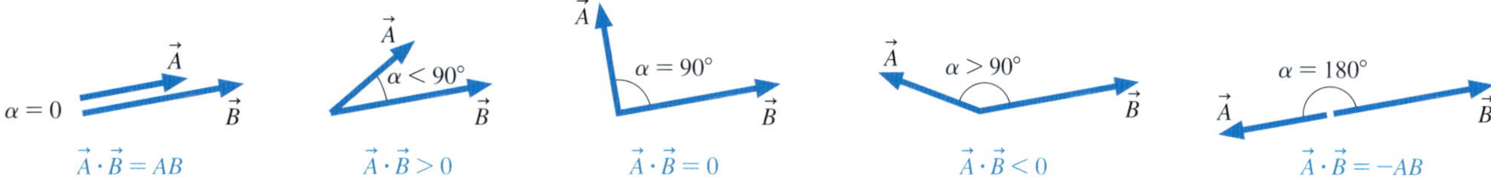

예제 9.4 | 점곱 계산하기

그림 9.10에 있는 두 벡터의 점곱을 계산하시오.

풀이 두 벡터 사이의 각이 $\alpha = 30°$이므로

$$\vec{A}\cdot\vec{B} = AB\cos\alpha = (3)(4)\cos 30° = 10.4$$

가 된다.

그림 9.10 예제 9.4의 벡터 $\vec{A}$와 $\vec{B}$

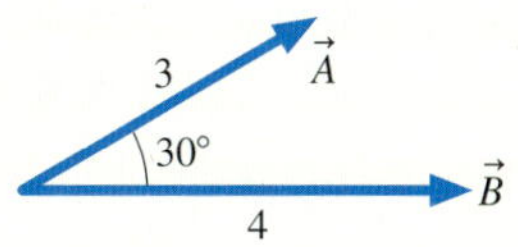

벡터의 덧셈, 뺄셈과 마찬가지로 두 벡터의 점곱은 벡터 성분을 사용하여 가장 쉽게 계산할 수 있다. 그림 9.11은 양의 x방향과 양의 y방향을 가리키는 단위 벡터 $\hat{\imath}$과 $\hat{\jmath}$을 나타내고 있다. 두 단위 벡터는 서로 수직이기 때문에 그 점곱은 $\hat{\imath}\cdot\hat{\jmath} = 0$이다. 또한 $\hat{\imath}$과 $\hat{\jmath}$의 크기가 1이기 때문에 $\hat{\imath}\cdot\hat{\imath} = 1$과 $\hat{\jmath}\cdot\hat{\jmath} = 1$이 된다.

그림 9.11 단위 벡터 $\hat{\imath}$과 $\hat{\jmath}$

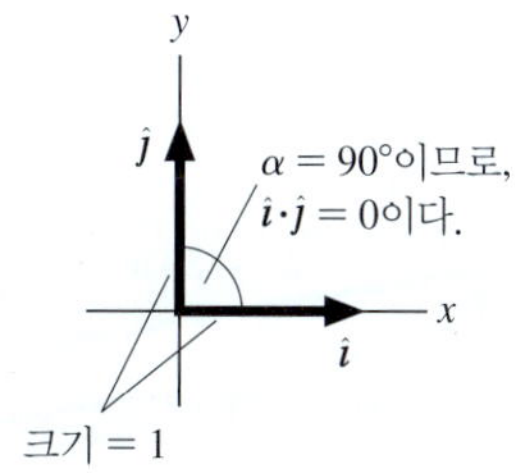

성분으로 표현하면 벡터 $\vec{A}$와 $\vec{B}$의 점곱을

$$\vec{A}\cdot\vec{B} = (A_x\hat{\imath} + A_y\hat{\jmath})\cdot(B_x\hat{\imath} + B_y\hat{\jmath})$$

으로 쓸 수 있다. 이를 곱해서 단위 벡터의 점곱에 대한 결과를 사용하면

$$\begin{aligned}\vec{A}\cdot\vec{B} &= A_xB_x\hat{\imath}\cdot\hat{\imath} + (A_xB_y + A_yB_x)\hat{\imath}\cdot\hat{\jmath} + A_yB_y\hat{\jmath}\cdot\hat{\jmath} \\ &= A_xB_x + A_yB_y\end{aligned} \tag{9.19}$$

가 된다. 즉, **점곱은 각 성분의 곱의 합이다.**

예제 9.5 성분을 사용하여 점곱 계산하기

$\vec{A} = 3\hat{\imath} + 3\hat{\jmath}$과 $\vec{B} = 4\hat{\imath} - \hat{\jmath}$의 점곱을 계산하시오.

풀이 그림 9.12에 벡터 $\vec{A}$와 $\vec{B}$가 나타나 있다. 기하학을 이용하여 벡터 사이의 각도를 구한 다음 식 (9.18)을 사용하면 점곱을 계산할 수 있다. 그러나 벡터 성분을 사용하여 점곱을 계산하는 것이 훨씬 쉽다. 그것은 다음과 같다.

$$\vec{A} \cdot \vec{B} = A_x B_x + A_y B_y = (3)(4) + (3)(-1) = 9$$

그림 9.12 벡터 $\vec{A}$와 $\vec{B}$

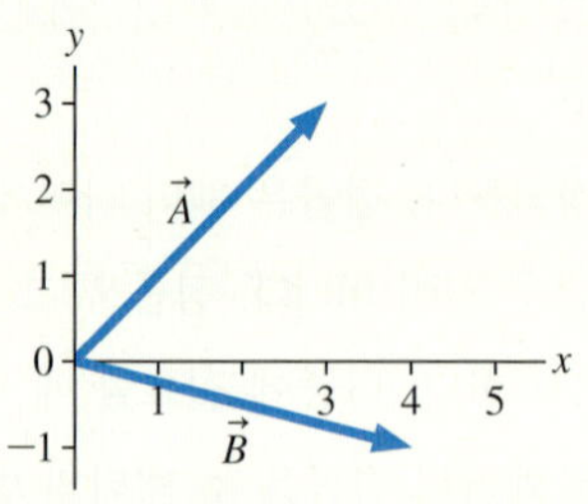

일정힘이 한 일을 나타낸 식 (9.17)을 살펴보면, 그것이 힘 벡터와 변위 벡터의 점곱이라는 것을 알 수 있다.

$$W = \vec{F} \cdot \Delta\vec{r} \quad \text{(일정힘이 한 일)} \tag{9.20}$$

이러한 일의 정의는 일정힘인 경우에만 유효하다.

예제 9.6 점곱을 사용하여 일 계산하기

스키를 타는 70 kg의 사람이 기울기가 10°이고 매우 미끄러운 50 m의 경사로를 미끄러져 내려가기 시작할 때 그의 속력은 2.0 m/s 이었다. 바닥에서 그 사람의 속력은 얼마인가?

핵심 스키 타는 사람을 입자로 모형화하고 '매우 미끄러운'을 마찰이 없다는 의미로 해석한다. 에너지 원리를 사용하여 나중 속력을 구한다.

시각화 그림 9.13은 그림 표현을 나타낸다.

그림 9.13 스키 타는 사람의 그림 표현

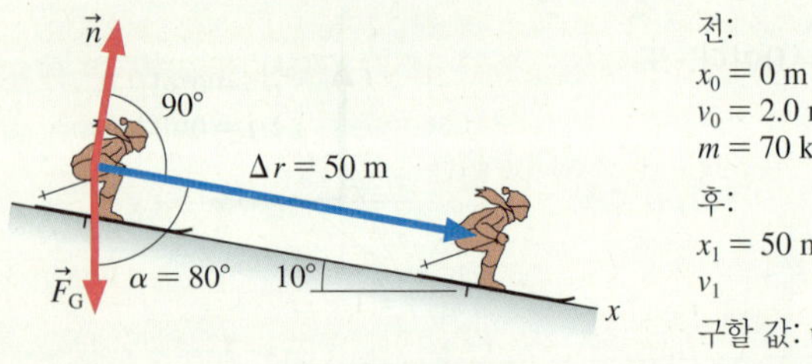

풀이 스키 타는 사람에게 작용하는 힘은 $\vec{F}_G$와 $\vec{n}$뿐이다. 수직 항력은 운동에 수직하므로 일을 하지 않는다. 중력이 하는 일은 점곱으로 쉽게 계산할 수 있다.

$$W = \vec{F}_G \cdot \Delta\vec{r} = mg(\Delta r)\cos\alpha$$
$$= (70\text{ kg})(9.8\text{ m/s}^2)(50\text{ m})\cos 80° = 5960\text{ J}$$

두 벡터 사이의 각은 10°가 아니라 80°임에 유의하자. 다음으로 에너지 원리를 사용하면

$$\Delta K = \tfrac{1}{2}mv_1^2 - \tfrac{1}{2}mv_0^2 = W$$

$$v_1 = \sqrt{v_0^2 + \frac{2W}{m}} = \sqrt{(2.0\text{ m/s})^2 + \frac{2(5960\text{ J})}{70\text{ kg}}} = 13\text{ m/s}$$

를 얻는다.

영일 상황(zero-work situations)

한 일이 없는 세 가지 일반적인 상황이 있다. 가장 명확한 것은 물체가 움직이지 않는 경우이다($\Delta s = 0$). 여러분이 머리 위로 200 lb의 웨이트를 들고 있었다면 땀을 흠

뻑 흘리고 팔은 지칠 것이다. 많은 일을 했다고 느낄 수도 있지만, 웨이트가 이동하지 않았기 때문에 물리학적인 의미에서 영(zero)일을 한 것이다. 따라서 여러분은 웨이트에 어떠한 에너지도 전달하지 않았다. **입자에 작용하는 힘은 입자가 이동하지 않으면 일을 하지 않는다.**

그림 9.14는 등속 원운동을 하는 입자를 보여준다. 8장에서 배웠듯이 등속 원운동에는 원의 중심을 향하는 힘이 필요하다. 이 힘이 한 일은 얼마인가?

영(zero)이다! 힘이 모든 곳에서 작은 변위 $d\vec{s}$에 수직이므로 점곱은 0이고 힘은 입자에 일을 하지 않는다. 이것은 놀랄만한 일이 아니다. 입자의 속력과 운동 에너지는 등속 원운동에서 변하지 않으므로 계 안팎으로 전달되는 에너지는 없다. **모든 곳에서 운동에 수직인 힘은 일을 하지 않는다.** 모서리를 돌고 있는 자동차에 작용하는 마찰력은 일을 하지 않는다. 줄에 매달린 공이 원운동을 할 때 장력도 마찬가지다.

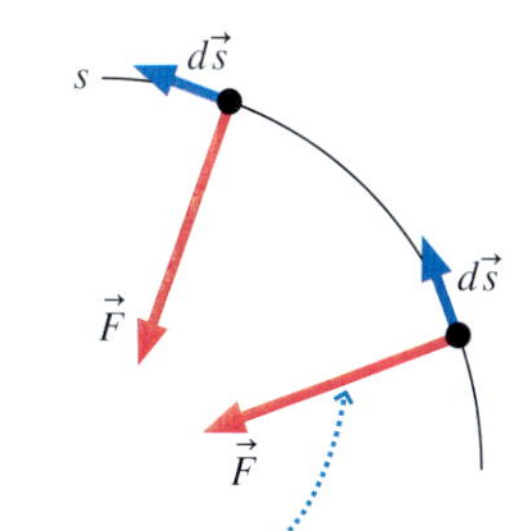

그림 9.14 수직 힘은 일을 하지 않는다.

마지막으로 그림 9.15에서 롤러스케이트를 타는 사람이 팔을 펴서 벽을 밀어 뒤로 밀려나는 경우를 생각해보자. 그녀가 벽에 힘을 작용하므로, 뉴턴의 제3법칙에 따라서 벽도 그녀에게 힘 $\vec{F}_{\text{W on S}}$를 작용한다. 이 힘이 하는 일은 얼마인가?

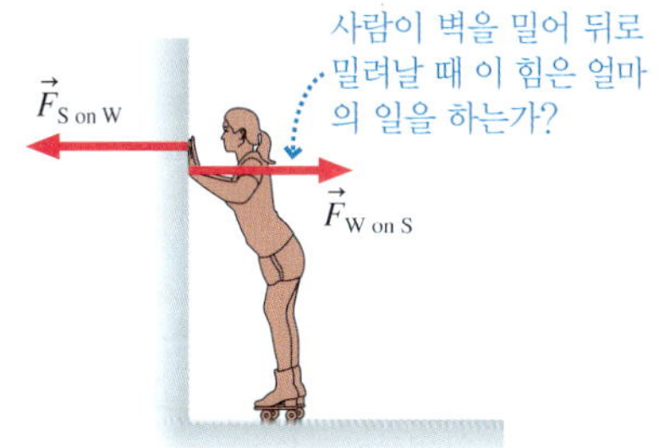

그림 9.15 벽이 스케이트 타는 사람에게 일을 하는가?

놀랍게도 영(zero)이다. 그 이유는 미묘하지만 논의할 가치가 있다. 왜냐하면 그것은 에너지가 어떻게 전달되고 변환되는지에 대한 통찰력을 제공하기 때문이다. 스케이트를 타는 사람은 여행 가방이나 바위와는 두 가지 중요한 점에서 다르다. 첫째로, 그녀는 팔을 뻗는 것처럼 가변성 물체이다. 변형 가능한 물체에 입자 모형을 사용할 수 없다. 둘째, 그녀에게는 내부 에너지원이 있다. 그녀는 살아있는 물체이기 때문에 신진대사 과정을 통해 사용할 수 있는 화학 에너지를 내부에 저장하고 있다.

비록 스케이트 타는 사람의 질량 중심은 이동하지만, 힘이 가해지는 손바닥은 그렇지 않다. $F_{\text{W on S}}$가 작용하는 입자는 위치를 바꾸지 않았고, 방금 보았듯이 변위 없이는 일도 없다. 그 힘은 작용하지만, 변위를 통해 어떤 물리적인 것을 밀어내지 않는다. 따라서 한 일도 없다.

그러나 그녀는 분명히 운동 에너지를 얻는다. 어떻게 얻는가? 이 장의 처음에 언급한 에너지 훑어보기를 회상해보면, 온전한 에너지 원리는 $\Delta E_{\text{sys}} = W_{\text{ext}}$이다. 계가 다른 에너지를 운동 에너지로 변환할 수 있다면 받은 일이 없어도 운동 에너지를 얻을 수 있다. 이 경우, 그녀는 화학 에너지를 운동 에너지로 변환했다. 여러분이 땅에서 똑바로 뛰어오르는 경우에도 마찬가지다. 땅은 발에 위 방향의 힘을 작용하지만, 그 힘의 작용 지점(발바닥)은 도약하는 동안 이동하지 않기 때문에 힘은 일을 하지 않는다. 대신, 운동 에너지는 신체의 화학 에너지 감소를 통해 증가한다. 벽돌은 변형될 수 없으며 사용 가능한 내부 에너지원이 없으므로 도약하거나 벽을 밀어 뒤로 밀려날 수 없다.

변하는 힘

일정힘이 물체에 작용할 때 일을 계산하는 방법을 배웠다. 그러나 물체가 움직일 때 힘이 변하면 어떻게 되는가? 이때 필요한 것은 일의 정의인 식 (9.14)이다.

$$W = \int_{s_i}^{s_f} F_s\, ds = \text{위치-힘 그래프의 아래 넓이} \tag{9.21}$$

(변하는 힘이 한 일)

적분은 궤적을 따라 각 단계마다 해준 소량의 일 $F_s\,ds$를 합한다. 유일하게 새로운 점은 F_s가 위치에 따라 변하므로 F_s를 적분 밖으로 꺼낼 수 없다는 것이다. 적분값을 구하는 방법은 곡선 아래의 넓이를 기하학적으로 구하거나(다음 예제에서 다룰 것이다), 실제로 적분을 하는 것이다(다음 절에서 다룰 것이다).

예제 9.7 | 일을 사용하여 자동차 속력 구하기

정지해 있던 1500 kg인 자동차가 견인된다. 그림 9.16은 자동차가 $x=0$ m에서 $x=200$ m까지 이동할 때 견인줄의 장력을 나타낸 것이다. 200 m 견인된 후에 자동차의 속력은 얼마인가?

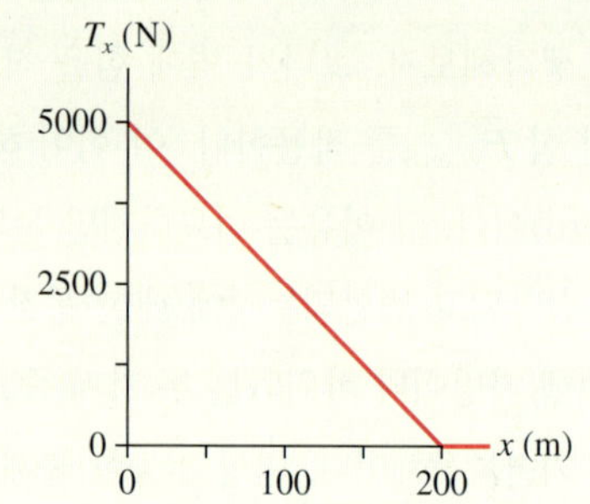

그림 9.16 자동차의 위치-힘 그래프

핵심 계를 자동차만으로 구성하고, 자동차를 입자로 모형화한다. 굴림 마찰을 무시할 것이다. 두 가지 수직 힘인 수직 항력과 중력은 운동에 직각이므로 일을 하지 않는다.

풀이 에너지 원리 $\Delta K = K_f - K_i = W$를 사용하여 이 문제를 풀 수 있다. 여기서 W는 장력이 한 일이다. 그런데 장력이 일정하지 않으므로 일의 온전한 정의로 적분을 사용해야 한다. 이 경우 그래프를 사용하여 적분을 다음과 같이 구할 수 있다.

$$\begin{aligned} W &= \int_{0\text{ m}}^{200\text{ m}} T_x\, dx \\ &= 0\text{ m에서 }200\text{ m까지 힘 곡선 아래의 넓이} \\ &= \tfrac{1}{2}(5000\text{ N})(200\text{ m}) = 500{,}000\text{ J} \end{aligned}$$

초기 운동 에너지는 0이므로, 나중 운동 에너지는 단순히 장력이 한 일에 의해 계에 전달되는 에너지로 $K_f = W = 500{,}000$ J이다. 그러면 운동 에너지의 정의에서 다음과 같다.

$$v_f = \sqrt{\frac{2K_f}{m}} = \sqrt{\frac{2(500{,}000\text{ J})}{1500\text{ kg}}} = 26\text{ m/s}$$

검토 26 m/s는 자동차가 200 m 견인된 뒤의 속력으로 타당해 보인다.

9.4 복원력과 용수철이 한 일

고무줄을 늘이면 평형 길이, 즉 늘어나지 않은 원래 길이로 되돌아가도록 힘이 고무줄에 작용한다. 계를 평형 위치로 복원하는 힘을 **복원력**(restoring force)이라고 한다. 복원력을 발휘하는 물체를 **탄성체**(elastic body)라고 한다. 탄성의 가장 기본적인 예는 용수철이나 고무줄 같은 것이지만 다른 것도 많다. 예를 들어, 자동차가 다리를 통과할 때 강철 빔은 약간 구부러지지만 자동차가 지나간 후에는 평형 상태로 복원된다. 늘어나고, 수축하고, 구부러지고, 휘고, 뒤틀리는 거의 모든 것은 복원력을 가지고 있다.

책의 I부에서는 복원력을 다루는 수학적 도구가 없었기 때문에 그것을 소개하지 않았다. 하지만 지금부터는 일과 에너지를 이용하여 복원력을 정량적으로 다루고자 한다. 탄성의 모형으로 단순한 용수철을 사용하겠다. 용수철의 **평형 길이**(equilibrium length) L_0은 용수철을 밀거나 당기지 않을 때의 용수철 길이이다. 용수철을 잡아당기면(또는 압축하면) 용수철이 얼마나 세게 끌어당기는가(또는 되밀어내는가)? 측정 결과는 다음과 같다.

- 힘은 변위와 반대이다. 이것이 바로 복원력이 의미하는 것이다.
- 용수철을 너무 많이 늘이거나 압축하지 않으면 힘은 평형에서 벗어난 변위에 비례한다. 더 밀거나 당길수록 힘은 더 커진다.

그림 9.17은 일반적인 s축을 따라 용수철에 작용하는 힘 $\vec{F}_{Sp}$를 나타낸 것이다. s_{eq}는 용수철의 평형 길이 L_0이 아니라 용수철의 자유끝의 위치 또는 좌표임에 유의하자. 용수철이 늘어나면 **용수철 변위**(spring displacement) $\Delta s = s - s_{eq}$는 양의 값이지만 복원력의 s성분은 음의 값이다. 비슷하게, 용수철을 압축하면 $\Delta s < 0$, $(F_{Sp})_s > 0$이다. 변위-힘 그래프는 기울기가 음인 직선으로, 용수철 힘이 변위에 비례하지만 방향은 반대임을 보여준다.

그림 9.17 용수철의 성질

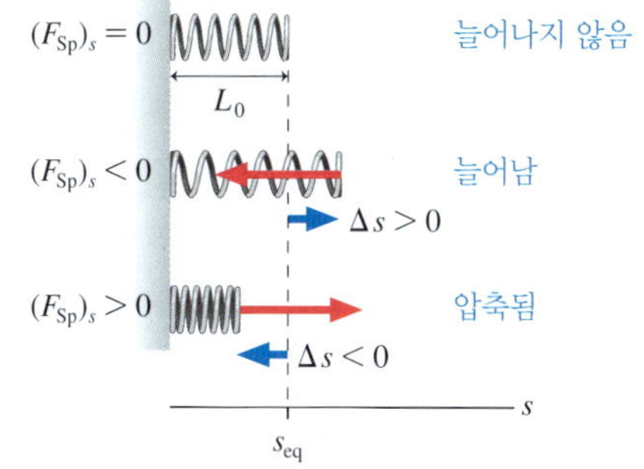

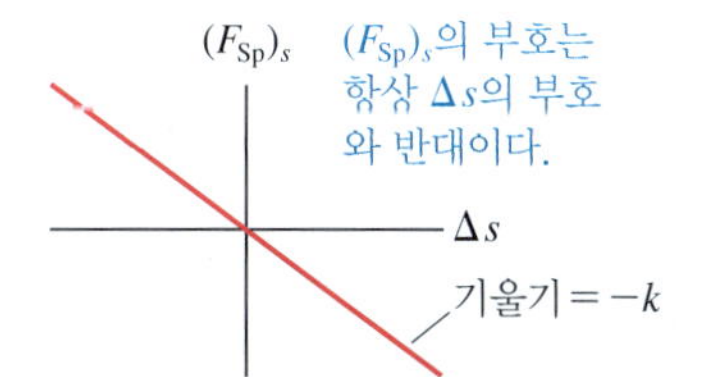

원점을 지나는 직선 그래프의 방정식은 다음과 같다.

$$(F_{Sp})_s = -k\,\Delta s \quad \text{(훅의 법칙)} \tag{9.22}$$

음의 부호는 복원력의 수학적 표시이고, 직선의 기울기의 절댓값인 상수 k를 용수철의 **용수철 상수**(spring constant)라고 한다. 용수철 상수의 단위는 N/m이다. 뉴턴과 동시대인(그리고 때로는 숙적인) 훅(Robert Hooke)이 용수철의 힘과 변위 사이의 이러한 관계를 발견했다. **훅의 법칙**(Hooke's law)은 뉴턴의 법칙과 같은 의미에서는 진정한 '자연의 법칙'이 아니고, 복원력을 현상적으로 설명하는 단순한 모형일 뿐이다. 훅의 법칙은 평형에서 벗어난 작은 변위에 대해서는 잘 맞지만, 너무 많이 압축되거나 늘어난 실제의 용수철에서는 맞지 않는다. 모든 변위에서 훅의 법칙이 참인 가상적인 질량 없는 용수철을 **이상 용수철**(ideal spring)이라고 한다.

마치 질량 m이 입자의 특성인 것처럼 용수철 상수 k는 용수철의 특성을 나타내는 속성이다. 주어진 용수철에 대해 k는 상수이다. 즉, 용수철이 늘어나거나 압축되더라도 k는 변하지 않는다. k가 큰 경우에 상당히 늘이려면 세게 잡아당겨야 한다. 그러한 용수철을 '뻣뻣한' 용수철이라고 한다. k가 작은 용수철은 아주 작은 힘으로 잡아 늘일 수 있으므로 이 용수철을 '부드러운' 용수철이라고 한다.

예제 9.8 미끄러질 때까지 당기기

그림 9.18은 질량이 2.0 kg인 상자에 부착된 용수철을 보여준다. 5.0 cm/s로 전진하는 전동 장난감 기차가 용수철의 다른 쪽 끝을 끌고 있다. 용수철 상수는 50 N/m이고 상자와 표면 사이의 정지 마찰 계수는 0.60이다. $t = 0$ s에서 장난감 기차가 움직이기 시작할 때

(계속)

그림 9.18 상자가 미끄러질 때까지 장난감 기차가 용수철을 늘인다.

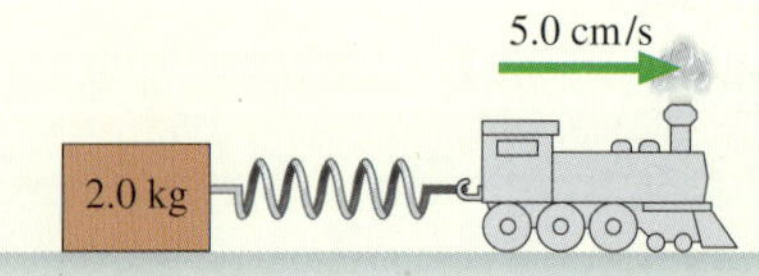

용수철은 평형 길이에 있었다. 상자는 언제 미끄러지는가?

핵심 상자를 입자로 모형화하고 용수철은 훅의 법칙을 따르는 이상 용수철로 모형화한다.

시각화 그림 9.19는 상자의 자유 물체 도형이다.

그림 9.19 자유 물체 도형

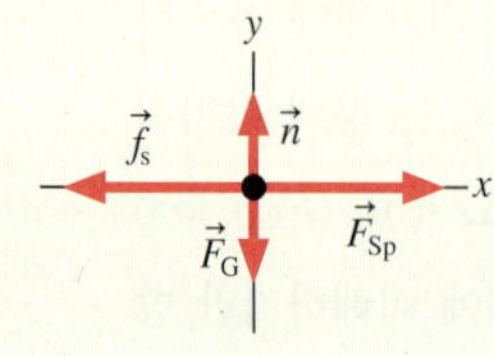

풀이 질량이 없는 줄의 장력은 줄의 양쪽 끝을 동일하게 잡아당긴다는 것을 기억할 것이다. 이것은 용수철 힘에 대해서도 마찬가지다. 용수철은 양쪽 끝을 똑같이 당긴다(또는 민다). 이 점은 문제를 푸는 핵심이다. 용수철의 오른쪽 끝이 움직이면서 용수철을 늘인다. 용수철은 장난감 기차를 뒤로 당기고 동시에 같은 세기로 상자를 앞으로 당긴다. 용수철이 늘어남에 따라 상자에 작용하는 정지 마찰력은 상자를 정지 상태로 유지하기 위해 크기가 증가한다. 상자가 정적 평형 상태에 있으므로

$$\sum (F_{net})_x = (F_{Sp})_x + (f_s)_x = F_{Sp} - f_s = 0$$

이 성립한다. 여기서 F_{Sp}는 용수철 힘의 크기로서 $F_{Sp} = k\,\Delta x$이고, $\Delta x = v_x t$는 장난감 기차가 이동한 거리다. 따라서 다음 결과를 얻는다.

$$f_s = F_{Sp} = k\,\Delta x$$

상자는 정지 마찰력이 최댓값 $f_{s\,max} = \mu_s n = \mu_s mg$에 도달하면 미끄러진다. 그 순간은 장난감 기차가

$$\Delta x = \frac{f_{s\,max}}{k} = \frac{\mu_s mg}{k} = \frac{(0.60)(2.0\ \text{kg})(9.80\ \text{m/s}^2)}{50\ \text{N/m}}$$
$$= 0.235\ \text{m} = 23.5\ \text{cm}$$

만큼 이동했을 때이다. 그러므로 상자가 미끄러지는 시간은 다음과 같다.

$$t = \frac{\Delta x}{v_x} = \frac{23.5\ \text{cm}}{5.0\ \text{cm/s}} = 4.7\ \text{s}$$

미끄럼은 상대적으로 작은 지진에서는 몇 센티미터이지만 아주 큰 지진에서는 몇 미터에 이른다.

이 예제는 점착·미끄럼 운동(stick-slip motion)이라고 하는 종류의 운동을 보여준다. 일단 상자가 미끄러지면 앞으로 얼마간의 거리를 빠르게 움직인 다음에 멈추고 다시 달라붙는다. 장난감 기차가 계속 움직이면 일련의 점착, 미끄럼, 점착, 미끄럼이 반복된다.

지진은 점착·미끄럼 운동의 중요한 예이다. 지구의 지각을 구성하는 큰 지각 판이 서로를 지나쳐 미끄러지려고 하지만 마찰 때문에 판의 모서리가 서로 달라붙는다. 바위는 단단하고 부서지기 쉽다고 생각할 수도 있지만, 큰 덩치의 암석은 다소 탄성이 있어서 '늘어날' 수 있다. 언젠가는 변형된 암석의 탄성력이 판 사이의 마찰력을 초과하게 된다. 판이 미끄러져 요동을 하면 지진이 발생한다. 장력이 방출되면 판은 다시 달라붙고, 그 과정이 다시 시작된다.

용수철이 한 일

이 절의 주요 목표는 용수철이 한 일을 계산하는 것이다. 그림 9.20은 물체가 s_i에서 s_f로 움직일 때 물체에 작용하는 용수철을 나타낸 것이다. 물체에 작용하는 용수철 힘은 물체가 움직이면서 변한다. 힘의 크기가 변화하는 경우 용수철이 한 일은 식 (9.21)을 사용하여 계산할 수 있다. 용수철에 대한 훅의 법칙은 $(F_{Sp})_s = -k\,\Delta s = -k(s - s_{eq})$이므로 일은 다음과 같다.

$$W = \int_{s_i}^{s_f} (F_{Sp})_s\, ds = -k\int_{s_i}^{s_f} (s - s_{eq})\, ds \tag{9.23}$$

이 적분은 변수 치환으로 계산할 수 있다. $u = s - s_{eq}$로 정의하면 $ds = du$이다. 그러면 피적분 함수가 $(s - s_{eq})ds$에서 $u\,du$로 바뀐다. 변수를 바꾸면 적분 구간도 바꾸어야 한다. 하한 $s = s_i$는 새 변수로는 $u = s_i - s_{eq} = \Delta s_i$가 된다. 하한이 초기 변위가 되는 것이다. 마찬가지로 상한 $s = s_f$는 $u = s_f - s_{eq} = \Delta s_f$가 된다. 이것들을 반영하면 적분은 다음과 같다.

$$W = -k\int_{\Delta s_i}^{\Delta s_f} u\, du = -\tfrac{1}{2}ku^2\Big|_{\Delta s_i}^{\Delta s_f} = -\tfrac{1}{2}k(\Delta s_f)^2 + \tfrac{1}{2}k(\Delta s_i)^2 \tag{9.24}$$

우변을 재배열하면 용수철이 한 일은 다음과 같다.

$$W = -\left(\tfrac{1}{2}k(\Delta s_f)^2 - \tfrac{1}{2}k(\Delta s_i)^2\right) \quad \text{(용수철이 한 일)} \tag{9.25}$$

변위를 제곱했기 때문에 초기 변위와 나중 변위가 늘어나든 줄어들든 상관이 없다.

용수철이 한 일은 용수철의 힘에 의해 물체로 전달된 에너지이다. 이와 같은 에너지 원리를 사용하면 뉴턴의 법칙을 직접 적용하여 풀 수 없었던 문제를 해결할 수 있다.

그림 9.20 용수철은 물체에 일을 한다.

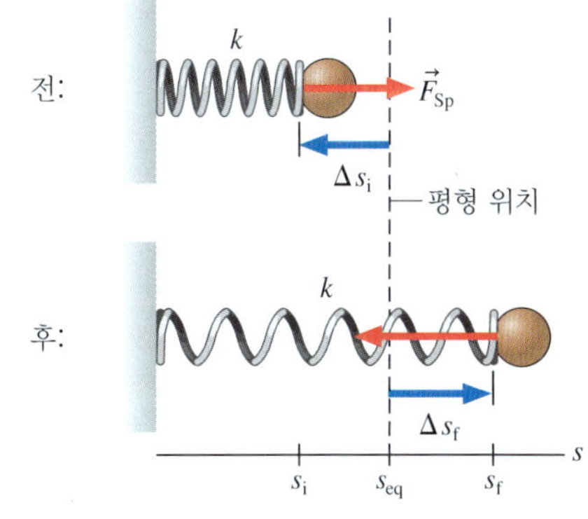

예제 9.9 용수철에 대해 에너지 원리 사용하기

'핀큐브(pincube) 기계'는 핀볼 기계 이전에 사용되었던 게임기이다. 그림과 같이 용수철을 뒤로 12 cm 당겼다가 놓아서 100 g인 큐브를 발사한다. 용수철의 용수철 상수는 65 N/m이다. 큐브가 용수철에서 떨어져 나갈 때 큐브의 발사 속력은 얼마인가? 표면에 마찰이 없다고 가정한다.

핵심 큐브만 계로 구성하고 큐브는 입자로 모형화한다. 수직 힘인 수직 항력과 중력은 큐브의 변위에 수직이다. 따라서 중력과 수직 항력은 아무런 일도 하지 않는다. 오직 용수철의 힘만 일을 한다.

시각화 그림 9.21은 수평 운동을 나타내기 위해 일반적인 s축을 x축으로 대체한 그림이다. 풀이에서 일반적인 첨자 i와 f 대신에 숫자 첨자를 사용할 것이다.

그림 9.21 핀큐브 기계의 그림 표현

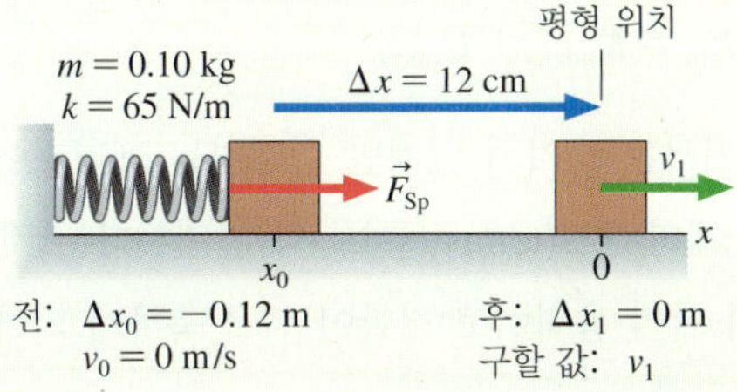

풀이 에너지 원리 $\Delta K = K_1 - K_0 = W$를 사용하여 이 문제를 풀 수 있다. 여기서 W는 용수철이 한 일이다. 초기 변위는 $\Delta x_0 = -0.12$ m이다. 큐브는 용수철이 다시 평형 길이로 팽창할 때 용수철에서 분리될 것이다. 그러므로 나중 변위는 $\Delta x_1 = 0$ m이다. 식 (9.25)로부터 용수철이 한 일은 다음과 같다.

$$W = -\left(\tfrac{1}{2}k(\Delta x_1)^2 - \tfrac{1}{2}k(\Delta x_0)^2\right) = \tfrac{1}{2}(65\text{ N/m})(-0.12\text{ m})^2 - 0$$
$$= 0.468\text{ J}$$

초기 운동 에너지가 0이므로 나중 운동 에너지는 단순히 용수철의 일로써 계에 전달된 에너지이다. 따라서 $K_1 = W = 0.468$ J이다. 그러면 운동 에너지의 정의로부터 속력은 다음과 같다.

$$v_1 = \sqrt{\frac{2K_1}{m}} = \sqrt{\frac{2(0.468\text{ J})}{0.10\text{ kg}}} = 3.1\text{ m/s}$$

검토 3.1 m/s는 용수철로 발사한 작은 큐브의 속력으로 타당해 보인다.

9.5 흩어지기 힘과 열에너지

바닥에 놓여 있는 무거운 소파를 일정한 속력으로 끌고 간다고 가정해보자. 당기는 행위로 소파에 일을 하고 있지만, 소파는 운동 에너지를 얻지 못하고 있다. 그리고 당기는 것을 멈추면 소파가 거의 즉시 정지한다. 계에 추가한 에너지는 어디에 있는가? 그리고 당기는 것을 멈출 때 소파의 운동 에너지는 어떻게 되는가?

물체를 서로 문지르면 물체의 온도가 올라간다. 극단적인 경우 불이 날 만큼 뜨거워진다. 소파가 바닥에서 미끄러지면서 마찰 때문에 소파의 밑과 바닥이 뜨거워진다. 증가하는 온도는 **열에너지**의 증가와 관련이 있다. 따라서 이 상황에서 당기면서 한 일은 계의 운동 에너지 대신 열에너지를 증가시키고 있다. 이 절의 목표는 열에너지가 무엇이며 **흩어지기 힘**과 어떤 관련이 있는지 이해하는 것이다.

미시적 수준의 에너지

그림 9.22 운동과 에너지의 두 가지 관점

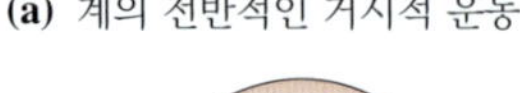

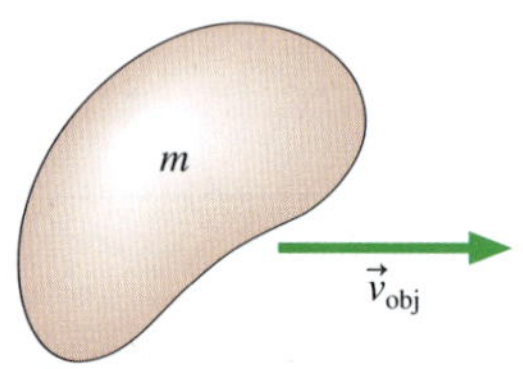

(b) 내부에 있는 원자의 미시적 운동

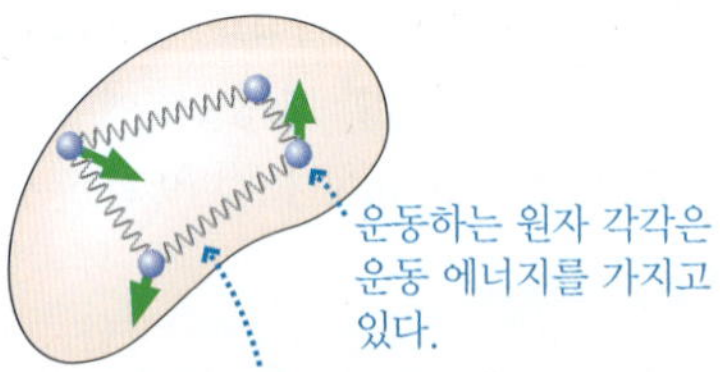

그림 9.22는 물체의 두 가지 관점을 보여준다. 그림 9.22a의 거시적 관점에서 보면 질량 m인 물체가 속도 v_{obj}로 전체적으로 움직인다. 그 운동의 결과로, 물체에는 거시적 운동 에너지 $K_{macro} = \frac{1}{2}mv_{obj}^2$이 있다.

그림 9.22b는 같은 물체의 미시물리학적인 관점인데, 물체를 구성하고 있는 원자의 운동에 주의를 기울이자. 이 원자들은 물체 내에서 진동을 하며, 진동에 따른 운동 에너지를 가진다. 원자들 사이의 용수철과 같이 늘어나거나 압축된다. 10장에서 퍼텐셜 에너지를 본격적으로 다루겠지만, 이 장의 시작 부분에 있는 에너지 훑어보기에서 퍼텐셜 에너지는 **저장된** 에너지라고 언급했다. 늘어나거나 압축된 용수철은 에너지를 저장하기 때문에 결합에는 퍼텐셜 에너지가 있다.

원자 하나의 운동 에너지는 극도로 작지만 거시적인 물체에는 원자의 수가 매우 많다. 모든 원자의 총 운동 에너지를 **미시적 운동 에너지**(microscopic kinetic energy) K_{micro}라고 하고, 모든 결합의 총 퍼텐셜 에너지는 **미시적 퍼텐셜 에너지**(microscopic potential energy) U_{micro}라고 한다. 이 에너지들은 물체 전체의 거시적 에너지와 구별된다.

원자의 운동 에너지와 결합의 에너지인 퍼텐셜 에너지의 총합을 계의 **열에너지**(thermal energy)라고 한다.

$$E_{th} = K_{micro} + U_{micro} \tag{9.26}$$

이 에너지는 거시물리학적 관점에서는 숨겨져 있지만 실재하는 에너지이다. 나중에 열역학을 논의할 때 열에너지가 계의 **온도**(temperature)와 관련된다는 것을 알게 될 것이다. 온도를 높이면 원자가 더 빨리 움직이고 결합이 더 신축하게 되어서 더 많은 열에너지가 생긴다.

열에너지를 고려하면 계에는 거시적인 운동 에너지와 열에너지가 있다. 즉,

$E_{sys} = K + E_{th}$이다. 여기서 K는 거시적 총 운동 에너지로 이해해야 한다. 거시적 에너지를 미시적 에너지와 구별할 필요가 있을 때만 아래 첨자 'macro'를 사용할 것이다. 이제 에너지 원리는 다음과 같다.

$$\Delta E_{sys} = \Delta K + \Delta E_{th} = W_{ext} \tag{9.27}$$

계에 한 일은 계의 운동 에너지나 열에너지 또는 둘 다 증가시킬 수 있다. 일이 없을 때 총 에너지 변화가 영인 한, 운동 에너지가 열에너지로 변환될 수 있다. 열에너지를 고려하면 에너지 원리로 분석할 수 있는 문제의 범위가 크게 확대된다.

흩어지기 힘

마찰이나 끌림 같은 힘은 계의 거시적인 운동 에너지를 열에너지로 **흩어지게**(dissipated) 한다. 그러므로 이런 힘을 **흩어지기 힘**(dissipative force)이라 한다. 그림 9.23은 두 물체가 서로 미끄러질 때 미시적인 상호작용이 어떻게 거시적인 운동 에너지를 열에너지로 변환시키는지 보여준다. 마찰로 인해 두 물체 **모두** 더 따뜻해지고, 열에너지가 증가하므로 **온도가 변하는 물체를 모두 포함하도록 계를 정의해야 한다.**

그림 9.23 마찰이 있는 운동은 열에너지를 낳는다.

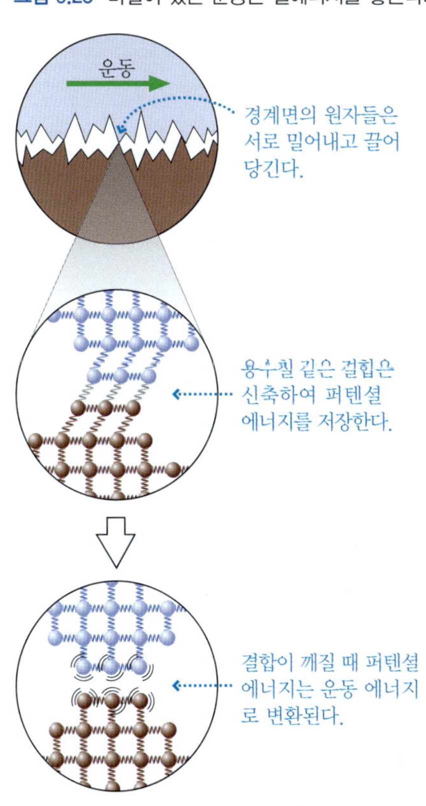

예를 들어, 그림 9.24는 마찰이 있는 수평면에서 일정한 속력으로 당겨지는 상자를 보여준다. 마찰에 의해 표면과 상자는 점점 뜨거워진다. 즉, 열에너지가 증가하고 있다. 하지만 운동 에너지는 변하지 않는다. 계를 상자 + 표면으로 정의하면, 계의 증가하는 열에너지는 전적으로 줄의 장력이 계에 한 일 때문이다. 따라서 $\Delta E_{th} = W_{tension}$이다.

상자를 거리 Δs만큼 잡아당기면서 장력이 한 일은 간단히 $W_{tension} = T\Delta s$이므로 $\Delta E_{th} = T\Delta s$이다. 상자가 일정한 속도로 움직이기 때문에 알짜힘은 없다. 따라서 장력은 마찰력과 정확히 상쇄되어야 하므로 $T = f_k$이다. 결과적으로, 흩어지기 힘인 마찰력 때문에 증가한 열에너지는

$$\Delta E_{th} = f_k \Delta s \tag{9.28}$$

이다. 열에너지의 증가는 미끄러지는 총 거리에 정비례한다. **흩어지기 힘은 항상 열에너지를 증가시키며, 결코 감소시키지 않는다.**

그림 9.24 장력이 한 일은 열에너지로 흩어진다.

계는 상자와 그 표면이다.

계

Δs

$\vec{T}$

$\vec{f}_k$

장력이 한 일은 상자와 표면의 열에너지를 증가시킨다.

마찰이 원자에 한 일을 단순히 계산하지 않은 이유가 궁금할 것이다. 다소 미묘한 이유는 일은 **입자**에 작용하는 힘에 대해서만 정의된다는 것이다. 경계면에 있는 개별 원자가 이리저리 끌리면서 얻은 일이 있지만, 이 일을 계산하려면 원자 수준의 마찰력에 대한 자세한 지식이 필요하다. 마찰력 $\vec{f}_k$는 물체 전체에 대한 평균 힘이지, 특정 입자에 대한 힘이 아니므로 일을 계산할 때 사용할 수 없다. 더구나, 열에너지 증가는 상자에서 표면으로 또는 표면에서 상자로의 에너지 전달(일의 정의)이 아니다. 상자와 표면 **모두** 열에너지를 얻고 있다. **입자에 한 일을 계산하는 데 사용된 방법을 흩어지기 힘이 한 일을 계산하는 데 사용할 수 없다.**

예제 9.10 증가하는 운동 에너지와 열에너지

장력이 30 N인 줄이 수평 바닥에 정지해 있는 질량이 10 kg인 나무 상자를 3.0 m 끌고 갔다. 나무 상자와 바닥 사이의 마찰 계수는 0.20이다. 열에너지는 얼마나 증가하는가? 나무 상자의 나중 속력은 얼마인가?

핵심 나무 상자와 바닥으로 계를 구성한다. 줄의 장력은 계에 일을 하지만 수직 항력과 중력은 수직 힘이므로 일을 하지 않는다.

풀이 에너지 원리인 식 (9.27)은 $\Delta K + \Delta E_{th} = W_{ext}$이다. 수평 바닥에서 움직이는 물체에 작용하는 마찰력은 $f_k = \mu_k n = \mu_k mg$이므로 열에너지의 증가는 식 (9.28)에 따라 다음과 같다.

$$\Delta E_{th} = f_k \Delta s = \mu_k mg \Delta s$$
$$= (0.20)(10\,\text{kg})(9.80\,\text{m/s}^2)(3.0\,\text{m}) = 59\,\text{J}$$

장력이 한 일은 $W_{ext} = T\Delta s = (30\,\text{N})(3.0\,\text{m}) = 90\,\text{J}$이다. 이 중 59 J은 증가하는 열에너지로 가므로 $\Delta K = 31\,\text{J}$이 나무 상자의 운동 에너지의 변화이다. $K_i = 0\,\text{J}$이므로 $K_f = \Delta K = 31\,\text{J}$이다. 운동 에너지의 정의를 사용하여 구한 나무 상자의 나중 속력은 다음과 같다.

$$v_f = \sqrt{\frac{2K_f}{m}} = \sqrt{\frac{2(31\,\text{J})}{10\,\text{kg}}} = 2.5\,\text{m/s}$$

검토 나무 상자와 바닥 모두의 열에너지는 59 J만큼 증가한다. 나무 상자(또는 바닥)만의 ΔE_{th}를 결정할 수는 없다.

9.6 일률

일은 환경과 계 사이의 에너지 전달이다. 많은 경우에 에너지가 얼마나 빨리 전달되는지 알고 싶다. 힘이 재빨리 작용하고 에너지를 매우 빠르게 전달하는가, 아니면 힘이 느리게 작용하고 에너지를 느리게 전달하는가? 전동기를 사용하여 1000 kg의 벽돌을 20 m 위로 들어 올리는 경우에, 전동기가 이 작업을 하는 데 30 s 걸리느냐, 30 min 걸리느냐는 큰 차이이다.

얼마나 빠른가의 질문은 **비율**에 대해 말하고 있다는 것을 의미한다. 예를 들어, 물체의 속도, 즉 얼마나 빨리 움직이는가는 위치의 **변화율**이다. 그래서 에너지가 얼마나 빨리 전달되는지에 관한 질문은 에너지의 **전달률**(rate of transfer)에 대한 이야기다. 에너지가 전달되거나 변형되는 비율을 **일률**(power) P라고 하며, 다음과 같이 정의한다.

> 일률의 영국 단위는 마력(horsepower)이다. 와트에 대한 전환 인자는
>
> $$1\text{마력} = 1\ \text{hp} = 746\ \text{W}$$
>
> 이다. 전동기와 같은 많은 일반 가전제품은 마력으로 등급을 나눈다.

$$P = \frac{dE_{sys}}{dt} \tag{9.29}$$

일률의 단위는 **와트**(watt)인데, 1와트 = 1 W = J/s이다. 일률에 사용되는 일반적인 접두어에는 mW(밀리와트), kW(킬로와트), MW(메가와트)가 있다.

예를 들어, 예제 9.10에서 30 N의 장력이 걸린 줄은 계에 일을 하여 90 J의 에너지를 전달했다. 나무 상자를 3.0 m 끄는 데 10 s 걸렸다면 에너지가 전달되는 비율은 9 J/s이다. 이 에너지를 공급하는 것이 무엇이든 간에(사람이든 전동기이든) 9 W의 '출력'을 가지고 있다고 말한다.

에너지 전달의 **비율**로서 일률의 개념은 에너지의 형태와 상관없이 적용된다. 그림 9.25는 일률에 대한 세 가지 예를 보여준다. 지금은 주로 에너지 전달원으로서 일에 초점을 맞출 것이다. 이처럼 제한된 범위 내에서 일률은 단순히 **일을 하는 비율**, 즉

$P = dW/dt$이다. 힘 $\vec{F}$가 작용하는 동안 입자가 움직인 작은 변위가 $d\vec{r}$이면 힘이 한 작은 양의 일 dW는 다음과 같다.

$$dW = \vec{F} \cdot d\vec{r}$$

변화율을 얻기 위해 양변을 dt로 나누면

$$\frac{dW}{dt} = \vec{F} \cdot \frac{d\vec{r}}{dt}$$

가 된다. 그런데 $d\vec{r}/dt$는 속도 $\vec{v}$이므로 일률을

$$P = \vec{F} \cdot \vec{v} = Fv \cos\theta \qquad (9.30)$$

와 같이 쓸 수 있다. 즉, 입자에 작용하는 힘이 입자에 전달하는 일률은 작용하는 힘과 입자 속도의 점곱이다.

그림 9.25 일률의 예

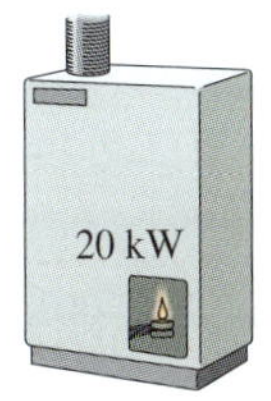

예제 9.11 전동기의 출력

공장에서 300 kg의 기계를 공장 바닥의 적절한 위치로 끌고 가는데 전동기와 케이블을 사용한다. 기계를 속력 0.50 m/s로 끌기 위해서 전동기가 공급해야 하는 출력은 얼마인가? 기계와 바닥 사이의 마찰 계수는 0.60이다.

풀이 케이블을 통해 전동기가 가하는 힘은 장력 $\vec{T}$이다. 이 힘이 일률 $P = Tv$로 기계에 일을 한다. 기계는 일정한 속도로 운동하므로 평형 상태에 있다. 따라서 줄의 장력은 마찰력과 상쇄되므로

$$T = f_k = \mu_k mg$$

이고, 전동기의 출력은 다음과 같다.

$$P = Tv = \mu_k mgv = 882 \text{ W}$$

예제 9.12 자동차 엔진의 출력

1500 kg의 자동차가 전면이 폭 1.6 m, 높이 1.4 m이고 끌림 계수 0.50, 굴림 마찰 계수 0.02이다. 엔진의 동력이 바퀴에 전달될 때 25%가 '손실'된다면, 속력 30 m/s(≈ 65 mph)로 정주행하기 위해서 엔진이 제공해야 하는 출력은 얼마인가?

풀이 일정한 속력으로 움직이는 자동차의 알짜힘은 영이다. 굴림 마찰과 공기 저항 둘 다 운동을 방해한다. 자동차를 추진하는 힘 $\vec{F}_{car}$(이 힘은 실제로는 구동 휠이 지면을 뒤로 미는 힘 $\vec{F}_{car\ on\ ground}$에 대한 반작용인 $\vec{F}_{ground\ on\ car}$이다)는 방해하는 두 힘과 정확히 상쇄된다. 즉

$$F_{car} = f_r + F_{drag}$$

인데, $\vec{F}_{drag}$는 공기에 의한 끌림힘이다. 굴림 마찰과 끌림이 도입된 6장의 결과를 사용하면 위 식은 다음과 같다.

$$F_{car} = \mu_r mg + \tfrac{1}{2}C\rho A v^2 = 294 \text{ N} + 655 \text{ N} = 949 \text{ N}$$

여기서 $A = (1.6 \text{ m}) \times (1.4\text{m})$는 자동차의 앞 단면 넓이이고, 공기의 밀도로는 1.3 kg/m^{3}를 사용했다. 자동차를 30 m/s로 추진하는데 필요한 동력은 다음과 같다.

$$P_{car} = F_{car}\,v = (949 \text{ N})(30 \text{ m/s}) = 28{,}500 \text{ W} = 38 \text{ hp}$$

이것은 마찰과 공기 저항의 흩어지기 힘에 대항하여 차를 추진하기 위해 자동차 바퀴에서 필요로 하는 동력이다. 자동차는 물 펌프, 파워 스티어링, 기타 보조 장치를 작동하기 위해 일부 에너지를 사용하므로 엔진의 출력은 더 커야 한다. 또한 동력 전달 장치에 있는 마찰로 에너지가 손실된다. 출력의 25%가 손실된다면(전형적인 값), $P_{car} = 0.75P_{engine}$이므로 엔진의 출력은 다음과 같다.

$$P_{engine} = \frac{P_{car}}{0.75} = 38{,}000 \text{ W} = 51 \text{ hp}$$

검토 자동차 엔진은 일반적으로 약 200 hp 정도이다. 그 출력의 대부분은 빠른 가속과 언덕 오르기에 사용된다.

응용 예제 9.13 | 벽돌 멈추기

길이 25.0 cm의 용수철이 바닥에 수직으로 세워져 있으며 용수철의 아래 끝은 바닥에 고정되어 있다. 1.5 kg의 벽돌을 용수철 바로 위 40 cm 높이에서 잡고 있다가 놓아준다. 용수철은 벽돌을 다시 위로 밀어내기 직전에 길이 17.0 cm까지 압축된다. 용수철의 용수철 상수는 얼마인가?

핵심 벽돌만을 계로 구성하고, 벽돌은 입자로 모형화한다. 용수철은 이상적이라고 가정한다. 중력은 벽돌에 일을 하고, 용수철은 벽돌과 접촉한 뒤에 일을 한다.

시각화 그림 9.26은 전·후 그림 표현이다. y축의 원점을 용수철의 위 끝의 평형 위치로 선택했다. 용수철의 전과 후의 길이 차이인 8.0 cm는 최대로 압축된 용수철의 변위이다. 최대 압축 지점은 벽돌의 반환점으로 벽돌이 방향을 거꾸로 해서 움직이려고 하는 순간이다. 그러므로 이때 벽돌의 순간 속도는 영이다.

그림 9.26 벽돌과 용수철의 그림 표현

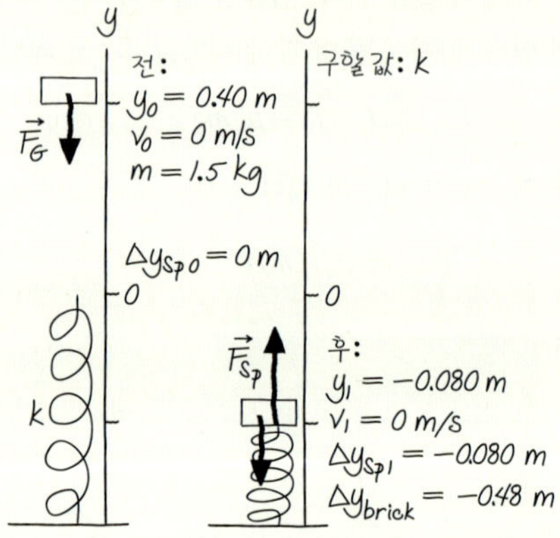

풀이 처음에는 문제가 두 부분으로 이루어진 것처럼 보인다(용수철과 부딪치기 전까지 자유낙하, 그 다음에 용수철이 압축되면서 감속). 그러나 에너지 원리 $\Delta E_{sys} = \Delta K = W_{tot} = W_G + W_{Sp}$를 사용하면 단번에 해결할 수 있다. 흥미롭게도 $\Delta K = 0$이다. 왜냐하면 처음에, 그리고 다시 용수철의 최대 압축점에서 순간적으로 정지해 있었기 때문이다. 그 결과 $W_{tot} = 0$이다. 이것은 이상한 게 아니다. 왜냐하면 중력은 양의 일을 하고(아래로 향하는 중력은 벽돌의 변위 방향이다) 용수철은 음의 일을 하기(위로 향하는 용수철 힘은 변위에 반대이다) 때문이다.

중력이 한 일은 다음과 같다.

$$W_G = (F_G)_y \Delta y_{brick} = -mg\,\Delta y_{brick}$$

여기서 Δy_{brick}은 벽돌의 총 변위이다. $(F_G)_y = -mg$에서 음의 부호가 나왔지만 $\Delta y_{brick} = y_1 - y_0 = -0.48$ m도 음의 값이기 때문에 W_G는 양의 값이다. 벽돌이 처음에 가속한 다음 용수철과 부딪치면서 재빨리 느려지는데, 중력이 한 일을 계산하는 것이 그렇게 간단하다는 게 이상하게 보일 수 있다. 그러나 일은 물체가 얼마나 빨리 또는 느리게 움직이는 것에 상관없이 변위에만 의존한다.

용수철의 변위가 벽돌의 변위와 같지 않기 때문에 이에 주의해야 한다. 용수철은 접촉이 이루어질 때 압축되기 시작하므로 벽돌을 떨어뜨릴 때는 $\Delta y_{Sp\,0} = 0$ m이다. 용수철이 한 일은 접촉하여 최대로 압축될 때까지 계속되며, 이때 용수철의 변위는 $\Delta y_{Sp\,1} = -0.080$ m이다. 따라서 용수철이 한 일은 식 (9.25)에 따라 다음과 같다.

$$W_{Sp} = -\left(\tfrac{1}{2}k(\Delta y_{Sp\,1})^2 - \tfrac{1}{2}k(\Delta y_{Sp\,0})^2\right) = -\tfrac{1}{2}k(\Delta y_{Sp\,1})^2$$

이와 같은 두 가지 일에 관한 정보를 사용하면 에너지 원리는 다음과 같다.

$$\Delta K = 0 = W_G + W_{Sp} = -mg\,\Delta y_{brick} - \tfrac{1}{2}k(\Delta y_{Sp\,1})^2$$

용수철 상수에 대해 풀면 다음과 같다.

$$k = -\frac{2mg\Delta y_{brick}}{(\Delta y_{Sp\,1})^2} = -\frac{2(1.5\text{ kg})(9.80\text{ m/s}^2)(-0.48\text{ m})}{(-0.080\text{ m})^2}$$
$$= 2200\text{ N/m}$$

검토 2200 N/m는 꽤 큰 용수철 상수이지만, 1.5 kg짜리 벽돌이 떨어지는 것을 멈출 용수철에 대한 값으로는 타당해 보인다. 이 문제의 복잡성은 수학이 아니라 추론에 있다. 수학 자체는 상당히 단순하다. 이 문제는 에너지 추론을 어떻게 적용하는지 보여주는 좋은 예이다.

서술형 질문

1. 입자의 속력이 두 배만큼 증가하면 운동 에너지는 몇 배만큼 변하는가?

2. 케이블 1개로 고정된 승강기가 상승하고 있지만 점차 느려진다. 장력이 한 일은 양의 값인가, 음의 값인가, 아니면 영인가? 중력이 한 일은 어떤가? 설명하시오.

3. 0.2 kg짜리 플라스틱 카트와 20 kg짜리 납 카트는 둘 다 수평면에서 마찰 없이 구른다. 정지해 있던 두 카트를 같은 힘을 사용하여 1 m의 거리만큼 앞으로 밀었다. 1 m 이동한 후 운동 에너지는 플라스틱 카트가 납 카트보다 큰가, 작은가, 아니면 같은가? 설명하시오.

4. 입자가 그림 Q9.4에 보이는 닫힌 경로를 따라 연직면에서 이동하는데, 점 A에서 시작하여 결국 시작점으로 되돌아온다. 중력이 한 일은 양의 값인가, 음의 값인가, 아니면 영인가? 설명하시오.

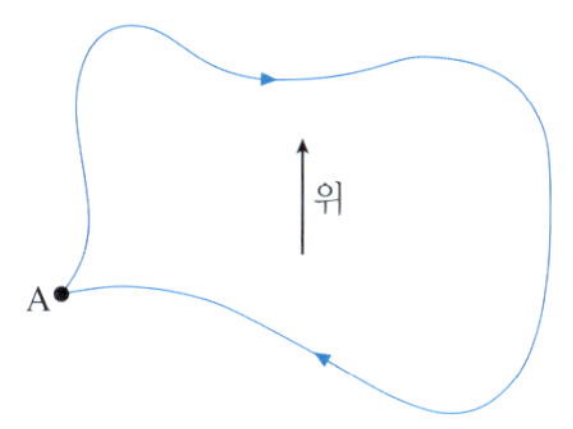

그림 Q9.4

5. 줄에 매달린 공이 둘레가 2.0 m인 원을 따라 한 번 움직였다. 줄의 장력은 5.0 N이었다. 장력이 한 일은 얼마인가?

6. 늘어나지 않은 용수철의 길이는 10 cm이다. 길이 11 cm로 늘어나면 용수철은 복원력 F를 작용한다.
   a. 복원력이 $3F$인 용수철의 길이는 얼마인가?
   b. 압축된 용수철의 복원력이 $2F$이면 그 길이는 얼마인가?

7. 60 mph로 주행하는 자동차의 운전자가 브레이크를 급히 밟아서 차가 미끄러지다 멈췄다. 브레이크를 밟기 직전에 차에 있던 운동 에너지는 어떻게 되었는가?

연습문제

표시가 된 연습문제들은 이전 장들에서 다룬 내용과 관련이 있다.

연습

9.2 단일 입자의 일과 운동 에너지

1. | 550 m/s로 발사된 8 g의 총알과 6 m/s로 달리는 60 kg의 학생 중 어느 쪽이 운동 에너지가 더 큰가?

2. || 어머니의 질량은 어린 아들의 질량의 세 배이다. 둘 다 동일한 운동 에너지로 달리고 있다면 둘의 속력의 비 v_{son}/v_{mother}는 얼마인가?

3. | 수평면에서 왼쪽으로 미끄러지고 있는 20 kg의 상자를 수평인 줄이 10 N의 장력으로 오른쪽으로 잡아당겨서 상자가 30 cm 이동한 후 멈췄다. (a) 장력과 (b) 중력이 한 일은 각각 얼마인가?

4. || 20 g의 입자가 속력 30 m/s로 왼쪽으로 이동하고 있는데, 입자에 작용하는 힘 때문에 입자가 오른쪽으로 30 m/s의 속력으로 움직이게 되었다. 그 힘이 한 일은 얼마인가?

5. | 35 m 높이의 다리에서 5.5 g의 동전을 4.0 m/s의 속력으로 똑바로 아래로 던졌다.
   a. 동전이 아래의 물에 떨어질 때까지 중력이 한 일은 얼마인가?
   b. 동전이 물에 닿을 때 그 속력은 얼마인가?

9.3 한 일의 계산

6. | 다음의 경우에 점곱 $\vec{A}\cdot\vec{B}$를 계산하시오.
   a. $\vec{A}=4\hat{\imath}-2\hat{\jmath}$과 $\vec{B}=-2\hat{\imath}-3\hat{\jmath}$
   b. $\vec{A}=-4\hat{\imath}+2\hat{\jmath}$과 $\vec{B}=2\hat{\imath}+4\hat{\jmath}$

7. | 다음의 경우에 벡터 $\vec{A}$와 $\vec{B}$ 사이의 각 θ는 얼마인가?
   a. $\vec{A}=3\hat{\imath}+4\hat{\jmath}$과 $\vec{B}=2\hat{\imath}-6\hat{\jmath}$
   b. $\vec{A}=3\hat{\imath}-2\hat{\jmath}$과 $\vec{B}=6\hat{\imath}+4\hat{\jmath}$

8. | 그림 EX9.8에 있는 벡터 세 쌍의 점곱을 계산하시오.

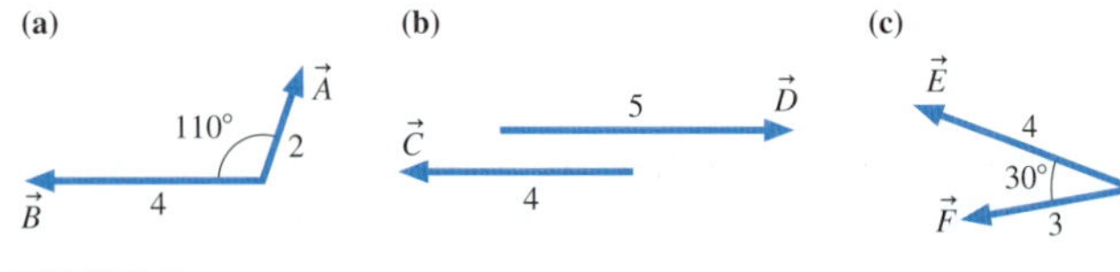

그림 EX9.8

9. || 공중에 떠 있는 45 g의 곤충에 한 줄기 바람이 $\vec{F}=(4.0\hat{\imath}-6.0\hat{\jmath})\times10^{-2}$ N의 힘을 작용했다.
   a. 곤충이 $\Delta\vec{r}=(2.0\hat{\imath}-2.0\hat{\jmath})$ m만큼 이동했다면 바람이 한 일은 얼마인가?
   b. 이 이동 끝에서 곤충의 속력은 얼마인가? 그 속력은 전적으로 바람 때문이라고 가정한다.

10. || 그림 EX9.10의 조감도에 나타낸 줄 세 가닥을 사용하여 바닥에 있는 나무 상자를 3.0 m 끌고 간다. 세 힘 각각이 한 일은 얼마인가?

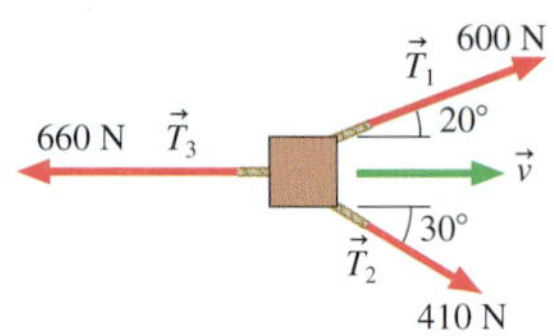

그림 EX9.10

11. || x축을 따라 이동하는 500 g의 입자가 그림 EX9.11에 나타낸 힘을 경험한다. 입자의 속도는 $x=0$ m에서 2.0 m/s이다. $x=3$ m에서 입자의 속도는 얼마인가?

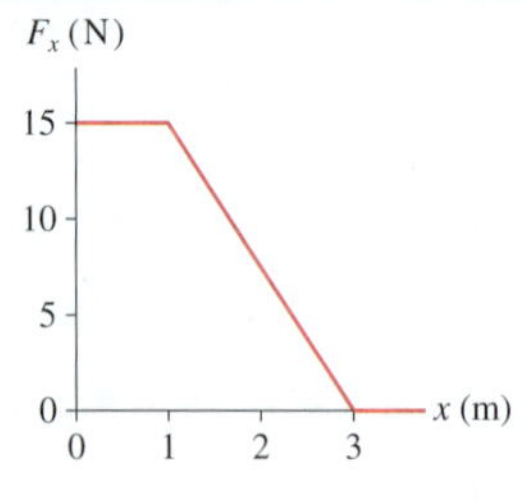

그림 EX9.11

12. || x축에서 움직이는 입자가 $F_x=qx^2$의 힘을 경험한다. 여기서 q는 상수이다. 입자가 $x=0$에서 $x=d$까지 움직일 때 힘이 한 일은 얼마인가?
CALC

9.4 복원력과 용수철이 한 일

13. | 용수철 상수가 750 N/m인 수평 용수철이 벽에 부착되어 있다. 운동선수가 벽에 부착되어 있지 않는 용수철의 끝을 눌러서 5.0 cm 압축한다면, 운동선수가 민 힘은 얼마인가?

14. || 10 cm 길이의 용수철이 천장에 부착되어 있다. 2.0 kg의 추를 용수철에 매달면 용수철은 15 cm의 길이로 늘어난다.
   a. 용수철 상수는 얼마인가?
   b. 3.0 kg의 추를 매단다면 용수철의 길이는 얼마인가?

15. || 그림 EX9.15와 같이 용수철 저울에 매달려 있는 5.0 kg의 추가 수직 용수철을 향해 천천히 내려간다. 저울 눈금은 뉴턴 단위이다.
   a. 추가 아래의 용수철에 접촉하기 직전에 저울 눈금은 얼마인가?
   b. 아래에 있는 용수철이 2.0 cm만큼 압축되었을 때 저울 눈금은 20 N이다. 아래에 있는 용수철의 용수철 상수는 얼마인가?
   c. 저울 눈금이 영일 때 압축 길이는 얼마인가?

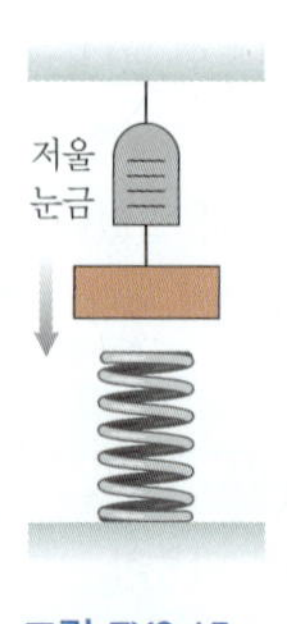

그림 EX9.15

9.5 흩어지기 힘과 열에너지

16. | 기체 상태의 헬륨 원자 1몰(6.02×10^{23}개)은 상온에서 3700 J의 미시적 운동 에너지를 가진다. 모든 원자가 같은 속력으로 움직인다고 가정하면, 그 속력은 얼마인가? 헬륨 원자의 질량은 6.68×10^{-27} kg이다.

17. || 수하물 처리기는 비행기 화물실의 바닥으로 15 kg의 여행 가방을 1.2 m/s의 속력으로 내보낸다. 여행 가방은 2.0 m를 미끄러지다가 멈춘다. 일과 에너지를 사용하여 바닥과 여행 가방 사이의 운동 마찰 계수를 구하시오.

18. || 30 kg의 소년이 8.0 m 높이의 물 미끄럼틀을 타고 내려가고 있다. 그는 정지 상태에서 출발했고, 바닥에서 속력은 11 m/s이다. 소년이 하강하는 도중에 마찰 때문에 발생한 열은 얼마인가?

9.6 일률

19. | a. 강철판에 놓인 10 kg의 강철 토막을 3.0 s 동안 1.0 m/s의 일정한 속력으로 밀려면 얼마의 일을 해야 하는가?
   b. 그렇게 하는 동안 일률은 얼마인가?

20. | 정오에 태양 에너지는 1 kW/m^{2}의 세기로 지구에 도착한다. 1 h 동안 150 MJ의 에너지를 수집할 수 있는 태양열 집열기의 넓이는 얼마인가? 이것은 대략 가솔린 1갤런의 에너지 양이다.

21. || 70 kg의 단거리 선수는 3.0 s만에 정지 상태에서 10 m/s로 가속할 수 있다. 같은 시간 동안 30 kg의 그레이하운드는 정지 상태에서 20 m/s로 가속할 수 있다. 각각의 평균 일률은 얼마인가? 시간 간격 Δt 동안의 평균 일률은 $\Delta E/\Delta t$이다.
BIO

문제

22. ∥ 1000 kg의 승강기가 정지 상태에서 출발하여 10 m 가는 동안 위로 $1.0\ \text{m/s}^2$으로 가속한다.
    a. 중력이 승강기에 한 일은 얼마인가?
    b. 승강기 케이블의 장력이 승강기에 한 일은 얼마인가?
    c. 10 m 움직인 후에 승강기의 운동 에너지는 얼마인가?

23. ∥∣ 10 kg의 남자 아이가 바닥에 놓인 매트에 앉아 있다. 아이의 누나가 바닥에 대해 위로 30° 각도를 이루는 줄을 사용하여 매트를 끌고 간다. 장력은 30 N으로 일정하고 마찰 계수는 0.20이다. 일과 에너지를 사용하여 3.0 m 이동한 후의 아이의 속력을 구하시오.

24. ∣ 운동 에너지 K_0으로 똑바로 위로 쏘아진 공이 높이 h에 도달했다. 초기 운동 에너지가 두 배가 되면 도달 높이는 얼마인가?

25. ∥ 50 kg의 아이스 스케이터가 얼음판에서 정북쪽으로 4.0 m/s로 미끄러지고 있다. 얼음은 작은 정지 마찰 계수가 있어서 스케이터가 옆으로 미끄러지는 것을 방지하지만, $\mu_k = 0$이다. 갑자기 북동풍이 불어서 스케이터에 4.0 N의 힘을 작용한다.
    a. 일과 에너지를 사용하여 스케이터가 이 바람을 맞으며 100 m 미끄러진 뒤의 속력을 구하시오.
    b. 스케이터가 똑바로 북쪽을 향해 계속 움직이기 위한 μ_s의 최솟값을 구하시오.

26. ∥ 훅의 법칙은 이상 용수철을 기술하지만, 실제의 용수철은 복원력 $(F_{Sp})_s = -k\,\Delta s\ - q(\Delta s)^3$에 의해 더 잘 기술된다. 여기서 q는 상수이다. $k = 250\ \text{N/m}$와 $q = 800\ \text{N/m}^3$인 용수철을 고려하자.
CALC
    a. 이 용수철을 15 cm 압축하기 위해 해야 하는 일은 얼마인가? 뉴턴의 제3법칙에 따르면, **용수철에** 해준 일은 **용수철이** 한 일의 음의 값이다.
    b. 이상 용수철을 압축하는 데 필요한 일보다 3차 항에 의해 일이 몇 퍼센트 더 증가하였는가?

    힌트: 용수철을 s축에 따라 놓아서 용수철 끝의 평형 위치가 $s = 0$이 되도록 하면, $\Delta s = s$이다.

27. ∥ 거리 x만큼 떨어져 있고, 질량 m_1과 m_2인 두 물체 사이의 중력은 $F = Gm_1m_2/x^2$이다. 여기서 G는 **중력 상수**다.
CALC
    a. 두 물체 사이의 거리가 x_1에서 x_2로 바뀔 때 중력이 한 일은 얼마인가? $x_2 < x_1$로 가정한다.
    b. 한 질량이 다른 질량보다 훨씬 더 크다면 질량이 큰 쪽은 거의 정지해 있는 반면에 질량이 작은 쪽은 큰 쪽을 향해 움직인다. 1.5×10^{13} kg의 혜성이 화성의 궤도를 통과하고 있다고 하자. 이때 혜성의 속력은 3.5×10^4 m/s이고 태양을 똑바로 향하고 있다. 혜성이 수성의 궤도를 가로지를 때의 속력은 얼마인가? 천문학적 자료는 이 책의 뒤 표지 안쪽에 있고 $G = 6.67 \times 10^{-11}\ \text{Nm}^2/\text{kg}^2$이다.

28. ∥ 50 g의 돌멩이를 새총에 장착하고 고무줄을 잡아당긴다. 돌멩이에 작용하는 고무줄의 힘의 크기가 그림 P9.28의 그래프에 그려져 있다. 고무줄을 30 cm 늘였다가 놓아준다면 돌멩이의 속력은 얼마인가?

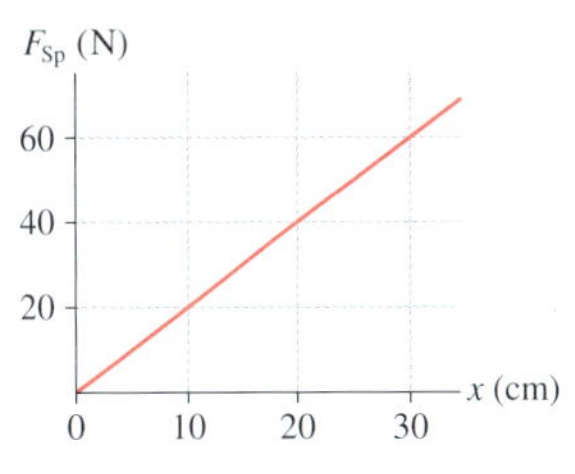

그림 P9.28

29. ∥ 동일한 수평 용수철 2개를 마찰 없는 탁자 위에 놓인 상자의 반대쪽에 부착한다. 용수철은 각각 평형 길이 상태에 있고, 용수철의 바깥쪽 끝은 고정되어 있다. 이제 용수철에 평행하게 상자에 작용하는 2.0 N의 힘은 한 용수철을 3.0 cm만큼 압축하고 다른 용수철은 동일한 양만큼 늘인다. 용수철의 용수철 상수는 얼마인가?

30. ∥ 용수철 상수가 250 N/m인 수평 용수철을 12 cm 압축한 다음 그 용수철을 사용하여 바닥에 놓인 250 g의 상자를 발사한다. 상자와 바닥 사이의 운동 마찰 계수는 0.23이다. 상자의 발사 속력은 얼마인가?

31. ∥ 수력 발전소는 회전하는 터빈을 사용하여 움직이는 물의 운동 에너지를 전기 에너지로 전환하는데, 그 효율은 80%이다. 다시 말해, 운동 에너지의 80%가 전기 에너지가 된다. 낙하하는 물의 속력이 18 m/s일 때, 댐의 바닥에 설치된 작은 수력 발전소가 50 MW의 전력을 생산한다. 터빈을 통과하는 물의 흐름률(초당 물의 킬로그램 양)은 얼마인가?

32. ∥ 농부가 트랙터를 사용하여 위로 15°인 경사로를 따라 150 kg의 건초 더미를 헛간까지 일정한 속력 5.0 km/h로 끌고 간다. 건초 더미와 경사로 사이의 운동 마찰 계수는 0.45이다. 트랙터의 출력은 얼마인가?

33. ∥ 천문학자들은 지름 2.0 m의 망원경을 사용하여 먼 거리의 초신성(폭발하는 별)을 관찰한다. 망원경 탐지기는 처음 10 s 동안 9.1×10^{-11} J의 빛에너지를 기록했다. 이러한 유형의 초신성은 폭발의 처음 10 s 동안 5.0×10^{37} W의 가시광 출력을 내는 것으로 알려져 있다. 초신성은 얼마나 멀리 떨어져 있는가? 빛이 일 년 동안 진행하는 거리를 나타내는 **광년**(light years)으로 답을 하시오. 빛의 속력은 3.0×10^8 m/s이다.

문제 34–35는 어떤 문제를 풀 때 사용한 방정식을 나타내고 있다. 이들 각각에 대해,

a. 이 식이 올바른 방정식이 되는 실제적인 문제를 서술하시오.
b. 그림 표현을 그리시오.
c. 문제의 풀이를 완성하시오.

34. $\frac{1}{2}(2.0\text{ kg})(4.0\text{ m/s})^2 + 0$
$+ (0.15)(2.0\text{ kg})(9.8\text{ m/s}^2)(2.0\text{ m}) = 0 + 0 + T(2.0\text{ m})$

35. $T - (1500\text{ kg})(9.8\text{ m/s}^2) = (1500\text{ kg})(1.0\text{ m/s}^2)$
$P = T(2.0\text{ m/s})$

응용 문제

36. ||| 정원사가 12 kg의 잔디 깎는 기계를 밀고 있는데, 그 손잡이가 수평 위로 37° 기울어져 있다. 잔디 깎는 기계의 굴림 마찰 계수는 0.15이다. 잔디 깎는 기계를 1.2 m/s의 일정 속력으로 밀려면 정원사가 제공해야 하는 일률은 얼마인가? 그가 손잡이와 평행하게 민다고 가정한다.

10 상호작용과 퍼텐셜 에너지

Interactions and Potential Energy

이 풍차는 바람의 운동 에너지를 전기 에너지로 변환한다.

이 장에서는 에너지와 에너지 보존에 대해 더 잘 이해하게 될 것이다.

상호작용이 에너지에 어떤 영향을 미치는가?

상호작용을 외력으로 취급하기보다는 계의 일부가 되는 상황에서 에너지에 대한 탐구를 계속한다. 여러분은 상호작용이 계 내부에 에너지를 저장할 수 있음을 알게 될 것이다. 또한 이 상호작용 에너지는 상호작용 힘을 통해 운동 에너지로 변환될 수 있다.

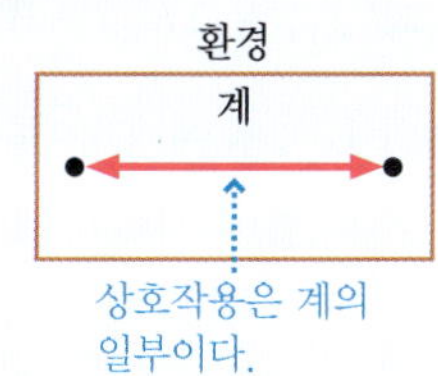

퍼텐셜 에너지란 무엇인가?

상호작용 에너지는 일반적으로 퍼텐셜 에너지라 불린다. 퍼텐셜 에너지에는 여러 종류가 있는데, 각각은 위치와 관련되어 있다.

- 중력 퍼텐셜 에너지는 높이에 따라 변한다.
- 탄성 퍼텐셜 에너지는 늘어난 길이에 따라 변한다.

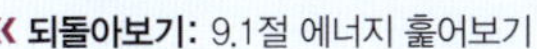

« 되돌아보기: 9.1절 에너지 훑어보기

에너지는 언제 보존되는가?

- 계가 고립되어 있으면 계의 총에너지는 보존된다.
- 계가 고립되어 있고 흩어지기 힘이 없으면 계의 역학적 에너지 $K + U$는 보존된다.

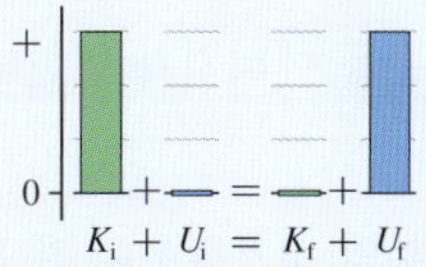

에너지 막대 도표는 에너지 보존을 시각화해주는 도구이다.

에너지 도형이란 무엇인가?

에너지 도형은 입자가 움직일 때 그 에너지가 어떻게 변하는지를 도형으로 표현한 것이다. 반환점은 총에너지 선과 퍼텐셜 에너지 곡선이 교차하는 지점에 생긴다. 그리고 퍼텐셜 에너지의 극소점은 안정 평형점이다.

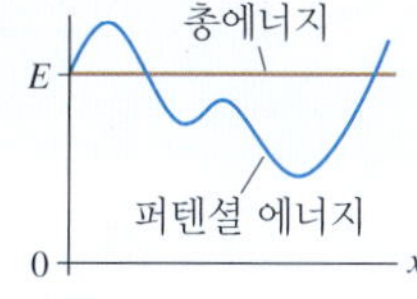

힘과 퍼텐셜 에너지는 어떻게 관련되어 있는가?

보존력이라고 하는 특정 유형의 힘만이 퍼텐셜 에너지와 관련되어 있다. 보존력인 경우에

- 일을 하면 퍼텐셜 에너지가 $\Delta U = -W$만큼 바뀐다.
- 힘은 퍼텐셜 에너지 곡선의 기울기의 음수이다.

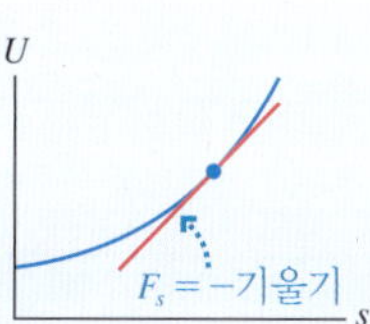

현 단계는 에너지에 대한 논의에서 어디쯤에 해당하는가?

에너지는 큰 주제이기 때문에 한 장에서 제시할 수 없다. 9장과 10장은 주로 역학적 에너지와 일을 통한 역학적 에너지 전달에 관한 것이다. 마찰이 있는 현실적인 역학계에서는 열에너지를 피할 수 없어서 열에너지도 논의한다. 에너지 원리 때문에 이것들 사이에는 다음과 같은 관계가 있다.

$$\Delta E_{sys} = \Delta K + \Delta U + \Delta E_{th} = W_{ext}$$

V부 열역학에서는 열에너지를 더 깊이 이해할 수 있도록 에너지 개념을 확장하여 열을 포함할 것이다. 그런 다음 VI부에서 또 다른 형태의 에너지인 전기 에너지를 추가할 것이다.

10.1 퍼텐셜 에너지

공을 용수철에 대고 눌렀다가 놓으면 공이 앞으로 튕겨 나온다. 확실히 공으로 전달된 에너지를 용수철이 저장하고 있었던 것 같다. 또는 공을 똑바로 위로 던지는 것을 상상해보자. 공이 느려질 때 운동 에너지는 어디로 가는가? 그리고 공이 떨어질 때 어디에서 운동 에너지를 얻는가? 공이 올라가면서 에너지가 어딘가에 저장되고 공이 떨어지면서 에너지가 방출된다는 느낌이 또 든다. 그런데 에너지가 실제로 저장되는가? 그리고 저장된다면, 어디에? 또 어떻게? 이러한 질문에 대답하는 것이 기본 에너지 모형에 대한 이해를 넓히는 핵심이 된다.

9장은 계와 환경의 중요성을 강조했다. 계에는 에너지 E_{sys}가 있고 환경이 작용하는 힘, 즉 외력이 계에 일을 하여 계의 에너지를 변화시킨다. 9장에서는 입자계만을 고려했고 모든 힘은 환경에서 유래했다. 그러나 이것이 계를 정의하는 유일한 방법은 아니다. 상호작용의 일부를 계 안으로 가져오면 어떻게 되는가?

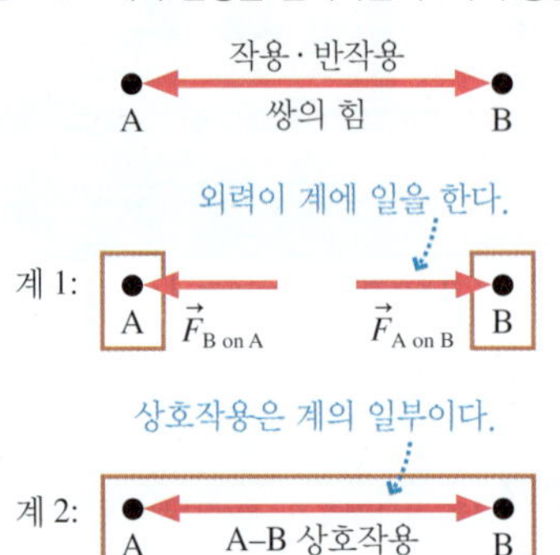

그림 10.1 계와 환경을 선택하는 두 가지 방법

그림 10.1은 입자 같은 물체 A와 B가 서로 상호작용하지만 다른 어떤 것과도 상호작용하지 않는 것을 나타낸다. 예를 들어, 이들은 용수철로 연결한 두 물체일 수 있고, 서로에게 중력을 작용하는 두 질량 또는 서로에게 전기력을 작용하는 두 전하 입자일 수도 있다. 상호작용이 무엇이든 간에, 이것은 뉴턴의 제3법칙을 따르는 작용·반작용 쌍의 힘이다. 계를 정의하는 두 가지 방법이 있다.

계 1은 두 입자만으로 구성한 계로서, 힘은 외력이 된다. 이것은 바로 9장에서 했던 분석이므로 계 1의 에너지 원리는

$$\Delta E_{sys\,1} = \Delta K_{tot} = W_{ext} = W_A + W_B \tag{10.1}$$

가 된다. 여기서 K_{tot}는 A와 B의 총에너지이다. 일 W_A는 힘 $\vec{F}_{B\,on\,A}$가 A에 한 일이고, 마찬가지로 W_B는 힘 $\vec{F}_{A\,on\,B}$가 B에 한 일이다. 이 두 힘이 한 일은 계의 에너지를 변화시킨다.

다음으로 똑같은 두 입자를 고려하지만, 상호작용까지 포함되도록 계 2를 선택한다. 계는 물리적인 것이 아니라는 점을 인식하는 것이 중요하다. 계는 원하는 대로 정의할 수 있는 분석 도구이며, 그 선택 때문에 물리적인 물체의 행동이 달라지지 않는다. 물체 A와 B는 선택한 계를 감지하지 못하기 때문에 ΔK_{tot}는 계 1과 계 2에서 정확히 동일하다. 그러나 W_{ext}는 **변경되었다.** 계 2에는 계 안팎으로 에너지를 전달하는 외력이 없기 때문에 $W_{ext}=0$이다. 따라서 계 2의 에너지 원리는 다음과 같다.

$$\Delta E_{sys\,2} = W_{ext} = 0 \tag{10.2}$$

이제 $\Delta E_{sys1} \neq \Delta E_{sys\,2}$라는 사실은 문제가 되지 않는다. 어쨌든 그것들은 다른 계이다. 그렇지만 계 2에서 운동 에너지가 변한다는 것을 알고 있는데, 어떻게 $\Delta E_{sys\,2}=0$이 될 수 있는가?

계 1에는 없는 계 내부의 상호작용이 계 2에는 있기 때문에, 계 2에는 추가적으로

상호작용과 관련된 에너지 형태가 있다고 가정해보자. 즉, 계 1에서는 입자에 운동 에너지만 있기 때문에 $E_{\mathrm{sys}\,1} = K_{\mathrm{tot}}$이지만, 계 2에서는 $E_{\mathrm{sys}\,2} = K_{\mathrm{tot}} + U$이다. 여기서 U는 상호작용 에너지로서 **퍼텐셜 에너지**(potential energy)라고 한다.

이것이 맞다면, 식 (10.2)에서 $\Delta E_{\mathrm{sys}\,2} = 0$과 식 (10.1)의 ΔK_{tot}에 대한 지식을 결합하여 다음 결과를 얻는다.

$$\Delta E_{\mathrm{sys}\,2} = \Delta K_{\mathrm{tot}} + \Delta U = (W_{\mathrm{A}} + W_{\mathrm{B}}) + \Delta U = 0 \tag{10.3}$$

즉, 퍼텐셜 에너지가

$$\Delta U = -(W_{\mathrm{A}} + W_{\mathrm{B}}) = -W_{\mathrm{int}} \tag{10.4}$$

와 같이 변한다면 계 2에서 $\Delta E_{\mathrm{sys}\,2} = 0$일 수 있다. 여기서 W_{int}는 상호작용 힘이 계 내부에서 한 전체 일이다.

식 (10.3)에 따르면 퍼텐셜 에너지가 감소하면($\Delta U < 0$) 운동 에너지가 그 양만큼 증가할 수 있다($\Delta K > 0$). 운동 에너지로 (또는 다른 상황에서는 열에너지로) 변환될 잠재성이 있는 **에너지를 상호작용은 계 내부에 저장한다**는 것이다. 그래서 이름이 퍼텐셜 에너지이다. 이 개념은 구체적인 예를 보면 더 명확해질 것이다. 그리고 상호작용과 관련된 에너지의 존재를 가정했기 때문에, 퍼텐셜 에너지가 정의될 수 있는 상호작용의 유형을 조사할 필요가 있다.

계가 중요하다

문제를 풀 때 여러분은 계를 정의해야 한다. 그러나 그 선택에는 결과가 따른다! E_{sys}는 계의 에너지이므로, 다른 계에서는 에너지가 다를 것이다. 마찬가지로, W_{ext}는 환경에서 유래하는 힘이 계에 한 일이고, 그것은 계와 환경의 경계에 달려 있다.

그림 10.1에서 계 1은 입자만으로 제한한 계이므로 계 1에는 운동 에너지만 있다. 모든 상호작용 힘은 일을 하는 외력이다. 따라서 계 1은 다음 식을 따른다.

$$\Delta E_{\mathrm{sys}} = \Delta K_{\mathrm{tot}} = W_{\mathrm{A}} + W_{\mathrm{B}}$$

계 2는 상호작용을 포함하므로 계 2에는 운동 에너지와 퍼텐셜 에너지가 모두 있다. 그러나 그렇게 선택한 계 경계는 외력이 한 일은 없다는 것을 의미한다. 그래서 계 2의 경우에는 다음 식이 성립한다.

$$\Delta E_{\mathrm{sys}} = \Delta K_{\mathrm{tot}} + \Delta U = 0$$

두 가지 수학적 진술은 서로 다른 계를 지칭하기 때문에 참이다. 계 2의 경우, 운동 에너지는 퍼텐셜 에너지로 변환될 수 있고, 그 역도 가능하지만, **계의 총에너지는 변하지 않는다**. 에너지 보존이라는 개념이 처음으로 어렴풋이 드러난 것이다.

기억해야 할 점은 **계를 어떻게 선택해도 괜찮지만 서로 다른 계를 섞거나 정합시킬 수 없다**는 것이다. 일을 계산하도록 계를 정의할 수 있고, 퍼텐셜 에너지를 사용하도록 계를 정의할 수도 있지만, 일과 퍼텐셜 에너지를 같이 사용하는 것은 옳지 않다.

왜냐하면 그렇게 하면 상호작용의 기여도가 두 배로 계산되기 때문이다. 따라서 에너지 분석에서 가장 중요한 단계는 분석하려는 계를 명확하게 정의하는 것이다.

10.2 중력 퍼텐셜 에너지

두 질량 사이의 중력 상호작용과 관련된 상호작용 에너지인 **중력 퍼텐셜 에너지**(gravitational potential energy)로 퍼텐셜 에너지에 대한 탐구를 시작한다. 중력 퍼텐셜 에너지의 기호는 U_G이다. '평평한 지구 근사'로 제한하면 $F_G = -mg\hat{j}$이다. 두 천체의 중력 퍼텐셜 에너지는 13장에서 다룬다.

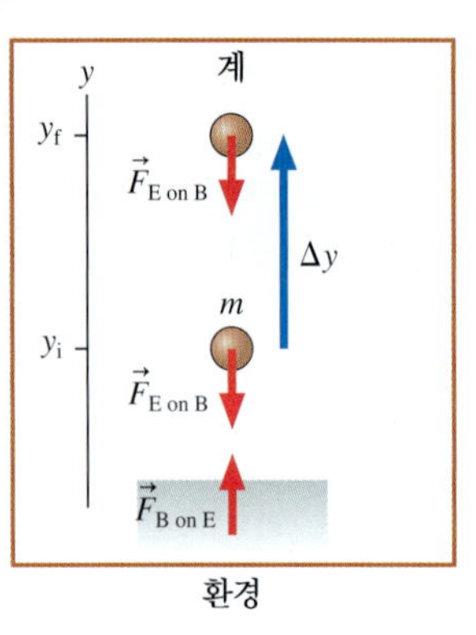

그림 10.2 공 + 지구 계에는 중력 퍼텐셜 에너지가 있다.

그림 10.2는 질량 m인 공이 초기 수직 위치 y_i에서 최종 수직 위치 y_f까지 위로 움직이는 것을 보여준다. 지구는 공에 힘 $\vec{F}_{E\ on\ B}$를 작용하고, 뉴턴의 제3법칙에 따라서 공은 지구에 크기는 같지만 방향은 반대인 힘 $\vec{F}_{B\ on\ E}$를 작용한다.

계를 공만으로 정의할 수 있다. 이 경우 중력은 공에 작용하는 외력이고, 공의 운동 에너지를 바꾼다. 이것이 바로 정확히 9장에서 했던 방식이다. 이제 계를 공 + 지구로 정의해보자. 이렇게 하면 상호작용이 계 내부에 포함되므로 (먼 거리에 있는 천체의 중력을 무시하면) 외부의 일은 없다. 대신, 식 (10.4)로 기술되는 상호작용 에너지인 중력 퍼텐셜 에너지가 있다. 즉,

$$\Delta U_G = -(W_B + W_E) \tag{10.5}$$

인데, W_B는 중력이 공에 한 일이고 W_E는 중력이 지구에 한 일이다. 후자는 실질적으로 영이다. $\vec{F}_{E\ on\ B}$와 $\vec{F}_{B\ on\ E}$는 뉴턴의 제3법칙에 따라서 크기가 같지만, 지구의 변위는 공의 변위에 비하면 완전히 무시할 수 있다. 일은 힘과 변위의 곱이기 때문에 지구에 한 일은 본질적으로 영이다. 따라서 다음과 같이 쓸 수 있다.

$$\Delta U_G = -W_B \tag{10.6}$$

9장에서 중력이 공에 한 일을 $W_B = (F_G)_y \Delta y = -mg\Delta y$로 계산했다. 따라서 공의 수직 위치가 Δy만큼 변화하면 중력 퍼텐셜 에너지는

$$\Delta U_G = -W_B = mg\,\Delta y \tag{10.7}$$

로 변한다. 공의 높이가 증가하면($\Delta y > 0$) 예상대로 중력 퍼텐셜 에너지가 증가한다 ($\Delta U_G > 0$).

에너지 분석은 퍼텐셜 에너지의 변화인 ΔU_G에 대한 표현을 제공하지만 U_G 자체에 대한 표현은 제공하지 않는다. 식 (10.7)에서 Δ의 의미(나중값 빼기 초깃값)를 풀어 쓰면

$$U_{Gf} - U_{Gi} = mgy_f - mgy_i \tag{10.8}$$

가 된다. 따라서 중력 퍼텐셜 에너지를 다음과 같이 정의한다.

$$U_G = mgy \quad \text{(중력 퍼텐셜 에너지)} \tag{10.9}$$

중력 퍼텐셜 에너지는 위치의 에너지임을 유의하자. 그것은 물체의 위치에 의존하지만 속력과는 상관이 없다. 질량 곱하기 가속도 곱하기 위치의 단위가 에너지의 단위인 줄이 되는 것을 스스로 확인할 수 있을 것이다.

예제 10.1 | **자갈 쏘기**

새총을 사용하여 25 g의 자갈을 17 m/s의 속력으로 똑바로 위로 쏘았다. 자갈이 올라가는 높이는 얼마인가?

핵심 계를 지구와 자갈로 구성하고, 두 물체를 입자로 모형화하자. 공기 저항은 무시할 만하다고 가정한다. 일을 할 외력은 없지만 계에는 중력 퍼텐셜 에너지가 있다.

시각화 그림 10.3은 전·후 그림 표현이다. 전·후 그림 표현은 계속해서 주요 시각화 도구가 될 것이다.

그림 10.3 자갈 + 지구 계의 그림 표현

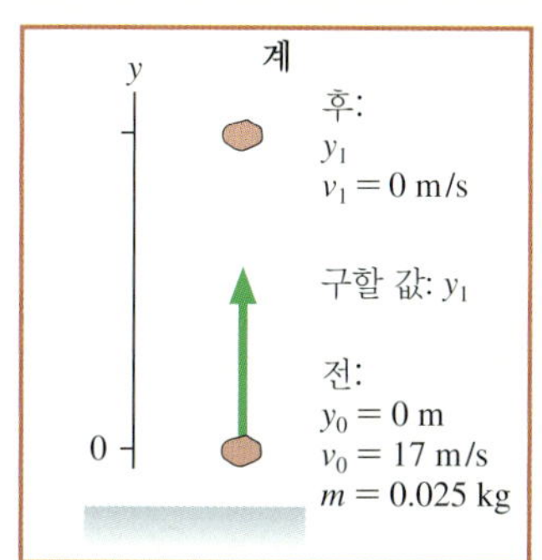

풀이 자갈 + 지구 계의 에너지 원리는 다음과 같다.

$$\Delta E_{sys} = \Delta K + \Delta U_G = W_{ext} = 0$$

즉, 계 에너지는 전혀 변하지 않는다. 대신, 운동 에너지가 계 내부에서 손실 없이 퍼텐셜 에너지로 변환된다. 원칙적으로, 운동 에너지는 자갈의 운동 에너지와 지구의 운동 에너지의 합이다. 그러나 방금 언급했듯이 거대한 질량 차이 때문에 지구는 사실상 정지해 있고 자갈만이 움직이므로 고려할 필요가 있는 유일한 운동 에너지는 자갈의 운동 에너지이다. 따라서

$$0 = \Delta K + \Delta U_G = \left(\tfrac{1}{2}mv_1^2 - \tfrac{1}{2}mv_0^2\right) + (mgy_1 - mgy_0)$$

이 된다. $v_1 = 0$ m/s이고, $y_0 = 0$ m로 좌표계를 선택했으므로

$$y_1 = \frac{v_0^2}{2g} = \frac{(17\ \text{m/s})^2}{2(9.80\ \text{m/s}^2)} = 15\ \text{m}$$

가 됨을 알 수 있다. 이 결과는 자갈의 질량과 상관이 없다. 이것은 이전에 다뤘던 자유낙하 문제에 비추어 보면 놀랍지 않다.

검토 15 m의 높이는 새총에 적당해 보인다.

퍼텐셜 에너지의 영점

중력 퍼텐셜 에너지에 대한 표현 $U_G = mgy$는 단순해 보인다. 그러나 알아챘을지 모르겠지만, 더 생각해보면 U_G의 값은 좌표계의 원점을 어디에 두는지에 따라 달라진다. 그림 10.4를 보자. 여기서 앰버와 카를로스는 1 kg의 돌이 지면으로부터 1 m 위에 있을 때 퍼텐셜 에너지를 결정하려고 한다. 앰버는 좌표계의 원점을 지면에 두기로 결정하고 $y_{rock} = 1$ m로 측정해서 재빠르게 $U_G = mgy = 9.8$ J로 계산한다. 반면에 1장을 매우 조심스럽게 읽었던 카를로스는 좌표계의 원점을 선택하는 것은 전적으로 그에게 달렸다는 것을 기억해낸다. 그래서 그는 원점을 돌 바로 옆에 두고 $y_{rock} = 0$ m로 측정해서 $U_G = mgy = 0$ J이라고 선언한다!

그림 10.4 앰버와 카를로스는 서로 다른 좌표계를 사용하여 중력 퍼텐셜 에너지를 계산한다.

퍼텐셜 에너지가 어떻게 서로 다른 두 값이 될 수 있는가? 이런 명백한 난점은 식 (10.7)의 해석에서 나온 것이다. 에너지 분석에서 퍼텐셜 에너지가 $\Delta U_G = mg(y_f - y_i)$만큼 변한다는 것을 알았다. $U_G = mgy$는 이것과 모순되지 않지만 $U_G = mgy + C$로 선택해도 된다. 여기서 C는 임의의 상수이다.

다시 말해서, 퍼텐셜 에너지에는 고유하게 정의된 값이 없다. 문제의 모든 퍼텐셜 에너지에서 동일한 상수를 더하거나 빼더라도 물리적 결과는 같다. 왜냐하면 분석에서 퍼텐셜 에너지의 **변화**인 ΔU_G만 사용하고 U_G의 실제값은 전혀 사용하지 않기 때문이다. 보통 **기준점**(reference point) 또는 **기준면**(reference level)을 $U_G = 0$으로 설정하여 퍼텐셜 에너지를 계산한다. 이것이 **퍼텐셜 에너지의 영점**(zero of potential energy)이다. 기준점을 어디에 두는가는 전적으로 여러분에게 달려 있다. 문제의 모든 퍼텐셜 에너지가 동일한 기준점을 사용하는 한 아무런 차이가 없다. 중력 퍼텐셜 에너지의 경우, 기준면을 y축의 원점으로 선택하면 $y = 0$인 곳에서 $U_G = 0$이다. 그림 10.4에서 앰버는 퍼텐셜 에너지의 영점을 지면으로 선택했지만, 카를로스는 지면에서 1 m 위를 기준면으로 설정했다. 앰버와 카를로스가 그들의 기준면을 일관성 있게 사용하는 한 어느 쪽도 완벽하게 허용된다.

그러나 돌이 낙하하면 어떻게 되는가? 돌이 지면에 도달하면 앰버는 $y = 0$ m로 측정하고, $U_G = 0$ J로 계산한다. 괜찮다. 그러나 카를로스는 $y = -1$ m로 측정해서 $U_G = -9.8$ J로 계산한다. 음의 퍼텐셜 에너지는 놀라울 수 있지만 틀린 것은 아니다. 그것은 단순히 퍼텐셜 에너지가 기준점보다 낮다는 것을 의미한다. 퍼텐셜 에너지는 돌이 지면에 있을 때가 돌이 지면에서 1 m 위에 있었을 때보다 확실히 낮다. 그래서 높은 기준면을 사용한 카를로스에게는 퍼텐셜 에너지가 음의 값이다. 중요한 점은 돌이 낙하하면서 중력 퍼텐셜 에너지가 $\Delta U_G = -9.8$ J만큼 **변한다**는 데에 앰버와 카를로스 둘 다 동의한다는 것이다.

에너지 막대 도표

질량 m의 물체가 지구(또는 다른 천체)와 상호작용하고 다른 힘이 없다면, 물체 + 지구 계의 에너지 원리는 식 (10.3)으로부터

$$\Delta K + \Delta U_G = (K_f - K_i) + (U_{Gf} - U_{Gi}) = 0 \tag{10.10}$$

이다. 이것을 다음과 같이 다시 쓸 수 있다.

$$K_i + U_{Gi} = K_f + U_{Gf} \tag{10.11}$$

거시적인 운동 에너지와 퍼텐셜 에너지의 합 $E_{mech} = K_{tot} + U_{int}$를 계의 **역학적 에너지**(mechanical energy)라고 한다. 식 (10.11)에 따르면 이 상황에서는 물체가 수직 운동을 할 때 **역학적 에너지가 변하지 않는다**. 수직 운동 이전에 계의 초기 역학적 에너지가 얼마이든, 운동 후 계의 역학적 에너지는 똑같다. 운동하는 동안 운동 에너지는 퍼텐셜 에너지로 바뀔 수 있고 그 반대일 수도 있지만, 그 합은 변하지 않는다.

상호작용하는 동안 변하지 않은 양은 **보존된다**고 말하며 식 (10.11)은 **에너지 보존 법칙**(law of energy conservation)에 대한 첫 진술이 된다. 현재 이 상황은 매우 제한적이다. 다른 힘은 없이 중력만 있고, 오직 수직 운동뿐이다. 이 장의 뒷부분에서 에너지 보존을 철저히 살펴서 이러한 제한 사항을 어느 정도 제거할 수 있는지 알아볼

그림 10.5 공중으로 던진 공의 에너지 막대 도표

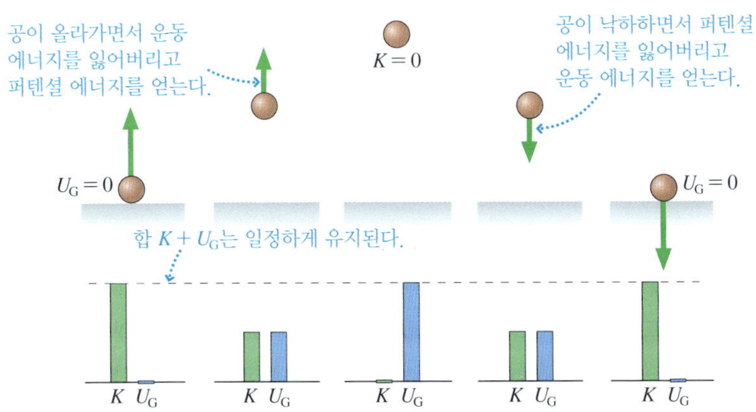

것이다. 어쨌든 역학적 계를 에너지 측면에서 생각하는 힘을 이미 맛보기 시작했다.

식 (10.11)은 실제로 에너지 나누기에 불과하므로 **에너지 막대 도표**(energy bar chart)를 사용하여 그래프로 표현할 수 있다. 예를 들어, 그림 10.5는 공을 똑바로 위로 던질 때 에너지가 어떻게 변환되는지 보여주는 막대 도표이다. 공이 올라가면서 운동 에너지가 점차적으로 퍼텐셜 에너지로 바뀌고, 다시 공이 낙하하면서 퍼텐셜 에너지는 운동 에너지로 바뀌지만 **막대 높이의 합은 변하지 않는다**. 즉, 공 + 지구 계의 역학적 에너지가 보존된다.

예제 10.2 수박 떨어뜨리기

지상 높이 11 m인 4층 발코니에서 5.0 kg의 수박을 떨어뜨린다. 불행하게도, 당국이 맨홀의 덮개를 교체하는 것을 잊고 있어서 수박은 3.0 m 깊이의 구멍으로 떨어진다. 수박이 바닥에 떨어질 때 얼마나 빠른가?

핵심 계를 지구와 수박으로 선택하고 수박을 입자로 모형화한다. 공기 저항은 무시할 만하다고 가정한다. 외력은 없고 운동은 수직이므로 계의 역학적 에너지는 보존된다.

시각화 그림 10.6은 전·후 그림 표현과 에너지 막대 도표를 보여준다. 처음에 계에는 중력 퍼텐셜 에너지는 있지만 운동 에너지는 없었다. 수박이 떨어지면서 퍼텐셜 에너지가 운동 에너지로 변환된다. y축 원점을 지면에 있는 퍼텐셜 에너지의 영점으로 선택하면 수박이 맨홀의 바닥에 도달할 때 퍼텐셜 에너지가 음의 값이 된다. 그렇더라도 두 막대의 총 높이는 변하지 않는다.

풀이 수박 + 지구 계의 에너지 원리를 보존 진술로 쓰면 다음과 같다.

$$K_i + U_{Gi} = 0 + mgy_0 = K_f + U_{Gf} = \frac{1}{2}mv_1^2 + mgy_1$$

그림 10.6 수박 + 지구 계의 그림 표현과 에너지 막대 도표

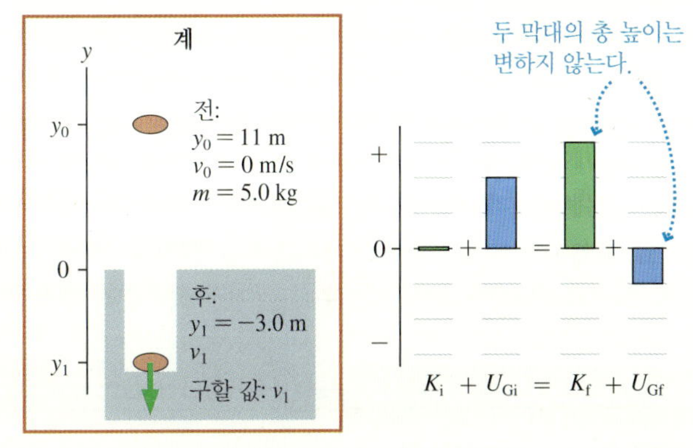

충돌 속력에 대해 풀면, 다음 결과를 얻는다.

$$\begin{aligned} v_1 &= \sqrt{2g(y_0 - y_1)} \\ &= \sqrt{2(9.80\ \text{m/s}^2)(11.0\ \text{m} - (-3.0\ \text{m}))} \\ &= 17\ \text{m/s} \end{aligned}$$

검토 17 m/s는 4층에서 떨어지는 수박의 속력으로 타당해 보인다.

(계속)

이 문제에서 여러분은 지면 아래에서 퍼텐셜 에너지가 '영보다 작음'에도 불구하고 계속 운동 에너지로 변환되는 것을 염려했을 수도 있다. 원하는 곳 어디든 퍼텐셜 에너지의 영점을 놓을 수 있기 때문에 U의 실제값은 상관없다는 것을 명심해야 한다. 따라서 음의 퍼텐셜 에너지는 그저 숫자일 뿐이고 '부족하다'는 뜻이 아니다. 고갈될 수도 있는 퍼텐셜 에너지의 '창고' 같은 것은 없다. 상호작용이 작용하는 한, 퍼텐셜 에너지는 계속 운동 에너지로 변환될 수 있다.

중력 퍼텐셜 에너지의 고찰

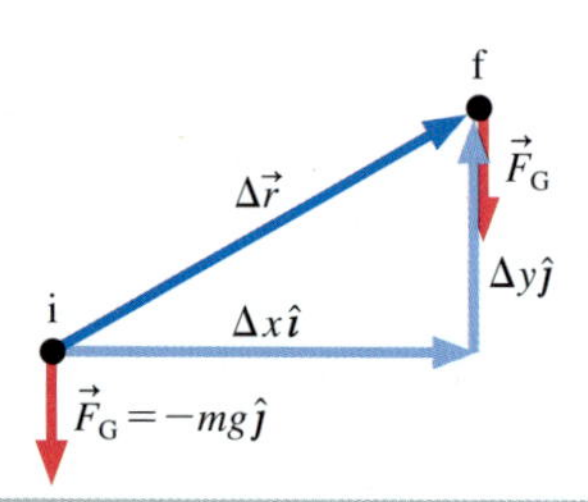

그림 10.7 중력은 비스듬히 움직이는 입자에 일을 한다.

중력 퍼텐셜 에너지의 개념이 단지 수직 자유낙하에만 적용된다면 별로 흥미나 소용이 없을 것이다. 개념을 확장해보자. 그림 10.7은 중력이 작용하는 동안 비스듬히 움직이는 질량 m인 입자를 보여준다. 중력이 한 일은 얼마인가?

중력은 일정힘이다. 9장에서 일반적으로 일정힘이 한 일은 $W = \vec{F} \cdot \Delta\vec{r}$라는 것을 배웠다. $\vec{F}_G$와 $\Delta\vec{r}$를 성분으로 쓰고 9장의 결과를 이용하여 점곱을 성분으로 계산하면 중력이 한 일은

$$\begin{aligned} W_{\text{by grav}} &= \vec{F}_G \cdot \Delta\vec{r} = (F_G)_x(\Delta r_x) + (F_G)_y(\Delta r_y) = 0 + (-mg)(\Delta y) \\ &= -mg\,\Delta y \end{aligned} \tag{10.12}$$

가 된다. $\vec{F}_G$에는 x성분이 없기 때문에 일은 수직 변위 Δy에만 의존한다.

결과적으로, **중력 퍼텐셜 에너지의 변화는 물체의 수직 변위에만 의존한다**. 이것은 그림 10.7과 같이 직선을 따르는 운동뿐만 아니라 굽은 궤적을 따르는 운동에 대해서도 참이다. 왜냐하면 굽은 궤적, 즉 곡선을 아주 많은 수의 매우 짧은 선분의 극한으로 표현할 수 있기 때문이다.

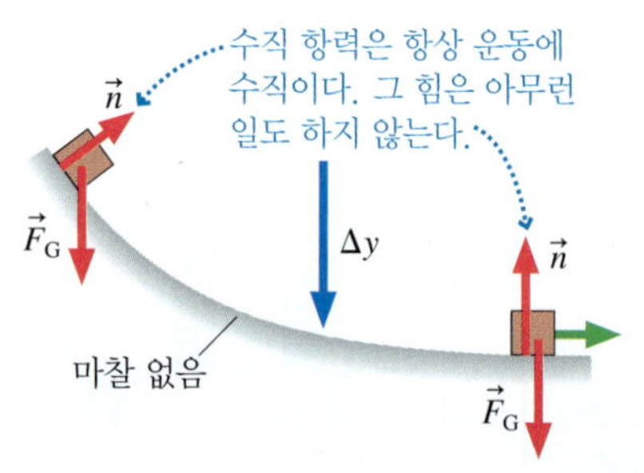

그림 10.8 마찰이 없는 표면에서 운동을 하는 경우 수직 변위 Δy만 에너지에 영향을 준다.

예를 들어, 그림 10.8은 마찰이 없고 굽은 표면을 따라 미끄러져 내려가는 물체를 보여준다. 물체 + 지구 계의 중력 퍼텐셜 에너지의 변화는 곡선의 형태가 아니라 물체가 하강한 거리인 Δy에만 의존한다. 그러나 이제 힘이 한 가지 더 있다. 즉, 표면의 수직 항력이 있다. 이 힘이 계의 에너지에 영향을 미치는가? 아니다! 수직 항력은 항상 상자의 순간 변위에 수직이고, 9장에서 변위에 수직인 힘은 일을 하지 않는 것을 배웠다. **항상 운동에 수직인 힘은 계의 에너지에 영향을 주지 않는다**. 에너지 분석 중에는 수직 힘들을 무시할 수 있다.

예제 10.3 썰매의 속력

크리스틴은 2.0 m/s로 썰매를 밀면서 달려가다가 높이 5.0 m인 매우 미끄러운 슬로프의 상단에서 썰매에 올라탄다. 바닥에서 그녀의 속력은 얼마인가?

핵심 계를 지구와 썰매로 구성하고 썰매를 입자로 모형화한다. 슬로프가 '매우 미끄럽기' 때문에 마찰은 무시할 수 있다고 가정한다. 슬로프는 썰매에 수직 항력을 작용하지만 그 힘은 항상 운동에 수직이므로 에너지에 영향을 주지 않는다.

시각화 그림 10.9a는 전·후 그림 표현을 보여준다. 기울기 각도도 모르고, 심지어 슬로프가 직선인지 아닌지도 모르지만, 퍼텐셜 에너지의 변화는 크리스틴이 내려가는 수직 거리에만 의존하고, 언덕의 모양과는 상관이 없다. 그림 10.9b의 에너지 막대 도표는 크리스틴이 슬로프를 내려가면서 초기 운동 에너지 및 퍼텐셜 에너지

그림 10.9 썰매 + 지구 계의 그림 표현과 에너지 막대 도표

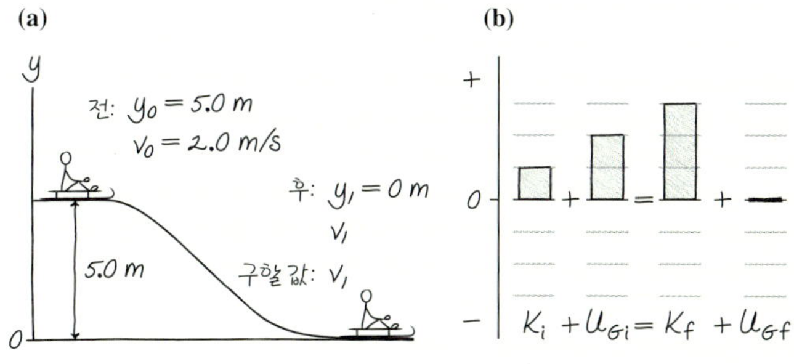

가 전부 운동 에너지로 변환되는 것을 보여준다.

풀이 에너지 분석은 예제 10.2에서와 마찬가지이다. 물체가 곡면을 따라 움직이고 있다는 점은 아무런 변화를 주지 않는다. 보존 법칙으로 표현된 에너지 원리는

$$K_\mathrm{i} + U_\mathrm{Gi} = \tfrac{1}{2}mv_0^2 + mgy_0$$
$$= K_\mathrm{f} + U_\mathrm{Gf} = \tfrac{1}{2}mv_1^2 + 0$$

이므로 바닥에서 크리스틴의 속력은 다음과 같다.

$$v_1 = \sqrt{v_0^2 + 2gy_0}$$
$$= \sqrt{(2.0\ \mathrm{m/s})^2 + 2(9.80\ \mathrm{m/s^2})(5.0\ \mathrm{m})}$$
$$= 10\ \mathrm{m/s}$$

검토 10 m/s는 빠르지만, 5 m 하강으로는 믿을 만한 수치이다.

중력과 마찰이 있는 운동

마찰이 있다면 어떻게 되는가? **«9.5절**에서 마찰은 (두 물체 **모두** 포함되는) 계의 열에너지를 $\Delta E_\mathrm{th} = f_\mathrm{k}\Delta s$만큼 증가시킨다는 것을 배웠다. 중력 퍼텐셜 에너지와 마찰이 있는 계에서 에너지 원리는

$$\Delta K + \Delta U_\mathrm{G} + \Delta E_\mathrm{th} = 0 \qquad (10.13)$$

또는 동등하게,

$$K_\mathrm{i} + U_\mathrm{Gi} = K_\mathrm{f} + U_\mathrm{Gf} + \Delta E_\mathrm{th} \qquad (10.14)$$

이다.

마찰이 있으면 역학적 에너지 $K + U_\mathrm{G}$는 보존되지 **않는다**. 마찰은 항상 표면을 더 뜨겁게 하고, 절대 차갑게 하지 않는다. 따라서 $\Delta E_\mathrm{th} > 0$이기 때문에 나중 역학적 에너지는 초기 역학적 에너지보다 작다. 즉, 초기 운동 에너지와 퍼텐셜 에너지 중 일부는 운동 중 열에너지로 변환된다. 마찰 때문에 물체가 느려지고, 모든 역학적 에너지가 열에너지로 변환되면 운동이 멈춘다. 흩어지기 힘이 없어서 $\Delta E_\mathrm{th} = 0$일 때만 역학적 에너지가 보존된다.

역학적 에너지가 보존되지 않아도 **계의 에너지는** 보존된다. 식 (10.13)은 물체가 마찰이 있는 표면에서 움직일 때 계의 에너지인 운동 에너지, 퍼텐셜 에너지, 열에너지의 합은 변하지 않는다는 것을 알려준다. 초기 역학적 에너지는 사라지지 않고, 단순히 같은 양의 열에너지로 변환된다.

예제 10.4 **스케이트보드를 타고 경사로 올라가기**

스케이트보드 결승전에서 이사벨라는 경사각 15°, 길이 6.0 m의 오르막길을 만나게 된다. 스케이트보드까지 포함한 이사벨라의 질량은 55 kg이며, 보드 바퀴와 경사로 사이의 굴림 마찰 계수는 0.025이다. 경사로의 꼭대기에서 속력이 2.5 m/s에 도달하려면

(계속)

경사로 시작점에서 그녀의 속력은 얼마가 되어야 하는가? 마찰로 '손실된' 역학적 에너지는 몇 %인가?

핵심 계를 경사로를 포함한 지구와 스케이트보드를 타고 있는 이사벨라로 구성한다.

시각화 그림 10.10은 전·후 그림 표현이다.

그림 10.10 경사로의 이사벨라 그림 표현

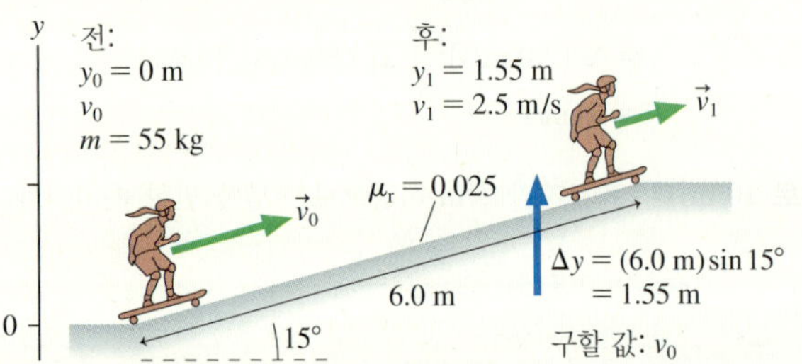

풀이 이사벨라의 고도가 높아지면서 그녀의 운동 에너지가 퍼텐셜 에너지로 변환되지만, 운동 에너지의 일부도 굴림 마찰 때문에 변환되어 바퀴와 경사로의 열에너지를 증가시킨다. 마찰을 고려한 에너지 원리는

$$K_i + U_{Gi} = \tfrac{1}{2}mv_0^2 + 0$$
$$= K_f + U_{Gf} + \Delta E_{th} = \tfrac{1}{2}mv_1^2 + mgy_1 + f_r\,\Delta s$$

인데, 미끄러짐의 운동 마찰보다는 굴림 마찰 f_r를 사용했다. 굴림 마찰은 $f_r = \mu_r n$이며 6장에서 경사면에 있는 물체의 수직 항력이 $n = mg\cos\theta$인 것을 알았다. (확인이 필요하면 자유 물체 도형을 그려 보라.) 따라서

$$\tfrac{1}{2}mv_0^2 = \tfrac{1}{2}mv_1^2 + mgy_1 + \mu_r mg\,\Delta s\cos\theta$$

가 된다. 질량은 상쇄된다. 경사로 바닥에서 이사벨라의 속력에 대해 풀면

$$v_0 = \sqrt{v_1^2 + 2gy_1 + 2\mu_r g\,\Delta s\cos\theta} = 6.3\text{ m/s}$$

를 얻는다. 이사벨라의 초기 역학적 에너지는 전적으로 운동 에너지 $K_0 = \frac{1}{2}mv_0^2 = 1090$ J이다. 경사로와 바퀴의 열에너지는 $\Delta E_{th} = \mu_r mg\,\Delta s\cos\theta = 78$ J만큼 증가한다. 그러므로 이사벨라가 경사로를 올라가면서 열에너지로 변환된 역학적 에너지의 비율은

$$\frac{78\text{ J}}{1090\text{ J}} \times 100 = 7.2\%$$

이다. 이 에너지는 정말로 사라진 것은 아니고 계 안에 여전히 있지만 더 이상 운동에 이용할 수 없다.

검토 경사로 높이는 1.55 m이다. 경사로 꼭대기에서 2.5 m/s에 도달하기 위해 경사로를 6.3 m/s로 시작하는 것은 타당해 보인다.

10.3 탄성 퍼텐셜 에너지

그림 10.11 토막 + 용수철 + 벽 계에는 탄성 퍼텐셜 에너지가 있다.

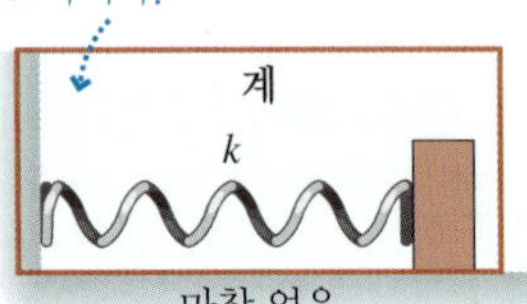

방금 배운 중력 퍼텐셜 에너지에 대한 것 중 많은 부분이 용수철의 **탄성 퍼텐셜 에너지**에도 적용된다. 그림 10.11은 토막이 마찰이 없는 수평면 위에서 움직이는 동안 토막에 힘을 작용하는 용수철을 보여준다. 9장에서 토막으로만 계를 구성하여 이 문제를 분석했고, 용수철이 토막에 한 일을 계산했다. 이제 계를 토막 + 용수철 + 벽으로 정의해보자 즉, 계가 용수철 및 용수철로 연결된 물체다. 표면과 지구는 토막에 수직 항력과 중력을 작용한다. 그러나 이러한 힘은 항상 변위에 수직이고 계에 어떤 에너지도 전달하지 않는다.

용수철은 질량이 없다고 가정하므로 용수철에는 운동 에너지가 없다. 대신, 용수철은 토막과 벽 사이의 **상호작용**이 된다. 상호작용이 계 내부에 있기 때문에, 다음과 같이 상호작용 에너지인 **탄성 퍼텐셜 에너지**(elastic potential energy)가 있다.

$$\Delta U_{Sp} = -(W_B + W_W) \tag{10.15}$$

여기서 W_B는 용수철이 토막에 해준 일이고 W_W는 벽에 해준 일이다. 그러나 벽은 단단하고 변위가 없으므로 $W_W = 0$이고, $\Delta U_{Sp} = -W_B$이다.

«9.4절에서 모든 변위에 대해 선형 복원력을 발생시키는 이상 용수철이 한 일을

계산했다. 토막이 초기 위치 s_i(용수철의 변위는 $\Delta s_i = s_i - s_{eq}$이다)에서 최종 위치 s_f(변위는 $\Delta s_f = s_f - s_{eq}$이다)로 움직이면, 용수철이 한 일은

$$W_B = -\left(\tfrac{1}{2}k(\Delta s_f)^2 - \tfrac{1}{2}k(\Delta s_i)^2\right) \tag{10.16}$$

이다. 식 (10.15)에 음의 부호가 있으므로

$$\Delta U_{Sp} = U_f - U_i = -W_B = \tfrac{1}{2}k(\Delta s_f)^2 - \tfrac{1}{2}k(\Delta s_i)^2 \tag{10.17}$$

이 된다. 따라서 탄성 퍼텐셜 에너지는 다음과 같다.

$$U_{Sp} = \tfrac{1}{2}k(\Delta s)^2 \qquad \text{(탄성 퍼텐셜 에너지)} \tag{10.18}$$

여기서 Δs는 평형 길이에서 움직인 용수철의 변위이다. 탄성 퍼텐셜 에너지는 중력 퍼텐셜 에너지와 마찬가지로 **위치의 에너지**이다. 그것은 토막이 얼마나 빨리 움직이는지가 아니라 토막이 어디에 있는지에 의존한다. 식 (10.18)을 용수철에 대해서 도출했지만, 모든 선형 복원력에 대해서도 적용할 수 있다. 이때 k는 그 힘에 적합한 '용수철 상수'이다.

외부 상호작용이 없고 탄성 퍼텐셜 에너지가 있는 계의 에너지 원리는 $\Delta E_{sys} = \Delta K + \Delta U_{Sp} = 0$ 또는

$$K_i + U_{Sp\,i} = K_f + U_{Sp\,f} \tag{10.19}$$

이다. 이것은 역학적 에너지가 또 다시 보존된다는 것을 드러낸다.

예제 10.5 공기 부상 궤도 글라이더는 용수철을 압축한다

여러분은 실험실에서 500 g의 공기 부상 궤도 글라이더가 궤도 끝부분에 부착된 수평 용수철과 충돌할 때의 속력을 알아내려고 한다. 글라이더를 밀었더니 글라이더가 되튀기 직전에 용수철이 2.7 cm 압축되었다. 실험실 동료와 상황을 상의한 후, 용수철을 갈고리에 걸고 용수철의 하단에 글라이더를 매달았더니 용수철이 3.5 cm만큼 늘어났다. 측정 결과를 기반으로 하면, 글라이더의 속력은 얼마였는가?

핵심 계를 궤도, 용수철, 글라이더로 구성한다. 용수철이 계 내부에 있으므로 탄성 상호작용을 퍼텐셜 에너지로 취급한다. 글라이더에 작용하는 중력과 트랙의 수직 항력은 글라이더의 변위에 수직이므로 아무런 일도 하지 않으며 에너지 분석에 등장하지 않는다. 공기 부상 궤도는 본질적으로 마찰이 없으며 다른 외력은 없다.

시각화 그림 10.12는 충돌의 전·후 그림 표현, 에너지 막대 도표, 매달린 글라이더의 자유 물체 도형을 보여준다.

풀이 글라이더가 용수철을 압축하면서 글라이더의 운동 에너지는 점진적으로 탄성 퍼텐셜 에너지로 변환된다. 최대 압축 지점(그림 10.12의 후)은 운동의 반환점이다. 그 속도는 순간적으로 영이고, 글라이더의 운동 에너지는 영이므로 막대 도표에서 보는 것처럼 모든 에너지가 퍼텐셜 에너지로 변환된다. 용수철이 팽창하여 글라이더가 다시 되튀어 나오게 되겠지만 이 문제에서 다룰 부분은 아니다. 탄성 퍼텐셜 에너지를 포함한 에너지 원리를 보존 형태로 쓰면

$$K_i + U_{Sp\,i} = \tfrac{1}{2}mv_0^2 + 0 = K_f + U_{Sp\,f} = 0 + \tfrac{1}{2}k(\Delta x_1)^2$$

이 된다. 여기서 초기 탄성 에너지와 나중(반환점) 운동 에너지가 영이라는 점을 활용했다. 글라이더의 초기 속력에 대해 풀면 다음과 같다.

$$v_0 = \sqrt{\frac{k}{m}}\,\Delta x_1$$

이 시점에서 여러분과 동료는 용수철 상수 k를 결정할 필요가 있다는 것을 깨닫는다. 한 가지 방법은 매달린 물체 때문에 늘어난 길

(계속)

그림 10.12 실험의 그림 표현

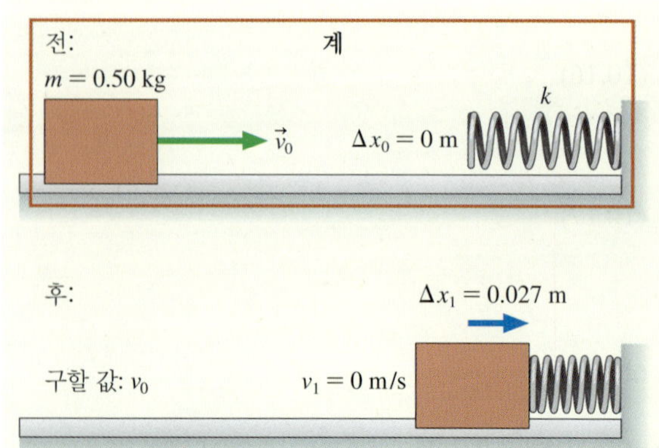

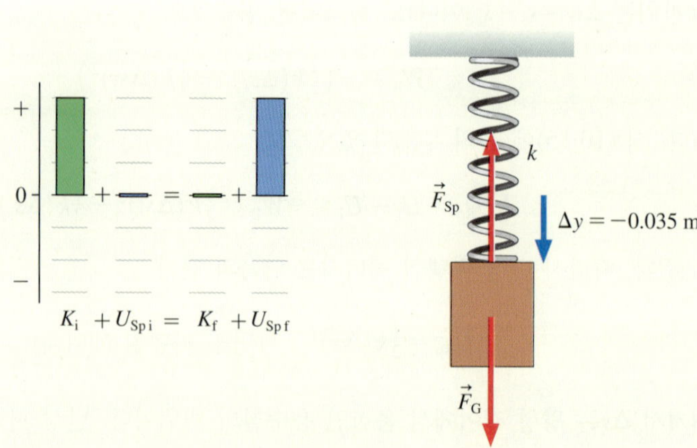

이를 측정하는 것이다. 매달린 글라이더는 알짜힘이 없는 평행 상태에 있고, 자유 물체 도형에 따르면 위로 향하는 용수철 힘은 아래로 향하는 중력과 정확히 상쇄된다. 훅의 법칙으로부터 용수철 힘의 크기는 $F_{Sp} = k|\Delta y|$이다. 따라서 매달린 글라이더에 대한 뉴턴의 제1법칙은

$$F_{Sp} = k|\Delta y| = F_G = mg$$

이고, 이로부터 용수철의 용수철 상수는 다음과 같다.

$$k = \frac{mg}{|\Delta y|} = \frac{(0.50\text{ kg})(9.80\text{ m/s}^2)}{0.035\text{ m}} = 140\text{ N/m}$$

이제 k를 알았으므로 글라이더의 속력을 구하면 다음과 같다.

$$v_0 = \sqrt{\frac{k}{m}}\,\Delta x_1 = \sqrt{\frac{140\text{ N/m}}{0.50\text{ kg}}}\,(0.027\text{ m}) = 0.45\text{ m/s}$$

검토 공기 부상 궤도 글라이더의 속력으로 ≈ 0.5 m/s는 일반적이다.

중력 포함하기

이제 기본 에너지 모형이 어떻게 작동하는지 보았으므로 모형을 새로운 상황으로 쉽게 확장할 수 있다. 문제가 용수철 및 수직 변위와 관련되어 있다면, 중력 상호작용과 탄성 상호작용이 모두 계 내부에 있도록 계를 정의한다. 그러면 탄성 및 중력 퍼텐셜 에너지가 존재한다. 즉,

$$U = U_G + U_{Sp} \tag{10.20}$$

가 된다. 에너지가 변환될 수 있는 방법이 더 많기 때문에 에너지 나누기에 주의를 기울여야 한다. 그러나 퍼텐셜 에너지가 하나가 아니라 둘이라 해도 근본적인 것은 변하지 않는다.

그리고 마찰이 있는 경우 증가된 열에너지를 포함시키는 방법을 안다. 따라서 중력 상호작용, 탄성 상호작용, 마찰이 있지만 일을 하는 외력이 없는 계의 경우 에너지 원리는

$$\Delta E_{sys} = \Delta K + \Delta U_G + \Delta U_{Sp} + \Delta E_{th} = 0 \tag{10.21}$$

이고, 이것을 보존 형식으로 표현하면 다음과 같다.

$$K_i + U_{Gi} + U_{Sp\,i} = K_f + U_{Gf} + U_{Sp\,f} + \Delta E_{th} \tag{10.22}$$

더 많은 에너지를 다룰수록 식이 더 복잡해 보인다. 그러나 식 (10.21)과 (10.22)의

메시지는 간단하면서 심오하다. **환경과 상호작용이 없는 계의 총에너지는 변하지 않는다.** 에너지는 상호작용 때문에 여러 방법으로 변형될 수 있지만 총량은 변하지 않는다.

예제 10.6 용수철로 발사한 토막

이번 주 실험 과제는 용수철의 용수철 상수를 결정하는 혁신적인 방법을 고안하는 것이다. 질량이 다른 작은 토막 몇 개가 놓여 있는 것을 보고 나서, 압축된 용수철이 각 토막을 얼마나 높이 발사하는지 측정하기로 결정했다. 여러분과 동료는 질량만이 변수가 되도록 매번 용수철을 같은 양만큼 압축해야 한다는 것을 깨닫고 4.0 cm 압축하기로 결정했다. 토막이 압축된 용수철에서 떨어져 나가는 위치로부터 높이를 측정하기로 결정했다. 네 번 실행한 결과를 표로 나타냈다.

질량(g)	높이(m)
50	2.07
100	1.11
150	0.65
200	0.51

용수철 상수는 얼마인가?

핵심 계를 지구, 토막, 용수철, 바닥으로 구성하면 두 가지 퍼텐셜 에너지가 있다. 마찰이 없고 끌림도 없다고 가정한다. 따라서 이 계의 역학적 에너지는 보존된다. 용수철을 이상적인 것으로 모형화한다.

시각화 그림 10.13은 에너지 막대 도표를 포함한 그림 표현을 보여 준다. 좌표계의 원점을 발사점으로 택했다. 발사체는 높이 $y_1 = h$에 도달하고, 그 지점에서 $v_1 = 0$ m/s이다.

그림 10.13 실험의 그림 표현

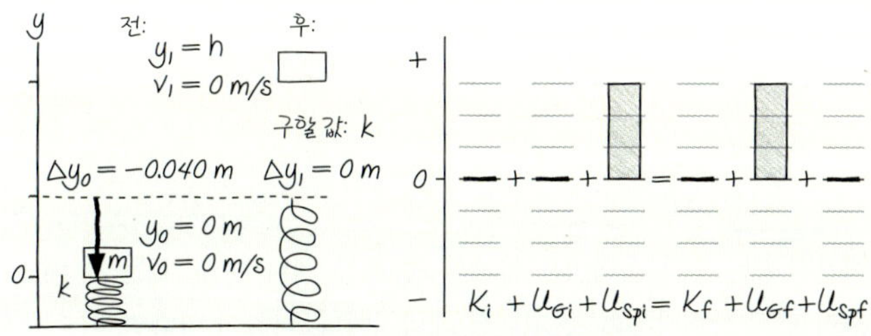

풀이 토막이 용수철을 떠날 때의 속력을 구할 필요가 있다고 생각할 수도 있다. 뉴턴의 운동 법칙으로 이 문제를 해결하겠다면 그 말이 맞다. 그러나 에너지 분석을 통하면 발사 속력을 완전히 우회하여 계의 발사 전 에너지와 토막이 가장 높은 지점에 도달했을 때의 에너지를 비교할 수 있다. 토막이 운동하는 도중에는 운동 에너지가 확실히 있지만, 에너지 막대 도표에 표시된 알짜 에너지 전달은 탄성 퍼텐셜 에너지에서 중력 퍼텐셜 에너지로의 변환이다.

탄성 및 중력 퍼텐셜 에너지를 모두 포함하면 에너지 원리는 다음과 같다.

$$K_i + U_{Gi} + U_{Sp\,i} = 0 + 0 + \tfrac{1}{2}k(\Delta y_0)^2$$
$$= K_f + U_{Gf} + U_{Sp\,f} = 0 + mgy_1 + 0$$

토막은 y_1 위치로 이동하지만 용수철의 끝은 그렇지 않다! 용수철 문제에서 용수철 끝의 위치와 물체의 위치를 혼동하지 않도록 조심하자. 때때로 둘은 같지만 항상 그런 것은 아니다. 여기에서 나중 탄성 퍼텐셜 에너지는 늘어나지 않은 빈 용수철의 에너지이므로 영이다. 높이에 대해 풀면 다음과 같다.

$$y_1 = h = \frac{k(\Delta y_0)^2}{2mg} = \frac{k(\Delta y_0)^2}{2g} \times \frac{1}{m}$$

첫 번째 표현식은 대수적으로 옳지만 여기서는 이 결과를 사용하여 실험을 분석하고 싶다. 실험에서 m을 변화시키면서 h를 측정했다. 질량 항을 분리함으로써, $1/m$-h 그래프(즉, $1/m$을 x변수로 사용)를 그리면 기울기 $k(\Delta y_0)^2/2g$인 직선이 나오는 것을 알 수 있다.

그림 10.14는 $1/m$-h 그래프인데 먼저 질량을 kg으로 환산했다. 그래프는 선형이며 가장 잘 맞는 직선은 y절편이 거의 영에 가깝다. 이것은 우리가 분석하는 상황에 들어맞는다. 실험적으로 결정된 기울기는 0.105 m kg이다. 따라서 용수철 상수의 실험값은 다음과 같다.

$$k = \frac{2g}{(\Delta y_0)^2} \times \text{기울기} = 1290 \text{ N/m}$$

그림 10.14 토막에 대한 질량의 역수-높이 그래프

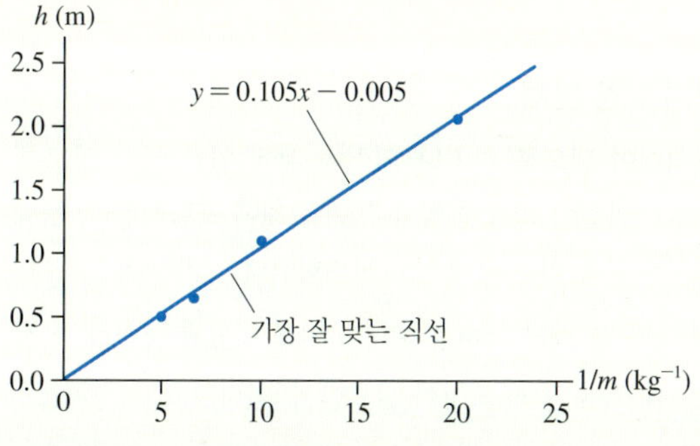

검토 1290 N/m는 상당히 뻣뻣한 용수철이지만 토막을 공중으로 1 m 이상 발사할 경우 이 정도는 예상된다.

10.4 에너지 보존

물리학에서 **에너지 보존 법칙**(law of conservation of energy)은 아주 강력한 진술이다.

그림 10.15 고립계의 기본 에너지 모형

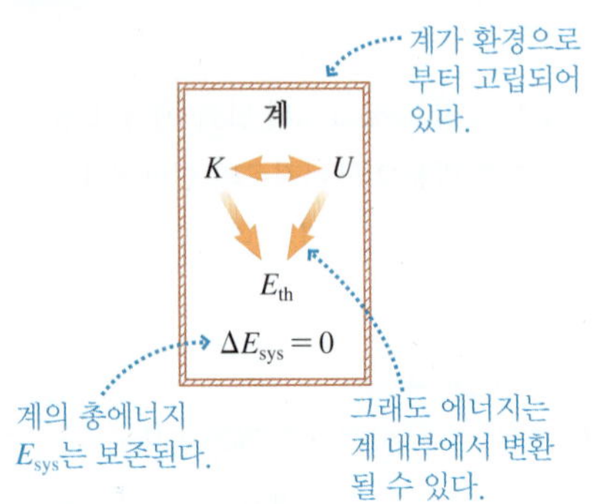

> **에너지 보존 법칙** 고립계의 총에너지 $E_{sys} = E_{mech} + E_{th}$는 일정하다. 계 내부의 운동 에너지, 퍼텐셜 에너지, 열에너지는 서로 변환될 수 있지만 그 합은 변할 수 없다. 또한 역학적 에너지 $E_{mech} = K + U$는 계가 고립되고 흩어지지 않는 경우 보존된다.

핵심은 **고립계**(isolated system)인 경우에 에너지가 보존된다는 것이다. 고립계는 환경과의 상호작용이 없거나 그러한 상호작용이 일을 하지 않기 때문에 환경과 에너지를 교환하지 않는 계를 말한다. 그림 10.15는 고립계의 기본 에너지 모형을 보여준다.

그것은 계에 달려 있다

에너지 보존 법칙만큼이나 중요한 것으로, 그 법칙이 "에너지는 항상 보존된다"고 말하지 않는 것을 알아야 한다. 에너지 보존 법칙은 **계의** 에너지를 대상으로 하므로, 9장과 10장에서 계에 중점을 두었다. 에너지는 계의 선택에 따라 보존되기도 하고 그렇지 않기도 한다. 예를 들어, 지구 근처에서 움직이는 발사체인 경우 계를 발사체 + 지구로 정의하면 에너지가 보존된다. 그러나 계를 발사체로만 정의하면 에너지가 보존되지 않는다.

또한 에너지 보존 법칙에는 중요한 제한 조건이 있다. 즉, 계가 고립되어 있다는 제한이 필요하다. 외력이 계에 일을 하면 확실히 에너지가 보존되지 않는다. 따라서 "에너지는 보존되는가?"라는 질문에 대한 대답은 "그것은 계에 달려 있다."이다.

에너지 문제에 대한 전략

그동안 개발해온 에너지 보존 법칙을 활용하는 문제 풀이 전략을 요약할 때이다.

문제 풀이 전략 10.1

에너지 보존 문제

핵심 외력이 없도록 하거나 외력이 계에 일을 하지 않도록 계를 정의한다. 마찰이 있으면 양쪽 표면을 계에 포함시킨다. 물체를 입자로, 용수철을 이상 용수철로 모형화한다.

시각화 전·후 그림 표현과 에너지 막대 도표를 그린다. 힘을 시각화하는 데 자유 물체 도형이 필요할 수 있다.

풀이 계가 고립되어 있고 흩어지지 않는 경우 역학적 에너지가 보존된다.

$$K_i + U_i = K_f + U_f$$

여기서 K는 모든 움직이는 물체의 총 운동 에너지이고 U는 계 내부의 모든 상호작용의 총 퍼텐셜 에너지이다. 마찰이 있다면,

$$K_i + U_i = K_f + U_f + \Delta E_{th}$$

가 된다. 마찰 때문에 증가하는 에너지 변화는 $\Delta E_{th} = f_k \Delta s$이다.

검토 결과가 정확한 단위와 유효 숫자로 되어 있는지, 타당한지, 질문에 대한 올바른 답인지 확인한다.

예제 10.7 진자의 속력

길이 78 cm인 줄의 한쪽 끝을 천장에 매달고 150 g의 쇠공을 다른 쪽 끝에 묶은 진자가 있다. 줄과 연직 사이의 각이 60°가 되도록 쇠공을 잡아당긴 다음 놓아 준다. 가장 낮은 지점에서 쇠공의 속력은 얼마인가?

핵심 지구와 쇠공으로 계를 구성한다. 장력은 수직 항력처럼 항상 운동에 수직이며 일을 하지 않는다. 그러므로 이 계는 마찰이 없는 고립계이고, 역학적 에너지는 보존된다.

시각화 그림 10.16은 퍼텐셜 에너지의 영점을 흔들리는 쇠공의 가장 낮은 지점으로 놓은 전·후 그림 표현을 보여준다. 쇠공의 초기 높이를 결정하려면 삼각법이 필요하다.

풀이 역학적 에너지 보존은 다음과 같다.

$$K_i + U_{Gi} = 0 + mgy_0 = K_f + U_{Gf} = \tfrac{1}{2}mv_1^2 + 0$$

따라서 가장 아래에서 쇠공의 속력은

$$v_1 = \sqrt{2gy_0} = \sqrt{2(9.80\ \text{m/s}^2)(0.39\ \text{m})} = 2.8\ \text{m/s}$$

가 된다. 이 속력은 쇠공이 단순히 0.39 m 낙하했을 때와 정확히 같다.

그림 10.16 진자의 그림 표현

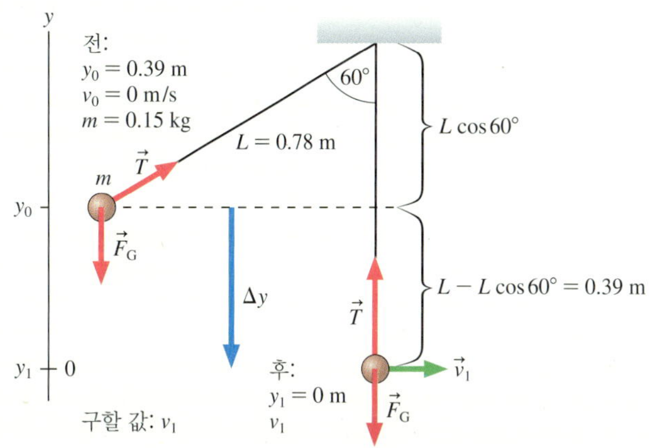

검토 뉴턴의 운동 법칙을 직접 사용하여 이 문제를 해결하려면 고급 수학이 필요하다. 왜냐하면 알짜힘이 각도에 따라 복잡한 방식으로 변하기 때문이다. 그러나 에너지 분석을 이용하면 한 줄로 해결할 수 있다!

퍼텐셜 에너지는 어디에 있는가?

운동 에너지는 움직이는 물체의 에너지이다. 기본 에너지 모형은 운동 에너지가 손실 없이 퍼텐셜 에너지로 변환될 수 있다고 말하지만, 퍼텐셜 에너지는 어디에 있는가? 에너지가 그저 나누기 위한 허구가 아니라 진짜라면 퍼텐셜 에너지를 가지고 있는 것은 무엇인가?

퍼텐셜 에너지는 장(field)에 저장된다. 아직 장을 도입하지는 않았지만, 이후에 전기장과 자기장에 대해 많이 이야기할 것이다. 그렇더라도 자기장과 중력장에 대해서는 분명히 들어보았을 것이다. 중력 및 전기력과 같은 장거리힘인 자연의 근본적인 힘에 대한 현대적인 이해는 장이 그 힘을 매개한다는 것이다. 두 질량이 어떻게 빈 공간을 통해 서로 힘을 발휘하는가? 또 두 전하의 경우는? 바로 장을 통해서이다!

두 질량이 멀어지면 중력장이 더 많은 에너지를 저장할 수 있는 새로운 배열 상태로 바뀐다. 따라서 "운동 에너지는 중력 퍼텐셜 에너지로 변환된다."라는 말은 실제로는 움직이는 물체의 에너지가 중력장의 에너지로 변환되는 것을 의미한다. 나중에 장의 에너지는 다시 운동 에너지로 변환될 수 있다. VII부에서 다루게 될 주제인 전하와 전기장의 에너지에 대해서도 마찬가지이다.

탄성 퍼텐셜 에너지는 어떤가? 용수철을 포함한 모든 고체는 분자 결합으로 결합되어 있다. 결합을 온전히 이해하려면 양자물리학이 필요하지만, 결합은 근본적으로 이웃하는 원자들 사이의 전기력이다. 장력이 고체에 작용할 때 막대한 수의 분자 결합이 조금씩 늘어나서 더 많은 에너지가 전기장에 저장된다. 거시적 차원에서 탄성 퍼텐셜 에너지라고 하는 것은 실제로는 분자 결합의 전기장에 저장된 에너지이다.

장 에너지 이론은 물리학의 심화 주제이다. 그럼에도 불구하고, 이 간단한 논의로 에너지가 무엇인지, 그리고 그것이 물리적인 대상과 어떻게 연관되어 있는지 그려볼 수 있을 것이다.

10.5 에너지 도형

퍼텐셜 에너지는 위치의 에너지이다. 중력 퍼텐셜 에너지는 물체의 높이에 따라 달라지며 탄성 퍼텐셜 에너지는 용수철의 변위에 따라 달라진다. 다음에 나올 다른 퍼텐셜 에너지도 어떤 식으로든 위치에 의존한다. 위치의 함수는 그래프로 표현하기 쉽다. 계의 퍼텐셜 에너지와 총에너지를 위치의 함수로 나타내는 그래프를 **에너지 도형**(energy diagram)이라고 한다. 에너지 도형을 사용하면 에너지를 바탕으로 운동을 시각화할 수 있다.

그림 10.17 자유낙하하는 입자의 에너지 도형

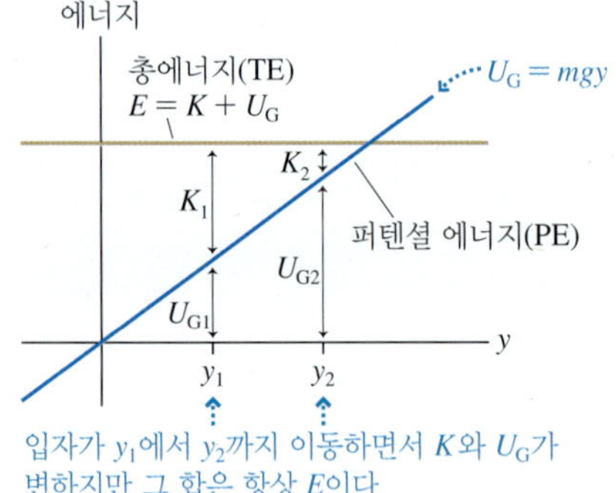

입자가 y_1에서 y_2까지 이동하면서 K와 U_G가 변하지만 그 합은 항상 E이다.

그림 10.17은 자유낙하하는 입자의 에너지 도형이다. 중력 퍼텐셜 에너지 $U_G = mgy$는 기울기가 mg이고 원점을 통과하는 직선으로 그려져 있다. **퍼텐셜 에너지 곡선**은 PE로 표시한다. TE라고 표시한 선은 **총에너지 선** $E = K + U_G$이다. 역학적 에너지가 보존되기 때문에 이 선은 수평이다. 곧, 물체의 역학적 에너지 E가 모든 위치에서 동일한 값을 가진다는 뜻이다.

입자가 위치 y_1에 있다고 가정해보자. 정의에 따라서 축으로부터 퍼텐셜 에너지 곡선까지의 거리는 그 위치에서 계의 퍼텐셜 에너지 U_{G1}이다. $K_1 = E - U_{G1}$이므로, 퍼텐셜 에너지 곡선과 총에너지 선 사이의 거리는 입자의 운동 에너지이다.

그림 10.18의 4장면 '영상'은 에너지 도형을 사용하여 운동을 시각화하는 방법을 보여준다. 첫 번째 장면은 $y_a = 0$에서 운동 에너지 K_a가 되도록 위로 발사된 입자를 보여준다. 처음에는 에너지가 완전히 운동 에너지뿐이고 $U_{Ga} = 0$이다. 그림 표현과 에너지 막대 도표는 에너지 도형이 의미하는 것을 명확히 하는 데 도움이 된다.

두 번째 장면에서 입자는 위치가 높아지지만 속력은 떨어진다. 퍼텐셜 에너지 U_{Gb}는 더 크고, 퍼텐셜 에너지 곡선과 총에너지 선 사이의 거리 K_b는 더 작다. 입자는 계속 상승하고 느려져서 결국 세 번째 장면에서 총에너지 선과 퍼텐셜 에너지 곡선이 교차하는 y값에 도달한다. $K = 0$이고 에너지가 완전히 퍼텐셜 에너지뿐인 이 지점이 입자가 방향을 바꾸는 **반환점**이다. 마지막으로, 입자가 낙하하면서 속력이 올라가는 것을 볼 수 있다.

이 만큼의 총에너지를 가진 입자가 총에너지 선과 퍼텐셜 에너지 곡선이 교차하는 y_c점의 오른쪽에 있으려면 음의 운동 에너지가 필요할 것이다. 음의 K는 물리적으로 가능하지 않으므로 **입자는 $U > E$인 위치에 있을 수 없다.** 입자를 더 세게 던지기만

그림 10.18 자유낙하하는 입자의 4장면 영상

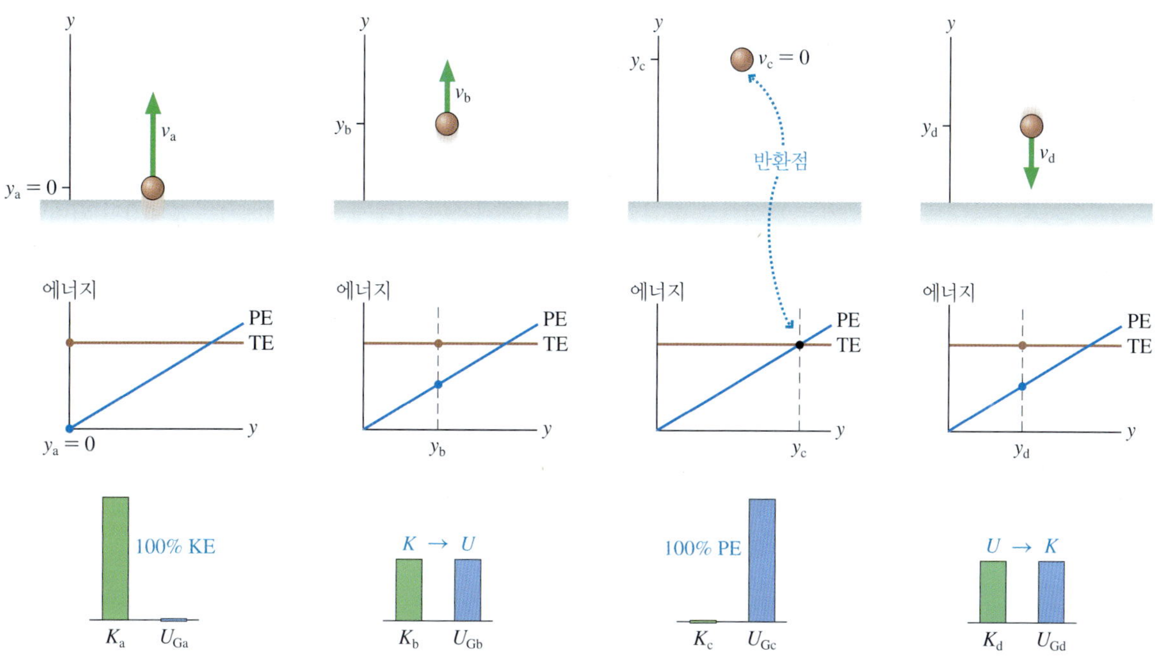

하면 입자가 더 큰 y값에 도달할 수 있다는 것은 명백하다. 그러나 그렇게 하면 E가 증가하여 총에너지 선이 너무 높아진다.

그림 10.19는 수평 용수철에 매달린 물체의 에너지 도형을 보여준다. 여기서 x는 용수철이 부착된 벽으로부터 측정한 값이다. 용수철의 평형 길이는 L_0이고 용수철 끝의 변위는 $\Delta x = x - L_0$이므로 용수철의 퍼텐셜 에너지는 $U_{Sp} = \frac{1}{2}k(\Delta x)^2 = \frac{1}{2}k(x - L_0)^2$이다. x-U_{Sp} 그래프인 퍼텐셜 에너지 곡선은 중심이 평형 위치에 놓여 있는 포물선이다. 여러분은 PE 곡선을 바꿀 수 없다. 그것은 용수철 상수로 결정된다. 그러나 용수철을 적당한 길이로 늘이면 여러분이 원하는 높이로 TE를 설정할 수 있다. 그림 10.19에는 가능한 TE 선 중 하나가 그려져 있다.

그림 10.19 수평 용수철에 달린 물체의 에너지 도형

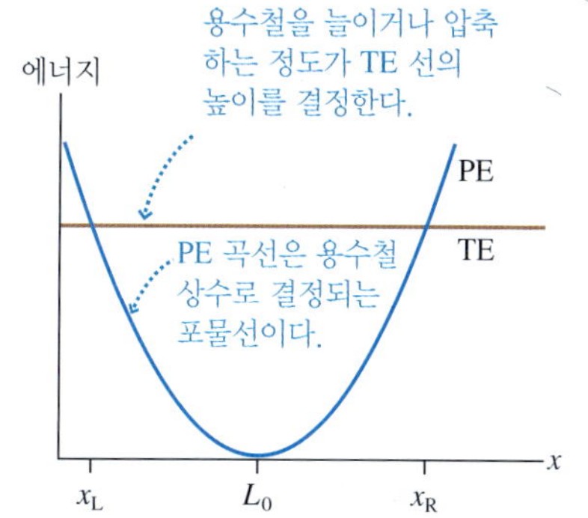

물체를 x_R의 위치로 당겼다가 놓아주면 초기 역학적 에너지는 전적으로 퍼텐셜 에너지이다. 용수철의 복원력이 물체를 왼쪽으로 당기면 퍼텐셜 에너지가 감소함에 따라 운동 에너지가 증가한다. 물체는 $U_{Sp} = 0$이 되는 $x = L_0$에서 속력이 최대가 된 다음에 용수철이 압축되면서 느려진다. PE 곡선과 TE 선이 교차하는 x_L이 반환점이라는 것이 눈에 보일 것이다. 그곳은 물체가 순간적으로 $K = 0$이 되는 최대 압축점이다. 물체는 방향을 거꾸로 해서 $x = L_0$이 될 때까지 속력을 올린 다음에 출발점 x_R에 도달할 때까지 다시 느려진다. 이곳도 반환점이기 때문에 물체는 다시 방향을 바꾸고, 이러한 과정을 다시 되풀이한다. 곧, 물체는 TE 선과 PE 곡선이 교차하는 x_L과 x_R, 즉 왼쪽 반환점과 오른쪽 반환점 사이에서 좌우로 **진동한다**. 15장에서 진동을 본격적으로 배우겠지만, 용수철에 매달린 물체가 진동 운동을 하는 것을 에너지 도형에서 이미 알아볼 수 있다.

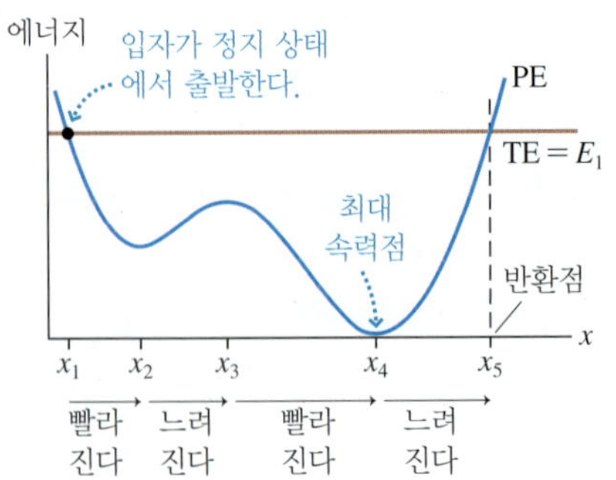

그림 10.20 더 일반적인 에너지 도형

그림 10.20은 이러한 개념을 좀 더 일반적인 에너지 도형에 적용한다. 이 퍼텐셜 에너지가 어떻게 생성되었는지 알지 못하지만 이 퍼텐셜 에너지를 가진 계에서 입자의 움직임을 시각화할 수 있다. 입자를 위치 x_1에서 정지 상태에서 놓아준다고 생각해 보자. 그러면 입자가 어떻게 움직일 것인가?

초기 조건은 x_1에서 $K=0$이므로 TE 선과 PE 곡선은 이 지점에서 교차해야 한다. 입자는 왼쪽으로 움직일 수 없다. 왜냐하면 그렇게 되기 위해서는 $K<0$이 되어야 하기 때문이다. 따라서 입자는 오른쪽으로 이동하기 시작한다. 에너지 도형을 보면 U가 x_1에서 x_2까지 감소하므로 퍼텐셜 에너지가 운동 에너지로 변환되면서 입자가 점점 빨라진다. 그런 다음 입자는 '퍼텐셜 에너지 언덕'을 올라갈 때 x_2에서 x_3까지 느려지고, K가 줄어드는 대신 U가 증가한다. x_3에서 입자는 여전히 운동 에너지가 있기 때문에 멈추지 않는다. x_3에서 x_4까지 입자는 점점 빨라지고(U가 감소함에 따라 K가 증가함) x_4에서 최대 속력에 도달한 다음 x_4와 x_5 사이에서는 느려진다. 위치 x_5는 TE 선과 PE 곡선이 교차하는 지점인 반환점이다. 입자가 순간적으로 정지한 다음 방향을 바꾼다. 설명했던 것처럼 입자는 x_1과 x_5 사이에서 느려졌다 빨라졌다를 반복하며 좌우로 진동한다.

평형점

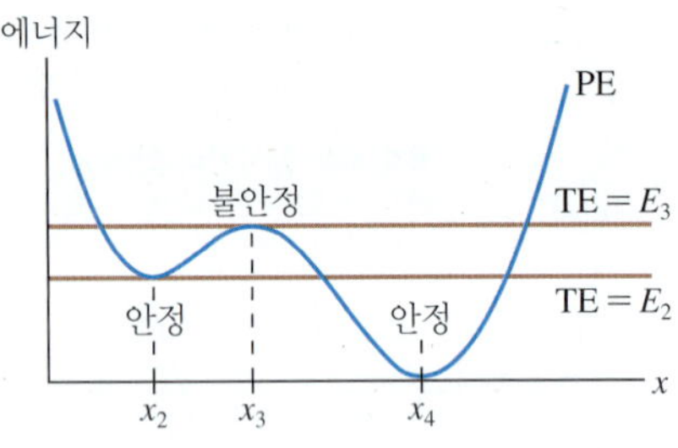

그림 10.21 안정 및 불안정 평형점

그림 10.20에서 퍼텐셜 에너지가 극솟값 또는 극댓값이 되는 위치 x_2, x_3, x_4는 특별한 위치이다. 총에너지가 그림 10.21에 표시된 E_2인 입자를 생각해보자. 입자는 x_2에서 $K=0$이면 정지해 있을 수 있지만 x_2에서 벗어날 수 없다. 즉, 에너지가 E_2인 입자는 x_2에서 평형 상태에 있다. 입자를 교란해서 작은 운동 에너지를 더해주면 총에너지가 E_2보다 약간 많게 된다. 그러면 입자는 그릇의 바닥에 있는 구슬처럼 x_2를 중심으로 매우 작은 진동을 할 것이다. 작은 교란이 작은 진동을 일으키는 평형점을 **안정 평형점**(stable equilibrium point)이라고 한다. PE 곡선의 모든 최소점은 안정 평형점이다. 위치 x_4도 안정 평형점인데, 이 경우에 입자의 에너지는 $E=0$이다.

또한 그림 10.21은 입자의 에너지 E_3이 x_3에서 곡선에 접하는 경우를 보여준다. 입자가 x_3에 정확히 놓여 있으면 입자는 그곳에 정지 상태($K=0$)로 그대로 있을 것이다. 그러나 x_3에 있는 입자를 교란해서 에너지가 E_3보다 조금 더 많게 되면 입자는 x_3에서 멀어지면서 빨라진다. 이것은 언덕 꼭대기에 있는 구슬의 균형을 잡으려는 것과 같다. 조금만 이동해도 구슬이 언덕에서 굴러 떨어진다. 작은 교란 때문에 입자가 멀어져 가는 평형점을 **불안정 평형점**(unstable equilibrium point)이라고 한다. x_3과 같이 PE 곡선의 최대점은 불안정 평형점이다.

이 내용을 다음과 같이 요약할 수 있다.

풀이 전략 10.1

에너지 도형 해석하기

❶ 축에서 PE 곡선까지의 거리는 입자의 퍼텐셜 에너지이다. PE 곡선에서 TE 선까지의 거리는 운동 에너지이다. 위치가 변하면서 이것들은 변환되어 입자의 속력을 높이거나 낮추지만 그 합인 $K+U$는 변하지 않는다.

❷ TE 선과 PE 곡선이 교차하는 점이 반환점이다. 입자가 방향을 바꾼다.

❸ PE 곡선이 TE 선 위에 있는 지점에는 입자가 있을 수 없다.

❹ 질량, 용수철 상수 등과 같은 계의 특성이 PE 곡선을 결정한다. 그러므로 PE 곡선은 바꿀 수 없다. 그러나 입자의 총에너지가 더 많아지거나 적어지도록 초기 조건을 변경하면 TE 선을 높이거나 낮출 수 있다.

❺ PE 곡선의 극솟점은 안정 평형점이고, 극댓점은 불안정 평형점이다.

예제 10.8 용수철 위에 있는 물체의 균형 잡기

길이 L_0, 용수철 상수 k인 용수철이 바닥에 세워져 있다. 질량 m인 토막을 용수철 위에 놓는다면, 압축된 용수철의 길이는 얼마인가?

핵심 훅의 법칙을 따르는 이상 용수철이라 가정한다. 토막 + 지구 + 용수철 계에는 중력 퍼텐셜 에너지 U_G 및 탄성 퍼텐셜 에너지 U_{Sp}가 있다. 용수철 꼭대기에 놓인 토막은 안정 평형점에 있다(교란이 작으면 토막은 평형 위치 주변에서 조금 진동한다). 그래서 에너지 도형을 조사하여 이 문제를 풀 수 있다.

시각화 그림 10.22a는 그림 표현이다. 원점이 지면에 있도록 좌표계를 사용했으므로 용수철의 변위는 $y-L_0$이다.

풀이 그림 10.22b는 두 퍼텐셜 에너지와 총 퍼텐셜 에너지를 각각 보여준다. 총 퍼텐셜 에너지는

$$U_{tot} = U_G + U_{Sp}$$
$$= mgy + \tfrac{1}{2}k(y-L_0)^2$$

이다. 평형 위치(U_{tot}의 최소점)가 L_0에서 더 작은 값의 y, 즉 지면에 더 가까운 값으로 이동했다. PE 곡선에서 최솟값의 위치를 찾음으로써 평형 위치를 찾을 수 있다. 미적분학에서 함수의 최소점에서 도함수(또는 기울기)가 영이 된다는 것을 안다. U_{tot}의 도함수는

$$\frac{dU_{tot}}{dy} = mg + k(y-L_0)$$

이고, 점 y_{eq}에서 영이 되므로

$$mg + k(y_{eq}-L_0) = 0$$
$$y_{eq} = L_0 - \frac{mg}{k}$$

를 얻는다. 토막은 용수철을 원래의 길이 L_0에서 mg/k만큼 압축하므로 용수철의 새로운 평형 길이는 $L_0 - mg/k$가 된다.

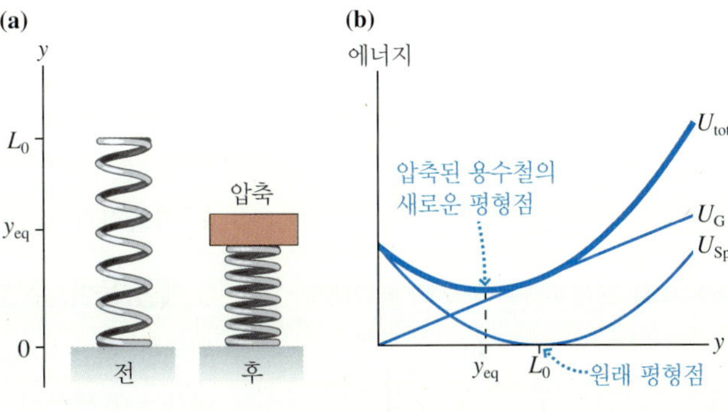

그림 10.22 토막 + 지구 + 용수철 계에는 중력 및 탄성 퍼텐셜 에너지가 있다.

10.6 힘과 퍼텐셜 에너지

알다시피 상호작용 힘이 계 내부에서 하는 일을 계산하여 상호작용 에너지, 즉 퍼텐셜 에너지를 구할 수 있다. 이 과정을 거꾸로 할 수 있는가? 즉, 계의 퍼텐셜 에너지를 안다면 상호작용 힘을 구할 수 있는가?

위치 에너지의 변화를 $\Delta U = -W_{\text{int}}$로 정의했다. 물체가 이동한 변위 Δs가 아주 작아서 본질적으로 상호작용 힘 $\vec{F}$가 일정하다고 가정하자. 일정힘이 한 일은 $W = F_s \Delta s$인데, F_s는 변위에 평행한 힘 성분이다. 이 작은 변위 동안 계의 퍼텐셜 에너지는

$$\Delta U = -W_{\text{int}} = -F_s \Delta s \tag{10.23}$$

만큼 변한다. 이것을 다시 표현하면 다음과 같다.

$$F_s = -\frac{\Delta U}{\Delta s} \tag{10.24}$$

극한 $\Delta s \to 0$에서 물체에 작용하는 힘은

$$F_s = \lim_{\Delta s \to 0}\left(-\frac{\Delta U}{\Delta s}\right) = -\frac{dU}{ds} \tag{10.25}$$

가 된다. 즉, 물체에 작용하는 상호작용 힘은 위치에 대한 퍼텐셜 에너지의 미분값의 음수이다.

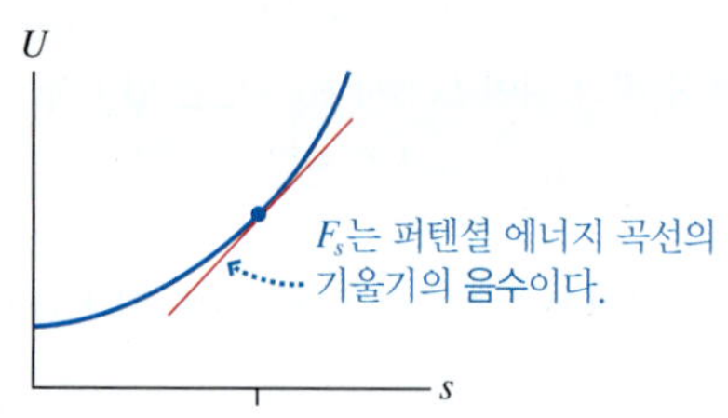

그림 10.23 힘과 PE 곡선의 관계

그림 10.23에서 볼 수 있듯이, 힘은 에너지 도형에서 위치 s에서 퍼텐셜 에너지 곡선의 기울기의 음수이다.

$$F_s = -\frac{dU}{ds} = s\text{에서 PE 곡선의 기울기의 음수} \tag{10.26}$$

물론 실제로는 $F_x = -dU/dx$ 또는 $F_y = -dU/dy$를 사용할 것이다. 그러므로

- 양의 기울기는 음의 힘에 해당한다. 힘은 왼쪽 또는 아래쪽을 향한다.
- 음의 기울기는 양의 힘에 해당한다. 힘은 오른쪽 또는 위쪽을 향한다.
- 기울기가 클수록 힘이 커진다.

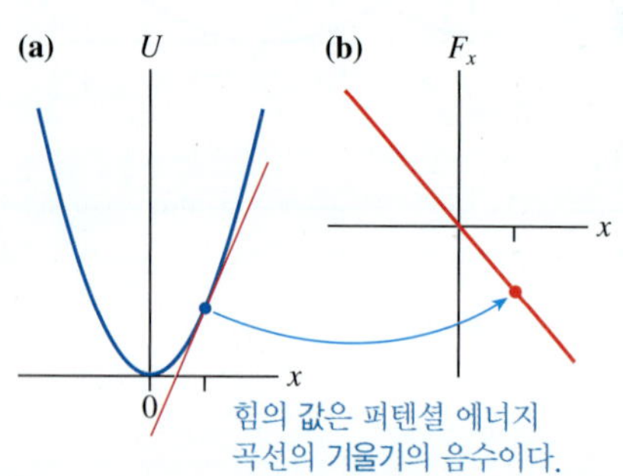

그림 10.24 탄성 퍼텐셜 에너지와 힘 그래프

예를 들어, 수평 용수철의 탄성 퍼텐셜 에너지 $U_{\text{Sp}} = \frac{1}{2}kx^2$을 생각해보자. $\Delta x = x$가 되도록 $x_{\text{eq}} = 0$으로 선택했다. 그림 10.24a에 나타낸 퍼텐셜 에너지 곡선은 기울기가 변하는 포물선이다. 용수철에 부착된 물체가 위치 x에 있으면, 물체에 작용하는 힘은

$$F_x = -\frac{dU_{\text{Sp}}}{dx} = -\frac{d}{dx}\left(\tfrac{1}{2}kx^2\right) = -kx$$

이다. 이것은 바로 이상 용수철에 대한 훅의 법칙이며, 음의 부호는 훅의 법칙이 복원력임을 가리킨다. 그림 10.24b는 x-힘의 그래프이다. 각 위치 x에서 힘의 값은 PE 곡선의 기울기의 음수와 같다.

이미 훅의 법칙을 알고 있으므로 이번 논의의 요점은 식 (10.26)의 의미를 예시하기 위한 것이다. 그러나 그 힘을 모르는 경우 PE 곡선으로부터 힘을 구하는 것이 가능하다는 것을 알 수 있다. 예를 들어 그림 10.25a는 적절한 모양의 전극으로 발생시킨 전기 퍼텐셜 에너지 함수이다(VIII부에서 배우게 된다). 이 영역에 있는 전하 입자는 어떤 힘을 겪게 되는가? PE 곡선의 기울기를 측정하면 알 수 있다. 그 결과가 그림 10.25b에 나와 있다. 왼쪽 영역($x < 2$ m)에서 음의 기울기, 따라서 양의 F_x값은 힘이 입자를 오른쪽으로 민다는 것을 의미한다. 오른쪽($x > 3$ m)의 음의 힘은 F_x가 입자를 왼쪽으로 민다는 것을 알려준다. 그리고 중앙에서는 힘이 전혀 없다. 이 힘은 입자가 이 영역을 벗어나려고 하면 중앙을 향해 되밀어주므로 **복원력**이지만, 용수철과 같은 선형 복원력은 아니다.

그림 10.25 퍼텐셜 에너지 곡선과 연관 힘 곡선

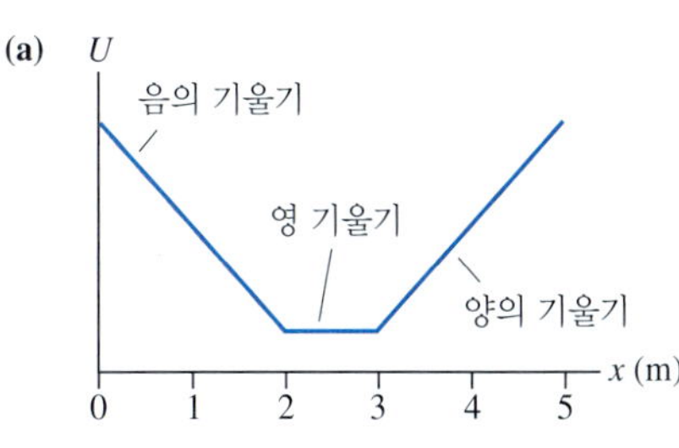

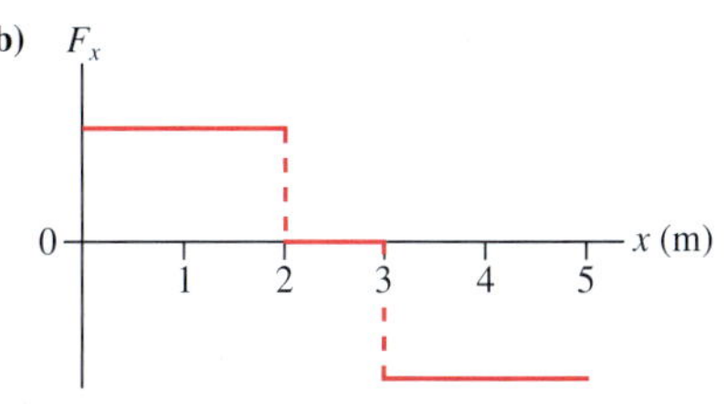

예제 10.9 평형 위치 구하기

계의 퍼텐셜 에너지가 $U(x) = (2x^3 - 3x^2)$ J이다. 여기서 x는 m 단위로 된 입자 위치이다. 이 계의 평형 위치는 어디에 있으며, 그 위치는 안정한가, 불안정한가?

풀이 6장에서 입자가 평형 상태에 있으면 $\vec{F}_{net} = \vec{0}$임을 배웠다. 또 이전 절에서 PE 곡선의 극댓점과 극솟점이 평형점인 것도 배웠다. 이 두 가지는 평형에 대한 서로 다른 기준처럼 보일지 모르지만 실제로는 동일하다. 입자에 작용하는 상호작용 힘은 $F_x = -dU/dx$이다. 도함수가 영인 위치에서 힘은 영(평형)이다. 그런데 미적분학에서 함수의 도함수가 영인 위치가 그 함수의 극대 또는 극소라는 것은 잘 알려져 있다. PE 곡선의 극대 또는 극소에서 기울기는 영이므로 힘도 영이다.

이 퍼텐셜 에너지 함수에 대해서 x를 m 단위로 나타내면

$$F_x = -\frac{dU}{dx} = (-6x^2 + 6x)\ \mathrm{N}$$

이다. 힘은 $6x_{eq}^2 = 6x_{eq}$일 때 영이다(U의 극소 또는 극대). 이 방정식에는 두 해가 존재한다.

$$x_{eq} = 0\ \mathrm{m} \quad \text{및} \quad x_{eq} = 1\ \mathrm{m}$$

이것들은 평형 위치이고, 그곳에 정지한 입자는 계속 정지해 있을 것이다. 그런데 이 위치가 안정 평형점인지 불안정 평형점인지 어떻게 아는가?

PE 곡선의 **극솟점**은 안정 평형점이다. 미적분학에 따르면 함수는 극솟점에서 1계 도함수가 영이고 2계 도함수가 양의 값이다. 마찬가지로, 함수는 극댓점에서 1계 도함수가 영이고 2계 도함수가 음의 값이다. U의 2계 도함수는 다음과 같다.

$$\frac{d^2U}{dx^2} = \frac{d}{dx}(6x^2 - 6x) = (12x - 6)\ \mathrm{N/m}$$

$x = 0$ m에서 계산한 2계 도함수는 -6 N/m < 0이므로 $x = 0$ m는 PE 곡선의 극댓점이다. $x = 1$ m에서는 2계 도함수가 $+6$ N/m > 0이므로 이곳은 PE 곡선의 극솟점이다. 따라서 이 계는 입자가 $x = 0$ m에 있을 경우 불안정 평형이 되며 $x = 1$ m에 있을 경우 안정 평형이 된다. 모든 다른 위치에서는 입자에 작용하는 힘이 있다.

10.7 보존력과 비보존력

입자가 중력이나 탄성, 또는 전기(나중에 공부함) 상호작용하는 계에는 퍼텐셜 에너지가 있다. 그러나 모든 힘이 퍼텐셜 에너지를 가지고 있는가? '장력 퍼텐셜 에너지' 또는 '마찰 퍼텐셜 에너지'가 있는가? 그렇지 않다면, 중력과 탄성력은 무엇이 특별한가? 퍼텐셜 에너지가 존재하기 위해 상호작용이 만족해야 하는 조건은 무엇인가?

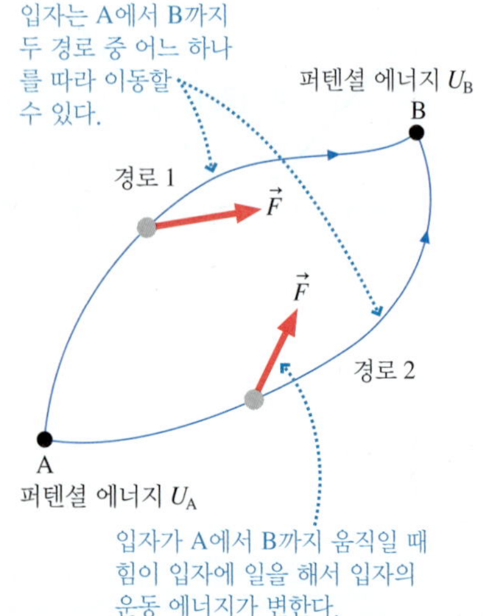

그림 10.26 입자는 두 경로 중 어느 하나를 따라 A에서 B까지 이동할 수 있다.

그림 10.26은 힘 $\vec{F}$가 입자에 작용하는 동안 가능한 두 경로를 따라 점 A에서 점 B로 움직일 수 있는 입자를 보여준다. 일반적으로 경로 1로 움직이면서 경험하는 힘은 경로 2로 움직이면서 경험하는 힘과 같지 않다. 힘은 입자의 속력을 변화시키므로 B에 도달했을 때의 입자의 운동 에너지는 A를 떠날 때의 입자의 운동 에너지와 다르다.

중력 퍼텐셜 에너지 $U_G = mgy$가 중력 $\vec{F}_G = -mg\hat{j}$과 연관되어 있는 것처럼 힘 $\vec{F}$와 연관된 퍼텐셜 에너지 U가 있다고 가정해보자. 이 가정은 $\vec{F}$에 어떤 제한을 주는가? 논리적으로 세 단계가 있다.

1. 퍼텐셜 에너지는 위치의 에너지이다. U는 입자가 어디에 있는지에만 의존하고, 어떻게 그곳에 도달했는지는 상관이 없다. 계는 입자가 A에 있을 때 퍼텐셜 에너지의 값 하나를 가지며, 입자가 B에 있을 때는 다른 값을 갖는다. 따라서 퍼텐셜 에너지의 변화 $\Delta U = U_B - U_A$는 입자가 경로 1을 따라 움직이든, 경로 2를 따라 움직이든 똑같다.
2. 퍼텐셜 에너지는 운동 에너지로 변환되고, $\Delta K = -\Delta U$이다. ΔU가 따라가는 경로와 무관하다면 ΔK도 경로에 독립적이다. 입자가 어떤 경로를 따라가더라도 B에서 운동 에너지는 같다.
3. 에너지 원리에 따르면, 입자의 운동 에너지의 변화는 힘 $\vec{F}$가 입자에 한 일과 같다. 즉, $\Delta K = W$이다. ΔK는 따라가는 경로와 무관하므로 **입자가 A에서 B로 움직일 때 힘 $\vec{F}$가 한 일은 따라가는 경로와 무관하다.**

입자가 초기 위치에서 최종 위치로 움직일 때 힘이 한 일이 경로와 무관하면 그 힘을 **보존력**(conservative force)이라고 한다. 보존력의 중요성은 **어떠한 보존력도 퍼텐셜 에너지와 연관시킬 수 있다**는 것이다. 구체적으로, 초기 위치 i와 최종 위치 f 사이의 퍼텐셜 에너지 차는

$$\Delta U = -W_c(\mathrm{i} \rightarrow \mathrm{f}) \tag{10.27}$$

이다. 여기서 $W_c(\mathrm{i} \rightarrow \mathrm{f})$는 입자가 i에서 f까지 가는 어떤 경로를 따라 움직일 때 보존력이 한 일이다. 식 (10.27)은 보존력과 연관된 퍼텐셜 에너지의 일반적인 정의이다.

퍼텐셜 에너지를 정의할 수 있는 힘이 계의 유일한 상호작용인 경우에 역학적 에너지 $K + U$가 보존되기 때문에 그 힘을 **보존력**이라고 한다. 이미 ΔU_G가 수직 방향 변위에만 의존하고, 움직인 경로와는 무관하다는 것을 보였으므로, 중력은 보존력이다. 따라서 중력 상호작용을 하는 두 물체의 역학적 에너지는 보존된다. 마찬가지로 용수철에 매달린 물체의 역학적 에너지도 다른 힘이 없다면 보존된다. 보존력은 역학적 에너지의 손실의 원인이 되지 않는다.

비보존력

보존력의 특성은 **시작점으로 되돌아오는 물체의 운동 에너지에는 손실이 없다**는 것

이다. 왜냐하면 초기 위치와 최종 위치가 같으면 $\Delta U = 0$이기 때문이다. 공을 공중으로 던지면, 에너지는 운동 에너지에서 퍼텐셜 에너지로 바뀌고 다시 퍼텐셜 에너지에서 운동 에너지로 되돌아가기 때문에 공이 초기 높이로 돌아가면 운동 에너지는 변하지 않는다. 마찰이 없는 경사면에서 위아래로 미끄러지는 퍽에 대해서도 마찬가지다.

그러나 모든 힘이 보존력인 것은 아니다. 경사면에 마찰이 있는 경우 퍽이 되돌아올 때 운동 에너지가 **줄어든다**. 운동 에너지의 일부는 미끄러져 올라가면서 중력 퍼텐셜 에너지로 변환되지만 다른 일부는 운동 에너지로 다시 변환될 '잠재력'이 없는 열에너지와 같은 다른 형태의 에너지로 변환된다. 퍼텐셜 에너지를 정의할 수 없는 힘을 **비보존력**(nonconservative force)이라고 한다. 역학적 에너지를 열에너지로 변환시키는 마찰력이나 끌림힘은 비보존력이다. 그래서 '마찰 퍼텐셜 에너지'라는 것은 없다.

마찬가지로, 장력, 추력과 같은 힘은 비보존력이다. 물체를 줄로 당기면 장력이 한 일은 이동한 거리에 비례한다. 두 점 사이의 짧은 경로보다 긴 경로를 따라 한 일이 더 많으므로 장력은 "일은 경로와 무관하다."라는 시험에 실패하고, 연관된 퍼텐셜 에너지가 없다.

결국, 대부분의 힘은 보존력이 **아니다**. 중력, 선형 복원력, 전기력은 꽤 특별하다. 왜냐하면 퍼텐셜 에너지를 정의할 수 있는 힘은 몇 가지 안 되기 때문이다. 다행스럽게도 이것들은 자연에서 본질적으로 가장 중요한 힘의 일부이기 때문에 겨우 몇 가지 보존력만 존재함에도 불구하고 에너지 원리는 강력하고 유용하다.

10.8 에너지 원리 재고찰

9장에서 기본적으로 에너지 회계나 다름없는 에너지 원리를 소개하고, 에너지를 이해하기 위해서는 다수의 새로운 개념을 개발할 필요가 있다고 지적했다. 지금까지 운동 에너지, 퍼텐셜 에너지, 일, 보존력, 비보존력 등을 탐구했다. 이제 기본 에너지 모형으로 돌아가서 9장과 10장에서 소개된 많은 개념을 융합할 것이다.

그림 10.27은 세 물체가 서로 상호작용하고 외력이 환경으로부터 작용하고 있는 계를 보여준다. 이 힘들은 계의 운동 에너지 K가 변하게 만든다. 얼마큼 변하는가? 운동 에너지는 움직임의 에너지이므로 9장에서 한 것처럼 상호작용을 제외하고 물체만으로 계를 정의한 경우와 같을 것이다. 따라서 $\Delta K = W_{tot} = W_c + W_{nc}$인데, 두 번째 단계에서 모든 일이 한 총 일을 보존력이 한 일 W_c와 비존력이 한 일 W_{nc}로 나누었다.

이제 비보존력을 **흩어지기 힘**과 **외력**으로 더 자세히 구분해보자. 마찰이나 끌림처럼 흩어지기 힘은 역학적 에너지를 열에너지로 변환시킨다.

외력이 의미하는 것을 설명하기 위해 바닥에 정지해 있는 상자를 들어 올려서 탁자에 가만히 놓는 경우를 생각해보자. 상자 + 지구 계는 중력 퍼텐셜 에너지를 얻지만 $\Delta K = 0$, $\Delta E_{th} = 0$이다. 그러면 에너지는 어디에서 왔는가? 또는 줄을 사용하여 탁

그림 10.27 내부 상호작용과 외력이 모두 있는 계

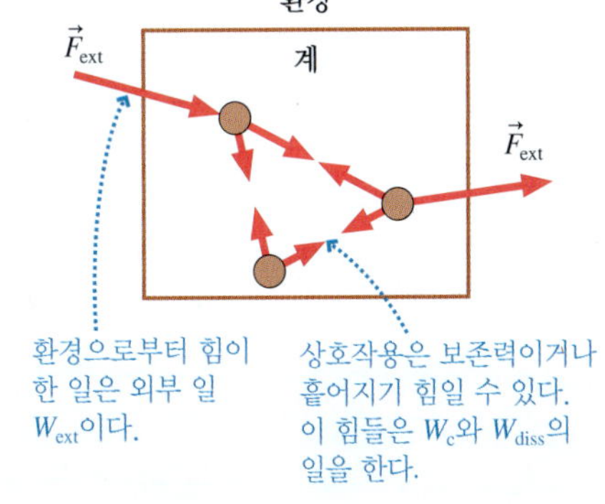

자에 놓인 상자를 당기는 것을 고려해보자. 상자는 운동 에너지를 얻고, 아마도 열에너지도 얻지만 퍼텐셜 에너지를 변환시켜 얻은 것은 아니다. 손의 힘과 줄의 장력은 환경에서 유래하여 계를 변화시키는 힘이다. 따라서 그 힘들은 **외력**이다. 외력은 퍼텐셜 에너지가 없는 비보존력이지만 계의 열에너지보다는 역학적 에너지를 변화시킨다.

이렇게 구별하면 계의 운동 에너지 변화는

$$\Delta K = W_{tot} = W_c + W_{nc} = W_c + W_{diss} + W_{ext} \tag{10.28}$$

이다. 보존력을 계 내부로 가져오면, 보존력이 한 일은 퍼텐셜 에너지가 된다. 즉, $W_c = -\Delta U$이다. 그리고 9장에서 배웠듯이, 흩어지기 힘이 한 일은 열에너지가 된다. 즉, $W_{diss} = -\Delta E_{th}$이다. 이렇게 대체하면 식 (10.28)은 다음과 같이 된다.

$$\Delta K = -\Delta U - \Delta E_{th} + W_{ext} \tag{10.29}$$

에너지 항을 일과 분리하면 식 (10.29)를 다음과 같이 쓸 수 있다.

$$\Delta K + \Delta U + \Delta E_{th} = \Delta E_{mech} + \Delta E_{th} = \Delta E_{sys} = W_{ext} \tag{10.30}$$

여기서 $E_{sys} = K + U + E_{th} = E_{mech} + E_{th}$는 계의 에너지이다. 이제 모든 항들이 정의되어 있는 식 (10.30)은 역학적 계의 에너지가 어떻게 변화하는지에 대한 가장 일반적인 에너지 원리 진술이다.

10.4절에서 **고립계**를 환경과 에너지를 교환하지 않는 계로 정의했다. 즉 고립계는 외력이 한 일이 없는 계이다($W_{ext} = 0$). 따라서 식 (10.30)의 즉각적인 결론은 **고립계의 총에너지 E_{sys}가 보존된다**는 것이다. 추가적으로 계에 흩어지기 성질이 없으면(예를 들어, 마찰이 없으면) $\Delta E_{th} = 0$이다. 이 경우, 역학적 에너지 E_{mech}는 보존된다. 여러분은 이것이 10.4절의 **에너지 보존 법칙**이라는 것을 알아볼 수 있을 것이다. 에너지 보존 법칙은 물리학에서 가장 강력한 법칙이다.

그림 10.28 기본 에너지 모형

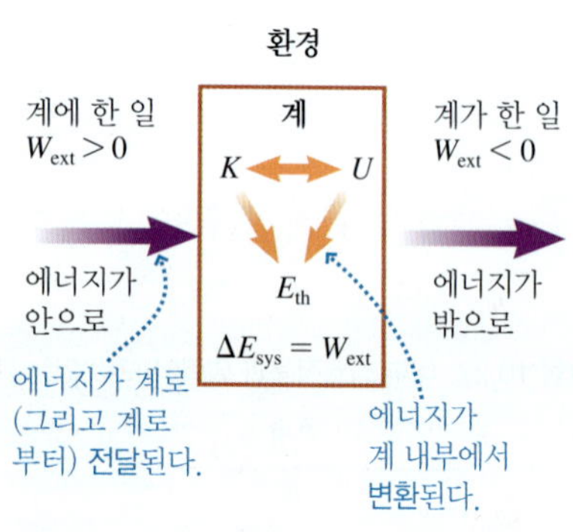

그림 10.28은 9장의 기본 에너지 모형을 재현한 것이다. 여러분은 이제 이것이 식 (10.30)의 그림 표현이라는 것을 알아볼 수 있다. 계의 총에너지 E_{sys}는 외력이 계에 일을 하여 계 안팎으로 에너지를 전달하는 경우에만 변한다. 계 내부의 운동 에너지, 퍼텐셜 에너지, 열에너지는 계 내부의 힘 때문에 서로 간에 변형될 수 있다. 그리고 환경과의 상호작용이 없는 경우에 E_{sys}는 보존된다.

확장된 에너지 막대 도표

에너지 막대 도표를 확장하여 열에너지와 외력이 한 일을 포함시킬 수 있다. 그리고 에너지 원리인 식 (10.30)을 다음과 같이 다시 쓸 수 있다.

$$K_i + U_i + W_{ext} = K_f + U_f + \Delta E_{th} \tag{10.31}$$

초기 역학적 에너지($K_i + U_i$) 및 계에 추가하거나 계에서 제거한 에너지(W_{ext})의 합은 나중 역학적 에너지($K_f + U_f$) 및 계의 열에너지 증가(ΔE_{th})의 합과 같다. 우리는 $E_{th\,i}$나 $E_{th\,f}$를 결정할 방법이 없고, 열에너지의 **변화**만 알 수 있다. 계에 흩어지기 힘이 있는 경우에는 ΔE_{th}는 항상 양의 값이다.

예제 10.10 | 보급품 끌어올리기

산악인이 줄을 사용하여 보급품 가방을 일정한 속력으로 경사면을 따라 끌어올린다. 에너지 막대 도표에 에너지 전달과 변환을 나타내시오.

핵심 계를 지구, 보급품 가방, 경사면으로 구성한다.

풀이 줄의 장력은 보급품 가방에 일을 하는 외력이다. 에너지가 계 내부로 전달된다. 가방은 운동 에너지가 있지만 일정한 속력으로 움직이므로 K는 **변하지** 않는다. 대신, 계로의 에너지 전달 때문에 중력 퍼텐셜 에너지(가방이 높이를 얻음)와 열에너지(가방과 경사면이 마찰 때문에 따뜻해짐) 모두 증가한다. 그 전체 과정은 $W_{ext} \rightarrow U + E_{th}$이고, 그림 10.29에 나와 있다.

그림 10.29 예제 10.10의 에너지 막대 도표

$K_i + U_i + W_{ext} = K_f + U_f + \Delta E_{th}$

응용 예제 10.11 | 용수철 운동

체육관에는 용수철 상수가 80 N/m인 수평 용수철의 한쪽 끝에 5.0 kg의 웨이트가 부착된 운동기구가 있다. 용수철의 다른 쪽 끝은 벽에 고정되어 있다. 기구에서 연습 중인 한 여성이 팔을 앞으로 밀면 케이블이 운동 마찰 계수가 0.30인 궤도를 따라 웨이트를 끌어당겨서 용수철을 늘인다. 케이블 장력이 100 N으로 일정하다면, 웨이트가 50 cm 이동했을 때 여성의 출력은 얼마인가?

핵심 이것은 복잡한 상황이지만 분석할 수 있다. 먼저 웨이트, 용수철, 벽, 궤도를 계로 잡는다. 마찰이 웨이트 및 궤도의 온도를 증가시키기 때문에 궤도가 계 내부에 있어야 한다. 케이블의 장력은 외력이다. 케이블의 장력이 한 일 W_{ext}는 에너지를 계로 전달하므로 K, U_{Sp}, E_{th}가 모두 증가한다.

시각화 그림 10.30a는 전·후 그림 표현이다. 에너지 전달과 변환은 그림 10.30b의 에너지 막대 도표에 나와 있다.

풀이 «9.6절에서 일률은 단위 시간당 한 일이고 힘 $\vec{F}$가 속도 $\vec{v}$로

그림 10.30 응용 예제 10.11의 그림 표현과 에너지 막대 도표

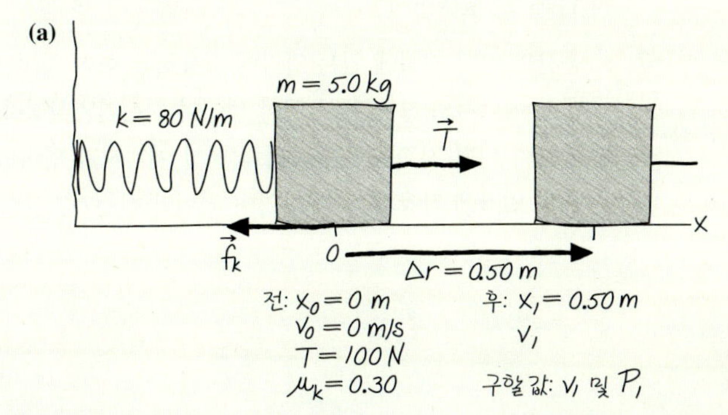

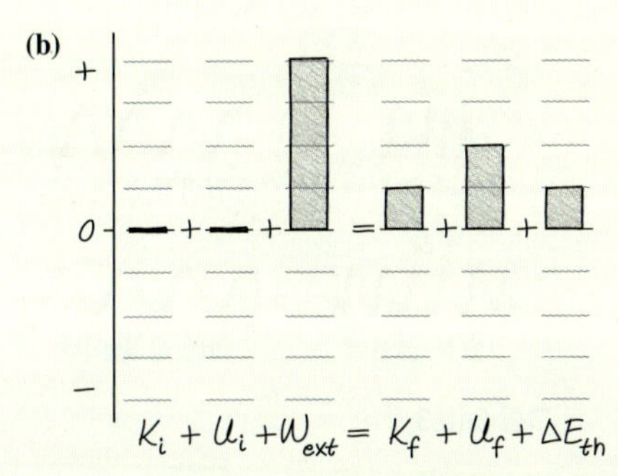

(계속)

움직이는 물체에 전달하는 일률은 $P=\vec{F}\cdot\vec{v}$이다. 이 예제에서는 장력 $\vec{T}$가 웨이트의 속도에 평행하게 잡아당기므로 웨이트의 속도가 $\vec{v}$일 때 공급되는 일률은 $P=Tv$이다. 케이블의 장력을 알고 있으므로, 에너지를 고려하여 용수철이 $\Delta x_1=50\,\text{cm}$까지 늘어난 후의 웨이트 속력 v_1을 구해야 한다.

에너지 원리 $K_i+U_i+W_{ext}=K_f+U_f+E_{th}$는 다음과 같다.

$$\tfrac{1}{2}mv_0^2+\tfrac{1}{2}k(\Delta x_0)^2+W_{ext}=\tfrac{1}{2}mv_1^2+\tfrac{1}{2}k(\Delta x_1)^2+\Delta E_{th}$$

처음 변위는 $\Delta x_0=0\,\text{m}$이고, $v_0=0\,\text{m/s}$임을 알고 있으므로 에너지 원리가 다음과 같이 단순화된다.

$$\tfrac{1}{2}mv_1^2=W_{ext}-\tfrac{1}{2}k(\Delta x_1)^2-\Delta E_{th}$$

케이블의 장력이 한 외부 일은

$$W_{ext}=T\Delta r=(100\,\text{N})(0.50\,\text{m})=50.0\,\text{J}$$

이고, 마찰 때문에 증가한 열에너지(9장 참고)는

$$\Delta E_{th}=f_k\Delta r=\mu_k mg\Delta r$$
$$=(0.30)(5.0\,\text{kg})(9.80\,\text{m/s}^2)(0.50\,\text{m})=7.4\,\text{J}$$

이다. 속력 v_1에 대해 풀면, 용수철의 변위가 $\Delta x_1=50\,\text{cm}=0.50\,\text{m}$일 때,

$$v_1=\sqrt{\frac{2(W_{ext}-\frac{1}{2}k(\Delta x_1)^2-\Delta E_{th})}{m}}=3.6\,\text{m/s}$$

가 된다. 그러므로 용수철을 계속 늘이기 위해 이 순간에 공급하는 일률은 다음과 같다.

$$P=Tv_1=(100\,\text{N})(3.6\,\text{m/s})=360\,\text{W}$$

검토 케이블의 장력이 한 일은 계로 전달된 에너지이다. 그 에너지의 일부는 웨이트의 속력을 증가시키고, 일부는 용수철에 저장된 퍼텐셜 에너지를 증가시키고, 또 일부는 열에너지로 변환되어 온도를 증가시킨다. 이 문제를 해결하기 위해서는 이러한 모든 에너지 개념을 사용해야 했다.

서술형 질문

1. 운동 에너지는 어떤 기본 양에 의존하는가? 퍼텐셜 에너지는 어떤 기본 양에 의존하는가?
2. 아버지와 아들이 스키를 타면서 산을 미끄러져 내려간다. 체중은 아버지가 아들의 두 배이므로 경사면을 내려가는 속력은 아들이 아버지의 두 배일 것이라고 아들이 생각했지만, 둘은 똑같은 속력으로 동시에 산 아래에 도착했다. 왜 그런가? 아들이 두 배의 속력으로 이동할 방법이 있는가? 마찰은 무시한다.
3. 그림 Q10.3에 있는 용수철에 저장된 탄성 퍼텐셜 에너지 $(U_{Sp})_a$에서 $(U_{Sp})_d$까지를 작아지는 순서로 나열하시오.

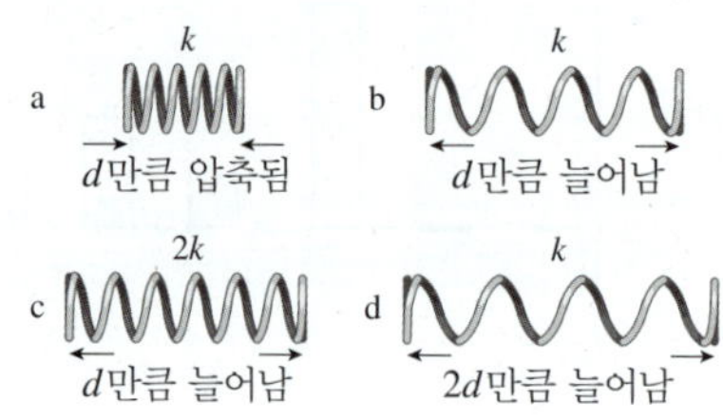

그림 Q10.3

4. 용수철 총이 플라스틱 공을 속력 v_0으로 쏘았다. 용수철이 압축된 거리를 두 배로 하여 공을 쏘면 공의 속력은 몇 배만큼 증가하는가? 설명하시오.
5. 압축된 용수철이 경사면 위로 토막을 발사한다. 가능한 한 쉽게 에너지 분석을 하려면 어떤 물체들을 계에 포함해야 하는가?
6. 환경이 계에 일을 하는 동안 계의 퍼텐셜 에너지가 증가하는 과정이 발생했다. 계의 운동 에너지가 증가하는가, 감소하는가, 또는 동일하게 유지되는가? 아니면, 결정하기에는 정보가 충분하지 않은가? 설명하시오.
7. a. 공간의 어떤 지점에 있는 입자에 작용하는 힘이 영이면, 그 퍼텐셜 에너지도 그 점에서 영이 되어야 하는가? 설명하시오.
   b. 공간의 어떤 지점에서 입자의 퍼텐셜 에너지가 영이면, 그 점에서 입자에 작용하는 힘도 영이 되어야 하는가? 설명하시오.

연습문제

표시가 된 연습문제들은 이전 장들에서 다룬 내용과 관련이 있다.

연습

10.1 퍼텐셜 에너지

1. | 물체 A가 정지해 있는 동안 물체 B와 C가 움직이고 있다. 물체 A로부터의 힘은 물체 B에 10 J의 일을 하고 물체 C에는 −5 J의 일을 한다. 환경으로부터의 힘은 물체 B에 4 J의 일을 하고 물체 C에는 8 J의 일을 한다. 물체 B와 C는 상호작용을 하지 않는다. (a) 물체 A, B, C를 별도의 계로 정의하거나 (b) 물체 A, B, C와 상호작용을 포함하도록 하나의 계를 정의하는 경우에 ΔK_{tot}와 ΔU_{int}는 얼마인가?

10.2 중력 퍼텐셜 에너지

2. | 데스 벨리(Death Valley)의 가장 낮은 지점은 해발 −85 m이다. 근처의 휘트니 산(Mt. Whitney)의 정상은 해발 4420 m이다. 65 kg의 등산객이 데스 벨리의 바닥에서 휘트니 산의 꼭대기까지 올라갈 때 퍼텐셜 에너지의 변화는 얼마인가?

3. | a. 지면으로부터 1.5 m 높이에서 100 g의 공을 똑바로 위로 던져서 높이가 10 m인 체육관의 지붕에 도달하기 위한 공의 최소 발사 속력은 얼마인가? 에너지를 사용하여 이 문제를 해결하시오.
   b. 공이 지면에 닿을 때의 속력은 얼마인가?

4. | 스케이트보드를 타는 55 kg의 사람이 반지름 3.0 m인 원의 4분의 1에 해당하는 궤도인 '쿼터 파이프'의 상단 가장자리까지 가려면 바닥에서 필요한 속력은 얼마인가?

5. || 80 cm 길이의 줄에 450 g의 공을 묶어서 진자를 만들었다. 그 진자를 한쪽으로 30° 당겼다가 놓아주면, 궤적의 가장 낮은 지점에서 공의 속력은 얼마인가?

6. || 10 m/s로 주행하는 1500 kg의 자동차가 그림 EX10.6에 그려진 골짜기에 접근하는 중에 휘발유가 갑자기 떨어졌다. 민첩한 운전자는 자동차가 구를 수 있도록 즉시 기어를 중립 위치에 놓는다. 자동차가 관성으로 골짜기 반대편에 있는 주유소에 도달할 때 차의 속력은 얼마인가?

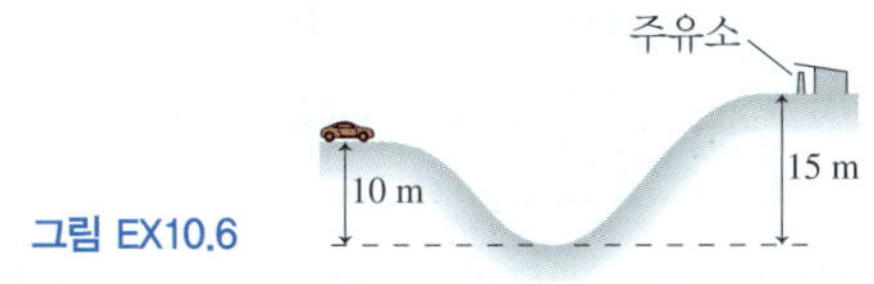

그림 EX10.6

7. || 높이 12 m인 요새의 벽 꼭대기에 있는 대포가 30° 위를 향해 포탄을 75 m/s로 발사했다. 아래의 지면에서 포탄의 충격 속력은 얼마인가?

10.3 탄성 퍼텐셜 에너지

8. | 200 J의 에너지를 저장하려면 $k = 1000$ N/m인 용수철을 얼마나 많이 늘여야 하는가?

9. | 학생이 마찰이 없는 책상에 500 g의 물리학 책을 올려놓고 용수철이 4.0 cm 압축되도록 책을 밀었다가 놓아주었다. 책이 미끄러져 나가는 속력은 얼마인가? 용수철 상수는 1250 N/m이다.

10. | 10 kg의 식료품 카트가 용수철 상수 250 N/m인 용수철에 달려들어서 용수철을 60 cm만큼 압축시켰다. 카트가 용수철에 부딪치기 직전 카트의 속력은 얼마였는가?

11. || 힘줄에 저장된 탄성 에너지는 달릴 때 에너지 필요량의 35%까지 기여할 수 있다. 스포츠 과학자들은 단거리 선수의 무릎 신근 힘줄이 평균 41 mm 늘어나지만 비운동 선수의 무릎 신근 힘줄은 겨우 33 mm 늘어나는 것을 발견했다. 힘줄의 용수철 상수는 33 N/mm로 두 그룹 모두 동일하다. 단거리 선수와 비운동 선수 사이의 최대 저장 에너지의 차이는 얼마인가?
BIO

12. ||| 그림 EX10.12a의 용수철은 Δx만큼 압축되어 있다. 이 용수철은 마찰이 없는 표면에서 토막을 속력 v_0으로 발사한다. 그림 EX10.12b의 두 용수철은 그림 EX10.12a의 용수철과 동일하다. 그것들을 동일한 총 길이 Δx만큼 압축하여 같은 토막을 발사하면 토막의 속력은 얼마인가?

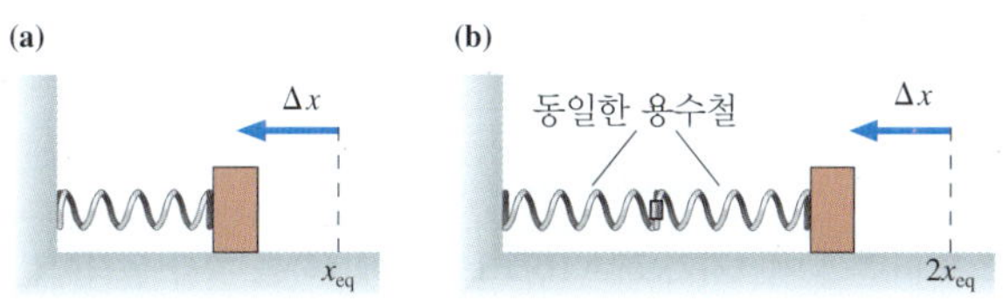

그림 EX10.12

10.4 에너지 보존

10.5 에너지 도형

13. || 그림 EX10.13은 A에서 정지 상태로부터 놓아준 500 g의 입자에 대한 퍼텐셜 에너지 도형이다. B, C, D에서 입자의 속력은 얼마인가?

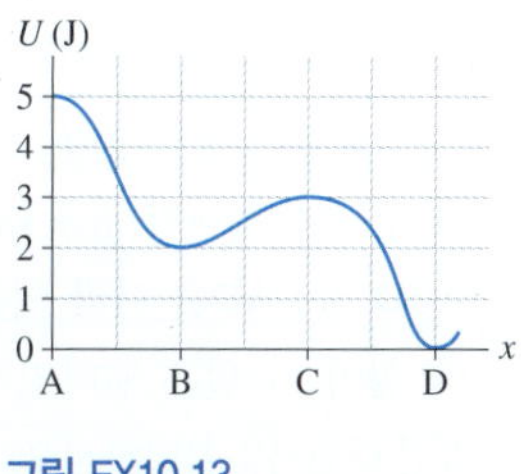

그림 EX10.13

14. I a. 그림 EX10.14에서 100 g의 입자가 점 A에서 점 B에 도달하는 데 필요한 최소 속력은 얼마인가?
   b. 100 g의 입자가 점 B에서 점 A에 도달하는 데 필요한 최소 속력은 얼마인가?

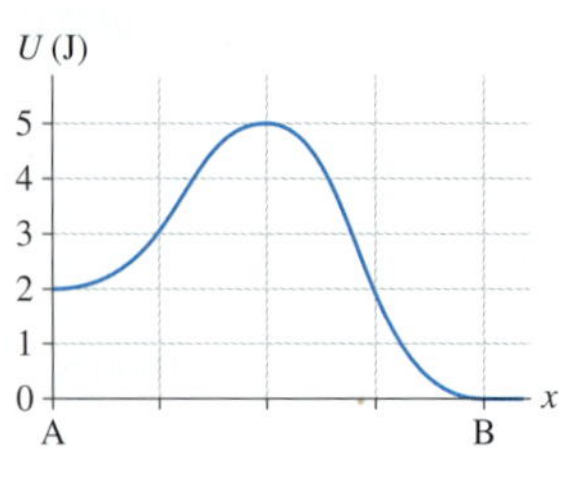

그림 EX10.14

15. II 그림 EX10.15에서 $x = 6.0$ m에는 결코 도달할 수 없으려면 $x = 2.0$ m에 있는 200 g의 입자가 가질 수 있는 가능한 최대 속력은 얼마인가?

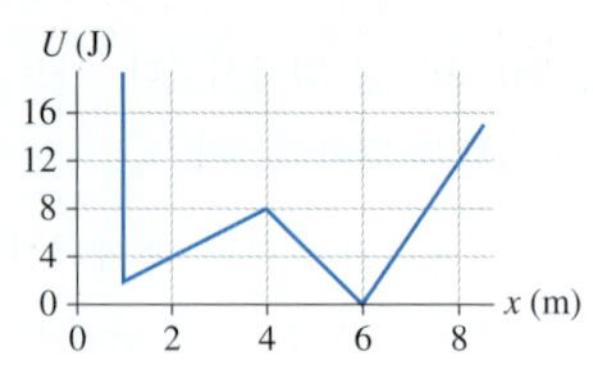

그림 EX10.15

10.6 힘과 퍼텐셜 에너지

16. II 한 입자만 이동할 수 있는 계의 퍼텐셜 에너지가 그림 EX10.16과 같다. $y = 0.5$ m와 4 m에서 입자에 작용하는 힘의 y성분은 얼마인가?

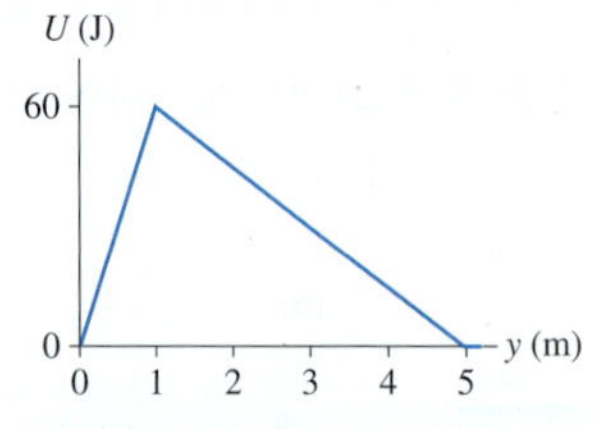

그림 EX10.16

17. II 퍼텐셜 에너지가 $U = 10/x$ J인 계에 x축을 따라 움직이는 입자가 있다. 여기서 x는 m 단위이다. $x = 2$ m, 5 m, 8 m에서 입자에 작용하는 힘의 x성분은 얼마인가?
CALC

10.7 보존력과 비보존력

18. I 입자가 그림 EX10.18의 A에서 D까지 이동하는 동안 힘 $\vec{F} = (6\hat{\imath} + 8\hat{\jmath})$ N을 겪는다. 입자가 경로 (a) ABD, (b) ACD, (c) AD를 따라 이동하는 경우에 힘이 한 일은 얼마인가? 이 힘은 보존력인가? 설명하시오.

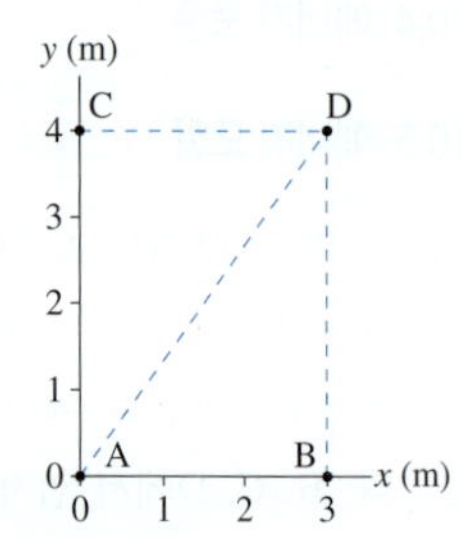

그림 EX10.18

10.8 에너지 원리 재고찰

19. I 계가 퍼텐셜 에너지 400 J을 잃는다. 이 과정에서 계가 환경에 400 J의 일을 하고 열에너지는 100 J만큼 증가한다. 이 과정을 에너지 막대 도표에 나타내시오.

20. I 그림 EX10.20의 과정에서 환경이 한 일은 얼마인가? 에너지가 환경에서 계로 전달되는가, 계에서 환경으로 전달되는가?

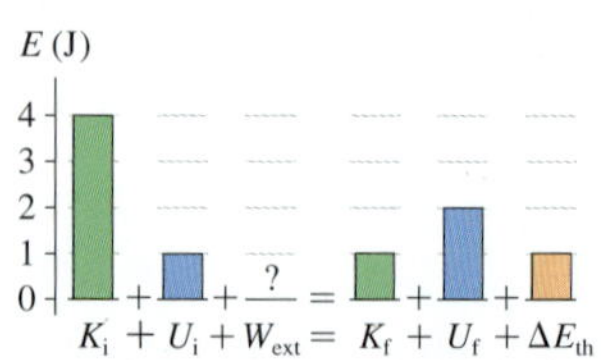

그림 EX10.20

문제

21. II 지름 20 cm의 부드러운 수평 관 안쪽의 **수직면**에서 아주 미끄러운 각얼음이 미끄러진다. 원의 바닥에서 각얼음의 속력은 3.0 m/s이다. 꼭대기에서 각얼음의 속력은 얼마인가?

22. II 용수철로 발사하는 2인용 롤러코스터를 설계하려고 한다. 차량은 10 m 높이의 언덕을 올라간 후 궤도의 최저점까지 15 m를 내려간다. 용수철은 최대 2.0 m까지 압축할 수 있고, 사람이 탄 차량의 최대 질량은 400 kg이다. 안전상의 이유 때문에 용수철 상수는 차량을 꼭대기에 올려놓는 데 필요한 최솟값보다 10% 더 커야 한다.
   a. 용수철 상수를 얼마로 지정해야 하는가?
   b. 용수철을 최대로 압축한다면 350 kg인 차량의 최대 속력은 얼마인가?

23. II 질량 m의 토막이 높이 h에서 출발하여 마찰이 없는 궤도를 따라 미끄러져 내려간 다음에 반지름 R인 루프차의 안쪽을 따라 미끄러진다. 토막이 떨어져 나가지 않기 위한 h의 최솟값은 얼마인가? R의 배수로 답하시오.

24. III 질량을 모르는 공, 용수철 상수가 950 N/m인 용수철, 미터자가 있다. 용수철을 다양하게 압축하여 공을 수직으로 발사한 다음 미터자를 사용하여 발사점으로부터 공의 최대 높이를 측정한다. 측정 결과는 다음과 같다.

압축 (cm)	높이 (cm)
2.0	32
3.0	65
4.0	115
5.0	189

자료를 적절한 그래프로 그려서 공의 질량을 결정하시오.

25. ‖ 용수철 상수가 120 N/m인 수평 용수철을 30 cm 압축하여 2.4 kg 상자를 마찰이 없는 수평면으로 발사한다. 상자가 일정 거리를 이동한 뒤에는 표면이 거칠어진다. 상자와 표면 사이의 운동 마찰 계수는 0.15이다. 상자가 멈추기 전에 거친 표면을 이동한 거리를 일과 에너지를 사용하여 구하시오.

26. ‖ 운송회사는 그림 P10.26과 같이 압축 용수철을 사용하여 높이가 1.0 m이고, 마찰이 없는 경사로를 따라 2.0 kg 화물을 쏘아 보낸다. 용수철 상수는 500 N/m이고 용수철은 30 cm 압축된다.

a. 화물이 트럭에 도착할 때의 속력은 얼마인가?

b. 부주의한 일꾼이 경사로에 탄산수를 쏟았다. 이것 때문에 운동 마찰 계수가 0.30인 폭 50 cm의 끈적끈적한 영역이 생겼다. 다음 화물을 트럭에 넣을 수 있는가?

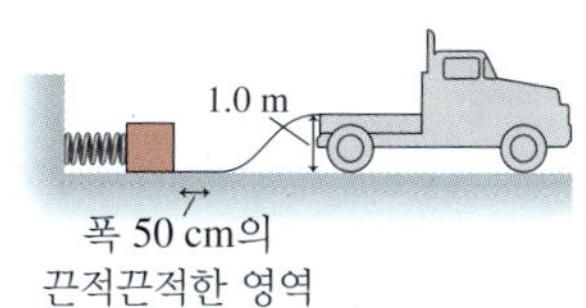

그림 P10.26

27. ‖ a. 50 g의 각얼음이 30° 경사로를 위아래로 마찰 없이 미끄러질 수 있다. 경사로의 밑에 있는 용수철에 각얼음을 대고 밀어서 용수철을 10 cm 압축한다. 용수철 상수는 25 N/m이다. 각얼음을 놓아주면 각얼음이 방향을 바꾸기 전까지 경사로를 따라 올라간 거리는 얼마인가?

b. 각얼음을 운동 마찰 계수가 0.20인 50 g의 플라스틱 토막으로 대체한다. 플라스틱 토막이 경사로를 올라간 거리는 얼마인가? 일과 에너지를 사용하시오.

28. ‖‖ 핵자(nucleon)인 양성자와 중성자는 강력이라고 하는 힘으로 원자 핵 안에 묶여 있다. 분리 거리가 아주 작으면 두 핵자 사이의 강력은 두 양성자 사이의 전기 반발력보다 크다. 그래서 그 이름이 붙여졌다. 그러나 양성자 사이의 거리가 멀어질수록 강력은 빠르게 약해진다. 강력을 통해 상호작용하는 두 핵자의 퍼텐셜 에너지에 대해 잘 확립된 모형은 다음과 같다.
CALC

$$U = U_0[1 - e^{-x/x_0}]$$

여기서 x는 두 핵자의 중심 사이의 거리이고, x_0은 상수이며 값은 $x_0 = 2.0 \times 10^{-15}$ m이고, $U_0 = 6.0 \times 10^{-11}$ J이다.

핵자를 올바로 이해하려면 양자 효과가 필수적이지만, 두 핵자가 마치 작고, 단단하고, 전기적으로 중성이며 질량 1.67×10^{-27} kg, 지름 1.0×10^{-15} m인 구처럼 단순하게 생각해보자. 두 핵자의 중심이 5.0×10^{-15} m 떨어지게 핵자를 잡고 있다가 놓아준다. 둘이 충돌할 때 각 핵자의 속력은 얼마인가? 핵자 둘 다 움직인다는 것을 명심하라.

29. ‖ 입자가 $0\text{ m} \le x \le \pi\text{ m}$ 범위에서 움직일 때 계의 퍼텐셜 에너지는 다음과 같다.
CALC

$$U(x) = x + \sin((2\text{ rad/m})x)$$

a. 이 범위에서 평형 위치는 어디인가?

b. 각 평형점은 안정 평형점인가, 불안정 평형점인가?

30. ‖ 100 g의 입자가 그림 P10.30에 나타낸 1차원 보존력 F_x를 겪는다.

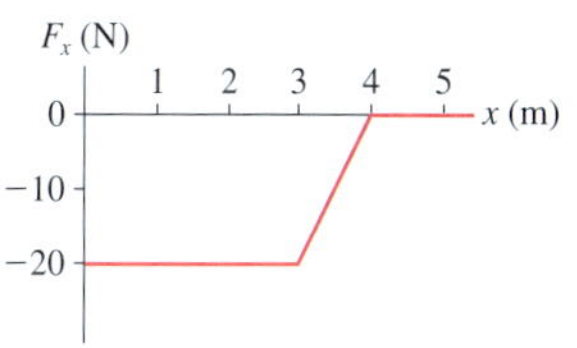

그림 P10.30

a. 퍼텐셜 에너지의 영점을 $x = 0$ m로 잡는다. $x = 1.0$, 2.0, 3.0, 4.0 m에서 퍼텐셜 에너지는 얼마인가?

힌트: 퍼텐셜 에너지의 정의와 일의 기하학적 해석을 사용하라.

b. 입자를 $x = 1.0$ m에서 오른쪽으로 25 m/s의 속력으로 발사하면 입자의 반환점은 어디인가?

31. ‖ x축을 따라 움직일 수 있는 입자의 퍼텐셜 에너지는 $U = Ax^2 + B\sin(\pi x/L)$이다. 여기서 A, B, L은 상수이다. (a) $x = 0$, (b) $x = L/2$, (c) $x = L$에서 입자에 작용하는 힘은 얼마인가?
CALC

32. ‖ xy평면에서 움직이는 입자에 작용하는 힘은 $\vec{F} = (2xy\hat{\imath} + x^2\hat{\jmath})$ N이나. 여기서 x와 y는 m 단위이다.
CALC

a. 입자가 먼저 원점에서 x축을 따라 좌표가 $(a, 0)$인 점까지 이동한 다음 y축에 평행하게 (a, b)인 점까지 이동한다. 힘이 한 일은 얼마인가?

b. 입자가 먼저 원점에서 y축을 따라 좌표가 $(0, b)$인 점까지 이동한 다음 x축에 평행하게 (a, b)인 점까지 이동한다. 힘이 한 일은 얼마인가?

c. 이 힘은 보존력인가?

33. 그림 P10.33에 나타낸 에너지 막대 도표가 문제의 처음과 마지막 에너지를 옳게 나타내도록 실제적인 문제를 서술하시오.

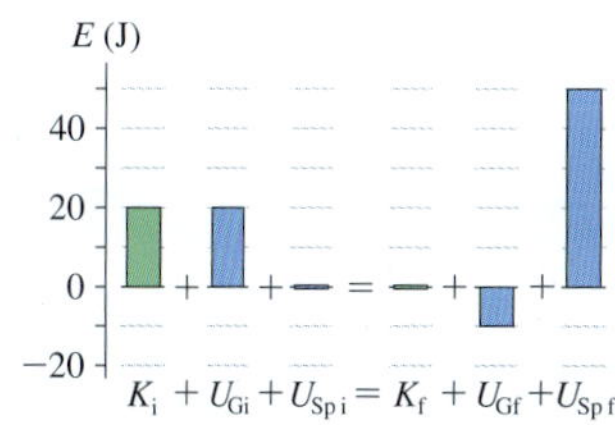

그림 P10.33

문제 34는 어떤 문제를 풀 때 사용한 방정식을 나타내고 있다. 이들 각각에 대해,

a. 이 식이 올바른 방정식이 되는 실제적인 문제를 서술하시오.

b. 전·후 그림 표현을 그리시오.

c. 문제의 풀이를 완성하시오.

34. $\frac{1}{2}(0.20\ \text{kg})(2.0\ \text{m/s})^2 + \frac{1}{2}k(0\ \text{m})^2$
$= \frac{1}{2}(0.20\ \text{kg})(0\ \text{m/s})^2 + \frac{1}{2}k(-0.15\ \text{m})^2$

응용 문제

35. ||| 길이 L인 줄에 질량 m의 작은 공을 매달은 진자가 있다. 그림 CP10.35에서 볼 수 있듯이, 진자의 가장 낮은 지점에서 위로 높이 $h = L/3$인 곳에 못이 있다. 진자를 각 θ에서 놓아줄 때 줄이 느슨해지지 않으면서 진자가 못의 꼭대기 위로 넘어갈 수 있는 θ의 최솟값은 얼마인가?

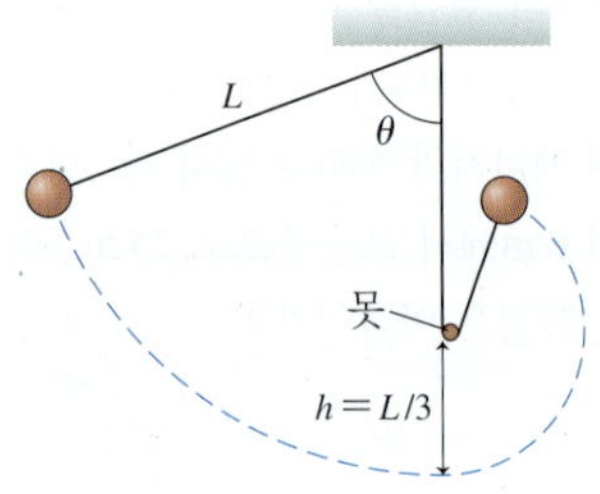

그림 CP10.35

36. ||| 질량 80 kg인 사람이 생일을 자축하며 생애 첫 번지점프를 하려고 한다. 30 m 길이의 번지 줄을 안전벨트에 매단 채 맹렬히 흐르는 강에서 100 m 위에 있는 다리 위에 선다. 번지 줄은 실질적으로는 그저 긴 용수철이고, 이 줄의 용수철 상수는 40 N/m이다. 그는 한참을 머뭇거린 후에 다리에서 뛰어 내린다. 줄이 최대로 늘어났을 때 물에서부터 그의 높이는 얼마인가?

37. ||| 그림 CP10.37의 용수철은 용수철 상수가 1000 N/m이다. 용수철을 15 cm 압축하여 200 g의 토막을 발사한다. 수평면은 마찰이 없지만 경사면에서 토막의 운동 마찰 계수는 0.20이다. 토막이 공중에서 이동한 거리 d는 얼마인가?

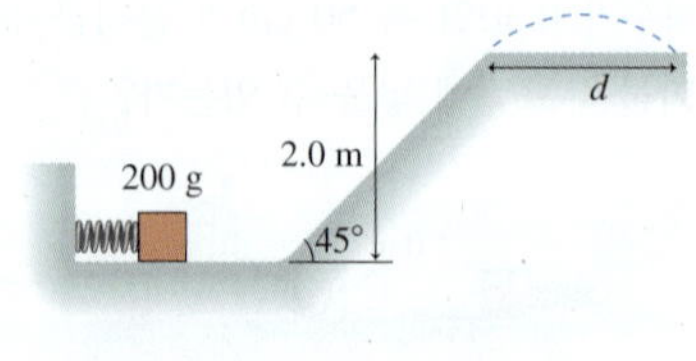

그림 CP10.37

11 충격량과 운동량
Impulse and Momentum

불꽃의 폭발은 극적인 사건이다. 그럼에도 불구하고 불꽃 폭발도 몇몇 간단한 물리 법칙을 따른다.

이 장에서는 충격량과 운동량의 개념을 사용하는 것을 배운다.

운동량이란 무엇인가?

물체의 운동량은 물체의 질량과 속도를 곱한 양이다. 물체는 큰 질량이나 큰 속도를 가짐으로써 큰 운동량을 가질 수 있다. 운동량은 벡터이기 때문에 특히 운동량 성분의 부호에 주의를 기울여야 한다.

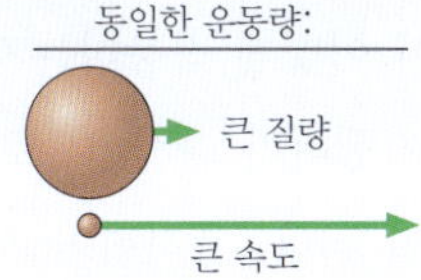

충격량이란 무엇인가?

충격력은 짧게 지속되는 힘이다. 이 힘이 물체에 전달하는 충격량 J_x는 힘-시간 그래프의 넓이와 같다. 시간에 따라 변하는 힘의 경우 충격량과 운동량은 종종 뉴턴의 법칙보다 유용하다.

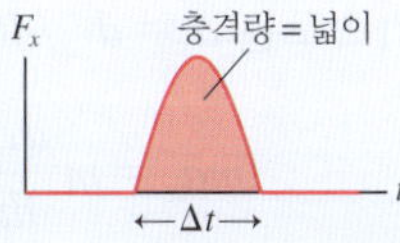

충격량은 운동량과 어떤 관계가 있는가?

운동량을 사용하는 것은 에너지를 사용하는 것과 유사하다. 계를 명확히 정의하는 것이 중요하다. 충격량이 전달되면 계의 운동량이 변한다는 것이 운동량 원리이다.

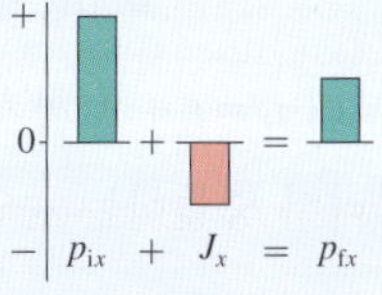

$$\Delta p_x = J_x$$

에너지 막대 도표와 유사한 운동량 막대 도표는 운동량 원리를 그래프로 보여준다.

« 되돌아보기: 9.1절 에너지

운동량은 보존되는가?

고립계의 총운동량은 보존된다. 고립계의 입자들은 서로 상호작용하지만 환경과는 상호작용하지 않는다. 상호작용의 세기와는 무관하게 최종 운동량은 초기 운동량과 동일하다.

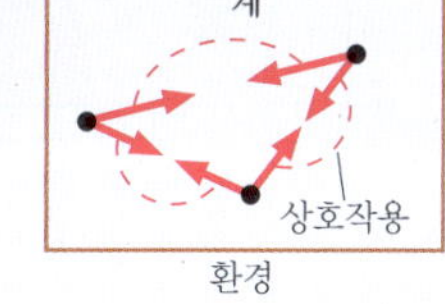

« 되돌아보기: 10.4절 에너지 보존

운동량을 어떻게 충돌에 적용하는가?

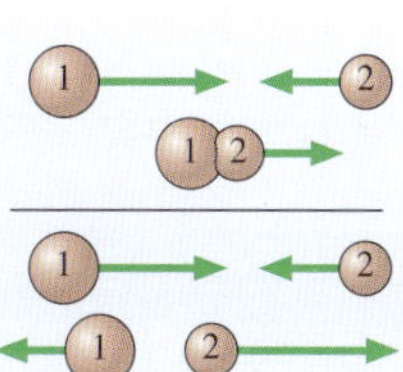

운동량 보존을 적용하는 중요한 예가 충돌 연구이다.

- 완전 비탄성 충돌의 경우 물체가 서로 들러붙는다. 운동량이 보존된다.

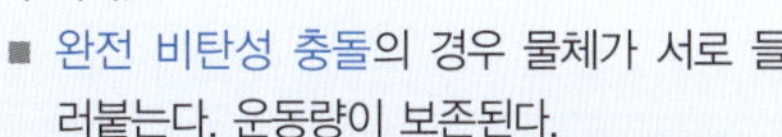

- 완전 탄성 충돌의 경우 물체가 충돌 후 떨어져 나간다. 운동량과 에너지 모두 보존된다.

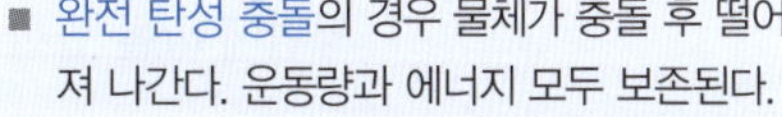

운동량은 또 어디에 사용하는가?

이 장에서 운동량 보존을 적용할 수 있는 다른 두 가지 중요한 예를 살펴본다.

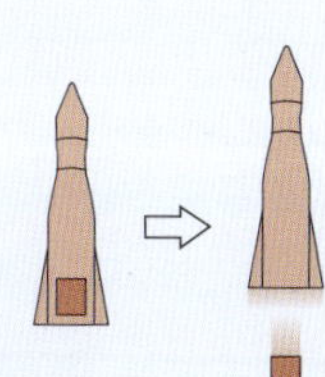

- 폭발은 둘 또는 그 이상의 물체들을 떨어져 나가게 하는 짧은 시간의 상호작용이다.

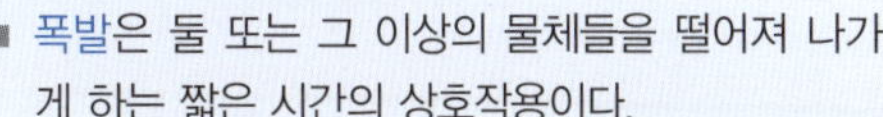

- 로켓 추진력의 경우 물체의 질량이 연속적으로 변한다.

11.1 운동량과 충격량

테니스공이 라켓과 충돌한다. 공의 왼편이 평평해진 것에 주목하라.

충돌(collision)은 두 물체 사이에 짧게 지속되는 상호작용이다. 테니스공과 라켓 또는 야구공과 야구 방망이 사이의 충돌은 우리 눈에 순간처럼 보일지 모르나 이것은 우리 감각의 한계 때문이다. 고속 사진은 공의 측면이 충돌하는 동안 현저하게 납작해지는 것을 보여준다. 공을 압축시키는 데 시간이 걸리고 공이 라켓이나 방망이를 떠나 다시 팽창하는 데 더 많은 시간이 걸린다.

충돌 지속시간은 물체를 구성하는 물질에 의존하지만 대략 1 ms(0.001 s)에서 10 ms (0.010 s) 정도가 보통이다. 이것이 두 물체가 서로 접촉하고 있는 시간이다. 물체가 단단하면 할수록 접촉시간은 더 짧아진다. 두 강철공 사이의 충돌은 200마이크로초 이내가 된다.

그림 11.1 충돌

충돌 전:
v_{ix}
물체가 접근한다.
충돌 중:
$F_x(t)$
Δt 동안 충돌한다
그리고 되튀어 나간다.
충돌 후:
v_{fx}
$F_x(t)$
F_{max}
0
t
최대로 압축된 순간
압축
팽창
접촉 시작
충돌 지속 시간 Δt
접촉 종료

그림 11.1은 벽과 충돌하는 물체를 보여준다. 초기 수평 속도 v_{ix}로 움직이던 물체가 지속시간이 Δt인 힘을 받고 나중 속도 v_{fx}로 떠난다. 위 사진이 보여준 것처럼 충돌하는 동안 물체의 형태가 **변형**된다는 사실에 주목하라. 입자는 변형되지 않으므로 충돌하는 물체를 입자로 모형화할 수 없다. 대신 충돌하는 물체를 용수철과 같이 압축되었다가 팽창하는 **탄성체**로 모형화할 수 있다. 실제로 이것이 정확히 미시적인 수준에서 보았을 때 일어나는 일이다. 분자 결합이 압축되고 탄성 퍼텐셜 에너지가 저장되었다가 이 퍼텐셜 에너지의 일부 혹은 전부가 되튀어 나오는 물체의 운동 에너지로 변환된다. 충돌의 에너지 관계는 이 장의 뒷부분에서 다시 살펴볼 것이다.

충돌할 때 압축력은 보통 물체에 작용하는 다른 힘에 비해 매우 크다. 작은 시간 간격 동안 작용하는 큰 힘을 **충격력**(impulsive force)이라고 한다. 그림 11.1의 그래프는 통상적인 충격력이 어떻게 작용하는지를 보여준다. 충격력은 최대로 압축되는 순간 최대로 급격히 증가했다가 다시 0으로 감소한다. 접촉이 시작되기 전과 접촉이 끝난 후에 충격력은 0이 된다. 충격력이 시간의 함수이기 때문에 충격력을 $F_x(t)$로 적는다.

충돌의 결과 물체의 속도가 어떻게 변하는지 알기 위해 뉴턴의 제2법칙을 사용할 수 있다. 1차원에서의 가속도는 $a_x = dv_x/dt$이므로 제2법칙은 다음처럼 적을 수 있다.

$$ma_x = m\frac{dv_x}{dt} = F_x(t)$$

양변에 dt를 곱한 후 제2법칙은 아래처럼 적을 수 있다.

$$m\,dv_x = F_x(t)\,dt \tag{11.1}$$

이 힘은 시간 간격 t_i로부터 $t_f = t_i + \Delta t$까지만 0이 아니다. 따라서 식 (11.1)을 이 시간 간격 동안 적분하자. 따라서 충돌하는 동안 v_{ix}에서 v_{fx}로의 속도 변화는

$$m\int_{v_i}^{v_f} dv_x = mv_{fx} - mv_{ix} = \int_{t_i}^{t_f} F_x(t)\,dt \tag{11.2}$$

로 주어진다. 식 (11.2)를 이해하기 위해 몇몇 새로운 도구들이 필요하다.

운동량

입자의 질량과 속도의 곱을 입자의 운동량(momentum)이라고 한다.

$$\text{운동량} = \vec{p} \equiv m\vec{v} \tag{11.3}$$

속도처럼 운동량도 벡터이다. 운동량의 단위는 kg m/s이다. 라틴어 어원에 따라 운동량의 복수는 'momenta'이다.

운동량 벡터 $\vec{p}$는 속도 벡터 $\vec{v}$에 평행하다. 그림 11.2는 다른 벡터들처럼 $\vec{p}$를 x성분과 y성분으로 분해할 수 있음을 보여준다. 벡터 방정식인 식 (11.3)은 연립 방정식을 간단히 적는 방법이다.

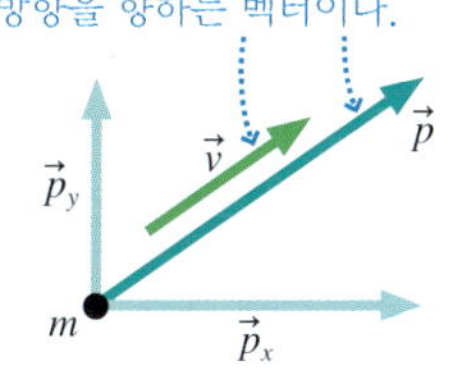

그림 11.2 운동량 $\vec{p}$를 x성분과 y성분으로 분해할 수 있다.

$$p_x = mv_x$$
$$p_y = mv_y$$

질량이 작지만 큰 속도를 가지거나 속도는 작지만 큰 질량을 가진 물체는 큰 운동량을 갖는다. 예를 들어 5.5 kg의 볼링공이 중간 속도 2 m/s로 움직이면 크기가 $p = (5.5\ \text{kg})(2\ \text{m/s}) = 11\ \text{kg m/s}$의 운동량을 갖는다. 이것은 고속 라이플 총에서 1200 m/s로 발사된 9 g 총알의 운동량과 거의 같다.

실제로 뉴턴은 제2법칙을 가속도가 아닌 운동량으로 표현하였다.

$$\vec{F} = m\vec{a} = m\frac{d\vec{v}}{dt} = \frac{d(m\vec{v})}{dt} = \frac{d\vec{p}}{dt} \tag{11.4}$$

힘이 운동량의 시간 변화율이라는 이런 제2법칙의 표현은 앞서의 표현인 $\vec{F} = m\vec{a}$보다 더 일반적이다. 이 표현은 연료를 태움으로써 질량을 잃는 로켓처럼 물체의 질량이 변할 수 있는 가능성을 열어둔다.

식 (11.2)로 돌아가 mv_{ix}와 mv_{fx}가 충돌 전과 후의 입자의 운동량의 x성분인 p_{ix}와 p_{fx}임을 알 수 있다. 더 나아가 $p_{fx} - p_{ix}$는 입자의 운동량 변화 Δp_x이다. 운동량으로 적으면 식 (11.2)는 아래처럼 된다.

$$\Delta p_x = p_{fx} - p_{ix} = \int_{t_i}^{t_f} F_x(t)\, dt \tag{11.5}$$

이제 식 (11.5)의 오른쪽 항을 살펴볼 필요가 있다.

충격량

식 (11.5)는 입자의 운동량 변화가 힘의 시간 적분과 관련이 있음을 말해준다. 충격량(impulse)이라고 하는 물리량 J_x를 정의하자.

$$\text{충격량} = J_x \equiv \int_{t_i}^{t_f} F_x(t)\, dt \tag{11.6}$$
$$= t_i\text{와 } t_f \text{ 사이의 } F_x(t) \text{ 곡선 아래 넓이}$$

엄밀히 말해 충격량의 단위는 N s이지만 N s가 운동량의 단위 kg m/s과 같다는 것을 보일 수 있어야 한다.

식 (11.6)의 적분을 곡선 아래 넓이로 해석하는 것이 특히 중요하다. 그림 11.3a는 충격량을 그래프로 보여준다. 충돌하는 동안 힘이 복잡하게 변하기 때문에 충돌을 평균 힘 F_{avg}로 기술하는 것이 자주 유용하다. 그림 11.3b는 F_{avg}가 동일한 넓이, 따라서 실제 힘 곡선에서의 동일한 충격량을 가진 직사각형의 높이라는 것을 보여준다. 충돌하는 동안 가해지는 충격량은

$$J_x = F_{avg}\,\Delta t \tag{11.7}$$

이다. 뉴턴의 제2법칙을 적분하여 얻은 식 (11.2)는 이제 충격량과 운동량으로 아래와 같이 다시 적을 수 있다.

$$\Delta p_x = J_x \quad \text{(운동량 원리)} \tag{11.8}$$

운동량 원리(momentum principle)라고 하는 이 결과는 **물체에 전달된 충격량이 물체의 운동량 변화**를 일으킨다는 것을 말해준다. 충돌이나 폭발과 같은 상호작용 '후'의 운동량 p_{fx}는 상호작용 '전'의 운동량 p_{ix}에 상호작용에 의한 충격량을 더한 것과 같다.

$$p_{fx} = p_{ix} + J_x \tag{11.9}$$

그림 11.3 그래프로 충격량 살펴보기

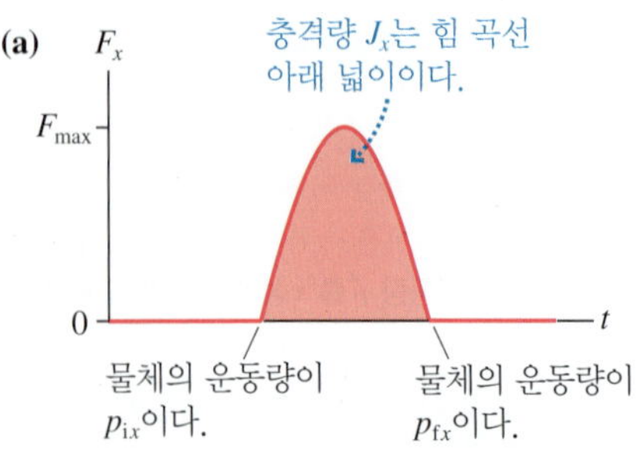

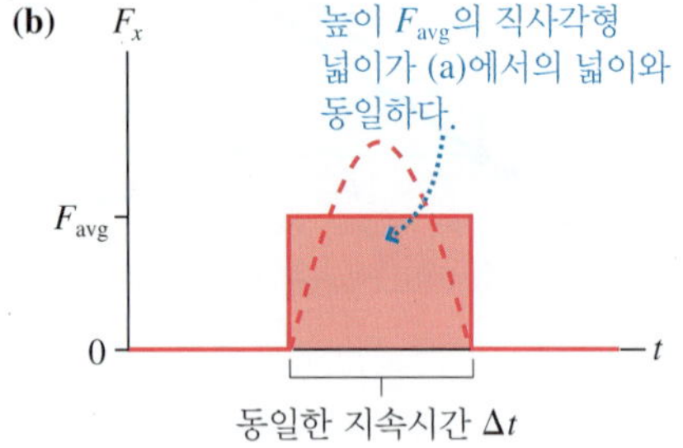

그림 11.4 운동량 원리는 고무공이 벽과 충돌하는 것을 이해하는 데 도움을 준다.

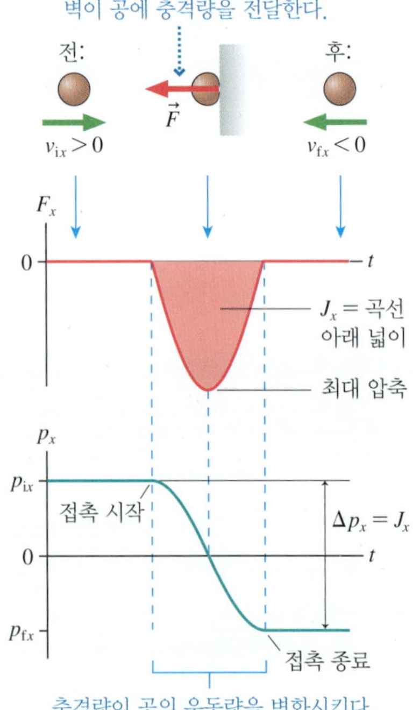

그림 11.4는 벽으로부터 튀어나오는 고무공을 보여준다. 부호에 주의하라. 부호가 매우 중요하다. 공이 처음에 오른쪽으로 움직이고 있었으므로 v_{ix}와 p_{ix} 모두 양이다. 충돌 후 v_{fx}와 p_{fx} 모두 음이다. 공에 작용하는 힘이 왼쪽을 향하므로 F_x 역시 음이다. 그래프는 힘과 운동량이 시간에 따라 어떻게 변하는지 보여준다.

상호작용이 매우 복잡하지만 충격량(힘 그래프 아래 넓이)만이 공이 벽에서 되튈 때 공의 속도를 구하기 위해 우리가 알아야 할 모든 것이다. 최종 운동량은

$$p_{fx} = p_{ix} + J_x = p_{ix} + \text{힘 곡선 아래 넓이} \tag{11.10}$$

가 되고 나중 속도는 $v_{fx} = p_{fx}/m$이 된다. 이 예에서 넓이는 음의 값을 갖는다.

에너지 원리와의 유사성

9장과 10장의 에너지 원리와 운동량 원리 사이에 유사성이 있다는 것을 아마 알아차렸을 것이다. 힘이 작용하는 단일 입자계의 경우 아래와 같다.

$$\begin{aligned} \text{에너지 원리: } \Delta K &= W = \int_{x_i}^{x_f} F_x\,dx \\ \text{운동량 원리: } \Delta p_x &= J_x = \int_{t_i}^{t_f} F_x\,dt \end{aligned} \tag{11.11}$$

두 경우 모두 물체에 작용하는 힘이 계의 상태를 변화시킨다. 힘이 공간 간격 x_i로부

터 x_f까지 작용하면 물체의 운동 에너지를 변화시키는 일을 한다. 힘이 시간 간격 t_i로부터 t_f까지 작용하면 힘은 물체의 운동량을 변화시키는 **충격량**을 전달한다. 그림 11.5는 일을 F-x 그래프의 넓이로 보는 기하학적 해석이 충격량을 F-t 그래프의 넓이로 해석하는 것과 유사하다는 것을 보여준다.

그림 11.5 충격량과 일 모두 힘 곡선 아래쪽 넓이이다. 그러나 수평축이 무엇인지 아는 것이 매우 중요하다.

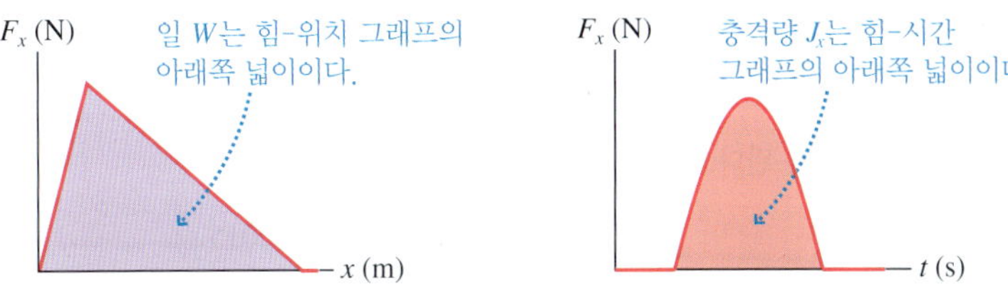

이것은 힘이 충격량을 만들거나 일을 하거나 **둘 중 하나**만 하고 둘 모두를 하지는 않는 것을 의미하는 것이 아니다. 정반대이다. 물체에 작용하는 힘은 입자의 운동량과 운동 에너지 모두를 변화시킴으로써 충격량을 만들고 일도 한다. 에너지 원리를 사용할지 운동량 원리를 사용할지는 풀려고 하는 문제에 달려 있다.

사실 운동 에너지를 운동량으로 아래처럼 표현할 수 있다.

$$K = \tfrac{1}{2}mv^2 = \frac{(mv)^2}{2m} = \frac{p^2}{2m} \qquad (11.12)$$

입자의 운동량을 변화시키지 않으면서 운동 에너지를 변하게 할 수 없다.

운동량 막대 도표

운동량 원리는 **충격량이 물체에 운동량을 전달한다**는 것을 말해준다. 물체가 2 kg m/s의 운동량을 가진다면 물체에 전달된 1 kg m/s의 충격량은 물체의 운동량을 3 kg m/s로 증가시킨다. 즉 $p_{fx} = p_{ix} + J_x$이다.

에너지를 가지고 했던 것처럼 이 '운동량 계산'을 **운동량 막대 도표**(momentum bar chart)를 가지고 나타낼 수 있다. 예를 들어 그림 11.6의 막대 도표는 그림 11.4에 있는 벽과 충돌하는 공을 나타낸다. 운동량 막대 도표는 상호작용을 시각화해주는 도구이다.

그림 11.6 운동량 막대 도표

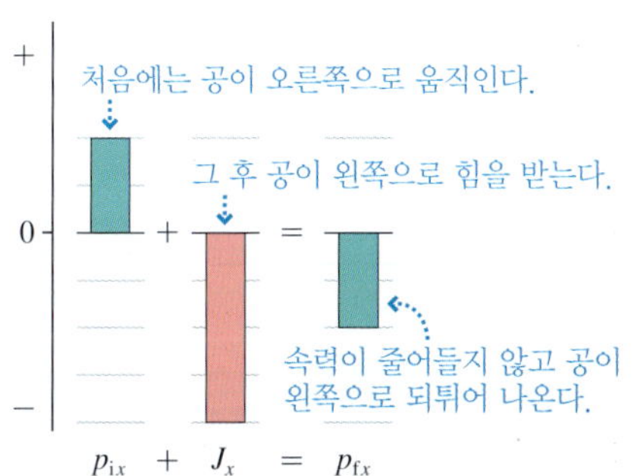

충격량과 운동량 문제 풀기

충격량과 운동량 문제는 에너지 문제처럼 상호작용 전의 상황을 상호작용 후의 상황과 관련짓는다. 따라서 **전·후 그림 표현**이 주된 시각화 수단으로 남는다. 한 가지 예를 살펴보자.

예제 11.1 야구공 타격하기

150 g의 야구공을 20 m/s의 속력으로 던진다. 맞은 야구공이 40 m/s의 속력으로 투수에게 직선으로 날아온다. 야구공과 야구 방망이 사이의 상호작용력이 그림 11.7에 나와 있다. 방망이가 공에 가하는 최대 힘 F_{max}는 얼마인가? 방망이가 공에 가하는 **평균** 힘은 얼마인가?

그림 11.7 야구공과 야구 방망이 사이의 상호작용력

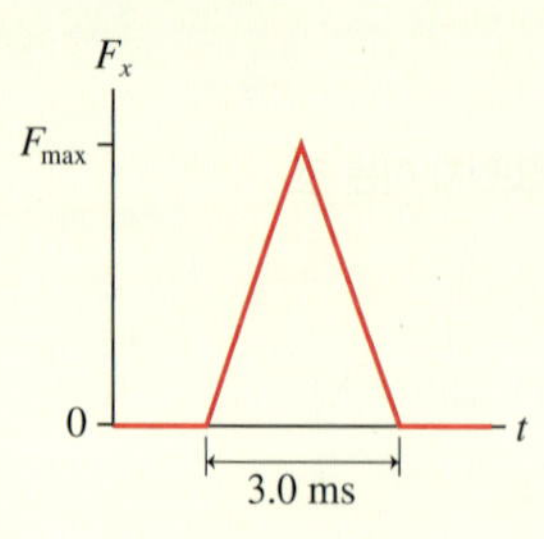

핵심 야구공을 탄성체로, 상호작용은 충돌로 모형화한다.

시각화 그림 11.8은 전·후 그림 표현이다. F_x가 양이기 때문에(오른쪽으로 힘이 작용) 처음에 왼쪽으로 움직이던 공이 맞은 뒤 다시 오른쪽으로 움직이는 것을 알 수 있다. 그러므로 속력에 대해 기술한 것을 속도에 대한 정보, 즉 v_{ix}가 음이라는 것으로 바꿔 말할 수 있다.

풀이 운동량 원리는 다음과 같이 된다.

$$\Delta p_x = J_x = \text{ 힘 곡선 아래 넓이}$$

충돌 전과 후의 속도를 알고 있으므로 공의 운동량을 계산할 수 있다.

$$p_{ix} = mv_{ix} = (0.15\text{ kg})(-20\text{ m/s}) = -3.0\text{ kg m/s}$$

$$p_{fx} = mv_{fx} = (0.15\text{ kg})(40\text{ m/s}) = 6.0\text{ kg m/s}$$

그러므로 운동량 변화는

$$\Delta p_x = p_{fx} - p_{ix} = 9.0\text{ kg m/s}$$

이다. 힘 곡선은 높이 F_{max}이고 폭이 3.0 ms인 삼각형이다. 이 곡선 아래 넓이는

$$J_x = \text{넓이} = \tfrac{1}{2}(F_{max})(0.0030\text{ s}) = (F_{max})(0.0015\text{ s})$$

가 된다. 이 정보를 운동량 원리에 사용하면

$$9.0\text{ kg m/s} = (F_{max})(0.0015\text{ s})$$

를 얻는다. 그러므로 최대 힘은

$$F_{max} = \frac{9.0\text{ kg m/s}}{0.0015\text{ s}} = 6000\text{ N}$$

이 된다. 충돌 지속시간 $\Delta t = 0.0030$ s에 의존하는 **평균** 힘은 더 작은 값을 갖는다.

$$F_{avg} = \frac{J_x}{\Delta t} = \frac{\Delta p_x}{\Delta t} = \frac{9.0\text{ kg m/s}}{0.0030\text{ s}} = 3000\text{ N}$$

검토 F_{max}는 큰 힘이지만 충돌 동안 충격력의 아주 전형적인 값이다. 충격량이 물체의 운동량을 변화시킨다는 새로운 깨달음에 초점을 맞춰야 한다.

그림 11.8 전·후 그림 표현

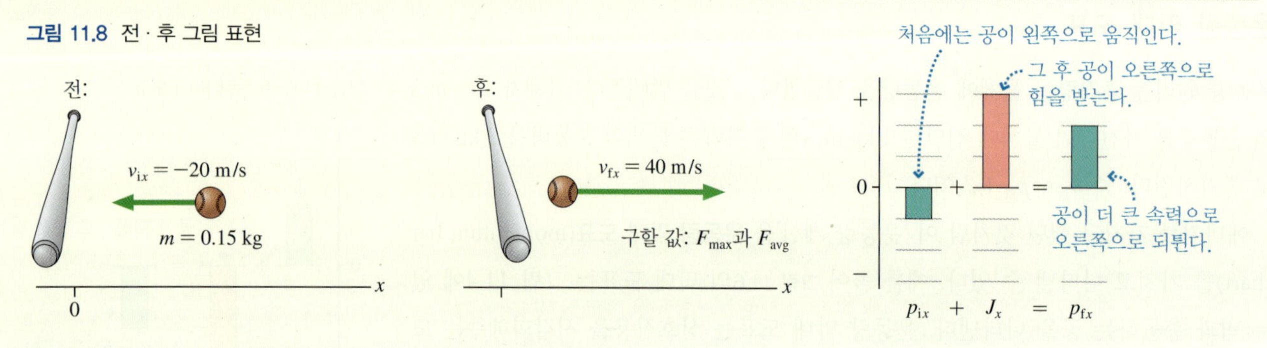

흔히 충돌하는 동안 또는 짧은 시간 상호작용하는 동안 다른 힘들이 물체에 작용한다. 예를 들면 예제 11.1에서 야구공에 중력 역시 작용한다. 보통 이런 다른 힘들은 상호작용력보다 훨씬 약하다. 공의 1.5 N 무게는 야구 방망이가 공에 가하는 6000 N의 힘에 비해 아주 작다. **충격량 근사**(impulse approximation)라고 하는 것을 사용하여 충격력이 작용하는 짧은 시간 동안 이런 작은 힘들을 무시해도 무방하다.

충격량 근사를 사용할 때 p_{ix}와 p_{fx}(그리고 v_{ix}와 v_{fx})는 충돌 직전과 충돌 직후의 운동량(그리고 속도)이다. 예를 들어 예제 11.1의 속도는 야구공이 방망이와 충돌하기

직전과 직후의 속도이다. 그런 뒤 중력과 끌림힘을 포함하는 후속 문제를 풀어 두 번째 내야수가 야구공을 잡는 1초 뒤 야구공의 속력을 구할 수 있다. 몇 개의 두 부분 예제들을 이 장의 후반부에서 살펴볼 것이다.

11.2 운동량 보존

운동량 원리는 뉴턴의 제2법칙에서 유도되었고 실제로 이 원리는 단일 입자의 동역학을 살펴보는 다른 방법에 지나지 않는다. 운동량이 문제 풀이에서 가지는 진정한 힘을 알기 위해 또한 뉴턴의 제3법칙을 상기할 필요가 있다. 제3법칙은 물리학에서 가장 중요한 원리 가운데 하나인 운동량 보존으로 우리를 인도한다.

그림 11.9는 초기 속도가 $(v_{ix})_1$과 $(v_{ix})_2$인 두 물체를 보여준다. 물체들이 충돌한 후 나중 속도 $(v_{fx})_1$과 $(v_{fx})_2$로 되튀어 나간다. 충돌하는 동안, 즉 물체가 서로 상호작용할 때의 힘은 작용·반작용 쌍인 $\vec{F}_{1\text{ on }2}$와 $\vec{F}_{2\text{ on }1}$이다. 이제 x축 방향의 1차원 운동을 한다고 계속해서 가정한다.

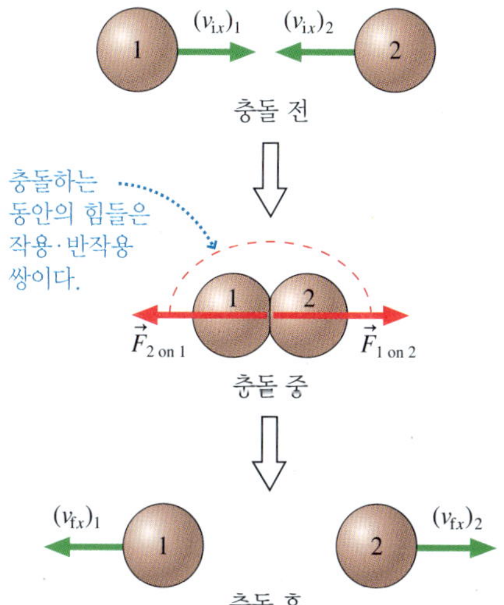

그림 11.9 두 물체 사이의 충돌

충돌하는 동안 각 물체에 대한 뉴턴의 제2법칙은 다음처럼 주어진다.

$$\frac{d(p_x)_1}{dt} = (F_x)_{2\text{ on }1}$$
$$\frac{d(p_x)_2}{dt} = (F_x)_{1\text{ on }2} = -(F_x)_{2\text{ on }1} \qquad (11.13)$$

두 번째 식에서 뉴턴의 제3법칙을 구체적으로 사용하였다.

식 (11.13)은 다른 두 물체에 대한 것이지만, 단지 무슨 일이 생기는지 알아보기 위해 이 두 식을 더하려고 한다. 그렇게 하면

$$\frac{d(p_x)_1}{dt} + \frac{d(p_x)_2}{dt} = \frac{d}{dt}\left[(p_x)_1 + (p_x)_2\right] = (F_x)_{2\text{ on }1} + (-(F_x)_{2\text{ on }1}) = 0 \qquad (11.14)$$

을 얻는다. 물리량 $(p_x)_1 + (p_x)_2$의 시간 도함수가 0이라면

$$(p_x)_1 + (p_x)_2 = \text{상수} \qquad (11.15)$$

가 되어야 한다.

식 (11.15)는 보존 법칙이다! 만약 $(p_x)_1 + (p_x)_2$가 상수라면 충돌 후의 운동량의 합이 충돌 전의 운동량의 합과 같아야 한다. 다시 말해

$$(p_{fx})_1 + (p_{fx})_2 = (p_{ix})_1 + (p_{ix})_2 \qquad (11.16)$$

이다. 더욱이 이런 등식은 상호작용력과 무관하다. 우리는 식 (11.16)을 사용하기 위해 더 이상 $\vec{F}_{1\text{ on }2}$와 $\vec{F}_{2\text{ on }1}$에 대해 전혀 알 필요가 없다.

예로써 그림 11.10은 두 동일한 질량을 가진 열차의 차량이 충돌하여 결합되는 것의 전·후 그림 표현이다. 식 (11.16)은 충돌 전의 운동량에 대한 충돌 후의 운동량을 관계지어준다.

$$m_1(v_{fx})_1 + m_2(v_{fx})_2 = m_1(v_{ix})_1 + m_2(v_{ix})_2$$

처음에 차량 1이 속도 $(v_{ix})_1 = v_i$로 움직이는 반면 차량 2는 정지해 있다. 그 후 두 차량이 붙어서 공통의 나중 속도 v_f로 굴러간다. 더욱이 $m_1 = m_2 = m$이다. 이 정보를 사용하면 운동량 식은 다음과 같이 된다.

$$mv_f + mv_f = mv_i + 0$$

질량을 소거하면 열차 차량의 나중 속도가 $v_f = \frac{1}{2}v_i$인 것을 알 수 있다. 다시 말해 두 차량이 서로 충돌할 때 두 차량 사이의 복잡한 상호작용에 대해 아무것도 몰라도 나중 속력이 정확히 차량 1의 초기 속력의 절반인 것을 예측할 수 있다.

그림 11.10 충돌하는 두 열차 차량

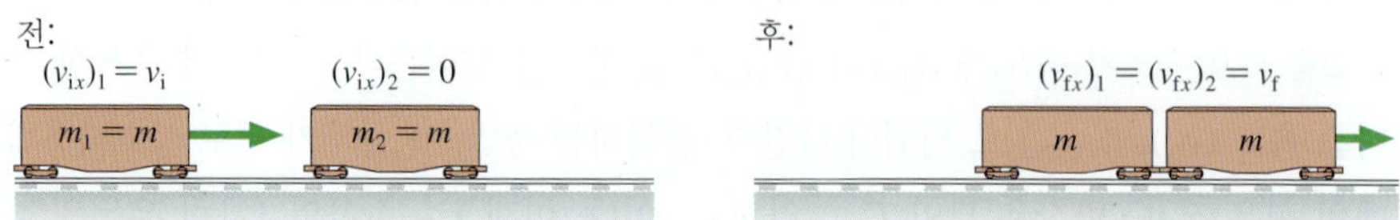

입자계

식 (11.16)은 운동량 보존 법칙이 무엇인지 잘 보여주지만 1차원에서 충돌하는 두 입자인 특수한 경우에 대해서 유도한 것이다. 목표는 3차원에서도 유용한, 또 모든 종류의 상호작용에 대해서도 작동하는 더 일반적인 운동량 보존 법칙을 개발하는 것이다. 다음 몇 개의 구절들은 매우 수학적이므로 무엇을 배울지 미리 알기 위해 식 (11.24)와 운동량 보존 법칙의 기술에 대해 미리 살펴보도록 하자.

그림 11.11 입자계

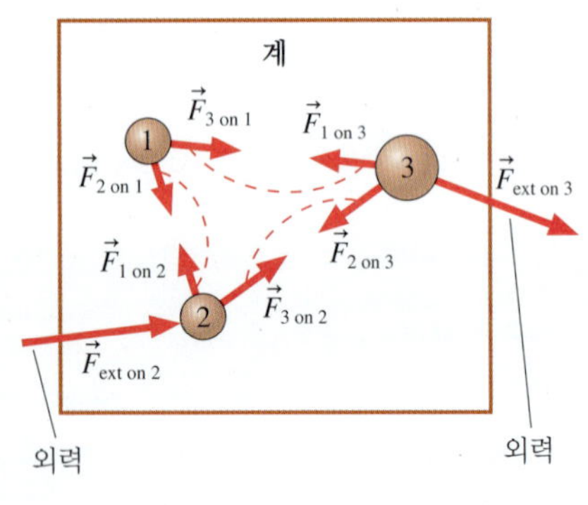

앞서 두 장에서 에너지를 공부하면서 잘 정의된 계의 중요성을 강조하였다. 운동량의 경우에도 맞는 말이다. N개 입자로 이루어진 계를 생각해보자. 그림 11.11은 $N = 3$인 단순한 경우를 보여주지만 N은 어떤 값도 가능하다. 입자는 큰 대상(자동차, 야구공 등)이 될 수도 있고 기체 안의 미시적인 원자도 될 수 있다. 인식값 k를 부여하여 각 입자를 판별한다. 계의 모든 입자들은 작용·반작용 쌍의 힘 $\vec{F}_{j\text{ on }k}$와 $\vec{F}_{k\text{ on }j}$에 의해 다른 입자들과 **상호작용한다**. 덧붙여 모든 입자들은 계 외부 요인에 의한 **외력**(external forces) $\vec{F}_{\text{ext on }k}$를 받기도 한다.

입자 k가 속도 $\vec{v}_k$를 갖고 있다면 이 입자의 운동량은 $\vec{p}_k = m_k\vec{v}_k$가 된다. 이 계의 **총운동량**(total momentum)을 벡터합으로 정의할 수 있다.

$$\vec{P} = \text{총운동량} = \vec{p}_1 + \vec{p}_2 + \vec{p}_3 + \cdots + \vec{p}_N = \sum_{k=1}^{N} \vec{p}_k \qquad (11.17)$$

다시 말해 계의 총운동량은 개별 운동량의 벡터합이다.

$\vec{P}$의 시간 도함수는 시간에 따라 계의 총운동량이 어떻게 변하는지를 알려준다.

$$\frac{d\vec{P}}{dt} = \sum_k \frac{d\vec{p}_k}{dt} = \sum_k \vec{F}_k \qquad (11.18)$$

여기서 각 입자에 대해 뉴턴의 제2법칙을 식 (11.4)의 $\vec{F}_k = d\vec{p}_k/dt$의 형태로 사용하였다.

입자 k에 작용하는 알짜힘은 계의 외부로부터 작용하는 **외력**과 계의 다른 입자들에 의한 **상호작용력**(interaction forces)으로 나눌 수 있다.

$$\vec{F}_k = \sum_{j \neq k} \vec{F}_{j\text{ on }k} + \vec{F}_{\text{ext on }k} \tag{11.19}$$

$j \neq k$라는 제약은 입자 k가 자신에게 힘을 작용하지 않는다는 것을 표현한 것이다. 식 (11.18)에 이것을 사용하면 계의 총운동량 $\vec{P}$의 변화율을 얻는다.

$$\frac{d\vec{P}}{dt} = \sum_k \sum_{j \neq k} \vec{F}_{j\text{ on }k} + \sum_k \vec{F}_{\text{ext on }k} \tag{11.20}$$

$\vec{F}_{j\text{ on }k}$ 앞 이중 합계는 계의 모든 상호작용력을 더하는 것이다. 그러나 상호작용력이 작용·반작용 쌍에서 나와 $\vec{F}_{k\text{ on }j} = -\vec{F}_{j\text{ on }k}$이므로 $\vec{F}_{k\text{ on }j} + \vec{F}_{j\text{ on }k} = \vec{0}$이다. 그러므로 **모든 상호작용력의 합은 0이다**. 그 결과 식 (11.20)은 다음과 같이 된다.

$$\frac{d\vec{P}}{dt} = \sum_k \vec{F}_{\text{ext on }k} = \vec{F}_{\text{net}} \tag{11.21}$$

여기서 $\vec{F}_{\text{net}}$는 계 외부의 요인들이 가하는 알짜힘이다. 그러나 이 식은 단순히 계 전체에 대한 뉴턴의 제2법칙에 지나지 않는다! 다시 말해 **계의 총운동량의 변화율은 계에 작용하는 알짜힘과 같다**.

식 (11.21)은 두 가지 중요한 사실을 포함하고 있다. 첫째, 계를 구성하고 있는 입자 사이의 상호작용력을 고려할 필요 없이 계 전체의 운동을 분석할 수 있다. 실제로 지금까지 이 아이디어를 입자 모형의 가정으로 사용해 왔다. 자동차와 바위와 야구공을 입자로 취급할 때 원자들 사이의 상호작용력(물체를 한데 묶는 힘)이 물체의 운동에 영향을 주지 않는다고 가정한다. 이제 이 가정을 정당화하였다.

로켓+분사가스 계의 총운동량은 보존되므로 분사가스를 뒤로 방출할 때 로켓이 위로 가속된다.

고립계

식 (11.21)에 담긴 두 번째 의미(이것이 이 장의 관점에서 더 중요한 것이다)는 고립계에 적용된다. 10장에서 **고립계**를 환경으로부터 가해지는 외력의 영향을 받지 않거나 변화되지 않는 계라고 정의하였다. 운동량의 관점에서 고립계는 가해지는 알짜 외력이 0인 계이다($\vec{F}_{\text{net}} = \vec{0}$). 다시 말해 고립계는 외력이 없거나 외력들이 상쇄되어 합이 0이 되는 계이다.

고립계의 경우 식 (11.21)은 간단히 다음처럼 된다.

$$\frac{d\vec{P}}{dt} = \vec{0} \qquad \text{(고립계)} \tag{11.22}$$

다른 말로 하자면 **고립계의 총운동량은 변하지 않는다**. 계 내부에서 어떻게 상호작용하든지 상관없이 총운동량 $\vec{P}$는 항상 일정하다. 뉴턴의 법칙과 함께 자연의 법칙으로 승격시켜도 될 정도로 이 결과는 중요하다.

운동량 보존 법칙 고립계의 총운동량 $\vec{P}$는 상수이다. 계 내부의 상호작용은 계의 총운동량을 변화시키지 못한다. 수학적으로 운동량 보존 법칙은 아래와 같다.

$$\vec{P}_f = \vec{P}_i \tag{11.23}$$

상호작용 후의 총운동량은 상호작용 전의 총운동량과 동일하다. 식 (11.23)은 벡터 식이기 때문에 운동량 벡터의 각 성분에 대해서도 등식이 성립한다.

$$\begin{aligned}(p_{fx})_1 + (p_{fx})_2 + (p_{fx})_3 + \cdots &= (p_{ix})_1 + (p_{ix})_2 + (p_{ix})_3 + \cdots \\ (p_{fy})_1 + (p_{fy})_2 + (p_{fy})_3 + \cdots &= (p_{iy})_1 + (p_{iy})_2 + (p_{iy})_3 + \cdots\end{aligned} \tag{11.24}$$

x 식은 식 (11.16)을 N개의 상호작용하는 입자계로 확장시킨 것이다.

예제 11.2 글라이더 충돌

250 g 에어트랙 글라이더를 수평 트랙 위에서 정지해 있는 500 g 글라이더 쪽으로 민다. 그림 11.12는 움직임 감지기로 기록한 250 g 글라이더의 위치-시간 그래프이다. 가장 잘 맞는 직선을 찾았다. 충돌 후 500 g 글라이더의 속력은 무엇인가?

그림 11.12 250 g 글라이더의 위치 그래프

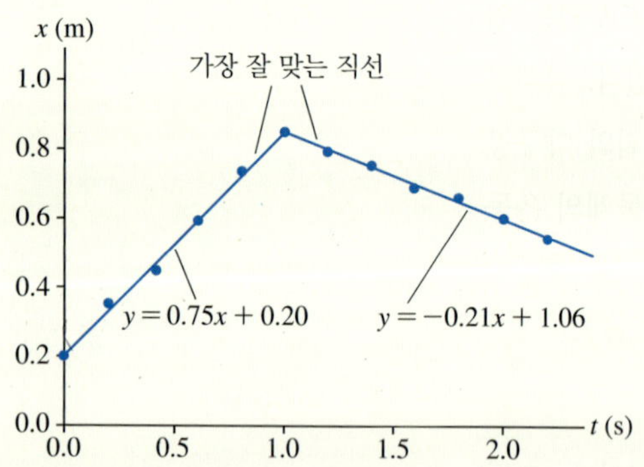

핵심 두 글라이더를 계로 잡는다. 글라이더가 서로 상호작용하지만 외력(수직 항력과 중력)이 상쇄되어 $\vec{F}_{net} = \vec{0}$이다. 따라서 글라이더들은 고립계를 형성하고 이들의 총운동량은 보존된다.

시각화 그림 11.13은 전·후 그림 표현이다. 그림 11.12의 그래프는 250 g 글라이더가 처음에는 오른쪽으로 움직이다가 $t = 1.0$ s에서 충돌하여 왼쪽(x가 감소)으로 되튀어 나오는 것을 말해준다. 가장 잘 맞는 직선들이 $y = \cdots$으로 적힌 것에 주목하라. 이것이 데이터 분석 소프트웨어에서 볼 수 있는 것이다.

풀이 이 1차원 문제에서 운동량 보존은 최종 운동량이 초기 운동량과 같다는 것이다($P_{fx} = P_{ix}$). 각 성분들의 항으로 운동량 보존은

$$(p_{fx})_1 + (p_{fx})_2 = (p_{ix})_1 + (p_{ix})_2$$

그림 11.13 충돌의 전 · 후 그림 표현

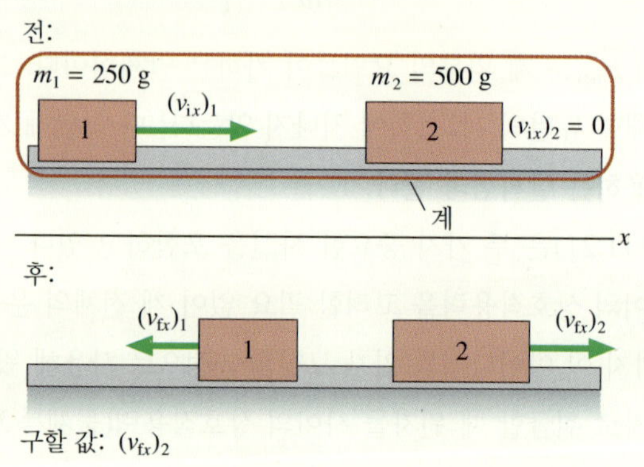

이다. 각 운동량은 mv_x이므로 운동량 보존을 속도 항으로 적으면

$$m_1(v_{fx})_1 + m_2(v_{fx})_2 = m_1(v_{ix})_1 + m_2(v_{ix})_2 = m_1(v_{ix})_1$$

이 된다. 마지막 단계에서 500 g 글라이더에 대해 $(v_{ix})_2 = 0$을 사용하였다. 더 무거운 글라이더의 나중 속도에 대해 풀면 다음과 같이 된다.

$$(v_{fx})_2 = \frac{m_1}{m_2}\left[(v_{ix})_1 - (v_{fx})_1\right]$$

2장 운동학에서 충돌 전과 후의 250 g 글라이더의 속도가 위치-시간 그래프의 기울기라고 했다. 그림 11.12로부터 $(v_{ix})_1 = 0.75$ m/s와 $(v_{fx})_1 = -0.21$ m/s임을 알 수 있다. 왼쪽으로 튀어 나오기 때문에 나중값이 음이다. 그러므로

$$(v_{fx})_2 = \frac{250\text{ g}}{500\text{ g}}\left[0.75\text{ m/s} - (-0.21\text{ m/s})\right] = 0.48\text{ m/s}$$

가 된다. 500 g 글라이더는 충돌에 의해 0.48 m/s로 멀어져 간다.

검토 500 g 글라이더는 밀어준 글라이더보다 두 배의 질량을 가지고 있으므로 더 작은 속력을 가지는 것이 합리적으로 보인다. 부호(2개의 양의 값과 음의 값)에 주의를 기울이는 것이 올바른 답에 도달하는 데 매우 중요하다. 단지 질량의 비 0.50만을 필요로 하기 때문에 질량을 kg으로 변환하지 않았다.

운동량 보존 문제 풀이를 위한 전략

문제 풀이 전략 11.1

운동량 보존

핵심 계를 명확히 정의한다.

- 가능한 한 고립계($\vec{F}_{\text{net}}=0$) 또는 상호작용이 충분히 짧고 강력해서 상호작용하는 동안 외력을 무시할 수 있는(충격량 근사) 계를 선택한다. 운동량은 보존된다.
- 고립계를 선택하기가 불가능하다면 운동의 한 부분에서 운동량이 보존되도록 문제를 부분으로 나눈다. 다른 운동 부분은 뉴턴의 법칙이나 에너지 보존을 사용하여 분석할 수 있다.

시각화 전 · 후 그림 표현을 그린다. 문제에서 사용할 기호들을 정의하고 주어진 값들을 열거하고 구하려는 것을 분명히 한다.

풀이 수학적 표현은 운동량 보존 법칙에 근거를 두고 있다($\vec{P}_{\text{f}}=\vec{P}_{\text{i}}$). 성분 형태로는

$$(p_{\text{fx}})_1 + (p_{\text{fx}})_2 + (p_{\text{fx}})_3 + \cdots = (p_{\text{ix}})_1 + (p_{\text{ix}})_2 + (p_{\text{ix}})_3 + \cdots$$
$$(p_{\text{fy}})_1 + (p_{\text{fy}})_2 + (p_{\text{fy}})_3 + \cdots = (p_{\text{iy}})_1 + (p_{\text{iy}})_2 + (p_{\text{iy}})_3 + \cdots$$

로 표현된다.

검토 결과가 올바른 단위와 유효 숫자를 갖고 있는지, 결과가 합리적인지, 그리고 문제에 답하고 있는지 확인한다.

예제 11.3 | 타고 내려가기

벤이 8.0 m 앞에 놓인 짐수레를 본다. 벤은 짐수레에 최대한 빨리 달려가 짐수레에 올라타고 길을 내려간다. 벤의 질량은 75 kg이고 짐수레의 질량은 25 kg이다. 벤이 1.0 m/s^{2}의 일정한 가속도로 가속한다면 벤이 올라탄 후 짐수레의 속력은 무엇인가?

핵심 이것은 두 부분 문제이다. 첫째 벤이 지면에 대해 가속한다. 그러고 나서 벤이 짐수레에 올라타 짐수레와 같이 움직이는 벤과 짐수레의 '충돌'이 일어난다. 벤과 짐수레 사이의 상호작용력(즉 마찰력)은 벤의 발이 짐수레에 달라붙는 아주 짧은 순간에만 작용한다. 충격량 근사를 사용하면 '충돌'하는 짧은 순간 동안 벤 + 짐수레 계를 고립계로 가정할 수 있으며, 따라서 이 상호작용이 일어나는 동안 벤 + 짐수레의 총운동량은 보존된다. 그러나 벤의 초기 가속도가 짐수레와 아무 관계가 없기 때문에 벤 + 짐수레 계는 전체 문제 동안 고립계가 아니다.

시각화 풀이 전략은 문제를 운동학을 사용해 분석할 수 있는 가속 부분과 운동량 보존을 사용하여 분석할 수 있는 충돌 부분으로 나누는 것이다. 그림 11.14의 그림 표현은 두 부분 모두에 대한 정보를 포함하고 있다. 달리기 마지막 순간의 벤의 속도 $(v_{1x})_{\text{B}}$가 충돌하기 '전' 벤의 속도인 것에 주목하라.

풀이 처음 부분의 수학적 표현은 운동학이다. 벤이 얼마나 오래 가속했는지 모르지만 가속도와 거리를 알고 있다. 그러므로

$$(v_{1x})_{\text{B}}^2 = (v_{0x})_{\text{B}}^2 + 2a_x\,\Delta x = 2a_x x_1$$

이다. 8.0 m 가속한 후 벤의 속도는

$$(v_{1x})_{\text{B}} = \sqrt{2a_x x_1} = 4.0 \text{ m/s}$$

(계속)

그림 11.14 벤과 짐수레의 그림 표현

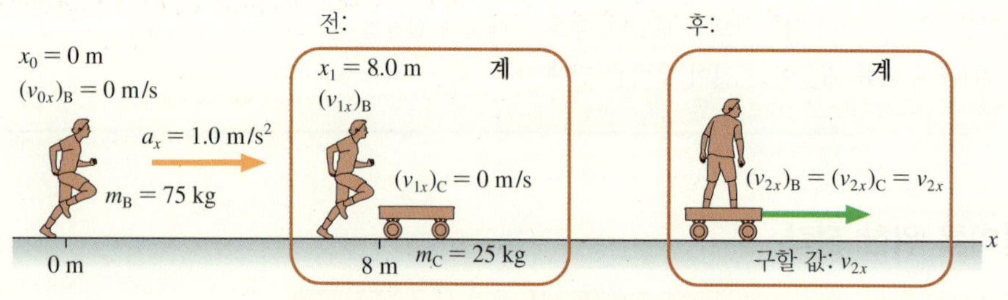

가 된다. 문제의 둘째 부분인 충돌의 경우 운동량 보존을 사용한다.

$$m_B(v_{2x})_B + m_C(v_{2x})_C = m_B(v_{1x})_B + m_C(v_{1x})_C = m_B(v_{1x})_B$$

여기서 짐수레가 정지해 있었기 때문에 $(v_{1x})_C = 0$을 사용하였다. 이 문제에서 벤과 짐수레는 마지막에 공통의 속도로 함께 움직이기 때문에 $(v_{2x})_B$와 $(v_{2x})_C$를 간단히 v_{2x}로 적는다. v_{2x}에 대해 풀면

$$v_{2x} = \frac{m_B}{m_B + m_C}(v_{1x})_B = \frac{75\text{ kg}}{100\text{ kg}} \times 4.0\text{ m/s} = 3.0\text{ m/s}$$

를 얻는다. 벤이 올라탄 직후 짐수레의 속력은 3.0 m/s이다.

문제 푸는 것이 얼마나 쉬운지 주목하라! 힘, 가속도 제약, 연립 방정식 모두 불필요하다. 왜 이 방법을 이전에 생각하지 못했을까? 사실 보존 법칙은 강력하지만 단지 특정한 질문에만 답을 줄 수 있다. 짐수레 위에 벤이 정지할 때까지 얼마나 미끄러질지, 얼마나 오랫동안 미끄러질지, 또는 충돌하는 동안 짐수레의 가속도가 무엇인지 알고 싶을 때 보존 법칙에 근거해서는 이런 질문에 답을 줄 수 없다. 전과 후의 단순한 관련성을 발견하려면 값을 치러야 하고 이 값은 상호작용의 세부사항에 대한 정보를 잃는다는 것을 의미한다. 전과 후에 대해서 아는 것만으로 만족한다면 보존 법칙은 사용할 만한 단순하면서도 확실한 방법이다. 그러나 많은 문제들은 상호작용에 대한 이해를 필요로 하며 이것을 위해 뉴턴의 법칙을 피할 수 없다.

운동량 보존은 계에 의존한다

문제 풀이 전략의 첫 단계는 계를 명확하게 정의하는 것을 요구한다. **목표는 운동량이 보존되는 계를 선택하는 것이다.** 그렇게 해도 보존되는 것은 총운동량이지 계 내부의 개별적인 물체의 운동량이 아니다.

예를 들어 고무공을 떨어뜨려 공이 단단한 바닥에 부딪쳐 튀어 오를 때 어떤 일이 생기는지 생각해보라. 운동량이 보존되는가? 공이 튀어 오르는 속력이 충돌 속력과 거의 같기 때문에 그렇다고 대답하고 싶을 것이다. 그러나 이런 생각에는 두 가지 오류가 있다.

첫째, 운동량은 속력이 아닌 속도에 의존한다. 공의 속도와 운동량은 충돌하는 동안 부호가 달라진다. 크기가 동일하더라도 충돌 후 공의 운동량이 충돌 전 공의 운동량과 같지 않다.

그러나 더 중요한 점은 계를 아직 정의하지 않았다. 무엇의 운동량인가? 운동량이 보존되느냐 아니냐는 계에 의존한다. 그림 11.15는 계의 두 가지 다른 선택을 보여준다. 공 자체를 계로 선택한 그림 11.15a에서 공에 대한 지구 중력은 외력이다. 이 힘은 공이 지구를 향해 가속하게 만들며 공의 운동량을 변화시킨다. 공이 바닥을 때리면 공에 대한 바닥의 힘 역시 외력이다. 공이 튀어 오를 때 $\vec{F}_{\text{floor on ball}}$의 충격량이 공의 운동량을 '아래'에서 '위'로 변하게 한다. 이 계의 운동량은 보존되지 않는 것이 거의 확실하다.

그림 11.15b는 다른 선택을 보여준다. 여기서는 계가 공 + 지구이다. 이제 중력과 충돌의 충격력이 계 내부의 상호작용력이다. 이것은 고립계이며, 따라서 총운동량 $\vec{P} = \vec{p}_{\text{ball}} + \vec{p}_{\text{earth}}$는 보존된다.

사실 (이 기준계에서) 총운동량은 $\vec{P} = \vec{0}$이다. 공과 지구 모두 처음에 정지하고 있었기 때문이다. 공을 놓은 후 공이 지구를 향해 가속되는 반면 지구는 뉴턴의 제3법칙 때문에 개별 운동량이 크기가 같고 방향이 반대인 방식으로 공을 향해 가속된다.

우리가 무언가를 떨어뜨릴 때마다 지구가 우리를 향해 '위로 올라오는' 것을 보지 못한 이유는 무엇일까? 일상의 물체와 대비한 지구의 엄청난 질량 때문이다. 대략 10^{25}배 정도 크다. 운동량은 질량과 속도의 곱이기 때문에 전형적인 낙하체의 운동량에 걸맞기 위해서 지구의 '위쪽' 속력은 단지 10^{-25} m/s 정도이다. 이런 속력으로는 지구가 원지 지름만큼 이동하는 데 3억 년이 걸린다. 지구는 사실 공의 운동량과 크기가 같고 방향이 반대인 운동량을 갖지만 절대 이를 알아챌 수 없다.

그림 11.15 공이 지구에 떨어질 때 운동량이 보존되느냐 마느냐는 계의 선택에 달려 있다.

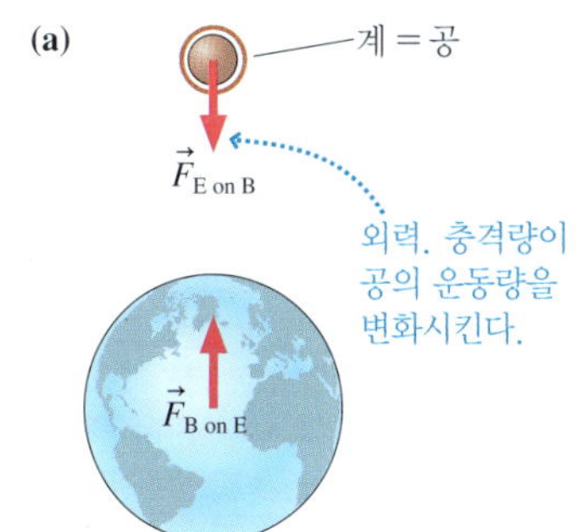

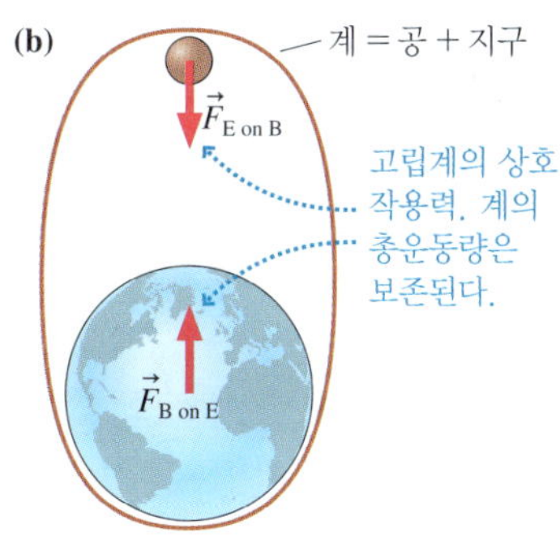

11.3 충돌

충돌은 다른 결과를 가져올 수 있다. 바닥에 떨어뜨린 고무공은 튀어 오르지만 진흙공은 튀어 오르지 않고 바닥에 붙는다. 골프공을 치는 골프 클럽은 공이 클럽으로부터 튀어 나가도록 하지만 나무토막을 때리는 총알은 토막에 박힌다.

비탄성 충돌

두 물체가 서로 붙어 공통의 나중 속도로 움직이는 충돌을 **완전 비탄성 충돌**(perfectly inealstic collision)이라고 한다. 바닥에 부딪히는 진흙과 나무에 박히는 총알이 완전 비탄성 충돌의 예이다. 다른 예로는 충격의 순간 결합하는 열차 차량과 다트판에 꽂히는 다트가 있다. 그림 11.16은 완전 비탄성 충돌을 분석하는 핵심이 **두 물체가 공통의 나중 속도를 가진다**는 사실임을 보여준다.

충돌하는 2개의 물체로 구성된 계가 고립되어 있으므로 총운동량이 보존된다. 그러나 초기 운동 에너지가 충돌하는 동안 열에너지로 변환되기 때문에 역학적 에너지는 보존되지 않는다.

그림 11.16 비탄성 충돌

두 물체가 접근하여 충돌한다.
전: $(v_{ix})_1$, $(v_{ix})_2$, m_1, m_2
두 물체가 붙어 같이 움직인다.
후: v_{fx}
결합 질량 $m_1 + m_2$
공통의 나중 속도

예제 11.4 비탄성 글라이더 충돌

실험실 실험에서 200 g의 에어트랙 글라이더와 400 g의 에어트랙 글라이더를 트랙의 반대쪽 끝에서 서로를 향해 민다. 글라이더의 앞쪽에는 벨크로가 붙어 있어 충돌할 때 글라이더들이 달라붙는다. 200 g의 글라이더를 초기 속력 3.0 m/s로 민다. 충돌 후 이 글라이더가 0.40 m/s로 반대 방향으로 움직인다. 400 g의 글라이더의 초기 속력은 얼마인가?

핵심 두 글라이더를 계로 정의하라. 이것은 고립계이므로 충돌 시 총운동량이 보존된다. 글라이더가 함께 붙어 있으므로 완전 비탄성 충돌이다.

시각화 그림 11.17은 그림 표현을 보여준다. 200 g의 글라이더(글라이더 1)가 오른쪽으로 움직이기 시작했다고 잡는다. 그러면 $(v_{ix})_1$은 +3.0 m/s가 된다. 충돌 후 글라이더들이 왼쪽으로 움직이므로 이들의 공통의 나중 속도는 $v_{fx} = -0.40$ m/s가 된다.

풀이 운동량 보존 법칙 $P_{fx} = P_{ix}$는 다음과 같다.

$$(m_1 + m_2)v_{fx} = m_1(v_{ix})_1 + m_2(v_{ix})_2$$

여기서 충돌 후 결합 질량 $m_1 + m_2$가 함께 움직인다는 사실을 이용했다. 400 g 글라이더의 초기 속도를 쉽게 구할 수 있다.

그림 11.17 비탄성 충돌의 전 · 후 그림 표현

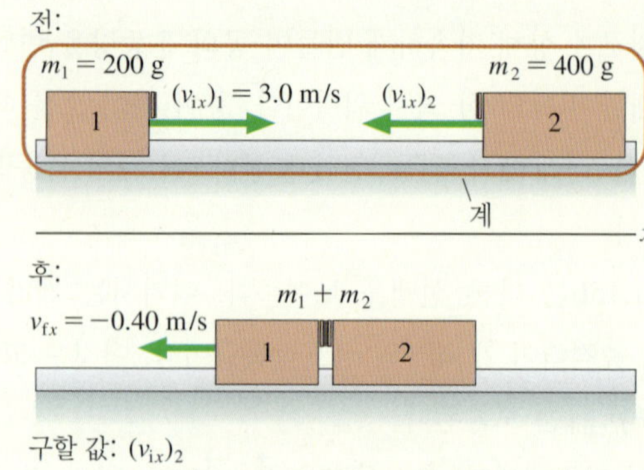

$$(v_{ix})_2 = \frac{(m_1 + m_2)v_{fx} - m_1(v_{ix})_1}{m_2}$$

$$= \frac{(0.60\text{ kg})(-0.40\text{ m/s}) - (0.20\text{ kg})(3.0\text{ m/s})}{0.40\text{ kg}} = -2.1\text{ m/s}$$

음의 부호는 400 g 글라이더가 처음에 왼쪽으로 움직였다는 것을 가리킨다. 문제에서 구하라고 한 이 글라이더의 초기 속력은 2.1 m/s 이다.

예제 11.5 탄도 진자

10 g의 총알을 150 cm 길이의 줄에 매달린 1200 g의 나무토막을 향해 발사한다. 총알이 토막에 박히고 난 후 토막이 40° 각도까지 올라간다. 총알의 속력은 얼마인가? [이것을 탄도 진자(ballistic pendulum)라고 한다.]

핵심 이것은 두 부분 문제이다. 처음 부분인 총알이 토막에 주는 충격은 비탄성 충돌이다. 이 부분의 경우 계를 총알 + 토막으로 정의한다. 운동량이 보존되지만 일부 에너지가 열에너지로 변환되기 때문에 역학적 에너지는 보존되지 않는다. 둘째 부분인 뒤이은 진동의 경우 총알 + 토막 + 지구 계의 역학적 에너지가 보존된다(마찰이 없다). 지구의 운동량을 포함한 총운동량은 보존되지만 도움이 되지 않는다. 총알이 박힌 토막의 운동량(우리가 계산할 수 있는 모든 것)은 보존되지 않는다. 왜냐하면 토막에 장력과 중력의 외력이 작용하기 때문이다.

시각화 그림 11.18은 충돌과 진동에 대한 전후 물리량들을 밝힌 그림 표현이다.

풀이 비탄성 충돌에 적용한 운동량 보존식 $P_{fx} = P_{ix}$는 다음과 같이 주어진다.

그림 11.18 탄도 진자는 총알의 속력을 측정하는 데 사용된다.

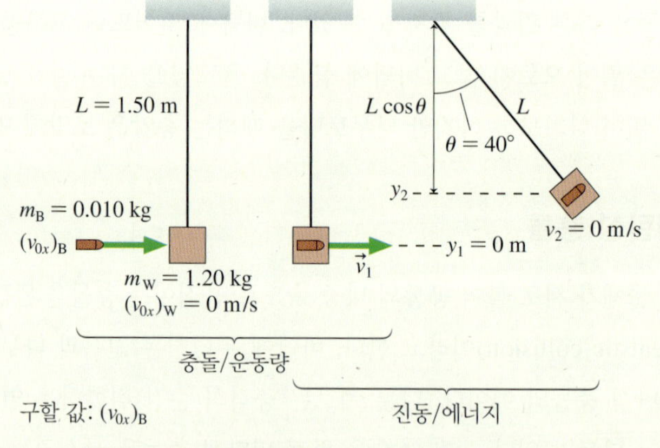

$$(m_W + m_B)v_{1x} = m_W(v_{0x})_W + m_B(v_{0x})_B$$

나무토막이 처음에 정지해 있어 $(v_{0x})_W = 0$이므로 총알의 속도는

$$(v_{0x})_B = \frac{m_W + m_B}{m_B}v_{1x}$$

이다. 여기서 v_{1x}는 충돌 직후 진자가 진동을 시작할 때의 토막 + 총

알의 속도이다. 진동을 분석하여 v_{1x}를 결정할 수 있다면 총알의 속력을 계산할 수 있을 것이다. 진동에 관심을 기울이면 에너지 보존식 $K_f + U_{Gf} = K_i + U_{Gi}$는 다음처럼 주어진다.

$$\tfrac{1}{2}(m_W + m_B)v_2^2 + (m_W + m_B)gy_2 = \tfrac{1}{2}(m_W + m_B)v_1^2 + (m_W + m_B)gy_1$$

토막과 박힌 총알의 총 질량 $(m_W + m_B)$를 사용하였지만 상쇄되는 것에 주목하라. 또 에너지 계산의 경우 속도가 아닌 속력만 필요로 하기 때문에 v_1에서 아래 첨자 x를 삭제했다. 진동의 최고점에서 속력이 $0(v_2 = 0)$이고 $y_1 = 0$ m가 되게 y축을 정의했다. 그러므로

$$v_1 = \sqrt{2gy_2}$$

가 된다. 진동의 최고점으로부터 간단히 초기 속력을 구할 수 있다. 그림 11.18의 기하학으로부터

$$y_2 = L - L\cos\theta = L(1 - \cos\theta) = 0.351 \text{ m}$$

임을 알 수 있다. 이 값을 가지면 충돌 직후 진자의 초기 속도는 다음과 같이 된다.

$$v_{1x} = v_1 = \sqrt{2gy_2} = \sqrt{2(9.80 \text{ m/s}^2)(0.351 \text{ m})} = 2.62 \text{ m/s}$$

진동의 에너지 분석을 통해 v_{1x}를 구했기 때문에 이제 총알의 속력을 계산하면

$$(v_{0x})_B = \frac{m_W + m_B}{m_B} v_{1x} = \frac{1.210 \text{ kg}}{0.010 \text{ kg}} \times 2.62 \text{ m/s} = 320 \text{ m/s}$$

가 된다.

검토 뉴턴의 법칙을 사용해서는 이 문제를 풀기가 매우 어렵겠지만 운동량과 에너지 개념에 근거한 간단한 분석을 통해서 문제를 풀 수 있다.

탄성 충돌

비탄성 충돌에서는 역학적 에너지의 일부가 열에너지로 흩어져 모든 운동 에너지를 회수할 수 없다. 이제 운동 에너지가 압축된 분자 결합에 탄성 퍼텐셜 에너지로 저장되었다가 저장된 **모든** 에너지를 다시 충돌 후 물체의 운동 에너지로 변환하는 '완전한 탄력' 충돌에 관심을 가져보자. 역학적 에너지가 보존되는 충돌을 **완전 탄성 충돌**(perfectly elastic collision)이라고 한다. 완전 탄성 충돌은 마찰이 없는 표면처럼 이상적인 경우이지만 두 당구공이나 두 강철공과 같은 2개의 아주 단단한 물체 사이의 충돌은 완전 탄성 충돌에 가깝다.

완전 탄성 충돌은 운동량과 역학적 에너지가 모두 보존된다.

그림 11.19는 초기 속도 $(v_{ix})_1$이고 질량 m_1인 공과 초기에 정지해 있던 질량 m_2인 공의 정면 완전 탄성 충돌을 보여준다. 충돌 후 공의 속도는 각각 $(v_{fx})_1$과 $(v_{fx})_2$이다. 이것은 속력이 아닌 속도이고 부호를 갖고 있다. 특히 공 1은 뒤로 튀어나오므로 $(v_{fx})_1$은 음의 값을 갖는다.

그림 11.19 완전 탄성 충돌

충돌 전: 1 $(v_{ix})_1$ 2 K_i

충돌 중: 1 2 압축된 결합에 에너지가 저장되었다가 결합이 다시 팽창하면서 에너지가 방출된다.

충돌 후: 1 $(v_{fx})_1$ 2 $(v_{fx})_2$ $K_f = K_i$

이 충돌은 운동량 보존(모든 충돌에서 성립)과 역학적 에너지 보존(이 충돌이 완전 탄성 충돌이기 때문임)의 두 보존 법칙을 만족해야 한다. 에너지가 충돌하는 동안 퍼텐셜 에너지로 변환되기는 하지만 충돌 전과 후의 역학적 에너지는 순수히 운동 에너지이다. 그러므로

$$\text{운동량 보존:} \quad m_1(v_{fx})_1 + m_2(v_{fx})_2 = m_1(v_{ix})_1 \qquad (11.25)$$

$$\text{에너지 보존:} \quad \tfrac{1}{2}m_1(v_{fx})_1^2 + \tfrac{1}{2}m_2(v_{fx})_2^2 = \tfrac{1}{2}m_1(v_{ix})_1^2 \qquad (11.26)$$

이 성립한다. 2개의 미지수인 두 나중 속도가 있기 때문에 운동량 보존만으로는 충돌을 분석하기 불충분하다. 에너지 보존은 필요로 하는 추가 정보를 제공한다. 식 (11.25)에서 $(v_{fx})_1$을 빼내면 다음처럼 된다.

$$(v_{fx})_1 = (v_{ix})_1 - \frac{m_2}{m_1}(v_{fx})_2 \tag{11.27}$$

이것을 식 (11.26)에 대입하자.

$$\tfrac{1}{2}m_1\left[(v_{ix})_1 - \frac{m_2}{m_1}(v_{fx})_2\right]^2 + \tfrac{1}{2}m_2(v_{fx})_2{}^2 = \tfrac{1}{2}m_1(v_{ix})_1{}^2$$

약간의 조작을 거쳐 식을 다시 정리하면 다음과 같이 된다.

$$(v_{fx})_2\left[\left(1 + \frac{m_2}{m_1}\right)(v_{fx})_2 - 2(v_{ix})_1\right] = 0 \tag{11.28}$$

이 식의 가능한 풀이 가운데 하나는 $(v_{fx})_2 = 0$으로 보인다. 그러나 이 풀이는 흥미롭지 않다. 이것은 공 1이 공 2를 맞추지 못하는 경우에 해당한다. 다른 풀이는

$$(v_{fx})_2 = \frac{2m_1}{m_1 + m_2}(v_{ix})_1$$

이다. 최종적으로 $(v_{fx})_1$을 구하기 위해 이것을 식 (11.27)에 다시 대입할 수 있다. 완전한 풀이는 다음과 같다.

$$(v_{fx})_1 = \frac{m_1 - m_2}{m_1 + m_2}(v_{ix})_1 \qquad (v_{fx})_2 = \frac{2m_1}{m_1 + m_2}(v_{ix})_1 \tag{11.29}$$

(처음에 공 2가 정지해 있는 완전 탄성 충돌)

식 (11.29)는 각 공의 나중 속도를 구할 수 있게 해준다. 이 식들은 해석하기가 조금 어렵기 때문에 그림 11.20에 보인 세 가지 특수한 경우를 살펴보도록 하자.

그림 11.20 탄성 충돌의 세 가지 특수한 경우

경우 a: $m_1 = m_2$

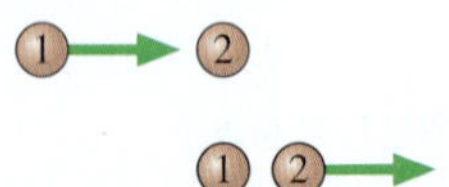

공 1이 멈춘다. 공 2는 $v_{f2} = v_{i1}$으로 앞으로 나간다.

경우 b: $m_1 \gg m_2$

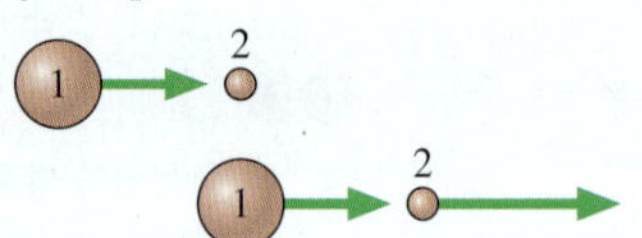

공 1의 속력이 거의 줄어들지 않는다.
공 2는 $v_{f2} \approx 2v_{i1}$으로 앞으로 튀어 나간다.

경우 c: $m_1 \ll m_2$

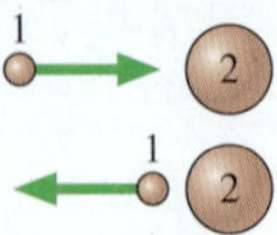

공 1은 속력이 거의 줄지 않고 공 2로부터 되튄다.
공 2는 움직이지 않는다.

경우 a: $m_1 = m_2$. 이것은 한 당구공이 동일한 질량을 가진 다른 당구공을 때리는 경우이다. 이 경우 식 (11.29)는

$$v_{f1} = 0 \qquad v_{f2} = v_{i1}$$

이 된다.

경우 b: $m_1 \gg m_2$. 이것은 볼링공이 탁구공을 향해 굴러가는 경우이다. 여기서 정확한 풀이를 원하지 않지만 $m_1 \to \infty$인 극한에서의 근사 풀이를 알고자 한다. 이런 극한에서 식 (11.29)는 다음과 같이 된다.

$$v_{f1} \approx v_{i1} \qquad v_{f2} \approx 2v_{i1}$$

경우 c: $m_1 \ll m_2$. 이제 탁구공이 볼링공과 충돌하는 반대 경우를 보자. 여기서 $m_1 \to 0$인 극한에만 관심이 있다. 이 경우 식 (11.29)는

$$v_{f1} \approx -v_{i1} \qquad v_{f2} \approx 0$$

이 된다. 이들 경우는 예상했던 것과 잘 일치하며 식 (11.29)가 완전 탄성 충돌을 정확하게 기술한다는 확신을 준다.

기준계 사용하기

식 (11.29)는 공 2가 충돌 전에 정지해 있었다고 가정하였다. 하지만 그림 11.21에서 막 일어날 완전 탄성 충돌을 분석하기 원한다고 가정해보자. 충돌 후 각 공의 방향과 속력은 얼마일까? 운동량과 에너지 식을 동시에 풀어야 하지만 두 공 모두 초기 속도를 가지고 있었다면 수학이 아주 지저분해질 것이다. 다행히도 더 쉬운 방법이 있다.

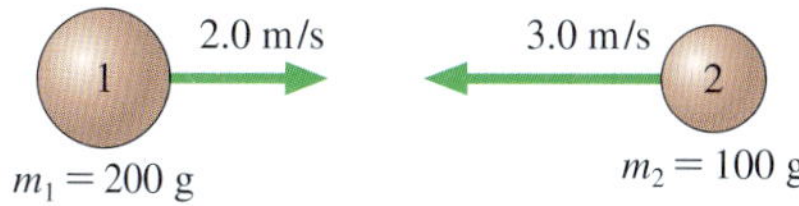

그림 11.21 두 공 모두 초기 속도를 가진 경우의 완전 탄성 충돌

공 2가 처음에 정지해 있을 때는 이미 답[식 (11.29)]을 알고 있다. 그리고 4장에서 속도의 갈릴레이 변환식을 배웠다. 이 변환식은 한 기준계에서 측정한 물체의 속도를 처음 기준계에 대해 움직이고 있는 다른 기준계에서의 속도와 연관 지어준다. 갈릴레이 변환식은 그림 11.21의 충돌을 분석할 우아하면서도 단순한 방법을 제공한다.

풀이 전략 11.1

탄성 충돌 분석하기

❶ 공 1과 2의 초기 속도를 '실험실 기준계'에서 공 2가 정지해 있는 기준계로 변환하는 갈릴레이 변환식을 사용한다.

❷ 처음에 공 2가 정지해 있는 기준계에서 충돌의 결과를 결정하기 위해 식 (11.29)를 사용한다.

❸ 나중 속도들을 다시 '실험실 기준계'로 변환한다.

그림 11.22a는 실험실 기준계 L에서 충돌 직전의 상황을 보여준다. 공 1은 초기 속도 $(v_{ix})_{1L} = 2.0$ m/s를 갖는다. 4장에서 아래 첨자 표기가 "실험실 기준계 L에 대한 공 1의 속도"를 의미한다고 했다는 것을 기억하라. 공 2는 왼쪽으로 움직이기 때문에 속도가 $(v_{ix})_{2L} = -3.0$ m/s이다. 공 2가 정지해 있는 기준계에서 충돌을 관찰하고자 한다. 공 2와 같은 속도로 움직이는 기준계 M을 선택하면 이것이 사실이다[$(v_x)_{ML} = -3.0$ m/s].

우선 공의 속도들을 실험실 기준계에서 움직이는 기준계로 변환할 필요가 있다. 4장으로부터 물체 O의 갈릴레이 변환식은 다음과 같다.

$$(v_x)_{OM} = (v_x)_{OL} + (v_x)_{LM} \tag{11.30}$$

그림 11.22 실험실 기준계 L과 처음에 공 2가 정지해 있던 움직이는 기준계 M에서 본 충돌

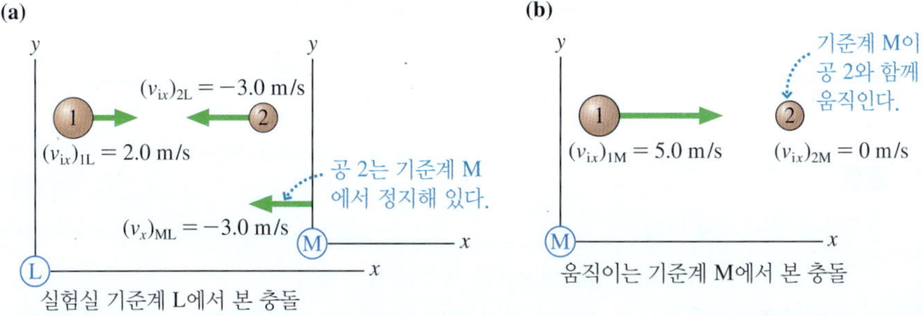

다시 말해 기준계 M에서 O의 속도는 기준계 L에서의 속도에 기준계 M에 대한 기준계 L의 속도를 더한 것이다. 기준계 M이 L에 대해 왼쪽으로 $(v_x)_{ML} = -3.0\ \text{m/s}$의 속도로 움직이므로 기준계 L은 M에 대해 오른쪽으로 $(v_x)_{LM} = +3.0\ \text{m/s}$의 속도로 움직인다. 두 초기 속도에 변환식을 적용하면 다음과 같이 된다.

$$\begin{aligned}(v_{ix})_{1M} &= (v_{ix})_{1L} + (v_x)_{LM} = 2.0\ \text{m/s} + 3.0\ \text{m/s} = 5.0\ \text{m/s} \\ (v_{ix})_{2M} &= (v_{ix})_{2L} + (v_x)_{LM} = -3.0\ \text{m/s} + 3.0\ \text{m/s} = 0\ \text{m/s}\end{aligned} \tag{11.31}$$

공 2가 정지해 있을 움직이는 기준계를 선택했기 때문에 예상한 것처럼 $(v_{ix})_{2M} = 0\ \text{m/s}$이다.

이제 그림 11.22b는 공 2가 처음에 정지해 있어 식 (11.29)를 사용하여 기준계 M에서의 충돌 후 속도를 구할 수 있는 상황을 보여준다.

$$\begin{aligned}(v_{fx})_{1M} &= \frac{m_1 - m_2}{m_1 + m_2}(v_{ix})_{1M} = 1.7\ \text{m/s} \\ (v_{fx})_{2M} &= \frac{2m_1}{m_1 + m_2}(v_{ix})_{1M} = 6.7\ \text{m/s}\end{aligned} \tag{11.32}$$

기준계 M은 변하지 않았다. 여전히 실험실 기준계에서 3.0 m/s로 왼쪽으로 움직인다. 그러나 충돌은 기준계 M에서 두 공 모두의 속도를 변화시켰다.

끝내기 위해 기준계 M에서의 충돌 후 속도를 다시 실험실 기준계 L에서의 속도로 변환시킬 필요가 있다. 갈릴레이 변환식을 또다시 적용하여 이 값들을 얻을 수 있다.

$$\begin{aligned}(v_{fx})_{1L} &= (v_{fx})_{1M} + (v_x)_{ML} = 1.7\ \text{m/s} + (-3.0\ \text{m/s}) = -1.3\ \text{m/s} \\ (v_{fx})_{2L} &= (v_{fx})_{2M} + (v_x)_{ML} = 6.7\ \text{m/s} + (-3.0\ \text{m/s}) = 3.7\ \text{m/s}\end{aligned} \tag{11.33}$$

그림 11.23 실험실 기준계에서의 충돌 후 속도

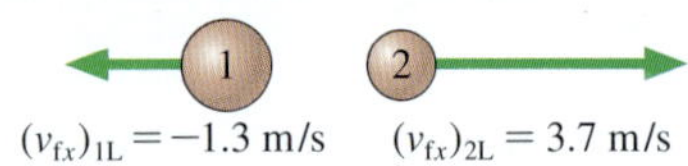

그림 11.23은 실험실 기준계에서의 충돌 결과를 보여준다. 실제로 이 나중 속도가 운동량과 에너지를 보존한다는 것을 확인하는 것은 어렵지 않다.

두 가지 충돌 모형

완전 탄성 충돌은 존재하지 않지만 매우 단단한 두 물체(금속구) 사이의 충돌이나 두 용수철 사이의 충돌(에어트랙 위에서의 충돌과 같은)은 이에 가깝다. 완전 비탄성 충돌은 가능하지만 많은 실제 세계의 비탄성 충돌은 작은 반발을 보여준다. 그러므로 완전 탄성 충돌과 완전 비탄성 충돌은 실제 충돌의 지저분한 세부사항들을 무시하고 충돌을 이해하려고 현실을 단순화시킨 충돌의 **모형**들이다.

모형 11.1

충돌

충돌하는 두 물체에 대해

- 물체를 직선을 따라 움직이는 탄성체로 표현한다.
- **완전 비탄성 충돌**에서 두 물체가 붙어 함께 움직인다. 운동 에너지가 열에너지로 변

환된다.

수학적으로:

$$(m_1 + m_2)v_{\text{fx}} = m_1(v_{\text{ix}})_1 + m_2(v_{\text{ix}})_2$$

전:

후:

- **완전 탄성 충돌**에서 물체가 에너지 손실 없이 반발하여 멀어진다.

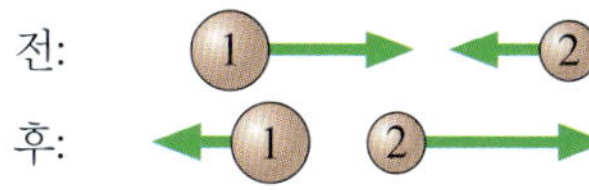

수학적으로:

• 물체 2가 처음에 정지해 있었다면

$$(v_{\text{fx}})_1 = \frac{m_1 - m_2}{m_1 + m_2}(v_{\text{ix}})_1 \qquad (v_{\text{fx}})_2 = \frac{2m_1}{m_1 + m_2}(v_{\text{fx}})_1$$

• 두 물체가 모두 움직인다면 갈릴레이 변환식을 사용하여 공 2가 정지한 기준계로 속도를 변환한다.

- 한계: 정면 충돌이 아니거나 '짧은 충격' 또는 '완전한 반발'로 근사할 수 없다면 모형을 적용할 수 없다.

11.4 폭발

짧고 강력한 상호작용에 의해 계의 입자들이 서로 떨어져 나가는 **폭발**(explosion)은 충돌과 정반대 현상이다. 용수철이 팽창하거나 뜨거운 기체가 팽창하여 생기는 폭발력은 **내력**(internal forces)이다. 계가 고립되어 있다면 폭발하는 동안 총운동량은 보존될 것이다.

예제 11.6 | 반동

10 g의 총알이 3.0 kg의 소총으로부터 500 m/s의 속력으로 발사된다. 소총의 반동 속력은 얼마인가?

핵심 소총은 작은 질량의 화약을 폭발시키고 팽창하는 기체가 총알과 소총 **모두**에 힘을 작용한다. 계를 총알 + 기체 + 소총으로 정의하자. 폭발하는 동안 팽창하는 기체에 의한 힘은 계 내부에 있는 내력이다. 총알이 총열을 따라 진행할 때 총알과 소총 사이의 마찰력 역시 내력이다. 중력은 소총을 잡고 있는 사람의 위쪽 힘과 상쇄되므로 $\vec{F}_{\text{net}} = \vec{0}$이다. 이것은 고립계임을 말하고, 따라서 운동량 보존 법칙을 적용할 수 있다.

시각화 그림 11.24는 총알이 발사되기 전과 후의 그림 표현을 보여준다.

풀이 총운동량의 x성분은 $P_x = (p_x)_B + (p_x)_R + (p_x)_{\text{gas}}$이다. 방아쇠를 당기기 전 모든 것이 정지해 있었으므로 초기 운동량은 0이다. 방아쇠를 당긴 후 팽창하는 기체의 운동량은 기체의 모든 분자들의 운동량의 합이다. 속도 v와 운동량 mv를 가지고 앞 방향으로 움직이는 모든 분자들에 대해 평균적으로 속도 $-v$와 운동량 $-mv$를 가지고 반대 방향으로 움직이는 다른 분자들도 존재한다. 수많은 기체 속의 분자들에 대해 이 값들을 더하면 $p_{\text{gas}} \approx 0$이 된다. 추가

그림 11.24 총알을 발사하는 소총의 전 · 후 그림 표현

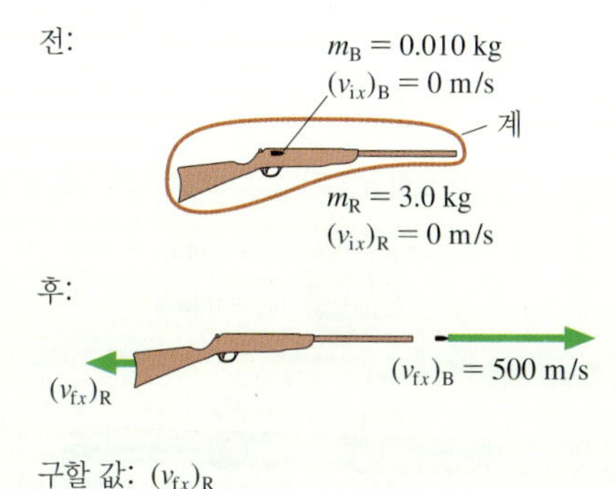

(계속)

해서 기체의 질량이 소총이나 총알의 질량에 비해 훨씬 작다. 이 두 가지 이유 때문에 기체의 운동량을 무시해도 무리가 없다. 따라서 운동량 보존 법칙은 다음과 같다.

$$P_{fx} = m_B(v_{fx})_B + m_R(v_{fx})_R = P_{ix} = 0$$

소총의 속도에 대해 풀면

$$(v_{fx})_R = -\frac{m_B}{m_R}(v_{fx})_B = -\frac{0.010\ \text{kg}}{3.0\ \text{kg}} \times 500\ \text{m/s} = -1.7\ \text{m/s}$$

를 얻는다. 음의 부호는 소총의 반동이 왼쪽임을 가리킨다. 반동 속력은 1.7 m/s이다.

뉴턴의 법칙을 사용하여 이런 문제를 풀 때 어디서 시작해야 할지 모를 것이다. 그러나 예제 11.6은 보존 법칙의 전후 관점에서 접근하면 간단한 문제이다. 총알 + 기체 + 소총을 '계'로 선택하는 것이 결정적인 단계이다. 운동량 보존이 유용한 원리가 되기 위해서는 팽창하는 기체와 마찰에 의한 복잡한 힘들이 모두 내력인 계를 선택해야 한다. 소총 자체는 고립계가 아니므로 소총의 운동량은 보존되지 않는다.

예제 11.7 | 방사능

^{238}U 우라늄 원자핵은 방사능을 가진다. 이 원자핵은 측정 속력 1.50×10^7 m/s로 방출되는 작은 조각과 측정 속력 2.56×10^5 m/s로 되튀는 '딸 원자핵'으로 자발적으로 분해된다. 방출된 조각과 딸 원자핵의 원자 질량은 얼마인가?

핵심 ^{238}U 표기법은 원자 질량이 238 u인 우라늄의 동위원소임을 가리킨다. 여기서 u는 **원자 질량 단위**(atomic mass unit)의 약자이다. 이 원자핵은 92개의 양성자(우라늄의 원자 번호는 92이다)와 146개의 중성자를 가지고 있다. 원자핵의 분해는 본질적으로 폭발이다. 단지 내력만 관계되므로 붕괴할 때 총운동량이 보존된다.

시각화 그림 11.25는 그림 표현을 보여준다. 딸 원자핵의 질량이 m_1이고 방출된 조각의 질량은 m_2이다. 속력 정보를 속도 정보로 변환하여 $(v_{fx})_1$과 $(v_{fx})_2$에 반대 부호를 부여한 것에 주목하라.

그림 11.25 ^{238}U 우라늄 원자핵 붕괴의 전·후 그림 표현

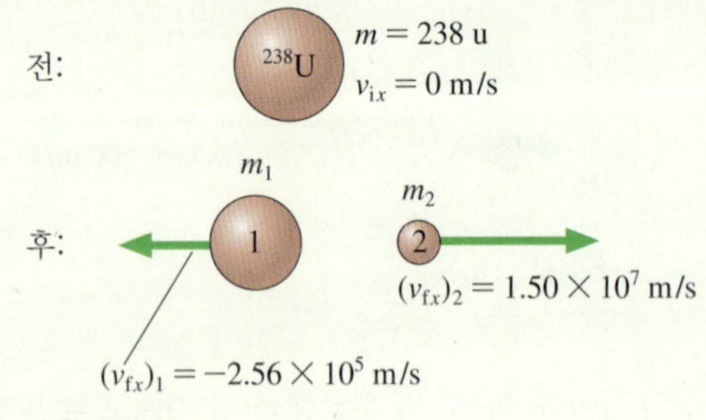

풀이 원자핵이 처음에 정지해 있었으므로 총운동량은 0이다. 두 조각이 크기는 같지만 부호가 반대인 운동량을 갖고 반대 방향으로 움직인다면 붕괴 후 운동량은 여전히 0이다. 다시 말해

$$P_{fx} = m_1(v_{fx})_1 + m_2(v_{fx})_2 = P_{ix} = 0$$

이 된다. 나중 속도를 알고 있지만 2개의 미지 질량을 구하는 데는 정보가 충분하지 않다. 그러나 또 다른 보존 법칙인 질량 보존을 갖고 있으므로

$$m_1 + m_2 = 238\ \text{u}$$

가 성립한다. 두 보존 법칙을 결합하면

$$m_1(v_{fx})_1 + (238\ \text{u} - m_1)(v_{fx})_2 = 0$$

이 주어진다. 딸 원자핵의 질량은 다음과 같다.

$$m_1 = \frac{(v_{fx})_2}{(v_{fx})_2 - (v_{fx})_1} \times 238\ \text{u}$$
$$= \frac{1.50 \times 10^7\ \text{m/s}}{(1.50 \times 10^7 - (-2.56 \times 10^5))\ \text{m/s}} \times 238\ \text{u} = 234\ \text{u}$$

m_1이 주어졌으므로 방출된 조각의 질량은 $m_2 = 238 - m_1 = 4$ u이다.

검토 운동량 분석을 통해 알게 된 전부는 질량이다. 화학 분석은 딸 원자핵이 우라늄보다 양성자가 2개 적은 원자 번호 90인 토륨 원소임을 보여준다. 방출된 조각에는 4 u 질량의 일부인 2개의 양성자가 있으므로 이 조각은 2개의 양성자와 2개의 중성자를 가진 입자여야 한다. 이것은 헬륨 원자 ^{4}He의 원자핵으로 핵물리학에서는 **알파 입자** α라고 한다. 그러므로 ^{238}U의 방사능 붕괴는 $^{238}\text{U} \rightarrow {}^{234}\text{Th} + \alpha$로 적을 수 있다.

거의 동일한 방법으로 로켓이나 제트 비행기가 가속되는 것을 설명할 수 있다. 그림 11.26은 연료가 실린 로켓을 보여준다. 연소를 통해 연료를 로켓 모터로부터 배출되는 뜨거운 가스로 변환한다. 로켓+가스를 계로 선택하면 연소와 배출은 모두 내력이다. 다른 힘이 작용하지 않기 때문에 로켓+가스 계의 총운동량은 보존되어야 한다. 배기가스가 뒤로 분출됨에 따라 로켓은 상승 속도와 운동량을 얻지만 계의 총운동량은 0으로 남는다.

11.6절에서 로켓 추진력에 대해 더 자세히 살펴볼 것이다. 그러나 세부사항을 모르더라도 제트와 로켓 추진력이 운동량 보존의 결과라는 것을 이해할 수 있어야 한다.

그림 11.26 운동량 보존의 예인 로켓 추진력

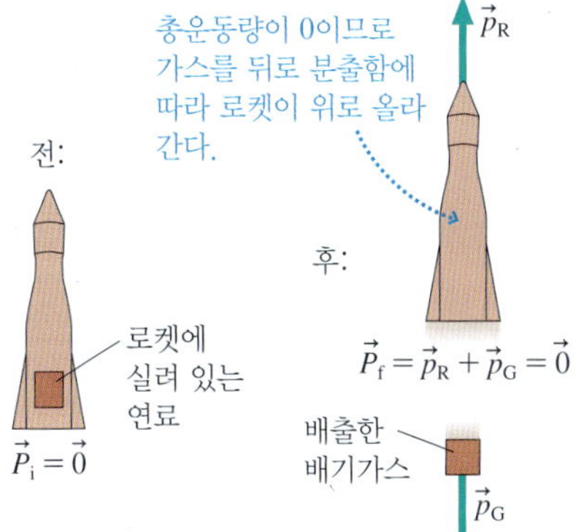

11.5 2차원에서의 운동량

운동량 보존 법칙 $\vec{P}_f = \vec{P}_i$는 직선 위의 운동에만 국한되지 않는다. 많은 흥미로운 충돌과 폭발의 예들은 평면에서의 운동과 관련이 있으며, 이 경우 총운동량 벡터의 크기와 **방향** 모두 변하지 않는다. 총운동량은 개별 운동량의 벡터합이므로 각 성분들이 보존되어야 총운동량이 보존된다.

$$
\begin{aligned}
(p_{fx})_1 + (p_{fx})_2 + (p_{fx})_3 + \cdots &= (p_{ix})_1 + (p_{ix})_2 + (p_{ix})_3 + \cdots \\
(p_{fy})_1 + (p_{fy})_2 + (p_{fy})_3 + \cdots &= (p_{iy})_1 + (p_{iy})_2 + (p_{iy})_3 + \cdots
\end{aligned} \tag{11.34}
$$

2차원에서의 운동량 보존에 대한 몇 가지 예를 살펴보자.

충돌과 폭발은 흔히 2차원 운동을 포함한다.

예제 11.8 매의 사냥술

매는 흔히 먹이감과 매가 모두 날고 있는 동안 먹이감을 잡는다. 18 m/s로 나는 0.80 kg의 매가 9.0 m/s로 수평으로 날고 있는 0.36 kg의 비둘기의 뒤에서 45° 각도로 급강하한다. 충격 직후의 매(이제 비둘기를 붙잡고 있다)의 속력과 방향은 무엇인가?

핵심 입자로 취급한 두 새가 계이다. 충돌 후 매와 비둘기가 공통의 나중 속도로 움직이기 때문에 이것은 완전 비탄성 충돌이다. 공기에 의한 외력 때문에 새들은 완전한 고립계가 아니지만 짧은 충돌 동안 공기 저항이 전달하는 외부 충격량을 무시할 수 있다. 이런 근사 때문에 충돌하는 동안 매+비둘기 계의 총운동량이 보존된다.

시각화 그림 11.27은 전·후 그림 표현이다. 충돌 후 방향을 표시하는 데 각도 ϕ를 사용하였다.

풀이 매의 초기 속도 성분은 $(v_{ix})_F = v_F \cos\theta$와 $(v_{iy})_F = -v_F \sin\theta$이다. 비둘기의 초기 속도는 전적으로 x축 방향이다. 충돌 후 매와 비둘기가 공통의 속도 $\vec{v}_f$를 가질 때 속도 성분은 $v_{fx} = v_f \cos\phi$와 $v_{fy} = -v_f \sin\phi$가 된다. 2차원에서의 운동량 보존은 운동량의 x와 y성분 모두 보존되는 것을 요구한다. 이로부터 2개의 보존식을 얻는다.

그림 11.27 비둘기를 잡는 매의 그림 표현

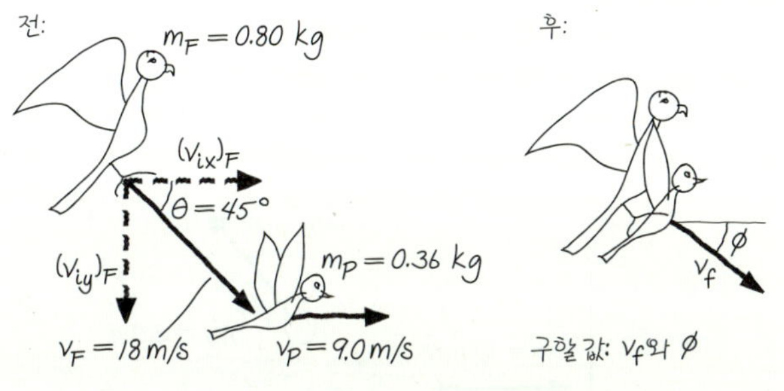

$$
\begin{aligned}
(m_F + m_P)v_{fx} &= (m_F + m_P)v_f \cos\phi \\
&= m_F(v_{ix})_F + m_P(v_{ix})_P = m_F v_F \cos\theta + m_P v_P \\
(m_F + m_P)v_{fy} &= -(m_F + m_P)v_f \sin\phi \\
&= m_F(v_{iy})_F + m_P(v_{iy})_P = -m_F v_F \sin\theta
\end{aligned}
$$

미지의 값은 v_f와 ϕ이다. 두 식을 총 질량으로 나누면 아래처럼 된다.

(계속)

$$v_f \cos\phi = \frac{m_F v_F \cos\theta + m_P v_P}{m_F + m_P} = 11.6 \text{ m/s}$$

$$v_f \sin\phi = \frac{m_F v_F \sin\theta}{m_F + m_P} = 8.78 \text{ m/s}$$

둘째 식을 첫째 식으로 나누어 v_f를 소거하면 다음을 얻는다.

$$\frac{v_f \sin\phi}{v_f \cos\phi} = \tan\phi = \frac{8.78 \text{ m/s}}{11.6 \text{ m/s}} = 0.757$$

$$\phi = \tan^{-1}(0.757) = 37°$$

그런 후 $v_f = (11.6 \text{ m/s})/\cos(37°) = 15 \text{ m/s}$를 얻는다. 충격 직후 먹이를 가진 매는 수평 아래 37° 각도로 15 m/s 속력으로 난다.

검토 매가 더 느린 비둘기를 낚아챈 후 속력이 느려지는 것은 타당하다. 그리고 그림 11.27은 총운동량이 0°(비둘기의 운동량)와 45°(매의 운동량) 사이의 각도를 갖는다는 것을 보여준다. 그러므로 답이 합리적으로 생각된다.

예제 11.9 세 조각 폭발

동쪽으로 2.0 m/s로 움직이던 10.0 g의 포물체가 갑자기 폭발로 세 조각이 되었다. 3.0 g의 조각은 서쪽으로 10 m/s로 날아가는 반면 또 다른 3.0 g의 조각은 동쪽으로부터 40° 북쪽으로 12 m/s로 날아간다. 세 번째 조각의 속력과 방향은 무엇인가?

핵심 폭발 시 많은 복잡한 힘들이 관여하지만 모두 계의 내력이다. 외력이 작용하지 않기 때문에 이것은 고립계이고 총운동량이 보존된다.

시각화 그림 11.28은 전·후 그림 표현을 보여준다. 초기 물체를 폭발 후 세 조각들과 구분하기 위해 대문자 M과 V를 사용할 것이다.

그림 11.28 세 조각 폭발의 전·후 그림 표현

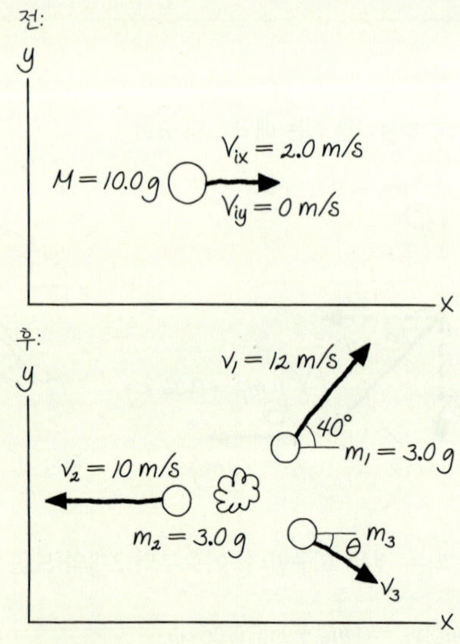

풀이 계는 초기 물체와 폭발 후 세 조각들이다. 운동량 보존으로부터

$$m_1(v_{fy})_1 + m_2(v_{fy})_2 + m_3(v_{fy})_3 = MV_{iy}$$

$$m_1(v_{fx})_1 + m_2(v_{fx})_2 + m_3(v_{fx})_3 = MV_{ix}$$

를 얻는다. 질량 보존은 다음과 같이 된다.

$$m_3 = M - m_1 - m_2 = 4.0 \text{ g}$$

원래 물체와 m_2가 y축 방향의 운동량을 갖고 있지 않다. $\vec{v}_1$과 $\vec{v}_3$의 x와 y성분을 적기 위해 그림 11.28을 사용할 수 있으며 아래 식

$$m_1 v_1 \cos 40° - m_2 v_2 + m_3 v_3 \cos\theta = MV$$

$$m_1 v_1 \sin 40° - m_3 v_3 \sin\theta = 0$$

을 얻는다. 여기서 m_2가 $-x$축 방향으로 움직이기 때문에 $(v_{fx})_2 = -v_2$를 사용하였다. 알고 있는 값을 이 식에 대입하면 다음과 같이 된다.

$$-2.42 + 4v_3 \cos\theta = 20$$

$$23.14 - 4v_3 \sin\theta = 0$$

식의 양변에 있는 킬로그램의 변환 인자가 서로 상쇄되기 때문에 이 경우 질량을 그램으로 표시해도 무방하다. 풀기 위해 우선 둘째 식을 $v_3 = 5.79/\sin\theta$로 적는다. 이 결과를 첫째 식에 대입하고 $\cos\theta/\sin\theta = 1/\tan\theta$임을 상기하면 아래 식을 얻는다.

$$-2.42 + 4\left(\frac{5.79}{\sin\theta}\right)\cos\theta = -2.42 + \frac{23.14}{\tan\theta} = 20$$

이제 θ를 구하면 다음과 같다.

$$\tan\theta = \frac{23.14}{20 + 2.42} = 1.03$$

$$\theta = \tan^{-1}(1.03) = 45.8°$$

마지막으로 이 결과를 앞서 v_3의 식에 사용하면

$$v_3 = \frac{5.79}{\sin 45.8°} = 8.1 \text{ m/s}$$

를 얻는다. 질량이 4.0 g인 마지막 조각은 동쪽으로부터 46° 남쪽으로 속력 8.1 m/s로 날아간다.

11.6 심화 주제: 로켓 추진력

뉴턴의 제2법칙 $\vec{F} = m\vec{a}$는 질량이 변하지 않는 물체에 적용된다. 이것은 공과 자전거에는 탁월한 가정이지만 연료가 연소되면서 상당한 양의 질량을 잃는 로켓과 같은 대상에도 그럴까? 변화하는 질량에 대한 문제는 가속도보다는 운동량을 가지고 풀 수 있다. 중요한 한 가지 예를 살펴보자.

그림 11.29는 연소한 연료를 배출하여 추진되지만 중력이나 끌림힘의 영향을 받지 않는 로켓을 보여준다. 아마도 로켓의 추력에 비해 중력이 매우 약한 깊은 우주공간에 있는 로켓일 것이다. 아주 현실적이지는 않지만 중력을 무시하면 수학을 복잡하게 하지 않으면서 로켓 추진력의 본질을 이해할 수 있다. 중력을 받을 때의 로켓 추진력은 이 장의 뒤에 나오는 응용 문제이다.

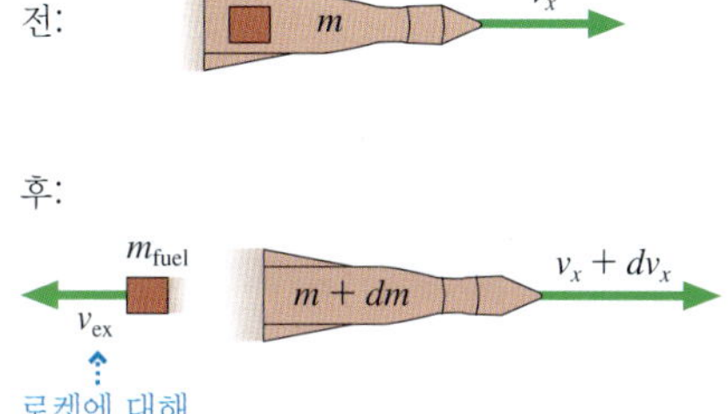

그림 11.29 적은 양의 연료를 연소하는 로켓의 전·후 그림 표현

로켓 + 배기가스 계는 고립계이므로 총운동량은 보존된다. 기본 아이디어는 단순하다. 배기가스가 뒤로 배출되고 로켓이 반대 방향으로 '반발'한다. 이 아이디어를 수학으로 표현하는 것은 간단하다. 이것은 근본적으로 폭발을 분석하는 것과 동일하다. 그러나 부호에 매우 조심해야 한다.

모든 운동량 문제에서 그랬듯이 전·후 접근방식을 사용할 것이다. 전 상태는 질량 m(싣고 있는 모든 연료 포함)인 로켓이 속도 v_x와 초기 운동량 $P_{ix} = mv_x$를 가지고 움직인다. 작은 시간 간격 dt 동안 로켓이 작은 질량 m_{fuel}의 연료를 연소하여 결과로 생긴 가스를 로켓의 뒤로 **로켓에 대해** 배출 속력 v_{ex}로 방출한다. 다시 말해 로켓에 탄 우주인 생도는 로켓이 우주공간을 얼마나 빠르게 이동하는지와 무관하게 가스가 속력 v_{ex}로 배출되는 것을 본다.

이런 적은 양의 연소된 연료가 배출된 후 로켓은 새로운 속도 $v_x + dv_x$와 새로운 질량 $m + dm$을 갖게 된다. 이제 이것이 옳지 않다고 생각할지 모르겠다. 로켓의 질량이 늘기보다 **줄기** 때문이다. 그러나 이것이 물리적 상황에 대한 **우리의** 이해이다. 수학적 분석은 질량이 느는가 주는가와 상관없이 질량이 변한다는 것만 알고 있다. 시간 $t + dt$에 질량이 $m + dm$이라고 말하는 것은 질량이 변했다는 것에 대한 공식적인 표현이며, 이것은 어떻게 미적분에서 변화를 분석하는지를 말해준다. 로켓의 질량이 줄어든다는 사실은 dm이 음수라는 것이다. 다시 말해 음의 부호가 dm값에 붙는 것이지 질량이 변했다는 진술에 붙는 것은 아니다.

가스를 배출한 후 로켓과 가스 모두 운동량을 갖는다. 운동량 보존은

$$P_{fx} = m_{rocket}(v_x)_{rocket} + m_{fuel}(v_x)_{fuel} = P_{ix} = mv_x \tag{11.35}$$

임을 말해준다. 적은 양의 연소된 연료의 질량은 로켓이 잃은 질량과 같다($m_{fuel} = -dm$). 수학적으로 음의 부호는 연소된 연료(가스)의 질량과 로켓의 질량이 반대 방향으로 변화하는 것을 말해준다. 물리적으로 $dm < 0$임을 알고 있으므로 배기가스는 양의 질량을 갖는다.

로켓에 대해 속력 v_{ex}로 왼쪽으로 가스가 배출된다. 로켓의 속도가 v_x라면 **우주공간**에서의 가스의 속도는 $v_x - v_{ex}$가 된다. 모든 정보 조각들을 모으면 운동량 보존식은 다음과 같이 된다.

$$(m + dm)(v_x + dv_x) + (-dm)(v_x - v_{\text{ex}}) = mv_x \tag{11.36}$$

곱하는 것들을 정리하면

$$mv_x + v_x dm + m\,dv_x + dm\,dv_x - v_x dm + v_{\text{ex}}\,dm = mv_x \tag{11.37}$$

가 된다. 몇몇 항들이 상쇄되어 식이 $mdv_x + v_{ex}dm + dm\,dv_x = 0$이 되는 것을 알 수 있다. 셋째 항을 버릴 수 있다. 이것은 2개의 미소 항의 곱이므로 처음 두 항에 비해 무시해도 된다. 최종적으로 식을 정리하면

$$dv_x = -v_{\text{ex}}\frac{dm}{m} \tag{11.38}$$

이 남는다.

dm이 음이라는 것을 기억하라. 이것은 적은 양의 연료를 연소할 때 로켓이 **잃는** 질량이다. 그러므로 dv_x는 양이다. 물리적으로 식 (11.38)은 로켓이 적은 양의 연료를 연소할 때 로켓 속도가 증가하는 양을 알려준다. 놀랍지 않지만 가벼운 로켓(작은 m)은 무거운 로켓(큰 m)에 비해 속도가 더 빨리 증가한다.

식 (11.38)을 사용하는 몇 가지 방법이 존재한다. 첫째는 양변을 연료가 연소되는 작은 시간 간격 dt로 나누는 것이다. 그러면 비율식을 얻게 된다.

$$\frac{dv_x}{dt} = \frac{-v_{\text{ex}}\,dm/dt}{m} = \frac{v_{\text{ex}}R}{m} \tag{11.39}$$

여기서 $R = |dm/dt|$는 연료의 연소율(kg/s 단위)이다. 대부분의 로켓 엔진의 경우 연료의 연소율은 거의 일정하다.

식 (11.39)의 좌변은 로켓의 가속도이다($a_x = dv_x/dt$). 그러므로 뉴턴의 제2법칙 $a_x = F_x/m$으로부터 식 (11.39)의 우변의 분자는 힘이 되어야 한다. 이것이 로켓 엔진의 **추력**이다.

$$F_{\text{thrust}} = v_{\text{ex}}R \tag{11.40}$$

그러므로 식 (11.39)는 로켓의 질량 m이 변화할 때 생기는 순간 가속도에 대한 뉴턴의 제2법칙 $a = F_{\text{thrust}}/m$에 지나지 않는다. 그러나 이제 어떻게 추력이 로켓 엔진의 물리적 성질과 관련이 되는지 알았다.

식 (11.38)로 되돌아가 적분을 통해 연료가 연소될 때 로켓의 속도가 어떻게 변하는지 구할 수 있다. 로켓이 질량 $m_0 = m_R + m_{F0}$를 가지고 정지 상태($v_x = 0$)로부터 출발한다고 가정하자. 여기서 m_R은 빈 로켓의 질량이고 m_{F0}는 연료의 초기 질량이다. 질량이 m으로 감소한 나중 시간에 속도가 v이다.

전과 후 사이에 이 식을 적분하면 다음 식이 구해진다.

$$\int_0^v dv_x = v = -v_{\text{ex}}\int_{m_0}^{m}\frac{dm}{m} = -v_{\text{ex}}\ln m\Big|_{m_0}^{m} \tag{11.41}$$

여기서 $\ln m$은 m의 **자연 로그 함수**(밑이 e인 로그 함수)이다. 극한 사이의 이 값을 구하고 로그 함수의 성질을 이용하면 식이 다음과 같이 된다.

$$-v_{ex}\ln m\Big|_{m_0}^{m} = -v_{ex}(\ln m - \ln m_0) = -v_{ex}\ln\left(\frac{m}{m_0}\right) = v_{ex}\ln\left(\frac{m_0}{m}\right) \quad (11.42)$$

그러므로 로켓의 질량이 m으로 감소할 때 로켓의 속도는

$$v = v_{ex}\ln\left(\frac{m_0}{m}\right) \quad (11.43)$$

이다.

처음 $m = m_0$이었을 때 $\ln 1 = 0$이므로 $v = 0$이다. 연료가 완전히 연소되어 $m = m_R$일 때 최대 속력에 도달한다. 그 값은

$$v_{max} = v_{ex}\ln\left(\frac{m_R + m_{F0}}{m_R}\right) \quad (11.44)$$

이다. 로켓 질량 대 연료 질량의 비가 충분히 크다면 로켓의 속력이 v_{ex}보다 커지는 것에 주목하라. 또한 m_R을 줄임으로써 v_{max}를 크게 개선할 수 있기 때문에 궤도에 오르기 위해 충분한 속력을 필요로 하는 로켓들이 왜 보통 **다단계 로켓**(multistage rockets)인지 알 수 있을 것이다. 다단계 로켓은 연료가 고갈되었을 때 아래 단의 질량을 분리시킨다.

예제 11.10 | 로켓 발사

관측로켓은 기상 데이터를 모으거나 대기 연구에 사용되는 작은 로켓이다. 가장 인기 있는 관측로켓 가운데 하나는 상당히 작은 (지름이 25 cm, 길이가 5 m 정도) 블랙 브랜트(Black Brant) III였다. 이 로켓에는 210 kg의 연료가 채워지며 발사 질량이 290 kg이고 9.0 s 동안 49 kN의 추력을 발생한다. 정지 상태로부터 깊은 우주공간으로 발사할 때 블랙 브랜트 III의 최대 속력은 얼마인가?

핵심 계를 로켓과 배기가스로 정의한다. 이것은 고립계이므로 총 운동량은 보존되고 로켓의 최대 속력은 식 (11.44)로 주어진다.

풀이 $m_{F0} = 210$ kg이 주어져 있다. 발사 질량이 290 kg인 것을 알면 빈 로켓의 질량이 $m_R = 80$ kg인 것을 유추할 수 있다. 로켓이 9.0 s 동안 210 kg의 연료를 연소했기 때문에 연료 연소율은

$$R = \frac{210\text{ kg}}{9.0\text{ s}} = 23.3\text{ kg/s}$$

가 된다. 연소율과 추력을 알면 식 (11.40)을 사용하여 배기속도를 계산할 수 있다.

$$v_{ex} = \frac{F_{thrust}}{R} = \frac{49{,}000\text{ N}}{23.3\text{ kg/s}} = 2100\text{ m/s}$$

그러므로 깊은 우주공간에서의 로켓의 최대 속력은

$$v_{max} = v_{ex}\ln\left(\frac{m_R + m_{F0}}{m_R}\right) = (2100\text{ m/s})\ln\left(\frac{290\text{ kg}}{80\text{ kg}}\right) = 2700\text{ m/s}$$

가 된다.

검토 실제 관측로켓은 중력과 끌림힘에 의한 영향을 받기 때문에 이런 최대 속력에 도달하지 못한다. 그럼에도 불구하고 로켓의 가속도가 너무 커서 중력은 상당히 작은 역할만 할 뿐이다. 지구 대기 속으로 발사된 블랙 브랜트 III가 최대 속력 2100 m/s에 도달하였는데, 연료가 모두 소진된 후에도 로켓이 계속 위로 상승하였으므로 최대 고도 175 km에 도달하였다.

응용 예제 11.11 | 반발하는 진자

200 g의 강철공이 길이 1.0 m의 줄에 매달려 있다. 공을 옆으로 당겨 줄이 45°의 각도가 되게 했다가 공을 놓는다. 진동의 맨 아래에서 공이 마찰이 없는 탁자 위에 정지해 있는 500 g의 강철 문진과 부딪친다. 공은 어떤 각도로 반발하겠는가?

핵심 이 문제를 세 부분으로 나눌 수 있다. 첫째, 공이 진자처럼 아래로 내려온다. 둘째, 공과 문진이 충돌한다. 강철공들은 서로 아주 잘 반발하기 때문에 이 충돌을 완전 탄성 충돌로 볼 수 있다. 셋째, 문진으로부터 반발한 후 공이 진자처럼 다시 위로 올라간다. 첫째, 셋째 부분에서는 계를 공과 지구로 정의한다. 이것은 고립계이며 비분산계이므로 역학적 에너지가 보존된다. 둘째 부분에서는 계가 공과 문진으로 구성되어 있다고 하고 완전 탄성 충돌을 한다고 가정한다.

시각화 그림 11.30은 시간에 따른 네 가지 다른 순간인 공을 놓는 순간, 충돌 직전, 충돌 직후 공과 문진이 움직이기 전과 반발한 공이 최고점에 도달한 순간을 보여준다. 공을 A, 문진을 B라고 하자. 그러면 $m_A = 0.20$ kg, $m_B = 0.50$ kg이다.

풀이 첫째 부분: 첫 부분은 단지 공과 관계가 있다. 초기 위치는

$$(y_0)_A = L - L\cos\theta_0 = L(1-\cos\theta_0) = 0.293 \text{ m}$$

이다. 문진과 충돌하기 직전의 바닥에서의 공의 속도를 구하기 위해 역학적 에너지의 보존을 사용할 수 있다.

$$\tfrac{1}{2}m_A(v_1)_A^2 + m_A g(y_1)_A = \tfrac{1}{2}m_A(v_0)_A^2 + m_A g(y_0)_A$$

$(v_0)_A = 0$을 알고 있다. $(y_1)_A = 0$인 바닥에서의 속도를 구하면

$$(v_1)_A = \sqrt{2g(y_0)_A} = 2.40 \text{ m/s}$$

를 얻는다.

둘째 부분: 공과 문진은 초기에 문진이 정지해 있는 완전 탄성 충돌을 경험한다. 이것은 식 (11.29)가 유도된 조건에 해당한다. 운동이 더 진행되기 전인 충돌 직후의 속도는 다음과 같이 된다.

$$(v_{2x})_A = \frac{m_A - m_B}{m_A + m_B}(v_{1x})_A = -1.03 \text{ m/s}$$

$$(v_{2x})_B = \frac{2m_A}{m_A + m_B}(v_{1x})_A = +1.37 \text{ m/s}$$

공이 왼쪽으로 1.03 m/s의 속력으로 반발하는 반면 문진은 오른쪽으로 1.37 m/s로 움직인다. 운동 에너지는 보존되지만(각자 확인해보라) 이제 공과 문진이 이 에너지를 나눠 갖는다.

셋째 부분: 이제 공은 초기 속력 1.03 m/s를 가진 진자이다. 다시 역학적 에너지가 보존되므로 $(v_3)_A = 0$인 최대 높이를 구할 수 있다.

$$\tfrac{1}{2}m_A(v_3)_A^2 + m_A g(y_3)_A = \tfrac{1}{2}m_A(v_2)_A^2 + m_A g(y_2)_A$$

최대 높이에 대해 풀면

$$(y_3)_A = \frac{(v_2)_A^2}{2g} = 0.0541 \text{ m}$$

를 얻는다. 높이 $(y_3)_A$는 각도 θ_3와 $(y_3)_A = L(1-\cos\theta_3)$의 관계를 갖는다. 이것을 풀면 반발각을 구할 수 있다.

그림 11.30 진자와 문진의 충돌을 보여주는 네 가지 장면

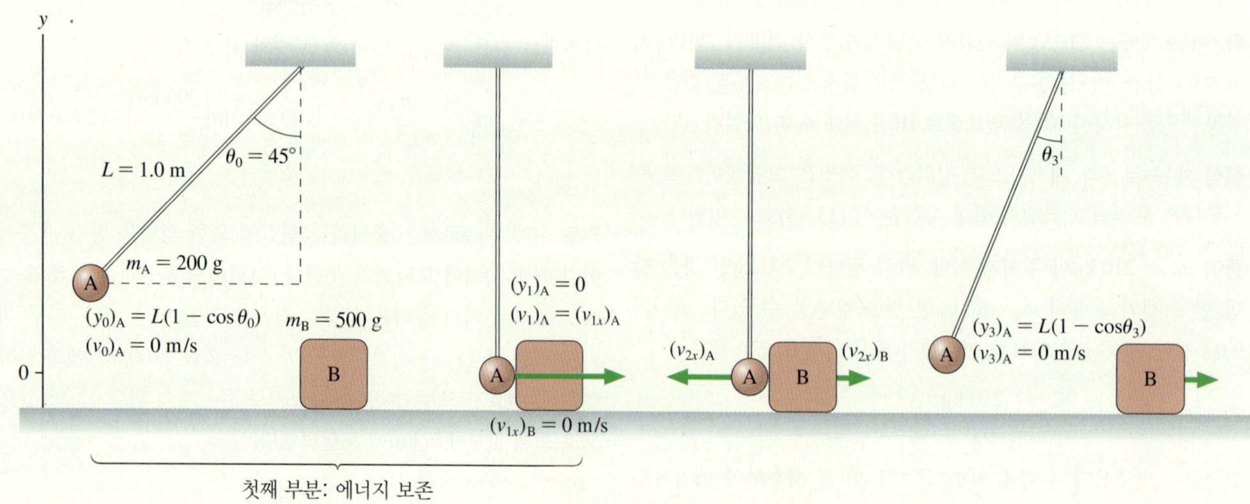

$$\theta_3 = \cos^{-1}\left(1 - \frac{(y_3)_A}{L}\right) = 19°$$

문진의 속력은 1.37 m/s이고 공은 19°의 각도로 반발한다.

검토 공과 문진의 질량이 크게 다르지 않으므로 충돌 시 공의 에너지의 상당 부분이 문진에 전달될 것을 예상할 수 있다. 그러므로 대략 초기 각도의 절반 정도로 반발하는 것이 타당해 보인다.

서술형 질문

1. 그림 Q11.1에 있는 물체들의 운동량 $(p_x)_a$부터 $(p_x)_e$까지 가장 큰 것부터 작은 것 순으로 정렬하시오.

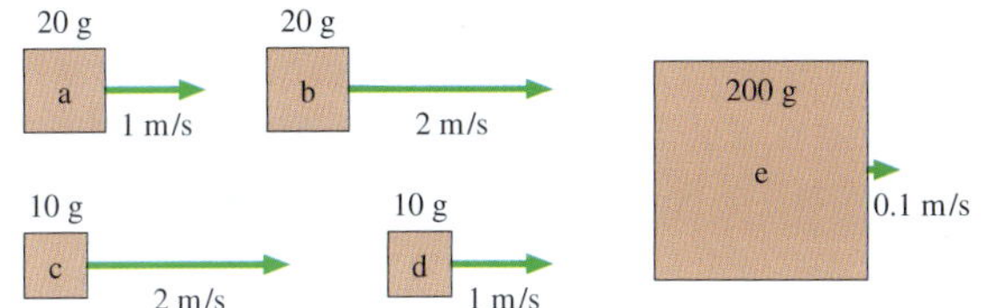

그림 Q11.1

2. 2 kg의 물체가 오른쪽으로 1 m/s의 속력으로 움직이다가 −4 Ns의 충격량을 받는다. 충격 후 이 물체의 속력과 방향은 무엇인가?

3. 0.1 kg의 플라스틱 짐수레와 10 kg의 납 짐수레가 마찰이 없이 수평면 위에서 구를 수 있다. 동일한 힘을 가해 두 짐수레를 정지 상태로부터 앞으로 1 m 민다. 1 m를 움직인 후 플라스틱 짐수레의 운동량은 납 짐의 운동량보다 큰가, 작은가, 아니면 같은가?

4. 두툼한 장갑을 끼고 단단한 공을 잡을 때가 맨손으로 공을 잡을 때보다 편안하게 느껴진다. 이 장의 지식을 이용하여 이유를 설명하시오.

5. 골프 클럽으로 골프공을 때린 후 클럽이 계속해서 앞으로 이동한다. 충돌에서 운동량이 보존되는가? '계'를 정하는 데 주의하면서 이유를 설명하시오.

6. 두 입자가 충돌한다. 한 입자는 처음에 움직이고 있었고 다른 입자는 처음에 정지해 있었다.
   a. 충돌 후 두 입자 **모두** 정지해 있을 수 있는가? 이런 일이 일어나는 예를 제시하거나 왜 이런 일이 불가능한지 설명하시오.
   b. 충돌 후 한 입자만 정지하는 것이 가능한가? 이런 일이 일어나는 예를 제시하거나 왜 이런 일이 불가능한지 설명하시오.

7. 알려진 질량을 가진 두 진흙공이 동일한 길이를 가진 질량이 없는 두 줄에 각각 매달려 있다. 매달려 정지해 있을 때 두 공이 살짝 닿아 있다. 한 공을 줄이 45°가 될 때까지 뒤로 당겼다가 놓는다. 공이 내려와 두 번째 공과 충돌하여 서로 달라붙는다. 공이 반대편으로 올라가는 각도를 구하기 위해 다음 중 어느 것을 이용해야 하는가? (a) 운동량 보존, (b) 역학적 에너지 보존, (c) 둘 다, (d) 둘 다가 아닌 어느 하나, 또는 (e) 이들 법칙만으로는 각도를 구하기에 충분하지 않다. 설명하시오.

연습문제

표시가 된 연습문제들은 이전 장들에서 다룬 내용과 관련이 있다.

연습

11.1 운동량과 충격량

1. | 1200 kg의 차가 5 m/s로 움직일 때의 운동량과 동일한 운동량을 가진 결합 질량이 120 kg인 자전거와 자전거 탄 사람의 속력은 얼마인가?

2. || 그림 EX11.2에 보인 힘이 250 g 입자에 가하는 충격량은 얼마인가?

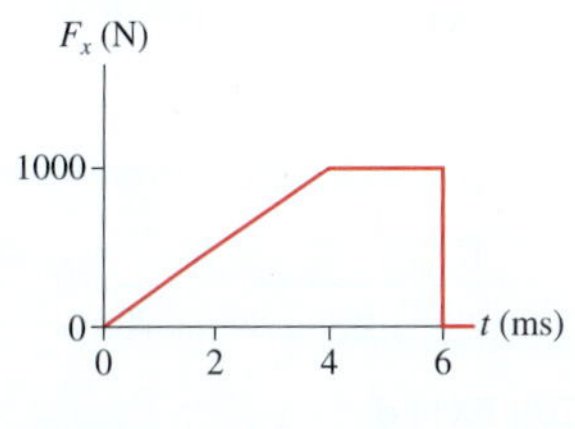

그림 EX11.2

3. ‖ 그림 EX11.3에서 6.0 Ns의 충격량을 주는 F_{max}의 값은 무엇인가?

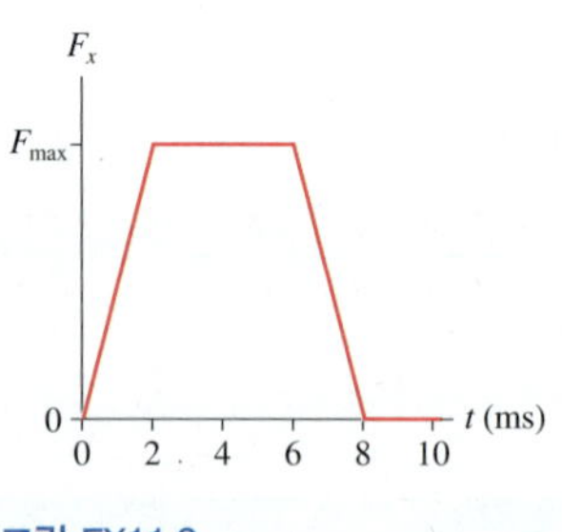

그림 EX11.3

4. ‖ 그림 EX11.4는 10 ms 동안 지속되는 충격량을 받는 50 g 입자의 불완전한 운동량 막대 도표이다. 충격을 받기 전 이 입자의 속력과 방향은 무엇이었는가?

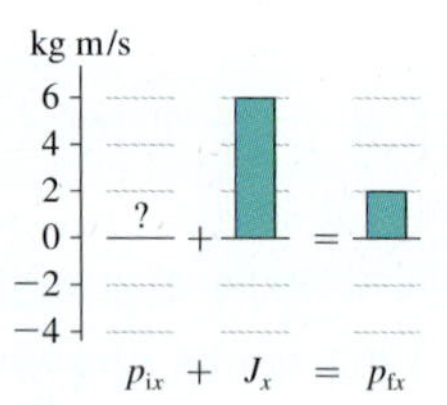

그림 EX11.4

5. | 오른쪽으로 1.0 m/s의 속력으로 움직이는 2.0 kg의 물체가 그림 EX11.5에 보인 힘을 받는다. 힘이 사라진 후 물체의 속력과 방향은 무엇인가?

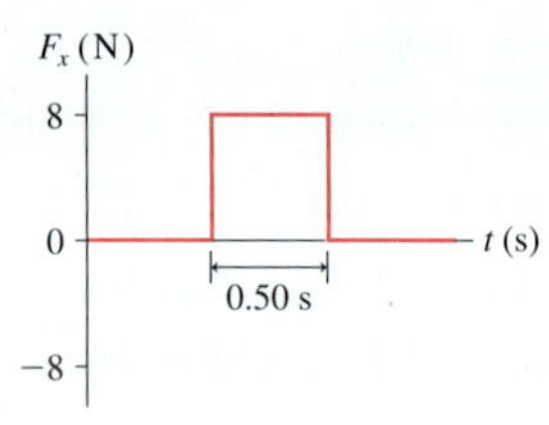

그림 EX11.5

6. | 중력을 무시할 수 있는 먼 우주공간에서 75 m/s로 움직이는 425 kg의 로켓이 엔진을 켠다. 그림 EX11.6은 엔진의 추력을 시간의 함수로 보여준다. 이 30 s 동안 로켓이 잃은 질량은 무시할 만큼 작다.

a. 엔진이 로켓에 준 충격량은 얼마인가?

b. 언제 로켓이 최대 속력에 도달하는가? 최대 속력은 얼마인가?

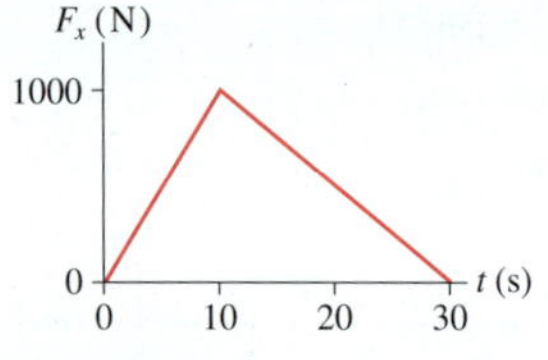

그림 EX11.6

7. ‖ 250 g 공이 벽과 충돌한다. 그림 EX11.7은 공의 속도와 벽이 공에 가하는 힘을 보여준다. 공의 반발 속도 v_{fx}는 얼마인가?

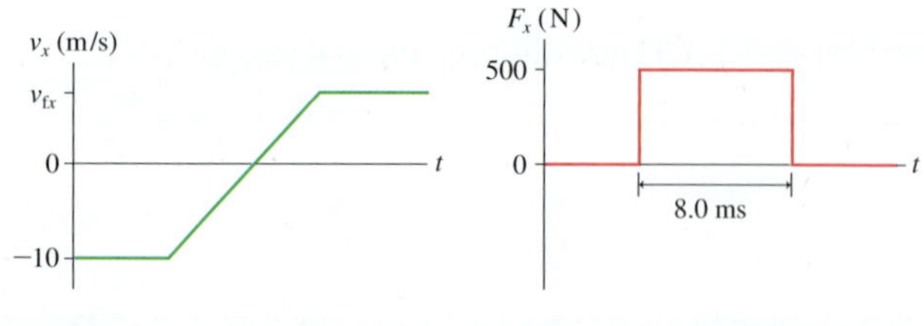

그림 EX11.7

11.2 운동량 보존

8. | 3 m/s로 움직이는 12,000 kg의 열차 차량에 3000 kg의 자갈을 갑자기 떨어뜨린다. 자갈이 실린 직후 열차 차량의 속력은 얼마인가?

9. | 함께 연결된 동일한 3개의 열차 차량이 동쪽으로 속력 v_0로 움직인다. 동쪽으로 $2v_0$로 움직이는 네 번째 차량이 따라와 연결되면서 네 차량 열차가 만들어진다. 결합 직후 선로에 정지해 있던 다섯 번째 차량과 충돌하여 다섯 차량 열차가 만들어진다. 다섯 차량 열차의 속력은 얼마인가?

11.3 충돌

10. | 질량이 10,000 kg인 지붕이 없는 화물차가 수직 아래로 떨어지는 폭우 속에서 수평 철로 위를 마찰 없이 달리고 있다. 처음에 화물차가 비어있었고 0.88 m/s의 속도로 움직이고 있었다. 1000 kg의 물이 담긴 후 이 화물차의 속도는 얼마인가?

11. ‖ 프레드(질량 60 kg)가 미식축구 공을 쥐고 6.0 m/s 속력으로 달리다가 4.0 m/s 속력으로 달리는 브루투스(질량 120 kg)와 정면으로 만난다. 브루투스가 프레드를 꽉 붙잡고 땅에 쓰러진다. 이들은 어느 방향으로 또 얼마나 멀리 미끄러지겠는가? 미식축구 유니폼과 인조잔디 사이의 운동 마찰 계수는 0.30이다.

12. | 양성자가 오른쪽으로 2.0×10^7 m/s로 움직인다. 이 양성자가 탄소 원자와 정면으로 완전 탄성 충돌을 한다. 탄소 원자의 질량은 양성자 질량의 12배이다. 충돌 후 각 입자의 속력과 방향은 무엇인가?

13. ‖ 창고 하역장에 정지해 있던 질량 m의 짐이 그림 EX11.13의 마찰이 없는 3.0 m 높이의 활주로에서 기다리고 있는 트럭으로 미끄러져 내려간다. 불행하게도 트럭 운전수가 활주로 바닥에 있는 질량 2 m인 앞의 짐을 치우지 않고 쉬러 갔다.

a. 짐이 서로 붙는다고 가정하라. 충돌 후 이들의 공통의 속력은 얼마인가?

b. 짐 사이의 충돌이 완전 탄성 충돌이라고 가정하라. 질량 m인

짐은 얼마나 높이 반발하는가?

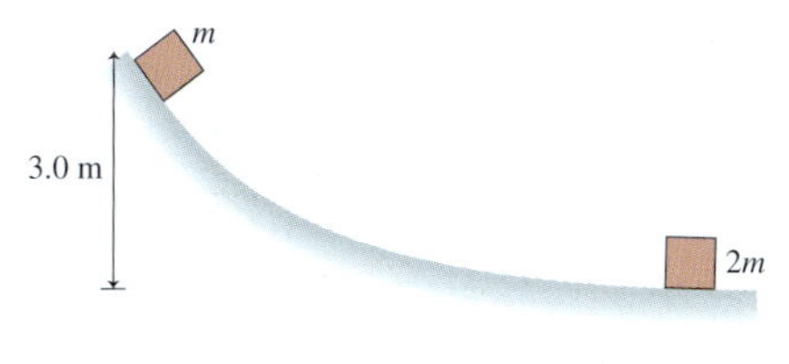

그림 EX11.13

11.4 폭발

14. ‖ 70.0 kg의 미식축구 선수가 매우 미끄러운 얼음 위를 2.00 m/s로 미끄러진다. 이 선수가 0.450 kg의 공을 앞으로 던진다. 공을 다음 속도로 던진 후 선수의 속력은 얼마인가?
a. 지면에 대해 15.0 m/s
b. 이 선수에 대해 15.0 m/s

15. | 질량이 50 kg과 75 kg인 두 스케이팅 선수가 지름 60 m인 원형 링크의 중앙에 있다. 스케이팅 선수들이 서로 밀어 링크의 반대쪽 가장자리로 미끄러져 간다. 무거운 스케이팅 선수가 20 s 만에 가장자리에 도달한다면 가벼운 스케이팅 선수가 가장자리에 닿는 데 얼마의 시간이 걸리겠는가?

11.5 2차원에서의 운동량

16. ‖ 두 입자가 충돌한 후 멀어진다. 그림 EX11.16은 두 입자의 초기 운동량과 입자 2의 최종 운동량을 보여준다. 입자 1의 최종 운동량은 얼마인가? 답을 단위 벡터를 사용하여 적으시오.

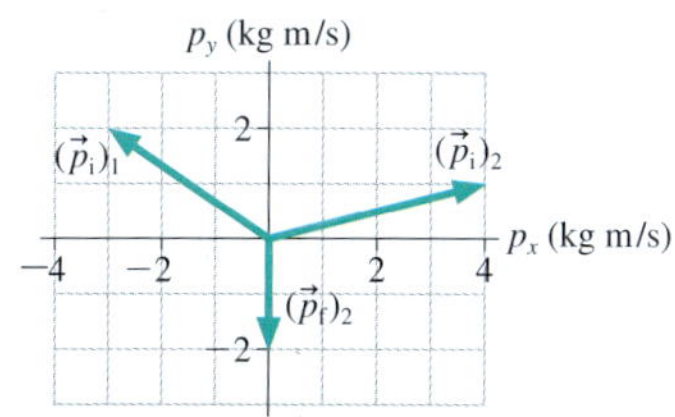

그림 EX11.16

17. ‖ 동쪽으로 3.0 m/s로 움직이는 20 g 진흙공이 북쪽으로 2.0 m/s로 움직이는 30 g 진흙공과 충돌한다. 달라붙은 50 g 진흙공의 속력과 방향은 무엇인가? 동쪽으로부터 북쪽으로 향한 각도로 답하시오.

11.6 로켓 추진력

18. ‖ 15 kN의 추력을 가진 작은 로켓이 30 s 동안 250 kg의 연료를 태운다. 뜨거운 가스의 배기속력은 얼마인가?

19. ‖ 깊은 우주공간에 있는 로켓의 배기가스 속력이 2000 m/s이다. 이 로켓에 연료를 완전히 채우면 연료 질량이 빈 로켓 질량의 다섯 배가 된다. 연료의 절반을 연소했을 때 로켓의 속력은 얼마가 되는가?

문제

20. ‖ 초기 속력이 32 m/s인 60 g의 테니스공이 벽에 부딪쳐 동일한 속력으로 반발한다. 그림 P11.20은 충돌하는 동안 벽이 공에 가하는 힘을 보여준다. 충돌하는 동안의 접촉힘의 최댓값 F_{max}는 얼마인가?

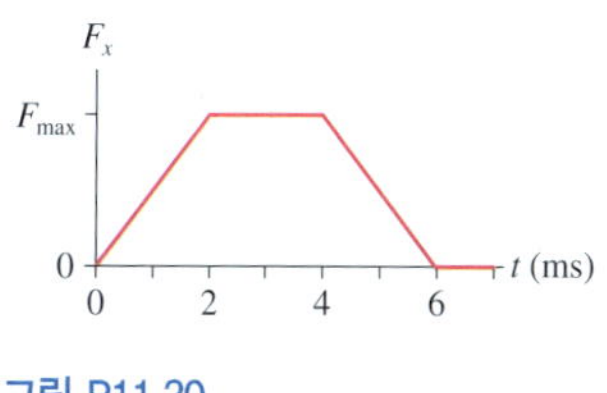

그림 P11.20

21. ‖‖ 200 g의 공을 높이 2.0 m에서 떨어뜨리니 단단한 마루와 충돌하여 높이 1.5 m까지 반발한다. 그림 P11.21은 마루로부터 받은 충격량을 보여준다. 마루가 공에 가하는 최대 힘은 얼마인가?

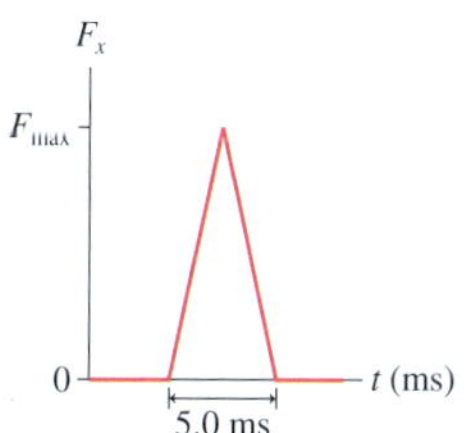

그림 P11.21

22. | 질량 m인 입자가 $t = 0$일 때 정지해 있다. $t > 0$일 때 입자의 운동량이 $p_x = 6t^2$ kg m/s로 주어진다. 입자가 받는 힘 $F_x(t)$를 시간의 함수로 표현하시오.
CALC

23. ‖ 대부분의 지질학자들은 6500만 년 전 거대한 혜성이나 소행성이 지구와 충돌하여 여러 달 동안 태양을 가릴 정도로 많은 먼지를 공중에 띄워 공룡이 멸종되었다고 믿고 있다. 지름 2.0 km, 질량 1.0×10^{13} kg인 소행성이 지구(6.0×10^{24} kg)에 충격 속력 4.0×10^4 m/s로 충돌한다고 가정하자.
a. 이런 충돌 후 지구의 반발 속력은 얼마인가? (지구가 초기에 정지해 있는 기준계를 사용하라.)
b. 이 속력은 태양 주위를 도는 지구의 공전 속력의 몇 퍼센트인가? 지구는 거리 1.5×10^{11} m 떨어져 태양 주위를 돈다.

24. ‖ 코코넛 속 폭죽이 코코넛을 세 조각으로 폭발시킨다. 동일한 질량의 두 조각이 속력 v_0로 남쪽과 서쪽으로 서로 수직하게 날아간다. 세 번째 조각의 질량은 다른 두 조각의 질량의 두 배이

다. 세 번째 조각의 속력과 방향은 무엇인가? 방향은 북쪽으로부터 동쪽으로의 각도로 답하시오.

25. ‖ a. 질량 m인 총알이 정지해 있는 질량 M인 토막을 향해 발사된다. 총알이 박힌 토막이 수평면을 따라 거리 d만큼 미끄러진다. 운동 마찰 계수는 μ_k이다. 총알의 속력 v_{bullet}에 대한 수식을 구하시오.
   b. 10 g의 총알을 10 kg의 정지한 나무토막에 발사했을 때 토막이 나무 탁자 위에서 5.0 cm 미끄러졌다면 총알의 속력은 얼마인가?

26. ‖ 평평한 수평면 위에 정지해 있는 물체가 두 조각으로 폭발한다. 한 조각은 다른 조각보다 7배 무겁다. 무거운 조각이 정지하기 전까지 8.2 m 이동한다. 가벼운 조각은 얼마나 멀리 미끄러지겠는가? 두 조각 모두 동일한 운동 마찰 계수를 갖는다고 가정하라.

27. ‖ 탄도 시험에서 1200 m/s로 수평으로 날아가는 25 g 총알이 30 cm 두께의 350 kg 정지 목표물을 뚫고 900 m/s의 속력으로 나온다. 목표물은 매끄러운 수평면 위를 자유로이 미끄러진다. 총알이 뚫고 나온 직후 목표물의 속력은 얼마인가?

28. ‖| 100 g의 화강암 정육면체가 40°의 마찰이 없는 경사면을 따라 미끄러져 내려온다. 바닥에서 수평 탁자 위를 지나면서 정지해 있는 200 g의 강철 정육면체와 충돌한다. 탁자 위 얼마의 높이에서 화강암 정육면체를 놔주어야 강철 정육면체의 속력이 150 cm/s가 되는가?

29. ‖ 그림 P11.29에서 질량 m인 토막이 마찰이 없는 트랙을 따라 속력 v_m으로 미끄러진다. 이 토막이 정지한 질량 M인 토막과 충돌한다. 충돌이 (a) 완전 비탄성 충돌 또는 (b) 완전 탄성 충돌일 때 두 번째 토막이 원형 트랙을 벗어나지 않고 회전할 수 있게 해주는 v_m의 최솟값의 수식을 구하시오.

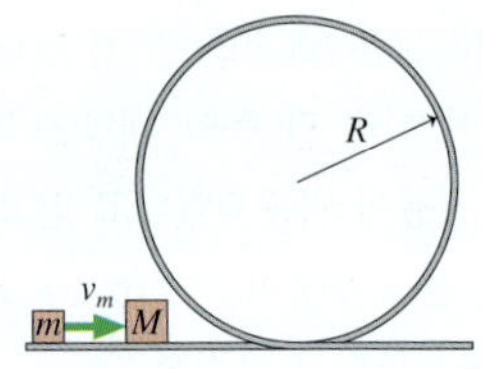

그림 P11.29

30. ‖ 앤(질량 50 kg)이 길이 15 m, 질량 500 kg의 짐수레의 왼쪽 끝에 서 있다. 짐수레는 마찰이 없는 바퀴를 갖고 있고 마찰이 없는 트랙 위를 굴러간다. 처음에 앤과 짐수레 모두 정지해 있다. 갑자기 앤이 짐수레에 대해 5.0 m/s의 속력으로 짐수레 위를 달리기 시작한다. 앤이 짐수레의 오른쪽 끝에 도달할 때 앤은 **지면**에 대해 얼마나 멀리 달린 것인가?

31. ‖| 500 g의 입자가 $t = -2$ s일 때 속도 $v_x = -5.0$ m/s를 갖는다. t의 단위를 s라 할 때 힘 $F_x = (4 - t^2)$ N이 $t = -2$ s에서 $t = 2$ s 사이 입자에 작용한다. 이 힘은 $t = -2$ s일 때 0 N으로부터 $t = 0$ s일 때 4 N으로 증가하다가 다시 $t = 2$ s에서 0 N이 된다. $t = 2$ s에서 이 입자의 속도는 얼마인가?
CALC

32. ‖| 20 g 공이 속력 v_0로 1.0 m 길이의 줄에 움직임 없이 매달린 100 g 공을 향해 수평으로 발사된다. 공들은 정면 완전 탄성 충돌을 한 후 100 g 공이 최대 각도 $\theta_{max} = 50°$까지 올라간다. v_0는 얼마인가?

33. ‖ 오른쪽으로 4.0 m/s로 움직이는 100 g 공이 왼쪽으로 3.0 m/s로 움직이는 200 g 공과 정면 충돌을 한다.
   a. 완전 탄성 충돌을 한다면 충돌 후 각 공의 속력과 방향은 무엇인가?
   b. 완전 비탄성 충돌을 한다면 충돌 후 결합된 공의 속력과 방향은 무엇인가?

34. ‖ 양성자(질량 1 u)를 미지의 표적 원자핵을 향해 2.50×10^6 m/s 속력으로 쏴준다. 양성자가 25% 줄어든 속력으로 반발하는 반면 표적 원자핵은 3.12×10^5 m/s의 속력을 얻는다. 표적 원자핵의 질량은 원자 질량 단위로 얼마인가?

35. ‖ 중성자는 양성자의 질량보다 조금 더 무거운 질량을 가진 전기적으로 중성인 아원자 입자이다. 자유 중성자는 방사성 입자로 몇 분 후에 다른 아원자 입자로 붕괴한다. 한 실험에서 정지한 중성자가 양성자(질량 1.67×10^{-27} kg)와 전자(질량 9.11×10^{-31} kg)로 붕괴하는 것이 관찰되었다. 양성자와 전자는 서로 맞은 편으로 튀어나왔다. 양성자의 속력이 1.0×10^5 m/s로 측정되었고 전자의 속력은 3.0×10^7 m/s이었다. 다른 붕괴물은 탐지되지 않았다.
   a. 이 중성자의 붕괴에서 운동량이 보존되는 것처럼 보이는가?
   b. 중성미자가 위 중성자 붕괴 시 방출된다면 어느 방향으로 이동하겠는가? 생각을 설명해보시오.
   c. 이 중성미자는 얼마나 많은 운동량을 '갖고' 나가는가?

36. ‖ 그림 P11.36은 세 진흙공 사이의 충돌을 보여준다. 세 공이 동시에 만나 들러붙는다. 그 결과 만들어진 진흙 덩어리의 속력과 방향은 무엇인가?

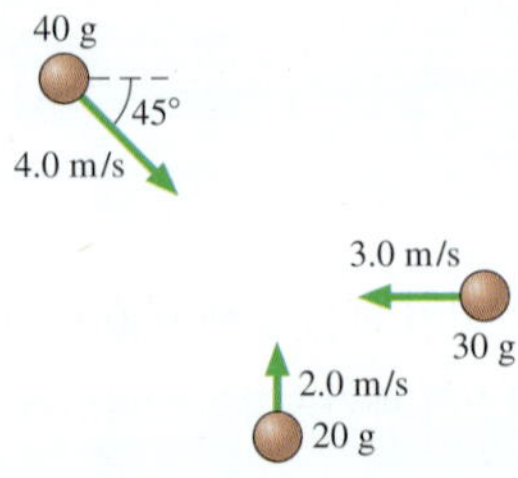

그림 P11.36

37. ‖ 깊은 우주공간 속 로켓의 빈 질량은 150 kg이고 연소된 연료의 뜨거운 가스를 2500 m/s로 배출한다. 로켓은 600 kg의 연료를 싣고 있고 이를 30 s 동안에 연소한다. 발사 후 10 s, 20 s, 30 s 에서의 로켓의 속력은 얼마인가?

문제 38–39에서 문제를 풀기 위한 식이 주어져 있다. 각 식에 대해

a. 이것이 올바른 식인 현실적인 문제를 적어보시오.

b. 그림 표현을 포함하여 문제의 풀이를 끝내시오.

38. $(0.10\text{ kg})(40\text{ m/s}) - (0.10\text{ kg})(-30\text{ m/s}) = \frac{1}{2}(1400\text{ N})\Delta t$

39. $(3000\text{ kg})v_{fx} = (2000\text{ kg})(5.0\text{ m/s}) + (1000\text{ kg})(-4.0\text{ m/s})$

응용 문제

40. ‖| 1000 kg의 짐수레가 오른쪽으로 5.0 m/s로 구른다. 70 kg의 사람이 짐수레의 오른쪽 끝에 서 있다. 이 사람이 갑자기 왼쪽으로 짐수레에 대해 10 m/s의 속력으로 달리기 시작한다면 짐수레의 속력은 얼마가 되는가?

41. ‖| 20 kg의 나무공이 길이 2.0 m의 줄에 매달려 있다. 줄이 끊어지지 않고 견딜 수 있는 최대 장력은 400 N이다. 수평으로 움직이는 1.0 kg의 포물체가 나무공과 부딪친 후 공에 박힌다. 줄을 끊어지게 하지 않고 이 포물체가 가질 수 있는 최대 속력은 무엇인가?

42. ‖| 그림 CP11.42에 있는 에어트랙 수레들이 오른쪽으로 1.0 m/s로 미끄러진다. 이들 사이의 용수철의 용수철 상수는 120 N/m이고 4.0 cm 압축되어 있다. 수레들이 이들을 묶어주는 실을 태울 수 있는 불꽃을 통과한다. 그런 뒤 각 수레의 속력과 방향은 무엇인가?

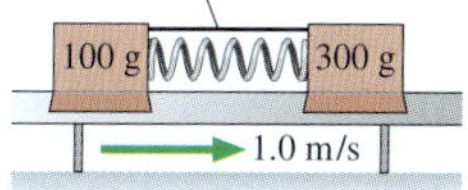

그림 CP11.42

III부 뉴턴 역학의 응용
Applications of Newtonian Mechanics

훑어보기

환경을 넘어서는 힘

초기 인간은 자연이 준 것은 무엇이든지 견뎌야 했다. 최근 수천 년간만 농업과 기술이 환경을 어느 정도 제어해왔다. 그리고 기계와 전자제품이 우리의 일을 많이 해주고 '신체적인 안락'을 주기 시작한 것은 불과 수백 년 전이다.

갈릴레오, 뉴턴 등이 오늘날 **과학적 혁명**이라 칭하는 것을 불 붙인 지 약 1세기 후에 기계가 나타나기 시작했다는 것은 우연의 일치가 아니다. 우리가 당연시 여기는 기계나 다른 기구들은 과학적 지식과 과학적 방법의 직접적인 결과다.

I부와 II부에서는 현대 과학의 기초인 뉴턴의 운동 이론을 확고히 했다. 대부분의 응용은 다른 과학과 공학 과정에서 개발할 것이나, 이제 뉴턴 역학의 몇몇 실용적인 면을 잘 살펴볼 수 있는 위치에 있다.

III부의 목표는 새로 발견한 이론을 세 가지 중요한 주제에 적용하는 것이다.

- **회전** 회전은 매우 중요한 형태의 운동이나, 회전 운동을 이해하려면 새로운 모형인 **강체 모형**을 도입할 필요가 있다. 그러고 나서 구르는 바퀴, 회전하는 우주 정거장 등에 대해 학습할 것이다. 각운동량 보존 법칙도 다룰 것이다.
- **중력** 뉴턴의 중력 법칙을 추가하여 우주 정거장, 통신 위성, 태양계 및 행성 간 여행의 물리에 대해 많이 이해할 수 있을 것이다.
- **유체** 액체와 기체는 흐른다. 놀랍게도, 유체의 기본적인 역학적 성질을 이해하는 데 새로운 물리가 필요하지 않다. 힘에 대한 이해를 적용하여 압력이 무엇이고, 어떻게 강철로 만들어진 배가 뜨며, 액체가 어떻게 관을 통해 흐르는지를 이해할 수 있다.

뉴턴의 운동 법칙과 보존 법칙, 특히 에너지 보존 법칙은 흥미롭고 실용적인 여러 가지 응용을 분석하고 이해하도록 해주는 도구가 될 것이다.

허리케인은 중력의 영향 하에 회전하는 구(sphere)—지구—
위에서 움직이는 유체, 공기다.
허리케인을 이해한다는 것은 뉴턴 역학의 응용이라 할 수 있다.

12 강체의 회전
Rotation of a Rigid Body

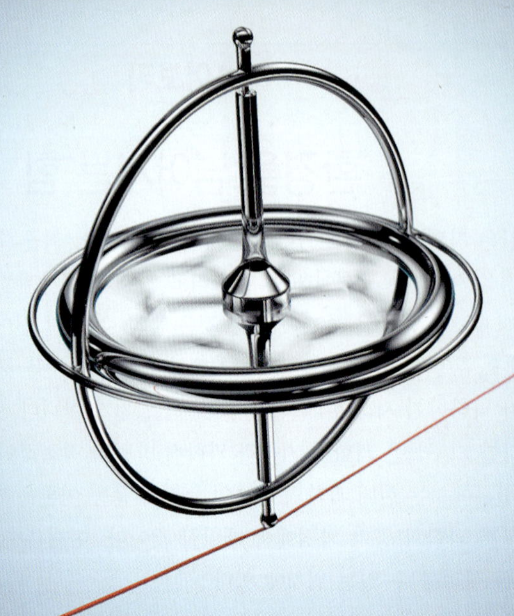

모든 운동이 입자의 운동으로 기술될 수 있는 것은 아니다. 회전 운동에서는 확장 물체의 개념이 필요하다.

이 장에서는 회전 물리학을 이해하고 응용하는 것을 배운다.

강체란 무엇인가?

움직이는 동안 크기와 모양이 변하지 않는 물체를 강체라고 한다. 강체의 특성은 관성 모멘트 I로 나타내는데, 관성 모멘트는 질량에 해당하는 회전 운동의 물리량이다. 다음 주제를 다룰 것이다.

- 축 주위의 회전
- 미끄러짐 없는 굴림

« **되돌아보기:** 6.1절 평형

돌림힘이란 무엇인가?

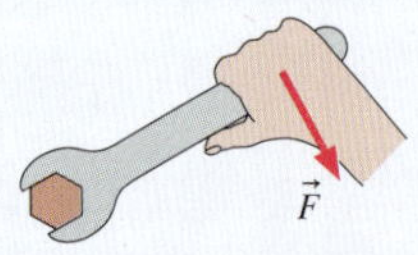

돌림힘은 회전축 주위로 물체를 회전시키는 힘의 성향이나 능력이다. 돌림힘은 힘뿐 아니라 힘이 가해지는 위치에 따라 다르다는 것을 배울 것이다. 더 긴 렌치가 더 큰 돌림힘을 준다.

돌림힘은 무엇을 하는가?

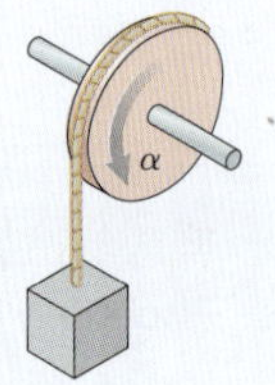

돌림힘은 직선 운동의 힘에 해당한다. 돌림힘 τ는 물체가 각가속도를 가지게 한다. 회전에 대한 뉴턴의 제2법칙은 $\alpha = \tau/I$이다. 회전 동역학은 선형 동역학과 유사하기 때문에 대부분 익숙해 보일 것이다.

« **되돌아보기:** 6.2절 뉴턴의 제2법칙

각운동량이란 무엇인가?

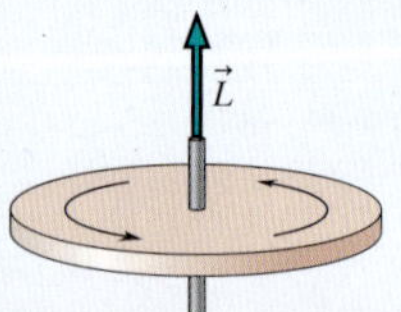

회전에서 각운동량은 직선 운동의 운동량에 해당한다. 각운동량은 물체가 '계속 회전하는' 경향을 말한다. 각운동량 $\vec{L}$은 회전축 방향을 향하는 벡터이다. 각운동량을 사용하여, 회전하는 팽이나 자이로스코프의 세차 운동을 이해할 것이다.

무엇이 회전 운동에서 보존되는가?

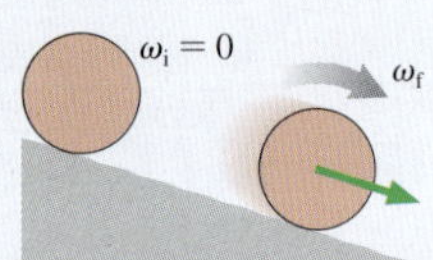

회전체의 역학적 에너지는 회전 운동 에너지 $\frac{1}{2}I\omega^2$을 포함한다. 이것은 선형 운동 에너지와 유사하다.

- 역학적 에너지는 마찰 없이 회전하는 계에서 보존된다.
- 각운동량은 고립계에서 보존된다.

« **되돌아보기:** 10.4절 에너지 보존, 11.2절 운동량 보존

강체 운동이 왜 중요한가?

풍력발전기 터빈부터 항해에 사용되는 자이로스코프까지 세계는 회전하는 물체로 가득 차 있다. 자전거나 자동차의 바퀴는 미끄러지지 않고 구른다. 과학자들은 회전하는 분자들과 회전하는 은하들을 연구한다. 회전 운동을 이해하지 않고서는 운동을 완전히 이해할 수 없다. 이 장에서는 여러분이 필요로 하는 도구를 개발할 것이다. 또한 물체가 회전하지 않는 조건을 탐구하여 평형에 대한 이해를 넓힐 것이다.

12.1 회전 운동

지금까지 운동에 대한 학습은 거의 전적으로 **입자 모형**에 초점을 맞추어 왔다. 이 모형에서는 물체가 공간의 한 점에 있는 질량(mass)으로 나타내진다. 운동에 대한 학습을 회전으로 확장하는 데 있어, 크기와 모양이 중요한 **확장 물체**를 고려할 필요가 있다. 이와 같이 이 장은 **강체 모형**(rigid body model)에 기초를 둘 것이다.

모형 12.1

강체 모형

강체(rigid body)란 움직이는 동안 크기와 모양이 변하지 않는 확장 물체다.

- 질량이 없는 견고한 막대들이 입자 같은 원자들을 결합한다.
- 강체는 늘이거나 압축하거나 변형시킬 수 없다. 물체에 있는 모든 점은 동일한 각속도와 각가속도를 갖는다.
- 한계: 이 모형은 물체의 모양이 변하거나 변형되는 경우에는 적용할 수 없다.

그림 12.1은 강체의 세 가지 기본 운동 형태인 **병진 운동**(translational motion), **회전 운동**(rotational motion) 및 **결합 운동**(combination motion)을 나타낸다.

그림 12.1 강체의 세 가지 기본 운동 형태

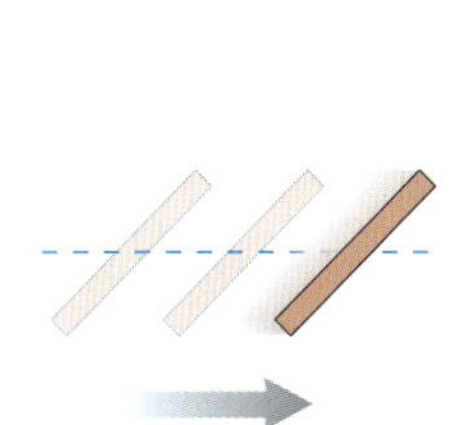

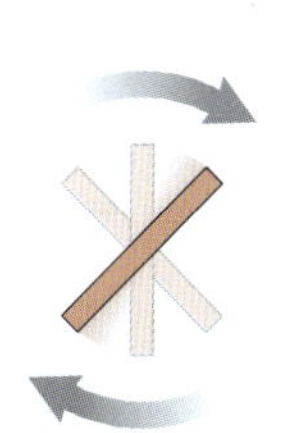

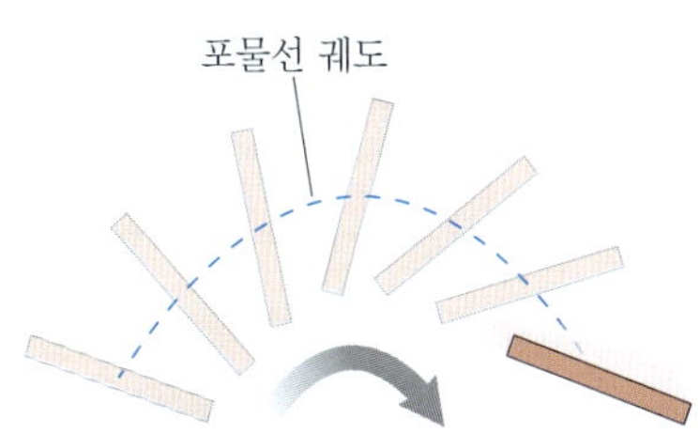

병진 운동: 물체 전체가 궤적을 따라 움직이나 회전하지 않는다.

회전 운동: 물체는 고정된 점 주위를 회전한다. 물체의 모든 점들이 원 내에서 움직인다.

결합 운동: 물체는 궤적을 따라 움직이면서 회전한다.

회전 운동학의 간략 복습

회전은 원운동을 확장한 것이므로, 4장의 간략한 요약으로 시작한다. **« 4.4-4.6절을 복습할 것을 강력히 권고한다.** 그림 12.2는 회전축을 중심으로 회전하는 바퀴를 보여준다. 그것의 각속도

$$\omega = \frac{d\theta}{dt} \tag{12.1}$$

그림 12.2 회전 운동

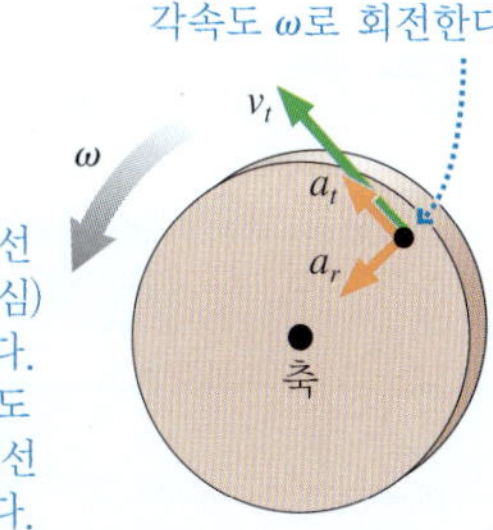

는 바퀴의 회전율이다. ω의 SI 단위는 초당 라디안(rad/s)이나, 초당 회전수(rev/s)와 분당 회전수(rpm)가 자주 사용된다. 모든 점들이 같은 각속도를 가지므로, 바퀴의 각속도 ω라고 말할 수 있다.

바퀴가 빨라지거나 느려진다면, 바퀴의 각가속도는

$$\alpha = \frac{d\omega}{dt} \tag{12.2}$$

이다. 각가속도의 단위는 rad/s^{2}이다. 선가속도가 선속도 v가 변하는 비율이듯이, 각가속도는 각속도 ω가 변하는 비율이다. 표 12.1에 등각가속도 회전에 대한 운동 방정식이 요약되어 있다.

표 12.1 등각가속도 운동에 대한 회전 운동학

$\omega_f = \omega_i + \alpha\,\Delta t$
$\theta_f = \theta_i + \omega_i\,\Delta t + \frac{1}{2}\alpha(\Delta t)^2$
$\omega_f^2 = \omega_i^2 + 2\alpha\,\Delta\theta$

그림 12.3은 각속도와 각가속도에 대한 부호 규약을 알려준다. 이 규약은 이번 장에서 특히 중요하다. α의 부호에 대해 주의해야 한다. 선가속도와 같이 α의 양, 음 값은 단순히 '빨라지거나' '느려지는' 것으로 해석할 수 없다.

그림 12.3 각속도와 각가속도의 부호

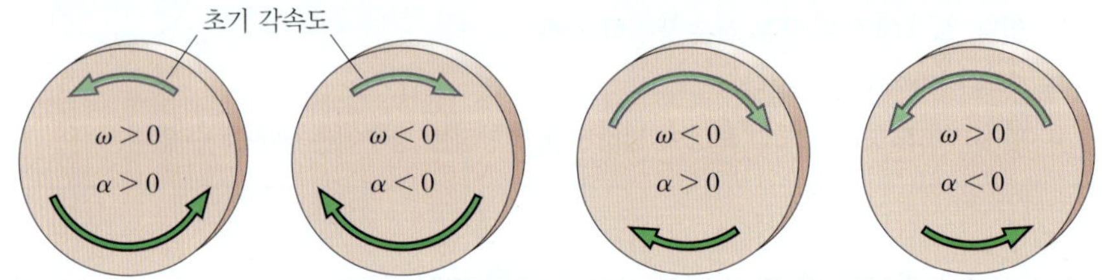

ω와 α가 같은 부호를 가진다면 회전은 빨라지는 것이며, 반대 부호를 가진다면 느려지는 것이다.

회전축으로부터 거리 r에 있는 점은 그림 12.2에 보인 바와 같이 순간 속도와 순간 가속도를 갖는다. 이들은 다음과 같다.

$$\begin{aligned} v_r &= 0 \qquad & a_r &= \frac{v_t^2}{r} = \omega^2 r \\ v_t &= r\omega \qquad & a_t &= r\alpha \end{aligned} \tag{12.3}$$

ω에 대한 부호 규약은 v_t와 a_t가 반시계 방향으로 가리킨다면 양이고, 시계 방향으로 가리킨다면 음임을 의미한다.

12.2 질량 중심에 대한 회전

여러분이 우주에 있는 우주선 안에서 떠 있다고 상상해보자. 그림 12.4a에 나타낸 것과 같은 물체를 잡아, 그 물체가 여러분 옆에 떠 있으면서 회전하기만 하고 병진 운동을 하지 않도록 그 물체를 회전시킨다고 가정하자. 그 물체가 어느 점 주위를 회전하겠는가? 그것이 우리가 답해야 할 질문이다.

알짜힘이 가해지지 않은 속박되지 않은 물체(즉, 회전축 위에 있지 않은 물체)는

질량 중심(center of mass)이라는 점 주위를 회전한다. 물체 내의 모든 다른 점들이 질량 중심 주위로 원운동을 하는 동안 질량 중심은 움직이지 않는다. 질량 중심에 대한 회전을 증명하기 위해 우주 깊숙이 들어갈 필요는 없다. 공기 테이블을 가지고 있다면, 공기 테이블 위에서 회전하는 편평한 물체는 질량 중심 주위를 회전한다.

질량 중심의 위치를 알기 위해서, 그림 12.4b는 물체를 $i=1, 2, 3, \cdots$으로 번호가 매겨진 입자들의 집합으로 모형화한다. 입자 i는 질량 m_i을 가지며, (x_i, y_i) 위치에 있다. 나중에 이 절에서 질량 중심이 아래 위치에 있다는 것을 증명할 것이다.

$$x_{cm} = \frac{1}{M}\sum_i m_i x_i = \frac{m_1x_1 + m_2x_2 + m_3x_3 + \cdots}{m_1 + m_2 + m_3 + \cdots}$$
$$y_{cm} = \frac{1}{M}\sum_i m_i y_i = \frac{m_1y_1 + m_2y_2 + m_3y_3 + \cdots}{m_1 + m_2 + m_3 + \cdots} \qquad (12.4)$$

여기서 $M = m_1 + m_2 + m_3 + \cdots$는 물체의 총 질량이다.

식 (12.4)가 이치에 맞는지 살펴보자. 모두 같은 질량 m을 가진 N개의 입자로 구성된 물체가 있다고 가정하자. 즉, $m_1 = m_2 = \cdots = m_N = m$이다. 분자로부터 m을 인수분해할 수 있고, 분모는 단순히 Nm이 된다. m은 상쇄되고, 질량 중심의 x좌표는

$$x_{cm} = \frac{x_1 + x_2 + \cdots + x_N}{N} = x_{average}$$

이다. 이 경우, x_{cm}는 단순히 모든 입자들의 **평균** x좌표이다. 마찬가지로, y_{cm}는 모든 y좌표들의 평균이다.

이것은 정말로 이치에 맞는다! 입자의 질량이 모두 같다면 질량 중심은 물체의 중심에 있어야 한다. '물체의 중심'은 모든 입자들의 평균 위치다. 질량이 같지 않은 경우를 감안하여, 식 (12.4)는 **가중치를 둔 평균**이라고 한다. 질량이 큰 입자들은 질량이 작은 입자들보다 더 중요성을 가지게 되나 기본 개념은 같다. **질량 중심은 물체의 질량 가중치를 둔 중심이다.**

그림 12.4 질량 중심에 대한 회전

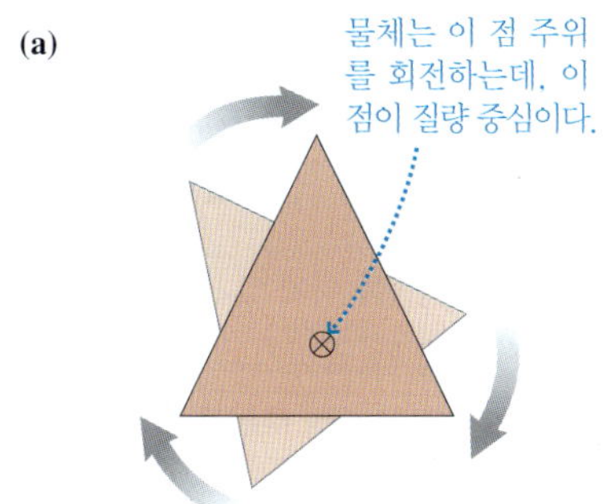

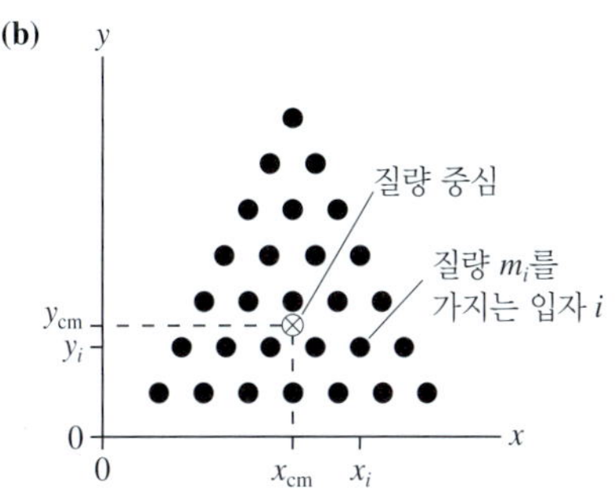

예제 12.1 역기의 질량 중심

역기는 질량이 없는 50 cm 길이의 막대로 연결된 500 g의 공 1개와 2.0 kg의 공 1개로 구성되어 있다.

a. 질량 중심은 어디에 있는가?

b. 공들이 질량 중심 주위를 40 rpm으로 회전한다면 각 공의 속력은 얼마인가?

핵심 역기를 강체로 모형화한다.

시각화 그림 12.5는 두 질량을 나타낸다. 2.0 kg 질량이 원점에 있는 x축 위에 질량들이 있는 좌표계를 선택하였다.

그림 12.5 질량 중심 찾기

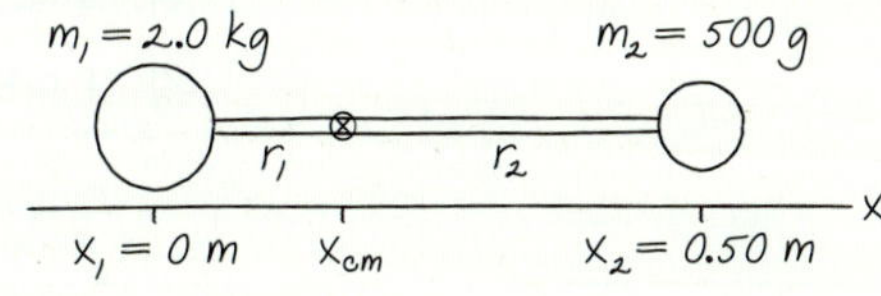

풀이 a. 식 (12.4)를 사용하여 아래와 같이 질량 중심의 위치를 계산한다.

(계속)

$$x_{cm} = \frac{m_1 x_1 + m_2 x_2}{m_1 + m_2}$$
$$= \frac{(2.0\text{ kg})(0.0\text{ m}) + (0.50\text{ kg})(0.50\text{ m})}{2.0\text{ kg} + 0.50\text{ kg}} = 0.10\text{ m}$$

모든 질량이 x축 위에 있기 때문에 $y_{cm} = 0$이다. 질량 중심은 2.0 kg 공에서 0.50 kg 공까지의 길이의 20% 지점에 있다.

b. 각 공은 질량 중심 주위를 회전한다. 원들의 반지름은 $r_1 = 0.10$ m, $r_2 = 0.40$ m다. 접선 속도는 $(v_i)_t = r_i\omega$인데, 이 식에서는 ω가 rad/s 단위로 표시되어야 한다. 변환은 다음과 같다.

$$\omega = 40\,\frac{\text{rev}}{\text{min}} \times \frac{1\text{ min}}{60\text{ s}} \times \frac{2\pi\text{ rad}}{1\text{ rev}} = 4.19\text{ rad/s}$$

따라서 다음과 같다.

$$(v_1)_t = r_1\omega = (0.10\text{ m})(4.19\text{ rad/s}) = 0.42\text{ m/s}$$
$$(v_2)_t = r_2\omega = (0.40\text{ m})(4.19\text{ rad/s}) = 1.68\text{ m/s}$$

검토 질량 중심은 가벼운 공보다 무거운 공에 더 가깝다. 이것은 x_{cm}가 위치들의 질량 가중치를 둔 평균이기 때문에 예상된다. 그러나 가벼운 질량이 회전축으로부터 더 멀리 떨어져 있기 때문에 더 빨리 움직인다.

질량 중심을 적분으로 구하기

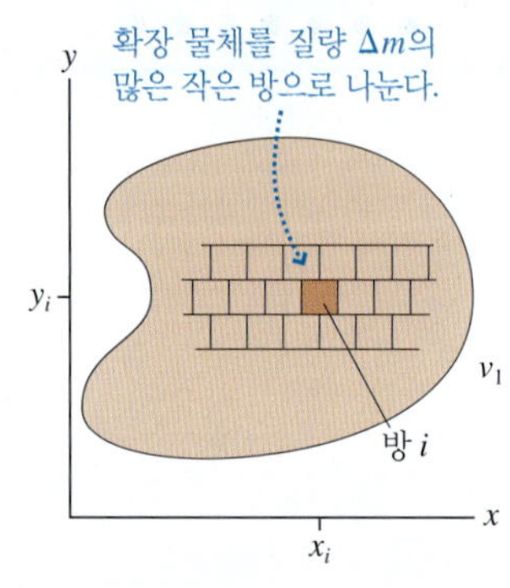

그림 12.6 확장 물체의 질량 중심 계산

실질적인 물체에 대하여, 물체 내의 모든 원자들에 대해 식 (12.4)에 있는 합산을 수행하는 것은 실용적이지 않다. 대신, 그림 12.6에 나타낸 바와 같이, 확장 물체를 각각 매우 작은 같은 질량 Δm을 가진 방들이나 상자들로 나눌 수 있다. 입자에 대해서와 같이, 방들에 대해 1, 2, 3, …으로 번호를 매길 것이다. 방 i는 좌표 (x_i, y_i)와 질량 $m = \Delta m$을 갖는다. 그러면 질량 중심 좌표는 다음과 같다.

$$x_{cm} = \frac{1}{M}\sum_i x_i\,\Delta m \qquad \text{그리고} \qquad y_{cm} = \frac{1}{M}\sum_i y_i\,\Delta m$$

이제 방의 수를 늘리면서 방을 점점 더 작게 할 것이다. 각 방이 무한하게 작아짐에 따라 Δm을 dm으로, 합산을 적분으로 교체할 수 있다. 그러면 다음과 같이 쓸 수 있다.

$$x_{cm} = \frac{1}{M}\int x\,dm \qquad \text{그리고} \qquad y_{cm} = \frac{1}{M}\int y\,dm \tag{12.5}$$

식 (12.5)는 질량 중심의 형식상의 정의이나, 이 형태로는 적분할 준비가 되어 있지 않다. 첫째, 적분은 **좌표들에** 대해 수행하지 질량에 대해 수행하지 않는다. 적분을 하기 전에 dm을 dx나 dy와 같은 좌표 미분을 포함하는 대등한 식으로 교체해야 한다. 둘째, 적분의 한계가 지정되어 있지 않다. 식 (12.5)를 사용하는 절차는 예제로 가장 잘 나타낼 수 있다.

예제 12.2 막대의 질량 중심

길이 L, 질량 M의 가늘고 균일한 막대의 질량 중심을 구하시오. 이 결과를 사용하여 각가속도 6.0 rad/s^{2}으로 질량 중심 주위를 회전하는 1.60 m 길이의 막대 한쪽 끝의 접선 가속도를 구하시오.

시각화 그림 12.7은 막대를 나타낸다. 막대가 x축을 따라 0부터 L까지 놓이는 좌표축을 선택했다. 막대가 '가늘기' 때문에, $y_{cm} = 0$이라고 가정한다.

그림 12.7 길고 가는 막대의 질량 중심 구하기

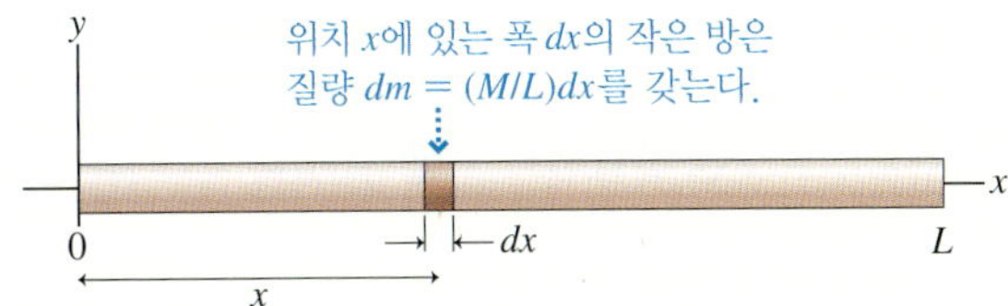

풀이 첫 작업은 x축의 어딘가에 있는 x_{cm}를 구하는 것이다. 이를 위해서 막대를 질량 dm을 가진 많은 작은 방으로 나눈다. 위치 x에 있는 그런 하나의 방이 그림에 나타나 있다. 그 방의 폭은 dx다. 막대가 균일하기 때문에, 이 작은 방의 질량과 총 질량 M의 비는 dx와 총 길이 L의 비와 같다. 즉,

$$\frac{dm}{M}=\frac{dx}{L}$$

이다. 따라서 dm을 좌표 미분 dx의 식으로 아래와 같이 나타낼 수 있다.

$$dm=\frac{M}{L}dx$$

dm에 대한 이 식을 사용하면, x_{cm}에 대한 식 (12.5)는 아래와 같이 된다.

$$x_{cm}=\frac{1}{M}\left(\frac{M}{L}\int x\,dx\right)=\frac{1}{L}\int_0^L x\,dx$$

마지막 단계에서 '막대에 있는 모든 질량'의 합산은 $x=0$으로부터 $x=L$까지 적분하는 것을 의미한다. 이것은 간단하게 수행할 수 있는 적분이며 아래와 같은 결과를 낸다.

$$x_{cm}=\frac{1}{L}\left[\frac{x^2}{2}\right]_0^L=\frac{1}{L}\left[\frac{L^2}{2}-0\right]=\tfrac{1}{2}L$$

추측한 대로, 질량 중심은 막대의 중심에 있다. 길이 1.60 m의 막대에서, 막대의 각 끝은 반지름이 $r=\frac{1}{2}L=0.80$ m인 원 내에서 회전한다. 막대 끝의 속력이 증가하는 비율인 접선 가속도는

$$a_t=r\alpha=(0.80\text{ m})(6.0\text{ rad/s}^2)=4.8\text{ m/s}^2$$

이다.

질량 중심 방정식이 어디서 왔는지를 알아보기 위하여, 그림 12.8에 질량 중심 주위를 회전하는 물체를 나타낸다. 입자 i는 원 내에서 움직이므로, 구심 가속도를 가져야 한다. 가속도는 힘을 필요로 하는데, 이 힘은 물체를 결합된 상태로 유지하고 있는 분자의 결합 장력에 기인한다. 입자 i에 작용하는 힘 $\vec{T}_i$의 크기는

$$T_i=m_i(a_i)_r=m_ir_i\omega^2 \tag{12.6}$$

이다. 여기서 a_r에 대해 식 (12.3)을 사용하였다. 회전하는 강체 내에 있는 모든 점들은 같은 각속도를 가지므로 ω에는 아래 첨자가 필요 없다.

매 순간 내부 장력은 크기는 모두 같고 방향은 반대인 작용·반작용 힘으로 짝지어져 있으므로, 모든 장력의 합은 영(zero)이어야 한다. 즉, $\sum\vec{T}_i=\vec{0}$. 이 합의 x성분은

$$\sum_i(T_i)_x=\sum_i T_i\cos\theta_i=\sum_i(m_ir_i\omega^2)\cos\theta_i=0 \tag{12.7}$$

이다. 그림 12.8로부터 $\cos\theta_i=(x_{cm}-x_i)/r_i$임을 알 수 있다. 따라서

$$\sum_i(T_i)_x=\sum_i(m_ir_i\omega^2)\frac{x_{cm}-x_i}{r_i}=\left(\sum_i m_ix_{cm}-\sum_i m_ix_i\right)\omega^2=0 \tag{12.8}$$

이다. 이 식은 괄호 안의 항이 영이면 성립할 것이다. x_{cm}는 상수이므로, 합산 밖으로 보내어 다음과 같이 쓸 수 있다.

$$\sum_i m_ix_{cm}-\sum_i m_ix_i=\left(\sum_i m_i\right)x_{cm}-\sum_i m_ix_i=Mx_{cm}-\sum_i m_ix_i=0 \tag{12.9}$$

여기서 Σm_i는 단순히 물체의 총 질량 M이라는 사실을 적용하였다. x_{cm}에 대해 풀면,

그림 12.8 질량 중심 구하기

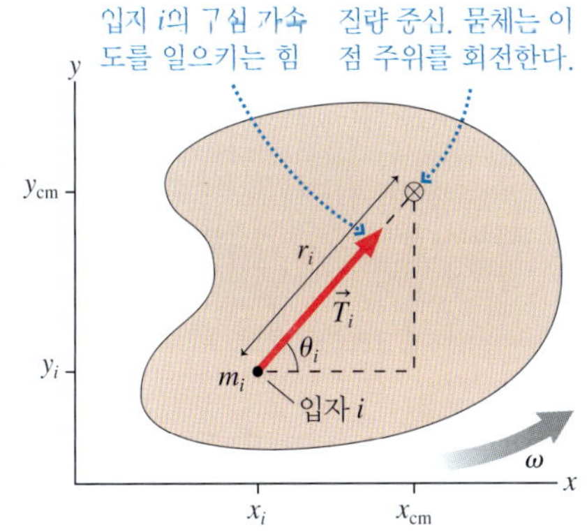

물체 질량 중심의 x좌표는 다음과 같다는 것을 알게 된다.

$$x_{\text{cm}} = \frac{1}{M}\sum_i m_i x_i = \frac{m_1x_1 + m_2x_2 + m_3x_3 + \cdots}{m_1 + m_2 + m_3 + \cdots} \tag{12.10}$$

이 식이 식 (12.4)이다. y 방정식도 비슷한 방법으로 구할 수 있다.

12.3 회전 에너지

회전하는 강체는—질량 중심 주위를 자유롭게 회전하든지, 회전축 위에서 회전하도록 제약을 받든지—물체에 있는 모든 원자들이 움직이기 때문에 운동 에너지를 갖는다. 회전으로 인한 운동 에너지를 **회전 운동 에너지**(rotational kinetic energy)라고 한다.

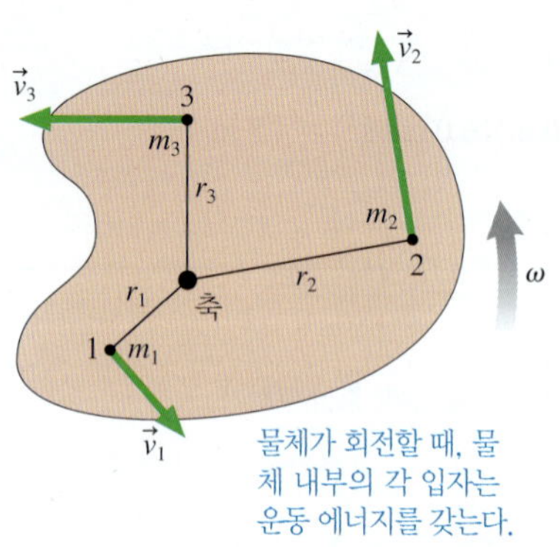

그림 12.9 회전 운동 에너지는 입자의 운동에 기인한다.

그림 12.9는 각속도 ω로 회전하는 고체를 구성하는 몇몇 입자를 나타낸다. 입자 i는 반지름 r_i의 원 내에서 회전하며, 속력 $v_i = r_i\omega$로 움직인다. 물체의 회전 운동 에너지는 각 입자의 운동 에너지의 합이다.

$$\begin{aligned} K_{\text{rot}} &= \tfrac{1}{2}m_1v_1^{\,2} + \tfrac{1}{2}m_2v_2^{\,2} + \cdots \\ &= \tfrac{1}{2}m_1r_1^{\,2}\omega^2 + \tfrac{1}{2}m_2r_2^{\,2}\omega^2 + \cdots = \tfrac{1}{2}\left(\sum_i m_ir_i^2\right)\omega^2 \end{aligned} \tag{12.11}$$

물리량 $\Sigma m_ir_i^2$은 물체의 **관성 모멘트**(moment of inertia) I라고 한다.

$$I = m_1r_1^{\,2} + m_2r_2^{\,2} + m_3r_3^{\,2} + \cdots = \sum_i m_ir_i^2 \tag{12.12}$$

관성 모멘트의 단위는 kg m^2이다. **물체의 관성 모멘트는 회전축에 따라 다르다.** 회전축이 지정되면 r_i의 값이 결정되고, 식 (12.12)로부터 **그 회전축**에 대한 관성 모멘트를 계산할 수 있다.

회전 운동 에너지는 관성 모멘트 I를 사용하여 다음과 같이 표현할 수 있다.

$$K_{\text{rot}} = \tfrac{1}{2}I\omega^2 \tag{12.13}$$

예제 12.3 | 회전하는 기구

공학 과제에 참가하고 있는 학생들이 그림 12.10에 나타나 있는 삼각형 기구를 설계한다. 3개의 질량이 가벼운 플라스틱 막대로 결합되어 있으며, 직각의 코너를 통과하는 축에 대해 지면의 평면 내에서 회전하고 있다. 얼마의 각속도에서 이 기구는 100 mJ의 회전 에너지를 가지겠는가?

그림 12.10 회전하는 기구

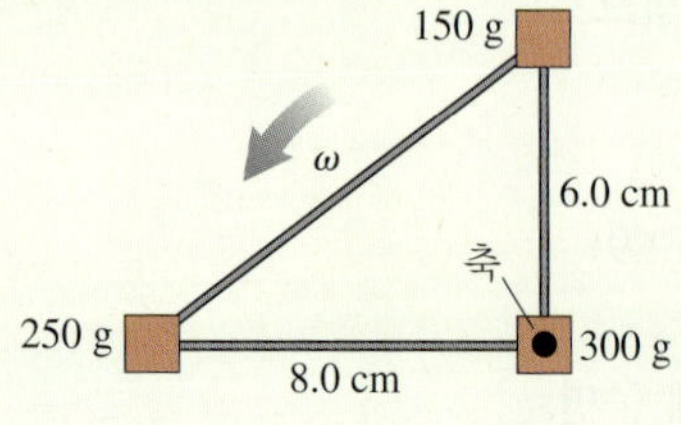

핵심 기구를 질량이 없는 막대로 연결된 3개의 입자들로 구성된 강체로 모형화한다.

풀이 회전 에너지는 $K = \frac{1}{2}I\omega^2$이다. 관성 모멘트는 회전축에 대해 측정한다. 따라서

$$\begin{aligned} I = \sum_i m_ir_i^2 &= (0.25\text{ kg})(0.080\text{ m})^2 + (0.15\text{ kg})(0.060\text{ m})^2 \\ &\quad + (0.30\text{ kg})(0\text{ m})^2 \\ &= 2.14 \times 10^{-3}\text{ kg m}^2 \end{aligned}$$

이다. 가장 큰 질량은 회전축에 있어서 $r = 0$이므로 I에 기여하지 않는다. I를 알므로, 각속도는 다음과 같이 구한다.

$$\omega = \sqrt{\frac{2K}{I}} = \sqrt{\frac{2(0.10\ \text{J})}{2.14 \times 10^{-3}\ \text{kg m}^2}}$$

$$= 9.67\ \text{rad/s} \times \frac{1\ \text{rev}}{2\pi\ \text{rad}} = 1.54\ \text{rev/s} = 92\ \text{rpm}$$

검토 관성 모멘트는 각 질량의 회전축에서의 거리에 따라 다르다. 관성 모멘트는 다른 두 질량 중의 하나를 통과하는 축에 대해서 달라질 것이고, 따라서 필요한 각속도가 다를 것이다.

관성 모멘트를 계산하려고 서두르기 전에, 그 의미를 더 잘 이해해보기로 하자. 먼저, **관성 모멘트는 질량에 해당하는 회전 물리량이다.** 관성 모멘트는 식 (12.13)에서 익숙한 $K = \frac{1}{2}mv^2$에서의 질량 m과 같은 역할을 한다. 우리가 **질량**이라고 부르는 물리량이 실제로 **관성 질량**이라고 정의되었던 것을 기억하자. 큰 질량을 가진 물체들은 큰 **관성**을 가지는데, 이는 그것들을 가속시키기 어렵다는 것을 뜻한다. 마찬가지로, 큰 관성 모멘트를 가진 물체는 회전시키기 어렵다. **관성 모멘트**가 '**관성**'이라는 단어를 보유하고 있다는 사실이 이를 상기시켜 준다.

그림 12.11에 나타낸 두 바퀴들을 생각해보자. 그 바퀴들은 같은 총 질량 M과 같은 반지름 R을 가지고 있다. 경험으로부터 알 수 있듯이, 질량이 가장자리에 몰려 있는 바퀴보다 중심에 몰려 있는 바퀴를 돌리는 것이 훨씬 더 쉽다. 이는 질량이 중심 근처에 있는 것(작은 r_i 값)이 관성 모멘트를 낮추기 때문이다.

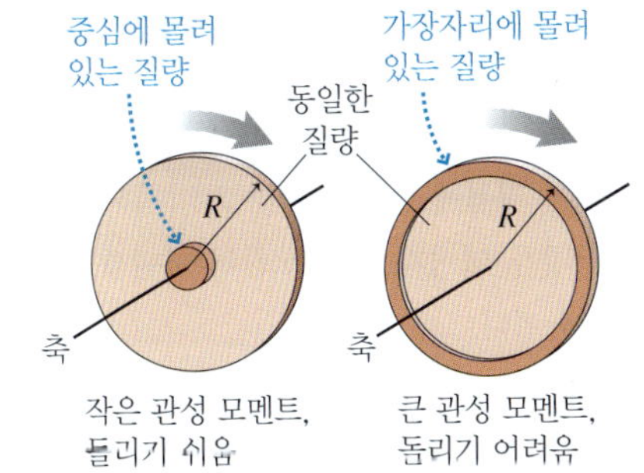

그림 12.11 관성 모멘트는 질량뿐 아니라 질량이 어떻게 분포되어 있는지에 따라서도 달라진다.

많은 고체에 대한 관성 모멘트는 표로 나타나 있으며 온라인에서 구할 수 있다. 특이한 모양을 가진 물체에 대해서만 I를 직접 계산할 필요가 있을 것이다. 표 12.2는 흔

표 12.2 균일한 밀도를 가진 물체의 관성 모멘트

물체와 축	그림	I	물체와 축	그림	I
가는 막대, 중심에 대하여	L	$\frac{1}{12}ML^2$	원통 또는 원판, 중심에 대하여	R	$\frac{1}{2}MR^2$
가는 막대, 끝에 대하여	L	$\frac{1}{3}ML^2$	원형 테, 중심에 대하여	R	MR^2
평면 또는 얇은 판, 중심에 대하여	a, b	$\frac{1}{12}Ma^2$	속이 차 있는 구, 지름에 대하여	R	$\frac{2}{5}MR^2$
평면 또는 얇은 판, 가장자리에 대하여	a, b	$\frac{1}{3}Ma^2$	구형 껍질, 지름에 대하여	R	$\frac{2}{3}MR^2$

히 쓰이는 관성 모멘트의 목록이다. 다음 절에서 이들이 어디에서 왔는지 알게 되겠지만, I가 회전축에 따라 어떻게 달라지는지에 주목하자.

회전축이 질량 중심을 통과하지 않는다면, 물체가 회전할 때 질량 중심이 위아래로 움직일 수 있다. 이 경우, 물체의 중력 퍼텐셜 에너지 $U_G = Mgy_{cm}$가 변할 것이다. 에너지가 소실되는 힘이 없고(즉, 축에 마찰이 없다면) 외력이 한 일이 없다면, 역학적 에너지

$$E_{mech} = K_{rot} + U_G = \frac{1}{2}I\omega^2 + Mgy_{cm} \tag{12.14}$$

는 보존되는 물리량이다.

예제 12.4 **회전하는 막대의 속력**

길이 1.0 m, 질량 200 g인 막대의 한끝에 경첩이 달려 있고 벽에 연결되어 있다. 막대를 수평 방향으로 잡고 있다가 놓았다. 막대의 끝이 벽을 칠 때 막대 끝의 속력은 얼마인가?

핵심 경첩에 마찰이 없다고 가정하면 역학적 에너지는 보존된다. 막대가 '떨어지는' 동안 중력 퍼텐셜 에너지는 회전 운동 에너지로 변환된다.

시각화 그림 12.12는 막대의 낯익은 전·후 그림 표현이다.

그림 12.12 막대의 전·후 그림 표현

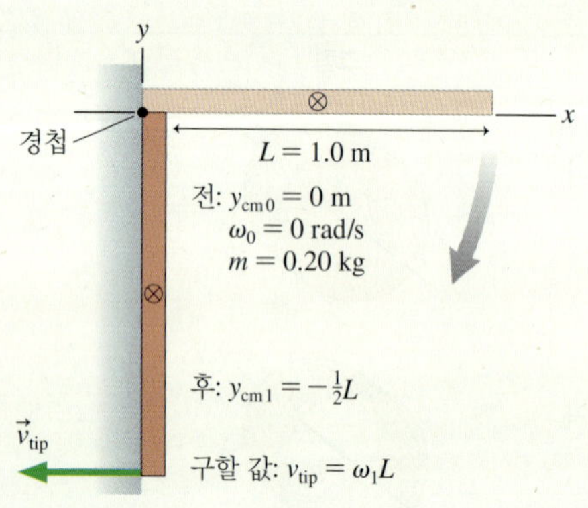

풀이 역학적 에너지는 보존되므로, 막대의 나중 역학적 에너지를 초기 역학적 에너지와 같게 놓을 수 있다.

$$\frac{1}{2}I\omega_1^2 + Mgy_{cm1} = \frac{1}{2}I\omega_0^2 + Mgy_{cm0}$$

초기 조건은 $\omega_0 = 0$ 및 $y_{cm0} = 0$이다. 막대가 벽을 칠 때, 질량 중심은 $y_{cm1} = -\frac{1}{2}L$로 이동한다. 표 12.2로부터 한쪽 끝 주위로 회전하는 막대에 대하여 $I = \frac{1}{3}ML^2$임을 알 수 있다. 따라서

$$\frac{1}{2}I\omega_1^2 + Mgy_{cm1} = \frac{1}{6}ML^2\omega_1^2 - \frac{1}{2}MgL = 0$$

이다. 이 식을 풀어서 막대가 벽을 칠 때의 막대의 각속도를 구할 수 있다.

$$\omega_1 = \sqrt{\frac{3g}{L}}$$

막대의 끝은 반지름이 $r = L$인 원 내에서 움직인다. 막대 끝의 나중 속력은

$$v_{tip} = \omega_1 L = \sqrt{3gL} = 5.4 \text{ m/s}$$

이다.

검토 5.4 m/s = 12 mph로, 90° 회전하는 1 m 길이의 막대의 속도로 그럴듯해 보인다.

12.4 관성 모멘트 계산

회전 에너지에 대한 방정식을 표현하기는 쉽지만, 물체의 관성 모멘트를 모르고서는 사용할 수 없다. 질량과 달리, 물체를 저울 위에 놓아 관성 모멘트를 잴 수 없다. 대칭 물체의 질량 중심이 물체의 물리적 중심에 있다는 것을 추측할 수 있으나 간단한 물체의 관성 모멘트조차도 추측할 수 없다. I를 구하려면 계산 과정을 거쳐야 한다.

식 (12.12)는 관성 모멘트를 계의 모든 입자들에 대한 합으로 정의한다. 질량 중심을 구할 때처럼, 각 입자를 질량 Δm을 가지는 방 1, 2, 3, …으로 대체할 수 있다. 그러면 관성 모멘트 합산은 적분으로 전환될 수 있다.

$$I = \sum_i r_i^2 \Delta m \xrightarrow[\Delta m \to 0]{} I = \int r^2\, dm \tag{12.15}$$

여기서 r은 회전축에서의 거리다. 회전축을 z축으로 놓는다면, 관성 모멘트는 아래와 같이 표현할 수 있다.

$$I = \int (x^2 + y^2)\, dm \quad (z\text{축에 대한 회전}) \tag{12.16}$$

질량 중심의 좌표 x_{cm}와 y_{cm}를 계산하는 데에는 어느 좌표계를 사용해도 좋다. 그러나 관성 모멘트는 특정 축 주위의 회전으로 정의되어 있고, r은 그 축으로부터 측정된다. 따라서 관성 모멘트 계산에 사용되는 좌표계는 그 회전축에 원점이 있어야 한다.

예제 12.5 한쪽 끝에 있는 회전축에 대한 막대의 관성 모멘트

한쪽 끝에 있는 회전축 주위로 회전하는 길이 L, 질량 M인 가늘고 균일한 막대의 관성 모멘트를 구하시오.

핵심 물체의 관성 모멘트는 회전축에 따라 다르다. 이 경우, 회전축은 막대의 끝에 있다.

시각화 그림 12.13은 회전축에 원점이 있는 x축을 정의한다.

그림 12.13 막대의 관성 모멘트를 구하기 위한 적분 설정

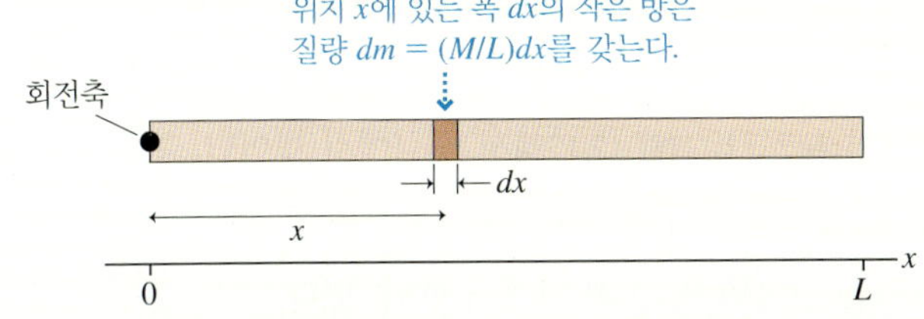

풀이 막대가 가늘기 때문에, 막대의 모든 점에 대해 $y \approx 0$이라고 가정할 수 있다. 따라서

$$I = \int x^2\, dm$$

이다. 예제 12.2에서 알게 된 바와 같이, 작은 길이 dx에 있는 소량의 질량은 $dm = (M/L)\,dx$이다. 막대는 $x = 0$부터 $x = L$까지 걸쳐 있으므로, 한쪽 끝에 대한 관성 모멘트는

$$I_{end} = \frac{M}{L}\int_0^L x^2\, dx = \frac{M}{L}\left[\frac{x^3}{3}\right]_0^L = \tfrac{1}{3}ML^2$$

이다.

검토 관성 모멘트는 총 질량 M과 길이(이 경우 L)의 제곱과의 곱을 포함한다. 앞에 있는 분수가 다르기는 하지만, 모든 관성 모멘트는 비슷한 형태를 갖는다. 이것은 표 12.2에 나타낸 결과이다.

예제 12.6 중심을 통과하는 축에 대한 원판의 관성 모멘트

중심을 통과하는 축 위에서 회전하는 반지름 R, 질량 M인 원판의 관성 모멘트를 구하시오.

시각화 그림 12.14는 원판을 나타내며 축으로부터의 거리 r을 정의한다.

풀이 이것은 실용적으로 매우 중요한 상황이다. 이 문제를 풀려면 미적분에서 배운 2차원 적분을 사용할 필요가 있다. 원판을 작은 상자들로 나누기보다는, 질량 dm의 좁은 고리로 나눈다. 그림 12.14는 반지름 r, 폭 dr의 그런 고리 하나를 나타낸다. dA가 이 고리의 넓이를 표시한다고 하자. 이 고리에 있는 질량 dm과 총 질량 M의 비는 dA와 총 넓이 A의 비와 같다. 즉,

(계속)

그림 12.14 원판의 관성 모멘트를 구하는 적분 설정

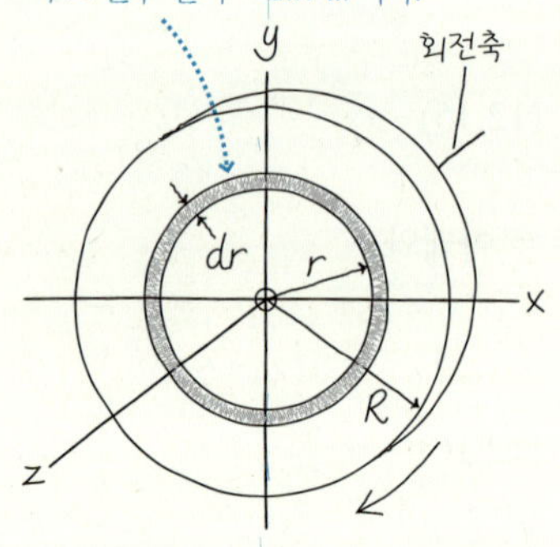

$$\frac{dm}{M} = \frac{dA}{A}$$

이다. 따라서 작은 넓이 dA에 있는 질량은 다음과 같다.

$$dm = \frac{M}{A}dA$$

이것이 예제 12.2에서 막대의 질량 중심을 구할 때 사용한 논거다. 지금은 그것을 2차원에서 사용하는 것뿐이다.

원판의 총 넓이는 $A = \pi R^2$인데, dA는 얼마일까? 그 작은 고리를 펼친다고 상상한다면, 길이 $2\pi r$, 높이 dr의 길고 가는 직사각형 모양이 될 것이다. 이와 같이, 이 작은 고리의 넓이는 $dA = 2\pi r\, dr$이다. 이 정보를 사용하여 아래와 같이 표현할 수 있다.

$$dm = \frac{M}{\pi R^2}(2\pi r\, dr) = \frac{2M}{R^2} r\, dr$$

이제 좌표 dm에 대한 식을 미분 dr의 항으로 얻었으므로, I에 대한 적분을 진행할 수 있다. 식 (12.15)를 사용하여 아래와 같음을 알 수 있다.

$$I_{\text{disk}} = \int r^2\, dm = \int r^2 \left(\frac{2M}{R^2} r\, dr\right) = \frac{2M}{R^2}\int_0^R r^3\, dr$$

여기 마지막 단계에서 원판이 $r = 0$에서 $r = R$까지 걸쳐 있다는 사실을 사용하였다. 적분을 하면 아래 결과를 얻는다.

$$I_{\text{disk}} = \frac{2M}{R^2}\left[\frac{r^4}{4}\right]_0^R = \tfrac{1}{2}MR^2$$

검토 다시 한번, 관성 모멘트는 총 질량 M과 길이(이 경우 R)의 제곱과의 곱을 포함한다.

복잡한 물체를 관성 모멘트 $I_1, I_2, I_3, \cdots$이 이미 알려진 단순한 조각 1, 2, 3, …으로 나눌 수 있다면, 전체 물체의 관성 모멘트는 아래와 같다.

$$I_{\text{object}} = I_1 + I_2 + I_3 + \cdots \tag{12.17}$$

평행축 정리

관성 모멘트는 회전축에 따라 다르다. 그림 12.15에서 중심에서 벗어난 축 주위의 회전에 대한 관성 모멘트를 알 필요가 있다고 하자. 질량 중심을 통과하는 **평행축** 주위의 회전에 대한 관성 모멘트를 안다면 이를 꽤 쉽게 구할 수 있다.

그림 12.15 중심에서 벗어난 회전축

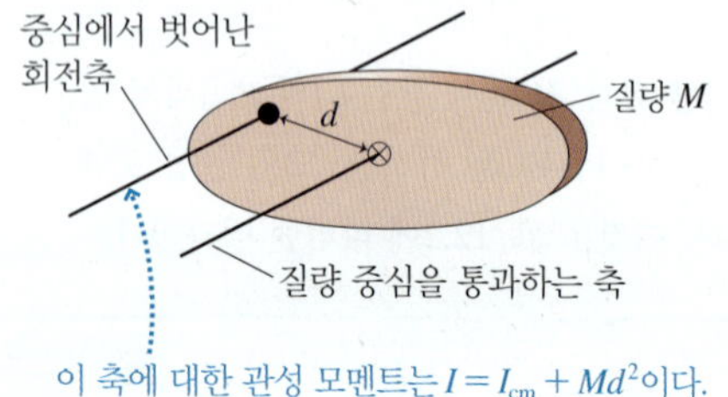

회전축이 질량 중심을 통과하는 평행축으로부터 d만큼 떨어져 있다면, 관성 모멘트는

$$I = I_{\text{cm}} + Md^2 \tag{12.18}$$

이다. 식 (12.18)을 **평행축 정리**(parallel-axis theorem)라고 한다. 그림 12.16에 나타낸 1차원 물체에 대하여 이 식을 증명할 것이다.

그림 12.16 평행축 정리 증명

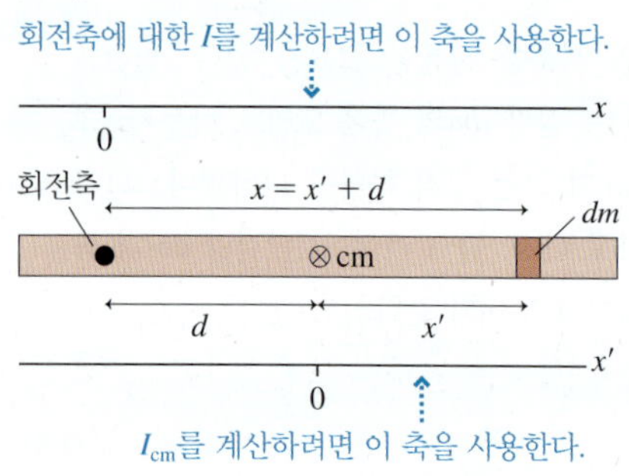

x축은 회전축에 원점이 있고, x'축은 질량 중심에 원점이 있다. 이 두 축에서의 dm의 좌표들은 $x = x' + d$로 상관되어 있음을 알 수 있다. 정의에 의해서 회전축에 대한 관성 모멘트는 다음과 같다.

$$I = \int x^2\, dm = \int (x' + d)^2\, dm = \int (x')^2\, dm + 2d\int x'\, dm + d^2\int dm \tag{12.19}$$

우변의 세 적분 중 첫째는, 정의에 의해, 질량 중심에 대한 관성 모멘트 I_{cm}이다. 모든 dm을 더하면(적분하면) 총 질량 M이 되기 때문에, 셋째 적분은 단순히 Md^2이다.

질량 중심을 정의하는 식 (12.5)로 돌아가면, 우변의 중간 적분이 Mx'_{cm}과 같다는 것을 알 것이다. 그런데 질량 중심에 원점이 있도록 x'축을 선택하였으므로, $x'_{cm}=0$이다. 이와 같이 둘째 적분은 영이고 식 (12.18)에 이르게 된다. 2차원에서의 증명도 이와 비슷하다.

예제 12.7 | 가는 막대의 관성 모멘트

한쪽 끝으로부터 길이의 $\frac{1}{3}$만큼 떨어진 회전축에 대한, 질량 M과 길이 L인 가는 막대의 관성 모멘트를 구하시오.

풀이 표 12.2로부터, 질량 중심에 대한 막대의 관성 모멘트는 $\frac{1}{12}ML^2$이다. 질량 중심은 막대의 중심에 있다. 한쪽 끝에서 $\frac{1}{3}L$ 떨어진 축은 질량 중심으로부터 $d=\frac{1}{6}L$만큼 떨어져 있다. 평행축 정리를 사용하여 아래 결과를 얻는다.

$$I = I_{cm} + Md^2 = \tfrac{1}{12}ML^2 + M\left(\tfrac{1}{6}L\right)^2 = \tfrac{1}{9}ML^2$$

12.5 돌림힘

문을 밀어서 여는 평범한 경험을 생각해보자. 그림 12.17은 왼쪽에 경첩이 달린 문을 위에서 본 것이다. 세기가 모두 같은 네 가지 미는 힘을 나타내었다. 이 중에 어느 것이 문을 여는 데에 가장 효과적이겠는가?

힘 $\vec{F}_1$은 문을 열 것이나, 힘 $\vec{F}_2$는 경첩을 밀 뿐 문을 열지 않을 것이다. $\vec{F}_3$은 문을 열 것이나, $\vec{F}_1$만큼 쉽게 열지는 못할 것이다. $\vec{F}_4$는 어떤가? 이 힘은 문에 수직이고 $\vec{F}_1$과 크기가 같으나, 경첩에 가깝게 미는 것은 문의 끝머리에서 미는 것만큼 효과적이지 않다는 것을 경험으로부터 안다.

그림 12.17 네 가지 힘은 문을 회전시키는 데에 서로 다른 효과를 낸다.

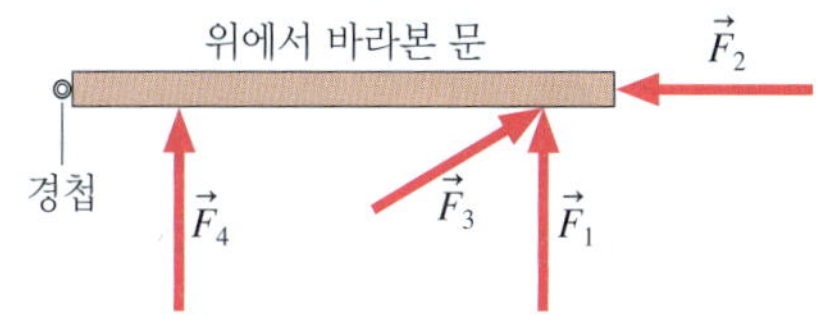

힘이 회전시키는 능력은 세 가지 인자에 따라 다르다.

1. 힘의 크기 F
2. 힘을 가하는 지점에서 회전축까지의 거리 r
3. 힘이 가해지는 각도

그림 12.18 힘 $\vec{F}$는 회전축 주위로 돌림힘을 가한다.

$\vec{F}$는 회전축 주위로 돌림힘을 가한다.
각 ϕ는 지름선부터 반시계 방향으로 측정한다.
힘이 가해지는 지점
회전축
강체
r은 회전축부터 힘이 가해지는 지점까지 측정한다.

이 세 인자들을 돌림힘이라고 하는 단일 물리량에 통합할 수 있다. 그림 12.18은 회전축—너트가 그 축 주위를 회전—주위로 렌치와 너트를 회전시키려고 하는 힘 $\vec{F}$를 나타낸다. 이 힘이 **돌림힘** τ(그리스 소문자 타우)를 가한다고 말한다. 돌림힘은 아래와 같이 정의한다.

$$\tau \equiv rF\sin\phi \qquad (12.20)$$

돌림힘은 좀 전에 열거한 세 가지 성질인 힘의 크기, 회전축으로부터의 거리 및 힘을 가하는 각도에 따라 다르다. 느슨하게 말해서, τ는 힘이 물체로 하여금 회전축 주위를 회전하도록 하는 '유효도'를 측정한다. **돌림힘은 힘에 해당하는 회전 물리량이다.**

돌림힘의 SI 단위는 뉴턴-미터(newton-meter)이고, Nm으로 줄여서 쓴다. 에너지 학습에서는 1 Nm = 1 J이라고 정의했는데, 돌림힘은 에너지와 관련된 물리량이 아니므로 줄(joule)을 돌림힘의 척도로 사용하지 않는다.

힘과 같이 돌림힘은 부호를 갖는다. 물체를 반시계 방향으로 돌리려는 힘은 양의 부호를 가지며, 음의 돌림힘은 시계 방향으로 회전시킨다. 그림 12.19에 부호가 요약되어 있다. 회전축 쪽으로 일직선으로 미는 힘이나 회전축으로부터 일직선으로 당기는 힘은 돌림힘을 가하지 않는다.

그림 12.19 돌림힘의 부호와 세기

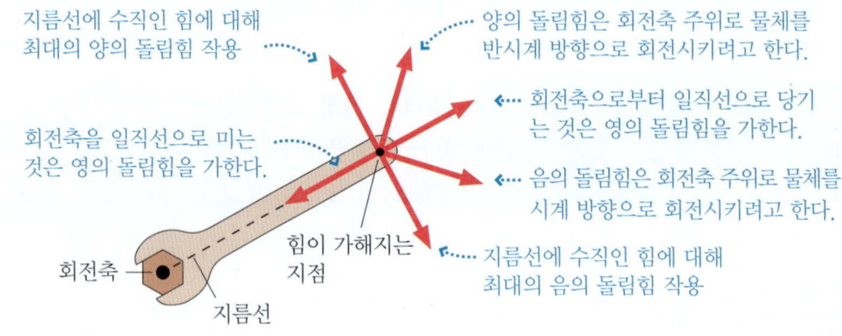

발은 크랭크를 회전시키는 돌림힘을 가한다.

그림 12.17의 문으로 돌아가서, $\vec{F}_1$이 회전축에 대해 가장 큰 돌림힘을 가하기 때문에 문을 여는 데 있어서 가장 효과적이라는 것을 알 수 있다. $\vec{F}_3$은 크기가 같으나, 90°보다 작은 각도로 가해져서 더 작은 돌림힘을 가한다. $\vec{F}_2$는 $\phi = 0°$로 일직선으로 경첩을 밀어서 돌림힘을 전혀 가하지 않는다. $\vec{F}_4$는 r의 값이 작아 $\vec{F}_1$보다 작은 돌림힘을 가한다.

돌림힘 해석하기

그림 12.20 돌림힘의 두 가지 유용한 해석

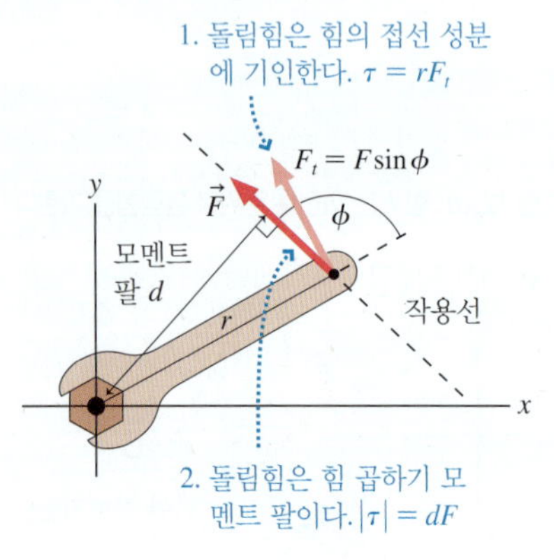

그림 12.20에 나타낸 바와 같이, 돌림힘은 두 가지 시각에서 해석할 수 있다. 첫째, $F\sin\phi$는 접선힘 성분 F_t이다. 따라서 돌림힘은

$$\tau = rF_t \tag{12.21}$$

이다. 다시 말해서, 돌림힘은 r과 렌치에 있는 이 점이 따라가는 원형 경로에 접하는 힘의 성분 F_t의 곱이다. $\vec{F}$의 지름 성분은 일직선으로 회전축을 가리키고 있어 돌림힘을 가할 수 없기 때문에 이 해석은 이치에 맞다.

두 번째 시각은 응용하는 데 널리 사용되며 **모멘트 팔**의 개념에 바탕을 둔다. 그림 12.20은 힘이 작용하는 선, **작용선**(line of action)을 나타낸다. 회전축과 작용선 사이의 최소 거리를—작용선에 수직하게 그린 선의 길이—**모멘트 팔**(moment arm, 또는 지렛대 팔) d라고 한다. $\sin(180° - \phi) = \sin\phi$이기 때문에, $d = r\sin\phi$라는 것을 쉽게 알 수 있다. 이와 같이 돌림힘 $rF\sin\phi$는 아래와 같이 표현할 수도 있다.

$$|\tau| = dF \tag{12.22}$$

예제 12.8 | **돌림힘 가하기**

루이스는 너트를 돌리려고 길이 20 cm의 렌치를 사용한다. 렌치 손잡이는 수평 방향에서 위로 30° 기울어져 있고, 루이스는 100 N의 힘으로 렌치 끝을 수직 방향 아래로 당겼다. 루이스는 얼마나 많은 돌림힘을 너트에 가한 것인가?

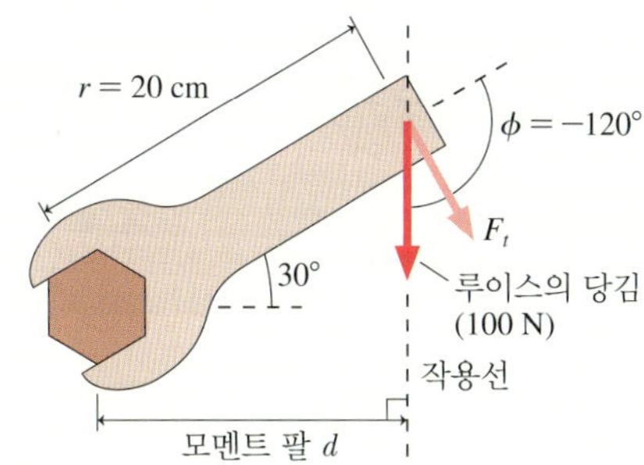

그림 12.21 너트를 돌리는 데 사용되고 있는 렌치

시각화 그림 12.21에 상황이 나타나 있다. 각은 지름선으로부터 시계 방향이므로 음수 $\phi = -120°$이다.

풀이 힘의 접선 성분은

$$F_t = F\sin\phi = -86.6\ \text{N}$$

이다. 부호 규약에 따르면, F_t는 시계 방향으로 가리키고 있기 때문에 음이다. 식 (12.21)로부터 돌림힘은

$$\tau = rF_t = (0.20\ \text{m})(-86.6\ \text{N}) = -17\ \text{Nm}$$

이다.

대안으로, 그림 12.21에 힘 벡터를 앞뒤로 연장하여 **작용선**을 그렸다. **모멘트 팔**은 회전축과 작용선 사이의 거리이며,

$$d = r\sin(60°) = 0.17\ \text{m}$$

이다. 모멘트 팔을 식 (12.22)에 대입하면,

$$|\tau| = dF = (0.17\ \text{m})(100\ \text{N}) = 17\ \text{Nm}$$

를 얻는다. 돌림힘은 시계 방향으로 회전하도록 작용하므로, 음의 부호를 삽입하여 아래의 결과를 얻는다.

$$\tau = -17\ \text{Nm}$$

검토 루이스가 길이 20 cm의 렌치에 수직으로 당겼다면, 최대 돌림힘의 크기는 20 Nm였을 것이다. 비스듬하게 당기면 이 값이 줄어들므로, 17 Nm는 합리적인 답이다.

알짜 돌림힘

그림 12.22는 자전거의 크랭크 세트에 작용하는 힘을 나타낸다. 크랭크 세트는 자유롭게 축 주위를 회전하나, 회전축은 크랭크 세트가 자전거 프레임에 대하여 병진 운동하는 것을 방지한다. 힘 $\vec{F}_{\text{axle}}$을 크랭크 세트에 가함으로써 다른 힘들과 균형을 맞추어 $\vec{F}_{\text{net}} = \vec{0}$를 유지하여 병진 운동을 하지 못하게 한다.

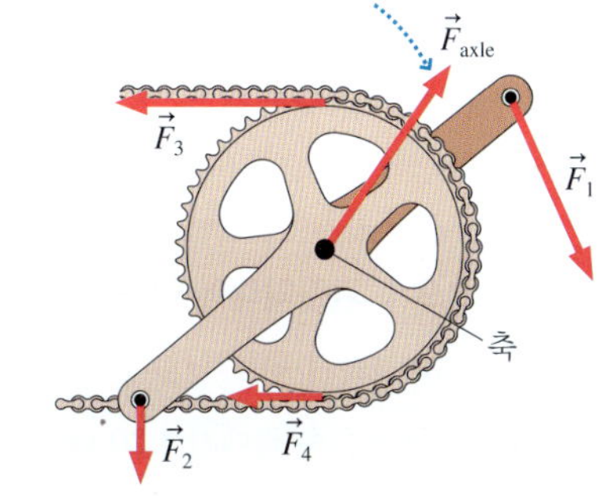

그림 12.22 힘은 회전축에 대해 알짜 돌림힘을 가한다.

힘 $\vec{F}_1, \vec{F}_2, \vec{F}_3, \cdots$은 돌림힘 $\tau_1, \tau_2, \tau_3, \cdots$을 크랭크 세트에 가하나, $\vec{F}_{\text{axle}}$은 회전축에 가해져서 모멘트 팔이 영이므로 돌림힘을 가하지 **않는다**. 이와 같이 회전축에 대한 알짜 돌림힘은 인가된 힘으로 인한 돌림힘의 합이다.

$$\tau_{\text{net}} = \tau_1 + \tau_2 + \tau_3 + \cdots = \sum_i \tau_i \qquad (12.23)$$

중력 돌림힘

중력은 많은 물체에 돌림힘을 가한다. 그림 12.23에 있는 물체를 잡고 있다가 놓으면, 중력으로 인한 돌림힘이 물체를 축 주위로 회전하게 할 것이다. 축에 대한 돌림힘을 계산하기 위해, 중력은 물체에 있는 **모든** 입자들에 작용하여 입자 i에 $F_i = m_i g$ 크기의 아래 방향 힘을 가한다는 사실로 시작한다. 입자 i에 작용하는 중력 돌림힘의 크기는 $|\tau_i| = d_i m_i g$이다. 여기서 d_i는 모멘트 팔이다. 그런데 부호에 대해 주의할 필요가 있다.

그림 12.23 중력 돌림힘

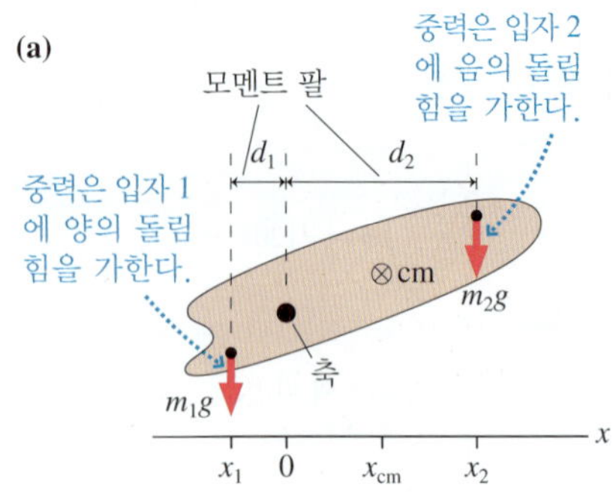

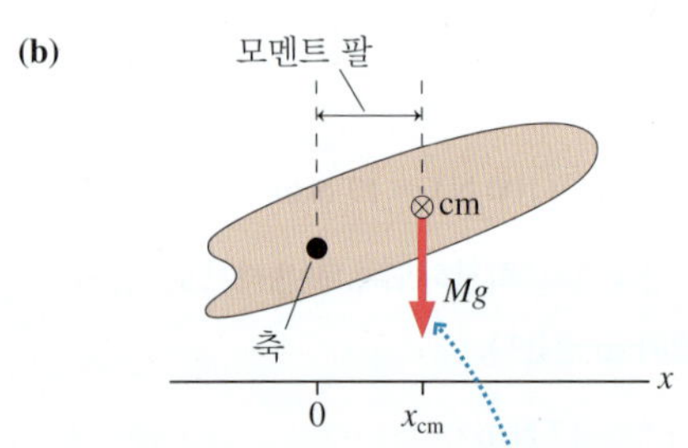

모멘트 팔은 거리이기 때문에 양수여야 한다. 원점이 회전축 에 있는 좌표계를 정하면, 그림 12.23a로부터 입자 i의 모멘트 팔 d_i가 $|x_i|$라는 것을 알 수 있다. 중력이 회전축의 오른쪽에 있는 입자(양의 x_i)를 시계 방향으로 회전시키려 할 것이므로, 이 입자는 음의 돌림힘을 경험한다. 마찬가지로 회전축의 왼쪽에 있는 입자(음의 x_i)는 양의 돌림힘을 경험한다. 돌림힘은 x_i와 부호가 반대이므로, 아래와 같이 표현하여 부호를 올바르게 할 수 있다.

$$\tau_i = -x_i m_i g = -(m_i x_i)g \tag{12.24}$$

중력으로 인한 알짜 돌림힘은 식 (12.24)를 모든 입자들에 대해 합하여 얻는다.

$$\tau_{\text{grav}} = \sum_i \tau_i = \sum_i (-m_i x_i g) = -\left(\sum_i m_i x_i\right)g \tag{12.25}$$

질량 중심을 정의한 식 (12.4)에 따르면, $\sum m_i x_i = Mx_{\text{cm}}$이다. 이와 같이, 중력으로 인한 돌림힘은

$$\tau_{\text{grav}} = -Mgx_{\text{cm}} \tag{12.26}$$

이다. 여기서 x_{cm}는 회전축에 대한 질량 중심의 상대 위치이다.

식 (12.26)에 대한 간단한 해석이 그림 12.23b에 나타나 있다. Mg는 물체 전체에 작용하는 알짜 중력이고, x_{cm}는 회전축과 질량 중심 사이의 모멘트 팔이다. 질량 M의 확장 물체에 가해지는 중력 돌림힘은 물체의 질량 중심에 작용하는 단일 힘 벡터 $\vec{F}_G = -Mg\hat{j}$의 돌림힘과 대등하다.

다시 말해서, **중력 돌림힘은 물체의 모든 질량이 질량 중심에 모여 있는 것처럼 하여 구할 수 있다.** 이것이 물체의 균형을 잡아 질량 중심을 구하는, 잘 알려진 기술에 대한 바탕이다. 그림 12.24에 나타나 있는 바와 같이, 물체는 질량 중심이 회전축 바로 위에 있어야만 회전축 위에서 균형을 잡을 것이다. 회전축이 질량 중심 아래에 있지 않으면, 중력 돌림힘이 물체를 회전시킬 것이다.

그림 12.24 물체는 질량 중심 바로 아래에 있는 회전축 위에서 균형을 잡는다.

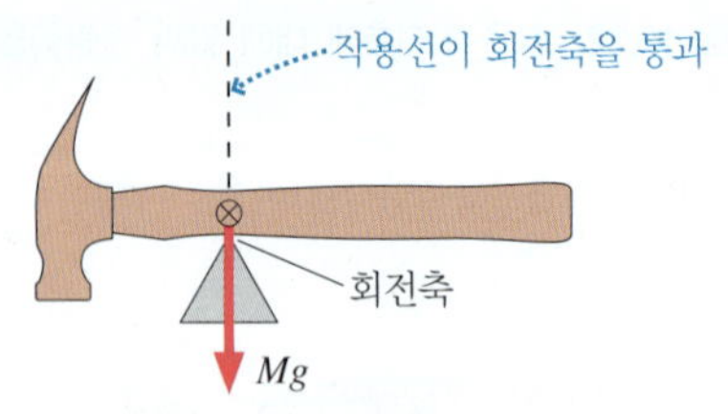

예제 12.9 | 가로막대에 작용하는 중력 돌림힘

그림 12.25에 나타나 있는 길이 4.00 m, 질량 500 kg의 강철 가로막대(beam)가 오른쪽 끝에서 1.20 m 지점에서 지지되어 있다. 지지대에 대한 중력 돌림힘은 얼마인가?

핵심 가로막대의 질량 중심은 중간점에 있다. 회전축으로부터 재었을 때 $x_{\text{cm}} = -0.80$ m이다.

풀이 이 문제는 식 (12.26)의 간단한 응용이다. 중력 돌림힘은

$$\tau_{\text{grav}} = -Mgx_{\text{cm}} = -(500\text{ kg})(9.80\text{ m/s}^2)(-0.80\text{ m}) = 3920\text{ N m}$$

이다.

그림 12.25 강철 가로막대가 한 점에서 지지되어 있다.

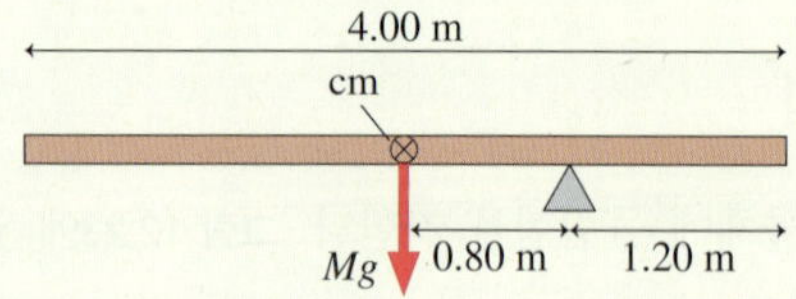

검토 중력은 가로막대를 반시계 방향으로 회전시키려 하므로, 돌림힘은 양이다. 그림 12.25에 있는 가로막대는 평형에 있지 않다. 다른 힘이 지지하고 있지 않으면 가로막대는 기울어질 것이다.

12.6 회전 동역학

돌림힘은 무엇을 하는가? **돌림힘은 각가속도를 일으킨다.** 그 이유를 알기 위해, 그림 12.26에 고정된 움직이지 않는 축 주위로 순수한 회전 운동을 하고 있는 강체를 나타낸다. 12.2절에서 다룬 것처럼 물체의 질량 중심 주위로 회전할 수도 있고, 터빈처럼 축 위에서 회전할 수도 있다.

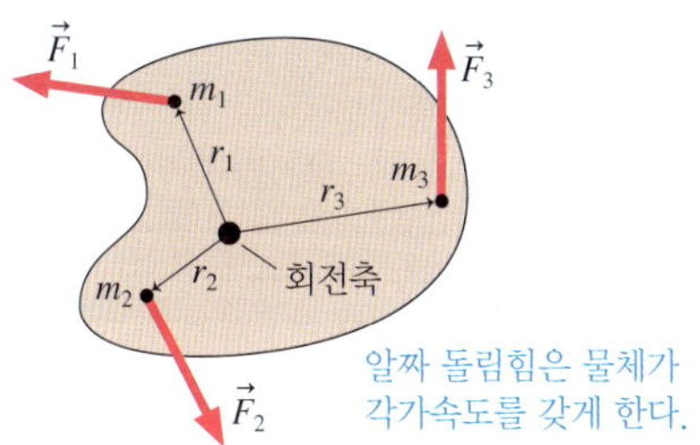

그림 12.26 외력은 회전축 주위로 돌림힘을 가한다.

그림 12.26에 있는 힘 $\vec{F}_1, \vec{F}_2, \vec{F}_3, \cdots$은 강체의 일부인 질량 $m_1, m_2, m_3, \cdots$의 입자에 작용하는 외력이다. 이 힘들은 회전축 주위로 돌림힘 $\tau_1, \tau_2, \tau_3, \cdots$을 가한다. 물체에 작용하는 알짜 돌림힘은 이 돌림힘들의 합이다.

$$\tau_{\text{net}} = \sum_i \tau_i \tag{12.27}$$

입자 i에 초점을 맞추자. 이 입자에 힘 $\vec{F}_i$가 작용하고 반지름 r_i의 원운동을 한다. 8장에서, $\vec{F}_i$의 지름 성분이 원운동의 구심 가속도의 원인이 되는 반면, 접선 성분 $(F_i)_t$는 입자를 접선 가속도 $(a_i)_t$를 가지고 빨라지거나 느려지게 한다는 것을 알았다. 뉴턴의 제2법칙은

$$(F_i)_t = m_i(a_i)_t = m_i r_i \alpha \tag{12.28}$$

이다. 마지막 단계에서 접선 가속도와 각가속도 사이의 관계 $a_t = r\alpha$를 사용하였다. 물체에 있는 모든 입자들이 같은 각가속도를 가지므로, 각가속도 α에는 아래 첨자가 없다. 즉, α는 물체 전체의 각가속도이다.

양변에 r_i를 곱하면,

$$r_i(F_i)_t = m_i r_i^2 \alpha \tag{12.29}$$

가 된다. $r_i(F_i)_t$는 회전축 주위로 입자 i에 가해지는 돌림힘 τ_i이다. 따라서 물체에 있는 단일 입자에 대한 뉴턴의 제2법칙은 다음과 같다.

$$\tau_i = m_i r_i^2 \alpha \tag{12.30}$$

이제 식 (12.27)로 돌아가서, 물체에 가해지는 알짜 돌림힘은

$$\tau_{\text{net}} = \sum_i \tau_i = \sum_i m_i r_i^2 \alpha = \left(\sum_i m_i r_i^2\right)\alpha \tag{12.31}$$

임을 알 수 있다. 마지막 단계에서 회전하는 강체에 있는 모든 입자들은 동일한 각가속도를 갖는다는 중요한 개념을 사용하여 α를 인수분해하였다.

여러분은 괄호 안에 있는 물리량이 관성 모멘트라는 것을 알아볼 것이다. I를 식 (12.31)에 대입하면 퍼즐의 마지막 조각이 맞추어진다. 회전축 주위로 알짜 돌림힘 τ_{net}을 받는 물체는 아래의 각가속도를 갖는다.

$$\alpha = \frac{\tau_{\text{net}}}{I} \quad \text{(회전 운동에 대한 뉴턴의 제2법칙)} \tag{12.32}$$

여기서 I는 회전축에 대한 물체의 관성 모멘트이다. 회전에 대한 뉴턴의 제2법칙은 강

체 동역학의 기본 방정식이다.

실제로는 $\tau_{net} = I\alpha$라고 자주 표현하나, 식 (12.32)가 **돌림힘이 각가속도의 원인**이라는 개념을 더 잘 전달한다. 알짜 돌림힘이 없을 때에는($\tau_{net} = 0$), 물체는 회전하지 않거나($\omega = 0$) 등각속도로 회전한다($\omega =$ 상수).

표 12.3에 선형 동역학과 회전 동역학의 유사점이 요약되어 있다.

표 12.3 회전 동역학과 선형 동역학

회전 동역학		선형 동역학	
돌림힘(N m)	τ_{net}	힘(N)	$\vec{F}_{net}$
관성 모멘트(kg m^2)	I	질량(kg)	m
각가속도(rad/s^2)	α	가속도(m/s^2)	$\vec{a}$
제2법칙	$\alpha = \tau_{net}/I$	제2법칙	$\vec{a} = \vec{F}_{net}/m$

예제 12.10 회전하는 로켓

우주 멀리에서 100,000 kg의 로켓 1기와 200,000 kg의 로켓 1기가 정지해 있는 90 m 길이의 연결 터널의 반대편 끝에 정박해 있다. 터널은 견고하며 질량은 로켓의 질량보다 훨씬 작다. 로켓들은 엔진을 동시에 시동하여 반대 방향으로 각각 50,000 N의 추력을 발생시킨다. 30 s 후에 구조물의 각속도는 얼마가 되겠는가?

핵심 전체 구조물은 질량이 없는 견고한 막대의 끝에 있는 2개의 질량으로 모형화할 수 있다. 알짜힘이 없으므로 구조물은 병진 운동을 하지 않으나, 추력이 구조물에 각가속도를 가하여 회전하도록 하는 돌림힘을 일으킨다. 추력은 연결 터널에 수직이라고 가정한다. 회전하는 데 제약이 없으므로, 구조물은 질량 중심 주위로 회전할 것이다.

시각화 그림 12.27에 로켓들이 나타나 있고, 질량 중심으로부터의 거리 r_1 및 r_2가 정의되어 있다.

풀이 뉴턴의 제2법칙을 사용하여 각가속도를 구하고, 회전 운동학을 사용하여 ω를 구한다. 관성 모멘트를 구하여야 하는데, 이를 위해서 두 로켓과 회전축 간의 거리를 알 필요가 있다. 예제 12.1에서처럼, 질량들이 x축 위에 있고 m_1이 원점에 있는 좌표계를 택한다. 그러면 다음과 같다.

$$x_{cm} = \frac{m_1x_1 + m_2x_2}{m_1 + m_2}$$
$$= \frac{(100{,}000\ \text{kg})(0\ \text{m}) + (200{,}000\ \text{kg})(90\ \text{m})}{100{,}000\ \text{kg} + 200{,}000\ \text{kg}} = 60\ \text{m}$$

구조물의 질량 중심은 100,000 kg 로켓으로부터 $r_1 = 60$ m, 200,000 kg 로켓으로부터 $r_2 = 30$ m인 지점에 있다. 질량 중심에 대한 관성 모멘트는

그림 12.27 추력은 구조물에 돌림힘을 가한다.

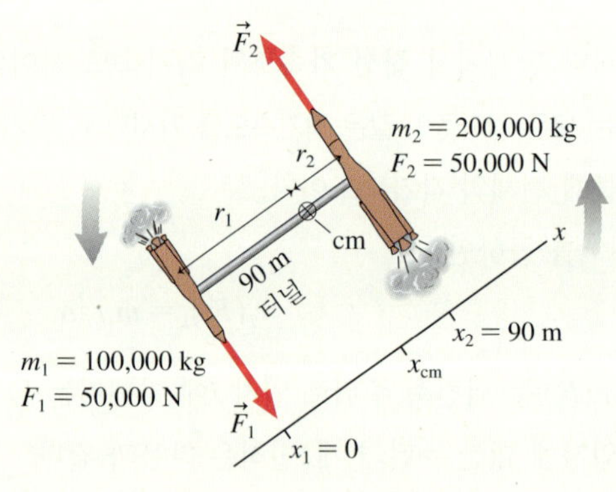

$$I = m_1r_1^2 + m_2r_2^2 = 540{,}000{,}000\ \text{kg m}^2$$

이다. 두 로켓의 추력은 아래의 알짜 돌림힘을 가한다.

$$\tau_{net} = r_1F_1 + r_2F_2 = (60\ \text{m})(50{,}000\ \text{N}) + (30\ \text{m})(50{,}000\ \text{N})$$
$$= 4{,}500{,}000\ \text{N m}$$

이제 I와 τ_{net}를 알므로, 뉴턴의 제2법칙을 사용하여 각가속도를 구할 수 있다.

$$\alpha = \frac{\tau}{I} = \frac{4{,}500{,}000\ \text{N m}}{540{,}000{,}000\ \text{kg m}^2} = 0.00833\ \text{rad/s}^2$$

30 s 후에 구조물의 각속도는 다음과 같다.

$$\omega = \alpha\,\Delta t = 0.25\ \text{rad/s}$$

12.7 고정축 주위의 회전

이 절에서는 고정축 주위를 회전하는 강체를 살펴볼 것이다. 회전 동역학에 대한 문제 풀이 전략은 선형 동역학에 대한 전략과 매우 유사하다.

문제 풀이 전략 12.1

회전 동역학 문제

핵심 물체를 강체로 모형화한다.

시각화 상황을 명확히 하기 위하여 그림으로 나타내고, 좌표와 기호를 정의하고, 알고 있는 정보를 나열한다.

- 물체의 축을 확인한다.
- 힘을 확인하고 축으로부터의 거리를 결정한다. 대부분의 문제에서는 자유 물체 도형을 그리는 것이 유용할 것이다.
- 힘에 의해 생긴 돌림힘과 그 부호를 확인한다.

풀이 수학적 표현은 회전 운동에 대한 뉴턴의 제2법칙에 바탕을 둔다.

$$\tau_{net} = I\alpha \qquad \text{또는} \qquad \alpha = \frac{\tau_{net}}{I}$$

- 표 12.2를 이용하거나, 필요하다면 적분으로 또는 평행축 정리를 사용하여 관성 모멘트를 구한다.
- 회전 동역학을 사용하여 각위치와 각속도를 구한다.

검토 결과의 단위와 유효 숫자가 맞는지, 이치에 맞는지, 질문에 맞게 답을 했는지 점검한다.

예제 12.11 | **비행기 엔진 시동 걸기**

소형 비행기의 엔진이 60 N m의 돌림힘을 가지는 것으로 되어 있다. 이 엔진은 길이 2.0 m, 질량 40 kg의 프로펠러를 구동한다. 시동 후, 프로펠러가 200 rpm에 도달하는 데 얼마나 오래 걸리겠는가?

핵심 프로펠러는 중심 주위를 회전하는 강체로 모형화할 수 있다. 엔진은 프로펠러에 돌림힘을 가한다.

시각화 그림 12.28에 프로펠러와 회전축이 나타나 있다.

풀이 중심 주위를 회전하는 막대의 관성 모멘트는 표 12.2에서 구한다.

$$I = \tfrac{1}{12}ML^2 = \tfrac{1}{12}(40\text{ kg})(2.0\text{ m})^2 = 13.33\text{ kg m}^2$$

엔진의 60 N m 돌림힘이 아래의 각가속도를 일으킨다.

$$\alpha = \frac{\tau}{I} = \frac{60\text{ N m}}{13.33\text{ kg m}^2} = 4.50\text{ rad/s}^2$$

그림 12.28 회전하는 비행기 프로펠러

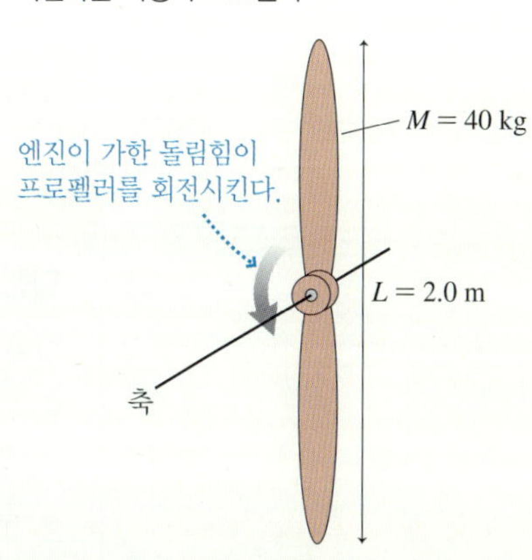

$\omega_f = 200\text{ rpm} = 3.33\text{ rev/s} = 20.9\text{ rad/s}$의 각속도에 도달하는 데 걸리는 시간은 다음과 같다.

(계속)

$$\Delta t = \frac{\Delta\omega}{\alpha} = \frac{\omega_f - \omega_i}{\alpha} = \frac{20.9 \text{ rad/s} - 0 \text{ rad/s}}{4.5 \text{ rad/s}^2} = 4.6 \text{ s}$$

검토 등각가속도라고 가정하였는데, 프로펠러가 천천히 돌아가는 처음 몇 초 동안에는 이 가정이 합리적이다. 결국, 공기 저항과 마찰이 반대 방향의 돌림힘을 일으켜서 각가속도는 감소할 것이다. 최고 속도에서는 공기 저항과 마찰로 인한 음의 돌림힘이 엔진의 돌림힘을 상쇄한다. 그러면 $\tau_{net} = 0$이고, 프로펠러는 각가속도 없이 등각속도로 돌아간다.

줄과 도르래로 인한 제약조건

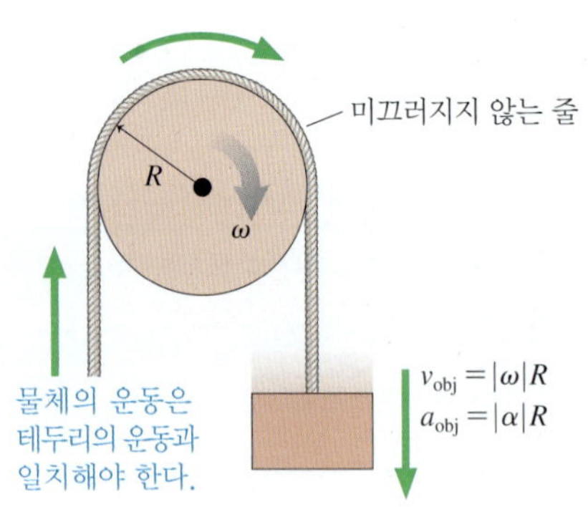

그림 12.29 줄의 운동은 도르래 테두리의 운동과 일치해야 한다.

회전 동역학의 많은 중요한 응용에는 도르래와 같이 다른 물체에 줄이나 띠로 연결된 물체가 포함된다. 그림 12.29는 도르래 위를 지나 직선 운동을 하는 물체에 연결된 줄을 나타낸다. 도르래가 회전하는 동안 줄이 미끄러지지 않는다면, 줄의 속력 v_{rope}는 도르래의 테두리 속력과 정확히 일치해야 한다. 테두리 속력은 $v_{rim} = |\omega|R$이다. 도르래가 각가속도를 가진다면, 줄의 가속도 a_{rope}는 도르래 테두리의 접선 가속도 $a_t = |\alpha|R$과 일치해야 한다.

줄의 다른 쪽 끝에 매달린 물체는 줄과 같은 속력과 가속도를 갖는다. 따라서 미끄러지지 않는 줄로 반지름 R의 도르래에 연결된 물체는 다음의 제약조건을 따라야 한다.

$$v_{obj} = |\omega|R \qquad a_{obj} = |\alpha|R \qquad \text{(미끄러지지 않는 줄에 대한 운동 제약조건)} \qquad (12.33)$$

이 제약조건은 끈이나 줄로 연결된 두 물체에 대해 7장에 소개된 가속도 제약조건과 매우 유사하다.

일정 돌림힘 모형

물체에 가해진 돌림힘이 모두 일정하다면, 물체는 등각가속도로 회전한다. 돌림힘이 완전히 일정하지 않더라도, 일정한 것처럼 모형화하는 것이 합리적인 상황이 많이 있다. 6.2절의 일정힘 모형과 유사한 **일정 돌림힘 모형**(constant-torque model)은 회전 동역학의 가장 중요한 모형이다.

모형 12.2

일정 돌림힘

알짜 돌림힘이 일정하게 가해진 물체의 경우

- 물체를 등각가속도를 가진 강체로 모형화한다.
- 줄과 도르래로 인한 제약조건을 고려한다.
- 수학적으로:
  - **뉴턴의 제2법칙**은 $\tau_{net} = I\alpha$이다.
  - 등각가속도 운동학을 사용한다.
- 한계: 돌림힘이 일정하지 않으면 모형은 실패한다.

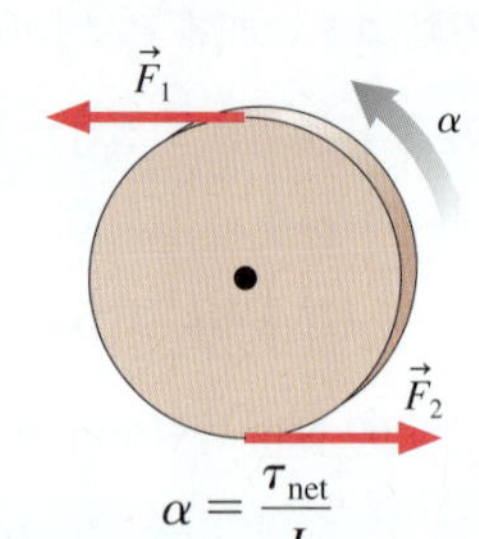

예제 12.12 양동이 내리기

그림 12.30a에 나타나 있는 바와 같이, 1.0 kg, 지름 4.0 cm인 원통 위에 감겨진 질량이 없는 끈에 2.0 kg 양동이가 연결돼 있다. 그 원통은 중심을 지나는 축을 중심으로 회전한다. 양동이가 바닥 위 1.0 m에 정지해 있다가 떨어진다. 양동이가 바닥에 도달하는 데 얼마나 걸리겠는가?

핵심 끈이 미끄러지지 않는다고 가정한다.

시각화 그림 12.30b는 원통과 양동이에 대한 자유 물체 도형을 나타낸다. 끈의 장력이 양동이에 위 방향으로 힘을 가하고, 원통의 바깥쪽 가장자리에 아래 방향으로 힘을 가한다. 끈에 질량이 없으므로, 이 두 장력은 작용·반작용 쌍인 것처럼 작용한다($T_b = T_c = T$).

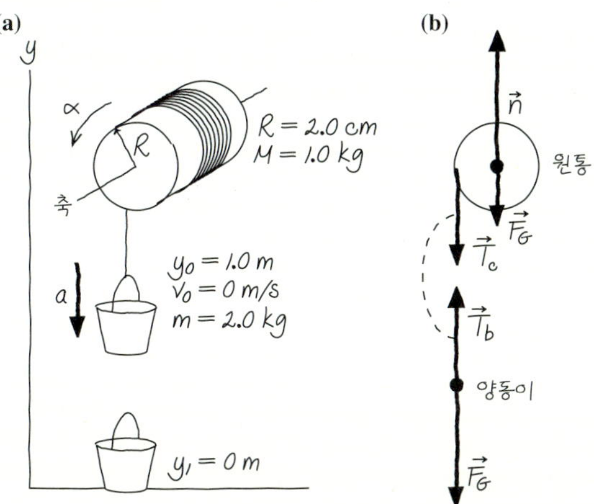

그림 12.30 떨어지는 양동이가 원통을 돌린다.

풀이 양동이의 직선 운동에 적용되는 뉴턴의 제2법칙은

$$ma_y = T - mg$$

이다. 여기서 여느 때처럼 y축은 위쪽을 가리킨다. 원통은 어떤가? 돌림힘은 끈의 장력에서만 온다. 장력에 대한 모멘트 팔은 $d = R$이고, 끈이 원통을 반시계 방향으로 돌리기 때문에 돌림힘은 양이다. 따라서 $\tau_{\text{string}} = TR$이고 회전 운동에 대한 뉴턴의 제2법칙은

$$\alpha = \frac{\tau_{\text{net}}}{I} = \frac{TR}{\frac{1}{2}MR^2} = \frac{2T}{MR}$$

이다. 중심축 주위를 회전하는 원통의 관성 모멘트는 표 12.2에서 가져 왔다.

마지막으로 필요한 정보는 끈이 미끄러지지 않는다는 사실로 인한 제약조건이다. 식 (12.33)에서는 절댓값만이 관련되어 있다. 이 문제에서는 α가 양인(반시계 방향) 반면, a_y는 음이다(아래 방향 가속도). 그러므로

$$a_y = -\alpha R$$

이다. 원통에 관한 방정식에서 구한 α를 사용하여,

$$a_y = -\alpha R = -\frac{2T}{MR}R = -\frac{2T}{M}$$

를 얻는다. 따라서 장력은 $T = -\frac{1}{2}Ma_y$이다. 이 장력의 값을 양동이에 관한 방정식에 사용하면, 가속도에 대해 풀 수 있다.

$$ma_y = -\tfrac{1}{2}Ma_y - mg$$
$$a_y = -\frac{g}{(1 + M/2m)} = -7.84\ \text{m/s}^2$$

양동이가 $\Delta y = -1.0$ m 떨어지는 데 걸리는 시간은 운동학에서 구할 수 있다.

$$\Delta y = \tfrac{1}{2}a_y(\Delta t)^2$$
$$\Delta t = \sqrt{\frac{2\,\Delta y}{a_y}} = \sqrt{\frac{2(-1.0\ \text{m})}{-7.84\ \text{m/s}^2}} = 0.50\ \text{s}$$

검토 $M = 0$이면 가속도에 대한 식은 $a_y = -g$가 된다. 원통이 없었다면 양동이는 자유낙하했을 것이므로 이것은 이치에 맞는다. 원통이 질량을 가질 때에는, 양동이에 작용하는 아래 방향의 중력이 양동이를 가속시킬 뿐만 아니라 원통을 돌려야 한다. 그 결과 가속도는 줄어들고 양동이가 떨어지는 데 오래 걸린다.

12.8 정적 평형

완전히 정지해 있는 확장 물체는 **정적 평형**에 있다. 선가속도도 없고($\vec{a} = \vec{0}$) 각가속도도 없다($\alpha = 0$). 이와 같이, 뉴턴의 법칙으로부터, 정적 평형에 대한 조건은 알짜힘과 알짜 돌림힘이 없다는 것이다. 이 두 규칙은 정적 평형에 있는 건물, 댐, 다리 및 다른 구조물을 분석하는 **정역학**이라는 공학 분야의 바탕이다.

다리와 같은 구조물은 정역학에서 분석한다.

6.1절에서는 입자로 표시할 수 있는 물체들에 대한 역학적 평형의 모형을 소개했

다. 확장 물체에 대해서는 **정적 평형 모형**(static equilibrium model)을 사용한다.

모형 12.3

정적 평형

정지해 있는 확장 물체의 경우

- 물체를 가속도가 없는 강체로 모형화한다.
- 수학적으로:
  - 알짜힘이 없다: $\vec{F}_{net} = \sum \vec{F}_i = \vec{0}$, 그리고
  - 알짜 돌림힘이 없다: $\tau_{net} = \sum \tau_i = 0$
- 돌림힘은 모든 점에 대해서 영이므로, 어느 점이든지 회전축으로 사용하기 편리한 점을 사용한다.
- 한계: 힘이나 돌림힘이 균형 잡히지 않는다면 모형은 실패한다.

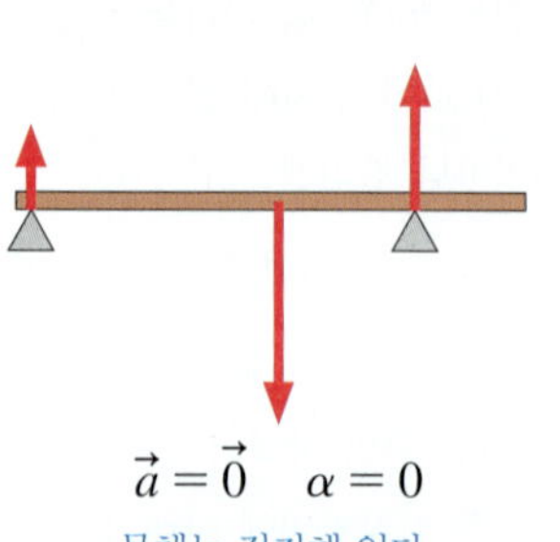

$\vec{a} = \vec{0}$ $\alpha = 0$

물체는 정지해 있다.

어느 점을 선택하더라도, 회전하지 않는 물체는 그 점 주위를 회전하지 않는다. 이것은 대단치 않은 말로 보이나, 중요한 의미를 내포한다. 정적 평형에 있는 강체에서 어느 점 주위든지 알짜 돌림힘이 영이다. 돌림힘을 계산하는 데 있어 어느 점이든지 원하는 대로 회전축으로 사용할 수 있다. 그래도 문제를 푸는 데 있어 어떤 선택이 다른 선택보다 나을 수 있다. 예제에 나타낼 것인 바와 같이, 여러 힘이 작용하는 지점에서는 이 힘들이 가하는 돌림힘이 영일 것이므로 이러한 점을 선택하는 것이 좋다.

예제 12.13 | **역기 들기**

역도는 신체의 관절과 힘줄에 극히 큰 힘을 가할 수 있다. 스트릭 컬(strict curl) 경기에서는, 서 있는 선수가 두 팔을 사용하여 팔뚝만을 움직여서 역기를 든다. 팔뚝은 팔꿈치를 회전축으로 한다. 스트릭 컬 경기에서 들은 무게 기록은 200파운드(약 900 N)를 넘는다. 그림 12.31에는 팔 뼈, 이두근이 나타나 있다. 이두근은 팔뚝이 수평을 이룰 때 물체를 들어 올리는 데 주로 사용되는 근육이다.

그림 12.31 역기를 들고 있는 팔

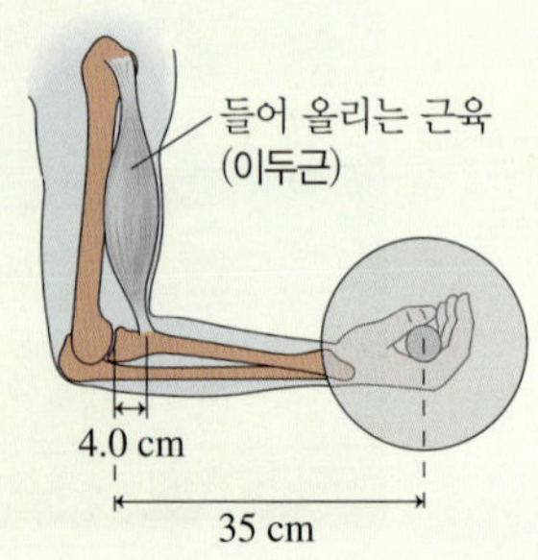

900 N 무게의 역기가 이 위치에서 정지해 있는 동안 이두근을 뼈에 연결하는 힘줄에 작용하는 장력은 얼마인가?

핵심 팔을 경첩으로 연결된 2개의 견고한 막대로 모형화한다. 팔의 무게는 역기의 무게보다 훨씬 가볍기 때문에 무시한다. 힘줄은 비스듬한 각도로 잡아당기지만, 수직에 가까우므로 수직이라고 간주한다.

시각화 그림 12.32는 팔의 단순화된 모형에 작용하는 힘을 나타낸다. 이두근은 팔꿈치에서 팔뚝을 위팔에 대해 당겨 올리므로, 팔꿈치에서 팔뚝에 작용하는 $\vec{F}_{elbow}$ 힘(위팔로 인한 힘)은 아래 방향으로 작용하는 힘이다.

풀이 정적 평형을 이루려면 팔뚝에 가해지는 알짜힘과 알짜 돌림힘 둘 다 영이 되어야 한다. 힘의 y성분만이 관련되며, 알짜힘을 영으로 놓으면 아래의 첫째 식을 얻는다.

$$\sum F_y = F_{tendon} - F_{elbow} - F_{barbell} = 0$$

그림 12.32 관련된 힘의 그림 표현

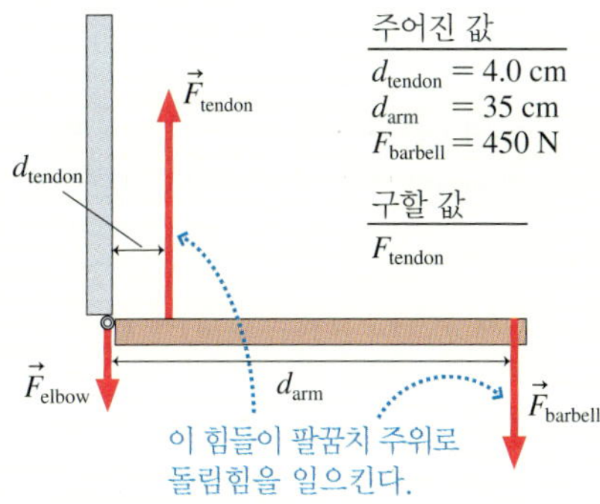

각 팔이 역기의 무게의 반을 지지하므로, $F_{barbell} = 450$ N이다. F_{tendon}이나 F_{elbow}를 모르는데, 힘 방정식에서는 이들 힘을 구할 수 있는 정보를 얻을 수 없다. 하지만 알짜 돌림힘도 영이어야 한다는 사실에서 추가 정보를 얻을 수 있다. 돌림힘은 어느 점에 대해서든지 영이므로, 돌림힘을 계산할 점을 원하는 대로 선택할 수 있다. 팔꿈치 관절이 편리한 점이다. 팔꿈치 관절 주위로 $\vec{F}_{elbow}$ 힘이 돌림힘을 가하지 않기 때문이다(모멘트 팔이 영이다). 따라서 돌림힘 방정식은

$$\tau_{net} = d_{tendon}F_{tendon} - d_{arm}F_{barbell} = 0$$

이다. 힘줄에 작용하는 장력이 팔을 반시계 방향으로 회전시키려 하므로, 양의 돌림힘을 일으킨다. 유사하게, 역기로 인한 돌림힘은 음이다. F_{tendon}에 대한 돌림힘 방정식을 풀어

$$F_{tendon} = F_{barbell}\frac{d_{arm}}{d_{tendon}} = (450\text{ N})\frac{35\text{ cm}}{4.0\text{ cm}} = 3900\text{ N}$$

을 얻는다.

검토 힘줄에서 팔꿈치 관절까지의 짧은 거리 d_{tendon}는 팔뚝의 반대쪽 끝에 작용하는 힘에 의해 발생된 돌림힘에 대항하려면 이두근이 주는 힘이 매우 커야 한다는 것을 의미한다. 이 문제를 푸는 데에는 힘 방정식이 필요하지 않았지만, 이제 힘 방정식을 사용하여 팔꿈치에 작용하는 힘이 $F_{elbow} = 3450$ N이라고 계산할 수 있다. 이렇게 큰 힘은 힘줄이나 팔꿈치를 쉽게 손상시킬 수 있다.

예제 12.14 널빤지 위를 걸어가기

아드리안느(50 kg)와 보우(90 kg)가, 그림 12.33에 나타나 있는, 지지대 위에 놓여 있는 100 kg의 견고한 널빤지 위에서 놀고 있다. 아드리안느가 왼쪽 끝에 서 있다면, 보우는 널빤지를 기울어지게 하지 않고 오른쪽 끝까지 걸어갈 수 있겠는가? 그럴 수 없다면, 오른쪽 지지대를 지나 얼마나 멀리 갈 수 있겠는가?

그림 12.33 널빤지 위에 있는 아드리안느와 보우

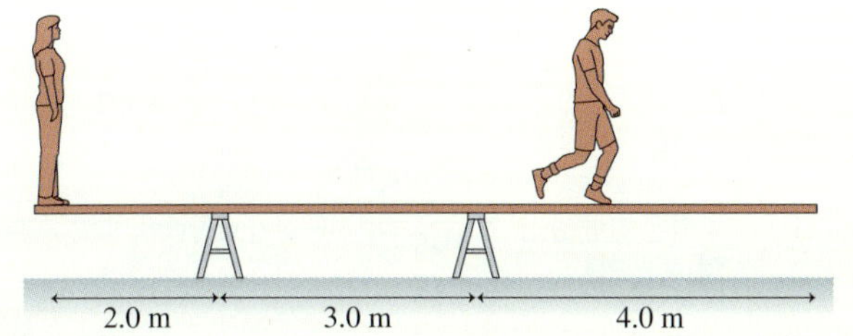

핵심 널빤지를 질량 중심이 중심에 있는 균일한 강체로 모형화한다.

시각화 그림 12.34에 널빤지에 작용하는 힘들이 나타나 있다. 지지대 둘 다 위쪽 방향으로 힘을 가한다. $\vec{n}_A$와 $\vec{n}_B$는 아드리안느와 보우의 발이 판자를 밀어 내리는 수직 항력이다.

그림 12.34 널빤지에 작용하는 힘의 그림 표현

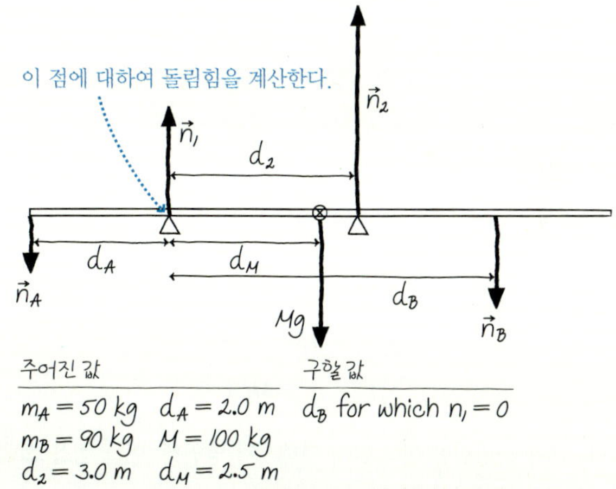

풀이 널빤지가 지지대 위에 놓여 있지 눌려 있는 상태가 아니므로, $\vec{n}_1$과 $\vec{n}_2$ 힘들은 위를 가리켜야 한다. (널빤지가 지지대에 못 박혀 있다면 지지대는 널빤지를 끌어내릴 수 있으나, 여기서는 그런 경우가 아니다.) $\vec{n}_1$ 힘은 보우가 오른쪽으로 움직임에 따라 감소할 것이고, $n_1 = 0$일 때 널빤지가 기울어질 것이다. 널빤지는 널빤지가 기울어지는 점까지 정적 평형에 있으므로, 널빤지에 대한 알짜

(계속)

힘과 알짜 돌림힘은 둘 다 영이다. 힘 방정식은

$$\sum F_y = n_1 + n_2 - n_A - n_B - Mg$$
$$= n_1 + n_2 - m_A g - m_B g - Mg = 0$$

이다. 아드리안느는 알짜힘이 영으로 정지해 있으므로, 그녀가 판자에 아래 방향으로 작용하는 힘은 그녀의 무게와 같다($n_A = m_A g$). 이 힘은 판자가 그녀에게 위 방향으로 작용하는 수직 항력과 작용·반작용 쌍이다. 보우의 질량 중심은 그가 걸어감에 따라 위아래로 진동하므로, 그는 평형 상태에 있지 않아서, 엄밀히 말해서 $n_B \neq m_B g$이다. 그러나 그가 흔들림을 최소화해가면서 천천히 판자 위에서 걸어간다고 가정할 것이다. 이 경우 $n_B = m_B g$는 합리적인 근삿값이다.

돌림힘을 계산하는 데 있어 전처럼 원하는 대로 회전축을 선택할 수 있다. 왼쪽 지지대를 선택하자. 아드리안느와 오른쪽 지지대는 이 점 주위로 양의 돌림힘을 가하고, 다른 힘들은 음의 돌림힘을 가한다. $\vec{n}_1$ 힘은 회전축에 작용하므로 돌림힘을 가하지 않는다. 따라서 돌림힘 방정식은

$$\tau_{net} = d_A m_A g - d_B m_B g - d_M Mg + d_2 n_2 = 0$$

이다. 널빤지가 기울어지는 지점에서 $n_1 = 0$이고, 힘 방정식으로부터 $n_2 = (m_A + m_B + M)g$를 얻는다. 이것을 돌림힘 방정식에 대입하고 보우의 위치에 대해 풀면

$$d_B = \frac{d_A m_A - d_M M + d_2(m_A + m_B + M)}{m_B} = 6.3 \text{ m}$$

를 얻는다. 보우는 판자의 끝까지 가지 못한다. 널빤지는 보우가 회전축인 왼쪽 지지대를 지나 6.3 m 지점에 있을 때, 즉 오른쪽 지지대를 지나 3.3 m 지점에 있을 때 기울어진다.

검토 돌림힘 계산에서 오른쪽 지지대를 선택했다면 이 문제를 조금 더 간단하게 풀 수 있었을 것이다. 그러나 어떤 문제에서 돌림힘을 계산하는 데 있어 여러분은 '최상의' 점을 알아보지 못할지도 모른다. 이 예제의 요점은 어느 점을 선택하든지 상관 없다는 것이다.

예제 12.15 사다리가 미끄러지겠는가?

3.0 m 길이의 사다리가 마찰이 없는 벽에 60°의 각도로 기대어 있다. 사다리가 미끄러지지 않으려면 바닥과의 정지 마찰 계수 μ_s의 값이 최소 얼마가 되어야 하는가?

핵심 사다리를 길이 L의 견고한 막대로 모형화한다. 미끄러지지 않으려면, 병진 평형 상태($\vec{F}_{net} = \vec{0}$)뿐 아니라 회전 평형 상태($\tau_{net} = 0$)에도 있어야 한다.

시각화 그림 12.35에는 사다리와 그에 작용하는 힘이 나타나 있다.

그림 12.35 평형 상태에 있는 사다리

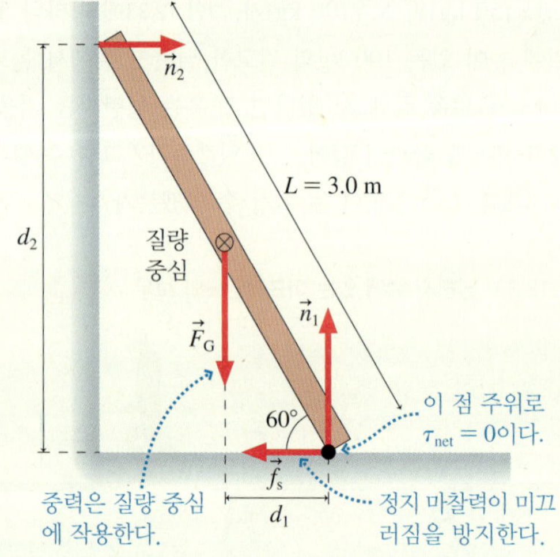

풀이 $\vec{F}_{net} = \vec{0}$의 x 및 y성분은

$$\sum F_x = n_2 - f_s = 0$$
$$\sum F_y = n_1 - Mg = 0$$

이다. 알짜 돌림힘은 어느 점에 대해서나 영인데, 어느 점을 선택해야겠는가? 사다리의 아래 귀퉁이에 두 힘이 작용하는데, 이 두 힘은 그 점에 대한 돌림힘을 일으키지 않으므로 그 점을 선택하는 것이 좋다. 아래 귀퉁이에 대한 돌림힘은

$$\tau_{net} = d_1 F_G - d_2 n_2 = \tfrac{1}{2}(L\cos 60°)Mg - (L\sin 60°)n_2 = 0$$

이다. 부호는 $\vec{F}_G$는 사다리를 반시계 방향으로 회전시키는 반면 $\vec{n}_2$는 시계 방향으로 회전시킬 것이라는 생각에 바탕을 둔다. 모두 합해서, 3개의 미지수 n_1, n_2, f_s에 대한 3개의 방정식이 있다. n_2에 대해 셋째 방정식을 풀면,

$$n_2 = \frac{\frac{1}{2}(L\cos 60°)Mg}{L\sin 60°} = \frac{Mg}{2\tan 60°}$$

이고, 이것을 첫째 방정식에 대입하여

$$f_s = \frac{Mg}{2\tan 60°}$$

를 얻는다. 마찰의 모형은 $f_s \le f_{s\,max} = \mu_s n_1$이다. 둘째 방정식으로부터 n_1을 구할 수 있다($n_1 = Mg$). 이를 사용하면 정지 마찰력 모형은

$$f_s \le \mu_s Mg$$

임을 말해준다. f_s에 대한 두 식을 비교하면, μ_s는

$$\mu_s \ge \frac{1}{2\tan 60°} = 0.29$$

를 따라야 함을 알 수 있다. 이와 같이 정지 마찰 계수의 최솟값은 0.29이다.

검토 경험으로부터 바닥이 '거칠어야' 사다리나 다른 물체를 벽에 기대 세울 수 있으나, 표면이 너무 매끄러우면 미끄러진다는 것을 안다. 0.29는 정지 마찰 계수의 '중간' 정도 값이고, 이는 합리적이다.

균형과 안정성

상자를 한 모서리 중심으로 조금 기울였다가 놓으면 원래 상태로 돌아간다. 상자를 너무 많이 기울이면 넘어간다. '딱 알맞게' 기울이면 모서리 위에 균형을 잡게 할 수 있다. 무엇이 이들 세 가능한 결과를 결정하겠는가?

그림 12.36은 이 개념을 자동차를 이용하여 표현하였으나, 결과는 일반적으로 성립하고 많은 상황에 적용된다. 물체의 질량 중심이 지지기반 위에 있는 한, 중력으로 인한 돌림힘은 물체를 회전시켜 평형 위치로 되돌려 놓을 것이다.

그림 12.36 안정성은 질량 중심의 위치에 따라 다르다.

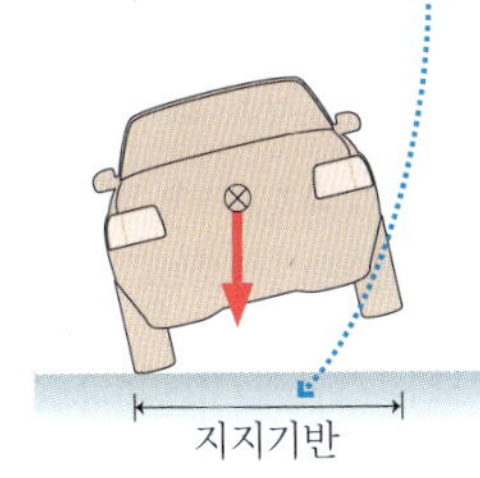

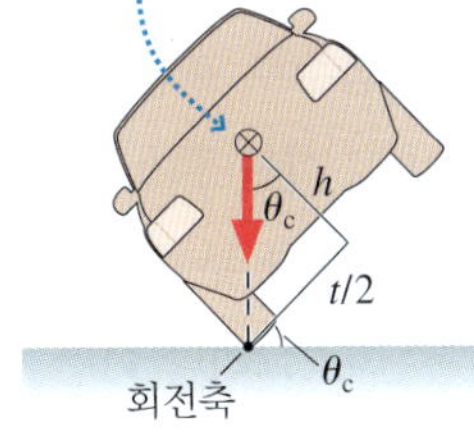

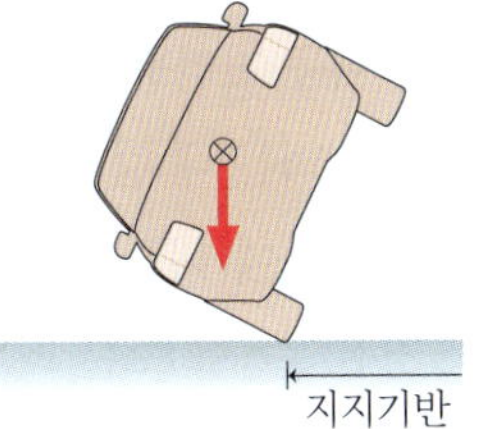

임계각 θ_c는 질량 중심이 회전축 바로 위에 있을 때 도달한다. 이 점이 균형점이며, 알짜 돌림힘이 없다. 자동차에서 타이어 사이의 거리를 트랙 폭 t라고 한다. 질량 중심의 높이가 h이면, 그림 12.36b로부터 임계각이

$$\theta_c = \tan^{-1}\left(\frac{t}{2h}\right)$$

임을 알 수 있다.

$h \approx 0.33t$인 승용차에 대해서는 임계각이 $\theta_c \approx 57°$이다. 그러나 $h \approx 0.47t$인 스포츠형의 다목적 자동차(SUV)의 경우에는 임계각이 $\theta_c \approx 47°$밖에 안 된다. 여러 자동차 안전 그룹이 $\theta_c > 50°$인 자동차는 사고가 났을 때 전복될 가능성이 적다고 밝혔다. θ_c가 50° 아래로 감소했을 때 전복할 가능성이 높아진다. 일반적인 규칙은 **더 넓은 지지기반과 더 낮은 질량 중심이 안정성을 향상시킨다**는 것이다.

이 무용수는 질량 중심을 지지기반인 발가락 위에 둠으로써 발끝으로 서서(en pointe) 균형을 잡는다.

12.9 굴림 운동

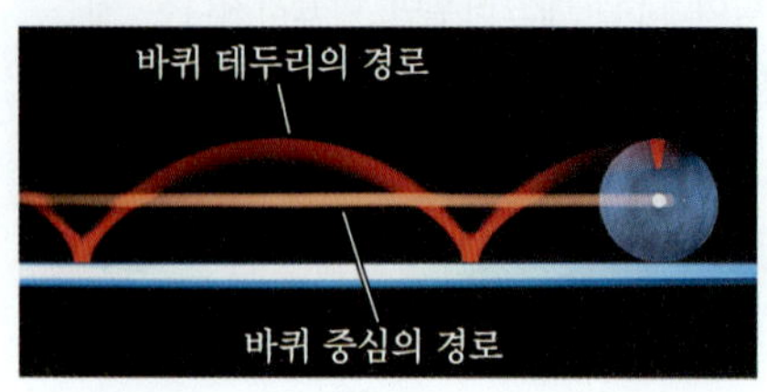

그림 12.37 바퀴의 중심과 테두리에 있는 점의 궤적을 시간 노출 사진에서 볼 수 있다.

굴림은 물체가 직선 궤적을 따라 움직이는 축 주위로 회전하는 **결합 운동**이다. 예를 들어, 그림 12.37은 회전축에 전구 1개가 있고 가장자리에 둘째 전구가 있는 구르는 바퀴의 시간 노출 사진이다. 축의 빛은 직선으로 움직이지만, 가장자리 빛은 곡선을 따라 움직인다. 이 흥미로운 운동을 이해할 수 있는지 살펴보자. 미끄러지지 않고 구르는 물체만 고려할 것이다.

그림 12.38은 정확히 1회전만큼 앞으로 구르는 둥근 물체(바퀴 또는 구)를 나타낸다. 바닥에 있었던 점이 그림 12.37에 나타나 있는 곡선을 따라 꼭대기로 갔다가 다시 바닥으로 돌아온다. **물체가 미끄러지지 않기 때문에**, 질량 중심은 정확히 원둘레만큼 앞으로 움직인다($\Delta x_{cm} = 2\pi R$).

그림 12.38 한 바퀴 구르는 물체

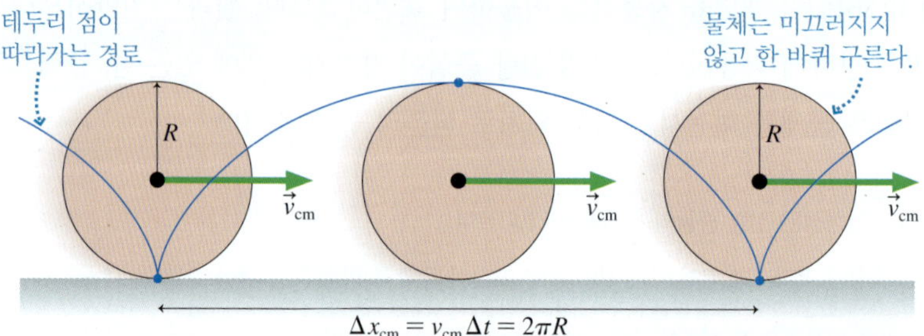

이동 거리를 질량 중심 속도의 함수로 표현할 수 있다($\Delta x_{cm} = v_{cm}\Delta t$). 물체가 1회전을 하는 데 걸리는 시간 Δt는 바로 회전 주기 T이다. 다시 말해서, $\Delta x_{cm} = v_{cm}T$이다.

Δx_{cm}에 대한 이 두 식은 운동에 대한 두 시각인 회전을 보는 시각과 질량 중심의 병진 운동을 보는 시각에서 비롯된다. 그러나 어떤 시각에서 보든지 상관없이 그것은 같은 거리이므로, 두 식은 같아야 한다. 따라서

$$\Delta x_{cm} = 2\pi R = v_{cm}T \tag{12.34}$$

이다. T로 나누면, 질량 중심 속도를 아래와 같이 나타낼 수 있다.

$$v_{cm} = \frac{2\pi}{T}R \tag{12.35}$$

4장에서 배운 바와 같이, $2\pi/T$는 각속도 ω이므로,

$$v_{cm} = R\omega \tag{12.36}$$

가 된다. 식 (12.36)이 **굴림 제약조건**(rolling constraint)이다. 이것은 미끄러지지 않고 구르는 물체에 대한 병진 운동과 회전 운동 사이의 기본 연결고리이다.

구르는 물체에 있는 입자를 주의 깊게 살펴보자. 그림 12.39a에 나타난 대로, 입자 i에 대한 위치 벡터 $\vec{r}_i$는 벡터합 $\vec{r}_i = \vec{r}_{cm} + \vec{r}_{i,\,rel}$이다. 이 식에 시간 미분을 하면, 입자 i의 속도를 아래와 같이 나타낼 수 있다.

$$\vec{v}_i = \vec{v}_{cm} + \vec{v}_{i,\,rel} \tag{12.37}$$

다시 말해서, 입자 i의 속도는 두 부분, 물체 전체의 속도 $\vec{v}_{cm}$ + 질량 중심에 대한 입자 i의 상대 속도 $\vec{v}_{i,\,rel}$(즉, 물체가 회전하기만 하고 병진 운동을 하지 않는 경우의 입자 i의 속도)로 나눌 수 있다.

그림 12.39b는 이 개념을 구르는 물체의 맨 아래에 있는 P점, 물체와 표면의 접촉점에 적용한다. 이 점은 물체의 중심 주위를 각속도 ω로 움직이므로, $v_{i,\,rel} = -R\omega$이다. 음의 부호는 운동이 시계 방향임을 나타낸다. 한편, 식 (12.36)에 따르면, 질량 중심 속도는 $v_{cm} = R\omega$이다. 이 두 식을 더하여 최하점 P의 속도는 $v_i = 0$임을 알 수 있다. 다시 말해서, **구르는 물체의 바닥에 있는 점은 순간적으로 정지해 있다.**

놀랍게 보일지 모르지만, 이것이 바로 "미끄러지지 않고 구른다"가 뜻하는 것이다. 만약 바닥점에 속도가 있다면, 이 점은 표면에 대하여 수평으로 움직일 것이다. 다시 말해서, 그 점은 표면을 가로질러 미끄러질 것이다. 미끄러지지 않고 구르려면 바닥점, 즉 표면에 닿는 점이 정지해 있어야 한다.

그림 12.40은, 질량 중심 속도 벡터에 회전 속도 벡터를 더하여, 회전하는 바퀴의 꼭대기, 중심, 바닥에서의 속도 벡터를 어떻게 구하는지를 나타낸다. $v_{bottom} = 0$이고, $v_{top} = 2R\omega = 2v_{cm}$임을 알 수 있다.

그림 12.39 구르는 물체에 있는 입자의 운동

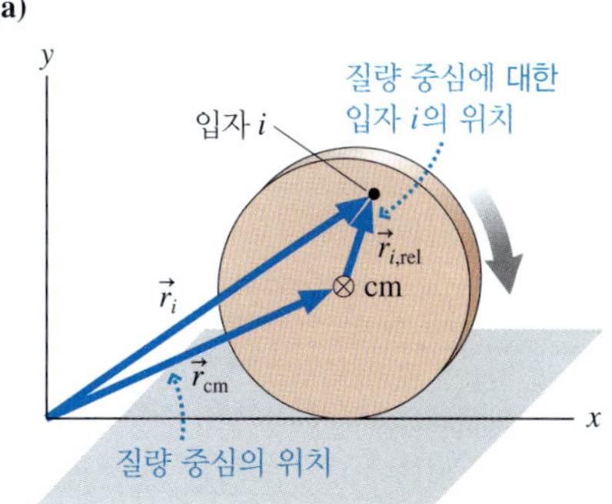

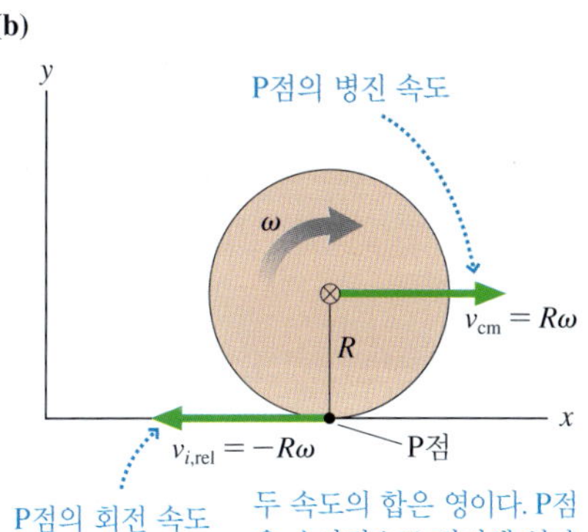

그림 12.40 미끄러지지 않고 구름은 병진과 회전의 결합이다.

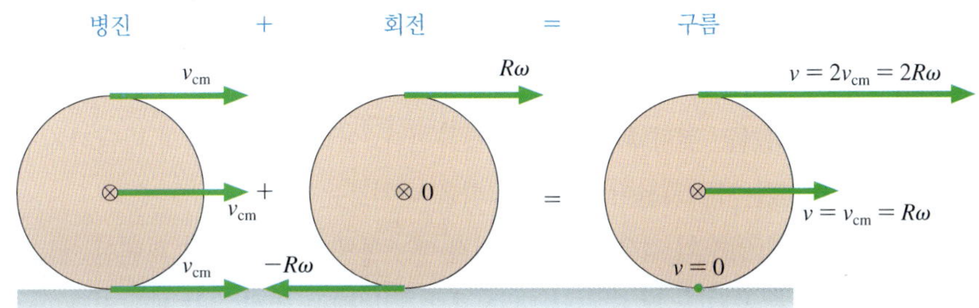

구르는 물체의 운동 에너지

순수 회전 운동에서 강체의 회전 운동 에너지가 $K_{rot} = \frac{1}{2}I\omega^2$임을 알고 있다. 이제 미끄러지지 않고 구르는, 회전과 병진 운동이 결합된 물체의 운동 에너지를 구하고자 한다.

그림 12.41에 있는 바닥점이 순간적으로 정지해 있다는 관찰 결과로 시작한다. 이에 따라, P를 지나는 축을 순간 **회전축**이라고 생각할 수 있다. 순간 회전축의 개념은 다소 부자연스러워 보이나, 중심점과 꼭대기 점의 순간 속도를 보면 확실해진다. 그림 12.40에서 이것을 알았고, 그림 12.41에 다시 나타나 있다. 이들 점에서의 속도는

그림 12.41 굴림 운동은 P점에 대한 순간 회전이다.

정확히 R과 $2R$ 거리에서 P점 주위를 회전할 때 접선 속도 $v_t = r\omega$로 예상하는 값이다.

이 시각에서 보면, 물체의 운동은 P점 주위의 순수한 회전이다. 따라서 운동 에너지는 순수 회전 운동 에너지이다.

$$K = K_{\text{rotation about P}} = \tfrac{1}{2} I_{\text{P}} \omega^2 \tag{12.38}$$

I_{P}는 P점에 대한 관성 모멘트이다. 평행축 정리를 사용하여 I_{P}를 질량 중심에 대한 관성 모멘트 I_{cm}의 식으로 표현할 수 있다. P점은 질량 중심에서 거리 $d = R$만큼 옮겨져 있다. 따라서

$$I_{\text{P}} = I_{\text{cm}} + MR^2$$

이다. 식 (12.38)에 이 식을 사용하여 아래와 같은 운동 에너지를 얻는다.

$$K = \tfrac{1}{2} I_{\text{cm}} \omega^2 + \tfrac{1}{2} M (R\omega)^2 \tag{12.39}$$

굴림 제약조건으로부터 $R\omega$가 질량 중심 속도 v_{cm}라는 것을 안다. 이와 같이, 구르는 물체의 운동 에너지는

$$K_{\text{rolling}} = \tfrac{1}{2} I_{\text{cm}} \omega^2 + \tfrac{1}{2} M v_{\text{cm}}{}^2 = K_{\text{rot}} + K_{\text{cm}} \tag{12.40}$$

이다. 다시 말해서, **강체의 굴림 운동은 질량 중심의 병진(운동 에너지 K_{cm}를 가짐) + 질량 중심에 대한 회전(운동 에너지 K_{rot}를 가짐)으로 기술할 수 있다.**

대활강 경주

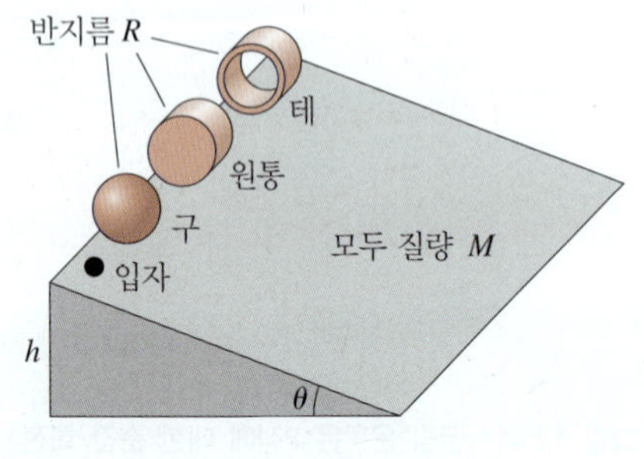

그림 12.42 어느 것이 활강 경주에서 이기겠는가?

그림 12.42는 질량 M과 반지름 R을 가지는 구(sphere), 원통, 원형 테가 각도 θ의 경사면 위 높이 h에 놓여 있음을 나타낸다. 세 물체 모두 정지 상태에서 동시에 놓여나서, 미끄러지지 않고 경사면을 굴러 내려간다. 더 흥미롭게 하기 위해서, 마찰 없이 경사면을 미끄러져 내려가는 질량 M의 입자도 합류한다. 어느 것이 언덕의 바닥까지 가는 경주에서 이기겠는가? 회전이 결과에 영향을 미치겠는가?

물체가 굴러갈 때(입자의 경우에는 미끄러질 때), 물체의 초기 중력 퍼텐셜 에너지는 운동 에너지로 변환된다. 막 발견한 대로, 운동 에너지는 병진 운동 에너지와 회전 운동 에너지의 결합이다. 경사면의 바닥을 퍼텐셜 에너지의 0점으로 선택하면, 에너지 보존의 표현 $K_{\text{f}} = U_{\text{i}}$는

$$\tfrac{1}{2} I_{\text{cm}} \omega^2 + \tfrac{1}{2} M v_{\text{cm}}{}^2 = Mgh \tag{12.41}$$

라고 나타낼 수 있다.

병진 및 회전 속도는 $\omega = v_{\text{cm}}/R$에 의해 연관되어 있다. 이에 더하여, 표 12.2로부터 모든 물체의 관성 모멘트는 다음의 형태로 표현할 수 있음을 알 수 있다.

$$I_{\text{cm}} = cMR^2 \tag{12.42}$$

여기서 c는 물체의 기하학적 구조에 따른 상수이다. 예를 들어, 구에 대해서는 $c = \frac{2}{5}$

이나, 원형 테에 대해서는 $c=1$이다. 입자조차도 $c=0$이라고 표시할 수 있고, 이는 회전 운동 에너지가 없음을 뜻한다.

이 정보를 사용하여, 식 (12.41)은

$$\tfrac{1}{2}(cMR^2)\left(\frac{v_{cm}}{R}\right)^2 + \tfrac{1}{2}Mv_{cm}{}^2 = \tfrac{1}{2}M(1+c)v_{cm}{}^2 = Mgh$$

가 된다. 따라서 $I=cMR^2$인 물체의 나중 속력은

$$v_{cm} = \sqrt{\frac{2gh}{1+c}} \tag{12.43}$$

이다.

나중 속력은 M과 R 모두와 관계 없으나, 구르는 물체의 모양과는 관계가 있다. 입자는 c값이 가장 작아 가장 높은 속력으로 경주를 마치는 반면, 원형 테는 c가 가장 커서 가장 느릴 것이다. 다시 말해서, 운동의 굴림 측면은 과연 중요하다!

식 (12.43)을 사용하여 질량 중심의 가속도 a_{cm}를 구할 수 있다. 물체는 거리 $\Delta x = h/\sin\theta$만큼 이동하므로, 등가속도 운동학을 사용하여

$$\begin{aligned} v_{cm}{}^2 &= 2a_{cm}\,\Delta x \\ a_{cm} &= \frac{v_{cm}{}^2}{2\Delta x} = \frac{2gh/(1+c)}{2h/\sin\theta} = \frac{g\sin\theta}{1+c} \end{aligned} \tag{12.44}$$

를 구할 수 있다. 2장으로부터 $a_{particle} = g\sin\theta$가 마찰이 없는 경사면을 미끄러져 내려오는 입자의 가속도라는 것을 생각해내어, 식 (12.44)를 다음과 같이 흥미로운 형태로 표현할 수 있다.

$$a_{cm} = \frac{a_{particle}}{1+c} \tag{12.45}$$

이 분석은 **구르는 물체의 가속도는 입자의 가속도보다 작다(어떤 경우에는 상당히 작다)**는 결론으로 이끈다. 그 이유는 에너지가 병진 운동 에너지와 회전 운동 에너지 사이에 나누어져야 하기 때문이다. 대조적으로, 입자는 모든 에너지를 병진 운동 에너지에 투입할 수 있다.

그림 12.43은 경기의 결과를 보여준다. 단순한 입자가 꽤 큰 마진으로 이긴다. 고체 중에서는 구의 가속도가 가장 크다. 그렇더라도, 가속도는 입자 가속도의 71%에 불과하다. 원형 테는 마지막으로 오는데, 가속도가 입자 가속도의 50%밖에 되지 않는다.

그림 12.43 그리고 우승자는……

입자 $c=0$, $a=a_{particle}$

속이 찬 구 $c=\frac{2}{5}$, $a_{cm}=\frac{5}{7}a_{particle} = 0.71a_{particle}$

속이 찬 원통 $c=\frac{1}{2}$, $a_{cm}=\frac{2}{3}a_{particle} = 0.67a_{particle}$

원형 테 $c=1$, $a_{cm}=\frac{1}{2}a_{particle} = 0.50a_{particle}$

12.10 회전 운동의 벡터 묘사

고정축 주위의 회전은 스칼라 각속도 ω와 스칼라 돌림힘 τ의 항으로 기술할 수 있는데, 회전 방향을 표시하기 위해 양이나 음의 부호를 사용한다. 이것은 2장의 1차원 운동학과 아주 유사하다. 더 일반적인 회전 운동에 대해서는, 각속도, 돌림힘 및 다른

물리량이 벡터로 다루어져야 한다. 주제가 매우 복잡해지므로 자세히 다루지는 않겠지만, 중요한 기본 개념을 개략적으로 언급할 것이다.

각속도 벡터

그림 12.44는 회전하는 강체를 나타낸다. 다음과 같이 각속도 벡터 $\vec{\omega}$를 정의할 수 있다.

- $\vec{\omega}$의 크기는 물체의 각속도 ω이다.
- $\vec{\omega}$는 그림 12.44에 그림으로 설명되어 있는 **오른손 규칙**에 의해 주어진 방향에 있는 회전축을 가리킨다.

물체가 xy평면에서 회전한다면, $\vec{\omega}$ 벡터는 z축을 가리킨다. 여태까지 사용해온 스칼라 각속도 $\omega = v_t/r$은 이제 $\vec{\omega}$ 벡터의 z성분 ω_z로 본다. ω에 대한 부호 규약(반시계 방향 회전에 대하여 양, 시계 방향 회전에 대하여 음)이 $\vec{\omega}$ 벡터가 양의 z방향 또는 음의 z방향으로 가리키는 것과 대등하다는 것을 납득해야 한다.

그림 12.44 각속도 벡터 $\vec{\omega}$는 오른손 규칙을 사용하여 구한다.

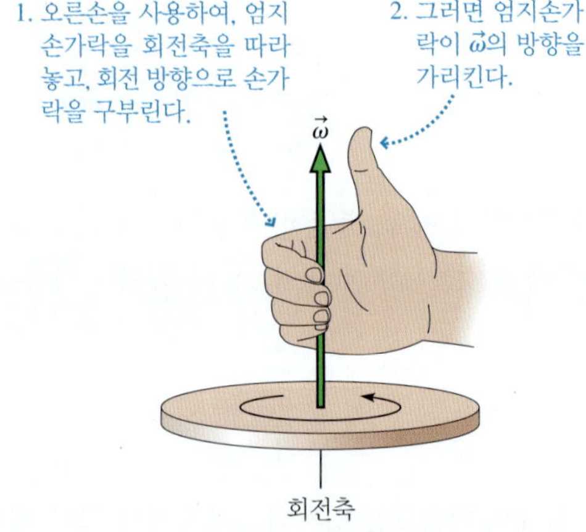

두 벡터의 가위곱

$\vec{F}$ 힘이 가한 돌림힘을 $\tau = rF\sin\phi$라고 정의하였다. 물리량 F는 힘 벡터 $\vec{F}$의 크기이고, 거리 r은 실은 위치 벡터 $\vec{r}$의 크기이다. 따라서 돌림힘은 두 벡터 $\vec{r}$과 $\vec{F}$의 곱처럼 보인다. 이전에 일의 정의와 관련하여 두 벡터의 점곱 $\vec{A}\cdot\vec{B} = AB\cos\alpha$를 소개했다. 여기서 α는 두 벡터 사잇각이다. $\tau = rF\sin\phi$는 두 벡터 사잇각의 사인(sine)에 따르는, 벡터를 곱하는 다른 방식이다.

그림 12.45는 두 벡터 $\vec{A}$, $\vec{B}$ 및 사잇각 α를 나타낸다. $\vec{A}$와 $\vec{B}$의 **가위곱**(cross product)을 벡터

$$\vec{A}\times\vec{B} \equiv (AB\sin\alpha,\ \text{오른손 규칙에 의해 정해진 방향}) \qquad (12.46)$$

으로 정의한다. 벡터 사이의 기호 ×는 가위곱을 나타내도록 **규정되어** 있다. 결과가

그림 12.45 가위곱 $\vec{A}\times\vec{B}$는 벡터 $\vec{A}$와 $\vec{B}$의 평면에 수직이다.

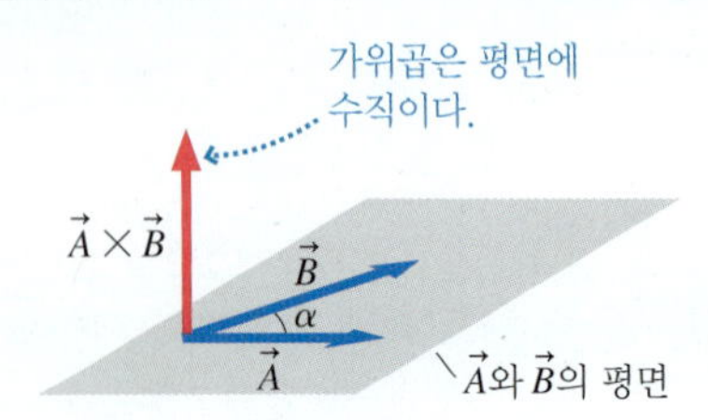

벡터이므로, 가위곱은 **벡터곱**(vector product)이라고도 한다.

$\vec{A} \times \vec{B}$의 방향을 지정하는 **오른손 규칙**(right-hand rule)은 세 가지 다른, 그러나 대등한 방식으로 말할 수 있다.

오른손 규칙 사용하기

오른손 엄지손가락을 펼치고 검지손가락을 α각만큼 벌린다. 가운데손가락을 구부려서 엄지와 검지 손가락 모두와 수직이 되게 한다. 엄지손가락이 $\vec{A}$의 방향을 가리키고, 검지손가락이 $\vec{B}$의 방향을 가리키도록 손의 방향을 맞춘다. 그러면 가운데손가락은 $\vec{A} \times \vec{B}$의 방향을 가리키게 된다.

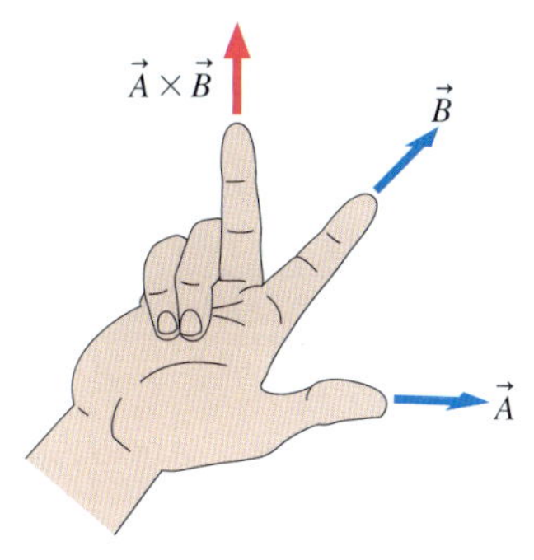

오른손 엄지손가락을 바깥쪽으로 뻗고 주먹을 살짝 쥔다. 엄지손가락이 $\vec{A}$와 $\vec{B}$의 평면에 수직이 되고 손가락이 벡터 $\vec{A}$의 선에서 벡터 $\vec{B}$의 선 쪽으로 구부러지도록 손의 방향을 맞춘다. 그러면 엄지손가락은 $\vec{A} \times \vec{B}$의 방향을 가리키게 된다.

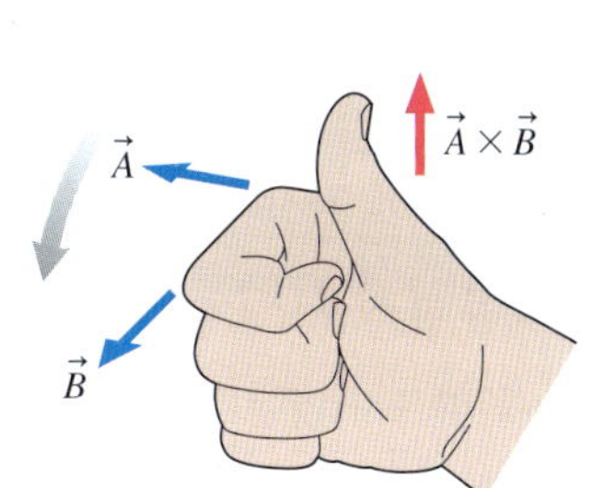

나사돌리개를 사용하여 나사의 머리에 있는 홈을 $\vec{A}$ 방향에서 $\vec{B}$ 방향으로 돌린다고 상상한다. 나사는 '들어오'거나 '나갈' 것이다. 나사가 움직이는 방향이 $\vec{A} \times \vec{B}$의 방향이다.

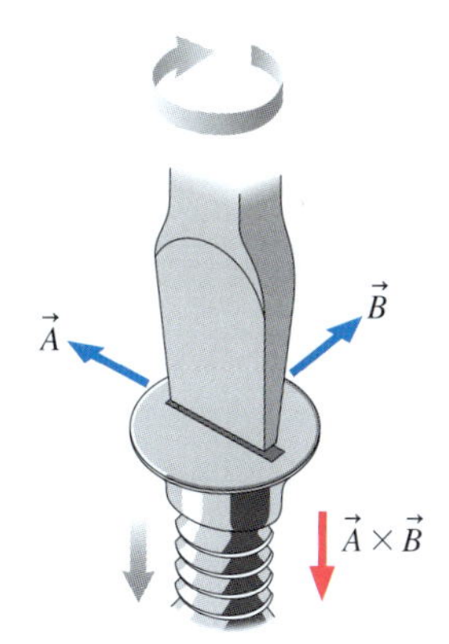

이 방법들은 말로 하는 것보다 시연하는 것이 더 쉽다! 어떤 사람은 가위곱의 방향에 대해 생각하는 한 방법이 다른 방법보다 더 쉽다고 생각하나, 방법들 모두 다 도움이 된다. 곧 각자에게 가장 잘 맞는 방법을 찾게 될 것이다.

그림 12.45를 다시 참조하여, 오른손 규칙을 써서 가위곱 $\vec{A} \times \vec{B}$가 위쪽을 가리키고 $\vec{A}$와 $\vec{B}$의 평면에 수직인 벡터라는 것을 납득해야 한다. 그림 12.46은 점곱과 같이, 가위곱은 두 벡터 사잇각에 따라 다르다는 것을 나타낸다. 두 특별한 경우에 주목하자. $\alpha = 0°$(평행 벡터)일 때 $\vec{A} \times \vec{B} = \vec{0}$이고, $\alpha = 90°$(수직 벡터)일 때 $\vec{A} \times \vec{B}$는 최대 크기 AB를 갖는다.

그림 12.46 가위곱 벡터의 크기는 α가 0°에서 90°로 증가함에 따라 0에서 AB로 증가한다.

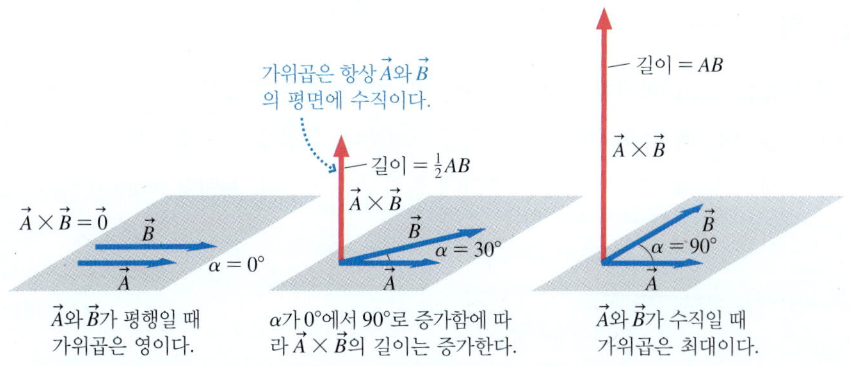

예제 12.16 | 가위곱 계산하기

그림 12.47은 지면에 있는 벡터 $\vec{C}$와 $\vec{D}$를 나타낸다. 가위곱 $\vec{E}=\vec{C}\times\vec{D}$는 얼마인가?

그림 12.47 벡터 $\vec{C}$와 $\vec{D}$

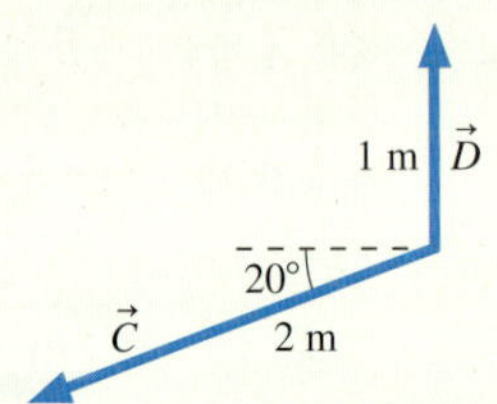

풀이 두 벡터 사잇각은 $\alpha = 110°$이다. 따라서 가위곱의 크기는

$$E = CD\sin\alpha = (2\text{ m})(1\text{ m})\sin(110°) = 1.88\text{ m}^2$$

이다. $\vec{E}$의 방향은 오른손 규칙에 위해 주어진다. 오른손 손가락을 $\vec{C}$에서 $\vec{D}$로 구부리려면, 엄지손가락이 지면으로 들어가는 방향을 가리키도록 해야 한다. 대안으로, 나사돌리개를 $\vec{C}$에서 $\vec{D}$로 돌렸다면, 나사를 지면 속으로 박고 있었을 것이다. 이와 같이,

$$\vec{E} = (1.88\text{ m, 지면 속으로})$$

이다.

검토 $\vec{E}$의 단위는 m^2이다.

가위곱에는 세 가지 중요한 성질이 있다.

1. $\vec{A}\times\vec{B}$ 곱은 $\vec{B}\times\vec{A}$ 곱과 같지 않다. 즉, 가위곱은 산수에서 배운 교환 규칙 $ab = ba$를 따르지 않는다. 사실, 오른손 규칙으로부터 $\vec{B}\times\vec{A}$ 곱은 $\vec{A}\times\vec{B}$ 곱과 정확히 반대 방향을 가리킨다는 것을 알 수 있다. 따라서 그림 12.48a에 나타나 있는 바와 같이,

$$\vec{B}\times\vec{A} = -\vec{A}\times\vec{B}$$

이다.

2. 과학과 공학의 표준 좌표계인 **오른손 좌표계**에서는 z축이 xy평면에 대하여 단위 벡터가 $\hat{\imath}\times\hat{\jmath}=\hat{k}$을 따르도록 향한다. 이것은 그림 12.48b에 나타나 있다. 이 그림으로부터 $\hat{\jmath}\times\hat{k}=\hat{\imath}$이고 $\hat{k}\times\hat{\imath}=\hat{\jmath}$이라는 것 또한 알 수 있다.

3. 가위곱의 미분은

$$\frac{d}{dt}(\vec{A}\times\vec{B}) = \frac{d\vec{A}}{dt}\times\vec{B} + \vec{A}\times\frac{d\vec{B}}{dt} \tag{12.47}$$

이다.

그림 12.48 가위곱의 성질

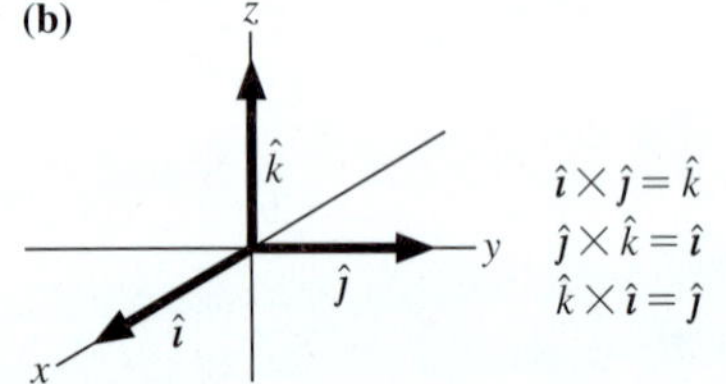

돌림힘

이제 돌림힘으로 돌아간다. 구체적인 예로써, 그림 12.49는 자동차 바퀴를 고정하고 있는 너트를 푸는 데 사용되고 있는 렌치를 보여준다. 원점을 너트에 두는 오른손 좌표계를 택하였으므로, 힘 $\vec{F}$는 원점 주위에 돌림힘을 가한다. 돌림힘 벡터를 다음과 같이 정의한다.

$$\vec{\tau} \equiv \vec{r}\times\vec{F} \tag{12.48}$$

벡터 꼬리들을 함께 놓고 오른손 규칙을 사용하면, 돌림힘 벡터는 $\vec{r}$과 $\vec{F}$의 평면에 수직

그림 12.49 돌림힘 벡터

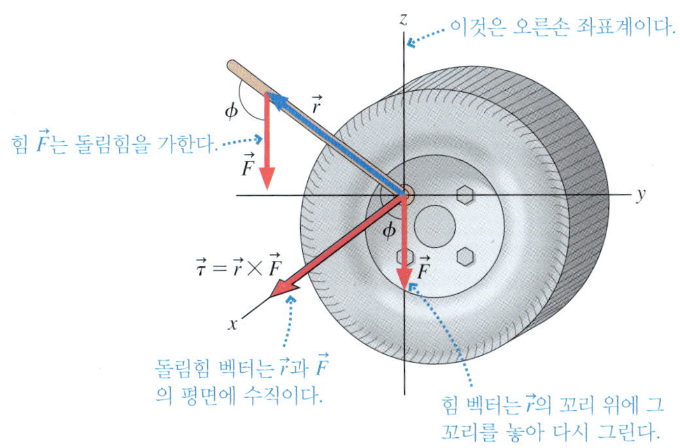

이라는 것을 알 수 있다. 벡터 사잇각은 ϕ이므로, 돌림힘의 크기는 $\tau = rF|\sin\phi|$이다.

우리가 사용해온 스칼라 돌림힘 $\tau = rF \sin \phi$가 사실 벡터 $\vec{\tau}$의 회전축 방향 성분(이 경우 τ_x)이라는 것을 알 수 있다. 이것은 τ에 대한 예전의 부호 규약에 대한 바탕이다. 그림 12.49에서 힘은 반시계 방향으로 회전시키는데, 돌림힘 벡터는 양의 x방향을 가리킨다. 그러므로 τ_x는 양이다.

예제 12.17 렌치 돌림힘 다시 살펴보기

예제 12.8에서 루이스가 렌치의 끝을 당겨서 너트에 가하는 돌림힘을 구하였다. 돌림힘 벡터는 얼마인가?

시각화 그림 12.50은 회전축에서 힘이 작용하는 점까지 그린 위치 벡터 $\vec{r}$을 나타낸다. 힘 벡터 $\vec{F}$도 회전축에 다시 그린다. 그 이유는 힘이 거기에 작용하기 때문이 아니라, 벡터의 꼬리가 함께 놓이도록 벡터를 그리면 오른손 규칙을 사용하기 쉽기 때문이다.

그림 12.50 돌림힘 벡터 계산하기

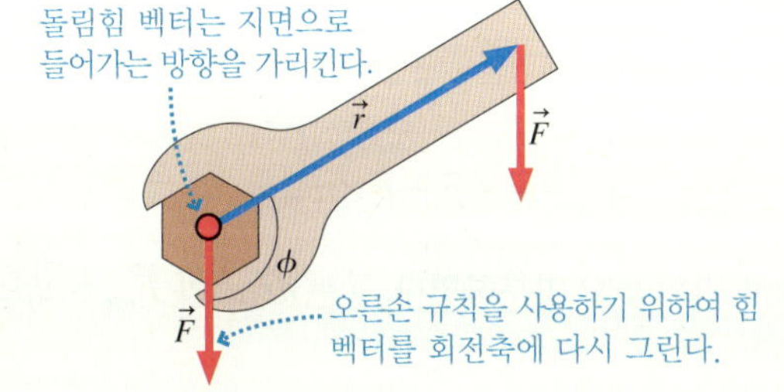

풀이 예제 12.8로부터 돌림힘의 크기 17 N m를 이미 알고 있다. 이제 오른손 규칙을 사용할 필요가 있다. 오른손 엄지손가락을 $\vec{r}$을 따라 두고 검지손가락을 $\vec{F}$를 따라 둔다. 이 동작은 다소 거북스러운데, 이렇게 하면 가운데손가락이 지면으로 들어가는 방향을 가리킨다는 것을 알 것이다. 대안으로, 오른손 주먹을 살짝 쥐고 나서, 손가락이 $\vec{r}$로부터 $\vec{F}$를 향해 구부리도록 주먹의 방향을 맞춘다. 이렇게 하려면 엄지손가락이 지면으로 들어가는 방향을 가리켜야 한다. 어느 방법을 사용하든지,

$$\vec{\tau} = (17 \text{ N m, 지면 속으로})$$

라고 결론 내린다.

12.11 각운동량

그림 12.51은 이 순간에 위치 $\vec{r}$에 있고 운동량 $\vec{p} = m\vec{v}$로 움직이고 있는 입자를 나타낸다. $\vec{r}$과 $\vec{p}$는 함께 운동 평면을 정의한다. 원점에 대한 입자의 **각운동량**(angular momentum) $\vec{L}$을 벡터

그림 12.51 각운동량 벡터 $\vec{L}$

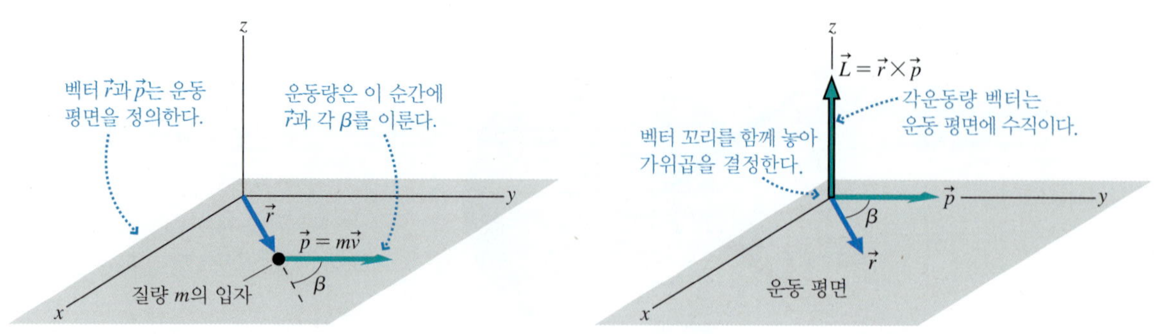

$$\vec{L} \equiv \vec{r} \times \vec{p} = (mrv \sin \beta,\ \text{오른손 규칙의 방향}) \tag{12.49}$$

이라고 정의한다. 가위곱이기 때문에, **각운동량 벡터는 운동 평면에 수직이다.** 각운동량의 단위는 kg m^2/s이다.

그림 12.52 원운동의 각운동량

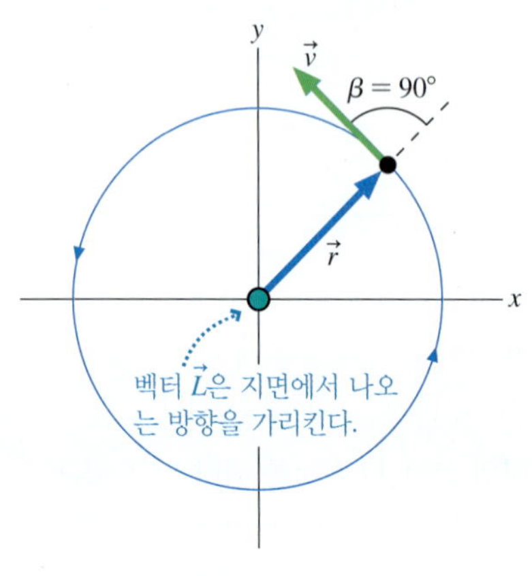

돌림힘과 같이, 각운동량은 $\vec{r}$이 측정되는 기준점에 대하여 정해진다. 원점이 다르면 각운동량도 다르게 산출된다. 각운동량은 원운동을 하는 입자의 경우 특히 간단하다. 그림 12.52에 나타나 있듯이, $\vec{r}$을 원의 중심으로부터 재면, $\vec{p}$(또는 $\vec{v}$)와 $\vec{r}$ 사잇각은 항상 90°이다. xy평면에서의 운동에 대해서는, 각운동량 벡터 $\vec{L}$은 운동 평면에 수직이어야 하므로 z축을 향한다.

$$L_z = mrv_t \quad (\text{원운동 하는 입자}) \tag{12.50}$$

여기서 v_t는 속도의 접선 성분이다. v_t에 대한 부호 규약을 따르면, L_z는 ω처럼 반시계 방향 회전에 대해 양이고 시계 방향 회전에 대해 음이다.

11장에서 입자에 대한 뉴턴의 제2법칙은 $\vec{F}_{net} = d\vec{p}/dt$라고 표현할 수 있다는 것을 알았다. 돌림힘과 각운동량 사이에 유사한 연관이 있다. 이를 보여 주기 위해, $\vec{L}$의 시간 미분을 한다.

$$\begin{aligned}\frac{d\vec{L}}{dt} &= \frac{d}{dt}(\vec{r} \times \vec{p}) = \frac{d\vec{r}}{dt} \times \vec{p} + \vec{r} \times \frac{d\vec{p}}{dt} \\ &= \vec{v} \times \vec{p} + \vec{r} \times \vec{F}_{net}\end{aligned} \tag{12.51}$$

여기서 식 (12.47)을 사용하여 가위곱을 미분하였다. $\vec{v} = d\vec{r}/dt$와 $\vec{F}_{net} = d\vec{p}/dt$의 정의도 사용하였다.

벡터 $\vec{v}$와 $\vec{p}$는 평행이고, 두 평행한 벡터의 가위곱은 $\vec{0}$이다. 따라서 식 (12.51)의 첫째 항은 영이 된다. 둘째 항 $\vec{r} \times \vec{F}_{net}$은 알짜 돌림힘 $\vec{\tau}_{net} = \vec{\tau}_1 + \vec{\tau}_2 + \cdots$이므로,

$$\frac{d\vec{L}}{dt} = \vec{\tau}_{net} \tag{12.52}$$

에 도달한다. 식 (12.52)는 **알짜 돌림힘은 입자의 각운동량을 변화시킨다**는 말이며, $d\vec{p}/dt = \vec{F}_{net}$에 해당하는 회전 관계식이다.

강체의 각운동량

식 (12.52)는 단일 입자의 각운동량이다. 개별 각운동량 $\vec{L}_1, \vec{L}_2, \vec{L}_3, \cdots$을 가지는 입자들로 구성된 강체의 각운동량은 벡터합

$$\vec{L} = \vec{L}_1 + \vec{L}_2 + \vec{L}_3 + \cdots = \sum_i \vec{L}_i \tag{12.53}$$

이다.

식 (12.52)와 (12.53)을 결합하여 계의 각운동량 변화율을 구할 수 있다.

$$\frac{d\vec{L}}{dt} = \sum_i \frac{d\vec{L}_i}{dt} = \sum_i \vec{\tau}_i = \vec{\tau}_{\text{net}} \tag{12.54}$$

내력은 크기가 같고 반대 방향으로 작용하는 힘의 작용·반작용 쌍이므로, 내력으로 인한 알짜 돌림힘은 영이다. 따라서 알짜 돌림힘에 기여하는 힘은 환경이 계에 가하는 외력이다.

입자계에 대해서, **계의 각운동량 변화율은 계에 가해지는 알짜 돌림힘이다.** 식 (12.54)는 계의 총 선운동량 변화율이 계에 가해지는 알짜힘이라는 11장의 결과 $d\vec{P}/dt = \vec{F}_{\text{net}}$와 유사하다.

각운동량의 보존

강체에 가해지는 알짜 돌림힘은 각운동량을 변화시킨다. 역으로, 알짜 돌림힘이 없는 계에 대해서는 각운동량이 변하지 않는다. 보존된다. 이것이 각운동량 보존 법칙의 바탕이다.

각운동량 보존 법칙 고립계($\vec{\tau}_{\text{net}} = \vec{0}$)의 각운동량 $\vec{L}$은 보존된다. 최종 각운동량 $\vec{L}_f$는 초기 각운동량 $\vec{L}_i$와 같다. $\vec{L}$의 크기와 방향 둘 다 변하지 않는다.

예제 12.18 | 늘어나는 막대

두 동일한 덩어리가 질량이 없는 50 cm 길이의 막대의 양 끝에 있다. 그 막대는 중간점을 지나는 축 주위를 2.0 rev/s로 회전한다. 갑자기 압축가스가 막대를 길이 160 cm로 늘인다. 늘어난 후의 회전 진동수는 얼마인가?

핵심 힘은 회전축으로부터 바깥쪽으로 밀어 돌림힘을 가하지 않는다. 따라서 계의 각운동량은 보존된다.

시각화 그림 12.53은 전·후 그림 표현이다. 각운동량 벡터 $\vec{L}_i$와 $\vec{L}_f$는 운동 평면에 수직이다.

풀이 입자가 원 내에서 움직이고 있으므로, 각 입자는 각운동량 $L = mrv_t = mr^2\omega = \frac{1}{4}ml^2\omega$를 갖는다. 여기서 $r = \frac{1}{2}l$을 사용하였다. 따라서 계의 초기 각운동량은

$$L_i = \tfrac{1}{4}ml_i^2\omega_i + \tfrac{1}{4}ml_i^2\omega_i = \tfrac{1}{2}ml_i^2\omega_i$$

이다. 마찬가지로, 늘어난 후의 각운동량은 $L_f = \frac{1}{2}ml_f^2\omega_f$이다. 막

(계속)

그림 12.53 막대가 늘어나기 전과 후의 계

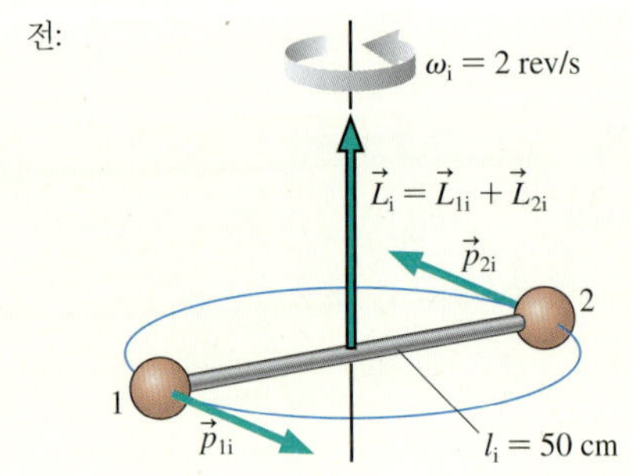

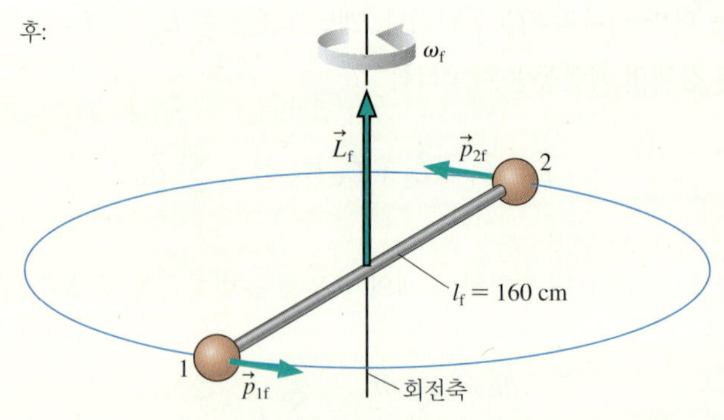

대가 늘어나는 동안 각운동량이 보존된다. 따라서

$$\tfrac{1}{2}ml_f^2\omega_f = \tfrac{1}{2}ml_i^2\omega_i$$

이다. ω_f에 대해 풀면,

$$\omega_f = \left(\frac{l_i}{l_f}\right)^2 \omega_i = \left(\frac{50 \text{ cm}}{160 \text{ cm}}\right)^2 (2.0 \text{ rev/s}) = 0.20 \text{ rev/s}$$

를 얻는다.

검토 질량 값은 필요하지 않았다. 중요한 것은 길이의 비이다.

각운동량과 각속도

직선 운동과 회전 운동의 유사함에 일관성이 있어 유사한 것이 더 있을 것으로 기대할지 모른다. 9장의 결과 $\vec{P} = M\vec{v}$는, 운동이 물체 전체의 병진 운동이므로, 이제 $M\vec{v}_{cm}$로 표현할 수 있는데, 각운동량과 각속도가 $\vec{L} = I\vec{\omega}$에 의해 연관되어 있다고 예상할 근거가 될 수 있다. 불행하게도, 유사함은 여기서 깨져버린다. 임의의 모양을 가진 물체에 대해서 각운동량 벡터와 각속도 벡터는 반드시 같은 방향을 가리키지는 않는다. $\vec{L}$과 $\vec{\omega}$ 사이의 일반적인 관계는 이 책의 범위를 넘어선다.

희소식은 두 중요한 상황에서 유사함이 계속 성립한다는 것이다(대칭축에 대한 대칭 물체의 회전과 고정축에 대한 물체의 회전). 예를 들어, 원통이나 원반의 축은 대칭축이다. 마찬가지로, 구를 통과하는 지름도 대칭축이다. 이 두 상황에서, 각운동량과 각속도는

$$\vec{L} = I\vec{\omega} \quad \text{(고정축이나 대칭축 주위의 회전)} \qquad (12.55)$$

에 의해 연관된다. 이 관계는 회전하는 원반에 대하여 그림 12.54에 나타나 있다. 식 (12.55)는 각운동량 보존 법칙을 적용하는 데에 특히 중요하다.

그림 12.54 대칭축에 대한 각운동량 벡터

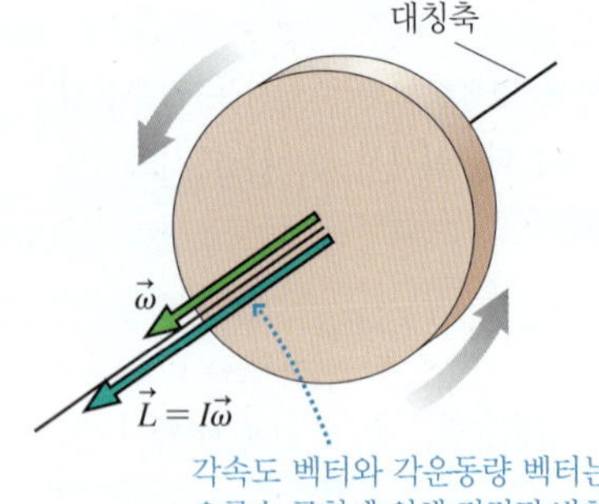

각속도 벡터와 각운동량 벡터는 오른손 규칙에 의해 결정된 방향에 있는 회전축을 가리킨다.

물체의 각운동량이 보존되면, 각속력은 관성 모멘트에 반비례한다. 예제 12.18에서 막대가 늘어나는 동안 관성 모멘트가 증가했기 때문에 막대의 회전이 극적으로 느려졌다. 마찬가지로, 그림 12.55의 아이스 스케이트 선수는 그의 관성 모멘트를 사용하여 회전을 조절한다. 그가 팔을 끌어당겨 관성 모멘트를 줄이면 더 빨리 회전한다.

마찬가지로, 팔을 뻗으면 관성 모멘트가 증가하고 회전하지 않게 될 때까지 각속도가 떨어진다. 이 모든 것이 각운동량 보존의 문제이다.

표 12.4에 선 물리량과 각 물리량 간의 유사점이 요약되어 있다.

그림 12.55 아이스 스케이트 선수의 회전 속력은 그의 관성 모멘트에 따라 다르다.

표 12.4 각운동량, 선운동량과 에너지

각운동	직선 운동
$K_{rot} = \frac{1}{2}I\omega^2$	$K_{cm} = \frac{1}{2}Mv_{cm}{}^2$
$\vec{L} = I\vec{\omega}$ *	$\vec{P} = M\vec{v}_{cm}$
$d\vec{L}/dt = \vec{\tau}_{net}$	$d\vec{P}/dt = \vec{F}_{net}$
알짜 돌림힘이 없으면, 계의 각운동량이 보존된다.	알짜힘이 없으면, 계의 선운동량이 보존된다.

*대칭축 주위를 회전

예제 12.19 **두 상호작용하는 원반**

지름 20 cm, 질량 2.0 kg의 속이 찬 원반이 200 rpm으로 회전하고 있다. 지름 20 cm, 질량 1.0 kg의 원형 테가 회전하는 원반 위로 수직으로 떨어진다. 테가 원반 위에 '타고 있을' 때까지 마찰은 테를 가속시킨다. 결합된 계의 나중 각속도는 얼마인가?

핵심 두 물체 사이의 마찰이 테를 빨라지게 하고 원반은 느려지게 하는 돌림힘을 발생시킨다. 그러나 이 돌림힘은 결합된 원반+테 계의 내부에서 작용하므로 $\tau_{net}=0$이고, 원반+테 계의 총 각운동량은 보존된다.

시각화 그림 12.56은 전·후 그림 표현이다. 초기에는 원반만이 각속도 $\vec{\omega}_i$로 회전하고 있다. 대칭축 주위를 회전하므로, 각운동량 $\vec{L}=I\vec{\omega}$는 $\vec{\omega}$와 평행이다. 문제의 끝에서 $\vec{\omega}_{disk}=\vec{\omega}_{loop}=\vec{\omega}_f$이다.

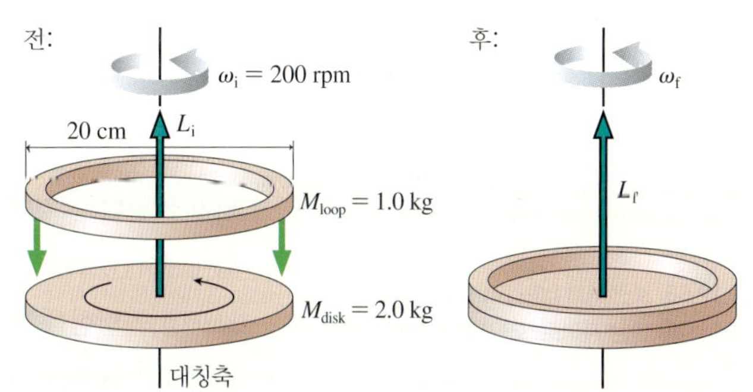

그림 12.56 원형 테가 회전하고 있는 원반 위에 떨어진다.

풀이 각운동량 벡터 둘 다 회전축을 향한다. 각운동량 보존은 $\vec{L}$의 크기가 변하지 않음을 말해준다. 따라서

$$L_f = I_{disk}\omega_f + I_{loop}\omega_f = L_i = I_{disk}\omega_i$$

이다. ω_f에 대해 풀면,

$$\omega_f = \frac{I_{disk}}{I_{disk}+I_{loop}}\omega_i$$

를 얻는다. 원반과 테의 관성 모멘트는 표 12.2에서 구할 수 있고,

$$\omega_f = \frac{\frac{1}{2}M_{disk}R^2}{\frac{1}{2}M_{disk}R^2 + M_{loop}R^2}\omega_i = 100 \text{ rpm}$$

이 된다.

검토 각속도는 초깃값의 반으로 줄어들었는데, 이는 합리적으로 보인다.

12.12 심화 주제: 자이로스코프의 세차

회전하는 물체는 놀랍고 예상하지 못한 작용을 할 수 있다. 예를 들어, 강의 시연에서 흔히 축을 따라 손잡이 2개가 있는 자전거 바퀴를 사용한다. 바퀴를 회전시킨 다음,

눈치채지 않은 학생에게 바퀴를 건네면서 회전하고 있는 바퀴를 90° 돌리라고 요구한다. 놀랍게도, 이것은 **매우 하기 어렵다**. 그 이유는 각운동량은 **벡터**여서, 바퀴의 회전축($\vec{L}$의 방향)은 변화에 강하게 저항한다. 바퀴가 고속으로 회전하고 있다면, 바퀴의 축을 돌리는 데 **큰** 돌림힘이 필요하다.

연관된 예로 자이로스코프의 세차 운동을 살펴보겠다. **자이로스코프**(gyroscope)는, 장난감이든 항해에 사용되는 정밀 기구든, 회전축이 어느 방향이든지 향할 수 있는 고속으로 회전하는 바퀴 또는 원반이다. 회전할 때, 회전축을 따라 각운동량 $\vec{L} = I\vec{\omega}$를 갖는다. 항해용 자이로스코프는 주변으로부터 아무 돌림힘을 받지 않고 회전하도록 해주는 장치에 장착되어 있다. 일단 축이 북쪽을 가리키면, 배나 비행기가 어떻게 움직이든지 상관없이, 축이 계속 북쪽을 향하도록 각운동량 보존 법칙이 보장해준다.

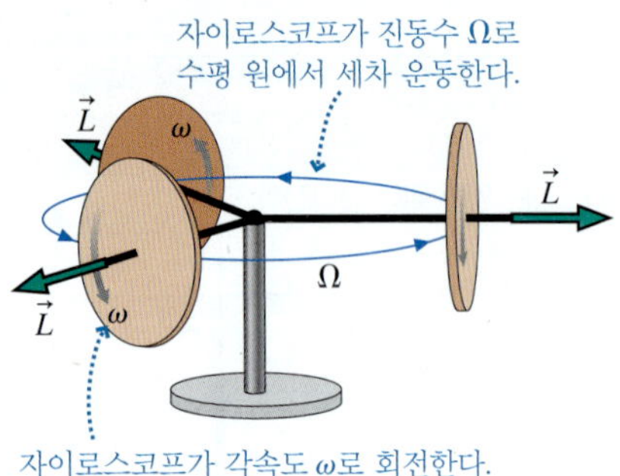

그림 12.57 회전하는 자이로스코프가 수평면에서 세차 운동을 하고 있다.

그림 12.57에 나타낸 대로, 원반이 수직 평면에서 회전하고, 축의 한끝에서만 지지되어 있는 수평 자이로스코프를 살펴보고자 한다. 그것이 간단히 넘어질 것으로 예상하겠지만, 넘어지지 않는다. 전체 자이로스코프가 수평면에서 천천히 회전하는 동안, 축은 땅에 평행하게 수평인 상태를 유지한다. 회전축 방향이 꾸준히 변하는 것을 **세차**(precession)라고 하고, 자이로스코프가 지지점 주위를 세차 운동한다고 말한다. **세차 진동수**(precession frequency) Ω(그리스어 대문자 오메가)는 원반의 회전 진동수 ω보다 훨씬 작다. ω처럼 Ω의 단위는 rad/s이다.

세차 운동을 하는 동안 각운동량이 보존되지 않는다는 것에 반대할지 모른다. 보존되지 않는다는 것은 맞다. $\vec{L}$의 **크기**는 일정하나 **방향**이 변화하고 있다. 각운동량은 고립계에서만 보존된다. 고립계에서는 알짜 돌림힘이 없다. 중력이 회전하는 자이로스코프에 돌림힘을 가하므로 그것은 고립계가 **아니다**. 중력 돌림힘과 각운동량 사이의 관계를 이해하는 것이 왜 자이로스코프가 세차 운동을 하는지를 이해하는 핵심이다.

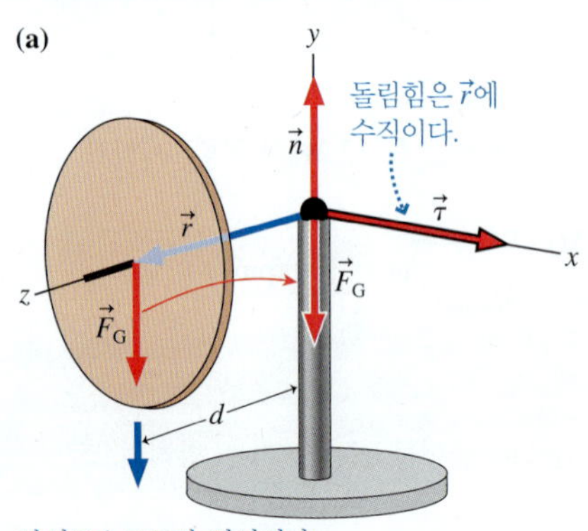

그림 12.58 회전하지 않는 자이로스코프에 가해지는 중력 돌림힘은 자이로스코프를 넘어지게 한다.

그림 12.58a에 돌지 않고 있는 자이로스코프가 나타나 있다. 자이로스코프가 놓여났을 때 원반이 탁자를 칠 때까지 지지점 주위를 회전하여 틀림없이 넘어질 것이다. 운동이 단순히 떨어지는 병진 운동이라기보다 **회전**이므로, 돌림힘과 각운동량의 개념을 사용하여 분석할 수 있다.

자이로스코프에 두 힘, 원반의 질량 중심에서 중력이 아래 방향으로 잡아당기는 힘(축에 질량이 없다고 가정)과 위 방향으로 미는 지지대의 수직 항력이 작용한다. 수직 항력은 회전축에 작용하므로 회전축 주위로 돌림힘을 가하지 않는다. 그러므로 **자이로스코프에 작용하는 알짜 돌림힘은 전부 중력 돌림힘이다.**

$$\vec{\tau} = \vec{r} \times \vec{F}_G = Mgd\,\hat{\imath} \tag{12.56}$$

여기서 $d = |\vec{r}|$은 회전축에서 원반 중심까지의 거리다. 가위곱의 값을 구하기 위해서 회전축에 $\vec{F}_G$를 다시 그리고 z축이 원반의 축을 따라 있는 좌표계를 택했다. 벡터 $\vec{r}$과 $\vec{F}_G$는 수직이다($\sin\alpha = 1$). 오른손 규칙을 사용하여 $\vec{\tau}$가 x축을 따라 가리킴을 알 수 있다.

앞 절에서 돌림힘은 각운동량을 변하게 한다는 것을 알았다. 특히,

$$\frac{d\vec{L}}{dt} = \vec{\tau} \tag{12.57}$$

이다. 따라서 돌림힘은 작은 시간 간격 dt에 지지점에 대한 자이로스코프의 각운동량을 $d\vec{L} = \vec{\tau}\,dt$만큼 변화하게 한다.

그림 12.58b는 무슨 일이 벌어지는지를 도식으로 나타낸다. 초기에는, 즉 자이로스코프가 처음에 놓여났을 때, $\vec{L} = \vec{0}$이다. 작은 시간 간격 후에, 자이로스코프는 $\vec{\tau}$ 방향, 즉 $\hat{\imath}$ 방향으로 소량의 각운동량 $d\vec{L}$을 얻는다. x축 방향의 각운동량은 자이로스코프가 yz평면에서 회전함을 의미한다. 이는 정확히 자이로스코프가 넘어지기 시작할 때 하는 것이다. 다음의 시간 간격 동안에 $\vec{L}$은 $\hat{\imath}$ 방향으로 조금 더 증가하고, 그 다음에 조금 더 증가한다. 이는 넘어지는 자이로스코프가 속력을 내어 각운동량이 증가할 때 예상되는 것이다.

이제 $\vec{\tau}$의 크기는 일정하지 않다. 자이로스코프가 넘어지는 동안 $\vec{r}$과 $\vec{F}_G$ 사잇각이 변하여 가위곱이 변한다. 따라서 식 (12.57)을 적분하기 매우 어렵다. 그럼에도, $\vec{\tau}$의 방향은 언제나 $\hat{\imath}$ 방향이므로, 자이로스코프가 넘어지는 동안 각운동량은 $\hat{\imath}$ 방향으로 계속 증가한다는 것을 알 수 있다.

넘어지지 않고 세차 운동을 하는 회전하는 자이로스코프에 다른 점이 무엇이 있는가? 그림 12.59a에서 자이로스코프가 또다시 막 놓여났고, 회전축은 또다시 z축 방향이나, 이제는 자이로스코프가 각속도 $\vec{\omega} = \omega\hat{k}$으로 회전하고 있다. 따라서 자이로스코프는 z축을 따라 초기 각운동량 $\vec{L} = I\vec{\omega} = I\omega\hat{k}$을 갖는다. 돌림힘은 위에서 계산한 것과 정확히 같고, 돌림힘은 또 각운동량이 $d\vec{L} = \vec{\tau}\,dt$만큼 변화하게 한다. **유일한 차이는 자이로스코프가 초기 각운동량을 가지고 시작한다는 것이다.** 그러나 그것으로 인해 큰 차이가 난다.

그림 12.59b는 위에서 내려다본 초기 각운동량 $\vec{L}$을 나타낸다. 자이로스코프를 놓아준 후 매우 작은 시간 간격 dt에 각운동량은 $\vec{L} + d\vec{L}$로 변할 것이다. 각운동량의 작은 변화 $d\vec{L}$은 돌림힘에 평행하므로 회전하는 자이로스코프의 각운동량 $\vec{L}$에 수직이다. 스칼라가 아닌 벡터를 더하는 것이므로, '새' 각운동량은 새 위치로 회전했지만 크기는 증가하지 않았다. dt 동안에 각운동량, 그리고 전체 자이로스코프는 수평면에서 작은 각 $d\phi$만큼 회전한다.

돌림힘 벡터는 항상 축에 수직이고, 따라서 $d\vec{L}$은 항상 $\vec{L}$에 수직이다. 각 후속 시간 간격 dt 동안, 자이로스코프는 또 하나의 작은 각 $d\phi$만큼 회전한다. 그동안 각운동량의 크기(따라서 원반의 각속도 ω)는 변하지 않는다. 자이로스코프는 수평면에서 세차 운동을 하고 있다!

이전에 비슷한 상황에 마주친 적이 있다. 공이 초기에 정지해 있다면, 끈으로 공을 잡아당길 때 공은 당기는 방향으로 가속된다($\vec{v}$ 증가). 즉, $\vec{v}$의 크기는 증가하지만, 방향은 변하지 않는다. 그러나 끈에 연결된 공이 균일한 원운동을 하면, 중심으로 향한 힘(끈의 장력)이 아주 다른 영향을 미친다. $d\vec{v}$는 중심을 향한다. 왜냐하면 그것이 구

그림 12.59 회전하는 자이로스코프에 대해, 중력 돌림힘은 각운동량의 방향은 변화시키나 크기는 변화시키지 않는다.

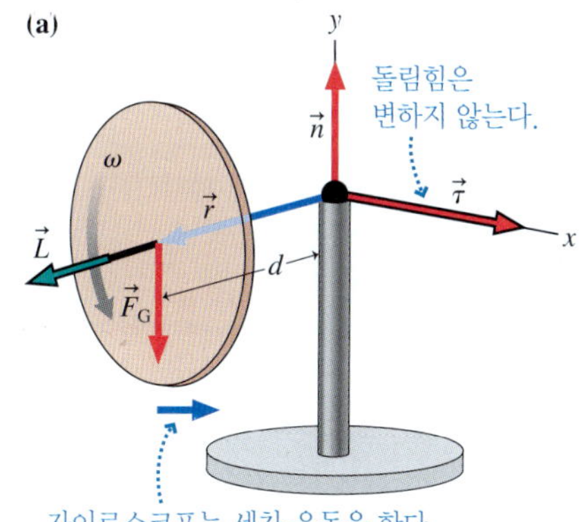

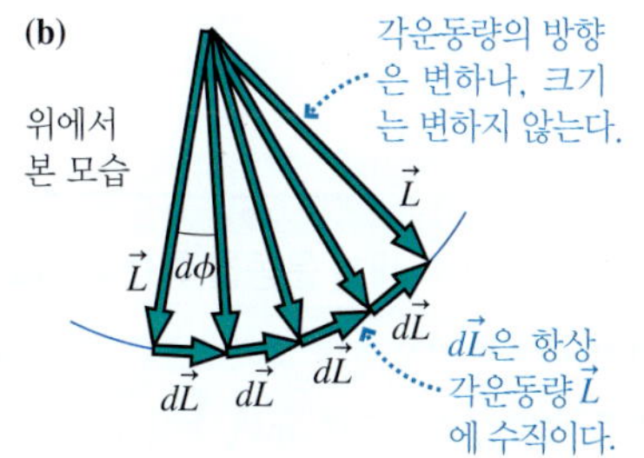

심 가속도의 방향이기 때문이다. 이제 $d\vec{v}$는 $\vec{v}$에 수직이다. 이들을 벡터로서 더하여 $\vec{v}+d\vec{v}$를 얻으면 속도 벡터의 **방향**은 변하지만 크기는 변하지 않는다. 초기 벡터($\vec{v}$나 $\vec{L}$)가 있다는 것은 초기 벡터가 없는 것과 매우 다른 거동에 이르게 한다.

작은 수평 회전 $d\phi$는 세차 운동의 작은 부분이다. 작은 수평 회전 $d\phi$가 작은 시간 간격 dt 동안 일어나기 때문에, 수평 회전율(세차 진동수)은

$$\Omega = \frac{d\phi}{dt} \tag{12.58}$$

이다. 그림 12.59b에서 작은 길이 dL은 $d\phi$에 대한 호의 길이이므로, $d\phi = dL/L$이고 세차 진동수는

$$\Omega = \frac{dL/L}{dt} = \frac{dL/dt}{L} \tag{12.59}$$

이다.

식 (12.56) 및 (12.57)로부터, $dL/dt = \tau = Mgd$이다. 자이로스코프 각운동량의 크기는 $L = I\omega$이다. 여기서 I는 축 추위를 회전하는 원반의 관성 모멘트이다. 이와 같이, 자이로스코프의 세차 진동수는 rad/s 단위에서

$$\Omega = \frac{Mgd}{I\omega} \tag{12.60}$$

이다. 회전 각속도 ω가 분모에 있기 때문에 매우 빠르게 회전하는 자이로스코프는 매우 천천히 세차 운동을 한다. 작은 마찰로 인하여 자이로스코프가 느리게 회전하게 되면, 점점 더 빠르게 세차 운동을 하기 시작한다.

우리는 한 가지 암묵적인 가정을 해왔다. 자이로스코프가 세차 운동을 하는 동안, 세차 운동은 수직축을 향하는 그 자신의 각운동량을 갖는다. 자이로스코프의 각운동량 $\vec{L}$은, 가정한 대로 단순히 회전하는 원반의 각운동량이 아니라, 벡터합 $\vec{L}_{spin} + \vec{L}_{precess}$이다. 자이로스코프가 천천히 세차 운동을 하는 한($\Omega \ll \omega$) 세차 각운동량은 회전 각운동량에 비해 매우 작으므로, 우리의 가정은 잘 정당화된다. 그러나 자이로스코프의 운동 막바지에는, ω가 줄어들고 Ω가 늘어나므로, 세차 운동 모형은 깨지고 자이로스코프의 운동은 복잡해진다.

예제 12.20 세차 운동을 하는 자이로스코프

강의 시연에 사용되는 자이로스코프는 가벼운 축 위에서 회전하는 질량 120 g, 지름 7.0 cm의 속이 찬 원반으로 구성된다. 원반의 중심에서 축의 끝까지 5.0 cm이다. 자이로스코프를 회전시키고, 받침대 위에 놓고, 손을 떼었을 때, 자이로스코프는 1.0 s의 주기로 세차 운동하는 것으로 관측되었다. 자이로스코프는 rpm의 단위로 얼마나 빨리 회전하고 있는가?

풀이 세차 진동수는 식 (12.60)에 의해 주어진다. 중심을 지나는 축에 대한 질량 M과 반지름 R의 원반의 관성 모멘트는 $I = \frac{1}{2}MR^2$이다. 이를 식 (12.60)에 대입하면, 세차 진동수

$$\Omega = \frac{Mgd}{I\omega} = \frac{Mgd}{\frac{1}{2}MR^2\omega} = \frac{2gd}{\omega R^2}$$

는 사실 자이로스코프의 질량과 무관하다는 것을 알 수 있다. ω

에 대해 풀면,

$$\omega = \frac{2gd}{\Omega R^2}$$

를 얻는다. 세차 주기 1.0 s는 세차 진동수

$$\Omega = \frac{2\pi \text{ rad}}{1.0 \text{ s}} = 6.28 \text{ rad/s}$$

에 해당한다. 그러므로 자이로스코프의 회전 각속도는

$$\omega = \frac{2(9.80 \text{ m/s}^2)(0.050 \text{ m})}{(6.28 \text{ rad/s})(0.035 \text{ m})^2} = 127 \text{ rad/s}$$

이다. 이를 rpm으로 변환하면,

$$\omega = 127 \text{ rad/s} \times \frac{1 \text{ rev}}{2\pi \text{ rad}} \times \frac{60 \text{ s}}{1 \text{ min}} = 1200 \text{ rpm}$$

이 된다.

검토 1200 rpm은 20 rev/s이다. 이 값은 회전하는 팽이나 자이로스코프에 대해 합리적으로 보인다. $\Omega \ll \omega$이므로, 자이로스코프의 세차 운동 모형은 타당하다.

응용 예제 12.21 탄도 진자 다시 살펴보기

2.0 kg 블록이 질량 1.5 kg, 길이 1.0 m 막대의 끝에 매달려 있다. 이 둘은 막대의 꼭대기 끝에 있는 마찰 없는 회전축 주위를 진동하는 진자를 구성한다. 10 g 총탄이 수평으로 블록으로 발사되어, 블록에 박혔고, 진자를 30° 각도까지 진동하게 하였다. 총탄의 속력은 얼마인가?

핵심 막대를 한쪽 끝 주위를 회전할 수 있는 균일한 막대로 모형화하고, 블록이 작아서 입자로 모형화할 수 있다고 가정한다. 총탄 + 블록 + 막대 계에 가해지는 외부 돌림힘이 없으므로, 비탄성 충돌에서 각운동량이 보존된다. 더욱이, 진자가 바깥쪽으로 진동하는 동안, 충돌 후에는 계의 역학적 에너지는 보존된다(충돌 중에는 보존되지 않음).

시각화 그림 12.60은 그림 표현이다. 이 문제는 두 부분 문제이므로, 충돌 전·후와 진동 전·후를 분리한다. 충돌의 끝이 진동의 시작이다.

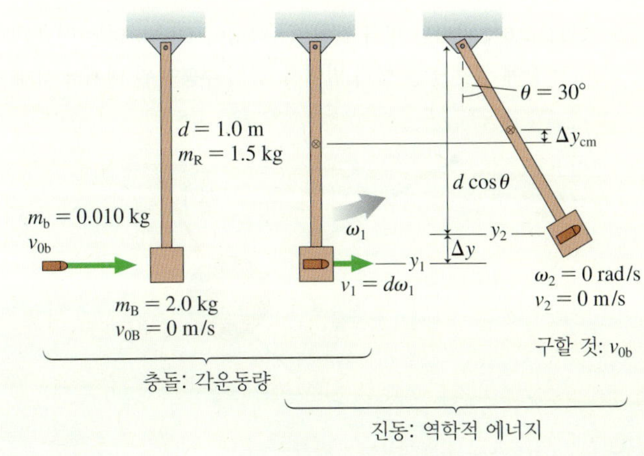

그림 12.60 진자를 치는 총탄의 그림 표현

풀이 이것은 탄도 진자이다. 예제 11.5에서는 막대보다는 끈에 매달린 덩어리로 구성된 더 간단한 진자를 살펴보았다. 그 예제를 복습할 것을 권한다. 두 예제의 핵심은 문제의 각 부분에 다른 보존 법칙이 적용된다는 것이다.

각운동량이 충돌에서 보존되므로, $L_1 = L_0$이다. 충돌 전에는, 진자의 회전축에 대해 측정한 각운동량은 전부 총탄의 각운동량이다. 입자의 각운동량은 $L = mrv\sin\beta$이다. 충돌 직전, 즉 총탄이 막 블록에 도달했을 때에는 $r = d$이고, 그 순간에 $\vec{v}$는 $\vec{r}$에 수직이므로, $\beta = 90°$이다. 따라서, $L_0 = m_b d v_{0b}$이다. (이것이 각운동량의 크기이다. 오른손 규칙으로부터, 각운동량 벡터는 지면에서 나오는 방향을 가리킨다.)

충돌 직후 진자가 움직이기 전에 막대는 각속도 ω_1을 가지며, 블록은 총탄이 들어있는 채로 $v_1 = \omega_1 r = \omega_1 d$의 속력으로 원 내에서 움직인다. 블록 + 총탄 계의 각운동량은 입자의 각운동량이다. β는 아직 90°이다. 한편, 막대(고정축 위에서 회전하는 물체)의 각운동량은 $I_{rod}\omega_1$이다. 따라서 충돌 후 각운동량은

$$L_1 = (m_B + m_b)v_1 r + I_{rod}\omega_1 = (m_B + m_b)d^2\omega_1 + \tfrac{1}{3}m_R d^2\omega_1$$

이다. 막대의 관성 모멘트는 표 12.2에서 취하였다.

전·후의 각운동량이 같다고 놓고 v_{0b}에 대해 풀면,

$$m_b d v_{0b} = (m_B + m_b)d^2\omega_1 + \tfrac{1}{3}m_R d^2\omega_1$$

$$v_{0b} = \frac{m_B + m_b + \frac{1}{3}m_R}{m_b} d\omega_1 = 251 d\omega_1$$

을 얻는다. 일단 ω_1을 알면 총탄의 속력을 구할 수 있다. ω_1은 진동에서의 에너지 보존으로부터 구할 것이다.

역학적 에너지는 진동하는 동안 보존되는데, 모든 에너지를 다

(계속)

포함하도록 주의해야 한다. 운동 에너지에는 두 성분, 블록+총탄 계의 병진 운동 에너지와 막대의 회전 운동 에너지가 있다. 중력 퍼텐셜 에너지에도 두 성분, 블록+총탄 계의 퍼텐셜 에너지와 막대의 퍼텐셜 에너지가 있다. 막대가 진동함에 따라 질량 중심이 위쪽으로 움직이므로 후자가 변한다. 따라서 에너지 보존은

$$\tfrac{1}{2}(m_B + m_b)v_2^{\,2} + \tfrac{1}{2}I_{rod}\omega_2^{\,2} + (m_B + m_b)gy_2 + m_R g y_{cm2} = \tfrac{1}{2}(m_B + m_b)v_1^{\,2} + \tfrac{1}{2}I_{rod}\omega_1^{\,2} + (m_B + m_b)gy_1 + m_R g y_{cm1}$$

이라고 표현한다. 이것이 매우 복잡해 보임에도 불구하고, 진동 전·후의 두 운동 에너지와 두 퍼텐셜 에너지를 더한 것 밖에 없다.

진동이 끝난 후에는 $v_2 = 0$이고 $\omega_2 = 0$이라는 것과 시작할 때는 $v_1 = d\omega_1$임을 안다. 한쪽 끝에 회전축이 있는 막대의 관성 모멘트도 안다. 퍼텐셜 에너지 항들을 묶고 $\Delta y = y_f - y_i$를 사용하여

$$\tfrac{1}{2}(m_B + m_b + \tfrac{1}{3}m_R)d^2\omega_1^{\,2} = (m_B + m_b)g\,\Delta y + m_R g\,\Delta y_{cm}$$

을 얻는다. 그림 12.60으로부터 블록이 가장 높은 점에서 회전축 아래 $d\cos\theta$ 거리에 있다는 것을 알 수 있다. 블록은 회전축 아래 거리 d에서 시작하였으므로, 총탄+블록 계는 높이 $\Delta y = d - d\cos\theta = d(1-\cos\theta)$를 얻었다. 막대의 질량 중심은 회전축 아래 $d/2$ 거리에서 시작하여 블록의 반만큼 올라가므로, $\Delta y_{cm} = \frac{1}{2}d(1-\cos\theta)$이다. 이들을 대입하면 에너지 방정식은

$$\tfrac{1}{2}(m_B + m_b + \tfrac{1}{3}m_R)d^2\omega_1^{\,2} = (m_B + m_b + \tfrac{1}{2}m_R)gd(1-\cos\theta)$$

가 된다. 이제 ω_1에 대해 풀 수 있다.

$$\omega_1 = \sqrt{\frac{m_B + m_b + \frac{1}{2}m_R}{m_B + m_b + \frac{1}{3}m_R}\,\frac{2g(1-\cos\theta)}{d}} = 1.70\ \text{rad/s}$$

그리고 이 값을 사용하여

$$v_{0b} = 251 d\omega_1 = 430\ \text{m/s}$$

를 얻는다.

검토 430 m/s는 총탄에 대한 합리적인 속력으로 보인다. 이 문제는 도전적인 문제이나, '옳은' 방정식을 찾아 헤매기보다 문제 풀이 전략(주의하여 그림 표현을 그리고, 계를 정의하며, 어느 보존 법칙이 적용되는지 생각하기)에 초점을 맞추면 풀 수 있는 문제이다.

서술형 질문

1. 그림 Q12.1에 있는 아령의 질량 중심은 a, b, c 중 어디에 있는가? 설명하시오.

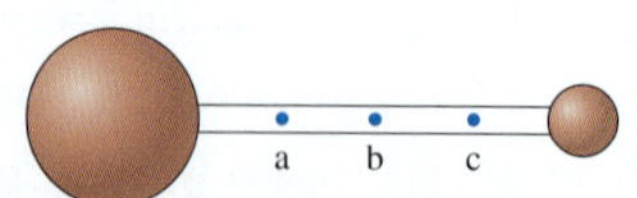

그림 Q12.1

2. 그림 Q12.2는 회전하는 세 원반을 나타낸다. 질량은 모두 같다. 회전 운동 에너지 $K_a \sim K_c$를 큰 것부터 작은 것 순서로 정렬하시오.

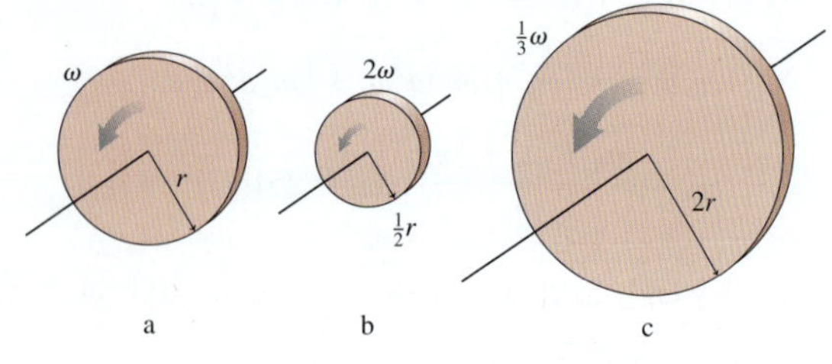

그림 Q12.2

3. 중심을 지나는 축에 대한 균일한 막대의 관성 모멘트는 $\frac{1}{12}mL^2$이다. 한끝을 지나는 축에 대한 관성 모멘트는 $\frac{1}{3}mL^2$이다. 중심에 대한 관성 모멘트보다 끝에 대한 관성 모멘트가 왜 더 큰지를 설명하시오.

4. 두 렌즈의 질량과 반지름이 같다. 한 렌즈는 볼록 렌즈이고, 다른 렌즈는 오목 렌즈이다. 초점을 맞추지 않고 어느 렌즈가 오목 렌즈이고, 어느 렌즈가 볼록 렌즈인지 결정할 수 있겠는가?

5. 그림 Q12.5에 나타난 바와 같이, 한 학생이 질량이 없는 견고한 막대의 끝에 있는 공을 빨리 밀어서, 공이 수평의 원 내에서 시계 방

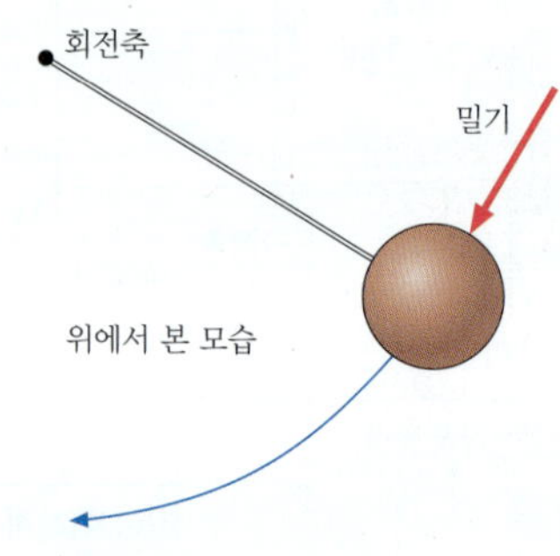

그림 Q12.5

향으로 돌게 하였다. 막대의 회전축은 마찰이 없다.

a. 학생이 공을 미는 동안, 회전축 주위의 돌림힘은 양인가, 음인가, 영인가?

b. 공을 민 후에, 공의 각속도는 (i) 꾸준히 증가하겠는가, (ii) 잠시 동안 증가하다가 일정하겠는가, (iii) 일정하겠는가, (iv) 잠시 동안 감소하다가 일정하겠는가, 또는 (v) 꾸준히 감소하겠는가? 설명하시오.

c. 공을 밀고 난 직후에 돌림힘은 양인가, 음인가, 영인가?

6. 그림 Q12.6에 있는 속이 찬 원통과 원통형 껍질은 질량과 반지름이 같은데, 마찰이 없는 수평축 위에서 돈다(원통형 껍질에는 껍질을 축에 연결하는 가벼운 살이 있다). 밧줄이 원통 주위에 감겨 있고 블록에 묶여 있다. 블록은 질량이 같고, 지상 위 같은 높이에 잡혀 있다. 두 블록이 동시에 놓여났다면, 어느 것이 먼저 땅을 치겠는가? 아니면 동시에 치겠는가? 설명하시오.

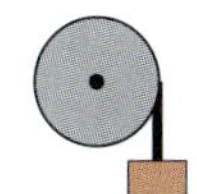

그림 Q12.6

7. 그림 Q12.7에 있는 원반 a의 각운동량은 원반 b의 각운동량보다 더 크겠는가, 작겠는가, 같겠는가? 설명하시오.

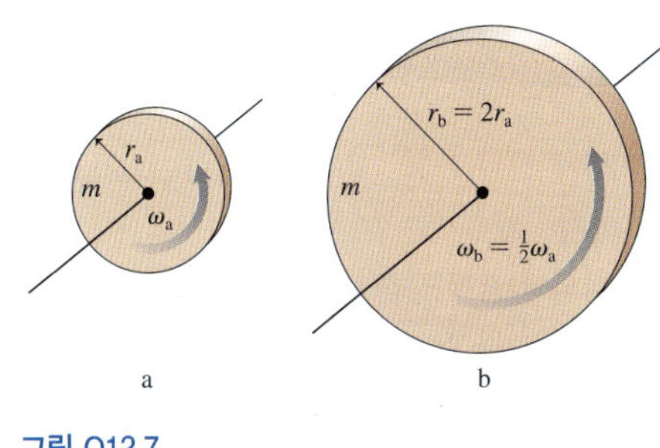

그림 Q12.7

연습문제

표시가 된 연습문제들은 이전 장들에서 다룬 내용과 관련이 있다.

연습

12.1 회전 운동

1. | 고속 드릴은 0.75 s에 2400 rpm에 도달한다.
   a. 드릴의 각가속도는 얼마인가?
   b. 이 첫 0.75 s 동안 드릴은 몇 바퀴 돌아가겠는가?

2. | 지름 60 cm의 날개를 가진 천정 선풍기가 80 rpm으로 돌고 있다. 선풍기를 끈 후 30 s에 정지한다고 가정한다.
   a. 선풍기를 끈 후 18 s에 날개 끝의 속력은 얼마인가?
   b. 멈추는 동안 선풍기는 몇 바퀴 돌아가겠는가?

12.2 질량 중심에 대한 회전

3. | 지구 + 달 계의 질량 중심은 지구 중심으로부터 얼마나 멀리 떨어져 있는가? 지구와 달에 대한 데이터는 이 책의 뒤표지 안쪽에서 찾을 수 있다.

4. | 그림 EX12.4에 나타나 있는 3개의 덩어리가 질량이 없는 견고한 막대로 연결되어 있다. 질량 중심의 좌표는 얼마인가?

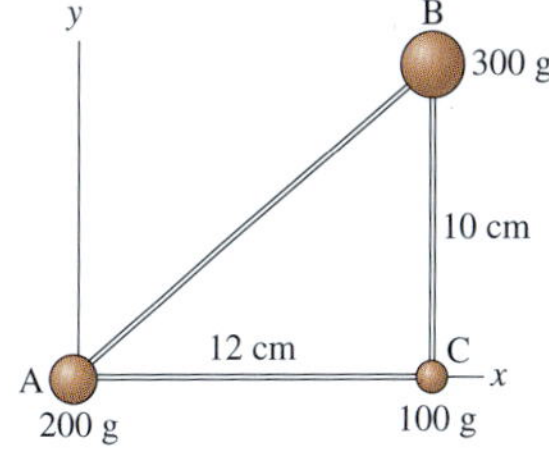

그림 EX12.4

12.3 회전 에너지

5. | 지름 6.0 cm의 얇은 200 g 원반이 중심을 지나는 축 주위를 0.20 J의 운동 에너지로 회전한다. 테두리에 있는 점의 속력은 얼마인가?

6. | 그림 EX12.6에 있는 3개의 200 g 덩어리가 질량이 없는 견고한 막대로 연결되어 있다.
   a. 중심을 지나는 축에 대한 삼각형 구조물의 관성 모멘트는 얼마인가?
   b. 삼각형 구조물이 축 주위를 5.0 rev/s로 회전한다면 그것의 운동 에너지는 얼마인가?

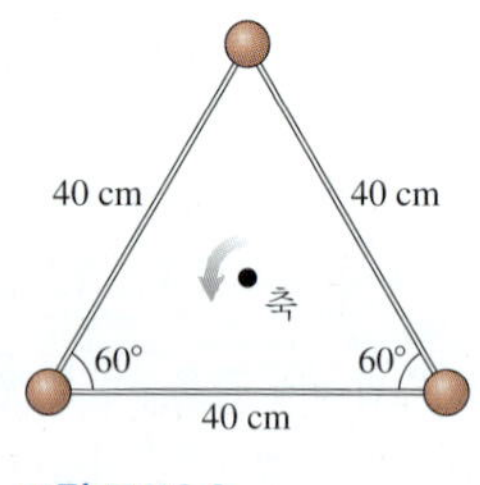

그림 EX12.6

12.4 관성 모멘트 계산

7. ‖ 그림 EX12.7에 있는 4개의 덩어리가 질량이 없는 견고한 막대로 연결되어 있다.
   a. 질량 중심의 좌표를 구하시오.
   b. 덩어리 A를 지나고 지면에 수직인 축에 대한 관성 모멘트를 구하시오.

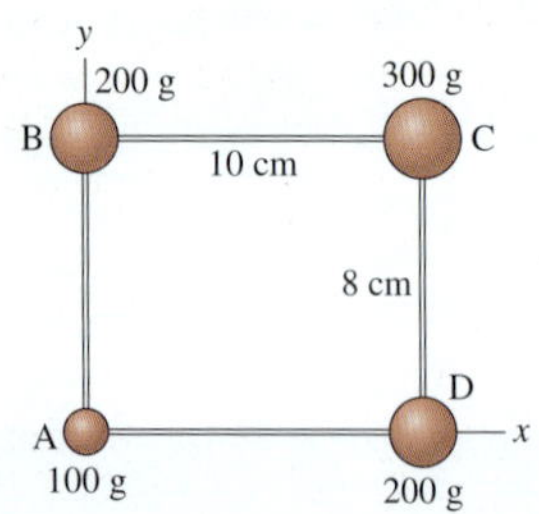

그림 EX12.7

8. | 그림 EX12.8에 있는 3개의 덩어리가 질량이 없는 견고한 막대로 연결되어 있다.
   a. 질량 중심의 좌표를 구하시오.
   b. 덩어리 A를 지나고 지면에 수직인 축에 대한 관성 모멘트를 구하시오.
   c. 덩어리 B와 덩어리 C를 지나는 축에 대한 관성 모멘트를 구하시오.

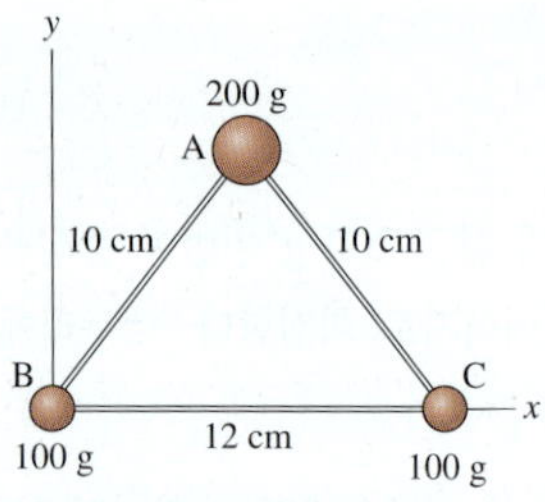

그림 EX12.8

9. ‖ 20 kg의 속이 찬 문의 높이가 210 cm이고, 폭이 84 cm이다. (a) 경첩 주위의 회전과 (b) 한 모서리로부터 12 cm 떨어져 있고 문 내부에 있는 수직축 주위의 회전에 대한 문의 관성 모멘트는 얼마인가?

12.5 돌림힘

10. ‖ 그림 EX12.10에서 축 주위로 5.0 N m의 알짜 돌림힘을 가하는 힘의 크기는 얼마인가?

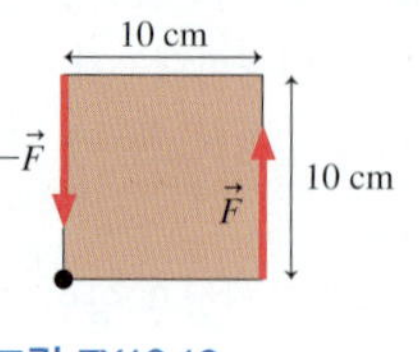

그림 EX12.10

11. ‖ 그림 EX12.11에 있는 축은 중심에서 테두리까지 거리의 반에 위치해 있다. 축 주위의 알짜 돌림힘은 얼마인가?

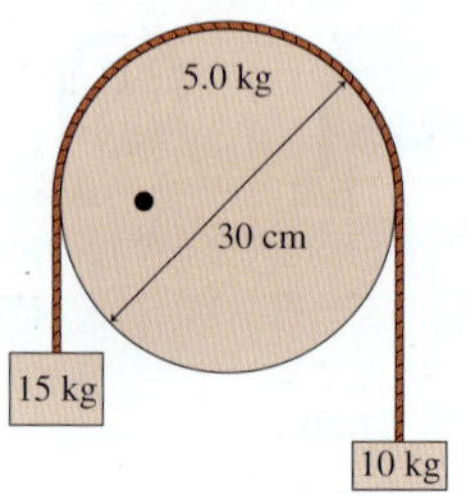

그림 EX12.11

12. ‖ 운동선수가 체육관에서 손에 3.0 kg의 강철 공을 들고 있다. 그의 팔은 길이가 70 cm이고 질량은 3.8 kg이다. 질량 중심은 팔 길이의 40%에 있다. 아래 경우에 공과 팔의 무게로 인하여 어깨 주위에 가해진 돌림힘의 크기는 각각 얼마인가?
BIO
    a. 선수가 팔을 바닥에 평행하게 옆으로 곧게 뻗는 경우
    b. 선수가 팔을 수평에서 아래 45° 각도로 곧게 뻗는 경우

12.6 회전 동역학

12.7 고정축 주위의 회전

13. ‖ 관성 모멘트가 4.0 kg m^{2}인 물체가 그림 EX12.13에 나타낸 돌림힘을 경험하고 있다. $t = 3.0$ s에서 물체의 각속도는 얼마인가? 물체가 정지 상태에서 출발한 것으로 가정한다.

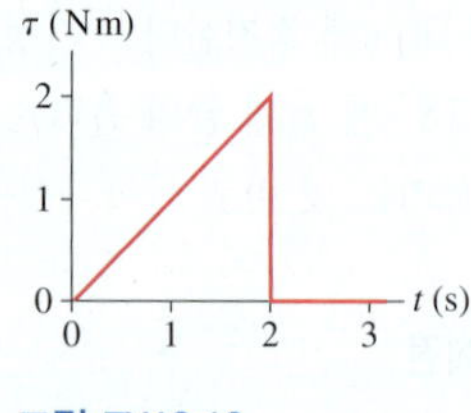

그림 EX12.13

14. ‖ 지름이 12 cm인 콤팩트디스크가 정지 상태에서 출발하여 3.0 s 걸려서 동작 각속도 2000 rpm에 도달한다. 각가속도는 일정하다고 가정한다. 디스크의 관성 모멘트는 2.5×10^{-5} kg m^{2}이다.
    a. 얼마만큼의 알짜 돌림힘이 디스크에 가해지는가?
    b. 디스크가 정격 속력에 도달하기 전에 몇 회전을 하는가?

12.8 정적 평형

15. | 그림 EX12.15에 있는 두 물체가 회전축 위에서 균형을 유지하고 있다. 거리 d는 얼마인가?

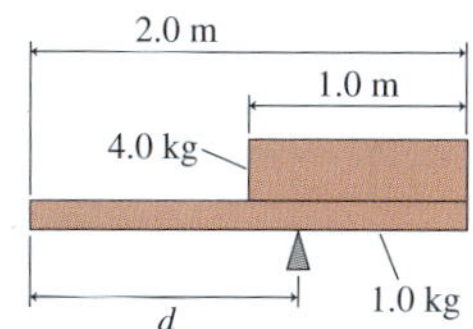

그림 EX12.15

16. || 그림 EX12.16에 있는 길이 3.0 m, 질량 100 kg의 견고한 가로막대가 양 끝에서 지지되고 있다. 80 kg 학생이 지지대 1에서 2.0 m 떨어진 지점에 서 있다. 각 지지대는 얼마만큼의 힘을 위 방향으로 가로막대에 가하는가?

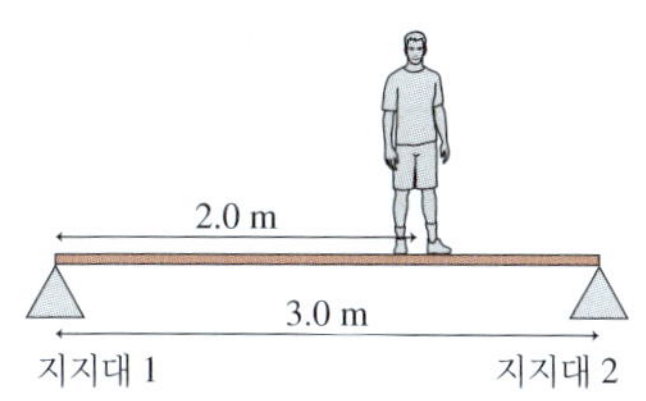

그림 EX12.16

12.9 굴림 운동

17. || 자동차 타이어의 지름이 60 cm이다. 이 자동차는 20 m/s의 속력으로 이동하고 있다.
    a. 타이어의 각속도는 rpm 단위로 얼마인가?
    b. 타이어의 꼭대기 가장자리에 있는 점의 속력은 얼마인가?
    c. 타이어의 바닥 가장자리에 있는 점의 속력은 얼마인가?

18. || 지름 8.0 cm, 질량 400 g의 속이 찬 구가 길이 2.1 m, 경사각 25°인 경사면의 꼭대기에서 정지 상태로부터 놓여났다. 구는 미끄러지지 않고 굴러 경사면의 바닥에 이른다.
    a. 경사면의 바닥에서 구의 각속도는 얼마인가?
    b. 운동 에너지 중 얼마의 비율이 회전 운동 에너지인가?

12.10 회전 운동의 벡터 묘사

19. | 가위곱 $\vec{A} \times \vec{B}$와 $\vec{C} \times \vec{D}$의 값을 구하시오.

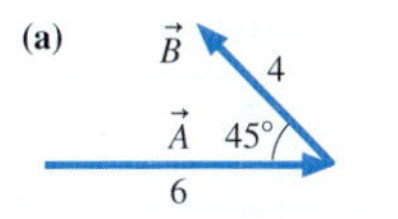

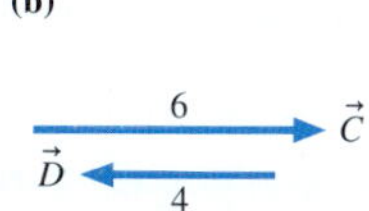

그림 EX12.19

20. | 벡터 $\vec{A} = 3\hat{\imath} + \hat{\jmath}$이고 $\vec{B} = 3\hat{\imath} - 2\hat{\jmath} + 2\hat{k}$이다. 가위곱 $\vec{A} \times \vec{B}$는 얼마인가?

21. || 가벼운 막대의 끝에 있는 1.3 kg 공이 $(x, y) = (3.0\text{ m}, 2.0\text{ m})$에 위치해 있다. 여기서 y축이 수직이다. 막대의 다른 쪽 끝이 $(x, y) = (0\text{ m}, 3.0\text{ m})$에 있는 회전축에 달려 있다. 회전축 주위의 돌림힘은 얼마인가? 단위 벡터를 사용하여 답을 쓰시오.

12.11 각운동량

22. || 그림 EX12.22에 나타나 있는 질량 2.0 kg, 지름 4.0 cm의 회전하는 원반의 각운동량은 얼마인가?

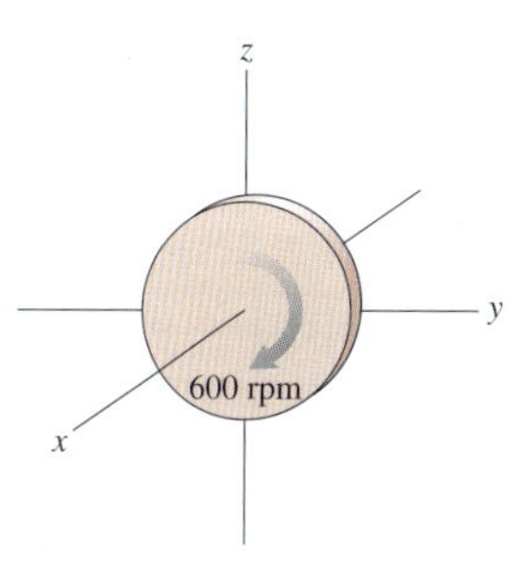

그림 EX12.22

23. || 각운동량이 0.23 kg m^2/s가 되려면, 질량 5.0 kg, 지름 22 cm의 볼링공은 rpm 단위로 얼마나 빨리 회전해야 하겠는가?

12.12 자이로스코프의 세차

24. || 질량 75 g, 지름 6.0 cm의 속이 찬 구 모양의 팽이를 구의 가장자리를 지나 1.0 cm 뻗어 있는 축 위에서 1200 rpm으로 회전시킨다. 축의 끝은 지지대 위에 놓여 있다. 팽이의 세차 진동수는 rpm 단위로 얼마인가?

문제

25. || 300 g 공과 600 g 공이 40 cm 길이의 질량이 없는 견고한 막대에 의해 연결되어 있다. 이 구조물은 100 rpm으로 질량 중심 주위를 회전한다. 회전 운동 에너지는 얼마인가?

26. || 그림 P12.26에 나타낸 물체의 축에 대한 관성 모멘트를 결정하시오.

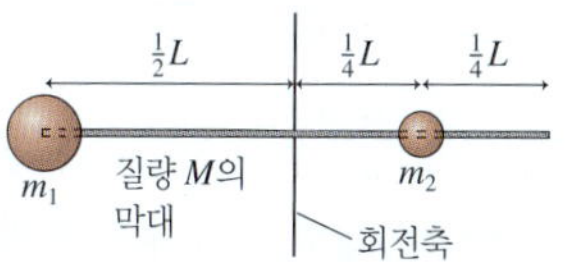

그림 P12.26

27. || 한끝으로부터 거리 d만큼 떨어져 있는 축에 대해 질량 M과 길이 L의 가는 막대에 대한 관성 모멘트를 직접 적분하여 계산하시오. $d = 0$일 때와 $d = L/2$일 때 답이 표 12.2와 일치함을 확인하시오. CALC

28. ‖ a. 질량 M, 반지름 R인 원반에, 원반의 축에 중심을 둔 반지름 r의 구멍이 있다. 원반의 관성 모멘트를 계산하시오.
CALC
b. $r=0$이고 $r=R$일 때 답이 표 12.2와 일치한다는 것을 확인하시오.
c. 지름 3.0 cm의 구멍이 있는 지름 4.0 cm의 원반이 길이 50 cm, 20° 각도의 경사면을 굴러 내려간다. 바닥에서의 속력은 얼마인가? 이것은 마찰이 없는 경사면을 미끄러져 내려오는 입자 속력의 몇 %겠는가?

29. ‖ 사람의 질량 중심은 그 사람을 반작용 판에 눕혀서 쉽게 구할 수 있다. 길이 2.5 m, 질량 6.1 kg의 수평 반작용 판은 끝에서만 지지되어 있다. 한쪽 끝은 저울 위에, 다른 한끝은 회전축 위에 놓여 있다. 60 kg의 여자가 발을 회전축 위에 놓고 판 위에 누어 있다. 저울은 25 kg을 가리킨다. 여자의 발에서 질량 중심까지의 거리는 얼마인가?
BIO

30. ‖ 그림 P12.30에 80 kg의 건설 노동자가 점심을 먹기 위해 질량이 1450 kg인 강철 가로막대의 끝에서 2.0 m 떨어진 곳에 앉는다. 밧줄 내의 장력은 얼마인가?

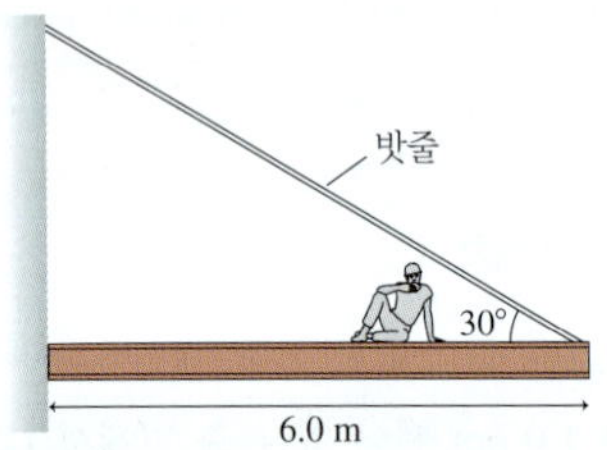

그림 P12.30

31. ‖ 과학 경진대회의 과제는 4개의 동일하고 균일하며 길이가 L인 벽돌을 쌓는 일이다. 쌓은 것이 무너지지 않으면서 꼭대기 벽돌이 가능한 한 오른쪽으로 멀리 있어야 한다. 꼭대기 벽돌 전체가, 그림 P12.31에 나타나 있듯이, 탁자 위에 있지 않도록 벽돌을 쌓을 수 있겠는가? d의 가능한 최댓값을 정하여 이 질문에 답하시오.

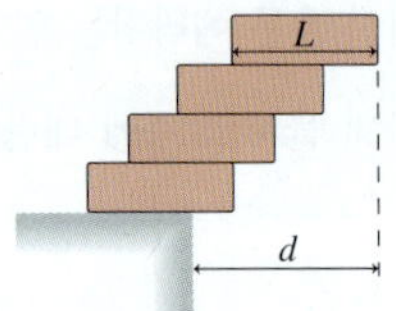

그림 P12.31

32. ‖ 현대 조각 한 점이 50 kg의 구리 구의 지름을 뚫고 지나는 길이 8.0 m, 질량 150 kg의 스테인리스 강 막대로 구성되어 있다. 구의 중심이 막대의 한끝에서 2.0 m 거리에 있다. 전시용으로 설치하기 위해 막대는 수직으로 향하게 하고, 구리 구는 아래 끝에 놓았다가, 막대를 수직에서 35° 기울이고 꼭대기 끝에서 2.0 m 지점에서 막대에 부착된 수평의 강철 밧줄로 고정하였다. 밧줄 내의 장력은 얼마인가?

33. ‖ 질량 m_1과 m_2의 블록이 그림 P12.33에 있는 도르래 위를 지나는 질량이 없는 끈으로 연결되어 있다. 도르래는 마찰이 없는 베어링 위에서 회전한다. 질량 m_1은 마찰이 없는 수평의 표면 위에서 미끄러진다. 질량 m_2는 정지해 있다가 떨어진다.

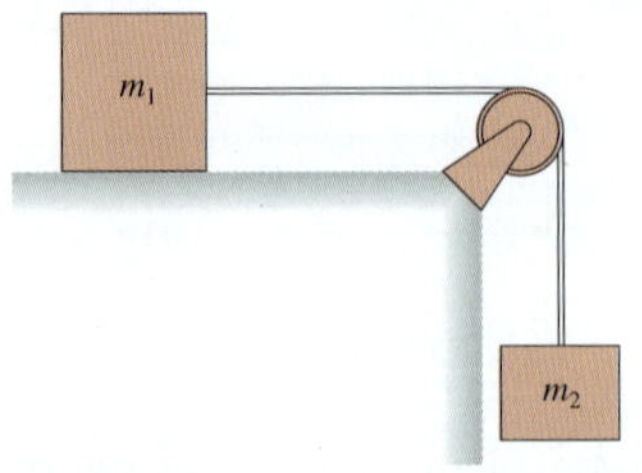

그림 P12.33

a. 도르래는 질량이 없다고 가정한다. m_1의 가속도와 끈의 장력을 구하시오. 이 문제는 7장 복습 문제이다.
b. 도르래가 질량 m_p와 반지름 R을 가진다고 가정한다. m_1의 가속도와 끈의 위 부분과 아래 부분에서의 장력을 구하시오. $m_p=0$으로 놓을 경우, 답이 문항 a와 일치함을 검증하시오.

34. ‖ 지름 30 cm, 질량 1.2 kg의 속이 찬 회전반이 일정하게 33 rpm으로 지름 1.2 cm, 질량 450 g의 축 위에서 회전한다. 정지 스위치를 누를 때, 브레이크 패드가 축을 눌러 15초에 회전반을 멈추게 한다. 브레이크 패드는 축에 얼마의 마찰력을 가하는가?

35. ‖ 속이 빈 구가 30° 경사면에 왔을 때, 5.0 m/s의 속력으로 수평의 바닥을 구르고 있다. 구는 얼마나 멀리 경사면을 굴러 올라가겠는가?

36. ||| 반지름 R, 길이 L, 질량 M의 원통이 각 θ로 기울어진 경사면 위에 정지해 있다가 내려간다. 원통은 경사면을 똑바로 내려가도록 방향이 잡혀져 있다. 경사면에 마찰이 없다면, 회전하지 않고 미끄러져 내려갈 것이다. 원통이 미끄러지지 않고 굴러 내려가려면 최소 얼마의 정지 마찰 계수가 필요하겠는가?

37. ‖ 길이 L, 질량 M의 가늘고 균일한 막대가 수평의 탁자 위에 수직으로 놓여 있다. 살짝 기울인다면, 막대는 넘어질 것이다.
a. 막대의 아래쪽 끝이 미끄러지지 않을 만큼의 마찰이 있다면, 막대가 탁자를 칠 때 질량 중심의 속력은 얼마인가?
b. 마찰이 없다면, 막대가 탁자를 칠 때 질량 중심의 속력은 얼마인가?

38. ||| 공깃돌이 그림 P12.38에 나타낸 트랙을 굴러 내려가다가 반지름 R의 원형 고리를 돈다. 공깃돌의 질량은 m, 반지름은 r이다. 공깃돌이 떨어지지 않고 원형 고리를 돌려면 트랙의 최소 높이 h는 얼마여야 하는가?

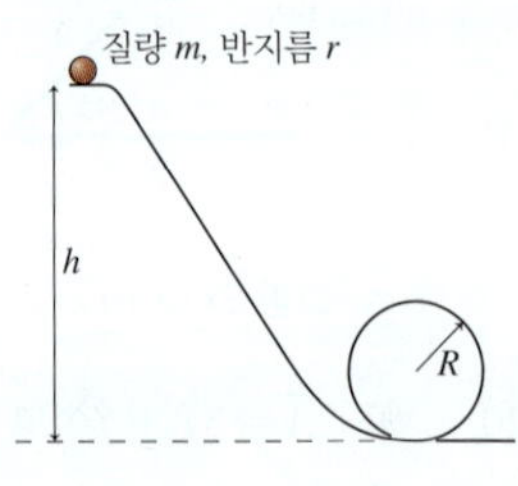

그림 P12.38

39. Ⅱ 위성이 그림 P12.39에 나타낸 타원형 궤도를 따라 움직인다. 위성에 작용하는 힘은 행성의 중력뿐이다. 점 a에서의 위성의 속력은 8000 m/s이다.

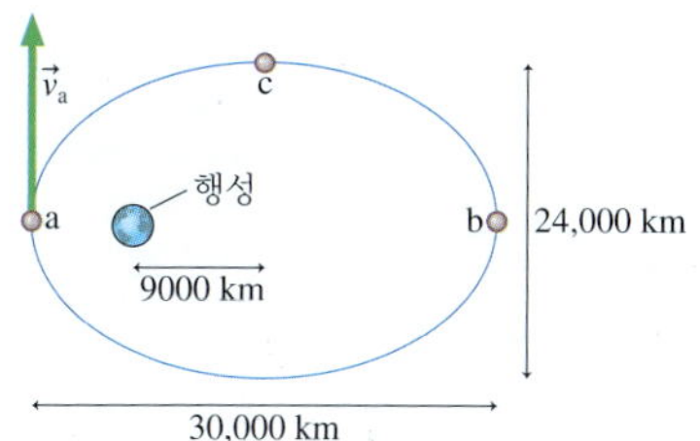

그림 P12.39

a. 위성은 행성의 중심 주위로 돌림힘을 받겠는가? 설명하시오.
b. 점 b에서의 위성의 속력은 얼마인가?
c. 점 c에서의 위성의 속력은 얼마인가?

40. Ⅱ 지름 40 cm, 질량 200 g의 회전반이 60 rpm으로 마찰이 없는 베어링 위에서 회전한다. 20 g 블록이 회전반의 중심에 놓여 있다. 압축된 용수철이 블록을 회전반의 표면에 있는 마찰 없는 홈을 따라 바깥쪽으로 쏜다. 블록이 바깥 가장자리에 도달했을 때 회전반의 회전 각속도는 얼마인가?

41. Ⅲ 회전목마는 놀이공원에 흔히 있는 놀이기구이다. 지름 3.0 m, 질량 250 kg의 회전목마가 20 rpm으로 회전하고 있다. 존은 회전목마가 회전하는 방향과 같은 방향으로 5.0 m/s의 속력으로 회전목마에 접선 방향으로 뛰다가, 회전목마의 바깥 가장자리에 뛰어올라 탄다. 존의 질량은 30 kg이다. 존이 올라탄 후에 회전목마의 각속도는 rpm 단위로 얼마인가?

42. Ⅲ 수명의 대부분 동안, 별은 안으로 향하는 힘과 밖으로 향하는 힘이 균형을 이루는 평형 크기를 유지한다. 안으로 향하는 힘은 각 원자에 작용하는 중력이고, 밖으로 향하는 힘은 중심부에서 핵반응 열로 인하여 생긴 압력이다. 그러나 수소 '연료'가 핵융합으로 모두 소진된 후에는 압력이 급감하여 별은 **중성자 별**이 될 때까지 **중력에 의해 붕괴한다**. 중성자 별에서는 원자의 전자와 양성자가 중성자로 융합될 때까지 중력에 의해 함께 압착된다. 중성자 별은 매우 빠르게 회전하며 1회전당 1펄스씩 강한 전파 및 광파를 내보낸다. 이 '펄스를 내보내는 별'은 1960년대에 발견되었으며 **펄서**라고 한다.

a. 태양과 질량($M = 2.0 \times 10^{30}$ kg)과 크기($R = 7.0 \times 10^{8}$ m)가 같은 별이 30일마다 1번씩 회전한다. 그 별은 중력에 의해 붕괴한 후 0.10 s마다 전파 펄스를 내보내는 것으로 관측된 펄서를 형성한다. 중성자 별을 속이 찬 구로 보고, 그 별의 반지름을 추론하시오.

b. 중성자 별의 적도 위에 있는 점의 속력은 얼마인가? 별은 속이 찬 구로 정확히 모형화할 수 없으므로 여러분의 답은 어느 정도 많이 클 것이다. 그래도 질량이 지구 질량보다 10^6배 큰 별이 중력에 의해 미국의 보통 크기의 주보다 작은 크기로 압축된다는 것을 보일 수 있을 것이다!

응용 문제

43. Ⅲ 풀산딸나무 꽃에는 식물에서 여태까지 가장 빠르게 움직인다고 관측된 기관이 있다. 초기에는, 수술이 꽃잎에 의해 구부러진 자세로 잡혀 있어 코일 모양의 용수철처럼 탄성 에너지를 저장한다. 꽃잎이 수술을 놓을 때, 수술의 끝은 중세의 돌 던지는 도구처럼 작용하여 0.30 ms 내에 60° 각도를 움직여 끝에 있는 꽃밥 주머니 안의 꽃가루를 방출한다. 인간의 눈은 꽃가루가 터져 나오는 것만 본다. 고속 촬영만이 세부적인 것을 보여준다. 그림 CP12.43에 나타나 있듯이, 수술 끝을 10 μg의 꽃밥 주머니가 끝에 있는 길이 1.0 mm, 질량 10 μg의 견고한 막대로 모형화한다. 지나치게 단순화하는 것이기는 하지만, 등각가속도를 가정한다.
BIO

a. '펴는 돌림힘'은 얼마나 큰가?
b. 꽃밥 주머니가 꽃가루를 방출할 때 주머니의 속력은 얼마인가?

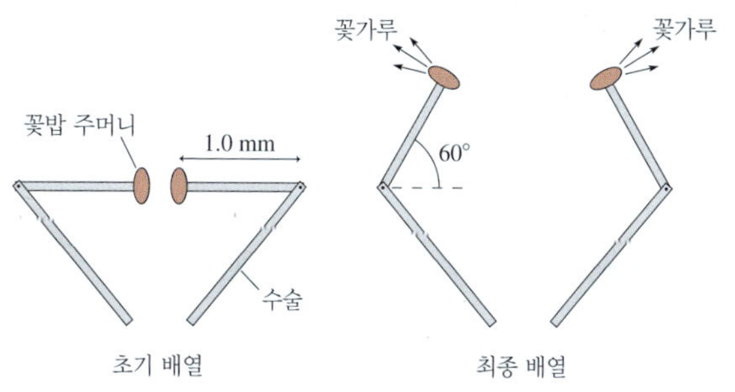

그림 CP12.43

44. Ⅲ 길이 L, 질량 M인 막대의 질량분포가 균일하지 않다. 선 질량 밀도(단위길이당 질량)는 $\lambda = cx^2$이다. 여기서 x는 막대의 중심으로부터 측정하고 c는 상수이다.
CALC

a. c의 단위는 무엇인가?
b. c에 대한 식을 L과 M의 항으로 구하시오.
c. 중심을 지나는 축에 대한 막대의 관성 모멘트의 식을 L과 M의 항으로 구하시오.

45. Ⅲ 그림 CP12.45는 속력 v_0로 마찰 없이 미끄러지는 질량 m의 입방체를 나타낸다. 이 입방체는 길이 d, 질량 $M = 2m$인 막대의 아래 끝에 완전 탄성 충돌한다. 중심을 지나는 마찰 없는 굴대(axle)가 막대의 회전축이다. 초기에는 매달린 상태에서 정지해 있다. 충돌 후에 입방체의 속도(속력과 방향)는 얼마인가?

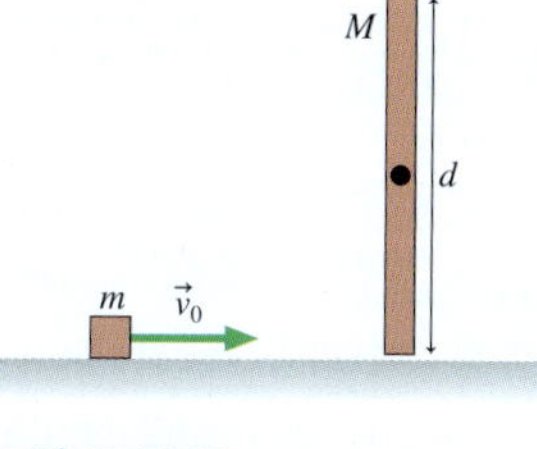

그림 CP12.45

13 뉴턴의 중력 이론
Newton's Theory of Gravity

안드로메다 은하—여기서 보는 것은 자외선(파란색)과 적외선(빨간색) 빛을 보여주는 가짜 색상 영상이다—는 은하의 중심 주위를 공전하는 수십억 개의 별들로 구성되어 있다.

이 장에서는 위성과 행성의 운동을 이해한다.

케플러의 법칙이란 무엇인가?

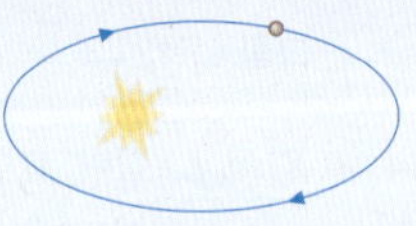

갈릴레오와 망원경이 나오기 이전에 케플러는 3개의 주요 발견을 이루는 데 맨눈 관측을 사용하였다.

- 행성들은 타원 궤도를 따라 움직인다.
- 행성들은 동일한 시간에 동일한 넓이를 "휩쓸고 지나간다".
- 원형 궤도의 경우 행성 주기의 제곱은 궤도 반지름의 세제곱에 비례한다.

케플러의 발견은 지구와 다른 행성들이 태양 주위를 공전한다는 코페르니쿠스 주장의 최초의 확실한 증명이었다.

뉴턴의 이론은 무엇인가?

뉴턴은 모든 두 질량 M과 m이 크기가

$$F_{M \text{ on } m} = F_{m \text{ on } M} = \frac{GMm}{r^2}$$

인 중력에 의해 서로를 끌어당긴다고 제안했다. 여기서 r은 두 질량 사이의 거리이고 G는 중력 상수이다.

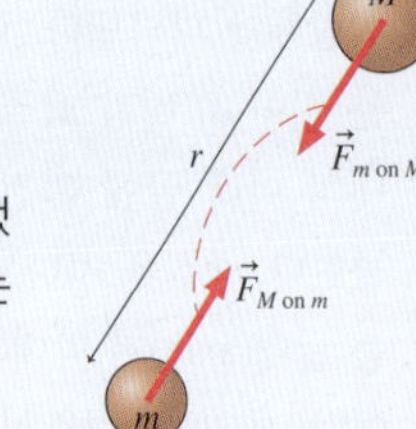

- 뉴턴의 법칙은 역제곱 법칙이다.
- 뉴턴의 법칙은 g값을 예측한다.

중력의 법칙과 함께 뉴턴의 세 가지 운동 법칙은 우주의 모든 물체에 적용된다.

중력 에너지는 무엇인가?

두 질량의 중력 퍼텐셜 에너지는

$$U_G = -\frac{GMm}{r}$$

이다. 중력 퍼텐셜 에너지는 영점이 무한대에 있을 때 음의 값을 갖는다. 10장에서 배운 $U_G = mgy$는 물체가 행성 표면에 매우 가까이 있는 특수한 경우다. 중력에 의해 상호작용하는 별, 행성과 위성들은 항상 고립계이므로 역학적 에너지가 보존된다.

« 되돌아보기: 10장 퍼텐셜 에너지와 에너지 보존

이 이론은 궤도에 대해 무엇을 말해주는가?

케플러의 법칙을 뉴턴의 중력 이론으로부터 유도할 수 있다.

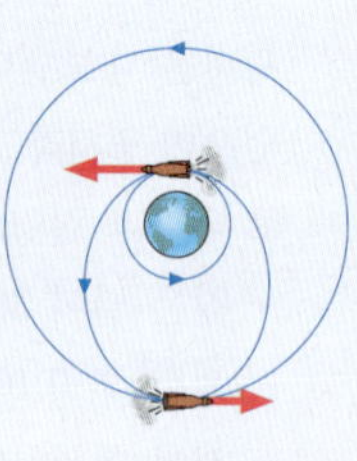

- 궤도는 원이거나 타원이다.
- 궤도는 에너지와 각운동량을 보존한다.
- 정지 궤도는 자전하는 행성과 동일한 주기를 갖는다.

« 되돌아보기: 8.2–8.3절 원운동

왜 중력 이론이 중요한가?

위성, 우주정거장, GPS 시스템과 미래의 행성 여행 모두 뉴턴의 법칙에 의존한다. 우주에 대한 현대의 이해—별과 은하로부터 빅뱅까지—는 중력의 이해에 근거를 두고 있다. 운동과 중력에 관한 뉴턴의 이론은 현대 과학의 시작이었다.

13.1 간략한 역사

우주 구조에 관한 연구를 **우주론**(cosmology)이라고 한다. 고대 그리스인들은 지구가 우주 중심에 있는 반면 달, 태양, 행성과 별들이 거대한 '천구' 위에서 지구 주위를 도는 빛의 점들인 우주 모형을 개발하였다. 이런 관점은 2세기 이집트 천문학자 프톨레마이오스(Ptolemy)에 의해 더 확장되었다. 그는 복잡한 행성의 운동을 매우 정확하게 예측할 수 있는 태양계에 대한 정교한 수학적인 모형을 개발하였다.

그 후 1543년 코페르니쿠스(Nicholas Copernicus)의 《회전》(*De Revolutionibus*)의 출판과 함께 중세시대가 급변하기 시작하였다. 코페르니쿠스는 우주 중심에 정지해 있는 것이 지구가 아니라 태양이라고 주장했다. 더 나아가 코페르니쿠스는 모든 행성들이 (그의 책 제목처럼) 태양 주위를 원형 궤도를 따라 회전한다고 역설했다.

티코와 케플러

중세 최고 천문학자는 티코 브라헤(Tycho Brahe)였다. 1570년부터 1600년까지 30년 동안 티코는 세계에 알려진 가장 정확한 천문 데이터를 축적하였다. 망원경은 아직 발명되지 않았지만 티코는 하늘에 있는 별과 행성들의 위치를 전례 없이 정확하게 결정할 수 있는 독창적인 기계식 관측 도구를 개발하였다.

티코는 이름이 요하네스 케플러(Johannes Kepler)인 젊은 수학 조수를 데리고 있었다. 케플러는 코페르니쿠스를 공개적으로 지지한 초기 몇 사람 중 하나였는데, 그의 목표는 티코의 기록에서 행성이 원형 궤도를 도는 증거를 발견하는 것이었다. 이 작업의 어려움을 알기 위해서는 케플러가 그래프나 미적분의 개발, 그리고 분명 계산기 발명 이전에 일하고 있었다는 것을 명심해야 한다. 그의 수학적 도구는 대수학, 기하학과 삼각함수였으며 그는 수평선 위의 각도로 관측된 행성들의 위치에 대한 수백만 개의 개별 관측 결과와 맞부닥쳐야 했다.

수년간의 작업을 거쳐 케플러는 행성의 궤도가 코페르니쿠스가 주장했던 원이 아닌 **타원**이라는 것을 발견하였다. 더 나아가 행성의 속력이 일정하지 않고 타원을 따라 돌면서 변한다.

현재 **케플러의 법칙**(Kepler's laws)이라고 하는 것은 다음과 같다.

1. 행성들은 태양이 타원의 한 초점에 있는 타원 궤도를 따라 움직인다.
2. 태양과 행성 사이를 이은 직선은 동일한 시간 간격 동안 동일한 넓이를 휩쓸고 지나간다.
3. 행성의 공전 주기의 제곱은 반장축 길이의 세제곱에 비례한다.

그림 13.1a는 두 **초점**을 가진 타원과 태양이 한 초점을 차지하고 있는 것을 보여준다. 타원의 긴 축이 **장축**(major axis)이고 장축의 길이의 절반을 **반장축 길이**(semimajor-axis length)라고 한다. 행성이 움직일 때 태양으로부터 행성까지 그은 직선이 넓

그림 13.1 태양 주위 행성의 타원 궤도

(a)

(b)

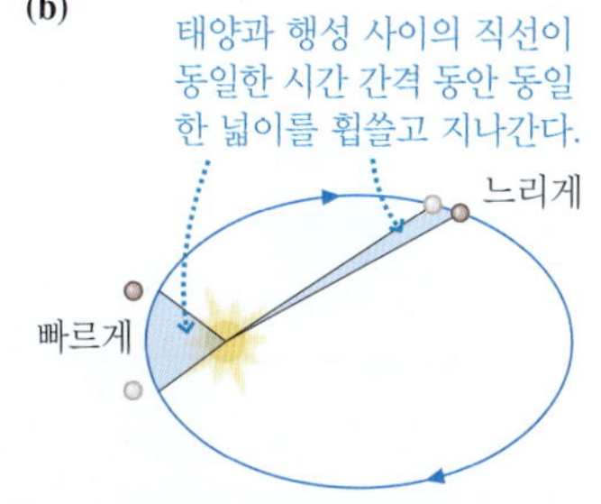

그림 13.2 원형 궤도는 타원 궤도의 특수한 경우이다.

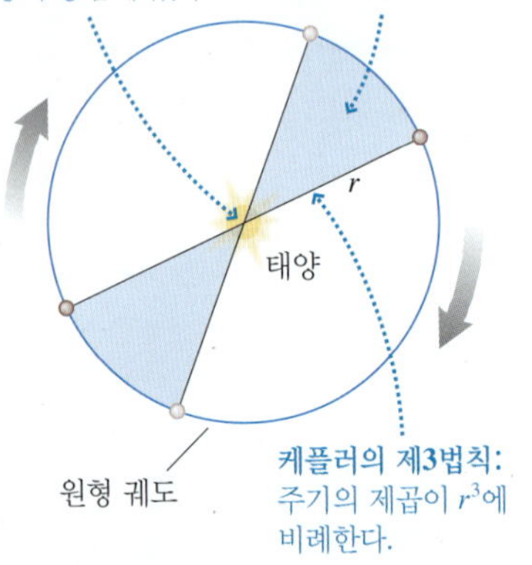

이를 "휩쓸고 지나간다". 그림 13.1b는 이런 두 넓이를 보여준다. 동일한 Δt에 대해 넓이가 동일하다는 케플러의 발견은 행성이 태양에서 가까울 때는 빨리 움직이고 멀리 떨어져 있을 때는 느리게 움직인다는 것을 의미한다.

수성을 제외한 모든 행성들은 원에서 아주 조금 찌끄러진 타원 궤도를 갖는다. 그림 13.2가 보여주듯이 원은 두 초점이 중심으로 이동하여 한 초점이 되고 반장축 길이가 반지름이 된 타원이다. 타원의 수학은 어렵기 때문에 이 장에서는 원형 궤도에 대해서만 초점을 맞춘다.

갈릴레오가 처음으로 망원경을 사용하여 하늘을 관측하기 시작한 1609년에 케플러는 그의 법칙 중 처음 2개의 법칙을 발표하였다. 행성들이 태양 주위를 돌고 있다고 코페르니쿠스가 주장한 것처럼 갈릴레오는 그의 망원경을 통해 목성 주위를 도는 위성들을 볼 수 있었다. 그는 달처럼 금성이 상 변화하는 것을 볼 수 있었다. 이것은 금성이 태양 주위로 궤도 운동하는 것을 의미했다. 갈릴레오가 1642년 사망할 무렵에는 코페르니쿠스 혁명이 완성되었다.

13.2 아이작 뉴턴

아이작 뉴턴, 1642–1727

사과가 머리에 떨어진 후 중력에 대한 아이디어를 생각해냈다는 뉴턴의 일화가 유명하다. 이 흥미로운 이야기는 적어도 사실에 가깝다. "앉아서 골똘히 생각하던 중"에 "사과가 떨어지는 것을 보고" "중력의 개념"이 떠올랐다고 뉴턴 자신이 말했다. 아마 사과가 지구 **중심**으로 끌리지만 지구 표면이 중심에 닿는 것을 막는다는 생각이 뉴턴에게 들었을지 모른다. 그리고 만약 사과를 끌어당긴다면 달도 그렇지 않을까? 다른 말로 하면 아마 중력은 우주에 있는 모든 물체 사이에 존재하는 **보편적인**(universal) 힘일 것이다! 지금은 그리 놀랄 일이 아니지만 뉴턴 이전의 누구도 지구 위의 물체의 세속적인 운동이 행성들이 하늘에서 보이는 위엄 있는 운동과 어떤 관련이 있으리라고 전혀 생각하지 못했다.

지구 주위의 달의 원운동이 지구 중력의 끌어당김 때문이라고 가정하자. 그러면 8장에서 배웠고 그림 13.3에 있는 것처럼 달이 자유낙하 가속도 $g_{\text{at moon}}$으로 **자유낙하**해야 한다.

그림 13.3 달은 지구 주위로 자유낙하한다.

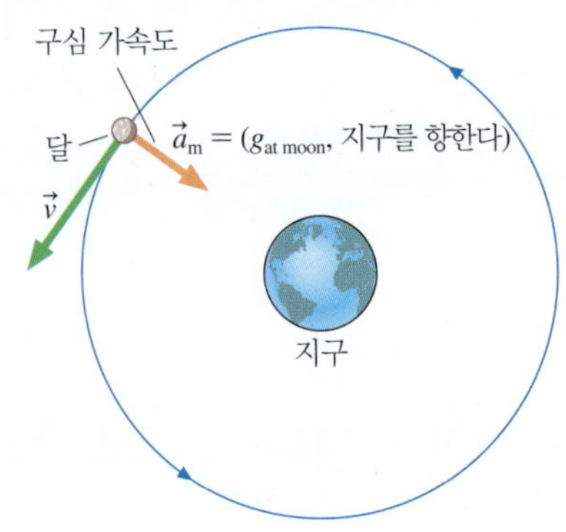

등속 원운동 하는 물체의 구심 가속도는

$$a_r = g_{\text{at moon}} = \frac{{v_m}^2}{r_m} \tag{13.1}$$

이다. 달의 속력은 궤도의 반지름 r_m, 주기 T_m과 v_m = 원주/주기 = $2\pi r_m/T_m$의 관계를 갖는다. 이것들을 결합하여 뉴턴은

$$g_{\text{at moon}} = \frac{4\pi^2 r_m}{{T_m}^2} = \frac{4\pi^2(3.84 \times 10^8 \text{ m})}{(2.36 \times 10^6 \text{ s})^2} = 0.00272 \text{ m/s}^2$$

를 구해냈다. 뉴턴 시절 r_m에 대한 천문학 측정값은 상당히 정확했으며 주기 T_m =

27.3일(2.36×10^6 s) 역시 상당히 잘 알려져 있었다.

달의 구심 가속도는 지구 표면에서의 자유낙하 가속도에 비하여 현저하게 작다. 사실

$$\frac{g_{\text{at moon}}}{g_{\text{on earth}}} = \frac{0.00272\ \text{m/s}^2}{9.80\ \text{m/s}^2} = \frac{1}{3600}$$

이다. 이것은 흥미로운 결과지만 이것이 뉴턴의 결정적인 다음 단계가 되었다. 그는 달 궤도의 반지름을 지구 반지름과 비교하였다.

$$\frac{r_\text{m}}{R_\text{e}} = \frac{3.84 \times 10^8\ \text{m}}{6.37 \times 10^6\ \text{m}} = 60.2$$

뉴턴은 $(60.2)^2$이 거의 정확히 3600이라는 것을 깨달았다. 따라서 그는 다음과 같이 생각했다.

- 만약 지구 표면에서 g값이 9.80이고
- 중력과 g의 크기가 지구 중심으로부터의 거리의 제곱에 반비례해서 감소한다면,
- 달이 지구 주위를 27.3일의 주기를 갖고 공전하기 위해서 g가 정확히 달의 거리에서 필요로 하는 값을 가질 것이다.

그의 두 비가 같지는 않았지만 뉴턴은 '거의 유사한 답'을 가지는 것을 발견했고 자신의 발견이 올바른 궤도에 들어섰다는 것을 알았다

나는 행성들을 궤도에 있게 하는 힘이 행성들이 도는 궤도 중심으로부터의 거리의 제곱에 반비례해야 한다는 것을 추론해냈다. 그리고 달을 궤도에 있게 하는 데 필요한 힘을 지구 표면에서의 중력과 비교하였다. 그리고 이들이 아주 비슷한 답을 준다는 것을 알았다.

아이작 뉴턴

13.3 뉴턴의 중력 법칙

뉴턴은 우주에 있는 모든 물체들이 아래와 같은 힘으로 다른 모든 물체들을 끌어당긴다고 제안하였다.

1. 물체 사이의 거리의 제곱에 반비례
2. 두 물체의 질량의 곱에 정비례

이 아이디어를 더 구체적으로 만들기 위해 그림 13.4는 거리 r만큼 떨어진 질량 m_1과 m_2를 보여준다. 각 질량은 서로에게 **중력**(gravitational force)이라고 하는 끌어당기는 힘(인력)을 가한다. 이 두 힘은 작용·반작용 쌍을 이루므로 $\vec{F}_{1\text{ on }2}$는 $\vec{F}_{2\text{ on }1}$과 크기는 같고 방향이 반대이다. 힘의 크기는 뉴턴의 중력 법칙으로 주어진다.

그림 13.4 질량 m_1과 m_2에 작용하는 중력

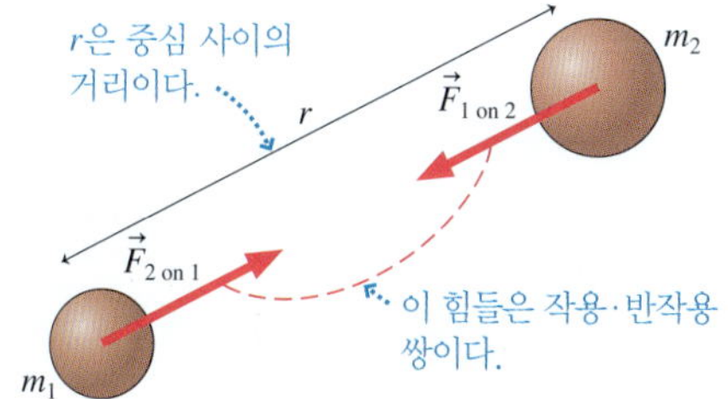

뉴턴의 중력 법칙 질량 m_1과 m_2의 두 물체가 거리 r만큼 떨어져 있다면 한 물체는 다른 물체에 크기가

$$F_{1\text{ on }2} = F_{2\text{ on }1} = \frac{Gm_1m_2}{r^2} \tag{13.2}$$

인 인력을 가한다. 이 힘들의 방향은 두 물체를 잇는 직선을 따른다.

중력 상수(gravitational constant)라고 하는 상수 G는 킬로그램 단위로 측정하는 질량과 뉴턴으로 측정하는 힘 사이의 관계를 맺어주는 데 필요한 비례 상수이다. SI 단위로 G값은 다음과 같다.

$$G = 6.67 \times 10^{-11}\ \mathrm{N\,m^2/kg^2}$$

그림 13.5 중력은 역제곱 힘이다.

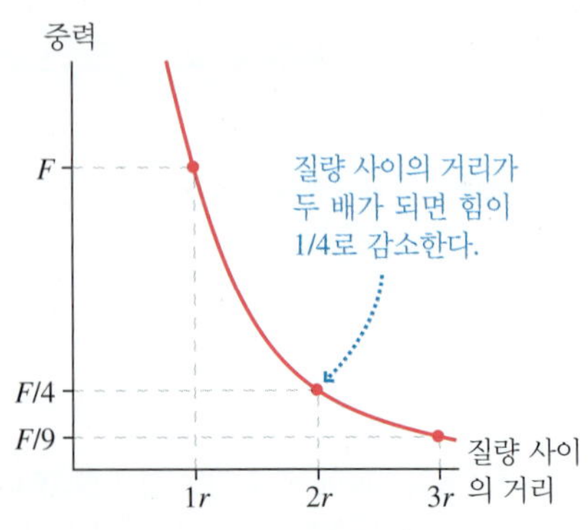

그림 13.5는 중력을 두 질량 사이의 거리의 함수로 그린 그래프이다. 그림에서 볼 수 있듯이 역제곱의 힘은 급격히 감소한다.

엄밀하게 말해 식 (13.2)는 입자에 대해서만 성립한다. 그러나 뉴턴은 r이 물체 중심 사이의 거리라면 이 식을 행성과 같은 구형 물체에 대해서도 적용할 수 있다는 것을 보일 수 있었다. 뉴턴이 직관과 상식으로 파악할 수 있었던 것처럼 우리도 직관과 상식으로 받아들일 수 있을 것이다. 어려운 증명이 꼭 필요한 것은 아니니 생략하기로 하자.

중력과 무게

G를 알면 중력의 크기를 계산할 수 있다. 1.0 m 떨어진 두 1.0 kg의 질량을 생각해보자. 뉴턴의 중력 법칙에 의하면 이 두 질량은 서로에게

$$F_{1\text{ on }2} = F_{2\text{ on }1} = \frac{Gm_1m_2}{r^2}$$
$$= \frac{(6.67 \times 10^{-11}\ \mathrm{N\,m^2/kg^2})(1.0\ \mathrm{kg})(1.0\ \mathrm{kg})}{(1.0\ \mathrm{m})^2} = 6.67 \times 10^{-11}\ \mathrm{N}$$

크기의 끌어당기는 중력을 가한다. 이것은 특히 지구가 각 질량에 작용하는 중력 $F_G = mg = 9.8$ N과 비교하여 예외적으로 작은 힘이다.

두 정상적인 크기의 물체 사이의 중력이 아주 작다는 사실은 우리가 그것을 모른다는 것의 이유가 된다. 우리는 우리 주위의 모든 물체에 의해 끌리고 있지만 우리에게 작용하는 수직 항력이나 마찰력에 비해 중력이 너무 작아 중력을 감지하기가 전혀 불가능하다. 질량 가운데 하나(또는 모두)가 예외적으로 클 때만(행성 크기 정도) 중력이 중요해진다.

지구가 지구 표면에 있는 1.0 kg의 질량에 가하는 힘을 계산하면 좀 더 상당한 결과를 얻게 된다.

$$F_{\text{earth on 1 kg}} = \frac{GM_e m_{1\text{ kg}}}{R_e^2}$$
$$= \frac{(6.67 \times 10^{-11}\ \mathrm{N\,m^2/kg^2})(5.98 \times 10^{24}\ \mathrm{kg})(1.0\ \mathrm{kg})}{(6.37 \times 10^6\ \mathrm{m})^2} = 9.8\ \mathrm{N}$$

여기서 질량과 지구 중심 사이의 거리는 지구 반지름이다. 지구 질량 M_e와 반지름 R_e는 13.6절에 있는 표 13.2에서 가져왔다. 이 책의 뒤표지 안쪽에도 인쇄되어 있는 이 표는 예제와 과제에서 사용할 천문학 데이터를 담고 있다.

힘 $F_{\text{earth on 1 kg}} = 9.8$ N은 정확히 정지해 있는 1.0 kg 질량의 무게 $F_G = mg = 9.8$ N

이다. 이것이 우연일까? 물론 아니다. 무게(용수철 저울의 위 방향 힘)는 정확히 아래 방향의 중력을 상쇄하므로 수치적으로 둘은 동일해야 한다.

약하지만 중력은 **장거리힘**(long-range force)이다. 두 물체가 얼마나 멀리 떨어져 있든지 상관없이 둘 사이에 식 (13.2)로 주어진 중력 끌림이 존재한다. 결과적으로 중력은 우주에서 가장 보편적인 힘이다. 중력은 발을 지면에 붙어 있게 할 뿐 아니라 지구가 태양 주위를 돌고, 태양계가 은하수 은하의 중심 주위를 공전하고, 또 전체 은하수 은하가 다른 은하들과 복잡한 춤을 추면서 은하의 '로컬 클러스터(local cluster)'라고 부르는 것을 형성하도록 해준다.

$\approx 10^{11}$개의 별들로 구성된 크기가 100,000광년 이상인 은하

등가 원리

뉴턴의 중력 법칙은 약간 이상한 가정에 의존한다. 5장에서 힘과 가속도 사이의 관계를 고려하여 **질량**의 개념을 도입했다. 뉴턴의 제2법칙에 등장하는 물체의 **관성 질량**(inertial mass)은 힘 F에 대한 물체의 가속도 a를 측정하여 구한다.

$$m_{\text{inert}} = \text{관성 질량} = \frac{F}{a} \tag{13.3}$$

중력은 이 질량 정의에서 아무 역할도 하지 않는다.

뉴턴의 중력 법칙 속의 물리량 m_1과 m_2는 매우 다른 방식으로 사용되고 있다. 질량 m_1과 m_2는 두 물체 사이의 중력 끌림의 세기를 결정한다. 뉴턴의 중력 법칙에서 사용되는 질량을 **중력 질량**(gravitational mass)이라고 한다. 물체의 중력 질량은 거리 r만큼 떨어진 또 다른 질량 M이 가하는 인력을 측정하여 결정할 수 있다.

$$m_{\text{grav}} = \text{중력 질량} = \frac{r^2 F_{M \text{ on } m}}{GM} \tag{13.4}$$

가속도는 중력 질량의 정의에 관여하지 않는다.

이것이 두 가지 매우 다른 질량의 개념들이다. 그럼에도 뉴턴은 그의 중력 이론에서 제2법칙에 나오는 관성 질량이 두 물체 사이의 중력 끌림의 세기를 결정하는 질량과 정확히 동일한 것이라고 주장하였다. $m_{\text{grav}} = m_{\text{inert}}$라는 주장을 **등가 원리**(principle of equivalence)라고 한다. 관성 질량이 중력 질량과 **동등하다**는 것이 이 원리가 말하고 있는 것이다.

자연에 대한 가설로서 등가 원리는 실험을 통해 입증되거나 반박될 수 있다. 아주 기발한 많은 실험 방법으로 중력 질량과 관성 질량이 차이가 있는지 조사하였는데, 그 결과는 만약 차이가 있더라도 1조 분의 10보다 작다는 것이었다! 지금까지 알려진 바로는 중력 질량과 관성 질량은 완전히 동일하다.

그러나 도대체 왜 힘을 가속도와 연결짓는 동역학과 관련된 물리량이 중력 끌림과 조금이라도 관련이 있어야 할까? 이것은 아인슈타인의 흥미를 불러일으킨 문제로 결국 아인슈타인을 휘어진 시공간과 블랙홀에 대한 이론인 일반 상대성 이론으로 이끌었다. 일반 상대성 이론은 이 책의 범위를 넘지만 일반 상대성 이론에서는 등가 원리를 공간 자체의 성질로 설명한다.

뉴턴의 중력 이론

뉴턴의 중력 이론은 식 (13.2) 이상의 것이다. 중력 이론은 다음처럼 구성되어 있다.

1. 식 (13.2)로 주어지는 구체적인 중력에 대한 힘 법칙과
2. 등가 원리와
3. 뉴턴의 세 가지 운동 법칙이 전 우주에 적용된다는 주장으로, 이 법칙들은 지상에 있는 물체에 대해서 뿐만 아니라 천체, 행성과 별에 대해서도 성립한다.

결과적으로 우리가 힘, 운동과 에너지에 대해 배운 모든 것들이 위성, 행성과 은하의 동역학과 연관되어 있다.

13.4 소문자 *g*와 대문자 *G*

친숙한 식 $F_G = mg$는 물체가 행성 표면에 있을 때 잘 들어맞는다. 하지만 동일한 물체가 행성 주위의 궤도에 있을 때 이 물체에 작용하는 힘을 구하는 데 mg는 도움이 되지 않는다. 지구와 달 사이의 인력을 구하는 데도 역시 mg를 사용할 수 없다. 뉴턴의 중력 법칙이 모든 물체 사이에 존재하는 **보편적인** 힘을 기술하기 때문에 이 법칙은 더 기본적인 시작점을 제공한다.

그림 13.6 행성 X에서 질량 m인 물체의 무게 달기

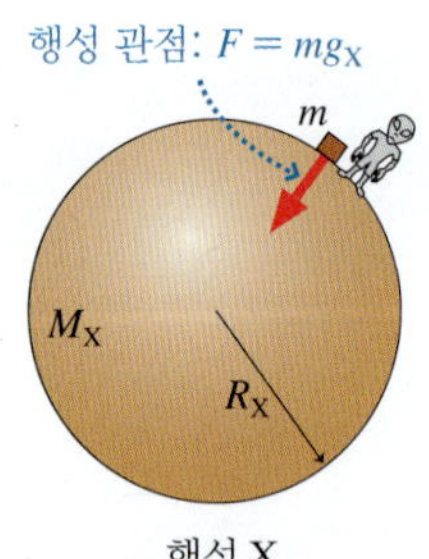

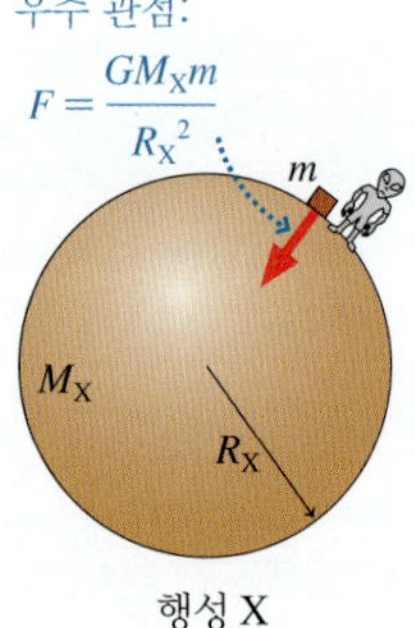

뉴턴의 중력 법칙과 친숙한 $F_G = mg$ 사이의 연관성을 보여주기 위해 그림 13.6은 행성 X의 표면 위에 질량 m인 물체를 보여준다. 표면 위에 서 있는 행성 X의 거주자 Xhzt 씨는 아래로 작용하는 중력이 $F_G = mg_X$인 것을 발견한다. 여기서 g_X는 행성 X의 자유낙하 가속도이다.

좀 더 우주적인 관점을 가진 우리는 "맞습니다. 그것이 행성과 물체 사이의 보편적인 인력에 의한 힘입니다. 이 힘의 크기는 뉴턴의 중력 법칙에 의해 결정됩니다."라고 대답한다.

우리와 Xhzt 씨 모두 맞다. 국지적으로 또는 우주적으로 생각하는 것에 무방하게 우리와 Xhzt 씨는 힘의 크기에 대해 **동일한 수치**에 도달해야 한다. 질량 M, 반지름 R인 행성 표면에 있는 질량 m인 물체를 가정해보자. 국지적인 중력은

$$F_G = mg_{surface} \tag{13.5}$$

이고, 여기서 $g_{surface}$는 행성 표면에서의 자유낙하 가속도이다. 표면($r = R$)에 있는 물체의 중력 끌림은 뉴턴의 중력 법칙에서 주어진 것처럼

$$F_{M \text{ on } m} = \frac{GMm}{R^2} \tag{13.6}$$

이다.

이들은 동일한 힘에 대한 두 이름과 두 표현식이기 때문에 우변이 같아야 한다. 그러므로

$$g_{\text{surface}} = \frac{GM}{R^2} \tag{13.7}$$

을 얻는다. 행성 표면에서의 g값을 예측하기 위해 뉴턴의 중력 법칙을 사용하였다. 이 값은 행성의 질량과 반지름뿐만 아니라 중력의 전반적인 세기를 정하는 G값에도 의존한다.

식 (13.7)의 g_{surface}에 관한 식은 모든 행성과 별에서 성립한다. 화성의 질량과 반지름을 사용하면 화성에서의 g값을 예측할 수 있다.

$$g_{\text{Mars}} = \frac{GM_{\text{Mars}}}{{R_{\text{Mars}}}^2} = \frac{(6.67 \times 10^{-11}\ \text{N m}^2/\text{kg}^2)(6.42 \times 10^{23}\ \text{kg})}{(3.37 \times 10^6\ \text{m})^2} = 3.8\ \text{m/s}^2$$

거리에 따른 g의 감소

식 (13.7)은 행성 표면에서의 g_{surface}값을 준다. 더 일반적으로 행성의 중심으로부터 거리 $r > R$ 떨어진 곳에 있는 질량 m인 물체를 상상해보자. 더 나아가 행성의 중력이 이 물체에 작용하는 유일한 힘이라고 가정하자. 그러면 이 물체의 가속도인 자유낙하 가속도는 뉴턴의 제2법칙에 의해 주어진다.

$$g = \frac{F_{M \text{ on } m}}{m} = \frac{GM}{r^2} \tag{13.8}$$

더 일반적인 이 결과는 $r = R$인 경우 식 (13.7)과 일치하지만 이것은 거리 $r > R$에서의 '국지적인' 자유낙하 가속도를 결정할 수 있게 해준다. 식 (13.8)은 g가 거리 제곱에 반비례하여 감소한다는 달에 관한 뉴턴의 발견을 표현한 것이다.

그림 13.7은 지구 표면으로부터 고도 h에서 궤도 운동을 하는 인공위성을 보여준다. 지구 중심으로부터의 거리는 $r = R_e + h$이다. 대부분의 사람들은 인공위성들이 지구로부터 '멀리' 떨어져 돌고 있다는 생각을 갖고 있다. 그러나 실제로 $h \approx 3 \times 10^5$ m가 보통인 반면 $R_e = 6.37 \times 10^6$ m이다. 그러므로 인공위성은 대략 지구 반지름의 5% 정도의 고도에서 지구를 겨우 '스치듯이' 움직인다!

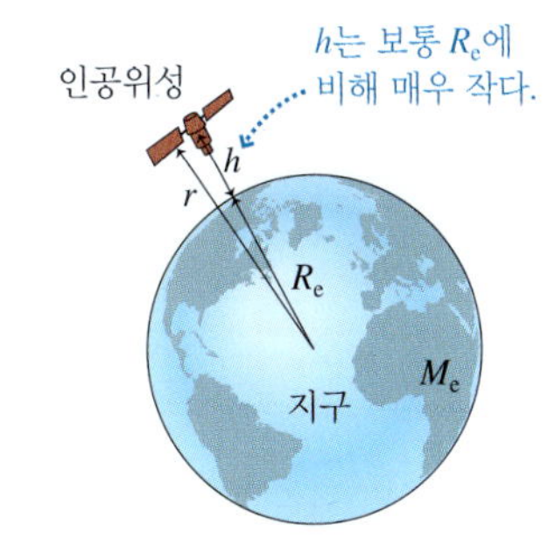

그림 13.7 고도 h에서 지구를 도는 인공위성

지상(즉 해수면 위) 고도 h에서의 g값은

$$g = \frac{GM_e}{(R_e + h)^2} = \frac{GM_e}{R_e^2(1 + h/R_e)^2} = \frac{g_{\text{earth}}}{(1 + h/R_e)^2} \tag{13.9}$$

이고, 여기서 $g_{\text{earth}} = 9.83\ \text{m/s}^2$는 회전하지 않는 지구 위 $h = 0$에 대한 식 (13.7)로부터 계산하여 얻은 값이다. 표 13.1은 여러 h값에 대해 계산한 g값을 보여준다.

표 13.1 지면 위 고도에 따른 g의 변화

고도 h	예	g (m/s²)
0 m	지면	9.83
4500 m	휘트니 산	9.82
10,000 m	제트 비행기	9.80
300,000 m	우주정거장	8.90
35,900,000 m	통신위성	0.22

지구 무게 달기

지구 질량을 알면 g를 예측할 수 있다. 그러나 어떻게 M_e값을 알 수 있을까? 지구를 거대한 저울판 위에 올려 놓을 수는 없는데, 어떻게 질량을 알 수 있을까? 더구나 어

떻게 G값을 알 수 있을까?

뉴턴은 G값을 몰랐다. 그는 중력이 m_1m_2 곱에 비례하고 r^2에 반비례한다고 말할 수 있었다. 그러나 비례 상수의 값을 알 방법이 없었다.

G를 결정하려면 알려진 거리만큼 떨어진 두 알려진 질량 사이의 중력을 직접 측정하여야 한다. 일반적인 크기를 가진 물체 사이의 중력이 너무 작기 때문에 이 측정은 아주 어려운 일이다. 그러나 영국의 과학자 헨리 캐번디시(Henry Cavendish)는 **비틀림 저울**(torsion balance)로 불리는 장치를 가지고 이 측정을 해내는 독창적인 방법을 찾아냈다. 대략 10 g 정도의 2개의 상당히 작은 질량 m을 가벼운 막대 양 끝에 놓는다. 그림 13.8a에 보인 것처럼 막대는 가는 줄에 매달려 있으며 평형에 도달하도록 기다린다.

그림 13.8 G를 측정하기 위한 캐번디시의 실험

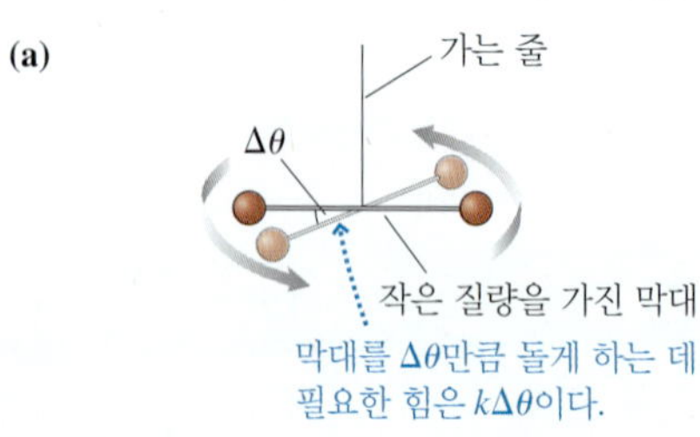

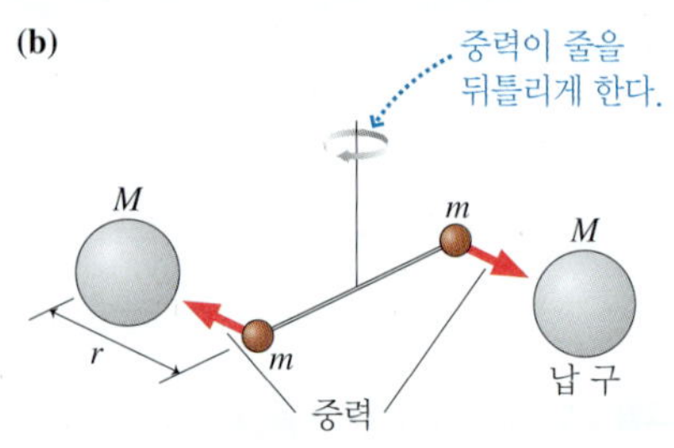

막대를 약간 회전시켰다가 놓으면 복원력이 막대를 평형으로 돌아가게 한다. 이것은 용수철을 평형으로부터 변위시키는 것과 유사하며 실제로 복원력과 변위각은 훅의 법칙을 따른다($F_{\text{restoring}} = k\Delta\theta$). '비틀림 상수' k는 진동 주기를 측정하여 결정할 수 있다. k가 알려지면 막대를 평형으로부터 조금 비틀었을 때의 힘을 $k\Delta\theta$ 곱으로부터 측정할 수 있다. 매우 작은 각 변위를 측정하는 것이 가능하므로 이 장치를 매우 작은 힘을 결정하는 데 사용할 수 있다.

그림 13.8b에서 보인 것처럼 2개의 더 큰 질량 M(보통 $M \approx 10$ kg인 납 구)을 비틀림 저울에 가까이 가져온다. 납 구가 작은 매달린 질량에 가하는 중력 끌림은 매우 작지만 $F_{M \text{ on } m}$을 측정하기에 충분한 측정 가능한 저울의 비틀림을 일으킨다. m, M과 r을 알고 있기 때문에 캐번디시는

$$G = \frac{F_{M \text{ on } m}\, r^2}{Mm} \tag{13.10}$$

으로부터 G를 결정할 수 있었다. 그의 최초의 결과는 그리 정확하지 않았지만 수년 간의 개선을 거쳐 동일한 실험을 통해 오늘날 받아들이고 있는 G값을 얻어냈다.

독립적으로 결정된 G값을 가지고 식 (13.7)로 되돌아가서

$$M_e = \frac{g_{\text{earth}} R_e^2}{G} \tag{13.11}$$

을 구할 수 있다. 우리가 지구 무게를 달았다! 지구 표면에서의 g_{earth}값은 운동학 실험을 통해 아주 정확하게 알려져 있다. 지구 반지름 R_e는 측량술을 사용하여 결정한다. 이런 매우 다른 측정으로부터 얻은 지식을 결합함으로써 지구 질량을 결정할 수 있는 방법을 찾았다.

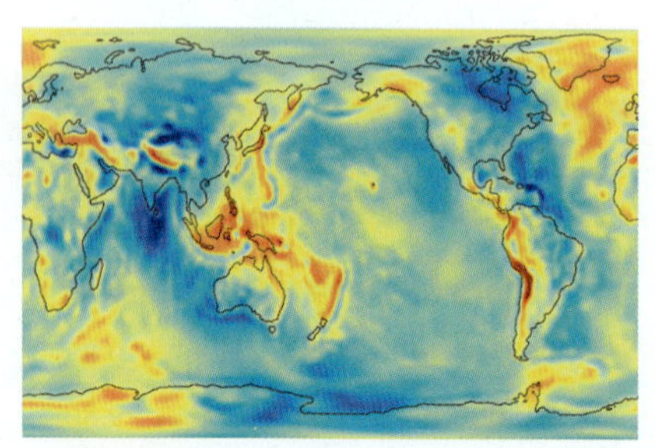

자유낙하 가속도는 산맥과 지구 지각의 밀도 변화에 따라 조금 다르다. 이 지도는 중력 편차(gravitational anomaly)를 보여준다. 빨간색 지역은 중력이 조금 강한 지역이고 파란색 지역은 중력이 조금 약한 지역이다. 차이는 0.001 m/s² 이하로 작다.

중력 상수 G는 **보편 상수**(universal constant)라고 하는 것이다. 이 값은 자연의 기본 힘 가운데 하나의 세기를 정해준다. 우리가 아는 한 두 질량 사이의 중력은 우주의 모든 곳에서 동일하다. 보편 상수는 가장 기본적이고 근본적인 자연의 성질들에 대해 무언가를 말해주고 있다. 곧 다른 보편 상수들을 만나게 될 것이다.

13.5 중력 퍼텐셜 에너지

중력 문제는 9장부터 11장에서 개발한 보존 법칙 도구를 사용하기에 이상적이다. 중력이 유일한 힘이고 중력은 보존력이기 때문에 $m_1 + m_2$ 계의 운동량과 역학적 에너지 모두 보존된다. 그러나 에너지 보존을 적용하기 위해 상호작용하는 두 질량에 대한 중력 퍼텐셜 에너지의 적절한 형태를 결정할 필요가 있다.

11장에서 개발한 퍼텐셜 에너지의 정의는

$$\Delta U = U_f - U_i = -W_c(i \rightarrow f) \tag{13.12}$$

이고 여기서 $W_c(i \rightarrow f)$는 입자가 위치 i로부터 위치 f로 이동할 때 보존력이 한 일이다. 평평한 지구의 경우 $F = -mg$와 표면($y = 0$)에서 $U = 0$으로 잡아 지금은 친숙한 $U_G = mgy$를 얻었다. U_G에 대한 이 결과는 지구의 곡률과 크기가 드러나지 않는 $y \ll R_e$일 때만 성립한다. 이제 먼 거리에서 상호작용하는 질량들의 중력 퍼텐셜 에너지에 대한 표현식을 구할 필요가 있다.

그림 13.9는 질량 m_1과 m_2의 두 입자를 보여준다. 질량 m_2가 거리 r인 초기 위치로부터 매우 멀리 떨어진 최종 위치로 움직일 때 보존력 $\vec{F}_{1\text{ on }2}$가 m_2에 한 일을 계산해 보자. 왼쪽을 가리키는 힘은 변위와 반대이다. 따라서 이 힘은 음의 일을 한다. 결과적으로 식 (13.12)의 음의 부호 때문에 ΔU는 양이다. 지구 표면 근처의 입자가 더 높은 고도로 이동할 때 퍼텐셜 에너지를 얻는 것처럼 질량 쌍은 더 멀리 떨어질 때 퍼텐셜 에너지를 얻는다.

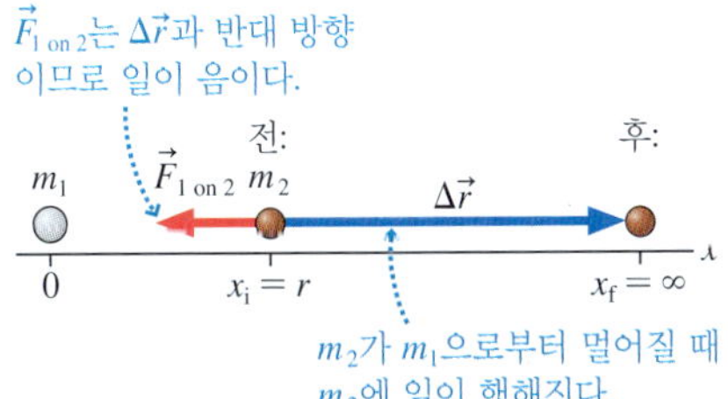

그림 13.9 질량 m_2가 r에서 ∞로 이동할 때 중력이 한 일 계산하기

m_1이 원점에 있고 m_2가 x축을 따라 움직이는 좌표계를 선택하자. 중력은 변하는 힘이므로 일의 온전한 정의를 사용할 필요가 있다.

$$W(i \rightarrow f) = \int_{x_i}^{x_f} F_x \, dx \tag{13.13}$$

$\vec{F}_{1\text{ on }2}$는 왼쪽을 향하므로 이 힘의 x성분은 $(F_{1\text{ on }2})_x = -Gm_1m_2/x^2$이 된다. 질량 m_2가 $x_i = r$에서 $x_f = \infty$로 움직이면 퍼텐셜 에너지는

$$\begin{aligned}\Delta U = U_{\text{at }\infty} - U_{\text{at }r} &= -\int_r^{\infty} (F_{1\text{ on }2})_x \, dx = -\int_r^{\infty} \left(\frac{-Gm_1m_2}{x^2}\right) dx \\ &= +Gm_1m_2 \int_r^{\infty} \frac{dx}{x^2} = -\frac{Gm_1m_2}{x}\Bigg|_r^{\infty} = \frac{Gm_1m_2}{r}\end{aligned} \tag{13.14}$$

만큼 변화한다.

더 나가기 위해 $U = 0$인 점을 선택할 필요가 있다. 질량과 반지름에 상관없이 어느 별이나 행성에 대해서도 이 선택이 성립하기 원한다. 이것은 질량들의 상호작용이 사라지는 점에 $U = 0$이라고 놓는 경우에 해당한다. 뉴턴의 중력 법칙에 따라 상호작용의 세기는 $r = \infty$일 때만 0이다. 무한히 멀리 떨어져 있는 두 질량은 함께 움직일 경향이나 가능성이 없다. 그러므로 $r = \infty$에 퍼텐셜 에너지의 영점을 두는 것을 선택한

그림 13.10 중력 퍼텐셜 에너지 곡선

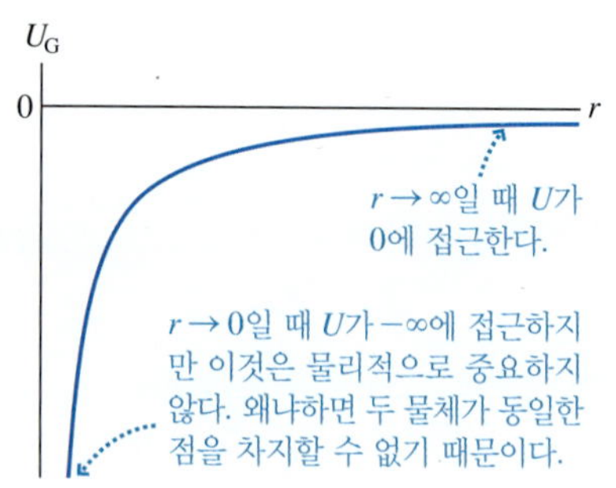

그림 13.11 두 질량의 간격이 감소할수록 두 질량은 운동 에너지를 얻는다.

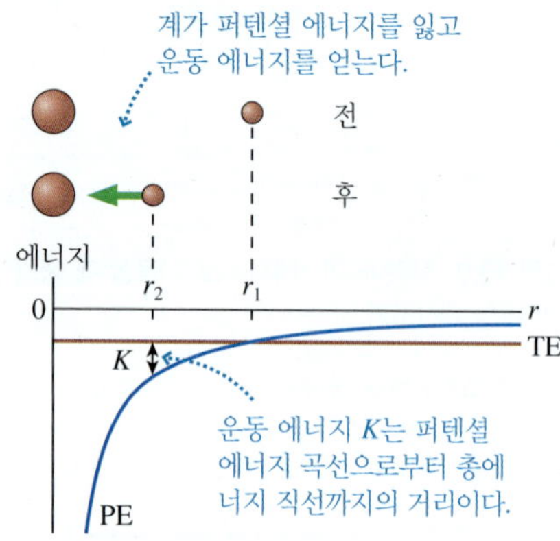

다. 다시 말해 $U_{at\,\infty} = 0$이다.

이 선택은 다음과 같은 질량 m_1과 m_2의 중력 퍼텐셜 에너지를 준다.

$$U_G = -\frac{Gm_1m_2}{r} \tag{13.15}$$

이것은 질량 m_1과 m_2의 **중심**이 거리 r만큼 떨어져 있을 때의 중력 퍼텐셜 에너지이다. **그림 13.10**은 질량 사이의 거리 r의 함수로 표현한 U_G의 그래프이다. $r \to \infty$일 때 U_G가 점근적으로 0에 접근하는 것에 주목하라.

퍼텐셜 에너지가 음이라는 것이 혼란스러울 수 있지만 10장에서 이미 비슷한 경우를 만났다. 모든 음의 퍼텐셜 에너지는 간격 r인 두 질량의 퍼텐셜 에너지가 무한히 떨어져 있을 때의 퍼텐셜 에너지보다 **작다**는 것을 의미한다. 단지 U의 **변화**만이 물리적 중요성을 가지며 퍼텐셜 에너지의 영점을 어디에 두든지 상관없이 이 변화는 동일하다.

이 사실을 보여주기 위해 거리 r_1만큼 떨어진 두 질량이 정지 상태로부터 풀려난다고 가정하자. 이들이 얼마나 멀리 움직일까? 힘의 관점에서 각 질량이 인력을 받아 다른 질량을 향해 가속된다는 것을 주목하라. **그림 13.11**의 에너지 관점에서 동일한 이야기를 할 수 있다. 작은 r로 움직이면서(즉 $r_1 \to r_2$) 계는 퍼텐셜 에너지를 **잃고** 운동 에너지를 **얻는** 반면 E_{mech}은 보존된다. 평평한 지구 위에서 생각하는 것보다 더 일반적인 의미에서 계가 "아래로 떨어진다."

예제 13.1 태양과의 충돌

지구가 갑자기 멈춰 태양 주위를 공전하지 않는다고 가정하자. 중력이 지구를 태양을 향해 직접 끌어당길 것이다. 지구가 태양과 충돌할 때의 지구 속력은 얼마인가?

핵심 지구와 태양을 구형 질량으로 모형화하라. 이것은 고립계이므로 역학적 에너지가 보존된다.

시각화 **그림 13.12**는 이 음울한 우주적 사건에 대한 전·후 그림 표현이다. 지구가 태양과 접촉하는, 지구와 태양의 중심 사이의 거리가 $r_2 = R_s + R_e$인 점에서 '충돌'이 일어난다. 초기 간격 r_1은 태양 주위의 지구 **궤도** 반지름이지 지구 반지름이 아니다.

풀이 엄밀히 말해 운동 에너지는 합 $K = K_{earth} + K_{sun}$이다. 그러나 태양이 지구에 비해 질량이 아주 크기 때문에 가벼운 지구가 거의 모든 운동 에너지를 갖고 있다. 태양이 정지해 있다고 생각하는 것이 합리적인 근사이다. 이 경우 에너지 보존식 $K_2 + U_2 = K_1 + U_1$은 다음과 같다.

$$\frac{1}{2}M_e v_2^2 - \frac{GM_sM_e}{R_s + R_e} = 0 - \frac{GM_sM_e}{r_1}$$

이로부터 충돌 시 지구의 속력을 쉽게 구할 수 있다. **표 13.2**의 데

그림 13.12 태양과 충돌하는 지구의 전·후 그림 표현(축척 무시)

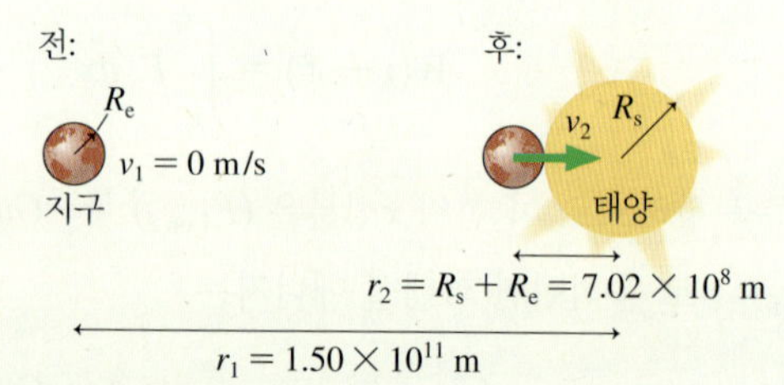

이터로부터

$$v_2 = \sqrt{2GM_s\left(\frac{1}{R_s + R_e} - \frac{1}{r_1}\right)} = 6.13 \times 10^5 \text{ m/s}$$

를 얻는다.

검토 지구가 태양과 충돌할 때 지구는 실제로 시속 백만 킬로미터 이상으로 날아가 충돌한다. 가속도가 일정하지 않기 때문에 뉴턴의 제2법칙을 사용하여 이 문제를 풀 수 있는 수학적 도구를 갖고 있지 않다는 것에 주목할 필요가 있다. 그러나 에너지 보존을 사용하면 풀이가 단순해진다.

13.6 위성 궤도와 에너지

중력의 영향을 받아 움직이는 질량의 궤적을 구하기 위해 뉴턴의 제2법칙을 푸는 것은 수학적으로 이 책의 범위를 넘는다. 풀이는 일련의 타원 궤도가 되는데, 이것이 케플러의 제1법칙이다. 케플러는 왜 다른 모양이 아닌 타원이어야 하는지 이유를 몰랐다. 뉴턴은 타원이 중력 이론의 결과라는 것을 보일 수 있었다.

타원의 수학은 좀 어렵기 때문에 분석의 대부분을 타원이 원이 되는 극한의 경우로 한정할 것이다. 대부분의 행성 궤도는 원으로부터 아주 조금 벗어나 있다. 예를 들어 지구 궤도는 0.99986의 (반단축/반장축) 비를 갖고 있다. 실제 원에 매우 가깝다!

그림 13.16은 궤도를 따라 움직이는 더 가벼운 물체 m을 가진 지구나 태양과 같은 무거운 천체 M을 보여준다. 이 가벼운 물체가 태양 주위를 도는 행성일지라도 이것을 **위성**(satellite)이라고 한다. 중력이 구심 가속도 v^2/r을 제공하는 원운동의 경우 뉴턴의 제2법칙은

$$F_{M \text{ on } m} = \frac{GMm}{r^2} = ma_r = \frac{mv^2}{r} \tag{13.21}$$

이다. 그러므로 원형 궤도에 있는 위성의 속력은 다음과 같다.

$$v = \sqrt{\frac{GM}{r}} \tag{13.22}$$

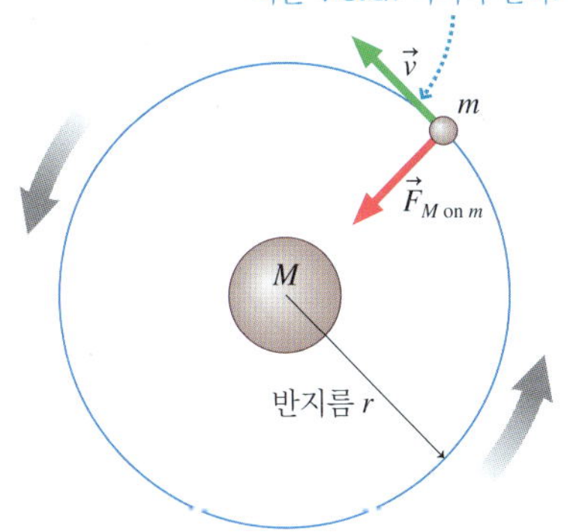

그림 13.16 중력에 의한 위성의 궤도 운동

위성이 더 큰 질량 M 주위의 반지름 r인 원형 궤도를 갖기 위해 이런 구체적인 속력을 가져야 한다. 속도가 이 값과 달라지면 궤도가 원이 아닌 타원이 된다. 궤도 속력이 위성의 질량 m에 의존하지 **않는다**는 것에 주목하라. 이것은 평평한 지구 위에서의 운동의 경우 중력에 의한 운동이 질량과 무관하다는 이전의 발견과 일치한다.

예제 13.4 | 우주정거장의 속력

작은 보급 위성이 국제 우주정거장(ISS)과 도킹할 필요가 생겼다. ISS는 고도 420 km에 있는 거의 원형인 궤도에 있다. 이 궤도에서의 ISS와 보급 위성의 속력은 얼마인가?

풀이 질량이 다름에도 불구하고 위성과 ISS는 동일한 속력으로 움직인다. 이들은 단순히 함께 자유낙하를 한다. $r = R_e + h$와 $h = 420\text{ km} = 4.20 \times 10^5\text{ m}$를 사용하면 속력은

$$v = \sqrt{\frac{(6.67 \times 10^{-11}\text{ N m}^2/\text{kg}^2)(5.98 \times 10^{24}\text{ kg})}{6.79 \times 10^6\text{ m}}}$$

$$= 7660\text{ m/s} \approx 27{,}600\text{ km/h}$$

가 된다.

검토 답이 지구 질량에 의존하고 위성의 질량과는 무관하다.

케플러의 제3법칙

원운동의 중요한 매개 변수는 **주기**이다. 주기 T가 궤도를 한 바퀴 도는 데 걸리는 시간이라는 것을 상기하라. 속력, 반지름과 주기 사이의 관계식은 다음과 같다.

국제 우주정거장은 떠 있는 것처럼 보이지만 실제로는 지구 주위를 돌면서 거의 8000 m/s로 이동한다.

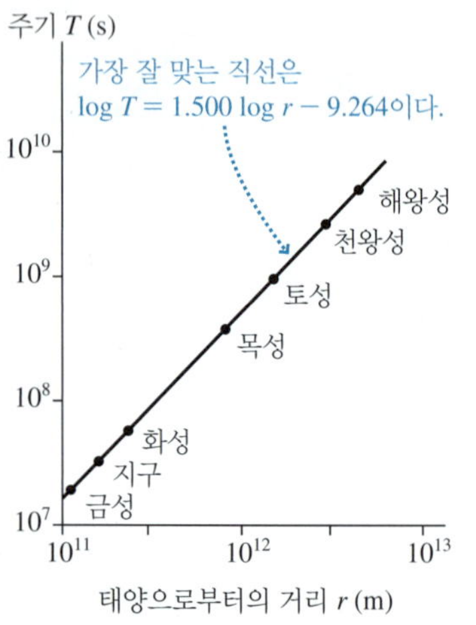

그림 13.17 표 13.2의 행성 데이터에 대한 $\log T$ 대 $\log r$ 그래프

$$v = \frac{\text{원주}}{\text{주기}} = \frac{2\pi r}{T} \tag{13.23}$$

v에 대한 식 (13.22)를 사용하여 위성의 주기와 궤도 반지름 사이의 관계식을 구할 수 있다.

$$v = \frac{2\pi r}{T} = \sqrt{\frac{GM}{r}} \tag{13.24}$$

양변을 제곱하고 T에 대해 풀면

$$T^2 = \left(\frac{4\pi^2}{GM}\right) r^3 \tag{13.25}$$

을 얻는다. 다른 말로 하면 주기의 **제곱**이 반지름의 **세제곱**에 비례한다. 이것이 케플러의 제3법칙이다. 케플러의 제3법칙은 뉴턴의 중력 법칙의 직접적인 결과임을 알 수 있다.

표 13.2는 태양계에 대한 천문학 정보를 담고 있다. 이 데이터를 사용하여 식 (13.25)가 정당한지 확인할 수 있다. 그림 13.17은 수성을 제외한 표 13.2에 있는 모든 행성들에 대한 $\log T$ 대 $\log r$ 그래프이다. 각 축의 눈금이 선형적이 아니고 밑이 10인 로그함수적으로 증가하는 것에 주목하라. (또한 수직축은 T를 SI 단위인 s로 변환하였다.) 알 수 있듯이 그래프는 가장 잘 맞는 식

$$\log T = 1.500 \ \log r - 9.264$$

로 표현되는 직선이다. 식 (13.25)의 양변에 로그를 취하고 로그함수의 성질인 $\log a^n = n \log a$와 $\log (ab) = \log a + \log b$를 이용하면 다음 식을 얻는다.

$$\log T = \tfrac{3}{2}\log r + \tfrac{1}{2}\log\left(\frac{4\pi^2}{GM}\right)$$

달리 이야기하면 이론은 $\log T$ 대 $\log r$ 그래프의 기울기가 정확히 $\tfrac{3}{2}$인 것을 예측한

표 13.2 유용한 천문학 데이터

행성	태양으로부터의 평균 거리 (m)	주기 (년)	질량 (kg)	평균 반지름 (m)
태양	—	—	1.99×10^{30}	6.96×10^{8}
달	3.84×10^{8}*	27.3 days	7.36×10^{22}	1.74×10^{6}
수성	5.79×10^{10}	0.241	3.18×10^{23}	2.43×10^{6}
금성	1.08×10^{11}	0.615	4.88×10^{24}	6.06×10^{6}
지구	1.50×10^{11}	1.00	5.98×10^{24}	6.37×10^{6}
화성	2.28×10^{11}	1.88	6.42×10^{23}	3.37×10^{6}
목성	7.78×10^{11}	11.9	1.90×10^{27}	6.99×10^{7}
토성	1.43×10^{12}	29.5	5.68×10^{26}	5.85×10^{7}
천왕성	2.87×10^{12}	84.0	8.68×10^{25}	2.33×10^{7}
해왕성	4.50×10^{12}	165	1.03×10^{26}	2.21×10^{7}

*지구로부터의 거리

다. 그림 13.17은 태양계 데이터가 인상적으로 유효 숫자 네 자리까지 일치하는 것을 보여준다. 숙제 문제에서 그래프의 y축과의 교점을 사용하여 태양의 질량을 구하게 될 것이다.

특별히 흥미로운 식 (13.25)의 응용으로는 지구 위 **정지 궤도**(geosynchronous orbit)에 있는 통신위성을 들 수 있다. 이 위성들의 주기는 24 h = 86,400 s로 궤도 운동이 지구 자전과 동기화되어 있다. 그 결과 이런 궤도에 있는 위성은 지구 적도 위의 한 점에 고정되어 있는 것처럼 보인다. 식 (13.25)는 이 주기로부터 궤도 반지름을 계산할 수 있게 해준다.

$$
\begin{aligned}
r_{\text{geo}} = R_{\text{e}} + h_{\text{geo}} &= \left[\left(\frac{GM}{4\pi^2}\right)T^2\right]^{1/3} \\
&= \left[\left(\frac{(6.67\times10^{-11}\ \text{N m}^2/\text{kg}^2)(5.98\times10^{24}\ \text{kg})}{4\pi^2}\right)(86{,}400\ \text{s})^2\right]^{1/3} \\
&= 4.225\times10^{7}\ \text{m}
\end{aligned}
$$

궤도의 고도는

$$h_{\text{geo}} = r_{\text{geo}} - R_{\text{e}} = 3.59\times10^{7}\ \text{m} = 35{,}900\ \text{km}$$

이다.

정지 궤도의 고도는 우주정거장과 원격 탐사위성이 사용하는 저지구 궤도 고도 $h \approx 300$ km보다 훨씬 높다. 최초의 인공위성이 발사되기 10년 전인 1948년 공상과학 소설가 아서 C. 클라크(Arthur C. Clarke)가 처음으로 정지 궤도에 있는 통신위성을 제안하였다!

예제 13.5 **태양계 밖의 행성들**

최근에 천문학자들이 별 주위를 도는 수천 개의 행성을 발견하였다. 이들을 **태양계 밖 행성들**(extrasolar planets)이라고 한다. 한 행성이 1200일의 주기를 갖고 목성과 태양 사이의 거리와 동일한 거리만큼 떨어져 한 별의 주위로 궤도 운동을 하는 것이 관측되었다고 가정하자. 별의 질량이 태양 질량 단위로 얼마인가? [1태양 질량(solar mass)은 태양의 질량으로 정의한다.]

풀이 여기서 '일'은 천문학자들이 주기를 측정할 때 사용하는 것처럼 지구일을 의미한다. 그러므로 행성의 주기는 SI 단위로 $T = 1200$일 $= 1.037\times10^{8}$ s이다. 궤도 반지름은 목성의 궤도 반지름으로 표 13.2에서 $r = 7.78\times10^{11}$ m임을 알 수 있다. 별의 질량에 대해 식 (13.25)를 풀면

$$
\begin{aligned}
M = \frac{4\pi^2 r^3}{GT^2} &= 2.59\times10^{31}\ \text{kg}\times\frac{1\ \text{태양 질량}}{1.99\times10^{30}\ \text{kg}} \\
&= 13\ \text{태양 질량}
\end{aligned}
$$

을 얻는다.

검토 이것은 크지만 아주 큰 별은 아니다.

케플러의 제2법칙

그림 13.18a는 타원 궤도를 따라 움직이는 행성을 보여준다. 12장에서 입자의 **각운동량**을 다음처럼 정의하였다.

그림 13.18 타원 궤도의 행성들에 대해 각운동량이 보존된다.

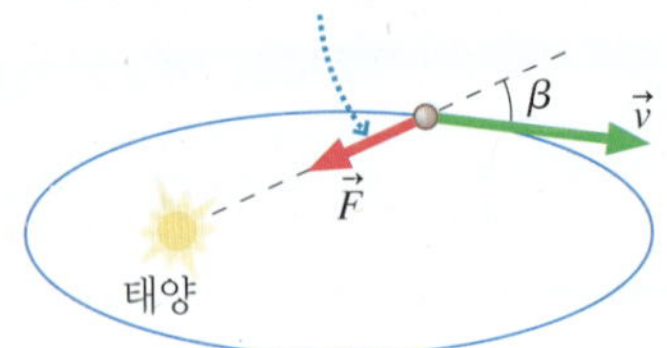

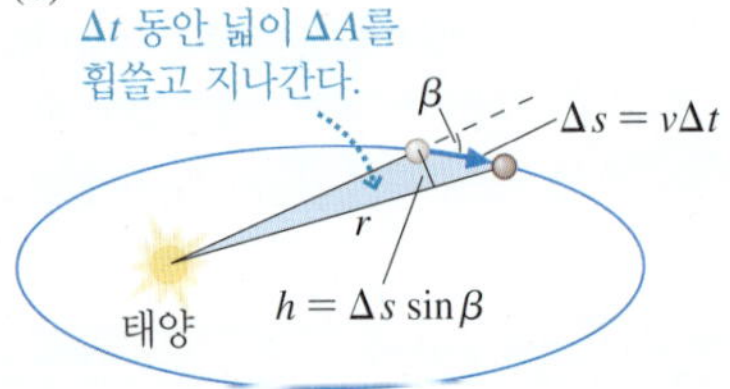

$$L = mrv \sin\beta \tag{13.26}$$

여기서 β는 $\vec{r}$과 $\vec{v}$ 사이의 각도이다. β가 항상 90°인 원형 궤도의 경우 각운동량이 간단히 $L = mrv$가 된다.

위성에 작용하는 유일한 힘인 중력은 위성이 궤도를 따라 도는 별이나 행성을 직접 향하므로 돌림힘을 작용하지 않는다. 그러므로 **위성이 궤도 운동을 할 때 위성의 각운동량이 보존된다**.

위성은 작은 시간 간격 Δt 동안 작은 거리 $\Delta s = v\Delta t$ 앞으로 이동한다. 이 운동은 그림 13.18b에 보인 넓이 ΔA의 삼각형을 정의한다. ΔA는 Δt 동안 위성이 '휩쓰는' 넓이이다. 삼각형의 높이가 $h = \Delta s \sin\beta$임을 알 수 있으므로 삼각형의 넓이는

$$\Delta A = \tfrac{1}{2} \times \text{밑변} \times \text{높이} = \tfrac{1}{2} \times r \times \Delta s \sin\beta = \tfrac{1}{2} rv \sin\beta\, \Delta t \tag{13.27}$$

이다.

위성이 움직이면서 휩쓰는 넓이율은

$$\frac{\Delta A}{\Delta t} = \tfrac{1}{2} rv \sin\beta = \frac{mrv \sin\beta}{2m} = \frac{L}{2m} \tag{13.28}$$

이 된다. 각운동량 L이 보존되므로 넓이율은 궤도의 모든 점에서 동일한 값을 갖는다. 결과적으로 위성이 휩쓰는 넓이율은 일정하다. 이것이 케플러의 제2법칙으로, 태양과 행성을 이은 직선은 동일한 시간 간격 동안 동일한 넓이를 휩쓸고 지나간다. 케플러의 제2법칙이 각운동량 보존의 결과라는 것을 알 수 있다.

각운동량의 또 다른 결과는 원형 궤도에 대해서만 궤도 속력이 동일하다는 것이다. r이 최소나 최대인 타원 궤도의 '끝'들을 생각해보자. 이들 점에서 $\beta = 90°$이므로 $L = mrv$이다. L이 일정하기 때문에 가장 먼 점에서의 위성의 속력은 가장 가까운 점에서의 속력보다 작아야 한다. 각운동량(과 에너지)을 일정하게 하기 위해 일반적으로 r이 증가하면 위성이 느려졌다가 r이 감소하게 되면 속력이 증가한다.

케플러의 법칙들은 행성 운동에 대한 관측 데이터를 요약하고 있다. 이 법칙들은 놀라운 업적이지만 이론을 만들지는 못했다. 뉴턴이 모든 운동을 이해하고 계산할 수 있도록 해주는 힘과 운동 사이의 구체적인 일련의 관계인 이론을 내놓았다. 뉴턴의 중력 이론은 케플러의 법칙들을 추론할 수 있게 해주었고, 따라서 더 근본적인 수준에서 케플러의 법칙들을 이해할 수 있게 되었다.

궤도 에너지

궤도 운동의 에너지에 대해 생각하는 것으로 이 장을 마무리짓도록 하자. 식 (13.24)로부터 원형 궤도의 위성이 $v^2 = GM/r$이어야 한다는 것을 알아냈다. 위성의 속력은 전적으로 궤도의 크기에 의해 결정된다. 따라서 위성의 운동 에너지는

$$K = \tfrac{1}{2} mv^2 = \frac{GMm}{2r} \tag{13.29}$$

이다. 그러나 $-GMm/r$이 퍼텐셜 에너지 U_G이므로

$$K = -\tfrac{1}{2}U_G \tag{13.30}$$

가 된다.

이것은 흥미로운 결과다. 이전의 모든 예에서 운동 에너지와 퍼텐셜 에너지는 2개의 독립적인 매개 변수였다. 대조적으로 K와 U 사이의 매우 특수한 관계가 있어야만 위성이 원형 궤도를 따라 움직일 수 있다. K와 U가 이 관계를 가져야 한다는 것은 아니지만, 그렇지 않으면 궤적이 원이 아닌 타원이 될 것이다.

식 (13.30)은 원형 궤도 위성의 역학적 에너지가

$$E_{mech} = K + U_G = \tfrac{1}{2}U_G \tag{13.31}$$

임을 알려준다. 중력 퍼텐셜 에너지가 음이기 때문에 총 역학적 에너지 역시 음이다. 음의 총에너지는 위성이 중력에 의해 중심에 있는 질량에 구속되어 있어 도망갈 수 없는 **속박계**(bound system)의 특징이다. 비구속계는 위성이 여전히 운동 에너지를 갖고 $U = 0$인 무한대에 도달할 수 있기 때문에 계의 총에너지는 ≥ 0이어야 한다. E_{mech}이 음수인 것은 위성이 중심에 있는 질량으로부터 탈출할 수 없다는 것을 말해준다.

그림 13.19는 원형 궤도의 위성의 에너지를 궤도 반지름의 함수로 보여준다. 어떻게 $E_{mech} = \frac{1}{2}U_G$인지 주목하라. 이 그림은 위성이 한 궤도로부터 다른 궤도로 이동되는 에너지학을 이해하는 데 도움을 준다. 위성이 반지름 r_1의 궤도에 있다가 더 큰 반지름 r_2의 궤도로 이동하려 한다고 가정해보자. r_2에서의 운동 에너지가 r_1에서보다 작다(위성이 더 큰 궤도에서 더 느리게 움직인다). 그러나 총에너지는 r이 증가할수록 더 커지는 것을 볼 수 있다. 결과적으로 위성을 더 큰 궤도로 이동시키는 것은 알짜 에너지 증가 $\Delta E > 0$을 필요로 한다. 이 에너지 증가가 어디서 오는 것일까?

인공위성은 로켓 모터를 점화하여 앞으로 가는 추력을 만듦으로써 더 높은 궤도로 올라간다. 이 힘은 로켓에 일을 하고 10장의 에너지 원리에 의해 이 일이 위성의 에너지를 $\Delta E_{mech} = W_{ext}$만큼 증가시킨다. 그러므로 위성을 더 높은 궤도로 '들어 올리는' 에너지는 로켓 연료에 저장된 화학 에너지로부터 나온다.

그림 13.19 원형 궤도를 도는 인공위성의 운동 에너지, 퍼텐셜 에너지와 총에너지

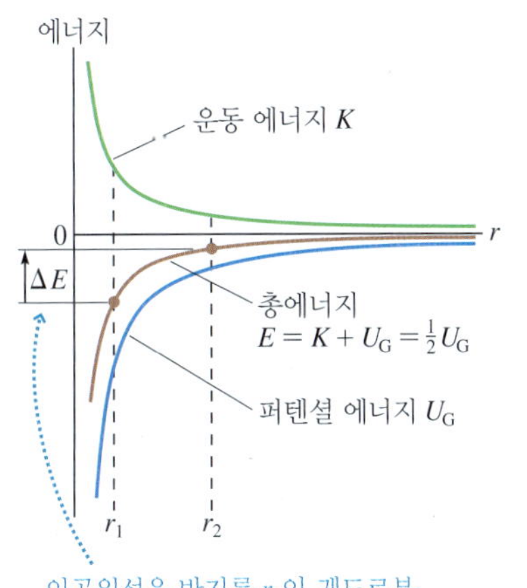

예제 13.6 인공위성 올리기

1000 kg의 통신위성을 $h = 300$ km의 저지구 궤도로부터 정지 궤도로 올리기 위해 얼마의 일을 해주어야 하는가?

풀이 필요한 일은 $W_{ext} = \Delta E_{mech}$이고 식 (13.31)로부터 $\Delta E_{mech} = \frac{1}{2}\Delta U_G$임을 알고 있다. 초기 궤도의 반지름은 $r_{low} = R_e + h = 6.67 \times 10^6$ m이다. 앞서 정지 궤도의 반지름이 4.22×10^7 m인 것을 구했다. 따라서

$$W_{ext} = \Delta E_{mech} = \tfrac{1}{2}\Delta U_G = \tfrac{1}{2}(-GM_e m)\left(\frac{1}{r_{geo}} - \frac{1}{r_{low}}\right) = 2.52 \times 10^{10}\ \text{J}$$

을 얻는다.

검토 위성을 높은 궤도로 올리는 데 많은 에너지가 소모된다!

위성을 더 큰 궤도로 이동시키는 방법이 추진 엔진을 지구를 향하게 하고 점화하는 것이라고 생각하기 쉽다. 만약 위성이 처음에 정지해 있었고 직선 궤적을 따라 움직인다면 이 방법이 맞다. 그러나 궤도를 도는 위성은 이미 움직이고 있고 상당한 관성을 갖고 있다. 직선으로 지구를 벗어나는 방향의 힘은 위성의 속도 벡터를 힘의 방향으로 변화시키지만 위성이 그 방향으로 움직이지는 않는다. (앞서 다루었던 곡선 궤적을 따르는 운동에 대한 모든 운동 도형들을 기억하라.) 이에 더하여 지구 밖으로 향하는 힘은 위성의 운동에 대해 거의 수직에 가깝고 결국 힘이 일을 하지 못한다. 우주 공간에서 항해하는 것은 〈스타워즈〉 영화에서 보듯이 쉬운 일이 아니다!

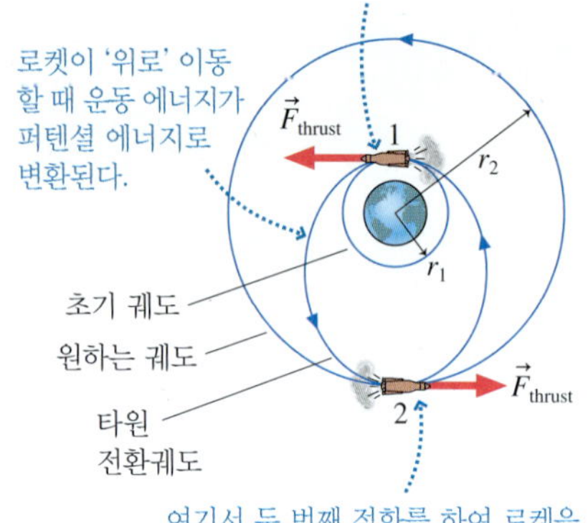

그림 13.20 인공위성을 더 큰 원형 궤도로 이동시키기

그림 13.20에 있는 위성을 반지름 r_1의 궤도에서 더 큰 반지름 r_2의 원형 궤도로 이동시키기 위해서 추진 엔진을 점 1에서 켜서 짧은 전진 추력을 운동 방향, 즉 원의 접선 방향으로 가한다. 이 힘은 변위와 평행하기 때문에 힘은 상당한 양의 일을 한다. 따라서 위성은 신속히 운동 에너지를 얻는다($\Delta K > 0$). 그러나 위성이 짧은 추력 작동 동안 지구로부터의 거리를 변화시킬 시간이 없었기 때문에 $\Delta U_G = 0$이다. 운동 에너지는 증가하지만 퍼텐셜 에너지가 변하지 않으면 위성이 더 이상 원형 궤도에 대한 $K = -\frac{1}{2}U_G$ 조건을 따르지 못한다. 대신 위성은 타원 궤도에 진입한다.

타원 궤도에서 위성은 운동 에너지를 퍼텐셜 에너지로 전환하여 점 2를 향해 '위'로 움직인다. 점 2에서 위성은 지구로부터 원하는 거리에 도달하고 '올바른' 퍼텐셜 에너지 값을 가지게 된다. 그러나 위성의 운동 에너지는 이제 원형 궤도에서 필요로 하는 값보다 작다. (여기서 계산하기에는 분석이 조금 복잡하다. 이 계산은 응용 문제로 남긴다.) 다른 행동을 취하지 않는다면 위성이 타원 궤도로 계속해서 진행하다 점 1로 다시 '떨어진다'. 그러나 점 2에서의 또 다른 전진 추력은 U_G 변화 없이 운동 에너지가 원형 궤도에 필요한 $K = -\frac{1}{2}U_G$에 도달할 때까지 운동 에너지를 증가시킨다. 빨리! 두 번째 점화는 원하는 반지름 r_2의 원형 궤도로 위성을 보낸다. 일 $W_{\text{ext}} = \Delta E_{\text{mech}}$은 두 번의 분사 과정에서 한 전체 일이다. 두 번의 분사 사이에 이 일이 어떻게 나누어지는지 알려면 더 자세한 분석이 필요하지만 세부사항에 대해 알지 못하더라도 이제는 관련된 아이디어를 이해하기 위해 궤도와 에너지에 대한 충분한 지식을 갖고 있다.

응용 예제 13.7 | 쌍성 계

천문학자들이 주기가 90일인 쌍성 계를 발견한다. 두 별 모두 태양 질량의 두 배인 질량을 갖고 있다. 두 별은 얼마나 멀리 떨어져 있는가?

핵심 별을 서로에게 중력을 가하는 구형 질량으로 모형화하라.

시각화 고립계는 계의 질량 중심 주위로 회전한다. 그림 13.21은 궤도와 힘을 보여준다. 질량 중심으로부터 각 별까지의 거리(별 궤도의 반지름)를 r이라고 하면 별 사이의 거리는 $d = 2r$이 된다.

풀이 별 2는 단지 한 가지 힘 $\vec{F}_{1\text{ on }2}$만을 받고 이 힘이 원운동의 구심 가속도 v^2/r임을 제공해야 한다. 별 2에 대한 뉴턴의 제2법칙은

$$F_{1\text{ on }2} = \frac{GM_1M_2}{d^2} = \frac{GM^2}{4r^2} = Ma_r = \frac{Mv^2}{r}$$

가 되며, 여기서 $M_1 = M_2 = M$을 사용하였다. 별 1에 대한 식도 동일하다. 별의 속력은 주기와 원형 궤도의 원주와 $v = 2\pi r/T$의 관계를 갖고 있다. 이 식을 사용하면 힘의 식은 다음과 같이 된다.

그림 13.21 쌍성 계

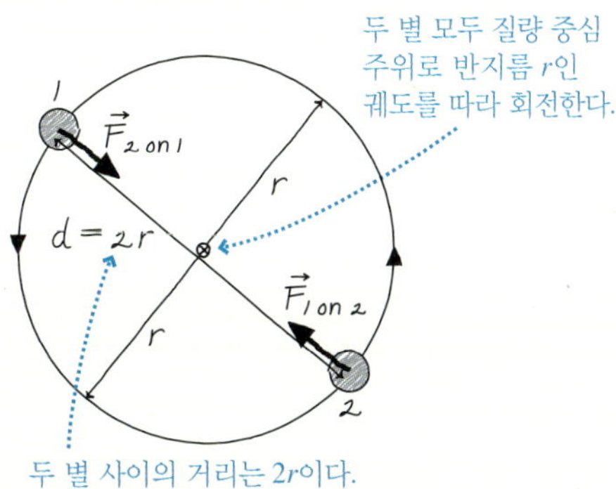

$$\frac{GM^2}{4r^2} = \frac{4\pi^2 Mr}{T^2}$$

r에 대해 식을 풀면

$$= \left[\frac{GMT^2}{16\pi^2}\right]^{1/3}$$

$$= \left[\frac{(6.67\times10^{-11}\,\mathrm{N\,m^2/kg^2})(2\times1.99\times10^{30}\,\mathrm{kg})(7.78\times10^{6}\,\mathrm{s})^2}{16\pi^2}\right]^{1/3}$$

$$= 4.67\times10^{10}\,\mathrm{m}$$

를 얻는다. 별 사이의 거리는 $d = 2r = 9.3 \times 10^{10}$ m이다.

검토 이 결과는 태양계 거리 범위 안에 있으므로 타당하다.

서술형 질문

1. 태양에 대한 지구 중력이 지구에 대한 태양 중력보다 큰가, 작은가 아니면 같은가? 설명하시오.
2. 1000 kg의 위성과 2000 kg의 위성이 지구 주위의 정확히 동일한 궤도를 돈다.
   a. 두 번째 위성이 받는 중력에 대한 첫 번째 위성이 받는 중력의 비 F_1/F_2는 얼마인가?
   b. 두 번째 위성의 가속도에 대한 첫 번째 위성의 가속도의 비 a_1/a_2는 얼마인가?
3. 2개의 원격 탐지 위성 중 하나가 다른 것보다 무겁기 때문에 궤도 속력이 다를 수 있을까? 이 위성들은 정지 궤도에 놓인 통신 위성들보다 항상 큰 속력을 가질까?
4. 왜 두 질량의 중력 퍼텐셜 에너지가 음일까? "식이 그런 값을 주기 때문이다."라고 말하는 것은 설명이 아니라는 것에 주목하라.
5. 목성의 질량은 지구 질량의 300배이다. 목성은 $T_{\text{Jupiter}} = 11.9$년의 주기로 $r_{\text{Jupiter}} = 5.2\,r_{\text{earth}}$의 궤도를 따라 태양 주위를 돌고 있다. 지구가 목성 거리까지 이동하여 태양 주위의 원형 궤도를 돈다고 가정하자. 다음 중 어느 것이 지구의 새로운 주기인가? 설명하시오.
   a. 1년
   b. 1년과 11.9년 사이
   c. 11.9년
   d. 11.9년 이상
   e. 지구 속력에 달려 있다.
   f. 지구 질량의 행성이 목성 거리에서 궤도를 따라 도는 것은 불가능하다.

연습문제

표시가 된 연습문제들은 이전 장들에서 다룬 내용과 관련이 있다.

연습

13.3 뉴턴의 중력 법칙

1. | 여러분에게 작용하는 지구 중력과 태양의 중력의 비는 얼마인가?
2. || 20 kg의 납 구와 150 g의 납 구의 중심이 5 cm 떨어져 있다.
   a. 서로에게 가하는 중력은 얼마인가?
   b. 150 g의 납 구에 작용하는 지구 중력에 대한 이 중력의 비는 얼마인가?
3. || 국제 우주정거장은 지구 표면으로부터 410 km 상공의 궤도를 돌고 있다. 국제 우주정거장 내부에 있는 10 kg의 구에 작용하는

중력은 얼마인가?

4. ‖ 20 kg의 구가 원점에 놓여 있고 10 kg의 구는 $x = 20$ cm에 놓여 있다. x축 위의 어느 위치에 작은 질량을 놓으면, 그 질량에 작용하는 두 구에 의한 알짜 중력이 0이 되는가?

13.4 소문자 g와 대문자 G

5. ‖ (a) 달과 (b) 목성 표면에서의 자유낙하 가속도는 얼마인가?

6. | 토성의 위성인 타이탄의 질량은 1.35×10^{23} kg이고 반지름은 2580 km이다. 타이탄 위에서의 자유낙하 가속도는 얼마인가?

7. | 지구를 질량의 변화 없이 줄어들게 할 수 있다고 가정하자. 표면에서의 자유낙하 가속도가 현재 값의 세 배가 되려면 반지름이 현재 지구 반지름의 몇 배가 되어야 하는가?

13.5 중력 퍼텐셜 에너지

8. | 지구에서 우주인이 공을 수직 위로 높이 15 m까지 던질 수 있다. 화성에서라면 이 우주인이 얼마나 높이 공을 던질 수 있는가?

9. ‖ 지구 표면으로부터 수직으로 로켓을 15,000 m/s로 발사한다. 이 로켓이 지구로부터 아주 멀리 떨어져 있을 때의 속력은 얼마인가?

10. ‖ 우주승강기(space elevator)가 제안되었는데, 이것은 지구 표면으로부터 멀리 떨어져 궤도 운동을 하는 위성까지 뻗어 있는 줄로 구성되어 있으며, 이 위성이 줄을 팽팽하게 유지시켜주는 구실을 한다. 모터로 움직이는 승강기가 느리게 로켓을 정상으로 이동시키면 훨씬 작은 에너지를 사용하여 지구로부터 먼 곳까지 로켓을 발사할 수 있다. 고도 36,000 km에 있는 우주승강기에서 발사한 우주선의 탈출 속력은 얼마인가? 지구의 자전은 무시하라.

11. ‖ 먼 행성을 다녀왔다. 측정을 통해 행성의 질량이 지구 질량의 두 배이지만 표면에서의 자유낙하 가속도가 지구에 비해 1/4에 지나지 않는다는 것을 알았다.
    a. 이 행성의 반지름은 얼마인가?
    b. 지구로 귀환하려면 행성을 탈출할 필요가 있다. 로켓이 필요로 하는 최소 속력은 얼마인가?

12. ‖ 쌍성 계는 두 별을 갖고 있다. 각 별의 질량은 태양의 질량과 동일하고 거리 1.0×10^{12} m 떨어져 있다. 혜성이 아주 멀리 있고 본질적으로 정지해 있다. 느리지만 확실하게 중력이 혜성을 별들로 끌어당긴다. 혜성이 두 별의 중간점을 통과하는 궤적을 따라 움직인다고 가정하자. 이 중간점에서의 혜성의 속력은 얼마인가?

13.6 위성 궤도와 에너지

13. ‖ 먼 태양계를 방문하게 될 과학 담당 공무원이 행성에 도착하기 전 측정을 통해 행성의 지름이 1.8×10^7 m이고 자전 주기가 22.3시간인 것을 알았다. 이전에 행성이 별로부터 2.2×10^{11} m 떨어진 궤도를 402 지구일의 주기로 돌고 있음을 구했다. 행성 표면에서의 자유낙하 가속도가 12.2 m/s^{2}인 것을 알았다. (a) 행성과 (b) 별의 질량은 얼마인가?

14. ‖ 위성이 태양 주위를 1.0일의 주기로 돌고 있다. 이 궤도의 반지름은 얼마인가?

15. ‖ 작은 위성이 행성 주위를 원형 궤도를 따라 10 km/s의 속력으로 돌고 있다. 궤도를 한 바퀴 도는 데 50시간이 걸린다. 이 행성의 질량은 얼마인가?

16. ‖ 금성 주위를 도는 정지 궤도 위성의 속력과 고도는 얼마인가? 금성의 질량은 4.87×10^{24} kg이고 반지름은 6052 km이다. 금성은 243일마다 한 번 자전한다.

17. ‖ 2000년에 NASA가 한 소행성 주위의 궤도에 위성을 올려놓았다. 이 소행성은 구형이고 질량 1.0×10^{16} kg, 반지름 8.8 km라고 생각하자.
    a. 표면으로부터 고도 5.0 km에 있는 궤도를 도는 위성의 속력은 얼마인가?
    b. 이 소행성으로부터의 탈출 속력은 얼마인가?

문제

18. ‖ 그림 P13.18은 3개의 질량을 보여준다. (a) 20.0 kg 질량과 (b) 5.0 kg 질량에 작용하는 알짜 중력의 크기와 방향은 무엇인가? y축으로부터 시계 방향 또는 반시계 방향의 각도로 답하시오.

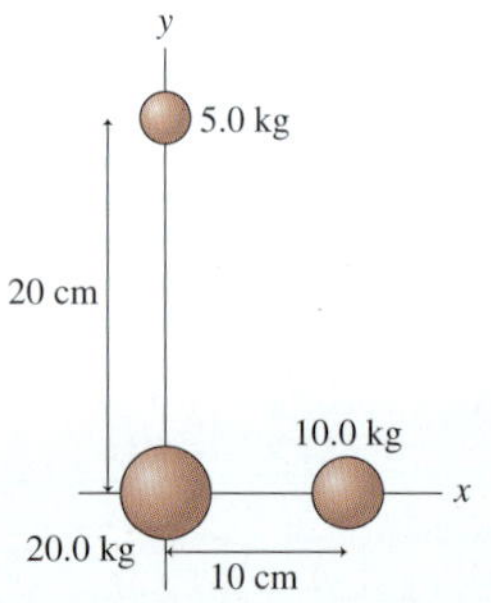

그림 P13.18

19. ‖ 그림 P13.18에 있는 3개 질량의 총 중력 퍼텐셜 에너지는 얼마인가?

20. ‖ 두 구형 물체의 질량의 합이 150 kg이다. 중심 사이의 거리가 20 cm일 때 둘 사이의 중력 끌림은 8.00×10^{-6} N이다. 각 질량은 얼마인가?

21. ‖ 태양 질량의 12배의 질량을 가진 외톨이 블랙홀이 지구와 충돌하는 경로를 따라 태양계로 진입한다. 지구 표면에 있는 물체들이 공중에 떠올라 블랙홀로 '빠져' 들어간다면 이 블랙홀은 지구

중심으로부터 얼마나 멀리 떨어져 있겠는가? 지구 반지름의 배수로 답하시오.

22. ||| 포물체를 지구 표면으로부터 수직 위로 10,000 km/h의 속력으로 발사한다. 얼마나 멀리 올라가겠는가?

23. || 고도 400 km에서 지구를 돌고 있는 우주인이 타고 있는 우주선의 궤도와 정확히 같은 궤도로, 그러나 반대 방향으로 움직이는 우주 잔해 구름을 발견하고 경악한다. 잔해가 25 km 떨어져 있을 때 우주인이 잔해를 감지한다. 우주인이 로켓을 점화하여 궤도를 바꿀 때까지 얼마의 시간이 남아 있는가?

24. ||| 달에 거주하는 불량한 개척자들이 전쟁을 선포하고 지구를 향해 큰 돌덩이를 던질 투석기를 준비한다. 돌덩이를 달이 지구에 가장 가까이 있는 점에서 발사한다고 가정하자. 이 문제의 경우 지구와 달의 자전과 달의 공전은 무시할 수 있다.
CALC

a. 돌덩이가 지구에 닿기 위해서 필요한 최소 속력은 얼마인가? **힌트**: 최소 속력은 탈출 속력이 아니다. 삼체 문제를 분석할 필요가 있다.

b. 공기 저항을 무시할 때 이 최소 속력으로 발사한 돌덩이가 지구와 충돌하는 속력은 얼마인가?

25. || 우주선이 반지름 R인 먼 행성 주위를 돌고 있다. 우주인이 자신의 고도에서 자유낙하 가속도가 행성 표면에서의 자유낙하 가속도의 절반인 것을 알았다. 우주선은 표면으로부터 얼마나 멀리 떨어져 돌고 있는가? R의 배수로 답하시오.

26. ||| 4000 kg의 달 착륙선이 달 표면으로부터 50 km 위의 궤도에 있다. 착륙선이 우주인을 지구로 데려다 줄 모선과 연결하기 위해 300 km의 고궤도로 이동할 필요가 있다. 추진 엔진은 얼마의 일을 해주어야 하는가?

27. ||| 지구를 현재 반지름의 원형 궤도로부터 반지름 1.0 km 더 큰 원형 궤도로 이동시키려면 얼마의 에너지가 필요한가?

28. || 2014년에 유럽 우주항공국이 위성을 67P/추류모프-게라시멘코(67P/Churymov-Gerasimenko) 혜성 주위의 궤도에 올렸고 표면에 탐사선을 착륙시켰다. 실제 궤도는 타원이었지만 11일의 주기와 지름 50 km를 가진 원형 궤도라고 가정하자.

a. 혜성 주위의 이 위성의 궤도 속력은 얼마인가? (혜성과 위성 모두 태양 주위를 훨씬 더 빠른 속력으로 돌고 있다.)

b. 혜성의 질량은 얼마인가?

c. 위성이 착륙선을 혜성을 향해 70 cm/s의 속력으로 밀자 착륙선이 대략 7시간 걸려 표면에 떨어졌다. 착륙 속력은 얼마이었겠는가? 혜성의 모양은 불규칙하지만 평균적으로 3.6 km의 지름을 갖고 있다.

29. ||| 그림 P13.29는 질량 M인 별 주위를 돌고 있는 질량 m인 두 행성을 보여준다. 행성은 반지름 r인 동일한 궤도에 있지만 항상 지름의 반대쪽 끝에 위치한다. 궤도 주기 T에 관한 정확한 표현식을 구하시오. (**힌트**: 각 행성은 두 힘을 느낀다.)

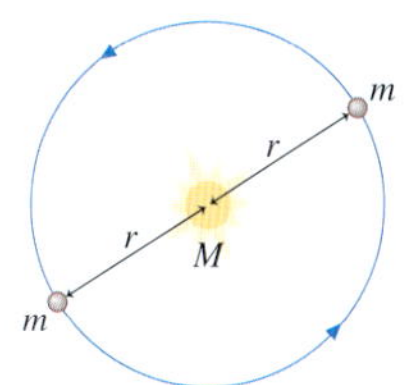

그림 P13.29

30. || 큰 별은 핵 연료를 태우는 것을 마치면서 폭발하여 **초신성**(supernova)이 된다. 폭발은 별의 외각층을 날려 보낸다. 뉴턴의 제3법칙에 의하면 외각층을 날려 보내는 힘은 별의 중심부를 향해 안쪽 방향의 **반작용력**을 만든다. 이 힘들이 중심부를 압축하여 중심부가 **중력 붕괴**(gravitational collapse)를 일으키게 한다. 중력은 모든 물질들을 더욱 더 단단히 조여 원자조차 부수어 사라지게 한다. 이런 극한적인 조건에서 양성자와 전자가 서로 압착이 되어 중성자를 형성한다. 중성자들이 모두 서로 접촉하게 되면 붕괴가 멈추고 그 결과 **중성자별**(neutron star)이라고 하는 물체가 나타난다. 중성자별은 전체가 고체 핵물질로 구성되어 있다. 많은 중성자별들은 자신의 축에 대해 ≈ 1 s의 주기로 자전하고 자전하면서 매초 한 번씩 전자기파 펄스를 방출한다. 이런 별들이 1960년대에 발견되었고 **펄서**(pulsar)라고 한다.

a. 질량이 태양과 같고 반지름이 10 km, 자전 주기가 1.0 s인 중성자별을 생각해보자. 이 별의 적도 위의 점에서의 속력은 얼마인가?

b. 이 중성자별의 표면에서의 g는 얼마인가?

c. 정지한 1.0 kg 질량의 무게가 지구에서는 9.8 N이다. 이 별에서의 무게는 얼마인가?

d. 표면 위 1.0 km에서 돌고 있는 위성은 매분 몇 회전하는가?

e. 정지 궤도의 반지름은 얼마인가?

31. || 각각 태양의 질량을 가진 세 별이 변의 길이가 1.0×10^{12} m인 정삼각형을 이루고 있다. (이 삼각형은 목성 궤도 안에 겨우 들어간다.) 삼각형은 회전해야 한다. 그렇지 않으면 별들이 중심으로 모여들어 부서지기 때문이다. 회전 주기는 얼마인가?

32. ||| 55,000 kg의 우주 캡슐이 달 주위의 지름 28,000 km의 원형 궤도에 있다. 갑자기 엔진을 짧지만 강력하게 앞 방향으로 점화하여 속력을 50%나 감소시킨다. 이로 인해 우주 캡슐이 타원 궤도로 들어간다. 새로운 궤도에서 우주 캡슐의 달의 중심으로부터의 (a) 최대와 (b) 최소 거리는 무엇인가? (**힌트**: 두 보존 법칙을 사용하라.)

33. 문제를 풀기 위한 식이 다음과 같이 주어져 있다.

$$\frac{(6.67 \times 10^{-11}\ \mathrm{N\,m^2/kg^2})(5.98 \times 10^{24}\ \mathrm{kg})(1000\ \mathrm{kg})}{r^2}$$

$$= \frac{(1000\ \mathrm{kg})(1997\ \mathrm{m/s})^2}{r}$$

a. 이것이 올바른 식이 되는 현실적인 문제를 적으시오.
b. 그림 표현을 그리시오.
c. 문제의 풀이를 끝내시오.

응용 문제

34. Ⅲ 거리 1.0×10^{11} m 떨어진 목성 크기의 2개의 행성이 정지 상태로부터 풀려난다. 이들이 충돌할 때의 속력은 얼마인가?

35. Ⅲ 물리학 행성 표면을 방문하는 동안 돌을 위로 11 m/s로 던지면 2.5 s 후에 잡는다. 표면을 방문하는 동안 크루즈선은 표면으로부터 행성의 반지름과 같은 고도에서 230분마다 한 번씩 공전한다. 물리학 행성의 (a) 질량과 (b) 반지름은 얼마인가?

36. Ⅲ 위성이 한 원형 궤도에서 다른 원형 궤도로 어떻게 이동하는지 더 자세히 알아보자. 그림 CP13.36은 반지름 r_1과 r_2인 두 원형 궤도와 두 원형 궤도를 연결하는 타원 궤도를 보여준다. 점 1과 2는 타원의 반장축의 끝에 있다.
   a. 타원 궤도를 따라 움직이는 위성은 두 가지 보존 법칙을 만족해야 한다. 이 두 법칙을 사용하여 점 1과 2에서의 속도가 아래와 같다는 것을 증명하시오.

$$v_1' = \sqrt{\frac{2GM(r_2/r_1)}{r_1 + r_2}} \quad \text{그리고} \quad v_2' = \sqrt{\frac{2GM(r_1/r_2)}{r_1 + r_2}}$$

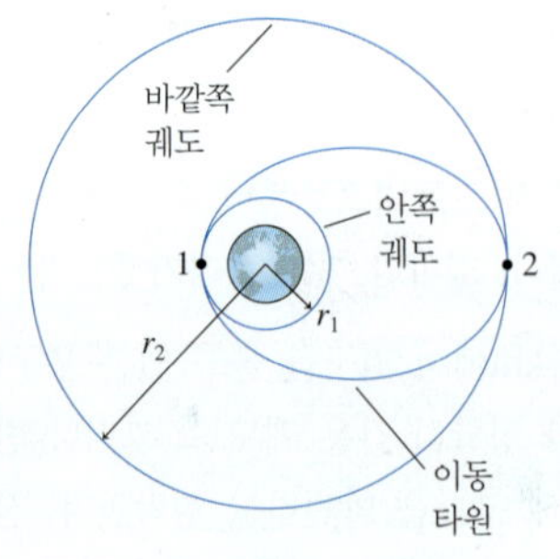

그림 CP13.36

   프라임(′)은 이 값들이 타원 궤도 위에서의 속도라는 것을 가리킨다. $r_1 = r_2 = r$이면 두 식 모두 식 (13.22)와 같아진다.
   b. 지구 위 300 km의 궤도로부터 35,900 km 위 정지 궤도로 올리기 위해 1000 kg의 통신위성을 추진하는 것을 생각해보자. 안쪽 원형 궤도에서의 속도 v_1과 두 원형 궤도에 걸쳐 있는 타원 궤도의 낮은 점에서의 속도 v_1'을 구하시오.
   c. 위성을 원형 궤도에서 타원 궤도로 이동시키기 위해 로켓 모터가 얼마의 일을 해주어야 하는가?
   d. 이제 타원 궤도의 최고점에서의 속도 v_2'와 바깥쪽 원형 궤도에서의 속도 v_2를 구하시오.
   e. 위성을 타원 궤도로부터 바깥쪽 원형 궤도로 이동시키기 위해 로켓 모터는 얼마의 일을 해주어야 하는가?
   f. 전체 한 일을 계산하고 답을 예제 13.6의 결과와 비교하시오.

14 유체와 탄성
Fluids and Elasticity

어떤 유체를 정의하는 특성은 폭포처럼 흐른다는 것이다.

이 장에서는 흐르거나 변형되는 계를 공부한다.

유체란 무엇인가?

유체는 흐르는 물질이다. 기체와 액체 모두 유체이다.

- 기체는 압축이 가능하다. 기체 분자는 거의 상호작용 없이 자유롭게 움직인다.
- 액체는 압축할 수 없다. 액체 분자는 서로 약하게 결합되어 있다.

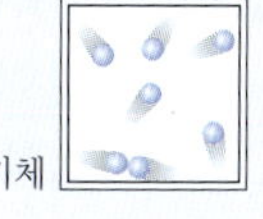

기체

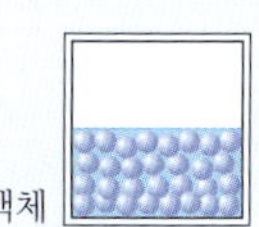

액체

압력은 무엇인가?

유체는 용기 벽에 힘을 가한다. 압력은 넓이에 대한 힘의 비율 F/A이다.

- 유체 정지 압력(hydrostatic pressure)이라고 하는 액체의 압력은 중력으로 인한 것이다. 압력 깊이에 따라 증가한다.
- 기체 내의 압력은 주로 열적 현상이다. 한 용기 안에서 압력은 일정하다.

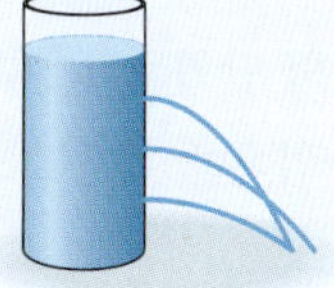

부력이란 무엇인가?

부력은 물체에 가해지는 유체의 위 방향 힘이다.

- 아르키메데스의 원리에 따르면 부력은 밀려난 유체의 무게와 같다.
- 부력이 물체의 무게와 균형을 이루기에 충분하면 그 물체는 떠 있게 된다.

« 되돌아보기: 6.1절 평형

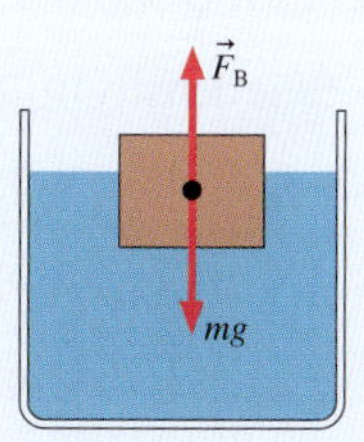

유체는 어떻게 흐를까?

부드럽게 흐르는 비압축성, 비점성의 이상적인 유체는 유선을 따라 흐른다. 에너지 보존을 보여주는 베르누이 방정식은 한 유선에 있는 두 지점에서의 압력, 속도 및 높이의 관계를 나타낸다.

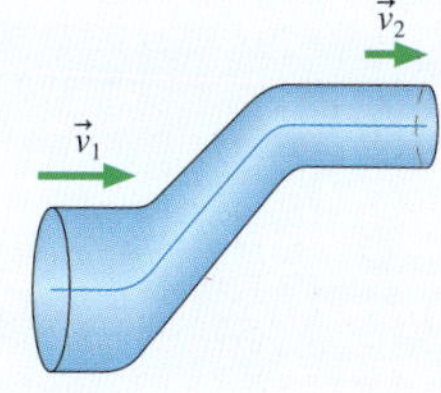

탄성이란 무엇인가?

탄성은 물체가 변형력(stress)에 따라 어떻게 변형되는지를 설명한다.

- 물체의 영 율(Young' modulus)은 잡아당길 때 늘어나는 정도를 나타낸다.
- 물체의 부피 탄성률(bulk modulus)은 압력에 의해 압축되는 정도를 알려준다.

« 되돌아보기: 9.4절 복원력

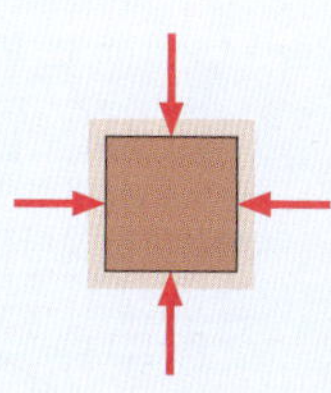

유체는 왜 중요한가?

기체와 액체는 물질의 일반적인 상태 세 가지 중 두 가지이다. 과학자들은 대기 및 해양을 연구하며, 공학자들은 다양한 응용 분야에서 유체의 제어된 흐름을 사용한다. 이 장에서는 뉴턴의 법칙을 흐르거나 변형될 수 있는 계에 어떻게 적용할 수 있는지 보여준다.

14.1 유체

간단히 말해서, **유체**(fluid)는 흐르는 물질이다. 유체가 흐르기 때문에 유체는 자체 모양을 유지하는 대신 용기의 모양에 따라 달라진다. 기체와 액체가 상당히 다르다고 생각할 수 있다. 그러나 둘 다 유체이고, 그들의 유사점은 종종 그들의 차이보다 중요하다.

기체 및 특히 액체의 상세한 특성은 복잡할 수 있다. 다행히 기체와 액체의 본질적인 특성은 «5.2절에서 제시한 고체의 공·용수철 모형과 관련된 간단한 분자 모형으로 설명할 수 있다.

모형 14.1

기체와 액체의 분자 모형

기체와 액체는 유체이다. 즉 유체는 흐르고 압력을 가한다.

■ **기체**

- 분자가 공간에서 자유롭게 움직인다.
- 분자는 분자끼리 또는 벽과 가끔 충돌하는 것을 제외하고 상호작용하지 않는다.
- 분자들이 멀리 떨어져 있기에 기체는 **압축** 가능하다.

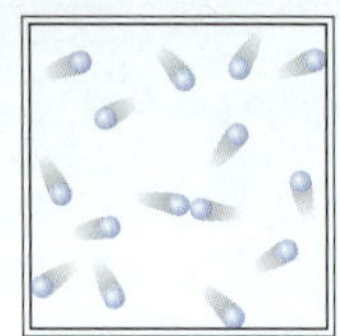
기체는 용기를 채운다.

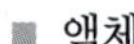
■ **액체**

- 분자가 약하게 결합되어 있으며 가까이 있다.
- 액체는 분자가 더 이상 가까워질 수 없기 때문에 **압축할** 수 없다.
- 결합이 약하기에 분자들이 움직일 수 있다.

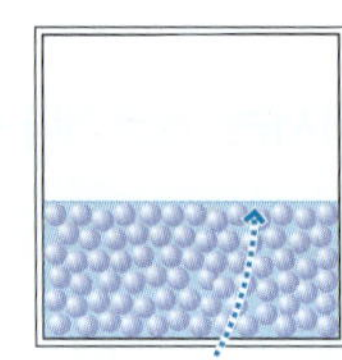
액체는 표면이 있다.

부피와 밀도

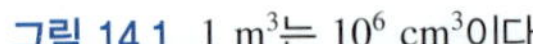
그림 14.1 1 m³는 10^6 cm³이다.

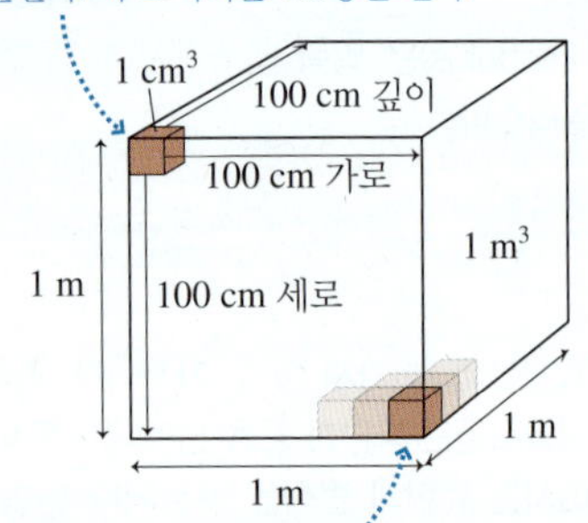

거시적 계의 특성을 나타내는 중요한 변수 중 하나는 계가 차지하는 공간인 부피(volume) V이다. 부피의 SI 단위는 m^3이다. 그럼에도 불구하고, cm^3 또는 리터(L)는 널리 사용하는 미터법 단위이다. 대부분의 경우, 계산을 하기 전에 이것을 m^3로 변환하여야 한다.

$1\ m = 100\ cm$인 것은 맞지만, $1\ m^3 = 100\ cm^3$는 **아니다**. 그림 14.1에 부피 변환 인자가 $1\ m^3 = 10^6\ cm^3$임을 나타냈다. 1리터는 $1000\ cm^3$이므로 $1\ m^3 = 10^3$ L이다. 1밀리리터(1 mL)는 $1\ cm^3$와 같다.

계의 특성 중 하나는 **밀도**(density)이다. 크기가 서로 다른 구리 덩어리가 여러 개 있다고 가정하자. 각각의 덩어리는 질량과 부피가 다르다. 그럼에도 불구하고, 모두가 구리 덩어리이기 때문에 이들 모두에 대하여 "이것은 구리로 다른 재료가 아니다."라고 하는 **동일한** 값을 갖는 물리량이 있어야 한다. 가장 중요한 매개 변수는 질량과 부피의 비율로, **질량 밀도**(mass density) ρ(그리스 소문자 로)라고 한다.

$$\rho = \frac{m}{V} \quad \text{(질량 밀도)} \tag{14.1}$$

역으로, 밀도 ρ인 물체의 질량 $m = \rho V$이다.

질량 밀도의 SI 단위는 kg/m^3이다. 그러나 g/cm^3도 널리 사용한다. 대부분의 경우 계산을 하기 전에 이것을 SI 단위로 변환해야 한다. 그램을 킬로그램으로 변환하고 세제곱센티미터는 세제곱미터로 변환해야 한다. 변환 인자는

$$1\ \text{g/cm}^3 = 1000\ \text{kg/m}^3$$

이다.

혼란의 위험이 없으면 질량 밀도를 보통 '밀도'라고 한다. 그러나 다른 유형의 밀도도 볼 것이고 때때로 어떤 밀도를 사용하는지 명시하는 것이 중요할 수 있다. 표 14.1은 다양한 유체의 질량 밀도의 목록이다. 기체와 액체의 밀도의 엄청난 차이에 주목한다. 기체의 분자는 액체보다 더 멀리 있기 때문에 기체의 밀도는 낮다.

휘발유의 밀도가 680 kg/m^3 또는 0.68 g/cm^3라고 하는 것은 무엇을 의미하는가? 밀도는 질량 대 부피 비율이다. 이는 종종 '단위 부피당 질량'으로 설명하지만, 이것은 '단위 부피'가 의미하는 바를 이해하여야만 한다. 사용하는 길이 단위와 관계없이 **단위 부피**(unit volume)는 그 단위 중 하나의 세제곱이다. 예를 들어 길이를 미터로 측정하면 단위 부피는 1 m^3이다. 그러나 길이를 센티미터로 측정하면 단위 부피는 1 cm^3이고 km로 측정하면 단위 부피는 1 km^3이다.

밀도는 단위가 무엇이든 한 단위의 부피의 질량이다. 휘발유의 밀도가 680 kg/m^3라면, 1 m^3의 휘발유의 질량은 680 kg이다. 휘발유 1 cm^3의 질량은 0.68 g이므로 이 단위로 휘발유 밀도는 0.68 g/cm^3이다.

질량 밀도는 물체의 크기와 무관하다. 질량과 부피는 물질(예를 들어 구리)의 특별한 조각의 특성을 나타내는 변수이지만 질량 밀도는 물질 자체의 특징이다. 구리의 질량 밀도는 다른 물질의 질량 밀도와 다르지만 모든 구리의 질량 밀도는 같다.

표 14.1 표준 온도(0°C)와 압력(1 atm)에서 유체의 밀도

물질	ρ (kg/m^3)
헬륨 기체	0.18
공기	1.29
휘발유	680
에탄올	790
벤젠	880
(전형적인) 기름	900
물	1000
바닷물	1030
글리세린	1260
수은	13,600

예제 14.1 공기 무게 측정

크기가 4.0 m × 6.0 m × 2.5 m인 거실의 공기 질량은 얼마인가?

핵심 표 14.1에서 0°C에서의 공기 밀도를 찾을 수 있다. 공기 밀도는 좁은 온도 범위에서 크게 변하지 않는다. (이 문제는 이후 장에서 살펴볼 것이다.) 따라서 대부분의 사람들이 거실을 0°C보다 따뜻하게 유지할지라도 이 값을 사용하면 된다.

풀이 거실의 부피는

$$V = (4.0\ \text{m}) \times (6.0\ \text{m}) \times (2.5\ \text{m}) = 60\ \text{m}^3$$

이다. 이 공기의 질량은 다음과 같다.

$$m = \rho V = (1.29\ \text{kg/m}^3)(60\ \text{m}^3) = 77\ \text{kg}$$

검토 아마도 이 질량은 거기에 있는 것처럼 보이지 않는 물질에서 기대했던 것보다 더 큰 값일 것이다. 비교하자면, 이 크기의 수영장에는 물 60,000 kg을 담을 수 있을 것이다.

14.2 압력

'압력(pressure)'은 우리 모두가 알고 사용하는 단어이다. 사람들은 아마도 압력이 무엇인지 상식적인 생각을 가지고 있다. 예를 들어, 물속에서 수영하거나 비행기가 이륙할 때 고막에 대한 다양한 압력의 효과를 느낀다. 휘핑 크림 캔은 노즐을 누를 때 내용물이 분출되도록 '압축'되어 있다. 처음에는 '진공 봉인된' 젤리 병을 열기 어렵지만 봉인이 깨진 후에는 쉽게 열 수 있다.

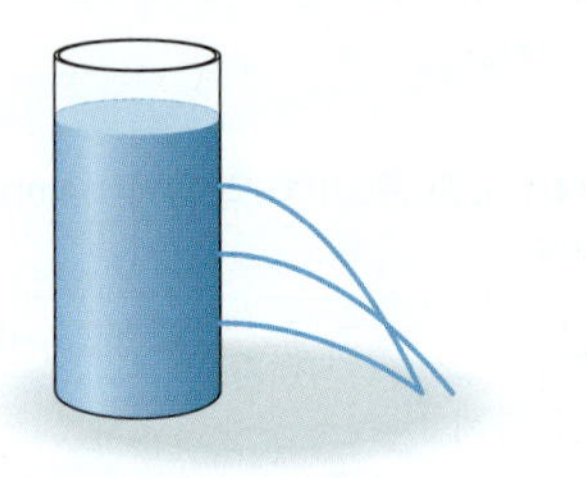

그림 14.2 수압이 구멍 밖으로 물을 밀어낸다.

그림 14.2에서와 같이 용기 측면의 구멍에서 물이 분출되는 것을 보았을 것이다. 더 깊은 곳의 구멍에서 물이 더 빠른 속도로 나온다. 그리고 자전거 타이어나 공기를 불어넣는 에어 매트리스의 구멍에서 공기가 빠져나가는 것을 느꼈을 것이다. 이러한 관찰로 다음과 같은 생각이 떠오른다.

- '무엇'인가가 구멍 밖으로 물이나 공기를 **옆으로** 밀어낸다.
- 액체 속에서, '무엇'인가는 더 깊은 곳에서 더 크다. 기체에서 '무엇'인가는 모든 곳에서 동일하게 나타난다.

우리의 목표는 이러한 일상적인 관찰을 정확한 압력의 정의로 바꾸는 것이다.

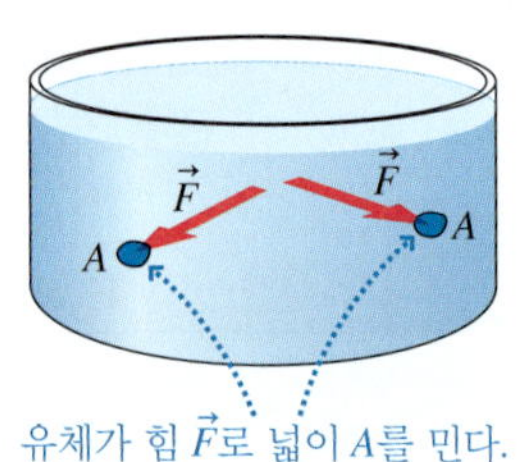

그림 14.3 유체가 $\vec{F}$의 힘으로 넓이 A를 누른다.

그림 14.3은 작은 넓이 A에 대하여 $\vec{F}$의 힘으로 압력을 가하는 유체(기체이든 액체이든)를 나타낸 것이다. 압력은 구멍에서 유체를 밀어내는 힘이다. 구멍이 없는 경우, $\vec{F}$는 용기의 벽을 밀어낸다. 유체에서 이 점에서의 **압력**(pressure)은 이 힘이 가해지는 넓이에 대한 힘의 비율로 정의한다.

$$p = \frac{F}{A} \tag{14.2}$$

압력은 벡터가 아닌 스칼라이다. 식 (14.2)에서 유체가 넓이 A인 표면에 크기가

$$F = pA \tag{14.3}$$

인 힘을 작용한다는 것을 알 수 있다. 이 힘은 표면에 수직이다.

정의에 따라 압력의 단위는 N/m^2이다. 압력의 SI 단위는 **파스칼**(pascal)로

$$1\text{파스칼} = 1\ \text{Pa} = 1\ \text{N/m}^2$$

로 정의한다. 이 단위는 유체를 연구한 초기 과학자 중의 한 명인 17세기 프랑스 과학자 파스칼(Blaise Pascal)의 이름을 따랐다. 큰 압력은 종종 킬로파스칼, 즉 1 kPa = 1000 Pa로 표시한다.

식 (14.2)는 그림 14.4a에 나타낸 간단한 압력 측정 장치의 기초이다. 용수철 상수 k와 넓이 A를 알면 용수철의 압축을 측정하여 압력을 결정할 수 있다. 일단 그런 장치를 만들어서, 그것을 다양한 액체와 기체 속에 넣어 압력을 살펴볼 수 있다. 그림 14.4b는 일련의 간단한 실험에서 배울 수 있는 것을 보여준다.

그림 14.4b의 첫 번째 문장이 특히 중요하다. 압력은 용기 벽면뿐만 아니라 유체 내의 모든 지점에 존재한다. 장력(tension)은 물체에 묶여 있는 끝부분뿐만 아니라 줄

그림 14.4 압력 살펴보기

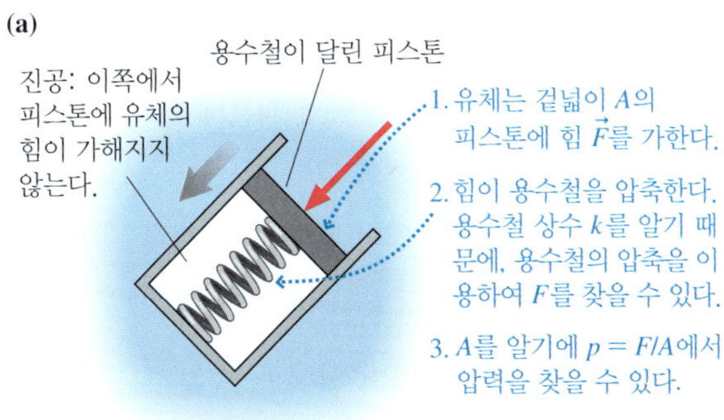

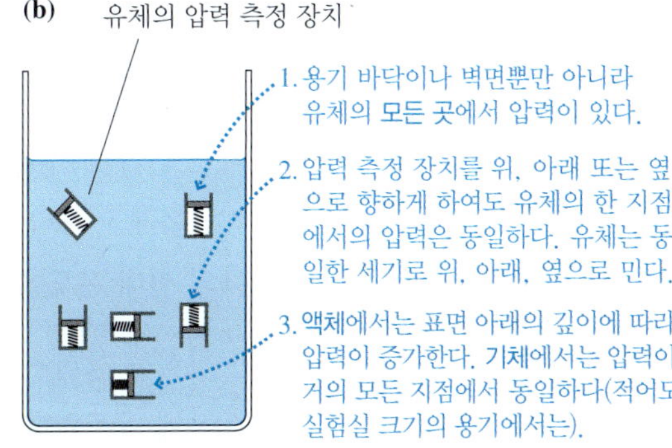

의 모든 지점에 존재한다는 것을 상기할 수 있을 것이다. 우리는 장력을 서로서로 끌어당기는 끈의 다른 부분으로 이해했다. 압력은 유체의 다른 부분이 서로 민다는 것을 제외하고는 유사한 생각이다.

압력의 원인

기체와 액체는 둘 다 유체이지만 중요한 차이점이 있다. 액체는 거의 압축되지 않는다. 기체는 고도의 압축성이 있다. 액체 내의 분자들은 분자 결합을 통하여 서로 끌어당기지만 기체 내의 분자들은 가끔 충돌하는 것 이외의 다른 것들과 상호작용하지 않는다. 이러한 차이는 기체 및 액체의 압력에 대한 우리의 생각에 영향을 미친다.

밀폐된 2개의 병 각각에 작은 양의 수은이 포함되어 있다고 가정한다. 병에서 모든 공기를 제거한다. 두 병을 우주 정거장의 궤도로 가져가면 무중력 상태가 된다. 차갑게 유지한 병에서는 수은은 액체이다. 다른 하나는 수은이 기체가 될 때까지 가열한다. 이 두 병의 압력에 대하여 어떻게 말할 수 있겠는가?

그림 14.5에서 보듯이 분자 결합은 액체 수은을 붙잡아 놓는다. 그것은 젤리처럼 떨릴 수도 있지만 병의 중심에 떠다니는 응집력이 있는 방울로 유지된다. 액체 방울은 벽에 아무런 힘도 미치지 않으므로 액체가 들어 있는 병에는 압력이 없다. [실제로 이 실험을 수행한다면, 수은의 극히 일부가 증기 상태가 되어 **증기압**(vapor pressure)이라는 것을 만든다.]

기체는 다르다. 기체 분자는 용기의 벽과 충돌하고, 충돌할 때마다 벽에 힘을 가한다. 한 번의 충돌로 인한 힘은 대단히 작지만 매초 엄청나게 많은 횟수의 충돌이 있다. 이러한 충돌로 인하여 기체에 압력이 생긴다. 20장에서 이를 계산할 것이다.

그림 14.6은 지구로 돌아온 병을 보여준다. 중력 때문에 액체가 병의 바닥을 채우고 바닥과 측면에 힘을 가한다. 액체 수은은 비압축성이므로 그림 14.6에서 액체 부피는 그림 14.5와 같다. 병의 꼭대기에는 여전히 (아주 작은 증기압 이외에) 압력이 없다.

처음에는 기체를 채운 병의 상황은 그림 14.5와 다르지 않다. 그러나 지구의 중력이 끌어당기기에 병 바닥의 기체 밀도가 맨 위보다 약간 더 높아진다. 충돌로 인한 압

그림 14.5 무중력 환경의 액체 및 기체

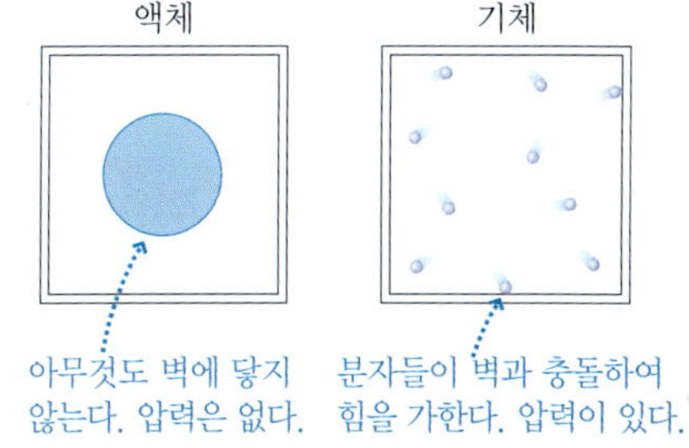

그림 14.6 중력은 유체의 압력에 영향을 미친다.

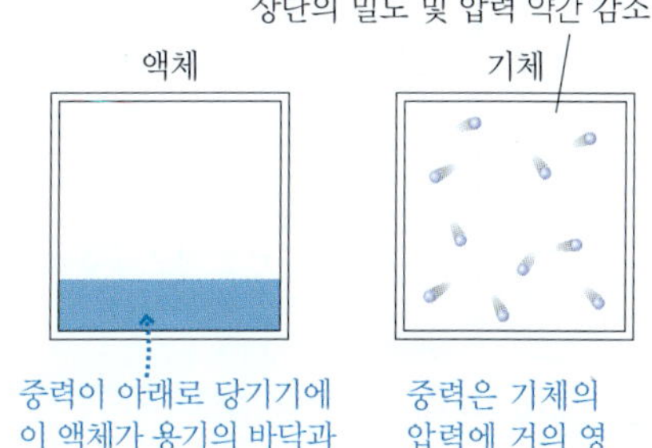

력은 밀도에 비례하기 때문에 압력은 용기 아래에서가 위에서보다 약간 크다.

따라서 유체 용기의 압력에는 두 가지가 기여하는 것처럼 보인다.

1. 유체를 끌어당기는 **중력에 의한 기여**. 유체가 흐를 수 있기 때문에 용기의 바닥과 측면에 힘이 가해진다. 중력의 기여는 중력의 세기에 따라 다르다.
2. 자유롭게 이동하는 기체 분자와 벽과의 충돌로 인한 **열적 기여**. 열적 기여는 기체의 절대 온도에 따라 다르다.

상세한 분석을 통하여 이 두 가지 기여는 서로 무관하지 않지만, 구분하는 것은 압력의 이해에 유용하다. 이 두 가지 기여를 서로 다른 상황에 어떻게 적용하는지 살펴보자.

기체의 압력

실험실 크기의 기체 용기에서 발생하는 압력은 거의 전적으로 열적 기여 때문이다. 용기는 위 부분 압력이 중력에 의하여 바닥에서의 압력보다 1% 더 작아지도록 하려면 높이가 약 100 m가 되어야 한다. 실험실 크기의 용기는 100 m보다 훨씬 작기 때문에 실험실 크기의 기체 용기 안의 모든 점에서 p값이 같다고 추정하는 것이 합리적이다.

용기 내의 분자수를 줄이면 단순히 벽과의 충돌이 적기 때문에 기체 압력이 감소한다. 원자 또는 분자가 없는 완전히 빈 용기의 압력은 $p = 0$ Pa이다. 이는 **완벽한 진공**이다. 우주 공간에서 모든 원자를 완전히 제거할 수 없기에 우주에서 가장 멀리 떨어진 곳에서도 완벽한 진공 상태는 자연에 존재하지 않는다. 실제에 있어서, **진공**(vacuum)은 $p \ll 1$ atm인 밀폐된 공간이다. 그렇다면 $p = 0$ Pa을 사용하는 것은 아주 좋은 근사이다.

대기압

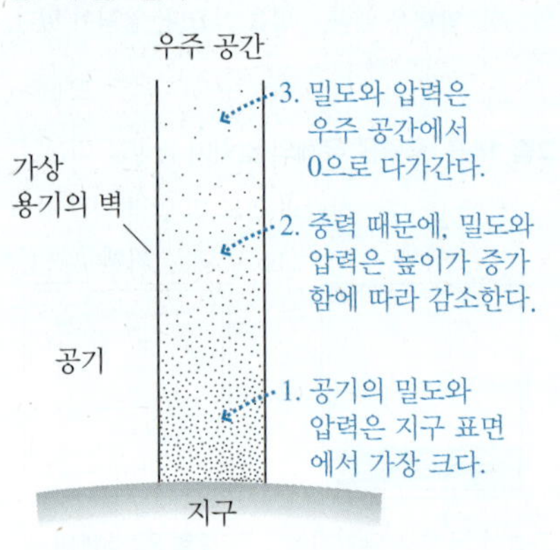

그림 14.7 대기의 높이가 증가함에 따라 압력과 밀도가 감소한다.

지구 대기는 실험실 크기의 용기가 아니다. 대기의 높이가 대단하기에 압력에 대한 중력의 기여가 중요하다. 그림 14.7에서 볼 수 있듯이 높이가 높아질수록 공기의 밀도는 천천히 감소하여 우주 공간의 진공 상태인 0으로 다가간다. 결과적으로 **대기압**(atmospheric pressure, P_{atmos})이라고 하는 공기의 압력은 고도가 증가하면 감소한다. 한라산 꼭대기에서는 제주공항보다 대기압이 낮다.

해수면의 대기압은 날씨에 따라 약간 변하지만 전 지구의 평균 해수면 기압은 101,300 Pa이다. 결과적으로 **표준 대기압**(standard atmosphere)을

$$1\text{표준 대기압} = 1 \text{ atm} = 101{,}300 \text{ Pa} = 101.3 \text{ kPa}$$

로 정의한다. 간단히 '대기압(atmosphere)'이라고 하는 표준 대기압은 일반적으로 사용하는 압력의 단위이다. 하지만 이것은 SI 단위가 아니므로 대부분의 압력 계산을 하기 전에 atm을 Pa로 변환해야 한다.

해수면의 공기압이 101.3 kPa이라면, 팔을 탁자 위에 올려놓을 때 공기의 무게가 팔뚝을 부서뜨리지 않는 이유가 궁금할 것이다. 팔뚝의 겉넓이는 약 200 cm^2 = 0.02 m^2이므로 팔을 누르는 공기의 힘은 약 2000 N(약 450파운드)이다. 어떻게 팔을 들어 올릴 수 있겠는가?

그 이유는 그림 14.8과 같이 유체가 **모든 방향**으로 힘을 가하기 때문이다. 팔뚝에 아래 방향으로 힘이 가해지지만 팔 아래에 있는 공기가 동일한 크기로 위 방향으로 힘을 가한다. **알짜힘**은 0에 매우 가깝다. (정확하게 말하자면, 부력이라고 하는 알짜 위 **방향** 힘이 있다. 14.4절에서 부력을 공부할 것이다. 공기의 부력은 보통 너무 작아서 알아차릴 수 없다.)

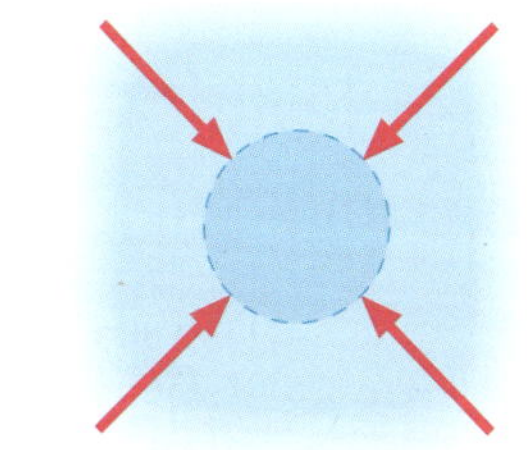

그림 14.8 유체 압력에 의한 힘은 모든 방향으로 같은 세기로 민다.

하지만 팔을 탁자 위에 올려놓으면 팔 아래에 공기가 없다고 할 것이다. 사실은 공기가 있다. 공기가 없다면 팔 아래가 **진공**일 것이다. 팔을 진공청소기의 커다란 흡착판 위에 올려놓는 것을 상상해본다면 어떻게 되겠는가? 진공청소기가 "팔을 빨아들이려고" 하는 것 같은 아래 방향 힘을 느낄 것이다. 그러나 느끼는 아래 방향 힘은 진공청소기에서 나오는 **당기는** 힘이 아니다. 이것은 **팔 아래에 있는 공기를 제거하여 되밀 수 없을 때** 팔 위에 있는 공기의 **밀어내는** 힘이다. 공기 분자에는 고리가 없다! 공기 분자는 팔을 '잡아당길' 능력이 없다. 공기는 밀 수만 있다.

진공청소기, 흡착판 및 기타 유사 장치는 물체의 한쪽 면에서 공기를 제거하여 힘의 불균형을 만들어내는 경우에 기압이 얼마나 상력해질 수 있는지를 보여주는 좋은 예이다. 우리가 이런 유체에 **둘러싸여** 있다는 사실은 우리가 물속에서 헤엄치는 것처럼, 이러한 강한 힘을 의식하지 못하고 공기 속에서 돌아다닐 수 있게 해준다.

예제 14.2 흡착판

지름 10.0 cm 크기의 흡착판을 매끄러운 천장에 대고 누른다. 흡착판에 매달려 천장에서 떨어지지 않는 물체의 최대 질량은 얼마이겠는가? 흡착판의 질량은 무시해도 될 정도이다.

핵심 흡착판을 천장에 대고 누르면 공기가 빠져나온다. 흡착판과 천장으로 둘러싸인 부피가 $p = 0$ Pa인 완벽한 진공이라고 가정할 것이다. 또한 이 방의 압력이 1 atm이라고 가정할 것이다.

시각화 그림 14.9는 천장에 매달린 흡착판에 대한 자유 물체 도형이다. 천장의 수직 아래 방향 힘이 흡착판의 가장자리에 분포되어 있지만, 입자 모형에서는 이것을 1개의 힘 벡터로 표시할 수 있다.

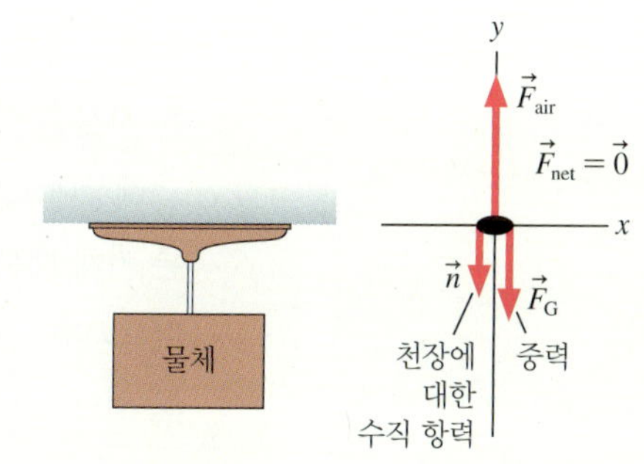

그림 14.9 흡착판은 아래에서 위 방향으로 미는 공기 압력에 의해 천장에 매달려 있다.

풀이 흡착판은 $F_{air} = n + F_G$인 한 정적 평형 상태에서 천장에 달라붙는다. 공기에 의해 가해지는 위 방향 힘의 크기는

$$F_{air} = pA = p\pi r^2 = (101{,}300 \text{ Pa})\pi(0.050 \text{ m})^2 = 796 \text{ N}$$

이다. 이 경우에는 흡착판 내부에 공기가 없기 때문에 공기로부터 아래 방향 힘은 없다. 매달린 질량을 늘리면 수직 항력 n이 같은 양만큼 감소한다. n을 0으로 줄이면 최대 무게에 도달한다. 따라서 다음과 같다.

(계속)

$$(F_G)_{max} = mg = F_{air} = 796 \text{ N}$$

$$m = \frac{796 \text{ N}}{g} = 81 \text{ kg}$$

검토 모든 공기가 밀려나면 흡착판은 내부에 완벽한 진공 상태를 유지하며 81 kg까지의 질량을 지탱할 수 있다. 실제 흡착판은 완벽한 진공을 얻을 수 없지만 상당한 무게를 지탱할 수 있다.

액체의 압력

중력 때문에 액체가 용기의 바닥을 채우게 된다. 따라서 액체의 압력이 거의 중력의 기여에 의한다는 것은 놀라운 일이 아니다. 액체 표면 아래의 깊이 d에서의 압력을 결정하고자 한다. 액체는 정지하여 있다고 가정한다. 흐르는 액체는 이 장의 뒷부분에서 다룰 것이다.

그림 14.10에서 음영이 있는 액체 원통은 표면에서 깊이 d까지 뻗어 있다. 이 실린더는 나머지 액체와 마찬가지로 $\vec{F}_{net} = \vec{0}$로 정적 평형 상태에 있다. 이 원통에는 세 가지 힘, 즉 원통 내부 액체에 미치는 중력 mg, 액체 표면의 압력 p_0에 의한 아래 방향 힘 p_0A, 원통 바닥을 누르는 원통 아래의 액체로 인한 위 방향 힘 pA가 작용한다. 이 세 번째 힘은 앞에서 살펴본 바와 같이 유체의 다른 부분이 서로 밀기에 발생하는 것이다. 알고자 하는 압력 p는 원통 바닥에 가해지는 압력이다.

그림 14.10 액체 속 깊이 d에서의 압력 측정하기

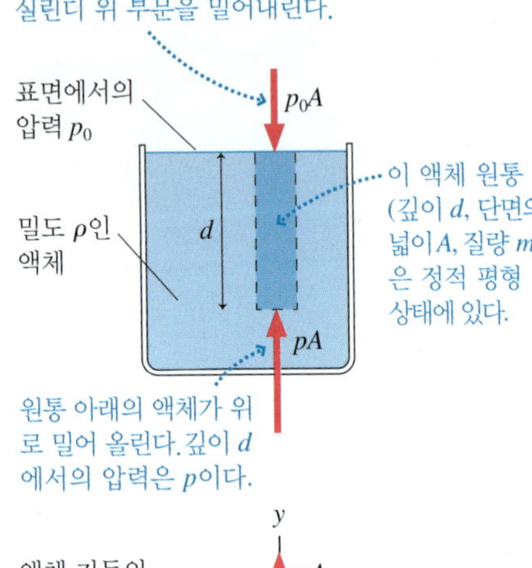

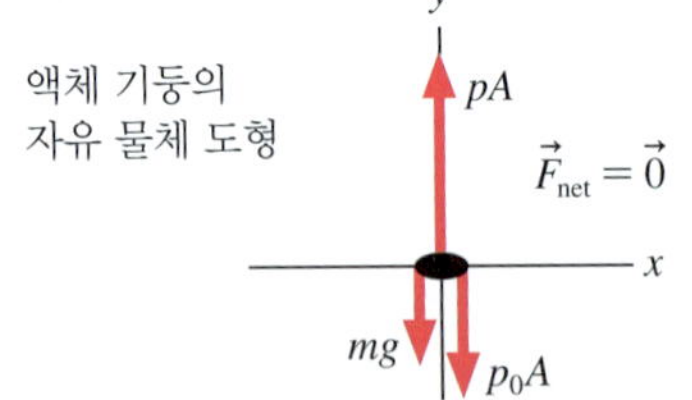

위 방향 힘은 2개의 아래 방향 힘과 균형을 이루므로 다음과 같다.

$$pA = p_0A + mg \tag{14.4}$$

액체는 단면의 넓이 A와 높이 d인 원통이다. 그 부피는 $V = Ad$이고 질량은 $m = \rho V = \rho Ad$이다. 액체의 질량에 대하여 이 식을 식 (14.4)에 대입하면 넓이 A가 모든 항에서 없어진다는 것을 알 수 있다. 액체 속 깊이 d에서의 압력은

$$p = p_0 + \rho g d \quad \text{(깊이 } d\text{에서의 유체 정지 압력)} \tag{14.5}$$

이고, ρ는 액체의 밀도이다. 유체가 정지하고 있기 때문에 식 (14.5)에 의해 주어진 압력을 **유체 정지 압력**(hydrostatic pressure)이라고 한다. 식 (14.5)에 g가 나타난다는 사실은 이것이 압력에 대한 중력의 기여라는 것을 알려준다.

예상대로, $d = 0$인 표면에서 $p = p_0$이다. 압력 p_0은 종종 액체 위의 공기 또는 다른 기체 때문이다. 공기와 접촉하고 있는 액체에 대하여는 $p_0 = 1 \text{ atm} = 101.3 \text{ kPa}$이다. 그러나 p_0은 피스톤에 의한 압력 또는 액체의 위 부분을 밀어내리는 닫힌 표면으로 인한 압력일 수도 있다.

예제 14.3 | 잠수함에 가해지는 압력

잠수함은 깊이 300 m에서 항해한다. 이 깊이의 압력은 얼마이겠는가? 파스칼과 대기압으로 구하시오.

풀이 표 14.1에서 바닷물 밀도는 $\rho = 1030 \text{ kg/m}^3$이다. 깊이 $d = 300 \text{ m}$에서의 압력은 식 (14.5)로부터

$$p = p_0 + \rho g d = 1.013 \times 10^5 \text{ Pa} + (1030 \text{ kg/m}^3)(9.80 \text{ m/s}^2)(300 \text{ m}) = 3.13 \times 10^6 \text{ Pa}$$

이다. 이를 대기압으로 변환하면 다음과 같다.

$$p = 3.13 \times 10^6 \text{ Pa} \times \frac{1 \text{ atm}}{1.013 \times 10^5 \text{ Pa}} = 30.9 \text{ atm}$$

검토 바다 깊은 곳의 압력은 매우 크다. 잠수함의 창문은 이 큰 힘에 견딜 수 있도록 매우 두꺼워야 한다.

액체의 유체 정지 압력은 깊이와 표면의 압력에만 관계가 있다. 이 관찰에는 몇 가지 중요한 점이 포함되어 있다. 그림 14.11a에 2개의 관이 연결되어 있다. 넓은 관의 액체의 부피가 더 커지면 좁은 관의 액체보다 무게가 더 나가는 것은 사실이다. 아마도 이 여분의 무게가 좁은 관의 액체를 넓은 관보다 높게 밀어 올릴 것이라고 생각할 수 있다. 그러나 그렇지 않다. d_1이 d_2보다 크면 유체 정지 압력 방정식에 따라 좁은 관 바닥의 압력이 넓은 관 바닥의 압력보다 높다. 이 압력차 때문에 액체가 오른쪽에서 왼쪽으로 흘러 높이가 같아진다.

따라서 첫 번째 결론은, **유체 정역학 평형 상태에서 연결된 액체는 용기의 모든 열린 영역에서 동일한 높이로 상승한다.**

그림 14.11b에 서로 다른 모양의 2개의 연결된 관이 있다. 원뿔형 관은 점선 위에 액체가 더 많이 들어 있으므로 $p_1 > p_2$라고 생각할 수도 있다. 그러나 그렇지 않다. 두 점 모두 같은 깊이에 있으므로 $p_1 = p_2$이다. p_1이 p_2보다 크다면, 왼쪽 관의 바닥에서의 압력은 오른쪽 관의 바닥에서의 압력보다 클 것이다. 이 때문에 압력이 같아질 때까지 액체가 흐르게 된다.

따라서 두 번째 결론은, **유체 정역학 평형 상태에서 연결된 액체를 통과하는 수평선 위의 모든 지점에서 압력은 같다.**

그림 14.11 유체 정역학 평형 상태에서 액체의 특성 중에는 예상한 것과 다를 수 있다.

(a)

(b)

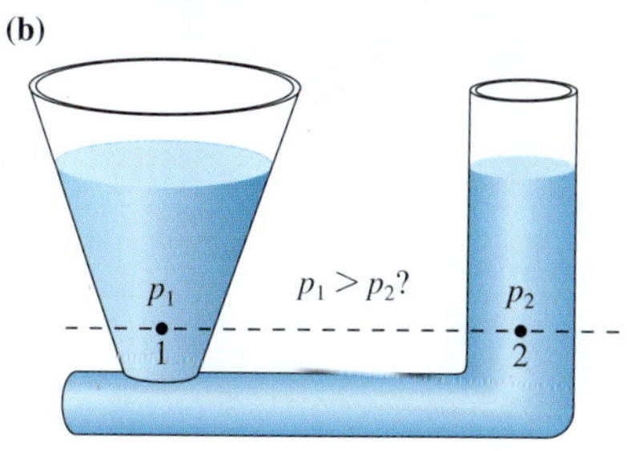

예제 14.4 | 닫힌 관의 압력

그림 14.12와 같이 관에 물을 채운다. 이 닫힌 관 꼭대기 압력은 얼마이겠는가?

그림 14.12 물을 채운 관

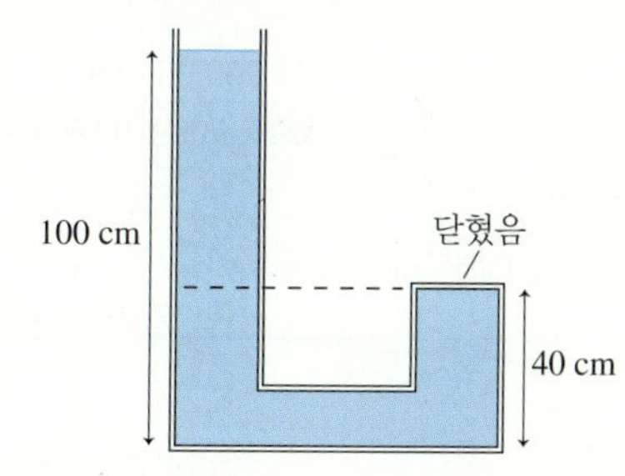

핵심 이것은 유체 정역학 평형 상태의 액체이다. 닫힌 관은 용기의 열린 영역이 아니므로 물이 같은 높이로 올라갈 수 없다. 그럼에도 불구하고 압력은 수평선 위의 모든 지점에서 여전히 같다. 특히, 닫힌 관 꼭대기에서의 압력은 점선의 높이에서 열린 관의 압력과 같다. $p_0 = 1.00$ atm이라고 가정한다.

풀이 열린 관의 바닥에서 40 cm 위인 지점은 깊이가 60 cm이다. 이 깊이에서의 압력은 다음과 같다.

$$\begin{aligned} p &= p_0 + \rho g d \\ &= 1.013 \times 10^5 \text{ Pa} + (1000 \text{ kg/m}^3)(9.80 \text{ m/s}^2)(0.60 \text{ m}) \\ &= 1.072 \times 10^5 \text{ Pa} = 1.06 \text{ atm} \end{aligned}$$

이는 닫힌 관 꼭대기에서의 압력이다.

검토 열린 관의 물은 닫힌 관의 물을 관의 꼭대기에 밀어 넣는다. 이것이 압력이 1 atm보다 큰 이유이다.

유체 정지 압력 방정식 $p = p_0 + \rho g d$로부터 결론을 하나 더 이끌어낼 수 있다. 표면에서의 압력 p_0을 p_1로 바꾸면 깊이 d에서의 압력은 $p' = p_1 + \rho g d$가 된다. 압력의 변화 $\Delta p = p_1 - p_0$은 용기의 크기나 모양과 상관없이 유체의 모든 지점에서 동일하다. **비압축성 유체의 한 지점에서의 압력 변화가 유체의 모든 지점에서 줄어들지 않는 것처럼 보인다**는 생각은 파스칼에 의해 처음 알게 되었으며, 이를 **파스칼의 원리**(Pascal's principle)라고 한다.

예를 들어, 예제 14.4의 열린 관 위의 공기를 1.5 atm의 압력으로 압축하면 0.5 atm이 증가하고 닫힌 관 꼭대기 압력은 1.56 atm으로 증가한다. 파스칼의 원리는 유압 장치의 바탕이다. 다음 절에서 살펴 볼 것이다.

14.3 압력 측정 및 사용

유체의 압력은 **압력계**로 측정한다. 유체가 일종의 용수철을 밀고 이 용수철의 변위를 숫자판 위 바늘로 알게 된다.

자동차 타이어 기압계나 공기통의 기압계와 같은 여러 가지 압력계는 실제 또는 절대 압력(absolute pressure) p가 아니라 **계기 압력**(gauge pressure)을 측정한다. 계기 압력(p_g)은 1기압을 초과하는 압력이다. 즉

$$p_g = p - 1\ \text{atm} \tag{14.6}$$

이다. 대부분의 과학 또는 공학 계산에 필요한 절대 압력 p를 찾으려면 압력계가 가리키는 값에 1 atm = 101.3 kPa을 더하여야 한다.

타이어 기압계는 절대 압력 p가 아니라 계기 압력 p_g를 가리킨다.

예제 14.5 수중 압력계

수중 압력계가 60 kPa을 가리킨다. 그 점의 깊이는 얼마이겠는가?

핵심 압력계는 절대 압력이 아니라 계기 압력을 가리킨다.

풀이 깊이 d에서의 유체 정지 압력은 $p_0 = 1$ atm이고, $p = 1\ \text{atm} + \rho g d$이다. 따라서 계기 압력은 다음과 같다.

$$p_g = p - 1\ \text{atm} = (1\ \text{atm} + \rho g d) - 1\ \text{atm} = \rho g d$$

$\rho g d$ 항은 대기압을 초과하는 압력이므로 계기 압력이다. d에 대하여 풀면

$$d = \frac{60{,}000\ \text{Pa}}{(1000\ \text{kg/m}^3)(9.80\ \text{m/s}^2)} = 6.1\ \text{m}$$

가 된다.

유체 정지 압력 문제 풀기

이제 유체 정지 압력 문제를 생각하기 위한 일련의 규칙을 공식화하기에 충분한 정보가 있다.

풀이 전략 14.1

유체 정역학

❶ **그림을 그린다.** 열린 표면, 피스톤, 경계 및 압력에 영향을 주는 모든 것을 나타낸다. 높이와 넓이 측정값 및 유체 밀도를 포함한다. 압력을 찾고자 하는 위치를 확실하게 한다.

❷ **표면의 압력을 결정한다.**

- **공기에 노출된 표면:** $p_0 = p_{atmos}$, 일반적으로 1기압이다.
- **기체로 덮인 표면:** $p_0 = p_{gas}$
- **닫힌 표면:** $p = F/A$, 여기서 F는 피스톤과 같은 표면이 유체에 작용하는 힘이다.

❸ **수평선을 사용한다.** 연결된 유체의 압력은 수평선을 따라 어느 지점에서나 같다.

❹ **계기 압력을 찾는다.** 압력계는 $p_g = p - 1$ atm을 가리킨다.

❺ **유체 정지 압력 방정식을 사용한다.** $p = p_0 + \rho gd$

압력계 및 기압계

기체 압력은 때때로 압력계(manometer)라고 하는 장치로 측정한다. 그림 14.13처럼 압력계는 한쪽 끝이 기체에 연결되고 다른 쪽 끝은 공기로 열린 U자 모양의 관이다. 관은 밀도 ρ인 액체(보통 수은)로 채운다. 액체는 정적 평형 상태에 있다. 관의 눈금으로 관의 오른쪽 액체 표면이 관의 왼쪽 액체 표면보다 얼마나 높은지 그 높이 h를 측정할 수 있다.

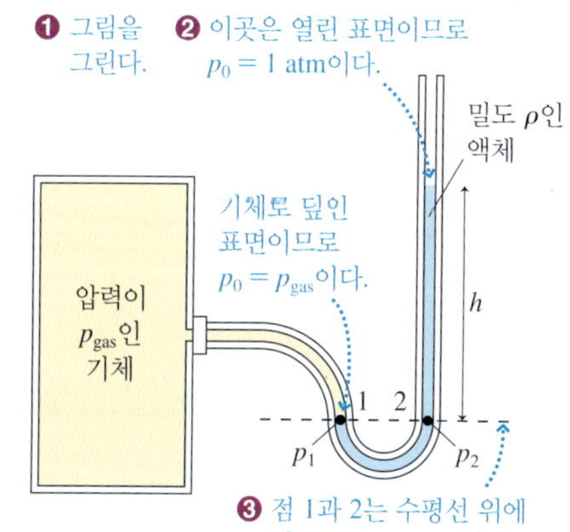

그림 14.13 기체 압력 측정에 압력계를 사용한다.

풀이 전략 14.1의 1–3단계를 거쳐 압력 p_1과 p_2가 같아야 한다는 결론을 이끌어낸다. 왼쪽 표면의 압력 p_1은 단순히 기체 압력이다($p_1 = p_{gas}$). 압력 p_2는 오른쪽 액체의 깊이 $d = h$에서의 유체 정지 압력 $p_2 = 1\text{ atm} + \rho gh$이다. 이 두 압력을 같게 놓으면

$$p_{gas} = 1\text{ atm} + \rho gh \tag{14.7}$$

가 된다. 그림 14.13은 $p_{gas} > 1$ atm를 가정하므로 액체의 오른쪽 경계면은 왼쪽보다 높다. 왼쪽 편보다 오른쪽 표면이 아래에 있으면 그 거리 h를 음수로 하고 이 경우 식 (14.7)은 $p_{gas} < 1$ atm에서 유효하다.

예제 14.6 | 압력계 사용하기

기체실의 압력은 수은 압력계로 측정한다. 외부 팔에서 수은의 높이는 기체실에 연결된 팔보다 36.2 cm 높다.

a. 기체 압력은 얼마이겠는가?

b. 기체실에 부착시킨 압력계의 수치는 얼마이겠는가?

풀이 a. 표 14.1에서 수은의 밀도는 $\rho = 13{,}600\text{ kg/m}^3$이다. $h = 0.362$ m로 식 (14.7)은 다음과 같이 나타낼 수 있다.

$$p_{gas} = 1\text{ atm} + \rho gh = 149.5\text{ kPa}$$

계산을 하기 전에 1기압을 101,300 Pa로 변환하여야 한다. 결과를 대기압로 변환하면 $p_{gas} = 1.476$ atm이 된다.

b. 압력계는 계기 압력을 가리킨다.

$$p_g = p - 1\text{ atm} = 0.476\text{ atm 또는 } 48.2\text{ kPa}$$

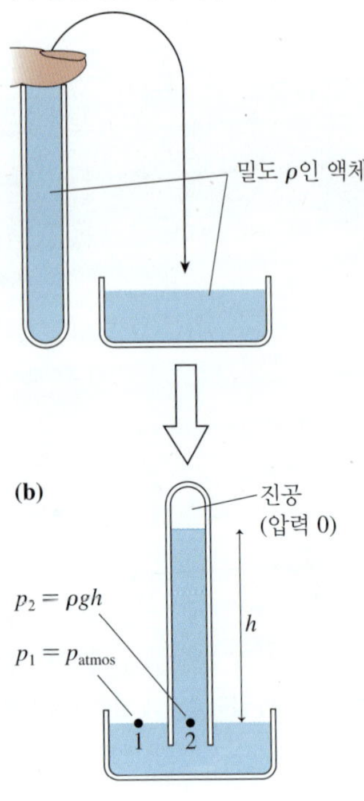

그림 14.14 기압계

또 다른 중요한 압력 측정 장비는 기압계(barometer)이며, 대기압 p_{atmos}을 측정하는 데 사용한다. 그림 14.14a에서 바닥을 밀봉한 유리관을 가득 채운 액체를 볼 수 있다. 위쪽 끝부분을 일시적으로 밀봉하면 관을 뒤집어서 같은 액체가 들어 있는 비커에 넣을 수 있다. 임시로 봉한 것을 제거하면 액체가 전부는 아니지만 일부가 빠져나가 비커의 액체 표면 위로 높이가 h인 액체 기둥이 관에 남는다. 이 장치는 그림 14.14b와 같은 기압계이다. 무엇을 측정하겠는가? 그리고 왜 관의 모든 액체가 다 빠져나가지 않는가?

압력계에서 했던 것처럼 기압계를 분석할 수 있다. 그림 14.14b의 점 1과 2는 액체의 표면과 나란하게 그린 수평선 위에 있다. 액체는 유체 정역학 평형 상태에 있으므로 이 두 지점의 압력은 같아야 한다. 관 바닥의 압력과 공기의 압력이 균형에 도달할 때까지만 액체가 관에서 빠져나온다.

기압계를 시소와 같이 생각할 수 있다. 대기의 압력이 증가하면 비커의 액체를 내리누른다. 점 1과 2의 압력이 동일해질 때까지 액체를 관 위로 밀어 올린다. 대기압이 떨어지면 이 두 지점에서 압력을 동일하게 유지하기 위해 액체가 관에서 빠져나가야 한다.

점 2에서의 압력은 관 내의 액체 무게와 액체 위의 기체 압력에 의한 압력이다. 그러나 이 경우에는 액체 위에 기체가 없다! 관이 거꾸로 되었을 때 관이 완전히 채워졌기 때문에 액체가 빠져나가고 남은 공간은 (매우 정밀한 측정을 제외하고는 무시할 수 있는 매우 작은 증기압을 무시하면) 진공이다. 따라서 압력 p_2는 단순히 $p_2 = \rho gh$이다.

p_1과 p_2를 같게 놓으면 다음과 같다.

$$p_{\text{atmos}} = \rho gh \tag{14.8}$$

따라서 기압계에서 액체 기둥의 높이를 측정함으로써 대기압을 측정할 수 있다.

해수면의 평균 기압은 수은 기압계의 수은 기둥을 표면보다 760 mm 위에 다다르게 한다. 수은의 밀도가 (0°C에서) 13,600 kg/m^{3}임을 알기에 식 (14.8)을 사용하여 평균 대기압을 구할 수 있다.

$$\begin{aligned} p_{\text{atmos}} &= \rho_{\text{Hg}} gh = (13{,}600\ \text{kg/m}^3)(9.80\ \text{m/s}^2)(0.760\ \text{m}) \\ &= 1.013 \times 10^5\ \text{Pa} = 101.3\ \text{kPa} \end{aligned}$$

이것은 앞에서 제시했던 '1표준 대기압(atm)' 값이다.

날씨 변화에 따라 기압은 날마다 약간씩 다르다. 기상학에서는 한 지역의 기압이 주변보다 높거나 낮은지에 따라 고기압 또는 저기압이라고 한다. 저기압은 비를 경고하고 고기압은 일반적으로 쾌청한 날씨와 관련이 있다.

압력 단위

실제로 압력은 여러 가지 다른 단위로 측정한다. 단위와 약자가 이렇게 다양한 것은 과학자와 공학자가 다른 주제(액체, 고압 기체, 저압 기체, 날씨 등)를 연구하며 각자 편리한 단위를 사용하였던 역사 때문이다. 전통적으로 이 단위들을 계속하여 사용하기 때문에 그것들을 서로 변환하는 것에 익숙해져야 한다. 표 14.2는 기본 변환을 나타낸다.

표 14.2 압력 단위

단위	약자	1기압 변환	용도
파스칼	Pa	101.3 kPa	SI 단위: 1 Pa = 1 N/m^2
대기압	atm	1 atm	일반적
수은 밀리미터	mmHg	760 mmHg	기체 압력 및 대기압
수은 인치	inHg	29.92 inHg	미국 일기 예보의 기압
제곱인치당 파운드	psi	14.7 psi	미국식 공학 및 산업계

혈압

건강검진을 받을 때 "혈압이 120에 80입니다."와 같은 말을 들어보았을 것이다. 그 의미는 무엇이겠는가?

맥박이 1분에 75회라면 약 0.8초마다 심장이 뛰는 것이다. 심장 근육이 수축하여 대동맥으로 혈액을 밀어낸다. 이러한 풍선을 누르는 것과 같은 수축은 심장의 압력을 증가시킨다. 증가한 압력은 파스칼의 원리에 따라 모든 동맥을 통해 전달된다.

그림 14.15는 심장 박동의 한 주기 동안 혈압이 어떻게 변화하는지를 나타내는 압력 그래프이다. **고혈압**이라는 건강 상태는 보통 휴식 수축기 혈압이 혈액순환에 필요한 것보다 높다는 것을 의미한다. 고혈압은 전체 순환계에 과도한 스트레스와 긴장을 유발하여 종종 심각한 의료 문제를 일으킨다. 저혈압은 혈압이 뇌에 혈액을 공급하기에 충분하지 않기 때문에 빨리 일어서면 어지러울 수 있다.

그림 14.15 심장 박동 한 주기 동안의 혈압

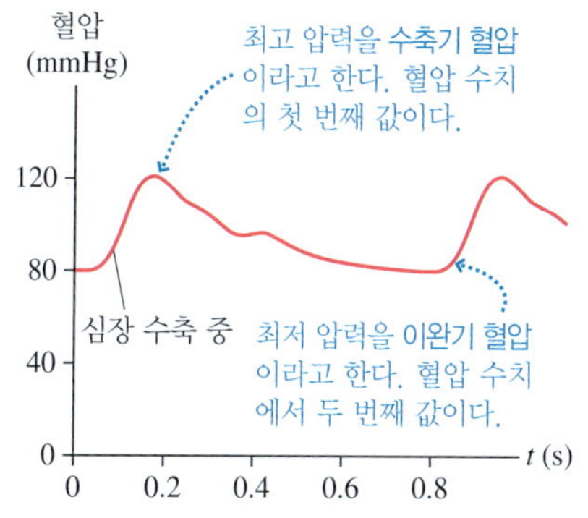

혈압은 팔 주위를 감싸는 가압대(cuff)를 사용하여 측정한다. 의사나 간호사가 가압대에 압력을 가하고 팔에 있는 동맥에 청진기를 놓은 다음 압력계를 보면서 천천히 압력을 줄인다. 처음에는 가압대가 동맥을 압박하여 혈류를 차단한다. 가압대 압력이 수축기 압력 이하로 떨어지면 심장 박동 동안 압력 펄스가 동맥을 잠깐 열리게 하여 혈액이 흘러 나온다. 이것을 느낄 수 있기에 의사나 간호사는 혈액이 흐르기 시작하는 것을 듣고 압력을 기록한다. 이것이 수축기 혈압이다.

동맥을 통한 혈액의 맥박은 가압대 압력이 이완기 압력에 도달할 때까지 지속된다. 그러면 동맥이 계속 열려 혈액이 원활하게 흐르고 맥박이 들리지 않게 된다. 이 변화는 청진기로 쉽게 들을 수 있으며 의사나 간호사는 이때의 혈압을 이완기 혈압으로 기록한다.

혈압은 수은 기둥 높이를 mm(mmHg)로 측정한다. 이는 계기 압력으로 1 atm을 초과하는 압력이다. 건강한 젊은 성인의 전형적인 혈압은 120/80이며, 이는 수축기 혈압은 $p_g = 120$ mmHg(절대 압력 $p = 880$ mmHg)이고 이완기 혈압은 80 mmHg임을 의미한다.

유압 승강기

작업을 수행하기 위하여 가압 액체를 사용하는 것은 **유압**(hydraulics)이라 하는 기술이다. 파스칼의 원리는 유압 장치의 기본 개념이다. 피스톤을 안으로 밀어 액체의 한 지점에서 압력을 높이면 이 압력 상승이 액체의 모든 지점으로 전달된다. 이 유체의 다른 지점에 있는 두 번째 피스톤이 바깥쪽을 밀며 필요한 작업을 수행할 수 있다.

자동차 제동 장치(brake system)가 이러한 유압 장치이다. 브레이크를 밟으면 피스톤이 **주 브레이크 실린더** 안으로 밀려 들어가고 **브레이크 액**의 압력을 증가시킨다. 유체 자체는 거의 움직이지 않지만 압력 증가는 4개의 바퀴로 전달되어 브레이크 패드를 회전하는 브레이크 디스크 쪽으로 민다. 가압 액체를 사용하여 차를 정지시키는 목적을 달성한 것이다.

간단한 기계적 연결에 비해 유압 장치의 장점 중 하나는 **힘의 증폭** 가능성이다. 이 장치가 어떻게 작동하는지 확인하기 위하여 자동차 수리점에서 자동차를 들어 올리는 **유압 승강기**를 분석하여 보자. 그림 14.16a에 넓이 A_2의 피스톤을 통해 액체를 누르는 자동차의 무게로 인한 힘 $\vec{F}_2$를 나타냈다. 훨씬 작은 힘 $\vec{F}_1$이 넓이 A_1의 피스톤을 누른다. 이 장치가 평형 상태에 있을 수 있는가?

그림 14.16 유압 승강기

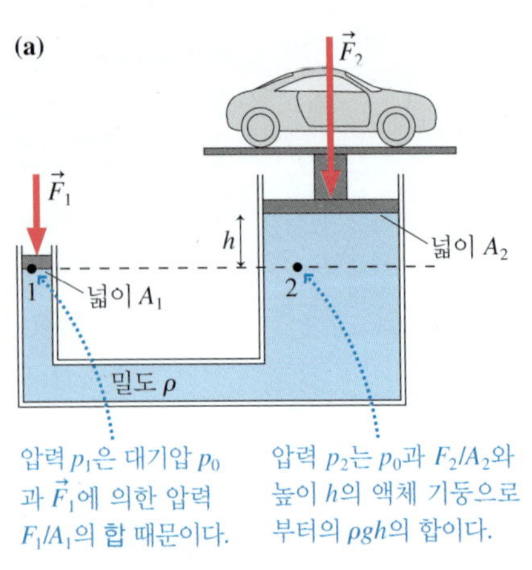

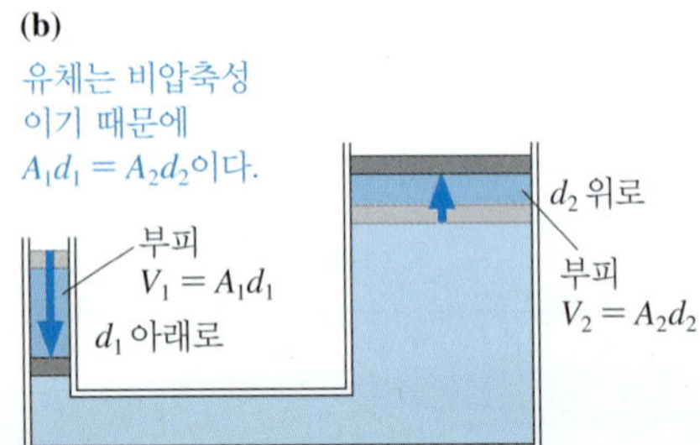

알다시피, 유체 정지 압력은 유체를 통과하는 수평선 위의 모든 지점에서 동일하다. 그림 14.16a의 왼쪽에 있는 액체/피스톤 경계면을 통과하는 선을 살펴보자. 압력 p_1과 p_2는 같아야 한다. 따라서 다음과 같다.

$$p_0 + \frac{F_1}{A_1} = p_0 + \frac{F_2}{A_2} + \rho gh \tag{14.9}$$

대기압은 양쪽에서 똑같으므로 p_0은 상쇄된다.

$$F_2 = \frac{A_2}{A_1}F_1 - \rho ghA_2 \tag{14.10}$$

라면 이 계는 정적 평형 상태에 있다.

차를 더 높이 들어야 한다고 가정하자. 피스톤 1을 그림 14.16b에서와 같이 거리 d_1 아래로 밀면 부피 $V_1 = A_1d_1$만큼의 액체가 밀린다. 액체는 비압축성이기 때문에, V_1은 피스톤 2가 거리 d_2만큼 상승할 때 피스톤 2 아래에서 증가하는 부피 $V_2 = A_2d_2$와 같아야 한다. 즉

$$d_2 = \frac{d_1}{A_2/A_1} \tag{14.11}$$

로 힘이 증가한 비율로 거리가 **줄어든다**. 작은 힘으로 무거운 무게를 지탱할 수는 있지만 작은 피스톤을 상당한 거리만큼 밀어 올려야 무거운 무게를 약간 들어 올릴 수 있다.

이 결론은 실제로는 에너지 보존을 나타내는 것이다. 작은 힘으로 액체를 상당한 정도 밀어 이동시켜 액체에 일을 한다. 무거운 무게를 조금 들어 올릴 때 액체가 일을 한다. 전체적인 분석은 액체의 중력 퍼텐셜 에너지도 변화한다는 사실을 고려하여야

하므로 단순히 출력 일이 입력 일과 같다고 할 수는 없지만 에너지 면에서는 피스톤 1이 피스톤 2보다 많이 이동해야 한다는 것을 알 수 있다.

예제 14.7 **자동차 들어 올리기**

자동차 수리점의 유압 승강기는 기름으로 채워져 있다. 자동차는 지름 25 cm의 피스톤 위에 놓여 있다. 자동차를 들어 올리려면 압축 공기를 사용하여 지름 6.0 cm의 피스톤을 눌러내려야 한다. 1300 kg 자동차가 압축 공기 피스톤보다 2.0 m 위에 있을 때 압력계는 얼마를 가리키겠는가?

핵심 기름은 비압축성이라고 가정한다. 표 14.1로부터 기름의 밀도는 900 kg/m^{3}이다.

풀이 F_2는 피스톤을 누르는 차의 무게로 $F_2 = mg = 12{,}700$ N이다. 피스톤 넓이는 $A_1 = \pi(0.030\text{ m})^2 = 0.00283\text{ m}^2$ 및 $A_2 = \pi(0.125\text{ m})^2 = 0.0491\text{ m}^2$이다. 높이 $h = 2.0$ m에서 자동차를 지탱하는 데 필요한 힘은 식 (14.10)을 F_1에 대하여 풀면 구할 수 있다.

$$\begin{aligned}F_1 &= \frac{A_1}{A_2}F_2 + \rho g h A_1\\ &= \frac{0.00283\text{ m}^2}{0.0491\text{ m}^2} \times 12{,}700\text{ N}\\ &\quad + (900\text{ kg/m}^3)(9.8\text{ m/s}^2)(2.0\text{ m})(0.00283\text{ m}^2)\\ &= 782\text{ N}\end{aligned}$$

압축 공기 피스톤이 유체에 가하는 압력은

$$\frac{F_1}{A_1} = \frac{782\text{ N}}{0.00283\text{ m}^2} = 2.76 \times 10^5\ \text{Pa} = 2.7\text{ atm}$$

이다. 이는 압력계가 측정하는 대기압을 초과하는 압력이므로 압력계는 단위에 따라 276 kPa 또는 2.7 atm을 가리킨다.

검토 782 N은 성인 남성의 평균 무게이다. 증가 비율 $A_2/A_1 = 17$ 때문에 이 정도의 힘으로 자동차를 아주 쉽게 들어 올릴 수 있다.

14.4 부력

바위는 알다시피 바위처럼 가라앉는다. 나무는 호수 표면에 뜬다. 1 g 조금 넘는 10원 동전은 가라앉지만 거대한 철제 항공모함은 물에 뜬다. 이러한 다양한 현상을 어떻게 이해할 수 있는가?

에어 매트리스는 수영장 표면에 쉽게 뜬다. 그러나 에어 매트리스를 물속으로 밀어 넣으려고 한 적이 있다면 거의 불가능하다는 것을 알 수 있다. 아래로 밀 때, 물은 위로 민다. 이 유체의 위 방향 힘을 **부력**(buoyant force)이라 한다.

부력에 대한 기본적인 생각은 이해하기 쉽다. 그림 14.17은 액체 속에 잠긴 원통을 나타낸 것이다. 액체의 압력은 깊이에 따라 증가하므로 원통 바닥의 압력은 꼭대기 압력보다 높다. 원통의 양 끝 넓이가 같으므로 힘 $\vec{F}_{up}$는 힘 $\vec{F}_{down}$보다 크다. (압력은 모든 방향으로 작용한다.) 결과적으로, 액체의 압력은 $F_{net} = F_{up} - F_{down}$ 크기의 알짜힘을 원통에 위 방향으로 가한다. 이것이 부력이다.

액체에 잠긴 원통은 그 개념을 간단하게 그림으로 설명하지만 그 결과는 원통이나 액체에만 국한되지 않는다. 그림 14.18a에서 볼 수 있듯이, 임의의 모양과 부피의 유체의 일부분에 가상 경계선을 그려서 격리한다고 가정하자. 이 부분은 정적 평형 상태에 있다. 결과적으로, 이 부분을 끌어내리는 중력은 위 방향 힘과 균형을 이룰 것이다. 주변 유체가 부분의 이 유체에 작용하는 위 방향 힘이 부력 $\vec{F}_B$이다. 부력은 유체

그림 14.17 원통 바닥에서의 유체 압력이 꼭대기에서의 유체 압력보다 크기 때문에 부력이 발생한다.

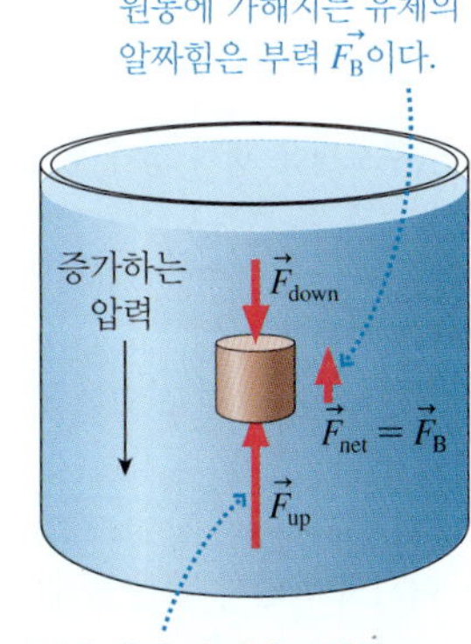

그림 14.18 부력

(a)

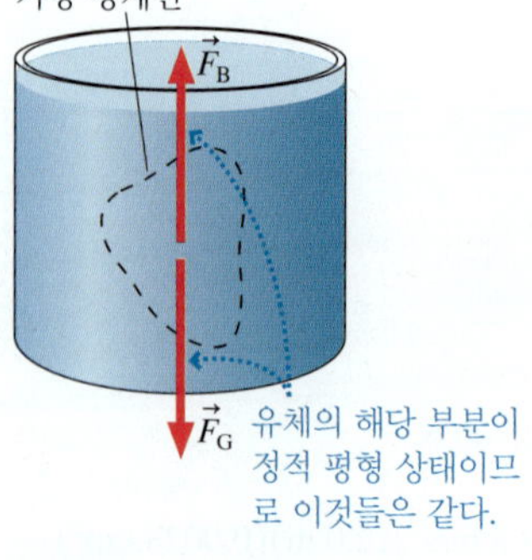

(b)

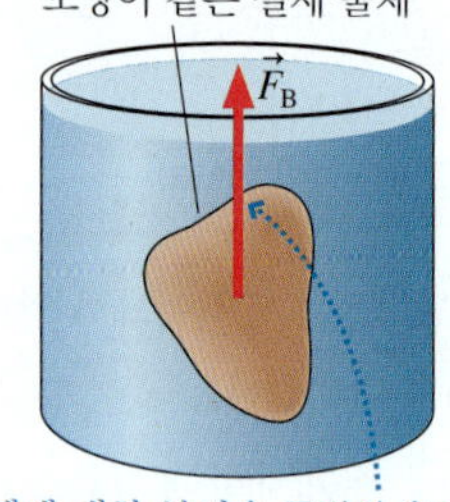

의 무게와 같다($F_B = mg$).

어떻게든 부분의 이 유체를 제거하고 그림 14.18b와 같이 정확히 같은 모양과 크기의 물체로 즉시 교체할 수 있다고 상상해보자. 부력이 주변의 유체에 의해 가해지고 주변의 유체가 변하지 않았기 때문에, 이 새로운 물체에 대한 부력은 이 부분의 제거한 유체에 작용하는 부력과 정확히 같다.

물체(또는 물체의 일부)가 유체에 잠기면 그 공간을 채울 유체를 밀어낸다. 이 유체를 **밀려난 유체**(displaced fluid)라고 한다. 밀려난 유체의 부피는 유체에 잠긴 물체의 그 부분의 부피와 똑같다. 그림 14.18은 위 방향 부력의 크기가 이 밀려난 유체의 무게와 같다는 결론을 이끌어낸다.

이 생각은 아마도 가장 위대한 고대 그리스의 수학자이자 과학자인 아르키메데스(Archimedes)에 의하여 처음으로 알게 되었으며, 오늘날 아르키메데스의 원리로 알려져 있다.

> **아르키메데스의 원리** 유체는 유체에 잠기거나 유체 위에 떠 있는 물체에 위 방향 부력 $\vec{F}_B$를 가한다. 부력의 크기는 물체에 의해 밀려난 유체의 무게와 같다.

유체의 밀도가 ρ_f이고 물체가 부피 V_f의 유체를 밀어낸다고 가정하자. 밀려난 유체의 질량은 $m_f = \rho_f V_f$이며, 따라서 그 무게는 $m_f g = \rho_f V_f g$이다. 그러므로 수식으로 나타낸 아르키메데스의 원리는

$$F_B = \rho_f V_f g \tag{14.12}$$

이다.

예제 14.8 나무토막을 물속에 고정하기

밀도가 700 kg/m^{3}인 10 cm × 10 cm × 10 cm 크기의 나무토막을 용기 바닥에 연결된 끈으로 물속에 고정한다. 끈의 장력은 얼마인가?

핵심 부력은 아르키메데스의 원리를 따른다.

시각화 그림 14.19는 나무에 작용하는 힘을 보여준다.

풀이 나무토막은 평형 상태에 있다.

$$\sum F_y = F_B - T - m_o g = 0$$

따라서 장력은 $T = F_B - m_o g$이다. 나무토막의 질량은 $m_o = \rho_o V_o$이고, 식 (14.12)에 의하면 부력은 $F_B = \rho_f V_f g$이다. 그러므로

$$T = \rho_f V_f g - \rho_o V_o g = (\rho_f - \rho_o) V_o g$$

이다. 여기서 완전히 잠긴 물체에 대해 $V_f = V_o$라는 사실을 사용하였다. 부피 $V_o = 1000\ \text{cm}^3 = 1.0 \times 10^{-3}\ \text{m}^3$이므로 끈의 장력은 다음과 같다.

그림 14.19 물에 잠긴 나무에 작용하는 힘

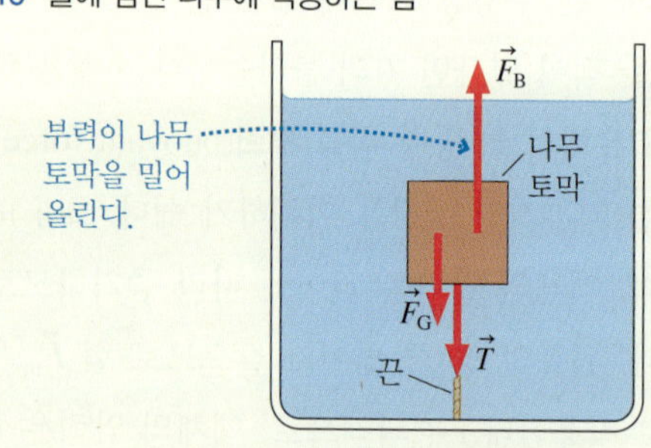

$$T = ((1000\ \text{kg/m}^3) - (700\ \text{kg/m}^3)) \times (1.0 \times 10^{-3}\ \text{m}^3)(9.8\ \text{m/s}^2) = 2.9\ \text{N}$$

검토 장력은 밀도의 차이에 따라 다르다. 나무 밀도가 물 밀도와 같다면 장력은 0이 된다.

뜰까 가라앉을까?

물체를 물속에 넣은 채로 놓으면 그 물체는 표면으로 떠오르거나 가라앉거나 또는 물속에 '걸려' 있게 된다. 어떻게 이를 예측할 수 있는가? 물체를 놓은 직후 물체에 작용하는 알짜힘은 $\vec{F}_{\text{net}} = (F_{\text{B}} - m_{\text{o}}g)\hat{k}$이다. 물체가 수면으로 또는 바닥으로 향하는지는 부력 F_{B}가 물체의 무게 $m_{\text{o}}g$보다 큰지 작은지에 따라 달라진다.

부력의 크기는 $\rho_{\text{f}}V_{\text{f}}g$이다. 쇳덩어리와 같이 균일한 물체의 무게는 간단히 $\rho_{\text{o}}V_{\text{o}}g$이다. 그러나 스쿠버 다이버와 같은 복잡한 물체는 밀도가 다른 다양한 물체로 이루어져 있다. **평균 밀도**(average density)를 $\rho_{\text{avg}} = m_{\text{o}}/V_{\text{o}}$로 정의하면 복잡한 물체의 무게는 $\rho_{\text{avg}}V_{\text{o}}g$이다.

$\rho_{\text{f}}V_{\text{f}}g$와 $\rho_{\text{avg}}V_{\text{o}}g$를 비교하고 완전히 잠긴 물체에 대해 $V_{\text{f}} = V_{\text{o}}$임을 알면, 유체 밀도 ρ_{f}가 물체의 평균 밀도 ρ_{avg}보다 큰지 작은지에 따라 물체가 떠 있거나 가라앉는 것을 알 수 있다. 밀도가 동일하면 물체는 정적 평형 상태에 놓이고 움직이지 않는다. 이것을 **중립 부력**(neutral buoyancy)이라고 한다. 이러한 조건들을 풀이 전략 14.2에 요약하였다.

풀이 전략 14.2

물체가 뜰지 가라앉을지 알아내기

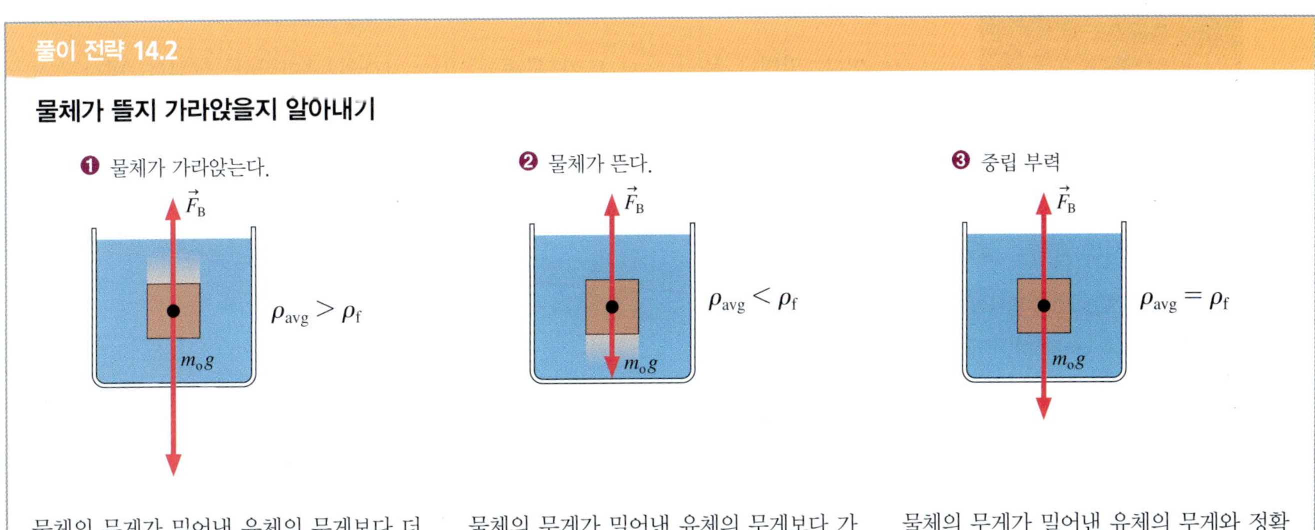

물체의 무게가 밀어낸 유체의 무게보다 더 무거운 경우, 즉 물체의 평균 밀도가 유체의 밀도보다 크면 물체는 가라앉는다.

물체의 무게가 밀어낸 유체의 무게보다 가벼우면, 즉 물체의 평균 밀도가 유체의 밀도보다 작으면 물체는 뜬다.

물체의 무게가 밀어낸 유체의 무게와 정확히 같으면, 즉 물체의 평균 밀도가 유체의 밀도와 같으면 물체는 움직이지 않고 걸려 있다.

예를 들어, 쇠는 물보다 밀도가 높기 때문에 쇳덩어리는 가라앉는다. 기름은 물보다 밀도가 낮기 때문에 물 위에 뜬다. 물고기는 공기를 채운 **부레**를 사용하고 스쿠버 다이버는 평균 밀도를 물의 밀도와 같게 조절하기 위하여 무게가 있는 허리띠를 사용한다. 둘 다 중립 부력의 예이다.

물속에서 나무토막을 놓으면 위 방향의 알짜힘 때문에 수면으로 올라오게 된다.

그림 14.20 떠 있는 물체는 정적 평형 상태에 있다.

밀도 ρ_o, 부피 V_o의 물체가 밀도 ρ_f의 유체 위에 떠 있다.

$\vec{F}_B$

$m_o g$

유체 밀도 ρ_f

물체의 잠긴 부피는 밀려난 유체의 부피 V_f와 같다.

빙산의 약 90%가 물속에 있다.

그러면 무슨 일이 일어나겠는가? 그림 14.20과 같은 균일한 물체를 갖고 시작해보자. 이 물체에는 눌려 들어간 자국이나 빈 공간 같은 이상한 것은 없다. 이 물체가 떠 있으므로, 그것은 $\rho_o < \rho_f$인 경우일 것이다.

물체가 떠 있다면 정적 평형 상태에 있다. 아르키메데스의 원리에 따르면 위 방향의 부력은 물체의 아래 방향 무게와 정확하게 균형을 이룬다. 즉,

$$F_B = \rho_f V_f g = m_o g = \rho_o V_o g \tag{14.13}$$

이다. 이 경우 밀려난 유체의 부피는 물체의 부피와 같지 않다. 실제로, 식 (14.13)에서 밀도가 균일한 떠 있는 물체에 의해 밀려난 유체의 부피는

$$V_f = \frac{\rho_o}{\rho_f} V_o < V_o \tag{14.14}$$

임을 알 수 있다. 종종 "빙산의 90%가 물속에 있다."라고 말하는 것을 들었을 것이다. 식 (14.14)가 그 내용의 기초이다. 대부분의 빙산은 빙하에서 떨어져 나온 밀도 917 kg/m^{3}의 담수 얼음이다. 바닷물 밀도는 1030 kg/m^{3}이다. 그러므로

$$V_f = \frac{917\ \text{kg/m}^3}{1030\ \text{kg/m}^3} V_o = 0.89 V_o$$

이다. 밀려난 물의 부피 V_f가 물속에 있는 빙산의 부피이다. 실제로, 빙산 부피의 89%가 물속에 있다는 것을 알 수 있다.

예제 14.9 미지의 액체의 밀도 측정하기

미지의 액체의 밀도를 결정하여야 한다. 어떤 육면체를 이 액체에 넣으니 한 변이 4.6 cm가 잠긴 채 떠 있다. 이 육면체를 물에 넣으면 5.8 cm가 잠긴 채 떠 있다. 이 미지의 액체의 밀도는 얼마이겠는가?

핵심 이 육면체는 균일하다.

시각화 그림 14.21은 이 육면체를 나타낸 것으로, 미지의 액체에서 단면의 넓이 A와 액체 속의 깊이 h_u, 물에서의 깊이 h_w를 표시한 것을 볼 수 있다.

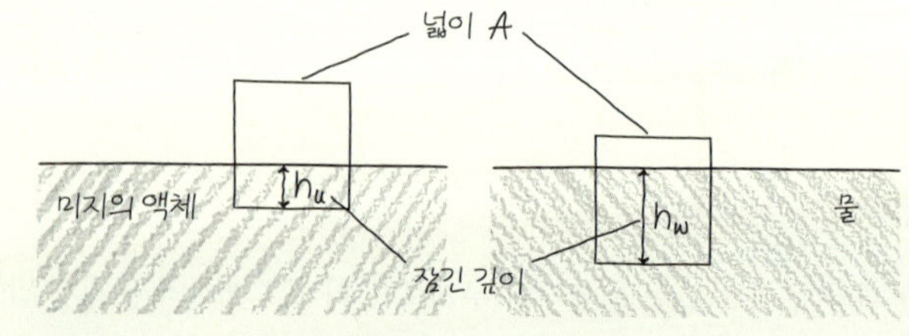

그림 14.21 육면체가 미지의 액체에서보다 더 많은 부분이 물에 잠긴다.

풀이 육면체가 떠 있으므로, 식 (14.14)를 적용한다. 이 육면체는 미지의 액체를 부피 $V_u = Ah_u$만큼 밀어낸다. 그러므로

$$V_u = Ah_u = \frac{\rho_o}{\rho_u} V_o$$

이다. 마찬가지로 육면체는 물을 부피 $V_w = Ah_w$만큼 밀어내므로,

$$V_w = Ah_w = \frac{\rho_o}{\rho_w} V_o$$

이다. 유체가 두 가지이므로 유체를 나타내는 f 대신 물에 대해서는 w를, 미지의 액체에 대해서는 u를 사용했다. $\rho_o V_o$가 두 수식 모두에 있으므로,

$$\rho_u A h_u = \rho_w A h_w$$

로 쓸 수 있다. 넓이 A를 상쇄하면 미지의 액체의 밀도는

$$\rho_u = \frac{h_w}{h_u} \rho_w = \frac{5.8\ \text{cm}}{4.6\ \text{cm}} \times 1000\ \text{kg/m}^3 = 1260\ \text{kg/m}^3$$

이다.

검토 표 14.1과 비교하면 미지의 액체는 글리세린일 가능성이 있다.

배

배를 설계함으로써 결론을 내릴 것이다. 그림 14.22는 배에 대한 물리학자의 생각이다. 질량이 없고 견고한 4개의 벽을 질량 m_o, 넓이 A인 단단한 강철판에 부착한다. 강철판을 물속으로 가라앉히면 벽면 때문에 강철판이 밀어낼 수 있는 물보다 훨씬 큰 부피의 물을 밀어낼 수 있다. 밀려난 물의 무게가 배의 무게와 같으면 배가 뜨게 된다.

밀도 면에서 보면 $\rho_{avg} > \rho_f$인 경우 배가 뜬다. 배의 측면 높이가 h인 경우 배의 부피는 $V_0 = Ah$이고 평균 밀도는 $\rho_{avg} = m_o/V_o = m_o/Ah$이다.

$$\rho_{avg} = \frac{m_o}{Ah} < \rho_f \tag{14.15}$$

이면 배가 뜬다. 따라서 측면의 최소 높이, 즉 배가 (완벽하게 잔잔한) 물에 뜰 수 있도록 하는 높이는

$$h_{min} = \frac{m_o}{\rho_f A} \tag{14.16}$$

이다. 간단한 예로, 바닥 두께가 2 cm인 5 m × 10 m 강철 '바지선'은 넓이 50 m^2, 질량 7900 kg이다. 식 (14.16)으로 구한 질량 없는 벽의 최소 높이는 16 cm이다.

실제 배는 더 복잡하지만 같은 생각을 적용한다. 배가 콘크리트, 강철 또는 납으로 만들어졌는지와 관계없이 **배의 기하학적 모양이 배의 무게와 같도록 충분한 물을 밀어내면 그 배는 뜬다.**

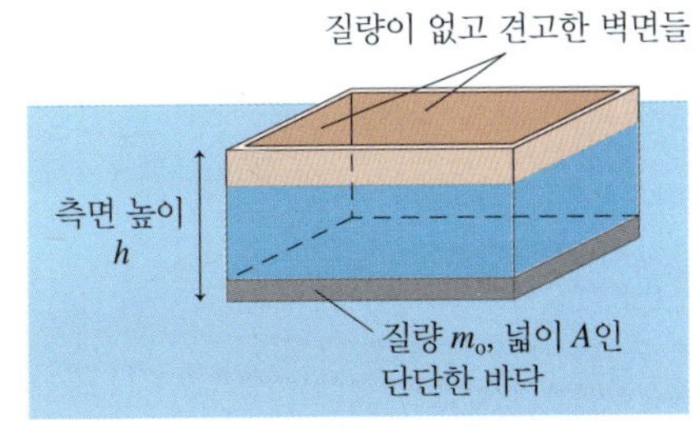

그림 14.22 물리학자의 배

14.5 유체 동역학

머리카락을 스치는 바람, 거칠게 흐르는 강물, 유정에서 분출되는 기름은 움직이는 유체의 예이다. 지금까지 유체 정역학에 초점을 맞추었지만 이제 유체 동역학에 관심을 기울이고자 한다.

유체 흐름은 복잡한 주제이다. 난류(turbulence)와 소용돌이(eddy) 현상 등 여러 가지 측면들을 여전히 잘 이해하지 못하고 있으며, 현재 과학 및 공학 분야에서 연구가 진행 중이다. 단순화한 모형을 사용하여 이러한 어려움을 극복할 것이다. **이상 유체 모형**(ideal fluid model)은 여러 상황에서 유체 흐름에 대하여 완벽하지 못하나 좋은 설명을 제공한다. 불필요한 세부 사항을 생략하고 유체 흐름의 본질을 보여준다.

모형 14.2

이상 유체

이는 액체 및 기체에 적용한다. 유체는 다음과 같은 경우에 이상적이라고 생각할 수 있다.

- 유체는 비압축성이다.
- 유체는 비점성이다.

(계속)

그림 14.23 피어오르는 연기는 층흐름에서 난류로 바뀐다.

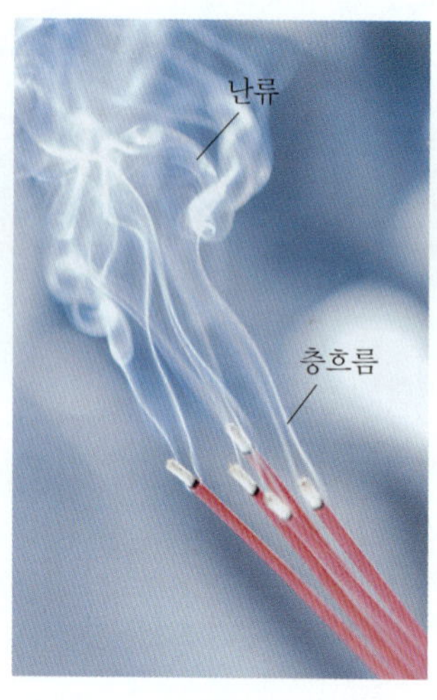

- 흐름에 대한 유체의 저항, 즉 **점성**(viscosity)은 동적 마찰과 유사하다.
- 비점성 흐름은 마찰 없는 운동과 유사하다.

■ 흐름은 **층흐름**이다.

- **층흐름**(laminar flow)은 유체의 각 점에서 유체 속도가 일정하다. 흐름이 매끄럽다. 즉 그것은 변하지 않고 출렁거리지 않는다.

■ 한계: 이 모형은 다음과 같은 경우 성공적이지 않다.

- 유체의 점도가 상당하다.
- 흐름이 층류라기보다는 난류이다.

그림 14.23의 사진에서처럼 피어오르는 연기는 부드러운 윤곽으로 인식할 수 있는 층흐름으로 시작하지만, 어느 점에서 난류로 바뀐다. 층흐름에서 난류로의 변화는 유체 흐름에서 드문 현상이 아니다. 이상 유체 모형은 층흐름에 적용할 수 있지만 난류에는 적용할 수 없다.

연속 방정식

그림 14.24a는 공학자가 풍동에서 자동차 주위의 공기 흐름을 시각화하는 데 도움이 되는 연기를 보여준다. 흐름이 매끄럽기에 층흐름임을 알 수 있다. 그러나 각각의 연기 경로가 어떻게 변해 가는지 주목한다. 그 경로는 서로 교차하지 않고 함께 섞이지 않는다. 각각의 연기 경로는 유체에서의 **유선**(streamline)을 나타낸다. 그림 14.24b는 유선의 세 가지 중요한 특성을 보여준다.

그림 14.24 입자가 유선을 따라 움직이는 이상적인 유체

그림 14.25 관의 단면의 넓이가 변할 때 유속이 변한다.

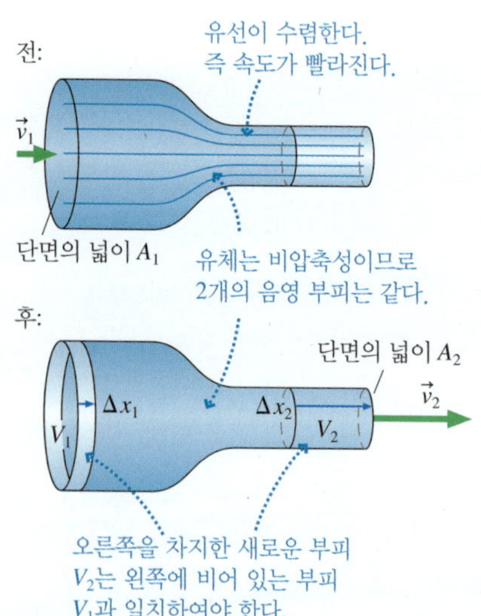

눈여겨 볼 것은 유선이 서로 가까워지고 멀어짐에 따라 유속이 변하는 것이다. 관을 통해 흐르는 이상 유체를 나타낸 그림 14.25에서는 관이 좁아지면 유선이 가까워지므로 유속은 증가하여야 한다. 속력이 어떻게 변하는지 정량적으로 이해하기 위해 유체가 관을 통과할 때 음영처리한 부피를 살펴본다.

이상적인 유체는 비압축성이므로 유체의 음영 부분은 **부피가 바뀌지 않고** 앞으로 나아간다. 관의 왼쪽에서 유속이 v_1이면 시간 간격 Δt 동안 음영처리한 유체가 앞쪽으

로 거리 $\Delta x_1 = v_1 \Delta t$만큼 나아가고 $V_1 = A_1 \Delta x_1 = A_1 v_1 \Delta t$만큼 '비워진다.' (새로운 유체가 이 부피를 채우기 위하여 이동하지만 유체의 음영 부분에만 집중한다.) 유속이 v_2인 관의 오른쪽에서 음영처리한 유체는 $\Delta x_2 = v_2 \Delta t$만큼 앞으로 나아가서 새로운 부피 $V_2 = A_2 \Delta x_2 = A_2 v_2 \Delta t$를 차지한다. 이 두 부피가 같아야 하므로, 결론은

$$v_1 A_1 = v_2 A_2 \qquad (14.17)$$

이다.

식 (14.17)은 **연속 방정식**(equation of continuity)이라고 하며 이상 유체의 흐름에 대한 2개의 중요한 방정식 중 하나이다. 연속 방정식에 따르면 **관의 좁은 부분에서는 흐름이 빠르며 넓은 부분에서는 흐름이 느리다**. 수많은 일상경험으로 이런 사실을 잘 알고 있다. 예를 들어 그림 14.26과 같이 좁은 노즐에서는 더 넓은 호스를 통과하는 것보다 물이 훨씬 빠르게 분사된다.

그림 14.26 단면의 넓이를 줄이면 물의 속력이 증가한다.

$$Q = vA \qquad (14.18)$$

를 **부피 유속**(volume flow rate)이라 한다. Q의 SI 단위는 m^3/s이지만 실제로 Q는 cm^3/s, 분당 리터 또는 미국에서는 분당 갤런 단위로 측정한다. 연속 방정식의 의미를 보여주는 또 다른 방법은 **부피 유속이 관의 모든 점에서 일정하다**는 것이다.

예제 14.10 **강 따라 떠내려가기**

폭 20 m, 깊이 4.0 m로 단면이 삼각형인 강이 1.0 m/s의 속도로 천천히 흐른다. 바다로 가는 길목에 들어서면, 폭이 4.0 m이고 깊이가 6.0 m인 삼각형 단면의 바위 협곡에 들어간다. 이 강의 부피 유속은 얼마이겠는가? 계곡을 통과하는 속력은 얼마이겠는가?

핵심 흐르는 물을 이상적인 유체로 모형화한다.

풀이 폭 w와 깊이 d의 삼각형인 단면의 넓이 $A = \frac{1}{2}wd$이다. 강의 처음 부분에서,

$$A_1 = \tfrac{1}{2}(20 \text{ m})(4.0 \text{ m}) = 40 \text{ m}^2$$

이고 강의 유속은

$$Q = v_1 A_1 = (1.0 \text{ m/s})(40 \text{ m}^2) = 40 \text{ m}^3/\text{s}$$

이다. 부피 유속은 협곡을 포함하여 강을 따라 모든 점에서 같다. 협곡의 단면의 넓이는

$$A_2 = \tfrac{1}{2}(4.0 \text{ m})(6.0 \text{ m}) = 12 \text{ m}^2$$

이므로, 계곡을 흐르는 강의 속력은 다음과 같다.

$$v_2 = \frac{Q}{A_2} = \frac{40 \text{ m}^3/\text{s}}{12 \text{ m}^2} = 3.3 \text{ m/s}$$

검토 강의 속력은 3.3 m/s 또는 12 km/h로 III급 급류 래프팅을 하는 강의 전형적인 값이다. 6 m 깊이의 강에서는 일부 급류나 파도는 완벽한 삼각형 단면을 원활하게 흐른다는 가정에 크게 영향을 미치지 않는다.

베르누이 방정식

연속 방정식은 이상 유체에 대한 2개의 중요한 관계 중 하나이다. 다른 하나는 에너지 보존에 대한 설명이다. 10장에서 배운 에너지 원리에 대한 일반적인 설명은 다음과 같다.

$$\Delta K + \Delta U = W_{ext} \qquad (14.19)$$

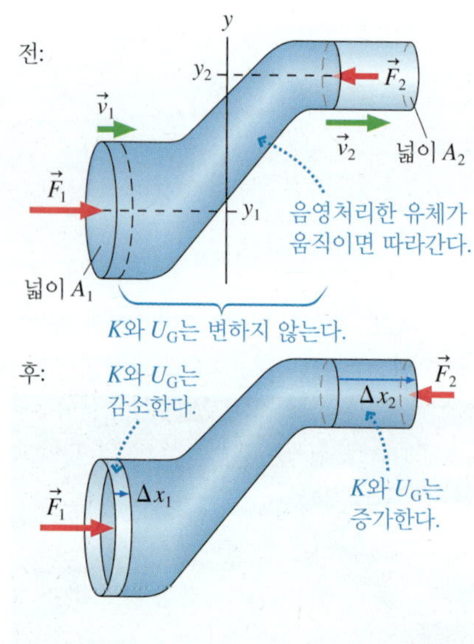

그림 14.27 관을 지나는 유체 흐름의 에너지 분석

여기서 W_{ext}는 외력이 한 일이다.

이것을 그림 14.27과 같이 관을 따라 흐르는 유체에 어떻게 적용하는지 살펴보자. 이는 그림 14.25에서 고려한 상황이지만 이제 관의 높이가 변한다. 더 어두운 음영의 유체 부피는 식 (14.19)를 적용할 계이다. 관 속의 주변 유체의 압력이 계에 일을 한다. 이 계의 왼쪽에 보이지 않는 유체는 $\vec{F}_1 = (p_1A_1$, 오른쪽으로)의 힘을 가한다. 이 식에서 p_1은 관 속에서 이 점의 유체 압력이고 A_1은 단면의 넓이이다. 짧은 시간 간격 Δt 동안, 이 힘은 유체를 $\Delta\vec{r}_1 = (\Delta x_1$, 오른쪽으로)만큼 밀어내고

$$W_1 = \vec{F}_1 \cdot \Delta\vec{r}_1 = F_1\,\Delta x_1 = (p_1A_1)\Delta x_1 = p_1(A_1\,\Delta x_1) = p_1V \qquad (14.20)$$

의 일을 한다. A_1과 Δx_1은 다른 항으로부터 이 수식에 나타나지만 편리하게 $V = A_1\Delta x_1$가 되고 이는 음영처리한 유체가 앞으로 밀릴 때 '비워지는' 부피이다.

상황은 계의 오른쪽 가장자리에서도 거의 같은데, 주변의 유체가 압력에 의한 힘 $\vec{F}_2 = (p_2A_2$, 왼쪽으로)를 가한다. 그러나 힘 $\vec{F}_2$는 변위 $\Delta\vec{r}_2$와 반대 방향이며, 이때 한 일은 점곱에 음의 부호를 도입하여

$$W_2 = \vec{F}_2 \cdot \Delta\vec{r}_2 = -F_2\,\Delta x_2 = -(p_2A_2)\Delta x_2 = -p_2(A_2\,\Delta x_2) = -p_2V \qquad (14.21)$$

가 된다. 유체가 비압축성이기 때문에, 오른쪽에서 '얻는' 부피 $V = A_2\Delta x_2$는 왼쪽에서 잃어버린 부피와 정확하게 같다. 주변의 유체가 계에 한 일은

$$W_{ext} = W_1 + W_2 = (p_1 - p_2)V \qquad (14.22)$$

이다. 압력차 $p_1 - p_2$에 따라 일은 다르다.

이제 계의 퍼텐셜 에너지와 운동 에너지가 어떻게 되는지 살펴보자. 계의 대부분은 시간 간격 Δt 동안 변하지 않는다. 같은 높이에서 같은 속도로 움직이는 유체이다. 고려해야 할 것은 양 끝에서의 부피 V뿐이다. 오른쪽에서, 유체가 부피 V로 들어옴에 따라 계의 운동 에너지와 중력 퍼텐셜 에너지가 증가한다. 동시에 유체가 왼쪽에서 부피 V를 비움에 따라 계의 운동 에너지와 중력 퍼텐셜 에너지가 감소한다.

부피 V의 유체 질량은 $m = \rho V$이다. 여기서 ρ는 유체 밀도이다. 따라서 Δt 동안 계의 중력 퍼텐셜 에너지의 알짜 변화는

$$\Delta U_G = mgy_2 - mgy_1 = \rho Vgy_2 - \rho Vgy_1 \qquad (14.23)$$

이다. 마찬가지로 계의 운동 에너지 변화는 다음과 같다.

$$\Delta K = \tfrac{1}{2}mv_2^2 - \tfrac{1}{2}mv_1^2 = \tfrac{1}{2}\rho Vv_2^2 - \tfrac{1}{2}\rho Vv_1^2 \qquad (14.24)$$

식 (14.22), (14.23) 및 (14.24)를 결합하면 흐름관 내 유체에 대한 에너지 방정식을 얻을 수 있다.

$$\tfrac{1}{2}\rho Vv_2^2 - \tfrac{1}{2}\rho Vv_1^2 + \rho Vgy_2 - \rho Vgy_1 = p_1V - p_2V \qquad (14.25)$$

부피 V는 모든 항에서 상쇄된다. 항을 재배열하면

$$p_1 + \frac{1}{2}\rho v_1^2 + \rho g y_1 = p_2 + \frac{1}{2}\rho v_2^2 + \rho g y_2 \tag{14.26}$$

가 된다. 식 (14.26)을 **베르누이 방정식**(Bernoulli's equation)이라고 한다. 일찍이 유체 동역학에 대해 연구를 한 18세기 스위스 과학자 베르누이(Daniel Bernoulli)의 이름을 딴 것이다.

베르누이 방정식은 일과 에너지에 관한 설명일 뿐이다. 때로는 베르누이 방정식을 다른 형태로 표현하는 것이 유용하다.

$$p + \frac{1}{2}\rho v^2 + \rho g y = \text{상수} \tag{14.27}$$

이 베르누이 방정식은 $p + \frac{1}{2}\rho v^2 + \rho g y$라는 물리량이 유선을 따라 일정하게 유지된다는 것을 나타낸다.

예제 14.11 관개시설

그림 14.28과 같이 물이 관을 통해 흐른다. 아래쪽 관을 통과하는 물의 속력은 5.0 m/s이고 압력계는 75 kPa을 가리킨다. 위쪽 관의 압력계는 얼마를 가리키겠는가?

그림 14.28 관개시설의 수도관

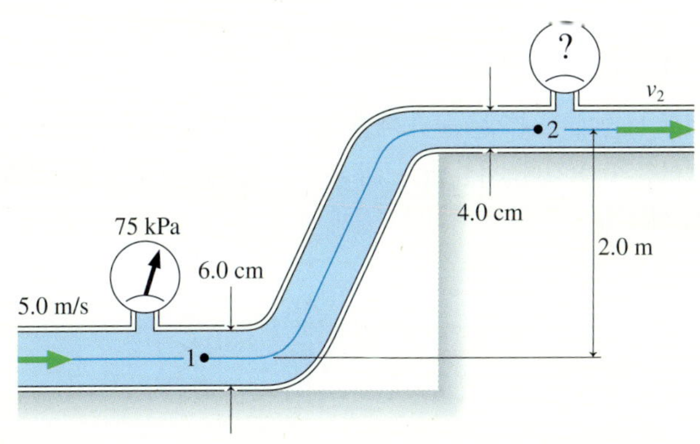

핵심 물을 베르누이 방정식을 따르는 이상 유체로 취급한다. 위쪽 관의 점 2와 아래쪽 관의 점 1을 연결하는 유선을 생각한다.

풀이 식 (14.26), 즉 베르누이 방정식은 점 1과 2에서의 압력, 유체 속력 및 높이의 관계를 나타낸다. 점 2에서의 압력 p_2에 대해 풀면 쉽게

$$\begin{aligned} p_2 &= p_1 + \frac{1}{2}\rho v_1^2 - \frac{1}{2}\rho v_2^2 + \rho g y_1 - \rho g y_2 \\ &= p_1 + \frac{1}{2}\rho(v_1^2 - v_2^2) + \rho g(y_1 - y_2) \end{aligned}$$

가 된다. 수식 오른쪽에 있는 모든 항에서 v_2를 제외하고는 모두 알고, 따라서 연속 방정식이 유용하다. 점 1과 2의 단면의 넓이와 물의 속력은

$$v_1 A_1 = v_2 A_2$$

이다. 이로부터 다음을 알 수 있다.

$$v_2 = \frac{A_1}{A_2}v_1 = \frac{r_1^2}{r_2^2}v_1 = \frac{(0.030\ \text{m})^2}{(0.020\ \text{m})^2}(5.0\ \text{m/s}) = 11.25\ \text{m/s}$$

점 1에서의 압력은 $p_1 = 75\ \text{kPa} + 1\ \text{atm} = 176{,}300\ \text{Pa}$이다. 이제 p_2에 관한 위의 식을 사용하여 계산하면 $p_2 = 105{,}900\ \text{Pa}$이 된다. 이는 절대 압력이다. 위쪽 관의 압력계는

$$p_2 = 105{,}900\ \text{Pa} - 1\ \text{atm} = 4.6\ \text{kPa}$$

을 가리킨다.

검토 관의 크기를 줄이면 $v_2 > v_1$이 되므로 압력이 감소한다. 고도를 증가시켜도 압력은 감소한다.

예제 14.12 수력 발전

산지의 작은 수력 발전소는 때로는 물을 폐쇄된 관을 통해 저수지에서 발전소로 가져온다. 한 발전소의 댐 바닥에 있는 지름 100 cm의 흡입관은 저수지 표면에서 50 m 아래에 있다. 물은 지름 50 cm의 노즐을 통해 터빈으로 유입되기 전에 관을 지나 200 m 떨어진다.

a. 터빈 속으로 유입되는 물의 속력은 얼마이겠는가?

(계속)

b. 입구 압력은 그 깊이의 유체 정지 압력과 얼마나 다르겠는가?

핵심 물을 베르누이 방정식을 따르는 이상 유체로 취급한다. 저수지 표면에서 시작하여 노즐의 출구에서 끝나는 유선을 생각한다. 표면에서의 압력은 $p_1 = p_{atmos}$이고 $v_1 \approx 0$ m/s이다. 물은 공기로 배출되므로 출구에서 $p_3 = p_{atmos}$가 된다.

시각화 그림 14.29는 이 상황의 그림 표현이다.

그림 14.29 수력 발전소로 흐르는 물의 그림 표현

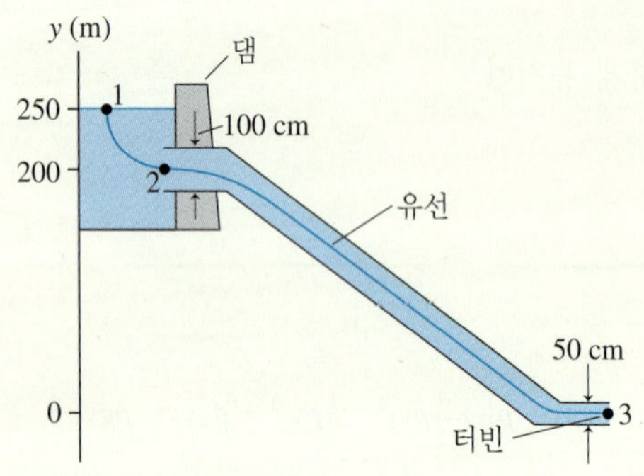

풀이 a. $v_1 = 0$ m/s와 $y_3 = 0$ m를 사용하면 베르누이 방정식은

$$p_{atmos} + \rho g y_1 = p_{atmos} + \tfrac{1}{2}\rho v_3^2$$

이 된다. 발전소는 산 속에 있어 $p_{atmos} < 1$ atm이지만 베르누이 방정식의 양쪽에 p_{atmos}가 있어서 상쇄된다. v_3에 대하여 풀면

$$v_3 = \sqrt{2gy_1} = \sqrt{2(9.80\ \text{m/s}^2)(250\ \text{m})} = 70\ \text{m/s}$$

가 된다.

b. 유입 시 압력 p_2는 깊이 d에서의 유체 정지 압력 $p_{atmos} + \rho g d$가 될 것으로 생각할 수도 있다. 그러나 물은 흡입관으로 흘러들고 있으므로 정적 평형 상태가 아니다. 연속 방정식으로부터 흡입 속력 v_2를 구할 수 있다.

$$v_2 = \frac{A_3}{A_2}v_3 = \frac{r_3^2}{r_2^2}\sqrt{2gy_1}$$

유입량은 점 1과 3 사이의 유선을 따르므로, 베르누이 방정식을 점 1과 2에 적용할 수 있다.

$$p_{atmos} + \rho g y_1 = p_2 + \tfrac{1}{2}\rho v_2^2 + \rho g y_2$$

$y_1 - y_2 = d$임을 주목하여 이 방정식을 p_2에 대해 풀면 다음과 같다.

$$\begin{aligned} p_2 &= p_{atmos} + \rho g(y_1 - y_2) - \tfrac{1}{2}\rho v_2^2 \\ &= p_{atmos} + \rho g d - \tfrac{1}{2}\rho\left(\frac{r_3}{r_2}\right)^4(2gy_1) \\ &= p_{static} - \rho g y_1\left(\frac{r_3}{r_2}\right)^4 \end{aligned}$$

흡입 압력은 유체 정지 압력보다 작아서

$$\rho g y_1\left(\frac{r_3}{r_2}\right)^4 = 153{,}000\ \text{Pa} = 1.5\ \text{atm}$$

이다.

검토 노즐에서 나오는 물의 배출 속력은 저수지 표면에서 250 m 떨어진 곳과 같다. 비점성(즉, 마찰이 없는) 액체를 가정했기 때문에 이는 놀라운 일이 아니다. '실제' 물은 속력이 느려지지만 여전히 매우 빠르게 흐른다.

두 가지 응용

흐르는 기체의 속력은 종종 **벤투리관**(Venturi tube)이라고 하는 장치로 측정한다. 벤투리관은 화학 실험실, 풍동 및 제트 엔진과 같은 환경에서 기체 속력을 측정한다.

그림 14.30은 단면의 넓이가 A_1에서 A_2로 변하는 관를 흐르는 기체를 나타낸다. 밀도 ρ_{liq}의 액체가 들어 있는 U자형 유리관으로 흐름관의 두 부분을 연결한다. 기체가 수평관을 통해 흐를 때, 액체는 흐름관의 좁은 부분에 연결한 U 관의 옆면에서 높이가 더 높게 유지된다.

그림 14.30은 벤투리관이 작동하는 방법을 보여준다. 이 분석을 정량적으로 할 수 있으며 액체 높이 h에서 기체 유속을 결정할 수 있다. 사용할 수 있는 두 가지 정보는 베르누이 방정식

$$p_1 + \tfrac{1}{2}\rho v_1^2 + \rho g y_1 = p_2 + \tfrac{1}{2}\rho v_2^2 + \rho g y_2 \qquad (14.28)$$

그림 14.30 벤투리관은 흐르는 기체의 속력을 측정한다.

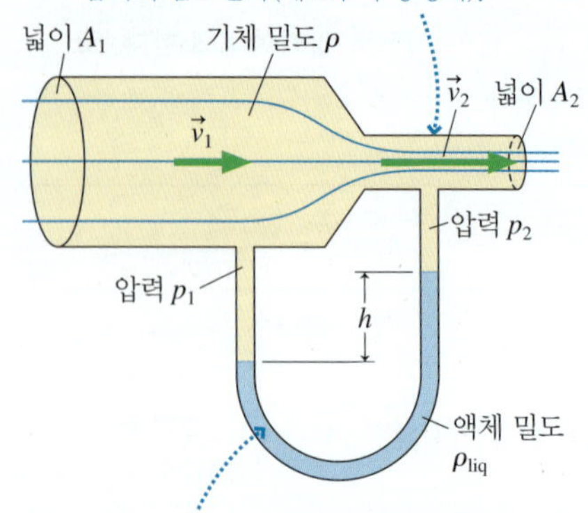

과 연속 방정식

$$v_2A_2 = v_1A_1 \tag{14.29}$$

이다. 또한 액체의 유체 정역학 방정식 때문에 오른쪽 관 위의 압력 p_2가 왼쪽 관 위의 압력 p_1과 $\rho_{\text{liq}}gh$만큼 차이가 있음을 알 수 있다. 즉,

$$p_2 = p_1 - \rho_{\text{liq}}gh \tag{14.30}$$

이다.

우선 베르누이 방정식에서 v_2와 p_2를 제거하기 위하여 식 (14.29)와 (14.30)을 사용한다.

$$p_1 + \tfrac{1}{2}\rho v_1^2 = (p_1 - \rho_{\text{liq}}gh) + \tfrac{1}{2}\rho\left(\frac{A_1}{A_2}\right)^2 v_1^2 \tag{14.31}$$

퍼텐셜 에너지 항은 수평관에 대해 $y_1 = y_2$이므로 사라졌다. 식 (14.31)은 이제 v_1에 대해 풀 수 있고, v_2는 식 (14.29)에서 얻을 수 있다. 대수적 단계를 건너뛰면 그 결과는

$$\begin{aligned} v_1 &= A_2\sqrt{\frac{2\rho_{\text{liq}}gh}{\rho(A_1^2 - A_2^2)}} \\ v_2 &= A_1\sqrt{\frac{2\rho_{\text{liq}}gh}{\rho(A_1^2 - A_2^2)}} \end{aligned} \tag{14.32}$$

이다. 식 (14.32)는 유속이 음속인 약 340 m/s보다 훨씬 작다면 상당히 정확하다. 벤투리관은 베르누이 방정식의 힘을 보여주는 한 예이다.

마지막 예로는, 베르누이 방정식을 사용하여 비행기 날개가 어떻게 **양력**을 발생시키는지를 적어도 정성적으로 이해할 수 있다. **그림 14.31**은 비행기 날개의 단면을 보여준다. 이 모양을 **익형**(airfoil)이라고 한다.

일반적으로 비행기가 공기 속에서 움직이는 것으로 생각하지만, 비행기의 기준계에서는 고정 날개를 통과하는 것이 공기이다. 의례 그렇듯이 유선은 떨어져 있어야 한다. 날개의 바닥은 날개 아래에 흐르는 유선을 크게 변경시키지 않는다. 그러나 날개 위로 지나가는 유선은 함께 모이게 된다. 앞에서 보았듯이 연속 방정식을 사용하면 유선이 가까워질 때 유속이 증가하여야 한다. 결과적으로, 공기 속도는 날개의 윗부분을 가로지르면서 증가한다.

공기 속도가 증가하면 베르누이 방정식에서 기압이 감소해야 한다. 그리고 날개 위의 공기 압력이 아래의 공기 압력보다 작으면 공기가 날개에 **위 방향** 알짜힘을 미친다. 날개를 가로지르는 압력차로 인한 공기의 위 방향 힘을 **양력**(lift)이라 한다. 공기역학에서의 양력을 완전히 이해하려면 날개 뒤쪽 와류 생성과 같은 더 복잡한 다른 요인을 포함하여야 하지만, 유체 동역학에 대한 입문만으로도 적어도 비행기가 어떻게 뜨는지를 이해할 수 있는 충분한 도구를 제공한다.

그림 14.31 날개 위의 공기 흐름에 의하여 날개 위아래로 압력 차이가 발생하여 양력이 생긴다.

1. 흐름관 안의 유선은 압축되어 공기가 날개 위로 흐를 때 속력이 빨라진다는 것을 나타낸다. 따라서 압력이 낮아져 $p < p_{\text{atmos}}$가 된다.

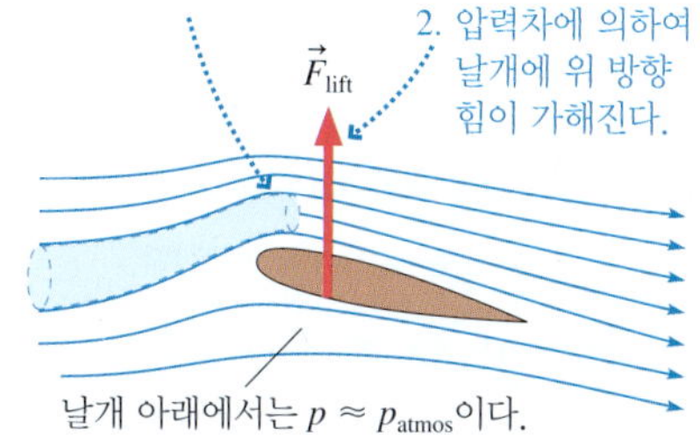

날개 아래에서는 $p \approx p_{\text{atmos}}$이다.

14.6 탄성

이 장에서 탐구해야 할 마지막 주제는 탄성(elasticity)이다. 탄성은 유체보다는 고체에 주로 적용하지만 유사한 개념이 등장한다는 것을 알 수 있다.

인장 변형력 및 영 율

그림 14.32 단단한 막대를 잡아 늘이기

(a)

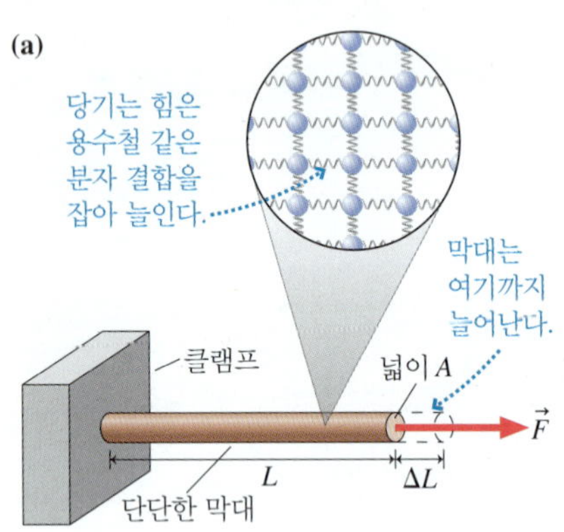

(b)

F
탄성 영역
기울기 $= k$
탄성 한계
한계점
이 영역에서 F는
ΔL에 비례한다.
ΔL
선형 영역

강력한 기계를 사용하여 단단한 막대의 한쪽 끝을 고정시키고 다른 쪽 끝에서 $\vec{F}$의 힘으로 잡아당긴다고 가정하자. 그림 14.32a는 이 실험의 배치를 보여준다. 일반적으로 고체는 단단하다고 생각한다. 그러나 용수철 같은 분자 결합이 늘어남에 따라 플라스틱, 콘크리트 또는 강철과 같은 모든 재료가 늘어날 것이다.

그림 14.32b는 막대를 ΔL만큼 늘이는 데 필요한 힘의 양을 그래프로 나타낸 것이다. 이 그래프에는 몇 가지 관심 영역이 있다. 첫 번째는 **탄성 영역**(elastic region)으로, **탄성 한계**(elastic limit)로 끝난다. ΔL이 탄성 한계보다 작을 때는, 힘을 제거하면 막대는 초기 길이 L로 돌아갈 것이다. 이런 가역적인 늘어남은 물질이 **탄성이 있다**고 말할 때 의미하는 바이다. 탄성 한계를 초과하여 늘어나면 물체는 영구적으로 변형된다. 힘을 제거하여도 초기 길이로 돌아가지 않는다. 그리고 놀랍지 않게도 막대가 끊어지는 점도 있다.

대부분의 물질에 대하여 그래프는 **선형 영역**(linear region)으로 시작하는데, 여기에 주의를 집중할 것이다. ΔL이 선형 영역 이내이면, 막대를 잡아 늘이는 데 필요한 힘은

$$F = k\Delta L \tag{14.33}$$

로 k는 그래프의 기울기이다. 식 (14.33)은 다름 아닌 훅의 법칙이다.

식 (14.33)의 어려움은 비례 상수 k가 막대의 성분(예를 들어 강철 또는 알루미늄)과 막대의 길이 및 단면의 넓이에 따라 달라진다는 것이다. 막대의 치수를 알 필요 없이 일반적인 강철 또는 알루미늄의 탄성 특성을 규정하는 것이 유용하다.

그림 14.33 물질의 탄성은 분자 결합의 용수철 상수와 직접적으로 관련이 있다.

분자 결합의 수는 넓이 A에 비례한다. 막대를 F의 힘으로 당기면 각 분자 결합을 당기는 힘은 F/A에 비례한다.
넓이 A
길이 L
막대 방향의 분자 결합의 수는 길이 L에 비례한다. 막대가 ΔL만큼 늘어나면 각 분자 결합이 늘어난 길이는 $\Delta L/L$에 비례한다.

원자 크기로 훅의 법칙을 생각하면 이 목표를 달성할 수 있다. 물질의 탄성은 이웃하는 원자 사이의 분자 결합의 용수철 상수와 직접적으로 관련이 있다. 그림 14.33에서 볼 수 있듯이, 각각의 결합을 잡아당기는 힘은 F/A에 비례한다. 이 힘 때문에 각각의 결합이 $\Delta L/L$에 비례하는 양만큼 늘어난다. 비례 상수들이 무엇인지는 알 수 없지만 알 필요도 없다. 훅의 법칙을 분자 결합에 적용하면 결합을 잡아당기는 힘이 결합이 늘어나는 양에 비례한다. 따라서 F/A는 $\Delta L/L$에 비례해야 한다. 이 비례 관계를 다음과 같이 쓸 수 있다.

$$\frac{F}{A} = Y\frac{\Delta L}{L} \tag{14.34}$$

비례 상수 Y를 **영 율**(Young's modulus)이라고 한다. 이것은 분자 결합의 용수철 상수와 직접적으로 관련이 있으므로, 물체가 만들어진 재질에 따라 다르지만 물체의

기하학적 형태에 의존하지 않는다.

식 (14.33)과 (14.34)를 비교하면 영 율을 $Y = kL/A$로 쓸 수 있음을 보여준다. 이는 영 율의 정의가 아니라 영 율의 값을 실험적으로 결정하기 위한 표현이다. 이 k는 그림 14.32에서 볼 수 있는 막대의 용수철 상수이다. 그것은 실험실에서 쉽게 측정하는 물리량이다.

A가 단면의 넓이라면 F/A를 **인장 변형력**(tensile stress)이라고 한다. 그 정의가 압력과 본질적으로 동일하다는 점에 주목하라. 그렇지만 인장 변형력은 특정 방향으로만 가해지지만 압력은 모든 방향으로 작용한다는 점에서 다르다. 또 다른 차이점은 변형력은 Pa보다는 N/m^2를 단위로 사용한다는 것이다. $\Delta L/L$, 즉 길이 증가율은 **변형**(strain)이라고 한다. 변형은 차원이 없다. 변형의 값은 항상 매우 작다. 고체는 크게 늘어나기 전에 한계점(breaking point)에 도달하기 때문이다.

이 정의를 사용하면 식 (14.34)를

$$\text{변형력} = Y \times \text{변형률} \tag{14.35}$$

로 쓸 수 있다. 변형률은 차원이 없기 때문에 영 율 Y는 변형력과 차원이 같아 N/m^2이다. 표 14.3은 몇 가지 일반적인 물질의 영 율 값이다. Y가 크다면 그 물질의 특성은 딱딱하고 단단하다. 상대적으로 말하면 '더 부드러운' 물질은 Y값이 더 작다. 강철의 영 율은 알루미늄보다 큰 것을 알 수 있다.

표 14.3 여러 가지 물질의 탄성 특성

물질	영 율 (N/m^2)	부피 탄성률 (N/m^2)
강철	20×10^{10}	16×10^{10}
구리	11×10^{10}	14×10^{10}
알루미늄	7×10^{10}	7×10^{10}
콘크리트	3×10^{10}	–
나무(미송)	1×10^{10}	–
플라스틱(폴리스티렌)	0.3×10^{10}	–
수은	–	3×10^{10}
물	–	0.2×10^{10}

콘크리트는 상대적으로 저렴하고 영 율이 크며 압축 강도가 매우 크기 때문에 널리 사용하는 건축 재료이다.

물질의 신축성을 고려하여 영 율을 도입하였다. 그러나 식 (14.35)와 영 율은 물질의 압축에도 적용한다. 압축은 보, 기둥 및 지지 기반이 하중에 의하여 눌리는 공학적 응용 분야에서 특히 중요하다. 콘크리트는 종종 고속도로 육교를 지지하는 기둥에서처럼 압축되지만 거의 늘어나지는 않는다.

예제 14.13 | **가는 선 잡아 늘이기**

길이 2.0 m, 지름 1.0 mm의 가는 선이 천장에 매달려 있다. 이 가는 선에 4.5 kg의 질량을 매달면 이 가는 선의 길이가 1.0 mm 늘어난다. 이 가는 선의 영 율은 얼마이겠는가? 어떤 재료인지 알 수 있겠는가?

(계속)

핵심 매달린 질량 때문에 가는 선에 인장 변형력이 생긴다.

풀이 가는 선을 잡아당기는 힘, 즉 단순히 매달린 질량의 무게가 인장 변형력을 생성한다.

$$\frac{F}{A} = \frac{mg}{\pi r^2} = \frac{(4.5\ \text{kg})(9.80\ \text{m/s}^2)}{\pi(0.0005\ \text{m})^2} = 5.6 \times 10^7\ \text{N/m}^2$$

결과적으로 늘어난 길이가 1.0 mm라면 변형률은 $\Delta L/L = (1.0\ \text{mm})/(2000\ \text{mm}) = 5.0 \times 10^{-4}$이다. 따라서 이 가는 선의 영 율은

$$Y = \frac{F/A}{\Delta L/L} = 11 \times 10^{10}\ \text{N/m}^2$$

이다. 표 14.3을 보면 이 가는 선은 구리로 만들어졌음을 알 수 있다.

부피 변형력과 부피 탄성률

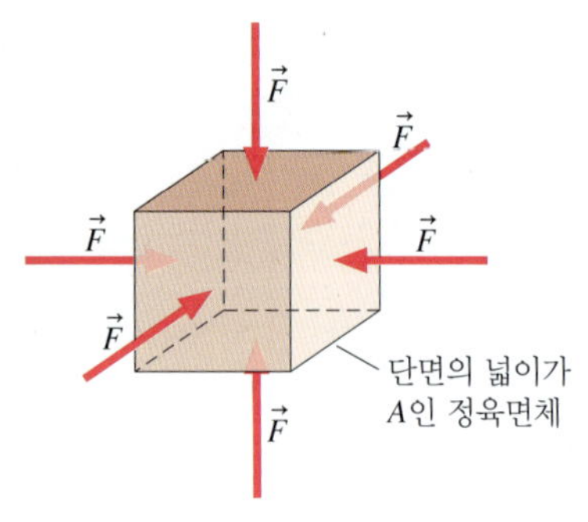

그림 14.34 물체는 모든 면에서 동일하게 누르는 힘에 의해 압축된다.

영 율은 한쪽 방향으로 끌어당길 때 물체의 반응을 나타낸 것이다. 그림 14.34에서는 물체가 모든 방향으로 눌리는 것을 보여준다. 예를 들어 물속 물체는 수압에 의해 사방에서 압착된다. 물체의 모든 표면에 가해지는 단위 넓이당 힘 F/A를 **부피 변형력**(volume stress)이라고 한다. 이 힘이 사방에서 균등하게 밀기 때문에 (인장 변형력과는 달리) 부피 변형력은 실제로 압력 p와 같다.

어떤 물질도 완전히 단단하지는 않다. 물체에 가해지는 부피 변형력은 부피를 약간 줄어들게 한다. **부피 변형**(volume strain)은 $\Delta V/V$로 정의한다. 부피 변형력은 부피를 감소시키기 때문에 부피 변형은 음수이다.

인장 변형력이 막대의 변형에 비례하는 것처럼 부피 변형력 또는 압력은 부피 변형에 비례한다. 즉

$$\frac{F}{A} = p = -B\frac{\Delta V}{V} \tag{14.36}$$

이다. 이 식에서 B는 **부피 탄성률**(bulk modulus)이라고 한다. 식 (14.36)의 음수 부호는 압력이 양수임을 나타낸다. 표 14.3에 몇 가지 물질에 대한 부피 탄성률 값을 나타냈다. B값이 작을수록 쉽게 압축되는 재료에 해당한다. 고체와 액체 모두 압축될 수 있으므로 부피 탄성률이 있지만 영 율은 고체에만 적용한다.

예제 14.14 | 공 압축하기

지름 1.00 m의 단단한 강철 공을 10,000 m 깊이의 심해 해구 속으로 내려보냈다. 지름이 얼마나 줄어들겠는가?

핵심 수압은 공에 부피 변형력을 가한다.

풀이 $d = 10{,}000$ m에서의 수압은 바닷물의 밀도를 사용하면

$$p = p_0 + \rho g d = 1.01 \times 10^8\ \text{Pa}$$

이 된다. 표 14.3에서 찾은 강철의 부피 탄성률은 $16 \times 10^{10}\ \text{N/m}^2$이다. 따라서 부피 변형은 다음과 같다.

$$\frac{\Delta V}{V} = -\frac{p}{B} = -\frac{1.01 \times 10^8\ \text{Pa}}{16 \times 10^{10}\ \text{Pa}} = -6.3 \times 10^{-4}$$

공의 부피는 $V = \frac{4}{3}\pi r^3$이다. 만약 반지름이 극소량 dr만큼 바뀌면, 미적분 개념을 이용하여 부피 변화를 구할 수 있다.

$$dV = \tfrac{4}{3}\pi d(r^3) = \tfrac{4}{3}\pi \times 3r^2 dr = 4\pi r^2 dr$$

따라서 공의 반지름과 부피의 변화가 매우 작으면 $\Delta V = 4\pi r^2 \Delta r$은 아주 좋은 근사식이다. 이것을 사용하면 부피 변형은

$$\frac{\Delta V}{V} = \frac{4\pi r^2 \Delta r}{\frac{4}{3}\pi r^3} = \frac{3\Delta r}{r} = -6.3 \times 10^{-4}$$

이다. Δr에 대해 풀면 $\Delta r = -1.05 \times 10^{-4}\ \text{m} = -0.105$ mm가 된다. 지름은 두 배로 변하므로 0.21 mm 감소한다.

검토 심해의 어마어마한 압력이지만 공의 지름은 조금 변한다. 고체와 액체를 비압축성으로 취급하는 것이 거의 모든 경우에 좋은 근사임을 알 수 있다.

응용 예제 14.15 | 원뿔형 물통의 물 빼기

꼭짓점을 아래로 하는 반지름이 R이고 높이가 H인 원뿔형 물통에 물이 차 있다. 반지름 $r \ll R$인 작은 구멍이 탱크 바닥에 있어 물통의 물이 천천히 빠져나간다. 물통이 완전히 배수되는 데 걸리는 시간 T에 대한 식을 찾아보시오.

핵심 물을 이상 유체로 모형화한다. 베르누이 방정식을 사용하여 구멍에서의 유속과 원뿔에서의 물의 높이의 관계를 찾을 수 있다.

시각화 그림 14.35에 나타내었다. 물통이 천천히 배출되기 때문에, 위 수면에서의 물의 속도는 항상 0에 가깝다고 가정했다($v_1 = 0$). 표면에서의 압력은 $p_1 = p_{atmos}$이다. 물이 공기 중으로 방출되기 때문에 출구에서 $p_2 = p_{atmos}$이다.

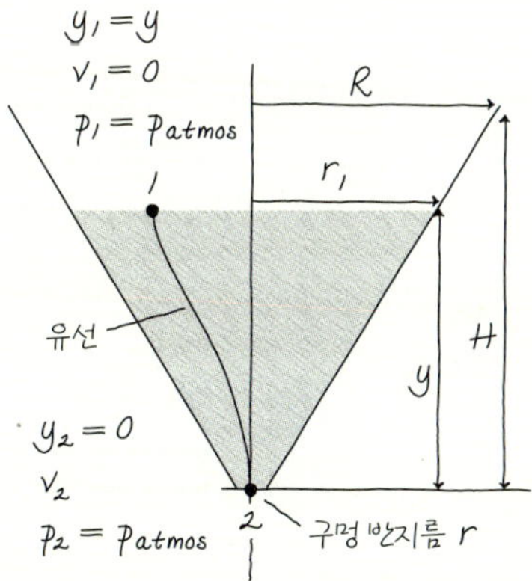

그림 14.35 물통에서 빠져나가는 물의 그림 표현

풀이 물이 빠져나가면서 수위 y는 H에서 0으로 감소한다. 수위가 변하는 비율 dy/dt를 구하면 $t=0$일 때 '가득 찬 물통'이 $t=T$일 때 '텅 비기'까지 적분하여 T를 찾을 수 있다. 출발점은 물이 바닥에서 구멍 밖으로 흘러나가는 속도, 즉 부피 흐름률 $Q = v_2 A_2 = \pi r^2 v_2$이다. 여기서 v_2는 출구 속력이다. 물통 안 물의 부피는 다음 비율로 변한다.

$$\frac{dV_{water}}{dt} = -Q = -\pi r^2 v_2$$

여기서 음의 부호는 부피가 시간에 따라 감소하는 것을 나타낸다.

V_{water} 및 v_2와 수면의 높이 y의 관계를 알아야 한다. 원뿔의 부피는 $V = \frac{1}{3} \times$ 바닥 넓이 $\times$ 높이이므로 원뿔 모양 물의 부피 $V_{water} = \frac{1}{3}\pi r_1^2 y$이다. 그림 14.35에서 닮은 삼각형을 기반으로 $r_1/R = y/H$이다. 따라서 $r_1 = (R/H)y$이고

$$V_{water} = \frac{\pi R^2}{3H^2} y^3$$

이다. 이것을 시간에 대하여 미분하면

$$\frac{dV_{water}}{dt} = \frac{d}{dt}\left[\frac{\pi R^2}{3H^2} y^3\right] = \frac{\pi R^2}{H^2} y^2 \frac{dy}{dt}$$

이다. 이는 부피가 변하는 비율과 높이가 변하는 비율의 관계를 보여준다.

베르누이 방정식을 사용하여 표면(지점 1)의 조건과 출구(지점 2) 조건의 관계를 찾아 v_2와 수위 y와의 관계를 찾을 수 있다.

$$p_1 + \tfrac{1}{2}\rho v_1^2 + \rho g y_1 = p_2 + \tfrac{1}{2}\rho v_2^2 + \rho g y_2$$

바닥에서 $p_1 = p_2$, $v_1 = 0$, $y_1 = y$ 및 $y_2 = 0$임을 이용하면 베르누이 방정식은 $\rho g y = \frac{1}{2}\rho v_2^2$로 단순하게 된다. 따라서 물의 배출 속력은

$$v_2 = \sqrt{2gy}$$

와 같다. 수위가 내려감에 따라 바닥에서의 압력이 감소하므로 출구 속력은 줄어든다.

이 정보를 사용하면 부피가 변하는 속도에 대한 수식은

$$\frac{dV_{water}}{dt} = \frac{\pi R^2}{H^2} y^2 \frac{dy}{dt} = -\pi r^2 v_2 = -\pi r^2 \sqrt{2gy}$$

가 된다. 적분을 준비할 때, 방정식의 한쪽에 y에 관한 모든 항을 두고 다른 쪽에는 dt를 두어야 한다. 재배열하면

$$dt = -\frac{R^2}{r^2 H^2 \sqrt{2g}} y^{3/2}\, dy$$

가 된다. $t=0$에서 $y=H$인 초기부터 $t=T$에서 $y=0$으로 물통이 비는 순간까지 적분하여야 한다.

$$\int_0^T dt = T = -\frac{R^2}{r^2 H^2 \sqrt{2g}} \int_H^0 y^{3/2}\, dy = \frac{R^2}{r^2 H^2 \sqrt{2g}} \int_0^H y^{3/2}\, dy$$

적분 범위를 반대로 하여 음의 부호를 없앴다. 적분을 하면 물통에서 배수하는 데 걸리는 시간에 대해 원하는 결과를 얻을 수 있다.

(계속)

$$T = \frac{R^2}{r^2H^2\sqrt{2g}}\int_0^H y^{3/2}\,dy = \frac{R^2}{r^2H^2\sqrt{2g}}\left[\frac{2}{5}y^{5/2}\right]_0^H$$

$$= \frac{2}{5}\frac{R^2}{r^2}\sqrt{\frac{H}{2g}}$$

검토 R 또는 H를 증가시켜 물통을 더 크게 만든다면 배수에 필요한 시간이 증가한다. 바닥에 구멍을 크게 뚫어 보면, 즉 r값이 클수록 시간이 줄어든다. 이는 예상했던 바이기에 위 계산 결과를 확신한다.

서술형 질문

1. 어떤 물체의 밀도가 ρ이다.
   a. 이 물체를 재질은 바꾸지 않고 3차원 각각으로 세 배 증가시켰다고 가정하자. 밀도가 변하겠는가? 그렇다면 얼마나 변하겠는가? 설명하시오.
   b. 이 물체를 질량은 바꾸지 않고 3차원 각각으로 세 배 증가시켰다고 가정하자. 밀도가 변하겠는가? 그렇다면 얼마나 변하겠는가? 설명하시오.

2. 그림 Q14.2의 d, e 및 f에서의 압력을 큰 것부터 순서대로 나열하고, 그 이유를 설명하시오.

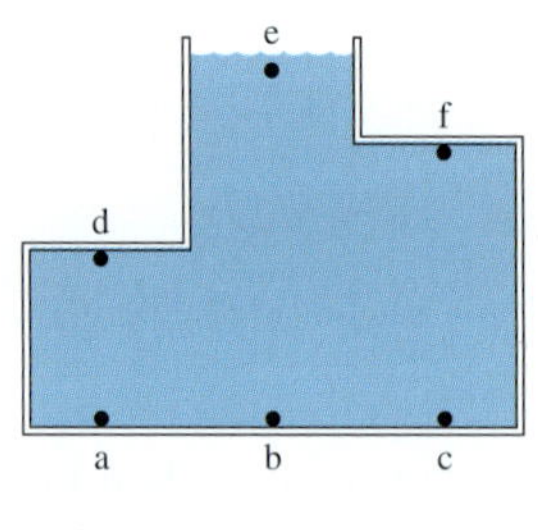

그림 Q14.2

3. 그림 Q14.3에서 p_A는 p_B보다 클 것인가, 작을 것인가 아니면 같을 것인가? 그 이유를 설명하시오.

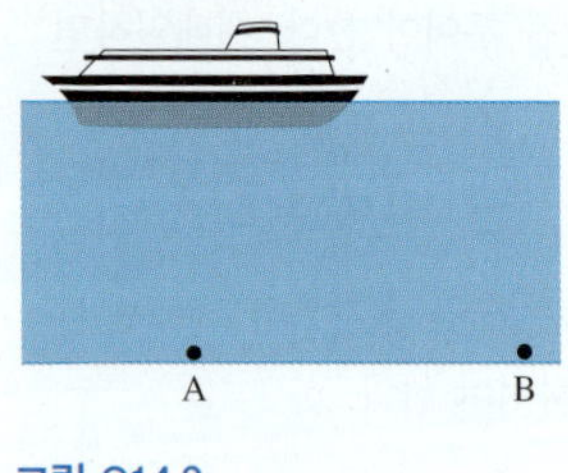

그림 Q14.3

4. 그림 Q14.4의 육면체 a, b 및 c의 부피는 모두 같다. a, b, c에서 부력 F_a, F_b, F_c의 크기를 가장 큰 것에서 가장 작은 것으로 순서대로 정렬하고, 그 이유를 설명하시오.

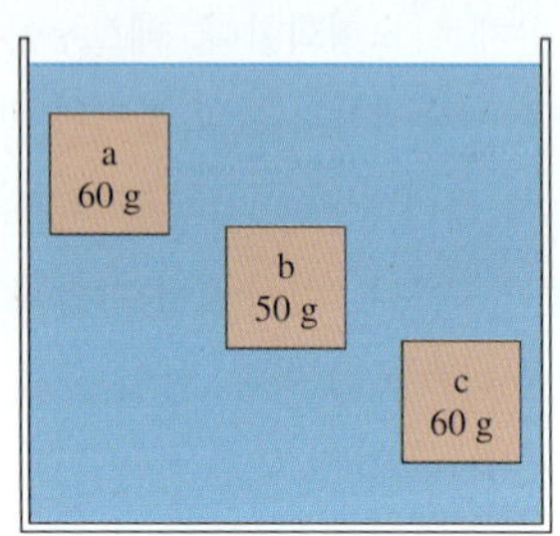

그림 Q14.4

5. 그림 Q14.5의 같은 비커 2개에 물을 같은 높이로 채운다. 비커 B에는 플라스틱 공이 떠 있다. 비커에 들어 있는 것을 포함한 전체 무게는 어느 것이 더 무겁겠는가? 아니면 같겠는가? 그 이유를 설명하시오.

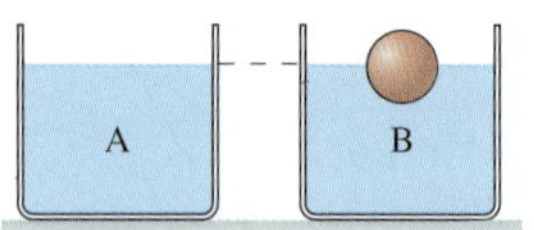

그림 Q14.5

6. 그림 Q14.6과 같이 바람이 집 위로 불고 있다. 1층에 창문이 열려 있다. 집 안을 지나가는 공기의 흐름이 있겠는가? 그렇다면 공기는 창문으로 들어와 굴뚝으로 나가겠는가 또는 굴뚝으로 들어와 창문으로 나가겠는가? 그 이유를 설명하시오.

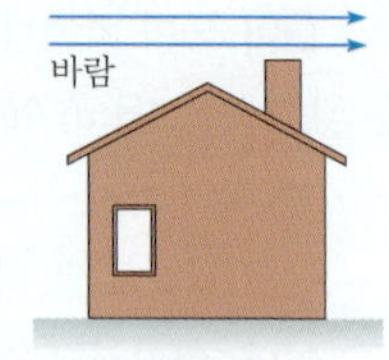

그림 Q14.6

7. 가는 줄을 5000 N의 힘으로 한계점까지 오른쪽으로 잡아 늘인다. 같은 재료로 만들고 지름이 같은 더 긴 줄을 한계점까지 잡아 늘이기 위한 힘은 5000 N보다 크겠는가, 작겠는가 아니면 같겠는가? 그 이유를 설명하시오.

연습문제

연습

14.1 유체

1. ‖ 밀도가 1100 kg/m^{3}인 액체 55 g의 부피(mL)는 얼마인가?

2. ‖ a. 휘발유 50 g과 물 50 g을 섞는다. 이 혼합물의 평균 밀도는 얼마인가?
   b. 휘발유 50 cm^{3}와 물 50 cm^{3}를 섞는다. 이 혼합물의 평균 밀도는 얼마인가?

14.2 압력

3. ‖ 지름 1.0 m의 액체 통이 깊이가 1.0 m이다. 이 통 바닥의 압력은 1.5 atm이다. 이 통 속 액체의 질량은 얼마인가?

4. | 지름 3.0 cm의 관을 똑바로 세우고 수은으로 꼭대기까지 채운다. 관 바닥의 수은 압력(대기압을 초과하는 압력)은 50 kPa이다. 관의 높이는 얼마인가?

5. ‖ 두께 50 cm의 기름 층이 두께 120 cm의 물 위에 떠 있다. 물 바닥의 압력은 얼마인가?

6. ‖ 진공 상자에 연결된 지름 10 cm의 구멍 위에 지름 20 cm의 원형 덮개를 올려놓았다. 진공 상자의 압력은 20 kPa이다. 이 덮개를 잡아당겨 벗기려면 얼마나 많은 힘이 필요한가?

14.3 압력 측정 및 사용

7. | 대기압에서의 물기둥 기압계의 높이는 얼마인가?

8. ‖ 유압 승강기의 한 실린더에서 지름 8.0 cm의 피스톤을 20 cm 높이기 위해서는 지름 2.0 cm의 피스톤을 어느 정도 밀어 넣어야 하는가?

14.4 부력

9. ‖ 2.0 cm × 2.0 cm × 6.0 cm의 육면체를 긴 축을 수직으로 하여 물에 띄운다. 물 위로 나와 있는 육면체의 길이는 2.0 cm이다. 이 육면체의 질량 밀도는 얼마인가?

10. ‖ 공을 줄로 바닥에 묶어 물속에 완전히 잠갔다. 끈의 장력은 공의 무게의 1/3이다. 이 공의 밀도는 얼마인가?

11. ‖ 그림 EX14.11에서 끈의 장력은 얼마인가?

12. | 도자기 조각상의 밀도를 결정해야 한다. 용수철 저울에 매달면, 28.4 N을 가리킨다. 조각상을 물통에 넣으면 완전히 잠기고, 용수철 저울은 17.0 N을 가리킨다. 조각상의 밀도는 얼마인가?

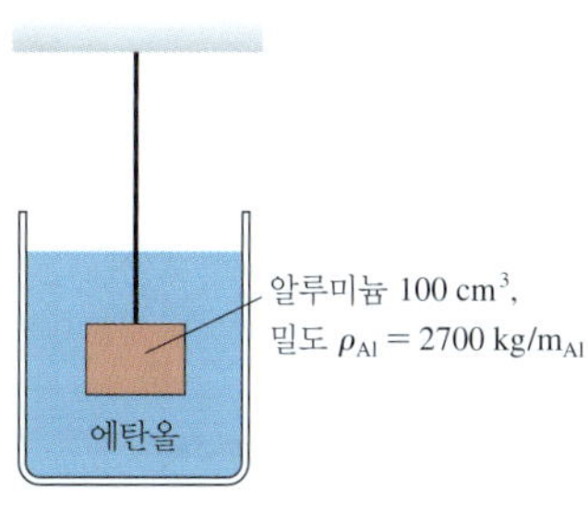

그림 EX14.11

13. ‖ 지름 60 cm의 비치볼을 가지고 수영장에서 놀고 있다. 물속으로 공을 완전히 밀어 넣기 위해서는 얼마나 강한 힘이 필요한가?

14.5 유체 동역학

14. ‖ 기다란 수평관의 단면은 한 변의 폭이 L인 정사각형이다. 유체가 v_0의 속력으로 이 관 속을 지나간다. 관의 단면이 지름 L인 원형으로 바뀐다. 관의 원형 부분에서 유체의 속력은 얼마인가?

15. | 양동이에 23 cm 높이로 물을 채우고 양동이 바닥에 있는 지름 4.0 mm의 구멍에서 마개를 제거한다. 물이 구멍에서 쏟아지기 시작하면 얼마나 빨리 움직이는가?

16. ‖‖ 2.0 mL 주사기는 안지름 6.0 mm, 바늘 안지름 0.25 mm 및 (손가락을 올리는) 플런저 패드 지름 1.2 cm이다. 간호사가 주사기를 사용하여 혈압이 140/100인 환자에게 약을 주사한다.
BIO
    a. 간호사가 주사기에 가해야 할 최소한의 힘은 얼마인가?
    b. 간호사는 2.0초 만에 주사기를 비운다. 바늘을 통해 나가는 약물의 속력은 얼마인가?

14.6 탄성

17. ‖ 길이 80 cm, 지름 1.0 mm의 철제 기타 줄을 조율 나사를 돌려 2000 N의 장력으로 조여야 한다. 기타 줄은 얼마나 늘어나는가?

18. ‖ a. 대양에서 수심 5000 m의 압력은 얼마인가?
    b. 이 압력에서 해수의 부피 변형 $\Delta V/V$는 얼마인가?
    c. 이 압력에서 해수의 밀도는 얼마인가?

19. ‖ 지름 5.0 m의 단단한 알루미늄 공을 우주로 발사한다. 지름은 얼마만큼 커지는가? μm로 답하시오.

문제

20. | 그림 P14.20처럼 한쪽 끝은 닫혀 있고 다른 끝은 열려 있는 지름 60 cm인 2개의 실린더를 결합하여 원통 모양으로 결합한 다음 내부의 공기를 제거한다.
    a. 대기가 각 실린더의 편평한 밑면에 얼마나 힘을 주는가?
    b. 한 실린더를 견고한 천장에 볼트로 고정하였다고 가정한다. 두 원통을 분리하기 위해 아래 실린더에 100 kg 축구 선수가 몇 명이나 매달려야 하는가?

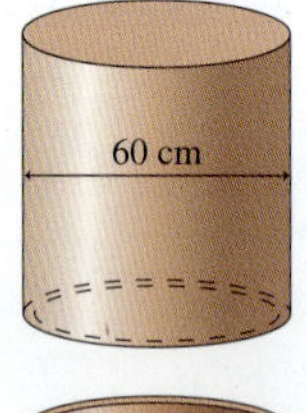

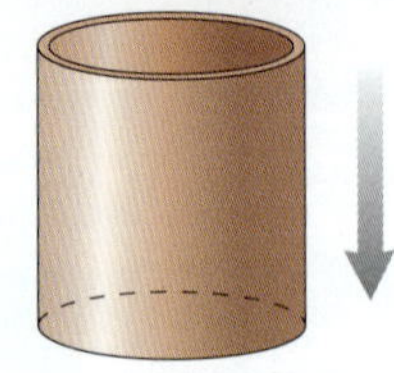

그림 P14.20

21. || 친구가 자동차 타이어 압력을 묻는다. 타이어 제조업체가 2.0 atm을 권장한다는 것을 알고 있지만, 점검한 지 꽤 되었다. 자동차의 타이어 압력 측정기는 찾을 수 없지만 사용자 설명서와 자를 찾았다. 다행스럽게도 물리학을 수강하였기에 친구에게 "모르지만 알아낼 수 있다."라고 하였다. 사용자 설명서에서 자동차 질량이 1500 kg임을 알 수 있었다. 각 타이어가 이 무게의 1/4씩을 지탱한다고 가정하는 것이 합리적이다. 자를 사용하여 타이어의 폭은 15 cm이고 도로와 접촉하는 타이어의 편평한 부분은 13 cm임을 알았다. 친구에게 몇 atm이라고 대답하겠는가?

22. ||| 55 kg의 치어리더가 기름이 채워진 유압 승강기를 사용하여 110 kg 축구 선수 4명을 1.0 m 높이에 있도록 하려 한다. 치어리더가 서 있는 피스톤의 지름이 16 cm라면 축구 선수들이 서 있는 피스톤의 지름은 얼마인가?

23. || 지질학자들은 마그마가 화산 내부에서 이동할 때 표면의 변위를 측정하기 위하여 화산의 측면에 경사계(tiltmeter)를 배치한다. 오늘날 대부분의 경사계는 전자식이지만, 수십 년 동안 사용한 전통적인 경사계는 2개 이상의 물이 채워진 금속 통을 일정 거리 띄어 두고 관으로 연결하여 구성한다. 그림 P14.23은 2개의 통을 나타낸 것으로 각각에 수위를 측정하는 창이 있다. 양쪽의 수위가 초기에 5.0 cm 표시에 있도록 통을 놓았다고 가정한다. 일주일 후 통 2의 수위는 6.5 cm 표시를 가리켰다.

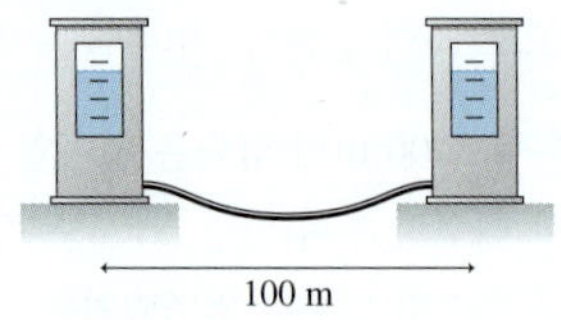

그림 P14.23

    a. 통 2는 통 1에 비해 위로 이동하였는가 아래로 이동하였는가? 얼마나 이동하였는가?
    b. 통 1의 수위는 얼마를 가리키겠는가?

24. || 길이 L, 앞뒤 폭 W, 깊이 D인 수족관의 꼭대기까지 밀도 ρ의 액체로 채운다. CALC
    a. 수족관의 바닥에 미치는 액체의 힘에 대한 수식을 찾으시오.
    b. 수족관의 앞창문에 미치는 액체의 힘에 대한 수식을 찾으시오.
    c. 물로 가득 채운 길이 100 cm, 폭 35 cm, 깊이 40 cm의 수족관에 대하여 위 두 가지 힘을 구하시오.

25. || 물고기의 평균 밀도는 1080 kg/m^{3}이다. 물고기는 가라앉지 않기 위하여 부레라고 하는 신체 내부 공간에 공기를 채워 부피를 증가시킨다. 민물에서 중립 부력 상태가 되기 위하여 부피를 몇 %만큼 증가시켜야 하는가? 20°C에서의 공기 밀도는 1.19 kg/m^{3}이다. BIO

26. || 밀도가 낮은 액체(밀도 ρ_1)가 밀도가 좀 더 높은 액체(밀도 ρ_2) 위에 떠 있다. 길이가 l이고 밀도가 $\rho(\rho_1 < \rho < \rho_2)$로 균일한 실린더가 긴 축에 수직인 경계면에 떠 있다. 밀도가 큰 액체에 잠겨 있는 길이는 얼마인가?

27. || 어느 날 물리학 실험실에서 민물 탱크에 배처럼 떠다니는 플라스틱 반구를 여러 개 발견하였다. 각 실험실 그룹은 플라스틱 배가 가라앉지 않고 바닥에 놓을 수 있는 가장 무거운 암석을 결정해야 한다. 한 번만 시도할 수 있다. 배가 가라앉으면 아무 점수도 얻지 못하고 가라앉지 않고 가장 무거운 바위를 놓을 수 있는 그룹이 최대 점수를 얻는다. 반구 중 하나를 측정하여 질량이 21 g이고 지름이 8.0 cm인 것을 알았다. 아주 잔잔한 물에 플라스틱 배가 가라앉지 않는 가장 무거운 암석의 질량은 얼마인가?

28. ||| 25 cm^2 정사각형 단면의 플라스틱 '배'가 액체 위에 떠 있다. 배 안쪽에 50 g짜리 추를 하나씩 늘려가며 배가 수면 아래로 얼마나 멀리 내려가는지 측정한다. 측정 자료는 다음과 같다.

배에 놓은 질량(g)	깊이(cm)
50	2.9
100	5.0
150	6.6
200	8.6

적절한 그래프를 그리고, 가장 잘 맞는 직선의 기울기와 절편으로부터 배의 질량과 액체의 밀도를 구하시오.

29. || 원자력 발전소에서 냉각수를 3.0×10^6 L/min씩 바다에서 끌어들인다. 지름이 3.0 m인 냉각수 관 2개를 나란히 놓고 물을 끌어들일 경우 각 냉각수 관에서 물의 속력은 얼마인가?

30. ||| 나무는 증발 과정을 통하여 110 g/h의 속도로 공기 중으로 물을 잃는다. 이 물은 나무의 몸통 속 물관을 통하여 수액이 위로 흘러가 보충된다. 나무 몸통에 지름 100 μm의 물관 2000개가 들어 있는 경우 각 물관에서 수액의 상승 속력은 얼마인가? 나무 수액의 밀도는 1040 kg/m^{3}이다. BIO

31. Ⅱ 그림 P14.31의 높이 1.0 m의 원통에 1 atm의 공기가 들어 있다. 질량을 무시할 수 있는 매우 얇고 마찰이 없는 피스톤을 원통 꼭대기에 설치하여 공기가 빠지는 것을 방지한 다음 수은을 원통이 넘치지 않도록 주의하여 더 이상 주입되지 않을 때까지 천천히 원통에 붓는다. 압축 공기 기둥의 높이 h는 얼마인가?
힌트: 화학에서 배웠던 보일의 법칙은 일정 온도에서 압축 기체에 대하여 $p_1V_1 = p_2V_2$이고 이 경우에 해당한다고 가정한다.

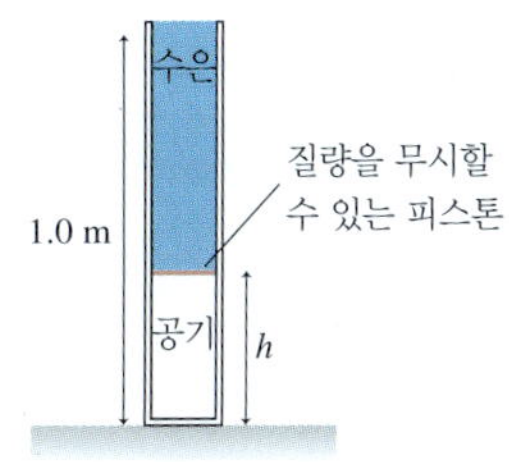

그림 P14.31

32. Ⅱ 물이 지름 10 cm의 원통형 수직관에서 나와 7.5 m 바로 아래 양동이로 떨어진다. 이 물은 2.0 m/s의 속력으로 관을 빠져나간다. 물이 양동이에 닿을 때 물기둥의 지름은 얼마인가?

33. Ⅰ 태풍이 6.0 m × 15.0 m의 편평한 지붕을 가로질러 130 km/h의 속력으로 분다.
   a. 지붕 위의 기압이 집 안의 압력보다 높겠는가 낮겠는가? 그 이유를 설명하시오.
   b. 압력 차이는 얼마인가?
   c. 지붕에 얼마나 많은 힘이 가해지는가? 지붕이 이만큼의 힘을 견딜 수 없다면, 지붕은 내려앉겠는가, 떨어져 나갈 것인가?

34. Ⅱ 공기가 그림 P14.34와 같이 관을 통해 흐른다. 공기가 이상 유체라고 가정한다.
   a. 점 1과 2에서 공기 속도 v_1과 v_2는 각각 얼마인가?
   b. 부피 흐름률은 얼마인가?

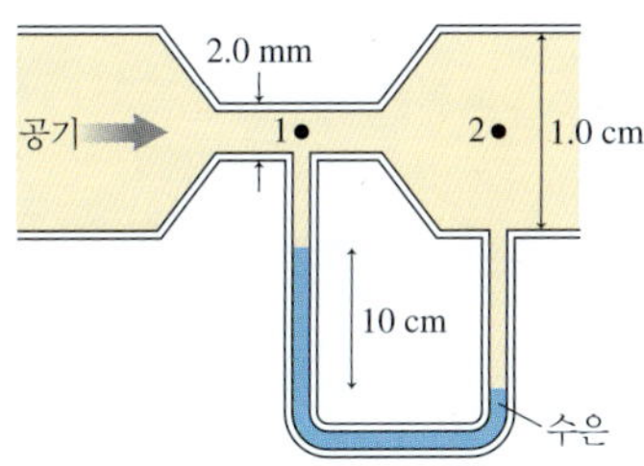

그림 P14.34

35. Ⅲ a. 반지름 R인 원통 꼭대기까지 액체로 채웠다. 원통 옆면을 따라 꼭대기에서 아래쪽으로 거리 d인 곳에 반지름 r인 작은 구멍이 있다. 구멍을 흘러나가는 부피 흐름률에 대한 수식을 찾으시오.
   b. 지름 2.0 m인 물통 표면 아래 1.0 m에 지름 4.0 mm의 구멍이 있다. 물을 보충하지 않을 경우 초기에 수위가 내려가는 속력(mm/min)은 얼마인가?

응용 문제

36. Ⅲ 강철 '배'의 바닥은 5.0 m × 10 m × 2.0 cm인 철판이다($\rho_{steel} =$ 7900 kg/m^3). 측면은 0.50 cm 두께의 철판으로 만든다. 이 배가 완전히 잔잔한 물에 뜨는 데 필요한 최소 높이는 얼마인가?

37. Ⅲ 그림 CP14.37에서 밀도는 ρ_o이고 전체 높이는 l인 원뿔이 밀도 ρ_f의 액체에 떠 있다. 액체 위로 나와 있는 원뿔의 높이는 h이다. 전체 높이에 대한 물 밖으로 나온 부분의 높이의 비율 h/l은 얼마인가?

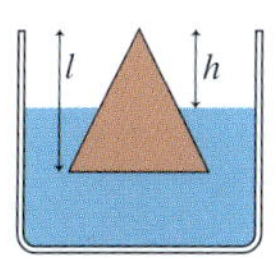

그림 CP14.37

38. Ⅲ 액체에서 움직이는 물체는 부력뿐만 아니라 움직임의 반대 방향으로 작용하는 끌림힘 $\vec{F}_{drag} = (bv$, b는 끌림힘 상수)의 영향을 받는다. 반지름 R의 공에 대해, 끌림힘 상수 $b = 6\pi\eta R$(η는 액체의 **점도**)이다. 밀도가 ρ_f인 액체의 표면에 반지름 R, 밀도 ρ의 공이 놓여 있다.
CALC
   a. 이 공을 액체에 떨어뜨릴 때 공의 **종단 속력** v_{term}를 R, η, g 및 밀도 등의 식으로 나타내시오.
   b. 뉴턴의 제2법칙을 사용하여 공의 수직 속도 $v_y(t)$를 공이 떨어지는 시간의 함수로 나타내시오. 부호에 주의하라!
   c. 20°C 물의 점도 η는 1.0×10^{-3} Pa s이고, 알루미늄의 밀도는 2700 kg/m^{3}이다. 지름 3.0 mm의 알루미늄 조각을 물에 떨어뜨리면 종단 속력은 얼마이고 종단 속력의 90%에 도달하는 데 얼마나 걸리는가?

IV부 진동과 파동 Oscillations and Waves

훑어보기

파동 모형

이 책의 I–III부는 주로 입자의 물리학에 대한 것이었다. 공에서 로켓에 이르는 이러한 계들은 입자들, 즉 입자계로 생각할 수 있음을 살펴보았다. **입자**(particle)는 고전물리학의 두 가지 기본 모형 가운데 하나이다. 또 다른 모형은 이제 우리가 다루려는 **파동**(wave)이다.

파동은 자연에 흔하게 존재한다. 친숙한 파동의 예가 아래에 있다.

- 연못의 물결
- 지진으로 인한 지면의 흔들림
- 진동하는 기타 줄
- 감미로운 플루트 소리
- 무지개의 색깔

IV부의 주제는 진동과 파동의 물리학이다. **단순 조화 운동**(simple harmonic motion)이라고 하는 가장 기본적인 진동은 여전히 입자의 운동이다. 그러나 진동은 파동의 근원이며 진동의 수학적 기술은 파동의 수학적 기술과 같은 구조이다.

입자와 대조되는 파동은 공간의 한 점에서 발견되지 않고 공간적으로 퍼져있다. 조약돌이 수면을 때리면 물결이 퍼져나가는 것처럼 특정한 매질을 통해 진행하는 파동부터 다루려 한다. 이런 파동을 **진행파**(traveling wave)라고 한다. 파동들이 서로 마주쳐 지날 때 무슨 일이 생기는지 조사해보면 **정상파**(standing wave)를 만나게 된다. 정상파는 흔히 만날 수 있는 악기부터 레이저와 원자 속 전자들의 복잡한 현상을 이해하는 데 있어 필수적이다. 또한 파동의 가장 중요한 속성 가운데 하나인 **간섭**(interference)에 대해 배운다.

파동 현상의 탐구 대상으로서 음파, 광파와 줄의 진동을 다루지만 모든 **종류**(type)의 파동이 공통적으로 가진 성질을 소개하는 것이 궁극적인 목적이다. 이후 VII부에서는 파동의 가장 중요한 응용이라 할 수 있는 빛과 광학에 대해 3개의 장을 할애한다. 빛이 전자기파이긴 하지만 이들 3개의 장을 이해하려면 빛의 '파동성'을 이해하고 있어야 한다. IV부를 공부한 뒤 곧바로 이들 장을 공부해도 무방하다. 빛의 전자기 특성은 31장에서 다루게 된다.

혹등고래의 노래는 수중에서 수백 킬로미터나 진행한다. 이 그래프는 웨이브렛(wavelet)이라고 하는 방법을 사용하여 혹등고래가 부르는 노래의 진동수 구조를 연구한 결과이다.

15 진동
Oscillations

좌우로 흔들리는 진자는 단순 조화 운동의 가장 흔한 예이다.

이 장에서는 단순 조화 운동을 하면서 진동하는 계를 배운다.

진동이란 무엇인가?

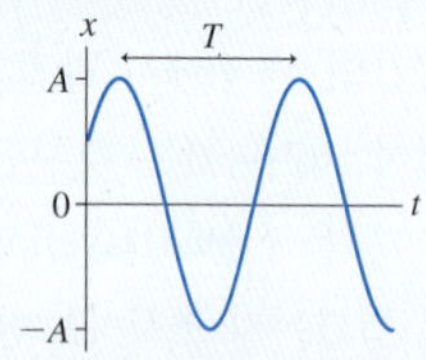

진동 운동은 평형 위치 주위를 좌우로 움직이는 주기적인 운동이다. 진동은 진폭, 주기와 진동수로 기술한다. 가장 중요한 진동은 위치와 속도 그래프가 사인 모양(sinusoidal)으로 표시되는 단순 조화 운동(simple harmonic motion, SHM)이다.

어떤 물체가 단순 조화 운동을 하는가?

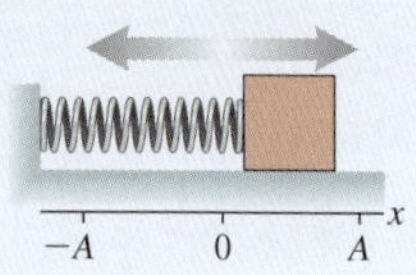

대표적인 SHM은 용수철에 매달려 진동하는 물체이다. 이 계를 통해 배운 내용을 모든 SHM에 적용할 수 있다.

- 진자는 SHM의 고전적인 예이다.
- 선형 복원력을 가진 모든 계에서 SHM이 나타난다.

≪ 되돌아보기: 9.4절 복원력

단순 조화 운동은 원운동과 어떤 관계가 있는가?

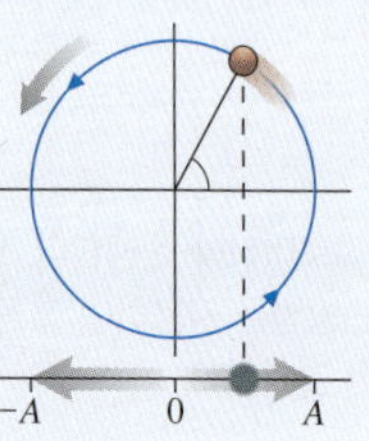

등속 원운동을 한 직선에 투사하면 좌우로 진동하는 SHM이 된다.

- 원운동과의 관계가 SHM의 수학을 이해하는 데 도움이 된다.
- 원의 각도와 관련된 위상 상수는 초기 조건을 기술한다.

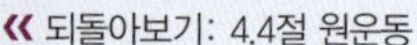
≪ 되돌아보기: 4.4절 원운동

단순 조화 운동에서 에너지는 보존되는가?

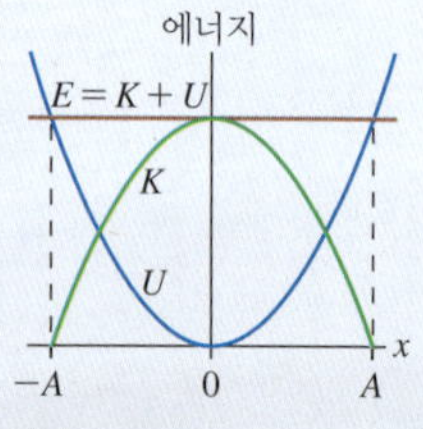

마찰력(friction)이나 다른 흩어지기 힘이 작용하지 않는다면 진동계의 역학적 에너지는 보존된다. 에너지는 운동 에너지와 퍼텐셜 에너지 형태로 전환된다. 에너지 보존은 문제를 푸는 중요한 전략이 된다.

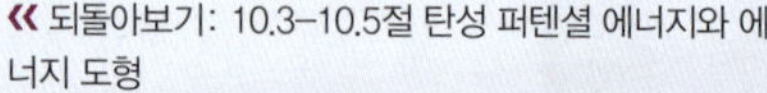
≪ 되돌아보기: 10.3–10.5절 탄성 퍼텐셜 에너지와 에너지 도형

마찰력이 작용한다면 어떤 일이 일어나는가?

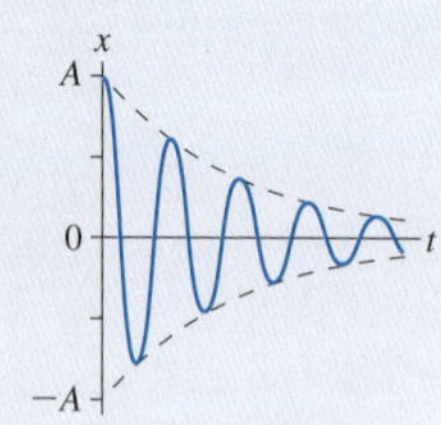

역학 에너지가 보존되지 않으면 계의 진동 폭은 시간이 지나면서 점차 감소한다. 이것을 감쇠 진동이라고 한다. 진동의 진폭이 지수형 감쇠를 보인다. 그러나 진동계를 계의 고유 진동수로 구동시키면 진폭이 아주 커질 수 있는데 이것을 공명이라고 한다.

왜 단순 조화 운동이 중요한가?

단순 조화 운동은 과학과 공학에서 가장 흔하고 가장 중요한 운동 가운데 하나이다.

- 진동과 흔들림은 역학, 전기, 화학 및 원자계에서 일어난다. 계가 왜 진동하는지를 이해하는 것은 공학 디자인에서 중요한 부분이다.
- 더 복잡한 진동을 SHM의 용어로 이해할 수 있다.
- 진동은 다음 두 장에서 공부할 파동의 근원이 된다.

15.1 단순 조화 운동

가장 흔하고 중요한 운동 가운데 하나가 평형 위치 주위를 중심으로 주기적인 반복 운동을 하는 **진동 운동**(oscillatory motion)이다. 흔들리는 샹들리에, 진동하는 기타 줄, 휴대폰 전자회로 내부의 전자, 심지어는 고체 속의 원자들 모두 진동 운동을 한다. 덧붙여 진동은 다음 두 장의 주제인 **파동**의 근원이다. 진동은 과학과 공학 분야에서 중요한 개념이다.

그림 15.1은 두 가지 다른 진동계의 위치-시간 그래프를 보여준다. 그래프의 모양은 진동자의 세부 사항에 의존하지만 모든 진동자는 두 가지 공통점을 가지고 있다.

1. 진동은 평형 위치 주위에서 일어난다.
2. 운동이 **주기적**이다. 즉 규칙적인 시간 간격마다 운동이 반복된다.

그림 15.1 진동 운동의 예

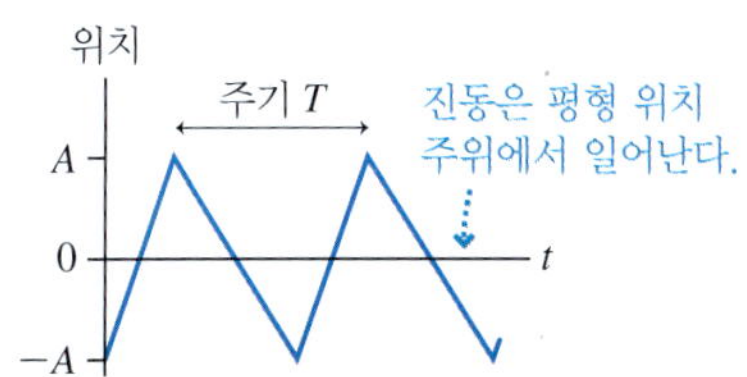

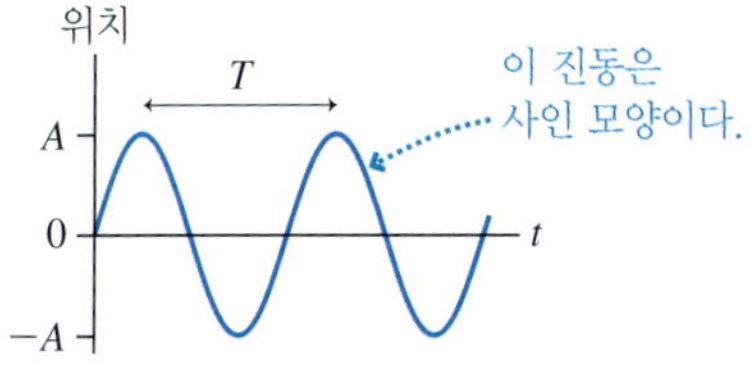

한 번의 완전한 순환, 즉 한 번의 진동을 끝내는 데 걸린 시간을 진동의 **주기**(period)라고 한다. 주기는 기호 T로 표기한다.

계는 여러 방식으로 진동할 수 있지만 가장 기본적인 진동은 그림 15.1의 (사인 혹은 코사인과 같은) 연속적인 **사인 모양** 진동이다. 이런 사인 모양 진동을 **단순 조화 운동**(simple harmonic motion)이라고 하며 약자로 SHM이라고 적는다. 고급 과정에서 모든 진동을 사인 모양 진동의 합으로 표현할 수 있다고 배울 것이다. 따라서 SHM은 모든 진동 운동을 이해하는 기초가 된다.

대표적인 단순 조화 운동은 용수철에 매달린 물체의 진동이다. 그림 15.2는 용수철에 매단 물체가 에어트랙 위에서 운동하는 것을 보여준다. 물체를 수 센티미터 당겼다가 놓으면 물체가 좌우로 진동한다. 그래프는 실제 에어트랙에서 물체의 위치를 매초 20번 측정한 것을 보여준다. 이것은 물체의 위치-시간 그래프로, 물체의 운동과 일치시키려고 정상 방향으로부터 90° 회전하였다. 물체가 사인 모양 진동, 즉 단순 조화 운동을 하는 것을 알 수 있다.

그림 15.2 대표적인 단순 조화 운동 실험

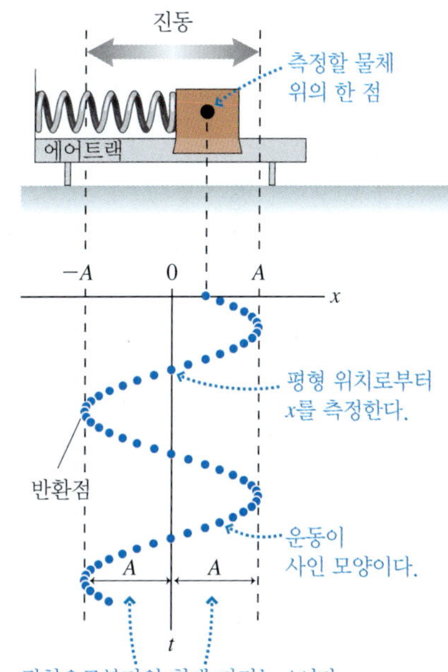

그림 15.1과 15.2가 보여주는 것처럼 진동자는 $x=-A$와 $x=+A$ 사이에서 좌우로 운동한다. 여기서 A는 평형으로부터의 최대 변위로, 운동의 **진폭**(amplitude)이라고 한다. 진폭은 축으로부터 최대 또는 최소까지의 거리이지 최소로부터 최대까지의 거리가 아니라는 것에 주목하라.

주기와 진폭은 진동 운동의 두 가지 중요한 특성이다. 세 번째 특성은 초당 순환(cycles) 또는 진동을 하는 횟수인 **진동수**(frequency) f이다. 한 번의 순환을 마치는 데 시간 T s가 걸린다면 매초 $1/T$순환을 끝낼 수 있다. 다시 말해 주기와 진동수는 서로 역수 관계에 있다.

$$f=\frac{1}{T} \quad \text{또는} \quad T=\frac{1}{f} \tag{15.1}$$

진동수의 단위는 **헤르츠**(hertz), 약자로 Hz이다. 독일 물리학자 헤르츠(Heinrich Hertz)를 기념하여 붙인 이름이다. 헤르츠는 1887년 최초로 인공적으로 라디오파를

표 15.1 진동수의 단위

진동수	주기
10^3 Hz = 1킬로헤르츠 = 1 kHz	1 ms
10^6 Hz = 1메가헤르츠 = 1 MHz	1 μs
10^9 Hz = 1기가헤르츠 = 1 GHz	1 ns

만들어냈다. 정의로부터

$$1\text{ Hz} \equiv \text{매초 1순환} = 1\text{ s}^{-1}$$

이다. 종종 매우 빠른 진동을 다루게 되는데, 이럴 때는 **표 15.1**에 나온 단위들을 사용한다. 예를 들어 FM 라디오의 회로에서 101 MHz로 진동하는 전자들은 $T = 1/(101 \times 10^6\text{ Hz}) = 9.9 \times 10^{-9}\text{ s} = 9.9\text{ ns}$의 진동 주기를 갖는다.

단순 조화 운동의 운동학

단순 조화 운동을 수학적으로 기술하는 것, 즉 운동학(kinematics)으로부터 시작해보자. 그러고 나서 15.4절에서 힘이 어떻게 단순 조화 운동을 일으키는지에 관한 동역학을 다룬다.

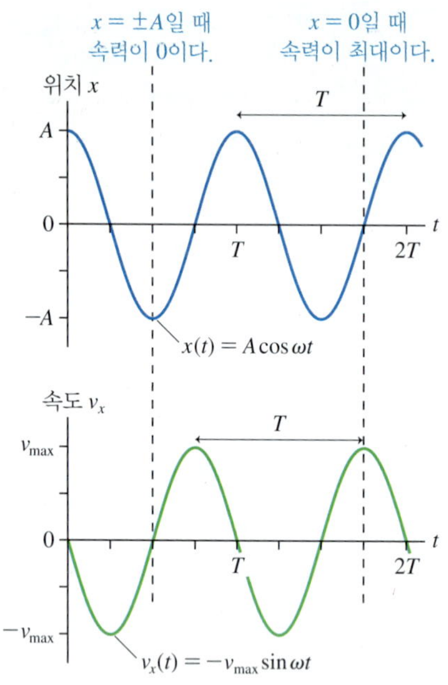

그림 15.3 단순 조화 운동의 위치와 속도 그래프

그림 15.3은 '정상적인' 위치에서의 SHM의 위치 그래프를 보여준다. 이런 그래프는 에어트랙 위의 물체를 가지고 얻을 수 있다. 당분간 진동이 $t = 0$일 때 최대 변위($x = +A$)에서 시작된다고 가정하자. 또 진동자의 속도-시간 그래프가 주어져 있는데, 이 그래프는 위치-시간 그래프의 기울기로부터 유추할 수 있다.

- $x = \pm A$일 때 순간 속도가 0이다. 왜냐하면 위치 그래프의 기울기가 0이기 때문이다. 이것이 운동의 **반환점**이다.
- 위치 그래프의 기울기는 $x = 0$에서 최대 기울기를 가지므로 $x = 0$인 시간들에서 물체는 최대 속력을 갖는다. $x = 0$에서 양의 기울기를 가지면 물체는 오른쪽으로 움직이며 순간 속도가 $v_x = +v_{max}$로 최대가 된다. 여기서 v_{max}는 속도 곡선의 진폭이다. 동일하게 음의 기울기를 가진 $x = 0$(왼쪽으로 움직이는 최대 속력)에서 $v_x = -v_{max}$가 된다.

이것들은 관찰 사실들을 기술한 것이지만(아직 진동의 어떠한 '이론'도 제시하지 않았다) $t = 0$에서 최대 변위로 진동을 시작한 물체의 위치 그래프가 진폭 A와 주기 T를 가진 코사인 함수라는 것을 알 수 있다. 따라서 위치를

$$x(t) = A\cos\left(\frac{2\pi t}{T}\right) \tag{15.2}$$

로 적을 수 있다. 여기서 기호 $x(t)$는 x가 시간 t의 **함수**라는 것을 말한다.

$\cos(0\text{ rad}) = \cos(2\pi\text{ rad}) = 1$이므로 $t = 0$에서 $x = A$이며 또 $t = T$에서도 같다는 것을 알 수 있다. 다시 말하면 진폭 A와 주기 T를 가진 코사인 함수라는 것이다. $\cos\left(\frac{1}{2}\pi\right) = \cos\left(\frac{3}{2}\pi\right) = 0$이므로 $t = \frac{1}{4}T$와 $t = \frac{3}{4}T$에서 x가 0을 지나는 것에 주목하라.

식 (15.2)는 다른 두 가지 형태로 적을 수 있다. 첫째는

$$x(t) = A\cos(2\pi ft) \tag{15.3}$$

로 적을 수 있는데, 진동의 진동수가 $f = 1/T$이기 때문이다. 둘째 표현은 4장에서 다룬 원운동 하는 입자에 대해 **각속도**(angular velocity) ω가 주기와 $\omega = 2\pi/T$의 관계

를 갖는 것을 이용한다. 여기서 ω의 단위는 rad/s이다. 진동과 파동의 경우 ω를 **각진동수**(angular frequency)라고 한다. 이제 ω를 사용하여 위치를

$$x(t) = A\cos(\omega t) \tag{15.4}$$

로 적을 수 있다. 앞으로 다루는 진동과 파동에 관련된 내용에서 대부분 각진동수를 사용할 것이다.

이제 $f = 1/T$로 정의했고 ω, f와 T가

$$\omega\ (\text{단위 rad/s}) = \frac{2\pi}{T} = 2\pi f\ (\text{단위 Hz}) \tag{15.5}$$

의 관계를 가지는 것을 알았다. 여기서 ω와 f 모두 진동수로서 같은 단위, 즉 rad/s를 쓰지만, 2π배 차이가 나며 둘은 서로 바꿔 사용할 수 없다는 점에 주의하라. 진동수 f는 Hz 단위로 측정한 진짜 진동수이다. 각진동수 ω는 코사인 함수의 각도와 관계가 되어 있고 다음 절에서 배우겠지만 SHM의 원운동과의 유사성을 논할 때 유용하게 사용된다.

위치 그래프가 코사인 함수이듯이 그림 15.3의 속도 그래프는 동일한 주기를 가진 사인 함수이다. 따라서 속도는 시간의 함수로

$$v_x(t) = -v_{max}\sin\left(\frac{2\pi t}{T}\right) \tag{15.6}$$

와 같이 적을 수 있고, 음의 부호는 그래프를 뒤집은 것을 의미한다. 이 함수는 $t = 0$에서 0이며 $t = T$에서도 $t = 0$과 동일한 값을 갖는다.

실험 결과로부터 식 (15.6)을 얻었지만 식 (15.2)의 위치 함수로부터도 동일한 식을 얻을 수 있다. 결국 속도는 위치의 시간에 대한 미분으로 주어진다. 표 15.2는 사인과 코사인 함수의 도함수를 보여준다. 위치 함수의 도함수를 사용하여 속도 함수

$$v_x(t) = \frac{dx}{dt} = -\frac{2\pi A}{T}\sin\left(\frac{2\pi t}{T}\right) = -2\pi fA\sin(2\pi ft) = -\omega A\sin\omega t \tag{15.7}$$

를 얻는다. 속도의 수학적 정의인 식 (15.7)을 경험식인 식 (15.6)과 비교하면 진동의 최대 속력은

$$v_{max} = \frac{2\pi A}{T} = 2\pi fA = \omega A \tag{15.8}$$

로 주어진다. 이 식은 용수철을 더 많이 잡아당겨 물체를 큰 진폭으로 진동하게 할 때 물체의 최대 속력 역시 증가하는 것을 잘 설명하고 있다.

표 15.2 사인과 코사인 함수의 도함수

$$\frac{d}{dt}\big(a\sin(bt+c)\big) = +ab\cos(bt+c)$$

$$\frac{d}{dt}\big(a\cos(bt+c)\big) = -ab\sin(bt+c)$$

예제 15.1 단순 조화 운동을 하는 계

에어트랙 위 물체가 용수철에 매달려 있다. 물체를 오른쪽으로 20.0 cm 당겼다가 $t = 0$ s일 때 놓아준다. 물체는 10 s 동안 15번 진동한다.

a. 진동의 주기는 얼마인가?

(계속)

b. 물체의 최대 속력은 얼마인가?

c. $t=0.800$ s에서의 위치와 속도는 얼마인가?

핵심 용수철에 매달려 진동하는 물체는 SHM을 보인다.

풀이 a. 진동의 진동수는

$$f=\frac{15\text{진동}}{10.0\text{ s}}=1.50\text{진동/s}=1.50\text{ Hz}$$

이다. 따라서 주기는 $T=1/f=0.667$ s이다.

b. 진동의 진폭이 $A=0.200$ m이다. 그러므로

$$v_{max}=\frac{2\pi A}{T}=\frac{2\pi(0.200\text{ m})}{0.667\text{ s}}=1.88\text{ m/s}$$

이다.

c. 물체가 $t=0$ s일 때 $x=+A$에서 출발한다. 이것은 정확히 식 (15.2)와 (15.6)에 기술된 진동이다. $t=0.800$ s일 때의 위치는 다음과 같다.

$$x=A\cos\left(\frac{2\pi t}{T}\right)=(0.200\text{ m})\cos\left(\frac{2\pi(0.800\text{ s})}{0.667\text{ s}}\right)$$
$$=(0.200\text{ m})\cos(7.54\text{ rad})=0.0625\text{ m}=6.25\text{ cm}$$

이 순간의 속도는

$$v_x=-v_{max}\sin\left(\frac{2\pi t}{T}\right)=-(1.88\text{ m/s})\sin\left(\frac{2\pi(0.800\text{ s})}{0.667\text{ s}}\right)$$
$$=-(1.88\text{ m/s})\sin(7.54\text{ rad})=-1.79\text{ m/s}=-179\text{ cm/s}$$

이다. 한 주기보다 약간 긴 $t=0.800$ s에서 물체는 평형으로부터 오른쪽으로 6.25 cm인 곳을 179 cm/s의 속력으로 **왼쪽으로** 움직인다. 계산할 때 라디안을 사용한 것에 주목하라.

예제 15.2 | 시간 구하기

단순 조화 운동을 하는 물체가 $x=A$에서 출발하여 주기 T로 진동한다. 이 물체는 언제 $x=\frac{1}{2}A$를 지나는지 그 시간을 T로 표시하시오.

풀이 그림 15.3은 $t=\frac{1}{4}T$일 때 물체가 평형 위치 $x=0$을 지나는 것을 보여주었다. 이것은 1/4주기 동안 전체 거리의 1/4을 움직인 것을 말한다. $\frac{1}{2}A$에 도달하는 데 $\frac{1}{8}T$시간 걸릴 것을 예상할 수 있지만 SHM의 그래프가 $x=A$와 $x=0$ 사이에서 선형적이지 않기 때문에 그렇지 않다. $x(t)=A\cos(2\pi t/T)$를 사용할 필요가 있다. 우선 $x=\frac{1}{2}A$를 대입하여 식을 적는다.

$$x=\frac{A}{2}=A\cos\left(\frac{2\pi t}{T}\right)$$

위 식을 만족하는 시간 t를 다음과 같이 구한다.

$$t=\frac{T}{2\pi}\cos^{-1}\left(\frac{1}{2}\right)=\frac{T}{2\pi}\frac{\pi}{3}=\frac{1}{6}T$$

검토 운동이 처음에는 느리다가 최대 속도에 이를 때까지 점차 빨라진다. 그러므로 $x=A$에서 $x=\frac{1}{2}A$로 이동하는 데 걸리는 시간이 $x=\frac{1}{2}A$에서 $x=0$으로 이동하는 데 걸리는 시간보다 길다. 답이 진폭 A와 무관한 것에 주목하라.

15.2 SHM과 원운동

그림 15.3의 그래프와 위치 함수 $x(t)=A\cos\omega t$는 물체가 $t=0$에서 $x_0=A$를 막 지나는 진동에 대한 것이다. 그러나 누군가가 스톱워치를 누르는 순간의 시간인 $t=0$은 임의로 선택한 것이다. 만약 물체가 $x_0=-A$를 지날 때 혹은 진동 중 어떤 특정한 곳을 지날 때 스톱워치를 누른다면 어떻게 될까? 달리 말해 진동자가 다른 **초기 조건**(initial condition)을 가진다면 어떻게 될까? 위치 그래프는 여전히 진동을 보이겠지만 그림 15.3 혹은 $x(t)=A\cos\omega t$는 이 운동을 올바르게 기술할 수 없게 된다.

다른 초기 조건에 대한 진동을 기술하는 방법을 배우기 위해 4장 원운동에서 배운 내용을 복습하는 것이 도움이 된다. 단순 조화 운동과 원운동 사이에는 매우 밀접한 관련이 있기 때문이다.

접착제로 가장자리에 작은 공을 붙인 회전판이 있다고 가정하자. 그림 15.4a는 빛을 공에 투사하여 스크린에 그림자를 만들어 공의 '그림자 동영상'을 찍는 방법을 보여준다. 회전판이 회전할 때 공의 그림자는 좌우로 진동한다. 이것은 분명히 주기 운동이며 회전판과 같은 주기를 갖는다. 그러나 이 운동이 단순 조화 운동일까?

이 물음에 대한 답을 찾기 위해 그림 15.4b에 보인 것처럼 그림자 아래에 실제 용수철에 매단 실제 물체를 놓는다. 이때 용수철의 주기와 같은 주기를 갖도록 회전판을 조절하면 그림자의 운동이 정확히 용수철에 매단 물체의 단순 조화 운동과 일치하는 것을 알 수 있다. **등속 원운동을 1차원에 투사하면 단순 조화 운동이 된다.**

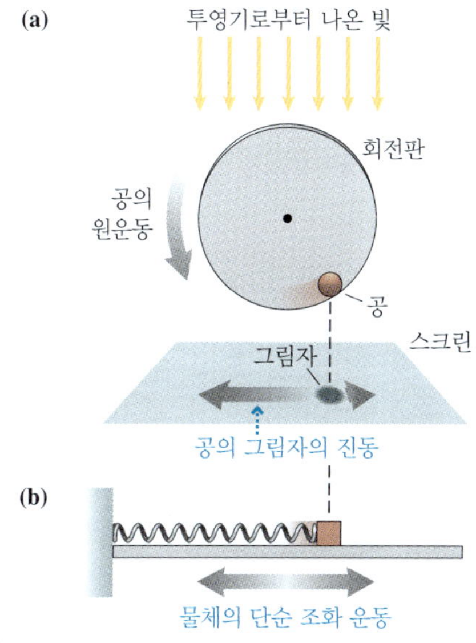

그림 15.4 회전하는 공의 원운동을 투영하면 용수철에 매달린 물체의 단순 조화 운동과 일치한다.

이 사실을 더 정밀하게 이해하기 위해 그림 15.5의 입자를 고려해보자. 입자는 반지름 A의 원주를 따라 **반시계 방향**(counterclockwise, ccw)으로 움직이면서 등속 원운동을 한다. 4장에서 다룬 것처럼 x축으로부터 반시계 방향으로 측정한 각도 ϕ로 입자의 위치를 표시할 수 있다. 그림 15.4에서 공의 그림자를 스크린에 투사하는 것은 입자 운동의 x성분만을 관측하는 것과 같다. 그림 15.5는 입자가 각도 ϕ에 있을 때 x성분이

$$x = A\cos\phi \tag{15.9}$$

임을 보여준다.

이 입자의 **각속도**가 단위 rad/s로

$$\omega = \frac{d\phi}{dt} \tag{15.10}$$

와 같이 주어지는 것을 상기하라. 이것은 각도 ϕ의 증가율이다. 입자가 $t=0$일 때 $\phi_0 = 0$에서 출발한다면 나중 시간 t에서의 각도는 단순히

$$\phi = \omega t \tag{15.11}$$

가 된다. ϕ가 증가하면 입자의 x성분은

$$x = A\cos\omega t \tag{15.12}$$

로 주어진다. 이 식은 용수철에 매달린 물체의 위치에 관한 식 (15.4)와 동일하다! 따라서 등속 원운동 하는 입자의 x성분은 단순 조화 운동을 한다.

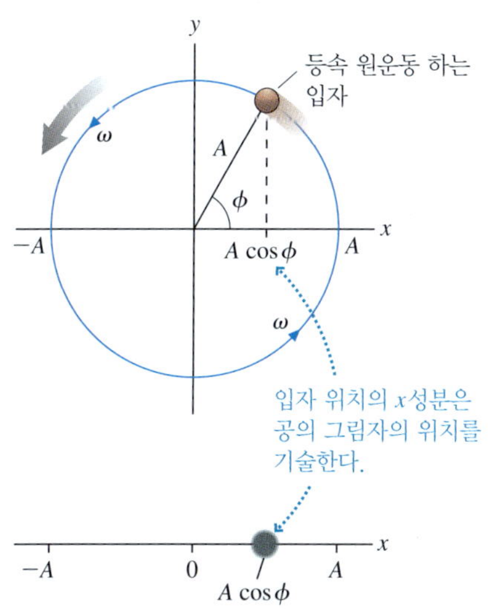

그림 15.5 반지름 A와 각속도 ω를 가진 등속 원운동 하는 입자

이름과 단위들에 익숙해질 때까지 조금 혼란스러울 수 있다. **순환**과 **진동**은 진짜 단위가 아니다. 길이나 질량을 비교할 수 있는 '표준 미터'나 '표준 킬로그램'과는 달리 진동을 비교할 수 있는 '표준 순환'은 없다. 순환이나 진동은 단지 사건이 일어난 수를 알려준다. 따라서 진동수 f의 단위는 헤르츠이고 $1\ \text{Hz} = 1\ \text{s}^{-1}$이다. 명확히 하기 위해 '초당 순환 수'를 말하지만 실제 단위는 단지 '초(second) 분의 1'이다.

라디안은 각도의 SI 단위이다. 그러나 라디안은 **정의된**(defined) 단위이다. 더 나아가 두 길이의 비($\theta = s/r$)인 라디안의 정의는 라디안이 차원이 없는 순수한 수임을 말한다. 4장에 적힌 것처럼 각도의 단위인 라디안 또는 도(degrees)는 우리가 실제로 각도를 다루고 있다는 것을 상기시켜 주는 **이름**에 지나지 않는다. 식 $\omega = 2\pi f$ 속의 (또는 유사한 상황에서의) 단위 없이 언급되는 2π는 2π rad/순환을 의미한다. 순환/s 단

위의 진동수 f를 곱하면 진동수의 단위가 rad/s가 된다. 이런 맥락에서 ω를 **각진동수**라고 한다.

초기 조건: 위상 상수

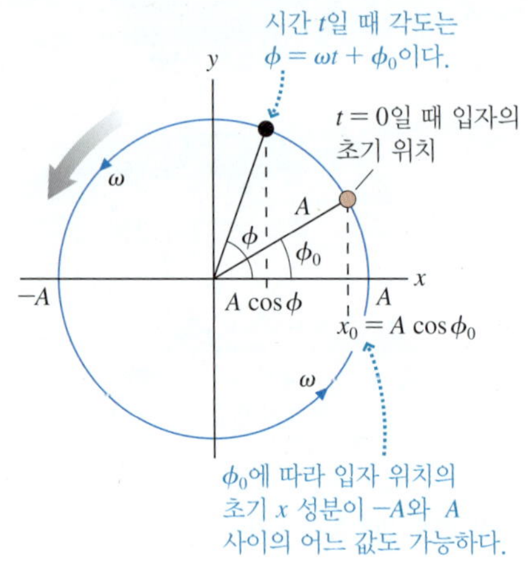

그림 15.6 초기각 ϕ_0를 가진 등속 원운동 하는 입자

이제 다른 초기 조건들을 고려할 준비가 끝났다. 그림 15.5의 입자는 $\phi_0 = 0$에서 출발했다. 이것은 진동자가 오른쪽 끝 $x_0 = A$에서 출발하는 것을 말한다. 그림 15.6은 초기각 ϕ_0가 임의의 값을 가지는 좀 더 일반적인 상황을 보여준다. 그러면 나중 시간 t에서 각도는

$$\phi = \omega t + \phi_0 \tag{15.13}$$

가 된다. 이런 경우 시간 t에서 입자를 x축에 투영한 값은

$$x(t) = A\cos(\omega t + \phi_0) \tag{15.14}$$

로 주어진다.

식 (15.14)가 입자의 투영을 기술한다면 이 식은 또한 단순 조화 운동을 하는 진동자의 위치를 기술해야 한다. 도함수 dx/dt를 계산하여 진동자의 속도 v_x를 구할 수 있다. 결과 식

$$\begin{aligned} x(t) &= A\cos(\omega t + \phi_0) \\ v_x(t) &= -\omega A\sin(\omega t + \phi_0) = -v_{max}\sin(\omega t + \phi_0) \end{aligned} \tag{15.15}$$

는 단순 조화 운동의 두 가지 주요 운동 방정식이 된다.

시간에 따라 계속해서 증가하는 물리량 $\phi = \omega t + \phi_0$를 진동의 **위상**(phase)이라고 한다. 위상은 단순히 그림자가 진동자와 일치하는 원운동 하는 입자의 각도를 의미한다. 상수 ϕ_0는 **위상 상수**(phase constant)라고 한다. 위상 상수는 진동자의 초기 조건들에 의해 결정된다.

위상 상수가 의미하는 것을 알기 위해 식 (15.15)에서 $t=0$으로 놓으면

$$\begin{aligned} x_0 &= A\cos\phi_0 \\ v_{0x} &= -\omega A\sin\phi_0 \end{aligned} \tag{15.16}$$

를 얻는다. $t=0$에서의 위치 x_0와 속도 v_{0x}는 초기 조건들이다. **다른 값의 위상 상수는 원주 위의 다른 출발점 또는 다른 초기 조건들에 해당된다.**

그림 15.3의 코사인 함수와 식 $x(t) = A\cos\omega t$는 $\phi_0 = 0$ rad일 때의 진동에 관한 식이다. 식 (15.16)으로부터 $\phi_0 = 0$ rad이 $x_0 = A$와 $v_0 = 0$을 의미한다는 것을 알 수 있다. 다시 말해 입자가 최대 변위점에서 정지해 있다가 출발한다.

그림 15.7은 위상 상수의 3개 값인 $\phi_0 = \pi/3$ rad(60°), $-\pi/3$ rad(−60°), π rad(180°)일 때의 상황을 보여준다. $\phi_0 = \pi/3$ rad과 $\phi_0 = -\pi/3$ rad은 같은 출발 위치 $x_0 = \frac{1}{2}A$를 가지고 있다. 이것은 식 (15.16)의 코사인 함수의 성질 때문이다. 그러나 이 값들은 동일한 초기 조건이 아니다. 한 가지 경우 $\frac{1}{2}A$에서 출발한 입자가 왼쪽으로 움직이

그림 15.7 다른 초기 조건들을 다른 위상 상수의 값들로 기술한다.

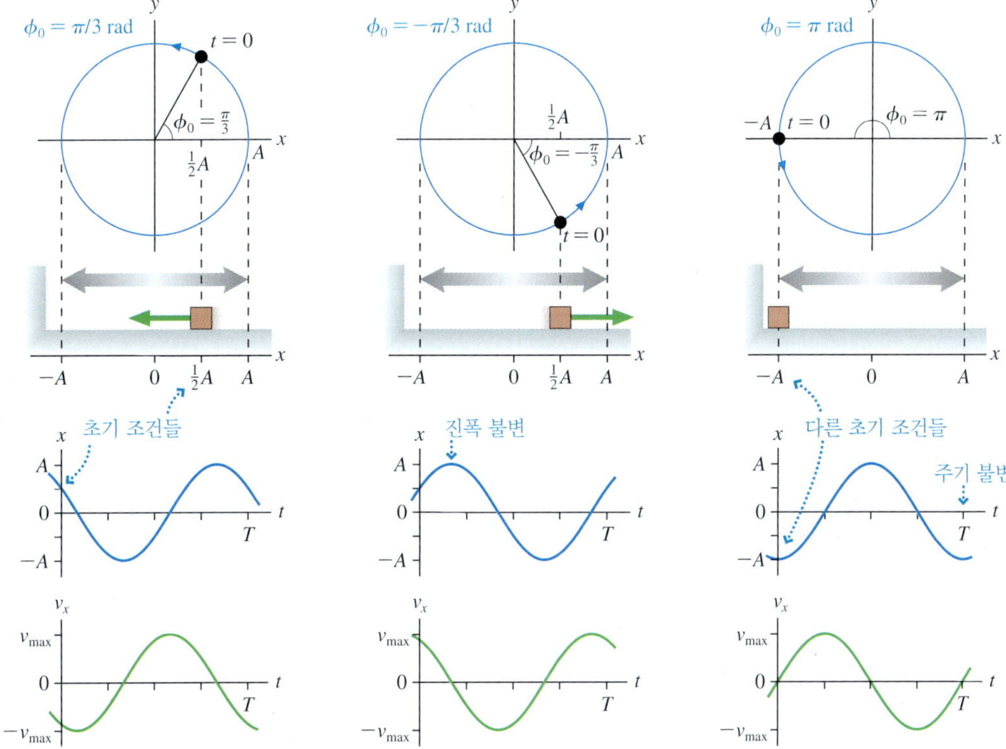

지만 다른 경우에서 입자가 $\frac{1}{2}A$에서 출발해서 오른쪽으로 움직인다. 운동을 시각화함으로써 두 경우를 구분할 수 있다.

0와 π rad 사이의 모든 위상 상수 ϕ_0의 값들은 위쪽 반원에 있으며 **왼쪽으로 움직이는** 입자에 해당한다. 따라서 v_{0x}는 음이다. π와 2π rad 사이(또는 흔히 이야기하듯이 $-\pi$와 0 rad 사이)의 모든 위상 상수 ϕ_0의 값들은 아래쪽 반원에 있으며 **오른쪽으로 움직이는** 입자에 해당한다. 따라서 v_{0x}는 양이다. 진동자가 $t=0$일 때 $x=\frac{1}{2}A$에 있다가 오른쪽으로 움직이는 경우 위상 상수가 $\phi_0=-\pi/3$ rad일 수는 있지만 $+\pi/3$ rad일 수는 없다.

예제 15.3 초기 조건 사용하기

용수철에 매달린 물체가 0.80 s의 주기와 10 cm의 진폭을 가지고 진동한다. $t=0$ s에서 물체가 평형으로부터 왼쪽으로 5.0 cm인 곳을 지나 왼쪽으로 이동한다. $t=2.0$ s일 때 물체의 위치와 운동 방향을 구하시오.

핵심 용수철에 매달려 진동하는 물체는 단순 조화 운동을 한다.

풀이 초기 조건 $x_0=-5.0\text{ cm}=A\cos\phi_0$로부터 위상 상수 ϕ_0를 구할 수 있다. 이 조건들로부터

$$\phi_0=\cos^{-1}\left(\frac{x_0}{A}\right)=\cos^{-1}\left(-\frac{1}{2}\right)=\pm\tfrac{2}{3}\pi\text{ rad}=\pm120°$$

를 얻는다. 진동자가 $t=0$에서 **왼쪽**으로 움직이기 때문에 원운동 도형의 위쪽 반원에 있고 위상 상수는 0과 π rad 사이에 있어야 한다. 따라서 ϕ_0는 $\frac{2}{3}\pi$ rad이 된다. 각진동수는

$$\omega=\frac{2\pi}{T}=\frac{2\pi}{0.80\text{ s}}=7.85\text{ rad/s}$$

(계속)

가 된다. 그러므로 $t=2.0$ s일 때 물체의 위치는

$$\begin{aligned} x(t) &= A\cos(\omega t + \phi_0) \\ &= (10\text{ cm})\cos\left((7.85\text{ rad/s})(2.0\text{ s}) + \tfrac{2}{3}\pi\right) \\ &= (10\text{ cm})\cos(17.8\text{ rad}) = 5.0\text{ cm} \end{aligned}$$

이다. 이 물체는 이제 평형으로부터 오른쪽으로 5.0 cm인 곳에 있다. 그러나 어느 방향으로 움직일까? 두 가지 알아내는 방법이 있다. 직접적인 방법은 $t=2.0$ s일 때의 속도를 계산하는 것이다.

$$v_x = -\omega A\sin(\omega t + \phi_0) = +68\text{ cm/s}$$

속도가 양이므로 오른쪽으로 움직인다. 다른 방법은 $t=2.0$ s일 때의 위상이 $\phi=17.8$ rad인 것에 주목하는 것이다. π로 나누면

$$\phi = 17.8\text{ rad} = 5.67\pi\text{ rad} = (4\pi + 1.67\pi)\text{ rad}$$

임을 알 수 있다. 4π rad은 완전한 두 바퀴 회전을 의미한다. '여분의' 위상 1.67π는 π와 2π rad 사이에 있으므로 원운동 도형상의 입자는 아래쪽 반원에 있어 오른쪽으로 움직이게 된다.

15.3 SHM의 에너지

지금까지 공부한 내용은 단순히 단순 조화 운동의 수학적 기술이며 어떠한 물리학도 포함하고 있지 않다. 즉, 물체의 질량이나 용수철의 용수철 상수에 대해 언급하지 않았다. 10장의 도구를 사용한 에너지 분석은 좋은 출발점이 된다.

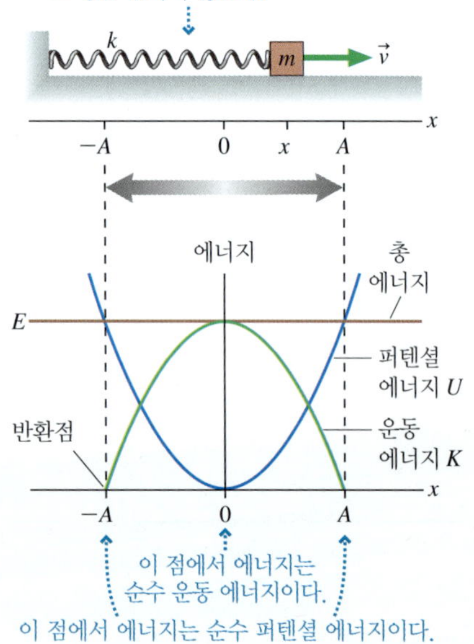

그림 15.8 단순 조화 운동 하는 동안의 에너지 변환

그림 15.8은 단순 조화 운동의 대표적인 모형인 용수철에 달려 진동하는 물체를 보여준다. 이제 구체적으로 물체의 질량을 m, 용수철 상수를 k라고 하고 마찰력이 없는 표면에서 운동이 일어난다고 가정하자. 10장에서 물체가 위치 x에 있을 때 탄성 퍼텐셜 에너지가 $U_{Sp} = \frac{1}{2}k(\Delta x)^2$인 것을 배웠다. 여기서 $\Delta x = x - x_{eq}$는 평형 위치 x_{eq}로부터의 변위이다. 이 장에서는 항상 $x_{eq}=0$, 따라서 $\Delta x = x$인 좌표계를 사용할 것이다. 중력 퍼텐셜 에너지와 혼동을 일으킬 가능성이 없기 때문에 아래 첨자 Sp를 삭제하고 탄성 퍼텐셜 에너지를

$$U = \frac{1}{2}kx^2 \tag{15.17}$$

으로 적는다. 따라서 용수철에 매달려 진동하는 물체의 역학적 에너지는

$$E = K + U = \frac{1}{2}mv^2 + \frac{1}{2}kx^2 \tag{15.18}$$

으로 주어진다.

그림 15.8의 하단은 에너지 도형으로 포물선 형태의 퍼텐셜 에너지 곡선 $U=\frac{1}{2}kx^2$과 운동 에너지 $K=E-U$를 보여준다. 입자는 총에너지 직선 E가 퍼텐셜 에너지 곡선과 교차하는 **반환점** 사이에서 진동한다는 것을 상기하라. 왼쪽 반환점은 $x=-A$에 있고 오른쪽 반환점은 $x=+A$에 있다. 이 반환점들을 넘어서면 운동 에너지가 음이 되므로 물리적으로 불가능하다.

$x = \pm A$에서 입자는 순수하게 퍼텐셜 에너지만을 가지며 평형점 $x = 0$을 지날 때는 순수하게 운동 에너지만을 갖는다는 것을 알 수 있다. 최대 변위점에서 $x=\pm A$이고 $v=0$이므로 에너지는

$$E(x = \pm A) = U = \frac{1}{2}kA^2 \tag{15.19}$$

이 된다. $v=v_{max}$인 $x=0$에서 에너지는

$$E(x=0)=K=\tfrac{1}{2}m(v_{\text{max}})^2 \tag{15.20}$$

이 된다.

표면에 마찰이 없고 물체에 외력이 작용하지 않으므로 계의 역학적 에너지는 보존된다. 따라서 식 (15.19)와 (15.20)에 주어진 최대 변위에서의 에너지와 최대 속력에서의 에너지는 같아야 한다. 다시 말해

$$\tfrac{1}{2}m(v_{\text{max}})^2=\tfrac{1}{2}kA^2 \tag{15.21}$$

이 성립한다. 그러므로 최대 속력은 진폭과

$$v_{\text{max}}=\sqrt{\frac{k}{m}}A \tag{15.22}$$

의 관계를 갖는다. 이것은 이 상황에 대해 물리학을 적용하여 얻은 관계식이다.

앞서 운동학을 사용하여

$$v_{\text{max}}=\frac{2\pi A}{T}=2\pi fA=\omega A \tag{15.23}$$

임을 구했다. 식 (15.22)와 (15.23)을 비교하여 진동하는 용수철의 진동수와 주기가 용수철 상수 k와 물체의 질량 m에 의해 결정됨을 알 수 있다.

$$\omega=\sqrt{\frac{k}{m}} \qquad f=\frac{1}{2\pi}\sqrt{\frac{k}{m}} \qquad T=2\pi\sqrt{\frac{m}{k}} \tag{15.24}$$

이 3개 식은 약간씩 달라 보이지만 모두 동일한 물리량, 최대 속력 v_{max}로부터 결정된 것이다.

식 (15.24)는 주기와 진동수가 물체의 질량 m과 용수철 상수 k와 관련이 있음을 말해준다. 다소 놀랍게도 **주기와 진동수가 진폭 A와 무관하다.** 즉, 작은 진동과 큰 진동은 동일한 주기를 갖는다.

에너지 보존

에너지가 보존되기 때문에 식 (15.18), (15.19)와 (15.20)을 결합하여

$$E=\tfrac{1}{2}mv^2+\tfrac{1}{2}kx^2=\tfrac{1}{2}kA^2=\tfrac{1}{2}m(v_{\text{max}})^2 \quad \text{(에너지 보존)} \tag{15.25}$$

으로 적을 수 있다. 어떻게 등식을 선택하느냐에 따라 물리량을 찾아내는 데 유용하게 사용할 수 있다. 예를 들어 둘째 등호를 선택하면 임의의 점 x에서의 속력을 구하는 데 진폭 A를 사용할 수 있다. 위치 x에서의 속력 v는

$$v=\sqrt{\frac{k}{m}(A^2-x^2)}=\omega\sqrt{A^2-x^2} \tag{15.26}$$

이 된다.

그림 15.9는 시간에 따라 운동 에너지와 퍼텐셜 에너지가 어떻게 변하는지를 그래

그림 15.9 단순 조화 운동에 대한 운동 에너지, 퍼텐셜 에너지와 총 역학적 에너지

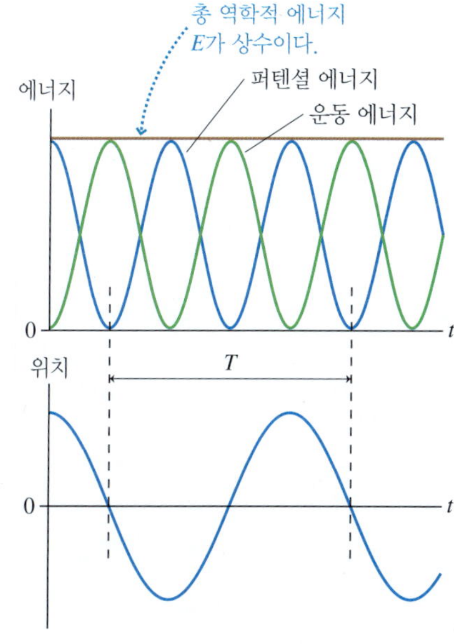

프로 보여준다. x와 v를 제곱하기 때문에 둘 다 양의 값을 가지며 진동한다. 에너지는 움직이는 물체의 운동 에너지와 용수철에 저장된 퍼텐셜 에너지 사이에서 연속적으로 변환된다. 그러나 이들의 합은 일정하다. K와 U 모두 각 주기마다 2번 진동하는 것에 주목하고 그 이유에 대해 고민해보도록 하라.

예제 15.4 | 에너지 보존 사용하기

용수철에 매달린 500 g의 물체를 거리 20 cm만큼 당겼다가 놓는다. 물체의 진동을 측정한 결과 주기가 0.80 s인 것을 알았다.

a. 물체의 속력이 1.0 m/s인 위치 또는 위치들은 어디인가?

b. 용수철 상수는 얼마인가?

핵심 단순 조화 운동이다. 에너지가 보존된다.

풀이 a. 물체가 최대 변위점으로부터 출발하므로 $E = U = \frac{1}{2}kA^2$이 된다. 위치가 x이고 속력이 v인 나중 시간에서는 에너지 보존에 의해

$$\tfrac{1}{2}mv^2 + \tfrac{1}{2}kx^2 = \tfrac{1}{2}kA^2$$

을 만족해야 한다. x에 대해 식을 풀면

$$x = \sqrt{A^2 - \frac{mv^2}{k}} = \sqrt{A^2 - \left(\frac{v}{\omega}\right)^2}$$

을 얻는다. 식 (15.24)로부터 나온 $k/m = \omega^2$을 사용했다. 각진동수 $\omega = 2\pi/T = 7.85$ rad/s는 주기로부터 쉽게 구할 수 있다. 따라서

$$x = \sqrt{(0.20\ \text{m})^2 - \left(\frac{1.0\ \text{m/s}}{7.85\ \text{rad/s}}\right)^2} = \pm 0.15\ \text{m} = \pm 15\ \text{cm}$$

이다. 물체가 평형점 양쪽에서 이 속력을 가지기 때문에 2개의 위치가 존재한다.

b. 문항 a에서는 용수철 상수를 알 필요가 없었지만 식 (15.24)로부터 용수철 상수를 직접 구할 수 있다.

$$T = 2\pi\sqrt{\frac{m}{k}}$$

$$k = \frac{4\pi^2 m}{T^2} = \frac{4\pi^2(0.50\ \text{kg})}{(0.80\ \text{s})^2} = 31\ \text{N/m}$$

15.4 SHM의 동역학

지금까지의 분석은 용수철의 진동이 사인 모양처럼 '보인다'는 실험 관측에 기초한 것이었다. 이제 힘과 가속도를 살펴보고 뉴턴의 제2법칙이 사인 모양 운동을 예측하는지 알아볼 때가 되었다.

물체의 가속도를 시각화하는 데 운동 도형이 도움이 된다. 그림 15.10은 한 주기 동안의 진동을 보여준다. 도형을 이해하기 쉽도록 운동을 왼쪽 운동과 오른쪽 운동으로 분리하였다. 그림에서 알 수 있듯이 $x=0$의 평형점을 통과할 때 물체의 속도가 크지만 이 점에서 $\vec{v}$는 변하지 않는다. 가속도 $\vec{a}$는 속도 변화를 측정하기 때문에 $x=0$에

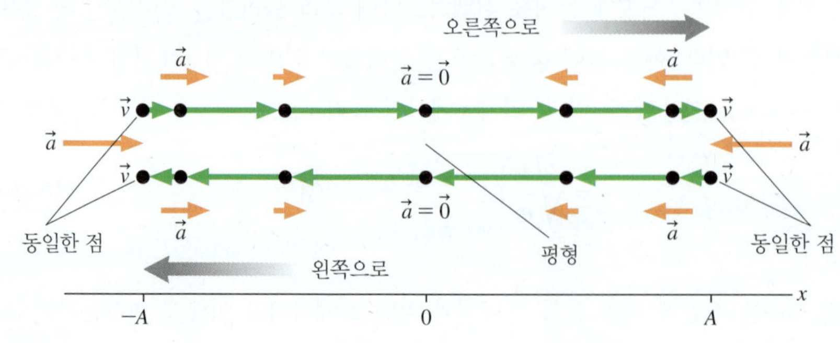

▶ 그림 15.10 단순 조화 운동의 운동 도형. 명료하게 나타내기 위해 왼쪽과 오른쪽 운동이 위아래로 분리되어 있지만 실제로는 동일한 직선상에서 일어난다.

서 $\vec{a}=\vec{0}$이다.

대조적으로 반환점에서는 속도가 급격하게 변화한다. 오른쪽 반환점에서 $\vec{v}$의 방향이 오른쪽에서 왼쪽으로 변한다. 따라서 오른쪽 반환점에서의 가속도 $\vec{a}$의 크기가 크고 방향은 **왼쪽**이다. 1차원 운동에서 오른쪽 반환점에서의 가속도 성분 a_x는 큰 음의 값을 갖는다. 같은 식으로 왼쪽 반환점에서의 가속도 $\vec{a}$의 크기가 크고 방향은 **오른쪽**이다. 결과적으로 왼쪽 반환점에서 a_x는 큰 양의 값을 갖는다.

위와 같은 운동 도형 분석은 변위가 가장 큰 음의 값을 가질 때 가속도 a_x가 가장 큰 양의 값을 갖고, 변위가 가장 큰 양의 값을 가질 때 가속도 a_x가 가장 큰 음의 값을 가지며, $x=0$일 때는 가속도도 0이라는 것을 알려준다. 속도의 도함수를 구하고 그래프를 그려 이 사실을 확인할 수 있다.

$$a_x = \frac{dv_x}{dt} = \frac{d}{dt}(-\omega A \sin \omega t) = -\omega^2 A \cos \omega t \qquad (15.27)$$

그림 15.11은 그림 15.3과 대응되는 가속도 그래프로부터 얻은 위치 그래프를 보여준다. 두 그래프를 비교하면 가속도 그래프가 위치 그래프를 뒤집은 것과 유사한 것을 알 수 있다. $x=A\cos\omega t$ 이므로 실제로 가속도에 관한 식 (15.27)은

$$a_x = -\omega^2 x \qquad (15.28)$$

로 적을 수 있다. 다시 말해서 **가속도는 변위의 음의 값에 비례한다.** 실제로 가속도는 변위가 가장 음일 때 가장 큰 양의 값을 갖는다. 또 변위가 가장 양일 때 가속도는 가장 큰 음의 값을 갖는다.

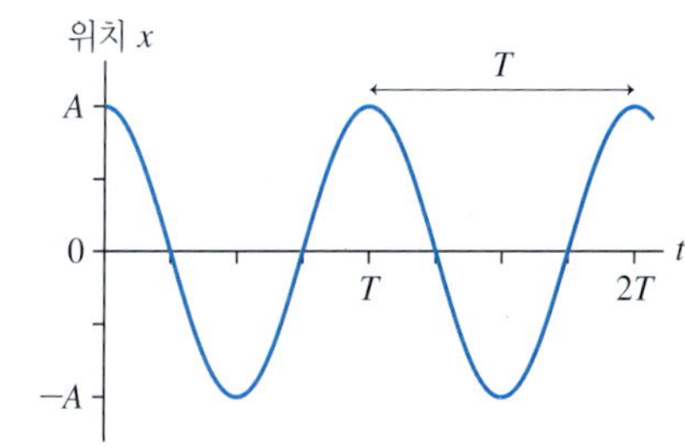

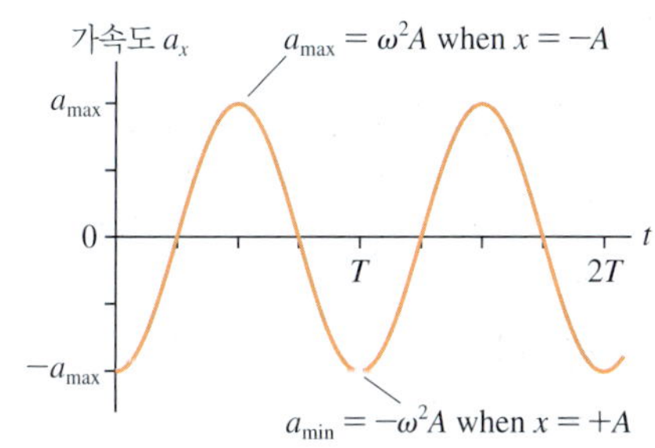

그림 15.11 진동하는 용수철의 위치와 가속도 그래프. $\phi_0 = 0$으로 잡았다.

뉴턴의 제2법칙에 의해 가속도가 알짜힘과 관련이 되어 있음을 상기하라. 다시 그림 15.12에 있는 대표적인 용수철에 매달린 물체의 운동을 생각해보자. 운동은 가장 단순한 진동 형태이며, 마찰과 중력에 의해 방해받지 않는다고 하자. 용수철 자체의 질량은 무시한다고 가정한다.

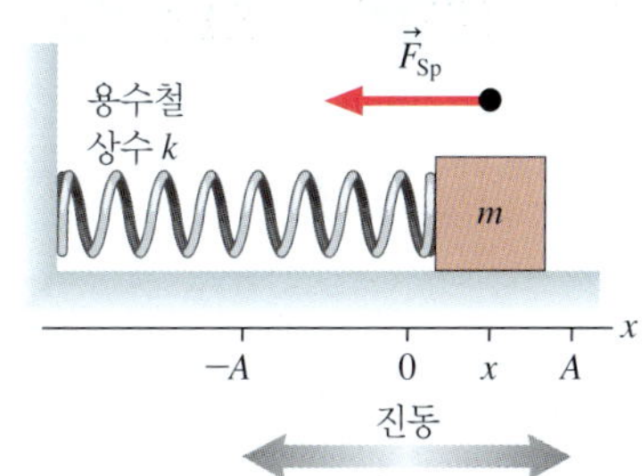

그림 15.12 대표적인 단순 조화 운동: 수평 용수철에 달려 마찰 없이 진동하는 물체

9장에서 용수철 힘은 훅의 법칙으로 주어짐을 배웠다.

$$(F_{Sp})_x = -k\,\Delta x \qquad (15.29)$$

음의 부호는 용수철 힘이 항상 평형 위치를 향하는 것을 나타내며, 물체에 **복원력**(restoring force)이 작용하는 것을 가리킨다. 이 장 전체에서 그래 왔듯이 좌표계의 원점을 평형 위치로 잡으면 $\Delta x = x$가 되어 훅의 법칙은 단순히 $(F_{Sp})_x = -kx$가 된다.

용수철에 달린 물체에 대한 뉴턴의 제2법칙의 x성분은

$$(F_{net})_x = (F_{Sp})_x = -kx = ma_x \qquad (15.30)$$

가 된다. 식 (15.30)은 쉽게

$$a_x = -\frac{k}{m}x \qquad (15.31)$$

로 적을 수 있다. 여기서 앞서 얻은 각진동수 표현 $\omega = \sqrt{k/m}$을 이용하면 식 (15.31)이 식 (15.28)과 같다는 것을 알 수 있다. 가속도가 변위의 음의 값에 비례한다는 실험 관측 결과는 훅의 법칙으로부터 유도한 결과와 정확히 일치한다.

여기서 주목할 점은 a_x가 상수가 아니라는 것이다. 물체의 위치가 변함에 따라 가속도도 변한다. 앞 장들에서 사용한 운동학 도구들은 등가속도에 기초한 것이었다. 진동을 분석하는 데 이런 도구를 사용할 수 없기 때문에 가속도의 원래 정의로 되돌아가야 한다.

$$a_x = \frac{dv_x}{dt} = \frac{d^2x}{dt^2}$$

가속도는 시간에 대한 위치의 2계 도함수이다. 식 (15.31)의 정의를 사용하면

$$\frac{d^2x}{dt^2} = -\frac{k}{m}x \quad \text{(용수철에 달린 물체에 대한 운동 방정식)} \tag{15.32}$$

가 된다. **운동 방정식**(equation of motion)이라고 하는 식 (15.32)는 2계 미분 방정식이다. 우리가 다뤄왔던 다른 방정식들과는 달리 식 (15.32)는 직접 적분을 하여 풀 수 없어 다른 접근법을 택해야 한다.

운동 방정식 풀기

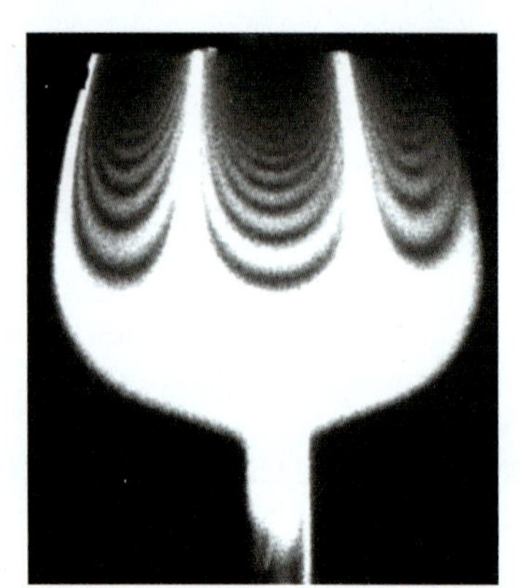

간섭기법(interferometry)이라고 하는 광학적 기술을 통해 와인 잔이 종 모양으로 진동하는 것을 보여준다.

$x^2 = 4$와 같은 대수 방정식의 해(solution)는 숫자이다. 그러나 미분 방정식의 해는 함수이다. 식 (15.32) 속의 x는 사실 $x(t)$, 즉 위치를 시간의 함수로 표시한 것이다. 이 방정식의 해는 함수 $x(t)$이고 이 함수의 2계 도함수가 함수 자신에 $(-k/m)$을 곱한 것과 같아야 한다.

수학에서 배울 미분 방정식의 중요한 성질 하나는 해가 **유일**하다는 것이다. 다시 말해 초기 조건을 만족하는 식 (15.32)의 해는 단 **하나뿐**이다. 해를 **추측**할 수 있다면 유일성은 그 해가 **유일한** 해라는 것을 말해준다. 방정식을 푸는 조금 이상한 방법이기는 하지만, 실제로 적절한 함수를 추측하여 해가 어떠해야 할지 짐작함으로써 미분 방정식을 풀 때가 많이 있다. 이 방법을 시도해보자!

실험 증거로부터 용수철의 진동 운동이 사인 모양처럼 보인다는 것을 알고 있다. 식 (15.32)의 해가

$$x(t) = A\cos(\omega t + \phi_0) \tag{15.33}$$

의 함수 형태를 가져야 한다고 **추측**해보자. 여기서 A, ω와 ϕ_0는 미지의 상수로 미분 방정식을 만족하는 데 필요한 어떤 값들로 결정할 수 있다.

대수 방정식 $x^2 = 4$의 해가 $x = 2$라고 추측한다면 값을 원래 식에 대입하여 식을 만족하는지 증명하면 된다. 여기서도 같은 일을 할 필요가 있다. 추측한 $x(t)$를 식 (15.32)에 대입하고 3개의 상수를 적절히 선택했을 때 방정식을 만족하는지 확인해보자. 그러기 위해 $x(t)$의 2계 도함수가 필요하다. 직접 계산해보자.

$$\begin{aligned} x(t) &= A\cos(\omega t + \phi_0) \\ \frac{dx}{dt} &= -\omega A\sin(\omega t + \phi_0) \\ \frac{d^2x}{dt^2} &= -\omega^2 A\cos(\omega t + \phi_0) \end{aligned} \tag{15.34}$$

식 (15.34)의 첫째와 셋째 식을 식 (15.32)에 대입하면

$$-\omega^2 A\cos(\omega t + \phi_0) = -\frac{k}{m}A\cos(\omega t + \phi_0) \qquad (15.35)$$

를 얻는다. 식 (15.35)는 모든 시간에서 $\omega^2 = k/m$일 때 성립한다. 한편 두 상수 A와 ϕ_0에 대해서는 아무런 제약이 없어 보이는데 이들은 초기 조건(즉, 초기 위치와 초기 속도)에 의해 결정된다.

그러므로 용수철에 매달린 물체의 운동 방정식의 해가

$$x(t) = A\cos(\omega t + \phi_0) \qquad (15.36)$$

라는 것을 추측을 통해 구했다! 여기서 각진동수는

$$\omega = 2\pi f = \sqrt{\frac{k}{m}} \qquad (15.37)$$

이고 질량과 용수철 상수에 의해 결정된다.

식 (15.36)과 (15.37)은 앞서 여러 페이지에서 이런 결과들을 사용해 왔기 때문에 별로 흥미롭지 않아 보인다. 그러나 실험 관측이 코사인 함수처럼 '보였기' 때문에 단순히 $x = A\cos\omega t$라고 가정했음을 기억하라. 식 (15.36)이 실제로 용수철에 매달린 물체에 대한 뉴턴의 제2법칙의 해라는 것을 보여줌으로써 이제 이런 가정이 정당화되었다. **훅의 법칙에 기초한 용수철에 관한 진동 이론은 실험 관측과 잘 일치한다.**

예제 15.5 진동자 분석

용수철에 매달려 진동하는 500 g의 물체가 $t = 0$ s일 때 $x = 15$ cm에서 오른쪽으로 움직이고 있다. $t = 0.30$ s일 때 25 cm의 최대 변위에 도달한다.

a. 운동의 한 주기 동안 위치-시간 그래프를 그리시오.

b. 물체에 작용하는 최대 힘은 무엇이고 이 값에 이르는 첫 번째 시간은 얼마인가?

핵심 운동은 단순 조화 운동이다.

풀이 a. 물체의 위치 방정식은 $x(t) = A\cos(\omega t + \phi_0)$이다. 진폭이 $A = 0.25$ m이고 $x_0 = 0.15$ m인 것을 알고 있다. 이 두 가지 정보로부터 위상 상수는

$$\phi_0 = \cos^{-1}\left(\frac{x_0}{A}\right) = \cos^{-1}(0.60) = \pm 0.927 \text{ rad}$$

이 된다. 물체가 처음에 오른쪽으로 움직이고 있었기 때문에 위상 상수는 $-\pi$에서 0 rad 사이에 있어야 한다. 따라서 $\phi_0 = -0.927$ rad이다. 물체가 시간 $t = 0.30$ s에서 최대 변위 $x_{max} = A$에 도달한다. 이 순간

$$x_{max} = A = A\cos(\omega t + \phi_0)$$

이다. 이 방정식은 $\cos(\omega t + \phi_0) = 1$일 때만 성립하므로 $\omega t + \phi_0 = 0$이어야 한다. 따라서

$$\omega = \frac{-\phi_0}{t} = \frac{-(-0.927 \text{ rad})}{0.30 \text{ s}} = 3.09 \text{ rad/s}$$

가 된다. 이제 ω를 알았기 때문에 주기를 계산하는 것은 쉽다.

$$T = \frac{2\pi}{\omega} = 2.0 \text{ s}$$

그림 15.13은 $x(t) = (25 \text{ cm})\cos(3.09t - 0.927)$의 그래프이다. 여기서 t의 단위는 s이고 $t = 0$ s로부터 $t = 2.0$ s까지의 값을 갖는다.

그림 15.13 예제 15.5의 진동자에 대한 위치-시간 그래프

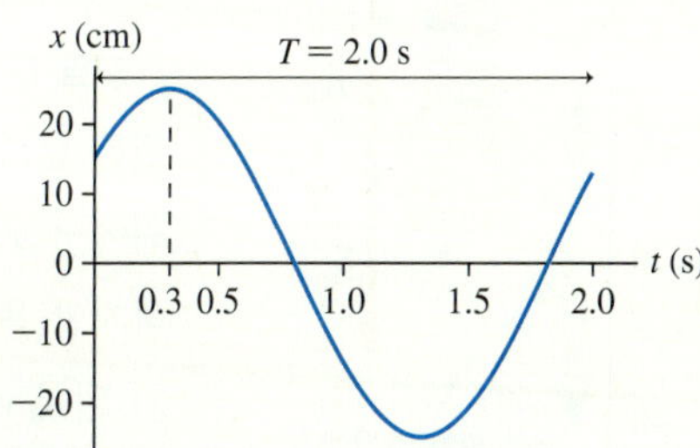

(계속)

b. SHM의 가속도가 $a_x = -\omega^2 x$인 것을 구했다. 따라서 위치 x에서 물체에 작용하는 힘은 $F_x = -m\omega^2 x$이다. 이 힘은 x가 최소 변위 $x = -A$에 도달할 때 최댓값 $F_{max} = m\omega^2 A$를 갖는다. 물체에 대해

$$F_{max} = (0.50\ \text{kg})(3.09\ \text{rad/s})^2(0.25\ \text{m}) = 1.2\ \text{N}$$

이 된다. 이것은 물체가 최대 변위에 도달한 후인 정확히 반주기 (1.0 s)에서 일어난다. 즉 $t = 1.3$ s 때이다.

검토 2 s 주기는 적절한 진동 주기이므로 물체의 가속도가 극단적으로 클 가능성은 없다. 0.5 kg의 물체에 1.2 N의 최대 힘이 작용하면 최대 가속도가 2.4 m/s^{2}이 되는데, 이 값은 합당해 보인다.

15.5 수직 진동

지금까지 수평으로 진동하는 용수철을 분석하는 데 집중하였다. 그러나 수업시간 중에 하는 대표적인 시범은 지지대에 수직으로 매단 용수철에 물체를 달아 위아래로 진동하게 하는 것이다. 수직 진동 역시 수평 진동처럼 동일하게 수학적으로 기술할 수 있다고 가정해도 무방할까? 아니면 추가적인 중력이 운동을 변화시키지 않을까? 이 문제를 좀 더 자세히 살펴보자.

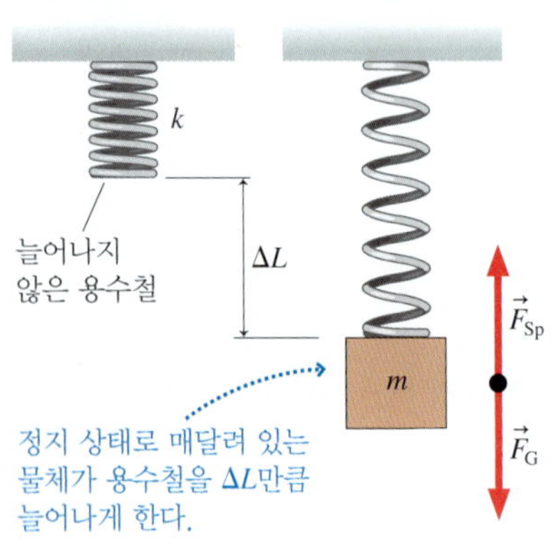

그림 15.14 중력이 용수철을 늘어나게 한다.

그림 15.14는 용수철 상수 k인 용수철에 매달린 질량 m인 물체를 보여준다. 주목해야 할 중요한 점은 물체의 평형 위치가 늘어나지 않은 용수철의 평형 위치와 다르다는 것이다. 정지하여 매달려 있는 물체가 평형 위치에 있을 때 용수철의 길이는 ΔL만큼 늘어난다.

ΔL을 구하기 위해 물체에 위로 작용하는 용수철 힘이 아래로 작용하는 물체의 중력과 균형을 이룬다는 점에 착안한다. 용수철 힘의 y성분은 훅의 법칙으로 주어진다.

$$(F_{Sp})_y = -k\Delta y = +k\Delta L \tag{15.38}$$

식 (15.38)은 단순히 거리이고, 따라서 양의 수인 ΔL과 변위 Δy를 구분하고 있다. 물체가 아래로 변위되었기 때문에 $\Delta y = -\Delta L$이다. 평형 상태의 물체에 대한 뉴턴의 제1법칙은

$$(F_{net})_y = (F_{Sp})_y + (F_G)_y = k\Delta L - mg = 0 \tag{15.39}$$

이 되고 이 식으로부터

$$\Delta L = \frac{mg}{k} \tag{15.40}$$

를 얻게 된다. 이것은 물체를 매달았을 때 용수철이 늘어나는 거리이다.

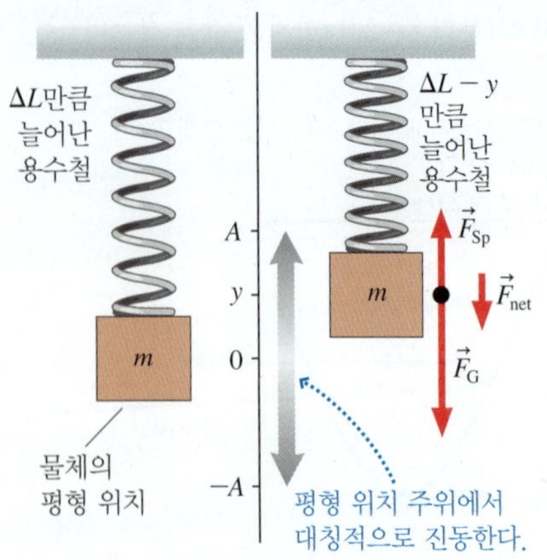

그림 15.15 물체가 평형 위치 주위로 진동한다.

그림 15.15에 보인 것처럼 평형 위치 주위로 물체가 진동한다고 하자. 이 장 전체에 걸친 분석이 일관성을 갖기 위해 이제 y축의 원점을 물체의 평형 위치에 놓는다. 그림에서 보인 것처럼 물체가 위로 움직이면 용수철의 길이가 평형 길이보다 줄어든다. 하지만 용수철은 여전히 그림 15.14의 늘어나지 않은 길이에 비해 늘어나 있다. 물체가 위치 y에 있을 때 용수철은 $\Delta L - y$만큼 늘어나므로 용수철 힘 $F_{Sp} = k(\Delta L - y)$가 위로 작용한다. 이 점에서 물체에 작용하는 알짜힘은

$$(F_{\text{net}})_y = (F_{\text{Sp}})_y + (F_{\text{G}})_y = k(\Delta L - y) - mg = (k\,\Delta L - mg) - ky \tag{15.41}$$

가 된다. 그러나 식 (15.40)으로부터 $k\Delta L - mg$가 0이므로 물체의 알짜힘은 단순히

$$(F_{\text{net}})_y = -ky \tag{15.42}$$

가 된다.

수직 진동에 대한 식 (15.42)는 수평 진동에 대한 식 (15.30)의 $(F_{\text{net}})_x = -kx$와 정확히 같다. 다시 말해 수직 진동에 대한 복원력은 수평 진동에 대한 복원력과 동일하다. 중력의 역할은 평형 위치를 바꿀 뿐 평형 위치 주위의 진동 운동에는 영향을 주지 않는다.

알짜힘이 동일하기 때문에 뉴턴의 제2법칙 역시 정확히 동일한 진동의 해를 갖는다.

$$y(t) = A\cos(\omega t + \phi_0) \tag{15.43}$$

여기서 다시 $\omega = \sqrt{k/m}$이다. **용수철에 매달린 물체의 수직 진동은 수평 용수철에 달린 물체의 운동과 같은 단순 조화 운동이다.** 이 사실은 중력을 포함하더라도 운동이 여전히 단순 조화 운동인지 분명하지 않았던 처음의 질문을 기억하면 중요한 발견임을 알 수 있다.

예제 15.6 | 번지점프의 진동

83 kg의 학생이 용수철 상수가 270 N/m인 번지점프 줄에 매달려 있다. 이 학생이 줄을 늘어나지 않은 상태일 때보다 아래로 5.0 m 더 잡아당겼다가 놓는다. 2.0 s 후에 학생은 어디에 있으며, 이때 속도는 얼마인가?

핵심 번지점프 줄을 용수철로 가정한다. 번지점프 줄의 수직 진동은 SHM이다.

시각화 그림 15.16이 이 상황을 보여준다.

풀이 학생이 운동을 시작할 때 줄이 5.0 m 늘어났지만 이것은 진동의 진폭이 아니다. 평형 위치 주위로 진동이 일어나기 때문에 학생이 정지 상태로 매달려 있을 때의 평형 위치를 구하는 것부터 시작해야 한다. 평형일 때의 줄의 길이는 식 (15.40)으로 주어진다.

$$\Delta L = \frac{mg}{k} = 3.0\text{ m}$$

줄이 5.0 m 늘어났다는 것은 학생이 평형 위치로부터 2.0 m 아래에 있다는 것, 즉 $A = 2.0$ m임을 말한다. 다시 말해 학생은 줄의 원래 끝점 아래로 3.0 m 되는 점 주위에서 진폭 $A = 2.0$ m로 진동하게 된다. 평형 위치로부터 측정한 학생의 위치는 시간 함수로

$$y(t) = (2.0\text{ m})\cos(\omega t + \phi_0)$$

그림 15.16 번지점프 줄에 매달린 학생이 평형 위치 주위로 진동한다.

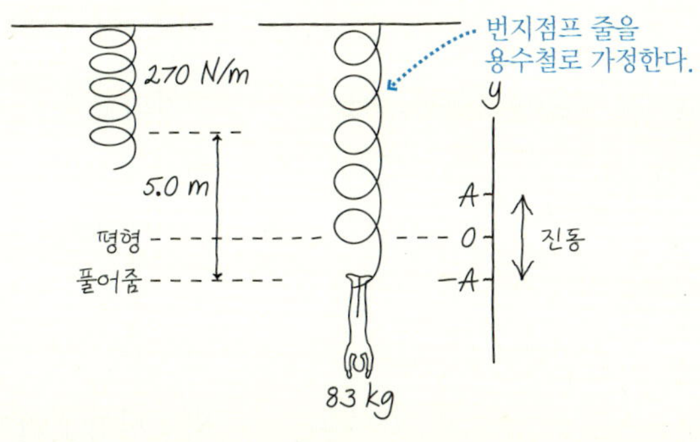

로 주어지고 여기서 $\omega = \sqrt{k/m} = 1.80$ rad/s이다. 초기 조건

$$y_0 = A\cos\phi_0 = -A$$

는 위상 상수가 $\phi_0 = \pi$ rad임을 알려준다. $t = 2.0$ s일 때 학생의 위치와 속도는

$$y = (2.0\text{ m})\cos\big((1.80\text{ rad/s})(2.0\text{ s}) + \pi\text{ rad}\big) = 1.8\text{ m}$$
$$v_y = -\omega A\sin(\omega t + \phi_0) = -1.6\text{ m/s}$$

가 된다. 학생은 평형 위치로부터 위로 1.8 m에 있거나 또는 줄의 원래 끝에서 아래로 1.2 m 되는 곳에 있다. 학생의 속도가 음이기 때문에 학생은 최고점을 지나 아래로 움직이는 중이다.

15.6 진자

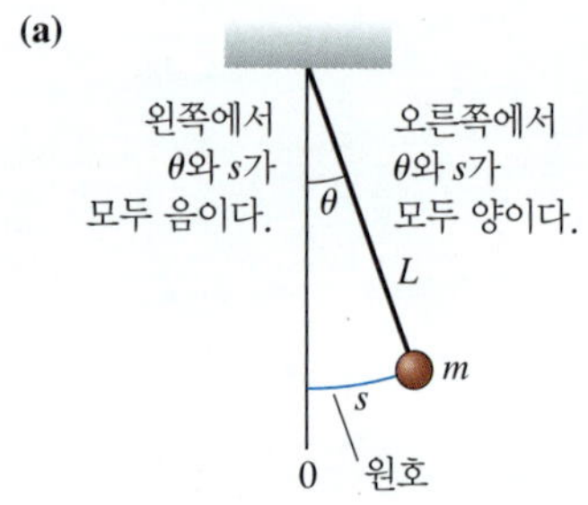

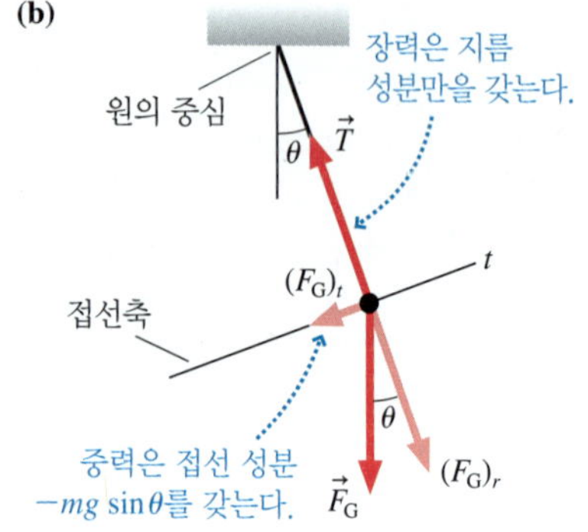

그림 15.17 진자의 운동

이제 또 다른 매우 흔한 진동자인 진자에 대해 살펴보도록 하자. 그림 15.17a는 길이 L인 줄에 달린 질량 m인 물체를 보여준다. 이 물체는 좌우로 자유롭게 흔들리고 있다. 진자의 위치는 호의 길이 s로 기술할 수 있으며 진자가 수직으로 있을 때 s는 0의 값을 갖는다. 각도는 반시계 방향으로 측정하기 때문에 진자가 중심의 오른쪽에 있을 때 s와 θ는 양의 값을 가지며 왼쪽에 있을 때 음의 값을 갖는다.

물체에는 줄의 장력 $\vec{T}$와 중력 $\vec{F}_G$의 두 힘이 작용한다. 원운동에서 했던 것처럼 두 힘을 운동에 평행한 접선 성분과 줄에 평행한 지름 성분으로 나누는 것이 유용하다. 이것이 그림 15.17b의 자유 물체 도형에 나와 있다.

운동과 평행한 접선 성분에 대한 뉴턴의 제2법칙은

$$(F_{net})_t = \sum F_t = (F_G)_t = -mg\sin\theta = ma_t \tag{15.44}$$

로 주어진다. 원 궤도를 따라 움직이는 가속도 $a_t = d^2s/dt^2$을 사용하고 질량이 상쇄된다는 것을 고려하면 식 (15.44)를

$$\frac{d^2s}{dt^2} = -g\sin\theta \tag{15.45}$$

로 적을 수 있다. 이것이 진동하는 진자의 운동 방정식이다. 사인 함수가 이 방정식을 진동하는 용수철의 운동 방정식보다 더 복잡하게 만든다.

작은 각 근사

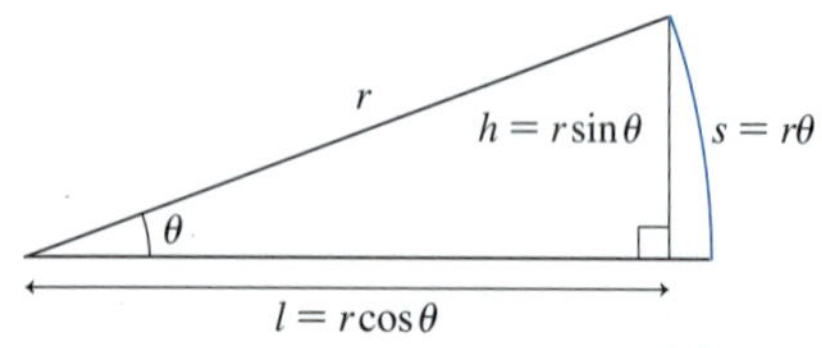

그림 15.18 작은 각 근사의 기하학적 기초

진자의 진동을 대략 10° 이하의 작은 각도로 제한한다고 하자. 이런 제약은 흥미로우면서 중요한 기하학 관계를 이용할 수 있게 해준다.

그림 15.18은 각도 θ와 원호의 길이 $s = r\theta$를 보여준다. 원호의 꼭대기에서 축까지 수직선을 그림으로써 직각삼각형을 만들 수 있다. 이 삼각형의 높이는 $h = r\sin\theta$이다. 각도 θ가 "작다"고 가정하는 것은 실제로는 $\theta \ll 1$ rad를 의미한다. 이런 경우 h와 s 사이에 차이가 거의 없다. $h \approx s$이면 $r\sin\theta \approx r\theta$가 된다. 이것은

$$\theta \ll 1 \text{ rad일 때 } \sin\theta \approx \theta$$

임을 말한다.

각도가 작을 때 $\sin\theta \approx \theta$인 결과를 **작은 각 근사**(small-angle approximation)라고 한다. 각도가 작을 때 $l \approx r$인 것에도 주목하라. $l \approx r\cos\theta$이므로

$$\theta \ll 1 \text{ rad일 때 } \cos\theta \approx 1$$

이 된다.

끝으로 사인과 코사인의 비를 취하여 $\tan\theta \approx \sin\theta \approx \theta$라는 것을 알 수 있다. 이 책의 나머지 부분에서도 작은 각 근사를 사용하는 경우가 종종 나올 것이다.

작은 각 근사를 정당화하려면 θ가 얼마나 작아야 할까? 계산기를 사용하여 작은 각 근사가 ≈ 0.10 rad($\approx 5°$)의 각도까지 유효 숫자 세 자리, 즉 $\leq 0.1\%$의 오차로 잘 들어맞는 것을 확인할 수 있다. 실제로 대략 10°까지 작은 각 근사를 사용할 것이다. 그러나 이보다 큰 각도에서는 근사가 급격히 들어맞지 않으므로 받아들이기 힘든 결과가 나오게 된다.

진자 운동을 $\theta < 10°$로 제한하면 $\sin\theta \approx \theta$를 사용할 수 있다. 이 경우 물체에 작용하는 알짜힘에 대한 식 (15.44)는

$$(F_{\text{net}})_t = -mg\sin\theta \approx -mg\theta = -\frac{mg}{L}s$$

가 된다. 마지막 단계에서 각도 θ가 호의 길이와 $\theta = s/L$의 관계를 갖는다는 것을 사용했다. 그러면 운동 방정식은

$$\frac{d^2s}{dt^2} = \frac{(F_{\text{net}})_t}{m} = -\frac{g}{L}s \tag{15.46}$$

가 된다. 이것은 용수철에 매달린 물체에 대한 식 (15.32)와 **정확히** 같은 식이다. x가 s로 바뀌고 k/m이 g/L로 달라졌지만 방정식이 달라지지는 않았다.

용수철 문제에 대한 해를 알기 때문에 변수와 상수를 바꿈으로써 즉시 진자 문제의 해를 적을 수 있다.

$$s(t) = A\cos(\omega t + \phi_0) \quad \text{또는} \quad \theta(t) = \theta_{\max}\cos(\omega t + \phi_0) \tag{15.47}$$

각진동수

$$\omega = 2\pi f = \sqrt{\frac{g}{L}} \tag{15.48}$$

는 줄의 길이에 의해 결정된다. 진자는 **진동수, 즉 주기가 질량과 무관하다**는 점에서 흥미롭다. 진동수는 줄의 길이에만 의존한다. 진동하는 용수철에서 보았듯이 진폭 A와 위상 상수 ϕ_0는 초기 조건에 의해 결정된다.

예제 15.7 진자의 최대 각도

질량 300 g의 물체가 30 cm 길이의 줄에 매달려 진자로 진동한다. 가장 낮은 점을 지날 때 속력이 0.25 m/s이다. 이 진자가 도달할 수 있는 최대 각도는 얼마인가?

핵심 각도가 작아서 단순 조화 운동을 한다고 가정한다.

풀이 진자의 각진동수는

$$\omega = \sqrt{\frac{g}{L}} = \sqrt{\frac{9.8\ \text{m/s}^2}{0.30\ \text{m}}} = 5.72\ \text{rad/s}$$

이다. 가장 낮은 점에서의 속력은 $v_{\max} = \omega A$이므로 진폭은

$$A = s_{\max} = \frac{v_{\max}}{\omega} = \frac{0.25\ \text{m/s}}{5.72\ \text{rad/s}} = 0.0437\ \text{m}$$

가 된다. 최대 호의 길이 $s_{\max}$에서의 최대 각도는

$$\theta_{\max} = \frac{s_{\max}}{L} = \frac{0.0437\ \text{m}}{0.30\ \text{m}} = 0.146\ \text{rad} = 8.3°$$

를 얻는다.

검토 최대 각도가 10° 이하이기 때문에 작은 각 근사에 기초한 분석은 타당하다.

예제 15.8 | 중력계

매장된 광물과 광석은 주변 암석들보다 밀도가 클 가능성이 높기 때문에 국지적인 자유낙하 가속도의 값을 변화시킬 수 있다. 지질학자들은 매장된 광석을 찾아내기 위해 국지적인 자유낙하 가속도를 정확하게 측정해주는 계기인 **중력계**를 사용한다. 가장 단순한 중력계 가운데 하나가 진자이다. 최고의 정확도를 얻기 위하여 스톱워치를 사용해 다른 길이의 진자가 100번 진동하는 데 걸리는 시간을 잰다. 한 장소에서 지질학자가 다음과 같은 측정 결과를 얻었다.

길이 (m)	시간 (s)
0.500	141.7
1.000	200.6
1.500	245.8
2.000	283.5

이 지역의 g값은 얼마인가?

핵심 진자 각도가 작다고 가정한다. 이 경우 운동은 진자의 질량과 무관한 주기를 갖는 단순 조화 운동이 된다. 유효 숫자 네 자리(길이는 ±1 mm, 시간은 ±0.1 s의 오차를 가지며 이런 오차는 쉽게 얻을 수 있다)의 자료가 주어져 있기 때문에 g값도 유효 숫자 네 자리까지 구할 수 있을 것으로 예상된다.

풀이 식 (15.48)과 $f = 1/T$를 사용하면

$$T^2 = \left(2\pi\sqrt{\frac{L}{g}}\right)^2 = \frac{4\pi^2}{g}L$$

을 얻는다. 다시 말해 진자의 주기의 제곱이 진자의 길이에 비례한다. 결과적으로 T^2-L의 그래프는 기울기 $4\pi^2/g$를 갖고 원점을 지나는 직선이 되어야 한다. 실험적으로 측정한 기울기를 가지고 g를 결정할 수 있다. 그림 15.19는 자료의 그래프로, 측정한 시간을 100으로 나누어 주기를 얻는다.

그림 15.19 진자의 주기 제곱-진자의 길이 그래프

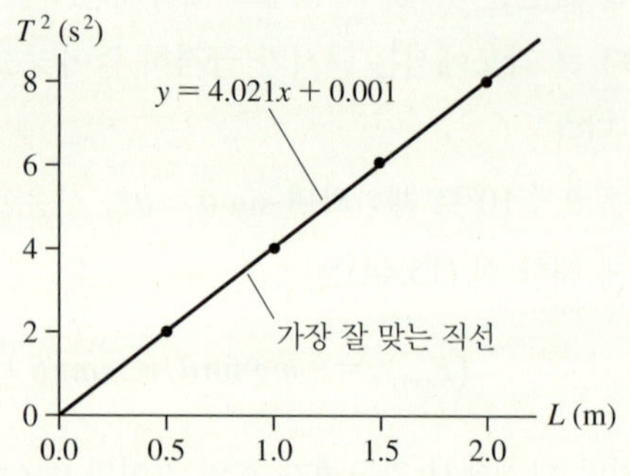

예상했듯이 그래프는 원점을 지나는 직선이다. 직선에 가장 잘 맞는 기울기는 4.021 s²/m이다. 따라서

$$g = \frac{4\pi^2}{\text{기울기}} = \frac{4\pi^2}{4.021\ \text{s}^2/\text{m}} = 9.818\ \text{m/s}^2$$

이 나온다.

검토 그래프가 직선이고 원점을 지난다는 사실은 모형이 상황에 맞다는 것을 확인시켜준다. 그렇지 **않다면** 진자를 작은 각 단진자로 가정한 모형이 유효하지 않거나 측정에 문제가 있다고 볼 수 있다. 단 하나의 길이를 사용하는 것보다 여러 자료의 점들을 사용하는 것이 합리적인 이유가 이 때문이다.

단순 조화 운동의 모형

일단 수평 용수철의 문제를 푼다면, 어떤 의미에서, 모든 단순 조화 운동 문제를 푼 셈이라는 것을 알기 시작했다. 용수철의 복원력 $F_{\text{Sp}} = -kx$는 평형으로부터의 변위 x에 정비례한다. 작은 각 근사에서 진자의 복원력은 변위 s에 정비례한다. 평형으로부터의 변위에 정비례하는 복원력을 **선형 복원력**(linear restoring force)이라고 한다. 모든 선형 복원력에 대한 운동 방정식은 용수철 방정식(다른 기호를 사용할 가능성이 있지만)과 동일하다. 따라서 **선형 복원력이 작용하는 모든 계는 평형 위치 주위로 단순 조화 운동을 한다.**

이것이 진동하는 용수철이 SHM의 대표가 되는 이유이다. 진동하는 용수철에 대해 배운 모든 것을 비행기 날개의 진동에서부터 전기 회로 안의 전자의 운동까지 다른 모든 선형 복원력에 의한 진동에도 적용할 수 있다.

모형 15.1

단순 조화 운동

선형이거나 선형으로 근사할 수 있는 복원력을 받는 모든 계에 대해

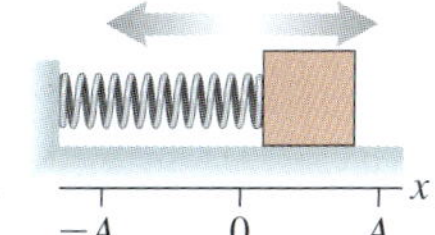

- 운동이 평형 위치 주위의 SHM이다.
- 진동수와 주기는 진폭과 무관하다.
- 수학적으로
    - 적절한 위치 변수 u에 관한 운동 방정식을

      $$d^2u/dt^2 = -Cu$$

      로 쓸 수 있다. 여기서 C는 상수들의 집합이다.
    - 각진동수는 $\omega = \sqrt{C}$이다.
    - 위치와 속도는

      $$u = A\cos(\omega t + \phi_0), \quad v_u = -v_{\max}\sin(\omega t + \phi_0)$$

      로 주어지고 A와 ϕ_0는 초기 조건에 의해 결정된다.
    - 역학적 에너지가 보존된다.
- 한계: 모형은 복원력이 선형에서 크게 벗어나면 맞지 않는다.

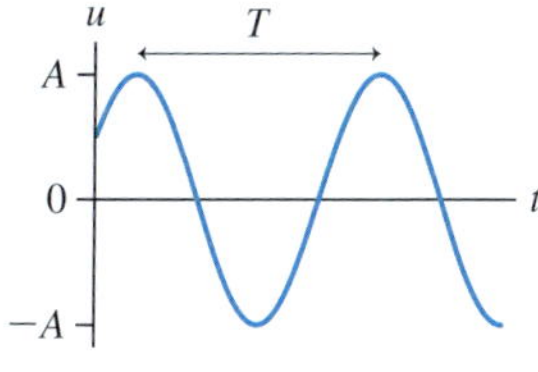

물리 진자

줄에 매달린 질점을 흔히 **단진자**라고 한다. 그러나 중력의 영향으로 회전축 주위로 흔들리는 모든 단단한 물체도 진자로 볼 수 있다. 이것을 **물리 진자**라고 한다.

그림 15.20은 질량이 M이고 질량 중심과 회전축 사이의 거리가 l인 물리 진자를 보여준다. 질량 중심에 작용하는 중력의 모멘트 팔이 $d = l\sin\theta$이므로 중력 돌림힘은

$$\tau = -Mgd = -Mgl\sin\theta$$

가 된다. 양의 θ에 대해 이 돌림힘이 물체를 시계 방향으로 회전시키려 하기 때문에 돌림힘은 음의 값을 갖는다. 단진자에서 했던 것처럼 각도가 작다고 가정하면 $(\theta < 10°)$ 작은 각 근사를 사용하여

$$\tau = -Mgl\theta \tag{15.49}$$

로 적을 수 있다. 중력은 진자에 선형 복원력을 작용한다. 다시 말해서 돌림힘이 각변위 θ에 정비례한다. 따라서 물리 진자가 SHM을 하리라 예상할 수 있다.

12장에서 회전 운동에 대한 뉴턴의 제2법칙이

$$\alpha = \frac{d^2\theta}{dt^2} = \frac{\tau}{I}$$

로 주어졌다. 여기서 I는 회전축에 대한 물체의 관성 모멘트이다. 돌림힘에 관한 식 (15.49)를 사용하면

그림 15.20 물리 진자

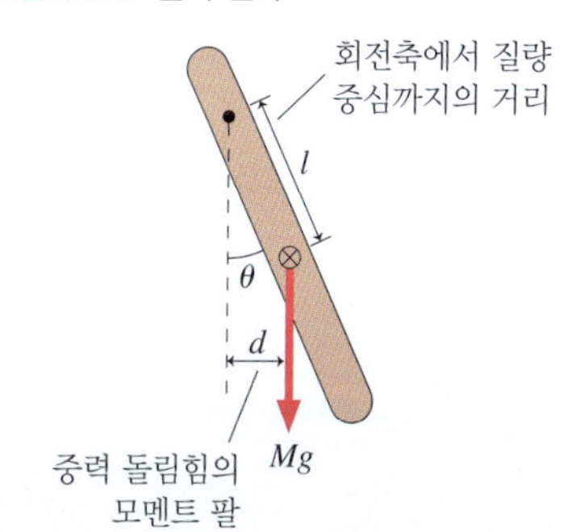

$$\frac{d^2\theta}{dt^2} = \frac{-Mgl}{I}\theta \tag{15.50}$$

를 얻을 수 있다. $d^2\theta/dt^2 = -C\theta$ 형태의 운동 방정식이므로 단순 조화 운동의 모형은 운동이 각진동수

$$\omega = 2\pi f = \sqrt{\frac{Mgl}{I}} \tag{15.51}$$

을 가진 SHM이라는 것을 알려준다.

진동수가 진자의 질량에 의존하는 것처럼 보이지만 관성 모멘트가 M에 정비례한다는 것을 상기하라. 따라서 M이 상쇄되어 물리 진자의 진동수 역시 단진자의 진동수처럼 질량과 무관하다.

예제 15.9 | 진자처럼 흔들리는 다리

의공학과 학생이 자신의 다리 길이를 엉덩이로부터 발뒤꿈치까지로 측정하여 0.90 m를 얻었다. 학생의 다리의 진자 운동의 진동수는 얼마인가? 주기는 얼마인가?

핵심 인간의 다리를 균일한 단면의 넓이를 갖고 한쪽 끝(엉덩이)을 회전축으로 하는 막대 형태의 물리 진자로 생각하는 것은 합리적이다. 작은 각 진동에 대해 다리의 운동은 SHM이다. 균일한 다리의 질량 중심은 중앙, 즉 $l = L/2$이다.

풀이 한쪽 끝을 회전축으로 하는 막대의 관성 모멘트는 $I = \frac{1}{3}ML^2$이므로 진자 진동수는

$$f = \frac{1}{2\pi}\sqrt{\frac{Mgl}{I}} = \frac{1}{2\pi}\sqrt{\frac{Mg(L/2)}{ML^2/3}} = \frac{1}{2\pi}\sqrt{\frac{3g}{2L}} = 0.64\ \text{Hz}$$

가 된다. 이에 해당되는 주기는 $T = 1/f = 1.6$ s이다. 질량을 알 필요가 없다는 것에 주목하라.

검토 걸을 때 다리는 물리 진자처럼 흔들리면서 몸이 앞으로 나가게 한다. 진동수는 다리 길이와 질량의 분포에 따라 고정되고 진폭과는 무관하다. 결과적으로 더 빨리 걷는다고 걷는 속력이 증가하지는 않는다. 진동수를 변화시키기 어렵기 때문이다. 진동수가 아닌 보폭, 즉 진폭을 늘려 속력을 늘릴 뿐이다.

15.7 감쇠 진동

자동차와 트럭의 충격흡수장치는 심하게 감쇠를 일으키는 용수철이다. 자동차가 암석이나 깊은 웅덩이에 부닥친 후 자동차의 수직 운동은 감쇠 진동이다.

가만히 놔둔 진자는 진동이 서서히 느려지다가 정지한다. 벨소리도 서서히 죽어간다. 마찰력이나 다른 흩어지기 힘들이 진동자의 역학적 에너지를 진동자나 주변의 열에너지로 변환하기 때문에 모든 실제적인 진동자들은 결국 멈추는데, 어떤 것은 매우 느리게, 어떤 것은 매우 빠르게 정지한다. 느려지다가 멈추는 진동을 **감쇠 진동**(damped oscillation)이라고 한다.

에너지가 흩어지는 이유로는 공기 저항, 마찰 및 금속 용수철이 휘어질 때 나타나는 내력과 같은 많은 것들을 들 수 있다. 흩어지기와 관계된 힘들은 복잡하지만 간단한 선형 끌림힘(drag force) 모형으로 대부분의 감쇠 진동을 아주 정확히 기술할 수 있다. 다시 말해 속도에 선형적으로 비례하는 끌림힘을 가정한다.

$$\vec{F}_{\text{drag}} = -b\vec{v} \quad \text{(끌림힘 모형)} \tag{15.52}$$

여기서 음의 부호는 힘이 항상 속도 방향과 반대 방향이라 물체의 운동을 느리게 한다는 것을 수학적으로 기술하는 것이다.

감쇠 상수(damping constant) b는 물체의 모양 그리고 입자가 움직이는 공기 또는 다른 매질의 점성에 복잡한 방식으로 의존한다. 끌림힘 모형에서 감쇠 상수는 마찰 모형에서 마찰 계수가 하는 것과 동일한 역할을 한다.

b의 단위는 속도의 단위를 곱할 때 힘의 단위가 되어야 한다. 확인하면 알 수 있듯이 그 단위는 kg/s가 되어야 한다. $b=0$ kg/s의 값은 저항이 없는 극한의 경우에 해당한다. 이 경우 역학적 에너지는 보존된다. 공기 중에서 용수철이나 진자의 전형적인 b값은 ≤ 0.10 kg/s이다. 액체 속에서 움직이는 물체는 훨씬 큰 b값을 갖는다.

그림 15.21은 끌림힘이 작용할 때 용수철에 매달린 물체를 보여준다. 끌림힘을 포함하면 뉴턴의 제2법칙은

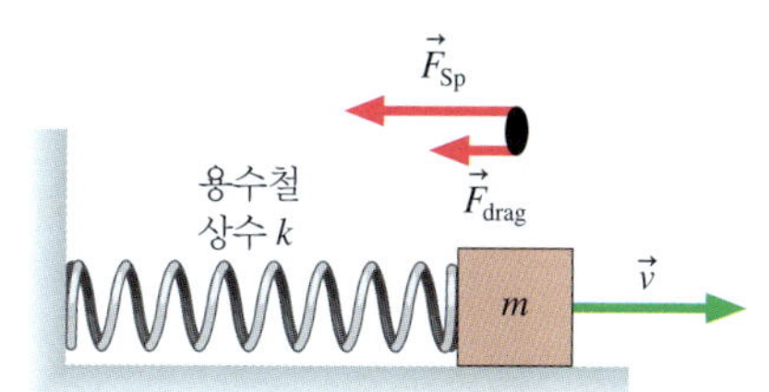

그림 15.21 끌림힘을 받으며 진동하는 물체

$$(F_{net})_x = (F_{Sp})_x + (F_{drag})_x = -kx - bv_x = ma_x \tag{15.53}$$

가 된다. $v_x = dx/dt$와 $a_x = d^2x/dt^2$를 사용하면 식 (15.53)을

$$\frac{d^2x}{dt^2} + \frac{b}{m}\frac{dx}{dt} + \frac{k}{m}x = 0 \tag{15.54}$$

처럼 적을 수 있다. 식 (15.54)는 감쇠 진동자의 운동 방정식이다. 이 식을 마찰 없는 표면의 물체의 운동 방정식인 식 (15.32)와 비교하면 dx/dt의 항이 포함된 점이 다르다는 것을 알 수 있다.

식 (15.54)는 또 다른 2계 미분 방정식이다. 단순히 해가

$$x(t) = Ae^{-bt/2m}\cos(\omega t + \phi_0) \quad \text{(감쇠 진동자)} \tag{15.55}$$

가 된다고 받아들이자. (과제 문제에서 확인할 수 있다.) 여기서 각진동수는

$$\omega = \sqrt{\frac{k}{m} - \frac{b^2}{4m^2}} = \sqrt{\omega_0^2 - \frac{b^2}{4m^2}} \tag{15.56}$$

으로 주어진다. 여기서 $\omega_0 = \sqrt{k/m}$은 비감쇠 진동자($b=0$)의 각진동수이다. 상수 e는 자연로그의 밑이므로 $e^{-bt/2m}$은 지수 함수이다. $e^0 = 1$이므로 $b=0$일 때 식 (15.55)는 앞서의 $x(t) = A\cos(\omega t + \phi_0)$로 환원된다. 이것은 당연한 결과로, 식 (15.55)가 옳다는 확신을 준다.

약한 감쇠 진동자

멈추기 전에 여러 번 진동하는 **약한 감쇠 진동자**는 $b/2m \ll \omega_0$일 때에 해당한다. 이 경우 $\omega \approx \omega_0$는 좋은 근사이다. 다시 말해 약한 감쇠는 진동의 진동수에 영향을 주지 않는다.

그림 15.22는 식 (15.55)로 주어지는 약한 감쇠 진동자의 위치 $x(t)$의 그래프이다. 일을 단순화하기 위해 위상 상수를 0으로 가정한다. 점선으로 표시한 $Ae^{-bt/2m}$ 항은

그림 15.22 약한 감쇠 진동자의 위치-시간 그래프

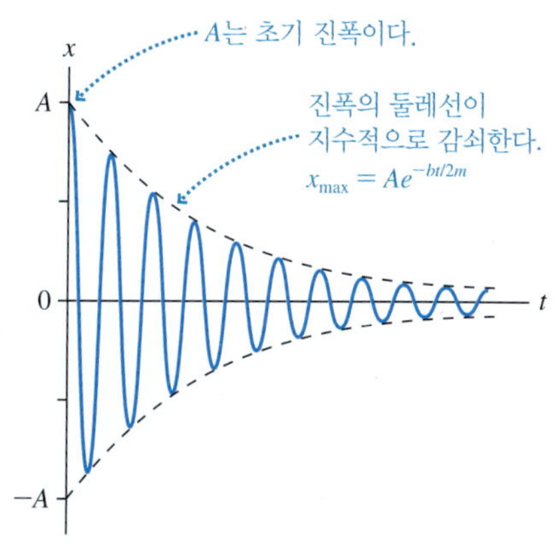

느리게 변화하는 진폭처럼 행동한다.

$$x_{max}(t) = Ae^{-bt/2m} \tag{15.57}$$

여기서 A는 $t=0$에서의 초기 진폭이다. 진동이 이 선과 계속해서 부닥치면서 시간에 따라 느리게 줄어든다.

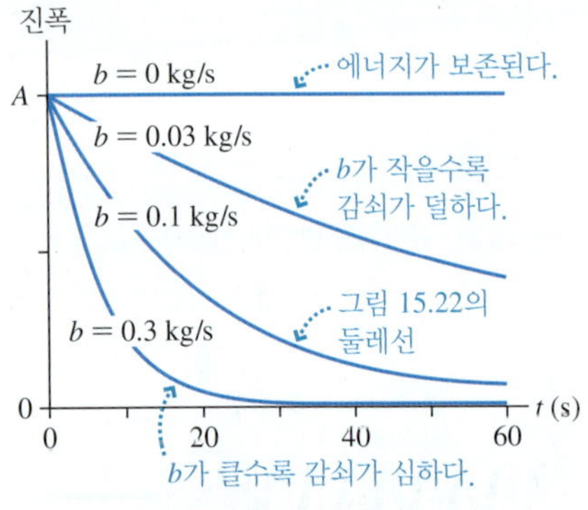

그림 15.23 몇 가지 b값에 대한 질량 1.0 kg의 진동 둘레선

빠른 진동의 경계를 제공하는 느리게 변하는 선을 진동의 **둘레선**(envelope)이라고 한다. 이 경우 진동은 **지수적으로 감쇠하는 둘레선**을 갖는다. 그림 15.22를 충분히 오랫동안 공부하여 진동과 감쇠 진폭 모두 식 (15.55)와 어떤 관계를 갖는지 이해하도록 하라.

b값을 바꿔 감쇠 정도를 변화시키면 얼마나 빨리 진동이 줄어드는지를 바꿀 수 있다. **그림 15.23**은 감쇠 상수 b를 제외하고 모두 동일한 진동자들에 대한 둘레선 $x_{max}(t)$를 보여준다(그림 15.22에서처럼 각 둘레선 내에서 빠르게 진동하는 것을 상상할 필요가 있다). b를 증가시키면 진동의 감쇠가 더 빨리 일어나고 b를 감소시키면 진동이 더 오래 지속된다.

수학 이야기

지수형 감쇠

지수형 감쇠(exponential decay)는 과학과 공학에서 중요하게 여기는 많은 물리계에서 일어난다. 역학적 진동, 전기회로와 핵 방사능 모두 지수형 감쇠를 보인다.

이런 물리계를 수학적으로 분석해보면 흔히

$$u = Ae^{-v/v_0} = A\exp(-v/v_0)$$

형태의 해를 얻는다. 여기서 exp는 **지수 함수**이다. 수 $e = 2.71828\cdots$은 자연로그의 밑으로 상용로그의 밑인 10과 유사한 구실을 한다.

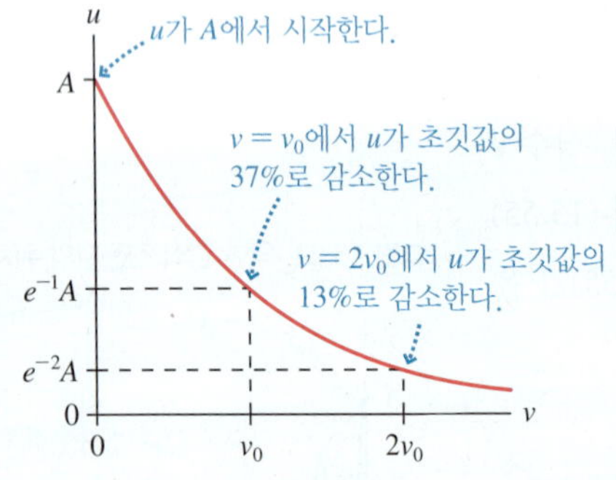

u의 그래프는 지수형 감쇠가 의미하는 것을 잘 보여준다. $v=0$일 때 $u=A$에서 시작한다(왜냐하면 $e^0=1$이기 때문이다). 그리고 꾸준히 감소하여 0에 점진적으로 접근한다. 양 v_0를 **감쇠 상수**라고 한다. $v=v_0$일 때 $u=e^{-1}A=0.37A$이다. $v=2v_0$일 때 $u=e^{-2}A=0.13A$이다.

감쇠 상수 v_0는 v와 같은 단위를 가져야 한다. v가 위치를 나타낸다면 v_0는 길이여야 한다. v가 시간을 나타낸다면 v_0는 시간 간격이다. 특수한 상황에서는 v_0를 흔히 **감쇠 길이** 또는 **감쇠 시간**이라고도 한다. 이것은 물리량이 초깃값의 37%로 감소하는 데 걸리는 길이 또는 시간을 말한다.

과정이 무엇인지 또는 u가 무엇을 의미하는지 상관없이 지수형 감쇠를 하는 물리량은 한 감쇠 시간이 지난 후 초깃값의 37%로 감소한다. 따라서 지수형 감쇠는 보편적인 특성이다. 감쇠 곡선은 항상 여기에 보인 그림과 정확히 일치한다. 지수형 감쇠의 특성을 배우게 되면 이 지식을 새로운 상황에 적용하는 방법을 곧바로 알 수 있게 될 것이다.

감쇠 진동자의 역학적 에너지는 끌림힘 때문에 보존되지 않는다. 앞서 비감쇠 진동자의 에너지가 $E=\frac{1}{2}kA^2$인 것을 알았다. A를 느리게 줄어드는 진폭 x_{max}로 대체하면 이 식은 약한 감쇠 진동자에서도 여전히 유효하다. 그러므로

$$E(t) = \tfrac{1}{2}k(x_{max})^2 = \tfrac{1}{2}k(Ae^{-bt/2m})^2 = \tfrac{1}{2}kA^2e^{-bt/m} \tag{15.58}$$

이 된다. 여기서 A는 초기 진폭이므로 $\frac{1}{2}kA^2$은 초기 에너지이고 E_0라고 한다. **시간 상수**(time constant)(감쇠 상수 또는 감쇠 시간이라고도 한다) τ를

$$\tau = \frac{m}{b} \tag{15.59}$$

으로 정의하자. b의 단위가 kg/s이므로 τ의 단위는 s이다. 이 사실로부터 에너지를

$$E(t) = E_0\, e^{-t/\tau} \tag{15.60}$$

으로 적을 수 있다. 다른 말로 하면 **약한 감쇠 진동자의 역학적 에너지는 시간 상수 τ를 가지고 지수적으로 감소한다.**

그림 15.24가 보여주듯이 시간 상수는 에너지가 초깃값의 e^{-1} 또는 37%로 줄어드는데 걸리는 시간이다. 시간 상수 τ는 진동 에너지가 흩어지는 동안의 '특성 시간'을 측정하는 것이라 이야기할 수 있다. 한 시간 상수가 지난 후 대략 초기 에너지의 2/3가 사라지고, 두 시간 상수가 지난 후에는 거의 90%의 에너지가 사라진다.

실제적으로 시간 상수를 진동이 얼마나 오래 지속하는지를 의미하는 진동의 **수명**(lifetime)이라고 이야기한다. 수학적으로 진동이 '끝나는' 시간은 존재하지 않는다. 감쇠는 점근적으로 0에 접근하지만 절대로 유한한 시간 내에 0이 되지 않는다. 최선의 방법은 운동이 '거의 끝나는' 특성 시간을 정의하는 것이다. 그것이 시간 상수 τ가 의미하는 것이나.

그림 15.24 약한 감쇠 진동자의 에너지 감쇠

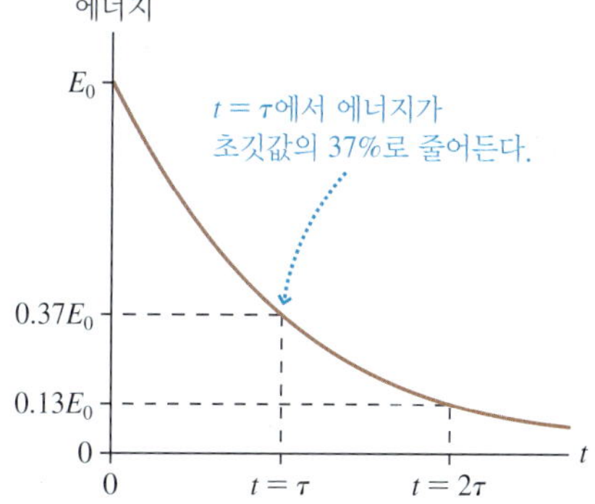

예제 15.10 감쇠 진자

500 g의 물체가 60 cm의 줄에 매달려 진자처럼 흔들린다. 35번 진동한 후 진폭이 초깃값의 절반으로 감소하는 것을 관찰했다.

a. 이 진동자의 시간 상수는 얼마인가?

b. 에너지가 초깃값의 절반으로 감소하는 데 걸리는 시간은 얼마인가?

핵심 운동이 감쇠 진동이다.

풀이 a. $t=0$에서의 초기 진폭은 $x_{max}=A$이다. 35번 진동 후 진폭이 $x_{max}=\frac{1}{2}A$가 된다. 진자의 주기는

$$T = 2\pi\sqrt{\frac{L}{g}} = 2\pi\sqrt{\frac{0.60\text{ m}}{9.8\text{ m/s}^2}} = 1.55\text{ s}$$

이다. 따라서 35번의 진동은 $t=54.2$ s에서 일어난다.

시간 t에서의 진동의 진폭이 식 (15.57)로 주어진다. $x_{max}(t) = Ae^{-bt/2m} = Ae^{-t/2\tau}$. 이 경우

$$\tfrac{1}{2}A = Ae^{-(54.2\text{ s})/2\tau}$$

가 된다. A가 상쇄되기 때문에 A를 알 필요는 없다는 것에 주목하라. τ를 구하기 위해 식의 양변에 자연로그를 취하면

$$\ln\left(\tfrac{1}{2}\right) = -\ln 2 = \ln e^{-(54.2\text{ s})/2\tau} = -\frac{54.2\text{ s}}{2\tau}$$

를 얻는다. 정리하면

$$\tau = \frac{54.2\text{ s}}{2\ln 2} = 39\text{ s}$$

를 얻는다. 원한다면 감쇠 상수도 구할 수 있는데 $b=m/\tau=0.013$ kg/s가 된다.

b. 시간 t에서의 에너지는

$$E(t) = E_0 e^{-t/\tau}$$

로 주어진다. 지수형 감쇠가 초깃값의 절반인 $\frac{1}{2}E_0$로 줄어드는 데 걸리는 시간은 특별한 이름을 가지고 있다. 이 시간을 **반감기**(half-life)라고 하며 기호로 $t_{1/2}$을 사용한다. 반감기 개념은 방사능 붕괴와 같은 응용 분야에서 널리 사용된다. $t_{1/2}$을 τ와 연관 짓기 위해서 우선

$$E(t = t_{1/2}) = \tfrac{1}{2}E_0 = E_0 e^{-t_{1/2}/\tau}$$

(계속)

라고 적는다. E_0를 소거하면

$$\frac{1}{2} = e^{-t_{1/2}/\tau}$$

가 된다. 다시 양변에 자연로그를 취한다.

$$\ln\left(\frac{1}{2}\right) = -\ln 2 = \ln e^{-t_{1/2}/\tau} = -t_{1/2}/\tau$$

최종적으로 $t_{1/2}$을 구하면

$$t_{1/2} = \tau \ln 2 = 0.693\tau$$

가 된다. $t_{1/2}$이 τ의 69%라는 결과는 모든 지수형 감쇠에 적용된다. 이 특수한 문제에서는

$$t_{1/2} = (0.693)(39\ \text{s}) = 27\ \text{s}$$

후에 절반의 에너지가 사라진다.

검토 진동자는 진폭이 감소하는 것보다 빠르게 에너지를 잃는다. 에너지가 진폭의 제곱에 의존하기 때문에 이런 결과를 예상할 수 있다.

15.8 구동 진동과 공명

지금까지 고립계의 사유 진동에만 초점을 맞췄다. 초기 교란이 계를 평형으로부터 이동시켜 에너지가 소모될 때까지 계가 자유로이 진동한다. 이것은 매우 중요한 상황이지만 다른 가능성이 존재한다. 또 다른 중요한 상황은 주기적인 외력을 받는 진동자이다. 이런 진동자의 운동을 **구동 진동**(driven oscillation)이라고 한다.

구동 진동의 간단한 예는 그네에 탄 아이를 밀어주는 것이다. 미는 행동이 그네에 가한 주기적인 외력이 된다. 더 복잡한 예는 일정한 간격으로 배치된 일련의 과속방지턱을 지나는 자동차이다. 각 방지턱은 크고 강한 감쇠용 용수철인 자동차의 충격흡수기에 위로 주기적인 힘을 작용한다. 스피커 콘 뒤쪽에 있는 전자기 코일은 콘을 앞뒤로 진동시키는 주기적인 자기력을 가하여 음파를 방출하게 한다. 비행기 날개를 지나는 대기의 난류 역시 날개와 공기역학적 표면에 주기적인 힘을 가하여 비행기를 잘 설계하지 않으면 비행기가 떨리게 된다.

이런 예들이 암시하듯이 구동 진동은 많은 중요한 응용성을 갖는다. 그러나 구동 진동은 수학적으로 복잡한 주제이다. 세부적인 내용은 고급 강좌에 맡기고 여기서는 몇몇 결과만을 소개한다.

가만히 놔두면 진동수 f_0로 진동하는 진동계를 생각해보자. 이 진동수를 진동자의 **고유 진동수**(natural frequency)라고 한다. 용수철에 달린 물체의 고유 진동수는 $\sqrt{k/m}/2\pi$이지만 다른 종류의 진동자는 다른 표현식을 갖는다. 표현식과는 관계없이 f_0는 단순히 계를 평형으로부터 이동시켰다가 놓아줄 때 계가 진동하는 진동수이다.

이 계에 진동수 f_{ext}의 주기적인 외력이 작용한다고 가정하자. **구동 진동수**(driving frequency)라고 하는 이 진동수는 진동자의 고유 진동수 f_0와는 전혀 무관하다. 환경의 누군가 또는 어떤 것이 외력의 진동수 f_{ext}를 선택하여 힘이 계를 매초 f_{ext}번 밀어준다.

외력이 작용할 때의 뉴턴의 제2법칙을 푸는 것이 가능하지만 해를 그래프로 나타내는 것만으로 만족하자. 가장 중요한 결과는 진동의 진폭이 구동력의 진동수 f_{ext}에 매우 민감하게 의존한다는 것이다. 그림 15.25는 질량 $m = 1.0$ kg, 고유 진동수

그림 15.25 2.0 Hz의 고유 진동수 근처의 진동수에서 구동 진동자의 반응 곡선

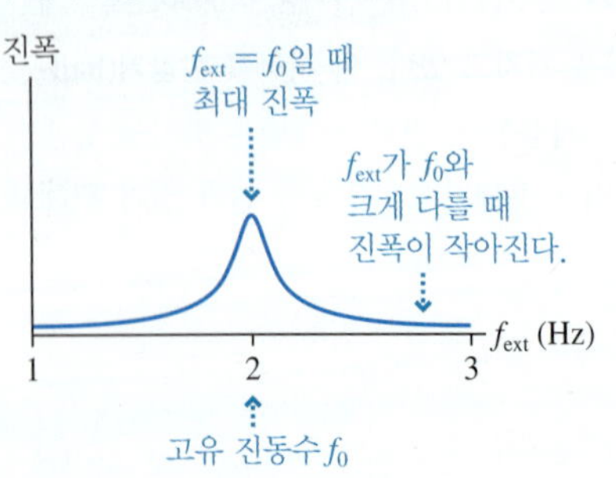

$f_0 = 2.0$ Hz이고 감쇠 상수 $b = 0.20$ kg/s인 계의 구동 진동수에 대한 반응을 보여준다. **반응 곡선**(response curve)이라고 하는 이런 진폭-구동 진동수의 그래프는 많은 다른 응용에서 등장한다.

그림 15.25의 왼쪽과 오른쪽 가장자리에서처럼 구동 진동수가 진동자의 고유 진동수와 크게 다르면 계가 진동하지만 진폭은 매우 작다. f_0와 크게 다른 구동 진동수에 맞춰 계는 단지 잘 반응하지 않는다. 구동 진동수가 고유 진동수에 가까워지면 가까워질수록 진동의 진폭이 극적으로 증가한다. 결국 계가 진동하기 '원하는' 진동수는 바로 f_0이다. 그러므로 구동 진동수가 정확히 계의 고유 진동수와 일치할 때, 즉 $f_{ext} = f_0$일 때 진폭이 최대가 된다.

진동수가 일치하면, 특히 감쇠 상수가 매우 작을 때, 진폭이 아주 커진다. 그림 15.26은 3개의 다른 감쇠 상수의 값을 가진 동일한 진동자를 보여준다. 감쇠 상수가 0.80 kg/s로 증가하면 거의 반응하지 않는다. 하지만 감쇠 상수가 0.08 kg/s로 감소하면 $f_{ext} = f_0$에서 진폭이 아주 커진다. 진동수가 계의 고유 진동수와 일치하는 구동력에 대한 이런 큰 진폭 반응을 **공명**(resonance) 현상이라고 한다. 공명 조건은

$$f_{ext} = f_0 \quad \text{(공명 조건)} \tag{15.61}$$

이다. 구동 진동을 다룰 때 고유 진동수 f_0를 흔히 **공명 진동수**(resonance frequency)라고도 한다.

그림 15.26의 중요한 특징은 공명의 진폭과 폭이 감쇠 상수에 의존한다는 것이다. 강한 감쇠계는 공명에서조차 잘 반응하지 않지만 구동 진동수의 거의 전체 영역에 걸쳐 반응한다. 아주 약한 감쇠계는 예외적으로 큰 진폭에 도달하지만 b가 감소함에 따라 계가 반응하는 진동수 영역이 점점 더 좁아진다.

이 사실로부터 몇몇 가수들이 크리스털 잔은 부술 수 있지만 일상적으로 사용하는 싼 유리잔은 부술 수 없는 이유를 이해할 수 있다. 싼 유리잔은 두드릴 때 '탁' 하는 소리가 난다. 그러나 크리스털 잔은 수초간 맑은 소리가 '울린다'. 물리학 용어로 크리스털 잔은 유리잔보다 훨씬 긴 시간 상수를 갖는다. 다시 말해 크리스털 잔은 매우 약한 감쇠를 하는 반면 보통의 유리잔은 강한 감쇠를 한다(왜냐하면 유리 속 내력이 고품질 크리스털 잔의 결정 구조의 내력과 다르기 때문이다).

가수는 크리스털 잔에 음파를 보내 자신이 부르는 음의 진동수로 진동하는 작은 구동력을 작용한다. 가수의 진동수가 크리스털 잔의 고유 진동수와 일치하게 되면 공명이 일어난다! 약한 감쇠의 크리스털 잔만이 그림 15.26의 위쪽 곡선처럼 잔을 깰 만큼 큰 진폭에 도달할 수 있다. 그러나 잔의 고유 진동수와 아주 정확하게 일치해야 한다는 조건이 붙는다. 소리 역시 아주 커야 한다.

그림 15.26 감쇠 상수가 줄어들면 공명 진폭이 높고 좁아진다.

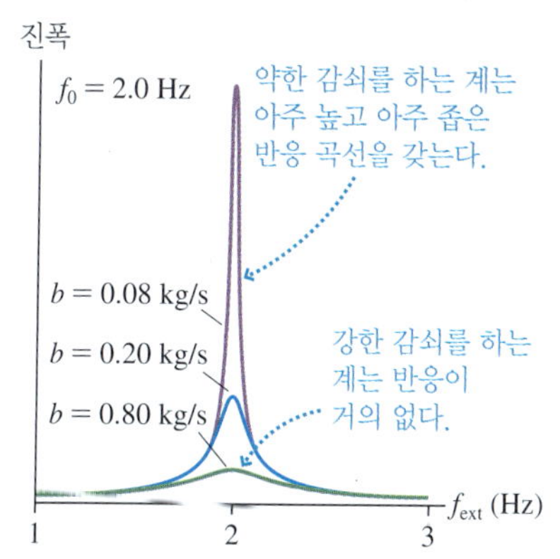

크리스털 잔의 고유 진동수와 일치시키면 가수 또는 악기에 의해 잔을 산산조각 낼 수 있다.

응용 예제 15.11 흔들리는 진자

진자가 한끝에 물체가 붙어있는 질량이 없는 강체 막대로 구성되어 있다. 다른 끝은 마찰이 없는 회전축과 연결되어 있어 막대가 완전한 원을 그리며 회전할 수 있다. 진자가 뒤집어져 물체가 회전축 바로 위에 있다가 내려간다. 가장 낮은 점을 지날 때 물체의 속력이 5.0 m/s이다. 이후 진자가 원호의 바닥 주위로 작은 각 진동을 한다면 진동수는 얼마인가?

핵심 막대의 질량이 없기 때문에 이것은 단진자이다. 그러나 지금까지 진자의 분석에 작은 각 근사를 사용하였다. 이것은 바닥에서의 작은 각 진동에만 적용되지 반전된 위치에서 아래로 떨어질 때는 적용되지 않는다. 다행하게도 전 과정 동안 에너지가 보존되므로 큰 흔들림을 역학적 에너지 보존을 사용해 분석할 수 있다.

시각화 그림 15.27은 반전된 위치에서 아래로 내려가는 진자를 그림으로 표현한 것이다. 진자의 길이가 L이므로 초기 높이는 $2L$이다.

그림 15.27 그림으로 표현한 반전된 위치로부터 아래로 떨어지는 진자의 전과 후 모습

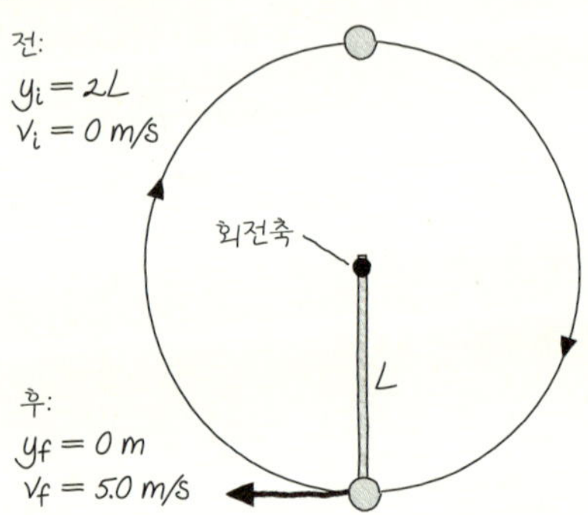

풀이 단진자의 진동수는 $f = \sqrt{g/L}/2\pi$이다. L이 주어져 있지 않지만 반전된 위치로부터 진자가 내려올 때를 분석함으로써 길이를 구할 수 있다. 역학적 에너지가 보존되고 퍼텐셜 에너지는 중력 퍼텐셜 에너지뿐이다. 역학적 에너지 보존은 $K_f + U_{Gf} = K_i + U_{Gi}$이고 $U_G = mgy$이므로

$$\frac{1}{2}mv_f^2 + mgy_f = \frac{1}{2}mv_i^2 + mgy_i$$

가 된다. 질량을 모르는데 질량이 상쇄되어 좋다. 그리고 두 항이 0이다. 따라서

$$\frac{1}{2}v_f^2 = g(2L) = 2gL$$

로 된다. L에 대해 풀면

$$L = \frac{v_f^2}{4g} = \frac{(5.0\text{ m/s})^2}{4(9.80\text{ m/s}^2)} = 0.638\text{ m}$$

를 얻는다. 이제 진동수를 계산할 수 있다.

$$f = \frac{1}{2\pi}\sqrt{\frac{g}{L}} = \frac{1}{2\pi}\sqrt{\frac{9.80\text{ m/s}^2}{0.638\text{ m}}} = 0.62\text{ Hz}$$

검토 진동수는 대략 1.5 s의 주기에 해당하는데, 이는 타당해 보인다.

서술형 질문

1. 용수철에 달려 진동하는 물체의 주기가 $T = 2$ s이다. 다음 경우 주기는 얼마인가?
   a. 물체의 질량이 2배가 되면? 설명하시오. m 또는 k 중 하나를 모르므로 이들에 대한 특정한 값을 가정하지 않는다는 것을 유의하라. 분석을 위해서는 비를 고려하는 것이 필요하다.
   b. 용수철 상수가 4배가 되면?
   c. m과 k는 변하지 않으면서 진동의 진폭이 2배가 되면?
2. 그림 Q15.2는 SHM 입자의 위치-시간 그래프를 보여준다. (a) 진폭 A, (b) 각진동수 ω와 (c) 위상 상수 ϕ_0는 얼마인가?

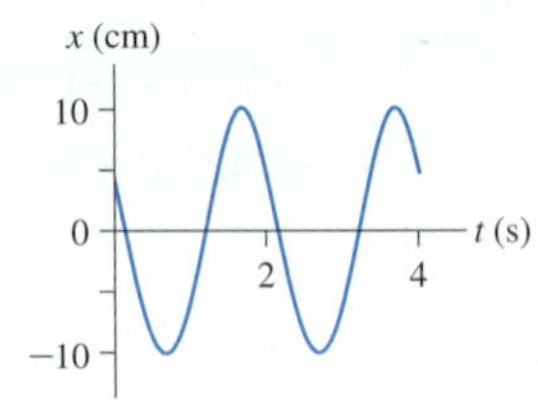

그림 Q15.2

3. 식 (15.25)는 $\frac{1}{2}kA^2 = \frac{1}{2}m(v_{max})^2$임을 말해준다. 무엇을 의미하는가? 이 식을 어떻게 해석할지 설명할 수 있는 문장을 몇 개 적어 보시오.

4. 용수철에 달려 진동하는 물체가 10 cm/s의 최대 속력을 갖는다. 총에너지가 2배가 되면 물체의 최대 속력은 얼마인가? 설명하시오.

5. 그림 Q15.5는 용수철에 매달려 진동하는 입자의 퍼텐셜 에너지 도형과 총에너지 직선을 보여준다.

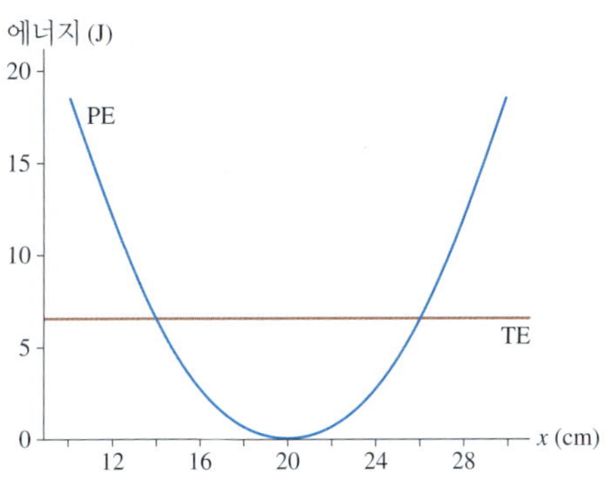

그림 Q15.5

a. 용수철의 평형 길이는 얼마인가?
b. 이 운동의 반환점은 어디인가? 설명하시오.
c. 입자의 최대 운동 에너지는 얼마인가?
d. 입자의 총에너지가 2배가 되면 반환점은 어떻게 되는가?

6. a. τ와 T 사이의 차이를 기술하시오. 이름만을 적지는 마시오. 둘 사이의 물리적 개념의 차이에 대해 이야기하시오.
b. τ와 $t_{1/2}$ 사이의 차이를 기술하시오.

연습문제

표시가 된 연습문제들은 이전 장들에서 다룬 내용과 관련이 있다.

연습

15.1 단순 조화 운동

1. | 용수철에 매달린 에어트랙 위 물체가 에어트랙의 20 cm 표지와 70 cm 표지 사이에서 진동한다. 물체는 30 s 동안 15번 진동한다. 물체의 (a) 주기, (b) 진동수, (c) 각진동수, (d) 진폭과 (e) 최대 속력은 얼마인가?

2. | 기타 줄이 A음을 연주할 때 줄은 220 Hz로 진동한다. 이 진동의 주기는 얼마인가?

15.2 SHM과 원운동

3. | 그림 EX15.3에 보여준 진동의 (a) 진폭, (b) 진동수와 (c) 위상 상수는 얼마인가?

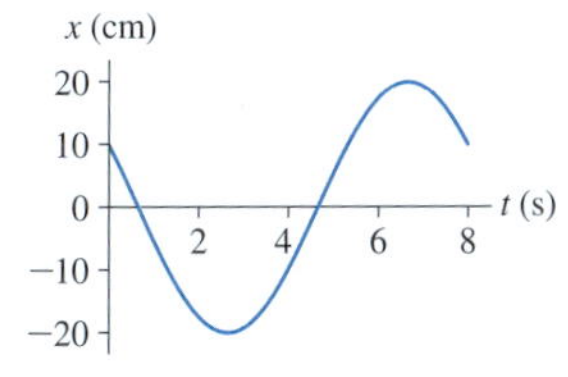

그림 EX15.3

4. || 그림 EX15.4는 단순 조화 운동을 하는 입자의 위치-시간 그래프이다.

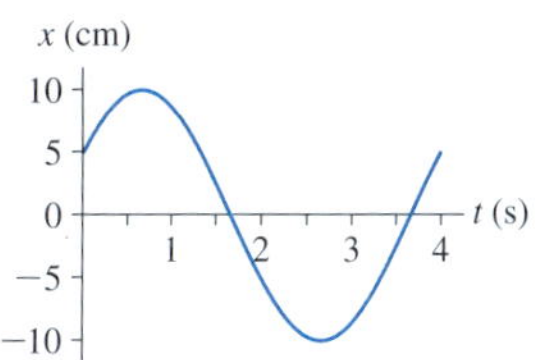

그림 EX15.4

a. 위상 상수는 얼마인가?
b. $t=0$ s에서의 속도는 얼마인가?
c. v_{max}는 얼마인가?

5. || 단순 조화 운동을 하는 물체가 진폭 4.0 cm, 진동수 2.0 Hz와 위상 상수 $2\pi/3$ rad을 갖는다. 운동의 두 순환을 보여주는 위치 그래프를 그리시오.

6. | 단순 조화 운동을 하는 물체가 진폭 2 cm, 진동수 2 Hz를 가지고 $t=0$ s에서 오른쪽으로 평형점을 지난다. 이 물체의 위치를 기술하는 함수 $x(t)$를 적으시오.

7. || 용수철에 매달린 에어트랙 위 물체가 1.5 s 주기로 진동한다. $t=0$ s에서 평형 위치의 왼쪽으로 5.00 cm에 있으며 오른쪽으로 36.3 cm/s로 움직이고 있다.

a. 위상 상수는 얼마인가?

b. $t = 0$ s, 0.5 s, 1.0 s와 1.5 s에서의 위상은 얼마인가?

15.3 SHM의 에너지

15.4 SHM의 동역학

8. ‖ 200 g의 에어트랙 위 물체가 용수철에 매달려 있다. 물체를 10 cm 압축시켰다가 놓는다. 스톱워치를 가진 학생이 12.0 s 동안 10번 진동한 것을 알았다. 용수철 상수는 얼마인가?

9. ‖ 50 g의 진동하는 물체의 위치가 $x(t) = (2.0\text{ cm})\cos(10t - \pi/4)$로 주어진다. 여기서 t의 단위는 s이다. 다음을 구하시오.

a. 진폭 b. 주기
c. 용수철 상수 d. 위상 상수
e. 초기 조건 f. 최대 속력
g. 총에너지 h. $t = 0.40$ s일 때의 속도

10. ‖ 학생이 트램펄린 위에서 점프를 한다. 최고점에 도달했을 때 학생의 발이 트램펄린에서 위로 55 cm 되는 곳에 있다. 학생이 트램펄린에 닿을 때 트램펄린이 15 cm 아래로 내려갔다가 학생을 다시 위로 들어올린다. 트램펄린과 학생이 접촉한 시간은 얼마인가?

15.5 수직 진동

11. | 용수철이 천장에 매달려 있다. 이 용수철에 500 g의 물리학 교재를 매다니 20 cm 내려가 평형에 이른다.

a. 용수철 상수는 얼마인가?

b. 평형 위치로부터 교재를 아래로 10 cm 당겼다가 놓는다. 진동 주기는 얼마인가?

c. 교재의 최대 속력은 얼마인가?

12. ‖ 용수철이 천장에 매달려 있다. 물체를 한끝에 매다니 새로운 평형 길이에 도달할 때까지 2.0 cm 늘어난다. 이 물체를 아래로 조금 당겼다가 놓는다. 진동 주기는 무엇인가?

15.6 진자

13. ‖ 200 g의 공이 줄에 달려 있다. 공을 8.0° 각도로 당겼다가 놓으니 진자처럼 진동한다. 학생이 10번 진동하는 데 12 s가 걸리는 것을 확인했다. 줄의 길이는 얼마인가?

14. | 달에서의 주기가 지구에서 길이가 2.0 m인 진자의 주기와 일치하는 진자의 길이는 얼마인가?

15 | 처음으로 화성에 가게 된 우주인이 지구에서의 주기가 1.50 s인 진자를 가져간다. 화성에서의 주기가 2.45 s로 밝혀졌다. 화성에서의 자유낙하 가속도는 얼마인가?

16. ‖ 균일한 강철 막대가 회전축에 대해 1.2 s의 주기로 진동한다. 막대의 길이는 얼마인가?

15.7 감쇠 진동

15.8 구동 진동과 공명

17. ‖ 진동자의 진폭이 10.0 s 후에 초깃값의 36.8%로 감소한다. 시간 상수는 얼마인가?

18. | 머리를 29 Hz로 진동시키면 시야가 흐려진다. 왜냐하면 진동이 안구의 고유 진동수와 공명을 일으키기 때문이다. 안구의 질량이 평상적인 값인 7.5 g이라면 안구를 붙잡아두는 근육조직의 유효 용수철 상수는 얼마인가?
BIO

문제

19. ‖ 입자의 운동이 $x(t) = (25\text{ cm})\cos(10t)$로 주어진다. 여기서 t의 단위는 s이다. 운동 에너지가 퍼텐셜 에너지의 두 배가 되는 처음 시간은 얼마인가?

20. ‖ 단순 조화 운동을 하는 입자에 대해 $v_{max} = (\pi/2)v_{avg}$임을 보이시오. 여기서 v_{avg}는 운동의 한 순환 동안의 평균 속력이다.

21. ‖ 0.300 kg의 진동자는 변위가 3.00 cm일 때 95.4 cm/s의 속력을 가지며 변위가 6.00 cm일 때 71.4 cm/s의 속력을 갖는다. 이 진동자의 최대 속력은 얼마인가?

22. ‖ 우주에 나간 우주인들은 목욕탕 저울에 서서 무게를 잴 수가 없다. 대신 큰 용수철에 매달려 진동하여 무게를 결정한다. 한 우주인이 큰 용수철의 한쪽 끝을 자신의 벨트에, 다른 쪽 끝은 우주선 벽에 있는 고리에 연결한다. 동료 우주인이 이 우주인을 벽으로부터 당겼다가 놓는다. 그림 P15.22에 용수철의 길이가 시간의 함수로 주어져 있다.
BIO

a. 용수철 상수가 240 N/m라면 우주인의 질량은 얼마인가?

b. 용수철의 길이가 1.2 m일 때 우주인의 속력은 얼마인가?

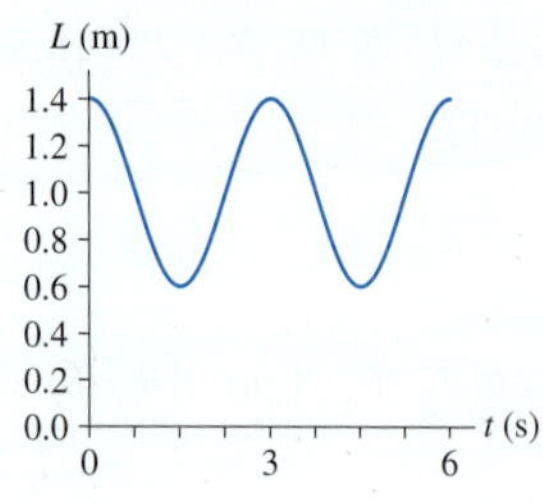

그림 P15.22

23. ‖ 5.0 kg의 물체가 용수철 상수 2000 N/m인 용수철에 매달려 있다. 물체를 평형 위치로부터 5.0 cm 당기고 평형 위치 뒤쪽으로 초속도 1.0 m/s로 놓아준다. 운동의 (a) 진동수, (b) 진폭과 (c) 총 역학적 에너지는 얼마인가?

24. ‖ 물체가 수직 용수철에 매달려 평형 상태에 있다. 동일한 두 번

째 물체를 추가하자 원래 물체가 5.0 cm 아래로 내려간다. 두 물체로 이루어진 계의 진동수는 얼마인가?

25. ‖ 과학자들이 새로 발견한 탄성 물질의 성질을 측정하고 있다. 이들이 길이 1.5 m, 지름 1.6 mm의 줄을 만들어 아래쪽 끝에 850 g의 물체를 매달고 물체를 아래로 2.5 mm 당겼다가 놓는다. 고속 비디오카메라로 찍어보니 36번 진동하는 데 2.0 s가 걸렸다. 이 물질의 영률은 얼마인가?

26. ‖ 경차의 질량이 1200 kg이다. 이 차가 각 바퀴에 1개의 용수철을 가지고 있고 용수철은 모두 동일하며 질량이 4개의 용수철에 동일하게 분산되어 있다고 가정한다.

a. 빈 차가 매초 위아래로 2.0번 진동한다면 각 용수철의 용수철 상수는 얼마인가?

b. 이 차에 70 kg의 네 명의 승객이 타고 있을 때 차의 진동수는 얼마인가?

27. ‖ 1.00 kg의 물체가 용수철 상수 2500 N/m인 수평 용수철에 달려 있다. 물체가 마찰이 없는 탁자 위에 정지해 있다. 10 g의 총알을 용수철의 맞은편에 있는 물체 쪽으로 발사하여 총알이 물체에 박힌다. 그 결과 생긴 진동의 진폭이 10.0 cm라면 총알의 속력은 얼마인가?

28. ‖ 갈릴레오가 성당에서 미풍에 등이 흔들리는 주기를 맥박을 사용하여 측정해 진자의 기본 원리 "주기는 진폭과 무관하다"를 발견했다고 알려져 있다. 등이 한 번 진동하는 데 5.5 s가 걸린다고 가정하자.

a. 등을 연결한 고리의 길이는 얼마인가?

b. 수직선과의 최대 각도가 3.0°라면 등의 최대 속력은 얼마인가?

29. ‖ 그림 P15.29에 보인 진자를 왼편으로 10° 각도로 당겼다가 놓는다.

a. 진자의 주기는 얼마인가?

b. 오른편에서의 진자의 최대 각도는 얼마인가?

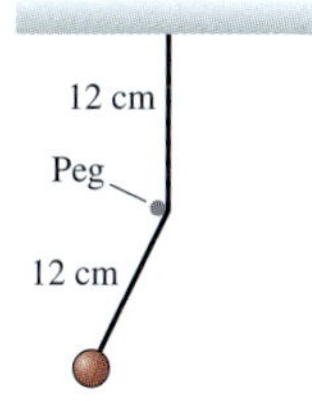

그림 P15.29

30. ‖ 흥미롭게도 시체를 사용하여 생체역학에서 중요한 정보를 제공하는 인체 부분들의 관성 모멘트를 측정하려는 몇몇 연구가 있었다. 한 연구에서 5.0 kg의 하지의 질량 중심이 무릎으로부터 18 cm 떨어져 있음을 알았다. 하지가 무릎을 축으로 진자처럼 자유롭게 흔들릴 때 진동의 진동수가 1.6 Hz이었다. 무릎 관절에 대한 하지의 관성 모멘트는 얼마인가?
BIO

31. ‖ 수평 용수철에 매달린 200 g의 물체가 진폭 2.0 cm와 진동수 2.0 Hz로 진동한다. 오른쪽으로 움직이며 막 평형점을 지날 때 왼쪽 방향으로 20 N의 힘이 1.0 ms 동안 짧게 작용한다. 새로운 (a) 진동수와 (b) 진폭은 얼마인가?

32. ‖ 분자 결합은 단순 조화 운동을 하는 두 원자 사이를 연결하는 용수철로 볼 수 있다. 그림 P15.32는 HCl 분자의 퍼텐셜 에너지에 대한 SHM 근사를 보여준다. 염소 원자가 수소 원자보다 훨씬 더 무겁기 때문에 염소 원자는 정지해 있는 반면 수소 원자 ($m = 1.67 \times 10^{-27}$ kg)는 좌우로 진동한다고 가정하는 것이 합리적이다. 이 그래프를 사용하여 HCl 분자의 진동수를 추정하시오.

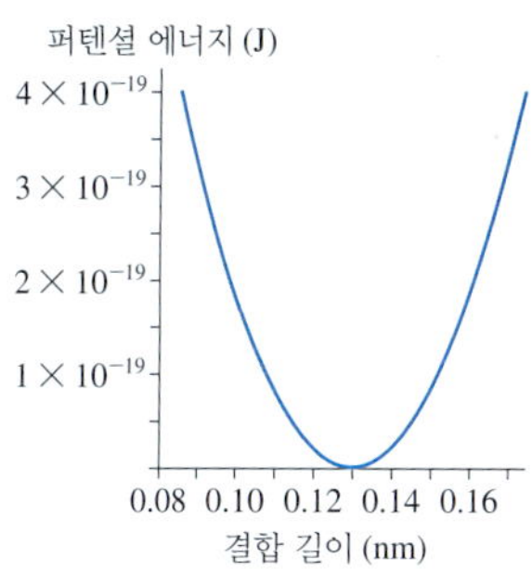

그림 P15.32

33. ‖ 행성 X로 우주여행을 떠나면서 우주인이 우연히 200 g의 물체, 길이 40 cm의 용수철, 미터자와 스톱워치를 가지고 간다. 자업하기가 지구에서보다 쉬운 행성 X에서의 자유낙하 가속도가 궁금하지만 방문자 안내서에는 이 정보가 나와 있지 않다. 어느 날 밤 우주인이 자신의 방 천장에 용수철을 달고 물체를 매단다. 물체가 용수철의 길이를 31.2 cm만큼 늘인다. 그러고 나서 물체를 아래로 10.0 cm 당겼다가 놓는다. 스톱워치를 사용해 10번 진동하는 데 14.5 s 걸리는 것을 알았다. 이 정보에 기초하면 g는 얼마인가?

34. ‖ 고개를 끄덕이는 버블헤드 인형의 15 g 머리가 4.0 Hz의 진동수로 SHM을 한다.

a. 머리가 달린 용수철의 용수철 상수는 얼마인가?

b. 머리 진동의 진폭이 0.5 cm로 감소하는 데 4.0 s 걸렸다. 머리의 감쇠 상수는 얼마인가?

35. ‖‖ 용수철 상수가 15.0 N/m인 용수철이 천장에 달려 있다. 500 g의 공을 용수철에 매달고 정지하게 한다. 공을 아래로 6.0 cm 당겼다가 놓는다. 30번 진동 후 공의 진폭이 3.0 cm로 감소한다면 시간 상수는 얼마인가?

36. ‖ 250 g의 에어트랙 위 물체가 용수철 상수 4.0 N/m의 용수철에 매달려 있다. 공기 저항에 의한 감쇠 상수가 0.015 kg/s이다. 이 물체를 평형으로부터 20 cm 당겼다가 놓는다. 진폭이 초깃값의 e^{-1}으로 줄어드는 시간 동안 물체는 몇 번 진동하는가?

37. ∥ 각진동수 ω가 식 (15.56)의 표현식으로 주어질 때 식 (15.55)의 $x(t)$ 표현식이 감쇠 진동자의 운동 방정식인 식 (15.54)의 해임을 증명하시오.

38. ∥ 마찰이 없는 탁자 위에 놓인 물체가 그림 P15.38에서처럼 용수철 상수가 k_1과 k_2인 2개의 용수철에 연결되어 있다. 이 물체의 진동수 f를 용수철 1 또는 용수철 2와 따로 연결했을 때의 진동수 f_1과 f_2로 표현하시오.

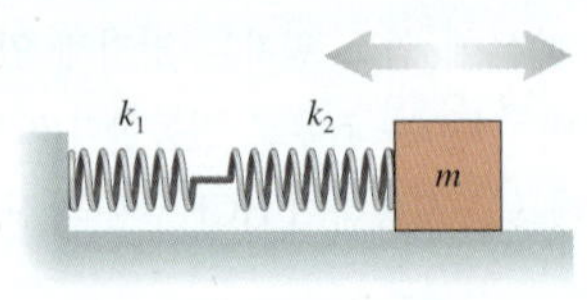

그림 P15.38

응용 문제

39. ∥∥ 그림 CP15.39에 보인 것처럼 질량 M, 반지름 R인 고체 구가 가는 막대에 매달려 있다. 구가 막대의 바닥에서 좌우로 진동할 수 있다. 작은 각 진동을 할 때 진동수 f에 대한 식을 구하시오.

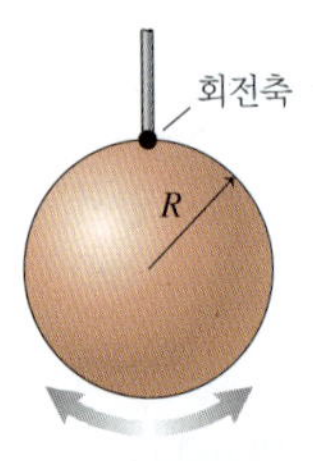

그림 CP15.39

40. ∥∥ 탁자 위에 용수철이 수직하게 있고 용수철의 한끝은 탁자에 고정되어 있다. 물체를 용수철 맨 위로부터 3.0 cm 떨어진 곳에서 떨어뜨린다. 물체가 용수철의 위쪽 끝에 붙어 10 cm의 진폭으로 진동한다. 이 진동의 주기는 얼마인가?

41. ∥∥ 그림 CP15.41은 한끝을 회전축으로 하는 200 g의 균일한 막대를 보여준다. 다른 쪽 끝에는 수평 용수철이 달려 있다. 막대가 수직으로 있을 때 용수철이 늘어나거나 줄어들지 않는다. 이 막대의 진동 주기는 얼마인가? 수직선으로부터의 막대의 각도가 항상 작다고 가정한다.

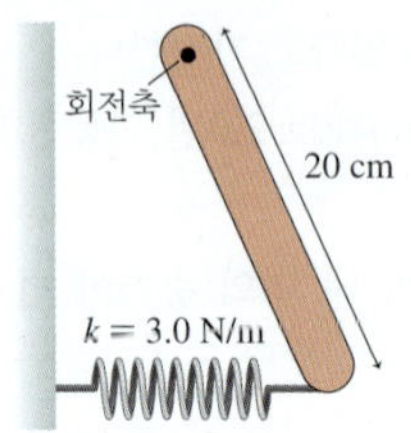

그림 CP15.41

16 진행파
Traveling Waves

파도 타는 사람이 "파도를 붙잡고" 있다. 동시에 이 사람은 광파를 보고 음파를 듣는다.

이 장에서는 진행파의 기본적인 성질을 배운다.

파동이란 무엇인가?

파동은 매질을 통해 진행하는 교란이다. 횡파에서는 변위가 진행 방향과 수직하다. 종파에서는 변위가 진행 방향에 평행하다.

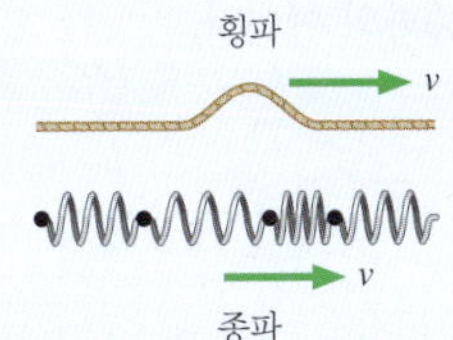

파동의 성질에는 어떤 것이 있는가?

파동의 특성은 다음과 같다.

- 파동 속력: 파동이 매질을 통해 진행하는 속력
- 파장: 이웃한 두 마루 사이의 거리
- 진동수: 매초 진동하는 횟수
- 진폭: 최대 변위

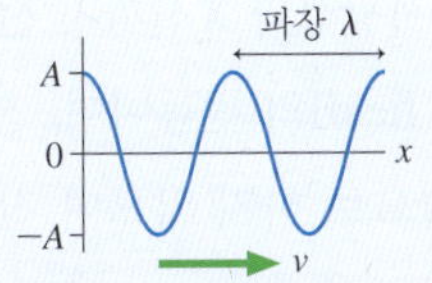

« 되돌아보기: 15.1–15.2절 단순 조화 운동의 성질

소리와 빛은 파동인가?

맞다! 매우 중요한 파동들이다.

- 음파는 종파이다.
- 광파는 횡파이다.

가시광의 색은 다른 파장에 해당한다.

가시광
700 600 500 400
파장 (nm)

파동은 에너지를 운반하는가?

운반한다. 파동이 표면에 매초 운반하는 에너지의 양이 파동의 세기이다. 음파의 경우 소리의 크기를 정하는 데 로그형의 데시벨 단위를 사용한다.

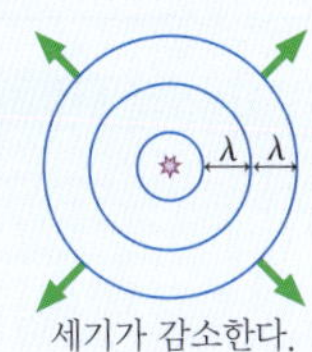

도플러 효과는 무엇인가?

파원과 파동의 관찰자 사이에 상대 운동이 있으면 파동의 진동수와 파장이 달라진다. 이것을 도플러 효과라고 한다. 구급차가 지나갈 때 구급차 사이렌의 높이가 떨어지는 이유가 바로 도플러 효과 때문이다.

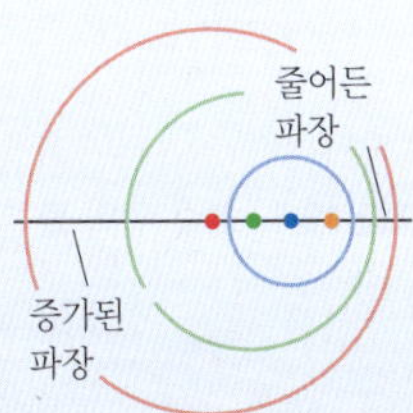

어떻게 파동을 사용할까?

파동은 문자 그대로 모든 곳에 존재한다. 라디오부터 휴대폰과 광섬유 광학까지 다양한 통신 시스템에서 파동을 사용한다. 소나와 레이다와 의료용 초음파도 파동을 사용한다. 음악과 악기 역시 파동과 관련된 것이다. 파동은 바다, 대기와 지구에도 존재한다. 이 장과 다음 장을 통해 주변의 다양한 파동들을 이해하고 다룰 수 있게 될 것이다.

16.1 파동의 소개

소리와 빛부터 바다의 파도와 지진파까지 우리는 파동들로 둘러싸여 있다. 악기, 휴대폰 또는 레이저를 이해하려면 파동에 대한 지식을 가지고 있어야 한다. 이 장에서 우리는 입자 모형이 아닌 새로운 **파동 모형**(wave model)을 통해 모든 파동이 보이는 일반적인 특성들을 알아보고자 한다.

파동 모형은 잘 정의된 파동 속력으로 진행하는 조직적인 교란인 **진행파**(traveling wave)를 기반으로 만든다. 진행파에 대한 공부를 두 가지 특징적인 파동 운동을 살펴보는 것으로 시작한다.

두 종류의 진행파

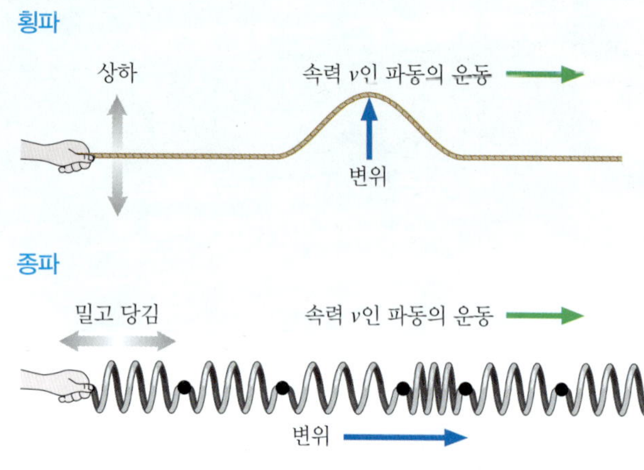

횡파(transverse wave)는 변위가 파동의 진행 방향과 **수직**인 파동이다. 예를 들어 수평 방향인 줄을 따라 파동이 진행할 때 줄을 구성하고 있는 입자들은 수직으로 진동한다. 전자기파 역시 전자기장이 파동의 진행 방향과 수직하게 진동하기 때문에 횡파이다.

종파(longitudinal wave)에서는 매질 속 입자들이 진행 방향과 **평행**하게 진동한다. 그림은 용수철에 의해 일렬로 연결된 물체를 보여준다. 첫 번째 물체를 짧게 밀어주면 용수철을 압축하거나 늘이면서 교란이 고리를 따라 진행한다. 기체나 액체 속의 음파가 가장 잘 알려진 종파의 예이다.

또한 파동치는 대상에 기초하여 파동을 분류할 수도 있다.

1. **역학적 파동**(mechanical wave)은 공기나 물과 같은 물질로 이루어진 **매질** 안에서만 진행한다. 잘 알려진 두 역학적 파동은 음파와 수면파이다.
2. 라디오파로부터 가시광선과 X선까지 **전자기파**(electromagnetic wave)는 **전자기장**(electromagnetic field)의 진동이며, 진동이 자체유지된다. 전자기파는 물질로 이루어진 매질을 필요로 하지 않으며 진공 속을 진행할 수 있다.

그림 16.1 호수 위의 물결은 진행파이다.

역학적 파동의 **매질**(medium)은 파동이 통과 또는 이동하는 물질이다. 예를 들어 수면파의 매질은 물이고 음파의 매질은 공기이며, 잡아당겨진 용수철 상의 파동은 용수철이 매질이다. 매질은 **탄성**이 있어야 한다. 다시 말해 변위 또는 교란된 매질을 일종의 복원력이 평형으로 되돌리려고 한다. 늘어난 용수철의 장력은 용수철을 원래 상태로 되돌리려고 한다. 보트에 의해 만들어진 파도가 지나간 호수 표면을 중력이 다시 평평하게 만든다.

파동이 매질을 통과하는 동안 매질의 원자들(간단히 매질의 입자들이라고 부르자)이 평형으로부터 변위된다. 이것이 매질의 **교란**(disturbance)이다. 그림 16.1의 물결은 수면의 교란이다. 용수철을 따라 진행하는 펄스가 교란이듯이 보트의 항적과 음속보다 빨리 움직이는 제트기의 소닉붐 역시 교란이다. 무작위적인(random) 분자 운동에 의한 열에너지와 달리 **파동의 교란은 매질 속 입자들의 조직적인**(organized) **운동이다.**

파동 속력

파동의 교란은 **파원**(source)에 의해 생긴다. 파원은 물에 던진 돌, 용수철을 잡아당기는 손이나 공기를 밀어내는 진동하는 스피커 콘이 될 수 있다. 발생된 교란은 매질을 통해 **파동 속력**(wave speed) v로 진행한다. 물결이 물을 통해 이동하는 속력이나 펄스가 줄을 따라 이동하는 속력이 바로 파동 속력이다.

예를 들어 16.4절에서 장력 T_s로 당긴 줄 위의 파동 속력이

$$v_{\text{string}} = \sqrt{\frac{T_s}{\mu}} \quad \text{(당긴 줄 위의 파동 속력)} \tag{16.1}$$

임을 증명할 것이다. 여기서 μ는 줄의 **선밀도**(linear density)

$$\mu = \frac{m}{L}, \tag{16.2}$$

즉 질량 대 길이의 비이다. 선밀도의 SI 단위는 kg/m이다. 동일한 물질로 만든 두꺼운 줄은 가는 줄에 비해 큰 μ값을 갖는다. 같은 식으로 강철로 된 줄은 동일한 지름을 가진 플라스틱 줄에 비해 큰 μ값을 갖는다. 줄이 **균일하다**(uniform)는 것은 줄 전체에 걸쳐 선밀도가 모든 곳에서 같다는 것을 의미한다.

식 (16.1)은 파동 **속력**이지 파동 속도가 아니다. 따라서 v_{string}은 항상 양의 값을 갖는다. 파동의 모든 점이 이 속력으로 진행한다. 줄의 장력을 **증가**시키거나(줄을 팽팽하게 하여) 줄의 선밀도를 **감소**시키면(가는 줄을 사용하여) 파동 속력을 증가시킬 수 있다.

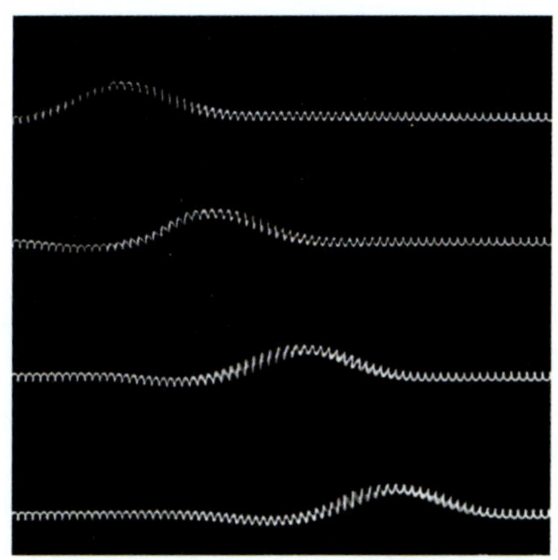

일련의 사진들은 용수철을 따라 진행하는 파동 펄스를 보여준다.

예제 16.1 선밀도 측정하기

길이 2.00 m인 금속선이 운동 감지 센서와 연결되어 있으며 1.50 m 떨어진 도르래를 통해 2.00 kg의 매달린 물체가 만든 장력에 의해 수평으로 당겨진다. 도르래가 있는 줄의 오른쪽 수평 부분을 잡아당겼다가 놓으면 작은 파동 펄스가 줄을 따라 진행한다. 펄스가 줄의 맨 끝에 도달하면 운동 감지 센서에 의해 정지해 있던 타이머가 작동하기 시작한다. 펄스가 줄의 끝에 도달하는 데 18.0 ms가 걸렸다면 줄의 선밀도가 얼마인가?

핵심 펄스는 진행파이고 도르래의 마찰은 없다고 가정한다.

시각화 그림 16.2는 예제를 그림으로 표현한 것으로, 매달린 물체에 대한 자유 물체 도형이다.

풀이 줄 위의 파동 속력은 줄의 선밀도 μ와 장력 T_s에 의해 결정된다. 파동 속력과 장력을 측정함으로써 선밀도를 결정할 수 있다. 매단 물체가 평형에 있기 때문에 알짜힘은 0이 된다. 따라서 자유 물체 도형으로부터 줄 전체의 장력이 $T_s = F_G = Mg = 19.6\ \text{N}$으로 주어짐을 알 수 있다. (왜냐하면 도르래의 마찰이 없기 때문이다.) 파동 펄스가 1.50 m를 18.0 ms 동안 진행하기 때문에 파동 속력은

$$v = \frac{1.50\ \text{m}}{0.0180\ \text{s}} = 83.3\ \text{m/s}$$

(계속)

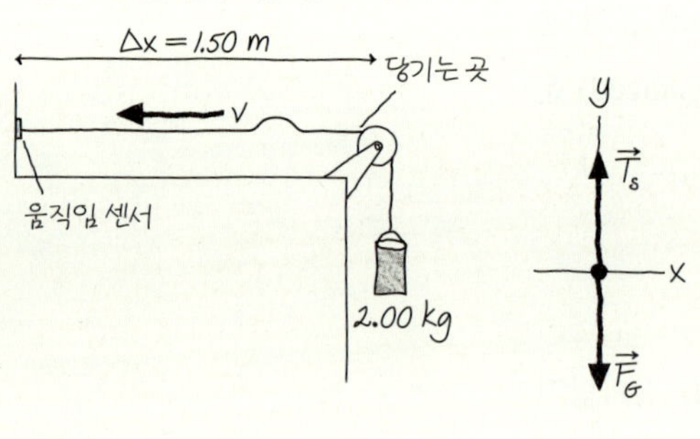

그림 16.2 줄 위의 파동 펄스

이다. 따라서 식 (16.1)로부터 줄의 선밀도는

$$\mu = \frac{T_s}{v^2} = \frac{19.6\ \text{N}}{(83.3\ \text{m/s})^2} = 2.82 \times 10^{-3}\ \text{kg/m} = 2.82\ \text{g/m}$$

가 된다. 줄의 선밀도는 SI 단위는 아니지만 흔히 g/m로 표시한다. 모든 계산에서는 kg/m를 사용해야 한다.

검토 1 m 길이의 가는 선의 질량은 보통 수 g 정도이므로 수 g/m의 선밀도는 타당하다. 줄의 전체 길이와는 관계없다는 것에 주목하라.

줄 위의 파동 속력은 줄의 성질이다(장력과 선밀도). 일반적으로 **파동 속력은 매질의 성질이다.** 파동 속력은 매질 내부의 복원력에 의존하지 펄스의 모양이나 크기, 펄스의 생성 방식이나 펄스의 진행 거리와는 무관하다.

16.2 1차원 파동

파동을 이해하기 위해서는 2개의 변수를 다루어야 한다. 지금까지는 $x(t)$나 $v(t)$와 같은 시간에만 의존하는 물리량에 관심을 가져왔다. 변수가 t 하나인 함수들은 입자를 기술하는 데 적절하다. 왜냐하면 입자가 특정 시간에 한 위치에만 존재하기 때문이다. 그러나 파동은 특정 장소에 몰려있지 않다. 파동은 각 시간마다 공간에 퍼져 있다. 파동을 수학적으로 기술하기 위해서는 시간(언제)뿐만 아니라 장소(어디서)를 특정짓는 함수가 필요하다.

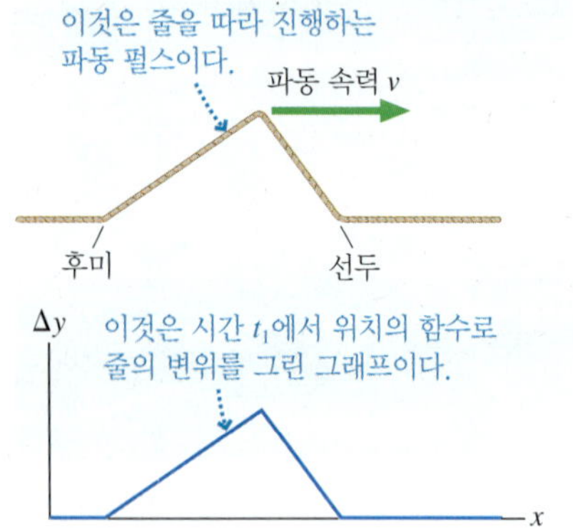

그림 16.3 줄 위의 파동 펄스의 스냅 사진 그래프

그냥 수학으로 뛰어들기보다 그래프를 이용하여 파동을 생각해보자. 그림 16.3에 보인 잡아당긴 줄을 따라 이동하는 파동 펄스를 생각해보자. (펄스의 끝이 어디에 있는지 분명히 보여주기 위해 이 절에서는 조금 인위적인 삼각 또는 사각 모양의 펄스를 고려한다.) 그래프는 특정 시간 t_1에서 줄의 변위 Δy를 줄의 길이 방향 위치인 x의 함수로 보여준다. 이것은 파동의 '스냅 사진'으로 시간 t_1에서 카메라 셔터를 잠깐 열어서 찍은 사진과 아주 유사하다. 파동의 변위를 단일 시간에서 위치의 함수로 보여주는 그래프를 **스냅 사진 그래프**(snapshot graph)라고 한다. 줄 위의 파동에 대해 스냅 사진 그래프는 문자 그대로 그 순간의 파동을 그린 것이다.

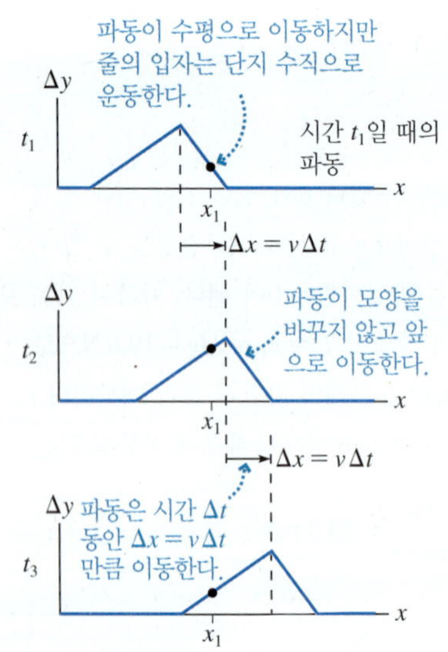

그림 16.4 일련의 스냅 사진 그래프는 진행하는 파동을 보여준다.

그림 16.4는 그림 16.3의 파동이 계속 이동할 때의 일련의 스냅 사진 그래프들을 보여준다. 이것은 비디오의 연속 프레임과 같은 것이다. 파동 펄스가 시간 간격 Δt 동안 $\Delta x = v\Delta t$만큼 이동한다는 것에 주목하라. 다시 말해 파동이 일정한 속력으로 이동한다.

스냅 사진 그래프는 절반의 이야기만을 들려준다. 이 그래프는 파동이 어디에 있고 위치에 따라 어떻게 변하는지 알려주지만 특정 시간에서만 그렇다. 이것은 파동이 시간에 따라 어떻게 변화하는지에 대한 정보를 제공하지 않는다. 파동을 묘사하는 또 다른 방법은 그림 16.4와 같이 줄 위의 한 점을 추적하고 그 점의 변위가 시간에 따라 어떻게 변하는지 보여주는 그래프를 그리는 것이다. 그림 16.5에 보인 결과는 공간의 특정 위치에서의 변위-시간 그래프이다. 공간의 한 위치에서 파동의 변위를 시간의 함수로 보여주는 그래프를 **이력 그래프**(history graph)라고 한다. 이것은 매질 속 특정 지점의 역사를 알려준다.

실수를 했다고 생각할지 모르겠다. 그림 16.4와 비교하면 그림 16.5의 그래프는 반대로 되어 있다. 이것은 실수가 아니지만 그 이유를 이해하려면 잘 생각해야 한다. 파동이 점을 향해 이동할 때 가파른 **선두**(leading edge)는 이 점을 빠르게 솟아오르게 한다. 변위-시간 그래프에서 이전(earlier) 시간(작은 값의 t)은 왼쪽에, 나중 시간(더 큰 t)은 오른쪽에 위치한다. 그러므로 파동의 선두는 그림 16.5 이력 그래프의 왼편에 있게 된다. 그림 16.5의 오른편으로 이동하면 파동이 나중 시간에 이 점을 지나게 되기 때문에 느리게 떨어지는 파동의 **후미**(trailing edge)를 보게 된다.

그림 16.3의 스냅 사진 그래프와 그림 16.5의 이력 그래프는 상보적인 정보를 묘사한다. 스냅 사진 그래프는 전체 공간에서, 하지만 특정 시간에 사물이 어떻게 보이는지를 알려준다. 이력 그래프는 모든 시간, 하지만 공간의 한 위치에서 사물이 어떻게 보이는지를 알려준다. 파동의 전체 역사를 알려면 두 그래프가 모두 필요하다. 파동을 표현하는 대안은 그림 16.6에 보인 그래프들의 모음이다. 여기서는 파동이 앞으로 어떻게 이동하는지 분명하게 알 수 있다. 그러나 본질적으로 이런 그래프들을 손으로 그리기가 불가능하기 때문에 스냅 사진 그래프와 이력 그래프 사이에서 앞뒤로 이동하는 게 필요하다.

그림 16.5 그림 16.4에 있는 줄 위의 한 점의 이력 그래프

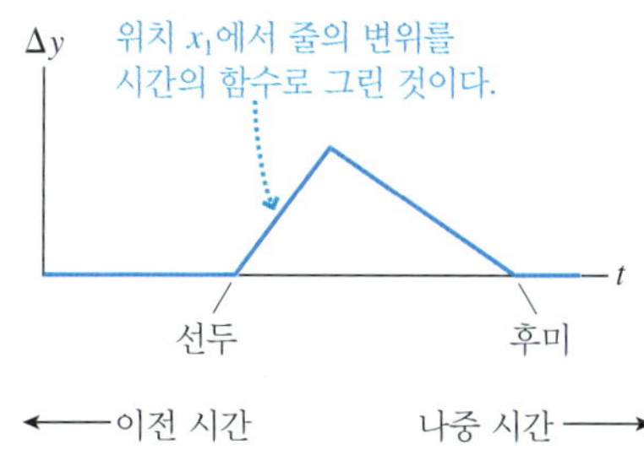

그림 16.6 진행파의 또 다른 모습

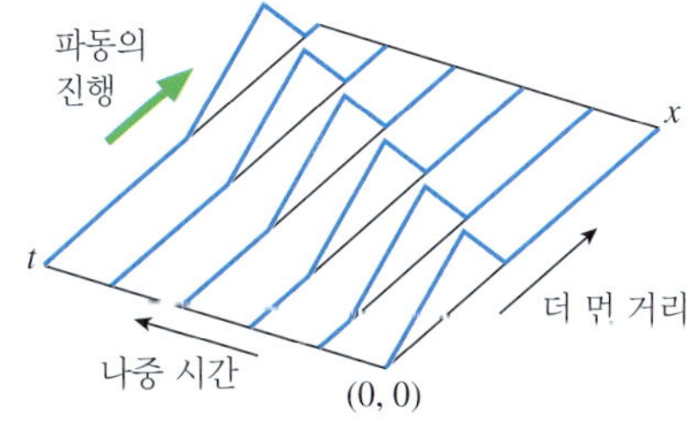

예제 16.2 스냅 사진 그래프로부터 이력 그래프 구하기

그림 16.7은 오른쪽으로 2.0 m/s의 속력으로 움직이는 파동의 $t = 0$ s에서의 스냅 사진 그래프이다. 위치 $x = 8.0$ m에서의 이력 그래프를 그리시오.

그림 16.7 $t = 0$ s에서의 스냅 사진 그래프

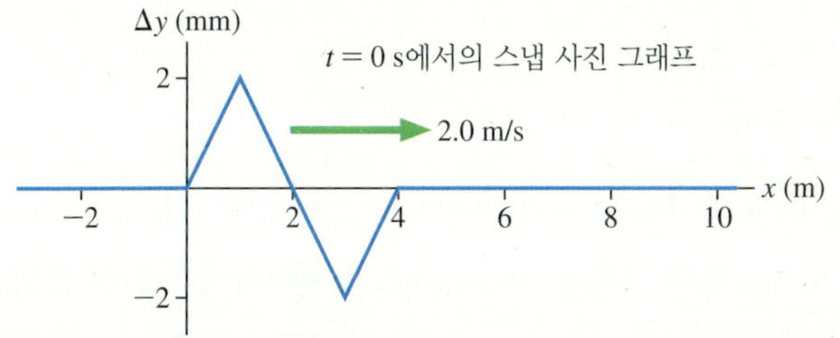

핵심 이것은 일정한 속력으로 진행하는 파동이다. 펄스가 오른쪽으로 매초 2.0 m 이동한다.

시각화 그림 16.7의 스냅 사진 그래프는 $t = 0$ s에서 x축의 모든 점에서의 파동을 보여준다. 파동이 아직 $x = 8.0$ m에 도달하지 않았기 때문에 이 순간 $x = 8.0$ m에서는 아무 일도 일어나지 않는다는 것을 알 수 있다. 사실 $t = 0$ s에서 파동의 선두는 여전히 $x = 8.0$ m 위치로부터 4.0 m 떨어져 있다. 파동이 2.0 m/s로 진행하기 때문에 선두가 $x = 8.0$ m에 도달하려면 2.0 s가 필요하다. 따라서 $x = 8.0$ m에 대한 이력 그래프는 $t = 2.0$ s일 때까지 0이 된다. 파동의 처음 부분이 매질을 아래로 변위시키기 때문에 $t = 2.0$ s 직후 $x = 8.0$ m에서의 변위는 음이 된다. 파동 펄스의 음의 부분은 폭이 2.0 m이고, $x = 8.0$ m를 지나는 데 1.0 s 걸린다. 따라서 펄스의 중간점은 $t = 3.0$ s일 때 $x = 8.0$ m를 지난다. 양의 부분이 통과하는 데 또 다른 1.0 s가 걸리므로 펄스의 후미는 $t = 4.0$ s에 도착한다. 후미가 초기에 $x = 8.0$ m로부터 8.0 m 떨어진 곳에 있었고 속

(계속)

력 2.0 m/s로, 이 거리를 진행하는 데 4.0 s가 필요하다는 것에 주목할 필요가 있다. $x = 8.0$ m에서의 변위가 $t = 4.0$ s에 0으로 되돌아가며 이후 그 상태를 유지한다. 이 정보가 모두 그림 16.8의 이력 그래프에 묘사되어 있다.

그림 16.8 $x = 8.0$ m에서의 해당 이력 그래프

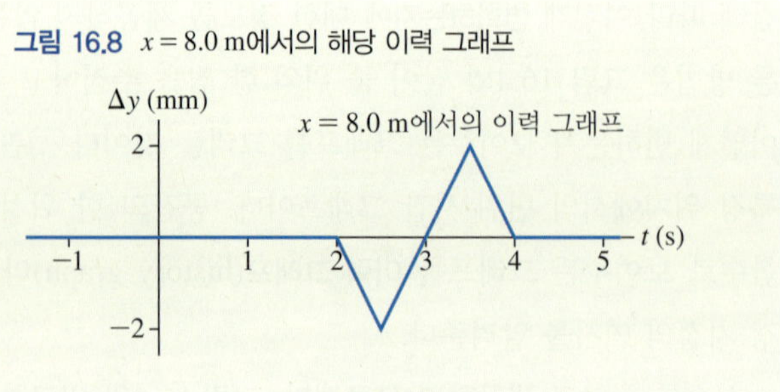

종파

횡파인 줄 위의 파동에 대한 스냅 사진 그래프는 문자 그대로 파동을 찍은 사진이다. 하지만 매질 속의 입자가 파동의 진행 방향과 평행하게 움직이는 종파에 대해서는 그렇지 않다. 이 경우 변위는 Δy가 아닌 Δx이고, 스냅 사진 그래프는 Δx-x의 그래프이다.

그림 16.9a는 음파와 같은 종파의 스냅 사진 그래프이다. 의도적으로 예제 16.2의 줄 위의 파동과 같은 모양을 가지도록 그래프를 그렸다. 연습 없이는 이 그래프가 매질 속의 입자에 대해 이야기해주는 것을 파악하기가 쉽지 않다.

그림 16.9 종파의 시각화

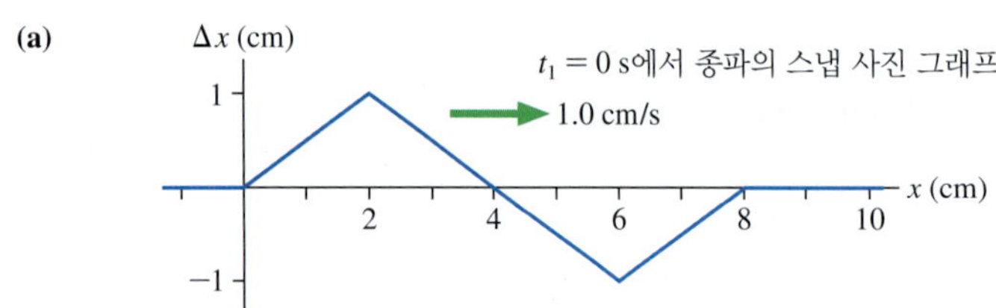

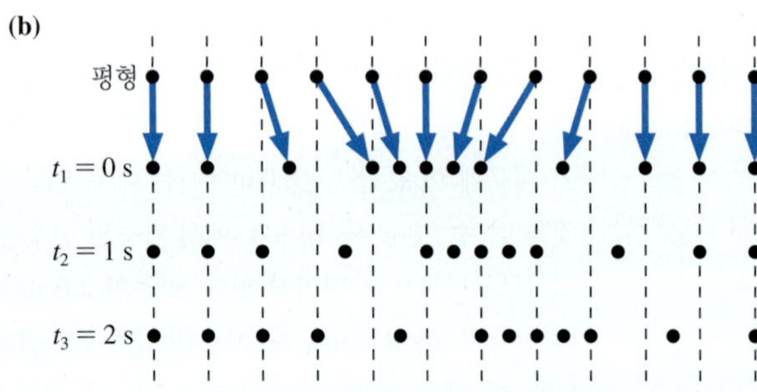

이해를 돕기 위해 그림 16.9b에 종파를 시각화하는 방법을 제시한다. 두 번째 열에서 매질 속 입자를 평형 위치로부터 오른쪽이나 왼쪽으로 변위시키기 위해 그래프의 정보를 이용했다. 예를 들어 $x = 1.0$ cm에 있는 입자는 오른쪽으로 0.5 cm 변위되었다. 왜냐하면 스냅 사진 그래프가 $x = 1.0$ cm에서 $\Delta x = 0.5$ cm를 보여주기 때문이다. 이런 식으로 $t_1 = 0$ s에서의 종파 펄스의 사진을 얻는다. 매질이 펄스 중심에서 압축되면서 밀도가 높아지고, 그에 대응하여 선두와 후미에서는 밀도가 낮아지는 것을 알

수 있다. 아래 두 열은 $t_2 = 1$ s와 $t_3 = 2$ s에서의 매질을 보여주며, 이를 통해 파동이 매질 속을 1.0 cm/s로 전파되는 것을 알 수 있다.

변위

파동을 만나면 매질의 입자들을 평형 위치로부터 변위된다. 우리 목표 가운데 하나가 모든 종류의 파동을 기술하는 수학적 표현의 개발이므로, 파동의 종류와 상관없이 기호 D를 사용하여 그 변위를 나타낸다. 그러나 매질 속 '입자'란 무엇을 의미하는가? 그리고 매질이 없는 전자기파의 경우는 어떻게 되는가?

원자들이 서로에 대해 고정되어 있는 줄의 경우, 줄의 원자들 그 자체를 또는 아주 작은 부분을 매질 속 입자로 간주할 수 있다. 그러면 D는 줄 위 한 점에서의 수직 변위 Δy가 된다. 음파의 경우 D는 유체의 작은 부피의 길이 방향 변위 Δx가 된다. 다른 역학적 파동의 경우 D는 적절한 변위를 의미한다. D를 아직 정의되지 않은 **전자기장의 세기**(electromagnetic field strength)라고 해석하면 심지어 전자기파도 동일한 수학적 표현으로 기술할 수 있다. 더 추상적인 의미에서 전자기장의 세기는 전자기파가 공간을 지나갈 때의 '변위'에 해당한다.

이미 스포츠 행사에서 '파동'을 보았거나 참가해 보았을 것이다. 파동이 운동장 주위로 이동하지만 사람(매질)은 단순히 평형 위치로부터 작은 변위만을 일으킨다.

매질 속 입자의 변위는 입자가 어디에 있는지(위치 x)와 언제 변위를 관찰하는지(시간 t)에만 의존하기 때문에 D는 두 변수 x와 t의 함수여야 한다. 다시 말해

$$D(x, t) = \text{시간이 } t\text{일 때 위치 } x\text{에 있는 입자의 변위}$$

가 된다. 두 변수(어디와 언제)의 값은 변위 D를 계산하기 전에 지정해야 한다.

16.3 사인 모양 파동

단순 조화 운동(SHM)으로 진동하는 파원은 **사인 모양 파동**(sinusoidal wave)을 만든다. 예를 들어 SHM으로 진동하는 스피커 콘은 사인 모양 음파를 방출한다. 텔레비전과 FM 라디오 방송국에서 방출하는 사인 모양 전자기파는 SHM을 하는 안테나선 안의 전자들이 앞뒤로 진동하면서 만들어진다. **파동의 진동수 f는 진동하는 파원의 진동수이다.**

그림 16.10은 매질을 통과하는 사인 모양 파동을 보여준다. 이 파동이 어떻게 전파하는지를 이해하기 위해 이력 그래프와 스냅 사진 그래프를 들여다 보자. 그림 16.11a는 이력 그래프로 공간의 한 점에서 매질의 변위를 보여준다. 매질 속 각 입자들은 진동수 f의 단순 조화 운동을 한다. 따라서 SHM의 이 그래프는 15장에서 배웠던 그래프와 동일하다. 그래프에 보인 파동의 **주기**는 운동의 한 순환 동안의 시간 간격이다. 주기는 파동의 진동수 f와

$$T = \frac{1}{f} \tag{16.3}$$

그림 16.10 x축을 따라 이동하는 사인 모양 파동

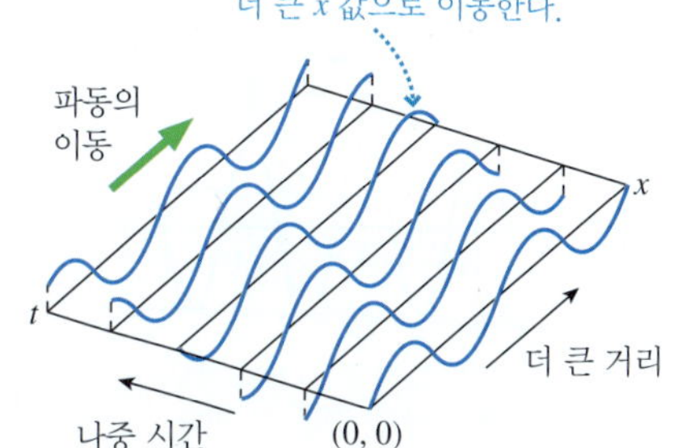

그림 16.11 사인 모양 파동의 이력 그래프와 스냅 사진 그래프

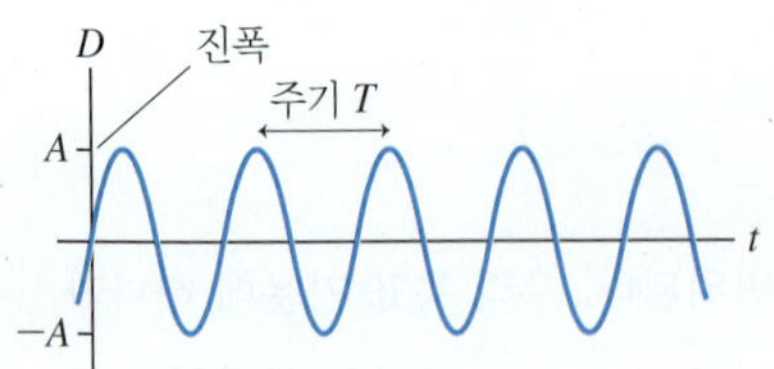

(a) 공간의 한 점에서의 이력 그래프

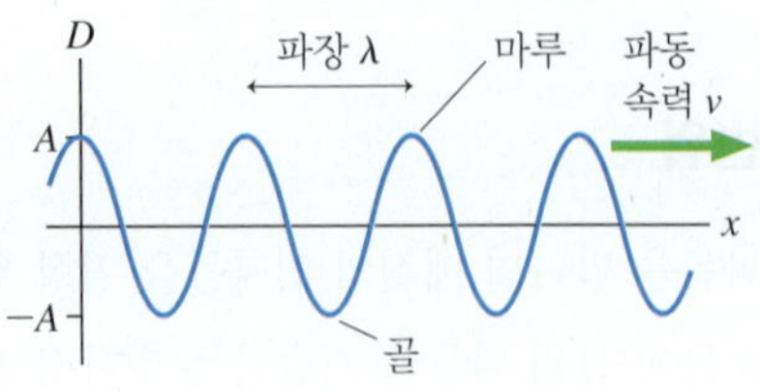

(b) 특정 시간에서의 스냅 사진 그래프

의 관계를 가지는데 정확히 단순 조화 운동에서와 같다. 파동의 **진폭**(amplitude) A는 변위의 최댓값이다. 파동의 마루들은 변위 $D_{crest}=A$를 가지며 골들은 변위 $D_{trough}=-A$를 갖는다.

시간에 따른 변위는 이야기의 절반에 해당한다. 그림 16.11b는 동일한 파동의 특정 시간에서의 스냅 사진 그래프를 보여준다. 여기서 파동은 공간에 퍼져서 속력 v로 오른쪽으로 이동한다. 사인 모양 파동의 중요한 특징은 시간뿐만 아니라 **공간에서도 주기적**이라는 점이다. 스냅 사진 그래프의 '정지한' 파동을 따라 왼쪽에서 오른쪽으로 움직이면 교란이 계속해서 반복된다. 운동의 한 순환 동안의 이동거리를 파동의 **파장**(wavelength)이라고 한다. 파장은 기호로 λ(그리스 소문자 람다)를 사용한다. 파장은 길이이므로 m 단위로 측정한다. 파장이 그림 16.11b에서 두 마루 사이의 거리로 주어져 있다. 파장은 두 골 사이의 거리와도 일치한다.

사인 모양 파동의 기본적인 관계

파동의 파장과 주기 사이에 중요한 관계가 존재한다. 그림 16.12는 사인 모양 파동을 주기 T의 1/4시간 간격으로 나타낸 5개의 스냅 사진 그래프를 보여준다. x축 위한 고정점에서 운동을 관찰하면 알 수 있듯이 처음 그래프와 마지막 그래프 사이에 한 주기의 시간이 흐른다. 매질 속 각 점들은 정확히 한 번의 완전한 진동을 겪는다.

그림 16.12 주기 T의 1/4시간 간격으로 표시한 일련의 스냅 사진 그래프

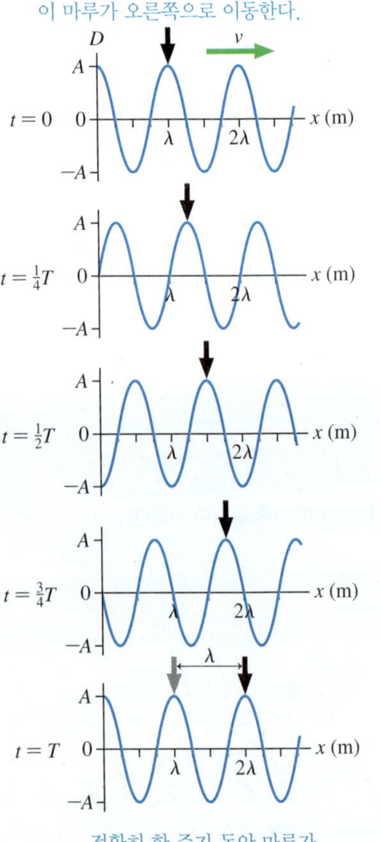

화살표로 표시한 파동의 마루가 처음 그래프와 마지막 그래프 사이에서 한 파장 이동했다는 사실을 관찰하는 것이 중요하다. 다시 말해 **정확히 한 주기 T의 시간 간격 동안 사인 모양 파동의 각 마루들은 정확히 한 파장 λ만큼 앞으로 이동한다.** 속력은 거리를 시간으로 나눈 것이기 때문에 파동 속력은

$$v=\frac{\text{거리}}{\text{시간}}=\frac{\lambda}{T} \tag{16.4}$$

로 주어진다. $f=1/T$이므로 식 (16.4)는 보통

$$v=\lambda f \tag{16.5}$$

의 형태로 적는다. 식 (16.5)는 특별한 이름을 가지고 있지 않지만 주기적인 파동에 대한 가장 기본적인 관계식이다. 이 식을 사용할 때 파동이 한 주기의 시간 간격 동안

한 파장의 거리를 이동한다는 **물리적** 의미를 기억하라.

파동 속력은 매질의 성질인 반면 파동의 진동수는 진동하는 파원의 성질이기 때문에 흔히 식 (16.5)를

$$\lambda = \frac{v}{f} = \frac{\text{매질의 성질}}{\text{파원의 성질}} \tag{16.6}$$

로 적는 것이 쓸모가 있다.

파장은 파동 속력이 v인 매질 속을 통과하는 진동수가 f인 파동의 결과이다.

사인 모양 파동의 수학

그림 16.13은 사인 모양 파동의 $t=0$에서의 스냅 사진 그래프를 보여준다. 이 파동의 변위를 기술하는 사인 함수는

$$D(x, t=0) = A\sin\left(2\pi\frac{x}{\lambda} + \phi_0\right) \tag{16.7}$$

이다. 여기서 $D(x, t=0)$는 변위 함수를 x만의 함수로 만들기 위해 시간 $t=0$에서 파동을 정지시킨 것을 의미한다. ϕ_0항은 초기 조건을 특정 짓는 **위상 상수**이다. (잠시 후 위상 상수의 의미를 살펴볼 것이다.)

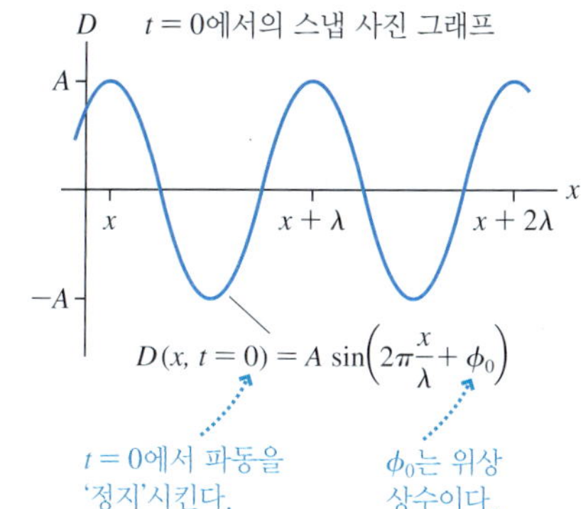

그림 16.13 사인 모양 파동

식 (16.7)의 함수는 주기 λ인 주기적인 함수이다. 이 사실은

$$\begin{aligned} D(x+\lambda) &= A\sin\left(2\pi\frac{(x+\lambda)}{\lambda} + \phi_0\right) = A\sin\left(2\pi\frac{x}{\lambda} + \phi_0 + 2\pi\text{ rad}\right) \\ &= A\sin\left(2\pi\frac{x}{\lambda} + \phi_0\right) = D(x) \end{aligned}$$

로 적어보면 알 수 있다. 여기서 $\sin(a + 2\pi\text{ rad}) = \sin a$라는 사실을 이용했다. 다시 말하면 $x+\lambda$에서 파동이 만든 교란은 정확히 x에서 파동이 만든 교란과 동일하다.

다음 단계는 파동이 진행하도록 하는 것이다. 식 (16.7) 속의 x를 $x - vt$로 교체하면 이 일을 할 수 있다. 시간 t 동안 파동이 거리 vt 이동한다는 것을 이용하면 왜 이런 일이 일어나는지 이해할 수 있다. 다른 말로 하면 시간 t에서 위치 x에 있는 파동이 가지는 변위는 그 값이 무엇이든지 이전 시간 $t=0$일 때 위치 $x - vt$에서 파동이 갖는 변위와 동일해야 한다. 수학적으로 이것을

$$D(x, t) = D(x - vt, t=0) \tag{16.8}$$

로 표현할 수 있다. 어떻게 이런 표현이 속력 v로 양의 x 방향으로 이동하는 파동을 기술하는지 이해하도록 하라.

이것이 바로 우리가 찾던 것이다. $D(x, t)$는 진행파를 기술하는 일반 함수이다. $t=0$에서의 파동을 기술하는 함수[식 (16.7)의 함수]를 취하고 x를 $x - vt$로 교체함으로써 $D(x, t)$를 구할 수 있다. 그러므로 속력 v로 양의 x 방향으로 이동하는 사인 모양 파동의 변위 방정식은

$$D(x, t) = A\sin\left(2\pi\frac{x - vt}{\lambda} + \phi_0\right) = A\sin\left(2\pi\left(\frac{x}{\lambda} - \frac{t}{T}\right) + \phi_0\right) \quad (16.9)$$

가 된다. 마지막 단계에서 $v/\lambda = 1/T$로 적기 위하여 $v = \lambda f = \lambda/T$를 이용했다. 식 (16.9)의 함수는 공간적으로 주기 λ를 가진 주기적인 함수일뿐 아니라 시간적으로 주기 T를 가진, 즉 $D(x, t + T) = D(x, t)$인 주기적인 함수이다.

두 가지 새로운 물리량을 소개하는 것이 유용하다. 첫째, 단순 조화 운동으로부터 각진동수가

$$\omega = 2\pi f = \frac{2\pi}{T} \quad (16.10)$$

인 것을 상기하라. ω의 단위는 rad/s이지만 많은 교재에서 간단히 s^{-1}을 사용한다.

시간적 주기의 역수에 2π를 곱한 것이 ω라는 것을 알 수 있다. 이것은 유사한 물리량, 즉 공간적 주기의 역수에 2π를 곱한 **파수**(wave number) k라고 하는 것을 정의할 수 있음을 암시한다.

$$k = \frac{2\pi}{\lambda} \quad (16.11)$$

k의 단위는 rad/m이지만 많은 교재에서 간단히 m^{-1}을 사용한다.

ω와 k 사이의 유사한 관계식을 찾아내기 위해 기본적인 관계식 $v = \lambda f$를 사용할 수 있다.

$$v = \lambda f = \frac{2\pi}{k}\frac{\omega}{2\pi} = \frac{\omega}{k} \quad (16.12)$$

이것을 보통

$$\omega = vk \quad (16.13)$$

로 적는다. 식 (16.13)은 새로운 정보를 가지고 있지 않다. 이 식은 단지 식 (16.5)의 변형에 지나지 않지만 ω와 k를 가지고 작업할 때 편리한 식이다.

식 (16.10)과 (16.11)의 정의를 사용하면 변위에 대한 식 (16.9)를

$$D(x, t) = A\sin(kx - \omega t + \phi_0) \quad (16.14)$$

(양의 x 방향으로 진행하는 사인 모양 파동)

로 적을 수 있다. 음의 x 방향으로 진행하는 사인 모양 파동은 $A\sin(kx + \omega t + \phi_0)$이다. 식 (16.14)를 x와 t대 그래프로 그린 것이 그림 16.14에 있다.

그림 16.14 사인 모양 진행파의 식에 대한 해석

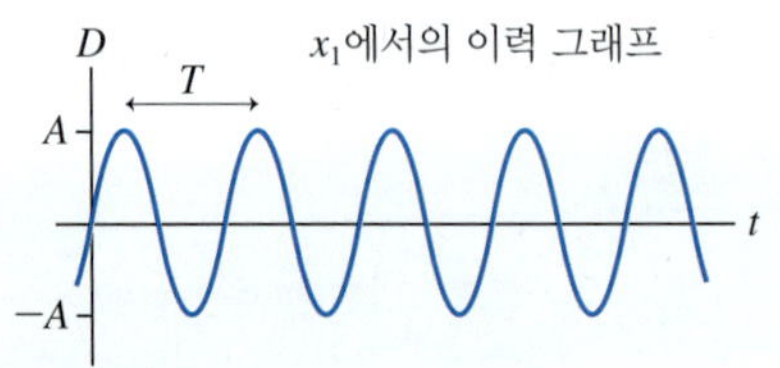

x를 고정하면 $D(x_1, t) = A\sin(kx_1 - \omega t + \phi_0)$는 공간의 한 점 x_1에서 사인 모양의 이력 그래프가 된다. 이 그래프는 T s마다 반복된다.

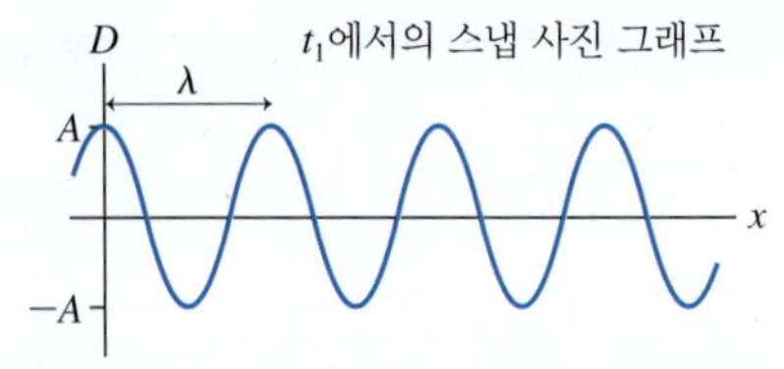

t를 고정하면 $D(x, t_1) = A\sin(kx - \omega t_1 + \phi_0)$는 특정 시간 t_1에서 사인 모양의 스냅 사진 그래프가 된다. 이 그래프는 λ m마다 반복된다.

« 15.2절에서 진동자의 초기 조건을 위상 상수로 특정할 수 있다고 배웠다. 이것은 사인 모양 파동에 대해서도 옳다. $(x, t) = (0\text{ m}, 0\text{ s})$에서 식 (16.14)는

$$D(0\text{ m}, 0\text{ s}) = A\sin\phi_0 \quad (16.15)$$

가 된다. 다른 ϕ_0값은 파동의 다른 초기 조건을 기술한다.

예제 16.3 사인 모양 파동 분석하기

진폭이 1.00 cm이고 진동수가 100 Hz인 사인 모양 파동이 양의 x 방향으로 200 m/s의 속력으로 진행한다. $t=0$ s에서 점 $x=1.00$ m가 파동의 마루에 있다.

a. 이 파동의 A, v, λ, k, f, ω, T와 ϕ_0를 결정하시오.

b. 파동이 진행할 때 파동의 변위에 대한 방정식을 쓰시오.

c. $t=0$ s에서의 파동의 스냅 사진 그래프를 그리시오.

시각화 스냅 사진 그래프는 사인 모양이지만 그래프를 그리기 전에 몇 가지 수치 분석을 해야 한다.

풀이 a. 사인 모양 진행파와 관련된 몇 가지 수치들이 존재하지만 이들 모두가 독립적이지는 않다. 문제에서

$$A=1.00 \text{ cm},\qquad v=200 \text{ m/s},\qquad f=100 \text{ Hz}$$

가 주어져 있다. 이들로부터

$$\lambda=v/f=2.00 \text{ m}$$
$$k=2\pi/\lambda=\pi \text{ rad/m 또는 } 3.14 \text{ rad/m}$$
$$\omega=2\pi f=628 \text{ rad/s}$$
$$T=1/f=0.0100 \text{ s}=10.0 \text{ ms}$$

를 얻는다. 위상 상수 ϕ_0는 초기 조건으로부터 결정한다. 변위 $D=A$인 파동의 마루가 $t_0=0$ s에서 $x_0=1.00$ m를 시나는 것을 알고 있다. x_0와 t_0에서 식 (16.14)는

$$D(x_0,\ t_0)=A=A\ \sin[k(1.00 \text{ m})+\phi_0]$$

가 된다. 이 식은 $\sin[k(1.00 \text{ m})+\phi_0]=1$일 때만 옳다. 따라서

$$k(1.00 \text{ m})+\phi_0=\frac{\pi}{2} \text{ rad}$$

이어야 한다. 위상 상수에 대해 풀면

$$\phi_0=\frac{\pi}{2} \text{ rad}-(\pi \text{ rad/m})(1.00 \text{ m})=-\frac{\pi}{2} \text{ rad}$$

이 된다.

b. 문항 a에서 구한 정보를 사용하면 파동의 변위는

$$D(x,t)=1.00 \text{ cm}\times \sin[(3.14 \text{ rad/m})x-(628 \text{ rad/s})t-\pi/2 \text{ rad}]$$

이다. A, k, ω와 ϕ_0의 단위를 사용한 것에 주목하라.

c. $t=0$ s에서 $x=1.00$ m가 파동의 마루이고 파장이 $\lambda=2.00$ m라는 것을 알고 있다. 원점이 $x=1.00$ m의 마루로부터 $\lambda/2$만큼 떨어져 있기 때문에 $x=0$에서 파동의 골을 발견할 것이라고 예상할 수 있다. $D(0 \text{ m},\ 0 \text{ s})=(1.00 \text{ cm})\sin(-\pi/2 \text{ rad})=-1.00$ cm를 계산하여 이것을 확인할 수 있다. 그림 16.15는 이런 정보를 묘사하는 스냅 사진 그래프이다.

그림 16.15 예제 16.3의 사인 모양 파동의 $t=0$ s에서의 스냅 사진 그래프

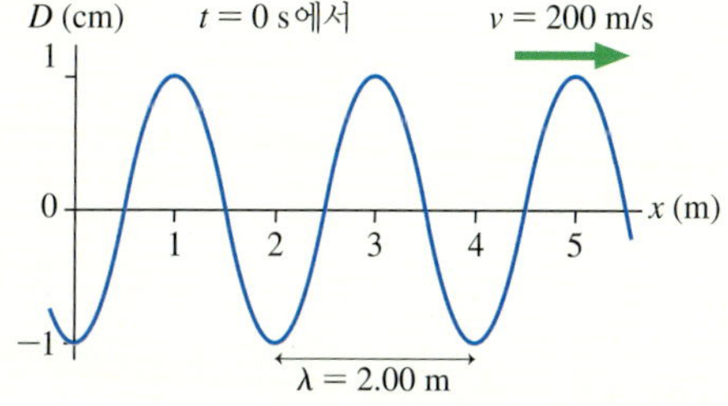

매질 속 입자의 속도

사인 모양 파동이 속력 v로 x축을 따라 진행할 때 매질의 입자들은 앞뒤로 SHM으로 진동한다. 줄 위의 파동과 같은 횡파의 경우 y 방향으로 진동한다. 종파의 경우 입자들은 전파 방향과 평행한 x 방향으로 진동한다. 매질 속 입자들의 속도를 구하기 위해 변위 방정식인 식 (16.14)를 사용할 수 있다.

시간 t일 때 위치 x에서의 매질의 변위는

$$D(x,\ t)=A\ \sin(kx-\omega t+\phi_0) \tag{16.16}$$

이다. **줄에서의 파동의 속도와는 다른** 매질의 속도는 식 (16.16)의 시간 도함수이다.

$$v=\frac{dD}{dt}=-\omega A\cos(kx-\omega t+\phi_0) \tag{16.17}$$

따라서 매질 속 입자의 최대 속력은 $v_{max}=\omega A$이다. 이것은 단순 조화 운동에 대해

구한 것과 동일한 결과이다. 왜냐하면 매질의 운동이 단순 조화 운동이기 때문이다. 그림 16.16은 사인 모양 파동이 왼쪽에서 오른쪽으로 이동할 때 줄 위의 다른 점에 있는 입자들의 속도 벡터를 보여준다.

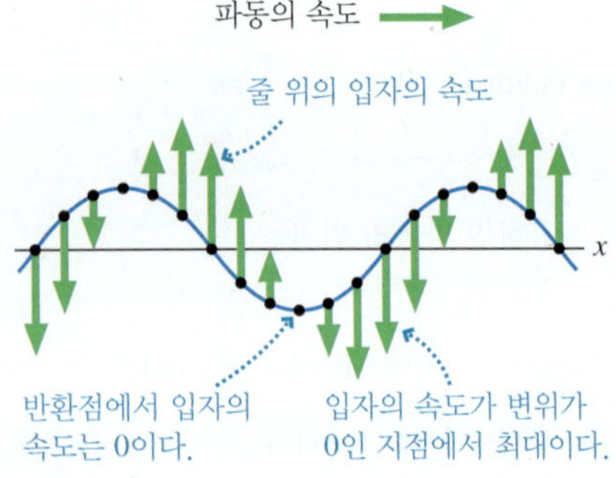

그림 16.16 여러 점에서의 줄의 속도를 보여주는 벡터를 가진 줄 위의 파동의 $t = 0$ s에서의 스냅 사진 그래프

16.4 심화 주제: 줄 위의 파동 방정식

왜 파동이 줄을 따라 전파되는가? 지금까지 파동 운동(파동의 운동학)을 기술하였지만 파동이 생기는 이유는 설명하지 않았다. 야구공의 운동처럼 줄의 운동도 뉴턴의 제2법칙을 따른다. 그러나 야구공은 움직이는 입자로 모형화할 수 있다. 파동을 설명하기 위해서는 뉴턴의 법칙을 공간에 퍼져있는 **연속**(continuous) 물체에 어떻게 적용하는지 알 필요가 있다.

이 절은 지금까지의 분석보다 더 많이 수학을 사용할 것이다. 따라서 무엇을 배울 것인지 개요를 살펴보도록 하자. 두 가지 주요 목표가 있다.

- 뉴턴의 제2법칙을 사용하여 줄의 변위에 대한 **운동 방정식**을 구한다. 이것을 **파동 방정식**이라고 한다. 사인 모양 파동의 변위인 식 (16.14)가 파동 방정식의 해라는 것을 배울 것이다.
- 줄 위의 파동 속력을 예측한다.

줄에 대한 파동 방정식을 유도하겠지만, 방정식 자체는 과학과 공학의 다른 곳에서도 많이 등장한다. 그 방정식이 어디에서 나타나든 해는 항상 진행파가 된다.

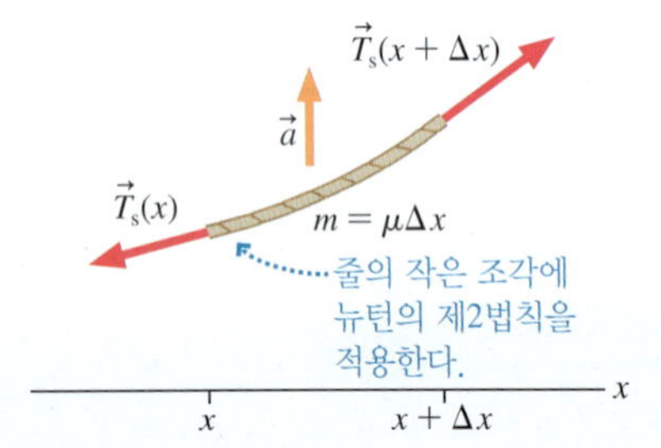

그림 16.17 줄의 작은 조각에 뉴턴의 제2법칙을 적용한다.

그림 16.17은 평형 위치로부터 변위된 줄의 작은 조각을 보여준다. 이 조각은 위치 x에 있으며 작은 수평 폭 Δx를 가지고 있다. 이 작은 조각에 친숙한 뉴턴의 제2법칙 $F_{\text{net}} = ma$를 적용하려 한다. 조각이 휘어져 있어 양 끝에서의 장력이 서로 반대 방향이 아닌 것에 주목하라. 이것은 알짜힘이 존재하기 위해 필수적인 사항이다.

파동의 진폭 A가 파장 λ보다 아주 작다는 현실적인 가정을 하고 시작해본다. 평균적으로 줄이 $\lambda/4$ '이동'하는 동안 거리 A만큼 '솟아 오른다'. $A \ll \lambda$라면 줄의 기울기가 항상 아주 작다. 다시 말해 줄 자체와 장력 벡터는 항상 수평에 아주 가깝다. (그림에는 명료하게 보이기 위해 진폭이 아주 과장되어 그려져 있다.)

이 가정이 갖는 두 가지 직접적 의미는 다음과 같다. 첫째, 작은 진폭의 파동은 줄의 길이를 거의 증가시키지 않는다. 추가적으로 잡아당기지 않는다면 줄의 장력 T_s가 파동에 의해 달라지지 않는다. 둘째, 줄이 항상 거의 수평을 유지하기 때문에 그림 16.17의 줄의 조각의 실제 길이가 수평 폭 Δx와 거의 같다. 따라서 줄의 작은 조각의 질량은 $m = \mu\Delta x$가 된다. 여기에서 μ는 줄의 선밀도(단위 길이당 질량)이다.

질량을 알고 있으니 뉴턴의 제2법칙의 ma 항부터 살펴보자. 횡파의 경우 줄의 작은 조각은 파동의 전파 방향과 수직하게 진동한다. x축 방향의 파동 운동에 대해 줄은 y 방향으로 가속된다. 전체 줄이 아닌 작은 조각만 생각하면 조각을 입자로 간주하여 가속도를 $a_y = dv_y/dt = d^2y/dt^2$로 적을 수 있다. 입자의 가속도는 앞에서 배웠듯이 시간에 대한 위치의 2계 도함수이다.

그러나 줄은 입자가 아니다. 모든 순간에 다른 줄의 조각들은 다른 가속도를 갖는다. 줄 위의 특정한 점에서의 가속도를 구하기 위해 특정한 x값에서 t에 따라 변위가 어떻게 변하는지 알고 싶다. 즉 변위 $D(x, t)$가 두 변수의 함수이기 때문에 특정한 x값에서 t에 따라 $D(x, t)$가 어떻게 변하는지 알고 싶다. 다변수 미적분에서 다른 모든 변수들을 고정한 후 한 변수에 대한 변화율을 구하는 것을 **편미분 도함수**(partial derivative)라고 한다. 다른 변수들을 상수로 잡기 때문에 편(부분)이라 부르고 함수가 변화하는 많은 방법을 부분적으로 조사하게 된다.

편미분 도함수는 '휜 d'를 사용하는 특별한 표기법을 갖는다. 줄의 작은 조각의 속도를

$$v_y = \frac{\partial D}{\partial t} \tag{16.18}$$

로 적으며 가속도는 다음과 같다.

$$a_y = \frac{\partial^2 D}{\partial t^2} \tag{16.19}$$

미적분에서 편미분 도함수를 모른다고 두려워하지 말라. 일반 도함수와 정확히 동일한 방법으로 값을 구하지만 편미분 도함수 표기법은 "다른 모든 변수들을 상수처럼 취급하라"는 의미이다. 편미분 도함수를 사용하면 줄의 작은 조각에 대한 뉴턴의 제2법칙의 처음 절반을

$$ma_y = \mu\,\Delta x \frac{\partial^2 D}{\partial t^2} \tag{16.20}$$

로 적을 수 있다.

이제 줄의 작은 조각에 작용하는 알짜힘을 구하는 데 관심을 가져보자. 우리가 보여줄 분석 방법이 다소 생소할 수 있지만, 과학 및 공학의 고급 과정에서 널리 사용되는 방법이다. 그림 16.18은 줄의 작은 조각을 보여주는데, 이번에는 줄의 양 끝에 걸린 장력을 x성분과 y성분으로 나누어 나타내었다.

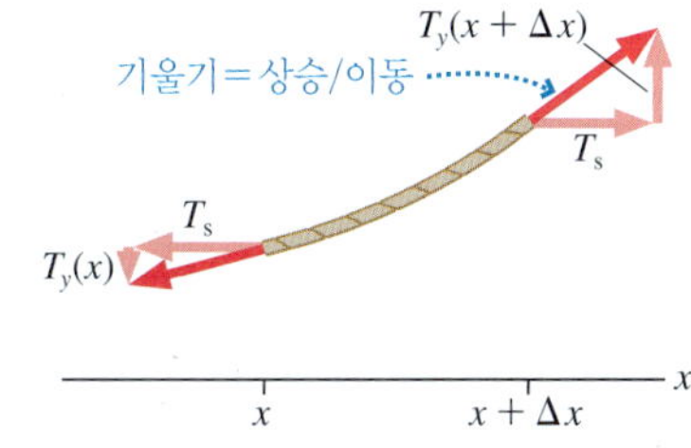

그림 16.18 줄에 작용하는 알짜힘 구하기

엄격히 말하자면 장력 T_s는 줄의 접선 방향이다. 그러나 줄의 조각이 거의 수평인 조건에서 작은 진폭이라는 가정은 T_s와 수평 성분이 거의 차이가 없다는 것을 의미한다. (이것은 $\theta \ll 1$ rad일 때 근사식 $\cos\theta \approx 1$이 성립하는 것과 관련 있다.) 따라서 두 수평 성분을 T_s라고 놓을 수 있다. 이들은 크기가 동일하고 방향이 반대이기 때문에 알짜 수평 힘은 0이다. 횡파의 각 조각들이 y 방향으로만 가속되기 때문에 이것을 만족해야 한다.

줄의 작은 조각에 작용하는 수직 방향(y 방향)의 알짜힘은

$$F_{\text{net }y} = T_y(x + \Delta x) + T_y(x) \tag{16.21}$$

이다. $T_y(x)$라는 표기는 '줄 위의 위치 x에서 작용하는 장력의 y성분'을 의미한다. 그

리고 빼는 것이 아니라 더해준다. 왜냐하면 알짜힘을 모든 힘의 합으로 정의했기 때문이다.

그림 16.18의 힘 삼각형으로부터 상승 대 이동의 비율 $T_y(x+\Delta x)/T_y(x)$는 위치 $x+\Delta x$에서의 줄의 기울기(slope of the string)이다. 이것이 분석의 핵심이므로 이것을 이해하도록 노력하라. 기울기는 특정 순간에서의 x에 대한 줄의 변위의 도함수이다. t를 상수로 놓고 줄의 공간적 변화를 살펴보면 이것은 또 다른 편미분 도함수가 된다.

$$\text{줄의 기울기} = \frac{\partial D}{\partial x} \tag{16.22}$$

이 조각의 오른쪽 끝인 위치 $x+\Delta x$에서 장력의 y성분은

$$T_y(x+\Delta x) = (x+\Delta x\text{ 에서의 기울기}) \times T_s = T_s \left.\frac{\partial D}{\partial x}\right|_{x+\Delta x} \tag{16.23}$$

가 된다. 여기서 편미분 도함수의 아래 첨자는 기울기를 $x+\Delta x$에서 구한다는 것을 의미한다. 왼쪽 끝에 대해서도 동일한 분석이 적용되는데, 단지 한 가지만 달라진다. T_s가 왼쪽을 향하기 때문에 '음의 이동'을 가져 줄의 기울기인 비 $T_y(x)/T_s$가 음이다. 그러므로

$$T_y(x) = -(x\text{ 에서의 기울기}) \times T_s = -T_s \left.\frac{\partial D}{\partial x}\right|_{x} \tag{16.24}$$

가 된다.

식 (16.23)과 (16.24)를 결합하면 줄의 작은 조각에 작용하는 알짜힘을 구할 수 있다.

$$F_{\text{net }y} = T_y(x+\Delta x) + T_y(x) = T_s\left[\left.\frac{\partial D}{\partial x}\right|_{x+\Delta x} - \left.\frac{\partial D}{\partial x}\right|_{x}\right] \tag{16.25}$$

줄의 작은 조각이 수평이라면 두 기울기가 동일하고, 따라서 알짜힘이 0이 된다. 앞서 주목했듯이 줄은 알짜힘을 갖도록 휘어 있어야 한다.

이제 거의 끝났다. 줄의 작은 조각에 작용하는 알짜힘을 알고 있으며[식 (16.25)] 조각의 질량과 가속도도 알고 있다[식 (16.20)]. $F_{\text{net }y} = ma_y$이므로 이 두 결과를 같게 놓으면

$$T_s\left[\left.\frac{\partial D}{\partial x}\right|_{x+\Delta x} - \left.\frac{\partial D}{\partial x}\right|_{x}\right] = \mu\,\Delta x\,\frac{\partial^2 D}{\partial t^2} \tag{16.26}$$

를 얻는다. $\mu\,\Delta x$로 나누면

$$\frac{\partial^2 D}{\partial t^2} = \frac{T_s}{\mu} \times \frac{\left.\frac{\partial D}{\partial x}\right|_{x+\Delta x} - \left.\frac{\partial D}{\partial x}\right|_{x}}{\Delta x} \tag{16.27}$$

가 된다.

미적분으로부터 함수 $f(x)$의 도함수를

$$\frac{df}{dx} = \lim_{\Delta x \to 0}\left[\frac{f(x+\Delta x) - f(x)}{\Delta x}\right]$$

로 정의한다. 줄의 작은 조각의 폭이 0에 접근, 즉 $\Delta x \to 0$이라면, 이것은 식 (16.27)의 오른쪽에 있는 것과 정확히 같다. $x + \Delta x$와 x 사이의 차이를 계산하려고 하는 함수는 편미분 도함수 $\partial D/\partial x$이고 도함수의 도함수는 2계 도함수이다.

따라서 $\Delta x \to 0$인 극한에서 식 (16.27)은

$$\frac{\partial^2 D}{\partial t^2} = \frac{T_s}{\mu}\frac{\partial^2 D}{\partial x^2} \quad \text{(줄의 파동 방정식)} \tag{16.28}$$

가 된다. 식 (16.28)이 **줄의 파동 방정식**이다. 이것은 사실 뉴턴의 제2법칙을 나타내는 식이지만, 변위가 위치와 시간 모두의 함수인 연속체 물질에 대한 방정식이다. 입자에 대한 뉴턴의 제2법칙처럼 줄 위에서 일어나는 운동의 동역학은 이 식에 의해 결정된다.

진행파의 해

단순 조화 운동의 운동 방정식이 2계 미분 방정식으로 밝혀졌다. 미분 방정식을 푸는 체계적인 방법이 있긴 하지만, 해가 유일하다는 성질이 있기 때문에 때때로 주어진 상황의 정보를 이용하여 해를 **추측**하기도 한다. **편미분 방정식**(partial differential equation)인 식 (16.28)에도 이를 적용할 수 있다. 잡아당겨진 줄에서 사인 모양 파동이 진행될 것이므로 식 (16.28)의 해가

$$D(x, t) = A\sin(kx - \omega t + \phi_0) \tag{16.29}$$

라고 추측해보자. 여기서 음의 부호는 파동이 식 (16.13)에 의해 $+x$ 방향으로 진행하는 것을 의미하고 파동 속력은 $v = \omega/k$이다.

해가 맞는지를 보기 위해서는 2계 편미분 도함수를 구할 필요가 있다. 위치에 대해 구하면

$$\begin{aligned}\frac{\partial D}{\partial x} &= kA\cos(kx - \omega t + \phi_0)\\ \frac{\partial^2 D}{\partial x^2} &= \frac{\partial}{\partial x}\left(\frac{\partial D}{\partial x}\right) = -k^2 A\sin(kx - \omega t + \phi_0)\end{aligned} \tag{16.30}$$

이고, 시간에 대해 구하면

$$\begin{aligned}\frac{\partial D}{\partial t} &= -\omega A\cos(kx - \omega t + \phi_0)\\ \frac{\partial^2 D}{\partial t^2} &= \frac{\partial}{\partial t}\left(\frac{\partial D}{\partial t}\right) = -\omega^2 A\sin(kx - \omega t + \phi_0)\end{aligned} \tag{16.31}$$

가 된다.

두 번째 편미분 도함수를 파동 방정식에 대입하면 식 (16.28)이

$$-\omega^2 A\sin(kx - \omega t + \phi_0) = \frac{T_s}{\mu}(-k^2 A\sin(kx - \omega t + \phi_0)) \tag{16.32}$$

가 된다. 이 식은

$$\omega^2 = \frac{T_s}{\mu}k^2 \tag{16.33}$$

일 때만 성립한다. 한편 ω/k는 파동 속력 v이므로, 식 (16.1)의 사인 모양 파동이 파동 방정식의 해라는 것을 알 수 있다. 단, 이것은 파동의 속력이

$$v = \frac{\omega}{k} = \sqrt{\frac{T_s}{\mu}} \tag{16.34}$$

일 때만 그렇다. $-x$ 방향으로 진행하는 파동인 $D(x, t) = A\sin(kx + \omega t + \phi_0)$에서 시작해도 동일한 결과를 얻게 되는 것을 스스로 확인해보자.

요약을 해보자. 줄 위의 운동에 대한 동역학 방정식을 구하기 위해 줄의 작은 조각에 뉴턴의 제2법칙을 적용하였다. 이 방정식의 해가 사인 모양의 진행파라는 것을 보였고, 줄의 두 가지 특성인 장력과 선밀도로 파동의 속력을 니다낼 수 있음을 확인하였다. 따라서 이 절의 서두에서 했던 질문 "왜 파동이 줄에서 전파되는가"에 대한 답은 파동 운동이 단지 힘과 가속도 사이의 관계인 뉴턴의 제2법칙을 연속체 물질에 적용한 결과라는 것이다.

식 (16.34)를 알면 식 (16.28)을

$$\frac{\partial^2 D}{\partial t^2} = v^2\frac{\partial^2 D}{\partial x^2} \quad \text{(일반적인 파동 방정식)} \tag{16.35}$$

로 적을 수 있다. 구체적으로 줄에 대해 식 (16.28)을 유도하였지만, 어떤 물리계든지 식 (16.35)를 만족하는 변위를 갖는다면 속력 v로 진행하는 사인 모양 파동이 생긴다. 식 (16.35)를 **파동 방정식**(wave equation)이라고 하며 과학과 공학에서 자주 접하게 된다. 이 장에서 음파를 분석할 때 다시 보게 될 것이다. 그리고 31장에서 전자기장 역시 이 방정식을 따른다는 것을 배우게 될 것이다. 따라서 전자기파는 존재하며, 파장에 상관없이 모든 전자기파는 진공을 동일한 속력(광속)으로 진행한다는 것을 예측할 수 있다.

예제 16.4 | 사인 모양 파동 만들기

$\mu = 2.0$ g/m인 아주 긴 줄이 5.0 N의 장력에 의해 x축 방향으로 당겨져 있다. 이 줄은 $x = 0$ m에 있는 진동자에 묶여 있으며, 진동자는 100 Hz로 줄과 수직하게 진폭 2.0 mm인 단순 조화 운동을 하고 있다. 진동자는 $t = 0$ s일 때 양의 최대 변위를 갖는다.

a. 줄 위의 진행파에 대한 변위 방정식을 쓰시오.

b. $t = 5.0$ ms일 때 진동자로부터 2.7 m 떨어진 점에서의 줄의 변위는 얼마인가?

핵심 진동자는 줄에 사인 모양 진행파를 만든다. 파동의 변위가 $x = 0$ m에서의 진동자의 변위와 일치해야 한다.

풀이 a. 변위 방정식은

$$D(x, t) = A\sin(kx - \omega t + \phi_0)$$

로 A, k, ω와 ϕ_0를 결정해야 한다. 파동의 진폭은 파동을 만드는 진동자의 진폭과 같으므로 $A = 2.0$ mm가 된다. 진동자가 $t = 0$ s일 때 최대 변위 $y_{osc} = A =$ 2.0 mm를 가지므로

$$D(0 \text{ m}, 0 \text{ s}) = A\sin(\phi_0) = A$$

이다. 이것은 위상 상수가 $\phi_0 = \pi/2$ rad임을 말한다. 파동의 진동수가 파원의 진동수인 $f = 100$ Hz이다. 그러므로 각진동수는

$\omega = 2\pi f = 200\pi$ rad/s이다. $k = 2\pi/\lambda$를 필요로 하지만 아직 파장을 모른다. 그러나 파동 속력을 결정하기에 충분한 정보를 가지고 있으며 $\lambda = v/f$ 또는 $k = \omega/v$를 사용할 수 있다. 속력은

$$v = \sqrt{\frac{T_s}{\mu}} = \sqrt{\frac{5.0 \text{ N}}{0.0020 \text{ kg/m}}} = 50 \text{ m/s}$$

가 된다. v를 사용하면 $\lambda = 0.50$ m와 $k = 2\pi/\lambda = 4\pi$ rad/m를 얻는다. 따라서 파동의 변위 방정식은

$$D(x, t) = (2.0 \text{ mm}) \times \sin[2\pi((2.0 \text{ m}^{-1})x - (100 \text{ s}^{-1})t) + \pi/2 \text{ rad}]$$

이 된다. 2π를 밖으로 분리한 것에 주목하라. 이 단계가 꼭 필요하지는 않지만 일부 문제의 경우 다음 단계를 편하게 해준다.

b. $t = 5.0$ ms $= 0.0050$ s일 때의 파동의 변위가

$$\begin{aligned} D(x, t = 5.0 \text{ ms}) &= (2.0 \text{ mm})\sin(4\pi x - \pi \text{ rad} + \pi/2 \text{ rad}) \\ &= (2.0 \text{ mm})\sin(4\pi x - \pi/2 \text{ rad}) \end{aligned}$$

이다. $x = 2.7$ m에서 (계산기를 라디안으로 놓아라!) 변위는

$$D(2.7 \text{ m}, 5.0 \text{ ms}) = 1.6 \text{mm}$$

가 된다.

16.5 소리와 빛

자연에는 많은 종류의 파동이 존재하지만 인간에게 두 가지가 특히 중요하다. 듣고 보게 하는 음파와 광파가 그것이다.

음파

흔히 공기 중에서 진행하는 음파를 생각하지만 소리는 기체, 액제, 심지어는 고체 속에서도 진행할 수 있다. 그림 16.19는 공기나 물과 같은 유체 속에서 앞뒤로 진동하는 스피커 콘을 보여준다. 콘이 앞으로 움직일 때마다 콘이 분자들과 충돌하여 분자들이 가까워지도록 민다. 반주기가 지나면, 콘이 뒤로 움직여 유체가 팽창할 공간이 생기면 밀도가 조금 낮아진다. 이런 밀도가 높거나 낮은 (따라서 압력이 높거나 낮은) 지역들을 **압축**(compression) 또는 **희박화**(rarefaction)라고 한다.

이 주기적인 일련의 압축과 희박화가 종파인 음파가 되어 스피커로부터 바깥쪽으로 진행한다. 파동이 귀에 도달하면 진동하는 압력이 고막을 진동시킨다. 이런 진동들이 내이로 전달되어 소리로 인식된다.

음파의 속력은 매질의 압축성에 의존한다. 표 16.1에 보인 것처럼 속력은 (상대적으로 압축성인) 기체보다 (상대적으로 비압축성인) 액체와 고체에서 더 빠르다. 공기 중의 음파의 경우 온도 T(°C 단위)에서의 속력은

$$v_{\text{sound in air}} = 331 \text{ m/s} \times \sqrt{\frac{T(°\text{C}) + 273}{273}} \tag{16.36}$$

으로 주어진다. 16.6절에서 이 결과를 유도할 것이지만 섭씨온도에 273을 더하면 절대온도가 된다는 것을 상기하라. 소리의 속력은 온도가 증가함에 따라 증가하지만 흥미롭게도 공기 압력과는 **무관**하다. 실온(20°C)의 공기에 대해

$$v_{\text{sound in air}} = 343 \text{ m/s} \quad (20°\text{C 공기 중에서의 소리의 속력})$$

그림 16.19 음파는 일련의 압축과 희박화이다.

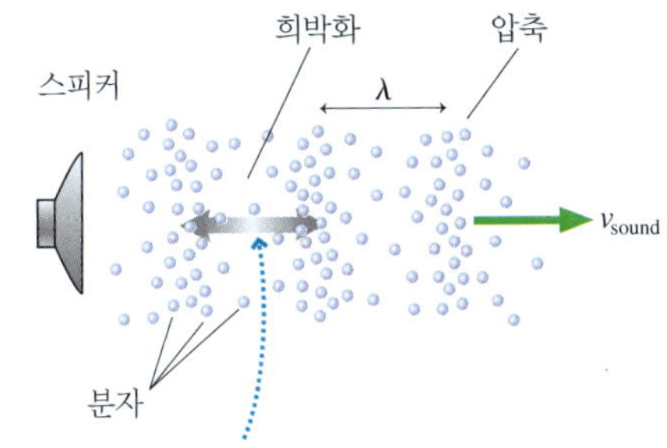

표 16.1 소리의 속력

매질	속력(m/s)
공기(0°C)	331
공기(20°C)	343
헬륨(0°C)	970
에틸알코올	1170
물(20°C)	1480
화강암	6000
알루미늄	6420

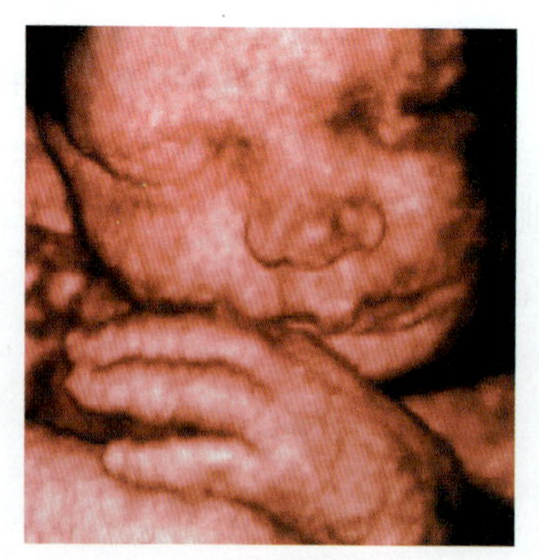

이 초음파 영상은 인체 내부를 '보기' 위해 높은 진동수의 음파를 사용한 예이다.

이다. **이것은 온도에 대한 정보가 주어져 있지 않은 문제를 풀 때 사용해야 하는 값이다.**

343 m/s의 속력은 높지만 아주 높은 것은 아니다. 100 m 정도의 작은 거리도 망치로 못을 박는 것과 같은 어떤 사건을 보는 시간과 망치 소리를 듣는 시간 사이에 약간의 지연이 있음을 느끼기에 충분한 거리이다. 소리가 1 km를 진행하는 데 걸리는 시간은 $t = (1000\text{ m})/(343\text{ m/s}) \approx 3\text{ s}$이다. 번개를 본 시간과 천둥소리를 들은 시간 사이를 s 단위로 특정함으로써 낙뢰까지의 거리를 추정하는 방법을 배웠을 것이다. 소리가 1 km를 진행하는 데 3 s 정도 걸리기 때문에 시간을 3으로 나누면 km로 거리가 나온다. 또는 영국 단위로는 시간을 5로 나누면 마일로 거리가 구해진다.

우리의 귀가 감지할 수 있는 음파의 진동수는 20 Hz에서 20,000 Hz, 즉 20 kHz까지이나. 기본적인 관계식 $v_{\text{sound}} = \lambda f$를 이용하면 20 Hz의 음파가 17 m 길이의 파장을 가지는 반면 20 kHz의 음파는 파장이 단지 17 mm라는 것을 계산할 수 있다. 낮은 진동수는 '저음'의 베이스 음으로 들리는 반면 높은 진동수는 '고음'의 트레블 음으로 느껴진다. 나이가 들거나 아주 큰 소리에 노출이 되면 고음 영역을 듣는 능력이 저하된다. (65세의 평균 상한값은 10 kHz이다.)

인간의 귀로는 들을 수 없지만 진동수가 20 kHz가 넘는 음파도 존재한다. 이런 음파를 **초음파**(ultrasonic)라고 한다. 수 MHz로 진동하는 진동자는 초음파 의료 영상장비에 사용되는 초음파를 생성한다. 음속 1480 m/s로 물속(기본적으로 인체와 유사하다)을 진행하는 3 MHz 파동은 대략 0.5 mm의 파장을 갖는다. 이런 아주 짧은 파장 때문에 초음파로 아주 작은 물체의 영상을 얻을 수 있다. 33장에서 **회절**(diffraction)을 공부할 때 그 이유를 알게 될 것이다.

전자기파

광파는 전자기장의 자체유지성 진동인 **전자기파**(electromagnetic wave)이다. 우리가 눈으로 느낄 수 없지만 라디오파, 마이크로파와 자외선과 같은 다른 전자기파들도 광파와 동일한 물리적 특성을 갖는다. 빛이 공기를 모두 제거한 용기 속을 전혀 영향을 받지 않고 통과할 수 있음을 쉽게 보일 수 있으며 빛은 성간 공간의 진공을 통해 먼 별로부터 우리에게 도달한다. 이런 관찰 결과는 흥미롭지만 까다로운 질문을 던진다. 물질이 없는 공간을 통해 빛이 진행할 수 있다면 광파의 **매질**은 무엇인가? 물결치는 것은 도대체 무엇인가?

과학자들이 이 질문에 답하는 데 50년 이상이 걸렸다. 전기장과 자기장에 대해서 공부한 후 31장에서 좀 더 자세하게 답을 살펴볼 것이다. 당분간은 광파가 '자체유지되는 전자기장의 진동'이라는 것만 말해둔다. 다시 말해 변위 D는 전기장 또는 자기장이다. 자체유지된다는 것은 전자기파가 진행하는 데 **물질 매질**(material medium)을 전혀 필요로 하지 않는다는 의미이다. 그러므로 전자기파는 역학적 파동이 아니다. 다행히도 빛의 파동 성질을 전자기장을 이해하지 않고서도 배울 수 있다.

19세기 말 전자기파가 이론적으로 예측되었고 곧이어 모든 전자기파가 진공 속을 동일한 속도, 즉 **광속**(speed of light)으로 진행한다는 것이 확인되었다. 광속의 값은

$$v_{\text{light}} = c = 299{,}792{,}458 \text{ m/s} \qquad \text{(진공 속의 전자기파 속력)}$$

로, 광속을 표기하는 데 특수 기호 c를 사용한다. (이것과 아인슈타인의 유명한 공식 $E = mc^2$의 c가 같다.) 이제 전자기파는 실제로 움직인다. 대략 공기 속 음속보다 백만 배 빠른 속력이다!

프리즘을 지나는 백색광이 가시광 스펙트럼이라고 부르는 색의 띠로 펼쳐진다.

빛의 파장은 아주 짧다. 33장에서 어떻게 파장을 결정하는지 배울 것이다. 그러나 당분간은 가시광선이 (공기 중에서) 대략 400 nm(400×10^{-9} m)에서 700 nm (700×10^{-9} m) 사이 영역의 파장을 가진 전자기파라는 것만 기억하라. 각 파장은 다른 색으로 인식된다. 긴 파장은 주홍 또는 빨간빛으로, 짧은 파장은 파랑 또는 보랏빛으로 보인다. 프리즘은 빛을 파장에 따라 펼쳐지게 할 수 있으며, 이 사실로부터 모든 색 또는 모든 파장을 합한 것이 '백색광'이라는 것을 배웠다. 프리즘으로 색을 펼친 것 또는 무지개에서 볼 수 있는 것을 **가시광 스펙트럼**(visible spectrum)이라고 한다.

빛의 파장이 믿을 수 없을 정도로 짧다면 진동수가 믿을 수 없을 정도로 커야 한다. 600 nm 파장의 빛(주홍)의 진동수는

$$f = \frac{v}{\lambda} = \frac{3.00 \times 10^8 \text{ m/s}}{600 \times 10^{-9} \text{ m}} = 5.00 \times 10^{14} \text{ Hz}$$

가 된다. 광파의 진동수는 대략 음파의 진동수의 조(10^{12}) 배 정도 크다.

전자기파는 우리 눈이 감지할 수 있는 제한된 영역뿐만 아니라 다른 진동수에서도 존재한다. 20세기의 주요 기술적 발전 가운데 하나가 낮은 진동수의 라디오파로부터 엄청나게 높은 진동수의 X선까지 여러 진동수의 전자기파를 생성하고 감지하는 방법을 알아낸 것이다. 그림 16.20은 훨씬 더 넓은 **전자기파 스펙트럼**(electromagnetic spectrum)의 작은 조각이 가시광 스펙트럼이라는 것을 보여준다.

그림 16.20 10^6 Hz에서 10^{18} Hz까지의 전자기파 스펙트럼

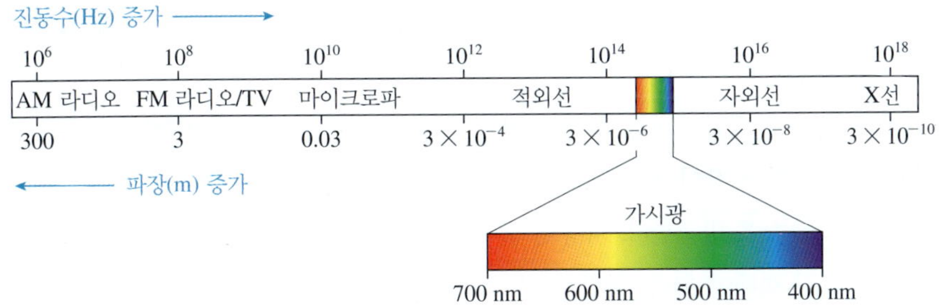

예제 16.5 광속으로 진행하기

목성을 탐사하는 위성이 진동수 200 MHz의 라디오파로 데이터를 지구로 전송한다. 이 전자기파의 파장은 얼마인가? 신호가 목성으로부터 지구까지 8억 km를 진행하는 데 얼마의 시간이 걸리는가?

풀이 라디오파는 속력 c로 진행하는 사인 모양 전자기파이므로

(계속)

$$\lambda = \frac{c}{f} = \frac{3.00 \times 10^8 \text{ m/s}}{2.00 \times 10^8 \text{ Hz}} = 1.5 \text{ m}$$

가 된다. 800×10^6 km $= 8.0 \times 10^{11}$ m를 진행하는 데 필요한 시간은 다음과 같다.

$$\Delta t = \frac{\Delta x}{c} = \frac{8.0 \times 10^{11} \text{ m}}{3.00 \times 10^8 \text{ m/s}} = 2700 \text{ s} = 45 \text{ min}$$

굴절률

광파는 진공 속을 속력 c로 진행하지만 물이나 유리 또는 공기와 같은 투명한 물질 속을 진행할 때 속력이 작아진다. 속력이 작아지는 것은 파동의 전자기장이 물질 속 전자들과 상호작용하여 나타나는 결과이다. 물질 속 광속은 물질의 **굴절률**(index of refraction) n으로 정해진다. 굴절률은

$$n = \frac{\text{진공 속 광속}}{\text{물질 속 광속}} = \frac{c}{v} \tag{16.37}$$

로 정의한다. $v < c$이므로 물질의 굴절률은 항상 1보다 크다. 진공은 정확히 $n = 1$이다. 표 16.2는 몇몇 물질의 굴절률을 보여준다. 액체와 고체가 기체보다 더 큰 굴절률을 가진 것을 알 수 있다.

표 16.2 대표적인 굴절률

물질	굴절률
진공	정확히 1
공기	1.0003
물	1.33
유리	1.50
다이아몬드	2.42

유리와 같은 투명한 물질 속으로 빛이 들어갈 때 광속이 변하면 빛의 진동수와 파장에는 어떤 변화가 생기는가? $v = \lambda f$이기 때문에 v가 달라지면 λ나 f, 또는 둘 모두 변해야 한다.

비유로서 공기 중의 음파가 물 표면에 영향을 준다고 생각해보자. 공기가 앞뒤로 진동하기 때문에 공기가 수면을 주기적으로 밀게 된다. 이렇게 밀면 음파의 압축 부분이 물속으로 계속해서 진행하게 된다. 공기가 한 번 밀 때마다 물이 한 번 압축되기 때문에 물속에서의 음파의 진동수는 공기 속의 음파의 진동수와 정확히 일치해야 한다. 다른 말로 하면 **파동의 진동수는 파원의 진동수가 된다. 파동이 한 매질에서 다른 매질로 진행할 때 진동수는 변하지 않는다.**

전자기파에 대해서도 동일하다. 파동이 한 매질에서 다른 매질로 진행할 때 진동수는 변하지 않는다.

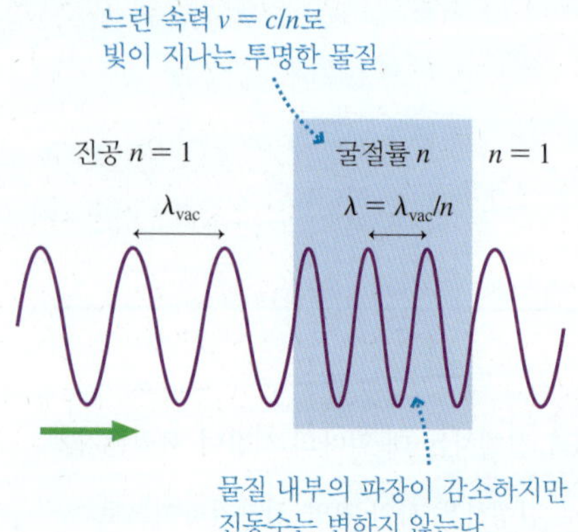

그림 16.21 굴절률이 n인 투명한 매질 속을 지나는 빛

그림 16.21은 굴절률이 n인 투명한 매질 속을 지나는 광파를 보여준다. 파동이 진공 속을 지날 때 파장이 λ_{vac}, 진동수가 f_{vac}이며 $\lambda_{vac} f_{vac} = c$가 된다. 물질 속에서는 $\lambda_{mat} f_{mat} = v = c/n$을 만족한다. 파동이 들어올 때 진동수가 변하지 않으므로($f_{mat} = f_{vac}$) 파장은 반드시 변해야 한다. 물질 속 파장은

$$\lambda_{mat} = \frac{v}{f_{mat}} = \frac{c}{nf_{mat}} = \frac{c}{nf_{vac}} = \frac{\lambda_{vac}}{n} \tag{16.38}$$

이 된다.

투명한 물질 속 파장은 진공 속 파장보다 짧다. 이것은 말이 된다. 악단이 1 m/s의 속력으로 매초 한 걸음씩 행진한다고 가정하자. 갑자기 속력을 1/2 m/s로 낮추지만

매초 한 걸음씩 나가는 것은 유지한다. 동일한 보조로 행진하면서 느리게 가는 유일한 방법은 **보폭을 줄이는** 것이다. 광파가 물질로 들어갈 때 동일한 진동수로 진동하면서 느리게 가는 유일한 방법은 **파장을 짧게 하는** 것이다.

예제 16.6 유리 속을 진행하는 빛

600 nm의 파장을 가진 주홍색 빛을 1.00 mm 두께의 현미경 슬라이드글라스에 비춘다.

a. 유리 속에서의 광속은 얼마인가?

b. 슬라이드글라스 속에 얼마나 많은 빛의 파장이 들어 있는가?

풀이 a. 표 16.2에서 유리의 굴절률이 $n_{glass} = 1.50$인 것을 알 수 있다. 따라서 유리 속에서의 광속은

$$v_{glass} = \frac{c}{n_{glass}} = \frac{3.00 \times 10^8 \text{ m/s}}{1.50} = 2.00 \times 10^8 \text{ m/s}$$

가 된다.

b. 슬라이드글라스 안의 파장은

$$\lambda_{glass} = \frac{\lambda_{vac}}{n_{glass}} = \frac{600 \text{ nm}}{1.50} = 400 \text{ nm} = 4.00 \times 10^{-7} \text{ m}$$

이다. N개 파장의 길이는 $d = N\lambda$이므로 $d = 1.00$ mm 속의 파장의 수는

$$N = \frac{d}{\lambda} = \frac{1.00 \times 10^{-3} \text{ m}}{4.00 \times 10^{-7} \text{ m}} = 2500$$

이 된다.

검토 2500 파장이 1 mm 안에 들어간다는 사실은 빛의 파장이 얼마나 짧은지를 보여준다.

파동 모형

이 장을 시작하면서 **파동 모형**의 개념을 소개하였다. 이제 이것의 의미를 정리할 때가 되었다.

모형 16.1

파동 모형

파동은 조직적인 교란이 진행하는 것이다.

- 두 부류의 파동:
  - **역학적 파동**은 매질을 통해 진행한다.
  - **전자기파**는 진공 속을 진행한다.
- 두 종류의 파동:
  - **횡파**는 파동의 진행 방향에 수직하게 변위한다.
  - **종파**는 파동의 진행 방향에 평행하게 변위한다.
- **파동 속력**은 매질의 성질이다.
- 사인 모양 파동은 시간(주기)와 공간(파장) 모두에서 주기적이다.
  - 파동의 진동수는 파원의 진동수이다.
  - 주기적인 파동의 기본적인 관계식은 $v = \lambda f$이다. 이것은 파동이 한 주기 동안 한 파장 앞으로 이동하는 것을 의미한다.

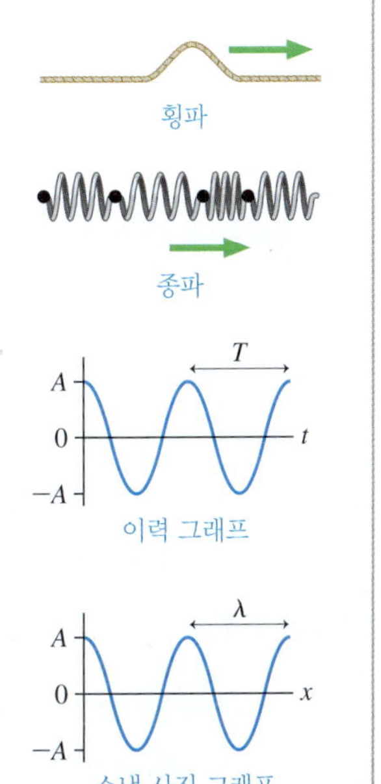

16.6 심화 주제: 유체 속 파동 방정식

16.4절에서 뉴턴의 제2법칙을 사용하여 진행파가 잡아당긴 줄에서 전파될 수 있으며 파동의 속력이 줄의 성질로부터 예측될 수 있음을 보였다. 이제 유체 속을 지나는 종파의 한 예인 음파에 대해서 동일한 분석을 해보자.

음파는 유체가 교대로 압축되고 팽창되는 압축과 희박화의 결과로 나타난다. 물질의 압축 정도는 물질의 탄성에 대해 살펴본 **« 14.6절**에서 만난 **부피 탄성률**(bulk modulus) B로 규정한다. 여분의 압력 p가 부피 V인 물체에 작용하면 부피 변화의 비, 즉 압축비는

$$\frac{\Delta V}{V} = -\frac{p}{B} \tag{16.39}$$

로 주어진다. 음의 부호는 압력이 작용할 때 부피가 줄어드는 것을 가리킨다. 기체는 액체보다 훨씬 더 잘 압축된다. 그러므로 기체는 액체보다 훨씬 작은 B값을 갖는다.

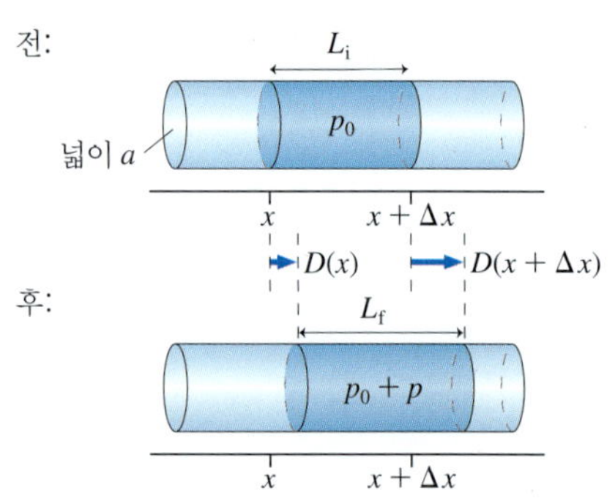

그림 16.22 압력이 변할 때의 유체 요소의 부피가 변화한다.

유체(액체 또는 기체)에 이것을 적용해보자. 그림 16.22는 위치 x와 $x + \Delta x$ 사이에 놓인 작은 유체 원통 조각이 평형 압력 p_0를 받는 것을 보여준다. 이 작은 유체 조각의 초기 길이와 부피는 $L_i = \Delta x$와 $V_i = aL_i = a\Delta x$이다. 이 장에서 넓이에 a를 사용하기 때문에 진폭에 대한 A와 혼동이 되지 않는다. 압력이 $p_0 + p$로 변한다고 가정하자. 이 작은 유체 조각의 부피가 p가 양이냐 음이냐에 따라 감소(압축)하거나 증가(팽창)할 것이다.

원통 양 끝이 다른 변위를 가진다면 부피는 변한다. (동일한 변위는 부피를 변화시키지 않고 원통을 이동시킨다.) 그림 16.22의 하단에서 원통의 왼쪽 끝이 $D(x, t)$만큼 변위되는 반면 오른쪽 끝은 $D(x + \Delta x, t)$만큼 변위된다. 이제 원통은

$$L_f = L_i + (D(x + \Delta x, t) - D(x, t)) \tag{16.40}$$

의 길이를 가지며 결과적으로 부피가

$$\Delta V = a(L_f - L_i) = a(D(x + \Delta x, t) - D(x, t)) \tag{16.41}$$

만큼 변화한다. 초기 부피와 부피 변화를 식 (16.39)에 대입하면

$$\frac{\Delta V}{V} = \frac{a(D(x + \Delta x, t) - D(x, t))}{a\,\Delta x} = -\frac{p}{B} \tag{16.42}$$

의 관계를 얻는다. a를 소거한 후 16.4절에서처럼 $\Delta x \to 0$인 극한에서 x에 대한 D의 도함수가 남게 된다. 변수 t를 상수로 잡았기 때문에 이것은 다시 **편미분** 도함수가 된다. 그러므로 위치 x에서의 유체 압력(또는 정확히 말해서 p_0로부터의 압력 변화)이 매질의 변위와

$$p(x, t) = -B\frac{\partial D}{\partial x} \tag{16.43}$$

의 관계를 갖는다. 압력은 유체의 변위가 위치에 따라 얼마나 빨리 변하는지에 의존

한다.

이 절의 뒤에서 결국 사인 모양 음파라는 것을 알게 될 텐데, 이로부터 진폭 A인 파동의 변위

$$D(x, t) = A\sin(kx - \omega t + \phi_0) \tag{16.44}$$

는 압력파

$$\begin{aligned} p(x, t) &= -B\frac{\partial D}{\partial x} = -kBA\cos(kx - \omega t + \phi_0) \\ &= -p_{\text{max}}\cos(kx - \omega t + \phi_0) \end{aligned} \tag{16.45}$$

와 연관된다는 것을 볼 수 있다. **압력 진폭** 또는 최대 압력은

$$p_{\text{max}} = kBA = \frac{2\pi fBA}{v_{\text{sound}}} \tag{16.46}$$

가 되는데, 여기서 결과를 파동 속력과 진동수의 항으로 나타내기 위해 마지막 단계에서 $\omega = 2\pi f = vk$ [식 (16.13)]를 사용하였다. 다른 말로 하면 음파는 단지 분자들의 변위가 진행하는 것만은 아니다. **음파는 또한 진행하는 압력파이다.**

예로써 아주 큰 100데시벨의 500 Hz의 공기 중 음파는 2 Pa의 압력 진폭을 갖는다. 다시 말해 압력이 대기압으로부터 ±2 Pa 변한다. 식 (16.46)과 $B_{\text{air}} = 1.42 \times 10^5$ Pa을 사용하여 진동하는 공기 분자들의 진폭을 구하면 미시적인 1.5 μm가 된다.

그림 16.23 소리의 변위와 압력의 스냅 사진 그래프

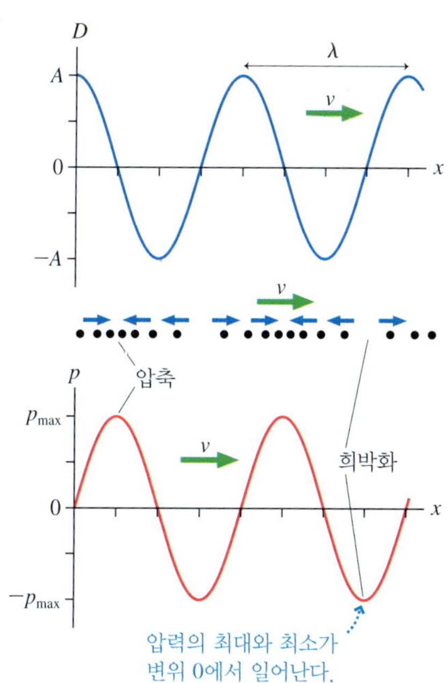

그림 16.23은 식 (16.44)와 (16.45)를 사용하여 오른쪽으로 진행하는 음파의 변위와 압력의 스냅 사진 그래프를 그린 것이다. 양의 변위는 분자를 오른쪽으로 미는 반면 음의 변위는 분자들을 왼쪽으로 민다. 따라서 분자들이 변위가 양에서 음으로 변하는 점들에 쌓인다(압축). 변위가 가장 큰 음의 기울기, 따라서 식 (16.43)으로부터 최대 압력을 가지는 점들도 바로 이 점들이다.

일반적으로 압력파는 파동의 변위가 0인 곳에서 최대 또는 최소를 가지며 역관계도 성립한다. 이런 관찰 결과는 17장의 정상 음파를 이해하는 데 도움을 준다.

음속의 예측

유체의 작은 원통 조각으로 되돌아가자. 이번에는 그림 16.24에서처럼 이 조각에 뉴턴의 제2법칙을 적용하자. 위치 x에서의 유체 압력은 $p(x, t)$이고 이 압력이 원통을 힘 $ap(x, t)$로 오른쪽으로 민다. 동시에 위치 $x + \Delta x$에 있는 유체는 압력 $p(x + \Delta x, t)$를 갖고 원통을 힘 $ap(x + \Delta x, t)$로 왼쪽으로 민다. 따라서 알짜힘은

그림 16.24 유체 압력이 원통에 알짜힘을 작용한다.

$$F_{\text{net }x} = ap(x, t) - ap(x + \Delta x, t) = -a(p(x + \Delta x, t) - p(x, t)) \tag{16.47}$$

가 된다. 압력이 주는 힘이 반대 방향으로 밀기 때문에 음의 부호가 나타난다.

뉴턴의 제2법칙은 $F_{\text{net }x} = ma_x$이다. 원통의 질량은 $m = \rho V = \rho a\,\Delta x$이고 여기서 ρ는 유체의 밀도이다. (넓이 a를 가속도 a_x와 혼동하지 말라!) 줄을 분석했을 때처럼 가속도는 시간에 대한 변위의 2계 편미분 도함수이다. 따라서 작은 유체 원통에 대

한 뉴턴의 제2법칙은

$$F_{\text{net } x} = -a(p(x+\Delta x, t) - p(x, t)) = ma_x = \rho a \, \Delta x \frac{\partial^2 D}{\partial t^2} \tag{16.48}$$

가 된다. 넓이 a가 상쇄되어 식을 정리하면

$$\frac{\partial^2 D}{\partial t^2} = -\frac{1}{\rho} \frac{p(x+\Delta x, t) - p(x, t)}{\Delta x} \rightarrow -\frac{1}{\rho} \frac{\partial p}{\partial x} \tag{16.49}$$

를 얻고, 여기서 다시 한번 $\Delta x \rightarrow 0$인 극한에서 도함수를 얻었다.

다행히도 식 (16.43)에서 이미 $p = -B \, \partial D/\partial x$를 구했다. p에 대한 이 관계를 식 (16.49)에 대입하면

$$\frac{\partial^2 D}{\partial t^2} = \frac{B}{\rho} \frac{\partial^2 D}{\partial x^2} \tag{16.50}$$

가 된다. 식 (16.50)은 파동 방정식이나! 줄을 분석했을 때처럼 뉴턴의 제2법칙을 매질의 작은 조각에 적용하여 파동 방정식을 얻었다. 식 (16.44)의 사인 모양 진행파가 해라는 것을 보았기 때문에 이 사실을 다시 증명할 필요가 없다. 더 나아가 식 (16.50)을 일반적인 파동 방정식인 식 (16.35)와 비교함으로써 유체 속 음속을 예측할 수 있다.

표 16.3 흔한 유체의 부피 탄성률

매질	B(Pa)
수은(20°C)	2.85×10^{10}
물(20°C)	2.18×10^{9}
에틸알코올(20°C)	1.06×10^{9}
헬륨(0°C, 1기압)	1.688×10^{5}
공기(0°C, 1기압)	1.418×10^{5}

$$v_{\text{sound}} = \sqrt{\frac{B}{\rho}} \tag{16.51}$$

표 16.3은 몇몇 흔한 유체의 부피 탄성률의 값을 보여준다.

예제 16.7 | 물속에서의 음속

20°C의 물속 음속을 예측하시오.

풀이 표 16.3으로부터 20°C의 물의 부피 탄성률은 2.18×10^9 Pa이다. 물의 밀도는 보통 1000 kg/m^{3}으로 주어지지만 이것은 4°C에서의 값이다. 20°C에서의 밀도는 유효 숫자 세 자리로 998 kg/m^{3}이다. 따라서 예측값은

$$v_{\text{sound}} = \sqrt{\frac{2.18 \times 10^9 \text{ Pa}}{998 \text{ kg/m}^3}} = 1480 \text{ m/s}$$

이다. 이것은 정확히 앞서 표 16.1에 주어진 값이다.

기체의 경우 B와 ρ 모두 압력에 비례하므로 이들의 비는 압력과 무관하다. 0°C, 1기압에서 공기의 밀도는 $\rho_0 = 1.292$ kg/m^{3}이다. 따라서 0°C의 공기 속에서 음속은

$$v_{\text{sound in air}} = \sqrt{\frac{B_0}{\rho_0}} = \sqrt{\frac{1.418 \times 10^5 \text{ Pa}}{1.292 \text{ kg/m}^3}} = 331 \text{ m/s} \quad (0°\text{C에서의}) \tag{16.52}$$

로 표 16.1에 보인 값과 정확히 일치한다.

(일정한 압력에서의) 기체의 밀도가 절대 온도 T에 반비례한다는 것을 이상 기체 법칙을 사용해 보일 수 있다. 0°C, 1기압에서의 밀도가 ρ_0이면 온도 T에서의 밀도는

$$\rho_T = \rho_0 \frac{273}{T(\text{K})} = \rho_0 \frac{273}{T(°\text{C}) + 273} \tag{16.53}$$

이 된다. 여기서 °C를 절대 온도로 바꾸기 위해 0°C = 273 K을 이용했다. 그러므로 공기 속 음속에 대한 일반식은

$$v_{\text{sound in air}} = \sqrt{\frac{B}{\rho}} = \sqrt{\frac{B_0}{\rho_0}\frac{T(°\text{C}) + 273}{273}} = 331\ \text{m/s} \times \sqrt{\frac{T(°\text{C}) + 273}{273}} \tag{16.54}$$

이 된다. 이것은 16.5절에서 증명 없이 주어진 표현식이었다. 이제 이 식이 이상 기체 법칙의 도움을 조금 받아 소리의 파동 방정식으로부터 나온 것임을 알 수 있다.

16.7 2차원과 3차원에서의 파동

연못에서 퍼져나가는 물결의 사진을 찍는다고 가정해보자. 사진에 마루(crest)의 위치를 표시한다면 사진이 그림 16.25a와 유사할 것이다. 마루들이 위치한 선을 **파면**(wave front)이라고 하며 파면들은 정확히 한 파장 떨어져 있다. 도형은 한순간만을 보여주지만 파면이 파원으로부터 속력 v로 퍼져나가는 동영상을 상상해볼 수 있다. 이런 파동을 **원형 파동**(circular wave)이라고 한다. 원형 파동은 표면을 가로질러 퍼져나가는 2차원 파동이다.

파면이 원이지만 파원으로부터 아주 아주 먼 곳에서 파동의 작은 부분을 관찰한다면 굴곡을 거의 알아보기 어렵다. 파면은 평행한 직선처럼 보이며 여전히 한 파장 떨어져 속력 v로 진행한다. 좋은 예가 해안에 닿는 바다의 파도이다. 파도는 수백 또는 수천 킬로미터 떨어진 먼 바다에 일어난 폭풍우에 의해 만들어진다. 파도가 사람들이 선탠을 즐기고 있는 해안가에 도달할 때 마루들은 직선처럼 보인다. 바다의 공중 사진은 그림 16.25b와 같은 파동 도형을 보여준다.

음파나 광파처럼 흥미로운 많은 파동들은 3차원 공간에서 움직인다. 예를 들어 스피커와 전구는 **구면파**(spherical wave)를 방출한다. 다시 말해 파동의 마루들이 파장 λ 간격으로 일련의 동심 구형 껍질을 형성한다. 본질적으로 이 파동은 3차원의 물결이다. 그림 16.25와 같은 파면 도형을 그리는 것이 여전히 유용하지만, 이제 원은 파동의 마루들이 위치하는 구형 껍질을 자른 단면이다.

구면파를 파원으로부터 아주 아주 멀리 떨어진 곳에서 관찰하면 우리가 볼 수 있는 파면의 작은 조각은 아주 큰 구 표면의 작은 부분에 해당한다. 구의 반지름이 충분히 크다면 굴곡을 볼 수 없어 파면의 작은 조각이 평면처럼 보인다. 그림 16.26은 **평면파**(plane wave)의 모습을 보여준다.

평면파를 시각화하기 위해 음파가 아주 먼 스피커로부터 여러분 쪽으로 올 때 여러분이 음파와 마주하고 x축 위에 서 있다고 상상해보자. 소리는 종파이기 때문에 매질의 입자들이 여러분 쪽으로 그리고 여러분으로부터 먼 쪽으로 진동한다. 어떤 순간에 모든 입자들을 여러분 쪽을 향해 최대 변위에 위치시킨다면 입자들은 모두 진행

그림 16.25 원형 파동 또는 구면파의 파면

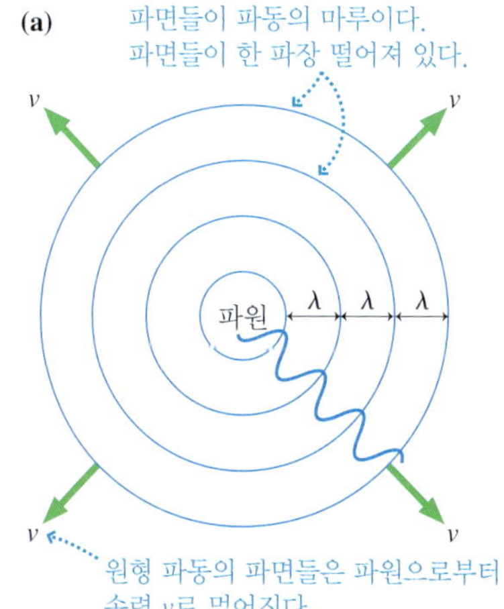

그림 16.26 평면파

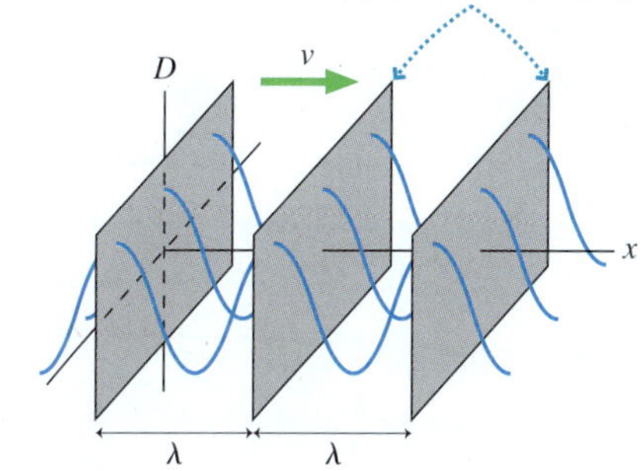

방향에 수직한 평면 위에 놓이게 된다. 이것이 그림 16.26에 있는 파면들 가운데 하나이고 이 평면에 있는 모든 입자들은 한순간에 정확히 동일한 행동을 한다. 이 평면은 속력 v로 여러분을 향해 접근한다. 이보다 한 파장 뒤에 분자들이 최대 변위를 가진 또 다른 평면이 있다. 처음 평면의 두 파장 뒤에 또 다른 평면이, 그 뒤에 또 평면이 계속해서 존재한다.

평면파의 변위가 y나 z가 아닌 x에만 의존하기 때문에 1차원 파동 때 했던 것처럼 변위 함수 $D(x, t)$가 평면파를 기술한다. x값을 지정하면 이 값에서 x축을 자르는 yz평면(즉 그림 16.26의 평면 가운데 하나) 위의 모든 점들은 동일한 변위를 갖는다.

$D(x, t)$를 $D(r, t)$로 수학적 표기를 바꾸면 원형 파동이나 구면파를 기술할 수 있다. 여기서 r은 파원으로부터 측정한 지름 방향 거리이다. 그러면 매질의 변위가 구 표면의 모든 점에서 같아질 것이다. 특히 파수 k와 각진동수 ω를 가진 사인 모양 구면파는

$$D(r, t) = A(r)\sin(kr - \omega t + \phi_0) \tag{16.55}$$

로 적을 수 있다. x 대신 r로 바꾼 것을 제외하고는 진폭이 r의 함수라는 것이 유일한 차이이다. 1차원 파동은 파동의 진폭 변화 없이 진행한다. 그러나 원형 파동과 구면파는 점점 더 넓은 공간을 채우면서 퍼져나간다. 이 장의 뒤에서 살펴보겠지만 에너지를 보존하기 위해 거리 r이 증가함에 따라 파동의 진폭이 감소해야 한다. 이것이 파원으로부터 멀어질수록 소리나 빛의 세기가 감소하는 이유이다. 거리에 따라 진폭이 정확히 어떻게 감소하는지 구체화할 필요는 없지만 그렇다는 것은 알고 있어야 한다.

위상과 위상차

« 15.2절에서 단순 조화 운동의 진동자의 위상 개념을 소개하였다. 위상은 또한 파동에서 중요하다. ϕ로 표기하는 사인 모양 파동의 **위상**은 물리량 $(kx - \omega t + \phi_0)$이다. 위상은 여러 파동들을 함께 더한 결과를 탐구하는 17장에서 중요한 개념이 될 것이다. 지금은 그림 16.25에 보인 파면들이 '일정한 위상을 가진 표면'이라는 것에만 주목하자. 이것을 알기 위해 변위를 단순히 $D(x, t) = A\sin\phi$라고 쓰자. 파면 위의 각 점들이 같은 변위를 갖고 있기 때문에 모든 점에서 위상이 같아야 한다.

사인 모양 파동의 다른 두 점 사이의 **위상차**(phase difference) $\Delta\phi$를 알면 쓸모가 많다. 그림 16.27은 시간 t에서 사인 모양 파동의 두 점을 보여준다. 이 점들 사이의 위상차는

$$\begin{aligned}\Delta\phi = \phi_2 - \phi_1 &= (kx_2 - \omega t + \phi_0) - (kx_1 - \omega t + \phi_0)\\ &= k(x_2 - x_1) = k\,\Delta x = 2\pi\frac{\Delta x}{\lambda}\end{aligned} \tag{16.56}$$

이다. 다시 말해 **파동의 두 점 사이의 위상차는 단지 파장 λ에 대한 두 점 사이의 간격 Δx의 비에만 의존한다.** 예를 들어 $\Delta x = \frac{1}{2}\lambda$ 떨어진 파동의 두 점은 위상차 $\Delta\phi = \pi$ rad을 갖는다.

식 (16.56)의 중요한 결과는 **두 인접한 파면 사이의 위상차가 $\Delta\phi = 2\pi$ rad**이라

그림 16.27 파동의 두 점 사이의 위상차

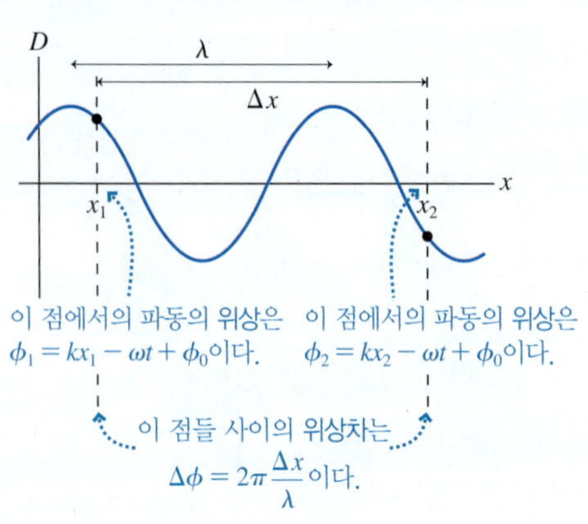

는 것이다. 이것은 두 인접한 파면 사이의 거리가 $\Delta x = \lambda$라는 사실로부터 나온다. 이것은 중요하다. 파동의 한 마루로부터 다음 마루로 이동할 때 거리가 λ만큼 달라지고 위상은 2π rad만큼 달라진다.

예제 16.8 **음파의 두 점 사이의 위상차**

100 Hz의 음파가 파동 속력 343 m/s로 진행한다.

a. 파동의 진행 방향으로 60.0 cm 떨어진 두 점 사이의 위상차는 얼마인가?

b. 위상이 90° 다른 두 점 사이의 거리는 얼마인가?

핵심 파동을 양의 x 방향으로 진행하는 평면파라고 생각한다.

풀이 a. 두 점 사이의 위상차는

$$\Delta\phi = 2\pi \frac{\Delta x}{\lambda}$$

이다. 이 예제의 경우 $\Delta x = 60.0\text{ cm} = 0.600\text{ m}$이다. 파장은

$$\lambda = \frac{v}{f} = \frac{343\text{ m/s}}{100\text{ Hz}} = 3.43\text{ m}$$

이므로

$$\Delta\phi = 2\pi \frac{0.600\text{ m}}{3.43\text{ m}} = 0.350\pi\text{ rad} = 63.0°$$

가 된다.

b. 위상차 $\Delta\phi = 90°$는 $\pi/2$ rad이다. 이것은 $\Delta x/\lambda = \frac{1}{4}$ 또는 $\Delta x = \lambda/4$일 때의 두 점 사이의 위상차이다. 여기서 $\lambda = 3.43$ m이므로 $\Delta x = 85.8$ cm가 된다.

검토 Δx가 증가함에 따라 위상차가 증가하므로 문항 b의 답이 60 cm보다 클 것임을 예상할 수 있다.

16.8 출력, 세기와 데시벨

진행파는 에너지를 한 점에서 다른 점으로 전달한다. 스피커에서 나온 음파는 고막을 운동하게 한다. 태양으로부터 나온 광파는 지구의 온도를 높여준다. 파동의 **출력**(power)은 파동이 에너지를 전달하는 비율이다. 9장에서 배운 것처럼 출력은 와트로 측정한다. 스피커는 2 W의 출력을 방출할 수 있는데, 이것은 음파 형태로 에너지가 초당 2 J의 비율로 방출된다는 것을 의미한다.

프로젝터의 빛처럼 집속된 빛은 모든 방향으로 퍼져나가는 흩어지는 빛보다 더 강하다(intense). 동일하게 소리를 좁은 영역에 방출하는 스피커는 소리를 모든 방향으로 방출하는 동일한 출력의 스피커보다 더 강한 소리를 방출한다. 밝기나 크기와 같은 물리량은 에너지를 전달하는 비율, 즉 출력에 의존할 뿐 아니라 이 출력을 받아들이는 넓이에도 의존한다.

그림 16.28은 넓이 a의 표면에 부딪치는 파동을 보여준다. 표면은 파동의 진행 방향과 수직이다. 이것은 고막이나 광전지와 같은 실제 물리적 표면일 수도 있지만, 동일하게 파동이 지나는 공간상의 수학적인 표면이 될 수도 있다. 파동의 출력이 P일 때 이 파동의 **세기**(intensity) I를

$$I = \frac{P}{a} = \text{넓이에 대한 출력의 비} \tag{16.57}$$

그림 16.28 출력 P의 평면파가 넓이 a에 세기 $I = P/a$로 부딪친다.

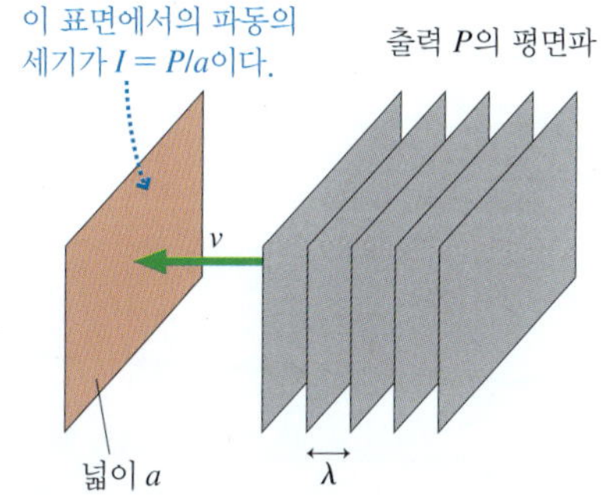

로 정의할 수 있다. 세기의 SI 단위는 W/m^2이다. 세기가 넓이에 대한 출력의 비이기 때문에 작은 넓이에 집속된 파동은 동일한 출력을 가진 큰 넓이에 퍼져있는 파동보다 세기가 더 크다.

예제 16.9 레이저빔의 세기

빨간색 레이저 포인터는 출력 1.0 mW의 빛을 1.0 mm 지름의 레이저빔으로 방출한다. 이 레이저빔의 세기는 얼마인가?

핵심 레이저빔은 광파이다.

풀이 레이저빔의 광파는 지름 1.0 mm의 원인 수학적 표면을 통과한다. 이 레이저빔의 세기는

$$I = \frac{P}{a} = \frac{P}{\pi r^2} = \frac{0.0010 \text{ W}}{\pi(0.00050 \text{ m})^2} = 1300 \text{ W/m}^2$$

가 된다.

검토 이것은 대략 여름날 정오 태양빛의 세기이다. 태양과 작은 레이저 사이의 차이는 거의 동일한 세기가 아니라 출력이다. 레이저는 1 mW의 작은 출력을 갖는다. 레이저는 파동이 지나는 넓이가 아주 작기 때문에 아주 강한 파동을 만들 수 있다. 반면 태양은 전체 출력 $P_{sun} \approx 4 \times 10^{26}$ W를 방출한다. 이런 엄청난 출력이 모든 공간으로 퍼져나가 지구 궤도 반지름인 1.5×10^{11} m의 거리에 1400 W/m^2의 세기를 만든다.

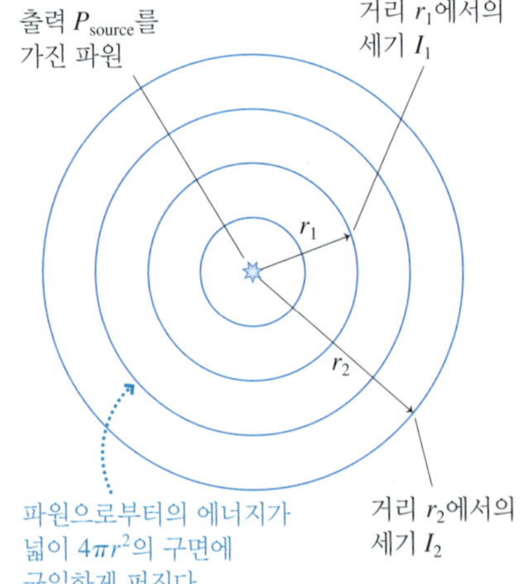

그림 16.29 균일한 구면파를 방출하는 파원

만약 구면파의 파원이 모든 방향으로 균일하게 방출된다면 그림 16.29에서 보인 것처럼 거리 r에서의 출력이 반지름 r의 구면에 균일하게 퍼질 것이다. 구의 겉넓이가 $a = 4\pi r^2$이므로 균일한 구면파의 세기는

$$I = \frac{P_{source}}{4\pi r^2} \quad \text{(균일한 구면파의 세기)} \tag{16.58}$$

가 된다. r 제곱에 반비례하는 의존성은 실제로 에너지 보존을 말하는 것이다. 파원이 매초 P J의 에너지를 방출한다. 파동이 밖으로 퍼져나가면서 에너지가 점점 더 큰 넓이로 퍼진다. 결과적으로 **단위 넓이당** 에너지는 구의 겉넓이에 비례해서 감소해야 한다.

거리 r_1에서의 세기가 $I_1 = P_{source}/4\pi r_1^2$이고 거리 r_2에서의 세기가 $I_2 = P_{source}/4\pi r_2^2$이면 세기의 비가

$$\frac{I_1}{I_2} = \frac{r_2^2}{r_1^2} \tag{16.59}$$

임을 알 수 있다. 파원의 출력을 모를 때 파원으로부터의 거리가 다른 두 점에서의 세기를 비교하기 위해 식 (16.59)를 사용할 수 있다.

사인 모양 파동의 경우 매질의 각 입자들은 앞뒤로 진동하면서 단순 조화 운동을 한다. 15장에서 진폭 A를 가진 SHM의 입자는 에너지 $E = \frac{1}{2}kA^2$을 갖는다는 것을 배웠다. 여기서 k는 매질의 용수철 상수이지 파수가 아니다. 파동이 매질 속을 진행할 때 입자에서 입자로 전달되는 것은 바로 이 매질의 진동 에너지이다.

파동의 세기는 에너지가 매질을 통해 전달되는 비율에 비례하고 또 매질의 진동 에너지는 진폭의 **제곱**에 비례하기 때문에

$$I \propto A^2 \tag{16.60}$$

을 유추할 수 있다. 다시 말해 **파동의 세기는 진폭의 제곱에 비례한다**. 파동의 진폭이 두 배가 되면 파동의 세기는 네 배가 된다.

소리 세기 준위

사람이 들을 수 있는 소리의 세기는 **가청 한계**(threshold of hearing)인 $\approx 1 \times 10^{-12}$ W/m^2(중간 영역 진동수에서)부터 **고통 한계**(threshold of pain)인 ≈ 10 W/m^{2}까지 아주 넓은 범위를 가지고 있다. 크기의 눈금을 만들기 원한다면 가청 한계를 눈금의 0으로 잡는 것이 편리할 뿐 아니라 논리적이다. 그렇게 하기 위해 **데시벨**(decibel, dB)로 표현하는 **소리 세기 준위**(sound intensity level)를

$$\beta = (10\text{ dB})\log_{10}\left(\frac{I}{I_0}\right) \tag{16.61}$$

로 정의한다. 여기서 $I_0 = 1.0 \times 10^{-12}$ W/m^{2}이다. 기호 β는 그리스 문자 베타이다. β를 자연로그가 아닌 밑이 10인 로그 함수로 계산하는 것에 주목하라.

데시벨은 전화기를 발명한 벨(Alexander Graham Bell)을 기념하여 붙인 이름이다. 소리 세기 준위는 사실 단위가 없다. 왜냐하면 두 세기의 비로 정의되기 때문이다. 따라서 데시벨은 실제 세기가 아닌 세기의 **준위**(level)를 다루고 있음을 알려주는 이름에 지나지 않는다.

바로 $I = I_0$인 가청 한계에서 소리 세기 준위는

$$\beta = (10\text{ dB})\log_{10}\left(\frac{I_0}{I_0}\right) = (10\text{ dB})\log_{10}(1) = 0\text{ dB}$$

이 된다. 0 dB이 소리가 없음을 의미하지 않는다는 것에 주목하라. 0 dB은 대부분의 사람이 소리를 듣지 못한다는 것을 의미한다. 개는 인간보다 청각이 더 예민하고 대부분의 개는 쉽게 0 dB의 소리를 들을 수 있다. 고통 한계의 소리 세기 준위는

$$\beta = (10\text{ dB})\log_{10}\left(\frac{10\text{ W/m}^2}{10^{-12}\text{ W/m}^2}\right) = (10\text{ dB})\log_{10}(10^{13}) = 130\text{ dB}$$

이다.

주목해야 할 중요한 사실은 실제 소리의 세기가 10배 증가할 때마다 소리 세기 준위가 10 dB 증가한다는 것이다. 예를 들면 소리 세기가 10^{-5} W/m^{2}에서 10^{-4} W/m^{2}로 증가할 때 소리 세기 준위는 70 dB에서 80 dB로 증가한다. 청취 실험에서 세기가 10배 증가할 때 '두 배 큰' 소리로 인식한다는 것을 발견했다. 데시벨을 사용하면 소리 세기 준위가 10 dB 증가할 때마다 인식하는 소리의 크기가 두 배 커진다고 할 수 있다.

표 16.4는 여러 소리에 대한 소리 세기 준위를 알려준다. 130 dB이 고통 한계지만 더 조용한 소리도 청각에 손상을 줄 수 있다. 120 dB의 소리에 아주 짧게 노출되어

표 16.4 흔한 소리의 소리 세기 준위

소리	β(dB)
가청 한계	0
3 m 떨어진 사람의 호흡	10
1 m에서의 속삭임	20
조용한 방안	30
자동차가 안 다니는 야외	40
조용한 식당	50
1 m에서의 정상적인 대화	60
자동차가 많을 때	70
진공청소기를 사용할 때	80
나이아가라 폭포 전망대	90
2 m 떨어진 눈 치우는 기계	100
오디오 최대 음량	110
록 콘서트장	120
고통 한계	130
축구장 최대 소음	140

도 귀의 청각 세포가 손상될 수 있지만 85 dB 이상의 소리에 장시간 노출되어도 손상을 입을 수 있다.

예제 16.10 믹서의 소음

스무디를 만드는 믹서가 83 dB의 소리 세기 준위를 만든다. 소리의 세기는 얼마인가? 두 번째 믹서를 작동시키면 소리 세기 준위는 얼마가 되는가?

풀이 식 (16.61)을 사용하여 소리 세기를 구하면 $I = I_0 \times 10^{\beta/10\,\text{dB}}$이 된다. 여기서 10의 지수가 '로그의 역함수'라는 사실을 사용했다. 이 경우

$$I = (1.0 \times 10^{-12}\ \text{W/m}^2) \times 10^{8.3} = 2.0 \times 10^{-4}\ \text{W/m}^2$$

가 된다. 두 번째 믹서는 소리 출력을 두 배로 하기 때문에 세기가 $I = 4.0 \times 10^{-4}\ \text{W/m}^2$로 증가한다. 새로운 소리 세기 준위는

$$\beta = (10\ \text{dB}) \log_{10}\left(\frac{4.0 \times 10^{-4}\ \text{W/m}^2}{1.0 \times 10^{-12}\ \text{W/m}^2}\right) = 86\ \text{dB}$$

이 된다.

검토 일반적으로 실제 소리 세기가 두 배가 되면 데시벨 준위는 3 dB 증가한다.

16.9 도플러 효과

이 장의 마지막 주제는 파원에 대해 우리가 움직일 때 일어나는 흥미로운 현상이다. 이 현상을 **도플러 효과**(Doppler effect)라고 한다. 구급차가 지나갈 때 구급차 사이렌의 음높이가 낮아지는 것을 경험한 적이 있을 것이다. 왜 그럴까?

그림 16.30a는 속력 v_s로 파블로로부터 멀어져가고 낸시에게는 접근 중인 음원을 보여준다. 아래 첨자는 이것이 파동 속력이 아닌 음원의 속력임을 가리킨다. 음원이 이동하면서 진동수 f_0의 음파를 방출한다. 그림은 시간 $t = 0$, T, $2T$와 $3T$에서 음원의 위치를 보여주는 운동 도형이다. 여기서 $T = 1/f_0$로 파동의 주기이다.

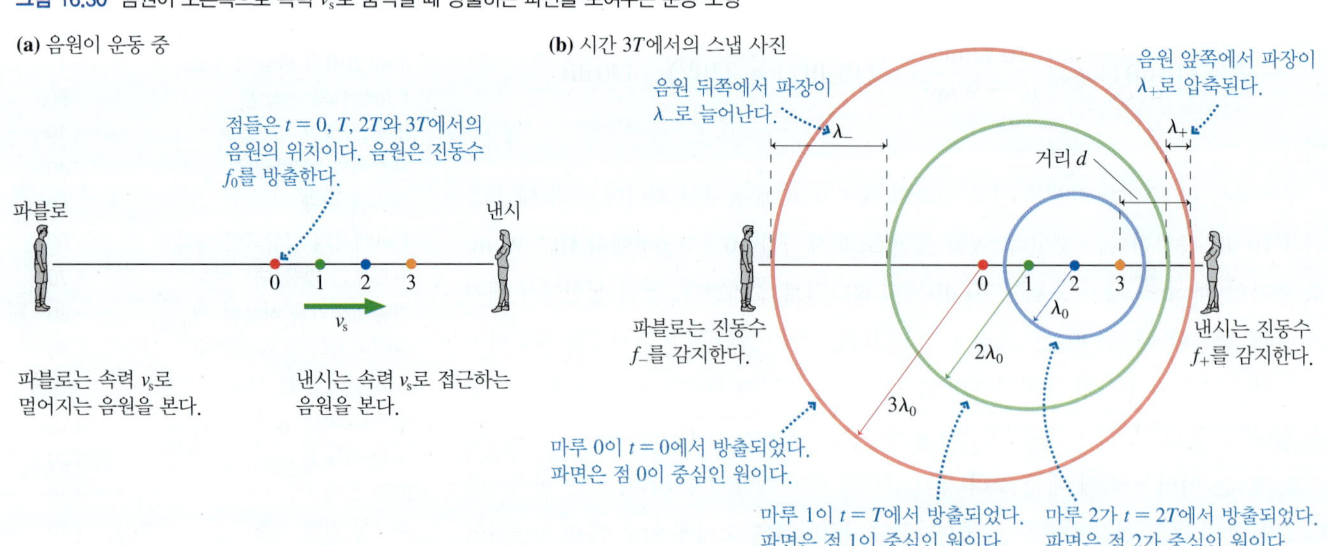

그림 16.30 음원이 오른쪽으로 속력 v_s로 움직일 때 방출하는 파면을 보여주는 운동 도형

냰시는 **접근 중인 음원**이 방출하는 파동의 진동수를 f_+로 측정한다. 동시에 파블로는 **멀어지는 음원**이 방출하는 파동의 진동수를 f_-로 측정한다. 우리가 할 일은 f_+와 f_-가 음원의 진동수 f_0 및 속력 v_s와 어떤 관계가 있는지 구하는 것이다.

파동의 마루가 파원을 떠난 후 마루의 운동은 매질의 성질에 의해 결정된다. 다시 말해 파원의 운동은 이미 방출된 파동에 영향을 줄 수 없다. 그러므로 그림 16.30b에 있는 각 원형 파동의 파면들은 파면이 방출된 지점에 원의 중심이 위치한다. 점 3의 파동 마루는 이 그림이 만들어질 때 방출된 것이지만 아직 다른 곳으로 이동할 시간 여유가 없었다.

파동의 마루들이 파원이 움직이는 방향으로 뭉치게 되고 뒤로는 멀어지게 된다. 한 마루와 다음 마루 사이의 거리가 한 파장이므로 낸시가 측정하는 파장 λ_+는 파원이 정지해 있을 때 방출하는 파장 $\lambda_0 = v/f_0$보다 **짧아진다**. 동일하게 파원의 뒤쪽 파장인 λ_-는 λ_0보다 길어진다.

이런 마루들이 매질 속을 속력 v로 진행한다. 결과적으로 관찰자에게 접근 중인 파원의 진동수 $f_+ = v/\lambda_+$가 파원이 방출하는 진동수 f_0보다 **커진다**. 동일하게 파원의 뒤에서 감지하는 $f_- = v/\lambda_-$는 진동수 f_0보다 **작아진다**. 파원이 관찰자에 대해 상대 속도로 움직일 때 나타나는 진동수의 변화를 **도플러 효과**(Doppler effect)라고 한다.

그림 16.30b에서 d로 표시한 거리는 시간 $t = 3T$에서 파동이 이동한 거리와 파원이 이동한 거리 사이의 차이이다. 이 거리들은

$$\begin{aligned} \Delta x_{\text{wave}} &= vt = 3vT \\ \Delta x_{\text{source}} &= v_s t = 3v_s T \end{aligned} \tag{16.62}$$

이다. 거리 d는 3개 파장에 걸쳐있다. 따라서 접근하는 파원이 방출하는 파동의 파장은

$$\lambda_+ = \frac{d}{3} = \frac{\Delta x_{\text{wave}} - \Delta x_{\text{source}}}{3} = \frac{3vT - 3v_sT}{3} = (v - v_s)T \tag{16.63}$$

가 된다. 3이 상쇄되기 때문에 임의로 3주기를 선택한 것은 관계가 없다는 것을 알 수 있다. 낸시 방향의 진동수는

$$f_+ = \frac{v}{\lambda_+} = \frac{v}{(v - v_s)T} = \frac{v}{(v - v_s)} f_0 \tag{16.64}$$

가 되며 $f_0 = 1/T$는 파원의 진동수이고 파원이 정지해 있을 때 감지하는 진동수이다. 감지된 진동수를

$$\begin{aligned} f_+ &= \frac{f_0}{1 - v_s/v} \quad \text{(접근하는 파원에 대한 도플러 효과)} \\ f_- &= \frac{f_0}{1 + v_s/v} \quad \text{(멀어지는 파원에 대한 도플러 효과)} \end{aligned} \tag{16.65}$$

로 적는 것이 편리하다는 것을 알게 될 것이다. 두 번째 식, 멀어지는 파원의 진동

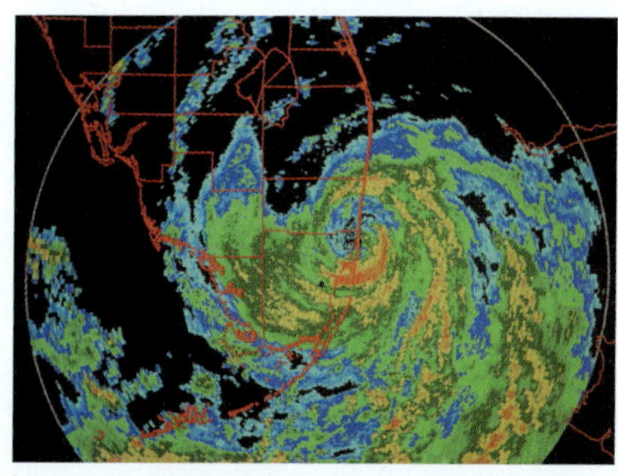

도플러 기상 레이다는 폭풍우의 강도를 잘 알려주는 풍속을 측정하기 위해 반사된 레이다 신호의 도플러 편이를 사용한다.

수 f_-에 대한 증명도 비슷하다. 파원의 앞쪽에서는 분모가 1보다 작기 때문에 $f_+ > f_0$이고 파원의 뒤쪽에서는 $f_- < f_0$인 것을 알 수 있다.

예제 16.11 경찰차는 얼마나 빨리 달리는가?

경찰차가 접근할 때 사이렌의 진동수가 550 Hz이다가 멀어질 때는 450 Hz가 된다. 경찰차는 얼마나 빨리 달리고 있는가? 온도는 20 °C이다.

핵심 사이렌의 진동수가 도플러 효과에 의해 달라진다. 경찰차가 접근할 때는 진동수가 f_+이고 멀어질 때는 f_-이다.

풀이 v_s를 구하기 위해 식 (16.65)를

$$f_0 = (1 + v_s/v) f_-$$
$$f_0 = (1 - v_s/v) f_+$$

로 새로 적는다. 첫 번째 식에서 두 번째 식을 빼면

$$0 = f_- - f_+ + \frac{v_s}{v}(f_- + f_+)$$

가 된다. 이것은 쉽게 풀 수 있으며

$$v_s = \frac{f_+ - f_-}{f_+ + f_-} v = \frac{100\text{ Hz}}{1000\text{ Hz}} \times 343\text{ m/s} = 34.3\text{ m/s}$$

를 얻는다.

검토 이제 정지해 있을 때의 사이렌의 진동수를 구하면 $f_0 = 495$ Hz를 얻는다. 놀랍게도 정지 진동수는 f_+와 f_-의 중앙값이 아니다.

정지한 파원과 움직이는 관찰자

예제 16.11의 경찰차가 정지해 있고 여러분이 34.3 m/s의 속력으로 경찰차 쪽으로 차를 몬다. 이것은 경찰차가 여러분에게 34.3 m/s로 접근하는 것과 동일하다고 생각할 수 있지만 그렇지 않다. 역학적 파동은 매질 속을 이동하고 도플러 효과는 파원과 관찰자가 서로에 대해 어떻게 움직이는가에만 의존하지 않고 매질에 대해 어떻게 움직이는가에도 의존한다. 증명은 생략하지만 진동수 f_0를 방출하는 정지한 파원에 대해 속력 v_0로 움직이는 관찰자가 듣는 진동수는

$$\begin{aligned} f_+ &= (1 + v_0/v)\, f_0 \quad \text{(파원으로 접근하는 관찰자)} \\ f_- &= (1 - v_0/v)\, f_0 \quad \text{(파원에서 멀어지는 관찰자)} \end{aligned} \qquad (16.66)$$

라는 것을 어렵지 않게 보일 수 있다. 빠른 계산을 통해 여러분이 속력 34.3 m/s로 경찰차에 접근할 때 듣는 사이렌의 진동수는 545 Hz로, 경찰차가 속력 34.3 m/s로 여러분에게 접근할 때 듣는 550 Hz가 아니라는 것을 확인할 수 있다.

광파의 도플러 효과

도플러 효과는 음파뿐 아니라 모든 종류의 파동에서 관측된다. 광원이 여러분에게서 멀어지면 감지하는 파장 λ_-가 광원이 방출하는 파장 λ_0보다 길어진다.

빛의 도플러 편이가 생기는 이유는 음파와 동일하지만 한 가지 근본적인 차이가 존재한다. 매질에 대한 파동 속력 v를 측정함으로써 도플러 편이된 진동수에 대한 식 (16.65)를 유도하였다. 빈 공간 속 전자기파의 경우 매질이 존재하지 않는다. 결과적

으로 움직이는 광원으로부터 방출되는 빛의 진동수를 결정하려면 아인슈타인의 상대성 이론이 필요하다. 증명 없이 사용할 결과는

$$\lambda_- = \sqrt{\frac{1 + v_s/c}{1 - v_s/c}}\,\lambda_0 \quad \text{(멀어지는 광원)}$$
$$\lambda_+ = \sqrt{\frac{1 - v_s/c}{1 + v_s/c}}\,\lambda_0 \quad \text{(접근하는 광원)} \tag{16.67}$$

이다. 여기서 v_s는 관찰자에 대한 상대적인 광원의 속력이다.

멀어지는 광원으로부터 나온 광파는 긴 파장 쪽으로 편이된다($\lambda_- > \lambda_0$). 가장 긴 가시광 파장은 빨간색으로 인식되기 때문에 멀어지는 광원에서 나온 빛은 **적색편이**(red shift)가 된다. 이것은 빛이 빨간색이라는 것이 아니라 단지 빛의 파장이 스펙트럼의 빨간색 끝 쪽으로 편이되었다는 것을 의미한다. 빠르게 멀어지는 광원이 방출하는 $\lambda_0 = 470$ nm(파랑) 빛이 $\lambda_- = 520$ nm(초록)에서 관측된다면 빛이 적색편이되었다고 말할 수 있다. 같은 식으로 접근하는 광원이 방출하는 빛은 **청색편이**(blue shift)를 일으킨다. 이것은 관측된 파장이 방출된 파장보다 짧다는 것($\lambda_+ < \lambda_0$)으로, 빛의 파장이 스펙트럼의 파란색 끝 쪽으로 편이되었음을 의미한다.

예제 16.12 | 은하 속도 측정하기

실험실의 수소 원자는 파장이 656 nm인 빨간빛을 방출한다. 먼 은하로부터 오는 빛에서는 이 '스펙트럼 선'이 691 nm에서 관측된다. 지구에 대한 이 은하의 속력은 얼마인가?

핵심 관측된 파장이 관찰자에 대해 정지한 원자가 방출한 파장보다 길다(즉 적색편이). 따라서 우리로부터 멀어지는 은하가 방출하는 빛을 살펴보고 있다.

풀이 식 (16.67)의 λ_-에 대한 식을 제곱하고 v_s에 대해 풀면 다음을 얻는다.

$$v_s = \frac{(\lambda_-/\lambda_0)^2 - 1}{(\lambda_-/\lambda_0)^2 + 1}c$$
$$= \frac{(691\text{ nm}/656\text{ nm})^2 - 1}{(691\text{ nm}/656\text{ nm})^2 + 1}c$$
$$= 0.052c = 1.56 \times 10^7\text{ m/s}$$

검토 은하가 지구로부터 대략 광속의 5%의 속력으로 멀어지고 있다.

1920년대에 많은 은하들의 적색편이를 분석하다가 천문학자 허블(Edwin Hubble)은 우주의 은하들이 모두 서로 멀어져 간다는 결론에 도달했다. 시간을 뒤로 돌리면 우주가 한 점에 모이게 되며, 우주의 모든 물질이(상대성 이론에 의하면 심지어 공간 자체도) 원시 불덩이를 이루게 된다. 허블 이후 수행된 많은 관측과 측정이 우주가 140억 년 전 빅뱅(Big Bang, 대폭발)과 함께 시작되었다는 주장을 지지하고 있다.

예를 들어 그림 16.31은 허블 우주망원경이 찍은 **퀘이사**(quasar)의 사진이다. 퀘이사는 준항성 물체(quasistellar object)의 준말이다. 퀘이사는 극단적으로 강력한 빛과 라디오파의 파원이다. 퀘이사로부터 우리에게 도달하는 빛은 아주 큰 적색편이를 보이는데, 몇몇 경우 우리로부터 광속의 90% 이상의 속력으로 멀어지고 있다. 천문학자

그림 16.31 퀘이사의 허블 우주망원경 사진

들은 몇몇 퀘이사가 지구로부터 100 내지 120억 광년 떨어져 있음을 알아냈다. 따라서 우리가 보는 빛은 우주가 단지 현재 나이의 25%이었을 때 방출한 것이다. 먼 퀘이사와 초신성(폭발하는 별)의 적색편이는 우주의 구조와 진화를 좀 더 잘 이해하는 데 이용되고 있다.

응용 예제 16.13 소리 줄이기

동창회 야유회 보트의 장대 위에 설치된 스피커가 귀에 거슬리는 210 Hz 음만을 방출한다. 스피커가 10 m 떨어져 있을 때 208 Hz, 95 dB의 큰 소리를 측정한다. 소리 세기 준위가 견딜만한 55 dB로 떨어지려면 얼마의 시간이 걸리는가?

핵심 파원이 장대 위에 있으므로 음파를 균일한 구면파로 생각한다. 온도는 20°C로 가정한다.

풀이 측정한 진동수 208 Hz는 스피커가 방출하는 210 Hz보다 작기 때문에 보트가 멀어지고 있다. 멀어지는 파원에 대한 도플러 효과는

$$f_- = \frac{f_0}{1 + v_s/v}$$

이다. 보트의 속력을 구하는 데 이 식을 사용한다.

$$v_s = \left(\frac{f_0}{f_-} - 1\right)v = \left(\frac{210\text{ Hz}}{208\text{ Hz}} - 1\right) \times 343\text{ m/s} = 3.3\text{ m/s}$$

구면파의 소리 세기가 파원으로부터의 거리의 제곱에 반비례하여 감소한다. 세기 $I = I_0 \times e^{\beta/10\text{ dB}}$에 대응되는 소리 세기 준위는 β이다. 여기서 $I_0 = 1.0 \times 10^{-12}\text{ W/m}^2$이다. 초기 95 dB에서 세기는

$$I_1 = I_0 \times 10^{9.5} = 3.2 \times 10^{-3}\text{ W/m}^2$$

이다. 원하는 55 dB에서 세기는

$$I_2 = I_0 \times 10^{5.5} = 3.2 \times 10^{-7}\text{ W/m}^2$$

로 떨어진다. 세기의 비는 거리와

$$\frac{I_1}{I_2} = \frac{r_2^2}{r_1^2}$$

의 관계를 갖는다. 따라서 스피커로부터의 거리가

$$r_2 = \sqrt{\frac{I_1}{I_2}}\, r_1 = \sqrt{10^4} \times 10\text{ m} = 1000\text{ m}$$

일 때 소리가 55 dB로 줄어든다. 보트가 $\Delta x = 990$ m 이동해야 하므로 시간은

$$\Delta t = \frac{\Delta x}{v_s} = \frac{990\text{ m}}{3.3\text{ m/s}} = 300\text{ s} = 5.0\text{ min}$$

걸린다.

검토 소리 세기 준위를 40 dB 낮추기 위해 소리 세기를 10^4배 줄여야 한다. 그리고 세기가 거리 제곱에 반비례하기 때문에 거리는 100배 증가해야 한다. 3.3 m/s는 대략 12 km/h로, 보트가 아주 빠르게 움직이지 않기 때문에 ≈ 1000 m를 이동하는 데 몇 분 정도 걸리는 것은 타당해 보인다.

서술형 질문

1. 그림 Q16.1의 3개의 파동 펄스가 동일한 당긴 줄을 따라 진행한다. 파동 속력 v_a, v_b와 v_c를 큰 값에서 작은 값 순으로 적고 이유를 설명하시오.

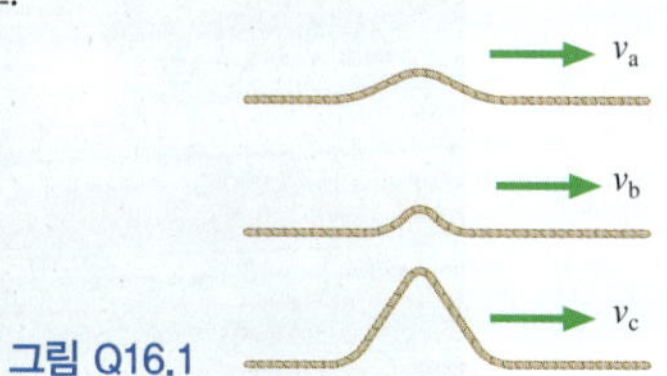

그림 Q16.1

2. 그림 Q16.2는 줄 위의 한 점에서의 변위를 시간의 함수로 보여주

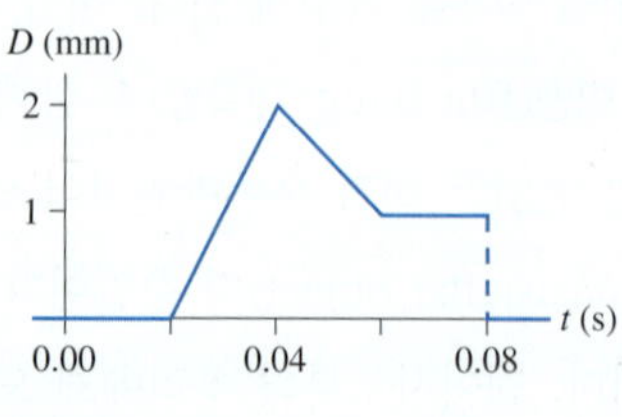

그림 Q16.2

는 이력 그래프이다. 이 점에서의 변위가 2 mm의 최댓값에 도달하는 때가 변위가 1 mm로 일정한 시간 간격의 전인가 아니면 후인가?

3. 진동수가 $f_a = 2000$ Hz, $f_b = 1000$ Hz와 $f_c = 20{,}000$ Hz인 음파의 파장 λ_a, λ_b와 λ_c를 큰 값에서 작은 값 순으로 적고 이유를 설명하시오.

4. 그림 Q16.4에 보인 진행파의 진폭, 파장, 진동수와 위상 상수는 얼마인가?

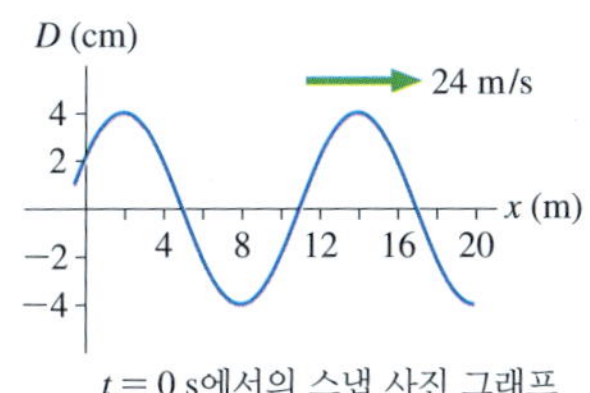

그림 Q16.4

5. 그림 Q16.5는 원형 파동의 파면을 보여준다. (a) 점 A와 B, (b) 점 C와 D, 그리고 (c) 점 E와 F 사이의 위상차는 얼마인가?

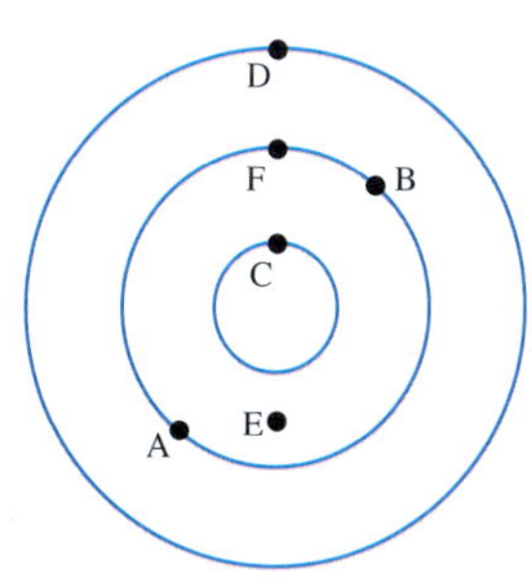

그림 Q16.5

6. 한 물리학 교수가 말할 때의 소리 세기 준위는 52 dB이다. 겁나는 상황이지만 100명의 물리학 교수들이 동시에 말한다면 소리 세기 준위는 얼마가 될까?

연습문제

표시가 된 연습문제들은 이전 장들에서 다룬 내용과 관련이 있다.

연습

16.1 파동의 소개

1. | 장력을 받는 줄 위의 파동 속력이 200 m/s이다. 장력이 절반으로 줄면 속력은 얼마인가?

2. || 25 g인 줄의 장력이 20 N이다. 펄스가 줄 전체를 진행하는 데 50 ms 걸린다. 줄의 길이는 얼마인가?

16.2 1차원 파동

3. || 그림 EX16.3에 보인 파동에 대해 $x = 0$ m에서의 $D(x = 0\text{ m}, t)$의 이력 그래프를 그리시오.

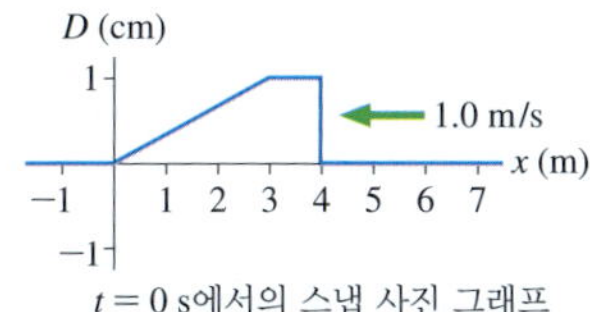

그림 EX16.3

4. || 그림 EX16.4에 보인 파동에 대해 $t = 1.0$ s에서의 $D(x, t = 1.0\text{ s})$의 스냅 사진 그래프를 그리시오.

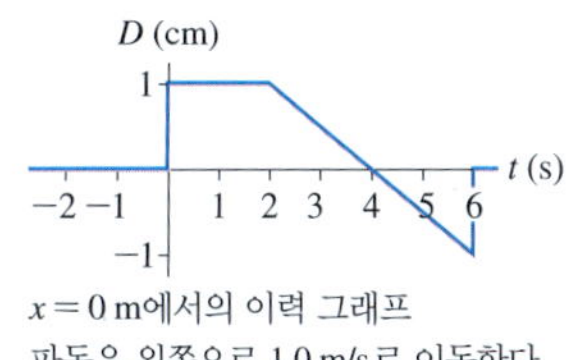

그림 EX16.4

5. || 그림 EX16.5는 $t = 0$ s에서의 종파의 스냅 사진 그래프이다. 그림 16.9b에서 했던 것처럼 대응되는 입자 위치들의 사진을 그리시오. 입자 사이의 평형 간격은 1.0 cm라고 하자.

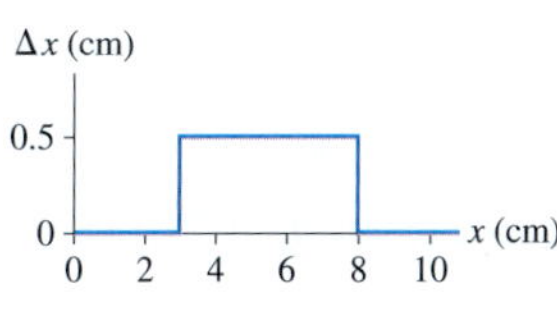

그림 EX16.5

16.3 사인 모양 파동

6. | 파동이 속력 314 m/s로 이동한다. 이 파동의 파수는 2 rad/s이다. 이 파동의 (a) 파장과 (b) 진동수는 얼마인가?

7. | 양의 x 방향으로 진행하는 파동의 변위가

$$D(x, t) = (2.5\text{ cm})\sin(1.8x - 66t)$$

이다. x의 단위는 m, t의 단위는 s이다. 이 파동의 (a) 진동수, (b) 파장과 (c) 파동 속력은 얼마인가?

16.4 줄 위의 파동 방정식

8. ‖ c와 d가 상수일 때 변위 $D(x,\ t) = cx^2 + dt^2$가 파동 방정식의 해가 된다는 것을 보이시오. 그리고 파동 속력을 c와 d의 함수로 구하시오.
CALC

16.5 소리와 빛

9. ‖ a. 알루미늄 속을 진행하는 4 MHz의 초음파의 파장은 얼마인가?
   b. 문항 a의 초음파와 동일한 파장을 가진 전자기파의 진동수는 얼마인가?
10. | a. 파장이 500 nm인 녹색빛의 진동수는 얼마인가?
   b. 파장이 400 nm인 보랏빛의 진동수는 얼마인가?
   c. 보랏빛의 파장이 300 nm로 되는 물질의 굴절률은 얼마인가?
11. | a. 전화 신호는 흔히 마이크로파를 이용하여 장거리로 전송한다. 파장이 3.0 cm인 마이크로파의 진동수는 얼마인가?
   b. 마이크로파 신호를 50 km 떨어진 두 산의 정상에서 주고받는다. 신호가 한 산에서 다른 산으로 진행하는 데 걸리는 시간은 얼마인가?
12. | 휴대폰 대화는 높은 진동수의 라디오파로 전송한다. 공기 속에서 이 신호의 파장이 35 cm라고 가정하자. 신호가 방안으로 들어가기 위해 3 mm 두께의 창문 유리를 지날 때 (a) 진동수와 (b) 파장은 얼마인가?
13. | 광파의 파장이 공기 중에서 670 nm이다. 또 투명한 고체 속에서는 420 nm이다.
   a. 이 고체 속에서의 광속은 얼마인가?
   b. 이 고체 속에서의 빛의 진동수는 얼마인가?

16.6 유체 속 파동 방정식

14. | (a) 온도가 −25°F인 미네소타의 추운 겨울날과 (b) 온도가 125°F인 데스벨리의 더운 여름날 공기 중 음속은 얼마인가?

16.7 2차원과 3차원에서의 파동

15. | 원형 파동이 원점으로부터 밖으로 퍼져나간다. 어떤 순간에 $r_1 =$ 20 cm에서의 위상이 0 rad이고 $r_2 = 80$ cm에서의 위상이 3π rad이다. 이 파동의 파장은 얼마인가?
16. ‖ 음속이 340 m/s인 어느 날 원점에 있는 스피커가 120 Hz의 음을 방출한다. x축 위의 두 점 사이의 위상차가 5.5 rad이다. 이 두 점 사이의 거리는 얼마인가?

16.8 출력, 세기와 데시벨

17. ‖ 세기 $2.0 \times 10^{-3}\ \mathrm{W/m^2}$인 음파는 적당히 큰 소리로 인식된다. 고막의 지름은 6.0 mm이다. 이 소리를 1.0분 동안 들을 때 고막에 전달되는 에너지는 얼마인가?
BIO
18. ‖ 지면으로부터 높은 곳에 걸려있는 공연장 스피커가 35 W 출력의 소리를 방출한다. 1.0 $\mathrm{cm^2}$의 넓이를 가진 작은 마이크가 스피커로부터 50 m 떨어져 있다.
   a. 마이크 위치에서의 소리의 세기는 얼마인가?
   b. 매초 마이크에 전달되는 소리 에너지는 얼마인가?
19. | 태양이 출력 4.0×10^{26} W의 전자기파를 방출한다. 금성, 지구와 화성의 대기 비로 바깥쪽에서 태양에서 오는 전자기파의 세기를 구하시오.
20. ‖ 긴 장대에 달린 스피커가 모든 방향으로 균일하게 음파를 방출한다. 소리 세기 준위가 거리 20 m에서 90 dB일 때 스피커의 출력은 얼마인가?

16.9 도플러 효과

21. | 음속이 340 m/s인 날에 여러분의 친구가 여러분을 향해 25.0 m/s로 달리면서 400 Hz의 단일 음표를 크게 노래하고 있다.
   a. 여러분이 듣게 되는 진동수는 얼마인가?
   b. 여러분이 갑자기 400 Hz로 노래 부른다면 여러분의 친구가 듣게 될 진동수는 얼마인가?
22. ‖ 박쥐는 초음파 '찍찍' 소리를 방출하고 벌레로부터 반사되는 메아리를 들어 벌레의 위치를 안다. 박쥐의 찍찍 소리의 진동수가 25 kHz라고 가정하자. 여러분이 20 kHz의 찍찍 소리를 간신히 들으려면 박쥐가 어느 방향으로, 얼마나 빨리 날아야 하는가?
BIO

문제

23. ‖ 그림 P16.23은 양의 x 방향으로 4.0 m/s로 이동하는 파동의 $x = 0$ m에서의 이력 그래프이다.
   a. 파장은 얼마인가?
   b. 파동의 위상 상수는 얼마인가?
   c. 이 파동의 변위 방정식을 쓰시오.

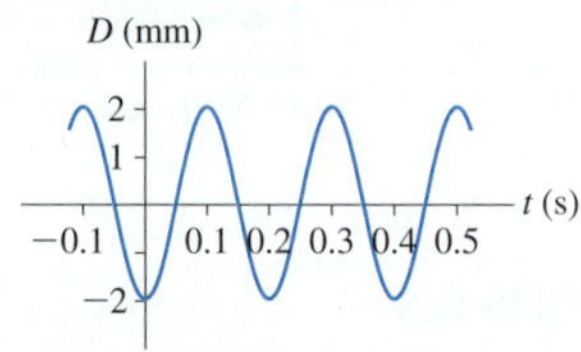

그림 P16.23

24. | 그림 P16.24의 줄 1은 2.0 g/m의 선밀도를 갖고 줄 2는 4.0 g/m의 선밀도를 갖는다. 한 학생이 매듭을 신속하게 위로 당겼다가 놓으며 양쪽으로 펄스를 보낸다. 펄스가 줄의 양 끝에 동시에 도달하려면 줄의 길이 L_1과 L_2는 얼마여야 하는가?

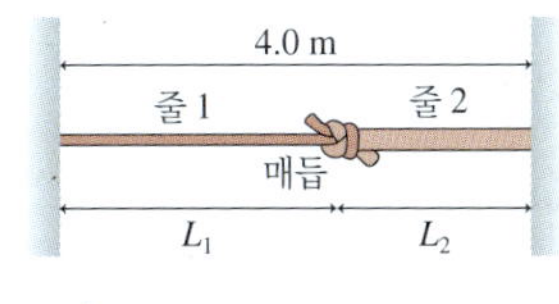

그림 P16.24

25. ‖ 소리 위치(즉 소리가 어디서 오는지)를 알기 위해 우리 청각기 BIO 관이 사용하는 신호는 두 귀에 도달하는 소리의 약간의 시간 차이이다. 귀는 대략 20 cm 떨어져 있다. 음원이 오른쪽으로 45° 선을 따라 머리 중심으로부터 5.0 m 떨어져 있다고 가정하자. 도달 시간의 차이는 얼마인가? 마이크로초로 답하시오.

힌트: 거의 같은 두 숫자 사이의 차이를 찾고 있다. 거의 같다는 것이 계산의 중간 단계에서 필요한 정확도와 어떤 관계가 있을까?

26. ‖ 지진은 본질적으로 지진파라고 부르는 지구 속을 진행하는 음파이다. 지구가 고체이기 때문에 종파와 횡파 지진파가 발생한다. P파라고 부르는 종파의 속력은 8000 m/s이고 S파라고 부르는 횡파의 속력은 4500 m/s이다. 지진계는 멀리 떨어진 곳에서 나온 두 파동을 기록한다. 만약 P파가 도달한 지 2.0분 후에 S파가 도달한다면 지진이 얼마나 먼 곳에서 발생했겠는가? 실제 지진파들은 더 복잡한 경로를 따르긴 하지만 파동이 직선으로 진행한다고 가정할 수 있다.

27. ‖ 한끝에 피스톤이 있는 길이 20.0 cm, 지름 10.0 cm인 원통에 1.34 kg의 이름 모를 액체가 채워져 있다. 피스톤을 이용하여 액체의 길이를 1.00 mm만큼 압축하니 압력이 41.0기압만큼 증가한다. 액체 속 음속은 얼마인가?

28. ‖ 줄 위의 파동이 다음과 같다.

$$D(x, t) = (3.0\text{ cm}) \times \sin[2\pi(x/(2.4\text{ m}) + t/(0.2\text{ s}) + 1)]$$

여기서 x의 단위는 m, t의 단위는 s이다.

a. 이 파동은 어느 방향으로 진행하는가?
b. 파동 속력, 진동수와 파수는 얼마인가?
c. $t = 0.50$ s일 때 $x = 0.20$ m에서의 줄의 변위는 얼마인가?

29. ‖ 그림 P16.29는 줄을 따라 오른쪽으로 45 m/s로 진행하는 파동의 스냅 사진 그래프이다. 이 순간에 줄 위의 점 1, 2와 3의 속도는 얼마인가?

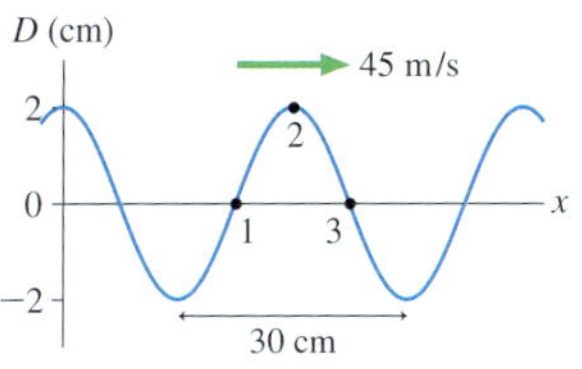

그림 P16.29

30. ‖ 밀도가 다른 두 금속을 용접하여 만든 도선이 있다. 그림 P16.30은 그 도선에서 접합부가 중앙에 있는 길이 2.00 m의 한 부분을 보여준다. 그러나 도선은 양 방향으로 훨씬 더 길게 존재한다. 줄에 2250 N의 장력을 걸어주니 진폭 3.00 mm, 1500 Hz의 파동이 도선을 따라 이동한다. 길이 2.00 m인 부분에 들어 있는 파동의 파장(완전한 순환) 수는 몇 개인가?

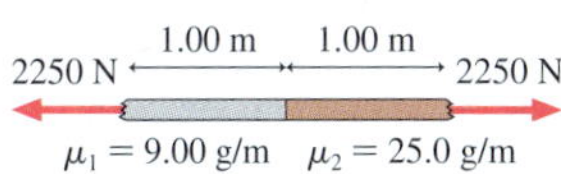

그림 P16.30

31. ‖ 50.0 N의 장력을 받는 줄이 선밀도 5.0 g/m를 갖는다. 진폭 3.0 cm와 파장 2.0 m인 사인 모양 파동이 줄을 따라 진행한다. 줄 위의 입자의 최대 속력은 얼마인가?

32. ‖ 사인 모양 파동이 늘어난 줄을 따라 진행한다. 줄 위 한 입자가 최대 속력 2.0 m/s와 최대 가속도 200 m/s^{2}를 갖는다. 이 파동의 진동수와 진폭은 얼마인가?

33. ‖| 변위 $D(x, t) = (3.0\text{ mm})e^{i(2.0x + 8.0t + 5.0)}$가 진행파일 수 있는가? CALC 여기서 x의 단위는 m, t의 단위는 s이고 $i = \sqrt{-1}$이다. 만약 진행파라면 파동 속력은 얼마인가? **복소수 지수**(complex exponential)는 흔히 파동을 좀 더 수학적으로 표현할 때 사용한다.

34. ‖ 라식 눈 수술은 각막 조직을 잘라내어 모양을 새로 만들기 위 BIO 해 레이저 펄스를 사용한다. 대표적인 라식용 레이저는 파장이 193 nm인 지름 1.0 mm의 레이저빔을 방출한다. 각각의 레이저 펄스는 15 ns 지속되고 1.0 mJ의 빛에너지를 갖는다.

a. 한 펄스의 출력은 얼마인가?
b. 펄스의 아주 짧은 시간 동안 광파의 세기는 얼마인가?

35. ‖ 먼 항성계가 발견되었는데 지구 반지름의 두 배인 행성이 지구 공전 속도보다 세 배 빠른 속도로 전체 출력이 6.8×10^{29} W인 항성 주위를 공전한다.

a. 항성의 반지름이 태양 반지름의 6.0배라면 항성 표면에서의 전자기파 세기는 얼마인가? 천문학자들은 이것을 **표면선속**(surface flux)이라고 한다. 천문학 데이터가 이 책의 뒤 표지 안쪽에 주어져 있다.

b. 모든 행성일(한 번의 공전)마다 행성은 9.4×10^{22} J의 에너지를 받는다. 항성으로부터 이 행성까지의 거리는 얼마인가? 천문단위(astronomical units) AU로 답하시오. 1 AU는 태양과 지구 사이의 거리이다.

36. ‖ 긴 장대에 달린 스피커가 앞쪽 반구를 향해 소리 에너지의 75%를, 뒤쪽 반구로는 25%의 에너지를 방출하도록 설계되었다. 스피커에서 앞으로 3.5 m, 아래로 2.5 m 위치에 서 있을 때 85 dB의 소리 세기 준위를 측정한다. 스피커의 출력은 얼마인가?

37. ‖ 음원이 매우 작을 때(점 음원)와 파동이 모든 방향으로 방해 받지 않고 퍼질 때에만 음원의 세기를 역제곱 법칙으로 기술할 수 있다. 퍼져있는 음원의 경우나 장애물이 파동을 흡수하거나 반사할 때는 거리 r에서의 세기가 흔히 $I = cP_{\text{source}}/r^x$로 주어진다. 여기서 c는 상수이고 지수 x(이상적인 구면파의 경우 2)는 상황에 의해 결정된다. 한 상황에서 계기를 사용하여 음원으로부터 떨어진 여러 거리에서 소리 세기 준위를 측정하여 표에 있는 데이터를 얻는다. 이 음원의 특성을 규정하는 지수 x를 결정하는 데 적절한 그래프의 가장 잘 맞는 직선을 사용하시오.

거리(m)	세기 준위(dB)
1	100
3	93
10	85
30	78
100	70

38. ‖ 자유분방한 작곡가가 새로운 오페라에 도플러 효과를 사용하고 싶어 한다. 소프라노가 노래할 때 작곡가는 무대 뒤쪽으로부터 큰 박쥐가 소프라노를 향해 날아가게 하고 싶어 한다. 이 박쥐에는 소프라노의 음성을 잡는 마이크와 이 음성을 관객들에게 다시 들려줄 수 있는 스피커가 부착될 것이다. 작곡가는 관객들이 소프라노가 부르는 음보다 진동수가 음악 용어로 반음(half-step) 높은 음을 들려주기 원한다. 반음 떨어진 두 음의 진동수 비는 $2^{1/12} = 1.059$이다. 박쥐가 얼마의 속력으로 소프라노를 향해 날아야 할까?

39. ‖ 멀어지는 음원에 대한 도플러 진동수 f_-가 $f_- = f_0/(1 + v_s/v)$임을 보이시오.

40. | 먼 은하로부터 오는 빛의 파장이 지상의 연구실에서 측정한 파장보다 0.50% 긴 것을 발견하였다. 이 은하는 지구로 접근 중인가 아니면 멀어지는 중인가? 속력은 얼마인가?

응용 문제

41. ‖‖ 지구 온난화를 모니터하는 한 가지 방법은 대양의 평균 온도를 측정하는 것이다. 연구자들은 음파 펄스가 물속에서 긴 거리를 진행하는 데 걸리는 시간을 측정하여 이를 알아낸다. 대양의 온도가 거의 4℃로 균일한 수심 1000 m에서 평균 음속은 1480 m/s이다. 실험실 측정을 통해 온도가 1.0℃ 증가할 때마다 음속이 4.0 m/s 증가하는 것을 알고 있다. 캘리포니아 근처에서 발생시킨 소리를 남태평양에서 탐지하는 실험에서 음파가 8000 km를 이동한다. 신뢰성 있게 탐지할 수 있는 최소 시간 변화가 1.0 s라면 측정할 수 있는 평균 온도의 최소 변화는 얼마인가?

42. ‖‖ CALC 천장에 지름 44 cm의 접시 수신기를 단 통신 트럭이 기지국으로부터 10 km 떨어진 곳에 있다. 트럭이 수신기를 기지국에 향한 채 1.0 h 동안 50 km/h로 기지국으로부터 멀어져 간다. 기지국 안테나는 2.5 kW의 출력으로 계속해서 방송을 보내고 방송이 모든 방향으로 균일하게 퍼져나간다. 1.0 h 동안 트럭의 접시가 받는 전자기 에너지는 얼마인가?

43. ‖‖ CALC 물의 깊이 d가 $\approx \lambda/10$보다 작을 때의 수파(water wave)가 천해파(shallow-water wave)이다. 수력학에서 천해파의 속력이 $v = \sqrt{gd}$로 주어지므로 파동이 천해로 들어오면서 파동이 느려진다. 파장이 보통 100 m 정도인 대양파(ocean wave)는 물의 깊이가 ≈ 10 m 이하일 때 천해파가 된다. 해안가로부터 떨어진 거리가 100 m일 때 수심이 5.0 m이고 100 m 거리까지 수심이 거리에 비례하는 해안을 가정해보자. 파동이 해안가로 마지막 100 m를 이동하는 데 걸리는 시간은 얼마인가? 이 파동은 아주 작아 해안에 닿기 전에 부서지지 않는다고 가정하라.

17 중첩

Superposition

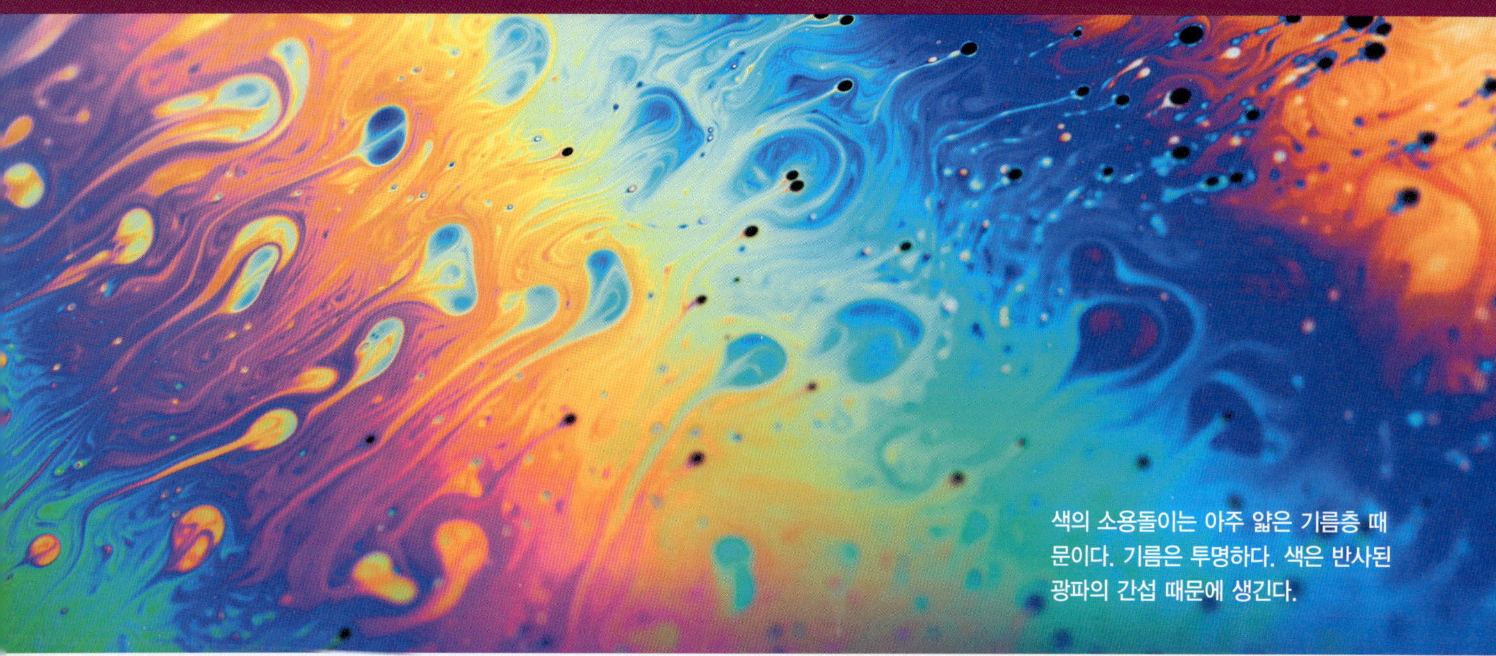

색의 소용돌이는 아주 얇은 기름층 때문이다. 기름은 투명하다. 색은 반사된 광파의 간섭 때문에 생긴다.

이 장에서는 중첩의 개념을 이해하고 사용한다.

중첩이란 무엇인가?

파동은 서로를 통과해갈 수 있다. 그럴 때 각 점에서 이들의 변위가 더해진다. 이것을 중첩의 원리라고 한다. 이것은 파동의 성질이지 입자의 성질이 아니다.

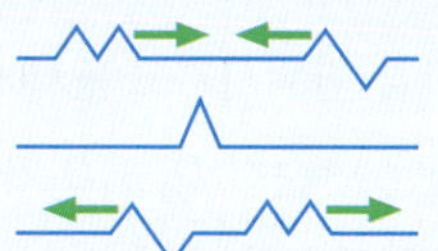

《 되돌아보기: 16.1~16.4절 진행파의 성질

정상파란 무엇인가?

두 파동이 2개의 경계면 사이에서 서로 반대 방향으로 진행할 때 정상파가 만들어진다.

- 정상파는 모드라고 부르는 잘 정의된 패턴을 갖는다.
- 마디라고 부르는 파동 위의 일부 점들은 전혀 진동하지 않는다.

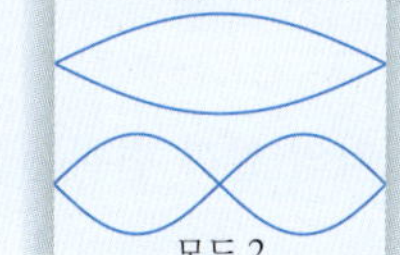

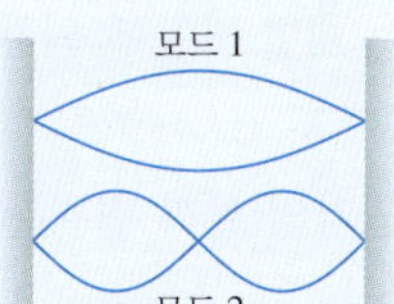

정상파와 음악의 관계는 무엇인가?

악기가 연주하는 음들은 정상파이다.

- 기타는 줄의 정상파를 갖는다.
- 플루트는 압력의 정상파를 갖는다.

정상파의 길이를 변화시키면 연주되는 진동수와 음이 변화된다.

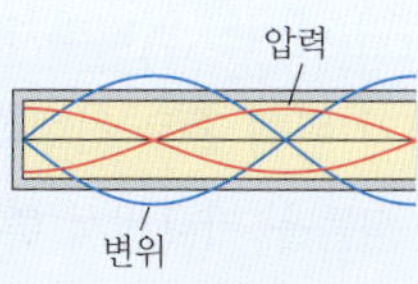

《 되돌아보기: 16.5절 음파

간섭이란 무엇인가?

두 파원이 동일한 파장을 가진 파동을 방출할 때 겹쳐진 파동들이 간섭 무늬를 만든다.

- 보강 간섭(빨강)은 두 파동이 더해져 더 큰 진폭을 가진 파동이 만들어질 때 일어난다.
- 소멸 간섭(검정)은 두 파동이 상쇄될 때 일어난다.

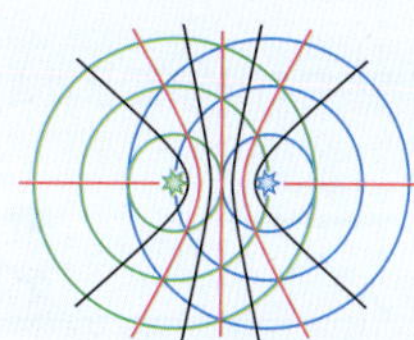

맥놀이란 무엇인가?

약간 다른 진동수를 가진 두 파동이 중첩될 때 맥놀이라고 부르는 강-약-강-약의 세기 변조가 만들어진다. 맥놀이는 음악, 초음파 기술, 장거리통신 등에 중요한 응용을 제공한다.

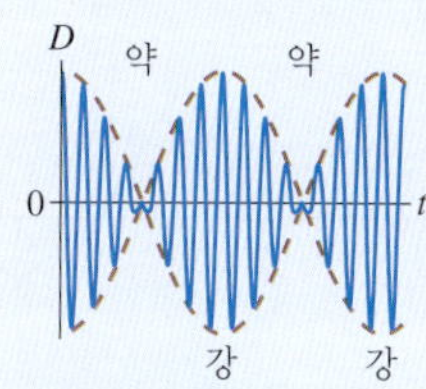

왜 중첩이 중요한가?

특히 반사가 일어날 때는 중첩과 정상파가 흔히 일어난다. 악기, 마이크로파 시스템, 레이저 등은 모두 정상파에 의존한다. 정상파는 또한 건물과 다리와 같은 대형 구조물에서도 중요하다. 광파의 중첩은 간섭을 일으키며 전기광학 기기와 정밀 측정 기술에서 이용된다.

17.1 중첩의 원리

그림 17.1a는 두 야구선수 앨런과 빌이 타격 연습하는 것을 보여준다. 불행하게도 누군가가 피칭머신의 방향을 돌려 피칭머신 A는 빌에게 야구공을 던지고 피칭머신 B는 앨런에게 공을 던진다. 2개의 야구공을 동시에 동일한 속력으로 발사하면 공이 교차점에서 충돌한다. 두 입자는 동시에 공간상의 동일한 점을 차지할 수 없다.

그림 17.1 입자들과 달리 두 파동은 서로를 직접 지나쳐 갈 수 있다.

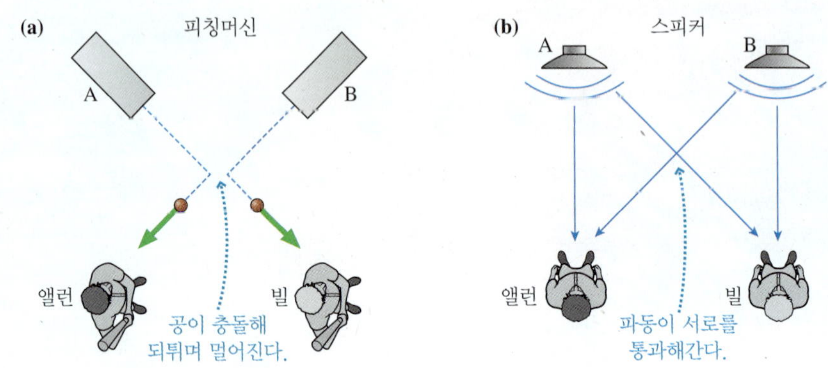

그러나 입자와 달리 파동들은 서로를 통과해 지나갈 수 있다. 그림 17.1b에서 앨런과 빌이 연습 후 라커룸에서 스테레오 시스템으로 음악을 듣고 있다. 두 사람 모두 음악을 잘 들을 수 있기 때문에 빌을 향해 스피커 A로부터 나오는 음파가 앨런을 향해 스피커 B로부터 나오는 음파를 통과해가야 한다.

두 파동이 동시에 존재하는 점에서는 매질에 어떤 일이 일어나는 것인가? 파동 1이 매질 속 입자를 D_1만큼 변위시키고 **동시에** 파동 2가 이 입자를 D_2만큼 변위시킨다면 이 입자의 알짜 변위는 단순히 $D_1 + D_2$가 된다. 이것은 파동들을 결합시키는 방법을 알려주기 때문에 아주 중요한 생각이다. 이것을 **중첩의 원리**라고 한다.

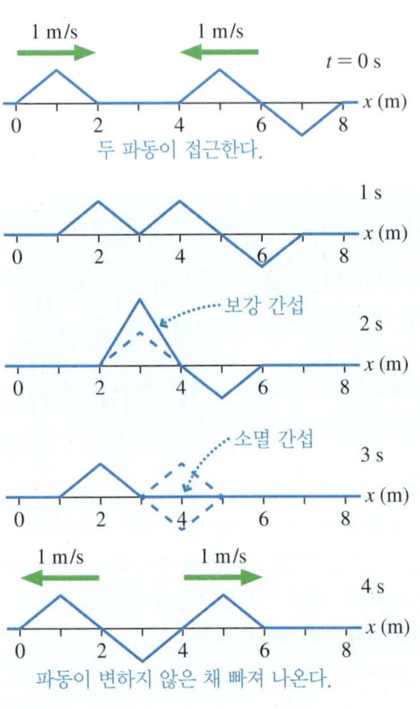

그림 17.2 서로를 통과해가는 두 파동의 중첩

> **중첩의 원리** 둘 또는 그 이상의 파동들이 **동시에** 공간상의 한 점에 존재할 때 이 점에서 매질의 변위는 개별 파동에 의한 변위들의 합이다.

수학적으로 매질 속 입자의 알짜 변위는

$$D_{\text{net}} = D_1 + D_2 + \cdots = \sum_i D_i \qquad (17.1)$$

이다. 여기서 D_i는 파동 i에 의한 변위이다. 개별 파동의 변위들이 모두 같은 직선 위에 있다고 간단히 가정하면 변위를 벡터라기보다 스칼라로 보고 더할 수 있다.

중첩의 원리를 사용하기 위해 홀로 진행할 때 각 파동이 만드는 변위를 알 필요가 있다. 그러면 매질의 각 점들을 지나면서 **특정 점에서** 각 파동에 의한 변위들을 더해 이 점에서의 알짜 변위를 구할 수 있다.

이 사실을 이해하기 위해 그림 17.2는 동일한 속력(1 m/s)으로 서로 반대 방향으로 진행하는 두 파동의 스냅 사진 그래프를 1 s 간격으로 보여준다. 파동이 겹칠 때마다 중첩의 원리가 작동한다. 실선은 각 점에서의 두 변위의 합이다. 이것은 두 파동이 서로를 통과해갈 때 우리가 실제로 관측하는 변위이다.

겹친 두 양의 변위가 어떻게 더해져 개별 파동의 변위의 두 배가 되는지 주목하라. 이것을 보강 간섭이라고 한다. 같은 식으로 양의 변위와 음의 변위가 더해져 변위가 0이 되는 중첩을 보이는 점에서 소멸 간섭이 일어난다. 이 장의 뒷부분에서 이에 관한 중요한 논의를 하게 될 것이다. 그러나 간섭이 중첩의 결과라는 것을 이미 알게 되었다.

17.2 정상파

그림 17.3은 진동하는 줄의 정상파에 대한 다중노출 사진이다. 사진에서 분명하지는 않지만 이것은 사실 두 파동의 중첩이다. 이것을 이해하기 위해 **동일한 진동수, 파장과 진폭을 가지고** 서로 반대 방향으로 진행하는 두 사인 모양 파동을 생각해보자. 예를 들어 그림 17.4a는 줄 위의 두 파동을 보여주고, 그림 17.4b는 $\frac{1}{8}T$의 간격을 가진 9개의

그림 17.3 진동하는 줄은 정상파의 한 예이다.

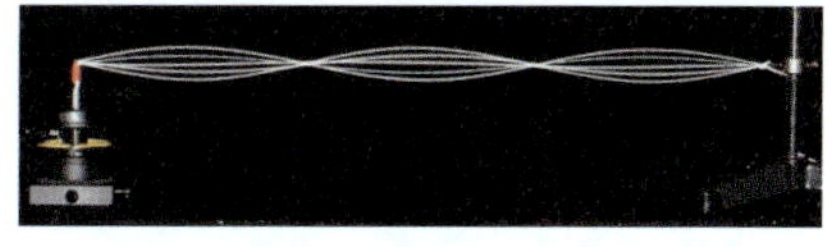

그림 17.4 반대 방향으로 진행하는 두 사인 모양 파동의 중첩

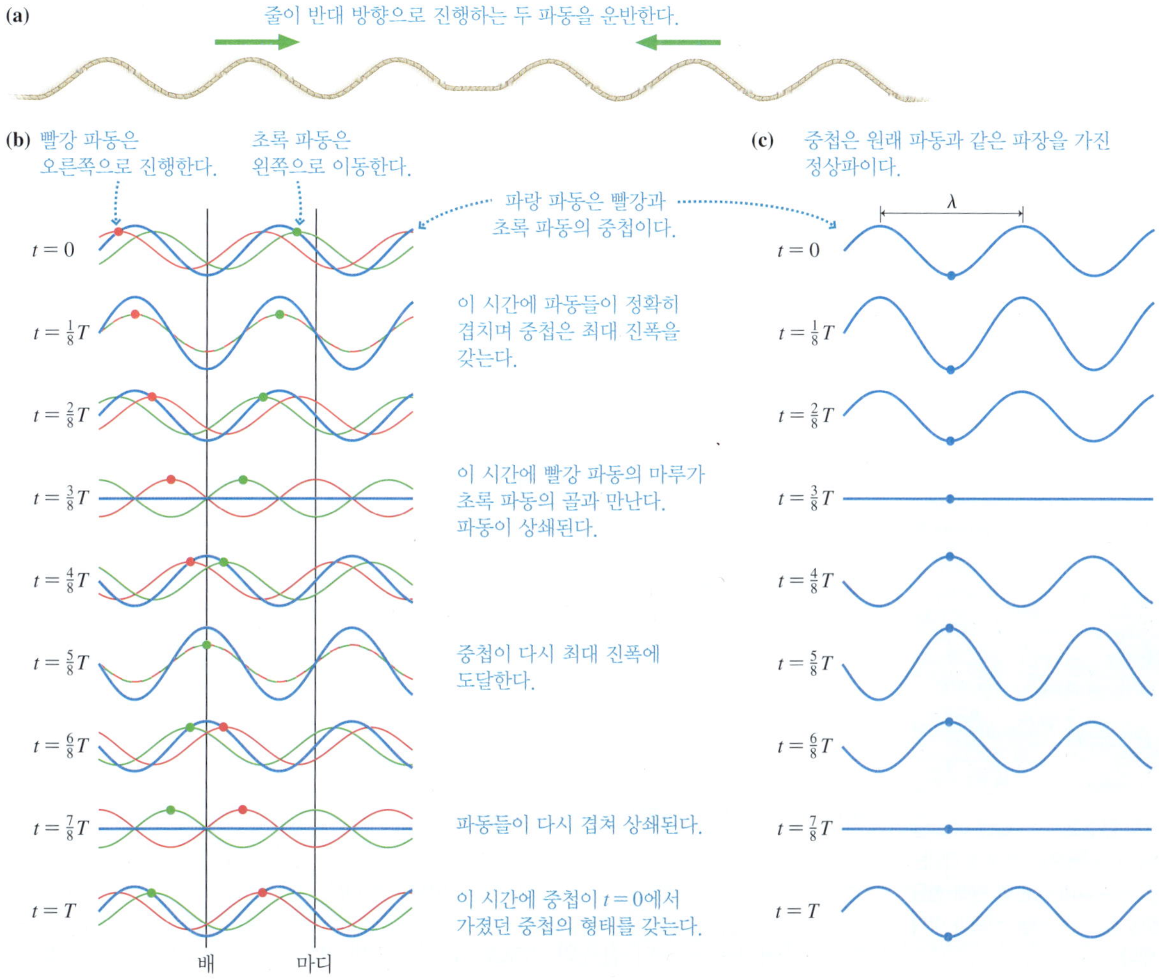

(a) 줄이 반대 방향으로 진행하는 두 파동을 운반한다.

(b) 빨강 파동은 오른쪽으로 진행한다. 초록 파동은 왼쪽으로 이동한다.

파랑 파동은 빨강과 초록 파동의 중첩이다.

$t=0$, $t=\frac{1}{8}T$, $t=\frac{2}{8}T$, $t=\frac{3}{8}T$, $t=\frac{4}{8}T$, $t=\frac{5}{8}T$, $t=\frac{6}{8}T$, $t=\frac{7}{8}T$, $t=T$

이 시간에 파동들이 정확히 겹치며 중첩은 최대 진폭을 갖는다.

이 시간에 빨강 파동의 마루가 초록 파동의 골과 만난다. 파동이 상쇄된다.

중첩이 다시 최대 진폭에 도달한다.

파동들이 다시 겹쳐 상쇄된다.

이 시간에 중첩이 $t=0$에서 가졌던 중첩의 형태를 갖는다.

배 마디

(c) 중첩은 원래 파동과 같은 파장을 가진 정상파이다.

λ

스냅 사진 그래프를 보여준다. 점들은 파동의 운동을 시각화하는 데 도움이 되도록 2개의 마루를 표시한다.

각 점에서 알짜 변위(중첩)는 빨간 변위와 초록 변위를 더해서 구할 수 있다. 그림 17.4c는 그 결과를 보여준다. 이것이 우리가 실제로 관찰하는 파동이다. 파란 점은 파란 파동이 오른쪽이나 왼쪽 어느 쪽으로도 이동하지 않는다는 것을 보여준다. 파동이 진동할 때 마루와 골이 "제자리에 멈춰 있기" 때문에 그림 17.4c의 파동을 **정상파**(standing wave)라고 한다.

마디와 배

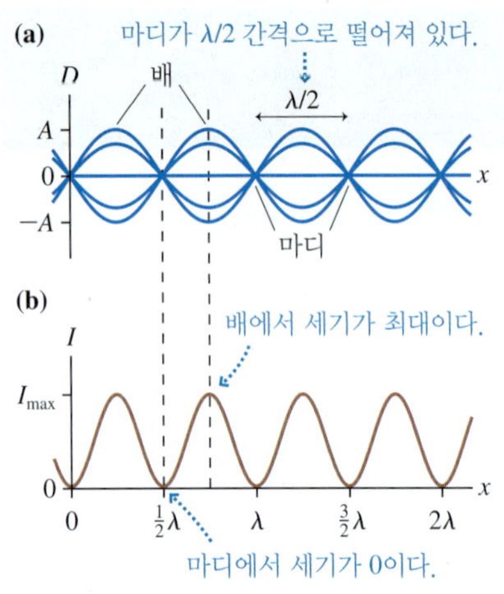

그림 17.5 정상파의 세기가 배에서 최대이고 마디에서 0이다.

그림 17.5a는 그림 17.4b의 9개 그래프를 하나의 정상파 그래프로 압축한 것이다. 이 그림과 진동하는 줄의 사진인 그림 17.3을 비교하라. 정상파 패턴의 놀라운 특성은 전혀 움직이지 않는 **마디**(node)의 존재이다! **마디는 λ/2 간격으로 떨어져 있다.** 마디 사이의 중앙에 매질 속 입자들이 최대 변위로 진동하는 점들이 위치한다. 최대 변위를 가진 점들을 **배**(antinode)라고 하며, 배들 역시 $\lambda/2$ 간격으로 떨어져 있다는 것을 알 수 있다.

매질 속 일부 입자들이 전혀 운동하지 않는다는 것이 놀랍고 직관과 반대인 것처럼 보인다. 이것을 이해하기 위해 그림 17.4b에 있는 두 진행파를 자세히 들여다 보자. 모든 순간 두 진행파의 변위가 같은 크기지만 반대 부호를 가지는 점에서 마디가 생기는 것을 알 수 있을 것이다. 다시 말해 마디는 변위가 항상 0인 소멸 간섭이 일어나는 점들이다. 대조적으로 배는 두 변위가 동일한 부호를 가져 알짜 변위가 개별 파동의 변위보다 커지는 보강 간섭이 일어나는 점들이다.

16장에서 파동의 세기가 진폭의 제곱에 비례한다($I \propto A^2$)는 것을 배웠다. 그림 17.5b에서 배에서 최대 세기를 가진다는 것과 마디에서 세기가 0이 된다는 것을 알 수 있다. 이것이 음파라면 배에서 소리 크기가 최대이고 마디에서 0이다. 정상 광파는 배에서 가장 밝고 마디에서 가장 어둡다. 핵심 내용은 **세기가 보강 간섭인 점에서 최대가 되고 소멸 간섭인 점에서 0이라는 것이다.**

이 사진은 타코마 협곡 현수교가 1940년 어느 날 바람에 의해 생긴 정상파 진동으로 인해 붕괴되는 것을 보여준다. 빨간 선은 다리 상판의 원래 선을 보여준다. 상판 중앙에 생긴 큰 진동 진폭과 마디를 분명하게 볼 수 있다.

정상파의 수학

각진동수 $\omega = 2\pi f$, 파수 $k = 2\pi/\lambda$와 진폭 a로 x축 오른쪽으로 진행하는 사인 모양 파동은

$$D_R = a\sin(kx - \omega t) \tag{17.2}$$

이다. 왼쪽으로 진행하는 동일한 파동은

$$D_L = a\sin(kx + \omega t) \tag{17.3}$$

이다. 앞에서는 파동의 진폭의 기호로 A를 사용했지만 여기서는 각 개별 파동의 진

폭을 표시하는 데 소문자 a를 사용하고 A는 알짜 파동의 진폭을 표시하기 위해 남겨 놓는다.

중첩의 원리를 따르면, 두 파동이 존재할 때 매질의 알짜 변위는 D_R과 D_L의 합이다.

$$D(x, t) = D_R + D_L = a\sin(kx - \omega t) + a\sin(kx + \omega t) \qquad (17.4)$$

삼각함수 공식

$$\sin(\alpha \pm \beta) = \sin\alpha\cos\beta \pm \cos\alpha\sin\beta$$

를 사용하면 식 (17.4)를 다음과 같이 단순화할 수 있다.

$$\begin{aligned} D(x, t) &= a(\sin kx\cos\omega t - \cos kx\sin\omega t) + a(\sin kx\cos\omega t + \cos kx\sin\omega t) \\ &= (2a\sin kx)\cos\omega t \end{aligned} \qquad (17.5)$$

이 식은

$$D(x, t) = A(x)\cos\omega t \qquad (17.6)$$

로 적으면 편리하다. 여기서 **진폭 함수**(amplitude function) $A(x)$는

$$A(x) = 2a\sin kx \qquad (17.7)$$

로 정의된다. $\sin kx = 1$인 점들에서 진폭이 최댓값 $A_{max} = 2a$가 된다.

식 (17.6)에 주어진 변위 $D(x, t)$는 $x - vt$의 함수도 아니고 $x + vt$의 함수도 아니다. 따라서 진행파 역시 아니다. 대신 식 (17.6)의 $\cos\omega t$ 항은 매질 속 각 점들이 진동수 $f = \omega/2\pi$로 단순 조화 운동을 한다는 것을 의미한다. 함수 $A(x) = 2a\sin kx$는 위치 x에 있는 점의 진동 진폭을 말해준다.

그림 17.6은 식 (17.6)을 몇몇 다른 시간에 그린 그래프이다. 그래프들이 그림 17.5a의 그래프들과 동일한 것에 주목하라. 이것은 식 (17.6)이 정상파에 대한 수학적 기술이라는 것을 보여준다.

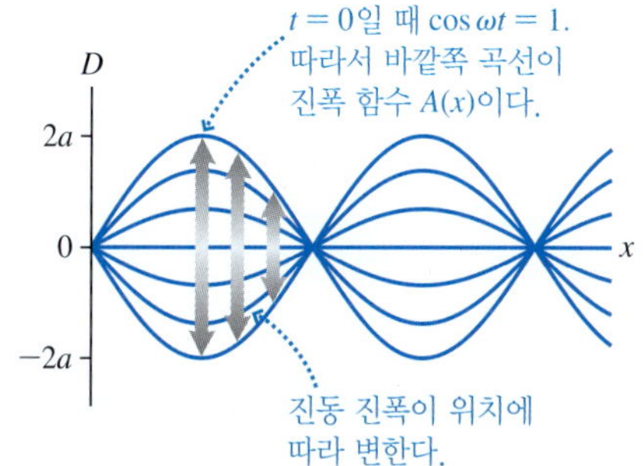

그림 17.6 반대로 이동하는 두 사인 모양 파동에 의한 알짜 변위

정상파의 마디들은 진폭이 0인 점들이다. 마디들은

$$A(x) = 2a\sin kx = 0 \qquad (17.8)$$

인 위치 x에 있게 된다. 각도가 π rad의 정수배이면 사인 함수가 0이므로 식 (17.8)은

$$kx_m = \frac{2\pi x_m}{\lambda} = m\pi \qquad m = 0, 1, 2, 3, \cdots \qquad (17.9)$$

이면 만족된다. 따라서 m번째 마디의 위치 x_m은

$$x_m = m\frac{\lambda}{2} \qquad m = 0, 1, 2, 3, \cdots \qquad (17.10)$$

이다. 두 이웃한 마디 사이의 간격이 $\lambda/2$인 것을 알 수 있으며 그림 17.5b와 일치한다. 섣불리 간격이 λ라고 예상할 수 있으나 그렇지 않다.

예제 17.1 **줄 파동에서 마디 사이 간격**

선밀도가 5.0 g/m인 매우 긴 줄을 장력 8.0 N으로 당긴다. 진폭이 2.0 mm인 100 Hz의 파동이 줄의 양 끝에서 생성된다.

a. 이때 생기는 정상파의 마디 사이의 간격은 얼마인가?

b. 이 줄의 최대 변위는 얼마인가?

핵심 동일한 진동수를 가지고 반대로 이동하는 두 파동이 정상파를 만든다.

시각화 정상파의 모양은 그림 17.5a와 같다.

풀이 a. 줄 파동의 속력은

$$v = \sqrt{\frac{T_s}{\mu}} = \sqrt{\frac{8.0\ \text{N}}{0.0050\ \text{kg/m}}} = 40\ \text{m/s}$$

이고, 파장은

$$\lambda = \frac{v}{f} = \frac{40\ \text{m/s}}{100\ \text{Hz}} = 0.40\ \text{m} = 40\ \text{cm}$$

이다. 따라서 이웃한 마디 사이의 간격은 $\lambda/2 = 20$ cm이다.

b. 최대 변위는 $A_{max} = 2a = 4.0$ mm이다.

17.3 줄 위의 정상파

아주 긴 줄의 양 끝을 모두 흔드는 것은 정상파를 만드는 좋은 방법이 아니다. 대신 그림 17.3의 사진에서처럼 보통 양 끝이 모두 고정된 줄에서 정상파를 볼 수 있다. 왜 이 조건에서 정상파가 생기는지 이해하기 위해 진행파가 불연속을 만날 때 어떤 일이 생기는지 살펴볼 필요가 있다.

그림 17.7a는 더 큰 선밀도를 가진 줄과 더 작은 선밀도를 가진 줄 사이의 **불연속**(discontinuity)을 보여준다. 두 줄에서 장력은 같기 때문에 파동 속력이 왼쪽에서는 느리고 오른쪽에서는 빠르다. 파동이 불연속을 만날 때는 항상 파동 에너지의 일부가 앞으로 **투과되고** 일부는 **반사된다**.

광파가 유리 조각을 만날 때도 유사한 행동을 보인다. 대부분의 광파 에너지가 유리를 통해 투과되는데, 이것이 유리가 투명한 이유이다. 그러나 작은 양의 에너지는 반사된다. 이 때문에 상점 앞 유리에 약하게 반사된 자기 모습을 볼 수 있다.

그림 17.7b에서는 입사파가 파동 속력이 줄어드는 불연속을 만난다. 이 경우 반사 펄스가 **뒤집힌다**. 즉, 입사파의 양(+)의 변위가 반사파에서 음(−)의 변위가 된다. $\sin(\phi + \pi) = -\sin\phi$이므로 **반사될 때 반사파가 π rad의 위상 변화를 겪는다**. 이 장

그림 17.7 파동은 불연속이나 경계를 만나게 되면 반사된다.

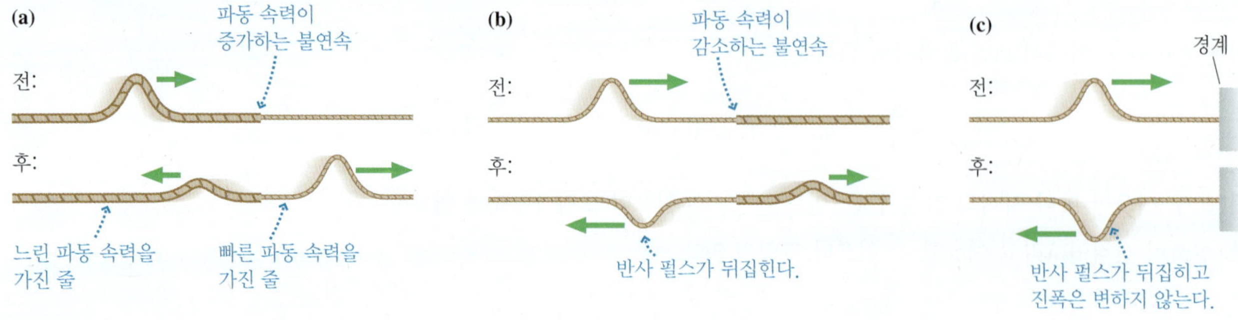

의 뒤에서 광파의 간섭에 대해 살펴볼 때 이런 반사의 속성이 중요해진다.

그림 17.7c의 파동은 경계(boundary)에서 반사된다. 이것은 그림 17.7b에서 오른쪽 줄이 무한한 질량을 가지는 극한과 같은 것이다. 그러므로 그림 17.7c의 반사는 한 가지만 제외하고 그림 17.7b와 유사하다. 투과되는 파동이 없기 때문에 파동의 모든 에너지가 반사된다. 따라서 **경계에서 반사된 파동의 진폭은 변하지 않는다.**

정상파 만들기

그림 17.8은 $x=0$과 $x=L$이 벽에 묶인 길이 L인 줄을 보여준다. 줄의 중앙을 흔들면 사인 모양 파동이 두 방향으로 진행하여 곧 경계에 도달한다. 반사된 파동의 속력이 변하지 않기 때문에 **반사된 사인 모양 파동의 파장과 진동수는 변하지 않는다.** 결과적으로 줄의 양 끝에서의 반사가 동일한 진폭과 파장을 가지고 줄을 따라 반대 방향으로 진행하는 두 파동을 만든다. 방금 전에 보았듯이 이것은 정상파를 만드는 조건이다!

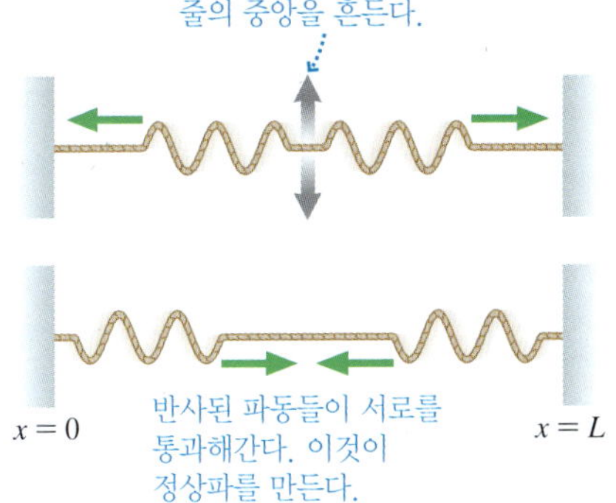

그림 17.8 두 경계에서 일어나는 반사가 줄에 정상파를 만든다.

17.2절에 있는 정상파의 수학적 분석을 양 끝이 묶인 줄의 물리적 실체와 연관 짓기 위해 경계 조건을 부과할 필요가 있다. **경계 조건**(boundary condition)은 매질의 경계나 가장자리에서 꼭 따라야 할 제약에 대한 수학적 기술이다. 줄이 양 끝에서 묶여 있기 때문에 $x=0$과 $x=L$에서의 변위가 항상 0이어야 한다. 따라서 정상파의 경계 조건은 $D(x=0,\ t)=0$과 $D(x=L,\ t)=0$이다. 즉, 줄의 양 끝이 마디가 되어야 한다.

정상파의 변위가 $D(x,\ t)=(2a\ \sin kx)\cos \omega t$임을 구했다. 이 방정식은 이미 경계 조건 $D(x=0,\ t)=0$을 만족한다. 다시 말해 원점은 이미 마디에 위치해 있다. $x=L$에서의 두 번째 경계 조건은 $D(x=L,\ t)=0$을 요구한다. 이 조건은

$$2a \sin kL=0 \qquad (x=L\text{에서의 경계 조건}) \tag{17.11}$$

일 때 항상 만족된다. 즉, $\sin kL=0$이므로

$$kL=\frac{2\pi L}{\lambda}=m\pi \qquad m=1,\ 2,\ 3,\ 4,\ \cdots \tag{17.12}$$

가 된다. kL이 π의 정수배여야 하지만 L이 0이 될 수 없으므로 $m=0$은 배제한다.

고정 길이 L을 가진 줄의 경우 식 (17.12)에서 변할 수 있는 유일한 물리량은 λ이다. 다시 말해 파장이

$$\lambda_m=\frac{2L}{m} \qquad m=1,\ 2,\ 3,\ 4,\ \cdots \tag{17.13}$$

값 가운데 하나일 때만 경계 조건을 만족한다. **정상파는 파장이 식 (17.13)에서 주어진 값 가운데 하나일 때만 줄 위에 존재할 수 있다.** m번째 가능한 파장 $\lambda_m=2L/m$은 딱 알맞은 크기를 가져서 m번째 마디가 줄의 끝($x=L$)에 위치한다.

정상파가 특정 파장에 대해서만 가능하므로 이 파장에 해당하는 진동수만이 허용된다. 사인 모양 파동의 경우 $\lambda f=v$이므로 파장 λ_m에 대응되는 진동수는

$$f_m = \frac{v}{\lambda_m} = \frac{v}{2L/m} = m\frac{v}{2L} \qquad m = 1, 2, 3, 4, \cdots \tag{17.14}$$

이다. 파장 $\lambda_1 = 2L$에 대응되는 가장 낮은 허용된 진동수는

$$f_1 = \frac{v}{2L} \qquad \text{(기본 진동수)} \tag{17.15}$$

로 **기본 진동수**(fundamental frequency)라고 한다. 허용된 진동수는 기본 진동수로

$$f_m = mf_1 \qquad m = 1, 2, 3, 4, \cdots \tag{17.16}$$

으로 적을 수 있다. 허용된 정상파의 진동수는 모두 기본 진동수의 정수배이다. 더 높은 진동수를 가진 정상파를 **배진동**(harmonics)이라고 한다. 진동수 f_2의 $m=2$ 파동은 2차 배진동(second harmonic)이라고 하고 $m=3$ 파동은 3차 배진동이라고 한다.

그림 17.9 길이 L인 줄의 처음 4개의 정상파 모드

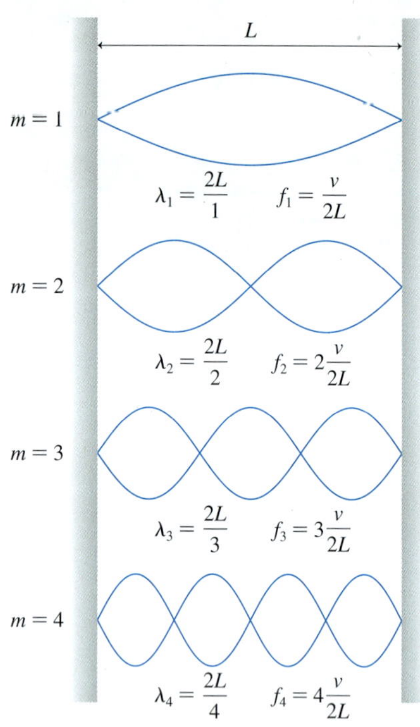

그림 17.9는 고정된 길이 L을 가진 줄에서 가능한 처음 4개의 정상파 그래프이다. 이런 가능한 정상파들을 줄의 **모드**(mode) 또는 **정규 모드**(normal mode)라고 한다. 정수 m을 붙인 각 모드는 고유의 파장과 진동수를 갖는다. 이 그림은 단지 진동의 둘레선(envelope), 즉 외곽선만을 보여주는 것임을 명심하라. 그림 17.5a에서 더 자세히 보여준 것처럼 줄은 이들 가장자리 사이의 모든 위치에서 연속적으로 진동한다.

줄의 모드에 대해 다음 세 가지를 주목해야 한다.

1. m은 정상파의 마디의 수가 아닌 배의 수이다. 줄의 진동 모드는 배의 숫자를 세면 알 수 있다.
2. $m=1$인 기본 모드는 $\lambda_1 = L$이 아닌 $\lambda_1 = 2L$이다. 파장의 절반만이 경계 사이에 들어 있다. 이것은 마디 사이의 간격이 $\lambda/2$라는 사실의 직접적인 결과이다.
3. 정규 모드의 진동수는 f_1, $2f_1$, $3f_1$, $4f_1$, ⋯과 같은 수열을 이룬다. 기본 진동수 f_1은 인접한 두 모드 사이의 진동수 차이로 구할 수 있다. 다시 말해 $f_1 = \Delta f = f_{m+1} - f_m$이다.

예제 17.2 g 측정하기

정상파의 진동수는 매우 정확하게 측정할 수 있다. 결과적으로 다른 물리량을 정확하게 측정하는 데 정상파를 흔히 사용한다. 이런 실험 가운데 하나가 그림 17.10에 보인 정상파를 이용한 자유낙하 가속도 g를 측정하는 실험이다. 무거운 물체가 길이 1.65 m, 질량 5.85 g인 강철선에 매달려 있다. 그러고 나서 (강철선이 자성을 가지고 있기 때문에) 진동하는 자기장을 사용해 줄에 $m=3$의 정상파를 발생시킨다. 서로 다른 질량의 물체를 사용했을 때의 진동수를 측정하여 표에 주어진 데이터를 얻는다. 이 데이터를 분석하여 이 장소의 g값을 구하시오.

그림 17.10 g를 측정하는 실험

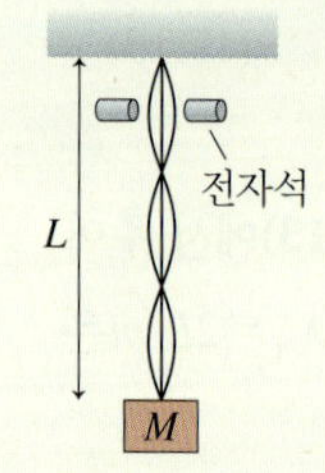

질량 (kg)	f_3 (Hz)
2.00	68
4.00	97
6.00	117
8.00	135
10.00	152

핵심 매단 물체가 줄에 장력을 준다. 이것이 줄의 파동 속력, 따라서 정상파의 진동수를 결정한다. 수 kg의 질량은 줄을 mm 정도 늘이지만 길이 L에 유효 숫자 세 자리 정도의 변화를 줄 뿐이다. 줄의 질량 자체는 매단 물체의 질량에 비해 무시할 정도이다. g값을 유효 숫자 세 자리까지 결정할 수 있음을 정당화할 수 있다.

풀이 3차 배진동의 진동수는

$$f_3 = \frac{3}{2}\frac{v}{L}$$

이다. 줄의 파동 속력은

$$v = \sqrt{\frac{T_s}{\mu}} = \sqrt{\frac{Mg}{m/L}} = \sqrt{\frac{MgL}{m}}$$

이다. 여기서 Mg는 매단 물체의 무게이고, 따라서 줄의 장력이 된다. m은 줄의 질량이다. 두 방정식을 결합하면

$$f_3 = \frac{3}{2}\sqrt{\frac{Mg}{mL}} = \frac{3}{2}\sqrt{\frac{g}{mL}}\sqrt{M}$$

을 얻는다. 양변을 제곱하면

$$f_3^2 = \frac{9g}{4mL}M$$

이 된다. 정상파의 진동수의 제곱-질량 M의 그래프는 원점을 지나고 기울기가 $9g/4mL$인 직선이어야 한다. 실험 데이터의 기울기로부터 g를 결정할 수 있다.

그림 17.11 데이터 그래프

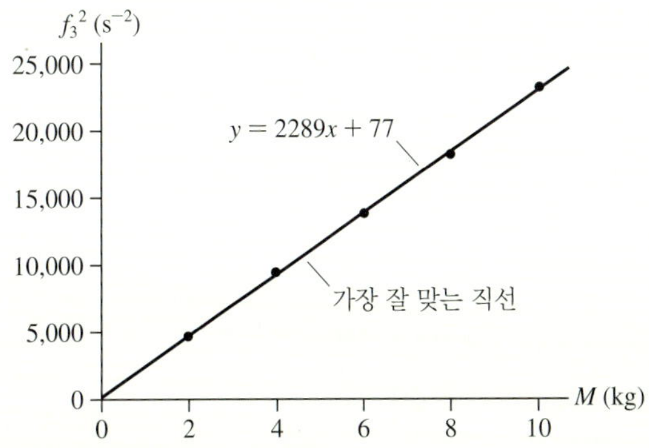

그림 17.11은 f_3^2-M의 그래프이다. 가장 잘 맞는 직선의 기울기가 2289 kg^{-1} s^{-2}이고, 이로부터

$$g = \text{기울기} \times \frac{4mL}{9}$$

$$= 2289\ \text{kg}^{-1}\text{s}^{-2} \times \frac{4(0.00585\ \text{kg})(1.65\ \text{m})}{9} = 9.82\ \text{m/s}^2$$

를 얻는다.

검토 그래프가 직선이고 거의 원점을 지난다는 사실은 모형이 옳다는 것을 확인시켜준다. 이것이 딘 1개의 질량을 사용하는 것보다 여러 데이터 점을 얻는 것이 중요한 이유이다.

정상 전자기파

전자기파는 횡파이기 때문에 정상 전자기파는 줄 위의 정상파와 매우 유사하다. 빛을 앞뒤로 반사시키는 두 평행 거울 사이에서 정상 전자기파를 형성할 수 있다. 줄의 양 끝처럼 거울이 경계가 된다. 실제로 이것이 레이저의 작동법이다. 그림 17.12의 마주 보고 있는 두 거울이 **레이저 공동**(laser cavity)을 형성한다.

그림 17.12 레이저는 두 평행 거울 사이에 정상 광파를 이룬다.

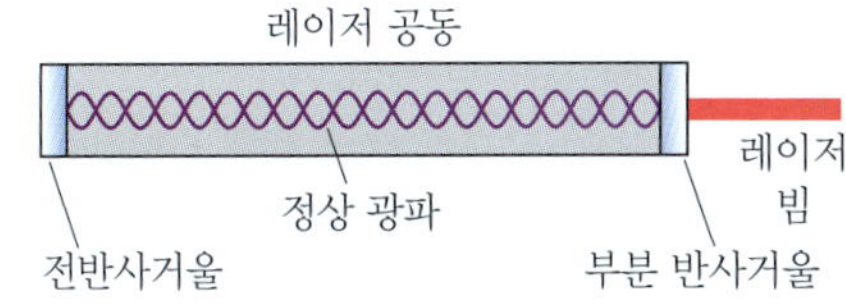

거울이 줄을 묶는 점과 같이 행동하기 때문에 각 거울의 표면에 광파의 마디가 위치해야 한다. 두 거울 중 하나는 부분 반사를 일으켜서 빛의 일부가 빠져나가 레이저 빔을 만들지만 이것이 경계 조건에 영향을 주지는 않는다.

경계 조건이 동일하기 때문에 진동하는 줄에 대해서처럼 λ_m과 f_m에 대한 식 (17.13)과 (17.14)를 레이저에도 적용할 수 있다. 가장 큰 차이는 파장의 크기이다. 대표적인 레이저 공동의 길이는 $L \approx 30$ cm이고 가시광의 파장은 $\lambda \approx 600$ nm이다. 레이저 공동 안의 정상 광파의 모드 수 m은 대략

$$m = \frac{2L}{\lambda} \approx \frac{2 \times 0.30\ \text{m}}{6.00 \times 10^{-7}\ \text{m}} = 1{,}000{,}000$$

이다. 다른 말로 하면 레이저 공동 안의 정상 광파는 대략 백만 개의 배를 갖는다! 이것은 매우 짧은 빛의 파장 때문에 나타난 결과이다.

예제 17.3 | 레이저 내부의 정상 광파

헬륨-네온 레이저는 일반적으로 교실 데모와 슈퍼마켓 계산대 스캐너에 사용되는 빨간색 레이저 빛을 방출한다. 헬륨-네온 레이저의 파장은 거울 사이의 간격이 310.372 mm일 때 정확히 632.9924 nm이다.

a. 이 레이저는 어느 모드에서 동작하는가?

b. 이 레이저 공동에서 정상파를 형성할 수 있는 다음 번 긴 파장은 얼마인가?

핵심 광파가 두 거울 사이에서 정상파를 형성한다.

시각화 정상피는 그림 17.12와 유사하다.

풀이 a. m(모드)을 구하기 위해 $\lambda_m = 2L/m$을 사용하면

$$m = \frac{2L}{\lambda_m} = \frac{2(0.310372\ \mathrm{m})}{6.329924 \times 10^{-7}\ \mathrm{m}} = 980{,}650$$

이 된다. 이 정상 광파에는 980,650개의 배가 존재한다.

b. 레이저 공동 안에 들어갈 수 있는 다음 번 긴 파장은 이보다 하나 작은 마디를 가질 것이다. 이것은 $m = 980{,}649$모드이고 그 파장은

$$\lambda = \frac{2L}{m} = \frac{2(0.310372\ \mathrm{m})}{980{,}649} = 632.9930\ \mathrm{nm}$$

가 될 것이다.

검토 모드 수가 1 감소할 때 파장이 0.0006 nm 밖에 증가하지 않는다.

파장이 수 cm인 마이크로파 역시 정상파를 형성할 수 있다. 이것이 항상 좋은 것은 아니다. 전자레인지의 마이크로파가 정상파를 형성하면 전자기파 세기가 항상 0인 마디가 생긴다. 이 마디는 냉점을 형성하여 여기서는 음식물이 가열되지 않는다. 전자레인지의 설계자들은 정상파를 없애려 하지만 보통 전자레인지에는 간격 $\lambda/2$씩 떨어진, 마이크로파 장의 마디에 해당하는 냉점들이 존재한다. 전자레인지의 회전판은 음식물을 움직이게 하여 어느 부분도 마디에 계속해서 있지 않도록 해준다.

17.4 정상 음파와 음향학

관이나 파이프 속의 공기와 같이 길고 가는 공기 기둥은 **종파** 정상 음파를 만들 수 있다. 종파는 줄의 파동에 비해 조금 복잡하다. 왜냐하면 관에 **평행한** 변위를 보여주는 그래프가 파동의 사진이 아니기 때문이다.

이것을 잘 보여주는 것이 그림 17.13으로, 양 끝이 막힌 공기 기둥 내부에 생긴 $m = 2$ 정상파를 보여주는 일련의 세 그래프와 사진들이 주어져 있다. 이것을 **폐-폐 관**(closed-closed tube)이라고 한다. 막힌 관 끝에 있는 공기는 진동할 수 없다. 왜냐하면 공기 분자들이 벽에 밀려 움직일 수 없기 때문이다. 따라서 **공기 기둥의 막힌 끝은 변위 마디가 되어야 한다.** 그러므로 경계 조건(끝이 마디)은 줄의 정상파와 동일하다.

그래프가 친숙해 보이지만 이제 이것은 **종파** 변위의 그래프이다. $t = 0$일 때 왼쪽 절반의 양의 변위와 오른쪽 절반의 음의 변위가 모든 공기 분자들을 관의 중앙에 모

그림 17.13 폐-폐 관 안의 $m = 2$ 정상 음파

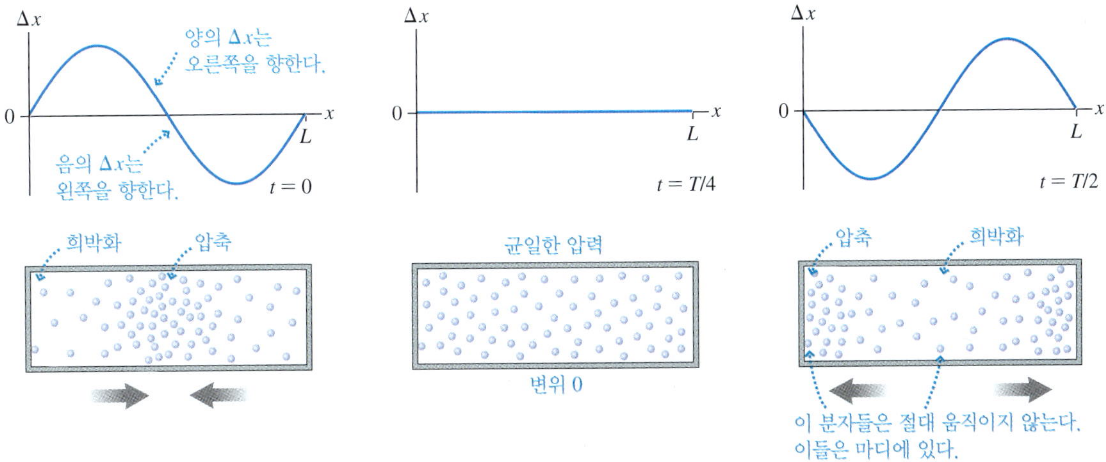

이게 한다. 중앙의 밀도와 압력이 증가하고 양 끝에서는 낮아진다(16장 용어로는 압축과 희박화). 반주기 뒤 분자들은 관의 양 끝으로 몰려간다. 이제 압력이 양 끝에서 최대가 되고 중앙에서는 최소가 된다. 공기 분자들이 이런 식으로 좌우로 몰리는 것을 상상해보라.

그림 17.14는 분자들이 진동(배)하고 진동하지 않는(마디) 곳들을 보여주는 이런 그림들을 한 장의 사진으로 조합한 것이다. 변위 Δx는 줄의 정상파이 $m = 2$ 그래프와 아주 유사하다. 경계 조건이 동일하기 때문에 폐-폐 관 속에서 정상파를 이룰 수 있는 파장과 진동수가 동일한 길이의 줄의 것과 같다.

흔히 음파를 변위파가 아닌 **압력파**(pressure wave)로 생각하는 것이 유용한다. 그림 17.14의 바닥에 있는 그래프는 폐-폐 관 속의 $m = 2$ 압력 정상파를 보여준다. 압력이 평형값인 p_{atmos} 주위로 진동하는 것에 주목하라.

« 16.6절에서 음파의 압력이 변위가 0인 점에서 최소 또는 최대가 된다는 것과 그 역도 성립한다는 것을 보였다. 결과적으로 **압력파의 마디와 배는 변위파의 그것과 정반대이다.** 그림 17.13에서 기체 분자들이 교대로 관의 양 끝으로 밀려갔다 밀려오면서 양 끝의 압력은 변위의 마디에서 최대 진폭(배)이 되는 것을 볼 수 있다.

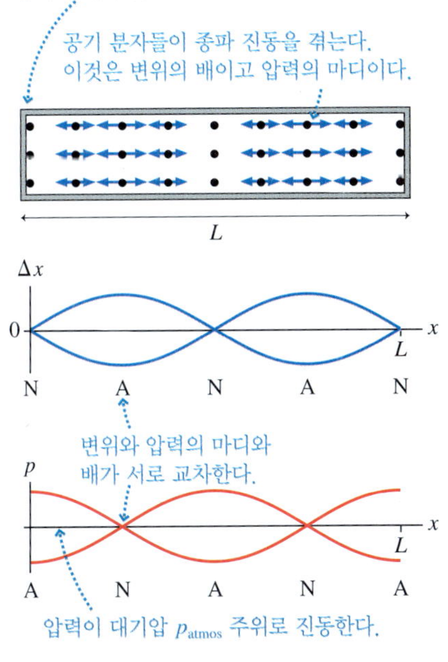

그림 17.14 $m = 2$ 종파 정상파는 변위파나 압력파로 표현할 수 있다.

예제 17.4 샤워하면서 노래하기

샤워실 높이가 2.45 m이다. 500 Hz보다 낮은 이 샤워실 속 정상파의 진동수는 얼마인가?

핵심 1차 근사로 샤워실을 2.45 m 길이의 공기 기둥으로 가정한다. 이것은 천장과 바닥에 의해 양 끝이 막혀 있다. 20°C의 음속을 가정한다.

시각화 정상 음파의 마디가 천장과 바닥에 위치한다. $m = 2$ 모드가 그림 17.14를 90° 회전시킨 것처럼 보일 것이다.

(계속)

풀이 이 공기 기둥의 정상 음파에 대한 기본 진동수는

$$f_1 = \frac{v}{2L} = \frac{343\ \text{m/s}}{2(2.45\ \text{m})} = 70\ \text{Hz}$$

이다. 가능한 정상파의 진동수는 기본 진동수의 정수배이다. 이들은 70 Hz, 140 Hz, 210 Hz, 280 Hz, 350 Hz, 420 Hz, 490 Hz이다.

검토 가능한 정상파들이 많기 때문에 샤워실에서는 소리가 공명을 일으킨다. 이 때문에 샤워실에서 노래 부르는 것을 좋아하는 사람들이 있다. 샤워실을 1차원 관으로 보는 근사는 사실 너무 단순화시킨 것이다. 3차원 분석을 해보면 더 많은 모드를 발견할 수 있어 '소리 스펙트럼'을 더욱 풍성하게 한다.

열린 관

양 끝이 닫힌 공기 기둥은 예제 17.4에서처럼 기둥 내부에 있지 않다면 별로 흥미롭지 않다. 소리를 방출하는 공기 기둥은 한끝 또는 양 끝이 열려 있다. 많은 악기들이 이 부류에 속한다. 예를 들어 플루트는 양 끝이 열린 공기 관이다. 플루트 연주자들은 한끝에 비스듬하게 바람을 불어 관 내부에 정상파를 만들고, 이 진동수의 음이 관 양 끝에서 방출된다. (플루트의 바람 부는 쪽 끝은 관 방향이 아닌 옆으로 열려 있다. 이것은 실제로는 플루트 연주법과 관련이 있다. 그러나 여기서 관이 대기에 열려 있기 때문에 물리적 관점에서 이것이 관의 '끝'이 된다.) 하지만 트럼펫은 종 모양으로 한쪽 끝이 열려 있지만 연주자의 입술이 닿은 다른 쪽 끝은 닫혀 있다.

앞서 파동이 불연속에서 일부 투과되고 일부 반사되는 것을 보았다. 공기 관을 통해 진행하는 음파가 열린 끝에 도달할 때 파동 에너지의 일부가 관 밖으로 전달되어 우리가 듣는 소리가 되고 파동의 일부는 반사되어 다시 관 속으로 들어온다. 경계에서 줄 파동의 반사처럼 이 반사도 한끝 또는 양 끝이 열린 공기 관 속에서 정상파를 만든다.

공기 기둥의 열린 끝에서의 경계 조건이 닫힌 끝에서의 경계 조건과 동일하지 않다는 것은 놀랍지 않다. 관의 열린 끝에서의 공기 압력은 주위 공기의 대기압과 일치해야 한다. 결과적으로 관의 열린 끝은 압력 마디가 되어야 한다. 압력의 마디와 배가 변위파에서는 뒤바뀌기 때문에 **공기 기둥의 열린 끝은 변위의 배가 되어야 한다.** (자세히 분석해보면 배가 실제로는 열린 끝 바로 바깥쪽에 있지만 배가 정확히 열린 끝에 있다고 가정한다.)

그림 17.15는 모두 동일한 길이 L을 가진 양 끝이 막힌 관(폐-폐 관), 양 끝이 열린 관(개-개 관)과 한끝은 열렸으나 다른 끝이 막힌 관(개-폐 관)의 처음 3개의 정상파 모드의 변위와 압력 그래프이다. 압력과 변위의 경계 조건에 주목하라. 개-개 관의 정상파는 마디와 배의 위치가 뒤바뀐 것만 제외하고 폐-폐 관의 정상파와 유사하다. 두 경우 모두 양 끝 사이에 m개의 반파장 구간이 존재한다. 따라서 개-개 관과 폐-폐 관의

그림 17.15 다른 경계 조건을 가진 공기 기둥의 처음 3개의 정상 음파 모드

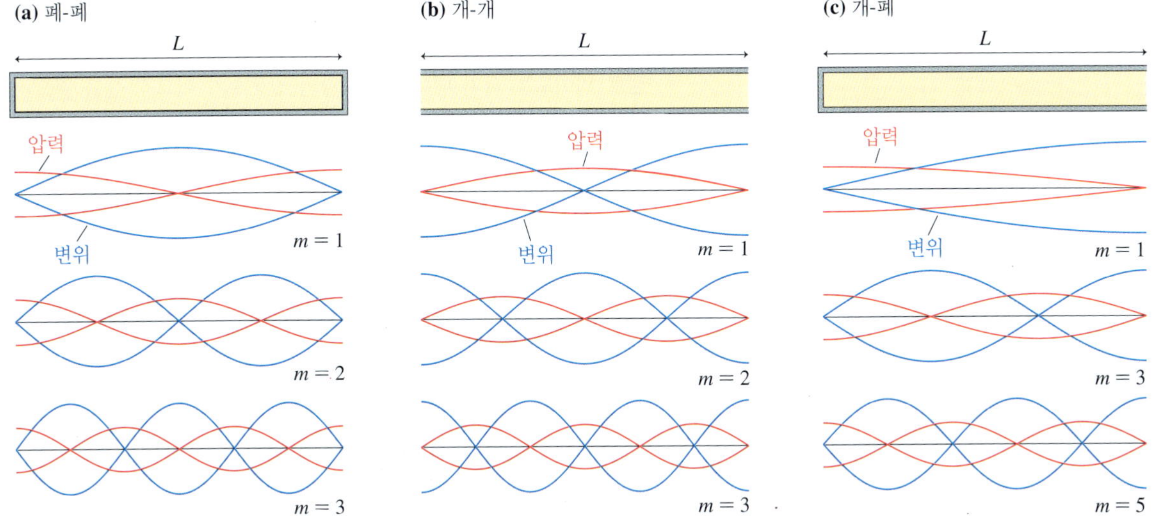

파장과 진동수는 양 끝이 묶인 줄의 그것과 동일하다.

$$\lambda_m = \frac{2L}{m} \qquad m = 1, 2, 3, 4, \cdots$$
$$f_m = m\frac{v}{2L} = mf_1 \qquad \text{(개-개 또는 폐-폐 관)} \tag{17.17}$$

개-폐 관은 다르다. 기본 모드 길이 L인 관 안에 파장의 1/4만 들어간다. 따라서 $m = 1$인 파장이 $\lambda_1 = 4L$이다. 이것은 개-개 관 또는 폐-폐 관의 λ_1 파장의 두 배이다. 결과적으로 **개-폐 관의 기본 진동수는 동일한 길이의 개-개 관 또는 폐-폐 관의 진동수의 절반이다.** 길이 L인 개-폐 관의 가능한 파장과 진동수가

$$\lambda_m = \frac{4L}{m} \qquad m = 1, 3, 5, 7, \cdots$$
$$f_m = m\frac{v}{4L} = mf_1 \qquad \text{(개-폐 관)} \tag{17.18}$$

이라는 것을 증명하는 것은 숙제로 남긴다. **식 (17.18)의 m이 홀수뿐이라는 것에 주목하라.**

예제 17.5 | **외이도의 공명**

소리 진동을 내이의 감각 기관에 전달하는 고막은 외이도의 끝에 위치한다. 성인의 경우 외이도의 길이가 대략 2.5 cm이다. 사람의 가청 범위에 있는 외이도의 정상파의 진동수는 얼마인가? 외이도 안의 더운 공기의 음속은 350 m/s이다.

핵심 외이도의 한끝은 공기에 열려 있고 다른 쪽 끝은 고막에 의해 닫혀 있다. 이것을 개-폐 관으로 가정할 수 있다. 정상파는 그림 17.15c와 같을 것이다.

풀이 2.5 cm 길이의 개-폐 관의 가장 낮은 정상파 진동수는 기본

(계속)

진동수

$$f_1 = \frac{v}{4L} = \frac{350\ \text{m/s}}{4(0.025\ \text{m})} = 3500\ \text{Hz}$$

이다. 배진동에서도 정상파가 생기지만 개-폐 관은 홀수 배진동만을 갖는다. 이들은

$$f_3 = 3f_1 = 10{,}500\ \text{Hz}$$
$$f_5 = 5f_1 = 17{,}500\ \text{Hz}$$

이다. 16.5절에서 논의한 것처럼 고차 배진동은 사람의 가청 범위를 넘어선다.

검토 외이도는 짧기 때문에 정상파의 진동수가 비교적 높을 것으로 예상하였다. 외이도의 공기는 이들 높은 진동수의 소리에 잘 반응하며(외이도의 **공명**이라고 부르는 것) 이 소리를 고막에 전달한다. 결과적으로 우리 귀는 다른 진동수의 소리에 비해 3500 Hz와 10,500 Hz 근처 진동수를 가진 소리에 약간 더 민감하다.

악기

정상파의 중요한 응용은 악기이다. 기타, 피아노와 바이올린 같은 악기들은 양 끝이 고정되어 있고 장력을 주도록 조인 줄을 가지고 있다. 줄을 튕기거나 치거나 활로 켜서 만들어진 교란이 줄에 정상파를 만든다.

진동하는 줄의 기본 진동수는

$$f_1 = \frac{v}{2L} = \frac{1}{2L}\sqrt{\frac{T_s}{\mu}}$$

이며, 여기서 T_s는 줄의 장력이고 μ는 줄의 선밀도이다. 기본 진동수는 줄이 소리를 낼 때 우리가 듣는 음이 된다. 줄의 장력을 증가시키면 기본 진동수가 커지는데, 이것이 현악기를 조율하는 방법이다.

하프 줄이 정상파로 진동한다. 하프 줄의 진동수는 듣는 음을 결정한다.

기타나 바이올린의 경우 줄의 길이가 모두 같고 비슷한 장력을 갖는다. 그렇지 않다면 이 악기의 목이 장력이 큰 쪽으로 휠 것이기 때문이다. 줄이 다른 진동수를 가지는 까닭은 줄의 선밀도가 다르기 때문이다. 낮은 음의 줄은 '두꺼운' 반면 높은 음의 줄은 '가늘다'. 이 차이가 음속을 변화시켜 진동수가 달라지게 한다. 그 후 장력을 조금 조정하면 각 줄이 원하는 정확한 진동수로 진동하게 할 수 있다. 악기의 조율이 끝나면 줄의 유효 길이를 바꾸기 위해 손가락 끝을 사용하여 연주한다. 줄의 길이를 줄이면 진동수와 음높이가 올라간다.

피아노는 기타나 바이올린에 비해 훨씬 넓은 영역의 진동수를 제공한다. 이 영역은 단지 줄의 선밀도를 바꿔서는 얻을 수 없다. 가장 높은 음의 줄이 너무 가늘어 끊어지게 되고 가장 낮은 음의 줄은 휘어지는 줄이 아니라 고체 막대가 된다! 그러므로 피아노는 줄의 선밀도와 길이를 모두 변화시키는 조합을 통해 조율한다. 베이스 음의 줄은 두꺼울 뿐만 아니라 길다.

관악기에서 마우스피스에 바람을 불면 공기 관 내부에 정상 음파가 만들어진다. 연주자는 손가락으로 구멍을 막거나 밸브를 열어 관의 길이를 변화시킴으로써, 진동수를 변화시켜 다른 음을 연주한다. 구멍이 측면에 있다는 사실은 거의 차이를 주지 않는다. 첫 번째 열린 구멍이 배가 되는데, 공기가 열린 구멍을 통해 자유로이 진동할 수 있기 때문이다.

관악기의 진동수는 악기 내부의 음속에 의존한다. 그러나 음속은 공기의 온도에 의존한다. 관악기 연주자가 처음 악기를 불면 내부 공기의 온도가 증가하기 시작한다. 이것이 음속을 증가시키고 또 공기의 온도가 정상 상태에 도달할 때까지 악기가 연주하는 각 음의 진동수를 증가시킨다. 결과적으로 관악기 연주자들은 악기를 조율하기 전에 '준비운동'을 해야 한다.

색소폰에 달린 진동하는 리드(reed)나 트롬본의 진동하는 입술과 같이 많은 관악기들은 관의 한쪽 끝에 '버저(buzzer)'를 가지고 있다. 버저는 한 음이 아닌 연속적인 진동수 영역의 소리를 만들기 때문에 악기의 나머지 부분 없이 단지 마우스피스만으로 연주해도 '꽥꽥' 하는 소리가 난다. 버저를 악기 본체와 연결할 때 공기 기둥은 이들 진동수의 대부분에 반응하지 않는다. 그러나 악기의 기본 진동수와 일치하는 버저의 진동수는 바로 이 진동수에서 큰 진폭의 반응(정상파 공명)을 일으킨다. 이것이 악기의 음을 만들고 유지하는 에너지 입력이 된다.

예제 17.6 플루트와 클라리넷

클라리넷의 길이는 66.0 cm이다. 플루트도 거의 같은 길이를 가지고 있다. 연주자가 바람을 불어넣는 구멍과 플루트 끝 사이의 거리가 63.6 cm이다. 플루트와 클라리넷의 가장 낮은 음과 다음 번 높은 배진동의 진동수는 무엇인가? 따뜻한 공기의 음속은 350 m/s이다.

핵심 플루트는 개-개 관으로 연주자가 바람을 불어넣는 구멍뿐만 아니라 끝도 열려 있다. 클라리넷은 연주자의 입술과 리드가 위쪽 끝을 막고 있기 때문에 개-폐 관이다.

풀이 가장 낮은 진동수는 기본 진동수이다. 개-개 관인 플루트의 경우 기본 진동수는

$$f_1 = \frac{v}{2L} = \frac{350\text{ m/s}}{2(0.636\text{ m})} = 275\text{ Hz}$$

이다. 개-폐 관인 클라리넷은

$$f_1 = \frac{v}{4L} = \frac{350\text{ m/s}}{4(0.660\text{ m})} = 133\text{ Hz}$$

를 갖는다. 개-개 관인 플루트의 다음 번 높은 배진동은 $m = 2$이고 진동수는 $f_2 = 2f_1 = 550$ Hz가 된다. 개-폐 관은 단지 홀수 배진동만을 가지므로 클라리넷의 다음 번 높은 배진동은 $f_3 = 3f_1 = 399$ Hz이다.

검토 클라리넷은 플루트보다 훨씬 더 낮은(음악적으로 한 옥타브 낮은) 음을 연주한다. 왜냐하면 클라리넷이 개-폐 관이기 때문이다. 기본 진동수 가운데 어느 것도 정확히 맞지는 않다는 것을 주목할 필요가 있다. 왜냐하면 개-폐 관이나 개-개 관 모형 모두 실제 악기를 제대로 기술하기에는 너무 단순화된 것이기 때문이다. 그러나 이와 같은 모형에 물리학의 핵심이 포함되어 있기 때문에 계산으로 얻은 진동수는 모두 실제 진동수에 가깝다.

진동하는 줄은 기본 진동수 f_1에 해당하는 음을 연주하므로 현악기는 어느 정도 넓은 영역의 음을 얻기 위해 몇 개의 줄을 사용해야 한다. 대조적으로 관악기는 공기 관의 2차 또는 3차 배진동(f_2 또는 f_3)에서 소리를 낼 수 있다. 세게 불기(overblowing)를 하거나(플루트, 금관악기) 또는 건반으로 작은 구멍을 열어 이 점에서 배가 만들어지도록 함으로써(클라리넷, 색소폰) 이런 더 높은 진동수를 가진 소리를 낼 수 있다. 관악기들은 이런 높은 배진동들을 잘 조절하여 사용함으로써 넓은 영역의 음을 연주한다.

그림 17.16 x축을 따라 진행하는 겹친 두 파동

(a) 겹친 두 광파

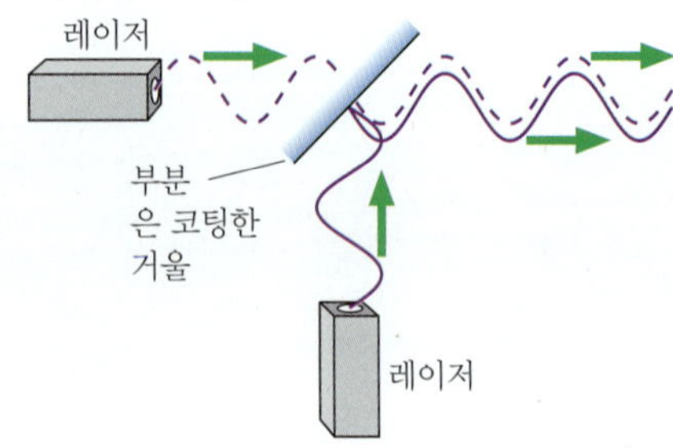

(b) 겹친 두 음파

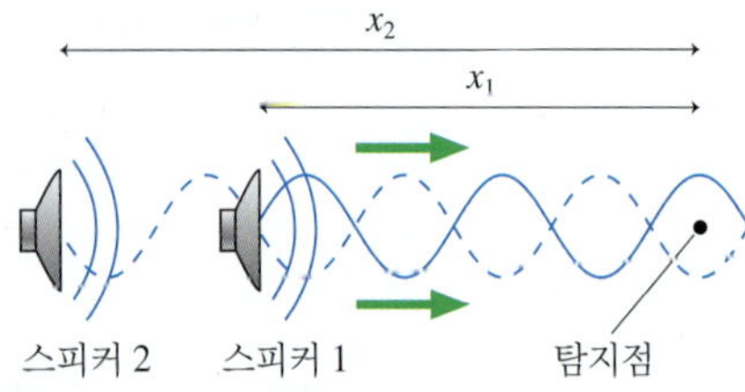

그림 17.17 위상 상수 $\phi_{10}=0$ rad, $\phi_{20}=\pi/2$ rad과 $\phi_{30}=\pi$ rad을 가진 3개의 파원으로부터 방출된 파동

(a) $\phi_{10}=0$ rad에 대한 $t=0$에서의 스냅 사진 그래프

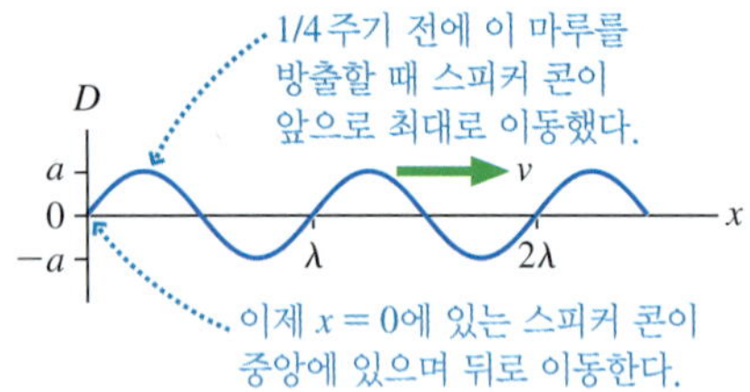

(b) $\phi_{20}=\pi/2$ rad에 대한 $t=0$에서의 스냅 사진 그래프

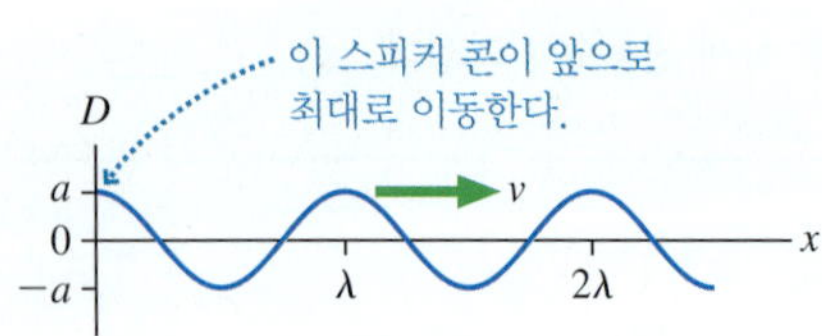

(c) $\phi_{30}=\pi$ rad에 대한 $t=0$에서의 스냅 사진 그래프

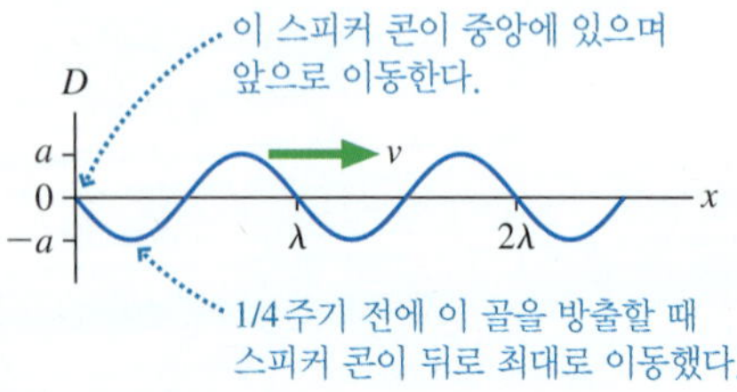

17.5 1차원에서의 간섭

파동의 가장 기초적인 특성 가운데 하나는 두 파동을 하나의 파동으로 결합시켜 변위가 중첩의 원리를 따르도록 하는 능력이다. 두 파동의 중첩으로 인해 생긴 패턴을 흔히 **간섭**이라고 한다. 정상파는 동일한 진동수의 두 파동이 반대 방향으로 진행할 때 만들어지는 간섭 무늬이다. 이 절에서는 같은 방향으로 진행하는 두 파동의 간섭을 살펴볼 것이다.

그림 17.16a는 부분적으로 은코팅한 거울에 입사한 두 광파를 보여준다. 이런 거울은 각 파동을 일부는 투과하고 일부는 반사하여 겹친(overlapped) 두 광파가 x축을 따라 거울의 오른쪽으로 진행한다. 또는 그림 17.16b에 있는 스피커를 생각해보자. 스피커 2에서 나온 음파가 스피커 1의 바로 옆을 지나간다. 따라서 겹친 두 음파가 x축을 따라 오른쪽으로 진행한다. 겹친 두 파동들이 동일한 축을 따라 동일한 방향으로 진행할 때 어떤 일이 일어날지 살펴보자.

그림 17.16b는 겹친 파동들이 귀 또는 마이크로 탐지되는 x축 위의 한 점을 보여준다. 이 점은 스피커 1로부터 거리 x_1, 스피커 2로부터는 거리 x_2만큼 떨어져 있다. (대부분 예제에서 스피커와 음파를 사용할 것이지만 이 분석은 모든 파동에 대해 유효하다.) 이 점에서 결합된 파동의 진폭은 얼마인가?

이 절 전체를 통해 **파동이 사인 모양 파동이고 동일한 진동수와 진폭을 가지며, x축을 따라 오른쪽으로 진행한다고 가정할 것이다.** 따라서 두 파동의 변위를

$$
\begin{aligned}
D_1(x_1, t) &= a\sin(kx_1 - \omega t + \phi_{10}) = a\sin\phi_1 \\
D_2(x_2, t) &= a\sin(kx_2 - \omega t + \phi_{20}) = a\sin\phi_2
\end{aligned}
\tag{17.19}
$$

로 적을 수 있다. 여기서 ϕ_1과 ϕ_2는 각 파동의 위상(phase)이다. 두 파동 모두 동일한 파수 $k=2\pi/\lambda$와 동일한 각진동수 $\omega=2\pi f$를 갖는다.

위상 상수 ϕ_{10}과 ϕ_{20}는 파원의 특성이지 매질의 특성이 아니다. 그림 17.17은 위상 상수 $\phi_{10}=0$ rad, $\phi_{20}=\pi/2$ rad, $\phi_{30}=\pi$ rad을 가진 3개의 파원으로부터 방출된 파동들의 $t=0$일 때 스냅 사진 그래프이다. **위상 상수는 파원이 $t=0$일 때 무슨 일을 하는지 말해준다**는 것을 알 수 있다. 예를 들어 $t=0$일 때 평형 위치로부터 뒤로 이동하는 스피커는 $\phi_0=0$ rad을 갖는다. 그림 17.16b를 되돌아보면 스피커 1이 위상 상수 $\phi_{10}=0$ rad을 가지고 있고 스피커 2가 위상 상수 $\phi_{20}=\pi$ rad을 가진다는 것을 알 수 있다.

수학적으로 더 깊이 들어가기 전에 그래프로 겹친 파동들을 살펴보자. 그림 17.18은 중요한 두 상황을 보여준다. (a)에서는 두 파동이 x축을 따라 진행할 때 두 파동의 마루가 일치한다. (b)에서는 한 파동의 마루가 다른 파동의 골과 일치한다. (a)에서는 그래프와 파면들을 서로 조금 이동하여 각 파동이 무슨 일을 하는지 알 수 있도록 하였지만 물리적 상황은 파동들이 서로 포개지는 것이다.

그림 17.18a의 두 파동은 모든 점에서 동일한 변위 $D_1(x)=D_2(x)$를 갖는다. 마루

와 마루, 골과 골이 일치하는 두 파동은 **위상이 같다**(in phase)고 한다. 위상이 같은 파동들은 서로 '걸음을 맞춰' 행진한다.

중첩의 원리를 사용하여 위상이 같은 두 파동을 결합하면 각 점에서의 알짜 변위는 각 개별 파동의 변위의 두 배가 된다. 두 파동의 중첩이 각 개별 파동보다 큰 진폭을 가진 진폭 함수를 만드는 것을 **보강 간섭**(constructive interference)이라고 한다. 파동의 위상이 정확히 같으면 **최대 보강 간섭**이 일어나며, 이때 $A = 2a$이다.

그림 17.18b에서는 한 파동의 마루가 다른 파동의 골과 일치한다. 이 파동들은 모든 점에서 $D_1(x) = -D_2(x)$인 '엇박자'로 행진한다. 마루와 골이 일치하는 두 파동을 180° 위상이 어긋났다 또는 더 일반적으로 그냥 **위상이 어긋났다**(out of phase)고 한다. 두 파동의 중첩이 진폭이 각 개별 파동의 진폭보다 작은 파동을 만드는 것을 **소멸 간섭**(destructive interference)이라고 한다. 이 경우 $D_1 = -D_2$이기 때문에 알짜 변위는 축 위의 모든 점에서 0이다. 서로 상쇄되는 두 파동의 결합은 파동이 사라지게 하는데, 이것을 **완전 소멸 간섭**이라고 한다.

그림 17.18 x축을 따라 진행하는 두 파동의 간섭

(a) 최대 보강 간섭

두 파동이 같은 위상을 갖는다. 이들의 마루가 일치한다.

파동 2, 파동 1, v, λ, 1, 2, D, $+2a$, 0, $-2a$, x

이들의 중첩으로 인해 진폭 $2a$의 진행파가 만들어진다.

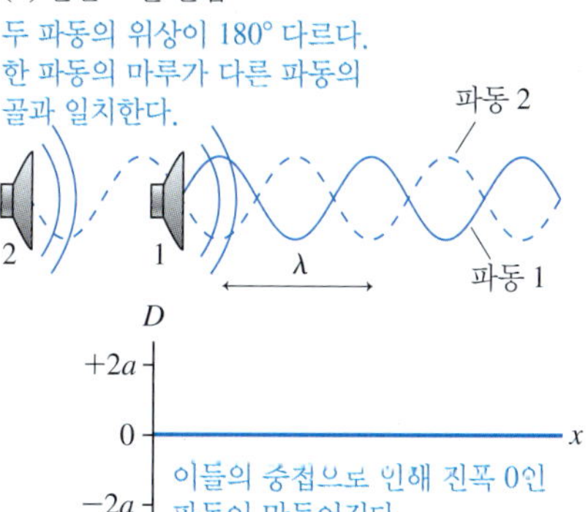

위상차

간섭을 이해하기 위해서 두 파동의 위상에 초점을 맞추는 것이 필요하다. 위상은

$$\begin{aligned}\phi_1 &= kx_1 - \omega t + \phi_{10} \\ \phi_2 &= kx_2 - \omega t + \phi_{20}\end{aligned} \tag{17.20}$$

이다. 두 위상 ϕ_1과 ϕ_2 사이의 차이를 **위상차**(phase difference) $\Delta\phi$라고 하며

$$\begin{aligned}\Delta\phi = \phi_2 - \phi_1 &= (kx_2 - \omega t + \phi_{20}) - (kx_1 - \omega t + \phi_{10}) \\ &= k(x_2 - x_1) + (\phi_{20} - \phi_{10}) \\ &= 2\pi\frac{\Delta x}{\lambda} + \Delta\phi_0\end{aligned} \tag{17.21}$$

이다.

위상차에 기여하는 것이 두 가지가 있다. 두 파원 사이의 거리 $\Delta x = x_2 - x_1$을 **경로차**(path-length difference)라고 한다. 이것은 두 파동이 결합하는 점까지 파동 2가 진행해야 할 여분의 거리이다. $\Delta\phi_0 = \phi_{20} - \phi_{10}$은 파원 사이의 **고유 위상차**(inherent phase difference)이다.

마루와 마루, 골과 골이 일치하는(위상이 같다는) 조건은 $\Delta\phi = 0,\ 2\pi,\ 4\pi$ 또는 2π rad의 정수배가 된다. 따라서 최대 보강 간섭 조건은

최대 보강 간섭:

$$\Delta\phi = 2\pi\frac{\Delta x}{\lambda} + \Delta\phi_0 = m \cdot 2\pi \text{ rad} \qquad m = 0, 1, 2, 3, \cdots \tag{17.22}$$

이 된다. $\Delta\phi_0 = 0$ rad인 동일한 파원의 경우 최대 보강 간섭은 $\Delta x = m\lambda$일 때 일어난

다. 다시 말해 **동일한 두 파원은 경로차가 파장의 정수배일 때 최대 보강 간섭을 일으킨다.**

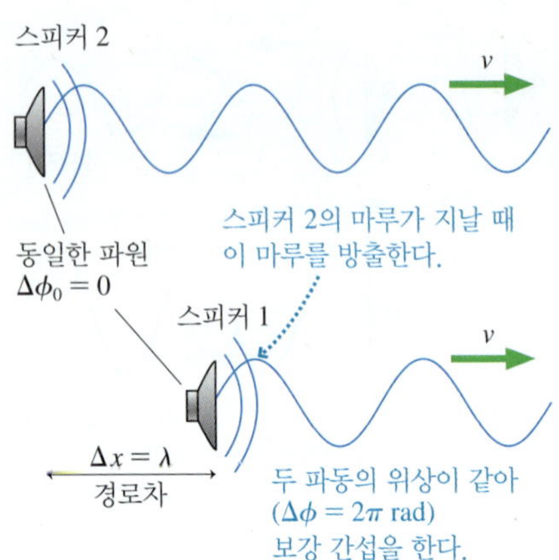

그림 17.19 한 파장 떨어진 동일한 두 파원

그림 17.19는 동일한, 따라서 $\Delta\phi_0 = 0$ rad인 두 파원(즉 동시에 같은 방향으로 진동하는 두 스피커)을 보여준다. 경로차 Δx가 스피커 2에서 나온 파동이 스피커 1의 파동과 결합하기 전에 진행해야 할 여분의 거리이다. 이 경우 $\Delta x = \lambda$이다. 파동이 한 주기 동안 정확히 한 파장 앞으로 이동하기 때문에 스피커 2의 마루가 지나갈 때 스피커 1도 정확히 마루를 방출한다. 파동들이 $\Delta\phi = 2\pi$ rad으로 '보조를 맞추고' 있다. 따라서 두 파동은 진폭 $2a$인 파동을 만드는 보강 간섭을 일으킨다.

한 파동의 마루가 다른 파동의 골과 일치하는 최대 소멸 간섭은 두 파동의 위상이 어긋나 있을 때 일어난다. 이것은 $\Delta\phi = \pi, 3\pi, 5\pi$처럼 π rad의 홀수배일 때 생긴다는 것을 의미한다. 따라서 최대 소멸 간섭의 조건은

최대 소멸 간섭:

$$\Delta\phi = 2\pi\frac{\Delta x}{\lambda} + \Delta\phi_0 = \left(m + \tfrac{1}{2}\right)\cdot 2\pi \text{ rad} \qquad m = 0, 1, 2, 3, \cdots \tag{17.23}$$

이 된다. $\Delta\phi_0 = 0$ rad인 동일한 파원의 경우 최대 소멸 간섭은 $\Delta x = (m + \frac{1}{2})\lambda$일 때 일어난다. 다시 말해 **동일한 두 파원의 경로차가 파장 절반의 정수배(half-integer)일 때 최대 소멸 간섭이 일어난다.**

파원들이 다른 위치에 있기 때문에, 또는 파원의 위상이 어긋나 있기 때문에, 또는 이 두 가지의 조합으로 인해 두 파동의 위상이 다를 수 있다. 그림 17.20은 두 파동이 소멸 간섭을 일으키는 세 가지 다른 방법을 통해 이런 사실을 보여준다. 이들 세 가지 방법은 모두 $\Delta\phi = \pi$ rad인 파동들을 만든다.

그림 17.20 소멸 간섭의 세 가지 방법

(a) 파원들의 위상이 다르다.

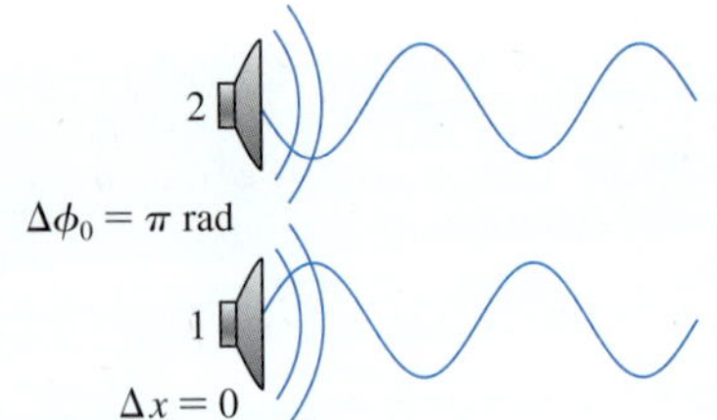

(b) 동일한 파원들이 파장의 절반 거리만큼 떨어져 있다.

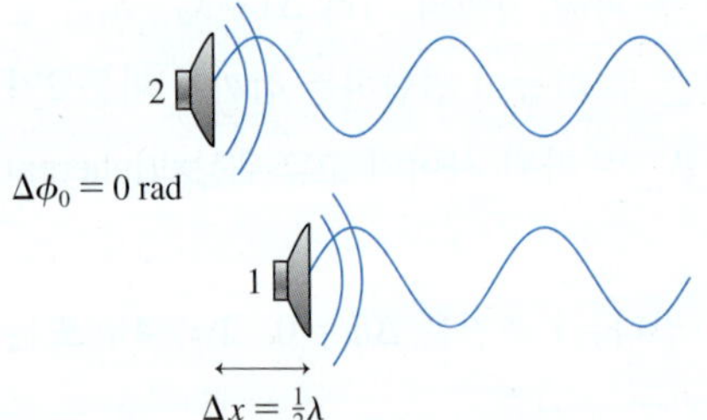

(c) 파원들이 떨어져 있으면서 부분적으로 위상이 어긋나 있다.

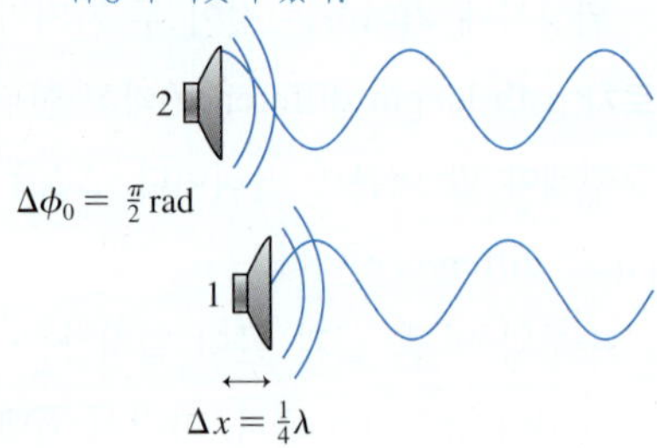

예제 17.7 두 음파 사이의 간섭

동일한 진동수의 음을 연주하는 나란히 놓인 두 스피커 앞에 서 있는다. 처음에는 거의 소리가 들리지 않는다. 그 후 스피커 하나를 느리게 뒤로 이동한다. 스피커 사이의 거리가 증가할수록 소리 세기가 증가하여 스피커가 0.75 m 떨어져 있을 때 최대 보강 간섭이 일어난다. 그 뒤에 계속 스피커를 이동시키자 소리 세기가 감소하기 시작한다. 소리 세기가 다시 최소가 될 때 스피커 사이의 거

리는 얼마인가?

핵심 소리 세기가 변하는 것은 겹친 두 음파의 간섭 때문이다.

시각화 한 스피커에 대해 다른 스피커를 이동하면 파동 사이의 위상차가 변한다.

풀이 최소 소리 세기는 두 음파가 소멸 간섭을 일으키는 것을 암시한다. 초기에 스피커가 나란히 놓여 있어 그 상황이 $\Delta x = 0$과 $\Delta\phi_0 = \pi$ rad인 그림 17.20a에 보인 것과 같다. 다시 말해 두 스피커는 위상이 어긋나 있다. 스피커 하나를 이동시키면 $\Delta\phi_0$는 변하지 않지만 경로차 Δx가 달라진다. 따라서 전체적으로 위상차 $\Delta\phi$가 증가한다. 최대 세기를 갖는 보강 간섭은

$$\Delta\phi = 2\pi\frac{\Delta x}{\lambda} + \Delta\phi_0 = 2\pi\frac{\Delta x}{\lambda} + \pi = 2\pi \text{ rad}$$

일 때 일어난다. 이것이 보강 간섭이 일어나는 첫 번째 간격이므로 $m = 1$을 사용했다. 보강 간섭이 일어나는 스피커 간격은 $\Delta x = \lambda/2$이다. 이 상황을 그림 17.21에서 보여준다.

$\Delta x = 0.75$ m가 $\lambda/2$이므로 소리의 파장은 $\lambda = 1.50$ m가 된다. $m = 1$의 소멸 간섭이 일어나는 다음 점은

$$\Delta\phi = 2\pi\frac{\Delta x}{\lambda} + \Delta\phi_0 = 2\pi\frac{\Delta x}{\lambda} + \pi = 3\pi \text{ rad}$$

그림 17.21 파원이 파장의 절반 거리만큼 떨어져 있으면 위상이 어긋난 두 파원이 위상이 같은 파동들을 만든다.

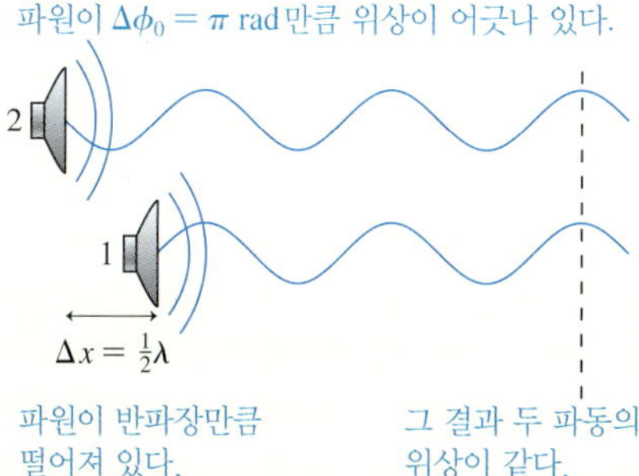

일 때 나타난다. 따라서 소리 세기가 다시 최소가 될 때 스피커 사이의 거리는

$$\Delta x = \lambda = 1.50 \text{ m}$$

이다.

검토 간격이 λ이면 동일한 두 스피커($\Delta\phi_0 = 0$)는 보강 간섭을 일으킨다. 여기서 스피커 사이의 π rad의 위상차(한 스피커는 앞으로 미는 반면 다른 스피커는 뒤로 당긴다)는 이 간격에서 소멸 간섭을 일으킨다.

17.6 간섭의 수학

두 파동의 중첩에 대해 좀 더 자세히 살펴보자. 같은 진폭과 진동수를 가진 두 파동이 x축을 따라 함께 진행하면 매질의 알짜 변위는

$$\begin{aligned} D = D_1 + D_2 &= a\sin(kx_1 - \omega t + \phi_{10}) + a\sin(kx_2 - \omega t + \phi_{20}) \\ &= a\sin\phi_1 + a\sin\phi_2 \end{aligned} \tag{17.24}$$

가 된다. 여기서 위상 ϕ_1과 ϕ_2는 식 (17.20)에서 정의하였다.

유용한 삼각함수의 등식은 다음과 같다.

$$\sin\alpha + \sin\beta = 2\cos\left[\tfrac{1}{2}(\alpha - \beta)\right]\sin\left[\tfrac{1}{2}(\alpha + \beta)\right] \tag{17.25}$$

이 등식은 명백해 보이지 않지만 오른편으로부터 거꾸로 작업을 하면 쉽게 증명할 수 있다. 이 등식을 이용하여 식 (17.24)의 알짜 변위를 아래와 같이 표현할 수 있다.

$$D = \left[2a\cos\left(\frac{\Delta\phi}{2}\right)\right]\sin(kx_{avg} - \omega t + (\phi_0)_{avg}) \tag{17.26}$$

여기서 $\Delta\phi = \phi_2 - \phi_1$은 식 (17.21)과 동일한 두 파동 사이의 위상차이다. $x_{avg} = (x_1 + x_2)/2$는 두 파원 사이의 평균 거리이고 $(\phi_0)_{avg} = (\phi_{10} + \phi_{20})/2$는 파원의 평균 위상 상수이다.

사인 항은 두 파동의 중첩이 여전히 진폭 함수임을 보여준다. 관찰자는 원래 파동과 동일한 파장과 진동수를 가지고 x축 방향으로 이동하는 사인 모양 파동을 보게 된다.

그러나 2개의 원래 파동과 비교하여 이 파동은 얼마나 큰가? 각 파동은 진폭 a를 가지지만 중첩파의 진폭은

$$A = \left| 2a\cos\left(\frac{\Delta\phi}{2}\right) \right| \tag{17.27}$$

이다. 여기서 진폭은 양의 값이기 때문에 절댓값 부호를 사용했다. 두 파동의 위상차에 따라 중첩파의 진폭은 0(완전 소멸 간섭)에서 $2a$(최대 보강 간섭) 사이의 어떤 값도 가능하다.

$\cos(\Delta\phi/2) = \pm 1$일 때 진폭은 최댓값 $A = 2a$를 갖는다. 이것은

$$\Delta\phi = m \cdot 2\pi \qquad (\text{최대 진폭 } A = 2a) \tag{17.28}$$

일 때 일어난다. 여기서 m은 정수이다. 같은 식으로 $\cos(\Delta\phi/2) = 0$일 때 진폭은 0이 되며

$$\Delta\phi = \left(m + \tfrac{1}{2}\right) \cdot 2\pi \qquad (\text{최소 진폭 } A = 0) \tag{17.29}$$

일 때 일어난다. 식 (17.28)과 (17.29)는 식 (17.22)와 (17.23)의 보강 및 소멸 간섭에 대한 조건과 동일하다. 처음에 마루와 골들의 배열을 고려하여 이 조건들을 구했다. 이제는 파동의 대수 덧셈을 통해 확인하였다.

물론 두 파동이 완전히 위상이 같거나 반대가 아닐 수도 있다. 식 (17.27)에 의해 임의의 값의 위상차에 대한 중첩의 경우에도 진폭을 계산할 수 있다. 예를 들어 그림 17.22는 위상차가 40°, 90°와 160°일 때의 두 파동의 간섭을 계산한 결과를 보여준다.

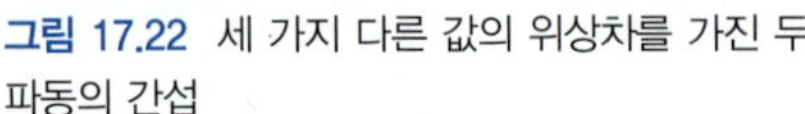

그림 17.22 세 가지 다른 값의 위상차를 가진 두 파동의 간섭

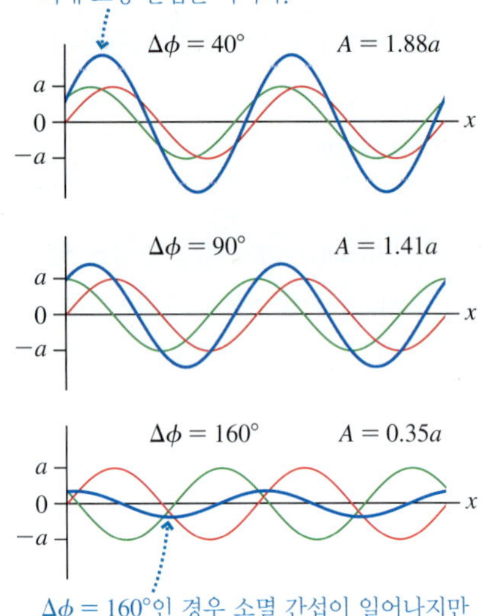

예제 17.8 음파의 간섭을 더 들여다보기

두 스피커가 진폭이 0.10 mm인 500 Hz의 음파를 방출한다. 스피커 2는 스피커 1 뒤로 1.00 m에 있고 스피커 사이의 위상차는 90°이다. 스피커 1 앞쪽 2.00 m인 점에서의 음파의 진폭은 얼마인가?

핵심 진폭은 두 파동의 간섭에 의해 결정된다. 음속은 실온(20°C) 값인 343 m/s로 가정한다.

풀이 음파의 진폭은

$$A = |2a\cos(\Delta\phi/2)|$$

이고 $a = 0.10$ mm이며 파동 사이의 위상차는

$$\Delta\phi = \phi_2 - \phi_1 = 2\pi\frac{\Delta x}{\lambda} + \Delta\phi_0$$

이다. 소리의 파장은

$$\lambda = \frac{v}{f} = \frac{343 \text{ m/s}}{500 \text{ Hz}} = 0.686 \text{ m}$$

이다. 거리 $x_1 = 2.00$ m와 $x_2 = 3.00$ m는 스피커로부터 측정한 것이기 때문에 경로차는 $\Delta x = 1.00$ m가 된다. 스피커 사이의 고유 위상차가 $\Delta\phi_0 = \pi/2$ rad으로 주어져 있다. 따라서 관측점에서의 위상차는

$$\Delta\phi = 2\pi\frac{\Delta x}{\lambda} + \Delta\phi_0 = 2\pi\frac{1.00 \text{ m}}{0.686 \text{ m}} + \frac{\pi}{2} \text{ rad} = 10.73 \text{ rad}$$

이 되고 이 점에서의 파동의 진폭은

$$A = \left| 2a\cos\left(\frac{\Delta\phi}{2}\right) \right| = \left| (0.200 \text{ mm})\cos\left(\frac{10.73}{2}\right) \right| = 0.121 \text{ mm}$$

이다.

검토 $A > a$이기 때문에 보강 간섭이지만 최대 보강 간섭보다는 작다.

응용: 박막 광학 코팅

이 장의 처음에 나오는 사진에서 볼 수 있는 비눗방울과 기름 막의 화려한 색은 광파의 간섭에 의한 것이다. 사실 1차원에서의 광파 간섭은 광학 산업에서 **박막 광학 코팅**(thin-film optical coating)이라는 이름으로 중요하게 응용되고 있다. 두께 1 μm (10^{-6} m) 이하의 이런 박막들을 렌즈와 같은 유리 표면에 올려 유리로부터의 반사를 조절한다. 카메라 렌즈, 현미경과 다른 광학기기 표면에 반사 방지 코팅이 박막 코팅의 예이다.

그림 17.23은 파장 λ인 광파가 굴절률이 n인 두께 d의 투명 박막이 코팅된 유리 조각에 입사하고 있는 것을 보여준다. 공기와 박막의 경계에서 파동 속력이 불연속적으로 갑자기 감소하게 된다. 그리고 앞서 그림 17.7에서 보았듯이 불연속으로 인해 반사가 일어난다. 대부분의 빛은 박막 속으로 투과되지만 일부는 반사된다.

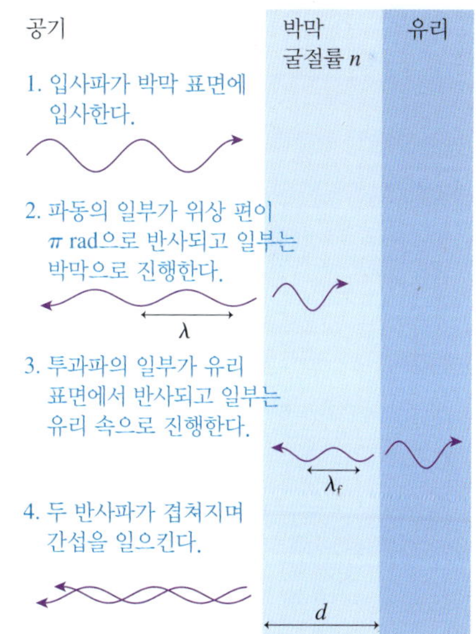

그림 17.23 하나는 코팅에서, 다른 하나는 유리에서 일어난 두 반사가 간섭을 일으킨다.

더욱이 그림 17.7에서 속력이 불연속적으로 감소하면서 반사파가 입사파에 대해 반전(inverted)되는 것을 보았다. 사인 모양 파동의 경우 수학적으로 반전은 π rad의 위상 편이로 표현된다. 광파가 더 큰 굴절률을 가진 물질 속으로 들어갈 때 광파의 속력은 감소한다. 따라서 **굴절률이 증가하는 경계에서 반사되는 광파는 π rad의 위상 편이를 갖는다.** 굴절률이 감소하는 경계에서 반사될 경우 위상 편이가 없다. 그림 17.23의 반사는 공기($n_{air} = 1.00$)와 $n_{film} > n_{air}$인 투명 박막 사이에서 일어나기 때문에 반사파는 π rad의 위상 편이로 인해 반전된다.

투과파가 유리에 도달할 때 대부분의 광파가 계속해서 유리 속으로 진행하지만 일부는 반사되어 왼쪽으로 되돌아간다. 유리의 굴절률이 박막의 굴절률보다 크다고 ($n_{glass} > n_{film}$) 가정한다면 반사하는 과정에서 역시 π rad의 위상 편이를 보인다. 박막을 통과해 되돌아간 후의 유리 표면에서 일어나는 두 번째 반사는 왼쪽으로 진행하여 다시 공기 속으로 진행하게 한다. 이제 왼쪽으로 진행하는 동일한 진동수의 두 반사파가 존재하며, 이 파동들이 간섭을 일으킨다. 두 반사파의 위상이 같다면 보강 간섭을 일으켜 반사파의 진폭이 커진다. 두 반사파의 위상이 어긋난다면 소멸 간섭이 일어나 반사파의 진폭이 줄어드는데, 만약 두 진폭이 동일하다면 반사파는 전혀 나타나지 않는다.

이것은 박막 광학 코팅을 실용화할 수 있음을 암시한다. 아무리 약하더라도 유리 표면에서의 반사는 흔히 불필요한 것으로 여긴다. 예를 들어 반사는 광학기기 성능을 저하시킨다. 유리에 두 반사파가 소멸 간섭을 일으키는 두께를 선택하여 박막을 코팅함으로써 이런 반사를 제거할 수 있다. 이것이 반사 방지 코팅(antireflection coating)이다.

반사 방지 코팅은 광파의 간섭을 이용하여 유리 표면으로부터의 반사를 거의 제거한다.

반사광의 진폭은 두 반사파 사이의 위상차에 의존한다. 이 위상차는

$$\begin{aligned}\Delta\phi &= \phi_2 - \phi_1 = (kx_2 + \phi_{20} + \pi\ \text{rad}) - (kx_1 + \phi_{10} + \pi\ \text{rad}) \\ &= 2\pi\frac{\Delta x}{\lambda_f} + \Delta\phi_0\end{aligned} \tag{17.30}$$

이다. 여기서 구체적으로 각 파동의 반사 위상 편이를 포함시켰다. 이 경우 두 파동 모두 π rad의 위상 편이를 가지므로 반사 위상 편이가 상쇄된다.

파장 λ_f는 박막 속 파장이다. 왜냐하면 경로차 Δx가 발생했기 때문이다. 16장에서 굴절률 n인 투명한 물질 속에서 파장이 $\lambda_f = \lambda/n$인 것을 배웠다. 여기서 아래 첨자가 없는 λ는 진공 또는 공기 속에서의 파장이다. 다시 말해 공기와 박막 경계의 '관측자' 쪽에서 측정한 파장이 λ이다.

파동 2가 파동 1과 다시 만나기 전 박막을 두 번 지나기 때문에 두 파동 사이의 경로차는 $\Delta x = 2d$이다. 두 파동은 같은 파원(초기에 박막의 앞면에서 나눠진 입사파)을 가지므로 고유 위상차는 $\Delta\phi_0 = 0$이다. 따라서 두 반사파의 위상차는

$$\Delta\phi = 2\pi\frac{2d}{\lambda/n} = 2\pi\frac{2nd}{\lambda} \qquad (17.31)$$

가 된다.

$\Delta\phi = m\cdot 2\pi$ rad일 때 보강 간섭이 일어나므로 반사가 강해진다. 그러므로 반사파 모두 π rad의 위상 편이를 가질 때 보강 간섭은 파장이

$$\lambda_C = \frac{2nd}{m} \qquad m = 1, 2, 3, \cdots \quad (\text{보강 간섭}) \qquad (17.32)$$

일 때 일어난다. 의미 있는 결과를 주기 위해 m은 0이 아닌 1부터 시작한다는 것에 주목하라. 반사가 최소가 되기 위한 소멸 간섭은 $\Delta\phi = (m - \frac{1}{2})\cdot 2\pi$ rad이 되어야 한다. 이것은 다시 두 파동 모두 π rad의 위상 편이를 가질 때 파장이

$$\lambda_D = \frac{2nd}{m - \frac{1}{2}} \qquad m = 1, 2, 3, \cdots \quad (\text{소멸 간섭}) \qquad (17.33)$$

일 때 일어난다. $m + \frac{1}{2}$ 대신 $m - \frac{1}{2}$을 사용했기 때문에 보강 간섭의 조건과 마찬가지로 m은 1부터 시작할 수 있다.

예제 17.9 | 반사 방지 코팅의 설계

불화마그네슘(MgF_2)은 렌즈의 반사 방지 코팅으로 사용된다. MgF_2의 굴절률은 1.39이다. 가시광 스펙트럼의 중앙 근처인 $\lambda = 510$ nm에서 반사 방지 코팅으로 사용할 MgF_2 박막의 가장 얇은 두께는 얼마인가?

핵심 두 반사파가 소멸 간섭을 일으킬 때 반사는 최소가 된다.

풀이 파장 λ에서 소멸 간섭을 일으키는 박막 두께는

$$d = \left(m - \frac{1}{2}\right)\frac{\lambda}{2n}$$

이다. 가장 얇은 박막은 $m = 1$일 때이다. 이 박막의 두께는

$$d = \frac{\lambda}{4n} = \frac{510\text{ nm}}{4(1.39)} = 92\text{ nm}$$

가 된다. 박막 두께가 가시광 파장보다 훨씬 작다!

검토 두 반사파가 동일한 진폭을 가질 때 반사광이 완전히 제거된다(완전 소멸 간섭). 실제로는 이런 일이 안 일어난다! 그렇지만 '맨 유리'의 경우 반사가 입사 세기의 $\approx 4\%$에서 1% 아래로 감소한다. 더욱이 파장이 510 nm로부터 벗어날수록 위상차가 π rad에서 점점 더 달라지지만 반사파의 세기가 가시광 스펙트럼(400~700 nm)의 대부분에서 크게 감소한다. $\Delta\phi$가 π rad에서 크게 벗어나는 가시광 스펙트럼의 양 끝($\lambda \approx 400$ nm와 $\lambda \approx 700$ nm)에서 반사가 증가하므로 카메라와 쌍안경 렌즈가 붉은 보랏빛을 띠게 된다. 숙제 문제를 통해 두 반사 가운데 하나만이 π rad의 반사 위상 편이를 가지는 상황을 탐구하게 될 것이다.

17.7 2차원과 3차원에서의 간섭

호수 위 물결은 2차원에서 움직인다. 전구의 빛도 구면파로 퍼져나간다. 그림 17.24의 원형 파동이나 구면파는

$$D(r, t) = a\sin(kr - \omega t + \phi_0) \tag{17.34}$$

로 적을 수 있다. 여기서 r은 파원으로부터 바깥쪽으로 측정한 거리이다. 식 (17.34)는 우리에게 익숙한 파동 방정식에서 1차원 좌표 x를 일반적인 지름 좌표 r로 대체한 것이다. 파면은 파동의 **마루들**을 표현하며 파장 λ만큼 떨어져 있다는 것을 상기하라.

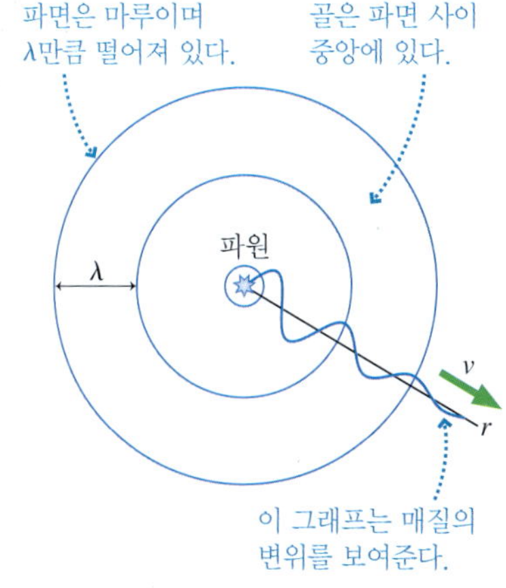

그림 17.24 원형 파동 또는 구면파

두 원형 파동이나 구면파가 겹칠 때 무슨 일이 일어나는가? 예를 들어 호수 수면에서 위아래로 젓는 2개의 노를 상상해보자. 두 노가 동일한 진동수와 진폭으로 진동하며 위상이 같다고 가정한다. 그림 17.25는 두 파동의 파면을 보여준다. 파동이 진행하면서 물결이 겹친다. 그리고 1차원의 경우에서처럼 간섭이 나타난다. 그러나 중요한 차이는 파동이 2차원이나 3차원에서 퍼져나갈 때 진폭이 거리에 따라 감소한다(에너지 보존의 결과)는 것이다. 그러므로 겹쳐진 두 파동은 일반적으로 같은 진폭을 갖고 있지 않다. 결과적으로 소멸 간섭이 완전 상쇄되는 경우는 아주 드물다.

두 마루가 일치하거나 두 골이 일치할 때 보강 간섭이 일어난다. 보강 간섭이 일어나는 몇몇 위치가 그림 17.25에 표시되어 있다. 파면들의 교차점은 두 마루가 일치하는 점들이다. 시각화하기가 조금 힘들지만 두 파면 사이의 중간점이 누 파면 사이의 다른 중간점과 겹칠 때 두 골이 일치한다. 한 파동의 마루가 다른 파동의 골과 일치할 때 보통 완전하지 않지만 최대 소멸 간섭이 일어난다. 소멸 간섭이 일어나는 몇몇 점들이 또한 그림 17.25에 표시되어 있다.

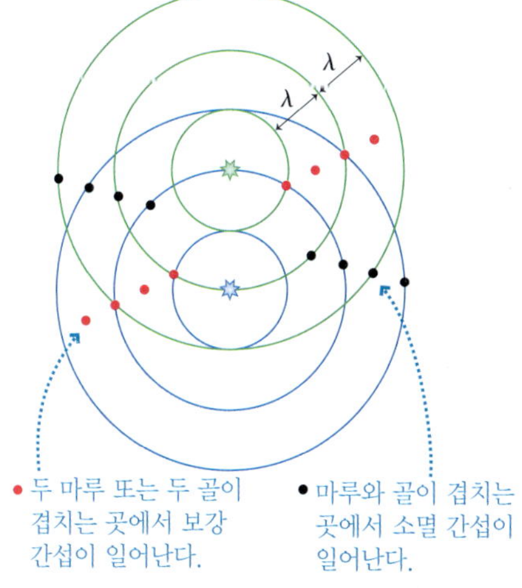

그림 17.25 두 파원의 겹치는 물결 무늬. 보강 간섭과 소멸 간섭이 일어나는 몇몇 점들을 보여준다.

그림 17.24와 17.25는 정적이지만 **파면은 움직인다**. 그림 17.25의 새로운 원형 고리들이 파원에서 태어나면서 파면이 밖으로 퍼지는 것을 상상해보라. 파동은 반주기 동안 앞으로 파장의 절반 거리만큼 이동하여 그림 17.25의 마루가 골로 대체되는 반면 골이 마루로 대체된다.

알아두어야 할 중요한 점은 **파동의 운동이 보강 간섭과 소멸 간섭의 점들에 영향을 주지 않는다**는 것이다. 그림에서 두 마루가 겹치는 점들은 두 골이 겹치는 점이 되지만 이렇게 겹치는 현상은 여전히 보강 간섭이다. 동일하게 마루와 골이 겹치는 그림의 점들은 골과 마루가 겹치는 점이 되고 여전히 소멸 간섭을 일으킨다.

2차원과 3차원에서의 간섭을 수학적으로 기술하는 것은 1차원의 간섭을 기술하는 것과 아주 유사하다. 매질 속 입자의 알짜 변위는

$$D = D_1 + D_2 = a_1\sin(kr_1 - \omega t + \phi_{10}) + a_2\sin(kr_2 - \omega t + \phi_{20}) \tag{17.35}$$

이다. 식 (17.35)와 앞서의 1차원 식 (17.24) 사이의 유일한 차이는 선형 좌표가 지름 좌표로 바뀌었으며 진폭이 다른 두 파를 사용한 것뿐이다. 이런 변화는 위상차에 영향을 주지 않는다. x를 r로 교체하면 위상차는

겹치는 두 수면파가 간섭 무늬를 만든다.

$$\Delta\phi = 2\pi\frac{\Delta r}{\lambda} + \Delta\phi_0 \quad (17.36)$$

가 된다. $2\pi(\Delta r/\lambda)$ 항은 두 파동이 파원으로부터 이들이 겹치는 점까지 진행할 때 생기는 위상차를 말한다. Δr 자체가 **경로차**이다. 앞서와 같이 $\Delta\phi_0$는 파원들 자체의 고유 위상차이다.

1차원에서처럼 최대 보강 간섭은 $\cos(\Delta\phi/2) = \pm1$인 점들에서 일어난다. 같은 식으로 최대 소멸 간섭은 $\cos(\Delta\phi/2) = 0$인 점들에서 일어난다. 보강과 소멸 간섭의 조건은 다음과 같다.

최대 보강 간섭:

$$\Delta\phi = 2\pi\frac{\Delta r}{\lambda} + \Delta\phi_0 = m\cdot 2\pi$$

$$m = 0, 1, 2, 3, \cdots \quad (17.37)$$

최대 소멸 간섭:

$$\Delta\phi = 2\pi\frac{\Delta r}{\lambda} + \Delta\phi_0 = (m + \tfrac{1}{2})\cdot 2\pi$$

동일한 파원들

2개의 동일한 파원(즉 $\Delta\phi_0 = 0$의 위상으로 진동하는 파원들)의 경우 보강 및 소멸 간섭의 조건은 단순하다.

$$\text{보강:} \quad \Delta r = m\lambda$$

$$(\text{동일한 파원들}) \quad (17.38)$$

$$\text{소멸:} \quad \Delta r = \left(m + \frac{1}{2}\right)\lambda$$

동일한 두 파원으로부터 나온 파동들은 경로차가 파장의 정수배인 점들에서 보강 간섭을 일으킨다. 왜냐하면 이들 Δr값에서 마루와 마루가, 또 골과 골이 만나기 때문이다. **경로차가 파장 절반의 정수배인 점들에서 소멸 간섭을 일으킨다.** 왜냐하면 이들 Δr값에서 마루가 골과 일치하기 때문이다. 이 두 가지 기술이 간섭의 본질이다.

그림 17.26 동일한 파원의 경우 경로차 Δr이 특정한 점에서의 간섭이 보강 간섭인지 소멸 간섭인지를 결정한다.

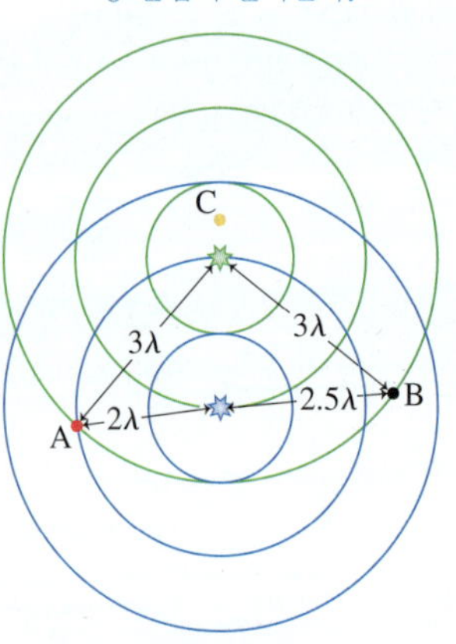

파면들은 정확히 한 파장 떨어져 있다. 따라서 간단히 파면 패턴의 고리 수를 세어 거리 r_1과 r_2를 측정할 수 있다. 그림 17.25에 기초를 둔 그림 17.26에서 점 A는 첫 번째 파원으로부터 거리 $r_1 = 3\lambda$, 두 번째 파원으로부터 거리 $r_2 = 2\lambda$만큼 떨어져 있다. 경로차가 $\Delta r_A = 1\lambda$로 동일한 파원에 대한 최대 보강 간섭의 조건을 만족한다. 점 B는 $\Delta r_B = \frac{1}{2}\lambda$이므로 최대 소멸 간섭의 점이다.

이제 $\Delta r = 0$인 모든 점들을 지나는 선, $\Delta r = \lambda$인 모든 점들을 지나는 선 등을 그려 최대 보강 간섭의 점들의 위치를 구할 수 있다. 그림 17.27에 빨간색으로 칠한 이런 선들을 **배선**(antinodal line)이라고 한다. 배선들은 정상파의 배와 같은 것이기 때문에

그림 17.27 보강 및 소멸 간섭의 점들이 배선과 마디선을 따라 위치한다.

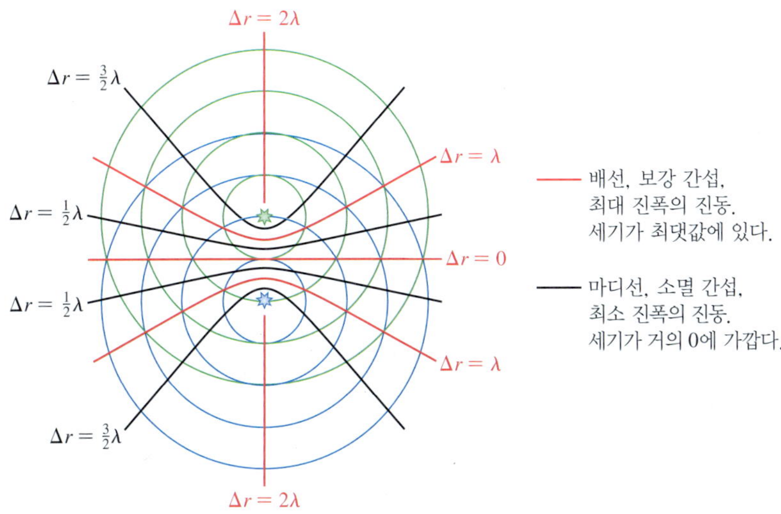

이런 이름을 붙였다. 배는 최대 보강 간섭이 일어나는 점이다. 원형 파동의 경우 최대 진폭의 진동이 연속적인 선을 따라 일어난다. 동일하게 소멸 간섭이 **마디선**(nodal line)이라고 하는 선을 따라 일어난다. 마디선을 따라 진폭이 최소가 되며 정상파 패턴의 마디에서처럼 보통 0에 가깝다.

간섭 문제의 문제 풀이 전략

이 절의 정보는 간섭 문제를 푸는 전략의 기초가 된다. Δr 대신 Δx를 사용하면 이 전략을 1차원에서의 간섭에도 동일하게 적용할 수 있다.

문제 풀이 전략 17.1

두 파동의 간섭

핵심 파동을 선형 파동, 원형 파동 또는 구면파로 생각한다.

시각화 파원과 파동들이 간섭을 일으키는 점을 보여주는 그림을 그린다. 관련된 차원을 준다. 파원으로부터 점까지의 거리 r_1과 r_2를 확인한다. 두 파원 사이의 위상차 $\Delta\phi_0$에 주목하라.

풀이 간섭은 경로차 $\Delta r = r_2 - r_1$과 파원의 위상차 $\Delta\phi_0$에 의존한다.

$$\text{보강:}\quad \Delta\phi = 2\pi\frac{\Delta r}{\lambda} + \Delta\phi_0 = m\cdot 2\pi$$

$$\text{소멸:}\quad \Delta\phi = 2\pi\frac{\Delta r}{\lambda} + \Delta\phi_0 = \left(m+\tfrac{1}{2}\right)\cdot 2\pi \qquad m = 0, 1, 2, 3, \cdots$$

동일한 파원의 경우($\Delta\phi_0 = 0$) $\Delta r = m\lambda$이면 최대 보강 간섭이 일어나고, $\Delta r = (m+\frac{1}{2})\lambda$이면 최대 소멸 간섭이 일어난다.

검토 결과가 올바른 단위와 유효 숫자를 가지고 있는지, 타당한지 그리고 질문에 답을 하고 있는지 점검한다.

예제 17.10 **두 스피커 사이의 2차원 간섭**

평면에 있는 두 스피커가 2.0 m 떨어져 있고 같은 위상을 갖는다. 두 스피커 모두 700 Hz의 음파를 341 m/s의 음속으로 방안에 방출한다. 한 청취자가 스피커 앞 5.0 m, 두 스피커의 중심으로부터 한쪽으로 2.0 m인 곳에 서 있다. 이 점에서의 간섭이 최대 보강 간섭인가, 최대 소멸 간섭인가, 아니면 그 사이인가? 스피커의 위상이 어긋나 있다면 상황이 어떻게 달라지는가?

핵심 두 스피커는 같은 위상의 구면파의 파원이다. 이 파동들이 겹쳐 간섭이 생긴다.

시각화 그림 17.28은 두스피커를 보여주며 관측점으로부터 거리 r_1과 r_2를 정의하고 있다. 이 그림은 차원을 포함하고 있고 $\Delta\phi_0 = 0$ rad인 것에 주목하라.

그림 17.28 두 스피커 사이의 간섭을 그림으로 표현한 것이다.

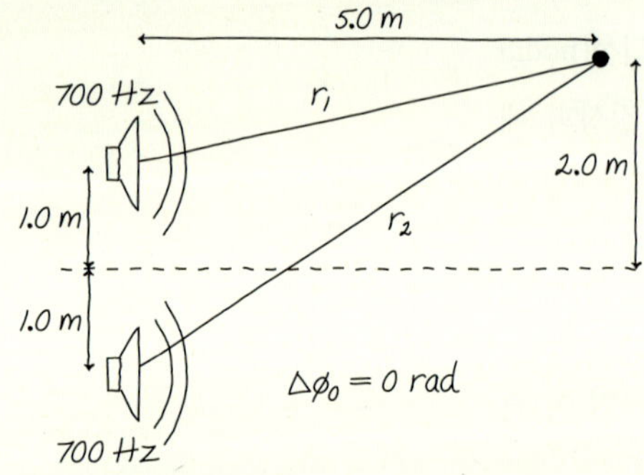

풀이 중요한 것은 r_1과 r_2가 아니고 둘 사이의 차이 Δr이다. 그림의 배치로부터

$$r_1 = \sqrt{(5.0\text{ m})^2 + (1.0\text{ m})^2} = 5.10\text{ m}$$
$$r_2 = \sqrt{(5.0\text{ m})^2 + (3.0\text{ m})^2} = 5.83\text{ m}$$

를 계산으로 얻을 수 있다. 따라서 경로차는 $\Delta r = r_2 - r_1 = 0.73$ m이다. 음파의 파장은 다음과 같다.

$$\lambda = \frac{v}{f} = \frac{341\text{ m/s}}{700\text{ Hz}} = 0.487\text{ m}$$

파장으로 환산하면 경로차는 $\Delta r/\lambda = 1.50$이 되거나 또는

$$\Delta r = \tfrac{3}{2}\lambda$$

가 된다.

파원의 위상이 같기($\Delta\phi_0 = 0$) 때문에 이것은 소멸 간섭의 조건이 된다. 파원의 위상이 어긋나 있다면($\Delta\phi_0 = \pi$ rad) 청취자가 있는 점에서의 파동의 위상차는

$$\Delta\phi = 2\pi\frac{\Delta r}{\lambda} + \Delta\phi_0 = 2\pi\left(\frac{3}{2}\right) + \pi\text{ rad} = 4\pi\text{ rad}$$

이 될 것이다. 이것은 2π rad의 정수배이므로 이 경우 보강 간섭이 생긴다.

검토 간섭을 평가할 때 파원의 경로차와 고유 위상차 모두 고려해야 한다.

17.8 맥놀이

지금까지 동일한 파장과 진동수를 가진 파원들의 중첩을 살펴보았다. 또한 진동수가 조금 차이나는 두 파원을 가지고 쉽게 시범을 보일 수 있는 현상을 조사하기 위해 중첩의 원리를 사용할 수 있다.

높은 음과 낮은 음 같이 완전히 다른 진동수를 가진 두 소리를 들으면 두 가지 다른 음을 듣게 된다. 그러나 진동수 차이가 1 또는 2 Hz 정도로 아주 작다면 한 음을 듣게 되는데, 음의 세기가 매초 한 번 또는 두 번 **변조**(modulation)가 된다. 다시 말해 소리의 음량이 커졌다 작아졌다 한다. 즉 강, 약, 강, 약, …으로 **맥놀이**(beat)라고 하는 독특한 소리 패턴이 나타난다.

각진동수 $\omega_1 = 2\pi f_1$과 $\omega_2 = 2\pi f_2$를 가지고 x축을 따라 진행하는 두 사인 모양 파동을 생각해보자. 두 파동은

$$D_1 = a\sin(k_1x - \omega_1t + \phi_{10})$$
$$D_2 = a\sin(k_2x - \omega_2t + \phi_{20}) \qquad (17.39)$$

이다. 여기서 아래 첨자 1과 2는 두 파동의 진동수, 파수와 위상 상수가 다를 수 있다는 것을 가리킨다.

분석을 쉽게 하기 위하여 몇 가지 가정을 해보자.

1. 두 파동은 동일한 진폭 a를 갖는다.
2. 귀와 같은 탐지기가 원점($x=0$)에 위치한다.
3. 두 파원의 위상이 같다($\phi_{10}=\phi_{20}$).
4. 파원의 위상이 $\phi_{10}=\phi_{20}=\pi$ rad이다.

이러한 가정들은 결과에 본질적으로 영향을 주지 않는다. 다만 위의 가정을 하지 않을 경우에는 기본적으로 동일한 결론에 이를 수 있지만 수학이 훨씬 복잡해진다. 이런 가정을 하면 최소한의 수학을 사용하여 물리학을 강조할 수 있다.

이런 가정 아래 $x=0$에 있는 탐지기에 도달할 때 두 파동은

$$D_1 = a\sin(-\omega_1 t + \pi) = a\sin\omega_1 t$$
$$D_2 = a\sin(-\omega_2 t + \pi) = a\sin\omega_2 t \tag{17.40}$$

가 된다. 여기서 삼각함수의 등식 $\sin(\pi-\theta)=\sin\theta$를 사용했다. 중첩의 원리는 탐지기에서 매질의 **알짜** 변위가 개별 파동의 변위의 합이라는 것을 말해준다. 따라서

$$D = D_1 + D_2 = a(\sin\omega_1 t + \sin\omega_2 t) \tag{17.41}$$

이다.

앞서 간섭의 경우 삼각함수의 등식

$$\sin\alpha + \sin\beta = 2\cos\left[\tfrac{1}{2}(\alpha-\beta)\right]\sin\left[\tfrac{1}{2}(\alpha+\beta)\right]$$

를 사용했다. 식 (17.41)을

$$D = 2a\cos\left[\tfrac{1}{2}(\omega_1-\omega_2)t\right]\sin\left[\tfrac{1}{2}(\omega_1+\omega_2)t\right]$$
$$= \left[2a\cos(\omega_{\text{mod}}t)\right]\sin(\omega_{\text{avg}}t) \tag{17.42}$$

처럼 적기 위해 이 등식을 다시 사용할 수 있다. 여기서 $\omega_{\text{avg}}=\frac{1}{2}(\omega_1+\omega_2)$는 **평균** 각진동수이고 $\omega_{\text{mod}}=\frac{1}{2}|\omega_1-\omega_2|$는 **변조 진동수**(modulation frequency)라고 한다. 변조가 파원 사이의 진동수 **차이**에만 관계하고 두 진동수의 대소값에는 관계없기 때문에 절댓값을 사용하였다.

두 진동수가 아주 비슷한 상황($\omega_1 \approx \omega_2$)에 관심을 가져보자. 이 경우 ω_{avg}를 ω_1이나 ω_2와 구별하기 어려운 반면 ω_{mod}는 거의 0에 가깝다(하지만 정확히 0은 아니다). ω_{mod}가 아주 작으면 $\cos(\omega_{\text{mod}}t)$ 항은 **매우** 느리게 진동한다. 이것을 $2a$와 곱한 이유는 진동수 ω_{avg}의 빠른 진동에 대해 느리게 변화하는 '진폭' 역할을 하기 때문이다.

그림 17.29는 탐지기($x=0$)에서의 파동의 이력 그래프이다. 이것은 진동수 $f_{\text{avg}}=\omega_{\text{avg}}/2\pi=\frac{1}{2}(f_1+f_2)$로 귀를 두드리는 공기의 진동을 보여준다. 이 진동은 귀가 듣는 음을 결정한다. 이 음은 진동수 f_1과 f_2의 두 음과 조금 다르다. 우리는 $2a\cos(\omega_{\text{mod}}t)$

그림 17.29 맥놀이는 거의 동일한 진동수를 가진 두 파동의 중첩에 의해 생긴다.

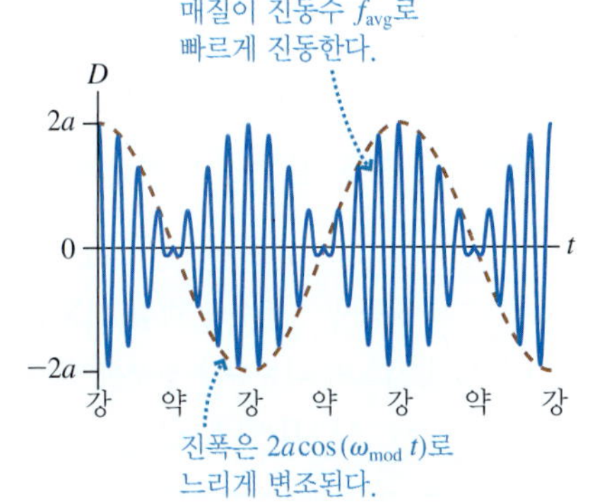

항으로 주어지는 시간에 의존하는 진폭(그림에서 점선으로 표시된 부분)에 특히 관심이 있다. 이 주기적으로 변하는 진폭을 파동의 **변조**(modulation)라고 하며, 여기서 ω_{mod}라는 이름을 얻었다.

진폭이 증가하고 감소함에 따라 소리가 교대로 강했다 약했다 강했다 약했다를 반복한다. 이것이 정확히 맥놀이를 들을 때 듣게 되는 것이다! 강한 소리와 약한 소리가 교대로 반복되는 것은 두 파동의 위상이 교대로 맞았다 어긋났다 하여 보강 간섭과 소멸 간섭이 일어나기 때문에 발생한다.

두 사람이 약간 다른 보조로 나란히 걸어가는 것을 상상하라. 처음에 두 사람 모두 오른발을 함께 내딛는다. 그러나 조금 지나면 보조가 맞지 않는다. 조금 뒤 다시 보조가 맞았다가 맞지 않았다가를 반복하게 된다. 음파도 같은 식으로 행동한다. 처음에는 진폭 a인 각 파동의 마루가 귀에 함께 도달하여 알짜 변위가 $2a$로 두 배가 된다. 그러나 조금 뒤 두 파동의 진동수가 조금 다르기 때문에 박자가 맞지 않아 한 파동의 마루가 다른 파동의 골과 함께 도착한다. 이런 일이 일어날 때 두 파동은 서로 상쇄되어 알짜 변위는 0이 된다. 이 과정이 반복되어 강약이 나타난다.

그림 17.29에서 소리 세기가 변조 둘레선의 한 주기 동안 두 번 증가했다 감소했다 하는 것에 주목하라. 각 '강–약–강'은 한 맥놀이이므로 초당 맥놀이의 수인 **맥놀이 진동수**(beat frequency) f_{beat}는 변조 진동수 $f_{mod}=\omega_{mod}/2\pi$의 두 배이다. 앞서 본 ω_{mod}의 정의로부터 맥놀이 진동수는

$$f_{beat} = 2f_{mod} = 2\frac{\omega_{mod}}{2\pi} = 2\cdot\frac{1}{2}\left(\frac{\omega_1}{2\pi}-\frac{\omega_2}{2\pi}\right) = |f_1 - f_2| \tag{17.43}$$

이다. 맥놀이 진동수는 간단히 각각의 진동수의 차이이다.

예제 17.11 맥놀이로 박쥐 탐지하기

작은 갈색 박쥐는 북미에서 흔한 종이다. 이들은 인간의 가청 범위를 훨씬 뛰어넘는 진동수 40 kHz의 반향정위(echolocation) 펄스를 방출한다. 연구자들은 이 박쥐들의 소리를 '듣기' 위해서 그림 17.30에 보인 박쥐 탐지기로 진동수 f_1의 박쥐의 음파를 회전판 진동자가 방출하는 진동수 f_2의 파동과 결합한다. 그 결과 발생한 맥놀이 진동수를 증폭하고 스피커로 보낸다. 3 kHz의 가청 맥놀이 진동수를 얻으려면 회전판 진동자의 진동수를 어느 값에 맞춰야 하는가?

풀이 다른 진동수를 가진 두 파동을 결합하면 맥놀이 진동수는

$$f_{beat} = |f_1 - f_2|$$

가 된다. 진동자 진동수와 박쥐 진동수가 3 kHz만큼 차이가 나야 3 kHz의 맥놀이 진동수가 발생하게 될 것이다. 진동자 진동수가 37 kHz 또는 43 kHz이면 된다.

그림 17.30 박쥐 탐지기의 동작

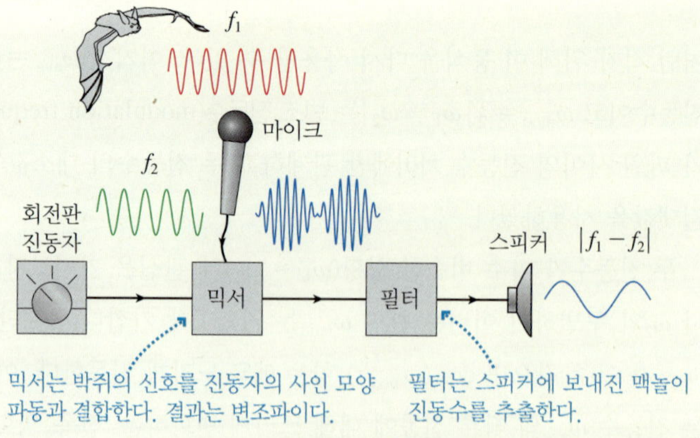

검토 라디오, 텔레비전과 휴대폰의 전자회로는 진동수 차이를 발생시키는 믹서(mixer)를 광범위하게 사용한다.

맥놀이는 음파에만 국한되지 않는다. 그림 17.31은 맥놀이의 그래프 예를 보여준다. 조금 다른 진동수를 가진 2개의 '담장'이 서로 중첩된다. 두 진동수의 차이는 인치당 두 직선이다. 자를 가지고 그림이 인치당 2개의 '맥놀이'를 가지고 있는 것을 확인할 수 있으며, 이것은 식 (17.43)과 일치한다.

맥놀이는 많은 다른 상황에서도 중요하다. 예를 들어 회전하는 바퀴가 느리게 뒤로 회전하는 동영상을 본 적이 있을 것이다. 왜 이런 일이 생길까? 촬영 카메라가 매초 30프레임으로 촬영을 하지만 바퀴가 매초 32번 회전한다. 둘이 결합하면 2 Hz의 '맥놀이'가 만들어진다. 이것은 바퀴가 매초 두 번 회전하는 것처럼 보인다는 것을 의미한다. 바퀴가 매초 28번 회전해도 같은 일이 일어난다. 그러나 이 경우 바퀴의 진동수가 카메라의 진동수보다 조금 작기 때문에 바퀴가 매초 두 번 뒤로 회전하는 것처럼 보인다!

그림 17.31 맥놀이의 그래프 예

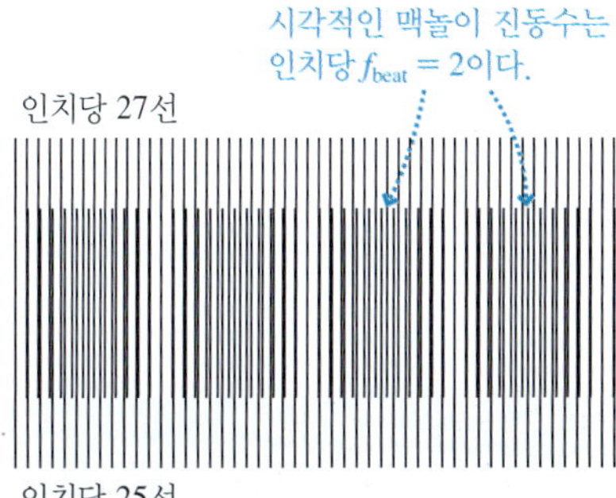

응용 예제 17.12 비행기 착륙시스템

비행기 조종사가 빗속이나 안개 속에서 비행기를 착륙시킬 수 있도록 해주는 시스템을 설계하도록 회사가 여러분을 고용한다. 여러분은 활주로의 양쪽에 두 라디오파 발신기를 50 m 떨어뜨려 배치하려고 한다. 이 두 라디오파 발신기는 동일한 진동수로 방송을 하지만 서로 위상이 어긋나 있다. 이것은 마디선이 활주로의 끝에서 벗어나서 직선으로 뻗어나가게 한다. 비행기의 수신기가 조용하면 조종사는 비행기가 활주로와 일직선 상에 있다는 것을 안다. 비행기가 한쪽 또는 다른 쪽으로 쏠리면 라디오가 신호를 잡아 경고음을 울린다. 충분한 정확성을 가지기 위해 1차 세기 최대가 거리 3.0 km에서 마디선의 양쪽으로 60 m 떨어져 있어야 한다. 발신기의 진동수를 얼마로 지정해야 하는가?

그림 17.32 착륙시스템을 표현한 그림

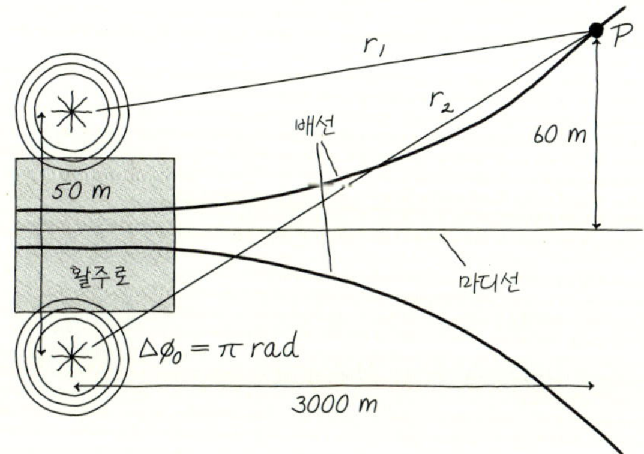

핵심 두 발신기가 위상이 어긋난 원형 파동의 파원이 된다. 이 파동들이 겹쳐 간섭 무늬가 생긴다.

시각화 위상이 어긋난 파원의 경우 경로차가 0인 중앙선이 최대 소멸 간섭이 일어나는 마디선이 된다. 왜냐하면 두 신호가 항상 위상이 어긋나 도달하기 때문이다. 그림 17.32는 활주로 양쪽에서 벗어나 직선으로 뻗어나가는 마디선과 1차 배선(최대 보강 간섭이 일어나는 점들)을 보여준다. 두 파원의 위상이 같은 그림 17.27과 이 그림을 비교하면 마디선과 배선이 뒤바뀐 것을 볼 수 있다.

풀이 거리 3000 m의 측면에서 60 m 떨어진 점 P는 최대 보강 간섭의 점이어야 한다. 거리는

$$r_1 = \sqrt{(3000\text{ m})^2 + (60\text{ m} - 25\text{ m})^2} = 3000.204\text{ m}$$
$$r_2 = \sqrt{(3000\text{ m})^2 + (60\text{ m} + 25\text{ m})^2} = 3001.204\text{ m}$$

이다. 거의 동일한 두 거리 사이의 차이를 고려해야 한다. P에서의 경로차는

$$\Delta r = r_2 - r_1 = 1.000\text{ m}$$

가 된다. 위상이 어긋난 발신기들의 경우 파원의 위상차가 $\Delta\phi_0 = \pi$ rad인 것을 알고 있다. 1차 최대는 파동 사이의 위상차가 $\Delta\phi = 1 \cdot 2\pi$ rad인 곳에서 일어난다. 따라서 P에서 만족해야 할 조건은

$$\Delta\phi = 2\pi\text{ rad} = 2\pi\frac{\Delta r}{\lambda} + \pi\text{ rad}$$

이 된다. λ에 대해 풀면

$$\lambda = 2\,\Delta r = 2.00\text{ m}$$

를 얻는다. 결과적으로 필요한 진동수는 다음과 같다.

$$f = \frac{c}{\lambda} = \frac{3.00 \times 10^8\text{ m/s}}{2.00\text{ m}} = 1.50 \times 10^8\text{ Hz} = 150\text{ MHz}$$

(계속)

검토 150 MHz는 FM라디오의 진동수($\approx$ 100 MHz)보다 조금 높지만 라디오파 진동수 영역에 속한다. P에서 만족해야 할 조건이 경로차가 $\frac{1}{2}\lambda$라는 것에 주목하라. 이것은 타당하다. $\frac{1}{2}\lambda$의 경로차는 π rad의 위상차를 준다. 어긋난 위상의 파원으로부터 오는 π rad과 결합하여 2π rad의 전체 위상차가 생겨 보강 간섭이 일어난다.

서술형 질문

1. 그림 Q17.1은 진동수 f_0로 줄 위에서 진동하는 정상파를 보여준다.
   a. 이것의 모드(m값)는 얼마인가?
   b. 진동수가 $2f_0$로 두 배가 되면 몇 개의 배가 존재하는가?

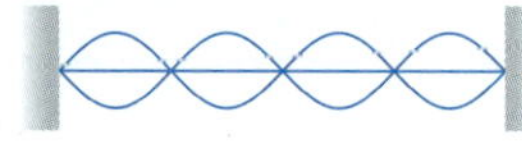

그림 Q17.1

2. 그림 Q17.2는 양 끝이 열린 길이 32 cm의 수평 공기 관에 생긴 정상 음파의 변위를 보여준다.
   a. 이것의 모드(m값)는 얼마인가?
   b. 공기 분자들이 수평 또는 수직 어느 쪽으로 움직이는가? 설명하시오.
   c. 분자들이 최대 진폭으로 진동하는 곳은 관의 왼쪽 끝으로부터 얼마의 거리만큼 떨어져 있는가?
   d. 공기 압력이 최대 진폭으로 진동하는 곳은 관의 왼쪽 끝으로부터 얼마의 거리만큼 떨어져 있는가?

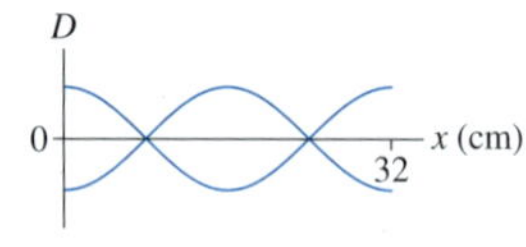

그림 Q17.2

3. 수도꼭지 아래에 놓인 잔에 물이 차면서 음정이 점차 높아지는 이유는 무엇일까? 물 대신 수은 같은 무거운 액체를 채울 때 어떤 차이가 생길까?

4. 음악에서 한 음이 성확히 다른 음의 두 배의 진동수를 가질 때 두 음이 한 **옥타브** 떨어져 있다고 한다. 진동수 f_0를 연주하는 기타 줄을 가지고 있다고 가정하자. 이 진동수를 한 옥타브 증가시켜 $2f_0$가 되게 하려면 (a) 줄의 장력을 몇 배 증가시켜야 하는가, 또는 (b) 길이를 몇 배 감소시켜야 하는가?

5. 그림 Q17.5는 위상이 같은 두 파원이 방출하는 원형 파동을 보여준다. a, b와 c가 최대 보강 간섭, 최대 소멸 간섭 또는 그 사이의 점들인가?

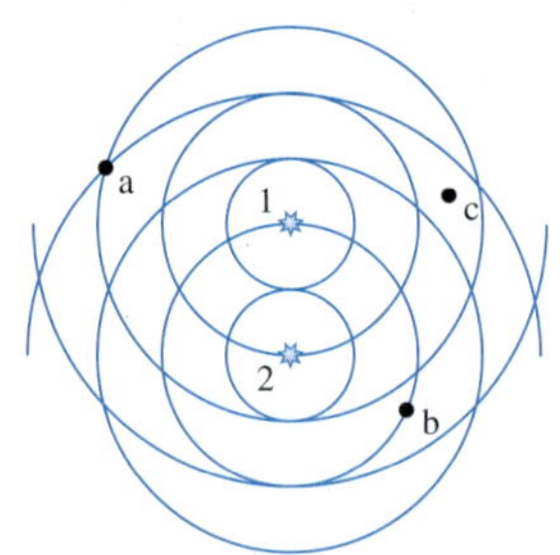

그림 Q17.5

연습문제

표시가 된 연습문제들은 이전 장들에서 다른 내용과 관련이 있다.

연습

17.1 중첩의 원리

1. | 그림 EX17.1은 서로 1.0 m/s로 접근하는 두 파동의 $t=0$ s에서의 스냅 사진 그래프이다. $t=1$ s로부터 $t=6$ s까지 1 s 간격으로 파동의 모습을 6개의 스냅 사진 그래프로 수직으로 배열하여 나타내시오.

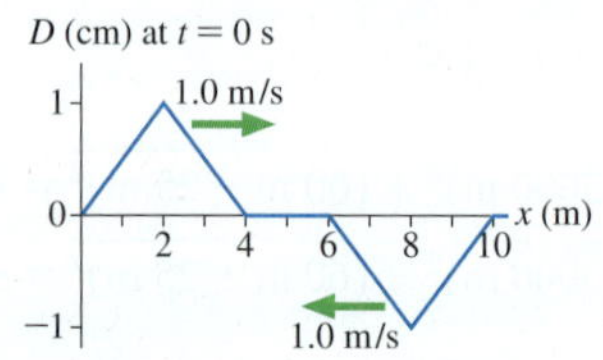

그림 EX17.1

2. ‖ 그림 EX17.2a는 서로 1.0 m/s로 접근하는 두 파동의 $t = 0$ s에서의 스냅 사진 그래프이다. 그림 EX17.2b는 어느 시간에 얻은 스냅 사진 그래프인가?

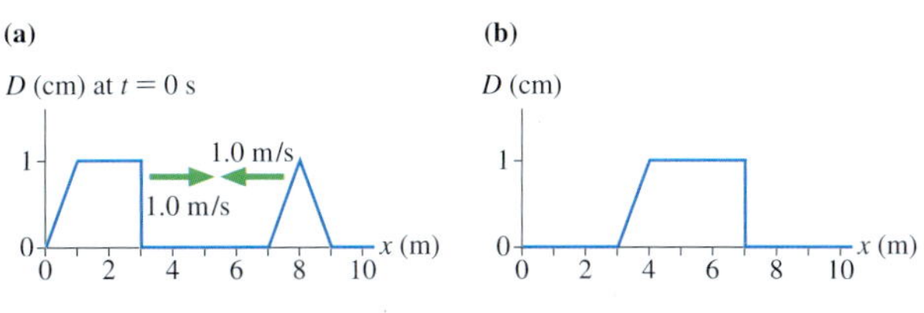

그림 EX17.2

17.2 정상파

17.3 줄 위의 정상파

3. ‖ 그림 EX17.3은 줄에서 100 Hz로 진동하는 정상파를 보여준다. 파동 속력은 얼마인가?

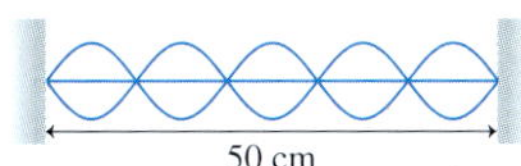

그림 EX17.3

4. | 그림 EX17.4는 줄에서 100 Hz로 진동하는 정상파를 보여준다.
   a. 진동수가 200 Hz로 증가하면 배의 수는 몇 개가 되는가?
   b. 장력이 네 배로 증가할 때 그림에 있는 것과 같은 정상파로 진동을 계속하려면 줄의 진동수가 얼마가 되어야 하는가?

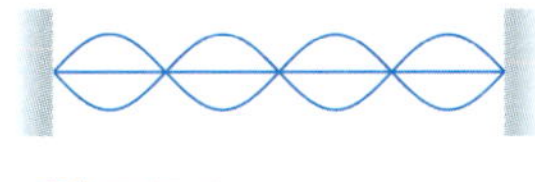

그림 EX17.4

5. | 양 끝이 묶인 1.0 m 길이의 줄 위의 정상파가 진동수 36 Hz와 48 Hz에서 연속해서 나타난다.
   a. 기본 진동수와 파동 속력은 얼마인가?
   b. 줄이 48 Hz에서 진동할 때 정상파 패턴을 그리시오.

6. ‖ 무거운 조각이 길이 90 cm, 5.0 g의 강철 줄에 매달려 있다. 바람이 심하게 불어 줄이 기본 진동수 80 Hz로 '웅' 하는 소리를 낸다. 조각의 질량은 얼마인가?

7. | 마이크로파가 작은 구멍을 지나 그림 EX17.7의 '마이크로파 공동'으로 들어간다. 공동에 정상파를 만들려면 진동수는 10 GHz와 20 GHz 사이의 얼마이어야 하는가?

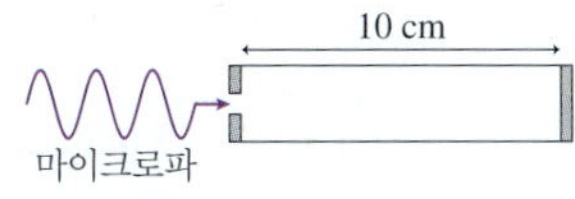

그림 EX17.7

17.4 정상 음파와 음향학

8. | 그림 EX17.8은 80 cm 길이의 관 속의 정상파를 보여준다. 관은 미지의 기체로 채워져 있다. 이 기체 속 음속은 얼마인가?

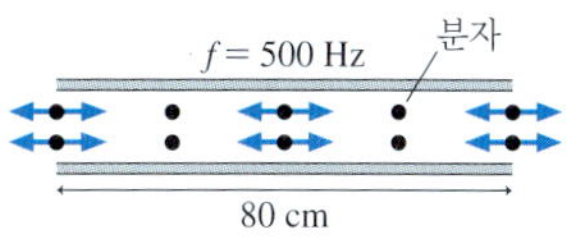

그림 EX17.8

9. | 사람의 성대를 열린 입으로부터 횡격막까지 연장된 개-폐 관으로 간단히 생각할 수 있다. 전형적인 사람 말의 진동수인 250 Hz를 기본 진동수라고 한다면 이 관의 길이는 얼마인가? 따뜻한 공기의 음속은 350 m/s이다.
BIO

10. | 베이스 클라리넷은 길이 100 cm의 개-폐 관으로 생각할 수 있다. 베이스 클라리넷 연주자가 20°C의 방에서 연주하기 시작하지만 곧 클라리넷 내부의 공기 온도가 음속이 360 m/s인 온도로 높아진다. 기본 진동수가 증가하는가 아니면 감소하는가? 또 얼마나 달라지는가?

11. | 길고 가는 알루미늄 막대를 아주 건조한 손가락으로 튕기자 막대에 종파 정상파가 만들어진다. 이것은 높고 아주 귀에 거슬리는 울림을 만드는 흔한 물리학 시범이다. 파동의 입장에서 보면 이 정상파는 개-개 관의 소리 정상파와 같은 것이다. 그림 EX17.11에 보인 것처럼 막대의 양 끝이 배이다. 길이 2.0 m인 알루미늄 막대의 기본 진동수는 얼마인가?

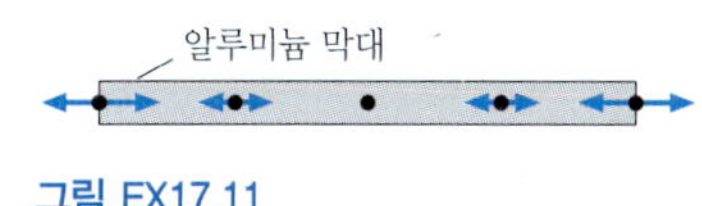

그림 EX17.11

17.5 1차원에서의 간섭

17.6 간섭의 수학

12. ‖ 20°C의 방안에 있는 두 스피커가 x축 방향으로 686 Hz의 음파를 방출한다.
   a. 스피커의 위상이 같다면(위상차 = 0) 음파의 간섭이 최대 소멸이 되는 스피커 사이의 최소 거리는 얼마인가?
   b. 스피커의 위상이 어긋나 있다면(위상차 = 180°) 음파의 간섭이 최대 보강이 되는 스피커 사이의 최소 거리는 얼마인가?

13. | 파장이 589 nm인 노란색이 강한 반사를 일으키는 유리 표면의 $MgF_2(n = 1.42)$ 필름의 가장 얇은 두께는 얼마인가?

17.7 2차원과 3차원에서의 간섭

14. ‖ 그림 EX17.14는 두 파원이 방출하는 원형 파동의 파면을 보여준다.
   a. 이 파원들의 위상이 같은가 아니면 위상이 180° 다른가? 설

명하시오.

b. P, Q와 R로 표시한 행과 r_1, r_2, Δr과 C/D로 표시한 열을 가진 표를 만드시오. 점 P, Q와 R에 대해 λ의 배수로 거리를 구하고 C 또는 D로 이 점에서의 간섭이 보강 간섭인지 아니면 소멸 간섭인지 표시하여 표를 작성하시오.

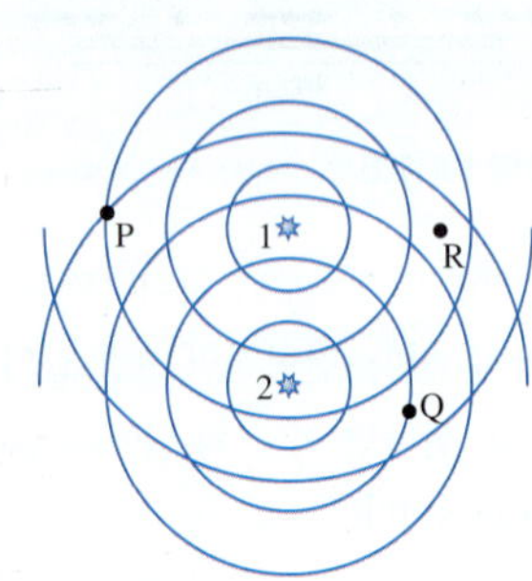

그림 EX17.14

15. ‖ 모든 방향으로 소리를 방출하는 위상이 같은 두 스피커가 나란히 놓여 있다. 그 중 하나를 옆으로 3.0 m, 앞으로 4.0 m 이동시킨다. 스피커를 연결한 선을 따라 스피커 사이 거리의 $\frac{1}{4}$과 $\frac{3}{4}$인 점에서 보강 간섭이 관측되었다. 음파의 가능한 최대 파장은 얼마인가?

16. ‖ $x = \pm 300$ m에 있는 위상이 180° 다른 두 라디오 안테나가 3.0 MHz의 라디오파를 방출한다. 점 $(x, y) = (300\text{ m}, 800\text{ m})$는 최대 보강 간섭, 최대 소멸 간섭, 아니면 그 사이의 간섭을 하는 점 가운데 어느 것인가?

17.8 맥놀이

17. | 플루트 연주자가 그녀의 음을 523 Hz(C음)의 소리굽쇠와 비교할 때 초당 4개의 맥놀이를 듣는다. 그녀는 플루트의 길이를 조금 늘리기 위해 '조율 조인트'를 잡아당겨 소리굽쇠의 진동수와 일치시킬 수 있다. 플루트의 초기 진동수는 얼마인가?

18. ‖ 거의 같은 파장을 가진 두 마이크로파 신호를 동일한 마이크로파 탐지기로 향하게 하니 맥놀이 진동수가 나타난다. 실험에서 맥놀이 진동수는 100 MHz이다. 한 마이크로파 발생기를 파장이 1.250 cm를 가진 마이크로파를 방출하도록 맞춘다. 두 번째 발생기가 더 긴 파장을 방출한다면 이 파장은 얼마인가?

문제

19. ‖ 줄이 3차 배진동의 진동수로 진동한다. 한끝에서 30 cm 떨어진 점에서의 진폭이 최대 진폭의 절반이다. 줄의 길이는 얼마인가?

20. ‖ 생물학자들은 일부 거미들이 원하는 먹이가 거미줄에 걸려 버둥거릴 때의 진동수에서 반응이 크도록 거미줄의 실을 '조율'한다고 생각한다. 둥근 거미의 거미줄 실은 보통 20 μm의 지름을 가지며 이 실의 밀도가 1300 kg/m^{3}이다. 100 Hz의 기본 진동수를 가지려면 거미는 길이 12 cm의 거미줄 실의 장력을 얼마로 조정해야 하는가?
BIO

21. ‖ 바이올린 연주자가 1.0 g/m인 줄의 진동하는 부분의 길이가 30 cm가 되도록 손가락을 놓는다. 그러고 나서 바이올린 연주자가 활로 줄을 켠다. 20°C 방에 있는 연주자 주위의 청중이 파장 40 cm의 음을 듣는다. 줄의 장력은 얼마인가?

22. ‖ 행성 X를 방문 중인 우주인이 길이 250 cm이고 질량이 5.00 g인 줄을 가지고 있다. 줄을 지지대에 묶고 2.00 m 떨어진 도르래 위로 줄을 걸치고 그 끝에 4.00 kg의 물체를 매단다. 그 후 우주인은 줄의 수평 부분에 정상파를 발생시키기 시작한다. 이때 데이터는 다음과 같이 주어져 있다.

m	진동수(Hz)
1	31
2	66
3	95
4	130
5	162

적절한 그래프의 가장 잘 맞는 직선을 사용하여 행성 X에서의 자유낙하 가속도인 g값을 결정하시오.

23. ‖ 장력 T_0가 걸린 금속선이 기본 진동수로 진동한다. 2차 배진동의 진동수가 장력 T_0에서의 기본 진동수와 같아지려면 장력은 얼마가 되어야 하는가?

24. ‖‖ 줄 위에서 진동하는 정상파가 진폭의 제곱에 비례하는 세기의 음파를 방출한다. 피아노 건반을 두드린 뒤 계속 누르고 있어 줄이 계속해서 진동할 때 소리 세기가 1.0 s 뒤 8.0 dB 감소한다. 줄의 감쇠 시간 상수 τ는 얼마인가?

25. ‖ 그림 P17.25의 두 줄은 동일한 길이를 가지고 있고 동일한 진동수로 구동된다. 왼쪽 줄의 선밀도는 5.0 g/m이다. 오른쪽 줄의 선밀도는 얼마인가?

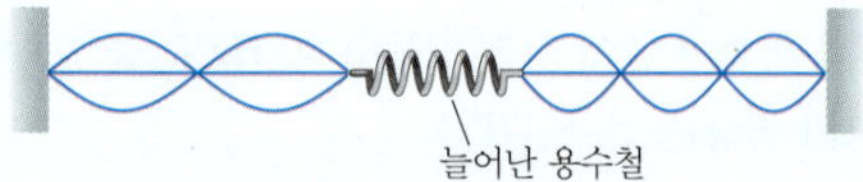

그림 P17.25

26. ‖ 개-개 오르간 관의 길이는 78.0 cm이다. 개-폐 관은 개-개 관의 3차 배진동과 동일한 기본 진동수를 갖는다. 개-폐 관의 길이는 얼마인가?

27. ‖ 1866년 독일 과학자 쿤트(Adolph Kundt)는 여러 기체 속에서의 음속을 정확히 측정할 수 있는 기술을 개발하였다. 오늘날 쿤트 관(Kundt tube)이라고 하는 긴 유리관은 한끝에 진동하는 피

스톤을 가지고 있고 다른 쪽 끝은 막혀 있다. 피스톤을 삽입하기 전에 코르크를 갈아 만든 아주 고운 입자를 관의 바닥에 뿌린다. 진동하는 피스톤을 느리게 앞으로 이동시키면 코르크 입자들이 바닥을 따라 부분적으로 규칙적인 간격을 가진 작은 더미를 이루는 위치들이 나타난다. 그림 P17.27은 순수한 산소로 채워진 관과 400 Hz로 구동되는 피스톤을 가지고 하는 실험을 보여준다. 산소 속에서의 음속은 얼마인가?

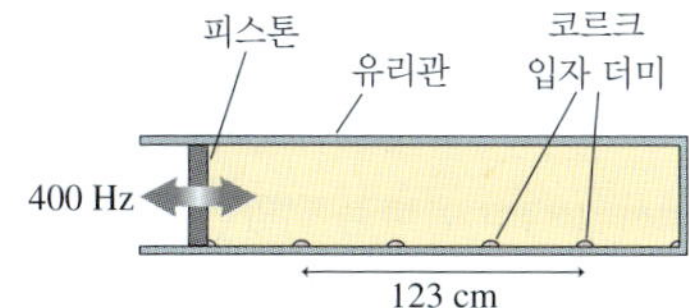

그림 P17.27

28. ‖ 길이 1.0 m의 수직관이 20°C의 물로 채워져 있다. 580 Hz로 진동하는 소리굽쇠를 관의 꼭대기 바로 위에 놓고 느리게 바닥에서 물을 배수한다. 관의 바닥으로부터 측정한 물의 높이가 얼마일 때 관 속 물 위로 정상파가 만들어지는가?

29. ‖ 선밀도 20 g/m이고 길이 25 cm인 줄이 85 cm 길이의 개-폐 공기 관의 열린 끝 위를 지난다. 양 끝이 모두 고정된 줄이 기본 진동수로 진동한다면 줄이 만드는 음파가 공기 관의 2차 배진동 모드를 여기한다. 줄의 장력은 얼마인가? $v_{\text{sound}} = 340$ m/s라고 가정하라.

30. ‖ 위상이 같은 두 스피커가 동일한 1000 Hz의 음파를 x축을 따라 방출한다. 소리의 진폭이 각각의 스피커 진폭의 1.5배가 되려면 한 스피커를 다른 스피커 뒤로 얼마의 거리만큼 떨어뜨려 놓아야 하는가?

31. ‖ 두 스피커가 동일한 진동수의 음파를 x축을 따라 방출한다. 각 파동의 진폭은 a이다. 스피커 2가 스피커 1의 뒤로 10 cm 떨어져 있을 때 소리 세기가 최소이다. 스피커 2를 앞으로 이동하면 소리 세기가 증가하고 스피커 2가 스피커 1보다 30 cm 앞에 있을 때 처음으로 진폭이 $2a$인 최대에 도달한다. 다음 값들은 얼마인가?
a. 소리의 파장
b. 두 스피커의 위상차
c. 스피커를 나란히 놓았을 때 소리의 진폭(a의 배수로 표시)

32. ‖ 유리판이 500 nm 두께의 기름층($n = 1.42$)으로 덮여 있다.
a. 반사파가 보강 간섭을 일으키는 가시광 파장은 얼마인가?
b. 반사파가 소멸 간섭을 일으키는 가시광 파장은 얼마인가?
c. 반사광의 색은 무엇인가? 투과광의 색은 무엇인가?

33. ‖ 비눗방울은 본질적으로 공기로 둘러싸인 아주 얇은 물의 막($n = 1.33$)이다. 비눗방울에서 보는 색은 간섭에 의해 만들어진다.
a. 보강 간섭이 두께 d의 비눗방울에서 강한 반사를 일으키는 파장 λ_C에 대한 식을 유도하시오.
힌트: 두 경계에서의 반사 위상 편이를 생각하라.
b. 390 nm 두께의 비눗방울에서 강한 반사가 일어나는 가시광 파장은 얼마인가? 이런 비눗방울의 색은 무엇인가?

34. ‖ 과학자들이 가시광에 대한 굴절률이 $n = 30.0\ \text{nm}^{1/2}/\lambda^{1/2}$으로 파장에 따라 달라지는 투명 물질을 테스트하고 있다. 여기서 λ의 단위는 nm이다. 295 nm 두께의 코팅을 유리($n = 1.50$) 앞에 놓는다면 반사광이 최대 보강 간섭을 일으키는 가시광 파장은 얼마인가?

35. ‖ 한 평면에 있으며 서로 5.0 m 떨어진 두 스피커가 동일한 진동수를 연주한다. 스피커 면 앞쪽으로 12.0 m 떨어져 있고 스피커 사이 중앙에 서 있을 때 최대 세기의 소리를 듣는다. 스피커로부터 12.0 m 떨어진 채로 스피커 면에 평행하게 걷는다면 한 스피커 바로 앞에 있을 때 처음으로 최소 소리 세기를 듣는다. 소리의 진동수는 얼마인가? 음속은 340 m/s라고 가정하라.

36. ‖ 그림 P17.36에 있는 3개의 동일한 스피커가 음속이 340 m/s인 방안에서 170 Hz의 음을 연주한다. 여러분이 중간 스피커 4.0 m 앞에 서 있다. 이 점에서 각 스피커에서 나온 파동의 진폭이 a이다.
a. 이 점에서의 진폭은 얼마인가?
b. 여러분이 서 있는 점에서 최대 진폭을 얻으려면 스피커 2를 왼쪽으로 얼마나 이동해야 하는가?
c. 진폭이 최대일 때 소리 세기가 단일 스피커로부터 나오는 소리 세기보다 몇 배 더 커지는가?

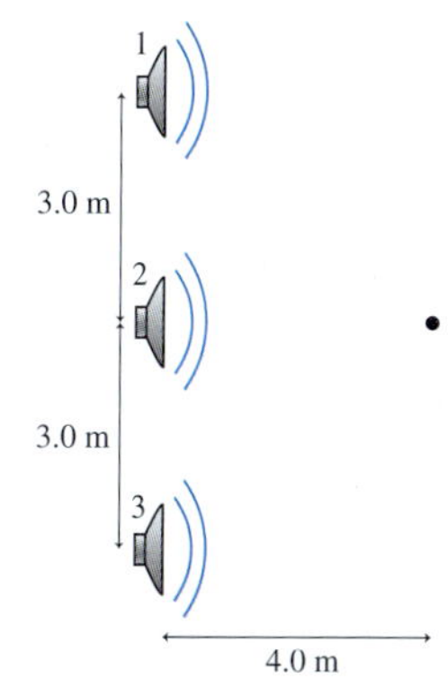

그림 P17.36

37. ‖ 플루트 연주자가 음속이 342 m/s인 방에서 플루트를 조립한다. 연주자가 A음을 연주할 때 440 Hz의 소리굽쇠 음과 완벽하게 일치한다. 몇 분 후 플루트 안의 공기가 음속이 346 m/s가 되도록 데워진다.
a. 이제 소리굽쇠 소리를 낸 후 A음을 연주하면 초당 몇 번의 맥놀이를 듣게 되는가?
b. 소리굽쇠 소리와 음정이 같아지려면 '조율 조인트'를 얼마나 늘려야 하는가?

38. Ⅱ 두 스피커가 440 Hz의 음을 방출한다. 한 스피커는 지면에 놓여 있다. 다른 스피커는 픽업 트럭 뒤에 있다. 트럭이 멀어져 갈 때 초당 8개의 맥놀이를 듣는다. 트럭의 속력은 얼마인가?

응용 문제

39. Ⅲ 280 Hz의 음파가 그림 CP17.39에 보인 트럼본 슬라이드의 한 끝을 향한다. 관을 통해 전달되는 음파의 세기를 기록하기 위한 마이크가 다른 끝에 놓여 있다. 슬라이드의 직선 부분들은 길이가 80 cm이고 끝에 반원 관절을 갖고 있으며 서로 10 cm 떨어져 있다. 슬라이드를 연장한 길이 s가 얼마이어야 마이크가 탐지하는 소리 세기가 최대가 되는가?

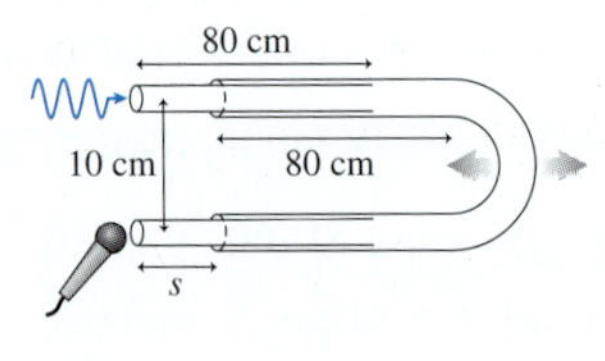

그림 CP17.39

40. Ⅲ 질량 M이 천장에 매단 길고 가는 줄의 바닥에 묶여 있을 때 줄의 2차 배진동 진동수가 200 Hz이다. 매단 질량에 1.0 kg을 더 추가하니 2차 배진동 진동수가 245 Hz로 증가한다. M은 얼마인가?

41. Ⅲ 물의 깊이가 파장의 1/4 이상일 때의 파도를 심해파(deep-water wave)라고 한다. 이 장에서 다룬 파동들과는 달리 심해파의 속력은 파장에 의존한다.

$$v = \sqrt{\frac{g\lambda}{2\pi}}$$

더 긴 파장을 가진 파동이 더 빨리 진행한다. 이것을 정상파에 적용해보자. 깊이 5.0 m, 폭 10.0 m인 다이빙 풀이 있다. 풀장의 폭 쪽으로 정상파가 만들어진다. 풀장가로 물이 들이치기 때문에 경계 조건이 $x=0$과 $x=L$에서 배를 필요로 한다. 따라서 정상파는 개-개 관에서의 정상 음파를 닮았다.

a. 풀장 물이 형성하는 처음 세 정상파 모드의 파장은 얼마인가? 이들은 심해파의 조건을 만족하는가?
b. 이 파동들의 각각의 속력은 얼마인가?
c. 가능한 정상파의 진동수 f_m에 대한 일반식을 유도하시오. 식은 m, g와 L의 항으로 주어져야 한다.
d. 처음 세 정상파 모드의 진동 주기는 얼마인가?

V부 열역학 Thermodynamics

훑어보기

에너지에 관한 모든 것

열역학—넓은 의미의 에너지 과학—은 열에너지를 역학적 운동과 일로 전환시키는 체계적인 연구로서 산업 혁명과 함께 일어났다. 그래서 이름이 **열＋역학**이다. 다양한 종류의 엔진과 발전기에 대한 분석은 공학적 열역학의 주안점으로 남아 있다. 하지만 현재 과학으로서 열역학은 살아있는 유기체까지 포함한 모든 형태의 에너지 전환을 포괄한다.

예를 들면

- **기관**은 연료의 에너지를 피스톤, 기어와 바퀴 운동의 역학적 에너지로 전환한다.
- **연료 전지**는 화학 에너지를 전기 에너지로 전환한다.
- **광전지**는 빛의 전자기 에너지를 전기 에너지로 전환한다.
- **레이저**는 전기 에너지를 빛의 전자기 에너지로 전환한다.
- **유기체**는 음식의 화학 에너지를 운동 에너지, 소리 에너지, 열에너지 등 여러 형태의 에너지로 전환한다.

V부의 주요 목표는 에너지가 **어떻게** 변환되고 **얼마나 효율적**으로 변환되는지 이해하는 것이다. 열역학 법칙이 에너지 변환 효율에 한계를 정한다는 것을 알게 될 것이다. 이 한계를 이해하는 것이 21세기 에너지 수요 분석의 핵심이다.

V부의 최종 목표는 **열기관**의 열역학을 이해하는 것이다. 열기관은 발전소나 내연기관 같은 기구이며 열에너지를 유용한 일로 전환한다. 이 기구들은 현대 사회에 동력원이다.

열이 일로 어떻게 바뀌는지를 이해하는 것은 중요한 성취가 될 것이다. 하지만 먼저 많은 과정을 거쳐야 한다. 온도와 압력을 배워야 한다. 고체, 액체, 기체에 대한 성질을 배울 필요가 있다. 가장 중요한 것은 **열**을 고려하여 에너지에 대한 시각을 확장하는 것이다. 여기에서 열은 서로 다른 온도를 가진 두 계 사이에서 발생하는 에너지 전달을 뜻한다.

더 깊은 수준에서, 우리는 이러한 열역학적 개념이 무작위로 움직이는 미시적인 분자들의 물리와 어떻게 연관되어 있는지 살펴볼 것이다. 온도와 압력과 같은 열역학의 익숙한 개념이 원자 수준의 운동과 충돌에 바탕을 두고 있음을 살펴볼 것이다. 이 미시적/거시적 연결은 물리학에서 가장 미묘하며 동시에 가장 심오하고 영향력 있는 진술 중 하나인 열역학 제2법칙으로 이어진다.

이러한 모든 단계를 거친 후에 실제 열기관을 분석할 수 있다. 야심적인 목표이나 달성 가능한 목표다.

연기 입자를 통해 열이 한 곳에서 다른 곳으로 이동하는 방법 중 하나인 대류를 볼 수 있다.

18 물질의 거시적 기술

A Macroscopic Description of Matter

바위가 녹아 용암으로 흐르면 "바위처럼 단단한"이란 표현은 어색하다.

이 장에서는 거시계의 몇 가지 특성을 학습한다.

물질의 상이란 무엇인가?

대부분의 물질은 고체, 액체 또는 기체로 존재할 수 있다. 이것들은 가장 일반적인 물질의 상이다.

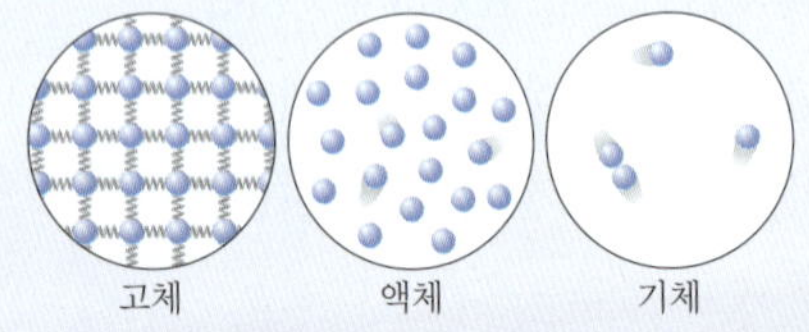

이 장부터 시작하여 V부를 학습하면 부피, 밀도, 압력 및 온도와 같은 물질의 거시적 특성을 원자와 분자의 미시적인 움직임으로부터 이해할 수 있음을 알게 될 것이다. 이 미시적/거시적 연결은 물질에 대한 현대적인 이해의 중요한 부분이다.

« 되돌아보기: 14.1-14.3절 유체와 압력

온도란 무엇인가?

우리는 온도에 익숙하지만 실제로 온도는 무엇을 측정하는 것일까? 온도가 단순히 뜨거움과 차가움을 측정한다고 생각할 수 있겠지만, 온도가 측정하는 것은 계의 열에너지라는 것을 깨달을 수 있을 것이다. 온도가 변하면 물체가 팽창하거나 수축한다는 잘 알려진 사실을 학습할 것이다.

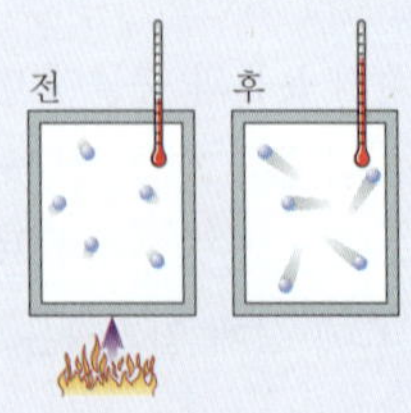

이상 기체는 무엇인가?

우리는 기체를 가끔씩 충동하지만 그렇지 않으면 상호작용하지 않는 작고 단단한 구로 구성되어 있다고 모형화할 것이다. 이러한 이상 기체는 네 가지 상태 변수가 관련된 법칙인 이상 기체 법칙을 따른다.

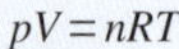

$$pV = nRT$$

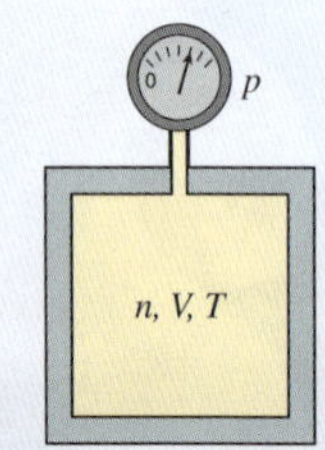

기체의 상태가 바뀔 때 어떤 일이 일어나는지 분석하기 위해 이상 기체 법칙을 사용할 것이다.

이상 기체 과정이란 무엇인가?

기체를 가열 또는 압축하는 것은 기체 상태를 변화시키는 과정이다. 이상 기체 과정은 pV 그림에 궤적을 통해 나타낼 수 있다. 우리는 세 가지 기본 과정을 연구할 것이다.

- 등적 과정
- 등압 과정
- 등온 과정

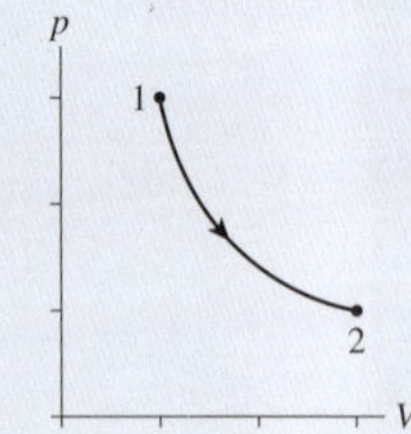

왜 거시적 성질이 중요한가?

물리학자, 화학자, 생물학자 및 공학자 모두 거시적인 수준에서 물질을 다룬다. 기초 과학에서부터 공학 설계에 이르기까지 모든 것은 재료가 가열, 압축, 융해되거나 환경에 따라 변화할 때 어떻게 반응하는지 아는 것에 달려 있다. 물질의 상태 변화는 자동차 엔진에서부터 발전소, 우주선에 이르는 다양한 장치의 기초이다.

18.1 고체, 액체, 기체

V부에서는 물질의 운동이 아닌 물질 그 자체의 성질을 학습한다. 여기서는 물질의 **거시적 기술**에 집중하고자 한다. 하지만 물질에 대한 현대적 이해의 일부는 압력과 온도 같은 거시적인 성질이 원자와 분자의 미시적인 운동에 기인한다는 것이므로 **미시적/거시적 연결**을 탐구하는 데 일정 시간을 할애하고자 한다.

잘 알다시피, 각각의 원소와 대부분의 화합물은 가장 흔한 세 가지 물질의 **상**인 고체, 액체 또는 기체로 존재한다. 액체와 고체 사이에 변화(응고 또는 융해) 또는 액체와 기체 사이에 변화(기화 또는 응축)는 **상변화**라고 한다. 물이 세 가지 상을 일상에서 흔히 볼 수 있는 유일한 물질이다.

모형 18.1

고체, 액체, 기체

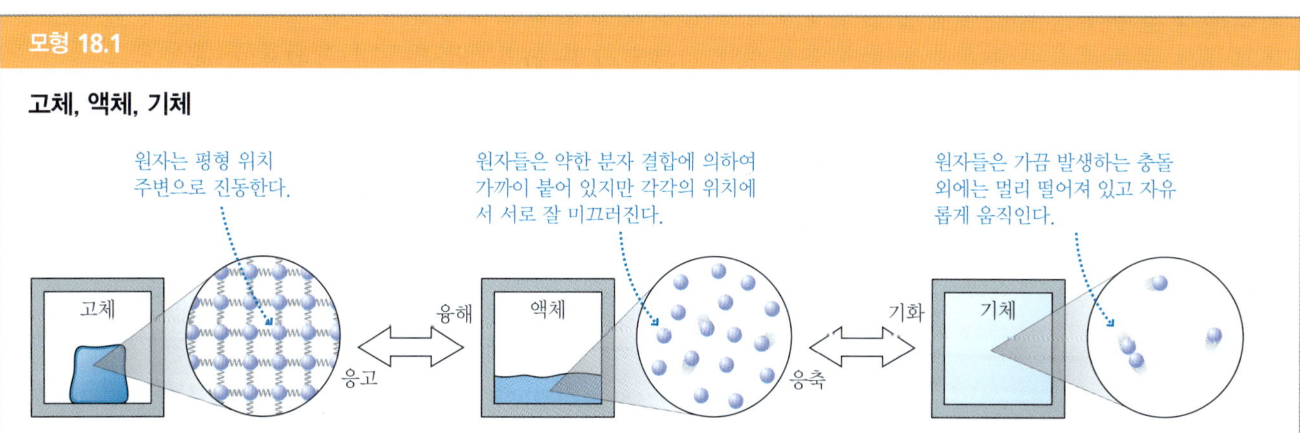

고체는 작은 입자 같은 원자들이 용수철 같은 분자 결합으로 연결되어 구성된 거시계이다. 고체는 거의 **비압축성**이다. 이는 고체의 원자들이 서로 거의 닿을 만큼 가깝다는 것을 알려준다.

여기서 보인 고체는 **결정**으로 원자들이 주기적인 배열을 가진다. 고체상의 원소들과 많은 화합물들이 결정 구조를 가진다.

액체는 약한 분자 결합에 의하여 분자들이 엉성하게 결합된 계이다. 이 결합은 충분히 커서 분자들이 너무 멀리 떨어지게 하지는 않지만 그렇다고 분자들이 서로 미끄러지지 않도록 할 만큼 강하지는 않다.

액체는 고체나 기체보다 훨씬 복잡하다. 고체처럼 액체 또한 거의 **비압축성**이다. 기체처럼 액체는 흐르고 용기의 형태에 잘 맞게 변형된다.

기체는 각 분자가 공간 속을 자유롭게 움직이고 다른 분자나 용기의 벽에 충돌하기 직전까지 상호작용하지 않는다. 기체는 유체이다. 기체는 **고압축성**이며 분자 사이에 많은 공간이 있음을 알려준다.

기체는 아주 단순한 거시계이다. 따라서 V부의 많은 예들은 기체에 관련된 것들이다.

상태 변수

거시계를 기술하거나 특성짓는 데 사용되는 변수들을 **상태 변수**라 하는데, 이 모든 것들이 거시계의 **상태**를 기술하기 때문이다. 앞 장에서 부피, 압력, 질량, 질량 밀도, 열에너지 등의 상태 변수를 배웠다. 이제 몇 개의 새 변수들을 도입하고자 한다.

중요한 상태 변수인 질량 밀도는 다른 두 상태 변수의 비율로 정의된다.

$$\rho = \frac{M}{V} \quad \text{(질량 밀도)} \qquad (18.1)$$

이 장에서 대문자 M은 계의 질량, 소문자 m은 원자의 질량으로 쓰겠다. 표 18.1은 간

표 18.1 물질의 밀도

물질	ρ (kg/m^3)
공기(STP*)	1.29
에틸알코올	790
물(고체)	920
물(액체)	1000
알루미늄	2700
구리	8920
금	19,300
철	7870
납	11,300
수은	13,600
실리콘	2330

*$T = 0°C$, $p = 1$ atm

단한 질량 밀도 표이다.

상태 변수가 일정하고 변하지 않는다면 계는 **열적 평형 상태**(thermal equilibrium)에 있다고 말한다. 예로 기체가 p, V, T가 정상값에 도달하도록 충분히 긴 시간 외부 교란 없이 놓여 있었다면 이 기체는 열적 평형 상태이다.

예제 18.1 납 파이프의 질량

바깥지름과 안지름이 각각 4.0 cm, 3.5 cm이고 길이가 50 cm인 원통형 납 파이프를 사용하는 과제를 수행한다고 하자. 이 파이프의 질량은 얼마인가?

풀이 납의 질량 밀도는 $\rho_{\text{lead}} = 11{,}300\ \text{kg/m}^3$이다. 길이 l인 원통의 부피는 $V = \pi r^2 l$이다. 이 경우 반지름 r_2인 바깥측 원통 부피에서 반지름 r_1인 안측 원통 부피를 뺀 것을 알 필요가 있다. 파이프의 부피는

$$V = \pi r_2^2 l - \pi r_1^2 l = \pi(r_2^2 - r_1^2)l = 1.47 \times 10^{-4}\ \text{m}^3$$

이다. 따라서 파이프의 질량은 다음과 같다.

$$M = \rho_{\text{lead}} V = 1.7\ \text{kg}$$

18.2 원자와 몰수

거시계의 질량은 N으로 표시되는 계 안의 원자 또는 분자의 총수와 직결되어 있다. N은 단지 세는 것으로 결정되기 때문에 단위 없는 숫자이다. 보통 거시계는 $N \sim 10^{25}$개의 원자를 가지고 있으며 이는 어마어마하게 큰 수이다.

기호 ~는 '크기의 정도'를 뜻한다. 이것은 오직 10의 인수 범위 내의 숫자를 의미한다. $N \sim 10^{25}$는 "N은 10^{25} 정도"라고 읽으며, N은 10^{24}에서 10^{26} 사이의 범위를 의미한다. 이것은 기호 ≈ '근사적으로 같다'는 것보다 훨씬 부정확하다. $N \sim 10^{25}$는 N이 얼마나 큰지에 대한 대략 값을 알려주고 10^5이나 심지어 10^{15}보다 매우 크다는 것을 알려준다.

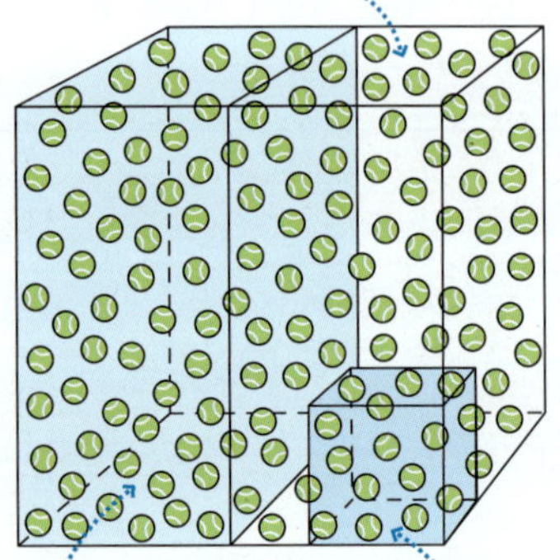

그림 18.1 균일계의 개수 밀도는 부피에 무관하다.

계의 세제곱 미터당 원자 또는 분자의 수를 알면 편리하다. 이런 양을 **개수 밀도**(number density)라고 한다. 이 값은 원자가 얼마나 조밀하게 모여 있는지를 특징짓는다. N-원자 계가 부피 V를 채우고 있다면 개수 밀도는 다음과 같다.

$$\frac{N}{V} \quad \text{(개수 밀도)} \tag{18.2}$$

SI 단위로 개수 밀도는 m^{-3}이다. 고체의 원자 개수 밀도는 $(N/V)_{\text{solid}} \sim 10^{29}\ \text{m}^{-3}$이다. 기체의 개수 밀도는 압력에 의존하지만 보통 $10^{27}\ \text{m}^{-3}$보다 작다. 그림 18.1은 개수 밀도가 균일한 계에서 개수 밀도의 값은 부피에 무관하다는 것을 보여준다. 다시 말해, 계 전체의 개수 밀도와 계 일부분의 개수 밀도가 같다.

원자 질량과 원자 질량수

화학에서 다른 원소는 다른 질량을 가짐을 기억하자. 원자의 질량은 원자의 가장 무거운 구성원인 핵 속의 양성자와 중성자로부터 주로 결정된다. 양성자와 중성자 수의 합을 **원자 질량수**(atomic mass number)라고 한다.

$$A = \text{양성자수} + \text{중성자수}$$

A는 정의에 의하여 정수이며 원소 기호 앞에 위 첨자로 표현한다. 예로 중성자 없이 양성자만 하나 있는 보통의 수소 동위원소는 ^1H이다. '무거운 수소'인 동위원소는 **중수소**라고 하며 1개의 중성자가 추가되어 있고 ^2H이다. 탄소의 주종 동위원소인 ^{12}C는 6개의 양성자(이것이 원자를 탄소로 만든다)와 6개의 중성자로 이루어져 있다. 방사성 동위원소 ^{14}C는 고고학적 탄소 연대 측정에 이용되는데, 6개의 양성자와 8개의 중성자를 가진다.

헬륨, 황, 구리와 수은 1몰

원자 질량(atomic mass) 척도는 ^{12}C의 질량을 정확히 12 u로 정의하며, 여기서 u는 **원자 질량 단위**를 나타내는 기호이다. 즉 $m(^{12}C) = 12$ u이다. 다른 원자의 원자 질량은 ^{12}C에 대한 상대 질량이다. 예를 들어 정밀한 실험에 의한 수소의 질량 비율 $m(^1H)/m(^{12}C)$은 1.00781/12이다. 따라서 수소의 원자 질량은 $m(^1H) = 1.0078$ u이다.

^1H의 원자 질량은 $A = 1$에 가깝지만 정확하게 같지는 않다. 이 장의 목표에는 약간의 오차를 무시하고 **원자 질량값을 정수 원자 질량값으로 이용하여도** 충분하다. 즉 앞으로 $m(^1H) = 1$ u, $m(^4He) = 4$ u, $m(^{16}O) = 16$ u를 이용한다. **분자 질량**은 분자를 구성하는 원자의 원자 질량의 합이다. 따라서 산소 기체의 구성원인 O_2의 분자 질량은 $m(O_2) = 32$ u이다.

표 18.2는 예제와 숙제 문제에서 사용할 몇몇 원소의 원자 질량이다. 원자 질량을 포함한 모든 원소들의 주기율표는 부록 B에 있다.

표 18.2 몇 원소의 원자 질량수

원소		A
^1H	수소	1
^4He	헬륨	4
^{12}C	탄소	12
^{14}N	질소	14
^{16}O	산소	16
^{20}Ne	네온	20
^{27}Al	알루미늄	27
^{40}Ar	아르곤	40
^{207}Pb	납	207

몰과 분자량

거시계 속의 물질량을 결정하는 한 방법은 계의 질량이다. 다른 방법은 몰로 물질량을 측정하는 것이다. 정의에 의하면 고체, 액체 혹은 기체 1**몰**의 물질은(12 g) 탄소(^{12}C) 속에 들어 있는 탄소 원자 개수만큼의 기본 입자를 가지고 있다. 많은 기발한 실험을 통해 탄소(^{12}C) 0.012 kg에는 6.02×10^{23} 입자가 있다고 결정하였다. 따라서 1 mole의 물질, 줄여서 1 mol은 6.02×10^{23}개의 기본 입자를 나타낸다.

기본 입자는 물질에 따라 다르다. 헬륨은 **단원자 기체**(monatomic gas)이므로 기본 입자는 헬륨 원자이다. 따라서 6.02×10^{23}의 헬륨 원자가 헬륨 1몰이다. 하지만 산소 기체는 기본 입자가 이원자 분자 O_2이기 때문에 **이원자 기체**(diatomic gas)이다. 1몰의 산소 기체는 6.02×10^{23}의 O_2 분자를, 따라서 $2 \times 6.02 \times 10^{23}$개의 산소 원자를 포함한다. 표 18.3은 예제와 숙제 문제에 사용될 단원자와 이원자 기체들이다.

표 18.3 단원자와 이원자 기체

단원자		이원자	
He	헬륨	H_2	수소
Ne	네온	N_2	질소
Ar	아르곤	O_2	산소

물질의 1몰당 기본 입자의 수를 **아보가드로 수**(Avogadros number) N_A라고 한다.

아보가드로 수의 값은 다음과 같다.

$$N_A = 6.02 \times 10^{23}\ \text{mol}^{-1}$$

수라는 이름에도 불구하고 아보가드로 수는 단순한 수가 아니며 단위도 가지고 있다. 몰당 N_A 입자가 있기 때문에 N 기본 입자로 이루어진 물질의 몰수는 다음과 같다.

$$n = \frac{N}{N_A} \quad \text{(물질의 몰수)} \tag{18.3}$$

아보가드로 수는 킬로그램 단위로 원자 질량을 결정할 수 있게 한다. 1몰의 탄소 N_A ^{12}C의 질량이 0.012 kg임을 알면 1개 ^{12}C의 원자 질량은 다음과 같아야 한다.

$$m(^{12}C) = \frac{0.012\ \text{kg}}{6.02 \times 10^{23}} = 1.993 \times 10^{-26}\ \text{kg}$$

원자 질량 척도를 $m(^{12}C) = 12$ u로 정의했다. 따라서 원자 질량 단위와 킬로그램 간의 변환 인자는 다음과 같다.

$$1\ \text{u} = \frac{m(^{12}C)}{12} = 1.66 \times 10^{-27}\ \text{kg}$$

이 변환 인자는 어떤 원자의 질량도 킬로그램으로 계산할 수 있게 해준다. 예로 ^{20}Ne 원자의 원자 질량은 $m(^{20}Ne) = 20$ u이다. 1.66×10^{-27} kg/u를 곱하면 $m(^{20}Ne) = 3.32 \times 10^{-26}$ kg이다. 원자 질량이 킬로그램으로 표현되었다면 질량 M인 계의 원자수는 다음으로부터 구할 수 있다.

$$N = \frac{M}{m} \tag{18.4}$$

물질의 **몰 질량**(molar mass)은 물질 1몰의 질량이다. 몰 질량은 M_{mol}로 표시하며 단위는 kg/mol이다. 정의에 의하여 ^{12}C의 몰 질량은 0.012 kg/mol이다. 다른 물질의 경우 원자 질량 또는 분자 질량은 ^{12}C의 상대값으로 주어지며, 몰 질량의 수치는 원자 또는 분자 질량의 수치를 1000으로 나눈 값이다. 예를 들어 He의 몰 질량은 $m = 4$ u로 $M_{mol}(He) = 0.004$ kg/mol이고 이원자 O_2의 몰 질량 $M_{mol}(O_2) = 0.032$ kg/mol이다.

식 (18.4)는 계의 원자수를 구하기 위하여 원자 질량을 이용한다. 비슷하게 몰수를 구하기 위해 몰 질량을 이용할 수 있다. 몰 질량 M_{mol}인 원자 또는 분자로 구성된 질량 M의 계에서 몰 수는

$$n = \frac{M}{M_{mol}} \tag{18.5}$$

이다.

예제 18.2 | 산소의 몰수

100 g의 산소 기체는 산소 몇 몰인가?

풀이 두 가지 방법으로 계산할 수 있다. 첫째 산소 100 g 속의 분자수를 계산하자. 이원자 산소 분자 O_2는 분자 질량이 $m = 32$ u이다. 이 값을 kg으로 환산하면 분자 1개의 질량을 얻는다.

$$m = 32\ \text{u} \times \frac{1.66 \times 10^{-27}\ \text{kg}}{1\ \text{u}} = 5.31 \times 10^{-26}\ \text{kg}$$

따라서 100 g = 0.100 kg 속의 분자수는

$$N = \frac{M}{m} = \frac{0.100\ \text{kg}}{5.31 \times 10^{-26}\ \text{kg}} = 1.88 \times 10^{24}$$

이다. 분자수를 알면 몰수를 알 수 있다.

$$n = \frac{N}{N_A} = 3.13\ \text{mol}$$

또는 식 (18.5)를 써서 구할 수 있다.

$$n = \frac{M}{M_{\text{mol}}} = \frac{0.100\ \text{kg}}{0.032\ \text{kg/mol}} = 3.13\ \text{mol}$$

18.3 온도

우리는 온도에 대하여 익숙하다. 질량은 물질의 양을 측정한 값이다. 속도는 계가 얼마나 빨리 움직이는지를 측정한 값이다. 온도를 측정하면 계의 어떤 물리적 성질을 측정하는 것일까?

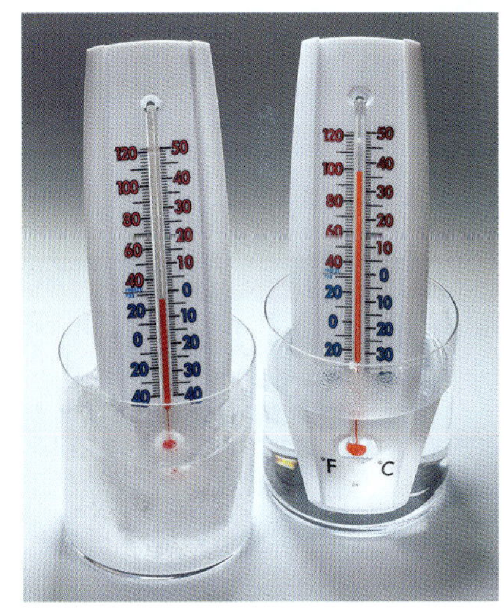

온도계 관 속의 유체의 열팽창은 얼음물보다 뜨거운 물에서 유체를 더 높이 올린다.

온도가 얼마나 뜨겁고 차가운지를 측정한다는 상식으로부터 논의를 시작해보자. 이 논의를 발전시킴에 따라 **온도**(temperature) T는 계의 **열에너지**와 관련된다는 것을 알게 될 것이다. 원자와 분자들은 진동(고체)하거나 운동(기체)하기 때문에, 우리는 9장에서 열에너지를 원자와 분자의 운동 및 퍼텐셜 에너지로 정의하였다. 계는 차가울 때보다 뜨거울 때 더 큰 열에너지를 가지고 있다. 20장에서 뜨겁고 차갑다는 애매한 개념을 온도와 열에너지 사이의 엄밀한 관계로 치환할 것이다.

논의를 시작하려면 계의 온도를 측정할 수단이 필요하다. 이는 **온도계**가 하는 일이다. 온도계는 작은 거시계로 주변과 열에너지를 교환할 때 측정 가능한 변화를 보인다. 온도계는 온도가 측정될 더 큰 계와 접촉하도록 놓인다. 예로서 보통 유리관 온도계는 뜨겁거나 차가운 물체와 접촉하면 알코올이나 수은의 부피가 팽창하거나 수축한다. 물체의 온도는 유체 기둥의 길이로 측정된다.

온도계가 유용한 측정 장비가 되려면 **온도 눈금**이 필요하다. 1742년 스웨덴의 천문학자 셀시우스(Anders Celsius)는 수은을 작은 모세관 속에 넣고 온도 변화에 따라 얼마나 오르내리는지를 관찰하였다. 그는 누구나 재현할 수 있는 두 온도를 선택하였는데, 순수한 물의 어는점과 끓는점으로 이들은 0과 100이다. 그러고 나서 유리관에 두 기준점 사이에 100개의 구간을 표시하였다. 이렇게 하여 오늘날 **셀시우스 눈금**으로 불리는 온도 눈금을 발명하였다. 셀시우스 온도의 단위는 '섭씨도'이고 줄여서 °C로 표시한다. "도"의 기호 "°"는 숫자의 일부분은 아니고 단위의 일부이다.

화씨는 미국에서 아직 널리 사용되고 있으며 섭씨와 다음과 같이 연결된다.

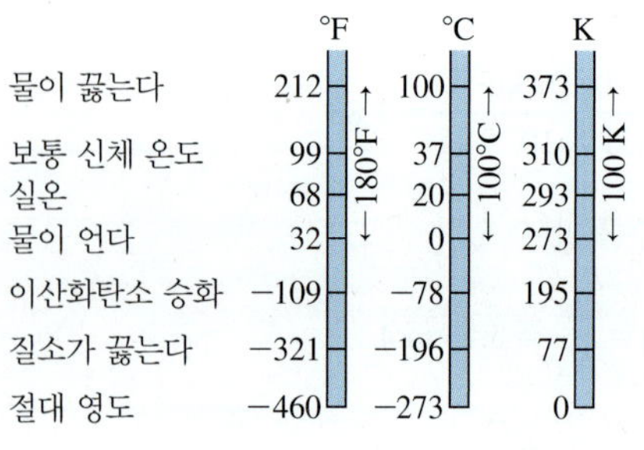

그림 18.2 서로 다른 눈금으로 측정된 온도들

$$T_F = \frac{9}{5}T_C + 32° \tag{18.6}$$

그림 18.2는 섭씨, 화씨, 절대온도로 측정된 몇 가지 온도를 보여준다.

절대 영도와 절대 온도

온도에 따라 변하는 어떤 물리적 성질도 온도계로 이용할 수 있다. 실제로 가장 유용한 온도계는 온도에 따라 선형으로 변하는 물리적 성질이다. 가장 중요한 과학적 온도계 중 하나는 그림 18.3a의 **등적 기체 온도계**(constant-volume gas thermometer)이다. 이 온도계는 봉인된 용기 속에 기체의 절대 압력(계기 압력이 아닌)이 온도 증가에 따라 선형으로 증가하는 것에 의존한다.

기체 온도계는 물의 끓는점과 어는점과 같은 두 기준 온도에서 압력을 측정하여 처음에 눈금 맞추기를 한다. 압력-온도 그래프에 나타낸 두 점을 표시하고 이들 사이에 직선을 긋는다. 기체 구를 온도가 측정될 계와 접촉하도록 한다. 압력이 측정되고 대응하는 온도를 그래프에서 읽는다.

그림 18.3 등적 기체 온도계는 $T_0 = -273°\text{C}$에서 영으로 외삽된다.

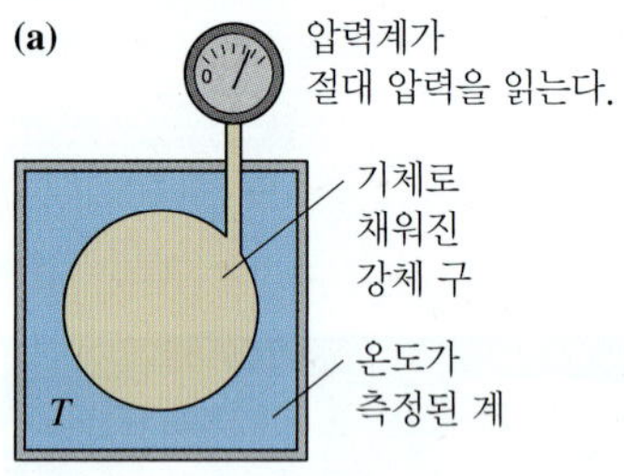

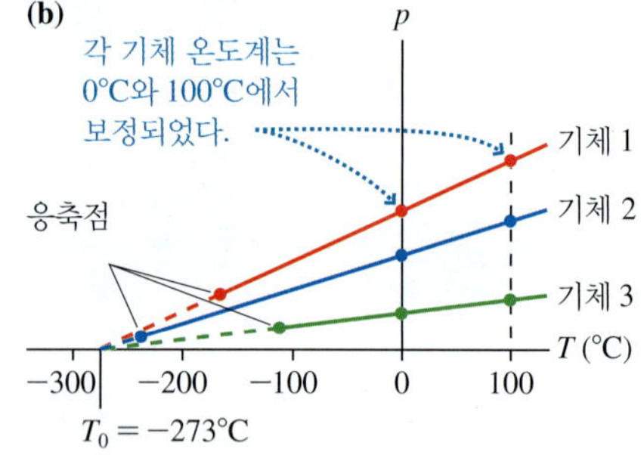

그림 18.3b는 3개의 다른 기체에 대한 압력-온도 관계를 보여준다. 이 그래프에서 두 가지 중요한 점을 주목하라.

1. 온도와 압력 사이에 선형 관계가 존재한다.
2. 모든 기체는 같은 온도 $T_0 = -273°\text{C}$에서 영의 압력으로 외삽된다. 헬륨은 매우 근접하긴 하지만 그 온도까지 응축 없이 냉각되는 기체는 실질적으로 없다. 하지만 어떠한 초기 압력과 어떠한 기체에 대하여서도 같은 온도에서 0의 압력을 가지는 것은 놀랍다.

기체의 압력은 분자 간의 충돌, 분자와 용기 벽과의 충돌에 기인한다. 영의 압력은 모든 운동, 즉 모든 충돌이 중단됨을 의미한다. 만일 원자의 운동이 없다면 계의 열에너지는 0일 것이다. 모든 운동이 중단되는 온도, 즉 열에너지 $E_{th} = 0$이 되는 온도를 **절대 영도**(absolute zero)라고 한다. 온도가 열에너지에 관련되기 때문에 물리적 의미를 가지는 가장 낮은 온도가 된다. 기체 온도계의 실험 결과로부터 $T_0 = -273°\text{C}$임을 알게 된다.

절대 영도를 영점으로 하는 온도 눈금은 유용하다. 이러한 온도 눈금을 **절대 온도 눈금**(absolute temperatuer scale)이라 한다. 절대 온도로 측정된 모든 계는 $T > 0$이다. 절대 온도 눈금은 섭씨와 같은 단위 크기를 가지고 **켈빈 눈금**이라고 한다. 켈빈 눈금이 온도의 SI 눈금이다. 켈빈 눈금의 단위는 **켈빈**, 줄여서 K라 한다. 섭씨와 켈빈 눈금 사이의 변환은 다음과 같다.

$$T_K = T_C + 273 \tag{18.7}$$

켈빈 눈금에서는 0 K가 절대 영도이며 물의 어는점은 273 K, 끓는점은 373 K이다.

18.4 열팽창

물체는 가열되면 팽창한다. 온도계에서 액체가 상승하고 파이프, 고속도로, 다리의 접합 부위가 팽창하는 이유가 모두 **열팽창**(thermal expansion) 때문이다. 그림 18.4는 온도가 T에서 $T+\Delta T$로 변할 때 길이가 L인 물체가 ΔL로 변하는 것을 보여준다. 대부분 고체의 길이 변화 비율 $\Delta L/L$은 물질에 의존하는 비례 상수와 함께 온도 변화 ΔT에 비례한다.

$$\frac{\Delta L}{L} = \alpha\,\Delta T \tag{18.8}$$

여기서 α는 물질의 **선팽창 계수**(coefficient of linaer expansion)이다. 식 (18.8)은 팽창(온도가 증가하면 $\Delta L > 0$)과 수축(온도가 감소하면 $\Delta L < 0$) 모두를 설명한다.

그림 18.4 온도 변화 시 물체의 길이 변화

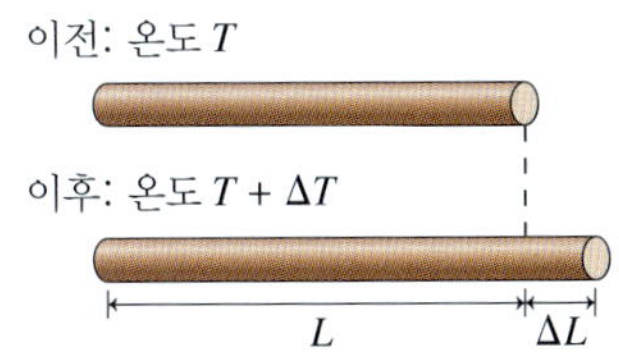

표 18.4는 몇몇 보통 물질과 매우 낮은 열팽창을 가지도록 특별히 설계된 인바(invar)라고 불리는 금속 합금의 선팽창 계수들이다. 길이 변화 비율은 차원이 없기 때문에 α는 '섭씨도당'이라고 읽는 $°C^{-1}$의 단위를 가진다. °C와 K에서 온도 **변화** ΔT가 같기 때문에 K^{-1}로 쓸 수도 있다. 하지만 실용적인 측정은 °C로 하지 K로 하지는 않는다.

표 18.4 선팽창 및 부피 팽창 계수

물질	α (°C^{-1})
알루미늄	2.3×10^{-5}
황동	1.9×10^{-5}
콘크리트	1.2×10^{-5}
강철	1.1×10^{-5}
인바	0.09×10^{-5}
물질	**β (°C^{-1})**
가솔린	9.6×10^{-4}
수은	1.8×10^{-4}
에틸알코올	1.1×10^{-4}

예제 18.3 | **팽창하는 파이프**

길이가 55 m인 강철 파이프가 정유소의 한쪽에서 반대편으로 연결되어 있다. 5°C의 겨울 날 155 °C의 기름을 펌핑한다면 파이프는 얼마나 팽창할까?

풀이 표 18.4로부터 얻은 강철의 선팽창 계수를 이용하면 식 (18.8)에 의해 팽창은 다음과 같이 주어진다.

$$\Delta L = \alpha L\,\Delta T = (1.1 \times 10^{-5}\,°C^{-1})(55\text{ m})(150°C)$$
$$= 0.091\text{ m} = 9.1\text{ cm}$$

검토 9.1 cm는 55 m의 매우 작은 부분이며, 따라서 파이프는 전체적으로 아주 조금 팽창한다. 그럼에도 불구하고 9.1 cm는 파이프 공학 입장에서 큰 팽창이다. 이런 파이프는 열팽창과 수축을 허용하는 신축성 있는 이음을 갖도록 설계해야만 한다.

부피 팽창 또한 비슷하게 취급한다. 물체의 부피가 온도 변화 ΔT 동안 ΔV만큼 변한다면 부피 변화 비율은

$$\frac{\Delta V}{V} = \beta\,\Delta T \tag{18.9}$$

이며, 여기서 β는 **부피 팽창 계수**(coefficient of volume expansion)이다.

액체는 용기의 형태에 제약을 받으므로 부피 팽창 계수로 특징지어지지만 선팽창 계수로 표현할 수 없다. 표 18.4에 몇 개의 값들이 주어졌고 β는 α처럼 $°C^{-1}$의 단위를 가진다.

고체는 식 (18.8)에 주어진 것처럼 세 방향으로 선팽창한다. 그리고 이 과정에서 고체는 부피가 변한다. 모서리 길이 L, 부피 $V=L^3$인 정육면체를 생각하자. 모서리 길이가 작은 양 dL만큼 변하면 부피 변화는 다음과 같이 주어진다.

$$dV = 3L^2\,dL \tag{18.10}$$

양변을 $V=L^3$으로 나누면 다음을 얻는다.

$$\frac{dV}{V} = 3\frac{dL}{L} \tag{18.11}$$

부피의 변화 비율은 각 모서리 길이의 변화 비율에 세 배이다. 결과적으로 고체의 부피 팽창 계수는 다음과 같다.

$$\beta_{\text{solid}} = 3\alpha \tag{18.12}$$

표 18.4에 물이 포함되어 있지 않았다는 것을 알아차렸을 것이다. 물은 매우 흔한 물질이지만 분자 구조로 인해 다른 액체와는 다른 독특한 성질을 가지고 있다. 물의 온도를 낮추면 부피는 예상대로 수축한다. 하지만 온도 4°C까지만 그렇다. 물을 4°C 이하에서 어는점 0°C까지 계속 냉각시키면 부피가 팽창한다. 물은 4°C에서 최대 밀도를 가진다. 이 온도보다 높거나 낮으면 부피가 팽창하기 때문에 밀도는 이보다 약간 낮다. 결론적으로 물의 열팽창은 하나의 열팽창 계수로 설명할 수 없다.

18.5 상변화

냉장고의 냉동고 안 온도는 보통 −20°C이다. 냉동고로부터 얼음 덩어리 몇 개를 꺼내어 그림 18.5a처럼 온도계가 있는 용기에 넣고 가열한다고 하자. 가열은 천천히 진행되어 용기 속이 잘 정의된 단일 온도를 가진다고 가정할 것이다.

그림 18.5b는 시간의 함수로 온도를 나타낸다. 처음 −20°C로부터 일정하게 온도가 상승한 후에 온도는 0°C에서 긴 시간 동안 유지된다. 이 시간 동안 얼음이 녹는다. 얼음이 녹는 동안 얼음의 온도는 0°C이며 액체 물의 온도 또한 0°C이다. 계가 가열되었지만 액체 물의 온도는 얼음이 다 녹은 후에야 상승한다. 이 사이에 어느 지점에서든 불을 끈다면 계는 0°C에서 얼음과 액체 물이 혼합된 채로 존재한다.

그림 18.5 물은 고체로부터 액체, 액체로부터 기체로 변한다.

(a)

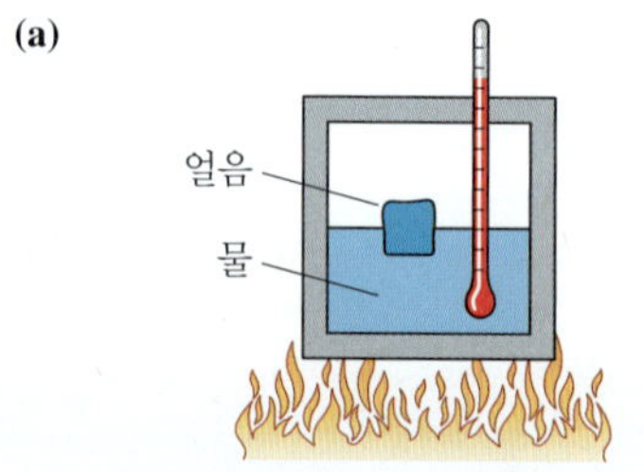

(b)

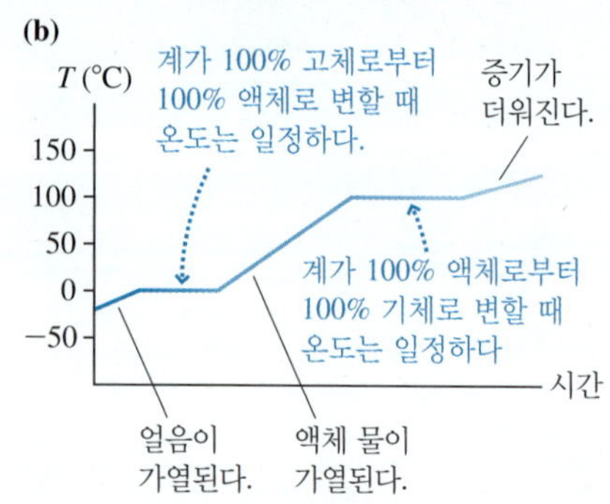

고체의 열에너지는 진동하는 원자의 운동 에너지와 늘어나고 압축된 분자 결합의 퍼텐셜 에너지의 합이다. 융해는 열에너지가 커서 원자 간 분자 결합을 깨고 원자가 병진 운동을 할 수 있을 때 일어난다. 고체가 액체로 바뀌는 온도 또는 열에너지가 줄어서 액체가 고체가 되는 온도를 **녹는점**(melting point) 또는 **어는점**(freezing point)이라고 한다. 녹는 것과 어는 것은 **상변화**이다.

녹는점에서 계는 **상평형**(phase equilibrium)에 있고 임의의 양의 고체와 액체가 공존한다. 온도를 살살 올리면 계 전체가 액체로 변한다. 온도를 살살 내리면 전체가 고체가 된다. 하지만 정확히 녹는점에서는 계는 고체/액체 어느 방향으로든 변화하려는 경향을 가지지 않는다. 이것이 상변화가 완전해지기 전까지는 녹는점에서 온도가 변하지 않는 이유다.

그림 18.5b에서 똑같은 상황을 끓는점 100°C에서도 볼 수 있다. 즉 이것은 액체상과 기체상 사이의 상평형이며 이 온도에서 임의의 양의 액체와 기체가 공존한다. 끓는점보다 높은 온도에서는 열에너지가 너무 커서 분자 결합을 형성할 수 없어 계는 기체가 된다. 열에너지가 줄어들면 분자가 서로 결합하기 시작하고 서로 달라붙는다. 다시 말해서 기체는 응축하여 액체가 된다. 기체가 액체가 되는 온도 또는 열에너지가 증가하여 액체가 기체가 되는 온도를 **응축점**(condensation point) 또는 **끓는점**(boiling point)이라 한다.

상도표

상도표(phase diagram)는 물질의 상과 상변화가 온도와 압력 모두에 의하여 어떻게 변하는지를 보여준다. 그림 18.6은 물과 이산화탄소에 대한 상도표이다. 각 도형은 세 부분으로 나뉘어져 있고 각각 고체, 액체, 기체에 해당한다. 각 영역을 나누는 경계선들은 상전이를 표시한다. 이 선상에 압력-온도 지점은 상평형 상태이다.

상도표는 많은 정보를 포함하고 있다. 물의 상도표에서 $p = 1$ atm 점선은 0°C 고체-액체 경계선, 100°C 액체-기체 경계선을 교차한다. 잘 알려진 물의 녹는점과 끓는점의 온도는 오직 표준 대기압에서만 옳다. $p_{atmos} < 1$ atm인 덴버(미국 콜로라도의 도시)에서는 물은 0°C 약간 위에서 녹고 100°C 아래에서 끓는다. **압력밥솥**은 내부 압력이 1기압 이상에서 작동한다. 그래서 끓는점이 상승하고 100°C 이상의 끓는 물속에서 음식이 빠르게 조리된다.

고체-액체 경계선을 지나가면 녹거나 얼게 되고, 액체-기체 경계선을 지나가면 끓거나 응축된다. 다른 가능성도 있다. 고체가 기체가 되는 상변화를 **승화**(sublimation)라고 한다. 물의 승화는 일상생활에서는 경험할 수 없지만 아마도 드라이아이스의 승화는 익숙할 것이다. 드라이아이스는 고체 이산화탄소다. 상도표에서 이산화탄소는 $p = 1$ atm의 점선이 $T = -78$°C에서 고체-액체 경계선이 아닌 고체-기체 경계선에서 지나감을 알 수 있다. 이것이 드라이아이스의 **승화 온도**이다.

액체 이산화탄소는 존재하긴 하지만 5기압보다 높고 −56°C 보다 높은 곳에서 존재한다. CO_2 소화기는 고압의 **액체** 이산화탄소를 담고 있다.(CO_2 소화기를 흔들면 액체가 튀기는 소리가 나는 것을 들을 수 있다.)

그림 18.6 물과 이산화탄소의 상도표

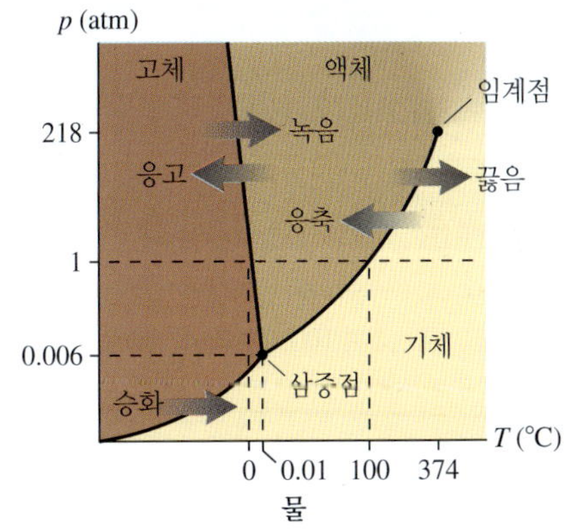

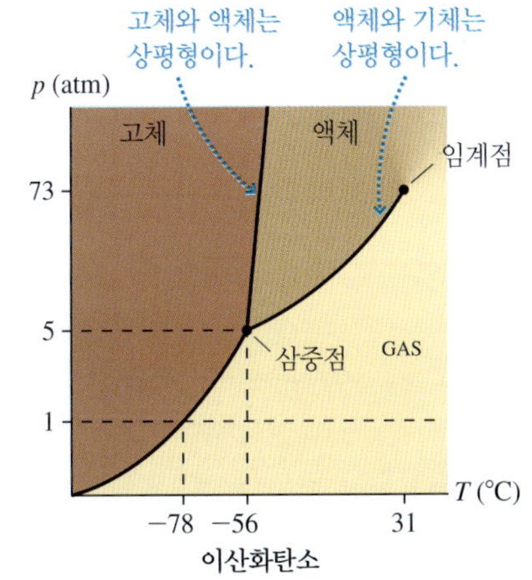

물과 이산화탄소 상도표 간의 중요한 차이점은 고체-액체 경계의 기울기에 있다. 대부분의 물질은 고체상은 액체상보다 밀도가 높고 액체는 기체보다 밀도가 높다. 물질에 압력을 가하면 압축되고 밀도가 증가한다. CO_2 기체를 실온에서 압축하기 시작하면 상도표에서 연직선 위로 향하여 먼저 액체로 응축하고, 계속 압축하면 최종적으로 고체로 변한다.

물은 얼음의 밀도가 액체인 물보다 **낮은** 특이한 물질이다. 얼음이 물에 뜨는 이유이다. 얼음을 압축하면 밀도가 커지고 최종적으로 얼음이 물로 바뀌는 상전이를 야기한다. 이 결과 물의 고체-액체 경계선의 기울기는 왼편으로 기울어진다.

액체-기체 경계는 **임계점**(critical point)에서 끝이 난다. 임계점 아래에서는 액체, 기체가 명확히 구분되며, 한쪽에서 다른 쪽으로 가면 상변화가 발생한다. 하지만 임계점 위의 압력과 온도에서는 기체와 액체 간의 명확한 구분이 없다. 계는 **유체**이지만 상변화 없이 연속적으로 고밀도와 저밀도 사이에서 변한다.

높은 고도에서는 음식을 조리하는 시간이 더 드는데, 물의 끓는점이 100°C 아래이기 때문이다.

상도표에서 흥미로운 또 다른 점은 모든 상 경계가 만나는 **삼중점**(triple point)이다. 경계선에서는 2개의 상이 평형을 이룬다. 삼중점에서는 하나의 온도와 압력에 3개의 상이 상평형 상태로 공존한다. 삼중점에서 기꺼이 공존할 수 있다. 물의 삼중점은 $T_3 = 0.01°C$와 $P_3 = 0.006$ atm에 있다.

물의 삼중점의 중요성은 켈빈 온도 눈금과 관련이 있다. 섭씨는 물의 끓는점과 녹는점 2개의 **기준점**이 요구된다. 이 값들은 압력에 따라 변하기 때문에 매우 만족스럽지 않은 기준점임을 알 수 있다. 반면 얼음, 물, 수증기가 평형에서 공존하는 온도는 오직 하나 있다. 실험실에서 이런 평형을 만들 수 있다면 계는 삼중점 온도에 있음을 알 수 있을 것이다.

물의 삼중점은 이상적인 기준점이다. 따라서 켈빈 온도 눈금을 절대 영도인 0 K에서 물의 삼중점인 273.16 K까지 선형으로 지나가는 온도 눈금으로 정의한다. $T_3 = 0.01°C$이므로 절대 영도는 섭씨로 $T_0 = -273.15°C$이다.

18.6 이상 기체

앞에서 고체와 액체는 거의 비압축성임을 보았다. 이것은 원자가 매우 단단하며 서로 접촉하게 되면 더 이상 압축되지 않는다는 것을 암시한다. 이런 관찰에 바탕하여 가끔 두 원자가 부딪히고 튀어나가는 탄성 충돌을 빼고는 상호작용이 없는 '단단한 공'으로 원자를 모형화하고자 한다.

이것은 원자의 **모형**이며 아마도 **이상 원자**로 불러야 할 것이다. 왜냐하면 액체와 고체를 붙잡고 있는 약한 인력 상호작용을 무시하였기 때문이다. 이러한 상호작용하지 않는 원자로 이루어진 기체를 **이상 기체**(ideal gas)라 한다. 이상 기체는 서로 부딪히거나 용기의 벽으로부터 튀어나오거나, 그렇지 않으면 상호작용하지 않는 작고 단단하며 무작위로 움직이는 원자의 기체이다. 이상 기체는 다소 단순화된 실제 기체이다. 하지만 실험은 다음 두 조건을 만족한다면 이상 기체 모형은 실제 기체에 대한 꽤 좋은 모형이라는 것을 보여준다.

1. 밀도가 작다.(즉 원자들은 용기보다 훨씬 작은 부피를 점유한다.) 그리고
2. 온도는 응축점보다 훨씬 높다.

밀도가 너무 높거나 온도가 너무 낮으면 원자 간 인력이 중요한 역할을 하고, 따라

서 인력을 무시한 우리의 모형은 틀리게 된다. 이 원자 간 인력이 적당한 조건하에서 기체가 액체로 응축되게 하는 힘이다.

그동안 '원자'란 용어를 이용하였지만 잘 알듯이 많은 기체는 원자라기보다는 분자로 구성되어 있다. 오직 원소 주기율표의 가장 오른쪽에 있는 헬륨, 네온, 아르곤 및 다른 불활성 원소들만이 단원자 기체를 형성한다. 수소(H_2), 질소(N_2), 산소(O_2)는 이원자 기체이다. 병진 운동에 관한 한 이상 기체 모형은 단원자 기체와 이원자 기체를 구분하지 않는다. 두 종류 모두 단순히 작고 단단한 구로 생각한다. 따라서 '원자', '분자'라는 용어는 기체의 기본 구성체를 의미하는 것으로 서로 바꾸어 사용할 수 있다.

이상 기체 법칙

18.1절에서 **상태 변수**를 도입하였고 이 변수들은 거시계의 상태를 기술한다. 이상 기체에 대한 이 상태 변수는 용기의 부피 V, 용기 속의 기체 몰수 n, 기체와 용기의 온도 T, 용기의 벽에 미치는 기체의 압력 p이다. 이 4개의 상태 변수는 서로 독립적이지 않다. 이중 한 값을 변화시키면, 예를 들어 온도를 올린다면, 다른 1개나 그 이상의 변수도 변한다. 각 변수의 변화는 계의 **상태 변화**이다.

17세기와 18세기 동안 실험을 통해 4개의 상태 변수 간의 매우 밀접한 관계를 발견하였다. 가열을 하거나 압축을 하거나 아니면 그 외의 것을 수행하여 기체의 상태를 변화시키고 p, V, n, T를 측정한다고 하자. 이것을 여러 번 반복하여 매번 기체의 상태를 변화시키고 p, V, n, T값의 큰 표를 얻을 때까지 반복한다.

그 다음 압력과 부피의 곱인 pV를 세로축으로, 몰수와 온도(켈빈 온도)의 곱인 nT를 가로축으로 하여 그래프를 그린다. 매우 놀라운 점은 수소든 헬륨이든 산소든 메테인이든 어떤 기체든 관계없이 그림 18.7처럼 **정확하게 같은 선형 그래프를 얻는다**는 것이다. 다시 말하면 모든 기체가 같은 결과를 주기 때문에 이용된 기체가 무엇이었는지에 대해 그래프가 알려주는 것은 없다.

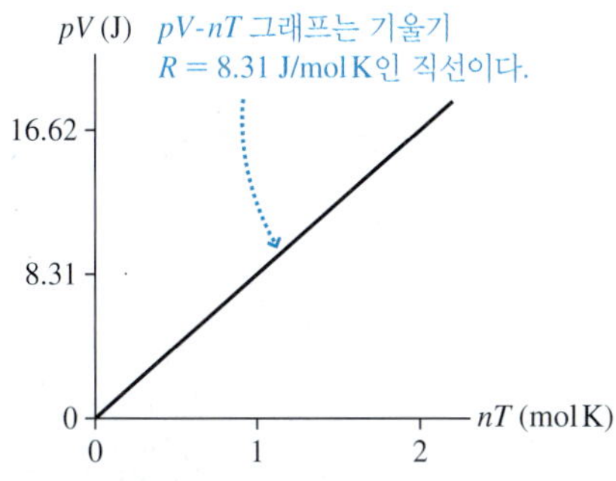

그림 18.7 이상 기체에 대한 pV-nT 그래프

그림에서 볼 수 있는 것처럼 양 pV와 양 nT 사이에 아주 확실한 비례 관계가 있다. 그림에서 직선의 기울기를 R이라고 하면 다음의 관계식을 얻는다.

$$pV = R \times (nT)$$

전통적으로 이 관계식을 다음과 같이 약간 다른 형태로 쓴다.

$$pV = nRT \qquad \text{(이상 기체 법칙)} \qquad (18.13)$$

식 (18.13)은 **이상 기체 법칙**(ideal-gas law)이다. **이상 기체 법칙은 열적 평형 상태에 있는 기체의 특성을 결정하는 4개의 변수 p, V, n, T 사이에 관계식이다.**

상수 R은 그림 18.7의 그래프의 기울기로서 실험적으로 측정할 수 있으며, **보편 기체 상수**(universal gas constant)라고 한다. SI 단위로 값은 다음과 같다.

$$R = 8.31\ \text{J/mol K}$$

R의 단위는 복잡해 보인다. 분모 mol K는 R과 nT가 곱해지기 때문에 명확하다. 하지만 J은 어떤가? 이상 기체 법칙의 좌변 pV의 단위는

$$\mathrm{Pa\,m^3} = \frac{\mathrm{N}}{\mathrm{m^2}}\mathrm{m^3} = \mathrm{N\,m} = \mathrm{joules}$$

과 같다. 곱 pV는 그림 18.7의 세로축에 보인 것처럼 J의 단위를 가지고 있다.

지적할만한 놀라운 사실은 모든 기체가 모두 같은 그래프와 같은 값의 R을 가진다는 것이다. 헬륨과 같은 매우 단순한 원자 기체도 메테인(CH_4)과 같은 더 복잡한 기체도 모두 같은 기울기를 갖는 명확한 이유는 없다. 그럼에도 두 기체 모두 같은 값 R을 갖는 것으로 드러났다. 타당성의 한계 내에서 이상 기체 법칙은 상수 R의 단일값으로 모든 기체를 기술한다.

예제 18.4 기체 압력 계산

100 g의 산소 기체가 600 cm^{3}의 비어있는 용기 안으로 증류된다. 150°C에서 기체 압력은 얼마인가?

핵심 기체는 이상 기체로 취급할 수 있다. 산소는 O_2의 이원자 기체이다.

풀이 이상 기체 법칙으로부터 압력은 $p = nRT/V$이다. 예제 18.2에서 O_2 100 g의 몰수를 계산하고 $n = 3.13$ mol을 얻었다. 기체 문제를 풀기 위해 적절한 단위로 환산하는 과정을 거친다. V와 T의 SI 단위는 차례로 m^{3}와 K이며, 따라서

$$V = (600\ \mathrm{cm^3})\left(\frac{1\ \mathrm{m}}{100\ \mathrm{cm}}\right)^3 = 6.00 \times 10^{-4}\ \mathrm{m^3}$$

$$T = (150 + 273)\ \mathrm{K} = 423\ \mathrm{K}$$

이다. 따라서 압력은 다음과 같다.

$$p = \frac{nRT}{V} = \frac{(3.13\ \mathrm{mol})(8.31\ \mathrm{J/mol\,K})(423\ \mathrm{K})}{6.00 \times 10^{-4}\ \mathrm{m^3}}$$
$$= 1.83 \times 10^7\ \mathrm{Pa} = 181\ \mathrm{atm}$$

이 책에서는 밀봉한 용기 속의 기체만을 고려할 것이다. 몰수(또한 분자수)는 문제에서 바뀌지 않을 것이다. 이런 경우

$$\frac{pV}{T} = nR = \text{상수} \tag{18.14}$$

이다. 초기 상태 i에서 기체가 p_i, V_i, T_i 상태이고 시간이 지나 나중 상태 f가 되면 초기 상태와 나중 상태의 변수는 다음과 같이 연결된다.

$$\frac{p_f V_f}{T_f} = \frac{p_i V_i}{T_i} \quad \text{(봉인된 용기 속의 이상 기체)} \tag{18.15}$$

초기 상태와 나중 상태 간의 전후 관계는 보존 법칙을 떠올리게 하며, 많은 문제들에 유용할 것이다.

예제 18.5 기체 온도 계산

0°C의 기체 원통이 있다. 피스톤이 기체를 압축하여 원래 부피의 반이 되고 압력은 세 배가 되었다. 기체의 온도는 얼마인가?

핵심 봉인된 원통 속의 기체를 이상 기체로 취급한다.

풀이 식 (18.15)의 전후 관계는 다음과 같이 쓸 수 있다.

$$T_2 = T_1 \frac{p_2}{p_1} \frac{V_2}{V_1}$$

이 문제에서 기체로 압축은 $V_2/V_1 = \frac{1}{2}$과 $p_2/p_1 = 3$이 된다. 초기 온도는 $T_1 = 0°\text{C} = 273\ \text{K}$이다. 이 정보를 이용하여

$$T_2 = 273\ \text{K} \times 3 \times \tfrac{1}{2} = 409\ \text{K} = 136°\text{C}$$

를 얻는다.

검토 압력과 부피의 실제값을 알 필요는 없고 단지 변화량만 알면 된다.

우리는 자주 기체의 몰수 n보다 분자수 N을 선호한다. 변환은 쉽다. $n = N/N_A$이기 때문에 N으로 이상 기체를 표현할 수 있다.

$$pV = nRT = \frac{N}{N_A} RT = N \frac{R}{N_A} T \tag{18.16}$$

잘 알려진 두 상수의 비율 R/N_A는 **볼츠만 상수**(Boltzamann's constant, k_B)로 알려져 있다.

$$k_B = \frac{R}{N_A} = 1.38 \times 10^{-23}\ \text{J/K}$$

아래 첨자 B는 용수철 상수 기호 k와 구분하기 위함이다.

볼츠만(Luwig Boltzmann)은 오스트리아의 물리학자로서 19세기 중반에 통계 물리학을 개척하였다. 볼츠만 상수 k_B는 '분자당 기체 상수'로 생각할 수 있는 반면 R은 '몰당 기체 상수'이다. 이 정의에 의하면 N으로 표현한 이상 기체 법칙은 다음과 같다.

$$pV = Nk_BT \qquad \text{(이상 기체 법칙)} \tag{18.17}$$

식 (18.13)과 (18.17) 모두 이상 기체 법칙이며 단지 다른 상태 변수로 표현한 것이다.

개수 밀도(m^3당 분자수)는 N/V로 정의되고, 식 (18.17)을 정리하면 개수 밀도는 다음과 같다.

$$\frac{N}{V} = \frac{p}{k_BT} \tag{18.18}$$

이 식은 이상 기체 법칙의 유용한 결과이다. 하지만 압력은 SI 단위인 파스칼, 온도는 SI 단위인 켈빈이어야 함을 기억하라.

예제 18.6 분자 사이 거리

STP로 단순히 표현된 '표준 온도, 압력'은 $T = 0°\text{C}$, $p = 1$기압이다. STP에서 기체 분자 간의 평균 거리를 추측하시오.

핵심 이 기체를 이상 기체로 취급한다.

풀이 STP에서 부피 V의 용기에 N개의 분자가 있다고 하자. 이들

(계속)

사이의 거리를 어떻게 계산할 수 있겠는가? 각 분자를 둘러싸는 가상의 공을 놓아 그 분자들 주변의 분자들로부터 떨어트린다고 상상해보자. 이렇게 하면 총 부피 V는 $i=1$부터 N인 부피 v_i의 작은 공 N개가 차지하는 영역으로 나뉜다. 서로 인접한 두 분자는 서로 다른 크기의 탁구공이 가득 찬 상자처럼 서로 닿아 두 분자 사이의 거리는 두 공의 반지름의 합이 된다. 각 공은 좀 다르지만 분자 간의 합리적인 거리 측정은 공의 평균 반지름의 두 배가 된다.

이들 중 작은 공의 평균 부피는 다음과 같다.

$$v_{avg} = \frac{V}{N} = \frac{1}{N/V}$$

이 값, 분자당 평균 부피(분자당 m^3)는 개수 밀도의 역수인 m^3당 분자수가 된다. 이 값은 훨씬 작은 값인 분자 자체의 부피는 아니고 각 분자들이 가지고 있는 공간의 평균 부피이다. 식 (18.18)을 써서 개수 밀도를 계산할 수 있다.

$$\frac{N}{V} = \frac{p}{k_B T} = \frac{1.01 \times 10^5 \text{ Pa}}{(1.38 \times 10^{-23} \text{ J/K})(273 \text{ K})}$$
$$= 2.69 \times 10^{25} \text{ 분자수/m}^3$$

여기서 SI 단위의 STP 정의를 사용하였다. 따라서 분자당 평균 부피는 다음과 같다.

$$v_{avg} = \frac{1}{N/V} = 3.72 \times 10^{-26} \text{ m}^3$$

공의 부피는 $\frac{4}{3}\pi r^3$이므로 공의 평균 반지름은 다음과 같다.

$$r_{avg} = \left(\frac{3}{4\pi} v_{avg}\right)^{1/3} = 2.1 \times 10^{-9} \text{ m} = 2.1 \text{ nm}$$

두 분자가 서로 접한다고 할 때 이들의 평균 거리는 r_{avg}의 두 배이다. 따라서

$$\text{평균 거리} = 2r_{avg} \approx 4 \text{ nm}$$

이다. 이 값은 단순한 계산이며, 한 자리 유효 숫자만 답으로 제시하였다.

검토 이상 기체 모형의 가정은 원자 또는 분자가 원자나 분자의 크기에 비하여 '멀리 떨어져 있다'는 것이다. 화학 실험에서 N_2나 O_2 같은 작은 분자는 지름이 대략 0.3nm이다. STP의 기체에서 분자 간 평균 거리는 분자 크기의 10배 이상이라고 한다. 따라서 이상 기체 모형은 STP의 기체에서 잘 맞다.

18.7 이상 기체 과정

이상 기체 법칙은 상태 변수인 압력, 온도, 부피 간의 관계이다. 기체를 가열하거나 압축하여 상태 변수가 변하게 되면 기체 상태가 변한다. **이상 기체 과정**(idal-gas process)은 기체가 한 상태에서 다른 상태로 바뀌는 것을 의미한다.

pV 그림

pV 그림(*pV* diagram) 위에 이상 기체 과정을 표현하면 매우 편하다. 이 그림은 압력-부피 그래프이다. 더 중요한 내용은 그래프 위의 각 점이 단일하고 유일한 기체 상태를 나타낸다는 것이다. 그래프의 한 점은 P와 V의 값만을 나타내기 때문에 얼핏 보면 이것은 놀라운 것 같다. 하지만 봉인된 용기에서 n이 알려져 있다고 가정하면 p와 V를 안다는 것은 이상 기체 법칙을 이용하여 온도를 알 수 있다는 것이다. 따라서 각 점은 기체의 상태를 나타내는 세 쌍의 값 (p, V, T) 값을 표시한다.

그림 18.8 기체 상태와 이상 기체 과정은 pV 그림에서 나타낼 수 있다.

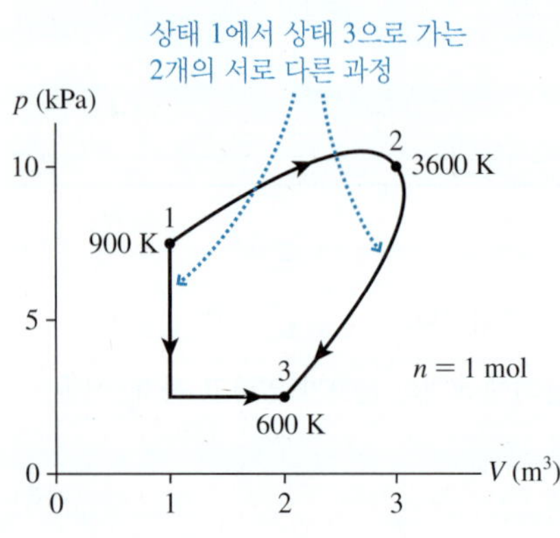

예로써 그림 18.8은 1몰의 기체로 구성되는 계의 세 상태를 나타내는 pV 그림이다. p와 V의 값은 각 점의 축들로부터 읽을 수 있고, 각 점에서의 온도는 이상 기체 법칙으로 정할 수 있다.

이상 기체 과정은 pV 그림에서 '경로'이며 기체가 통과하는 모든 중간 과정을 나타낸다. 그림 18.8은 기체가 상태 1에서 3까지 변하는 2개의 다른 과정을 나타낸다.

기체가 상태 1에서 3으로 가는 방법은 무한히 많다. 각 방법에서 초기 상태와 나중 상태가 같더라도 기체가 변하는 특정 과정, 즉 특정 경로가 매우 실질적인 영향을 준다는 것을 알게 될 것이다. *pV* 그림은 이 과정의 중요한 그림 표현이다.

준정적 과정

엄밀히 말하여 이상 기체 법칙은 **열적 평형 상태**에 있는 기체에만 적용되는데, 이는 상태 변수들이 일정하고 변하는 않는다는 것이다. 하지만 정의에 의하면 이상 기체 과정에서 상태 변수는 변화한다. 상태 1에서 상태 2로 변하는 과정이 진행되는 동안 기체는 열적 평형 상태에 있지 않다.

전 과정에서 이상 기체 법칙을 이용하려면 과정이 아주 **천천히** 진행되어 계가 평형에서 멀리 벗어나지 않는다고 가정하는 것이다. 다시 말해서 과정 중 임의의 점에서 *P*, *V*, *T* 값은 그 지점에서 과정을 멈추고 평형 상태가 되었을 때 계의 *P*, *V*, *T* 값과 실질적으로 같다. 항상 실질적인 열적 평형 상태에 있는 과정을 **준정적 과정**(quasi-static process)이라 한다. 이 과정은 마찰 없는 면처럼 이상적인 경우이긴 하나 많은 실제 상황에 매우 좋은 근사가 된다.

준정적 과정의 중요한 특성은 *pV* 그림에서 경로를 **반대 방향**으로 진행할 수 있다는 것이다. 그림 18.9a에서 보인 것처럼 피스톤을 천천히 당겨 기체를 준정적으로 팽창시킨다면 피스톤을 천천히 밀어 과정을 반대로 진행할 수도 있다. *pV*의 경로를 초기 상태로 갈 때까지 되돌릴 수 있다. 이것은 그림 18.9b의 얇은 막이 터진 경우와 대조적이다. 이런 과정은 갑작스런 과정이며 준정적이지 않다. 팽창하는 기체는 더 큰 용기를 완전히 채우고 나서야 열적 평형 상태에 도달한다. 그림 18.9b의 **비가역** 과정은 *PV* 그림에서 나타낼 수 없다.

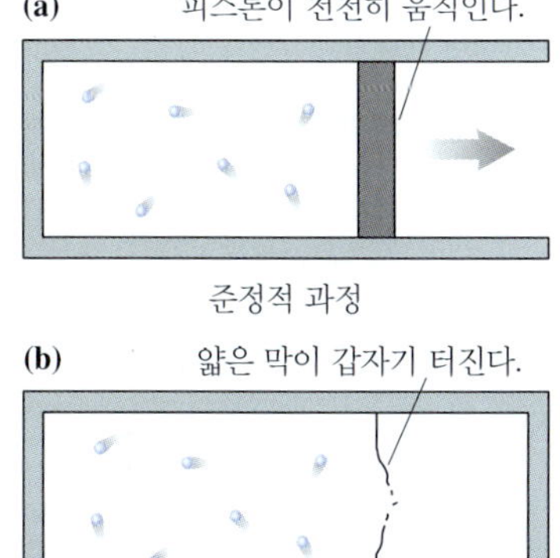

그림 18.9 피스톤의 느린 운동은 준정적 과정이다. 얇은 막이 터진 것은 준정적이지 않다.

결정적 질문은 다음과 같다. "준정적이려면 과정이 얼마나 천천히 진행되어야 하는가?" 이는 대답하기 어려운 질문이다. 이 책에서는 과정은 항상 준정적임을 가정할 것이다. 우리가 보게 될 예제와 숙제 문제에서는 합리적인 가정이다. 비가역 과정은 고급 교과 과정으로 남겨둔다.

등적 과정

많은 기체 과정은 일정하고 변하지 않는 부피의 용기 속에서 일어난다. 일정 부피의 과정은 **등적 과정**(isochoric process)이라 한다. 여기서 *iso*라는 접두사는 '일정' 또는 '같다'는 의미인 반면 *choric*이란 말은 그리스 어원으로 '부피'라는 뜻이다. 등적 과정은 다음과 같다.

$$V_f = V_i \tag{18.19}$$

예를 들어 그림 18.10a처럼 닫힌 강체 용기 속 기체를 고려하자. 분젠 버너로 기체를 가열시켜 부피 변화 없이 기체 압력을 올린다. 이 과정은 그림 18.10b의 *pV* 그림에 $1 \rightarrow 2$의 연직선으로 나타나 있다. 얼음 위에 용기를 올려두면 등적 냉각되고, 이 과

그림 18.10 등적 과정

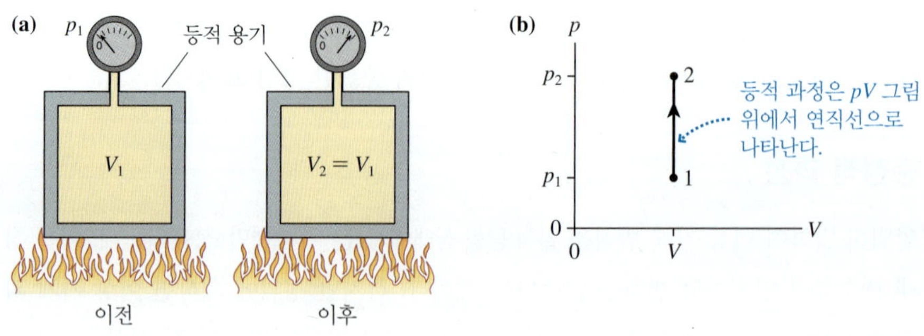

정은 2에서 1로 향하는 연직선으로 표현할 수 있다. **어떠한 등적 과정도 pV 그림에서 연직선으로 나타난다.**

예제 18.7 | 등적 기체 온도계

등적 기체 온도계가 삼중점 상태의 물을 담고 있는 기준 용기와 접촉하고 있다. 평형에 도달한 후 기체 압력은 55.79 kPa이다. 이제 온도계를 온도가 알려지지 않은 시료와 접촉시킨다. 온도가 새 평형점에 도달한 후 기체 압력은 65.12 kPa이다. 이 시료의 온도는 얼마인가?

핵심 온도계의 부피는 변하지 않으며 이 과정은 등적 과정이다.

풀이 물의 삼중점에서 온도는 $T_1 = 0.01°\text{C} = 273.16\ \text{K}$이다. 닫힌 계의 이상 기체 법칙은 $p_2V_2/T_2 = p_1V_1/T_1$이다. 부피는 변하지 않으므로 $V_2/V_1 = 1$이다. 따라서

$$T_2 = T_1\frac{V_2}{V_1}\frac{p_2}{p_1} = T_1\frac{p_2}{p_1} = (273.16\ \text{K})\frac{65.12\ \text{kPa}}{55.78\ \text{kPa}}$$
$$= 318.90\ \text{K} = 45.75°\text{C}$$

이다. 최종 답은 흔히 °C로 나타내지만 이 계산에서 온도는 반드시 켈빈 단위여야 한다. 압력이 유효 숫자 네 자리로 주어져 있으므로 T_K는 $T_\text{C} + 273$ 대신 $T_\text{K} = T_\text{C} + 273.15$로 한다.

검토 $T_2 > T_1$은 압력 증가에서 예측된다.

등압 과정

일정하고 변화하지 않는 압력에서 기체 과정을 **등압 과정**(isobaric process)이라 한다. 일정 압력의 과정인 등압 과정에서 *baric*은 '기압계'와 같은 어근을 가지고 '압력'이라는 의미이다. 등압 과정은

$$p_\text{f} = p_\text{i} \tag{18.20}$$

이다.

그림 18.11a는 압력을 일정하게 유지하면서 기체 상태를 변화시키는 방법을 보여준다. 기체 원통은 질량 M의 피스톤을 가지고 있고 이 피스톤은 위로 아래로 미끄러질 수 있지만 용기를 치밀하게 봉인시켜 어떤 원자가 들어가거나 나올 수 없다. 그림 18.11b의 자유 물체 도형에서 볼 수 있는 것처럼 피스톤과 공기는 $p_\text{atmos}A + Mg$의 힘으로 피스톤을 아래로 누르고 내부의 기체는 $p_\text{gas}A$의 힘으로 위로 밀어낸다. 평형에서 원

그림 18.11 등압 과정

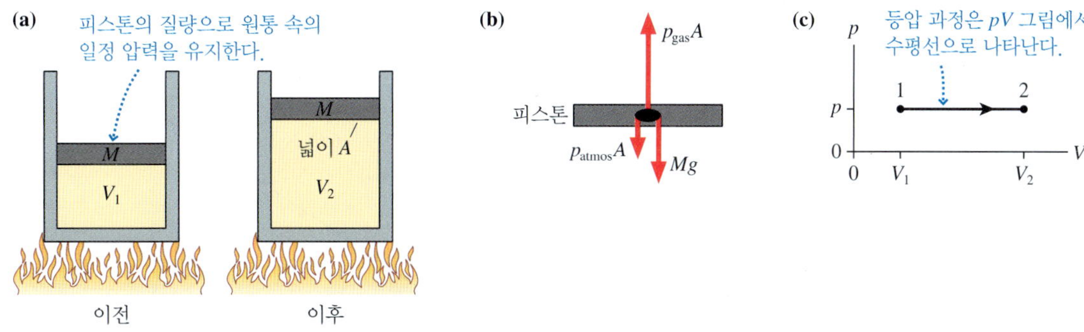

통 안의 기체 압력은 다음과 같다.

$$p_{gas} = p_{atmos} + \frac{Mg}{A} \qquad (18.21)$$

다시 말해서 기체 압력은 기체가 피스톤의 질량과 안으로 누르는 공기압을 지탱해야 하는 요구 조건으로 결정할 수 있다. **이 압력은 기체의 온도와 피스톤의 높이에 무관하며 M이 바뀌지 않는 한 일정하게 유지된다.**

기체가 가열되면 기체는 팽창하고 피스톤을 위로 민다. 하지만 질량 M으로 결정되는 압력은 변하지 않는다. 그림 18.11c의 pV 그림에서 수평선 $1 \rightarrow 2$로 표현한 것이 이 과정이다. 이러한 과정을 **등압 팽창**이라고 한다. **등압 압축**은 기체가 냉각되어 피스톤이 낮아질 때 일어난다. **어떠한 등압 과정도 pV 그림 위에서 수평선으로 나타난다.**

예제 18.8 압력 비교

그림 18.12의 두 원통은 20°C의 이상 기체를 포함하고 있다. 각 원통은 질량 M의 마찰 없는 피스톤으로 봉인되어 있다.

a. 기체 2의 압력을 기체 1과 비교하면 더 큰가, 더 작은가 아니면 같은가?

b. 기체 2가 80°C로 가열된다고 하면 압력과 부피는 어떻게 되는가?

핵심 기체들을 이상 기체로 취급한다.

그림 18.12 두 기체의 압력을 비교한다.

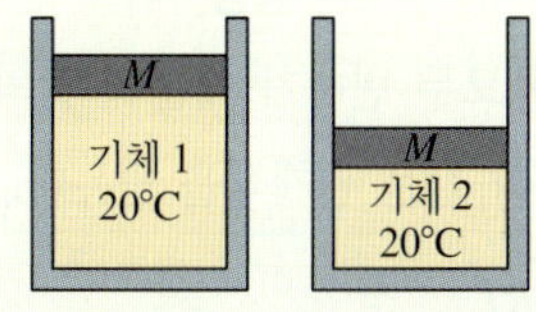

풀이 a. 기체 압력은 피스톤이 역학적 평형에 있다는 조건에 의해 결정된다. 내부의 기체 압력은 피스톤을 위로 밀고 공기압과 피스톤의 무게는 피스톤을 내리누른다. 기체 압력 $p = p_{atmos} + Mg/A$는 피스톤의 질량에 의존하지만 피스톤이 얼마나 높이 있는지나 원통 내의 기체의 형태에는 의존하지 않는다. 따라서 두 압력은 같다.

b. 압력은 온도에도 의존하지 않는다. 기체를 가열하면 온도가 오르지만 피스톤의 질량과 넓이에 의해 결정되는 압력은 변하지 않는다. $pV/T =$ 상수에서 p가 일정하기 때문에 $V/T =$ 상수도 성립해야만 한다. T가 오르면 부피 V 또한 증가하여 V/T가 변하지 않게 된다. 다시 말해서 기체 온도가 증가하면 부피는 팽창이 된다(피스톤이 올라간다). 하지만 압력 변화는 없다. 이것이 등압 과정이다.

예제 18.9 기체 식별

실험 조교가 원통 속으로 50 g의 기체를 증류한다. 그러나 어떤 기체인지를 기록하지 않은 채 놔두었다. 이 원통에는 압력 조절기가 있어 피스톤이 2.00기압으로 일정하게 조절한다. 이 기체를 식별하기 위해 서로 다른 몇 개의 온도에서 원통 부피를 측정하여 오른편에 보인 실험 결과를 얻었다. 이 기체는 어떤 기체인가?

T (℃)	V (L)
−50	11.6
0	14.0
50	16.2
100	19.4
150	21.8

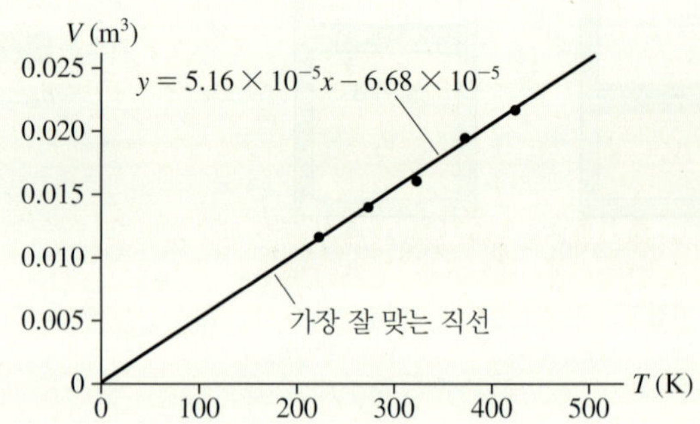

그림 18.13 기체의 부피-온도 그래프

핵심 압력은 변하지 않으므로 기체 가열은 등압 과정이다.

풀이 이상 기체 법칙은 $pV=nRT$이다. 이 식을 다음과 같이 쓸 수 있다.

$$V=\frac{nR}{p}T$$

V와 T 그래프는 원점을 지나는 직선이어야 한다. 또한 기울기 nR/p를 이용하여 기체의 몰수를 측정하고, 이것으로부터 몰 질량을 정하여 기체를 식별할 수 있다.

그림 18.13은 부피와 온도를 SI 단위인 m^3와 켈빈으로 환산한 결과이다. y절편은 실질적으로 0이며 기체의 거동이 이상 기체임을 입증한다. 가장 잘 맞는 직선의 기울기는 $5.16\times10^{-5}\ m^3/K$이다. 기체의 몰수는 다음과 같다.

$$n=\frac{p}{R}\times \text{기울기}=\frac{2\times101{,}300\ \text{Pa}}{8.31\ \text{J/mol K}}\times5.16\times10^{-5}\ \text{m}^3/\text{K}=1.26\ \text{mol}$$

이 값으로부터 몰 질량은

$$M=\frac{0.050\ \text{kg}}{1.26\ \text{mol}}=0.040\ \text{kg/mol}$$

이다. 따라서 원자 질량은 40 u이며, 이 기체는 아르곤이다.

검토 위의 원자 질량은 잘 알려진 기체의 값이며 이 결과는 신용할 수 있다.

등온 과정

마지막으로 고려할 것은 등온 상태에서 일어나는 과정이다. 일정 온도의 과정은 **등온 과정**(isothermal process)이다. 등온 과정은 $T_f=T_i$인 과정이다. $pV=nRT$이므로 닫힌 계(일정 n)의 등온 과정에서 곱 pV는 변하지 않는다. 따라서 등온 과정에서

$$p_fV_f=p_iV_i \tag{18.22}$$

이다.

가능한 등온 과정 하나가 그림 18.14a에 표시되어 있는데, 여기서 피스톤은 기체를 아래로 눌러 압축한다. 피스톤을 **천천히** 누르면 원통 벽을 통해 열에너지가 전달되어 기체의 온도가 원통을 둘러싸고 있는 액체의 온도와 같아진다. 이것이 **등온 압축**이다. 반대로 피스톤을 천천히 잡아당기는 역과정은 **등온 팽창**이라고 한다.

pV 그림 위에서 등온 과정은 p와 V가 모두 변하기 때문에 앞의 두 과정에 비하여 훨씬 복잡하다. 온도가 일정하다면 다음과 같은 관계식을 얻는다.

$$p=\frac{nRT}{V}=\frac{\text{상수}}{V} \tag{18.23}$$

p와 V 사이의 역관계는 등온 과정의 그래프가 쌍곡선이 되도록 한다. 하나의 상태

그림 18.14 등온 과정

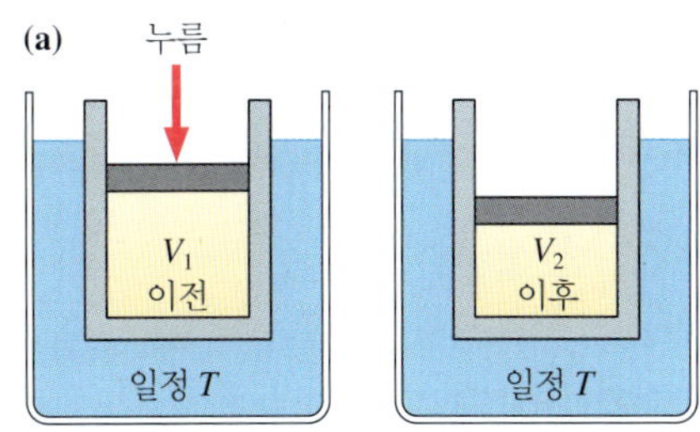

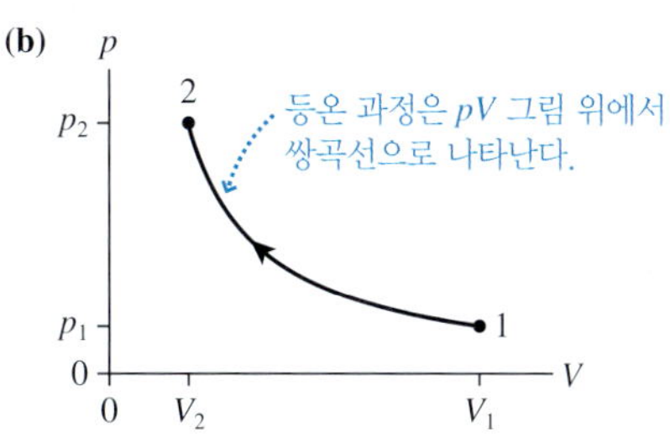

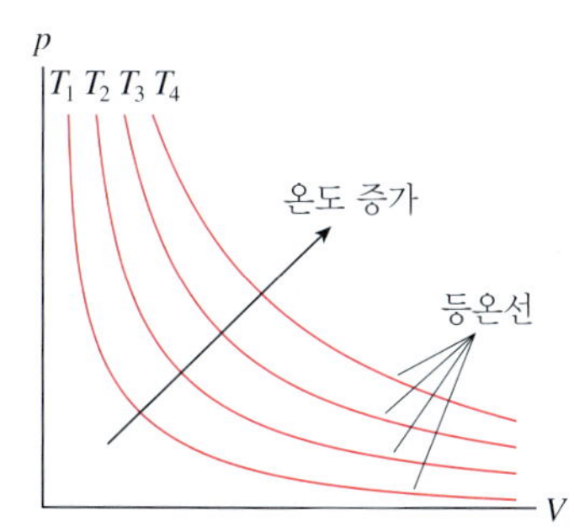

변수가 올라간다면 다른 것은 내려간다.

그림 18.14b의 $1 \rightarrow 2$로 보인 과정은 그림 18.14a에 보인 **등온 압축**을 나타낸다. **등온 팽창**은 쌍곡선을 따라 반대 방향으로 움직인다.

쌍곡선의 위치는 T값에 의존한다. 낮은 온도 과정은 높은 온도 과정에서보다 원점에 가까운 쌍곡선으로 표현된다. 그림 18.14c는 온도 T_1에서 T_4인 4개의 쌍곡선을 나타내고, 여기서 $T_4 > T_3 > T_2 > T_1$이다. 이들은 **등온선**(isotherm)이다. 등온 과정을 겪는 기체는 그 온도의 등온선을 따라 움직인다.

예제 18.10 허파 속의 공기 압축

바다에서 스노클링 하는 사람이 수면에서 크게 심호흡을 하여 공기 4.0 L를 그의 허파에 가득 채운다. 그리고 5.0 m의 수심으로 하강한다. 이 깊이에서 스노클링 하는 사람의 허파 속 공기 부피는 얼마인가?

핵심 수면에서 허파의 압력은 1.00기압이다. 신체는 물속과 물 밖의 큰 압력차를 견딜 수 없기 때문에 주변 수압에 맞추기 위해 허파의 공기압은 상승하고 부피는 감소한다.

풀이 봉인된 용기의 이상 기체 법칙은 다음과 같다.

$$V_2 = \frac{p_1}{p_2}\frac{T_2}{T_1}V_1$$

코와 입을 통해 들어온 공기는 빠르게 온도가 높아져 체온과 같은 온도가 되고 스노클링 하는 사람이 물속으로 들어가도 공기 온도는 일정하게 유지된다. 따라서 $T_2/T_1 = 1$이다. 수면에서 $p_1 = 1.00$ atm $= 101{,}300$ Pa임을 안다. 해수의 밀도를 이용하여 유체 정지 압력 방정식으로부터 p_2를 구할 수 있다.

$$p_2 = p_1 + \rho g d = 101{,}300 \text{ Pa} + (1030 \text{ kg/m}^3)(9.80 \text{ m/s}^2)(5.0 \text{ m}) = 151{,}800 \text{ Pa}$$

이를 이용하여 수심 5.0 m에서 부피는 다음과 같다.

$$V_2 = \frac{101{,}300 \text{ Pa}}{151{,}800 \text{ Pa}} \times 1 \times 4.0 \text{ L} = 2.7 \text{ L}$$

검토 허파 속의 공기는 물밑으로 다이빙하면 주목할 만큼 압축된다.

예제 18.11 다단계 과정

2.0기압, 200°C의 기체가 처음 부피의 두 배가 될 때까지 등온 팽창한다. 그 다음 원래 부피로 돌아올 때까지 기체를 등압 압축시킨다. 먼저 pV 그림 위에 이 과정을 보이시오. 그 다음 최종 온도(°C)와 최종 압력을 구하시오.

핵심 등온 팽창의 나중 상태는 등압 압축의 초기 상태이다.

시각화 그림 18.15는 과정을 보여준다. 기체가 등온 팽창함에 따라

(계속)

그림 18.15 예제 18.11 과정에 대한 pV 그림

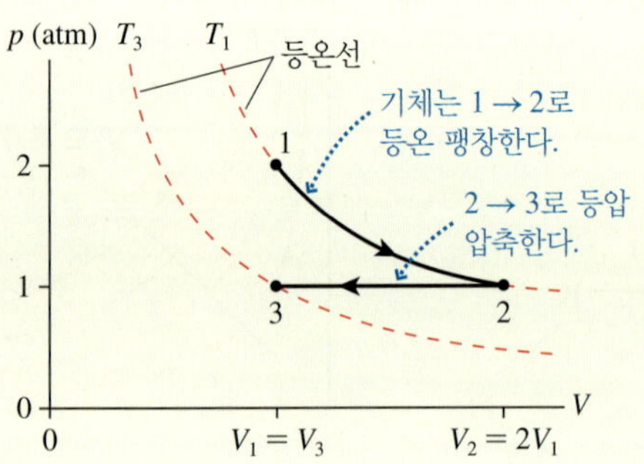

등온선을 따라 부피가 $V_2 = 2V_1$ 될 때까지 아래로 움직인다. 그 후 기체는 등압으로 최종 부피 V_3가 원래 부피 V_1이 될 때까지 압축된다. 상태 3은 원점에 더 가까운 등온선이며, 따라서 $T_3 < T_1$가 될 것으로 기대된다.

풀이 등온 팽창하는 동안 $T_2/T_1 = 1$이고 $V_2 = 2V_1$이다. 따라서 점 2에서 압력은 다음과 같다.

$$p_2 = p_1 \frac{T_2}{T_1}\frac{V_1}{V_2} = p_1 \frac{V_1}{2V_1} = \tfrac{1}{2}p_1 = 1.0 \text{ atm}$$

등압 압축하는 동안 $p_3/p_2 = 1$이고 $V_3 = V_1 = \frac{1}{2}V_2$이다. 곧

$$T_3 = T_2 \frac{p_3}{p_2}\frac{V_3}{V_2} = T_2 \frac{\frac{1}{2}V_2}{V_2} = \tfrac{1}{2}T_2 = 236.5 \text{ K} = -36.5°\text{C}$$

이다. 여기서 계산을 하기 전에 T_2를 473 K로 변환하였고 다시 T_3를 °C로 환산하였다. 나중 상태는 $T_3 = -36.5°\text{C}$, $p = 1.0$기압이며 압력과 절대 온도 모두가 초깃값의 반이다.

응용 예제 18.12 | 피스톤 누르기

지름이 50.0 cm인 큰 금속 원통 안에 공기가 마찰 없이 위아래로 잘 움직이는 20.0 kg 피스톤을 지지하고 있다. 온도가 20°C일 때 피스톤은 바닥으로부터 100.0 cm 위에 있다. 80.0 kg의 학생이 피스톤 위에 올라간다. 시간이 지나면 피스톤은 얼마나 내려가겠는가?

핵심 원통의 금속 벽은 좋은 열전도체이기 때문에 몇 분 후 기체 온도는 실온으로 돌아갈 것이다. 최종 온도는 초기 온도와 같다. 대기압은 1기압으로 가정한다.

시각화 그림 18.16은 학생이 피스톤 위에 서 있기 전후의 원통을 보여준다. 원통의 부피는 $V = Ah$이고 오직 h만 변한다.

풀이 봉인된 용기에 대한 이상 기체 법칙은 다음과 같다.

$$\frac{p_2Ah_2}{T_2} = \frac{p_1Ah_1}{T_1}$$

$T_2 = T_1$이므로 피스톤의 최종 높이는 다음과 같다.

$$h_2 = \frac{p_1}{p_2}h_1$$

기체 압력은 피스톤의 질량과 대기압을 통해 구할 수 있다. 평형 상태에서

$$p = p_{\text{atmos}} + \frac{Mg}{A} = \begin{cases} 1.023 \times 10^5 \text{ Pa} & \text{피스톤만에 의한 압력} \\ 1.063 \times 10^5 \text{ Pa} & \text{피스톤과 학생 모두에 의한 압력} \end{cases}$$

이고, 여기서 $p_{\text{atmos}} = 1 \text{ atm} = 1.0^{13} \times 10^5$ Pa, $A = \pi r^2 = 0.196 \text{ m}^2$이다. 피스톤의 최종 높이는

그림 18.16 학생이 기체를 압축한다.

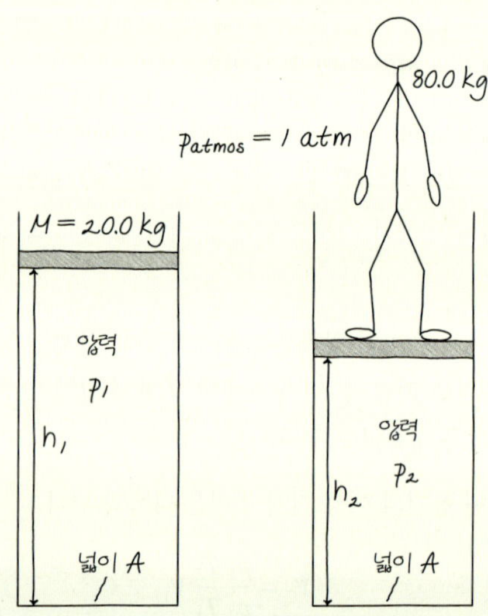

$$h_2 = \frac{1.023 \times 10^5 \text{ Pa}}{1.063 \times 10^5 \text{ Pa}} \times 100.0 \text{ cm} = 96.2 \text{ cm}$$

이다. 하지만 문제는 피스톤이 얼마나 내려갔는지를 물었다. 따라서 답은 $h_1 - h_2 = 3.8$ cm이다.

검토 피스톤도 학생도 기체 압력을 1기압 이상 증가시키지 않았다. 따라서 학생, 즉 더해진 중량이 피스톤을 많이 내려가게 하지 않았다는 것은 놀라운 일은 아니다.

서술형 질문

1. 높은 것부터 낮은 순서로 온도 $T_1 = 0$ K, $T_2 =$ 0°C, $T_3 = 0$°F의 순위를 매기시오.
2. a. 빙하는 왜 바닥에서부터 녹는가?
   b. 물에서 모든 불순물을 주의 깊게 제거한 후 물을 냉각시키면 0°C에서 얼까?
3. 300 K에서 부피가 8.0×10^{-3} m^{3}인 이상 기체가 용기 속에 있다. 압력은 200 kPa이고, 압력이 125 kPa이 될 때까지 기체가 세어나오도록 한다. 용기의 온도가 일정하게 유지되면 용기에 남아 있는 기체 부피는 몰로 얼마인가?
4. 압력 10 Pa, 온도 27°C인 기체가 등적 상태로 가열된다. 압력이 20 Pa일 때 온도는 얼마인가?
5. 기체가 봉인된 용기에 있다. 다음 경우에 기체 압력은 몇 배만큼 변하는가?
   a. 부피는 2배, 온도는 3배
   b. 부피는 반, 온도는 3배
6. 기체가 그림 Q18.6에서 보인 과정을 겪으며 온도가 300 K에서 1200 K로 오른다. 최종 압력은 얼마인가?

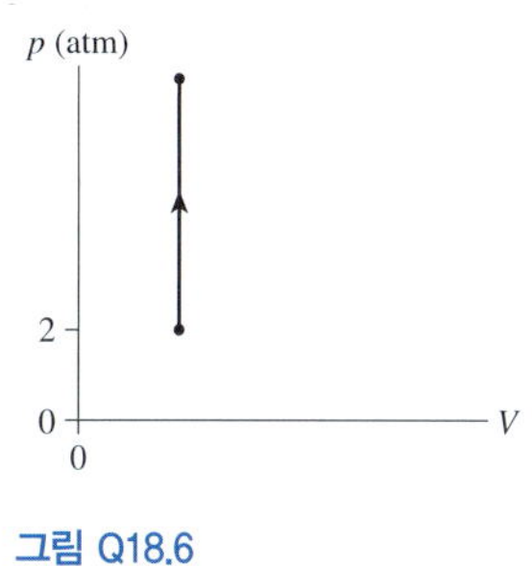

그림 Q18.6

연습문제

표시가 된 연습문제들은 이전 장들에서 다룬 내용과 관련이 있다.

연습

18.1 고체, 액체, 기체

1. | 8 cm^{3}의 금과 같은 질량의 물의 부피는 얼마인가?
2. | 2 cm × 2 cm × 2 cm의 정육면체 알루미늄과 같은 질량의 구리 공의 지름은 얼마인가?

18.2 원자와 몰수

3. | 3 cm × 3 cm × 3 cm의 구리 정육면체의 몰수는 얼마인가?
4. | (a) 알루미늄과 (b) 납의 개수 밀도는 얼마인가?
5. | 2.0 mol의 금을 구 모양으로 만든다. 구의 지름은 얼마인가?

18.3 온도

6. | 인체의 정상 온도는 94.8°F이며 보통 108°F까지 견딜 수 있다. 이들 온도를 섭씨와 켈빈으로 측정한 값은 얼마인가?
7. | 얼빠진 과학자가 새로운 온도 눈금 'Z'를 만들었다. 질소의 끓는점을 0°Z, 철의 녹는점을 1000°Z로 정하였다.
   a. Z눈금으로 물의 끓는점은 얼마인가?
   b. 500°Z를 섭씨와 켈빈으로 환산하시오.

18.4 열팽창

18.5 상변화

8. | 측량하는 사람이 20°C에서 100.000 m 길이(정확도 ±1 mm)로 조정된 철 측정 테이프가 있다. 3°C에서 두 말뚝 사이의 거리가 65.175 m로 측정되었다면 정확한 값을 얻기 위해 보정 인자를 더하거나 뺄 필요가 있는가? 보정 인자는 얼마인가?
9. | 60.00 L의 연료통에 −10°C의 휘발유를 채우고 나서 온도 20°C의 저장고로 굴려 넣었다. 연료통에 세는 구멍이 없다면, 연료를 채울 때 가열에 의하여 연료통이 터지지 않기 위한 최소 빈 공간 부피는 얼마인가?

18.6 이상 기체

10. | 한 원통 용기에 질소 기체가 있다. 피스톤은 기체를 압축하여 초기 부피의 반이 되었다. 그 후에
    a. 기체의 질량 밀도는 변하였는가? 만약 그렇다면 몇 배쯤인가? 그렇지 않다면 왜 아닌가?
    b. 기체의 몰수는 변하였는가? 만약 그렇다면 몇 배쯤인가? 그렇지 않다면 왜 아닌가?
11. | 단단한 용기에 30°C, 2.0몰, 1.0기압의 기체가 들어 있다.
    a. 용기의 부피는 얼마인가?

b. 온도가 130°C로 오르면 압력은 얼마가 되는가?

12. ‖ 보통 성인의 허파 총 용량은 5.0 L이다. 대략 공기의 20%는 산소이다. 해수면 높이에서 신체의 온도가 37°C일 때 숨을 힘껏 들이마시면 허파 속의 산소 분자는 얼마인가?
BIO

13. | 태양 코로나는 태양 표면 주변의 매우 뜨거운 대기권이다. 코로나에서 나오는 엑스선을 통해 코로나의 온도가 2×10^6 K임을 알 수 있다. 코로나의 기체 압력은 0.03 Pa이다. 태양 코로나 속의 입자의 개수 밀도를 계산하시오.

18.7 이상 기체 과정

14. | 초기 상태 변수 p_1, V_1, T_1이 $V_2 = 2V_1$가 되도록 등온 팽창하였다. (a) T_2와 (b) p_2는 얼마인가?

15. ‖ 단단하고 속이 빈 구가 공기압이 1.0기압인 방에서 끓는 물에 잠겨 있다. 구에는 열린 밸브가 있는데, 이 밸브는 수면 위에 있다. 시간이 오래 지나면, 밸브가 닫힌다. 구를 (a) 얼음과 물의 혼합물 속에 넣으면 구 내부 압력은 얼마인가? (b) 드라이아이스가 채워진 절연 상자 속에 넣으면 구 내부 압력은 얼마인가?

16. ‖ 지름이 24 cm인 세워진 원통 위는 마찰 없는 20 kg의 피스톤으로 봉인되어 있다. 기체 온도가 303°C일 때 피스톤은 바닥으로부터 84 cm에 있다. 피스톤 위의 공기압은 1.00기압이다.
a. 원통 내의 기체 압력은 얼마인가?
b. 온도가 15°C로 내려가면 피스톤의 높이는 얼마가 되는가?

17. | 0.10몰의 아르곤 기체가 50 cm^3의 20°C의 빈 용기로 들어간다. 그 후 기체는 등압 가열 과정을 겪고 300°C가 되었다.
a. 기체의 최종 부피는 얼마인가?
b. pV 그림 위에 과정을 그리시오. 각 축의 적당한 단위를 포함하시오.

18. | 0.0040몰의 기체가 그림 EX18.18의 그림에서 나타낸 과정을 겪는다.
a. 이 과정은 어떤 과정인가?
b. 섭씨로 초기 온도와 최종 온도는 얼마인가?

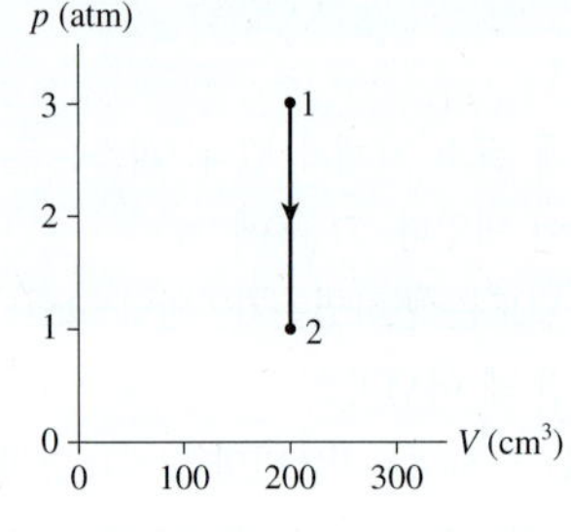

그림 EX18.18

19. | 0.020몰의 기체가 그림 EX18.19의 그림에서 나타낸 과정을 겪는다.
a. 이 과정은 어떤 과정인가?
b. 섭씨로 최종 온도는 얼마인가?
c. 최종 부피 V_2는 얼마인가?

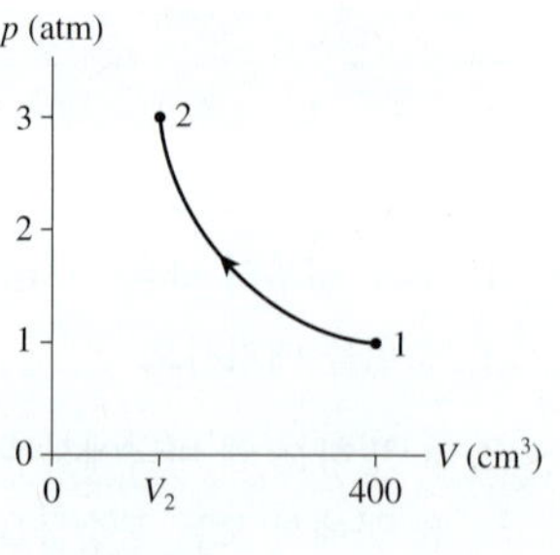

그림 EX18.19

20. ‖ 이상 기체의 초기 압력은 p_1, 부피는 V_1이다. 이 기체가 등적 과정을 거쳐 압력이 두 배가 되었다. 그 후 등압 과정을 거쳐 부피가 두 배가 되고, 다시 등온 과정을 거쳐 부피가 두 배가 되었다. 세 과정을 pV 그림으로 표현하고 각각의 과정을 표시하시오.

문제

21. ‖ 구리의 원자 질량수는 $A = 64$이다. 고체 구리의 원자는 정방결정격자를 형성한다고 가정하자. 이것을 상상하기 위해 작은 정육면체 설탕 중심에 원자를 놓는다고 상상하자. 그 후에 작은 정육면체 설탕을 쌓아 더 큰 정육면체를 만든다. 설탕을 녹이면 정방결정격자 속의 원자는 남을 것이다. 두 구리 원자 간의 최소 거리는 얼마인가?

22. | 안지름이 2.00 cm이고 바깥지름이 3.00 cm인 황동반지를 지름 2.00 cm의 강철 막대 위에 끼워야 하지만 20°C에서 황동반지의 구멍 지름은 50 μm만큼 작다. 몇 °C까지 가열해야 막대와 반지를 간신히 끼울 수 있는가?

23. ‖ 반도체 산업에서는 1.0×10^{-10} mmHg 압력의 진공실 안에서 IC 회로를 제조한다.
a. 이 압력은 대기압의 몇 배인가?
b. 20°C에서 지름이 40 cm, 높이가 30 cm인 원통 진공실 속의 분자는 몇 개인가?

24. ‖ 별을 형성하는 성운은 100 atoms/cm^3의 희박 기체를 포함하고 있다. 이 기체가 주변의 별들에 의하여 자외선 복사에 의하여 7500 K까지 가열된다. 기압 단위로 이 기체 압력은 얼마인가?

25. ‖ 2.0 L의 강체 원통 속에 들어 있는 네온 질량을 알아보기 위해 원통의 온도를 바꾸고 동시에 압력계의 값을 기록한다. 기록한 결과는 다음과 같다.

온도 (°C)	압력계 (atm)
100	6.52
150	7.80
200	8.83
250	9.59

적절한 그래프의 가장 잘 맞는 직선을 사용하여 네온의 질량을 결정하시오.

26. ‖ 잠수 종은 상단은 막혀있고 하단은 열린 3.0 m 길이의 원통이다. 종 안에 공기의 온도는 20°C이다. 종의 바닥을 수심 100 m까지 내린다. 이 깊이에서 온도는 10°C이다.
   a. 종 내부 공기가 열적 평형 상태에 도달할 만큼 충분한 시간이 지나서 종 내부의 수면은 얼마나 올라가는가?
   b. 수면 위로부터 압축공기를 사용하여 종 속의 물을 밀어내려면 최소 얼마의 공기압력이 필요한가?

27. ‖ 시원한 아침, 온도 15°C에서 측정한 자동차 타이어의 압력은 30 psi이다. 20마일을 고속도로 운전을 한 후의 타이어 온도는 45°C이다. 타이어 게이지가 보이는 압력은 얼마인가?

28. ‖ 20기압, 200°C의 수증기 10,000 cm^{3}가 응축될 때까지 냉각시킨다. 액체 물의 부피는 얼마인가? cm^{3}로 답하시오.

29. ‖ 그림 P18.29의 U자형 관의 총 길이는 1.0 m이다. 한쪽 끝은 열려 있고 다른 쪽 끝은 닫혀 있으며 처음 20°C, 1.0기압의 공기로 채운다. 공기가 빠져나가지 않도록 하면서 수은을 천천히 쏟아 부어 공기를 압축한다. 관의 열린 면이 수은으로 완전히 채워질 때까지 계속한다. 수은 기둥의 길이 L은 얼마인가?

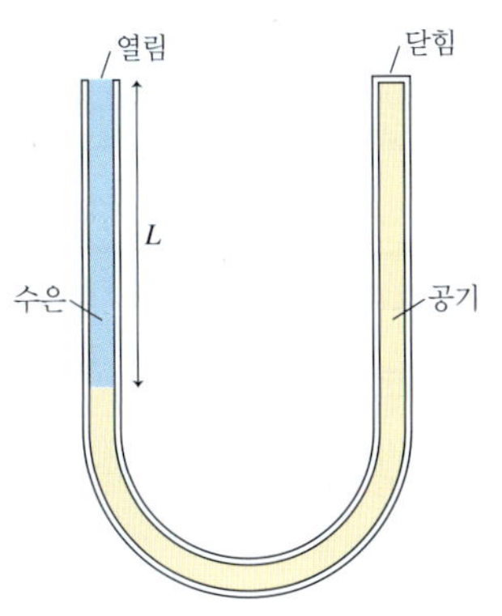

그림 P18.29

30. ‖ 10°C의 담수에서 50 m 수심 속의 다이버는 1.0 cm 크기의 거품을 내뿜는다. 물의 온도가 20°C인 호수 수면에 도달할 때 거품의 지름은 얼마인가?
힌트: 기포가 항상 주변 물과 열적 평형 상태에 있다고 가정한다.

31. ‖ 그림 P18.31은 질소 기체 1.0 g이 상태 1에서 상태 2로 이동하는 두 가지 다른 과정을 보여준다. 상태 1의 온도는 25°C이다. (a) 압력 p_1과 (b) 온도(섭씨로) T_2, T_3, T_4는 얼마인가?

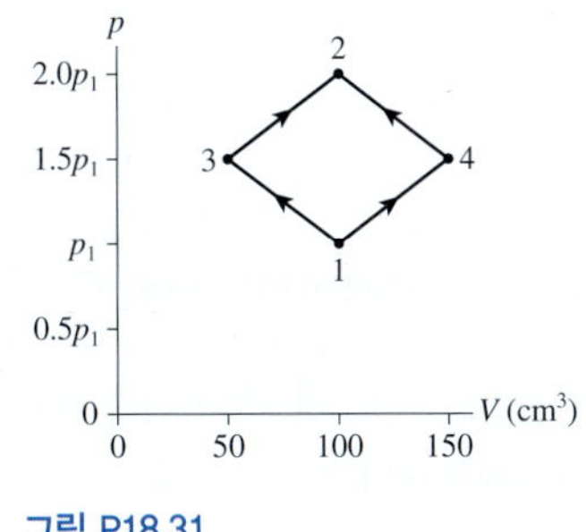

그림 P18.31

32. ‖ 4.0 g의 산소 기체가 820°C에서 시작하여 그림 P18.32의 1 → 2 과정을 따른다. 온도 T_2(°C 단위)는 얼마인가?

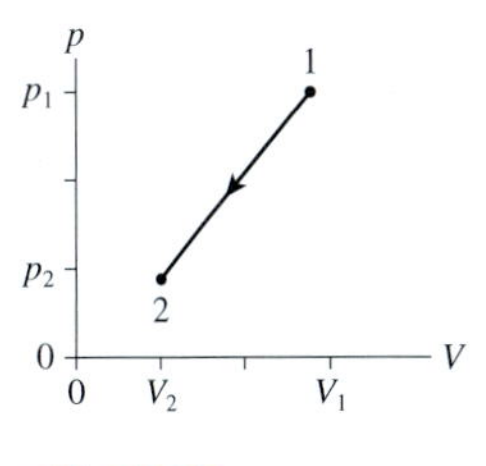

그림 P18.32

33. ‖ 2.0기압, 127°C에서 기체 용기가 부피가 절반이 될 때까지 일정한 온도에서 압축된다. 그런 다음 부피가 다시 반으로 줄어들 때까지 일정한 압력으로 계속 압축된다.
   a. 기체의 최종 압력과 온도는 얼마인가?
   b. 이 과정을 pV 그림에 나타내시오.

문제 34–35는 문제를 풀 수 있는 방정식이 주어진다. 각 문제에서
   a. 이 식들이 올바른 방정식이 되는 현실적인 문제를 써보시오.
   b. pV 그림을 그리시오.
   c. 문제의 답을 구하시오.

34. $p_2 = \dfrac{300\text{ cm}^3}{100\text{ cm}^3} \times 1 \times 2\text{ atm}$

35. $V_2 = \dfrac{(400+273)\text{ K}}{(50+273)\text{ K}} \times 1 \times 200\text{ cm}^3$

응용 문제

36. ‖‖ 팽창된 자전거 바퀴 내부 튜브의 지름은 2.2 cm이고, 둘레는 200 cm이다. 작은 누출로 인해 계기 압력이 감소하는데, 온도가 20°C인 날에는 110 psi에서 80 psi가 될 것이다. 손실된 공기 질량은 얼마인가? 공기는 순수한 질소라고 가정한다.

37. ‖‖ 그림 CP18.37의 용기 A와 B는 같은 기체를 담고 있다. B의 부피는 A의 부피의 네 배이다. 두 용기는 (무시할 수 있는 부피의) 얇은 관과 밸브로 연결되어 있고 밸브는 닫혀 있다. A의 기체는 300 K, 압력은 1.0×10^5 Pa이다. B의 기체는 400 K, 압력은 5.0×10^5 Pa이다. 히터는 밸브가 열린 후에도 A와 B의 온도를 유지한다. 밸브가 열리면 기체는 A와 B가 같은 압력을 가질 때까지 한쪽 방향으로 흐르게 된다. 최종 압력은 얼마인가?

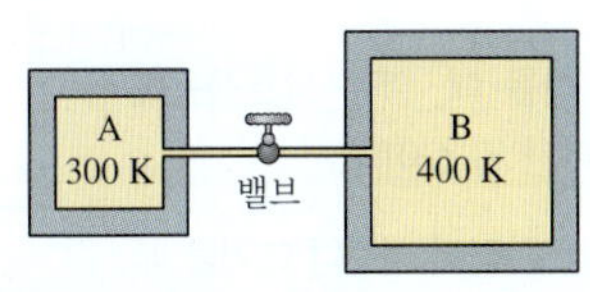

그림 CP18.37

19 일, 열 그리고 열역학 제1법칙

Work, Heat, and the First Law of Thermodynamics

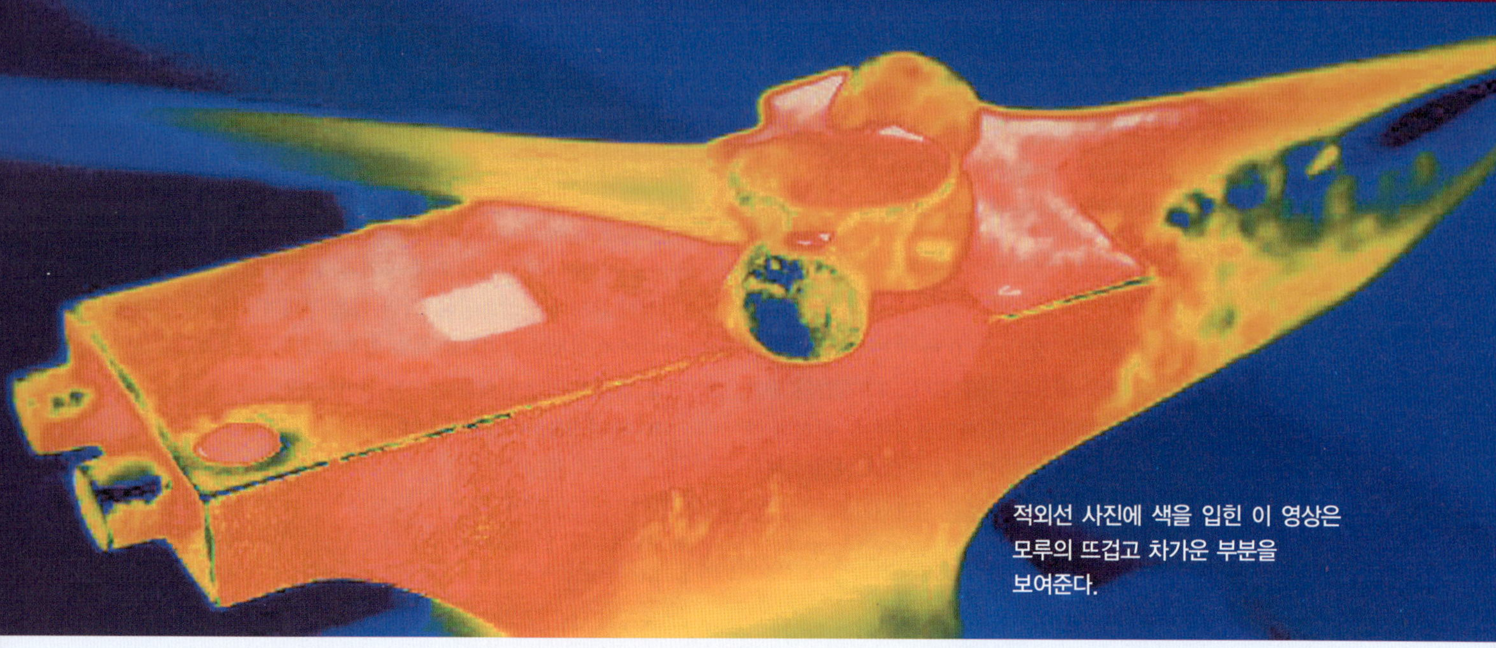

적외선 사진에 색을 입힌 이 영상은 모루의 뜨겁고 차가운 부분을 보여준다.

이 장에서는 열역학 제1법칙을 배우고 활용해본다.

열역학 제1법칙이란 무엇인가?

열역학 제1법칙은 에너지와 에너지 보존에 관한 보편적 설명이다. 열 또는 일의 형태로 에너지가 들어오거나 나가면, 계의 열에너지는 변한다.

$$\Delta E_{th} = W + Q$$

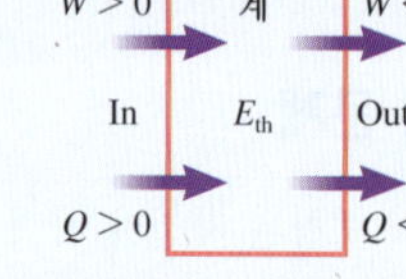

《 되돌아보기: 10.4 및 10.8절 에너지 보존

일이 어떻게 기체에 전달되는가?

힘이 작용할 때 역학적 상호작용에 의해 전달되는 에너지가 일 W이다. 기체의 부피를 변화시키면 일이 전달된다.

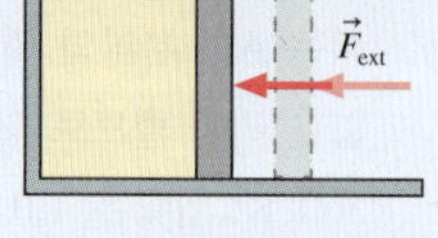
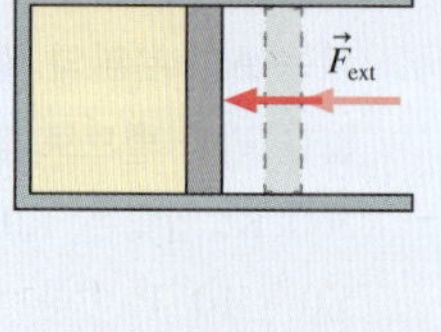

- $W > 0$ (에너지 유입) 압축 과정
- $W < 0$ (에너지 방출) 팽창 과정

《 되돌아보기: 9.2 및 9.3절 일

열이란 무엇인가?

계와 환경의 온도가 다를 때, 열적 상호작용에 의해 전달되는 에너지가 열 Q이다.

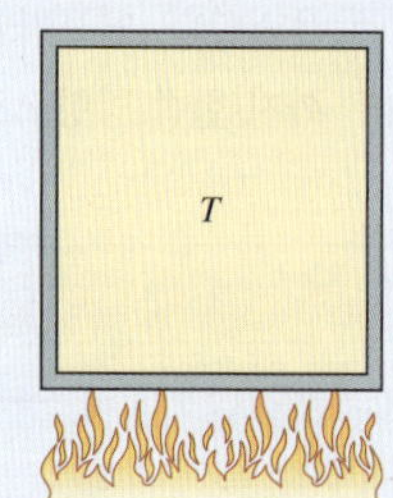

- $Q > 0$ (에너지 유입) 환경이 계보다 뜨거울 때
- $Q < 0$ (에너지 방출) 계가 환경보다 뜨거울 때

열이 어떻게 전달되는가?

열에너지는 계와 환경 사이에서 다음과 같은 현상에 의해 전달된다.

- 전도
- 대류
- 복사
- 증발

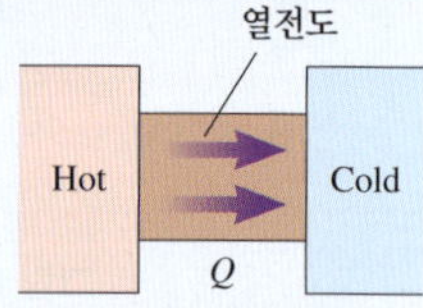

물질의 열적 특성은 무엇인가?

열은 온도 변화와 상변화를 일으킬 수 있다. 열에 대한 물질의 특성은 비열, 융해열, 기화열 및 열전도도에 의해 좌우된다. 이 양들이 물질의 열적 특성이다. 둘 이상의 계가 열적 상호작용을 할 때 최종 온도를 결정하는 열량 계산이 중요한 응용이다.

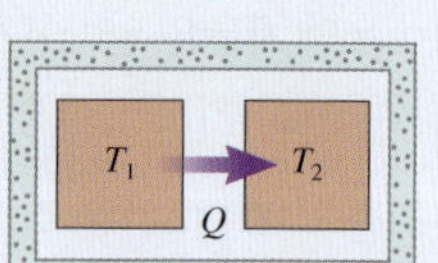

열역학 제1법칙이 중요한 이유는 무엇인가?

열역학 제1법칙은 에너지가 생성되거나 파괴될 수 없다는 매우 보편적인 설명이다. 에너지는 한 지점에서 다른 지점으로 이동할 뿐이다. 자동차 엔진에서부터 발전소 및 우주선에 이르기까지 현대 사회의 많은 기계장치들은 열역학 제1법칙에 의존하여 발전해왔다. 이런 적용 사례를 21장에서 좀 더 자세히 살펴볼 것이다.

19.1 에너지에 관한 설명

« 10.8절에서 에너지 원리를 다음과 같이 표현하였다.

$$\Delta K = W_c + W_{diss} + W_{ext} \tag{19.1}$$

에너지는 계와 환경의 상호작용에 관한 것임을 기억해야 한다. 식 (19.1)은 입자를 밀거나 당기면서 힘이 일을 할 때, 입자로 이루어진 계의 운동 에너지가 변한다는 사실을 말한다. 여기서

1. W_c는 보존력에 의해 발생되는 일이다. 이 일은 계의 퍼텐셜 에너지 변화로 나타낼 수 있다. $\Delta U = -W_c$
2. W_{diss}는 계 내의 마찰 같은 흩어지기 힘에 의해 발생되는 일이다. 이 일은 계의 열에너지를 증가시킨다. $\Delta E_{th} = -W_{diss}$
3. W_{ext}는 환경에서 발생하는 외력이 하는 일이다. 예를 들어 피스톤을 밀면 외력이 발생한다.

이 정의를 사용하면 식 (19.1)은 다음과 같이 표현된다.

$$\Delta K + \Delta U + \Delta E_{th} = W_{ext} \tag{19.2}$$

계의 역학적 에너지는 $E_{mech} = K + U$로 정의된다. 그림 19.1은 역학적 에너지가 계 전체의 거시적 에너지라면, E_{th}는 계 내부의 원자와 분자의 미시적 에너지라는 것을 알려준다. 이것은 10장의 에너지에 대한 마지막 설명과 같다.

$$\Delta E_{sys} = \Delta E_{mech} + \Delta E_{th} = W_{ext} \tag{19.3}$$

따라서 $W_{ext} = 0$인 고립계에서의 총에너지는 항상 일정하다.

9장과 10장의 중요 내용은 고립계였으며, 운동 에너지와 퍼텐셜 에너지가 서로 전환되는 방법과 마찰이 있을 때 열에너지로 전환되는 방법에 대하여 배웠다. 지금부터 W_{ext}가 0이 아닐 때 계와 환경에서 에너지가 어떻게 전달되는지 배운다.

그림 19.1 계의 총에너지

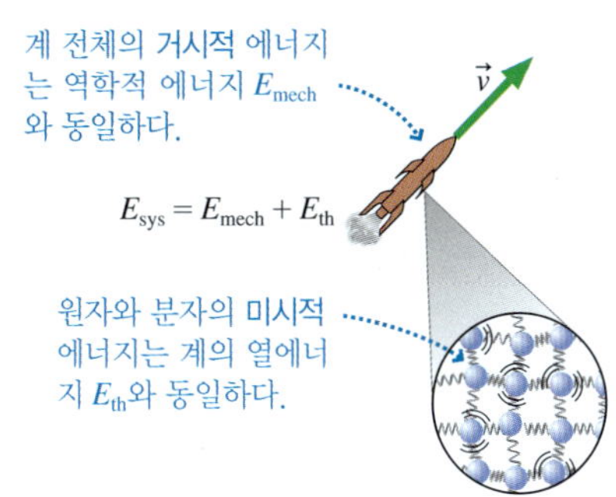

에너지 전달

계에서 일이 하는 작용은 다양한 결과를 나타낼 수 있다. 그림 19.2a는 줄이 일정 속도로 물체를 들어 올리는 모습을 보여주는데, 줄의 장력은 계에서 일 W_{ext}를 하는 외력이다. 이 경우, 계로 전달된 에너지는 계의 거시적 퍼텐셜 에너지 U_{grav}를 증가시키는 데 전부 사용된다. 에너지 전환 과정 $W_{ext} \rightarrow E_{mech}$는 그림 19.2a의 막대 그래프로 표현하였다.

이 상황을 같은 장력을 가진 동일한 줄이 거친 표면을 가로 질러 일정 속도로 물체를 끄는 그림 19.2b와 비교해보자. 그림 19.2b의 장력은 같은 양의 일을 하지만 역학적 에너지는 변화가 없다. 대신 마찰력이 물체 + 표면 사이의 열에너지를 증가시킨다. 이 에너지 전환 과정 $W_{ext} \rightarrow E_{th}$ 또한 그림 19.2b에 막대 그래프로 표현하였다.

그림 19.2 장력이 하는 일의 다른 결과

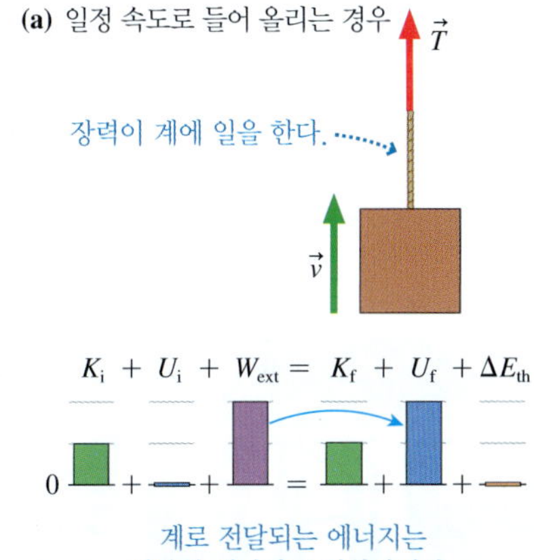

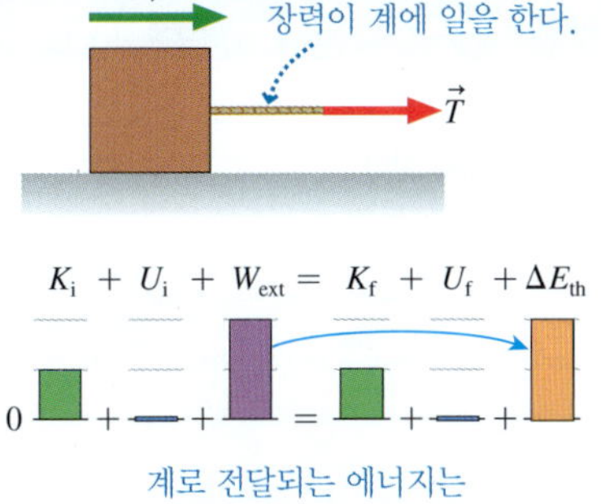

이 예에서 중요한 점은 계로 전달되는 에너지가 모두 계의 역학적 에너지로, 모두 열에너지로, 또는 이 둘의 조합으로 전환된다는 것이다. 에너지가 사라지지는 않지만, 어떤 에너지로 바뀌는지는 상황에 따라 다르다.

사라진 것: 열

역학적 과정을 통하여 일은 계에 에너지를 전달할 수 있는데, 이것이 에너지 전달의 유일한 과정은 아니다. 냄비에 물을 붓고 버너에 올려 불을 켜면 어떻게 되는가? 물의 온도는 증가하므로 $\Delta E_{\text{th}} > 0$이 된다. 그러나 온도만 증가할 뿐, 일은 발생하지 않으며($W_{\text{ext}} = 0$) 물의 역학적 에너지도 변화되지 않는다($\Delta E_{\text{mech}} = 0$). 이 과정은 분명히 에너지 방정식 $\Delta E_{\text{mech}} + \Delta E_{\text{th}} = W_{\text{ext}}$를 위반한다. 무엇이 틀렸을까?

틀린 것은 없다. 다만, 에너지 방정식은 지금까지의 상황에선 맞았지만, 아직 완전하지 않은 것뿐이다. 일은 역학적 상호작용에서 전달되는 에너지이지만, 이것이 계가 환경과 상호작용하는 유일한 방법은 아니다. **열적 상호작용**(thermal interaction)이 있는 경우, 계와 환경 사이에 에너지가 전달될 수 있다. 열적 상호작용에서 전달된 에너지를 **열**(heat)이라고 한다.

열에 대한 기호는 Q로 표현하고 에너지 방정식에 열을 포함시키면, 에너지 방정식은 다음과 같다.

$$\Delta E_{\text{sys}} = \Delta E_{\text{mech}} + \Delta E_{\text{th}} = W + Q \qquad (19.4)$$

열과 일은 모두 계와 환경 사이에서 전달되는 에너지의 형태이다.

19.2 이상 기체 과정에서의 일

자동차 엔진의 피스톤은 공기와 연료의 혼합물을 압축하며 일을 한다.

일에 대한 개념을 9장에서 소개하였는데, **일**(work)은 알짜힘이 계에 작용하여 계가 움직일 때 계와 환경 사이에 전달되는 에너지이다. 이 과정 자체는 **역학적 상호작용**(mechanical interaction)이며, 계와 환경이 밀고 당김으로써 생기는 상호작용을 뜻한다. 보통은, 환경(또는 환경으로부터의 특정 힘)이 계에 "일을 한다"고 표현한다. 알짜힘이 없다면 계는 **역학적 평형**(mechanical equilibrium) 상태에 있게 된다.

그림 19.3을 보면, 일은 양일 수도 있고, 음일 수도 있다. **일의 부호는 임의로 정한 것이 아니고, 어떤 좌표를 사용하는지에도 상관이 없다.** 일의 부호는 에너지가 어느 방향으로 이동하는지를 알려준다.

역학적 에너지나 열에너지와는 달리, **일은 상태 변수가 아니다.** 즉, 일은 계의 특성을 표현하는 숫자가 아니며, 일은 역학적 상호작용 중에 계와 환경 사이를 이동하는 에너지의 양을 나타낸다. 온도의 변화 $\Delta T = T_{\text{f}} - T_{\text{i}}$ 같이, 상태 변수의 변화는 측정할 수 있지만, '일의 변화'에 대하여 논하는 것은 의미가 없다. 따라서 일은 항상 W로 나타내며, 절대 ΔW로 나타내지 않는다.

그림 19.3 일의 부호

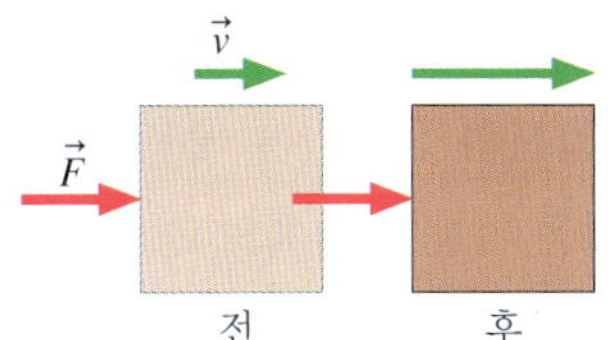

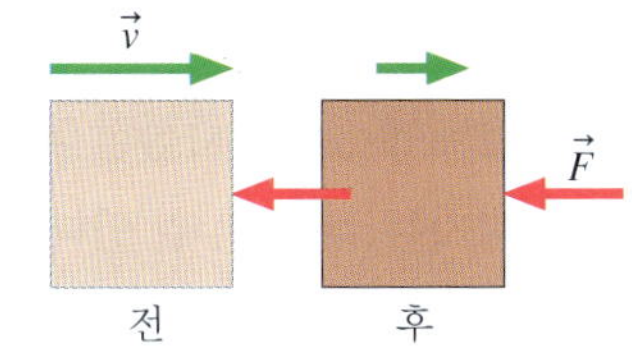

이미 «9.3절에서 일의 계산 방법을 배웠다. 계가 작은 변위 $d\vec{s}$를 움직이는 동안 힘 $\vec{F}$가 계에 하는 작은 일 dW는 $dW = \vec{F}\cdot d\vec{s}$이다. $\vec{F}$가 $d\vec{s}$와 평행 또는 반대인 경우만 생각한다면, 계가 s_i에서 s_f로 이동하는 동안 계에 전달된 전체 일은 다음과 같다.

$$W = \int_{s_i}^{s_f} F_s\, ds \tag{19.5}$$

위 식을 이용하여 기체가 팽창되거나 압축될 때의 일을 계산할 수 있다. 그림 19.4a는 움직이는 피스톤에 의해 부피가 변할 수 있는 압력 p의 기체 상태를 보여준다. 계는 실린더 안의 기체고, 피스톤의 왼쪽에 크기가 pA인 힘 $\vec{F}_{gas}$를 작용한다. 피스톤이 실린더를 밀어내는 것을 막으려면, 크기는 같지만 방향이 반대인 외력 $\vec{F}_{ext}$가 피스톤의 오른쪽에 작용해야 한다. 실제로 이 힘은 피스톤 막대가 작용하는 힘이다. 그림 19.4a에 있는 좌표계를 사용하여 정리하면 다음과 같다.

$$(F_{ext})_x = -(F_{gas})_x = -pA \tag{19.6}$$

그림 19.4b와 같이 피스톤이 작은 거리 dx만큼 이동한다면, 외력(환경이 작용하는 힘)은 다음과 같은 일을 한다.

$$dW_{ext} = (F_{ext})_x\, dx = -pA\, dx \tag{19.7}$$

기체가 팽창하여 dx가 양의 값이면($dx > 0$) dW_{ext}는 음이다. 이것은 힘이 변위와 반대 방향이기 때문이다. 기체가 압축되면($dx < 0$) dW_{ext}는 양이다.

피스톤이 dx 이동하면 기체의 부피는 $dV = A\,dx$만큼 변한다. 따라서 일은

$$dW_{ext} = -p\, dV \tag{19.8}$$

이다. 기체가 준정적 과정(quasi-static process)으로 초기 부피 V_i에서 최종 부피 V_f로 천천히 변하면, 환경이 가하는 전체 일은 식 (19.8)을 적분하면 얻을 수 있다.

$$W_{ext} = -\int_{V_i}^{V_f} p\, dV \quad \text{(기체에 가해진 일)} \tag{19.9}$$

식 (19.9)는 열역학의 핵심적인 결과다. 이 결과를 유도하기 위해 실린더를 사용했지만, 어떤 모양의 용기에도 이 식은 적용된다.

그림 19.4 피스톤이 움직일 때 외력은 기체에 일을 한다.

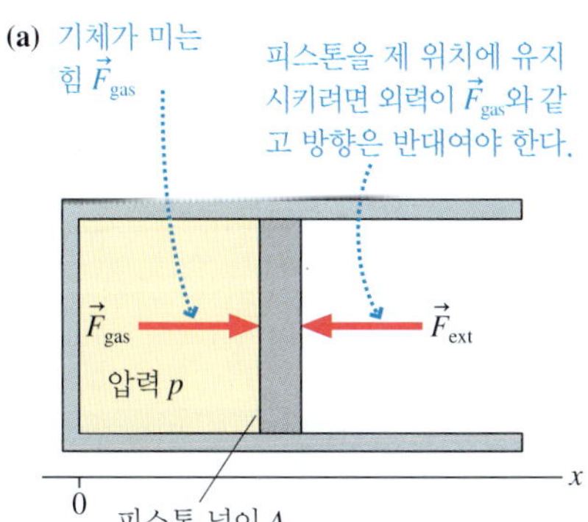

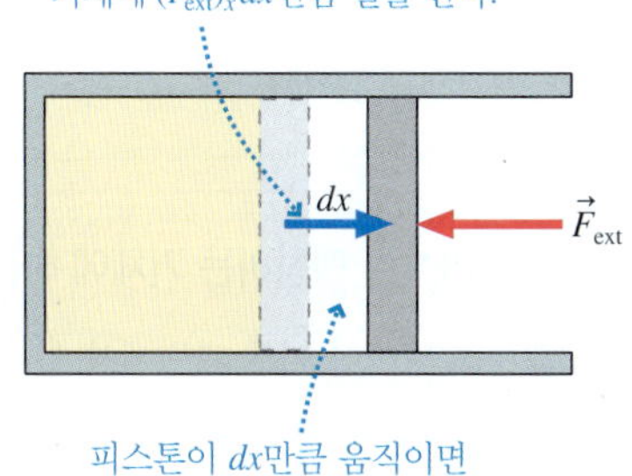

이 일은 어디에 가해졌을까? 피스톤은 아니다. 일은 에너지 전달인데 피스톤의 에너지는 변하지 않는다. 이것은 평형에 도달했으며, 양쪽에 균등한 힘이 작용하여 피스톤은 평형 상태에 있다. 준정적 과정이므로 피스톤의 움직임은 매우 느려서 피스톤의 운동 에너지는 무시할 수 있다. 피스톤은 이동 가능한 기체의 경계일 뿐, **일은 환경이 기체에 한다.** 결국, 기체가 팽창하거나 수축하면 기체와 환경 사이에 에너지가 전달된다.

기체의 관점에서 움직이는 피스톤을 생각해볼 수도 있다. 피스톤이 이동할 때 기체가 피스톤에 힘을 작용하므로 기체는 일 W_{gas}를 한다. 사실 $\vec{F}_{gas} = -\vec{F}_{ext}$이기 때문에 기체가 하는 일은 $W_{gas} = -W_{ext}$이다. 달리 표현하면 실제로 피스톤에 가해진 알짜 일은 없다는 것이다. 에너지 원리와 열역학 법칙에 사용했던 일은, 양이든 음이든, 환경이 계에 하는 일 W_{ext}이며, 우리가 앞으로도 사용할 양이다.

부호는 반대지만, 환경과 기체가 둘 다 일을 하기 때문에 약간의 주의가 필요하다. 기체가 압축되면 보통 "기체**에** 일을 했다"고 말한다. 이는 $W_{ext} > 0$과 $W_{gas} < 0$인 상황을 뜻한다. 기체가 팽창하면 보통 "기체**가** 일을 했다"고 말한다. 그렇다고 $W_{ext} = 0$이라는 뜻이 아니라, $W_{gas} > 0$을 의미하며, 따라서 $W_{ext} < 0$이라 해야 한다.

기체에 일을 하는 것은 기하학적으로 해석할 수 있다. 18장에서 이상 기체 과정을 pV 그림 상의 곡선으로 표현하는 방법을 배웠다. 그림 19.5는 부피가 V_i에서 V_f로 변화함에 따라 기체에 한 일이 pV 곡선 아래 넓이의 음의 값임을 보여준다.

그림 19.5 곡선 아래 영역에서 일어나는 기체의 일

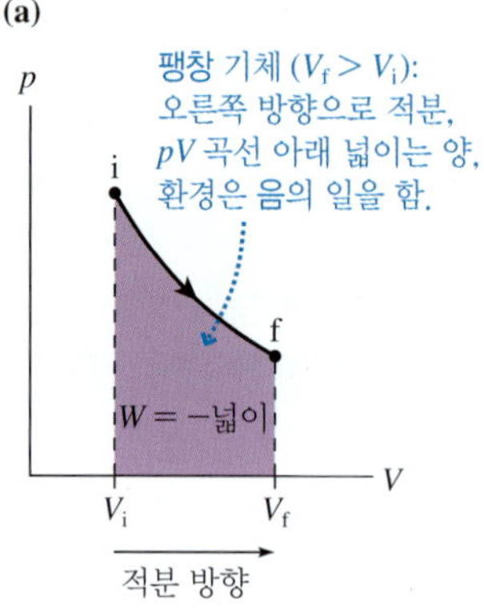

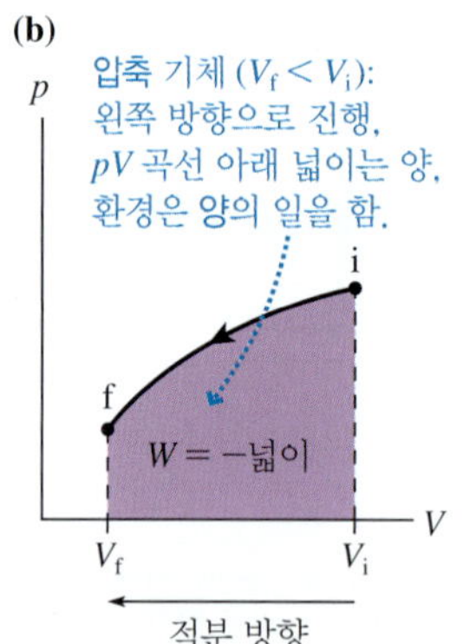

$W = V_i$와 V_f 사이의 pV 곡선 아래 넓이의 음의 값

그림 19.5a는 기체가 V_i에서 더 큰 부피 V_f로 **팽창하는** 과정을 보여준다. 곡선 아래의 영역은 양의 값을 가지므로 환경은 팽창하는 기체에 대하여 음의 일을 한다. 그림 19.5b는 기체가 더 작은 부피로 압축되는 과정을 보여준다. 이 경우 음의 방향으로 적분하기 때문에 좀 복잡해진다. 더 큰 값에서 더 작은 값으로 적분하면 음의 결과가 나오므로, 그림 19.5b의 영역의 넓이는 음이다. 결과적으로, 식 (19.9)에 있는 음의 기호 때문에 환경은 기체를 압축하면서 양의 일을 한다.

예제 19.1 팽창하는 기체에 하는 일

그림 19.6의 이상 기체 과정에서 얼마의 일을 하였는가?

핵심 기체에 한 일은 pV 곡선 아래 넓이의 음의 값이다. 기체가 **팽창**하므로 일이 음일 것으로 예측할 수 있다.

풀이 그림 19.6에서 보듯이 곡선 아래의 영역은 2개의 직사각형과 삼각형으로 나눌 수 있다. 부피를 m^3의 SI 단위로 변환해야 한다. 곡선 아래의 총 넓이는 250 J이므로 기체가 팽창할 때 행하는 일은 다음과 같다.

그림 19.6. 예제 19.1의 이상 기체 과정

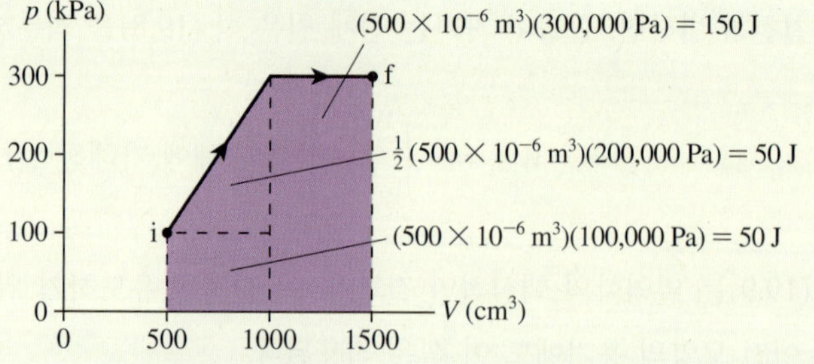

$$W = -(pV \text{ 곡선 아래 넓이}) = -250\text{ J}$$

검토 이전에 $\text{Pa}\cdot\text{m}^3$가 J과 같은 단위임을 언급했다. 피스톤을 누르는 외력이 피스톤의 변위 방향과 반대이므로 일의 값은 예상대로 음수이다.

식 (19.9)는 문제 풀이 전략의 기초이다.

문제 풀이 전략 19.1

이상 기체 과정에서의 일

핵심 기체를 이상 기체라 가정하고 준정적 과정으로 생각한다.

시각화 pV 그림에 과정을 표시한다. 등적(isochoric), 등압(isobaric) 또는 등온(isothermal)과 같은 기본적인 기체 과정 중 어느 것인지를 확인한다.

풀이 기하학적으로 또는 적분을 통하여 pV 곡선 아래 영역의 일을 계산한다.

$$\text{기체에 한 일 } W = -\int_{V_i}^{V_f} p\,dV = -(pV \text{ 곡선 아래 넓이})$$

검토

- $W > 0$: 기체가 압축되고, 에너지는 환경에서 기체로 전달된다.
- $W < 0$: 기체가 팽창하고, 에너지는 기체에서 환경으로 전달된다.
- $W = 0$: 부피 변화가 없으면, 하는 일은 없다.

등적 과정

그림 19.7a의 등적 과정(isochoric process)은 부피 변화가 없는 과정이므로,

$$W = 0 \quad (\text{등적 과정}) \qquad (19.10)$$

이다. 등적 과정은 일을 하지 않는 유일한 이상 기체 과정이다.

그림 19.7 이상 기체 과정 중에 하는 일에 대한 계산

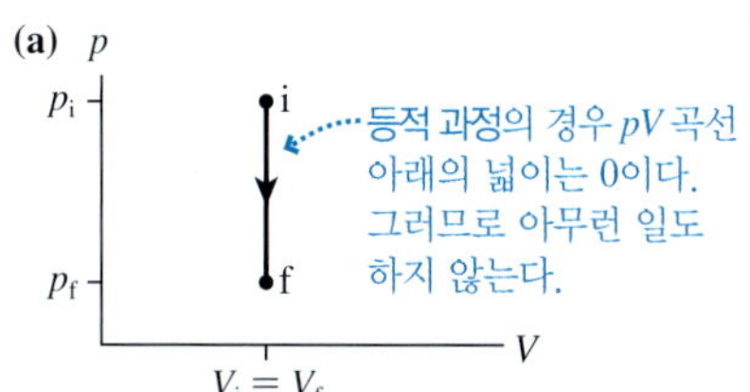

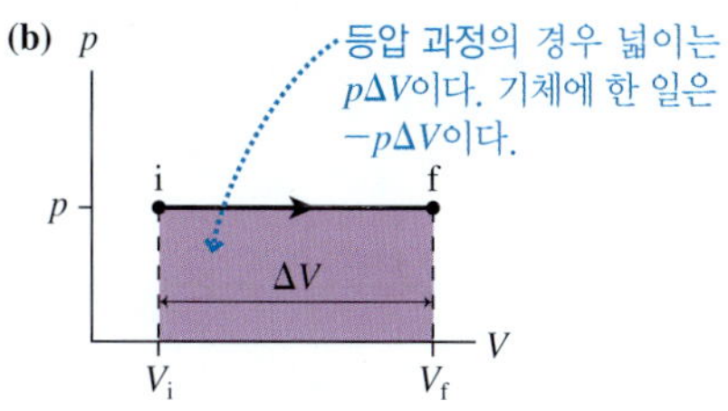

등압 과정

그림 19.7b는 부피가 V_i에서 V_f로 변화하는 동안의 등압 과정(isobaric process)을 보여준다. 곡선 아래의 직사각형 넓이는 $p\Delta V$이므로 이 과정에서 행한 일은

$$W = -p\Delta V \quad (\text{등압 과정}) \qquad (19.11)$$

이고, $\Delta V = V_f - V_i$이다. 기체가 팽창하면($V_f > V_i$), ΔV가 양이고 W는 음의 값을 갖는다. 반대로 기체가 압축하면($V_f < V_i$), ΔV는 음이고 W는 양의 값을 갖는다.

등온 과정

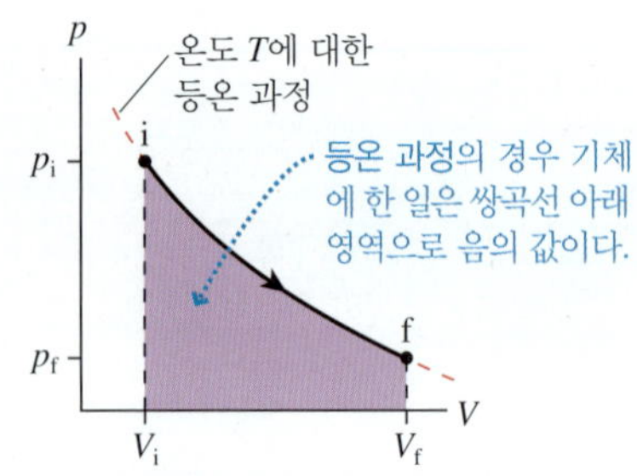

그림 19.8 등온 과정

그림 19.8은 등온 과정(isothermal process)을 보여준다. 식 (19.9)를 적분하기 전에 압력을 부피에 대한 함수로 알아야 한다. 이상 기체 법칙으로부터 $p = nRT/V$이다. 따라서 부피가 V_i에서 V_f로 변화하는 동안 기체에 한 일은

$$W = -\int_{V_i}^{V_f} p\,dV = -\int_{V_i}^{V_f} \frac{nRT}{V}\,dV = -nRT\int_{V_i}^{V_f}\frac{dV}{V} \tag{19.12}$$

이고, 등온 과정에서는 온도가 일정하므로 T를 적분 밖으로 옮겼다. 따라서

$$\begin{aligned} W &= -nRT\int_{V_i}^{V_f}\frac{dV}{V} = -nRT \ln V\Big|_{V_i}^{V_f} \\ &= -nRT(\ln V_f - \ln V_i) = -nRT\ln\left(\frac{V_f}{V_i}\right) \end{aligned} \tag{19.13}$$

이다.

등온 과정에서는 $nRT = p_iV_i = p_fV_f$이므로 일은

$$W = -nRT\ln\left(\frac{V_f}{V_i}\right) = -p_iV_i\ln\left(\frac{V_f}{V_i}\right) = -p_fV_f\ln\left(\frac{V_f}{V_i}\right) \quad \text{(등온 과정)} \tag{19.14}$$

이다. 식 (19.14) 중에서 어떤 식을 사용하는 것이 편리한지는 제공된 정보에 따라 다르다. 압력, 부피 및 온도는 SI 단위로 표현해야 한다.

예제 19.2 | 등온 압축 과정

실린더 내에 7.0g의 질소 기체가 들어 있다. 부피가 절반으로 줄어들 때까지 80°C의 일정한 온도에서 기체를 압축하기 위해 얼마나 많은 일을 해야 하는가?

핵심 이것은 등온 이상 기체 과정이다.

풀이 질소 N_2의 몰 질량은 $M_{mol} = 28$ g/mol이므로 7.0 g은 0.25 mol의 기체다. 온도는 $T = 353$ K이다. 실제 부피는 알 수는 없지만 $V_f = \frac{1}{2}V_i$이다. 부피비만 알면 일을 계산할 수 있다.

$$\begin{aligned} W &= -nRT\ln\left(\frac{V_f}{V_i}\right) \\ &= -(0.25\text{ mol})(8.31\text{ J/mol K})(353\text{ K})\ln(1/2) \\ &= 508\text{ J} \end{aligned}$$

검토 환경으로부터의 힘이 피스톤을 안쪽으로 밀어 기체를 압축하기 때문에 일은 양의 값이다.

일은 경로에 따라 달라진다

그림 19.9a는 초기 상태 i에서 나중 상태 f로 기체가 변하는 2개의 다른 과정을 보여준다. 초기 상태와 나중 상태는 동일하지만 이 두 과정 중에 행하는 일은 동일하지 **않다. 이상 기체 과정 중에 하는 일은 pV 그림을 지나는 경로에 따라 달라진다.**

10장에서 보존력에 의한 일이 물체가 공간을 통해 지나가는 경로와는 무관하다는 것을 알았다. 이상 기체 과정의 경우, '경로'라는 것은 pV 그림에서 일련의 열역학적 상태를 의미한다. 여기에서 '경로'란 물리적인 것이 아니라 pV 그림에 그려진 여러 상태를 비유적으로 일컫는 말이다.

일의 경로 의존성 때문에 여러 단계를 거치는 과정은 주의해서 계산해야 한다. $1 \to 2 \to 3$ 과정의 경우 일을 각 단계별로 계산해야 하는데, 이 과정은 $W_{tot} = W_{1\ to\ 2} + W_{2\ to\ 3}$로 계산해야 한다 1에서 3으로 직접 이동하는 과정의 일에 대해 계산하면 잘못된 답을 얻는다. 초기 상태와 나중 상태는 같지만, pV 그림에 제시된 경로에 따라 일이 달라지므로, 이 두 경우의 일은 다르다.

그림 19.9 이상 기체 과정 중에 하는 일은 경로에 따라 달라진다.

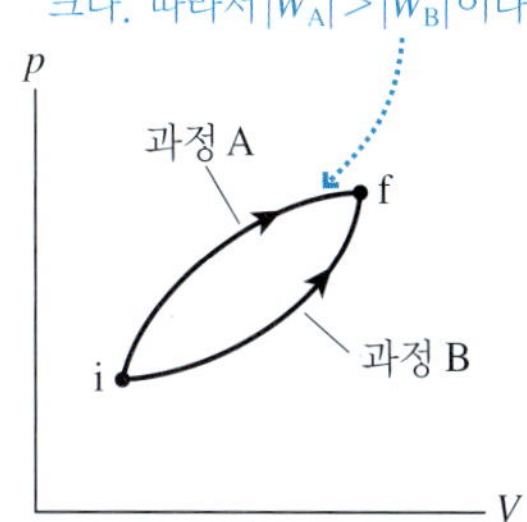

19.3 열

열(heat)은 일보다 더 이해하기 어려운 개념이다. 우리는 '열'이라는 단어를 종종 뜨거움을 뜻할 때 사용한다. 체온이 올라가면 "열이 많다"고 한다. 옛날에는 열이 유체의 성질을 가진 **물질**이라고 생각했다.

열의 개념은 영국 물리학자 줄(James Joule)의 연구와 함께 바뀌었는데, 1840년대 줄은 처음으로 계의 온도가 어떻게 변화하는지를 알아보는 정밀한 실험을 진행했다. 그림 19.10과 같은 실험 방법을 사용하여 줄은 완전히 다른 두 가지 방법으로 물의 온도를 높일 수 있음을 발견했다.

1. 물을 불꽃으로 가열하거나,
2. 빠르게 도는 회전날개를 이용하여 일을 함

두 가지 경우 모두 물은 같은 나중 상태에 도달하였다. 이는 열과 일이 본질적으로 동등함을 의미한다. 즉, 열은 물질이 아니라, **열은 에너지**이다. 이전까지 완전히 다른 두 가지 현상으로 간주되었던 열과 일은 이제 에너지를 환경에서 계로 또는 계에서 환경으로 전달하는 방법임을 알게 되었다.

그림 19.10 열과 일의 동등성을 보여주는 줄의 실험

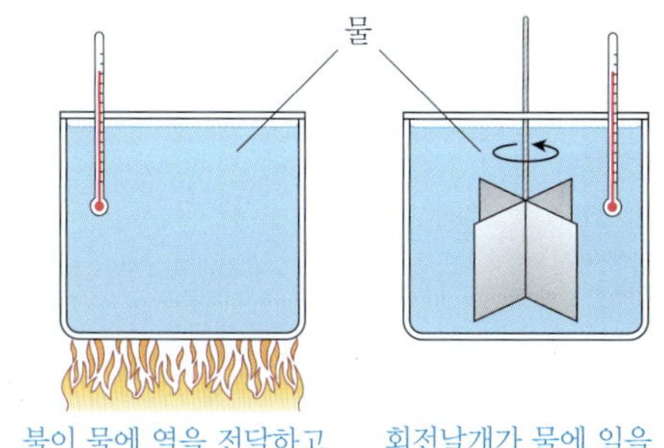

열적 상호작용

열(heat)은 계와 환경 사이의 **온도차**로 인해 계와 환경 간에 전달되는 에너지이다. 역학적 상호작용에서 일을 하는 방식과 다르게, 열은 계의 거시적 거동이 필요없다(20장에서 세부 사항을 살펴볼 것이다). 더 뜨거운 물체의 빠른 분자가 더 차가운 물체의 느린 분자와 충돌하면 에너지가 전달된다. 평균적으로 이러한 충돌에 의해 빠른 분자

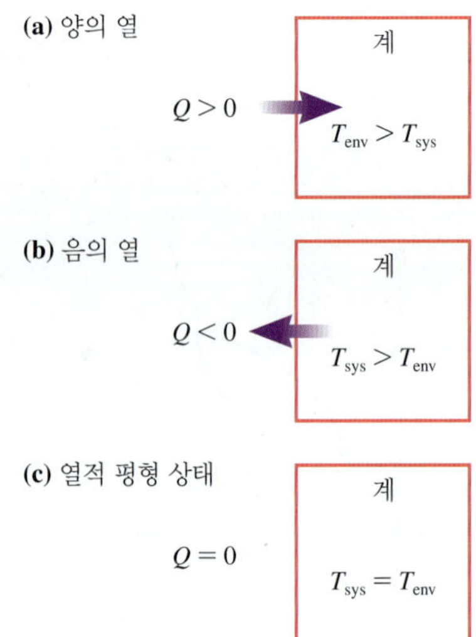

그림 19.11 열의 부호

는 에너지를 잃고 느린 분자는 에너지를 얻는다. 그 결과 뜨거운 물체에서 차가운 물체로 에너지가 전달되는데, 원자의 충돌을 통해 계와 환경 간에 에너지가 전달되는 과정을 **열적 상호작용**(thermal interaction)이라고 한다.

난로 위에 물을 담은 냄비를 두면, 더 뜨거운 불꽃에서 차가운 물로 이동하는 에너지가 열이다. 물을 냉동고에 넣으면, 더 따뜻한 물에서 냉동실의 차가운 공기로 이동하는 에너지가 열이다. 온도차가 없으면 계와 환경은 **열적 평형 상태**(thermal equilibrium)이거나 두 계는 서로 열적 평형 상태에 있다고 한다.

일과 마찬가지로 **열은 상태 변수가 아니다. 즉 열은 계의 특성이 아니다.** 대신 열은 열적 상호작용이 일어나는 동안 계와 환경 간에 이동하는 에너지의 양이다. 그래서 '열의 변화'에 대해 이야기하는 것은 의미가 없다. 따라서 열은 에너지 방정식에 단순히 Q로 나타내며, 결코 ΔQ라 표현하지 않는다. 그림 19.11은 Q에 대한 부호 해석 방법을 보여준다.

표 19.1 일과 열에 대한 이해

	일	열
상호작용	역학적	열적
필요 사항	힘과 변위	온도차
과정	거시적 인력과 척력	미시적인 충돌
양의 값	$W > 0$일 때 기체는 압축되며, 에너지는 들어온다.	$Q > 0$이며, 환경이 계보다 높은 온도에 있을 때 계에 에너지는 들어온다.
음의 값	$W < 0$일 때 기체는 팽창하며, 에너지는 나간다.	$Q < 0$이며, 계가 환경보다 높은 온도에 있을 때 에너지는 나간다.
평형	알짜힘이나 알짜 돌림힘이 존재하지 않을 때 계는 역학적 평형 상태에 있다.	계와 환경이 동일한 온도에 있을 때 계는 열적 평형 상태에 있다.

열의 단위

열은 계와 환경 사이에 전달되는 에너지므로 열의 SI 단위는 줄(J)이다. 역사적으로, 열과 일 사이의 연관성을 알기 전 열량을 측정하던 단위 칼로리는 다음과 같이 정의하였다.

$$1\text{칼로리} = 1\ \text{cal} = \text{물 } 1\ \text{g의 온도를 } 1^\circ\text{C 변화시키는 데 필요한 열의 양}$$

줄은 열이 에너지라는 사실을 입증하고 나니, 칼로리도 실제로 에너지의 단위가 되었다. 오늘날의 SI 단위에서, 두 단위의 변환은 다음과 같다.

$$1\ \text{cal} = 4.186\ \text{J}$$

음식과 관련하여 알려진 칼로리는 지금 정의한 칼로리와 다르다. 대문자로 시작하는 음식 칼로리는 다음과 같다.

$$1\ \text{food calorie} = 1\ \text{Cal} = 1000\ \text{cal} = 1\ \text{kcal} = 4186\ \text{J}$$

이 책에서 칼로리 단위를 사용하지 않지만, 다른 과학 및 공학 분야는 칼로리를 널리 사용하기도 한다. 줄(J)을 사용하는 모든 계산은 칼로리로도 똑같이 계산할 수 있다.

열, 온도, 열에너지

열, **온도** 및 **열에너지**를 구별하는 것은 매우 중요하다. 이 세 가지 개념은 서로 관련은 있지만, 완전히 다른 개념이다. 간단히 말하면,

열은 열적 상호작용에 의해 전달되는 에너지의 한 형태이다.

- 열에너지(thermal energy)는 원자나 분자의 운동, 용수철과 비슷한 분자 결합의 늘림/수축으로 인해 발생하는 계의 에너지이고, 에너지의 한 가지 형태다. 열에너지는 상태 변수이며 어떤 과정 동안에 E_{th}의 변화에 대해 이야기하는 것은 의미가 있다. 계가 고립되어 있고 열적으로 환경과 상호작용하지 않는 경우라도, 계의 열에너지는 존재한다.
- 열(heat)은 계와 환경의 상호작용에 의해 둘 사이에 전달되는 에너지이다. 열은 에너지의 한 가지 형태가 아니며, 상태 변수도 아니다. 열의 변화에 대해 이야기하는 것은 의미가 없다. 계가 환경과 열적 상호작용을 하지 않으면 $Q=0$이다. 열은 계의 열에너지를 변화시킬 수 있지만, 열과 열에너지가 동등한 것은 아니다.
- 온도(temperature)는 계의 '뜨거움'과 '차가움'을 정량화하는 상태 변수이다. 아직 정확한 정의를 내리지 않았지만, 온도는 **분자당** 열에너지와 관련이 있다. 계와 환경 사이에 열에너지가 전달되는 열적 상호작용이 일어나려면, 온도 차이가 있어야 한다.

온도가 올라간다고 해서 꼭 열과 관련 있다고 생각하지 않는 것이 중요하다. 계를 가열하는 것은 온도를 변경하는 방법 중 하나이지, 줄이 알려준 것처럼 유일한 방법은 아니다. 계에 일을 하거나, 마찰의 경우처럼 역학적 에너지를 열에너지로 변환하면, 계의 온도를 바꿀 수 있다. **계를 관찰하는 것만으로는 에너지가 계에 들어오고 나가게 하는 과정에 대해 알 수 없다.**

19.4 열역학 제1법칙

에너지 보존 법칙을 완벽하게 진술하기 위해 필요한 요소가 열이다. 식 (19.4)를 다시 쓰면,

$$\Delta E_{\mathrm{sys}} = \Delta E_{\mathrm{mech}} + \Delta E_{\mathrm{th}} = W + Q$$

이다. 계와 환경 사이에 에너지를 전달하는 두 가지 방법인 일과 열은 계의 에너지를 변화시킨다.

이 장에서는 계 전체가 거시적으로 움직이는 것에는 관심을 기울이지 않을 것이다. 거시적인 물체가 움직이는 것은 여러 장에 걸쳐 중요한 문제였지만, 이 장에서 열 현상을 들여다보는 계는 실험대에 가만히 정지해 있다고 가정한다. 앞으로 V부의 나머지에서는 $\Delta E_{\mathrm{mech}} = 0$이다.

이런 가정을 하면, 에너지 보존 법칙은 다음과 같다.

$$\Delta E_{th} = W + Q \quad \text{(열역학 제1법칙)} \tag{19.15}$$

이 에너지 방정식을 **열역학 제1법칙**(first law of thermodynamics) 또는 간단히 '제1법칙'이라고 부른다. 제1법칙은 에너지에 관한 매우 일반적인 표현이다.

9장과 10장에서는 기본적인 에너지 모형을 소개했는데, 열이 없이 일만 포함하기 때문에 기본적이었다. 열역학 제1법칙은 더 일반적인 **열역학적 에너지 모형**(thermodynamic energy model)의 기본이며, 이 법칙에서 일과 열은 같은 입장을 가진다.

모형 19.1

열역학적 에너지 모형

열에너지는 계의 특성 중 하나이다.

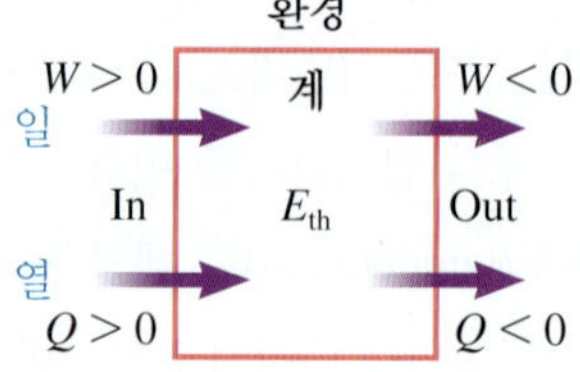

- **일**과 **열**은 계와 환경 간에 전달되는 에너지이다.
  - 일은 역학적 상호작용에 의해 전달되는 에너지이다.
  - 열은 열적 상호작용에 의해 전달되는 에너지이다.
- **열역학 제1법칙**은 계에 에너지를 전달하면 계의 열에너지가 변한다는 것을 말한다.
  - $\Delta E_{th} = W + Q$
  - $W, Q > 0$이면 에너지가 증가한다.
  - $W, Q < 0$이면 에너지가 감소한다.
- 한계: 계의 거시적인 역학적 에너지가 변한다면 이 모형은 맞지 않는다.

변하는 것이 열에너지만이 아니라는 점을 명심하자. 계의 열에너지를 변화시키는 일이나 열은 압력, 부피, 온도와 같은 다른 상태 변수도 변화시킨다. 제1법칙은 단지 ΔE_{th}에 대해서만 알려주고, 다른 상태 변수가 어떻게 변하는지를 알아내려면 이상 기체 법칙과 같은 다른 법칙이나 관계식이 필요하다.

특수한 세 가지 이상 기체 과정

이상 기체 법칙은 상태 변수 p, V, T의 관계를 알려주지만, 기체에 대해 어떤 변화를 가하면 이 변수들이 어떻게 변하는지에 대해서는 알려주지 않는다. 열역학 제1법칙은 기체에 적용하는 추가적 법칙으로, 기체가 변화하는 **과정**을 집중적으로 고려한다. 일반적으로 기체에 대한 열역학 문제를 해결하려면, 두 법칙을 모두 고려해야 한다.

이상 기체 과정 중에 열역학 제1법칙의 세 항 ΔE_{th}, W, Q 중 하나가 0이 되는 세 가지 과정이 있다.

- **등온 과정($\Delta E_{th} = 0$)**: 기체의 온도가 변하지 않으면, 열에너지도 변하지 않고, 이 경우 제1법칙은 $W + Q = 0$이 된다. 예를 들어, 기체를 압축할 때에 들어온 모든 에너지가 열의 형태로 환경으로 빠져나가면(열에너지가 계를 벗어나는 경우에

그림 19.12 세 가지 이상 기체 과정에 대한 제1법칙의 에너지 막대 그래프

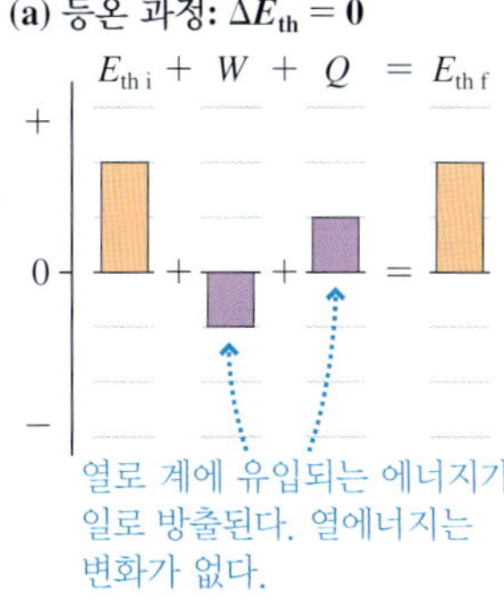

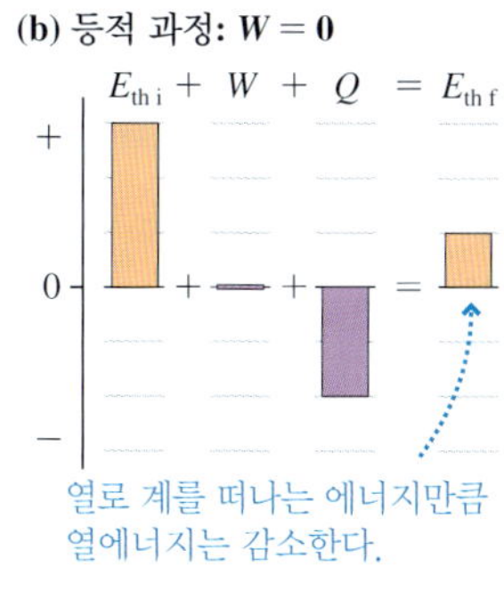

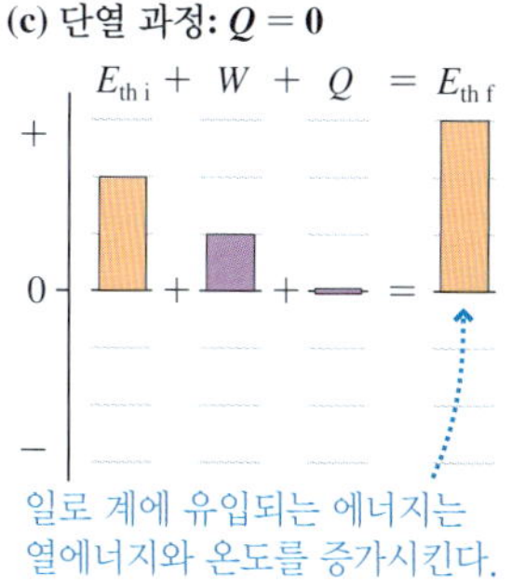

$Q < 0$), 온도 상승 없이 기체가 압축될 수 있다($W > 0$). 등온 과정에서는 기체의 온도를 변화시키지 않고 일과 열의 교환이 가능하다(하나는 계로 유입되고, 다른 하나는 방출된다). 그러나 p와 V는 변한다. 등온 과정에서 환경이 한 일에 대한 식 (19.14)와 이상 기체 법칙을 함께 사용하면 p와 V의 변화를 계산할 수 있다. 그림 19.12a는 등온 과정에 대한 에너지의 막대 그래프를 보여준다.

- **등적 과정($W = 0$)**: 19.2절에서 부피가 변할 때 기체가 일을 받거나 하는 것을 확인하였다. 등적 과정은 $\Delta V = 0$이므로, 아무런 일도 하지 않으며, 제1법칙은 $\Delta E_{th} = Q$가 된다. 이 과정에서는 환경으로부터 계가 역학적으로 고립된다. 따라서 기체를 가열(또는 냉각)하면 열에너지가 증가(또는 감소)하므로 온도가 상승(또는 하강)한다. 이 장의 뒷부분에서 온도 변화 ΔT를 계산하는 방법을 배울 것이다. 제1법칙을 사용하여 ΔT를 계산한 후에, 이상 기체 법칙을 사용하여 압력 변화를 계산한다. 그림 19.12b는 온도를 낮추는 냉각 과정에서의 에너지의 막대 그래프를 보여준다.
- **단열 과정($Q = 0$)**: 열이 전혀 전달되지 않는 과정을 **단열 과정**(adiabatic process)이라 한다. 계가 단열이 매우 잘되어 있다면, 환경과 열적으로 고립된다. $Q = 0$이므로 제1법칙은 $\Delta E_{th} = W$가 된다. 그러나 열의 출입이 없다는 것이 온도의 변화가 없다는 것을 의미하지는 않는다. 단열된 기체를 압축하면 $W > 0$이 되고 역학적 상호작용으로 인해 온도가 올라간다. 마찬가지로, 단열 팽창을 하면 기체의 온도는 내려간다. 그러나 **$Q = 0$이 반드시 $\Delta T = 0$을 의미하지는 않는다.** 이 장의 뒷부분에서 단열 과정과 그 pV 곡선에 대해 배울 것이지만, 단열 과정에서 세 가지 상태 변수 p, V, T가 모두 변한다는 것에 주의하자. 그림 19.12c는 온도가 상승하는 단열 과정에 대한 에너지의 막대 그래프를 보여준다.

19.5 물질의 열적 특성

계에 열로 에너지를 전달하거나 또는 같은 양의 일을 하면, 계의 변화가 정확히 같다는 의미에서 열과 일은 동등하다. 계에 에너지를 더하거나 빼면, 계의 열에너지가 변한다.

열에너지를 변화시키면 계는 어떻게 변할까? 이번 절에서 두 가지 다른 가능성을 생각해보고자 한다.

- 계의 온도가 변한다.
- 계는 융해 또는 응고와 같은 상변화를 겪는다.

온도 변화와 비열

일을 하거나 열을 전달하여 물에 에너지를 추가하려는 실험을 한다고 하자. 두 가지 방법 모두 물에 4190 J의 에너지를 더하면 1 kg당 물의 온도는 1 K 올라간다. 1 kg의 금의 경우에는 온도를 1 K 올리기 위해서 단지 129 J의 에너지만 더하면 된다.

물질 1 kg의 온도를 1 K 상승시키는 데에 필요한 에너지의 양을 그 물질의 **비열**(specific heat)이라고 하고, 기호는 c로 표현한다. 물의 비열은 $c_{water} = 4190$ J/kg K이고, 금의 비열은 $c_{gold} = 129$ J/kg K이다. 비열은 물체를 구성하는 물질에 영향을 받는다. 표 19.2에 액체 및 고체에 대한 몇 가지 비열을 제시하였다.

표 19.2 고체 및 액체의 비열과 몰비열

물질	c(J/kg K)	C(J/mol K)
고체		
알루미늄	900	24.3
구리	385	24.4
철	449	25.1
금	129	25.4
납	128	26.5
얼음	2090	37.6
액체		
에탄올	2400	110.4
수은	140	28.1
물	4190	75.4

비열 c가 물질 1 kg의 온도를 1 K 올리기 위해 필요한 에너지의 양이라면, 질량 M을 1 K 올리기 위해 에너지 Mc가 필요하고, 질량 M의 온도를 ΔT만큼 높이려면 $(Mc)\Delta T$가 필요하다. 즉, 계의 열에너지 변화는 다음과 같다.

$$\Delta E_{th} = Mc\,\Delta T \qquad \text{(온도 변화)} \tag{19.6}$$

ΔT는 온도의 변화량이다. ΔE_{th}는 양의 값(온도가 올라가면 열에너지가 증가함) 또는 음의 값(온도가 내려가면 열에너지가 감소함)을 가질 수 있다. 대문자 M은 계의 총 질량에 사용하고, 소문자 m은 원자 또는 분자의 질량에 사용할 것이다.

- 온도 변화 ΔT만 필요하다면 °C에서 K로 온도를 변환할 필요가 없다.
- 실제 온도 T가 필요할 때에는 변환해야 한다.

열역학 제1법칙 $\Delta E_{th} = W + Q$를 쓰면 식 (19.16)은 $Mc\,\Delta T = W + Q$이 된다. 다르게 표현하면, **계에 가열을 하거나 그와 동등한 양의 일을 하면 계의 온도를 변화시킬 수 있다.** 고체와 액체를 다룰 때에는 주로 열을 사용하여 온도를 변화시킨다. 따라서 이 절 나머지 부분에서는 $W = 0$이라 할 것이고 온도 변화 ΔT에 필요한 열에너지는 다음과 같다.

$$Q = Mc\,\Delta T \qquad \text{(온도 변화)} \tag{19.17}$$

$\Delta T = \Delta E_{th}/Mc$이기 때문에 비열이 작은 물질의 온도를 변화시키는 것보다 비열이 큰 물질의 온도를 변화시키는 데 더 많은 에너지가 필요하다. 비열은 물질의 열적 관성(thermal inertia)을 나타내는 것으로 볼 수도 있다. 작은 비열을 가진 금속은 쉽게 뜨거워지고 식는다. 뜨거운 오븐에서 꺼낸 알루미늄 호일 조각은 몇 초 만

에 손에 쥐어도 된다. 물의 경우는 비열이 매우 커서 느리게 데워지고 식는다. 이런 점은 인체에 다행스러운 점이다. 물의 큰 열적 관성은 생명체의 생물학적 과정에 필수적이다. 물의 비열이 작았다면, 여러분은 지금 앉아서 물리학을 공부하기 어려웠을 것이다.

예제 19.3 | 발열

70 kg의 학생이 독감에 걸려 체온이 37.0°C에서 39.0°C까지 증가했다. 이렇게 체온을 높이려면 얼마나 많은 에너지가 필요한가? 포유 동물의 비열은 3400 J/kg K이며, 포유류는 신체의 구성이 대부분 물이기 때문에 물의 비열과 거의 비슷하다.

핵심 에너지는 신체의 신진 대사를 통한 화학 반응에 의해 공급된다. 이러한 발열 반응은 몸에 열을 전달하는데, 정상적인 신진 대사는 37°C의 체온을 유지하면서 에너지 손실(복사, 증발 등)을 상쇄시킬 만큼 충분한 열에너지를 공급한다. 체온을 2.0°C 또는 2.0 K 상승시키는 데 필요한 추가 에너지를 계산해야 한다.

풀이 필요한 열에너지는 다음과 같다.

$$Q = Mc\,\Delta T = (70\text{ kg})(3400\text{ J/kg K})(2.0\text{ K}) = 4.8 \times 10^5\text{ J}$$

검토 이것은 많은 에너지인 것처럼 보이지만 J은 실제로 아주 적은 양의 에너지이다. 그것은 겨우 110 Cal로, 사과 1개를 먹어 얻는 에너지 양과 같다.

몰비열(molar specific heat)은 물질 1 mol의 온도를 1 K 상승시키는 에너지의 양으로, 내문사 C로 표현한다. n몰 물질이 온도 변화 ΔT를 하는 데 필요한 열에너지는 다음과 같다.

$$Q = nC\,\Delta T \tag{19.18}$$

물질의 몰비열은 표 19.2에 나타내었다. 5개의 고체 원소(얼음 제외)를 보면, 모두 C가 25 J/mol K에 매우 가깝다는 것을 확인할 수 있다. 만약 더 많은 물질에 대해 표를 확장하면 대부분의 고체 원소들이 $C \approx 25$ J/mol K임을 알 수 있을 것이다. 이것은 결코 우연일 수 없는데 그렇다면 무엇을 뜻하는가? 이것은 20장에서 원자 수준의 열에너지를 배울 때 다루게 될 문제이다.

상변화 및 변환열

고체 상태로 시작하여 일정한 비율로 가열한다고 가정하자. 18장에서 보았듯이 그림 19.13은 계의 온도가 어떻게 변하는지를 보여준다. 처음에는 온도가 선형적으로 증가하는데 식 (19.17)을 사용하면 이해하기 어렵지는 않다.

$$T\text{-}Q \text{ 그래프의 기울기} = \frac{\Delta T}{Q} = \frac{1}{Mc} \tag{19.19}$$

그래프의 기울기는 계의 비열에 반비례한다. 일정한 비열은 일정한 기울기를 의미

그림 19.13 일정하게 가열하는 계의 온도

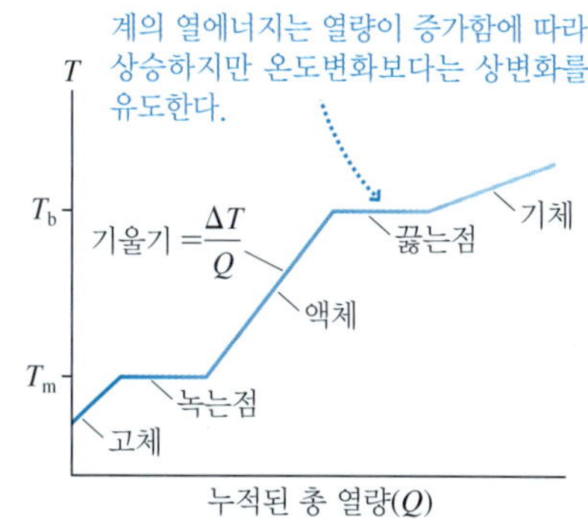

하므로 선형 그래프가 된다. 실제로, 이러한 그래프를 통하여 c를 측정할 수도 있다.

그러나 열이 계로 전달되는 동안 온도가 변하지 않아 기울기의 변화가 없는 구간이 있는데, 이것을 **상변화**(phase changes)라고 한다. 열에너지는 상변화 동안 계속 증가하지만, 증가되는 에너지는 분자의 속도를 높이는 것보다 분자 결합을 깨는 데 사용된다. **그리하여 상변화의 특징은 온도 변화 없이 열에너지의 변화만 있다는 것이다.**

용암은 훨씬 더 차가운 물과 접촉하면 상변화를 겪는다. 이러한 방법을 통하여 새로운 섬이 만들어지기도 한다.

1 kg의 물질이 상변화를 일으키는 열에너지의 양을 그 물질의 **변환열**(heat of transformation)이라고 한다. 예를 들어 실험에 의하면 1 kg의 0°C 얼음을 녹이기 위해서는 333,000 J의 열이 필요하다. 변환열에 대한 기호는 L로 표시하고, 질량 M을 가진 계가 상변화를 일으키는 데 필요한 열은 다음과 같다.

$$Q = ML \qquad \text{(상변화)} \tag{19.20}$$

변환열은 상변화를 총칭하는 포괄적인 용어다. 두 가지 특징적인 변환열은 고체와 액체 사이의 변환열인 **용융열**(heat of fusion) L_f, 액체와 기체 사이의 변환열인 **증발열**(heat of vaporization) L_v이다. 이러한 상변화에 필요한 열은

$$Q = \begin{cases} \pm ML_f & \text{융해/증발} \\ \pm ML_v & \text{냉각/응축} \end{cases} \tag{19.21}$$

이다. 여기서 ±는 융해 또는 증발 과정 중에 계에 열을 유입하고 냉각 또는 응축 과정 중에 계에서 열을 방출해야 함을 나타낸다. **이때 (−) 부호는 필요하면 반드시 포함시켜서 표현해야 한다.**

표 19.3은 몇 가지 물질의 변환열을 나타내는데, 증발열은 항상 용융열보다 훨씬 큰 게 특징이다. 융해는 계가 견고함을 잃고 흐를 수 있을 정도로 분자들의 결합을 끊지만 액체 속에 있는 분자들은 여전히 서로 가깝고 느슨하게 결합되어 있다. 증발은 모든 결합을 완전히 끊어서 분자가 서로 떨어져 나가게 한다. 이런 과정이 발생하려면 매우 큰 열에너지의 증가, 따라서 더욱 많은 열량을 필요로 한다.

표 19.3 융해 및 증발 온도와 변환열

물질	T_m (°C)	L_f (J/kg)	T_b (°C)	L_v (J/kg)
질소(N_2)	−210	0.26×10^5	−196	1.99×10^5
에탄올	−114	1.09×10^5	78	8.79×10^5
수은	−39	0.11×10^5	357	2.96×10^5
물	0	3.33×10^5	100	22.6×10^5
납	328	0.25×10^5	1750	8.58×10^5

예제 19.4 왁스의 융해

220 J/s의 비율로 왁스에 열에너지를 공급하는 가열기 위에 200 g의 고형 양초 왁스가 들어 있는 단열 용기가 놓여 있다. 30초마다 측정한 왁스 온도는 다음과 같다.

시간(s)	온도(°C)	시간(s)	온도(°C)
0	20.0	180	70.5
30	31.7	210	70.5
60	42.2	240	70.6
90	55.0	270	70.5
120	64.7	300	70.4
150	70.4	330	74.5

왁스의 비열, 녹는점 및 용융열은 얼마인가?

핵심 왁스는 단열 용기 안에 있으므로 주변 환경으로의 열손실은 없다고 가정한다.

시각화 열에너지는 220 J/s의 비율로 공급되므로 시간 t에서 왁스로 전달된 총 열량은 $Q = 220t$ J이다. 그림 19.14는 축적된 열량 Q에 대한 온도 그래프를 나타내는데 수평축은 J이 아니라 kJ 단위이다. 초기의 선형 기울기는 왁스의 온도를 녹는점까지 높이는 것에 해당한다. 상변화가 진행되는 동안은 왁스가 여전히 가열되고 있음에도 불구하고 온도가 일정하게 유지되므로 그래프의 수평 영역은 왁스가 융해되고 있음을 나타낸다. 마지막에 온도의 상승은 융해가 완료된 후 액체 왁스의 온도가 상승하기 시작함을 의미한다.

풀이 $Q = Mc\Delta T$로부터 T-Q 그래프의 기울기는 $\Delta T/Q = 1/Mc$이다. 실험결과에 가장 잘 맞는 기울기는 1.708°C/kJ = 0.001708 K/J이다. 따라서 고체 왁스의 비열은

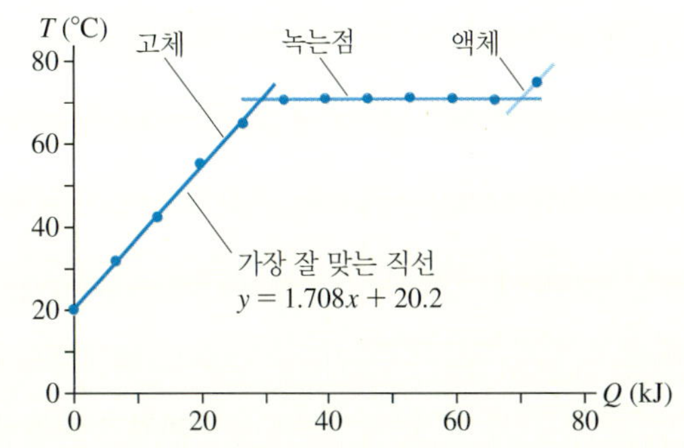

그림 19.14 왁스의 가열 곡선

$$c = \frac{1}{M \times \text{기울기}} = \frac{1}{(0.200\text{ kg})(0.001708\text{ K/J})} = 2930\text{ J/kg K}$$

이다. 표를 통해 상변화 동안 일정하게 유지되는 융해 온도가 70.5°C임을 알 수 있다. 상변화에 필요한 열은 $Q = ML_f$이므로 용융열은 $L_f = Q/M$이다. 30초마다 기록된 데이터로는 융해가 시작된 시점과 종료된 시점이 정확히 명확하지 않다. 그래프의 초기 기울기를 연장하면 온도가 녹는점에 도달하는 시간이 120초에서 150초 사이의 중간 지점이므로 융해는 약 135초에서 시작되었다고 할 수 있다. 또한 융해가 완료된 시점은 300초에서 330초 사이 또는 약 315초라고 할 수 있다. 결과적으로 융해는 180초가 걸리고, 융해가 일어나는 동안 220 J/s의 비율로 39,600 J의 열에너지가 가열기에서 왁스로 전달된다. 계산된 Q의 값으로 용융열을 계산하면 다음과 같다.

$$L_f = \frac{Q}{M} = \frac{39{,}600\text{ J}}{0.200\text{ kg}} = 2.0 \times 10^5\text{ J/kg}$$

검토 비열 및 용융열은 표 19.2 및 19.3의 값과 유사하므로, 계산 결과에 대한 신뢰를 준다.

19.6 열계량법

뜨거운 음료를 빨리 식히기 위해 얼음을 넣어본 적이 있을 것이다. 이런 행동을 통하여 **열계량법**(calorimetry)이라고 하는 실용적인 측면의 열전달을 한 것이다.

그림 19.15는 서로 열적 상호작용은 하지만 다른 모든 것으로부터 격리된 두 계를 보여준다. 두 계는 서로 다른 온도 T_1과 T_2에 있었다고 가정하자. 경험적으로 알 수 있듯이, 열에너지는 공통적인 최종 온도 T_f에 도달할 때까지 뜨거운 계에서 차가운 계로 전달된다. 그러고 나면 두 계는 열적 평형 상태에 놓일 것이고 온도는 더 이상

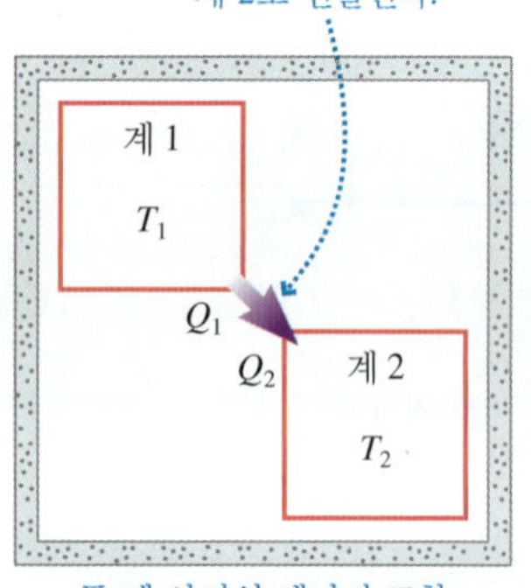

그림 19.15 두 계의 열적 상호작용

변하지 않을 것이다.

단열재는 열에너지가 주변 환경으로부터 또는 주변 환경으로 전달되는 것을 방지하므로 에너지 보존 법칙에 따라 뜨거운 계에서 방출된 모든 에너지는 차가운 계로 들어간다. 즉, 계는 알짜 손실이나 알짜 이득 없이 에너지를 교환한다. 개념은 간단하지만 수학적으로 기술하기 위해서는 부호에 주의해야 한다.

Q_1은 열의 형태로 계 1로 전달되는 에너지라 가정하고, 마찬가지로 Q_2는 계 2로 전달되는 에너지라 가정하자. 그러면 두 계가 단순히 에너지만을 교환하고 있다는 의미로 $|Q_1| = |Q_2|$로 표현할 수 있다. 온도가 높은 계가 잃어버리는 에너지는 온도가 낮은 계가 얻는 에너지이므로, Q_1과 Q_2는 반대 부호를 갖게 된다($Q_1 = -Q_2$). 또한 주변 환경과 교환되는 에너지는 없으므로 다음과 같이 정리할 수 있다.

$$Q_{net} = Q_1 + Q_2 = 0 \tag{19.22}$$

이 아이디어는 두 계에 대한 상호작용에만 국한되지 않는다. 서로 다른 초기 온도에 있는 3개 또는 그 이상의 계가 결합되어 있고 주변 환경으로부터 고립되어 있는 경우, 결국 모든 계는 공통의 최종 온도에 도달하게 되고 그 온도는 다음의 식으로부터 구할 수 있다.

$$Q_{net} = Q_1 + Q_2 + Q_3 + \cdots = 0 \tag{19.23}$$

문제 풀이 전략 19.2

열계량법에 대한 문제

핵심 계들은 서로 상호작용하지만 환경으로부터 고립되어 있다고 간주한다.

시각화 주어진 정보를 열거하고 구하고자 하는 것이 무엇인지 확인한다. 모든 단위는 SI 단위계로 환산한다.

풀이 에너지 보존 법칙에 대한 수학적 표현은 다음과 같다.

$$Q_{net} = Q_1 + Q_2 + \cdots = 0$$

- 온도에 대한 변화가 있는 계의 경우, $Q = Mc(T_f - T_i)$이다. 온도 T_i와 T_f의 순서가 올바른지 확인한다.
- 상변화가 일어나는 계의 경우, $Q = \pm ML$이다. 에너지가 계에 들어가는지 나오는지에 따라 올바른 부호 선택에 주의한다.
- 어떤 계는 온도의 변화 및 상변화가 모두 일어나는데, 두 변화를 따로따로 다룬다. 열에너지 계산식은 $Q = Q_{\Delta T} + Q_{phase}$이다.

검토 최종 온도는 중간인가? 모든 초기 온도보다 높거나 낮은 T_f는 무언가 잘못되었다는 표시이며, 일반적으로 부호 오류이다.

예제 19.5 상변화가 일어나는 열계량법

단열이 잘되는 컵에 들어 있는 20°C의 소다수 500 mL에 −20°C 냉동고에서 100 g의 얼음을 꺼내어 넣었다. 얼음이 모두 녹는다면 최종 온도를 구하고, 만약 다 녹지 않는다면 어느 정도 녹는지 구하시오.

핵심 우리는 실질적으로 물인 소다수와 얼음 사이의 열적 상호작용에 대하여 다음에 제시된 세 가지 가능한 결과를 고려해야 한다. 모든 얼음이 녹으면 $T_f > 0$°C이다. 얼음이 녹기 전에 소다수가 0°C로 냉각되어 얼음과 물이 0°C에서 평형 상태를 유지할 수도 있다. 세 번째 가능성은 얼음이 0°C로 올라가기 전에 소다수가 얼어버릴 수도 있다는 것이다. 이 문제에서는 가능할 것 같지 않지만 화로에서 용융금속이 흘러나와 모든 액체가 굳어질 때 이 경우에 해당된다. 문제를 풀기 전에 이러한 경우들을 구별해야 한다.

시각화 초기 온도, 질량 및 비열은 모두 알려져 있고, 혼합물인 {소다수 + 얼음}의 계의 최종 온도는 알려져 있지 않다.

풀이 우선, 모든 얼음이 녹아 0°C에서 물로 변화되는 데 필요한 열량을 계산해보자. 이렇게 하려면 얼음을 0°C로 데운 다음 물로 변화시켜야 한다. 두 단계를 거치는 열 유입과정 식은

$$Q_{melt} = M_i c_i(20\text{ K}) + M_i L_f = 37{,}500\text{ J}$$

이다. 여기서 L_f는 물에 대한 용융열이고, 중요한 점은 얼음을 녹이기 위해 열이 유입되어야 하기 때문에 양의 값으로 적용해야 한다. 다음 0°C까지 완전히 식은 경우 열에너지가 소다수에서 얼마나 많이 배출되는지 계산해보자. 부피는 $V = 500\text{ mL} = 5.00 \times 10^{-4}\text{ m}^3$이므로 질량은 $M_s = \rho V = 0.500\text{ kg}$이다. 열 손실을 계산하면

$$Q_{cool} = M_s c_w(-20\ K) = -41{,}900\text{ J}$$

이다. 온도가 감소하기 때문에 $\Delta T = -20$ K으로 계산했다. $|Q_{cool}| > Q_{melt}$이므로 소다수는 모든 얼음을 녹일 수 있는 충분한 에너지를 가지고 있다. 따라서 나중 상태는 $T_f > 0$에서 모두 액체일 것으로 판단할 수 있다(만약 $|Q_{cool}| < Q_{melt}$라면 나중 상태는 0°C에서 물과 얼음이 혼합된 상태일 것이다).

에너지 보존 법칙에 따라 $Q_{ice} + Q_{soda} = 0$이다. 열에너지 Q_{ice}는 얼음을 0°C로 데우고 나서 그 얼음을 0°C의 물로 녹인 다음 0°C의 물을 T_f로 올리는 조건을 만족해야 한다. '얼음 계'이므로 질량은 여전히 M_i가 되지만, 나중 상태가 액체이므로 물의 비열을 사용해야 한다. 그러므로

$$Q_{ice} + Q_{soda} = [M_i c_i(20\text{ K}) + M_i L_f + M_i c_w(T_f - 0°\text{C})] + M_s c_w(T_f - 20°\text{C}) = 0$$

이다. 식의 일부는 이미 계산했으므로 정리하면 다음과 같다.

$$37{,}500\text{ J} + M_i c_w(T_f - 0°\text{C}) + M_s c_w(T_f - 20°\text{C}) = 0$$

위의 식에서 최종 온도 T_f에 대하여 계산하면

$$T_f = \frac{20M_s c_w - 37{,}500}{M_i c_w + M_s c_w} = 1.7°\text{C}$$

이다.

검토 예측한 대로 소다수는 거의 어는점까지 도달할 만큼 온도가 하강한다.

예제 19.6 | **세 물체가 상호작용하는 계**

120°C, 200 g의 철 조각과 −50°C, 150 g의 구리 조각을 20°C의 에탄올 300 g을 함유한 단열된 비커에 떨어뜨린다. 최종 온도는 얼마인가?

핵심 이 경우 에탄올이 온도가 올라가는지 떨어지는지에 대한 여부를 확실히 모르기 때문에 간단한 수식인 $Q_{gained} = Q_{lost}$를 사용할 수 없다. 원칙적으로 에탄올은 얼거나 끓을 수 있지만 금속 조각의 질량과 온도를 고려할 때 에탄올의 온도는 크게 변하지 않을 것이라고 추측할 수 있으므로 에탄올이 액체로 유지된다고 가정한다.

시각화 각 물질에 대한 초기 온도, 질량 및 비열은 모두 알고 있다. 최종 온도를 구해야 한다.

풀이 에너지 보존 법칙에 따라

$$Q_i + Q_c + Q_e = M_i c_i(T_f - 120°\text{C}) + M_c c_c(T_f - (-50°\text{C})) + M_e c_e(T_f - 20°\text{C}) = 0$$

인 식을 만들 수 있고 T_f에 대하여 정리하면 다음과 같은 결과가 나온다.

$$T_f = \frac{120M_i c_i - 50M_c c_c + 20M_e c_e}{M_i c_i + M_c c_c + M_e c_e} = 26°\text{C}$$

검토 최종 온도는 예상대로 철 조각과 구리 조각의 초기 온도 사이에 있으며, 에탄올의 끓는점보다 낮으므로 상변화가 없다는 가정을 입증한다. 에탄올의 온도가 조금 오르는 것이 밝혀졌지만 ($Q_e > 0$), 계산을 통하지 않고는 최종 온도를 알기는 어렵다.

19.7 기체의 비열

고체 및 액체의 비열을 표 19.2에 제시하였다. 기체의 온도를 변화시키는 데 필요한 열은 어떤 상태 변화 과정을 거치느냐에 따라 달라지기 때문에 기체를 묘사하는 것은 까다롭다.

그림 19.16 ΔT 및 ΔE_{th}가 동일하지만 다른 열량을 필요로 하는 두 과정 A와 B

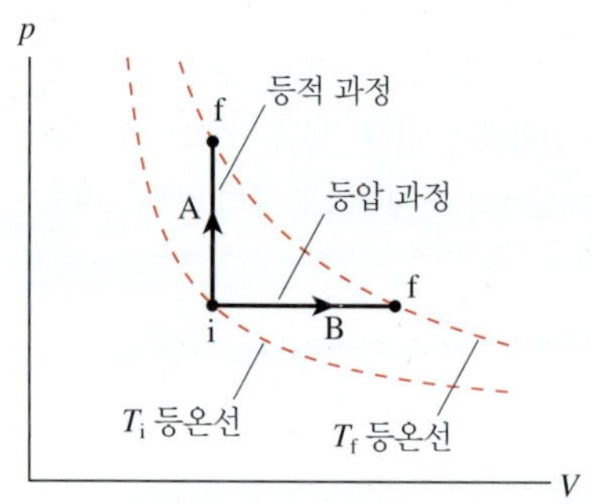

표 19.4 0°C에서의 기체의 몰비열(J/mol K)

기체	C_p	C_v	$C_p - C_v$
단원자 기체			
He	20.8	12.5	8.3
Ne	20.8	12.5	8.3
Ar	20.8	12.5	8.3
이원자 기체			
H_2	28.7	20.4	8.3
N_2	29.1	20.8	8.3
O_2	29.2	20.9	8.3

그림 19.16은 기체에 대한 pV 그림에서 2개의 등온선을 보여준다. 과정 A와 B는 모두 T_i에서 시작하여 T_f에서 끝나고 동일한 온도 변화 $\Delta T = T_f - T_i$를 갖는다. 그러나 일정한 부피에서 일어나는 과정 A는 일정한 압력에서 발생하는 과정 B와 다른 열량을 필요로 한다. 그 이유는 과정 B에서는 기체가 일을 하지만 과정 A에서는 일을 하지 않기 때문이다.

기체의 비열을 두 종류의 과정에 대해 정의하는 것이 유용한데, 하나는 일정한 부피에서의 과정(등적)이고 다른 하나는 일정한 압력에서의 과정(등압)이다. 기체는 질량 대신 몰을 이용하여 기체의 양을 계산하는 경우가 많기 때문에 비열을 몰비열로 정의한다. n몰의 기체의 온도를 ΔT만큼 변화시키기 위해 필요한 열량은 다음과 같다.

$$Q = nC_V \Delta T \quad \text{(일정한 부피에서의 온도 변화)}$$
$$Q = nC_P \Delta T \quad \text{(일정한 압력에서의 온도 변화)} \qquad (19.24)$$

여기서 C_V는 **등적 몰비열**(molar specific heat at constant volume)이고 C_P는 **등압 몰비열**(molar specific heat at constant pressure)이다. 몇 가지 단원자 기체와 이원자 기체의 C_V와 C_P를 표 19.4에 나타내었다. 몰비열의 단위는 J/mol K이고, 온도에 따라 변하는데 표에 주어진 값들은 200 K에서 800 K 사이의 온도에 적용 가능하다.

예제 19.7 기체의 가열과 냉각

온도가 20.0°C인 3몰의 O_2 기체에 일정한 압력에서 600 J의 열에너지가 전달된 후에 일정한 부피에서 600 J이 방출된다. 최종 온도는 얼마인가? 이 과정을 pV 그림에 나타내시오.

핵심 O_2는 이원자 이상 기체이고, 등압 과정으로 가열된 다음 등적 과정으로 냉각된다.

풀이 등압 과정에서 전달된 열은 온도를 상승시킨다.

$$\Delta T = T_2 - T_1 = \frac{Q}{nC_P} = \frac{600\ \text{J}}{(3.0\ \text{mol})(29.2\ \text{J/mol K})} = 6.8°\text{C}$$

여기서 O_2에 대한 C_P는 표 19.4에서 알 수 있고, 온도 $T_2 = T_1 + \Delta T = 26.8°\text{C}$에 도달 후 등적 과정 동안 기체가 열을 방출함에 따라 온도가 하강한다.

$$\Delta T = T_3 - T_2 = \frac{Q}{nC_V} = \frac{-600\ \text{J}}{(3.0\ \text{mol})(20.9\ \text{J/mol K})} = -9.5°\text{C}$$

열에너지가 기체에서 주변 환경으로 전달되기 때문에 Q를 음의 값으로 계산했다. 기체의 최종 온도는 $T_3 = T_2 + \Delta T = 17.3°\text{C}$이다. 그림 19.17의 pV 그림은 O_2 기체의 과정을 모두 보여준다. 열이 가해지면 일정한 압력에서 기체가 팽창(수평으로 이동)한 다음 열이 방출됨에 따라 일정한 부피(수직으로 이동)로 냉각된다.

그림 19.17 예제 19.7의 pV 그림

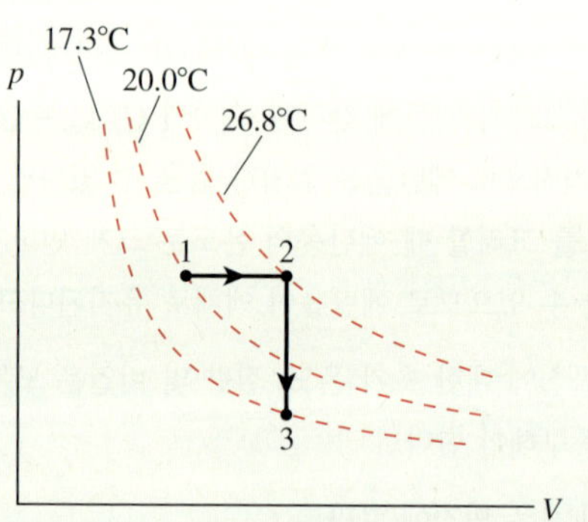

검토 $C_P > C_V$이기 때문에 초기 온도보다 최종 온도가 낮아진다.

예제 19.8 | 기체와 고체를 이용한 열계량법

알루미늄으로 만들어진 200 g 상자의 내부 부피는 800 cm^3이다. 이 상자 안에는 0℃와 1기압의 질소 기체가 들어 있다. 부피가 20 cm^3이고 온도가 300℃인 구리 구슬을 상자 안에 넣은 다음 상자를 밀폐시킨다. 최종 온도는 얼마인가?

핵심 이 예제는 알루미늄 상자, 질소 기체 및 구리 구슬의 세 가지 물체가 상호작용하는 계이므로, 모든 물질은 동일한 최종 온도 T_f에 도달한다.

시각화 상자와 기체의 초기 온도는 $T_{Al} = T_{N2} = 0°C$로 동일하고 상자의 크기는 변하지 않으므로 등적 과정이다. 최종 온도가 구하고자 하는 변수이다.

풀이 계 중 하나가 기체지만 열계량법 식 $Q_{net} = Q_{Al} + Q_{N2} + Q_{Cu} = 0$을 그대로 사용할 수 있다. 이 경우,

$$Q_{net} = m_{Al}c_{Al}(T_f - T_{Al}) + n_{N2}C_V(T_f - T_{N2}) + m_{Cu}c_{Cu}(T_f - T_{Cu}) = 0$$

이다. 고체에 대해서는 질량과 비열을 사용하고 기체의 경우는 몰과 몰비열을 사용하는데 등적 과정이기 때문에 C_V를 사용하는 것에 주의하자. T_f에 대하여 정리하면 다음과 같다.

$$T_f = \frac{m_{Al}c_{Al}T_{Al} + n_{N2}C_VT_{N2} + m_{Cu}c_{Cu}T_{Cu}}{m_{Al}c_{Al} + n_{N2}C_V + m_{Cu}c_{Cu}}$$

비열에 대한 정보는 표 19.2와 19.4에 나와 있다. 구리의 질량을 계산하면,

$$m_{Cu} = \rho_{Cu}V_{Cu} = (8920\ \text{kg/cm}^3)(20 \times 10^{-6}\ \text{m}^3) = 0.178\ \text{kg}$$

이다. 기체의 몰수는 초기 주어진 조건을 사용하여 이상 기체 법칙으로부터 계산한다. 구리 구슬을 넣으면 부피 20 cm^3의 기체를 대체할 수 있으므로, 기체 부피는 $V = 780\ cm^3 = 7.80 \times 10^{-4}\ m^3$가 된다. 따라서

$$n_{N2} = \frac{pV}{RT} = 0.0348\ \text{mol}$$

이고, 위의 정보를 종합하여 최종 온도를 계산하면 $T_f = 83°C$이다.

C_P와 C_V

표 19.4에서 두 가지 흥미로운 특징을 발견할 수 있다. 첫째, 단원자 기체의 몰비열 값은 모두 비슷하다. 그리고 이원자 기체의 몰비열은 단원자 기체의 값과는 다르나 이원자 기체들 사이의 값은 매우 비슷하다. 표 19.2에서 보인 것처럼 고체의 몰비열에서도 비슷한 특징을 확인할 수 있다. 둘째, $C_P - C_V = 8.3$ J/mol K의 차이는 모든 경우에서 동일하게 나타나는데, 놀랍게도 $C_P - C_V$의 값은 기체 상수 R과 같다. 왜 이렇게 되어야 하는가?

C_V와 C_P 간의 관계는 **기체의 열에너지의 변화인 ΔE_{th}는 동일한 ΔT를 갖는 임의의 두 과정에 대하여 동일한 값을 갖는다**는 중대한 개념에 의존한다. 기체의 열에너지는 온도와 상관관계가 있기 때문에, 기체 온도가 T_i에서 T_f로 변하는 모든 과정들은 동일한 ΔE_{th}값을 갖는다. 더욱이, 제1법칙 $\Delta E_{th} = Q + W$은 기체가 열과 일을 구분할 수 없다는 것을 알려준다. 계의 열에너지는 계에 유입되거나 계에서 방출된 에너지에 따라 달라지는데 계를 가열하거나 계에 일하거나 또는 두 가지가 동시에 일어나는 경우에 기체의 열에너지 변화는 동일하게 나타날 수 있다. 따라서 **기체의 열에너지를 ΔE_{th}만큼 변화시키는 임의의 2개 과정에서는 동일한 온도 변화 ΔT가 생긴다.**

이런 내용를 생각하며 그림 19.16을 다시 확인하면, 두 과정 모두 같은 ΔT를 가지므로 같은 ΔE_{th}값을 갖는다. 과정 A는 일이 없는(피스톤이 이동하지 않는) 등적 과정이다. 따라서 이 과정의 제1법칙은 다음과 같다.

$$(\Delta E_{th})_A = W + Q = 0 + Q_{const\ vol} = nC_V\,\Delta T \tag{19.25}$$

과정 B는 등압 과정이고 등압 과정에서 기체에 한 일은 $W = -p\Delta V$이므로

$$(\Delta E_{th})_B = W + Q = -p\,\Delta V + Q_{const\ press} = -p\,\Delta V + nC_P\,\Delta T \tag{19.26}$$

이다. 두 과정에서 ΔT가 동일하기 때문에 $(\Delta E_{th})_A = (\Delta E_{th})_B$이고 식 (19.25)와 (19.26)의 우변을 같게 하면 다음과 같다.

$$-p\,\Delta V + nC_P\,\Delta T = nC_V\,\Delta T \tag{19.27}$$

마지막 단계로 과정 B에서 ΔV와 ΔT를 연결시키기 위해 이상 기체 법칙인 $pV = nRT$를 사용할 수 있다. 어떤 임의의 기체 과정에서

$$\Delta(pV) = \Delta(nRT) \tag{19.28}$$

이다. p가 일정한 등압 과정의 경우에 식 (19.28)을 다시 표현하면,

$$p\,\Delta V = nR\,\Delta T \tag{19.29}$$

이고, 이 식을 식 (19.27)에 대입하면,

$$-nR\,\Delta T + nC_P\,\Delta T = nC_V\,\Delta T \tag{19.30}$$

이다. 식에서 $n\Delta T$를 제거하면 최종적으로 다음과 같다.

$$C_P = C_V + R \tag{19.31}$$

이 식은 표 19.4에서 확인할 수 있는 것처럼 모든 이상 기체에 적용된다.

식 (19.31) 이외에 알아낼 수 있는 또 다른 사실이 있다. 식 (19.25)에 의하면 등적 과정에 대해 $\Delta E_{th} = nC_V\Delta T$이다. ΔT가 동일하면 ΔE_{th}는 같다는 사실로부터 ΔE_{th}에 대한 다음의 표현은 모든 기체 과정에 적용할 수 있다.

$$\Delta E_{th} = nC_V\,\Delta T \quad \text{(모든 이상 기체 과정)} \tag{19.32}$$

이 결과를 식 (19.24)와 비교해보자. 처음에는 등적 과정과 등압 과정을 구분하여 표현했지만, 이제는 식 (19.32)가 모든 과정에 적용될 수 있다고 말한다. 이것은 모순이 아니라 계산을 할 필요가 있는 내용에 따라 차이가 난다.

- ΔT만큼 온도가 변할 때 열에너지의 변화는 모든 과정에서 동일하게 발생한다. 이것이 식 (19.32)의 핵심이다.
- 온도 변화를 일으키는 데 필요한 **열**은 식 (19.24)에서 표현된 것처럼 과정에 따라 달라진다. 등압 과정은 동일한 ΔT를 발생하는 등적 과정보다 더 많은 열을 필요로 한다.

등적 과정과 등압 과정에서 차이가 생기는 이유는 열역학 제1법칙을 $Q = \Delta E_{th} - W$로 표현함으로써 알 수 있다. 등적 과정에서 $W = 0$인 경우, 유입된 열은 **모두** 기체의

온도를 높이는 데 사용된다. 그러나 등압 과정에서는 계에 유입된 열의 일부가 팽창하는 기체가 한 일($W < 0$)로 계에서 방출된다. 따라서 온도 변화가 동일하게 일어나기 위해서는 등압 과정에서 더 많은 열이 필요하다.

열의 경로에 대한 의존성

그림 19.18에 나타난 두 가지 경로의 이상 기체 과정을 보면, 초기 상태와 나중 상태가 같더라도 두 가지 과정이 일어나는 동안 더해진 열은 동일하지 않다. 열역학 제1법칙 $\Delta E_{th} = W + Q$을 사용하여 왜 그런지 알 수 있다.

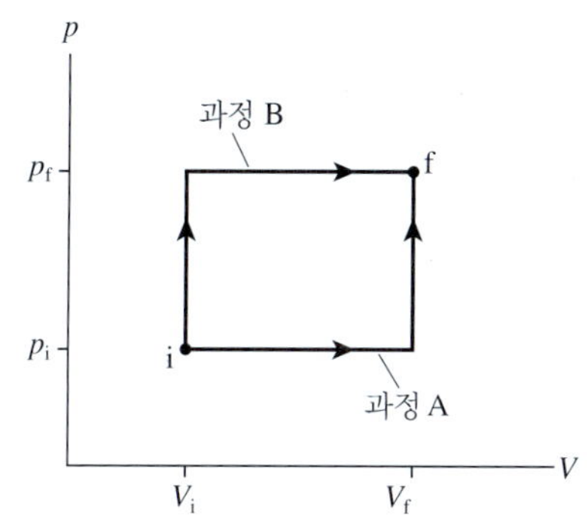

그림 19.18 두 경로에 따른 열에너지 유입은 같은가 다른가?

앞서 언급했던 것처럼 열에너지는 상태 변수이다. 즉, 기체가 도달한 나중 상태의 열에너지 값은 도달하기 위해 거치는 과정과 무관하다. 따라서 $\Delta E_{th} = E_{th\,f} - E_{th\,i}$는 두 과정에서 모두 동일한 값을 갖는다. 만약 ΔE_{th}가 과정 A와 B에서 동일하다면 $W_A + Q_A = W_B + Q_B$가 성립한다.

반면에 이상 기체 과정 중에 행한 일은 pV 그림의 경로에 의존한다는 것을 19.2절에서 배웠다. 과정 B 곡선 아래 넓이가 과정 A 곡선 아래 넓이보다 더 넓으므로 $|W_B| > |W_A|$가 된다. 두 과정 모두 기체 팽창 과정이기 때문에 W는 음의 값을 나타내므로 W_B는 W_A보다 좀 더 큰 음의 값을 나타낸다. 따라서 $Q_B > Q_A$인 경우에만 $W_A + Q_A$는 $W_B + Q_B$와 같은 값이 될 수 있다. 그러므로 **이상 기체 과정 중에 유입되거나 방출되는 열은 pV 그림에서 따르는 경로에 따라 달라진다.**

단열 과정

19.4절에서는 **단열 과정**의 개념을 소개했다. 단열 과정은 열이 전달되지 않는 과정이다($Q = 0$). 그림 19.19에 단열 과정, 등온 과정과 등적 과정을 비교하였다. 단열 과정에 대해 자세히 살펴보자.

그림 19.19 열역학 제1법칙과 관련된 세 가지 중요한 과정의 관계

등온 과정은 $\Delta E_{th} = 0$이므로 $W = -Q$이다.

등적 과정은 $W = 0$이므로 $\Delta E_{th} = Q$이다.

$$\Delta E_{th} = W + Q$$

단열 과정은 $Q = 0$이므로 $\Delta E_{th} = W$이다.

실제로, 단열 과정이 일어나는 두 가지 경우가 있다. 첫째, 두꺼운 스티로폼과 같은 단열재로 기체가 들어 있는 실린더를 완전히 감싸서 단열할 수 있다. 환경은 단열된 피스톤을 밀거나 당김으로써 기체와 역학적으로 상호작용할 수 있지만 열적 상호작용은 일어나지 않는다.

둘째, 기체가 매우 빠르게 팽창되는 **단열 팽창**(adiabatic expansion)을 하거나 또는 빠르게 압축되는 **단열 압축**(adiabatic compression)하는 경우이다. 이렇게 빠르게 일어나는 과정에서는 기체와 환경 사이에 열이 전달될 시간이 없다. 열은 원자의 충돌로 인하여 전달되므로 이러한 충돌에는 일정한 시간이 필요하다. 구리 막대의 한쪽 끝을 화염에 접촉하면 다른 쪽 끝은 시간이 지나면 뜨거워서 잡을 수 없을 정도가 되지만 순간적으로 그렇게 되지는 않는다. 한쪽 끝에서 다른 쪽 끝으로 열이 전달되기까지 약간의 시간이 필요하다. 열이 전달될 수 있는 속도보다 빠르게 진행되는 과정은 단열 과정이다.

$Q = 0$인 단열 과정에서 열역학 제1법칙은 $\Delta E_{th} = W$이다. 단열된 기체를 압축하면

$(W > 0)$ 열에너지가 증가하게 된다. 즉, 단열 압축은 기체의 온도를 상승시킨다. 반대로, 단열된 기체가 팽창하면$(W < 0)$ 열에너지가 감소함에 따라 더 차가워진다. 따라서 단열 팽창은 기체의 온도를 낮춘다. 결국, 열을 사용하지 않고도 단열 과정에서는 기체의 온도 변화가 가능하다.

단열 과정에서 행한 일은 모두 기체의 열에너지를 변화시키는데, 모든 과정에서 $\Delta E_{th} = nC_V \Delta T$ 임을 알았다. 그러므로

$$W = nC_V \Delta T \quad \text{(단열 과정)} \tag{19.33}$$

이다. 식 (19.33)은 앞서 등적 과정, 등압 과정, 그리고 등온 과정에서 행한 일에 대하여 유도한 식들과 결합이 가능하다.

기체 과정은 pV 그림에서 궤적으로 나타낼 수 있는데, 예를 들어 기체는 등온 과정에서 쌍곡선을 따라 움직인다. 단열 과정은 pV 그림에서 어떤 궤적으로 나타나는가? 지루한 유도과정보다 결과가 훨씬 더 중요하기 때문에 답을 먼저 제시하고 유도는 이 절의 끝에서 보일 것이다.

우선 **비열비**(specific heat ratio)에 대한 기호인 γ(그리스 소문자 감마)를 다음과 같이 정의한다.

$$\gamma = \frac{C_P}{C_V} = \begin{cases} 1.67 & \text{단원자 기체} \\ 1.40 & \text{이원자 기체} \end{cases} \tag{19.34}$$

이 비열비는 열역학에서 많이 사용되고 γ는 차원이 없는 물리량이다.

단열 과정은

$$pV^\gamma = \text{상수} \quad \text{or} \quad p_f V_f^\gamma = p_i V_i^\gamma \tag{19.35}$$

이며, 이것은 등온에서 'pV = 상수'라는 표현과 비슷하지만 지수 γ로 인하여 약간 복잡하다.

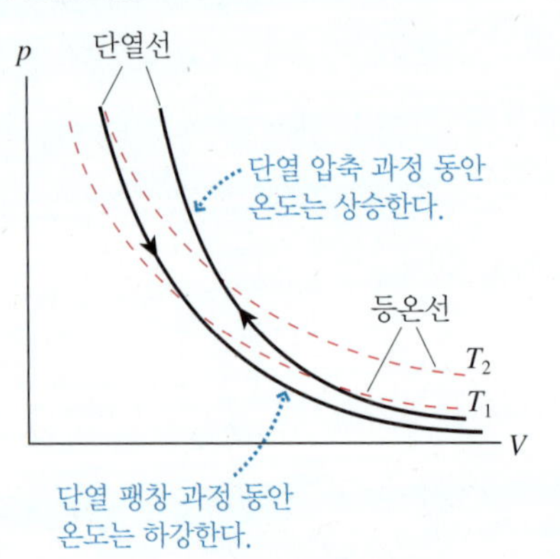

그림 19.20 pV 그림에서 단열선을 따라 일어나는 단열 과정

p = 상수$/V^\gamma$를 만족하는 곡선을 **단열선**(adiabat)이라 한다. 그림 19.20에서 두 단열선이 쌍곡선으로 표현된 등온선보다 좀 더 가파른 것을 확인할 수 있다. 등온 과정이 등온선을 따라 일어나는 것과 마찬가지로 단열 과정은 단열선을 따라 일어난다. 단열 팽창 과정에서는 온도가 떨어지고 단열 압축 과정에서는 온도가 상승하는 것을 볼 수 있다.

만약 이상 기체 법칙 $p = nRT/V$를 단열 과정 방정식 'pV^γ = 상수'에 적용하면 단열 과정 중에는 '$TV^{\gamma-1}$이 상수'임을 알 수 있다. 따라서 단열 과정에 대한 또 다른 유용한 방정식은 다음과 같다.

$$T_f V_f^{\gamma-1} = T_i V_i^{\gamma-1} \tag{19.36}$$

예제 19.9 단열 압축

가솔린 증기를 함유한 공기가 1.00대기압, 30°C에서 내연기관의 실린더 내로 유입된다. 피스톤은 기체를 500 cm^3에서 50 cm^3로 빠르게 압축하고 압축비는 10이다.

a. 기체의 최종 온도와 압력은 얼마인가?

b. 기체의 압축 과정을 pV 그림에 나타내시오.

c. 기체를 압축하기 위해 얼마나 많은 일을 하였는가?

핵심 압축이 빠르게 일어나 기체에서 환경으로 열이 전달되는 시간이 충분하지 않으므로 단열 압축 과정이라고 할 수 있다. 기체를 100% 공기처럼 생각한다.

풀이 a. 초기 압력과 부피를 알고 있으며, 압축 후의 부피도 알고 있다. 단열 과정에서 pV^γ가 일정하게 유지되는 경우, 최종 압력은

$$p_f = p_i\left(\frac{V_i}{V_f}\right)^\gamma = (1.00\ \text{atm})(10)^{1.40} = 25.1\ \text{atm}$$

이다. 공기는 주로 N_2와 O_2로 이루어진 이원자 기체의 혼합물이므로 $\gamma = 1.40$을 사용하고, 온도는 이상 기체 법칙을 적용하여 구할 수 있다.

$$T_f = T_i\frac{p_f}{p_i}\frac{V_f}{V_i} = (303\ \text{K})(25.1)\left(\frac{1}{10}\right) = 761\ \text{K} = 488°\text{C}$$

이와 같은 기체 계산을 할 때는 K 단위의 온도를 사용해야 한다.

b. 그림 19.21은 pV 그림의 결과를 보여준다. 단열 압축 과정의 온도 변화를 나타내기 위해 30°C와 488°C의 등온선을 함께 나타내었다.

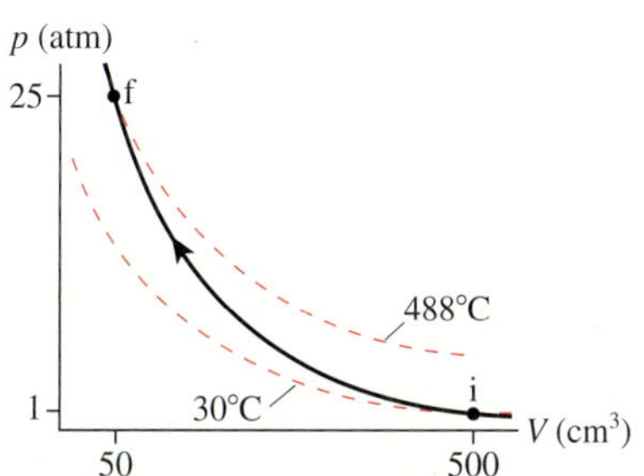

그림 19.21 내연기관에서 기체의 단열 압축

c. 단열 압축 과정 중 행한 일은 $\Delta T = 458$ K를 사용하여 $W = nC_V\Delta T$의 식으로부터 구할 수 있다. 기체의 몰수는 이상 기체 법칙과 주어진 초기 조건으로부터 구한다.

$$n = \frac{p_i V_i}{RT_i} = 0.0201\ \text{mol}$$

따라서 증기를 압축하기 위해 한 일은 다음과 같다.

$$W = nC_V\,\Delta T = (0.0201\ \text{mol})(20.8\ \text{J/mol K})(458\ \text{K}) = 192\ \text{J}$$

검토 내연기관의 압축 과정 중에 온도가 급격히 상승한다. 그러나 상승된 온도는 열과는 아무런 관련이 없다. **기체의 온도와 열에너지는 기체를 가열하는 것이 아니라 기체에 일을 함으로써 증가할 수 있다.** 이러한 중요한 개념이므로 잘 이해해야 한다.

식 (19.35)의 증명

이제 식 (19.35)가 어떻게 유도되었는지 살펴보자. 식 (19.35)를 증명하기 위해서는 먼저 기체가 받은 미소량의 일 dW가 열에너지의 미세한 변화를 일으키는 단열 과정을 생각해야 한다. $dQ = 0$인 단열 과정에서 열역학 제1법칙은 다음과 같다.

$$dE_{th} = dW \tag{19.37}$$

모든 기체 과정에 성립하는 식 (19.32)를 적용하여 $dE_{th} = nC_V\,dT$로 쓸 수 있다. 이 장의 앞부분에서 작은 부피 변화 동안 받은 일이 $dW = -p\,dV$라는 것을 알았다. 그러므로 식 (19.37)은 다음과 같이 정리할 수 있다.

$$nC_V\,dT = -p\,dV \tag{19.38}$$

이상 기체 법칙 $p = nRT/V$를 적용하면, n은 제거되고 C_V는 방정식의 우변으로 이동하여 다음과 같이 정리된다.

$$\frac{dT}{T} = -\frac{R}{C_V}\frac{dV}{V} \tag{19.39}$$

식 (19.39)를 적분하기 위해 식 $C_P = C_V + R$을 사용하고 $\gamma = C_P/C_V$를 도입하여 정리하면 다음과 같다.

$$\frac{R}{C_V} = \frac{C_P - C_V}{C_V} = \frac{C_P}{C_V} - 1 = \gamma - 1 \tag{19.40}$$

이제 초기 상태 i에서 나중 상태 f까지 식 (19.39)를 적분하면

$$\int_{T_i}^{T_f}\frac{dT}{T} = -(\gamma - 1)\int_{V_i}^{V_f}\frac{dV}{V} \tag{19.41}$$

이고, 적분을 구하여 정리하면 다음과 같은 표현이 가능하다.

$$\ln\left(\frac{T_f}{T_i}\right) = \ln\left(\frac{V_i}{V_f}\right)^{\gamma-1} \tag{19.42}$$

이 식에서 로그의 성질 $\log a - \log b = \log (a/b)$와 $c \log a = \log (a^c)$를 이용했다.

더욱 간단히 정리하면,

$$\begin{gathered}\left(\frac{T_f}{T_i}\right) = \left(\frac{V_i}{V_f}\right)^{\gamma-1} \\ T_f V_f^{\gamma-1} = T_i V_i^{\gamma-1}\end{gathered} \tag{19.43}$$

이다. 이 식은 식 (19.36)이었고, $T = pV/nR$을 적용하고 방정식의 양변에서 $1/nR$을 제거하면 식 (19.35)가 유도된다.

$$p_f V_f^{\gamma} = p_i V_i^{\gamma} \tag{19.44}$$

이 식의 유도과정은 매우 길지만 이 과정을 통해 이상 기체 법칙과 열역학 제1법칙이 함께 적용되어 매우 중요한 결과를 도출하는 것을 이해할 수 있다.

19.8 열전달 메커니즘

태양이 비칠 때 더 따뜻하게 느끼거나, 금속 벤치에 앉아 있거나 바람이 불 때, 특히 피부가 젖은 경우 더 시원함을 느낄 수 있는데, 이는 열전달 현상으로 인한 결과이다. 이 장에서는 열에 대해서 많은 것들을 언급했지만 열이 더 뜨거운 물체에서 더 차가운 물체로 옮겨지는 방법에 대해서는 언급하지 않았다. 물체가 환경과 열을 교환하는 네 가지 기본 메커니즘이 있다. 증발 과정에 대해서는 19.5절에서 이미 다루었으므로 이 절에서 나머지 세 가지 메커니즘을 알아보도록 하자.

열전달 메커니즘

회로 기판에 납땜을 하면 2개의 물체가 직접 접촉하면서 **전도**에 의해 열이 전달된다.

연소되는 양초 근처에서 상승 기류가 발생하는데, **대류**라고 알려진 과정을 통해 열에너지를 흡수한다.

천장에 매달린 램프가 아래에 모인 어린 양을 비춰 따뜻하게 한다. 이런 열에너지는 **복사**에 의해 전달된다.

뜨거운 커피나 차를 입으로 불면 **증발**에 의해 온도가 낮아진다.

전도

그림 19.22는 고온 T_H와 저온 T_C 사이에 위치한 물질의 열전달 메커니즘을 보여준다. 온도차에 의해 열에너지가 고온 쪽에서 저온 쪽으로 전달되는 현상을 **전도**(conduction)라고 한다.

온도차 ΔT가 더 크면 더 많은 열이 전달된다. 물질의 단면 A가 더 커질수록 더 많은 열을 전달하지만, 물질이 길어지면 온도가 높은 재료와 낮은 재료 사이의 기리 L이 증가해서 열전달률이 감소한다.

위에서 관찰한 내용을 열전도에 대한 공식으로 표현할 수 있다. 일정 시간 dt 동안에 일정량의 열 dQ가 전달되면 열전달률은 dQ/dt이다. 단면의 넓이가 A이고 길이가 L인 물체가 온도차 $\Delta T = T_H - T_C$에 걸쳐 있는 경우, 열전달률은 다음과 같다.

$$\frac{dQ}{dt} = k\frac{A}{L}\Delta T \tag{19.45}$$

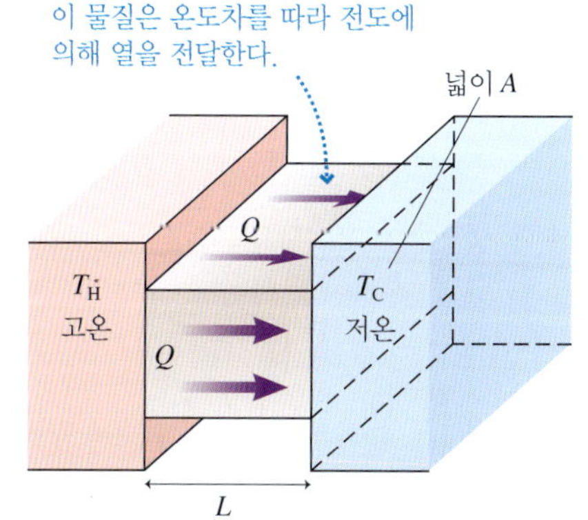

그림 19.22 고체를 통한 열전도

물질이 열전도성이 좋은 도체인지 아닌지를 나타내는 값 k를 물질의 **열전도도**(thermal conductivity)라고 한다. 열전달률 J/s는 와트 단위를 가지는 일률이므로 k의 단위는 W/m K이다. 여러 물질에 대한 k의 값은 표 19.5에 주어졌고, k값이 더 큰 물질일수록 더 좋은 열전도체이다.

대부분의 좋은 열전도체는 금속인데, 금속은 전기도 잘 통한다. 금속이 아니면서 열전도도가 높은 물질 중 하나가 다이아몬드인데, 원자 사이의 강한 결합이 다이아몬드를 매우 단단하게 만들고 결과적으로 열전도가 빠르게 일어나도록 한다. 반대로, 공기 및 기체는 인접한 분자 사이에 결합이 없기 때문에 열전도가 매우 약하게 일어난다.

뜨겁거나 차가운 것에 대한 우리의 인식은 온도보다 열전도도와 관련이 있다. 예를 들어, 실온에 있는 금속 의자는 나무 의자보다 맨 피부에 더 차갑게 느껴진다. 이는 금속이 나무보다 더 큰 열전도도를 가지고 있어서 더 빠른 속도로 몸에서 열을 빼앗아 가기 때문이다.

표 19.5 여러 물질의 열전도도

물질	k (W/m K)
다이아몬드	2000
은	430
구리	400
알루미늄	240
철	80
스테인리스 스틸	14
얼음	1.7
콘크리트	0.8
유리	0.8
스티로폼	0.035
공기(20°C, 1 atm)	0.023

예제 19.10 냉동고의 저온 유지

폭 1.8 m, 높이 1.0 m, 깊이 0.65 m인 가정용 냉동고가 5.0 cm 두께의 스티로폼 단열재로 단열되고 있다. 실내온도가 25°C일 때, 냉동실의 온도를 −20°C로 유지하기 위하여 냉동 압축기는 얼마의 비율로 냉동기의 열을 제거해야 하는가?

핵심 열은 전도를 통해 냉동고 여섯 면 각각을 통해 전달된다. 일정한 온도를 유지하기 위해서 압축기는 내부로 열이 유입되는 것과 같은 비율로 열을 제거해야 한다. 열전도는 주로 두꺼운 단열재에 의해 결정되므로 얇은 내부와 외부 패널의 영향은 무시한다.

풀이 스티로폼의 여섯 면은 각각 단면의 넓이가 A_i이고 두께 $L=$ 5.0 cm이다. 총 열전달률에 대한 식은

$$\frac{dQ}{dt}=\sum_{i=1}^{6}k\frac{A_i}{L}\Delta T=\frac{k\Delta T}{L}\sum_{i=1}^{6}A_i=\frac{k\Delta T}{L}A_{\text{total}}$$

이다. 총 겉넓이를 구하면 다음과 같다.

$$A_{\text{total}}=2\times(1.8\text{ m}\times1.0\text{ m}+1.8\text{ m}\times0.65\text{ m}+1.0\text{ m}\times0.65\text{ m})=7.24\text{ m}^2$$

표 19.5의 스티로폼 열전도도 $k=0.035$ W/mK을 이용하면

$$\frac{dQ}{dt}=\frac{k\Delta T}{L}A_{\text{total}}=\frac{(0.035\text{ W/mK})(45\text{ K})(7.24\text{ m}^2)}{0.050\text{ m}}=230\text{ W}$$

이다. 열은 230 J/s로 스티로폼 벽을 통해 냉동고에 들어가므로 −20°C의 온도를 유지하기 위해 압축기는 매초 230 J의 열에너지를 제거해야 한다.

검토 이 장에서 압축기가 어떤 역할을 하는지, 그리고 얼마나 많은 일을 해야 하는지 배우게 된다. 보통의 냉동고가 약 150 W의 비율로 전기 에너지를 사용하므로 구한 결과는 타당해 보인다.

대류

대류에 의한 따뜻한 물(착색)의 이동

공기는 열전도도가 나쁜 물질이지만 공기와 물은 흐를 수 있기 때문에 열에너지는 공기, 물과 유체를 통해 쉽게 전달된다. 가열기 위에 있는 물을 담은 냄비는 바닥에서 가열된다. 바닥에서 가열된 물은 팽창하여 위쪽의 물보다 밀도가 작아지고 가벼워지므로 표면으로 올라가고 차갑고 밀도가 무거운 물이 냄비 아래쪽으로 내려온다. 똑같은 일이 공기에서도 일어난다. 이런 유체의 움직임에 의한 열에너지의 전달을 '열이 위로 올라가는' 개념으로 알려진 **대류**(convection)라고 한다.

대류는 보통 유체에서 발생하는 열전달의 주요 메커니즘이다. 작은 척도에서 대류는 냄비 속에 가열한 물을 순환시키지만, 큰 척도에서 보면 바람이 불게 하고 해류를 순환시키는 역할을 한다. 공기는 열전도도가 매우 작지만 대류로 열에너지를 전달하는 방법에는 매우 효과적이다. 따라서 공기를 단열로 이용하려면 대류 현상이 일어나지 않도록 공기를 아주 작은 공간 안에 가둬두어야 한다. 대표적인 예로 깃털, 모피, 이중창 및 유리 섬유 단열재를 들 수 있다. 대류는 공기보다 물속에서 훨씬 빠르게 일어나기 때문에, 68°F(20°C)의 공기에서는 잘 살아갈 수 있지만 68°F(20°C)의 물에서는 저체온으로 죽을 수 있다.

대류는 유체에서 해석하기 어려운 난류 운동을 포함하기 때문에, 대류에 의해 발생하는 열에너지 전달에 관련된 간단한 방정식은 존재하지 않는다.

복사

태양은 진공 상태인 우주 공간에 열에너지를 방출하고, 그 열에너지는 지구에까지 도달한다. 마찬가지로, 벽난로에서 붉게 빛나며 연소하는 석탄의 따뜻함을 멀리서도 느

낄 수 있다.

모든 물체는 **복사**(radiation)의 형태로 에너지를 방출하는데, 전자기파는 물체를 구성하는 원자 내부의 전하가 진동함으로써 생성된다. 이 전자기파들은 복사선을 방출하는 물체로부터 에너지를 흡수하는 물체로 에너지를 전달한다. 전자기파는 태양의 에너지를 운반하는데 햇빛이 피부에 닿을 때 이 에너지가 피부에 흡수되어 열에너지를 증가시킴으로써 몸을 따뜻하게 한다. 피부 또한 전자기파를 방출하여 열에너지를 줄임으로써 몸의 체온을 유지한다. 복사는 우리 몸이 적절한 체온을 유지하도록 하는 **에너지 균형**의 중요한 부분이다.

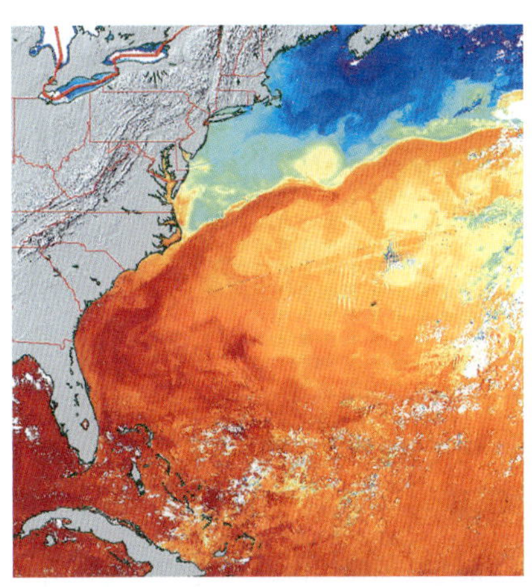

이 위성사진은 미국 동해안 해역에서 방출된 복사를 보여준다. 멕시코 만류(Gulf Stream)라는 따뜻한 물을 볼 수 있는데, 북쪽 위도로 열을 전달하는 대규모 대류 중 하나이다.

뜨거운 물체는 '빨갛게 달아오르고' 온도가 더 높아지면 하얗게 달아올라 '백열' 상태가 된다. 태양은 단지 발광가스를 가진 매우 뜨거운 공이라고 생각할 수 있고 백열전구의 흰색 빛은 전류를 가해 아주 높은 온도로 가열된 얇은 필라멘트에 의해 방출되는 복사이다. 저온의 물체는 적외선 파장 형태로 복사하는데, 이런 복사를 볼 수는 없지만 특수 적외선 탐지기를 사용하면 측정도 가능하고 열화상을 만들 수 있다.

물체에서 방출되는 에너지는 온도에 따라 달라진다. 겉넓이 A와 절대 온도 T를 가진 물체에서 작은 양의 열에너지 dQ가 일정 시간 dt 동안 방출될 때 열전달률에 관한 방정식은 다음과 같다.

$$\frac{dQ}{dt} = e\sigma AT^4 \tag{19.46}$$

에너지 전달률은 일률($1\ \mathrm{J/s} = 1\ \mathrm{W}$)이므로 dQ/dt는 **복사율**(radiated power)이라고 한다. 이 식에서 복사율이 절대 온도의 네제곱에 비례하는 것에 유의하자. 물질의 절대 온도를 두 배로 하면 복사율은 16배나 증가하게 된다!

식 (19.46)의 변수 e는 표면의 **방출률**(emissivity)이며, 표면이 얼마나 효과적으로 복사하는지 측정한 값이다. 보통 e값은 0에서 1 사이이다. σ는 슈테판·볼츠만(Stefan-Boltzmann) 상수이고 값은 다음과 같다.

$$\sigma = 5.67 \times 10^{-8}\ \mathrm{W/m^2\,K^4}$$

물체는 복사를 방출할 뿐만 아니라 환경에서 방출되는 복사를 **흡수**하기도 한다. 일정한 온도 T의 물체가 온도 T_0의 환경에 둘러싸여 있다고 가정하면, 물체가 열에너지를 방출하는 **알짜** 비율, 즉 복사에서 흡수를 뺀 값은

$$\frac{dQ_{\text{net}}}{dt} = e\sigma A(T^4 - T_0^4) \tag{19.47}$$

이다. 물체가 환경과 열적 평형 상태($T = T_0$)에 있으면 알짜 복사가 없어야 하므로 이 식은 타당하다.

방출률 e는 방출뿐만 아니라 흡수에 대해서도 나타난다. 즉, 좋은 방출체는 좋은 흡수체가 될 수 있다. 들어오는 모든 빛과 복사를 흡수하지만 아무것도 반사하지 않는 완벽한 흡수체($e = 1$)는 완전히 검은색으로 보일 것이다. 따라서 이러한 완벽한 흡수

체를 **흑체**(black body)라고 한다. 앞서 언급한 것처럼 완벽한 흡수체가 완벽한 방출체가 될 수 있으므로 이상적인 방출체로부터의 열복사를 **흑체 복사**(black-body radiation)라고 한다. 흑체가 완벽한 방출체라는 것이 이상해 보이지만, 검은 숯이 불 속에서 붉게 빛나는 것을 생각해보면 된다. 실온에서는 적외선 파장의 에너지를 방출하며 똑같이 빛난다.

예제 19.11 | 태양 온도 추정

태양의 반지름은 6.96×10^8 m이다. 지구까지의 거리 1.50×10^{11} m에서 태양 복사열 세기(대기에서 위성으로 측정)가 1370 W/m² 일 때, 태양 표면의 온도는 얼마인가?

핵심 태양의 방출률 e는 1이라 가정한다.

풀이 태양에서 방출되는 총에너지는 태양에서 지구까지 확장한 구의 겉넓이에 m²당 에너지를 곱한 값이다.

$$P = \frac{1370\ \text{W}}{1\ \text{m}^2} \times 4\pi(1.50 \times 10^{11}\ \text{m})^2 = 3.87 \times 10^{26}\ \text{W}$$

즉, 태양은 $dQ/dt = 3.87 \times 10^{26}$ J/s의 비율로 에너지를 방출한다.

에너지는 반지름 R_s을 가진 태양의 겉넓이를 통해 방출되고, 식 (19.46)을 이용하여 태양의 표면 온도를 구하면 아래와 같다.

$$T = \left[\frac{dQ/dt}{e\sigma(4\pi R_S^2)}\right]^{1/4}$$

$$= \left[\frac{3.87 \times 10^{26}\ \text{W}}{(1)(5.67 \times 10^{-8}\ \text{W/m}^2\ \text{K}^4)4\pi(6.96 \times 10^8\ \text{m})^2}\right]^{1/4}$$

$$= 5790\ \text{K}$$

검토 이 온도는 태양 스펙트럼의 측정으로 확인되며, 뒤에 VIII편에서 배울 내용이다.

열복사는 기후와 지구 온난화에 결정적인 역할을 한다. 지구 전체는 열적 평형 상태에 있다. 결과적으로 태양으로부터 전해지는 에너지와 똑같은 양의 에너지를 공간으로 방출해야 한다. 뜨거운 태양으로부터 전해지는 복사선은 대부분 가시광선이다. 지구의 대기는 가시광선에 투명하므로 이 복사는 표면까지 도달하여 흡수된다. 지구는 적외선 복사를 방출하지만 대기 중 구성 요소인 수증기와 이산화탄소는 적외선 복사의 강력한 흡수체이다. 수증기와 이산화탄소는 복사선의 방출을 방해하고 이불과 같은 역할을 하여 대기 중에 이런 기체들이 없을 때에 비해 지구의 표면을 덥게 한다.

온실 효과(greenhouse effect)는 지구 기후의 자연스러운 현상 중 하나이다. 지구는 자연적으로 발생하는 이산화탄소가 없으면 지금보다 훨씬 더 춥고 대부분 얼어붙을 것이다. 그러나 이산화탄소는 화석 연료의 연소에 의해서는 발생하며, 산업 혁명 초기부터 인간의 활동으로 인해 대기 중 이산화탄소 농도가 거의 50% 증가했다. 이러한 인간의 활동은 온실 효과를 증폭시켰으며 지구 온난화의 주요 원인이다.

응용 예제 19.12 | 물 끓이기

400 mL의 물을 바닥 두께가 2.0 mm이고 지름이 8.0 cm, 질량이 150 g인 뚜껑이 있는 유리 비커에 붓고 400°C의 가열기 위에 올려놓는다. 물이 끓는점에 도달하여 모든 물이 완전히 증발해버릴 때까지 얼마의 시간이 걸리겠는가?

핵심 비커의 바닥은 열전달 물질로 400°C의 가열기에서 100°C의 끓는 물로 열에너지를 전달한다. 물과 비커의 온도는 물이 끓을 때까지 일정하게 유지된다. 대류와 복사로 인한 열 손실은 무시할 수 있다고 가정하면, 이 경우 계에 유입되는 열에너지는 전적으로 물의 상변화에 사용된다. 비커의 온도가 일정하므로 비커의 질량은 이 문제와 관련이 없다.

풀이 물의 질량 M을 끓이기 위해 필요한 열에너지는

$$Q = ML_v$$

이다. 여기서 증발열 $L_v = 2.26 \times 10^6$ J/kg이다. 시간 Δt 동안 비커의 바닥을 통해 전달된 열에너지는

$$Q = k\frac{A}{L}\Delta T\,\Delta t$$

이다. 여기서 유리의 열전도도 $k = 0.80$ W/m K이다. 전도에 의해 전달된 열은 전부 물을 끓는 데 사용되므로 두 식을 결합할 수 있다.

$$k\frac{A}{L}\Delta T\,\Delta t = ML_v$$

그리고 식을 Δt에 대하여 정리하면 다음과 같다.

$$\Delta t = \frac{MLL_v}{kA\,\Delta T} = \frac{(0.40\text{ kg})(0.0020\text{ m})(2.26\times 10^6\text{ J/kg})}{(0.80\text{ W/m K})(0.0050\text{ m}^2)(300\text{ K})}$$

$$= 1500\text{ s} = 25\text{ min}$$

여기서 물의 밀도를 사용하여 물의 질량 $M = 400$ g $= 0.40$ kg을 계산했고 열전도가 발생하는 넓이는 $A = \pi r^2 = 0.0050$ m^{2}로 계산했다.

검토 작은 가열기가 두 컵의 물을 끓게 하는 데는 5분 정도 걸리지만 물이 증발하는 데는 더 오랜 시간이 걸린다. 대류와 복사로 인한 에너지 손실을 고려하지 않았기 때문에 실제로는 25분보다 시간이 더 걸릴 수 있지만 이 시간은 물리적으로 타당해 보인다. 가스난로는 버너 온도(가스 불꽃 또는 빨갛게 달아오르는 가열 코일)가 훨씬 높기 때문에 물을 빨리 증발시킬 수 있다.

서술형 질문

1. 우주 캡슐이 우주로부터 지구로 돌아오면서 고속으로 대기를 통과하면 표면이 매우 뜨거워진다. 캡슐이 가열되었는가? 그렇다면 열의 근원은 무엇인가? 그렇지 않다면, 왜 그렇게 뜨거워지는가?

2. 2개의 용기 속에 질소 기체가 존재하는데 질량과 온도가 같다. 용기 A에 15 J의 열을 공급하면서 부피 변화가 일어나지 않게 하고, 용기 B에는 15 J의 열을 공급하면서 압력 변화가 없게 한다. 이후 온도 T_A가 T_B보다 큰가 작은가? 아니면, 같은가? 설명하시오.

3. 등압 몰비열과 등적 몰비열의 차이가 가지는 물리적 중요성은 무엇인가?

4. 그림 Q19.4는 초기 상태 i에서 나중 상태 f로 이상 기체가 거동하는 두 가지 다른 과정을 보여준다. 과정 A의 기체가 받은 일이 과정 B에서 받은 일보다 큰가 작은가? 아니면, 같은가? 설명하시오.

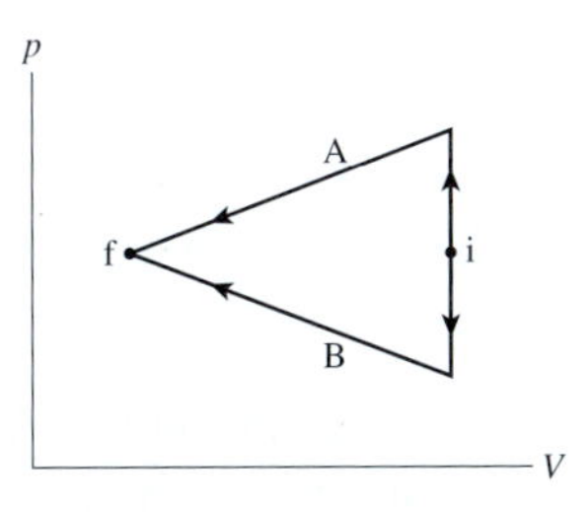

그림 Q19.4

5. 그림 Q19.5의 기체 실린더는 얼음판과 접촉하는 바닥면을 제외하고 모든 면이 단열되어 있는 단단한 용기이다. 초기 기체 온도는 0°C보다 크다.
   a. 기체가 새로운 평형 상태에 도달하는 과정 동안, (i) ΔT, (ii) W 및 (iii) Q는 0보다 큰가 작은가? 아니면, 같은가? 설명하시오.
   b. 전체 과정을 보여주는 pV 그림을 그려보시오.

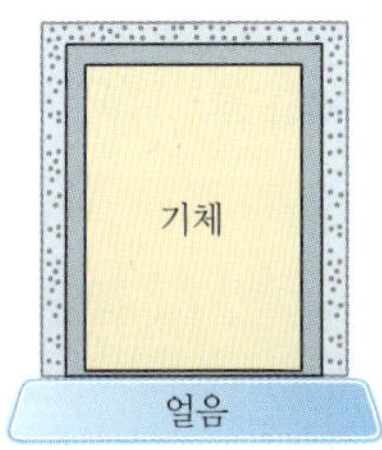

그림 Q19.5

6. 그림 Q19.6의 기체 실린더는 모든 면이 단열이 잘 되어 있고 피스톤은 마찰 없이 이동할 수 있다. 총 질량이 50% 감소할 때까지 피스톤 상단의 질량이 조금씩 제거된다.
   a. 이 과정에서 (i) T, (ii) W 및 (iii) Q는 0보다 큰가 작은가? 아니면, 같은가? 설명하시오.
   b. 전체 과정을 보여주는 pV 그림을 그려보시오.

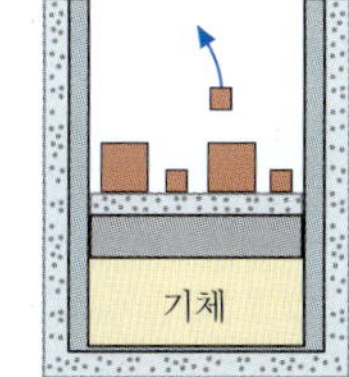

그림 Q19.6

연습문제

표시가 된 연습문제들은 이전 장들에서 다룬 내용과 관련이 있다.

연습

19.1 에너지에 관한 설명

19.2 이상 기체 과정에서의 일

1. ‖ 그림 EX19.1에 표시된 과정에서 기체가 받은 일은 얼마인가?

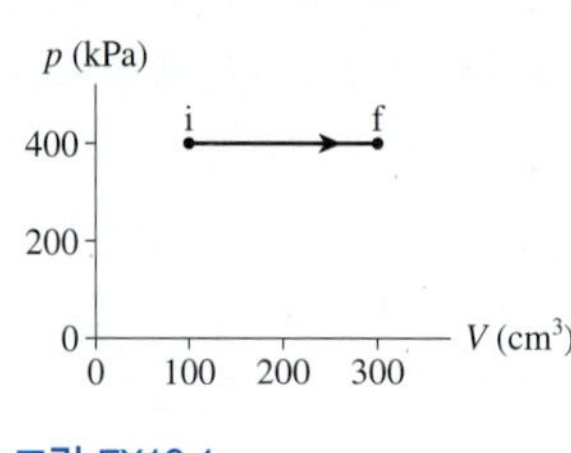

그림 EX19.1

2. ‖ 그림 EX19.2에 나타난 과정처럼 기체가 80 J의 일을 받았다. V_1은 cm^3 단위로 얼마인가?

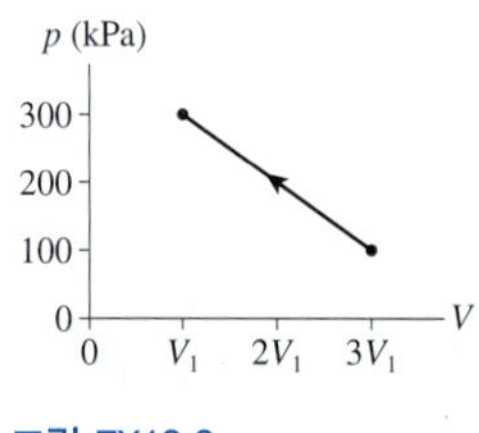

그림 EX19.2

3. ‖ 일정 온도에서 기체를 초기 부피의 절반으로 압축하기 위해 500 J의 일을 해야 한다. 기체를 초기 부피의 1/10배로 압축하려면 얼마나 많은 일을 해야 하는가?

19.3 열

19.4 열역학 제1법칙

4. | 그림 19.12를 참조하여 그림 EX19.4의 기체 과정에 대한 막대 그래프를 그려보시오.

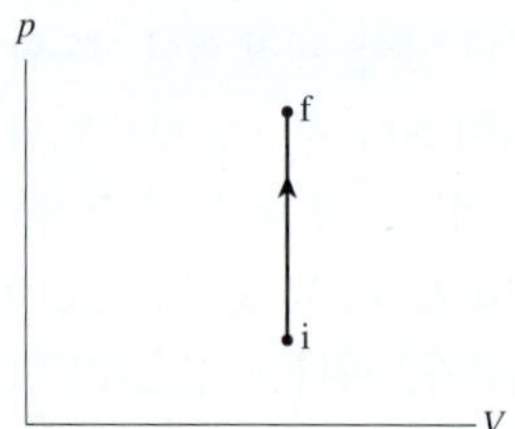

그림 EX19.4

5. | 그림 19.12를 참조하여 그림 EX19.5의 기체 과정에 대한 막대 그래프를 그려보시오.

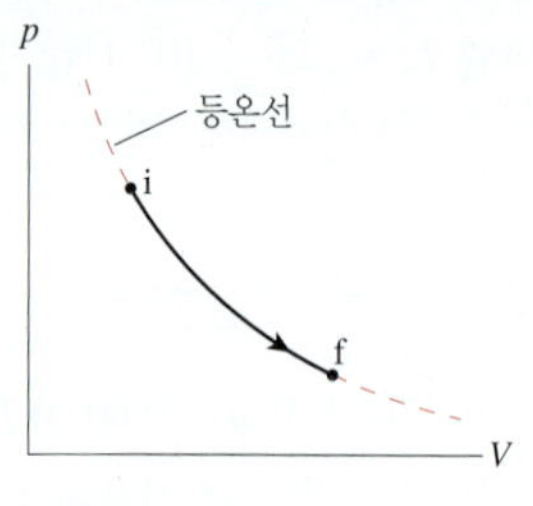

그림 EX19.5

6. | 계에서 열에너지가 200 J 감소하는 과정에서 계가 500 J의 일을 받았다. 얼마나 많은 열에너지가 계로 또는 계로부터 전달되는가?

19.5 물질의 열적 특성

7. ‖ 빠르게 회전하는 휠이 물 100 mL의 온도를 20°C에서 30°C로 상승시킨다. 이 과정에서 얼마나 많은 (a) 열이 전달되고, (b) 일이 행하여지는가?

8. ‖ 22°C에 있는 16 g의 수은이 끓는점에 도달하여 수은 증기로 바뀌려면 얼마나 많은 열이 필요한가?

9. | 인체를 고열로부터 보호하는 한 가지 방법은 땀을 흘리는 것인데, 상이 변하는 증발은 열이 필요하고 이 과정을 통해 열에너지는 몸에서 제거된다. 증발은 끓는 현상과 비슷하고 35°C에서 증발열은 다소 큰 24×10^5 J/kg인데, 이것은 낮은 온도에서 분자 결합을 파괴하는 데 더 많은 에너지가 필요하기 때문이다. 매우 격렬한 활동은 성인이 분당 30 g의 땀을 만들어 내게 할 수 있다. 만약에 땀이 흘러내리지 않고 모두 증발한다면, 어떤 비율(J/s)로 모든 열을 배출할 수 있는가? BIO

10. ‖ 두 대의 차량이 80 km/h로 주행하면서 정면으로 충돌한다. 모든 운동 에너지가 열에너지로 변환된다고 가정하라. 각 차의 온도 상승은 얼마인가? 각 자동차의 비열을 철의 비열이라고 가정한다.

19.6 열계량법

11. ‖ 30 g의 구리로 된 구슬을 300°C의 오븐에서 꺼내 즉시 단열컵에 있는 20°C의 물 100 mL에 떨어뜨린다. 물의 온도는 얼마가 되는가?

12. ‖ 40 g 온도계를 사용하여 물 150 mL의 온도를 측정한다. 대부분이 유리인 온도계의 비열은 750 J/kg K이며, 처음 탁자 위에

놓여 있을 때 22.0°C를 나타내었다. 물에 완전히 담근 후 온도계의 측정값은 70.5°C이다. 측정 전의 물 온도는 얼마인가?

13. ||| 55 cm^3 철 덩어리를 850°C의 용광로에서 빼내어 즉시 25°C의 물 240 mL에 떨어뜨린다. 수증기로 변화되는 물의 양은 얼마인가?

19.7 기체의 비열

14. || 용기 안에 압력 8.0대기압의 1.0 g의 산소가 들어 있다.
    a. 압력을 그대로 100°C까지 온도를 높이려면 얼마나 많은 열이 필요한가?
    b. 이 양의 열에너지가 부피를 고정시키고 기체로 옮겨지면 온도는 얼마나 상승하는가?

15. || 기체 실린더 안에 온도가 150°C이고 압력은 3.0대기압인 0.10 mol의 O_2가 들어 있다. 기체의 압력이 반으로 떨어질 때까지 단열 팽창한다고 가정할 때, 최종 (a) 부피와 (b) 온도는 얼마인가?

16. || 0.10 mol의 질소 기체가 그림 EX19.16에 나타낸 두 가지 과정을 따른다. 각 과정에 얼마나 많은 열이 필요한가?

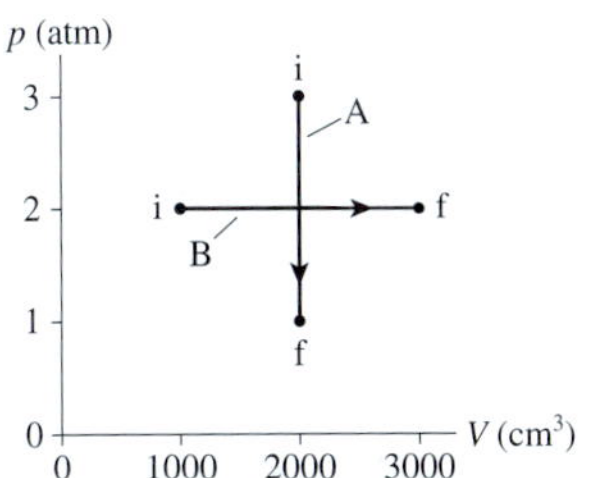

그림 EX19.16

19.8 열전달 메커니즘

17. | 길이 20 cm, 지름 2.0 cm의 막대 한쪽 끝을 얼음물 욕조에, 다른 쪽 끝을 끓는 물에 담가 각각 0°C와 100°C로 유지시킨다. 열은 막대를 통해 시간당 4.5×10^4 J로 전도된다. 막대는 어떤 재료로 만들어졌는가?

18. | 파스타를 끓이는 데 무심결에 나무 숟가락 대신 구리로 된 숟가락을 사용하여 휘젓고 있다. 구리 숟가락은 20 mm × 1.5 mm 직사각형 단면을 가지고 있으며, 끓는 물로부터 35°C인 손까지의 길이는 18 cm이다. 25 J 열에너지가 손에 전달되려면 얼마나 걸리겠는가?

19. ||| BIO 머리에서 나오는 복사선은 인체의 열손실의 주요 원인이다. 지름 20 cm, 높이 20 cm의 원통을 머리의 모형이라고 가정하자. 체온이 35°C일 경우 추운 5°C 날에 열손실의 알짜 비율은 얼마인가? 피부색에 상관없이 모든 피부는 적외선에 대해 실질적으로 검정색이므로 피부의 방출률을 0.95로 가정한다.

문제

20. || 지름 5.0 m, 깊이 30 cm의 연못이 있다. 태양은 연못에 평균 400 W/m^2의 에너지를 전달한다. 만약, 물이 모든 태양 에너지를 흡수하고 환경과 에너지를 교환하지 않는다면 15°에서 25°C로 온도가 상승할 때까지 걸리는 시간은 얼마인가?

21. || BIO 인체가 호흡 시 흡입된 공기는 습기가 있는 기도를 통과할 때 수증기로 빠르게 포화된다. 그 결과, 성인은 숨을 내쉴 때마다 약 25 mg의 증발된 물을 배출한다. 증발(상변화)은 열이 필요하며, 이때 열에너지는 몸에서 제거된다. 증발은 끓는 현상과 비슷하고 35°C에서 기화열은 다소 큰 24×10^5 J/kg인데, 낮은 온도에서 분자 결합을 파괴하는 데 더 많은 에너지가 필요하기 때문이다. 폐로 흡입된 공기에 수분 함량이 거의 없는 건조한 날에 1분에 12회 호흡한다고 하면 물의 배출로 인한 신체의 에너지 손실률(J/s)은 얼마인가? (비교를 위해, 시원한 날의 복사로 인한 에너지 손실은 약 100 J/s이다.)

22. || 150 L 전기 온수 탱크에는 5.0 kW 히터가 들어 있다. 수온을 65°F에서 140°F로 올리는 데 몇 분이 소요되는가?

23. || 용암이 흘러 작은 마을이 위험한 상황에 처해 있다. 폭이 400 m이고 두께가 35 cm인 1200°C의 용암이 분당 1.0 m의 속도로 마을로 향하고 있다. 시장은 다량의 20°C의 물을 뿌려 용암의 진행을 멈출 계획을 세운다. 용암의 밀도는 2500 kg/m^3, 비열은 1100 J/kg K, 융해 온도는 800°C, 용융열은 4.0×10^5 J/kg이다. 최소 1분에 몇 리터의 물을 방사해야 마을을 지킬 수 있는가?

24. || 방금 나온 300 mL의 커피는 90°C이므로 마시기가 어렵다. −20°C의 냉동고에서 가져온 얼음을 넣어 마시기 좋은 60°C의 온도로 낮추는 데 필요한 얼음의 질량은 얼마인가?

25. ||| 2.0 mol의 기체가 30°C, 1.5대기압 상태에 있다. (a) 일정한 온도와 (b) 일정한 압력에서 기체를 초기 부피의 3분의 1로 압축하기 위해 기체에 얼마나 많은 일을 해야 하는가? (c) 두 과정을 하나의 pV 그림에 나타내시오.

26. || 560 kg의 콘크리트 탁자의 네 모서리를 압축 공기 실린더가 지지하고 있다. 각 실린더의 지름은 25 cm이고 내부 압력이 1.0대기압일 때 초기 길이는 1.20 m이다. 기중기가 실린더가 주변 환경과의 열적 평형 상태를 유지하도록 압축하면서 탁자를 매우 천천히 내린다. 탁자가 평형 상태에 도달했을 때 4개 실린더의 기체에 얼마나 많은 일이 행해지는가?

27. || 지름 10 cm의 실린더 안에 10대기압, 50°C의 아르곤 기체가 들어 있다. 피스톤이 실린더 안팎으로 미끄러져 움직일 수 있다. 실린더의 초기 길이는 20 cm이다. 2500 J의 열이 기체로 전달되어 기체가 일정 압력에서 팽창한다. 실린더의 (a) 최종 온도와 (b) 최종 길이는 얼마인가?

28. ‖ 질소 기체가 담겨 있는 지름 8.0 cm의 단열된 수직 형태 실린더가 마찰이 없는 5.1 kg 피스톤으로 상단이 밀봉되어 있다. 피스톤 위의 공기 압력은 100 kPa이다.
   a. 실린더 내부의 기체 압력은 얼마인가?
   b. 초기에 실린더 바닥으로부터 피스톤 높이는 26 cm이다. 피스톤 상단에 추가적으로 3.5 kg을 놓으면 피스톤 높이는 어떻게 변하겠는가?

29. ‖‖ 5.0 g의 질소 기체가 20°C, 초기 압력 3.0대기압에서 부피가 세 배가 될 때까지 등압 팽창한다.
   a. 팽창 후 기체의 부피와 온도는 얼마인가?
   b. 팽창이 일어나기 위해 얼마나 많은 열에너지가 기체로 전달되는가? 그러고 나서 기체 압력은 초기 온도에 도달할 때까지 일정 부피에서 감소된다.
   c. 감소 후 기체 압력은 얼마인가?
   d. 압력이 감소함에 따라 기체로부터 얼마만큼의 열에너지가 전달되는가?
   e. pV 그래프의 두 축에 적당한 눈금을 설정하고 전체 과정을 나타내시오.

30. ‖‖ 어느 날 실험실에서 500 mL의 끓는 상태의 액체 질소가 들어 있는 단열된 2000 mL 보온병을 발견하였다. 보온병의 남은 공간에는 1.0대기압의 질소 기체가 존재하고 기체와 액체는 열적 평형 상태에 있다. 탁자 위에 놓여 있는 '197 g'이라 적혀 있는 철 조각을 보온병에 넣고 기체가 빠져 나올 수 없도록 뚜껑을 단단히 밀봉한다. 몇 초 후에 보온병 내부의 압력은 얼마인가? 액체 질소의 밀도는 810 kg/m^{3}이다.

31. ‖ 2개의 실린더에 300 K, 3.0대기압의 이원자 기체 0.10 mol이 들어 있다. 각각 압력이 1.0대기압이 될 때까지 실린더 A는 등온 팽창하고 실린더 B는 단열 팽창한다.
   a. 최종 온도와 부피는 각각 얼마인가?
   b. pV 그래프의 두 축에 적당한 눈금을 설정하고 두 과정을 하나의 pV 그림에 나타내시오.

32. ‖ 두 용기에 동일한 초기 조건을 갖는 이원자 기체가 들어 있다. 하나의 용기는 일정 압력에서 가열되어 온도가 20°C 증가하였다. 다른 용기는 같은 양의 열에너지를 받았지만 일정한 부피를 유지한다. 온도는 얼마나 증가하는가?

33. ‖ 표준 온도와 압력에 있는 질소 기체 14 g을 등적 과정으로 20 대기압으로 가압한다. (a) 최종 온도, (b) 기체에 행해진 일, (c) 기체로 전달된 열량, (d) 압력비 p_{max}/p_{min}은 얼마인가? (e) pV 그래프의 두 축에 적당한 눈금을 설정하고 이 과정을 pV 그림에 나타내시오.

34. ‖ 강한 바람이 산에서 낮은 고도로 공기를 신속하게 이동시킬 때 공기는 환경과 열을 교환할 시간이 부족하다. 압력이 상승하면 공기가 압축되어 온도가 급격히 상승한다. 이 따뜻한 바람을 록키 산맥의 치누크 바람과 캘리포니아의 산타아나 바람이라 부른다. 로스앤젤레스 주변에 위치한 산의 기압이 60 kPa인 고도에서 기온이 0°C이라고 가정하자. 산타아나 바람이 공기를 기압이 100 kPa인 해수면의 낮은 고도로 이동시킬 경우, 기온은 °C와 °F 단위로 얼마가 되겠는가?

35. ‖ 1.2 cm 두께의 콘크리트 패널로 만들어진 한 면이 20 cm인 정육면체 상자 안에 100 W 전구가 밀봉되어 있다. 주변 공기 온도가 20°C일 때, 전구가 켜지면 상자 안의 공기 온도는 얼마로 변하는가?

36. ‖‖ 대부분의 항성은 **주계열**(main-sequence) 항성이며, 크기, 질량, 표면 온도 및 복사율이 밀접하게 관련되어 있다. 예를 들어 태양은 5800 K의 표면 온도를 지닌 황색 주계열 항성이다. 태양 질량의 두 배가 넘는 질량 M을 가진 주계열 항성의 경우, 태양과 비교한 총 복사율은 대략 $P/P_{sun} = 1.5(M/M_{sun})^{3.5}$이다. 항성 레굴루스 A는 질량이 3.8 M_{sun}이고 반지름이 3.1 R_{sun}인 청색 주계열 항성이다. 레굴루스 A의 표면 온도는 얼마인가?

37. ‖ 지구의 거리에서 태양 에너지 세기는 1370 W/m^{2}이다. 이 에너지의 30%는 물과 구름에 의해 반사되고 70%가 흡수된다. 지구에 대기가 없다면 지구 평균 기온은 얼마이겠는가? 지구 표면의 방출률은 1이라 가정한다. (지구의 실제 평균 기온은 약 15°C로 온실 효과로 인해 계산 값보다 더 높다.)

38. 아래와 같이 어떤 방정식이 주어질 때,

$$(200 \times 10^{-6}\ \text{m}^3)(13{,}600\ \text{kg/m}^3)$$
$$\times (140\ \text{J/kg K})(90°\text{C} - 15°\text{C})$$
$$+ (0.50\ \text{kg})(449\ \text{J/kg K})(90°\text{C} - T_i) = 0$$

   a. 이러한 방정식에 해당하는 실제 문제를 만들어 보시오.
   b. 문제의 답을 구하시오.

응용 문제

39. ‖‖ 200°C의 알루미늄 10 g과 온도를 모르는 구리 20 g을 15°C 에탄올 50 cm^{3}에 넣는다. 온도는 25°C로 빠르게 상승한다. 구리의 초기 온도는 얼마인가?

40. ‖‖ 그림 CP19.40은 수소 0.015 mol의 열역학적 거동을 보여준다. 얼마나 많은 열에너지가 기체로 전달되는가?

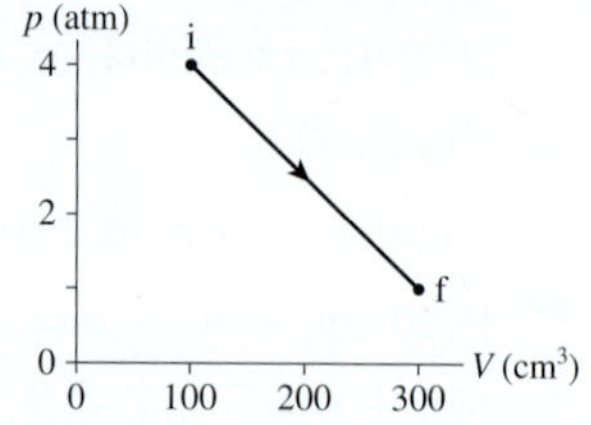

그림 CP19.40

41. ‖‖ 초기 온도 20°C의 이원자 기체 0.020 mol을 $pV^2 =$ 상수가 되는 과정을 따라 1500 cm^{3}에서 500 cm^{3}로 압축한다. 이 과정에서 얼마나 많은 열에너지가 유입되는가?
CALC

20 미시와 거시의 연결

The Micro/Macro Connection

열기구 안에 공기를 가열하는 것은 분자들의 열에너지를 증가시킨다. 이는 기체를 팽창시키며, 기체의 밀도를 낮추어서 주위의 찬 공기 안에서 열기구가 뜨게 해준다.

이 장에서는 원자들의 운동에 의해 거시적인 특성들이 어떻게 변화하는지 보여준다.

미시와 거시의 연결은 무엇인가?

지난 두 장에서 몇 가지 퍼즐들을 발견하였다.

- 왜 이상 기체 법칙은 모든 기체에 적용 가능한가?
- 왜 몰비열은 모든 단원자 분자, 모든 이원자 분자, 그리고 모든 기본적인 고체에서 같은가?
- 온도가 실질적으로 측정하는 것은 무엇인가?

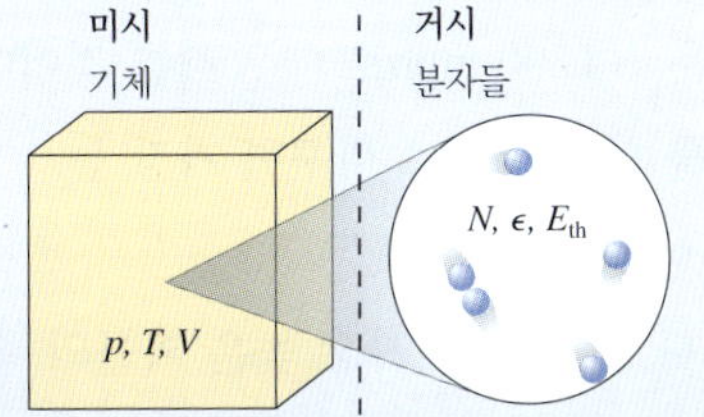

계의 원자 및 분자의 미시적인 거동을 연구함으로써 이러한 퍼즐들을 해결할 수 있으며, 거시적인 계의 많은 특성들을 이해할 수 있다. 이것이 미시와 거시의 연결이다.

« **되돌아보기:** 19.3~19.5절 열, 제1법칙, 그리고 비열

왜 기체들은 압력을 가지고 있는가?

분자들과 용기 벽의 충돌에 의해 기체는 압력을 가진다. 이상 기체 법칙과 기체 압력의 미시적인 계산을 연결하면 분자의 평균속도, 즉 제곱평균제곱근(root-mean-squre)을 구할 수 있다.

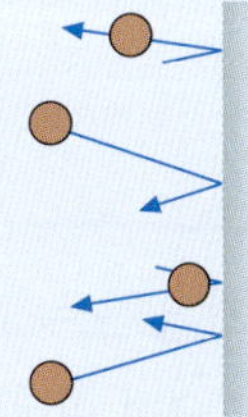

온도는 무엇인가?

미시적인 레벨에서, 온도는 움직이는 원자들과 분자들의 평균 병진 운동 에너지를 측정하는 것이다. 왜 모든 단원자 (그리고 이원자) 기체들이 확실히 같은 몰비열을 가지고 있는가를 이 발견을 통해 설명할 것이다.

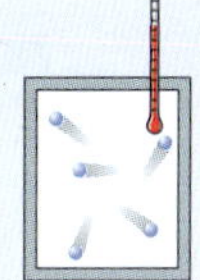

« **되돌아보기:** 19.7절 기체들의 비열

상호작용하는 계들은 어떻게 평형 상태로 도달하는가?

열적으로 상호작용하는 두 계는 충돌에 의해 에너지를 서로 교환하기 때문에 최종적으로 같은 온도에 도달한다. 평균적으로 좀 더 활발한 원자에서 활동성이 낮은 원자로 에너지가 전달되는 동안, 두 계 모두 같은 평균 병진 운동 에너지를 갖게 된다.

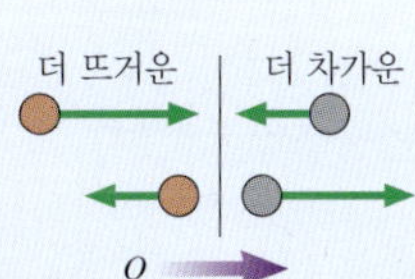

열역학 제2법칙은 무엇인가?

열역학 제2법칙은 시간에 따라 계가 어떻게 변화하는지를 결정한다. 제2법칙은 한마디로 열에너지는 자발적으로 뜨거운 계에서 차가운 계로 이동하나, 그 반대의 경우는 절대로 일어나지 않는다는 것이다. 열전달은 비가역적 과정이다. 엔트로피의 개념은 우리로 하여금 비가역적 과정이 발생하는 이유가 특정 거시적 상태가 발생할 가능성이 다른 거시적 상태보다 압도적으로 높기 때문이라는 것을 알려준다.

20.1 분자 속력과 충돌

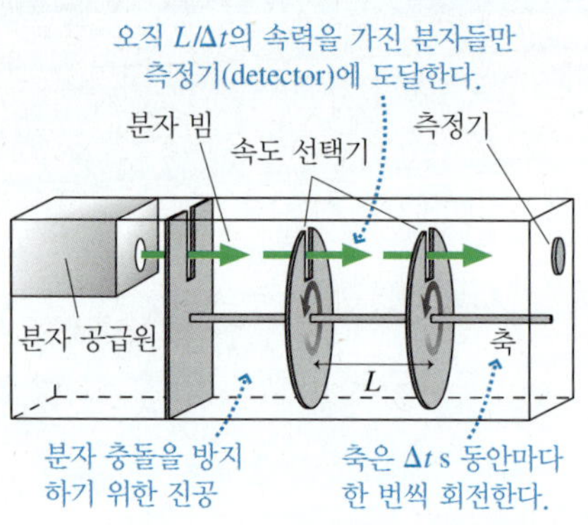

그림 20.1 기체 안의 분자들의 속력을 측정하는 실험

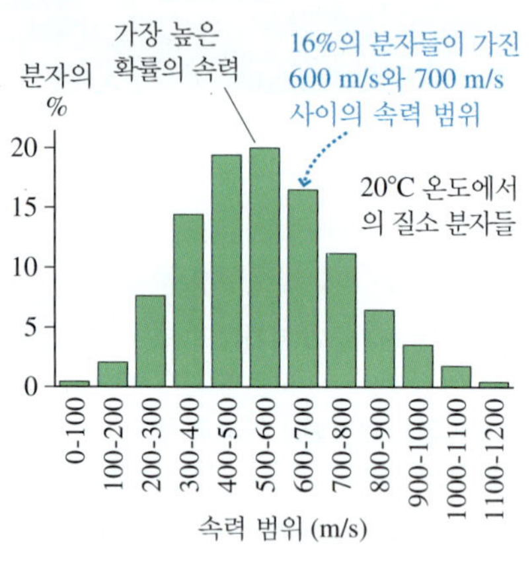

그림 20.2 질소 기체 시료 안에서의 분자들의 속력 분포도

만약 물체가 정말 원자들과 분자들로 이루어져 있다면, 온도, 압력, 그리고 비열 등과 같은 물체들의 거시적인 특성들은 이러한 원자들과 분자들의 미시적인 움직임에 관련이 있어야 한다. 이 장의 목표는 이러한 미시와 거시의 연결에 대해 탐사하는 것이다. 기체에 대해 살펴보는 것으로부터 시작해보자. 기체 안의 모든 분자들은 같은 속력으로 이동하는가? 아니면 속력 범위가 존재하는가?

그림 20.1은 기체 안 분자들의 속력을 측정하는 실험을 보여준다. 2개의 회전하는 원판이 속도 분리기를 구성한다. 한 번 회전하는 동안, 첫 번째 원판의 슬롯(slot)으로 분자들의 작은 펄스가 통과한다. 이러한 분자들이 두 번째 원판에 도착하는 동안 슬롯들은 회전한다. 이때 두 번째 슬롯을 통과할 수 있는 분자들은 오직 완벽히 한 번 회전하는 시간인 Δt 동안 두 원판 간에 $v = L/\Delta t$의 속력으로 이동하는 분자들뿐이다. 다른 속력을 가진 분자들은 두 번째 원판에 의해 차단된다. 이때 축의 회전 속력을 바꿈으로써 각각의 속력을 가진 분자들이 얼마나 많은지를 측정할 수 있다.

그림 20.2는 $T = 20\,°C$의 온도에서의 질소(N_2) 기체에 대한 결과를 보여준다. 데이터는 막대 그래프인 **히스토그램**(histogram)으로 제시되는데, 여기서 각각의 막대들의 높이(혹은 여기서는 확률 %)는 막대 밑에 표시되어 있는 범위 안의 속력을 가진 분자들이 얼마나 되는지를 나타낸다. 예를 들어, 16%의 분자가 600 m/s에서 700 m/s 범위의 속력을 가지고 있음을 보여준다. 모든 막대들의 합은 100%로, 이 히스토그램은 공급원으로부터 나온 모든 분자들을 측정했다는 것을 보여준다.

이 결과는 분자들의 속력 분포도가 최소 ≈ 100 m/s에서 최대 ≈ 1200 m/s 범위 안에 있음을 보여준다. 그러나 모든 속력은 같지 않고, 가장 높은 확률의 속력은 ≈ 550 m/s임을 보인다. 이것은 ≈ 1200 mph로 매우 빠른 것이다. 이 장에서 곧 배우겠지만, 온도를 바꾸거나 기체를 다른 것으로 바꾸면 가장 높은 확률의 속력은 바뀌나, 이러한 분포도 모양은 바뀌지 않는다.

만약 실험을 반복한다 할지라도, 가장 높은 확률의 속력은 여전히 ≈ 550 m/s이며, 분자들의 16%는 600 m/s에서 700 m/s의 속력 범위를 가질 것이다. 이것은 매우 중요한 결과이다. 비록 기체는 무작위적으로 움직이는 매우 많은 분자들로 이루어져 있지만 예를 들어 600~700 m/s 속력 범위 안에 분자들의 평균수와 같은 평균값들은 정확하고 예측 가능한 값을 가지고 있다. **미시와 거시의 연결은 온도 혹은 압력과 같은 계의 거시적인 특성이 원자들과 분자들의 평균적인 움직임과 관련되어 있다는 사실에 기반하고 있다.**

평균 자유 거리

여러분에게서 약간 떨어져 있는 누군가가 향이 강한 향수병을 열었다고 가정해보자. 만약 분자의 속력이 초당 수백 미터라면, 여러분은 거의 즉각적으로 향수 냄새를 느낄 것이다. 그러나 이러한 일은 일어나지 않는다. 여러분이 알듯이 방안을 가로질러 분자들이 퍼지는 데는 수초의 시간이 걸린다. 왜 그런지 살펴보도록 하자.

그림 20.3은 한 분자의 '이동 경로'를 보여준다. 진공에서와 같이 직선을 따라가는 대신 분자들은 다른 분자들과의 잦은 충돌에 의해 복잡한 지그재그 경로를 따라간다. 여기서 할 수 있는 질문은 "충돌과 다음 충돌 사이에 **평균** 거리는 얼마나 되는가?" 이다. 만약 한 분자가 N_{coll}번의 충돌을 거리 L만큼 가는 동안 한다면 평균 충돌 거리는 **평균 자유 거리** λ[mean free path λ(그리스 소문자 람다)]라 하며 다음과 같이 얻을 수 있다.

$$\lambda = \frac{L}{N_{coll}} \tag{20.1}$$

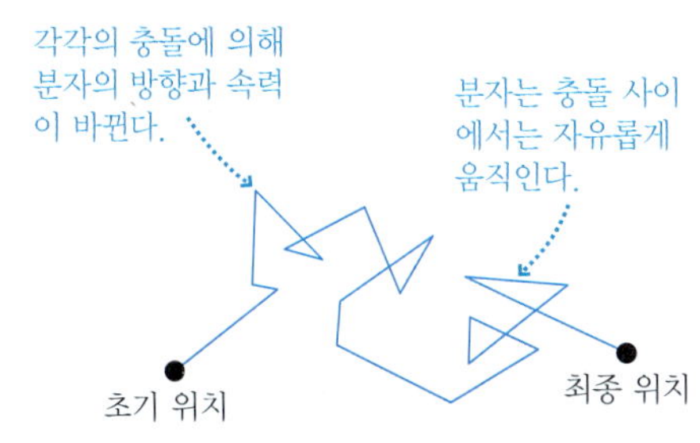

그림 20.3 기체를 통과하는 단일 분자가 지나가는 지그재그 경로

그림 20.4a는 서로에게 다가가는 두 분자를 보여준다. 여기서 분자들을 반지름 r인 구형으로 가정한다. 그리고 이상 기체로 가정함으로써 마치 당구에서와 같이 분자들을 단단한 구의 충돌로 생각할 수 있다. 이 경우 분자들은 각각의 **중심**이 $2r$보다 가까우면 충돌할 것이고, 거리가 $2r$보다 멀면 지나칠 것이다.

그림 20.4b에서 '시료' 분자의 궤적을 중심으로 $2r$의 반지름을 가진 원통관을 그렸다. 시료 분자는 이 원통관 안에 존재하는 모든 '타겟' 분자들과 충돌하며, 이 충돌은 그 위치에서 원통관을 꺾는다. 이런 이유로 충돌 횟수 N_{coll}은 길이 L의 원통관 부피 안 분자들의 개수와 같다.

원통관의 부피는 $V_{cyl} = AL = \pi(2r)^2L$이다. 만약 기체의 개수 밀도가 m^3당 N/V이면, 길이 L의 궤적에서 충돌 개수는 다음과 같다.

$$N_{coll} = \frac{N}{V}V_{cyl} = \frac{N}{V}\pi(2r)^2L = 4\pi\frac{N}{V}r^2L \tag{20.2}$$

그러므로 충돌 간 평균 자유 거리는 다음과 같다.

$$\lambda = \frac{L}{N_{coll}} = \frac{1}{4\pi(N/V)r^2}$$

암묵적으로 우리는 타겟 분자는 멈춰져 있는 것으로 가정하였다. 이러한 가정은 대략적으로 옳다. 하지만 모든 분자들이 움직인다고 가정하고 자세한 계산을 하면 추가적인 $\sqrt{2}$가 필요하고, 따라서 평균 자유 거리는 아래와 같다.

$$\lambda = \frac{1}{4\sqrt{2}\,\pi(N/V)r^2} \quad \text{(평균 자유 거리)} \tag{20.3}$$

원자와 분자의 반지름을 결정하기 위해 실험 측정이 필요하지만 합리적인 선 안에서 단원자 기체에서의 원자들은 $r \approx 0.5 \times 10^{-10}$ m로, 그리고 이원자 분자는 $r \approx 1.0 \times 10^{-10}$ m로 반지름을 가정할 수 있다.

그림 20.4 '시료' 분자의 '타겟' 분자와의 충돌

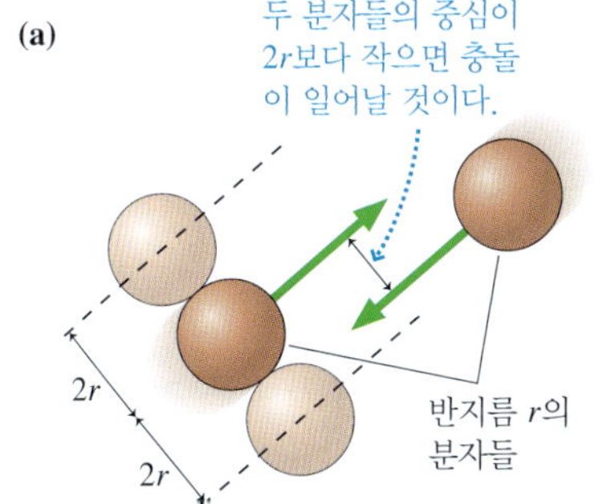

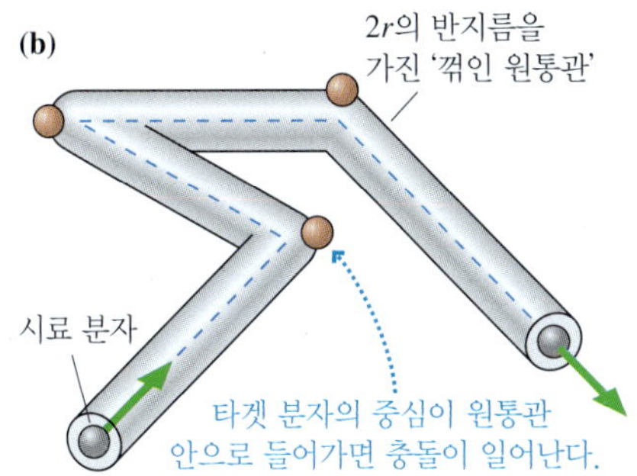

예제 20.1 | **상온에서의 평균 자유 거리**

압력 1.0 atm과 상온(20°C)에서 질소 분자의 평균 자유 거리를 구하시오.

풀이 질소는 이원자 분자이기 때문에 $r \approx 1.0 \times 10^{-10}$ m이다. 여기서 이상 기체 법칙 $pV = NkT$를 이용하여 개수 밀도를 아래와 같이 구할 수 있다.

$$\frac{N}{V} = \frac{p}{k_B T} = \frac{101{,}300 \text{ Pa}}{(1.38 \times 10^{-23} \text{ J/K})(293 \text{ K})} = 2.5 \times 10^{25} \text{ m}^{-3}$$

그러므로 평균 자유 거리는 다음과 같다.

$$\lambda = \frac{1}{4\sqrt{2}\,\pi(N/V)r^2} = \frac{1}{4\sqrt{2}\,\pi(2.5 \times 10^{25} \text{ m}^{-3})(1.0 \times 10^{-10} \text{ m})^2} = 2.3 \times 10^{-7} \text{ m} = 230 \text{ nm}$$

검토 예제 18.6에서 STP 상태에서 기체 분자들 간의 평균 거리는 ≈ 4 nm인 것을 이미 배웠다. 기체 분자는 3차원 공간에 퍼져 있는 이웃 분자와 부딪히지 않고 분자 간 평균 거리의 약 60배 정도를 이동할 수 있다.

20.2 기체의 압력

왜 기체는 압력을 가지고 있을까? 14장에서 압력에 대해 소개하였고, 기체의 압력은 기체를 담은 용기의 벽에 분자들이 충돌해서 발생한다. 한 번의 충돌에 의한 힘은 측정할 수 없을 정도로 아주 작을 것이나, 매 순간 어마어마한 수의 분자들이 벽과 충돌하여 측정 가능한 거시적 힘이 발생한다. 기체 압력은 이러한 분자들의 충돌에 의한 단위 넓이당 힘($p = F/A$)이다.

이 절에서의 과제는 분자들의 평균 운동과 충돌에 의한 압력을 올바르게 계산하는 것이다. 이러한 과제는 다음 세 가지 부분으로 나눌 수 있다.

1. 충돌 시 단일 분자의 운동량 변화 계산
2. 모든 충돌에 의한 힘 구하기
3. 적합한 평균 속력의 도입

충돌에 의한 힘

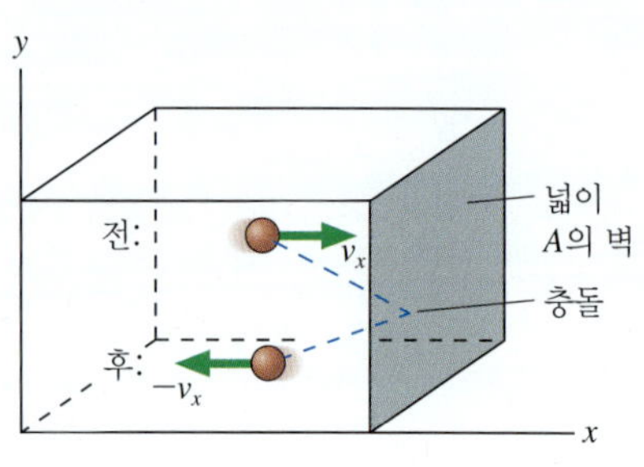

그림 20.5 분자가 벽과 충돌하여 충격을 가한다.

그림 20.5는 분자 속도 x성분 v_x로 벽면에 충돌한 이후 $-v_x$의 변화된 속도로 다시 튀어나오는 완전 탄성 충돌하는 분자를 보여준다. 이 분자의 운동량 변화는 다음과 같다.

$$\Delta p_x = m(-v_x) - mv_x = -2mv_x \tag{20.4}$$

시간 Δt의 짧은 간격 동안 벽면에 충돌하는 N_{coll} 분자가 있다고 가정하자. 그리고 모든 분자들은 같은 속력을 가지고 있다고 가정하자. (두 번째 가정은 반드시 필요한 것은 아니며 이후에 이 조건은 폐기할 것이다. 하지만 이 가정은 계산을 간단히 만들어 물리현상에 집중하는 데 도움을 준다.) 이때 Δt 동안 기체 전체의 운동량 변화는 다음과 같다.

$$\Delta P_x = N_{coll}\Delta p_x = -2N_{coll}mv_x \tag{20.5}$$

11.1절에서 운동량 원리로부터 다음 관계식을 배웠다.

$$\Delta P_x = (F_{\text{avg}})_x \Delta t \tag{20.6}$$

그러므로 벽이 기체를 미는 평균힘은 아래와 같다.

$$(F_{\text{on gas}})_x = \frac{\Delta P_x}{\Delta t} = -\frac{2N_{\text{coll}}mv_x}{\Delta t} \tag{20.7}$$

벽이 기체 분자에 가하는 힘은 왼쪽으로 작용하기 때문에 식 (20.7)은 음의 기호를 가지고 있다. 그러나 뉴턴의 제3법칙은 $(F_{\text{on gas}})_x = -(F_{\text{on wall}})_x$이므로, 충돌에 의해 벽면에 주어지는 힘은 다음과 같다.

$$(F_{\text{on wall}})_x = \frac{2N_{\text{coll}}mv_x}{\Delta t} \tag{20.8}$$

이때 Δt 동안 얼마나 많은 충돌이 발생했는지를 알아낼 필요가 있다. Δt가 평균적인 충돌 시간 간격보다 작다고 가정하면, Δt 동안 충돌은 일어나지 않고 분자의 속력은 변하지 않는다. 그림 20.6은 길이 $\Delta x = v_x \Delta t$ 사이 기체의 부피가 그늘지게 표시되어 있다. 오른쪽으로 이동하는 이 그늘진 영역에 모든 분자들은 Δt 동안 벽에 도착하고 충돌한다. 이 영역 밖 분자들은 벽에 도착하지 않으며 충돌하지도 않는다.

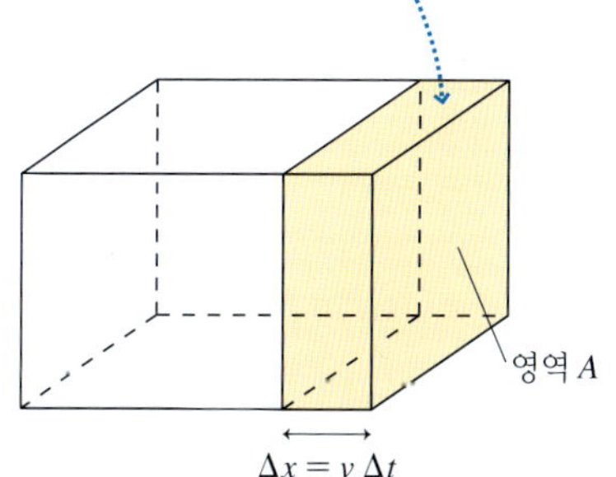

그림 20.6 충돌의 비율 측정

그늘진 영역은 $A\,\Delta x$의 부피를 가지며, 여기서 A는 벽면의 넓이이다. 만약 기체가 N/V의 개수 밀도를 가진다면, 그늘진 영역의 분자수는 $(N/V)A\,\Delta x = (N/V)A\,v_x\,\Delta t$이다. 그러나 이 분자들의 오직 반만 오른쪽으로 이동하므로, Δt 동안 충돌하는 개수는 다음과 같다.

$$N_{\text{coll}} = \frac{1}{2}\frac{N}{V}Av_x\,\Delta t \tag{20.9}$$

식 (20.9)를 식 (20.8)에 대입하면, Δt가 상쇄되어 벽면에 분자가 주는 힘은 다음과 같다.

$$F_{\text{on wall}} = \frac{N}{V}mv_x^2A \tag{20.10}$$

여기서 $F_{\text{on wall}}$에 대한 이 표현은 충돌의 어떠한 세부사항에도 의존하지 않는다.

식 (20.10)에서 속도의 제곱 v_x^2을 그것의 평균값으로 대체하면 모든 분자들이 같은 속력을 가지고 있다는 가정을 완화할 수 있는데, 그것은 다음과 같다.

$$F_{\text{on wall}} = \frac{N}{V}m(v_x^2)_{\text{avg}}A \tag{20.11}$$

여기서 $(v_x^2)_{\text{avg}}$는 용기 안에 있는 모든 분자들의 v_x^2의 평균값이다.

제곱평균제곱근 속력

속도의 평균을 구할 때 조심할 필요가 있다. 속도 요소 v_x는 부호를 가지고 있다. 어느 순간에, 용기에 있는 절반의 분자들은 양의 v_x를 가지고 오른쪽으로 이동하는 반면 나머지 절반은 음의 v_x를 가지고 왼쪽으로 이동한다. 그러므로 **평균 속도**는 $(v_x)_{avg}=0$이다. 만약 이것이 성립하지 않는다면, 기체의 용기 전체는 멀리 이동해버린다!

분자의 속력은 $v=(v_x^2+v_y^2+v_z^2)^{1/2}$이다. 그러므로 속력 제곱의 평균은 다음과 같다.

$$(v^2)_{avg} = (v_x^2 + v_y^2 + v_z^2)_{avg} = (v_x^2)_{avg} + (v_y^2)_{avg} + (v_z^2)_{avg} \qquad (20.12)$$

$(v^2)_{avg}$의 제곱근은 **제곱평균제곱근 속력**(root-mean-square speed) v_{rms}라고 한다.

$$v_{rms} = \sqrt{(v^2)_{avg}} \quad (\text{제곱평균제곱근 속력}) \qquad (20.13)$$

이것은 일반적으로 rms **속력**이라고 한다. 제곱평균제곱근 속력은 이름에 있는 연산을 앞에서부터 차례로 계산해서 구할 수 있다. 첫째 모든 속력에 제곱을 취한다. 그 후 이 제곱에 평균을 낸다(평균을 찾는다). 그 후 제곱근을 취한다. 제곱에 제곱근을 '적용'하므로 어떤 의미로는 v_{rms}는 평균 속력을 뜻한다.

여기서 x축은 특별한 의미는 없다. 좌표계는 우리가 부여하는 것이므로, **평균적으로** 다음과 같아야 한다.

$$(v_x^2)_{avg} = (v_y^2)_{avg} = (v_z^2)_{avg} \qquad (20.14)$$

그러므로 식 (20.12)를 이용하여 v_{rms}의 정의를 다음과 같이 얻을 수 있다.

$$v_{rms}^2 = (v_x^2)_{avg} + (v_y^2)_{avg} + (v_z^2)_{avg} = 3(v_x^2)_{avg} \qquad (20.15)$$

결론적으로 $(v_x^2)_{avg}$는 다음과 같다.

$$(v_x^2)_{avg} = \tfrac{1}{3} v_{rms}^2 \qquad (20.16)$$

이 결과를 식 (20.11)에 대입하면 용기의 벽에 가해지는 알짜힘을 다음과 같이 얻을 수 있다.

$$F_{\text{on wall}} = \frac{1}{3}\frac{N}{V} m v_{rms}^2 A \qquad (20.17)$$

그러므로 분자들의 충돌에 의한 용기 벽의 압력은 다음과 같다.

$$p = \frac{F_{\text{on wall}}}{A} = \frac{1}{3}\frac{N}{V} m v_{rms}^2 \qquad (20.18)$$

이로부터 우리의 목적을 달성했다. 식 (20.18)은 미시적인 물리학 측면에서 거시적인 압력을 표현한 것이다. 압력은 용기 속의 분자들의 개수 밀도와 평균적으로 분자가 얼마나 빠르게 움직이는지에 의존한다.

예제 20.2 | 헬륨 원자들의 rms 속력

헬륨이 200 kPa의 압력과 60.0 °C 온도의 용기에 있다. 헬륨 원자들의 rms 속력은 얼마인가?

풀이 rms 속력은 압력과 개수 밀도로부터 얻을 수 있다. 이상 기체 법칙으로부터 개수 밀도를 다음과 같이 얻을 수 있다.

$$\frac{N}{V}=\frac{p}{k_B T}=\frac{200{,}000\ \text{Pa}}{(1.38\times10^{-23}\ \text{J/K})(333\ \text{K})}=4.35\times10^{25}\ \text{m}^{-3}$$

헬륨 원자의 질량은 $m=4\ \text{u}=6.64\times10^{-27}$ kg이다. 그러므로

$$v_{\text{rms}}=\sqrt{\frac{3p}{(N/V)m}}=1440\ \text{m/s}$$

이다.

검토 17장에서 헬륨의 음속이 대략적으로 1000 m/s임을 구했다. 각각의 원자들은 아마 파면보다 빠를 것이므로, 1440 m/s의 속력은 매우 타당하다.

20.3 온도

질량 m과 속도 v의 분자는 다음의 병진 운동 에너지를 가지고 있다.

$$\epsilon=\tfrac{1}{2}mv^2 \tag{20.19}$$

계의 에너지 E와 분자의 에너지를 구별하기 위해 분자의 에너지는 앞으로 ϵ(그리스 소문자 엡실론)을 사용한다. 그러므로 평균 병진 운동 에너지는 다음과 같다.

$$\begin{aligned}\epsilon_{\text{avg}}&=\text{분자의 평균 병진 운동 에너지}\\&=\tfrac{1}{2}m(v^2)_{\text{avg}}=\tfrac{1}{2}mv_{\text{rms}}{}^2\end{aligned} \tag{20.20}$$

여기서 '병진'이란 단어를 포함한 이유는 ϵ을 이 장 후반부에 다룰 회전 운동 에너지와 구별하기 위함이다.

식 (20.18)에 기체 압력을 평균 병진 운동 에너지를 도입하여 다음과 같이 얻을 수 있다.

$$p=\frac{2}{3}\frac{N}{V}\left(\tfrac{1}{2}mv_{\text{rms}}{}^2\right)=\frac{2}{3}\frac{N}{V}\epsilon_{\text{avg}} \tag{20.21}$$

압력은 평균 분자 병진 운동 에너지에 정비례한다. 더욱 활동적인 분자들이 벽면을 더 강하게 때리므로 더욱 강한 힘을 벽에 가할 것이므로 이 결론은 타당하다.

식 (20.21)을 다음과 같이 좀 더 유익하게 표현할 수 있다.

$$pV=\tfrac{2}{3}N\epsilon_{\text{avg}} \tag{20.22}$$

우리가 아는 것과 같이, 이상 기체 법칙을 다음과 같이 쓸 수 있다.

$$pV=Nk_BT \tag{20.23}$$

이 두 수식을 비교함으로써, 분자당 평균 병진 운동 에너지에 대한 중요한 결론을 다음과 같이 내릴 수 있다.

$$\epsilon_{\text{avg}}=\tfrac{3}{2}k_BT\quad\text{(평균 병진 운동 에너지)} \tag{20.24}$$

여기서 온도 T의 단위는 켈빈이다. 예를 들어, 상온(20°C)에서 분자의 평균 병진 운동 에너지는 다음과 같다.

$$\epsilon_{avg} = \frac{3}{2}(1.38 \times 10^{-23}\ \mathrm{J/K})(293\ \mathrm{K}) = 6.1 \times 10^{-21}\ \mathrm{J}$$

식 (20.24)는 온도 개념의 실제 의미를 최종적으로 보여주기 때문에 특별히 만족스럽고, 다음과 같이 표현할 수 있다.

$$T = \frac{2}{3k_B}\epsilon_{avg} \tag{20.25}$$

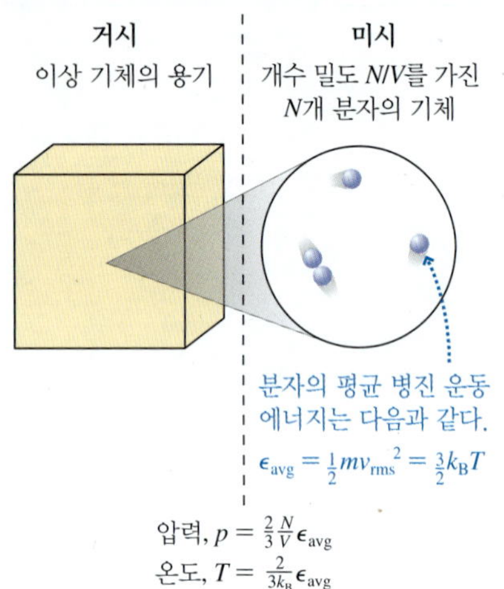

그림 20.7 압력과 온도를 통한 미시와 거시의 연결

기체에 대해, **온도는 평균 병진 운동 에너지를 측정하는 것**이라고 할 수 있다. 더욱 높은 온도는 더욱 큰 ϵ_{avg}값에 상응하며, 그러므로 더욱 높은 분자 속력을 나타낸다. 이런 온도 개념에서 절대 영도는 $\epsilon_{avg} = 0$을 뜻하며 따라서 모든 분자의 운동이 중단된 상태를 나타낸다. (실제로는 매우 낮은 온도에서도 양자역학적 효과 때문에 분자 운동이 완전히 중단될 수는 없다. 하지만 고전적인 이론은 이런 상태를 예측한다.) 그림 20.7은 지금까지의 미시와 거시의 연결을 정리해서 보여준다.

이제 분자 충돌들이 완전 탄성이라는 가정을 확인할 수 있다. 그렇지 않다고 가정해보자. 만약 운동 에너지가 충돌 중에 손실된다면, 기체의 평균 병진 운동 에너지 ϵ_{avg}가 줄어들 것이며, 온도가 서서히 감소함을 볼 수 있을 것이다. 그러나 이러한 일은 일어나지 않는다. 고립계의 온도는 변함이 없으며, 이는 시간이 지남에도 ϵ_{avg}는 변하지 않음을 뜻한다. 결론적으로, 충돌은 완전 탄성이어야 한다.

예제 20.3 총 미시적 운동 에너지

STP 상태에서 기체 1.0 mol의 분자들이 가지는 총 병진 운동 에너지를 구하시오.

풀이 각 분자의 평균 병진 운동 에너지는 다음과 같다.

$$\begin{aligned}\epsilon_{avg} &= \frac{3}{2}k_BT = \frac{3}{2}(1.38 \times 10^{-23}\ \mathrm{J/K})(273\ \mathrm{K}) \\ &= 5.65 \times 10^{-21}\ \mathrm{J}\end{aligned}$$

1.0 mol의 기체는 N_A개의 분자를 포함한다. 그러므로 총 운동 에너지는 다음과 같다.

$$K_{micro} = N_A\epsilon_{avg} = 3400\ \mathrm{J}$$

검토 단일 분자의 에너지는 매우 작다. 그럼에도 불구하고 거시적인 계에서는 엄청난 수의 분자들이 존재하기 때문에 상당한 열에너지가 된다.

정의로부터 $\epsilon_{avg} = \frac{1}{2}mv_{rms}^2$이고, 이상 기체 법칙을 이용하여 $\epsilon_{avg} = \frac{3}{2}k_BT$ 관계를 유도하였다. 이 두 표현이 같으므로, 이로부터 기체 내 분자들의 rms 속력을 다음과 같이 유도할 수 있다.

$$v_{rms} = \sqrt{\frac{3k_BT}{m}} \tag{20.26}$$

rms 속력은 온도의 제곱근에 비례하며 분자 질량의 제곱근에 반비례함을 알 수 있다. 예를 들어 상온의 질소(분자 질량 28 u)의 rms 속력은 다음과 같다.

$$v_{rms} = \sqrt{\frac{3(1.38 \times 10^{-23}\ \text{J/K})(293\ \text{K})}{28(1.66 \times 10^{-27}\ \text{kg})}} = 509\ \text{m/s}$$

이 결과는 그림 20.2의 실험 결과들과 매우 잘 맞음을 보여준다.

예제 20.4 | 충돌 간의 평균 시간

20 °C의 상온에서의 1.0 atm 질소 분자에 대한 충돌 간의 평균 시간을 계산하시오.

핵심 v_{rms}는 근본적으로 평균 분자 속력이기 때문에, 충돌 간의 평균 시간은 간단히 속력 v_{rms}에서의 거리 λ, 즉 평균 자유 거리로부터 구할 수 있다.

풀이 예제 20.1에서 $\lambda = 2.3 \times 10^{-7}$ m를, 그리고 위에서 $v_{rms} = 509$ m/s를 얻었다. 그러므로 충돌 간 평균 시간은 다음과 같다.

$$(\Delta t)_{avg} = \frac{\lambda}{v_{rms}} = \frac{2.3 \times 10^{-7}\ \text{m}}{509\ \text{m/s}} = 4.5 \times 10^{-10}\ \text{s}$$

검토 우리 주위의 공기 분자들은 매우 빠르게 움직이며, 매초 이웃하는 분자들과 20억 번의 충돌을 한다. 그리고 충돌 사이에 분자들은 가까스로 평균 230 nm 이동한다.

20.4 열에너지와 비열

계의 열에너지는 $E_{th} = K_{micro} + U_{micro}$와 같이 정의된다. 여기서, K_{micro}는 움직이고 있는 분자들의 미시적인 운동 에너지이며, U_{micro}는 분자 결합들의 늘어남과 줄어듦에 의한 퍼텐셜 에너지이다. 이제 열에너지를 미시적으로 바라볼 준비가 되었다.

단원자 기체

그림 20.8은 헬륨 혹은 네온과 같은 단원자 기체를 보여준다. 이상 기체 내의 원자들은 이웃하는 원자들과 분자 결합을 하지 않는다. 그러므로 $U_{micro} = 0$이다. 게다가, 단원자 기체 입자들의 운동 에너지는 모두 병진 운동 에너지 ϵ이다. 따라서 N개의 단원자 기체의 열에너지는 다음과 같다.

$$E_{th} = K_{micro} = \epsilon_1 + \epsilon_2 + \epsilon_3 + \cdots + \epsilon_N = N\epsilon_{avg} \tag{20.27}$$

여기서 ϵ_i는 원자 i의 병진 운동 에너지이다. 앞서 $\epsilon_{avg} = \frac{3}{2}k_B T$ 관계를 얻었다. 그러므로 열에너지는 다음과 같다.

$$E_{th} = \tfrac{3}{2}Nk_B T = \tfrac{3}{2}nRT \quad \text{(단원자 기체의 열에너지)} \tag{20.28}$$

여기서 $N = nN_A$와 볼츠만 상수의 정의 $k_B = R/N_A$를 이용하였다.

지난 두 개장에서 열에너지는 온도에 관련되어 있음을 언급하였다. 이제 단원자 기체에 대한 명확한 결과인 E_{th}가 온도에 정비례한다는 사실을 얻었다. 여기서 E_{th}는

그림 20.8 오직 병진 운동 에너지만을 가진 단원자 기체 내의 원자들

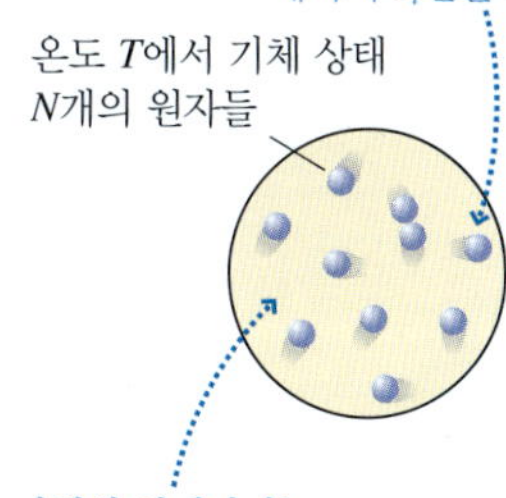

원자 질량에는 무관함을 주목해야 한다. 만약 어떠한 두 단원자 기체가 같은 온도와 같은 원자 수(혹은 몰)를 가졌다면, 두 단원자 기체는 같은 열에너지를 가질 것이다.

만약 단원자 기체의 온도가 ΔT만큼 변한다면, 그것의 열에너지는 다음과 같이 바뀔 것이다.

$$\Delta E_{th} = \tfrac{3}{2}nR\,\Delta T \tag{20.29}$$

19장에서 이상 기체 과정에서 열에너지의 변화는 일정한 부피에서 몰비열과 다음의 관계가 있음을 밝혔다.

$$\Delta E_{th} = nC_V\,\Delta T \tag{20.30}$$

식 (20.29)는 원자들의 평균 병진 운동 에너지와 온도 사이에 관계를 통해 얻은 미시적인 결과이며, 식 (20.30)은 열역학 제1법칙으로부터 도달한 거시적인 결과이다. 이 두 수식의 결합을 통해 미시와 거시를 연결할 수 있고, 이로부터 몰비열을 다음과 같이 예상할 수 있다.

$$C_V = \tfrac{3}{2}R = 12.5\ \text{J/mol K} \quad \text{(단원자 기체)} \tag{20.31}$$

이것은 표 19.4의 3개의 모든 단원자 기체들의 C_V값과 일치한다. 이론과 실험의 완벽한 일치는 기체들이 정말로 움직이고 충돌하는 분자들로 구성되어 있다는 강한 증거이다.

등분배 정리

단원자 기체의 구성 입자들은 원자들이며, 원자의 에너지는 오직 병진 운동 에너지만으로 이루어져 있다. 입자들의 병진 운동 에너지는 다음과 같이 쓸 수 있다.

$$\epsilon = \tfrac{1}{2}mv^2 = \tfrac{1}{2}mv_x^2 + \tfrac{1}{2}mv_y^2 + \tfrac{1}{2}mv_z^2 = \epsilon_x + \epsilon_y + \epsilon_z \tag{20.32}$$

여기서 병진 운동 에너지를 3개의 축으로 나누어 기술하였다. 공간에서 각각의 축은 독립적이기 때문에, 계 안에서 ϵ_x, ϵ_y, 그리고 ϵ_z들 역시 독립적인 방식으로 에너지가 저장된다고 생각할 수 있다.

다른 계들은 에너지 저장에 추가적인 방식을 가지고 있다. 예를 들어,

- 용수철과 유사한 분자 결합으로 결합한 두 원자는 앞뒤로 진동할 수 있다. 운동 에너지와 퍼텐셜 에너지 모두 이 진동과 관련되어 있다.
- 아령과 같이 빙글빙글 회전하는 이원자 분자의 경우 병진 운동 에너지뿐만 아니라 회전 운동 에너지도 가지고 있다.

구별되고 독립적인 에너지 저장 방식의 수를 **자유도**(degrees of freedom)의 개수로 정의한다. 단원자 기체는 세 가지 모드의 병진 운동 에너지를 가지고 있으므로 3개의 자유도를 가지고 있다. 진동 혹은 회전할 수 있는 계들은 더 많은 자유도를 가지고 있다.

통계 물리에서의 중요한 결과는 모든 에너지 저장 방식에 동등한 양의 에너지가 분배된다는 것이다. 이 결론은 **등분배 정리**(equipartition theorem)로 잘 알려져 있으며, 그 뜻은 에너지는 동등하게 나누어진다는 것이다. 증명은 이 책에서는 다루지 않을 것이며, 증명 없이 다음과 같이 서술할 수 있다.

등분배 정리 계의 열에너지는 모든 가능한 자유도에 동등하게 나누어진다. N개의 입자로 이루어진 온도 T인 계에서 각각의 방식(각각의 자유도)에 저장된 에너지는 $\frac{1}{2}Nk_BT$ 혹은 몰로 표현하여 $\frac{1}{2}nRT$이다.

단원자 기체는 3개의 자유도를 가지고 있으므로, 앞서 $E_{th} = \frac{3}{2}Nk_BT$ 관계를 얻었다.

고체

그림 20.9는 고체의 '침대 용수철 모형'이다. 원자가 용수철 같은 분자 결합을 통해 격자로 연결되어 있다. 고체는 얼마나 많은 자유도를 가지고 있는가? 단원자 기체 분자처럼 운동 에너지와 관련된 3개의 자유도가 있다. 또한 분자 결합이 x, y, z축을 따라 독립적으로 팽창, 수축할 수도 있다. 이러한 3개의 추가적인 자유도는 퍼텐셜 에너지의 세 가지 방식에 연관되어 있다. 즉 전체적으로, 고체는 6개의 자유도를 가지고 있다.

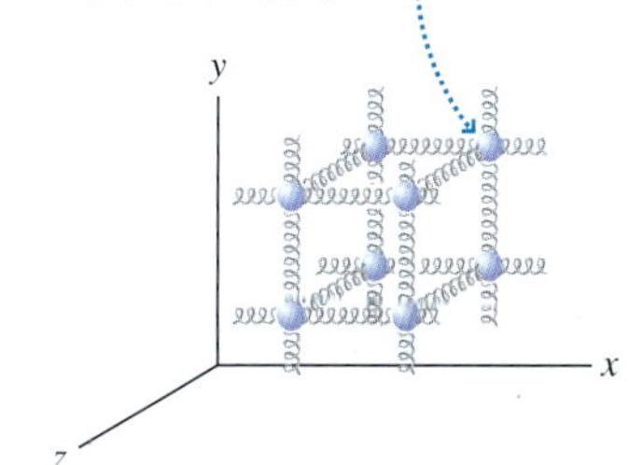

그림 20.9 고체의 단순 모형

6개의 자유도 각각에 저장되는 에너지는 $\frac{1}{2}Nk_BT$이다. 고체의 열에너지는 6개 자유도에 저장되는 총에너지로 다음과 같다.

$$E_{th} = 3Nk_BT = 3nRT \qquad \text{(고체의 열에너지)} \qquad (20.33)$$

이 결과를 고체의 몰비열을 예측하는 데 사용할 수 있다. 만약 온도가 ΔT만큼 변한다면, 열에너지는 다음과 같이 변한다.

$$\Delta E_{th} = 3nR\,\Delta T \qquad (20.34)$$

19장에서 고체의 몰비열을 다음과 같이 정의하였다.

$$\Delta E_{th} = nC\,\Delta T \qquad (20.35)$$

식 (20.34)와 (20.35)를 비교함으로써, 고체의 몰비열을 다음과 같이 예상할 수 있다.

$$C = 3R = 25.0 \text{ J/mol K} \qquad \text{(고체)} \qquad (20.36)$$

이는 표 19.2의 5개의 기본 고체들이 몰비열의 범위가 대략 25 J/mol K인 것을 감안했을 때 나쁘지 않은 결과이다. 표 19.2에서 알루미늄의 경우 24.3 J/mol K에서 납의 경우 26.5 J/mol K까지 범위를 보여준다. 단원자 기체에 대한 이론과 실험이 완벽하게 일치하지 않는 이유는 두 가지가 있다. 첫째, 단순 침대 용수철 모형으로 고체를 기술하는 것은 단원자 기체에 대한 우리의 모형만큼은 정확하지 않다. 둘째, 양자 효과가 나타나기 시작한다. 이외에도 조금 더 있으나, 그럼에도 불구하고 고체의 단순 모형을 이용하여 C를 수 퍼센트 이내의 범위로 예측할 수 있다는 것은 물질의 원자 구조에 대한 또 다른 증거이다.

그림 20.10 이원자 분자는 회전 또는 진동이 가능하다.

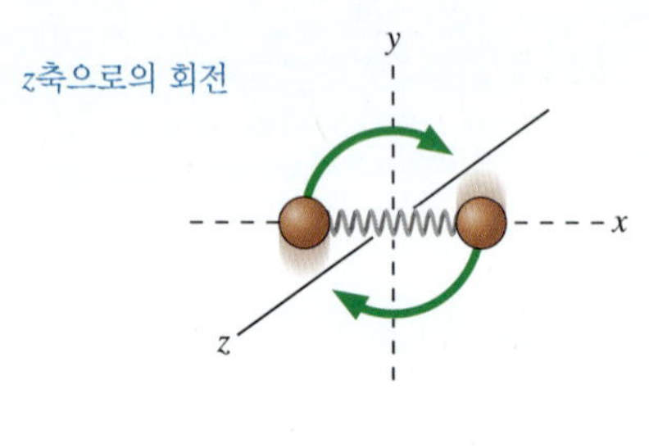

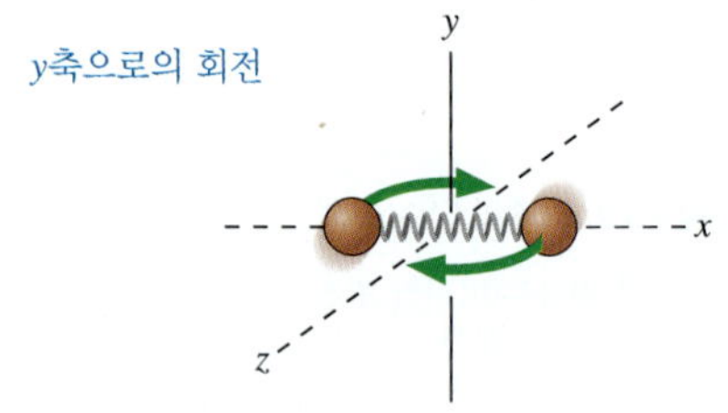

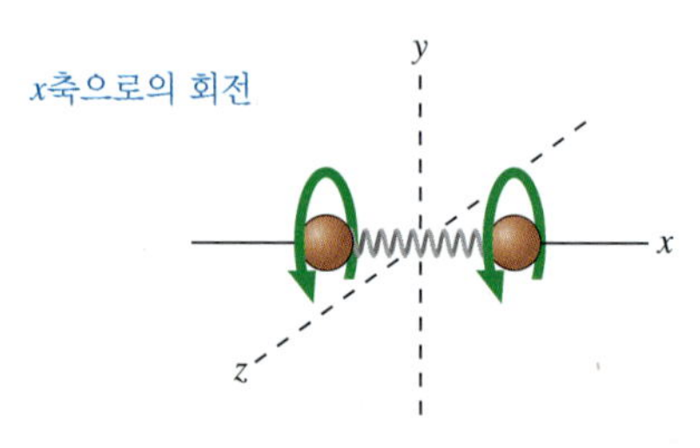

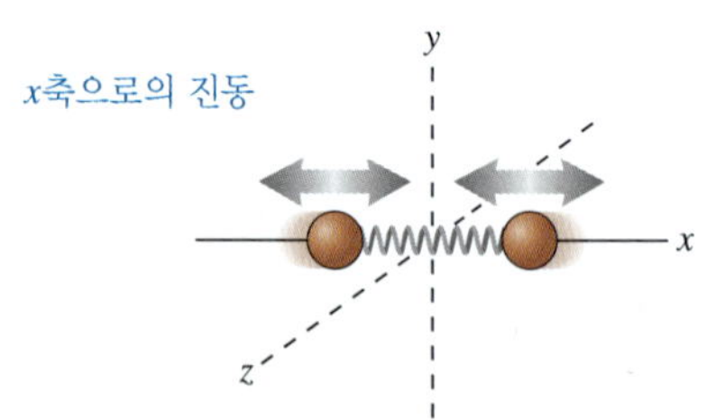

이원자 분자

이원자 분자는 더욱 복잡하다. 이원자 분자는 얼마나 많은 자유도를 가지고 있는가? 그림 20.10은 x축으로 정렬되어 있는 질소 N_2 분자와 같은 이원자 분자를 보여준다. 3개의 자유도는 분자들의 병진 운동 에너지와 관련이 있다. 분자들은 아령과 같이 y축 혹은 z축으로 빙글빙글 회전할 수 있다. 분자들은 또한 그 자체 축으로(x축) 회전할 수 있다. 이것은 3개의 회전 자유도이다. 또한 분자 결합이 늘어나거나 줄어들면서 두 원자들은 앞뒤로 진동할 수 있다. 이 진동 운동은 운동 에너지와 퍼텐셜 에너지 모두 가지고 있으므로, 2개의 추가적인 자유도가 있다.

전체적으로, 이제 이원자 분자가 8개의 자유도를 가지고 있고, 이원자 분자의 열에너지가 $E_{th} = 4k_BT$임을 예측할 수 있다. 이로부터 $C_V = 4R = 33.2$ J/mol K의 결과를 예측할 수 있다. 그러나 이 강력한 예측과 달리 표 19.4에 보고된 이원자 기체의 C_V 실험 결과는 대신 $C_V = 20.8$ J/mol K이다.

왜 단원자 기체와 고체에는 잘 작동하는 이론이 이원자 분자에는 맞지 않는 것일까? 어떠한 일이 일어나는지 20.8 J/mol K $= \frac{5}{2}R$에 주목해보자. 3개의 자유도의 단원자 기체는 $C_V = \frac{3}{2}R$을 가지고 있다. 6개의 자유도를 가지고 있는 고체는 $C = 3R$을 가지고 있다. 만약 8개가 아닌 5개의 자유도를 가졌다면, 이원자 기체는 $C_V = \frac{5}{2}R$을 가질 것이다.

이 불일치는 통계 물리학이 발전하던 19세기 말 중요한 난제였다. 비록 그 시기에는 인지하지 못했지만, 고전 뉴턴 물리 붕괴의 첫 번째 증거로 볼 수 있다. 고전적으로, 이원자 분자는 8개의 자유도를 가지고 있다. 등분배 정리는 이들을 구별하지 않으므로 8개의 자유도는 모두 같은 에너지를 가져야 한다. 그러나 원자들과 분자들은 고전적인 입자들이 아니다. 1920년대에 양자 이론의 개발을 통하여 정확히 원자들과 분자들의 현상을 특정지을 수 있었다. 아직 양자 역학을 배우지 않았지만 양자 효과는 상온에서 세 가지 방식의 운동(2개의 진동 모드와 분자 결합 방향을 축으로 하는 하나의 회전 모드)이 활성화하는 것을 막는다.

그림 20.11 일정한 부피에서 온도에 따른 수소 몰비열

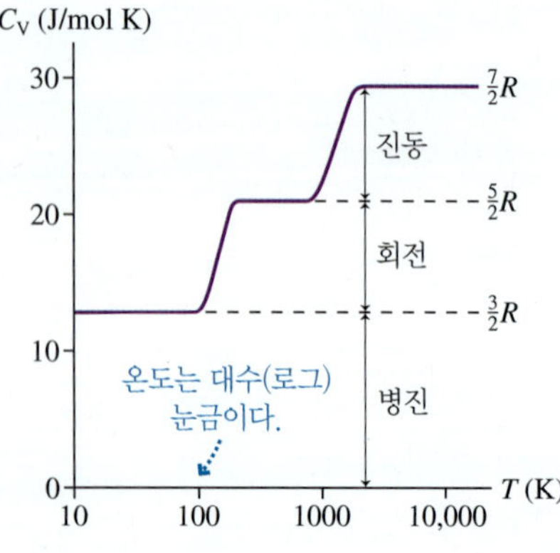

그림 20.11은 온도에 따른 수소 기체의 C_V를 보여준다. C_V는 온도 200 K에서 800 K까지 정확히 $\frac{5}{2}R$이다. 그러나 매우 낮은 온도에서 C_V는 단원자 분자의 값인 $\frac{3}{2}R$로 떨어진다. 두 회전 방식은 동결 상태가 되고, 비회전 분자들은 오직 병진 운동 에너지를 가지고 있다. 양자 역학은 이를 설명할 수 있지만 뉴턴 역학은 그렇지 못하다. 2개의 진동 모드는 고온에서 활성화되고 $C_V = \frac{7}{2}R$로 올라간다. 그러므로 무엇이 문제인가에 대한 해답은 뉴턴 물리가 원자와 분자를 기술하는 알맞은 물리가 아니라는 것이다. 하지만 뉴턴 물리는 여전히 상온에서 단원자 기체와 고체를 설명하기에 충분하다.

일반적으로 사용되는 온도에서 이원자 기체가 단지 5개의 자유도(병진 자유도들과 2개의 회전하는 자유도)를 가지고 있음을 받아들인다면, 다음을 얻을 수 있다.

$$E_{th} = \frac{5}{2}Nk_BT = \frac{5}{2}nRT \quad \text{(이원자 기체)} \quad (20.37)$$
$$C_V = \frac{5}{2}R = 20.8 \text{ J/mol K}$$

분자들이 회전 운동 에너지와 병진 운동 에너지를 함께 가지고 있기 때문에 이원자 기체는 단원자 기체보다 열에너지가 많다.

미시와 거시의 연결은 물질이 원자로 이루어져 있다는 사실을 확고하게 만들었다. 동시에 원자 수준에서 새로운 이론이 필요하다는 것을 보여준다. 이 새로운 이론이 VIII부에서 다룰 내용이다. 표 20.1은 여기서 배운 열에너지와 몰비열에 대한 운동 이론을 정리한 것이다.

표 20.1 열에너지와 몰비열에 대한 운동 이론 예상

계	자유도	E_{th}	C_V
단원자 기체	3	$\frac{3}{2}Nk_BT = \frac{3}{2}nRT$	$\frac{3}{2}R = 12.5$ J/mol K
이원자 기체	5	$\frac{5}{2}Nk_BT = \frac{5}{2}nRT$	$\frac{5}{2}R = 20.8$ J/mol K
원소 고체	6	$3Nk_BT = 3nRT$	$3R = 25.0$ J/mol K

예제 20.5 | 분자의 회전 진동수

질소 분자 N_2는 0.12 nm의 결합 길이를 가지고 있다. 20°C에서의 N_2 분자의 회전 진동수를 계산하시오.

핵심 분자는 중심을 축으로 회전하는 $L = 0.12$ nm의 단단한 아령으로 가정할 수 있다.

풀이 분자의 회전 운동 에너지는 $\epsilon_{rot} = \frac{1}{2}I\omega^2$이다. 여기서 I는 중심에 대한 관성 모멘트이다. 질량을 가진 2개의 물체가 각각 반지름 $r = L/2$인 원을 따라 움직이므로 관성 모멘트는 다음과 같다.

$$I = mr^2 + mr^2 = 2m\left(\frac{L}{2}\right)^2 = \frac{mL^2}{2}$$

그러므로 회전 운동 에너지는 다음과 같다.

$$\epsilon_{rot} = \frac{1}{2}\frac{mL^2}{2}\omega^2 = \frac{mL^2\omega^2}{4} = \pi^2 mL^2 f^2$$

여기서 회전 진동수 f와 각진동수 ω의 관계인 $\omega = 2\pi f$를 사용하였다. 등분배 정리로부터, 이 모드에 관련된 에너지는 $\frac{1}{2}Nk_BT$이므로, 분자당 평균 회전 운동 에너지는 다음과 같다.

$$(\epsilon_{rot})_{avg} = \frac{1}{2}k_BT$$

ϵ_{rot}에 대한 이 두 표현을 같게 놓았을 때 다음이 주어진다.

$$\pi^2 mL^2 f^2 = \frac{1}{2}k_BT$$

그러므로 회전 진동수는 다음과 같다.

$$f = \sqrt{\frac{k_BT}{2\pi^2 mL^2}} = 7.8 \times 10^{11} \text{ rev/s}$$

각 원자에 대한 $m = 14\text{ u} = 2.34 \times 10^{-26}$ kg을 이용하여 $T = 293$ K에서의 f를 계산하였다.

검토 이것은 매우 높은 진동수이나, 분자 회전의 일반적인 수치이다.

20.5 열적 상호작용 및 열

그림 20.12 두 기체는 매우 얇은 막을 통해 서로 열적으로 상호작용할 수 있다.

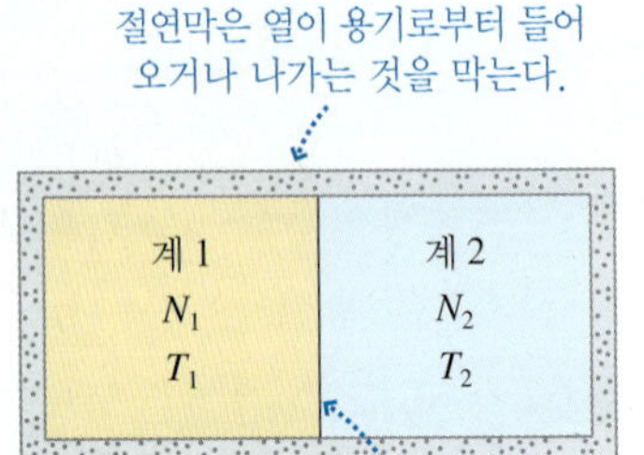

지금부터 서로 다른 온도를 가진 두 계가 상호작용할 때 어떠한 일이 일어나는지 좀 더 자세하게 살펴보도록 하자. 그림 20.12에 그려진 단단한 단열 용기는 매우 얇은 막으로 두 부분으로(계 1과 계 2) 나누어져 있다. N_1개의 원자가 왼쪽에 있는 계 1에 있고 초기 온도는 T_{1i}이다. 반면 오른쪽 부분인 계 2에는 N_2개의 원자가 존재하며 이 계의 초기 온도는 T_{2i}이다. 용기를 2개의 계로 나누는 막은 원자가 한쪽 계에서 다른 쪽 계로 이동하는 것을 막는 벽과 같은 역할을 한다. 하지만 이 막은 매우 얇아서 마치 막이 없는 것과 같이 원자들은 이 경계에서 충돌할 수 있다. 즉, 이 원자 스케일의 상황은 샤워 커튼을 사이에 두고 농구공들이 충돌하는 상황과 유사하다.

계 1이 초기에 계 2보다 온도가 높다고($T_{1i} > T_{2i}$) 가정해보자. 이 경우 계는 평형 상태가 아니다. 두 계의 온도는 시간에 따라 변화하며 궁극적으로 모두 같은 최종 온도 T_f에 도달하게 된다. 반면 하나의 계의 온도는 계속 올라가고 다른 계의 온도가 내려가는 일은 일어나지 않는다. 이 상호작용은 피스톤이 한쪽에서 다른 쪽으로 움직이는 것과 같은 역학적 상호작용과는 상당히 다르다. 기체가 상호작용할 수 있는 유일한 방법은 경계에서 일어나는 충돌뿐이다. 이것이 **열적 상호작용**이다. 그리고 우리의 목표는 열적 상호작용이 어떻게 계를 열적 평형 상태로 이끄는지를 이해하는 것과 같다.

계 1과 2는 처음에 다음과 같은 열에너지를 가지고 있다.

$$\begin{aligned} E_{1i} &= \tfrac{3}{2}N_1k_BT_{1i} = \tfrac{3}{2}n_1RT_{1i} \\ E_{2i} &= \tfrac{3}{2}N_2k_BT_{2i} = \tfrac{3}{2}n_2RT_{2i} \end{aligned} \tag{20.38}$$

여기에서 단원자 기체의 열에너지를 이용하였다. 같은 계산을 이원자 분자에 대해서 한다면 $\frac{3}{2}$은 $\frac{5}{2}$로 바뀔 것이다. 표기법을 간단하게 유지하기 위해 첨자 'th'를 생략하였다.

결합된 계의 총에너지는 $E_{tot} = E_{1i} + E_{2i}$이다. 계1과 2는 상호작용하고 있으므로 각각의 열에너지 E_1과 E_2는 변화할 수 있지만 총에너지 E_{tot}는 일정하게 유지된다. 열적 평형 상태에 도달하게 되면 두 계가 각각 최종 에너지 E_{1f}와 E_{2f}에 도달하고 더 이상 변하지 않는다.

계의 에너지 교환

그림 20.13 좀 더 활동적인 원자들로부터 덜 활동적인 원자들로의 평균적인 충돌 에너지 전달

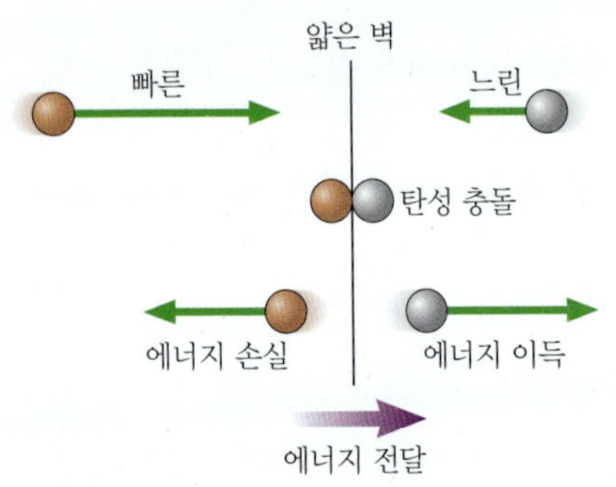

그림 20.13은 양쪽에서 벽으로 다가가는 빠른 원자와 느린 원자를 보여준다. 두 원자는 벽에서 완전 탄성 충돌한다. 충돌 전후에 전체 알짜 에너지는 변화가 없지만, 충돌 시에 에너지가 큰 원자는 에너지를 잃고 에너지가 작은 원자는 에너지를 얻는다. 다시 말해서 에너지가 큰 원자에서 에너지가 작은 원자로 에너지가 **전달된다**.

원자당 평균 병진 운동 에너지는 온도에 정비례한다($\epsilon_{avg} = \frac{3}{2}k_BT$). 계 1이 2보다

온도가 높으므로($T_{1i} > T_{2i}$), 평균적으로 계 1의 원자들은 계 2의 원자보다 에너지가 더 크다. 그러므로 **평균적으로** 충돌을 통해 계 1에서 2로 에너지가 전달된다. 물론 모든 충돌이 그런 것은 아니다. 때로는 계 2의 빠르게 움직이는 원자가 계1의 느리게 움직이는 원자와 충돌하기도 하며, 이때는 계 2에서 1로 에너지가 전달된다. 하지만 모든 충돌을 고려한 알짜 에너지 전달은 온도가 높은 계 1에서 온도가 낮은 계 2로 일어난다. 다시 말해 **열이란 에너지가 큰(더 뜨거운) 원자들과 에너지가 작은(더 차가운) 원자들의 충돌에 의한 에너지 전달이다.**

그러면 어떻게 계가 열적 평형 상태에 도달했는지 '알고' 에너지 전달을 멈추는가? 에너지 전달은 벽 양쪽이 모두 같은 **평균 병진 운동** 에너지를 가질 때까지 계속된다. 평균 병진 운동 에너지가 같아지면, 어떤 방향으로든 에너지 흐름은 없어진다. 이것이 열적 평형 상태이며 열적 평형을 위한 조건은 다음과 같다.

$$(\epsilon_1)_{avg} = (\epsilon_2)_{avg} \quad \text{(열적 평형)} \tag{20.39}$$

여기서, ϵ은 원자의 병진 운동 에너지이다.

평균 에너지는 최종 온도에 정비례하기 때문에($\epsilon_{avg} = \frac{3}{2}k_B T_f$), 열적 평형은 다음의 거시적인 조건으로 판단할 수 있다.

$$T_{1f} = T_{2f} = T_f \quad \text{(열적 평형)} \tag{20.40}$$

다시 말해, **2개의 열적 상호작용하는 계는 최종적으로 같은 온도에 도달하며 이는 원자들이 충돌을 통해 평균 병진 운동 에너지가 같아질 때까지 에너지를 교환하기 때문이다.** 이는 매우 중요한 의미를 가진다.

식 (20.40)은 평균 열에너지를 결정하는 데 사용할 수 있다. 단원자 기체이므로 $E_{th} = N\epsilon_{avg}$이다. 따라서 평형 상태 $(\epsilon_1)_{avg} = (\epsilon_2)_{avg} = (\epsilon_{tot})_{avg}$는 다음을 의미한다.

$$\frac{E_{1f}}{N_1} = \frac{E_{2f}}{N_2} = \frac{E_{tot}}{N_1 + N_2} \tag{20.41}$$

이로부터 다음의 결과를 얻을 수 있다.

$$\begin{aligned} E_{1f} &= \frac{N_1}{N_1 + N_2}E_{tot} = \frac{n_1}{n_1 + n_2}E_{tot} \\ E_{2f} &= \frac{N_2}{N_1 + N_2}E_{tot} = \frac{n_2}{n_1 + n_2}E_{tot} \end{aligned} \tag{20.42}$$

마지막 단계에서 분자수 대신 몰수를 이용하였다.

$E_{1f} + E_{2f} = E_{tot}$이므로 비록 각각의 계의 에너지는 달라질 수 있지만 총에너지는 보존된다는 것을 알 수 있다.

벽의 위치는 거시적인 변화가 없으므로 계는 아무 일도 하지 않는다. 그러므로 열역학 제1법칙에 의해서 다음을 알 수 있다.

$$Q_1 = \Delta E_1 = E_{1f} - E_{1i}$$
$$Q_2 = \Delta E_2 = E_{2f} - E_{2i} \tag{20.43}$$

여기에서 에너지 보존에 의해 $Q_1 = -Q_2$라는 것을 확인할 수 있다. 다시 말해 한 계의 열손실은 다른 계의 열이득을 뜻한다. 그리고 $|Q_1|$은 따뜻한 기체에서 차가운 기체로 열적 상호작용을 통해 이동하는 열의 양을 말한다.

예제 20.6 | 열적 상호작용

밀봉되어 있는 절연 용기에 얇은 벽이 있고 한쪽에는 초기 온도 300 K의 2.0 g의 헬륨이, 다른 한쪽에는 초기 온도 600 K의 10.0 g의 아르곤이 있다.

a. 얼마나 많은 에너지가 전달되었는가? 어떠한 방향으로 전달되었는가?

b. 최종 온도는 어떻게 되는가?

핵심 계들은 서로 다른 온도로 시작되었기 때문에, 열적 평형 상태가 아니다. 충돌을 통해 두 계가 같은 평균 분자 에너지가 될 때까지 에너지는 아르곤에서 헬륨으로 전달될 것이다.

풀이 a. 계 1에 헬륨을 넣어보자. 헬륨의 몰 질량은 $M_{mol} = 0.004$ kg/mol이므로 $n_1 = M/M_{mol} = 0.50$ mol이다. 비슷하게, 아르곤도 $M_{mol} = 0.040$ kg/mol을 가지고 있으므로, $n_2 = 0.25$ mol을 얻을 수 있다. 이때 두 단원자 기체의 초기 열에너지는 다음과 같다.

$$E_{1i} = \tfrac{3}{2}n_1RT_{1i} = 225R = 1870\text{ J}$$
$$E_{2i} = \tfrac{3}{2}n_2RT_{2i} = 225R = 1870\text{ J}$$

계들은 같은 열에너지로 시작했지만, 열적 평형 상태가 아니다. 총 에너지는 $E_{tot} = 3740$ J이며, 평형 상태에서 이 에너지는 두 계에 다음과 같이 분배된다.

$$E_{1f} = \frac{n_1}{n_1 + n_2}E_{tot} = \frac{0.50}{0.75} \times 3740\text{ J} = 2493\text{ J}$$
$$E_{2f} = \frac{n_2}{n_1 + n_2}E_{tot} = \frac{0.25}{0.75} \times 3740\text{ J} = 1247\text{ J}$$

각 계에 들어가고 나오는 열은 다음과 같다.

$$Q_1 = Q_{He} = E_{1f} - E_{1i} = 623\text{ J}$$
$$Q_2 = Q_{Ar} = E_{2f} - E_{2i} = -623\text{ J}$$

623 J의 열이 따뜻한 아르곤에서 차가운 헬륨으로 전달된 것은 헬륨과 아르곤이 충돌을 통해 열적 상호작용을 했기 때문이다.

b. 이것은 등적(일정 부피) 과정이므로, $Q = nC_V\Delta T$이다. 단원자 기체에선 $C_V = \frac{3}{2}R$이 성립하므로, 온도 변화는 다음과 같다.

$$\Delta T_{He} = \frac{Q_{He}}{\frac{3}{2}nR} = \frac{623\text{ J}}{1.5(0.50\text{ mol})(8.31\text{ J/mol K})} = 100\text{ K}$$
$$\Delta T_{Ar} = \frac{Q_{Ar}}{\frac{3}{2}nR} = \frac{-623\text{ J}}{1.5(0.25\text{ mol})(8.31\text{ J/mol K})} = -200\text{ K}$$

두 기체 모두 같은 최종 온도 $T_f = 400$ K에 도달한다.

검토 계 1에는 두 배나 많은 원자들이 있기 때문에 $E_{1f} = 2E_{2f}$이다.

이 절의 주된 내용은 두 계가 같은 온도에 도달하는 것이 마법이나 사전 합의에 의한 것이 아니라 단순히 많은 분자들이 충돌할 때 생기는 에너지 교환 때문이라는 것이다. 물론 실제 상호작용하는 계는 우리가 가정한 얇은 막이 아니라 벽으로 분리되어 있다. 그러면 우선 에너지는 충돌을 통해 계 1에서 벽으로 전달되고 이후에 계 2의 차가운 분자들이 따뜻한 벽에 충돌하면서 에너지가 벽에서 계 2로 전달된다. 따라서 에너지는 $E_1 \rightarrow E_{wall} \rightarrow E_2$처럼 전달된다. 이 에너지 전달은 역학적인 운동에 의한 것이 아니고 분자들의 충돌에 의한 것이므로 여전히 열이다.

20.6 비가역 과정과 열역학 제2법칙

이전 절에서 따뜻한 기체와 차가운 기체 사이에 열적 상호작용을 살펴보았다. 두 계의 온도가 같아질 때까지 뜨거운 기체에서 차가운 기체로 열에너지가 전달된다. 그런데 왜 열은 차가운 기체에서 뜨거운 기체로 전달되지 않는가? 왜 열적 상호작용을 통해 차가운 기체는 더 차갑게 뜨거운 기체는 더 뜨겁게 되지 않는가? 이러한 과정은 에너지 보존 법칙을 만족하지만 절대 일어나지 않는다. 열에너지가 뜨거운 곳에서 차가운 곳으로 흐르는 것은 **비가역 과정**의 하나의 예시이다. 비가역 과정은 한 방향으로만 일어나는 과정을 말한다.

비가역 과정의 예는 흔하다. 커피 안에 있는 크림을 휘저으면 커피와 크림은 하나로 섞이게 된다. 아무리 많이 저어도 이 둘은 섞이기 전 상태로 만들 수는 없다. 파란 구슬들 위에 빨간 구슬들을 쌓아둔 항아리를 흔들면 두 종류의 구슬은 빠르게 섞일 것이다. 아무리 많이 흔든다고 해도 다시 처음 상태로 돌아가지 않는다. 만일 항아리를 흔들어 빨간색과 파란색 구슬이 분류되는 영상이 있다면 그것은 분명 영상을 거꾸로 돌린 것일 것이다. 즉, 거꾸로 돌린 영상이 물리적으로 불가능한 과정이라면 그것은 비가역 과정이다.

그림 20.14a는 두 입자가 충돌하는 영상의 두 장면이다. 충돌이 끝난 시점에서 우리가 개입하여 두 입자의 속도의 방향을 반대로 바꾼다고 가정해보자. 다시 말해 속도 벡터 $\vec{v}$를 $-\vec{v}$로 바꾸는 것이다. 그러면 영상을 거꾸로 돌린 것처럼 충돌이 반대로 일어난다. 이것이 그림 20.14b이다.

그림 20.14 분자 충돌은 가역적이다.

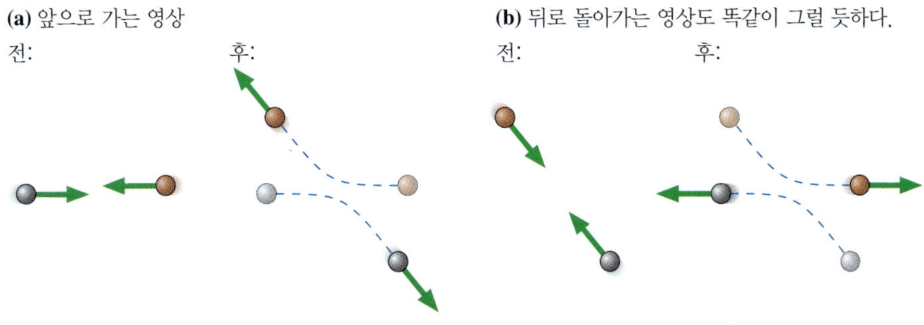

두 영상만 보고는 어떤 것이 앞으로 돌리는 영상인지 어떤 것이 거꾸로 돌리는 영상인지 분간할 수 없다. 어쩌면 그림 20.14b가 실제 충돌이고 그림 20.14a가 이를 거꾸로 돌린 영상일 수도 있다. 두 영상 모두 이상하지 않으며 뉴턴의 법칙을 위배하는 어떤 관측도 찾을 수 없을 것이다. 따라서 **분자 간의 상호작용은 가역 과정이다.**

반면 그림 20.15는 자동차 충돌 영상의 두 장면이다. 비가역 과정에서는 과거와 미래가 분명하게 구별되고 거꾸로 돌린 영상인 그림 20.15b는 명백히 부적절하다. 그런데 거꾸로 돌아가는 영상에서 무엇이 물리 법칙을 위반하는가? 벽에서 튀어나오는

그림 20.15 자동차 충돌은 비가역적이다.

(a) 앞으로 가는 영상

전:

후:

(b) 뒤로 돌아가는 영상은 물리적으로 불가능하다.

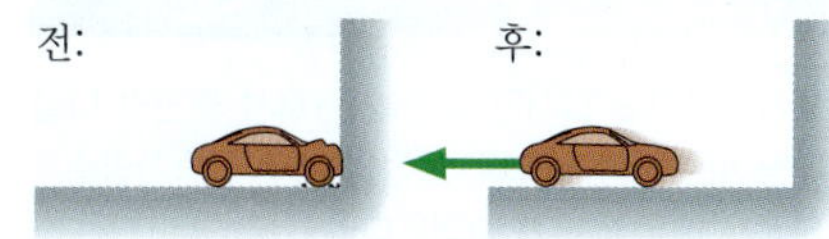

구겨진 자동차는 지금까지 배운 어떤 물리 법칙도 위반하지 않는다. 단지 자동차와 벽의 열에너지가 자동차의 거시적인 질량 중심 에너지로 변환하면 된다.

이 역설은 거시적인 현상을 미시적인 분자 운동에 기초하여 이해할 수 있다는 주장에서 비롯된다. 미시적인 운동이 모두 가역적이라면, 어떻게 거시적인 현상은 비가역적일 수 있는가? 만약 가역적인 충돌이 뜨거운 것에서 차가운 것으로 열을 전달한다면, 반대로 왜 차가운 것에서 뜨거운 것으로 열을 전달하지는 않는가? 이것을 막는 다른 물리 법칙이 반드시 있어야만 한다. 어떤 의미에서 이 법칙이 과거와 미래를 구별할 수 있게 한다.

평형으로 가는 방법은?

그림 20.16 상호작용하는 두 계. 무작위적으로 선택되어 다른 상자로 이동되는 공들

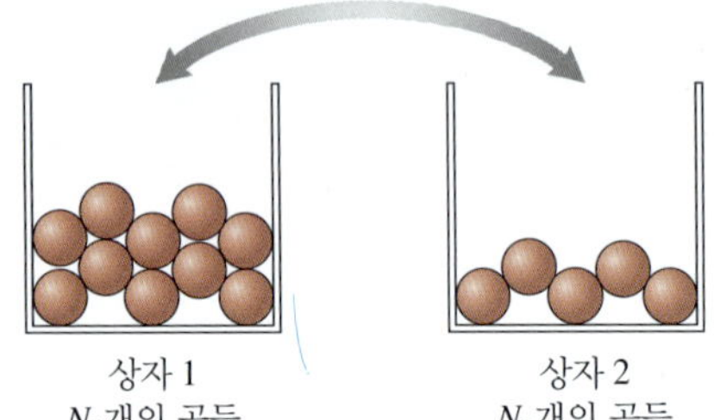

초기에 서로 다른 온도를 가진 두 계가 평형으로 가는 방법은 무엇일까? 아마 다음의 예가 이를 이해하는 데 도움을 줄 것이다.

그림 20.16에 1번, 2번으로 표기된 2개의 상자가 있다. 2개의 상자에는 같은 종류의 공이 담겨 있다. 처음 상태에서 상자 1이 상자 2보다 많은 공을 가지고 있다. 즉 $N_{1i} > N_{2i}$이다. 1초에 한 번씩 하나의 공을 무작위로 골라 다른 상자로 옮긴다. 이 과정은 공을 상자 1에서 2로, 반대로 상자 2에서 1로도 옮길 수 있으므로 가역 과정이다. 몇 시간 이후 상황은 어떻게 될 것인가?

공을 무작위로 선택하면 $N_{1i} > N_{2i}$이므로 초기에는 상자 1에서 2로 공을 옮기는 상황이 상자 2에서 1로 옮기는 상황보다 더 자주 발생할 것이다. 때로는 상자 2에서 1로 이동하겠지만 전체적인 공의 알짜 이동은 상자 1에서 상자 2 방향으로 일어난다. 계는 $N_1 \approx N_2$가 될 때까지 변화한다. 이렇게 되면 양쪽 방향으로 동일한 수의 공이 움직이는 안정적인 상황이 된다. 다시 말해 평형 상태가 된다!

그런데 N_2가 점점 감소하며 N_1이 증가하는 방향으로 계가 변할 수는 없을까? 원칙적으로 공을 배열하는 모든 경우가 가능하다. 이것은 N개의 동전을 던졌을 때 윗면의 수가 0개부터 N개까지 모두 가능한 것과 같은 원리이다. 만약 4개의 동전을 던졌을 때 4개 모두 윗면일 확률은 $1/2^4$이다. 어떤 순간에 4개의 공을 선택한다면 1/16의 확률로 상자 1에서 공을 선택하게 될 것이다. 그러므로 이 상황이 아주 놀랍지는 않을 것이다.

불가능하지는 않지만 동전을 던져서 윗면만 나올 가능성은 극히 낮으며, 동전의 개수가 증가할수록 확률은 매우 빠르게 줄어든다.

10개의 공을 모두 상자 1에서 선택할($N_1 = 10$) 확률은 $0.5^{10} \approx 1/1000$이다. 100개의 공을 선택한다면 $N_1 = 100$일 확률은 $\approx 10^{-30}$까지 떨어진다. 10^{20}개의 공을 선택할 때 모든 공을 혹은 대부분의 공을 한 상자에서 선택할 확률은 매우 희박해서 그런 일이 '절대' 일어나지 않을 것이라고 말해도 된다. 각각의 이동은 가역적이지만, **많은 수의 통계는 계가 $N_1 > N_2$인 상태보다 압도적으로 높은 확률로 $N_1 \approx N_2$인 상태로 변할 것이라고 말한다.**

이 예시에서 공은 에너지를 의미한다. 전체 공의 수, 즉 총에너지는 보존된다. 하지만 분자들의 충돌을 통해 계 1과 2는 에너지를 주고 받는다. 개별 충돌은 가역적

이고 계 1에서 2로 에너지가 전달될 수 있는 것처럼 계 2에서 1로 에너지가 전달될 수 있다. 그러나 만약 $(\epsilon_{1i})_{avg} > (\epsilon_{2i})_{avg}$이며, $N > 10^{20}$인 거시계를 다룬다면 많은 충돌의 알짜 결과는 압도적으로 높은 확률로 $(\epsilon_{1f})_{avg} = (\epsilon_{2f})_{avg}$이 될 때까지 계 1에서 2로 에너지를 전달할 것이다. 다시 말해, 열에너지가 뜨거운 곳에서 차가운 곳으로 흐른다.

계는 어떤 계획이나 외부의 간섭 때문이 아니라 단순히 **평형 상태가 가장 가능성이 높은 상태**이기 때문에 열적 평형 상태에 도달한다. 열이 차가운 곳에서 뜨거운 곳으로 전달되어 계가 평형에서 멀어질 수 있는 가능성도 존재한다. 하지만 이 가능성은 현실적인 계에서는 매우 희박하다. 어마어마한 수의 무작위 사건들은 계를 평형 상태로 향하는 한 방향으로만 변하게 한다. **특정한 거시적 상태는 다른 상태보다 압도적으로 더 높은 확률을 가지고 있으므로 가역적인 미시적 현상이 비가역적인 거시적 현상을 가져온다.**

질서, 무질서 그리고 엔트로피

그림 20.17은 세 가지 다른 계를 보여준다. 맨 위는 결정체와 같은 격자 구조로 정렬된 원자 그룹이다. 이는 각 원자들의 위치가 정확하게 지정되어, 매우 잘 정렬되었고 무질서가 없는 계이다. 반면, 질서가 전혀 없는 맨 밑의 계에는 모든 원자의 위치가 완전히 무작위적이다.

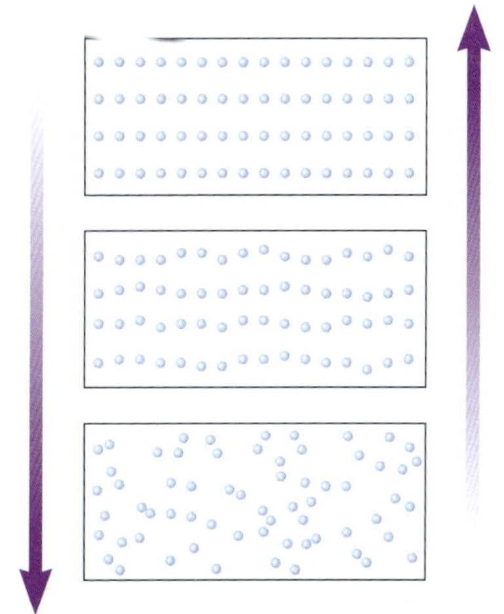

그림 20.17 질서 있는, 그리고 무질서한 계들

용기 안의 원자들이 **자발적으로** 자기자신을 맨 위의 그림과 같이 잘 정렬된 위치로 배열할 가능성은 매우 낮다. 10^{20}개의 원자 계의 경우로 생각했을 때, 이러한 상태로 될 확률은 10^{20}개의 동전을 던져 모두 앞면만 나올 확률과 비슷하다. 우리는 이러한 상황이 절대 일어나지 않는다고 장담할 수 있다. 반면, 용기를 무질서하게 채운 맨 밑의 그림과 같은 정렬들의 경우는 무수히 많다.

그림 20.17의 중간 그림은 이 두 경우의 중간 상황이다. 이 상황은 고체가 녹을 때 발생한다. 원자들의 위치는 완전히 무질서하지 않으므로 계는 어느 정도 질서를 유지한다. 이러한 중간 상황은 맨 위의 그림과 같이 완벽히 정렬된 격자 구조보다는 좀 더 자발적으로 일어날 가능성이 있으나, 맨 밑의 완벽히 무질서한 계보다는 일어날 확률이 적다.

과학자들과 공학자들은 **엔트로피**(entropy)라고 하는 상태변수를 이용하여 거시적인 상태가 자발적으로 일어나는 확률을 측정한다. 자발적으로 일어나기에는 매우 작은 확률의 정렬된 격자는 매우 낮은 엔트로피를 가지고 있다. 용기를 무질서하게 채운 경우는 엔트로피가 높다. 중간 그림의 엔트로피는 그 사이에 있다. 엔트로피는 종종 계의 **무질서도**를 측정하는 것으로 이해된다. 그림 20.17에서 계를 상단의 그림에서와 같이 정렬된 상황에서 하단의 그림과 같이 무질서한 상태로 만든다면 엔트로피는 증가한다.

비슷하게 열적 상호작용을 하는 서로 다른 온도의 두 계는 낮은 엔트로피를 가지고 있다. 이러한 계는 용기의 한쪽에 빠른 원자들이 다른 쪽에는 느린 원자들이 있다는 점에서 정렬되어 있다고 할 수 있다. 열적 상호작용을 통해 두 계가 같은 온도에 도달한 평형 상태가 가장 무작위한 에너지 분포를 가지며 다시 말해 가장 적게 정렬된 상태이다. 초기에 온도가 다른 두 계가 평형 상태로 변화함에 따라 엔트로피는 증가한다. 만약 열에너지가 차가운 쪽에서 뜨거운 쪽으로 전달되어 뜨거운 계는 더 뜨겁게 차가운 계는 더 차갑게 한다면 엔트로피는 감소할 것이다.

엔트로피는 계산할 수 있지만 이는 좀 더 상위 코스에서 다루도록 하자. 여기에서는 엔트로피가 계 내부의 무질서도 혹은 거시적인 상태가 일어나는 확률의 척도라는 의미가 더 중요하다.

열역학 제2법칙

평형 상태로 향하는 거시적인 계의 비가역적 진행은 우리가 접한 어떠한 물리 법칙에도 포함되지 않은 자연의 속성이다. 사실 그것은 새로운 물리 법칙으로, **열역학 제2법칙**(second law of thermodynamic)으로 알려져 있다.

열역학 제2법칙의 공식적인 표현은 다음과 같다.

> **제2법칙, 공식적인 표현** 고립계(혹은 계의 그룹)의 엔트로피는 절대 감소하지 않는다. 엔트로피는 계가 평형 상태에 도달할 때까지 증가하거나, 혹은 만약 평형 상태로 시작했다면, 같은 상태로 머문다.

수식어 '고립된'은 매우 중요하다. 외부에서 우리는 계를 정렬된 상태로 만들 수 있다. 예를 들어 작은 핀셋으로 원자들을 격자로 정렬할 수 있다. 비슷하게, 냉장고를 이용하여 열을 차가운 쪽에서 뜨거운 쪽으로 전달할 수 있다. 그러나 제2법칙은 외부 간섭없이 계가 자발적으로 자기자신에게 작용하는 것에 대한 것이다.

열역학 제2법칙은 고립계가 다음과 같이 변한다는 것을 알려준다.

- 질서는 무질서와 무작위로 바뀐다.
- 정보를 얻기보다는 잃어버린다.
- 계는 최종적으로 평형 상태가 된다.

고립계는 절대 자발적으로 무질서에서 질서를 만들지 않는다. 계가 질서 혹은 무질서에 대해 '안다'는 게 아니라, 질서에 해당하는 상태보다 무질서에 해당하는 상태가 매우 많다는 것을 의미한다. 미시적으로 충돌이 일어날 때, 확률 법칙에 의해 계는 평균적으로 가장 가능성이 높은 상태를 향해 거침없이 움직이고 그 결과 가장 무질서한 상태로 변한다.

열역학 제2법칙은 종종 몇몇의 동등하지만 비공식적인 형태로 표현할 수 있다. 이들 중에 우리의 논의에 가장 관계 있는 것은 다음과 같다.

제2법칙, 비공식적인 표현 #1 서로 다른 온도의 두 계가 상호작용할 때, 열에너지는 더 뜨거운 계에서 더 차가운 계로 자발적으로 전달되며, 절대 더 차가운 계에서 더 뜨거운 계로는 전달되지 않는다.

제2법칙의 이러한 설명은 21장에서 열역학 엔진을 이해하는 데 사용할 것이다.

열역학 제2법칙은 제1법칙과는 별개인, 자연에 대한 독립적인 진술이다. 제1법칙은 에너지 보존에 대한 정확한 진술인 반면 제2법칙은 많은 숫자들의 통계를 기반으로 한 **확률적** 진술이다. 차가운 쪽에서 따뜻한 쪽으로의 자발적인 열의 이동을 상상할 수는 있으나, 현실적으로 거시적인 계에서는 절대로 일어나지 않는다.

가능성이 적은 거시적 상태에서 가능성이 높은 거시적 상태로의 비가역적 진행은 시간에 따른 거시적 방향을 우리에게 제시해준다. 커피와 크림이 섞이기 시작하면, 그것은 절대로 섞이기 이전의 상태로 되돌릴 수 없다. 마찰은 물체의 열에너지를 증가시키면서 그 물체를 정지시킨다. 열에너지에 의한 무작위적 원자 운동은 절대 자발적으로 거시적인 물체의 운동으로 바뀌지 않는다. 항아리로 봉인한 식물은 죽고 탄소와 다양한 기체들로 분해된다. 기체들과 탄소는 절대 자발적으로 자기자신이 다시 모여서 꽃으로 되돌아가지 않는다. 이러한 것들이 모두 비가역적 과정들의 예들이다. 이 예들은 과거와 미래 사이의 분명한 차이, 즉 명백한 시간의 방향을 보여준다.

그러므로 제2법칙의 또 다른 진술은 다음과 같다.

제2법칙, 비공식적인 표현 #2 고립된 거시계의 엔트로피가 증가하는 시간의 방향이 '미래'를 뜻한다.

'시간의 화살'을 설정하는 것은 열역학 제2법칙의 매우 중요한 결과 중 하나이다.

서술형 질문

1. 고체들과 기체들은 압축되지 않으려 한다. 완전히 압축 불가능한 것은 아니지만 매우 조금 압축하려 해도 많은 힘이 필요하다. 만약 물질들이 원자들로 이루어져 있는 것이 사실이라면, 고체와 액체의 비압축성으로부터 얻을 수 있는 그들의 미시적 성질에 대한 정보는 무엇인가?
2. STP 상태의 공기의 밀도는 물의 밀도의 1/1000이다. 공기 분자 간의 평균 거리는 물 분자 간의 평균 거리와 비교해서 얼마나 먼가? 설명하시오.
3. 용기가 움직이는 기차 위에 있다면, 용기 내의 기체의 온도는 올라가는가? 설명하시오.
4. 기체의 모든 분자들이 갑자기 속도가 네 배로 증가되었다고 가정해보자.
   a. 기체의 온도는 $4^{1/2}$, 4, 혹은 4^2 중 어떠한 배율로 증가하는가? 설명하시오.
   b. 일정한 부피에서의 몰비열은 변하겠는가? 그렇다면 몇 배로 증가하는가? 그렇지 않다면 왜 그런가?
5. 상온의 물이 있는 비커에 얼음 덩어리를 넣고, 그것을 단단하고 절연이 잘되는 상자 안에 넣었다고 가정하자. 상자로부터의 어떠한 에너지의 출입도 있을 수 없다.
   a. 한 시간 후에 이 상자를 열었다면, 비커의 물이 상온보다 살짝

차가워지는가? 아니면 더 큰 얼음 덩어리와 100 °C 증기가 발견될 수 있는가?

b. 큰 얼음 덩어리와 100 °C 증기를 발견하는 것이 열역학 제1법칙을 위반하는 것은 아니다. 용기는 밀봉되어 있으므로 $W = 0$ J 그리고 $Q = 0$ J이며, 물 분자가 증기로 바뀌는 데 필요한 열에너지 증가분과 물 분자가 얼음으로 변하는 데 필요한 열에너지 감소분이 서로 상쇄되기 때문에 $\Delta E_{th} = 0$ J이다. 에너지는 보존되나, 아직 이러한 결과를 전혀 본적이 없다. 왜 그런가?

연습문제

표시가 된 연습문제들은 이전 장들에서 다룬 내용과 관련이 있다.

연습

20.1 분자 속력과 충돌

1. ‖ STP 상태의 이상 기체의 개수 밀도는 '로슈미트 수(Loschmidt number)'라고 한다. 로슈미트 수를 계산하시오.

2. ‖ 상온(20 °C)에서 질소의 평균 자유 거리가 1 m가 되는 압력은 얼마인가?

3. | 기체 내 분자의 평균 자유 거리는 200 nm이다. 만약 (a) 일정한 부피와 (b) 일정한 압력에서 기체 온도가 두 배가 되면 평균 자유 거리는 어떻게 되는가?

4. | 단원자 기체의 경우 평균 자유 거리가 원자 지름의 10배일 때, 원자당 부피(V/N)와 원자의 부피 비율은 어떻게 되는가?

20.2 기체의 압력

5. | 11개의 분자의 속력은 15, 16, 17, …, 25 m/s이다. 이때 (a) v_{avg}와 v_{rms}를 계산하시오.

6. ‖ 용기 내 네온 기체의 개수 밀도는 $2 \times 10^{25}\ m^{-3}$이다. 원자들은 500 m/s의 rms 속력으로 움직이고 있다. (a) 용기 안의 온도와 (b) 기체의 압력은 얼마인가?

7. ‖ 기체가 2 atm의 압력과 $5.2 \times 10^{25}\ m^{-3}$의 개수 밀도로 용기에 담겨 있다. 원자의 rms 속력은 500 m/s이다. 어떤 기체인지 확인하시오.

20.3 온도

8. ‖ 727 °C에서의 (a) 아르곤 원자들과 (b) 수소 분자들의 rms 속력은 얼마인가?

9. ‖ 어떤 온도(°C)에서 수소 분자들이 100 °C의 질소 분자들의 rms 속력과 같을 것인가?

10. ‖ 만약 온도가 10 °C에서 1000 °C까지 증가한다면, 분자의 rms 속력은 얼마로 바뀌는가?

11. | STP 상태에서 1.0 mol의 (a) 수소, (b) 헬륨, 그리고 (c) 산소 분자의 총 병진 운동 에너지는 어떻게 되는가?

12. ‖ 물리 실험에서, 헬륨 기체는 0.10 atm의 압력에서 온도를 10 K까지 내릴 수 있다. (a) 기체의 평균 자유 거리, (b) 원자들의 rms 속력, 그리고 (c) 원자당 평균 에너지는 어떻게 되는가?

13. ‖ 태양의 대기는 대부분 6000 K 온도의 수소 원자(분자가 아닌)로 구성되어 있다. (a) 원자당 평균 병진 운동 에너지와 (b) 원자들의 rms 속력은 얼마인가?

20.4 열에너지와 비열

14. ‖ 2.0 g 헬륨 기체 시료 내 원자들의 rms 속력은 700 m/s이다. 기체의 열에너지는 얼마인가?

15. | 1.0 mol 물질의 열에너지가 1.0 J만큼 증가하였다. 만약 계가 (a) 단원자 기체, (b) 이원자 기체, 그리고 (c) 고체라면, 온도는 얼마만큼 변화하는가?

16. | 단원자 기체 1.0 mol이 원소 고체 1.0 mol과 열적 상호작용을 한다. 일정 부피에서 기체 온도가 50 °C로 내려갔다면, 고체의 온도 변화는 얼마나 되는가?

17. ‖ 단단한 용기가 0.20 g의 수소 기체를 담고 있다. 기체의 온도를 다음과 같이 변화시키기 위해 열은 얼마가 필요한가?
    a. 50 K에서 100 K까지
    b. 250 K에서 300 K까지
    c. 2250 K에서 2300 K까지

20.5 열적 상호작용 및 열

18. ‖| 4.0 mol의 단원자 기체 A는 3.0 mol의 단원자 기체 B와 상호작용한다. 기체 A는 처음에 9000 J의 열에너지를 가지고 있으나, 열적 평형 상태가 될 때까지 1000 J의 열에너지를 기체 B로 전달하였다. 기체 B의 초기 열에너지는 얼마인가?

문제

19. ‖ 네온 탱크의 내부 압력은 150 atm이며, 온도는 25 °C이다. 충돌과 다음 충돌 사이에 네온 원자는 평균적으로 원자 지름의 몇 배만큼 이동할 수 있는가?

20. ‖ 지름이 ≈ 10 μm인 먼지 입자들이 있다. 이것들은 $\rho \approx 2500$ kg/m^{3}의 밀도로 바위에서 분쇄된 것이다. 만약 먼지를 이상 기체로 생각한다면 20 °C에서의 먼지 입자의 rms 속력은 얼마인가?

21. ‖ 빛은 분자에 산란되며, 기체를 볼 수 있는 거리는 기체를 통과하는 빛 입자의 평균 자유 거리에 비례한다. 빛 입자는 기체 분자가 아니기 때문에 그것의 평균 자유 거리는 식 (20.3)에 의해 주어지지 않으나, 기체의 개수 밀도와 분자 반지름에 대한 의존도는 같다. 여러분이 스모그가 많은 도시에 있고, 500 m 앞에 있는 건물을 거의 볼 수 없다고 가정하자.
   a. 만약 여러분 주위에 분자들이 갑자기 부피가 두 배가 된다면 얼마나 멀리 볼 수 있는가?
   b. 압력이 바뀌지 않은 상태에서 온도가 20 °C에서 1500 °C로 오를 정도로 뜨겁게 타오른다면, 여러분은 얼마나 멀리 볼 수 있는가?

22. ‖ 영웅이 원자의 크기만큼 작아져서 공기의 분자와 분자 사이를 뛰어다니며 악당들과 싸우는 SF영화를 보곤 한다. 한 장면에서, 영웅의 분자는 악당이 타고 있는 분자에 정면으로 충돌한다. 영화에서 악당의 분자는 초기에 분자 반지름의 50배만큼 떨어져 있고, 분자와 충돌하는 데 3.5초의 시간이 걸린다. 여기서 이러한 상황이 가능할 수 있는 공기 온도를 계산하시오. 분자들은 질소 분자로, 각각 rms 속력으로 움직인다고 상정하시오. 이것은 공기에 있어서 타당한 온도인가?

23. ‖ 식 (20.3)은 같은 반지름의 동일한 입자들의 기체를 통과하는 입자의 평균 자유 거리이다. 전자는 반지름이 0인 점 입자와 같이 생각할 수 있다.
   a. 전자가 기체를 통과하는 전자의 평균 자유 거리에 대한 표현을 찾으시오.
   b. 스탠포드 선형 가속기에서 전자는 3 km를 이동한다. 산란에 의한 손실을 무시할 수 있으려면 가속기 관 내부에서 적어도 50 km의 평균 자유 거리가 되도록 압력을 줄여야 한다. 온도가 20 °C라고 가정하면, 가속기 관 내부의 최대 가능한 압력은 얼마인가? Pa과 atm 단위로 모두 답하시오.

24. ‖ 지구에서, STP 상태는 표면에서의 평균 대기압과 평균 대기 온도보다 약간 차가운 온도를 쉽게 만들 수 있는 물의 상변화에 기반을 두고 있다. 금성의 대기 대부분이 이산화탄소로 이루어져 있으며, 표면에서의 압력은 경이적인 93 atm이고 평균 온도는 470 °C이다. 만약 금성의 과학자들이 존재한다면 그들의 STP 정의의 일부분에 표면 압력을 사용할 것이다. 정의를 완성하기 위해, 그들은 상변화가 일어나는 평균 온도를 찾을 것이다. 일반적으로, 텔루륨 성분의 녹는점은 450 °C이다. 이 텔루륨의 상변화를 기반으로 금성의 STP 이산화탄소(CO_2) 분자의 (a) rms 속력과 (b) 평균 자유 거리는 얼마인가? CO_2 분자의 반지름은 1.5×10^{-10} m이다.

25. ‖‖ 10 cm × 10 cm × 10 cm 상자가 0.010 mol의 질소를 20 °C에서 보관하고 있다. 상자의 한 면에 대한 충돌 비율(collisions/s)은 얼마인가?

26. ‖ 100 cm^3 상자가 헬륨을 2.0 atm의 압력과 100 °C 온도에서 보관하고 있다. 이 상자를 아르곤을 4.0 atm의 압력과 400 °C 온도에서 보관 중인 200 cm^{3}의 상자 안에 넣었다.
   a. 각 기체의 초기 열에너지는 어떻게 되는가?
   b. 각 기체의 나중 열에너지는 어떻게 되는가?
   c. 얼마의 열에너지가 어느 방향으로 전달되는가?
   d. 최종 온도는 어떻게 되는가?
   e. 각 상자의 최종 압력은 어떻게 되는가?

27. ‖ 1.0×10^{20}개의 원자들 혹은 분자들 기체는 1.0 J의 열에너지를 가지고 있다. 그것의 일정한 압력에서의 몰비열은 20.8 J/mol K이다. 기체의 온도는 얼마인가?

28. ‖ 물 분자는 세 가지 원자들이 'V' 모양으로 정렬되어 있기 때문에 3개의 상호간 수직축에 대한 회전 운동 에너지를 가지고 있다. 그러나 이원자 분자처럼 그것의 진동 방식은 1000 K 이하의 온도에서는 활성화되지 않는다. 160 °C, 2.0 mol 증기의 열에너지는 얼마인가?

29. ‖ 식 (20.43)에 대한 논의에서 $Q_1 = -Q_2$라고 언급되었다. 이것을 증명하시오.

30. ‖ $C_V = \frac{5}{2}R$이 성립되는 n mol의 이원자 기체가 초기 압력 p_i와 초기 부피 V_i를 가지고 있다. 분자들의 rms 속력이 두 배가 될 때까지 기체는 압력이 부피에 정비례하는 과정을 겪는다.
   a. 이 과정을 pV 그림에 보이시오.
   b. 이 과정을 위해 얼마의 열이 필요한가? n, p_i, 그리고 V_i의 조합으로 답하시오.

31. ‖‖ 1.0 g 수소 기체 분자들의 rms 속력은 1800 m/s이다.
   a. 기체 분자들의 총 병진 운동 에너지는 얼마인가?
   b. 기체의 열에너지는 얼마인가?
   c. 기체에서 환경으로 1200 J의 열에너지를 전달하는 과정 동안 500 J의 일을 하여 기체를 압축했다. 이후 분자들의 rms 속력은 얼마나 되는가?

32. ‖ n_1 mol의 단원자 기체와 n_2 mol의 이원자 분자가 한 용기에 함께 섞여 있다.

a. 혼합된 일정 부피에서의 몰 비열의 표현을 유도하시오.

b. 유도된 결과에서 $n_1 \to 0$ 혹은 $n_2 \to 0$일 때의 상황을 예상해 보시오.

응용 문제

33. ||| 여러분이 구상하는 실험은 $\gamma = 1.50$의 기체가 필요하다. 여러분은 물리학 수업에서 각각의 기체로는 이 양을 가질 수 없으나, 단원자 기체와 이원자 기체를 함께 섞음으로써 $\gamma = 1.50$의 기체를 만들 수 있음을 생각해냈다. 이를 위해 분자들 중 얼마의 부분이 단원자이어야 하는가?

21 열기관과 냉장고
Heat Engines and Refrigerators

이 발전소는 매우 효율적이지는 않지만 열을 일로 바꾸어서 전기를 만들고 있다. 냉각탑에서 연료 에너지의 2/3 정도가 '폐열'로 공기 중으로 사라진다.

이 장에서는 열기관과 냉장고의 동작을 결정하는 물리적 원리를 배운다.

열기관이란 무엇인가?

열기관은 열에너지를 사용 가능한 일로 전환해주는 장치이다. 열기관은

- pV 그림이나 에너지 전달 도형으로 표현할 수 있는 순환 과정을 따른다.
- 열원뿐만 아니라 냉각원도 필요하다. 이들을 뜨거운 저장체 그리고 차가운 저장체라고 한다.
- 열역학 제1 및 제2법칙에 따른다.

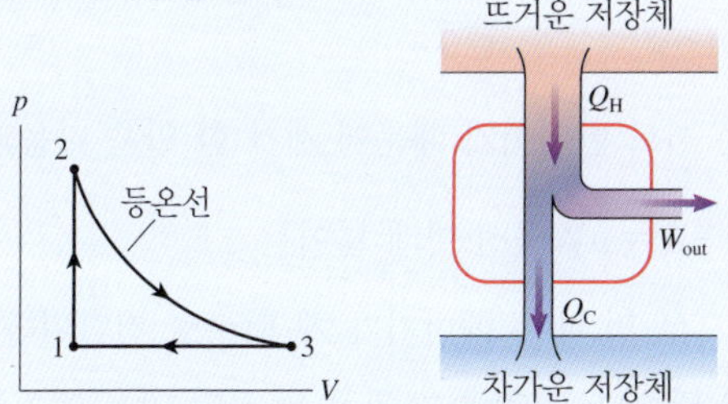

« 되돌아보기: 19.2절~19.4절, 그리고 19.7절 일, 열, 열역학 제1법칙, 그리고 기체의 비열

냉장고는 무엇인가?

냉장고는 에어컨처럼 외부 일을 사용하여 차가운 데서 뜨거운 데로 '에너지를 끌어올리는' 장치들이다. 냉장고는 본질적으로 거꾸로 동작하는 열기관이다. 냉장고의 효율은 냉장고의 성능계수에 의해 결정된다.

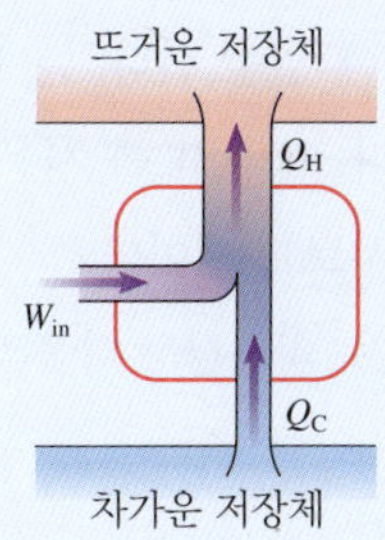

기관의 효율은 어떻게 결정되는가?

열에너지를 일로 바꾸는 기관이 얼마나 효율적으로 작동하는가? 이를 기관의 열효율

$$\text{효율} = \frac{\text{한 일}}{\text{요구된 열}}$$

이라고 정의할 것이다. 에너지 보존(열역학 제1법칙)은 모든 기관은 1보다 큰 효율을 가질 수 없다는 것을 말한다.

가능한 최대 효율이 있는가?

그렇다. 그리고 이는 놀랍게도 추운 곳에서 뜨거운 곳으로 자발적인 열이 흐를 수 없다는 제2법칙에 의해 설정된다. 우리는 완전 가역 열기관(카르노 기관)이 열역학 법칙을 준수하는 최대 효율을 갖는다는 것을 알게 될 것이다. 카르노 효율은 뜨거운 저장체와 차가운 저장체의 온도에만 의존한다.

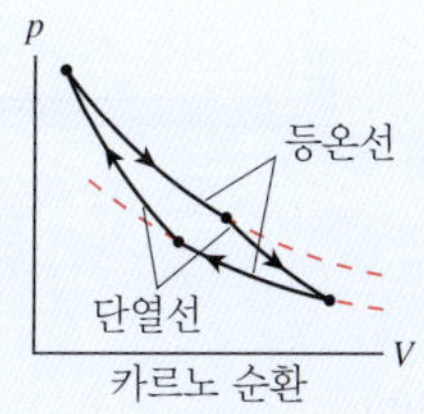

« 되돌아보기: 20.6절 열역학 제2법칙

열기관이 왜 중요한가?

현대 사회는 연료 에너지를 유용한 일로 전환하는 장치들에 의해 돌아간다. 예를 들면 자동차 및 항공기 추진용 기관, 발전용 발전소, 산업 및 제조에 사용되는 다양한 기계들이 포함된다. 이들은 모두 열기관이며, 모두 열역학 법칙을 따른다. 효율을 극대화하려면(중요한 공학적 및 사회적 목표) 근본적인 물리적 원리를 잘 이해해야 한다.

21.1 열을 일로 바꾸기

열역학(thermodynamics)은 에너지 변환을 공부하는 물리학 분야이다. 불타는 연료에서 나오는 열 등을 일과 같이 다른 에너지로 바꾸는 실용적인 장치가 많이 고안되었다. 19장과 20장에서는 모든 장치가 따르는 두 가지 열역학 법칙을 다루었다.

제1법칙 에너지는 보존된다. 즉, $\Delta E_{th} = W + Q$이다.

제2법칙 대부분의 거시적인 과정들은 비가역적이다. 특히 열에너지는 뜨거운 계에서 차가운 계로 자발적으로 전달되지만, 차가운 계에서 뜨거운 계로는 절대로 자발적으로 전달되지 않는다.

이 장의 목표는 이들 두 법칙, 특히 제2법칙이 열을 일로 바꾸는 장치에 대해 의미하는 것이 무엇인지 찾는 것이다. 특히,

- 실제 장치가 어떻게 열을 일로 바꾸는가?
- 이러한 에너지 변환들의 한계와 제약은 무엇인가?

계가 한 일

역학에서 일 W는 외력이 계에 한 일을 의미한다. 그러나 '실제적인 열역학'에서는 계가 환경에 한 일로 이야기하는 것이 더 편리하다. 예를 들어, 여러분은 팽창한 기체로부터 얻을 수 있는 일이 얼마나 되는지를 알고 싶을 것이다. 계에 의해 한 일을 W_s라고 한다.

그림 21.1 피스톤이 운동할 때 힘 $\vec{F}_{gas}$와 $\vec{F}_{ext}$는 모두 일을 한다.

(a)

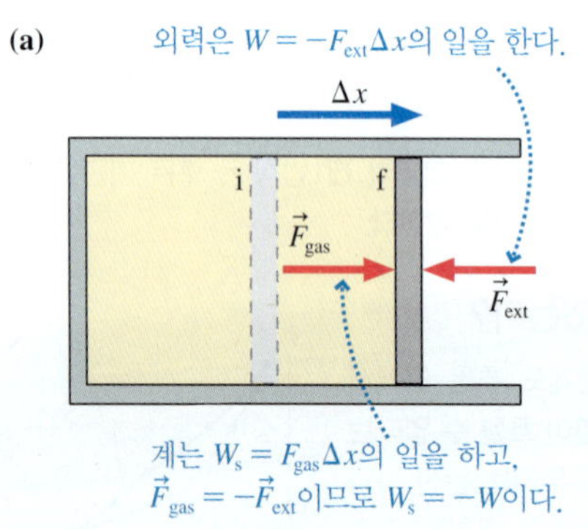

(b)

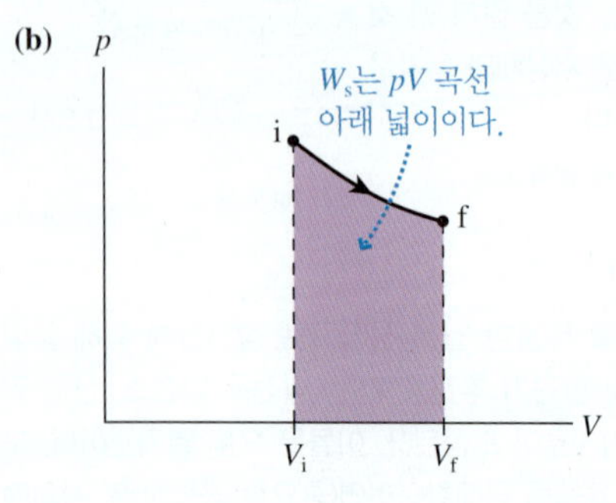

환경이 한 일과 계가 한 일은 서로 배타적이지 않다. 사실 두 관계는 $W_s = -W$로 매우 단순하다. 그림 21.1에서와 같이 기체 압력은 힘 $\vec{F}_{gas}$로 피스톤을 민다. 동시에 피스톤 막대와 같은 물체는 $\vec{F}_{ext} = -\vec{F}_{gas}$의 힘으로 기체를 안으로 밀어 기체 압력을 유지하도록 한다. 이 힘은 계에 일 W를 한다. 여러분이 배웠던 일은 PV 곡선 아래 넓이의 음(−)의 값이다.

두 힘은 크기는 같지만 방향은 서로 반대이기 때문에 계가 한 일은 다음과 같다.

$$W_s = -W = pV \text{ 곡선 아래 넓이} \tag{21.1}$$

기체가 팽창하면서 피스톤을 밖으로 밀 때는 에너지가 계 밖으로 전달된다. 이런 경우 "계가 환경에 일을 한다."라고 말한다. 환경은 계에 일을 하지 않는 것처럼 보일지라도 W_s는 양이고 W는 음이다.

비슷하게 "환경이 계에 일을 한다."는 $W > 0$(에너지가 계에 전달된다)이고, 따라서 $W_s < 0$라는 의미이다. W와 W_s를 사용하는 것은 편리함의 문제이다. 하나가 0이 되기보다는 둘은 항상 서로 반대이다.

열역학 제1법칙 $\Delta E_{th} = W + Q$는 다음과 같이 W_s 항으로 쓸 수 있다.

$$Q = W_s + \Delta E_{th} \quad \text{(열역학 제1법칙)} \tag{21.2}$$

열로써 계 안으로 전달되는 모든 에너지는 일을 하거나 증가된 열에너지로 계 안에 저장되는 데 사용된다.

에너지 전달 도형

뜨거운 돌을 바다에 던진다고 가정해보자. 돌과 바다가 같은 온도가 될 때까지 돌에서 바다로 열이 전달된다. 바다는 매우 조금 따뜻해지겠지만, ΔT_{ocean}은 완전히 무시할 수 있을 정도로 작다. 모든 실제적인 목적에서 바다는 무한하고 변화하지 않는다.

에너지 저장체(energy reservoir)는 너무 커서 계에서 열이 전달되더라도 **온도가 변하지 않는** 물체 혹은 환경을 말한다. 계보다 높은 온도에 있는 저장체를 **뜨거운 저장체**라고 한다. 활활 타오르는 불꽃은 안에 있는 작은 물체에 대하여 뜨거운 저장체이다. 계보다 낮은 온도에 있는 저장체를 **차가운 저장체**라고 한다. 바다는 뜨거운 돌에 대해서 차가운 저장체이다. 뜨겁고 차가운 저장체들의 온도를 T_H와 T_C로 표시한다.

뜨겁고 차가운 저장체는 마찰이 없는 표면, 질량이 없는 줄처럼 이상화한 것이다. 열이 안으로 또는 밖으로 전달될 때 완전하게 일정한 온도로 유지할 수 있는 물체는 없다. 그렇다 하더라도, 물체와 열적으로 상호작용하는 계보다 물체가 훨씬 크다면 물체를 저장체로 모형화할 수 있다.

계와 저장체의 온도가 다르면 이들 사이에서 열이 전달된다. 이때 다음과 같이 정의한다.

Q_H = 뜨거운 저장체에 혹은 이로부터 전달된 열의 양

Q_C = 차가운 저장체에 혹은 이로부터 전달된 열의 양

정의에 따라, Q_H와 Q_C는 **양의** 값이다. 제1법칙에서 Q의 부호를 결정하는 열전달의 방향은 열역학 장치를 다룰 때 언제나 분명하다.

그림 21.2a는 뜨거운 저장체(온도 T_H에 있는)와 차가운 저장체(온도 T_C에 있는) 사이의 무거운 구리 막대를 보여준다. 뜨거운 저장체에서 구리로 전달된 열은 Q_H이고 구리에서 차가운 저장체로 전달된 열은 Q_C이다. 그림 21.2b는 이러한 과정에 대한 **에너지 전달 도형**(energy-transfer diagram)이다. 뜨거운 저장체는 항상 위에, 차가운 저장체는 아래에 그려져 있다. 그리고 이 경우 구리 막대인 계는 이들 사이에 있다. 그림 21.2b는 계 안으로 전달되고 있는 열 Q_H와 밖으로 전달되고 있는 열 Q_C를 보여준다.

열역학 제1법칙 $Q = W_s + \Delta E_{th}$는 계에 적용된다. Q는 계에 전달되는 **알짜** 열이다. 이 경우 Q_C는 계에서 나가는 열의 양이므로 $Q = Q_H - Q_C$이다. 구리 막대는 일을 하지 않고, 따라서 $W_s = 0$이다. 막대는 처음에 두 저장체들 사이에 놓여 있을 때에는 따뜻해지지만, 이내 온도가 더 이상 변하지 않는 정상 상태에 도달한다. 이때 $\Delta E_{th} = 0$

그림 21.2 에너지 전달 도형

(a)

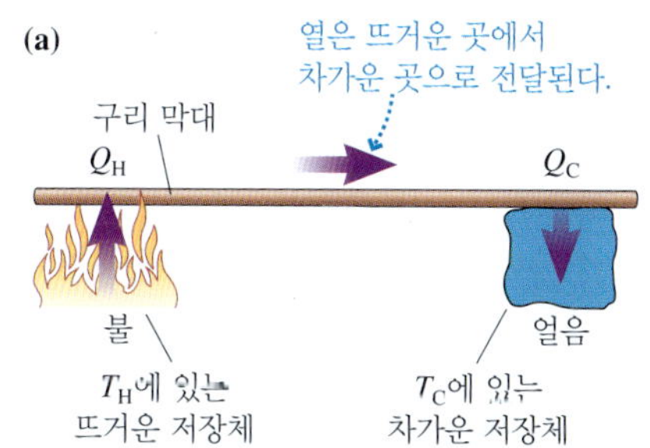

(b)

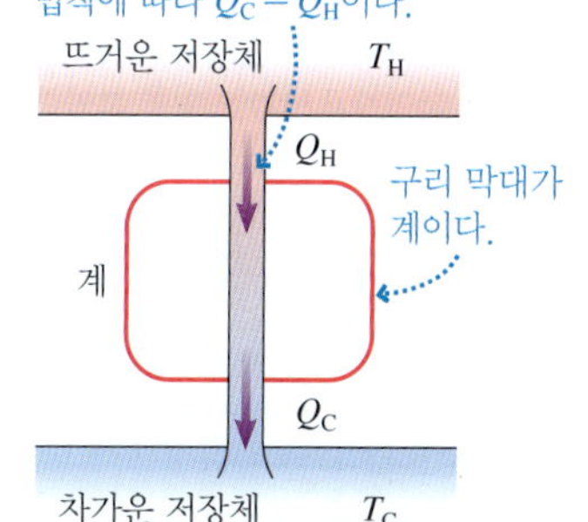

(c)

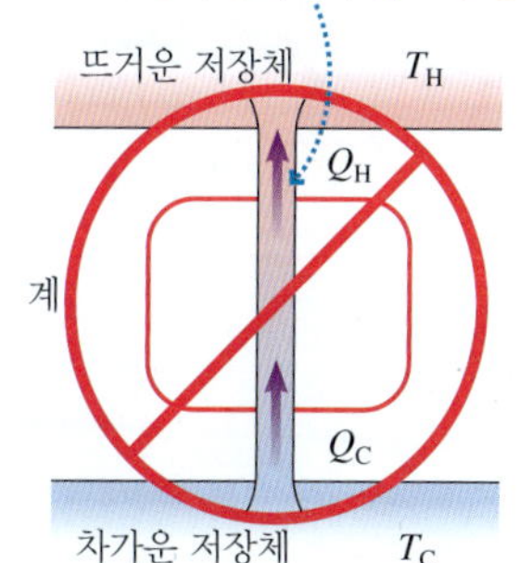

이다. 따라서 제1법칙에서 $Q = Q_H - Q_C = 0$이고, 이로부터 $Q_H = Q_C$로 결론지을 수 있다.

다시 말해, 막대의 뜨거운 끝부분으로 전달된 모든 열은 그 뒤에 차가운 끝부분으로 전달된다. 이것은 놀라운 것이 아니다. 결국, 열이 뜨거운 물체에서 차가운 물체로 자발적으로 전달된다는 것을 알고 있다. 그렇다 하더라도, 뜨거운 물체에서 차가운 물체로 가는 적당한 수단이 있어야만 한다. 구리 막대는 열전달 경로를 제공하고, $Q_C = Q_H$는 에너지가 막대를 통해 이동할 때 보존된다는 것을 의미한다.

그림 21.2b와 그림 21.2c를 비교해보자. 그림 21.2c는 열이 차가운 저장체에서 뜨거운 저장체로 전달되고 있는 계를 보여준다. $Q_H = Q_C$이므로 열역학 제1법칙에 어긋나지 않지만, 제2법칙에 어긋난다. 만일 이러한 계가 있다면, 차가운 물체에서 뜨거운 물체로 자발적인(즉, 외부에서의 입력이나 도움 없이) 열전달이 있을 수 있다. 그림21.2c의 과정은 열역학 제2법칙에 의해 금지되어 있다.

열로 변환되는 일 그리고 일로 변환되는 열

그림 21.3 100% 효율로 일을 열로 바꿀 수 있다.

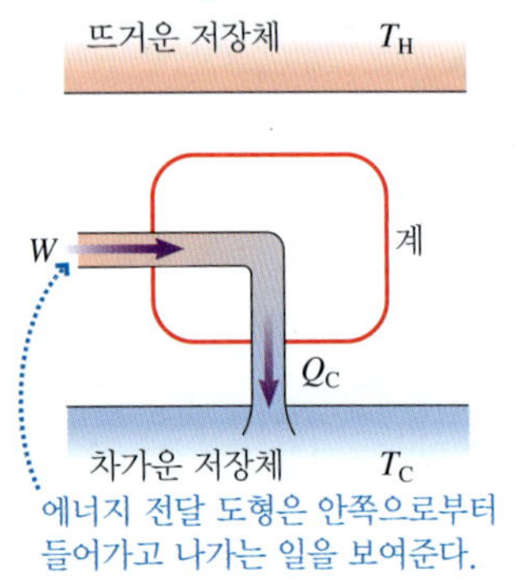

일을 열로 바꾸는 것은 쉽다. 두 물체를 서로 문지르면 된다. 마찰력에 의한 일은 물체의 열에너지와 온도를 증가시킨다. 열에너지는 따뜻한 물체로부터 차가운 환경으로 전달된다. 그림 21.3은 이러한 과정에 대한 에너지 전달 도형이다. 계에 일로 공급된 모든 에너지가 완벽하게 열로 환경에 전달될 때 일을 열로 변환하는 효율은 100%이다. 물체들은 이러한 과정의 최종 단계에서 초기 상태로 되돌아가고 움직임이 있는 한 이 과정은 계속된다.

열을 일로 바꾸는 역과정은 그다지 쉽지 않다. 열은 기체의 등온 팽창과 같은 과정 중에 한 번 정도 일로 변환될 수 있다. 그러나 계의 마지막 지점에서는 초기 상태로 되돌아가지 않는다. 실제적으로 **열을 일로 바꾸는 장치는 그 과정 끝에서 초기 상태로 되돌아가서 계속해서 작동할 준비가 되어 있어야만 한다.** 여러분은 자동차에 연료가 있는 한 자동차 기관이 계속 작동하기를 원한다.

그림 21.4 100% 효율로 열을 일로 바꾸어 주는 완전 기관은 없다.

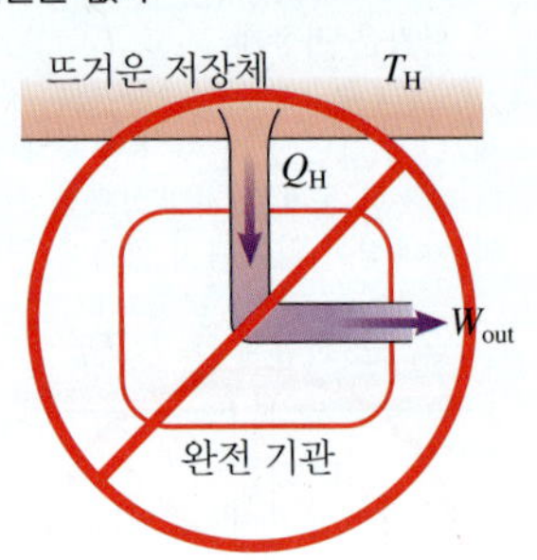

재미있게도 100% 효율로 열을 일로 바꾸고, 초기 상태로 되돌아가서 연료가 있는 한 계속해서 일을 할 수 있는 '완전 기관'을 아직까지 아무도 발명하지 못했다. 물론, 그런 기관이 발명되지 않았다는 것이 발명할 수 없다는 증명은 아니다. 간단하게 증거를 제시하겠지만, 아무튼 지금으로서는 그림 21.4의 과정이 금지되어 있다는 것을 강조할 것이다.

그림 21.3과 21.4 사이에는 비대칭성이 있다. 일을 열로 완전하게 바꾸는 것은 가능하다. 그러나 열을 일로 완전히 바꿀 수는 없다. 이러한 비대칭은 그림 21.2의 두 과정의 비대칭과 유사하다. 사실, 열역학 제2법칙과 정확하게 같은 이유로 그림 21.4의 '완전 기관'은 금지되어 있다는 것을 곧 알게 될 것이다.

21.2 열기관과 냉장고

현대적인 발전소에 있는 증기 터빈은 거대한 장치이다. 증기를 팽창시키고 터빈을 돌려서 일을 한다.

지역 발전소에 증기 발생기는 끓는 물을 이용하여 고압의 증기를 만들고 터빈(그리고 전기를 생산하는 발전기)을 돌린다. 즉, 증기의 압력이 일을 하는 것이다. 그 다음 증기는 액체 물로 응축되고 보일러로 돌려보내서 이전 과정을 다시 시작한다. 여기에 두 가지 중요한 개념이 있다. 첫째, 물은 한 주기 후에 초기 조건으로 돌아가고 장치는 순환하여 일을 한다. 둘째, 보일러에서는 물에 열이 전달되지만, 응축기에서는 물에서 **밖으로** 열이 전달된다.

자동차 기관과 증기 발생기는 **열기관**의 대표적인 예들이다. **열기관**(heat engine)은 닫힌 순환 장치로 뜨거운 저장체로부터 열 Q_H를 추출하고 유용한 일을 한 후, 차가운 저장체로 열 Q_C를 배출한다. **닫힌 순환 장치**(closed-cycle device)는 같은 과정을 반복하면서 주기적으로 **초기 조건으로 되돌아가는** 장치이다. 다시 말해, 모든 상태 변수들(압력, 온도, 열에너지 등)은 매 순환 후에 각각 초깃값으로 돌아간다. 결과적으로 열기관은 저장체에 붙어 있는 동안은 계속 유용한 일을 할 수 있다.

그림 21.5는 열기관의 에너지 전달 도형이다. 그림 21.4의 금지된 '완전 기관'과 다르게 열기관은 뜨거운 저장체와 차가운 저장체 **모두**와 연결되어 있다. 뜨거운 저장체에서 차가운 저장체로 이동하는 열 전부가 아닌 **일부**를 '빨아들여서' 일로 바꾸는 것으로 열기관을 생각할 수 있다.

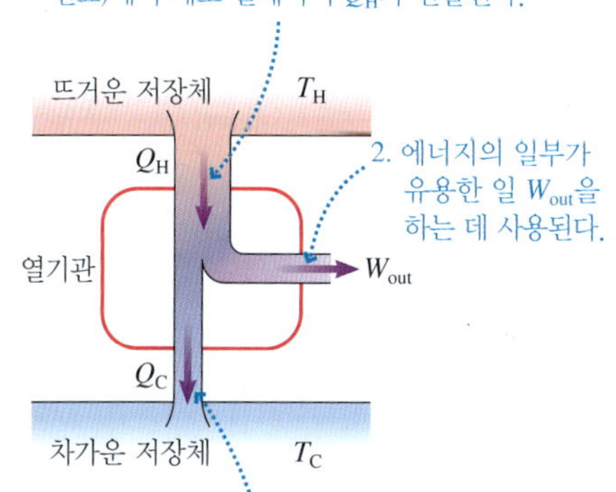

그림 21.5 열기관의 에너지 전달 도형

한 주기 후에는 열기관의 온도와 열에너지가 각각 초깃값으로 돌아가기 때문에 E_{th}의 **알짜** 변화는 없다.

$$(\Delta E_{th})_{net} = 0 \quad \text{(모든 열기관에서 한 번의 완전한 순환 후)} \tag{21.3}$$

결과적으로 열기관의 **완전한 순환**에 대한 열역학 제1법칙은 $(\Delta E_{th})_{net} = Q - W_s = 0$이다.

W_{out}을 **순환당** 열기관이 한 유용한 일로 정의하자. 열기관에 적용된 제1법칙은 다음과 같다.

$$W_{out} = Q_{net} = Q_H - Q_C \quad \text{(열기관이 순환당 한 일)} \tag{21.4}$$

이것은 에너지 보존 법칙이다. 그림 21.5의 에너지 전달 도형은 식 (21.4)의 그림 표현이다.

실용적인 이유 때문에 기관이 최소한의 연료로 최대 일을 하기를 바란다. 열기관의 성능을 다음과 같이 정의되는 **열효율**(thermal efficiency) η(그리스 소문자 에타)의 항으로 측정할 수 있다.

$$\eta = \frac{W_{out}}{Q_H} = \frac{\text{얻은 일}}{\text{지불한 열}} \tag{21.5}$$

그림 21.6 η는 유용한 일로 변환되는 열에너지의 비율이다.

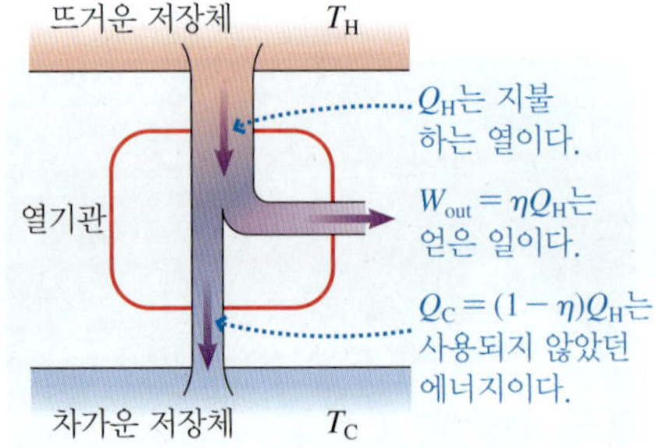

W_{out}에 대한 식 (21.4)를 이용하면, 열효율을 다음과 같이 다시 정의할 수 있다.

$$\eta = 1 - \frac{Q_C}{Q_H} \tag{21.6}$$

그림 21.6은 열효율의 개념을 나타낸 것이다.

완전 열기관은 $\eta_{perfect} = 1$을 가질 것이다. 즉, 뜨거운 저장체(타고 있는 연료)의 열을 일로 바꾸는 효율이 100%일 것이다. 식 (21.6)에서 완전 기관은 낭비가 없을 것($Q_C = 0$)이고, 차가운 저장체가 필요 없음을 알 수 있다. 완전 열기관은 없고, $\eta = 1$인 기관은 불가능하다는 것을 이미 그림 21.4에서 예측하였다. 열기관은 **폐열**(waste heat)을 차가운 저장체로 배출해야만 한다. 폐열은 뜨거운 저장체로부터 추출했지만 유용한 일로 변환하지 못한 에너지다.

자동차 기관과 증기 발생기들과 같은 실제적인 열기관들은 $\eta \approx 0.1 - 0.5$의 열효율을 갖는다. 이 효율이 큰 것은 아니다. 유능한 설계자가 효율을 더 좋게 할 수 있을까? 혹은 이 범위가 일종의 물리적 한계일까?

열기관의 예

이러한 개념들이 실제적으로 어떻게 적용되는지 설명하기 위해 그림 21.7은 열이 질량 M을 끌어 올리는 일로 바뀌는 간단한 기관을 보여준다.

그림 21.7 간단한 열기관이 열을 일로 바꾼다.

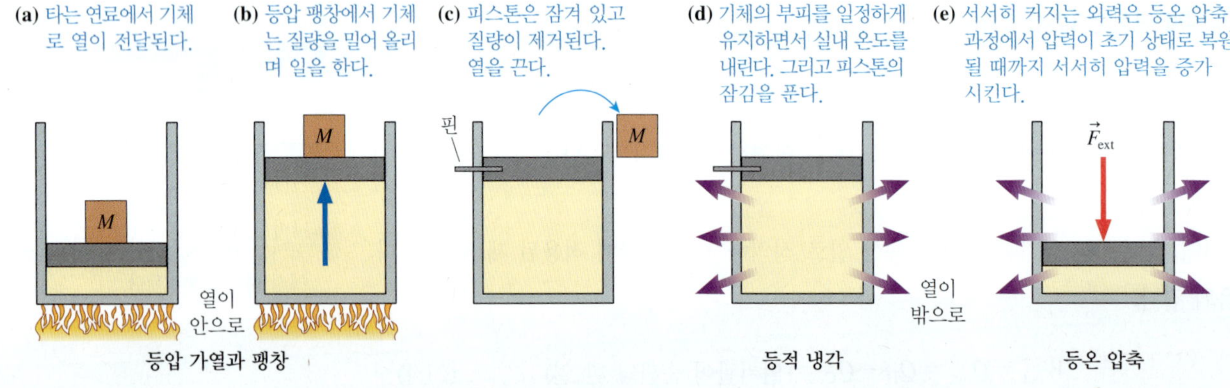

그림 21.8 그림 21.7의 열기관에 대한 닫힌 순환 pV 그림

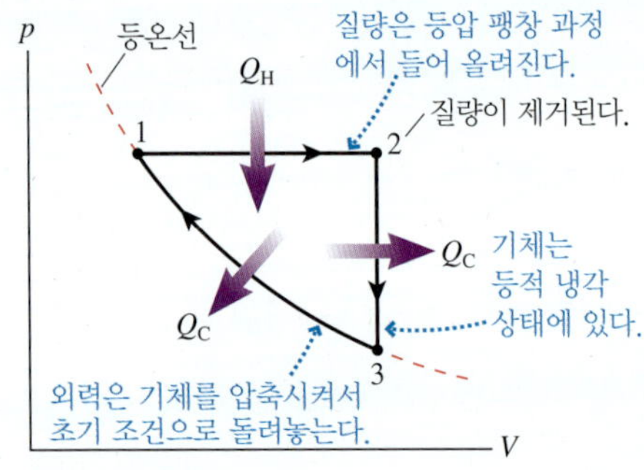

이러한 여러 단계 과정의 알짜 효과는 연료 에너지의 일부를 질량을 끌어 올리는 유용한 일로 바꾸는 것이다. 기체 안에서 알짜 변화는 없고, 기체는 과정 (e)가 끝나면 초기의 압력, 부피, 그리고 온도로 되돌아 간다. 연료가 있는 한 모든 과정을 다시 시작해서 질량을 계속 끌어 올릴 수 (일을 할 수) 있다.

그림 21.8은 pV 그림에서 열기관의 과정을 보여준다. 기체가 초기 조건으로 돌아가기 때문에 이 과정은 닫힌 순환이다. 등적 과정 동안 한 일은 없다. 그리고 곡선 아래 넓이에서 알 수 있듯이 질량을 끌어 올리면서 기체가 한 일은 환경이 기체를 다시 압축하기 위해 기체에 해야만 하는 일보다 크다. 따라서 이 열기관은 연료를 태워서 순

환당 알짜일 $W_{net} = W_{lift} - W_{ext} = (W_s)_{1\to2} + (W_s)_{3\to1}$을 한다.

그림 21.8의 순환적인 과정은 기체로부터 환경으로 열이 전달되는 2개의 냉각 과정들을 포함한다는 것에 주목하자. 열에너지가 뜨거운 물체에서 차가운 물체로 전달된다. 따라서 계는 이들 두 과정들 동안 $T_C < T_{gas}$인 차가운 저장체와 연결되어 있어야만 한다. 열기관을 이해하는 데 중요한 것은 열원(타는 연료), 그리고 열흡수 장치(냉각수, 공기, 또는 계보다 낮은 온도에 있는 무엇) 모두가 필요하다는 것이다.

예제 21.1 열기관 분석 I

그림 21.9의 열기관을 분석해서 (a) 순환당 알짜일, (b) 기관의 열효율, (c) 기관이 600 rpm으로 회전할 때 기관의 일률을 구하시오. 기체는 단원자로 가정한다.

그림 21.9 예제 21.1의 열기관

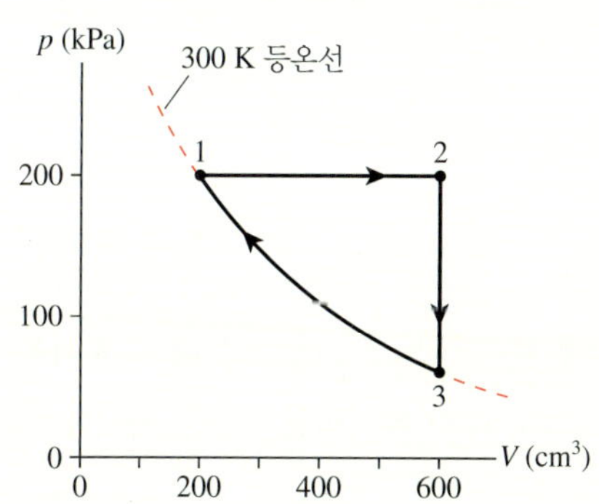

핵심 기체는 18장과 19장에서 공부한 3개의 다른 과정들로 구성된 닫힌 순환을 한다. 각각의 세 과정에 대해 한 일과 전달된 열을 구해야 한다.

풀이 상태 1에 있는 초기 조건과 이상 기체 법칙을 이용하여 기체의 몰수를 결정한다.

$$n = \frac{p_1V_1}{RT_1} = \frac{(200\times10^3\ \text{Pa})(2.0\times10^{-4}\ \text{m}^3)}{(8.31\ \text{J/mol K})(300\ \text{K})} = 0.0160\ \text{mol}$$

과정 1→2: 등압 팽창 과정에서 기체가 한 일은 다음과 같다.

$$(W_s)_{12} = p\Delta V = (200\times10^3\ \text{Pa})\big((6.0-2.0)\times10^{-4}\ \text{m}^3\big) = 80\ \text{J}$$

일정한 압력에 있는 이상 기체 법칙을 이용하여 $T_2 = (V_2/V_1)T_1 = 3T_1 = 900$ K을 구할 수 있다. 등압 과정 동안의 열전달은

$$Q_{12} = nC_P\Delta T$$
$$= (0.0160\ \text{mol})(20.8\ \text{J/mol K})(900\ \text{K} - 300\ \text{K}) = 200\ \text{J}$$

이고, 여기서 단원자 이상 기체에 대한 $C_P = \frac{5}{2}R$을 이용하였다.

과정 2→3: 등적 과정에서 일은 없고, 따라서 $(W_s)_{23} = 0$이다. 온도는 300 K으로 다시 떨어지고, 열전달은

$$Q_{23} = nC_V\Delta T$$
$$= (0.0160\ \text{mol})(12.5\ \text{J/mol K})(300\ \text{K} - 900\ \text{K}) = -120\ \text{J}$$

이다. 여기서 $C_V = \frac{3}{2}R$을 이용하였다.

과정 3→1: 기체는 부피가 V_1인 초기 상태로 돌아온다. 등온 과정 동안 기체가 한 일은 다음과 같다.

$$(W_s)_{31} = nRT\ln\left(\frac{V_1}{V_3}\right)$$
$$= (0.0160\ \text{mol})(8.31\ \text{J/mol K})(300\ \text{K})\ln\left(\frac{1}{3}\right) = -44\ \text{J}$$

주변이 기체를 압축하기 위해 기체에 일을 하기 때문에 W_s는 음이다. 등온 과정은 $\Delta E_{th} = 0$이다. 따라서 제1법칙으로부터

$$Q_{31} = (W_s)_{31} = -44\ \text{J}$$

이다. 기체가 일정한 온도를 유지하면서 압축될 때 기체는 냉각되어야만 하기 때문에 Q는 음이다.

a. 순환당 기관이 한 알짜일은

$$W_{out} = (W_s)_{12} + (W_s)_{23} + (W_s)_{31} = 36\ \text{J}$$

이다. 일관성을 조사하면 알짜 열전달은 다음과 같음에 주목하자.

$$Q_{net} = Q_{12} + Q_{23} + Q_{31} = 36\ \text{J}$$

식 (21.4)는 열기관에서 $W_{out} = Q_{net}$라는 것이었고, 실제로 그렇다는 것을 볼 수 있다.

b. 효율은 알짜 열전달뿐 아니라 불꽃에서 기관으로 전달된 열 Q_H에도 영향을 받는다. 열은 과정 1→2 동안 안으로 전달되고, 이때 Q는 양이다. 그리고 과정 2→3과 3→1 동안 밖으로 전달되고, 이때 Q는 음이다. 따라서

$$Q_H = Q_{12} = 200\ \text{J}$$
$$Q_C = |Q_{23}| + |Q_{31}| = 164\ \text{J}$$

이다. $Q_H - Q_C = 36\ \text{J} = W_{out}$이다. 이 열기관에서 뜨거운 저장체의

(계속)

열 200 J은 36 J의 유용한 일을 한다. 따라서 열효율은 다음과 같다.

$$\eta = \frac{W_{\text{out}}}{Q_{\text{H}}} = \frac{36\ \text{J}}{200\ \text{J}} = 0.18,\ 즉\ 18\%$$

이 열기관은 완전 기관과는 거리가 멀다.

c. 600 rpm으로 돌고 있는 기관은 1 s에 10번 순환한다. 일률은 초당의 일이다.

$$P_{\text{out}} = (순환당\ 한\ 일) \times (초당\ 순환) = 360\ \text{J/s} = 360\ \text{W}$$

검토 Q_{net}는 필요하지 않았지만, $Q_{\text{net}} = W_{\text{out}}$임을 증명하는 것은 모순이 없는 것을 확인하는 것이었다. 열기관의 분석은 많은 계산이 필요하고, 부호가 틀릴 가능성이 많다. 그러나 일관성을 확인할 수 있는 많은 부분들이 있어서 **그 과정들을 확인하면** 거의 항상 계산 착오를 찾을 수 있다.

계속 진행하기 전에 이 예를 조금 더 생각해보자. 열기관은 뜨거운 저장체와 차가운 저장체 사이에서 동작한다고 말해 왔다. 그림 21.9는 저장체들을 명확하게 보여주지 않는다. 그럼에도 불구하고, 열이 뜨거운 물체에서 차가운 물체로 전달된다는 것을 알고 있다. 기체가 300 K에서 900 K으로 더워지는 과정 1→2 동안 열 Q_{H}가 계 안으로 전달된다. 이것이 사실이기 위해서는 뜨거운 저장체의 온도 T_{H}는 ≥ 900 K이어야만 한다. 마찬가지로, 과정 2→3에서 온도가 900 K에서 300 K으로 떨어질 때 열 Q_{C}가 계로부터 차가운 저장체로 전달된다. 이를 위해서는 차가운 저장체의 온도 T_{C}는 ≤ 300 K이어야만 한다.

따라서 저장체들이 무엇인지 또는 그것들의 정확한 온도를 모르지만 뜨거운 저장체의 온도 T_{H}는 계가 도달하는 가장 높은 온도보다 높아야 하고, 차가운 저장체의 온도 T_{C}는 계가 도달하는 가장 차가운 온도보다 낮아야만 한다고 확실하게 말할 수 있다.

냉장고

에어컨은 차가운 실내에서 더운 실외로 열에너지를 전달한다.

거의 모든 집이나 아파트에는 냉장고가 있다. 대부분 에어컨도 있을 것이다. 이들 장치들의 목적은 주변보다 차가운 공기를 더 차갑게 만드는 것이다. 그렇게 하기 위해서 냉장고는 뜨거운 공기를 따뜻한 방 밖으로 배출하고, 에어컨은 더운 문 밖으로 배출한다. 아마도 에어컨이 배출하는 또는 냉장고 밑에서 나오는 뜨거운 공기를 느껴봤을 것이다.

얼핏 보기에 냉장고 혹은 에어컨은 열역학 제2법칙을 어기는 것처럼 보일 것이다. 다시 말해, 제2법칙이 차가운 물체에서 뜨거운 물체로 열이 전달되는 것을 금지하는가? 그렇지 않다. 제2법칙은 열이 차가운 물체에서 뜨거운 물체로 **자발적으로** 전달되지 않는 것을 의미한다. 냉장고나 에어컨이 동작하기 위해서는 전력이 필요하다. 전력이 차가운 쪽에서 뜨거운 쪽으로 열을 전달하므로, 열전달은 자발적이 아니라 '도움을 받아서' 발생한다.

냉장고는 닫힌 순환 장치로 외력 W_{in}을 사용하여 차가운 저장체에서 열 Q_{C}를 빼고 뜨거운 저장체에 열 Q_{H}를 배출한다. 그림 21.10은 냉장고의 에너지 전달 도형이다. 차가운 저장체는 냉장고 안에 있는 공기 또는 더운 여름의 집 안 공기이다. 피할 수 없는 '새어드는 열'에 대응하여 공기를 차갑게 유지하기 위해 냉장고 또는 에어컨 압축기는 계속해서 차가운 저장체에서 열을 빼서 방이나 문 밖으로 배출한다. 물 펌프가 물을 언덕 위로 끌어 올리는 것처럼 냉장고가 '열을 퍼올리는' 것으로 생각할 수 있다.

열기관처럼 냉장고가 순환적인 장치이기 때문에, $\Delta E_{th} = 0$이다. 에너지 보존 법칙은 다음과 같다.

$$Q_H = Q_C + W_{in} \tag{21.7}$$

에너지를 차가운 저장체에서 뜨거운 저장체로 옮기기 위해 냉장고는 안으로 들어오는 것보다 더 많은 열을 밖으로 배출해야만 한다. 이것은 냉장고 문을 열어 놓고 방을 시원하게 할 수 있는지 없는지와 밀접하게 관련되어 있다.

열기관의 열효율은 '얻은 것(유용한 일 W_{out})' 대 '지불하는 것(Q_H를 공급하기 위한 연료)'으로 정의하였다. 이와 유사하게 냉장고의 **성능 계수**(coefficient of performance) K를 다음과 같이 정의한다.

$$K = \frac{Q_C}{W_{in}} = \frac{\text{얻는 것}}{\text{지불하는 것}} \tag{21.8}$$

이 경우 얻는 것은 차가운 저장체에서 제거하는 열이다. 그러나 전기회사에 냉장고를 동작시키는 데 필요한 일에 대한 비용을 지불해야 한다. 좋은 냉장고는 주어진 열을 제거하는 데 적은 일이 필요하고, 따라서 큰 성능 계수를 갖는다.

완전한 냉장고는 일을 필요로 하지 않은 것($W_{in} = 0$)이고, $K_{perfect} = \infty$를 가질 것이다. 그러나 그림 21.10에서 입력 일이 없다면 그림 21.2c와 같이 보일 것이기 때문에, 이 장치는 열역학 제2법칙에 따라 불가능하였다.

20장에서 우리는 몇 가지 다른 방식으로 열역학 제2법칙을 동등하게 기술할 수 있다는 것을 알았다. 다음은 세 번째 기술 방법이다.

제2법칙, 비공식적인 표현 #3 성능 계수 $K = \infty$인 완전한 냉장고는 없다.

실제로는 어떠한 냉장고나 에어컨도 에너지를 차가운 저장체에서 뜨거운 저장체로 옮길 때 일을 이용해야만 하고, 따라서 $K < \infty$이다.

완전 열기관은 없다

위에서 완전 열기관은 없다고 가정하였다. 즉, 그림 21.4에 보인 것과 같이 $Q_C = 0$이고 $\eta = 1$인 열기관은 없다. 이제 이 가정을 증명해보자. 그림 21.11은 온도가 T_H인 뜨거운 저장체와 온도가 T_C인 차가운 저장체를 보여준다. 모든 물리의 법칙들을 따르는 보통의 냉장고는 이들 두 저장체 사이에서 작동하고 있다.

높은 온도의 저장체에서 열 Q_H를 빼서 그 에너지를 전부 일 W_{out}로 바꾸는 완전한 열기관이 있다고 가정하자. 이러한 열기관이 존재한다면 열기관의 출력을 이용하여 냉장고의 입력인 일을 제공할 수 있다. 결합된 두 기관들은 외부 세계와 연결되지 않는다. 즉, 일의 알짜 입력이나 출력은 없다.

그림 21.10 냉장고의 에너지 전달 도형

그림 21.11 보통의 냉장고를 구동하는 완전 기관은 열역학 제2법칙을 어길 수 있게 된다.

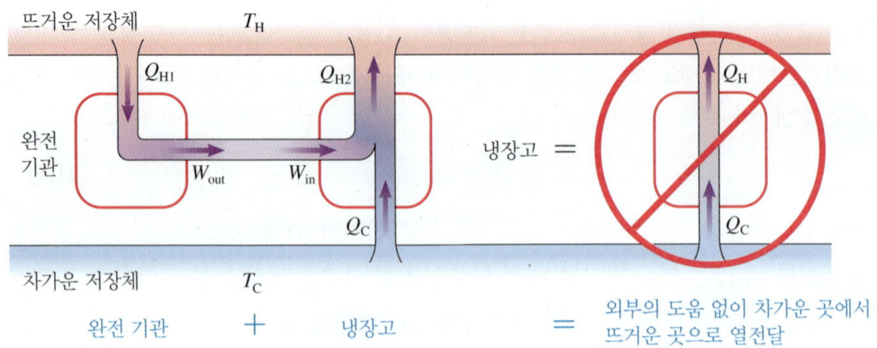

열기관과 냉장고를 상자에 넣어두고 그 안에 무엇이 있었는지 알 수 없다면, 관찰할 수 있는 것은 외부의 도움 없이 차가운 저장체에서 뜨거운 저장체로 전달되고 있는 열뿐이다. 그러나 차가운 물체에서 뜨거운 물체로 자발적 혹은 도움 없는 열전달은 열역학 제2법칙이 엄격하게 막고 있는 것이다. 결과적으로 완전 열기관의 가정은 틀릴 수밖에 없다. 따라서 열역학 제2법칙의 다른 표현은 다음과 같다.

제2법칙, 비공식적인 표현 #4 효율이 $\eta = 1$인 완전 열기관은 없다.

모든 열기관은 차가운 저장체로 폐열 Q_C를 배출해야만 한다.

21.3 이상 기체 열기관

우리는 기체를 이용하여 작동하는 열기관에 집중할 것이다. 자동차의 휘발유나 디젤 기관은 기체 상태의 연료-공기 혼합물을 계속해서 압축시키고 팽창시킨다. 상태 변화에 따라 달라지는 증기 발생기와 같은 기관들은 고급 과정으로 미루어 둘 것이다.

기체 열기관은 그림 21.12a에 보인 것과 같은 pV 그림에서 닫힌 순환 경로로 나타낼 수 있다. 이러한 관찰을 통해 한 번의 완전한 순환 동안 계가 한 일을 기하학적으로 해석할 수 있다. 21.1절에서 계가 한 일은 pV 경로 곡선 아래의 넓이임을 배웠다. 그

그림 21.12 하나의 완전한 순환 동안 계가 한 일 W_{out}은 곡선으로 둘러싸인 넓이이다.

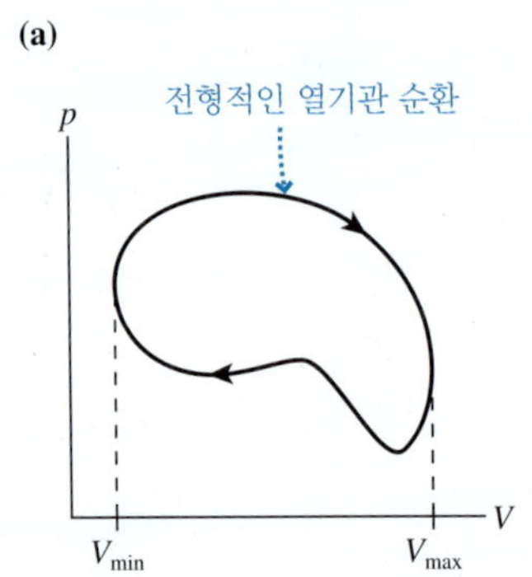

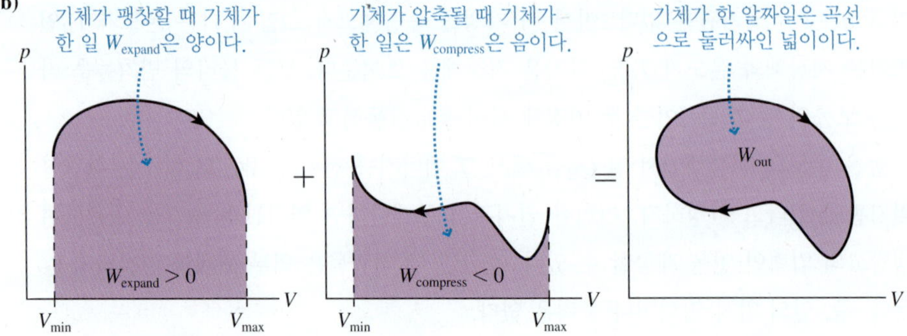

림 21.12b가 보여주듯이, 하나의 완전한 순환 동안 알짜일은 다음과 같다.

$$W_{\text{out}} = W_{\text{expand}} - |W_{\text{compress}}| = \text{닫힌 곡선 안의 넓이} \tag{21.9}$$

여러분은 하나의 **완전한 순환 동안 기체 열기관이 한 알짜일은 순환 과정의 pV 곡선으로 둘러싸인 넓이임**을 알 수 있다. 둘러싸인 넓이가 큰 열역학적 순환은 둘러싸인 넓이가 작은 경우보다 더 많은 일을 한다. W_{out}이 양이 되기 위해서는 기체는 pV 경로를 **시계 방향**으로 한 바퀴 돌아야만 한다는 것에 주목하자. 후에 냉장고는 반시계 방향의 순환을 이용한다는 것을 알게 될 것이다.

이상 기체에 대한 요약

앞선 3개의 장에서 이상 기체에 대해 많은 것을 배웠다. 모든 이상 기체의 과정들은 이상 기체 법칙 $pV = nRT$와 열역학 제1법칙 $\Delta E_{\text{th}} = Q - W_{\text{s}}$를 따른다. 표 21.1은 특정한 기체 과정들의 결과를 요약한 것이다. 이 표는 계가 한 일 W_{s}를 보여주고, 따라서 19장의 것들과 부호가 반대이다.

표 21.1 이상 기체 과정들의 요약

과정	기체 법칙	일 W_{s}	열 Q	열에너지
등적	$p_{\text{i}}/T_{\text{i}} = p_{\text{f}}/T_{\text{f}}$	0	$nC_{\text{V}}\,\Delta T$	$\Delta E_{\text{th}} = Q$
등압	$V_{\text{i}}/T_{\text{i}} = V_{\text{f}}/T_{\text{f}}$	$p\,\Delta V$	$nC_{\text{P}}\,\Delta T$	$\Delta E_{\text{th}} = Q - W_{\text{s}}$
등온	$p_{\text{i}}V_{\text{i}} = p_{\text{f}}V_{\text{f}}$	$nRT\ln(V_{\text{f}}/V_{\text{i}})$	$Q = W_{\text{s}}$	$\Delta E_{\text{th}} = 0$
		$pV\ln(V_{\text{f}}/V_{\text{i}})$		
단열	$p_{\text{i}}V_{\text{i}}^{\gamma} = p_{\text{f}}V_{\text{f}}^{\gamma}$	$(p_{\text{f}}V_{\text{f}} - p_{\text{i}}V_{\text{i}})/(1-\gamma)$	0	$\Delta E_{\text{th}} = -W_{\text{s}}$
	$T_{\text{i}}V_{\text{i}}^{\gamma-1} = T_{\text{f}}V_{\text{f}}^{\gamma-1}$	$-nC_{\text{V}}\,\Delta T$		
임의	$p_{\text{i}}V_{\text{i}}/T_{\text{i}} = p_{\text{f}}V_{\text{f}}/T_{\text{f}}$	곡선 아래 넓이		$\Delta E_{\text{th}} = nC_{\text{V}}\,\Delta T$

이 표에서 이전에 보지 못한 항이 하나 있다. 단열 과정에서의 일에 대한 표현

$$W_{\text{s}} = \frac{p_{\text{f}}V_{\text{f}} - p_{\text{i}}V_{\text{i}}}{1-\gamma} \quad \text{(단열 과정에서의 일)} \tag{21.10}$$

는 $W_{\text{s}} = -\Delta E_{\text{th}} = -nC_{\text{V}}\,\Delta T$로 쓰고(이것은 19장에서 배웠다), $\Delta T = \Delta(pV)/nR$과 γ의 정의를 이용하여 구한다. 증명은 과제로 남겨둘 것이다.

이상 기체의 열에너지는 온도에만 영향을 받는다는 것을 20장에서 배웠다. 표 21.2는 단원자 기체와 이원자 기체들에 대한 열에너지, 몰비열, 그리고 비열 비 $\gamma = C_{\text{P}}/C_{\text{V}}$를 나열한 것이다.

표 21.2 단원자 기체와 이원자 기체의 특성

	단원자	이원자
E_{th}	$\frac{3}{2}nRT$	$\frac{5}{2}nRT$
C_{V}	$\frac{3}{2}R$	$\frac{5}{2}R$
C_{P}	$\frac{5}{2}R$	$\frac{7}{2}R$
γ	$\frac{5}{3} = 1.67$	$\frac{7}{5} = 1.40$

열기관 문제 풀이 전략

예제 21.1의 기관은 실제적인 열기관은 아니지만, 열기관의 분석에 포함된 논리나 계산들의 종류를 보여주었다.

문제 풀이 전략 21.1

열기관 문제들

핵심 순환 과정을 각각 명시한다.

시각화 순환의 pV 경로를 그린다.

풀이 수학적 분석으로 다양한 단계들이 있다.

- 순환의 한 지점에서 n, p, V, 그리고 T를 완전히 알기 위해 이상 기체 법칙을 사용한다.
- 각 과정의 처음과 끝에서 p, V, 그리고 T를 결정하기 위해 특정 기체 과정에 대한 이상 기체 법칙과 방정식을 사용한다.
- 각 과정의 Q, W, 그리고 ΔE_{th}를 계산한다.
- 순환에서 각 과정에 대한 W_s를 더함으로써 W_{out}를 구한다. 만일 기하학적으로 단순하면 pV 경로 내 닫혀 있는 넓이를 구함으로써 이 값을 계산할 수 있다.
- Q_H를 구하기 위해 양의 Q값을 추가한다.
- $(\Delta E_{th})_{net} = 0$임을 확인하라. 이는 실수를 하지 않기 위해 스스로 점검하는 것이다.
- 해를 구하기 위해 필요한 열효율 η와 다른 값들도 계산한다.

검토 $(\Delta E_{th})_{net} = 0$이 성립하는지, W_s, Q의 부호는 올바른지, η는 합리적인 값인지, 질문에 답하고 있는지를 점검한다.

예제 21.2 **열기관 분석 II**

이원자 기체를 이용하는 열기관이 그림 21.13에 표현된 닫힌 순환을 따라 작동한다. 이 기관은 한 순환당 얼마의 일을 하며 열효율은 얼마인가?

그림 21.13 예제 21.2의 열기관에 대한 pV 그림

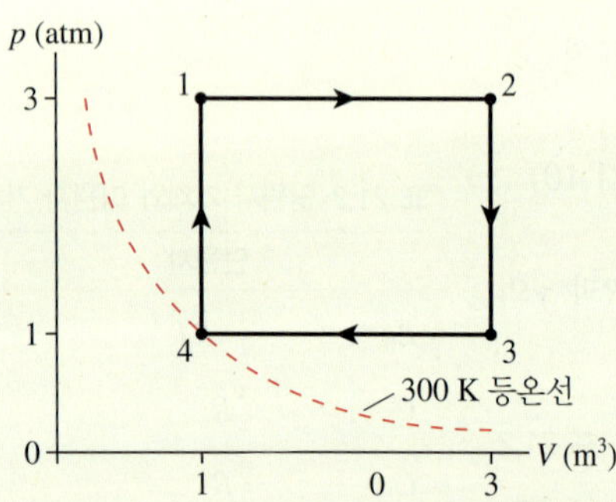

핵심 과정 1→2와 3→4는 등압이다. 과정 2→3과 4→1은 등적이다.

시각화 pV 그림은 이미 그렸다.

풀이 상태 4에 있는 압력, 부피, 그리고 온도를 알고 있다. 열기관 안에 있는 기체의 몰수는

$$n = \frac{p_4 V_4}{RT_4} = \frac{(101{,}300\ \text{Pa})(1.0\ \text{m}^3)}{(8.31\ \text{J/mol K})(300\ \text{K})} = 40.6\ \text{mol}$$

이고, 등적 과정 동안 $p/T=$상수이고, 등압 과정 동안 $V/T=$상수이다. 이러한 사실들로부터 $T_1 = T_3 = 900\ \text{K}$과 $T_2 = 2700\ \text{K}$을 구할 수 있다. 이로부터 그림의 모든 네 모서리에 있는 상태 변수들을 알 수 있다.

과정 1→2는 등압 팽창이고, 따라서

$$(W_s)_{12} = p\,\Delta V = (3.0 \times 101{,}300\ \text{Pa})(2.0\ \text{m}^3) = 6.08 \times 10^5\ \text{J}$$

인데, 계산 과정에서 압력을 Pa로 바꾸었다. 등적 팽창 중의 열전달은

$$Q_{12} = nC_P\,\Delta T = (40.6\ \text{mol})(29.1\ \text{J/mol K})(1800\ \text{K}) = 21.27 \times 10^5\ \text{J}$$

이고, 여기서 이원자 기체에 대하여 $C_P = \frac{7}{2}R$를 사용했다. 그리고 제1법칙을 이용하면 다음과 같다.

$$\Delta E_{12} = Q_{12} - (W_s)_{12} = 15.19 \times 10^5\ \text{J}$$

과정 2→3은 등적 과정이고, 따라서 $(W_s)_{23} = 0$이고

$$\Delta E_{23} = Q_{23} = nC_V\,\Delta T = -15.19 \times 10^5\ \text{J}$$

이다. 이때 ΔT는 음이다.

과정 3→4는 등압 압축이다. 이제 ΔV는 음이고, 따라서

$$(W_s)_{34} = p\Delta V = -2.03 \times 10^5 \text{ J}$$

이고,

$$Q_{34} = nC_P \Delta T = -7.09 \times 10^5 \text{ J}$$

이다. 따라서 $\Delta E_{th} = Q_{34} - (W_s)_{34} = -5.06 \times 10^5$ J이다.

과정 4→1은 등적 과정으로, $(W_s)_{41} = 0$이고,

$$\Delta E_{41} = Q_{41} = nC_V \Delta T = 5.06 \times 10^5 \text{ J}$$

이다. 4개의 모든 과정들의 결과를 표 21.3에 나타내었다. W_{out}, Q_{net} 그리고 $(\Delta E_{th})_{net}$에 대한 결과들은 세로로 값을 더해서 구할 수 있다. 예상한 것과 같이 $W_{out} = Q_{net}$ 그리고 $(\Delta E_{th})_{net} = 0$이다.

한 순환 동안 한 일은 $W_{out} = 4.05 \times 10^5$ J이다. 과정 1→2와 4→1 동안 뜨거운 저장체에서 계로 열이 들어가고, 이때 Q는 양이다. 이들을 더하면 $Q_H = 26.33 \times 10^5$ J이 된다. 따라서 이 기관의 열효율은 다음과 같다.

표 21.3 예제 21.2의 에너지 전달, 모든 에너지에 10^5 J를 곱해야 한다.

과정	W_s	Q	ΔE_{th}
1→2	6.08	21.27	15.19
2→3	0	−15.19	−15.19
3→4	−2.03	−7.09	−5.06
4→1	0	5.06	5.06
알짜	4.05	4.05	0

$$\eta = \frac{W_{out}}{Q_H} = \frac{4.05 \times 10^5 \text{ J}}{26.33 \times 10^5 \text{ J}} = 0.15 = 15\%$$

검토 $W_{out} = Q_{net}$와 $(\Delta E_{th})_{net} = 0$을 증명하면 계산 실수를 하지 않았다고 확신할 수 있다. 이 기관은 매우 효율적으로 보이지 않을 수 있지만, 이 η는 많은 실제 기관들에 대한 일반 값이다.

예제 21.1에서 열기관의 뜨거운 저장체 온도 T_H는 계가 도달하는 가장 높은 온도보다 높아야만 하고 차가운 저장체의 온도 T_C는 계가 도달하는 가장 차가운 온도보다 낮아야만 한다고 설명하였다. 예제 21.2에서 비록 저장체들이 무엇인지 모르지만, $T_H >$ 2700 K 그리고 $T_C <$ 300 K임을 확신할 수 있다.

브레이튼 순환

예제 21.1과 21.2의 열기관들은 교육적이지만 실제적인 것은 아니었다. 좀 더 실제적인 열기관의 예로 **브레이튼 순환**(Brayton cycle)으로 알려진 열역학 순환을 조사해보자. 이것은 **기체 터빈 기관**의 알맞은 모형이다. 기체 터빈들은 전력 발전기용으로, 그리고 항공기와 로켓의 제트 엔진들의 기초로 이용된다. 휘발유 내연기관을 설명하는 **오토(otto) 순환**, 그리고 디젤 기관을 설명하는 **디젤 순환**에 대해서는 과제로 남겨둔다.

제트 엔진은 수정된 브레이튼 순환을 사용한다.

그림 21.14a는 기체 터빈 기관의 개략적인 그림이고, 그림 21.14b는 이에 해당하는 pV 그림이다. 브레이튼 순환을 시작하기 위해서 초기 압력 p_1에 있는 공기는 **압축기**에서 빠르게 압축된다. 열이 주변과 교환될 시간이 없기 때문에 이 과정은 $Q = 0$인 단열 과정이다. 단열 압축은 기체를 데우는 것이 아니라 일을 함으로써 기체의 온도를 올려준다. 따라서 압축기를 떠나는 공기는 매우 뜨겁다.

뜨거운 기체는 연소실로 흘러 들어간다. 연료는 연소실로 계속 들어간다. 연소실에서 연료는 뜨거운 기체와 섞이고 점화되어 열을 일정한 압력의 기체로 전달하면서 기체 온도를 한층 더 높인다. 다음으로 고압의 기체는 일종의 유용한 형태의 일을 하는 터빈을 돌리면서 팽창한다. $Q = 0$인 이러한 단열 팽창은 기체의 온도와 압력을 떨어뜨린다. 팽창이 끝날 때 터빈의 압력은 p_1로 돌아오지만, 기체는 여전히 뜨겁다. 열에

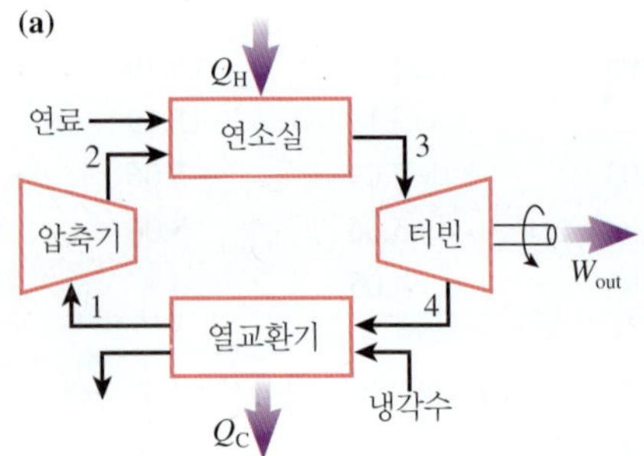

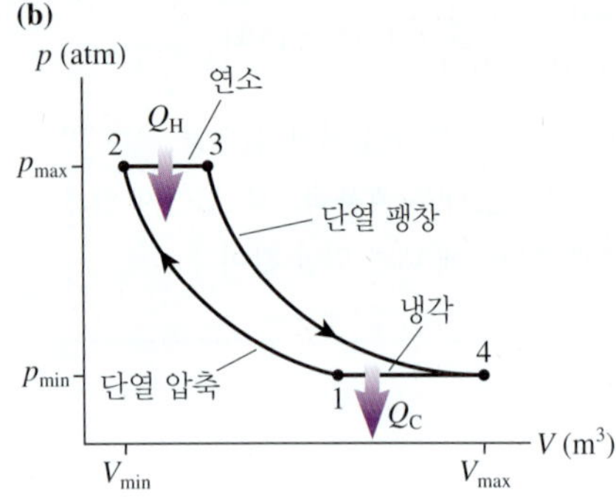

그림 21.14 기체 터빈 기관은 브레이튼 순환을 따른다.

너지를 냉각 유체에 전달하는 **열교환기**(heat exchanger)라고 하는 장치에 기체를 통과시켜서 순환을 완성한다. 물을 열교환기의 냉각 유체로 사용하기 위하여 큰 발전소들은 흔히 강가 또는 바닷가에 위치한다.

브레이튼 순환이라고 하는 이와 같은 열역학 순환은 터빈을 통한 압축과 팽창 그리고 등압 가열과 등압 냉각의 2개의 단열 과정들을 갖는다. 과정 2→3 동안 열이 기체로 전달되기 위해서는 뜨거운 저장체의 온도는 $T_H \geq T_3$이어야만 한다. 마찬가지로, $T_C \leq T_1$일 경우에만 열교환기가 기체에서 열을 가져간다.

열기관의 열효율은 다음과 같다.

$$\eta = \frac{W_{out}}{Q_H} = 1 - \frac{Q_C}{Q_H}$$

열은 과정 2→3 동안에만 기체 안으로 전달된다. 이것은 등압 과정이고, 따라서 $Q_H = nC_P \Delta T = nC_P(T_3 - T_2)$이다. 마찬가지로, 등압 과정 4→1 동안에만 열이 밖으로 전달된다.

부호들에 주의해야만 한다. 온도가 감소하기 때문에 Q_{41}은 음이다. 그러나 Q_C는 차가운 저장체와 교환된 열의 크기로 정의되었기 때문에 양의 값이다. 따라서

$$Q_C = |Q_{41}| = |nC_P(T_1 - T_4)| = nC_P(T_4 - T_1) \tag{21.11}$$

이고, Q_H와 Q_C의 표현식을 이용하면 열효율은 다음과 같다.

$$\eta_{Brayton} = 1 - \frac{T_4 - T_1}{T_3 - T_2} \tag{21.12}$$

4개의 모든 온도를 계산하지 않으면 이 표현식은 유용하지 않다. 다행스럽게도 식 (21.12)를 더 유용한 형태로 만들 수 있다.

19장에서 단열 과정 동안 $pV^\gamma =$ 상수임을 배웠다. 이때 $\gamma = C_P/C_V$는 비열 비이다. 이상 기체 법칙에서 $V = nRT/p$를 이용하면, $V^\gamma = (nR)^\gamma T^\gamma p^{-\gamma}$이다. $(nR)^\gamma$은 상수이고, 따라서 $pV^\gamma =$ 상수를 다음과 같이 쓸 수 있다.

$$p^{(1-\gamma)}T^\gamma = \text{상수} \tag{21.13}$$

식 (21.13)은 단열 과정에 대한 압력-온도 관계이다. $(T^\gamma)^{1/\gamma} = T$이므로 양변에 $1/\gamma$을 곱해서 식 (21.13)을 간단히 할 수 있다. 단열 과정 동안

$$p^{(1-\gamma)/\gamma}T = \text{상수} \tag{21.14}$$

이다.

과정 1→2는 단열 과정이다. 따라서

$$p_1^{(1-\gamma)/\gamma}T_1 = p_2^{(1-\gamma)/\gamma}T_2 \tag{21.15}$$

이고, T_1을 구하면

$$T_1 = \frac{p_2^{(1-\gamma)/\gamma}}{p_1^{(1-\gamma)/\gamma}}T_2 = \left(\frac{p_2}{p_1}\right)^{(1-\gamma)/\gamma}T_2 = \left(\frac{p_{max}}{p_{min}}\right)^{(1-\gamma)/\gamma}T_2 \tag{21.16}$$

이다. **압력비**(pressure ratio) r_p를 $r_p = p_{max}/p_{min}$로 정의하면, T_1과 T_2는 다음과 같은 관계에 있다.

$$T_1 = r_p^{(1-\gamma)/\gamma} T_2 \tag{21.17}$$

식 (21.17)를 얻기 위한 대수는 약간 어렵지만, 마지막 결과는 아주 간단하다.

과정 3→4 또한 단열 과정이다. 같은 논리로

$$T_4 = r_p^{(1-\gamma)/\gamma} T_3 \tag{21.18}$$

를 얻는다. T_1과 T_4에 대한 표현식들을 식 (21.12)에 대입하면, 효율은

$$\eta_B = 1 - \frac{T_4 - T_1}{T_3 - T_2} = 1 - \frac{r_p^{(1-\gamma)/\gamma} T_3 - r_p^{(1-\gamma)/\gamma} T_2}{T_3 - T_2} = 1 - \frac{r_p^{(1-\gamma)/\gamma}(T_3 - T_2)}{T_3 - T_2}$$
$$= 1 - r_p^{(1-\gamma)/\gamma}$$

이다. 놀랍게도 모든 온도는 소거되고 압력비에만 영향을 받는 형식이 구해진다. 마지막으로 $(1-\gamma)$가 음인 것을 이용하여 위의 식을 바꾸면, 다음과 같이 쓸 수 있다.

$$\eta_B = 1 - \frac{1}{r_p^{(\gamma-1)/\gamma}} \tag{21.19}$$

그림 21.15는 공기와 같은 이원자 기체에 대하여 $\gamma = 1.40$으로 가정하고, 브레이튼 순환의 효율을 압력비의 함수로 나타낸 그래프이다.

그림 21.15 압력비 r_p의 함수로 나타낸 브레이튼 순환의 효율

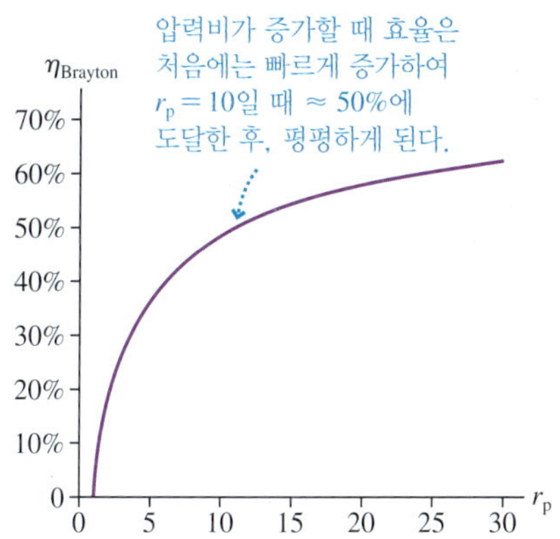

21.4 이상 기체 냉장고

pV 그림에서 반시계 방향으로 가면서 브레이튼 열기관을 거꾸로 동작시킨다고 가정하자. 그림 21.16a(그림 21.14a와 비교해보아야 함)는 이렇게 하는 장치를 보여준다. 그림 21.16b는 이의 pV 그림이고, 그림 21.16c는 에너지 전달 도형이다. 기체는 점 4에서 시작해서 단열적으로 압축되어 온도와 압력이 증가한다. 그 다음 고온 열교환기를 통해 기체가 흐르면서 일정한 압력에서 기체의 온도가 T_3에서 T_2로 **차가워진다**. 그 후 기체는 단열적으로 팽창하고 T_4에서 시작할 때보다 현저하게 낮은 T_1이 된다. 출발 온도로 다시 **데워지는** 저온 열교환기를 통해 기체가 흘러서 하나의 완전한 순환

그림 21.16 차가운 저장체로부터 열을 빼내어 뜨거운 저장체로 열을 배출하는 냉장고

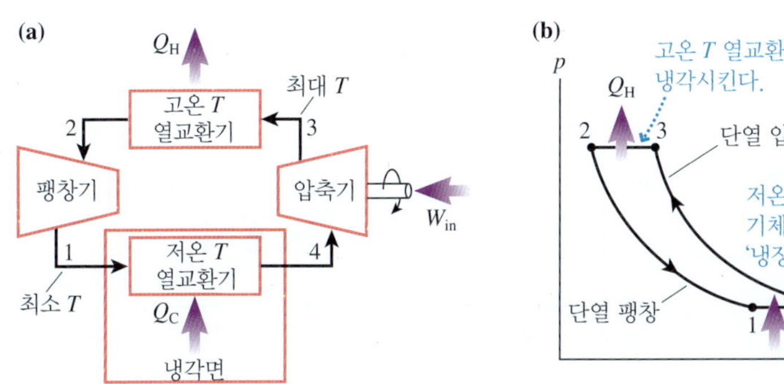

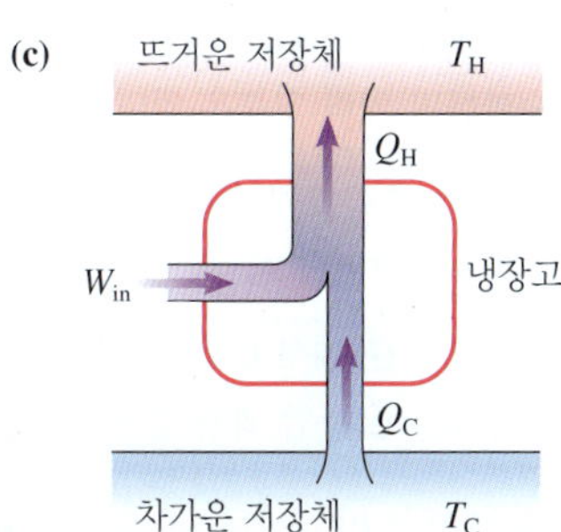

이 끝난다.

저온 열교환기는 닫힌 용기인데, 기관의 차가운 기체가 통과해 흐르는 관 주변이 공기라고 가정하자. 열교환 과정 1→4는 관을 통해 흐르는 기체를 따뜻하게 하면서 용기 안의 공기를 냉각시킨다. 이 닫힌 용기 안에 계란과 우유를 두면, 이것을 냉장고라고 할 것이다!

반시계 방향으로 닫힌 pV 순환을 한 바퀴 도는 것은 순환의 각 과정에 대한 W의 부호를 바꾸는 것이다. 결과적으로 그림 21.16b 곡선 안의 넓이는 W_{in}이고, 이것은 계에 한 일이다. 여기서 일은 차가운 저장체에서 열 Q_C를 빼내어 많은 양의 열 $Q_H = Q_C + W_{in}$을 뜨거운 저장체로 배출하는 데 사용된다. 그러나 이러한 상황에서 에너지 저장체는 어디에 있을까?

냉장고를 이해하는 것은 열기관을 이해하는 것보다 조금 어렵다. 기억해야 할 핵심은 **열은 항상 뜨거운 물체에서 차가운 물체로 전달된다**는 것이다. 특히,

- 냉장고 안의 기체는 기체 온도가 차가운 저장체 온도 T_C보다 낮을 때에만 차가운 저장체에서 열 Q_C를 빼낼 수 있다. 이때 열에너지는 차가운 저장체에서 더 차가운 기체로 전달된다.
- 냉장고 안의 기체는 기체 온도가 뜨거운 저장체 T_H보다 높을 때에만 뜨거운 저장체로 열 Q_H를 배출할 수 있다. 이때 열에너지는 더 뜨거운 기체에서 뜨거운 저장체로 전달된다.

이들 두 필요 조건은 냉장고의 열역학을 엄격하게 제한한다. T_C보다 차가운 저장체가 없기 때문에 기체는 열교환기를 사용하여 T_C보다 낮은 온도에 도달할 수 없다. 냉장고 안의 기체는 온도를 T_C보다 낮추기 위해서 단열 팽창($Q = 0$)을 사용해야만 한다. 마찬가지로, 기체 온도를 T_H보다 높이기 위해서 냉장고 기체는 단열 압축을 할 필요가 있다.

예제 21.3 냉장고 분석

헬륨 기체를 사용하는 냉장고는 압력비가 5.0인 역 브레이튼 순환을 이용한다. 압축하기 전에 기체는 150 kPa의 압력에서 100 cm^{3}이고, 온도는 −23°C이다. 팽창이 끝나고 난 후 기체의 부피는 80 cm^{3}이다. 냉장고의 성능 계수는 얼마인가? 그리고 냉장고가 1 s에 60번 순환하면 입력 일률은 얼마인가?

핵심 브레이튼 순환은 2개의 단열 과정과 2개의 등압 과정을 갖는다. 냉장고를 동작시키기 위한 순환당 일은 $W_{in} = Q_H - Q_C$이다. 따라서 성능 계수와 Q_H에서 Q_C로 가는 데 필요한 전력을 결정할 수 있다. 열에너지는 두 등압 과정 중에만 전달된다.

시각화 그림 21.17은 pV 순환을 보여준다. 압력비가 5.0인 사실로부

그림 21.17 브레이튼 순환 냉장고

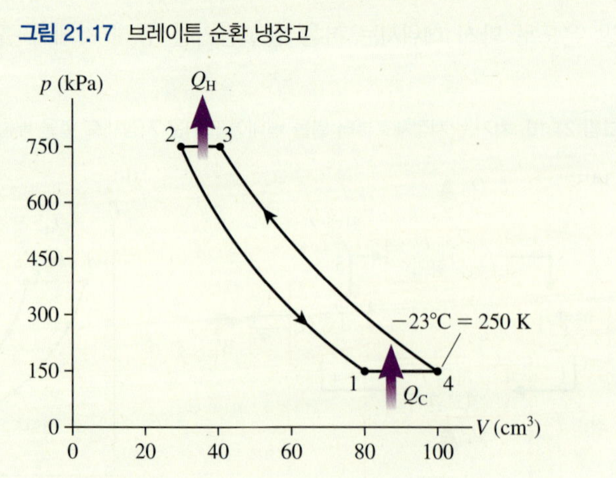

터 최대 압력이 750 kPa임을 알 수 있다. V_2나 V_3는 모른다.

풀이 열을 계산하려면 순환 과정의 네 모서리에서의 온도가 필요하다. 우선 상태 4에서의 조건을 사용하여 헬륨의 몰수를 구할 수 있다.

$$n = \frac{p_4 V_4}{RT_4} = 0.00722 \text{ mol}$$

과정 1→4는 등압이고, 따라서 온도 T_1은 다음과 같다.

$$T_1 = \frac{V_1}{V_4} T_4 = (0.80)(250 \text{ K}) = 200 \text{ K} = -73°\text{C}$$

식 (21.14)를 이용하여 $p^{(1-\gamma)/\gamma}T$ 양이 단열 과정 동안 일정하게 유지된다는 것을 알아낸다. 헬륨 기체는 $\gamma = \frac{5}{3}$인 단원자 기체이고, 따라서 $(1-\gamma)/\gamma = -\frac{2}{5} = -0.40$이다. 단열 압축 4→3의 경우,

$$p_3^{-0.40} T_3 = p_4^{-0.40} T_4$$

이다. T_3에 대해 풀면 다음과 같다.

$$T_3 = \left(\frac{p_4}{p_3}\right)^{-0.40} T_4 = \left(\frac{1}{5}\right)^{-0.40} (250 \text{ K}) = 476 \text{ K} = 203°\text{C}$$

2→1의 단열 팽창에 대해 비슷한 분석 방법을 적용하면

$$T_2 = \left(\frac{p_1}{p_2}\right)^{-0.40} T_1 = \left(\frac{1}{5}\right)^{-0.40} (200 \text{ K}) = 381 \text{ K} = 108°\text{C}$$

이다. 이제 단원자 기체에 대한 $C_P = \frac{5}{2}R = 20.8$ J/mol K을 사용하여 열전달을 계산할 수 있다.

$$Q_H = |Q_{32}| = nC_P(T_3 - T_2)$$
$$= (0.00722 \text{ mol})(20.8 \text{ J/mol K})(95 \text{ K}) = 14.3 \text{ J}$$

$$Q_C = |Q_{14}| = nC_P(T_4 - T_1)$$
$$= (0.00722 \text{ mol})(20.8 \text{ J/mol K})(50 \text{ K}) = 7.5 \text{ J}$$

따라서 냉장고의 입력 일은 $W_{in} = Q_H - Q_C = 6.8$ J이다. 매 순환 동안 차가운 저장체에서 7.5 J의 열을 빼내기 위해 6.8 J의 일을 기체에 한다. 그리고 14.3 J의 열이 뜨거운 저장체로 배출된다.

냉장고의 성능 계수는 다음과 같다.

$$K = \frac{Q_C}{W_{in}} = \frac{7.5 \text{ J}}{6.8 \text{ J}} = 1.1$$

냉장고를 동작시키기 위한 입력 일률은

$$P_{in} = 6.8 \frac{\text{J}}{\text{cycle}} \times 60 \frac{\text{cycles}}{\text{s}} = 410 \frac{\text{J}}{\text{s}} = 410 \text{ W}$$

이다.

검토 이 값들은 부엌 냉장고에 대한 꽤 현실적인 값이다. 우리는 냉장고를 동작시키는 일 W_{in}을 공급하는 전력회사에 비용을 지불한다. 차가운 저장체는 냉동실 부분이다. 차가운 저장체에서 기체로 열이 전달되기 위해서 차가운 온도 T_C는 T_4보다 높아야만 한다 ($T_C > -23$°C). 보통 냉동실 온도는 −15°C이고, 따라서 이 조건이 만족된다. 뜨거운 저장체는 방안의 공기이다. 냉장고의 뒷면과 아랫면에는 압축 후에 뜨거운 기체에서 공기로 열을 전달하는 열교환기 코일이 있다. 기체에서 공기로 열이 전달되기 위해서 뜨거운 온도 T_H는 T_2보다 낮아야만 한다($T_H < 108$°C). 냉장고보다 낮은 공기 온도 ≈ 25°C는 이 조건을 만족한다.

21.5 효율의 한계

> 열이 운동을 발생시킬 수 있다는 것은 누구나 다 알고 있다. 즉, 열은 다양한 원동력을 갖고 있어 오늘날 증기 기관들이 현재에도 사용될 수 있는 조건을 만족함에도 불구하고, 이론에 대한 이해는 여전히 부족하다. 열의 원동력이 무한한지 혹은 증기 기관을 개선시키지 못하는 어떤 제한이 있는지에 대한 의심이 가끔 일어난다.
>
> 사디 카르노

열역학은 증기 기관의 개발과 산업혁명 초기의 다른 기계들에 역사적 뿌리를 두고 있다. 과학적 이해보다는 경험에 기초하여 만들어진 초기의 증기 기관들은 연료 에너지를 일로 바꾸는 데 매우 비효율적이었다. 열기관의 이론적 분석은 프랑스 공학자 카르노(Sadi Carnot)에 의해 1824년 처음 발표되었다. 카르노가 가진 의문은 "열효율 η가 1에 가까운 열기관을 만들 수 있을까?" 혹은 "넘을 수 없는 상한 η_{max}가 있을까?"이었다. 질문을 더 명확하게 하기 위해서, 온도가 T_H인 뜨거운 저장체와 T_C인 차가운 저장체가 있다고 가정하자. 이들 두 에너지 저장체 사이에서 동작하는 가장 효율적(최대 η)인 열기관은 무엇인가? 마찬가지로, 두 저장체 사이에서 동작할 수 있는 가장 효율적(최대 K)인 냉장고는 무엇인가?

냉장고가 어떤 의미에서는 반대 방향으로 동작하는 열기관이라는 것을 알았다. 따

라서 가장 효율적인 열기관은 가장 효율적인 냉장고와 연관되어 있다고 생각할지도 모른다. 동작 방향을 바꾸어서 냉장고로 동작시킬 수 있는 열기관이 있어서, 다른 것은 아무것도 바꾸지 않고 에너지 전달의 방향을 바꾼다고 가정하자. 특히, 이때 열기관과 냉장고는 온도 T_H와 T_C에 있는 같은 2개의 에너지 저장체들 사이에서 동작한다.

그림 21.18a는 이러한 열기관과 그에 대응하는 냉장고를 나타낸다. 냉장고는 열기관과 완전히 같은 크기의 일과 열전달을 하며 단지 방향만 다르다는 사실에 주목하자. 같은 2개의 에너지 저장체들 사이에서 같은 에너지 전달률을 갖고 동작 방향에 따라 열기관이나 냉장고로 동작할 수 있는 장치를 **완전 가역 기관**(perfectly reversible engine)이라고 한다. 완전 탄성 충돌의 개념과 같이 완전 가역 기관은 이상화된 것이다. 그럼에도 불구하고 그것은 실제 기관이 넘을 수 없는 한계를 설정할 수 있게 한다.

그림 21.18 완전 가역 기관이 완전 가역 냉장고를 동작시키는 데 사용된다면, 두 장치들은 서로 완전히 상쇄된다.

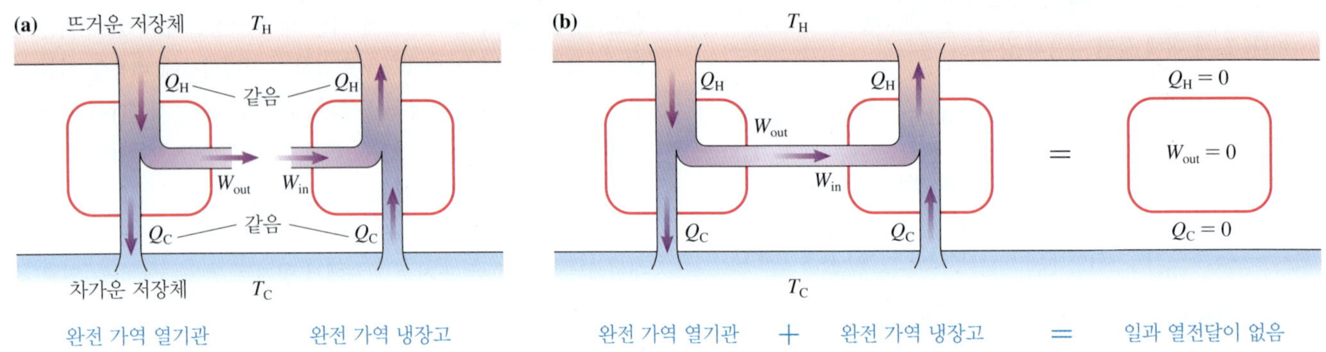

온도 T_H에 있는 뜨거운 저장체와 온도 T_C에 있는 차가운 저장체 사이에서 동작하는 완전 가역 열기관과 완전 가역 냉장고(반대로 동작하는 같은 장치)가 있다고 가정하자. 냉장고를 동작시키는 데 필요한 일 W_{in}이 열기관에 의한 유용한 일 W_{out}과 완전히 같기 때문에 그림 21.18b와 같이 열기관을 사용해서 냉장고를 구동시킬 수 있다. 열기관이 차가운 저장체로 배출하는 열 Q_C는 냉장고가 차가운 저장체로부터 가져오는 열 Q_C와 완전히 같다. 마찬가지로, 뜨거운 저장체에서 열기관이 빼내는 열 Q_H는 냉장고가 뜨거운 저장체로 배출하는 열 Q_H와 같다. 결과적으로 어느 쪽으로나 알짜 열전달은 없다. 냉장고는 열기관에 의해 뜨거운 저장체 밖으로 전달된 모든 에너지를 정확하게 대치한다.

여기서 사용된 논리와 그림 21.11에서 사용된 논리를 비교해보고 싶을지도 모른다. 그때는 '완전' 열기관의 출력을 이용하여 냉장고를 동작시키려고 하였지만 성공하지 못했다.

완전 가역 기관은 최대 효율을 갖는다

이제 논의의 중요한 단계에 도달했다. 완전 가역 기관보다 효율이 더 좋은 온도 T_H와 T_C 사이에서 동작하는 열기관이 있다고 가정하자. 그림 21.19는 이 열기관의 출력을

그림 21.19 완전 가역 기관보다 더 효율적인 열기관은 열역학 제2법칙을 어기는 데 사용될 수 있다.

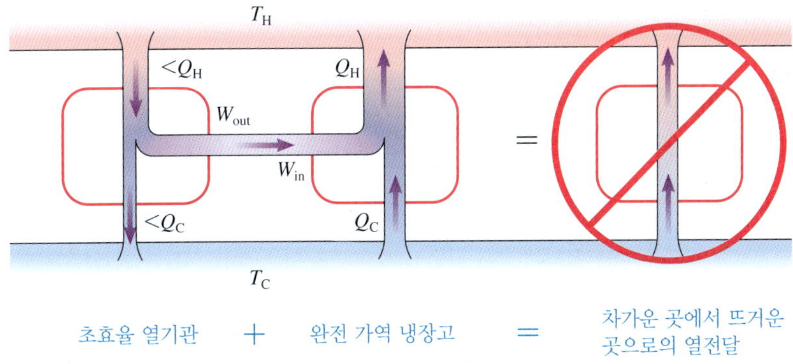

보여주는데, 이것은 그림 21.18b에서 사용한 완전 가역 냉장고를 동작시킨다.

열기관의 열효율과 일은 다음과 같음을 기억하자.

$$\eta = \frac{W_{out}}{Q_H} \qquad \text{그리고} \qquad W_{out} = Q_H - Q_C$$

새로운 열기관이 완전 가역 기관보다 더 효율적이면, 같은 일 W_{out}을 수행하는 데 뜨거운 저장체에서의 열 Q_H를 적게 필요로 한다. W_{out}이 같을 동안 Q_H가 작으면, Q_C 또한 더 작아야만 한다. 즉 새로운 열기관은 완전 가역 열기관이 하는 것보다 차가운 저장체로 적은 열을 방출한다.

이 새로운 열기관이 완전 가역 냉장고를 구동할 때, 열기관이 차가운 냉장고로 배출하는 열은 냉장고가 차가운 저장체에서 빼내는 열보다 적다. 마찬가지로, 이 기관은 냉장고가 배출하는 것보다 적은 열을 뜨거운 저장체에서 빼낸다. 따라서 완전 가역 냉장고를 동작시키는 데 사용하는 이 초효율적인 열기관에 대한 최종적인 결론은 외부의 도움 없이 차가운 저장체에서 뜨거운 저장체로 열이 전달된다는 것이다.

그러나 이것은 일어날 수 없다. 이것은 열역학 제2법칙을 어기는 것이다. 따라서 온도 T_H와 T_C에 있는 저장체들 사이에서 동작하는 어떠한 열기관도 완전 가역 기관보다 더 효율적일 수 없다고 결론지어진다. 이 매우 중요한 결론은 제2법칙의 또 다른 표현이다.

제2법칙, 비공식적인 표현 #5 온도 T_H와 T_C에 있는 저장체들 사이에서 동작하는 어떠한 열기관도 이들 온도 사이에서 동작하는 완전 가역 기관보다 더 효율적일 수 없다.

"넘을 수 없는 최대 η가 있을까?"라는 질문에 대한 답은 분명히 "그렇다!"이다. 최대 가능한 효율 η_{max}는 완전 가역 기관의 것이다. 완전 가역 기관은 이상화된 것이기 때문에, 모든 실제 기관은 η_{max}보다 작은 효율을 가질 것이다.

비슷한 논의는 어떤 냉장고도 완전 가역 냉장고보다 효율적일 수 없다는 것을 보여준다. 그러한 냉장고가 있다면, 그리고 완전 가역 열기관의 출력으로 그것을 동작시킨다면, 외부의 도움 없이 차가운 곳에서 뜨거운 곳으로 열을 전달할 수 있다. 따라서 다음과 같이 말할 수 있다.

제2법칙, 비공식적인 표현 #6 온도 T_H와 T_C에 있는 저장체들 사이에서 동작하는 어떠한 냉장고도 이들 온도 사이에서 동작하는 완전 가역 냉장고의 것보다 큰 성능 계수를 가질 수 없다.

완전 가역 기관의 조건

이러한 논의는 η_{max}와 K_{max}가 존재한다는 것을 말해주지만, 그것이 무엇인지는 말해주지 않는다. 마지막 작업은 완전 가역 기관을 '설계'하고 분석하는 것이다. 어떤 조건일 때 기관이 가역적일까?

기관은 역학적 그리고 열적 상호작용들 모두에 의해 에너지를 전달한다. 역학적 상호작용은 밀고 당기기이다. 환경은 피스톤을 안으로 밀어서 에너지를 계에 전달하면서 계에 일을 한다. 계는 피스톤을 밖으로 밀어서 에너지를 환경에 다시 전달한다.

마찰이 없다면 움직이는 피스톤에 의해 전달되는 에너지는 완전히 가역적이고, 온도와 압력 변화 없이 계를 초기 상태로 돌릴 수 있다. 하지만 아무리 작은 마찰이라도 존재한다면 완전히 가역적인 역학적 에너지 전달은 불가능하다.

완전히 가역적인 열전달이 될 수 있는 환경들은 그렇게 명백하지 않다. 결국 20장은 열전달의 **비가역적** 특징을 강조하였다. 물체 A와 B가 $T_A > T_B$인 상태로 열적 접촉을 하고 있다면, 열에너지는 A에서 B로 전달된다. 그러나 열역학 제2법칙은 B에서 A로의 열전달을 금지한다. 온도차를 통한 열전달은 비가역적 과정이다.

그러나 $T_A = T_B$를 가정해보자. 온도차 없이 A에서 B로 전달되는 모든 열은 나중에 B에서 A로 전달될 수 있다. 이러한 열전달은 차가운 물체에서 뜨거운 물체로의 열전달만을 못하게 하는 제2법칙을 어기지 않는 것이다. 정의에 따라 열은 다른 온도에 있는 두 물체들 사이에서 전달되는 에너지이기 때문에 A와 B가 같은 온도에 있다면 열은 A에서 B로 이동하지 않는다고 주장할 수도 있다.

이것은 사실이지만 순환의 일부분에서 $T_H = T_{engine} + dT$의 열기관을 생각해보자. 따라서 뜨거운 저장체와 열기관의 온도차는 대단히 작다. 열 Q_H은 열기관에 전달될 수 있으나 **매우 느리다!** 아주 엄밀하게 말한다면 열기관에서 반대로 뜨거운 저장체로 열을 이동시키고자 한다면, 그렇게 하지 못하도록 열역학 제2법칙이 막을 것이다. 하지만 온도차가 매우 작기 때문에 단지 극소량의 열 dQ만을 빠트릴 것이다. $dT \rightarrow 0$의 극한에서 열을 반대로 전달할 수 있지만, 그렇게 하기 위해서는 무한대의 시간을 보낼 각오를 해야만 한다. 마찬가지로 열기관은 가역적으로 온도 $T_C = T_{engine} - dT$에서 차가운 저장체와 열을 교환할 수 있다.

따라서 **등온 과정에서 열이 무한대로 느리게 전달된다면** 열적인 에너지 전달은 가역적이다. 이것은 이상화한 것이지만, 완전히 마찰이 없는 과정도 마찬가지이다. 그럼에도 불구하고, 완전 가역 기관은 두 종류의 과정들만을 이용해야 한다고 말할 수 있다.

1. 열전달이 없는($Q=0$) 무마찰 역학적 상호작용
2. 등온 과정($\Delta E_{th}=0$)에서 열이 전달되는 열적 상호작용

이들 두 종류의 과정들만을 이용하는 모든 기관을 **카르노 기관**(Carnot engine)이라고 한다. 카르노 기관은 완전 가역 기관이고, 따라서 그것은 가능한 최대 열효율 η_{max}를 갖는다. 그리고 냉장고로 동작되면 가능한 최대 성능 계수 K_{max}를 갖는다.

21.6 카르노 순환

카르노 기관의 정의는 기관의 작용 물질이 기체 혹은 액체인 것을 구별하지 않는다. 액체나 기체나 별다른 차이가 없다. 완전 가역 기관이 가장 효율적인 가능한 열기관이라는 논의는 기관의 가역성에만 영향을 받는 것이었다. 기관이 어떻게 만들어졌는지 또는 작용 물질로 무엇을 사용하는지 등 세부적인 것에는 영향을 받지 않는다. 당연히 **T_H와 T_C 사이에서 동작하는 모든 카르노 기관은 같은 두 에너지 저장체들 사이에서 동작하는 다른 모든 카르노 기관과 같은 효율을 가져야만 한다.** 하나의 카르노 기관의 열효율을 결정할 수 있다면, 모든 카르노 기관들의 효율을 알 수 있을 것이다. 액체 그리고 상변화는 복잡하기 때문에, 여기서는 이상 기체를 사용하는 카르노 기관을 분석하고자 한다.

카르노 순환

카르노 순환(Carnot engine)은 그림 21.20에 나타낸 것과 같이 2개의 단열 과정($Q=0$)과 2개의 등온 과정($\Delta E_{th}=0$)으로 구성된 이상 기체 순환이다. 이들은 완전 가역 기체 기관에 허용된 두 종류의 과정들이다. 카르노 순환이 동작함에 따라,

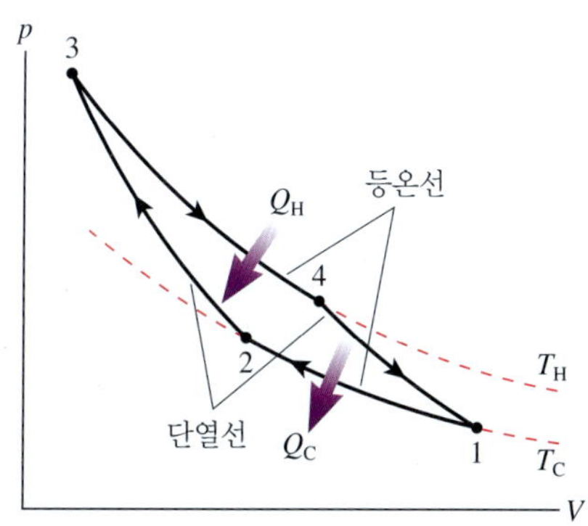

그림 21.20 카르노 순환은 완전하게 가역적이다.

1. 온도 T_C에 있는 차가운 저장체와 열접촉을 하고 있는 동안 기체는 등온 압축된다. 기체가 압축될 때 온도를 일정하게 유지하기 위해 열에너지 $Q_C=|Q_{12}|$가 기체에서 빠져 나간다. 기체와 저장체 사이에 극히 작은 온도차가 있기 때문에 압축은 매우 천천히 일어나야만 한다.
2. 주변으로부터 열적으로 고립되어 있는 동안 기체는 단열 압축된다. 이 압축은 뜨거운 저장체의 온도 T_H와 같을 때까지 기체 온도를 증가시킨다. 이 과정 동안에 열전달은 없다.
3. 압축이 최대에 도달한 후에 기체는 온도 T_H에서 등온 팽창한다. 기체가 팽창할 때 온도를 일정하게 유지하기 위해 열 $Q_H=Q_{34}$가 뜨거운 저장체에서 기체로 전달된다.
4. 마지막으로 온도가 다시 T_C로 낮아질 때까지 기체는 $Q=0$인 상태로 단열 팽창한다.

카르노 순환의 4개 과정은 모두 일을 한다. 그러나 열은 2개의 등온 과정 동안에만 전달된다.

열기관의 열효율은 다음과 같다.

$$\eta = \frac{W_{out}}{Q_H} = 1 - \frac{Q_C}{Q_H}$$

두 등온 과정에서의 열전달을 구해서 η_{Carnot}를 결정할 수 있다.

과정 1→2: 표 21.1에서 온도 T_C에서 등온 과정의 열전달은 아래와 같다.

$$Q_{12} = (W_s)_{12} = nRT_C \ln\left(\frac{V_2}{V_1}\right) = -nRT_C \ln\left(\frac{V_1}{V_2}\right) \tag{21.20}$$

$V_1 > V_2$이므로, 우변의 로그는 양이다. 열이 계 밖으로 전달되므로 Q_{12}는 음이지만, Q_C는 단순히 차가운 저장체로 전달된 열의 양이다.

$$Q_C = |Q_{12}| = nRT_C \ln\left(\frac{V_1}{V_2}\right) \tag{21.21}$$

과정 3→4: 마찬가지로, 온도 T_H의 등온 팽창에서 전달된 열은

$$Q_H = Q_{34} = (W_s)_{34} = nRT_H \ln\left(\frac{V_4}{V_3}\right) \tag{21.22}$$

이다. 따라서 카르노 순환의 열효율은 다음과 같다.

$$\eta_{Carnot} = 1 - \frac{Q_C}{Q_H} = 1 - \frac{T_C \ln(V_1/V_2)}{T_H \ln(V_4/V_3)} \tag{21.23}$$

이 표현식을 간단히 할 수 있다. 두 단열 과정 동안

$$T_C V_2^{\gamma-1} = T_H V_3^{\gamma-1} \qquad \text{그리고} \qquad T_C V_1^{\gamma-1} = T_H V_4^{\gamma-1} \tag{21.24}$$

이다. 대수적으로 다시 정리하면

$$V_2 = V_3\left(\frac{T_H}{T_C}\right)^{1/(\gamma-1)} \qquad \text{그리고} \qquad V_1 = V_4\left(\frac{T_H}{T_C}\right)^{1/(\gamma-1)} \tag{21.25}$$

이고, 이로부터

$$\frac{V_1}{V_2} = \frac{V_4}{V_3} \tag{21.26}$$

이다. 그 결과 식 (21.23)의 두 로그는 소거되고, 온도 T_H에 있는 뜨거운 저장체와 온도 T_C에 있는 차가운 저장체 사이에서 동작하는 카르노 기관의 열효율은 다음과 같다.

$$\eta_{Carnot} = 1 - \frac{T_C}{T_H} \qquad \text{(카르노 열효율)} \tag{21.27}$$

효율은 뜨거운 저장체와 차가운 저장체의 온도비에만 영향을 받는다는 이 놀랍고도 간단한 결과는 카로노가 열역학에 남긴 유산이다.

예제 21.4 **카르노 기관**

카르노 기관이 $T_C = 10°C$의 물로 냉각된다. 70%의 열효율을 갖기 위해서는 기관의 뜨거운 저장체의 온도는 얼마로 유지되어야만 하는가?

핵심 카르노 기관의 효율은 뜨거운 저장체와 차가운 저장체의 온도에만 영향을 받는다.

풀이 열효율 $\eta_{Carnot} = 1 - T_C/T_H$를 정리하면

$$T_H = \frac{T_C}{1 - \eta_{Carnot}} = 943\ K = 670°C$$

이다. 여기서 $T_C = 283\ K$을 사용했다.

검토 모든 실제 기관은 카르노 효율에 미치지 못하므로 70%의 효율을 얻기 위해서 '실제' 기관은 이보다 더 높은 온도를 필요로 할 것이다.

예제 21.5 **실제 기관**

예제 21.2의 열기관은 가장 높은 온도 2700 K과 가장 낮은 온도 300 K, 그리고 15%의 열효율을 가졌다. 이들 온도 사이에서 동작하는 카르노 기관의 효율은 얼마인가?

풀이 카르노 효율은 다음과 같다.

$$\eta_{Carnot} = 1 - \frac{T_C}{T_H} = 1 - \frac{300\ K}{2700\ K} = 0.89 = 89\%$$

검토 예제 21.2에서 사용한 열역학 순환은 카르노 효율에 가깝지 않다.

최대 효율

21.2절에서 $\eta = 1$ 그리고 $Q_C = 0$인 완전 기관을 발명하고자 하였다. 제2법칙을 어기지 않고는 그렇게 할 수 없고, 따라서 어떤 기관도 $\eta = 1$을 가질 수 없다는 것을 알았다. 그러나 예제는 $\eta = 0.9999$인 기관을 배제하지 않았다. 분석을 더 해보면, 온도 T_H와 T_C에 있는 에너지 저장체들 사이에서 동작하는 모든 열기관은 이들 온도 사이에서 동작하는 완전 가역 기관보다 더 효율적일 수 없다는 것을 알 수 있다.

완전 가역 기관인 카르노 기관의 열효율에 대한 정확한 결과를 얻음으로써 이제 논리의 마지막 지점에 도달하였다. 결론들을 다음과 같이 요약할 수 있다.

제2법칙, 비공식적인 표현 #7 온도 T_H와 T_C에 있는 에너지 저장체들 사이에서 동작하는 모든 열기관은 카르노 효율을 넘을 수 없다.

$$\eta_{Carnot} = 1 - \frac{T_C}{T_H}$$

예제 21.5에서 보았듯이, 실제 기관들은 보통 카르노 한계에 훨씬 못 미친다.

또한 어떤 냉장고도 완전 가역 냉장고의 성능 계수를 넘을 수 없다는 것도 알아냈다. 자세한 증명은 과제로 남겨두겠지만 매우 비슷한 분석을 통해 카르노 냉장고의 성능 계수가 아래와 같음을 알 수 있다.

$$K_{Carnot} = \frac{T_C}{T_H - T_C} \quad \text{(카르노 성능 계수)} \qquad (21.28)$$

따라서 다음과 같이 말할 수 있다.

제2법칙, 비공식적인 표현 #8 온도 T_H와 T_C에 있는 에너지 저장체들 사이에서 동작하는 모든 냉장고는 카르노 성능 계수를 넘을 수 없다.

$$K_{\text{Carnot}} = \frac{T_C}{T_H - T_C}$$

예제 21.6 브레이튼 대 카르노

예제 21.3의 브레이튼 순환 냉장고는 성능 계수 $K = 1.1$을 가졌다. 이것을 열역학 제2법칙에 의해 정해진 한계와 비교하시오.

풀이 예제 21.3에서 저장체 온도가 $T_C \geq 250$ K, $T_H \leq 381$ K이어야만 했다. 250 K과 381 K 사이에서 동작하는 카르노 냉장고는

$$K_{\text{Carnot}} = \frac{T_C}{T_H - T_C} = \frac{250\text{ K}}{381\text{ K} - 250\text{ K}} = 1.9$$

를 갖는다.

검토 이것은 K_{carnot}의 최솟값이다. $T_C > 250$ K 또는 $T_H < 381$ K이면 좀 더 높을 것이다. 예제 21.3에 있는 현실적으로 그럴듯한 냉장고의 성능 계수는 한계 계수의 60%에도 못 미친다.

제2법칙에 대한 표현 #7과 #8은 이 장의 중요한 결과로, 심오한 의미를 가지고 있다. 열기관의 효율 한계는 뜨겁고 차가운 저장체들의 온도에 의해 결정된다. 높은 효율을 위해서는 $T_C/T_H \ll 1$, 따라서 $T_H \gg T_C$가 필요하다. 그러나 흔히 실용적 현실성은 T_H가 T_C보다 현저하게 크게 되지 못하게 하고, 이 경우 기관은 큰 효율을 가지지 못할 수도 있다. 이러한 열기관의 효율에 대한 한계는 열역학 제2법칙의 결과이다.

예제 21.7 전기 발전

전기 발전소는 400°C에서 고압의 수증기를 생산하기 위해 물을 끓인다. 고압의 증기가 팽창하면서 터빈을 돌리고 그 터빈은 발전기를 회전시킨다. 그 후 증기는 온도 25°C의 바닷물 냉각 열교환기에서 물로 응축되어진다. 열에너지가 전기 에너지로 전환하는 가능한 최대 효율은 얼마인가?

핵심 가능한 최대 효율은 이 두 온도 사이에서 동작하는 카르노 기관의 효율이다.

풀이 카르노 효율은 절대 온도에 의존한다. 그래서 $T_H = 400°\text{C} = 673$ K 그리고 $T_C = 25°\text{C} = 298$ K으로 사용해야 한다. 그렇다면 효율은 다음과 같다.

$$\eta_{\max} = 1 - \frac{298}{673} = 0.56 = 56\%$$

검토 이는 상한선이다. 실제 석탄, 석유, 가스, 그리고 원자력에 의한 고온 증기 발전기는 실질적으로 효율 ≈ 35%로 작동하므로 연료 에너지의 약 1/3만 전기 에너지로 전환되고 폐열로써 주변 환경으로 약 2/3가 소모된다. (열원은 효율과는 관계가 없고 끓인 물이 효율에 관여한다.) 저온 한계를 변경할 수 있는 일은 그리 많지 않다. 고온 한계는 보일러와 터빈이 견딜 수 있는 최대 온도와 압력에 의해 결정된다. 발전기의 효율은 우리가 상상하는 것보다 훨씬 낮지만 이는 열역학 제2법칙의 피할 수 없는 결과이다.

열기관의 효율에 대한 한계는 예상하지 못했다. 대개는 에너지 보존의 용어로 생각하는 것에 익숙해 있다. 따라서 $\eta > 1$인 기관을 만들 수 없다는 것은 놀라운 것이

아니다. 그러나 제2법칙에서 나오는 한계들은 예기치 않은 것이고 분명하지도 않다. 그럼에도 불구하고, 그 한계들은 삶의 매우 현실적인 요소이고 모든 실용적인 장치의 현실적인 제약이다. 제2법칙의 한계를 넘는 기계를 아무도 발명하지 못했으며, 현실적인 기관들의 최대 효율이 놀랍도록 낮다는 것을 살펴보았다.

응용 예제 21.8 | 효율 계산하기

단원자 이상 기체를 이용하는 열기관은 다음과 같은 닫힌 순환을 경험하게 된다.

- 압력이 두 배가 될 때까지 등적 가열
- 압력이 초깃값으로 복원될 때까지 등온 팽창
- 부피가 초깃값으로 복원될 때까지 등압 압축

이러한 열기관의 열효율은 얼마인가? 이 기관에 의해 도달되는 최고 온도와 최저 온도 사이에서 작동하는 카르노 기관의 열효율은 얼마인가?

핵심 이 순환은 세 가지 잘 알려진 과정을 포함한다. 각각을 분석할 필요가 있다. 일과 열의 총합은 기체의 양에 의존하고 알지는 못하지만, 효율은 기체의 총합에는 독립적인 일과 열의 비율로 결정된다.

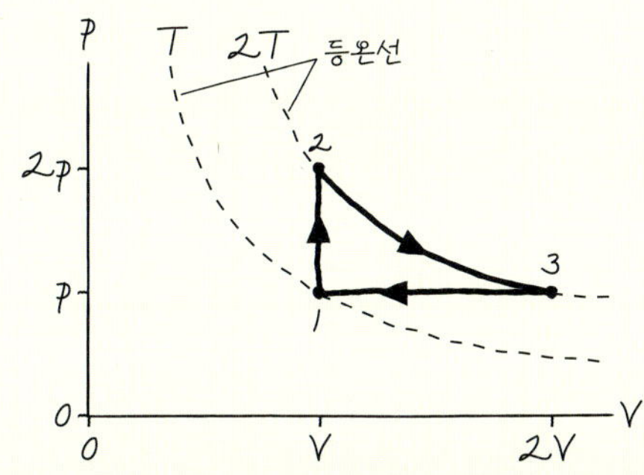

그림 21.21 열기관의 pV 순환

시각화 그림 21.21은 순환 과정을 보여준다. 초기 압력, 부피, 그리고 온도는 p, V, T이다. 등적 과정에서 p/T 비율이 일정하기 때문에 등적 과정은 압력을 $2p$, 그리고 온도를 $2T$로 증가시킨다. 등온 팽창은 등온 $2T$ 선 위에 있다. 등온 과정에서 pV 곱은 일정하므로 압력이 p로 돌아오면서 부피는 두 배 $2V$가 된다.

풀이 pV 그림의 각 모서리에 상태 변수를 알고 있다. 이는 W_s, Q, 그리고 ΔE_{th}를 계산하는 데 충분하다.

과정 1→2: 등적 과정은 $W_s = 0$이고

$$Q = \Delta E_{th} = nC_V \Delta T = \tfrac{3}{2}nRT$$

이다. 이때, 단원자 기체의 $C_V = \frac{3}{2}R$과 $\Delta T = 2T - T = T$를 사용했다.

과정 2→3: 등온 과정에서 $\Delta E_{th} = 0$이고

$$Q = W_s = nR(2T)\ln\left(\frac{2V}{V}\right) = (2\ln 2)nRT$$

이다. 여기서, 등온 과정에서 한 일에 대한 결과 표 21.1을 사용하였다.

과정 3→1: 기체가 한 일은 곡선 아래 넓이이며 압축되면서 $\Delta V = V - 2V = -V$이기 때문에 음이다.

$$W_s = \text{넓이} = p\Delta V = -pV = -nRT$$

n과 T로 결과를 표현하기 위해서 마지막 과정에 이상 기체 법칙을 사용했다. 열전달 역시 $\Delta T = T - 2T = -T$이기 때문에 음이다.

$$Q = nC_P \Delta T = -\tfrac{5}{2}nRT$$

이때, 단원자 기체의 $C_P = \frac{5}{2}R$을 사용했다. 제1법칙에 근거하여 $\Delta E_{th} = Q = -W_s = -\frac{3}{2}nRT$이다.

기대했던 대로 모든 과정의 합은 $(\Delta E_{th})_{net} = 0$임을 알게 되었다.

$$W_{out} = (2\ln 2 - 1)nRT$$

열에너지는 과정 1→2 그리고 과정 2→3에서 기체에 공급되어 $(Q > 0)$

$$Q_H = (2\ln 2 + \tfrac{3}{2})nRT$$

이다. 따라서 이 열기관의 열효율은

$$\eta = \frac{W_{out}}{Q_H} = \frac{(2\ln 2 - 1)nRT}{(2\ln 2 + \frac{3}{2})nRT} = 0.134 = 13.4\%$$

이다. 카르노 기관은 고온 $T_H = 2T$와 저온 $T_C = T$ 사이에서 작동할 것이므로 이 기관의 효율은 다음과 같다.

$$\eta_{Carnot} = 1 - \frac{T_C}{T_H} = 1 - \frac{T}{2T} = 0.500 = 50.0\%$$

검토 예상한 대로, 열효율은 기체의 양 또는 p, V, T의 값보다 pV 순환 형태에 의존하였다. 이 기관의 열효율 13.4%는 열역학 제2법칙에 의한 최대 효율 50%보다 훨씬 낮다.

서술형 질문

1. 그림 Q21.1의 각 세 과정에서 i에서 f로 가는 것은 계가 한 일인가 ($W < 0$, $W_s > 0$), 계에 한 일인가($W > 0$, $W_s < 0$), 또는 알짜일은 없는가?

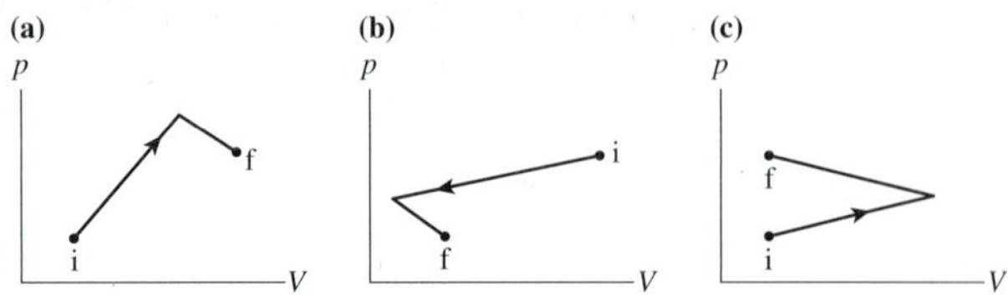

그림 Q21.1

2. 열기관 효율이 $\eta > 1$이 가능한가? 설명하시오.

3. 그림 Q21.3에 있는 4개의 열기관들의 열효율을 큰 것부터 순서대로 나열하고, 이유를 설명하시오.

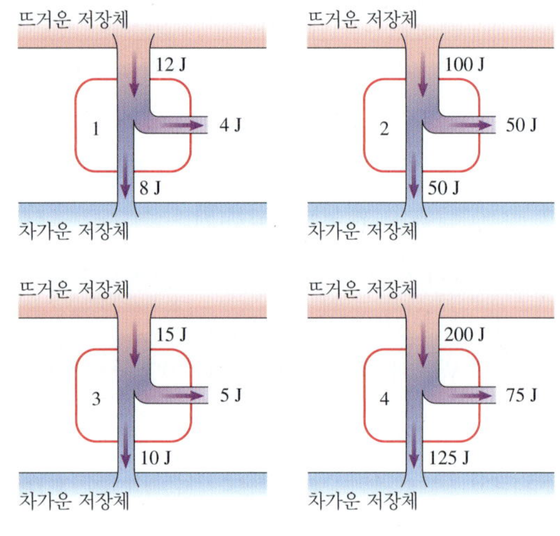

그림 Q21.3

4. 열기관이 $W_{out} = Q_{net}$을 만족한다. 이 관계식에서 ΔE_{th} 항이 없는 이유는 무엇인가?

5. 그림 Q21.5에서 냉장고를 표현하는 에너지 전환 도형으로 가능한 것은 무엇인가? 없다면 무엇이 잘못되었는가?

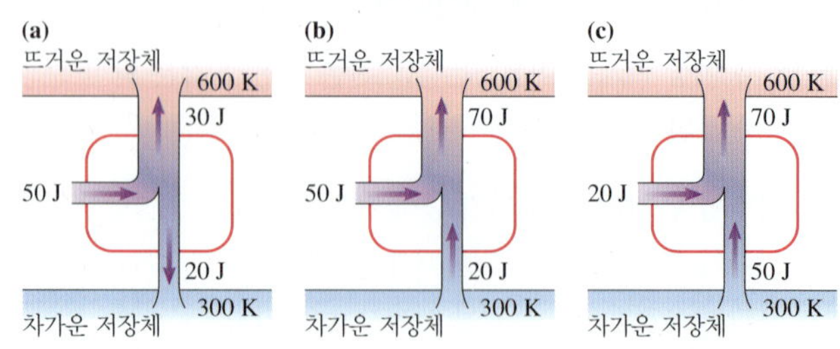

그림 Q21.5

6. 열역학 제1법칙과 제2법칙은 종종 "이길 수 없다.", 그리고 "비길 수조차 없다."라고 기술된다. 이렇게 말하는 것은 열기관에 적용될 때 열역학 법칙들을 정확하게 특징짓는가? 그렇다면 왜 그렇고, 아니라면 왜 아닌가?

연습문제

표시가 된 연습문제들은 이전 장들에서 다룬 내용과 관련이 있다.

연습

21.1 열을 일로 바꾸기

21.2 열기관과 냉장고

1. | 열기관은 폐열로 500 J을 소비하는 동안 각 순환당 300 J의 일을 한다. 이 기관의 열효율은 얼마인가?

2. | 열기관이 각 순환에서 60 kJ의 열을 뜨거운 저장체에서 추출하고 45 kJ의 열을 배출한다. 순환당 (a) 열효율은 얼마인가? (b) 한 일은 얼마인가?

3. || 냉장고는 각 순환당 200 J의 일을 하고 800 J을 소비한다. 냉장고의 성능 계수는 얼마인가?

4. || 2400 rpm으로 달리는 자동차 기관의 출력은 500 kW이다. 만약 이 기관의 열효율이 20%라면 각 순환당 이 기관이 (a) 한 일은 얼마이며 (b) 소비된 열은 얼마인가? kJ 단위로 답하시오.

21.3 이상 기체 열기관

21.4 이상 기체 냉장고

5. ‖ 그림 EX21.5의 순환은 세 과정을 포함한다. 가로는 A–C로 세로는 Δ_{Eth}, W_s, 그리고 Q로 표기하여 표를 만드시오. 각 과정에서 물리량이 증가, 감소, 또는 일정한지를 +, − 부호, 또는 0과 함께 표기하여 표를 완성하시오.

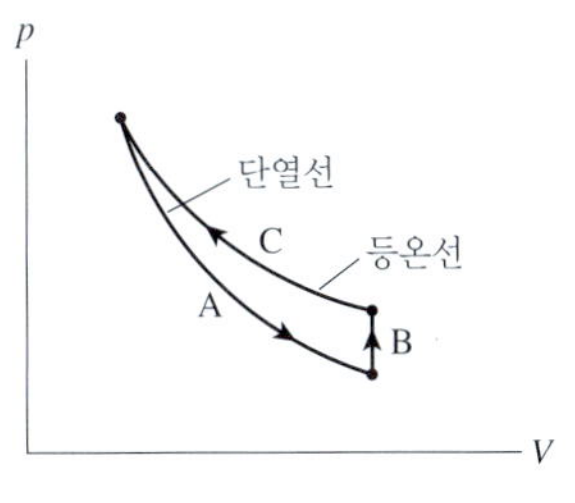

그림 EX21.5

6. ‖ 그림 EX21.6의 pV 경로를 따르는 기체의 각 순환당 한 일은 얼마인가?

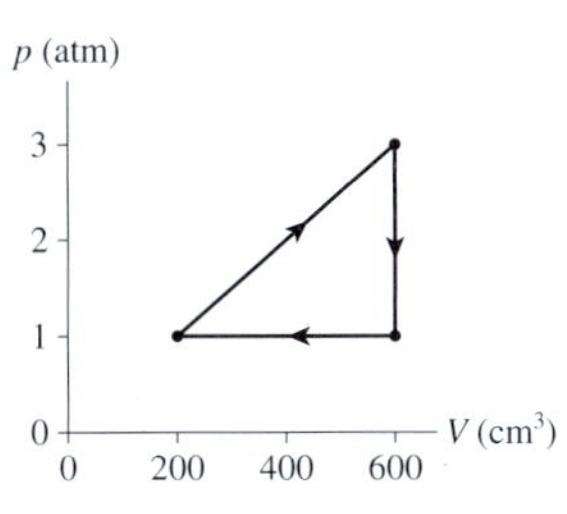

그림 EX21.6

7. ‖ 그림 EX21.7에 보인 열기관의 (a) W_{out}과 Q_H, 그리고 (b) 열효율을 구하시오.

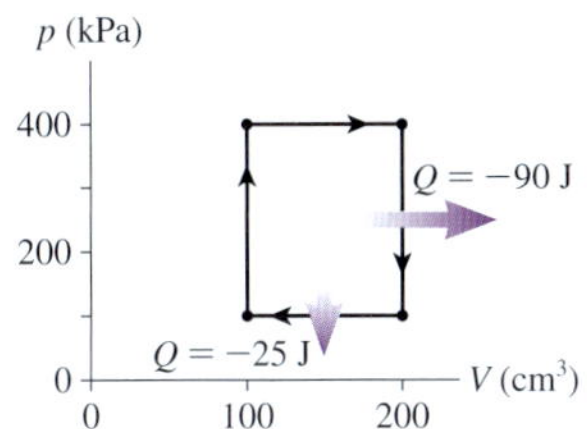

그림 EX21.7

8. ‖ 그림 EX21.8에 보인 열기관의 (a) 열효율과 (b) 뜨거운 저장체로부터 배출되는 열을 구하시오.

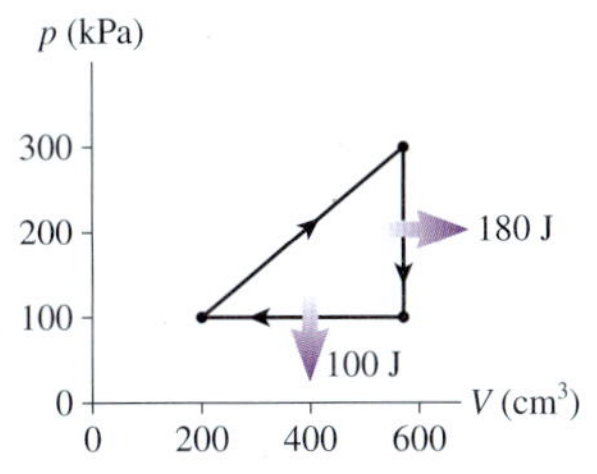

그림 EX21.8

9. ‖ 열기관이 브레이톤 순환에서 이원자 기체를 사용한다. 만일 기체 부피가 단열 압축 과정 동안 절반이 되었다면 이 기관의 열효율은 얼마인가?

10. ‖ 냉장고의 성능 계수가 6.0이다. 냉장고의 압축기는 전력의 115 W를 소비하고 전력을 일로 전환하는 데 95%의 효율을 갖는다. (a) 냉장고 내부에서 소모되는 열에너지 비율은 얼마인가? 그리고 (b) 방안에서 소비되는 열에너지 비율은 얼마인가?

11. ‖ 에어컨은 집에서 5.0×10^5 J/min의 열을 제거하고 뜨거운 야외로 8.0×10^5 J/min을 배출한다.
   a. 에어컨의 압축기에 필요한 전력은 얼마인가?
   b. 에어컨의 성능 계수는 얼마인가?

21.5 효율의 한계

21.6 카르노 순환

12. | 그림 EX21.12에 보인 냉장고 중 어느 것이 (a) 열역학 제1법칙 또는 (b) 열역학 제2법칙을 위배하는가? 설명하시오.

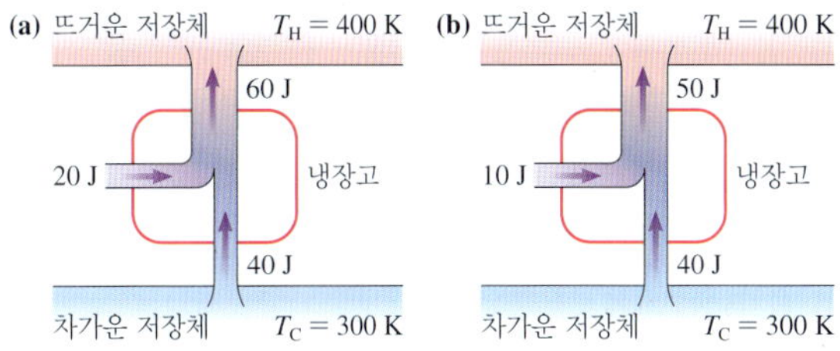

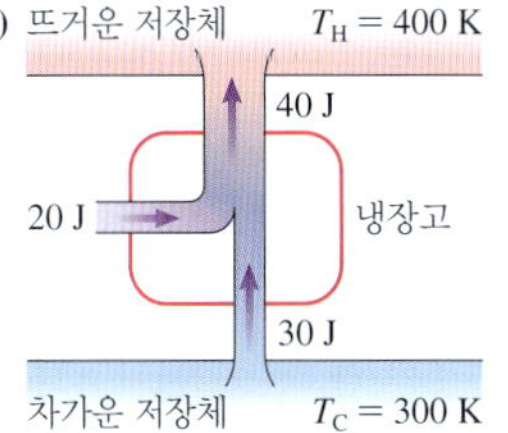

그림 EX21.12

13. ‖ 열기관이 각 순환당 폐열 15 J을 소비하고 10 J의 일을 한다.
   a. 이 기관의 열효율은 얼마인가?
   b. 차가운 저장체의 온도가 20°C일 때, 뜨거운 저장체의 가능한 최소 온도는 몇 °C인가?

14. | 절대 온도 400 K과 600 K에서 에너지 저장체들 사이에서 작동하는 카르노 기관은 800 W의 전력을 생산한다. (a) 이 기관의 열효율은 얼마인가? (b) 공급된 열의 입력 비율(W)과 (c) 열의 출력 비율(W)은 얼마인가?

15. ‖ 카르노 기관의 이상 기체는 300°C에서 등온 팽창을 하면서 1000 J의 열에너지를 배출한다. 50°C에서 등온 압축을 하면서 소비되는 열에너지는 얼마인가?

16. ‖ 500°C의 뜨거운 저장체와 0°C의 차가운 저장체 사이에서 작동하는 열기관이 카르노 기관처럼 60%의 효율을 갖는다. 만일 이 열기관과 카르노 기관이 같은 양의 일을 한다면 $Q_H/(Q_H)_{Carnot}$

의 비율은 얼마인가?

17. ‖ 냉장고의 성능 계수가 5.0이다. 압축기는 각 순환당 10 J을 소비한다.
   a. 각 순환당 소비하는 열에너지는 얼마인가?
   b. 뜨거운 저장체의 온도가 27°C라고 한다면, 차가운 저장체의 가능한 최소 온도는 얼마인가?

문제

18. ‖ 그림 P21.18은 열기관의 1회 순환을 보여준다. 기체는 이원자이다. 질량들은 핀이 제거될 때 3단계와 6단계에서 피스톤이 움직이지 않도록 놓여 있다.

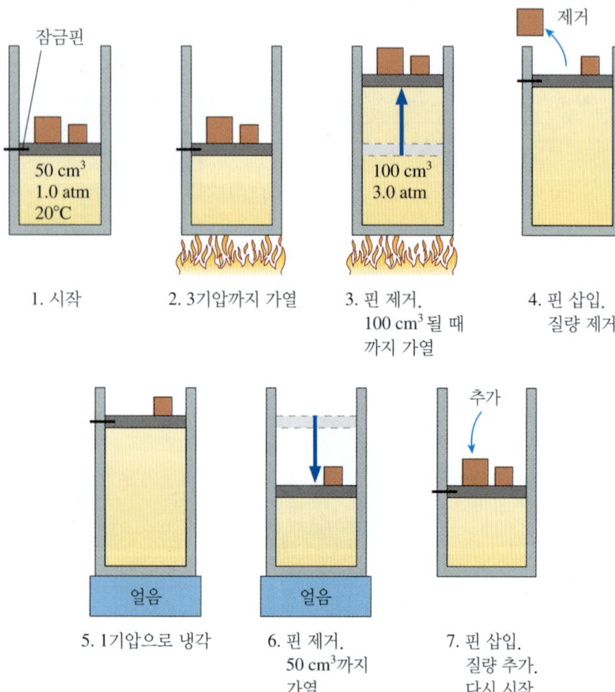

그림 P21.18

19. ‖ 열효율이 카르노 기관의 50%인 열기관이 20°C와 200°C 저장체들 사이에서 작동한다. 이 기관은 0.50초 동안 용수철을 22 cm 압축하면서 평균 63 W의 비율로 열에너지를 공급한다. 용수철 상수는 얼마인가?

20. ‖ 25°C 방에 있는 카르노 냉장고는 −20°C와 50°C의 저장체들 사이에서 작동한다. 냉장고는 40 cm × 40 cm × 40 cm의 상자 형태이다. 냉장고의 다섯 면은 완벽한 절연체이나 나머지 한 면은 1.0 cm 두께의 스테인리스 강으로 되어 있다. 냉장고 내부 온도 −20°C를 유지하기 위해 필요한 전력은 얼마인가?

21. ‖‖ 이상적인 냉장고는 0°C와 25°C 사이에서 작동하는 카르노 순환을 이용한다. 0°C에서 10 kg의 물을 0°C에서 10 kg의 얼음으로 상태 변화를 주기 위해 (a) 방으로 배출되는 열에너지는 얼마인가? (b) 냉장고에 공급되어야 할 에너지는 얼마인가?

22. | 열기관을 가동시키기 위해 해양에서 방대한 양의 열에너지를 사용하는 데 오랫동안 관심이 있었다. 열기관은 온도차, 뜨거운 면과 차가운 면이 필요하다. 편리하게도 해수면은 심해 바다보다 따뜻하다. 해수면의 온도가 약 30°C인 열대 지방에 떠 있는 발전소를 건설한다고 가정하자. 이것은 기관의 뜨거운 저장체가 될 것이다. 차가운 저장체의 경우, 물은 항상 해저에서 주입되어 약 5°C가 된다. 발전소의 가능한 최대 효율은 얼마인가?

23. ‖ 카르노 기관은 5°C와 500°C 사이에서 작동한다. 이 기관의 출력은 −5°C와 25°C 사이에서 작동하는 카르노 냉장고를 가동시키기 위해 사용된다. 열기관에 의해 사용되는 열에너지의 각 줄당 냉장고에 얼마의 열에너지가 방으로 소비되는가?

24. ‖‖ 카르노 열기관과 성능 계수가 2.00인 일반적인 냉장고는 350 K과 250 K 저장체들 사이에서 작동한다. 카르노 열기관이 한 일은 냉장고를 작동시킨다. 만약 열기관이 뜨거운 저장체로부터 10 J의 에너지를 추출하였다면 냉장고는 뜨거운 저장체에 얼마의 에너지를 배출하겠는가?

25. ‖ 자동차의 내연기관은 카르노 효율의 30%로, 1500°C 연소열과 20°C의 공기 온도 사이에서 작동하는 열기관처럼 모형화할 수 있다. 휘발유 연소열은 47 kJ/g이다. 정지 상태에 있는 1500 kg 자동차를 30 m/s의 속력으로 가속시키기 위해 필요한 휘발유 질량은 얼마인가?

26. ‖ 보통 화력 발전소는 750 MW의 전기를 생산하기 위해서 매시간 300톤의 석탄을 태운다. 1톤은 1000 kg이다. 석탄의 밀도는 1500 kg/m³이고 연소열은 28 MJ/kg이다. 모든 열이 연료에서 보일러로 전달되고, 터빈을 돌리는 데 한 모든 일은 전기 에너지로 변환된다고 가정한다.
   a. 석탄이 10 m × 10 m의 방에 쌓여 있다고 하자. 하루 동안 발전소를 가동시키기 위해서는 석탄의 높이가 얼마나 되어야 하는가?
   b. 발전소의 열효율은 얼마인가?

27. ‖ 전기 발전소의 출력은 750 MW이다. 냉각수는 1.0×10^8 L/h의 비율로 발전소를 거쳐 흘러간다. 냉각수는 발전소에 16°C에서 들어가 27°C가 되어 나온다. 발전소의 열효율은 얼마인가?

28. ‖ 단원자 기체의 1.0몰을 사용하는 열기관은 그림 P21.28과 같은 순환을 따른다. 열에너지의 3750 J이 과정 1→2 동안 기체에 전달된다.
   a. 이러한 순환에서 네 과정의 각각의 W_s, Q, 그리고 ΔE_{th}를 구하시오. 표로 결과를 정리하시오.
   b. 이 열기관의 열효율은 얼마인가?

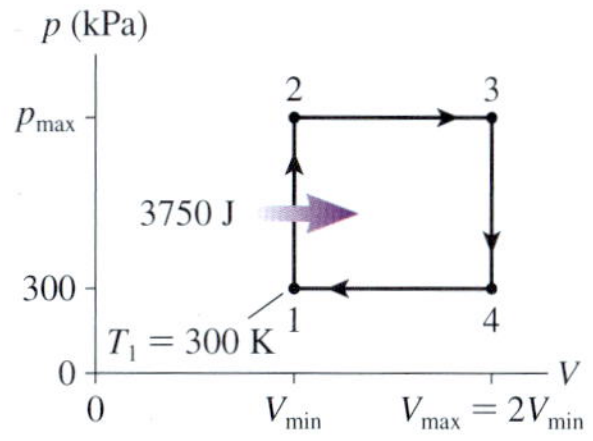

그림 P21.28

29. ‖ 그림 P21.29는 $\gamma = 1.25$를 갖는 기체를 사용하는 열기관에 대한 순환을 보여준다. 초기 온도는 $T_1 = 300$ K이고, 이 기관은 초당 20번 순환한다.
 a. 이 기관의 출력은 얼마인가?
 b. 이 기관의 열효율은 얼마인가?

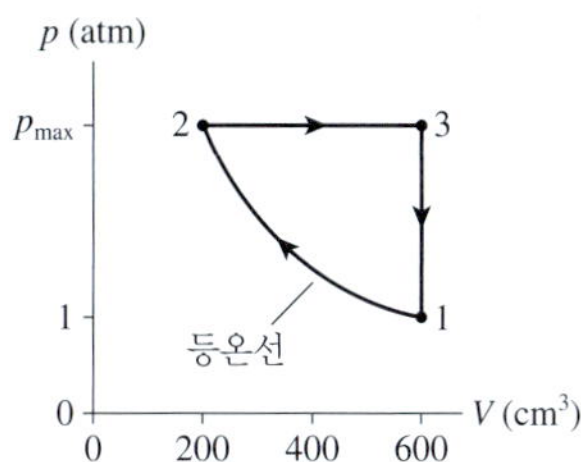

그림 P21.29

30. ‖ 이원자 기체를 사용하는 열기관은 그림 P21.30과 같은 pV 순환을 따른다.
 a. 지점 2에서 압력, 부피, 그리고 온도를 구하시오.
 b. 세 과정의 각각의 ΔE_{th}, W_s, 그리고 Q를 구하시오. 쉽게 볼 수 있도록 결과를 표로 정리하시오.
 c. 이 기관이 순환당 한 일은 얼마이며 열효율은 얼마인가?

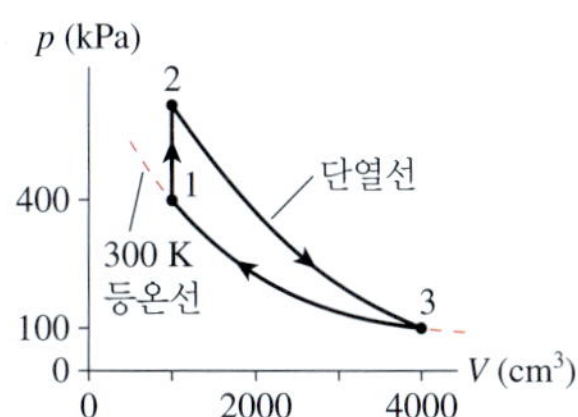

그림 P21.30

31. ‖ 헬륨의 120 mg을 작용물질로 사용하는 열기관은 그림 P21.31에 보인 순환을 따른다.
 a. 지점 1, 2, 그리고 3에서 기체의 압력, 온도, 그리고 부피를 구하시오.
 b. 열기관의 열효율은 얼마인가?
 c. T_{max}와 T_{min} 사이에서 작동하는 열기관의 가능한 최대 효율은 얼마인가?

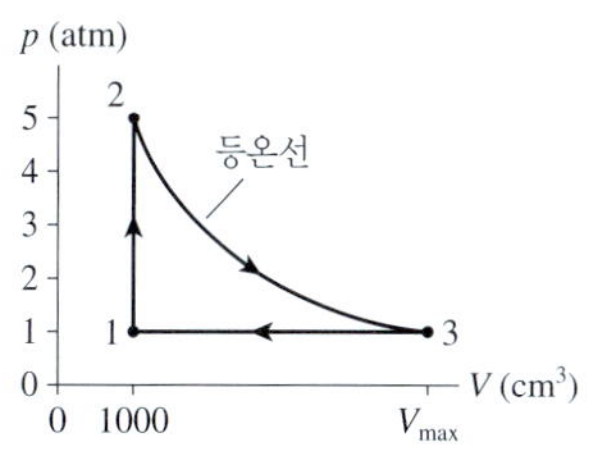

그림 P21.31

32. ‖ 그림 P21.32와 같은 열기관은 작용 물질로 이원자 기체의 0.020몰을 사용한다.
 a. T_1, T_2, 그리고 T_3을 구하시오.
 b. 세 과정 각각의 ΔE_{th}, W_s, Q를 보여주는 표를 완성하시오.
 c. 이 기관의 열효율은 얼마인가?

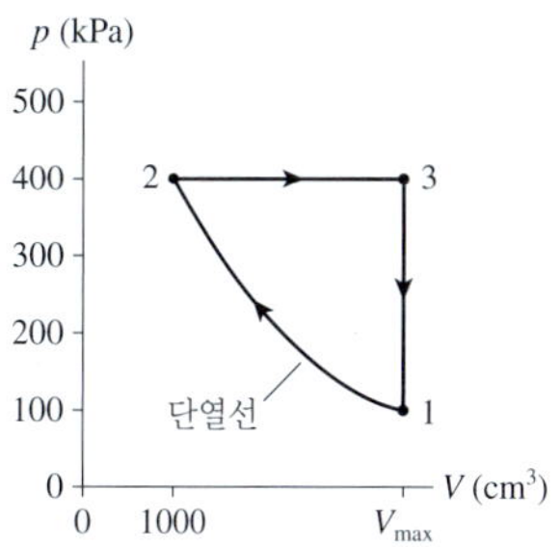

그림 P21.32

문제 33–34에서 문제를 해결하기 위해 주어진 방정식을 사용하시오.
 a. 이것이 정확한 방정식인지에 대해 현실적인 문제를 쓰시오.
 b. 문제의 해를 구하시오.

33. $0.80 = 1 - (0°\text{C} + 273)/(T_H + 273)$

34. $0.20 = 1 - Q_C/Q_H$
 $W_{out} = Q_H - Q_C = 20$ J

응용 문제

35. ‖‖ 15°C인 100 mL 물이 성능 계수 4.0인 냉장고의 냉동실에 놓여 있다. 물이 −15°C에서 얼음이 될 때 방으로 소비되는 열에너지는 얼마인가?

36. ‖‖ 헬륨 기체를 사용하는 냉장고는 그림 CP21.36에 보인 것처럼 역순환으로 작동한다. 냉장고의 (a) 성능 계수는 얼마인가? (b) 냉장고가 초당 60번 순환을 한다면 출력은 얼마이겠는가?

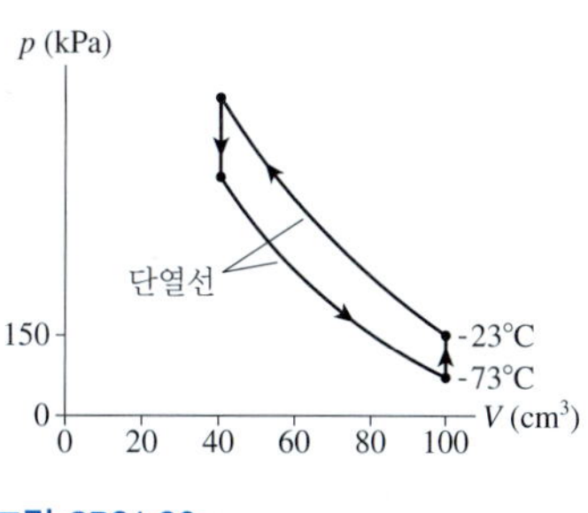

그림 CP21.36

37. Ⅲ 여러분 차의 휘발유 기관은 그림 CP21.37과 같은 오토 순환으로 만들어졌다. 연료-공기 혼합물이 지점 1에서 실린더에 주입된다. 이때 피스톤은 점화 플러그로부터 멀리 이격되어 있다. 이 혼합물은 단열 **압축 행정** 동안 피스톤이 점화 플러그를 향해 움직임으로써 압축된다. 휘발유에 저장된 열에너지가 방출되면서 지점 2에서 점화 플러그에 점화된다. 연료는 신속하게 연소하고 피스톤은 움직일 시간을 갖지 못해 가열은 등적 과정이 된다. 고온의 고압 기체는 **동력 행정** 동안 피스톤을 밖으로 밀어낸다. 최종적으로 순환을 다시 시작하기 전에 배기기체 밸브가 열리고 기체 온도와 압력이 초깃값으로 떨어진다.

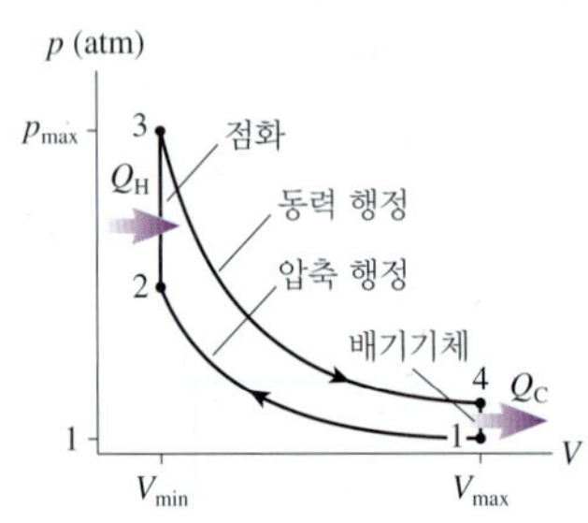

그림 CP21.37

a. 오토 순환을 분석하고 순환당 한 일이

$$W_{out} = \frac{nR}{1-\gamma}(T_2 - T_1 + T_4 - T_3)$$

임을 보이시오.

b. 오토 순환의 열효율이

$$\eta = 1 - \frac{1}{r^{(\gamma-1)}}$$

임을 보이기 위해 T_1과 T_2, 그리고 T_3과 T_4 사이의 단열 관계를 사용하라. 이때, $r = V_{max}/V_{min}$은 기관의 **압축비**이다.

c. 이원자 기체에 대해서 η-r($r = 30$까지) 그래프를 그리시오.

VI부 전기와 자기 Electricity and Magnetism

훑어보기

힘과 장

호박(화석화된 나무의 송진)은 오랫동안 그 아름다움으로 알려져 왔다. 고대부터 모피로 문질러진 호박 조각은 깃털이나 밀짚처럼 보이는 마법의 힘을 예비 과학 사회에 끌어 들일 수 있었다. 또한 고대 그리스인들은 마그네시아(Magnesia)라고 불리는 지역의 특정 돌들이 철 조각을 집을 수 있다고 알고 있었다. 오늘날 우리가 고속 컴퓨터나 레이저, 자기 공명 영상뿐만 아니라 전구와 같이 일상에서 볼 수 있는 현대의 기적을 가지게 된 것은 이러한 작은 시작에서 비롯되었다.

전기와 자기에 대한 기본 현상은 역학의 기본 현상에서만큼 익숙하지 않다. 일상에서 물체에 힘을 가하고 움직이는 것은 쉽게 관찰할 수 있지만 전기와 자기에 대한 경험은 매우 제한적이다. 우리는 전기와 자기 **현상**에 집중하여 이러한 부족한 경험을 보충하고자 한다.

우리는 **전하**와 물체의 **대전** 과정을 자세히 살펴보는 것에서부터 시작하여 전하가 어떤 거동을 보이는지 체계적으로 관찰할 것이다. 우리는 전하 간의 힘뿐만 아니라 서로 다른 물질 내에서 전하가 어떻게 거동하는지도 고려할 것이다. 마찬가지로, 우리는 어떻게 자석이 특정 금속에만 붙고 나침판의 바늘에도 영향을 주는지 관찰을 통해서 자력에 대한 학습을 시작할 것이다. 하지만 가장 중요하게 관찰한 것은 자석과 정확히 동일한 방식으로 전류가 나침반 바늘에 영향을 준다는 것이다. 전기와 자기의 밀접한 연관성을 시사하는 이러한 관찰은 결국 전자기파의 발견으로 이어질 것이다.

VI부의 목표는 전기와 자기 현상을 설명하는 이론을 공부하는 것이다. 우리 이론의 핵심은 완전히 새로운 개념의 **장**일 것이다. 전기와 자기는 정지해 있거나 움직이는 전하의 장거리 상호작용에 대한 것이고, 장 개념은 이러한 상호작용이 어떻게 발생하는지를 이해하는 데 도움이 될 것이다. 우리는 전하가 어떻게 장을 생성하고, 전하는 어떻게 장에 반응하는지 알기를 원한다. 우리는 조금씩 전기장과 자기장의 새로운 개념을 바탕으로 한 이론을 구성하여 광범위한 전자기 동작을 이해하고 설명하며 예측할 수 있다.

전기와 자기의 이야기는 방대하다. 과학과 기술 분야에서 획기적인 혁명을 가져온 19세기 전자기학 이론의 공식화는 아인슈타인에 못지 않는 "뉴턴 시대 이후로 물리학에서 가장 중요한 사건"이라고 불려져 왔다. 당연히 우리가 이 책에서 할 수 있는 모든 것은 몇 가지 기본 아이디어와 개념을 공부하고, 많은 세부 내용과 적용은 나중 강의로 남겨둔다. 그럼에도 불구하고, 우리의 전기 및 자력에 관한 연구는 물리학에서 가장 흥미롭고 중요한 주제를 탐구할 것이다.

코로나 루프(coronal loops)라고 불리는 태양의 표면 위의 밝은 고리는 태양의 자기장선을 따라 움직이는 대전된 입자의 극도로 높은 온도($>10^6$ K)의 기체이다.

22 전하와 힘

Electric Charges and Forces

전기는 자연의 근본적인 힘 중 하나이다. 번개는 전하와 힘의 생생한 표현이다.

이 장에서는 전하, 힘, 장을 기반으로 전기적 현상을 배운다.

전하란 무엇인가?

전기적인 현상은 전하에 의존한다.

- 전하에는 양전하와 음전하가 있다.
- 원자의 구성 성분인 전자와 양성자는 일반적인 물질의 기본 전하이다.
- 충전이란 한 물체에서 다른 물체로 전자가 전달되는 것이다.

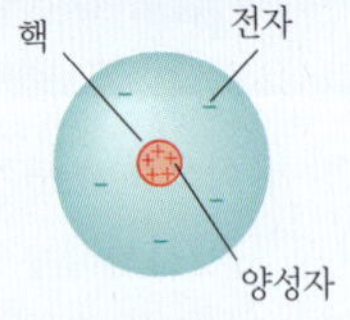

전하는 어떻게 움직이는가?

전하의 거동은 잘 정립되어 있다.

- 같은 종류의 두 전하는 밀어내고, 다른 종류의 두 전하는 끌어당긴다.
- 작은 중성 물체는 양쪽 종류의 전하에 끌린다.
- 전하는 한 물체에서 다른 물체로 이동할 수 있다.
- 전하는 보존된다.

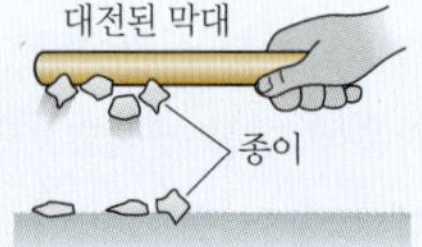

도체와 절연체는 무엇인가?

전기적 특성이 매우 다른 두 종류의 물질이 있다.

- 도체는 전하가 쉽게 이동하거나 통하는 물질이다.
- 절연체는 전하가 움직이지 않는 물질이다.

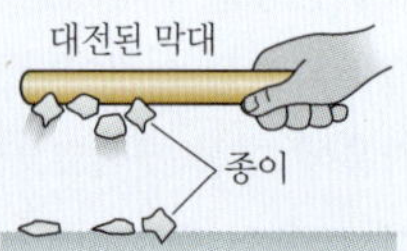

쿨롱의 법칙은 무엇인가?

쿨롱의 법칙은 2개의 대전된 입자 사이의 전기력에 대한 기본 법칙이다. 쿨롱의 법칙은 뉴턴의 중력 법칙과 마찬가지로 역제곱 법칙이다. 즉, 전기력은 전하 사이의 거리의 제곱에 반비례한다.

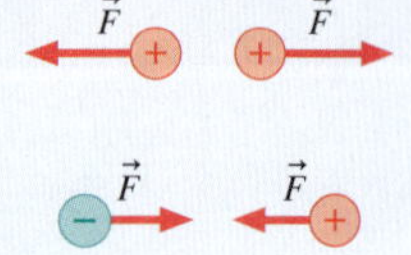

《 **되돌아보기:** 3.2–3.4절 벡터의 덧셈

《 **되돌아보기:** 13.2–13.4절 중력

전기장은 무엇인가?

장거리힘은 한 전하에서 다른 전하로 어떻게 전달되는가? 전하는 전기장을 생성하고 한 전하의 전기장이 다른 전하에 힘을 가하는 작용에 대한 개념을 배울 것이다. 즉, 전하는 전기장을 통해 상호작용한다. 전기장은 공간의 모든 지점에 존재한다.

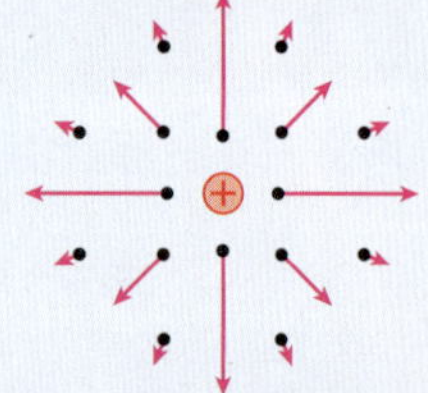

왜 전하가 중요한가?

컴퓨터, 휴대 전화 및 광섬유 통신은 카펫을 가로질러 걷다가 문손잡이를 만질 때 찌릿한 느낌을 받는 것과 공통점이 거의 없어 보일 수 있다. 그러나 물체가 어떻게 대전되고 전하가 어떻게 서로 상호작용하는지에 대한 전하의 물리학은 모든 현대 전자장치 및 통신기술의 기초이다. 전기와 자기는 매우 광범위하고 중요한 주제이지만 전하와 힘에 대한 간단한 관찰로 시작된다.

22.1 전하 모형

카펫을 가로질러 걷다가 금속 문손잡이를 만지면 가벼운 불쾌감을 느끼고 약간의 불꽃이 생길 수 있다. 막 감은 머리카락을 열심히 빗으면 모든 머리카락이 흩어진다. 머리카락을 훑어 지나간 플라스틱 빗은 종잇조각과 다른 작은 물체들이 달라붙게 하겠지만 금속 빗은 그렇지 않다.

이 관찰 결과에서 공통적인 요소는 2개의 물체가 서로 **문질러졌다**는 것이다. 왜 물체를 문지르면 힘과 불꽃이 생기는가? 이것은 어떤 종류의 힘인가? 왜 금속 물체는 비금속 물체와 다르게 반응하는가? 이것이 전기에 대한 공부를 시작할 때 함께하는 질문들이다.

우리의 첫 번째 목표는 **전하**(charges)와 **힘**(forces)에 대해서 전기 현상을 이해하기 위한 모형을 배우는 것이다. 나중에 미시적인 수준에서 전기를 이해하기 위해 원자에 대한 현대 지식을 사용할 것이지만, 전기의 기본 개념은 원자나 전자를 언급하지 않는다. 전기 이론은 전자가 발견되기 훨씬 이전에 이미 확립되었다.

전하 실험

전기 현상을 관찰할 수 있는 실험실로 들어가 보자. 실험실의 주요 도구는 플라스틱, 유리, 그리고 금속 막대이다. 양모와 비단 조각, 나무로 된 받침대 위의 작은 금속구도 사용된다. 이 도구들로 무엇을 배울 수 있는지 알아보자.

전기의 발견 I

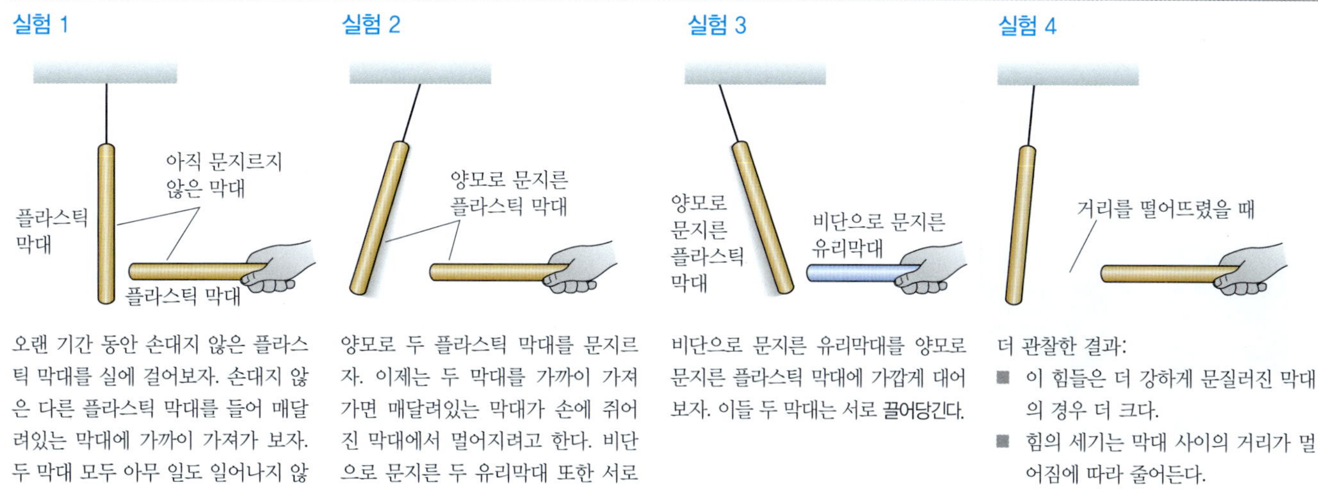

실험 1에서는 아무런 힘도 관찰되지 않았다. 처음 물체는 **중성**(neutral)이라고 말할 것이다. 문질러진 막대(실험 2와 3)는 어떻게든 그들 사이에 힘이 가해진다. 이렇게 문질러진 과정을 **대전**(charging)이라고 하고 문질러진 막대는 **대전되었다**(charged)

고 할 것이다. 지금은 단순한 용어 설명이다. 이 용어는 과정 자체에 대해 아무것도 알려주지 않는다.

실험 2와 3은 같은 방식으로 대전된 2개의 같은 물체 사이에 접촉이 필요없는 **장거리 반발력**(척력)이 있음을 보여준다. 또한 실험 4는 대전된 두 물체 사이의 힘이 물체 사이의 거리에 따라 달라진다는 것을 보여준다. 이것은 5장에서 중력이 소개된 이후 만난 최초의 장거리힘이다. 반발력을 처음으로 접했기 때문에, 전기를 이해하는 데 새로운 아이디어가 필요할 것이다.

실험 3은 퍼즐이다. 두 막대는 같은 방법으로 대전된 것처럼 보이지만, 문지르면 서로 밀어내기보다는 서로 **끌어당긴다**. 실험 3의 결과가 실험 2의 결과와 다른 이유는 무엇인가? 실험실로 돌아가 보자.

전기의 발견 II

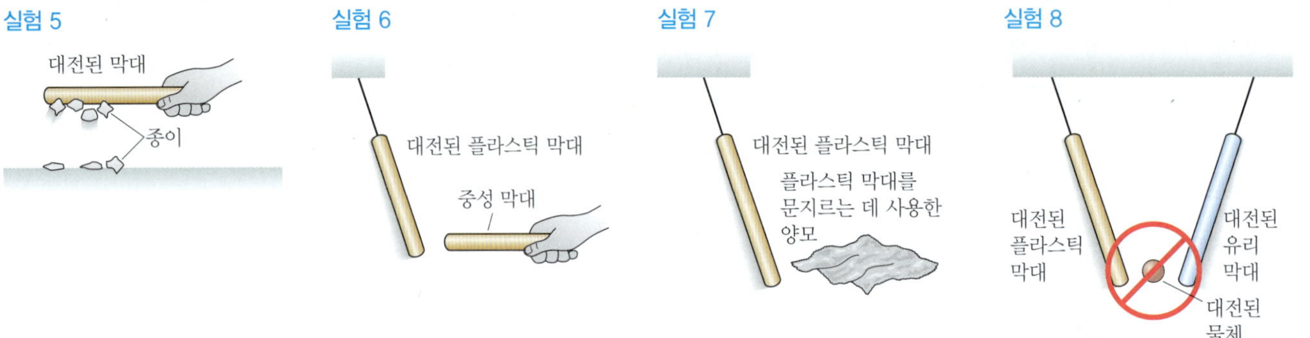

대전된(즉 문지른) 플라스틱 막대를 작은 종잇조각 위에 올려두자. 종잇조각이 올라가 막대에 달라붙는다. 대전된 유리막대도 똑같다. 그러나 중성 막대는 종잇조각에 아무런 영향을 미치지 않는다.

대전된 플라스틱 막대와 유리막대를 매달아보자. 모두 **중성**(문지르지 않은) 플라스틱 막대를 끌어당긴다. 사실, 대전된 막대는 손가락이나 종이와 같은 **어떤** 중성 물체도 끌어당긴다.

매달려있는 플라스틱 막대를 양모로 문지른 다음 **양모**를 막대에 가까이에 두자. 막대는 양모를 약하게 **끌어당긴**다. 플라스틱 막대는 유리를 문지르는 데 사용된 비단 조각을 **밀어낸**다.

추가 실험은 문지른 후 종잇조각을 집어 올리고 대전된 플라스틱 막대와 유리막대를 **모두** 끌어당기는 물체는 **없는** 것으로 나타났음을 보여준다.

머리카락을 문지른 빗으로 작은 종잇조각을 집어 올린다.

첫 번째 실험 세트는 대전된 물체가 서로에게 힘을 가하는 것을 알아냈다. 그 힘들은 때로는 끌어당기고, 때로는 밀어낸다. 실험 5와 실험 6은 대전된 물체와 **중성**(대전되지 않은) 물체 사이에 끌어당기는 힘(인력)이 존재함을 보여준다. 이 발견은 우리에게 다음과 같은 문제를 안겨준다. 물체가 대전되었는지 중성인지 어떻게 알 수 있는가? 대전된 물체와 중성 물체 사이의 인력 때문에 단순히 전기력이 관찰되었다고 해서 물체가 대전되었다는 것을 의미하지는 **않는다**.

그러나 어떤 대전된 물체에서 나타나는 중요한 특성은 **대전된 물체가 작은 종잇조각을 집어 올린다**는 것이다. 이러한 거동은 "이 물체가 대전되었는가?"라는 질문에 답을 얻을 수 있는 직접적인 테스트가 된다. 종잇조각을 집어 올리는 테스트를 통과한 물체는 대전되었고, 테스트에 실패한 물체는 중성이다.

이러한 관찰 결과로부터 **전하 모형**(charge model)의 실험적인 첫 단계로 진입할 수 있게 된다.

모형 22.1

전하 모형 I

1. 문지르는 것과 같은 마찰력은 **전하**(charge)를 물체에 부가하거나 물체에서 제거한다. 이 과정 자체를 대전이라고 한다. 격렬하게 문지르면 더 많은 양의 전하가 생성된다.
2. 두 가지 종류의 전하가 있다. 지금 우리는 '플라스틱 전하'와 '유리 전하'라고 부를 것이다. 다른 물체도 문질러서 대전될 수 있다. 하지만 그들이 받은 전하들도 역시 '플라스틱 전하' 혹은 '유리 전하'이다.
3. **같은 두 전하**(플라스틱/플라스틱 또는 유리/유리)는 서로를 밀어내는 힘이 작용한다. **서로 반대되는 두 전하**(플라스틱/유리)는 서로를 끌어당긴다.
4. 두 전하 사이의 힘은 장거리힘이다. 힘의 크기는 전하의 양이 증가함에 따라 커지고 전하 사이의 거리가 증가함에 따라 작아진다.
5. 중성 물체에는 '플라스틱 전하'와 '유리 전하'가 같은 양으로 섞여 있다. 문지르는 과정을 통해 어떻게든 두 가지로 분리하게 된다.

가정 2는 실험 8을 기반으로 한다. 물체가 대전된다면(종잇조각을 집어 올린다면), 항상 대전된 막대 하나는 끌어당기고 다른 하나는 밀어낸다. 즉, '플라스틱 같은' 혹은 '유리 같은' 거동을 보인다. 만약, 앞서 언급한 두 종류의 전하와 다른 세 번째 종류의 전하가 있다면, 그 전하를 가진 물체는 종잇조각을 집어 올리고 대전된 플라스틱 막대와 유리막대를 모두 끌어당겨야 한다. 그런 물체는 발견된 적이 없다.

가정 5의 근거는 실험 7에서의 대전된 플라스틱 막대가 문질러진 양모는 끌어당기지만 유리를 문지른 비단은 밀어낸다는 관찰 결과이다. 비단으로 문질러진 유리가 '플라스틱 전하'를 가진 것으로 보인다. 이것을 설명하는 가장 쉬운 방법은 비단이 '유리 전하'와 '플라스틱 전하'를 같은 양으로 가지고 있다가 문지르면 비단에서 막대로 '유리 전하'가 어떻게든 이동한다는 가설이다. 이것은 막대에 더 많은 '유리 전하'와 비단에 더 많은 '플라스틱 전하'를 남긴다.

전하 모형이 관찰 결과와 일치하지만 결코 증명되었다고 할 수는 없다. 왜 대전된 물체와 중성 물체 사이에 끌어당기는 힘이 존재하는지는 여전히 설명되지 않는 퍼즐이다.

물질의 전기적 특성

우리는 여전히 다른 유형의 물질이 전하와 어떻게 반응하는지 명확히 해야 한다.

마지막 실험 세트는 아래와 같은 내용을 보여준다.

- 전하는 한 물체에서 다른 물체로 옮길 수 있지만 물체가 서로 닿을 때만 가능하다. 접촉이 필요하다. 물체를 만져 물체로부터 전하를 제거하는 것을 **방전**(discharging)이라고 한다.
- 전기적 특성이 매우 다른 두 가지 종류의 물질이 있다. 이를 도체와 절연체라고 한다.

전기의 발견 III

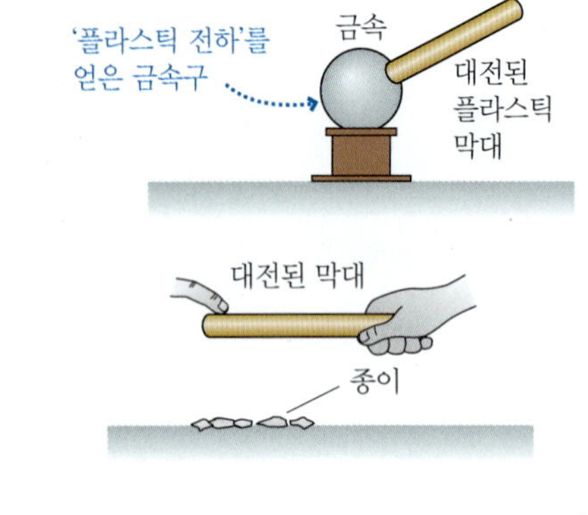

실험 9

플라스틱 막대를 양모로 문질러 대전시키고 나서 막대의 문질러진 부분을 중성의 금속구에 접촉시키자. 그러면 금속구가 작은 종잇조각을 집어 올리고, 매달려있는 대전된 플라스틱 막대를 밀어낸다. 금속구는 '플라스틱 전하'를 가진 것으로 보인다.

실험 10

플라스틱 막대를 대전시킨 후 손가락으로 그것을 따라 움직여보자. 그렇게 한 후에는 막대가 더 이상 작은 종잇조각을 집어 올리지 못하거나 매달려있는 대전된 플라스틱 막대를 밀어내지 못한다. 마찬가지로 실험 9에서의 금속구를 손가락으로 만진 후에는 금속구는 더 이상 플라스틱 막대를 밀어내지 않는다.

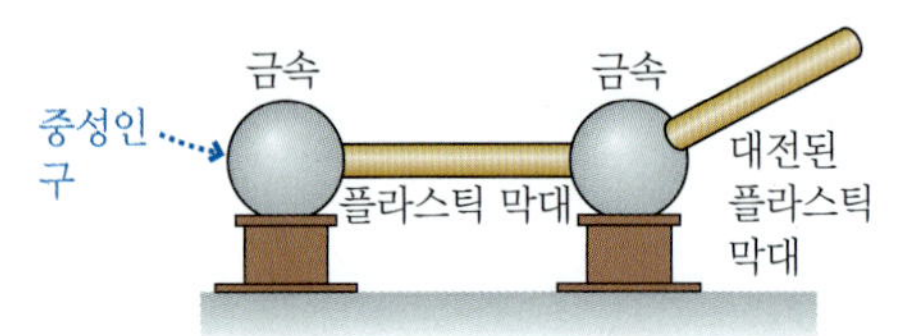

실험 11

2개의 금속구와 그들을 연결하는 플라스틱 막대를 서로 가까이에 위치시키자. 두 번째 플라스틱 막대를 문질러서 대전시키고 금속구 중 하나에 접촉시키자. 그러고 나면 접촉된 금속구는 작은 종잇조각을 집어 올리고 매달려있는 대전된 플라스틱 막대를 밀어낸다. 다른 금속구는 어느 것도 하지 않는다.

실험 12

2개의 금속구를 연결하는 금속 막대로 실험 11을 반복해보자. 하나의 금속구에 대전된 플라스틱 막대를 접촉시키자. 그러고 나면 두 금속구 모두 작은 종잇조각을 집어 올리고 매달려있는 대전된 플라스틱 막대를 밀어낸다.

금속 막대가 사용된 실험 12는 실험 11과는 매우 대조적이다. 전하는 어떻게든 금속 막대를 **통과하거나** 금속 막대를 **따라** 한 구에서 다른 구로 **이동한다**. 하지만 그 전하가 플라스틱 혹은 유리 막대에 접촉했을 때는 **제자리에 그대로 남아** 있다. 전하가 어떤 물질을 따라 쉽게 이동하거나 관통할 수 있다면 그 물질을 **도체**(conductors)라 정의하자. 반면, 전하가 어떤 물질 내에서 움직일 수 없다면 그 물질을 **절연체**(insulators)라 정의하자. 유리와 플라스틱은 절연체이고 금속은 도체이다.

이 내용을 통해 전하 모형에 두 가지 가정을 더 추가할 수 있다.

모형 22.1

전하 모형 II

6. 물질에는 두 가지 유형이 있다. 도체는 물질을 통해 또는 물질을 따라 전하가 쉽게 이동한다. 절연체는 전하가 제자리에 고정되어 있는 물질이다.

7. 전하는 접촉을 통해 한 물체에서 다른 물체로 이동할 수 있다.

우리는 우리가 시도해볼 수 있는 실험과 관찰을 다 해보지는 않았다. 초기 과학자들은 이 모든 결과와 더불어 많은 다른 것들에 직면했다. 어떻게 그것을 모두 이해해야 할까? 전하 모형은 유망한 것처럼 보이지만 확실히 입증되지는 않았다. 우리는 어떻게 대전된 물체가 **중성 물체**를 끌어당기는지, 전하란 무엇인지에 대해 아직 설명하지 않았다. 또한 전하가 어떻게 전달되며 왜 어떤 물질은 통과하고 다른 물질은 통과하지 못하는지도 설명하지 않았다. 그럼에도 불구하고 우리는 고전적인 해석을 잘 활용하고 이러한 모델을 계속 이용할 것이다. 숙제 문제에서 이 모형을 사용하여 다른 실험 결과들을 설명할 것이다.

예제 22.1 | **전하 이동**

실험 12에서 하나의 금속구에 대전된 플라스틱 막대를 접촉하면 두 번째 금속구가 막대와 같은 전하로 대전된다. 전하 모형의 가정을 사용하여 이를 설명하시오.

풀이 전하 모형에서 다음과 같은 가정이 필요하다.

7. 전하는 접촉에 의해 전달된다.

6. 금속은 도체이며, 전하는 도체를 통해 이동한다.

3. 같은 전하는 밀어낸다.

플라스틱 막대는 양모로 문질러서 대전되었다. 전하는 막대가 절연체이기 때문에 움직이지 않지만, '플라스틱 전하' 중 일부는 금속과의 접촉에 의해 전달된다. 일단 도체인 금속에서는 전하가 자유롭게 움직인다. 게다가 같은 전하끼리 밀어내기 때문에 플라스틱 전하는 최대한 멀리 이동한다. 일부는 연결된 금속 막대를 통해 두 번째 구로 이동한다. 결과적으로 두 번째 구는 '플라스틱 전하'를 가진다.

22.2 전하

아마도 여러분이 아는 것처럼, 두 종류의 전하에 대한 이름은 **양전하**(positive charge)와 **음전하**(negative charge)이다. 프랭클린(Benjamin Franklin)이 이 이름을 지었다는 것을 알면 놀랄 것이다.

그렇다면 어떤 것이 양이고 어떤 것이 음인가? 전적으로 우리에게 달려 있다. 프랭클린은 **비단으로 문질러진 유리막대가 양으로 대전되었다**고 규칙을 정했다. 그게 전부다. 대전된 유리막대를 밀어내는 또 다른 물체 또한 양으로 대전된다. 대전된 유리막대를 끌어당기는 대전된 물체는 음으로 대전된다. 따라서 **양모로 문지른 플라스틱 막대는 음이다**. 오랜 시간이 지나 전자와 양성자의 발견으로 전자는 대전된 유리막대를 끌어당기는 반면에, 양성자는 밀어낸다는 것을 알았다. 따라서 **관례**에 따라 전자는 음전하를 가지고, 양성자는 양전하를 가진다.

원자와 전기

이제 21세기로 빠르게 넘어가자. 전기에 관한 이론은 원자에 대한 지식 없이 발전되었지만 현대의 관점에서 이 중요한 부분을 간과할 이유는 없다. 그림 22.1은 원자가 궤도를 그리는 **전자들**(electrons)로 둘러싸인 매우 작고 밀도 높은 **핵**(nucleus)(지름 $\sim 10^{-14}$ m)으로 구성되어 있음을 보여준다. 전자 궤도 진동수는 매우 커서(초당 회전 수 $\sim 10^{15}$), 전자가 지름 $\sim 10^{-10}$ m의 **전자 구름**(electron cloud)을 형성하는 것으로 보이는데, 이는 핵보다 10^4배 더 크다.

19세기 말 진행된 실험에서 전자가 질량과 음전하를 가진 입자라는 것을 밝혔다.

그림 22.1 원자

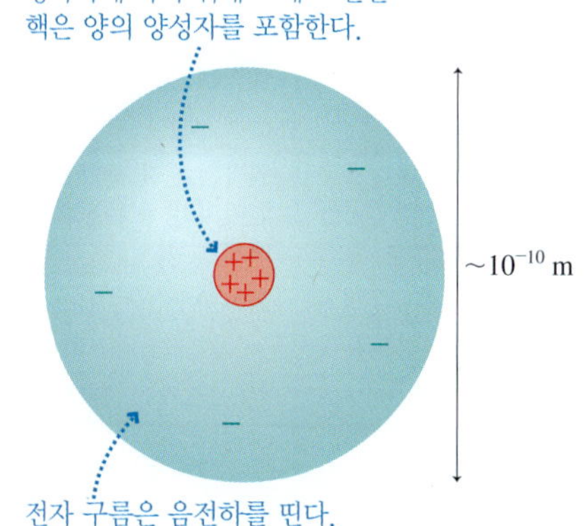

핵은 양전하를 띤 입자인 **양성자**와 **중성자**로 구성된 복합 구조이다. 원자는 양의 핵과 음의 전자 사이의 끌어당기는 전기력에 의해 결합되어 있다.

가장 중요한 발견 중 하나는 **질량처럼 전하가 전자와 양성자의 고유한 특성**이라는 것이다. 질량 없는 전자만큼이나 전하 없는 전자도 가능하지 않다. 오늘날 우리가 알고 있는 한, 전자와 양성자는 반대 부호의 전하를 지니고 있지만 정확히 같은 크기이다. (아주 주의 깊은 실험에서도 어떤 차이를 발견하지 못했다.) 이 원자 수준의 전하 단위는 **기본 전하 단위**(fundamental unit of charge)라고 하며, 기호 e로 표시된다. 표 22.1은 양성자와 전자의 질량과 전하를 보여준다. 22.4절에서 얼마만큼의 전하 e인지를 명시하기에 앞서 전하의 단위를 정의할 필요가 있다.

표 22.1 양성자와 전자

입자	질량(kg)	전하
양성자	1.67×10^{-27}	$+e$
전자	9.11×10^{-31}	$-e$

미시적/거시적 관련성

전자와 양성자는 물질의 기본 전하이다. 결과적으로, 22.1절에서 얻은 다양한 관찰 결과는 전자와 양성자에 관하여 설명될 필요가 있다.

전하는 기호 q(또는 Q)로 표시된다. 플라스틱 막대와 같은 거시적인 물체의 전하는 다음과 같다.

$$q = N_p e - N_e e = (N_p - N_e)e \tag{22.1}$$

여기서 N_p와 N_e는 물체에 포함된 양성자와 전자의 개수이다. 양성자와 전자의 수가 같은 물체는 **알짜 전하**(net charge)를 갖지 않고(즉, $q=0$), **전기적으로 중성**(electrically neutral)이라고 한다.

대전된 물체는 양성자와 전자의 수가 동일하지 않다. 물체가 $N_p > N_e$이면 양으로 대전되고, $N_p < N_e$이면 음으로 대전된다. 물체의 전하가 항상 e의 정수배가 된다는 것에 주의하자. 즉, 물체의 전하량은 연속적이 아닌, 작지만 불연속적인 간격으로 달라진다. 이를 **전하 양자화**(charge quantization)라고 한다.

실제로, 물체는 양성자를 얻는 것이 아니라 전자를 잃음으로써 양전하를 가진다. 양성자는 핵 내에 매우 강하게 결합되어 있으며 원자로부터 추가되거나 제거될 수 없다. 반면에 전자는 다소 느슨하게 결합되어 큰 어려움 없이 제거될 수 있다. 원자의 전자 구름에서 전자를 제거하는 과정을 **이온화**(ionization)라고 한다. 전자를 잃은 원자는 **양이온**(positive ion)이라고 한다. 그것의 **알짜 전하**는 $q=+e$이다.

일부 원자는 외부 전자를 받을 수 있는데 그러면 알짜 전하 $q=-e$를 갖는 **음이온**(negative ion)이 된다. 소금물이 좋은 예이다. 소금(염화나트륨, NaCl)이 용해되면 양의 나트륨 이온 Na^+와 음의 염소 이온 Cl^-로 분리된다. 그림 22.2는 양이온과 음이온을 보여준다.

그림 22.2 양이온과 음이온

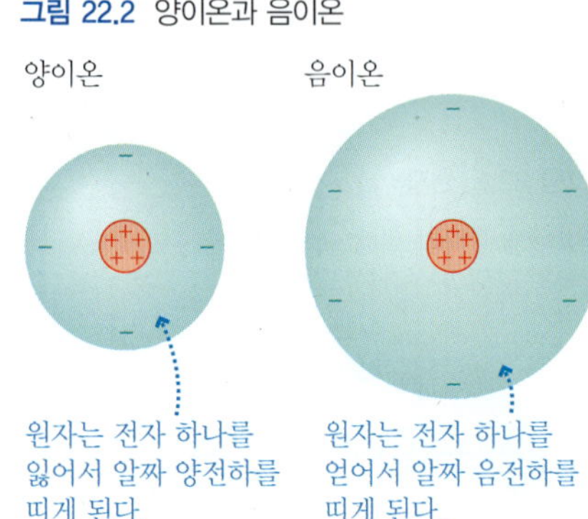

22.1절에서 관찰한 모든 대전 과정은 문지르는 것과 마찰을 포함했다. 마찰력은 두 물질이 서로 부딪히면서 표면의 분자 결합을 끊어버리는 원인이 된다. 분자는 전기적으로 중성이지만, 그림 22.3은 큰 분자의 결합 중 하나가 끊어지게 되면 **분자 이온**(molecular ion)이 생성될 수 있음을 보여준다. 분자의 양이온은 한 물질에 남아 있

고 음이온은 다른 물질에 남아 있기 때문에 마찰되는 물체 중 하나는 알짜 양전하를 가지고 다른 하나는 알짜 음전하를 가진다. 이것은 양모로 문질러진 플라스틱 막대가 대전되거나 빗이 머리카락을 거쳐 대전되는 방식이다.

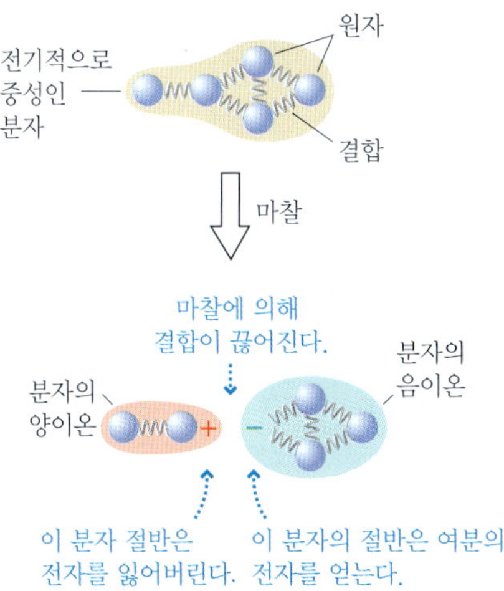

그림 22.3 마찰에 의한 대전은 결합이 끊어지면 분자 이온 생성

전하 보존과 전하 도형

전하에 관한 가장 중요한 발견 중 하나는 **전하 보존 법칙**(law of conservation of charge)이다. 전하는 생성되거나 소멸되지 않는다. 전자와 이온이 움직이면서 전하가 한 물체에서 다른 물체로 전달될 수 있지만 총 전하량은 일정하게 유지된다. 예를 들어, 양모로 문질러진 플라스틱 막대가 대전되면 분자 결합이 끊어짐에 따라 양모에서 플라스틱 막대로 전자가 이동한다. 양모에는 막대의 음전하와 크기가 같지만 부호가 반대인 양전하가 남는다. $q_{\text{wool}} = -q_{\text{plastic}}$이므로 알짜 전하는 0으로 유지된다.

도형은 대전된 물체에서 전하와 힘을 이해하고 설명하는 데에 중요한 도구가 될 것이다. 도형을 사용할 때 전하 보존의 사용을 분명하게 하는 것이 중요하다. 도형에 그려지는 +와 −의 총 개수는 그들이 이동하는 것을 보여줄 때 변하지 않아야 한다.

22.3 절연체와 도체

전기적 특성으로 정의되는 두 종류의 물질, 절연체 및 도체가 있음을 확인했다. 그림 22.4는 절연체와 금속 도체 내부를 들여다본다. 절연체의 전자는 모두 양의 핵에 강하게 결합되어 자유롭게 이동할 수 없다. 마찰에 의한 절연체의 대전은 표면에 분자 이온 조각을 남기지만 이 조각은 움직이지 않는다.

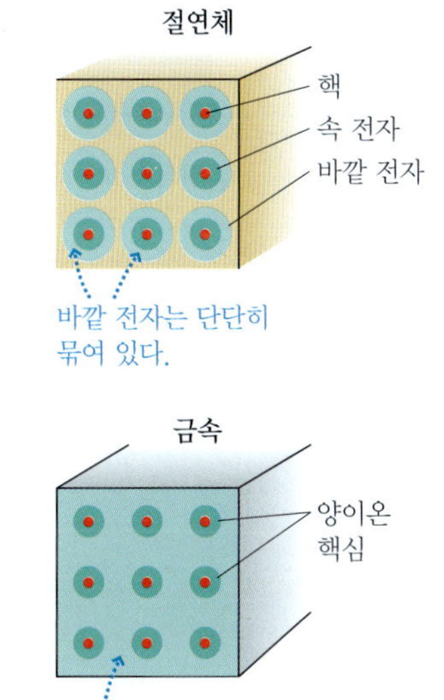

그림 22.4 절연체와 도체의 미세한 관찰

금속에서 바깥 전자[화학에서는 **원자가 전자**(valence electrons)라 한다]는 핵에 약하게 결합되어 있다. 원자들이 함께 모여 고체를 형성함에 따라, 이들 바깥 전자는 모핵(mother nuclei)으로부터 떨어져 고체 전체를 자유롭게 돌아다닐 수 있다. 전자를 추가하거나 제거하지 않았기 때문에 고체는 전기적으로 중성을 유지한다. 그러나 전자는 양으로 대전된 **이온 핵심**(ion core)의 배열에 퍼져 있는, 음전하를 띤 기체 또는 액체처럼 보인다[물리학자들은 **전자 바다**(sea of electrons)라고 한다].

이 구조의 주요 결과는 금속 내의 전자가 매우 유동적이라는 것이다. 그들은 전기력에 반응하여 금속을 통해 쉽고 빠르게 이동할 수 있다. 물질을 통한 전하의 움직임은 나중에 **전류**(current)라고 부를 것이며, 물리적으로 이동하는 전하는 **전하 운반자**(charge carriers)라고 부를 것이다. 금속 내의 전하 운반자는 전자이다.

금속만이 유일한 도체는 아니다. 소금물과 같은 이온화 용액도 좋은 도체이다. 그러나 이온화 용액에서 전하 운반자는 전자가 아니라 이온이다. 우리는 전기의 적용에 있어서 중요한 금속 도체에 중점을 둘 것이다.

대전

절연체는 흔히 문질러서 대전시킨다. 그림 22.5의 전하 도형은 막대의 전하가 표면에 있고 그 전하는 보존되어 있음을 보여준다. 대전은 접촉에 의해 다른 물체로 이동할 수는 있지만 막대에서는 움직이지 않는다.

그림 22.5 문질러서 대전된 절연 막대

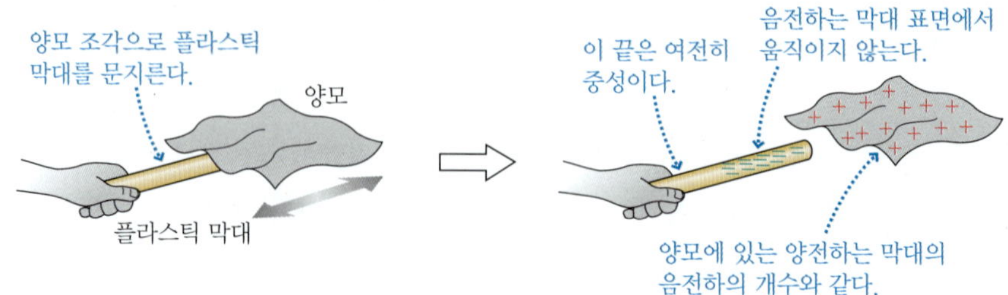

그림 22.6 대전된 플라스틱 막대와 접촉에 의해 대전된 도체

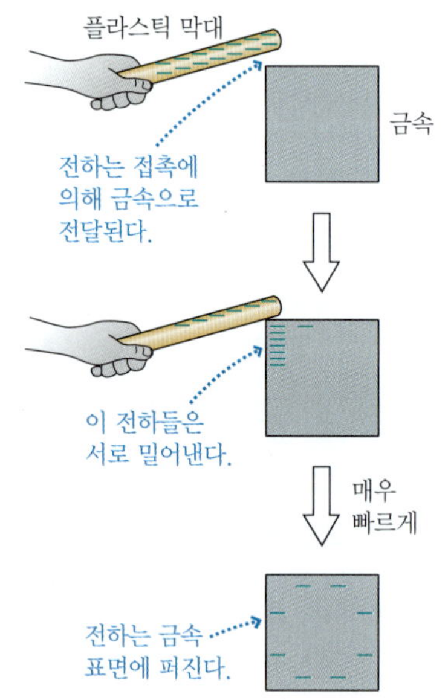

금속은 일반적으로 마찰로 대전될 수 없지만 실험 9에서는 금속구가 대전된 플라스틱 막대와 접촉하여 대전될 수 있음을 보여주었다. 그림 22.6은 그림 설명을 보여준다. 핵심 아이디어는 **도체 내의 전자가 자유롭게 움직일 수 있다**는 것이다. 일단 전하가 금속으로 전달되면, 음전하 사이의 반발력으로 인해 전자가 서로 멀어지게 된다.

새롭게 추가된 전자는 그 자체가 금속의 먼 쪽으로 이동할 필요가 없다. 반발력으로 인해, 새로 들어온 전자들은 그저 조금씩 옆으로 가며 전자 바다로 '떠밀려' 버린다. 전자 바다는 들어온 전하를 조절하는 데에 일반적으로 10^{-9}초 미만의 극히 짧은 시간이 소요된다. 실제로 도체는 전하가 들어오거나 나가는 것에 대해 즉각적으로 반응한다.

전자 바다가 조절되는 아주 잠시 동안을 제외하고는 고립된 도체의 전하는 정적 평형 상태에 있다. 즉, 전하는 정지 상태(즉, 정적)이며, 어떤 전하에도 알짜힘이 존재하지 않는다. 이 상태를 **정전기 평형**(electrostatic equilibrium)이라고 한다. 전하 중 하나에 알짜힘이 존재한다면, 힘이 0이 되는 평형점으로 빠르게 이동했을 것이다.

정전기 평형은 중요한 결과를 가져온다.

고립된 도체에서, 과잉 전하는 도체의 표면에 위치한다.

이것을 알아보기 위해 고립된 도체 내부에 과잉 전자가 있다고 가정하자. 여분의 전자는 내부의 전기적 중성을 뒤엎고 근처의 전자들에 힘을 가하여 움직이도록 만들 것이다. 그러나 그들의 운동은 정적 평형의 가정을 위반할 것이기 때문에 내부에 과잉 전자가 존재할 수 없다고 결론을 내릴 수밖에 없다. 과잉 전자는 모두 표면에 도달할 때까지 서로 밀어낸다.

예제 22.2 검전기 대전

많은 전기 실험들은 그림 22.7에서와 같이 검전기를 사용하여 진행된다. 대전된 플라스틱 막대가 있는 검전기 위에 금속구를 접촉시키면 얇은 금박이 비스듬히 벌어지게 된다. 전하 도형을 사용하여 이유를 설명하시오.

핵심 전하 모형과 전하가 움직일 수 있는 물질인 도체의 모형을 사용할 것이다.

시각화 그림 22.8은 검전기의 대전을 보여주기 위해 전하 도형들을 사용한다.

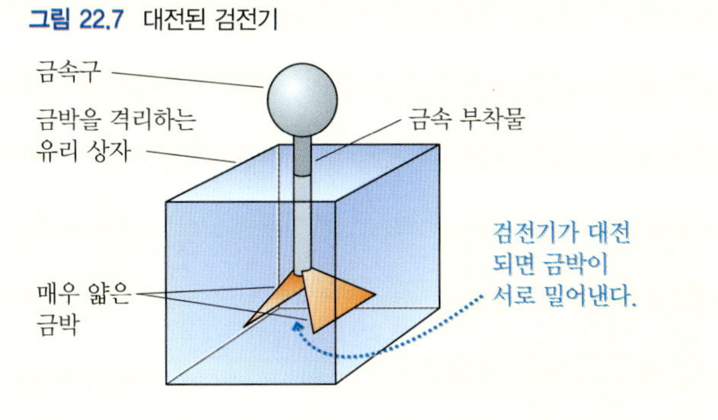

그림 22.7 대전된 검전기

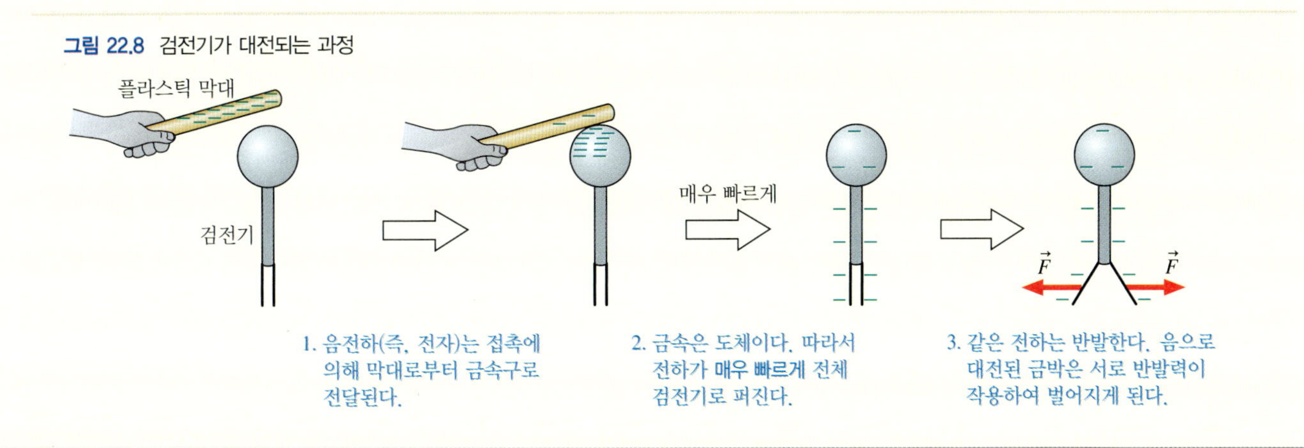

그림 22.8 검전기가 대전되는 과정

방전

인체는 주로 소금물로 이루어져 있다. 순수한 물은 매우 좋은 도체는 아니지만 Na^+와 Cl^- 이온을 가진 소금물은 좋은 도체이다. 결과적으로, 때로는 비극적이게도 인간도 상당히 좋은 도체이다. 이 사실은 실험 10에서 관찰된 것처럼 대전된 물체가 어떻게 방전되는지 이해할 수 있게 해준다. 그림 22.9에서 볼 수 있듯이, 전하를 띤 금속을 만졌을 때의 효과는 금속과 전도성 있는 사람이 함께 있을 때가 금속만 있을 때보다 더 큰 도체가 된다는 것이다. 처음에는 금속에만 국한되었던 과잉 전하가 이제는 더 큰 금속+인간 도체로 퍼질 수 있다. 이것은 금속을 완전히 방전시키지는 않지만 인간이 금속보다 훨씬 큰 일반적인 상황에서는 금속에 남아 있는 잔류 전하가 원래의 전하보다 훨씬 감소한다. 금속은 대부분 실용적인 용도로 방전된다. 본질적으로 접촉하는 두 도체는 그 중 하나에 있던 전하를 '공유'한다.

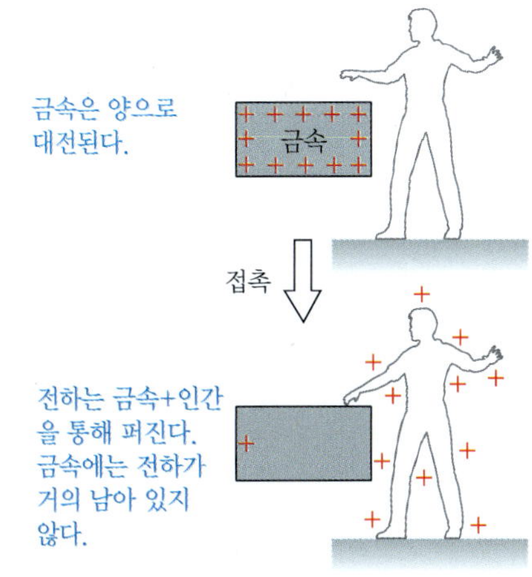

그림 22.9 대전된 금속을 만지면 방전된다.

습한 공기는 도체이지만 다소 약하다. 공기에서 대전된 물체는 공기가 물체에서의 전하를 공유함에 따라 천천히 전하를 잃는다. 지구 자체는 물, 습한 토양 그리고 다양한 이온들로 인해 거대한 도체이다. 도체를 통해 지구에 물리적으로 연결된 모든 물체는 **접지되었다**(grounded)고 한다. 접지되었다는 것은 물체가 지구 전체가 가지는 과잉 전하를 공유한다는 것이다. 그러나 지구는 너무 커서 지구에 있는 어떤 도체라도 완전히 방전될 것이다.

회로, 가전제품과 같은 물체를 **접지**하는 목적은 물체에 전하의 축적을 막는 것이다. 세 갈래의 단자가 있는 가전제품이나 전자제품의 세 번째 단자는 접지 연결부이다. 건물 배선은 건물 외부의 어딘가의 땅 깊숙한 곳에 세 번째 도선을 물리적으로 연결하거나 종종 지하로 통하는 금속 수도관에 연결한다.

전하 분극

22.1절에서의 하나의 관찰 결과는 여전히 설명이 필요하다. 대전된 물체는 어떻게 중성 물체에 끌어당기는 힘을 가하는가? 이 질문에 대답하기를 위해, 그림 22.10은 양으로 대전된 막대 가까이에 둔 **중성** 검전기(그러나 접촉하지 않은)를 보여준다. 금박은 막대 가까이에 두는 동안에는 벌어지게 되지만 막대를 제거하면 빠르게 접어진다.

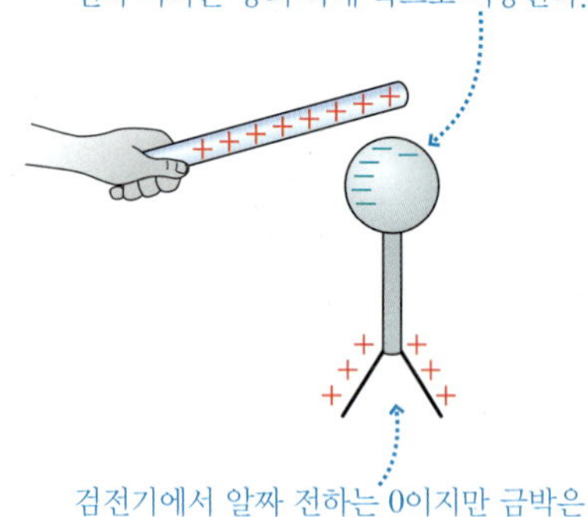

그림 22.10 대전된 막대 가까이에 검전기를 두면 금박이 서로 밀어낸다.

대전된 막대는 검전기에 닿지 않으므로 전하가 추가되거나 제거되지 않는다. 대신에, 금속의 전자 바다는 양의 막대를 끌어당기고, 막대 가까운 옆쪽에 과잉 음전하를 생성하기 위해 조금 이동한다. 검전기의 먼 쪽에는 전자가 부족해지고, 더 많은 양전하를 가진다. 우리는 검전기가 **분극화**(polarized)되었다고 말한다. **전하 분극**(charge polarization)은 중성 물체에서 양전하와 음전하가 살짝 분리된 것이다. 알짜 전하가 없기 때문에 막대가 제거되면 전자 바다가 재조정된다.

왜 모든 전자들은 양전하 가까운 쪽으로 몰려가지 않는가? 일단 전자 바다가 조금씩 이동하면, 고정된 양이온은 복원력을 가하여 전자를 다시 적당한 곳까지 끌어당긴다. 전자 바다에 대한 평형 위치는 외부 전하와 양이온으로 인한 힘이 균형을 이룰 만큼만 이동한다. 실제로, 전자 바다의 변위는 보통 10^{-15} m 미만이다.

전하 분극은 대전된 물체가 어떻게 중성 물체에 끌어당기는 힘을 가하는지를 이해하는 열쇠이다. 그림 22.11은 양으로 대전된 막대 가까이에 있는 중성의 금속 조각을 보여준다. 전기력은 거리에 따라 감소하기 때문에, **표면 위쪽에서의 전자에 대한 인력은 바닥에서의 이온에 대한 반발력보다 약간 더 크다.** 대전된 막대를 향한 알짜힘을 **분극힘**(polarization force)이라고 한다. 분극힘은 금속 내의 전하가 분리되어 있기 때문에 발생하는데, 막대와 금속이 반대 전하이기 때문은 아니다.

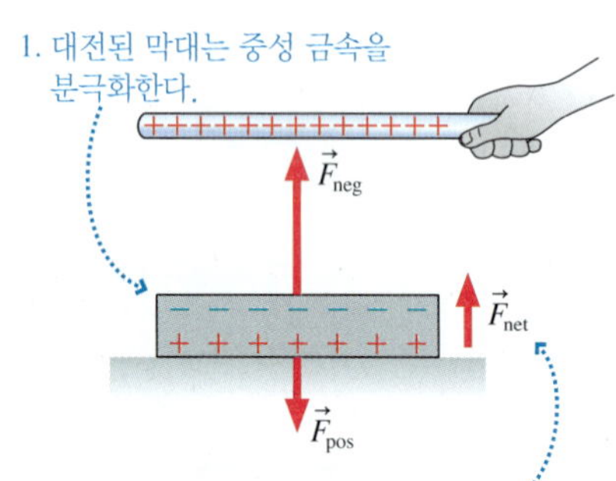

그림 22.11 중성의 금속 조각에서 분극힘은 전하 분리에 의한 것이다.

음으로 대전된 막대는 전자 바다를 약간 멀리 밀어내고 금속을 분극화하여 위쪽 표면은 양전하, 아래쪽 표면은 음전하를 갖게 한다. 다시 한번 말하면, 이것은 전하가 금속에 **끌어당기는 알짜힘**을 가하기 위한 조건이다. 따라서 전하 모형은 양이나 음으로 대전된 물체가 어떻게 중성의 금속 조각을 끌어당기는지를 설명한다.

전기 쌍극자

도체를 분극화하는 것과는 별개로 왜 대전된 막대는 절연체인 종이를 집어 올리는가? 원자 근처에 양전하를 가져올 때 어떤 일이 일어나는지를 고려해보아야 한다. 그림 22.12에서 알 수 있듯이, 전하는 원자를 분극화한다. 전자 구름은 양의 핵으로부터

그림 22.12 중성 원자는 외부 전하에 의해 분극되고 외부 전하로 끌려간다.

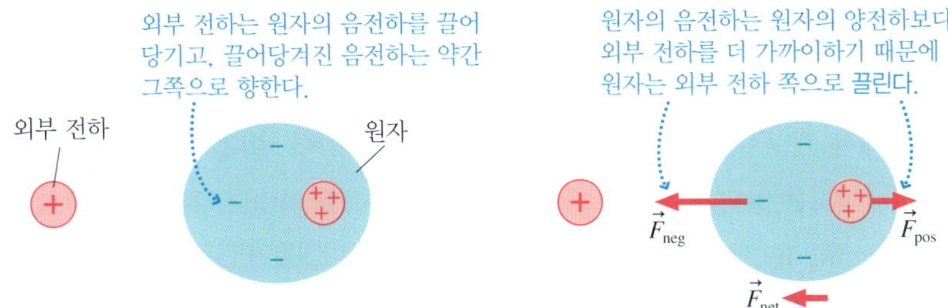

의 힘이 뒤로 끌어당기기 때문에 멀리 움직이지 않는다. 그러나 양전하의 중심과 음전하의 중심은 약간 분리되어 있다.

그들 사이에 약간의 분리를 갖는 2개의 반대 전하를 **전기 쌍극자**(electric dipole)라고 한다. (완벽한 구의 실제 왜곡은 그림에 표시된 왜곡과는 달리 매우 작다.) 쌍극자의 가까운 쪽 끝에서의 인력은 외부 전하와 가깝기 때문에 먼 쪽 끝에서의 반발력보다 약간 크다. 전하와 원자 사이의 인력인 알짜힘은 분극힘의 또 다른 예이다.

절연체는 외부 전하가 가까워지면 이동할 전자 바다가 없다. 대신에, 그림 22.13과 같이 절연체 내부의 모든 개별 원자는 분극을 갖게 된다. 각 원자에 작용하는 분극힘은 외부 전하를 향해 알짜 분극힘을 생성한다. 이것으로 수수께끼가 풀린다. 대전된 막대가 종이를 들어 올리는 과정은 다음과 같다.

- 종이의 원자는 분극된다.
- 각 원자에서 끌어당기는 분극힘이 생긴다.

이것은 중요하다. 추론의 모든 단계를 이해했는지 확인하자.

그림 22.13 외부 전하에 의해 분극화된 절연체 내의 원자

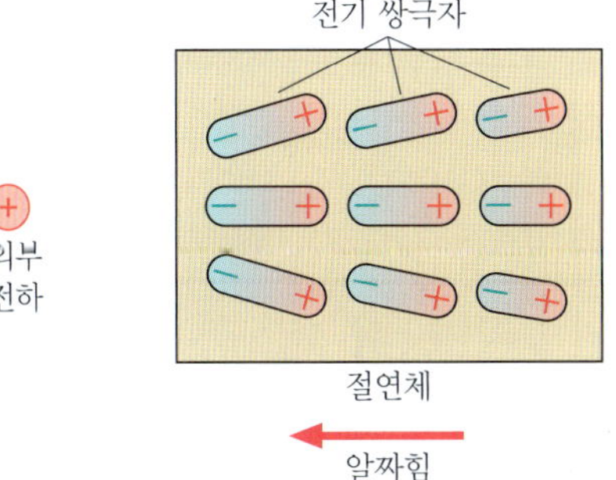

유도에 의한 대전

전하 분극은 검전기를 대전하는 흥미롭지만 반직관적인 방법이다. 그림 22.14는 사람은 손가락으로 검전기를 만지는 반면에, 양으로 대전된 유리막대는 검전기에 접촉 없

그림 22.14 양극 막대는 검전기를 유도에 의해 음으로 대전시킬 수 있다.

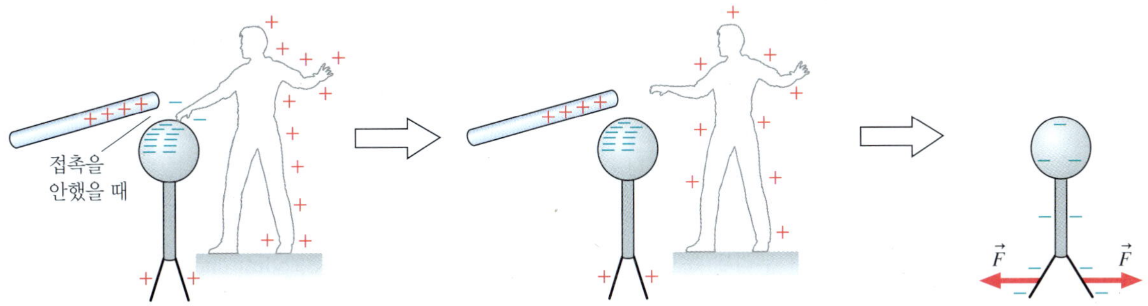

이 가까이 두었을 때를 보여준다. 그림 22.10에서와는 달리, 검전기 금박은 거의 움직이지 않는다.

전하 분극화는 그림 22.10에서와 같이 발생하지만 이번에는 훨씬 더 큰 검전기+사람 도체에서 발생한다. 계(검전기 + 사람)가 분극화되어 있다가 사람이 손가락을 떼버리면 검전기는 알짜 음전하를, 사람은 알짜 양전하를 가진다. 검전기는 **유도에 의한 대전**(charging by induction)이라고 하는 과정에서 막대와 반대로 대전된다.

22.4 쿨롱의 법칙

처음 세 절에서 전하 모형과 전기력을 알아보았다. 이 모형은 전기 현상에 대한 질적 설명을 성공적으로 제공했다. 이제는 양적으로 알아볼 시간이다. 22.1절의 실험 4에서는 전기력이 거리에 따라 감소함을 발견했다. 이 거동을 묘사하는 힘의 법칙은 쿨롱의 법칙으로 알려져 있다.

쿨롱(Charles Coulomb)은 18세기 후반 전기를 연구한 많은 과학자 중 한 사람이다. 쿨롱은 중력 상수 G값(13.4절 참조)을 측정한 캐번디시(Cavendish)에 의해 만들어진 비틀림 저울을 사용하여 전기력을 연구하는 아이디어를 생각해냈다. 이것은 어려운 실험이었다. 많은 장애에도 불구하고 쿨롱은 1785년에 전기력이 뉴턴의 중력 법칙과 유사한 역제곱 법칙을 따른다고 발표했다. 오늘날 이것을 **쿨롱의 법칙**(Coulomb's law)이라고 한다.

쿨롱의 법칙

1. 전하 q_1와 q_2를 갖는 대전된 두 입자가 거리 r만큼 떨어진다면, 입자는 서로에게 다음 크기의 힘을 가한다.

$$F_{1\text{ on }2} = F_{2\text{ on }1} = \frac{K|q_1||q_2|}{r^2} \qquad (22.2)$$

여기서 K는 **정전기 상수**(electrostatic constant)라 한다. 이 힘들은 크기가 같고 방향이 반대인 작용·반작용 쌍이다.

2. 힘들은 두 입자를 연결하는 선을 따라 나타난다. 이 힘들은 같은 전하에서는 척력(반발력), 반대 전하에서는 인력이 된다.

우리는 때때로 '전하 q_1와 q_2 사이의 힘'을 말하지만, 실제로 질량, 크기, 다른 특성을 가진 대전된 물체를 다루고 있음을 명심해야 한다. 전하는 물질과 별개로 존재하는 어떤 분리된 독립체가 아니다. 쿨롱의 법칙은 **점전하**(point charge)라고도 하는 대전된 입자들 사이의 힘을 기술한다. I부에서 사용된 입자 모형의 확장인 대전된 입자는 질량과 전하를 가지고 있지만 크기는 없다.

쿨롱의 법칙은 뉴턴의 중력 법칙과 비슷하지만 한 가지 중요한 차이점이 있다. 전하 q가 양수 또는 음수일 수 있다는 것이다. 결과적으로 식 (22.2)의 절댓값 기호가 특히 중요하다. 쿨롱의 법칙의 첫 번째 부분은 항상 양수인 힘의 크기를 제공한다. 방향은 법칙의 두 번째 부분에서 결정되어야 한다. 그림 22.15는 양전하와 음전하에 대한 다른 조합 사이의 힘을 보여준다.

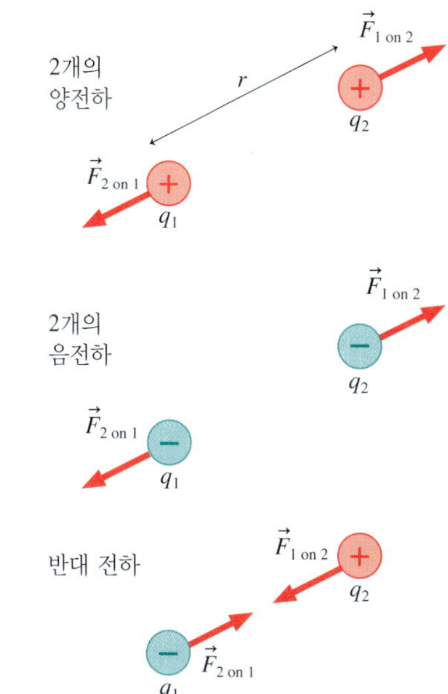

그림 22.15 대전된 입자 사이의 척력과 인력

전하의 단위

쿨롱은 전하의 **단위**가 없었기 때문에 K값을 결정할 수 없었다. 이 수치는 전하와 거리의 단위에 따라 결정된다. 전하의 SI 단위인 **쿨롬**(C)은 **전류**의 SI 단위에서 파생되었으므로, 정확하게 정의하기 전에 27장에서 전류의 연구를 기다려야 할 것이다. 지금은 기본 단위 e가 다음 값을 갖도록 측정되었음에 주목하자.

$$e = 1.60 \times 10^{-19}\ \text{C}$$

이것은 매우 작은 전하 양이다. 다른 말로 하면, 1 C은 약 6.25×10^{18}개의 양성자의 알짜 전하이다.

전하의 단위가 정해지면 쿨롱이 했던 것과 같은 비틀림 저울 실험을 사용하여 정전기 상수 K를 측정할 수 있다. SI 단위는 다음과 같다.

$$K = 8.99 \times 10^{9}\ \text{Nm}^2/\text{C}^2$$

매우 정확한 계산을 제외하고는 이것을 $K = 9.0 \times 10^{9}\ \text{Nm}^2/\text{C}^2$으로 반올림하는 것이 일반적이다.

놀랍게도, 쿨롱의 법칙이 많은 전기 이론에서 명시적으로 사용되지 않는다는 것을 알게 될 것이다. 그것이 기본적인 힘의 법칙이지만, 앞으로의 결론과 계산 대부분은 **장**(fields)과 **퍼텐셜**(potentials)이라고 불리는 것들이 될 것이다. 쿨롱의 법칙을 다소 복잡한 방식으로 다시 적어보면 앞으로 나오게 될 많은 방정식에 더 쉽게 사용할 수 있다는 것을 알 수 있다. **유전율 상수**(permittivity constant) ϵ_0('엡실론 제로'라고 발음한다)이라고 하는 새로운 상수를 정의해보자.

$$\epsilon_0 = \frac{1}{4\pi K} = 8.85 \times 10^{-12}\ \text{C}^2/\text{N m}^2$$

쿨롱의 법칙을 ϵ_0에 대하여 다시 적어보면

$$F = \frac{1}{4\pi\epsilon_0}\frac{|q_1||q_2|}{r^2} \tag{22.3}$$

가 된다. 쿨롱의 법칙을 사용할 때 바로 정전기 상수 K를 사용하는 것이 가장 쉽다. 그러나 다음 장에서는 ϵ_0를 가진 두 번째 식으로 전환할 것이다.

쿨롱의 법칙 활용

쿨롱의 법칙은 힘의 법칙이고 힘은 벡터이다. 벡터와 벡터의 덧셈을 많이 사용한 이래 다수의 장(chapter)들이 있었지만, 이러한 수학적 기법은 전기와 자기 공부에 필

수적이다.

쿨롱의 법칙에 관한 두 가지 중요한 관찰이 있다.

1. **쿨롱의 법칙은 점전하에만 적용된다.** 점전하는 전하와 질량을 갖지만 크기나 확장이 없는 이상적인 물질이다. 실제로, 대전된 두 물체는 그들 사이의 간격보다 훨씬 작으면 점전하처럼 모형화될 수 있다.
2. **전기력은 다른 힘과 마찬가지로 중첩될 수 있다.** 여러 개의 전하가 존재한다면, 다른 모든 전하들에 의한 전하 j에서의 **알짜** 전기력은

$$\vec{F}_{\text{net}} = \vec{F}_{1\text{ on }j} + \vec{F}_{2\text{ on }j} + \vec{F}_{3\text{ on }j} + \cdots \tag{22.4}$$

이고, 여기서 각각의 $\vec{F}_{i\text{ on }j}$는 식 (22.2) 또는 (22.3)에 의해 주어진다.

이 조건들은 쿨롱의 법칙을 사용하여 정전기력 문제를 해결하기 위한 전략의 기본이다.

문제 풀이 전략 22.1

정전기력과 쿨롱의 법칙

핵심 점전하를 식별하거나 물체를 점전하처럼 모형화한다.

시각화 좌표계를 만들어 전하의 위치와 전하에 대한 힘 벡터를 표시하고, 거리와 각도를 정의하고, 구하려는 문제를 알아내기 위해 그림 표현을 사용한다. 이것은 말을 기호로 바꾸는 과정이다.

풀이 수학적 표현은 쿨롱의 법칙을 기반으로 한다.

$$F_{1\text{ on }2} = F_{2\text{ on }1} = \frac{K|q_1||q_2|}{r^2}$$

- 그림 표현에 힘의 방향(같은 전하에서는 척력, 다른 전하에서는 인력)을 보여준다.
- 가능하다면 그림 표현에 벡터의 덧셈을 그래프로 나타낸다. 정확하지는 않지만 기대하는 대답의 유형을 알려준다.
- 각 힘 벡터를 x성분과 y성분으로 나타낸 다음, 알짜힘을 찾기 위해 성분을 더한다. 성분이 양인지 음인지 결정하기 위해 그림 표현을 사용한다.

검토 얻은 결과가 정확한 단위와 유효 숫자로 되어 있고 타당한지, 질문에 대답하는지 확인한다.

예제 22.3 | 유리구슬 들어 올리기

−10 nC으로 대전된 작은 플라스틱 구를 탁자 위의 움직이지 않는 작은 유리구슬 위로 1.0 cm 높이에 두었다. 구슬의 질량은 15 mg이며 +10 nC 전하를 가진다. 유리구슬은 플라스틱 구까지 뛰어 올라갈 수 있는가?

핵심 플라스틱 구와 유리구슬을 점전하로 모형화한다.

시각화 그림 22.16은 y축을 정하고, 플라스틱 구를 q_1으로, 유리구슬을 q_2로 하여, 자유 물체 도형으로 나타낸다.

풀이 $F_{1\text{ on }2}$가 중력 $F_G = m_{\text{bead}}g$보다 작으면, 구슬은 $\vec{F}_{1\text{ on }2} + \vec{F}_G + \vec{n} = \vec{0}$가 되어 움직이지 않고 탁자 위에 놓여 있게 된다. 그러나 $F_{1\text{ on }2}$가 중력 $F_G = m_{\text{bead}}g$보다 크면 유리구슬은 탁자에서 위쪽으

그림 22.16 전하와 힘에 대한 그림 표현

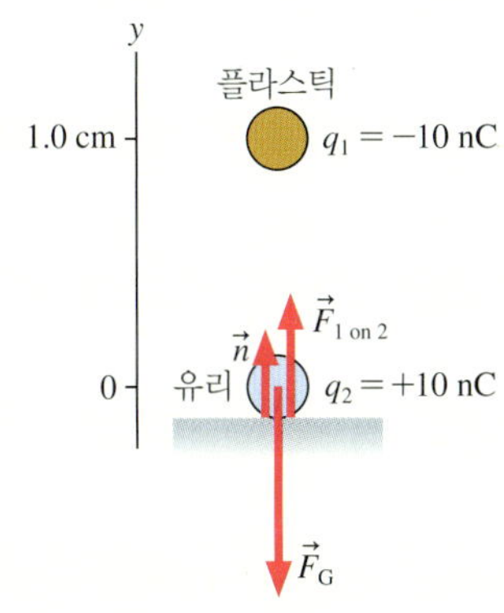

로 가속된다. 제시된 값을 사용하여 값을 얻을 수 있다.

$$
\begin{aligned}
F_{1\text{ on }2} &= \frac{K|q_1||q_2|}{r^2} \\
&= \frac{(9.0\times10^9\ \text{N m}^2/\text{C}^2)(10\times10^{-9}\text{C})(10\times10^{-9}\text{C})}{(0.010\ \text{m})^2} \\
&= 9.0\times10^{-3}\ \text{N} \\
F_G &= m_{\text{bead}}g = 1.5\times10^{-4}\ \text{N}
\end{aligned}
$$

$F_{1\text{ on }2}$가 $F_G = m_{\text{bead}}g$의 60배를 넘으면 유리구슬은 위로 뛰어 올라갈 수 있다.

검토 이 예제에서 사용된 값은 지름이 약 2 mm인 구에 대하여 현실성 있다. 일반적으로, 이 예에서와 같이 전기력은 중력보다 **훨씬** 크다. 결과적으로, 입자가 상당히 거대하지 않는 한 전기력 문제를 해결할 때 중력은 무시할 수 있다.

예제 22.4 힘이 0인 지점

양으로 대전된 두 입자 q_1과 $q_2 = 3q_1$은 x축에서 10.0 cm 떨어져 있다. 세 번째 전하 q_3가 알짜힘을 느끼지 못하게 위치(무한대 이외의)시킬 수 있는가?

핵심 대전된 입자를 점전하로 모형화한다.

시각화 그림 22.17은 원점에서 q_1을, $x = d$에서 q_2를 좌표계로 설정한다. q_3의 부호에 대한 정보가 없기 때문에 찾고 있는 위치가 어느 쪽의 부호에도 작용할 것이다. q_3가 점 A와 같이 x축에서 벗어나 있다고 가정한다. q_3에서의 두 척력(또는 인력)을 더하면 0이 될 수 없으므로 q_3는 x축 어딘가에 있어야 한다. 두 전하 밖에 있는 점 B에서 q_3에서의 두 힘은 항상 같은 방향에 있고 역시 더하면 0이 될 수 없다. 유일하게 가능한 위치는 x축 위의 전하 사이, 두 힘이 반대 방향인 점 C이다.

그림 22.17 전하와 힘의 그림 표현

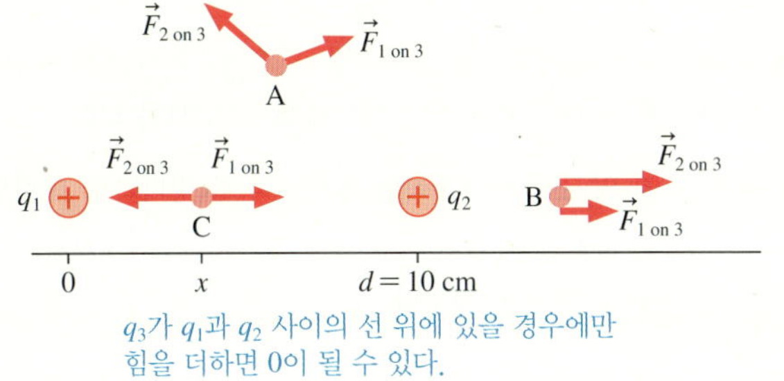

풀이 수학적인 문제는 힘 $\vec{F}_{1\text{ on }3}$와 $\vec{F}_{2\text{ on }3}$의 크기가 동일한 위치를 찾는 것이다. q_3가 q_1으로부터 x만큼 떨어져 있다면, q_2부터 거리는 $d - x$가 된다. 힘의 크기들은

$$F_{1\text{ on }3} = \frac{Kq_1|q_3|}{r_{13}^2} = \frac{Kq_1|q_3|}{x^2}$$

$$F_{2\text{ on }3} = \frac{Kq_2|q_3|}{r_{23}^2} = \frac{K(3q_1)|q_3|}{(d-x)^2}$$

와 같다. 전하 q_1과 q_2는 양의 값이며 절댓값 부호가 필요하지 않다. 두 힘을 같게 하면

$$\frac{Kq_1|q_3|}{x^2} = \frac{3Kq_1|q_3|}{(d-x)^2}$$

와 같이 주어진다. $Kq_1|q_3|$는 소거되고 $x^2(d-x)^2$으로 계산하면

$$(d-x)^2 = 3x^2$$

이 된다. 2차 방정식으로 다시 정리하면,

$$2x^2 + 2dx - d^2 = 2x^2 + 20x - 100 = 0$$

이다. 여기서 $d = 10$ cm를 사용했고 x는 cm 단위이다. 이 방정식에 대한 해답은 다음과 같다.

$$x = +3.66\ \text{cm와}\ -13.66\ \text{cm}$$

둘 다 두 힘의 크기가 같은 지점이지만, $x = -13.66$ cm는 방향이 같으면서 크기도 같은 지점이다. 우리가 원하는 해답은 전하 사이에 있는 $x = 3.66$ cm이다. 따라서 q_3를 놓을 지점은 q_1, q_2를 연결하는 선을 따라서 q_1으로부터 3.66 cm 떨어진 곳이다.

검토 q_1은 q_2보다 작기 때문에 힘의 균형이 q_2보다 q_1에 가까워질 것으로 예상된다. 해답은 타당하게 보인다. 문제에는 좌표가 없으므로 '$x = 3.66$ cm'는 만족스러운 답이 아니다. q_1 및 q_2에 대한 상대적인 위치를 설명해야 한다.

예제 22.5 3개의 전하

$q_1 = -50$ nC, $q_2 = +50$ nC, $q_3 = +30$ nC인 3개의 대전된 입자가 그림 22.18에 표시된 5.0 cm × 10.0 cm 사각형의 모서리에 위치한다. 다른 두 전하로 인한 전하 q_3에서의 알짜힘은 얼마인가? 성분 형식, 그리고 크기와 방향으로 답하시오.

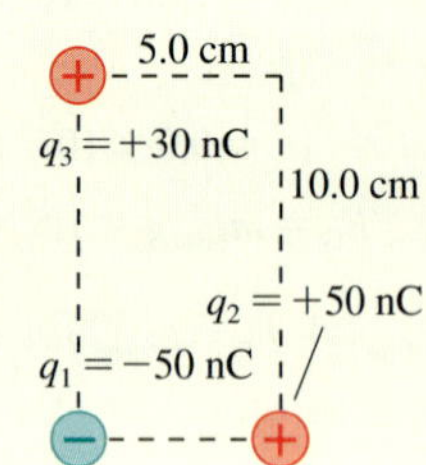

그림 22.18 3개의 전하

핵심 대전된 입자를 점전하로 모형화한다.

시각화 그림 22.19의 그림 표현은 좌표계를 설정한다. q_1과 q_3는 반대 전하이기 때문에 힘 벡터 $\vec{F}_{1\text{ on }3}$는 q_1를 향하여 인력이다. q_2와 q_3는 같은 전하이기 때문에 힘 벡터 $\vec{F}_{2\text{ on }3}$는 q_2로부터 멀어지는 척력이다. q_1과 q_2는 같은 크기를 가지지만 q_2는 q_3보다 더 멀리 있기 때문에 $\vec{F}_{2\text{ on }3}$는 $\vec{F}_{1\text{ on }3}$보다 작은 것으로 그려졌다. 벡터의 덧셈은 알짜힘 벡터 $\vec{F}_3$를 그리고, 그 각 ϕ를 정의하기 위해 사용되었다.

그림 22.19 전하와 힘의 그림 표현

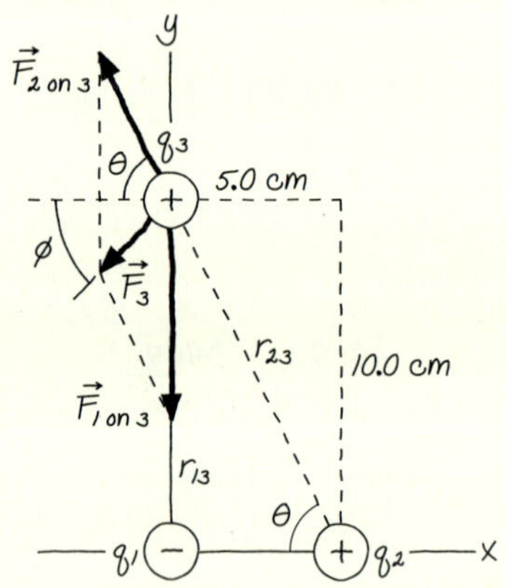

풀이 질문은 힘을 요구하므로, 우리의 답은 벡터합 $\vec{F}_3 = \vec{F}_{1\text{ on }3} + \vec{F}_{2\text{ on }3}$가 될 것이다. $\vec{F}_{1\text{ on }3}$와 $\vec{F}_{2\text{ on }3}$를 성분 형태로 나타낼 필요가 있다. 힘 $\vec{F}_{1\text{ on }3}$의 크기는 쿨롱의 법칙을 사용하여 찾을 수 있다.

$$F_{1\text{ on }3} = \frac{K|q_1||q_3|}{r_{13}^2} = \frac{(9.0 \times 10^9\ \text{N m}^2/\text{C}^2)(50 \times 10^{-9}\ \text{C})(30 \times 10^{-9}\ \text{C})}{(0.100\ \text{m})^2} = 1.35 \times 10^{-3}\ \text{N}$$

여기서 $r_{13} = 10.0$ cm를 사용하였다.

그림 표현은 $\vec{F}_{1\text{ on }3}$가 $-y$ 방향으로 아래를 가리킨다. 따라서

$$\vec{F}_{1\text{ on }3} = -1.35 \times 10^{-3}\hat{j}\ \text{N}$$

이다. $\vec{F}_{2\text{ on }3}$를 계산하기 위해 전하 사이의 거리 r_{23}가 필요하다.

$$r_{23} = \sqrt{(5.0\ \text{cm})^2 + (10.0\ \text{cm})^2} = 11.2\ \text{cm}$$

$\vec{F}_{2\text{ on }3}$의 크기는

$$F_{2\text{ on }3} = \frac{K|q_2||q_3|}{r_{23}^2} = \frac{(9.0 \times 10^9\ \text{N m}^2/\text{C}^2)(50 \times 10^{-9}\ \text{C})(30 \times 10^{-9}\ \text{C})}{(0.112\ \text{m})^2} = 1.08 \times 10^{-3}\ \text{N}$$

이다. 이것은 단지 크기만을 나타낸다. 벡터 $\vec{F}_{2\text{ on }3}$는

$$\vec{F}_{2\text{ on }3} = -F_{2\text{ on }3}\cos\theta\,\hat{\imath} + F_{2\text{ on }3}\sin\theta\,\hat{\jmath}$$

이 된다. 여기서 각 θ는 그림에서 정의되었고, 부호[x성분은 (−), y성분은 (+)]는 그림 표현으로부터 결정되었다. 사각형의 기하학적 구조로부터

$$\theta = \tan^{-1}\left(\frac{10.0\ \text{cm}}{5.0\ \text{cm}}\right) = \tan^{-1}(2.0) = 63.4°$$

를 얻을 수 있다. 그러므로 $\vec{F}_{2\text{ on }3} = (-4.83\hat{\imath} + 9.66\hat{\jmath}) \times 10^{-4}$ N이 된다. $\vec{F}_{1\text{ on }3}$와 $\vec{F}_{2\text{ on }3}$를 더하여 $\vec{F}_3$를 찾는다.

$$\vec{F}_3 = \vec{F}_{1\text{ on }3} + \vec{F}_{2\text{ on }3} = (-4.83\hat{\imath} - 3.84\hat{\jmath}) \times 10^{-4}\ \text{N}$$

이것은 많은 문제들에 대한 수용 가능한 답이 될 수 있지만 때때로 크기와 방향으로 나타낸 알짜힘을 필요로 한다. 그림에서 정의된 각 ϕ의 경우,

$$F_3 = \sqrt{F_{3x}^2 + F_{3y}^2} = 6.2 \times 10^{-4}\ \text{N}$$

$$\phi = \tan^{-1}\left|\frac{F_{3y}}{F_{3x}}\right| = 38°$$

이다. 따라서 $\vec{F}_3 = (6.2 \times 10^{-4}\ \text{N}, 38°\ -x$축 아래로)가 된다.

검토 힘은 크지 않지만 정전기력의 전형이다. 그렇더라도 대전된 물체의 질량이 대개 매우 작기 때문에 이 힘이 매우 큰 가속도를 만들 수 있음을 곧 알게 될 것이다.

22.5 전기장

전기력과 자기력은 중력과 같이 **장거리힘**이다. 대전된 입자가 다른 입자에 힘을 가하는 데 접촉할 필요가 없다. 그러나 이로 인해 문제가 발생한다. 예를 들면, 그림 22.20에서 대전된 입자 A와 B를 보자. 갑자기 A가 화살표와 같이 움직이기 시작하면 B의 힘 벡터도 A를 따라가야 한다. 이 일이 **즉시** 발생하는가? 아니면 A가 움직일 때와 힘 $\vec{F}_{\text{A on B}}$가 반응할 때 사이에 약간의 **지연**이 있는가?

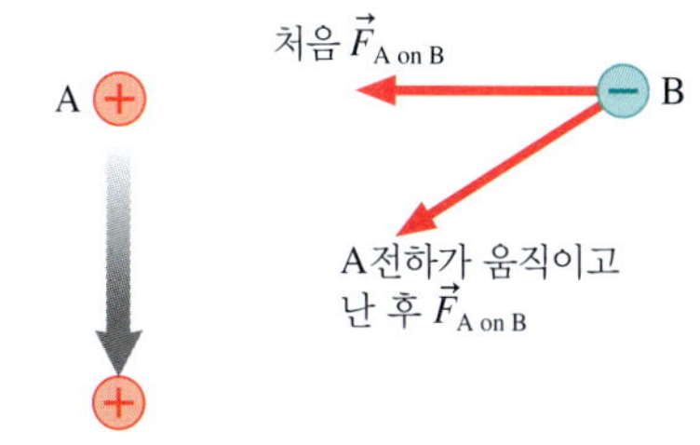

그림 22.20 전하 A가 움직이면, B의 힘 벡터가 반응하는 데 얼마나 걸리는가?

쿨롱의 법칙이나 뉴턴의 중력 법칙은 시간에 의존하지 않으므로 뉴턴의 물리학 관점에서의 답은 '즉각적'이어야 한다. 그러나 대부분의 과학자들은 이 답의 문제점을 발견했다. 만약 A가 B로부터 100,000광년이라면? B는 100,000광년 떨어진 거리에서 **즉시** 반응하는가? 힘의 즉각적인 전달이라는 생각을 19세기 초반의 대부분의 과학자들은 믿을 수 없었다. 그러나 지연된다면 얼마나 걸리는가? "힘을 변화시키는" 정보는 어떻게 A에서 B로 보내지는가? 이런 논란이 있을 때 젊은 패러데이(Michael Faraday)가 등장했다.

패러데이는 과학사에서 가장 흥미로운 인물 중 한 명이다. 교육을 시작한 나이가 늦었기 때문에(그는 십대였다) 결코 수학에 능숙하지 않았다. 방정식 대신에, 패러데이의 훌륭하고 통찰력 있는 지성은 물리적 현상을 생각하고 설명하기 위한 많은 기발한 **그림 표현**법들을 개발했다. 이들 중 가장 중요한 것은 장(field)이었다.

장의 개념

패러데이는 그림 22.21에서 볼 수 있듯이 철가루가 자석 주위에 뿌려질 때 만드는 패턴에 특히 깊은 인상을 받았다. 패턴의 규칙성과 곡선은 패러데이에게 자석 주위의 **공간 자체**가 일종의 자기적 영향으로 가득 차 있다는 인상을 주었다. 아마도 어떻게 해서든 자석이 그 주위의 공간을 바꾼다. 이러한 관점에서 볼 때, 자석 주변의 철 조각은 자석에 직접 반응하는 것이 아니고 자석에 의해 변형된 공간에 반응한다. 이 공간 변화가 무엇이든 간에 장거리힘이 가해지는 **메커니즘**이 된다.

그림 22.21 자석의 끝부분 주위에 뿌린 철가루는 자석의 영향이 주변의 공간으로 확장된다는 것을 제시한다.

그림 22.22는 패러데이의 생각을 설명한다. 뉴턴 지지자들의 관점은 A와 B가 직접 상호작용한다는 것이다. 패러데이의 견해로 볼 때, 먼저 주변 공간이 변하거나 바뀌면 입자 B가 등장해서 이 변경된 공간과 상호작용한다. 공간의 변화는 A와 B가 상호작용하는 **매개체**가 된다. 게다가 이 변화는 A에서 바깥쪽으로 아마도 파동과 같은 방식으로 전파하는 데에 한정된 시간이 걸린다는 것을 쉽게 상상할 수 있다. 만약 A가 변한다면, 새로운 공간 변화가 B에 근접할 때만 B는 반응한다. B와 공간 변화 사이의 상호작용은 접촉힘과 같은 **국지적** 상호작용이다.

그림 22.22 장거리힘에 대한 뉴턴과 패러데이의 아이디어

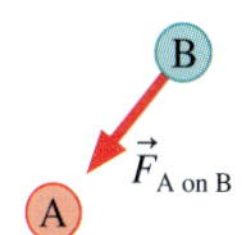

뉴턴 지지자들의 관점에서, A는 B에 직접 힘을 가한다.

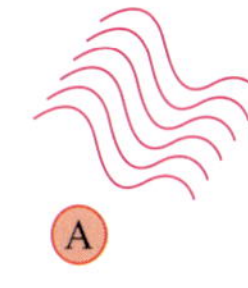

패러데이의 관점에서, A는 그 공간 주위를 변하게 한다. (물결 모양의 선은 시적 허용이며 우리는 그 변화가 어떻게 생겼는지 모른다.)

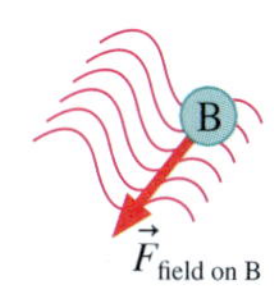

입자 B는 변화된 공간에 반응한다. 변경된 공간은 B에 힘을 가하는 매개체이다.

패러데이의 생각은 '**장**(field)'으로 불리게 되었다. 수학 분야에서 나오는 '장'이라는 용어는 공간의 모든 점에 벡터를 할당하는 함수를 설명한다. 반면, 물리학에서 '장'의 개념은 물리적 실체가 공간의 모든 지점에 존재한다는 것을 나타낸다. 사실 패러데이

는 장거리힘이 어떻게 작동하는지에 대해 제안한 바가 있다. 전하는 공간의 **모든 곳**에서 변화를 일으킨다. 다른 전하는 그들의 위치에서 변화에 반응한다. 질량 주변의 공간 변화를 **중력장**(gravitational field)이라고 한다. 마찬가지로, 전하 주위의 공간은 변형되어 **전기장**(electric field)을 생성한다.

패러데이의 생각은 처음에는 진지하게 받아들여지지 않았다. 그것은 입자와 힘에 대해 뉴턴 방식에 젖어있는 과학자들에게 너무 애매하고 비수학적인 것처럼 보였다. 그러나 장 개념의 중요성은 19세기 전반에 전자기 이론이 발전함에 따라 커졌다. 처음에는 그림을 이용한 '술책'으로 보였던 것이 전기력과 자기력을 이해하는 데 점점 더 중요하게 보이게 되었다.

장 모형

기본적인 아이디어는 **전기장이 대전된 입자에 전기력을 가하는 매개체**라는 것이다. 다르게 표현하자면, 그 대전된 입자는 전기장을 통해 상호작용한다. 다음과 같이 가정한다.

1. **원천전하**(source charge)라고 하는 일부 전하는 공간의 모든 지점에서 전기장 $\vec{E}$를 생성하여 주변 공간을 변화시킨다.
2. 전기장에서 개별 전하 q는 장에 의해 가해진 힘 $\vec{F}=q\vec{E}$를 느낀다. 양전하에 가해지는 힘은 $\vec{E}$ 방향이고, 음전하에서의 힘은 $\vec{E}$의 반대 방향으로 향하게 된다.

따라서 원천전하는 그들이 생성한 전기장을 통해 q에 전기력을 가한다.

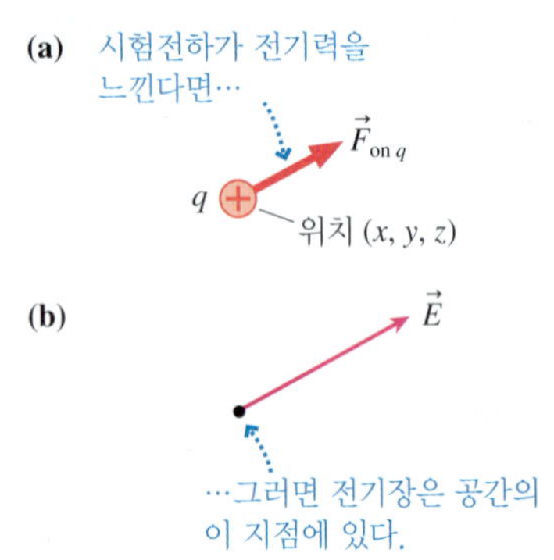

그림 22.23 전하 q는 전기장의 탐침이다.

우리는 시험전하 q에 대한 힘을 측정한 전기장에 대해 배울 것이다. 그림 22.23a와 같이 위치 (x, y, z)에 시험전하를 놓고 힘 $\vec{F}_{\text{on } q}$를 측정하면 그 지점의 전기장은

$$\vec{E}(x, y, z) = \frac{\vec{F}_{\text{on } q} \text{ at } (x, y, z)}{q} \tag{22.5}$$

가 된다. 우리는 전기장을 전하에 대한 힘의 비로 **정의**하고 있다. 따라서 전기장의 단위는 쿨롬 단위당 뉴턴 또는 N/C이다. 전기장의 크기 E는 **전기장 세기**(electric field strength)라고 한다.

시험전하 q를 사용하면 장을 **관찰**할 수 있지만 q는 장 생성에 대한 책임이 없음을 인식하는 것이 중요하다. 장은 이미 원천전하에 의해 생성되어 있었다. 그림 22.23b는 시험전하 q가 제거된 후 공간에서 이 지점에서의 장을 보여준다. 공간 전체에 전하 q를 배치했을 때의 배치도를 상상해볼 수 있다.

식 (22.5)에 q가 나타나기 때문에, 전기장이 시험전하의 크기에 의존한다고 생각할 수 있지만 그렇지 않다. 쿨롱의 법칙은 $\vec{F}_{\text{on } q}$가 q에 비례하므로 식 (22.5)에 정의된 전기장은 시험전하와는 **무관**하다는 것을 알려준다. 전기장은 전기장을 생성하는 원천전하에만 의존한다.

전하 상호작용에서의 **장 모형**(field model)에 대한 중요한 아이디어를 요약할 수 있다.

모형 22.2

전기장

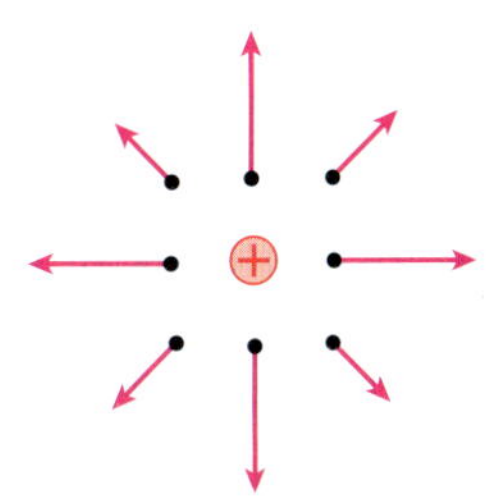

전하는 전기장을 통해 상호작용한다.

- 전하에서의 전기력은 전기장에 의해 작용한다.
- 전기장은 다른 전하, 즉 **원천전하**에 의해 생성된다.
  - 전기력은 벡터이다.
  - 장은 공간의 모든 지점에 존재한다.
  - 전하는 자신의 장을 느끼지 못한다.

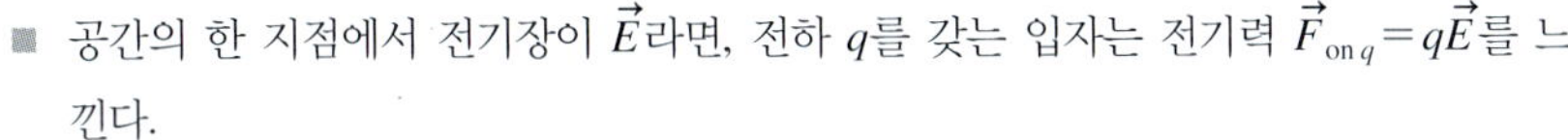

- 공간의 한 지점에서 전기장이 $\vec{E}$라면, 전하 q를 갖는 입자는 전기력 $\vec{F}_{\text{on } q} = q\vec{E}$를 느낀다.
  - 양전하에서의 힘은 장의 방향이다.
  - 음전하에서의 힘은 장의 반대 방향이다.

예제 22.6 | 세포에서의 전기력

우리 몸에서 모든 세포는 전기적으로 다양한 방식으로 활동한다. 예를 들어, 신경 전달은 뉴런의 세포막에 있는 큰 전기장이 이온을 세포벽을 통해 이동시킬 때 발생한다. 일반적인 세포막의 전기장 세기는 1.0×10^7 N/C이다. 대전된 칼슘 이온에 대한 전기력의 크기는 얼마인가?

핵심 이온은 전기장 내에서 점전하이다. 대전된 단일 이온은 전자 하나를 잃어 알짜 전하량 $q = +e$를 갖는다.

풀이 전기장 내에서의 대전된 입자는 전기력 $\vec{F}_{\text{on } q} = q\vec{E}$를 경험한다. 이 경우, 힘의 크기는

$$F = eE = (1.6 \times 10^{-19}\ \text{C})(1.0 \times 10^7\ \text{N/C}) = 1.6 \times 10^{-12}\ \text{N}$$

이다.

검토 이것은 엄청나게 작은 힘처럼 보일지 모르지만 그것은 질량 $m \sim 10^{-26}$ kg을 가진 입자에 작용한다. 이온은 세포막을 통과할 때 저항력이 없기 때문에 상상할 수 없는 가속도($F/m \sim 10^{14}\ \text{m/s}^2$)를 갖는다. 그렇더라도 이온은 1 μs 이내에 세포벽을 통과할 수 있다.

점전하의 전기장

전기장의 정의를 다음 장에서 완전히 활용하기 시작할 것이다. 지금은 아이디어를 개발하기 위해 단일 점전하 q의 전기장을 결정할 것이다. 그림 22.24a는 전하 q와 우리가 알고자 하는 전기장에 대한 공간에서의 지점을 보여준다. 그렇게 하기 위해, 전기장의 탐침으로 두 번째 전하 q'을 사용한다.

잠시 동안 두 전하는 모두 양수라고 가정한다. q'에서의 힘은 척력이고 q에서 똑바로 멀어지는 방향인데, 쿨롱의 법칙에 의해 주어진다.

$$\vec{F}_{\text{on } q'} = \left(\frac{1}{4\pi\epsilon_0}\frac{qq'}{r^2},\ q\text{에서 멀어지는 방향}\right) \tag{22.6}$$

그림 22.24 전하 q'은 점전하 q의 전기장을 조사하는 데 사용한다.

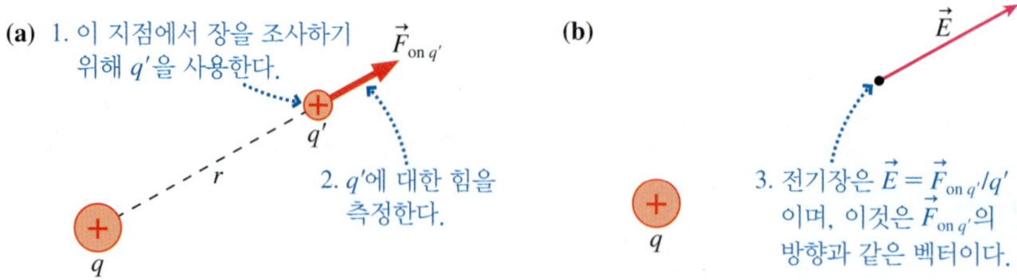

장 계산을 위해 K가 아닌 $1/4\pi\epsilon_0$을 사용하는 것이 일반적이다. 식 (22.5)는 시험전하에서의 힘의 관점으로 전기장을 정의했다. 따라서 이 지점에서의 전기장은 다음과 같다.

$$\vec{E} = \frac{\vec{F}_{\text{on } q'}}{q'} = \left(\frac{1}{4\pi\epsilon_0}\frac{q}{r^2},\ q\text{에서 멀어지는 방향}\right) \tag{22.7}$$

전기장은 그림 22.24b에서 보여준다.

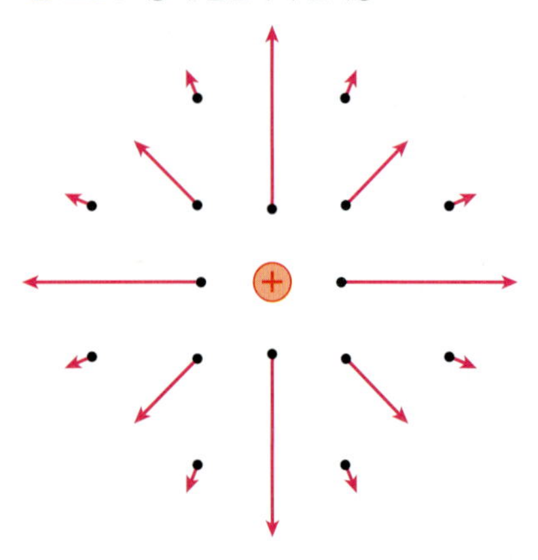

그림 22.25 양의 점전하의 전기장

공간에서 충분한 많은 점에서의 장을 계산하면, 그림 22.25와 같은 **장 도형**(field diagram)을 그릴 수 있다. 장 벡터는 전하 q로부터 일직선으로 뻗어나가는 것에 주의하자. 또한 거리 r에 대한 역제곱 의존성 때문에 화살표의 길이가 얼마나 빨리 감소하는지 확인하자.

장 도형을 사용할 때는 다음 세 가지 중요한 사항을 염두에 두어야 한다.

1. 이 도형은 그저 전기장 벡터의 대표적인 표본이다. 장은 다른 모든 지점에 있다. 잘 그려진 도형은 이웃하는 점에서의 장이 어떤 것인지 잘 알려준다.
2. 화살표는 부착된 지점에서의 전기장의 방향과 세기를 나타낸다. 즉, 벡터의 꼬리 지점에 장이 위치한다. 이 장(chapter)에서는 전기장이 점으로 측정되는 지점을 나타낸다. 임의의 벡터의 길이는 다른 벡터의 길이에 대한 상대적인 의미만 있다.
3. 한 점에서 다른 점으로 지면 전체에 걸쳐 벡터를 그려야 하지만, 전기장 벡터는 공간적인 양이 아니다. 전기장은 한 점에서 다른 점으로 '늘어나지' 않는다. 각 벡터는 공간의 한 점에서의 전기장을 나타낸다.

단위 벡터 표기법

식 (22.7)은 정확하지만 아주 편리하지는 않다. 게다가, 원천전하 q가 음수이면 어떻게 되는가? 전기장을 쓰려면 좀 더 간결한 표기법이 필요하다. q는 양수 또는 음수가 될 수 있다.

기본적인 요구는 수학 표기법에서 'q로부터 멀리'를 표현하는 것이다. 'q로부터 멀리'는 공간에서의 방향이다. 이를 나타내기 위해 특정 방향, 즉 단위 벡터 $\hat{\imath}$, $\hat{\jmath}$, $\hat{k}$을 표현하기 위한 표기법을 이미 가지고 있음을 기억해내자. 예를 들어, 단위 벡터 $\hat{\imath}$은 'x축 (+)방향'을 의미한다. 음의 부호가 있는 경우, $-\hat{\imath}$은 'x축 (−)방향'을 의미한다. 크기는 1이고 단위가 없는 단위 벡터는 오직 방향 정보만을 제공한다.

이를 염두에 두고, 단위 벡터 $\hat{r}$을 원점으로부터 관심 지점까지 가리키는 길이 1인 벡터로 정의하자. 단위 벡터 $\hat{r}$은 점까지의 거리에 대한 정보를 전혀 제공하지 않는다. 단지 방향을 정한다.

그림 22.26은 점 1, 2 및 3을 향하여 가리키는 단위 벡터 $\hat{r}_1$, $\hat{r}_2$ 및 $\hat{r}_3$을 보여준다. $\hat{\imath}$, $\hat{\jmath}$과 달리, 단위 벡터 $\hat{r}$은 고정된 방향을 갖지 않는다. 대신, 단위 벡터 $\hat{r}$은 "이 점으로부터 바깥쪽으로 뻗는" 방향을 지정한다. 그러나 이는 원점에 있는 양전하 때문에 점 1, 2, 3에 나타나는 전기장 벡터를 설명하기 위해 필요한 것이다. 어떤 점을 선택하든, 그 지점에서의 전기장은 전하로부터 "바깥쪽으로 뻗는다". 즉, 전기장 $\vec{E}$는 단위 벡터 $\hat{r}$의 방향을 가리킨다.

이 표기법에 따라, 점전하 q로부터 거리 r만큼 떨어져 있는 곳에서의 전기장은

$$\vec{E} = \frac{1}{4\pi\epsilon_0}\frac{q}{r^2}\hat{r} \quad \text{(점전하에서의 전기장)} \qquad (22.8)$$

이다. 여기서 $\hat{r}$은 전하로부터 전기장을 알기 원하는 지점을 향한 단위 벡터이다. 식 (22.8)은 식 (22.7)과 동일하지만, 단위 벡터 $\hat{r}$이 'q로부터 떨어진'이라는 개념을 표현한 표기법으로 작성되었다.

q가 음수라도 식 (22.8)은 동일하게 작용한다. 벡터 앞에 있는 (−) 부호는 방향을 바꾸기 때문에 단위 벡터 $-\hat{r}$은 전하 q를 **향한다**. 그림 22.27은 음의 점전하의 전기장을 보여준다. 그것은 벡터가 바깥쪽 대신에 전하를 향해 안쪽으로 향하는 것을 제외하고는 양의 점전하의 전기장과 같다.

점전하의 전기장에 대한 세 가지 예를 들어서 이 장을 마친다. 23장은 이러한 아이디어를 여러 개의 전하들과 다양한 물체의 전기장으로 확장할 것이다.

그림 22.26 단위 벡터 $\hat{r}$ 사용

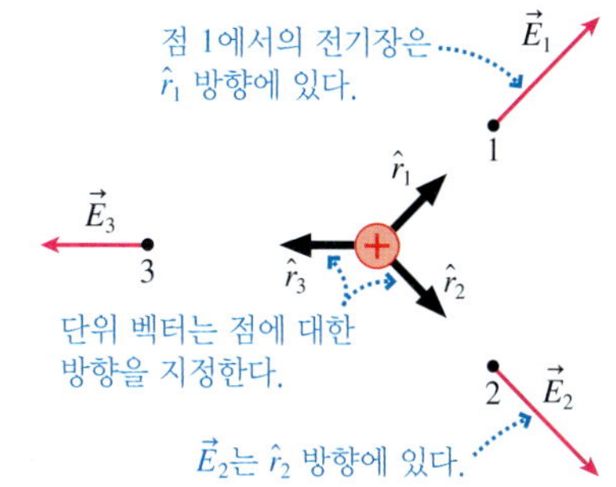

그림 22.27 음의 점전하의 전기장

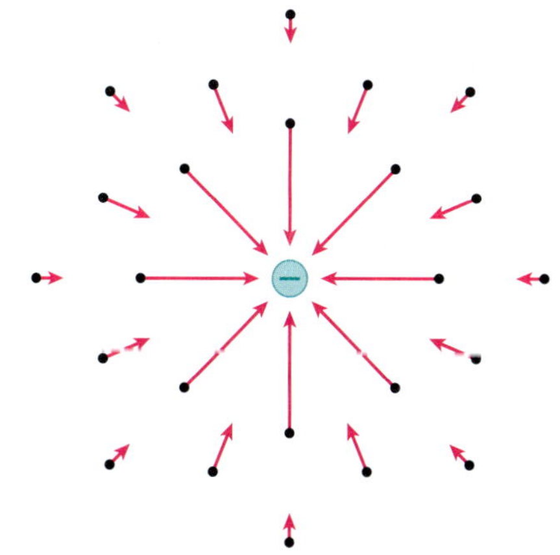

예제 22.7 전기장 계산

−1.0 nC의 대전된 입자는 원점에 있다. 점 1, 2, 3은 각각 (x, y) 좌표 (1 cm, 0 cm), (0 cm, 1 cm), (1 cm, 1 cm)를 갖는다. 이들 지점에서의 전기장 $\vec{E}$를 결정한 다음 전기장 도형에 벡터로 표시하시오.

핵심 전기장은 음의 점전하의 전기장이다.

시각화 전기장은 원점을 **향하여** 곧게 뻗어 있다. 그것은 전하로부터 더 멀리 떨어져 있는 약 (1 cm, 1 cm)에서 약해질 것이다.

풀이 전기장은

$$\vec{E} = \frac{1}{4\pi\epsilon_0}\frac{q}{r^2}\hat{r}$$

이다. 여기서 $q = -1.0\ \text{nC} = -1.0 \times 10^{-9}$ C이다. 거리 r은 점 1과 점 2에서 1.0 cm = 0.010 m이고 점 3에서 $(\sqrt{2} \times 1.0\ \text{cm}) = 0.0141$ m이다. 세 점에서의 $\vec{E}$의 크기는 다음과 같다.

$$E_1 = E_2 = \frac{1}{4\pi\epsilon_0}\frac{|q|}{r_1^2}$$

$$= \frac{(9.0 \times 10^9\ \text{N m}^2/\text{C}^2)(1.0 \times 10^{-9}\ \text{C})}{(0.010\ \text{m})^2} = 90{,}000\ \text{N/C}$$

$$E_3 = \frac{1}{4\pi\epsilon_0}\frac{|q|}{r_3^2}$$

$$= \frac{(9.0 \times 10^9\ \text{N m}^2/\text{C}^2)(1.0 \times 10^{-9}\ \text{C})}{(0.0141\ \text{m})^2} = 45{,}000\ \text{N/C}$$

q가 음수이므로 각 위치에서의 전기장은 전하 q를 곧장 향한다. 전

(계속)

기장 벡터를 성분 형태로 나타내면,

$\vec{E}_1 = -90{,}000\hat{\imath}$ N/C
$\vec{E}_2 = -90{,}000\hat{\jmath}$ N/C
$\vec{E}_3 = -E_3 \cos 45°\hat{\imath} - E_3 \sin 45°\hat{\jmath} = (-31{,}800\hat{\imath} - 31{,}800\hat{\jmath})$ N/C

이다. 이 벡터들은 그림 22.28의 전기장 도형에서 보여준다.

그림 22.28 −1.0 nC의 대전된 입자에 대한 전기장 도형

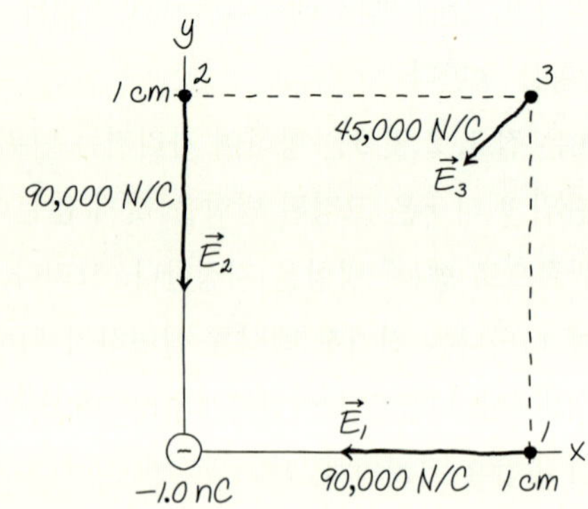

예제 22.8 | 양성자의 전기장

수소 원자의 전자는 0.053 nm 반지름에서 양성자를 돌고 있다.
a. 전자의 위치에서 양성자의 전기장 세기는 얼마인가?
b. 전자에 대한 전기력의 크기는 얼마인가?

풀이 a. 양성자의 전하는 $q = +e$이다. 전자와의 거리에서 전기장 세기는

$$E = \frac{1}{4\pi\epsilon_0}\frac{e}{r^2} = \frac{1}{4\pi\epsilon_0}\frac{1.6\times10^{-19}\ \text{C}}{(5.3\times10^{-11}\ \text{m})^2} = 5.1\times10^{11}\ \text{N/C}$$

이다. 이 전기장이 예제 22.7의 전기장과 비교하여 얼마나 큰지 주목하자.

b. 전자에 대한 힘을 찾기 위해 쿨롱의 법칙을 사용할 수 있다. 그러나 전기장으로 알게 된 요점은 장에서 전하에 대한 힘을 찾는 데에 전기장을 직접 사용할 수 있다는 것이다. 전자에 대한 힘의 크기는 다음과 같다.

$$F_{\text{on elec}} = |q_e|E_{\text{of proton}} = (1.60\times10^{-19}\ \text{C})(5.1\times10^{11}\ \text{N/C}) = 8.2\times10^{-8}\ \text{N}$$

응용 예제 22.9 | 정적 평형 상태에서의 전하

수평으로 작용하는 전기장은 그림 22.29와 같이 대전된 공을 15° 각도로 매달리게 한다. 용수철은 플라스틱이므로 공을 방전시키지 않으며, 평형 위치에서 수직 파선까지만 늘어난다. 전기장 세기는 얼마인가?

그림 22.29 정적 평형 상태에서 매달려있는 대전된 공

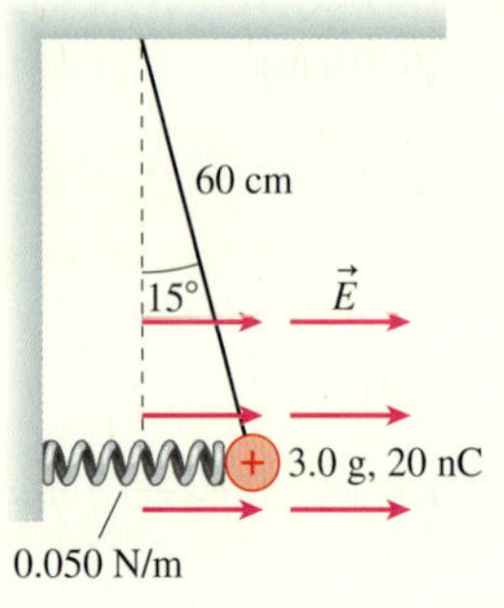

핵심 공을 정적 평형에서 점전하로 모형화한다. 공의 전기력은 $\vec{F}_E = q\vec{E}$이다. 전하는 양이며, 힘은 전기장과 같은 방향이다.

시각화 그림 22.30은 공에 대한 자유 물체 도형이다.

그림 22.30 자유 물체 도형

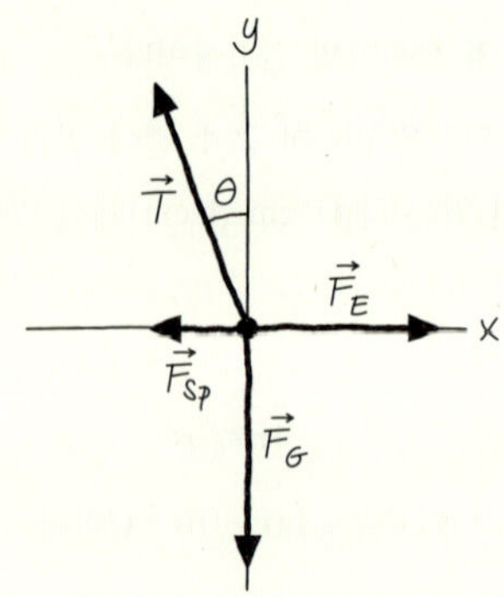

풀이 공은 평형 상태에 있으므로 공의 알짜힘은 0이어야 한다. 전기장이 작용하면 용수철은 $\Delta x = L\sin\theta = (0.60\text{ m})(\sin 15°) = 0.16$ m만큼 늘어나고(여기서 L은 줄의 길이), 왼쪽으로 당기는 힘 $F_{Sp} = k\Delta x$를 가한다.

평형에 대해 $\vec{a} = \vec{0}$인 뉴턴의 제1법칙에 의해,

$$\sum F_x = F_E - F_{Sp} - T\sin\theta = 0$$

$$\sum F_y = T\cos\theta - F_G = T\cos\theta - mg = 0$$

이 된다. y에 대한 식으로부터,

$$T = \frac{mg}{\cos\theta}$$

이 되고, x에 대한 식으로부터,

$$qE - k\Delta x - mg\tan\theta = 0$$

이 된다. 이것으로 전기장 세기를 구할 수 있다.

$$E = \frac{mg\tan\theta + k\Delta x}{q}$$
$$= \frac{(0.0030\text{ kg})(9.8\text{ m/s}^2)\tan 15° + (0.050\text{ N/m})(0.16\text{ m})}{20\times10^{-9}\text{ C}}$$
$$= 7.9\times10^5\text{ N/C}$$

검토 아직 이것이 타당한 전기장 세기인지 여부를 판단할 방법은 없지만 23장에서 이것이 문질러져 대전된 물체 근처에서의 전기장 세기의 유형임을 알 수 있다.

서술형 질문

1. 유리막대 위의 실크 스카프를 문지르면, 이후에 정전기력을 통해 종잇조각을 들어 올릴 수 있는 능력이 생긴다. 정말로 막대 위에 전하가 만들어졌는가?

2. 4개의 가벼운 공 A, B, C, D가 실에 매달려있다. 공 A는 양모로 문지른 플라스틱 막대로 접촉되었다. 공을 만지지 않고 가까이 다가가면 다음과 같은 관찰이 이루어진다.
   - 공 B, C, D는 공 A를 끌어당긴다.
   - 공 B와 D는 서로 영향을 주지 않는다.
   - 공 B는 공 C에 끌어당겨진다.

   공 A, B, C, D의 전하는 유리, 플라스틱, 중성 중에 어떤 상태인가? 설명하시오.

3. 셔츠를 건조가 끝나자마자 건조기에서 바로 꺼내어 입었을 때 셔츠가 몸에 달라붙는 이유는 무엇인가?

4. 뇌우가 시작되었을 때, 두 친구는 큰 운동장에서 하키를 하고 있었다. 그들은 즉시 피할 곳을 찾아 달렸다. 한 명은 큰 나무 밑으로 피했고, 다른 한 명은 운동장 옆에 주차된 차로 곧장 달려갔다. 두 친구 중 누가 더 번개를 맞을 가능성이 적겠는가? 그렇게 생각하는 이유는 무엇인가?

5. 그림 Q22.5의 금속구 A에는 4개의 음전하가 있고 금속구 B에는 2개의 양전하가 있다. 2개의 구가 접촉하면 각 구의 최종 전하 상태는 어떠한가? 설명하시오.

그림 Q22.5

6. 그림 Q22.6의 금속구 A와 B는 처음에 중성이며 접촉하고 있다. 양으로 대전된 막대는 A 근처에 있지만 접촉하고 있지 않다. 이제 A는 양성인가, 음성인가, 중성인가? 전하 도형과 용어를 모두 사용하여 설명하시오.

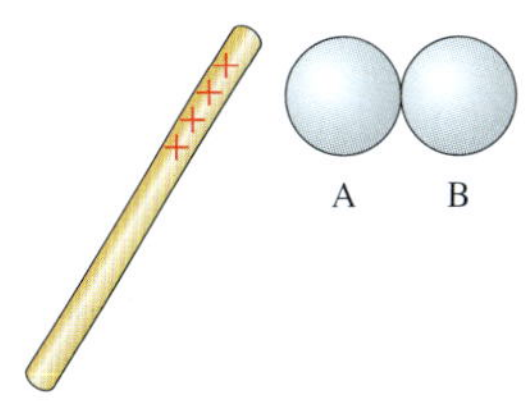

그림 Q22.6

7. 종이에 그림 Q22.7을 다시 그려보자. 그런 다음 전자가 알짜힘을 겪지 않는 위치(또는 위치들)를 그림에 점(또는 점들)을 그려서 나타내시오.

그림 Q22.7

8. 전기장에서 대전된 입자의 전기력은 F이다. 입자의 전하가 3배가 되고 전기장 세기가 반으로 줄어든다면 힘은 어떻게 되는가?

연습문제

표시가 된 연습문제들은 이전 장들에서 다룬 내용과 관련이 있다.

연습

22.1 전하 모형

22.2 전하

1. | 유리막대는 문질러져 +4.0 nC으로 대전되었다.
   a. 막대에서 전자가 제거되었는가, 양성자가 추가되었는가?
   b. 몇 개의 전자가 제거되었는가, 또는 양성자가 추가되었는가?

2. | −10 nC으로 대전된 플라스틱 막대가 금속구에 닿는다. 그 후에 막대의 전하량은 −8 nC이다. 어떤 종류의 대전된 입자가 막대와 구 사이에서 어느 방향으로 전달되었는가? 얼마나 많은 대전된 입자가 이동되었는가?

3. || 1.0 L의 물에 있는 모든 전자들의 총 전하량은 얼마인가?

4. | 화학 반응은 각각 전자 2개를 잃은 3개의 분자 이온, 전자 3개를 얻은 2개의 분자 이온, 전자 2개를 얻은 1개의 분자 이온 사이에서 일어난다. 반응에 의한 생성물은 2개의 중성 분자와 전하의 크기 e를 가지는 여러 개의 분자 이온이다. 얼마나 많은 분자 이온이 생성되며, 양이온으로 대전되는가, 또는 음으로 대전되는가?

22.3 절연체와 도체

5. | 그림 22.8은 검전기가 어떻게 음으로 대전되는지 보여준다. 양전하를 띤 유리막대로 검전기를 접촉하면 금박은 서로 밀어낼 것이다. 여러 전하 도형을 사용하여 어떤 일이 일어나고 왜 금박이 서로 밀어내는지 설명하시오.

6. || 나무 받침대에는 2개의 중성 금속구가 있다. 구가 **정확히** 같은 크기의 같은 전하를 가지도록 대전하는 방법을 생각해보시오. 전하 도형을 사용하여 그 방법을 설명하시오.

22.4 쿨롱의 법칙

7. | 2개의 2 kg을 갖는 물체들은 마찰이 없는 탁자 위에 1 m(중심 사이 간격) 떨어져 있다. 각각은 +5 mC의 전하량을 가지고 있다.
   a. 한 물체에 작용하는 전기력의 크기는 얼마인가?
   b. 물체가 자유로워져 움직일 수 있다면 이 물체의 초기 가속도는 얼마인가?

8. || 작은 유리구슬은 +20 nC으로 대전되어 있다. 구슬 위로 2 cm 떨어진 작은 금속 볼 베어링은 아래 방향으로 0.018 N의 전기력을 갖는다. 볼 베어링의 전하량은 얼마인가?

9. || 그림 EX22.9에서 전하 A에 대한 알짜 전기력은 얼마인가?

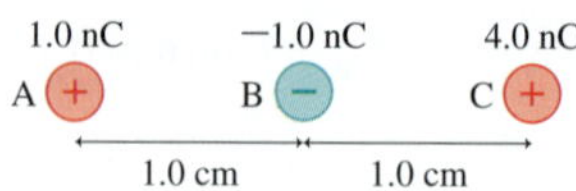

그림 EX22.9

10. || 그림 EX22.10에서 1.0 nC 전하에 대한 힘 $\vec{F}$는 얼마인가? 크기와 방향으로 답하시오.

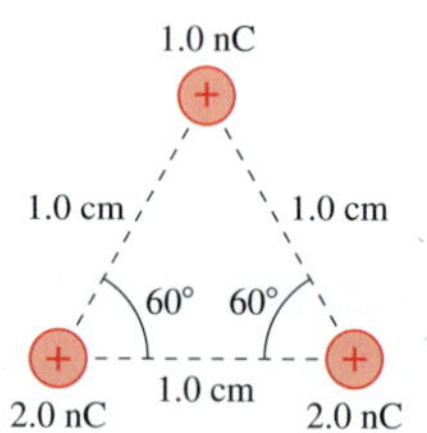

그림 EX22.10

11. | +4.0 nC으로 대전된 물체 A가 원점에 있다. −8.0 nC으로 대전된 물체 B는 $(x, y) = (0.0\text{ cm}, 2.0\text{ cm})$에 있다. 각 물체의 전기력을 계산하시오. 각 힘 벡터를 성분 형식으로 쓰시오.

12. | −4.0 nC으로 대전된 플라스틱 구슬 2.0 g과 +8.0 nC으로 대전된 유리구슬 4.0 g은 2.0 cm 떨어져 있으며 자유롭게 이동할 수 있다. (a) 플라스틱 구슬의 가속도는 얼마인가? (b) 유리구슬의 가속도는 얼마인가?

13. || 질량이 없는 용수철은 한쪽 끝이 지지대에 부착되어 있고 반대쪽 끝에 1.0 μC의 전하가 붙어 있다. −3.0 μC 전하가 서서히 용수철 가까이 간다. 전하들이 2.6 cm 떨어져 있을 때 용수철은 1.2 cm로 늘어났다. 용수철의 용수철 상수는 얼마인가?

22.5 전기장

14. || 공간의 한 지점에서 전기장은 $\vec{E} = (400\,\hat{\imath} + 100\,\hat{\jmath})$ N/C이다.
   a. 이 지점에서 양성자에 대한 전기력은 얼마인가? 성분 형식으로 답하시오.
   b. 이 지점에서 전자에 대한 전기력은 얼마인가? 성분 형식으로 답하시오.
   c. 양성자의 가속도 크기는 얼마인가?
   d. 전자의 가속도 크기는 얼마인가?

15. || 1.0 m 떨어진 지점에서 1.0 N/C 전기장을 만드는 데 필요한 전하의 크기는 얼마인가?

16. ‖ 작은 물체로부터 2.0 cm 떨어진 곳의 전기장은 270,000 N/C의 전기장 세기로 물체에서 멀어지는 쪽을 향한다. 그 물체의 전하량은 얼마인가?

17. ‖ −12 nC 전하는 $(x, y) = (1.0\text{ cm}, 0\text{ cm})$에 있다. $(x, y) = (5.0\text{ cm}, 0\text{ cm})$, $(-5\text{ cm}, 0\text{ cm})$, $(0\text{ cm}, 5.0\text{ cm})$ 위치에서의 전기장은 얼마인가? 각 전기장 벡터를 성분 형식으로 쓰시오.

문제

18. ‖ 지금의 동전은 구리로 덮인 아연이지만 이전의 동전은 3.1 g의 단단한 구리이다. 전기적으로 중성인 단단한 구리 동전의 총 양전하량과 총 음전하량은 얼마인가?

19. ‖ ^{125}Xe 원자(질량 125 u의 제논 동위원소)의 핵은 지름이 6.0 fm이다. 그것은 54개의 양성자와 $q = +54e$의 전하량을 갖는다.
   a. 핵 표면으로부터 2.0 fm 떨어진 양성자에서의 전기력은 얼마인가?
   b. 양성자의 가속도는 얼마인가?
   힌트: 구형 핵을 점전하로 취급하라.

20. ‖ 스마트 폰 충전기는 −0.75 C/s의 속도를 가진 전자 형태로 전하가 휴대폰으로 전달된다. 30분 동안 충전하면 얼마나 많은 전자가 휴대폰으로 전달되는가?

21. ‖ 그림 P22.21에 있는 −10 nC 전하에 대한 전기력 $\vec{F}$는 얼마인가? $x(+)$축에서 시계 방향 또는 반시계 방향으로 측정된 크기와 각도로 답하시오.

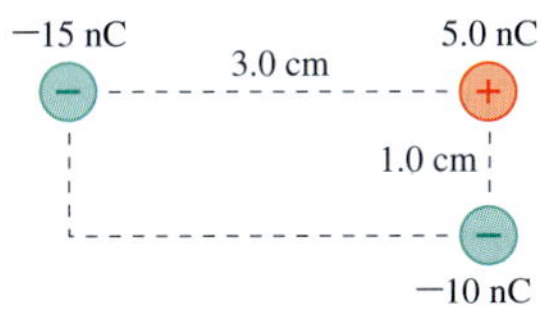

그림 P22.21

22. ‖ 그림 P22.22에서 5.0 nC 전하에 대한 전기력 $\vec{F}$는 얼마인가? $x(+)$축에서 시계 방향 또는 반시계 방향으로 측정된 크기와 각도로 답하시오.

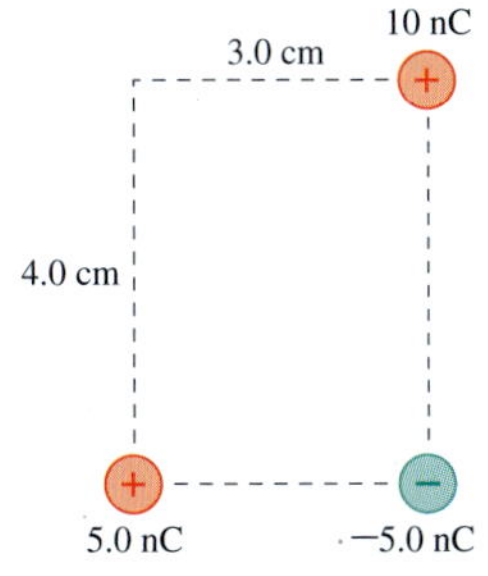

그림 P22.22

23. ‖ 그림 P22.23 하단의 1.0 nC 전하에 대한 전기력 $\vec{F}$는 얼마인가? 성분 형태로 답하시오.

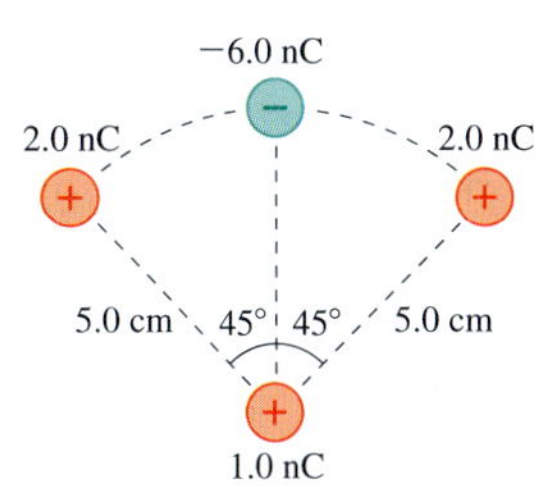

그림 P22.23

24. ‖| +2.0 nC 전하는 원점에 있고 −4.0 nC 전하는 $x = 1.0$ cm에 있다.
   a. 어떤 x좌표에 양성자를 놓으면 알짜힘을 가지지 않는가?
   b. 같은 위치에 놓인 전자의 알짜힘은 0이 되겠는가? 설명하시오.

25. ‖ 그림 P22.25에서 전하 q_2는 평형 상태이다. q_1은 얼마인가?

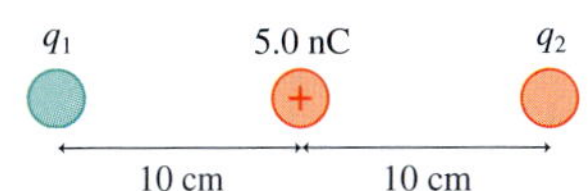

그림 P22.25

26. ‖ 그림 P22.26은 길이가 L인 정사각형 모서리에 있는 4개의 전하를 보여준다. q에 대한 알짜힘의 크기는 얼마인가?

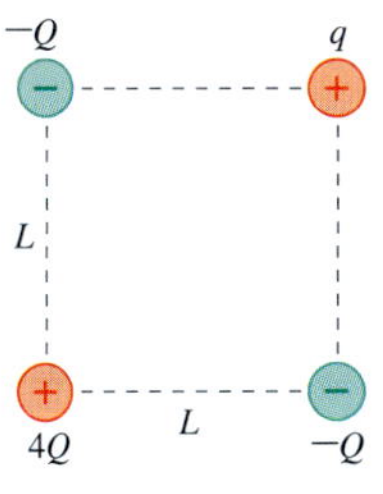

그림 P22.26

27. ‖| 양성자 전하의 크기가 전자 전하의 크기와 겨우 10^9분의 1만큼 다르다고 가정하시오.
   a. 1.0 cm 떨어진 2개의 2.0 mm 지름의 구리 구 사이의 힘은 어떻게 되는가? 각 구리 원자는 같은 수의 전자와 양성자를 가지고 있다고 가정한다.
   b. 이 힘의 크기를 알 수 있는가? 그런 힘이 관찰되지 않는다는 사실로부터 무엇을 결론지을 수 있는가?

28. ‖ 크기는 같지만 반대되는 전하를 가진 2.0 g의 작은 공 2개가 있지만, 그 전하의 크기를 알지 못한다. 알아내려면 미끄러운 수평면 위 거리 d에 공을 둔 다음, 동작 검출기를 사용하여 공 중 하나가 다른 공을 향해 움직이는 초기 가속도를 측정해야 한다.

몇 가지 분리 거리에 대해 이 작업을 반복하여 얻은 데이터는 다음과 같다.

거리(cm)	가속도(m/s^2)
2.0	0.74
3.0	0.30
4.0	0.19
5.0	0.10

데이터에 대해 적절한 그래프를 사용하여 전하의 크기를 측정하시오.

29. ‖ 우주 탐험가들은 4400 C의 양전하를 띠는 8.7×10^{17} kg의 소행성을 발견한다. 그들은 3.3×10^5 kg 우주선을 소행성 주변의 궤도에 놓기를 원한다. 흥미롭게도 태양풍은 그들의 우주선에 −1.2 C의 전하를 준다. 우주선이 7500 km 지름의 원형 궤도에 도달하려면 어떤 속도가 필요한가?

30. ‖ 평형 길이가 4.0 cm인 가벼운 용수철이 있다. 먼저, 용수철의 한쪽 끝을 천장에 부착하고 질량 1.0 g을 걸어 놓는다. 이것은 용수철을 5.0 cm의 길이로 늘인다. 그런 다음 2개의 작은 플라스틱 구슬을 용수철의 양 끝에 붙여 마찰이 없는 탁자에 용수철을 놓고 각 플라스틱 구슬에 같은 전하를 준다. 이것은 용수철을 4.5 cm의 길이로 늘인다. 각 구슬에서의 전하량(nC 단위)은 얼마인가?

31. ‖ 때때로 카펫에 발을 얹은 후 손잡이를 만지면 스파크가 생기는 경우가 있다. 왜 그러는가? 공기는 항상 우주선(외계에서 지구로 와 닿는 광선들)에 의해 원자에서 쫓겨나는 몇 개의 자유 전자를 가지고 있다. 전기장이 존재하면 자유 전자는 공기 분자와 충돌할 때까지 가속된다. 그러한 충돌은 대부분 탄성이어서 전자 충돌, 가속, 충돌, 가속 등으로 점차 속도를 증가시킨다. 그러나 충돌 직전의 전자의 운동 에너지가 2.0×10^{-18} J 이상이라면, 충돌하는 분자에서 전자를 떼어내는 데에 충분한 에너지를 갖는다. 하나의 자유 전자가 있던 곳에, 이제 2개가 있다! 이들 각각은 가속화되고, 분자를 때리고, 또 다른 전자를 쫓아낼 수 있다. 그러면 4개의 자유 전자가 있게 될 것이다. 다시 말해, 그림 P22.31과 같이, 충분히 강한 전기장은 전자 생성의 '연쇄 반응'을 일으킨다. 이것을 공기의 **절연파괴**라고 한다. 움직이는 전자의 전류는 우리에게 충격을 주고, 전자가 양이온과 재결합하여 과도한 에너지를 빛의 폭발로 방출할 때 스파크가 일어난다.

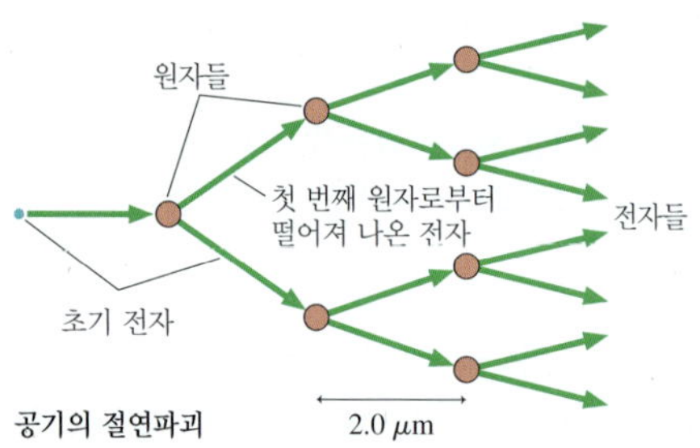

그림 P22.31

a. 이온화 충돌 사이의 평균 거리는 2.0 μm이다. (전자의 평균 자유 거리는 이것보다 작지만 대부분의 충돌은 전자가 에너지 손실 없이 튀는 탄성 충돌이다.) 전자는 이 거리에서 2.0×10^{-18} J의 운동 에너지를 얻기 위해 어떤 가속도를 필요로 하는가?
b. 문항 a에서 알게 된 가속도를 얻기 위해 전자에 어떤 힘이 작용해야 하는가?
c. 어떤 전기장 세기가 전자에 많은 힘을 가할 것인가? 이것은 **절연파괴 장 세기**이다. **참고:** 과정의 모형이 너무 간단하기 때문에 측정된 절연파괴 장 세기는 계산된 값보다 약간 작다. 그렇더라도 계산된 값에 거의 가깝다.
d. 공기에서 자유 전자는 점전하로부터 1.0 cm 떨어져 있다고 가정한다. 전자가 점전하를 향하여 이동함에 따라 절연파괴를 일으키고 스파크가 발생하는 데에 필요한 최소 전하량은 얼마인가?

32. ‖ 그림 P22.32의 지점 1, 2, 3에서의 전기장은 얼마인가? 성분 형식으로 답하시오.

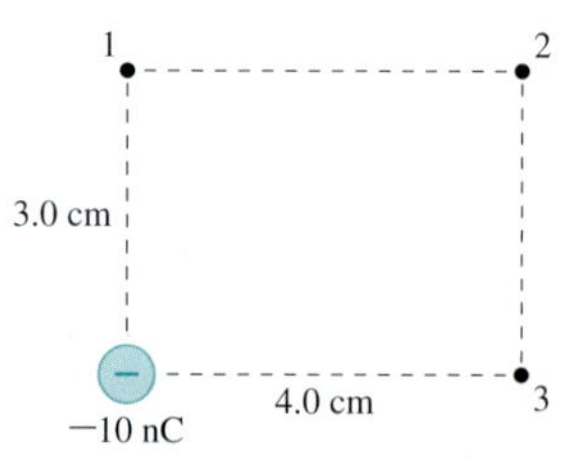

그림 P22.32

33. ‖‖ 10.0 nC 전하는 $(x, y) = (1.0\ \text{cm}, 2.0\ \text{cm})$ 위치에 있다. 어떤 (x, y) 위치(들)에서 아래의 전기장을 가지는가?
a. $-225{,}000\ \hat{\imath}$ N/C?
b. $(161{,}000\ \hat{\imath} + 80{,}500\ \hat{\jmath})$ N/C?
c. $(21{,}600\ \hat{\imath} - 28{,}800\ \hat{\jmath})$ N/C?

34. ‖ 전기장 $\vec{E} = 100{,}000\ \hat{\imath}$ N/C로 인하여 그림 P22.34에서의 5.0 g 점전하가 20° 각도로 매달리게 된다. 공에 대한 전하량은 얼마인가?

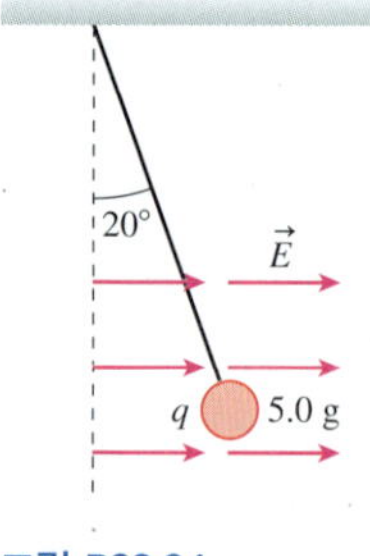

그림 P22.34

문제 35−36까지 문제를 푸는 데 사용될 방정식들이 주어져 있다. 이

들 각각에 대해,

a. 이것이 옳은 방정식이기 위한 현실적인 문제를 작성하시오.

b. 문제의 풀이를 마치시오.

35. $\dfrac{(9.0\times10^{9}\ \mathrm{N\,m^2/C^2})\times N\times(1.60\times10^{-19}\ \mathrm{C})}{(1.0\times10^{-6}\ \mathrm{m})^2}$

$= 1.5\times10^{6}\ \mathrm{N/C}$

36. $\dfrac{(9.0\times10^{9}\ \mathrm{N\,m^2/C^2})(15\times10^{-9}\ \mathrm{C})}{r^2} = 54{,}000\ \mathrm{N/C}$

응용 문제

37. ||| 1.0 m 길이의 실에 3.0 g 점전하 2개가 그림 CP22.37과 같이 동일하게 대전된 후 서로 밀어내고 있다. 전하 q의 크기는 얼마인가?

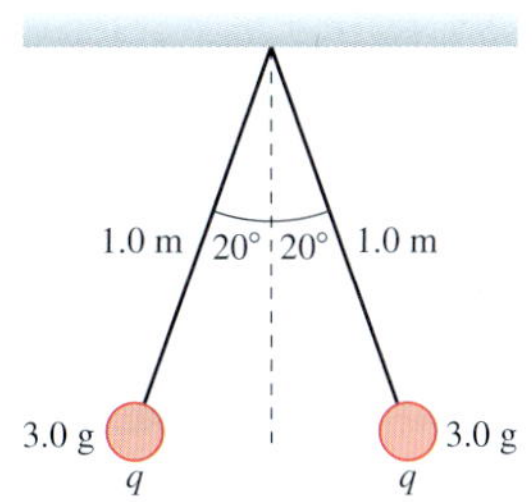

그림 CP22.37

38. ||| 그림 CP22.38에 나타낸 것과 동일한 작은 구는 +100 nC 및 −100 nC으로 대전되었다. 그들은 나타낸 것처럼 100,000 N/C의 전기장 속에 매달려 있다. 각 구의 질량은 얼마인가?

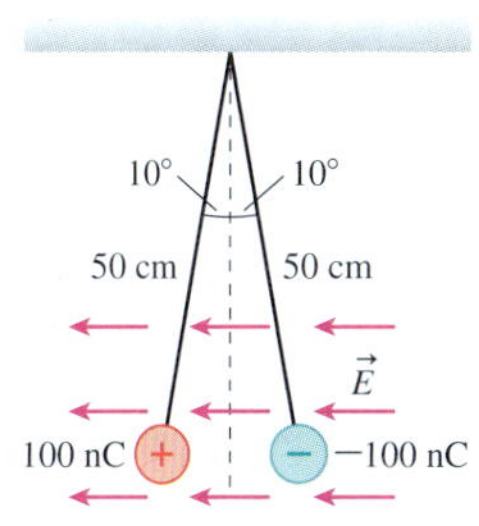

그림 CP22.38

39. ||| 22.3절에서 대전된 물체가 전기 쌍극자에 알짜 인력을 가진다고 주장했다. 이것을 알아보자. 그림 CP22.39는 거리 s만큼 떨어진 $+q$와 $-q$로 구성된 **영구적인** 전기 쌍극자를 보여준다. 전하 $+Q$는 쌍극자의 중심에서 거리 r이다. 보통 실제로 그렇듯이 $s \ll r$라고 가정할 것이다.

a. 전하 $+Q$에 의해 쌍극자에서 작용하는 알짜힘을 표현하시오.

b. 이 힘은 $+Q$를 향하는가? 아니면 $+Q$로부터 멀어지는가? 설명하시오.

c. $x \ll 1$일 때, **이항 근사법** $(1+x)^{-n} \approx 1 - nx$를 사용하여 $F_{net} = 2KqQs/r^3$으로 쓸 수 있음을 보이시오.

d. 전기력이 어떻게 역세제곱의 의존성을 가질 수 있는가? 쿨롱의 법칙에 의하면 전기력은 거리의 역제곱에 의존한다고 말하지 않았는가? 설명하시오.

그림 CP22.39

23 전기장
The Electric Field

플라스마 볼에서는 전자가 중심 전극에서 바깥쪽으로 전기장선을 따라 흐른다. 스트리머들은 기체 원자가 고속 전자와 충돌한 후에 빛이 방출하는 곳에서 나타난다.

이 장에서는 전기장을 계산하고 사용하는 방법을 배운다.

전기장은 어디서 오는가?

전기장은 전하에 의해 생성된다.

- 전기장은 더해진다. 여러 점전하들에 의한 전기장은 각 전하에 의한 전기장의 합이다.
- 전기장은 벡터이다. 전기장의 합은 벡터의 덧셈이다.
- 크기는 같지만 부호가 반대되는 두 전하는 전기 쌍극자를 형성한다.
- 전기장은 전기장 벡터 또는 전기장선으로 나타낼 수 있다.

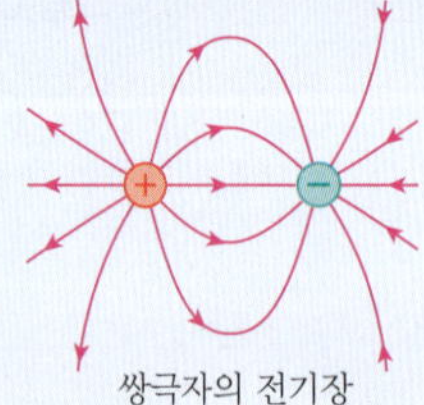

쌍극자의 전기장

« **되돌아보기:** 22.5절 점전하의 전기장

전하가 연속되면 어떻게 되는가?

막대, 원판과 같이 거시적인 대전된 물체의 경우, 전하가 연속적인 분포를 갖는 것으로 생각할 수 있다.

- 대전된 물체는 그것의 전하 밀도(길이, 넓이 또는 부피당 전하)로 특성지어진다.
- 물체를 작은 점전하 ΔQ로 나눌 것이다.
- 그 전기장의 합은 적분이 될 것이다.
- 대전된 막대, 고리, 원판, 그리고 평면에서의 전기장을 계산할 것이다.

총 전하 Q

ΔQ

L

선전하 밀도 $\lambda = Q/L$

어떤 전기장이 특히 중요한가?

네 가지 중요한 전기장 모형을 개발하고 사용한다.

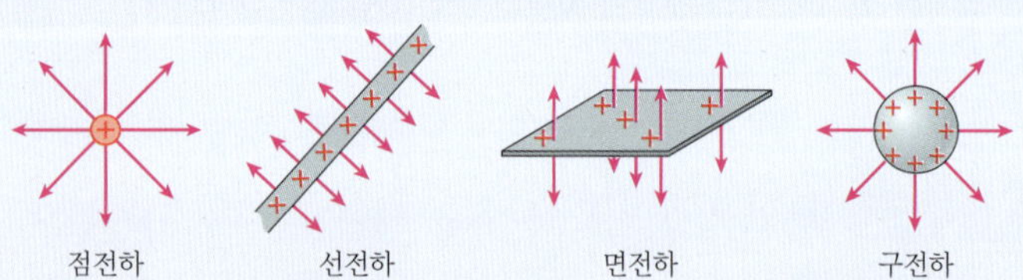

평행판 축전기란 무엇인가?

크기는 같지만 부호가 반대되는 전하를 갖는 2개의 평행한 전도성 판은 평행판 축전기를 형성한다. 판 사이의 전기장은 모든 지점에서 똑같은 균일한 전기장이라는 것을 배울 것이다. 축전기는 26장에서 볼 수 있는 것과 같이, 전기 회로의 중요한 요소이다.

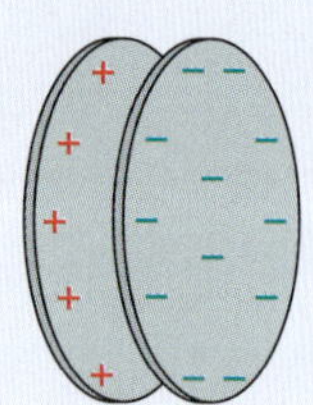

전기장에서 전하는 어떻게 반응하는가?

전기장은 전하에 힘을 준다.

- 대전된 입자가 가속된다. 가속도는 전하 질량 비에 의존한다.
- 균일한 전기장에서의 대전된 입자는 포물선 궤적을 따른다.
- 전기장에서의 쌍극자는 쌍극자를 전기장과 나란히 만드는 돌림힘을 느낀다.

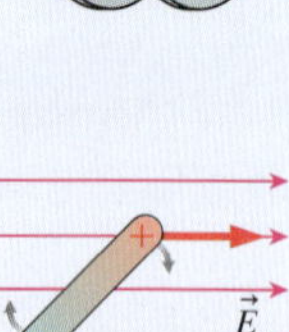

« **되돌아보기:** 4.2절 포물체

23.1 전기장 모형

22장에서는 **대전된 입자가 전기장을 통해 상호작용한다**는 핵심 아이디어를 소개했다. 이 장에서는 여러 전하들의 전기장을 계산하는 방법을 배운다. 우리는 불연속적인 점전하에서 시작하여 연속적으로 분포된 전하의 경우까지 전기장을 계산할 것이다. 후자의 경우에 미적분에서 배우는 수학 기술을 활용하게 될 것이다. 이 장의 끝부분에서만 전기장 속에 있는 전하에게 무슨 일이 일어나는지 살펴볼 것이다.

과학과 공학 분야에서 사용되는 전기장은 종종 꽤 복잡한 전하 분포로 인해 발생한다. 가끔 전기장은 정밀한 계산을 요구하지만 대부분은 단순화된 전기장 모형을 사용하여 물리학을 이해할 수 있다. 우리가 말하는 **모형**은 불필요하고 복잡한 문제없이 공부하고자 하는 것에 대한 본질을 아는 매우 단순화된 실제의 그림이다.

네 가지 일반적인 전기장 모형들은 다양한 전기적 현상을 이해하기 위한 기초이다. 우리는 여기에 네 모형을 함께 제시하고, 이 장의 전반부에서 이러한 결과가 타당한지를 보이고 설명하는 데 전념할 것이다.

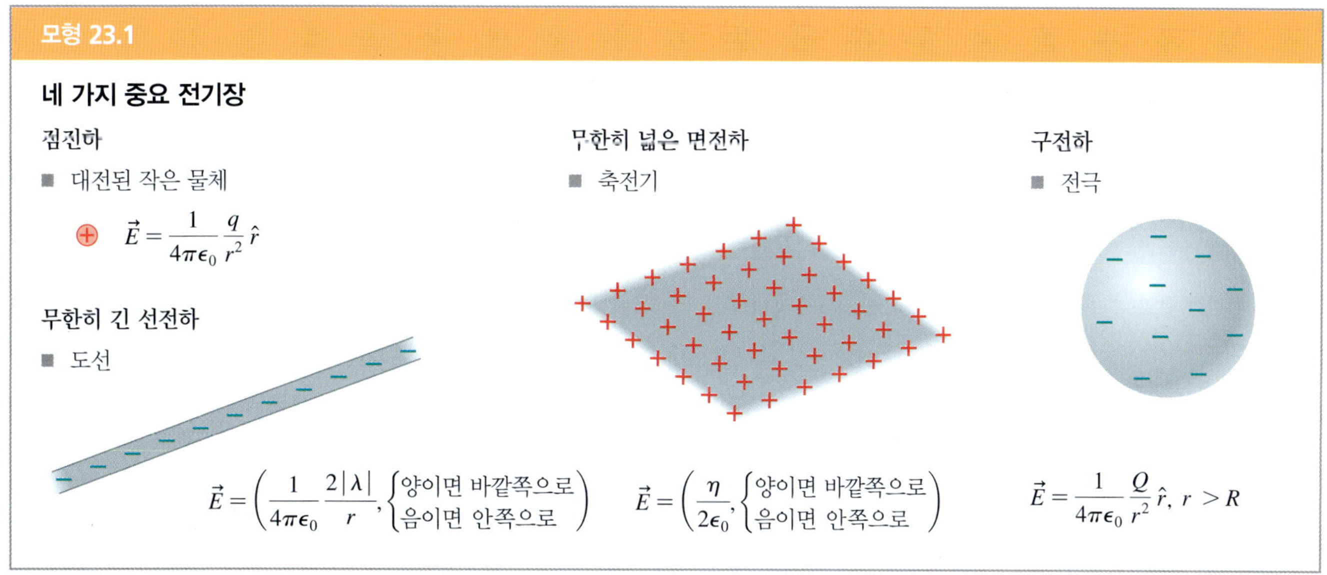

23.2 점전하들의 전기장

«22.5절에서의 점전하 q의 전기장에서 시작한다.

$$\vec{E} = \frac{1}{4\pi\epsilon_0}\frac{q}{r^2}\hat{r} \quad \text{(점전하의 전기장)} \tag{23.1}$$

여기서 $\hat{r}$은 q로부터 멀어지는 방향의 단위 벡터이고 $\epsilon_0 = 8.85 \times 10^{-12}\ \text{C}^2/\text{N m}^2$는 유전율 상수이다. 그림 23.1은 점전하들의 전기장을 나타낸다. 각 벡터는 길이를 정해 그려야 하긴 하지만 각 화살표는 **한 지점에서의** 전기장을 나타냄을 명심하자. 전기장

그림 23.1 양전하와 음전하의 전기장

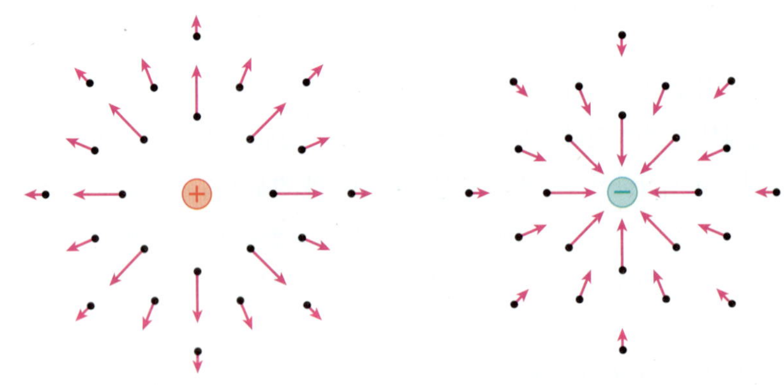

은 화살표의 한쪽 끝에서 다른 끝까지 '뻗어있는' 공간적인 양이 아니다.

여러 점전하

하나 이상의 전하가 있다면 무슨 일이 일어날까? 전기장은 $\vec{E} = \vec{F}_{\text{on } q}/q$로 정의되며, 여기서 $\vec{F}_{\text{on } q}$는 전하 q에 대한 전기력이다. 힘은 벡터로 더하기 때문에 점전하 무리에 의한 q에서의 알짜힘은 벡터합

$$\vec{F}_{\text{on } q} = \vec{F}_{1 \text{ on } q} + \vec{F}_{2 \text{ on } q} + \cdots$$

이 된다. 결과적으로, 점전하 무리에 의한 알짜 전기장은

$$\vec{E}_{\text{net}} = \frac{\vec{F}_{\text{on } q}}{q} = \frac{\vec{F}_{1 \text{ on } q}}{q} + \frac{\vec{F}_{2 \text{ on } q}}{q} + \cdots = \vec{E}_1 + \vec{E}_2 + \cdots = \sum_i \vec{E}_i \qquad (23.2)$$

이다. 여기서 $\vec{E}_i$는 점전하 i로부터의 전기장이다. 즉, **알짜 전기장은 각 전하로 인한 전기장의 벡터합**이다. 다시 말해서, 전기장은 **중첩의 원리**를 따른다. 그러므로 벡터의 덧셈은 전기장 계산의 핵심이다.

표 23.1 일반적인 전기장 세기

장 위치	장 세기(N/C)
전류가 흐르는 도선 내부	$10^{-3} - 10^{-1}$
지표면 근처	$10^{2} - 10^{4}$
문질러서 가까워진 대전된 물체	$10^{3} - 10^{6}$
공기의 전기적 절연 파괴, 스파크 발생	3×10^{6}
원자 내부	10^{11}

문제 풀이 전략 23.1

여러 점전하의 전기장

핵심 대전된 물체를 점전하로 모형화한다.

시각화 그림으로 표현한다.

- 좌표계를 설정하고 전하의 위치를 표시한다.
- 전기장을 계산하려는 점 P를 확인한다.
- 점 P에서 각 전하의 전기장을 그린다.
- $\vec{E}_{\text{net}}$의 성분이 0인지 확인하기 위해 대칭을 사용한다.

풀이 수학적 표현은 $\vec{E}_{\text{net}} = \Sigma \vec{E}_i$이다.

- 각 전하에 대하여 축으로부터 점 P까지의 거리와 $\vec{E}_i$의 각도를 결정한다.
- 각 전하의 전기장의 세기를 계산한다.
- 각 벡터 $\vec{E}_i$를 성분 형태로 적는다.
- $\vec{E}_{\text{net}}$를 계산하기 위해 벡터 성분을 합한다.

검토 결과가 정확한 단위와 유효 숫자를 가지고 있는지, 타당한지(표 23.1 참조), 그리고 알려진 극단적인 경우에도 맞는지 확인한다.

예제 23.1 3개의 등가 점전하의 전기장

3개의 등가 점전하 q들은 y축 위에서 $y = 0$과 $y = \pm d$에 위치한다. x축 위의 한 점에서 전기장을 구하시오.

핵심 이 문제는 대전된 도선의 전기장을 이해하기 위한 단계이다. 그림을 그릴 때 q가 양수라고 가정할 것이지만, 그 답은 q가 음수일 가능성도 허용해야 한다. 이 질문은 어떤 특정한 점에 관해서 묻지 않기 때문에 임의의 위치 x에 관해서 구할 것이다.

시각화 그림 23.2는 전하, 좌표계, 그리고 3개의 전기장 벡터 $\vec{E}_1$, $\vec{E}_2$, $\vec{E}_3$를 보여준다. 이 전기장 각각은 q가 양수임을 가정하기 때문에 원천전하로부터 멀어지는 방향을 가리키고 있다. 우리는 벡터합 $\vec{E}_{net} = \vec{E}_1 + \vec{E}_2 + \vec{E}_3$를 찾아야 한다.

계산을 시작하기 전에, 먼저 상황에 대해 정성적으로 생각함으로써 문제를 훨씬 쉽게 할 수 있다. 예를 들어, 전기장 $\vec{E}_1$, $\vec{E}_2$, $\vec{E}_3$는 모두 xy평면에 있으므로 $(E_{net})_z = 0$임을 계산 없이도 결론 내릴 수 있다. 그런 다음 전기장의 y성분을 살펴보자. 전기장 $\vec{E}_1$, $\vec{E}_3$는 같은 크기로 x축으로부터 동일한 각 θ만큼 기울어져 있다. 결과적으로, $\vec{E}_1$, $\vec{E}_3$의 y성분은 더하면 상쇄된다. $\vec{E}_2$는 y성분을 가지지 않기 때문에 $(E_{net})_y = 0$이라고 결론지을 수 있다. 우리가 계산해야 하는 유일한 성분은 $(E_{net})_x$이다.

그림 23.2 3개의 등가 점전하의 전기장 계산

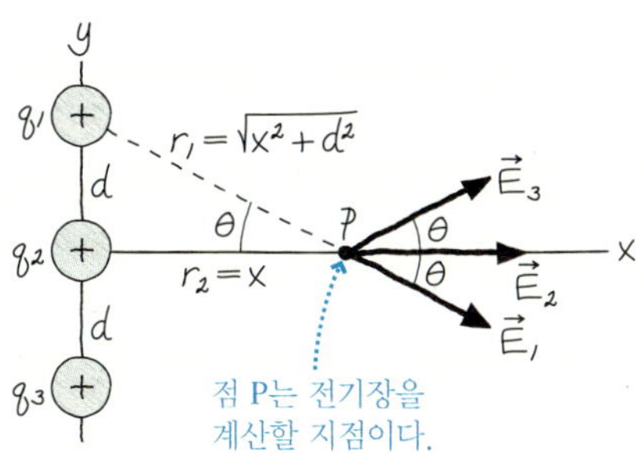

풀이 계산할 준비가 되었다. 전기장의 x성분은

$$(E_{net})_x = (E_1)_x + (E_2)_x + (E_3)_x = 2(E_1)_x + (E_2)_x$$

이다. 여기서 전기장 $\vec{E}_1$, $\vec{E}_3$는 같은 x성분을 가진다는 사실을 이용했다. 벡터 $\vec{E}_2$는 x성분만 갖는다.

$$(E_2)_x = E_2 = \frac{1}{4\pi\epsilon_0}\frac{q_2}{r_2^2} = \frac{1}{4\pi\epsilon_0}\frac{q}{x^2}$$

여기서 $r_2 = x$는 q_2로부터 전기장을 계산하는 지점까지의 거리이다. 벡터 $\vec{E}_1$은 x축으로부터 각 θ에 있기 때문에 x성분은

$$(E_1)_x = E_1\cos\theta = \frac{1}{4\pi\epsilon_0}\frac{q_1}{r_1^2}\cos\theta$$

가 된다. 여기서 r_1은 q_1으로부터의 거리이다. $(E_1)_x$의 표현은 맞지만 충분하지는 않다. 거리 r_1과 각 θ는 x 위치에 따라 달라지므로 x의 함수로 나타낼 필요가 있다. 피타고라스 정리로부터 $r_1 = (x^2 + d^2)^{1/2}$이므로,

$$\cos\theta = \frac{x}{r_1} = \frac{x}{(x^2 + d^2)^{1/2}}$$

가 된다. 이들을 결합하면 $(E_1)_x$가 아래의 식과 같음을 알 수 있다.

$$(E_1)_x = \frac{1}{4\pi\epsilon_0}\frac{q}{x^2 + d^2}\frac{x}{(x^2 + d^2)^{1/2}} = \frac{1}{4\pi\epsilon_0}\frac{xq}{(x^2 + d^2)^{3/2}}$$

이 식은 조금 복잡하지만 점전하의 전기장이 그래야 하는 것처럼 $x/(x^2 + d^2)^{3/2}$차원이 $1/m^2$임을 알 수 있다. 차원을 확인하는 것은 대수 오류가 없음을 확인하는 좋은 방법이다.

이제 $(E_1)_x$와 $(E_2)_x$를 결합하여

$$(E_{net})_x = 2(E_1)_x + (E_2)_x = \frac{q}{4\pi\epsilon_0}\left[\frac{1}{x^2} + \frac{2x}{(x^2 + d^2)^{3/2}}\right]$$

로 쓸 수 있다. $\vec{E}_{net}$의 다른 두 성분은 0이므로, x축 위의 한 점에서 3개 전하의 전기장은

$$\vec{E}_{net} = \frac{q}{4\pi\epsilon_0}\left[\frac{1}{x^2} + \frac{2x}{(x^2 + d^2)^{3/2}}\right]\hat{\imath}$$

이 된다.

검토 이는 x축 위의 점에서의 전기장이다. 또한 이 식은 $x > 0$에 대해서만 유효하다. 전하의 왼쪽에 있는 전기장은 반대 방향으로 향하지만, 위 식은 음수 x에 대해 부호를 바꾸지 않는다. [이것은 $(E_2)_x$를 쓰는 방법의 결과이다.] x의 음의 값에 대해 이 표현식을 수정하여 사용해야 한다. 다행인 것은, 식이 양과 음의 q 모두에 유효하다는 것이다. 음의 값 q는 $(E_{net})_x$를 음으로 만들고, 이는 음전하를 향해 왼쪽을 향하는 전기장이 된다.

극단적인 경우

결과가 무엇인지 알 수 있는 두 가지 경우가 있다. 첫째, x를 정말 작게 만들어 보자. 그림 23.2에서의 점과 같이 원점에 가까워지면 장 $\vec{E}_1$과 $\vec{E}_3$가 서로 반대가 되어 상쇄

된다. 따라서 $x \to 0$으로 감에 따라 원점에서 단일 점전하의 장이 되어야 한다.

$$\lim_{x \to 0} \frac{2x}{(x^2 + d^2)^{3/2}} = 0 \tag{23.3}$$

따라서 $x \to 0$일 때 $E_{\text{net}} \to q/4\pi\epsilon_0 x^2$으로 단일 점전하의 장이다.

이제는 반대로 x가 극도로 커질 때를 고려해보자. 아주 멀리 떨어져 있을 때 3개의 아주 먼 전구가 하나의 빛처럼 보이듯이, 3개의 원천전하는 크기가 $3q$인 단일 전하로 합쳐진 것처럼 보일 것이다. 따라서 $x \gg d$에 대한 장은 점전하 $3q$의 장이어야 한다.

극한 $x \to \infty$일 때 장은 0이다. 이 경우는 우리에게 알려주는 바가 많지 않아 그렇게 멀리 갈 필요는 없다. 우리는 단순히 원천전하들 사이의 간격 d에 비해 x가 매우 크게 되기를 원한다. $x \gg d$라면 $\vec{E}_{\text{net}}$의 둘째 항의 분모는 $(x^2 + d^2)^{3/2} \approx (x^2)^{3/2} = x^3$으로 근사된다. 그러므로

$$\lim_{x \gg d} \left[\frac{1}{x^2} + \frac{2x}{(x^2 + d^2)^{3/2}} \right] = \frac{1}{x^2} + \frac{2x}{x^3} = \frac{3}{x^2} \tag{23.4}$$

이 되며, 결과적으로 원천전하로부터 멀리 떨어진 알짜 전기장은

$$\vec{E}_{\text{net}}(x \gg d) = \frac{1}{4\pi\epsilon_0} \frac{(3q)}{x^2} \hat{\imath} \tag{23.5}$$

이 된다. 예상대로, 이것은 점전하 $3q$의 장이다. 이와 같이 극단적인 경우에 대한 검토를 통해 결과에 문제가 없음을 확인할 수 있다.

그림 23.3은 예제 23.1의 세 전하에 대한 전기장 세기 E_{net}의 그래프이다. 숫자값은 없지만 전하 사이의 떨어진 거리 d의 배수로 x를 정할 수 있다. $x \ll d$일 때 그래프가 단일 점전하의 장과 일치하고, $x \gg d$일 때 점전하 $3q$의 장과 일치하는 이유에 대해 이해하는 것이 중요하다.

그림 23.3 3개의 등가 점전하에 수직인 선을 따르는 전기장 세기

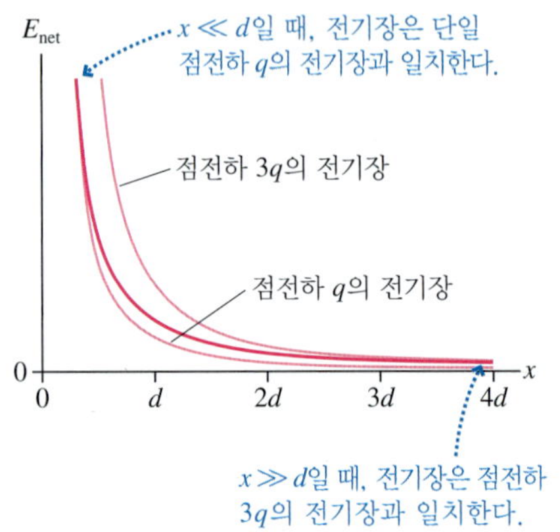

쌍극자의 전기장

서로 가까이 위치하는 크기는 같지만 부호가 반대되는 2개의 전하는 **전기 쌍극자**를 형성한다. **그림 23.4**는 두 가지 예를 보여준다. 물 분자와 같은 **영구 전기 쌍극자**에서, 반대로 대전된 입자는 작은 영구적인 분리를 유지한다. 22장에서 배웠듯이, 외부 전기장으로 중성 원자를 분극화함으로써 전기 쌍극자를 만들 수 있다. 이것이 **유도 전기 쌍극자**이다.

그림 23.4 영구 전기 쌍극자와 유도 전기 쌍극자

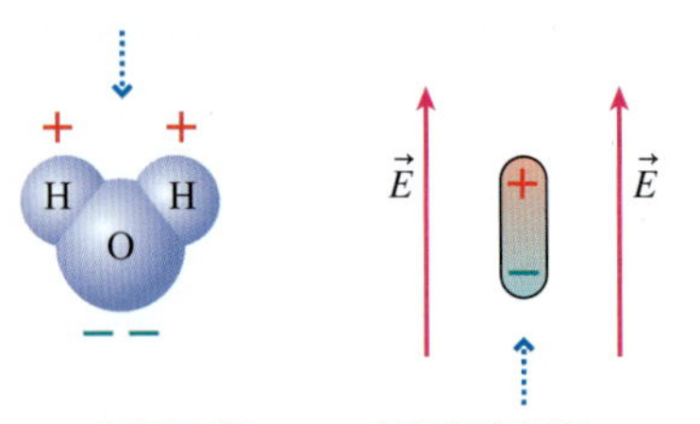

그림 23.5는 영구적 또는 유도 전기 쌍극자를 작은 거리 s만큼 떨어진 2개의 반대 전하 $\pm q$로 나타낼 수 있음을 보여준다. 쌍극자는 알짜 전하가 0이지만 전기장은 존재한다. $+y$방향의 한 점을 보자. 이 점은 $-q$보다 $+q$에 약간 가깝기 때문에 두 전하의 장은 상쇄되지 않는다. 그림에서 $\vec{E}_{\text{dipole}}$는 $+y$방향을 가리키는 것을 볼 수 있다. 마찬가지로, 벡터의 덧셈은 $\vec{E}_{\text{dipole}}$가 이 x축 위의 점에서 $-y$방향을 가리키는 것을 보여준다.

쌍극자 축의 한 점에서 쌍극자의 전기장을 계산해보자. 이것이 그림 23.5의 y축이다. 이 점은 양전하로부터 $r_+ = y - s/2$, 음전하로부터 $r_- = y + s/2$ 거리이다. 이 지점에서 알짜 전기장은 y성분만을 가지며, 두 점전하에 대한 전기장 합은 아래와 같이 주어진다.

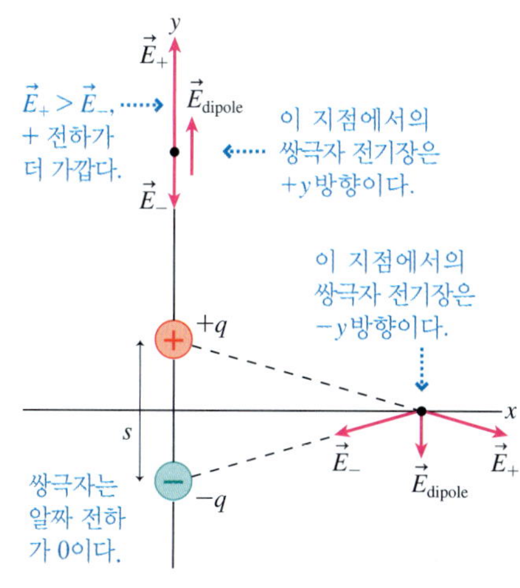

그림 23.5 두 점에서의 쌍극자 전기장

$$(E_{\text{dipole}})_y = (E_+)_y + (E_-)_y = \frac{1}{4\pi\epsilon_0}\frac{q}{(y-\frac{1}{2}s)^2} + \frac{1}{4\pi\epsilon_0}\frac{(-q)}{(y+\frac{1}{2}s)^2}$$
$$= \frac{q}{4\pi\epsilon_0}\left[\frac{1}{(y-\frac{1}{2}s)^2} - \frac{1}{(y+\frac{1}{2}s)^2}\right] \tag{23.6}$$

공통 분모로 두 값을 결합하면

$$(E_{\text{dipole}})_y = \frac{q}{4\pi\epsilon_0}\left[\frac{2ys}{(y-\frac{1}{2}s)^2(y+\frac{1}{2}s)^2}\right] \tag{23.7}$$

를 찾을 수 있다. 대수적 단계의 일부를 생략했지만, 스스로 할 수 있는지 확인해보자. 숙제 문제 중 일부는 비슷한 대수를 필요로 한다.

실제적으로, 우리는 거의 항상 $y \gg s$ 거리에서 쌍극자의 전기장을 관찰한다. 즉, 전하가 떨어져 있는 거리보다 거리가 훨씬 큰 경우이다. 이 경우, 분모가 $(y-\frac{1}{2}s)^2(y+\frac{1}{2}s)^2 \approx y^4$으로 근사될 수 있다. 이 근삿값을 이용하면, 식 (23.7)은

$$(E_{\text{dipole}})_y \approx \frac{1}{4\pi\epsilon_0}\frac{2qs}{y^3} \tag{23.8}$$

가 된다.

그림 23.6에 나타낸 것처럼 **쌍극자 모멘트**(dipole moment) $\vec{p}$를 다음과 같은 벡터로 정의하는 것이 유용하다.

$$\vec{p} = (qs, \text{음전하로부터 양전하 쪽으로}) \tag{23.9}$$

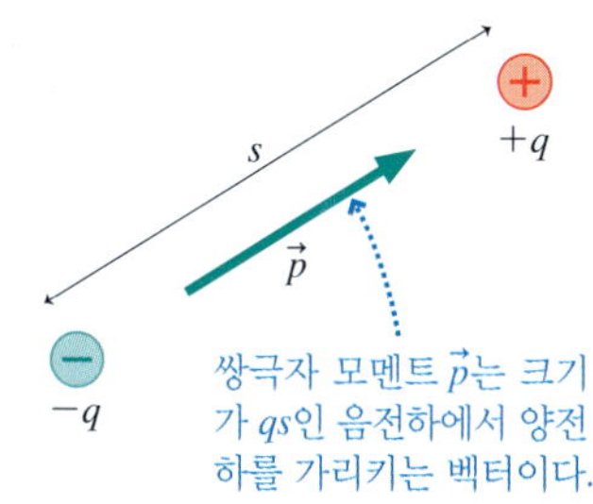

그림 23.6 쌍극자 모멘트

$\vec{p}$ 방향은 쌍극자의 방향을 나타내고, 쌍극자 모멘트의 크기 $p = qs$는 전기장 세기를 결정한다. 쌍극자 모멘트의 SI 단위는 C m이다.

쌍극자 모멘트를 사용하여 쌍극자 축의 한 점에서 전기장에 대한 간결한 표현을 쓸 수 있다.

$$\vec{E}_{\text{dipole}} \approx \frac{1}{4\pi\epsilon_0}\frac{2\vec{p}}{r^3} \quad \text{(전기 쌍극자의 축 위에서)} \tag{23.10}$$

여기서 r은 쌍극자의 중심으로부터 측정된 거리이다. 식 (23.10)은 쌍극자의 축을 따라서만 유효하다고 명시했기 때문에 y에서 r로 바꾸었다. 축 방향의 전기장은 쌍극자 모멘트 $\vec{p}$의 방향을 가리킨다.

숙제 문제는 쌍극자를 이등분하는 평면에서 전기장을 계산하게 한다. 이것은 그림 23.5의 x축에 표시된 전기장이지만 지면에서 나오는 것처럼 z축 위의 장일 수도 있다. $r \gg s$에 대한 장은 다음과 같다.

$$\vec{E}_{\text{dipole}} \approx -\frac{1}{4\pi\epsilon_0}\frac{\vec{p}}{r^3} \quad \text{(이등분한 면)} \tag{23.11}$$

이 전기장은 $\vec{p}$와 반대이며 같은 거리에서 축 위에서의 세기의 절반에 불과하다.

예제 23.2 물 분자의 전기장

물 분자(H_2O)는 6.2×10^{-30} C m 크기의 영구 쌍극자 모멘트를 갖는다. 쌍극자 축의 한 점에서 물 분자로부터의 1.0 nm 떨어진 곳에서의 전기장 세기는 얼마인가?

핵심 분자의 크기는 약 0.1 nm이다. 따라서 $r \gg s$이고, 분자 쌍극자 모멘트의 축 위 전기장이므로 식 (23.10)을 사용할 수 있다.

풀이 $r = 1.0$ nm에서의 축 위 전기장 세기는 다음과 같다.

$$E \approx \frac{1}{4\pi\epsilon_0}\frac{2p}{r^3} = (9.0\times10^9\ \text{N m}^2/\text{C}^2)\frac{2(6.2\times10^{-30}\ \text{C m})}{(1.0\times10^{-9}\ \text{m})^3}$$

$$= 1.1\times10^8\ \text{N/C}$$

검토 표 23.1을 보면 전기장 세기가 대전된 물체에 대한 일상 경험과 비교하였을 때에는 '강'하지만 원자 내부의 전기장과 비교하였을 때에는 '약'하다는 것을 알 수 있다. 이는 타당한 것처럼 보인다.

전기장선

우리는 전기장을 볼 수 없다. 때문에, 우리는 공간 영역에서 장을 시각화하는 데 도움이 되는 그림 도구가 필요하다. 22장에서 소개된 방법은 공간의 여러 지점에서 전기장 벡터를 그려 전기장을 그려 보는 것이다.

전기장을 묘사하는 또 다른 일반적인 방법은 **전기장선**(electric field lines)을 그리는 것이다. 그림 23.7에서 볼 수 있듯이,

그림 23.7 전기장선

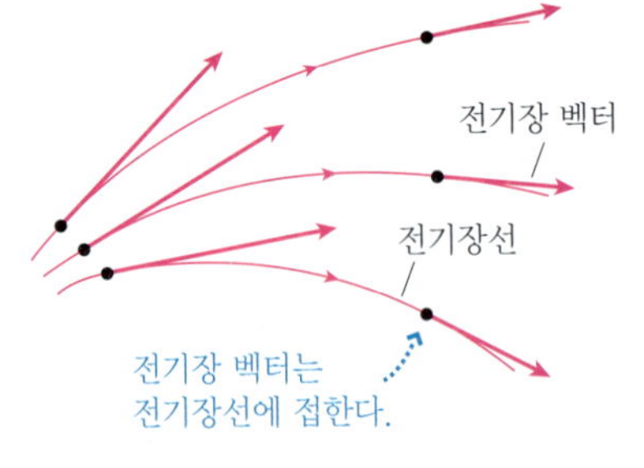

- 전기장선은 전기장 벡터에 접하는 연속 곡선이다.
- 조밀하게 배치된 전기장선은 더 큰 전기장의 세기를 나타낸다. 드문드문 배치된 전기장선은 더 작은 전기장의 세기를 나타낸다.
- 전기장선은 양전하에서 시작하여 음전하로 끝난다.
- 전기장선은 절대 교차하지 않는다.

세 번째 글 머리 기호는 전기장이 전하에 의해 생성된다는 사실로부터 나온다. 그러나 30장에서 전기장을 만드는 또 다른 방법을 알게 된다면 이 아이디어를 수정하여야 할 것이다.

그림 23.8은 전기장선으로 표시된 3개의 전기장을 보여준다. 쌍극자의 전기장은 쌍극자의 양 측면에서 $\vec{p}$ 방향(왼쪽에서 오른쪽)을 가리키고, 이등분한 면에서는 $\vec{p}$와 반대 방향을 가리킨다.

장-벡터 도형이나 장-선 도형 모두 전기장의 완벽한 그림 표현이 아니다. 장 벡터는 그리기가 다소 어려우며 몇 개의 지점에서만 장을 표시하긴 하지만 그 지점에서의 전기장 방향과 세기를 명확하게 나타낸다. 장-선 도형이 좀 더 보기 좋고 때로는 그

그림 23.8 (a) 양전하, (b) 음전하, (c) 쌍극자의 전기장선

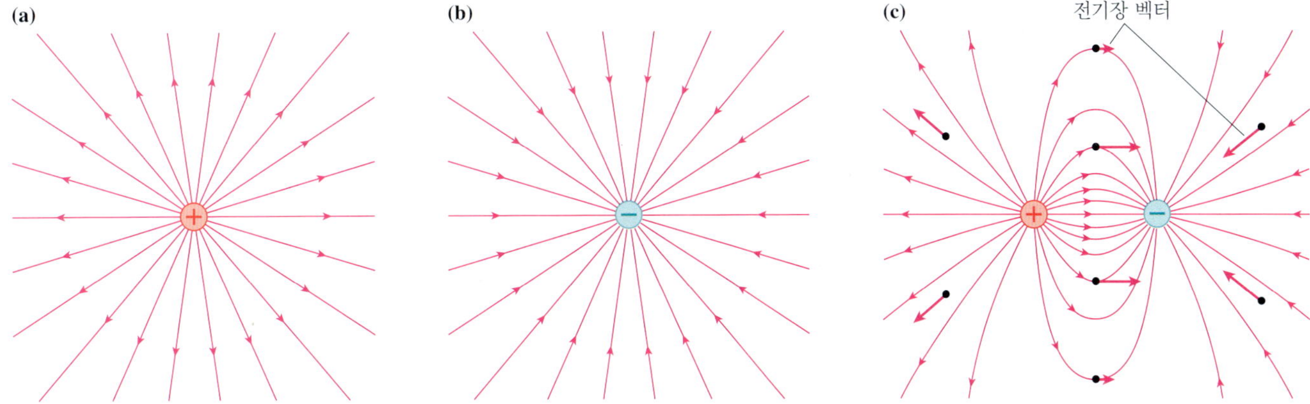

리기도 쉬울 수 있지만 선을 그릴 위치를 알려주는 공식은 없다. 상황에 따라 장-벡터 도형과 장-선 도형을 모두 사용한다.

23.3 연속 전하 분포의 전기장

탁자, 의자, 물 비커와 같은 평범한 물체들은 물질의 연속적인 분포라는 것을 느낌으로 안다. 비록 충분히 많이 물질을 재분할한다면 원자를 발견할 수 있다고 믿을만한 이유는 있지만, 원자에 대한 확실한 증거는 없다. 따라서 실제로 물질이 연속적이라고 생각하고 물질의 **밀도**에 대해 이야기하는 것이 더 쉽다. 밀도(세제곱미터당 물질의 질량)는 물질을 원자라고 하기보다는 연속적인 것으로 물질의 분포를 설명할 수 있게 해준다.

흡사한 상황이 전하에 대해서도 발생한다. 대전된 물체에 많은 수의 과도한 전자가 포함되어 있는 경우(예를 들면, 금속 막대에 10^{12}개의 여분 전자가 있는 경우) 모든 전자를 추적하는 것은 현실성이 없다. 전하가 **연속적**이라고 생각하고 그것이 물체에 어떻게 분포되는지 설명하는 것이 더 합리적이다.

그림 23.9a는 플라스틱 막대나 금속 도선과 같이 길이가 L이고 전하 Q가 균일하게 퍼져 있는 물체를 보여준다. (우리는 물체의 총 전하량에 대해 대문자 Q를 사용하고,

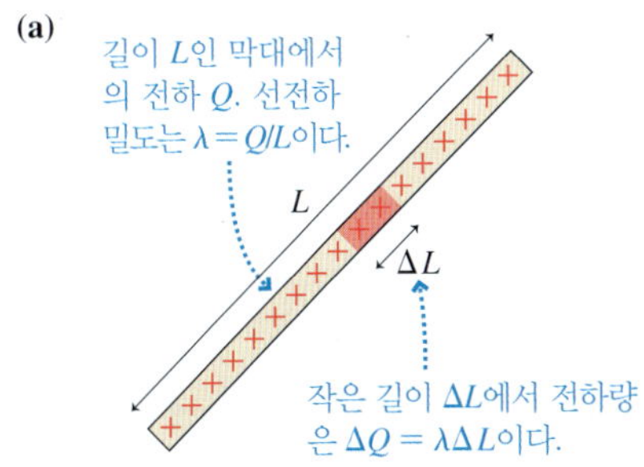

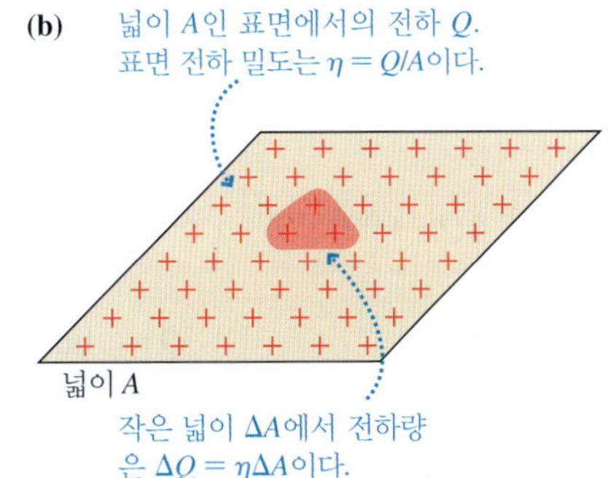

◀ 그림 23.9 1차원과 2차원의 연속 전하 분포

각각의 점전하에 대해 소문자 q를 사용한다.) **선전하 밀도**(linear charge density) λ는 다음과 같이 정의된다.

$$\lambda = \frac{Q}{L} \tag{23.12}$$

선전하 밀도는 C/m 단위를 가지며, 길이의 미터당 전하량을 말한다. 40 nC 전하량을 갖는 길이 20 cm 도선의 선전하 밀도는 2.0 nC/cm 또는 2.0×10^{-7} C/m이다.

또한 대전된 표면에도 관심이 있다. 그림 23.9b는 넓이 A의 표면에 걸친 전하의 2차원 분포를 보여준다. **표면 전하 밀도**(surface charge density) η(그리스 소문자 에타)는

$$\eta = \frac{Q}{A} \tag{23.13}$$

이다. 표면 전하 밀도는 C/m^2 단위를 가지며, 제곱미터당 전하량을 말한다. $\eta = 2.0 \times 10^{-4}$ C/m^{2}인 표면의 1.0 mm × 1.0 mm 정사각형은 2.0×10^{-10} C 또는 0.20 nC의 전하를 포함한다. (C/m^3 단위로 측정한 부피 전하 밀도 $\rho = Q/V$는 24장에서 사용된다.)

그림 23.9와 식 (23.12), (23.13)의 정의는 물체가 **균일하게 대전된**(uniformly charged) 것으로 가정한다. 즉, 전하가 물체 위에 균일하게 퍼져 있음을 의미한다. 별도로 명시하지 않는 한 물체는 균일하게 대전된다고 가정한다.

적분은 합이다

연속 전하 분포의 전기장을 계산하려면 일반적으로 미적분에서 배운 기술인 적분을 세우고 계산해야 한다. 운동학을 공부할 때 사용한 개념인 "적분은 곡선 아래의 넓이"라고 생각하는 것이 일반적이다.

그러나 적분은 넓이를 찾는 도구 이상이다. 일반적으로 **적분은 합이다.** 즉, 적분은 무한한 개수의 무한히 작은 조각을 더하는 정교한 방법이다. 곡선 아래의 넓이는 무한한 수의 크고 좁은 직사각형의 작은 넓이 $y(x)dx$를 더하는 특수한 경우이기도 하지만, 합이라는 적분의 아이디어에는 다른 많은 응용들이 있다.

예를 들어, 대전된 물체가 작은 양의 전하 ΔQ_1, ΔQ_2, ΔQ_3, ⋯, ΔQ_N을 갖는 다수의 작은 조각 $i = 1, 2, 3, \cdots, N$으로 나누어진다고 가정하자. 그림 23.9는 대전된 막대와 대전된 얇은 판에 대한 전하의 작은 조각을 보여주었지만, 물체는 어떤 모양이든 가질 수 있다. 물체의 총 전하량은 모든 작은 전하량을 합하여 계산한다.

$$Q = \sum_{i=1}^{N} \Delta Q_i \tag{23.14}$$

만약 $\Delta Q_i \to 0$이고 $N \to \infty$라면, 적분을 아래와 같이 정의한다.

$$Q = \lim_{\Delta Q \to 0} \sum_{i=1}^{N} \Delta Q_i = \int_{\text{object}} dQ \tag{23.15}$$

즉, 적분은 전하의 무한히 작은 조각에 대한 무한한 개수의 합이다. 이러한 적분의 사

용은 곡선 아래 넓이와는 아무런 관련이 없다.

식 (23.15)가 "모든 작은 조각들을 합한다."라는 내용에 대한 수학적 표현이지만, 아직 실제로 미적분학의 도구로 적분될 수 있는 표현은 아니다. 적분은 dx 또는 dy와 같은 좌표를 통해 수행되며 '물체에 대한 적분'을 의미하는 것을 지정하는 좌표가 필요하다. 때문에 여기에 밀도의 개념을 도입한다.

얇고 길이가 L인 대전된 막대의 총 전하량을 알고 싶다고 가정해보자. 먼저, 그림 23.10과 같이 막대의 한쪽 끝을 원점으로 한 x축을 설정한다. 그런 다음, 막대를 길이가 dx인 많은 수의 작은 조각으로 나눈다. 이 작은 부분들 각각은 전하 dQ를 가지며, 막대의 총 전하량은 모든 dQ값의 합이다. 이것이 식 (23.15)가 말한 것이다. 이제 중요한 단계이다. 막대가 선전하 밀도 λ를 갖는다. 결과적으로 막대의 작은 부분들의 전하는 $dQ = \lambda dx$이다. **밀도는 양과 좌표 사이의 연결고리이다.** 마지막으로, '막대에 대한 적분'은 $x = 0$부터 $x = L$까지 적분하는 것을 의미한다. 따라서 막대에서의 총 전하량은

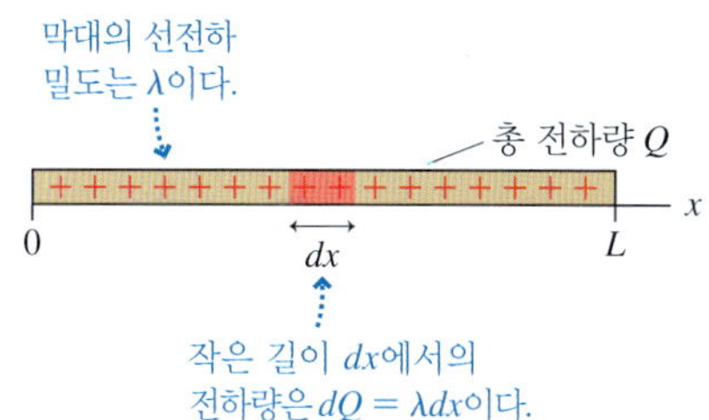

그림 23.10 막대에서의 전하를 계산하기 위한 적분 설정

$$Q = \int_{\text{rod}} dQ = \int_0^L \lambda\, dx \tag{23.16}$$

가 된다.

이제 우리는 적분하고자 하는 표현식을 알고 있다. 만약 균일하게 대전된 막대의 경우처럼 λ가 일정하다면, 적분에서 그것을 빼내서 $Q = \lambda L$을 구할 수 있다. 그러나 λ가 불균일하게 대전된 막대에 대해 식 (23.16)을 사용할 수도 있다. 여기서 λ는 x의 함수이다.

이 논의는 전기장을 계산하는 데 필요한 두 가지 핵심 아이디어를 보여준다.

- 적분은 많은 수의 작은 조각을 합하는 도구이다.
- 밀도는 양과 좌표 간의 연결이다.

문제 풀이 전략

우리의 목표는 대전된 막대나 대전된 원판과 같은 연속적인 전하 분포의 전기장을 찾는 것이다. 함께 사용할 수 있는 두 가지 기본 도구가 있다.

- 점전하의 전기장
- 중첩의 원리

3단계 전략으로 이러한 도구를 적용할 수 있다.

1. 총 전하량 Q를 여러 작은 점과 같은 전하 ΔQ로 나눈다.
2. 각 ΔQ의 전기장을 찾기 위해 점전하의 전기장에 대한 지식을 사용한다.
3. 모든 ΔQ의 전기장을 합하여 알짜 전기장 $\vec{E}_{\text{net}}$을 계산한다.

의심의 여지없이 합하면 적분이 될 것이다.

절차를 설명하기 위해 몇 가지 예를 통해 단계별로 나아갈 것이다. 그러나 먼저 문제 풀이 전략의 단계를 구체화해야 한다. 이 문제 풀이 전략의 목적은 어려운 문제를 개별적으로 계산할 수 있는 작은 단계로 나누는 것이다.

문제 풀이 전략 23.2

전하의 연속 분포의 전기장

핵심 전하 분포를 간단한 형태로 모형화한다.

시각화 그림으로 표현한다.

- 그림을 그려 좌표계를 만들고 전기장을 계산할 점 P를 확인한다.
- $\vec{E}$를 결정하는 방법을 이미 알고 있는 모양을 사용하여 총 전하량 Q를 작은 전하 ΔQ로 나눈다. 이것은 종종 점전하로 분할되는 경우가 있지만, 항상 그런 것은 아니다.
- 하나 또는 2개의 작은 전하 조각에 대해 점 P에서 전기장 벡터를 그린다. 이렇게 하면 계산해야 하는 거리와 각도를 식별하는 데 도움이 된다.

풀이 수학적 표현은 $\vec{E}_{\text{net}} = \sum \vec{E}_i$이다.

- 점 P에서 $\vec{E}$(하나 이상의 값이 0이라고 확신하지 않는 한)의 세 가지 성분 각각을 대수 표현으로 쓴다. 점의 (x, y, z) 좌표를 변수로 둔다.
- 작은 전하 ΔQ를 전하 밀도와 dx와 같은 좌표와 관련된 표현식으로 바꾼다. 적분 변수로 사용할 좌표가 필요하므로 **이것은 합에서 적분으로 전환하는 중요한 단계이다.**
- 모든 각도와 거리를 좌표로 표현한다.
- 합은 적분이 된다. 이 변수에 대한 적분 한계는 전체 대전된 물체를 '포함해야' 한다.

검토 결과가 전기장이 무엇인지 알아야 하는 극단적인 경우와 일치하는지 확인한다.

예제 23.3 선전하의 전기장

그림 23.11은 총 전하량 Q를 가지는 길이 L인 균일하게 대전된 얇은 막대를 보여준다. 막대를 이등분하는 평면의 지름 거리 r에서의 전기장 세기를 구하시오.

핵심 막대가 얇으므로, 전하가 선을 따라 있으며 선전하라고 하는 것을 형성한다고 가정한다. 막대의 선전하 밀도는 $\lambda = Q/L$이다.

그림 23.11 균일하게 대전된 얇은 막대

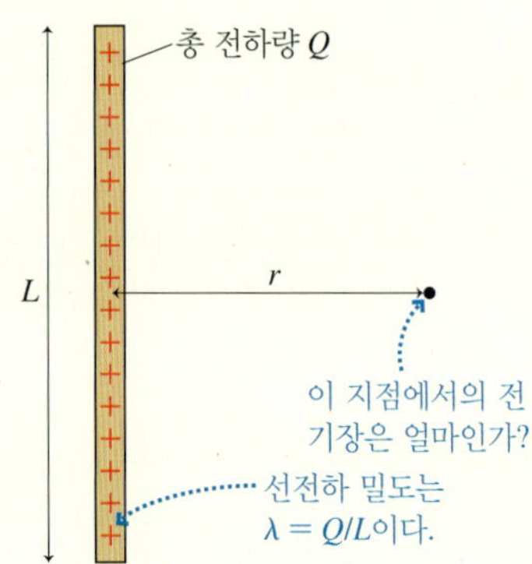

시각화 그림 23.12는 문제 풀이 전략의 단계를 보여준다. 막대가 y축을 따라 위치하고 이등분 평면에 있는 점 P는 x축에 있는 좌표계를 선택했다. 그런 다음 막대를 N개의 작은 부분의 전하 ΔQ로 나누었다. 각각의 ΔQ는 충분히 작아 점전하로 모형화한다. 도선의 아래쪽 절반에서의 모든 ΔQ에 대해 전기장은 오른쪽 위를 향하고, 그와 짝을 이루는 위쪽 절반에서의 ΔQ의 전기장은 오른쪽 아래를 향한다. 이 두 전기장의 y성분은 상쇄되므로, **x축에서의 알짜 전기장은 막대로부터 뻗어져 나간다.** 계산할 필요가 있는 유일한 성분은 E_x이다. (이것은 예제 23.1에서 사용한 대칭에 근거하여 추론한 것과 같다.)

풀이 전하의 작은 부분 각각은 점전하로 모형화할 수 있다. 점전하의 전기장을 알기 때문에, i 부분의 전기장 $\vec{E}_i$의 x성분을 다음과 같이 쓸 수 있다.

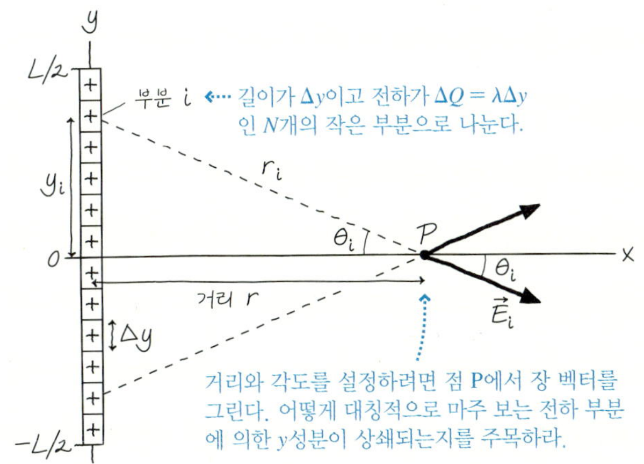

그림 23.12 선전하의 전기장 계산

$$(E_i)_x = E_i \cos\theta_i = \frac{1}{4\pi\epsilon_0}\frac{\Delta Q}{r_i^2}\cos\theta_i$$

여기서 r_i는 전하 i로부터 점 P 사이의 거리이다. 그림으로부터 $r_i = (y_i^2 + r^2)^{1/2}$과 $\cos\theta_i = r/r_i = r/(y_i^2 + r^2)^{1/2}$을 얻을 수 있다. 이와 함께, $(E_i)_x$는

$$(E_i)_x = \frac{1}{4\pi\epsilon_0}\frac{\Delta Q}{y_i^2 + r^2}\frac{r}{\sqrt{y_i^2 + r^2}} = \frac{1}{4\pi\epsilon_0}\frac{r\,\Delta Q}{(y_i^2 + r^2)^{3/2}}$$

가 된다. 이 결과를 예제 23.1에서 했던 매우 유사한 계산과 비교하라. 이제 모든 전하 부분에 대해 이 표현식을 합하면 x성분에 대한 알짜 전기장은

$$E_x = \sum_{i=1}^{N}(E_i)_x = \frac{1}{4\pi\epsilon_0}\sum_{i=1}^{N}\frac{r\,\Delta Q}{(y_i^2 + r^2)^{3/2}}$$

가 된다. 이것은 예제 23.1에서 $N = 3$의 경우에 대해 수행한 것과 동일한 중첩이다. 유일한 차이점은 N이 아무 값이나 가질 수 있도록 결과를 분명한 합으로 작성했다는 것이다. 우리는 $N \to \infty$로 하고 그 합을 적분으로 대체하기를 원하지만, Q를 통해 적분할 수는 없다. 그것은 기하학적인 양이 아니다. 여기서 선전하 밀도가 들어간다. 각 부분의 전하량은 $\Delta Q = \lambda\Delta y = (Q/L)\Delta y$로 길이 Δy와 관계가 있다. 선전하 밀도에 대하여, 전기장은

$$E_x = \frac{Q/L}{4\pi\epsilon_0}\sum_{i=1}^{N}\frac{r\,\Delta y}{(y_i^2 + r^2)^{3/2}}$$

이다. 이제 합하여 적분할 준비가 되었다. 만약 $N \to \infty$라고 하면, 각 부분은 극소의 길이 $\Delta y \to dy$가 되는 반면에, 개별 위치 변수 y_i는 연속적인 적분 변수 y가 된다. 대전된 선의 아래쪽 $i = 1$부터 위쪽 $i = N$까지의 합은 $y = -L/2$에서 $y = +L/2$까지의 적분으로 대체된다. 따라서 극한 $N \to \infty$일 때,

$$E_x = \frac{Q/L}{4\pi\epsilon_0}\int_{-L/2}^{L/2}\frac{r\,dy}{(y^2 + r^2)^{3/2}}$$

이다. 이것은 미적분에서 배운 표준 적분이며 부록 A에서 찾을 수 있다. r은 적분에 관한 한 상수이다. 적분하면

$$\begin{aligned}E_x &= \frac{Q/L}{4\pi\epsilon_0}\frac{y}{r\sqrt{y^2 + r^2}}\Bigg|_{-L/2}^{L/2}\\ &= \frac{Q/L}{4\pi\epsilon_0}\left[\frac{L/2}{r\sqrt{(L/2)^2 + r^2}} - \frac{-L/2}{r\sqrt{(-L/2)^2 + r^2}}\right]\\ &= \frac{1}{4\pi\epsilon_0}\frac{Q}{r\sqrt{r^2 + (L/2)^2}}\end{aligned}$$

로 주어진다. E_x는 전기장의 유일한 성분이므로, 대전된 막대의 중심으로부터 거리 r에서 전기장 세기 E_{rod}는

$$E_{\text{rod}} = \frac{1}{4\pi\epsilon_0}\frac{|Q|}{r\sqrt{r^2 + (L/2)^2}}$$

가 된다. 전기장 세기는 양수여야 하므로 전하가 음수일 수 있는 가능성을 허용하기 위해 Q에 절댓값 부호를 추가했다. 유일한 제약은 이것이 막대를 이등분하는 평면의 한 점에서의 전기장이라는 것을 기억하는 것이다.

검토 우리가 막대에서 아주 먼 지점에 있다고 가정하자. $r \gg L$일 때, 막대의 길이는 관련이 없으며 막대는 그 거리에서 점전하 Q로 나타난다. 따라서 $r \gg L$의 극단적인 경우에, 막대의 전기장이 점전하의 전기장이 될 것으로 예상한다. $r \gg L$일 때, $(r^2 + (L/2)^2)^{1/2} \approx (r^2)^{1/2} = r$이고 거리 r에서 전기장 세기는 $E_{\text{rod}} \approx Q/4\pi\epsilon_0 r^2$, 즉 점전하의 전기장이다. E_{rod}의 표현식이 올바른 극한적인 거동을 사용한다는 사실은 그 유도 과정에서 어떤 실수도 하지 않았다는 확신을 준다.

무한한 선전하

선전하 밀도 λ가 일정하게 유지되는 동안 막대 또는 도선이 아주 길어져서 **선전하**(line of charge)가 된다면? 이 질문에 답하기 위해, 분모에서 $(L/2)^2$을 인수분해하여 E_{rod}의 표현식을 다시 쓸 수 있다.

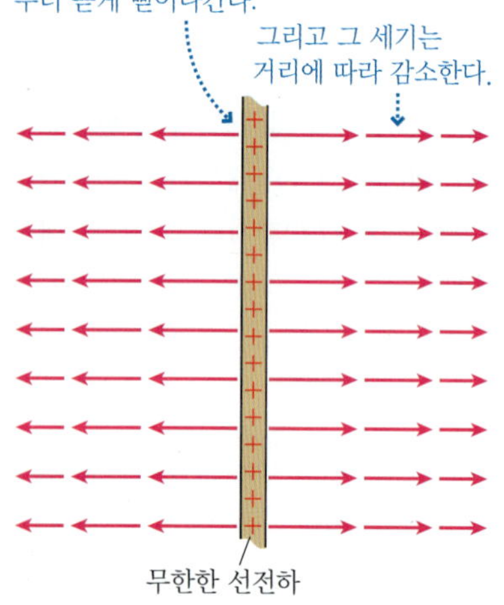

그림 23.13 무한한 선전하에서의 전기장

$$E_{\text{rod}} = \frac{1}{4\pi\epsilon_0}\frac{|Q|}{r \cdot L/2}\frac{1}{\sqrt{1+4r^2/L^2}} = \frac{1}{4\pi\epsilon_0}\frac{2|\lambda|}{r}\frac{1}{\sqrt{1+4r^2/L^2}}$$

여기서 $|\lambda| = |Q|/L$은 선전하 밀도의 크기이다. 만약 $L \to \infty$라면, 마지막 부분은 간단히 1이 되고, 아래의 식만 남는다.

$$\vec{E}_{\text{line}} = \left(\frac{1}{4\pi\epsilon_0}\frac{2|\lambda|}{r}, \begin{cases}\text{양전하이면 도선으로부터 멀어지는 방향} \\ \text{음전하이면 도선을 향하는 방향}\end{cases}\right) \text{(선전하)} \quad (23.17)$$

여기서 장의 방향을 포함시켰다. 그림 23.13은 양전하를 띤 무한한 선에서의 전기장 벡터를 보여준다. 벡터는 음전하를 띤 선에서는 안쪽으로 향하게 된다.

무한 선전하는 우리의 중요한 전기장 모형 중 두 번째이다. 실제 도선은 무한히 길지는 않지만 길이가 유한한 도선의 전기장 역시 도선의 끝 가까운 지점을 제외하고는 식 (23.17)에 의해 잘 근사된다.

23.4 고리, 원판, 평면, 구에서의 전기장

이 절에서는 몇 가지 중요한 전하 분포에 대한 전기장을 도출한다.

예제 23.4 고리 전하의 전기장

반지름 R인 얇은 고리는 총 전하량 Q로 균일하게 대전된다. 고리의 축(고리에 수직) 위의 한 점에서 전기장을 찾으시오.

핵심 고리가 얇기 때문에, 반지름 R의 원을 따라 전하가 있다고 가정할 것이다. 이것은 길이 $2\pi R$의 선전하로 생각할 수 있다. 고리를 따른 선전하 밀도는 $\lambda = Q/2\pi R$이다.

시각화 그림 23.14는 고리와 문제 풀이 전략의 단계를 보여준다. 고리가 xy평면에 있고 P점이 z축에 있는 좌표계를 선택했다. 그런 다음 고리를 N개의 작은 부분 ΔQ로 나누었다. 각각의 부분은 점전하로 모형화할 수 있다. 그림에서 알 수 있듯이, 축에 수직인 장의 성분은 정반대의 두 부분에 대해 상쇄된다. 따라서 단지 z성분 E_z만을 계산할 필요가 있다.

풀이 부분 i에 의한 전기장의 z성분은

$$(E_i)_z = E_i\cos\theta_i = \frac{1}{4\pi\epsilon_0}\frac{\Delta Q}{r_i^2}\cos\theta_i$$

이다. 그림에서 고리의 모든 부분을 개별적인 i로 볼 수 있으며 다음과 같은 값을 갖는다.

$$r_i = \sqrt{z^2+R^2}$$

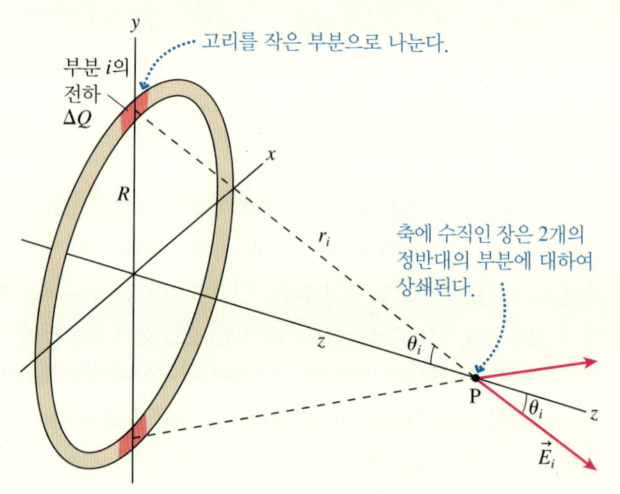

그림 23.14 고리 전하의 축 위에서의 전기장 계산

$$\cos\theta_i = \frac{z}{r_i} = \frac{z}{\sqrt{z^2+R^2}}$$

결과적으로 부분 i의 장은

$$(E_i)_z = \frac{1}{4\pi\epsilon_0}\frac{\Delta Q}{z^2+R^2}\frac{z}{\sqrt{z^2+R^2}} = \frac{1}{4\pi\epsilon_0}\frac{z}{(z^2+R^2)^{3/2}}\Delta Q$$

이다. 알짜 전기장은 모든 N개의 부분들에 의한 $(E_i)_z$ 합에 의해 얻을 수 있다.

$$E_z = \sum_{i=1}^{N}(E_i)_z = \frac{1}{4\pi\epsilon_0}\frac{z}{(z^2+R^2)^{3/2}}\sum_{i=1}^{N}\Delta Q$$

합에 관한 한 z는 상수이므로 z와 관련된 모든 식 앞에 올 수 있었다. 놀랍게도 이 계산을 완료하기 위해 합을 적분으로 변환할 필요는 없다. 고리 주변의 모든 ΔQ의 합은 단순히 고리의 총 전하 $\sum\Delta Q = Q$이므로, 축 위에서의 전기장은

$$(E_{\text{ring}})_z = \frac{1}{4\pi\epsilon_0}\frac{zQ}{(z^2+R^2)^{3/2}}$$

이다. 이 표현식은 양과 음의 z(고리의 양 측면), 그리고 양전하와 음전하 모두에 유효하다.

검토 이 결과가 $z \gg R$일 때 예상되는 극한을 준다는 것을 보이는 것은 과제로 남겨 둘 것이다.

그림 23.15는 양으로 대전된 고리에 대해 축 위에서의 전기장의 두 가지 표현을 보여준다. 그림 23.15a는 전기장 벡터가 고리에서 멀어지는 방향으로 향하고, $|z| \approx R$일 때 최대에 도달할 때까지 길이가 증가한 다음 감소한다는 것을 보여준다. 그림 23.15b의 $(E_{\text{ring}})_z$ 그래프는 전기장 세기가 고리의 양쪽에서 최댓값을 가지고 있음을 확인해준다. 고리의 중심이 전하에 의해 둘러싸여 있어도 이 지점에서 전기장은 0이다. 이것이 왜 그런지에 대해 잠깐 생각해보고 싶을 수 있다.

그림 23.15 고리 전하의 축 위에서의 전기장

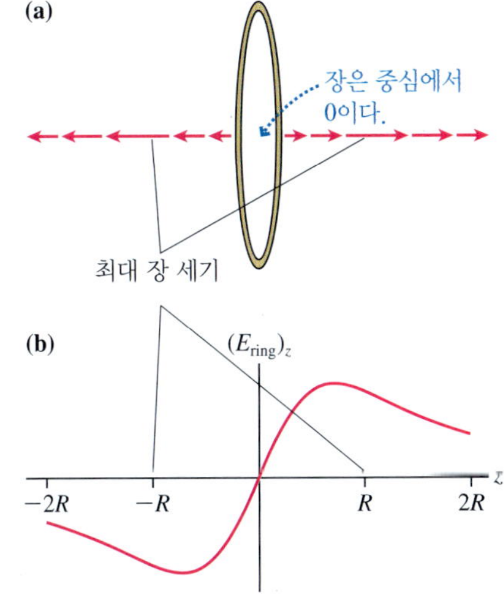

원판 전하

그림 23.16은 전하 Q로 균일하게 대전된 반지름 R인 원판을 보여준다. 이것은 두께가 없는 수학상의 원판으로, 표면 전하 밀도는

$$\eta = \frac{Q}{A} = \frac{Q}{\pi R^2} \tag{23.18}$$

이다. 우리는 이 원판의 축 위에서의 전기장을 계산하기를 원한다. 문제 풀이 전략은 연속적인 전하를 우리가 $\vec{E}$를 구하는 방법을 이미 알고 있는 부분으로 나누는 것이다. 이제 고리 전하의 축 위에서의 전기장을 알고 있기 때문에, 반지름 r과 폭 Δr의 매우 좁은 고리 N개로 원판을 나눈다. 반지름 r_i와 전하 ΔQ_i를 갖는 이러한 고리 중 하나를 나타내었다.

표기법에 주의해야 한다. 예제 23.4의 R은 고리의 반지름이다. 이제 우리는 많은 고리를 가지고 있고 고리 i의 반지름은 r_i이다. 마찬가지로, Q는 고리의 전하량이다. 이제 고리 i의 전하량은 원판의 총 전하량의 작은 부분인 ΔQ_i이다. 이러한 변화에 따라, 반지름 r_i인 고리 i의 전기장은 다음과 같다.

$$(E_i)_z = \frac{1}{4\pi\epsilon_0}\frac{z\,\Delta Q_i}{(z^2+r_i^2)^{3/2}} \tag{23.19}$$

대전된 원판의 축 위에서의 전기장은 모든 고리의 전기장의 합이다.

$$(E_{\text{disk}})_z = \sum_{i=1}^{N}(E_i)_z = \frac{z}{4\pi\epsilon_0}\sum_{i=1}^{N}\frac{\Delta Q_i}{(z^2+r_i^2)^{3/2}} \tag{23.20}$$

중요한 단계는 늘 그렇듯이 ΔQ를 좌표와 연관시키는 것이다. 이제는 선이 아니라 표

그림 23.16 대전된 원판의 축 위에서의 장 계산

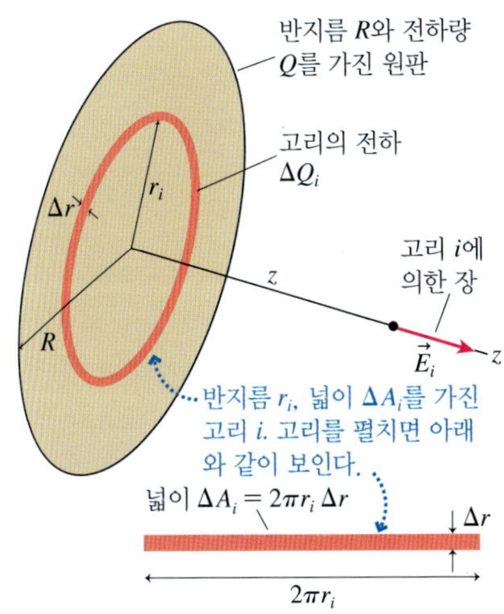

면을 가지므로, 고리 i의 전하는 $\Delta Q = \eta \Delta A_i$이다. 여기서 ΔA_i는 고리 i의 넓이이다. 미적분에서 배웠듯이, 고리를 '펼쳐서' 길이가 $2\pi r_i$이고 높이가 Δr인 좁은 직사각형을 형성함으로써 ΔA_i를 찾을 수 있다. 따라서 고리 i의 넓이는 $\Delta A_i = 2\pi r_i \Delta r$이고 전하는 $\Delta Q_i = 2\pi \eta r_i \Delta r$이다. 이 대입으로, 식 (23.20)은

$$(E_{\text{disk}})_z = \frac{\eta z}{2\epsilon_0} \sum_{i=1}^{N} \frac{r_i \, \Delta r}{(z^2 + r_i^2)^{3/2}} \tag{23.21}$$

이다. $N \to \infty$, $\Delta r \to dr$에 따라 합은 적분이 된다. 모든 고리를 합하는 것은 $r = 0$에서 $r = R$로 적분하는 것을 의미한다. 그러므로

$$(E_{\text{disk}})_z = \frac{\eta z}{2\epsilon_0} \int_0^R \frac{r \, dr}{(z^2 + r^2)^{3/2}} \tag{23.22}$$

이 된다.

남아있는 것은 적분을 수행하는 것이다. 변수를 $u = z^2 + r^2$으로 변경하면 이것은 간단하다. 그런 다음 $du = 2r\,dr$ 또는 이와 동등하게 $r\,dr = \frac{1}{2}du$로 나타낸다. 적분의 하한값 $r = 0$에서, 새로운 변수는 $u = z^2$이다. 상한값 $r = R$에서 새로운 변수는 $u = z^2 + R^2$이다.

이 변수를 바꾸어 적분하면 다음과 같이 된다.

$$(E_{\text{disk}})_z = \frac{\eta z}{2\epsilon_0} \frac{1}{2} \int_{z^2}^{z^2+R^2} \frac{du}{u^{3/2}} = \frac{\eta z}{4\epsilon_0} \frac{-2}{u^{1/2}} \Bigg|_{z^2}^{z^2+R^2} = \frac{\eta z}{2\epsilon_0} \left[\frac{1}{z} - \frac{1}{\sqrt{z^2 + R^2}} \right] \tag{23.23}$$

만약 z를 대괄호 안에 곱하면, 표면 전하 밀도 $\eta = Q/\pi R^2$을 갖는 대전된 원판의 축 위에서의 전기장은

$$(E_{\text{disk}})_z = \frac{\eta}{2\epsilon_0} \left[1 - \frac{z}{\sqrt{z^2 + R^2}} \right] \tag{23.24}$$

가 된다.

극단적인 경우

식 (23.24)가 우리에게 말하는 것을 보기가 약간 어려우므로, 그것을 우리가 이미 알고 있는 것과 비교해보자. 먼저 대괄호 안의 양은 무차원임을 알 수 있다. 표면 전하 밀도 $\eta = Q/A$는 q/r^2과 같은 단위를 가지므로 $\eta/2\epsilon_0$는 $q/4\pi\epsilon_0 r^2$과 같은 단위를 갖는다. 이것은 $\eta/2\epsilon_0$가 실제로 전기장이라는 것을 말해준다.

다음으로 원판에서 아주 멀리 움직여 보자. 거리 $z \gg R$에서, 원판은 거리 내에서 점전하 Q로 보이고 원판의 장은 점전하의 장으로 접근해야 한다. 만약 식 (23.24)에서 $z \to \infty$라면 $z^2 + R^2 \approx z^2$이므로 $(E_{\text{disk}})_z \to 0$임을 알 수 있다. 이것은 사실이지만 우리가 원하는 것은 아니다. z를 R에 비해 매우 크게 해야 하지만 E_{disk}를 사라지게 할 정도로 크지는 않아야 한다. 극한을 취할 때 조금 더 신경 써야 한다.

제곱근에서 z^2을 인수분해하여 식 (23.24)를 좀 더 유용한 형태로 만들 수 있다.

$$(E_{\text{disk}})_z = \frac{\eta}{2\epsilon_0}\left[1 - \frac{1}{\sqrt{1 + R^2/z^2}}\right] \tag{23.25}$$

이제 $z \gg R$이면, $R^2/z^2 \ll 1$이므로 대괄호 안의 둘째 항은 $(1+x)^{-1/2}$의 형식을 취한다(여기서 $x \ll 1$). 그러면 이항 근사법을 사용할 수 있다.

$$x \ll 1 \text{ 이면 } (1+x)^n \approx 1 + nx \qquad \text{(이항 근사법)}$$

대괄호 안의 표현을 단순화하면 다음과 같다.

$$1 - \frac{1}{\sqrt{1 + R^2/z^2}} = 1 - (1 + R^2/z^2)^{-1/2} \approx 1 - \left(1 + \left(-\frac{1}{2}\right)\frac{R^2}{z^2}\right) = \frac{R^2}{2z^2} \tag{23.26}$$

이것은 $z \gg R$일 때 좋은 근사이다. 이 근사를 식 (23.25)에 대입하면 $z \gg R$에 대한 원판의 전기장은 다음과 같다.

$$z \gg R\text{이면} \quad (E_{\text{disk}})_z \approx \frac{\eta}{2\epsilon_0}\frac{R^2}{2z^2} = \frac{Q/\pi R^2}{4\epsilon_0}\frac{R^2}{z^2} = \frac{1}{4\pi\epsilon_0}\frac{Q}{z^2} \tag{23.27}$$

이것은 실제로 점전하 Q의 전기장으로, 원판 전하의 축 위에서의 전기장의 표현인 식 (23.24)에 대한 확신을 준다.

예제 23.5 **대전된 원판의 전기장**

지름 10 cm인 플라스틱 원판에 10^{11}개의 전자가 균일하게 채워진다. 표면으로부터 1.0 mm 위에 있는 중심 근처의 한 점에서의 전기장은 얼마인가?

핵심 플라스틱 원판을 균일하게 대전된 원판으로 모형화한다. 우리는 축 위에서의 전기장을 찾고 있다. 전하가 음이므로, 장은 원판을 **향하게** 될 것이다.

풀이 플라스틱 원판의 총 전하량은 $Q = N(-e) = -1.60 \times 10^{-8}$ C 이다. 표면 전하 밀도는

$$\eta = \frac{Q}{A} = \frac{Q}{\pi R^2} = \frac{-1.60 \times 10^{-8}\text{ C}}{\pi(0.050\text{ m})^2} = -2.04 \times 10^{-6}\text{ C/m}^2$$

이다. 식 (23.25)에서 주어진 것과 같이, $z = 0.0010$ m에서의 전기장은

$$E_z = \frac{\eta}{2\epsilon_0}\left[1 - \frac{1}{\sqrt{1 + R^2/z^2}}\right] = -1.1 \times 10^5\text{ N/C}$$

이 된다. 음의 부호는 장이 원판에서 멀어지는 방향이라기보다 장을 가리키는 것을 나타낸다. 벡터로 나타내면,

$$\vec{E} = (1.1 \times 10^5\text{ N/C, 원판을 향하는 방향})$$

과 같다.

검토 총 전하량 −16 nC은 마찰에 의해 작은 플라스틱 물체에 생성되는 전하량의 일반적인 값이다. 따라서 10^5 N/C은 마찰로 인해 대전된 물체 근처의 일반적인 전기장 세기이다.

평면 전하

많은 전자 장치는 대전된 평평한 표면(원판, 사각형, 직사각형 등)을 사용하여 전자를 적절한 경로로 조정한다. 이 대전된 표면을 **전극**(electrodes)이라고 한다. 실제 전극은 크기가 유한하지만 흔히 전극을 무한한 **평면 전하**(plane of charge)로 모형화할 수

있다. 전극까지의 거리 z가 모서리까지의 거리에 비해 작으면, 무한히 멀리 있는 것처럼 하여 모서리를 적절하게 처리할 수 있다.

평면 전하의 전기장은 반지름 $R \to \infty$로 하여 대전된 원판의 축 위의 장으로부터 구한다. 즉, 무한 반지름을 가진 원판은 무한한 평면이다. 식 (23.24)로부터 표면 전하 밀도 η를 갖는 평면 전하의 전기장은

$$E_{\text{plane}} = \frac{\eta}{2\epsilon_0} = \text{상수} \tag{23.28}$$

임을 알고 있다.

이것은 간단한 결과이지만 우리에게 무엇을 말해주는가? 첫째, 전기장 세기는 전하 밀도 η에 정비례한다(더 많은 전하, 더 큰 전기장). 둘째, 더 흥미로운 것은 거리 z와는 무관하게 전기장 세기가 공간의 **모든** 지점에서 동일하다는 것이다. 평면으로부터 1000 m에서의 전기장 세기는 평면으로부터 1 mm에서의 전기장 세기와 동일하다.

어떻게 이럴 수 있는가? 평면 전하로부터 멀리 떨어질수록 장은 점점 약해져야 할 것으로 보인다. 그러나 우리는 **무한** 평면 전하를 다루고 있음을 기억하자. 무한한 물체에 '가까이' 있거나 '멀리 떨어져' 있다는 것은 무엇을 의미하는가? 유한 반지름 R인 원판의 경우, 거리 z에 있는 점이 원판에 '가까운' 또는 '먼'지 여부는 z와 R의 비교이다. $z \ll R$이면, 점이 원판에 가깝다. $z \gg R$이면 점이 원판에서 멀리 떨어져 있다. 그러나 $R \to \infty$이면 근거리와 먼 거리를 구별할 수 있는 **척도**가 없다. 본질적으로, 공간의 **모든** 점은 무한 반지름의 원판에 '가깝'다.

실제 평면은 범위가 유한하지만 식 (23.28)을 해석하면 그 형태와 상관없이 표면 전하의 장은 표면까지의 거리 z가 가장자리까지의 거리보다 훨씬 작은 점에 대해서 일정한 $\eta/2\epsilon_0$라고 말할 수 있다.

식 (23.28)로 이어지는 유도는 $z > 0$만을 고려해야 함을 알아야 한다. 양전하를 띤 평면에 대하여 $\eta > 0$인 경우, 전기장은 평면의 양 측면 모두에서 평면으로부터 멀어지는 쪽을 가리킨다. 이것은 $z < 0$인 측면에서 $E_z < 0$을 필요로 한다($-z \cdots\cdots \vec{E}$). 따라서 평면의 양 측면 및 η의 부호에 대하여 유효한 전기장의 완전한 표현은 다음과 같다.

$$\vec{E}_{\text{plane}} = \left(\frac{|\eta|}{2\epsilon_0}, \begin{cases} \text{양전하이면 평면으로부터 멀어지는 방향} \\ \text{음전하이면 평면을 향하는 방향} \end{cases} \right) \text{(평면 전하)} \tag{23.29}$$

무한한 평면 전하가 중요한 전기장 모형의 세 번째이다.

그림 23.17은 양으로 대전된 평면의 전기장에 대한 두 가지 모습을 보여준다. 음으로 대전된 평면의 경우 화살표의 방향이 반대이다. 쿨롱의 법칙이나 단일 점전하의 전기장으로부터 이 결과를 예측하는 것은 매우 어려웠을 것이다. 그러나 단계적으로 우리는 점점 복잡한 전하 분포를 보기 위해 전기장의 개념을 사용할 수 있었다.

그림 23.17 평면 전하의 전기장에 대한 두 가지 모습

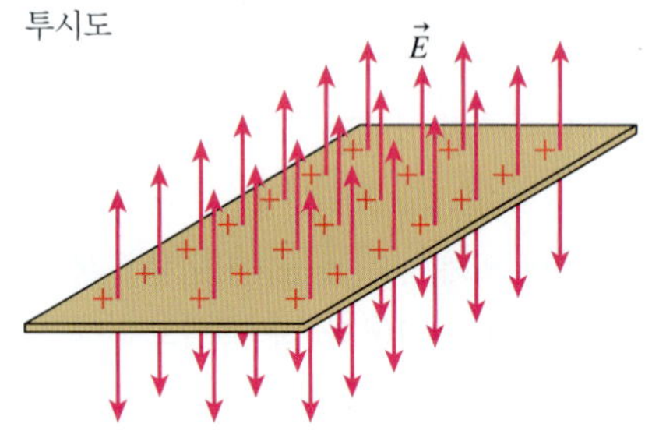

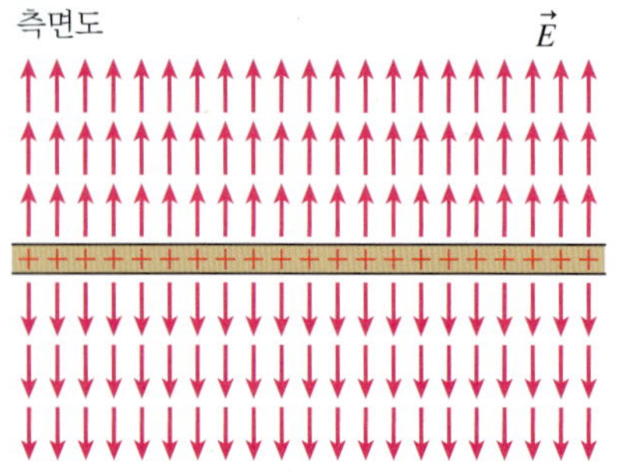

구전하

전기장을 알아야 하는 마지막 전하 분포는 **구전하**(sphere of charge)이다. 이 문제는 구형의 행성 또는 별의 중력장을 알고 싶어하는 것과 유사하다. 구의 전기장을 계산하는 절차는 선 및 평면에 사용된 것과 동일하지만 적분은 훨씬 더 어려워진다. 우리는 계산의 세부사항을 건너뛰고, 지금은 증명 없이 결과를 간단히 내세울 것이다. 24장에서 다른 방법을 사용하여 구전하의 장을 찾을 것이다.

구전하 Q와 반지름 R을 가지는 균일하게 대전된 구 또는 구형 껍질은 구 외부($r \geq R$)에서 구의 중심에 위치한 점전하 Q의 전기장과 정확히 같은 전기장을 갖는다.

$$\vec{E}_{\text{sphere}} = \frac{Q}{4\pi\epsilon_0 r^2}\hat{r} \qquad r \geq R\text{에서} \tag{23.30}$$

이 주장은 모든 질량이 중심에 있다면 별과 행성 사이의 중력을 계산할 수 있다는 이전의 주장과 유사하다.

그림 23.18은 양전하 구의 전기장을 보여준다. 음전하를 띠는 구의 경우 전기장의 방향이 안쪽을 가리킬 것이다.

그림 23.18 양전하 구의 전기장

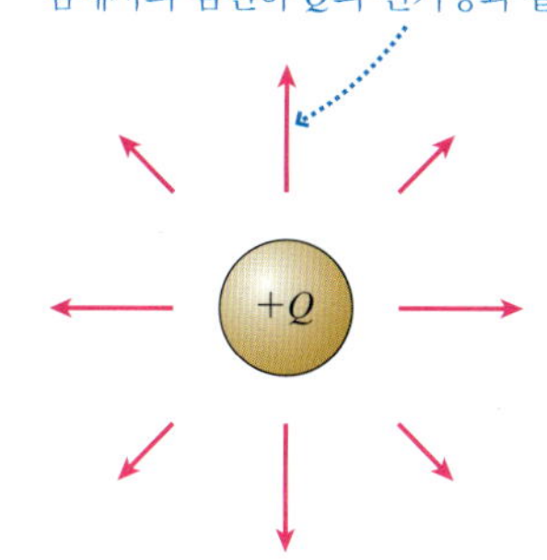

23.5 평행판 축전기

그림 23.19는 하나는 전하 $+Q$이고 다른 하나는 $-Q$를 가지는 2개의 전극을 보여주고 있는데, 거리 d만큼 떨어져 서로 마주 보고 있다. 크기는 동일하지만 반대로 대전된 2개의 전극 배열은 **평행판 축전기**(parallel-plate capacitor)라고 한다. 축전기들은 많은 전기 회로에서 중요한 역할을 한다. 우리의 목표는 축전기 내부(즉, 판 사이)와 축전기 외부의 전기장을 찾는 것이다.

그림 23.19 평행판 축전기

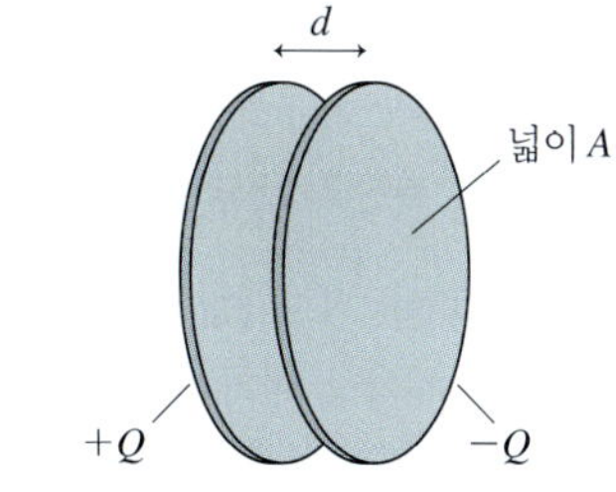

그림 23.20은 측면에서 본 축전기 판의 확대도이다. 반대 전하들이 끌어당기기 때문에, 모든 전하는 2개의 판의 내부 표면에 있다. 따라서 판의 내부 표면은 크기는 동일하지만 반대 방향의 표면 전하 밀도를 갖는 2개의 평면 전하로 모형화할 수 있다. 그림에서 알 수 있듯이 공간의 모든 지점에서 양극판의 전기장 $\vec{E}_+$는 양전하의 평면에서 **멀어지는** 방향이다. 유사하게, 음극판의 전기장 $\vec{E}_-$는 음전하의 평면을 향한다.

축전기 외부에서 $\vec{E}_+$와 $\vec{E}_-$는 반대 방향을 가리키고 평면 전하의 장이 평면으로부터의 거리와 무관하므로 같은 크기를 갖는다. 결과적으로, 장 $\vec{E}_+$와 $\vec{E}_-$는 축전기 외부에서 0으로 더해진다. 이상적인 평행판 축전기 외부에서 전기장은 없다.

축전기 내부에서 전극 사이의 장 $\vec{E}_+$는 양에서 음을 가리키고, 크기 $\eta/2\epsilon_0 = Q/2\epsilon_0 A$를 가지며, 여기서 A는 각 전극의 겉넓이이다. 장 $\vec{E}_-$ 또한 양에서 음을 가리키고, 크기 $Q/2\epsilon_0 A$를 가지므로, 내부 장 $\vec{E}_+ + \vec{E}_-$는 평면 전하의 전기장의 두 배이다. 따라서 평행판 축전기의 전기장은 다음과 같다.

그림 23.20 평행판 축전기 내부와 외부의 전기장

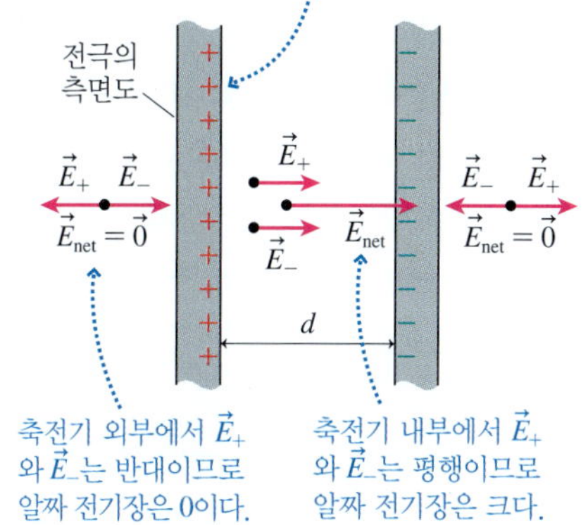

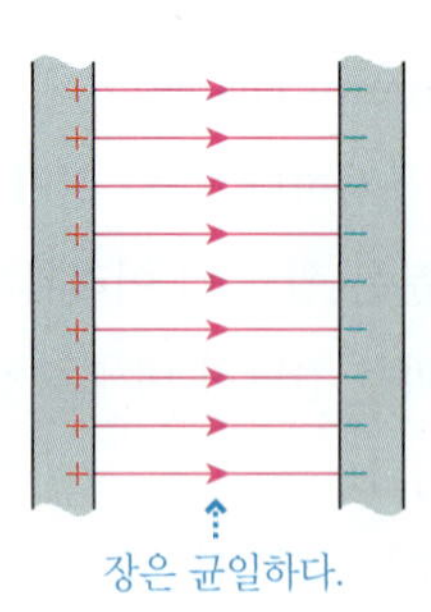

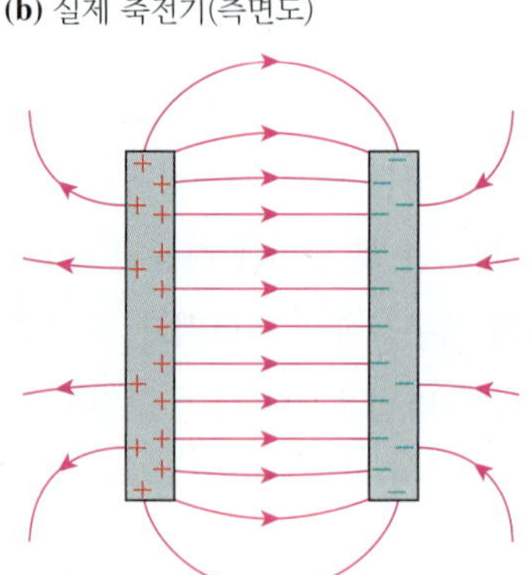

▶ 그림 23.21 이상적인 축전기와 실제 축전기의 비교

$$\vec{E}_{\text{capacitor}} = \begin{cases} \left(\dfrac{Q}{\epsilon_0 A}, \text{ 양에서 음으로}\right) & \text{내부} \\ \vec{0} & \text{외부} \end{cases} \tag{23.31}$$

그림 23.21a는 이상적인 평행판 축전기의 전기장(이번에는 전기장선 사용)을 보여준다. 실제 축전기는 크기가 무한하지 않지만, 이상적인 평행판 축전기는 분리된 전극의 거리 d가 전극의 크기보다 훨씬 작으면 가장 정확한 계산을 제외하고는 모두 아주 좋은 근사이다. 그림 23.21b는 실제 축전기의 내부 장이 이상적인 축전기의 내부 장과 사실상 동일하지만 외부 장이 0이 아님을 보여준다. 이 축전기 외부의 약한 장을 **가장자리 장**(fringe field)이라고 한다. 우리는 판이 매우 가깝다고 가정하고 평행판 축전기 내부의 장에 대해 식 (23.31)을 사용하여 단순함을 유지할 것이다.

예제 23.6 축전기 내부 전기장

1.0 cm × 2.0 cm 직사각형을 가진 2개의 전극은 1.0 mm 떨어져 있다. 일정한 전기장 세기 2.0×10^6 N/C을 만들기 위해서는 각 전극에 어떤 전하를 위치시켜야 하는가? 얼마나 많은 전자들이 한 전극에서 다른 전극으로 옮겨져야 하는가?

핵심 전극들은 그들 사이의 간격이 측면 크기보다 훨씬 작기 때문에 전극을 이상적인 평행판 축전기로 모형화할 수 있다.

풀이 축전기 내부의 전기장 세기는 $E = Q/\epsilon_0 A$이다. 따라서 전기장 세기 E를 생성하는 전하는

$$Q = (8.85 \times 10^{-12}\ \text{C}^2/\text{N m}^2)(2.0 \times 10^{-4}\ \text{m}^2)(2.0 \times 10^6\ \text{N/C})$$
$$= 3.5 \times 10^{-9}\ \text{C} = 3.5\ \text{nC}$$

이다. 양극판은 +3.5 nC으로, 음극판은 −3.5 nC으로 대전되어야 한다. 실제로, 판은 전자를 한 판에서 다른 판으로 이동시키기 위해 **전지**를 사용하여 대전시킨다. 3.5 nC의 전자 수는 아래와 같다.

$$N = \frac{Q}{e} = \frac{3.5 \times 10^{-9}\ \text{C}}{1.60 \times 10^{-19}\ \text{C/electron}} = 2.2 \times 10^{10}\ \text{electrons}$$

그러므로 2.2×10^{10}개의 전자가 한 전극에서 다른 전극으로 이동한다. 축전기는 **전체적으로** 알짜 전하가 없음을 유의하자.

검토 판 간격이 결과에 들어가지 않는다. 이 예제에서와 같이 간격이 판 크기보다 훨씬 작은 한, 이 전기장은 간격과 관계가 없다.

균일한 전기장

그림 23.22는 공간 영역의 모든 지점에서 세기와 방향이 동일한 전기장을 보여준다. 이것을 **균일한 전기장**(uniform electric field)이라고 한다. 균일한 전기장은 지구 표면

근처의 균일한 중력장과 유사하다. 균일한 장은 실용적인 응용에 매우 중요하다. 왜냐하면 다음 절에서 볼 수 있듯이, 균일한 전기장에서 움직이는 대전된 입자의 궤적 계산이 매우 간단하기 때문이다.

균일한 전기장을 생성하는 가장 쉬운 방법은 그림 23.21a와 같이 평행판 축전기를 사용하는 것이다. 실제로 축전기에 대한 우리의 관심은 전기장이 균일하다는 사실에 크게 기인한다. 많은 전기장 문제는 균일한 전기장을 언급한다. 이러한 문제는 평행판 축전기 **내부**에서 동작이 발생한다는 암묵적인 가정을 갖는다.

그림 23.22 균일한 전기장

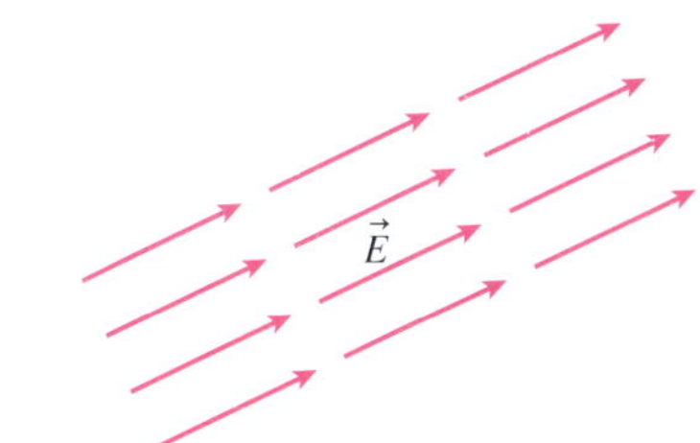

23.6 전기장에서의 대전된 입자의 운동

전기장의 개념을 도입하려는 우리의 동기는 전하들의 장거리 전기적 상호작용을 이해하는 것이었다. **원천전하** 같은 일부 전하들은 전기장을 만든다. 다른 전하들은 전기장에 반응한다. 이 장의 처음 5개 절은 원천전하의 전기장에 초점을 두었다. 이제 상호작용의 후반으로 우리의 관심을 돌린다.

그림 23.23은 질량 m과 전하 q를 가진 입자가 있는 곳에 다른 전하, 즉 원천전하에 의해 생성된 전기장이 있는 것을 보여준다. 전기장은 대전된 입자에 대해

$$\vec{F}_{\text{on } q} = q\vec{E}$$

의 힘을 가한다. 음으로 대전된 입자에 대한 힘은 전기장 벡터의 방향과 반대이다. 부호가 중요하다!

그림 23.23 전기장은 대전된 입자에 힘을 가한다.

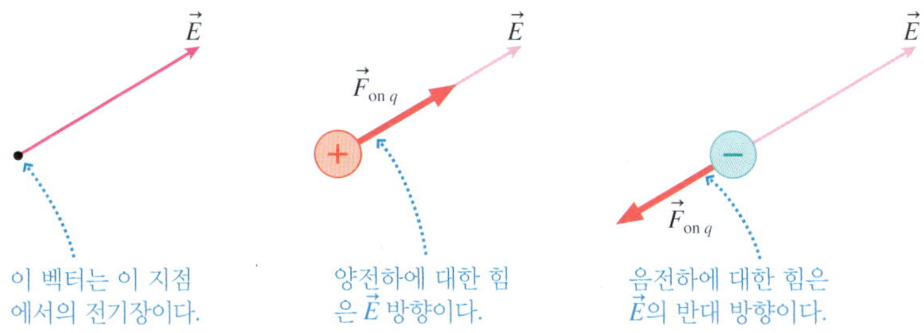

만약 $\vec{F}_{\text{on } q}$가 전하 q에 작용하는 유일한 힘이라면, 그것은 대전된 입자가

$$\vec{a} = \frac{\vec{F}_{\text{on } q}}{m} = \frac{q}{m}\vec{E} \tag{23.32}$$

로 가속되도록 한다. 이 가속은 전기장을 만든 원천전하에 대한 대전된 입자의 반응이다. 비율 q/m은 대전된 입자 운동의 동역학에 특히 중요하다. **전하 질량 비**(charge-to-mass ratio)라고 한다. 같은 두 전하, 말하자면 양성자와 Na^+ 이온은 전기장 내에서 같은 지점에 놓이게 되면 같은 힘 $\vec{F} = q\vec{E}$를 느끼지만, 그들의 질량이 다르기 때문에 전하 질량 비 또한 달라지고 가속도가 달라지게 된다. 서로 다른 전하와 질량을 갖

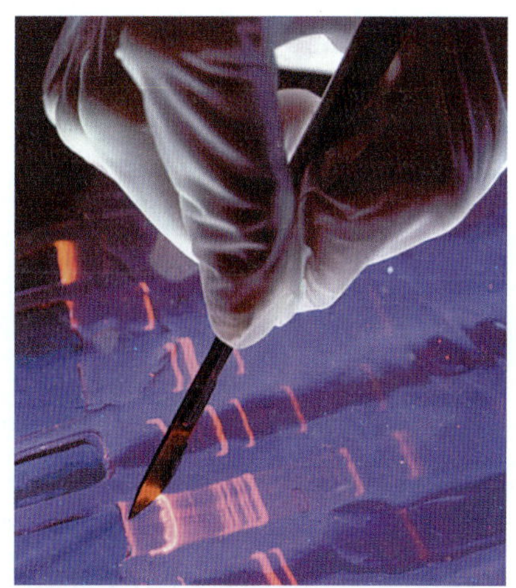

겔 전기영동 기술은 'DNA 지문'을 측정하기 위해 전기장을 사용한다. DNA 조각을 대전시키고, 서로 다른 전하 질량 비를 가진 조각들은 장에 의해 분리된다.

지만 동일한 전하 질량 비를 갖는 2개의 입자는 동일한 가속도를 가지며 동일한 궤적을 따른다.

균일한 전기장에서의 운동

균일한 전기장 안에서 운동하는 대전된 입자의 경우는 특히 중요한데, 그 이유는 물리적으로 간단히 표현할 수 있을 뿐 아니라 이를 다양한 응용분야에 적용할 수 있다는 점 때문이다. 균일한 장은 대전된 입자가 움직이는 공간의 영역 내 모든 지점에서 크기와 방향 모두 일정하다. 식 (23.32)에서 **균일한 전기장의 대전된 입자는 일정한 가속도로 움직인다.** 가속도의 크기는

$$a = \frac{qE}{m} = \text{상수} \tag{23.33}$$

이다. 여기서 E는 전기장 세기이고, $\vec{a}$의 방향은 q의 부호에 따라 $\vec{E}$에 평행하거나 반평행한다.

균일한 장에서 대전된 입자의 운동을 일정한 가속도로 식별함으로써 등가속도 운동을 위해 2장과 4장에서 공부한 모든 운동학적인 절차를 사용할 수 있게 된다. 균일한 장에서 대전된 입자의 기본 궤적은 지구 근처의 균일한 중력장에서 질량의 포물체 움직임과 유사한 **포물선**이다. 대전된 입자가 전기장 벡터와 평행하게 움직이는 특수한 경우 운동은 1차원이며, 똑바로 위로 던지거나 똑바로 아래로 떨어지는 질량의 1차원 수직 운동과 유사하다.

예제 23.7 축전기를 가로질러 움직이는 전자

지름 6.0 cm를 가진 2개의 전극은 5.0 mm 떨어져 있다. 그들은 하나의 전극에서 다른 전극으로 1.0×10^{11}개의 전자를 전달함으로써 충전된다. 전자는 음극 표면 바로 위에 놓여 있다. 전자가 양극에 도달하는 데 얼마나 걸리는가? 양극과 충돌할 때의 속력은 얼마인가? 전극 사이의 공간은 진공이라고 가정한다.

핵심 전극은 평행판 축전기를 형성한다. 전극의 전하는 빠져 나올 수는 없지만 축전기 판 사이의 추가적인 전하는 전기장에 의해 가속될 것이다. 평행판 축전기 내부 전기장은 균일한 장이므로, 전하는 일정한 가속도를 갖는다.

시각화 그림 23.24는 축전기와 전자를 측면에서 본 것이다. 음의 전자에 대한 힘은 전기장의 **반대 방향**이므로, 전자는 폭 d의 간격을 가로질러 가속함에 따라 음극에 의해 반발된다.

풀이 전극은 점전하가 아니므로 전자에 대한 힘을 구하기 위해 쿨롱의 법칙을 사용할 수 없다. 대신에, 축전기 내부의 전기장에 대한 전자의 움직임을 분석해야 한다. 장은 전자에 힘을 가하는 매개체이며, 전자를 가속화시킨다. 전하 $Q = Ne$를 가진 평행판 축전기

그림 23.24 축전기를 가로질러 가속하는 전자(판 간격은 과장됨)

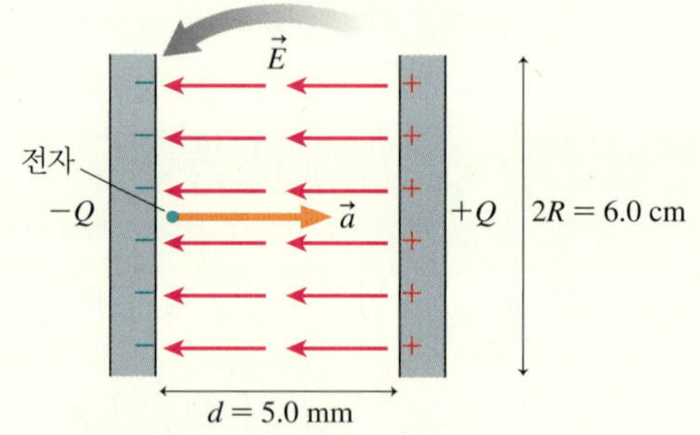

내에서의 전기장 세기는 다음과 같다.

$$E = \frac{\eta}{\epsilon_0} = \frac{Q}{\epsilon_0 A} = \frac{Ne}{\epsilon_0 \pi R^2} = 639{,}000 \text{ N/C}$$

이 장에서 전자의 가속도는

$$a = \frac{eE}{m} = 1.1 \times 10^{17} \text{ m/s}^2$$

이다. 여기서 전자의 질량 $m = 9.11 \times 10^{-31}$ kg을 사용하였다. 이것은 거시적인 물체에 익숙한 가속도에 비해 엄청난 가속도이다. 전자가 축전기를 가로지르는 데 필요한 시간을 구하기 위해 $x_i = 0$과 $v_i = 0$인 1차원 운동학을 사용할 수 있다.

$$x_f = d = \tfrac{1}{2}a(\Delta t)^2$$

$$\Delta t = \sqrt{\frac{2d}{a}} = 3.0 \times 10^{-10}\ \text{s} = 0.30\ \text{ns}$$

양극에 도달하는 전자의 속도는 아래와 같다.

$$v = a\,\Delta t = 3.3 \times 10^7\ \text{m/s}$$

검토 우리는 이미 방향을 알았기 때문에 가속도를 구하기 위해 $-e$ 대신 e를 사용했다. 우리는 크기만 필요했다. 불과 5 mm 이동 후, 전자의 속력은 빛의 속력의 약 10%이다.

예제 23.7에서와 같은 평행 전극은 대전된 입자를 가속시키기 위해 종종 사용된다. 양극판 중앙에 작은 구멍이 있다면, 전자빔은 구멍을 통과하여 3.3×10^7 m/s의 속력으로 나온다. 이것은 최근까지 TV와 컴퓨터 디스플레이 단자와 같은 **음극선관**(cathode-ray tube, CRT) 장치에 사용된 **전자총**의 기본 아이디어이다. (음으로 대전된 전극은 **음극**이라고 불리었기 때문에 19세기 후반에 전자빔을 처음으로 생성한 물리학자들은 **음극선**이라고 불렀다.)

예제 23.8 | 전자빔 편향

전자총은 3.3×10^7 m/s의 속력으로 수평으로 움직이는 전자빔을 생성한다. 전자는 $\vec{E} = (5.0 \times 10^4\ \text{N/C, 아래})$인 2개의 평행 전극 사이에 2.0 cm 길이의 간격으로 들어간다. 이 전극들에 의해 전자빔이 어느 방향으로, 그리고 어떤 각도로 편향되는가?

핵심 전극 사이의 전기장은 균일하다. 전극 외부의 전기장은 0이라고 가정한다.

시각화 그림 23.25는 전기장을 통해 이동하는 전자를 보여준다. 전기장은 아래를 향하며, (음의) 전자에 작용하는 힘은 위쪽을 향한다. 전자는 포물선 모양의 궤적을 따르며, 전자가 아래쪽보다는 오히려 '위쪽으로 떨어지는' 것을 제외하고는 수평으로 던져진 공의 것과 유사하다.

그림 23.25 균일한 전기장 내에서의 전자빔 편향

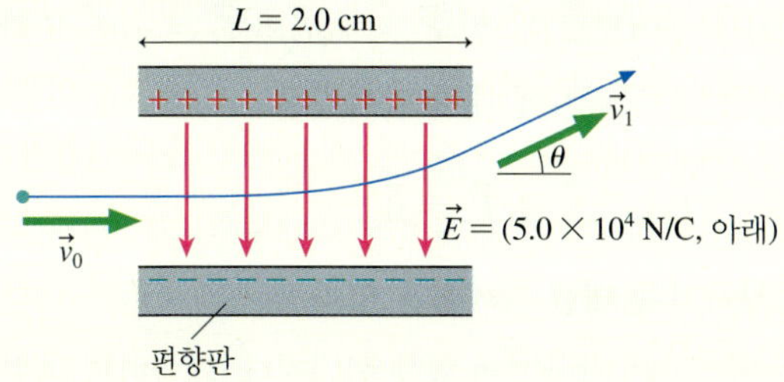

풀이 이것은 2차원 운동 문제이다. 전자는 속도 벡터 $\vec{v}_0 = v_{0x}\hat{\imath} = 3.3 \times 10^7\hat{\imath}$ m/s로 축전기로 들어오고, 속도 $\vec{v}_1 = v_{1x}\hat{\imath} + v_{1y}\hat{\jmath}$으로 떠난다. 전기장을 떠날 때 전자의 이동각은

$$\theta = \tan^{-1}\left(\frac{v_{1y}}{v_{1x}}\right)$$

이다. 이것이 **편향각**이다. θ를 찾기 위해 최종 속도 $\vec{v}_1$을 계산해야 한다.

전자에 대해 수평적인 힘은 없으므로, $v_{1x} = v_{0x} = 3.3 \times 10^7$ m/s이다. 전자의 위쪽을 향하는 가속도는 다음과 같은 크기를 갖는다.

$$a = \frac{eE}{m} = \frac{(1.60 \times 10^{-19}\ \text{C})(5.0 \times 10^4\ \text{N/C})}{9.11 \times 10^{-31}\ \text{kg}}$$

$$= 8.78 \times 10^{15}\ \text{m/s}^2$$

길이 2.0 cm를 이동하는 데 필요한 시간 간격 Δt를 결정하기 위해 수평 속도가 일정하다는 사실을 사용할 수 있다.

$$\Delta t = \frac{L}{v_{0x}} = \frac{0.020\ \text{m}}{3.3 \times 10^7\ \text{m/s}} = 6.06 \times 10^{-10}\ \text{s}$$

이 시간 간격 동안에 수직 가속도가 발생하여 최종 수직 속도는 아래와 같은 결과를 가져온다.

$$v_{1y} = v_{0y} + a\,\Delta t = 5.3 \times 10^6\ \text{m/s}$$

따라서 전자가 축전기를 떠날 때의 속도는

(계속)

$$\vec{v}_1 = (3.3 \times 10^7\,\hat{\imath} + 5.3 \times 10^6\,\hat{\jmath})\text{ m/s}$$

이고, 편향각은 다음과 같다.

$$\theta = \tan^{-1}\left(\frac{v_{1y}}{v_{1x}}\right) = 9.1°$$

검토 음극선관의 전자빔이 화면을 덮을 만큼 충분히 편향될 수 있으므로 편향 각도가 9°라는 것이 적절하다고 생각된다. 전기장에 의한 가속이 중력에 의한 자유낙하 가속도 g보다 매우 크기 때문에 중력을 무시할 수 있다.

두 세트의 편향판(수직 편향용과 수평 편향용)을 사용함으로써 음극선관은 전자를 화면 위의 어떤 지점으로도 향하게 할 수 있다. 화면 내부의 인광체 코팅을 타격하는 전자는 빛나는 점을 만들 것이다.

23.7 전기장에서의 쌍극자 운동

22장의 시작 부분에서 관찰을 할 때 우리가 직면했던 더 놀라운 퍼즐 중 하나로 돌아가서 이 장을 마치도록 하자. 거기에서 머리카락을 빗기 위해 사용된 빗이 종잇조각을 집어 올릴 때와 같이 중성 물체에 힘을 가하여 양 또는 음으로 대전된 물체를 발견했다. **분극힘**에 대한 우리의 정성적인 이해는 두 단계를 필요로 한다는 것이었다.

- 전하가 중성 물체를 분극화하여 유도 전기 쌍극자를 생성한다.
- 이후 전하는 쌍극자의 가까운 끝부분에 먼 쪽의 반발력보다 약간 강한 인력이 작용한다.

이제 그러한 이해를 좀 더 정량적으로 할 수 있는 입장에 서 있다.

균일한 장에서의 쌍극자

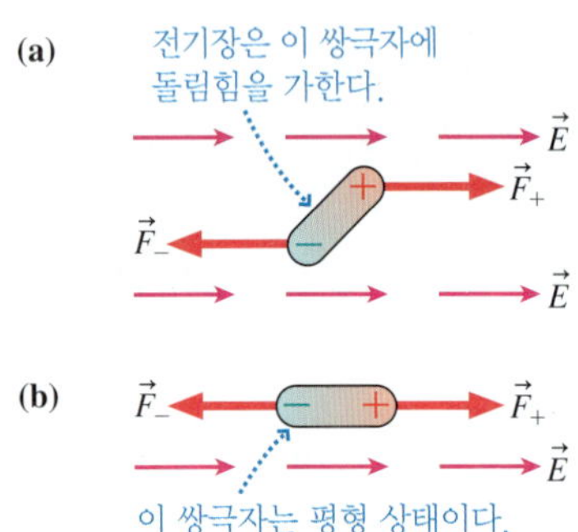

그림 23.26 균일한 전기장에서의 쌍극자

그림 23.26a는 균일한 외부 전기장 $\vec{E}$에서의 전기 쌍극자를 보여준다. 이것은 우리가 보지 못하는 원천전하에 의해 만들어졌다. 즉, $\vec{E}$는 쌍극자의 장이 아니라 쌍극자가 반응하는 장이다. 이 경우, 장이 균일하기 때문에 쌍극자는 보이지 않는 평행판 축전기의 내부에 있는 것으로 추정된다.

쌍극자에 대한 알짜힘은 쌍극자를 형성하는 두 전하들에 대한 힘의 합이다. $\pm q$ 전하들은 크기는 같지만 방향이 반대이므로 두 힘 $\vec{F}_+ = +q\vec{E}$와 $\vec{F}_- = -q\vec{E}$ 또한 크기는 같지만 방향은 반대이다. 그러므로 쌍극자에 대한 알짜힘은

$$\vec{F}_{\text{net}} = \vec{F}_+ + \vec{F}_- = \vec{0} \tag{23.34}$$

이다. **균일한 전기장에서의 쌍극자에 대한 알짜힘은 없다.**

알짜힘은 있을 수 없지만, 전기장은 쌍극자에 영향을 미친다. 왜냐하면 그림 23.26a의 두 힘은 반대 방향이지만 서로 정렬되지 않으면 전기장이 쌍극자에 **돌림힘**을 가하고 쌍극자가 **회전**하게 만들기 때문이다.

돌림힘은 그림 23.26b에서 보여주는 것처럼, 전기장에 맞추어 정렬될 때까지 쌍극자를 회전시킨다. 쌍극자가 전기장에 맞추어 정렬되면 쌍극자는 알짜힘뿐만 아니라 돌림힘도 받지 않는다. 그림 23.26b는 균일한 전기장에서 쌍극자에 대한 **평형 위치**를 나타낸다. 쌍극자의 양(+)의 끝은 $\vec{E}$가 가리키는 방향임을 주목하자.

그림 23.27은 외부 전기장에서 물 분자와 같은 영구 쌍극자의 예를 보여준다. 모든 쌍극자는 전기장에 맞추어 정렬될 때까지 회전한다. 이것은 시료가 **분극화**되는 메커니즘이다. 쌍극자가 정렬되면 시료의 한쪽 끝에는 과잉 양전하가 있고 다른 쪽 끝에는 과잉 음전하가 있다. 시료 끝에서의 과잉 전하는 22.3절에서 논의한 분극힘의 기초이다.

돌림힘을 계산하는 것은 어렵지 않다. 12장에서 돌림힘의 크기는 힘과 모멘트 팔(moment arm)의 곱이라는 것을 기억하자. 그림 23.28은 같은 크기의 두 힘들($F_+ = F_- = qE$)이 동일한 모멘트 팔($d = \frac{1}{2}s\sin\theta$)을 가지고 있음을 보여준다. 따라서 쌍극자의 돌림힘은

$$\tau = 2 \times dF_+ = 2(\tfrac{1}{2}s\sin\theta)(qE) = pE\sin\theta \tag{23.35}$$

이다. 여기서 $p = qs$는 쌍극자 모멘트의 정의이다. 쌍극자가 장에 맞추어 정렬되면 돌림힘은 0이 되어 $\theta = 0$이 된다.

또한 12장에서 돌림힘은 두 벡터 간의 외적 또는 가위곱(cross product)으로써 간편한 수학적 형태로 쓸 수 있음을 기억하자. 식 (23.35)에서 p와 E는 벡터의 크기이며, θ는 그들 사이의 각이다. 따라서 벡터 표기법에서, 전기장 $\vec{E}$에 의해 쌍극자 모멘트 $\vec{p}$에 가해진 돌림힘은

$$\vec{\tau} = \vec{p} \times \vec{E} \tag{23.36}$$

이다. 돌림힘은 $\vec{p}$가 $\vec{E}$에 수직일 때 가장 크고, $\vec{p}$가 $\vec{E}$와 나란하거나 반대 방향일 때 0이 된다.

그림 23.27 전기장에서 분극화된 영구 쌍극자의 예

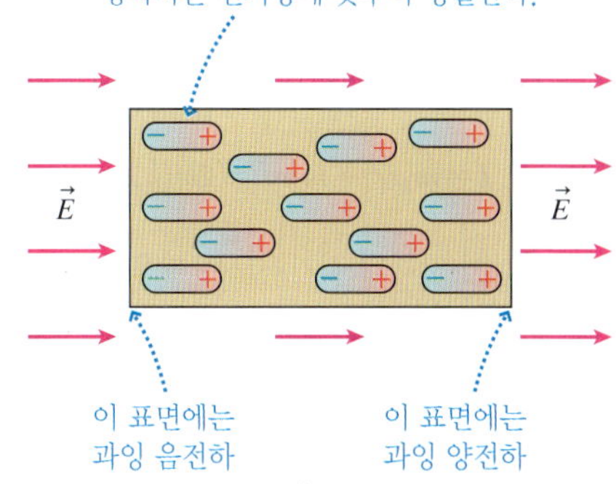

그림 23.28 쌍극자에 대한 돌림힘

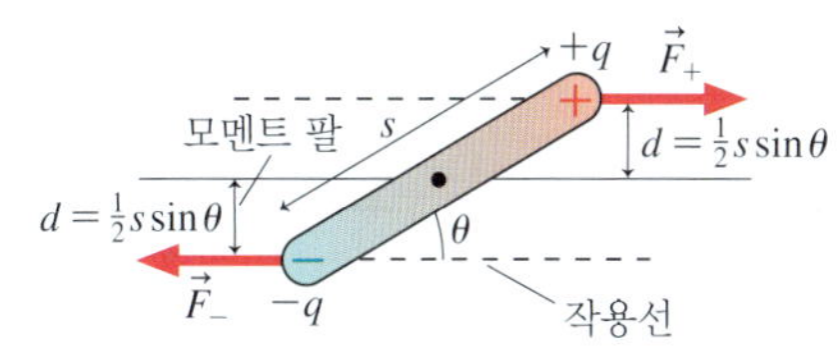

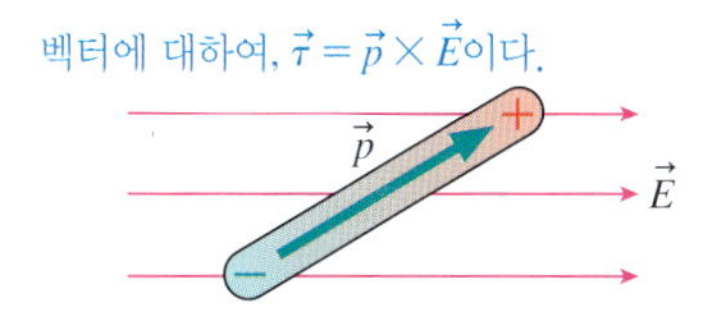

예제 23.9 쌍극자 덤벨의 각가속도

1.0 g인 2개의 공은 질량을 무시할 수 있는 2.0 cm 길이의 절연막대로 연결되어 있다. 하나의 공은 +10 nC의 전하를 가지고, 다른 하나는 −10 nC의 전하를 갖는다. 막대를 1.0×10^4 N/C의 균일한 전기장에서 장에 대해 30° 각도로 유지한 다음 놓아준다. 초기 각가속도는 얼마인가?

핵심 반대로 대전된 2개의 공은 전기 쌍극자를 형성한다. 전기장은 쌍극자에 돌림힘을 가하여 각가속도를 발생시킨다.

시각화 그림 23.29는 전기장에서 쌍극자를 보여준다.

풀이 쌍극자 모멘트는 $p = qs = (1.0 \times 10^{-8}\,\text{C}) \times (0.020\,\text{m}) = 2.0 \times 10^{-10}\,\text{Cm}$이다. 전기장에 의하여 쌍극자 모멘트에 가해진 돌림힘은

그림 23.29 예제 23.9의 쌍극자

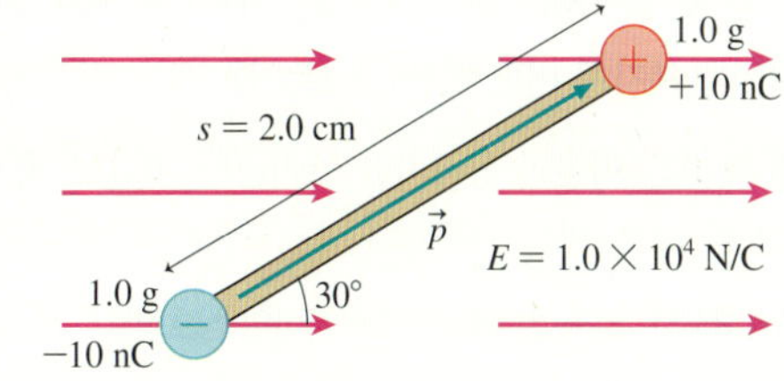

$$\tau = pE\sin\theta = (2.0 \times 10^{-10}\,\text{Cm})(1.0 \times 10^4\,\text{N/C})\sin 30° = 1.0 \times 10^{-6}\,\text{Nm}$$

(계속)

이다. 12장에서 돌림힘이 각가속도 $\alpha = \tau/I$를 유발한다는 것을 배웠다. 여기서 I는 관성 모멘트이다. 쌍극자는 막대의 중심에서 그것의 질량 중심에 대하여 회전하므로 관성 모멘트는 아래와 같다.

$$I = m_1 r_1^2 + m_2 r_2^2 = 2m(\tfrac{1}{2}s)^2 = \tfrac{1}{2}ms^2 = 2.0 \times 10^{-7}\ \mathrm{kg\,m^2}$$

따라서 막대의 각가속도는 다음과 같다.

$$\alpha = \frac{\tau}{I} = \frac{1.0 \times 10^{-6}\ \mathrm{N\,m}}{2.0 \times 10^{-7}\ \mathrm{kg\,m^2}} = 5.0\ \mathrm{rad/s^2}$$

검토 이 α값은 막대를 처음 놓아줄 때의 초기 각가속도이다. 막대가 $\vec{E}$를 향하여 정렬되면 돌림힘과 각가속도는 감소할 것이다.

불균일한 장에서의 쌍극자

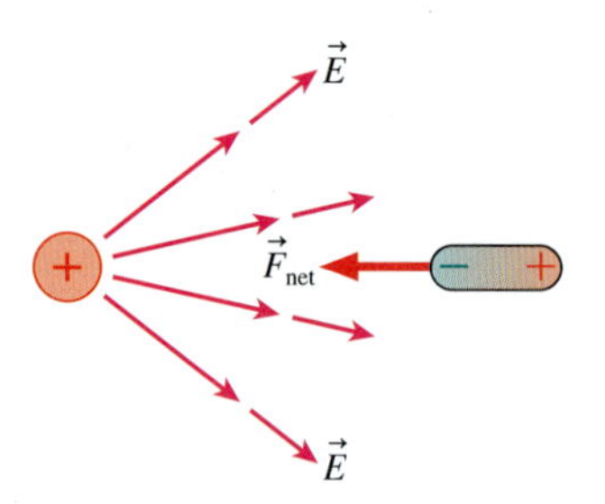

그림 23.30 점전하를 향하여 그려진 정렬된 쌍극자

쌍극자가 불균일한 전기장에 위치한다고 가정하면, 전기장 세기는 위치에 따라 변한다. 예를 들어, 그림 23.30은 점전하의 불균일한 장에서의 쌍극자를 보여준다. 쌍극자의 첫 번째 반응은 장에 맞추어 정렬되어 쌍극자의 양(+)의 끝이 장과 같은 방향을 가리키는 상태가 될 때까지 회전하는 것이다. 그러나 이제는 쌍극자의 양 끝단에 작용하는 힘들에는 약간의 차이가 있다. 이 차이는 점전하와의 거리에 의존하는 전기장이 전하에 가장 가까운 쌍극자의 끝에서 강하기 때문에 발생한다. 이것은 쌍극자에 알짜힘을 가하게 한다.

힘이 어느 쪽으로 향하는가? 쌍극자가 정렬되면, 음의 끝의 왼쪽으로 향하는 인력은 양의 끝의 오른쪽의 반발력보다 약간 강하다. 이로 인해 점전하를 **향하여** 알짜힘이 발생한다.

사실, 어떤 불균일한 전기장에 대해서, **쌍극자에 대한 알짜힘은 가장 강한 장의 방향을 향한다**. 대전된 막대나 대전된 원판과 같은 유한한 크기의 대전된 물체는 물체에 가까워짐에 따라 증가하는 전기장 세기를 갖기 때문에 **쌍극자가 어떤 대전된 물체를 향하여 알짜힘을 가질 것**이라고 결론내릴 수 있다.

예제 23.10 | 물 분자에 대한 힘

물 분자 H_2O는 6.2×10^{-30} C m의 영구 쌍극자 모멘트를 갖는다. 바닷물에서 물 분자는 Na^+ 이온으로부터 10 nm 떨어진 곳에 위치한다. 이온은 물 분자에 어떤 힘을 가하는가?

시각화 그림 23.31은 이온과 쌍극자를 보여준다. 힘은 작용·반작용 쌍이다.

그림 23.31 영구 쌍극자와 이온 사이의 상호작용

풀이 N^+ 이온은 전하 $q = +e$를 갖는다. 이온의 전기장은 물의 쌍극자 모멘트를 정렬하고 알짜힘을 가한다. 쌍극자에 대한 알짜힘은 음의 끝에서의 인력과 양의 끝에서의 반발력 사이의 작은 차이로 계산할 수 있다. 다른 방법으로, 뉴턴의 제3법칙으로부터 $\vec{F}_{\text{dipole on ion}}$이 우리가 찾고 있는 힘 $\vec{F}_{\text{ion on dipole}}$과 같은 크기를 가지는 것을 알 수 있다. 23.2절에서 쌍극자의 축 위에서의 장을 계산했다. 전하 $q = e$의 이온은 그 장에 놓여질 때 크기 $F = qE_{\text{dipole}} = eE_{\text{dipole}}$을 경험할 것이다. 식 (23.10)에서 알게 된 쌍극자의 전기장은 다음과 같다.

$$E_{\text{dipole}} = \frac{1}{4\pi\epsilon_0}\frac{2p}{r^3}$$

거리 $r = 1.0 \times 10^{-8}$ m에서 이온에 대한 힘은

$$F_{\text{dipole on ion}} = eE_{\text{dipole}} = \frac{1}{4\pi\epsilon_0}\frac{2ep}{r^3} = 1.8 \times 10^{-14}\,\text{N}$$

이 된다. 따라서 물 분자에 대한 힘은 $F_{\text{ion on dipole}} = 1.8 \times 10^{-14}$ N 이다.

검토 1.8×10^{-14} N은 아주 작은 힘처럼 보이지만, 이 원자 입자에 대한 지구의 중력의 크기보다 약 10^{11}배 더 크다. 이와 같은 힘은 용액에 있는 모든 이온 주위로 물 분자를 모이게 하여 만든다. 이 클러스터링은 화학 및 생화학 분야에서 용액의 미시적 물리학 연구에 중요한 역할을 한다.

응용 예제 23.11 | 궤도를 도는 양성자

진공 상자에서, 양성자는 1.0 μs 주기로 1.0 cm 지름의 금속 공 표면으로부터 1.0 mm 위에서 궤도 운동을 한다. 공의 전하는 얼마인가?

핵심 공을 대전된 구로 모형화한다. 대전된 구의 전기장은 중심에서 점전하의 전기장과 같기 때문에 공의 반지름은 무관하다. 양성자에 대한 중력은 전기력에 비해 극히 작아 무시될 수 있다고 가정한다.

시각화 그림 23.32는 양성자에 대한 궤도와 힘을 보여준다.

그림 23.32 궤도를 도는 양성자

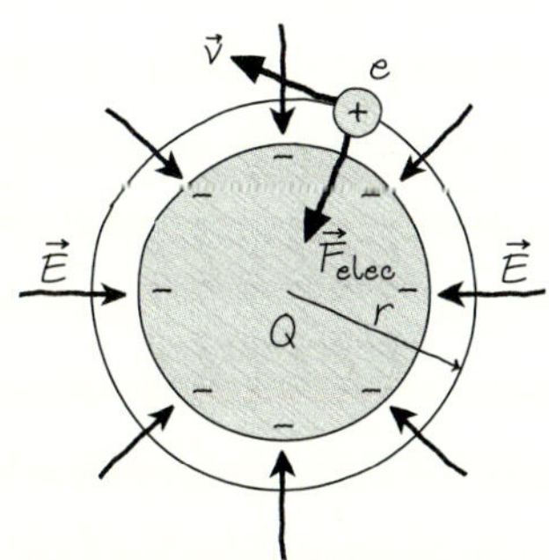

풀이 공은 양의 양성자에 대해 전기력을 가하는 안쪽 방향의 전기장 때문에 음이어야 한다. 이것은 정확하게 균일한 원운동에 필요한 조건이다. 8장에서 균일한 원운동에 대한 뉴턴의 제2법칙은 $(F_{\text{net}})_r = mv^2/r$임을 기억하자. 여기서 오직 반지름 방향의 힘은 $F_{\text{elec}} = eE$뿐이므로, 만약

$$eE = \frac{mv^2}{r}$$

이라면 양성자는 원형 궤도를 따라 움직일 것이다. 거리 r에서의 전하 Q의 구에 대한 전기장 세기는 $E = Q/4\pi\epsilon_0 r^2$이다. 4장에서 궤도 속력과 주기는 v = 원주/주기 $= 2\pi r/T$와 관련이 있다. 이러한 대입를 통해 뉴턴의 제2법칙은

$$\frac{eQ}{4\pi\epsilon_0 r^2} = \frac{4\pi^2 m}{T^2} r$$

이 된다. Q에 대해 풀면,

$$Q = \frac{16\pi^3\epsilon_0 m r^3}{eT^2} = 9.9 \times 10^{-12}\ \text{C}$$

을 찾을 수 있다. 여기서 r = 6.0 mm를 양성자의 궤도 반지름으로 사용했다. Q는 공에 있는 전하의 크기이다. 부호를 포함하면

$$Q_{\text{ball}} = -9.9 \times 10^{-12}\,\text{C}$$

을 갖는다.

검토 이것은 많은 전하는 아니지만, 양성자처럼 가벼운 것의 움직임에 영향을 미칠 만큼 많은 전하를 받아서는 안 된다.

서술형 질문

1. 공간의 한 점에서 전기장의 크기와 방향을 결정하는 과제를 부여받았다. 어떻게 할지 단계별로 설명하시오. 사용할 물체, 수행할 측정 및 계산을 나열하시오. 측정값이 전기장을 생성하는 전하를 방해하지 않는지 확인하시오.

2. 그림 Q23.2의 1부터 4까지의 지점의 전기장 세기 E_1부터 E_4 중 큰 순서대로 나열하고, 설명하시오.

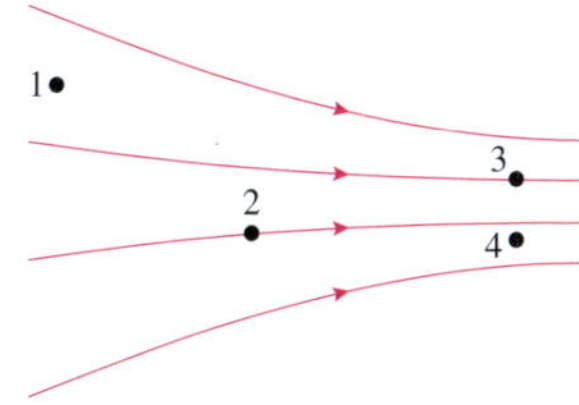

그림 Q23.2

3. 전자는 선전하 밀도 λ인 매우 긴 대전된 도선에서 2 cm 떨어진 거리에서 F만큼의 힘을 받는다. 전하 밀도가 절반이면, 도선으로부터 얼마만큼 떨어진 거리에서 양성자가 동일한 크기 F의 힘을 느끼는가?

4. 그림 Q23.4와 같이 전하의 불규칙한 모양의 영역은 표면 전하 밀도가 η_i이다. 영역의 각 차원(x와 y)이 3.163배만큼 감소한다.
   a. η_f/η_i의 비율은 얼마인가? 여기서 η_f는 최종 표면 전하 밀도이다.
   b. 전자는 이 지역으로부터 아주 멀리 떨어져 있다. 영역이 줄어들기 전과 후의 전자에 작용하는 전기력의 비 F_f/F_i는 얼마인가?

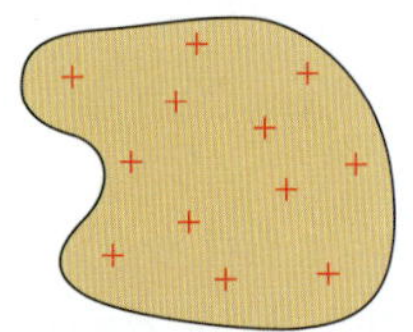

그림 Q23.4

5. 반지름이 R인 구는 전하 Q를 갖는다. 거리 $r > R$에서의 전기장 세기는 E_i이다. (a) Q가 반으로 줄어들고, (b) R이 반으로 줄어들고, (c) r이 반으로 줄어든다면(그러나 R보다는 크게 유지), 처음 전기장 세기에 대한 최종 전기장 세기의 비 E_f/E_i는 각각 얼마인가? 각 부분은 하나의 양만 변하고 다른 양은 초깃값을 갖는다.

6. 그림 Q23.6의 5개 지점에서 E_1에서 E_5까지의 전기장 세기가 가장 큰 것부터 가장 작은 것까지 순서대로 나열하고, 설명하시오.

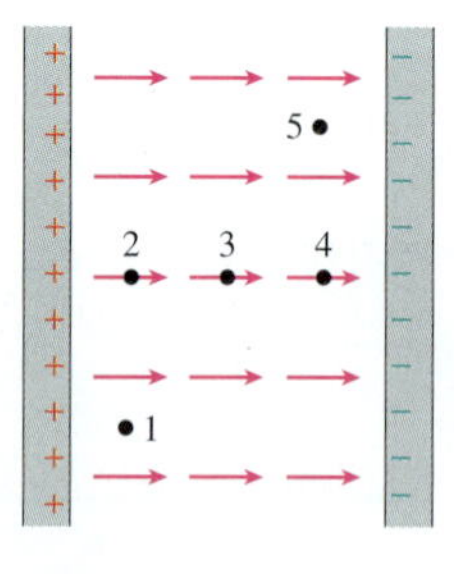

그림 Q23.6

7. 작은 물체를 그림 Q23.6의 축전기 가운데 지점 3에서 놓아준다. 각 상황에 따라 물체가 오른쪽으로 움직이는가, 왼쪽으로 움직이는가? 아니면 제자리에 남아 있는가? 움직인다면, 가속되는가? 아니면 일정한 속력으로 움직이는가?
   a. 양으로 대전된 물체를 정지 상태에서 놓아준다.
   b. 분극 가능한 중성의 물체를 정지 상태에서 놓아준다.
   c 음으로 대전된 물체를 정지 상태에서 놓아준다.

8. 3개의 전하가 그림 Q23.8에서 삼각형의 모서리에 위치해 있다. ++전하는 두 − 전하들의 전하량의 두 배를 갖는다. 즉 알짜 전하는 0이다. 삼각형은 평형 상태인가? 그렇다면 그 이유를 설명하시오. 그렇지 않다면, 평형 위치를 그리시오.

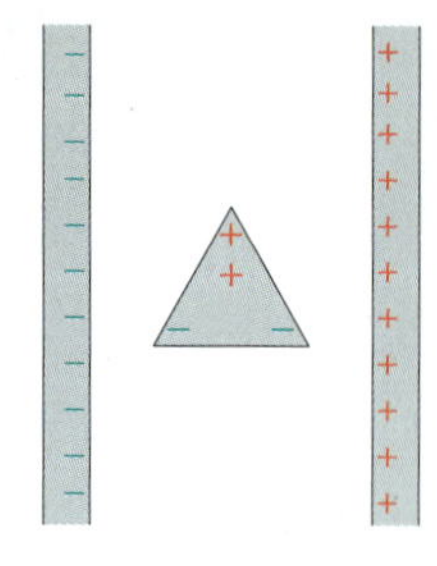

그림 Q23.8

연습문제

표시가 된 연습문제들은 이전 장들에서 다룬 내용과 관련이 있다.

연습

23.2 점전하의 전기장

1. ‖ 그림 EX23.1에서 점으로 표시된 위치에서의 전기장의 세기와 방향은 무엇인가? 방향을 수평 위 또는 아래 각도로 지정하시오.

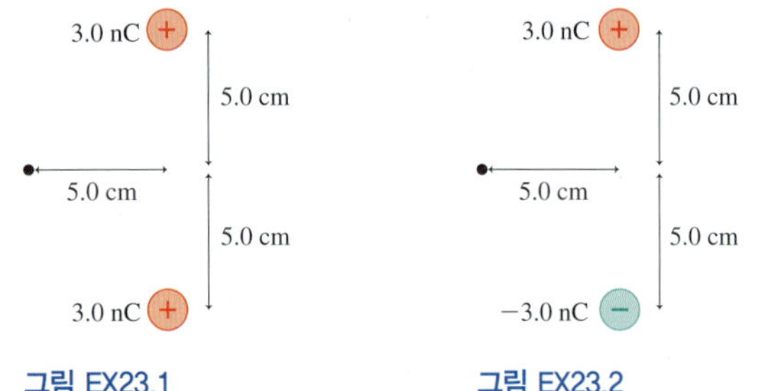

그림 EX23.1 그림 EX23.2

2. ‖ 그림 EX23.2에서 점으로 표시된 위치에서의 전기장의 세기와 방향은 무엇인가? 방향을 수평 위 또는 아래 각도로 지정하시오.

3. ‖ 전기 쌍극자는 2개의 전하 $\pm q$가 1.0 cm 간격으로 형성된다. 쌍극자는 원점에 있고 y축을 향하고 있다. $(x, y) =$ (0 cm, 10 cm)에서의 전기장 세기는 360 N/C이다.
   a. 전하 q는 얼마인가? nC으로 답하시오.
   b. $(x, y) =$ (10 cm, 0 cm) 점에서의 전기장 세기는 얼마인가?

4. ‖ 일렉트렛은 자석과 비슷하지만 영구적으로 자화되는 것이 아니라 영구적인 전기 쌍극자 모멘트를 갖는다. 전기 쌍극자 모멘트가 1.0×10^{-7} C m인 소형 일렉트렛이 전기 쌍극자 축에 있는 +25 nC으로 대전된 작은 공에서 25 cm 떨어져 있다고 가정하자. 공에 작용하는 전기력의 크기는 얼마인가?

23.3 연속 전하 분포의 전기장

5. ‖ 10 cm 길이의 얇은 유리막대는 +10 nC으로, 10 cm 길이의 얇은 플라스틱 막대는 −10 nC으로 균일하게 대전되어 4.0 cm 간격으로 나란히 위치하고 있다. 두 막대의 중간 지점을 연결하는 선을 따라 유리막대에서 1.0 cm, 2.0 cm 및 3.0 cm로 떨어진 각 지점에서의 전기장 세기 E_1, E_2, E_3는 얼마인가?

6. ‖ +8.0 nC으로 대전된 작은 유리구슬은 얇고 균일하게 대전된 10 cm 길이의 유리막대의 중심에서 4 cm 떨어져 있는 막대를 수직 이등분하는 평면에 놓여 있다. 구슬은 720 mN의 힘으로 막대에서 밀려난다. 막대의 총 전하량은 얼마인가?

7. ||| 12 cm 길이의 얇은 막대는 **불균일한** 전하 밀도
CALC

$$\lambda(x) = (2.0\ \text{nC/cm})e^{-|x|/(6.0\ \text{cm})}$$

를 가지며, 여기서 x는 막대의 가운데에서 측정되었다. 막대의 총 전하는 얼마인가? (**힌트**: 이 연습에는 적분이 필요하다. 절댓값 기호를 처리하는 방법을 생각하라.)

23.4 고리, 원판, 평면, 구에서의 전기장

8. ‖ 지름 10 cm인 2개의 대전된 고리가 20 cm 떨어져 서로 마주보고 있다. 두 고리는 모두 +20 nC으로 대전되었다. (a) 두 고리 사이의 중간 지점과 (b) 왼쪽 고리 중심에서의 전기장 세기는 얼마인가?

9. ‖ 지름 10 cm인 금속 공 표면으로부터 2.0 cm 떨어진 지점에서의 전기장 세기는 50,000 N/C이다. 공에서의 전하는 (nC 단위로) 얼마인가?

10. ‖ 지름 2.0 cm인 2개의 절연되어 있는 구는 그들 사이에 6.0 cm 만큼의 공간이 있다. 한 구는 +10 nC으로 대전되어 있고, 다른 구는 −15 nC으로 대전되어 있다. 두 구 사이의 중간 지점에서의 전기장 세기는 얼마인가?

11. | 2.0 m × 4.0 m의 편평한 카펫은 여러분들이 여러 번 걸으면 −10 μC의 균일하게 분포된 전하를 갖는다. 2.5 μg의 먼지 입자가 카펫 중앙 바로 위에 있는 공중에 매달려있다. 먼지 입자에서의 전하는 얼마인가?

23.5 평행판 축전기

12. ‖ 평행판 축전기는 6.0 cm 지름을 가지는 2개의 전극으로 2.0 mm 떨어져 형성된다. 축전기 내부의 전기장 세기는 1.0×10^6 N/C 이다. 각 전극의 전하는 (nC 단위로) 얼마인가?

13. ‖ 1.0 cm 떨어진 두 평행판은 같은 크기지만 반대로 대전된다. 전자는 음극판의 표면에서 정지 상태로 방출되고 동시에 양성자는 양극판의 표면에서 정지 상태로 방출된다. 음극판으로부터 얼마만큼 떨어진 지점에서 전자와 양성자가 서로 교차하는가?

23.6 전기장에서의 대전된 입자의 운동

14. | 꿀벌은 공기와의 마찰로 인해 날고 있는 동안 전하를 얻는다.
BIO +23 pC의 전하를 갖는 100 mg의 벌은 지구의 전기장에서 전형적으로 100 N/C인 전기력을 느끼며 아래로 향하게 된다.
   a. 벌의 무게에 대한 벌에서의 전기력의 비는 얼마인가?
   b. 얼마만큼의 전기장 세기와 방향을 가지면 벌이 공중에 매달려 있을 수 있는가?

15. ‖ 무한 대전된 평면에서의 표면 전하 밀도는 -2.0×10^{-6} C/m^2 이다. 양성자는 2.0×10^6 m/s로 평면에서 수직으로 발사된다. 양성자는 반환점에 도달하기까지 얼마나 멀리 날아가는가?

16. ||| 1.0 μm 지름의 기름방울(밀도 900 kg/m^3)은 25개의 여분의 전자를 가지며 음으로 대전된다. 매우 넓은 양전하 평면에서 2.0 mm 떨어진 곳에서 기름 방울을 가만히 놓아주면 평면 쪽으로 가속하여 3.5 m/s의 속력으로 충돌한다. 평면의 표면 전하 밀도는 얼마인가?

23.7 전기장에서의 쌍극자 운동

17. ‖ 점전하 Q는 거리 s만큼 떨어진 전하들 $\pm q$로 구성된 쌍극자로부터의 거리 r만큼 떨어져 있다. 쌍극자는 초기에 Q가 쌍극자를 이등분하는 평면에 있도록 위치되어 있었다. 쌍극자가 놓아지자 마자 (a) 힘의 크기와 (b) 쌍극자이 돌림힘의 크기는 얼마인가? $r \gg s$라고 가정한다.

문제

18. ‖ 그림 P23.18에서 점으로 표시된 위치에서의 전기장 세기와 방향은 얼마인가? (a) 성분 형식으로 답하고 (b) $+x$축으로부터 시계 방향 또는 반시계 방향으로 측정한 크기 및 각도로 답하시오.

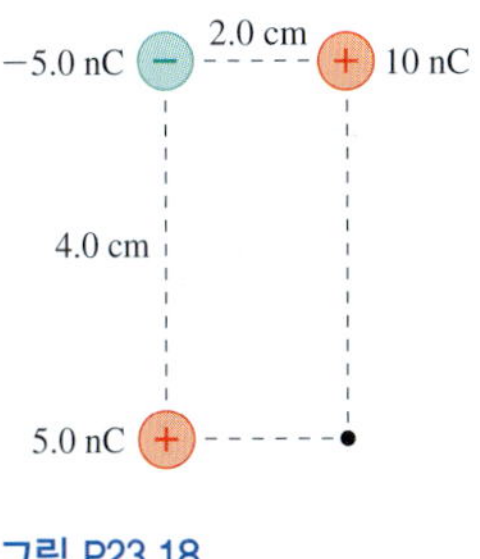

그림 P23.18

19. ‖ 그림 P23.19에서 점으로 표시된 위치에서의 전기장 세기와 방향은 얼마인가? (a) 성분 형식으로 답하고 (b) $+x$축으로부터 시계 방향 또는 반시계 방향으로 측정한 크기 및 각도로 답하시오.

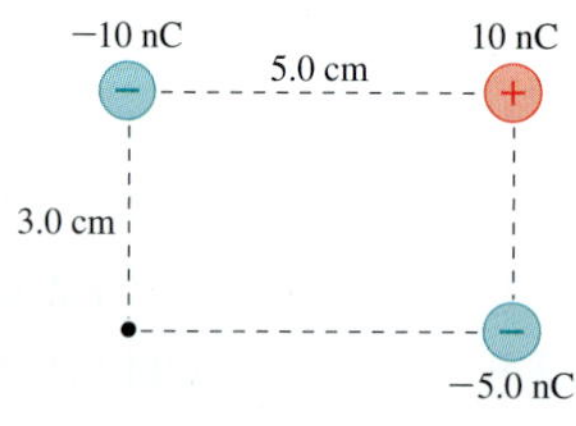

그림 P23.19

20. ‖ 그림 P23.20의 $-q$와 $+2q$는 $x=\pm a$에 위치하고 있다. 1에서 4까지의 지점에서 전기장을 계산하시오. 각 장을 성분 형식으로 쓰시오.

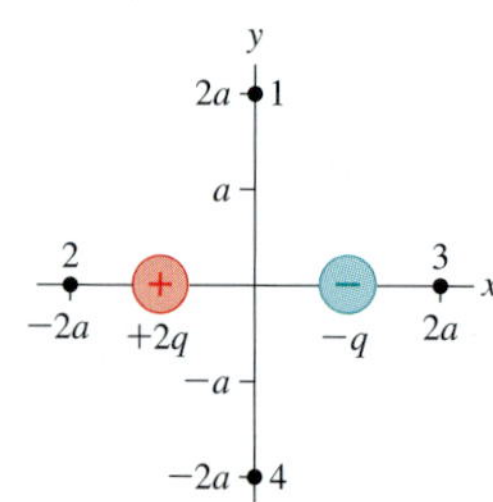

그림 P23.20

21. ‖ 그림 P23.21은 지면 밖으로 확장되는 무한대의 두 선의 단면도이다. 둘 다 선전하 밀도 λ를 갖는다. 선들 사이의 중간점 위 높이 y에서의 전기장 세기 E에 대한 표현식을 찾으시오.

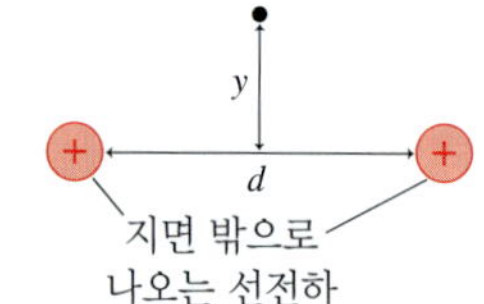

그림 P23.21

22. ‖ 그림 P23.22는 총 전하량 Q를 가진 길이가 L인 얇은 막대를 보여준다.
CALC

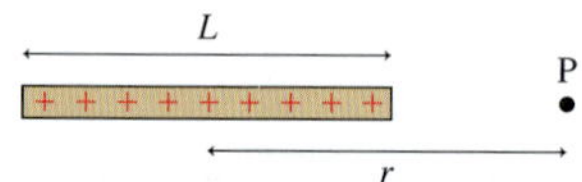

그림 P23.22

a. 중심에서 거리 r만큼 떨어진 위치에 있는 막대 축 위의 점 P에서의 전기장 세기에 대한 표현식을 찾으시오.
b. $r \gg L$일 때, 표현식이 맞는지 확인하시오.
c. $L=5.0$ cm, $Q=3.0$ nC일 때, $r=3.0$ cm에서의 전기장 E를 계산하시오.

23. ‖ $z \ll R$일 때와 $z \gg R$일 때 고리 전하의 축 위에서의 전기장이 예상되는 거동을 가지고 있음을 보이시오.

24. ‖ 전하 Q는 길이가 L인 얇고 유연한 막대를 따라 균일하게 분포된다. 막대는 그림 P23.24에 표시된 반원으로 구부러진다.
CALC

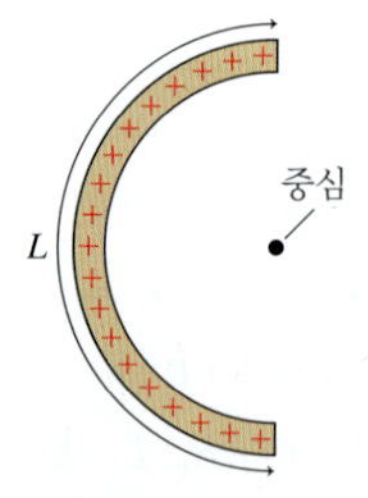

그림 P23.24

a. 반원의 중심에서 전기장 $\vec{E}$에 대한 표현식을 구하시오.
힌트: 호 길이의 작은 부분 Δs는 작은 각 $\Delta\theta=\Delta s/R$에 걸쳐 있으며, 여기서 R은 반지름이다.
b. $L=10$ cm이고 $Q=30$ nC일 때의 전기장 세기를 계산하시오.

25. ‖ 표면 전하 밀도가 3.2 μC/m^{2}인 무한 평면에는 지름 20 cm의 원형 구멍이 있다. 구멍의 중심 바로 위 12 cm의 거리에서 전기장 세기는 얼마인가?
힌트: 여러분이 알고 있는 전기장에 대한 전하 분포의 중첩으로 이 전하 분포를 만들 수 있는가?

26. ‖ 평행판 축전기는 표면 전하 밀도가 $\pm 1.0 \times 10^{-6}$ C/m^{2}인 2.0 cm × 2.0 cm 전극을 갖는다. 1.0×10^6 m/s에서 전극에 평행하게 진행하는 양성자는 그들 사이의 간격의 중심에 들어간다. 양성자가 축전기의 가장자리에 도달했을 때 얼마만큼의 거리로 옆으로 편향되었는가? 장은 축전기 내부에서 균일하고 축전기 외부에서 0이라고 가정한다.

27. ||| 그림 P23.27에서의 2개의 평행판은 2.0 cm 떨어져 있으며 그 사이의 전기장 세기는 1.0×10^4 N/C이다. 전자는 양의 판으로부터 45° 각도로 발사된다. 음의 판에 닿지 않으려면 전자가 가질 수 있는 최대 초기 속력 v_0는 얼마인가?

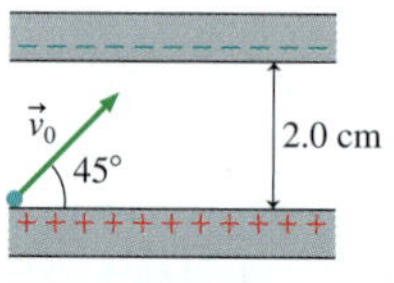

그림 P23.27

28. ||| **양전자**는 그 전하가 $+e$인 점 외는 전자와 동일한 기본 입자다. 전자와 양전자는 질량이 없는 막대로 연결된 덤벨처럼 질량 중심에 대하여 회전할 수 있다. 전자와 양전자가 1.0 nm 간격일 때의 궤도 진동수는 얼마인가?

29. ||| 화석연료의 연소는 대기오염의 주요 구성 요소 중 하나인 아주 작은 크기(micro)의 그을음 입자를 생성한다. 이들 입자의 종단 속력은 매우 작기 때문에, 매우 오랜 시간 동안 공기 중에 부유 상태로 남아 있다. 더욱이, 아주 작은 입자들은 거의 항상 우주선(cosmic rays)과 다양한 대기 효과로부터 적은 양의 전하를 얻는다. 그래서 그들의 움직임은 중력뿐만 아니라 지구의 약한 전기

장에 의해서도 영향을 받는다. 반지름 r, 밀도 ρ, 전하 q를 가지는 작은 구형 입자를 생각해보자. 속력 v로 움직이는 작은 구는 끌림힘 $F_{drag}=6\pi\eta rv$를 가지며, 여기서 η는 공기의 점도이다. (이것은 6장에서 배웠던 끌림힘과는 다른데, 그 이유는 우리가 미시적 물체보다는 거시적인 물체를 고려했기 때문이다.)

a. 종단 속력 v_{term}로 떨어지는 입자는 알짜힘이 없는 평형 상태에 있다. 세기 E의 **아래 방향**으로의 전기장 속에서 떨어지는 이 입자에 대한 뉴턴의 제1법칙을 적어본 다음, v_{term}에 대한 표현식을 찾으시오.

b. 그을음은 주로 탄소이며, 흑연 형태의 탄소는 2200 kg/m^{3}의 밀도를 가지고 있다. 전기장이 없을 때 지름 1.0 μm의 흑연 입자의 종단 속력은 mm/s 단위로 얼마인가? 20°C에서의 공기 점도는 1.8×10^{-5} kg/m s이다.

c. 지구의 전기장은 보통 아래 방향으로 150 N/C이다. 이 장(field)에서 250개의 여분의 전자를 얻은 지름 1.0 μm의 흑연 입자의 종단 속력은 mm/s 단위로 얼마인가?

30. | 수소 원자의 고전적 모형에서, 전자는 반지름 0.053 nm의 원형 궤도에서 양성자를 선회한다. 궤도 진동수는 얼마인가? 양성자는 전자보다 훨씬 거대해서 양성자가 정지해 있다고 가정할 수 있다.

31. || 선전하 밀도 λ를 가진 무한한 선전하는 크기 $F=2\lambda p/4\pi\epsilon_0 r^2$을 가진 전기 쌍극자에 인력을 가한다는 것을 보이시오. 선으로부터의 거리 r은 쌍극자의 전하 분리 거리보다 훨씬 크다고 가정한다.

문제 32–33까지 문제를 푸는 데 사용될 방정식들이 주어져 있다. 이들 각각에 대해,

a. 이것이 옳은 방정식이기 위한 현실적인 문제를 작성하시오.

b. 문제의 풀이를 마치시오.

32. $(9.0\times10^9\ \text{N m}^2/\text{C}^2)\,\dfrac{(2.0\times10^{-9}\ \text{C})\,s}{(0.025\ \text{m})^3}=1150\ \text{N/C}$

33. $\dfrac{\eta}{2\epsilon_0}\left[1-\dfrac{z}{\sqrt{z^2+R^2}}\right]=\dfrac{1}{2}\dfrac{\eta}{2\epsilon_0}$

응용 문제

34. ||| 길이 L인 막대가 y축을 따라 놓이고 그 중심이 원점에 있다. 막대는 불균일한 선전하 밀도 $\lambda=a|y|$를 가지며, 여기서 a는 C/m^2 단위를 가지는 상수이다.
CALC

a. 막대의 길이에 대해 λ-y 그래프를 그리시오.

b. L과 막대의 총 전하량 Q에 대하여 상수 a를 결정하시오.

c. x축에서 거리 x에 있는 막대의 전기장 세기를 구하시오.

35. ||| a. $x=-L/2$와 $x=L/2$ 사이의 xy평면에 폭 L인 대전된 무한히 긴 **얇은 판**이 놓여 있다. 표면 전하 밀도는 η이다. 얇은 판 외부의 점에 대하여 x축을 따라 전기장 $\vec{E}$에 대한 식을 유도하시오($x>L/2$).
CALC

b. $x\gg L$일 때 표현식이 맞는지 확인하시오.

힌트: $u\ll1$일 때 $\ln(1+u)\approx u$이다.

c. $x>L/2$에 대한 전기장 세기 E-x 그래프를 그리시오.

36. ||| 정전식 잉크젯 프린터라고 하는 잉크젯 프린터의 한 종류는 편향 전극을 사용하여 용지를 가로질러 잉크젯이 수평으로 움직이며 대전된 잉크 방울을 수직으로 위아래 조종하는 방식으로 문자를 형성한다. 잉크젯은 지름 30 μm의 잉크 방울을 형성하고 표면에 800,000개의 전자를 분사하여 용지를 향해 20 m/s의 속력으로 분사한다. 방울은 길을 따라 길이 6.0 mm, 폭 4.0 mm, 간격 1.0 mm인 2개의 수평한 평행 전극을 통과한다. 전극 중심에서 용지까지의 거리는 2.0 cm이다. 높이가 6.0 mm인 가장 큰 글자를 형성하려면 방울을 3.0 mm 위로(또는 아래로) 편향시킬 필요가 있다. 이 편향을 이루기 위해 전극 사이에 얼마만큼의 전기장 세기가 필요한가? 알콜에 섞어 만든 염료 입자로 구성된 잉크는 밀도가 800 kg/m^{3}이다.

37. ||| 여러분은 나노 기계를 설계하고 제조하는 회사에서 여름 인턴직책을 맡았다. 이 회사의 엔지니어는 시간을 유지할 수 있는 미세한 크기의 발진기를 설계하고 있으며, 설계를 분석하는 그를 돕는 일을 배정받았다. 그는 아주 작고 양으로 대전된 금속 고리의 중심에 음전하를 두기를 원한다. 그의 주장은 음전하가 고리의 전하량에 의해 결정되는 진동수로 단순 조화 운동을 한다는 것이다.

a. z축이 중심인 양으로 대전된 고리의 중심 가까이에 있는 음전하를 생각해보자. z축을 따라 움직이지만 고리의 중심 가까이에 머무르면 전하가 복원력을 가짐을 보이시오. 즉, $z=0$에서 전하를 유지하려고 하는 힘이 있음을 보이시오.

b. 진폭$\ll R$인 작은 진동의 경우, 전하 $-q$를 갖는 질량 m의 입자는 아래의 진동수를 가지는 단순 조화 운동을 함을 보이시오.

$$f=\frac{1}{2\pi}\sqrt{\frac{qQ}{4\pi\epsilon_0 mR^3}}$$

R과 Q는 고리의 반지름과 전하이다.

c. 1.0×10^{-13} C으로 대전된 2.0 μm 지름의 고리 중심에서 전자에 대한 진동의 진동수를 계산하시오.

24 가우스의 법칙

Gauss's Law

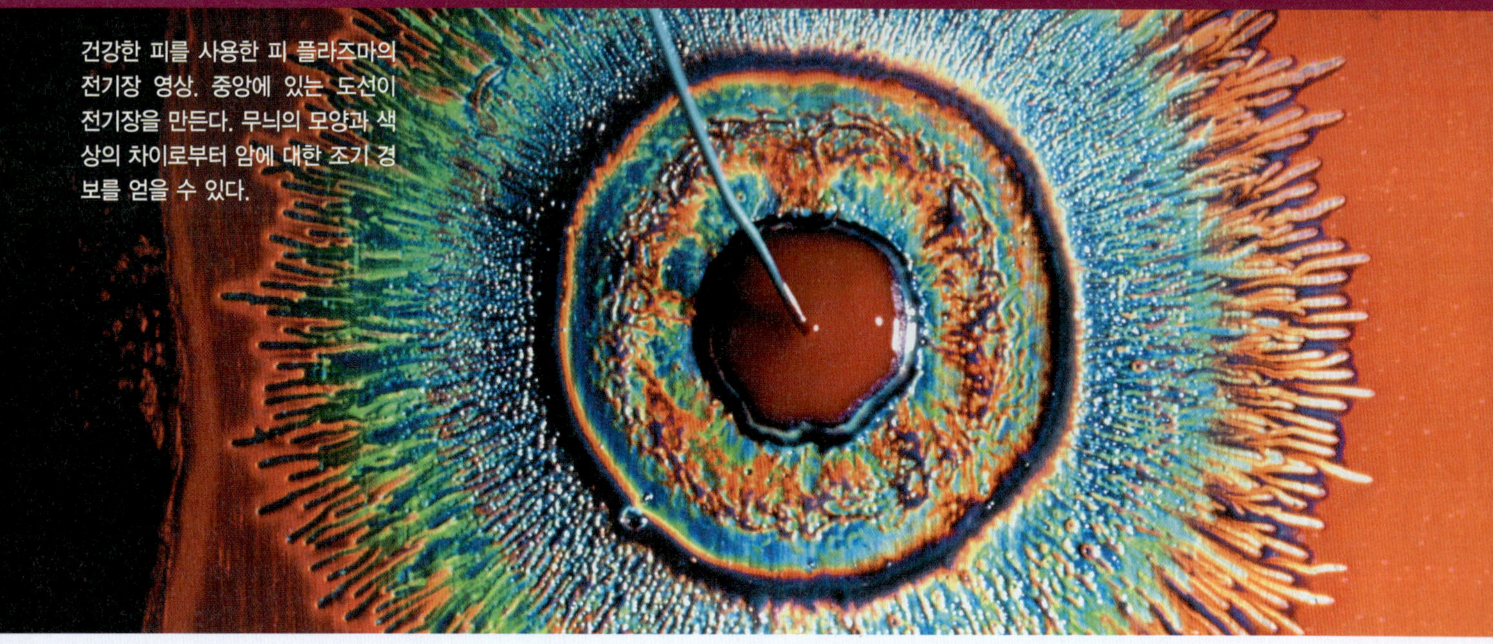

건강한 피를 사용한 피 플라즈마의 전기장 영상. 중앙에 있는 도선이 전기장을 만든다. 무늬의 모양과 색상의 차이로부터 암에 대한 조기 경보를 얻을 수 있다.

이 장에서는 가우스의 법칙과 그 응용을 배운다.

가우스의 법칙은 무엇인가?

가우스의 법칙은 전기장의 성질에 대한 일반적인 서술이다. 이것은 전기와 자기를 지배하는 맥스웰 방정식이라 하는 것 중에서 첫 번째 것이다.

가우스의 법칙에 따르면, 닫힌 표면을 통과하는 전기 선속은 그 표면 내부에 있는 전하량 Q_{in}에 비례한다. 이 추상적인 개념은 고도의 대칭성을 갖는 전하 분포가 만드는 전기장을 구하는 데 있어서 막강한 전략적 기초가 될 것이다.

« 되돌아보기: 22.5절 점전하의 전기장, 23.2절 전기장선

무엇이 좋은 대칭인가?

대칭성이 큰 전하 분포의 경우, 전기장은 전하 분포가 가지는 대칭성을 가져야 한다. 우리가 주로 다룰 대칭은 평면 대칭, 원통 대칭, 그리고 구대칭이다. 대칭성이란 개념은 수학 및 과학에서 중요한 역할을 한다.

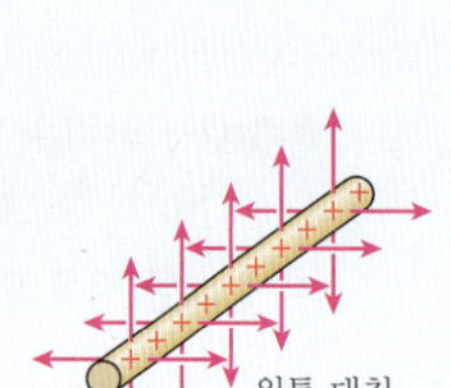

선속이란 무엇인가?

표면을 통과하는 전기장의 양을 전기 선속이라고 한다. 전기 선속은 고리를 통해 흐르는 공기 또는 물의 양과 유사하다. 열린 표면과 닫힌 표면을 통해 선속을 계산하는 방법을 배울 것이다.

« 되돌아보기: 9.3절 벡터의 점곱

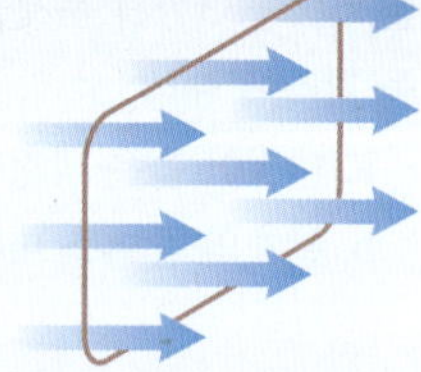

가우스의 법칙은 어떻게 사용되는가?

대전된 구, 원통 및 평면의 내부와 외부 모두에서 전기장을 찾는 데는 중첩의 원리보다 가우스의 법칙을 사용하는 것이 쉽다. 가우스의 법칙을 사용하기 위해서는 전하를 둘러싼 가우스면을 통과하는 전기 선속을 계산하면 되는데, 이것이 얼마나 쉬운지 알게 될 것이다.

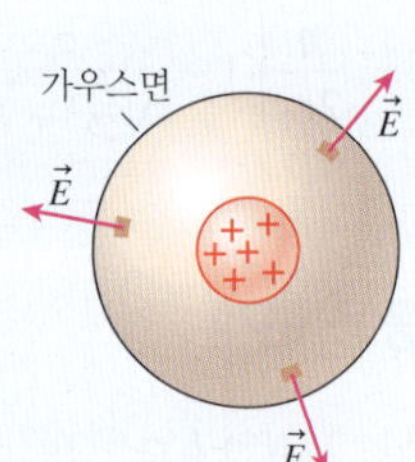

도체에 관해서 무엇을 배울 것인가?

가우스의 법칙은 정전기적으로 평형에 있는 도체의 몇 가지 특성을 확립하는 데 사용될 수 있다. 특히

- 과잉 전하는 모두 도체 표면에 있다.
- 내부 전기장은 0이다.
- 외부 전기장은 표면에 수직이다.

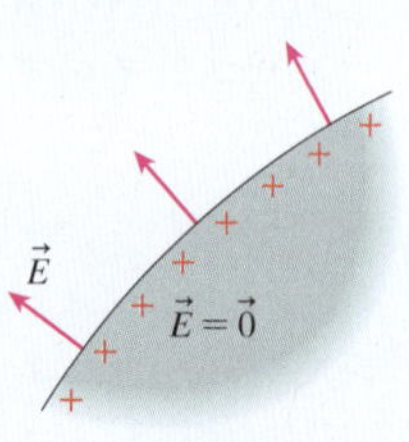

24.1 대칭성

전기장을 탐구하는 데 있어서 오직 두 가지만을 알고 있다고 가정하자.

1. 전기장은 양전하로부터 나와서 음전하로 들어가는 방향을 가리킨다.
2. 전기장은 대전된 입자에게 힘을 미친다.

이 정보만으로부터 그림 24.1과 같이 무한히 긴 대전된 원통이 만드는 전기장에 대해 추론할 수 있는가?

그림 24.1 원통 대칭성을 갖는 전하 분포

우리는 원통의 지름이 큰지 작은지 모른다. 전하 밀도가 원통의 축 방향과 바깥쪽 가장자리에서 동일한지도 알지 못한다. 알고 있는 것은 전하가 양(+)이며, **원통 대칭성**을 갖는다는 사실이다. 어떤 물리적인 변화도 유발하지 않는 기하학적 변환이 존재할 경우, 전하의 분포는 **대칭**(symmetry)적이라고 한다.

이것을 구체적으로 설명하기 위해, 여러분이 눈을 감고 있는 동안 친구가 다음 세 가지 가운데 한 방법으로 전하 분포를 바꾼다고 가정하자.

- 축에 평행으로 전하를 이동(즉 변위)시킨다.
- 축을 기준으로 전하를 회전시킨다.
- 전하를 거울에 반사시킨다.

여러분이 눈을 떴을 때, 전하 분포가 변할 것을 인식할 수 있는가? 외견상 전하 분포의 차이가 관찰되거나, 혹은 대전된 입자를 사용한 실험의 결과를 통해서 분포가 바뀐 것을 알 수 있을 것이다. 만일 그렇지 않다면, 위의 세 가지 변환에 대해서 전하 분포는 대칭적이라고 한다.

그림 24.2는 그림 24.1의 전하 분포가 다음의 변환에 대해 대칭적임을 보여준다.

- 원통 축에 평행한 이동. 무한히 긴 원통을 1 mm 또는 1000 m만큼 이동시켜도 그 차이를 느낄 수 없다.
- 원통 축을 기준으로 임의의 각도만큼 회전. 원통을 그 축에 대해서 1° 또는 100° 회전시켜도 그 차이를 발견할 수 없다.
- 원통 축을 포함하거나 또는 축에 수직인 임의의 면을 기준으로 반사. 상하, 앞뒤, 좌우를 바꿔도 차이가 없다.

그림 24.2 무한 원통의 전하 분포가 변하지 않는 변환들

원래 원통

축에 평행한 이동

축에 관한 회전

축을 포함하는 면에 대한 반사

축에 수직인 면에 대한 반사

이러한 세 가지 기하학적 변환에 대해 대칭인 전하 분포를 **원통 대칭**이 있다고 한다. 다른 전하 분포는 다른 형태의 대칭성을 갖는다. 어떤 전하 분포는 대칭성이 전혀 없을 수도 있다.

우리가 다룰 대칭성을 한마디로 요약하면 다음과 같다.

전기장의 대칭성은 전하 분포의 대칭성과 반드시 일치해야 한다.

만약 이것이 사실이 아니라면 전기장을 이용해서 전하 분포가 바뀌었는지를 판단할 수 있다.

그림 24.3 원통 전하 분포가 만드는 전기장이 아래와 같을 수 있을까?

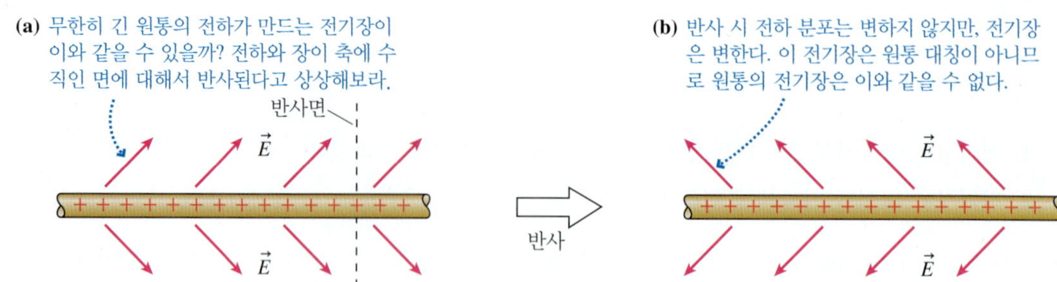

이제 그림 24.1과 관련된 전기장에 대해서 논의할 준비가 되었다. 전기장의 형태가 그림 24.3a처럼 될 수 있는가? (3차원적으로 보려면 이 그림을 축에 대해서 회전시켜 보아라.) 즉, 이런 꼴의 전기장은 가능할까? 원통 축에 평행하게 전기장을 이동시키거나, 지면에서 원통을 따라 나오는 면을 기준으로 전기장을 반사시켜서 상하를 바꾸거나, 축에 대해서 원통을 회전시켜도 전기장 모양은 같다.

그러나 이 전기장은 한 가지 시험(축에 수직인 면에 대해 전기장을 반사시켜 좌우를 바꾸는 것)을 통과하지 못한다. 전하 분포에는 아무런 변화도 야기하지 않는 이런 반사에 의해 전기장은 그림 24.3b와 같이 된다. 이와 같은 전기장 변화는 검출될 수 있다. 왜냐하면 양전하를 띤 입자가 오른쪽 대신 왼쪽으로 움직이는 속도 성분을 가지기 때문이다.

그림 24.3a처럼 좌우의 차이가 있는 이런 전기장은 원통 대칭이 없으므로 가능한 전기장이 아니다. 일반적으로 **원통 대칭을 가진 전하 분포가 만드는 전기장은 원통 축에 평행한 성분을 가질 수 없다.**

그림 24.4 또는 원통 전하 분포의 전기장이 아래와 같을 수 있을까?

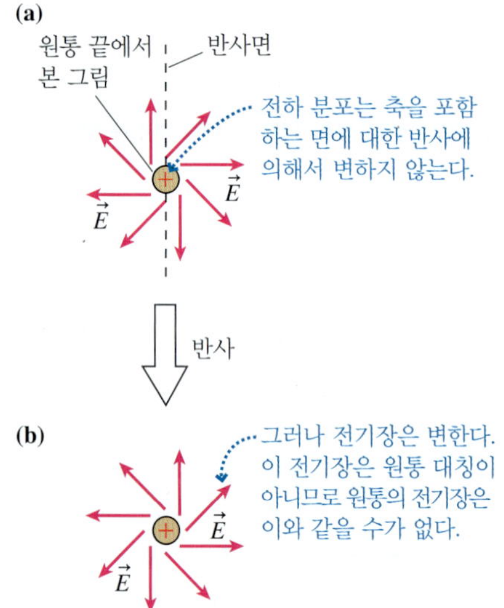

자, 그러면 그림 24.4a에서 보여주는 전기장은 어떠한가? 이 그림은 원통 축을 내려다 보는 그림이다. 전기장 벡터는 원통에 수직인 평면에만 제한되어 있으며, 이 결과 원통 축에 평행인 성분은 존재하지 않는다. 이 전기장은 원통 축에 대해 회전 대칭이 있지만 이 축을 포함한 평면에 대한 반사 대칭은 없다.

반사 후 생기는 그림 24.4b의 전기장은 그림 24.4a의 전기장과 쉽게 구별된다. 그러므로 **원통 대칭이 있는 전하 분포가 만드는 전기장은 원형 단면에 접선 성분을 가질 수 없다.**

그림 24.5는 유일하게 가능한 전기장 형태를 보여준다. 이 전기장은 병을 닦는 솔의 털처럼 원통의 지름 방향으로 밖을 가리킨다. 이것은 그 전하 분포의 대칭과 일치하는 전기장 형태이다.

그림 24.5 이것이 전하 분포의 대칭성에 부합하는 유일한 전기장 형태이다.

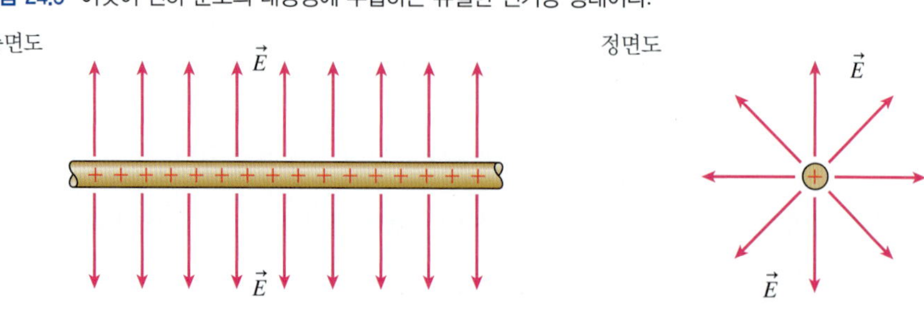

대칭성이 얼마나 유용한가?

그림 24.1에서 주어진 매우 적은 정보, 즉 전하 분포가 원통 대칭이며 전기장은 양전하로부터 멀어지는 쪽을 향한다는 사실에서부터 전기장에 관한 상당히 많은 것을 추론할 수 있었다. 특히, 전기장의 형태를 알 수 있었다.

그러나 형태가 모든 것이 아니다. 우리는 전기장의 세기와 이것이 거리에 따라 어떻게 변하는지에 대해서 배운 것은 전혀 없다. E는 일정한가? 전기장은 $1/r$ 또는 $1/r^2$에 따라 감소하는가? 전기장에 대해서 완전한 정보를 아직 갖고 있지 않더라도 그 형태가 어떨지를 알면 전기장 세기를 훨씬 쉽게 알아낼 수 있다.

이것이 바로 대칭성의 장점이다. 대칭성을 이용하면 전하 분포의 대칭성에 부합하지 않는 장의 형태를 배제해나갈 수 있다. 생기지 않거나 생길 수 없는 것을 알면, 생겨야 할 것을 알아내는 데 매우 유용하다. 우리는 가능하지 않는 것을 차례로 배제해나가는 방식을 써서 가능성이 유일한 전기장 형태를 찾아낼 수 있다. 대칭성에 의해서 추론하는 방식은 때로는 미묘할 때도 있지만, 강력한 추론 방법이 된다.

세 가지 기본 대칭

세 가지 대칭성은 정전기학에서 자주 나타난다. 그림 24.6의 첫줄은 각각의 대칭에 대한 가장 단순한 구조를 보여준다. 두 번째 줄은 더 복잡하지만 더 실제적인 대칭 구조이다.

그림 24.6 세 가지 기본 대칭 구조

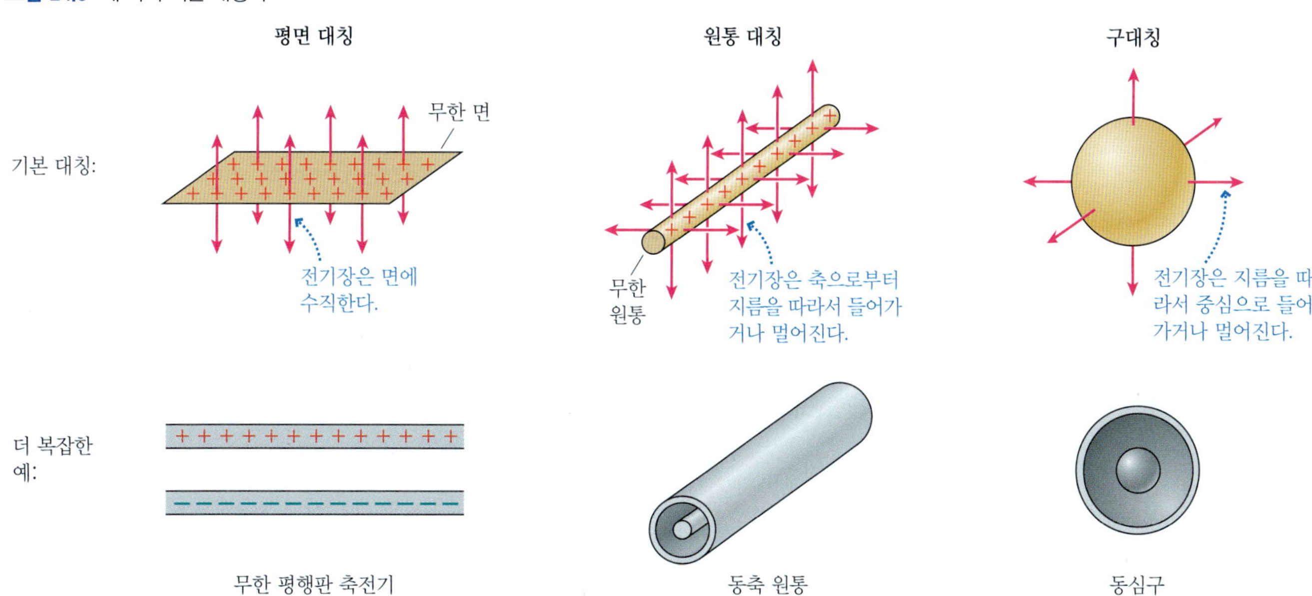

완전한 구에 매우 가까운 물체는 존재하지만, 크기가 무한인 원통이나 평면은 존재하지 않는다. 그렇다고 해도 유한 평면이나 원통의 모서리 또는 끝부분에 너무 가깝지 않은 지점에서 무한 평면이나 원통은 좋은 모형이 된다. 비록 이상적이지만 이 장에서 공부할 전기장들은 유용하게 활용된다.

24.2 선속의 개념

그림 24.7a는 공간 영역을 둘러싸고 있는 불투명한 상자를 보여준다. 이 상자 안에 무엇이 있는지 볼 수 없지만, 상자의 각 표면으로부터 나오는 전기장 벡터가 존재한다. 속에 무엇이 있는지를 알 수 있을까?

그림 24.7 우리는 상자 속을 볼 수 없지만, 면을 지나가는 전기장을 통해서 그 속에 있는 무언가를 알 수 있다.

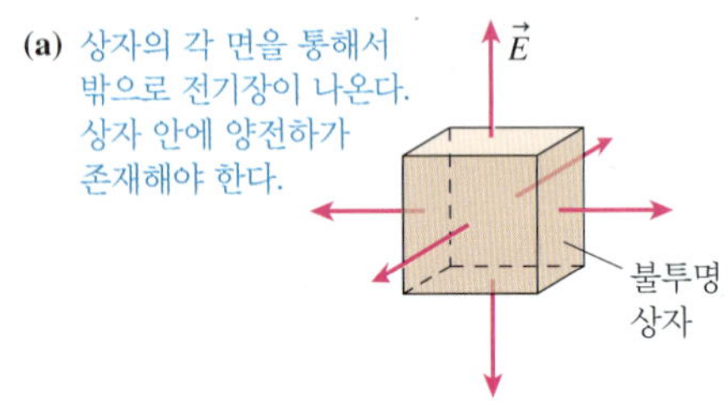

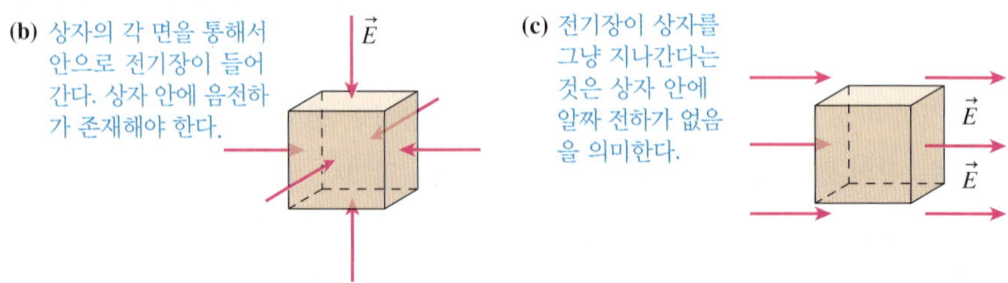

물론 알 수 있다. 전기장은 양전하로부터 멀어지는 방향을 가리키기 때문에 그 상자 안에서는 양전하 또는 양전하들이 있음이 분명하다. 마찬가지로, 그림 24.7b의 상자 안에는 분명히 음전하가 들어 있다.

그림 24.7c의 상자에 대해서 무엇을 말할 수 있을까? 전기장은 상자 왼쪽으로 들어가고 있고, 동일한 전기장이 오른쪽으로 나오고 있다. 전기장이 상자를 **통과하지만**, 상자 내에 어떤 전하(또는 최소한 어떤 알짜 전하)가 있는지 분명하지 않다. 이와 같은 예들은 상자 속으로 들어가고, 나오고, 통과하는 전기장들이 어떤식으로든지 상자 내의 전하에 관련되어 있음을 보여주고 있다.

이러한 개념을 더욱 알아보기 위해, 닫힌 면으로 둘러싸인 공간을 생각해보자. 그 닫힌 면은 공간을 내부와 외부로 구분한다. 정전기학에서 전기장이 통과하는 닫힌 면을 19세기 수학자 가우스의 이름을 따라 **가우스면**(Gaussian surface)이라고 한다. 비록 이것이 물리적인 면과 일치한다고 해도, 물리적인 면이라고 하기보다는 가상의 수학적인 면이다. 예를 들어, 그림 24.8a는 전하를 둘러싼 구형의 가우스면을 보여준다.

닫힌 면은 반드시 3차원 공간에서의 면이어야 한다. 그러나 3차원 공간에서 면을 그리기가 어렵기 때문에 우리는 종종 그림 24.8b와 같이 가우스면을 가로지르는 2차원 단면을 생각할 것이다. 표면에서 나오는 전기장 벡터가 구대칭이라면 내부에 있는 양전하도 구대칭이고 구의 중심에 위치한다고 말할 수 있다.

가우스면은 전기장의 대칭 및 형태와 부합할 때 가장 유용하다. 예를 들어, 그림 24.9a는 대전된 도선과 같은 원통 전하 분포를 둘러싼 닫힌 원통형 가우스면을 보여준다. 그림 24.9b는 2차원으로 단순화시킨 옆면과 윗면 그림이다. 이 가우스면은 전하 분포의 대칭성과 일치하기 때문에 전기장은 벽면 어느 곳이든지 수직이고 위아래 면을 통해서는 지나가지 않는다.

비교해보기 위해서 그림 24.10의 구면을 고려해보자. 이것도 또한 가우스면이며, 나오는 전기장은 내부에 양전하가 있음을 말해준다. 왼쪽에 점전하가 있을 수도 있지

그림 24.8 전하를 둘러싼 가우스면. 2차원 단면을 그리는 것이 더 쉽다.

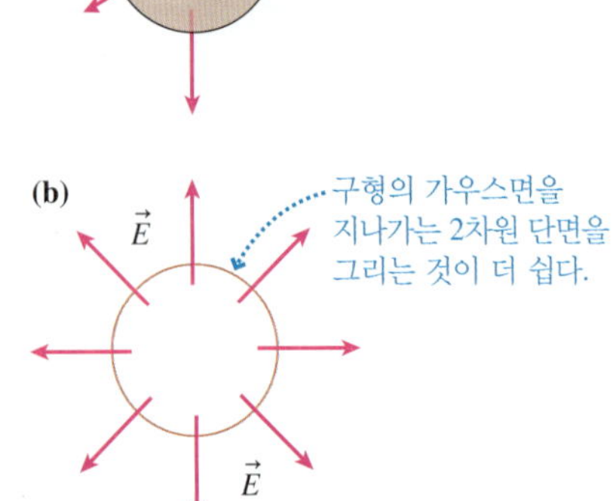

그림 24.9 가우스면은 장의 형태에 부합할 때 매우 유용하다.

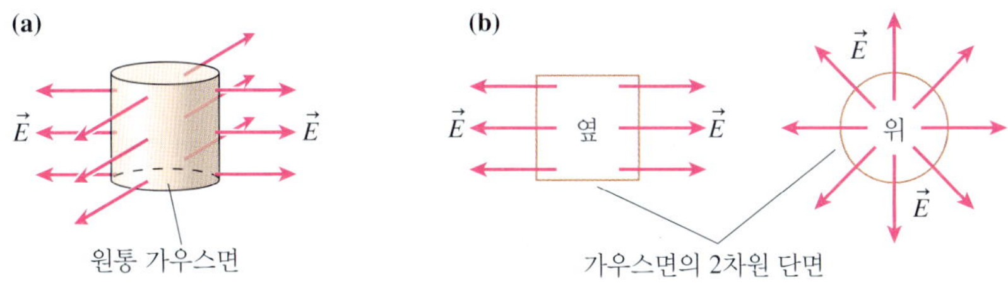

만 확실하게 말할 수는 없다. 전하 분포의 대칭성과 일치하지 않는 가우스면은 쓸모가 매우 없다.

이러한 예들은 다음 두 가지 결론에 이르게 한다.

1. 어떤 의미에서 보면 전기장은 양의 알짜 전하를 둘러싼 닫힌 면에서 흘러나오며, 음의 알짜 전하를 둘러싼 닫힌 면으로 흘러들어간다. 알짜 전하가 없는 공간 영역을 둘러싼 닫힌 면을 전기장이 **통과할** 수는 있으나, **알짜 흐름**(net flow)은 없다.
2. 닫힌 면이 자기 내부에 있는 전하 분포와 동일한 대칭성을 갖는다면, 면을 지나는 전기장의 형태는 아주 단순해진다.

그림 24.10 전하에 대한 정보를 얻는 데 모든 면이 유용한 것은 아니다.

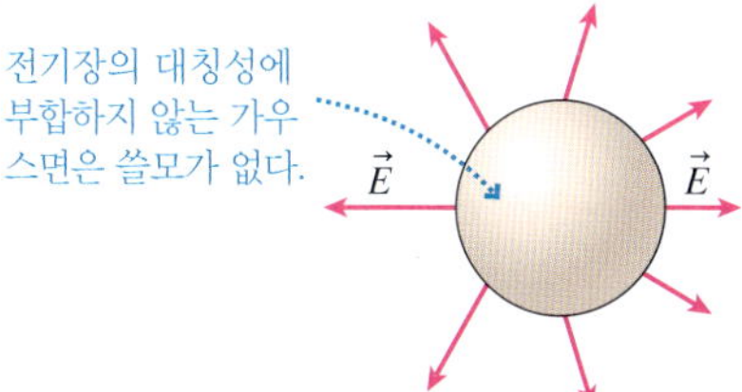

전기장은 실제로 유체처럼 흐르지는 않지만, 비유적으로 사용하기에 유용하다. 선속(flux)은 흐름에 대한 라틴어 *flux*에서 따왔으며, 면을 지나가는 전기장의 양을 **전기 선속**(electric flux)이라고 한다. 전기 선속이란 용어를 써서 첫 번째 결론을 정리하면 다음과 같다.

- 양의 알짜 전하를 둘러싼 닫힌 면 밖으로 나가는 선속이 있다.
- 음의 알짜 전하를 둘러싼 닫힌 면 안으로 들어가는 선속이 있다.
- 알짜 전하가 없는 공간을 둘러싼 닫힌 면을 지나는 알짜 선속은 0이다.

이 장에서는 완전히 정성적인 방법으로 대칭성이 무엇인지와 선속의 개념, 그리고 닫힌 면을 지나는 전기 선속이 내부 전하와 무슨 관계가 있는지 살펴보았다. 여러분은 다음 두 절에서 가우스면을 지나가는 전기 선속을 계산하는 방법과, 선속이 내부 전하와 어떠한 관계가 있는지를 공부하게 될 것이다. 가우스의 법칙이라고 하는 관계식은 몇 가지 재미있고 유용한 전하 분포가 만드는 전기장을 계산하는 데 이용될 것이다.

24.3 전기 선속 계산

이 절에서 배워야 할 것을 간단히 요약해보자. 먼저 이해하기 쉬운 선속의 정의를 살펴본 후, 이를 다소 어려워 보이는 적분 형태로 바꿀 것이다. 단순한 정의로는 균일한 전기장이나 평면에 국한되어 응용되어지기 때문에 적분이 필요하다. 이것에서 시작하지만, 곡면을 지나가는 균일하지 않은 전기장을 계산할 필요가 곧바로 생길 것이다.

수학적으로, 곡면을 통과하는 균일하지 않은 장의 선속은 **면적분**(surface integral)이라고 하는 특수한 적분으로 잘 나타낼 수 있다. 미적분학 강의에서 여러분은 아직 면적분을 공부하지 못했기 때문에 이 적분을 실제보다 더 어렵게 느낄 가능성이 많다. 그러나 적분은 단지 덧셈을 멋지게 하는 방법에 불과하다는 것을 명심하자. 여기서는 작은 곡면 조각들을 통과하는 선속들을 많이 더하는 것이다.

다행인 것은 이 장에서 또는 연습과제에서 여러분이 계산해야 할 **모든** 적분은 0이거나 또는 머릿속으로 풀 수 있을 정도로 쉽다는 것이다. 거짓말처럼 들릴지 모르지만 사실임을 곧 알게 될 것이다. 핵심은 전기장의 **대칭성**을 어떻게 효과적으로 이용하느냐에 달려 있다.

선속의 기본 정의

선풍기 앞에 놓인 넓이가 A인 직사각형 고리를 생각해보자. **그림 24.11**과 같이 매초 고리 내부를 흘러가는 공기의 부피는 고리와 공기가 흐르는 방향 사이의 각도에 의존한다. 공기가 흐르는 방향에 고리가 수직일 때 흐르는 공기의 양은 최대이며, 평행일 때는 0이 된다.

그림 24.11 고리를 통해서 흐르는 공기의 양은 $\vec{v}$와 $\hat{n}$ 사이의 각에 의존한다.

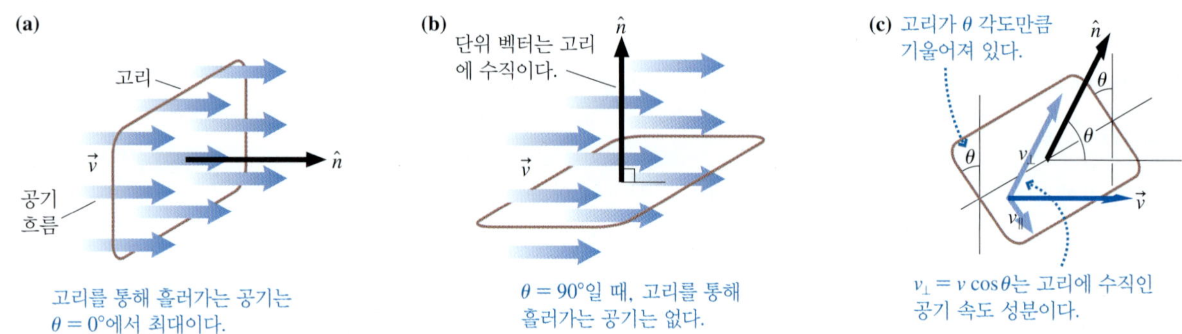

공기 흐름의 방향은 속도 벡터 $\vec{v}$로 나타내진다. 고리의 방향은 고리의 면에 수직인 단위 벡터 $\hat{n}$으로 나타낼 수 있다. 각도 θ는 $\vec{v}$와 $\hat{n}$ 사이의 각이다. 그림 24.11a처럼 공기 흐름에 수직인 고리는 $\theta = 0°$이고, 그림 24.11b처럼 공기 흐름에 평행인 고리는 $\theta = 90°$이다. 따라서 θ는 고리가 수직으로부터 기울어진 각도라고 볼 수 있다.

그림 24.11c에서 알 수 있듯이, 속도 벡터 $\vec{v}$는 고리에 수직인 성분 $v_\perp = v\cos\theta$와 평행인 성분 $v_\parallel = v\sin\theta$로 분해될 수 있다. 고리에 수직인 성분 $v_\perp$만이 고리를 통해 공기가 흘러간다. 결론적으로 매초 고리를 통과하는 공기의 부피는

$$\text{매초 흐르는 공기의 부피}(\text{m}^3/\text{s}) = v_\perp A = vA\cos\theta \qquad (24.1)$$

와 같다. 기대했던 대로 $\theta = 0°$일 때 고리를 통과하는 공기의 양이 최대이고, $\theta = 90°$이면 고리를 통과하는 공기는 없다.

엄밀한 의미에서 전기장은 흐르지 않지만, 표면을 통해서 지나가는 전기장에 흐름이란 개념을 적용할 수 있다. 그림 24.12는 균일한 전기장 $\vec{E}$ 속에 놓인 넓이가 A인 면을 보여준다. 단위 벡터 $\hat{n}$은 면에 수직이며, θ는 $\hat{n}$과 $\vec{E}$ 사이의 각도이다. 오직 $E_\perp = E\cos\theta$ 성분만이 면을 **통과한다**.

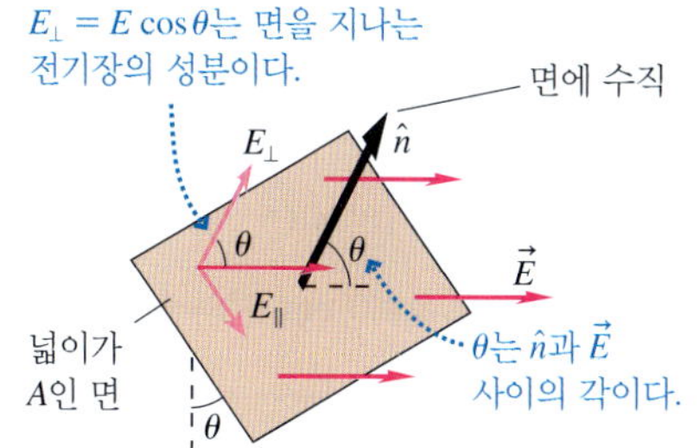

그림 24.12 면을 통과하는 전기장

이런 생각을 염두에 두고 방정식 (24.1)을 적용하여 **전기 선속** Φ_e(그리스 대문자 파이)를

$$\Phi_e = E_\perp A\cos\theta \tag{24.2}$$

라고 정의하자. 면의 법선이 전기장으로부터 각도 θ만큼 기울어진 경우, 전기 선속은 넓이가 A인 면을 통과하는 전기장의 양을 나타낸다.

식 (24.2)는 벡터의 점곱 $\vec{E}\cdot\vec{A} = EA\cos\theta$와 매우 닮은꼴이다. 이러한 개념을 적용하기 위해 크기는 넓이 A와 같고, 방향은 면에 **수직한** 단위 벡터 $\hat{n}$을 향하는, **넓이 벡터**(area vector) $\vec{A} = A\hat{n}$을 정의하자. 벡터 $\vec{A}$의 단위는 m^2이다. 그림 24.13a는 두 가지 넓이 벡터를 보여준다.

그림 24.13 전기 선속은 넓이 벡터 $\vec{A}$를 사용하여 정의될 수 있다.

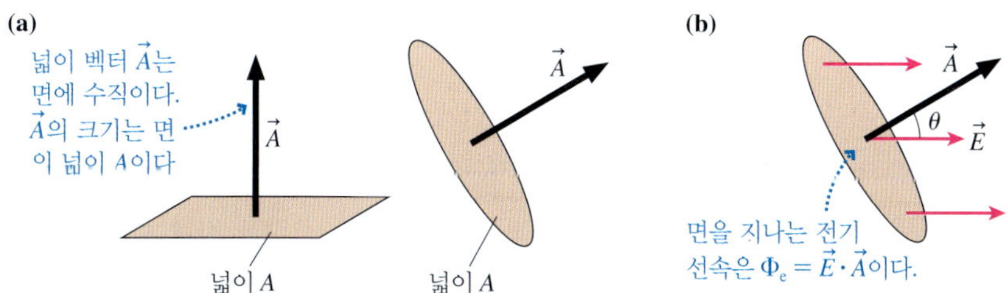

그림 24.13b는 넓이 A인 표면을 통과하는 전기장을 보여준다. $\vec{A}$와 $\vec{E}$ 사이의 각도는 전기 선속을 정의할 때 사용한 식 (24.2)에서의 각도와 동일하다. 그러므로 식 (24.2)는 사실상 점곱이다. 더 함축적으로 전기 선속을 정의하면 다음과 같다.

$$\Phi_e = \vec{E}\cdot\vec{A} \quad \text{(일정한 전기장의 전기 선속)} \tag{24.3}$$

선속을 점곱으로 나타내면 각도 θ가 어떻게 정의되었는지 명확히 하는 데 도움이 된다. θ는 전기장과 면에 수직인 선 사이의 각도이다.

예제 24.1 평행판 축전기 내부의 전기 선속

넓이가 각각 100 cm^2인 두 장의 평행판 전극이 2.0 cm만큼 떨어져 있다. 한쪽은 +5.0 nC인 전하를 띠고 있고, 다른 쪽은 −5.0 nC의 전하를 띠고 있다. 두 전극 사이에 1.0 cm × 1.0 cm의 면이 놓여 있고, 면의 법선과 전기장이 이루는 각은 45°이다. 면을 통과하는 전기 선속은 얼마일까?

핵심 균일한 전기장이 걸린 축전기의 중심부에 면이 놓였다고 가정하자. 전기 선속은 면의 형태에 의존하지 않는다.

시각화 면은 원이 아니고 정사각형이다. 원일 경우는 그림 24.13b 처럼 보일 것이다.

(계속)

풀이 23장에서 계산한 결과를 보면, 평행판 축전기 내부의 전기장은

$$E = \frac{Q}{\epsilon_0 A_{\text{plates}}} = \frac{5.0 \times 10^{-9}\ \text{C}}{(8.85 \times 10^{-12}\ \text{C}^2/\text{N m}^2)(1.0 \times 10^{-2}\ \text{m}^2)}$$
$$= 5.65 \times 10^4\ \text{N/C}$$

이다. 1.0 cm × 1.0 cm 면의 넓이는 $A = 1.0 \times 10^{-4}\ \text{m}^2$이다. 이 면을 통과하는 전기 선속은 다음과 같다.

$$\Phi_e = \vec{E} \cdot \vec{A} = EA\cos\theta$$
$$= (5.65 \times 10^4\ \text{N/C})(1.0 \times 10^{-4}\ \text{m}^2)\cos 45°$$
$$= 4.0\ \text{N m}^2/\text{C}$$

검토 전기 선속의 단위는 전기장과 넓이의 곱이다. 즉 $\text{N m}^2/\text{C}$이다.

균일하지 않은 전기장의 전기 선속

앞에서 전기 선속을 정의할 때, 면 위의 모든 점에서 전기장 $\vec{E}$는 일정하다고 가정하였다. 만일 면 위의 지점에 따라 전기장 $\vec{E}$가 변한다면, 전기 선속을 어떻게 계산해야 할까? 이 문제를 풀기 위해서 고리를 통과하는 공기 흐름 문제로 돌아가서 생각해보자. 공기 흐름이 지점에 따라 다르다고 가정해보라. 고리면을 여러 개의 작은 면으로 나누고, 그 작은 면을 통과하는 공기 흐름을 계산한 후, 그것들을 더해 매초 고리를 통과하는 공기의 전체 양을 구할 수 있다. 마찬가지로, **면을 통과하는 전기 선속도 면의 작은 조작들을 지나는 선속들의 합으로 나타낼 수 있다.** 선속은 스칼라양이므로 선속을 더하는 것이 전기장을 더하는 것보다 쉽다.

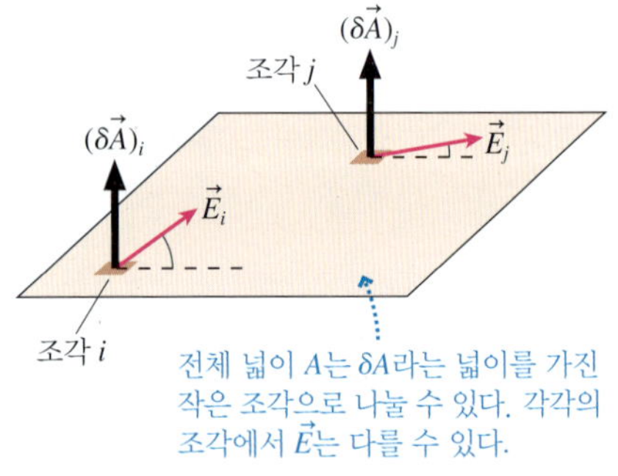

그림 24.14 균일하지 않은 전기장 내에 놓인 면

그림 24.14는 균일하지 않은 전기장 내에 놓인 면을 보여준다. 그 면을 넓이 δA인 여러 개의 작은 조작들로 나눈다고 상상해보자. 작은 조각의 넓이 벡터 $\delta\vec{A}$는 면에 수직이다. 그림은 작은 조각들 가운데 2개를 보여준다. 이 두 조각을 지나는 전기 선속은 전기장이 서로 다르기 때문에 같지 않다.

i번째 조각에서 전기장을 $\vec{E}_i$라고 하면, 작은 면 $(\delta\vec{A})_i$를 지나는 전기 선속 $\delta\Phi_i$는

$$\delta\Phi_i = \vec{E}_i \cdot (\delta\vec{A})_i \tag{24.4}$$

이다. 다른 작은 조각들을 지나는 선속도 같은 방법으로 구할 수 있다. 그 다음, 전체 면을 지나는 전기 선속은 각각의 작은 면을 지나는 선속들의 합으로 주어진다.

$$\Phi_e = \sum_i \delta\Phi_i = \sum_i \vec{E}_i \cdot (\delta\vec{A})_i \tag{24.5}$$

이제 $\delta\vec{A} \rightarrow d\vec{A}$와 같이 극한을 취하자. 즉, 작은 면이 무한히 작아지면서 그 개수가 무한히 많게 된다고 하자. 그러면 그 합은 적분으로 표현되기 때문에 면을 지나는 전기 선속은

$$\Phi_e = \int_{\text{surface}} \vec{E} \cdot d\vec{A} \tag{24.6}$$

가 된다. 식 (24.6)의 적분을 **면적분**(surface integral)이라고 한다.

전에 면적분을 본적이 없었다면, 식 (24.6)이 꽤 어렵게 느껴질지 모른다. 겉보기는 그럴지 몰라도 면적분은 여러분이 이미 알고 있는 적분보다 더 복잡하지 않다. 내

용상 $\int f(x)dx$는 무엇을 의미하는 것일까? 이 적분이 의미하는 것은 "x축을 길이가 δx인 작은 조각으로 나누고, 각 조각에서 함수 $f(x)$를 계산한 후, 선을 따라가면서 각 조각에서 구한 $f(x)\ \delta x$를 모두 더하라"는 것이다. 식 (24.6)의 적분은 선을 작은 조각으로 나누는 대신에 면을 작은 조각으로 나누는 차이 밖에 없다. 특별한 점은 무수히 많은 작은 조각들을 지나는 선속을 더한다는 것이다.

여러분은 "좋아, 나는 이해해. 그러나 무엇을 해야 하는지는 몰라. 미적분학에서 $\int x^2 dx$와 같은 적분을 구하는 공식을 배운 적이 있어. 그런데 면적분은 어떻게 풀지?" 라고 생각할지 모른다. 이것은 좋은 의문이다. 계산법을 조금만 공부하면 정전기학의 면적분은 아주 구해진다는 것을 알게 될 것이다. 그러나 적분의 **의미**를 이해하는 것과 적분의 **계산**을 혼동해서는 안 된다. 식 (24.6)의 면적분은 무수히 많은 작은 면 조각을 지나는 전기 선속의 합을 나타내는 기호일 뿐이다.

면의 모든 지점에서 전기장이 다를 수 있지만, 그렇지 않다고 가정해보자. 즉, 면이 균일한 전기장 $\vec{E}$ 속에 있다고 가정하자. 면 위의 모든 지점에서 전기장이 동일하면, 식 (24.6)의 적분에서 전기장은 상수이다. 그렇다면 전기장을 적분 밖으로 가져갈 수 있다. 이 경우,

$$\Phi_e = \int_{\text{surface}} \vec{E} \cdot d\vec{A} = \int_{\text{surface}} E\cos\theta\, dA = E\cos\theta \int_{\text{surface}} dA \qquad (24.7)$$

가 된다

식 (24.7)에서 남아 있는 적분은 전체 면을 잘게 나눈 작은 넓이들의 덧셈이다. 따라서 작은 넓이를 모두 더하면 전체 넓이가 된다.

$$\int_{\text{surface}} dA = A \qquad (24.8)$$

dA에 관한 면적분이 전체 넓이와 같다는 이러한 개념은 정전기학의 면적분을 계산하는 데 활용된다. 만약 식 (24.8)을 식 (24.7)에 대입하면, 균일한 전기장에 대한 전기 선속이 $\Phi_e = EA\cos\theta$임을 알 수 있다. 식 (24.2)에서 이미 이 사실을 알고 있었지만, 식 (24.6)의 면적분이 균일한 전기장에 대한 올바른 결과를 제공한다는 점을 깨닫는 것이 중요하다.

곡면을 통과하는 선속

앞에서 다뤘던 가우스면은 대부분 곡면이었다. 그림 24.15는 곡면을 통과하는 전기장을 나타낸다. 이 면을 지나는 전기 선속을 어떻게 구할 것인가? 평면에 대해서 했던 대로 하면 된다.

곡면을 넓이가 δA인 많은 작은 조각으로 나눈 후, 그 조각에 수직인 넓이 벡터 $\delta\vec{A}$를 정의한다. 그림 24.14와 비교할 때, 그 차이는 단지 면의 곡률 때문에 $\delta\vec{A}$들이 서로 평행하지 않다는 점이다. 그리고 작은 조각을 지나는 작은 전기 선속 $\delta\Phi_i = \vec{E}_i \cdot (\delta\vec{A})_i$를

그림 24.15 전기장 내에 놓인 곡면

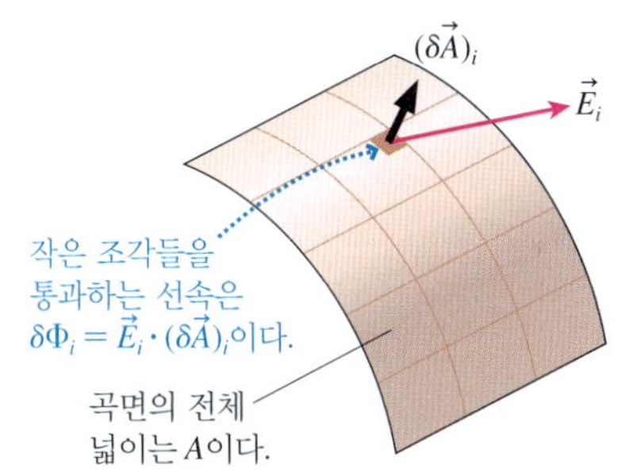

구한 후, 그들을 모두 더한다. 그 결과를 다시 쓰면

$$\Phi_e = \int_{\text{surface}} \vec{E} \cdot d\vec{A} \tag{24.9}$$

이다.

이 표현을 처음 유도할 때에는 면은 평면이고 모든 $\delta\vec{A}$들은 서로 평행하다고 가정했었다. 그러나 그 가정이 반드시 필요한 것은 아니다. 무수히 많은 매우 작은 조각을 통과하는 선속들의 합이라는 식 (24.9)의 의미는 조각들이 곡면 위에 위치한다고 해도 변하지 않는다.

그림 24.16 곡면 위의 모든 점에서 접선 또는 수직 방향을 향하는 전기장들

(a)

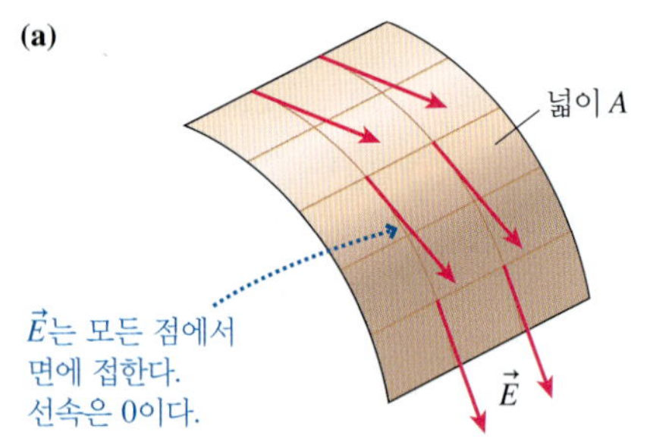

(b)

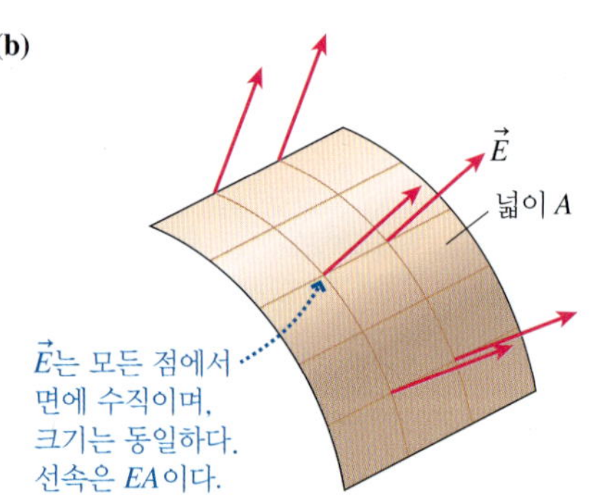

처음에는 균일하지 않은 전기장, 그리고 지금은 곡면에 대한 면적분을 다루다보니 점점 복잡해지는 느낌이다. 그러나 그림 24.16에 주어진 두 가지 상황을 생각해보자. 그림 24.16a에서 전기장 $\vec{E}$는 곡면의 모든 점에서 접선 또는 평행 방향이다. $\vec{E}$의 크기를 모른다고 해도 면 위의 **모든 점에서** $\vec{E} \cdot d\vec{A}$가 0임을 알 수 있다. 왜냐하면 모든 점에서 $\vec{E}$와 $d\vec{A}$가 서로 수직이기 때문이다. 따라서 $\Phi_e = 0$이다. 접선 방향 전기장은 면을 통과할 수 없기 때문에 면을 지나는 선속은 0이다.

그림 24.16b의 전기장은 모든 점에서 면에 수직이며, 모든 점에서 동일한 크기 E를 갖는다. $\vec{E}$의 방향은 곡면 위의 점에 따라 달라지지만, 모든 점에서 $\vec{E}$는 $d\vec{A}$에 평행하다. 그래서 $\vec{E} \cdot d\vec{A}$는 간단히 $E\,dA$가 된다. 이 경우

$$\Phi_e = \int_{\text{surface}} \vec{E} \cdot d\vec{A} = \int_{\text{surface}} E\,dA = E \int_{\text{surface}} dA = EA \tag{24.10}$$

이다. 적분을 계산할 때, E의 크기가 면 위의 모든 점에서 같기 때문에 이 상숫값을 적분 기호 밖으로 내보낸 다음, 면에 대한 dA의 적분이 전체 넓이 A가 된다는 사실을 이용하였다.

이 두 가지 상황을 풀이 전략으로 요약할 수 있다.

풀이 전략 24.1

면적분 계산하기

❶ 만약 전기장이 모든 곡면에 접선 방향으로 놓여 있다면, 그 표면을 통과하는 전기 선속은 $\Phi_e = 0$이다.

❷ 만약 전기장이 모든 곡면에 수직이고 모든 점에 대해 전기장 크기 E가 같다면, 그 표면을 통과하는 전기 선속은 $\Phi_e = EA$이다.

이러한 두 가지 결과는 가우스의 법칙을 응용하는 데 매우 중요한 의미를 지닌다. 왜냐하면 우리가 계산할 **모든** 선속은 이 경우 가운데 하나이기 때문이다. 면적분의 계산이 어렵지 않다는 주장의 근거는 이것이다.

닫힌 면을 통과하는 전기 선속

상자나 원통 또는 구와 같이 닫힌 면을 통과하는 전기 선속을 구하는 마지막 과정은 새로운 것이 별로 없다. 우리는 이미 평면과 곡면에 대해서 전기 선속을 구하는 방법을 알고 있으며, 닫힌 면이란 단지 면이 닫혀 있다는 것에 불과하다.

그러나 닫힌 면에 대한 면적분의 수학 기호는 우리가 사용해오던 것과 약간 다르다. 면적분이 닫힌 면에 대해서 수행된다는 것을 표시하기 위해서 적분 기호 위에 작은 원을 추가하는 것이 보통이다. 이와 같은 기호로 표현하면, 닫힌 면을 통과하는 전기 선속은

$$\Phi_e = \oint \vec{E} \cdot d\vec{A} \tag{24.11}$$

이다. 단지 기호만 바뀐 것이다. 전기 선속은 여전히 닫힌 면을 무수히 많은 작은 조각으로 나눈 후, 그 조각들을 지나는 선속들의 합과 같다.

이제 닫힌 면을 통과하는 전기 선속을 계산할 준비가 되었다.

풀이 전략 24.2

닫힌 면을 통과하는 선속 구하기

❶ 모든 곳에서 전기장에 수직하거나 접하는 조각으로 구성된 가우스면을 선택한다.

❷ 이러한 면들에 대한 면적분을 계산하기 위해 풀이 전략 24.1을 사용하고 그 결과들을 더한다.

예제 24.2 | 닫힌 면을 통과하는 전기 선속 계산

원통 대칭을 지닌 어떤 전하 분포는 $\vec{E} = E_0(r^2/r_0^2)\hat{r}$과 같은 전기장을 형성한다고 하자. 이 식에서 E_0와 r_0는 상수이고, 단위 벡터 $\hat{r}$은 xy평면 위에 있다. 길이가 L이고 z축을 중심으로 반지름이 R인 닫힌 원통을 지나는 전기 선속을 계산하시오.

핵심 전기장은 z축으로부터 지름 방향으로 원통 대칭을 이루면서 뻗어 나간다. z성분은 $E_z = 0$이다. 가우스면은 원통이다.

시각화 그림 24.17a는 z축에서 내려다본 전기장의 모습이다. 전기장의 세기는 지름이 증가할수록 커지며, z에 관해서 대칭이다. 그림 24.17b는 전기 선속을 계산할 때 필요한 닫힌 가우스면이다. 전기장의 방향은 그대로이기 때문에 z축 위의 어느 곳에 원통을 놓아도 좋다.

풀이 선속을 계산하기 위해서 닫힌 원통을 3개의 면(즉 윗면, 아랫면, 옆면)으로 나누자. 전기장은 윗면과 아랫면의 모든 점에서 면의 접선 방향을 향한다. 따라서 풀이 전략 24.1의 1단계에 따라 이들 두 면을 지나는 선속은 0이 된다. 옆면의 경우, 전기장은 모든 점에서 수직이며, 그 크기는 $E = E_0(r^2/r_0^2)$와 같이 일정하다. 따라

그림 24.17 전기장과 면을 통과하는 전기 선속

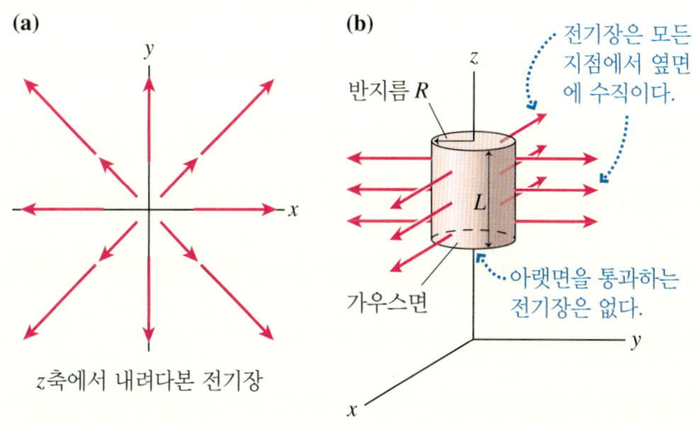

(계속)

서 풀이 전략 24.1의 2단계처럼

$$\Phi_{\text{wall}} = EA_{\text{wall}}$$

이 된다. 만약 3개의 면을 모두 더하면, 닫힌 면을 통과하는 알짜 선속은

$$\Phi_e = \oint \vec{E} \cdot d\vec{A} = \Phi_{\text{top}} + \Phi_{\text{bottom}} + \Phi_{\text{wall}} = 0 + 0 + EA_{\text{wall}}$$
$$= EA_{\text{wall}}$$

이 된다. 풀이 전략 24.1의 두 가지 방법을 사용해서 면적분을 계산했다. 원통 옆면의 넓이 $A_{\text{wall}} = 2\pi RL$을 사용해서 마무리하면

$$\Phi_e = \left(E_0 \frac{R^2}{r_0^2}\right)(2\pi RL) = \frac{2\pi LR^3}{r_0^2} E_0$$

이다.

검토 LR^3/r_0^2의 단위는 m^2, 즉 넓이이므로 Φ_e의 단위는 $\text{N m}^2/\text{C}$이다. 이 전기 선속의 단위는 우리의 풀이가 옳다는 확신을 준다. 풀이에서 대칭성이 중요한 역할을 했음을 주목하기 바란다. 가우스면과 전하 분포가 동일한 대칭성을 갖고 있었기 때문에 전기장은 모든 점에서 면에 수직이었고, 그 크기가 일정하였다. 면의 모양을 달리 선택했다면, 이렇게 쉽게 면적분을 계산할 수 없었을 것이다. 대칭성이 핵심이다.

24.4 가우스의 법칙

이번 절의 핵심은 닫힌 면을 통과하는 전기 선속의 계산법인 가우스의 법칙을 이해하는 것이다. 가우스의 법칙은 정전하에 관한 쿨롱의 법칙과 달라 보이지만 사실은 서로 대등하다.

가우스의 법칙을 배우는 목적은 두 가지이다.

- 쿨롱의 법칙 대신에 가우스의 법칙을 사용하면 몇 가지 연속 전하 분포의 전기장을 훨씬 쉽게 계산할 수 있다.
- 움직이는 전하에 대해서 가우스의 법칙은 그대로 유효하지만, 쿨롱의 법칙은 전하의 속력이 빛의 속력에 비해서 매우 작은 경우에 근사적으로 타당하다. 따라서 궁극적으로 가우스의 법칙이 쿨롱의 법칙보다 전기장에 대한 더 기본적인 표현이라고 할 수 있다.

그림 24.18 점전하를 둘러싼 구형 가우스면

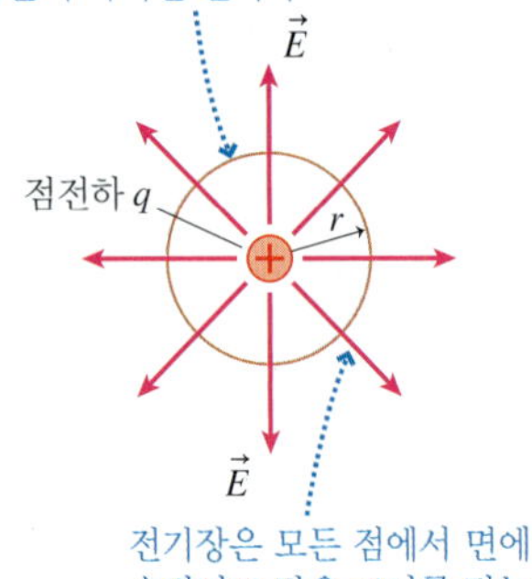

점전하의 전기장에 대한 쿨롱의 법칙을 먼저 살펴보자. 그림 24.18은 양전하 q에 중심을 둔, 반지름 r인 구형 가우스면을 보여준다. 이것은 물리학적인 면이 아니고 가상의 수학적인 면임에 유의하라. 면 위의 모든 점에서 전기장은 밖으로 향하기 때문에 이 면을 통과하는 알짜 선속이 존재한다. 식 (24.11)의 면적분으로부터 전기 선속을 구하기 전에, 전기장은 모든 점에서 면에 수직이며, 쿨롱의 법칙 $E = q/4\pi\epsilon_0 r^2$에서 알 수 있듯이 면 위의 모든 점에서 크기가 같음을 주목하라. 이와 같이 상황이 단순화된 것은 **가우스면과 전기장이 동일한 대칭성을 갖기** 때문이다.

따라서 특별히 어려운 작업 없이 선속 적분이

$$\Phi_e = \oint \vec{E} \cdot d\vec{A} = EA_{\text{sphere}} \tag{24.12}$$

임을 안다. 반지름 r인 구의 겉넓이는 $A_{\text{sphere}} = 4\pi r^2$이다. 식 (24.12)에 A_{sphere}와 E에

대한 쿨롱의 법칙 표현을 사용하면 구면을 통과하는 전기 선속은

$$\Phi_e = \frac{q}{4\pi\epsilon_0 r^2}\ 4\pi r^2 = \frac{q}{\epsilon_0} \qquad (24.13)$$

가 된다.

계산의 논리를 잘 살펴보아라. 별로 한 것이 없는 것처럼 보였지만, 우리는 이미 식 (24.11)의 면적분을 사실상 한 것이다. 다시 강조하지만, 닫힌 면이 가지고 있는 대칭성과 전하 분포의 대칭성이 일치했기 때문에 적분이 쉽게 된 것이다. 이 경우, 선속에 대한 면적분은 장의 세기에 면의 넓이를 곱한 값이 된다.

전기 선속은 면의 모양과 반지름에 무관하다

식 (24.13)이 주는 흥미로운 사실에 주목하자. 전기 선속은 전하량에 의존하지만 구의 반지름에 무관하다. 이것에 약간 놀라겠지만, 그것은 선속의 의미가 주는 직접적인 결과이다. '선속'은 유체에 비유한 용어이다. 유체가 중심점에서 밖으로 흘러갈 때, 작은 반지름의 구면을 통과한 유체는 잠시 후에 큰 반지름의 구면을 통과할 것이다. 흘러나온 유체는 사라지지도 않고 새로이 생기지도 않는다. 마찬가지로 그림 24.19에서 점전하는 전기장의 유일한 원인이다. 작은 반지름의 구면을 통과한 모든 전기장선은 또한 큰 반지름의 구면을 통과하게 된다. 따라서 전기 선속은 r에 독립이다.

유체에 관한 이러한 결론은 더 일반화될 수 있다. 그림 24.20a는 점전하 그리고 임의의 모양과 차원을 가진 닫힌 가우스면을 보여준다. 우리가 아는 것은 단지 전하가 내부에 있다는 사실이다. 이 면을 통과하는 전기 선속은 얼마일까?

이 문제의 한 가지 해법은 가우스면이 구면 조각과 지름 방향에 평행인 조각들로 구성되었다고 가정하는 것이다. 구면 조각들은 전하에 중심을 두고 있고, 지름면 조각들은 전하로부터 밖으로 뻗어가는 선 위에 놓인다. (그림 24.20은 2차원 그림이지만, 호를 구면 조각으로 간주해야 한다.) 그림은 이해를 위해 상당히 큰 조각들로 나타냈지만, 매우 작은 조각들로 나눈다면 실제 면에 가까워진다.

전기장은 모든 지점에서 지름면 조각에 평행하기 때문에 지름면 조각을 통과하는 전기 선속은 0이다. 구면 조각들은 전하로부터 거리는 다르지만 완전한 구를 이룬다. 다시 말하면, 전하로부터 지름 방향으로 뻗어 나가는 임의의 전기장선은 반드시 하나의 구면 조각을 통과할 것이다. 그림 24.20b에서 볼 수 있듯이 호가 이루는 각도를 그대로 유지하면서 구면 조각들을 안밖으로 이동시키면 완전한 구를 이룰 수 있다.

결과적으로, 모으면 완전한 구가 되는 구면 조각들을 통과한 전기 선속은 구형 가우스면을 지나는 선속 q/ϵ_0와 정확히 같아야 한다. 바꾸어 말하면, **점전하 q를 둘러싼 임의의 닫힌 면을 통과하는 선속은**

$$\Phi_e = \oint \vec{E} \cdot d\vec{A} = \frac{q}{\epsilon_0} \qquad (24.14)$$

가 된다. 이와 같이 놀라운 단순한 결과는 쿨롱의 법칙이 역제곱 힘 법칙이라는 사실

그림 24.19 점전하에 중심을 둔 모든 구면을 지나는 전기 선속은 동일하다.

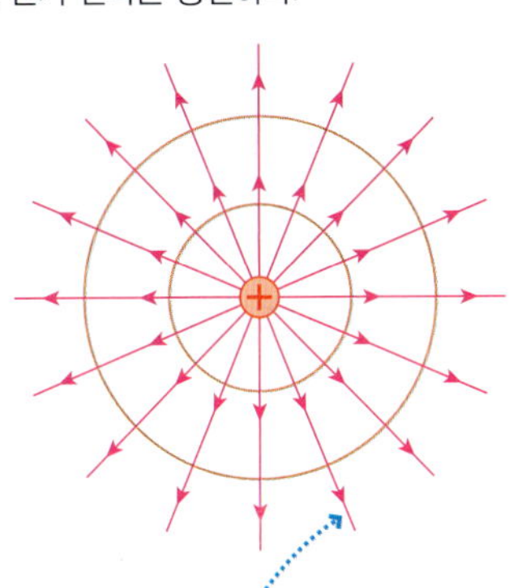

그림 24.20 임의의 가우스면은 구면 조각과 지름면 조각으로 근사할 수 있다.

(a)
구면 조각은 전하에 중심을 두고 있다.
점전하
임의의 모양인 가우스면
지름면 조각은 전하에서 뻗어 나가는 선 위에 있다. 이들을 지나는 선속은 없다.

(b)

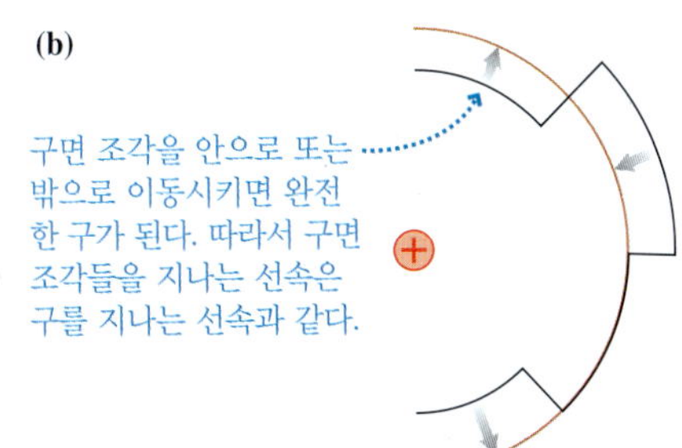

에 기인한다. 그렇다 해도 식 (24.14)에 도달하는 과정은 다소 미묘하여 검토할 가치가 있다.

면 밖의 전하

그림 24.21a의 닫힌 면에서 점전하 q는 면 밖에 있고 면 내부에는 전하가 없다. 이 경우 전기 선속은 어떻게 될까? 그림 24.20처럼 이 면을 전하에 중심을 둔 구면 조각과 지름면 조각으로 나눈 후, 다시 모으면 그림 24.21b와 같은 대등한 면으로 바꿀 수 있다. 이 닫힌 면은 2개의 구면 조각으로 이루어지는데, 이 면을 통과한 전기 선속은 그림 24.21a에 주어진 원래의 면에 대한 전기 선속과 동일하다는 점에서 대등하다.

그림 24.21 가우스면 밖에 있는 점전하

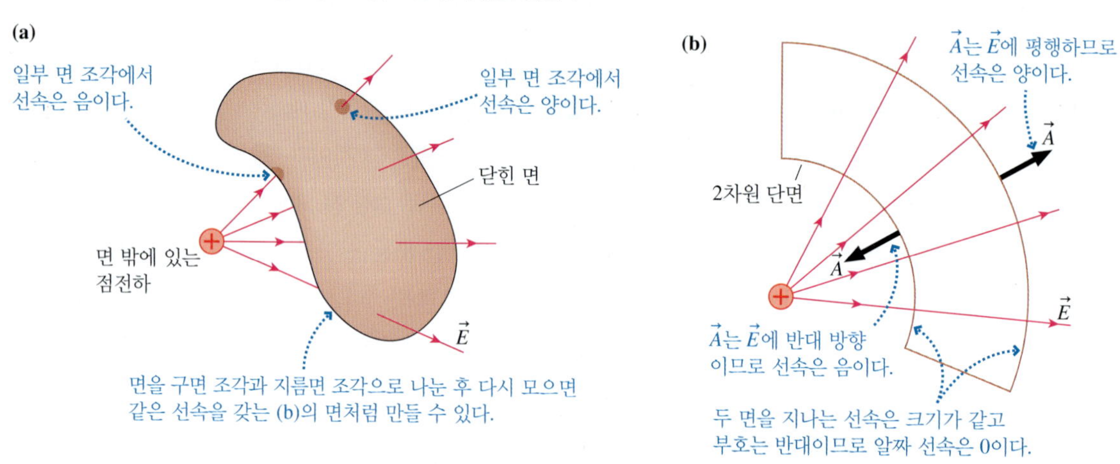

전기장을 전하로부터 바깥쪽으로 흘러가는 유체라고 가정하면, 첫 번째 구면을 통해서 닫힌 영역으로 들어간 유체는 나중에 두 번째 구면을 통해서 밖으로 나올 것이다. 즉, 닫힌 영역의 안으로 또는 밖으로 흘러간 알짜 흐름은 0이 된다. 마찬가지로, 한쪽 구면을 통해서 닫힌 공간으로 들어간 모든 전기장은 다른 구면을 통해서 나오게 된다.

수학적으로 볼 때, 2개의 구면을 통과한 전기 선속은 크기가 같다. 왜냐하면 Φ_e는 r에 무관하기 때문이다. 그러나 그들은 부호가 반대이다. 왜냐하면 바깥쪽을 향하는 넓이 벡터 $\vec{A}$는 한쪽 면에서는 $\vec{E}$에 평행하지만, 다른 쪽 면에서는 $\vec{E}$의 반대 방향이기 때문이다. 두 면을 통과한 선속의 합은 0이므로, **"알짜 전하가 들어 있지 않은 닫힌 면에 대한 알짜 전기 선속은 항상 0이다."**라고 결론 내릴 수 있다. 닫힌 면 바깥쪽 전하들은 닫힌 면을 통과하는 알짜 선속을 생성하지 않는다.

이것은 작은 면 조각을 지나는 선속이 0이라는 뜻은 아니다. 사실상 그림 24.21a에서 볼 수 있듯이 전기장은 거의 모든 면 조각들을 통과하기 때문에 각 조각의 선속은 0이 아니다. 그러나 이 가운데 일부는 양(+)의 부호를 가지며, 일부는 음(−)의 부호를 가진다. 전체 면에 대해서 더할 때 양과 음의 기여도가 정확히 상쇄되므로 알짜 선속은 0이 된다.

여러 개의 전하

마지막으로 그림 24.22처럼 임의의 가우스면과 여러 개의 전하 $q_1, q_2, q_3, \cdots$를 생각해 보자. 닫힌 면을 통과한 알짜 전기 선속은 얼마일까?

정의에 따르면, 알짜 선속은

$$\Phi_e = \oint \vec{E} \cdot d\vec{A}$$

이다. 중첩의 원리로부터 개개의 전하가 만든 전기장을 $\vec{E}_1, \vec{E}_2, \vec{E}_3, \cdots$라고 하면, 전체 전기장은 $\vec{E} = \vec{E}_1 + \vec{E}_2 + \vec{E}_3 + \cdots$이다. 따라서 전기 선속은

$$\begin{aligned} \Phi_e &= \oint \vec{E}_1 \cdot d\vec{A} + \oint \vec{E}_2 \cdot d\vec{A} + \oint \vec{E}_3 \cdot d\vec{A} + \cdots \\ &= \Phi_1 + \Phi_2 + \Phi_3 + \cdots \end{aligned} \tag{24.15}$$

가 된다. 여기서, $\Phi_1, \Phi_2, \Phi_3, \cdots$는 개개의 전하에 의해서 가우스면을 지나는 전기 선속이다. 말하자면, 알짜 선속은 개개의 전하가 만든 선속들의 합이다. 그 선속들은 면 내부의 전하에 대해서 q/ϵ_0이고, 외부 전하에 대해서 0이라는 사실을 알고 있다. 따라서

$$\begin{aligned} \Phi_e &= \left(\text{모든 내부 전하에 대해 } \frac{q_1}{\epsilon_0} + \frac{q_2}{\epsilon_0} + \cdots + \frac{q_i}{\epsilon_0}\right) \\ &\quad + (\text{모든 외부 전하에 대해 } 0 + 0 + \cdots + 0) \end{aligned} \tag{24.16}$$

이다.

면 내부의 전하를

$$Q_{in} = q_1 + q_2 + \cdots + q_i, \quad \text{모든 내부 전하에 대해} \tag{24.17}$$

와 같이 정의하면, 알짜 선속에 대한 식을 아주 간단한 형태로 쓸 수 있다. 총 전하 Q_{in}를 둘러싼 닫힌 면을 지나는 알짜 전기 선속은

$$\Phi_e = \oint \vec{E} \cdot d\vec{A} = \frac{Q_{in}}{\epsilon_0} \tag{24.18}$$

과 같이 표현된다. 전기 선속에 대한 이 결과를 **가우스의 법칙**(Gauss's law)이라고 한다.

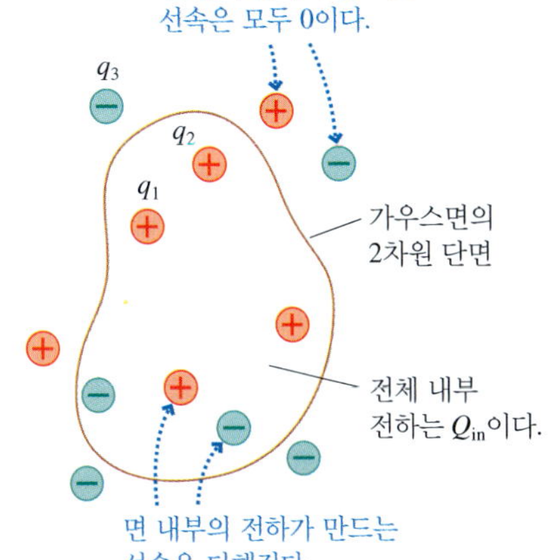

그림 24.22 가우스면의 내부와 외부에 있는 전하

가우스의 법칙은 무엇을 말하고 있는가?

한쪽 면에서 보면, 가우스의 법칙은 쿨롱의 법칙보다 새로운 것이 없다. 결국 가우스의 법칙은 쿨롱의 법칙에서 유도된 것에 불과하다. 그러나 다른 측면으로 보면, 가우스의 법칙은 쿨롱의 법칙보다 훨씬 더 중요하다. 가우스의 법칙은 전기장에 대한 아주 일반적인 성질을 기술하고 있다. 다시 말해, 전기장의 알짜 선속은 전하를 둘러싼 면의 크기나 모양에 상관없이 동일하다는 서술을 통해 전하가 전기장의 원인임을 나

타내고 있다. 쿨롱의 법칙도 이 의미를 포함한다고 볼 수 있으나 명확하지 않았다. 그리고 나중에 전기장의 다른 방정식과 결합할 때, 가우스의 법칙은 특히 쓸모가 있음이 밝혀질 것이다.

가우스의 법칙은 24.2절에서 주어진 우리의 관찰 결과를 수학적으로 표현한 것이다. 거기서 전하를 포함하고 있는 닫힌 면을 지나는 전기장의 알짜 '흐름'을 살펴보았다. 가우스의 법칙은 전기 선속으로 측정되는 '흐름'과 전하량 사이의 관계를 정량적으로 나타내고 있다.

그러나 그것이 쓸모가 있을까? 어떤 면에서 가우스의 법칙은 실제 문제를 해결하는 도구이기보다는 전기장에 관한 형식적인 표현에 불과하다. 그러나 예외가 있다. 아주 실질적이고 매우 중요한 몇 가지 전하 분포에 대해서 전기장을 계산할 때, 가우스의 법칙은 쿨롱의 법칙보다 훨씬 쉽게 해답을 줄 수 있다. 다음 절에서 몇 가지 예제를 살펴볼 것이다.

24.5 가우스 법칙의 활용

이 절에서 가우스의 법칙을 사용하여 여러 중요한 전하 분포에 대해서 전기장을 계산해볼 것이다. 일부는 23장에서 배워 이미 알고 있는 것이고, 나머지는 새로운 것이다. 가우스의 법칙을 사용할 때에는 다음과 같은 세 가지의 중요한 점에 주목해야 한다.

1. 가우스의 법칙은 오직 가우스면이라고 하는 닫힌 면에 적용된다.
2. 가우스면은 물리적인 면이 아니다. 그것이 물리적인 면의 경계와 일치하면 좋겠지만 반드시 그럴 필요는 없다. 그것은 하나 또는 그 이상의 전하를 둘러싼 공간에 있는 가상의 수학적인 면이다.
3. 가우스의 법칙만으로 전기장을 계산할 수 없다. 대칭성과 중첩성으로부터 장의 형태를 추정한 후 가우스의 법칙을 적용해야 한다.

앞선 선속과 대칭성에 대한 논의와 이러한 관찰들은 가우스의 법칙을 활용한 전기장 문제를 푸는 데 있어서 다음과 같은 전략을 제시한다.

문제 풀이 전략 24.1

가우스의 법칙

핵심 전하 분포를 대칭성 분포로 구성한다.

시각화 전하 분포 그림을 그린다.

- 전기장의 대칭성을 결정한다.
- 동일한 대칭성으로 가우스면을 선택하고 그린다.
- 모든 전하를 가우스면 안쪽으로 감쌀 필요는 없다.
- 전기장이 가우스면에 대해 수직 방향인지 접선 방향인지를 확인한다.

풀이 가우스의 법칙을 기반으로 한 수학적 표현은 다음과 같다.

$$\Phi_e = \oint \vec{E} \cdot d\vec{A} = \frac{Q_{in}}{\epsilon_0}$$

- 면적분을 위해서 풀이 전략 24.1과 24.2를 활용한다.

검토 결과 값의 단위와 유효 숫자가 올바른지, 질문에 답하고 있는지 점검한다.

예제 24.3 구전하 밖의 전기장

23장에서 "총 전하량이 Q인 구의 외부에서 전기장은 중심에 놓인 점전하 Q가 만든 전기장과 같다"고 증명 없이 언급한 바 있다. 가우스의 법칙을 사용하여 이를 증명하시오.

핵심 구 내부의 전하 분포가 균일할 필요는 없다. (말하자면, 전하 밀도는 r에 따라 증가하거나 감소해도 좋다.) 그러나 가우스의 법칙을 적용하려면 전하 분포가 구대칭이어야 한다. 우리는 그렇다고 가정할 것이다.

시각화 그림 24.23은 전하가 Q이고 반지름이 R인 구를 나타낸다. 구의 외부, 즉 $r > R$에서 전기장 $\vec{E}$를 구한다. 구대칭 전하 분포로부터 전기장은 지름을 따라 구 바깥쪽을 향함을 알 수 있다. 가우스의 법칙은 대전된 구를 둘러싼 임의의 면에 적용될 수 있지만, 전하 분포와 전기장의 구대칭이 서로 일치하도록 가우스면을 선택하는 것이 편리하다. 그래서 대전된 구의 중심과 같은 중심을 갖는 반지름 $r > R$인 구를 가우스면으로 선택한다. 이 면은 총 전하를 둘러싸고 있으므로 내부 전하는 $Q_{in} = Q$이다.

그림 24.23 구전하를 둘러싼 구형 가우스면

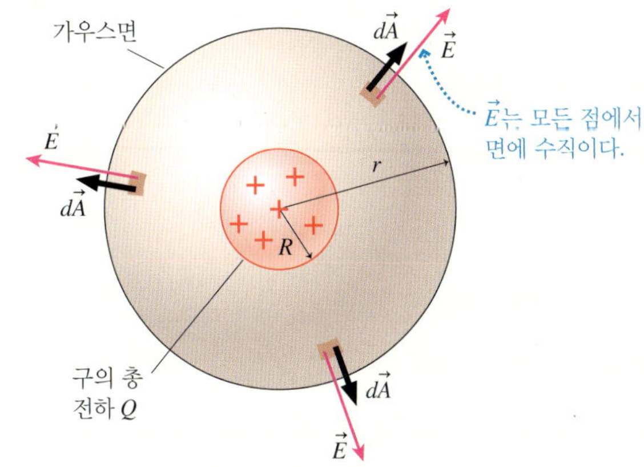

풀이 가우스의 법칙은

$$\Phi_e = \oint \vec{E} \cdot d\vec{A} = \frac{Q_{in}}{\epsilon_0} = \frac{Q}{\epsilon_0}$$

이다. 선속을 계산하기 위해서, 전기장은 모든 지점에서 구면에 수직임을 주목하자. 그리고 전기장의 크기 E를 알지 못해도, 구의 중심으로부터 같은 거리에 있는 모든 점에서 전기장의 크기는 같아야 한다. 따라서 가우스면을 지나는 알짜 선속은 간단히

$$\Phi_e = EA_{sphere} = 4\pi r^2 E$$

가 되는데, 구의 겉넓이 $A_{sphere} = 4\pi r^2$이 사용되었다. 이를 사용하면 가우스의 법칙은

$$4\pi r^2 E = \frac{Q}{\epsilon_0}$$

이다. 따라서 구전하 밖의 거리 r에서 전기장은

$$E_{outside} = \frac{1}{4\pi\epsilon_0}\frac{Q}{r^2}$$

이다. $\vec{E}$가 지름을 따라 밖으로 나간다는 사실과 지름 방향 단위 벡터 $\hat{r}$을 사용하여 벡터 형태로 쓰면

$$\vec{E}_{outside} = \frac{1}{4\pi\epsilon_0}\frac{Q}{r^2}\hat{r}$$

이 된다.

검토 우리가 예상했던 대로 전기장은 점전하 Q의 경우와 정확히 일치한다.

구전하의 전기장 계산은 결정적으로 가우스면의 선택에 달려 있다. 다른 형태의 면을 선택했다면, 이렇게 간단히 선속 적분을 계산할 수 없었을 것이다. 예제 24.3의 결과는 또한 점전하들이 만든 장들의 중첩으로 증명될 수 있지만, 거의 한 쪽에 달하는 어려운 3차원 적분을 풀어야 한다. 가우스의 법칙을 사용함으로써 겨우 몇 줄로 답을 얻었다. 가우스의 법칙은 대칭성이 높은 몇 가지 경우에 대해서 아주 쓸모가 있다.

예제 24.4 구전하 내부의 전기장

균일하게 대전된 구 내부의 전기장은 얼마인가?

핵심 전에 이와 같은 상황을 살펴본 적이 없다. 구의 중심에서 밖으로 이동할 때, 전기장 세기가 증가할 것인지 감소할 것인지 알지 못한다. 그러나 내부의 전기장은 구대칭이어야 한다. 말하자면, 전

(계속)

기장의 방향은 지름을 따라서 안으로 혹은 밖으로 향하고, 장의 세기는 오직 r에 의존해야 한다. 이 정보로부터 편리한 가우스면을 선택할 수 있기 때문에 문제를 푸는 데 충분하다.

시각화 그림 24.24는 구전하의 내부에 위치한 반지름이 $r \le R$인 구형 가우스면을 보여준다. 이 면은 전하 분포의 대칭성에 부합한다. 따라서 $\vec{E}$는 이 면에 수직이고, 장의 세기 E는 면 위의 모든 지점에서 동일하다.

그림 24.24 균일하게 분포된 구전하의 내부에 위치한 구형 가우스면

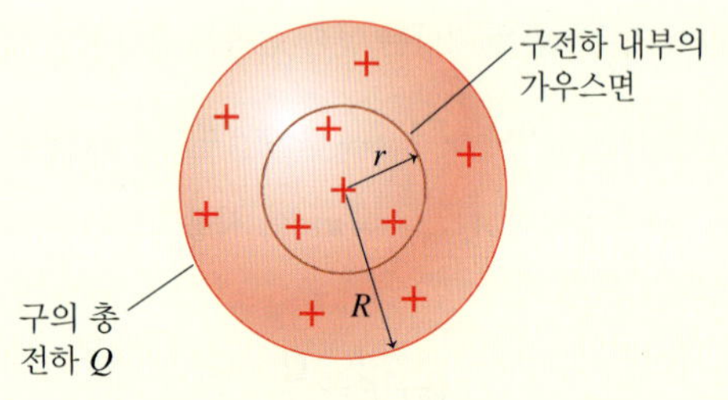

풀이 선속 적분은 예제 24.3과 같다.

$$\Phi_e = EA_{\text{sphere}} = 4\pi r^2 E$$

따라서 가우스의 법칙은

$$\Phi_e = 4\pi r^2 E = \frac{Q_{\text{in}}}{\epsilon_0}$$

이다. 이 예제와 예제 24.3과의 차이는 Q_{in}이 구의 총 전하가 아니라는 점이다. Q_{in}은 반지름이 r인 가우스면 **내부의** 전하량이다. 전하 분포가 **균일하기** 때문에 전하 밀도는

$$\rho = \frac{Q}{V_R} = \frac{Q}{\frac{4}{3}\pi R^3}$$

가 된다. 따라서 반지름이 r인 구 내부의 전하는

$$Q_{\text{in}} = \rho V_r = \left(\frac{Q}{\frac{4}{3}\pi R^3}\right)\left(\tfrac{4}{3}\pi r^3\right) = \frac{r^3}{R^3}Q$$

와 같다. 내부의 전하량은 중심 반지름 r의 세제곱에 비례하며, $r = R$일 때, $Q_{\text{in}} = Q$이다. Q_{in}을 대입하면, 가우스의 법칙은

$$4\pi r^2 E = \frac{(r^3/R^3)Q}{\epsilon_0}$$

가 된다. 따라서 균일하게 대전된 구의 내부 r인 점에서 전기장은

$$E_{\text{inside}} = \frac{1}{4\pi\epsilon_0}\frac{Q}{R^3}r$$

이다. 즉, 전기장 세기는 중심으로부터 거리 r에 **선형으로** 비례한다.

검토 구전하 내부와 외부의 전기장은 구의 경계면 $r = R$에서 서로 일치하며, $E = Q/4\pi\epsilon_0 R^2$과 같다. 다시 말해서 전기장 세기는 구의 경계를 지날 때 **연속**이다. 이 결과를 그림 24.25에 나타내었다.

그림 24.25 균일하게 분포된 반지름 R인 구전하가 만든 전기장 세기

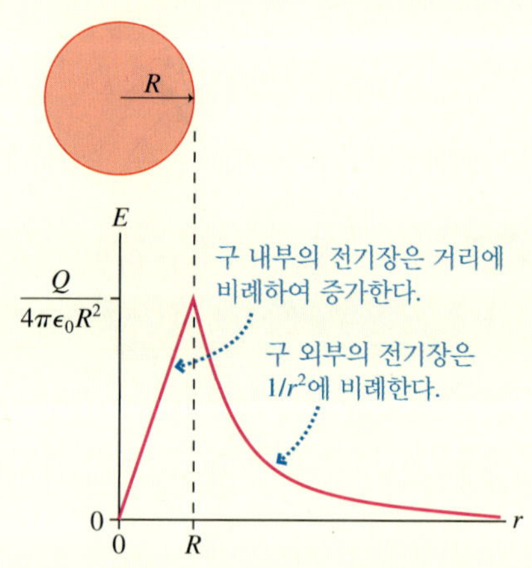

예제 24.5 | 대전된 긴 도선의 전기장

23장에서 선전하 밀도가 λ(C/m)인 대전된 긴 도선의 전기장을 구하기 위해 중첩의 원리를 사용하였다. 그러나 그것은 쉽지 않은 과정이었다. 가우스의 법칙을 사용해서 전기장을 계산하시오.

핵심 대전된 긴 도선은 무한히 긴 선전하로 모형화할 수 있다.

시각화 그림 24.26은 무한히 긴 선전하를 보여준다. 대칭성을 고려하면 전기장은 오직 병을 닦는 솔처럼 도선 쪽으로 들어가거나 나오는 형태여야 한다. 전기장의 형태에 따라서 도선에 중심을 두고 반지름이 r이며 길이가 L인 원통을 가우스면으로 선택하는 것이 좋다. 가우스의 법칙에서는 닫힌 면을 사용하기 때문에 원통의 끝

그림 24.26 대전된 도선을 둘러싼 가우스면

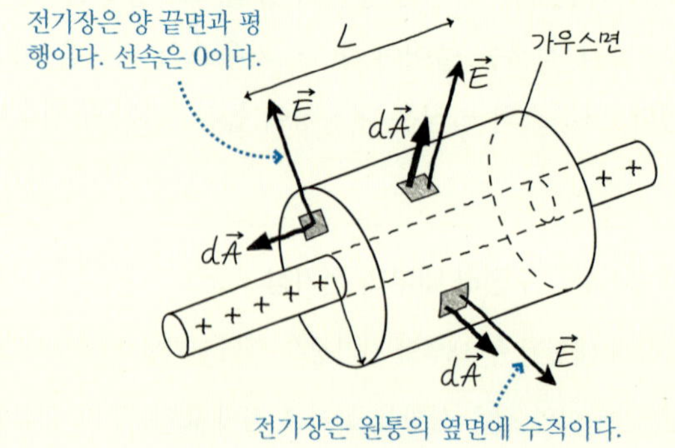

을 면의 일부로 포함해야 한다.

풀이 가우스의 법칙은

$$\Phi_e = \oint \vec{E} \cdot d\vec{A} = \frac{Q_{in}}{\epsilon_0}$$

이며, Q_{in}은 원통 내부의 전하이다. 이 계산을 위해서 (1) 선속 적분을 구해야 하고, (2) 닫힌 면 내부 전하를 결정해야 한다. 선전하 밀도가 λ이므로 길이가 L인 원통 내부의 전하량은 단순히

$$Q_{in} = \lambda L$$

이다. 알짜 선속은 바로 구할 수 있다. 전체 닫힌 면을 통과하는 선속은 (1) 윗면과 아랫면을 지나는 선속과 (2) 원통의 옆면을 지나는 선속으로 나눌 수 있다. 도선으로부터 밖으로 향하는 전기장 $\vec{E}$는 모든 점에서 윗면과 아랫면에 평행이다. 따라서 이들 두 면을 지나는 선속은 0이다. $\vec{E}$는 옆면에 수직이며, 세기 E는 옆면의 모든 점에서 같다. 그러므로

$$\Phi_e = \Phi_{top} + \Phi_{bottom} + \Phi_{wall} = 0 + 0 + EA_{cyl} = 2\pi rLE$$

이며, 반지름이 r이고 길이가 L인 원통의 옆넓이 $A_{cyl} = 2\pi rL$이 사용되었다. 즉, 가우스면을 잘 선택하면, 선속 적분이 단순한 면적분으로 바뀐다. Q_{in}와 Φ_e의 표현을 가우스의 법칙에 대입하면

$$\Phi_e = 2\pi rLE = \frac{Q_{in}}{\epsilon_0} = \frac{\lambda L}{\epsilon_0}$$

이 된다. 따라서 대전된 긴 도선으로부터 거리 r에서 전기장은

$$E_{wire} = \frac{\lambda}{2\pi\epsilon_0 r}$$

이다.

검토 이 결과는 23장에서 더 복잡한 과정을 통해서 유도한 것과 정확히 일치한다. 이 결과는 L의 선택에 무관하다는 점에 주목하라. 가우스면은 물리적인 면이 아니고 가상적인 면이다. 선속을 계산할 때 유한 길이의 원통을 사용했는데, 무한히 긴 도선의 전기장이 가상적인 원통의 길이에 의존될 수는 없다.

대전된 긴 도선의 전기장에 대한 예제 24.5는 가우스의 법칙을 사용할 때 종종 나타나는 미묘하고도 중요한 개념을 포함하고 있다. 길이가 L인 가우스 원통은 선전하의 일부만을 둘러싸고 있다. 원통 밖의 대전된 도선은 가우스면으로 둘러싸여 있지 않기 때문에 알짜 선속에 기여하지 못한다. 원통 대칭의 전기장은 대전된 도선 **전체**에 의해서 형성되기 때문에 원통 밖의 대전된 도선도 가우스의 법칙을 사용하는 데 **필수적인 요소**이다. 다시 말해, 원통 밖의 전하는 선속에 기여하지는 않지만 전기장의 형태에 영향을 준다. 우리가 $\Phi_e = EA_{cyl}$라고 쓸 수 있었던 것은 원통 옆면의 모든 점에서 E가 같다는 사실 때문이었다. 이것은 유한 길이의 대전된 도선에는 적용될 수 없다. 따라서 유한 길이를 가진 대전된 도선의 전기장을 구할 때 가우스의 법칙을 사용할 수 없다.

예제 24.6 평면 전하의 전기장

가우스의 법칙을 사용하여 표면 전하 밀도가 $\eta(\text{C/m}^2)$인 무한 평면 전하가 만드는 전기장을 계산하시오.

핵심 균일하게 대전된 평면 전극은 무한 평면 전하로 간주된다.

시각화 그림 24.27은 표면 전하 밀도가 $\eta(\text{C/m}^2)$인 균일하게 대전된 평면을 나타낸다. 면의 '모서리'가 그림 속에서 명확히 보이지만, 이 면은 모든 방향으로 무한히 뻗어 있다고 가정할 것이다. 평면 대칭을 이루기 위해서 전기장은 면에 수직으로 들어오거나 나가야 한다. 이것을 기억하면서 원통형 가우스면을 생각하는데, 길이가 L이며 단면의 넓이가 A이고, 원통 길이의 중앙이 전하면에 있다고 하자. 단면을 원으로 선택했지만 단면의 형태는 어떻게 선택해도 상관없다.

풀이 전기장은 원통의 단면에 수직이므로 양쪽 단면을 지나는 전체 선속은 $\Phi_{faces} = 2EA$이다. (넓이 벡터 $\vec{A}$는 각 단면에서 밖으로 향하기 때문에 선속은 상쇄되지 않고 보강된다.) 전기장은 원통의 옆면에 평행하기 때문에 옆면을 지나는 선속은 0이다. 따라서 알짜 선속은 간단하게

$$\Phi_e = 2EA$$

(계속)

그림 24.27 가우스면은 평면 전하의 양쪽에 걸쳐 있다.

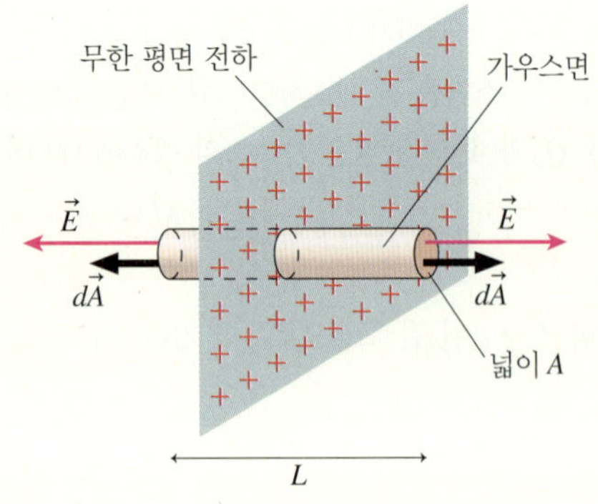

와 같다. 원통 내부의 전하는 단면의 넓이 A에 포함된 전하이다. 따라서

$$Q_{in} = \eta A$$

이다. 이들을 가우스의 법칙에 대입하면

$$\Phi_e = 2EA = \frac{Q_{in}}{\epsilon_0} = \frac{\eta A}{\epsilon_0}$$

가 된다. 이제 무한으로 대전된 평면의 전기장은

$$E_{plane} = \frac{\eta}{2\epsilon_0}$$

와 같이 쓸 수 있다. 이것은 23장의 결과와 일치한다.

검토 이것은 전하의 일부만을 둘러싼 가우스면의 또 다른 예이다. 평면 전하의 대부분이 가우스면 밖에 있기 때문에 선속에 기여하지 않지만, 그것은 전기장의 형태에 영향을 주고 있다. 가우스면 밖의 전하가 없다면, 전기장이 면에 수직인 평면 대칭을 이룰 수 없을 것이다.

평면 전하는 가우스의 법칙이 얼마나 쓸모 있는지를 보여주는 아주 좋은 예이다. 중첩의 원리로부터 평면 전하의 전기장을 구하는 과정은 어렵고 복잡했다. 가우스 법칙의 사용법을 안다면 그 문제는 머릿속으로 계산할 수 있을 정도로 아주 간단하다.

그렇다면 "골치 아프게 왜 중첩의 원리를 배우는가?"라고 반문할지 모른다. 그 이유는 가우스의 법칙은 전기장의 대칭성이 높은 경우에 한해서 효과적이기 때문이다. 반면에 중첩의 원리는 계산 과정이 다소 지루하지만 점전하 개개의 장을 다루기 때문에 어떤 상황에도 적용될 수 있다. 할 수 있으면 가우스의 법칙을 사용하는 것이 좋지만, 실제의 전하 분포에 대해서 중첩의 원리를 사용할 수밖에 없는 상황이 종종 있다.

24.6 정전기적 평형 상태의 도체

대전된 금속 전극과 같은, 대전된 도체가 정전기적 평형 상태에 있다고 하자. 다시 말해, 모든 전하가 정지 상태에 있어서 도체에는 전류가 흐르지 않는다. 매우 중요한 사실은 "**정전기적 평형 상태에 있는 도체 내부의 모든 점에서 전기장은 0이다.**"라는 것이다. 즉, $\vec{E}_{in} = \vec{0}$이다. 그렇지 않다면 전하는 이동할 수 밖에 없고, 그렇게 되면 모든 전하가 정지해 있다는 가정에 모순된다. 가우스의 법칙을 사용해서 이에 관해서 조금 더 살펴보자.

그림 24.28 정전기적 평형 상태에 있는 도체 표면의 바로 안쪽을 둘러싼 가우스면

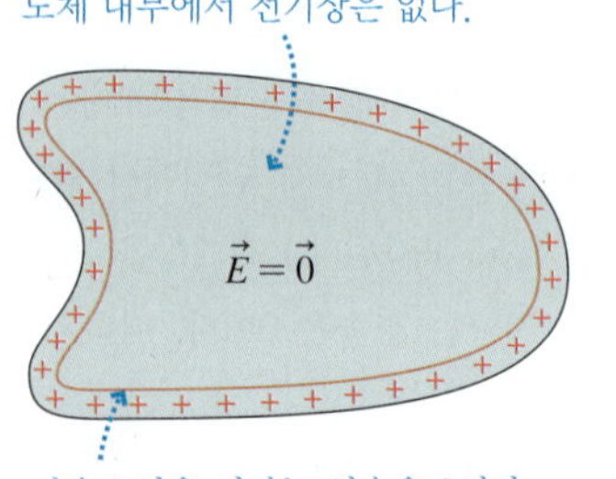

도체 표면에서

그림 24.28은 정전기적 평형 상태에 있는 도체 표면의 바로 안쪽을 둘러싼 가우스면을 나타낸다. 전기장은 도체 내부의 모든 점에서 없으므로, 가우스면을 지나는 전기 선속 Φ_e는 0이어야 한다. 그러나 $\Phi_e = 0$이면 가우스의 법칙으로부터 $Q_{in} = 0$이다. 즉,

가우스면 내부에는 알짜 전하가 없다. 비록 전자와 양이온이 있다고 해도 알짜 전하는 0이다.

정전기적 평형 상태에 있는 도체의 내부에 알짜 전하가 없다면, **대전된 도체의 모든 과잉 전하들은 도체의 외부 표면에 위치해야 한다.** 도체에 추가된 모든 전하는 정전기적 평형 위치로 갈 때까지 표면으로 빠르게 퍼진다. 그러나 도체 내부에는 알짜 전하가 없다.

대전된 도체 내부에는 전기장이 존재하지 않지만, 알짜 전하가 있기 때문에 도체 밖의 공간에는 외부 전기장이 존재한다. 그림 24.29는 **도체 표면 바로 위의 전기장이 표면에 수직임**을 보여준다. 그 이유는 다음과 같다. $\vec{E}_{\text{surface}}$가 표면에 평행한 성분을 갖는다면 그 성분은 표면 전하에게 힘을 제공할 것이므로 표면 전류가 생기게 된다. 이것은 모든 전하가 정지해 있다는 가정에 모순된다. 따라서 정전기적 평형 상태에 부합하는 외부 전기장은 표면에 수직일 수 밖에 없다.

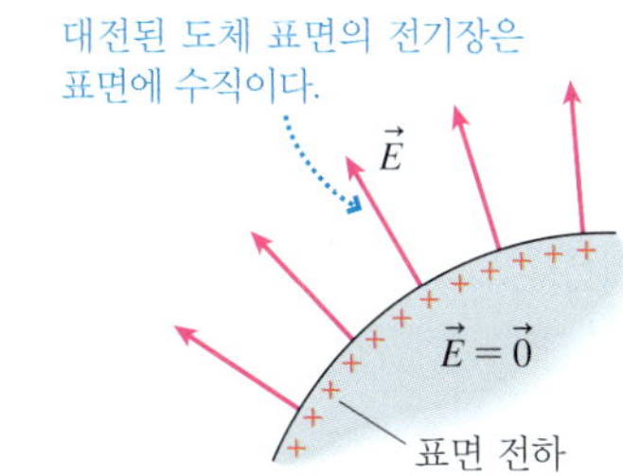

그림 24.29 대전된 도체 표면의 전기장

가우스의 법칙을 사용하면 표면 전기장의 세기와 표면 전하 밀도 사이의 관계를 알 수 있다. 그림 24.30은 대전된 도체의 표면을 지나는 원통의 작은 가우스면을 보여준다. 도체의 표면 전하 밀도를 η라고 하면, 이 원통 가우스면 내부 전하는 ηA이다. 이 원통의 바깥 단면을 지나는 선속은 $\Phi = AE_{\text{surface}}$이다. 그러나 평면 전하에 대한 예제 24.6과 달리 도체 내부의 전기장은 $\vec{E}_{\text{in}} = \vec{0}$이므로 원통의 안쪽 단면을 지나는 선속은 0이다. 더욱이 $\vec{E}_{\text{surface}}$는 그 표면에 수직이기 때문에 원통 벽을 통한 선속은 없다. 따라서 알짜 선속은 $\Phi = AE_{\text{surface}}$이므로 가우스의 법칙은

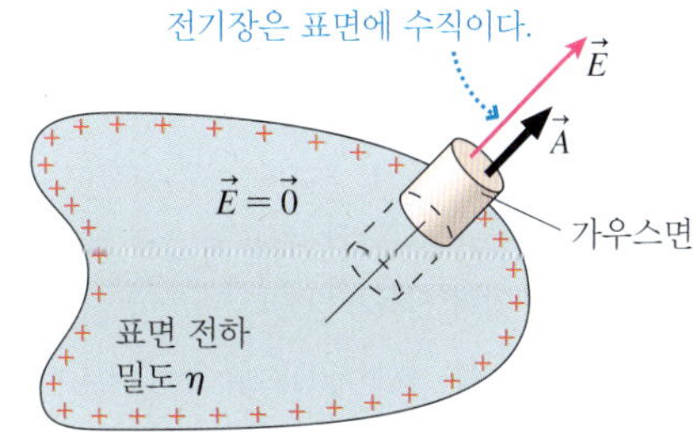

그림 24.30 선속은 오직 도체의 표면을 둘러싼 가우스면의 바깥 면을 지난다.

$$\Phi_e = AE_{\text{surface}} = \frac{Q_{\text{in}}}{\epsilon_0} = \frac{\eta A}{\epsilon_0}$$

가 된다. 따라서 대전된 도체 표면에서 전기장은

$$\vec{E}_{\text{surface}} = \left(\frac{\eta}{\epsilon_0},\ \text{표면에 수직 방향}\right)$$

이다.

일반적으로 도체 표면에서 표면 전하 밀도 η는 상수가 아니고, 도체의 형태에 따라서 복잡하게 변화한다. 만일 계산이나 측정을 통해서 η를 알 수 있다면, 식 (24.20)으로부터 표면 위의 점에서 전기장을 구할 수 있다. 다른 한편, 도체 밖의 전기장을 알 수 있다면, 식 (24.20)을 사용해서 도체 표면의 전하 밀도를 구할 수 있다.

도체 내부의 전하와 전기장

그림 24.31은 내부에 구멍이 뚫린 대전된 도체를 보여준다. 이 내부 면에 전하가 존재할 수 있을까? 구멍을 가까이에서 둘러싼 도체 내부의 가우스면을 생각하자. 도체 내부에서 전기장은 없기 때문에 이 가우스면을 지나는 전기 선속 Φ_e는 0이다. 따라서 $Q_{\text{in}} = 0$이어야 한다. 즉, 가우스면 안쪽에는 알짜 전하가 없어야 하므로 구멍의 면에는 전하가 없다. 모든 과잉 전하는 도체의 내부 면이 아닌 외부 면에 분포한다.

그림 24.31 도체 내부의 구멍을 둘러싼 가우스면

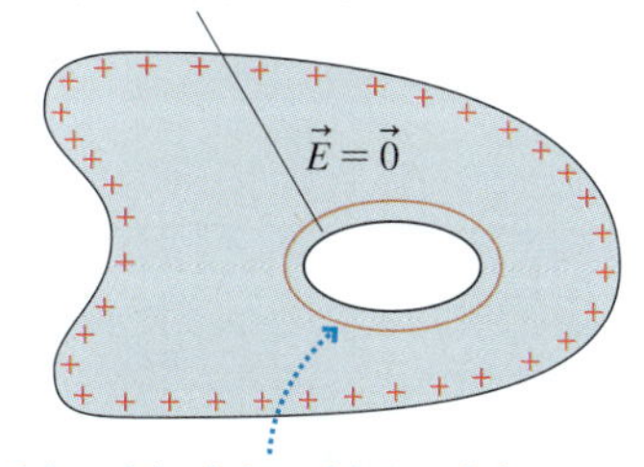

▶ 그림 24.32 전기장은 도체 상자로 둘러싸인 공간의 영역에서는 제거될 수 있다.

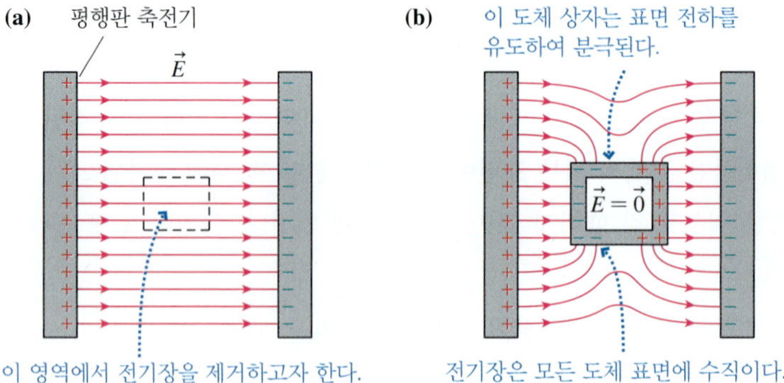

더욱이 도체 내부에는 전기장이 없고 구멍 안에도 전하가 없기 때문에 구멍 안의 전기장도 0이어야 한다. 이 결과는 실제로 중요하게 활용될 수 있다. 예를 들어, 그림 24.32a의 점선 영역 내부의 전기장을 제거하려면 그림 24.32b와 같이 중성 도체 상자로 그 영역을 둘러싸면 된다.

이 영역은 도체 내부 구멍이므로 내부 전기장은 0이 된다. 공간의 한 영역에서 전기장을 제거하기 위해 도체 상자를 사용하는 방법을 **차폐**(screening)라고 한다. 고체 금속 벽이 이상적이지만, 실제로 **패러데이 상자**(Faraday cage)라고 하는 도선 스크린 또는 도선 망도 매우 민감한 영역에서 차폐 효과가 훌륭하다. 그러나 이 때문에 외부 전기장이 매우 복잡해졌다는 것이 흠이다.

그림 24.33 구멍 속의 전하 때문에 내부 표면과 외부 표면에 알짜 전하가 생긴다.

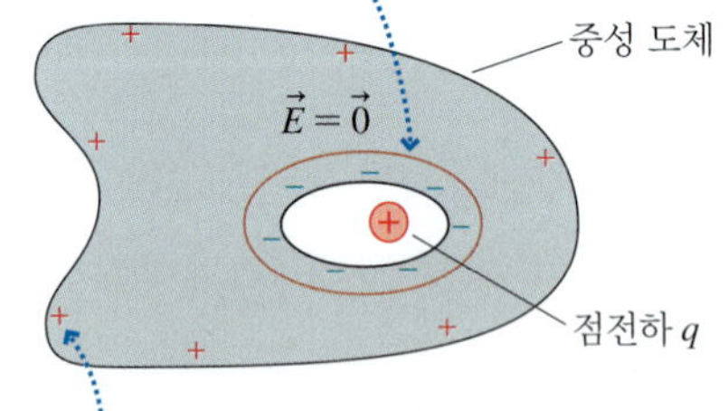

끝으로 그림 24.33은 중성 도체의 내부 구멍 안쪽에 위치한 전하 q를 보여준다. 도체 내부의 전기장은 여전히 0이므로 가우스면을 지나는 전기 선속은 0이 된다. 즉, $\Phi_e = 0$이면, $Q_{in} = 0$이 된다. 결과적으로 구멍 안쪽의 전하는 반대 부호의 전하를 끌어당겨서 전하 $-q$가 구멍의 내부 표면에 분포되게 된다.

도체는 전체적으로 중성이므로 $-q$인 전하가 구멍의 표면으로 이동하면 그 밖의 다른 영역에 $+q$의 전하가 남게 된다. 그곳은 어디일까? 이미 살펴보았듯이 그곳은 도체의 내부가 아니고 오직 외부 표면이다. 내부 전하는 외부 전하와 마찬가지로 도체를 분극시킨다. 알짜 전하 $-q$가 내부 표면으로 이동하면, 알짜 전하 $+q$는 외부 표면에 남게 된다.

요약하면, 정전기적 평형 상태에 있는 도체는 풀이 전략 24.3에서 언급한 특성들을 갖는다.

풀이 전략 24.3

정전기적 평형 상태에서 도체의 전기장 찾기

❶ 전기장은 도체 내부 모든 점에 대해서 0이다.
❷ 과잉 전하들은 도체 외부 표면에 존재한다.
❸ 대전된 도체의 표면에서 외부의 전기장은 표면에 수직이고 그 크기는 η/ϵ_0이다. 이때 η는 그 지점에서 표면 전하 밀도이다.
❹ 도체 내부의 어떤 구멍 안에 전하가 있지 않다면 구멍 안에서 전기장은 없다.

예제 24.7 대전된 금속구 표면의 전기장

지름이 2.0 cm인 황동 구에 2.0 nC의 전하가 분포해 있다. 구 표면에서 전기장 세기는 얼마인가?

핵심 황동은 도체이다. 과잉 전하는 표면에 분포한다.

시각화 전하 분포는 구대칭을 이룬다. 전기장은 반지름을 따라 표면 밖으로 향한다.

풀이 이 문제를 두 가지 방법으로 풀 수 있다. 첫 번째 방법은 과잉 전하들이 균일한 구 표면에 분포한다는 사실을 이용한다. 따라서

$$\eta = \frac{q}{A_{\text{sphere}}} = \frac{q}{4\pi R^2} = \frac{2.0 \times 10^{-9}\ \text{C}}{4\pi(0.010\ \text{m})^2} = 1.59 \times 10^{-6}\ \text{C/m}^2$$

이다. 식 (24.20)으로부터 표면의 전기장 세기는

$$E_{\text{surface}} = \frac{\eta}{\epsilon_0} = \frac{1.59 \times 10^{-6}\ \text{C/m}^2}{8.85 \times 10^{-12}\ \text{C}^2/\text{N m}^2} = 1.8 \times 10^5\ \text{N/C}$$

이 된다. 두 번째 방법은 앞에서 유도한 결과, 즉 전하가 Q인 구 밖의 전기장 세기가 $E_{\text{outside}} = Q_{\text{in}}/(4\pi\epsilon_0 r^2)$이라는 사실을 이용한다. $Q_{\text{in}} = q$이고, 표면에서 $r = R$이므로

$$E_{\text{surface}} = \frac{1}{4\pi\epsilon_0}\frac{q}{R^2} = (9.0 \times 10^9\ \text{N m}^2/\text{C}^2)\frac{2.0 \times 10^{-9}\ \text{C}}{(0.010\ \text{m})^2}$$

$$= 1.8 \times 10^5\ \text{N/C}$$

이다. 두 가지 방법의 결과는 일치한다.

응용 예제 24.8 대전 판의 전기장

xy평면 중앙에 놓여 있는 두께가 $2a$인 무한한 대전 판이 있다. 전하 밀도는 $\rho = \rho_0(1 - |z|/a)$이다. 대전 판의 내부 및 외부 전기장 세기를 구하시오.

핵심 전하 밀도는 균일하지 않다. 전하 밀도는 xy평면에서 ρ_0로 시작해서 $z = \pm a$인 대전 판의 가장자리 표면에 도달하여 전하 밀도가 0이 될 때까지 선형적으로 감소한다.

시각화 그림 24.34는 대전 판과 함께 단면의 넓이가 A인 두 원통형 가우스면의 측면을 보여준다. 대칭성에 의해, 전기장은 xy평면으로부터 멀어지는 방향을 향한다. 즉, 전기장은 x 또는 y성분을 가질 수 없다.

그림 24.34 무한한 대전 판의 두 원통 가우스면들

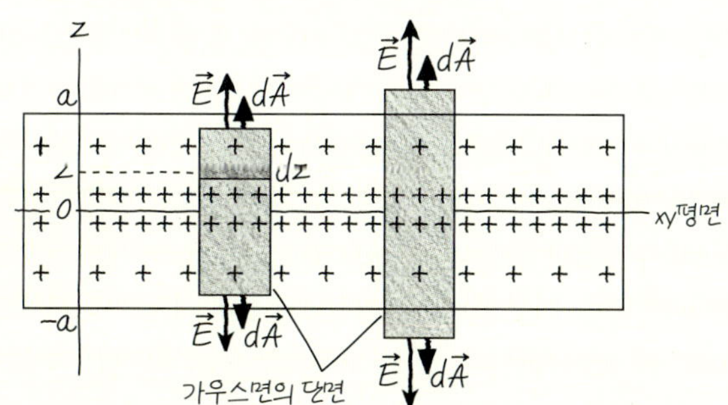

풀이 가우스의 법칙은

$$\Phi_e = \oint \vec{E} \cdot d\vec{A} = \frac{Q_{\text{in}}}{\epsilon_0}$$

이다. 대칭으로 알짜 선속을 계산하는 것은 간단하다. 전기장은 바깥으로 향하면서 원통 면에 수직이고, 총 전기 선속은 $\Phi_{\text{faces}} = 2EA$이다. 이때 E는 거리 z에 의존한다. 전기장은 원통 벽들에 평행하고, $\Phi_{\text{wall}} = 0$이다. 그러므로 알짜 선속은 간단하게

$$\Phi_e = 2EA$$

이다.

전하 밀도는 균일하지 않기 때문에 원통의 내부 전하량 Q_{in}을 구하기 위해 적분을 할 필요가 있다. 원통을 두께가 dz이고 부피는 $dV = A dz$인 작은 조각으로 나눌 수 있다. 그림 24.34는 xy평면으로부터 거리 z에 있는 이와 같은 작은 조각을 보여준다. 이 조각의 전하량은

$$dq = \rho\, dV = \rho_0\left(1 - \frac{z}{a}\right)A\, dz$$

이다. 이때 z는 양수라고 가정한다. 전하는 $z = 0$을 기준으로 대칭이기 때문에 전체 전하를 구하려면 0부터 z까지 적분한 후 2를 곱해주면 된다. 즉, 이 가우스 원통 내부의 총 전하량은

$$Q_{\text{in}} = \int dq = 2\int_0^z \rho_0\left(1 - \frac{z}{a}\right)A\, dz$$

$$= 2\rho_0 A\left[z\Big|_0^z - \frac{1}{2a}z^2\Big|_0^z\right]$$

$$= 2\rho_0 Az\left(1 - \frac{z}{2a}\right)$$

이다. 그래서 대전 판 안쪽에 있는 조각에 대한 가우스 법칙은

(계속)

$$\Phi_e = 2E_{\text{inside}}A = \frac{Q_{\text{in}}}{\epsilon_0} = \frac{2\rho_0 Az}{\epsilon_0}\left(1 - \frac{z}{2a}\right)$$

이다. 넓이 A를 소거하고 남는 식은

$$E_{\text{inside}} = \frac{\rho_0 z}{\epsilon_0}\left(1 - \frac{z}{2a}\right)$$

이다. 전기장 세기는 $z = 0$에서 0이지만 거리 z가 증가할수록 전기장도 증가한다. 이러한 표현은 xy평면 위의 $z > 0$인 곳에서만 유효하지만 전기장 세기는 다른 면에 대칭이다.

대전 판 외부로 확장된 가우스 원통의 경우, $z = a$에서 Q의 적분이 끝나야 한다. 따라서

$$Q_{\text{in}} = 2\rho_0 Aa\left(1 - \frac{a}{2a}\right) = \rho_0 Aa$$

인데, 결과는 z와 무관하다. 가우스의 법칙은 다음과 같이 표현된다.

$$E_{\text{outside}} = \frac{Q_{\text{in}}}{2\epsilon_0 A} = \frac{\rho_0 a}{2\epsilon_0}$$

이 결과는 $z = a$인 면에서 E_{inside}와 일치하고, 그래서 전기장은 경계를 지나 연속적이다.

검토 구전하의 경우, 외부 전기장은 구의 중심에 있는 점전하가 만든 전기장과 같다. 비슷하게 무한한 대전 판이 만든 바깥쪽 전기장은 대전된 무한 평면의 전기장과 같을 것이다. 대전 판의 넓이 A 내부에 있는 총 전하량은 $Q = \rho_0 Aa$임을 계산했다. 이 전하들이 평면 내부로 분포되어 있다면, 표면 전하 밀도는 $\eta = Q/A = \rho_0 a$가 될 것이다. 따라서 E_{outside}는 $\eta/2\epsilon_0$로 표현될 수 있었다. 이는 평면 전하를 다루는 예제 24.6에서 구한 전기장과 일치한다.

서술형 질문

1. 그림 Q24.1처럼 전하가 정육면체 속에 균일하게 분포해 있다고 하자. 오직 대칭성을 이용하여 전기장의 **모양**을 추론할 수 있는가? 그렇다면 전기장의 모양을 그려보시오. 그렇지 않다면 그 이유는 무엇인가?

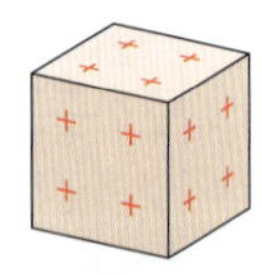

그림 Q24.1

2. 알짜 양전하 Q는 넓이가 A인 큰 은 원판 위에 놓여 있다. 이 원판의 두께를 무시할 수 있다면, 이 원판 위와 아래에서 전기장은 얼마인가?

3. 그림 Q24.3의 면들을 지나는 전기 선속은 각각 얼마인가? q/ϵ_0의 단위로 나타내시오.

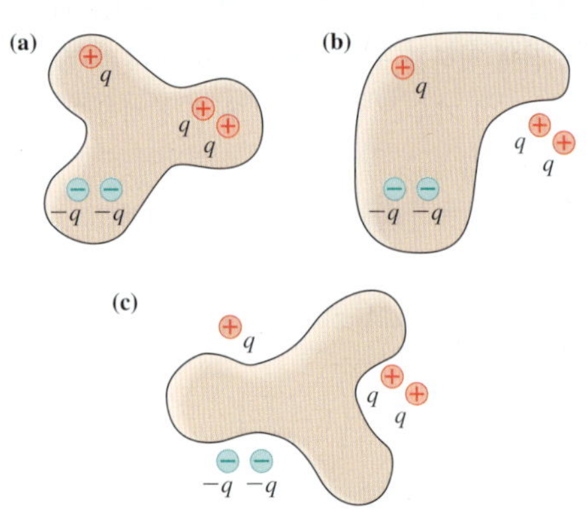

그림 Q24.3

4. 그림 Q24.4는 대전된 풍선이 초기 상태에서 나중 상태로 부풀어가는 모습을 보여준다. 위치 1, 2, 3에서 전기장 세기는 증가하는지, 감소하는지 혹은 그대로 있는지 말하시오. 그 이유는 무엇인가?

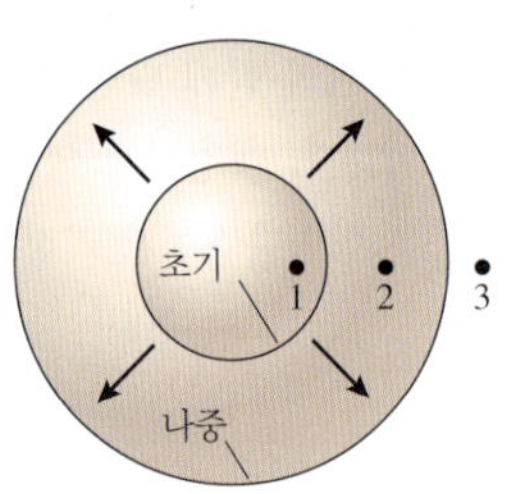

그림 Q24.4

5. 그림 Q24.5의 구와 타원체는 같은 전하를 둘러싸고 있다. 네 명의 학생이 이에 대해서 토론하고 있다.

학생 1: A와 B를 지나는 선속은 동일하다. 그 이유는 평균 반지름이 같기 때문이다.

학생 2: 선속이 같다는 것에 동의한다. 그 이유는 같은 전하를 둘러싸고 있기 때문이다.

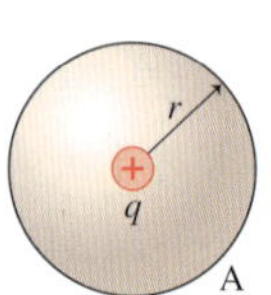

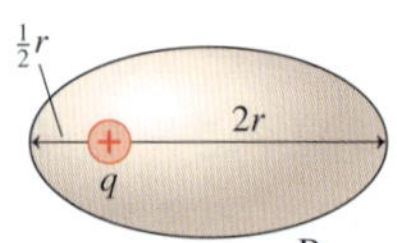

그림 Q24.5

학생 3: 전기장이 면 B에 수직이지 않기 때문에 B를 지나는 선속은 A를 지나는 선속보다 더 작다.

학생 4: 가우스의 법칙은 B와 같은 경우에 적용될 수 없다고 생각한다. 그래서 A와 B의 선속을 비교할 수 없다.

어느 쪽에 동의하는가? 그 이유도 설명하시오.

연습문제

연습

24.1 대칭성

1. | 그림 EX24.1은 2개의 무한히 긴 동축 원통의 단면을 나타낸다. 내부 원통은 양전하를 띠고 외부 원통은 같은 크기의 음전하를 띠고 있다. 원통 주위에서 전기장 벡터의 모양을 그리시오.

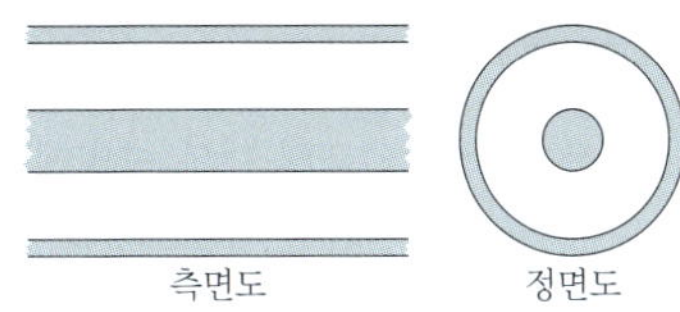

그림 EX24.1

2. | 그림 EX24.2는 2개의 평행한 무한 평면 전하의 단면을 나타낸다. 평면 주위에서 전기장 벡터의 모양을 그리시오.

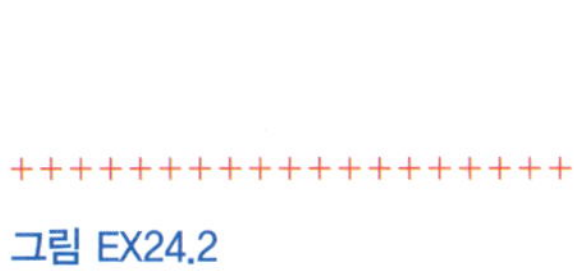

그림 EX24.2

24.2 선속의 개념

3. | 그림 EX24.3과 같이 정육면체의 각 면에서 전기장은 일정하다. 상자는 양전하, 음전하를 포함하고 있는지 아니면 전하를 포함하고 있지 않은지 설명하시오.

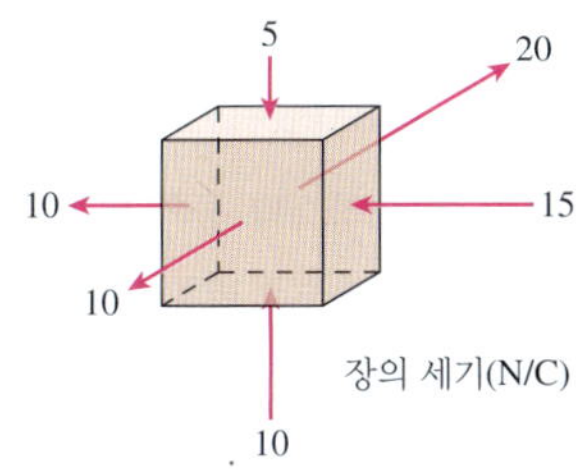

그림 EX24.3

4. | 그림 EX24.4에 주어진 정육면체는 음전하를 포함하고 있다. 정육면체의 각 면에서 전기장은 각각 일정하다. 앞면의 전기장 벡터는 안쪽과 바깥쪽 가운데 어디를 향해야 하는가? 전기장의 최소 세기는 얼마인가?

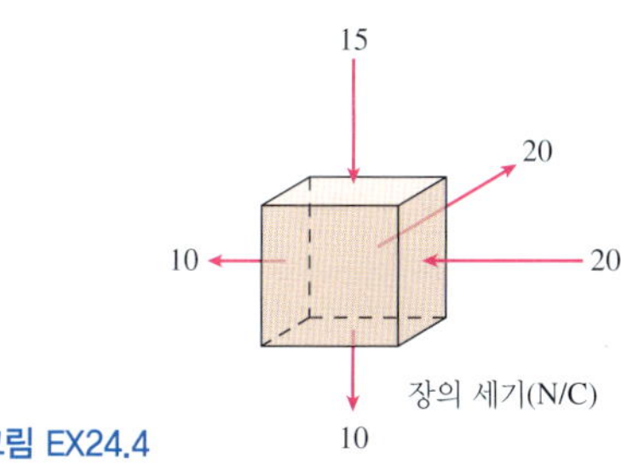

그림 EX24.4

24.3 전기 선속 계산

5. || 그림 EX24.5와 같이 주어진 면을 통과하는 전기 선속은 얼마인가?

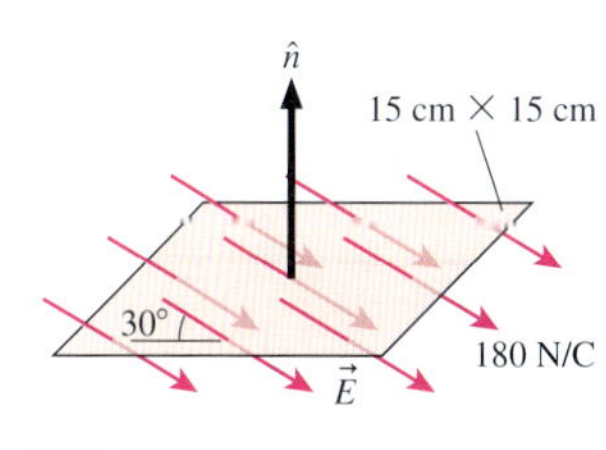

그림 EX24.5

6. || 그림 EX24.6과 같이 면을 통과하는 전기 선속이 25 N m^2/C이다. 전기장 세기를 계산하시오.

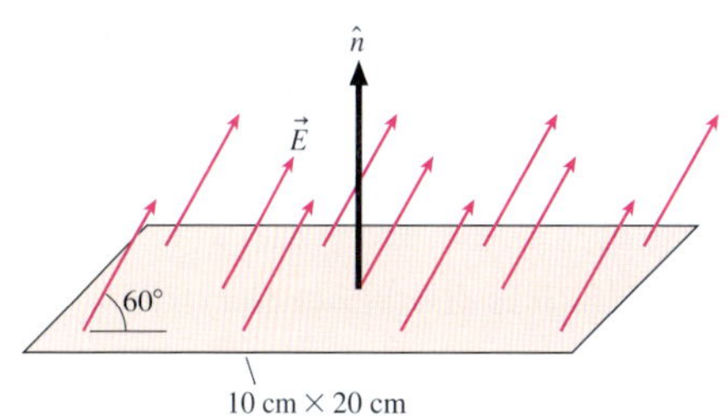

그림 EX24.5

7. || xz평면에 1 cm × 2 cm 직사각형이 놓여 있다. 다음과 같은 경우에 전기 선속의 크기를 구하시오.
   a. $\vec{E} = (100\hat{\imath} + 50\hat{k})$ N/C?
   b. $\vec{E} = (100\hat{\imath} + 80\hat{\jmath})$ N/C?

8. || 가로, 세로, 높이가 각각 1 cm인 상자의 모서리에 xyz축이 놓여 있다. 여기에 전기장 $\vec{E} = (500x + 150)\hat{\imath}$ N/C이 있다면(여기서 x는 m 단위) 이 상자의 알짜 전기 선속은 얼마인가?

24.4 가우스의 법칙

24.5 가우스 법칙의 활용

9. | 그림 EX24.9는 3개의 전하를 보여준다. 이 전하들을 여러분의 종이에 네 번 그려놓고 전기 선속이 (a) $2q/\epsilon_0$, (b) q/ϵ_0, (c) 0, 그리고 (d) $5q/\epsilon_0$인 3차원 닫힌 면의 2차원 단면을 그리시오.

그림 EX24.9

10. | 그림 EX24.10은 3개의 가우스면과 각각을 지나는 전기 선속을 보여준다. 3개의 전하 q_1, q_2, q_3는 얼마인가?

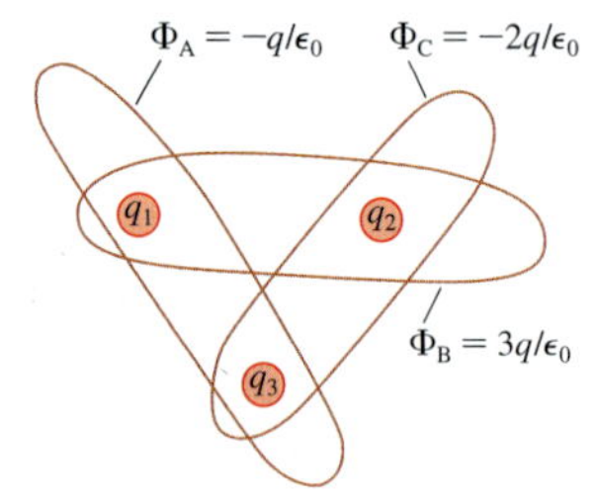

그림 EX24.10

11. || 그림 EX24.11에서 원통을 통과하는 알짜 전기 선속은 얼마인가?

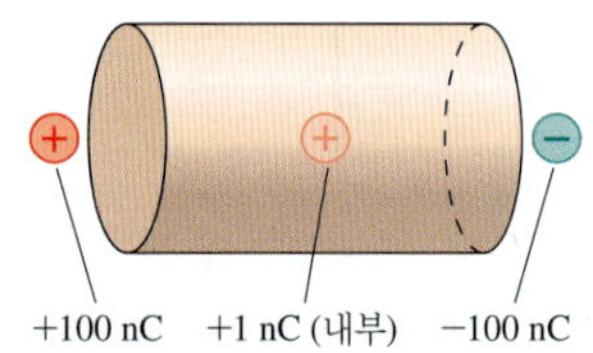

그림 EX24.11

12. || 40만4천 개 과잉 전자들이 닫힌 면 내부에 있다. 이 면을 통과하는 알짜 전기 선속은 얼마인가?

24.6 정전기적 평형 상태의 도체

13. || 구리 동전 한쪽 면 바로 위에서 전기장의 세기가 2000 N/C이다. 이 동전 면의 표면 전하 밀도는 얼마인가?

14. || 그림 EX24.14는 중성 도체 내부에 구멍이 있는 것을 보여준다. 점전하 Q가 구멍 안에 놓여 있다. 도체를 둘러싸고 있는 닫힌 면을 통과하는 알짜 전기 선속은 얼마인가?

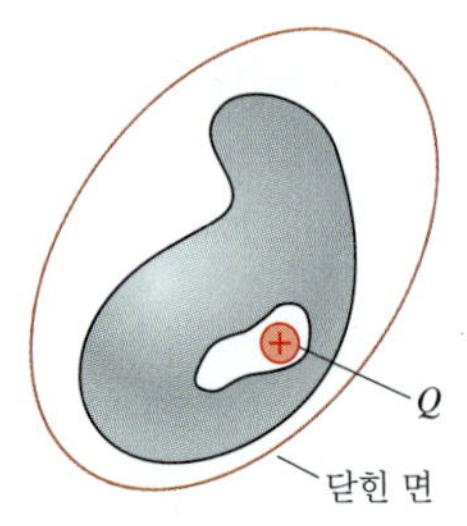

그림 EX24.14

문제

15. || 그림 EX24.15에서 ①부터 ⑤까지의 전기 선속을 계산하시오.

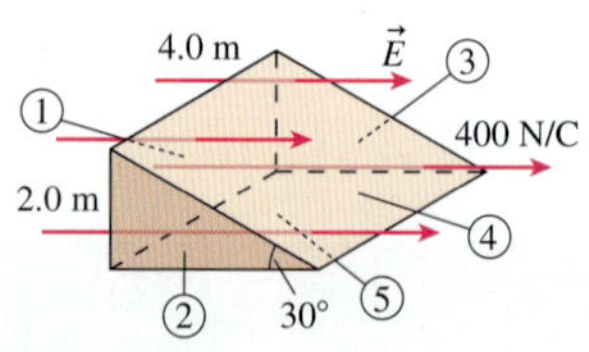

그림 EX24.15

16. || 정사면체가 한 변의 길이가 20 cm인 정삼각형으로 이루어져 있다고 하자. 정삼각형 기저면은 지면과 평행하고 200 N/C으로 균일한 전기장이 수직 위로 정사면체를 통과한다.
    a. 기저면을 통과하는 전기 선속은 얼마인가?
    b. 3개의 옆면 각각을 통과하는 전기 선속은 얼마인가?

17. || 10 nC인 전하가 2.0 m × 2.0 m × 2.0 m인 정육면체의 중심에 놓여 있다. 정육면체의 윗면을 지나는 전기 선속은 얼마인가?

18. || +100 nC인 점전하가 중성 도체 내부 구멍에 놓여 있다. 대전된 막대가 중성 도체에 −50 nC을 전송하였다. 이후 (a) 도체 내부 벽의 전하는 얼마인가? 그리고 (b) 도체의 외부 표면의 전하는 얼마인가?

19. ||| 반지름이 20 cm인 공이 균일하게 80 nC으로 대전되어 있다.
    a. 공의 부피 전하 밀도를 구하시오(C/m^3).
    b. 반지름이 5, 10 그리고 20 cm인 구가 둘러싼 전하량을 각각 구하시오.
    c. 공의 중심으로부터 5, 10 그리고 20 cm인 지점에서 전기장 세기를 구하시오.

20. || 번개를 포함한 대기 운동 때문에 지구 표면에서 전기장의 세기는 평균 100 N/C이며, 수직 아래로 향한다. 지표면의 과잉 전하는 얼마인가?

21. || 안쪽 반지름이 6 cm이고 바깥쪽 반지름이 10 cm인 속이 빈 금속 구가 있다. 안쪽 면의 표면 전하 밀도는 $-100\ nC/m^2$이고, 바깥쪽 면의 표면 전하 밀도는 $+100\ nC/m^2$이다. 중심으로부터 4, 8, 12 cm 떨어진 곳에서 전기장의 세기와 방향을 구하시오.

22. || 반지름이 R인 속이 빈 플라스틱 공의 바깥쪽 면에 전하 Q가 균일하게 분포해 있다. 공의 안쪽과 바깥쪽에서 전기장을 구하시오.

23. | 그림 P24.23과 같이 표면 전하 밀도가 각각 $-\frac{1}{2}\eta$, η, $\frac{1}{2}\eta$인 3개의 평면 전하가 나란하게 놓여 있다. 지점 1에서 4까지의 전기장 $\vec{E}_1$부터 $\vec{E}_4$를 구하시오.

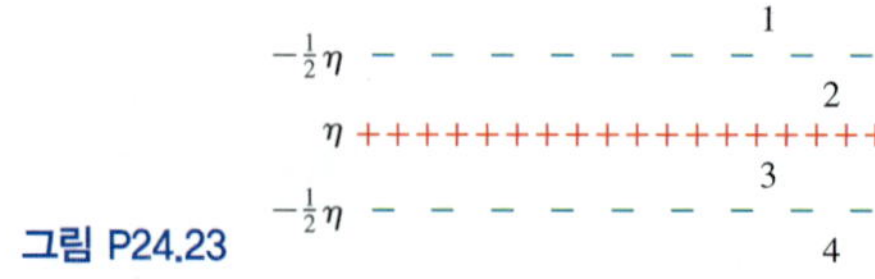

그림 P24.23

24. ‖ 그림 P24.24는 표면 전하 밀도가 η인 무한히 넓은 평면으로부터 d만큼 떨어진 곳에 무한히 넓은 도체가 평행으로 놓인 모습을 나타낸다. 지점 1에서 4까지의 전기장 $\vec{E}_1$부터 $\vec{E}_4$를 구하시오.

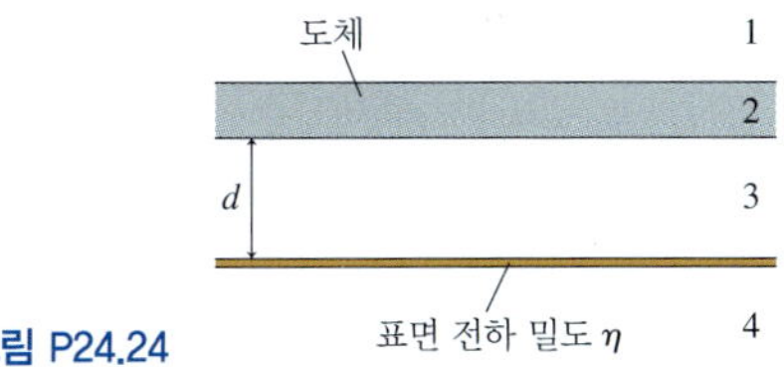

그림 P24.24

25. ‖ 얇고 속이 빈 반지름이 R인 기다란 금속 원통이 있는데, 알짜 선전하 밀도가 2λ이다. 이 원통의 중심축을 따라 선전하 밀도가 λ인 무한히 긴 도선이 놓여 있다. λ가 양일 때 (a) 원통의 안쪽 $r < R$에서, (b) 원통의 바깥쪽 $r > R$에서 전기장 세기를 구하시오. (c) 각각에 대해서 전기장의 방향을 결정하시오.

26. ‖ 정전기적 평형 상태에서 도체 내부의 전기장은 0이지만 절연체에서는 아니다. 가우스 법칙의 오른쪽 부분을 Q_{in}/ϵ_0에서 Q_{in}/ϵ으로 대체함으로써 절연체 내에 있는 가우스면에 가우스의 법칙을 적용할 수 있다. 이때 ϵ은 물질의 **유전율**이다. (ϵ_0는 **진공 유전율**이다.) 50 nC 점전하가 반지름이 32 cm인 속이 빈 고무공 안에 놓여 있고, 이 고무공 속에서 전기장의 세기가 2500 N/C이라고 가정할 때 공의 유전율을 구하시오.

27. ‖‖ 반지름이 b이고 부피 전하 밀도가 ρ인 긴 원통이 있다. 이 원통의 내부 중심축에 반지름이 $a < b$인 속 빈 구멍이 있다. 구멍의 중심을 지나고 원통에 수직인 평면에서 거리 $r < a$인 구멍 내부의 전기장 세기는 얼마인가?
힌트: 이 전하 분포를 2개의 전하 분포의 중첩으로 표현한 후 가우스의 법칙을 사용하여 전기장을 구할 수 있겠는가?

28. ‖‖ 러더퍼드가 원자핵을 발견 이후 제안한 초기 원자 모형은 음전하 $-Ze$로 균일하게 분포된 반지름 R의 구의 중심에 양의 점전하 $+Ze$가 놓여 있는 형태였다. Z는 원자 번호이며, 핵에 있는 양성자의 개수와 음의 구에 있는 전자의 개수를 나타낸다.
a. 이 원자 내부의 전기장 세기가

$$E_{in} = \frac{Ze}{4\pi\epsilon_0}\left(\frac{1}{r^2} - \frac{r}{R^3}\right)$$

임을 증명하시오.
b. 원자 표면에서 전기장 E는 얼마인가? 기대했던 결과인가? 설명하시오.
c. 우라늄 원자는 원자 번호 92번이며 반지름이 0.10 nm이다. 반지름이 0.05 nm인 곳의 전기장 세기를 구하시오.

응용 문제

29. ‖‖ 가우스 법칙의 모든 예제들은 전기 선속의 총합이 0이거나
CALC EA인 매우 대칭적인 면을 사용해 왔다. 그러나 알짜 전기 선속 $\Phi_e = Q_{in}/\epsilon_0$는 가우스면에 독립적이다. 그림 CP24.29와 같이 선전하 밀도가 λ인 얇고 긴 도선이 한 변의 길이가 L인 정육면체의 중심에 놓여 있다. 한 면을 통과하는 전기 선속은 단순하게 EA가 아니다. 왜냐하면 이러한 경우 전기장은 방향과 세기가 다양하기 때문이다. 그러나 선속 적분을 함으로써 실질적으로 전기 선속을 계산할 수가 있다.
a. yz면에 평행하는 면을 고려해보자. x방향으로 방향을 갖는 높이가 L이고 띠의 폭이 dy인 미소 넓이 $d\vec{A}$를 정의하시오. 띠는 위치 y에 있다. 이 미소 넓이를 통과하는 전기 선속 $d\Phi$를 계산하기 위해 이미 알고 있는 도선의 전기장을 사용하라. 이 전기 선속은 여러 상수와 y함수로 표현될 것이다. 이 결과는 어떤 각으로도 표현되면 안 된다.
b. 이 면을 통과하는 전체 전기 선속을 구하기 위하여 $d\Phi$를 적분하시오.
c. 끝으로, 정육면체를 통과하는 알짜 전기 선속이 $\Phi_e = Q_{in}/\epsilon_0$임을 보이시오.

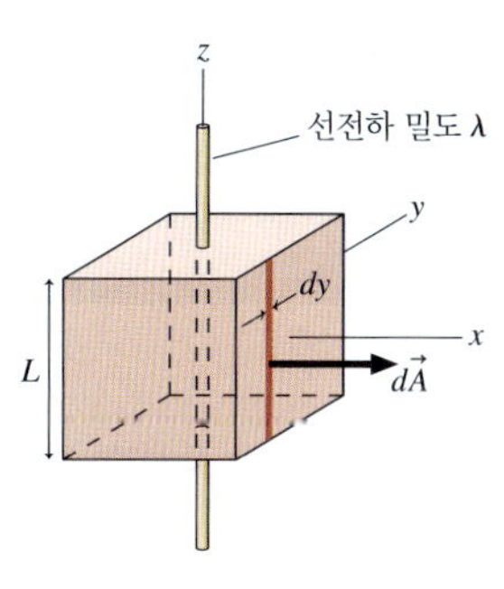

그림 CP24.29

30. ‖‖ 반지름이 R인 어떤 구의 총 전하량이 Q이다. 구 내부의 부피
CALC 전하 밀도(C/m^3)는 $\rho(r) = C/r^2$이다. 여기서 C는 상수이다.
a. 미소 부피 dV의 전하량은 $dq = \rho dV$이다. 구 전체에 대한 ρdV의 적분은 총 전하량 Q이다. Q와 R로 표현되는 상수 C를 구하기 위하여 위의 사실을 이용하시오.
힌트: dV를 반지름이 r이고 두께가 dr인 구 껍질로 표현하라. 이와 같은 구 껍질의 부피는 얼마인가?
b. $r \le R$인 구 내부의 전기장 세기 E를 Q와 R로 표현하기 위해 가우스의 법칙을 사용하시오.
c. $r = R$인 면에서 기대했던 결과가 나왔는가? 설명하시오.

31. ‖‖ 반지름이 R인 어떤 구형 공의 총 전하량은 Q이다. $r \le R$인 구
CALC 내부에서 전기장의 세기는 $E(r) = r^4 E_{max}/R^4$이다.
a. E_{max}를 Q와 R로 표현하시오.
b. r의 함수로 공 내부의 부피 전하 밀도 $\rho(r)$을 구하시오.
c. 전하 밀도를 공 전체 부피에 대해 적분하였을 때, 총 전하량이 Q임을 확인하시오.

25 전기 퍼텐셜
The Electric Potential

우주에서 본 도시의 불빛은 수백만 개의 전구가 전기 에너지를 빛과 열에너지로 변환시키는 모습을 보여준다.

이 장에서는 전기 퍼텐셜과 전기 퍼텐셜 에너지를 배운다.

전기 퍼텐셜 에너지는 무엇인가?

퍼텐셜 에너지는 상호작용 에너지라는 것을 상기해보라. 전기력을 통해 상호작용하는 대전된 입자들은 전기 퍼텐셜 에너지 U를 갖는다. 여러분은 중력 퍼텐셜 에너지와 유사하다는 것을 알게 될 것이다.

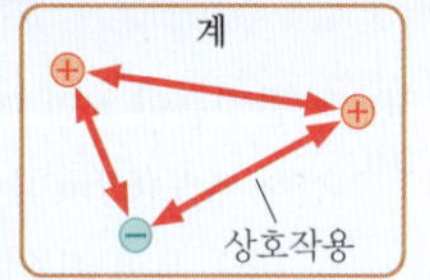

« 되돌아보기: 10.1절 퍼텐셜 에너지
« 되돌아보기: 10.5절 에너지 도형

전기 퍼텐셜은 무엇인가?

원천전하들이 전기장을 생성한다. 또한 원천전하들은 전기 퍼텐셜을 형성한다. 전기 퍼텐셜 V는

- 공간 어느 곳에든지 존재한다.
- 스칼라이다.
- 전하들이 퍼텐셜 에너지를 갖게 한다.
- 볼트로 측정된다.

100 V 75 50 25 0 V
전기 퍼텐셜

특별히 어떤 전기 퍼텐셜들이 중요한가?

네 가지 전하 분포(점전하, 대전된 구, 전하 고리, 그리고 평행판 축전기)의 전기 퍼텐셜을 계산할 것이다. 연속적인 전하 분포의 전기 퍼텐셜을 구하는 것은 전기장을 계산하는 것과 유사하지만 전기 퍼텐셜은 스칼라이기 때문에 더욱 쉽다.

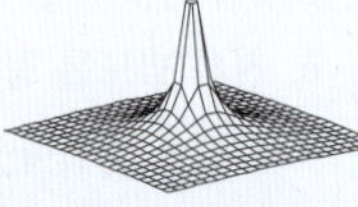

점전하의 퍼텐셜

« 되돌아보기: 23.3절 전기장

전기 퍼텐셜은 어떻게 표현되는가?

전기 퍼텐셜은 상당히 추상적인 개념이다. 그래서 공간상에 전기 퍼텐셜이 어떻게 변하는지를 시각화한다는 것은 매우 중요하다. 한 가지 방법으로 등퍼텐셜면이 있다. 이는 물리학적 면이 아닌 수학적 면으로써 모든 지점에서 전기 퍼텐셜 V는 동일하다.

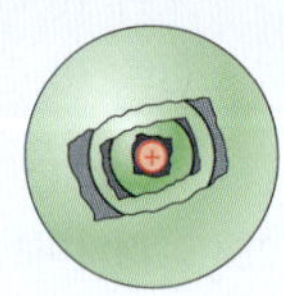

전기 퍼텐셜은 어떻게 활용되는가?

전기 퍼텐셜 V의 대전된 입자 q는 전기 퍼텐셜 에너지 $U = qV$를 갖는다.

- 대전된 입자들은 퍼텐셜차가 있는 곳에서 이동할 때 가속된다.
- 역학적 에너지는 보존된다.

0 V 500 V

$$K_f + qV_f = K_i + qV_i$$

« 되돌아보기: 10.4절 에너지 보존

전기에서 에너지가 중요한 이유는 무엇인가?

에너지는 뭔가를 발생하도록 한다. 여러분은 손전등이 빛을 내고 컴퓨터가 계산을 하며 음악이 연주되기를 원한다. 이런 모든 것들은 에너지, 즉 전기 에너지가 필요하다. 이는 전기 에너지, 전기력 및 전기장과 전기 퍼텐셜의 관계를 탐구하기 위한 두 장의 첫 번째 장이다. 이후 여러분은 전기 회로를 이해할 준비가 될 것이다. 그것은 건전지와 같은 에너지원으로부터 에너지를 방출하고 활용하는 장치에 에너지가 어떻게 변환되고 전달되는지에 관한 것이다.

25.1 전기 퍼텐셜 에너지

전기력과 전기장으로 전기에 대한 학습을 시작했다. 그러나 에너지는 역학에서와 마찬가지로 전기에서도 매우 강력한 개념이다. 이번 장과 다음 장에서, 전기에서 에너지가 어떻게 사용되는지를 탐구하고 중요한 **전기 퍼텐셜** 개념을 소개하며 전기 회로에 대한 다음 공부를 위해 밑 작업을 하게 될 것이다.

앞의 많은 장에서 일과 에너지에 관해서 논의했다. 일과 에너지는 우리가 다룰 내용의 **핵심**이다. 따라서 이 장에서 복습하는 것이 매우 중요하다. 여러분은 계의 역학적 에너지 $E_{\text{mech}} = K + U$가 **보존력**을 통해 상호작용하는 입자들에 대해 보존된다는 사실이 생각날 것이다. 여기서 K와 U는 운동 및 퍼텐셜 에너지이다. 즉,

$$\Delta E_{\text{mech}} = \Delta K + \Delta U = 0 \tag{25.1}$$

이다. 전기장 세기를 표현하기 위해 E를 사용했기 때문에 기호 사용에 주의할 필요가 있다. 혼돈을 피하기 위해서, 역학적 에너지를 $K + U$ 또는 명확히 첨자를 붙여 E_{mech} 중 하나로 표현할 것이다.

9장과 10장의 핵심 개념은 에너지가 **계의** 에너지이며, 계를 명확하게 정의하는 것이 중요하다는 것이다. 운동 에너지 K는 계에 속한 모든 입자의 운동 에너지($K_{\text{i}} = \frac{1}{2}m_{\text{i}}v_{\text{i}}^2$)를 더한 것과 같다.

퍼텐셜 에너지 U는 계의 **상호작용** 에너지이다. 입자들이 초기 위치 i에서 최종 위치 f로 운동한다고 가정해보자. 입자들이 운동할 때, 입자들 사이에서의 작용·반작용 쌍(상호작용력)이 일을 하고 계의 퍼텐셜 에너지는 변한다. **« 10.1절**에서 퍼텐셜 에너지의 **변화**는 다음과 같이 정의되었다.

$$\Delta U = -W_{\text{interaction}}(\text{i} \to \text{f}) \tag{25.2}$$

이때, 표기법은 i에서 f로 변경될 때 상호작용력에 의해 한 일을 의미한다. 이러한 형식적 정의는 아주 추상적이지만, 실제로 사용해보면 더 구체화될 것이다.

입자가 운동하도록 가한 힘이 한 일을 상기해보라. **« 9.3절**에서 여러분은 **일정힘** $\vec{F}$를 받은 입자가 변위 $\Delta\vec{r}$만큼 이동할 경우, 그 힘이 한 일은

$$W = \vec{F} \cdot \Delta\vec{r} = F\Delta r\cos\theta \tag{25.3}$$

라는 것을 배웠다. 위 식에서 θ는 두 벡터 $\vec{F}$와 $\Delta\vec{r}$ 사이의 각이다. 그림 25.1은 세 가지의 특별한 경우, $\theta = 0°$, $90°$, $180°$를 보여준다.

만일 힘이 상수가 **아니면**, 경로의 처음과 끝을 여러 개의 작은 조각 dx로 나누어서 일을 적분하여 계산하면 된다. 작은 조각이 한 일은 $dW = F(x)\cos\theta\, dx$이며, $F(x)$는 위치 x에 대한 함수로 표현된 힘이다. 따라서 입자가 x_{i}에서 x_{f}로 움직일 때 입자가 한 일은 다음과 같다.

$$W = \int_{x_{\text{i}}}^{x_{\text{f}}} F(x)\cos\theta\, dx \tag{25.4}$$

그림 25.1 일정힘이 한 일

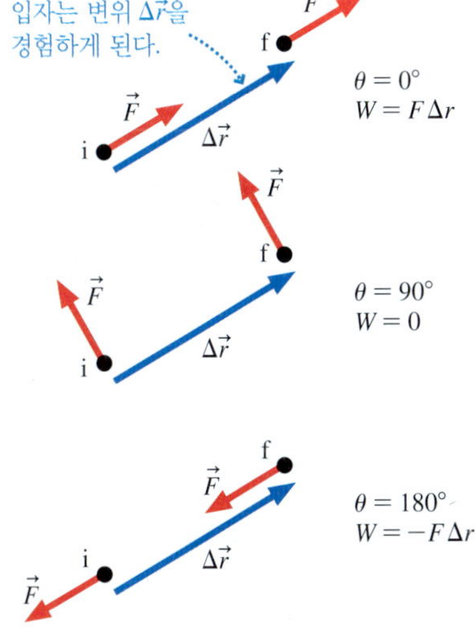

끝으로 **보존력**이란 입자가 점 i에서 점 f까지 이동할 때 한 일이 이동경로에 무관한 힘임을 기억하기 바란다. 증명은 나중에 할 것이며, 현재는 **전기력은 보존력**이라고 하겠다. 따라서 전기 퍼텐셜 에너지를 정의할 수 있다.

중력의 비유

전기력과 마찬가지로 중력은 장거리힘이다. 전기장을 $\vec{E} = \vec{F}_{\text{on } q}/q$로 정의하는 것과 마찬가지로 질량에 작용하는 중력의 원인인 **중력장**을 $\vec{F}_{\text{on } m}/m$으로 정의할 수 있다. 그러나 지표 근처에서 $\vec{F}_{\text{on } m} = m\vec{g}$이므로, 우리에게 익숙한 $\vec{g}$ = (9.80 N/kg, 아래로)는 사실상 중력장이다! 여러분은 $\vec{g}$의 단위가 어떻게 장의 단위인 N/kg이 되는지(즉, N/kg = m/s^2)를 쉽게 알 수 있을 것이다. 지표 근처에서의 중력장은 아래로 향하는 **균일한 장**이다.

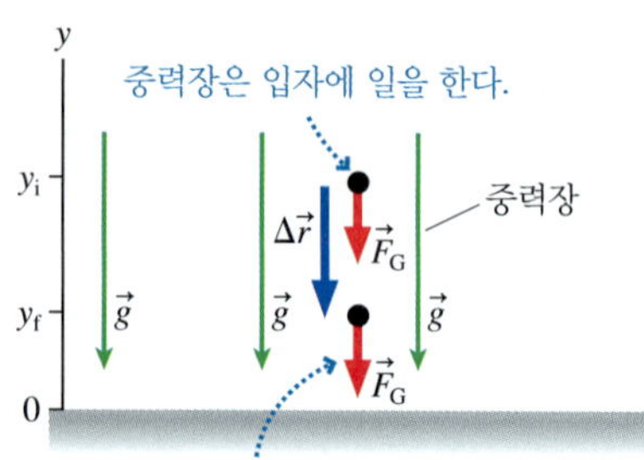

그림 25.2 퍼텐셜 에너지는 입자가 중력장 안에서 움직일 때 운동 에너지로 변환된다.

그림 25.2는 중력장 내에서 떨어지고 있는 질량 m인 입자를 나타낸다. 중력의 방향은 입자의 변위와 같은 방향이기 때문에 중력장이 입자에게 한 일은 양(+)이다. 중력은 상수이므로 중력장이 한 일은

$$W_G = F_G \Delta r \cos 0° = mg|y_f - y_i| = mgy_i - mgy_f \tag{25.5}$$

이다. Δr은 변위 벡터의 크기이므로 양수라는 점에 주목해야 한다.

이제 식 (25.2)에 주어진 ΔU의 정의가 어떻게 적용되는지를 알 수 있다. 중력 퍼텐셜 에너지의 변화는

$$\Delta U_G = U_f - U_i = -W_G(\text{i} \rightarrow \text{f}) = mgy_f - mgy_i \tag{25.6}$$

이다. 양변을 비교해보면, 지구 근처에서 중력 퍼텐셜 에너지는 익숙한 형태인

$$U_G = U_0 + mgy \tag{25.7}$$

임을 알 수 있다. 여기서 U_0는 $y = 0$에서 U_G의 값이다. 보통 $U_0 = 0$이라고 두는데, 이 경우 $U_G = mgy$이다. 그러나 이것은 꼭 필요한 선택은 아니다.

균일한 전기장

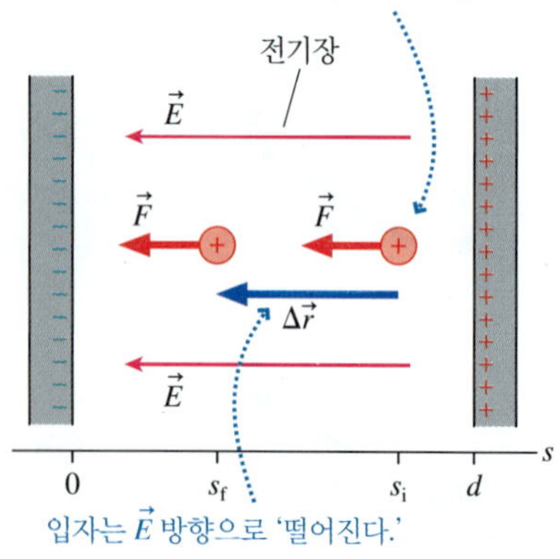

그림 25.3 전기장은 대전된 입자에 일을 한다.

그림 25.3은 전극 사이 거리가 d인 평행판 축전기 사이에 놓여 있는 대전된 입자를 보여준다. 평행판 축전기 사이 전기장은 균일하며, 이는 그림 25.2와 같이 균일한 중력장 내 입자와 같은 매우 유사한 상황이다. 한 가지 차이는 $\vec{g}$는 항상 아래를 향하지만, 축전기 내부의 전기장은 어떠한 방향이든지 양극판에 나와서 음극판을 향한다. 이것을 반영하기 위해서 음극판($s = 0$)에서 나와서 양극판을 향하는 좌표축을 s라고 하자. 중력장 $\vec{g}$가 $-y$ 방향을 가리키듯이 전기장은 $-s$ 방향을 가리킨다. 축전기를 어떤 방향으로 놓아도 s축은 중력 퍼텐셜 에너지에 대한 y축과 유사하다.

축전기 내부의 양전하 q는 음극판 쪽으로 가속되면서 운동 에너지가 증가한다. 운동 에너지가 증가하면 퍼텐셜 에너지는 감소하는가? 사실상 그렇다. 퍼텐셜 에너지의 계산 방법은 중력 퍼텐셜 에너지의 계산법과 동일하다. 전기장은 전하의 이동방향

으로 일정힘 $F = qE$를 가한다. 따라서 전기장이 전하에 한 일은

$$W_{\text{elec}} = F\Delta r\cos 0° = qE|s_{\text{f}} - s_{\text{i}}| = qEs_{\text{i}} - qEs_{\text{f}} \qquad (25.8)$$

와 같다. 여기서 $s_{\text{f}} < s_{\text{i}}$임을 기억하고 부호에 조심해야 한다.

전기장이 전하에 한 일은 전기 퍼텐셜 에너지의 변화를 야기한다. 즉

$$\Delta U_{\text{elec}} = U_{\text{f}} - U_{\text{i}} = -W_{\text{elec}}(\text{i} \rightarrow \text{f}) = qEs_{\text{f}} - qEs_{\text{i}} \qquad (25.9)$$

이다. 식의 양변을 비교하면, 균일한 전기장 내에 놓인 전하 q의 **전기 퍼텐셜 에너지**(electric potential energy)는

$$U_{\text{elec}} = U_0 + qEs \qquad (25.10)$$

이다. 여기서 s는 음극판으로부터 측정하며, U_0는 음극판($s = 0$)의 퍼텐셜 에너지이다. 가끔 $U_0 = 0$으로 두는 것이 편리하지만, U_0의 값은 ΔU_{elec}에 영향을 주지 않기 때문에 물리적 의미는 없다. 식 (25.10)은 q가 양이라는 가정하에서 유도되었지만, q의 부호에 관계없이 성립한다.

그림 25.4는 평행판 축전기 사이에서 운동하는 양전하와 음전하를 보여준다. 양전하는 음극판(s가 감소하면서)을 향하여 움직일 때 U_{elec}는 감소하고 K는 증가한다. 따라서 양전하는 전기장 방향으로 이동할 때 '내리막'으로 가는 것이다. 양전하가 전기장의 반대 방향으로 움직일 경우, 운동 에너지가 전기 퍼텐셜 에너지로 서서히 변환되면서 '오르막'으로 가게 된다.

그림 25.4 대전된 입자는 전기장 내에서 운동할 때 운동 에너지와 퍼텐셜 에너지가 상호 교환된다.

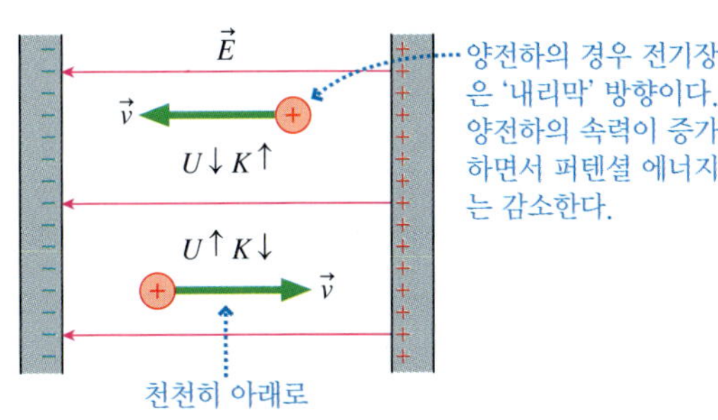

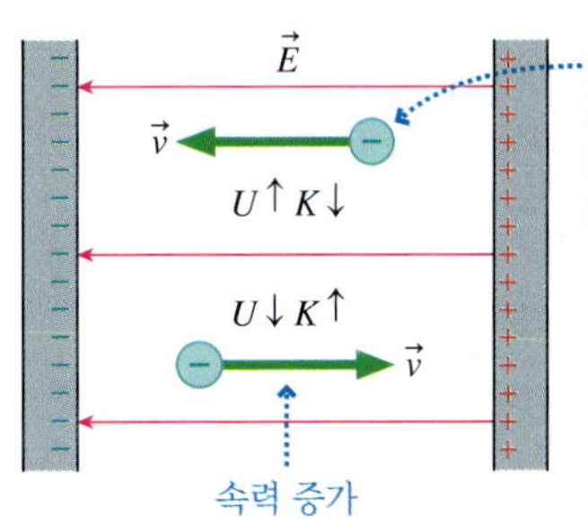

만약 $U_0 = 0$을 선택해서 음극판에 퍼텐셜 에너지가 0이라면, 음으로 대전된 입자는 음의 퍼텐셜 에너지를 갖는다. 여러분은 10장에서 음의 퍼텐셜 에너지는 임의로 선택된 어떤 참조위치에서의 퍼텐셜 에너지보다 단순히 낮다는 의미이므로 문제될 것이 없다는 것을 배웠다. 식 (25.10)으로부터 더 중요한 사실은 음전하가 음극판으로 향하여 움직일 때 그 퍼텐셜 에너지는 증가(음이 적어짐)한다는 것이다. 전기장 방향으로 움직이는 음전하는 '오르막'으로 가면서 운동 에너지가 전기 퍼텐셜 에너지로 변환되고 서서히 속력이 감소한다.

그림 25.5는 균일한 전기장 내에 있는 양전하의 **에너지 도형**을 보여준다. 에너지 도형은 입자가 움직일 때, 운동 에너지와 퍼텐셜 에너지가 어떻게 변환되는지를 도형

그림 25.5 균일한 전기장 내에 놓인 양전하의 에너지 도형

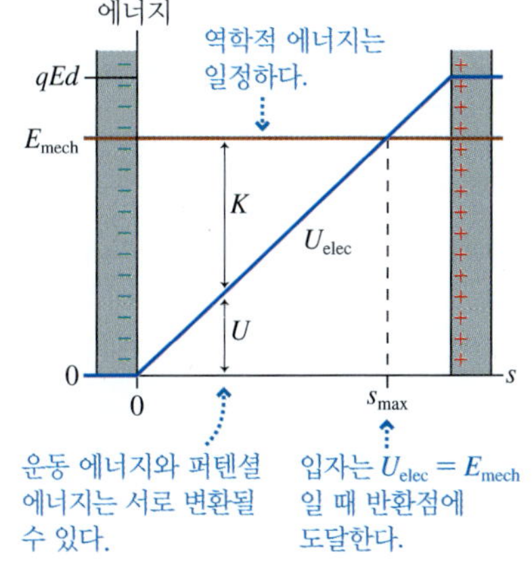

으로 나타내고 있음을 주목하라. 식 (25.10)에서 주어진 양전하 q의 전기 퍼텐셜 에너지는 음극판에서 $0(U_0=0)$으로 시작하여 선형적으로 증가한다. 입자의 전체 역학적 에너지 E_{mech}는 일정하다. 만일 여기서 보여진 것처럼 $E_{mech} < qEd$일 때, 음극판에서 움직이기 시작한 양전하는 $U_{elec} = E_{mech}$인 **반환점**에 도달할 때까지 속력이 서서히 줄어들(즉, 운동 에너지가 퍼텐셜 에너지로 변환되면서) 것이다. 그러나 만일 여러분이 $E_{mech} > qEd$와 같이 더 빠른 속력으로 입자를 움직이게 한다면 양극판에 충돌할 수도 있다.

예제 25.1 에너지 보존

크기가 2.0 cm × 2.0 cm이고 간격이 2.0 mm인 평행판 축전기의 판에 각각 ±1.0 nC의 전하가 놓여 있다. 이 축전기의 내부 중간점에 양성자와 전자를 정지 상태로 놓았다.

a. 각 입자의 에너지는 얼마인가?

b. 각 입자가 판에 도달했을 때, 속력은 얼마인가?

핵심 각 입자의 역학적 에너지는 보존된다. 평행판 축전기의 전기장은 균일하다.

시각화 그림 25.6은 입자 운동의 전·후 그림 표현이다. 정지 상태($K=0$)에 놓인 각 입자는 퍼텐셜 에너지가 낮아지는 '내리막' 방향으로 움직인다. 따라서 양성자는 음극판 쪽으로, 전자는 양극판 쪽으로 이동한다.

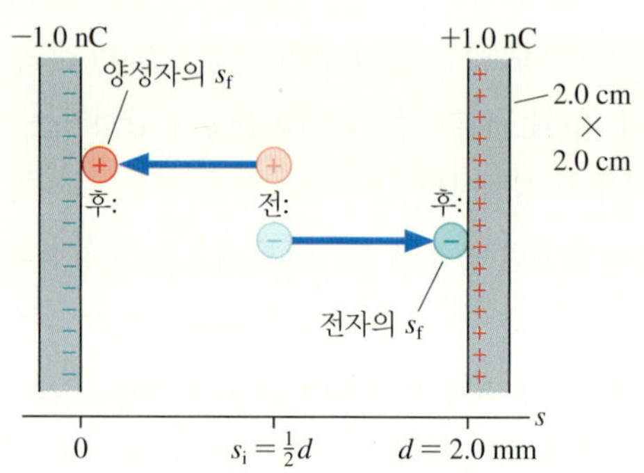

그림 25.6 축전기 내 양성자와 전자

풀이 a. s축은 축전기의 음극판에서 양극판을 향하도록 정의되었다. 두 입자의 초기 위치는 $s_i = \frac{1}{2}d$이며, 판 사이의 간격은 $d = 2.0$ mm이다. 음극판에서 에너지가 0인 참조위치를 $U_0=0$이라고 정의하면 양성자($q=e$)는

$$E_{mech\,p} = K_i + U_i = 0 + eE\left(\tfrac{1}{2}d\right)$$

에너지를 갖고, 음전하($q=-e$)는

$$E_{mech\,e} = K_i + U_i = 0 - eE\left(\tfrac{1}{2}d\right)$$

에너지를 갖는다.

평행판 축전기의 내부 전기장(23장)은

$$E = \frac{Q}{\epsilon_0 A} = 2.82 \times 10^5 \text{ N/C}$$

이다. 따라서 입자들의 에너지는 다음과 같이 계산할 수 있다.

$$E_{mech\,p} = 4.5 \times 10^{-17} \text{ J} \quad \text{그리고} \quad E_{mech\,e} = -4.5 \times 10^{-17} \text{ J}$$

전자의 역학적 에너지는 음(−)임을 명심하라.

b. 역학적 에너지의 보존은 $K_f + U_f = K_i + U_i = E_{mech}$이다. 양성자는 음극판과 충돌($U_f=0$)한다. 그리고 나중 운동 에너지는 $K_f = \frac{1}{2}m_p v_f^2 = E_{mech\,p}$이다. 따라서 양성자의 충돌 속력은

$$(v_f)_p = \sqrt{\frac{2E_{mech\,p}}{m_p}} = 2.3 \times 10^5 \text{ m/s}$$

이다. 이와 마찬가지로, 전자는 양극판과 충돌($U_f = qEd = -eEd = 2E_{mech\,e}$)한다. 그러므로 전자의 에너지 보존은

$$K_f = \tfrac{1}{2}m_e v_f^2 = E_{mech\,e} - U_f = E_{mech\,e} - 2E_{mech\,e} = -E_{mech\,e}$$

이다. 전자의 역학적 에너지는 음(−)이고 K_f는 양(+)임을 알았다. 전자는 다음과 같은 속력으로 양극판에 도달한다.

$$(v_f)_e = \sqrt{\frac{-2E_{mech\,e}}{m_e}} = 1.0 \times 10^7 \text{ m/s}$$

검토 두 입자의 역학적 에너지의 크기가 같더라도, 양성자보다 매우 가벼운 전자가 훨씬 빠른 나중 속력을 갖게 된다.

25.2 점전하들의 퍼텐셜 에너지

그림 25.7a는 같은 부호인 두 전하 q_1과 q_2를 보여준다. 이 두 입자의 상호작용 에너지는 q_2가 점 x_i에서 점 x_f까지 이동하는 동안 q_1의 전기장에 의해 q_2에 한 일을 계산하면 구할 수 있다. 그림 25.7b와 같이 q_1은 고정되어 움직일 수 없다고 가정하자.

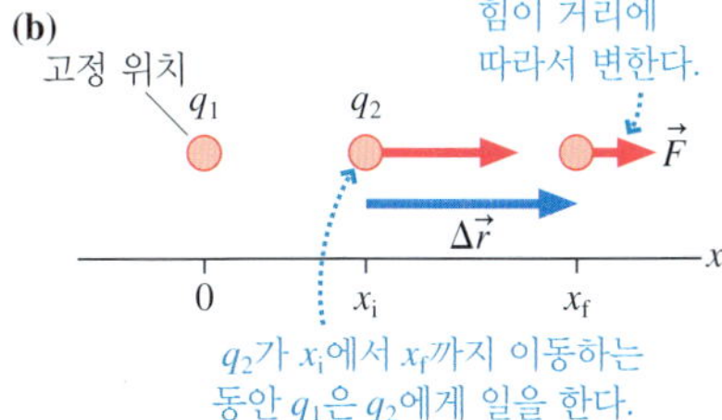

그림 29.7 두 점전하 사이의 상호작용

힘은 전체적으로 운동 방향으로 작용한다($\cos\theta = 1$). 따라서

$$W_{\text{elec}} = \int_{x_i}^{x_f} F_{1\text{ on }2}\,dx = \int_{x_i}^{x_f} \frac{Kq_1q_2}{x^2}\,dx = Kq_1q_2 \left.\frac{-1}{x}\right|_{x_i}^{x_f} = -\frac{Kq_1q_2}{x_f} + \frac{Kq_1q_2}{x_i} \qquad (25.11)$$

가 된다. 두 전하의 퍼텐셜 에너지와 한 일 사이에는

$$\Delta U_{\text{elec}} = U_f - U_i = -W_{\text{elec}}(\text{i} \to \text{f}) = \frac{Kq_1q_2}{x_f} - \frac{Kq_1q_2}{x_i} \qquad (25.12)$$

와 같은 관계가 성립한다. 식의 양변을 비교해보면, 2개의 점전하로 이루어진 계의 퍼텐셜 에너지는

$$U_{\text{elec}} = \frac{Kq_1q_2}{x} \qquad (25.13)$$

임을 알 수 있다. 균일한 전기장 내에 놓인 전하의 퍼텐셜 에너지에 대한 식 (25.10)처럼 상수 U_0을 포함시켜도 좋지만 $U_0 = 0$으로 두는 것이 관례이다.

편의상 x축을 따라가는 적분을 선택했지만 중요한 것은 전하 사이의 거리이다. 따라서 전기 퍼텐셜 에너지의 더 일반적인 표현은

$$U_{\text{elec}} = \frac{Kq_1q_2}{r} = \frac{1}{4\pi\epsilon_0}\frac{q_1q_2}{r} \quad \text{(두 점전하)} \qquad (25.14)$$

이다. 이것은 단지 q_1 또는 q_2의 에너지가 아니고 **전하계의** 에너지이다.

여기서 세 가지 중요한 점에 주목해야 한다.

- $U_0 = 0$ 선택은 대전된 두 입자 사이의 퍼텐셜 에너지는 입자 사이가 무한대로 멀리 떨어져 있을 때만 0임을 말하는 것과 같다. 이는 대전된 두 입자 사이가 무한대로 멀 경우에만 상호작용이 멈추기 때문에 말이 된다.
- 식 (25.14)는 같은 부호의 전하에 대해서 유도되었지만, 반대 부호의 전하에 대해서도 타당하다. 같은 부호의 전하에 대한 퍼텐셜 에너지는 **양**이고 반대 부호의 경우는 **음**이다.
- **구**전하 분포가 외부에 만드는 전기장은 구의 중심에 놓인 동일한 크기의 점전하가 만드는 전기장과 같다. 따라서 식 (25.14)는 2개의 대전된 구로 이루어진 계의 전기 퍼텐셜 에너지이기도 하다. 거리 r은 두 구 중심 사이의 거리이다.

대전된 입자 상호작용

그림 25.8a는 같은 부호를 가진 두 전하 사이의 거리 r의 함수로 나타낸 퍼텐셜 에너지 곡선(쌍곡선)과 같은 크기의 운동량을 가진 두 전하가 서로를 향해서 접근하는 경우의 총에너지 선을 보여준다.

그림 25.8 같은 부호와 반대 부호를 가진 두 전하의 퍼텐셜 에너지 도형

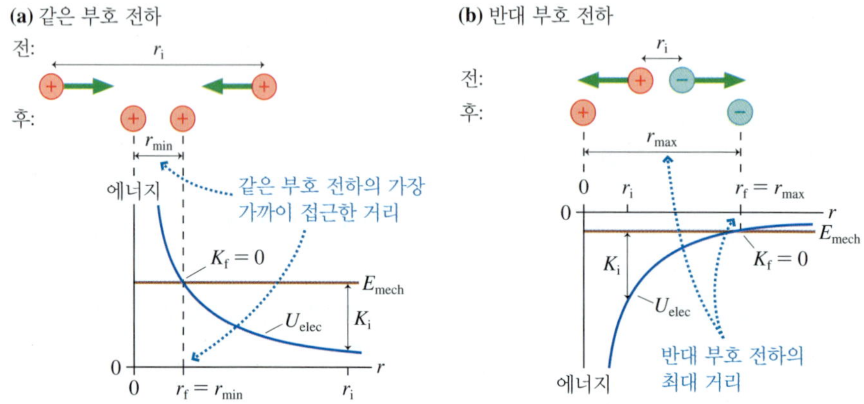

여러분은 총에너지 선이 r_{min}에서 퍼텐셜 에너지 곡선과 만나는 것을 볼 수 있다. 이는 반환점이다. 서로에게 접근하는 같은 부호의 두 전하는 r_{min}에 도달할 때까지 척력 때문에 속력이 점진적으로 줄어들 것이다. 이 지점에서 운동 에너지는 0이 되고, 두 전하는 순간적으로 정지한다. 그 다음 두 입자는 방향을 바꾸어 멀어지면서 속력이 증가한다. r_{min}은 **입자의 가장 가까이 접근하는 거리**이다.

다른 부호의 대전된 입자들은 음의 에너지 때문에 조금 까다롭다. 음의 총에너지는 처음에는 문제 있는 듯하나, 이들은 **속박계**를 형성한다. 그림 25.8b에서 크기는 같고 방향이 반대인 운동량을 가지고 서로 멀이지는 반대 부호의 두 전하를 보여준다. 만일 $E_{mech} < 0$이면, 총에너지 선은 r_{max}에서 퍼텐셜 에너지 곡선을 만난다. 즉, **최대 분리 거리** r_{max}에 도달할 때까지 운동 에너지가 감소하면서 속력이 줄어드는 모습을 볼 수 있다. r_{max}에서 두 입자는 같은 순간에 방향을 바꾸어 서로를 향해서 접근한다. 두 입자는 서로를 벗어날 수 없다. 3차원적으로 움직이지만, 수소 원자의 양성자와 전자는 속박계의 실질적인 예이며, 역학적 에너지는 음(−)이다.

만일 $E_{mech} > 0$이면, 다른 부호의 대전된 입자들은 서로 분리될 수 있다. 입자의 속력은 감소하지만 결국 퍼텐셜 에너지를 극복하고도 여전히 운동 에너지가 남게 된다. 탈출 문턱 조건은 $E_{mech} = 0$이다. 이는 매우 느린 속도($K \to 0$)로 무한대로 분리($U \to 0$)되게 한다. $E_{mech} = 0$에서 주어진 초기 속력을 **탈출 속력**이라고 한다.

전기력은 보존력이다

퍼텐셜 에너지는 오직 **보존력**에 대해서만 정의될 수 있다. 보존력이란 점 i에서 점 f까지 이동하는 동안 입자에 한 일이 점 i와 점 f 사이의 경로에 무관한 힘을 의미한다.

그림 25.9는 전기장이 정말로 보존력인지를 보여준다.

그림 25.9 q_2에 한 일은 점 i에서 점 f로의 이동 경로와 상관없다.

점 i에서 점 f로 가는 다른 경로를 생각해보라.

q_1 q_2 i f

경로는 q_1을 중심에 둔 지름 및 원호들로 근사할 수 있다.

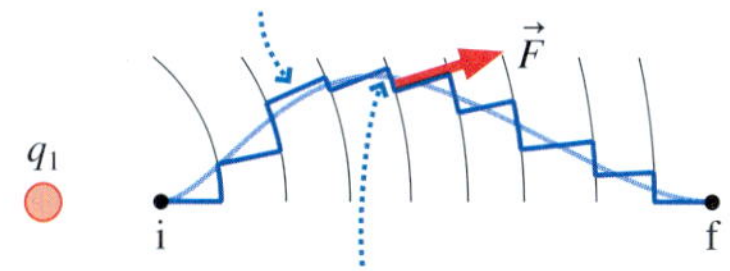

전기력은 중심력이다. 그 결과 q_2가 원호를 따라서 이동하면 힘은 변위에 수직이므로 전기력이 한 일은 0이 된다.

모든 일은 지름구간을 따라서 이동할 때 생긴다. 각 지름구간은 점 i에서 점 f에 이르는 직선에 해당한다. 이는 식 (25.11)에서 계산된 일과 같다.

예제 25.2 대전된 구에 접근하기

+100 nC의 대전된 지름 1.0 mm의 유리구를 향해서 충분히 먼 곳에서 양성자를 쏘았다. 양성자가 유리구의 표면에 가까스로 도달하려면 초기 속력은 얼마여야 하는가?

핵심 에너지는 보존된다. 유리구는 하나의 대전된 입자로 간주될 수 있다. 따라서 두 점전하의 퍼텐셜 에너지를 사용할 수 있다. 이 유리구는 양성자보다 훨씬 무거워서 양성자가 움직이더라도 정지한 상태를 유지한다. 양성자는 '충분히 먼 곳'에서 출발하므로 $U_i \approx 0$이라고 볼 수 있다.

시각화 그림 25.10은 충돌 전과 후의 모습을 보여준다. 양성자가 유리구의 표면에 가까스로 도달한다는 것은 구의 반지름 $r_f = 0.50$ mm에서 $v_f = 0$이 됨을 의미한다.

풀이 에너지 보존 법칙 $K_f + U_f = K_i + U_i$로부터

$$0 + \frac{Kq_p q_{sphere}}{r_f} = \frac{1}{2}mv_i^2 + 0$$

이 된다. 양성자의 전하는 $q_p = e$이므로 초기 속력은

$$v_i = \sqrt{\frac{2Keq_{sphere}}{mr_f}} = 1.86 \times 10^7 \text{ m/s}$$

이다.

그림 25.10 유리구에 접근하는 양성자

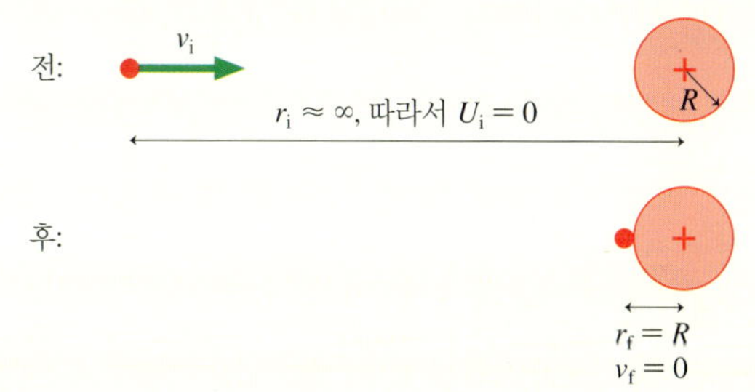

예제 25.3 탈출 속력

두 소립자의 상호작용으로부터 생성된 전자와 양전자는 같은 속력으로 반대로 진행한다. 처음 간격이 100 fm일 때 전자와 양전자가 서로 탈출하기 위한 초기 속력의 최솟값은 얼마인가?

핵심 에너지는 보존된다. 나중에 입자들은 '서로 먼 곳'에 위치하므로 $U_f \approx 0$으로 볼 수 있다.

시각화 그림 25.11은 전·후 그림 표현을 보여준다. 탈출에 필요한 초기 속력의 최솟값은 입자가 $r_f = \infty$에서 $v_f = 0$이 되는 경우이다.

그림 25.11 멀어져가는 전자와 양전자

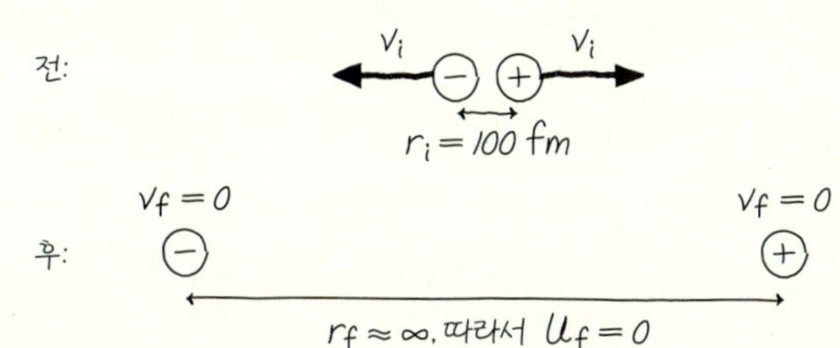

(계속)

풀이 U_{elec}는 전자와 양전자 계의 퍼텐셜 에너지다. 마찬가지로 K는 계의 총 운동 에너지다. 같은 질량과 같은 속력을 가진 전자와 양전자는 같은 운동 에너지를 갖는다. 에너지 보존 법칙 $K_f + U_f = K_i + U_i$로부터

$$0 + 0 + 0 = \frac{1}{2}mv_i^2 + \frac{1}{2}mv_i^2 + \frac{Kq_e q_p}{r_i} = mv_i^2 - \frac{Ke^2}{r_i}$$

이다. $r_i = 100\ \text{fm} = 1.0 \times 10^{-13}\ \text{m}$이므로 초기 속력의 최솟값은

$$v_i = \sqrt{\frac{Ke^2}{mr_i}} = 5.0 \times 10^7\ \text{m/s}$$

가 된다.

검토 v_i는 광속의 약 10% 정도로 '고전'적인 예측이 가능한 경계 부근이다. 만일 v_i가 더 크다면 상대론을 사용해야 한다.

여러 점전하

만일 2개 이상의 전하가 존재한다면 퍼텐셜 에너지는 모든 전하쌍이 만드는 퍼텐셜 에너지들의 합과 같다. 즉

$$U_{elec} = \sum_{i<j} \frac{Kq_i q_j}{r_{ij}} \tag{25.15}$$

이다. r_{ij}는 q_i와 q_j 사이의 거리이며, $i<j$는 각각의 전하쌍이 한 번씩만 더해진다는 것을 의미한다.

예제 25.4 | 전자의 배열

세 전자가 수직선 위에서 1.0 mm 간격으로 놓여 있다. 바깥에 위치한 두 전자는 고정되어 있다.

a. 중심부의 전자는 안정 평형 상태에 있는가 불안정 평형 상태에 있는가?

b. 중심부의 전자를 수평으로 약간 이동시킨 후 멀리 떨어졌을 때 속력은 얼마가 되는가?

핵심 에너지는 보존된다. 바깥에 위치한 두 전자는 움직이지 않기 때문에 이들의 퍼텐셜 에너지는 고려할 필요가 없다.

시각화 그림 25.12는 이 상황을 보여준다.

그림 25.12 세 전자

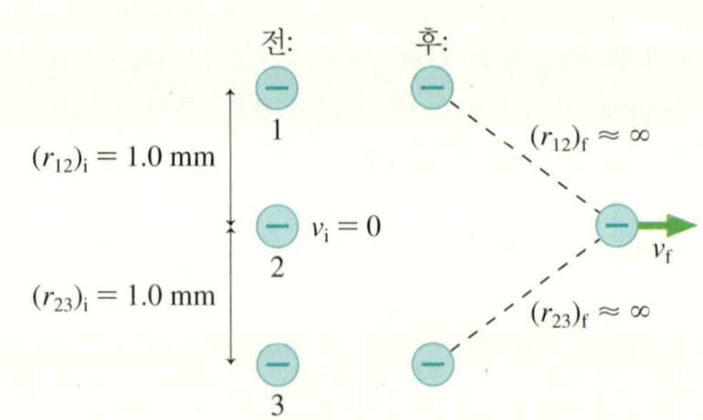

풀이 a. 두 전기력이 균형을 이루고 있기 때문에 중심부의 전자는 정확히 평형 상태에 있다. 그러나 만일 좌우로 조금이라도 움직이면 바깥쪽 전자가 주는 힘의 수평 성분 때문에 중심부의 전자는 멀리 밀려간다. 이것은 언덕 꼭대기에 놓인 물체처럼 불안정 평형 상태이다.

b. 전자가 조금 움직이면 멀리 밀려간다. 초기 변위가 매우 작다면 $(r_{12})_i = (r_{23})_i = 1.0$ mm이고, $v_i = 0$이다. '충분히 멀리' 가서 $r \to \infty$이면 $U_f \approx 0$이 된다. 이제 퍼텐셜 에너지는 2개의 항으로 이루어지며 에너지 보존 법칙 $K_f + U_f = K_i + U_i$로부터

$$\frac{1}{2}mv_f^2 + 0 + 0 = 0 + \left[\frac{Kq_1q_2}{(r_{12})_i} + \frac{Kq_2q_3}{(r_{23})_i}\right] = \left[\frac{Ke^2}{(r_{12})_i} + \frac{Ke^2}{(r_{23})_i}\right]$$

를 얻는다. 이 식을 풀면 다음과 같다.

$$v_f = \sqrt{\frac{2}{m}\left[\frac{Ke^2}{(r_{12})_i} + \frac{Ke^2}{(r_{23})_i}\right]} = 1000\ \text{m/s}$$

25.3 쌍극자의 퍼텐셜 에너지

대전된 입자와 중성 입자의 상호작용을 설명하는 모형이 바로 전기 쌍극자였다. 23장에서 전기장 내의 쌍극자는 돌림힘을 받는다는 사실을 배웠다. 균일한 전기장 내에서 전기 쌍극자의 퍼텐셜 에너지를 계산해봄으로써 그 그림을 완성할 수 있다.

그림 25.13은 전기장 $\vec{E}$ 내에 놓인 쌍극자를 나타낸다. 쌍극자 모멘트 $\vec{p}$는 크기가 $p=qs$이고 $-q$에서 $+q$ 쪽을 가리키는 벡터임을 상기하자. 힘 $\vec{F}_+$와 $\vec{F}_-$는 쌍극자에게 돌림힘을 제공한다. 그러나 이제 쌍극자가 각도 ϕ_i에서 ϕ_f까지 회전하는 동안 이 힘들이 쌍극자에게 한 일을 계산해보기로 하자.

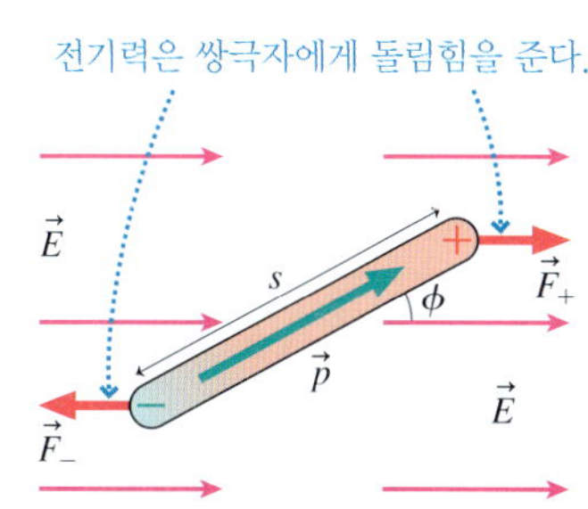

그림 25.13 쌍극자가 회전하는 동안 전기장은 일을 한다.

힘 성분 F_s가 작은 변위 ds방향으로 작용한다면, 이 힘이 한 일은 $dW=F_s ds$이다. 12장에서 공부한 회전 운동과 직선 운동의 유사성에 따르면, 돌림힘 τ는 힘에 해당하고, 각변위 $\Delta\phi$는 선형 변위에 대응한다. 따라서 돌림힘 τ에 의해서 작은 각 변위 $d\phi$가 생긴다면, 이 돌림힘이 한 일은 $dW=\tau d\phi$와 같다. 23장의 결과에 따르면, 그림 25.13의 쌍극자에 작용하는 돌림힘은 $\tau=-pE\sin\phi$이다. 여기서 음(−) 부호는 돌림힘이 시계 방향으로 작용하기 때문이다. 따라서 작은 각 $d\phi$만큼 회전하는 동안 전기장이 쌍극자에 한 일은

$$dW_{\text{elec}}=-pE\sin\phi\, d\phi \tag{25.16}$$

이다.

쌍극자가 ϕ_i에서 ϕ_f까지 회전하는 동안 전기장이 한 전체 일은

$$W_{\text{elec}}=-pE\int_{\phi_i}^{\phi_f}\sin\phi\, d\phi=pE\cos\phi_f-pE\cos\phi_i \tag{25.17}$$

가 된다. 쌍극자에 한 일과 관련된 퍼텐셜 에너지는

$$\Delta U_{\text{dipole}}=U_f-U_i=-W_{\text{elec}}(i\rightarrow f)=-pE\cos\phi_f+pE\cos\phi_i \tag{25.18}$$

이므로 식 (25.18)의 양변을 비교해보면, 균일한 전기장 $\vec{E}$에 놓인 전기 쌍극자 $\vec{p}$의 퍼텐셜 에너지는

$$U_{\text{dipole}}=-pE\cos\phi=-\vec{p}\cdot\vec{E} \tag{25.19}$$

와 같다. 그림 25.14는 쌍극자의 에너지 도형이다. 퍼텐셜 에너지는 쌍극자가 전기장 방향으로 배열되는 $\phi=0°$에서 최소이다. 이 점은 안정 평형 상태이다. 쌍극자가 전기장과 반대로 배열되는 $\phi=\pm180°$는 불안정 평형 상태이다. 이 점에서 조금 벗어나면 쌍극자가 회전하게 된다. 역학적 에너지가 E_{mech}인 마찰이 없는 쌍극자는 $\phi=0°$를 중심으로 반환점 사이에서 좌우로 진동한다.

그림 25.14 전기장 내에 놓인 쌍극자의 에너지

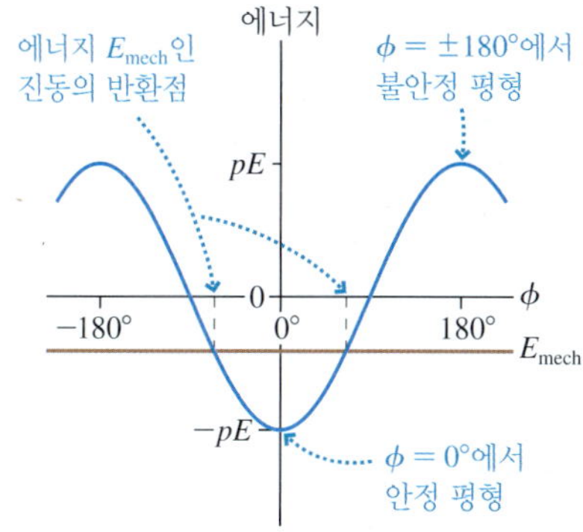

예제 25.5 | 회전하는 분자

물 분자는 쌍극자 모멘트가 6.2×10^{-30} Cm인 영구 전기 쌍극자이다. 세기가 1.0×10^7 N/C인 전기장 속에 물 분자가 정렬되어 있다. 이 분자를 90° 회전시키려면 얼마의 에너지가 필요한가?

핵심 분자는 최소 에너지 상태에 있다. 분자가 자발적으로 90° 회전하지는 않지만 다른 분자와의 충돌과 같은 외력에 의해서 회전될 수 있다.

풀이 분자는 $\phi_i = 0°$에서 $\phi_f = 90°$까지 회전한다. 퍼텐셜 에너지의 증가량은

$$\Delta U_{dipole} = U_f - U_i = -pE\cos 90° - (-pE\cos 0°)$$
$$= pE = 6.2 \times 10^{-23}\ \text{J}$$

이다. 이것이 분자를 90° 회전시키는 데 필요한 에너지이다.

검토 ΔU_{dipole}는 상온에서 $k_B T$보다 훨씬 작다. 그러므로 다른 분자와의 충돌을 통해서 물 분자의 회전에 필요한 에너지를 쉽게 공급받을 수 있기 때문에 전기장 방향으로 정렬된 상태를 유지할 수 없다.

25.4 전기 퍼텐셜

22장에서 장거리 작용의 어려움을 해결하기 위해서 **전기장**의 개념을 도입했다. 전기장은 두 전하 사이에 작용하는 힘을 매개한다. 전하 q_1은 자신의 주위에 전기장 $\vec{E}_1$을 만들면서 공간을 변화시킨다. 그러면 전하 q_2는 장에 반응하면서 $\vec{F} = q_2\vec{E}_1$의 힘을 느낀다.

우리는 전기장을 정의할 때 전기장을 만든 **원천전하**들과 그 전기장 내에 놓인 전하를 분리시켜서 생각했다. 전하 q가 받는 힘은 원천전하들이 만든 전기장과

전하 q가 받는 힘 = [전하 q] × [원천전하들이 만든 공간 변화]

와 같이 관련된다. 퍼텐셜 에너지의 경우도 유사한 방법으로 접근해보자. 전기 퍼텐셜 에너지는 전하 q와 원천전하들의 상호작용에 기인하므로

[q + 원천전하]의 퍼텐셜 에너지 = [전하 q] × [원천전하들이 만든 **퍼텐셜**]

과 같이 써보자. 그림 25.15는 이런 생각의 개략도를 보여준다.

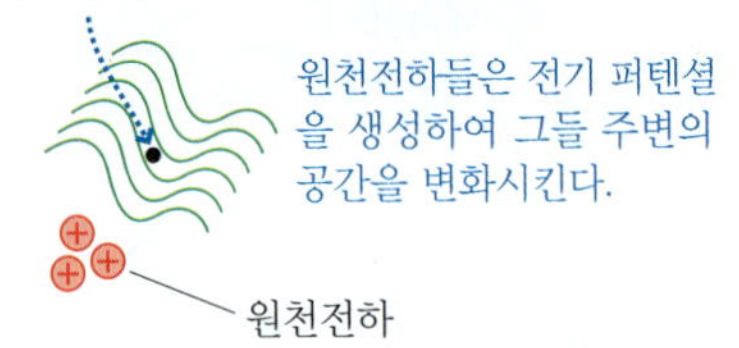

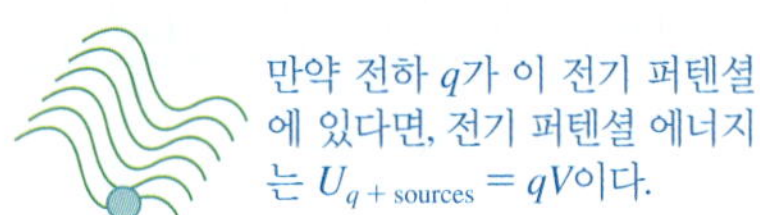

그림 25.15 원천전하들은 전기 퍼텐셜을 생성하여 그들 주변의 공간을 변화시킨다.

전기장과 유사하게, **전기 퍼텐셜**(electric potential, 또는 간단히 **퍼텐셜**) 또는 전위 V를

$$V \equiv \frac{U_{q+sources}}{q} \tag{25.20}$$

와 같이 정의할 것이다. 전하 q는 전기 퍼텐셜을 탐지하는 입자로 사용될 뿐이며, V의 값은 q에 무관하다. **전기장과 마찬가지로 전기 퍼텐셜은 원천전하들의 특성이다.** 그리고 전기장처럼, 전기 퍼텐셜은 원천전하 주변 공간을 채운다. 그것을 경험할 다른 전하가 있거나 없을 수 있다.

실제는, 원천전하들에 의해서 생성된 전기 퍼텐셜이 V인 공간 내에 전하 q를 놓았을 때 퍼텐셜 에너지를 구하는 것이 우리의 관심사이다. 식 (25.20)을 살펴보면, 전기 퍼텐셜 에너지는

$$U_{q+\text{sources}} = qV \qquad (25.21)$$

이다. 일단 전기 퍼텐셜이 결정되면 퍼텐셜 에너지를 구하기는 매우 쉽다.

전기 퍼텐셜의 단위는 **볼트**(volt) V라고 불리는 J/C이다. 즉,

$$1\text{ volt} = 1\text{ V} = 1\text{ J/C}$$

이다. 이 단위는 1800년에 전지를 발명한 볼타(Alessandro Volta)의 이름에서 유래되었다. μV(마이크로 볼트), mV(밀리 볼트), kV(킬로 볼트)가 보통 사용되는 단위이다.

이 건전지는 1.5 V라고 표시되어 있다. 곧 알게 되겠지만, 건전지는 전기 퍼텐셜의 근원이다.

전기 퍼텐셜의 활용

전기 퍼텐셜은 추상적인 개념이다. 따라서 그것의 의미와 사용법을 알기 위해서는 연습이 필요하다. 이제부터 글과 그림, 그래프, 유사한 예 등의 다양한 방법을 동원하여 전기 퍼텐셜을 설명할 것이다.

기본적으로 공간의 한 영역 안에 전기 퍼텐셜을 알면 대전된 입자가 그 영역을 통해 이동할 때 대전된 입자의 속력이 증가하거나 감소하는 것을 결정할 수 있다. 그림 25.16은 이것을 보여주고 있다. 여기에 영역 밖에 숨겨져 있는 원천전하 그룹이 왼쪽에서 오른쪽으로 증가하는 전기 퍼텐셜 V를 생성한다. 대전된 입자 q[양(+)으로 간주]는 전기 퍼텐셜 에너지 $U=qV$를 갖는다. 만약 입자가 오른쪽으로 이동한다면, 에너지 보존에 의해 전기 퍼텐셜 에너지는 증가하고 운동 에너지는 감소할 것이다. **양전하는 높은 전기 퍼텐셜 영역으로 움직일 경우 속력이 감소한다.**

표 25.1 전기 퍼텐셜과 전기 퍼텐셜 에너지 구별하기

전기 퍼텐셜은 원천전하들의 특징이며 전기장과 관련이 있다. 전기 퍼텐셜은 대전된 입자가 이를 경험하는지 여부에 상관없이 존재한다. J/C 또는 V 단위를 사용한다.
전기 퍼텐셜 에너지는 대전된 입자의 원천전하들과 상호작용하는 에너지이다. J 단위를 사용한다.

그림 25.16 전하가 퍼텐셜차 내에서 이동하면 속력이 증가하거나 감소한다.

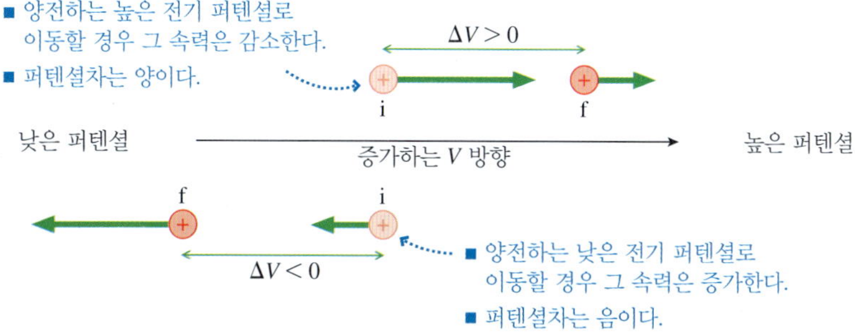

점 i와 점 f 사이의 **퍼텐셜차**(potential difference) $\Delta V = V_f - V_i$ 내에서 입자가 움직인다고 보는 것이 편리하다. 두 점 사이의 퍼텐셜차를 때때로 **전압**(voltage)이라고 한다. 오른쪽으로 움직이는 입자는 양의 퍼텐셜차($V_f > V_i$이기 때문에 $\Delta V > 0$)를 통해 움직인다. 양으로 대전된 입자는 양의 퍼텐셜차를 통해 움직이는 동안 그 입자의 속력이 감소한다고 말할 수 있다.

그림 25.16과 같이 왼쪽으로 움직이고 있는 이 입자는 전기 퍼텐셜이 감소하는 방향(음의 퍼텐셜차를 통해)으로 운동하고 퍼텐셜 에너지를 잃게 된다. 퍼텐셜 에너지

표 25.2 전기 퍼텐셜 내 움직이는 대전된 입자들

	전기 퍼텐셜	
	증가 ($\Delta V > 0$)	감소 ($\Delta V < 0$)
+전하	속력 감소	속력 증가
−전하	속력 증가	속력 감소

가 운동 에너지로 변환되면서 입자의 속도는 증가한다. 음으로 대전된 입자는 V가 감소할 때 퍼텐셜 에너지 qV는 증가하기 때문에 속력이 감소한다. 표 25.2에 이러한 개념들을 정리하였다.

만일 입자가 퍼텐셜차 ΔV 내에서 움직인다면, 입자의 퍼텐셜 에너지는 $\Delta U = q\Delta V$ 만큼 변하게 된다. 전기 퍼텐셜을 사용하여 $\Delta K + \Delta U = \Delta K + q\Delta V = 0$ 또는

$$K_f + qV_f = K_i + qV_i \tag{25.22}$$

로 에너지 보존의 방정식을 쓸 수 있다. 에너지 보존은 문제 해결을 위한 강력한 시각화의 근간이다.

문제 풀이 전략 25.1

전하들의 상호작용에서 에너지 보존

핵심 계를 정의한다. 가능하다면 역학적 에너지가 보존되는 독립적인 계로써 모형화한다.

시각화 전·후 그림으로 표현한다. 기호와 주어진 값들을 정리하여 찾고자 하는 것을 분명히 한다.

풀이 이 수학적 표현은 역학적 에너지 보존 법칙에 기초한 것이다.

$$K_f + qV_f = K_i + qV_i$$

- 문제에서 전기 퍼텐셜은 주어졌는가? 그렇지 않았다면 여러분은 점전하의 전기 퍼텐셜 또는 문제 풀이 전략 25.2(다음에 배울 과정)를 활용하여 계산된 전기 퍼텐셜을 사용할 필요가 있을 것이다.
- K_i와 K_f는 움직이는 모든 입자들의 운동 에너지의 총합이다.
- 어떤 문제들은 운동량 보존 또는 전하량 보존과 같은 추가적인 보존 법칙이 필요할지도 모른다.

검토 여러분의 결과가 옳은 단위와 유효 숫자를 만족하는지, 이치에 맞는지, 질문에 대한 답을 했는지를 점검한다.

예제 25.6 퍼텐셜차 내에서 전하 운동

전기 퍼텐셜 공간으로 양성자가 2.0×10^5 m/s 속력으로 진입하였다. 100 V의 퍼텐셜차 내에서 양성자가 이동했다면, 그 속력은 얼마인가? 만일 양성자를 전자로 바꾸면 나중 속력은 얼마인가?

핵심 이 계는 전기 퍼텐셜을 생성하는 보이지 않는 원천전하가 더해져 있다. 고립계이며 역학적 에너지는 보존된다.

시각화 그림 25.17은 퍼텐셜차 내에서 움직이는 대전된 입자의 전·후 그림 표현이다. 더 높은 전기 퍼텐셜 영역으로 이동할 때 양전하는 속력이 줄어들고($K \rightarrow U$), 음전하는 속력이 증가한다($U \rightarrow K$).

그림 25.17 퍼텐셜차 내에서 움직이는 대전된 입자

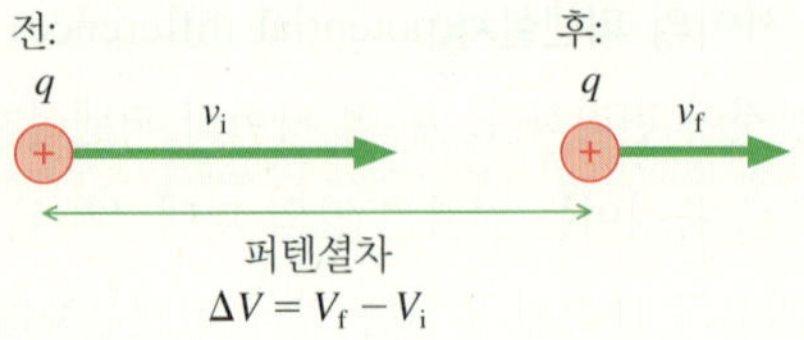

풀이 전하 q의 퍼텐셜 에너지는 $U = qV$이다. 전기 퍼텐셜로 표현된 에너지 보존은 $K_f + qV_f = K_i + qV_i$ 또는

$$K_f = K_i - q\Delta V$$

이며, $\Delta V = V_f - V_i$는 입자가 움직이는 공간의 퍼텐셜차이다. 에너지 보존을 속력으로 표현하면

$$\frac{1}{2}mv_f^2 = \frac{1}{2}mv_i^2 - q\Delta V$$

이므로 나중 속력은

$$v_f = \sqrt{v_i^2 - \frac{2q}{m}\Delta V}$$

이다. 따라서 $q = e$인 양성자의 나중 속력은

$$(v_f)_p = \sqrt{(2.0 \times 10^5\ \text{m/s})^2 - \frac{2(1.60 \times 10^{-19}\ \text{C})(100\ \text{V})}{1.67 \times 10^{-27}\ \text{kg}}}$$
$$= 1.4 \times 10^5\ \text{m/s}$$

와 같다. 전자는 $q = -e$이고 질량이 다르므로, $(v_f)_e = 5.9 \times 10^6$ m/s까지 속력이 증가한다.

검토 예상했던 대로 양성자의 속력은 감소하고 전자의 속력은 증가하였다. 겉으로 보이지 않는 원천전하들이 만든 전기 퍼텐셜이 공간 속에 항상 존재했음을 주목하라. 전자와 양성자는 전기 퍼텐셜의 생성에 기여하지 않는 대신에, 그 전기 퍼텐셜에 반응하면서 퍼텐셜 에너지 $U = qV$를 얻는다.

25.5 평행판 축전기 내의 전기 퍼텐셜

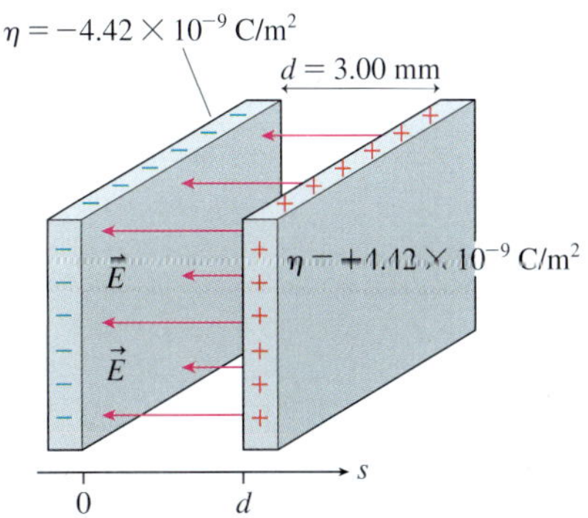

그림 25.18 평행판 축전기

이 장을 시작할 때부터 평행판 축전기 내에 놓인 전하의 퍼텐셜 에너지를 언급했다. 이제 그 전기 퍼텐셜을 살펴보자. 그림 25.18은 간격이 d이고 면전하 밀도가 각각 $\pm\eta$인 2개의 평행판 전극을 보여준다. 예를 들어, $d = 3.0$ mm, $\eta = 4.42 \times 10^{-9}$ C/m^{2}라고 두자. 23장에서 공부한 바와 같이, 축전기 내의 전기장은

$$\vec{E} = \left(\frac{\eta}{\epsilon_0}, \text{양에서 음으로}\right) \tag{25.23}$$
$$= (500\ \text{N/C}, \text{오른쪽에서 왼쪽으로})$$

이다. 이 전기장은 축전기 판에 분포된 **원천전하**에 기인한다.

25.1절에서 평행판 축전기가 만든 균일한 전기장 내에 놓인 전하 q의 전기 퍼텐셜 에너지는

$$U_{\text{elec}} = U_{q+\text{sources}} = qEs \tag{25.24}$$

이었다. 여기서, 상수항은 $U_0 = 0$으로 두었으며, U_{elec}는 축전기 판에 분포된 원천전하와 상호작용하는 전하 q의 에너지다.

우리의 새로운 관점은 전기 퍼텐셜 $V = U_{q+\text{sources}}/q$를 도입함으로써 전하 q의 역할과 축전기 판에 분포된 원천전하의 역할을 분리시키는 것이다. 따라서 평행판 축전기 내의 전기 퍼텐셜은

$$V = Es \quad \text{(평행판 축전기 내 전기 퍼텐셜)} \tag{25.25}$$

이다. 여기서, **s는 음극으로부터 측정한 거리이다.** 전기장과 마찬가지로, 전기 퍼텐셜은 축전기 내의 모든 점에 존재한다. 전기 퍼텐셜은 축전기 판에 분포된 원천전하들에 의해서 발생되기 때문에, 축전기 내에 전하 q의 존재 여부와 무관하게 항상 존재한다.

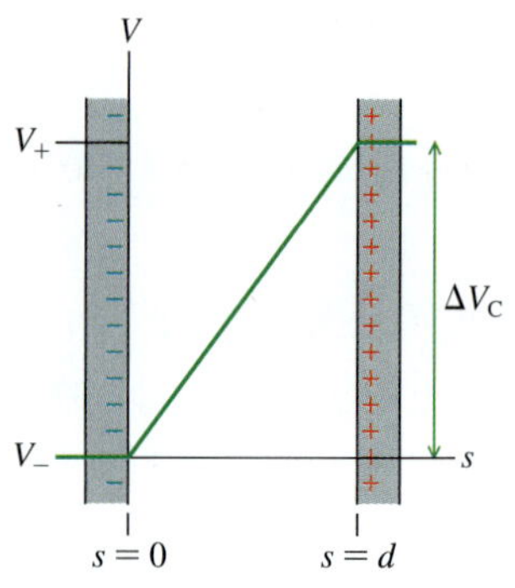

그림 25.19 평행판 축전기의 전기 퍼텐셜은 음극판에서 양극판으로 가면서 선형적으로 증가한다.

그림 25.19는 전기 퍼텐셜이 음극판으로부터 거리에 따라서 $V_- = 0$에서 양극판 $V_+ = Ed$까지 선형적으로 증가하는 중요한 특징을 나타내고 있다. 두 축전기 판 사이의 퍼텐셜차를 ΔV_C라 하고 정의하면

$$\Delta V_C = V_+ - V_- = Ed \tag{25.26}$$

이다. 앞 예의 경우, $\Delta V_C = (500\ \mathrm{N/C})(0.0030\ \mathrm{m}) = 1.5\ \mathrm{V}$이다. $1.5\ (\mathrm{Nm})/\mathrm{C} = 1.5\ \mathrm{J/C} = 1.5\ \mathrm{V}$이므로 단위는 잘 맞는다.

식 (25.26)은 흥미로운 의미를 갖는다. 지금까지 판의 면전하 밀도 η의 용어로 축전기의 내부 전기장을 계산했지만, 다른 방법으로 축전기 전압(즉, 축전기 판 사이의 퍼텐셜차) ΔV_C의 용어로 전기장 세기를 구할 수 있다는 것을 알려준다. 말하자면,

$$E = \frac{\Delta V_C}{d} \tag{25.27}$$

이다. 사실상 이것이 실제 응용에서 E를 구하는 방법이다. 왜냐하면 판의 전하 밀도 η를 알기는 어렵지만 전압계를 사용해서 ΔV_C를 측정하기는 쉽기 때문이다.

식 (25.27)은 전기장의 단위가 볼트/미터, 즉 V/m임을 말해준다. 지금까지 N/C을 전기장의 단위로 사용해왔다. 사실상 이 단위들은 여러분이 과제로 해결할 수 있는 것으로, 서로 등가임을 알 수 있다. 다시 말해,

$$1\ \mathrm{N/C} = 1\ \mathrm{V/m}$$

이다.

다시 전기 퍼텐셜로 돌아가서 식 (25.27)의 E를 식 (25.25)의 V에 대입하면 축전기 내부의 전기 퍼텐셜은

$$V = Es = \frac{s}{d}\Delta V_C \tag{25.28}$$

가 된다. 전기 퍼텐셜은 음극판($s=0$)의 $V_- = 0\ \mathrm{V}$에서 양극판($s=d$)의 $V_+ = \Delta V_C$까지 선형적으로 증가한다.

전기 퍼텐셜 가시화하기

여러 가지 형태의 그림으로 축전기 내의 전기 퍼텐셜을 나타내 보기로 하자.

이들 네 가지 그림은 같은 정보를 각각 다른 관점에서 보여주고 있으며, 연결선들은 그들 사이의 관계를 이해하는 데 도움이 될 것이다. 만일 3차원 등고면을 '산'으로 간주한다면, 등고선은 높이를 나타낸다.

전기 퍼텐셜 그래프와 등고선 지도는 쉽게 그릴 수 있기 때문에 실제로 가장 많이 사용되는 표현이다. 그들의 한계는 3차원 정보를 2차원으로 나타내고자 하는 데 있다. 이들을 볼 때, 여러분은 입체적으로 나타낸 등퍼텐셜면이나 3차원 등고면 그래프와 연관시켜서 생각할 필요가 있다.

등퍼텐셜면이나 2차원 등고선을 그릴 때, 앞에서 0.5 V 간격을 선택했는데, 전기

축전기 내부 전기 퍼텐셜의 그림 표현

전기 퍼텐셜 대 s의 그래프. 전기 퍼텐셜이 음극의 0.0 V에서 양극의 1.5 V까지 증가하는 것을 볼 수 있다.

입체적으로 나타낸 면은 전기 퍼텐셜이 같은 면(**등퍼텐셜면**)을 의미한다. 이 면은 물리적인 면이 아니고 모든 점에서 V가 동일한 수학적인 면이다. 축전기에서 등퍼텐셜면은 축전기 판에 평행한 평면이다. 축전기 판도 등퍼텐셜면이다.

2차원 **등고선 지도**. 등퍼텐셜면과 축전기 판의 모서리를 보여준다. 따라서 지면의 안과 밖으로 면이 뻗어 있다고 생각해야 한다.

3차원 **등고면 그래프**. 수직축은 전기 퍼텐셜이고, 수평축의 하나는 s좌표이고 다른 하나는 'yz좌표'로 나타낸 그림이다. 등고면 그래프의 오른쪽 단면은 전기 퍼텐셜 그래프를 보여준다.

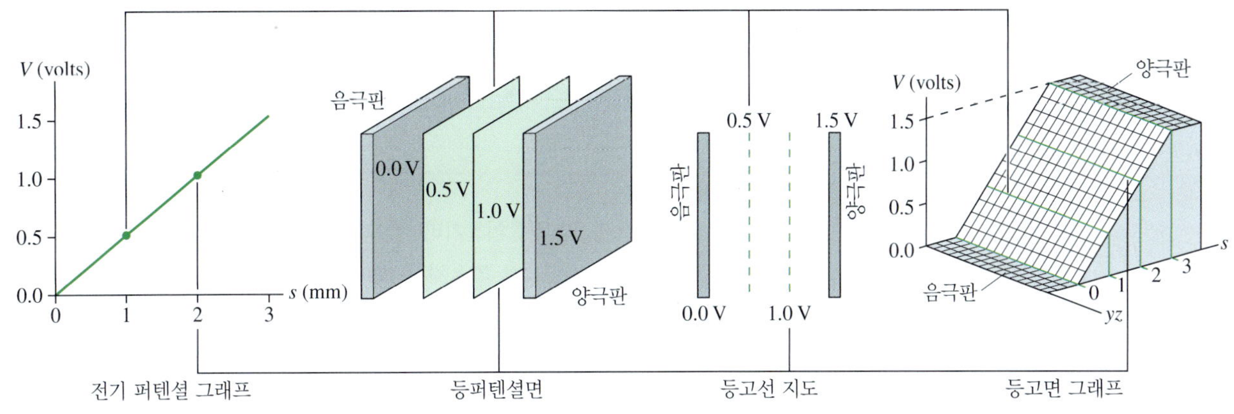

퍼텐셜의 구간은 편리에 따라서 바꿔도 좋다. 그림 25.20은 0.3 V 간격으로 그린 2차원 등고선이 어떠한지를 보여준다. 등고선들과 등퍼텐셜면들은 가상의 선으로써 공간 상에 전기 퍼텐셜이 어떻게 변화하는지를 시각화하는 데 도움이 된다. 지도를 그리는 것은 등고선과 등퍼텐셜면 위의 점들뿐만 아니라 축전기 내부의 모든 점에 전기 퍼텐셜이 존재한다는 생각을 강화시켜줄 것이다.

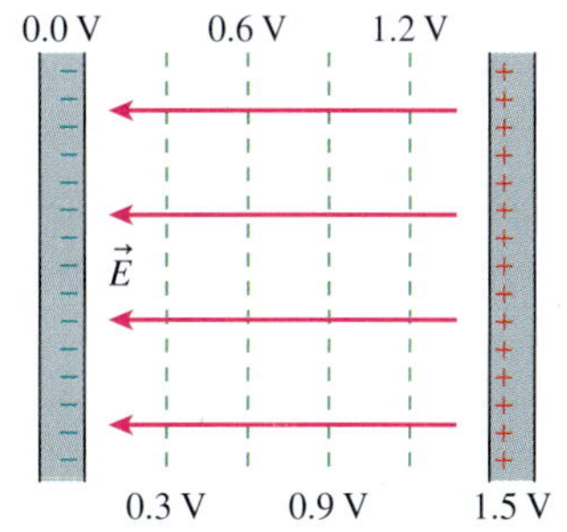

그림 25.20 전기 퍼텐셜의 등고선과 평행판 축전기 내부의 전기장 벡터

그림 25.20은 또한 다음과 같이 전기장 벡터를 보여준다.

- 전기장 벡터는 등퍼텐셜면에 수직이다.
- 전기 퍼텐셜은 전기장이 가리키는 방향을 따라가면서 감소한다. 다시 말해, 전기장은 전기 퍼텐셜 그래프 또는 지도에서 '내리막'을 가리킨다.

26장에서 전기장과 전기 퍼텐셜 사이의 관계를 더욱 깊게 살펴볼 것이고, 그렇게 되면 앞의 진술이 항상 사실임을 깨닫게 될 것이다. 이 사실은 평행판 축전기에 국한된 것만은 아니다.

끝으로 여러분은 "면전하 밀도를 어떻게 정확히 4.42×10^{-9} C/m^{2}로 맞출 수 있을까?"에 의문을 가질지 모른다. 매우 단순하다! 그림 25.21과 같이, 3.00 mm 이격되어 있는 축전기 판을 1.5 V 전지에 연결하면 된다. 이것은 26장에서 공부할 주제이지만, **전지가 전기 퍼텐셜의 원천임**을 지금 아는 것이 필요하다. 이 때문에 전지의 성능이 볼트(V)로 표시되는 것이며, 우리가 전기 퍼텐셜의 개념을 충분히 숙지해야 하는 이유이기도 하다.

그림 25.21 전지를 사용해서 축전기를 ΔV_C값으로 충전하기

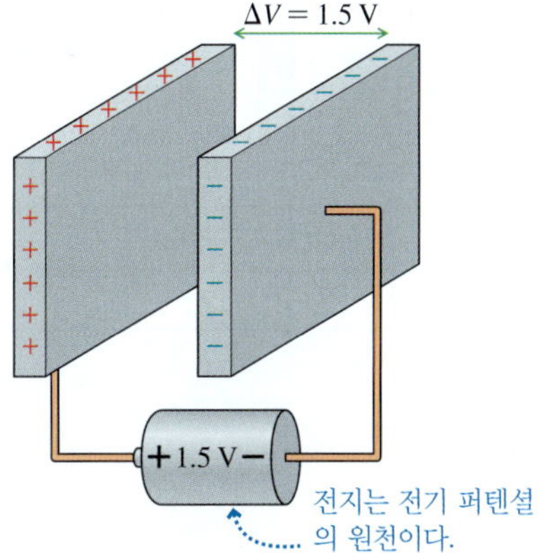

예제 25.7 양성자의 속력 측정하기

여러분은 작은 가속기에서 나오는 양성자의 속력을 측정하는 과제를 부여 받았다. 양성자를 멈추기 위해 평행판 축전기에 얼마나 많은 전압이 필요한지를 측정하기로 결정한다. 평행판 축전기 간격은 2.0 mm이고 한쪽 판에는 작은 구멍이 있어 그곳을 통해 양성자들을 쏜다. 평행판 축전기 사이에 채워진 밀도가 낮은 기체 때문에 여러분은 양성자가 기체 분자와 충돌하고 발생시키는 지점에서 약간의 반짝임을 (현미경으로) 볼 수 있다. 이 빛의 폭은 양성자가 멈추고 진행 방향을 바꾸기 전에 얼마나 멀리 여행하였는지를 말해준다. 축전기에 다양한 전압을 인가했을 경우 다음과 같이 측정되었다.

전압 (V)	빛의 폭 (mm)
1000	1.7
1250	1.3
1500	1.1
1750	1.0
2000	0.8

양성자의 속력은 얼마이겠는가?

핵심 이 계는 양성자가 축전기 전하에 더해졌다. 고립계이며 역학적 에너지는 보존된다.

시각화 그림 25.22는 초기 속력 v_i로 축전기에 진입하고 거리 $s_f=$ 빛의 폭만큼 이동한 후 나중 속력이 $v_f=0$ m/s로 반환점에 도달하는 양성자의 전·후 그림 표현을 보여준다. 양성자의 속력을 감속시키기 위해 양성자는 음극판의 구멍을 통해서 축전기 내부로 진입한다. 이 지점에서 s축은 $s=0$이다.

그림 25.22 축전기 내 멈춘 양성자

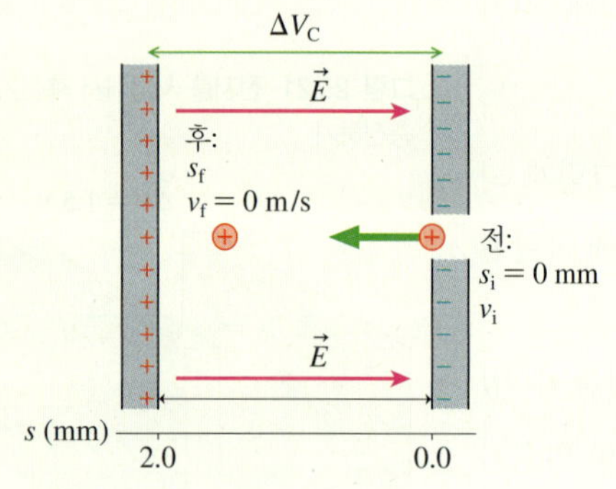

풀이 양성자의 전하는 $q=e$이므로 에너지 보존 방정식은 $K_f+eV_f=K_i+eV_i$이다. 초기 퍼텐셜 에너지는 0이다. 왜냐하면 이 축전기의 전기 퍼텐셜은 $s_i=0$에서 0이며 나중 운동 에너지가 0이기 때문이다. 식 (25.28)로부터 축전기 내부의 전기 퍼텐셜 에너지를 다음과 같이 표현할 수 있다.

$$eV_f = e\left(\frac{s_f}{d}\Delta V_C\right) = K_i = \tfrac{1}{2}mv_i^2$$

이동한 거리에 대해서 정리하면

$$s_f = \frac{dmv_i^2}{2e}\frac{1}{\Delta V_C}$$

이다. 따라서 이동거리 대 축전기 전압의 역수 그래프는 y절편이 없는 직선으로 기울기가 $dmv_i^2/2e$이다. 여러분은 양성자의 속력을 구하기 위해 실험적으로 획득한 이 기울기를 사용할 수 있다.

그림 25.23은 s_f-$1/\Delta V_C$ 그래프이다. 이 그래프는 예상했던 형태이며 가장 잘 맞는 직선의 기울기는 1.72 V/m로 보여진다. 이 기울기를 사용하여 양성자의 속력을 계산하면 다음과 같다.

$$v_i = \sqrt{\frac{2e}{dm}\times 기울기} = \sqrt{\frac{2(1.60\times10^{-19}\text{ C})(1.72\text{ V m})}{(0.0020\text{ m})(1.67\times10^{-27}\text{ kg})}}$$
$$= 4.1\times10^5\text{ m/s}$$

검토 거시적인 물체의 경우 매우 빠른 속력이지만 대전된 입자의 속력으로는 매우 전형적이다.

그림 25.23 측정값 그래프

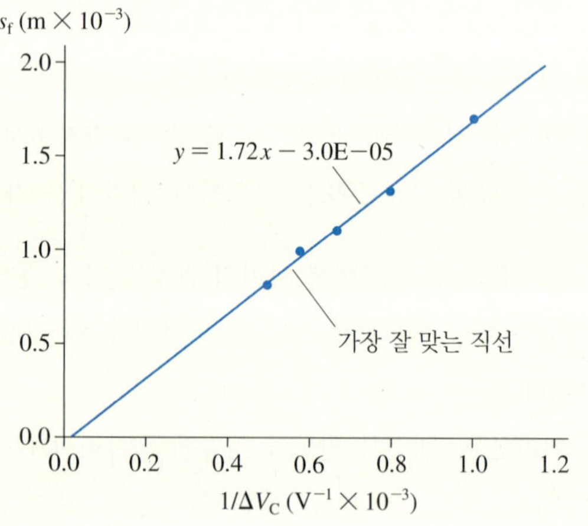

지금까지 음극판의 전기 퍼텐셜을 $V_-=0$ V로 가정했으나, 다른 값을 선택해도 좋다. 그림 25.24는 퍼텐셜차가 $\Delta V_C = V_+ - V_- = 100$ V로 같지만 전기 퍼텐셜의 영점이

그림 25.24 $V = 0$에 대한 다음의 세 가지 선택은 물리적으로 동일한 상황을 나타낸다. 이것들은 등퍼텐셜면의 가장자리를 나타내는 등고선 지도이다.

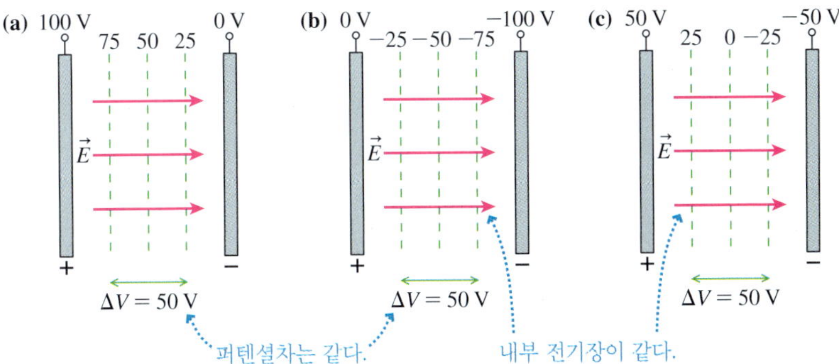

다른 세 가지 평행판 축전기를 보여준다. 건전지 또는 전원 공급 장치의 전기 퍼텐셜이 각 판에 적용되는 방법을 보여주는 **단자 기호**(끝에 작은 원이 있는 선)을 확인하라. 이 기호는 전자 공학에서 일반적이다.

중요한 것은 그림 25.24의 세 가지 경우는 **물리적으로 동일한 상황**을 나타낸다는 사실이다. 세 가지 그림에서 임의의 두 점 사이의 퍼텐셜차는 동일하며, 전기장도 동일하다. 우리는 세 가지 가운데 어느 하나를 선택해도 좋으며, 이들 사이의 물리적 차이는 없다.

25.6 점전하의 전기 퍼텐셜

또 하나의 중요한 예는 점전하의 전기 퍼텐셜이다. 그림 25.25는 원천전하 q가 만든 전기 퍼텐셜과 그 전기 퍼텐셜을 탐지하는 두 번째 전하 q'을 보여준다. 두 점전하의 퍼텐셜 에너지는

$$U_{q'+q} = \frac{1}{4\pi\epsilon_0}\frac{qq'}{r} \tag{25.29}$$

이다. 정의에 따르면, 전하 q의 전기 퍼텐셜은

$$V = \frac{U_{q'+q}}{q'} = \frac{1}{4\pi\epsilon_0}\frac{q}{r} \quad \text{(점전하의 전기 퍼텐셜)} \tag{25.30}$$

가 된다.

그림 25.25 전하 q의 전기 퍼텐셜 측정하기

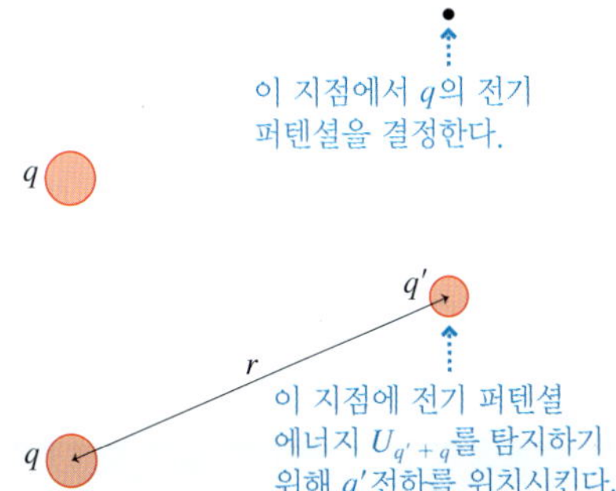

식 (25.30)의 전기 퍼텐셜은 전하 q의 영향이 공간 전체에 퍼져 있으며, 그 영향이 거리에 따라서 $1/r$로 약해지고 있음을 나타낸다. V에 대한 이 표현은 $r = \infty$에서 $V = 0$ V라고 선택한 결과이다. 이것은 점전하에 대한 가장 논리적인 선택이다. 왜냐하면 전하 q의 영향이 무한대에서 사라지기 때문이다.

전하 q의 전기 퍼텐셜에 대한 이런 표현은 전하 q의 전기장에 대한 표현과 유사하다. 눈에 띄는 차이점은 V는 $1/r$의 함수이고, $\vec{E}$는 $1/r^2$에 따라서 변한다는 것이다. 그

러나 전기장은 벡터인 반면에 **전기 퍼텐셜은 스칼라**라는 점도 주목해야 한다. 따라서 벡터인 전기장보다 스칼라인 전기 퍼텐셜을 사용하는 것이 수학적으로 훨씬 더 쉽다.

예를 들어, 전하가 +1.0 nC으로부터 1 cm 떨어진 곳의 전기 퍼텐셜은

$$V_{1\text{ cm}} = \frac{1}{4\pi\epsilon_0}\frac{q}{r} = (9.0\times10^9\ \text{N m}^2/\text{C}^2)\,\frac{1.0\times10^{-9}\ \text{C}}{0.010\ \text{m}} = 900\ \text{V}$$

이다. 1 nC은 마찰로 생기는 정전기 전하의 대표적인 크기이다. 그 전하가 주변에 상당히 큰 전기 퍼텐셜을 형성함을 볼 수 있다. 우리는 그런 '고전압'에 닿을 때 왜 충격을 받거나 다치지 않을까? 충격의 정도는 전기 퍼텐셜이 아니고 전류의 결과이다. 어떤 고전압원은 충분한 전류를 제공할 능력이 없다. 28장에서 이 문제를 살펴볼 것이다.

그림으로 나타낸 점전하의 전기 퍼텐셜

그림 25.26은 점점하의 전기 퍼텐셜을 네 가지의 다른 그림으로 나타낸 것이다. 이들은 축전기의 전기 퍼텐셜과 비교될 수 있는데, 점전하와 축전기를 서로 비교해보는 것은 의미가 있다. 이 그림에서 q는 양이라 가정하였지만, q가 음일 때 그림이 어떻게 달라질 것인지를 생각해보기 바란다.

그림 25.26 점전하의 전기 퍼텐셜에 대한 네 가지의 다른 그림들

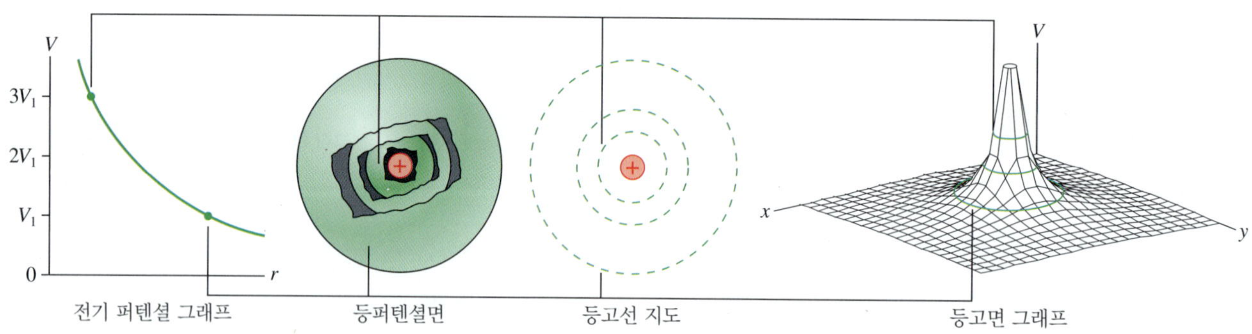

대전된 구의 전기 퍼텐셜

실제로 여러분은 점전하보다 총 전하가 Q이고 반지름이 R인 대전된 구를 더 자주 접하게 된다. 균일하게 대전된 구 외부의 전기 퍼텐셜은 중심에 놓인 점전하 Q가 만드는 전기 퍼텐셜과 같다. 즉 다음과 같이 쓸 수 있다.

$$V = \frac{1}{4\pi\epsilon_0}\frac{Q}{r} \quad (\text{구전하},\ r \geq R) \tag{25.31}$$

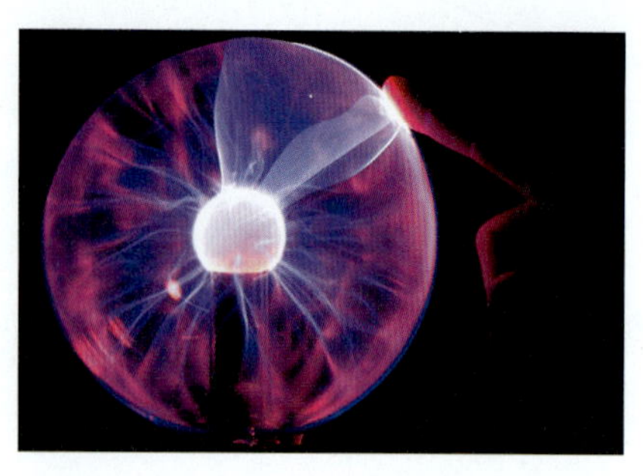

플라스마 공은 속이 빈 유리구 속에 놓인 2000 V까지 충전된 작은 금속구이다. 고전압의 공이 만든 전기장은 이 기압에서 기체를 방전시키기에 충분하며, 공과 유리구 사이에서 '번개'를 만든다.

앞으로 이 결과를 더 유용한 표현으로 바꿀 수 있다. 예를 들면, "벤은 구를 3000 V까지 충전시켰다."처럼 구 전극을 어떤 전기 퍼텐셜까지 충전시킨다고 말하는 것이 일반적이다. 구 표면에서의 전기 퍼텐셜을 V_0라고 두면 식 (25.31)로부터

$$V_0 = V(\text{at } r = R) = \frac{Q}{4\pi\epsilon_0 R} \tag{25.32}$$

이다. 결과적으로 전기 퍼텐셜 V_0까지 대전된 반지름 R인 구의 총 전하는

$$Q = 4\pi\epsilon_0 R V_0 \tag{25.33}$$

와 같다. Q에 대한 이 표현을 식 (25.31)에 대입하면, 전기 퍼텐셜 V_0까지 대전된 구 외부의 전기 퍼텐셜은

$$V = \frac{R}{r} V_0 \quad (\text{대전된 구의 전기 퍼텐셜 } V_0) \tag{25.34}$$

와 같이 나타낼 수 있다. 식 (25.34)는 구의 전기 퍼텐셜이 표면에서 V_0이고 거리에 반비례하면서 감소함을 보여준다. $r = 3R$에서 전기 퍼텐셜은 $\frac{1}{3}V_0$이다.

예제 25.8 | 양성자와 대전된 구

+1000 V까지 충전된 지름 1.0 cm인 구전하의 표면에 양성자를 가만히 놓았다.

a. 구 표면의 전하는 얼마인가?

b. 구 표면으로부터 1.0 cm 떨어진 곳에서 양성자의 속력은 얼마인가?

핵심 에너지는 보존된다. 대전된 구 외부의 전기 퍼텐셜은 중심에 놓인 점전하의 전기 퍼텐셜과 같다.

시각화 그림 25.27은 이 상황을 보여준다.

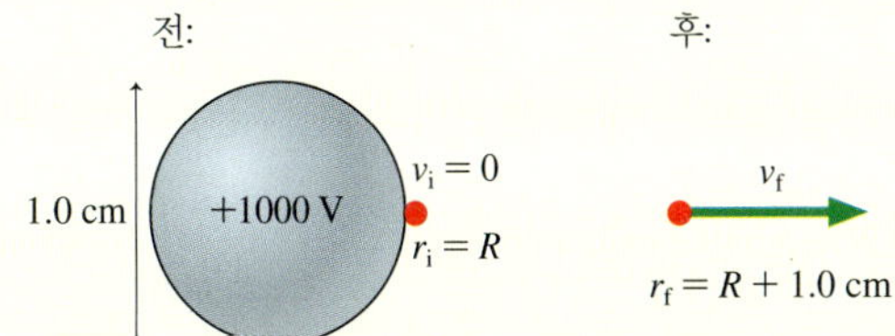

그림 25.27 구와 양성자

풀이 a. 구의 전하는 다음과 같다.

$$Q = 4\pi\epsilon_0 R V_0 = 0.56 \times 10^{-9}\ \text{C} = 0.56\ \text{nC}$$

b. $V_0 = +1000$ V까지 충전된 구는 양전하를 띤다. 이 구는 양성자를 밀어내기 때문에 양성자는 구로부터 멀어진다. 구의 전기 퍼텐셜에 대한 식 (25.34)와 에너지 보존 법칙 $K_f + eV_f = K_i + eV_i$로부터

$$\tfrac{1}{2}mv_f^2 + \frac{eR}{r_f}V_0 = \tfrac{1}{2}mv_i^2 + \frac{eR}{r_i}V_0$$

를 얻는다. 양성자는 구의 표면에서 출발하므로 $r_i = R$이고, $v_i = 0$이다. 구의 표면으로부터 1.0 cm 떨어진 곳에 도달한 양성자는 $r_f = 1.0\ \text{cm} + R = 1.5$ cm이다. 이것을 위 식에 대입하면

$$v_f = \sqrt{\frac{2eV_0}{m}\left(1 - \frac{R}{r_f}\right)} = 3.6 \times 10^5\ \text{m/s}$$

가 된다.

검토 이 예제는 전기 퍼텐셜과 퍼텐셜 에너지의 개념이 어떻게 연관되는지를 설명하고 있다. 이들은 동일한 개념이 아니다.

25.7 여러 전하의 전기 퍼텐셜

여러 전하 q_1, q_2, …가 있다고 하자. 공간의 한 점에서 전기 퍼텐셜 V는 각 전하가 만든 전기 퍼텐셜들을 더한 것과 같다. 즉

$$V = \sum_i \frac{1}{4\pi\epsilon_0}\frac{q_i}{r_i} \tag{25.35}$$

이며, r_i는 전하 q_i로부터 전기 퍼텐셜을 구하는 지점까지의 거리이다. 다시 말해, **전기장과 마찬가지로 전기 퍼텐셜에 대해서도 중첩의 원리가 성립한다.**

예와 같이, 그림 25.28에 주어진 등고선 지도와 등고면 그래프는 전기 쌍극자의 전기 퍼텐셜이 양전하와 음전하의 전기 퍼텐셜들을 더한 것임을 보여준다. 이런 전기 퍼텐셜들은 실제로 많이 사용된다. 예를 들어, 피부 위에서 '등퍼텐셜선'을 측정하면, 몸속의 전기적 활동을 관찰할 수 있다. 그림 25.28c를 보면 심장 근처에서 등퍼텐셜선들이 왜곡되어 있어서 전기 쌍극자의 존재를 확인할 수 있다.

그림 25.28 전기 쌍극자의 전기 퍼텐셜

(a) 등고선 지도

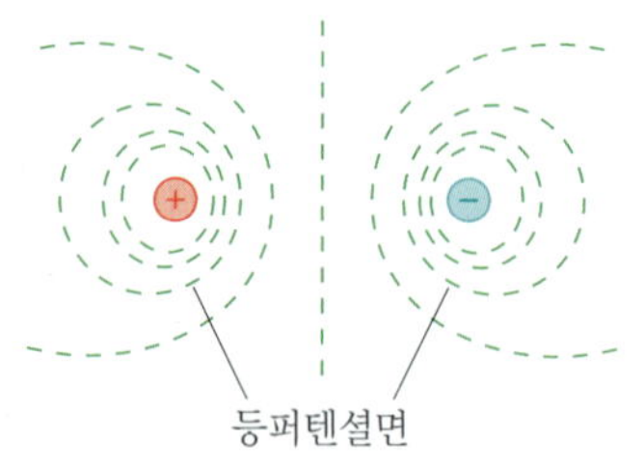

(b) 등고면 그래프

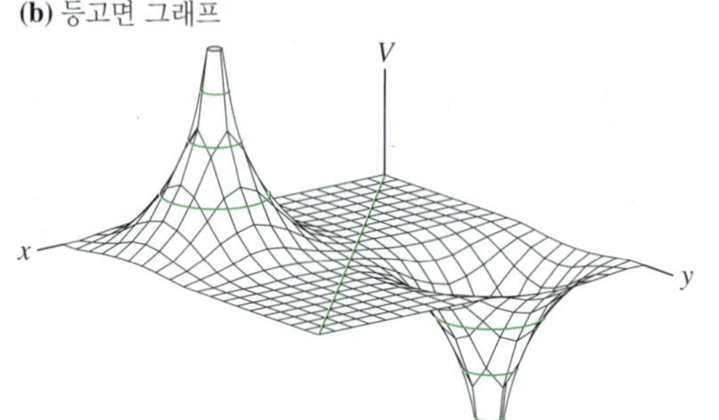

(c) 심장 주위 등퍼텐셜들

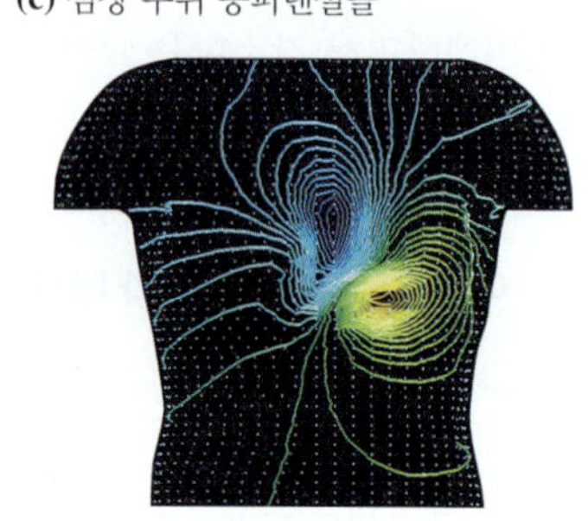

예제 25.9 두 전하의 전기 퍼텐셜

그림 25.29에 표시된 지점에서 전기 퍼텐셜은 얼마인가?

핵심 전기 퍼텐셜은 각 전하가 만든 전기 퍼텐셜의 합이다.

풀이 $V = \frac{1}{4\pi\epsilon_0}\frac{q_1}{r_1} + \frac{1}{4\pi\epsilon_0}\frac{q_2}{r_2}$

$$= (9.0 \times 10^9\ \mathrm{N\,m^2/C^2})\left(\frac{2.0 \times 10^{-9}\ \mathrm{C}}{0.050\ \mathrm{m}} + \frac{-1.0 \times 10^{-9}\ \mathrm{C}}{0.040\ \mathrm{m}}\right)$$

$$= 135\ \mathrm{V}$$

검토 전기 퍼텐셜은 스칼라이므로 두 숫자를 더해서 알짜 전기 퍼텐셜을 구할 수 있다. 전기 퍼텐셜을 구할 때는 각도나 성분 등이 필요하지 않다.

그림 25.29 두 전하의 전기 퍼텐셜 구하기

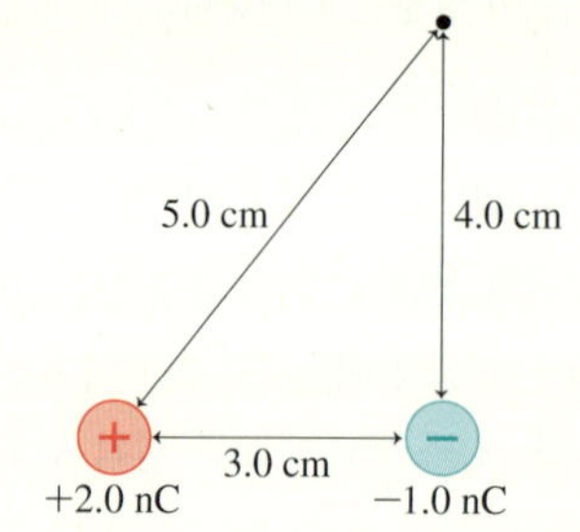

연속 전하 분포

식 (25.35)의 개념은 막대 또는 원판 전하와 같이 연속으로 분포하는 전하의 전기 퍼텐셜을 구할 때도 적용된다. 그 과정은 23장에서 배웠던 연속 전하 분포의 전기장을 구하는 방법과 유사하지만, 전기 퍼텐셜이 스칼라이기 때문에 더 쉽다. 전하들이 물체에 동일한 간격으로 분포해 있다는 의미에서 균일하게 대전되어 있다고 가정할 것이다.

문제 풀이 전략 25.2

연속 전하 분포의 전기 퍼텐셜

핵심 단순한 형태로 전하 분포를 모형화한다.

시각화 그림 표현

- 그림을 그리고, 좌표계를 설정하고, 전기 퍼텐셜을 구하고자 한 지점 P를 확인한다.
- 총 전하 Q를 여러분이 V를 구하는 방법으로 이미 알고 있는 형태를 활용하여 ΔQ로 잘게 나눈다. 종종 점전하 형태가 되기도 한다.
- 계산에 필요한 거리를 확인한다.

풀이 수학적 표현은 $V = \sum V_i$이다.

- P에서 대수적 표현 형태를 위해 중첩의 원리를 활용한다. 점 좌표를 변수 (x, y, z)로 한다.
- 작은 전하량 ΔQ를 **전하 밀도**와 dx와 같은 **좌표**와 관련된 표현으로 대체한다. 이것은 통합 변수로 사용할 좌표가 필요하므로 **합에서 적분으로 전환하는 중요한 단계이다.**
- 모든 거리는 좌료로 표현되어야 한다.
- 합을 적분이 되게 한다. 적분 한계는 여러분이 선택한 좌표계에 따라 다르다.

검토 전기 퍼텐셜이 무엇인지 알고 있는 극한과 결과가 일치하는지 확인한다.

예제 25.10 전하 고리의 전기 퍼텐셜

반지름이 R인 얇은 고리에 총 전하 Q가 균일하게 분포해 있다. 고리축 위의 z 거리에서 전기 퍼텐셜은 얼마인가?

핵심 고리가 얇기 때문에 전하는 반지름 R인 원주 위에 있다고 가정한다.

시각화 그림 25.30은 문제 풀이 전략의 시각화를 보여준다. 고리는 xy면에 놓여 있고, 점 P는 z축 위에 있다고 하자. 고리를 ΔQ의 전하를 가진 N개의 작은 구간으로 나누고, 각 구간을 점전하로 간주한다. 구간 i에서 점 P까지의 거리를 r_i라고 두면

$$r_i = \sqrt{R^2 + z^2}$$

이다. 모든 구간에 대해서 r_i는 상수임에 주목하라.

그림 25.30 전하 고리의 전기 퍼텐셜 구하기

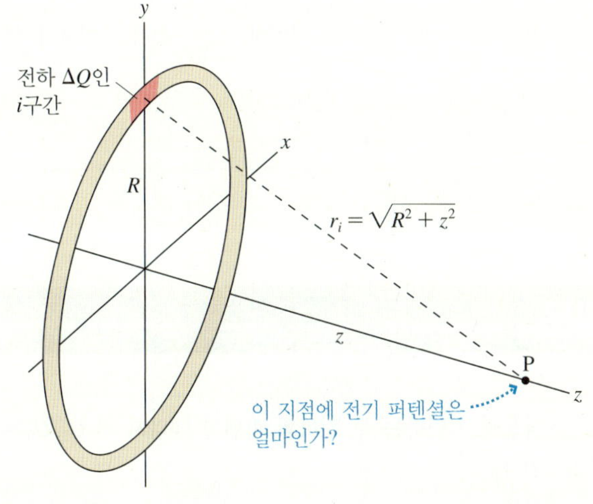

풀이 점 P의 전기 퍼텐셜은 각 구간의 전하가 만든 전기 퍼텐셜을 더한 값이다. 즉

$$V = \sum_{i=1}^{N} V_i = \sum_{i=1}^{N} \frac{1}{4\pi\epsilon_0}\frac{\Delta Q}{r_i} = \frac{1}{4\pi\epsilon_0}\frac{1}{\sqrt{R^2 + z^2}}\sum_{i=1}^{N}\Delta Q$$

이다. z는 Σ의 i와 무관하므로 z를 포함하고 있는 모든 항을 앞으로 보낼 수 있다. 계산을 위해서 합을 적분으로 바꿀 필요가 없다는 것은 놀랍다. 각 구간의 전하 ΔQ를 모두 더하면 총 전하 Q가 된다. 즉 $\Sigma(\Delta Q) = Q$이므로 전하 고리 축 위에서 전기 퍼텐셜은

$$V_{\text{ring on axis}} = \frac{1}{4\pi\epsilon_0}\frac{Q}{\sqrt{R^2 + z^2}}$$

이다.

검토 고리로부터 먼 곳에서 고리는 점전하 Q처럼 행동한다. 따라서 $z \gg R$에서 고리의 전기 퍼텐셜은 점전하의 전기 퍼텐셜과 같다. 즉, $z \gg R$에서 $V_{\text{ring}} \approx Q/4\pi\epsilon_0 z$이며, 이것은 점전하 Q의 전기 퍼텐셜이다.

응용 예제 25.11 대전된 원판의 전기 퍼텐셜

반지름이 R인 얇은 플라스틱 원판에 총 전하가 Q가 될 때까지 전하를 균일하게 분포되도록 하였다.

a. 원판의 축을 따라 거리 z에서의 전기 퍼텐셜은 얼마인가?

b. 전자가 지름 35.0 cm이고 +5.00 nC으로 대전된 원판으로부터 1.00 cm만큼 떨어져 있다. 전자의 퍼텐셜 에너지는 얼마인가?

핵심 두께는 무시할 수 있고 반지름은 R이며 전하는 Q로 균일하게 대전된 원판으로 간주하자. 이 원판의 균일한 표면 전하 밀도는 $\eta = Q/A = Q/\pi R^2$이다. 전하 고리의 축선상 퍼텐셜을 활용할 수 있다.

시각화 그림 25.31에서와 같이 원판을 xy평면에 위치시키고 점 P를 거리 z에 놓는다. 그런 후 폭이 Δr인 고리로 원판을 나눈다. 고리 i는 반지름 r_i와 전하 ΔQ_i를 갖는다.

풀이 a. 고리 i의 z에서의 전기 퍼텐셜을 알기 위해 예제 25.10의 결과를 사용한다.

$$V_i = \frac{1}{4\pi\epsilon_0}\frac{\Delta Q_i}{\sqrt{r_i^2 + z^2}}$$

모든 고리에 의한 점 P에서 전기 퍼텐셜은 V_i의 합이다.

$$V = \sum_i V_i = \frac{1}{4\pi\epsilon_0}\sum_{i=1}^{N}\frac{\Delta Q_i}{\sqrt{r_i^2 + z^2}}$$

중요한 단계는 ΔQ_i를 좌표와 연관시키는 것이다. 이제 선보다 면이기 때문에 고리 i의 전하는 $\Delta Q_i = \eta\Delta A_i$이다. 여기서 ΔA_i는 고리 i의 넓이이다. ΔA_i는 밑변이 $2\pi r_i$이고 높이가 Δr_i인 좁은 직사각형 형태의 펼쳐진 고리로 간주함으로써 그 넓이를 구할 수 있다. 따라서 고리 i의 넓이 $\Delta A_i = 2\pi r_i \Delta r$이며 그 전하는

$$\Delta Q_i = \eta\,\Delta A_i = \frac{Q}{\pi R^2}2\pi r_i\,\Delta r = \frac{2Q}{R^2}r_i\,\Delta r$$

이다. 이를 바탕으로 점 P에서 전기 퍼텐셜은

$$V = \frac{1}{4\pi\epsilon_0}\sum_{i=1}^{N}\frac{2Q}{R^2}\frac{r_i\,\Delta r_i}{\sqrt{r_i^2 + z^2}} \to \frac{Q}{2\pi\epsilon_0 R^2}\int_0^R \frac{r\,dr}{\sqrt{r^2 + z^2}}$$

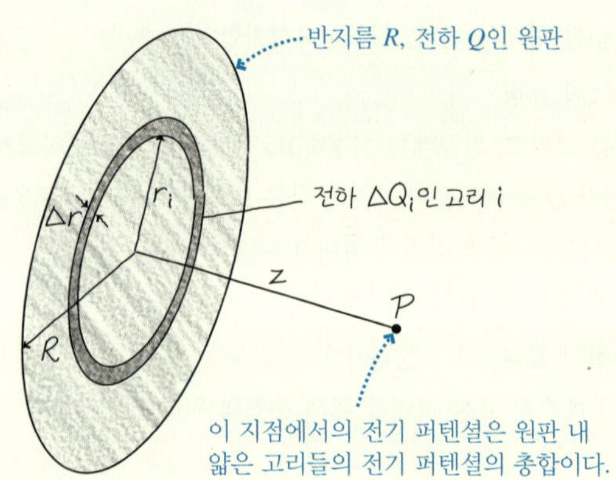

그림 25.31 대전된 원판의 전기 퍼텐셜 구하기

이다. 마지막 단계에서 $N \to \infty$로 하여 합을 적분으로 바꿨다. 이 적분은 부록 A에서 찾을 수 있지만 변수를 변환하면 계산이 어렵지 않다. $u = r^2 + z^2$으로 하면 $r\,dr = \frac{1}{2}du$가 된다. 적분 구간도 변수에 맞춰줘야 한다. $r = 0$일 때 $u = z^2$이고 $r = R$일 때 $u = R^2 + z^2$이다. 따라서 대전된 원판의 축선상 전기 퍼텐셜은

$$V_{\text{disk on axis}} = \frac{Q}{2\pi\epsilon_0 R^2}\int_{z^2}^{R^2+z^2}\frac{\frac{1}{2}du}{u^{1/2}} = \frac{Q}{2\pi\epsilon_0 R^2}u^{1/2}\Big|_{z^2}^{R^2+z^2}$$
$$= \frac{Q}{2\pi\epsilon_0 R^2}\left(\sqrt{R^2 + z^2} - z\right)$$

이다.

b. 전하 q의 퍼텐셜 에너지를 계산하기 위해 원판으로부터 $z = 1.00$ cm인 곳의 전기 퍼텐셜을 먼저 계산할 필요가 있다. $R = 0.0175$ m이고 $Q = 5.00$ nC이면 원판의 $V = 3870$ V이다. 전자의 전하는 $q = -e = -1.60 \times 10^{-19}$ C이므로 $z = 1.00$ cm 떨어진 곳에서 전자의 퍼텐셜 에너지는 $U = qV = -6.19 \times 10^{-16}$ J이다.

검토 여러 단계를 거치긴 해야 했지만 이러한 과정은 벡터 성분을 고려할 필요가 없기 때문에 전기장으로 산출하는 것보다 훨씬 더 쉽다.

서술형 질문

1. 다음 물음에 답하시오.
   a. 양의 점전하 Q로부터 r만큼 떨어진 거리에 전하 q_1이 있고, $2r$만큼 떨어진 거리에 전하 $q_2 = q_1/2$가 있다. Q와의 상호작용에 기인하는 두 전하의 퍼텐셜 에너지 비 U_1/U_2는 얼마인가?
   b. 평행판 축전기의 음극판으로부터 s만큼 떨어진 거리에 전하

q_1과 $q_2=q_1/3$가 있다. 두 전하의 퍼텐셜 에너지 비 U_1/U_2는 얼마인가?

2. 거리 r만큼 떨어져 있는 전자와 양성자, 거리 $2r$만큼 떨어져 있는 전자와 양성자, 그리고 거리 r만큼 떨어져 있는 2개의 양성자가 있다. 이들 세 가지 구성 중 전하를 무한대로 분리시키는 데 많은 일이 필요한 구성은 무엇인가?

3. 그림 Q25.3과 같이 균일한 전기장 내에 6개의 전기 쌍극자의 퍼텐셜 에너지는 각각 U_a부터 U_f이다. 퍼텐셜 에너지의 크기가 가장 큰 양(+)에서 음(−)의 순서로 순위를 부여하고 설명하시오.

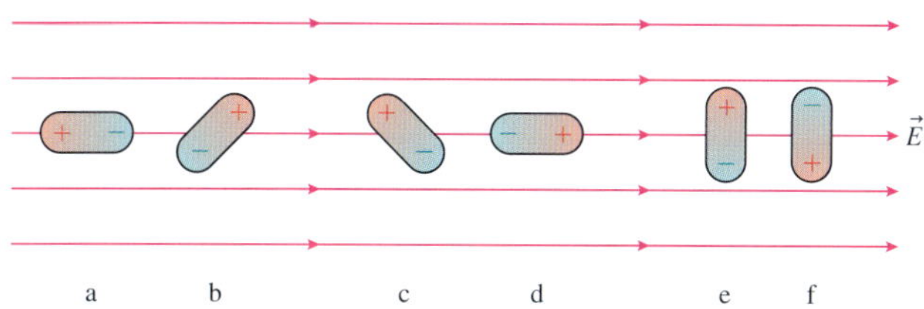

그림 Q25.3

4. 간격이 d인 평행판 축전기는 퍼텐셜차 ΔV_C로 대전되어 있다. 모든 도선과 건전지는 분리되어 있다. 이 평행판 축전지의 간격이 $2d$가 되도록 절연체를 사용하여 잡아당겼다.
   a. 평행판 사이 간격이 증가함으로 인해 축전기 전하 Q의 변화가 있는가? 만약 그렇다면 어떤 요소에 의한 것인가? 아니라면 그 이유를 설명하시오.
   b. 전기장 세기 E는 평행판 사이 간격이 증가함에 따라 변하는가? 만약 그렇다면 어떤 요소에 의한 것인가? 아니라면 그 이유를 설명하시오.
   c. 퍼텐셜차 ΔV_C는 평행판 사이 간격이 증가함에 따라 변하는가? 만약 그렇다면 어떤 요소에 의한 것인가? 아니라면 그 이유를 설명하시오.

5. 그림 Q25.5는 축전기 내부 두 지점을 보여준다. 음극판에 전기 퍼텐셜 $V=0$ V라고 하자.
   a. 전기 퍼텐셜 비 V_2/V_1는 얼마인가? 설명하시오.
   b. 전기장 세기 비 E_2/E_1는 얼마인가?

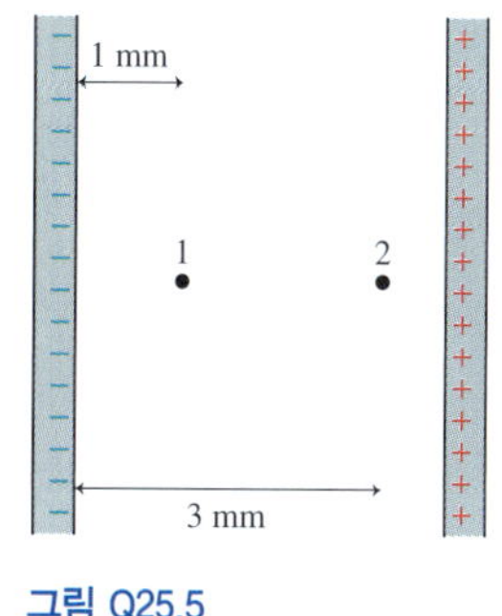

그림 Q25.5

6. 그림 Q25.6은 두 점전하 근처에 세 지점을 보여준다. 두 점전하의 전하의 크기는 동일하다. 각 지점의 전기 퍼텐셜 V_a부터 V_c까지 가장 양(+)인 전기 퍼텐셜부터 가장 음(−)인 전기 퍼텐셜로 순위를 정하시오.

그림 Q25.6

연습문제

표시가 된 연습문제들은 이전 장들에서 다룬 내용과 관련이 있다.

연습

25.1 전기 퍼텐셜 에너지

1. | 간격이 1.5 mm인 평행판 축전기 내부의 전기장 세기는 15,000 N/C이다. 전자를 음극판 가까이에서 가만히 놓는다. 전자가 양극판에 도달하였을 때의 속력은 얼마인가?

2. | 평행판 축전기의 양극판 가까이에 양성자를 가만히 놓았더니 음극판에 도달할 때의 속력이 50,000 m/s이었다. 음극판 가까이 전자를 가만히 놓는다면 전자의 나중 속력은 얼마가 되는가?

25.2 점전하들의 퍼텐셜 에너지

3. | 그림 EX25.3에 주어진 전자-양성자 상호작용에 대한 전기 퍼텐셜 에너지는 얼마인가? 전자는 고정된 채 움직이지 않는다고 가정한다.

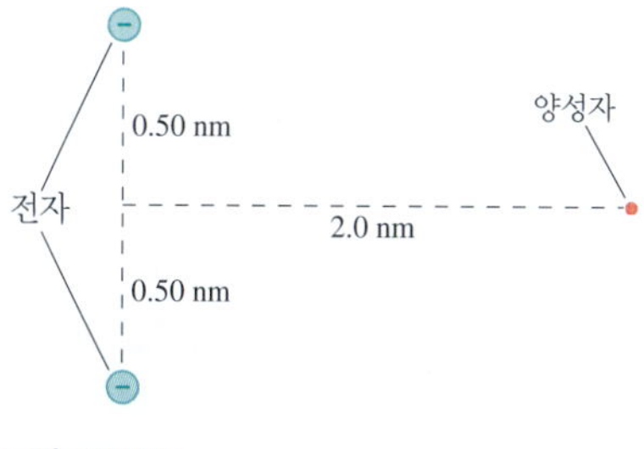

그림 EX25.3

4. ‖ 그림 EX25.4에 주어진 전하들 전체의 전기 퍼텐셜 에너지는 얼마인가?

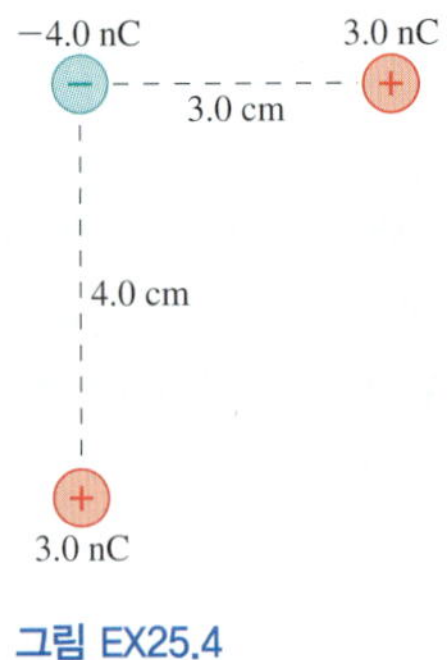

그림 EX25.4

25.3 쌍극자의 퍼텐셜 에너지

5. ‖ 전기장에 수직으로 놓여 있는 물 분자는 전기장 방향으로 놓여 있는 물 분자에 비해 퍼텐셜 에너지가 1.0×10^{-21} J 높다. 물 분자의 전기 쌍극자는 6.2×10^{-30} Cm이다. 전기장 세기는 얼마인가?

25.4 전기 퍼텐셜

6. | 정지 상태의 양성자를 −2000 V의 퍼텐셜차로 가속시킬 경우 그 속력은 얼마가 되는가?

7. ‖ 정지 상태의 전자를 2.0×10^6 m/s까지 가속시키려면 퍼텐셜차는 얼마이어야 하는가?

8. | 초기 속력이 700,000 m/s인 양성자는 전기장에 의해 정지하였다.
   a. 양성자는 높은 전기 퍼텐셜 아니면 낮은 전기 퍼텐셜 영역으로 이동하였는가?
   b. 양성자가 정지했을 때 퍼텐셜차는 얼마인가?

9. | 진공에서 80 m 낙하했을 때의 속력에 도달하기 위해서 양성자는 얼마의 퍼텐셜차를 통해 가속되어야 하는가?

10. | 한 학생이 9.0 V 건전지를 사용하여 작은 입자 가속기를 만들고자 한다. 정지 상태에서 퍼텐셜차 9.0 V를 통해 가속된 후의 (a) 양성자와 (b) 전자의 속력은 얼마인가?

25.5 평행판 축전기 내의 전기 퍼텐셜

11. | 1 V/m = 1 N/C임을 보이시오.

12. ‖ 지름이 3.0 cm인 평행판 축전기 사이 간격은 2.0 mm이다. 이 축전기 내부의 전기장 세기는 1.0×10^5 V/m이다.
    a. 축전기 내부의 퍼텐셜차는 얼마인가?
    b. 평행판 축전기의 전하는 각각 얼마인가?

13. ‖ 두 판 사이의 간격이 2.0 mm인 지름 2.0 cm의 두 원판으로 평행판 축전기를 만든다. 두 원판 사이의 전기장은 5.0×10^5 V/m이다.
    a. 이 축전기에 걸린 전압은 얼마인가?
    b. 하나의 전자가 음극판에서 출발한다. 그리고 이 전자는 2.0×10^7 m/s의 속력으로 양극판에 도달한다. 이 전자가 음극판을 떠날 때 전자의 속력은 얼마인가?

25.6 점전하의 전기 퍼텐셜

14. | a. 그림 EX25.14에서 A, B, 그리고 C 지점에서의 전기 퍼텐셜은 얼마인가?
    b. 퍼텐셜차 $\Delta V_{AB} = V_B - V_A$와 $\Delta V_{CB} = V_B - V_C$는 얼마인가?

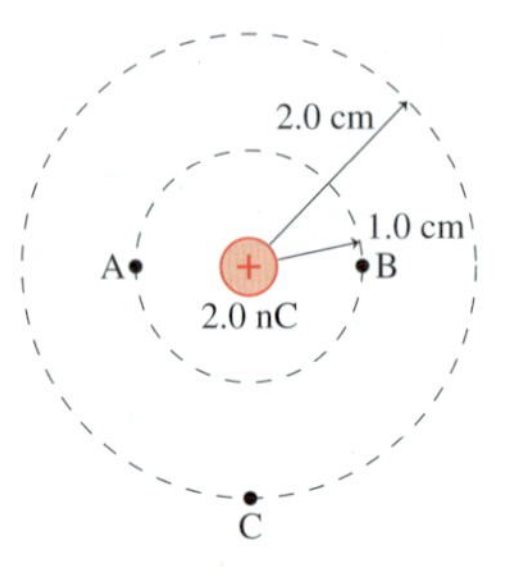

그림 EX25.14

15. | 수소 원자의 준고전적인 모형에서 전자는 양성자로부터 거리 0.053 nm 지점에서 공전한다.
    a. 전자의 위치에서 양성자의 전기 퍼텐셜은 얼마인가?
    b. 전자의 퍼텐셜 에너지는 얼마인가?

25.7 여러 전하의 전기 퍼텐셜

16. | 그림 EX25.16에 검은 점이 놓인 지점에서의 전기 퍼텐셜은 얼마인가?

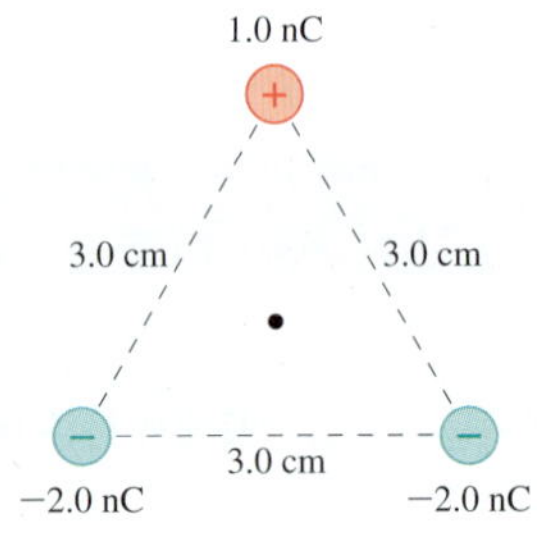

그림 EX25.16

17. ‖ −2.0 nC 전하와 +2.0 nC 전하가 x축상에 $x = -1.0$ cm와 $x = +1.0$ cm에 각각 놓여 있다.
    a. 무한한 지점을 제외하고 전기장이 0인 지점 또는 지점들이 x축상에 있는가? 만약 그렇다면 왜 그러한가?
    b. 무한한 지점을 제외하고 전기 퍼텐셜이 0인 지점 또는 지점들이 x축상에 있는가? 만약 그렇다면 왜 그러한가?
    c. x축을 따라 전기장 세기와 전기 퍼텐셜 그래프를 그리시오.

18. | 그림 EX25.18에서 막대의 절반인 두 부분이 균일하게 $\pm Q$로 각각 대전되어 있다. 검은 점이 놓여 있는 점에 전기 퍼텐셜은 얼마인가?

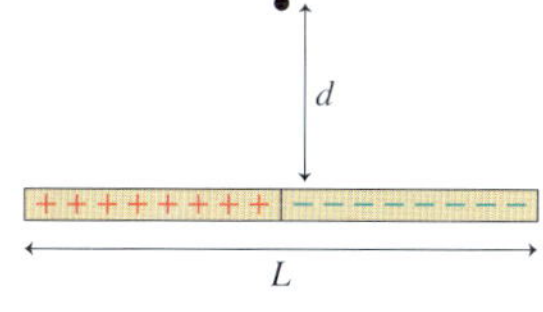

그림 EX25.18

문제

19. ||| 2.0 cm 떨어져 있는 두 점전하의 전기 퍼텐셜 에너지는 −180 μJ이다. 총 전하는 30 nC이다. 두 전하의 크기는 각각 얼마인가?

20. ||| +3.0 nC인 전하가 $x=0$ cm에 놓여 있고 −1.0 nC인 전하는 $x=4$ cm인 곳에 놓여 있다. x축상에서 전기 퍼텐셜이 0인 지점 또는 지점들은 어디인가?

21. || 질량이 2.0 g과 4.0 g인 작은 금속 상자가 마찰이 없는 표면에 길이가 5.0 cm이고 질량을 무시할 수 있는 줄에 연결되어 놓여 있다. 각각의 전하는 +2.0 μC이다.
   a. 이 계의 에너지는 얼마인가?
   b. 줄의 장력은 얼마인가?
   c. 줄을 절단하였다. 두 금속 상자가 멀어지면 속력은 얼마인가? **힌트**: 보존되는 양이 **두 가지** 있다. 두 가지를 사용하라.

22. || 양성자가 지점 A를 지날 때 속력은 50,000 m/s이다. 그림 P25.22에 보인 궤적을 따라 움직인다. 지점 B에서의 양성자의 속력은 얼마인가?

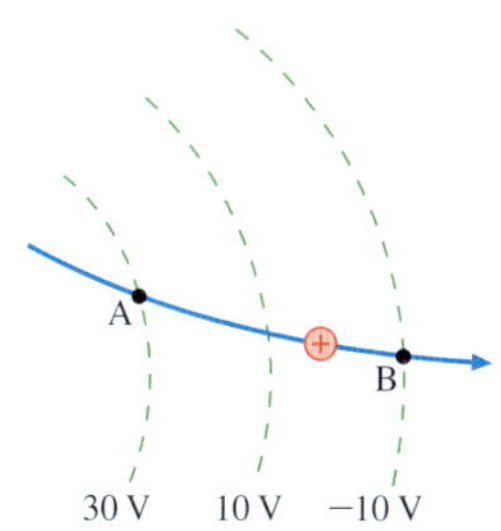

그림 P25.22

23. ||| 원천전하들이 배열되어 x축을 따라 전기 퍼텐셜 $V=5000\ x^2$이 생긴다. 여기서 V는 V 단위이고 x는 m 단위이다. 질량이 1.0 g이고 전하가 10 nC인 대전된 입자의 반환점이 ±8.0 cm라면 이 입자의 역학적 에너지는 얼마인가?

24. || 낡은 TV 수상관 내부 전자총은 간격이 1.2 cm이고 퍼텐셜차가 25 kV인 두 평행판 사이의 전자들을 가속시킨다. 전자는 음극판에 있는 작은 구멍을 통해 들어가고 가속된다. 그런 후 양극판의 작을 구멍을 지나 나오게 된다. 구멍은 충분히 작아서 전기장과 전기 퍼텐셜에 영향을 주지 않는 것으로 가정한다.
   a. 평행판 사이 전기장 세기는 얼마인가?
   b. 전자의 입사 속력이 0에 가깝다면 전자총으로부터 방출될 때의 속력은 얼마인가?

25. || 이공계 학생들 그룹이 정전기 발사체를 만들기 위해 탐구에 착수한다. 첫 번째 실험을 위해, 밴더그래프 발전기의 지름 12 cm 구면 옆에 마찰 없는 수평 표면이 위치하고 작은 5.0 g 플라스틱 입방체를 구의 가장자리에서 2.0 cm 떨어진 표면에 놓는다. 입방체에 양전하가 주어지면 밴더그래프 발전기가 켜지고 무시할 수 있는 시간 내에 전기 퍼텐셜 200,000 V까지 구체가 충전된다. 플라스틱 입방체의 나중 속력이 3.0 m/s에 도달하기 위해 얼마의 전하가 필요한가? 이는 실용적인 발사체인가?

26. || 10 nC으로 대전된 지름 1.0 cm 유리구의 표면으로부터 발사된 전자의 탈출 속력은 얼마인가?

27. ||| 세 전자들이 한 변의 길이가 1.0 nm인 정삼각형 형태를 이루고 있다. 양성자는 이 정삼각형 중심에 놓여 있다. 이들의 퍼텐셜 에너지는 얼마인가?

28. || 일주일 간 연구과제는 지름이 6.0 cm인 금속구 밴더그래프의 총 전하를 측정하는 것이다. 이 금속구를 향해 수평으로 1.5 g인 작은 구슬을 발사하기 위해 용수철 상수가 0.65 N/m인 용수철을 사용할 것이다. 구슬은 2.5 nC으로 충전될 수 있다. 용수철 압축 길이를 변화시키면서 구슬의 최접근 거리를 측정하기 위해 비디오카메라를 사용한다. 관련 정보는 다음과 같다.

압축 (cm)	최접근 거리
1.6	5.5
1.9	2.6
2.2	1.6
2.5	0.4

적절한 그래프를 사용하여 금속구의 전하(nC)를 결정하시오. 구슬은 전체적으로 수평 운동을 하고 구슬이 발사되었을 때 용수철은 구슬과 상호작용 없이 멀어지며, 접근하는 구슬은 금속구의 전하 분포를 왜곡시키지 않는다고 가정한다.

29. ||| 양성자가 먼 거리에서 수은 원자핵을 향하여 발사되었다. 수은의 원자 번호는 80이고 원자핵의 지름은 14.0 fm이다. 만일 이 양성자가 4.0×10^7 m/s의 속력으로 발사되었다면 원자핵 표면으로부터 최근접 거리는 얼마인가? 원자핵은 정지 상태에 있다고 가정한다.

30. || 핵 방사선의 한 형태인 **베타 붕괴**는 중성자가 양성자와 전자, 그리고 중성 입자, 즉 **중성미자**로 변화될 때 발생된다. 여기서 $n \rightarrow p^+ + e^- + \nu$이며 ν는 중성미자 기호이다. 이러한 변화는 원자핵 내부 중성자에서 발생될 때 전자와 중성미자가 원자핵으로부터 방출되는 반면 양성자는 핵 내부에 잔류한다. 방출된 전자는 **베타 입자**라고 한다. 베타 붕괴를 내보이는 한 핵은 수소의 동위 원소로서 하나의 양성자(수소를 만듦)와 2개의 중성자로 구성

된 삼중수소(원자 질량 $m = 3$ u) ^{3}H이다. 삼중수소는 방사능이 고 헬륨으로 붕괴된다($^3\text{H} \rightarrow {}^3\text{He} + \text{e}^- + \nu$).

a. 베타 붕괴 과정 간 전하는 보존되는가? 설명하시오.

b. 최종 산물이 헬륨이 되는 이유는 무엇인가? 설명하시오.

c. 삼중수소와 헬륨의 핵들의 반지름은 1.5×10^{-15} m이다. 전자가 원자핵으로 되돌아가지 않고 탈출할 수 있는 최소 속력의 크기는 얼마가 되어야 하는가?

31. ‖ 지름이 각각 10 cm이며 전극판 사이 간격이 0.50 cm인 두 평행판 축전기가 있다. 두 전극은 15 V 건전지에 금속 도선으로 연결되어 있다. 각 전극의 전하와 축전기 내부의 전기장 세기, 그리고 전극판 사이의 퍼텐셜차는

a. 축전기가 건전지에 연결되는 동안 얼마인가?

b. 평행판 전극 사이 거리가 1.0 cm로 떨어진 후(절연체를 사용)에 얼마인가? 두 전극은 건전지와 연결 상태를 계속 유지한다.

c. 건전지와 연결된 두 전극(문항 b의 조건이 아닌 최초 전극판 사이 간격에서)의 지름이 20 cm가 될 때까지 늘인다면 얼마가 되겠는가?

32. ‖ a. 대전된 구의 표면에서 전기장 세기 E_0를 구의 전기 퍼텐셜 V_0와 반지름 R을 사용하여 대수적으로 표현하시오.

b. 500 V로 충전된 지름 1.0 cm인 대리석의 표면에서 전기장 세기는 얼마인가?

33. ‖ 밴더그래프 발생기는 속 빈 금속구에 전하를 대전시켜 큰 전기 퍼텐셜을 만드는 장치이다. 보통 강의실용 전시 모형의 지름은 30 cm이다.

a. 이 발전기의 금속구 표면에 전기 퍼텐셜이 500,000 V가 되기 위해서는 얼마나 많은 전하가 필요한가?

b. 이 발전기가 500,000 V까지 대전되었을 때 금속구의 표면 바로 외부에 형성된 전기장 세기는 얼마인가?

34. ‖ 전하가 q인 양의 두 점전하는 $y = \pm\frac{1}{2}s$인 y축상에 놓여 있다.

a. x축을 따라 전기 퍼텐셜을 표현하시오.

b. V-x($-\infty < x < \infty$) 그래프를 그리시오. 비교를 위해 원점에 놓인 점전하 $2q$의 전기 퍼텐셜은 점선을 사용하시오.

35. ‖ 그림 P25.35는 전하가 Q이고 길이가 L인 얇은 막대를 보여준다. 막대축 위에서 막대 중앙으로부터 x만큼 떨어진 곳에 전기 퍼텐셜을 구하시오.
CALC

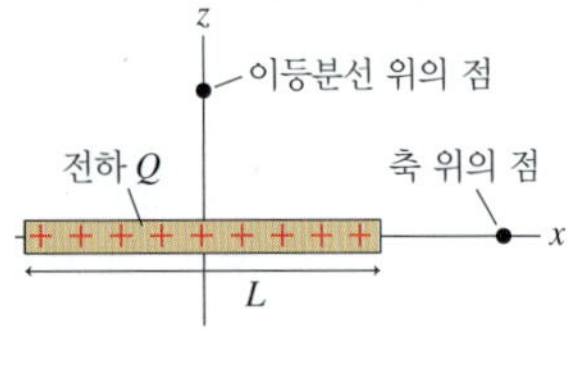

그림 P25.35

36. | 그림 P25.36은 전하가 Q이고 반지름이 R인 반구 형태로 구부러진 얇은 막대를 보여준다. 중앙에서의 전기 퍼텐셜을 구하시오.

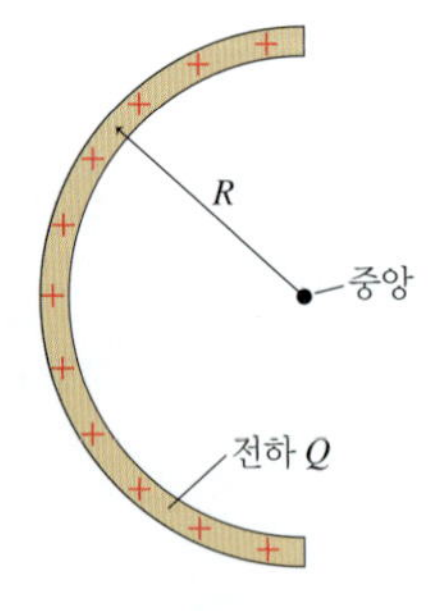

그림 P25.36

37. ‖ 그림 P25.37에서 도선의 선전하 밀도는 λ이다. 반구 중앙에 전기 퍼텐셜은 얼마인가?
CALC

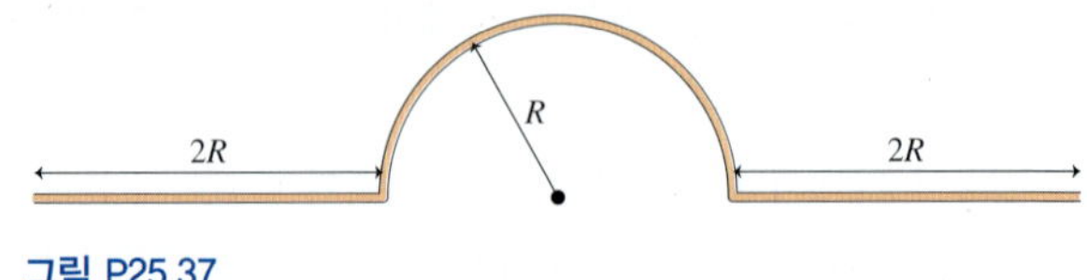

그림 P25.37

문제 38은 문제를 해결하기 위한 방정식이 주어진다. 각 항목은 다음과 같다.

a. 올바른 방정식을 위한 현실적인 문제를 쓰시오.

b. 문제를 해결하시오.

38. $\frac{1}{2}(1.67 \times 10^{-27}\text{ kg})(2.5 \times 10^{6}\text{ m/s})^2 + 0 =$

$$\frac{1}{2}(1.67 \times 10^{-27}\text{ kg})v_i^2 + \frac{(9.0 \times 10^{9}\text{ N m}^2/\text{C}^2)(2.0 \times 10^{-9}\text{ C})(1.60 \times 10^{-19}\text{ C})}{0.0010\text{ m}}$$

응용 문제

39. ||| 전기 쌍극자가 길이가 10 cm인 질량이 없는 막대 끝에 ±2.0 nC으로 대전된 질량 1.0 g인 구로 구성되어 있다. 전기 쌍극자는 막대 중심축에서 마찰 없이 회전한다. 전기 쌍극자는 전기장 세기가 1000 V/m인 균일한 전기장에 수직으로 놓여 있다. 전기 쌍극자가 전기장의 방향과 일치한 순간 각속력은 얼마인가?

40. ||| 구슬 A의 질량은 15 g이며 전하는 −5.0 nC이다. 구슬 B의 질량은 25 g이며 전하는 −10.0 nC이다. 두 구슬을 각 구슬의 중심 거리로부터 12 cm 떨어진 곳에 놓는다. 각각의 구슬에 의한 최고 속력은 얼마인가?

41. ||| 길이가 L이고 총 전하가 Q인 얇은 막대의 비선형 선전하 밀도는 $\lambda(x) = \lambda_0 x/L$이다. 여기서 x는 막대 왼쪽 끝에서 측정된 거리이다.
CALC

a. λ_0를 Q와 L로 나타내시오.

b. 막대의 왼쪽 끝에서 축 위에 왼쪽으로 d만큼 떨어진 곳에 전기 퍼텐셜은 얼마인가?

26 퍼텐셜과 장
Potential and Field

이 태양전지들은 광전지들이다. 즉 빛이 전압(퍼텐셜차)을 만들어낸다.

이 장에서는 전기 퍼텐셜이 어떻게 전기장과 관계되어 있는지를 배운다.

전기 퍼텐셜과 전기장은 어떻게 연관되어 있는가?

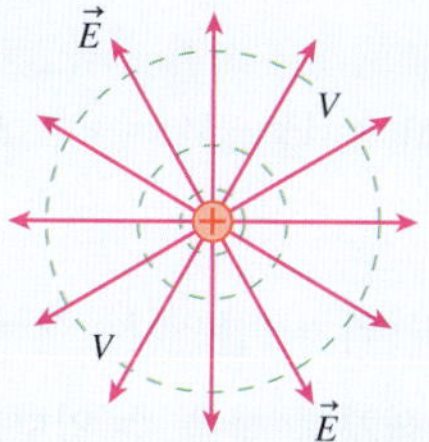

전기장과 전기 퍼텐셜은 매우 밀접하게 연관되어 있다. 사실 이 둘은 원천전하가 주변 공간을 어떻게 변형시키는지를 바라보는 서로 다른 2개의 관점이다.

- 전기장을 안다면 전기 퍼텐셜을 구할 수 있다.
- 전기 퍼텐셜을 안다면 전기장을 찾을 수 있다.
- 전기장선은 항상 등퍼텐셜면(equipotential surface)에 수직하다.
- 전기장은 퍼텐셜이 감소하는 방향을 따라 아래로 향한다.
- 등퍼텐셜면들이 함께 가까울수록 전기장은 더욱 강하다.

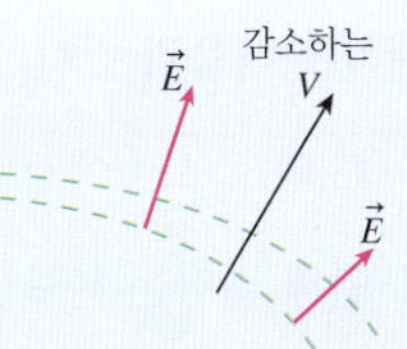

« **되돌아보기:** 25.4~25.6절 전기 퍼텐셜과 도식화된 표현

도체의 특징은 무엇인가?

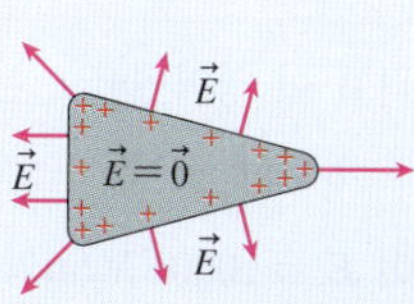

정전기 평형인 도체의 특징을 배울 것이며, 가우스의 법칙을 사용했을 때와 동일한 결과가 나타난다는 것을 알 수 있다.

- 여분의 전하들은 표면에 머문다.
- 내부 전기장은 0이다.
- 외부 전기장은 표면에 수직하다.
- 도체 전체는 등퍼텐셜이 된다.

전기 퍼텐셜샘은 무엇인가?

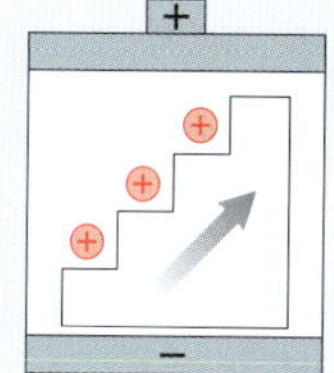

퍼텐셜차(전압)는 양전하와 음전하를 갈라놓음으로써 발생한다.

- 전하들을 떼어놓기 위해서는 일을 해야 된다. 단위 전하당 한 일을 장치의 기전력(emf)이라 한다. 기전력은 볼트의 단위로 측정된다.
- 화학 반응이 전하들을 한쪽 단자에서 다른 한쪽으로 '올려 보내는' 전지의 전하 에스컬레이터 모형을 사용한다.

축전기는 무엇인가?

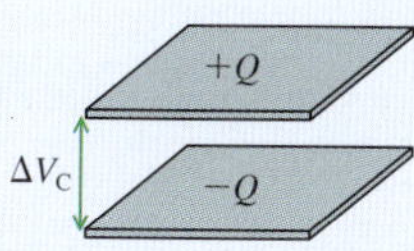

크기가 같고 서로 반대인 전하를 가진 2개의 전극은 축전기를 형성한다. 전기 용량은 전하를 저장할 수 있는 능력을 나타낸다. 축전기 안에 저장된 에너지를 통해 전기장 내에 전기 에너지가 저장됨을 알 수 있다.

« **되돌아보기:** 23.5절 평행판 축전기

축전기는 어떻게 이용되는가?

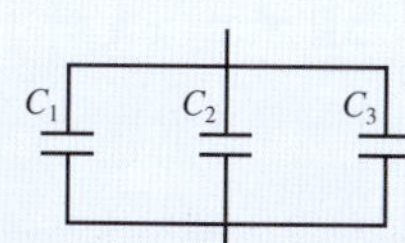

축전기는 전하와 에너지를 저장할 수 있는 중요한 회로 요소이다.

- 직렬과 병렬로 연결된 축전기 결합을 배운다.
- 축전기의 전극 사이에 놓인 유전체라 하는 절연체는 축전기를 매우 유용하게 변형시킬 수 있다.

26.1 퍼텐셜과 장 연결하기

그림 26.1 4개의 핵심 아이디어

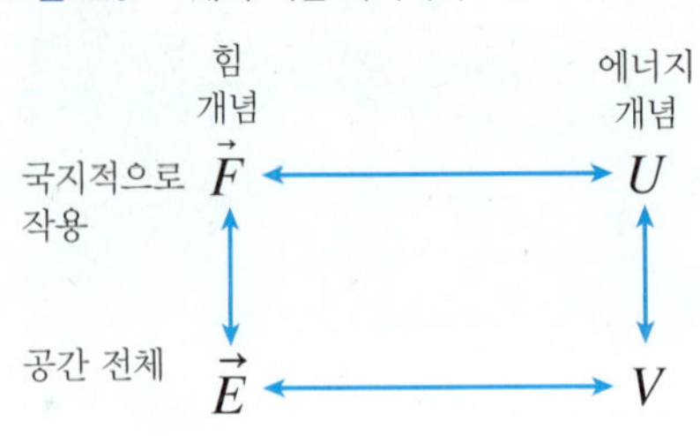

그림 26.1은 힘, 장, 퍼텐셜 에너지, 퍼텐셜이라는 4개의 핵심 아이디어를 보여준다. 전기장과 전기 퍼텐셜은 힘과 퍼텐셜 에너지에 바탕을 두고 있다. 우리는 9장과 10장으로부터 힘과 퍼텐셜 에너지는 밀접하게 관계되어 있다는 사실을 안다. 이 장의 목표는 비슷한 관계가 전기장과 전기 퍼텐셜 사이에도 존재한다는 사실을 살펴보는 데 있다. **전기 퍼텐셜과 전기장은 별개의 두 존재가 아니라 원천전하가 주변 공간을 어떻게 변화시키는지를 바라보는 서로 다른 두 가지 관점 또는 서로 다른 두 가지 수학적 표현이다.**

이것이 사실이라면 전기장으로부터 전기 퍼텐셜을 찾을 수 있어야 한다. 25장은 그런 관계를 찾아내는 데 필요한 모든 정보를 알려준다. 전기 퍼텐셜을 정의하기 위해 아래와 같이 전하 q와 원천전하의 퍼텐셜 에너지를 이용한다.

$$V \equiv \frac{U_{q\,+\,\text{sources}}}{q} \tag{26.1}$$

퍼텐셜 에너지는 전하 q가 위치 i에서 위치 f로 이동하는 동안 힘 $\vec{F}$가 한 일을 통해 정의된다.

$$\Delta U = -W(\text{i} \rightarrow \text{f}) = -\int_{s_\text{i}}^{s_\text{f}} F_s\, ds = -\int_\text{i}^\text{f} \vec{F} \cdot d\vec{s} \tag{26.2}$$

전기장에 의해 전하 q에 가해지는 힘은 $\vec{F} = q\vec{E}$이다. 이들을 함께 고려했을 때 전하 q는 상쇄되며 공간의 두 지점 사이의 퍼텐셜차는 아래와 같다.

$$\Delta V = V_\text{f} - V_\text{i} = -\int_{s_\text{i}}^{s_\text{f}} E_s\, ds = -\int_\text{i}^\text{f} \vec{E} \cdot d\vec{s} \tag{26.3}$$

여기서 s는 위치 i로부터 위치 f를 잇는 선 위의 한 지점이다. 그러므로 **전기장을 알면 두 지점 사이의 퍼텐셜차를 찾을 수 있다.**

식 (26.3)의 도식적 해석은 다음과 같다.

$$V_\text{f} = V_\text{i} - (s_\text{i}\text{와 } s_\text{f} \text{ 사이에서 } s\text{-}E_s \text{ 그래프 아래의 넓이}) \tag{26.4}$$

식 (26.3)의 음의 부호로 인해 넓이는 V_i로부터 빼지게 됨을 유의하라.

예제 26.1 퍼텐셜 구하기

그림 26.2는 x축 위의 위치 대 전기장의 x축 성분 E_x의 그래프이다. $V(x)$를 구하고 그 그래프를 그리시오. $x = 0$ m일 때 $V = 0$ V라 가정한다.

핵심 퍼텐셜차는 곡선 아래 넓이의 음의 값이다.

시각화 이 영역에서 E_x는 양의 값을 갖는다. 즉 $\vec{E}$는 양의 x축 방향을 향한다.

풀이 $E_x = 1000x$ V/m임을 볼 수 있다. 여기서 x는 m의 단위를 갖는다. 그러므로

그림 26.2 x-E_x 그래프

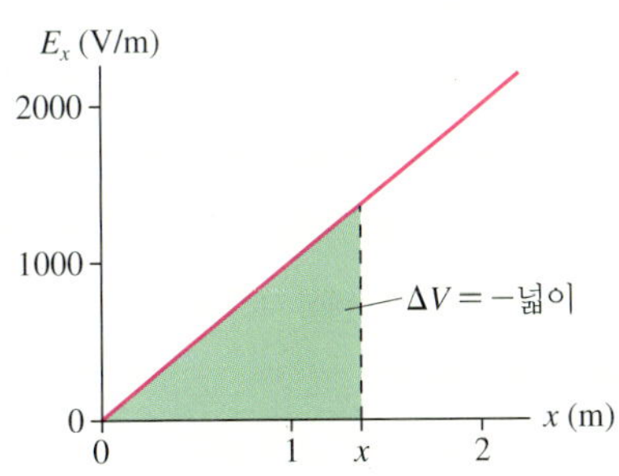

그림 26.3 x-V 그래프

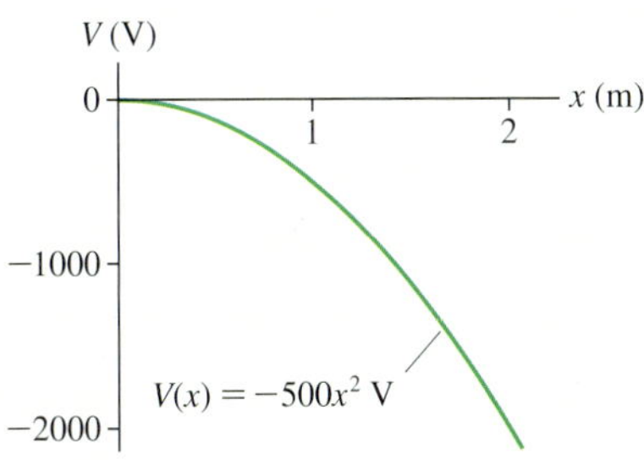

$$V_f = V(x) = 0 - (E_x \text{ 곡선 이래 넓이})$$
$$= -\tfrac{1}{2} \times \text{밑변} \times \text{높이} = -\tfrac{1}{2}(x)(1000x) = -500x^2 \text{ V}$$

이다. 그림 26.3은 이 공간에서의 전기 퍼텐셜이 $x = 0$ m일 때 0 V로부터 $x = 2$ m일 때 −2000 V로 감소하는 포물선 형태를 취함을 보여준다.

검토 전기장의 방향은 V가 감소하는 방향을 향한다. 이것이 일반적인 규칙임을 곧 배우게 된다.

풀이 전략 26.1

전기장으로부터 퍼텐셜 구하기

❶ 그림을 그려본 후 퍼텐셜을 구하려는 위치를 찾는다. 이 지점을 f라 하자.

❷ 대부분 무한대의 위치에 퍼텐셜의 영점을 정한다. 이 지점을 i라 하자.

❸ 점 i로부터 f를 따라 이미 우리가 알거나 전기장 성분 E_s를 쉽게 찾을 수 있는 좌표축을 설정한다.

❹ 퍼텐셜을 찾기 위해 식 (26.3)의 적분을 계산한다.

이것이 어떻게 적용되는지 보기 위해 점전하의 전기장을 통해 전기 퍼텐셜을 구해보자. 그림 26.4에서 $s_f = r$에서의 점 P는 우리가 퍼텐셜을 구하고자 하는 위치이며 이 점을 f라 하자. 점 i는 $s_i = \infty$에 위치하며 이 점을 퍼텐셜의 영점으로 정한다. 식 (26.3)은 점 i로부터 f를 잇는 안쪽을 향하는 지름 방향의 직선을 따른 적분이다.

$$\Delta V = V(r) - V(\infty) = -\int_{\infty}^{r} E_s\, ds = \int_{r}^{\infty} E_s\, ds \tag{26.5}$$

전기장은 지름 방향으로 바깥을 향한다. 전기장의 s축 성분은 아래와 같다.

$$E_s = \frac{1}{4\pi\epsilon_0}\frac{q}{s^2}$$

그러므로 점전하 q로부터 r만큼 떨어진 지점에서의 퍼텐셜은 다음과 같다.

$$V(r) = V(\infty) + \frac{q}{4\pi\epsilon_0}\int_r^{\infty}\frac{ds}{s^2} = V(\infty) + \frac{q}{4\pi\epsilon_0}\left.\frac{-1}{s}\right|_r^{\infty} = 0 + \frac{1}{4\pi\epsilon_0}\frac{q}{r} \tag{26.6}$$

이는 25장에서 배웠던 점전하의 퍼텐셜과 동일한 결과이다.

그림 26.4 점전하의 퍼텐셜 구하기

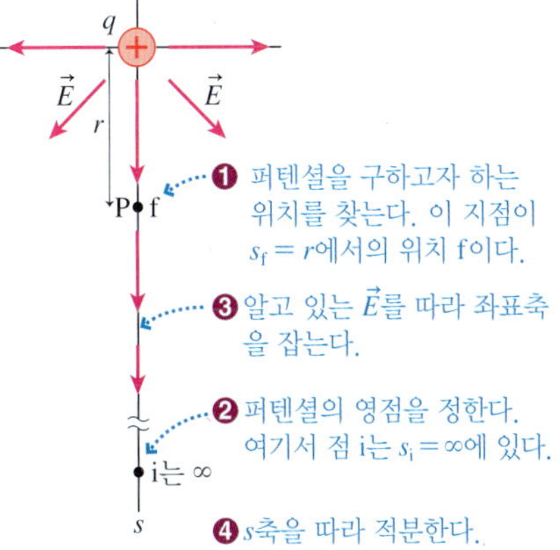

$$V_{\text{point charge}} = \frac{1}{4\pi\epsilon_0}\frac{q}{r} \tag{26.7}$$

예제 26.2 | 평행판 축전기의 퍼텐셜

23장으로부터 축전기 내부의 전기장은 다음과 같다.

$$\vec{E} = \left(\frac{Q}{\epsilon_0 A},\ \text{양으로부터 음의 방향}\right)$$

축전기 내부의 전기 퍼텐셜을 구하시오. 음극판에서 $V=0\text{ V}$라 한다.

핵심 축전기 내부의 전기장은 균일하다.

시각화 그림 26.5는 축전기와 퍼텐셜을 구하고자 하는 점 P를 보여준다. 여기서 s축은 퍼텐셜의 영점인 음극판으로부터 시작된다.

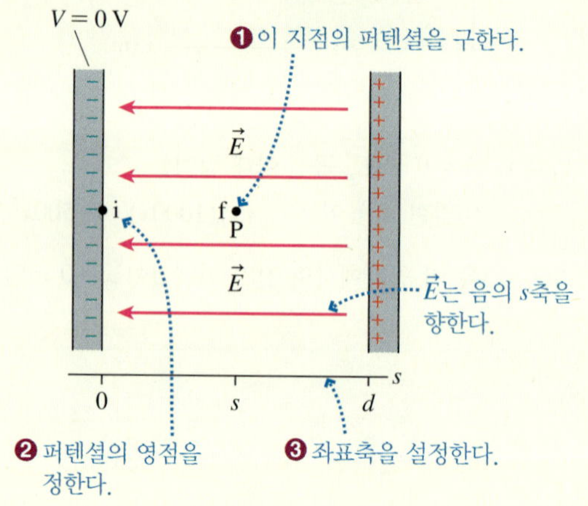

그림 26.5 축전기 내부의 퍼텐셜 구하기

풀이 $V_i=0\text{ V}$인 $s_i=0$으로부터 $s_f=s$인 지점까지 s축을 따라 적분한다. $\vec{E}$는 음의 s축 방향을 향하므로 $E_s=-Q/\epsilon_0 A$이다. $Q/\epsilon_0 A$는 상수이므로 다음과 같다.

$$V(s) = V_f = V_i - \int_0^s E_s\,ds = -\left(-\frac{Q}{\epsilon_0 A}\right)\int_0^s ds = \frac{Q}{\epsilon_0 A}s = Es$$

검토 $V=Es$는 25장에서 퍼텐셜 에너지를 통해 직접 구한 축전기의 퍼텐셜이다. 퍼텐셜은 음극판에서의 $V=0$으로부터 양극판에서의 값 $V=Ed$까지 선형으로 증가한다. 여기서 퍼텐셜과 장 사이의 관계를 통해 명확하게 퍼텐셜을 찾을 수 있었다.

26.2 퍼텐셜로부터 전기장 구하기

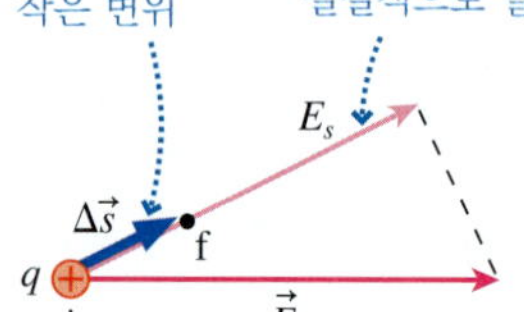

그림 26.6 전기장은 전하 q에 일을 한다.

그림 26.6은 매우 작은 거리 Δs만큼 떨어져 있는 두 점 i와 f를 보여주며, 이 매우 짧은 구간 안에서 전기장은 실질적으로 일정하다. 전하 q가 이 짧은 거리를 이동하는 동안 전기장이 한 일은 $W=F_s\,\Delta s=qE_s\,\Delta s$이다. 결과적으로 이 두 지점 사이의 퍼텐셜차는 아래와 같다.

$$\Delta V = \frac{\Delta U_{q+\text{sources}}}{q} = \frac{-W}{q} = -E_s\,\Delta s \tag{26.8}$$

퍼텐셜의 관점에서, s축 방향을 따르는 전기장의 성분은 $E_s=-\Delta V/\Delta s$이다. 여기서 $\Delta s\to 0$으로 가는 극한의 경우 전기장 성분은 다음과 같다.

$$E_s = -\frac{dV}{ds} \tag{26.9}$$

이는 식 (26.3)을 역으로 고려한 것이 되며 퍼텐셜로부터 전기장을 찾을 수 있다. 먼저 좌표축에 평행한 전기장의 경우를 다루어본 후 식 (26.9)를 통해 장과 퍼텐셜 간의 기하학적 관계를 살펴보도록 하자.

좌표축에 평행한 장

식 (26.9)의 도함수는 변위 $\Delta\vec{s}$에 평행한 전기장의 성분 E_s를 알려주지만, $\Delta\vec{s}$에 수직한 전기장의 성분에 대해서는 말해줄 수 없다. 그러므로 문제가 가진 대칭성을 통해 $\vec{E}$에 평행하고 $\vec{E}$의 수직 성분은 0인 좌표축을 설정할 수 있을 때 매우 유용하다.

한 예로 점전하의 퍼텐셜이 $V=q/4\pi\epsilon_0 r$임을 알지만 전기장은 기억하지 못하고 있다고 가정해보자. 대칭성을 통해 장은 지름 방향 성분 E_r만을 가지고 전하로부터 바깥쪽을 향하게 된다. 만약 s축을 $\vec{E}$에 평행한 지름 방향으로 설정한다면 식 (26.9)를 이용하여 전기장을 찾을 수 있다.

$$E_r = -\frac{dV}{dr} = -\frac{d}{dr}\left(\frac{q}{4\pi\epsilon_0 r}\right) = \frac{1}{4\pi\epsilon_0}\frac{q}{r^2} \tag{26.10}$$

그 결과는 잘 알고 있는 점전하의 전기장이다.

특히 식 (26.9)는 연속적으로 분포된 전하의 경우에 매우 유용한데, 그 이유는 스칼라인 V를 계산하는 것이 벡터인 $\vec{E}$를 전하로부터 직접 계산하는 것보다 훨씬 수월하기 때문이다. 일단 V를 알면 미분을 통해 쉽게 $\vec{E}$를 찾을 수 있다.

예제 26.3 | 전하 고리의 전기장

25장에서 전하 Q를 가지고 반지름이 R인 고리의 중심축에서의 퍼텐셜이 다음과 같음을 알 수 있었다.

$$V_{\text{ring}} = \frac{1}{4\pi\epsilon_0}\frac{Q}{\sqrt{z^2+R^2}}$$

중심축에서 전하 고리의 전기장을 구하시오.

풀이 대칭성을 통해 전기장은 고리로부터 z축 성분 E_z만을 가지고 축을 따라 똑바로 밖을 향하게 된다. 한 점 z에서의 전기장은 다음과 같다.

$$E_z = -\frac{dV}{dz} = -\frac{d}{dz}\left(\frac{1}{4\pi\epsilon_0}\frac{Q}{\sqrt{z^2+R^2}}\right)$$
$$= \frac{1}{4\pi\epsilon_0}\frac{zQ}{(z^2+R^2)^{3/2}}$$

검토 이 결과는 23장에서 구했던 전기장과 일치하며 각도를 고려할 필요가 없었으므로 그 계산이 훨씬 쉽다는 것을 알 수 있다.

식 (26.9)의 기하학적 해석은 전기장은 s-V 그래프의 기울기의 음의 값이라는 것이다. 이 개념은 매우 익숙하다. 10장에서 입자에 작용하는 힘은 퍼텐셜 에너지 그래프의 음의 기울기, $F=-dU/ds$라는 것을 배웠다. 실제 식 (26.9)는 E와 V를 얻기 위해 $F=-dU/ds$의 양변을 q로 나눈 것이다. 이러한 기하학적 해석은 퍼텐셜을 이해하는 데 있어 중요한 과정이다.

예제 26.4 V의 기울기로부터 E 구하기

그림 26.7은 $\vec{E}$가 x축에 평행한 공간에서의 전기 퍼텐셜 그래프이다. x-E_x의 그래프를 그리시오.

그림 26.7 위치 x-V 그래프

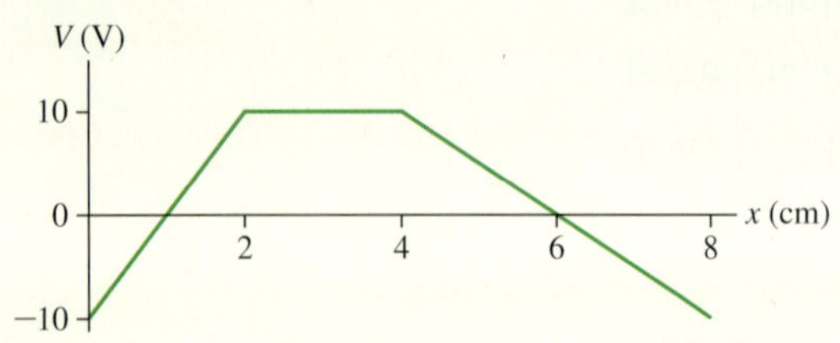

핵심 전기장은 퍼텐셜 곡선의 음의 기울기이다.

풀이 기울기가 각각 다른 세 영역을 볼 수 있다.

$$0 < x < 2\text{ cm} \quad \begin{cases} \Delta V/\Delta x = (20\text{ V})/(0.020\text{ m}) = 1000\text{ V/m} \\ E_x = -1000\text{ V/m} \end{cases}$$

$$2 < x < 4\text{ cm} \quad \begin{cases} \Delta V/\Delta x = 0\text{ V/m} \\ E_x = 0\text{ V/m} \end{cases}$$

$$4 < x < 8\text{ cm} \quad \begin{cases} \Delta V/\Delta x = (-20\text{ V})/(0.040\text{ m}) = -500\text{ V/m} \\ E_x = 500\text{ V/m} \end{cases}$$

그림 26.8 위치 x-E_x 그래프

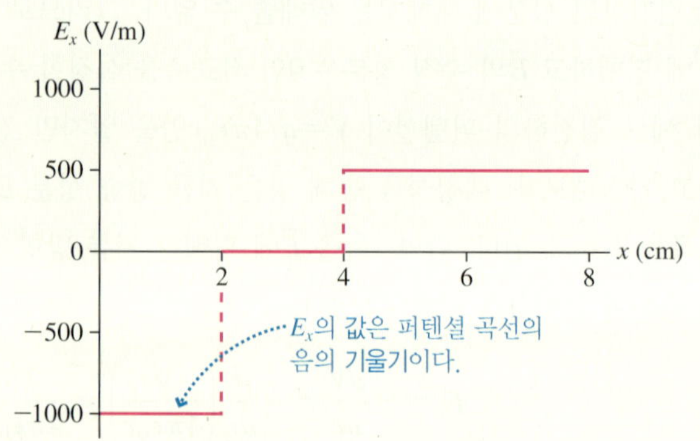

그 결과는 그림 26.8에 나타나 있다.

검토 $0 < x < 2$ cm 구간에서 전기장 $\vec{E}$는 왼쪽(E_x는 음의 값을 갖는다)을 향하며 $4 < x < 8$ cm에서는 오른쪽(E_x는 양의 값을 갖는다)을 향한다. **퍼텐셜이 변화하지 않는 구간에서 전기장은 0의 값을 갖는다.**

퍼텐셜과 장의 기하학적 관계

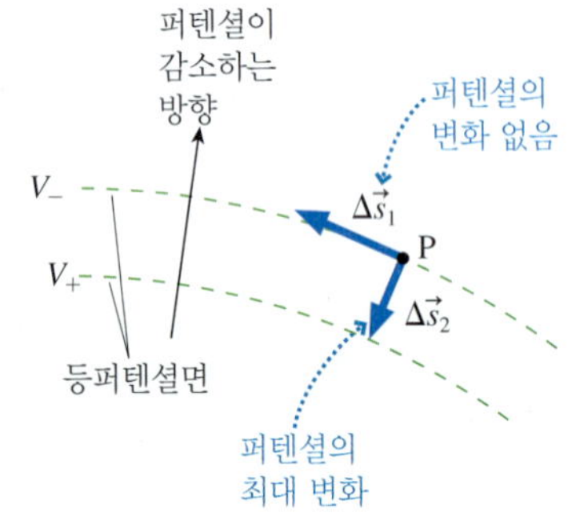

그림 26.9 점 P에서의 전기장은 등퍼텐셜면의 형태와 관계가 있다.

E_s에 의한 V의 식 (26.3)과 V에 의한 E_s의 식 (26.9)는 퍼텐셜과 장 사이의 기하학적 관계에 있어 중요한 의미를 갖는다. 그림 26.9는 V_+가 V_-에 비해 상대적으로 양의 값을 가지는 2개의 등퍼텐셜면을 보여주고 있다. 점 P에서의 전기장 $\vec{E}$를 알아보기 위해 전하가 두 변위 $\Delta\vec{s}_1$과 $\Delta\vec{s}_2$를 따라 이동하고 있다고 가정하자. 변위 $\Delta\vec{s}_1$은 등퍼텐셜면에 접선 방향이므로 이 방향으로 이동하는 전하는 퍼텐셜차를 느끼지 못한다. 식 (26.9)에 의해 이 일정한 퍼텐셜 방향에 대한 전기장 성분은 $E_s = -dV/ds = 0$이 된다. 다시 말해서, **등퍼텐셜면에 접선인 전기장의 성분은** $E_{\parallel} = 0$이다.

변위 $\Delta\vec{s}_2$는 등퍼텐셜면에 수직하다. 이 경우 $\Delta\vec{s}_2$를 따라 퍼텐셜차가 존재하므로 전기장 성분은 다음과 같다.

$$E_{\perp} = -\frac{dV}{ds} \approx -\frac{\Delta V}{\Delta s} = -\frac{V_+ - V_-}{\Delta s_2}$$

전기장은 등퍼텐셜면 사이의 간격 Δs_2에 반비례함을 알 수 있다. 특히 $(V_+ - V_-) > 0$이므로, 음의 부호는 전기장이 $\Delta\vec{s}_2$의 방향에 정반대인 것을 알 수 있다. 다시 말해서, **$\vec{E}$는 등퍼텐셜면에 수직하며 퍼텐셜이 감소하는 방향을 따라 '아래로' 향한다.**

이 중요한 개념들은 그림 26.10에 요약되어 있다.

수학적으로 식 (26.9)를 3차원 공간으로 확장함으로써 임의의 한 점에서 $\vec{E}$의 각

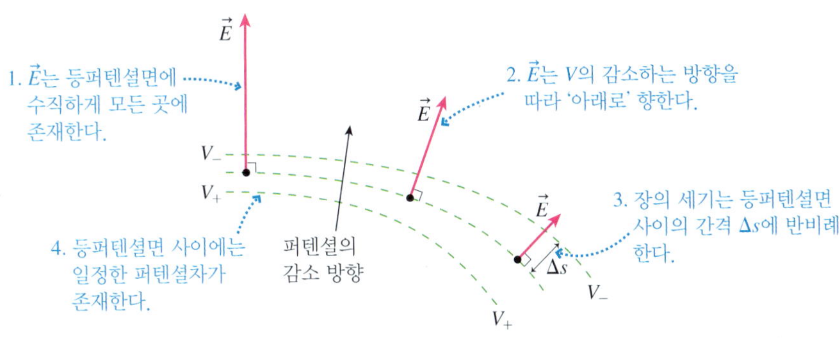

◀그림 26.10 퍼텐셜과 장의 기하학적 관계

성분들을 계산할 수 있다.

$$\vec{E} = E_x\,\hat{\imath} + E_y\,\hat{\jmath} + E_z\,\hat{k} = -\left(\frac{\partial V}{\partial x}\,\hat{\imath} + \frac{\partial V}{\partial y}\,\hat{\jmath} + \frac{\partial V}{\partial z}\,\hat{k}\right) \qquad (26.11)$$

여기서 $\partial V/\partial x$는 x에 대한 V의 편미분 도함수이며 y와 z는 상수로 여긴다. 괄호 안의 표현은 미적분학에서 ∇V로 표현되는 V의 구배(gradient)이다. 따라서 $\vec{E} = -\nabla V$이다. 좀 더 심도 있게 전기장을 다루기 위해서는 이 수학적 관계를 이용하게 되나 대부분의 경우 도식적으로 분석될 수 있는 경우에 대해서만 다루어 보도록 한다.

예제 26.5 등퍼텐셜면으로부터 전기장 구하기

퍼텐셜 등가선 지도가 그림 26.11의 1 cm × 1 cm 격자 위에 표시되어 있다. 점 1, 2, 3에서 전기장의 방향과 세기를 추정해보시오. 전기장 벡터를 등가선 지도 위에 그려 그 결과를 도식적으로 나타내보시오.

그림 26.11 등퍼텐셜선

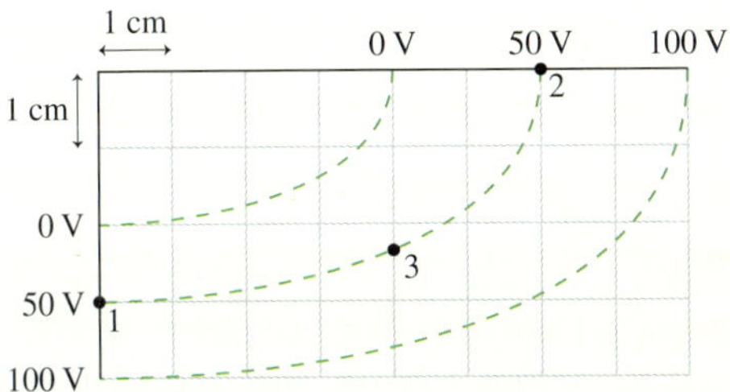

핵심 전기장은 등퍼텐셜선에 수직하게 '아래'를 향하고 퍼텐셜 언덕의 기울기에 의해 결정된다.

시각화 퍼텐셜은 아래와 오른쪽에서 가장 높다. 퍼텐셜의 표고 그래프는 4등분된 그릇이나 미식축구 경기장의 오른쪽 아래 부분처럼 보인다.

풀이 보이지는 않지만 멀리 떨어져 있는 원천전하들이 전기장과 퍼텐셜을 만든다. 장을 퍼텐셜에 연관시키기 위해 굳이 원천전하들을 알 필요는 없다. $E \approx -\Delta V/\Delta s$이므로 등퍼텐셜선이 가깝게 모여 있을수록 전기장은 강하고 멀리 떨어져 있으면 약하다. 만약 그림 26.11이 지형도라면 그림 아래에 가깝게 몰려 있는 등고선들을 가파른 경사로 이해할 수 있다.

그림 26.12는 격자로부터 구한 Δs와 ΔV의 값을 이용하여 $\vec{E}$를 계산하는 방법을 보여주고 있다. 점 3에서는 0 V와 100 V 면 사이의 거리가 대략적으로 추정되어야 한다. 50 V 등퍼텐셜 위의 한 점에서의 $\vec{E}$를 구하기 위해 0 V와 100 V 등퍼텐셜면을 이용한다.

그림 26.12 점 1로부터 3까지의 전기장

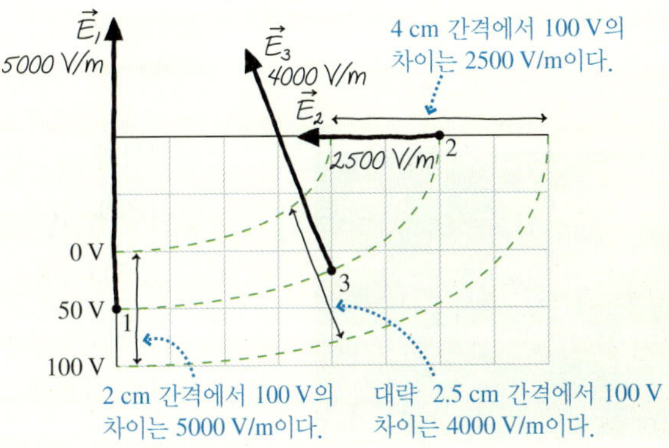

검토 등퍼텐셜에 수직하게 아래로 향하는 벡터를 그려서 $\vec{E}$의 방향을 찾을 수 있다. 등퍼텐셜면 사이의 거리는 전기장 세기를 구하는 데 필요하다.

키르히호프의 고리 법칙

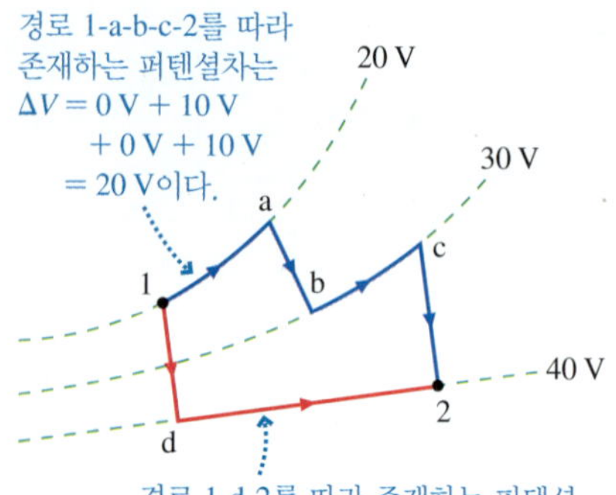

그림 26.13 어떤 경로를 따르더라도 두 점 1과 2 사이의 퍼텐셜차는 동일하다.

그림 26.13은 전기장과 퍼텐셜 영역 내의 두 점 1과 2를 보여주고 있다. 25장에서 점 1과 2 사이에서 전하를 이동시키는 동안 행해진 일은 **경로에 무관하다**는 사실을 배웠다. 결과적으로 두 점을 잇는 두 경로 중 어느 하나를 따르더라도 점 1과 2 사이의 퍼텐셜차는 $\Delta V = 20\text{ V}$이다. 등퍼텐셜면이라는 개념이 유효하기 위해선 이는 사실이어야 한다.

이제 시작한 곳에서 끝나는 경로 1-a-b-c-2-d-1을 고려해보자. 이 닫힌 경로를 따라 '돌 때' 퍼텐셜차는 얼마인가? 1에서 2로 움직이는 동안 퍼텐셜은 20 V만큼 증가하나 2에서 다시 1로 돌아가는 순간 20 V만큼 감소한다. 그러므로 이 닫힌 경로를 따라서는 $\Delta V = 0\text{ V}$이다.

이 구체적인 값들은 위의 예에만 해당되나 그 아이디어는 전기장 내의 모든 고리(즉, 닫힌 경로)에 적용된다. 이 상황은 산을 따라 등산하는 경우와 비슷하다. 등산하는 중 일부 구간에서는 산을 따라 올라갈 수도 있고 다른 구간에서는 내려갈 수도 있다. 만약 처음 시작 위치로 돌아왔다면 **전체** 높이 변화는 0이다. 그러므로 시작점과 끝점이 일치하는 모든 경로에 대해 다음과 같이 결론지을 수 있다.

$$\Delta V_{\text{loop}} = \sum_i (\Delta V)_i = 0 \qquad (26.12)$$

표현하면 **고리나 닫힌 경로를 따라 이동하는 동안 발생한 모든 퍼텐셜차의 총합은 0이다.** 이는 **키르히호프의 고리 법칙**(Kirchhoff's loop law)으로 알려져 있다.

고리를 돌아 시작점으로 돌아오는 전하가 가지는 에너지 차는 $\Delta U = q\Delta V = 0$이므로 키르히호프의 고리 법칙은 에너지 보존을 나타낸다. 키르히호프의 고리 법칙과 다음 장에서 볼 키르히호프의 제2법칙은 회로 분석을 하는 데 필요한 두 가지 기본 원리가 된다.

26.3 정전기 평형인 도체

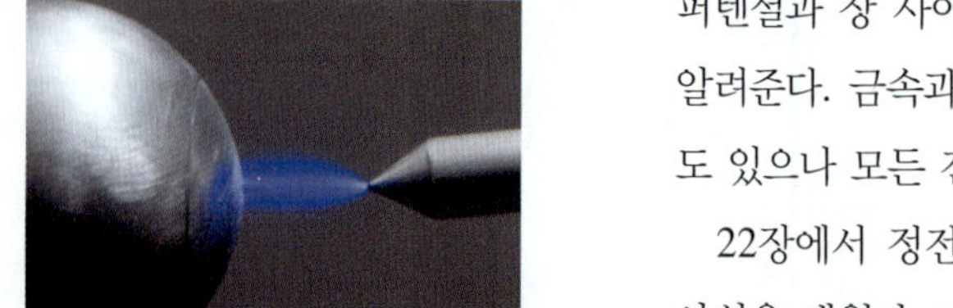

코로나(corona) 방전은 전기장이 매우 강한 뾰족한 금속 끝에서 발생한다.

퍼텐셜과 장 사이의 기본적인 관계는 도체에 대한 몇 가지 흥미롭고 중요한 사실을 알려준다. 금속과 같은 정전기 평형인 도체를 생각해보자. 도체는 대전되어 있을 수도 있으나 모든 전하는 정지해 있다.

22장에서 정전기 평형인 도체 상의 여분의 전하는 항상 도체 **표면**에 존재한다는 사실을 배웠다. 비슷한 추론을 통해 **정전기 평형인 도체 내부 한 점에서의 전기장은 0**이라는 결론을 낼 수 있다. 그 이유는 만약 전기장이 0이 아니라면 전하 운반자에는 $\vec{F} = q\vec{E}$의 힘이 작용할 것이고 이로 인한 움직임은 전류를 만들어낼 것이다. 그러나 정전기 평형인 도체에서는 전류가 흐르지 않으므로 내부 모든 점에서 $\vec{E} = \vec{0}$이어야 한다.

그림 26.14에 보이는 도체 내부의 두 점은 도체 내의 한 선에 의해 연결되어 있다. 이들 사이의 퍼텐셜차 $\Delta V = V_2 - V_1$은 식 (26.3)을 이용해 1에서 2로 향하는 선을 따라 E_s를 적분하여 구할 수 있다. 그러나 $\vec{E} = \vec{0}$이므로 선 위의 모든 점에 대해 $E_s = 0$이다. 따라서 적분값은 0이 되며 $\Delta V = 0$이다. 다시 말하면, **정전기 평형인 도체 내부의 두 점은 동일한 퍼텐셜을 갖는다.**

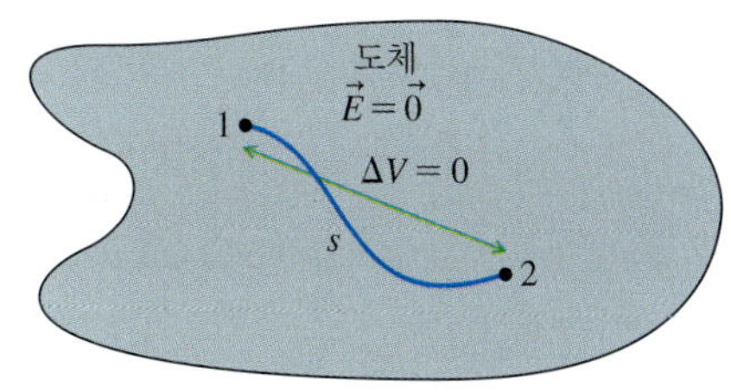

그림 26.14 정전기 평형인 도체 안 모든 점들의 퍼텐셜은 동일하다.

도체가 정전기 평형일 때, **전체 도체**는 동일한 퍼텐셜을 갖는다. 우리가 금속구를 대전시키면 전체 구는 동일한 퍼텐셜을 갖는다. 마찬가지로 대전된 금속 막대나 도선의 경우도 정전기 평형 상태에 있다면 단일 퍼텐셜을 갖는다.

만약 대전된 도체 내부에서 $\vec{E} = \vec{0}$이고 외부에서 $\vec{E} \neq \vec{0}$이라면 표면에서는 어떻게 되는가? 만약 전체 도체가 동일 퍼텐셜에 있다면 표면은 등퍼텐셜면이 된다. 전기장은 항상 등퍼텐셜면에 수직이므로 **대전된 도체 외부 전기장 $\vec{E}$는 표면에 수직하다.**

또한 전기장, 그리고 표면 전하 밀도는 뾰족한 부분에서 최대라는 결론을 내릴 수 있다. 이는 반지름 R을 가진 구 표면에서의 전기장이 $E = V_0/R$로 표현된다는 앞의 사실로부터 이해될 수 있다. 만약 동일한 퍼텐셜 V_0을 가지는 도체의 둥근 모서리들을 구의 일부들로 근사할 수 있다면 장의 세기는 가장 작은 곡률 반지름, 즉 가장 뾰족한 지점들에서 최대가 된다.

그림 26.15 정전기 평형인 도체의 특징

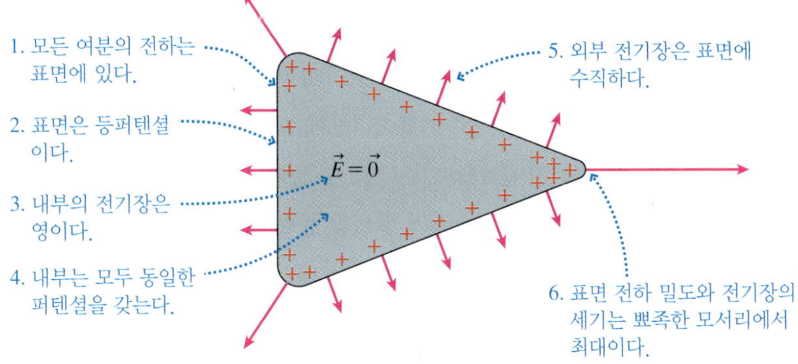

정전기 평형인 도체에 대해 알고 있는 사실들이 그림 26.15에 요약되어 있다. 도체는 전기 장치를 구성하는 가장 기본적인 요소이므로 이 사실들은 중요하고 실용적인 결론들이다.

비슷한 추론을 통해 대전된 두 도체 사이의 전기장과 퍼텐셜을 대략적으로 계산할 수 있다. 한 예로 그림 26.16은 평평한 금속 판 부근에 놓여 있는 음으로 대전된 금속 구를 보여주고 있다. 구와 평평한 판의 표면은 등퍼텐셜이므로 전기장은 이 둘에 수직하다. 표면 주변에서도 전기장은 여전히 표면에 거의 수직하다. 결과적으로, **전극 근처의 등퍼텐셜면은 대략적으로 전극의 모습을 띠게 된다.**

그 사이에서 등퍼텐셜면은 조금씩 한 전극 형태에서 다른 형태로 '변해가게' 된다. 그럴듯한 등퍼텐셜면들을 나타내는 등가선 지도를 그리는 것은 어렵지 않다. 이후 등퍼텐셜에 수직하고 '아래로' 향하며 등고선 간 간격이 작은 영역에 가깝게 몰려 있는

그림 26.16 대전된 두 도체 사이의 장과 퍼텐셜 어림하기

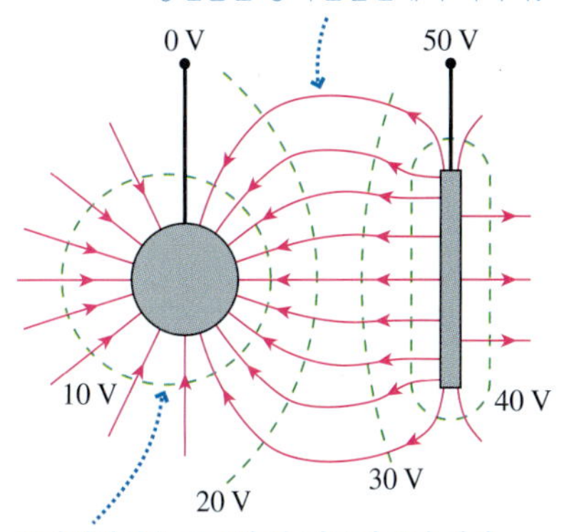

전기장선을 그리면 된다(장선들이 장벡터보다 그리기 수월하다).

26.4 전기 퍼텐셜샘

지금까지 전기 퍼텐셜의 특성, 그리고 퍼텐셜과 장이 어떻게 연결되었는지는 살펴보았으나 어떻게 전기 퍼텐셜이 생성되는지는 상세하게 다루지 않았다. 간단하게 이야기하면, **전기 퍼텐셜차는 양전하와 음전하를 갈라놓음으로써 생성된다.** 카펫에 발을 끌면 전자가 카펫으로부터 여러분에게 전달되며 이는 여러분과 문고리 사이에 퍼텐셜차를 생성하고 문고리를 만질 때 불꽃과 전기충격을 일으킨다. 전자를 한쪽 판에서 다른 쪽으로 이동하여 축전기를 충전하는 과정은 축전기 양 끝 사이에 퍼텐셜차를 만든다.

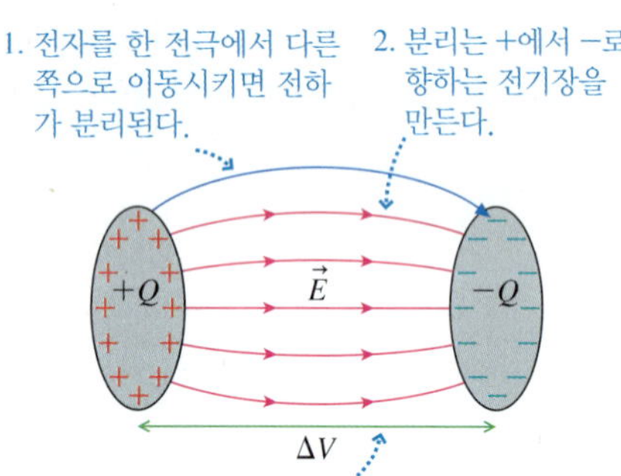

그림 26.17 전하 분리는 퍼텐셜차를 생성한다.

그림 26.17에 보인 바와 같이 한 전극으로부터 다른 쪽으로 전하를 이동시키면 양의 전극에서 음의 전극을 향하는 전기장 $\vec{E}$를 만들어낸다. 그 결과로 전극 사이에 다음과 같은 퍼텐셜차가 존재하게 된다.

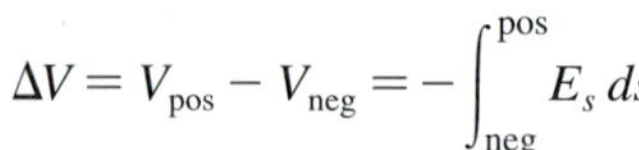

$$\Delta V = V_{\text{pos}} - V_{\text{neg}} = -\int_{\text{neg}}^{\text{pos}} E_s \, ds$$

여기서 음의 전극 상 한 점으로부터 양의 전극에 있는 한 점까지 적분하게 된다. 총 전하는 0이나 양전하와 음전하를 갈라놓음으로써 퍼텐셜차가 생성된다.

전기력은 양의 전하와 음의 전하를 가깝게 모이게 하므로 **전하를 분리하기 위해선 비전기적인 방법이 필요하다.** 한 예로 그림 26.18a에 보인 **밴더그래프 발생기**(Van de Graaff generator)가 전하를 기계적으로 분리할 수 있다. 움직이고 있는 플라스틱 혹은 가죽 벨트가 대전되면 전하는 컨베이어 벨트를 통해 절연된 기둥 위에 있는 구 형태의 전극으로 기계적으로 전달된다. 벨트는 마찰에 의해 대전될 수 있으나 실제로는 바늘 끝에서의 전기장에 의해 발생하는 **코로나 방전**을 이용하는 것이 더 효율적이고 확실하다.

그림 26.18 밴더그래프 발생기

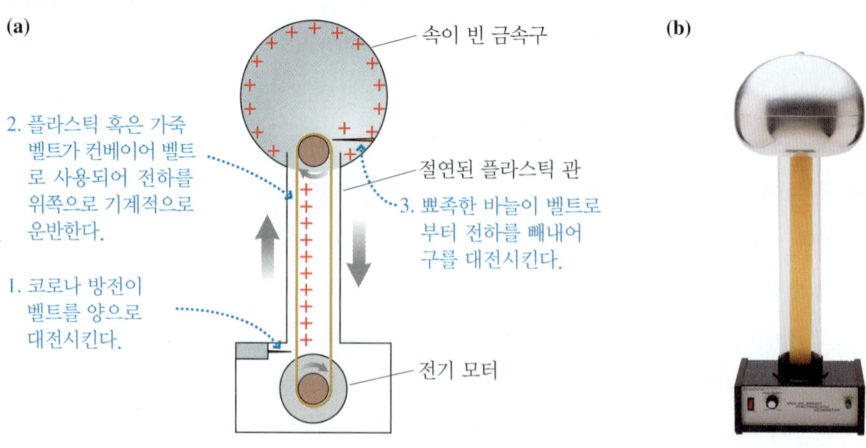

밴더그래프 발생기에는 주목할 만한 두 가지 특징이 있다.

- 전하는 음의 영역에서 양의 영역으로 **기계적으로** 전달된다. 이 전하 분리는 구 모양의 전극과 그 주변 사이에 퍼텐셜차를 발생시킨다.
- 구 모양의 전극으로부터의 전기장은 벨트를 타고 올라오는 양의 전하에 대해 아래쪽을 향하는 힘을 가한다. 결과적으로 양의 전하를 '들어 올리기 위해' 일을 해야만 한다. 벨트를 움직이고 있는 전기 모터가 이 일을 하게 된다.

그림 26.18b에 보인 것과 같은 수업 실연용 밴더그래프 발생기의 경우 위의 구와 주변 사이에 약 수십 만 볼트의 퍼텐셜차를 만들 수 있다. 구 주변의 전기장이 공기를 파괴시킬 수 있을 정도로 강해질 때 최대 퍼텐셜을 얻을 수 있다. 이때 불꽃이 발생하고 순간적으로 구는 방전된다. 진공으로 둘러싸인 거대 밴더그래프 발생기는 20 MV 이상의 퍼텐셜을 발생시킬 수 있다. 이러한 발생기는 핵물리 실험에서 양성자를 가속시키는 데 이용된다.

전지와 기전력

가장 일반적인 전기 퍼텐셜샘은 전하를 분리하기 위해 **화학 반응**을 이용하는 **전지**(battery)이다. 전지는 서로 다른 금속으로 만들어진 두 전극 사이에 들어 있는 **전해질**이라 하는 화학물질로 구성되어 있다. 전해질 내에서의 화학 작용은 이온(즉, 전하)을 한 전극에서 다른 쪽으로 이동시킨다. 이 화학 작용은 양전하와 음전하를 갈라놓음으로써 전지의 단자 간에 퍼텐셜차를 생성하게 된다. 이 화학물질들이 다 소모가 되면 반응은 멈추고 전지는 수명을 다하게 된다.

전지의 **전하 에스컬레이터 모형**(charge escalator model)을 이용하여 상세한 화학 원리는 살짝 돌아가도록 하자.

모형 26.1

전지의 전하 에스컬레이터 모형

전지는 화학 반응을 이용하여 전하를 분리한다.

- 전하 에스컬레이터는 양전하를 음의 단자로부터 양의 단자로 '올려보낸다'. 이때 일이 요구되며 필요한 에너지는 화학 반응에 의해 제공된다.
- 단위 전하당 한 일은 전지의 **기전력**(emf)이라 한다. $\mathcal{E} = W_{chem}/q$
- 전하 분리는 두 단자 간에 퍼텐셜차 ΔV_{bat}를 만든다. 이상 전지의 경우 $\Delta V_{bat} = \mathcal{E}$이다.

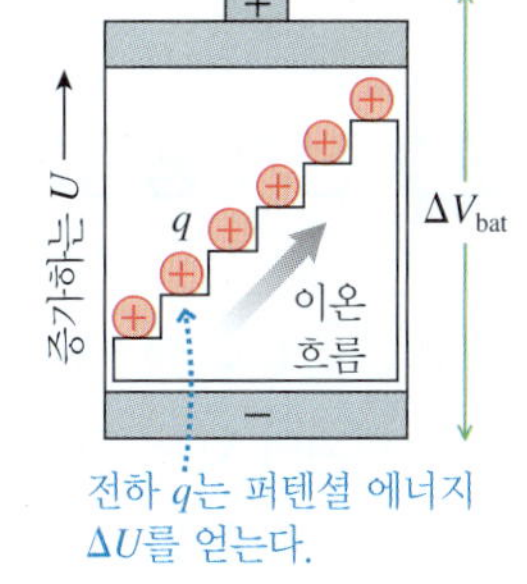

- 한계: 만약 전지 내에 전류가 흐른다면 $\Delta V_{bat} < \mathcal{E}$가 된다. 대부분의 경우 그 차이는 작아 전지는 이상적인 경우로 고려될 수 있다.

기전력을 나타내는 emf는 글자 e-m-f의 순서로 발음한다. 기전력을 나타내는 기호는 $\mathcal{E}$(스크립트 E)이며 기전력의 단위는 단위 쿨롬당 줄, 또는 볼트이다. 1.5 V 혹은 9 V와 같은 전지의 등급은 전지의 기전력을 나타낸다.

중요한 개념은 **기전력은 일**이라는 사실이다. 구체적으로 양전하와 음전하를 갈라놓기 위해 행해진 단위 전하당 일이다. 이 일은 기계적인 힘, 화학 반응, 또는 나중에 보게 될 자기력에 의해 행해진다. 가해진 일로 인해 전하는 퍼텐셜 에너지를 얻게 되고 전하의 분리가 전지의 양과 음 단자 사이에 ΔV_{bat}의 퍼텐셜차를 만들어낸다. 이를 **단자 전압**(terminal voltage)이라 한다.

내부 에너지 손실이 없는 **이상 전지**(ideal battery)의 경우 전하 q를 음의 단자로부터 양의 단자로 이동시키기 위해 행해진 일 W_{chem} 모두 전하의 퍼텐셜 에너지를 증가시키는 데 사용되므로 $\Delta V_{bat} = \mathcal{E}$이다. 28장에서 보게 되듯이 실제로 전지 내부에 전류가 흐를 때 단자 전압은 기전력보다 다소 낮으나 그 차이는 보통 매우 작아 대부분의 경우 전지를 이상 전지로 생각할 수 있다.

직렬 전지

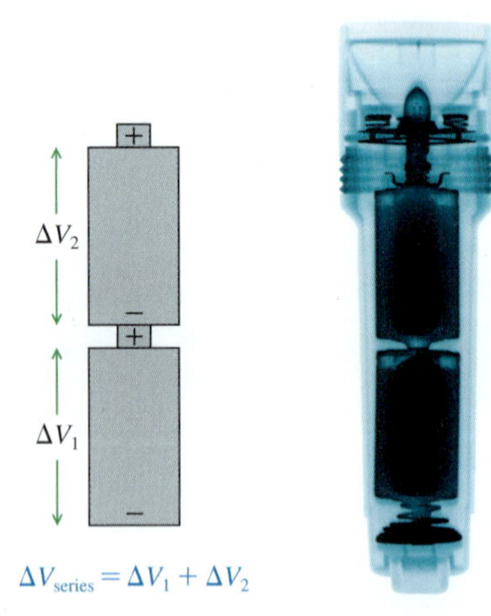

그림 26.19 직렬 전지

손전등으로부터 디지털카메라까지 대부분의 소비자 제품들은 하나 이상의 전지를 사용한다. 그 이유는 AA 혹은 AAA 전지와 같은 특정한 전지의 경우 내부의 화학 반응으로 결정되는 고정된 양의 기전력을 제공하기 때문이다. 많은 경우 1.5 V인 전지 하나의 기전력은 전구를 켜거나 카메라에 전원을 공급하기에 충분하지 않다. 연속적으로 에스컬레이터 3개를 타고 건물의 3층에 다다를 수 있는 것처럼 2개 이상의 전지를 **직렬**로 놓음으로써 더 큰 퍼텐셜차를 만들 수 있다.

그림 26.19는 한 전지의 양의 단자가 다음 전지의 음의 단자에 접촉해 있는 두 전지를 보여주고 있다. 손전등의 전지들은 대부분 이와 같이 연결되어 있다. 카메라와 같은 다른 장치들도 전도성 금속 도선을 두 전지 사이에 이용하여 동일한 효과를 얻는다. 어떤 방식으로든 직렬 연결된 전지들의 총 퍼텐셜차는 간단히 각각의 단자 전압들의 합으로 결정된다.

$$\Delta V_{series} = \Delta V_1 + \Delta V_2 + \cdots \quad \text{(직렬 전지)} \tag{26.13}$$

26.5 전기 용량과 축전기

그림 26.20 크기는 같지만 서로 반대로 대전된 2개의 전극은 축전기를 형성한다.

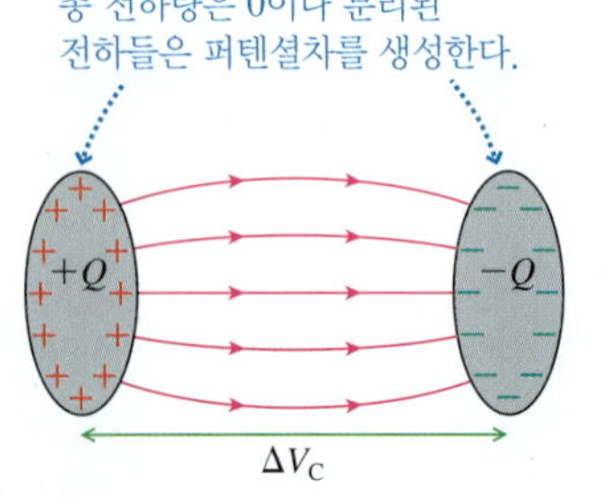

그림 26.20은 $\pm Q$로 대전된 2개의 전극을 보여준다. 총 전하량은 0이나 양전하와 음전하는 분리되어 있다. 결과적으로 전극 사이에는 퍼텐셜차 ΔV가 존재한다.

ΔV는 Q에 정비례한다고 생각될 수 있다. 즉, 전극의 전하를 두 배로 늘리면 퍼텐셜차 역시 두 배가 된다. 이 관계를 $Q = C\Delta V$로 표현할 수 있고, 여기서 비례 상수를 두 전극의 **전기 용량**(capacitance)이라 한다.

$$C = \frac{Q}{\Delta V_C} \tag{26.14}$$

두 전극은 **축전기**(capacitor)를 구성하므로 ΔV_C에 아래 첨자 C를 사용하여 양의 전극과 음의 전극 사이의 퍼텐셜차, 즉 **축전기 전압**(capacitor voltage)임을 표현해주었다.

전기 용량의 SI 단위는 패러데이(Michael Faraday)를 기리기 위해 **패럿**(farad)을 사용한다. 1패럿은 다음과 같이 정의된다.

$$1\text{패럿} = 1\text{ F} = 1\text{ C/V}$$

1패럿은 상당히 큰 전기 용량 값이다. 실제 사용되는 축전기들은 대개 마이크로패럿(μF) 혹은 피코패럿($1\text{ pF} = 10^{-12}\text{ F}$)을 사용한다.

식 (26.14)를 통해 ΔV_C로 충전된 축전기에 저장된 전하의 양은 아래와 같다.

$$Q = C\Delta V_C \qquad \text{(축전기의 전하)} \qquad (26.15)$$

전하의 양은 퍼텐셜차와 전기 용량이라는 전극의 특성을 함께 고려하여 결정된다. **전기 용량은 전극의 기하학적 형태에 의존한다**는 사실을 이후에 배우게 될 것이다.

평행판 축전기

평행판 축전기는 서로 마주 보고 있는 2개의 평평한 전극(판)으로 구성되어 있으며 판 사이의 간격 d는 판의 크기에 비해 작다. 25장에서 평행판 축전기 양 끝의 퍼텐셜차는 내부의 전기장과 $\Delta V_C = Ed$라는 관계를 갖는다는 사실을 배웠다. 그리고 23장으로부터 평행판 축전기 내부의 전기장은 아래와 같다는 사실을 배웠다.

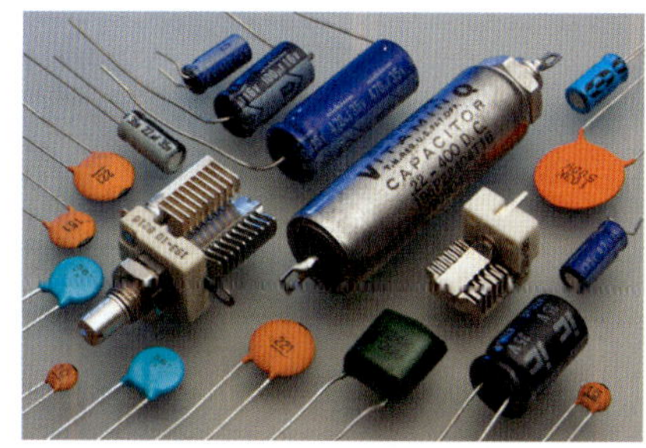

축전기는 중요한 전기 회로 부품이다.

$$E = \frac{Q}{\epsilon_0 A} \qquad (26.16)$$

여기서 A는 판의 넓이이다. 이들을 연결하면 다음의 관계를 얻는다.

$$Q = \frac{\epsilon_0 A}{d}\Delta V_C \qquad (26.17)$$

예상한 바와 같이 전하는 퍼텐셜차에 비례한다. 식 (26.14)의 전기 용량의 정의를 통해 평행판 축전기의 전기 용량은 아래와 같다.

$$C = \frac{Q}{\Delta V_C} = \frac{\epsilon_0 A}{d} \qquad \text{(평행판 축전기)} \qquad (26.18)$$

전기 용량은 전극의 넓이와 간격에 의존하는 전극의 기하학적 특성이다. 다른 형태의 축전기들은 다른 전기 용량 공식을 가지나 모두 기하학적 모습에 의존한다. 원통형 축전기는 응용 예제 26.11에서, 구형 축전기는 연습문제에서 살펴보도록 한다.

예제 26.6 | 축전기의 충전

1.0 μF 축전기의 판 사이의 간격은 0.050 mm이다.

a. 판의 넓이는 얼마인가?

b. 만약 축전기가 1.5 V로 충전된다면 판에 저장되는 전하량은 얼마인가?

(계속)

핵심 축전기는 평행판 축전기로 가정한다.

풀이 a. 전기 용량의 정의로부터 넓이는 다음과 같다.

$$A = \frac{dC}{\epsilon_0} = 5.65 \text{ m}^2$$

b. 전하량은 $Q = C\,\Delta V_C = 1.5 \times 10^{-6}\text{ C} = 1.5\ \mu\text{C}$이다.

검토 대체로 일반적인 값인 1.0 μF 축전기를 만들기 위해 필요한 판의 넓이는 상당히 크다. 26.7절에서 축전기 판 사이에 절연체를 집어넣음으로써 넓이를 줄일 수 있다는 것을 보게 될 것이다.

축전기의 충전

그러면 실제 축전기는 어떻게 충전되는가? 전지에 연결하여 충전하게 된다! 그림 26.21a는 축전기의 두 판이 2개의 도선을 통해 전지의 두 단자에 연결된 직후의 모습을 보여준다. 이 순간 전지의 전하 에스컬레이터는 전하를 축전기의 한 판으로부터 다른 판으로 이동시키고, 이때 전지에 행해진 일이 축전기를 충전시키게 된다. (연결하는 도선은 도체이며 22장에서 배운 바와 같이 전하는 **전류**로써 도체 내를 이동한다.) 축전기 전압 ΔV_C는 전하 분리가 진행됨에 따라 천천히 증가한다.

그림 26.21 전지에 의해 평행판 축전기가 충전된다.

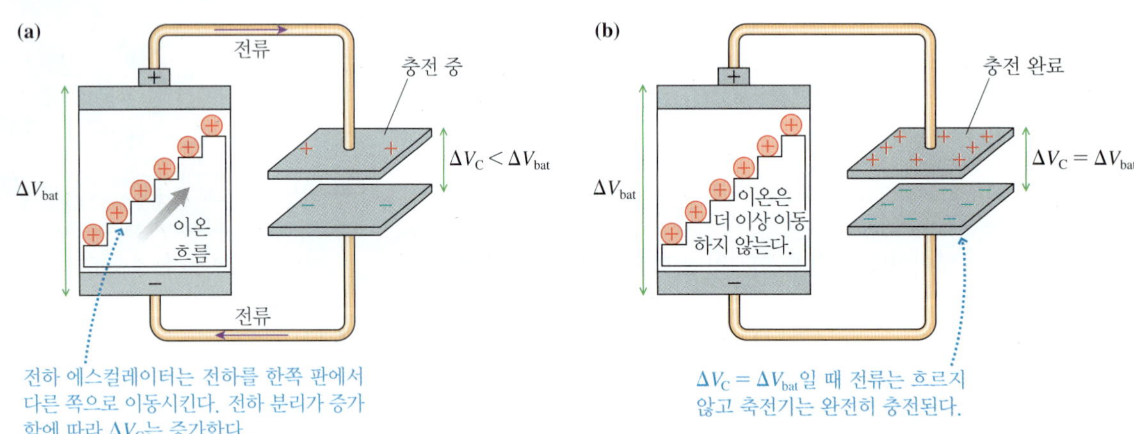

그러나 이 과정은 무한히 계속될 수 없다. 축전기 위 판에 늘어나는 양전하는 에스컬레이터를 타고 올라오는 새로운 전하들에게 척력을 가하게 되며 결국 축전기의 전하가 충분히 커져 더 이상 새 전하가 도달하지 못하게 된다. 그림 26.21b의 축전기는 이제 **완전히 충전되었다.** 28장에서 충전 과정에 걸리는 시간을 분석해볼 것이나 구리 도선으로 직접 전지에 연결된 축전기의 경우 대략 나노초 이하의 시간이 걸린다.

컴퓨터 키보드의 자판은 축전기 스위치이다. 자판을 누르면 두 축전기 판이 가까워지고 전기 용량이 증가한다. 축전기가 클수록 더 많은 전하를 가질 수 있으므로 순간 전류가 전지(혹은 전원 공급기)로부터 전하를 축전기로 이동시킨다. 이 전류를 감지하여 자판 입력이 기록된다.

축전기가 완전히 충전되어 전하의 움직임이 없으면 양의 축전기 판, 위의 도선, 그리고 전지의 양의 단자는 정전기 평형인 단일 도체를 이룬다. 이것은 중요한 생각이며 축전기가 충전되는 동안에는 사실이 아니다. 앞서 배운 바와 같이 정전기 평형인 도체 내의 두 점은 같은 퍼텐셜을 갖는다. **그러므로 완전히 충전된 축전기의 양의 판은 전지의 양의 단자와 같은 퍼텐셜을 갖는다.**

비슷하게 완전히 충전된 축전기의 음의 판은 전지의 음의 단자와 동일한 퍼텐셜을 갖는다. 결과적으로 축전기 판 사이의 퍼텐셜차 ΔV_C는 정확히 전지 단자 간의 퍼텐셜차 ΔV_{bat}와 일치하게 된다. **전지에 연결된 축전기는 $\Delta V_C = \Delta V_{bat}$가 될 때까지 충전된다.** 축전기가 충전되면 전지로부터 연결을 끊을 수 있고 축전기는 전류 등에 의해 양의 전하가 음의 판으로 되돌아가지 않는 한 충전된 전하와 퍼텐셜차를 유지할 수 있다. 진공 중의 이상 축전기는 영원히 충전된 상태로 존재한다.

축전기 결합

많은 경우 2개 이상의 축전기가 함께 연결되어 사용된다. 그림 26.22는 **병렬 축전기**(parallel capacitor)와 **직렬 축전기**(series capacitor)라는 2개의 기본 결합을 보여주고 있다. 회로도에서 축전기는 실제 기하학적 형태와 관계없이 2개의 평행한 선으로 나타낸다.

그림 26.22 병렬 축전기와 직렬 축전기

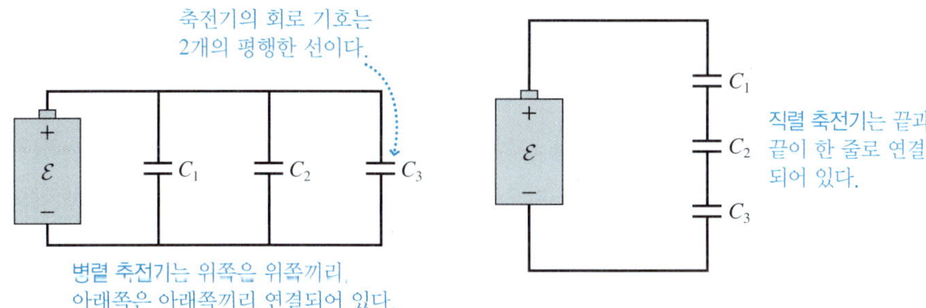

앞으로 보게 될 바와 같이 병렬 축전기 혹은 직렬 축전기(때로는 '병렬로 연결된' 혹은 '직렬로 연결된' 축전기들이라 표현된다)는 하나의 **등가 전기 용량**(equivalent capacitance)으로 나타낼 수 있다. 먼저 그림 26.23a에 있는 2개의 병렬 축전기 C_1과 C_2를 이용하여 살펴보자. 위의 두 전극은 도선으로 연결되어 있으므로 정전기 평형인 하나의 도체를 구성한다. 그러므로 위의 두 전극은 동일한 퍼텐셜에 있다. 마찬가지로 연결된 아래의 두 전극 역시 동일한 퍼텐셜을 갖는다. 결과적으로 2개 또는 그 이상의 병렬로 연결된 각각의 축전기는 두 전극 사이에 동일한 퍼텐셜차 ΔV_C를 갖는다.

그림 26.23 2개의 병렬 축전기를 등가 축전기로 바꾸기

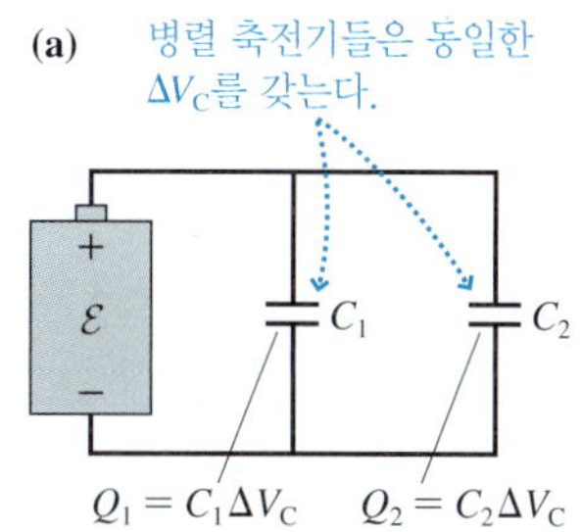

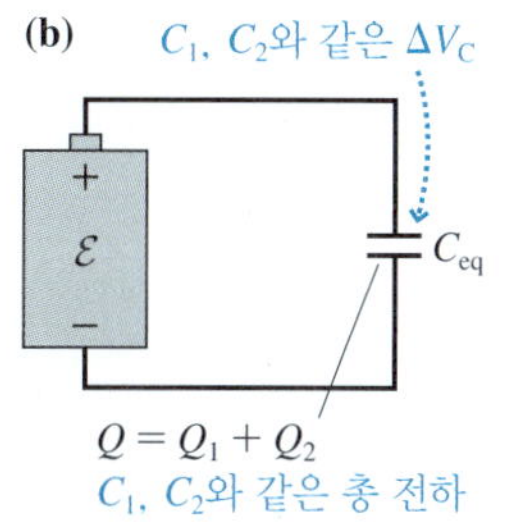

두 축전기의 전하는 $Q_1 = C_1\Delta V_C$와 $Q_2 = C_2\Delta V_C$이다. 이들을 더하여 전하 에스컬레이터는 총 전하 $Q = Q_1 + Q_2$를 음의 전극에서 양의 전극으로 옮긴다. 그림 26.23b와 같이 만약 두 축전기를 전하 $Q = Q_1 + Q_2$와 퍼텐셜차 ΔV_C를 가지는 단일 축전기로 교체한다고 가정해보자. 전지는 그 차이를 구분할 수 없기에 이 축전기는 처음 둘에 상응한다. 둘 중 어느 경우라도 전지는 같은 퍼텐셜차를 유지하고 같은 양의 전하를 이동시켜야 한다.

등가 축전기의 전기 용량은 아래와 같이 정의된다.

$$C_{eq} = \frac{Q}{\Delta V_C} = \frac{Q_1 + Q_2}{\Delta V_C} = \frac{Q_1}{\Delta V_C} + \frac{Q_2}{\Delta V_C} = C_1 + C_2 \qquad (26.19)$$

이것은 **병렬 축전기 각각은 동일한 퍼텐셜차 ΔV_C를 가져야 한다**는 사실에 기초한

다. 이 분석은 2개 이상의 축전기 경우로도 확대할 수 있다. 만약 축전기 C_1, C_2, C_3, …가 병렬로 연결되어 있다면 이들의 등가 전기 용량은 다음과 같다.

$$C_{eq} = C_1 + C_2 + C_3 + \cdots \quad \text{(병렬 축전기)} \tag{26.20}$$

전지나 회로의 다른 부분들은 병렬 축전기들이 전기 용량 C_{eq}를 가지는 단일 축전기로 교체되었는지 분별할 수 없다.

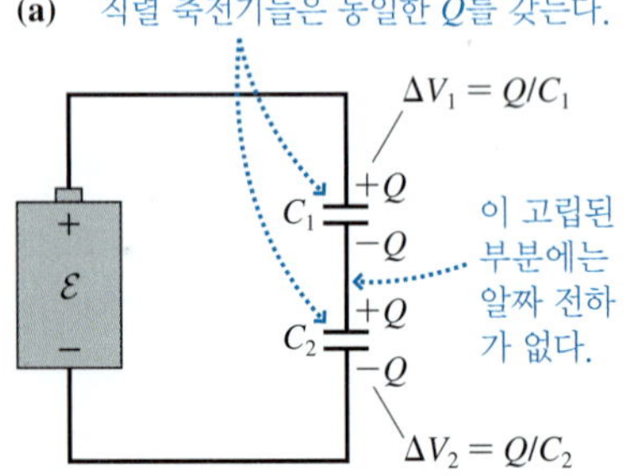

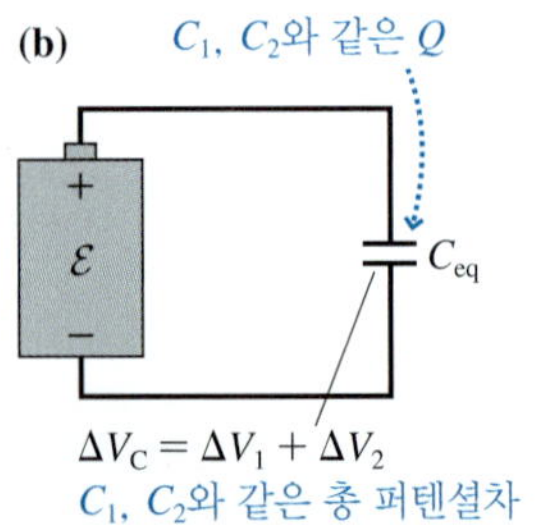

그림 26.24 2개의 직렬 축전기를 등가 축전기로 바꾸기

이제 그림 26.24a에 있는 두 직렬 충전기를 생각해보자. C_1의 아랫판, C_2의 윗판, 그리고 연결 도선으로 이루어진 중간 부분은 전기적으로 고립되어 있다. 전지는 이 부분으로부터 전하를 뺄 수도 혹은 이 부분으로 전하를 더할 수도 없다. 만약 알짜 전하가 없는 상태에서 시작되었다면 끝날 때도 알짜 전하는 없다. 그 결과 직렬로 연결된 두 축전기는 동일한 전하 $\pm Q$를 갖는다. 전지는 C_2의 아래쪽으로부터 C_1의 위쪽으로 전하 Q를 전달한다. 이 전달 과정은 그림에 보인 것처럼 중간 부분을 분극시키나 여전히 $Q_{net} = 0$이다.

두 축전기를 가로질러 존재하는 퍼텐셜차는 각각 $\Delta V_1 = Q/C_1$과 $\Delta V_2 = Q/C_2$이다. 이 2개의 축전기 전체를 가로질러 존재하는 퍼텐셜차는 $\Delta V_C = \Delta V_1 + \Delta V_2$이다. 그림 26.24b처럼 만약 두 축전기를 전하 Q와 퍼텐셜차 $\Delta V_C = \Delta V_1 + \Delta V_2$를 가지는 단일 축전기로 바꾼다고 가정해보자. 두 경우 모두 전지는 동일한 퍼텐셜차와 동일한 양의 전하를 이동시켜야 하므로 이 축전기는 처음 둘과 상응할 것이다.

이 등가 축전기의 전기 용량은 $C_{eq} = Q/\Delta V_C$로 정의된다. 등가 전기 용량의 역수는 아래와 같다.

$$\frac{1}{C_{eq}} = \frac{\Delta V_C}{Q} = \frac{\Delta V_1 + \Delta V_2}{Q} = \frac{\Delta V_1}{Q} + \frac{\Delta V_2}{Q} = \frac{1}{C_1} + \frac{1}{C_2} \tag{26.21}$$

이 분석은 **각각의 직렬 축전기는 동일한 전하 Q를 가져야 한다**는 사실에 기초하고 있다. 이는 2개 이상의 축전기들에도 적용 가능하다. 만약 축전기 C_1, C_2, C_3, …가 직렬로 연결되어 있다면 이들의 등가 전기 용량은 다음과 같다.

$$C_{eq} = \left(\frac{1}{C_1} + \frac{1}{C_2} + \frac{1}{C_3} + \cdots\right)^{-1} \quad \text{(직렬 축전기)} \tag{26.22}$$

예제를 살펴보기 전에 중요한 사실들을 요약해보자.

- 병렬 축전기들은 모두 동일한 퍼텐셜차 ΔV_C를 갖는다. 직렬 축전기들은 모두 동일한 양의 전하 $\pm Q$를 갖는다.
- 병렬 결합된 축전기들의 등가 전기 용량은 그 안에 있는 축전기 중 어느 하나의 값보다도 크다. 직렬 결합된 축전기들의 등가 전기 용량은 그 안에 있는 축전기 중 어느 하나의 값보다 작다.

예제 26.7 **축전기 회로**

그림 26.25에 있는 3개의 축전기 각각의 양 끝에 저장된 전하와 퍼텐셜차를 구하시오.

그림 26.25 축전기 회로

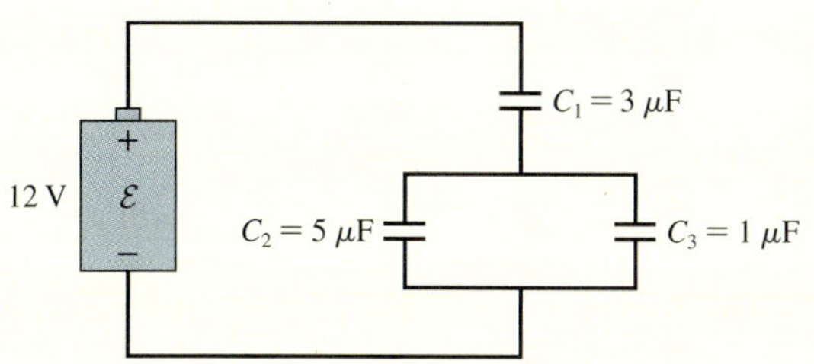

핵심 전지는 $\Delta V_{bat} = \mathcal{E} = 12$ V를 가진 이상 전지라 가정한다. 병렬, 그리고 직렬 축전기 결과를 이용하도록 한다.

풀이 3개의 축전기는 병렬 혹은 직렬만으로 연결되어 있지 않으나 이들을 병렬 혹은 직렬 연결의 작은 그룹들로 나누어 볼 수 있다. 회로 분석에서 유용한 방법은 먼저 구성 소자들을 하나의 상응하는 단일 요소로 나타낼 수 있을 때까지 묶어본 후 이 과정을 역으로 계산하여 각 소자의 값을 구하는 방법이다. 그림 26.26에 이 회로의 분석을 나타내었다. 여기서 과정마다 회로의 모습을 다시 보여주고 있다. 직렬로 연결된 3 μF과 6 μF 축전기의 등가 전기 용량은 아래 식으로부터 계산되었다.

$$C_{eq} = \left(\frac{1}{3\ \mu F} + \frac{1}{6\ \mu F}\right)^{-1} = \left(\frac{2}{6} + \frac{1}{6}\right)^{-1} \mu F = 2\ \mu F$$

등가 전기 용량의 계산 후 $\Delta V_C = \Delta V_{bat} = 12$ V 그리고 $Q = C\,\Delta V_C = 24\ \mu$C임을 찾을 수 있다. 이제 역으로 생각해보자. 직렬 연결된 축전기는 같은 전하를 갖는다. 즉 C_1과 C_{2+3} 상의 전하는 $\pm 24\ \mu$C이 된다. 이를 통해 $\Delta V_1 = 8$ V 그리고 $\Delta V_{2+3} = 4$ V임을 결정할 수 있다. 병렬 연결된 축전기는 모두 동일한 퍼텐셜차를 가지므로 $\Delta V_2 = \Delta V_3 = 4$ V이다. 이 사실을 통해 $Q_2 = 20\ \mu$C 그리고 $Q_3 = 4\ \mu$C임을 확인할 수 있다. 세 축전기 각각에 저장된 전하와 퍼텐셜차는 그림 26.26의 마지막 과정에 나타나 있다.

검토 일관성이 있는지 두 가지 중요한 확인을 해볼 수 있다. $\Delta V_1 + \Delta V_{2+3} = 8\ V + 4\ V$는 더해서 앞서 우리가 찾은 2 μF 등가 축전기에서의 12 V가 된다. $Q_2 + Q_3 = 20\ \mu C + 4\ \mu C$은 더해서 앞서 우리가 찾은 6 μF 등가 축전기에서의 24 μC이 된다. 이러한 회로 분석은 28장에서 좀 더 다루어 볼 것이나 이와 같이 일관성 확인을 한다면 회로 분석 시 거의 실수할 일은 없다.

그림 26.26 축전기 회로 분석하기

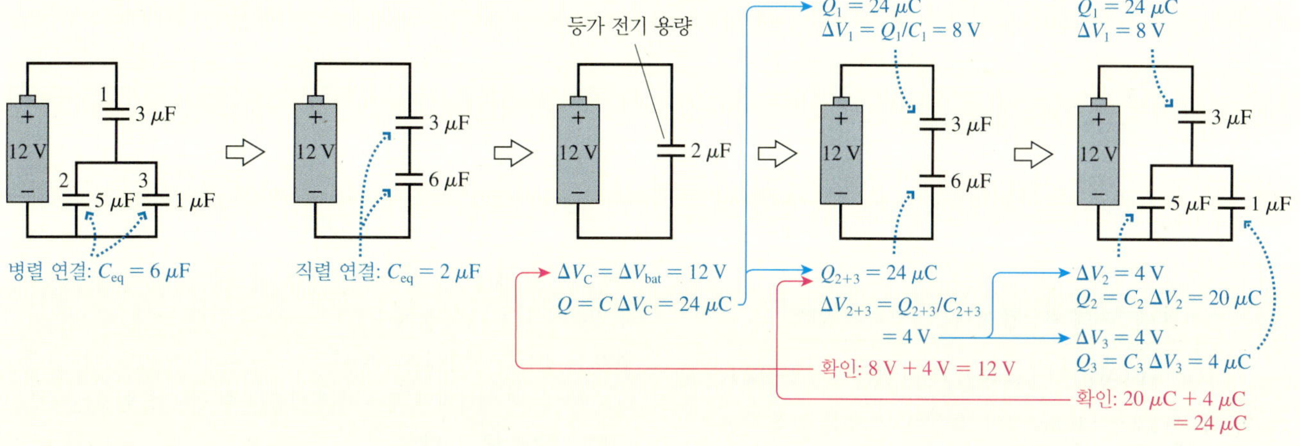

26.6 축전기에 저장된 에너지

축전기는 에너지를 저장할 수 있는 능력이 있기에 전기 회로에서 중요한 소자이다. 그림 26.27은 충전 중인 축전기를 보여주고 있다. 두 판 위 전하의 순간값은 $\pm q$이며, 이 전하 분리는 두 전극 사이에 퍼텐셜차 $\Delta V = q/C$를 만든다.

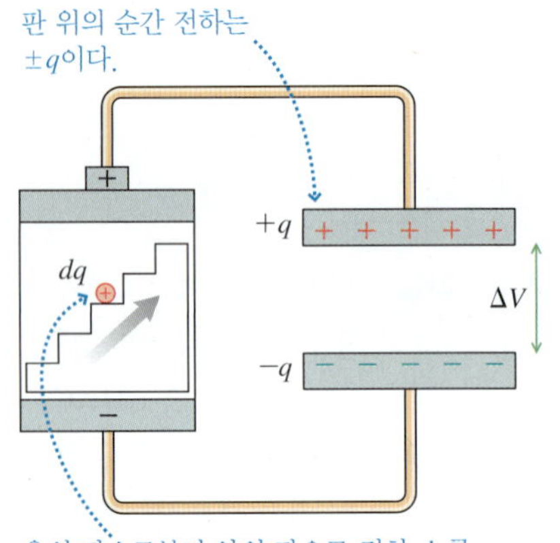

그림 26.27 축전기가 충전되는 동안 전하 에스컬레이터는 전하 dq에 일을 한다.

dq만큼의 추가 전하가 음에서 양의 전극으로 이동 중에 있다. 전지의 전하 에스컬레이터는 높은 퍼텐셜 쪽으로 전하 dq를 '들어 올리기' 위해 반드시 일을 해야 한다. 결과적으로 dq + 축전기의 퍼텐셜 에너지는 아래만큼 증가하게 된다.

$$dU = dq\,\Delta V = \frac{q\,dq}{C} \tag{26.23}$$

전지로부터 축전기에 전달된 총에너지는 $q = 0$인 충전 시작 순간부터 $q = Q$가 되는 마지막 순간까지 식 (26.23)을 적분하여 찾을 수 있다. 그러므로 충전된 축전기 안에 저장된 에너지는 다음과 같다.

$$U_C = \frac{1}{C}\int_0^Q q\,dq = \frac{Q^2}{2C} \tag{26.24}$$

실제로 축전기의 퍼텐셜차 $\Delta V_C = Q/C$를 이용하여 저장된 에너지를 표현하는 것이 종종 쉬울 때가 있으며 이는 아래와 같다.

$$U_C = \frac{Q^2}{2C} = \tfrac{1}{2}C(\Delta V_C)^2 \tag{26.25}$$

축전기에 저장된 퍼텐셜 에너지는 축전기 양 끝에 걸린 퍼텐셜차의 **제곱**에 의존한다. 이 결과는 용수철에 저장된 퍼텐셜 에너지 $U = \frac{1}{2}k(\Delta x)^2$을 생각나게 하는데, 실제 충전된 축전기는 늘어난 용수철과 유사하다. 늘어난 용수철은 우리가 놓기 전까지 에너지를 가지고 있고 이후 퍼텐셜 에너지가 운동 에너지로 전환된다. 마찬가지로 충전된 축전기는 우리가 방전시키기 전까지 에너지를 가지고 있다. 나중에 퍼텐셜 에너지가 움직이는 전하(전류)의 운동 에너지로 전환된다.

예제 26.8 | 축전기에 에너지 저장하기

330 V로 충전된 220 μF 카메라 플래시 축전기에는 얼마만큼의 에너지가 저장되어 있는가? 만약 이 축전기가 1.0 ms 동안 방전된다면 평균 전력 손실은 얼마인가?

풀이 충전된 축전기에 저장된 에너지는 다음과 같다.

$$U_C = \tfrac{1}{2}C(\Delta V_C)^2 = \tfrac{1}{2}(220\times10^{-6}\ \text{F})(330\ \text{V})^2 = 12\ \text{J}$$

만약 이 에너지가 1.0 ms 동안 방출된다면 평균 전력 손실은 아래와 같다.

$$P = \frac{\Delta E}{\Delta t} = \frac{12\ \text{J}}{1.0\times10^{-3}\ \text{s}} = 12{,}000\ \text{W}$$

검토 저장된 에너지는 1 kg의 질량을 1.2 m만큼 들어 올리는 것에 상응한다. 1 kg의 물체가 1.2 m 높이에서 떨어졌을 때 일어날 수 있는 일들을 상상해본다면 이것은 상당히 큰 에너지이다. 전기 회로에서는 이 에너지가 매우 빨리 방출될 수 있으며, 이것은 매우 막대한 전력에 해당한다.

축전기의 유용성은 축전기가 천천히 충전될 수 있으며(충전 속도는 대개 전하를 전달하는 전지의 능력에 의해 제한된다) 에너지를 매우 빠르게 방출할 수 있다는 사실에 기인한다. 역학적으로 크랭크를 이용하여 투석기의 용수철을 늘이고 재빨리 에너지를 방출하여 거대한 돌을 날려 보내는 것과 유사하다.

예제 26.8에 나타난 축전기는 일반적으로 카메라 플래시에서 사용되는 축전기의 종류이다. 카메라 전지는 축전기를 충전하고 축전기에 저장된 에너지는 빠르게 섬광등으로 방전된다. 카메라에서 충전 과정은 대략 몇 초가 걸리기 때문에 우리는 카메라 플래시를 빠르게 연속으로 사용할 수 없다.

의료 분야에서 축전기의 중요한 응용은 제세동기이다. 심장 마비 혹은 심각한 부상으로 인해 심장은 세동 상태에 빠질 수 있으며, 이때 심장 근육은 일정하지 않게 경련하며 혈액을 순환시킬 수 없게 된다. 가슴을 통한 강한 전기 충격은 심장을 멈추게 하고 심장 박동을 조절하는 세포들이 정상 심장 박동을 회복할 수 있는 기회를 줄 수 있다. 제세동기는 360 J까지의 에너지를 저장할 수 있는 큰 축전기이다. 이 에너지는 대략 2 ms 동안 환자의 가슴에 대고 누르는 2개의 '패들'을 통해 방출된다. 축전기를 충전시키는 데 대략 몇 초가 걸리기 때문에 텔레비전 의료 드라마에서 응급실 의사나 간호사들이 '충전(Charging)!'이라고 외치는 것을 들을 수 있다.

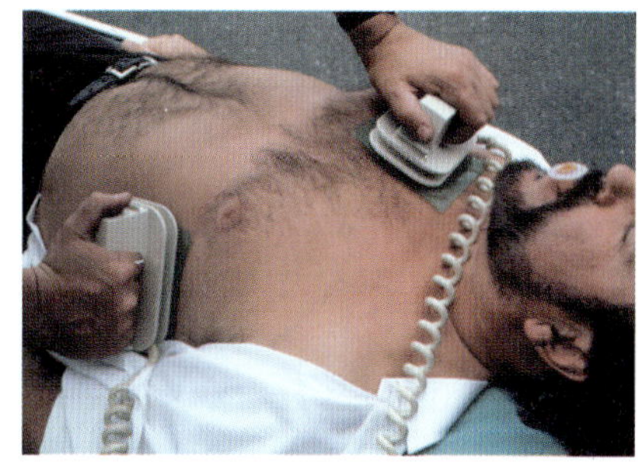

심장 박동이 정상으로 되돌아올 수 있도록 해주는 제세동기는 환자의 가슴을 통해 축전기를 방전한다.

전기장의 에너지

용수철의 장력을 통해 늘어난 용수철의 퍼텐셜 에너지를 '볼' 수 있다. 만약 충전된 축전기가 늘어난 용수철에 비교될 수 있다면 에너지는 어디에 저장되어 있는가? 바로 전기장에 있다.

그림 26.28은 넓이 A와 판 사이 간격 d를 가진 평행판 축전기를 보여주고 있다. 축전기 양 끝의 퍼텐셜차는 $\Delta V_C = Ed$의 관계를 통해 축전기 내부의 전기장과 연결된다. 식 (26.18)에서 찾은 전기 용량은 $C = \epsilon_0 A/d$이다. 이들을 식 (26.25)에 대입함으로써 축전기 내에 저장된 에너지는 다음과 같다는 것을 알 수 있다.

$$U_C = \tfrac{1}{2}C(\Delta V_C)^2 = \frac{\epsilon_0 A}{2d}(Ed)^2 = \frac{\epsilon_0}{2}(Ad)E^2 \qquad (26.26)$$

여기서 Ad는 축전기 내 부피이며 축전기의 전기장이 존재하는 영역이다. (이상 축전기는 판 사이를 제외한 모든 공간에서 $\vec{E} = \vec{0}$라는 점을 상기해보자) 비록 '축전기에 저장된 에너지'라 하지만 식 (26.26)은 엄격히 말해 **에너지는 축전기의 전기장에 저장된다**는 사실을 알려주고 있다.

그림 26.28 축전기의 에너지는 전기장에 저장되어 있다.

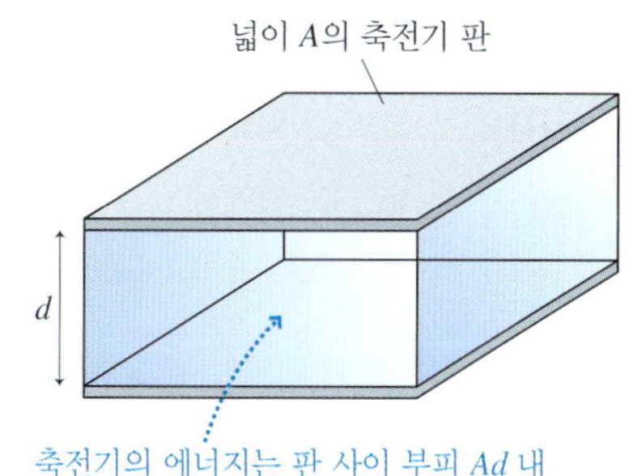

실제 Ad는 에너지가 저장된 부피이므로 전기장의 **에너지 밀도** u_E를 정의할 수 있다.

$$u_E = \frac{\text{저장된 에너지}}{\text{에너지가 저장된 부피}} = \frac{U_C}{Ad} = \frac{\epsilon_0}{2}E^2 \qquad (26.27)$$

에너지 밀도는 J/m^3의 단위를 갖는다. 여기서 식 (26.27)은 평행판 축전기를 통해 유도되었으나 모든 전기장에 대해 정확한 표현이다.

이 관점에서 보면 축전기의 충전은 점점 세기가 증가하는 축전기의 전기장에 에너지를 저장하게 된다. 이후 축전기가 방전될 때는 장이 붕괴함에 따라 에너지가 방출된다.

앞서 전기장을 장거리힘이 어떻게 작용하는지를 시각화하는 한 방법으로 소개하였다. 그러나 장이 에너지를 저장할 수 있다면 장은 단순히 시각적 수단이 아니라 실제로 존재해야 한다. 따뜻한 햇살이 가진 실제 에너지와 같이 빛에 의해 전달되는 에너지가 전기와 자기장의 에너지임을 다루는 31장에서 이에 대해 좀 더 자세히 살펴보도록 하겠다.

26.7 유전체

그림 26.29a는 완벽한 절연체인 진공을 사이에 두고 있는 판들로 이루어진 평행판 축전기를 나타내고 있다. 만약 축전기를 전압 $(\Delta V_C)_0$로 충전한 후 전지를 제거한다고 가정하자. 판에서의 전하는 $\pm Q_0$이며 여기서 $Q_0 = C_0(\Delta V_C)_0$이다. 여기서는 아래 첨자 0을 사용하여 진공으로 절연된 축전기를 나타내기로 한다.

이제 그림 26.29b처럼 기름, 유리, 플라스틱과 같은 절연 물질을 축전기 판 사이에 살짝 밀어 넣었다고 상상해보자. 우선 절연체의 두께는 d이고 공간을 꽉 채운다고 가정한다. 나중에 알게 되듯이 전기장 안에 있는 절연체를 **유전체**(dielectric)라 하므로 **유전체가 채워진 축전기**라 한다. 유전체가 채워진 축전기와 진공으로 절연된 축전기는 어떻게 다른가?

축전기 판에 있는 전하는 변하지 않는다. 전하는 절연체를 통과해 움직일 수 없으며 축전기는 전지에 연결되어 있지 않으므로 각 판에 전하를 더하거나 각 판으로부터 전하를 빼낼 수 없다. 즉 $Q = Q_0$이다. 그럼에도 불구하고 전압계를 가지고 축전기 전압을 잰다면 전압이 감소하였음을 볼 수 있다$[\Delta V_C < (\Delta V_C)_0]$. 결과적으로 전기 용량의 정의에 따르면 전기 용량은 증가하였다.

$$C = \frac{Q}{\Delta V_C} > \frac{Q_0}{(\Delta V_C)_0} = C_0$$

예제 26.6에서 1 μF 축전기를 만들기 위해 필요한 판의 넓이가 말도 안 되게 커야 한다는 것을 보았다. 만약 축전기를 절연체로 채워놓는다면 동일한 판을 가지고도 더 많

그림 26.29 진공으로 절연된 축전기와 유전체가 채워진 축전기

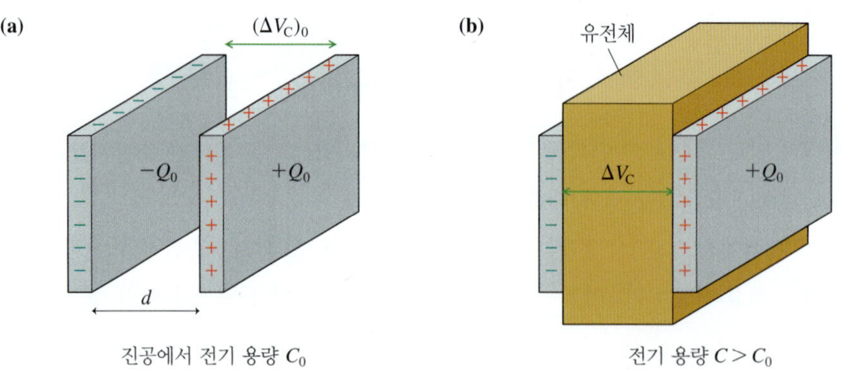

은 전기 용량을 얻을 수 있을 것으로 보인다.

유전체가 채워진 축전기의 특성을 이해하기 위해 23장에서 배운 중첩과 분극이라는 두 가지 도구를 이용해볼 수 있다. 그림 23.27에서 외부 전기장 하에서 절연체가 어떻게 **분극**되는지를 보았다. 그림 26.30a는 이전 그림에서의 기본적인 아이디어를 다시 나타내고 있다. 그림 26.30a에서의 전기 쌍극자는 물 분자와 같은 영구 쌍극자일 수도 있고 혹은 원자 내에서의 미세한 전하 분리에 의한 단순한 유도 쌍극자일수도 있다. 쌍극자가 어떻게 발생하는지에 관계없이 전기장에서의 이들의 정렬, 즉 **분극**은 한쪽 표면에 여분의 양전하를, 다른 쪽에는 여분의 음전하를 만들게 된다. 절연체 전체로는 여전히 중성이나 외부 전기장은 양전하와 음전하를 나눈다.

그림 26.30b는 분극된 절연체를 표면 전하 밀도 $\pm\eta_{\text{induced}}$를 가진 2개의 전하층으로 간단히 표현하고 있다. η_{induced}의 크기는 전기장의 세기와 절연체의 특성에 모두 의존한다. 이들 2개의 전하층은 23장에서 분석한 바와 같이 전기장을 생성한다. 본질적으로 유도된 두 전하층은 평행판 축전기의 2개의 충전된 판처럼 작용한다. 이 **유도 전기장**(induced electric field)은 다음과 같다. (이 장은 외부 전기장에 반응하는 절연체로 인한 것임을 기억하자.)

$$\vec{E}_{\text{induced}} = \begin{cases} \left(\dfrac{\eta_{\text{induced}}}{\epsilon_0}, \text{양에서 음으로}\right) & \text{절연체 내부} \\ \vec{0} & \text{절연체 외부} \end{cases} \tag{26.28}$$

절연체는 전기장 안에서 2개의 유도된 전하층을 가지므로 영어로는 *dielectric*이라 하며, 여기서 접두사 *di*는 '이원자(diatomic)'와 '쌍극자(dipole)'에서와 같이 둘을 의미한다.

그림 26.30 외부 전기장 하에서의 절연체

(a) 절연체는 분극되어 있다.

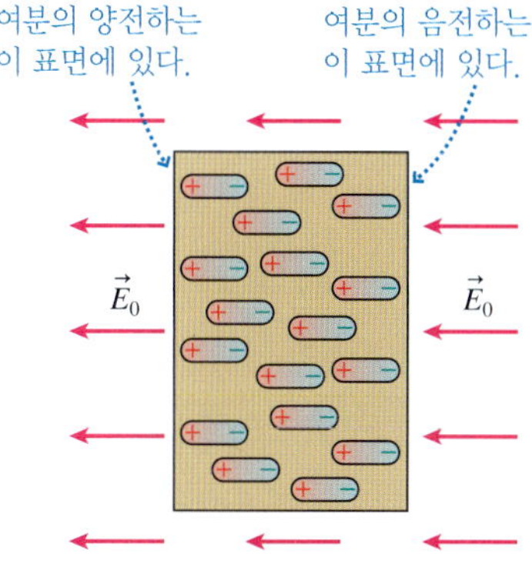

(b) 분극된 절연체(유전체)는 2개의 표면 전하층으로 나타낼 수 있다. 이 표면 전하는 절연체 내부에 전기장을 생성한다.

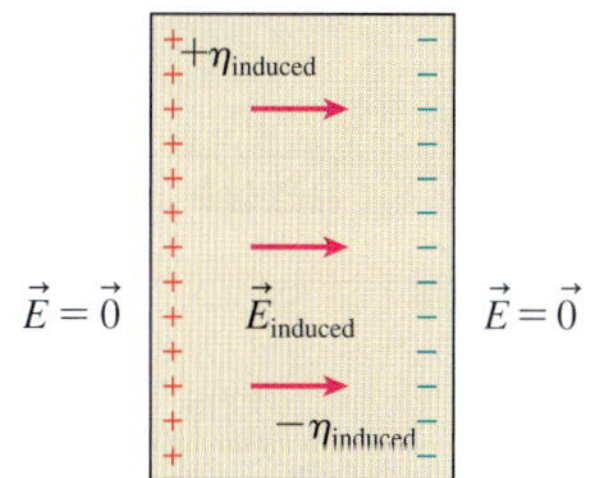

축전기 안에 유전체 집어넣기

그림 26.31은 축전기 내로 유전체를 집어넣었을 때 어떤 일이 일어나는지를 보여주고 있다. 축전기 판은 그들만의 표면 전하 밀도 $\eta_0 = Q_0/A$를 가지고 있다. 이는 유전체 공간으로 전기장 $\vec{E}_0 = (\eta_0/\epsilon_0, \text{양에서 음으로})$를 생성한다. 유전체는 이에 유도 표면

그림 26.31 유전체로 축전기를 채울 경우의 결과

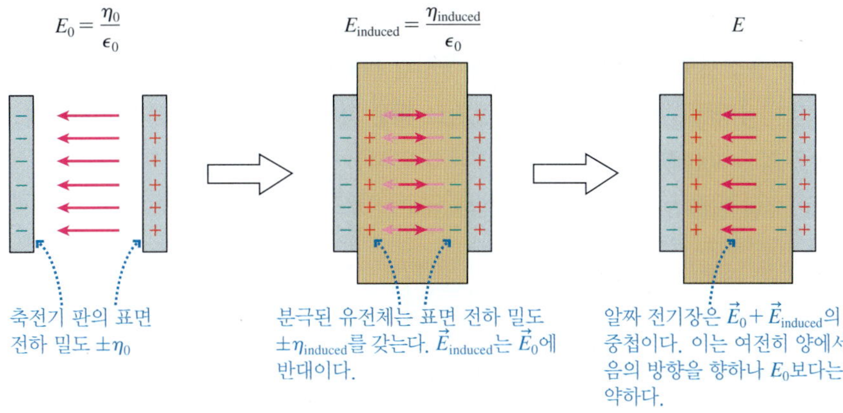

전하 밀도 η_{induced}와 유도 전기장 $\vec{E}_{\text{induced}}$로 반응하게 된다. 여기서 $\vec{E}_{\text{induced}}$는 $\vec{E}_0$의 반대 방향을 향한다. 23장에서의 중요 내용인 중첩의 원리에 의해 축전기 판 사이의 알짜 전기장은 이들 두 장의 벡터합이다.

$$\vec{E} = \vec{E}_0 + \vec{E}_{\text{induced}} = (E_0 - E_{\text{induced}}, \text{양에서 음으로}) \tag{26.29}$$

E_0에서 $E_0 - E_{\text{induced}}$로 **유전체의 존재는 전기장을 약화시키나** 장은 여전히 양의 축전기 판에서 음의 축전기 판을 향한다. 장이 약해지는 이유는 유전체의 유도 표면 전하가 축전기 판의 전기장에 반대로 작용하기 때문이다.

유전 상수(dielectric constant) κ(그리스 문자 카파)는 아래와 같이 정의된다.

$$\kappa \equiv \frac{E_0}{E} \tag{26.30}$$

동등하게, 외부 전기장 하의 유전체 내 전기장 세기는 $E = E_0/\kappa$이다. 유전 상수는 유전체가 전기장을 약화시키는 비를 나타내므로 $\kappa \geq 1$이다. 정의로부터 κ는 단위가 없는 단순한 숫자라는 것을 알 수 있다.

표 26.1 유전체의 특성

물질	유전 상수 κ	유전 세기 $E_{\text{max}}(10^6\ \text{V/m})$
진공	1	—
공기(1 atm)	1.0006	3
테플론	2.1	60
폴리스티렌 플라스틱	2.6	24
마일라	3.1	7
종이	3.7	16
파이렉스 유리	4.7	14
물(20°C)	80	—
이산화 타이타늄	110	6
스트론튬 티탄산염	300	8

밀도나 비열처럼 유전 상수는 물질의 특성이다. 쉽게 분극되는 물질들은 쉽게 분극되지 않는 물질들에 비해 더 큰 유전 상수를 가지고 있다. 진공은 정확히 $\kappa = 1$이며 낮은 압력의 기체는 $\kappa \approx 1$을 갖는다. (공기의 경우 유효 숫자 3개까지 $\kappa_{\text{air}} = 1.00$이기에 공기가 축전기에 가지는 매우 미세한 영향에 대해서는 걱정하지 않는다.) 표 26.1은 여러 물질들의 유전 상수를 보여준다.

비록 축전기 안의 전기장은 약해졌지만 여전히 균일하다. 결과적으로, 축전기 양 끝의 퍼텐셜차는 다음과 같다.

$$\Delta V_C = Ed = \frac{E_0}{\kappa} d = \frac{(\Delta V_C)_0}{\kappa} \tag{26.31}$$

여기서 $(\Delta V_C)_0 = E_0 d$는 진공으로 절연된 축전기의 전압이다. 유전체의 존재는 축전기 전압을 감소시키는데, 바로 앞서 보았던 사실이다. 이제 그 이유를 알 수 있으며 이는 물질의 분극 때문이다. 더 나아가 새로운 전기 용량은 아래와 같다.

$$C = \frac{Q}{\Delta V_C} = \frac{Q_0}{(\Delta V_C)_0/\kappa} = \kappa \frac{Q_0}{(\Delta V_C)_0} = \kappa C_0 \tag{26.32}$$

축전기를 유전체로 채우면 유전 상수와 동일한 비율로 전기 용량이 증가한다. 실질적으로 전기 용량에 변화가 전혀 없는 공기로 채운 축전기로부터 스트론튬 티탄산염으로 채울 경우 300배까지 증가할 수 있는 축전기까지 범위가 넓다.

유도 표면 전하 밀도가 다음과 같음을 보이는 것은 과제로 남겨둔다.

$$\eta_{\text{induced}} = \eta_0\left(1 - \frac{1}{\kappa}\right) \tag{26.33}$$

η_{induced}는 $\kappa \approx 1$일 때 거의 0의 값에서부터 $\kappa \gg 1$일 때 $\approx \eta_0$의 값까지 가지게 된다.

예제 26.9 물로 채워진 축전기

5.0 nF 평행판 축전기가 160 V로 충전되었다. 이후 전지를 제거하고 축전기를 증류수에 담갔다. (a) 물로 채워진 축전기의 전기 용량과 전압은 얼마이며, (b) 담그기 전과 후에 축전기에 저장된 에너지는 얼마인가?

핵심 순수한 증류수는 우수한 절연체이다. (수돗물의 전도도는 녹아 있는 이온들 때문이다.) 그러므로 담긴 축전기는 전극 사이에 유전체를 가지고 있다.

풀이 a. 표 26.1로부터 물의 유전 상수는 $\kappa = 80$이다. 유전체는 전기 용량을 아래와 같이 증가시킨다.

$$C = \kappa C_0 = 80 \times 5.0\ \text{nF} = 400\ \text{nF}$$

동시에 전압은 감소하여 다음의 값을 갖는다.

$$\Delta V_C = \frac{(\Delta V_C)_0}{\kappa} = \frac{160\ \text{V}}{80} = 2.0\ \text{V}$$

b. 유전체의 존재는 축전기에 저장된 에너지에 대한 식 (26.25)의 유도 과정을 바꾸지는 않는다. 전지로의 연결이 끊어진 직후 저장된 에너지는 아래와 같다.

$$(U_C)_0 = \tfrac{1}{2}C_0(\Delta V_C)_0^2 = \tfrac{1}{2}(5.0 \times 10^{-9}\ \text{F})(160\ \text{V})^2 = 6.4 \times 10^{-5}\ \text{J}$$

담긴 후 저장된 에너지는 다음이 된다.

$$U_C = \tfrac{1}{2}C(\Delta V_C)^2 = \tfrac{1}{2}(400 \times 10^{-9}\ \text{F})(2.0\ \text{V})^2 = 8.0 \times 10^{-7}\ \text{J}$$

검토 높은 유전 상수 값을 가진 물은 축전기에 큰 영향을 미친다. 그러면 에너지는 어디로 갔는가? 23장에서 쌍극자는 강한 전기장의 영역으로 이끌린다는 것을 배웠다. 축전기 내부의 전기장은 축전기 외부 전기장보다 훨씬 더 강하기 때문에 분극된 유전체는 실제로 축전기 쪽으로 끌어당겨진다. '실종된' 에너지는 축전기의 전기장이 유전체를 잡아당기는 데 한 일이다.

예제 26.10 제세동기의 에너지 밀도

제세동기는 2100 V로 충전된 150 μF 축전기를 포함하고 있다. 축전기 판들은 유전 상수 120을 가진 0.050 mm 두께의 절연체를 사이에 두고 떨어져 있다.

a. 축전기 판의 넓이는 얼마인가?

b. 축전기가 충전되었을 때 전기장에 저장된 에너지와 에너지 밀도는 얼마인가?

핵심 제세동기를 유전체를 가진 평행판 축전기로 모형화한다.

풀이 a. 진공에서 평행판 축전기의 전기 용량은 $C_0 = \epsilon_0 A/d$이다. 유전체는 전기 용량을 κ만큼 증가시켜 $C = \kappa C_0$가 되므로 축전기 판의 넓이는 다음과 같다.

$$A = \frac{Cd}{\kappa\epsilon_0} = \frac{(150 \times 10^{-6}\ \text{F})(5.0 \times 10^{-5}\ \text{m})}{120(8.85 \times 10^{-12}\ \text{C}^2/\text{N m}^2)} = 7.1\ \text{m}^2$$

비록 겉넓이는 매우 크나 그림 26.32에 보인 것처럼 큰 넓이를 가진 매우 얇은 금속 막을 감아서 손으로 잡을 수 있을 정도의 축전기로 만들 수 있다.

b. 축전기에 저장된 에너지는 아래와 같다.

$$U_C = \tfrac{1}{2}C(\Delta V_C)^2 = \tfrac{1}{2}(150 \times 10^{-6}\ \text{F})(2100\ \text{V})^2 = 330\ \text{J}$$

유전체는 C를 κ만큼 증가시켰으므로 식 (26.27)의 에너지 밀도는 κ만큼 증가하여 $u_E = \frac{1}{2}\kappa\epsilon_0 E^2$이 된다. 축전기 내 전기장 세기는 다음과 같다.

$$E = \frac{\Delta V_C}{d} = \frac{2100\ \text{V}}{5.0 \times 10^{-5}\ \text{m}} = 4.2 \times 10^7\ \text{V/m}$$

결과적으로 에너지 밀도는 다음과 같다.

$$u_E = \tfrac{1}{2}(120)(8.85 \times 10^{-12}\ \text{C}^2/\text{N m}^2)(4.2 \times 10^7\ \text{V/m})^2 = 9.4 \times 10^5\ \text{J/m}^3$$

검토 330 J은 1 kg의 질량이 25 m/s로 이동할 때에 상응하는 상당한 양의 에너지이다. 이 에너지는 축전기가 환자의 가슴을 통해 방전될 때 매우 빠르게 전달될 수 있다.

고체 또는 액체 유전체는 한 쌍의 전극들로 하여금 공기로 채워있을 때보다 더욱 큰 전기 용량을 가질 수 있게 해준다. 놀랍지 않게 그림 26.32에서처럼 이는 실용적인 축전기를 제작하는 데 있어 중요하다. 이와 함께, 유전체는 더 높은 전압에서 축전기의 충전을 가능하게 해준다. 모든 물질은 불꽃을 발생시키는 **절연 파괴** 없이 버틸

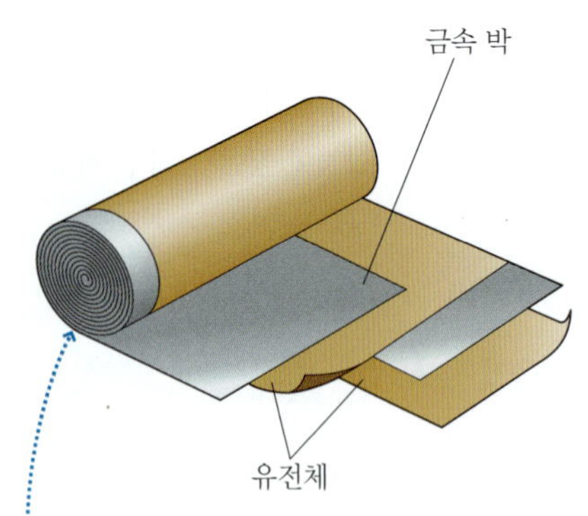

그림 26.32 실용적인 축전기

많은 실용적인 축전기들은 얇고 절연되는 유전체와 금속 박이 함께 감긴 샌드위치 구조로 이루어져 있다.

수 있는 최대 전기장이 존재한다. 앞에서 언급한 바와 같이 공기의 절연 파괴 전기장은 약 3×10^6 V/m이다. 일반적으로 물질이 버틸 수 있는 최대 전기장을 **유전 세기**(dielectric strength)라 한다. 표 26.1은 공기와 고체 유전체들의 유전 세기를 함께 나타내고 있다. (물의 절연 파괴는 물 안의 이온과 불순물에 매우 민감하므로 물은 정확하게 정의된 유전 세기를 가지고 있지 않다.)

많은 물질들은 공기에 비해 매우 큰 유전 세기를 가지고 있다. 한 예로 테플론의 유전 세기는 공기의 20배에 달한다. 결과적으로 판 사이 간격이 동일할 때 테플론으로 채워진 축전기는 공기로 채워진 축전기보다 20배 높은 전압에서 충전될 수 있다. 판 사이 간격이 0.2 mm인 공기로 채워진 축전기의 경우 600 V로만 충전 가능하나 0.2 mm 두께의 테플론 막을 가진 축전기의 경우 12,000 V에서도 충전될 수 있다.

응용 예제 26.11 가이거 계수기: 원통형 축전기

방사선 검출기로 알려진 가이거 계수기는 양쪽 끝이 막혀 있는 지름 25 mm의 원통형 금속 관과 그 축을 따라 놓인 지름 1.0 mm의 도선으로 구성되어 있다. 도선과 원통은 1.0×10^6 V/m의 유전 세기를 가진 낮은 압력의 기체를 사이에 두고 있다.

a. 단위 길이당 전기 용량은 얼마인가?

b. 도선과 관 사이의 최대 퍼텐셜차는 얼마인가?

핵심 가이거 계수기를 동심축을 이루고 있는 2개의 무한히 긴 도체 원통들로 모형화하자. 원통 사이에 퍼텐셜차를 가하면 이들은 축전기처럼 충전된다. 실제로 이들은 원통형 축전기이다. 무한히 긴 도체 상의 전하는 무한하나 단위 길이당 전하를 나타내는 선전하 밀도 λ는 유한하다. 따라서 원통형 축전기의 경우 전기 용량의 절대적인 값보다는 F/m의 단위를 가진 단위 길이당 전기 용량 $C = \lambda/\Delta V$를 계산하도록 한다. 기체의 절연 파괴를 피하기 위해 장의 세기가 최대가 되는 도선 표면에서의 장의 세기는 유전 세기를 넘지 않도록 한다.

시각화 그림 26.33은 가이거 계수기 관의 단면을 보여주고 있다. 안쪽으로 향하는 전기장과 함께 외부 원통을 양으로 설정하도록 한다. 장의 세기에만 관심이 있으므로 외부 원통을 음으로 가정하여도 그 결과는 동일하다.

그림 26.33 가이거 계수기 관의 단면

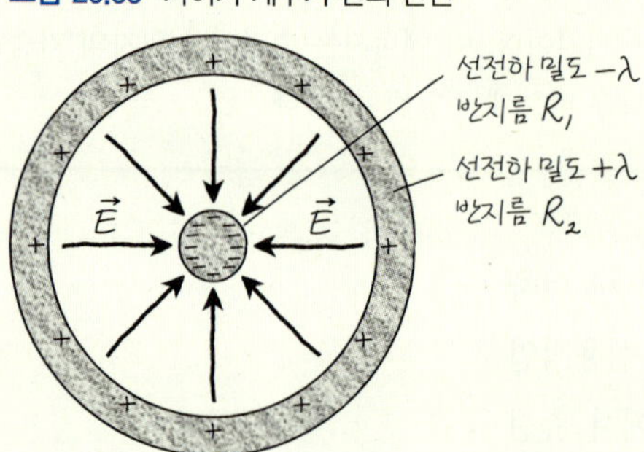

풀이 a. 가우스의 법칙을 통해 두 원통 사이의 전기장은 내부 원통에 있는 전하에 의한 것임을 안다. 따라서 $\vec{E}$는 23장에서 중첩을 이용해 찾은, 그리고 24장에서는 가우스의 법칙을 이용해 찾은 대전된 긴 도선에서의 전기장이다.

$$\vec{E} = \left(\frac{\lambda}{2\pi\epsilon_0 r}, \text{안쪽}\right)$$

여기서 λ는 선전하 밀도의 크기이다. 이 장을 도선과 외부 원통 사이의 퍼텐셜차로 연결시킬 수 있어야 한다. 이를 위해 식 (26.3)을 이용하도록 한다.

$$\Delta V = V_f - V_i = -\int_{s_i}^{s_f} E_s\, ds$$

내부 원통 표면 위 $s_i = R_1$으로부터 외부 원통 위 $s_f = R_2$까지 지름 방향으로 적분하도록 한다. 장이 내부를 향하므로 장의 성분 E_s는 음이 된다. 따라서 퍼텐셜차는 아래와 같다.

$$\Delta V = -\int_{R_1}^{R_2}\left(-\frac{\lambda}{2\pi\epsilon_0 s}\right)ds = \frac{\lambda}{2\pi\epsilon_0}\int_{R_1}^{R_2}\frac{ds}{s}$$

$$= \frac{\lambda}{2\pi\epsilon_0}\ln s\Big|_{R_1}^{R_2} = \frac{\lambda}{2\pi\epsilon_0}\ln\left(\frac{R_2}{R_1}\right)$$

가해진 퍼텐셜차와 선전하 밀도는 다음의 관계를 가짐을 알 수 있다.

$$\frac{\lambda}{2\pi\epsilon_0} = \frac{\Delta V}{\ln(R_2/R_1)}$$

따라서 단위 길이당 전기 용량은 아래와 같다.

$$C = \frac{\lambda}{\Delta V_C} = \frac{2\pi\epsilon_0}{\ln(R_2/R_1)}$$
$$= \frac{2\pi(8.85 \times 10^{-12}\ \mathrm{C^2/N\,m^2})}{\ln(25)} = 17\ \mathrm{pF/m}$$

ϵ_0의 단위가 F/m와 같음을 확인해보도록 하자.

b. 위에서의 $\vec{E}$의 표현을 통해 거리가 r인 지점에서의 전기장 세기는 다음과 같음을 알 수 있다.

$$E = \frac{\Delta V}{r \ln(R_2/R_1)}$$

장의 세기는 도선의 표면에서 최대가 되며 그 값은 아래와 같다.

$$E_{max} = \frac{\Delta V}{R_1 \ln(R_2/R_1)}$$

최대 전압을 가해주었을 때 E_{max}는 유전 세기와 같아 $E_{max} = 1.0 \times 10^6$ V/m가 된다. 따라서 도선과 관 사이의 최대 퍼텐셜차는 다음과 같다.

$$\Delta V_{max} = R_1 E_{max} \ln\left(\frac{R_2}{R_1}\right)$$
$$= (5.0 \times 10^{-4}\ \mathrm{m})(1.0 \times 10^6\ \mathrm{V/m})\ln(25)$$
$$= 1600\ \mathrm{V}$$

검토 이것은 가능한 최대 전압이나 정확히 이 최댓값에서 작동하는 것은 실용적이지 않다. 실제 가이거 계수기는 우연히 발생하는 기체의 절연 파괴를 피하기 위해 대략 1000 V의 퍼텐셜차로 작동하게 된다. 만약 방사능 붕괴에 의해 대전된 입자가 빠른 속도로 관을 통과한다면 기체 원자들과 충돌하여 이온화시킨다. 이미 관은 절연 파괴 상태에 가깝게 놓여 있으므로 이러한 여분의 이온과 전자들의 추가는 그 한계를 넘어서게 하여 관 전체에 불꽃 발생과 함께 기체의 절연 파괴가 일어나게 된다. 가이거 계수기에서의 '찰깍' 소리는 불꽃에 의한 전류 펄스를 증폭시켜 들리게 된다.

서술형 질문

1. 그림 Q26.1은 $\vec{E}$가 x축에 평행한 공간의 한 영역에서의 전기 퍼텐셜 그래프이다. 이에 상응하는 x-E_x의 그래프를 구하시오.

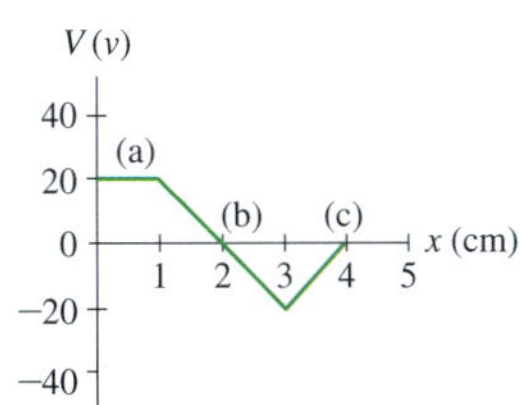

그림 Q26.1

2. a. 어떤 영역에서 $\vec{E} = \vec{0}$ V/m라 가정해보자. 이 영역에서 $V =$ 0 V라 결론내릴 수 있는가? 그 이유를 설명하시오.
   b. 어떤 영역에서 $V = 0$ V라 가정해보자. 이 영역에서 $\vec{E} = 0$ V/m라 결론내릴 수 있는가? 그 이유를 설명하시오.

3. 그림 Q26.3의 점 1과 2에서 전기장 $\vec{E}_1$과 $\vec{E}_2$를 추정하시오. $\vec{E}$는 벡터라는 사실을 기억하시오.

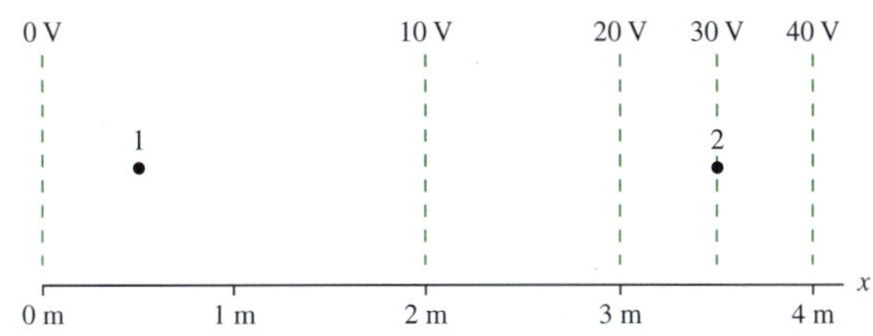

그림 Q26.3

4. 그림 Q26.4는 전기장 그림을 보여주고 있다. 점선 1과 2는 공간 내 가상의 두 표면을 나타낸다.
   a. 점 a에서의 전기 퍼텐셜은 점 b에서의 전기 퍼텐셜보다 높은가, 낮은가 아니면 같은가? 그 이유를 설명하시오.

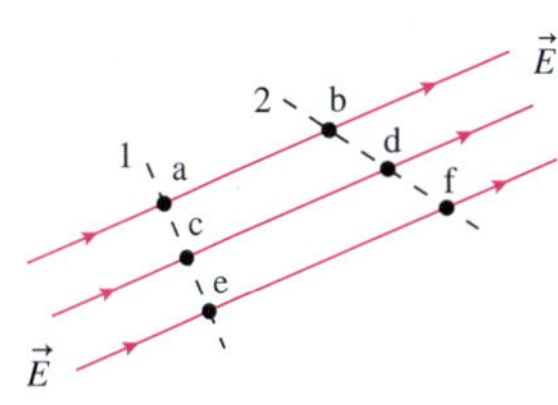

그림 Q26.4

b. 퍼텐셜차의 크기 ΔV_{ab}, ΔV_{cd}, ΔV_{ef}를 가장 큰 것부터 순서대로 나열하시오.

c. 표면 1은 등퍼텐셜면인가? 표면 2는 어떠한가? 등퍼텐셜면인지 아닌지 그 이유를 설명하시오.

5. 그림 Q26.5의 2개의 금속구는 스위치를 가운데 두고 금속 도선으로 연결되어 있다. 처음에 스위치는 열려 있다. 큰 반지름을 가진 구 1은 양전하로 대전되어 있다. 반지름이 작은 구 2는 전기적으로 중성이다. 스위치를 닫은 후 구 1은 퍼텐셜 V_1에서 전하 Q_1을 가지게 되며 표면에서의 전기장 세기는 E_1이다. 구 2는 Q_2, V_2, 그리고 E_2의 값을 갖는다.

a. V_1은 V_2보다 큰가, 작은가 아니면 같은가? 그 이유를 설명하시오.

b. Q_1은 Q_2보다 큰가, 작은가 아니면 같은가? 그 이유를 설명하시오.

c. E_1은 E_2보다 큰가, 작은가 아니면 같은가? 그 이유를 설명하시오.

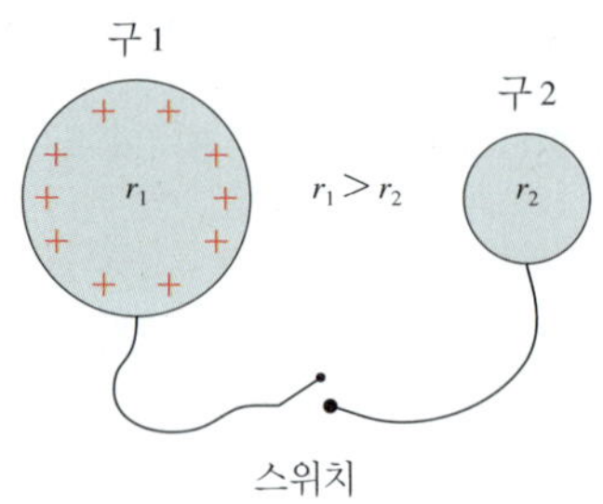

그림 Q26.5

6. 그림 Q26.6의 평행판 축전기는 퍼텐셜차 ΔV_{bat}를 가지는 전지에 연결되어 있다. 연결을 그대로 유지한 채 절연 손잡이를 이용하여 판 사이의 간격을 $2d$로 늘였다.

a. 간격이 증가함에 따라 퍼텐셜차 ΔV_C는 변하는가? 변한다면 어떤 비율로 변하는가? 변하지 않는다면 그 이유는 무엇인가?

b. 전기 용량은 변하는가? 변한다면 어떤 비율로 변하는가? 변하지 않는다면 그 이유는 무엇인가?

c. 축전기 전하 Q는 변하는가? 변한다면 어떤 비율로 변하는가? 변하지 않는다면 그 이유는 무엇인가?

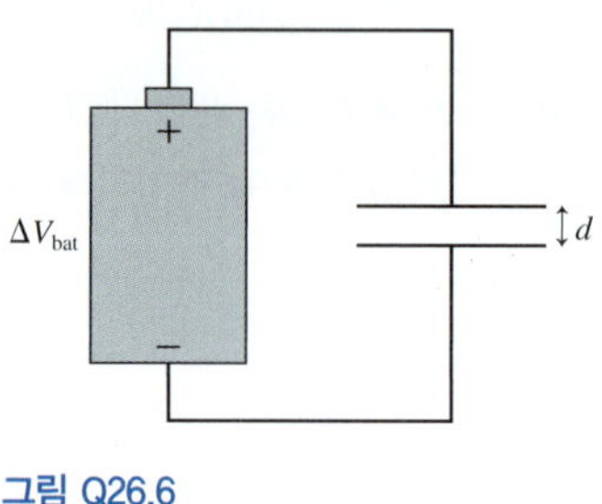

그림 Q26.6

연습문제

표시가 된 연습문제들은 이전 장들에서 다룬 내용과 관련이 있다.

연습

26.1 퍼텐셜과 장 연결하기

1. ‖ 균일한 전기장 $E_x = 2000\ \text{V/m}$ 하에서 $x_i = 5$ cm와 $x_f = 10$ cm 사이의 퍼텐셜차는 얼마인가?

2. ‖ 그림 EX26.2는 E_x의 그래프이다. $x_i = 1.0$ m와 $x_f = 3.0$ m 사이의 퍼텐셜차는 얼마인가?

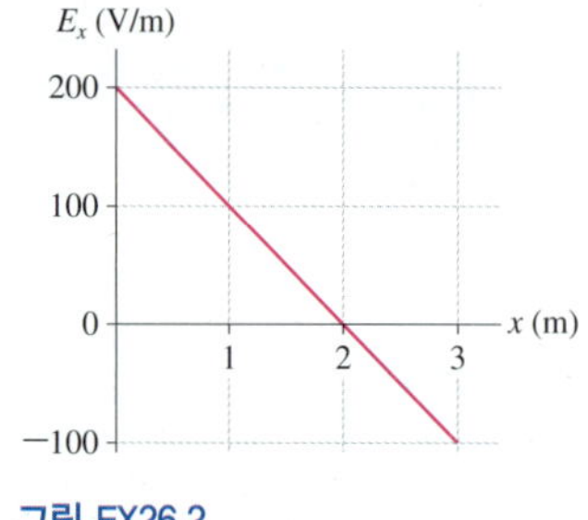

그림 EX26.2

3. | a. 그림 EX26.3의 점 A와 B 중 더 큰 전기 퍼텐셜을 가진 지점은 어디인가?

b. A와 B 사이의 퍼텐셜차는 얼마인가?

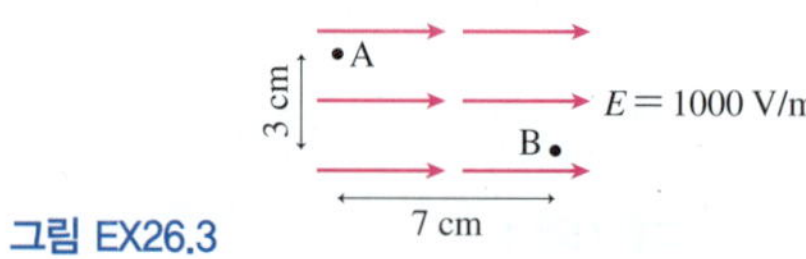

그림 EX26.3

26.2 퍼텐셜로부터 전기장 구하기

4. | 그림 EX26.4에 표시된 점의 위치에서 전기장의 크기와 방향은 무엇인가?

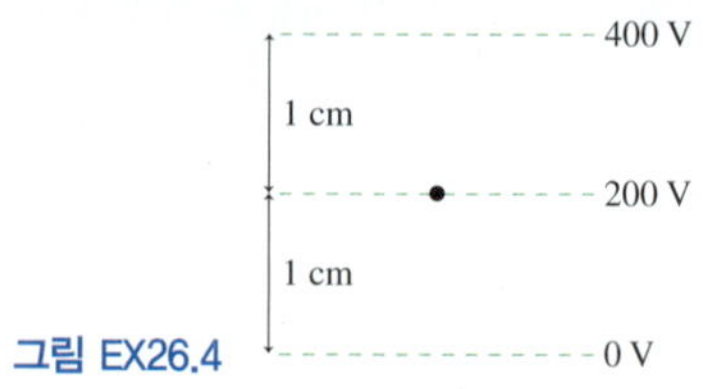

그림 EX26.4

5. | 그림 EX26.5는 공간의 한 영역에서 x-V 그래프를 보여주고 있다. 퍼텐셜은 y와 z에는 무관하다. (a) $x=-2$ cm, (b) $x=0$ cm, 그리고 (c) $x=2$ cm에서의 E_x는 얼마인가?

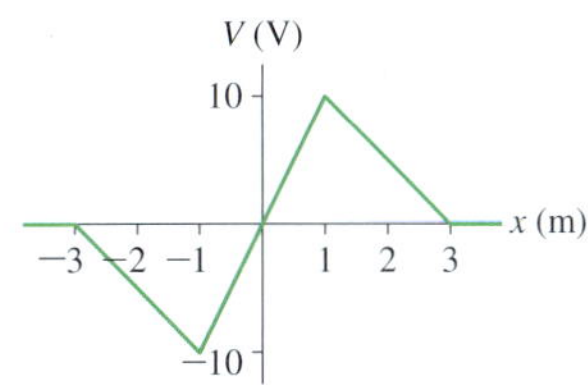

그림 EX26.5

6. || 그림 EX26.6은 x-V 그래프를 보여주고 있다. 이에 따른 x-E_x 그래프를 그리시오.

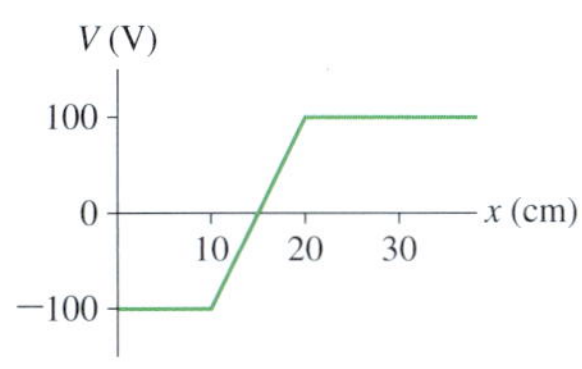

그림 EX26.6

7. || 균일한 전기장의 영역 안에서 $x=-20$ cm일 때 전기 퍼텐셜은 -1500 V이며 $x=+20$ cm일 때 $+1500$ V이다. E_x는 얼마인가?

8. || x축을 따라 전기 퍼텐셜은 $V=100e^{-2x}$ V로 주어졌다. 여기서 x는 미터의 단위를 갖는다. (a) $x=1.0$ m, 그리고 (b) $x=2.0$ m에서 E_x는 얼마인가? CALC

26.4 전기 퍼텐셜샘

9. | 3.0 μC의 전하를 3.0 V 전지의 음의 단자에서 양의 단자로 이동하기 위해 전하 에스컬레이터는 얼마만큼의 일을 하여야 하는가?

10. | 만약 구형 전극의 퍼텐셜이 1.0 MV라면 양이온($q=e$)을 올리기 위해 밴더그래프 발생기의 전기 모터는 얼마만큼의 일을 하여야 하는가?

26.5 전기 용량과 축전기

11. || 2개의 지름 5 cm인 알루미늄 전극들이 1 mm 거리를 두고 떨어져 있다. 전극들은 90 V 전지에 연결되어 있다.
   a. 전기 용량은 얼마인가?
   b. 각 전극에서 전하의 크기는 얼마인가?

12. | 과학 과제에 필요한 100 pF 축전기를 만들기 위해 정사각형의 금속판 2개를 $L \times L$ 크기로 자르고 모서리들 사이에 작은 분리판을 끼워 넣으려 한다. 여러분이 가진 가장 얇은 분리판의 두께는 0.20 mm이다. L은 얼마이어야 하는가?

13. | 6 μF 축전기, 10 μF 축전기, 16 μF 축전기들이 직렬로 연결되어 있다. 등가 전기 용량은 얼마인가?

14. | 그림 EX26.14에 있는 세 축전기의 등가 전기 용량은 얼마인가?

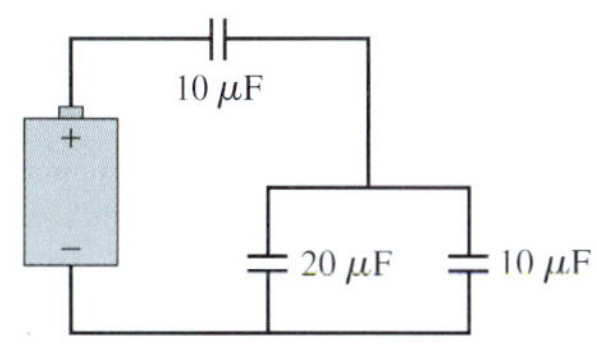

그림 EX26.14

15. | 50 μF의 전기 용량이 필요하나 50 μF 축전기 대신 30 μF 축전기를 가지고 있다. 전체 전기 용량이 50 μF이 될 수 있도록 필요한 추가 축전기는 무엇인가? 이 두 축전기는 직렬로 연결되어야 하는가 아니면 병렬로 연결되어야 하는가?

26.6 축전기에 저장된 에너지

16. || 1.0 μF 축전기를 충전하여 1.0 J의 에너지를 저장하기 위해 필요한 퍼텐셜은 얼마인가?

17. || 0.50 mm의 간격을 가진 지름 2.0 cm의 평행판 축전기가 200 V로 충전되어 있다. (a) 전기장 내에 저장된 총에너지와 (b) 에너지 밀도는 얼마인가?

26.7 유전체

18. || 4.0 cm × 4.0 cm의 두 금속 판들이 0.20 mm 두께의 테플론 조각을 사이에 두고 떨어져 있다.
   a. 전기 용량은 얼마인가?
   b. 두 판 사이의 최대 퍼텐셜차는 얼마이겠는가?

19. || 일반적인 세포는 세포벽 안쪽 면에 음전하층을 가지고 있으며 바깥쪽 면에는 양전하층을 가지고 있어 세포벽은 축전기 구조를 가지게 된다. 9.0의 유전 상수와 7.0 nm 두께의 세포벽을 가진 50 μm 지름의 세포가 가지는 전기 용량은 얼마인가? 세포의 지름은 벽두께보다 훨씬 크므로 세포의 곡률을 무시하고 평행판 축전기로 가정할 수 있다. BIO

문제

20. ||| 공간의 한 영역에서 전기장은 $E_x=-1000x$ V/m로 주어진다. 여기서 x는 미터의 단위를 갖는다. CALC
   a. $-1\text{ m} \le x \le 1\text{ m}$에서 x-E_x의 그래프를 그리시오.
   b. $x_i=-20$ cm와 $x_f=30$ cm 사이의 퍼텐셜차는 얼마인가?

21. || 그림 P26.21은 3개의 대전된 금속 전극들의 가장자리에서의 모습을 보여주고 있다. 왼쪽의 전극을 전기 퍼텐셜의 영점으로 정하자. (a) $x=0.5$ cm, (b) $x=1.5$ cm, 그리고 (c) $x=2.5$ cm에서의 V와 $\vec{E}$는 얼마인가?

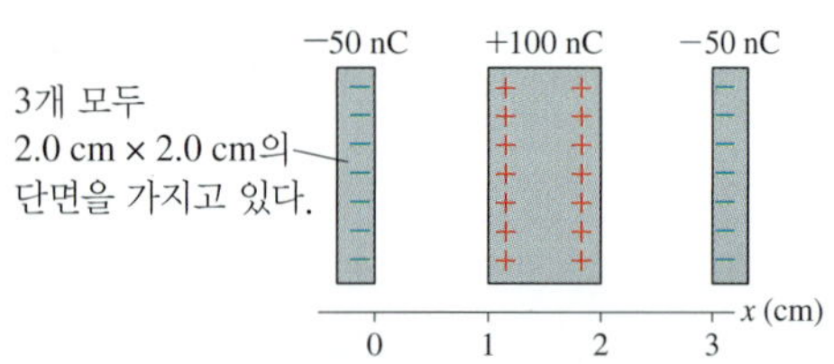

그림 P26.21

22. ‖ a. 25장에서의 방법을 이용하여 그림 P26.22에 보이는 대전된 막대의 축 위에서 거리 x인 지점의 퍼텐셜을 구하시오.
    b. 문항 a의 결과를 이용하여 막대의 축 위에서 거리 x인 지점의 전기장을 구하시오.

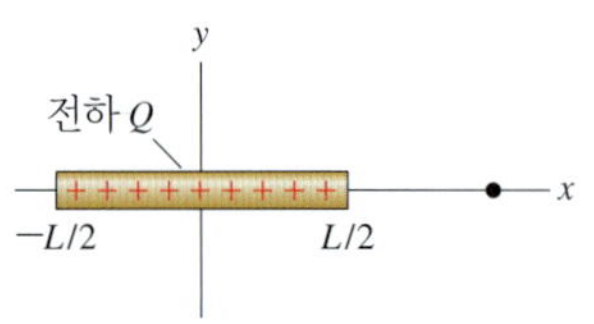

그림 P26.22

23. ‖ 공학자들이 두 전극 사이의 전기 퍼텐셜이 $V(x) = V_0 \ln(1 + x/d)$로 모형화될 수 있음을 발견하였다. 여기서 V_0은 상수이며, x는 첫 번째 전극으로부터 두 번째 전극을 향하는 거리이고 d는 두 전극 사이의 간격이다. 두 전극의 중간 지점에서의 전기장 세기는 얼마인가?
CALC

24. ‖ 공간의 한 영역에서 전기 퍼텐셜은 $V = 200/\sqrt{x^2 + y^2}$으로 주어진다. 여기서 x와 y는 미터의 단위를 갖는다. $(x, y) = (2.0\text{ m}, 1.0\text{ m})$에서의 전기장의 세기와 방향은 무엇인가? 방향은 양의 x축으로부터 시계 방향 혹은 반시계 방향으로의 각도를 이용하여 명확하게 나타내시오.
CALC

25. ‖ 금속구 1은 6.0 nC의 양의 전하를 가지고 있다. 지름이 구 1의 두 배인 금속구 2는 처음에 대전되어 있지 않았다. 이후 두 구들은 얇고 긴 금속 도선으로 연결되었다. 각 구가 나중에 가지게 되는 전하는 얼마인가?

26. ‖ $V = 0$ V인 무한대를 기준으로 4.0 cm의 지름을 가진 구리 구의 중심에서의 퍼텐셜은 500 V이다. 구에는 얼마나 많은 여분의 전하들이 있겠는가?

27. ‖ 2개의 2.0 cm × 2.0 cm 금속 전극들은 1.0 mm의 간격을 두고 떨어져 있으며 도선을 통해 9.0 V 전지의 단자에 연결되어 있다.
    a. 각 전극이 가지는 전하는 얼마이며 그들 사이의 퍼텐셜차는 얼마이겠는가?

    도선을 제거하고 절연된 손잡이를 이용하여 두 판 사이의 간격을 2.0 mm로 잡아 늘였다.

    b. 각 전극이 가지는 전하는 얼마이며 그들 사이의 퍼텐셜차는 얼마이겠는가?

28. | (a) 병렬로 연결된 N개의 동일한 축전기 C들과 (b) 직렬로 연결된 N개의 동일한 축전기 C들의 등가 전기 용량을 구하시오.

29. ‖ 그림 P26.29에 보이는 각 축전기가 가지는 전하와 양 끝의 퍼텐셜차를 구하시오.

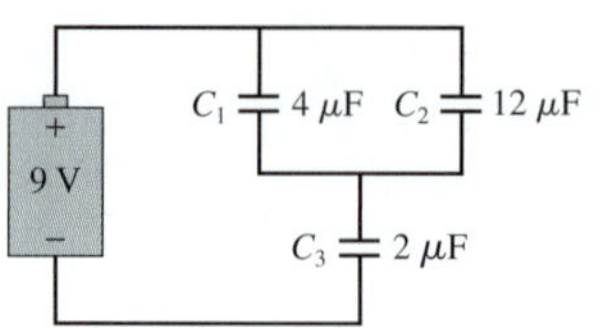

그림 P26.29

30. | 3개의 12 μF 축전기를 가지고 있다. (a) 4.0 μF, (b) 8.0 μF, (c) 18 μF, 그리고 (d) 36 μF의 등가 전기 용량을 얻기 위해 세 축전기를 어떻게 배열하면 되는지 그림을 그려 설명하시오.

31. ‖ 그림 P26.31에 보인 스위치는 처음 A의 위치에 놓여 있었으며 축전기 C_2와 C_3는 대전되어 있지 않았다. 스위치의 위치를 B로 이동하였다. 이후 각 축전기가 가지는 전하와 양 끝의 퍼텐셜차는 얼마인가?

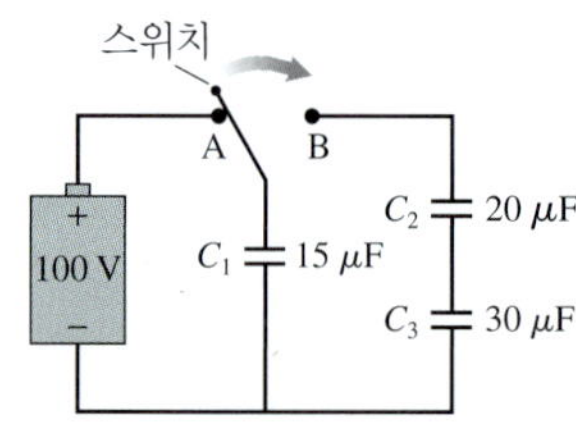

그림 P26.31

32. ‖ 축전기 $C_1 = 10$ μF과 $C_2 = 20$ μF을 각각 10 V로 충전한 후 축전기 판의 전하를 그대로 유지한 채 전지를 제거하였다. 이후 C_1의 양극판은 C_2의 음극판으로, 또 그 반대의 경우도 마찬가지로 연결하여 두 축전기를 병렬로 배열하였다. 각 축전기가 가지는 나중 전하와 각 축전기 양 끝의 퍼텐셜차는 얼마인가?

33. ‖ 이상적인 평행판 축전기는 판 사이에 균일한 전기장을 가지며 외부의 전기장은 0이다. 중첩에 의해 장 세기의 절반은 한 판으로부터, 나머지 절반은 다른 판으로부터 나온다.
    a. 평행판 축전기의 판들은 반대로 대전되어 있으며 서로 끌어당긴다. C, ΔV_C, 그리고 판 사이 간격 d를 이용하여 한 판이 다른 판에 작용하는 힘의 표현을 구하시오.
    b. 1000 V로 충전된 1.0 mm의 판 간격을 가진 100 pF 축전기의 판에 작용하는 인력을 구하시오.

34. ‖ 카메라 플래시는 3.0 V의 전지를 이용하여 축전기를 충전한다. 축전기는 이후 섬광등을 통해 방전된다. 방전 과정은 10 μs가 걸리며 섬광등을 통한 평균 전력 손실은 10 W이다. 축전기의 전기 용량은 얼마인가?

35. ‖ 충전 중인 축전기에는 어느 한 판으로 그리고 다른 판으로부터 전하를 이동시키는 **전류**가 흐른다. 다음 장에서 전류를 전하 흐름의 비율인 dQ/dt로 정의할 것이다. 전압이 2.0 V/s의 비율로 증가하는 10 μF 축전기에 흐르는 전류는 얼마인가?
CALC

36. ‖ 일반적인 세포는 −70 mV의 막퍼텐셜(membrane potential)을 갖는다. 이것은 세포벽 안쪽 표면의 음전하층과 바깥 표면의 양전하층에 의해 세포 내 퍼텐셜이 외부 퍼텐셜보다 70 mV 낮다는 것을 의미한다. 이러한 사실을 통해 세포벽을 충전된 축전기처럼 생각할 수 있다. 세포의 지름은 벽두께보다 훨씬 크므로 세포의 곡률을 무시하고 평행판 축전기로 가정할 수 있다. 9.0의 유전 상수와 7.0 nm 두께의 세포벽을 가진 50 μm 지름의 세포 내 전기장에 저장된 에너지는 얼마인가?
BIO

37. ‖ 축전기 내 유전체의 유도 표면 전하 밀도에 대한 식 (26.33)을 유도하시오.

문제 38–39까지 문제를 푸는 데 사용될 방정식들이 주어졌다. 각각에 대해

a. 주어진 식들이 문제 풀이를 위한 정확한 식이 될 수 있는 실제적인 문제를 만들어 보시오.
b. 문제의 답을 찾으시오.

38. $2az$ V/m $= -\dfrac{dV}{dz}$, 여기서 a는 V/m^{2}의 단위를 가지는 상수이다. $V(z=0) = 10$ V

39. $\left(\dfrac{1}{3\ \mu\text{F}} + \dfrac{1}{6\ \mu\text{F}}\right)^{-1} + C = 4\ \mu\text{F}$

응용 문제

40. Ⅲ y축을 따라 거리 s만큼 떨어져 있는 두 전하 $\pm q$로 이루어진 전기 쌍극자가 원점에 위치해 있다.
CALC

a. xy평면 위 임의의 한 점에서의 퍼텐셜 $V(x, y)$의 표현을 찾으시오. 답은 q, s, x와 y에 의하여 표현될 것이다.
b. 이항 근사법을 이용하여 $s \ll x$ 그리고 $s \ll y$의 경우에 대해 문항 a의 답을 단순화하시오.
c. $s \ll x$와 y라 가정하고 쌍극자의 $\vec{E}$의 성분인 E_x와 E_y를 구하시오.
d. 축 위에서의 장 $\vec{E}$는 무엇인가? 이 결과가 식 (23.10)과 일치하는가?
e. 이등분 축 위에서의 장 $\vec{E}$는 무엇인가? 이 결과가 식 (23.11)과 일치하는가?

41. Ⅲ 반지름 R과 총 전하 Q를 가진 균일하게 대전된 구를 고려해 보자. 구 외부($r \geq R$)에서의 전기장 E_{out}는 단순히 점전하 Q의 전기장과 같다. 24장에서 구 내부($r \leq R$)에서의 전기장 E_{in}은 지름 방향을 따라 바깥을 향하며 그 크기는 아래와 같음을 가우스의 법칙을 통해 알 수 있었다.
CALC

$$E_{in} = \frac{1}{4\pi\epsilon_0}\frac{Q}{R^3}r$$

a. 구 외부에서의 전기 퍼텐셜 V_{out}는 점전하 Q의 퍼텐셜과 같다. 구 내부에 있는 한 점 r에서의 전기 퍼텐셜 V_{in}을 구하시오. 기준으로써 구 표면에서 $V_{in} = V_{out}$라 한다.
b. $V_{center}/V_{surface}$의 비는 얼마인가?
c. $0 \leq r \leq 3R$ 구간에서 r-V의 그래프를 그리시오.

42. Ⅲ 그림 CP26.42에 보이는 각각의 축전기는 전기 용량 C를 갖는다. 점 a와 b 사이의 등가 전기 용량은 얼마인가?

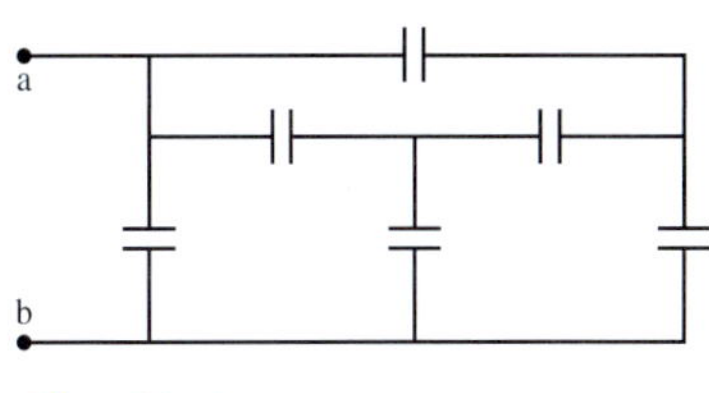

그림 CP26.42

27 전류와 저항
Current and Resistance

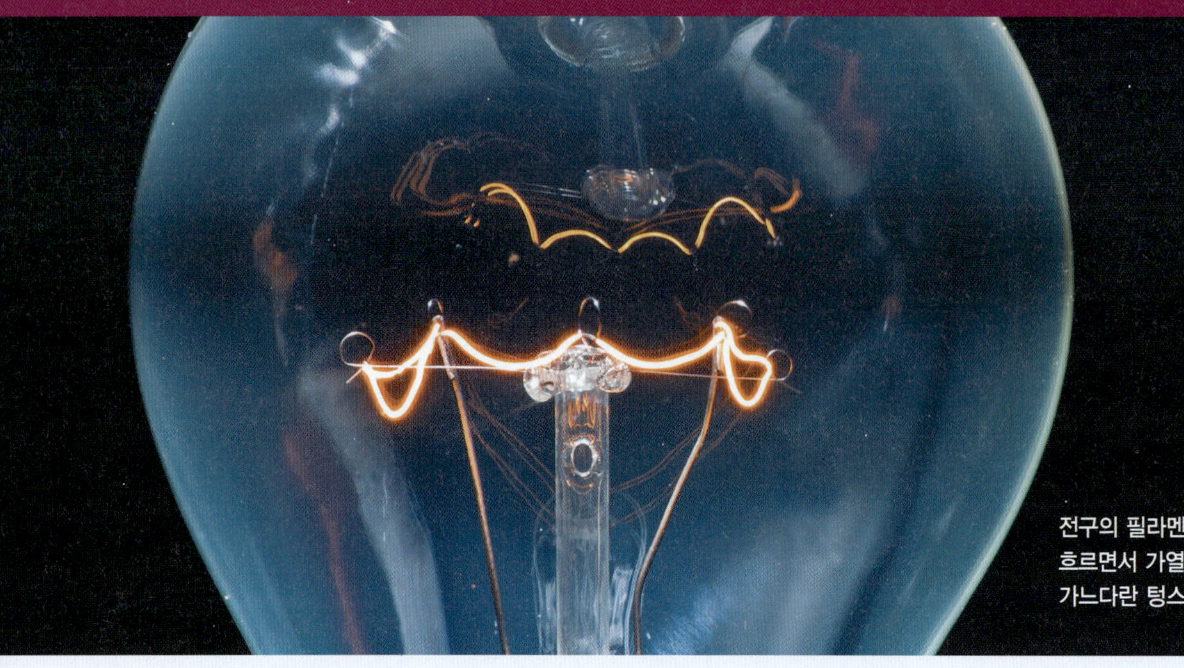

전구의 필라멘트는 전류가 흐르면서 가열되어 빛이 나는 가느다란 텅스텐 도선이다.

이 장에서는 전하가 전류로써 왜 그리고 어떻게 도선을 통해 이동하는지를 배운다.

전류는 무엇인가?

전류는 도체 내의 전하의 흐름이다. 전하가 이동하는 것을 볼 수는 없으나 두 가지 사실을 통해 알 수 있다.

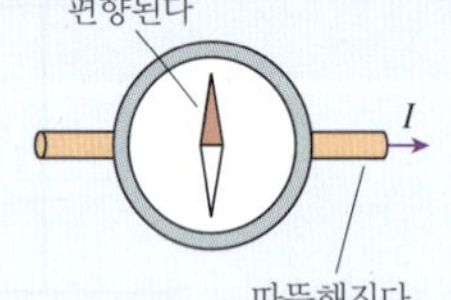

- 주변에 있는 나침반의 바늘이 편향된다.
- 전류가 흐르는 도선이 따뜻해진다.

전류 I는 초당 1쿨롬의 전하 흐름 비율인 암페어의 단위로 측정된다. 일상적으로 '앰프'라 알려져 있다.

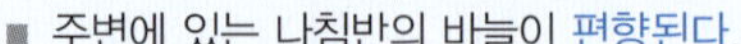

《 **되돌아보기:** 23.6절 전기장에서 전하의 운동

전류는 어떻게 흐르는가?

전도 모형을 생각해보도록 하자.

- 도선을 전지에 연결하면 비균일한 표면 전하 분포를 일으킨다.
- 표면 전하는 도선 내에 전기장을 생성한다.
- 전기장은 금속 내에서 전자 바다를 밀어준다.
- 전자는 금속 내의 전하 운반자이나 통상적으로 양전하의 움직임을 전류로 다룬다.

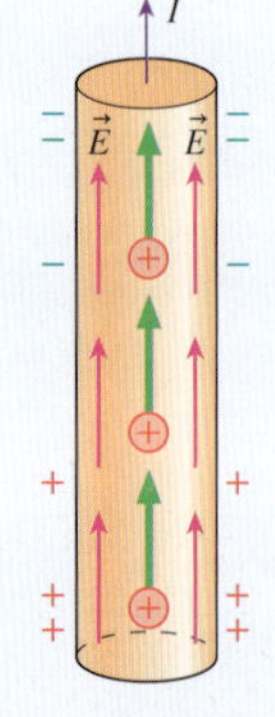

전류는 I로 표기한다. 전류 밀도 $J = I/A$는 제곱미터당 전류의 양이다.

전류를 좌우하는 법칙은 무엇인가?

전류는 키르히호프의 접합점 법칙에 의해 좌우된다.

- 접합점이 없는 회로 내 모든 곳에서 전류는 동일하다.
- 접합점으로 들어오는 전류의 합은 나가는 합과 동일하다.

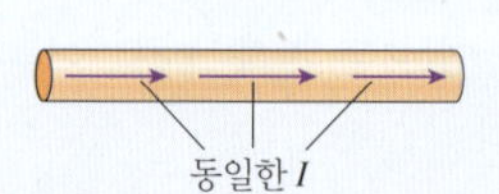

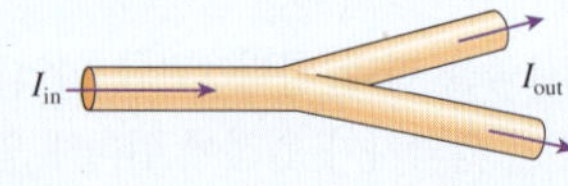

비저항과 저항은 무엇인가?

전자와 원자의 충돌은 도체로 하여금 전하의 움직임에 저항하게 한다.

- 비저항은 구리와 같은 물질의 전기적 특성이다.
- 저항은 구성하고 있는 물질과 크기 및 모양에 기반하여 정해지는 특정한 도선 혹은 회로 요소의 특성이다.

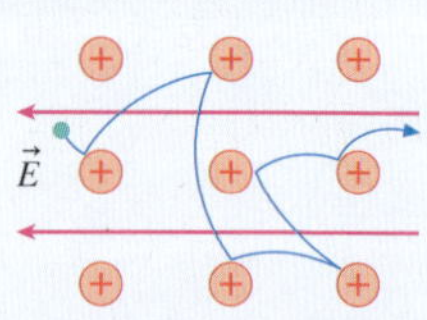

옴의 법칙은 무엇인가?

옴의 법칙은 도선 또는 회로 요소를 통해 흐르는 전류는 다음과 같이 퍼텐셜차와 요소의 저항에 의존한다는 사실을 알려준다.

$$I = \Delta V/R$$

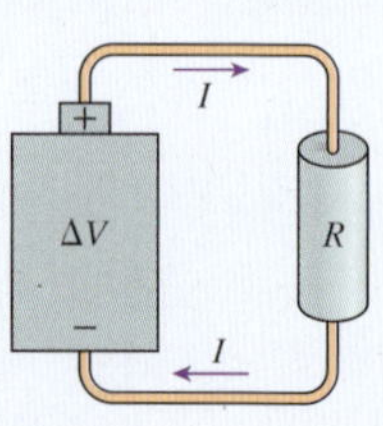

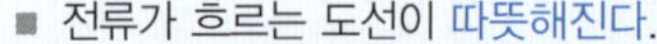

《 **되돌아보기:** 26.4절 퍼텐셜샘

27.1 전자 흐름

지금까지는 정적 평형 상태에 있는 전하의 경우에 대해서 집중적으로 살펴보았다. 이제 전하의 **조절된 움직임**인 전류에 대해 살펴볼 시간이 되었다. 간단한 질문으로부터 시작해보자. 축전기는 어떻게 방전되는가? 그림 27.1a는 충전된 축전기를 보여주고 있다. 그림 27.1b와 같이 두 축전기 판을 도체인 금속 도선으로 연결한다면 판들은 재빨리 중성이 된다. 즉, 축전기가 **방전**되었다. 어떻게든지 전하는 한쪽 판에서 다른 쪽으로 이동하였다.

그림 27.1 금속 도선으로 축전기는 방전되었다.

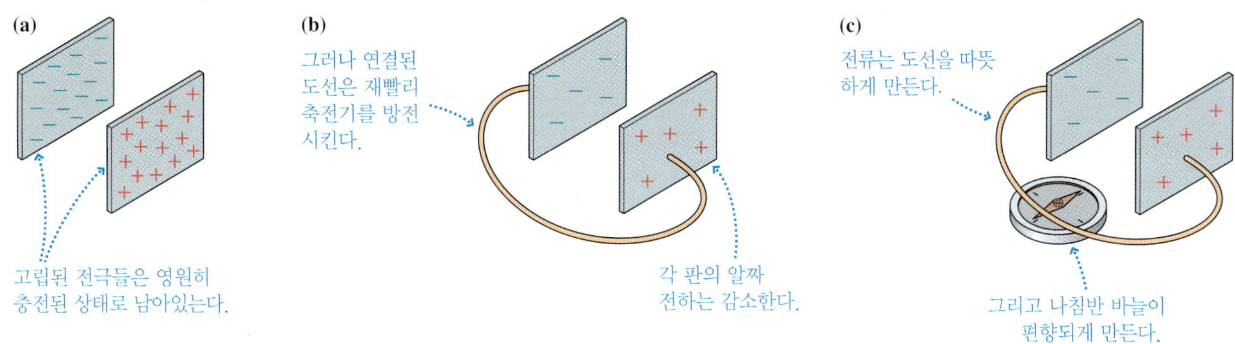

22장에서 **전류**(current)를 전하의 움직임이라고 정의하였다. 축전기는 연결된 도선에 흐르는 전류에 의해 방전된 것으로 보인다. 그 외에 어떤 사실들을 관찰할 수 있는지 알아보자. 그림 27.1c는 연결된 도선이 따뜻하게 되는 것을 보여준다. 만약 전구 안의 가는 필라멘트처럼 도선이 가늘다면 도선은 빛을 낼 만큼 뜨거워질 수 있다. 전류가 흐르는 도선은 나침반 바늘도 편향시킬 수 있는데, 이에 대해서는 29장에서 좀 더 자세히 살펴보도록 하겠다. 지금은 '도선을 따뜻하게 하는 것'과 '나침반 바늘을 편향시키는 것'을 도선 내에 전류가 존재한다는 것을 알려주는 **사실들**로 이용하도록 하자.

전하 운반자

도체 내에서 이동하는 전하를 **전하 운반자**라 한다. 그림 27.2는 22장에서 소개했던 금속 도체의 미시적 모형을 다시 보여주고 있다. 원자가 전자(valence electron)인 금속 원자의 외각 전자들은 핵에 약하게 속박되어 있다. 원자들이 모여 고체를 형성할 때 외각 전자들은 그들의 어미핵으로부터 떨어져 나와 고체 내에서 움직일 수 있는 유체와 같은 **전자 바다**를 이룬다. 즉, **전자들은 금속 내의 전하 운반자**이다. 전체로써 금속은 전기적으로 중성이다. 이것은 몇몇 양자역학적 효과를 간과하기 때문에 완벽한 모형은 아니나 금속 내의 전류를 묘사하는 데 있어 충분하다.

그림 27.2 전자 바다는 금속 내 전자의 모형이다.

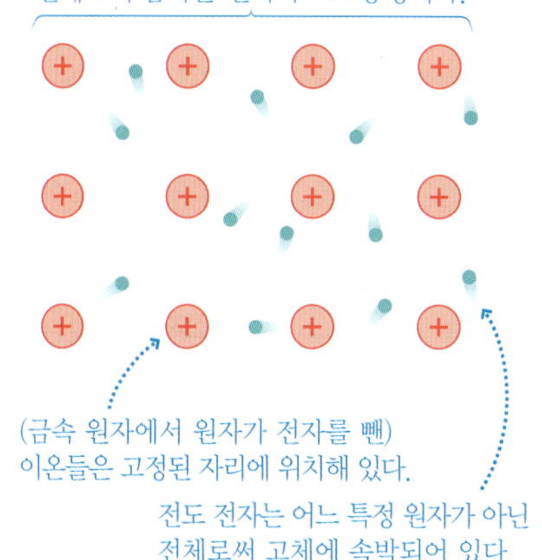

기체 내 분자들처럼 금속 내의 전도 전자들 역시 무작위한 열운동을 겪게 되나 알짜 운동은 없다. 관을 통해 기체나 액체가 흐르는 것과 같이 전기장을 통해 전자 바

다를 밀어 전체 전자 바다가 한 방향으로 움직이게 하여 이를 바꿀 수 있다. **표류 속력**(drift speed) v_d에서 일어나는 이 알짜 운동은 각 전자의 무작위한 열운동 위에 겹쳐지게 된다. 표류 속력은 매우 작다. 나중에 보게 될 바와 같이 일반적인 v_d의 값은 대략 10^{-4} m/s이다.

그림 27.3 전자 흐름

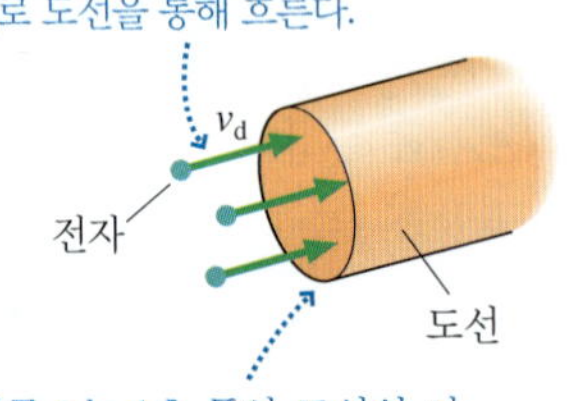

그림 27.3은 표류 속력으로 왼쪽에서 오른쪽으로 이동하는 전체 전자 바다를 보여준다. 관찰자가 도선의 이 단면을 통과하는 전자의 수를 셀 수 있다고 가정해보자. **전자 흐름**(elecrton current) i_e는 1초 동안 도선 또는 다른 도체의 단면을 지나는 전자의 개수라 정의한다. 전자 흐름의 단위는 s^{-1}이다. 다른 방법으로 표현하면 Δt의 시간 동안 단면을 통과한 전자의 수 N_e는 다음과 같다.

$$N_e = i_e \Delta t \tag{27.1}$$

놀랍지 않게 전자 흐름은 전자의 표류 속력에 의존한다. 어떻게 의존하는지를 보기 위해 그림 27.4는 표류 속력 v_d로 도선을 통해 움직이고 있는 전자 바다를 보여준다. Δt의 시간 동안 도선의 특정 단면을 통과한 전자들은 어둡게 표시되어 있다. 얼마나 많이 있는가?

그림 27.4 전자 바다가 표류 속력 v_d로 오른쪽으로 이동하고 있다.

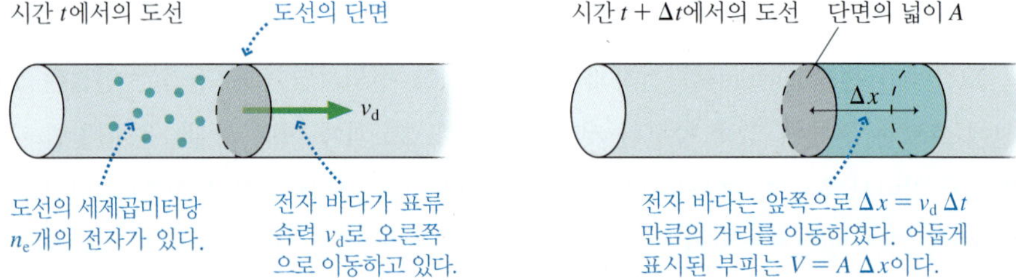

전자들은 Δt의 시간 동안 오른쪽으로 $\Delta x = v_d \Delta t$의 거리만큼 이동하여 전하들로 채워진 부피 $V = A\Delta x$의 원통을 형성하게 된다. 만약 전도 전자의 개수 밀도(number density)가 세제곱미터당 n_e개의 전자라면 원통 내 전자의 총수는 아래와 같다.

$$N_e = n_e V = n_e A\,\Delta x = n_e A v_d\,\Delta t \tag{27.2}$$

식 (27.1)과 (27.2)의 비교를 통해 도선 내 전자 흐름은 다음과 같다는 사실을 알 수 있다.

$$i_e = n_e A v_d \tag{27.3}$$

전자를 더욱 빨리 움직이게 하거나 세제곱미터당 전자의 수를 증가시키거나 또는 전자가 흐르는 관의 크기를 더 크게 만듦으로써 도선을 통해 움직이는 1초당 전자의 수인 전자 흐름을 증가시킬 수 있다. 모두 맞는 이야기이다.

대부분의 금속의 경우 각 원자는 전자 바다에 하나의 원자가 전자를 제공한다. 따라서 세제곱미터당 전도 전자의 수는 금속의 질량 밀도로 결정할 수 있는 세제곱미터당 원자의 수와 동일하다. 표 27.1은 몇몇 금속의 전도 전자 밀도 n_e의 값을 보여준다.

표 27.1 금속의 전도 전자 밀도

금속	전자 밀도 (m^{-3})
알루미늄	6.0×10^{28}
구리	8.5×10^{28}
철	8.5×10^{28}
금	5.9×10^{28}
은	5.8×10^{28}

예제 27.1 **전자 흐름의 크기**

만약 전자의 표류 속력이 1.0×10^{-4} m/s라면 지름 2.0 mm인 구리 도선 내의 전자 흐름은 얼마인가?

풀이 이 문제는 복잡하지 않은 계산 문제이다. 도선의 단면의 넓이는 $A = \pi r^2 = 3.14 \times 10^{-6}$ m²이다. 표 27.1로부터 구리의 전자 밀도는 8.5×10^{28} m^{-3}이다. 그러므로 전자 흐름의 크기는 다음과 같다.

$$i_e = n_e A v_d = 2.7 \times 10^{19} \text{ s}^{-1}$$

검토 매초 도선의 한 부분을 매우 많은 전자들이 지나간다. 이것은 전자 바다가 빠르게 움직이기 때문이 아니라(사실, 전자들이 움직이는 속력은 달팽이의 속력과 같다) 전자 밀도가 매우 크기 때문이다. 이것은 일반적인 전자 흐름의 크기이다.

축전기의 방전

그림 27.5는 ±16 nC으로 충전된 축전기가 지름 2.0 mm, 길이 20 cm의 구리 도선으로 방전되는 것을 보여준다. 축전기를 방전시키는 데 얼마나 오래 걸리겠는가? 전자의 일반적인 표류 속력이 대략 10^{-4} m/s라 알려져 있다. 이 비율이라면 전자가 20 cm를 이동하는 데 2000 s, 약 반 시간이 걸린다.

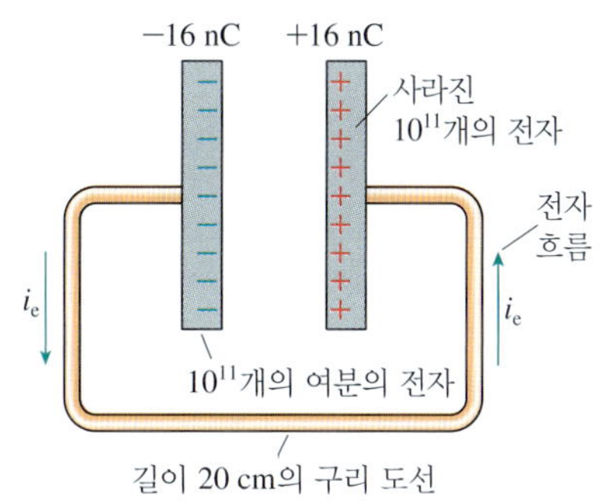

그림 27.5 이 축전기를 방전시키는 데 얼마나 오래 걸리는가?

하지만 실제는 이와 다르다. 우리가 느끼는 바로는 축전기의 방전은 순간적이다. 그러면 우리의 단순 계산에서 무엇이 잘못되었는가?

우리가 간과한 중요한 사실은 도선은 전자들로 이미 가득 차 있다는 사실이다. 유사한 예로 호스 안이 물을 생각해보자. 호스가 이미 물로 가득 차 있을 때 한쪽 끝에 물 한 방울을 더한다면 그 즉시(혹은 거의 순식간에) 다른 쪽으로부터 물 한 방울을 밀어내게 된다. 도선도 이와 같다. 여분의 전자들이 음의 축전기 판으로부터 도선 내로 이동하자마자 동일한 수의 전자들이 도선의 다른 쪽 끝으로부터 밀려나고 양의 판으로 이동하게 되어 중성으로 만든다. 전자가 도선을 통해 한쪽 판으로부터 다른 쪽 끝까지 이동하는 것을 기다릴 필요는 없다. 그 대신 판 위와 도선 내 전자들을 살짝 재배열하기만 하면 된다.

어느 정도의 재배열이 필요한지 그리고 방전이 얼마나 오래 걸리는지 간단히 추정해보도록 하자. 표 27.1에 나와 있는 구리의 전도 전자 밀도를 통해 도선 내 5×10^{22}개의 전도 전자가 있음을 알 수 있다. 그림 27.6의 $Q = -16$ nC인 음의 판은 10^{11}개의 여분의 전자를 가지고 있으며, 도선 내 전자 수보다 훨씬 적다. 실제로 10^{11}개의 전자를 수용하는 데 필요한 구리 도선의 길이는 4×10^{-13} m에 불과하다.

도선이 축전기 판들을 연결하는 순간 음의 판에 있는 10^{11}개의 여분의 전자들 사이의 척력은 이들을 도선 내로 밀어내게 된다. 이 과정에서 10^{11}개의 전자들이 도선의 다른 쪽 끝 4×10^{-13} m의 길이로부터 양의 판으로 밀려들어 가게 된다. 만약 전자들이 일반적인 표류 속력 10^{-4} m/s로 함께 움직인다면(물론 완벽한 가정은 아니지만 대략적인 값을 추정하기에 충분하다) 4×10^{-13} m를 이동하여 축전기를 방전하는 데 4×10^{-9}s, 즉 4 ns의 시간이 걸린다. 실제 이 값은 전자들이 재배열하여 축전기 판을 중성으로 만드는 데 걸리는 시간의 크기와 어느 정도 맞다.

그림 27.6 전자 바다는 매우 미세한 재배열만을 필요로 한다.

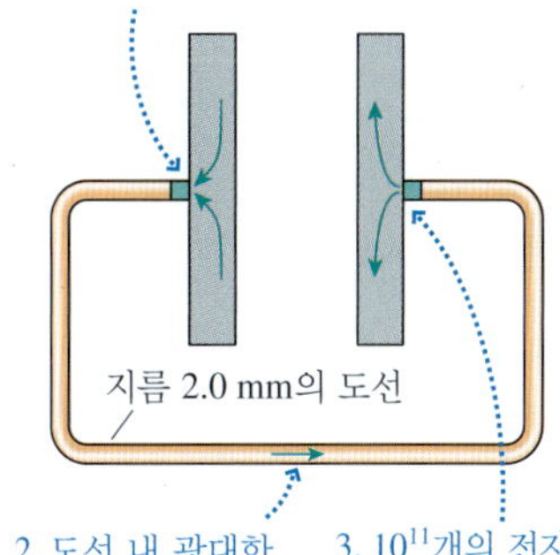

27.2 전류의 생성

책상을 가로질러 건너편 친구에게 책을 밀어 보낸다고 상상해보자. 책을 움직이기 위해 재빨리 책을 밀고 나면 손에서 떠나는 순간부터 마찰로 인해 책의 움직임은 점점 느려지게 된다. 책의 운동 에너지가 열에너지로 변환되면서 책과 책상을 살짝 따뜻하게 만든다. 책이 일정한 속력으로 계속 움직이게 할 수 있는 유일한 방법은 책을 계속 미는 것이다.

그림 27.7 전기장으로 전자 흐름 유지하기

마찰로 인해 책을 일정한 속력으로 움직이려면 일정하게 밀어주어야 한다.

$\vec{F}_{\text{push}}$

$\vec{f}_{\text{k}}$

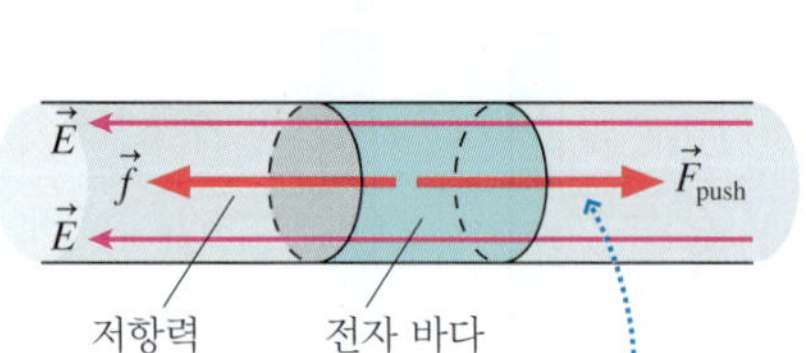

그림 27.7에서처럼 전자 바다는 책과 비슷하다. 전자 바다를 민다면 도체 내를 이동하는 전자 흐름을 만들 수 있다. 하지만 전자들은 진공 상태에서 움직이고 있지 않다. 전자들과 금속 내 원자 간의 충돌은 전자의 운동 에너지를 금속의 열에너지로 변환시키면서 금속을 따뜻하게 만든다. ('도선을 따뜻하게 하는 것'이 전류가 있음을 알려주는 사실 중 하나인 것을 상기해보자.) 결과적으로 **계속 밀지 않는다면** 전자 바다는 재빨리 느려질 것이며 멈추게 된다. 어떻게 전자를 밀 수 있는가? 전기장을 이용하면 된다!

24장에서 배웠던 중요한 결론 중의 하나는 정전기 평형 상태인 도체 내부에서는 $\vec{E} = \vec{0}$이라는 것이다. 하지만 내부를 통해 전자가 움직이고 있는 도체는 정전기 평형 상태가 아니다. **전자 흐름은 내부 전기장에 의해 유지되고 있는 전하의 비평형적인 움직임이다.**

따라서 "무엇이 전자 흐름을 만드는가?"라는 질문에 대한 간단한 대답은 "전기장"이다. 그러나 왜 전자 흐름이 있는 도선에 전기장이 있는가?

도선에서 전기장 형성하기

그림 27.8a는 충전된 축전기 판에 연결된 두 금속 도선을 보여준다. 도선은 도체이므로 축전기 판의 일부 전하들은 도선을 따라 표면 전하로 퍼져있게 된다. (도체에 있는 여분의 전하들은 모두 표면에 존재한다는 사실을 기억하자.)

이 상황은 움직이는 전하가 없고 전류가 흐르지 않는 정전기 평형 상태이다. 정전

그림 27.8 연결 전후 도선 위의 표면 전하

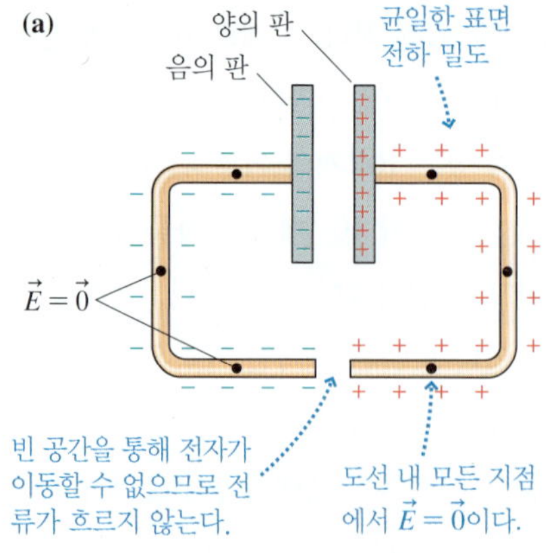

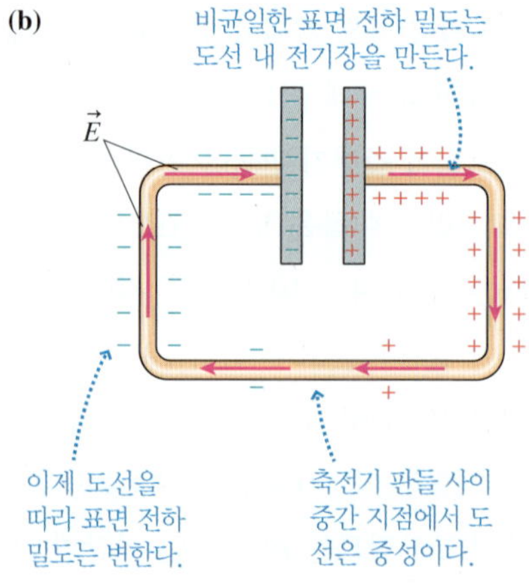

기 평형 상태에서는 항상 그렇듯이 결과적으로 도선 내 전기장은 0이 된다. 대칭성에 의해 한 점에서 $\vec{E} = \vec{0}$를 만들기 위해 그 점의 양 옆에는 동일한 양의 전하가 있어야 한다. 즉, (크게 신경 쓰지 않는) 양 끝을 제외하고 도선을 따라 표면 전하 밀도는 균일하여야 한다. 그림 27.8a에 도선을 따라 동일한 간격으로 표시된 +와 − 기호는 이 균일한 밀도를 의미한다. 양으로 대전된 표면은 전자를 **잃어버린** 표면이라는 것을 기억하자.

이제 도선들의 두 끝을 연결해보자. 어떤 일이 일어나겠는가? 음의 도선에 있던 여분의 전자들은 갑자기 전자들을 잃고 있던 양의 도선 쪽으로 이동할 수 있게 된다. 매우 짧은 시간 동안($\approx 10^{-9}$초) 전자 바다가 살짝 이동하고 표면 전하들은 그림 27.8b에 나타난 바와 같이 재배열되어 **비균일한** 분포를 이루게 된다. 축전기 판에 있는 많은 양의 전하들로 인해 양과 음의 판 주변의 표면 전하들은 여전히 강하게 양과 음으로 남아 있으나, 양과 음의 판들 사이 가운데인 도선의 중간 지점에서는 이제 전기적으로 중성이 된다. 도선 위의 새로운 표면 전하 밀도는 양의 축전기 판에서 양으로 시작하여 중간 지점에서는 0으로, 음의 판에서는 음으로 변화하게 된다.

이 비균일한 표면 전하의 분포는 매우 중요한 결과를 가지게 된다. 그림 27.9는 왼쪽으로 갈수록 양이 되며 오른쪽으로 갈수록 더욱더 음이 되는 표면 전하 밀도를 가진 도선의 단면을 보여주고 있다. 정확한 전기장을 계산하는 것은 매우 복잡하나 이 도선의 부분을 4개의 원형 전하 고리로 **모형화한다면** 기본적인 개념을 이해할 수 있다.

그림 27.9 변화하는 표면 전하 분포는 도선 안에 내부 전기장을 만든다.

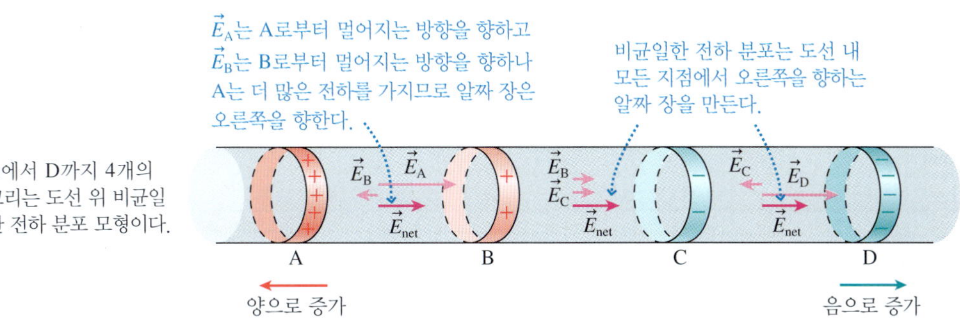

23장에서 전하 고리 축 위에서의 장에 대해 다음과 같은 사실을 알았다.

- 양의 고리로부터 음의 고리를 향한다.
- 고리 위의 전하량에 비례한다.
- 고리로부터 멀어질수록 감소한다.

고리 A와 B 중간에서의 장은 $\vec{E}_{net} \approx \vec{E}_A + \vec{E}_B$로 충분히 근사될 수 있다. 고리 A는 고리 B보다 더 많은 전하를 가지고 있으므로 $\vec{E}_{net}$는 A로부터 멀어지는 방향을 향한다.

그림 27.9에서의 분석은 매우 중요한 결론을 제시한다.

도선을 따라 비균일하게 분포된 표면 전하는 도선 내부에 상대적으로 양인 도선의 한 끝으로부터 상대적으로 음인 도선의 다른 쪽 끝을 향하는 알짜 전기장을 생성

한다. 이 내부 전기장 $\vec{E}$가 도선 내에서 전자 흐름을 밀게 된다.

표면 전하는 전자 흐름을 구성하는 이동하는 전하가 아니다. 더욱이 이동하는 전하인 전류는 표면이 아닌 도선 내부에 있다. 실제로 다음 예제에서 보듯이 매우 적은 표면 전하만으로도 전류가 흐르는 도선 내에 전기장을 형성할 수 있다.

예제 27.2 전류가 흐르는 도선 위의 표면 전하

23장의 표 23.1을 통해 전류가 흐르는 도선 내의 일반적인 전기장 세기는 0.01 N/C, 또는 0.01 V/m라는 것을 알 수 있다. (이 장의 뒤에서 이 값을 확인해볼 것이다.) 2.0 mm 지름의 두 고리가 2.0 mm만큼 떨어져 있다. 이들은 $\pm Q$로 대전되어 있다. 중간에서의 전기장이 0.010 V/m가 되게 하는 Q의 값은 얼마인가?

핵심 23장의 전하 고리 축 위에서의 전기장을 이용한다.

시각화 그림 27.10은 두 고리를 보여주고 있다. 둘은 장의 세기에 동일하게 기여하므로 양의 고리의 전기장 세기는 $E_+ = 0.0050$ V/m이다. 거리 $z = 1.0$ mm는 고리 사이 간격의 반이다.

그림 27.10 대전된 두 고리의 전기장

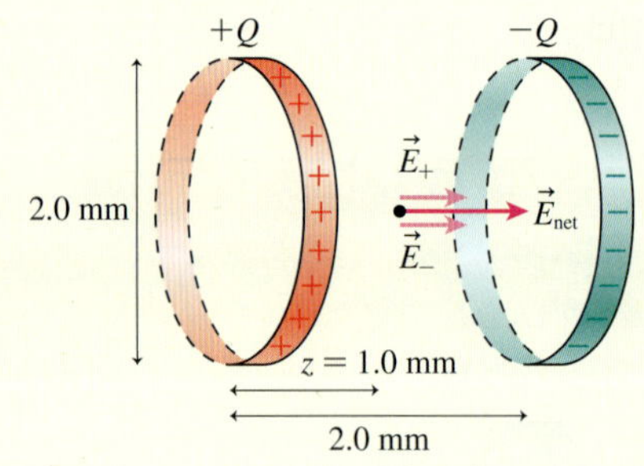

풀이 23장에서 전하 Q를 가진 고리 축 위에서의 전기장은 다음과 같다는 사실을 배웠다.

$$E_+ = \frac{1}{4\pi\epsilon_0}\frac{zQ}{(z^2+R^2)^{3/2}}$$

따라서 원하는 전기장을 만드는 데 필요한 전하는 아래와 같다.

$$\begin{aligned}Q &= \frac{4\pi\epsilon_0(z^2+R^2)^{3/2}}{z}E_+\\ &= \frac{\left((0.0010\text{ m})^2+(0.0010\text{ m})^2\right)^{3/2}}{(9.0\times10^9\text{ N m}^2/\text{C}^2)(0.0010\text{ m})}(0.0050\text{ V/m})\\ &= 1.6\times10^{-18}\text{ C}\end{aligned}$$

검토 전하 고리의 전기장은 $z \approx R$일 때 가장 크므로 이 두 고리는 지름이 2.0 mm인 도선 내 전기장을 어림하는 데 단순하지만 적절한 모형이다. 우리는 매우 적은 표면 전하만으로도 전기장을 형성할 수 있다는 것을 알 수 있다. 고리들을 $\pm1.6\times10^{-18}$ C으로 대전하기 위해 단지 10개의 전자가 한 고리로부터 다른 고리로 이동하면 된다. 결과적으로 형성된 전기장은 도선 내에 상당한 크기의 전류를 흐르게 하는 데 충분하다.

전도 모형

전자는 마법처럼 전류로써 도선을 통해 움직이는 것은 아니다. 전자는 도선 위 비균일한 표면 전하 밀도에 의해 만들어진 도선 내 전기장이 전자 흐름을 만들기 위해 전자 바다를 밀기 때문에 움직인다. 전자는 고체 구조를 이루고 있는 양이온과의 충돌에 의해 계속적으로 에너지를 잃고 있기 때문에 장은 계속 밀어주어야 한다. 이러한 충돌은 마찰과 같은 끌림힘을 제공하게 된다.

전자 바다를 구성하고 있는 전자인 전도 전자를 금속 격자(lattice)를 통해 움직이는 자유 입자로 모형화하자. 전기장이 없는 경우 기체 안의 분자처럼 전자는 모든 방향으로 속력의 분포를 가지고 무작위하게 움직인다. 만약 전자의 평균 열에너지가 이상 기체에 적용되는 $\frac{3}{2}k_BT$와 동일하다고 가정하면, 상온에서 전자의 평균 속력은 $\approx 10^5$ m/s가 된다. 양자역학적 이유로 인해 이 추정값은 정확한 값은 아니지만 전도 전자가 매우 빨리 움직인다는 것을 알려준다.

그러나 각 전자는 이온과 충돌하며 새로운 방향으로 산란되기 전까지 많은 거리를 이동하지는 못한다. 그림 27.11a는 전자가 충돌과 충돌 사이에 앞뒤로 튕겨지는 모습을 보여주고 있으며, 전자의 **평균** 속도는 0이 되고 **알짜** 변위는 없다. 이것은 기체가 담긴 통 안의 분자의 경우와 유사하다.

이제 전기장을 켠다고 상상해보자. 그림 27.11b는 일정한 전기력에 의해 전자들이 충돌들 사이에 **포물선**을 따라 움직이는 모습을 보여준다. 궤적의 곡률 때문에 음으로 대전된 전자들은 전기장의 반대 방향으로 천천히 표류하기 시작한다. 이 움직임은 살짝 아래로 기울어진 핀볼 기계 안 공의 움직임과 유사하다. 각각의 전자는 빠른 속력으로 이온들 사이를 앞뒤로 튕겨 날아가나 이제는 '아래쪽' 방향으로 천천히 이동하는 **알짜** 움직임을 가지게 된다. 그렇다 하더라도 이 알짜 변위는 훨씬 큰 열운동 위에 겹쳐진 매우 **작은** 효과이다. 그림 27.11b는 표류가 일어나는 비율을 매우 과장하여 나타내고 있다.

전자가 한순간 이온과 충돌을 하고 $\vec{v}_0$의 속도로 되튕긴 경우를 상상해보자. 충돌 사이 전자의 가속도는 다음과 같다.

$$a_x = \frac{F}{m} = \frac{eE}{m} \tag{27.4}$$

여기서 E는 도선 내 전기장의 세기이며 m은 전자의 질량이다. ($\vec{E}$는 음의 x축 방향을 향하고 있다고 가정한다.) 장은 전자 속도의 x축 성분을 시간에 따라 선형으로 증가하게 한다.

$$v_x = v_{0x} + a_x \Delta t = v_{0x} + \frac{eE}{m}\Delta t \tag{27.5}$$

전자는 이온과의 다음 충돌 전까지 운동 에너지의 증가와 함께 가속하게 된다. 충돌을 통해 전자의 운동 에너지의 대부분이 이온으로 전달되며, 따라서 금속의 열에너지로 전달되게 된다. **이 에너지 전달이 도선의 온도를 올리는 '마찰'이 된다.** 전자는 다시 임의의 방향으로 새로운 초기 속도 $\vec{v}_0$를 가지고 되튕기며 이 과정이 다시 시작된다.

그림 27.12a는 충돌에 의해 어떻게 속도가 급격히 변하는지를 보여주고 있다. 충돌 전후 가속도(직선의 기울기)는 동일하다. 그림 27.12b는 연속적인 충돌을 거쳐 가는 전자를 따라가고 있다. 각 충돌이 속도를 '재설정'하는 것을 볼 수 있다. 그림 27.12b로부터 알 수 있는 기본적인 사실은 이 반복되는 가속과 충돌 과정은 전자로 하여금 0이 아닌 **평균** 속도를 가지게 한다는 것이다. **전기장에 의한 전자의 평균 속도의 크기가 전자의 표류 속력 v_d이다.**

만약 한순간 금속 내 모든 전자를 관찰할 수 있다면 그들의 평균 속도는 아래와 같다.

$$v_d = \overline{v_x} = \overline{v_{0x}} + \frac{eE}{m}\overline{\Delta t} \tag{27.6}$$

여기서 수량 위 막대 기호는 평균값을 나타낸다. 전자가 충돌 후 되튕김 하는 속도인

그림 27.11 금속을 통해 움직이는 전도 전자의 미시적 모습

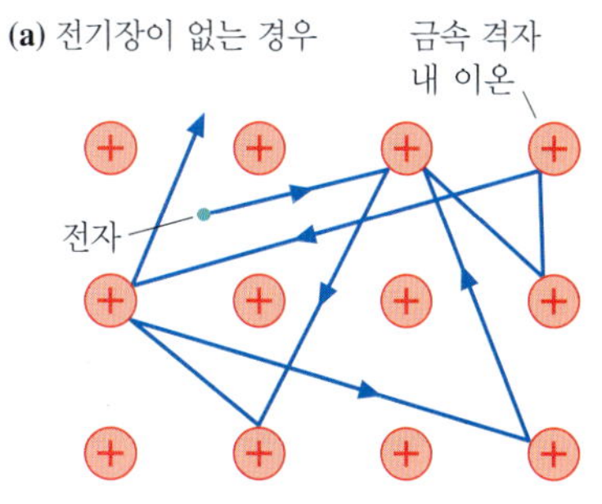

전자는 이온들과 빈번한 충돌을 겪게 되나 알짜 변위는 없다.

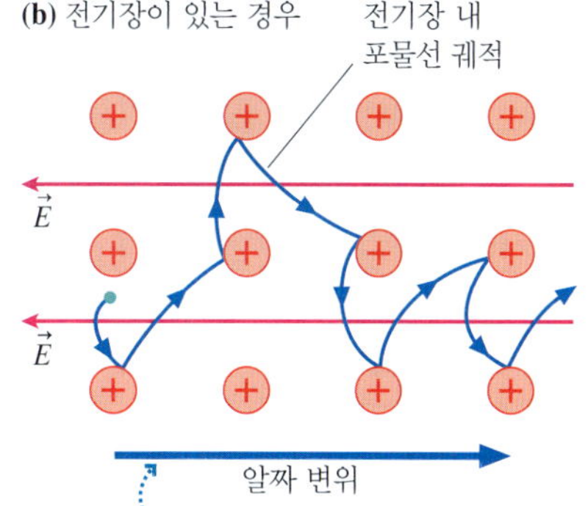

$\vec{E}$의 반대 방향으로 향하는 알짜 변위는 무작위한 열운동 위에 겹쳐지게 된다.

그림 27.12 시간에 따른 전자 속도

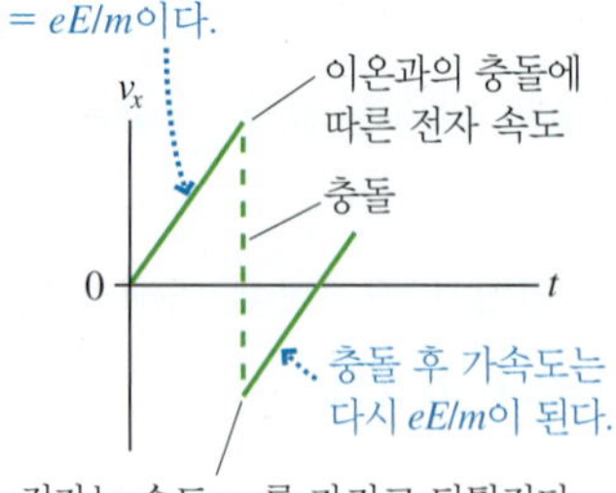

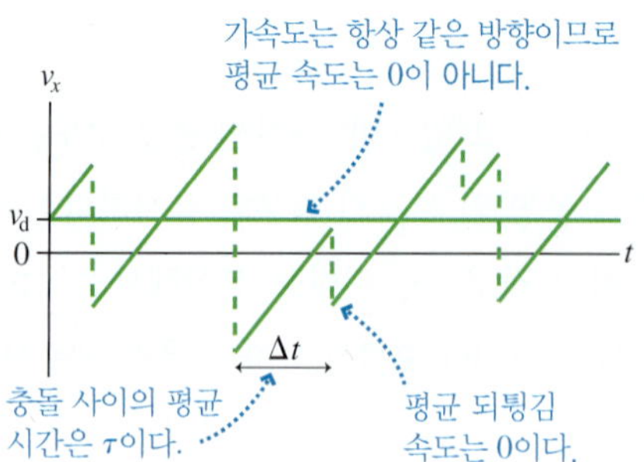

v_{0x}의 평균값은 0이다. 이를 전기장이 없는 경우 전자 바다가 오른쪽 또는 왼쪽으로도 움직이지 않는다는 사실로부터 알 수 있다.

수량 Δt는 충돌 사이 시간이며 Δt의 평균값을 **충돌 사이의 평균 시간**이라 하고 τ로 표기한다. 기체의 운동 이론에서 충돌 사이의 평균 자유 거리와 유사한 충돌 사이 평균 시간은 금속의 온도에 의존하나 아래 식들에서는 상수로 고려될 수 있다.

따라서 전기장에 의해 밀리고 있는 전자들의 평균 속력은 다음과 같다.

$$v_d = \frac{e\tau}{m}E \tag{27.7}$$

v_d에 대한 식 (27.7)을 전자 흐름 공식 $i_e = n_e A v_d$에 적용함으로써 전도 모형을 완성할 수 있다. 이를 통해 단면의 넓이 A를 가진 도선 내 전기장 세기 E는 아래와 같은 전자 흐름을 유도할 수 있다.

$$i_e = \frac{n_e e\tau A}{m}E \tag{27.8}$$

전자 밀도 n_e와 충돌 사이의 평균 시간 τ는 금속의 특성이다.

식 (27.8)은 전도 모형의 주된 결과이다. **전자 흐름은 전기장 세기에 정비례한다**는 사실을 알았다. 강한 전기장은 전자를 더 빠르게 밀며, 따라서 전자 흐름을 증가시킨다.

예제 27.3 | 구리 도선 내 충돌

예제 27.1에서 전자 표류 속력이 1.0×10^{-4} m/s일 때 지름 2.0 mm의 구리 도선 내 전자 흐름은 $2.7 \times 10^{19}\ \text{s}^{-1}$임을 알았다. 만약 일반적인 값인 이 전자 흐름을 유지하기 위해 0.020 V/m의 내부 전기장이 요구된다면 구리 내 전자들은 1초 동안 평균 몇 번의 충돌을 겪겠는가?

핵심 전도 모형을 사용한다.

풀이 식 (27.7)로부터 충돌 사이의 평균 시간은 다음과 같다.

$$\tau = \frac{mv_d}{eE} = 2.8 \times 10^{-14}\ \text{s}$$

1초당 평균 충돌 횟수는 이의 역수이다.

$$\text{충돌 비율} = \frac{1}{\tau} = 3.5 \times 10^{13}\ \text{s}^{-1}$$

검토 이 예제는 전도 전자의 충돌 비율이 대단히 높음을 보여주기 위한 복잡하지 않은 계산 문제이다.

27.3 전류와 전류 밀도

지금까지 금속 내 전자의 움직임으로써의 전류의 개념을 정립하였다. 그러나 전자가 금속 내 전하 운반자라는 사실이 발견되기 한 세기 전부터 전류의 특성은 알려져 있었으며 사용되어 왔다. 이제는 전자 흐름에 대한 우리의 생각과 관습적인 전류의 정의를 연결할 필요가 있다.

쿨롬이 전하의 단위이며 전류는 움직이는 전하이므로 19세기에는 전류를 전하가 도선을 통해 흐르는 단위 초당 쿨롬의 단위를 가진 비율로 정의하는 것이 당연한 것으로 받아들여졌다. 만약 도선 내 한 지점을 전체 전하 Q가 지나가고 있다면 도선 내 전류 I를 전하 흐름의 비율로 정의한다.

$$I \equiv \frac{dQ}{dt} \tag{27.9}$$

우리의 주된 관심인 **일정한 전류**의 경우 전류 I에 의해 Δt의 시간 동안 전달된 전하의 양은 다음과 같다.

$$Q = I\,\Delta t \tag{27.10}$$

전류의 SI 단위는 **암페어**(ampere) A라 하는 단위 초당 쿨롬이다.

$$1\text{암페어} = 1\text{ A} = \text{단위 초당 }1\text{쿨롬} = 1\text{ C/s}$$

전류의 단위는 19세기 초 전기와 자기 연구에 중요한 기여를 한 프랑스 과학자 앙페르(André Marie Ampère)를 따라 이름 지어졌다. **앰프**(amp)는 암페어의 비공식적인 약어이다. 가정에서 사용하는 전류는 대략 ≈ 1 A이다. 한 예로 100와트 전구를 통해 흐르는 전류는 0.85 A이며 이것은 매초 전구를 통해 0.85 C의 전하 흐름을 의미한다. 스테레오나 컴퓨터 같은 가전제품에 흐르는 전류는 훨씬 작다. 이들은 일반적으로 밀리앰프($1\text{ mA} = 10^{-3}\text{ A}$) 혹은 마이크로앰프($1\ \mu\text{A} = 10^{-6}\text{ A}$)의 단위로 측정된다.

식 (27.10)은 Δt의 시간 동안 전달된 전자의 수가 $N_e = i_e \Delta t$임을 말해주는 식 (27.1)과 매우 밀접하게 관계되어 있다. 각 전자는 전하량 e를 가지고 있다. 따라서 N_e개 전자의 전체 전하량은 $Q = eN_e$이다. 결과적으로 관습적인 전류 I와 전자 흐름 i_e는 다음의 관계를 갖는다.

$$I = \frac{Q}{\Delta t} = \frac{eN_e}{\Delta t} = ei_e \tag{27.11}$$

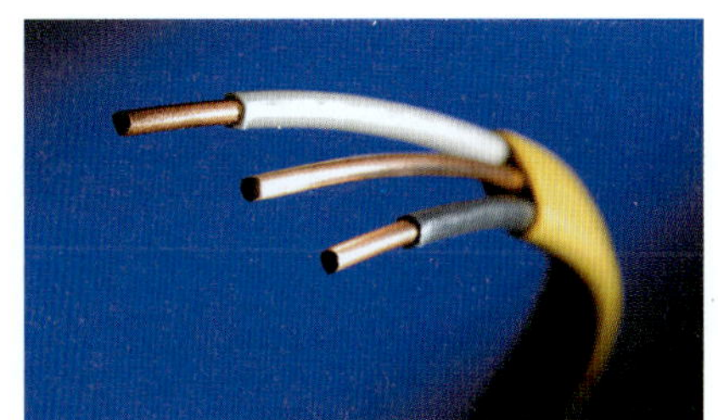

예제 27.1과 27.3에서 구리 도선 내 전자 흐름은 2.7×10^{19} 전자/s였다. 여기에 e를 곱해 관습적인 전류 값으로써는 4.3 C/s 혹은 4.3 A임을 알 수 있다.

전자는 전하 운반자이므로 전하가 움직이는 비율은 전자가 움직인 비율에 e를 곱한 값이 된다.

어떤 의미에서 전류 I와 전자 흐름 i_e의 다른 점은 눈금 인자이다. 직접적으로 전하 운반자를 고려하므로 도선을 통해 전자가 움직이는 비율인 전자 흐름 i_e가 더 **근본적**이라 할 수 있다. 우리는 전자의 수를 세기보다는 전하를 측정하므로 도선을 통해 전자의 전하가 이동하는 비율인 전류 I가 더욱 실용적이다.

비록 i_e와 I는 밀접하게 연관되어 있으나 매우 중요한 차이가 있다. 전하 운반자가 무엇인지 알기 전부터 전류는 알려져 왔고 연구되었기 때문에 **전류의 방향은 양전하가 움직이는 방향으로 정의되었다.** 따라서 전류 I의 방향은 내부 전기장 $\vec{E}$의 방향과 같다. 그러나 전하 운반자가, 금속 내에서, 음인 것을 알게 되었으므로 **금속 내 전류 I의 방향은 전자의 움직임 방향과 반대이다.**

그림 27.13 전류 I는 금속 내 전자의 움직임 방향에 반대이다.

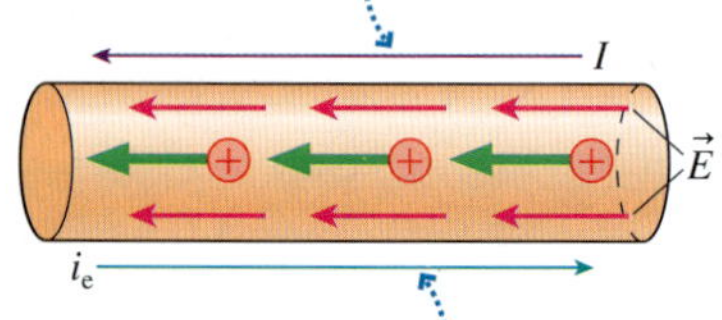

그림 27.13의 상황은 다소 혼란스러울 수 있으나 큰 차이를 만들지는 않는다. 축전기의 경우 양전하가 음의 판으로 가거나 음전하가 양의 판으로 이동하거나 이에 상관없이 방전된다. 전류의 가장 기본적인 응용은 회로의 분석이며, 거시적인 장치인 회로 내에서 우리는 단순히 무엇이 도선을 통해 이동하고 있는지 알 수 없다. 만약 우리가 전류를 양전하의 흐름으로 가정하여 생각하여도 우리의 계산 결과는 정확할 것이며 회로들도 완벽하게 작동할 것이다. 이 구분은 미시 영역에서만 중요하다.

도선 내 전류 밀도

단면의 넓이 A인 도선 내 전자 흐름이 $i_e = n_e A v_d$임을 알았다. 따라서 전류 I는 다음과 같다.

$$I = ei_e = n_e e v_d A \tag{27.12}$$

여기서 A는 단순히 도선의 물리적 크기인데 반해 $n_e e v_d$는 전하 운반자와 표류 속력을 결정짓는 내부 전기장에 의존한다. 도선 내에서 단면의 넓이 1제곱미터당 전류인 **전류 밀도**(current density) J를 정의하여 이들을 분리해보는 것도 유용하다.

$$J = \text{전류 밀도} \equiv \frac{I}{A} = n_e e v_d \tag{27.13}$$

전류 밀도의 단위는 A/m^2이다. 단면의 넓이 A의 도선 형태를 가진 특정한 금속은 전류 $I = JA$를 갖는다.

예제 27.4 전자 표류 속력 찾기

1.0 mm의 지름을 가진 알루미늄 도선을 통해 1.0 A의 전류가 흐른다. 도선 내 전류 밀도와 전자 표류 속력은 얼마인가?

풀이 전류 밀도로부터 표류 속력을 찾을 수 있다. 전류 밀도는 다음과 같다.

$$J = \frac{I}{A} = \frac{I}{\pi r^2} = \frac{1.0\ \text{A}}{\pi(0.00050\ \text{m})^2} = 1.3 \times 10^6\ \text{A/m}^2$$

따라서 전자 표류 속력은 아래와 같다.

$$v_d = \frac{J}{n_e e} = 1.3 \times 10^{-4}\ \text{m/s} = 0.13\ \text{mm/s}$$

여기서 알루미늄의 전도 전자 밀도는 표 27.1에 주어져 있다.

검토 앞서 전자의 일반적인 표류 속력으로 1.0×10^{-4} m/s를 사용하였다. 이 예제를 통해 이 값이 어떻게 얻어졌는지 알 수 있다.

전하 보존과 전류

그림 27.14는 2개의 충전된 축전기 판에 연결된 2개의 동일한 전구들을 보여주고 있다. 축전기가 방전됨에 따라 두 전구는 빛을 내게 된다. 전구 B와 비교하였을 때 전구 A의 밝기는 어떠할 것 같은가? 한 전구가 다른 전구보다 밝은가? 아니면 두 전구는 똑같이 밝을 것인가? 앞으로 더 나아가기 전 이 점에 대해 생각해보자.

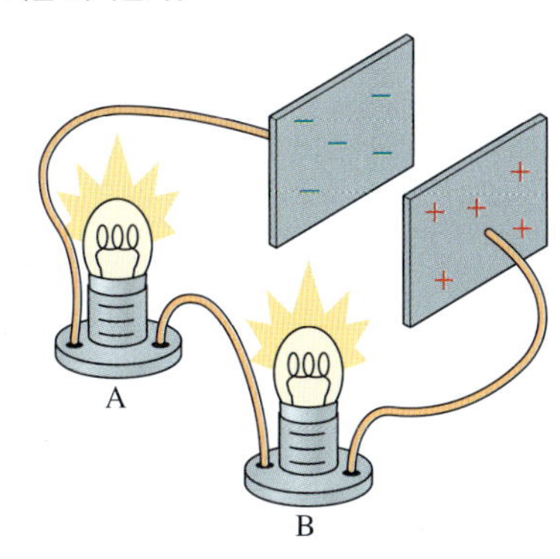

그림 27.14 전구 B와 비교했을 때 전구 A의 밝기는 어떠한가?

양전하를 양에서 음으로 옮기는 전류 I가 B에 먼저 도달하기 때문에 B가 A보다 밝다고 예상할 수 있다. 빛을 내기 위해 B는 전류의 일부를 소비하므로 A를 위해 적은 양만 남기게 된다. 아니면 실제 전하 운반자가 음에서 양으로 이동하는 전자라는 사실을 기억할 수 있다. 관습적인 전류 I가 수학적으로는 동일할지 몰라도 물리적으로는 양전하가 아닌 음의 전자가 실제로 움직이고 있다. 전자가 A에 먼저 도달하므로 B보다 A가 밝을 것으로 예상할 수도 있다.

실제로 두 전구의 밝기는 동일하다. 이는 설명을 필요로 하는 중요한 관찰이다. 결국 전구가 빛을 발하기 위해 '무엇인가'는 소비되어야 하는데, 왜 전류의 감소를 관측할 수 없는가? 전류는 단위 초당 도선을 통해 움직이는 전하의 양이다. I가 감소할 수 있는 경우는 두 가지 경우밖에 없다. 전하 양의 감소 혹은 도선 내 전하의 표류 속력의 감소이다. 전하 운반자인 전자는 대전된 입자이다. 질량 보존과 전하 보존의 법칙들을 어기지 않는 한 전구는 전자를 없앨 수 없다. 따라서 전하의 양(즉, 전자의 수)은 전구에 의해 변하지 않는다.

전구를 통과한 후 전하들은 느려지는가? 이 질문은 다소 까다로우므로 그림 27.15에 보인 유사한 유체의 경우를 생각해보도록 한다. 물이 한쪽 끝으로 2.0 kg/s의 비율로 흘러 들어가고 있다고 상상해보자. 물이 외륜을 회전시킨 후 다른 쪽 끝으로부터 단지 1.5 kg/s의 비율로 흘러나올 수 있겠는가? 다시 말하면 외륜을 회전시키는 것이 물의 흐름을 감소시킬 수 있는가?

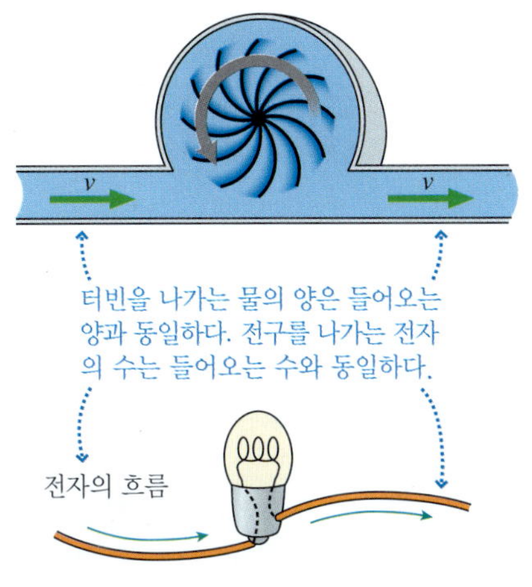

그림 27.15 흐름은 에너지를 흩어지게 하나 그 자체는 변하지 않는다.

우리가 전자를 없앨 수 없는 것처럼 물 분자를 없앨 수 없고 분자들을 서로 가깝게 밀어 물의 밀도를 증가시킬 수 없으며 관 내에 여분의 물을 저장해 놓을 곳도 없다. 왼쪽 끝에서 들어오는 한 방울의 물은 오른쪽 끝으로부터 한 방울을 밀어내므로 흘러 나가는 물의 비율은 흘러 들어오는 비율과 정확히 같다.

도선 내 전자의 경우도 이와 같다. **전자가 전구(혹은 다른 장치)를 나가는 비율은 전구를 들어오는 전자의 비율과 정확히 동일하다. 전류는 변하지 않는다.** 전구가 전류를 '소비'하지는 않지만 유체에서 외륜의 경우와 같이 에너지를 사용한다. 전자들이 원자 사이를 이동하는 동안 금속 격자 내 이온과의 충돌은 전자의 운동 에너지를 흩어지게 하고(원자 단위의 마찰), 전구 필라멘트의 경우 빛을 낼 때까지 도선을 뜨겁게 달군다. 나중에 살펴볼 바와 같이 전구는 도선 내 모든 지점에서의 전류의 양에 영향을 주지만 전류가 전구를 지나갈 때 변하지는 않는다.

전류가 어떻게 작용하는지를 이해한다고 이야기할 수 있기 전 살펴보아야 할 많은 내용들이 있고 나중에 하나씩 다루어보겠지만, 우선 첫 번째 중요한 결론을 내릴 수

그림 27.16 접합점으로 흘러 들어가는 전류의 합은 반드시 접합점을 흘러나오는 전류의 합과 일치하여야 한다.

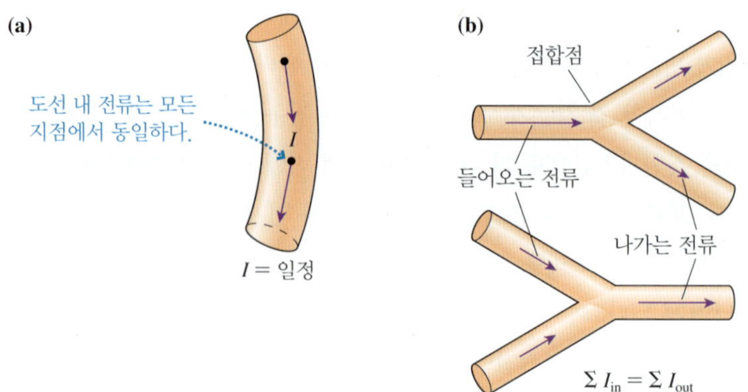

있다. **전하의 보존으로 인해 전류가 흐르는 도선 내 모든 지점에서 전류는 동일하다.**

그림 27.16a는 단일 도선의 경우를 요약하고 있다. 그러면 두 도선이 한 도선으로 합해지거나 다른 도선이 둘로 나누어지고 있는 그림 27.16b의 경우는 어떠한가? 도선이 갈라지는 지점을 **접합점**(junction)이라 한다. 접합점의 존재가 우리의 기본적인 논리를 바꾸지는 않는다. 우리는 도선 내 전자를 만들거나 없앴을 수 없으며 접합점 내에 모아둘 수도 없다. 하나 또는 여러 도선으로 전자가 흘러 들어가는 비율은 이들로부터 흘러나오는 비율과 정확히 균형을 이루어야 한다. 접합점에서 전하의 보존 법칙은 다음을 요구한다.

$$\sum I_{in} = \sum I_{out} \tag{27.14}$$

앞서와 마찬가지로 여기서 Σ 기호는 합을 의미한다.

접합점으로 들어오는 전류의 합은 나가는 전류의 합과 같다는 이 기본적인 보존 법칙은 **키르히호프의 접합점 법칙**(Kirchhoff's junction law)이라 한다. 이 접합점 법칙과 26장에서 다룬 키르히호프의 고리 법칙은 다음 장에서 배울 회로 분석에 있어 매우 중요하다.

27.4 전도도와 비저항

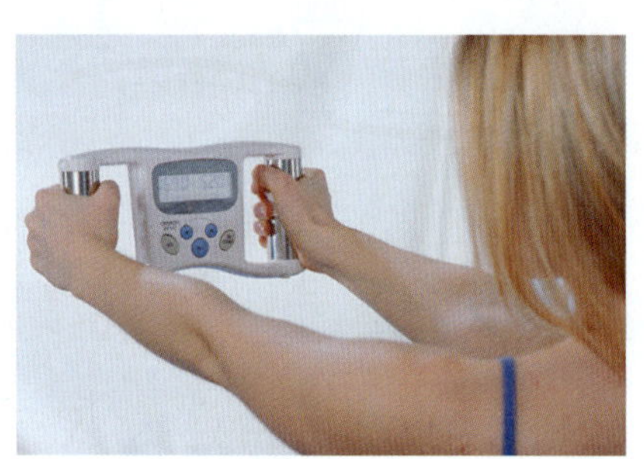

작은 전류를 몸을 통해 흘려보내는 장치를 잡고 인체의 체지방 비율을 측정하고 있다. 근육과 지방은 서로 다른 비저항을 가지므로 전류의 양을 통해 지방 대 근육의 비율을 알 수 있다.

전류 밀도 $J = n_e e v_d$는 전자 표류 속력 v_d에 정비례한다. 앞서 전도의 미시적 모형을 이용하여 표류 속력이 $v_d = e\tau E/m$임을 알았다. 여기서 τ는 충돌 사이의 평균 시간이며 m은 전자의 질량이다. 이들을 더하여 아래와 같이 전류 밀도의 표현을 찾을 수 있다.

$$J = n_e e v_d = n_e e\left(\frac{e\tau E}{m}\right) = \frac{n_e e^2 \tau}{m} E \tag{27.15}$$

여기서 $n_e e^2 \tau/m$은 오로지 도체에만 의존한다. 식 (27.15)에 따르면 주어진 전기장 세기에 대해 전자 밀도 n_e 또는 충돌 사이의 시간 τ가 큰 물질이 작은 물질보다 더 큰 전류 밀도를 만들어낸다. 다른 말로 이러한 물질이 **더 좋은 도체**이다.

따라서 아래와 같이 물질의 **전도도**(conductivity) σ를 정의해보는 것은 의미가 있다.

$$\sigma = \text{전도도} = \frac{n_e e^2 \tau}{m} \tag{27.16}$$

밀도와 같이 전도도는 전체적으로 물질을 특성 지어준다. 모든 구리(동일한 온도에 있는)는 같은 값의 σ를 가지나 구리의 전도도는 알루미늄과 다르다. 전도도의 측정을 통해 충돌 사이의 평균 시간 τ를 추정할 수 있다.

이 전도도의 정의를 통해 식 (27.15)를 다음과 같이 표현할 수 있다.

$$J = \sigma E \tag{27.17}$$

이것은 매우 중요한 결론을 갖는다. 식 (27.17)은 세 가지 사실을 말해준다.

1. 전류는 전하 운반자에 힘을 가하는 전기장에 의해 생성된다.
2. 전류 밀도와 이에 따른 전류 $I = JA$는 전기장 세기에 선형적으로 의존한다. 전류를 두 배로 만들기 위해선 전하를 밀고 있는 전기장 세기를 두 배로 크게 해야 한다.
3. 전류 밀도는 또한 물질의 **전도도**에 의존한다. 서로 다른 도체들은 서로 다른 전자 밀도와 특히 격자 내 원자와의 서로 다른 충돌 사이 평균 시간을 가지므로 서로 다른 전도도를 갖는다.

전도도의 값은 금속의 구조, 불순물, 그리고 온도에 의해 영향을 받는다. 온도가 증가하면 격자 내 원자의 열진동 또한 증가한다. 이는 이들을 '더 큰 표적'으로 만들고 충돌이 더 자주 일어나게 하여 τ를 낮추고 전도도를 감소시킨다. 금속은 높은 온도에서보다 낮은 온도에서 전도를 잘한다.

전류의 실제적인 활용을 위해 전도도의 역수인 **비저항**(resistivity)을 이용하는 것이 편리하다.

$$\rho = \text{비저항} = \frac{1}{\sigma} = \frac{m}{n_e e^2 \tau} \tag{27.18}$$

물질의 비저항은 전기장에 반응하여 전자가 얼마나 잘 움직이지 않으려 하는지를 말해준다. 표 27.2는 몇몇 금속과 탄소의 측정된 비저항과 전도도 값들을 보여준다. 이들은 다소 차이가 있으며 구리와 은이 가장 좋은 도체이다.

식 (27.17)로부터 전도도의 단위는 J/E의 단위인 $\mathrm{AC/Nm^2}$가 된다. 이는 확실히 불편한 표현이다. 다음 절에서 Ω(그리스 대문자 오메가)로 표시되는 옴(ohm)이라는 새로운 단위를 소개할 것이다. 이를 통해 비저항은 Ωm의 단위를, 전도도는 $\Omega^{-1}\mathrm{m}^{-1}$의 단위를 가지게 된다.

표 27.2 도체 물질의 비저항과 전도도

물질	비저항(Ωm)	전도도($\Omega^{-1}\mathrm{m}^{-1}$)
알루미늄	2.8×10^{-8}	3.5×10^{7}
구리	1.7×10^{-8}	6.0×10^{7}
금	2.4×10^{-8}	4.1×10^{7}
철	9.7×10^{-8}	1.0×10^{7}
은	1.6×10^{-8}	6.2×10^{7}
텅스텐	5.6×10^{-8}	1.8×10^{7}
니크롬*	1.5×10^{-6}	6.7×10^{5}
탄소	3.5×10^{-5}	2.9×10^{4}

*열선으로 사용되는 니켈-크롬 합금

예제 27.5 | 도선 내 전기장

2.0 mm 지름을 가진 알루미늄 도선을 통해 800 mA의 전류가 흐른다. 도선 내 전기장 세기는 얼마인가?

풀이 전기장 세기는 다음과 같다.

$$E = \frac{J}{\sigma} = \frac{I}{\sigma \pi r^2} = \frac{0.80\ \text{A}}{(3.5 \times 10^7\ \Omega^{-1}\ \text{m}^{-1})\pi(0.0010\ \text{m})^2}$$

$$= 0.0073\ \text{V/m}$$

여기서 알루미늄의 전도도는 표 27.2에서 구하였다.

검토 22장과 23장에서 계산된 값들에 비해 이것은 매우 작은 장이다. 이 계산은 표 23.1에서 전류가 흐르는 도선 내의 일반적인 전기장 세기가 ≈0.01 V/m라는 주장을 뒷받침해준다. 도선을 통해 상당한 양의 전류를 밀어 보내는 데 필요한 약한 전기장을 만들어 내기 위해서는 극소수의 도선 위 표면 전하만이 요구된다. 다시 언급하면 전하 운반자 밀도 n_e가 매우 크기 때문이다. 비록 전기장이 매우 작고 표류 속력이 심하게 느려도 방대한 수의 전하 운반자가 움직일 수 있으므로 도선을 통해 상당한 전류가 흐를 수 있다.

초전도성

초전도체들은 매우 특이한 자기적 성질을 지녔다. 작은 영구 자석이 액체 질소 온도로 냉각된 고온 초전도체 $YBa_2Cu_3O_7$ 원판 위에 떠 있다.

1911년 독일의 물리학자 오네스(Heike Kamerlingh Onnes)는 매우 낮은 온도에서 금속의 전도성을 연구하였다. 당시 과학자들은 헬륨을 액화시키는 방법을 발견하였고 이는 저온 물리라고 하는 새로운 분야를 열게 되었다. 위에 언급한 바와 같이 금속은 저온에서 더 나은 도체(즉, 더 높은 전도도와 더 낮은 비저항을 갖는다)가 된다. 이 효과는 점진적이다. 그러나 오네스는 수은의 경우 전류에 대한 모든 저항이 4.2 K 이하로 냉각되었을 때 갑자기 극적으로 사라지는 것을 발견하였다. 저온에서 이 완벽한 저항의 손실을 **초전도성**(superconductivity)이라 한다.

이후 실험들을 통해 초전도 금속의 비저항은 단순히 작은 것이 아니라 정말로 0이라는 사실이 확립되었다. 전자는 마찰 없는 환경에서 움직이고 있으며 전기장 없이도 전하는 초전도체 내에서 계속 이동한다. 초전도성이 특정한 양자 효과로 설명된 1950년대 이전까지는 사람들은 초전도성에 대해 이해하지 못했다.

초전도 도선은 원자와 충돌하는 전자들로 인해 뜨거워지지 않기 때문에 매우 막대한 양의 전류를 흘려보낼 수 있다. 초전도 전자석을 이용하여 매우 강한 자기장을 만들 수 있지만 알려진 모든 초전도체들은 20 K 이하의 온도를 필요로 했기 때문에 그 응용은 수십 년 동안 제한적이었다. 이 상황은 1986년 고온 초전도체의 발견과 함께 극적으로 바뀐다. 이들 세라믹 형태의 물질들은 125 K까지의 '높은' 온도에서 초전도체이다. 비록 −150°C는 높은 온도가 아닌 것처럼 느껴지겠지만 이 정도 온도를 만들어내는 기술은 간단하고 저렴하다. 따라서 앞으로 초전도체 기반의 많은 새로운 응용 기술들이 나올 것으로 기대된다.

27.5 저항과 옴의 법칙

그림 27.17은 양 끝의 퍼텐셜차가 $\Delta V = V_+ - V_-$인 길이 L의 도선의 한 부분을 보여준다. 아마도 도선의 양 끝은 전지에 연결되어 있을 것이다. 퍼텐셜차는 분리된 양과 음

의 전하를 나타내며, 앞서 본 것과 같이 이들 중 일부는 도선의 표면에 올라가 있다. 비균일한 전하 분포는 도선 내부에 전기장을 생성하고 이제 전기장이 전하 운반자를 밀어 도선 내 전류를 흐르게 한다.

26장에서 장은 등퍼텐셜면에 수직하게 '아래'를 향하며 장과 퍼텐셜은 서로 밀접하게 연관되어 있음을 알았다. 따라서 도선을 통해 흐르는 전류가 도선 양 끝 사이의 퍼텐셜차에 관계가 있다는 것은 크게 놀라운 일은 아니다.

전기장 성분 E_s는 $E_s = -dV/ds$를 통해 퍼텐셜에 관계되는 것을 기억해보자. 우리는 전기장 세기 $E = |E_s|$에만 관심 있으므로 음의 기호는 중요하지 않다. 일정한 지름의 도체 내에서 장의 세기는 일정하므로, 따라서 다음과 같다.

$$E = \frac{\Delta V}{\Delta s} = \frac{\Delta V}{L} \tag{27.19}$$

그림 27.17 전류 I는 퍼텐셜차 ΔV와 연관이 있다.

퍼텐셜차는 도체 내에 전기장을 만들고 내부에서 전하가 흐르게 한다.

등퍼텐셜면은 전기장에 수직하다.

식 (27.19)는 중요한 결과이다. 일정한 지름의 도체 내에서 전류를 앞으로 밀어 보내는 전기장 세기는 단순히 도체 양 끝의 퍼텐셜차를 그 길이로 나눈 값이다.

이제 E를 이용하여 도체 내 전류 I를 찾을 수 있다. 앞서 전류 밀도는 $J = \sigma E$이며 단면의 넓이 A인 도선 내 전류는 $I = JA$의 관계로 전류 밀도와 연관됨을 알았다. 따라서 다음의 관계를 찾을 수 있다.

$$I = JA = A\sigma E = \frac{A}{\rho}E \tag{27.20}$$

여기서 $\rho = 1/\sigma$는 비저항이다.

식 (27.19)와 (27.20)을 연결시키면 전류는 다음과 같다.

$$I = \frac{A}{\rho L}\Delta V \tag{27.21}$$

따라서 **전류는 도체 양 끝의 퍼텐셜차에 정비례한다**. 만약 도체의 **저항**(resistance)을 아래와 같이 정의한다면 식 (27.21)을 더 유용한 형태로 바꿀 수 있다.

$$R = \frac{\rho L}{A} \tag{27.22}$$

저항은 도체를 구성하고 있는 물질의 비저항뿐만 아니라 도체의 길이와 지름에 의존하므로 특정한 도체의 특성이다.

저항의 SI 단위는 **옴**(ohm)이며 다음과 같이 정의된다.

$$1\text{옴} = 1\ \Omega \equiv 1\ \text{V/A}$$

킬로옴($1\ \text{k}\Omega = 10^3\ \Omega$)과 메가옴($1\ \text{M}\Omega = 10^6\ \Omega$)이 널리 쓰이나 옴은 저항의 기본적인 단위이다. 식 (27.22)를 통해 이제 왜 비저항 ρ는 Ωm의 단위를, 전도도 σ는 $\Omega^{-1}\text{m}^{-1}$의 단위를 가지게 되는지 알 수 있다.

도선 또는 도체의 저항은 길이가 늘어나면 증가한다. 이것은 긴 도선을 통해 전자를 미는 것이 짧은 도선에서보다 훨씬 어려우므로 그럴 듯하다. 단면의 넓이를 줄이는 것 역시 저항을 증가시킨다. 도선이 얇을 경우보다 도선이 두꺼울 때 동일한 전기장이 더 많은 전자를 밀어 보낼 수 있으므로 이 또한 그럴 듯하다.

저항의 정의는 도체를 통해 흐르는 전류를 다음과 같이 표현할 수 있게 해준다.

$$I = \frac{\Delta V}{R} \quad \text{(옴의 법칙)} \tag{27.23}$$

다른 말로 표현하면 저항 R을 가진 도체 양 끝에 퍼텐셜차 ΔV를 가하면 (표면 위에 비균일한 전하의 분포를 통해) 전기장을 만들고 이는 도체를 통해 $I = \Delta V/R$의 전류가 흐르게 한다. 저항이 작을수록 전류는 크다. 퍼텐셜차와 전류 사이의 이 단순한 관계는 **옴의 법칙**(Ohm's law)이라 알려져 있다.

예제 27.6 나뭇잎의 비저항

옥수수 작물 잎의 비저항 측정은 작물이 받는 스트레스와 전반적인 건강 상태를 확인할 수 있는 좋은 방법이다. 비저항을 결정하기 위해 폭이 2.5 cm이고 두께가 0.20 mm인 잎 위에 20 cm의 간격으로 놓인 2개의 전극 사이에 전압을 가하면서 전류를 측정하였다. 아래의 측정값은 서로 다른 몇 개의 전압들에 대한 결과이다.

전압(V)	전류(μA)
5.0	2.3
10.0	5.1
15.0	7.5
20.0	10.3
25.0	12.2

잎 조직의 비저항은 얼마인가?

핵심 잎을 길이 $L = 0.20$ m와 직사각형 단면의 넓이 $A = (0.025\ \text{m}) \times (2.0 \times 10^{-4}\ \text{m}) = 5.0 \times 10^{-6}\ \text{m}^2$를 가진 막대 모형으로 생각하자. 퍼텐셜차는 잎 내부에 전기장을 생성하고 전류가 흐르게 한다. 전류와 퍼텐셜차는 옴의 법칙으로 연결되어 있다.

풀이 저항 R로부터 잎의 비저항 ρ를 찾을 수 있다. 아래의 옴의 법칙은 퍼텐셜차-전류 곡선이 기울기 $1/R$을 가지고 원점을 지나는 직선임을 말해준다.

$$I = \frac{1}{R}\Delta V$$

그림 27.18에 나타나 있는 측정값 그래프는 예상한 바와 같다. 가장 잘 맞는 직선의 기울기, 0.50 μA/V를 이용하여 아래와 같이 잎의 저항을 찾을 수 있다.

$$R = \frac{1}{0.50\ \mu\text{A/V}} = 2.0 \times 10^6\ \frac{\text{V}}{\text{A}} = 2.0 \times 10^6\ \Omega$$

이제 식 (27.22)를 통해 비저항을 구할 수 있다.

$$\rho = \frac{AR}{L} = \frac{(5.0 \times 10^{-6}\ \text{m}^2)(2.0 \times 10^6\ \Omega)}{0.20\ \text{m}} = 50\ \Omega\,\text{m}$$

그림 27.18 퍼텐셜차-전류 그래프

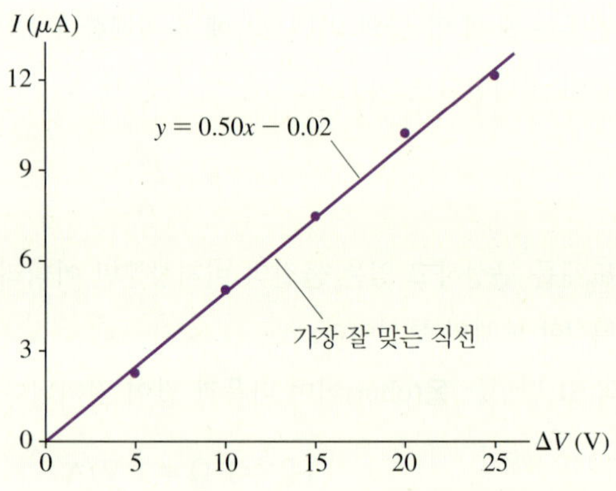

검토 금속과 비교하여 매우 큰 비저항이나 놀라운 사실은 아니다. 잎 안의 소금기 있는 유체의 전도도는 금속에 비해 훨씬 낮다. 실제 이 값은 식물이나 동물 조직의 일반적인 비저항 값이다.

전류와 전지

우리는 전하가 어디에 있고 어떻게 움직이는지를 이해할 수 있기 때문에 우리의 전류에 대한 학습은 축전기의 방전에 집중되어 왔다. 그 반면 전지 내 전하에게는 무슨 일이 일어나고 있는지 쉽게 알 수 없다. 그렇지만 대부분의 '실제' 회로에서의 전류는 축전기보다는 전지에 의해 흐른다. 축전기를 방전시키는 도선처럼 전지의 두 단자를 연결하고 있는 도선은 따뜻해지고, 나침반의 바늘을 편향시키고, 전구가 밝게 빛나게 한다. 이 사실들을 통해 전하가 도선을 통해 한 단자로부터 다른 쪽으로 이동함을 알 수 있다.

축전기와 전지의 가장 큰 차이는 전류의 지속성이다. 축전기를 방전시키는 전류는 한순간 축전기 판의 여분의 전하가 사라지자마자 멈춘다. 그 반면 전지에 의해 제공되는 전류는 **유지된다**.

이를 이해하기 위해 전하 에스컬레이터 모형을 생각해볼 수 있다. 그림 27.19는 음의 단자로부터 양의 단자로 양전하를 들어 올려 퍼텐셜차 ΔV_{bat}를 만드는 전하 에스컬레이터를 보여주고 있다. 양의 단자에 오른 순간 양전하는 전류 I로 도선 내를 움직일 수 있다. 기본적으로 에스컬레이터에서 얻었던 에너지를 잃어버리며 **도선을 통해 전하가 '언덕 아래로 떨어지는 것'**이다. 이 도선으로의 에너지 전달이 도선을 따뜻하게 만든다.

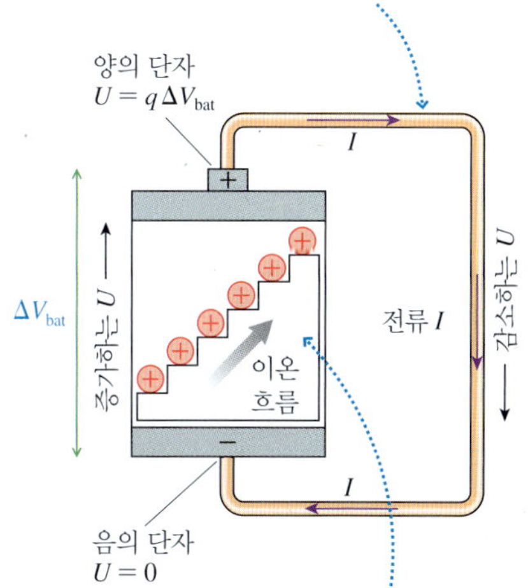

그림 27.19 전지의 전하 에스컬레이터가 도선 내 지속적인 전류의 근원이 된다.

결과적으로 전하들은 전지의 음의 단자로 돌아오며, 여기서 에스컬레이터를 다시 타고 올라가 이 과정을 반복하게 된다. 충전된 축전기와 달리 전지는 내부에 전하 에스컬레이터를 계속 움직일 수 있게 하는 에너지원(화학 작용)을 가지고 있다. 이 전하 에스컬레이터가 계속적으로 전하들을 전지 단자에 새롭게 제공하여 도선 내 전류를 **유지하게** 된다.

앞장에서 배운 전하 에스컬레이터 모형의 중요한 결과는 **전지가 퍼텐셜차샘**이라는 것이다. 전하가 전지 단자를 연결하는 도선을 통해 흐르는 것은 사실이나 전류는 전지 퍼텐셜차의 **결과**이다. 전지의 기전력이 **원인**이며 전류, 열, 빛, 그리고 소리 등은 모두 전지가 특정한 방식으로 사용됐을 때 나타나는 **효과**들이다.

원인과 효과를 구별할 수 있는 것은 회로 내에서 전지가 어떻게 작용하는지를 이해하는 데 있어 매우 중요하다. 그 이유는 다음과 같다.

1. 전지는 퍼텐셜차 ΔV_{bat}의 샘이다. 이상 전지는 $\Delta V_{\text{bat}} = \mathcal{E}$를 갖는다.
2. 전지는 도선의 양 끝에 퍼텐셜차 $\Delta V_{\text{wire}} = \Delta V_{\text{bat}}$를 만든다.
3. 퍼텐셜차 ΔV_{wire}는 도선 내부에 전기장 $E = \Delta V_{\text{wire}}/L$을 유도한다.
4. 전기장은 도선 내에 전류 $I = JA = \sigma AE$를 흐르게 한다.
5. 전류의 크기는 $I = \Delta V_{\text{wire}}/R$로써 전지와 도선의 저항 R에 의해 **공동으로** 결정된다.

저항기와 옴 물질

회로 교재들은 종종 옴의 법칙을 $I=\Delta V/R$ 대신 $V=IR$의 표현으로 명시한다. 회로 분석에 대한 충분한 경험이 없다면 이 표현은 오해의 소지가 있을 수 있다. 첫 번째로 옴의 법칙은 전류를 도체 양 끝의 퍼텐셜차에 연관시킨다. 공학자와 회로설계자는 V의 기호를 사용하여 '퍼텐셜차'를 의미하나 이 기호는 단순히 '퍼텐셜'로 받아들여질 수 있다. 두 번째로 $V=IR$ 심지어 $\Delta V=IR$은 전류 I가 퍼텐셜차 ΔV를 유도하는 것으로 보인다. 앞서 본 바와 같이 전류는 퍼텐셜차의 결과이다. 따라서 $I=\Delta V/R$이 원인과 효과를 나타내는 더 좋은 표현이다.

그림 27.20 옴 물질과 비옴 물질의 퍼텐셜차-전류 그래프

(a) 옴 물질

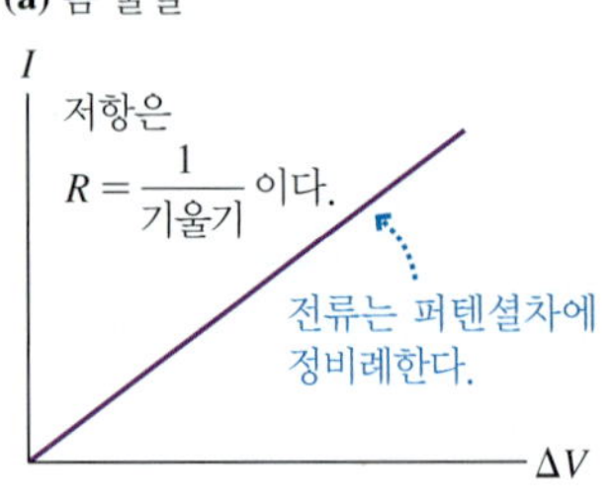

(b) 비옴 물질

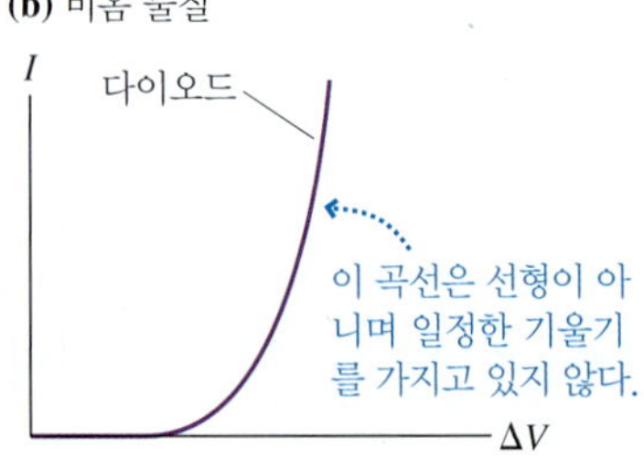

이름과 상관없이 옴의 법칙은 자연 법칙이 아니다. 이 법칙은 사용하는 동안 저항 R이 일정하게 유지되는, 또는 거의 그러한 물질들에게만 제한된다. 옴의 법칙이 적용되는 물질들을 **옴 물질**이라 한다. 그림 27.20a는 옴 물질을 통한 전류가 퍼텐셜차에 직접적으로 비례함을 보여준다. 퍼텐셜차를 두 배로 늘리면 전류도 두 배가 된다. 금속과 그 외 도체들은 옴 장치이다.

금속의 저항은 작아 금속 도선으로만 만들어진 회로에는 굉장히 큰 전류가 흐를 수 있으며 빠르게 전지를 고갈시키게 된다. 금속 도선에 비해 저항이 큰 **저항기**라는 옴 장치를 이용하여 회로 내 전류를 제한하는 것은 매우 유용하다. 저항기는 탄소와 같이 전도가 나쁜 물질이나 매우 얇은 금속 박막을 절연체 기판 위에 증착하여 만든다.

어떤 물질이나 장치는 그것을 통해 흐르는 전류가 퍼텐셜차에 정비례하지 않는 **비옴적**이다. 한 예로 그림 27.20b는 널리 이용되는 반도체 소자인 **다이오드**의 ΔV-I 곡선을 보여주고 있다. 다이오드는 잘 정의된 저항을 가지고 있지 않다. 화학 반응에 의해 $\Delta V=\mathcal{E}$로 결정되는 전지, 그리고 저항기와 다른 I와 ΔV의 관계를 가지는 축전기는 중요한 비옴 장치이다.

옴 회로 물질을 중요한 3개의 그룹으로 구분 지울 수 있다.

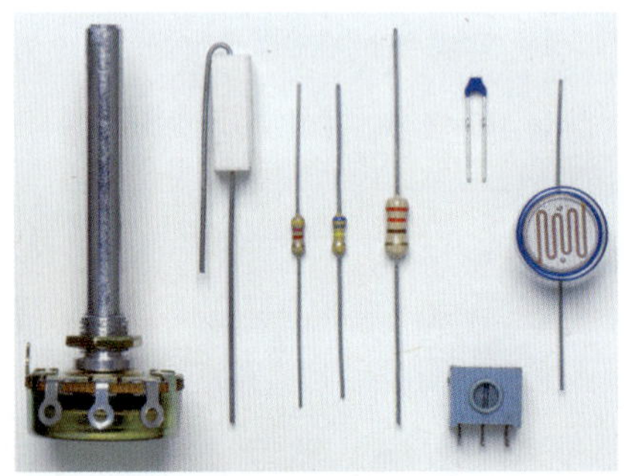

회로에 사용되는 저항기는 수 옴에서 수 백만 옴의 저항값을 갖는다.

1. 도선은 매우 작은 비저항 ρ와 이에 따른 매우 작은 저항($R \ll 1\ \Omega$)을 가지는 금속이다. **이상적인 도선**(ideal wire)은 $R=0\ \Omega$이다. 따라서 이상 도선 양쪽 끝의 퍼텐셜차는 전류가 있더라도 $\Delta V=0$ V이다. 일반적으로 회로 내 연결 도선이 이상적이라 가정하여 **이상 도선 모형**을 적용한다.
2. 저항기는 저항값이 10^1에서 $10^6\ \Omega$에 달하는 전도가 나쁜 도체이다. 이들은 회로 내에서 전류를 조절하는 데 쓰인다. 회로 안 대부분의 저항기는 500 Ω과 같은 특정한 R을 갖는다. 전구 안의 필라멘트(매우 작은 단면의 넓이 A로 인해 큰 저항을 가지는 텅스텐 도선)는 빛을 내는 동안 저항기로 작용하나 뜨거울 때 저항값이 상온에서보다 크기 때문에 살짝 비옴적이다.
3. 절연체는 유리, 플라스틱 또는 공기와 같은 물질이다. **이상적인 절연체**(ideal insulator)는 $R=\infty\ \Omega$을 갖는다. 따라서 양 끝에 퍼텐셜차가 있더라도 절연체 내에는 전류가 흐르지 않는다($I=\Delta V/R=0$ A). 이것이 바로 절연체를 이용해 두 도체를 서로 다른 퍼텐셜로 떨어뜨려 놓을 수 있는 이유이다. 실제적인 절연

체들은 $R \gg 10^9\ \Omega$을 가지므로 우리 목적상 이상적으로 여길 수 있다.

그림 27.21a는 전류가 흐르는 도선을 통해 전지에 연결된 저항기를 보여주고 있다. 여기에 접합점은 없다. 따라서 저항기를 통해 흐르는 전류 I는 각 도선 내 전류와 동일하다. 도선의 저항값은 저항기보다 훨씬 작으므로, $R_{wire} \ll R_{resist}$, 도선 양 끝의 퍼텐셜차 $\Delta V_{wire} = IR_{wire}$은 저항기 양 끝의 퍼텐셜차 $\Delta V_{resist} = IR_{resist}$보다 **훨씬** 작다.

만약 $R_{wire} = 0\ \Omega$인 이상 도선으로 가정한다면 $\Delta V_{wire} = 0$ V이며 **모든** 전압 강하는 저항기 양 끝에서 나타난다. 그림 27.21b에 보인 이 **이상 도선 모형**(ideal-wire model)에서 도선들은 등퍼텐셜에 있으며 전압 곡선에서 도선에 해당하는 부분들은 수평하다. 다음 장에서 회로 분석을 시작함에 있어 따로 명시되지 않는 한 모든 도선은 이상 도선으로 가정한다. 따라서 저항기를 중심으로 분석할 것이다.

그림 27.21 도선-저항기-도선 조합에서의 퍼텐셜

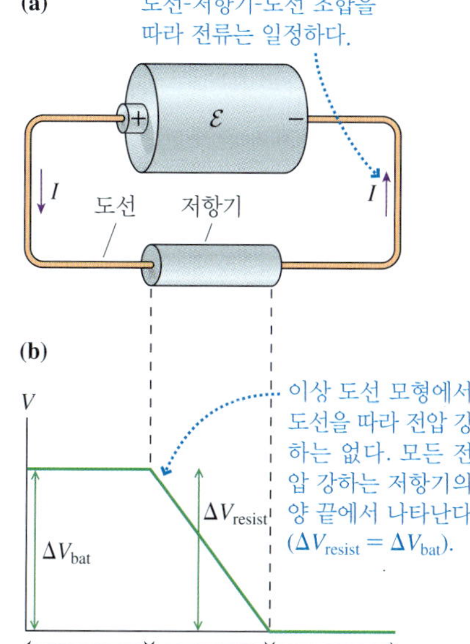

예제 27.7 전지와 저항기

9.0 V 전지 단자에 연결된 저항기에 15 mA의 전류를 흐르게 하려면 저항은 얼마이어야 하는가?

핵심 저항기는 이상 도선으로 전지에 연결되었다고 가정한다.

풀이 이상 도선으로 저항기를 전지에 연결하면 $\Delta V_{resist} = \Delta V_{bat} = 9.0$ V가 된다. 옴의 법칙으로부터 15 mA의 전류를 흐르게 하는 저항은 다음과 같다.

$$R = \frac{\Delta V_{resist}}{I} = \frac{9.0\ \text{V}}{0.015\ \text{A}} = 600\ \Omega$$

검토 수 mA의 전류와 수백 옴의 저항은 실제 회로에서 자주 보이는 일반적인 값이다.

응용 예제 27.8 신체 조성 측정하기

784쪽 사진에 보이는 여성은 체지방을 측정하는 장치를 붙잡고 있다. 이 장치의 작동 원리를 설명하기 위해 그림 27.22는 위팔을 근육과 지방으로 모형화하고 각각의 비저항을 보여주고 있다. 피부, 뼈와 같이 전기가 통하지 않는 요소들은 무시한다. 실제 구조의 모습을 보여주는 것은 아니지만 모든 지방과 근육을 묶어서 보여주는 모형은 팔의 전기적 특성을 잘 예측할 수 있게 해준다.

그림에 보인 것과 같은 크기를 가진 위팔의 양 끝에 0.60 V의 퍼텐셜차가 가해졌을 때 0.87 mA의 전류가 기록되었다. 이 사람의 위팔에 있는 근육과 지방의 비율은 얼마인가?

그림 27.22 팔 저항의 단순 모형

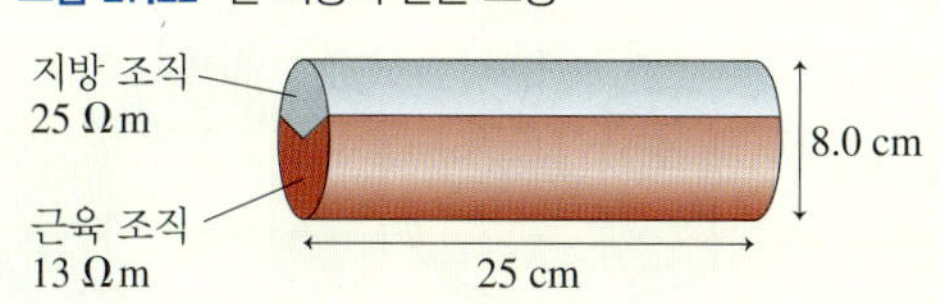

핵심 근육과 지방을 0.60 V의 전지에 연결된 별개의 저항기로 모형화한다. 연결 도선은 도선을 따라 퍼텐셜의 '손실'이 없는 이상 도선으로 가정한다.

시각화 그림 27.23은 전지의 두 단자에 연결된 근육 저항기와 지방 저항기가 나란히 놓여 있는 회로를 보여주고 있다.

풀이 0.87 mA의 측정된 전류가 전지로부터 팔을 통해 다시 전지로 돌아오는 전류 I_{total}이다. 이 전류는 두 저항기 사이 접합점에서 나누어진다. 전하 보존을 위한 키르히호프의 접합점 법칙에 의해 다음이 요구된다.

$$I_{total} = I_{muscle} + I_{fat}$$

(계속)

그림 27.23 위팔을 통해 흐르는 전류에 대한 회로

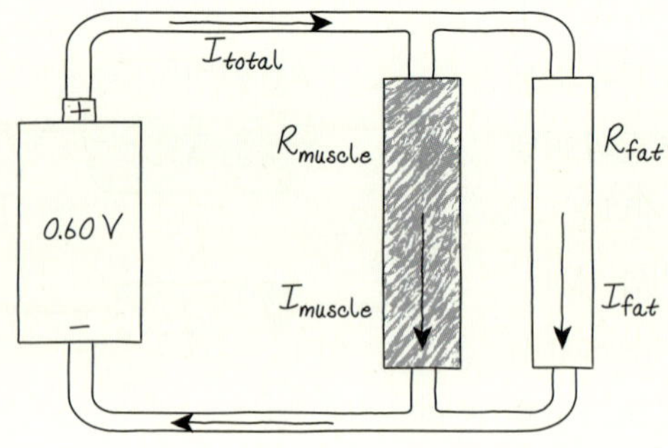

각 저항기를 통과하는 전류는 옴의 법칙 $I = \Delta V/R$로부터 찾을 수 있다. 각 저항기는 손실이 없는 이상 도선으로 전지 단자에 연결되었으므로 $\Delta V = 0.60$ V를 가지나 각기 서로 다른 저항을 가지고 있다.

근육 조직의 비율을 x라 하면 지방 조직의 비율은 $1-x$가 된다. 만약 위팔의 단면의 넓이가 $A = \pi r^2$이라면 근육 저항기는 $A_{muscle} = xA$를, 지방 저항기는 $A_{fat} = (1-x)A$를 가지게 된다. 저항은 다음과 같이 비저항과 형태에 관계된다.

$$R_{muscle} = \frac{\rho_{muscle} L}{A_{muscle}} = \frac{\rho_{muscle} L}{x\pi r^2}$$

$$R_{fat} = \frac{\rho_{fat} L}{A_{fat}} = \frac{\rho_{fat} L}{(1-x)\pi r^2}$$

따라서 전류는 아래와 같다.

$$I_{muscle} = \frac{\Delta V}{R_{muscle}} = \frac{x\pi r^2 \Delta V}{\rho_{muscle} L} = 0.93x \text{ mA}$$

$$I_{fat} = \frac{\Delta V}{R_{fat}} = \frac{(1-x)\pi r^2 \Delta V}{\rho_{fat} L} = 0.48(1-x) \text{ mA}$$

이들의 합이 전체 전류이다.

$$I_{total} = 0.87 \text{ mA} = 0.93x \text{ mA} + 0.48(1-x) \text{ mA} = (0.48 + 0.45x) \text{ mA}$$

이를 풀면 $x = 0.87$임을 알 수 있다. 이 사람의 위팔은 87%의 근육 조직과 13%의 지방 조직을 가지고 있다.

검토 건강한 성인의 경우 이 비율은 적절한 비율이다. 실제 체지방의 측정에서 전류는 두 팔과 가슴을 지나가므로 더 자세한 신체 모형을 필요로 하나 그 원리는 동일하다.

서술형 질문

1. 타임머신을 타고 1750년(뉴턴 이후 시대이나 전기가 발견되기 전)으로부터 온 사람이 그림 Q27.1의 전구 실연을 보았다고 가정하자. 관찰이나 그 사람의 1700년대 지식으로 이해가 될 수 있는 간단한 측정을 통해 무엇인가 도선을 통해 흐른다고 증명할 수 있겠는가? 아니면 왜 전구가 빛을 내는지에 대해 또 다른 가설을 세워야 하는가? 만약 첫 번째 질문에 대한 대답이 네라고 한다면 어떤 관찰이나 측정이 적절한지와 어떤 논리로 무엇이 흐르고 있음을 추론할 수 있는지 설명하시오. 아니면 왜 전구가 빛을 내는지를 시험해볼 수 있는 새로운 가설을 제시해보시오.

그림 Q27.1

2. 지름 d와 길이 l을 가진 구리 도선에 일정한 퍼텐셜차 V가 가해지고 있다. 만약 (a) V가 두 배가 된다면, (b) l이 두 배가 된다면, (c) d가 두 배가 된다면 전자 표류 속력에 어떤 영향을 미치겠는가?

3. 금속 내 전자는 전기장에 의해 가해지는 힘에 의해 표류한다. 그러면 이들은 왜 가속되지 않는 (일정한) 속력을 얻게 되는가? 그 이유를 설명하시오.

4. 그림 Q27.4의 두 전지는 이상적이며 동일하고 모든 전구들도 같다. 전구 a에서 c의 밝기를 가장 밝은 것으로부터 어두운 것까지 순서대로 나열하고 그 이유를 설명하시오.

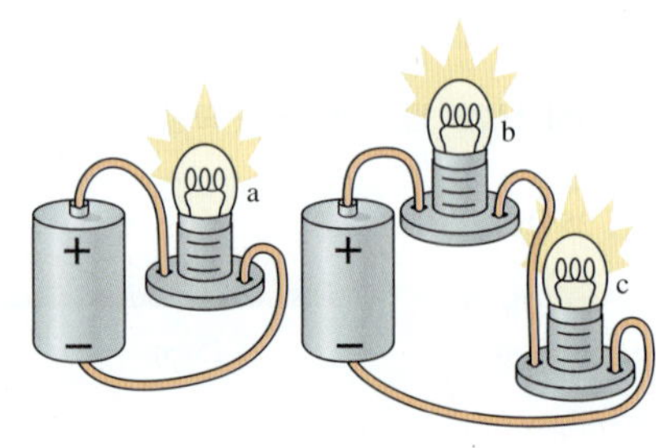

그림 Q27.4

5. 그림 Q27.5의 도선은 동일한 금속으로 만들어진 서로 다른 지름을 가진 두 도막으로 구성되어 있다. 도막 1에 흐르는 전류는 I_1이다.
   a. 두 도막에 흐르는 전류를 비교하시오. 즉, I_2는 I_1에 비해 큰가, 작은가 아니면 같은가? 그 이유를 설명하시오.
   b. 두 도막에서의 전류 밀도 J_1과 J_2를 비교하시오.
   c. 두 도막에서의 전기장 세기 E_1과 E_2를 비교하시오.
   d. 두 도막에서 표류 속력 $(v_d)_1$과 $(v_d)_2$를 비교하시오.

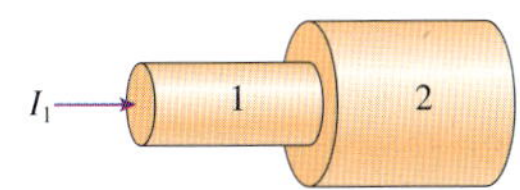

그림 Q27.5

6. 그림 Q27.6의 도선들은 모두 동일한 물질로 이루어져 있다. 이 도선들의 저항 R_a에서 R_e를 가장 큰 것으로부터 작은 것까지 순서대로 나열하고 그 이유를 설명하시오.

그림 Q27.6

연습문제

표시가 된 연습문제들은 이전 장들에서 다룬 내용과 관련이 있다.

연습

27.1 전자 흐름

1. ‖ 2×10^{20}개의 전자가 10 s 동안 지름 4 mm인 철 도선의 단면을 통과해 흐르고 있다. 전자 표류 속력은 얼마인가?

2. ‖ 2×10^{16}개의 전자가 400 μs 동안 4×10^{-4} m/s의 표류 속력으로 은 도선의 단면을 통과해 흐르고 있다. 도선의 지름은 얼마인가?

27.2 전류의 생성

3. | 충돌 사이의 평균 시간이 2.0×10^{-14} s인 금속 내 전자 표류 속력이 3×10^{-4} m/s이다. 전기장 세기는 얼마인가?

4. ‖ 4×10^{-3} V/m의 전기장은 2 mm 지름의 알루미늄 도선 내에 5×10^{17} 전자/s의 전류를 만든다. 이 도선 내 전자의 (a) 표류 속력과 (b) 충돌 사이의 평균 시간은 얼마인가?

27.3 전류와 전류 밀도

5. | 0.12 mm 지름의 전구 필라멘트로 들어가고 나오는 도선들의 지름은 1.5 mm이다. 필라멘트로 들어가는 도선에는 전류 밀도 4.5×10^5 A/m^{2}인 전류가 흐르고 있다. 필라멘트에서 (a) 전류와 (b) 전류 밀도는 얼마인가?

6. ‖ 집적 회로에서 두께가 3.5 μm이고 폭이 8.5 μm인 금 박막에 흐르는 전류 밀도가 9×10^5 A/m^{2}이다. 10분 동안 박막을 통해 흐르는 전하의 양은 얼마인가?

7. | 신경 세포가 발화할 때 세포의 퍼텐셜을 음에서 양으로 바꾸기 위해 세포막을 가로질러 전하가 전달된다. 일반적인 신경 세포의 경우 9.0 pC의 전하가 0.50 ms 동안 흐른다. 세포막을 가로질러 흐르는 평균 전류는 얼마인가?
BIO

8. ‖ 외부 지름이 2.0 mm이고 내부 지름이 1.0 mm인 속이 빈 구리 도선을 통해 10 A의 전류가 흐른다. 도선 내 전류 밀도는 얼마인가?

27.4 전도도와 비저항

9. | (a) 알루미늄 도선과 (b) 철 도선에서 전자의 충돌 사이 평균 시간은 얼마인가?

10. ‖ 길이가 15 cm인 니크롬 도선이 1.5 V 전지 단자 양 끝에 연결되어 있다.
    a. 도선 내 전기장은 얼마인가?
    b. 도선 내 전류 밀도는 얼마인가?
    c. 만약 도선 내 전류가 2.0 A라면 도선의 지름은 얼마인가?

11. | 0.0075 V/m의 전기장이 1.0 mm 지름의 도선 내에 3.9 mA의 전류를 만든다. 이 도선을 이루고 있는 물질은 무엇인가?

12. ‖ 지름 0.50 mm인 은 도선에 20 mA의 전류가 흐른다. 도선 내 (a) 전기장과 (b) 전자 표류 속력은 얼마인가?

27.5 저항과 옴의 법칙

13. | 1.5 V 전지가 0.50 A의 전류를 제공한다.
    a. 전하 에스컬레이터가 전하를 들어 올리는 비율(C/s)은 얼마인가?
    b. 1.0 C의 전하를 들어 올리기 위해 전하 에스컬레이터는 얼마만큼의 일을 해야 하는가?
    c. 전하 에스컬레이터의 출력은 얼마인가?

14. | a. 지름이 0.20 mm인 2.0 m 길이의 금 도선의 저항은 얼마인가?
b. 1.0 mm × 1.0 mm의 사각형 단면을 가진 10 cm 길이의 탄소 조각이 가지는 저항은 얼마인가?

15. | 길이가 30 cm인 구리 도선 내 전기장이 5.0 mV/m이다. 도선 양 끝 사이의 퍼텐셜차는 얼마인가?

16. || 0.70 V 시계 전지의 단자들이 지름이 0.10 mm이고 길이가 100 m인 금 도선으로 연결되어 있다. 도선 내 흐르는 전류는 얼마인가?

17. | 실제 연필심은 탄소이다. 만약 9.0 V의 퍼텐셜차가 지름이 0.70 mm이고 길이가 6.0 cm인 샤프펜슬 연필심의 양 끝에 가해진다면 전류는 얼마인가?

18. | 그림 EX27.18은 특정 물질의 퍼텐셜차-전류 그래프이다. 물질의 저항은 얼마인가?

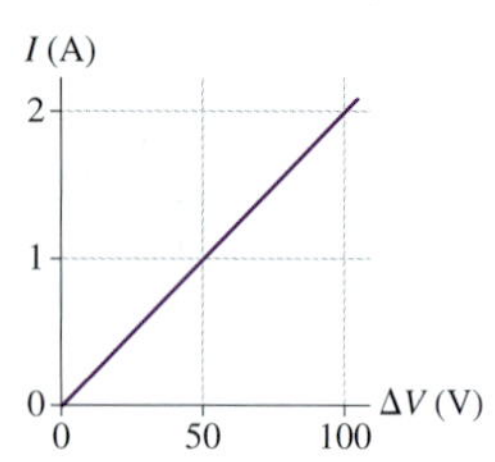

그림 EX27.18

19. || 가정집에서는 주로 지름 2.0 mm의 구리 도선을 사용한다. 이 도선들은 안전차단기로부터 집의 가장 먼 구석까지 벽을 통해 구부러져 지나가므로 다소 길어진다. 8.0 A의 전류가 흐르는 길이가 20 m이고 지름이 2.0 mm인 구리 도선 사이에 걸리는 퍼텐셜차는 얼마인가?

문제

20. || 2.0 mm 지름의 니크롬 도선에 흐르는 전류가 전기장 세기가 0.0080 V/m인 지름 1.0 mm의 알루미늄 도선 내 전류와 같기 위해서 전기장 세기는 얼마가 되어야 하는가?

21. || 양성자와 같은 고에너지 입자는 **실리콘 검출기**를 이용해 검출될 수 있다. 입자가 얇은 실리콘 조각과 충돌하면 실리콘 원자를 이온화하여 많은 수의 자유 전자를 만들어낸다. 전자들은 검출기 표면의 전극으로 흘러가며, 이후 이 전자 흐름을 증폭하여 검출하게 된다. 한 실험에서 입사되는 각각의 양성자가 평균적으로 35,000개의 전자를 만들어내고 이 전자 흐름이 100배로 증폭되어 3.5 μA의 증폭된 전류가 기록되었다. 초당 얼마나 많은 수의 양성자가 검출기와 충돌하는가?

22. || 한 조각가가 제인에게 황동 조각상을 금으로 전기 도금하는 것을 도와달라고 부탁하였다. 제인은 이온 용액 내 전하 운반자가 단일 전하 금 이온임을 알고 있으며 원하는 두께를 얻기 위해서는 0.50 g의 금이 입혀져야 한다는 사실을 계산하였다. 조각상을 3.0시간 만에 도금하기 위해서는 mA의 단위로 얼마만큼의 전류를 필요로 하는가?

23. || 샘은 그의 회사로부터 회사가 만든 신물질이 옴 물질인지 결정하고 그렇다면 이 물질의 전기 전도도가 얼마인지 측정하도록 지시받았다. 샘은 0.50 mm × 1.0 mm × 45 mm 크기의 표본을 이용하여 긴 축의 양 끝을 전원 공급 장치에 연결하고 각기 다른 퍼텐셜차에서의 전류를 측정하였다. 측정값은 다음과 같다.

전압(V)	전류(A)
0.200	0.47
0.400	1.06
0.600	1.53
0.800	1.97

측정값을 이용한 적절한 그래프를 통해 이 물질이 옴 물질인지 결정하고, 그 경우 물질의 전도도를 구하시오.

24. || 자동차 엔진의 시동 전동기는 전지로부터 150 A의 전류를 끌어온다. 전동기에 연결된 구리 도선의 지름은 5.0 mm이며 길이는 1.2 m이다. 시동 전동기는 자동차 엔진이 시작하기 전 0.80초 동안 작동한다.
a. 시동 전동기를 지나가는 전하의 양은 얼마인가?
b. 시동 전동기가 돌아가는 동안 전자는 도선을 따라 얼마나 멀리 이동하겠는가?

25. || 금속의 비저항은 온도가 올라감에 따라 살짝 증가한다. 이는 $\rho = \rho_0[1 + \alpha(T - T_0)]$으로 표현될 수 있으며, 여기서 T_0은 보통 20°C인 기준 온도이고 α는 **비저항의 온도 계수**이다. 구리의 경우 $\alpha = 3.9 \times 10^{-3}$ °C^{-1}이다. 20°C에서 가늘고 긴 구리 도선의 저항이 0.25 Ω이라 가정해보자. 이 저항이 0.30 Ω이 되는 온도는 몇 °C이겠는가?

26. || 오른손과 왼손 사이의 전도 경로는 지름이 10 cm이고 길이가 160 cm인 원통으로 모형화될 수 있다. 신체 내부의 평균 비저항은 5.0 Ωm이다. 건조한 피부는 더 높은 비저항을 가지나 손을 소금물로 적셔 무시할 수 있는 정도로 만들 수 있다. 만약 피부 저항을 무시한다면 가슴을 가로질러 100 mA의 치명적인 충격을 줄 수 있는 두 손 사이의 퍼텐셜차는 얼마가 되겠는가? 여러분의 결과는 비록 작은 퍼텐셜차이지만 피부가 젖어있을 때 매우 위험한 전류를 만들 수 있음을 보여줄 것이다.
BIO

27. || 금속의 비저항은 온도가 올라감에 따라 살짝 증가한다. 이는 $\rho = \rho_0[1 + \alpha(T - T_0)]$으로 표현될 수 있으며, 여기서 T_0은 보통 20°C인 기준 온도이고 α는 **비저항의 온도 계수**이다.
CALC
a. 먼저 단자 전압 ΔV의 이상 전지 단자들 사이에 연결된 길이

L, 단면의 넓이 A, 온도 T인 도선에 흐르는 전류 I의 표현을 구하시오. 그리고 저항의 **변화**는 매우 작으므로 여러분의 표현을 단순화하기 위해 **이항 근사법**을 이용하시오. 여러분의 최종 표현에서 온도 계수 α는 분자에 포함되어 있어야 한다.

b. 구리의 경우 $\alpha = 3.9 \times 10^{-3}\ ^\circ C^{-1}$이다. 길이가 2.5 m이고 지름이 0.40 mm인 구리 도선이 1.5 V의 이상 전지 단자 양 끝에 연결되어 있다고 가정하자. 20°C에서 도선 내 전류는 얼마이겠는가?

c. 도선이 가열된다면 온도에 따른 전류의 변화 비율은 A/°C의 단위로 얼마이겠는가?

28. ‖ 전류가 1.0 A를 넘는 경우 끊어지는 1.0 A 퓨즈를 디자인하고자 한다. 창고에 있는 퓨즈용 물질은 전류 밀도 500 A/cm^{2}에서 녹는다. 이 물질로 만든 도선의 지름은 목적을 이루기 위해 얼마이어야 하는가?

29. ‖ 속이 빈 금속 구가 내부 반지름 a, 외부 반지름 b, 그리고 전도도 σ를 가지고 있다. 전류 I는 내부 표면으로부터 외부 표면을 향해 **지름 방향으로** 바깥을 향한다.

a. 중심으로부터의 반지름 r에 따른 금속 내 전기장 세기의 표현을 구하시오.

b. $a = 1.0$ cm, $b = 2.5$ cm, 그리고 $I = 25$ A인 구리 구 내부와 외부 표면에서의 전기장 세기를 계산하시오.

30. ‖ 시간 t에서 도선으로 들어가는 전하의 전체 양은
CALC

$$Q = (20\ \text{C})(1 - e^{-t/(2.0\ \text{s})})$$

로 주어졌다. 여기서 t는 초의 단위를 가지며 $t \geq 0$이다.

a. 시간 t에서 도선 내 전류의 표현을 구하시오.

b. 전류의 최댓값은 얼마이겠는가?

c. $0 \leq t \leq 10$ s 구간에서 t-I의 그래프를 그리시오.

31. ‖ 전지가 소비됨에 따라 전지에 의해 제공되는 전류는 천천히 감소한다. 시간에 따른 전류가 $I = (0.75\ \text{A})(e^{-t/(6\ \text{h})})$라 가정하자. 전지가 처음 사용된 순간부터 완전히 수명을 다할 때까지 전하 에스컬레이터로 인해 양의 전극에서 음의 전극까지 전달된 전체 전자 수는 얼마인가?
CALC

32. ‖ 두 도선 내에서의 전기장 세기를 같게 하려면 그림 P27.32에 보이는 니크롬 도선의 지름은 얼마이어야 하는가?

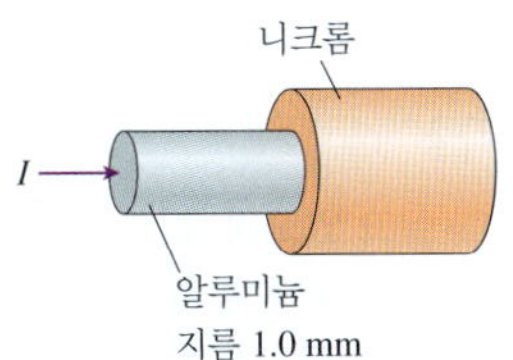

그림 P27.32

33. ‖ 반지름 R인 도선이 도선의 중심으로부터 거리에 따라 선형으로 증가하는 전류 밀도 $J(r) = kr$을 가졌다. 여기서 k는 상수이다. R과 도선을 통해 흐르는 전체 전류 I를 이용하여 k의 표현을 구하시오.
CALC

34. ‖ 내부 지름이 2.8 mm이고 외부 지름이 3.0 mm인 길이가 20 cm의 속이 빈 니크롬 관의 양 끝이 3.0 V의 전지에 연결되어 있다. 관에 흐르는 전류는 얼마인가?

35. ‖ 1.5 V 손전등 전지가 저항이 3.0 Ω인 도선에 연결되어 있다. 그림 P27.35는 시간에 따른 전지의 퍼텐셜차를 보여주고 있다. 전하 에스컬레이터가 들어 올린 전체 전하는 얼마인가?

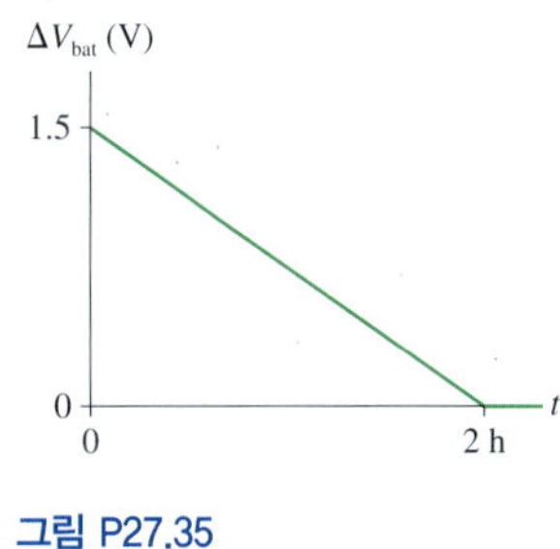

그림 P27.35

36. ‖ 길고 둥근 도선이 저항 R을 가지고 있다. 만약 이 도선을 처음 길이의 두 배로 잡아 늘인다면 도선의 저항은 얼마가 되겠는가?

응용 문제

37. ‖‖ 지름 5.0 mm의 양성자 빔은 1.5 mA의 전체 전류를 갖는다. 중심으로부터의 거리에 따라 증가하는 양성자 빔의 전류 밀도는 $J = J_{edge}(r/R)$이며, 여기서 R은 빔의 반지름이고 J_{edge}는 빔 경계에서의 전류 밀도이다.
CALC

a. 이 양성자 빔에 의해 1초마다 전달되는 양성자의 수는 얼마인가?

b. J_{edge}의 값을 구하시오.

38. ‖‖ 300 μF 축전기가 9.0 V로 충전된 후 5000 Ω 저항기에 병렬로 연결되었다. 저항기가 축전기 판 사이에 전도 경로를 제공하기 때문에 축전기는 방전하나 판들이 도선으로 연결된 경우보다는 매우 천천히 방전한다. $t = 0$ s일 때를 완전히 충전된 축전기가 처음 저항기에 연결되는 순간이라 하자. 어느 순간 축전기의 전압이 4.5 V의 반값으로 감소하겠는가?
CALC

도움말: 저항기를 통과하는 전류는 전하가 축전기를 떠나는 비율에 관련되어 있다. 결과적으로 예상하지 못했던 음의 부호가 필요할 것이다.

28 회로 기초
Fundamentals of Circuits

강력한 컴퓨터의 심장인 마이크로프로세서는 복잡한 장치다. 그렇다 하더라도, 마이크로프로세서는 몇 가지 기본적인 물리적 원리를 기초로 하여 동작한다.

이 장에서는 전기회로를 지배하는 기본적인 물리 원리를 배운다.

회로란 무엇인가?

회로—손전등에서 컴퓨터까지—는 전도체와 저항기를 통해서 제어되는 전하 이동이다.

- 이 장은 직류를 의미하는 DC회로에 초점을 둘 것이며, 전기 퍼텐셜차와 전류가 일정한 상황을 생각한다.
- 회로도 그리기를 배운다.

« **되돌아보기:** 26.4절 전기 퍼텐셜샘

어떻게 회로가 해석되는가?

아무리 복잡할지라도, 회로는 키르히호프의 두 법칙으로 해석할 수 있다.

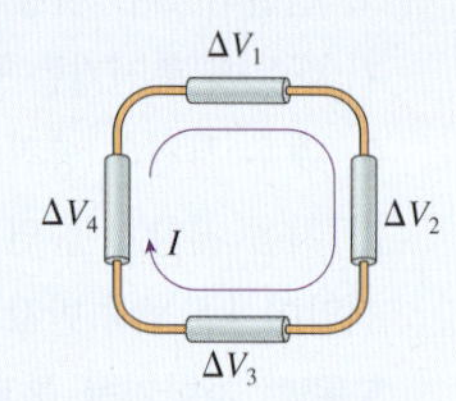

- 접합점 법칙(전하 보존)은 접합점에 있는 회로에 대한 것이다.
- 고리 법칙(에너지 보존)은 닫힌 고리 주위의 전압에 대한 것이다.
- 또한 저항기에 대해선 옴의 법칙을 이용한다.

회로는 어떻게 에너지를 이용하는가?

회로는 전구를 켜거나 모터를 켜는 것 같은 일을 하기 위하여 에너지를 이용한다. 일률을 계산하고, 전지가 회로에 에너지를 공급하는 비율과 저항기가 에너지를 소모하는 비율을 계산하는 것을 배운다. 많은 회로 부품들이 와트 단위로 에너지 소모가 평가된다.

저항기는 어떻게 연결되는가?

저항기는 축전기처럼 직렬과 병렬로 연결한다. 이런 저항기의 결합은 등가 저항을 갖는 단일 저항기로 간단하게 생각할 수 있다.

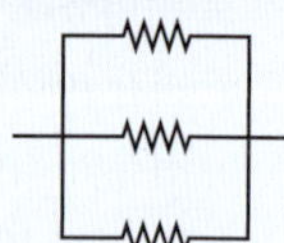

« **되돌아보기:** 27.3~27.5절 전류, 저항, 옴의 법칙

RC회로는 무엇인가?

축전기는 저항기를 통해 흐르는 전류에 의하여 충전과 방전이 된다. 이 중요한 회로를 RC 회로라고 한다. RC 회로는 심장 제세동기부터 디지털 전자공학에 이르는 넓은 범위에 사용된다. 축전기가 시간 상수 $\tau = RC$로 지수적으로 충전과 방전을 한다는 것을 배운다.

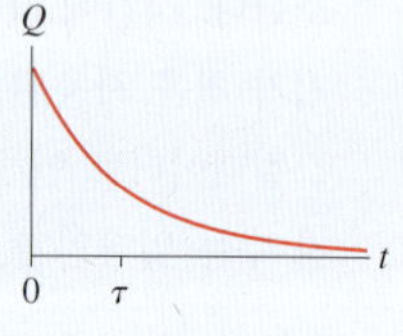

« **되돌아보기:** 26.5절 축전기

왜 회로가 중요한가?

우리는 전자공학 시대에 살고 있으며, 집의 배선, 자동차의 점화계, 음악, 통신 장치 그리고 태블릿과 컴퓨터 등 전자 회로가 우리 주위에 널려 있다. 전기 회로는 물리학의 가장 중요한 응용 중 하나이며, 이 장에서 전기 전하, 전기장, 퍼텐셜차에 대한 외견상 추상적인 아이디어가 어떻게 21세기에 당연하게 생각되는 많은 것들의 기초가 되었는지를 배운다.

28.1 회로 성분과 회로도

지난 몇 개의 장에서 전기력, 전기장, 그리고 전기 퍼텐셜의 물리학을 집중적으로 배웠다. 이제 이런 아이디어를 가장 중요한 전기 응용 중의 하나인 **전기 회로**에서 전하의 제어된 움직임을 조사하는 데 사용할 것이다. 이 장은 좀 더 진보된 과정에서 보게 될 회로 설계가 아닌 모든 회로의 기초가 되는 기본적인 아이디어를 이해하려는 것이다.

그림 28.1은 저항기와 축전기가 전지에 도선으로 연결된 전기 회로를 보여준다. 이 회로의 기능을 이해하기 위하여 도선이 구부러지는지 직선인지 또는 전지가 저항기의 오른쪽인지 왼쪽인지는 중요하지 않다. 그림 28.1의 정확한 사진은 많은 불필요한 내용을 제공한다. 회로를 설명하거나 해석할 때 더 추상적인 그림인 **회로도**(circuit diagram)를 이용하는 것이 일반적이다. 회로도는 무엇이 무엇에 연결되어 있는가를 보여주는 논리적인 그림이다.

그림 28.1 전기 회로

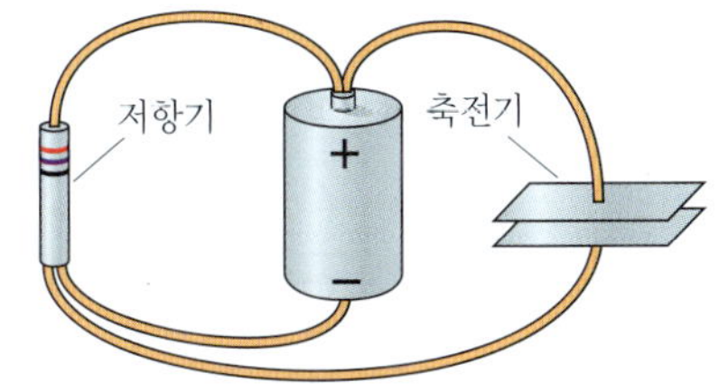

또한 회로도는 회로 성분의 그림을 기호로 대신한다. 그림 28.2는 회로도에 필요한 기본이 되는 기호를 보여준다. 전지 기호의 더 긴 선은 전지의 양의 단자를 나타낸다. 도선이나 저항기 같은 전구는 2개의 '끝'을 가지며 전류는 전구를 **통해** 지나간다는 것을 주목하라. 전구를 전류가 있을 때 빛을 방출하는 저항기처럼 생각하는 것이 종종 유용하다. 전구 필라멘트가 완전한 옴 물질이 아니지만 빛과 열을 내는 전구의 저항은 ΔV를 크게 바꾸지 않는 한 일정하게 유지된다.

그림 28.2 전기 회로 그리기에 사용되는 기본 기호들

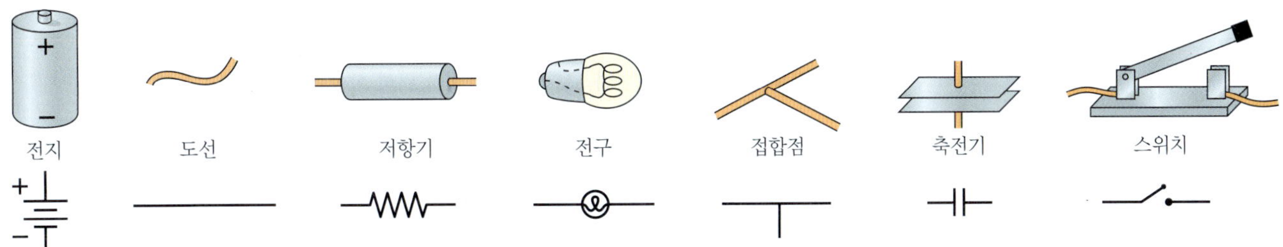

그림 28.3은 그림 28.1의 회로도이다. 회로 성분들이 어떻게 분류 표시되는지를 주목하라. 전지의 emf $\mathcal{E}$는 전지 옆에 보이고, +와 −기호는, 비록 어느 정도 중복될지라도, 끝단의 옆에 보인다. $\mathcal{E}$, R, C에 대한 수치 값을 알고 있으면 그 값을 사용할 것이다. 실제로 구부리거나 꺾일 수 있는 도선은 회로 성분들 사이에 직선으로 연결한 것으로 본다.

그림 28.3 그림 28.1의 회로에 대한 회로도

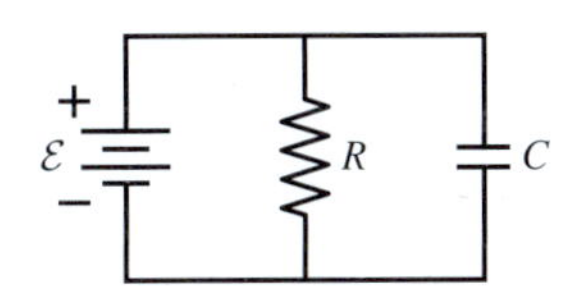

28.2 키르히호프의 법칙과 기본 회로

우리는 이미 회로를 해석하기 시작하고 있다. 회로를 해석한다는 것은

1. 각 회로 성분을 지나는 퍼텐셜차

2. 각 회로 성분에 있는 전류

를 구한다는 것을 의미한다.

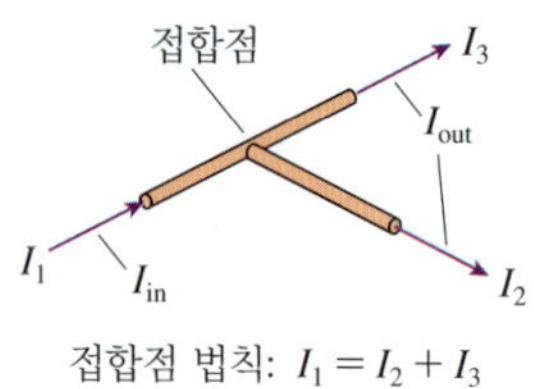

그림 28.4 키르히호프의 접합점 법칙

접합점 법칙: $I_1 = I_2 + I_3$

전하가 보존되기 때문에, 그림 28.4의 접합점으로 들어오는 전체 전류는 접합점을 나가는 전체 전류와 같아야 한다. 즉

$$\sum I_{in} = \sum I_{out} \tag{28.1}$$

이다. 이것이 27장에서 본 **키르히호프의 접합점 법칙**(Kirchhoff's junction law)이다.

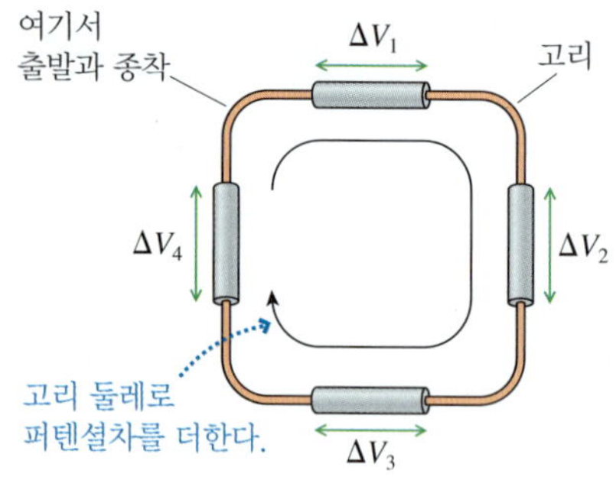

그림 28.5 키르히호프의 고리 법칙

고리 법칙: $\Delta V_1 + \Delta V_2 + \Delta V_3 + \Delta V_4 = 0$

에너지가 보존되기 때문에, 닫힌 곡선을 지나는 전하는 $\Delta U = 0$을 갖는다. 회로에 의해 만들어진 고리를 둘러싼 모든 퍼텐셜차를 더해줌으로써 이런 생각을 그림 28.5의 회로에 적용한다. 그렇게 하면

$$\Delta V_{loop} = \sum (\Delta V)_i = 0 \tag{28.2}$$

이 된다. 여기서 $(\Delta V)_i$는 고리에 있는 i번째 성분의 퍼텐셜차이다. 이것이 26장에 소개된 **키르히호프의 고리 법칙**(Kirchhoff's loop law)이다.

키르히호프의 고리 법칙은 적어도 $(\Delta V)_i$의 하나가 음이 되어야 참일 수 있다. 고리 법칙을 적용하기 위하여, 어느 퍼텐셜차가 양이고 어느 것이 음이라는 것을 명확히 확인할 필요가 있다.

풀이 전략 28.1

키르히호프의 고리 법칙 사용하기

❶ **회로도를 그린다.** 알려진 양과 알려지지 않은 양 모두 표시한다.

❷ **전류에 방향을 부여한다.** 선택을 나타내기 위해 화살표를 그리고 I를 표시한다.

- 만일 실제 전류 방향을 안다면, 방향을 선택한다.
- 만일 실제 전류 방향을 모른다면, 임의의 선택을 한다. 잘못 선택하더라도 I에 대한 값이 음으로 되는 것뿐이다.

❸ **고리를 따라서 '진행(travel)'한다.** 회로의 어느 점에서 출발한다. 그런 다음 2단계에서 전류에 부여한 방향으로 고리를 완주한다. 각 회로 성분을 지날 때, ΔV는 $\Delta V = V_{downstream} - V_{upstream}$을 의미하는 것으로 해석한다.

- 이상적인 전지에 대하여 음에서 양의 방향으로:

$$\Delta V_{bat} = +\mathcal{E}$$

- 이상적인 전지에 대하여 양에서 음의 방향으로:

$$\Delta V_{bat} = -\mathcal{E}$$

- 저항기에 대하여:

$$\Delta V_{res} = -\Delta V_R = -IR$$

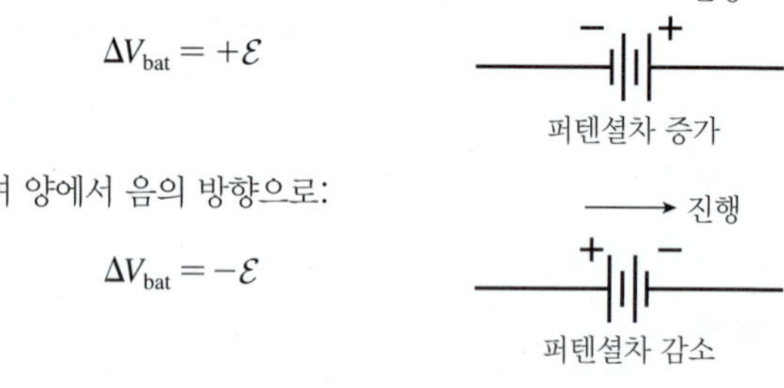

❹ **고리 법칙을 적용한다.** $\sum (\Delta V)_i = 0$

기본 회로

가장 기본적인 전기 회로는 전지 양 끝에 연결된 단일 저항기이다. 그림 28.6a는 회로 성분과 도선을 연결하는 정확한 사진을 보여준다. 그림 28.6b는 회로도이다. 이것이 전지 양 끝 사이에 연속된 경로를 형성하는 **완전한 회로**(complete circuit)라는 것을 주목하라.

저항기는 '10 Ω 저항기'와 같은 알려진 저항기일 수도 있고, '전구'와 같은 다른 저항성 장치일 수도 있다. 어떠한 저항기이든 그것을 **부하**(load)라고 한다. 전지는 **전원**(source)이라고 한다.

그림 28.6 전지에 연결된 저항기의 기본 회로

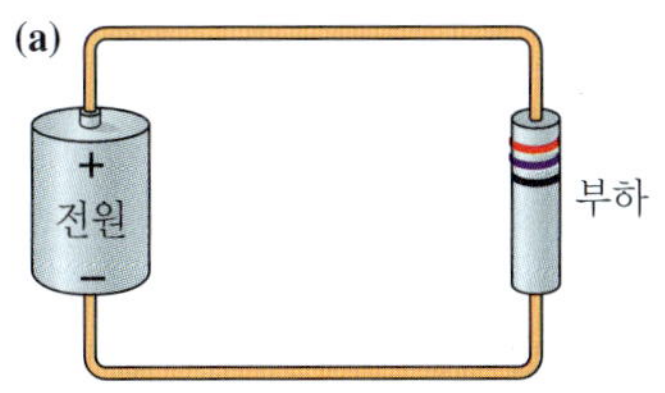

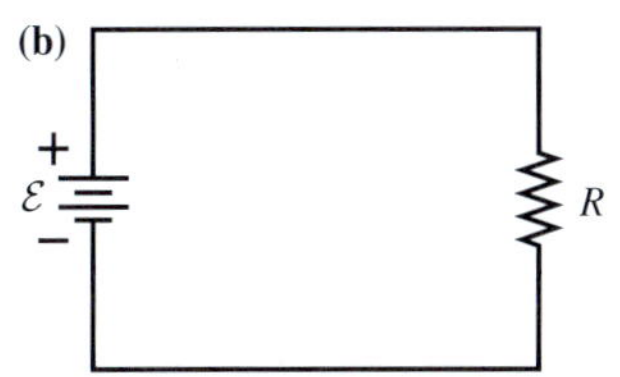

그림 28.7은 회로를 해석하기 위한 키르히호프 고리 법칙의 사용을 보여준다. 두 가지를 주목할만하다.

1. 회로는 접합점을 가지고 있지 않다. 그래서 전류 I는 회로의 모든 4측면에서 같다. 키르히호프의 접합점 법칙은 필요 없다.
2. 이상적인 도선 모형을 가정하고 있다. 그래서 연결하는 도선을 따라서는 어떤 퍼텐셜차도 없다.

2개의 회로 성분을 갖는 키르히호프의 고리 법칙은

$$\Delta V_{\text{loop}} = \sum(\Delta V)_i = \Delta V_{\text{bat}} + \Delta V_{\text{res}} = 0 \tag{28.3}$$

이다. 이제 식 (28.3)에서 각각의 두 전압을 보도록 하자.

1. 고리를 따라서 시계 방향으로 전지를 지나면 퍼텐셜차는 증가한다. 음의 단자로 들어가서 더 나아가 퍼텐셜차 $\mathcal{E}$를 가진 후에 양의 단자를 나온다. 그래서 다음과 같다.

$$\Delta V_{\text{bat}} = +\mathcal{E}$$

2. 도체의 퍼텐셜차는 전류의 방향에서 감소하는데, 그림 28.7에서 +와 −부호가 그것을 가리킨다. 그래서 다음과 같다.

$$\Delta V_{\text{res}} = V_{\text{downstream}} - V_{\text{upstream}} = -IR$$

이런 정보 때문에 고리 방정식은

$$\mathcal{E} - IR = 0 \tag{28.4}$$

이 된다. 회로에서 전류를 알기 위하여 고리 방정식을 풀면

$$I = \frac{\mathcal{E}}{R} \tag{28.5}$$

를 얻는다. 따라서 저항기의 퍼텐셜차 크기는

$$\Delta V_{\text{R}} = IR = \mathcal{E} \tag{28.6}$$

임을 알 수 있다. 이 결과는 놀라운 것이 아니다. 전하가 전지에서 얻는 퍼텐셜 에너지는 전하가 저항기를 통해서 '하락(fall)'하면서 사라진다.

그림 28.7 키르히호프의 고리 법칙을 사용한 기본 회로의 해석

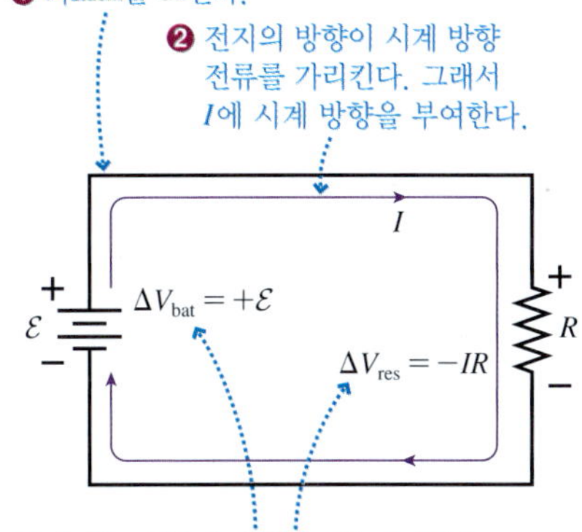

예제 28.1 2개의 저항기와 2개의 전지

그림 28.8에서 보이는 회로를 해석하시오.

a. 각 저항기를 지나는 전류와 퍼텐셜차를 구하시오.

b. 6 V 전지의 음 단자에서 $V=0$부터 출발하여, 퍼텐셜차가 회로를 따라 어떻게 변하는지를 보이는 그래프를 그리시오.

그림 28.8 예제 28.1을 위한 회로

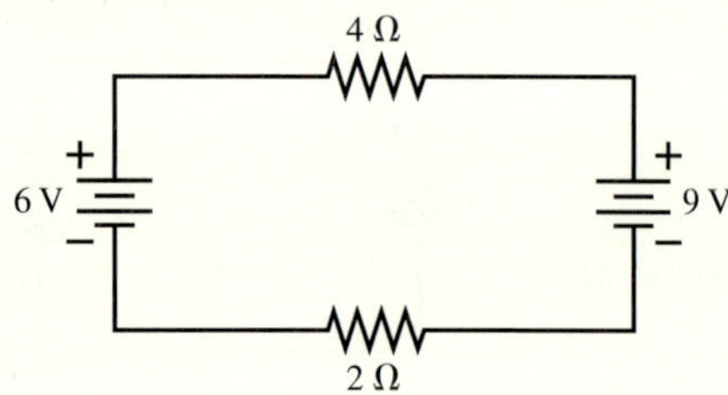

핵심 $\Delta V_{bat}=\mathcal{E}$인 이상적인 연결 도선과 이상적인 전지를 가정하라.

시각화 그림 28.9에 회로를 다시 그리고 $\mathcal{E}_1$, $\mathcal{E}_2$, R_1, R_2를 정의한다. 접합점이 없기 때문에, 전류는 회로에서 일정하다. 생각해보면 전류가 시계 방향인지 아니면 반시계 방향인지를 유추할 수 있다. 그러나 해석하기 전에 미리 알 필요는 없다. 시계 방향을 선택하고 I의 값을 풀 것이다. 해가 양이라면, 실제로 전류는 시계 방향이다. 만일 해가 음으로 밝혀진다면, 전류가 반시계 방향임을 알 수 있다.

그림 28.9 회로 해석

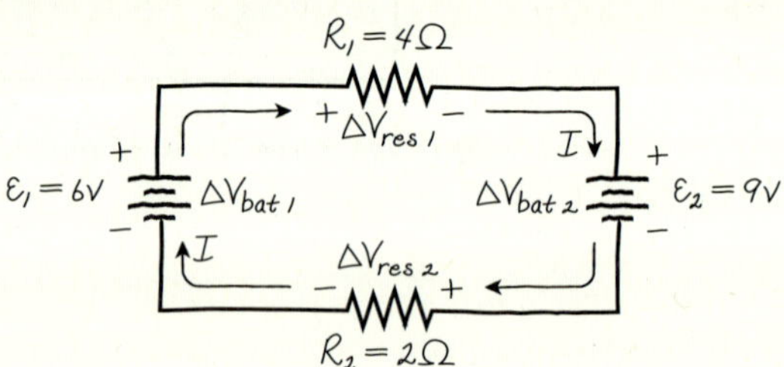

풀이 2개의 전지를 어떻게 다룰 것인가? 전하는 양에서 음으로 전지를 통해서 '역(backward)'으로 흐를 수 있는가? 전하 에스컬레이터와 유사하다는 것을 생각하라. 전하 에스컬레이터는 전하를 낮은 퍼텐셜차에서 높은 퍼텐셜차로 올린다. 그러나 여러분들이 아마도 해봤던 것처럼, 에스컬레이터를 올리고 내리는 것이 가능하다. 만일 2개의 에스컬레이터가 '머리를 맞대고' 마주 놓여 있다고 하면, 더 강한 것이 다른 전지의 상승 에스컬레이터에서 전하를 강제로 하강시킬 것이다. 전지의 전류는 두 번째 전지로부터 더 큰 emf에 의해 그 방향으로 유도된다면 양에서 음으로 바뀔 수 있다. 실제로 이것이 충전용 전지가 충전되는 방식이다.

전지 1의 음 단자로부터 시계 방향으로 가는 키르히호프의 고리 법칙은

$$\Delta V_{loop}=\sum(\Delta V)_i=\Delta V_{bat\,1}+\Delta V_{res\,1}+\Delta V_{bat\,2}+\Delta V_{res\,2}=0$$

이다. 이것은 고리를 돌면서 퍼텐셜차를 더하는 형식적인 것이기 때문에, 모든 부호는 +이다. 다음으로 각 ΔV를 계산할 수 있다. 시계 방향으로 가기 때문에, 전하는 전지 1에서 퍼텐셜차를 얻지만 전지 2에서 퍼텐셜차를 잃는다. 그래서 $\Delta V_{bat\,1}=+\mathcal{E}_1$이며 $\Delta V_{bat\,2}=-\mathcal{E}_2$이다. 각 저항기를 지나는 퍼텐셜차의 손실이 있는데, 전류에 부여한 방향으로 저항을 가로지르기 때문이다. 그래서 $\Delta V_{res\,1}=-IR_1$이며 $\Delta V_{res\,2}=-IR_2$이다. 키르히호프의 고리 법칙은

$$\sum(\Delta V)_i=\mathcal{E}_1-IR_1-\mathcal{E}_2-IR_2=\mathcal{E}_1-\mathcal{E}_2-I(R_1+R_2)=0$$

이 된다. 고리에 있는 전류를 알기 위하여 이 방정식을 풀 수 있다.

$$I=\frac{\mathcal{E}_1-\mathcal{E}_2}{R_1+R_2}=\frac{6\text{ V}-9\text{ V}}{4\,\Omega+2\,\Omega}=-0.50\text{ A}$$

I의 값은 음이다. 따라서 이 회로에서 실제 전류는 0.50 A의 반시계 방향이다. 더 큰 emf를 가진 9 V 전지의 방향에서 이것을 예상했을 것이다.

4 Ω 저항기를 지나는 퍼텐셜차는

$$\Delta V_{res\,1}=-IR_1=-(-0.50\text{ A})(4\,\Omega)=+2.0\text{ V}$$

이다. 전류가 실제로 반시계 방향이기 때문에, 저항기의 퍼텐셜차는 고리 주위를 지나는 시계 방향에서 증가한다. 마찬가지로 $\Delta V_{res\,2}=1.0$ V이다.

b. 그림 28.10은 회로 주위로 흐르는 전하에 의해 겪는 퍼텐셜차를 보여준다. 거리 s는 6 V 전지의 음 단자로부터 측정되며, 그 점에

그림 28.10 퍼텐셜차가 고리 주위에서 어떻게 변하는지를 그래프로 보여준다.

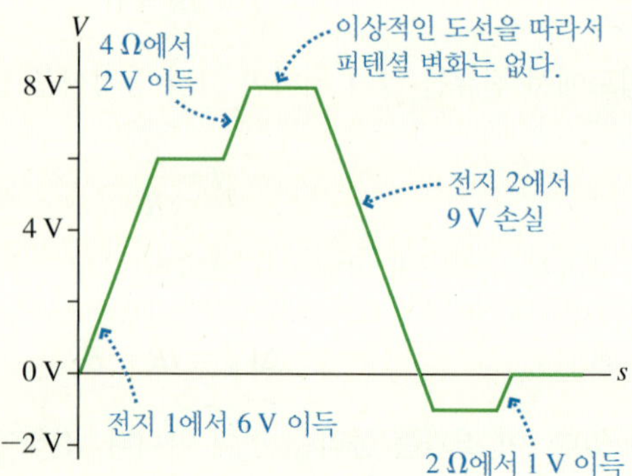

서 $V=0$ V로 선택했다. 퍼텐셜차는 출발한 값에서 끝난다.

검토 퍼텐셜차가 시계 방향에서 전지 2를 통과할 때 어떻게 9 V를 떨어트리는지를 주목하라. 다음으로 R_2를 통과하여 출발 퍼텐셜차에서 끝나면서 1 V를 얻는다.

28.3 에너지와 전력

그림 28.11의 회로는 2개의 동일한 전구 A와 B를 갖는다. 어느 것이 더 밝은가? 아니면 똑같이 밝은가? 계속하기 전에 이것에 대하여 생각해보자.

A가 더 밝다고 말하고 싶을 수도 있다. 결국 전류는 먼저 A에 도달하고, 그래서 A는 전류의 일부를 다 '써버릴' 수 있으며 B를 위해 더 적게 남길 수 있다. 그러나 이것은 전하의 보존 법칙을 위반하는 것이다. A와 B 사이에 접합점은 없다. 그래서 두 전구를 통과하는 전류는 같아야만 한다. 따라서 전구는 똑같이 밝다.

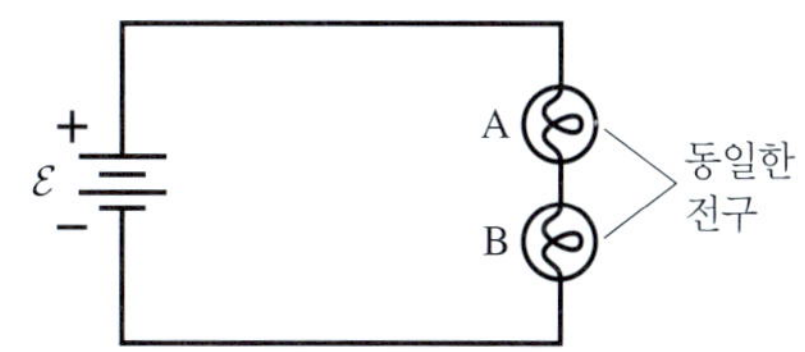

그림 28.11 어느 전구가 더 밝은가?

전구가 사용하는 것은 전류가 아닌 **에너지**이다. 전지의 전하 에스컬레이터는 에너지 전달 과정이며, 전지에 저장된 화학 에너지 E_{chem}을 전하의 퍼텐셜 에너지 U로 전달하는 것이다. 바꾸어 말하면, 전구 필라멘트의 경우 그 에너지는 **열에너지**로 변형되어 저항기의 온도를 증가시키고, 마침내 전구를 빛낸다.

전하는 전지에서 전하 에스컬레이터로 상승하여 퍼텐셜 에너지 $\Delta U = q\Delta V_{\text{bat}}$를 얻는다. $\Delta V_{\text{bat}} = \mathcal{E}$인 이상적인 전지에 대하여, 전지는 에너지 $\Delta U = q\mathcal{E}$를 공급하는데, 그것은 전하 q를 음의 단자에서 양의 단자로 옮기기 때문이다.

전지가 전하에 에너지를 공급하는 **비율**을 아는 것이 유용하다. 에너지가 이동되는 비율이 **일률**(전력)[단위시간당 줄(joules) 또는 **와트**(watts)로 측정된다]임을 9장에서 배웠다. 만일 에너지 $\Delta U = q\mathcal{E}$가 전하 q로 전달된다면, 에너지가 전지에서 움직이는 전하로 전달되는 **비율**은

$$P_{\text{bat}} = \text{에너지 전달률} = \frac{dU}{dt} = \frac{dq}{dt}\mathcal{E} \tag{28.7}$$

이다. 그러나 전하가 전지를 통해 이동하는 비율인 dq/dt는 전류 I이다. 따라서 전지로 공급되는 일률 또는 전지(다른 emf 전원)가 에너지를 통과하는 전하로 전달하는 비율은

$$P_{\text{bat}} = I\mathcal{E} \quad \text{(emf에서 전달된 일률)} \tag{28.8}$$

이다. $I\mathcal{E}$는 J/s나 W의 단위를 갖는다. 예를 들어 2 A의 전류를 만드는 120 V 전지는 회로에 240 W의 전력을 전달한다.

저항기의 에너지 소실

P_{bat}는 전류를 만들기 위해 저장된 화학물질로부터 움직이는 전하에 전지에 초당 전달되는 에너지이다. 그러나 이 에너지에 무슨 일이 일어나는가? 그것은 어디에서 끝

그림 28.12 전류가 흐르는 저항기는 에너지를 소진한다.

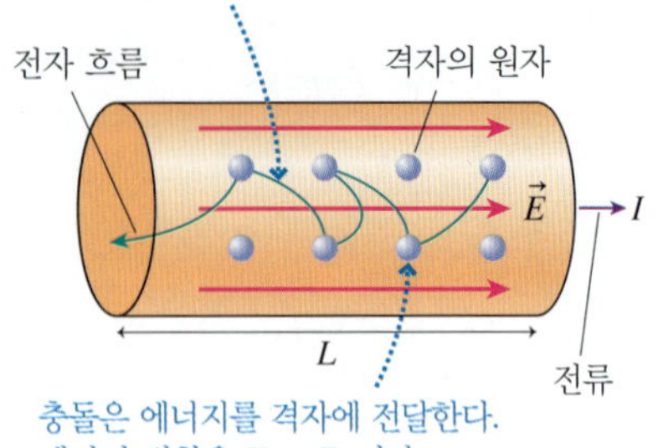

나는가? 그림 28.12의 전류가 흐르는 저항기의 일부는 미세한 도체 모형을 기억나게 한다. 전자는 전기장에서 가속되며, 퍼텐셜 에너지를 운동 에너지로 바꾸어서, 격자에 있는 원자와 충돌한다. 충돌은 전자의 운동 에너지를 격자에 열에너지로 전달한다. 그 퍼텐셜 에너지는 전지에서 얻었으므로 총에너지 전달 과정이

$$E_{chem} \rightarrow U \rightarrow K \rightarrow E_{th}$$

처럼 보인다. 최종 결과는 **전지의 화학 에너지가 저항기의 열에너지**(온도를 올려주는)**로 변환되었다**.

양 끝단 사이에 퍼텐셜차 ΔV_R을 갖는 저항기로 이동하는 전하 q를 생각하라. 전하는 퍼텐셜 에너지 $\Delta U = -q\Delta V_R$을 잃는다. 그리고 많은 충돌 후에, 모든 에너지가 열에너지로 변환된다. 그래서 하나의 전하로 인한 저항기의 열에너지 증가는

$$\Delta E_{th} = q\,\Delta V_R \tag{28.9}$$

이다. 그러면 에너지가 전류로부터 저항기에 전달되는 비율은 다음과 같다.

$$P_R = \frac{dE_{th}}{dt} = \frac{dq}{dt}\Delta V_R = I\,\Delta V_R \tag{28.10}$$

전력(단위시간당 줄)은 에너지가 전하가 지나가는 저항기에 의해 소진되는 비율이다. 바꾸어 말하면 저항기는 에너지를 공기 중으로, 그리고 설치된 회로판으로 전달한다. 회로와 주변 모든 것들을 가열시키는 원인이 된다.

하나의 저항기가 전지에 연결된 기본 회로에 대한 해석으로부터, $\Delta V_R = \mathcal{E}$임을 알았다. 즉 저항기를 지나는 퍼텐셜차는 정확히 전지에 의해 공급되는 emf가 된다. 이때 P_{bat}와 P_R에 대한 식 (28.8)과 (28.10)은 수적으로 같으며, 다음과 같음을 알았다.

$$P_R = P_{bat} \tag{28.11}$$

"전지로 공급된 에너지에 무슨 일이 일어났는가?"란 질문에 대한 답은 "전지의 화학 에너지가 저항기의 열에너지로 변형되었다."는 것이다. 전지가 공급한 에너지 비율이 정확히 저항기가 에너지를 소진한 비율과 같다는 것이다. 물론 이것은 에너지 보존에서 예상되는 결과이다.

예제 28.2 | 전등의 전력

120 V 전원에 연결된 100 W 전구는 얼마나 많은 전류를 '끌어들였(drawn)'는가?

핵심 100 W 전구나 1500 W 헤어 드라이어와 같은 대부분의 가정집 전기기구는 전력 등급을 갖는다. 등급은 이런 전기기구가 항상 많은 전력을 낭비하는 것을 의미하지 않는다. 이들 전기기구는 미국에서 표준 가정용 전압 120 V를 사용하도록 만들어졌으며, 그들의 등급은 120 V의 퍼텐셜차를 가지고 동작될 때 소비하는 전력이다. 그들의 전력 소비는 다른 퍼텐셜차에서 작동시킨다면 등급과는 다를 수 있다.

풀이 전구가 의도한 대로 동작하고 있기 때문에 100 W의 전력을 소모할 것이다. 따라서 다음과 같다.

$$I = \frac{P_R}{\Delta V_R} = \frac{100\text{ W}}{120\text{ V}} = 0.833\text{ A}$$

검토 이 전구에서 0.833 A의 전류가 100 J/s를 필라멘트의 열에너지로 바꾼다. 다시 말해서 100 J/s를 열과 주변을 밝히는 것으로 소진한다.

저항기는 옴의 법칙 $\Delta V_R = IR$(옴의 법칙은 ΔV_R의 크기만 준다)을 따른다. 이것은 저항기에 의해 소진되는 전력을 다른 방법으로 쓸 수 있게 한다. ΔV_R 대신 IR로 또는 I 대신 $\Delta V_R/R$로 바꿀 수 있다. 따라서 다음과 같이 적을 수 있다.

$$P_R = I\Delta V_R = I^2R = \frac{(\Delta V_R)^2}{R} \quad \text{(저항기로 소진되는 전력)} \quad (28.12)$$

만일 같은 전류 I가 직렬로 몇 개의 저항기로 지나간다면, $P_R = I^2R$은 대부분의 전력이 가장 큰 저항에 의해 소진될 것임을 알려준다. 이것이 바로 전구의 필라멘트가 빛을 내지만 연결 도선은 빛을 내지 않는 이유이다. 본질적으로 전지에 의해 공급된 모든 전력은 높은 저항의 전구 필라멘트에 의해 소진되며, 본질적으로 전력이 낮은 저항의 도선으로 소진되지 않는다. 필라멘트는 매우 뜨거워지지만, 도선은 그렇지 않다.

예제 28.3 | 소리의 출력

대부분의 스피커가 8 Ω의 저항을 갖도록 설계된다. 8 Ω의 스피커가 100 W 등급의 스테레오 앰프에 연결된다면, 스피커에 가능한 최대 전류는 얼마인가?

핵심 앰프의 등급은 전달할 수 있는 최대 출력이다. 대부분 훨씬 적게 전달하지만, 심벌즈와 같은 강한 소리는 최대에 도달할 수 있다.

풀이 스피커는 저항 부하이다. 스피커의 최대 전류는 앰프가 최대 출력 $P_{max} = (I_{max})^2R$을 전달할 때이다. 따라서 다음과 같다.

$$I_{max} = \sqrt{\frac{P_{max}}{R}} = \sqrt{\frac{100\ \text{W}}{8\ \Omega}} = 3.5\ \text{A}$$

킬로와트 시간

시간 Δt 동안 저항기에 의해 소진되는(즉, 열에너지로 변환되는) 에너지는 $E_{th} = P_R\Delta t$이다.

전력과 시간의 곱은 줄(joules)이며, 에너지의 SI 단위이다. 그러나 매달 사용하는 에너지를 측정하기 위하여, 전기회사는 다른 단위인 **킬로와트 시간**을 사용하기도 한다.

Δt 시간 동안 P_R킬로와트의 전기를 소모하는 부하는 $P_R\Delta t$ **킬로와트 시간**(kilowatt hours, 줄여서 kWh)의 에너지를 사용한다. 예를 들어, 4000 W의 전기 온수기는 10 시간 동안 40 kWh의 에너지를 사용한다. 1500 W인 헤어 드라이어는 10분 동안 0.25 kWh를 쓴다. 생소한 이름에도 불구하고, 킬로와트 시간은 에너지 단위이다. 숙제 문제로 킬로와트 시간과 줄 사이의 변환 인자를 구하는 것을 남겨둔다.

집이나 아파트에 있는 전기 계량기는 사용한 전기 에너지를 킬로와트 시간으로 기록한다.

매달 전기 고지서는 지난 달 사용한 킬로와트 시간을 명시한다. 이것은 전기회사가 전류로 전달한 에너지 총량으로, 집안에서 빛과 열에너지로 바뀌었다. 전기 비용은 나라마다 다르다. 그러나 미국의 평균 전기 비용은 거의 kWh당 10센트($0.10/kWh)

이다. 그래서 10시간 동안 온수기를 가동시키면 4.00달러이며, 헤어 드라이어의 경우 약 2.5센트이다.

28.4 직렬 저항기

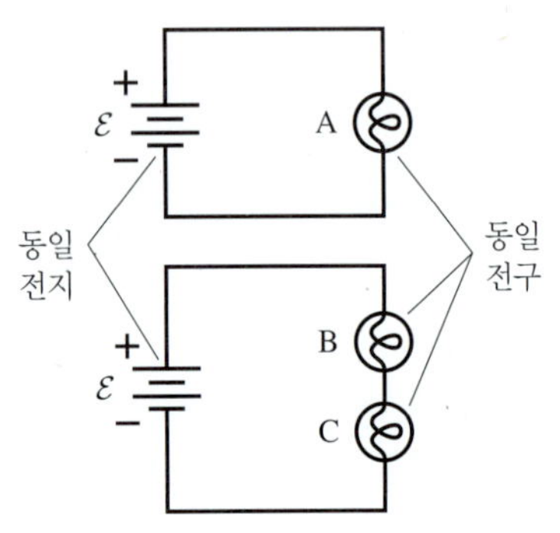

그림 28.13 전구 B의 밝기는 A의 밝기와 비교해서 얼마나 밝은가?

그림 28.13에서 3개의 전구를 생각하자. 전지는 동일하고 전구도 동일하다. 전류가 양쪽에 같기 때문에 앞 절에서 B와 C는 같은 밝기를 갖는다는 것을 알았다. 그러나 B의 밝기를 A의 밝기와 어떻게 비교하는가? 계속하기 전에 이것을 생각해보자.

그림 28.14a는 점 a와 b 사이에 끝과 끝을 붙여서 놓여 있는 2개의 저항기를 보여준다. 접합점이 없이 끝과 끝을 이어 정렬된 저항기를 **직렬 저항기**(series resistors)라고 하거나 또는 저항기가 '직렬(in series)로' 있다고 한다. 접합점이 없기 때문에 같은 전류 I가 각각의 저항기를 지난다. 즉 직렬로 연결된 저항기의 마지막에서 나온 전류는 처음 저항기에 들어가는 전류와 똑같다.

2개의 저항기를 지나는 퍼텐셜차는 $\Delta V_1 = IR_1$, $\Delta V_2 = IR_2$이다. 점 a와 b 사이의 총 퍼텐셜차 ΔV_{ab}는 각 퍼텐셜차의 합과 같다.

$$\Delta V_{ab} = \Delta V_1 + \Delta V_2 = IR_1 + IR_2 = I(R_1 + R_2) \tag{28.13}$$

그림 28.14 2개의 직렬 저항기를 등가 저항기로 교체

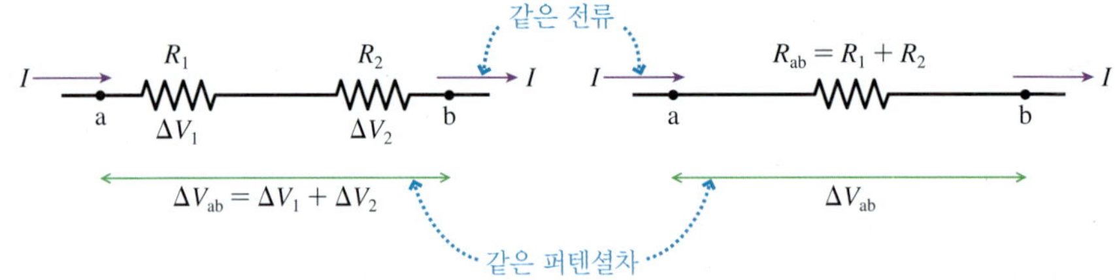

그림 28.14b에서처럼, 전류 I이고 퍼텐셜차 $\Delta V_{ab} = \Delta V_1 + \Delta V_2$를 갖는 단일 저항기로 2개의 저항기를 교체한다고 가정하자. 점 a와 b 사이에 저항 R_{ab}는 옴의 법칙을 사용하면

$$R_{ab} = \frac{\Delta V_{ab}}{I} = \frac{I(R_1 + R_2)}{I} = R_1 + R_2 \tag{28.14}$$

가 되는 것을 알 수 있다. 전지는 부하에 걸친 같은 퍼텐셜차를 설정하고 모두의 경우 같은 전류를 공급하기 때문에 2개의 저항기 R_1과 R_2가 저항값 $R_1 + R_2$의 단일 저항기와 똑같게 작용한다. 단일 저항기 R_{ab}는 직렬로 연결된 2개의 저항기와 등가라고 말한다.

2개의 저항기만을 갖는 경우에만 특별히 적용되는 것은 아니다. 만일 직렬로 연결된 N개의 저항기를 갖는다면, 그들의 **등가 저항**(equivalent resistance)은

$$R_{eq} = R_1 + R_2 + \cdots + R_N \quad \text{(직렬 저항기)} \tag{28.15}$$

이다. 전지의 전류와 출력은 N개의 직렬 저항기가 단일 저항기 R_{eq}로 교체되어도 바뀌지 않을 것이다. 이 해석에서 중요한 아이디어는 **모든 직렬 저항기가 같은 전류를 갖는다**는 것이다.

이제 이 절 앞에서 질문한 전구 문제에 답을 할 수 있다. 각 전구의 저항을 R이라고 가정하자. 전지는 전구 A를 통해 전류 $I_A = \mathcal{E}/R$을 가동시킨다. 전구 B와 C는 등가 저항 $R_{eq} = 2R$인 직렬이다. 그러나 전지는 같은 emf $\mathcal{E}$를 갖는다. 그래서 전구 B와 C를 지나는 전류는 $I_{B+C} = \mathcal{E}/R_{eq} = \mathcal{E}/2R = \frac{1}{2}I_A$가 된다. 전구 B는 전구 A의 절반의 전류만을 갖는다. 그래서 전구 B는 더 어둡다.

많은 사람들이 A와 B가 같은 밝기여야 한다고 말한다. 그것은 같은 전지이다. 그래서 양쪽의 회로에 같은 전류를 제공해야 하지 않을까? 아니다! 전지는 emf 전원이지 전류 전원이 아니다. 다른 말로, 전지의 emf는 전지가 어떻게 쓰이든 상관없이 같다. 1.5 V 전지를 사면, 표시된 전류가 아니라 표시된 양의 퍼텐셜차를 제공하는 장치를 사는 것이다. 전지는 회로에 전류를 공급한다. 그러나 전류량은 부하의 저항에 의존한다. 1.5 V 전지는 1.5 Ω 부하에 1 A를 흐르게 하고 15 Ω 부하에 0.1 A를 흐르게 한다. 비유로서 수도꼭지를 생각하라. 거리 아래에 있는 물의 압력은 수도국에 의해 일정하게 유지되고 있다. 그러나 수도꼭지로 나오는 물의 양은 얼마나 꼭지를 여는가에 달려 있다. 약간 열린 수도꼭지는 '큰 저항'을 갖는다. 그래서 적은 양의 물만이 흐른다. 많이 열린 수도꼭지는 '낮은 저항'을 가지며 물의 흐름이 크다.

요약하면, **전지는 고정되어 변하지 않는 emf(퍼텐셜차)를 제공한다. 전지는 고정되고 변하지 않는 전류를 공급하지 않는다. 전류량은 전지의 emf와 전지에 연결된 회로의 저항값으로 결정된다.**

예제 28.4 직렬 저항기 회로

a. 그림 28.15a의 회로에서 전류는 얼마인가?

b. 전지의 음 단자에서 $V = 0$ V로 시계 방향으로 가면서 회로의 위치-퍼텐셜 그래프를 그리시오.

핵심 3개의 저항기가 끝과 끝이 붙어서 연결되어 있으며, 그들 사이에 접합점은 없다. 그래서 직렬 연결이다. 도선과 전지는 이상적이라고 가정하라.

그림 28.15 직렬 저항기를 갖는 회로 분석

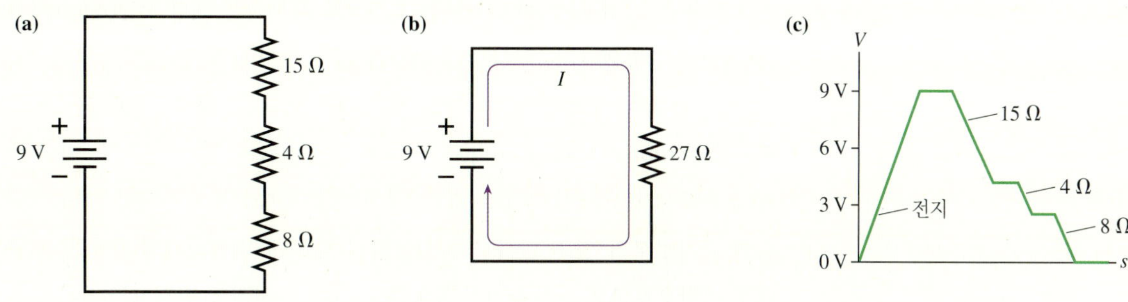

(계속)

풀이 전지는 똑같이 작용한다. 같은 퍼텐셜차로 같은 전류를 공급한다. 만일 3개의 직렬 저항기를 등가 저항기로 바꾼다면

$$R_{eq} = 15\ \Omega + 4\ \Omega + 8\ \Omega = 27\ \Omega$$

이다. 이것이 그림 28.15b에 보이는 등가 회로이다. 이제 단일 전지와 단일 저항기를 가진 회로를 구성하자. 그러면 전류는 다음과 같다.

$$I = \frac{\mathcal{E}}{R_{eq}} = \frac{9\ \text{V}}{27\ \Omega} = 0.333\ \text{A}$$

b. $I = 0.333$ A는 원래 회로에서 각각의 세 저항기에 흐르는 전류이다. 그래서 저항기를 지나는 퍼텐셜차는 15 Ω, 4 Ω, 8 Ω에 대하여 각각 $\Delta V_{res\ 1} = -IR_1 = -5.0$ V, $\Delta V_{res\ 2} = -IR_2 = -1.3$ V, $\Delta V_{res\ 3} = -IR_3 = -2.7$ V이다. 그림 28.15c는 퍼텐셜차가 9 V 전지로 인하여 증가하고 세 단계로 9 V만큼 감소하는 것을 보여준다.

전류계

그림 28.16 전류계는 회로 성분의 전류를 측정한다.

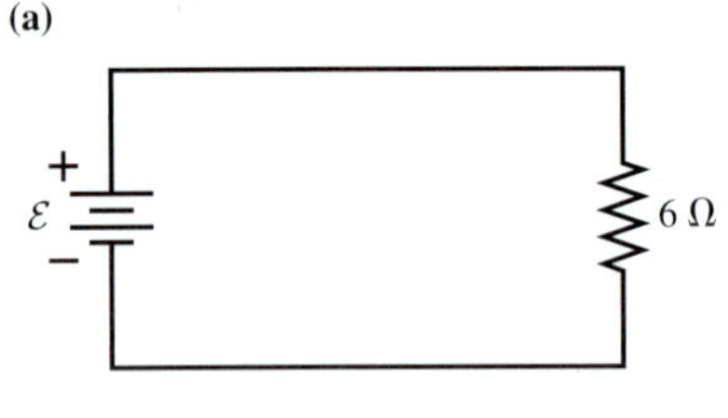

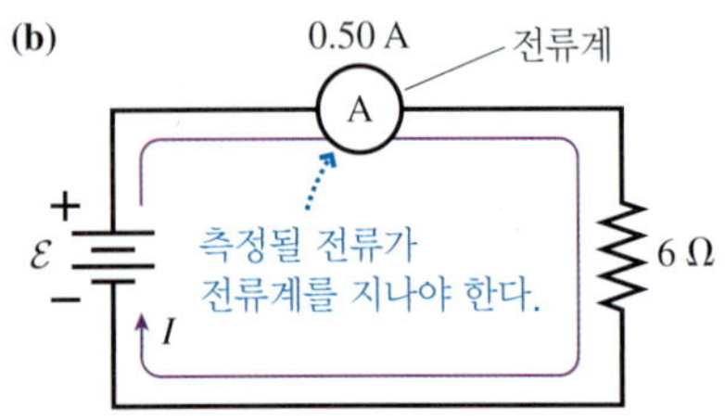

회로 성분에서 전류를 측정하는 장치를 **전류계**(ammeter)라고 한다. 전하가 회로 성분을 **통해서** 흐르기 때문에 전류계는 전류를 측정하려는 회로 성분과 **직렬로** 연결된다.

그림 28.16a는 알려지지 않은 emf $\mathcal{E}$를 갖는 하나의 저항기를 갖는 간단한 회로를 보여준다. 그림 28.16b에 보이는 것처럼 전류계를 삽입하여 회로의 전류를 측정할 수 있다. 전류계를 삽입하기 위해 전지와 저항기 사이의 **연결을 끊어야** 한다는 것을 주목하라. 이제 저항기의 전류가 먼저 전류계를 지나간다.

전류계가 저항기와 직렬로 연결되었기 때문에, 전지가 보는 전체 저항은 $R_{eq} = 6\ \Omega + R_{ammeter}$이다. 전류계가 전류를 바꾸지 않고 전류를 측정하기 위하여, 이 경우 전류계의 저항은 ≪ 6 Ω이어야 한다. 실제로 이상적인 전류계는 $R_{ammeter} = 0\ \Omega$이며, 전류에 어떤 영향도 미치지 않는다. 실제 전류계는 이렇게 이상적인 상황에 매우 근접한다.

그림 28.16b에 보이는 전류계는 0.50 A를 읽는다. 6 Ω 저항기에 흐르는 전류가 $I = 0.50$ A임을 의미한다. 그래서 저항기의 퍼텐셜차는 $\Delta V_R = IR = 3.0$ V이다. 만일 전류계가 이상적이라면, 저항도 없고 전류계에 걸린 퍼텐셜차도 없다. 그러면 키르히호프의 고리 법칙으로부터 전지의 emf는 $\mathcal{E} = \Delta V_R = 3.0$ V이다.

28.5 실제 전지

이상적인 전지처럼 실제 전지는 전하를 분리하기 위하여 화학 반응을 이용하고, 퍼텐셜차를 만들며, 에너지를 회로에 공급한다. 그러나 또한 실제 전지는 전하 에스컬레이터에 약간의 저항을 준다. 전지는 기호 r로 표시하는 **내부 저항**(internal resistance)을 갖는다. 그림 28.17은 이상적인 전지와 실제 전지를 보여준다.

전지 외부의 관점에서, $\mathcal{E}$와 r을 분리해서 볼 수가 없다. 사용자에게, 전지는 **단자 전압**(terminal voltage)이라고 하는 퍼텐셜차 ΔV_{bat}를 제공한다. 이상적인 전지는 $\Delta V_{bat} = \mathcal{E}$이지만, 내부 저항은 ΔV_{bat}에 영향을 준다. 전지 전류를 I라고 하자. 전하는 음의 단자로부터 양의 단자까지 이동하기 때문에 퍼텐셜차가 $\mathcal{E}$에 의해 증가하지만 내부 저항으로 $\Delta V_{int} = -Ir$만큼 감소한다. 그래서 전지의 단자 전압은

$$\Delta V_{\text{bat}} = \mathcal{E} - Ir \leq \mathcal{E} \tag{28.16}$$

이다. $I = 0$일 때만 전지가 사용되지 않는 것을 의미하며, $\Delta V_{\text{bat}} = \mathcal{E}$가 된다.

그림 28.18은 emf $\mathcal{E}$와 내부 저항 r을 가진 전지의 단자에 연결된 단일 저항기 R을 보여준다. 저항 R과 r이 직렬로 연결되어 있다. 그래서 회로 해석의 목적으로 그것들을 단일 등가 저항기 $R_{\text{eq}} = R + r$로 대신한다. 따라서 회로에서 전류는 다음과 같다.

$$I = \frac{\mathcal{E}}{R_{\text{eq}}} = \frac{\mathcal{E}}{R + r} \tag{28.17}$$

$r \ll R$이면, 전지의 내부 저항은 무시할 수 있다. 그러면 $I \approx \mathcal{E}/R$로, 이는 정확히 전에 알게 된 결과이다. 그러나 r이 증가함에 따라서 전류가 현저히 감소한다.

그림 28.17 이상적인 전지와 실제 전지

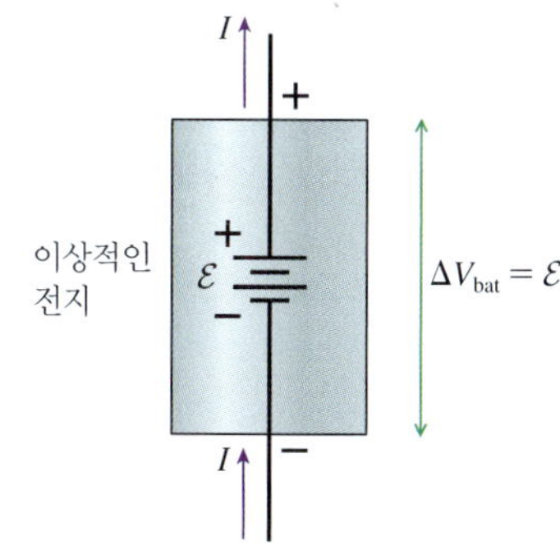

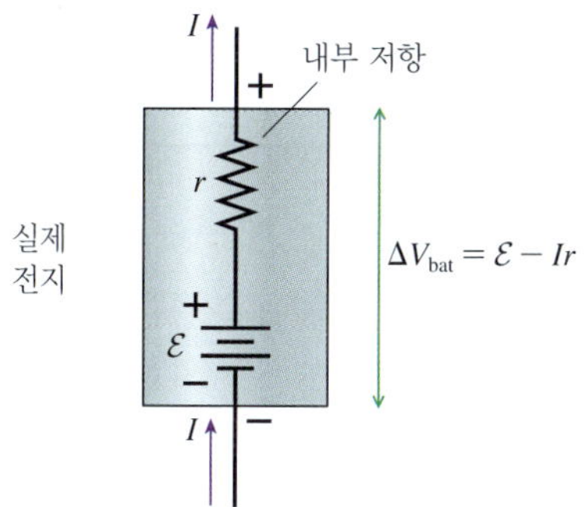

그림 28.18 실제 전지에 연결된 단일 저항기가 전지의 내부 저항과 직렬로 있으므로 $R_{\text{eq}} = R + r$이다.

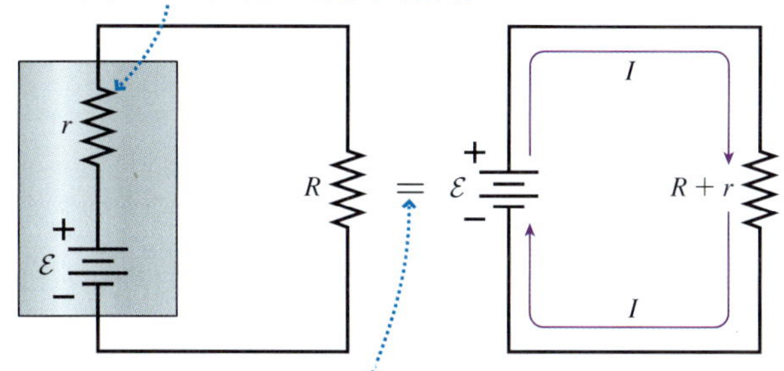

옴의 법칙을 사용하여 부하 저항기 R을 지나는 퍼텐셜차가

$$\Delta V_{\text{R}} = IR = \frac{R}{R + r}\mathcal{E} \tag{28.18}$$

임을 알 수 있다. 마찬가지로, 전지 단자의 퍼텐셜차는

$$\Delta V_{\text{bat}} = \mathcal{E} - Ir = \mathcal{E} - \frac{r}{R + r}\mathcal{E} = \frac{R}{R + r}\mathcal{E} \tag{28.19}$$

이다. 저항기를 지나는 퍼텐셜차는 전지 단자 사이의 퍼텐셜차와 같다. 전지에는 저항기가 부착되어 있고, 전지의 단자 사이 퍼텐셜차는 전지의 emf와 같지 않다. 만일 $r = 0$이면 $\Delta V_{\text{bat}} = \mathcal{E}$(내부 저항이 없는 이상적인 전지)이다.

예제 28.5 손전등 비추기

6 Ω인 손전등 전구가 내부 저항 1 Ω을 가진 3V 전지에 연결되었다. 전구와 전지의 단자 전압의 전력 손실은 얼마인가?

핵심 이상적인 연결 도선과 이상적이지 않은 전지를 가정하자.

시각화 회로도는 그림 28.18과 같다. R은 전구의 필라멘트 저항이다.

풀이 식 (28.17)로부터 전류는 다음과 같다.

$$I = \frac{\mathcal{E}}{R + r} = \frac{3\text{ V}}{6\ \Omega + 1\ \Omega} = 0.43\text{ A}$$

이것은 이상적인 전지가 공급하는 0.5 A보다 15% 적다. 저항기에

(계속)

걸리는 퍼텐셜차는 $\Delta V_R = IR = 2.6$ V이다. 그래서 전력 손실은

$$P_R = I\Delta V_R = 1.1 \text{ W}$$

이다. 전지의 단자 전압은 다음과 같다.

$$\Delta V_{bat} = \frac{R}{R+r}\mathcal{E} = \frac{6\ \Omega}{6\ \Omega + 1\ \Omega} 3 \text{ V} = 2.6 \text{ V}$$

검토 1 Ω은 손전등 전지의 전형적인 내부 저항이다. 내부 저항은 전지의 단자 전압이 이 회로의 emf보다 0.4 V 낮게 한다.

단락 회로

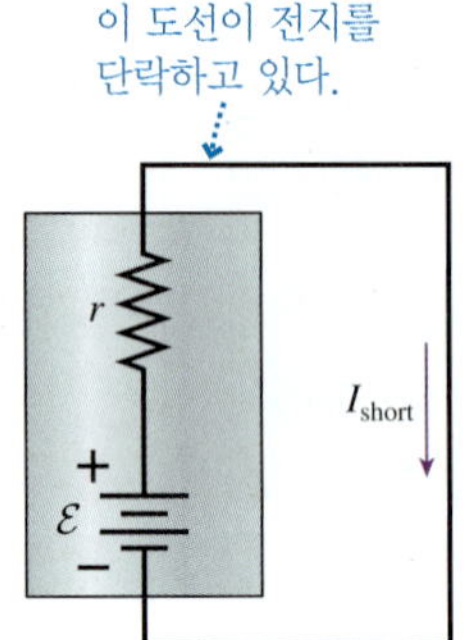

그림 28.19 전지의 단락 회로 전류

그림 28.19에서 저항기를 $R_{wire} = 0$ Ω인 이상적인 도선으로 대체하였다. 회로에서 일반적으로 큰 저항으로 나누어진 두 점 사이에 낮거나 0인 저항이 연결되어 있으면 **단락 회로**(short circuit)라고 한다. 그림 28.17에 있는 도선이 전지를 **단락하고** 있다.

전지가 이상적이라면, 이상적인 전선($R = 0$ Ω)으로 전지를 단락하면 전류가 $I = \mathcal{E}/0 = \infty$가 된다. 물론 전류는 정말로 무한대가 될 수 없다. 대신에 전지의 내부 저항 r이 회로에 있는 유일한 저항이다. 만일 식 (28.17)에서 $R = 0$ Ω이라고 하면, 단락 회로 전류는

$$I_{short} = \frac{\mathcal{E}}{r} \tag{28.20}$$

이다. 1 Ω의 내부 저항을 가진 3 V 전지는 3 A의 단락 회로를 만든다. 이것이 이 전지가 만들어낼 수 있는 **최대로 가능한 전류**이다. 외부 저항 R을 더하면 3 A 이하로 전류를 감소시킬 것이다.

예제 28.6 단락 회로 전지

내부 저항 $r = 0.020$ Ω을 가진 12 V 자동차 전지의 단락 회로 전류는 얼마인가? 전지로 공급되는 전력에 무슨 일이 일어나는가?

풀이 단락 회로 전류는

$$I_{short} = \frac{\mathcal{E}}{r} = \frac{12 \text{ V}}{0.02\ \Omega} = 600 \text{ A}$$

이다. 전력은 전지에서 화학 반응으로 만들어지며 부하 저항에 의해 소진된다. 그러나 단락 회로 전지로, 부하 저항은 전지 내부에 있다. '단락된' 전지는 전력 $P = I^2r = 7200$ W를 내부적으로 소모한다.

검토 이 값은 사실적이다. 자동차 전지는 시동 모터를 운전하도록 설계되는데, 매우 작은 저항과 수백 암페어의 전류를 구동할 수 있다. 그것은 전지 케이블이 굵은 이유다. 단락된 자동차 전지는 매우 큰 전류를 만들 수 있다. 단락된 자동차 전지의 보통 반응은 폭발하는 것이다. 이 많은 전력을 단순히 소진할 수 없기 때문이다. 손전등 전지를 단락하는 것은 손전등을 다소 뜨겁게 만들 수 있다. 그러나 생명에는 위험하지 않다. 비록 자동차 전지의 전압은 상대적으로 작을지라도, 자동차 전지는 위험할 수 있으며 큰 주의를 가지고 다루어야 한다.

대부분의 시간 동안 전지가 $r \ll R$인 조건에서 사용되고 내부 저항은 무시된다. 이상적인 전지 모형은 그런 경우에 당연하다. 따라서 **달리 말하지 않는다면** 전지는 이상적이라고 가정할 것이다. 그러나 실제 전지(그리고 다른 emf 전원)는 내부 저항을 가지며, 이 내부 저항은 전지의 전류를 제한한다.

28.6 병렬 저항기

그림 28.20은 또 다른 전구 수수께끼이다. 처음에 스위치는 열려 있다. 전류는 전구 A와 B를 지나면서 같고 두 전구는 똑같이 밝다. 전구 C는 빛나지 않는다. 스위치가 닫히면 전구 A와 B에 무슨 일이 일어나는가? 전구 C의 밝기는 A와 B와 비교해서 어떻게 되는가? 계속하기 전에 이것에 대하여 생각하라.

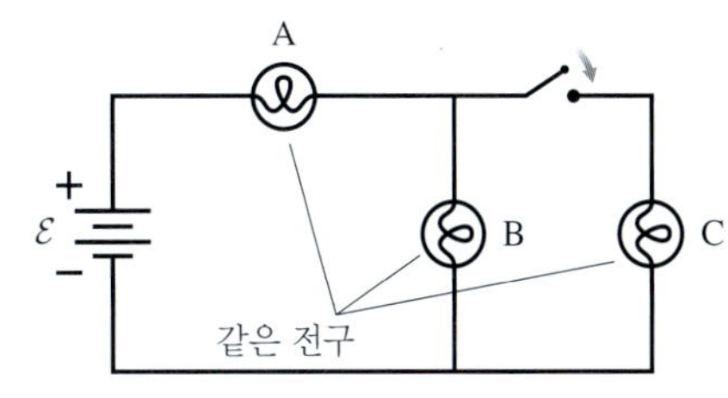

그림 28.20 스위치가 닫히면 전구의 밝기에 어떤 일이 일어나는가?

그림 28.21a는 나란히 정렬된 2개의 저항기의 양 끝이 c와 d에 연결된 것을 보여준다. 양 끝에 연결된 저항기는 **병렬 저항기**(parallel resistors) 또는 때로는 '나란한' 저항기라고 한다. 양 저항기의 왼쪽 끝은 같은 퍼텐셜차 V_c이다. 마찬가지로, 오른쪽 끝은 같은 퍼텐셜차 V_d에 있다. 그래서 퍼텐셜차 ΔV_1과 ΔV_2가 같으며 간단히 ΔV_{cd}이다.

키르히호프의 접합점 법칙은 접합점에 적용된다. 입력 전류 I가 왼쪽 접합점에서 전류 I_1과 I_2로 나누어진다. 오른쪽에서 2개의 전류가 전류 I로 재결합된다. 접합점 법칙에 따르면

$$I = I_1 + I_2 \tag{28.21}$$

이다. 옴의 법칙을 각각의 저항기에 $\Delta V_1 = \Delta V_2 = \Delta V_{cd}$를 가지고 적용할 수 있어서 전류 I는

$$I = \frac{\Delta V_1}{R_1} + \frac{\Delta V_2}{R_2} = \frac{\Delta V_{cd}}{R_1} + \frac{\Delta V_{cd}}{R_2} = \Delta V_{cd}\left(\frac{1}{R_1} + \frac{1}{R_2}\right) \tag{28.22}$$

임을 알 수 있다.

그림 28.21 2개의 병렬 저항기를 등가 저항기로 교체

(a) 병렬인 2개의 저항기

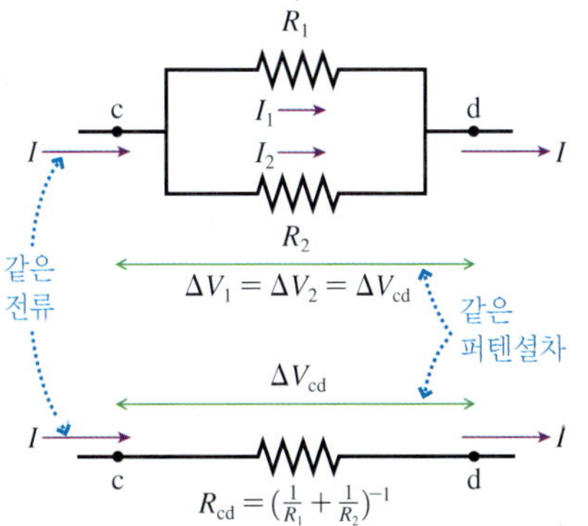

(b) 등가 저항기

2개의 동일 저항기*

직렬	$R_{eq} = 2R$
병렬	$R_{eq} = \dfrac{R}{2}$

*$R_1 = R_2 = R$

그림 28.21b에서처럼, 전류 I와 퍼텐셜차 ΔV_{cd}를 갖는 2개의 저항기를 하나의 저항기로 바꾼다고 가정하자. 전지가 같은 퍼텐셜차를 확립시켜서 양쪽의 경우에 같은 전류를 제공하기 때문에 이 저항기는 원래의 두 저항기와 같다. 두 번째 옴의 법칙 적용은 점 c와 d 사이의 저항이

$$R_{cd} = \frac{\Delta V_{cd}}{I} = \left(\frac{1}{R_1} + \frac{1}{R_2}\right)^{-1} \tag{28.23}$$

임을 나타낸다. 단일 저항기 R_{cd}는 저항기 R_1과 R_2와 같은 전류를 발생시킨다. 그래서 전지가 관련된 저항기 R_{cd}는 2개의 병렬 저항기와 등가이다.

2개의 저항기가 병렬인 것에 대하여 특별한 것은 없다. 만일 N개의 저항기가 병렬로 연결되었다면, 등가 저항은 다음과 같다.

$$R_{eq} = \left(\frac{1}{R_1} + \frac{1}{R_2} + \cdots + \frac{1}{R_N}\right)^{-1} \quad \text{(병렬 저항기)} \tag{28.24}$$

회로의 거동은 N개의 병렬 저항기가 단일 저항기 R_{eq}로 대체된다. 이 해석의 중요한 생각은 **모든 병렬 저항기는 같은 퍼텐셜차를 갖는다**는 것이다.

직렬과 병렬 저항기의 요약

	I	ΔV
직렬	같음	더함
병렬	더함	같음

예제 28.7 | 병렬 저항기 회로

그림 28.22의 3개의 저항기가 9 V 전지에 연결되어 있다. 각각의 저항기에 걸리는 퍼텐셜차와 전류를 구하시오.

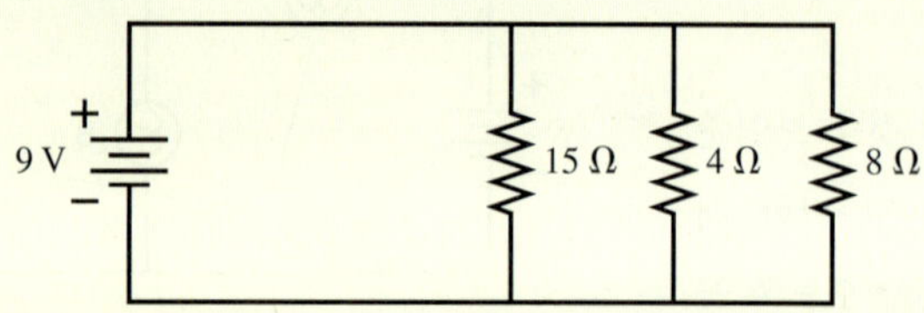

그림 28.22 예제 28.7의 병렬 저항기 회로

핵심 저항기는 병렬이다. 이상적인 전지와 이상적인 연결 도선이라고 가정하자.

풀이 3개의 병렬 저항기가 단일 등가 저항기로 대체된다.

$$R_{eq} = \left(\frac{1}{15\ \Omega} + \frac{1}{4\ \Omega} + \frac{1}{8\ \Omega}\right)^{-1} = (0.4417\ \Omega^{-1})^{-1} = 2.26\ \Omega$$

등가 회로는 그림 28.23a에 보인다. 전류는

$$I = \frac{\mathcal{E}}{R_{eq}} = \frac{9\ \text{V}}{2.26\ \Omega} = 3.98\ \text{A}$$

가 된다. R_{eq}에 걸리는 퍼텐셜차는 $\Delta V_{eq} = \mathcal{E} = 9.0$ V이다. 이제 주의를 기울여야 한다. 그림 28.23b에 보이는 것처럼 전류 I는 접합점에서 작은 전류 I_1, I_2, 그리고 I_3로 나뉜다. 하지만 3개의 같은 전류로 나뉘지 않는다. 옴의 법칙에 따르면, i번째 저항기는 전류 $I_i = \Delta V_i / R_i$를 갖는다. 3개의 저항기가 이상적인 도선으로 전지에 연결되었기 때문에, 등가 저항기와 마찬가지로 퍼텐셜차는 같다.

$$\Delta V_1 = \Delta V_2 = \Delta V_3 = \Delta V_{eq} = 9.0\ \text{V}$$

그래서 전류는 다음과 같다.

$$I_1 = \frac{9\ \text{V}}{15\ \Omega} = 0.60\ \text{A} \quad I_2 = \frac{9\ \text{V}}{4\ \Omega} = 2.25\ \text{A} \quad I_3 = \frac{9\ \text{V}}{8\ \Omega} = 1.13\ \text{A}$$

검토 키르히호프의 접합점 법칙에 따라 세 전류의 합은 3.98A이다.

그림 28.23 병렬 저항기는 단일 등가 저항기로 대체될 수 있다.

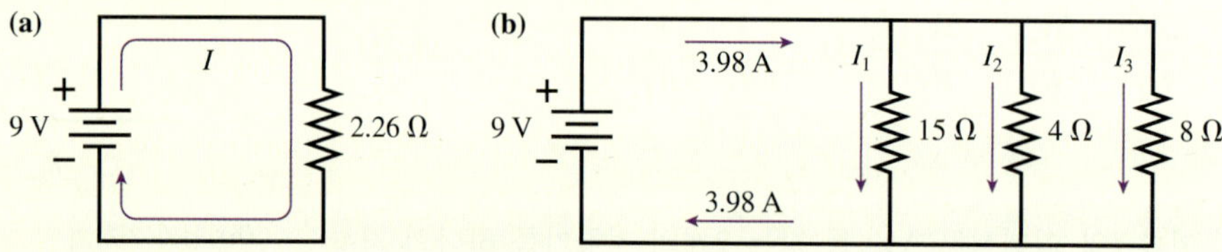

예제 28.7의 결과는 놀라운 것 같다. 15 Ω, 4 Ω 및 8 Ω의 병렬 결합의 등가 저항은 2.26 Ω으로 알려졌다. 한 무리의 저항기의 등가 저항은 그 무리의 저항 하나의 값보다 얼마나 작을 수 있는가? 많은 저항기가 더 많은 저항값을 의미하는가? 그 대답은 직렬 저항기에 대하여 '네'이지만 병렬 저항기에 대하여 '아니오'이다. 병렬 저항기는 전하가 지나는 더 많은 경로를 제공한다. 결과적으로 여러 저항기의 등가 저항은 그 무리 저항기 중 어느 하나보다 항상 더 작다.

복잡한 저항기의 결합은 직렬과 병렬 규칙의 순차적 적용을 통해서 단일 등가 저항으로 줄어들 수 있다. 이 절의 마지막 예제가 이것을 보여준다.

예제 28.8 | 저항기의 결합

그림 28.24에 보이는 한 무리의 저항기의 등가 저항은 얼마인가?

핵심 이 회로는 직렬 저항기와 병렬 저항기를 포함한다.

풀이 단일 등가 저항으로 줄이는 것은 일련의 단계별로 잘 수행할 수 있다. 그 절차를 그림 28.25에서 보인다. 10 Ω과 25 Ω 저항기가

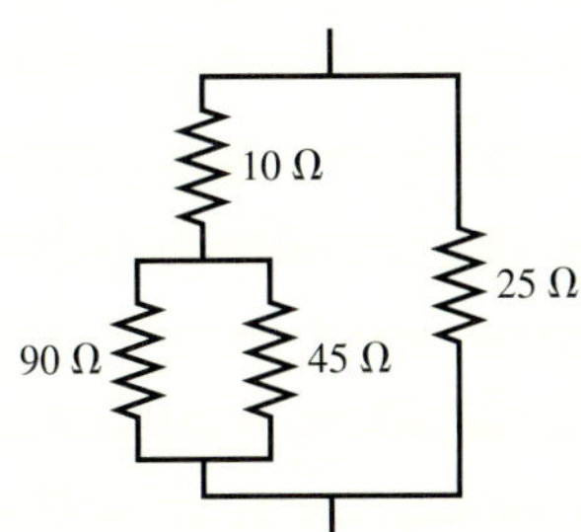

그림 28.24 저항기의 결합

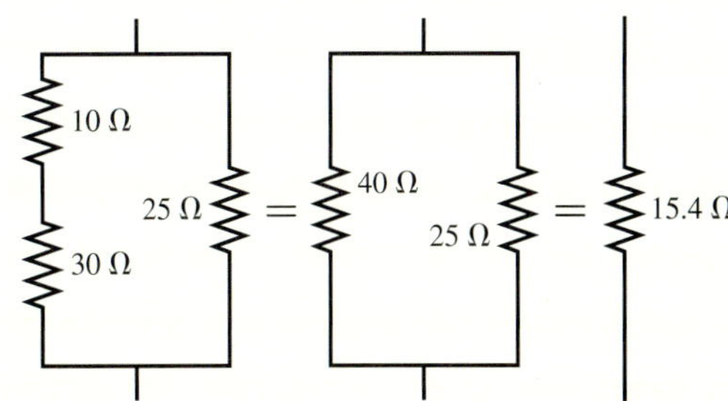

그림 28.25 결합은 단일 등가 저항기로 줄어든다.

병렬이 아니라는 것을 주목하라. 그 저항기들은 위쪽 끝은 연결되었지만 아래쪽 끝은 아니다. 병렬이 되려면 저항기는 양 끝이 서로 연결되어야 한다. 마찬가지로, 10 Ω과 45 Ω 저항기는 그들 사이의 접합점 때문에 직렬이 아니다. 만일 원래 4개 저항기가 큰 회로 안에 있다면, 그 저항기들은 회로의 나머지에 영향을 주는 것 없이 15.4 Ω인 하나의 저항기로 대체될 수 있다.

이 절을 시작한 전구 문제로 돌아가기 위하여, 그림 28.26은 저항 R을 나타내는 전구들을 갖는 회로를 다시 그린 것이다. 초기에 스위치를 켜기 전에, 전구 A와 B는 등가 저항 $2R$을 갖는 직렬 저항기이다. 전지로부터 전류는 다음과 같다.

$$I_{\text{before}} = \frac{\mathcal{E}}{2R} = \frac{1}{2}\frac{\mathcal{E}}{R}$$

이것이 두 전구에서 전류이다.

스위치를 켜면, 전구 B와 C는 병렬로 연결되고, 병렬인 2개의 동일한 저항기의 등가 저항은 $R_{\text{eq}} = \frac{1}{2}R$이다. 전지로부터 전류는 다음과 같다.

$$I_{\text{after}} = \frac{\mathcal{E}}{3R/2} = \frac{2}{3}\frac{\mathcal{E}}{R} > I_{\text{before}}$$

스위치를 켜면 회로 저항은 **감소하고**, 전지를 떠나는 전류를 **증가시킨다**.

모든 전하가 A를 통해 흐른다. 그래서 A는 스위치를 켜면 밝기가 **증가한다**. 그 뒤에 전류 I_{after}는 접합점에서 나뉜다. 전구 B와 C는 같은 저항을 갖는다. 그래서 전류가 똑같이 나뉜다. B에서 전류는 $\frac{1}{3}(\mathcal{E}/R)$인데, I_{before}보다 **작다**. 따라서 스위치를 켜면 B의 밝기는 **감소한다**. 전구 C는 전구 B와 같은 밝기를 갖는다.

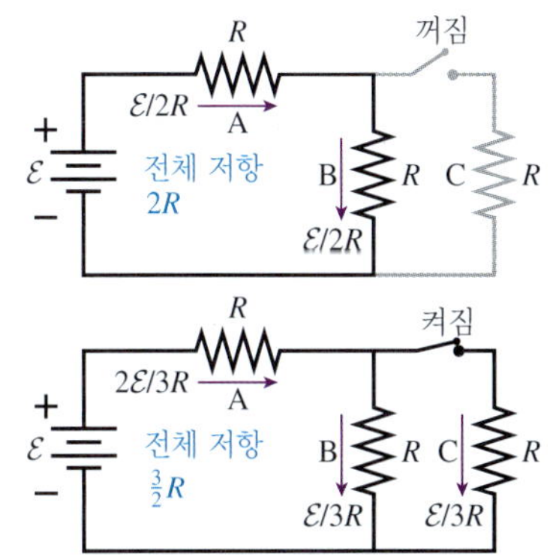

그림 28.26 스위치가 꺼지고 켜지는 그림 28.20의 전구

전압계

회로 성분에 걸리는 퍼텐셜차를 측정하는 장치를 **전압계**(voltmeter)라고 한다. 퍼텐셜차는 회로 성분을 한쪽에서 다른 쪽으로 **가로지나서** 측정된다. 그러므로 전압계는 퍼텐셜차가 측정될 회로 성분과 **병렬**로 위치한다.

그림 28.27a는 17 Ω 저항기가 알려지지 않은 내부 저항을 갖는 9 V 전지와 연결되었다. 그림 28.27b에서처럼, 저항기에 걸리는 퍼텐셜차를 측정할 수 있다. 전류계와 달

그림 28.27 전압계는 성분에 걸리는 퍼텐셜차를 측정한다.

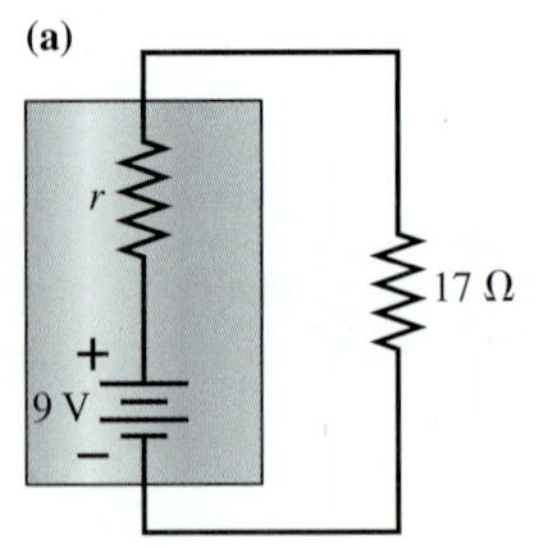

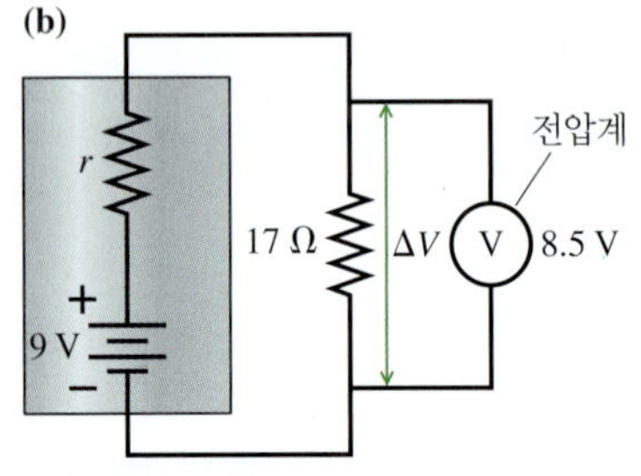

리, 전압계를 사용하면 연결을 끊지 않아도 된다.

전압계는 저항기와 병렬이기 때문에, 전지에서 보는 전체 저항은 $R_{eq} = (1/17\ \Omega + 1/R_{voltmeter})^{-1}$이다. 전압계가 전압을 바꾸지 않고 전압을 측정하기 위하여, 이런 경우에 전압계의 저항은 $\gg 17\ \Omega$이어야 한다. 실제로 이상적인 전압계는 $R_{voltmeter} = \infty\ \Omega$이며, 따라서 전압에 어떤 효과도 미치지 않는다. 실제 전압계는 이런 이상적인 것에 아주 가깝다고 가정한다.

그림 28.27b에서 전압계는 8.5 V를 가리킨다. 이것은 전지의 내부 저항 때문에 $\mathcal{E}$보다 작다. 식 (28.18)은 저항기의 퍼텐셜차 ΔV_R에 대한 표현을 보여준다. 그 방정식은 내부 저항 r에 대하여 쉽게 풀린다.

$$r = \frac{\mathcal{E} - \Delta V_R}{\Delta V_R} R = \frac{0.5\ \text{V}}{8.5\ \text{V}} 17\ \Omega = 1.0\ \Omega$$

여기서 전압계 눈금은 전지의 내부 저항을 결정하기 위하여 필요로 하는 실험 자료 중 하나이다.

28.7 저항기 회로

훨씬 복잡하지만 좀 더 현실적인 회로를 해석하기 위하여 이 장의 정보를 이용할 수 있다.

문제 풀이 전략 28.1

저항기 회로

핵심 도선을 이상적인 것으로, 적절하다면 전지도 이상적인 것으로 모형화한다.

시각화 회로도를 그린다. 모든 알고 있는 양과 알려지지 않은 양을 표시한다.

풀이 키르히호프의 법칙, 직렬 저항기와 병렬 저항기의 규칙에 기초를 두고 수학적 해석을 한다.

- 차례차례 가장 작은 수의 등가 저항기로 회로를 줄인다.
- 회로에 있는 각각의 독립된 고리에 대하여 키르히호프의 고리 법칙을 쓴다.
- 지나는 전류를 결정하고 등가 저항기에 걸리는 퍼텐셜차를 결정한다.
- 직렬 저항기에서 모든 전류가 같다는 사실과 퍼텐셜차가 병렬 저항기에서 같다는 사실을 써서 회로를 다시 만든다.

검토 회로를 다시 만들 때 두 가지 중요한 점검을 한다.

- 직렬 저항기에 걸리는 퍼텐셜차 합이 등가 저항기에 대한 ΔV와 같다는 것을 증명한다.
- 병렬 저항기를 지나는 전류의 합이 등가 저항기에 대한 전류 I와 같다는 것을 증명한다.

예제 28.9 | 복잡한 회로 분석

그림 28.28에 보이는 회로에서 4개의 저항기 각각의 전류와 퍼텐셜차를 구하시오.

그림 28.28 복잡한 저항기 회로

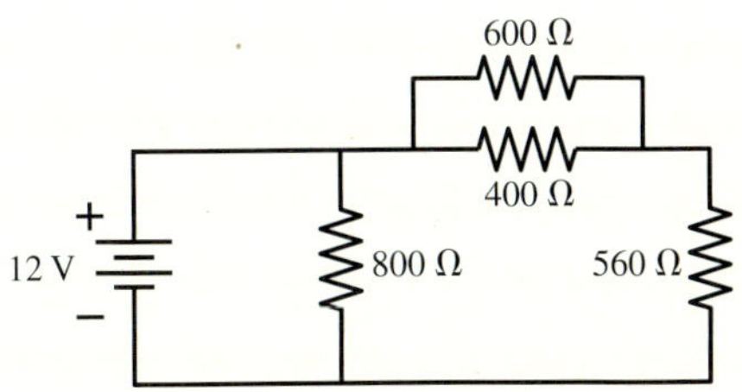

핵심 내부 저항이 없고 이상적인 연결 도선을 가진 이상적인 전지를 가정하자.

시각화 그림 28.28은 회로도를 보여준다. 회로를 해석하면서 다시 그릴 것이다.

풀이 첫 번째, 회로를 차례차례 단일 저항기를 갖는 회로로 줄인다. 그림 28.29a는 세 단계로 수행된 것을 보여준다. 최종 전지-저항기 회로가 전류

$$I = \frac{\mathcal{E}}{R} = \frac{12\ \text{V}}{400\ \Omega} = 0.030\ \text{A} = 30\ \text{mA}$$

를 갖는 기본 회로이다. 400 Ω 저항기에 걸리는 퍼텐셜차는 $\Delta V_{400} = \Delta V_{\text{bat}} = \mathcal{E} = 12$ V이다.

두 번째, 각 단계에서 전류와 퍼텐셜차를 찾아서 차례차례 회로를 다시 만들 것이다. 그림 28.29b는 그림 28.29a를 반대 순서로 정확히 되풀이한다. 400 Ω 저항기가 병렬인 2개의 800 Ω 저항기에서 왔다. $\Delta V_{400} = 12$ V이기 때문에 각 $\Delta V_{800} = 12$ V는 사실이다. 800 Ω을 지나는 전류는 $I = \Delta V/R = 15$ mA이다. 점검할 것은 15 mA + 15 mA = 30 mA가 된다는 것이다.

오른쪽 800 Ω 저항기는 직렬의 240 Ω과 560 Ω으로 형성되었다. $I_{800} = 15$ mA이기 때문에, $I_{240} = I_{560} = 15$ mA는 사실이어야 한다. 각각에 걸리는 퍼텐셜차는 $\Delta V = IR$이며, 그래서 $\Delta V_{240} = 3.6$ V이며 $\Delta V_{560} = 8.4$ V이다. 여기서 점검할 것은 3.6 V + 8.4 V = 12 V = ΔV_{800}이라는 것이다. 그래서 퍼텐셜차는 더한다.

결론적으로 240 Ω 저항기는 병렬인 600 Ω과 400 Ω으로부터 왔으며, 그래서 각각은 240 Ω 등가 저항과 같은 3.6 V 퍼텐셜차를 갖는다. 전류는 $I_{600} = 6$ mA이며 $I_{400} = 9$ mA이다. 6 mA + 9 mA = 15 mA임을 주목하라. 그것이 세 번째 점검 사항이다. 이제 모든 전류와 퍼텐셜차를 알았다.

검토 전류는 접합점에서 적합하게 더하고 퍼텐셜차는 저항의 직렬을 따라서 적합하게 더한 것을 증명함으로써 재구성 과정의 각 단계에서 작업을 점검했다. 이 '점검 과정'은 아주 중요하다. 그런 점검은 실수를 하면 바로 알려주는 오류 탐지기 역할을 한다.

그림 28.29 단계별 회로 해석

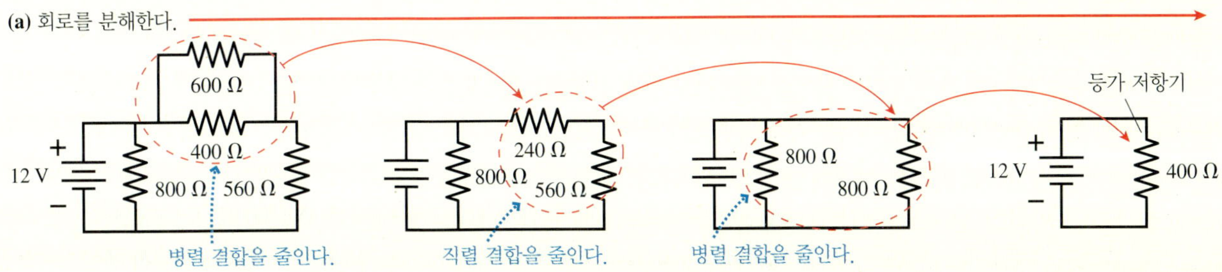

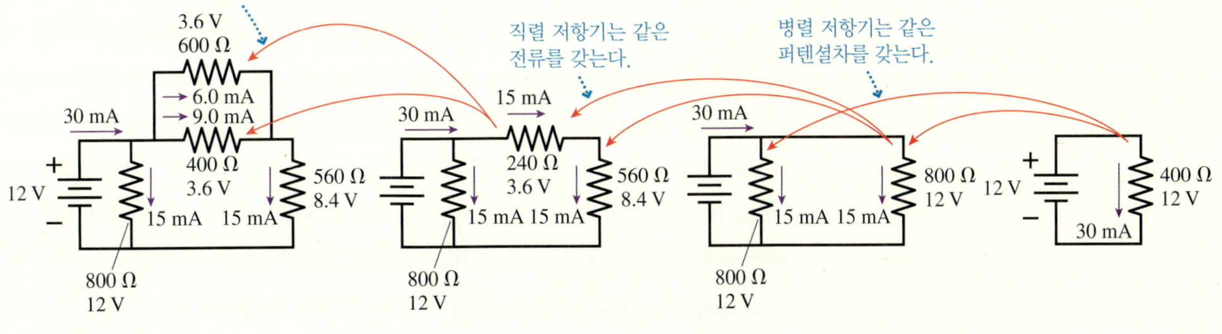

예제 28.10 | **2개의 고리 회로 해석**

그림 28.30의 회로에서 100 Ω 저항기에 걸리는 퍼텐셜차와 전류를 구하시오.

그림 28.30 2개의 고리 회로

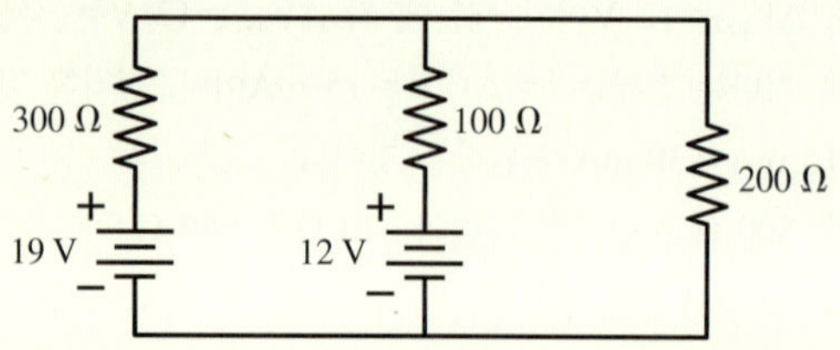

핵심 이상적인 전지와 이상적인 연결 도선을 가정하자.

시각화 그림 28.30은 회로도를 보여준다. 어떤 저항기도 직렬 또는 병렬로 연결되어 있지 않다. 그래서 이 회로는 단순한 회로로 줄일 수 없다.

풀이 키르히호프의 고리 법칙은 어떤 고리에도 적용된다. 다중 고리 문제를 해석하기 위하여, 각 고리에 고리 법칙 방정식을 쓸 필요가 있다. 그림 28.31은 회로를 다시 그려서 왼쪽 고리에 시계 방향 전류 I_1과 오른쪽 고리에 I_2를 정의한다. 그러나 중간 가지에 대하여 어떤가? 아래쪽 전류 I_3를 중간 가지에 부여하도록 하자. 만일 키르히호프의 접합점 법칙 $\sum I_{in} = \sum I_{out}$을 100 Ω 저항기 위에 있는 접합점에 적용한다면, 그림 28.31의 확대에서 보이는 것처럼, $I_1 = I_2 + I_3$이므로 $I_3 = I_1 - I_2$이다. 만일 I_3가 양의 수가 된다면, 중간 가지에서 전류는 아래쪽이다. 음의 I_3는 위로 향하는 전류를 표시한다.

낮은 왼쪽 모퉁이로부터 시계 방향으로 가는 왼쪽 고리에 대한 키르히호프의 고리 법칙은 다음과 같다.

$$\sum(\Delta V)_i = 19\text{ V} - (300\ \Omega)I_1 - (100\ \Omega)I_3 - 12\text{ V} = 0$$

I_3의 방향인 '아래쪽' 방향으로 100 Ω 저항기를 지나면 퍼텐셜은 감소한다. 12 V 전지를 양에서 음으로 지나가므로 $\Delta V = -\mathcal{E} = -12$ V를 갖는다. 오른쪽 고리에 대하여, I_3에 반대인 '위쪽으로' 100 Ω 저항기를 지나가므로 퍼텐셜이 증가한다. 그래서 오른쪽 고리에 대한 고리 법칙은

그림 28.31 키르히호프의 법칙 적용

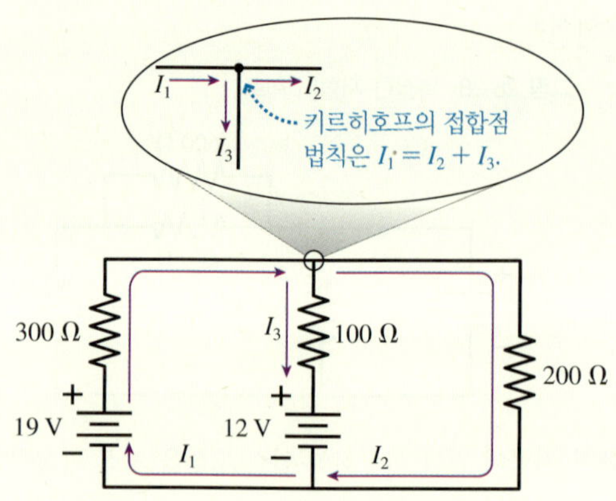

$$\sum(\Delta V)_i = 12\text{ V} + (100\ \Omega)I_3 - (200\ \Omega)I_2 = 0$$

이다. 만일 $I_3 = I_1 - I_2$로 바꾸고 항들을 다시 정리하면, 2개의 독립된 고리는 2개의 미지수 I_1과 I_2에 대한 두 방정식을 준다.

$$400I_1 - 100I_2 = 7$$
$$-100I_1 + 300I_2 = 12$$

첫째 식에 3을 곱해서 두 방정식을 더하면 I_2를 소거할 수 있다. 이것은 $I_1 = 0.030$ A = 30 mA로부터 $1100I_1 = 33$을 준다. 두 고리 방정식에서 이 값을 쓰면 $I_2 = 0.050$ A = 50 mA이다. $I_2 > I_1$이기 때문에 100 Ω 저항기를 지나는 전류는 $I_3 = I_1 - I_2 = -20$ mA, 즉 음의 부호이기 때문에 20 mA는 위로 향한다. 100 Ω 저항기를 지나는 퍼텐셜차는 $\Delta V_{100\,\Omega} = I_3R = 2.0$ V이다.

검토 회로의 3개의 '발'은 병렬이다. 그래서 그것들은 같은 퍼텐셜차를 갖는다. 왼쪽 발은 $\Delta V = 19\text{ V} - (0.030\text{ A})(300\ \Omega) = 10$ V를 갖는다. 중간 발은 $\Delta V = 12\text{ V} - (0.020\text{ A})(100\ \Omega) = 10$ V를 갖는다. 오른쪽 발은 $\Delta V = (0.050\text{ A})(200\ \Omega) = 10$ V를 갖는다. 일관성을 점검하는 것이 아주 중요하다. 회로 분석에서 계산 실수를 했다면 이 시점에서 발견할 수 있다.

28.8 접지하기

전자공학자와 일하는 사람들은 종종 어떤 것이 '접지되어 있다'고 말하는 것을 듣는다. 어느 정도 이상하지만 그것은 항상 아주 심각하게 들린다. 접지란 무엇인가?

지금까지 설명한 회로 해석 과정은 퍼텐셜차만을 다룬다. 비록 편리한 어느 곳을 영점 퍼텐셜로 자유롭게 선택할지라도, 퍼텐셜차는 우리가 필요로 하는 모든 것이다.

2개의 다른 회로를 함께 연결하고 싶다면 어려움이 생기기 시작한다. 아마 DVD를 텔레비전에 또는 컴퓨터 모니터를 컴퓨터에 연결하고 싶을 것이다. 연결될 모든 회로가 공통의 기준 퍼텐셜차를 갖지 않는다면 불일치가 일어날 수 있다.

세 갈래진 플러그의 원형날이 접지로 연결된다.

앞서 지구 자체가 도체라는 것을 배웠다. 우리가 2개의 회로를 가지고 있다고 가정하자. 각 회로의 한 점을 이상적인 도선으로 지구에 연결하고, 그리고 또한 지구의 퍼텐셜을 $V_{earth} = 0$ V라고 한다면, 두 회로는 공통의 기준점을 갖는다. 그러나 매우 중요한 점을 인지하라. 하나의 도선이 회로를 지구에 연결하지만, 회로로 돌아오는 두 번째 도선이 없다. 즉 회로를 지구에 연결한 도선이 완전한 회로의 일부가 아니다. 그래서 이 도선에 **전류가 없다**. 도선은 등퍼텐셜이기 때문에, 그것은 회로의 한 점에 지구와 같은 퍼텐셜을 준다. 그러나 어떤 식으로든 회로가 기능하는 것을 바꾸지 않는다. 이런 방법으로 지구에 연결된 회로는 '**접지되었다**(grounded)'라고 하며, 도선은 접지선이라고 한다.

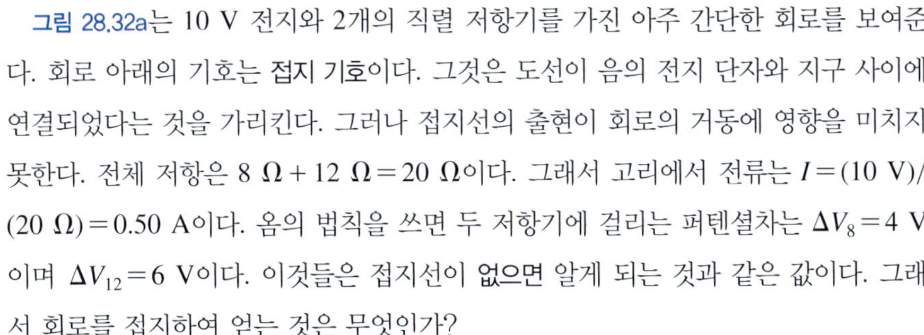

그림 28.32a는 10 V 전지와 2개의 직렬 저항기를 가진 아주 간단한 회로를 보여준다. 회로 아래의 기호는 **접지 기호**이다. 그것은 도선이 음의 전지 단자와 지구 사이에 연결되었다는 것을 가리킨다. 그러나 접지선의 출현이 회로의 거동에 영향을 미치지 못한다. 전체 저항은 8 Ω + 12 Ω = 20 Ω이다. 그래서 고리에서 전류는 $I = (10 \text{ V})/(20\ \Omega) = 0.50$ A이다. 옴의 법칙을 쓰면 두 저항기에 걸리는 퍼텐셜차는 $\Delta V_8 = 4$ V이며 $\Delta V_{12} = 6$ V이다. 이것들은 접지선이 **없으면** 알게 되는 것과 같은 값이다. 그래서 회로를 접지하여 얻는 것은 무엇인가?

그림 28.32 한 점에서 접지된 회로

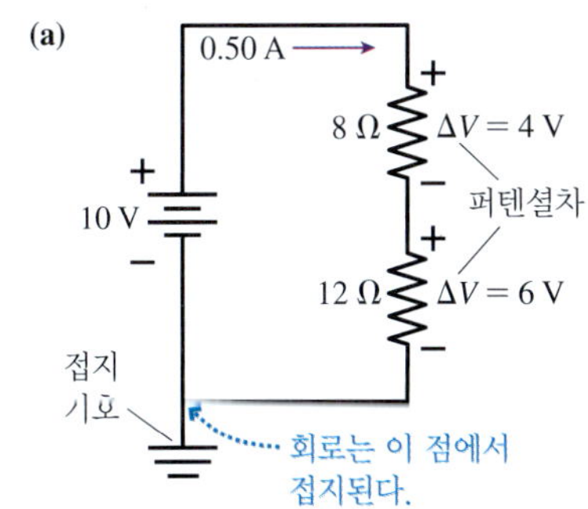

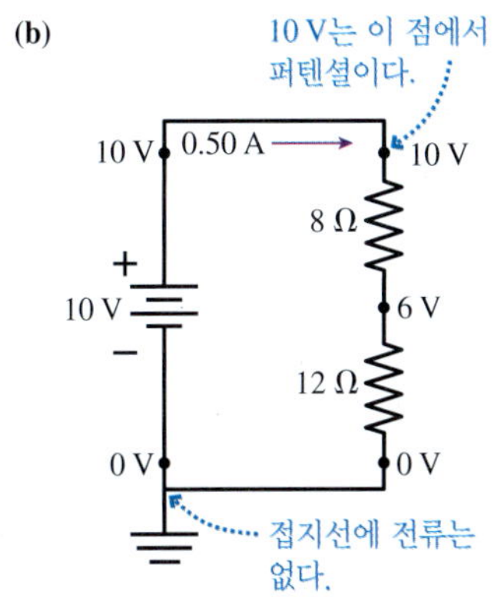

그림 28.32b는 회로에 있는 여러 점에서 실제 퍼텐셜을 보여준다. 정의에 의하여, $V_{earth} = 0$ V이다. 음의 전지 단자와 12 Ω인 저항기의 아래가 지구에 이상적인 도선으로 연결되었다. 그래서 이 두 점에서 퍼텐셜은 0이 되어야 한다. 전지의 양의 단자는 $V_{pos} = +10$ V를 의미한다. 마찬가지로 전하가 12 Ω 저항기로 흐르면 6 V만큼 퍼텐셜차가 **감소한다**는 사실은 두 저항기의 접합점에서 퍼텐셜이 +6 V이어야 한다는 것을 의미한다. 8 Ω 저항기에 걸리는 퍼텐셜차는 4 V이다. 그래서 꼭대기는 +10 V에 있어야 한다. 이것은 양의 전지 단자에서 퍼텐셜과 일치한다. 이들 두 점이 이상적인 도선으로 연결되어 있기 때문에 그것은 확실하다.

회로를 접지하여 하는 모든 것은 회로의 각 점에서 퍼텐셜차에 대한 **특정한 값**을 갖게 한다는 것이다. 이제 "저항기 접합점에서 전압은 6 V이다."라고 말할 수 있다. 반면에 전에 우리가 말할 수 있는 모든 것은 "12 Ω 저항기에 6 V 퍼텐셜차가 있다."는 것이다.

이것으로부터 하나 중요한 교훈이 있다. **접지된다는 것은 정상 조건에서 회로의 거동에 영향을 미치지 못한다.** 회로의 거동에 대하여 무엇인가를 설명하기 위하여 '접지되어 있기 때문에'를 사용할 수 없다.

하나의 예외가 있기 때문에 '정상 조건에서'를 추가한다. 대부분의 회로는 절연체가 있는 회로로부터 멀리 떨어져 있는 종류의 상자에 밀폐된다. 때로는 상자가 회로와 전기적 접촉을 하게 되는 방식으로 회로가 망가지거나 오작동을 하게 된다. 만일 고전압을 사용하거나 보통 120 V의 가정용 전압을 사용하는 회로라도, 누군가 상자에 닿으면 감전에 의해서 상처를 입거나 죽을 수도 있다. 이것을 막기 위하여, 많은 장비나 전기기기들이 그 자체로 접지된 상자를 가지고 있다. 접지는 상자의 퍼텐셜이 항상 0 V를 유지하고 안전할 것임을 보장한다. 만일 회로에 상자를 연결하는 기능 장애가 일어난다면, 큰 전류는 지구의 접지선을 통해서 지나가고 휴즈가 끊어지게 할 것이다. 이것이 접지선이 전류를 갖는 유일한 때이며, 회로의 정상 동작이 아니다.

예제 28.11 | 접지된 회로

그림 28.32의 회로가 바닥 대신에 2개의 저항기 사이 접합점에서 접지되었다. 회로의 각 모퉁이에서 퍼텐셜을 구하시오.

시각화 그림 28.33은 새로운 회로를 보여준다. ('점'이 항상 아래를 향하도록 접지 기호를 그리는 것은 관습적이다.)

풀이 접지점을 바꾸는 것은 회로의 거동에 영향을 미치지 못한다. 전류는 여전히 0.50 A이며, 2개의 저항기에 걸리는 퍼텐셜차는 여전히 4 V와 6 V이다. 변한 것은 $V = 0$ V인 기준점을 옮긴 것이다. 지구는 $V_{earth} = 0$ V이기 때문에, 접합점 그 자체는 0 V의 퍼텐셜을 갖는다. 퍼텐셜은 전하가 8 Ω 저항기로 흐를 때 4 V만큼 감소한다. 그것은 0 V에서 끝나기 때문에 8 Ω 저항기의 꼭대기에서 퍼텐셜은 +4 V이어야 한다. 마찬가지로, 퍼텐셜은 12 Ω 저항기에서 6 V 감소한다. 0 V에서 시작하기 때문에, 12 Ω 저항기 아래쪽은 −6 V에 있어야 한다. 도선으로 연결되었기 때문에, 음의 전지 단자는 12 Ω 저항기의 아래쪽과 같은 퍼텐셜에 있다. 그래서 $V_{neg} = -6$ V이다. 마지막으로, 퍼텐셜은 전하가 전지를 흐를 때 10 V 증가한다. 그래서 $V_{pos} = +4$ V로, 8 Ω 저항기의 꼭대기에서의 퍼텐셜과 일치한다.

그림 28.33 저항기 사이의 점에서 접지된 그림 28.32의 회로

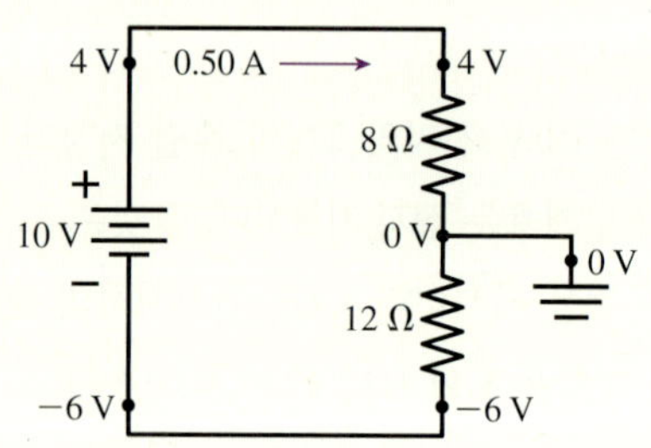

검토 음의 전압은 그 점에서 퍼텐셜이 $V = 0$ V라고 선택한 어떤 다른 점에서 퍼텐셜보다 작다는 것을 의미한다. 단지 퍼텐셜차만이 물리적으로 의미가 있으며, 퍼텐셜차만이 옴의 법칙 $I = \Delta V/R$에 들어간다. $V = 0$ V라고 선택한 점과 관계없이 이 예제에서 12 Ω 저항기의 퍼텐셜차는 6 V인데, 꼭대기에서 아래까지 감소한다.

28.9 *RC* 회로

저항기 회로는 정상 전류를 갖는다. 축전기와 스위치를 추가함으로써, 축전기가 충전과 방전을 할 때 전류가 시간에 따라 변하는 회로를 만들 수 있다. 저항기와 축전기를 가진 회로는 ***RC* 회로**(*RC* circuits)라고 한다. *RC* 회로는 자동차의 앞 유리 와이퍼에서 컴퓨터와 다른 디지털 전자공학까지 광범위한 응용에서 시간유지 회로의 핵심에 있다.

그림 28.34a는 충전된 축전기, 스위치 그리고 저항기를 보여준다. 축전기는 전하 Q_0와 퍼텐셜차 $\Delta V_0 = Q_0/C$를 갖는다. 전류는 없다. 그래서 저항기에 대한 퍼텐셜차는 0이다. 이때, $t = 0$에서 스위치를 켜고 축전기가 저항기를 통해 방전하기 시작한다.

축전기가 얼마나 오래 방전하는가? 저항기를 흐르는 전류는 시간의 함수로서 어떻

게 변하는가? 이 질문에 답하기 위하여, 그림 28.34b는 스위치가 켜진 후 어떤 점에서 시간에 따른 회로를 보여준다.

키르히호프의 고리 법칙은 전지를 가진 회로뿐만 아니라 모든 회로에 유용하다. 고리를 시계 방향으로 하여, 그림 28.34b의 회로에 적용된 고리 법칙은 다음과 같다.

$$\Delta V_{cap} + \Delta V_{res} = \frac{Q}{C} - IR = 0 \qquad (28.25)$$

Q와 I는 축전기 전하와 저항기 전류의 순간값이다.

전류 I는 전하가 저항기를 따라 흐르는 비율 $I = dq/dt$이다. 그러나 저항기를 흐르는 전하는 축전기에서 **제거된** 전하이다. 즉 미소 전하 dq는 축전기 전하가 dQ만큼 감소할 때 저항기로 흐른다. 따라서 $dq = -dQ$이며 저항기 전류는

$$I = -\frac{dQ}{dt} \qquad (28.26)$$

로 순간 축전기 전하에 관계된다. 기대한 것처럼, I는 Q가 감소할 때 양의 값이다. 식 (28.26)을 이끄는 논리는 난해하지만 매우 중요하다. 다른 교재에서 같은 이유를 보게 될 것이다.

식 (28.26)을 식 (28.25)에 대입하고 R로 나누면, RC 회로의 고리 법칙은

$$\frac{dQ}{dt} + \frac{Q}{RC} = 0 \qquad (28.27)$$

이 된다. 식 (28.27)은 축전기 전하 Q에 대한 1계 미분 방정식이다. 그러나 직접 적분해서 풀 수 있다. 식의 한쪽으로 모든 전하 항이 모이도록 먼저 식 (28.27)을 다시 정리하면

$$\frac{dQ}{Q} = -\frac{1}{RC}\,dt$$

이다. RC는 특정 회로의 상수이다.

축전기 전하는 스위치가 켜지는 $t = 0$에서 Q_0였다. 출발 조건부터 시간 t에서 전하 Q까지 적분하려고 한다. 즉

$$\int_{Q_0}^{Q} \frac{dQ}{Q} = -\frac{1}{RC}\int_0^t dt \qquad (28.28)$$

이다. 양쪽은 잘 알려진 적분이다.

$$\ln Q \Big|_{Q_0}^{Q} = \ln Q - \ln Q_0 = \ln\left(\frac{Q}{Q_0}\right) = -\frac{t}{RC}$$

양쪽에 지수를 취하고 Q_0를 곱하면 축전기 전하 Q에 대해 풀 수 있다. 그렇게 하면

$$Q = Q_0 e^{-t/RC} \qquad (28.29)$$

이다. 기대한 대로 $t = 0$에서 $Q = Q_0$임을 주목하라.

지수 함수의 인수는 차원이 없어야 한다. 그래서 RC는 시간의 차원을 가져야 한

그림 28.34 축전기 방전

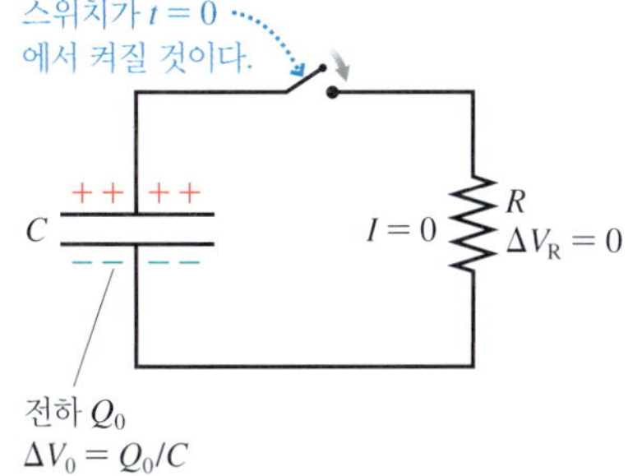

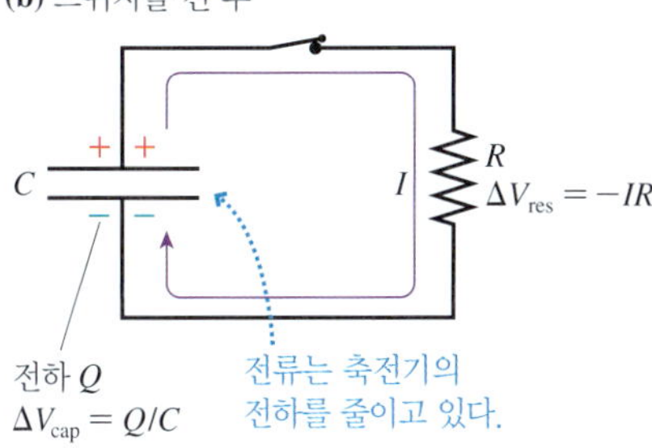

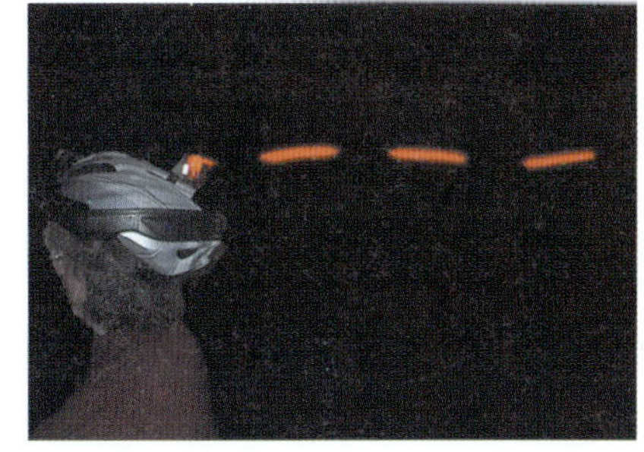

자전거 헬멧의 후방 점멸 장치는 켜졌다 꺼졌다 한다. 시간은 RC 회로로 제어된다.

다. **시간 상수**(time constant) τ를

$$\tau = RC \tag{28.30}$$

로 정의하는 것이 유용하다. 식 (28.29)를 다음과 같이 쓸 수 있다.

$$Q = Q_0 e^{-t/\tau} \quad \text{(축전기 방전)} \tag{28.31}$$

전하에 정비례하는 축전기 전압은 또한 다음과 같이 지수적으로 감쇠한다.

$$\Delta V_C = \Delta V_0 e^{-t/\tau} \tag{28.32}$$

식 (28.31)의 의미는 그래프로 그린다면 이해하기 더 쉽다. 그림 28.35a는 시간의 함수로서 축전기 전하를 보여준다. 전하는 $t=0$에서 Q_0로부터 $t \to \infty$에서 점근적으로 0에 다가간다. 시간 상수 τ는 전하가 초깃값의 e^{-1}(약 37%)로 감소하는 시간이며, $t=2\tau$에서 초깃값의 전하의 e^{-2}(약 13%)로 감소한다. 전압 그래프도 같은 형태를 갖는다.

식 (28.26)을 써서 저항기 전류를 알게 된다.

$$I = -\frac{dQ}{dt} = \frac{Q_0}{\tau} e^{-t/\tau} = \frac{Q_0}{RC} e^{-t/\tau} = \frac{\Delta V_0}{R} e^{-t/\tau} = I_0 e^{-t/\tau} \tag{28.33}$$

여기서 $I_0 = \Delta V_0 / R$은 스위치를 켠 직후의 초기 전류이다. 그림 28.35b는 t-저항기 전류의 그래프이다. 축전기 전하처럼 전류도 같은 시간 상수를 가지고 똑같은 지수형 감쇠를 한다.

그림 28.35 축전기 전하와 저항기 전류의 감쇠 곡선

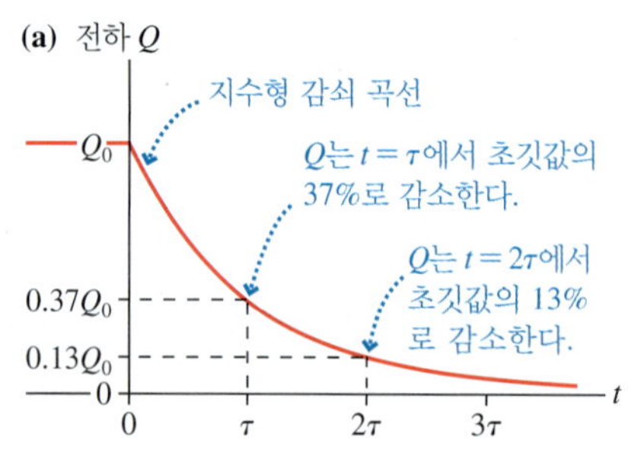

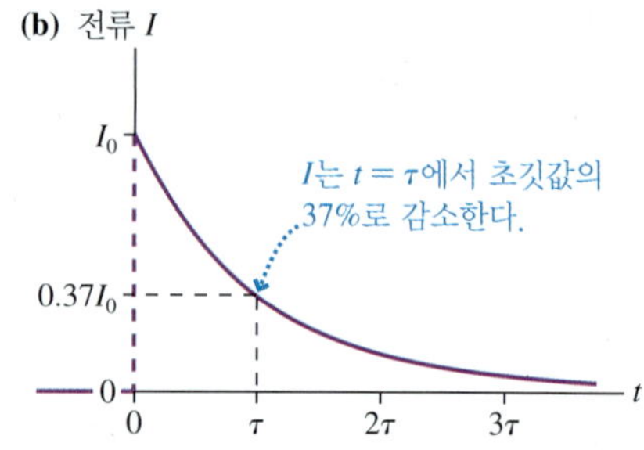

예제 28.12 전기 용량 측정

미지의 축전기 전기 용량을 결정하기 위하여, 그림 28.36에 보이는 회로를 구성한다. 몇 초 동안 위치 a에 스위치를 유지한 후에, 전압계로 저항기 전압을 관측하는 동안 갑자기($t=0$초) 위치 b로 옮긴다. 표에 측정값이 보인다. 전기 용량은 얼마인가? 스위치 위치를 바꾸고 5.0초 후에 저항기 전류는 얼마인가?

시간 (s)	전압 (V)
0.0	9.0
2.0	5.4
4.0	2.7
6.0	1.6
8.0	1.0

그림 28.36 전기 용량 측정을 위한 RC 회로

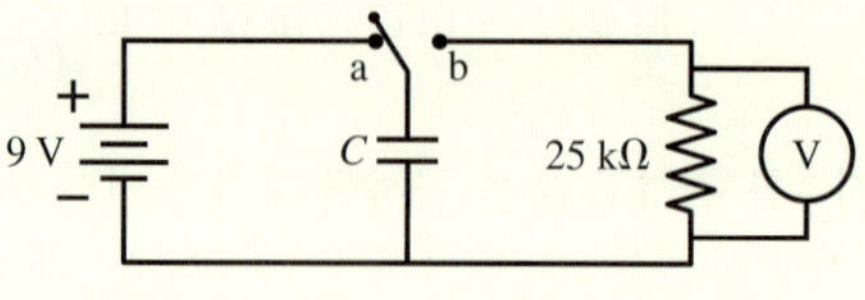

핵심 전지는 축전기를 9.0 V로 충전한다. 그러면 스위치가 위치 b로 옮겨질 때, 축전기는 시간 상수 $\tau = RC$를 가지고 25,000 Ω 저

항기를 통해 방전한다.

풀이 위치 b에 있는 스위치가 있을 때 저항기는 축전기와 병렬 연결이며 양쪽은 모든 시간에 같은 퍼텐셜차 $\Delta V_R = \Delta V_C = Q/C$를 갖는다. 축전기 전하는

$$Q = Q_0 e^{-t/\tau}$$

처럼 지수적으로 감쇠한다. 결론적으로 다음과 같다.

$$\Delta V_R = \frac{Q_0}{C} e^{-t/\tau} = \Delta V_0 e^{-t/\tau}$$

여기서 $\Delta V_0 = 9.0$ V는 스위치가 켜진 순간의 퍼텐셜차이다. 지수형 감쇠를 해석하기 위하여 양쪽에 자연 로그를 취하면,

$$\ln(\Delta V_R) = \ln(\Delta V_0) + \ln(e^{-t/\tau}) = \ln(\Delta V_0) - \frac{1}{\tau}t$$

가 된다. 이 결과는 t-$\ln(\Delta V_R)$의 그래프(**반로그 그래프**)가 y절편 $\ln(\Delta V_0)$와 기울기 $-1/\tau$로 선형적이어야 한다는 것을 말한다. 만일 이것이 사실이라면, 기울기의 실험 측정값으로부터 τ와 C를 결정할 수 있다.

그림 28.37은 t-$\ln(\Delta V_R)$의 그래프이다. 실제로 그것은 음의 기울기를 가진 선형이다. 가장 잘 맞는 직선의 y절편으로부터 기대한 대로, $\Delta V_0 = e^{2.20} = 9.0$ V를 알게 된다. 이것은 우리의 분석에 신뢰를 준다. 이 기울기를 사용하여 다음을 구한다.

$$\tau = -\frac{1}{\text{기울기}} = -\frac{1}{-0.28\ \text{s}^{-1}} = 3.6\ \text{s}$$

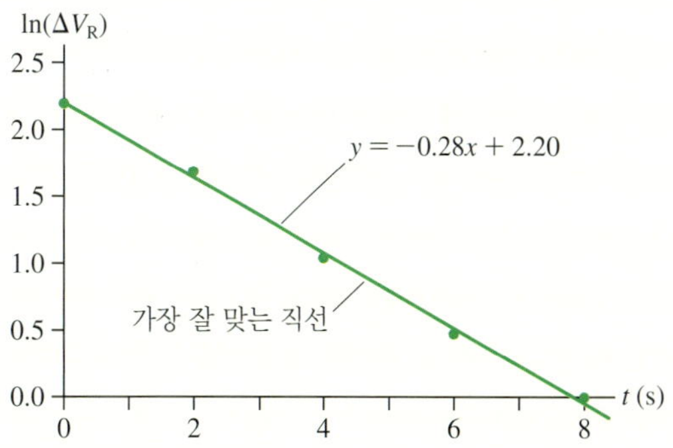

그림 28.37 자료에 대한 반로그 그래프

이것으로,

$$C = \frac{\tau}{R} = \frac{3.6\ \text{s}}{25{,}000\ \Omega} = 1.4 \times 10^{-4}\ \text{F} = 140\ \mu\text{F}$$

이다. 초기 전류는 $I_0 = (9.0\ \text{V})/(25{,}000\ \Omega) = 360\ \mu$A이다. 전류는 같은 시간 상수를 가지고 지수적으로 감쇠한다. 그래서 5.0초 후에 전류는 다음과 같다.

$$I = I_0 e^{-t/\tau} = (360\ \mu\text{A})e^{-(5.0\ \text{s})/(3.6\ \text{s})} = 90\ \mu\text{A}$$

검토 지수형 감쇠의 시간 상수는 초깃값의 1/3로 감쇠하는 시간으로 추정할 수 있다. 자료를 보면서, 전압이 4초일 때 초기 9.0 V의 1/3로 떨어진다는 것을 알았다. 이것은 더 정확한 값 $\tau = 3.6$ s와 일치한다. 그래서 결과를 믿을 수 있다.

축전기 충전

그림 28.38a는 축전기를 충전하는 회로이다. 스위치를 켠 후에, 전지의 전하 에스컬레이터가 축전기 아래 전극으로부터 위 전극까지 전하를 이동시킨다. 전류를 제한하면서, 저항기는 충전을 늦추지만 멈추지는 않는다. 축전기는 $\Delta V_C = \mathcal{E}$가 될 때까지 충전한다. 그러면 충전 전류는 멈춘다. 축전기의 꽉 찬 전하는 $Q_0 = C(\Delta V_C)_{max} = C\mathcal{E}$이다.

해석은 축전기의 방전과 같다. 숙제 문제로써, 시간 t에서 축전기 전하와 회로 전류는 다음과 같음을 보일 수 있다.

$$Q = Q_0(1 - e^{-t/\tau}) \qquad I = I_0 e^{-t/\tau} \qquad \text{(축전기 충전)} \qquad (28.34)$$

여기서 $I_0 = \mathcal{E}/R$이며, $\tau = RC$이다. 축전기 전하가 Q_0까지 '전도된 감쇠'를 하는 것이 그림 28.38b에 그래프로 보인다.

그림 28.38 축전기 충전

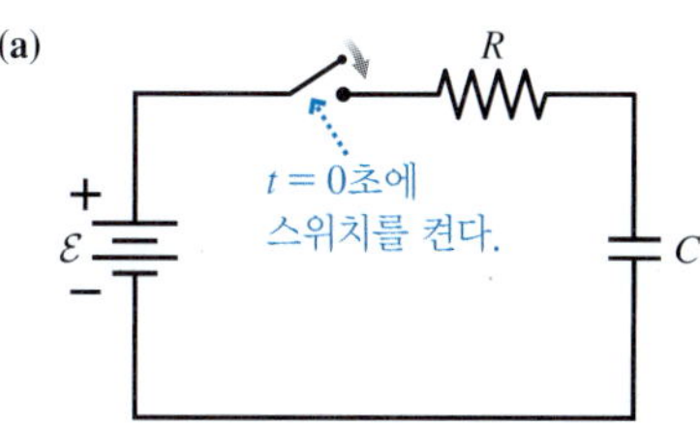

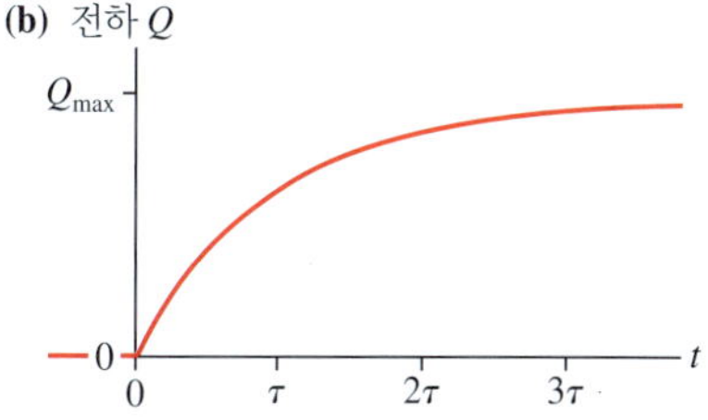

응용 예제 28.13 | 축전기 방전 중에 소진되는 에너지

그림 28.39에서 오랫 동안 스위치는 위치 a에 있었다. 갑자기 스위치를 위치 b에 1.0초 동안 놓았다. 그런 후 다시 a로 옮긴다. 5500 Ω 저항기에 의해 얼마나 많은 에너지가 소진되는가?

그림 28.39 스위치된 축전기의 회로

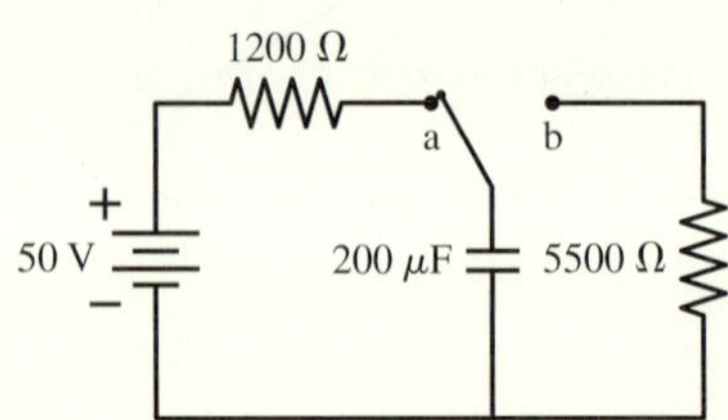

핵심 스위치를 위치 a에 두고서, 시간 상수 $\tau_{charge} = (1200\ \Omega)(2.0 \times 10^{-4}\ \text{F}) = 0.24$ s인 1200 Ω 저항기를 통해 축전기를 충전한다. 스위치가 '긴 시간' 동안 위치 a에 있었기 때문에, 0.24초 이상보다 훨씬 더 긴 것으로 해석된다. 스위치가 위치 b로 바뀔 때 축전기가 50 V로 충분히 충전되어 있다고 가정할 것이다. 그러면 축전기는 스위치가 위치 a로 돌아갈 때까지 5500 Ω 저항기를 통해서 방전할 것이다. 이상적인 도선을 가정하자.

풀이 $t = 0$초를 스위치가 a에서 b로 이동한 방전을 시작한 시간이라 하자. 전지와 1200 Ω 저항기는 방전 중에는 상관이 없다. 그래서 회로는 그림 28.34b처럼 보인다. 시간 상수는 $\tau = (5500\ \Omega)(2.0 \times 10^{-4}\ \text{F}) = 1.1$ s이다. 그래서 축전기 전압은 $t = 0$초에서 50 V로부터 $t = 1.0$초에서

$$\Delta V_C = (50\ \text{V})e^{-(1.0\ \text{s})/(1.1\ \text{s})} = 20\ \text{V}$$

까지 감소한다.

저항기에서 소진되는 에너지를 결정하는 두 가지 방법이 있다. 저항기가 $dE/dt = P_R = I^2R$ 비율로 에너지를 소진하는 것을 28.3절에서 배웠다. 전류는 $I_0 = \Delta V_0/R = 9.09$ mA를 가지고 지수적으로 $I = I_0 \exp(-t/\tau)$로 감쇠한다. 시간 T 동안 소진되는 에너지는 적분을 하면 다음과 같다.

$$\Delta E = \int_0^T I^2R\,dt = I_0^2R\int_0^T e^{-2t/\tau}\,dt = -\tfrac{1}{2}\tau I_0^2Re^{-2t/\tau}\Big|_0^T$$
$$= \tfrac{1}{2}\tau I_0^2R(1 - e^{-2T/\tau})$$

지수의 2가 I를 제곱했기 때문에 보인다. $T = 1.0$ s에 대해 계산하면,

$$\Delta E = \tfrac{1}{2}(1.1\ \text{s})(0.00909\ \text{A})^2(5500\ \Omega)(1 - e^{-(2.0\ \text{s})/(1.1\ \text{s})}) = 0.21\ \text{J}$$

이다. 바꾸어 말하면, $t = 0$ s, $t = 1.0$ s에서 알려진 축전기 전압을 쓸 수 있으며 이들 시간에 축전기에 충전된 에너지를 계산하기 위하여 $U_C = \frac{1}{2}C(\Delta V_C)^2$을 쓸 수 있다.

$$U_C(t = 0.0\ \text{s}) = \tfrac{1}{2}(2.0 \times 10^{-4}\ \text{F})(50\ \text{V})^2 = 0.25\ \text{J}$$
$$U_C(t = 1.0\ \text{s}) = \tfrac{1}{2}(2.0 \times 10^{-4}\ \text{F})(20\ \text{V})^2 = 0.04\ \text{J}$$

축전기는 $\Delta E = 0.21$ J의 에너지를 잃는다. 그리고 이 에너지는 저항기를 통한 전류에 의해 소진된다.

검토 모든 문제가 두 가지 방법으로 풀리는 것은 아니다. 그러나 가능하면 그렇게 하는 것이 결과에 더 큰 신뢰를 준다.

서술형 질문

1. 그림 Q28.1에서 4개의 저항기를 통과하는 전류 I_a에서 I_d까지 가장 큰 저항에서 가장 작은 저항까지 순서대로 나열하시오.

+ 3 V − 2 Ω I_a + 4 V − 2 Ω I_b + 3 V − 3 Ω I_c + 3 V − 2 Ω I_d

그림 Q28.1

2. 그림 Q28.2에서 도선이 회로의 오른쪽에서 끊어져 있다. 점 1과 2 사이의 퍼텐셜차 $V_1 - V_2$는 얼마인가? 설명하시오.

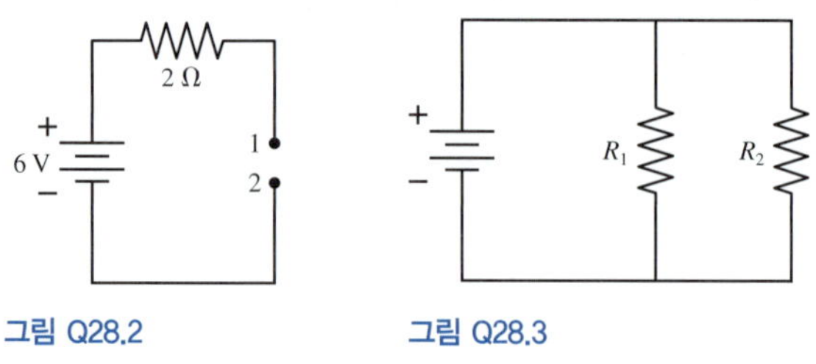

그림 Q28.2 그림 Q28.3

3. 그림 Q28.3의 회로가 $R_1 > R_2$인 2개의 저항기를 갖는다. 두 저항기 중 어느 저항기가 더 많은 에너지를 소진하는가? 설명하시오.

4. 자동차가 켜지면 불빛이 약간 어두워진다. 왜 그런가?

5. 그림 Q28.5에서 전구 A와 B가 처음에 빛나고 있다. 스위치가 켜지면 각 전구에 어떤 일이 일어나는가? 더 밝은가? 똑같은가? 더 어두워지는가? 꺼지는가? 설명하시오.

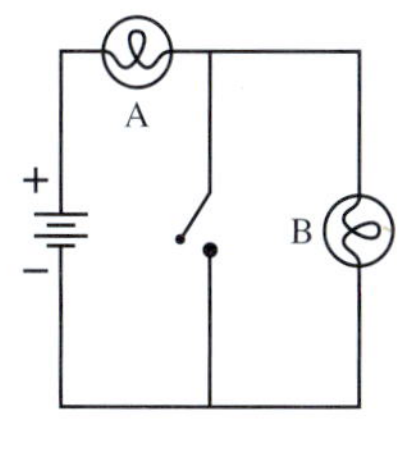

그림 Q28.5

6. 그림 Q28.6에서 전구 A와 B가 동일하며, 전구 B가 소켓에서 제거된다. 점 1과 2 사이의 퍼텐셜차 ΔV_{12}는 증가하는가? 같은가? 감소하는가? 아니면 0이 되는가? 설명하시오.

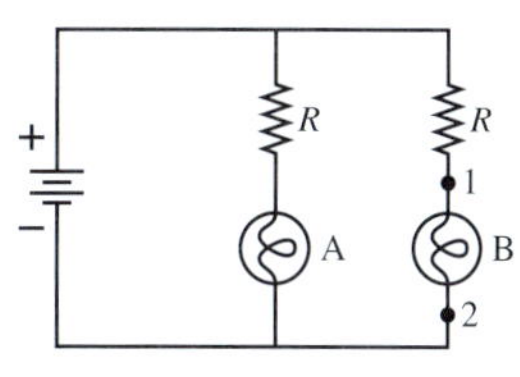

그림 Q28.6

7. 그림 Q28.7은 3개의 다른 저항기를 통해서 방전되는 축전기의 시간의 함수로서 전압을 보여준다. 저항 R_1에서 R_3의 값을 가장 큰 것에서 가장 작은 것으로 순서대로 정렬하시오.

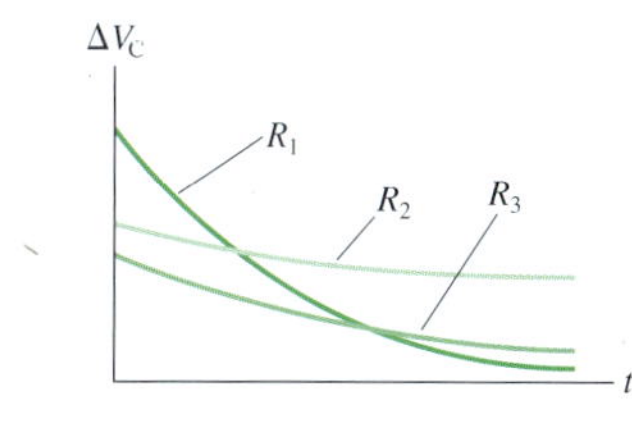

그림 Q28.7

연습문제

연습

28.1 회로 성분과 회로도

1. | 그림 EX28.1의 회로에 대한 회로도를 그리시오.

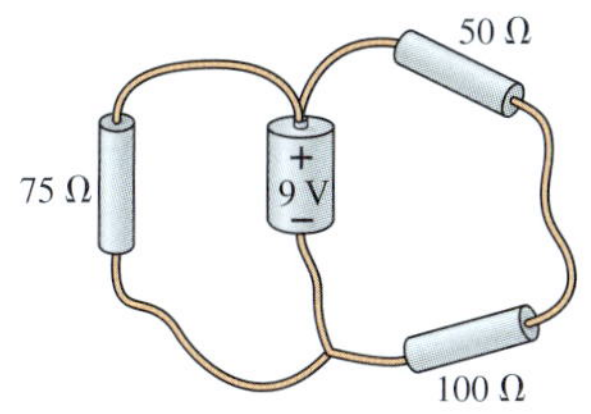

그림 EX28.1

28.2 키르히호프의 법칙과 기본 회로

2. || 그림 EX28.2에서 접합점 오른쪽에 있는 도선의 전류 크기는 얼마인가? 이 도선의 전하는 오른쪽으로 흐르는가, 왼쪽으로 흐르는가?

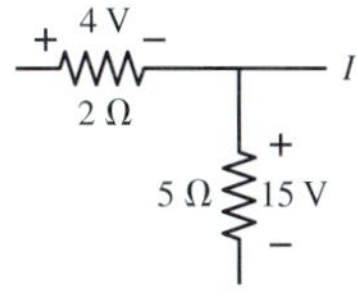

그림 EX28.2

3. | a. 그림 EX28.3에서 18 Ω 저항기의 전류의 크기와 방향은 무엇인가?

   b. 왼쪽 아래 모서리에서 $V = 0$ V로부터 시계 방향으로 진행하면서, 회로를 통해 진행하는 거리의 함수로서 퍼텐셜 그래프를 그리시오.

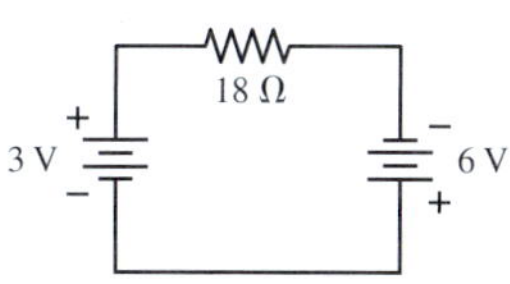

그림 EX28.3

28.3 에너지와 전력

4. | 1000 W(220 V) 헤어 드라이어의 저항은 얼마인가? 사용 중인 헤어 드라이어에서 전류는 얼마인가?

5. || 60 W 전구와 100 W 전구가 그림 EX28.5에 보이는 회로에 놓여 있다. 두 전구는 빛나고 있다.

   a. 어느 전구가 더 밝은가? 아니면 똑같이 밝은가?

   b. 각각의 전구에 의해 소진되는 전력을 계산하시오.

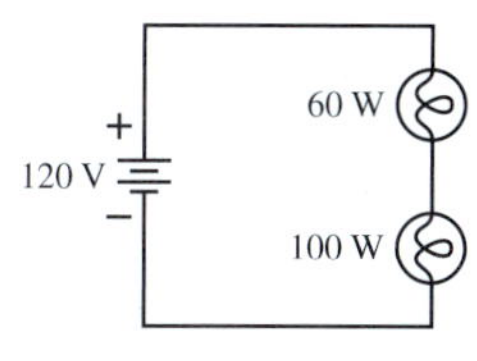

그림 EX28.5

6. Ⅱ 그림 EX28.6에 동일한 5개의 전구가 모두 켜져 있다. 전지는 이상적이다. 가장 밝은 것에서 가장 어두운 것까지 전구의 밝기 순서는 무엇인가? 어떤 것은 같다.
A. P = T > Q = R = S　　B. P > Q = R = S > T
C. P = T > Q > R = S　　D. P > Q > T > R = S

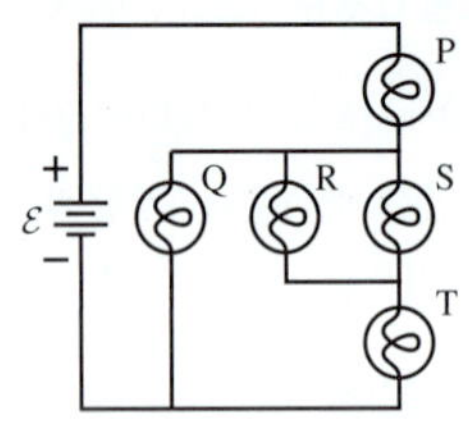

그림 EX28.6

7. Ⅱ 표준 60 W 전구(120 V)가 3 cm 길이의 텅스텐 필라멘트를 갖는다. 텅스텐의 고온에서 저항은 $9 \times 10^{-7}\ \Omega\,\text{m}$이다. 필라멘트의 지름은 얼마인가?

8. Ⅰ 물침대 히터가 500 W의 전력을 사용한다. 30% 켜져 있고, 70% 꺼져 있다. 전기 요금이 $0.20/kWh이면 연간 전기 비용은 얼마인가?

28.4 직렬 저항기

28.5 실제 전지

9. Ⅰ 그림 EX28.9에서 전지가 저항이 0인 이상적인 전류계로 단락되어 있다.
a. 전지의 내부 저항은 얼마인가?
b. 전지 내부에서 얼마의 전력이 소진되는가?

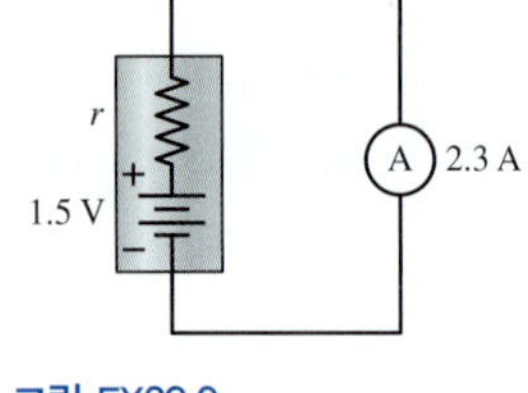

그림 EX28.9

10. Ⅱ 6.0 V 전지의 단자에 걸리는 전압은 전지가 10 Ω 부하에 연결되면 5.4 V이다. 전지의 내부 저항은 얼마인가?

11. Ⅰ 가변 저항기 R이 전지의 단자에 연결되어 있다. 그림 EX28.11은 R값이 변하는 회로에서 전류를 보여준다. 전지의 emf와 내부 저항은 얼마인가?

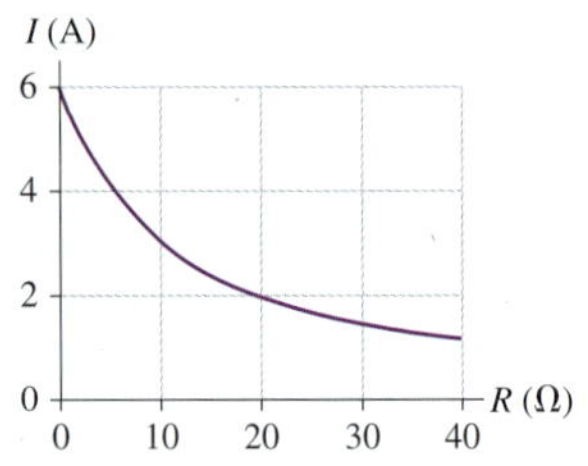

그림 EX28.11

28.6 병렬 저항기

12. Ⅱ 그림 EX28.12에서 저항기 R의 값은 얼마인가?

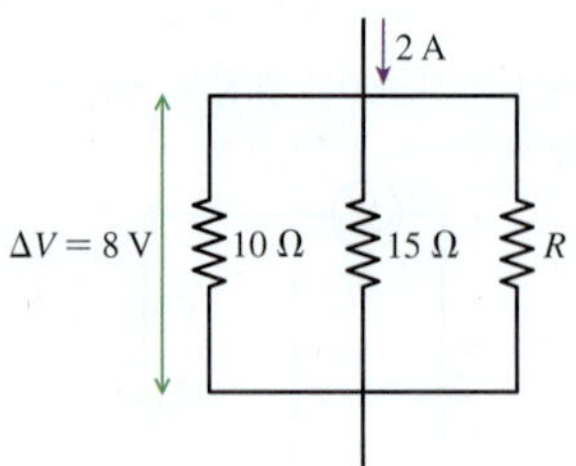

그림 EX28.12

13. Ⅰ 그림 EX28.13에서 점 a와 b 사이의 등가 저항은 얼마인가?

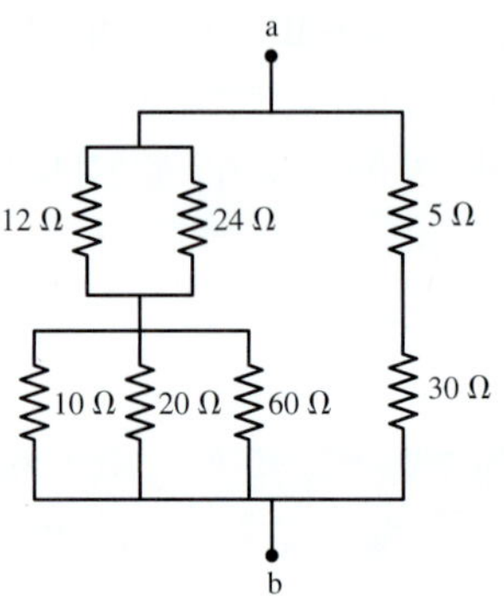

그림 EX28.13

14. Ⅰ 그림 EX28.14에서 점 a와 b 사이의 등가 저항은 얼마인가?

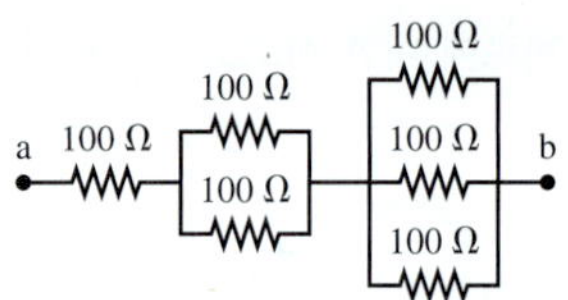

그림 EX28.14

15. Ⅱ 그림 EX28.15에서 10 Ω 저항기가 40 W 전력을 소진하고 있다. 다른 2개의 저항기는 얼마나 많은 전력을 소진하는가?

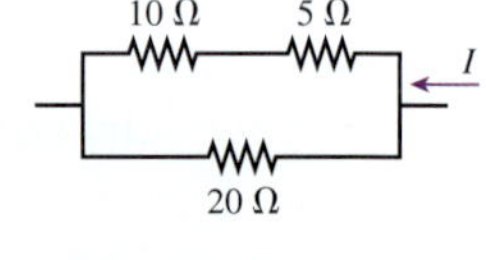

그림 EX28.15

28.8 접지하기

16. Ⅲ 그림 EX28.16에서 점 a와 b에서 퍼텐셜 값은 얼마인가?

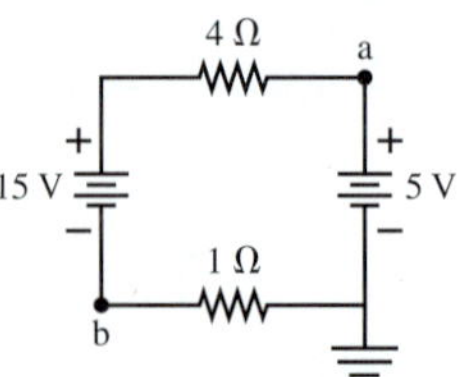

그림 EX28.16

28.9 *RC* 회로

17\. | 그림 EX28.17에서 축전기의 방전 시간 상수는 얼마인가?

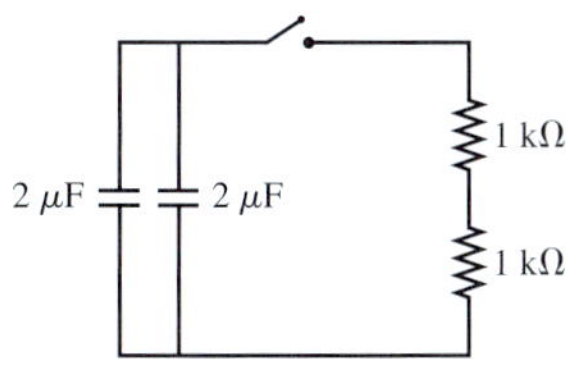

그림 EX28.17

18\. ‖ 처음에 20 μC으로 충전된 10 μF 축전기가 1.0 kΩ 저항기로 방전된다. 축전기의 전하를 10 μC으로 줄이는 데 시간이 얼마나 걸리는가?

19\. ‖ 2.0 μF 축전기를 4 ms 후에 초기 전하의 20%로 방전시키는 저항값은 얼마인가?

문제

20\. ‖ 일반 백열구의 값이 50센트일 때 $4.00짜리 소형 형광등을 사는 것을 정당화하기는 어려울 것 같다. 이것이 합리적인지 보기 위하여, 1000시간 지속하는 60 W 백열구를 10,000시간의 수명을 갖는 15 W 소형 형광등과 비교하시오. 두 전구는 같은 양의 밝기를 만들고 교환 가능하다. 민일 전기 비용이 $0.10/kWh라고 하면, 각 형태의 전구로부터 10,000시간 동안 빛을 얻기 위한 전체 비용(구매 + 소비 에너지)은 얼마나 되는가? 이것을 **수명비용**이라고 한다.

21\. ‖ 2개의 75 W(120 V) 전구가 직렬로 연결되었으며 120 V 전원에 연결되었다. 각 전구가 소진하는 전력은 얼마인가?

22\. ‖ 2.0 Ω, 3.0 Ω, 6.0 Ω 저항기 그리고 6.0 V 전지를 가지고 있다. 3개의 저항기가 모두 사용되며 전지는 9.0 W의 전력을 공급하는 회로도를 그리시오.

23\. ‖ 그림 P28.23에서 점 a와 b 사이의 등가 저항은 얼마인가?

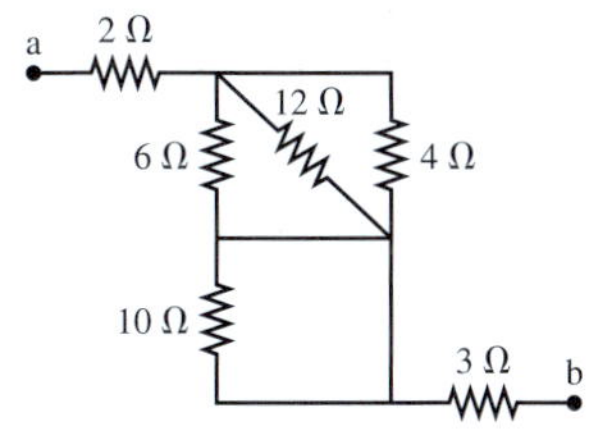

그림 P28.23

24\. ‖ 축제용 등은 직렬로 연결된다. 그러나 하나가 타버리면 모든 전구가 꺼지는데 회로가 망가졌기 때문이다. 요즘 대부분의 전구가 직렬로 연결되지만, 그러나 각 전구는 전구가 탔을 때 전구를 단락 회로화하는 특별한 퓨즈를 가져서 그 주위에 연결을 만드므로 다른 전구는 계속 켜진다. 이런 식으로 50개의 전구가 연결되어 있으며 120 V 전원에 연결된다. 처음 전구가 타버리면 나머지 각 전구에 의해 소진되는 전력은 몇 배만큼 증가하는가?

25\. ‖ 저항기 2.5 Ω, 3.5 Ω, 4.5 Ω 그리고 100 V 전원 공급 장치를 가지고 있다고 가정하자. 병렬 연결할 때와 직렬 연결할 때 저항기에 전달되는 전체 전력의 비는 얼마인가?

26\. ‖ a. 부하 저항기 R이 emf $\mathcal{E}$이며 내부 저항이 r인 전지에 부착되었다. $\mathcal{E}$와 r로 저항 R의 어떤 값에 대하여 부하 저항기로 소진되는 전력이 최대가 되는가?
CALC
b. 전지가 $\mathcal{E} = 9.0$ V이며 $r = 1.0$ Ω이라면 부하가 소진할 수 있는 최대 전력은 얼마인가?

27\. ‖ 그림 P28.27에서 2 Ω 저항기에 흐르는 전류는 얼마인가?

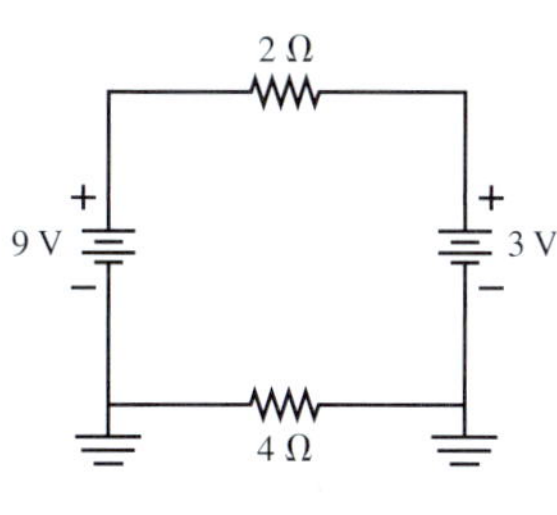

그림 P28.27

28\. | 그림 P28.28에서 스위치가 (a) 꺼지거나 (b) 켜져 있으면 점 a와 b 사이에 퍼텐셜차 $V_a - V_b$와 전류 I_{bat}는 얼마인가?

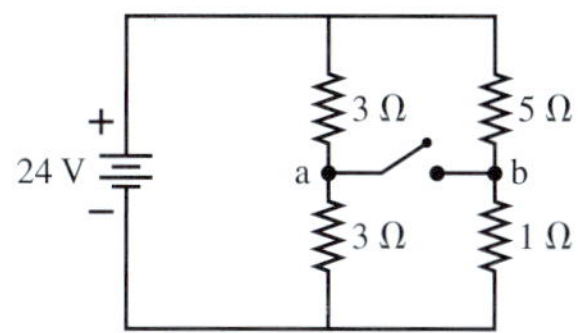

그림 P28.28

29\. ‖ 구성한 회로가 0 mA에서 최대 50 mA까지 재는 전류계를 필요로 한다. 불행하게도, 가지고 있는 전류계는 0 μA에서 최대 500 μA까지 잰다. 다행하게도 물리 수업을 끝냈으며, 그림 P28.29에서 보이는 것처럼, 이 전류계를 병렬로 연결해서 작업할 수 있다는 것을 알았다. 전류계의 저항이 이상적인 전류계의 저항 0 Ω이 아니라 50.0 Ω임을 측정하였다.

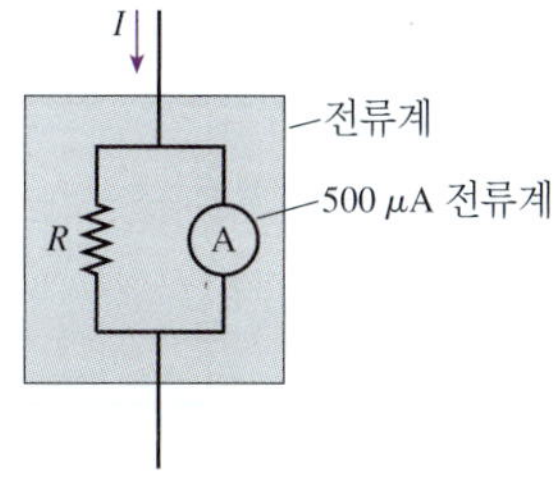

그림 P28.29

a. 어떤 R의 값을 써야 전류계가 전류 50 mA의 최대 눈금까지 잴 수 있는가?

b. 전류계의 유효 저항은 얼마인가?

30. ‖ 그림 P28.30에서 보이는 회로에 대하여, 각 저항기에 걸리는 전류와 퍼텐셜차를 구하시오. 그 결과를 읽기 쉽게 표로 만드시오.

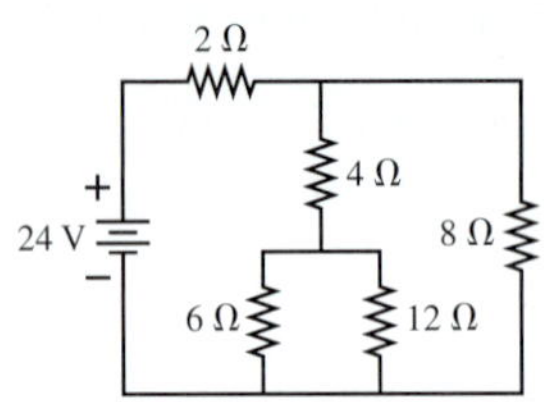

그림 P28.30

31. ‖ 그림 P28.31에서 20 Ω 저항기를 지나는 전류는 얼마인가?

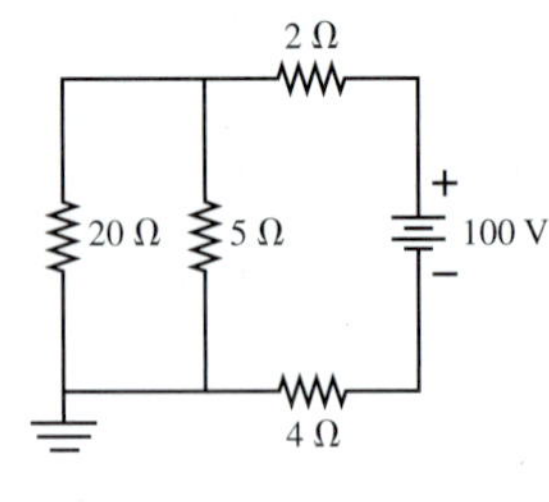

그림 P28.31

32. ‖ 그림 P28.32에서 10 Ω 저항기를 지나는 전류는 얼마인가? 전류는 왼쪽에서 오른쪽으로 흐르는가, 아니면 오른쪽에서 왼쪽으로 흐르는가?

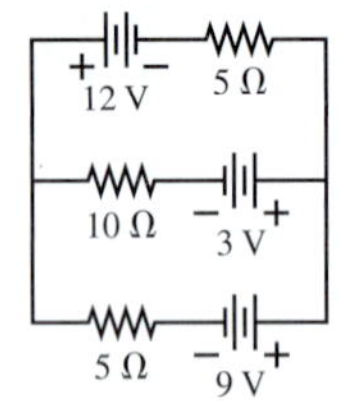

그림 P28.32

33. ‖ 12 V 자동차 전지가 전압 강하이기보다는 화학 반응이 내부 저항을 증가시켰기 때문에 멈췄다. 점퍼 케이블로 연결된 좋은 전지는 자동차 시동을 걸 수 있게 하고 멈춘 전지를 재충전시킬 수 있다. 그림 P28.33의 자동차 회로를 생각하라.

a. 좋은 전지만으로 시동 모터를 가동하는 데 얼마나 많은 전류가 필요한가?

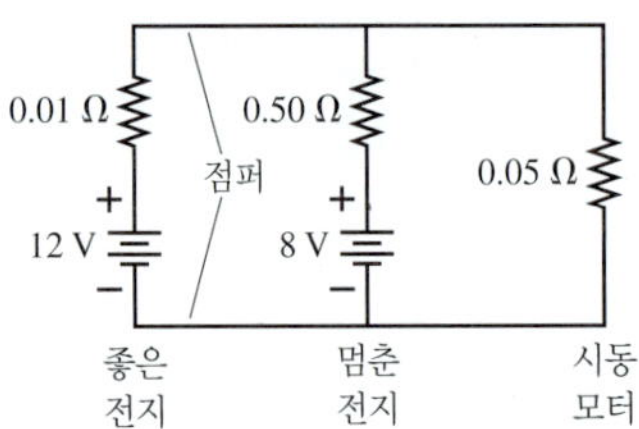

그림 P28.33

b. 멈춘 전지만으로 시동 모터를 가동하는 데 얼마나 많은 전류가 필요한가?

c. 점퍼 케이블을 연결하면, 시동 모터로 얼마나 많은 전류가 지나는가?

d. 점퍼 케이블을 연결하면, 멈춘 전지로 얼마나 많은 전류가 지나는가? 그리고 어느 방향으로 흐르는가?

34. ‖ RC 회로에서 축전기는 시간 상수 10 ms로 방전된다. 방전 후 언제 (a) 축전기의 전하가 초깃값의 절반으로 줄어드는가? (b) 축전기에 저장된 에너지가 초깃값의 절반으로 줄어드는가?

35. ‖ 150 μF의 제세동기 축전기가 1500 V로 충전된다. 환자의 가슴에 작동되면 40 ms에 전하의 95%를 잃는다. 환자 가슴의 저항은 얼마인가?
BIO

36. ‖ 0.25 μF 축전기가 50 V로 충전된다. 25 Ω과 100 Ω의 저항기에 직렬로 연결되고 완전히 방전이 가능하다. 25 Ω 저항기에서 얼마나 많은 에너지가 소진되는가?

37. ‖ 그림 P28.37에서 축전기는 $t = 0$ s에 스위치가 켜진 후 충전되기 시작한다.
CALC

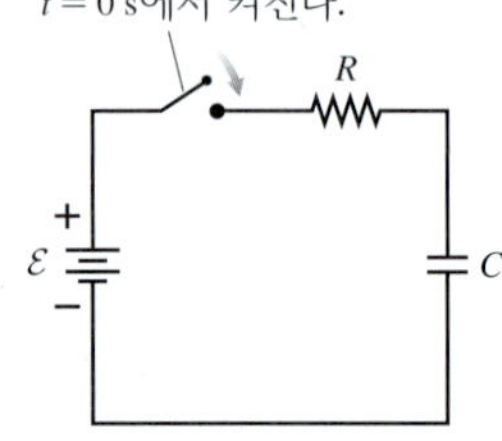

그림 P28.37

a. 스위치를 켠 후 오랜 시간이 지나면 ΔV_C는 얼마인가?

b. Q_{max}를 $\mathcal{E}$, R, C의 식으로 나타내시오.

c. 이 회로에서, $I = +dQ/dt$인가 $-dQ/dt$인가? 설명하시오.

d. 시간 t에서 전류 I에 대한 표현을 구하시오. $t = 0$부터 $t = 5\tau$까지 그래프 I를 그리시오.

38. ‖ 소형 카메라의 플래시는 220 V로 충전되는 120 μF 축전기에 에너지를 저장한다. 플래시가 터지면 축전기는 저항 5.0 Ω을 가진 전구에 의해 방전된다.

a. 플래시에서 나온 빛이 2배의 시간 상수가 경과한 후 끝났다. 이 플래시는 얼마나 오래 비추는가?

b. 플래시가 터진 후 250 μs 동안 전구가 에너지를 어떤 비율로 소모하는가?

c. 전구가 소모한 총에너지는 얼마인가?

39. ‖ 디지털 회로는 정확한 시간에 맞춰 작동해야 한다. 그래서 일정하게 연속된 직각 전압 펄스를 만드는 시계로 제어된다. 시계 펄스를 만드는 가장 널리 사용되는 집적 회로 중의 하나가 555

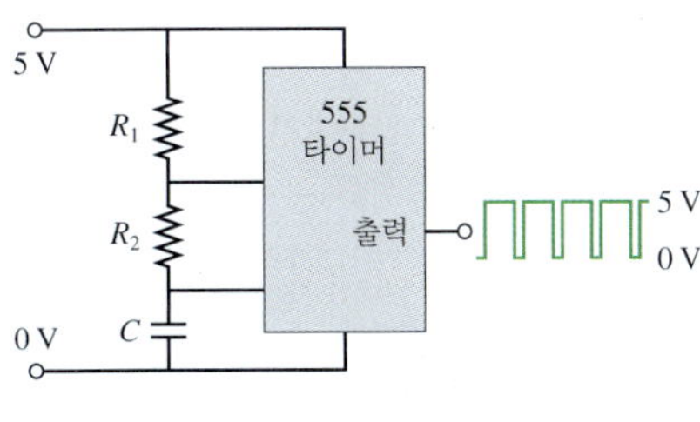

그림 P28.39

타이머이다. 그림 P28.39는 0 V와 5 V 사이를 진동하는 타이머의 출력 펄스가 2개의 저항기와 축전기로 어떻게 제어되는지를 보여준다. 회로 제조입자들은 높은(5 V) 상태에서 시계 출력이 소비하는 시간, 즉 T_H가 $T_H = (R_1 + R_2)C \times \ln 2$임을 말해준다. 마찬가지로 낮은(0 V) 상태에서 시계 출력이 소비하는 시간은 $T_L = R_2 C \times \ln 2$임을 말해준다. 10 MHz로 진동하고 높은 상태에서 각 사이클의 75%를 소비하는 시계를 설계할 필요가 있고 500 pF의 축전기를 사용하려고 한다. R_1과 R_2은 어떤 값을 사용할 것인가?

응용 문제

40. ||| 과학 올림픽에서 결승전에 올라갔다! 임무 중의 하나로, 1.0 g의 알루미늄이 제공되고, 모든 알루미늄을 써서 1.5 V 전지에 연결하여 7.5 W를 소모하는 도선을 만들도록 요구받았다. 도선의 길이와 지름은 얼마여야 하는가?

41. ||| 그림 28.38a에서 축전기는 $t = 0$ s에 스위치를 켜면 충전되기 시작한다. 회로를 해석하고 $Q = Q_{max}(1 - e^{-t/\tau})$임을 보이시오. 여기서 $Q_{max} = C\mathcal{E}$이다.
CALC

42. ||| 진동 회로는 많은 응용에 중요하다. 그림 CP28.42에 보이는 것처럼, 간단한 진동 회로가 *RC* 회로에 네온 가스 등을 추가함으로써 만들어질 수 있다. 가스는 일반적으로 좋은 절연체이며, 가스관의 저항은 원래 빛이 꺼지면 무한대이다. 이것은 축전기를 충전하도록 한다. 축전기 전압이 V_{on}에 도달하면, 관 내부의 전기장이 네온 가스를 이온화시킬 만큼 크게 된다. 시각적으로 가스관은 황색 불빛을 낸다. 전기적으로, 가스의 이온화는 관에 아주 낮은 저항 경로를 제공한다. 축전기는 아주 급격하게(그것을 순간적이라고 생각할 수 있다) 관을 통해 방전하며 축전기 전압을 떨어트린다. 축전기 전압이 V_{off}로 떨어지면, 관 내부의 전기장은 이온화를 유지할 수 없을 만큼 약하게 되고 네온 불은 꺼진다. 그러면 축전기는 다시 충전되기 시작한다. 축전기 전압은 충전을 시작하는 V_{off}와 방전을 시작하는 V_{on} 사이에서 진동한다.

a. 진동 주기가

$$T = RC \ln\left(\frac{\mathcal{E} - V_{off}}{\mathcal{E} - V_{on}}\right)$$

임을 보이시오.

b. 네온 가스관은 $V_{on} = 80$ V와 $V_{off} = 20$ V를 갖는다. 10 μF의 축전기와 90 V 전지를 가지고 10 Hz 진동자를 만들기 위하여 선택하려는 저항기 값은 얼마인가?

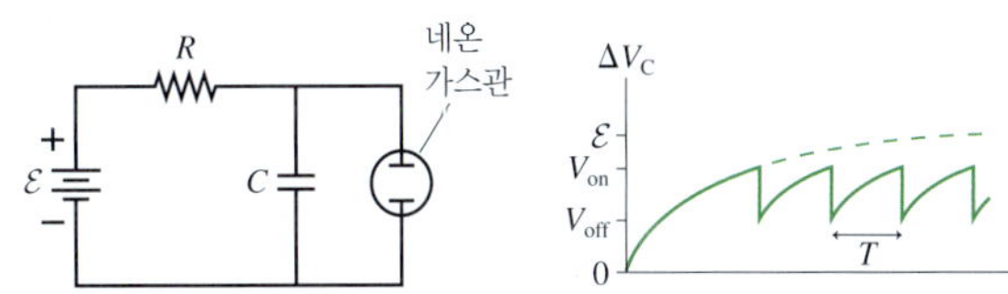

그림 CP28.42

29 자기장

The Magnetic Field

오로라는 태양에서 나오는 대전된 고에너지 입자들이 지구 자기장에 의해 상부 대기로 이동할 때 발생한다.

이 장에서는 자성과 자기장을 배운다.

자성은 무엇인가?

자성은 움직이는 전하 사이의 상호작용이다.

- 전기력과 유사한 자기력은 자기장의 작용으로 발생한다.
- 자기장 $\vec{B}$는 움직이는 전하에 의해 생성된다.
- 자기 상호작용은 북극과 남극의 자극을 통해서 이해된다.
- 자극은 분리되어 발생하지 않는다. 모든 자석은 2개의 극을 갖는 쌍극자이다.
- 실제 자기장은 움직이는 전하의 모음인 전류에 의해 생성된다.
- 철과 같은 자성체는 전자가 전자 스핀(electron spin)이라고 하는 고유의 자기 쌍극자를 가지고 있기 때문에 발생한다.

S N

자기장선

어떤 장이 특히 중요한가?

우리는 세 가지 중요한 자기장 모형을 개발하고 사용한다.

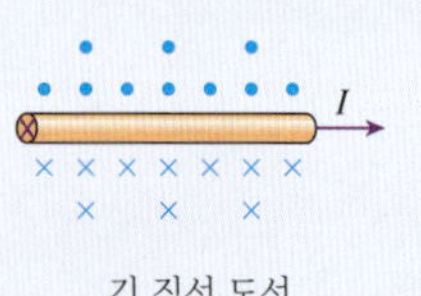

긴 직선 도선

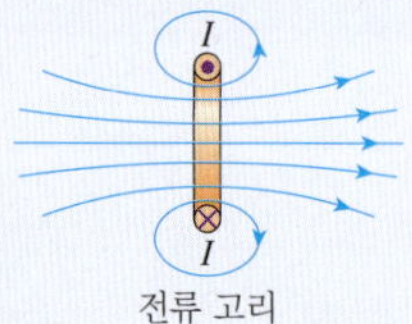

전류 고리

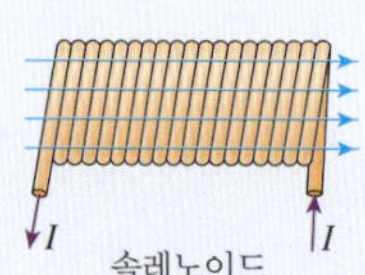

솔레노이드

전하가 자기장에 어떻게 반응하는가?

자기장에서 움직이는 대전된 입자는 $\vec{B}$와 $\vec{v}$에 수직인 힘을 경험하게 된다. 수직 힘은 대전된 입자들이 균일한 자기장에서 원형 궤도를 돌도록 한다. 이 사이클로트론 운동은 많은 응용 분야에 적용된다.

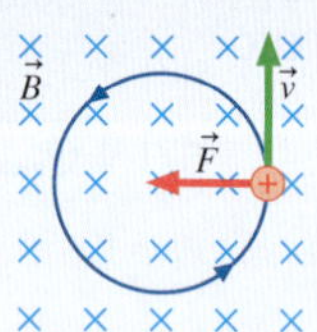

« 되돌아보기: 8.2–8.3절 원운동

« 되돌아보기: 12.10절 가위곱

전류는 자기장에 어떻게 반응하는가?

전류는 대전된 입자를 이동시킨다. 따라서

- 자기장 안에서 전류가 흐르는 도선에는 힘이 작용한다.
- 전류가 흐르는 평행한 두 도선들은 서로 당기거나 밀어낸다.
- 자기장 안에서 전류 고리에는 돌림힘이 작용한다. 이것이 모터가 작동하는 방식이다.

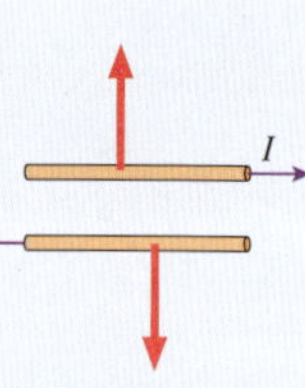

자성이 중요한 이유는 무엇인가?

자성은 냉장고 문에 쇼핑 목록을 붙여 보관하는 방법을 제공하는 경우보다 훨씬 더 중요한 쓰임이 많다. 모터와 발전기는 자기력을 기반으로 한다. 하드 디스크에서 신용카드에 이르는 데이터 저장의 다양한 형태도 자성을 이용한다. 자기 공명 영상(MRI)은 현대 의학에서 필수적이다. 자기 부상 열차가 전 세계적으로 건설되고 있다. 지구의 자기장은 태양풍으로부터 지구 표면의 불모화를 막아준다. 자성이 없이는 생명체도 현대 기술도 없을 것이다.

29.1 자성

22장에서 대전된 막대로 간단한 실험 결과를 살펴봄으로써 전기에 대한 관찰을 시작하였다. 자성에 대해서도 똑같이 접근할 것이다.

자성 발견

실험 1

코르크에 막대 자석이 테이프로 고정되어 있고 접시의 물 위에 떠 있는 경우, 막대 자석은 항상 거의 정확하게 남북 방향으로 정렬된다. 북쪽을 가리키는 자석의 끝을 **북쪽을 찾는 극** 또는 단순히 **북극**(north pole)이라고 한다. 다른 쪽 끝은 **남극**(south pole)이다.

실험 2

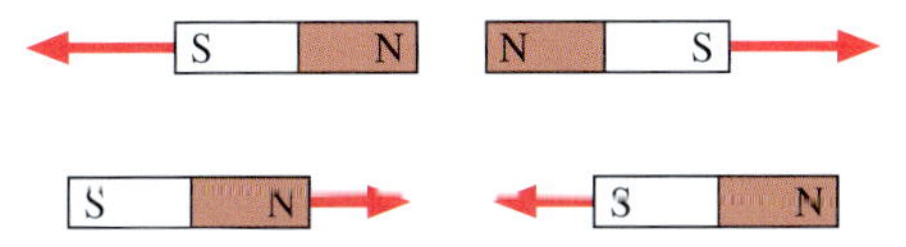

한 자석의 북극이 다른 자석의 북극 근처로 이동하면 서로 밀어낸다. 2개의 남극도 서로 밀어내지만, 한 자석의 북극은 다른 자석의 남극에 인력(끌어당기는 힘)을 가한다.

실험 3

막대 자석의 북극은 나침반 바늘의 한쪽 끝을 끌어당기고 다른 쪽은 밀어낸다. 명백하게 나침반 바늘 그 자체는 북극과 남극이 있는 작은 막대 자석이다.

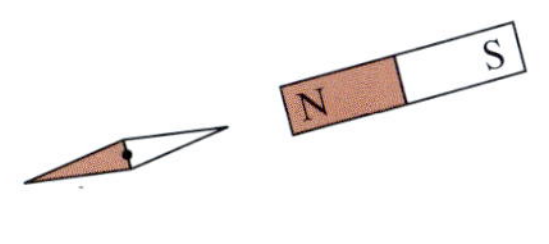

실험 4

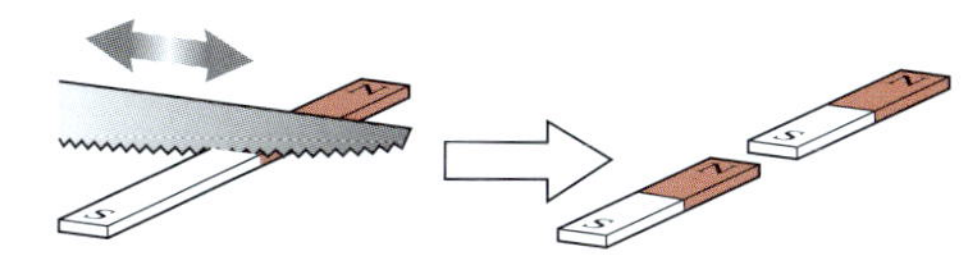

막대 자석을 반으로 자르면 2개의 약하지만 각각 북극과 남극이 있는 완전한 자석이 생성된다. 미시적 크기까지 자석을 매우 작게 자르더라도 각 조각은 2개의 극을 가진 완전한 자석으로 남아 있다.

실험 5

자석은 종이 클립과 같은 물건을 집을 수 있지만 전부를 집을 수 있는 것은 아니다. 물체가 자석의 한쪽 끝에 끌어당겨지는 경우 그 물체는 자석의 다른 쪽 끝에도 끌어당겨진다. 구리, 알루미늄, 유리 및 플라스틱을 포함한 대부분의 재료는 자석의 힘을 받지 않는다.

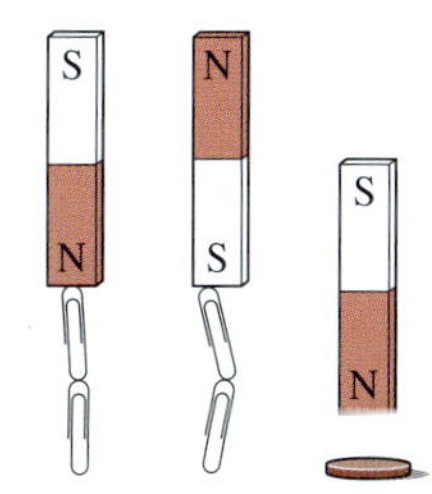

실험 6

자석은 검전기에 영향을 미치지 않는다. 대전된 막대는 자석의 양단에 약한 인력을 가한다. 그러나 그 힘은 자석이 아닌 금속 막대에 작용하는 힘과 같기 때문에 22장에서 공부한 것과 같은 단순한 분극 힘에 불과하다. 분극힘 외에 전하는 자석에 영향을 미치지 않는다.

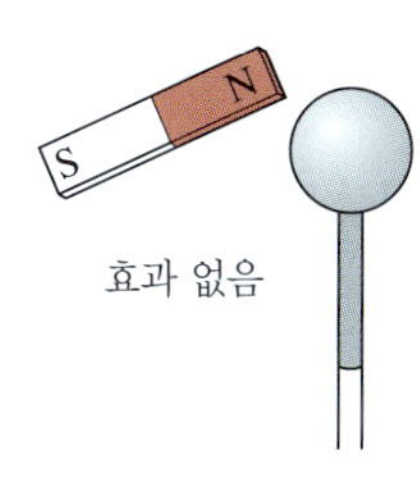

이 실험들은 무엇을 이야기하는가?

- 첫째, 자성은 전기와 같지 않다. **자극과 전하는 일부 유사한 작용을 공유하지만 동일하지는 않다.**
- 자성은 장거리힘이다. 종이 클립은 자석을 향해 위로 뛰어오른다.
- 자석은 북극 및 남극이라 부르는 2개의 극이 있어 **자기 쌍극자**(magnetic dipoles)이다. 2개의 같은 극은 서로에게 반발력(척력)을 작용한다. 2개의 반대 극은 끌어당긴다. 작용은 전하와 유사하지만, 언급한 바와 같이 자극과 전하는 동일하지 않다.

전하와 달리 고립된 북극 또는 남극은 존재하지 않는다.

- 막대 자석의 극들은 나침반을 사용하여 확인할 수 있다. 평평한 냉장고 자석과 같은 다른 자석들의 극들은 막대 자석으로 시험하여 식별할 수 있다. 알고 있는 북극은 끌어당기고 알고 있는 남극을 밀어내는 극은 남극임에 틀림없다.
- 자석에 끌리는 물질을 **자성체**(magnetic materials)라고 한다. 가장 일반적인 자성체는 철이다. 자성체는 자석의 양극에 끌린다. 이 인력은 중성 물질이 분극힘에 의해 양 및 음으로 대전된 막대 모두에 끌리는 것과 유사하다. 차이점은 모든 중성 물체가 대전된 막대에 끌리는 반면 단지 몇 개의 재료만 자석에 끌린다는 점이다.

우리의 목표는 이러한 관측들을 설명하기 위한 자기 이론을 발전시키는 것이다.

나침반과 지자기

그림 29.1 지구는 큰 자석이다.

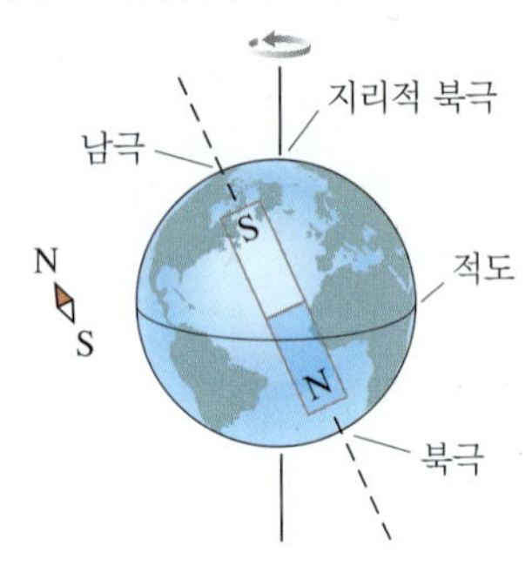

나침반 바늘의 북극은 지구의 지리적 북극 방향으로 끌린다. 분명히 지구 자체는 그림 29.1과 같이 큰 자석이다. 지구의 자기에 대한 이유는 복잡하지만 지구 물리학자들은 지구의 자극들은 용해된 철 핵에서의 전류로 인해 발생한다고 생각한다. 지구의 자기장에 관한 두 가지 흥미로운 사실은 (1) 자극이 지구의 회전축의 지리적 극으로부터 약간 중심을 벗어나 있고, (2) 지리적 북극이 실제로 남극이라는 것이다. 여러분은 지금까지 배운 것을 사용하여 이것이 사실임을 스스로 확신할 수 있어야 한다.

29.2 자기장의 발견

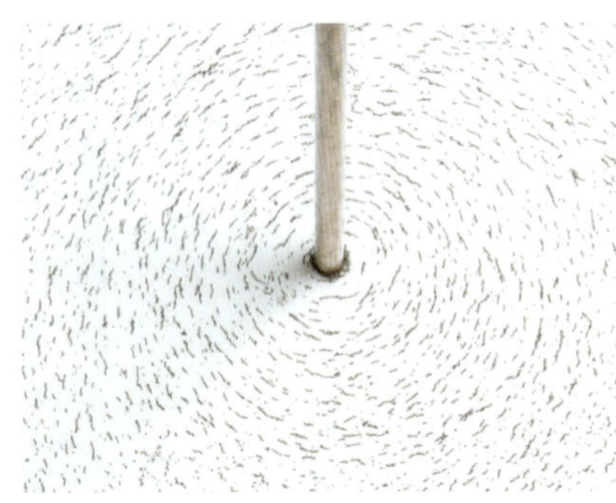

철가루는 전류가 흐르는 도선 주위의 자기장을 보여준다.

전기가 18세기에 진지하게 연구되기 시작하자 몇몇 과학자들은 전기와 자기 사이에 관련이 있을 것이라고 추측했다. 흥미롭게도, 전기와 자기 사이의 연결은 1819년 덴마크 과학자 외르스테드(Hans Christian Oersted)에 의해 교실 강의 시연 중에 발견되었다. 외르스테드는 도선에 많은 전류를 생산하기 위해 당시 최신 발명품인 전지를 사용하였다. 우연히 나침반이 도선 옆에 놓여 있었고, 외르스테드는 전류로 인해 나침반 바늘이 회전하는 것을 인지하였다. 즉, 나침반이 마치 자석이 가까이에 있는 것처럼 반응했다.

외르스테드는 오랫동안 전기와 자기 사이의 가능한 관련성에 관심이 있었기 때문에 그에게는 이 우연한 관찰의 중요성이 즉시 확실해 보였다. **전류 때문에 자기가 생긴다**는 외르스테드의 발견은 그림 29.2에 설명되어 있다. 그림 29.2c는 나침반 바늘의 방향과 전류의 방향을 연관시키는 중요한 **오른손 규칙**을 보여준다.

그림 29.2에 나타낸 것과 같은 종류의 3차원 관점이 요구되므로 자기는 전기보다 이해하기가 어렵다. 하지만 2차원 그림은 그리기가 더 쉽기 때문에 가능한 한 많이 사용할 것이다. 따라서 지면에 수직인 장 벡터나 전류를 표시해야 하는 경우가 많다. 그림 29.3은 우리가 사용할 표기법을 보여준다. 그림 29.4는 지면 안으로 향하는 전류

그림 29.2 직선 도선의 전류에 대한 나침반 바늘의 반응

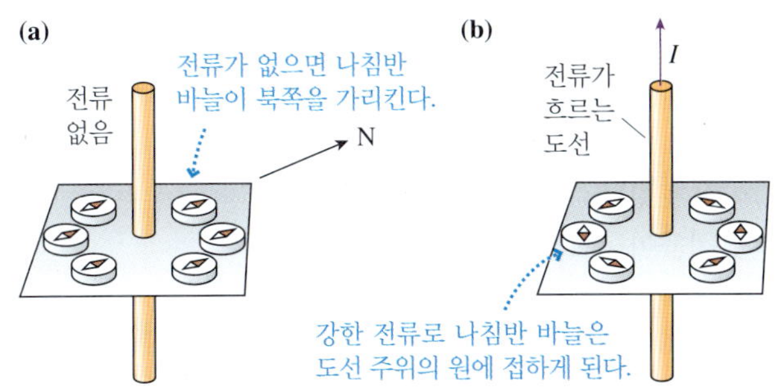

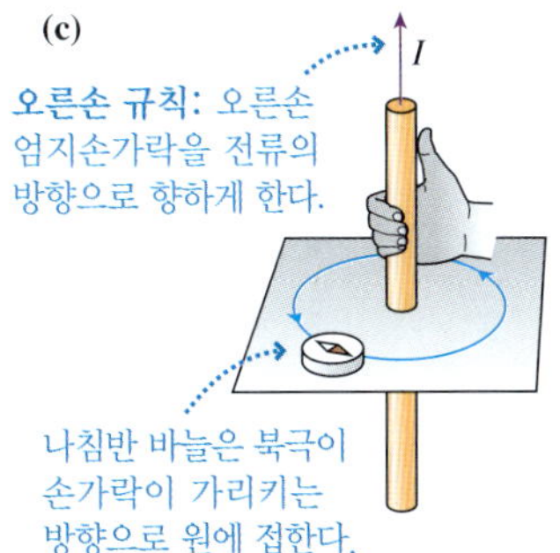

주위의 나침반을 보여줌으로써 이 표기법을 설명한다. 오른손 규칙을 사용하려면 오른손 엄지손가락을 전류의 방향으로(지면 안으로) 향하게 한다. 손가락은 시계 방향으로 휠 것이고, 그것은 나침반 바늘의 북극이 가리키는 방향이다.

그림 29.3 지면에 수직인 벡터와 전류의 표기법

자기장

우리는 먼 거리에서 작용하는 전기력을 이해하는 한 방법으로 장의 개념을 도입했다. 비록 이 개념은 다소 터무니 없어 보였지만 매우 유용한 것으로 판명되었다. 나침반 바늘에 전류가 가하는 장거리힘을 이해하기 위해 비슷한 개념이 필요하다.

자기장(magnetic field) $\vec{B}$는 다음과 같은 특성을 갖는다고 정의하자.

1. 전류가 흐르는 도선 주위 공간의 모든 점에서 자기장이 생성된다.
2. 각 점에서 자기장은 벡터이다. 자기장은 **자기장 세기** B라고 하는 크기와 방향 모두를 가지고 있다.
3. 자기장은 자극에 힘을 가한다. 북극에 작용한 힘은 $\vec{B}$와 평행하고, 남극에 작용한 힘은 $\vec{B}$와 반대 방향이다.

그림 29.4 나침반의 방향은 오른손 규칙에 의해 결정된다.

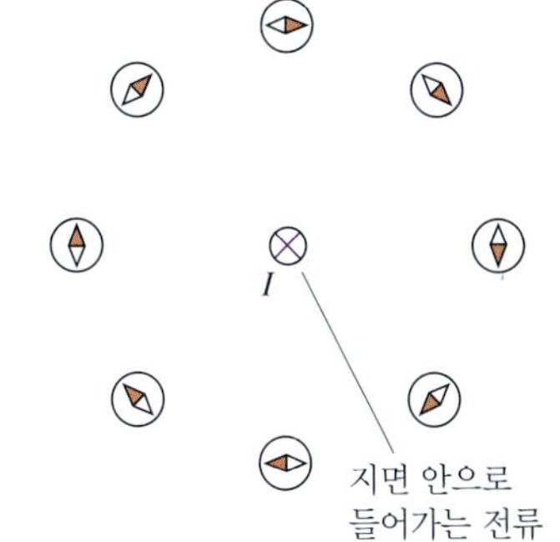

그림 29.5는 자기장에서 나침반 바늘을 보여준다. 장 벡터는 몇몇 지점에 표시되지만 장은 공간의 모든 점에 존재함을 명심하라. 자기력은 나침반의 두 극 각각에 작용하며, 북극의 경우 $\vec{B}$에 평행하고, 남극의 경우 $\vec{B}$와 반대 방향으로 작용한다. 이 한 쌍의 반대 방향의 힘들은 바늘에 돌림힘을 가하여 바늘이 자기장과 평행할 지점까지 바늘을 회전시킨다.

나침반 바늘의 북극이 평형 위치에 도달하면 나침반 바늘의 북극은 자기장 방향에 있다는 것을 주목하라. 그러므로 나침반 바늘은 마치 전하가 전기장의 탐침이었던 것처럼 자기장의 탐침으로 사용될 수 있다. **자기력은 나침반 바늘이 자기장에 평행하게 정렬되게 하고, 나침반의 북극은 그 지점에서 자기장의 방향을 나타낸다.**

그림 29.4에서 전류가 흐르는 도선 주위의 나침반 정렬을 다시 살펴보자. 나침반 바늘은 자기장과 정렬되기 때문에 각 점의 자기장은 도선 주위의 원에 접해야 한다. 그림 29.6a는 장 벡터를 그려 자기장을 보여주고 있다. 도선에서 더 먼 거리에서 장이

그림 29.5 자기장은 나침반의 극에 힘을 작용한다.

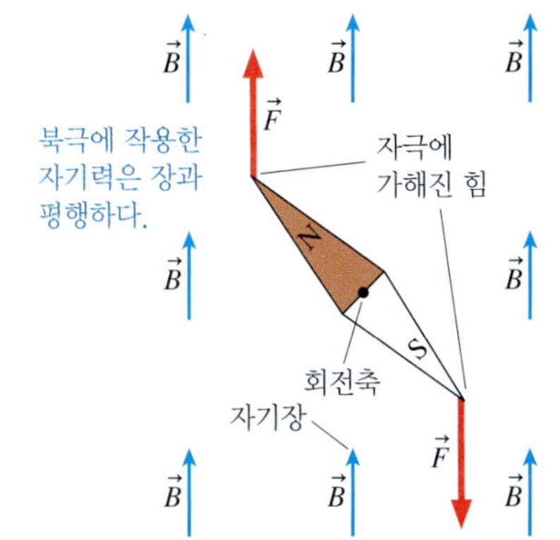

그림 29.6 전류가 흐르는 도선 주위의 자기장

(a) 자기장 벡터는 오른손 규칙에 의해 주어진 방향을 가리키며 도선 주위의 원에 접한다.

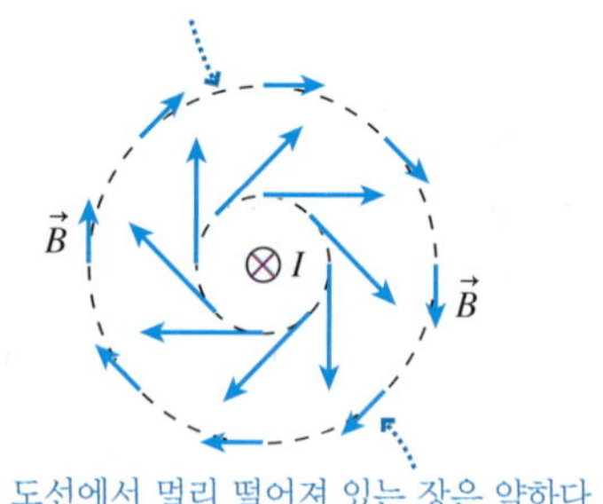

도선에서 멀리 떨어져 있는 장은 약하다.

(b)

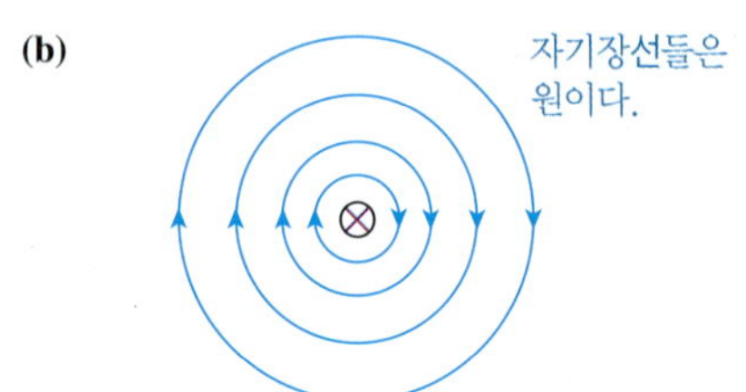

더 약하다는 것(더 짧은 벡터)에 주의하라.

장을 묘사하는 또 다른 방법은 **자기장선**(magnetic field lines)을 사용하는 것이다. 이것은 공간에 그린 가상의 선으로

- 장선에 대한 접선은 자기장 방향이다.
- 자기장 세기가 큰 곳에는 장선들이 서로 더 가까이 있다.

그림 29.6b는 전류가 흐르는 도선 주위의 자기장선을 보여준다. 자기장선은 시작점이나 끝점이 없는 고리를 형성한다는 것에 주의하라. 이것은 전하에서 시작하고 정지하는 전기장선과 대조적이다.

풀이 전략 29.1

장에 대한 오른손 규칙

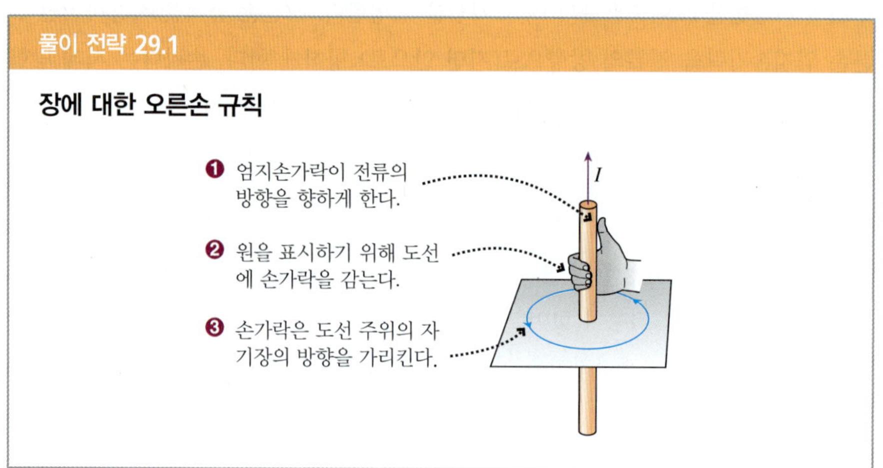

두 종류의 자성

독자는 두 종류의 자성을 도입했다고 염려할 수 있을 것이다. 이 장은 영구 자석과 그 힘에 대해 논의하면서 시작했다. 그런 다음 전류에 의해 야기된 자기력으로 전환했다. 이러한 힘은 '자석'이라고 하는 금속 덩어리(chunk)가 나타내는 것과 같은 종류의 자성이라는 것은 분명하지 않다. 아마도 이것들은 두 가지 유형의 자기력으로 하나는 전류와 관계가 있고 다른 하나는 영구 자석이 원인일 수 있다. 자성 연구의 주요 목표 중 하나는 자기 효과를 생성하는 두 가지 전혀 다른 방법이 실제로 단일 자기력의 두 가지 다른 측면이라는 것을 확인하는 것이다.

29.3 자기장의 원천: 움직이는 전하

그림 29.6은 도선의 자기장의 정성적인 묘사이다. 첫 번째 과제는 그 그림을 정량적인 묘사로 바꾸는 것이다. 도선의 전류가 자기장을 발생시키고 전류는 움직이는 전하들의 모음이기 때문에, 시작점은 **움직이는 전하가 자기장의 원천**이라는 생각이다. **그림 29.7**은 속도 $\vec{v}$로 움직이는 대전된 입자 q를 보여준다. 이 움직이는 전하의 자기장

은 다음과 같다.

$$\vec{B}_{\text{point charge}} = \left(\frac{\mu_0}{4\pi} \frac{qv\sin\theta}{r^2}, \text{ 오른손 규칙에 의해 주어진 방향} \right) \quad (29.1)$$

여기서 r은 전하로부터의 거리이고, θ는 $\vec{v}$와 $\vec{r}$ 사이의 각이다.

식 (29.1)을 점전하에 대한 **비오 · 사바르**(Biot-Savart) **법칙**이라 하고, 외르스테드의 관찰에 동기 부여를 받아 연구를 한 두 명의 프랑스 과학자의 이름을 따서 지었다. 이것은 점전하에 대한 전기장의 쿨롱의 법칙과 유사하다. 쿨롱의 법칙과 마찬가지로 비오 · 사바르 법칙은 역제곱 법칙이다. 그러나 자기장이 전하의 속도와 자기장을 구하고자 하는 점까지의 선 사이의 각 θ에 의존하기 때문에 비오 · 사바르 법칙은 쿨롱의 법칙보다 다소 더 복잡하다.

자기장 세기의 SI 단위는 **테슬라**(tesla)이며, T로 줄여 쓴다. 테슬라는 다음과 같이 정의된다.

$$1 \text{ tesla} = 1 \text{ T} \equiv 1 \text{ N/A m}$$

이 장의 뒷부분에서 알게 되겠지만 이 정의는 전류가 흐르는 도선에 작용하는 자기력에 기초하고 있다. 1테슬라는 꽤 큰 자기장이다. 대부분의 자기장은 테슬라보다 아주 작다. 표 29.1은 몇 가지 자기장 세기를 보여준다.

식 (29.1)에 있는 상수 μ_0를 **투과 상수**(permeability constant)라고 하고, 그 값은 다음과 같다.

$$\mu_0 = 4\pi \times 10^{-7} \text{ T m/A} = 1.257 \times 10^{-6} \text{ T m/A}$$

이 상수는 전기에서 유전율 상수 ϵ_0와 유사한 역할을 한다.

$\vec{B}$의 방향을 찾기 위한 오른손 규칙은 전류가 흐르는 도선에 사용한 규칙과 유사하다. 오른손 엄지손가락을 $\vec{v}$의 방향으로 향하게 한다. 자기장 벡터 $\vec{B}$는 손가락이 말리는 방향으로 $\vec{r}$과 $\vec{v}$의 평면에 수직이다. 즉, $\vec{B}$ 벡터는 전하의 이동선을 그린 원에 접한다. 그림 29.8은 움직이는 양전하의 자기장의 더 완벽한 조망을 보여준다. $\vec{B}$는 식 (29.1)의 $\sin\theta$ 항 때문에 $\theta = 0°$ 또는 $180°$가 되는 이동선을 따라서는 0이 된다.

자기장을 만들어내기 위해 전하가 움직이는 요구 사항은 식 (29.1)에 명시되어 있다. 만약 입자의 속력 v가 0이면, 자기장(전기장은 아님)은 0이다. 이것은 전기장과 자기장의 근본적인 차이를 강조하는 데 도움이 된다. 즉 **모든 전하는 전기장을 만들어내지만, 움직이는 전하만이 자기장을 만들어낸다.**

그림 29.7 움직이는 점전하의 자기장

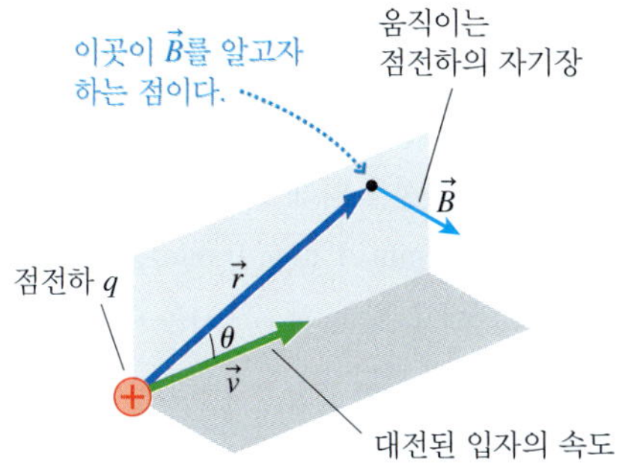

표 29.1 일반적인 자기장 세기

장 원천	장 세기(T)
지구의 표면	5×10^{-5}
냉장고 자석	5×10^{-3}
실험실 자석	0.1~1
초전도체 자석	10

그림 29.8 움직이는 양전하의 자기장에 대한 두 가지 보기

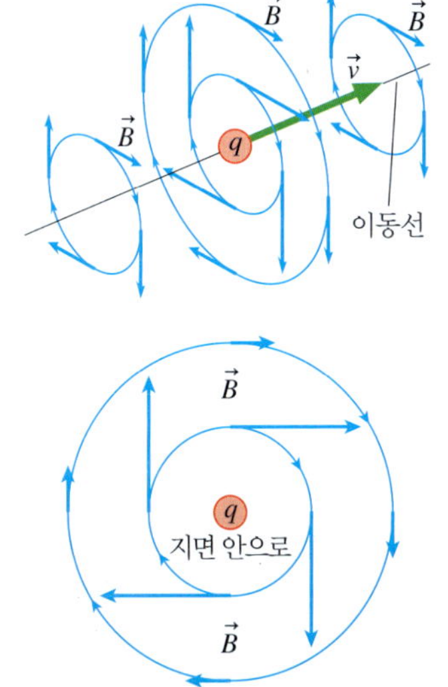

예제 29.1 양성자의 자기장

양성자가 $\vec{v} = 1.0 \times 10^7\, \hat{\imath}$ m/s의 속도로 움직이고 있다. 원점을 통과할 때 (x, y, z) 위치 (1 mm, 0 mm, 0 mm), (0 mm, 1 mm, 0 mm), (1 mm, 1 mm, 0 mm)에서의 자기장은 얼마인가?

핵심 자기장은 움직이는 대전된 입자의 자기장이다.

(계속)

시각화 그림 29.9는 기하학적 구조를 보여주고 있다. 첫 번째 점은 $\theta_1 = 0°$로 양성자의 바로 앞에 있는 x축 위에 있다. 두 번째 점은 $\theta_2 = 90°$로 y축 위에 있고, 세 번째 점은 xy평면에 있다.

풀이 이동선을 따라 있는 위치 1은 $\theta_1 = 0°$이다. 따라서 $\vec{B}_1 = \vec{0}$이다. 위치 2(0 mm, 1 mm, 0 mm)는 $r_2 = 1\text{ mm} = 0.001\text{ m}$에 있다. 비오·사바르 법칙 식 (29.1)은 이 점에서 다음과 같이 자기장 세기를 구하게 한다.

$$\begin{aligned} B &= \frac{\mu_0}{4\pi}\frac{qv\sin\theta_2}{r_2^2} \\ &= \frac{4\pi \times 10^{-7}\text{ T m/A}}{4\pi}\frac{(1.60 \times 10^{-19}\text{C})(1.0 \times 10^{7}\text{ m/s})\sin 90°}{(0.0010\text{ m})^2} \\ &= 1.60 \times 10^{-13}\text{ T} \end{aligned}$$

오른손 규칙에 따라, 자기장은 양의 z축 방향을 향한다. 따라서

$$\vec{B}_2 = 1.60 \times 10^{-13}\,\hat{k}\text{ T}$$

이다. 여기서 $\hat{k}$은 양의 z축 방향의 단위 벡터이다. (1 mm, 1 mm, 0 mm)에서 위치 3의 자기장 또한 z축 방향을 가리키지만 r이 더 크기 때문에, 그리고 θ가 더 작기 때문에 위치 2보다 약하다. 기하학적 구조에서 $r_3 = \sqrt{2}\text{ mm} = 0.00141\text{ m}$와 $\theta_3 = 45°$를 안다. 식 (29.1)을 이용한 또 다른 계산은 다음과 같다.

$$\vec{B}_3 = 0.57 \times 10^{-13}\,\hat{k}\text{ T}$$

검토 움직이는 단일 전하의 자기장은 매우 작다.

그림 29.9 예제 29.1의 자기장

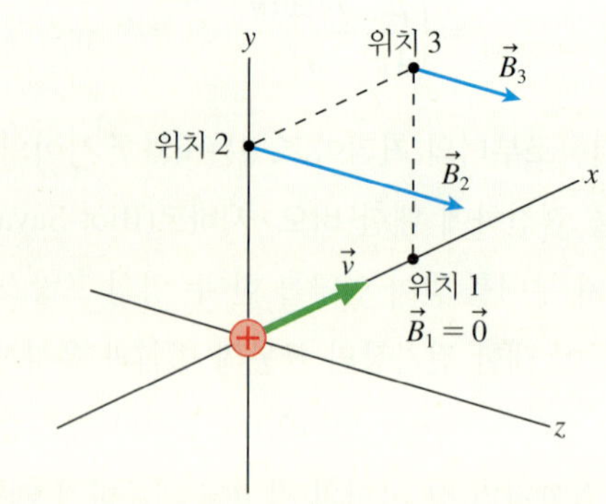

중첩

점전하의 전기장이 모든 전기장을 만드는 시작점이었던 것처럼 비오·사바르 법칙은 모든 자기장을 만드는 시작점이 된다. 자기장은 전기장과 마찬가지로 중첩의 원리를 따르는 것으로 실험적으로 알게 되었다. n개의 움직이는 전하들이 있다면, 알짜 자기장은 벡터합으로 다음과 같이 주어진다.

$$\vec{B}_{\text{total}} = \vec{B}_1 + \vec{B}_2 + \cdots + \vec{B}_n \qquad (29.2)$$

여기서 각각의 $\vec{B}$는 식 (29.1)로 계산된다. 중첩의 원리는 몇 가지 중요한 전류 분포의 자기장을 계산하는 기초가 된다.

벡터의 가위곱

«22.5절에서, 점전하의 전기장은 다음과 같이 쓸 수 있다는 것을 알게 되었다.

$$\vec{E} = \frac{1}{4\pi\epsilon_0}\frac{q}{r^2}\hat{r}$$

여기서 $\hat{r}$은 전하에서 장을 계산하고자 하는 지점을 가리키는 단위 벡터이다. 단위 벡터 $\hat{r}$은 'q로부터 멀어져'라는 생각을 표현한다.

단위 벡터 $\hat{r}$ 또한 비오·사바르 법칙을 좀 더 간결하게 쓸 수 있게 해주지만, 우리는 가위곱이라 하는 벡터 곱셈의 형태를 사용할 필요가 있다. 상기시키기 위해 그림 29.10에는 두 벡터 $\vec{C}$와 $\vec{D}$, 그리고 그 사이의 각도 α를 보여준다. $\vec{C}$와 $\vec{D}$의 **가위곱**

그림 29.10 가위곱 $\vec{C} \times \vec{D}$는 $\vec{C}$와 $\vec{D}$의 면에 수직인 벡터이다.

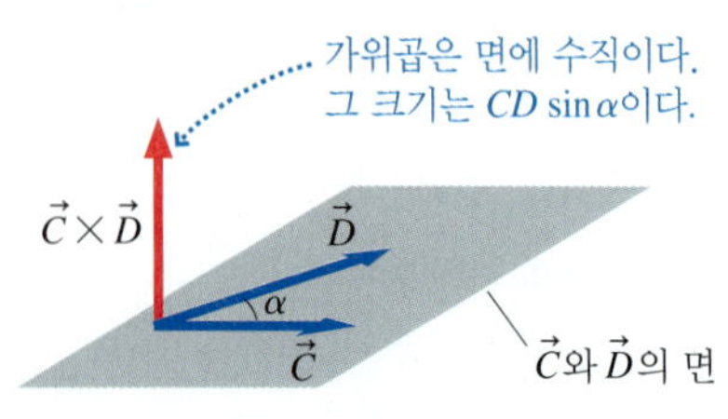

(cross product)은 다음의 벡터로 정의된다.

$$\vec{C} \times \vec{D} = (CD \sin \alpha, \text{ 오른손 규칙에 의해 주어진 방향}) \qquad (29.3)$$

벡터들 사이의 기호 ×는 가위곱을 나타내는 데 필요하다.

식 (29.1)의 비오·사바르 법칙은 다음과 같이 가위곱으로 표현할 수 있다.

$$\vec{B}_{\text{point charge}} = \frac{\mu_0}{4\pi} \frac{q\vec{v} \times \hat{r}}{r^2} \quad \text{(점전하의 자기장)} \qquad (29.4)$$

여기서 그림 29.11에 보여지는 단위 벡터 $\hat{r}$은 전하 q에서 장을 계산하고자 하는 점을 가리킨다. 자기장 $\vec{B}$에 대한 이 표현식은 크기는 $(\mu_0/4\pi)qv \sin\theta/r^2$($\hat{r}$의 크기는 1이기 때문에)이고 (오른손 규칙에 의해 주어진) 올바른 방향을 가리킴으로써 식 (29.1)과 완전히 일치한다.

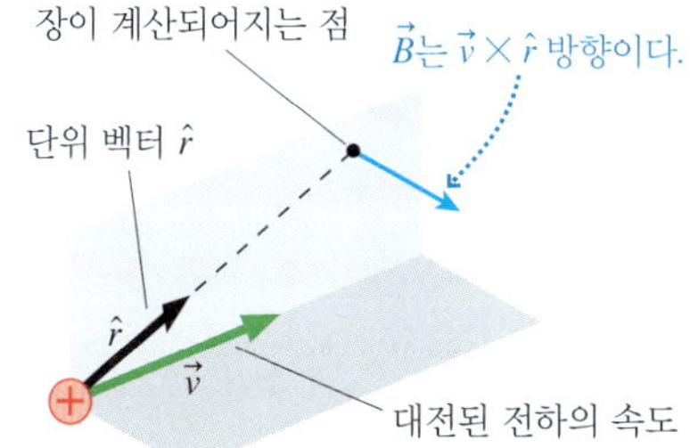

그림 29.11 단위 벡터 $\hat{r}$은 움직이는 전하에서 장을 계산하고자 하는 지점까지의 방향으로 정의된다.

예제 29.2 움직이는 전자의 자기장 방향

그림 29.12에 있는 전자는 오른쪽으로 움직인다. 점 위치에서 전자의 자기장 방향은 무엇인가?

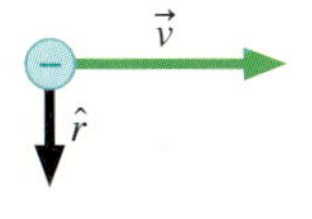

▶ 그림 29.12 움직이는 전자

시각화 전하가 음이기 때문에, 자기장은 $\vec{v} \times \hat{r}$의 반대 방향을 가리킨다. 단위 벡터 $\hat{r}$은 전하에서 점을 향한다. 오른손 규칙을 사용하여 $\vec{v} \times \hat{r}$이 지면 안으로 들어가는 방향임을 알 수 있다. 따라서 전자의 자기장은 점에서 지면 밖으로 나오는 방향을 가리킨다.

29.4 전류의 자기장

움직이는 전하는 자기장의 원천이지만 전류가 흐르는 도선(함께 움직이는 엄청난 수의 전하)의 자기장은 개별 전하의 미약한 자기장보다 훨씬 더 중요하다. 꼬불꼬불 구부러진 실제 전류가 흐르는 도선은 매우 복잡한 장을 만든다. 하지만 단순화된 모형

모형 29.1

3개의 주요 자기장

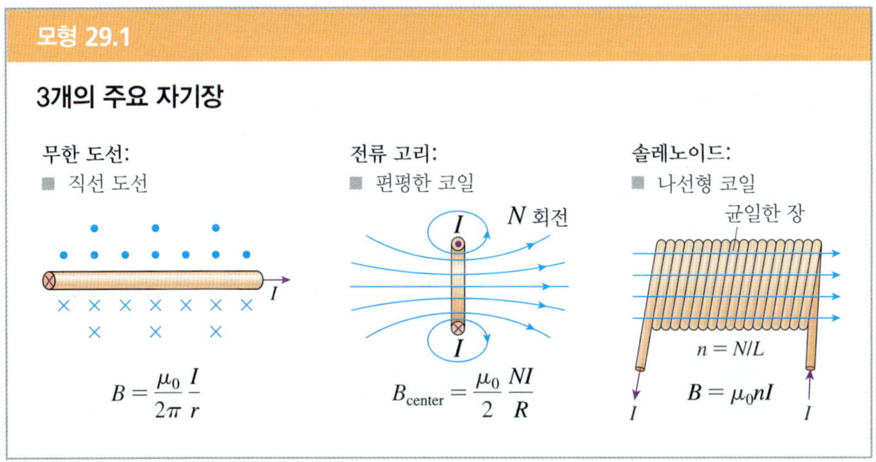

을 사용하여 물리학에 다시 집중할 수 있다. 세 가지 일반적인 자기장 모형은 다양한 자기 현상을 이해하는 데 기초가 된다는 것이 밝혀졌다. 그것들은 참고로 제시하고, 이 장의 다음 몇 절은 이 결과를 정당화하고 설명하는 데 전념할 것이다.

그림 29.13 전하 속도 $\vec{v}$와 전류 I의 관계

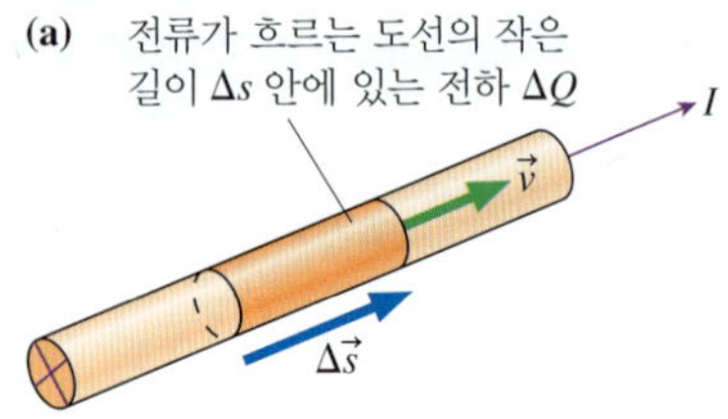

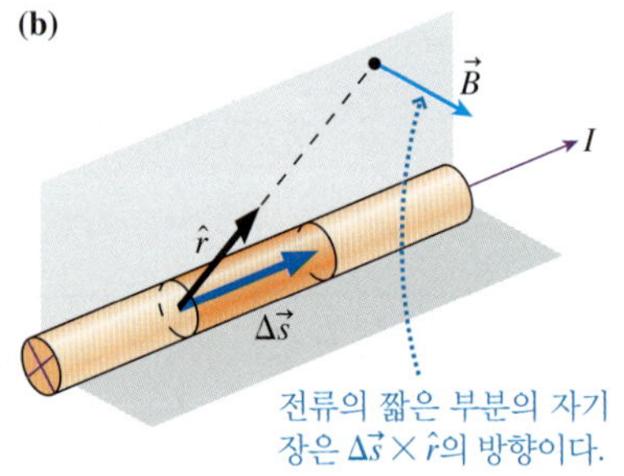

먼저 비오·사바르 법칙을 전류의 식으로 표현하는 것이 필요하다. 그림 29.13a는 전류가 흐르는 도선을 보여준다. 도선은 전체적으로 전기적으로 중성이지만, 전류 I는 도선을 통하는 양전하 운반체의 움직임을 나타낸다. 소량의 이동 전하 ΔQ가 작은 길이 Δs에 걸쳐 이어져 있다고 가정하자. 전하의 속도는 $\vec{v} = \Delta\vec{s}/\Delta t$이고, 벡터 $\vec{v}$와 평행한 벡터 $\Delta\vec{s}$는 전하의 변위 벡터이다. 만약 ΔQ가 점전하로 취급될 정도로 충분히 작다면, 그것이 공간의 한 지점에 만들어내는 자기장은 $(\Delta Q)\vec{v}$에 비례할 것이다. 도선의 전류 I로 $(\Delta Q)\vec{v}$를 다음과 같이 표현할 수 있다.

$$(\Delta Q)\vec{v} = \Delta Q\frac{\Delta\vec{s}}{\Delta t} = \frac{\Delta Q}{\Delta t}\Delta\vec{s} = I\,\Delta\vec{s} \tag{29.5}$$

여기서 전류의 정의 $I = \Delta Q/\Delta t$를 이용하였다.

비오·사바르 법칙에서의 $q\vec{v}$를 $I\,\Delta\vec{s}$로 대체하면, 전류 I가 흐르는 도선의 매우 짧은 부분에 의한 자기장은 다음과 같이 쓸 수 있다.

$$\vec{B}_{\text{current segment}} = \frac{\mu_0}{4\pi}\frac{I\,\Delta\vec{s}\times\hat{r}}{r^2} \tag{29.6}$$

(전류의 매우 짧은 부분에 의한 자기장)

식 (29.6)은 여전히 비오·사바르 법칙이며, 개별 전하의 움직임보다 전류의 관점으로 표현되었다. 그림 29.13b는 오른손 규칙을 이용하여 결정된 전류 부분의 자기장 방향을 나타내고 있다.

식 (29.6)은 전류가 흐르는 도선의 자기장을 계산하기 위한 전략의 기초가 된다. 연속 전하 분포의 전기장을 계산할 때 배운 것과 동일한 기초 전략임을 알게 될 것이다. 목표는 문제를 개별적으로 다룰 수 있는 작은 단계로 나누는 것이다.

문제 풀이 전략 29.1

전류의 자기장

핵심 도선을 단순한 형태로 모형화한다.

시각화 그림 표현을 위해:

- 그림을 그리고, 좌표계를 설정한 다음, 자기장을 계산하려는 점 P를 확인한다.
- 전류가 흐르는 도선을 $\vec{B}$를 어떻게 결정하는지 이미 알고 있는 작은 부분들로 나눈다. 이것은 항상 그렇지는 않지만 길이 Δs의 매우 짧은 부분으로 나누는 것이다.
- 하나 또는 2개의 부분에 대한 자기장 벡터를 그린다. 이렇게 하면 계산하는 데 필요한 거리와 각을 알아보는 데 도움이 된다.

풀이 수학적 표현은 $\vec{B}_{\text{net}} = \sum \vec{B}_i$이다.

- 점 P에서 $\vec{B}$의 세 성분 각각에 대해 대수적인 표현을 사용한다. 점의 (x, y, z) 좌표를 변수로 둔다.
- 좌표를 이용하여 모든 각과 거리를 표현한다.
- $\Delta s \to ds$가 되면 그 합은 적분이 된다. 이 변수의 적분 한계에 대해 신중하게 생각하자. 이 한계는 도선의 경계와 여러분이 선택한 좌표계에 따라 달라진다.

검토 결과가 장이 무엇이어야 되는지 알고 있는 것과 일치하는지 확인한다.

23장에서와 같이 여기서 중요한 생각은 **적분은 합계**라는 것이다.

예제 29.3 | 길고 곧은 도선의 자기장

길고 곧은 도선에 양의 x방향으로 전류 I가 흐른다. 도선으로부터 거리 r에 있는 자기장을 구하시오.

핵심 도선이 무한히 길다고 모형화한다.

시각화 그림 29.14는 문제 풀이 전략의 단계를 보여준다. y축 위에 점 P가 있는 좌표계를 선택한다. 그 다음 도선을 소량의 움직이는 전하 ΔQ가 포함된 i로 표기한 작은 부분으로 나눈다. 단위 벡터 $\hat{r}$과 각 θ_i는 부분 i에 대해 나타내었다. $\vec{B}_i$가 양의 z축 방향, 즉 지면에서 밖으로 나오는 방향임을 확인하기 위해 오른손 규칙을 사용하여야 한다. 이것은 부분 i가 x축을 따라 어디에 있든 상관 없는 방향이다. 결론적으로, B_x($\vec{B}$가 도선에 평행한 성분)와 B_y(도선으로부터 $\vec{B}$가 똑바로 멀어지는 성분)는 0이다. 계산하는 데 필요한 $\vec{B}$의 유일한 성분은 B_z이고, 도선 주위의 원에 접하는 성분이다.

그림 29.14 전류 I가 흐르는 길고 곧은 도선의 자기장 계산하기

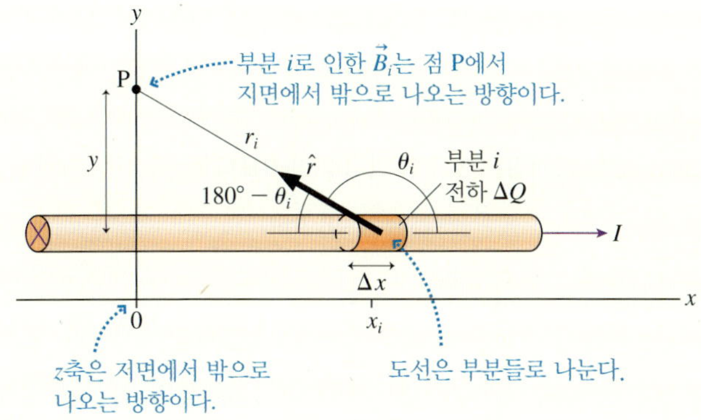

풀이 비오·사바르 법칙을 이용하여 부분 i의 장 $(B_i)_z$를 구할 수 있다. 가위곱 $\Delta\vec{s}_i \times \hat{r}$의 크기는 $(\Delta x)(1)\sin\theta_i$이다. 따라서

$$(B_i)_z = \frac{\mu_0}{4\pi}\frac{I\,\Delta x \sin\theta_i}{r_i^2} = \frac{\mu_0}{4\pi}\frac{I\sin\theta_i}{r_i^2}\Delta x = \frac{\mu_0}{4\pi}\frac{I\sin\theta_i}{x_i^2+y^2}\Delta x$$

이다. 여기서 거리 r_i를 x_i와 y를 이용하여 적었다. 또한 x_i와 y를 이용하여 θ_i를 표현할 필요가 있다. $\sin(180° - \theta) = \sin\theta$이기 때문에 이것은 다음과 같다.

$$\sin\theta_i = \sin(180° - \theta_i) = \frac{y}{r_i} = \frac{y}{\sqrt{x_i^2+y^2}}$$

$\sin\theta_i$에 대한 이 표현과 함께 부분 i의 자기장은 다음과 같다.

$$(B_i)_z = \frac{\mu_0}{4\pi}\frac{Iy}{(x_i^2+y^2)^{3/2}}\Delta x$$

이제 모든 부분들의 자기장을 합할 준비가 되었다. 중첩은 벡터합이지만, 이 경우는 단지 z성분만 0이 아니다. 모든 $(B_i)_z$를 합하면 다음과 같다.

$$B_{\text{wire}} = \frac{\mu_0 Iy}{4\pi}\sum_i \frac{\Delta x}{(x_i^2+y^2)^{3/2}} \to \frac{\mu_0 Iy}{4\pi}\int_{-\infty}^{\infty}\frac{dx}{(x^2+y^2)^{3/2}}$$

마지막 단계에서 합을 적분으로 변환했다. 도선이 무한히 길다는 모형은 적분의 한계가 $\pm\infty$가 되도록 설정한다. 이것은 부록 A 또는 적분 소프트웨어에서 찾을 수 있는 표준 적분이다. 계산은 다음과 같다.

$$B_{\text{wire}} = \frac{\mu_0 Iy}{4\pi}\left.\frac{x}{y^2(x^2+y^2)^{1/2}}\right|_{-\infty}^{\infty} = \frac{\mu_0}{2\pi}\frac{I}{y}$$

이것은 장의 크기이다. 장의 방향은 오른손 규칙을 사용하여 결정할 수 있다.

좌표계는 우리가 선택한 것이고, y축에 대해 특별한 것은 없다. 기호 y는 단순히 도선으로부터의 거리이며, r로 더 잘 표현된다. 이

(계속)

러한 변경을 통해 자기장은 다음과 같이 주어진다.

$$\vec{B}_{\text{wire}} = \left(\frac{\mu_0}{2\pi}\frac{I}{r}, \text{ 오른손 방향으로 도선 주위의 원에 접함}\right)$$

검토 그림 29.15는 전류가 흐르는 도선의 자기장이다. 이것을 그림 29.2와 비교하고 표시된 방향이 오른손 규칙과 일치하는지 스스로 확인하라.

그림 29.15 전류 I가 흐르는 길고 곧은 도선의 자기장

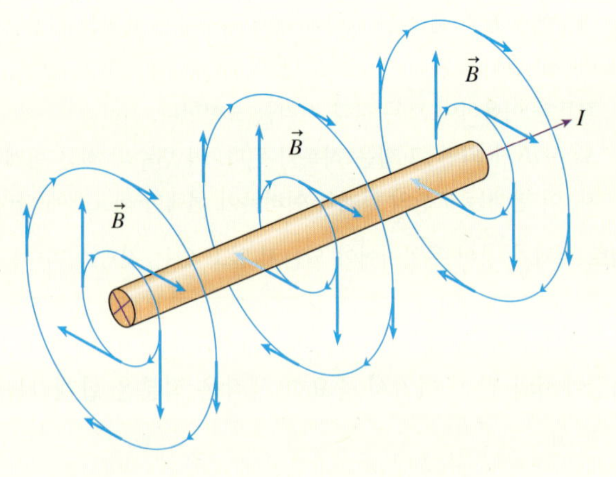

무한히 길고 곧은 도선의 자기장은 주요 자기장 모형의 첫 번째 것이었다. 예제 29.3은 장의 크기가 다음과 같음을 보여준다.

$$B_{\text{wire}} = \frac{\mu_0}{2\pi}\frac{I}{r} \quad \text{(길고 곧은 도선)} \tag{29.7}$$

도선을 둘러싸는 장의 방향은 오른손 규칙에 의해 주어진다.

예제 29.4 | 히터 도선 근처의 자기장 세기

길이 1.0 m, 지름 1.0 mm의 니크롬 히터 도선이 12 V 전지에 연결되었다. 도선으로부터 1.0 cm 떨어진 곳에서의 자기장 세기는 얼마인가?

핵심 1 cm는 도선의 길이 1 m보다 훨씬 작으므로, 도선이 무한히 길다고 모형화한다.

풀이 도선을 통하여 흐르는 전류는 $I = \Delta V_{\text{bat}}/R$이다. 여기서 도선의 저항 R은 다음과 같다.

$$R = \frac{\rho L}{A} = \frac{\rho L}{\pi r^2} = 1.91\ \Omega$$

니크롬의 비저항 $\rho = 1.50 \times 10^{-6}\ \Omega\,\text{m}$는 표 27.2에서 얻을 수 있다. 따라서 전류는 $I = (12\ \text{V})/(1.91\ \Omega) = 6.28\ \text{A}$이다. 도선으로부터 거리 $d = 1.0\ \text{cm} = 0.010\ \text{m}$에서의 자기장 세기는 다음과 같다.

$$B_{\text{wire}} = \frac{\mu_0}{2\pi}\frac{I}{d} = (2.0 \times 10^{-7}\ \text{T m/A})\frac{6.28\ \text{A}}{0.010\ \text{m}}$$
$$= 1.3 \times 10^{-4}\ \text{T}$$

검토 도선의 자기장은 지구의 자기장 세기보다 두 배 이상 크다.

모터, 확성기, 금속 탐지기 및 많은 다른 소자들은 도선의 코일로 자기장을 생성한다. 가장 간단한 코일은 한 번 감은 도선의 고리이다. 이처럼 순환 전류가 있는 도선의 원형 고리를 **전류 고리**(current loop)라고 한다.

예제 29.5 전류 고리의 자기장

그림 29.16a는 전류 I가 흐르는 반지름 R인 도선의 원형 고리인 전류 고리를 보여준다. 고리의 축 위 거리 z에서 전류 고리의 자기장을 구하시오.

그림 29.16 전류 고리

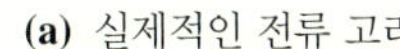

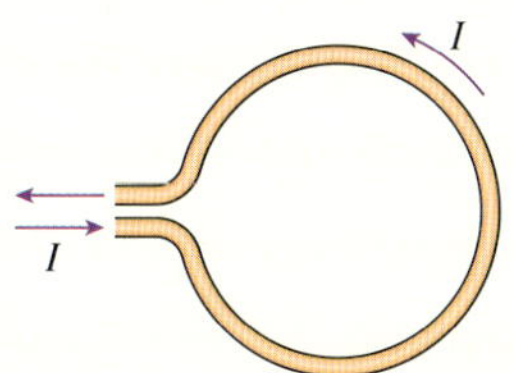

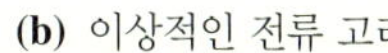

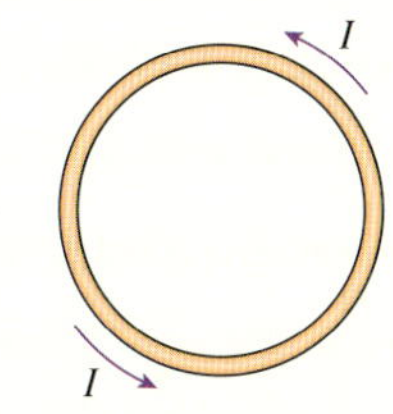

핵심 실제 코일은 전류가 들어가고 나오는 도선이 필요하다. 그러나 그림 29.16b에 나타난 것처럼 코일을 완전한 원을 따라 흐르는 전류로 모형화할 것이다.

시각화 그림 29.17은 반시계 방향으로 순환한다고 가정한 고리를 보여준다. 고리가 xy면에서 $z=0$에 놓이는 좌표계를 선택한다. 부분 i가 고리의 맨 위에 있는 부분이라 하자. 벡터 $\Delta\vec{s}_i$는 x축에 평행하고, 단위 벡터 $\hat{r}$은 yz면에 있어 $\Delta\vec{s}_i$와 $\hat{r}$ 사이의 각 θ_i는 $90°$이다.

그림 29.17 전류 고리의 자기장 계산하기

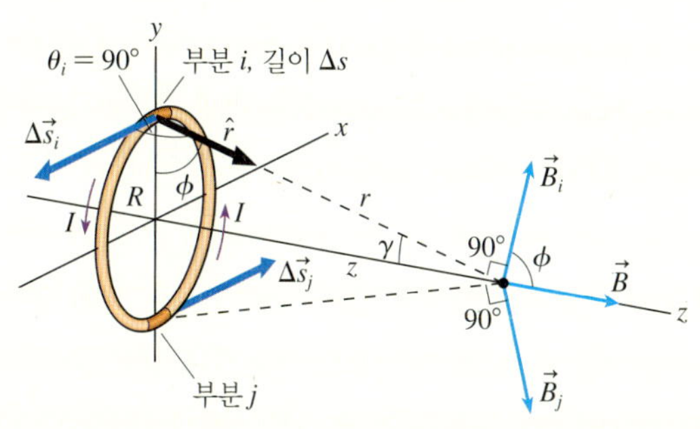

부분 i에 있는 전류에 의한 자기장 $\vec{B}_i$의 방향은 $\Delta\vec{s}_i \times \hat{r}$의 가위곱으로 주어진다. $\vec{B}_i$는 $\Delta\vec{s}_i$와 $\hat{r}$에 수직이어야 한다. 그림 29.17에 있는 $\vec{B}_i$가 정확한 방향을 가리키는지 확인하기 바란다. $\vec{B}_i$의 y성분은 180° 떨어진 고리의 맨 밑에 있는 부분의 전류에 기인한 $\vec{B}_j$의 y성분에 의해 상쇄된다. 사실, 고리의 모든 전류 부분은 고리의 반대편에 180° 떨어진 부분과 짝을 이루어 $\vec{B}$의 x성분과 y성분은 상쇄되고, z축에 평행한 $\vec{B}$의 성분은 추가된다. 즉, 고리의 대칭성은 축에서의 자기장이 z축을 향하게 한다. z성분만을 합산해야 된다는 것을 알게 되면 계산은 간단해진다.

풀이 비오·사바르 법칙을 이용하여 부분 i의 자기장의 z성분 $(B_i)_z = B_i \cos\phi$를 찾을 수 있다. 가위곱 $\Delta\vec{s}_i \times \hat{r}$은 크기가 $(\Delta s)(1)\sin 90° = \Delta s$이다. 따라서

$$(B_i)_z = \frac{\mu_0}{4\pi}\frac{I\,\Delta s}{r^2}\cos\phi = \frac{\mu_0 I\cos\phi}{4\pi(z^2+R^2)}\Delta s$$

이다. 여기서 $r=(z_2+R_2)^{1/2}$을 사용하였다. $\phi+\gamma=90°$이기 때문에 각 ϕ는 $\hat{r}$과 고리의 반지름 사이의 각이다. 따라서 $\cos\phi = R/r$이고,

$$(B_i)_z = \frac{\mu_0 IR}{4\pi(z^2+R^2)^{3/2}}\Delta s$$

이다. 마지막 단계는 모든 부분들에 의한 자기장을 합하는 것이다.

$$B_{\text{loop}} = \sum_i (B_i)_z = \frac{\mu_0 IR}{4\pi(z^2+R^2)^{3/2}}\sum_i \Delta s$$

이 경우, 직선 도선과 다르게 Δs를 곱하는 항은 부분 i의 위치에 따라 달라지지 않으므로, 이 모든 항들은 합계에서 뽑아낼 수 있다. 모든 작은 부분들의 길이를 합하는 것만 남겨두었다. 이것은 도선의 총 길이로 원주 $2\pi R$이다. 따라서 전류 고리의 축에서의 자기장은 다음과 같다.

$$B_{\text{loop}} = \frac{\mu_0 IR}{4\pi(z^2+R^2)^{3/2}}2\pi R = \frac{\mu_0}{2}\frac{IR^2}{(z^2+R^2)^{3/2}}$$

실제로 전류는 N회전으로 감긴 도선으로 구성된 **코일**을 통과하는 경우가 많다. 만약 회전 도선들이 매우 가까이 있다면, 각 자기장은 본질적으로 동일하므로 코일의 자기장은 전류 고리의 자기장의 N배가 된다. N회전 된 코일 또는 N회전 전류 고리의 중심($z=0$)의 자기장은 다음과 같다.

$$B_{\text{coil center}} = \frac{\mu_0}{2}\frac{NI}{R} \quad (N\text{회전 전류 고리}) \qquad (29.8)$$

이것은 중요 자기장 모형의 두 번째이다.

예제 29.6 | 지구 자기장 맞춤

5회전 되었고, 10 cm 지름을 가진 코일의 중심에서 지구의 자기장을 상쇄시키기 위한 전류는 얼마인가?

핵심 공간에 장이 0이 되는 영역을 만드는 방법 중의 하나는 지구의 장과 같고 반대 방향을 가리키는 자기장을 생성하는 것이다. 두 장의 벡터합은 0이 된다.

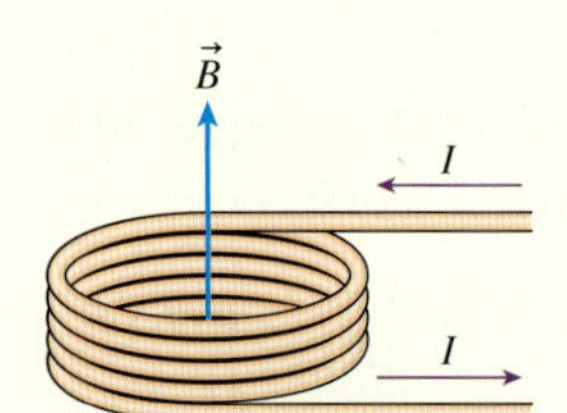

▶ 그림 29.18 도선의 코일

시각화 그림 29.18은 5회전 된 도선의 코일을 보여준다. 자기장은 하나의 전류 고리 자기장의 5배가 된다.

풀이 표 29.1에 있는 지구의 자기장은 5.0×10^{-5} T이다. 5.0×10^{-5} T 장을 생성하기 위해 필요한 전류를 구하기 위하여 식 (29.8)을 사용하면 다음과 같다.

$$I = \frac{2RB}{\mu_0 N} = \frac{2(0.050\text{ m})(5.0 \times 10^{-5}\text{ T})}{5(4\pi \times 10^{-7}\text{ T m/A})} = 0.80\text{ A}$$

검토 0.80 A의 전류는 쉽게 만들 수 있다. 비록 단순한 코일을 이용하는 것보다 지구의 장을 상쇄시키는 더 좋은 방법이 있지만, 이 예제는 아이디어를 설명하고 있다.

29.5 자기 쌍극자

전류 고리의 축에서의 자기장을 계산할 수 있었지만 축에서 벗어난 지점의 장을 결정하려면 수치 적분이나 장의 실험적 사상(mapping)이 필요하다. 그림 29.19는 전류 고리의 전체 자기장을 보여준다. 이 장은 **회전 대칭**을 가지므로 전체 3차원 장을 그리기 위해 그림 29.19a를 고리의 축을 중심으로 회전하는 것을 상상해보라. 그림 29.19b는 오른쪽에서 본 고리 평면의 자기장을 보여준다. 그림 29.19c의 사진에서 보듯이, 자기장은 고리에서 한 방향으로 떠나서 외부로 '흐르고' 그 다음 고리로 돌아간다는 것이 분명하다.

그림 29.19 전류 고리의 자기장

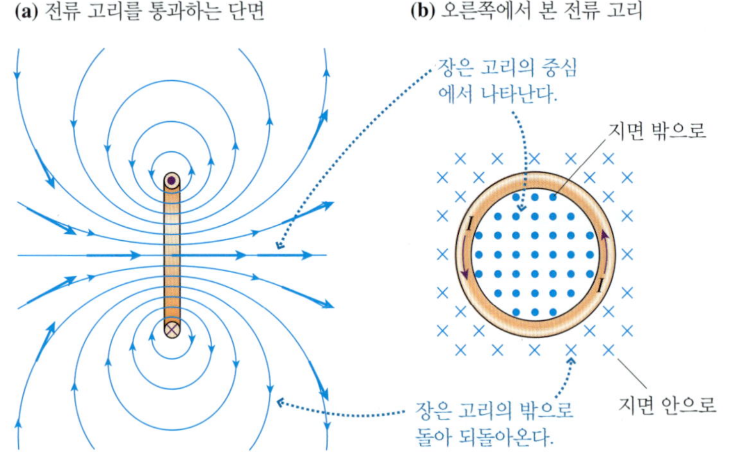

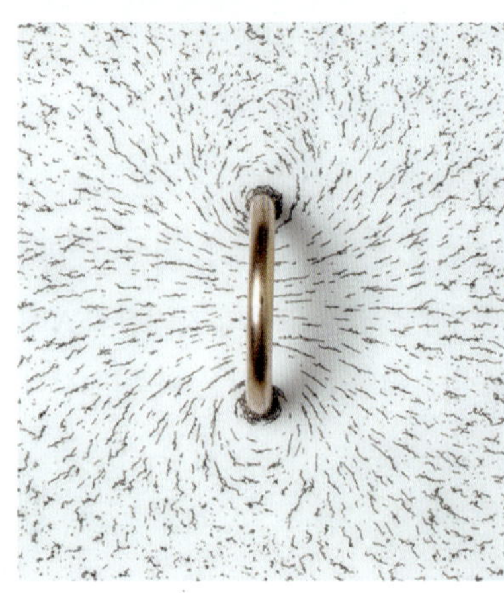

고리의 장이 가리키는 방향을 결정하는 데 사용할 수 있는 두 가지 형태의 오른손 규칙이 있다. 그림 29.19에 이것을 사용해보자. 전류 고리의 장의 방향을 신속하게 확인할 수 있는 것은 매우 중요한 기술이다.

풀이 전략 29.2

전류 고리의 자기장 방향 찾기

자기장 방향을 찾기 위해 다음 방법 중의 하나를 사용한다.

1. 고리의 어떤 점에서든 오른손 엄지손가락을 전류의 방향으로 향하게 하고 손가락이 고리의 중심을 따라 말리도록 한다. 그러면 여러분의 손가락은 $\vec{B}$가 고리에서 떠나는 방향을 가리키게 된다.
2. 오른손 손가락을 전류의 방향으로 고리 주위로 감는다. 그러면 여러분의 엄지손가락은 $\vec{B}$가 고리를 떠나는 방향을 가리키게 된다.

전류 고리는 자기 쌍극자이다

전류 고리는 2개의 뚜렷한 면이 있다. 막대 자석과 편평한 냉장고 자석 또한 2개의 뚜렷한 면 또는 끝이 있어 여러분은 전류 고리가 이러한 영구 자석들과 관련이 있는지 궁금해할 것이다. 전류 고리에 대한 다음 실험들을 고려해보자. 자기장을 고리의 평면에서만 보여주고 있음을 주목하라.

전류 고리 조사

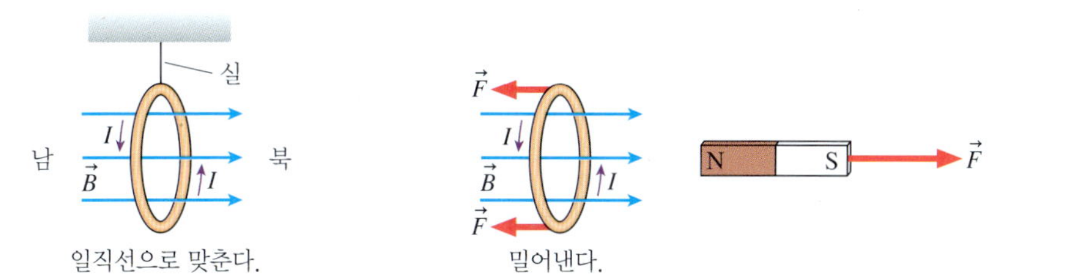

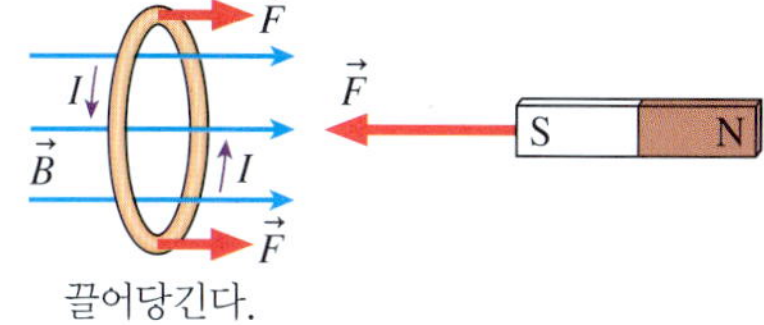

실에 의해 매달린 전류 고리는 자기장이 북쪽을 가리키는 방향으로 일직선으로 맞춘다.

영구 자석의 북극은 자기장이 나오는 전류 고리의 면을 밀어낸다.

영구 자석의 남극은 자기장이 나오는 전류 고리의 면을 끌어당긴다.

이러한 연구는 **전류 고리가** 영구 자석과 같은 **자석이라는 것**을 보여준다. 도선의 코일에 흐르는 전류에 의해 생성된 자석을 **전자석**(electromagnet)이라고 한다. 전자석은 작은 철 조각을 끌어올리고, 나침반 바늘에 영향을 주며 모든 면에서 영구 자석처럼 작용한다.

실제로, 그림 29.20은 편평한 영구 자석과 전류 고리가 똑같은 자기장(자기 쌍극자의 장)을 생성한다는 것을 보여준다. 두 가지 경우, **북극은 자기장이 나오는 면 또는 끝으로 분간할 수 있다.** 양쪽 모두 자기장은 남극으로 들어가는 방향을 향한다.

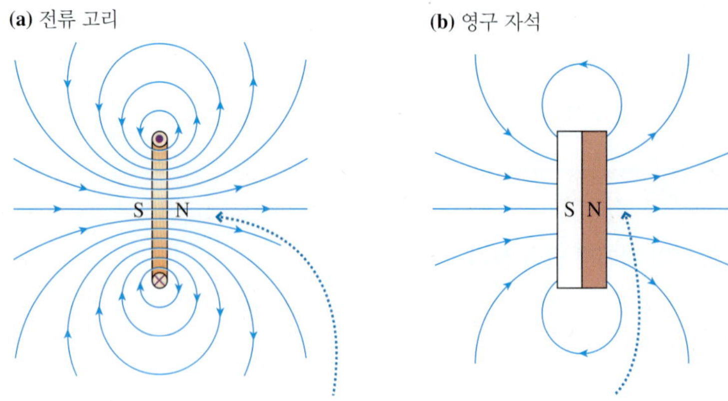

▶ 그림 29.20 전류 고리는 자극들을 가지고 있고 편평한 영구 자석과 똑같은 자기장을 생성한다.

이 장의 목표 중 하나는 전류에 의한 자기력과 영구 자석에 의한 자기력이 단일 자성의 두 가지 측면이라는 것을 보여주는 것이다. 영구 자석과 전류 고리 사이의 이러한 관련은 수수께끼의 큰 부분으로 밝혀질 것이다.

자기 쌍극자 모멘트

전기 쌍극자의 전기장에 대한 표현은 전하 간 거리 s보다 훨씬 큰 거리에서 전기장을 고려하였을 때 상당히 단순화된다. 즉, $z \gg s$일 때, 전기 쌍극자의 축 위의 장은 다음과 같다.

$$\vec{E}_{\text{dipole}} = \frac{1}{4\pi\epsilon_0}\frac{2\vec{p}}{z^3}$$

여기서 전기 쌍극자 모멘트 $\vec{p} = (qs$, 음전하에서 양전하로)이다.

전류 고리의 축 위의 자기장은 다음과 같다.

$$B_{\text{loop}} = \frac{\mu_0}{2}\frac{IR^2}{(z^2 + R^2)^{3/2}}$$

만약 z가 전류 고리의 지름보다 훨씬 더 크면($z \gg R$), $(z^2 + R^2)^{3/2} \to z^3$로 근사할 수 있다. 그러면 고리의 장은 다음과 같다.

$$B_{\text{loop}} \approx \frac{\mu_0}{2}\frac{IR^2}{z^3} = \frac{\mu_0}{4\pi}\frac{2(\pi R^2)I}{z^3} = \frac{\mu_0}{4\pi}\frac{2AI}{z^3} \tag{29.9}$$

여기서 $A = \pi R^2$은 고리의 넓이이다.

만약 z가 고리의 크기보다 훨씬 더 큰 경우 식 (29.9)는 단지 원형 고리가 아닌 모든 형태의 전류 고리의 축 위의 자기장이라는 것을 보여준다. 고리의 모양은 근접한 장에 영향을 미치지만 먼 거리의 장은 단지 전류 I와 고리로 둘러싸인 넓이 A에 따라 변한다. 이를 염두에 두고, 넓이 A를 둘러싸고 있는 전류 고리의 **자기 쌍극자 모멘트**(magnetic dipole moment) $\vec{\mu}$를 정의하자.

$$\vec{\mu} = (AI, \text{남극에서 북극으로})$$

자기 쌍극자 모멘트의 SI 단위는 A m²이다.

전기 쌍극자 모멘트와 같이 자기 쌍극자 모멘트는 벡터이다. 축 위의 자기장과 동일한 방향이다. 따라서 $\vec{B}$의 방향을 결정하기 위한 오른손 규칙은 $\vec{\mu}$의 방향도 알려준다. 그림 29.21은 원형 전류 고리의 자기 쌍극자 모멘트를 보여준다.

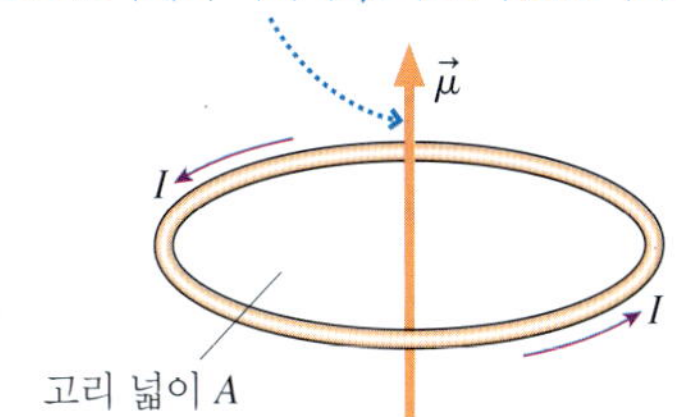

그림 29.21 원형 전류 고리의 자기 쌍극자 모멘트

자기 쌍극자 모멘트는 오른손 규칙의 방향으로 고리에 수직하다. $\vec{\mu}$의 크기는 AI이다.

전류 고리의 축 위의 자기장이 $\vec{\mu}$의 방향과 같은 방향이기 때문에 식 (29.9)와 $\vec{\mu}$의 정의를 결합하여 자기 쌍극자의 축 위의 장을 다음과 같이 쓸 수 있다.

$$\vec{B}_{\text{dipole}} = \frac{\mu_0}{4\pi}\frac{2\vec{\mu}}{z^3} \quad \text{(자기 쌍극자의 축 위)} \tag{29.10}$$

만약 $\vec{B}_{\text{dipole}}$와 $\vec{E}_{\text{dipole}}$를 비교하면, 자기 쌍극자의 자기장은 전기 쌍극자의 전기장과 매우 유사하다는 것을 알 수 있다.

영구 자석은 자기 쌍극자 모멘트를 가지고 있으며, z가 자석의 크기보다 훨씬 더 클 때 식 (29.10)에 의해 그것의 축 위의 자기장이 주어진다. 식 (29.10)과 축 위의 자기장의 실험적 측정은 영구 자석의 쌍극자 모멘트를 결정하기 위해 사용된다.

예제 29.7 **초전도체 고리의 전류 측정**

전류가 도선의 닫힌 고리(폐회로)에서 유도될 수 있다는 것을 30장에서 배우게 될 것이다. 만약 고리가 저항이 없는 초전도체 물질로 만들어지면 유도 전류는 원칙적으로 영구히 유지된다. 실제 선류계는 전류를 빠르게 멈추게 하는 저항을 가지고 있기 때문에 전류계로는 그 전류를 측정할 수 없다. 대신에 물리학자들은 그것의 자기장을 측정하여 초전도체 고리의 영구 전류를 측정할 수 있다. 만약 2.5 cm 거리에서 축 자기장이 9.0 μT이면, 3.0 mm 지름의 초전도체 고리에 흐르는 전류는 얼마인가?

핵심 측정은 고리의 반지름과 비교하여 고리로부터 충분히 먼 거리에서 이루어져서 전류 고리의 축 위에 대한 정확한 표현을 사용하는 대신 고리를 자기 쌍극자로 모형화할 수 있다.

풀이 쌍극자의 축 자기장 세기는

$$B = \frac{\mu_0}{4\pi}\frac{2\mu}{z^3} = \frac{\mu_0}{4\pi}\frac{2\pi R^2 I}{z^3} = \frac{\mu_0 R^2 I}{2}\frac{1}{z^3}$$

이다. 여기서 반지름이 R인 원형 고리의 자기 쌍극자 모멘트에 대하여 $\mu = AI = \pi R^2 I$를 사용하였다. 따라서 전류는 다음과 같다.

$$I = \frac{2z^3 B}{\mu_0 R^2} = \frac{2(0.025\text{ m})^3(9.0\times10^{-6}\text{ T})}{(1.26\times10^{-6}\text{ T m/A})(0.0015\text{ m})^2}$$
$$= 99\text{ A}$$

검토 이 값은 일반 도선에서는 매우 큰 값이다. 초전도체 도선의 중요한 특성은 일반 도선을 녹일 수 있는 전류를 흐르게 할 수 있는 능력이다.

29.6 암페어 법칙과 솔레노이드

원칙적으로 비오·사바르 법칙은 모든 전류 분포의 자기장을 계산하는 데 사용된다. 실제로, 적분으로 매우 단순한 상황 이외의 것에 대해 계산하는 것은 매우 어렵다. 우리는 전기장을 계산할 때 비슷한 상황에 직면하였으나, 대칭성이 매우 높은 전하 분포의 전기장을 계산하기 위해 다른 대안 방법인 가우스의 법칙을 발견하였다.

유사하게 대칭성이 매우 높은 전류 분포의 자기장을 계산하기 위하여 암페어 법칙이라 하는 대안 방법이 있다. 가우스의 법칙은 표면 적분으로 표현되어 있는 반면에 암페어 법칙은 선적분이라 하는 수학적 절차를 기반으로 한다.

선적분

그림 29.22 i에서 f까지 선을 따라 적분

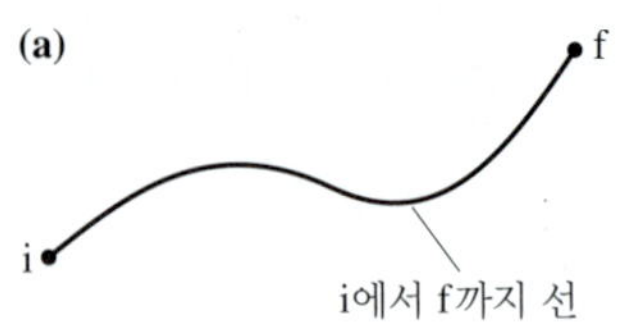

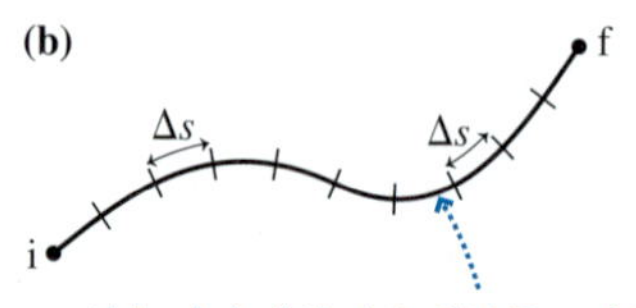

9장에서 일의 개념을 소개한 이후로 선적분을 단순하게 생각해 왔으나, 이제 선적분이 나타내는 것과 어떻게 사용되는지를 좀 더 진지하게 살펴볼 필요가 있다. 그림 29.22a는 초기점 i에서 최종점 f로 가는 곡선을 보여준다.

그림 29.22b에 보인 바와 같이, 선을 길이가 Δs인 다수의 작은 부분으로 나눈다고 가정하자. 첫 번째 부분은 Δs_1이고, 두 번째 부분은 Δs_2이다. 모든 Δs의 합은 i와 f 사이의 선의 길이 l이다. 이것을 수학적으로 다음과 같이 쓸 수 있다.

$$l = \sum_k \Delta s_k \rightarrow \int_{\mathrm{i}}^{\mathrm{f}} ds \tag{29.11}$$

여기서 마지막 단계에서 $\Delta s \rightarrow ds$를 택했고 합은 적분이 되었다.

이 적분을 **선적분**(line integral)이라 한다. 우리가 한 것은 선을 무한히 많은 미세한 조각으로 나눈 다음 그것들을 더하는 것이다. 이러한 방법은 $\int x\,dx$와 같은 적분을 계산할 때 여러분이 미적분학에서 하는 것과 정확히 같다. 사실, x축을 따라 적분하는 것은 직선을 따라 선적분을 하는 것이다. 그림 29.22는 선이 곡선이라는 것만 다르다. **두 경우에 있어 근본적인 사고는 적분은 합산을 멋지게 하는 것이라는 것이다.**

그림 29.23 i부터 f까지 선을 따라 $\vec{B}$를 적분

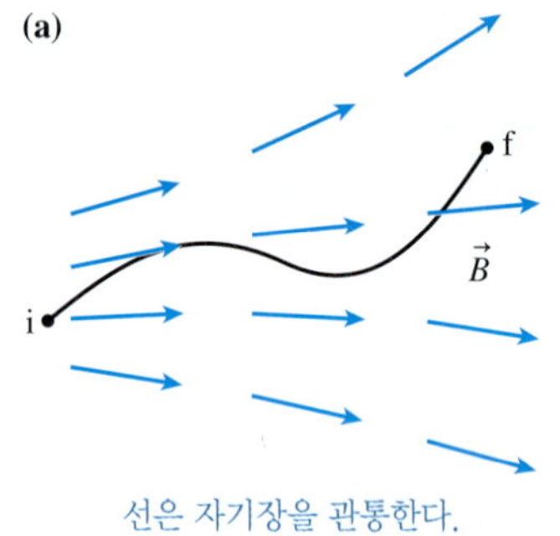

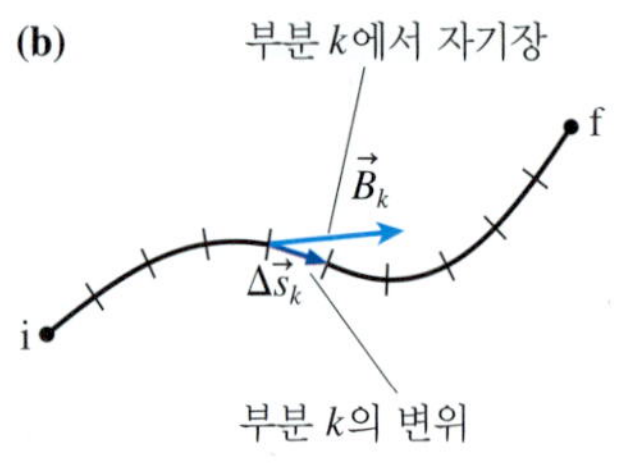

식 (29.11)의 선적분은 그리 재미있지 않다. 그림 29.23a는 선이 자기장을 관통하도록 하여 상황을 더 재미있게 만든다. 그림 29.23b에서 선을 작은 부분들로 다시 나누지만, 이번에는 $\Delta\vec{s}_k$가 부분 k의 변위 벡터이다. 공간에서 이 점에서의 자기장은 $\vec{B}_k$이다.

각 부분에서 점곱 $\vec{B}_k \cdot \Delta\vec{s}_k$를 계산한 다음, 모든 부분으로 인한 $\vec{B}_k \cdot \Delta\vec{s}_k$의 값을 더한다고 가정하자. 그렇게 하면서 합이 적분이 되게 하면, 다음을 얻을 수 있다.

$$\sum_k \vec{B}_k \cdot \Delta\vec{s}_k \rightarrow \int_{\mathrm{i}}^{\mathrm{f}} \vec{B} \cdot d\vec{s} = \text{i에서 f까지 } \vec{B}\text{의 선적분}$$

다시 한번 이야기하자면, 적분은 선을 많은 작은 조각으로 나누고, 각 조각에 대해 $\vec{B}_k \cdot \Delta\vec{s}_k$를 계산하고, 이들을 더하는 것을 표현하는 간단한 방법이다.

비록 적분을 계산하는 이 과정은 어려울 수 있으나 우리가 다루어야 할 선적분들은 두 가지 단순한 경우로 나뉘어진다. 만약 자기장이 선과 **모든 곳에서 수직**이면, 선을 따르는 모든 점에서 $\vec{B}_k \cdot d\vec{s} = 0$이고, 적분은 0이 된다. 만약 자기장이 선과 **모든 곳에서 접하고** 모든 점에서 B의 크기가 같다면, 모든 점에서 $\vec{B}_k \cdot d\vec{s} = B\,ds$이고 다음과 같다.

$$\int_{\mathrm{i}}^{\mathrm{f}} \vec{B} \cdot d\vec{s} = \int_{\mathrm{i}}^{\mathrm{f}} B\,ds = B\int_{\mathrm{i}}^{\mathrm{f}} ds = Bl \tag{29.12}$$

마지막 단계에서 식 (29.11)을 선을 따라 ds를 적분하기 위해 사용하였다.

풀이 전략 29.3은 이 두 가지 경우를 요약하였다.

풀이 전략 29.3

선적분 계산

❶ 만약 $\vec{B}$가 모든 곳에서 선에 수직이라면, $\vec{B}$의 선적분은 다음과 같다.

$$\int_{i}^{f} \vec{B} \cdot d\vec{s} = 0$$

❷ 만약 $\vec{B}$가 모든 곳에서 길이 l인 선에 접하고 모든 점에서 B의 크기가 같다면 다음과 같다.

$$\int_{i}^{f} \vec{B} \cdot d\vec{s} = Bl$$

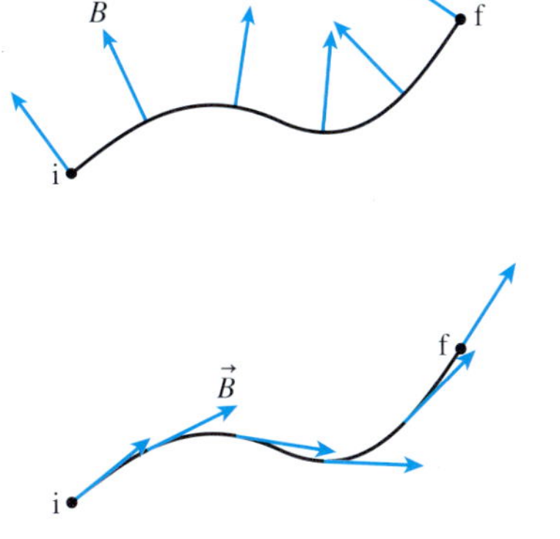

암페어 법칙

그림 29.24는 지면 안으로 전류 I가 흐르는 도선과 거리 r에서의 자기장을 보여준다. 전류가 흐르는 도선의 자기장은 도선 주위의 원의 모든 곳에서 접하고 **그리고** 같은 크기 $\mu_0 I/2\pi r$이다. 풀이 전략 29.3에 따르면, 이 조건들은 도선 주위의 원형 경로를 따라 $\vec{B}$의 선적분을 쉽게 계산할 수 있도록 한다. 원을 따라가면서 자기장을 **완전히** 적분한다고 가정하자. 즉, 적분 경로의 시작점 i와 최종점 f가 같은 점이다. 이것은 다음과 같이 표기되는 **닫힌 곡선**을 따라 선적분하는 것이다.

$$\oint \vec{B} \cdot d\vec{s}$$

적분 기호에 있는 작은 원은 적분이 닫힌 곡선을 따라 이루어진다는 것을 의미한다. 표기법은 바뀌었지만 의미는 바뀌지 않았다.

$\vec{B}$가 원에 접하고 원의 모든 점에서 크기가 일정하기 때문에 풀이 전략 29.3의 ❷를 사용하여 표기하면

$$\oint \vec{B} \cdot d\vec{s} = Bl = B(2\pi r) \tag{29.13}$$

이다. 여기서, 이 경우에는 경로 길이 l은 원의 원주 $2\pi r$이다. 전류가 흐르는 도선의 자기장 세기는 $B = \mu_0 I/2\pi r$이다. 따라서 다음과 같이 쓸 수 있다.

$$\oint \vec{B} \cdot d\vec{s} = \mu_0 I \tag{29.14}$$

흥미로운 결과는 전류가 흐르는 도선 주위의 자기장 $\vec{B}$의 선적분은 원의 반지름에 무관하다는 것이다. 도선에 맞닿은 것부터 멀리 떨어진 것까지 어떤 원도 동일한 결과를 도출한다. 적분은 우리가 적분한 원을 관통하는 전류의 양에 따라 달라진다.

그림 29.24 도선 주위의 자기장 적분

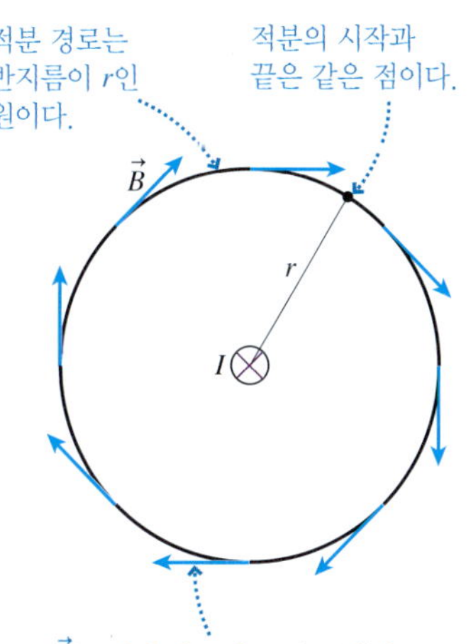

이것은 가우스의 법칙을 연상하게 한다. 가우스의 법칙을 연구함에 있어 점전하를 둘러싸는 구를 통과하는 전기 선속 Φ_e는 구의 반지름이 아닌 내부의 전하량에만 의존한다는 연구로 시작하였다. 몇 가지 사례를 검토한 결과 표면의 모양은 관련이 없는 것으로 결론 내렸다. 총 전하 Q_{in}을 둘러싼 **어떠한** 닫힌 곡면을 통한 전기 선속도 $\Phi_e = Q_{in}/\epsilon_0$이 된다.

비록 자세한 것은 생략하지만, 가우스의 법칙을 증명하기 위해 사용한 동일한 유형의 유추를 통해 식 (29.14)의 결과는 다음과 같다.

- 전류 주위의 곡선의 모양과 무관하다.
- 전류가 곡선을 통과하는 곳과 무관하다.
- 적분 경로에 의해 둘러싸인 넓이를 통하는 전류의 양에 따라 달라진다.

따라서 총 전류 $I_{through}$가 **닫힌 곡선**에 의해 경계지워지는 넓이를 통과할 때 곡선 주위 자기장의 선적분은 다음과 같다.

$$\oint \vec{B} \cdot d\vec{s} = \mu_0 I_{through} \tag{29.15}$$

자기장에 대한 이 결과는 **암페어 법칙**(Ampère's law)으로 알려져 있다.

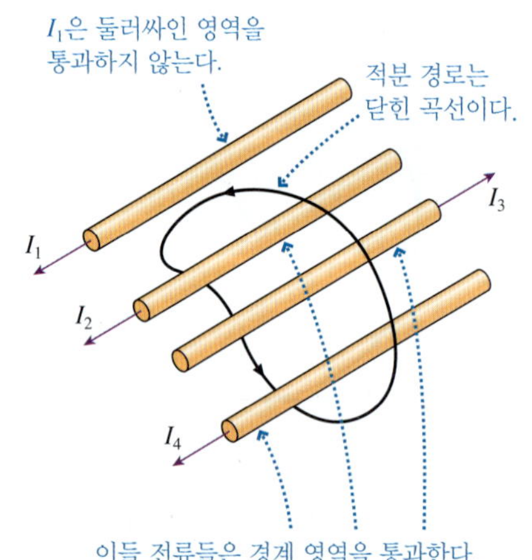

그림 29.25 암페어 법칙의 사용

암페어 법칙을 실질적으로 활용하기 위해서는 어떤 전류가 양이고 어떤 전류가 음인지 결정할 필요가 있다. 오른손 규칙은 다시 적절한 도구가 된다. 여러분의 오른손 손가락을 적분하고자 하는 방향으로 닫힌 경로를 따라 말면(구부리면) 엄지손가락 방향으로 경계 영역을 통과하는 전류는 양의 전류가 된다. 반대 방향의 전류는 음의 전류가 된다. 그림 29.25에서, 예를 들어 전류 I_2와 I_4는 양이고, I_3은 음이다. 따라서 $I_{through} = I_2 - I_3 + I_4$이다.

어떤 의미에서 암페어 법칙은 우리에게 새로운 것을 알려주지 않는다. 결국 비오·사바르 법칙에서 암페어 법칙을 유도하였다. 그러나 또 다른 의미에서 암페어 법칙은 비오·사바르 법칙보다 더 중요하다. 왜냐하면 자기장에 대한 매우 일반적인 특성을 명시하고 있기 때문이다. 높은 수준의 대칭성을 갖는 어떤 중요한 전류 분포의 자기장을 구하기 위해 암페어 법칙을 사용할 것이다.

예제 29.8 | 전류가 흐르는 도선 내부의 자기장

반지름 R인 도선에 전류 I가 흐른다. 축으로부터 거리 $r < R$에서 도선 내부의 자기장을 구하시오.

핵심 전류 밀도가 도선의 단면에 걸쳐 균일하다고 가정하라.

시각화 그림 29.26은 도선을 통하는 단면을 보여준다. 도선은 모든 전하가 도선에 평행하게 움직이는 원통형 대칭이므로 자기장은 도선과 동심인 원에 **접해야만** 한다. 자기장 세기가 중심으로부터의 거리에 따라 어떻게 달라질지 알지 못하지만(이것이 우리가 구해야 할 것이다) 상황의 대칭성은 자기장의 **모양**을 결정한다.

풀이 반지름 r에서 장의 세기를 구하기 위해 반지름 r의 원을 그린다. 이 원을 관통하는 전류의 양은 다음과 같다.

그림 29.26 전류가 흐르는 도선 내부의 암페어 법칙의 사용

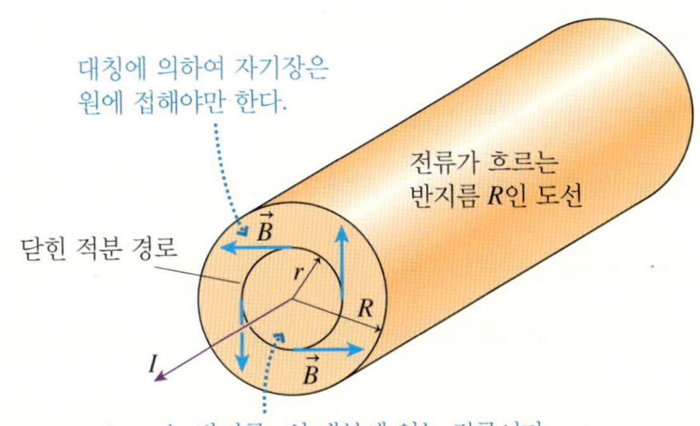

$$I_{through} = JA_{circle} = \pi r^2 J$$

여기서 J는 전류 밀도이다. 균일한 전류 밀도라는 가정은 반지름이 R인 도선을 관통하는 전체 전류 I를 사용할 수 있게 하여 다음을 얻는다.

$$J = \frac{I}{A} = \frac{I}{\pi R^2}$$

따라서 반지름 r의 원을 통과하는 전류는 다음과 같다.

$$I_{through} = \frac{r^2}{R^2} I$$

이 원의 원주 주위로 $\vec{B}$를 적분하자. 암페어 법칙에 따라 다음과 같다.

$$\oint \vec{B} \cdot d\vec{s} = \mu_0 I_{through} = \frac{\mu_0 r^2}{R^2} I$$

도선의 대칭성으로부터 $\vec{B}$는 원의 모든 곳에서 접하고 그리고 원 위의 모든 점에서 크기가 같다. 결과적으로 원 주위의 $\vec{B}$의 선적분은 풀이 전략 29.3의 ❷를 사용하여 계산할 수 있다.

$$\oint \vec{B} \cdot d\vec{s} = Bl = 2\pi r B$$

여기서 $l = 2\pi r$은 경로 길이이다. 이 표현을 암페어 법칙에 대입하면 다음을 얻을 수 있다.

$$2\pi r B = \frac{\mu_0 r^2}{R^2} I$$

B에 대해 풀면, 전류가 흐르는 도선의 내부 반지름 r에서 자기장 세기는 다음과 같다.

$$B = \frac{\mu_0 I}{2\pi R^2} r$$

검토 도선 내부의 자기장은 중심으로부터의 거리에 따라 선형적으로 증가한다. 도선의 표면에서, $B = \mu_0 I / 2\pi R$은 전류가 흐르는 도선의 외부 자기장에 대한 이전의 풀이와 일치한다. $r = R$에서 이 일치는 결과에 대한 확신을 준다. 도선의 내부와 외부의 자기장 세기는 그림 29.27에 그래프로 나타내어 보여주고 있다.

그림 29.27 전류가 흐르는 도선의 자기장의 그래프로 된 표현

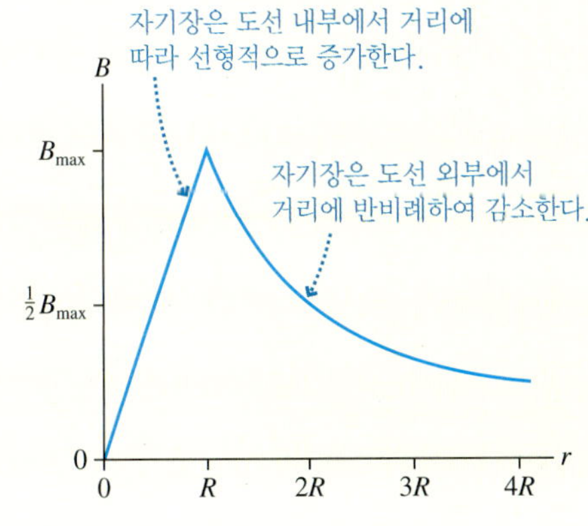

솔레노이드의 자기장

이전 장들에서 전기를 공부할 때 균일한 전기장(공간의 모든 점에서 동일한 장) 경우를 광범위하게 사용하였다. 좁은 간격에 평행하게 대전된 2개의 판은 균일한 장을 생성한다는 것을 알고 있고 이것이 평행판 축전기에 많은 관심을 기울인 이유였다.

유사하게, 어떤 공간 영역 안의 모든 점에서 크기와 방향이 같은 장, 즉 **균일한 자기장**(uniform magnetic field)을 생성하고자 하는 많은 노력이 있다. 지금까지 살펴본 어떤 원리도 균일한 자기장을 만들어내지 못한다.

실제로, 균일한 자기장은 **솔레노이드**(solenoid)로 생성이 된다. 그림 29.28에 보여준 솔레노이드는 코일의 각 고리를 통과하는 같은 전류 I를 갖는 도선의 나선형 코일이다. 솔레노이드는 종종 감김이라 불리는 수백 또는 수천의 코일로, 때로는 여러 층으로 감겨져 있다.

그림 29.28 솔레노이드

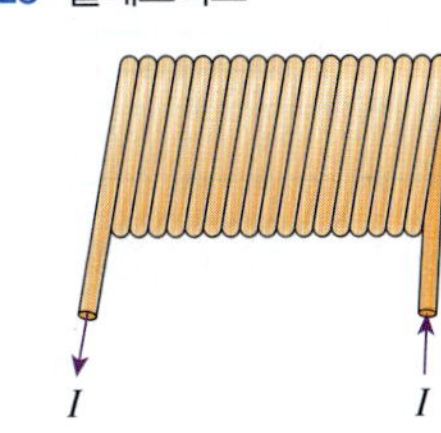

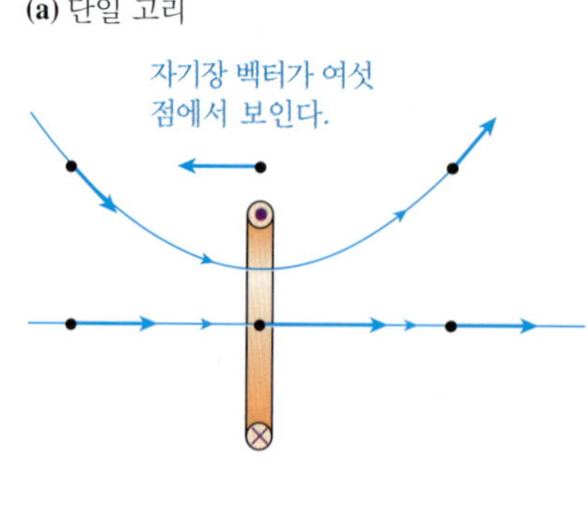

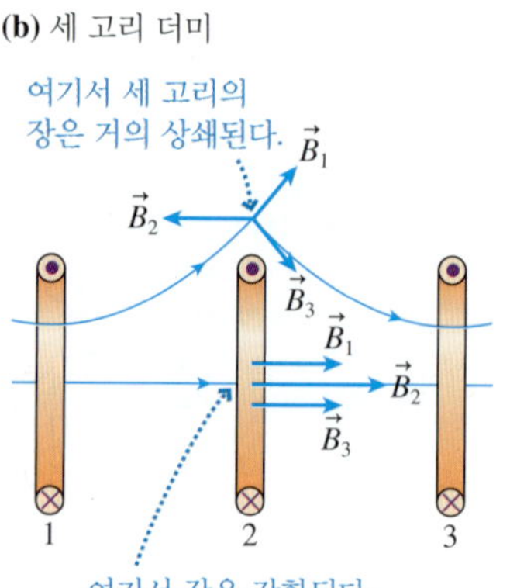

▶ **그림 29.29** 전류 고리 더미의 자기장을 구하기 위한 중첩 사용

솔레노이드를 전류 고리 더미로 생각하면 솔레노이드를 이해할 수 있다. 그림 29.29a는 단일 전류 고리의 자기장을 보여주고 있다. 고리 바로 위의 장은 고리 내부의 장과 반대 방향이다. 그림 29.29b는 3개의 평행한 고리를 보여주고 있다. 그림 29.29b의 정보를 사용하여 고리 2의 중심과 고리 2 위의 점에서 각 고리의 자기장을 그릴 수 있다.

고리 2의 중심에서의 세 장들의 중첩은 고리 2만의 장보다 더 센 장을 생성한다. 그러나 고리 2 위의 점에서 중첩은 고리의 중심에서 장보다 훨씬 더 약한 자기장을 생성한다. 이 사고를 위해 3개의 전류 고리만을 사용하였으나 더 많은 고리를 포함함으로써 이러한 경향들이 강화된다. 똑같은 축을 따라 많은 전류 고리가 있을 때, **중심에서의 장은 강하고 축과 거의 평행하며, 반면에 고리의 외부는 거의 0에 가깝다.**

그림 29.30 솔레노이드의 자기장

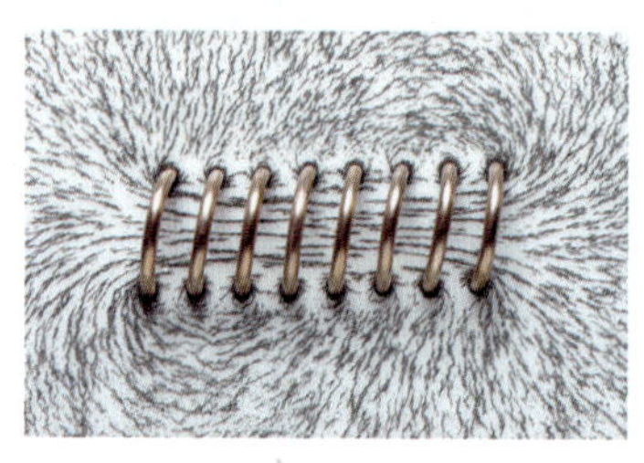

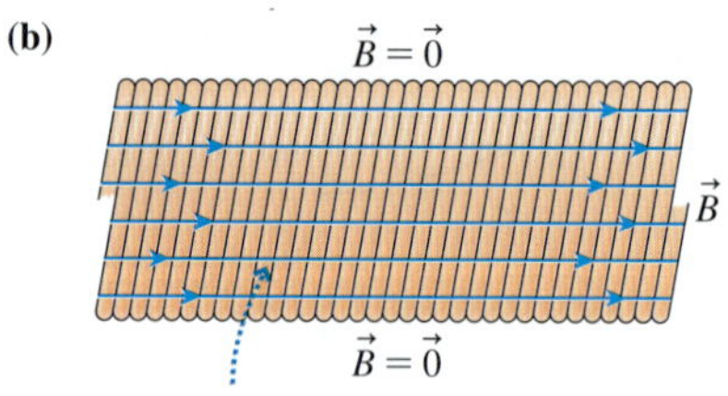

그림 29.30a는 짧은 솔레노이드의 자기장 사진이다. 코일 내부의 자기장은 거의 균일(즉 장선이 거의 평행하다)하고 외부의 장은 매우 약하다는 것을 볼 수 있다. 균일한 자기장을 생성하려는 목적은 무한히 길고 코일들이 가능한 한 매우 가까운 이상적인 솔레노이드가 될 때까지 코일의 수를 증가시킴으로써 달성할 수 있다. 그림 29.30b에 보여진 것처럼, **이상적인 솔레노이드 내부의 자기장은 균일하고 축에 평행하며, 외부의 자기장은 0이다.** 실제 솔레노이드는 이상적이지 않으나 길이가 지름보다 훨씬 더 크고 단단히 감겨진 솔레노이드의 중앙 근처에서는 매우 균일한 자기장을 생성할 수 있다.

그림 29.31 이상적인 솔레노이드의 내부와 외부의 닫힌 경로

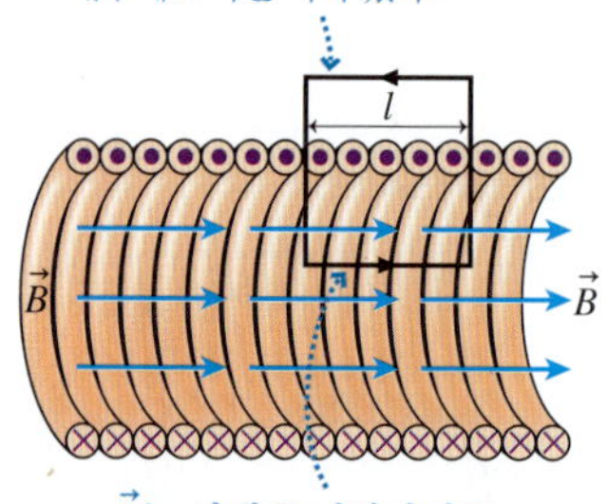

이상적인 솔레노이드의 장을 계산하기 위해 암페어 법칙을 사용한다. 그림 29.31은 무한히 긴 솔레노이드를 통한 단면을 보여준다. 사용한 적분 경로는 N회전 된 솔레노이드 코일을 포함하는 길이 l의 직사각형이다. 물리적인 경계가 아니라 수학적인 곡선이기 때문에 원하는 곳에 솔레노이드의 벽을 통해 튀어나오는 것은 어렵지 않다. 오른손 규칙에 따라 솔레노이드의 자기장 방향은 왼쪽에서 오른쪽이므로 반시계 방향으로 경로를 따라가면서 적분한다.

적분 경로에 의해 둘러싸인 N 도선의 각각에 전류 I가 흐르므로 직사각형을 관통하는 총 전류는 $I_{\text{through}} = NI$이다. 따라서 암페어 법칙은 다음과 같다.

$$\oint \vec{B} \cdot d\vec{s} = \mu_0 I_{\text{through}} = \mu_0 NI \tag{29.16}$$

이 경로 주변의 선적분은 각 변을 따라가는 선적분들의 합이다. $\vec{B}$가 $d\vec{s}$와 평행하고 B가 일정한 아래쪽을 따라가는 적분은 단순히 Bl이다. 위쪽을 따라가는 적분은 0이다. 왜냐하면 이상적인 솔레노이드 외부의 자기장은 0이기 때문이다.

왼쪽과 오른쪽은 솔레노이드 내부와 외부 자기장을 견본으로 시험한다. 외부 자기장은 0이고, 내부 자기장은 적분의 선 모든 곳에서 **수직**이다. 결과적으로 풀이 전략 29.3의 ❶에서 확인한 바와 같이 선적분은 0이 된다.

단지 아래쪽 경로를 따라가는 적분만 0이 아니므로 다음을 얻는다.

$$\oint \vec{B} \cdot d\vec{s} = Bl = \mu_0 NI$$

따라서 솔레노이드 내부의 균일한 자기장 세기는 다음과 같다.

$$B_{\text{solenoid}} = \frac{\mu_0 NI}{l} = \mu_0 nI \quad \text{(솔레노이드)} \tag{29.17}$$

여기서 $n = N/l$은 단위 길이당 회전수이다. 균일한 자기장이 필요한 측정은 종종 솔레노이드 내부에서 이루어지고, 솔레노이드는 꽤 크게 만들어질 수 있다.

예제 29.9 MRI 자기장 생성

1.0 m 길이의 MRI 솔레노이드는 1.2 T의 자기장을 생성한다. 그런 자기장을 생성하기 위해 솔레노이드는 100 A 전류가 흐를 수 있는 초전도 도선으로 감싸져 있어야 한다. 솔레노이드가 필요로 하는 도선의 감은 횟수는 얼마인가?

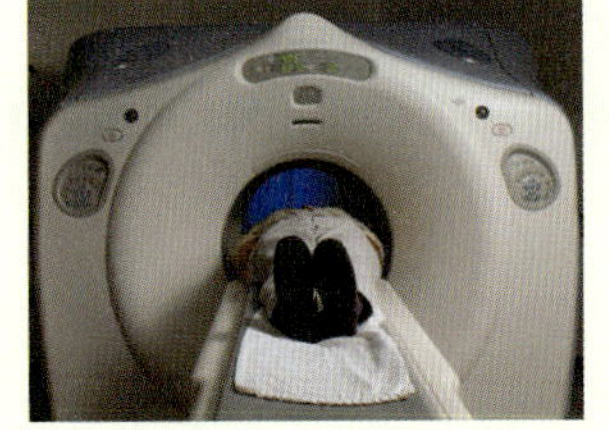

핵심 솔레노이드가 이상적이라고 가정하라.

풀이 솔레노이드로 자기장을 생성하는 것은 전류와 도선의 감은 횟수 사이의 타협이다. 전류가 커지면 회전수는 줄어들지만, 일반적인 도선의 저항은 전류가 너무 커지면 과열된다. 저항 없이 100 A의 전류를 흘릴 수 있는 초전도 도선의 경우 식 (29.17)을 사용하여 필요로 하는 회전수를 구할 수 있다.

$$N = \frac{lB}{\mu_0 I} = \frac{(1.0\text{ m})(1.2\text{ T})}{(4\pi \times 10^{-7}\text{ T m/A})(100\text{ A})} = 9500\text{ turns}$$

검토 솔레노이드 코일은 많은 회전이 필요하지만 매우 강한 장을 생성하기 위해서는 놀라운 것은 아니다. 만약 도선의 지름이 1 mm이면, 대략 각 층마다 1000회전에 10개의 층이 있어야 한다.

유한한 길이의 솔레노이드 자기장은 솔레노이드 **내부**에서 대략 균일하나 외부에서는 0이 아니다. 그림 29.32에 보인 것처럼, 솔레노이드 외부 자기장은 막대 자석의 그것과 유사하다. 따라서 **솔레노이드는 전자석**이고, 오른손 규칙을 이용하여 북극의 끝을 확인할 수 있다. 많은 수의 감김과 큰 전류가 흐르는 솔레노이드는 매우 강력한 자석이 될 수 있다.

▶ 그림 29.32 유한 길이 솔레노이드와 막대 자석의 자기장

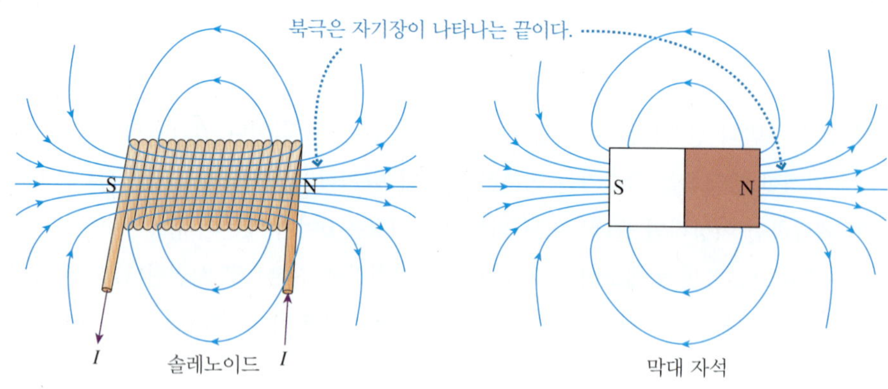

29.7 움직이는 전하에 작용하는 자기력

그림 29.33 평행하게 전류가 흐르는 도선들 사이의 힘들

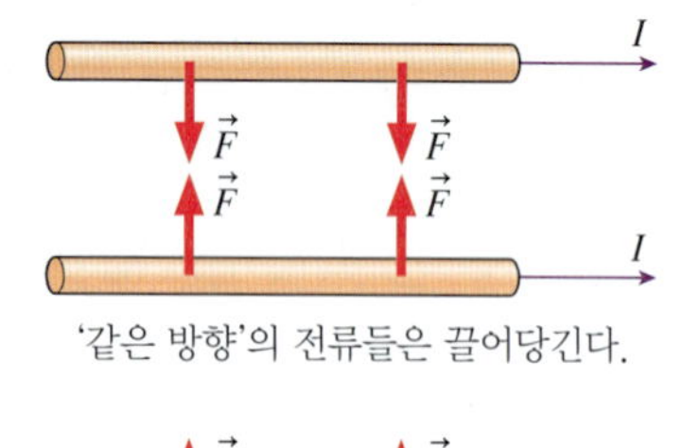

'같은 방향'의 전류들은 끌어당긴다.

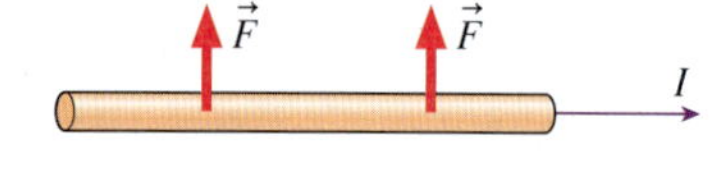

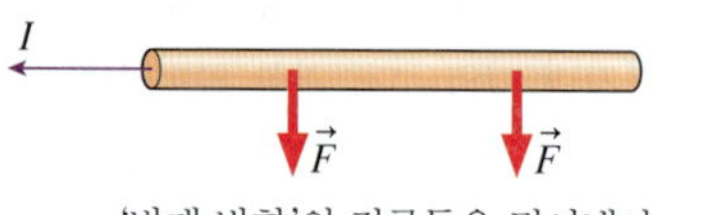

'반대 방향'의 전류들은 밀어낸다.

이제 어떻게 자기장을 생성하는지에서 어떻게 자기장이 힘과 돌림힘을 발휘하는지로 우리의 관심을 돌릴 때이다. 외르스테드는 도선에 흐르는 전류는 근처 나침반 바늘에 자기 돌림힘을 가한다는 것을 발견하였다. 외르스테드의 발견을 듣고 앙페르(André-Marie Ampère)는 전류가 자석처럼 작용하고, 만약 이것이 사실이라면 전류가 흐르는 두 도선들은 서로 자기력을 가해야 된다고 추론하였다. 그의 이름을 따라서 전류의 SI 단위를 명명했다.

자기력을 알아내기 위해서 앙페르는 같은 방향 또는 반대('반평행') 방향 중 하나로 큰 전류를 흘릴 수 있는 2개의 평행한 도선들을 설치하였다. 그림 29.33은 그의 실험 결과를 보여준다. 전류에 대해서 '같은 방향'은 끌어당기고, '반대 방향'은 밀어내는 것에 주의하자. 이것은 도선이 대전되어 전기력을 서로에 가했을 때 일어날 수 있었던 것과는 반대되는 것이다. 앙페르의 실험은 **자기장이 전류에 힘을 가한다**는 것을 볼 수 있다.

자기력

전류는 움직이는 전하들로 구성되기 때문에 앙페르의 실험은 **자기장은 움직이는 전하에 힘을 가하는 것**을 의미한다. 자기력은 전하의 속력뿐만 아니라 속도 벡터가 자기장에 상대적으로 어떤 방향으로 있느냐에 따라서도 변하기 때문에 전기력에 비해 다소 복잡하다는 것이 밝혀졌다. 다음 실험들을 고려하자.

대전된 입자에 작용하는 자기력 관찰

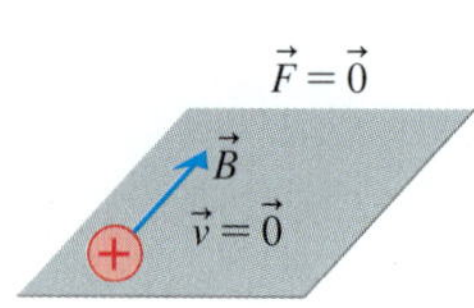

정지한 대전된 입자에 작용하는 자기력은 없다.

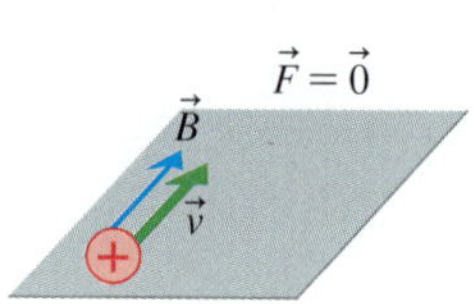

자기장에 평행하게 움직이는 대전된 입자에 작용하는 자기력은 없다.

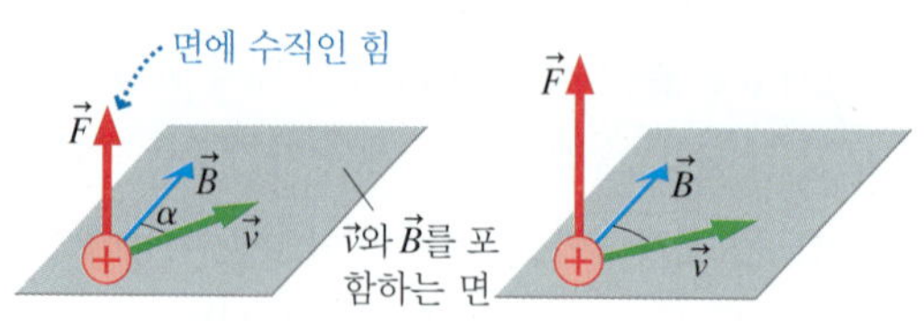

속도와 자기장 사이의 각 α가 증가할수록 자기력 또한 증가한다. 각이 90°일 때 힘이 최대가 된다. 자기력은 $\vec{v}$와 $\vec{B}$를 포함하는 면에 항상 수직이다.

$\vec{v}$, $\vec{B}$와 $\vec{F}$ 사이의 관계는 벡터 $\vec{C}$, $\vec{D}$와 $\vec{C} \times \vec{D}$ 사이의 기하학적 관계와 정확히 같다. 전하 q가 속도 $\vec{v}$로 자기장 $\vec{B}$를 통과할 때 전하 q에 작용하는 자기력은 다음과 같이 쓸 수 있다.

$$\vec{F}_{\text{on } q} = q\vec{v} \times \vec{B} = (qvB \sin\alpha, \text{ 오른손 규칙의 방향}) \qquad (29.18)$$

여기서 α는 $\vec{v}$와 $\vec{B}$ 사이의 각이다.

오른손 규칙은 그림 29.34에 보여준 가위곱의 규칙이다. **움직이는 대전된 입자들에 작용하는 자기력은 $\vec{v}$와 $\vec{B}$ 모두에 수직**이라는 것에 주의하자.

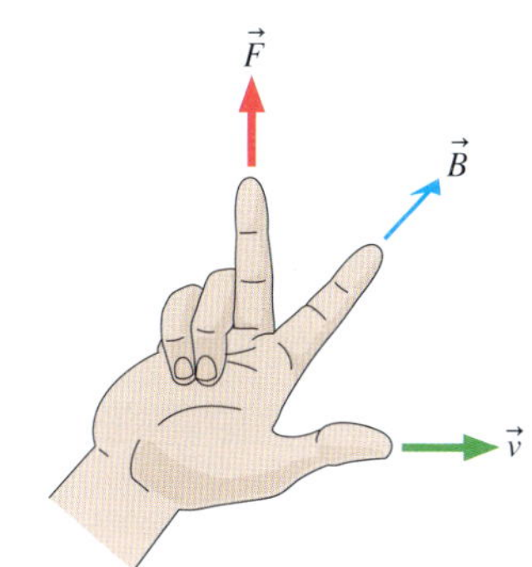

그림 29.34 자기력에 대한 오른손 규칙

자기력은 몇 가지 중요한 특성들이 있다.

- 단지 움직이는 전하만 자기력을 경험한다. 정지($\vec{v} = \vec{0}$)된 전하에는 자기력이 작용하지 않는다.
- 자기장에 평행($\alpha = 0°$)하거나 반평행($\alpha = 180°$)으로 움직이는 전하에 작용하는 힘은 없다.
- 힘이 있을 때, 힘은 $\vec{v}$와 $\vec{B}$ 모두에 수직이다.
- 음전하에 작용하는 힘은 $\vec{v} \times \vec{B}$에 반대 방향이다.
- $\vec{B}$에 수직($\alpha = 90°$)으로 움직이는 전하에 대해 자기력의 크기는 $F = |q|vB$이다.

그림 29.35는 네 가지의 움직이는 전하들에 대한 $\vec{v}$, $\vec{B}$와 $\vec{F}$ 사이의 관계를 보여준다. (자기장의 원천은 보여주지 않고 장만 보여준다.) 힘이 $\vec{v}$와 $\vec{B}$ 모두에 수직인 자성의 고유한 3차원성을 볼 수 있다. 자기력은 전기장과 평행한 전기력과 매우 다르다.

그림 29.35 움직이는 전하들에 작용하는 자기력

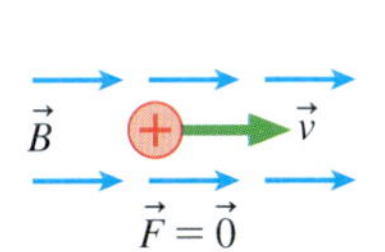

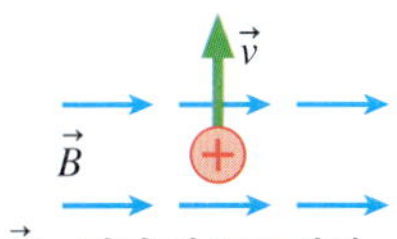

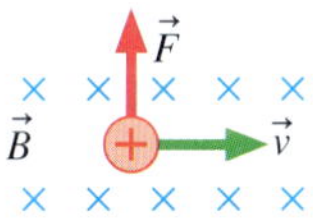

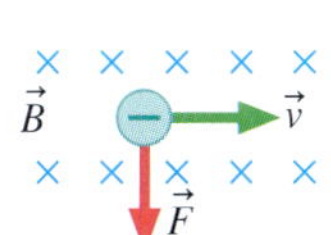

예제 29.10 전자에 작용하는 자기력

긴 도선에 왼쪽에서 오른쪽으로 10 A의 전류가 흐른다. 도선 위 1.0 cm에 있는 전자는 오른쪽으로 1.0×10^7 m/s의 속력으로 이동하고 있다. 전자에 작용하는 자기력의 크기와 방향은 무엇인가?

핵심 자기장은 길고 곧은 도선에 의해 생성되는 자기장이다.

시각화 그림 29.36은 오른쪽으로 움직이고 있는 전류와 전자를 보여준다. 오른손 규칙은 도선 위 도선의 자기장이 지면 밖으로 나오는 것을 알려주므로 전자는 장에 수직으로 움직인다.

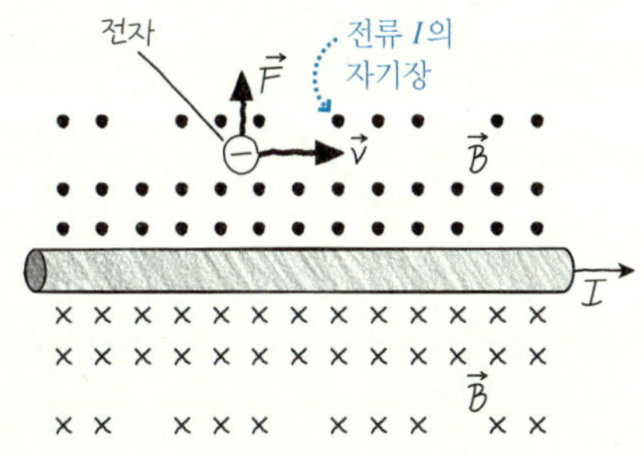

그림 29.36 전류가 흐르는 도선에 평행하게 움직이는 전자

풀이 전자 전하는 음이므로 힘의 방향은 $\vec{v} \times \vec{B}$의 방향과 반대이다.

(계속)

오른손 규칙은 $\vec{v} \times \vec{B}$가 도선을 향하여 아래 방향을 가리키는 것을 나타내므로 $\vec{F}$는 도선에서 멀어지는 위 방향을 가리킨다. 힘의 크기는 $|q|vB = evB$이다. 길고 곧은 도선으로부터의 자기장은,

$$B = \frac{\mu_0 I}{2\pi r} = 2.0 \times 10^{-4}\ \mathrm{T}$$

따라서 전자에 작용하는 힘의 크기는 다음과 같다.

$$F = evB = (1.60 \times 10^{-19}\ \mathrm{C})(1.0 \times 10^{7}\ \mathrm{m/s})(2.0 \times 10^{-4}\ \mathrm{T})$$
$$= 3.2 \times 10^{-16}\ \mathrm{N}$$

전자에 작용하는 힘은 $\vec{F} = (3.2 \times 10^{-16}\ \mathrm{N}$, 위)이다.

검토 이 힘은 전자를 도선으로부터 멀어지면서 휘게 한다.

이 시점에서 흥미롭고 중요한 결론을 이끌어낼 수 있다. 자기장이 움직이는 전하들에 의해 생성된다는 것을 이해하였다. 이제 자기력은 움직이는 전하들에 작용된다는 것도 알게 되었다. 따라서 분명히 **자기는 움직이는 전하들 사이의 상호작용**이다. 움직이든 정지 상태이든 임의의 두 전하들은 전기장을 통하여 서로 상호작용을 한다. 또한 2개의 움직이는 전하들은 자기장을 통하여 서로 상호작용을 한다.

사이클로트론 운동

자기의 많은 중요한 응용은 자기장 안에서 대전된 입자의 운동과 관련 있다. 구형 텔레비전 영상 진공 튜브는 자기장을 사용하여 전자총으로부터 스크린까지 전자들을 조종한다. 오븐에서 레이다에 이르기까지 다양한 용도로 사용되는 마이크로파 발생기는 자기장에서 전자가 빠르게 진동하는 마그네트론이라는 장치를 사용한다.

자기장에 평행하거나 반평행하는 속도 $\vec{v}$를 가지고 있는 전하에 작용하는 힘이 없다는 것을 확인하였다. 결과적으로 **자기장은 장에 평행 또는 반평행하게 움직이는 전하에 영향을 미치지 않는다.** 자기장 안에서 대전된 입자의 운동을 이해하기 위해서는 장에 수직인 운동만을 고려해야 한다.

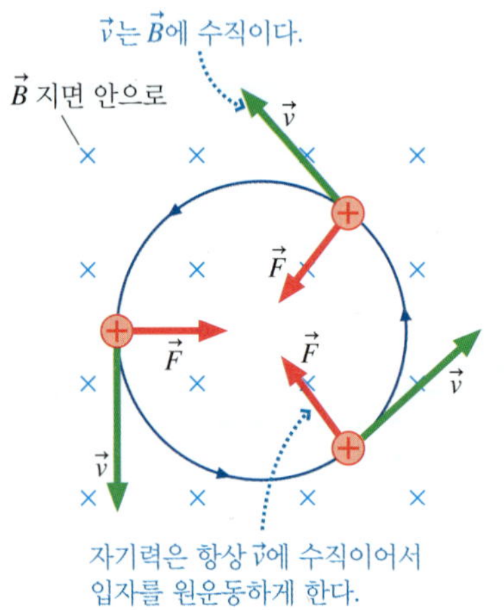

그림 29.37 균일한 자기장에서 움직이는 대전된 입자의 사이클로트론 운동

그림 29.37은 균일한 자기장 $\vec{B}$에 수직인 면에서 속도 $\vec{v}$로 움직이는 양전하 q를 보여준다. 오른손 규칙에 따라 이 입자에 작용하는 자기력은 속도 $\vec{v}$에 수직이다. $\vec{v}$에 항상 수직인 힘은 입자를 측면으로 휘게 하여 운동의 방향을 변화시키지만 입자의 속력을 변화시킬 수는 없다. 따라서 **균일한 자기장에 수직으로 움직이는 입자는 일정한 속력으로 균일한 원운동을 한다.** 이 운동을 자기장에서 대전된 입자의 **사이클로트론 운동**(cyclotron motion)이라 한다.

이 책의 앞부분에서 사이클로트론 운동과 유사한 것을 많이 보았을 것이다. 줄 끝에서 원으로 움직이는 질점에 대해 장력은 $\vec{v}$에 항상 수직이다. 원형 궤도를 움직이는 위성의 경우, 중력은 $\vec{v}$에 항상 수직이다. 이제, 자기장 안에서 움직이는 대전된 입자의 경우 원의 중심을 향하고 입자가 구심 가속도를 가지도록 하는 것은 $F = qvB$ 세기의 자기력이다.

8장에서 배운 원운동에 대한 뉴턴의 제2법칙은 다음과 같다.

$$F = qvB = ma_r = \frac{mv^2}{r} \qquad (29.19)$$

따라서 사이클로트론 궤도의 반지름은 다음과 같다.

$$r_{\text{cyc}} = \frac{mv}{qB} \qquad (29.20)$$

B에 반비례하는 것은 자기장 세기 B가 증가함에 따라 궤도의 크기가 줄어든다는 것을 나타낸다.

이제 사이클로트론 운동의 진동수를 결정할 수 있다. 원운동에 대한 이전의 학습에서 회전의 진동수 f는 $f = v/2\pi r$에 의해 속력과 반지름과 관련되어 있음을 상기하라. 식 (29.20)의 재정리를 통해 **사이클로트론의 진동수**(cyclotron frequency)가 주어진다.

$$f_{\text{cyc}} = \frac{qB}{2\pi m} \qquad (29.21)$$

여기서 비 q/m는 입자의 **전하 질량 비**이다. 사이클로트론 진동수는 전하 질량 비와 자기장 세기에 따라 달라지나 전하의 속력에 따라 달라지지는 않는다.

자기장 안에서 원운동 하는 전자. 전자가 빛을 방출하는 저밀도 기체와 충돌하기 때문에 전자의 경로를 볼 수 있다.

예제 29.11 사이클로트론 운동의 반지름

그림 29.38에서 전자가 정지 상태에서 퍼텐셜차 500 V를 통과하여 가속된 후 균일한 자기장 안으로 주입된다. 자기장에 들어가면 전자는 2.0 ns 동안 반바퀴 회전한다. 이때, 궤도의 반지름은 얼마인가?

그림 29.38 전자는 가속된 후 자기장 안으로 주입된다.

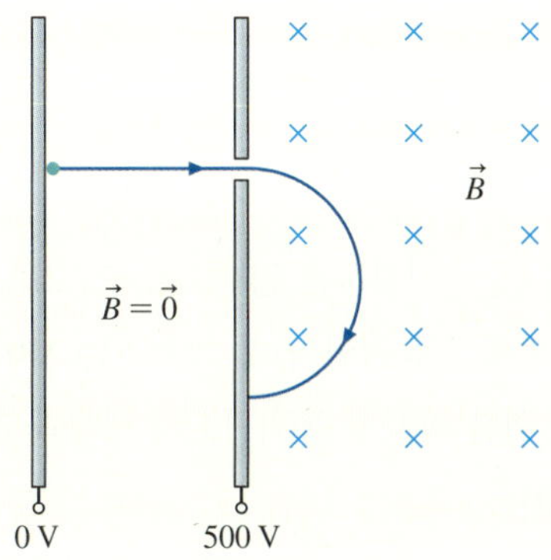

핵심 전자가 퍼텐셜차에 의해 가속될 때 에너지는 보존된다. 비록 가속 전극의 뒷면에 부딪히기 전까지 반바퀴 회전하지만 전자는 자기장 안에서 사이클로트론 운동을 겪는다.

풀이 전자는 $V_i = 0$ V에서 정지($v_i = 0$ m/s) 상태에서 가속하여 $V_f = 500$ V에서 v_f의 속력으로 높아진다. 에너지 보존 $K_f + qV_f = K_i + qV_i$를 사용하여 자기장으로 들어가는 속력 v_f를 구할 수 있다.

$$\tfrac{1}{2}mv_f^2 + (-e)V_f = 0 + 0$$

$$v_f = \sqrt{\frac{2eV_f}{m}} = \sqrt{\frac{2(1.60 \times 10^{-19}\,\text{C})(500\,\text{V})}{9.11 \times 10^{-31}\,\text{kg}}}$$

$$= 1.33 \times 10^7\,\text{m/s}$$

자기장 안에서 사이클로트론 반지름은 $r_{\text{cyc}} = mv/eB$이지만, 먼저 장의 세기를 결정해야 한다. 전극이 없다면, 전자는 주기 $T = 4.0$ ns로 원운동을 겪을 것이다. 따라서 사이클로트론 진동수는 $f = 1/T = 2.5 \times 10^8$ Hz이다. 사이클로트론 진동수를 사용하여 자기장 세기를 다음과 같이 구하고자 한다.

$$B = \frac{2\pi m f_{\text{cyc}}}{e} = \frac{2\pi(9.11 \times 10^{-31}\,\text{kg})(2.50 \times 10^8\,\text{Hz})}{1.60 \times 10^{-19}\,\text{C}}$$

$$= 8.94 \times 10^{-3}\,\text{T}$$

따라서 전자 궤도의 반지름은 다음과 같다.

$$r_{\text{cyc}} = \frac{mv}{qB} = 8.5 \times 10^{-3}\,\text{m} = 8.5\,\text{mm}$$

검토 17 mm 지름 궤도는 이 예제 바로 앞에 있는 사진에서 본 것과 유사하므로 이것은 적절한 자기장에서 움직이는 전자에 대한 일반적인 크기인 것으로 보인다.

그림 29.39a는 대전된 입자의 속도 $\vec{v}$가 $\vec{B}$에 평행도 아니고 수직도 아닌 더 일반적인 상황을 보여준다. $\vec{B}$에 평행한 $\vec{v}$의 성분은 장에 영향을 받지 않으므로 대전된 입자는 나선형 궤적 안에서 자기장선들 주위로 나선꼴로 움직인다. 나선의 반지름은 $\vec{B}$에 수직인 $\vec{v}$의 성분 $\vec{v}_\perp$에 의해 결정된다.

그림 29.39 일반적으로 대전된 입자는 자기장선들 주위로 나선 궤적을 따라 나선꼴로 움직인다. 이 운동은 지구 오로라를 일으킨다.

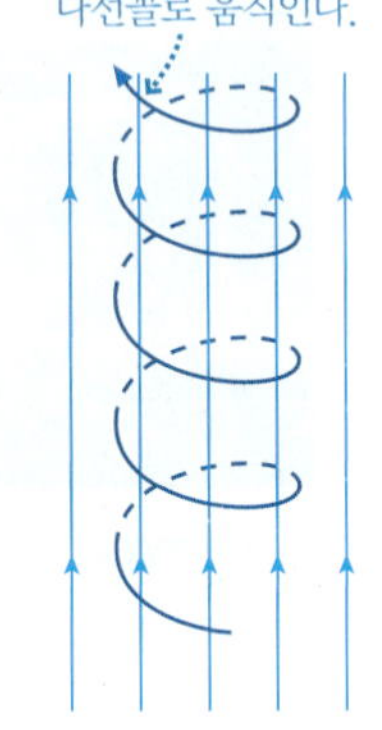

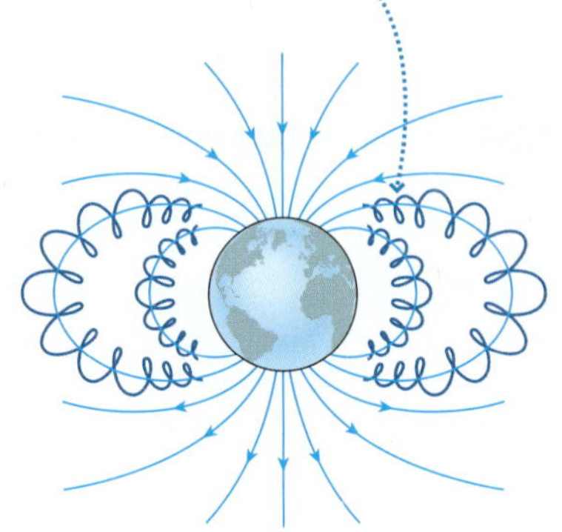

자기장 안에서 대전된 입자의 운동은 지구 오로라의 원인이 된다. **태양풍**이라 불리는 태양으로부터 나오는 고에너지 입자와 복사는 그들이 대기 중에 높이 있는 분자에 부딪힐 때 이온과 전자를 생성한다. 이 대전된 입자들의 일부는 지구의 자기장에 갇히게 되어 **밴앨런 복사대**라고 불리는 것을 만든다.

그림 29.39b에서 볼 수 있듯이, 전자는 자기장이 전자를 대기로 끌 때까지 자기장선들을 따라 나선꼴로 움직인다. 지구 자기장의 모양은 대부분의 전자들이 자극 주변의 대기로 들어가게 만든다. 그곳에서 그들은 산소와 질소 원자들과 충돌하고, 원자들을 발생시켜, 그림 29.39c에서 볼 수 있는 것과 같이 오로라 빛을 방출하게 한다.

사이클로트론

원자핵과 소립자의 구조를 연구하는 물리학자들은 **입자 가속기**라고 하는 장치를 주로 사용한다. 1930년대에 발명된 첫 번째 실용적인 입자 가속기는 **사이클로트론**(cyclotron)이다. 사이클로트론은 의학을 위한 방사성 동위원소의 생성과 같은 핵물리학의 많은 응용 분야에 중요한 역할을 한다.

그림 29.40에 보인 사이클로트론은 크고 균일한 자기장 내에 진공 챔버로 구성되어 있다. 챔버 안에는 알파벳 D자와 같은 모양, 그래서 '디(dee)'라고 불리는 2개의 속이 빈 도체가 있다. 디는 구리로 만들어져 있어 자기장에 영향을 받지 않는다. 직선면을 따라 열려 있으며, 좁은 간격으로 분리되어 있다. 대전된 입자, 일반적으로 양성자는 사이클로트론 중심 부근에서 자기장에 주입되고, 원형 사이클로트론 궤도에서 디의 안팎으로 움직이기 시작한다.

사이클로트론은 대전된 입자의 사이클로트론 진동수 f_{cyc}가 입자의 속력에 독립적이라는 사실을 이용하여 작동한다. 진동 퍼텐셜차 ΔV는 디들을 가로질러 연결되고 그것의 진동수가 정확히 사이클로트론 진동수가 될 때까지 조정된다. 디들 안에는 거의 전기장은 없으나(24장에서 가운데가 빈 도체 내부의 전기장은 0이라고 배웠다), 강한 전기장이 디들 사이의 좁은 간격에서 양에서 음의 디로 걸린다.

양성자가 양의 디로부터 좁은 간격으로 나온다고 가정하자. 간격 내의 전기장은 양성자를 간격을 가로질러 음의 디로 가속시키고, 운동 에너지 $e\Delta V$를 얻게 한다. 반주기 후, 다음으로 간격에 나타날 때, 디들의 퍼텐셜(그것의 퍼텐셜차는 f_{cyc}로 진동한다)은 부호가 바뀔 것이다. 양성자는 다시 양의 디에서 나타나고, 간격을 가로질러 다시 가속되고 운동 에너지 $e\Delta V$를 얻는다.

이러한 양상은 궤도를 돌면서 계속될 것이다. 양성자의 운동 에너지는 궤도마다 $2e\Delta V$씩 증가하므로 N궤도를 돌면 운동 에너지는 $K=2Ne\Delta V$가 된다(초기 운동 에너지가 거의 0이라고 가정). 궤도의 반지름은 속력이 빨라질수록 증가한다. 따라서 양성자는 마침내 디의 바깥쪽 가장자리에 도달할 때까지 그림 29.40에 나와 있는 나선형 궤도를 따른다. 그런 다음 사이클로트론의 밖으로 향하고, 목표물을 겨냥하게 된다. 비록 ΔV가 일반적으로 수백 볼트로 보통이지만 양성자가 마지막 바깥쪽 가장자리에 도달하기 전까지 수천 개의 궤도를 경험하기 때문에 양성자는 매우 큰 운동 에너지를 얻을 수 있다.

그림 29.40 사이클로트론

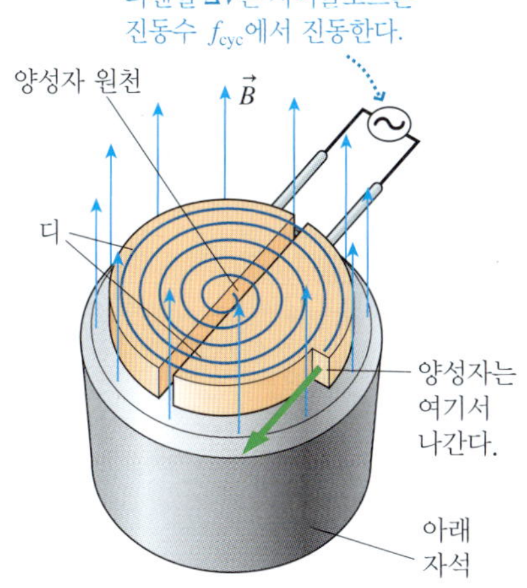

홀 효과

진공을 통해 움직이는 대전된 입자는 자기장에 의해 $\vec{v}$에 수직인 측면으로 편향된다. 1879년에 에드윈 홀(Edwin Hall)이라는 대학원생은 전류의 일부로서 도체를 통해 움직이는 전하들에 대해서도 같다는 것을 보여주었다. **홀 효과**(Hall effect)라고 하는 이 현상은 도체 내에서 전하 운반자에 대한 정보를 얻는 데 사용된다. 또한 자기장 세기를 측정하기 위해 널리 사용되는 기술의 기초이기도 하다.

그림 29.41a는 납작하고 전류가 흐르는 도체에 수직인 자기장을 보여준다. 27장에서 전하 운반자들은 표류 속력 v_d로 도체를 통해 움직인다는 것을 배웠다. 그들의 움직임은 $\vec{B}$에 수직이므로 각 전하 운반자들은 $\vec{B}$와 전류 I에 수직인 자기력 $F_B=ev_dB$를 경험한다. 그러나 처음으로 전하 운반자가 양인지 음인지가 중요한 상황을 맞이했다.

지면 밖으로 나오는 장이 있는 그림 29.41b는 I의 방향으로 움직이는 양의 전하 운반자들이 도체의 하단 표면을 향해 밀린다는 것을 보여준다. 이렇게 되면 하단 표면에 과도한 양의 전하들이 발생하고 상단에는 과도한 음의 전하를 남긴다. 전자 흐름 i에서 전자들이 I의 방향과 반대로 움직이는 그림 29.41c는 전자들이 하단 표면을 향해 밀린다는 것을 보여준다. (오른손 규칙과 이들 그림들에서 보여준 편향을 확인하기 위해 전자 전하의 부호를 사용하라.) 따라서 하단 표면에서 과도한 전하의 부호는 전하 운반자들의 부호와 같다. 실험적으로, 도체가 금속일 때 하단 표면은 음이고, 금

그림 29.41 자기장 안에서 전류의 전하 운반자들은 한쪽으로 편향된다.

(a)

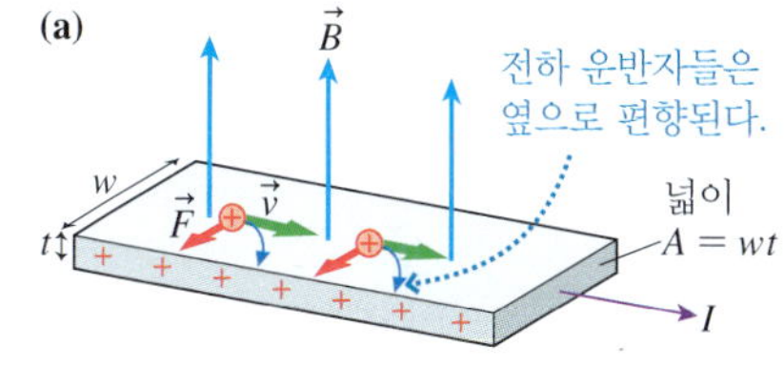

(b)

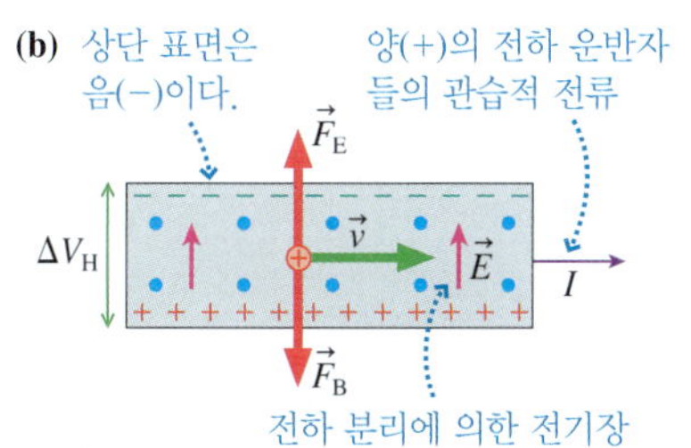

(c)

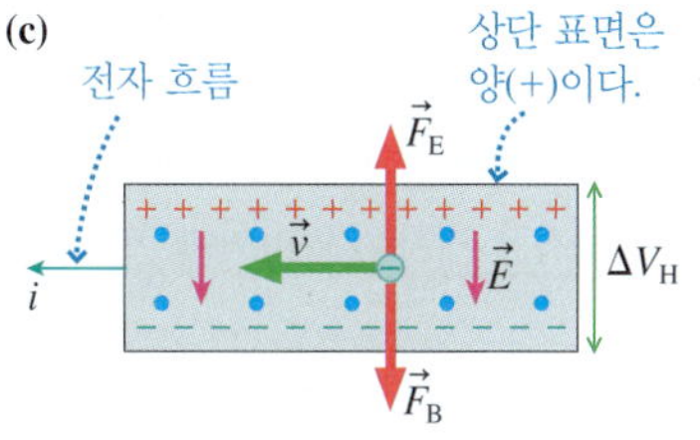

속 내부의 전하 운반자들은 전자라는 또 다른 증거이다.

전류가 흐르기 시작하면 전자들은 하단 표면을 향해 편향되지만, 이 과정은 무한정 계속되지 않는다. 과도한 전하가 상단과 하단 표면에 축척됨에 따라, 그 과도한 전하는 축전기 판의 전하와 같은 역할을 하여 두 표면 사이에 퍼텐셜차 ΔV와 폭 w의 도체 내부에 전기장 $E = \Delta V/w$를 생성한다. 이 전기장은 전하 운반자에 작용하는 위 방향 전기력 $\vec{F}_E$가 아래 방향 자기력 $\vec{F}_E$와 정확히 균형을 이룰 때까지 증가한다. 일단 힘들이 균형을 이루면, 전하 운반자들은 전류의 방향으로 움직이고, 추가적인 전하의 표면으로의 편향은 없는 정상 상태에 이른다.

$F_B = F_E$인 정상 상태 조건은 다음과 같다.

$$F_B = ev_dB = F_E = eE = e\frac{\Delta V}{w} \tag{29.22}$$

따라서 **홀 전압**(Hall voltage) ΔV_H라고 하는 도체의 두 표면 사이의 정상 상태의 퍼텐셜차는 다음과 같다.

$$\Delta V_H = wv_dB \tag{29.23}$$

27장에서 표류 속력은 $J = nev_d$에 의해 전류 밀도 J와 관련이 있다는 것을 배웠고, 여기서 n은 전하 운반자 밀도(m^3당 전하 운반자)이다. 따라서

$$v_d = \frac{J}{ne} = \frac{I/A}{ne} = \frac{I}{wtne} \tag{29.24}$$

이다. 여기서 $A = wt$는 도체 단면의 넓이이다. 만약 식 (29.23)의 v_d에 대한 이 표현을 사용하면, 홀 전압은 다음과 같다.

$$\Delta V_H = \frac{IB}{tne} \tag{29.25}$$

실험실 크기의 자기장에서 금속에 대한 홀 전압은 일반적으로 마이크로볼트 범위로 매우 작다. 그럼에도 불구하고, 알려진 자기장에서의 홀 전압 측정은 전하 운반자 밀도 n을 결정하는 데 사용된다. 흥미롭게도, 홀 전압은 더 작은 전하 운반자 밀도를 가진 **열등** 도체에서 더 크다. **홀 프로브**(hall probe)라고 하는 자기장 세기를 측정하기 위한 실험실 프로브는 전하 운반자 밀도가 알려진 열등 도체에 대한 ΔV_H를 측정한다. 그런 다음 자기장은 식 (29.25)로부터 결정된다.

예제 29.12 | 자기장 측정

홀 프로브는 0.15 mm 두께와 5.0 mm 폭의 비스무트 금속 띠로 구성되어 있다. 비스무트는 전하 운반자 밀도가 $1.35 \times 10^{25}\ \text{m}^{-3}$인 열등 도체이다. 홀 프로브의 전압은 전류가 1.5 A일 때 2.5 mV이다. 자기장 세기는 얼마이며, 비스무트 내부의 전기장 세기는 얼마인가?

시각화 비스무트 띠는 그림 29.41a와 같다. 두께는 $t = 1.5 \times 10^{-4}$ m이고, 폭은 $w = 5.0 \times 10^{-3}$ m이다.

풀이 식 (29.25)는 홀 전압을 나타낸다. 자기장이 다음과 같음을 구하기 위해 식을 재배열할 수 있다.

$$B = \frac{tne}{I}\Delta V_H$$
$$= \frac{(1.5\times10^{-4}\text{ m})(1.35\times10^{25}\text{ m}^{-3})(1.60\times10^{-19}\text{ C})}{1.5\text{ A}}0.0025\text{ V}$$
$$= 0.54\text{ T}$$

표면에 과도한 전하에 의해 비스무트 내부에 생성된 전기장은 다음과 같다.

$$E = \frac{\Delta V_H}{w} = \frac{0.0025\text{ V}}{5.0\times10^{-3}\text{ m}} = 0.50\text{ V/m}$$

검토 0.54 T는 실험실 자석의 일반적인 세기이다.

29.8 전류가 흐르는 도선에 작용하는 자기력

전류가 흐르는 도선들 사이의 자기력에 대한 앙페르의 관찰은 움직이는 전하에 작용하는 자기력을 살펴보게 하는 동기를 부여했다. 이제 앙페르의 실험에 그 지식을 적용할 준비가 되었다. 첫 번째 단계로, 균일한 자기장을 통과하는 전류 I가 흐르는 길고 곧은 도선에 장에 의해 가해지는 힘을 구한다. 그림 29.42a에서 보듯이, 자기장에 **평행한** 전류가 흐르는 도선에는 힘이 작용하지 않는다. 이것은 놀라운 일이 아니며 $\vec{B}$에 평행하게 움직이는 대전된 입자에는 힘이 작용하지 않는다는 사실로부터 나온다.

그림 29.42b는 자기장에 **수직인** 도선을 보여준다. 오른손 규칙에 의해 전류의 각 전하는 왼쪽으로 향하는 qvB 크기의 힘이 있다. 결과적으로, 자기장 내의 도선의 전체 길이는 전류의 방향과 장의 방향 모두에 수직인 왼쪽으로 향하는 힘을 받는다.

전류는 움직이는 전하이고, 전류가 흐르는 도선에 작용하는 자기력은 도선의 모든 전하 운반자들에 작용하는 알짜 자기력이다. 그림 29.43은 전류 I가 흐르는 도선과 표류 속도 $\vec{v}_d$로 움직이는 전하 운반자들이 총 전하 Q를 갖는 부분의 길이 l을 보여준다. 자기력이 q에 비례하기 때문에, 도선 내의 모든 전하 운반자들에 작용하는 알짜힘은 알짜 전하에 작용하는 힘이다($\vec{F} = Q\vec{v}_d \times \vec{B}$). 이것을 전류에 관하여 표현할 필요가 있다.

정의에 의하여, 전류 I는 전하 Q를 전하가 이 부분을 통과하여 흐르는 데 걸리는 시간 t로 나눈 양이다($I = Q/t$). 전하 운반자들은 표류 속력 v_d를 가지므로 $t = l/v_d$에 거리 l을 이동한다. 이들 식들을 결합하면

$$I = \frac{Qv_d}{l}$$

이고, 따라서 $Qv_d = Il$이다. 벡터 $\vec{l}$을 $\vec{v}_d$의 방향을 향하도록 정의하면, 전류의 방향, 즉 $Q\vec{v}_d = I\vec{l}$이다. 힘 식에서 $Q\vec{v}_d$를 $I\vec{l}$로 대체하면, 전류가 흐르는 도선의 길이 l에 작용하는 자기력을 다음과 같이 구할 수 있다.

$$\vec{F}_{\text{wire}} = I\vec{l} \times \vec{B} = (IlB\sin\alpha,\ \text{오른손 규칙의 방향}) \quad (29.26)$$

여기서 α는 $\vec{l}$(전류의 방향)과 $\vec{B}$ 사이의 각이다. 한 가지 더하자면 식 (29.26)으로부터 자기장 B가 N/A m의 단위를 가져야만 된다는 것을 알 수 있다. 이것이 29.3절에서 1 T = 1 N/A m로 정의한 이유이다.

그림 29.42 전류가 흐르는 도선에 작용하는 자기력

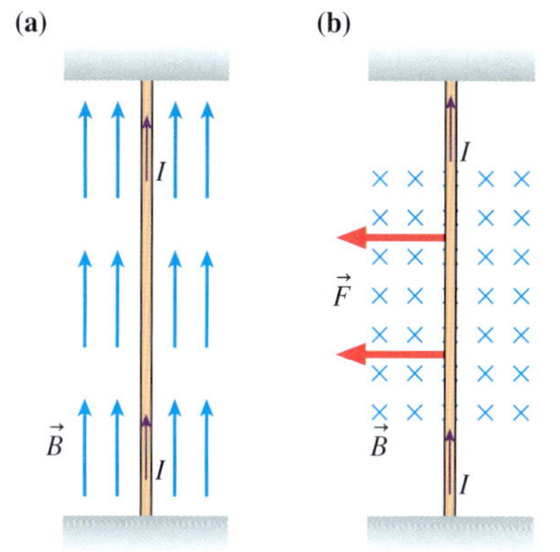

그림 29.43 전류에 작용하는 힘은 전하 운반자들에 작용하는 힘이다.

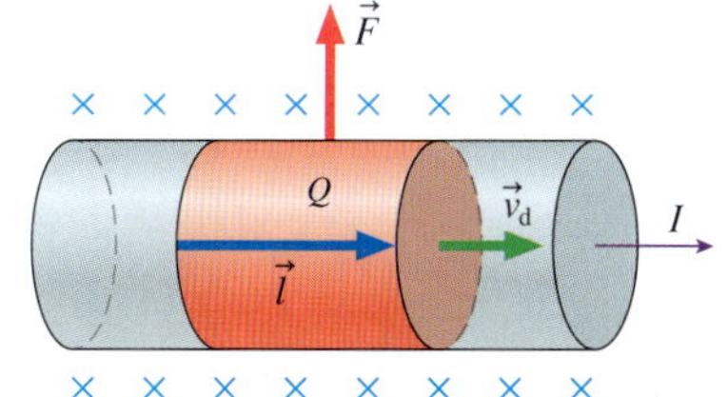

예제 29.13 자기 부상

그림 29.44의 0.10 T의 균일한 자기장은 바닥에 평행한 수평이다. 또한 바닥에 평행한 1.0 mm 지름 구리 도선의 직선 부분은 자기장에 수직이다. 도선을 통하는 전류는 어느 방향으로 얼마만큼 흐르면 자기장 속에서 도선을 '떠 있게' 할 수 있는가?

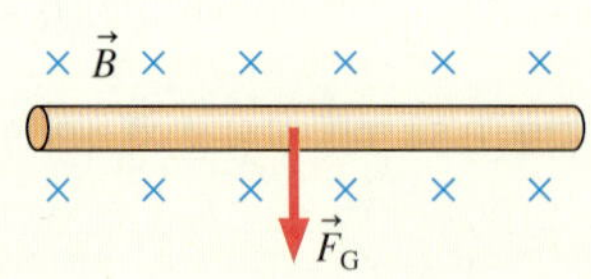

그림 29.44 자기 부상

핵심 만약 도선에 작용하는 자기력이 위 방향을 향하고 크기가 mg여서 아래 방향의 중력과 균형을 맞추도록 하면 도선은 자기장 속에서 떠 있게 된다.

풀이 오른손 규칙을 사용하여 전류의 어느 방향이 위 방향으로 힘을 가하는지를 결정할 수 있다. $\vec{B}$가 우리에게서 멀어지는 방향일 때 전류의 방향은 왼쪽에서 오른쪽이어야 한다. 힘들은 다음과 같을 때 균형을 맞춘다.

$$F = IlB = mg = \rho(\pi r^2 l)g$$

여기서 $\rho = 8920\ \text{kg/m}^3$는 구리의 밀도이다. 도선의 길이는 상쇄되어 다음과 같이 된다.

$$I = \frac{\rho\pi r^2 g}{B} = \frac{(8920\ \text{kg/m}^3)\pi(0.00050\ \text{m})^2(9.80\ \text{m/s}^2)}{0.10\ \text{T}}$$
$$= 0.69\ \text{A}$$

왼쪽에서 오른쪽으로 흐르는 0.69 A의 전류가 자기장 내에서 도선을 부상시킨다.

검토 0.69 A는 상당히 합리적이지만 이 아이디어는 도선의 이 부분에 전류가 들어가고 나오는 경우에만 유용하다. 실제로, 지면 아래에서 들어오는 도선들로 그렇게 할 수 있다. 이러한 입력 및 출력 도선들은 $\vec{B}$에 평행할 것이고 자기력을 경험하지 않을 것이다. 비록 이 예제는 매우 간단하지만 자기 부상 열차와 같은 응용의 기초가 된다.

두 평행 도선들 사이의 힘

이제 거리 d만큼 떨어져 있고, 길이가 l인 두 평행 도선들에 대한 앙페르의 실험적 배치를 생각해보자. 그림 29.45a는 같은 방향으로의 전류 I_1과 I_2를 보여준다. 그림 29.45b는 반대 방향으로의 전류들을 보여준다. 도선들은 충분히 길어 길고 곧은 도선의 자기장 $B = \mu_0 I/2\pi r$에 대한 이전의 결과를 사용할 수 있다고 가정한다.

그림 29.45a에서 보듯이, 아래쪽 도선의 전류 I_2는 위쪽 도선의 위치에서 자기장 $\vec{B}_2$를 생성한다. $\vec{B}_2$는 전류 I_1에 수직으로 지면 밖을 향한다. **위쪽 도선에 작용하는 자기력은 바로 아래쪽 도선에 의한 장 $\vec{B}_2$이다.** 오른손 규칙을 사용하면 위쪽 도선에 작용하는 힘은 아래 방향을 향하게 한다는 것을 알게 되어, 그것을 아래 도선 쪽으로

그림 29.45 전류가 흐르는 평행 도선들 사이의 자기력

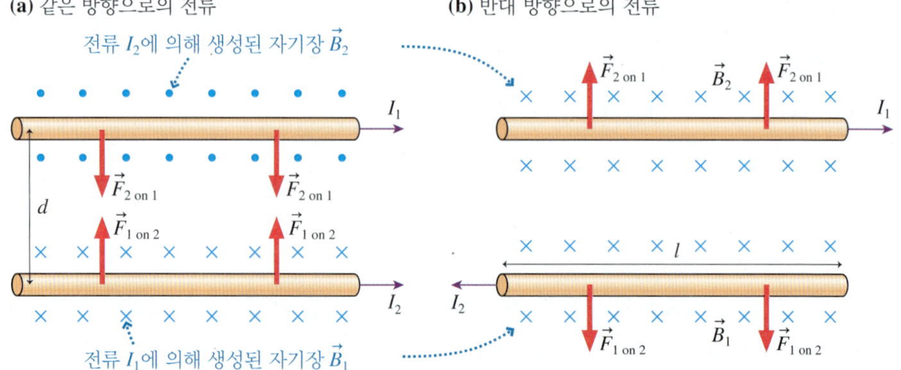

끌어당긴다. 아래쪽 도선의 장은 균일한 장이 아니지만 두 도선들이 평행하기 때문에, 위쪽 도선을 따라 모든 점에도 동일하다. 결과적으로, 위쪽 도선에 작용하는 아래쪽 도선에 의한 자기력을 결정하기 위해 $r=d$에서 길고 곧은 도선의 장을 사용한다.

$$F_{\text{parallel wires}} = I_1 l B_2 = I_1 l \frac{\mu_0 I_2}{2\pi d} = \frac{\mu_0 l I_1 I_2}{2\pi d} \tag{29.27}$$

연습으로 위쪽 도선의 전류는 정확히 똑같은 크기로 아래쪽 도선에 위 방향의 자기력을 작용한다는 것을 스스로 확인해야 한다. 오른손 규칙을 사용하여, 두 전류가 반대 방향이면 힘들은 반발력이고, 도선을 서로 밀어내려는 경향이 있다는 것도 스스로 확인해야 한다.

따라서 두 평행 도선들은 뉴턴의 제3법칙에 따라 서로 같으나 반대 방향의 힘을 작용한다. **같은 방향으로 전류가 흐르는 평행 도선들은 서로 끌어당긴다. 반대 방향으로 전류가 흐르는 평행 도선들은 서로 밀어낸다.**

예제 29.14 **전류 균형**

2개의 빳빳한 50 cm 길이의 평행 도선들이 끝에 금속 용수철에 의해 연결되어 있다. 각 용수철이 늘어나지 않았을 때 길이는 5.0 cm 이고, 용수철 상수는 0.025 N/m이다. 전류가 고리에 흐른다면 도선들은 서로 밀어낼 것이다. 용수철이 6.0 cm 길이로 늘어나려면 얼마의 전류가 필요한가?

핵심 반대 방향으로 전류가 흐르는 두 평행 도선들은 서로에게 반발 자기력을 형성한다.

시각화 그림 29.46은 '회로'를 보여준다. 용수철은 도체여서 전류가 고리에 흐르도록 한다. 평형 상태에서 도선들 사이의 반발 자기력은 용수철의 복원력($F_{\text{Sp}}=k\Delta y$)에 의해 균형을 이룬다.

풀이 그림 29.46은 아래쪽 도선에 작용하는 힘을 보여준다. 알짜 힘은 0이므로 자기력은 $F_B = 2F_{\text{Sp}}$이다. 도선들 사이의 힘은 $I_1 = I_2 = I$인 식 (29.27)에 의해 주어진다.

$$F_B = \frac{\mu_0 l I^2}{2\pi d} = 2F_{\text{Sp}} = 2k\,\Delta y$$

그림 29.46 예제 29.14의 전류가 흐르는 도선

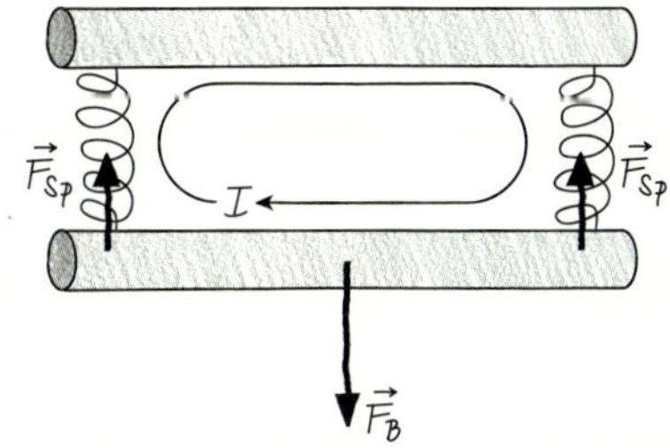

여기서 k는 용수철 상수이고, $\Delta y = 1.0$ cm는 각 용수철이 늘어난 양이다. 이 전류에 대해 풀면, 다음을 구할 수 있다.

$$I = \sqrt{\frac{4\pi k d\,\Delta y}{\mu_0 l}} = 17\text{ A}$$

검토 자기력이 기계적인 힘과 균형을 이루는 장치를 **전류 균형**이라 한다. 매우 정확한 전류 측정을 위해 사용된다.

29.9 전류 고리에 작용하는 힘과 돌림힘

전류 고리가 영구 자석과 매우 유사하게 자기 쌍극자라는 것을 알았다. 이제 전류 고리가 자기장 안에서 어떻게 동작하는지에 대한 몇 가지 중요한 특징을 살펴보겠다.

이 논의는 대체적으로 정성적일 것이지만, 자석과 자기장의 몇 가지 중요한 특성을 강조할 것이다. 다음 절에서 전자석과 영구 자석을 연결하기 위하여 이 아이디어를 이용할 것이다.

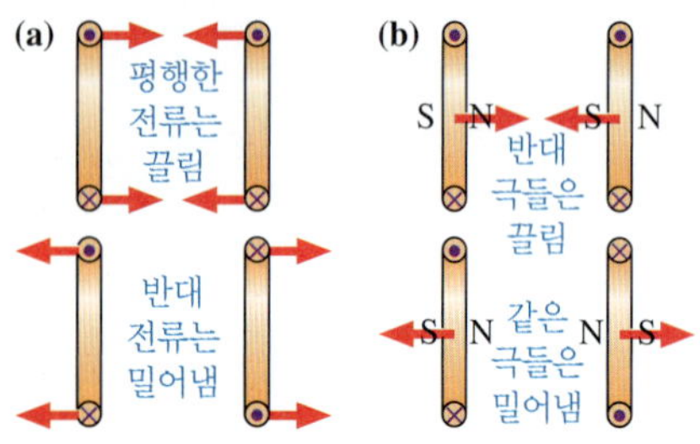

그림 29.47 자기력을 보기 위한 두 가지 대안적이지만 동등한 방법

그림 29.47a는 2개의 전류 고리를 보여준다. 평행하고 반평행하는 전류들 사이의 힘에 대해 방금 배운 것을 이용하여, **만약 전류가 같은 방향으로 순환하면 평행 전류 고리들은 서로에게 끌어당기는 자기력을 작용한다**는 것을 알 수 있다. **전류가 반대 방향으로 순환하면 서로 반발한다.**

자극의 관점에서 이들 힘들을 생각할 수 있다. 전류 고리의 북극은 오른손 규칙으로 결정할 수 있는 자기장이 나오는 측이라는 것을 상기하라. 그림 29.47b는 전류 고리의 북극와 남극을 보여준다. 전류가 같은 방향으로 순환하면 북극과 남극이 서로 마주하고 서로 인력이 작용한다. 전류가 반대 방향으로 순환하면 두 같은 극은 서로 밀어낸다.

여기서, 마침내 자성에 대한 논의를 열었던 자석의 동작(같은 극들은 밀어내고, 반대 극들은 끌어당긴다)과 실제 연관을 지을 수 있다. 이제 적어도 전자석에 대해서 이 동작에 대한 설명이 있다. **자극들은 끌어당기거나 밀어낸다. 왜냐하면 한 전류에서 움직이는 전하들은 또 다른 전류에서 움직이는 전하들에 끌어당기거나 밀어내는 자기력을 작용한다.** 움직이는 전하들의 상호작용을 통해 우리의 여정은 마침내 약간의 실질적인 결과를 보여주기 시작했다.

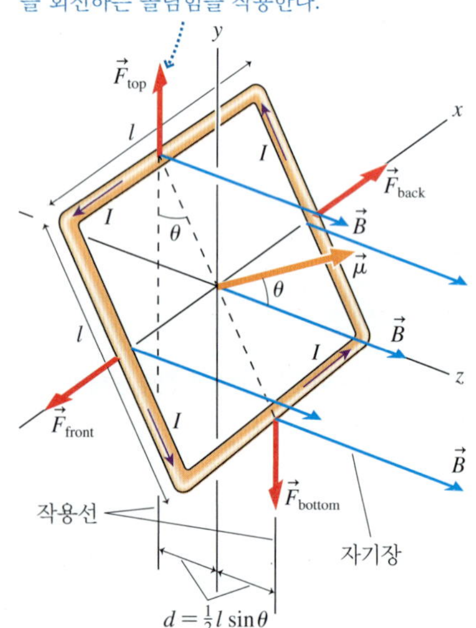

그림 29.48 균일한 자기장이 전류 고리에 돌림힘을 작용한다.

이제 자기장 내에서 전류 고리가 어떻게 되는지 고려해보자. 그림 29.48은 z축 방향의 균일한 자기장 내에서 정사각형 전류 고리를 보여준다. 우리가 배운 것처럼 장이 고리의 네 측면 각각에 있는 전류에 자기력을 작용한다. 이들 방향은 오른손 규칙에 의해 주어진다. 힘들 $\vec{F}_{front}$과 $\vec{F}_{back}$는 서로 반대이고 상쇄된다. 힘들 $\vec{F}_{top}$와 $\vec{F}_{bottom}$ 또한 더해져 알짜힘이 없지만, $\vec{F}_{top}$와 $\vec{F}_{bottom}$는 같은 선상을 따라 작용하지 않기 때문에 고리에 돌림힘을 작용하여 고리를 회전시킨다.

돌림힘은 힘 F의 크기에 회전축 점과 작용선 사이의 거리인 모멘트 팔 d를 곱한 것임을 상기하자. 양 힘은 똑같은 모멘트 팔 $d = \frac{1}{2} l \sin\theta$를 가지므로, 고리에 작용하는 돌림힘(자기장에 의해 작용하는 돌림힘)은 다음과 같다.

$$\tau = 2Fd = 2(IlB)\left(\tfrac{1}{2} l \sin\theta\right) = (Il^2)B\sin\theta = \mu B \sin\theta \qquad (29.28)$$

여기서 $\mu = Il^2 = IA$는 고리의 자기 쌍극자 모멘트이다.

비록 정사각형 고리에 대한 식 (29.28)을 유도했지만, 결과는 어떤 형태의 전류 고리에 대해서도 유효하다. 식 (29.28)은 가위곱의 또 다른 예처럼 보인다는 것에 주목하자. 이전에 자기 쌍극자 모멘트 벡터 $\vec{\mu}$를 전류 고리에 수직이고 오른손 규칙에 의해 주어진 방향인 벡터로 정의했다. 그림 29.48은 θ가 $\vec{B}$와 $\vec{\mu}$ 사이의 각임을 보여주므로 자기 쌍극자에 작용하는 돌림힘은 다음과 같다.

$$\vec{\tau} = \vec{\mu} \times \vec{B} \qquad (29.29)$$

자기 쌍극자 모멘트 $\vec{\mu}$가 자기장에 평행하거나 반평행하게 정렬될 때 돌림힘은 0이 되고, $\vec{\mu}$가 장에 수직할 때 돌림힘은 최대가 된다. 나침반 바늘(자기 모멘트)이 자기장에 정렬될 때까지 나침반 바늘을 회전시키는 것은 이 자기 돌림힘이다.

전기 전동기

자기장 내에서 전류 고리에 작용하는 돌림힘은 전기 전동기가 어떻게 작동하는지에 대한 기초가 된다. 그림 29.49에서 볼 수 있듯이, 전동기의 **전기자**는 회전축에 감긴 도선의 코일이다. 전류가 코일을 통과할 때, 자기장이 전기자에 돌림힘을 작용하고 전기자를 회전시킨다. 만약 전류가 일정하다면 코일의 면이 장에 수직하게 정지할 때까지(마찰이 있어 감쇄가 있다고 가정) 전기자는 평형 위치 앞뒤로 진동한다. 전동기의 회전을 유지하기 위해 **정류기**라고 하는 소자는 180°마다 코일에서 전류의 방향을 바꾼다. (정류기가 분리되어 있어 전지의 양극은 도선이 정류기의 오른쪽 반에 닿는 어느 쪽이라도 전류를 보낸다.) 전류 반전은 전기자가 평형 위치에 도달하는 것을 방지하므로 자기 돌림힘은 전류가 있는 한 전동기가 계속 회전하도록 한다.

그림 29.49 단순 전기 모터

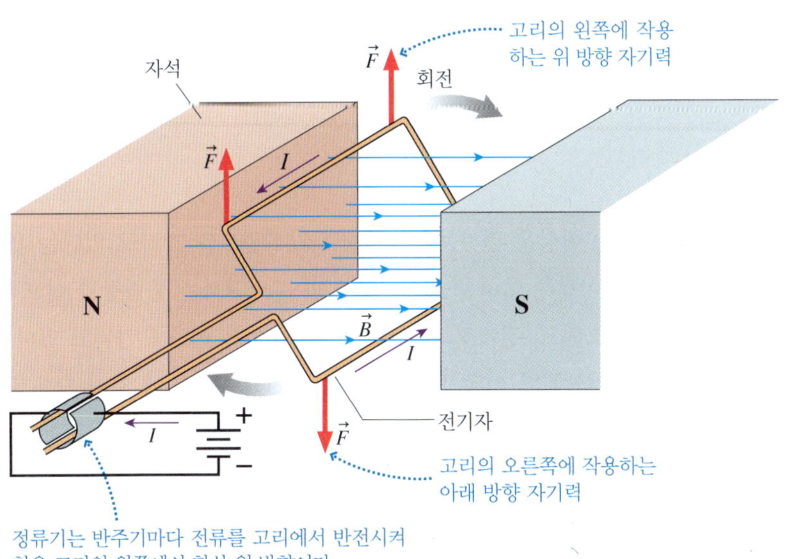

29.10 물질의 자기적 성질

우리의 이론은 전류의 자기적 성질에 초점을 맞추었지만, 우리의 일상적인 경험은 영구 자석으로 이루어진다. 전류 고리와 솔레노이드가 자극들을 가지고 있고 마치 영구 자석의 자극들 같이 동작하는 것을 보았지만, 여전히 전자석과 영구 자석 사이의 특별한 연결성은 부족하다. 이 절의 목표는 물질의 자기적 성질에 대한 원자 수준의 관점을 전개하여 이해를 완료하고자 한다.

원자 자석

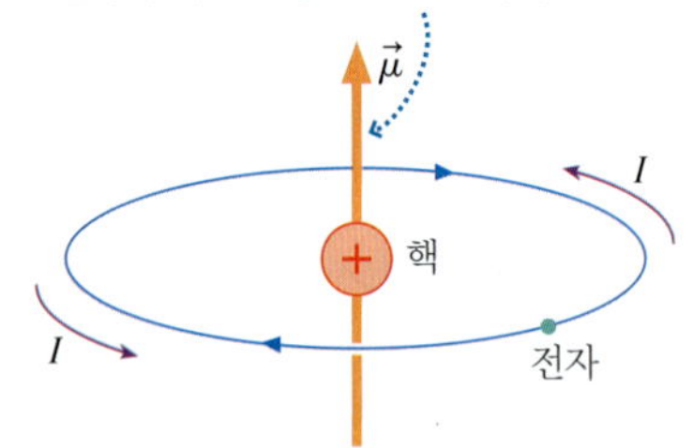

그림 29.50 고전적으로 궤도를 도는 전자는 작은 자기 쌍극자이다.

물질의 자기적 성질에 대한 타당할 것 같은 설명은 원자의 전자 궤도 운동이다. 그림 29.50은 음의 전자가 양의 핵을 공전하는 원자의 단순하고 고전적인 모형을 보여준다. 원자의 이 그림에서 전자의 움직임은 전류 고리의 움직임과 같다. 확실히 미시적 전류 고리이지만 그럼에도 불구하고 전류 고리이다. 결과적으로, 궤도 전자는 북극과 남극이 있는 작은 자기 쌍극자 역할을 하게 된다. 자기 쌍극자를 원자 크기의 자석으로 생각할 수 있다.

그러나 대부분의 원소들의 원자들은 많은 전자를 포함하고 있다. 모든 행성이 같은 방향으로 공전하는 태양계와 달리, 전자의 궤도들은 서로 반대 방향으로 배치된다. 시계 방향으로 움직이는 모든 전자 각각에 대해 반시계 방향으로 움직이는 한 전자가 있다. 따라서 개별 궤도의 자기 모멘트들은 서로 상쇄되는 경향이 있고, **알짜** 자기 모멘트는 0이거나 매우 작다.

원자가 분자로 결합하고 분자가 고체로 결합할 때 상쇄는 계속된다. 모든 것이 말한 대로 될 때, 궤도 전자로 인한 어떤 덩어리 물질의 알짜 자기 모멘트는 무시할 정도로 작다. 실험실 조건에서 관찰되는 여러 가지의 미묘한 자기 효과가 있지만 궤도 전자들은 철 한 조각의 매우 강한 자기 효과를 설명할 수 없다.

전자 스핀

원자 자성을 이해하는 핵심은 전자들은 **고유한 자기 모멘트**를 가지고 있다는 1922년의 발견이다. 아마도 이것은 놀라운 일이 아닐 것이다. 전자는 중력장과 상호작용할 수 있는 **질량**을 가지고 있고, 전기장과 상호작용할 수 있는 **전하**를 가지고 있다. 자기장과 상호작용하지 않아야 할 이유가 없고, 그러기 위해서 그것에 자기 모멘트가 있어야 한다.

그림 29.51 전자의 자기 모멘트

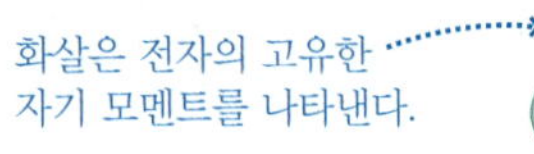

그림 29.51에서 볼 수 있듯이 전자의 고유한 자기 모멘트는 종종 전자 **스핀**이라고 한다. 왜냐하면 고전적인 그림에서 전하의 회전하는 공은 자기 모멘트가 있기 때문이다. 이 고전적인 그림은 전자가 실제로 어떻게 동작하는지에 대한 사실적인 묘사는 아니지만 전자의 고유한 자기 모멘트는 마치 전자가 회전하는 것처럼 보이게 한다. 문자적 의미에서 회전하지 않을 수 있지만 전자는 실제로 미시적 자석이다.

많은 전자들을 가진 원자에서 무슨 일이 일어나는지를 알아내기 위해 양자역학의 결과에 도움을 청할 필요가 있다. 스핀 자기 모멘트는 궤도 자기 모멘트와 같이 전자들이 자신의 껍질에 배치될 때처럼 서로 반대되는 경향이 있어 **채워진** 껍질의 알짜 자기 모멘트가 0이 되도록 한다. 그러나 홀수 개의 전자들을 포함하는 원자들은 적어도 쌍을 이루지 않은 원자가 전자를 하나씩 가져야 한다. 이들 원자들은 전자의 스핀에 의한 알짜 자기 모멘트를 갖는다.

그러나 자기 모멘트를 가진 원자들은 자기 성질을 가진 고체를 반드시 형성하지는 않는다. 대부분의 원소들의 경우 원자들의 자기 모멘트는 원자들이 함께 결합하여 고체를 형성할 때 무작위로 배열된다. 그림 29.52에서 볼 수 있듯이, 이 무작위 배열은 알짜 자기 모멘트가 거의 0에 가까운 고체를 초래한다. 이 결과는 대부분의 물질이 자성이 없다는 우리의 일반적인 경험과 일치한다.

그림 29.52 전형적인 고체에서 원자들의 무작위 자기 모멘트

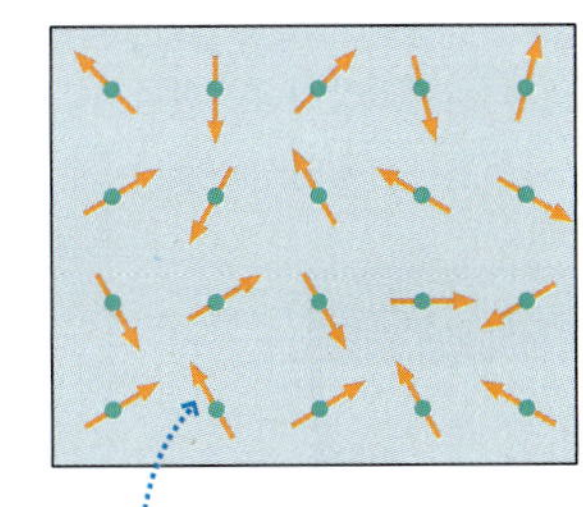

쌍을 이루지 않은 전자에 의한 원자 자기 모멘트는 무작위(임의의) 방향을 가리킨다. 이 예는 알짜 자기 모멘트가 없다.

강자성

철과 몇 가지 다른 물질에서 그림 29.53에서와 같이 원자 자기 모멘트가 같은 방향으로 모두 정렬하려는 경향과 같은 방법으로 스핀들이 서로 상호작용한다. 이러한 형태로 작용하는 물질을 **강자성**(ferromagnetic)이라 한다(접두사 ferro는 '철과 같은'이란 의미이다).

그림 29.53 강자성 물질에서 원자 자기 모멘트는 정렬된다.

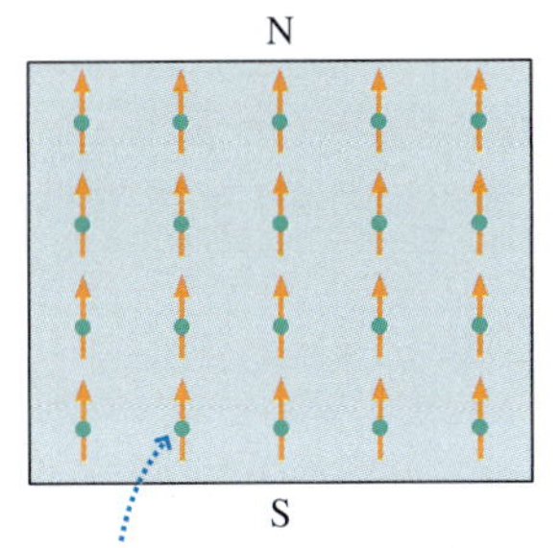

원자 자기 모멘트는 정렬된다. 이 예는 북과 남의 자극을 가지고 있다.

강자성 물질에서 각각의 자기 모멘트는 함께 더해져서 거시적인 자기 쌍극자를 생성한다. 이 물질은 북극과 남극을 가지고 있고, 자기장을 만들며, 외부 자기장에 평행하게 정렬된다. 즉, 그것이 자석이다.

비록 철은 자성체이지만, 일반적인 철 조각은 강한 영구 자석이 아니다. 쇠못은 대부분 철로 되어 있고 자석에 쉽게 들어 올려지지만 그 자체의 자성으로 인해 여러분의 손에서 튀어나와 망치에 자신을 고정할 것이라고 걱정할 필요는 없다. 그림 29.54에 볼 수 있듯이, 철 조각은 일반적으로 100 μm 크기보다 작은 **자기 구역**(magnetic domains)이라 하는 작은 구역으로 나뉘어져 있다. 각 구역 안에 있는 모든 철 원자의 자기 모멘트는 완벽하게 정렬되므로, 그림 29.53과 같이 각 개별 구역은 강한 자석이다.

그러나 여러분이 손에 쥐고 있는 것처럼 큰 고체를 형성하는 다양한 자기 구역들은 무작위로 배열되어 있다. 그들의 자기 쌍극자는 비강자성 물질의 원자 규모에서 발생하는 상쇄와 비슷하게 대부분 상쇄되므로 고체 전체는 단지 작은 자기 모멘트를 갖는다. 그것이 못이 강한 영구 자석이 아닌 이유이다.

그림 29.54 강자성 물질에서 자기 구역. 알짜 자기 쌍극자는 거의 0이다.

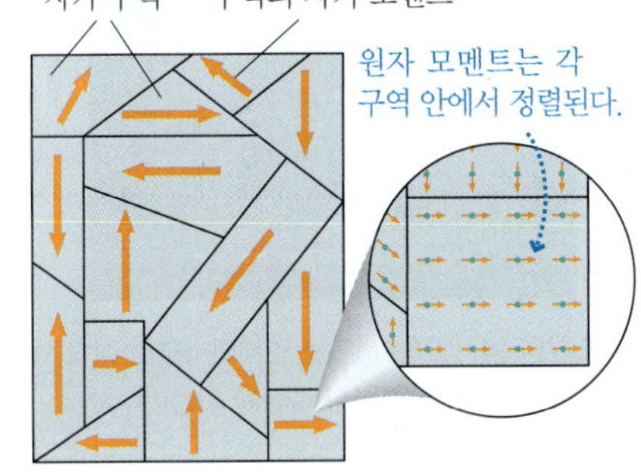

유도 자기 쌍극자

만약 강자성 물질이 외부 자기장을 받게 되면 외부 자기장은 각 구역의 자기 쌍극자에 돌림힘을 작용한다. 비록 구역들 사이의 내력이 일반적으로 완벽하게 정렬되지 못하도록 하지만, 나침반 바늘이 자기장에 정렬되는 것처럼 돌림힘은 많은 구역을 회전시키고 외부 장과 정렬되게 한다. 또한 스핀들 사이의 원자 수준의 힘들은 구역 경계를 움직이도록 한다. 외부 장을 따라 정렬된 구역은 장에 반대되는 구역들을 희생해 가며 더 커지게 된다. 구역의 크기와 방향에서 이러한 변화들은 재료가 외부 장에 정렬된 알짜 자기 쌍극자를 발달시킨다. 이 자기 쌍극자는 외부 장에 의해 유도되므로 **유도 자기 쌍극자**(induced magnetic dipole)라 한다.

그림 29.55는 솔레노이드 끝 부근의 강자성 물질을 보여준다. 구역의 자기 모멘트는

그림 29.55 솔레노이드의 자기장은 철에 유도된 자기 쌍극자를 생성한다.

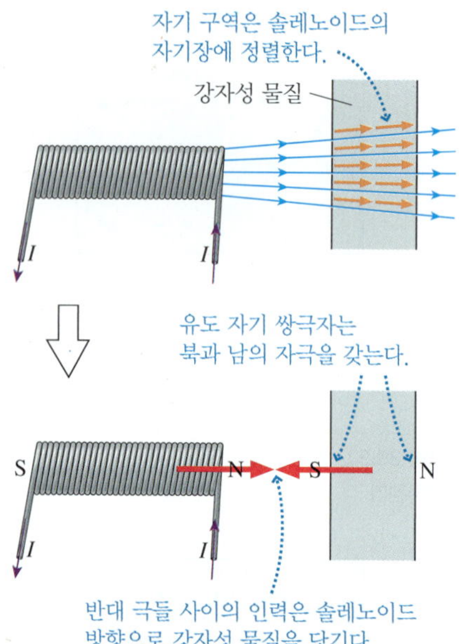

솔레노이드의 장과 정렬되어 솔레노이드 북극을 향하는 남극을 가진 유도 자기 쌍극자를 생성한다. 결과적으로 극들 사이의 자기력은 강자성 물체를 전자석으로 당긴다.

자석이 강자성 물체를 끌어당기고 들어 올린다는 사실은 우리가 이 장을 시작했을 때 자기에 대한 기본적인 관찰 중의 하나였다. 이제 세 가지 사고를 기반으로 하여 어떻게 작동하는지를 설명한다.

1. 전자들은 그들의 스핀 때문에 미시적 자석이다.
2. 스핀이 정렬되는 강자성 물질은 자기 구역으로 구성된다.
3. 개별 구역은 외부 자기장에 정렬되어 전체 물체에 대해 유도 자기 쌍극자 모멘트를 생성한다.

어떤 구역에서는 외부 장에 정렬된 상태로 '고정'되어 외부 장을 제거하여도 물체의 자기 쌍극자는 0으로 돌아오지 않을 수 있다. 따라서 외부 장 안에 있던 강자성 물체는 장이 제거된 후에도 알짜 자기 쌍극자 모멘트를 가지고 있을 수 있다. 즉, 물체는 **영구 자석**(permanent magnet)이 된다. 영구 자석은 대부분의 자기 구역이 서로 정렬되어 알짜 자기 쌍극자 모멘트를 만드는 강자성 물질이다.

강자성 물질을 영구 자석으로 만들 수 있는지 여부는 물질의 내부 결정 구조에 따라 달라진다. 강철은 철과 다른 원소의 합금이다. 대부분 철과 정확한 비율의 크롬과 니켈의 합금은 스테인리스 강철을 생산하며, 이것은 그 특별한 결정 구조가 구역의 형성에 도움이 되지 않기 때문에 사실상 자기적 성질이 전혀 없다. 알니코(alnico) V라 불리는 매우 다른 강철 합금은 철 51%, 코발트 24%, 니켈 14%, 알루미늄 8%, 그리고 구리 3%로 만들어진다. 그것은 극도의 뛰어난 자기적 성질을 가지고 있으며 고품질의 영구 자석을 만드는 데 사용된다.

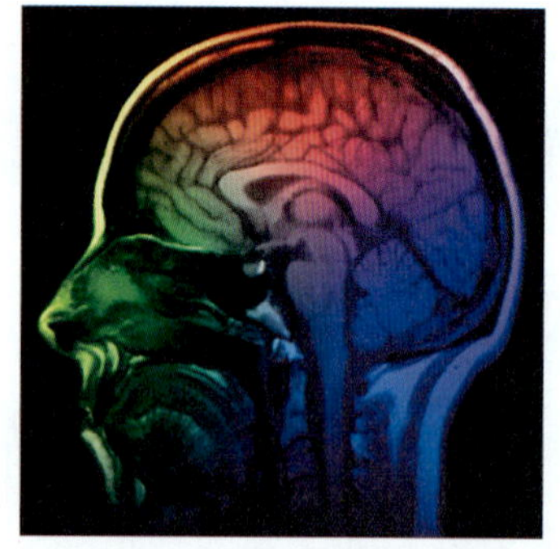

자기 공명 영상 또는 MRI는 인체의 비침습성 조사용 기구로, 원자의 자기적 특성을 이용한다.

다시 원점으로 돌아왔다. 자성에 관한 초기 관찰들 중의 하나는 영구 자석이 어떤 물질에는 힘을 작용하지만 다른 물질에는 힘이 작용되지 않는다는 것이다. 우리가 전개해 나아간 자성의 이론은 움직이는 전하들 사이의 상호작용에 관한 것이었다. 움직이는 전하들이 영구 자석과 어떤 관계가 있는지는 명확하지는 않았다. 그러나 마지막으로 원자 수준에서 자성의 효과를 고려함으로써 영구 자석들과 자성체들의 특성들이 방대한 전자 스핀들의 상호작용에 의한 것으로 밝혀질 수 있다는 것을 알게 되었다.

응용 예제 29.15 | 확성기 설계

어떤 확성기는 밑부분을 가는 도선으로 여러 번 감아 감싼 종이 원뿔로 이루어져 있다. 그림 29.56에서 볼 수 있듯이, 이 코일은 원형 자석의 극들 사이의 좁은 간격에 놓여 있다. 소리를 내기 위해 증폭기는 코일을 통해 전류를 흘린다. 그러면 자기장은 이 전류에 힘을 가하여 원뿔을 밀고 따라서 공기를 밀어 음파를 만든다. 이상적인 스피커는 단지 자기장에서만 힘을 받고 따라서 증폭기로부터의

그림 29.56 확성기의 코일과 자석

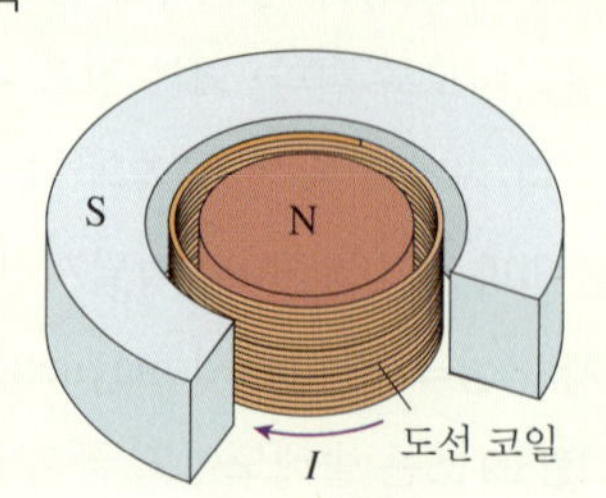

전류에만 반응을 한다. 실제 스피커는 매우 맹렬하게 작동하지 않는 한 이 이상에 가깝도록 균형을 이룬다.

8.0 Ω 저항을 가진 20번 감긴 코일과 지름이 5.0 cm인 5.5 g 확성기 콘(원뿔)을 고려해보자. 극들 사이의 간격에 0.18 T의 장이 있다. 이 값들은 자동차 스트레오 시스템에 볼 수 있는 전형적인 확성기 값이다. 봉우리 값이 12 V인 증폭기로부터 100 Hz 진동 전압으로 구동되는 경우 이 스피커의 진동 진폭은 얼마인가?

핵심 확성기가 이상적으로 자기력에만 반응한다고 모형화하라. 이 힘들이 콘을 가속시킬 것이다. 가속도를 변위와 관련시키는 운동학을 사용할 것이다.

시각화 그림 29.57은 자극들 사이의 간격에 있는 코일을 보여준다. 자기장은 남극에서 북극으로 가므로 장은 방사상으로 바깥쪽이다. 결과적으로, 모든 점에서의 장은 원형 전류에 수직이다. 오른손 규칙에 따르면, 전류가 반시계 방향인지 시계 방향인지에 따라 전류에 작용하는 자기력은 각각 지면 안쪽이나 바깥쪽이다.

그림 29.57 간격에 있는 자기장은 북에서 남으로 전류에 수직이다.

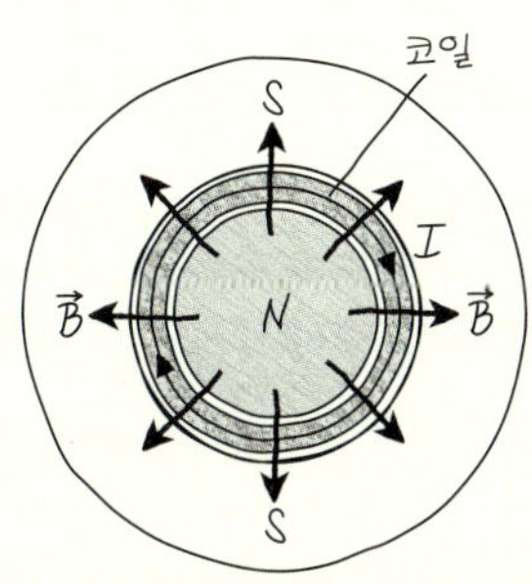

풀이 증폭기의 출력 전압을 $\Delta V = V_0 \cos \omega t$로 쓸 수 있다. 여기서 $V_0 = 12$ V는 봉우리 전압이고, $\omega = 2\pi f = 628$ rad/s는 100 Hz에서 각진동수이다. 전압은 코일을 통해 전류를 구동한다. 여기서 R은 코일의 저항이다.

$$I = \frac{\Delta V}{R} = \frac{V_0 \cos \omega t}{R}$$

이것이 안쪽과 바깥쪽으로 진동하는 힘을 유발하고, 그 힘이 스피커의 콘을 앞뒤로 구동한다. 코일은 직선 도선은 아니지만 자기장이 모든 곳에서 전류에 수직이라는 사실은 자기력을 $F = IlB$로 계산할 수 있다는 것을 의미한다. 여기서 l은 코일에서 도선의 총 길이이다. 코일의 원주는 $\pi(0.050\ \text{m}) = 0.157$ m이므로 20번 감은 경우에 $l = 3.1$ m이다. 콘은 $a = F/m$로 가속함으로써 힘에 반응한다. 이 조각들을 결합하면 콘의 가속도는 다음과 같다.

$$a = \frac{IlB}{m} = \frac{V_0 lB \cos \omega t}{mR} = a_{\max} \cos \omega t$$

$a_{\max} = 152\ \text{m/s}^2$를 구하는 것은 간단하다.

운동학에서 $a = dv/dt$와 $v = dx/dt$이다. 변위를 구하기 위해 두 번 적분할 필요가 있다. 먼저

$$v = \int a\,dt = a_{\max} \int \cos \omega t\,dt = \frac{a_{\max}}{\omega} \sin \omega t$$

를 얻는다. 적분 상수는 0이다. 왜냐하면 단순 조화 운동으로부터 평균 속도가 0이기 때문이다. 다시 적분하면 다음을 얻는다.

$$x = \int v\,dt = \frac{a_{\max}}{\omega} \int \sin \omega t\,dt = -\frac{a_{\max}}{\omega^2} \cos \omega t$$

여기서 만약 진동이 원점 주위로 발생한다면 적분 상수는 다시 0이다. 음의 부호는 변위와 가속도의 위상이 어긋난 것을 나타낸다. 따라서 찾는 진동의 **진폭**은 다음과 같다.

$$A = \frac{a_{\max}}{\omega^2} = \frac{152\ \text{m/s}^2}{(628\ \text{rad/s})^2} = 3.8 \times 10^{-4}\ \text{m} = 0.38\ \text{mm}$$

검토 만약 여러분이 확성기 콘에 손을 올려본 적이 있다면, 작은 진동을 느낄 수 있다는 것을 알게 될 것이다. 0.38 mm의 진폭은 이 관찰과 일치한다. 진폭이 진동수의 역제곱에 따라 증가한다는 사실은 왜 여러분이 때때로 저주파 베이스 음들에 대해 수 밀리미터의 진폭으로 진동하는 콘을 볼 수 있는지를 설명해준다.

서술형 질문

1. 그림 Q29.1에 경량 유리구가 실에 매달려 있다. 막대 자석의 북극을 구 가까이 가져간다.
   a. 구가 전기적으로 중성이라고 가정하자. 구는 자석에 끌리는가, 밀리는가, 아니면 영향을 받지 않는가? 설명하시오.
   b. 구가 양으로 대전되어 있다면 어떠한지 같은 질문에 대해 답하시오.

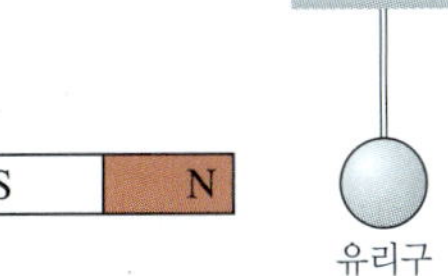

그림 Q29.1

2. (a) 막대 자석의 길이에 직각으로, (b) 막대 자석의 길이를 따라 막대 자석이 절단되면 어떤 일이 발생하는가?

3. 그림 Q29.3의 도선에서 전류의 방향은 무엇인가? 설명하시오.

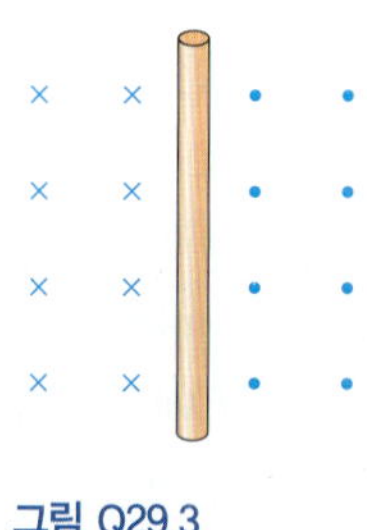

그림 Q29.3

4. 균일한 자기장에서 움직이는 전하 입자는 납층을 관통하여 운동에너지의 절반을 잃게 된다. 경로의 곡률 반지름은 어떻게 변화하는가?

5. 수평 방향으로 남에서 북을 가리키는 1.5 Wb/m^2 유도 자기장 속에서 5 MeV 양성자는 수직으로 아래쪽으로 이동한다. 1.6×10^{-27} kg 질량의 양성자에 작용하는 힘을 계산하시오.

6. 막대 자석의 남극을 그림 Q29.6의 전류 고리를 향해 이동시켰다. 막대 자석은 고리를 끌어당기는가, 밀어내는가, 또는 영향을 주지 않는가? 설명하시오.

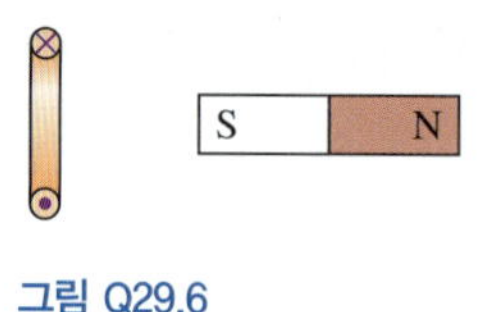

그림 Q29.6

연습문제

표시가 된 연습문제들은 이전 장들에서 다룬 내용과 관련이 있다.

연습

29.3 자기장의 원천: 움직이는 전하

1. | 그림 EX29.1의 점 2~4에서 자기장 세기는 얼마인가? 도선들이 2와 3에서 가깝게 겹치고, 각 점은 근처 도선들로부터 같은 거리에 있으며, 다른 모든 도선들은 너무 멀리 떨어져서 장에 기여할 수 없다고(영향을 주지 않는다고) 가정하라.

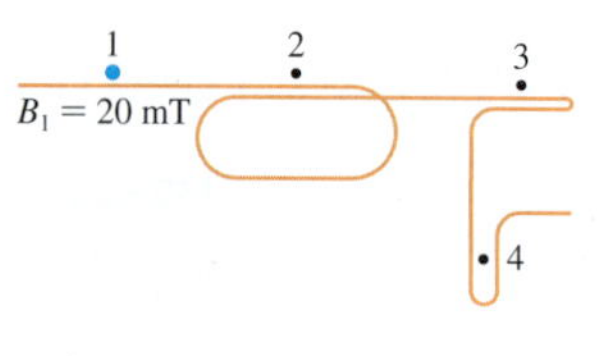

그림 EX29.1

2. | 양성자는 $v_x = 2 \times 10^7$ m/s로 x축을 따라 움직인다. 원점을 통과할 때, (x, y, z) 위치 (a) (2 cm, 0 cm, 0 cm), (b) (0 cm, 2 cm, 0 cm), 그리고 (c) (0 cm, −1 cm, 0 cm)에서 자기장의 세기와 방향은 무엇인가?

3. || 그림 EX29.3의 점의 위치에서 자기장은 얼마인가? 답을 벡터로 나타내시오.

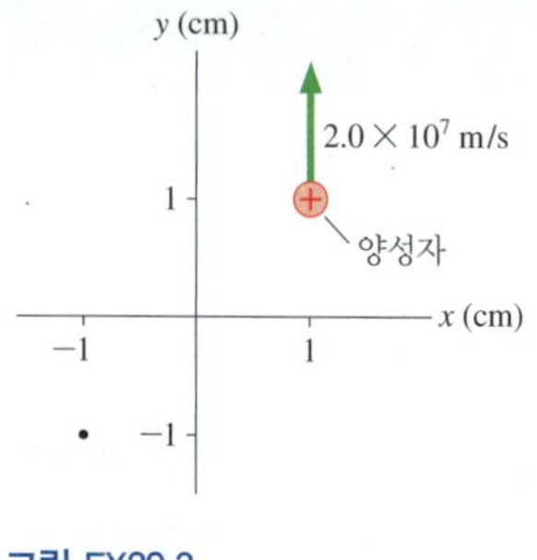

그림 EX29.3

29.4 전류의 자기장

4. | 길고 곧은 도선으로부터 4.0 cm 지점에서 표 29.1의 자기장 세기를 생성하는 데 필요한 전류는 얼마인가?

5. | 비록 증거는 약하지만, 최근에 전기 전송선에 의해 생성되는 자기장으로부터 발생할 수 있는 건강상의 영향에 대한 우려가 있어 왔다. 일반적인 고전압 전송선은 지면으로부터 20 m 위에 있고 110 kV의 퍼텐셜에서 200 A의 전류를 전달한다.
BIO
   a. 그러한 전송선 바로 아래 지면에서 자기장 세기는 얼마인가?
   b. 이것은 50 μT의 지구 자기장의 몇 %인가?

6. || 지름 2 cm인 고리의 중심에서 자기장이 2 mT이다.
   a. 고리의 전류는 얼마인가?
   b. 길고 곧은 도선에 문항 a에서 구한 전류가 동일하게 흐른다. 도선으로부터 어느 거리에서 자기장이 2 mT가 되는가?

7. | 도선에 그림 EX29.7에 보여준 접합점으로 전류 I가 흐른다. 점에서 자기장은 얼마인가?

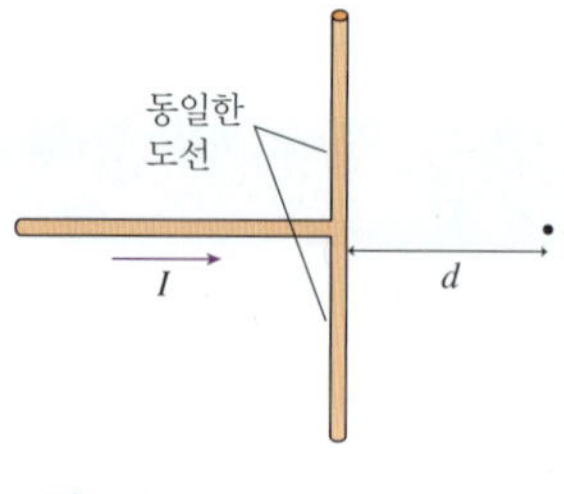

그림 EX29.7

8. || 그림 EX29.8의 점 A는 도선으로부터 2.0 mm에 있다. 점 A에서 자기장 세기는 얼마인가? 도선이 매우 길고 다른 모든 도선들

은 자기장에 기여하기에는(자기장에 영향을 주기에는) 아주 멀리 떨어져 있다고 가정할 수 있다.

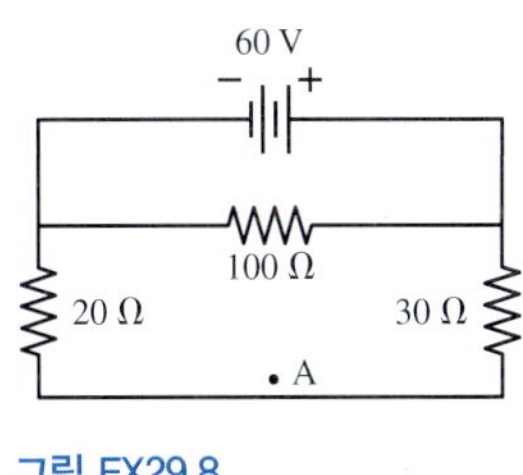

그림 EX29.8

29.5 자기 쌍극자

9. ‖ 200 A의 전류가 3.0 mm 지름의 초전도체 고리에 순환한다.
   a. 고리의 자기 쌍극자 모멘트는 얼마인가?
   b. 고리로부터 8 cm 떨어진 축 위에서 자기장 세기는 얼마인가?

10. ‖ 지구의 자기 쌍극자 모멘트는 8.0×10^{22} Am^2이다.
   a. 지구의 북자극에서의 지구 표면 위의 자기장 세기는 얼마인가? 이 값은 표 29.1의 값과 비교해서 어떠한가? 전류 고리가 지구 내부 깊은 곳에 있다고 가정할 수 있다.
   b. 우주비행사들이 자기장이 없는 지구 크기의 행성을 발견했다. 지구에서와 똑같은 세기의 북극에서의 자기장을 생성하기 위해 적도 주위로 도선을 통해 전류를 흘릴 것을 제안하였다. 어느 정도의 전류가 필요한가?

29.6 암페어 법칙과 솔레노이드

11. ‖ 그림 EX29.11에서 점 i와 f 사이의 $\vec{B}$의 선적분은 얼마인가?

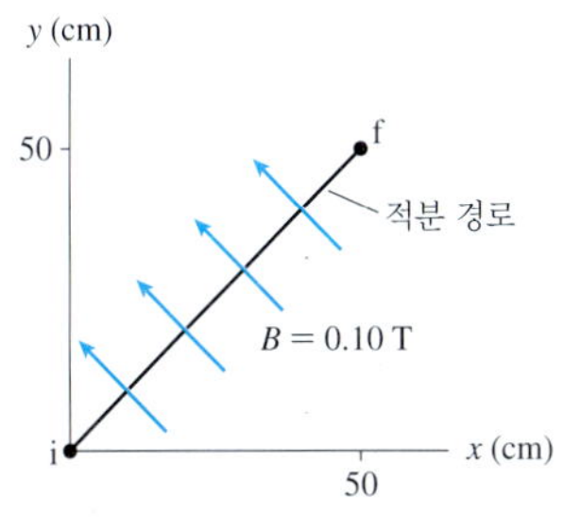

그림 EX29.11

12. | 그림 EX29.12의 닫힌 경로 주위로 $\vec{B}$의 선적분 값이 1.38×10^{-5} T m이다. I_3의 방향(지면 안으로 또는 밖으로)과 크기는 얼마인가?

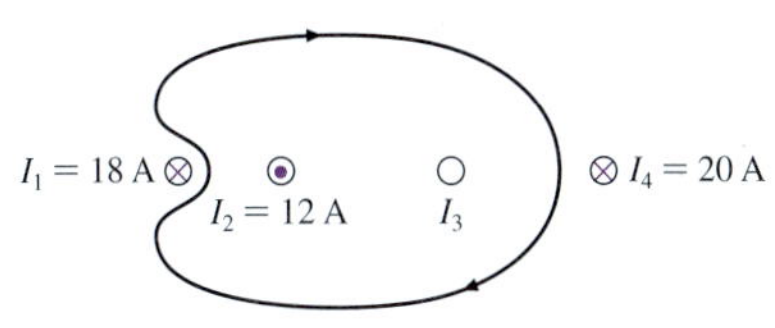

그림 EX29.12

13. ‖ 자기 공명 영상은 1.5 T의 자기장 세기가 필요하다. 솔레노이드는 길이 1.8 m에 지름은 75 cm이다. 2.0 mm 지름의 초전도체 도선의 한 층으로 빽빽하게 감겨 있다. 어떤 크기의 전류가 필요한가?
BIO

29.7 움직이는 전하에 작용하는 자기력

14. ‖ 전자가 그림 EX29.14에 표시된 방향으로 1.0×10^7 m/s의 속력으로 자기장 $\vec{B} = 0.50\,\hat{\imath}$ T 안에서 움직인다. 각각에 대해서 전자에 작용하는 자기력 $\vec{F}$는 얼마인가? 성분 형태로 답하시오.

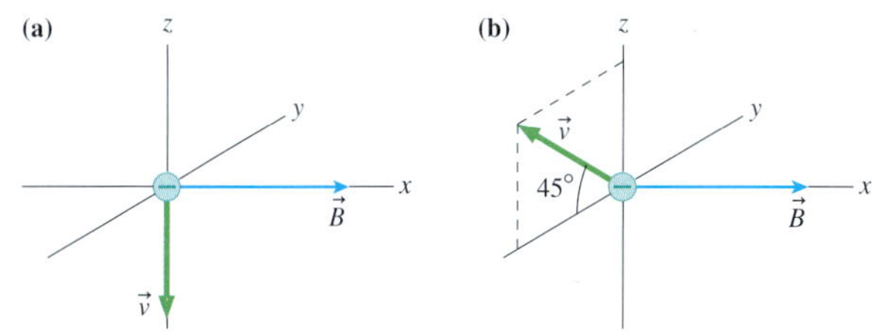

그림 EX29.14

15. ‖ 다섯 자리 유효 숫자까지, 3.0000 T 자기장에서 (a) O_2^+, (b) N_2^+, (c) CO^+ 이온들의 사이클로트론 진동수는 얼마인가? 원자량이 표에 나타나 있다. 잃어버린 전자의 질량은 0.001 u보다 작고, 이 수준의 정도에서는 문제가 되지 않는다. 비록 N_2^+, CO^+ 모두 명목상 분자량 28을 가지고 있지만 약간 다른 사이클로트론 진동수로 인해 쉽게 구별이 된다. 다음 상수를 사용하라.

$$1\ \text{u} = 1.6605 \times 10^{-27}\ \text{kg},\ e = 1.6022 \times 10^{-19}\ \text{C}$$

원자량	
^{12}C	12.000
^{14}N	14.003
^{16}O	15.995

16. ‖ 전자레인지의 마이크로파는 마그네트론이라 하는 특수 튜브에서 만들어진다. 전자는 2.4 GHz에서 자기장 궤도를 순회하면서 2.4 GHz 전자기파를 방출한다.
   a. 자기장 세기는 얼마인가?
   b. 전자가 튜브의 벽을 부딪히지 전에 전자 궤도의 최대 지름이 2.5 cm이면 최대 전자 운동 에너지는 얼마인가?

29.8 전류가 흐르는 도선에 작용하는 자기력

17. | 그림 EX29.17에서 2.0 g의 도선을 부양시키는 자기장의 세기와 방향은 무엇인가?

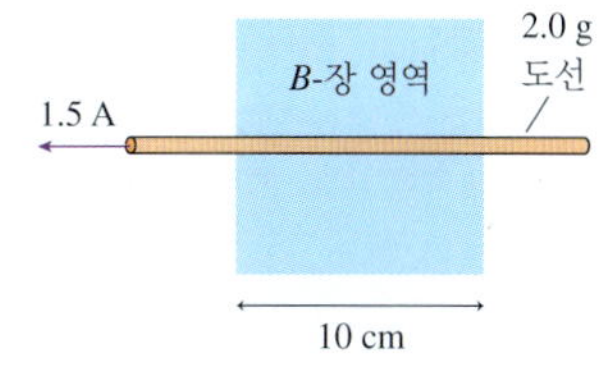

그림 EX29.17

18. | 그림 EX29.18에서 회로의 오른쪽 모서리는 균일한 50 mT 자기장 안으로 들어간다. 회로에 작용하는 알짜힘의 크기와 방향은 무엇인가?

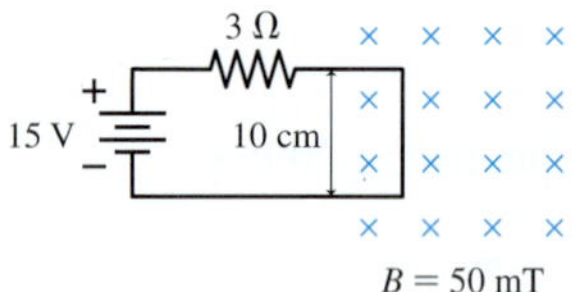

그림 EX29.18

19. ‖ 그림 EX29.19는 질량 선밀도 50 g/m를 가진 3개의 긴 도선들을 통과하는 단면이다. 각각은 표시된 방향으로 동일한 전류가 흐르고 있다. 아래 두 도선은 4.0 cm 떨어져 있고 탁자에 부착되어 있다. 어떤 전류 I가 위쪽 도선을 '뜨게 하여' 아래쪽 도선들과 정삼각형을 형성하게 하는가?

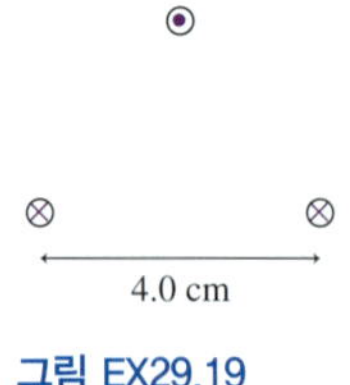

그림 EX29.19

29.9 전류 고리에 작용하는 힘과 돌림힘

20. | 작은 막대 자석은 자석의 축이 0.10 T 자기장에 45°일 때 0.020 N m 돌림힘을 받게 된다. 그것의 자기 쌍극자 모멘트의 크기는 얼마인가?

문제

21. ‖ xy평면에 수직인 5.0 A의 전류가 흐르는 긴 도선은 $x = -2.0$ cm에서 x축과 교차한다. 두 번째 3.0 A의 전류가 흐르는 평행한 도선은 $x = +2.0$ cm에서 x축과 교차한다. 만약 (a) 두 전류가 같은 방향이면, (b) 두 전류가 반대 방향이면, x축의 어떤 점에서 또는 어떤 점들에서 자기장이 0이 되는가?

22. ‖ 그림 P29.22에 있는 고리의 중심에서 자기장의 세기와 방향은 무엇인가?

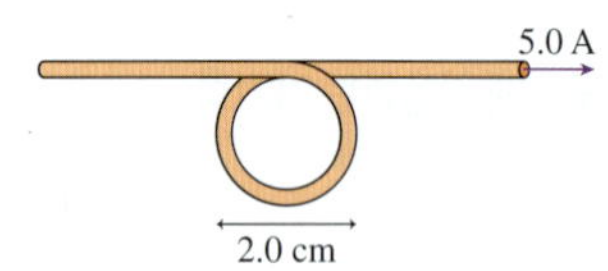

그림 P29.22

23. ‖ 그림 P29.23에 있는 원호의 중심(점 P)에서 자기장 세기에 대한 식을 구하시오.

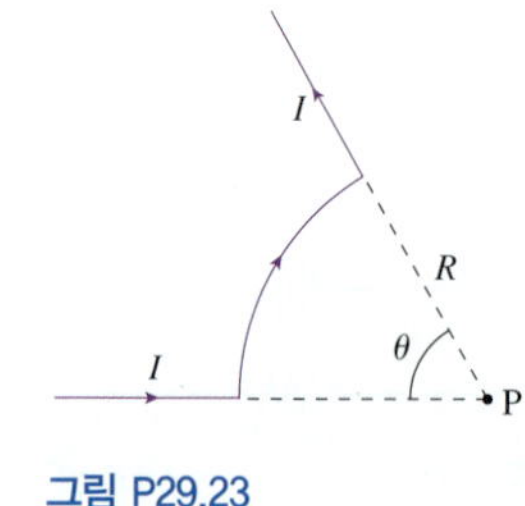

그림 P29.23

24. ‖ 새로운 금속 합금의 저항을 측정하는 과학자가 다른 실험실에 전류계를 두고 왔지만, 그녀는 자기장 탐침을 가지고 있다. 그래서 그녀는 물질로 6.5 m 길이, 2.0 mm 지름의 도선을 만들어 1.5 V 전지와 연결하고, 도선의 표면으로부터 1.0 mm에서 3.0 mT 자기장을 측정하였다. 물질의 저항은 얼마인가?

25. ‖ 고용주가 내부 장이 5.0 mT인 20 cm 길이의 솔레노이드 제작을 부탁한다. 사양은 단일 도선층으로 가능한 한 코일을 촘촘하게(빽빽히) 감는 것이다. 2개의 도선 실감개가 있다. #18 게이지 도선은 지름이 1.02 mm이고, 최대 전류 정격이 6 A이다. #26 게이지 도선은 지름이 0.41 mm이고, 최대 1 A까지 흘릴 수 있다. 어떤 도선을 사용해야 하고, 얼마의 전류가 필요한가?

26. ‖ 자기 쌍극자 모멘트 8.0×10^{22} A m^{2}의 지구 자기장은 지구의 외부 코어의 용해된 철 안의 전류에 의해 생성된다. 코어 전류를 1000 km 지름 '도선'으로 만들어진 3000 km 지름 전류 고리로 모형화한다고 가정하자. 고리 지름은 이 매우 뚱뚱한 도선의 중심으로부터 측정된다.

a. 전류 고리에서 전류는 얼마인가?

b. 전류 고리에서 전류 밀도 J는 얼마인가?

c. 이것이 큰 전류 밀도인지 작은 전류 밀도인지 확인하기 위해 이것을 1.0 mm 지름 도선에서 1.0 A의 전류 밀도와 비교하시오.

27. ‖ 심장은 어떤 심장 문제를 진단하는 데 사용될 수 있는 작은 자기장을 생성한다. 그것은 심장의 외부 층에 있는 전류 고리에 의해 생성되는 쌍극자 장이다.
BIO

a. 심장의 중심에서 장은 90 pT로 추정된다. 이 장을 만들기 위해 인간 심장 크기만한 8.0 cm 지름 고리 주위로 순환해야 하는 전류는 얼마인가?

b. 심장의 자기 쌍극자 모멘트의 크기는 얼마인가?

28. ‖ 그림 P29.28의 **토로이드**는 도넛 모양의 고리(토러스) 주위를 감싸는 도선 코일이다. 토로이드 자기장은 융합 플라스마를 가두는 데 사용된다.

a. 대칭성으로부터 이 토로이드 안에서 자기장의 **모양**은 무엇이 되어야 하는가? 설명하시오.

b. 전류 I가 흐르는 도선을 밀접하게 N번 감은 토로이드를 고려하라. 암페어 법칙을 이용하여 축으로부터 거리 r에 있는 토

러스 내부의 한 지점에서 자기장 세기에 대한 표현식을 찾으시오.

c. 토로이드 자기장은 균일한 장인가? 설명하시오.

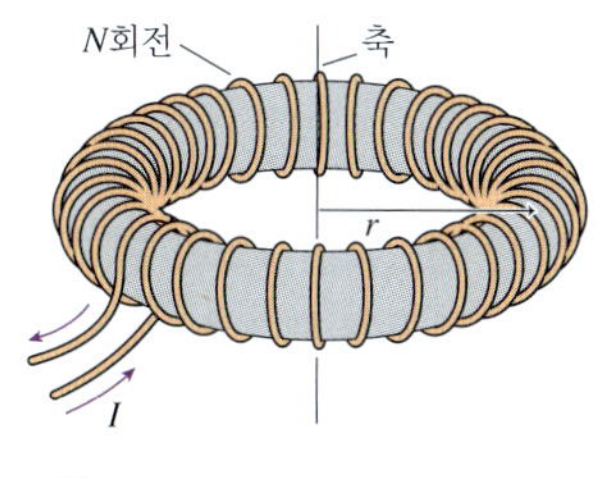

그림 P29.28

29. ‖ 길고 속이 빈 도선의 내부 반지름은 R_1이고, 외부 반지름은 R_2이다. 도선에는 도선의 넓이에 균일하게 분포된 전류 I가 흐른다. 암페어 법칙을 이용하여 세 영역 $0 < r < R_1$, $R_1 < r < R_2$, $R_2 < r$에서 자기장 세기에 대한 식을 구하시오.

30. ‖ 전자는 그림 P29.30에 보여준 두 충전된 평행판 사이를 1.0×10^7 m/s의 속력으로 이동하고 있다. 판들은 1.0 cm 떨어져 있고 200 V 전지로 충전된다. 편향되지 않고 전자가 판들 사이로 통과하기 위한 자기장의 세기와 방향은 무엇인가?

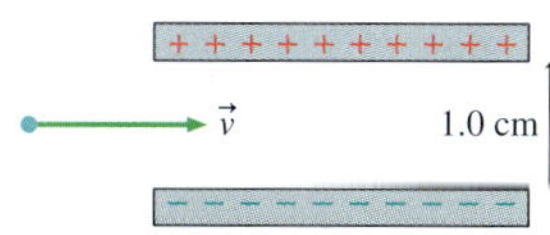

그림 P29.30

31. ‖ 반양성자($q = -e$이라는 것을 제외하고 양성자와 똑같은 특성)가 그림 P29.31의 겹쳐진 전기장과 자기장 안에서 움직이고 있다. 이 순간 반양성자의 가속도의 크기와 방향은 무엇인가?

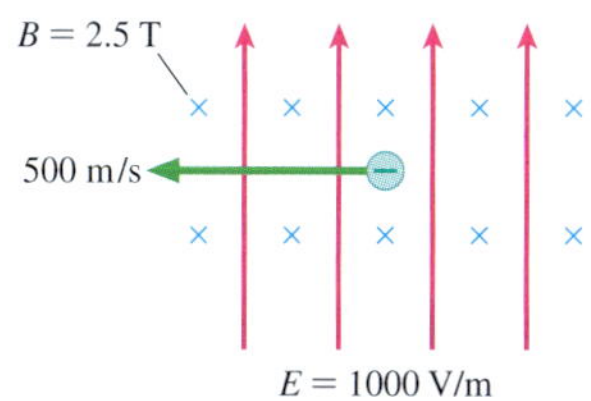

그림 P29.31

32. ‖ 반양성자는 반대 전하 $-e$를 가졌다는 것을 제외하고는 양성자와 동일하다. 반양성자를 연구하기 위하여 반양성자들을 초고진공에 가두어야 한다. 왜냐하면 만약 반양성자들이 보통 물질의 양성자와 접촉하게 되면 그들은 감마선을 생성하면서 쌍소멸될 것이기 때문이다. 반양성자를 가두는 방법 중의 하나는 자기장 안에 그들을 유지하는 것이다. 반양성자들이 1.5×10^4 m/s의 속력으로 생성되고 2.0 mT 자기장에 갇힌다고 가정하자. 벽에 닿지 않고 이들 반양성자들을 순환하도록 하려면 진공실의 최소 지름은 얼마이어야만 하는가?

33. ‖ 그림 P29.33의 균일한 30 mT 자기장은 양의 z축 방향을 향한다. 전자가 xy평면에서 위로 30° 각으로 5.0×10^6 m/s의 속력으로 자기장 영역으로 진입한다. 반지름 r과 전자의 나선형 궤적의 높이 p를 구하시오.

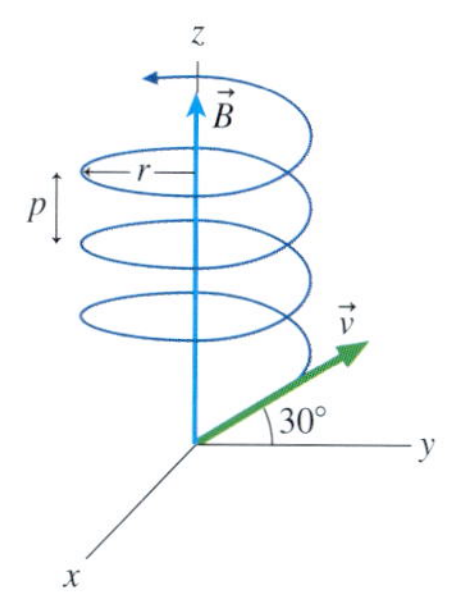

그림 P29.33

34. ‖ 전하 q와 질량 m을 가진 입자가 균일한 장들인 $\vec{E} = E_0\hat{k}$과 $\vec{B} = B_0\hat{k}$ 안에서 움직인다. $t = 0$에서 입자의 속도는 $\vec{v}_0 = v_0\hat{\imath}$이다. 나중 시간 t에서 입자의 속력은 얼마인가?

35. ‖‖ 원형 궤도에서 대전된 입자는 **사이클로트론 방사**라 하는 전자기파를 방사한다는 것이 고급 과정에 나와 있다. 결과로써 속력 v로 사이클로트론 운동을 하는 입자는 실제로 다음의 비율로 운동에너지를 잃고 있다.
CALC

$$\frac{dK}{dt} = -\left(\frac{\mu_0 q^4}{6\pi c m^2}\right)B^2 v^2$$

2.0 T 자기장 안에서 나선 운동하는 동안 (a) 전자와 (b) 양성자는 에너지의 절반을 방사하는 데 얼마나 걸리는가?

36. ‖ 그림 P29.36에 표시된 10회전 된 도선의 고리가 균일한 수평 자기장에 평행한 수평면에 놓여 있고, 2.0 A의 전류가 흐른다. 고리는 중심을 통해 비자성 회전축에 대해 자유롭게 회전할 수 있다. 50 g 질량이 고리의 한쪽 가장자리에 매달려 있다. 고리가 회전축에 대해 회전하지 못하도록 하는 자기장 세기는 얼마인가?

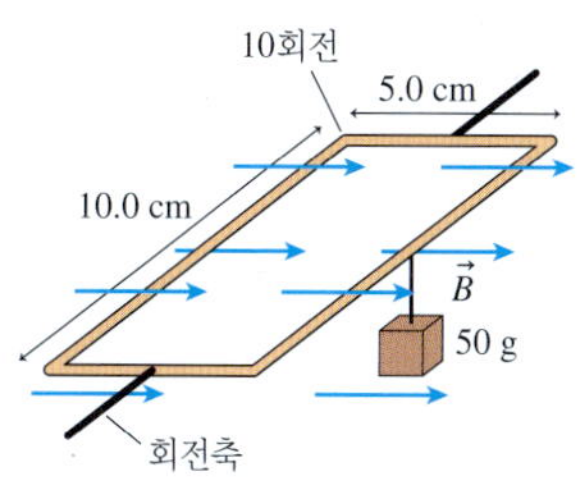

그림 P29.36

37. ‖ 그림 P29.37은 하단 가장자리가 마찰이 없는 수평면에 있는 각 변이 2.5 m인 2.0 kg의 정사각형 고리의 측면을 보여준다. 25 A 전류가 표시된 방향으로 고리에 흐른다. 고리가 표시된 각에서 정적 평형 상태에 있기 위한 균일한 수평 자기장 세기는 얼마인가?

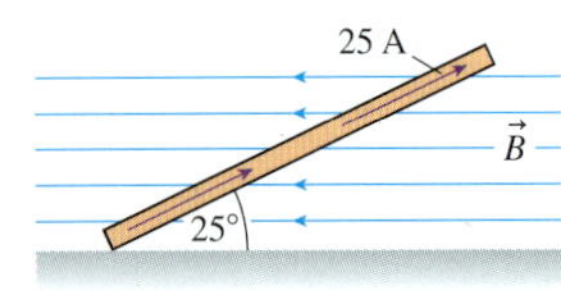

그림 P29.37

38. ‖ 길이가 l이고, 질량이 m인 전도성 막대는 그림 P29.38의 길이 d의 마찰이 없는 두 레일의 왼쪽 끝에 정지해 있다. 균일한 자기장 세기 B는 위쪽을 향한다.

a. 전도성 막대가 오른쪽으로 힘을 받게 되려면 막대에 흐르는 전류가 지면 안팎 중 어느 방향으로 흘러야 되는가?

b. 레일의 오른쪽 끝에서 막대가 떠날 때의 속력에 대한 식을 구하시오.

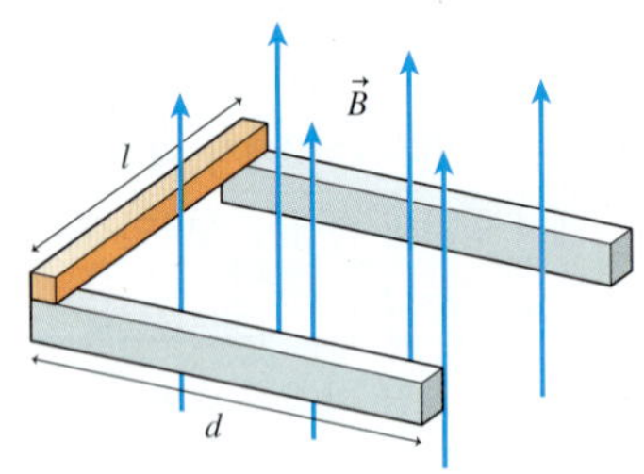

그림 P29.38

39. ||| 다음 자기장 속에 놓여 있는 x축에 나란한 도선에 음의 x방향으로 전류 I가 흐른다.
CALC

$$\vec{B} = \begin{cases} B_0 \dfrac{x}{l} \hat{k} & 0 \leq x \leq l \\ 0 & \text{그 외에} \end{cases}$$

a. $-\frac{3}{2}l < x < \frac{3}{2}l$ 구간에 대해 B-x의 그래프를 그리시오.

b. 도선에 작용하는 알짜힘 $\vec{F}_{\text{net}}$에 대한 식을 구하시오.

c. 점 $x=0$에 대하여 도선에 작용하는 알짜 돌림힘에 대한 식을 구하시오.

응용 문제

40. ||| 1.0 m 길이의 구리 도선이 있다. 1.0 A의 전류가 흐를 때 중심에 1.0 mT 자기장을 생성하는 N회전 된 전류 고리를 만들고 싶다. 전체 도선을 사용하여야 한다면 코일의 지름은 얼마가 되는가?

41. ||| 반지름 R인 편평한 원형 원반이 총 전하 Q로 균일하게 대전되어 있다. 원반은 그것의 중심을 지나는 축에 대하여 각속도 ω로 회전한다. 원반의 중심에서 자기장 세기는 얼마인가?
CALC

42. ||| 무한한 폭의 편평한 얇은 면의 전하가 그림 CP29.42의 지면 밖으로 흘러나온다. 얇은 면을 따라 단위 폭당 전류(미터당 암페어)는 선전류 밀도 J_s에 의해 주어진다.

a. 자기장의 **모양**은 어떠한가? 이 질문에 답하기 위해 얇은 전류 면을 수많은 평행하고 간격이 가까운 전류가 흐르는 도선들로 근사하면 도움이 될 수 있다. 자기장 벡터를 보여주는 그림으로 답하시오.

b. 전류가 흐르는 얇은 면 위아래의 거리 d에서 자기장 세기를 구하시오.

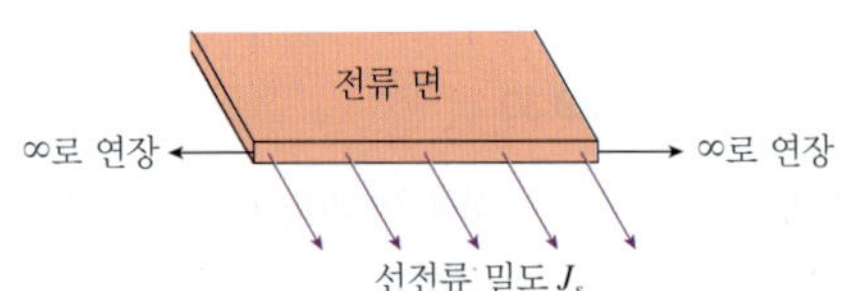

그림 CP29.42

30 전자기 유도

Electromagnetic Induction

전자기 유도는 전기 생성에서부터 데이터 저장에 이르기까지 많은 현대 기술의 바탕이 되는 물리학이다.

이 장에서는 전자기 유도가 무엇인지, 어떻게 사용되는지 배운다.

유도 전류란 무엇인가?

자기장은 도선 고리에 전류를 생성할 수 있지만, 고리를 통과하는 자기장의 양이 변할 때만 가능하다.

- 이것을 유도 전류라 한다.
- 이 과정을 **전자기 유도**라 한다.

《 **되돌아보기:** 29장 자기장

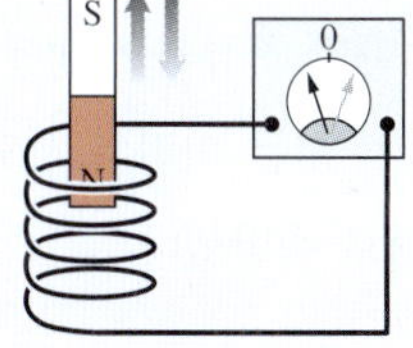

자속은 무엇인가?

핵심 아이디어는 고리 또는 코일을 통과하는 자기장의 양이다. 이를 자기 선속이라 한다. 자기 선속은 자기장 세기, 고리의 넓이와 자기장 사이의 각도에 따라 달라진다.

《 **되돌아보기:** 24.3절 전기 선속

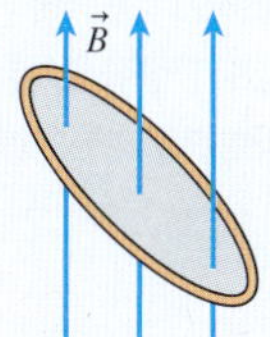

렌츠의 법칙은 무엇인가?

렌츠의 법칙에 따르면 고리를 통과하는 자기 선속이 변화하는 경우에만 전류가 닫힌 고리에서 유도된다. 단순히 선속이 있는 것은 아무런 효과가 없다. 선속이 변해야 한다. 렌츠의 법칙을 사용하여 고리 주변의 유도 전류의 방향을 결정하는 방법을 배운다.

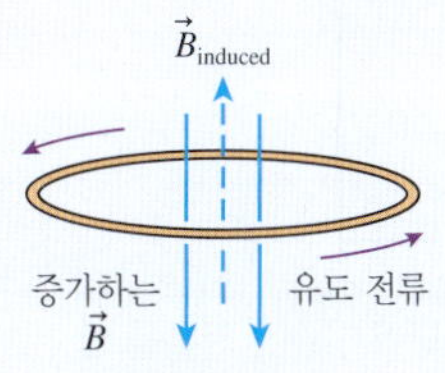

패러데이의 법칙은 무엇인가?

패러데이의 법칙은 전기장과 자기장을 연결하는 가장 중요한 법칙으로 전자기파의 기초가 된다. 전지가 전류를 흐르게 하는 기전력을 갖는 것처럼, 도선의 고리는 고리를 통과하는 자기 선속의 변화율에 의해 결정되는 유도 기전력을 갖는다.

《 **되돌아보기:** 26.4절 퍼텐셜샘

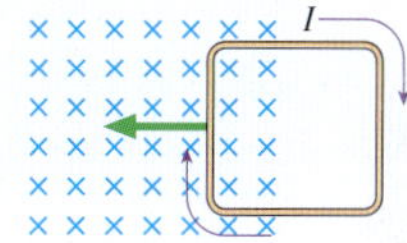

유도장이란 무엇인가?

기본적으로 패러데이의 법칙은 자기장의 변화가 유도 전기장을 생성한다는 것이다. 이것은 전하와는 별개로 전기장을 만드는 완전히 새로운 방법이다. 그것은 도체 고리 주변에 유도 전류를 일으키는 유도 전기장이다.

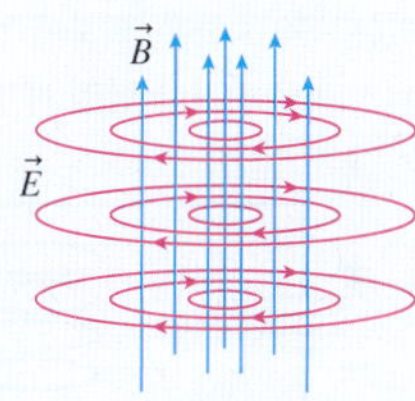

전자기 유도는 어떻게 사용되는가?

전자기 유도는 전기와 자기의 가장 중요한 응용 분야 중 하나이다. 발전기는 전자기 유도를 사용하여 회전하는 터빈의 역학적 에너지를 전기 에너지로 변환한다. 인덕터는 전자기 유도에 의존하는 중요한 회로 요소이다. 모든 형태의 전기 통신은 전자기 유도를 기반으로 한다. 그리고 특히 전자기 유도는 빛과 전자기파의 기초이다.

30.1 유도 전류

그림 30.1 패러데이의 발견

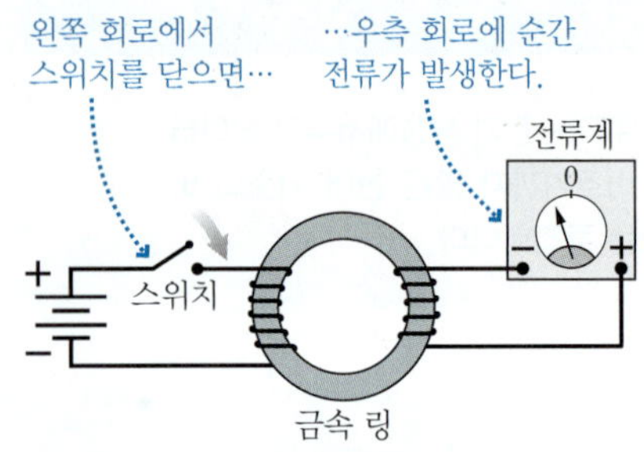

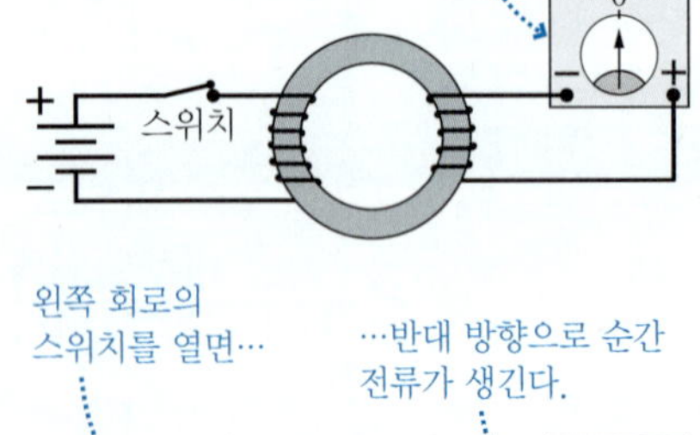

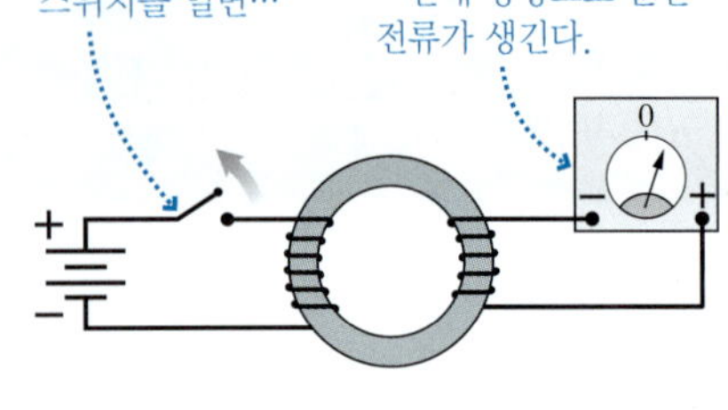

전류가 자기장을 생성한다는 1820년 외르스테드(Oersted)의 발견은 엄청난 흥분을 일으켰다. 과학자들이 기대했던 한 가지 질문은 외르스테드의 발견의 역도 사실인지 여부, 즉 자석이 전류를 만드는 데 사용될 수 있는가 하는 것이었다.

돌파구는 1831년 미국의 과학 교사 헨리(Joseph Henry)와 영국의 과학자 패러데이(Michael Faraday)가 각각 **전자기 유도**라고 부르는 과정을 발견했을 때 시작되었다. 22장에서 장의 개념의 발명가로서 만난 패러데이는 그의 발견을 먼저 발표하였으므로 오늘날 우리는 헨리의 법칙보다는 패러데이의 법칙을 공부한다.

외르스테드와 마찬가지로 패러데이의 1831년 발견은 예기치 않은 사건과 그것의 중요성을 인식할 준비가 된 마음의 행복한 결합이었다. 패러데이는 그림 30.1에서와 같이 금속 링 둘레에 감긴 2개의 도선 코일을 실험하고 있었다. 그는 왼쪽의 코일에서 생성된 자기장이 금속에 자기장을 유도하고, 그러면 어떻게든 금속에서의 자기장이 오른쪽의 회로에 전류를 생성하기를 기대했다.

이전의 모든 그의 시도와 마찬가지로, 이 기술은 전류를 생성하지 못했다. 그러나 패러데이는 전류계 바늘이 왼쪽의 회로에서 스위치를 닫은 순간 조금 움직이는 것을 우연히 알게 되었다. 스위치가 닫힌 후, 바늘은 바로 0으로 되돌아갔다. 바늘은 나중에 스위치를 열었을 때 다시 움직였지만, 이번에는 반대 방향으로 움직였다. 패러데이는 바늘의 움직임이 오른쪽의 회로에 전류를 나타냈음을 인식했지만 왼쪽의 전류가 시작되거나 중단된 짧은 간격 동안에만 존속하는 순간 전류였다.

패러데이의 관찰은 장선(field line)에 대한 그의 가상적인 그림과 결합되어 코일을 통과하는 자기장이 **변할** 때만 전류가 생성된다고 제안하게 하였다. 이것은 정적 자기장으로 전류를 생성하려는 모든 이전의 시도가 실패한 이유를 설명한다. 패러데이는 이 가설을 시험하는 것으로 출발했다.

패러데이의 전자기 유도 조사

패러데이는 하나의 코일을 금속 링 없이 다른 코일 바로 위에 놓았다. 스위치가 닫힌 위치에 있는 동안, 하부 회로에는 전류가 없었지만 스위치가 열리거나 닫힐 때마다 전류가 나타났다.

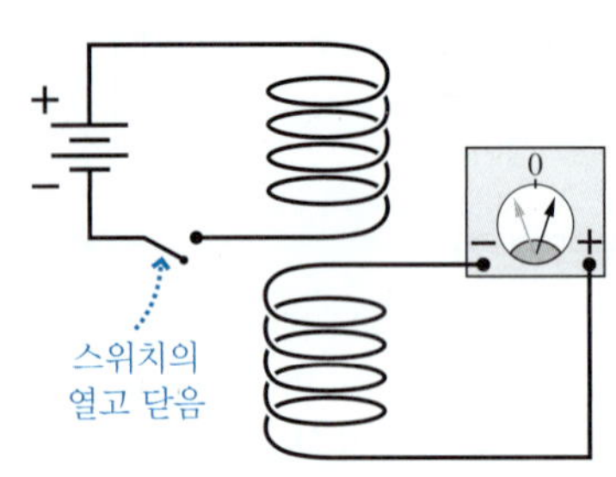

스위치의 열고 닫음은 순간 전류를 생성한다.

그는 도선 코일에 막대 자석을 밀어 넣었다. 이 조치로 전류계 바늘은 순간적으로 편향되었다. 하지만 코일 내부에서 자석을 **멈추면** 아무런 효과가 없었다. 자석의 신속한 잡아당김은 바늘을 다른 방향으로 편향시켰다.

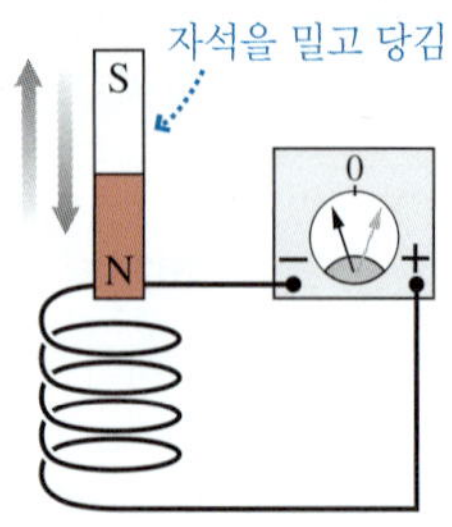

코일에 자석을 밀어 넣거나 잡아당겨서 순간 전류를 생성한다.

자석이 움직여야 하는가? 패러데이는 자기장에서 도선 코일을 신속하게 잡아당김으로써 순간 전류를 생성시켰다. 코일을 자석 **안에** 밀어 넣으면 바늘이 반대 방향으로 움직인다.

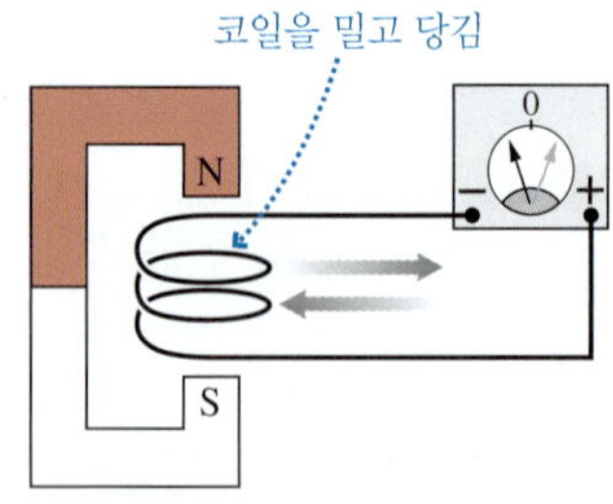

자석에 코일을 밀어 넣거나 잡아당겨서 순간 전류를 생성한다.

패러데이는 코일을 통과하는 자기장이 변화할 경우에만 도선 코일에 전류가 흐름을 발견하였다. 이것은 우리가 곧 패러데이의 법칙이라고 부르게 될 비공식 진술이다. 변화하는 자기장이 회로에 일으킨 전류를 **유도 전류**(induced current)라고 한다. 유도 전류는 전지에 의해 유발되지 않는다. 전류를 생성하는 완전히 새로운 방법이다.

30.2 운동 기전력

회로가 움직이거나 변화하는 동안 자기장이 고정된 상황을 관찰하여 전자기 유도에 대한 조사를 시작한다. 그림 30.2에서처럼 수직한 균일 자기장 $\vec{B}$를 통해 속도 $\vec{v}$로 움직이는 길이 l의 도체를 생각해보자. 양(+)으로 가정된 도선 내부의 전하 운반자는 속도 $\vec{v}$로 이동하기 때문에 각각 세기가 $F_B = qvB$인 자기력 $\vec{F}_B = q\vec{v} \times \vec{B}$를 경험한다. 이 자기력으로 인해 전하 운반자가 이동하여 양(+)과 음(−)전하가 분리된다. 그런 다음 분리된 전하는 도체 내에 전기장을 생성한다.

그림 30.2 움직이는 도체에서 전하 운반자에 작용하는 자기력은 도체 내에 전기장을 생성한다.

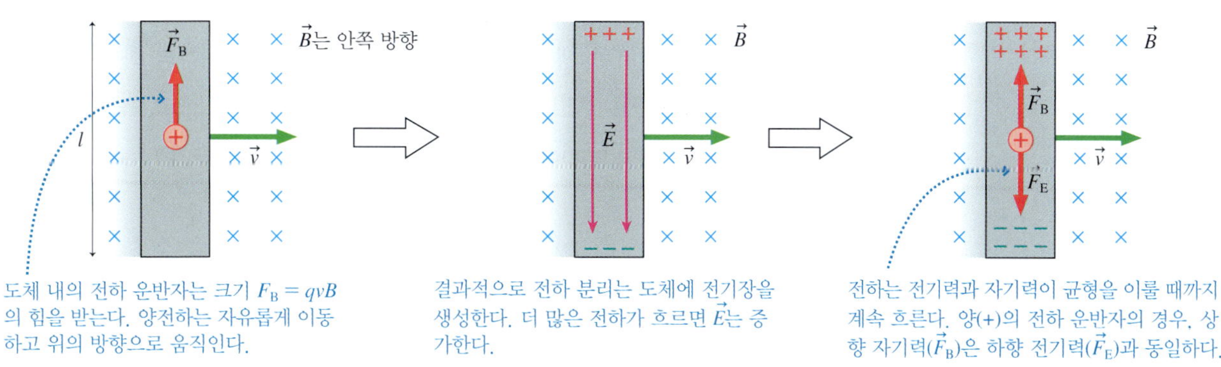

전하 운반자는 전기력 $F_E = qE$가 자기력 $F_B = qvB$와 정확히 균형을 이루면서 평형 상태가 될 때까지 계속 분리된다.

$$E = vB \tag{30.1}$$

즉, **움직이는 도체 내의 전하 운반자에 작용하는 자기력은 도체 내부에 전기장 $E = vB$를 생성한다.**

전기장은 차례로 이동하는 도체의 두 끝 사이에 퍼텐셜차를 생성한다. 그림 30.3a는 $\vec{E} = -vB\hat{j}$인 좌표계를 정의한다. 전기장과 퍼텐셜 사이의 관계를 사용하면

$$\Delta V = V_{\text{top}} - V_{\text{bottom}} = -\int_0^l E_y\,dy = -\int_0^l (-vB)\,dy = vlB \tag{30.2}$$

이다. 따라서 **자기장을 지나는 도선의 움직임은 도체의 끝부분들 사이에 퍼텐셜차 vlB를 유도한다.** 퍼텐셜차는 자기장 세기와 자기장을 지나는 도선의 속력에 따라 달라진다.

이 퍼텐셜차와 전지의 퍼텐셜차 사이에는 중요한 유사점이 있다. 그림 30.3b는 전

▶ **그림 30.3** 기전력 생성

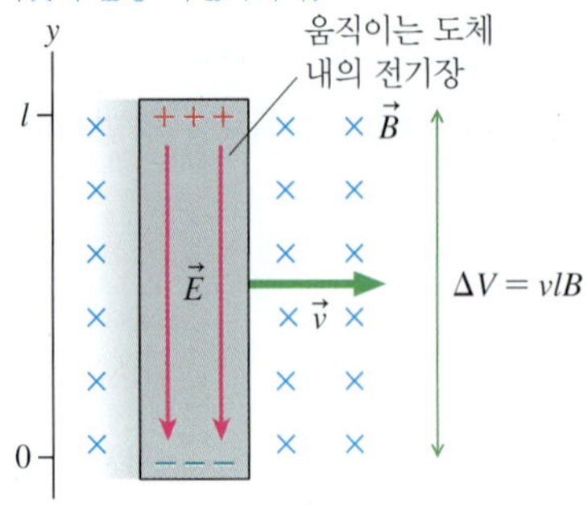

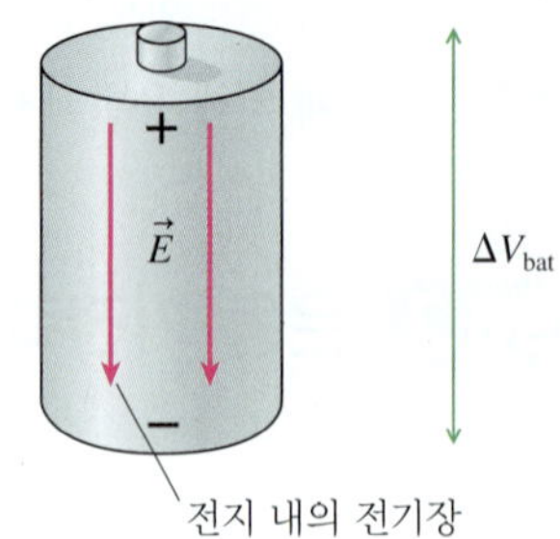

지가 양극과 음극을 분리하기 위해 비전기력(전하 에스컬레이터)을 사용한다는 것을 상기시켜준다. 전지의 기전력 $\mathcal{E}$는 전하를 분리하기 위해 수행된 전하당 일(W/q)로 정의된다. 전류가 없는 절연된 전지는 퍼텐셜차 $\Delta V_{bat} = \mathcal{E}$를 갖는다. 화학 반응에 의해 전하가 분리되는 전지를 **화학적 기전력**으로 사용할 수 있다.

움직이는 도체는 자기력에 의해 수행된 일에 의해 전하를 분리하여 퍼텐셜차를 발생시킨다. 움직이는 도체를, 이동하는 경우에만 충전된 상태로 유지되고 도체가 멈추면 '작동 중지'되는 '전지'로 생각할 수 있다. 도체의 기전력은 내부의 화학 반응보다는 도체의 움직임 때문에 생긴다. 따라서 자기장 $\vec{B}$에 수직한 방향으로 속도 $\vec{v}$로 움직이는 도체의 **운동 기전력**(motional emf)을 다음과 같이 정의할 수 있다.

$$\mathcal{E} = vlB \tag{30.3}$$

예제 30.1 | 지구 자기장의 측정

캐나다 북부의 지구 자기장은 곧장 아래로 향하는 것으로 알려져 있다. 캐나다 북부 지역에서 260 m/s로 비행하는 보잉 747 항공기 승무원이 날개 끝 사이의 0.95 V 퍼텐셜차를 발견했다. 보잉 747의 날개 길이는 65 m이다. 거기에서의 자기장 세기는 얼마인가?

시각화 날개는 자기장을 지나며 움직이는 도체이므로 운동 기전력이 있다.

풀이 자기장은 속도와 직각을 이루므로 식 (30.3)을 사용하면

$$B = \frac{\mathcal{E}}{vL} = \frac{0.95\ \text{V}}{(260\ \text{m/s})(65\ \text{m})} = 5.6 \times 10^{-5}\ \text{T}$$

이다.

검토 29장은 지구의 자기장이 대략 5×10^{-5} T임을 지적했다. 이 자기장은 자극 근처에서 다소 강하고 적도 부근에서는 다소 약하다.

예제 30.2 | 회전하고 있는 금속 막대에서의 퍼텐셜차

길이 l의 금속 막대는 막대의 한 끝에서 회전축을 중심으로 각속도 ω로 회전한다. 균일한 자기장 $\vec{B}$는 회전면에 수직이다. 막대의 끝부분 사이의 퍼텐셜차는 얼마인가?

시각화 그림 30.4는 금속 막대의 그림 표현이다. 전하 운반자 위에 작용하는 자기력은 바깥쪽 끝이 회전축에 대해 양(+)의 값이 되도록 한다.

풀이 막대가 직선으로 움직이는 대신 회전하는 경우에도 각 전하 운반자의 속도는 $\vec{B}$에 수직이다. 결과적으로, 막대 내부에 생성된 전기장은 식 (30.1)에 주어진 것과 정확히 동일하며, $E = vB$이다. 그러나 v는 전하 운반자의 속력이며 이제는 회전축과의 거리에 따

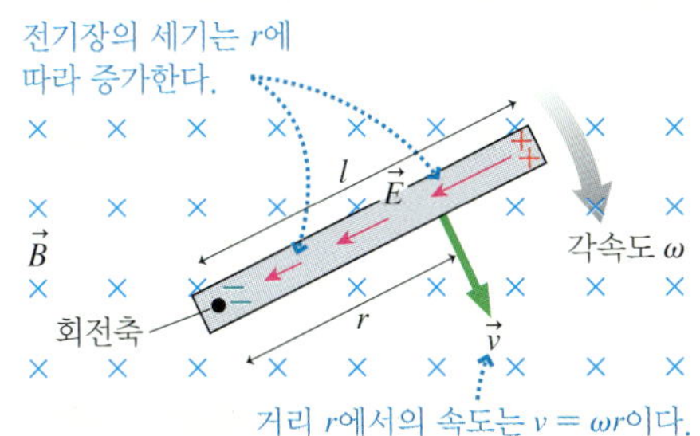

그림 30.4 자기장에서 회전하는 금속 막대의 그림

라 달라진다. 회전 운동에서 회전 중심으로부터의 반지름 r에서 접선 속력은 $v = \omega r$임을 상기하라. 따라서 회전축에서 거리 r에 있는 전기장은 $E = \omega rB$이다. 전기장은 막대를 따라 바깥쪽으로 이동할 때 세기가 증가한다.

전기장 $\vec{E}$는 회전축을 가리키므로 지름 성분은 $E_r = -\omega rB$이다. 중심에서 바깥쪽으로 적분하면 막대의 양 끝 사이의 퍼텐셜차는 다음과 같다.

$$\Delta V = V_{\text{tip}} - V_{\text{pivot}} = -\int_0^l E_r\, dr$$

$$= -\int_0^l (-\omega rB)\, dr = \omega B \int_0^l r\, dr = \tfrac{1}{2}\omega l^2 B$$

검토 $\frac{1}{2}\omega l$은 막대의 중간 지점에서의 속력이다. 따라서 ΔV는 $v_{\text{mid}} lB$이며 합리적인 것처럼 보인다.

회로에 유도된 전류

그림 30.2의 움직이는 도체는 기전력을 가지고 있었지만 전하가 갈 곳이 없어졌기 때문에 전류를 유지할 수 없었다. 그것은 회로에서 분리된 전지와 같다. 우리는 움직이는 도체를 회로에 포함시켜 이것을 바꿀 수 있다.

그림 30.5는 U자형 도체 레일과 함께 속력 v로 이동하는 도선을 보여준다. 레일은 탁사에 부착되어 움직일 수 없다고 가정한다. 도선과 레일은 함께 닫힌 도체 고리 회로를 형성한다.

자기장 $\vec{B}$가 회로 평면에 수직이라고 가정한다. 움직이는 도선의 전하는 그림 30.2에서와 같이 자기력에 의해 도선의 끝으로 밀려나지만, 이제 전하는 회로 주위로 계속 흐를 수 있다. 즉, 움직이는 도선은 회로의 전지처럼 작동한다.

회로의 전류는 **유도 전류**이다. 이 예에서 유도 전류는 반시계 방향(ccw)이다. 회로의 전체 저항이 R이면, 유도 전류는 옴의 법칙에 의해 다음과 같이 주어진다.

$$I = \frac{\mathcal{E}}{R} = \frac{vlB}{R} \tag{30.4}$$

이 상황에서 유도 전류는 움직이는 전하에 작용한 자기력 때문에 발생한다.

도선이 일정한 속력으로 레일을 따라 움직이고 있다고 가정했다. 이것이 일어나기 위해서는 계속해서 힘을 가하는 $\vec{F}_{\text{pull}}$를 적용해야 한다는 것이 밝혀졌다. 그림 30.6은 그 이유를 보여준다. 유도 전류 I를 전달하며 움직이는 도선은 자기장 내에 있다. 29장에서 자기장이 전류가 흐르는 도선에 힘을 가한다는 것을 배웠다. 오른손 규칙에 따르면, 움직이는 도선에 작용하는 자기력 $\vec{F}_{\text{mag}}$는 왼쪽을 가리킨다. 이러한 '자기적 끌림'은 도선의 움직임을 유지하기 위해 동일하지만 자기적 끌림힘에 반대인 당김힘 $\vec{F}_{\text{pull}}$를 가하지 않으면 도선을 느려지게 하고 멈추게 한다.

전류가 흐르는 도선 위의 자기력의 크기는 29장에서 $F_{\text{mag}} = IlB$로 나타났다. 이 결과를 유도 전류에 대한 식 (30.4)와 함께 사용하면, 일정한 속력 v로 도선을 잡아당기

그림 30.5 도선이 자기장을 지나면 회로에 전류가 유도된다.

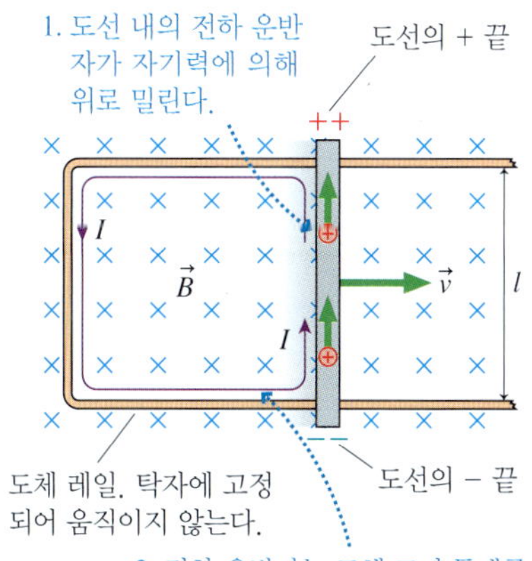

그림 30.6 도선을 오른쪽으로 움직이려면 당기는 힘이 필요하다.

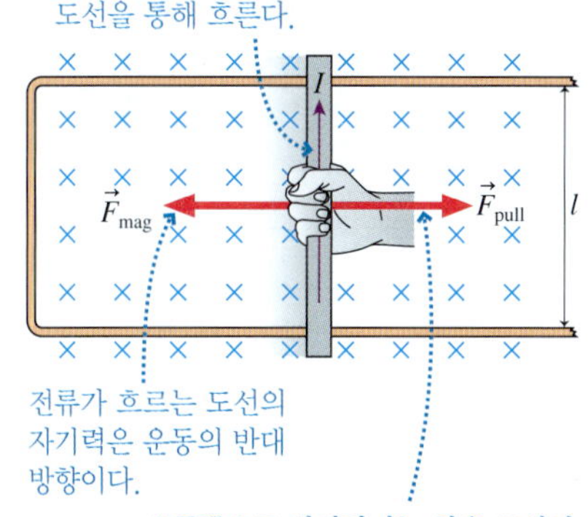

기 위해 요구되는 힘은 다음과 같다.

$$F_{\text{pull}} = F_{\text{mag}} = IlB = \left(\frac{vlB}{R}\right)lB = \frac{vl^2B^2}{R} \tag{30.5}$$

에너지 고려 사항

환경은 도선을 끌어당기기 위하여 도선에 일을 하여야 한다. 이 일에 의해 도선에 전달된 에너지는 어떻게 되는가? 도선이 레일을 따라 움직일 때 에너지는 보존되는가? 일보다는 전력(일률)에 관해 생각한다면 이 질문에 대답하는 것이 더 쉬울 것이다. 전력은 도선에 해준 일의 **비율**이다. 9장에서 속도 v로 물체를 밀거나 당기는 힘에 의해 가해지는 일률이 $P = Fv$라는 것을 배웠다. 도선을 잡아당겨 회로에 공급되는 전력은 다음과 같다.

$$P_{\text{input}} = F_{\text{pull}}v = \frac{v^2l^2B^2}{R} \tag{30.6}$$

이것은 당기는 힘에 의해 회로에 에너지가 추가되는 비율이다.

그러나 회로는 또한 전기 에너지를 도선과 구성 요소의 열에너지로 바꾸어 에너지를 소모하여 그들을 가열한다. 전류 I가 저항 R을 통과할 때 소모되는 전력은 $P = I^2R$이다. 유도 전류 I에 대한 식 (30.4)는 그림 30.5의 회로에서 소모되는 전력을 보여주며, 다음과 같다.

$$P_{\text{dissipated}} = I^2R = \frac{v^2l^2B^2}{R} \tag{30.7}$$

식 (30.6)과 (30.7)이 동일하다는 것을 알 수 있다. **회로에 해준 일의 비율은 에너지가 소모되는 비율과 정확하게 균형을 이룬다. 따라서 에너지가 보존된다.**

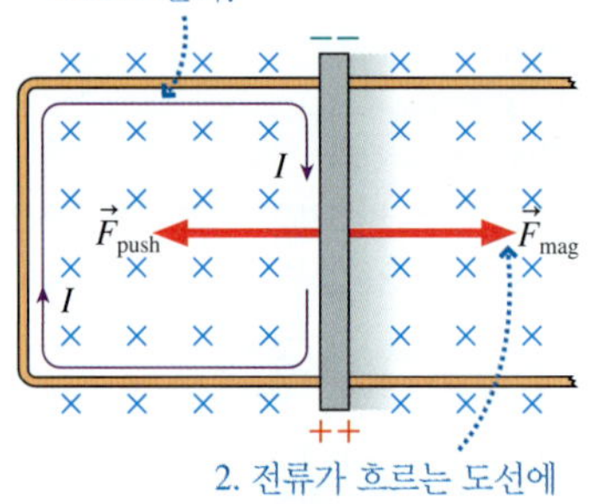

그림 30.7 도선을 왼쪽으로 움직이려면 미는 힘이 필요하다.

도선을 오른쪽으로 움직이게 하려고 **끌어당겨야** 한다면, 도선은 자체적으로 왼쪽으로 돌아가려 한다고 생각할 수도 있다. 그림 30.7은 도선이 왼쪽으로 움직이는 동일한 회로를 보여준다. 이 경우 도선이 계속 움직이게 하려면 도선을 왼쪽으로 **밀어줘야** 한다. 자기력은 항상 도선의 운동 방향과 반대이다.

도선을 잡아당기는 그림 30.6과 미는 그림 30.7에서 역학적인 힘이 전류를 생성하는 데 사용된다. 즉, **역학적** 에너지를 **전기** 에너지로 변환한다. 역학적 에너지를 전기 에너지로 변환하는 장치를 **발전기**(generator)라고 한다. 그림 30.6과 30.7의 이동하는 도선 회로는 발전기의 간단한 예이다. 이 장의 뒷부분에서 발전기의 실질적인 예를 살펴볼 것이다.

위에서의 분석을 다음과 같이 요약할 수 있다.

1. 자기장 내에서 속력 v로 도선을 당기거나 밀면 도선에 운동 기전력 $\mathcal{E}$를 생성하고, 회로에 전류 $I = \mathcal{E}/R$을 유도한다.
2. 도선이 일정한 속력으로 움직이게 하려면, 당기거나 밀 때의 힘이 도선에 작용하는 자기력과 균형을 유지하여야 한다.

3. 당기는 힘과 미는 힘에 의해 해준 일은 전류가 회로의 저항을 통과할 때 전류에 의해 소모되는 에너지와 균형을 유지하여야 한다.

예제 30.3 | 전구 점등

그림 30.8은 정격 3.0 V/1.5 W의 손전등과 저항이 없는 이상적인 도선으로 구성된 회로를 보여준다. 길이가 10 cm인 회로의 오른쪽 도선은 강도 0.10 T의 수직 자기장 속에서 일정 속력 v로 당겨진다.

a. 도선이 전구를 최대 밝기로 켜려면 얼마의 속도가 필요한가?

b. 도선을 움직이게 하는 힘은 무엇인가?

그림 30.8 예제 30.3의 회로

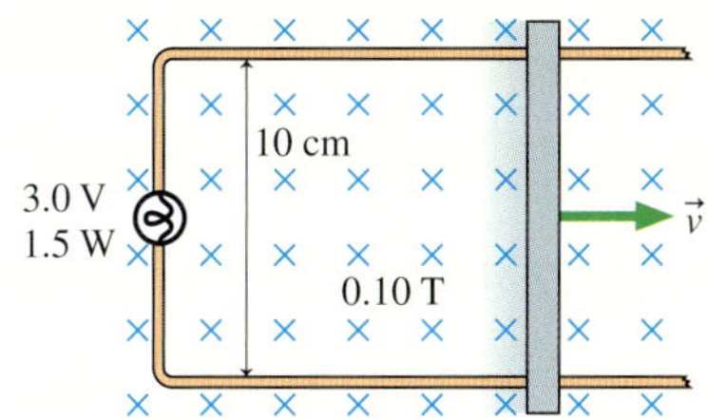

핵심 움직이는 도선을 운동 기전력원으로 간주한다.

시각화 전하 운반자에 작용하는 자기력 $\vec{F}_B = q\vec{v} \times \vec{B}$는 반시계 방향의 유도 전류를 발생시킨다.

풀이 a. 정격 3.0 V/1.5 W인 전구는 최대 밝기에서, 그 전구가 3.0 V의 퍼텐셜차에서 1.5 W를 소모하게 됨을 의미한다. 전력은 $P = I/\Delta V$에 의해 전압 및 전류와 관련되기 때문에, 최대 밝기를 유발하는 전류는 다음과 같다.

$$I = \frac{P}{\Delta V} = \frac{1.5\ \text{W}}{3.0\ \text{V}} = 0.50\ \text{A}$$

전구의 저항(회로의 전체 저항)은 다음과 같다.

$$R = \frac{\Delta V}{I} = \frac{3.0\ \text{V}}{0.50\ \text{A}} = 6.0\ \Omega$$

식 (30.4)는 이 전류를 유도하는 데 필요한 속력을 나타내며 다음과 같다.

$$v = \frac{IR}{lB} = \frac{(0.50\ \text{A})(6.0\ \Omega)}{(0.10\ \text{m})(0.10\ \text{T})} = 300\ \text{m/s}$$

식 (30.6)으로부터 이 속력에서 입력 전력이 1.5 W임을 확인할 수 있다.

b. 식 (30.5)로부터 당김힘은 다음과 같다.

$$F_{\text{pull}} = \frac{vl^2B^2}{R} = 5.0 \times 10^{-3}\ \text{N}$$

이 결과를 $F_{\text{pull}} = P/v$에서도 얻을 수 있다.

검토 예제 30.1은 의미 있는 퍼텐셜차를 생성하기 위해 높은 속력이 필요함을 보여주었다. 따라서 300 m/s는 놀라운 것이 아니다. 당김힘은 그다지 크지 않지만, 작은 힘이라도 v가 클 때 많은 양의 전력 $P = Fv$를 전달할 수 있다.

맴돌이 전류

이 아이디어는 흥미로운 의미를 가지고 있다. 그림 30.9에서와 같이 자기장을 지나 금속판을 잡아당긴다고 생각해보자. 금속이 자성체가 아니라고 가정한다면, 그것이 정지해 있을 때는 자기력을 경험하지 못한다. 금속 내의 전하 운반자는 금속판이 자석의 극 끝 사이를 끌려 갈 때 자기력을 경험한다. 전류가 도선의 고리에서와 같이 유도되지만, 여기서 전류에는 경로를 정의하는 도선이 없다. 결과적으로 2개의 전류 '소용돌이'가 금속에서 순환되기 시작한다. 고체 금속에서 펼쳐지는 전류 소용돌이를 **맴돌이 전류**(eddy current)라고 한다.

그림 30.9 맴돌이 전류

맴돌이 전류는 금속판이 자기장을 통과할 때 유도된다.

금속판

N

S

$\vec{F}_{\text{pull}}$

$\vec{v}$

맴돌이 전류의 자기력은 $\vec{v}$ 방향과 반대 방향이다.

맴돌이 전류가 극 끝 사이를 통과함에 따라 왼쪽으로 지연력이라는 자기력이 발생한다. 따라서 **자기장 내에서 금속을 잡아당기기 위해서는 외력이 필요하다.** 당김힘이 멈추면 지체하는 자기력은 금속이 멈출 때까지 빨리 감속된다. 비슷하게 금속판을 자기장 안으로 밀어 넣는 힘이 요구된다.

맴돌이 전류는 종종 바람직하지 않다. 맴돌이 전류의 전력 소모는 원하지 않는 열을 발생시킬 수 있으며, 맴돌이 전류에 작용하는 자기력은 금속을 자기장 속으로 이동시키기 위해 추가 에너지가 소비되어야 함을 의미한다. 그러나 맴돌이 전류에도 중요한 유용한 응용이 있다. 좋은 예는 자기 제동이다.

움직이는 열차에는 그림 30.10과 같이 레일에 걸쳐 있는 전자석이 있다. 정상적인 운행 중에는 전자석에 흐르는 전류도 없고 자기장도 없다. 열차를 멈추기 위해 전류가 전자석으로 유입된다. 전류는 레일을 **통과하는** 강한 자기장을 생성하고, 자석에 대한 레일의 운동은 레일에 맴돌이 전류를 유도한다. 전자석과 맴돌이 전류 사이의 자기력은 자석과 열차의 제동력으로 작용한다. 자기 제동 시스템은 매우 효율적이며 브레이크가 아닌 레일을 가열하는 이점이 있다.

그림 30.10 자기 제동 시스템

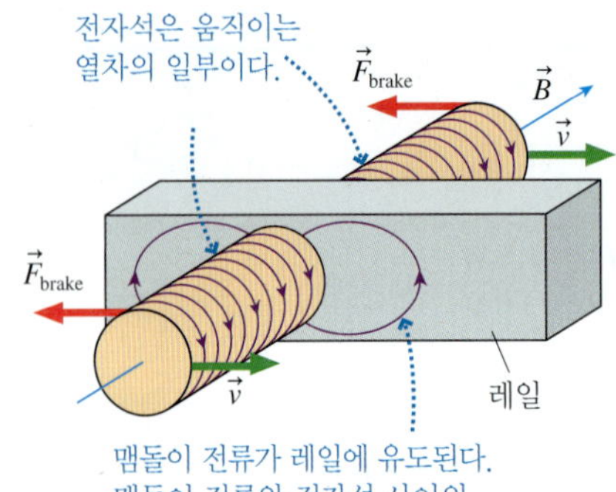

30.3 자기 선속

패러데이는 자기장의 일정량이 코일이나 도선 고리를 통과할 때 전류가 유도됨을 발견했다. 그런데 그림 30.5에서 이동하는 도선이 레일을 따라 내려감에 따라 발생하는 것이 바로 그것이다! 회로가 확장됨에 따라 더 많은 자기장이 통과하게 된다. 이제는 '고리를 통과하는 자기장의 일정량'이 의미하는 것을 좀 더 명확하게 정의할 때이다.

그림 30.11에서의 선풍기 앞에 고정된 직사각형 고리를 상상해보자. 고리를 **통과하는** 공기 흐름의 양(선속)은 고리의 각도에 따라 달라진다. 고리가 공기의 흐름에 직각이면 흐름이 최대이고, 고리가 흐름과 평행하면 0이다. 일반적으로 통과하는 공기 흐름의 양은 고리의 **유효 넓이**(즉, 선풍기를 마주 보는 영역)에 비례하며 다음과 같다.

그림 30.11 고리를 통과하는 공기 흐름의 양은 고리의 유효 넓이에 따라 달라진다.

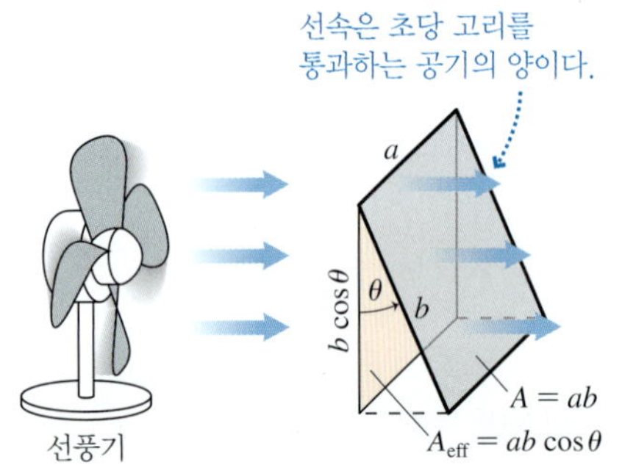

$$A_{eff} = ab\cos\theta = A\cos\theta \tag{30.8}$$

여기에서 $A = ab$는 고리의 넓이이며, θ는 고리의 기울어진 각이다. $\theta = 0°$이며 흐름에 수직인 고리는, 고리의 전체 넓이인 $A_{eff} = A$를 갖는다.

이 아이디어를 고리를 통과하는 자기장에 적용할 수 있다. 그림 30.12는 균일한 자기장에서 넓이 $A = ab$인 고리를 보여준다. 여기서부터는 자기장 벡터를 마치 화살이 지면을 향해 쏘아지는 것으로 생각하자. 화살의 밀도(m^2당 화살)는 자기장 세기 B에 비례한다. 더 큰 자기장은 화살을 조밀하게 표시한다. 도선 고리를 통과하는 화살의 수는 두 가지 요소에 달려 있다.

1. 화살의 밀도는 B에 비례한다.
2. 고리의 유효 넓이는 $A_{eff} = A\cos\theta$이다.

각 θ는 자기장과 고리 축 사이의 각도이다. 고리가 자기장에 수직일 때($\theta = 0°$) 최대

그림 30.12 다양한 각도로 기울어진 고리를 통과하는 자기장

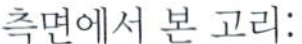

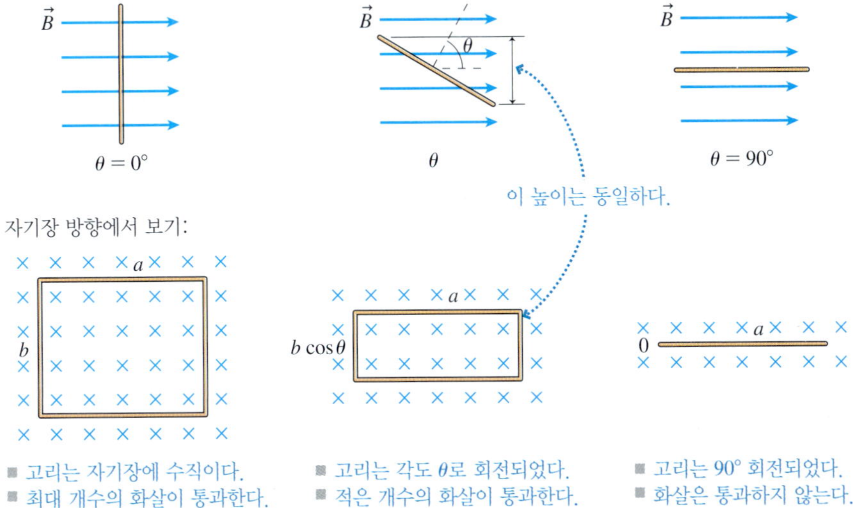

개수의 화살이 고리를 통과한다. 고리를 90° 기울이면 화살이 고리를 통과하지 않는다.

이를 염두에 두고 **자기 선속**(magnetic flux) Φ_m을 다음과 같이 정의한다.

$$\Phi_m = A_{eff}B = AB\cos\theta \tag{30.9}$$

고리가 자기장으로부터 각 θ로 기울어지면, 자기 선속은 넓이 A인 고리를 통과하는 자기장의 양을 측정한다. 자기 선속의 SI 단위는 **웨버**(weber)이다. 식 (30.9)에서 다음을 알 수 있다.

$$1\ \text{weber} = 1\ \text{Wb} = 1\ \text{T m}^2$$

식 (30.9)는 벡터 내적 $\vec{A}\cdot\vec{B} = AB\cos\theta$를 연상시킨다. 이를 염두에 두고, 고리의 넓이 A와 동일한 크기를 가지며, 고리에 수직인 **넓이 벡터**(area vector) $\vec{A}$를 정의하자. 벡터 $\vec{A}$의 단위는 m^2이다. 그림 30.13a는 넓이 A인 닫힌 고리에 대한 넓이 벡터 $\vec{A}$를 보여준다.

그림 30.13b는 고리를 통과하는 자기장을 보여준다. 벡터 $\vec{A}$와 $\vec{B}$ 사이의 각도는 유효 넓이와 자기 선속을 정의하기 위해 식 (30.8)과 (30.9)에서 사용된 것과 동일한 각도이다. 따라서 식 (30.9)는 실제로 내적(dot product)이다. 자기 선속을 다음과 같이 더 간결하게 정의할 수 있다.

$$\Phi_m = \vec{A}\cdot\vec{B} \tag{30.10}$$

자기 선속을 내적으로 표시하면 각도 θ가 정의되는 방법이 명확해진다. θ는 자기장과 고리 축 사이의 각도이다.

그림 30.13 자기 선속은 넓이 벡터 $\vec{A}$를 사용하여 정의할 수 있다.

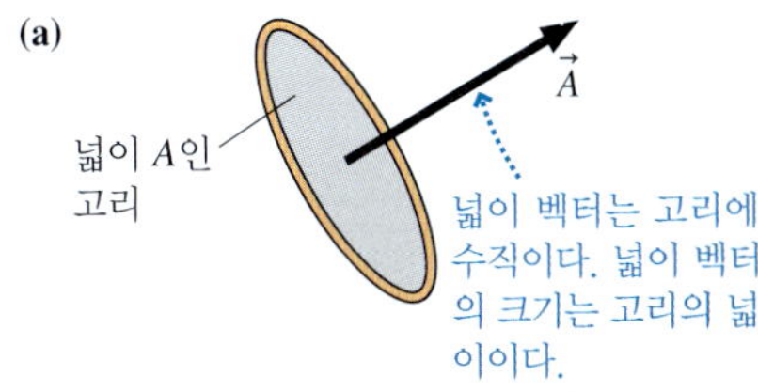

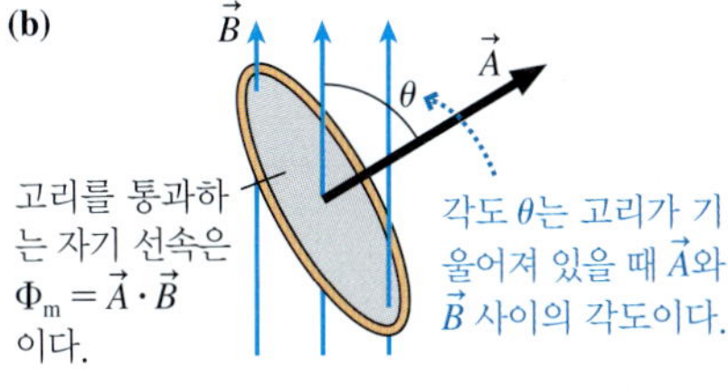

예제 30.4 **자기장 내에 있는 원형 고리**

그림 30.14는 균일한 0.050 T 자기장 내에 있는 지름 10 cm의 원형 고리의 가장자리 보기이다. 고리를 통과하는 자기 선속은 얼마인가?

풀이 각도 θ는 고리의 평면에 수직인 고리의 넓이 벡터 $\vec{A}$와 자기장 $\vec{B}$ 사이의 각도이다. 이 경우 $\theta = 60°$이며, 그림에 표시된 30° 각도가 아니다. 벡터 $\vec{A}$의 크기는 $A = \pi r^2 = 7.85 \times 10^{-3}\ \text{m}^2$이다. 따라서 자기 선속은 다음과 같다.

$$\Phi_m = \vec{A} \cdot \vec{B} = AB\cos\theta = 2.0 \times 10^{-4}\ \text{Wb}$$

그림 30.14 자기장 내에 있는 원형 고리

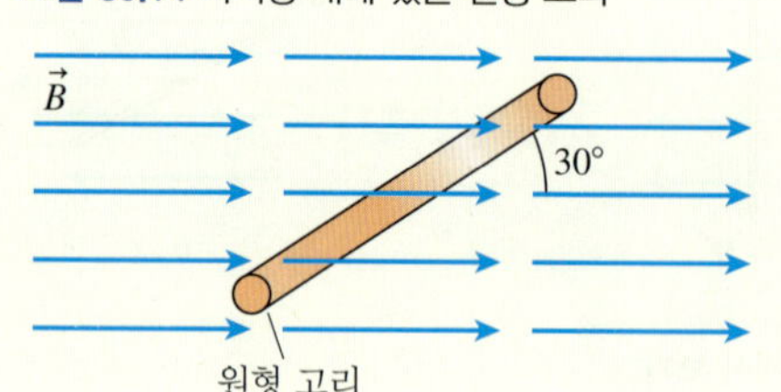

비균일 자기장에서의 자기 선속

자기 선속에 대한 식 (30.10)은 자기장이 고리의 넓이에 걸쳐 균일하다고 가정한다. 비균일 자기장에서 자기 선속을 계산할 수 있다. 자기장 세기가 고리의 한쪽 가장자리에서 다른 쪽 가장자리로 바뀌면 미적분을 사용해야 한다.

그림 30.15 비균일 자기장에서의 고리

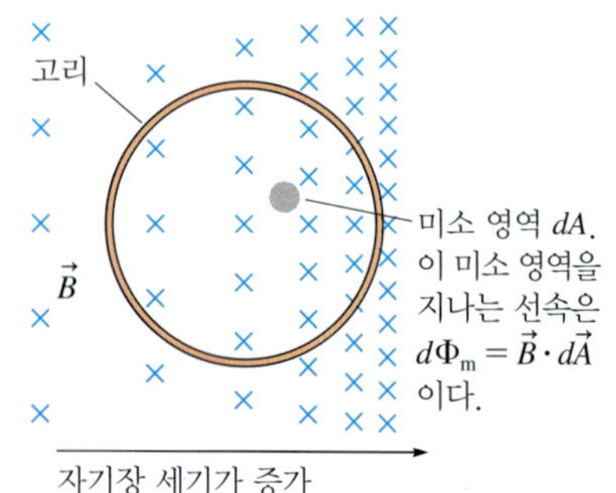

그림 30.15는 비균일 자기장에서의 고리를 보여준다. 고리를 많은 미소 영역 dA로 나누는 것을 상상하자. 자기장이 $\vec{B}$인 한 영역을 통과하는 미소 자기 선속 $d\Phi_m$은 다음과 같다.

$$d\Phi_m = \vec{B} \cdot d\vec{A} \tag{30.11}$$

고리를 통과하는 총 자기 선속은 각각의 미소 영역을 통과하는 자기 선속의 합이다. 적분하여 그 합을 구한다. 따라서 고리를 통과하는 총 자기 선속은 다음과 같다.

$$\Phi_m = \int_{\text{area of loop}} \vec{B} \cdot d\vec{A} \tag{30.12}$$

식 (30.12)는 자기 선속의 좀 더 일반적인 정의이다. 이것은 만만찮은 일이므로 예를 들어 설명한다.

예제 30.5 **긴 직선 전류로부터의 자기 선속**

그림 30.16의 1.0 cm × 4.0 cm 직사각형 고리는 길고 반듯한 도선과 1.0 cm 떨어져 있다. 도선에 1.0 A의 전류가 흐른다. 고리를 통과하는 자기 선속은 얼마인가?

핵심 도선을 무한히 길게 모형화한다. 도선의 자기장 세기는 도선으로부터의 거리에 따라 감소하므로 자기장이 고리 영역에 걸쳐 균일하지 않다.

시각화 오른손 규칙을 사용하면 도선에 원을 그리는 자기장을 볼 수 있으며, 그것이 고리 평면에 수직이라는 것을 알 수 있다. 그림 30.17

그림 30.16 전류가 흐르는 도선 옆의 고리

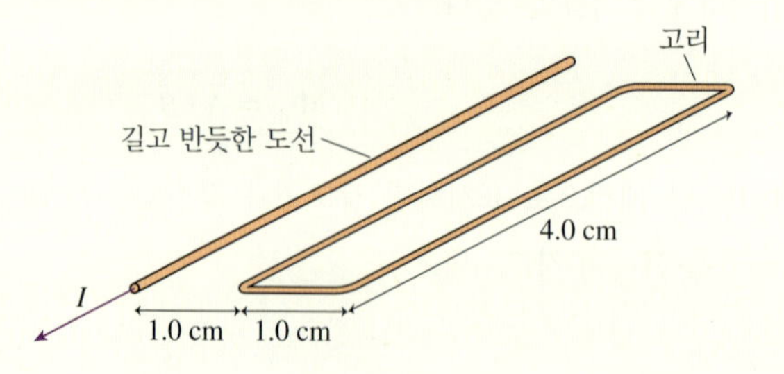

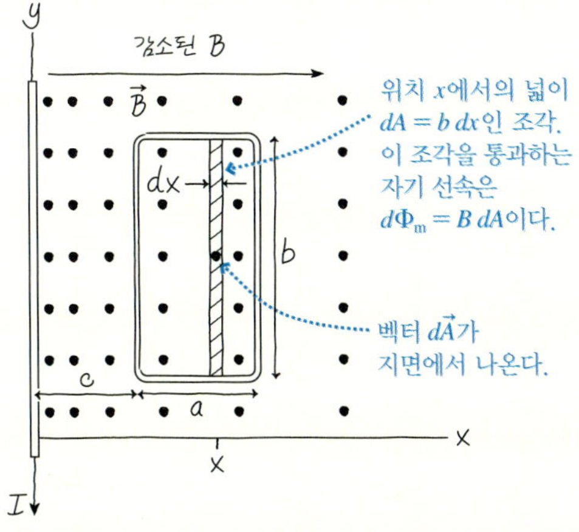

그림 30.17 고리를 통과하는 자기 선속의 계산

은 지면에서 나오는 자기장에 고리를 다시 그려 좌표계를 설정한 것을 보여준다.

풀이 그림과 같이 도선으로부터 거리 c에 가까운 고리의 변이 놓이게 하고, 고리의 크기는 a와 b가 되게 한다. 자기장은 도선과의 거리 x에 따라 변하지만, 도선에 평행한 선을 따라서 일정하다. 이것은 고리를 길이가 b이고 폭이 dx인 많은 좁은 직사각형 조각으로 나누는 동기가 되며, 각각 미소 영역 $dA = b\,dx$를 형성한다. 자기장은 이 미소 영역 내의 모든 지점에서 동일한 세기를 갖는다. 이러한 조각 중 하나가 그림의 x 위치에 표시된다.

(지면에서 나오는) 넓이 벡터 $d\vec{A}$는 조각에 수직이며, $\vec{B}$와 평행하다($\theta = 0°$). 따라서 이 미소 영역을 통과하는 미소 선속은

$$d\Phi_m = \vec{B} \cdot d\vec{A} = B\,dA = B(b\,dx) = \frac{\mu_0 Ib}{2\pi x}dx$$

와 같다. 29장에서 긴 직선으로부터 거리 x에서 자기장으로 $B = \mu_0 I/2\pi x$를 사용했다. '고리 넓이에 걸쳐' 적분한다는 것은 고리의 $x = c$의 가까운 변으로부터 $x = c + a$의 먼 변까지 적분하는 것을 의미한다. 따라서

$$\Phi_m = \frac{\mu_0 Ib}{2\pi}\int_c^{c+a}\frac{dx}{x} = \frac{\mu_0 Ib}{2\pi}\ln x\Big|_c^{c+a} = \frac{\mu_0 Ib}{2\pi}\ln\left(\frac{c+a}{c}\right)$$

이다. $a = c = 0.010$ m, $b = 0.040$ m 및 $I = 1.0$ A에 대해 계산하면 자기 선속은 다음과 같다.

$$\Phi_m = 5.5 \times 10^{-9}\ \text{Wb}$$

검토 선속은 도선의 자기장이 고리를 통과하는 정도를 측정하지만, 식 (30.10)을 단순히 사용하는 것보다는 적분해야 한다. 자기장이 먼 변보다 고리의 가까운 변에서 더 강하기 때문이다.

30.4 렌츠의 법칙

우리는 움직이는 도선이 자기장에서 고리를 확장시키는 상황을 조사하면서 이 장을 시작했다. 이것은 고리를 통해 자기 선속을 변경하는 한 가지 방법이다. 그러나 패러데이는 자기 선속의 변화에 의해 전류가 유도될 수 있다는 것을 발견했다.

예를 들어 그림 30.18에서처럼 막대자석을 고리를 향해 밀면 고리를 통과하는 자기 선속이 증가하고 순간 전류가 고리에 유도된다. 고리 밖으로 자석을 당기면 전류계는 반대 방향으로 편향된다. 도체 도선은 움직이지 않으므로 운동 기전력은 없다. 그럼에도 불구하고 유도 전류는 정말 존재한다.

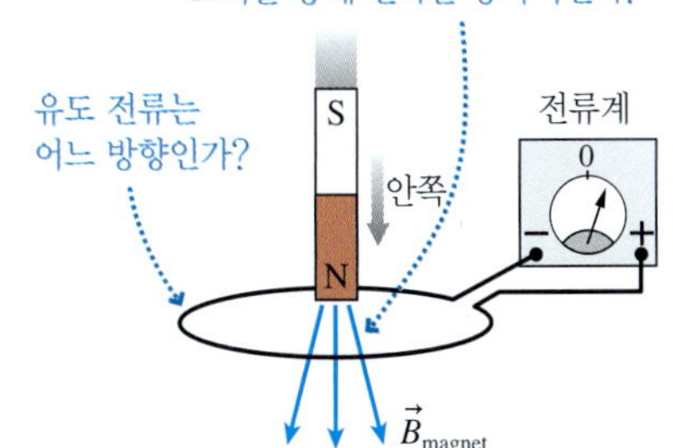

그림 30.18 막대자석을 고리 쪽으로 밀면 전류가 유도된다.

독일의 물리학자 렌츠(Heinrich Lenz)는 패러데이의 발견을 알게 된 후 전자기 유도를 연구하기 시작했다. 3년 후인 1834년, 렌츠는 유도 전류의 방향을 결정하는 규칙을 발표했다. 이제 그의 규칙을 **렌츠의 법칙**(Lenz's law)이라 하며 다음과 같다.

> **렌츠의 법칙** 고리를 통과하는 자기 선속이 변화하는 경우에만 닫힌 도체 고리에 유도 전류가 흐른다. 유도 전류의 방향은 유도 자기장이 선속의 **변화**에 반대되는 방향이다.

렌츠의 법칙은 다소 미묘하기 때문에 그것을 적용하는 법을 배우기 위해서는 약간의 연습이 필요하다.

렌츠의 법칙은 선속이 **변하는** 상황을 찾게 한다. 이것은 세 가지 방법으로 일어날 수 있다.

1. 고리를 통과하는 자기장이 변경되거나(증가 또는 감소),
2. 고리의 넓이 또는 각도가 변경되거나,
3. 고리가 자기장 안팎으로 움직인다.

렌츠의 법칙은 유도 전류가 자기장 $\vec{B}_{\text{induced}}$를 유도한다는 아이디어에 의존한다. 이것은 렌츠의 법칙에 의해 **유도된 자기장**이다. 29장에서 유도된 자기장의 방향을 결정하기 위해 오른손 규칙을 사용하는 방법을 배웠다.

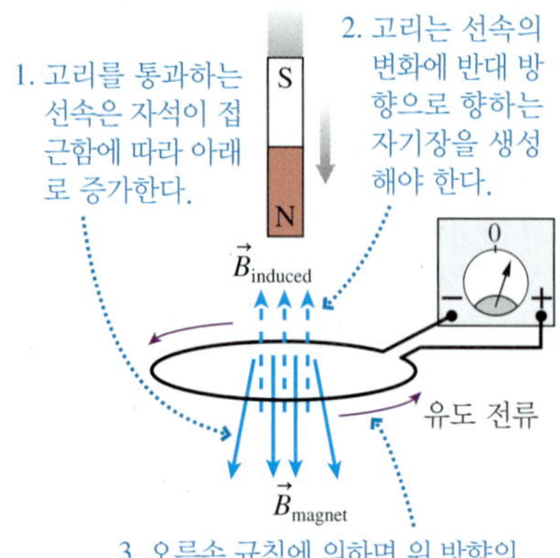

그림 30.19 유도 전류는 ccw이다.

그림 30.18에서 막대자석을 고리 쪽으로 밀면 자기 선속이 아래 방향으로 **증가**한다. 렌츠의 법칙이 요구하는 선속의 **변화**에 반대하기 위해 고리 자체는 그림 30.19의 **위쪽**을 향한 자기장을 생성해야 한다. 고리의 중심에 있는 유도 자기장은 전류가 반시계 방향(ccw)인 경우 위쪽을 가리킨다. 따라서 막대자석의 북쪽 끝을 고리 쪽으로 밀면 고리 주위에 반시계 방향(ccw) 전류가 유도된다. 유도 전류는 자석이 움직이지 않는 순간 멈춘다.

이제 그림 30.20a와 같이 막대자석이 고리에서 뒤로 당겨졌다고 가정하자. 고리를 통과하는 아래 방향의 자기 선속이 있지만, 자석이 멀리 이동함에 따라 선속은 **감소**한다. 렌츠의 법칙에 따르면, 고리의 유도 자기장은 이와 같은 **감소**에 반대한다. 이렇게 하려면 그림 30.20b와 같이 유도 자기장이 **아래쪽** 방향을 가리킬 필요가 있다. 따라서 자석이 멀어지면 유도 전류는 그림 30.19의 유도 전류와 반대 방향인 시계 방향(cw)이 된다.

그림 30.20 자석을 잡아당기면 시계 방향(cw) 전류가 유도된다.

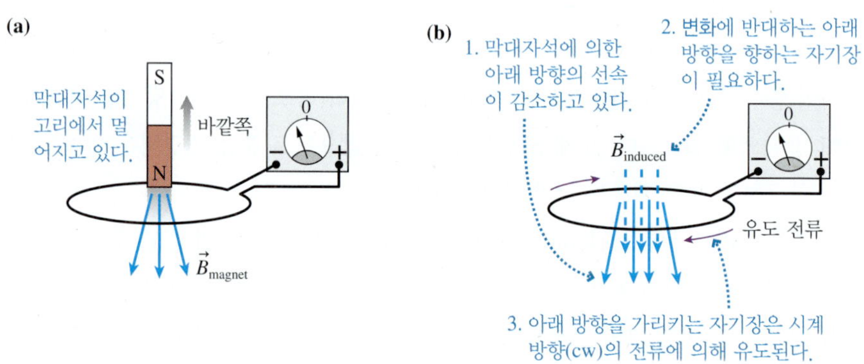

렌츠의 법칙 사용하기

그림 30.21은 여섯 가지 기본 상황을 보여준다. 고리를 통과하는 자기장은 위 또는 아래를 가리킬 수 있다. 각각에 대해 선속이 증가하거나, 일정하게 유지되거나, 세기가

그림 30.21 여섯 가지 다른 상황에 대한 유도 전류

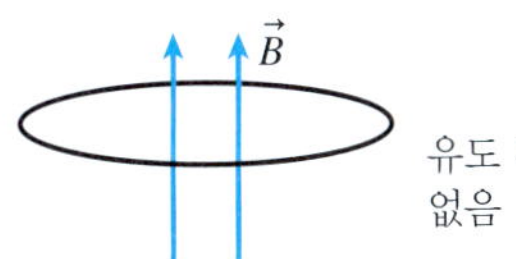

$\vec{B}$는 위 방향이고 일정
- 선속 변화 없음
- 유도 자기장 없음
- 유도 전류 없음

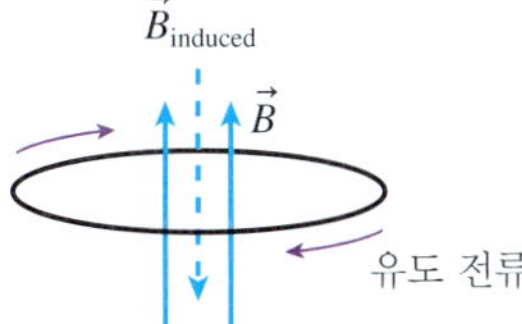

$\vec{B}$는 위 방향이고 증가
- 선속이 변화됨 ↑
- 자기장이 유도됨 ↓
- 유도 전류 시계 방향

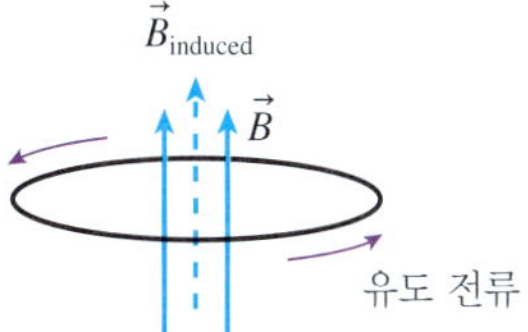

$\vec{B}$는 위 방향이고 감소
- 선속이 변화됨 ↓
- 자기장이 유도됨 ↑
- 유도 전류 반시계 방향

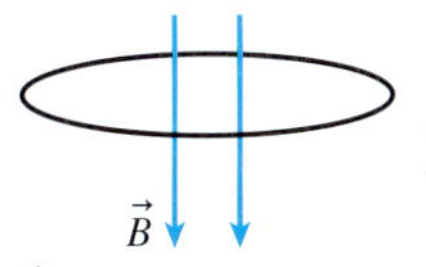

$\vec{B}$는 아래 방향이고 일정
- 선속 변화 없음
- 유도 자기장 없음
- 유도 전류 없음

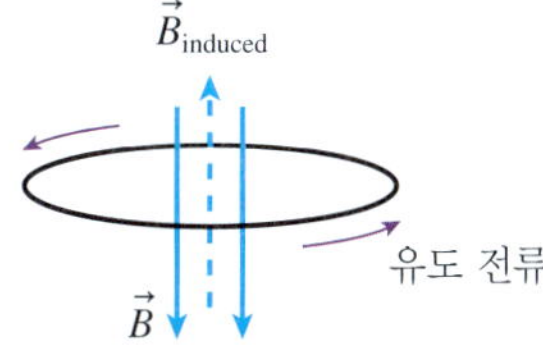

$\vec{B}$는 아래 방향이고 증가
- 선속이 변화됨 ↓
- 자기장이 유도됨 ↑
- 유도 전류 반시계 방향

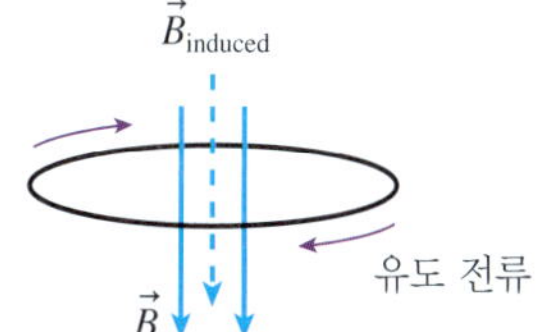

$\vec{B}$는 아래 방향이고 감소
- 선속이 변화됨 ↑
- 자기장이 유도됨 ↓
- 유도 전류 시계 방향

감소할 수 있다. 이러한 관찰은 렌츠의 법칙 사용에 관한 규칙의 기초를 형성한다.

풀이 전략 30.1

렌츠의 법칙 사용하기

❶ **적용되는 자기장의 방향을 결정한다.** 자기장은 고리를 통과해야 한다.

❷ **선속이 어떻게 변화하는지를 결정한다.** 증가, 감소 또는 동일하게 머물러 있는가?

❸ **선속의 변화에 반대되는 유도 자기장의 방향을 결정한다.**
- 증가하는 선속: 유도 자기장은 적용된 자기장 반대쪽을 가리킨다.
- 감소하는 선속: 유도 자기장은 적용된 자기장과 같은 방향을 가리킨다.
- 일정한 선속: 유도 자기장이 없다.

❹ **유도 전류의 방향을 결정한다.** 오른손 규칙을 사용하여 3단계에서 찾은 유도 자기장을 생성하는 고리의 전류 방향을 결정한다.

두 가지 예를 살펴보자.

예제 30.6 렌츠의 법칙 1

그림 30.22는 2개의 고리를 보여준다. 상단 고리에는 오랫동안 닫힌 전지와 스위치가 있다. 상단 고리에서 스위치를 열면 하단 고리가 어떻게 반응하는가?

핵심 오른손 규칙을 사용하여 전류 고리의 자기장을 찾는다.

풀이 그림 30.23은 렌츠의 법칙을 사용하는 네 단계를 보여준다. 스위치를 열면 하단 고리에 반시계 방향(ccw) 전류가 유도된다. 이것

(계속)

은 순간 전류이며, 상단 고리의 자기장이 0이 될 때까지 지속된다. **검토** 결론은 그림 30.21과 일치한다.

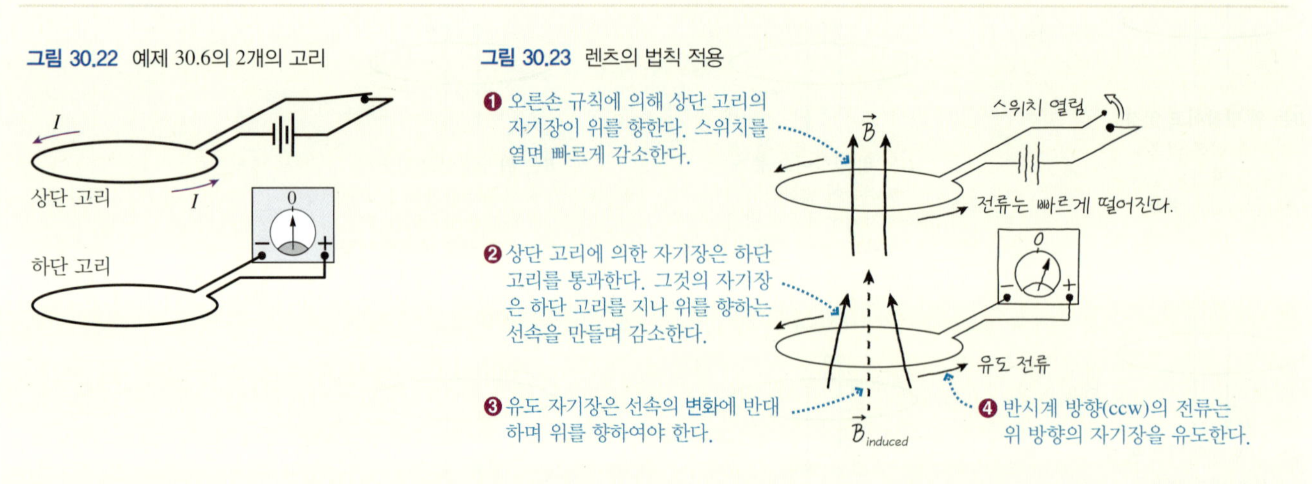

그림 30.22 예제 30.6의 2개의 고리

그림 30.23 렌츠의 법칙 적용

예제 30.7 렌츠의 법칙 2

그림 30.24는 2개의 코일이 원통에 나란히 감겨 있음을 보여준다. 코일 1의 스위치가 닫히면 코일 2에 유도된 전류가 전류계의 오른쪽에서 왼쪽으로 흐르겠는가, 왼쪽에서 오른쪽으로 흐르겠는가?

핵심 오른손 규칙을 사용하여 코일의 자기장을 찾는다.

시각화 코일이 원통 주위로 감기는 방향을 보는 것이 매우 중요하다. 그림 30.24의 2개의 코일은 반대 방향으로 감겨 있다.

풀이 그림 30.25는 렌츠의 법칙을 사용하는 네 단계를 보여준다. 스위치를 닫으면 전류계를 통해 오른쪽에서 왼쪽으로 흐르는 전류가 유도된다. 유도 전류는 단지 순간적이다. 코일 1의 자기장이 최대 세기에 도달하고 더 이상 변화하지 않을 때까지 지속된다.

검토 결론은 그림 30.21과 일치한다.

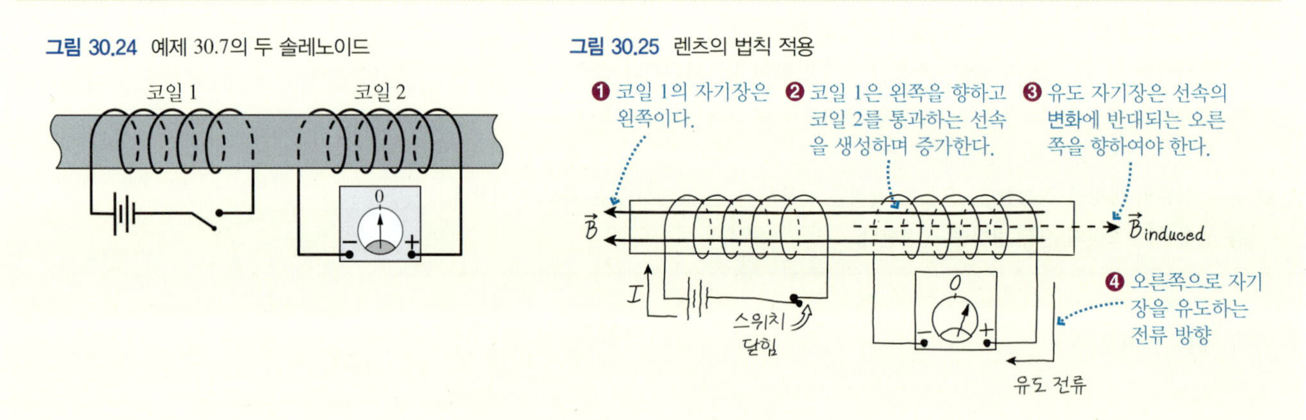

그림 30.24 예제 30.7의 두 솔레노이드

그림 30.25 렌츠의 법칙 적용

30.5 패러데이의 법칙

전하는 자발적으로 움직이지 않는다. 전류는 에너지를 제공하는 기전력이 요구된다. 움직이는 전하에 대한 자기력의 관점에서 운동 기전력을 이해할 수 있는 회로를 가지고 유도 전류의 분석을 시작했다. 그러나 고정된 회로, 즉 동작이 없는 회로를 통과하는 자기장을 변화시켜 전류가 유도될 수 있음도 알았다. 이 기전력에 대한 메커니즘이 아직 명확하지 않아도 이 회로에 기전력이 있어야 한다.

변화하는 자기 선속과 관련된 기전력은 변화를 일으키는 원인과 관계없이 **유도 기전력**(induced emf) $\mathcal{E}$라고 한다. 그리고 저항 R이 있는 완전한 회로가 있으면 전류는 다음과 같다.

$$I_{\text{induced}} = \frac{\mathcal{E}}{R} \tag{30.13}$$

이 전류는 유도 기전력의 결과로 도선에 만들어졌다. 전류의 방향은 렌츠의 법칙에 의해 주어진다. 우리가 필요로 하는 마지막 정보는 유도 기전력 $\mathcal{E}$의 크기이다.

패러데이와 다른 사람들의 연구는 오늘날 **패러데이의 법칙**(Faraday's law)이라고 하는 전자기 유도의 기본 법칙을 발견하게 했다. 그것은 다음과 같다.

> **패러데이의 법칙** 기전력 $\mathcal{E}$는 고리를 통과하는 자기 선속이 바뀌면 닫힌 고리 주위로 유도된다. 기전력의 크기는
>
> $$\mathcal{E} = \left|\frac{d\Phi_{\text{m}}}{dt}\right| \tag{30.14}$$
>
> 이고, 렌츠의 법칙에 의해 주어지는 방향으로 유도 전류가 발생한다.

다시 말해, 유도 기전력은 고리를 통과하는 자기 선속의 **변화율**이다.

패러데이의 법칙에 따라, 변화하는 자기장에서 도선에 N번 감긴 코일은 N개의 전지와 같은 역할을 한다. 각각의 코일에 의해 유도 기전력이 더해지므로, 전체 코일에 유도된 기전력은 다음과 같다.

$$\mathcal{E}_{\text{coil}} = N\left|\frac{d\Phi_{\text{per coil}}}{dt}\right| \quad (N\text{번 감긴 코일에 대한 패러데이의 법칙}) \tag{30.15}$$

패러데이의 법칙을 사용한 첫 번째 예로써 그림 30.5의 상황으로 돌아간다. 여기서 도선은 U자 모양의 도체 레일을 따라 이동하면서 자기장을 통과한다. 그림 30.26은 회로를 다시 보여준다. 자기장 $\vec{B}$는 도체 고리의 평면에 수직이므로 $\theta = 0°$이고 자기 선속은 $\Phi = AB$이다. 여기서 A는 고리의 넓이이다. 이동하는 도선이 끝에서 거리 x인 경우, 넓이는 $A = xl$이고 순간 선속은 다음과 같다.

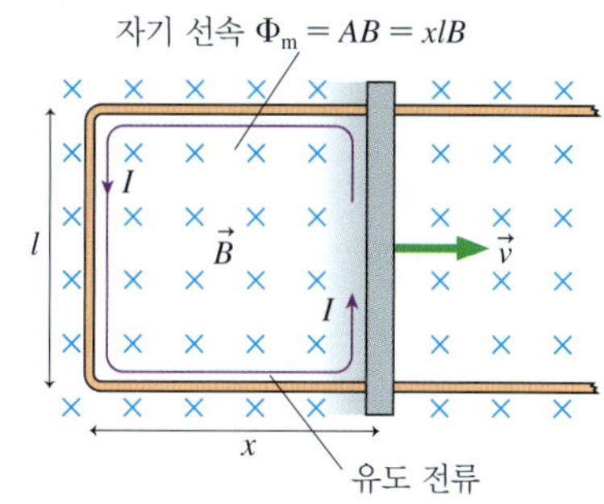

그림 30.26 이동하는 도선이 움직이면서 고리를 통과하는 자기 선속이 증가한다.

$$\Phi_{\text{m}} = AB = xlB \tag{30.16}$$

도선이 움직일 때 고리를 통과하는 선속이 증가한다. 패러데이의 법칙에 따르면, 유도 기전력은

$$\mathcal{E} = \left|\frac{d\Phi_{\text{m}}}{dt}\right| = \frac{d}{dt}(xlB) = \frac{dx}{dt}lB = vlB \tag{30.17}$$

이고, 여기에서 도선의 속도는 $v = dx/dt$이다. 이제 유도 전류를 구하기 위하여 식 (30.13)을 사용하면 다음과 같다.

$$I = \frac{\mathcal{E}}{R} = \frac{vlB}{R} \tag{30.18}$$

고리에 선속이 증가하므로 유도된 자기장은 고리 바깥을 향하며 이 증가에 반대한다. 이를 위해서는 고리에 반시계 방향(ccw)의 유도 전류가 필요하다. 패러데이의 법칙은 고리가 반시계 방향의 유도 전류 $I = vlB/R$을 가질 것이라는 결론을 이끌어 낸다. 이것은 30.2절에서 이동하는 전하 운반자에 대해 자기력의 관점에서 상황을 분석한 결론과 정확히 일치한다. 패러데이의 법칙은 이미 알고 있는 것을 확인하지만, 적어도 이 경우에는 새로운 것을 제공하지 않는다.

패러데이의 법칙 사용하기

대부분의 전자기 유도 문제는 네 단계 전략으로 해결할 수 있다.

문제 풀이 전략 30.1

전자기 유도

핵심 도선과 자기장에 대한 가정을 간소화한다.

시각화 그림 또는 회로 도형을 그린다. 렌츠의 법칙을 사용하여 유도 전류의 방향을 결정한다.

풀이 수학적 표현은 패러데이의 법칙을 기반으로 한다.

$$\mathcal{E} = \left| \frac{d\Phi_m}{dt} \right|$$

N번 감긴 코일의 경우 N을 곱한다. 유도 전류의 크기는 $I = \mathcal{E}/R$이다.

검토 결과가 정확한 단위와 유효 숫자를 가졌는지, 합리적인지, 질문에 답하는지 확인한다.

예제 30.8 | 솔레노이드의 전자기 유도

그림 30.27a에 표시된 솔레노이드의 중앙에 0.010 Ω의 저항을 갖는 지름 2.0 cm의 도선 고리를 배치한다. 솔레노이드는 지름 4.0 cm, 길이 20 cm이고 도선을 1000회 감았다. 그림 30.27b는 솔레노이드에 '전원이 연결'되었을 때, 솔레노이드를 통과하는 전류를 시간의 함수로 나타낸 것이다. 양의 전류는 왼쪽에서 볼 때 시계 방향(cw)으로 정의된다. 고리에서의 전류를 시간의 함수로 찾고 결과를 그래프로 보이시오.

핵심 솔레노이드의 길이는 지름보다 훨씬 크기 때문에 중심 근처의 장은 거의 균일해야 한다.

시각화 솔레노이드의 자기장은 도선 고리를 통과하는 자기 선속을 생성한다. 솔레노이드 전류는 항상 양의 값을 가지며 왼쪽에서 볼 때 시계 방향(cw)이다. 결과적으로, 오른손 규칙에서 솔레노이드 내의 자기장은 항상 오른쪽을 가리킨다. 솔레노이드 전류가 증가하는 1초 동안 고리를 통과하는 선속은 오른쪽 방향이며 증가한다. 선속의 변화에 반대하기 위해 고리의 유도 자기장은 왼쪽을 가리켜야 한다. 따라서 오른손 규칙을 다시 사용하면 유도 전류는 반시계 방향(ccw)으로 흐르게 되어야 한다. 이것은 음의 전류이다. $t > 1$ s에서는 선속에 변화가 없기 때문에 유도 전류는 0이다.

풀이 이제 전류의 크기를 찾기 위해 패러데이의 법칙을 사용할 준비가 되었다. 자기장이 솔레노이드 내에서 균일하고 고리와 수직($\theta = 0°$)이기 때문에 선속은 $\Phi_m = AB$이다. 여기서 $A = \pi r^2 = 3.14 \times 10^{-4}\ \mathrm{m}^2$는 고리의 넓이이다(솔레노이드 넓이가 아니다). 길

그림 30.27 솔레노이드 내부의 고리

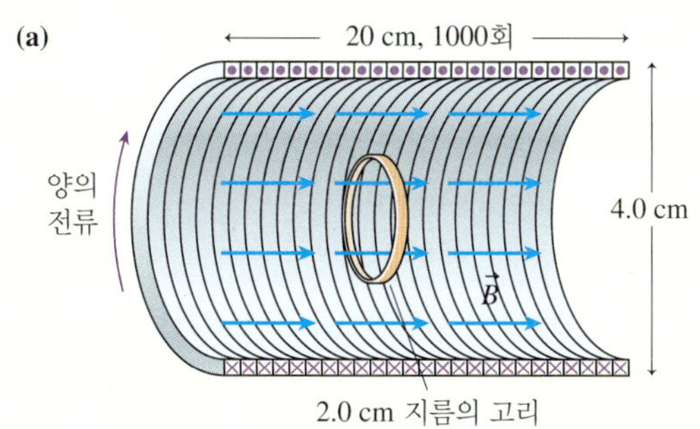

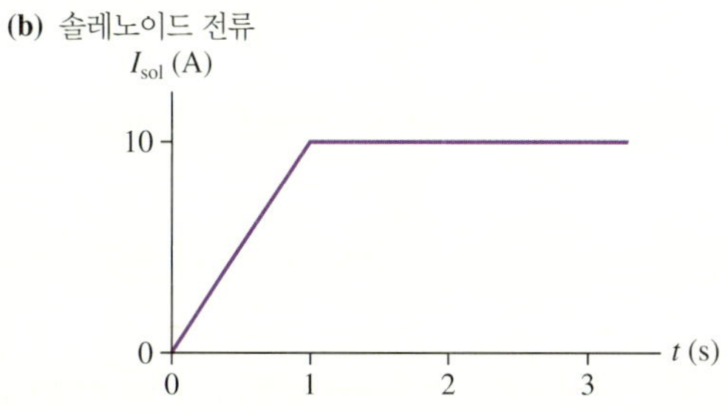

이가 l인 긴 솔레노이드의 자기장은 29장에서 알았다.

$$B = \frac{\mu_0 N I_{sol}}{l}$$

솔레노이드 전류가 I_{sol}인 경우의 선속은 다음과 같다.

$$\Phi_m = \frac{\mu_0 A N I_{sol}}{l}$$

변화하는 선속은 패러데이의 법칙에 의해 유도된 기전력 $\mathcal{E}$를 생성하며 다음과 같다.

$$\mathcal{E} = \left|\frac{d\Phi_m}{dt}\right| = \frac{\mu_0 A N}{l}\left|\frac{dI_{sol}}{dt}\right| = 2.0 \times 10^{-6}\left|\frac{dI_{sol}}{dt}\right|$$

그래프의 기울기에서 다음을 알 수 있다.

$$\left|\frac{dI_{sol}}{dt}\right| = \begin{cases} 10\ \text{A/s} & 0.0\ \text{s} < t < 1.0\ \text{s} \\ 0 & 1.0\ \text{s} < t < 3.0\ \text{s} \end{cases}$$

따라서 유도 기전력은 다음과 같다.

$$\mathcal{E} = \begin{cases} 2.0 \times 10^{-5}\ \text{V} & 0.0\ \text{s} < t < 1.0\ \text{s} \\ 0\ \text{V} & 1.0\ \text{s} < t < 3.0\ \text{s} \end{cases}$$

마지막으로, 고리에 유도된 전류는 다음과 같다.

$$I_{loop} = \frac{\mathcal{E}}{R} = \begin{cases} -2.0\ \text{mA} & 0.0\ \text{s} < t < 1.0\ \text{s} \\ 0\ \text{mA} & 1.0\ \text{s} < t < 3.0\ \text{s} \end{cases}$$

여기서 음의 부호는 렌츠의 법칙에서 나온 것이다. 이 결과는 그림 30.28에 나와 있다.

그림 30.28 고리 내의 유도 전류

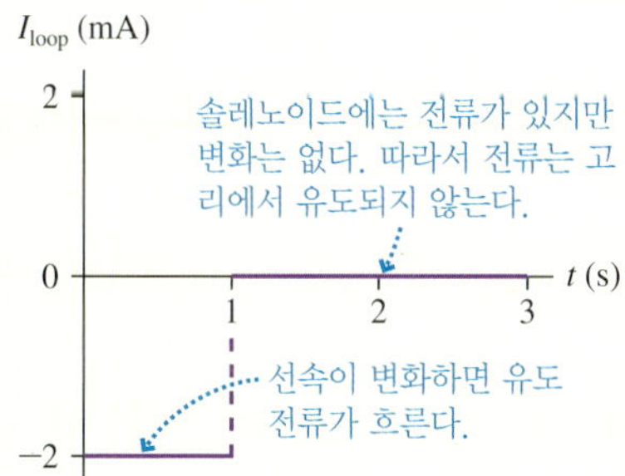

예제 30.9 MRI 기계에 의해 유도된 전류

인체는 도체이므로 MRI 기기의 빠른 자기장 변화는 신체에 전류를 유도할 수 있다. 이러한 전류의 크기와 그들이 부과할 수 있는 생물학적 위험을 예측하려면, 그림 30.29에 표시된 근육 조직의 '고리'를 고려하자. 팔이나 허벅지를 감싸는 근육일 수 있다. 근육은 좋은 도체는 아니지만(비저항은 1.5 Ωm), 저항성이 높은 도체 고리로 간주할 수 있다. 고리 축을 따른 자기장이 MRI 솔레노이드의 최대 가능 변화율을 0.30 s 동안 1.6 T에서 0 T로 떨어지는 것으로 가정한다. 유도되는 전류는 얼마인가?

그림 30.29 자기장 내의 근육 조직 고리의 가장자리 보기

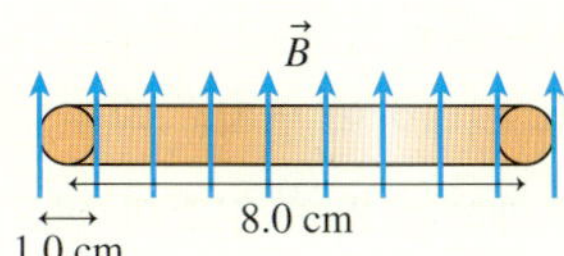

핵심 근육을 도체 고리로 모형화하고, B가 시간에 따라 선형적으로 감소한다고 가정한다.

풀이 자기장은 고리 축과 평행하므로($\theta = 0°$) 고리를 통과하는 자기 선속은 $\Phi_m = AB = \pi r^2 B$이다. B가 변하기 때문에 시간에 따라 선속이 변한다. 패러데이의 법칙에 따르면, 유도 기전력의 크기는 다음과 같다.

(계속)

$$\mathcal{E} = \left|\frac{d\Phi_m}{dt}\right| = \pi r^2 \left|\frac{dB}{dt}\right|$$

자기장이 변하는 비율은

$$\frac{dB}{dt} = \frac{\Delta B}{\Delta t} = \frac{-1.60\ \text{T}}{0.30\ \text{s}} = -5.3\ \text{T/s}$$

이다. 자기장이 감소하기 때문에 dB/dt는 음수이지만 패러데이의 법칙에서 필요로 하는 것은 모두 절댓값이다. 그러므로

$$\mathcal{E} = \pi r^2 \left|\frac{dB}{dt}\right| = \pi(0.040\ \text{m})^2(5.3\ \text{T/s}) = 0.027\ \text{V}$$

이다. 전류를 구하려면 고리의 저항을 알아야 한다. 27장에서 비저항 ρ, 길이 L 및 단면의 넓이 A를 갖는 도체는 저항 $R = \rho L/A$를 갖는다는 것을 기억하자. 길이는 $L = 0.25$ m로 계산된 고리의 원주이며, '도선'의 지름 1.0 cm를 사용하여 $A = 7.9 \times 10^{-5}\ \text{m}^2$를 찾을 수 있다. 이 값을 사용하여 $R =$ 4700 Ω을 계산할 수 있다. 결과적으로 유도 전류는 다음과 같다.

$$I = \frac{\mathcal{E}}{R} = \frac{0.027\ \text{V}}{4700\ \Omega} = 5.7 \times 10^{-6}\ \text{A} = 5.7\ \mu\text{A}$$

검토 이것은 매우 작은 전류이다. 근육에서의 에너지 손실률인 일률은

$$P = I^2R = (5.7 \times 10^{-6}\ \text{A})^2(4700\ \Omega) = 1.5 \times 10^{-7}\ \text{W}$$

이다. 전류는 인지할 수 없을 만큼 매우 작으며, 이 작은 에너지 소모로는 확실히 조직을 가열하지 못한다.

패러데이의 법칙은 우리에게 무엇을 말해 주는가?

그림 30.26의 이동하는 도선 회로의 유도 전류는 움직이는 전하에 작용하는 자기력으로 인한 운동 기전력으로 이해할 수 있다. 29장에서 이런 종류의 전류를 예상하지 못했지만, 그것을 이해하는 새로운 물리 법칙은 없다. 예제 30.8과 30.9의 유도 전류는 상이하다. 이러한 유도 전류를 이전의 법칙이나 원리에 근거하여 설명할 수 없다. 이것은 새로운 물리학이다.

패러데이는 모든 유도 전류는 변화하는 선속과 관련이 있다는 것을 알았다. 도체 고리를 통과하는 자기 선속을 변화시키는 근본적으로 다른 두 가지 방법이 있다.

1. 고리가 팽창, 축소 또는 회전하여 운동 기전력을 생성할 수 있다.
2. 자기장이 바뀔 수 있다.

패러데이의 법칙을 다음과 같이 쓰면 이 두 가지를 볼 수 있다.

$$\mathcal{E} = \left|\frac{d\Phi_m}{dt}\right| = \left|\vec{B}\cdot\frac{d\vec{A}}{dt} + \vec{A}\cdot\frac{d\vec{B}}{dt}\right| \tag{30.19}$$

이 식의 오른쪽 첫째 항은 운동 기전력을 나타낸다. 자기 선속은 고리 자체가 변하기 때문에 바뀐다. 이 항은 넓이 A가 변하는 이동하는 도선 회로뿐만 아니라 자기장에서 회전하는 고리를 포함한다. 회전하는 고리의 물리적 넓이는 변하지 않지만 넓이 **벡터** $\vec{A}$는 변한다. 고리의 움직임은 고리의 전하 운반자에 자기력을 작용한다.

오른쪽의 둘째 항은 패러데이 법칙의 새로운 물리학이다. 그것은 아무것도 움직이지 않더라도 자기장을 바꾸는 것만으로 간단하게 기전력을 만들 수 있다고 한다. 이것은 예제 30.8 및 30.9의 경우이다. 패러데이의 법칙은 유도 기전력이 선속의 변화 원인에 **관계없이** 간단하게 고리를 통과하는 자기 선속의 변화율이라는 것을 알려준다.

30.6 유도장

패러데이의 법칙은 유도 전류의 세기를 계산하기 위한 도구이지만, 퍼즐의 한 가지 중요한 조각은 여전히 빠져 있다. 무엇이 전류를 일으키는가? 즉, 어떤 힘이 금속의 저항력에 대항하여 금속 내부 전하를 밀었는가? 전하에 힘을 가하는 행위자는 전기장과 자기장이다. 자기력은 운동 기전력에 책임이 있지만, 자기력은 자기장을 변화시켜 고정 고리에 유도되는 전류를 설명할 수 없다.

그림 30.30a는 증가하는 자기장 내의 도체 고리를 보여준다. 렌츠의 법칙에 따라 반시계 방향(ccw)의 유도 전류가 고리에 있다. 전하 운반자를 움직이려면 전하 운반자에 무언가를 수행해야 하며, 따라서 고리의 모든 지점에서 접선 방향의 전기장을 유추할 수 있다. 이 전기장은 변화하는 자기장에 의해 야기되며 **유도 전기장**(induced electric field)이라 한다. 유도 전기장은 변화하는 자기장이 있을 때, 고정 고리 내부에 전류를 생성하는 수단이다.

도체 고리는 필요하지 않다. 자기장이 변하는 공간은 그림 30.30b에서 보이는 유도 전기장의 바람개비 패턴으로 채워진다. 도체 경로가 존재하면 전하가 이동하지만, 유도 전기장은 변화하는 자기장의 직접적인 결과이다.

그러나 이것은 다소 특이한 전기장이다. 지금까지 조사한 모든 전기장은 전하에 의해 만들어졌다. 전기장 벡터는 양전하에서 음전하를 향한다. 전하에 의해 생성된 전기장을 **쿨롱 전기장**(Coulomb electric field)이라고 한다. 그림 30.30b의 유도 전기장은 전하에 의한 것이 아니라 자기장의 변화에 의한 것이다. 그것을 **비 쿨롱 전기장**(non-Coulomb electric field)이라고 한다.

따라서 전기장을 만드는 데는 두 가지 방법이 있다.

1. 쿨롱 전기장은 양전하 및 음전하에 의해 생성된다.
2. 비 쿨롱 전기장은 자기장을 변화시킴으로써 만들어진다.

두 전기장 모두 힘 $\vec{F} = q\vec{E}$를 전하에 작용시키고, 두 전기장 모두 도체에 전류를 생성한다. 그러나 두 전기장의 기원은 매우 다르다. 그림 30.31은 전기장을 생성하는 두 가지 방법을 간략하게 요약한 것이다.

처음에 어떻게 2개의 전하가 텅빈 공간을 통해 서로에 장거리힘을 작용하는지 생각하는 방법으로 전기장의 아이디어를 도입했다. 이 전기장은 전하 상호작용의 유용한 그림 표현처럼 보일 수 있지만, 전기장이 실제로 존재한다는 것이 진실이라는 증거는 거의 없었다. 이제는 있다. 전기장은 유도 전류의 존재에 대한 설명으로 전하에 관계없이 완전히 다른 맥락에서 나타났다.

전기장은 단순한 회화적 표현이 아니다. 그것은 진짜이다.

그림 30.30 유도 전기장은 고리에 전류를 생성한다.

(a)

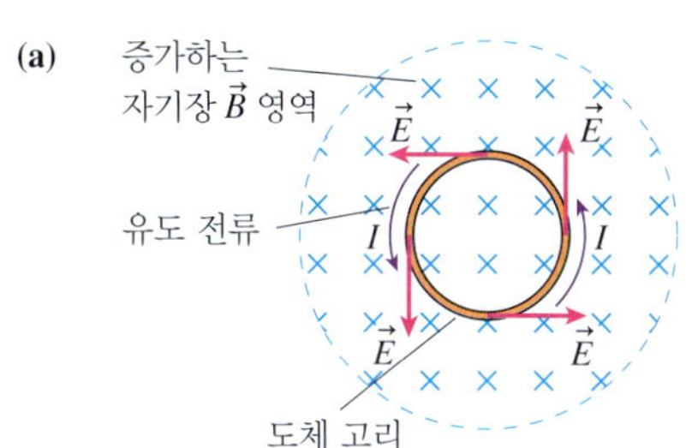

(b)

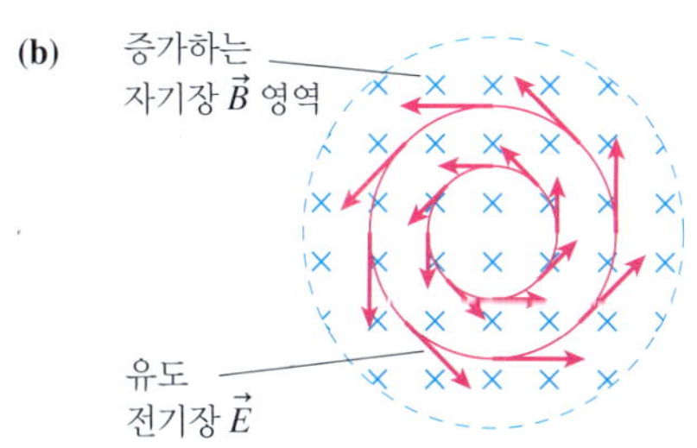

그림 30.31 전기장을 만드는 두 가지 방법

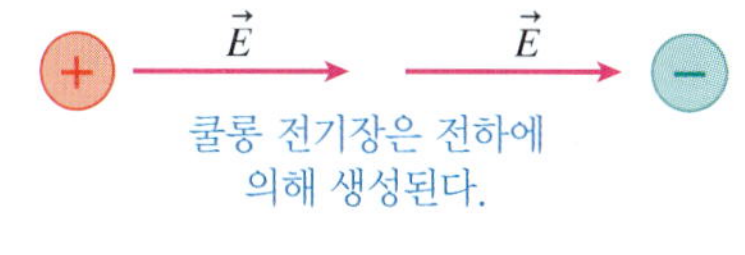

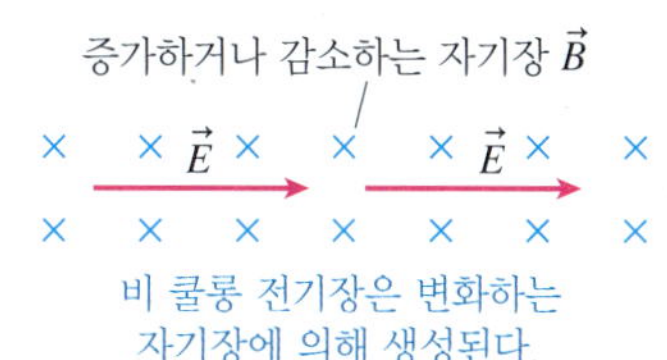

유도장 계산하기

유도 전기장은 어떤 면에서 특이하다. 그것은 비보존적이다. 닫힌 경로를 따라 움직이는 입자에 대한 알짜 일이 없다면 힘은 보존적인 것임을 상기하자. '오르막'은 '내리막'과 균형을 이룬다. 퍼텐셜 에너지와 보존적인 힘을 연관시킬 수 있으며, 보존적인 중력에 대한 중력 퍼텐셜 에너지와 전하의 보존적인 전기력(쿨롱 전기장)에 대한 퍼텐셜 에너지가 있다.

그러나 그림 30.30의 유도 전기장 내의 닫힌 경로를 따라 움직이는 전하는 항상 전기력 $\vec{F}=q\vec{E}$에 의해 같은 방향으로 밀려나고 있다. 양의 일과 균형을 이루는 음의 일은 결코 없으므로, 닫힌 경로를 움직일 때 수행되는 알짜 일은 0이 아니다. 비보존적이기 때문에 퍼텐셜을 유도 전기장과 연관시킬 수 없다. 전하의 쿨롱 전기장만 퍼텐셜을 갖는다.

그러나 유도 전기장을 패러데이 법칙의 기전력과 연결할 수 있다. 기전력은 전하를 분리하기 위해 단위 전하당 요구되는 일로 정의되었다. 즉, 다음과 같다.

$$\mathcal{E}=\frac{W}{q} \tag{30.20}$$

친숙한 기전력원인 전지에서 이와 같은 일은 화학적 힘에 의해 이루어진다. 그러나 패러데이의 법칙에서 나타나는 기전력은 일이 유도 전기장의 힘에 의해 이루어질 때 발생한다.

전하 q가 작은 변위 $d\vec{s}$를 움직인다면, 전기장에 의해 수행되는 작은 양의 일은 $dW=\vec{F}\cdot d\vec{s}=q\vec{E}\cdot d\vec{s}$이다. 패러데이 법칙의 기전력은 자기 선속 Φ_m이 변화하는 닫힌 곡선 주위의 기전력이다. 닫힌 곡선을 따라 전하 q가 움직이면 유도 전기장에 의해 수행된 일은

$$W_{\text{closed curve}}=q\oint\vec{E}\cdot d\vec{s} \tag{30.21}$$

이다. 여기에서 원을 가진 적분 기호는 앙페르의 법칙(Ampère's law)에서 닫힌 곡선 주위의 적분을 나타내기 위해 사용한 것과 같다. 식 (30.20)에서 이 일을 사용하면 닫힌 고리 주변의 기전력은 다음과 같다.

$$\mathcal{E}=\frac{W_{\text{closed curve}}}{q}=\oint\vec{E}\cdot d\vec{s} \tag{30.22}$$

고리가 자기장에 수직이고 자기장만 변하는 그림 30.30과 같은 상황에 국한하면 패러데이의 법칙을 $\mathcal{E}=|d\Phi_m/dt|=A|dB/dt|$로 쓸 수 있다. 따라서

$$\oint\vec{E}\cdot d\vec{s}=A\left|\frac{dB}{dt}\right| \tag{30.23}$$

이다. 식 (30.23)은 유도된 전기장을 변화하는 자기장과 관련시키는 패러데이의 법칙의 대안적 진술이다.

그림 30.32 유도 전기장은 솔레노이드 내부의 변화하는 자기장 주위를 회전한다.

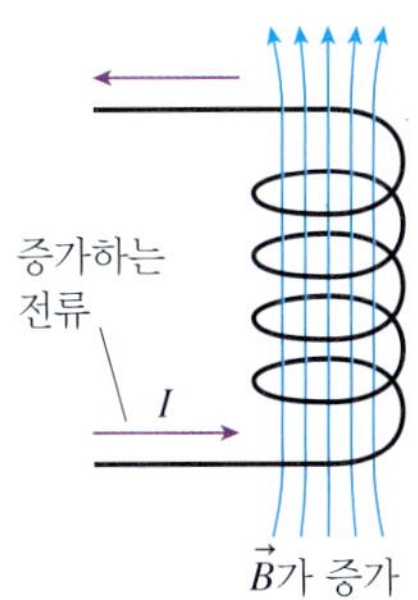

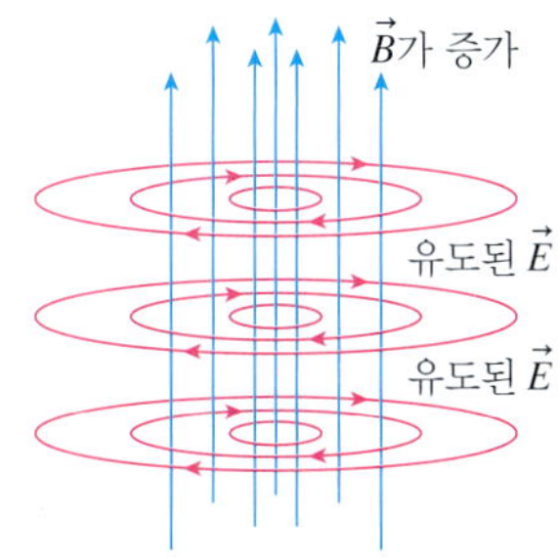

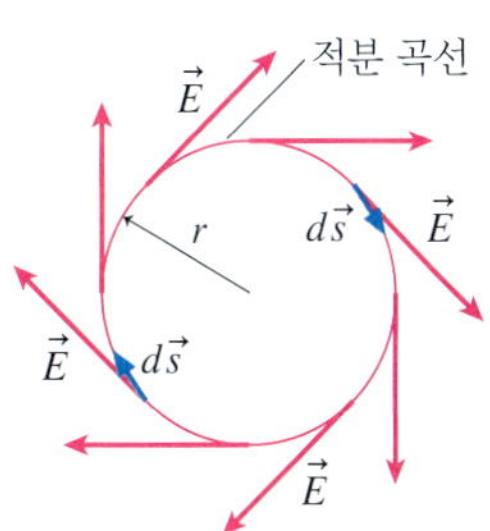

그림 30.32a의 솔레노이드는 $\vec{E}$와 $\vec{B}$의 연결에 대한 좋은 예이다. 솔레노이드 안에 도체 고리가 있다면 유도 전류의 방향이 시계 방향임을 결정하기 위해 렌츠의 법칙을 사용할 수 있다. 그러나 식 (30.23) 형태의 패러데이의 법칙은 **도체 고리가 있든 없든 유도 전기장이 존재함**을 알려준다. 전기장은 $\vec{B}$가 변하기 때문에 간단하게 유도된다.

유도 전기장의 형태와 방향은 도체 고리 주위로 전류를 유도할 수 있어야 하며 솔레노이드의 원통형 대칭과 일치해야 한다. 그림 30.32b에서 볼 수 있는 유일한 선택은 자기장선 주위를 시계 방향으로 순환하는 전기장이다.

패러데이의 법칙을 사용하려면, 적분을 계산하기 위한 닫힌 곡선으로 지름 r의 시계 방향 원을 선택한다. 그림 30.32c는 전기장 벡터가 곡선의 모든 곳에 접하는 것을 보여주므로, $\vec{E}$의 선적분은

$$\oint \vec{E} \cdot d\vec{s} = El = 2\pi rE \tag{30.24}$$

이다. 여기서 $l = 2\pi r$은 닫힌 곡선의 길이이다. 이것은 29장에서 앙페르의 법칙에 대해 하였던 적분과 정확하게 같다.

솔레노이드 내부($r < R$)에 머무른다면, 선속은 넓이 $A = \pi r^2$을 통과하고 식 (30.24)는 다음과 같다.

$$\oint \vec{E} \cdot d\vec{s} = 2\pi rE = A\left|\frac{dB}{dt}\right| = \pi r^2 \left|\frac{dB}{dt}\right| \tag{30.25}$$

따라서 솔레노이드 내부의 유도 전기장의 세기는

$$E_{\text{inside}} = \frac{r}{2}\left|\frac{dB}{dt}\right| \tag{30.26}$$

이다. 이 결과는 유도된 전기장이 변화하는 자기장에 의해 생성된다는 것을 직접적으로 보여준다. $dB/dt = 0$인 상수 $\vec{B}$는 $E = 0$을 낳는다.

예제 30.10 유도 전기장

지름 4.0 cm의 솔레노이드는 미터당 2000회 감았다. 솔레노이드를 통과하는 전류는 진폭 2.0 A에서 60 Hz로 진동한다. 솔레노이드 내부의 유도 전기장의 최대 세기는 얼마인가?

핵심 솔레노이드 내부의 자기장이 균일하다고 가정한다.

시각화 전기장선은 그림 30.32b에 표시된 것처럼 자기장선 주위에 동심원을 그린다. 전류가 진동하면서 주기마다 두 번 방향을 바꾼다.

풀이 29장에서 미터당 n번 감긴 솔레노이드 내부의 자기장 세기는 $B=\mu_0 nI$임을 알았다. 이 경우, 솔레노이드를 지나는 전류는 $I=I_0 \sin \omega t$이며, $I_0=2.0$ A는 봉우리 전류이고, $\omega=2\pi(60\text{ Hz})=377$ rad/s이다. 따라서 반지름 r에서의 유도 전기장의 세기는

$$E=\frac{r}{2}\left|\frac{dB}{dt}\right|=\frac{r}{2}\frac{d}{dt}(\mu_0 nI_0 \sin \omega t)=\tfrac{1}{2}\mu_0 nr\omega I_0 \cos \omega t$$

이다. 전기장 세기는 최대 반지름($r=R$)에서, 그리고 $\cos \omega t=1$인 순간에 최대이다. 즉, 다음과 같다.

$$E_{max}=\tfrac{1}{2}\mu_0 nR\omega I_0=0.019\text{ V/m}$$

검토 이 전기장 세기는 크지는 않지만 전지의 기전력에 의해 도선에서 발생하는 전기장 세기와 유사한 개념이다. 따라서 이 유도 전기장은 만약 고리가 존재하는 경우 도체 고리를 지나는 실질적인 유도 전류를 유도할 수 있다. 그러나 유도 전기장은 도체 고리가 있든 없든 솔레노이드 내부에 존재한다.

때때로 절댓값 기호가 없는 패러데이의 법칙을 갖는 것이 유용하다. 렌츠 법칙의 본질은 기전력 $\mathcal{E}$가 Φ_m의 **변화**에 반대한다는 것이다. 수학적으로 이것은 $\mathcal{E}$가 dB/dt와 부호가 반대가 되어야 함을 의미한다. 따라서 패러데이의 법칙을 다음과 같이 쓸 수 있다.

$$\mathcal{E}=\oint \vec{E}\cdot d\vec{s}=-\frac{d\Phi_m}{dt} \tag{30.27}$$

실용적인 응용의 경우, 패러데이의 법칙을 사용하여 기전력의 크기를 계산하고 렌츠의 법칙을 사용하여 기전력 또는 유도 전류의 방향을 찾는 것이 더 쉽다. 그러나 식 (30.27)에서 수학적으로 엄격한 패러데이의 법칙은 31장에서의 다른 식과 결합하여 전자기파의 존재를 예측할 때 유용할 것이다.

그림 30.33 맥스웰은 유도 자기장의 존재를 가정했다.

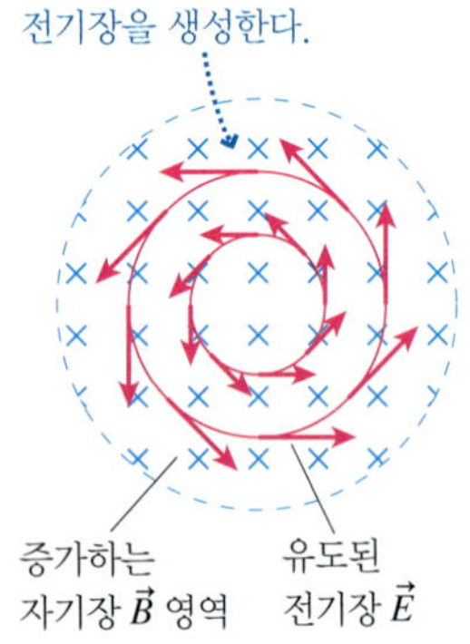

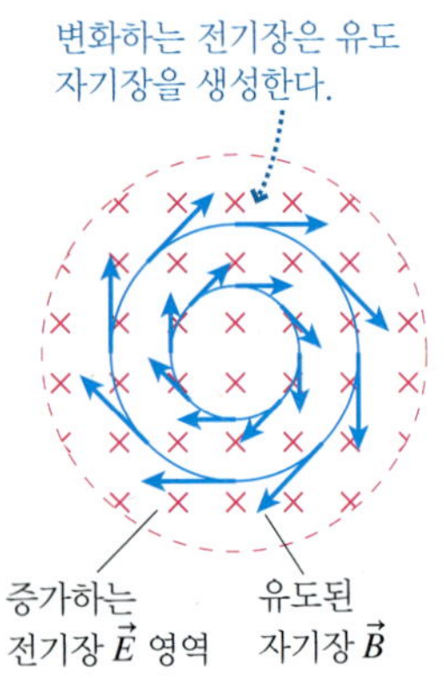

맥스웰의 전자기파 이론

스코틀랜드의 물리학자인 맥스웰(James Clerk Maxwell)은 학부 학위를 받은 지 2년이 채 안된 1855년에 〈패러데이의 역선〉(On Faraday's Lines of Force)이라는 제목의 논문을 발표했다. 이 논문에서, 그는 전기장에 관한 패러데이의 그림 아이디어가 어떻게 엄격한 수학적 기초를 부여 받을 수 있는지를 대략적으로 보여주기 시작했다. 맥스웰은 어떤 대칭성이 부족하여 고민했다. 패러데이는 변화하는 자기장이 유도 전기장(전하에 연결되지 않은 비 쿨롱 전기장)을 생성한다는 것을 발견했다. 그러나 맥스웰은 변화하는 전기장에 대해 어떤 의문을 갖기 시작했다.

대칭을 완성하기 위해 맥스웰은 변화하는 전기장이 전류의 존재와 무관하게 새로운 종류의 자기장인 **유도 자기장**(induced magnetic field)을 생성한다는 것을 제안했다. 그림 30.33은 전기장이 증가하는 공간 영역을 보여준다. 맥스웰에 따르면 이 공간

영역은 유도 자기장의 바람개비 패턴으로 채워져 있다. 유도된 자기장은 유도된 전기장과 유사하게 보이는데, 유도된 $\vec{B}$가 유도된 $\vec{E}$와 반대 방향을 가리키는 것을 제외하고는 $\vec{E}$와 $\vec{B}$가 상호 교환된다. 이는 기술적인 이유로 다음 장에서 공부한다. 유도 자기장이 존재한다는 실험적 증거는 없지만, 맥스웰은 그의 전자기장 이론에 포함시켰다. 이것은 영감 받은 직감이었고, 곧 옳다고 판명되었다.

맥스웰은 곧 모든 전하 또는 전류에 대해 완전히 독립인 자립적 전기장 및 자기장을 확립하는 것이 가능할 수 있다는 것을 깨달았다. 즉, 변화하는 전기장 $\vec{E}$는 자기장 $\vec{B}$를 생성하고, 그런 다음 자기장이 변화하면 전기장을 올바른 방식으로 재생성하고, 그런 다음 전기장이 변화하면 자기장을 올바른 방식으로 재생성한다. 전자기장은 전하나 전류에 의존하지 않고, 전자기적 유도를 통해 지속적으로 재생성된다.

맥스웰은 **전자기파**(electromagnetic wave)의 형태를 취한다면 전기장과 자기장이 전하와 전류로부터 자유로울 수 있다고 예측할 수 있었다. 전자기파는 그림 30.34에서 볼 수 있는 매우 구체적인 기하학적 구조를 가지며, $\vec{E}$와 $\vec{B}$는 서로 수직이고 이동 방향에 수직이다. 즉, 전자기파는 **횡파**가 된다.

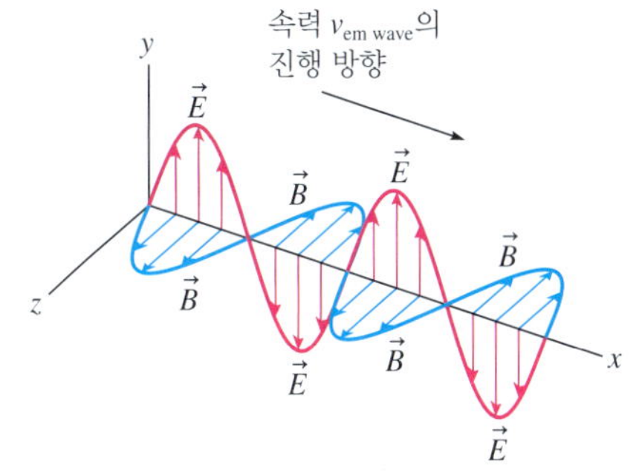

그림 30.34 자립적 전자기파

게다가 맥스웰의 이론은 파동이 다음과 같은 속력으로 움직일 것이라고 예측했다.

$$v_{\text{em wave}} = \frac{1}{\sqrt{\epsilon_0 \mu_0}}$$

여기서 ϵ_0는 쿨롱 법칙의 유전 상수이고, μ_0는 비오·사바르 법칙의 투자 상수이다. 맥스웰은 전자기파가 존재한다면 속력 $v_{\text{em wave}} = 3.00 \times 10^8$ m/s로 진행할 것으로 계산했다.

맥스웰의 즉각적인 반응을 알 길은 없지만, 충격과 흥분이 있었음에 틀림없다. 그의 이론에서 직접 나온 예측인 전자기파에 대한 그의 예상 속력은 다름 아닌 광속이었다! 이 일치는 단지 우연일 수도 있지만 맥스웰은 그렇게 생각하지 않았다. 맥스웰은 과감한 상상력의 도약으로 **빛은 전자기파**라고 결론지었다.

맥스웰의 예측이 시험되기까지는 25년이 걸렸다. 1886년 독일의 물리학자인 헤르츠(Heinrich Hertz)는 라디오파 생성 및 전송 방법을 발견했다. 2년 후인 1888년에 그는 라디오파가 광속으로 여행한다는 것을 보여줄 수 있었다. 맥스웰은 불행하게도 그의 승리를 볼 만큼 살지 못했다. 그는 48세의 나이로 1879년에 세상을 떠났다.

30.7 유도 전류: 세 가지 응용

현대 기술에는 패러데이의 법칙과 유도 전류의 많은 응용이 있다. 이 절에서는 발전기, 변압기 및 금속 탐지기의 세 가지를 살펴본다.

수력 발전 댐 내부의 발전기는 전자기 유도를 이용하여 회전하는 터빈의 역학적 에너지를 전기 에너지로 변환한다.

발전기

발전기는 역학적 에너지를 전기 에너지로 변환시키는 장치이다. 그림 30.35는 풍차에

▶ 그림 30.35 교류 발전기

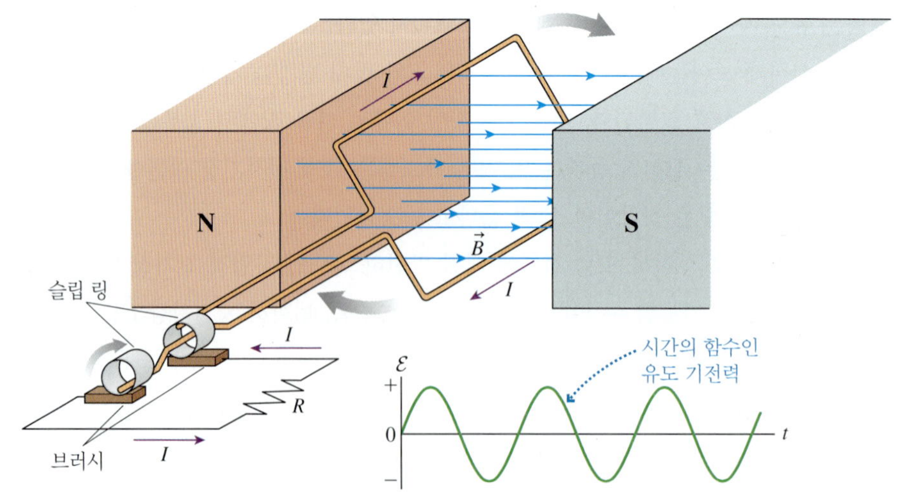

의해 회전된 코일이 자기장에서 회전하는 발전기를 보여준다. 고리의 자기장과 넓이는 모두 일정하지만 고리를 통과하는 선속은 고리가 회전할 때 계속 변화한다. 유도 전류는 회전하는 **슬립 링**을 밀어 올리는 **브러시**에 의해 회전 고리에서 빠져나간다.

코일을 통과하는 선속은

$$\Phi_{\text{m}} = \vec{A} \cdot \vec{B} = AB\cos\theta = AB\cos\omega t \tag{30.28}$$

이고, 여기서 ω는 코일이 회전하는 각진동수($\omega = 2\pi f$)이다. 유도 기전력은 패러데이의 법칙에 의해 주어지며, 다음과 같다.

$$\mathcal{E}_{\text{coil}} = -N\frac{d\Phi_{\text{m}}}{dt} = -ABN\frac{d}{dt}(\cos\omega t) = \omega ABN\sin\omega t \tag{30.29}$$

여기서 N은 코일의 감긴 횟수이다. $\mathcal{E}_{\text{coil}}$값이 양수와 음수 사이를 번갈아가며 나타나는 것을 확인하는 가장 좋은 방법은 패러데이의 법칙을 사용하는 것이다.

기전력의 부호가 번갈아 변하기 때문에 저항기 R을 통하는 전류가 앞뒤로 번갈아가며 흐른다. 따라서 그림 30.35의 발전기는 교류 발전기이며 교류 **전압**을 생성한다.

예제 30.11 | 교류 발전기

넓이 2.0 m^2의 코일이 0.010 T 자기장 내에서 60 Hz의 진동수로 회전한다. 160 V의 봉우리 전압을 생성하려면 몇 회전이 필요한가?

풀이 코일의 최대 전압은 식 (30.29)에서 찾을 수 있다.

$$\mathcal{E}_{\text{max}} = \omega ABN = 2\pi fABN$$

$\mathcal{E}_{\text{max}} = 160\text{ V}$를 생성하는 데 필요한 회전수는 다음과 같다.

$$N = \frac{\mathcal{E}_{\text{max}}}{2\pi fAB} = \frac{160\text{ V}}{2\pi(60\text{ Hz})(2.0\text{ m}^2)(0.010\text{ T})} = 21\text{ turns}$$

검토 0.010 T 자기장은 보통의 값으로, 대형 코일(2 m^2)에서 큰 전압을 생성하는 것이 어렵지 않음을 알 수 있다. 상업용 발전기는 댐에 흐르는 물을 사용하여 수차 날개를 회전시키거나, 발전기 코일을 회전시키기 위해 증기를 팽창시켜 터빈을 회전시킨다. 30.2절에서 이동하는 도선을 잡아당기는 데 일이 필요한 것처럼 코일을 회전시키기 위해 일이 필요하다. 왜냐하면 자기장이 코일의 전류에 지연력을 작용하기 때문이다. 따라서 발전기는 운동(역학적 에너지)을 전류(전기 에너지)로 전환하는 장치이다. 발전기는 전류를 회전으로 전환하는 모터의 반대이다.

변압기

그림 30.36은 철심에 감긴 2개의 코일을 보여준다. 왼쪽 코일을 **1차 코일**(primary coil)이라고 한다. 그것은 N_1번 감겼으며 진동 전압 $V_1 \cos \omega t$에 의해 구동된다. 1차 코일의 자기장은 철심을 따라 가고 **2차 코일**(secondary coil)이라 하는 N_2번 감긴 오른쪽 코일을 통과한다. 1차 코일에 흐르는 교류 전류는 2차 코일을 지나는 진동하는 자기 선속을 유발하여 유도 기전력을 발생시킨다. 2차 코일의 유도 기전력은 진동 전압 $V_2 \cos \omega t$를 부하에 제공한다.

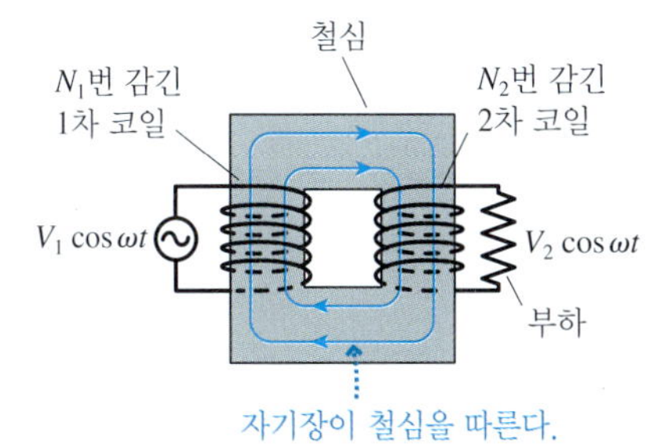

그림 30.36 변압기

철심 내부의 변화하는 자기장은 1차 코일의 감긴 횟수에 반비례($B \propto 1/N_1$)한다. (이 관계는 코일의 인덕턴스의 결과이며, 다음 절에서 논의될 것이다.) 패러데이의 법칙에 따르면, 2차 코일에 유도된 기전력은 감긴 횟수에 정비례($\mathcal{E}_{sec} \propto N_2$)한다. 이 두 가지 비례를 결합하면, 이상적인 변압기의 2차 전압은 1차 전압과 다음과 같이 관련된다.

$$V_2 = \frac{N_2}{N_1} V_1 \tag{30.30}$$

비율 N_2/N_1에 따라 부하 양단의 전압 V_2는 V_1보다 높거나 낮은 전압으로 **변환**될 수 있다. 결과적으로 이 장치를 **변압기**(transformer)라 한다. 변압기는 상용 발전 및 전기 전송에 널리 사용된다. $N_2 \gg N_1$인 **승압 변압기**는 발전기의 전압을 수십만 볼트까지 높인다. 고압에서 작은 전류로 전력을 공급하면 도선의 저항으로 인한 손실이 줄어든다. 도시 지역에 전력을 공급하는 고압 송전 선로에서 **강압 변압기**($N_2 \ll N_1$)는 전압을 120 V(미국) 또는 220 V(한국)로 낮춘다.

변압기는 발전소에서 도시 및 가정으로 전기를 운송하는 데 필수적이다.

금속 탐지기

보안을 위해 공항에서 사용되는 금속 탐지기는 상당히 신비스럽게 보인다. 금속 탐지기는 철과 같은 자성체뿐만 아니라 어떤 금속의 존재도 감지할 수 있으나, 플라스틱이나 다른 물질들은 감지하지 못하는가? 금속 탐지기는 유도 전류 때문에 작동한다.

그림 30.37에 보인 금속 탐지기는 **송신기 코일**과 **수신기 코일** 등 2개의 코일로 구성되어 있다. 송신기 코일의 고진동 교류는 축을 따라 교류 자기장을 생성한다. 이 자기장은 수신기 코일을 지나는 선속의 변화를 만들어 교류 유도 전류를 일으킨다. 송신기와 수신기는 변압기와 유사하다.

송신기와 수신기 사이에 금속 조각이 놓여 있다고 가정하자. 금속을 통과하는 교류 자기장은 송신기 코일과 수신기 코일에 평행한 평면에 맴돌이 전류를 유도한다. 그러면 수신기 코일은 송신기의 자기장과 맴돌이 전류의 자기장의 **중첩**에 반응한다. 맴돌이 전류가 렌츠의 법칙에 따라 선속이 변하는 것을 막으려 하기 때문에, 코일 사이에 금속 조각이 끼워질 때 수신기에서의 알짜 자기장이 **감소**한다. 전자 회로는 수신기 코일의 전류 감소를 감지하고 경보를 울린다. 맴돌이 전류는 절연체에 흐를 수 없기 때문에 금속 탐지기는 금속만 감지한다.

그림 30.37 금속 탐지기

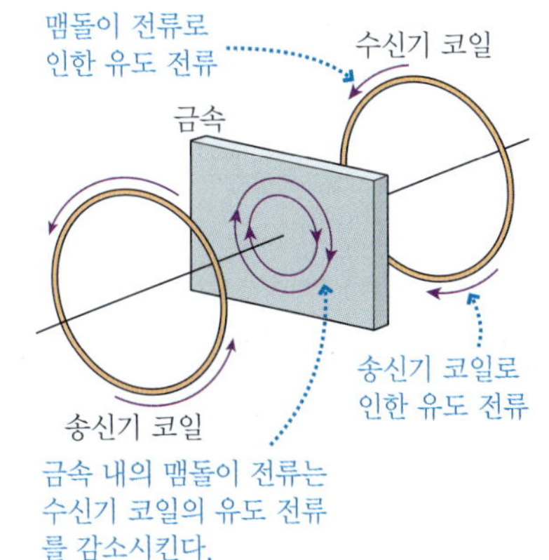

30.8 인덕터

축전기는 퍼텐셜 에너지 U_C를 전기장에 저장하기 때문에 유용한 회로 요소이다. 마찬가지로, 도선 코일은 자기장에 에너지를 저장하기 때문에 유용한 회로 요소가 될 수 있다. 회로에서 코일은 **인덕터**(inductor)라고 하는데, 곧 알게 될 것이지만 이는 인덕터 양단의 퍼텐셜차가 유도 기전력이기 때문이다. 이상적인 인덕터는 코일을 형성하는 도선이 전기 저항을 갖지 않는 인덕터이다. 인덕터의 회로 기호는 —ʘʘʘʘ—이다.

코일의 **인덕턴스**(inductance) L을 선속-전류 비율로 정의하면 다음과 같다.

$$L = \frac{\Phi_m}{I} \tag{30.31}$$

엄밀히 말하면 전류가 있을 때 솔레노이드가 스스로 생성하는 자기 선속이 우리가 고려하고 있는 선속이기 때문에 자체 인덕턴스라 한다. 인덕턴스의 SI 단위는 헨리(Joseph Henry)의 이름을 따서 명명된 **헨리**(henry)이며, 다음과 같이 정의된다.

$$1 \text{ henry} = 1 \text{ H} \equiv 1 \text{ Wb/A} = 1 \text{ T m}^2/\text{A}$$

보통 사용되는 인덕턴스는 밀리헨리(mH) 또는 마이크로헨리(μH)이다.

솔레노이드의 인덕턴스를 알아내는 것은 어렵지 않다. 29장에서 N번 감기고, 길이 l을 갖는 이상적인 솔레노이드 내부의 자기장은 다음과 같았다.

$$B = \frac{\mu_0 NI}{l}$$

1번 감긴 코일을 통과하는 자기 선속은 $\Phi_{\text{per turn}} = AB$이다. 여기서 A는 솔레노이드의 단면의 넓이이다. N번 감긴 코일을 통과하는 총 자기 선속은 다음과 같다.

$$\Phi_m = N\Phi_{\text{per turn}} = \frac{\mu_0 N^2 A}{l} I \tag{30.32}$$

따라서 솔레노이드의 인덕턴스는 식 (30.31)의 정의를 사용하여 다음과 같다.

$$L_{\text{solenoid}} = \frac{\Phi_m}{I} = \frac{\mu_0 N^2 A}{l} \tag{30.33}$$

솔레노이드의 인덕턴스는 그것의 기하학적 구조에 따라 달라지며 전류에 의존하지 않는다. 2개의 평행판 축전기의 전기 용량은 퍼텐셜차가 아닌 그것의 기하학적 구조에만 의존한다는 것을 상기할 수 있다.

예제 30.12 | 인덕터의 길이

인덕터는 지름 4.0 mm의 실린더에 0.30 mm 지름의 도선을 단단히 감싼 형태로 제작된다. 길이가 얼마이면 실린더의 인덕턴스가 10 μH인가?

풀이 솔레노이드의 단면의 넓이는 $A = \pi r^2$이다. 도선의 지름이 d

이면, 길이 l인 실린더의 회전수는 $N = l/d$이다. 따라서 인덕턴스는 다음과 같다.

$$L = \frac{\mu_0 N^2 A}{l} = \frac{\mu_0 (l/d)^2 \pi r^2}{l} = \frac{\mu_0 \pi r^2 l}{d^2}$$

인덕턴스 $L = 1.0 \times 10^{-5}$ H를 얻기 위해 필요한 길이는 다음과 같다.

$$l = \frac{d^2 L}{\mu_0 \pi r^2} = \frac{(0.00030\ \text{m})^2 (1.0 \times 10^{-5}\ \text{H})}{(4\pi \times 10^{-7}\ \text{T m/A})\pi (0.0020\ \text{m})^2}$$
$$= 0.057\ \text{m} = 5.7\ \text{cm}$$

인덕터 양단의 퍼텐셜차

인덕터는 전류가 정상적일 때 그다지 흥미롭지 않다. 인덕터가 이상적이며 $R = 0\ \Omega$인 경우 정상 전류로 인한 퍼텐셜차는 0이다. **인덕터는 전류가 변할 때 중요한 회로 요소가 된다.** 그림 30.38a는 인덕터의 왼쪽으로 들어가는 정상 전류를 보여준다. 솔레노이드의 자기장은 솔레노이드의 코일을 통과하여 선속을 형성한다.

그림 30.38b에서 솔레노이드의 전류가 증가하고 있다. 이것은 왼쪽으로 증가하는 선속을 만든다. 렌츠의 법칙에 따르면 코일의 유도 전류는 오른쪽을 향하는 유도 자기장을 생성함으로써 이 증가에 반대한다. 이를 위해서는 유도 전류가 솔레노이드의 전류와 반대가 된다. 이 유도 전류는 솔레노이드 양단에 퍼텐셜차가 설정될 때까지 왼쪽으로 양의 전하 운반자를 전달한다.

30.2절에서도 같은 상황을 보았다. 자기장을 통과하여 이동하는 도체에서의 유도 전류는 양의 전하 운반자를 도선의 상단으로 전달하고 도체 양단에 퍼텐셜차를 형성한다. 움직이는 도선의 유도 전류는 이동 전하에 작용하는 자기력에 의한 것이다. 이제 그림 30.38b에서 유도 전류는 변화하는 자기장에 의해 유도된 비 쿨롱 전기장 때문이다. 그럼에도 불구하고 도체 양단의 퍼텐셜차라는 그 결과는 동일하다.

퍼텐셜차를 찾기 위해 패러데이의 법칙을 사용할 수 있다. 코일에서 유도된 기전력은 다음과 같다.

$$\mathcal{E}_{\text{coil}} = N\left|\frac{d\Phi_{\text{per turn}}}{dt}\right| = \left|\frac{d\Phi_{\text{m}}}{dt}\right| \tag{30.34}$$

여기서 $\Phi_{\text{m}} = N\Phi_{\text{per turn}}$은 모든 코일을 통과하는 총 선속이다. 인덕턴스는 $\Phi_{\text{m}} = LI$로 정의되고, 식 (30.34)는 다음과 같다.

$$\mathcal{E}_{\text{coil}} = L\left|\frac{dI}{dt}\right| \tag{30.35}$$

유도 기전력은 코일을 통과하는 전류의 **변화율**에 정비례한다. 적절한 부호를 잠시 후 고려할 것이지만, 식 (30.35)는 코일을 통과하는 전류가 변화함에 따라 코일 양단에 발생하는 퍼텐셜차의 크기를 보여준다. 변하지 않는 정상 전류의 경우 $\mathcal{E}_{\text{coil}} = 0$임을 주목하라.

그림 30.39는 동일한 인덕터를 보여주지만, 전류는(왼쪽에 아직도 있다) 감소하고 있다. 선속의 감소를 막기 위해 유도 전류는 입력 전류와 같은 방향이다. 유도 전류는

그림 30.38 인덕터를 통과하는 전류의 증가

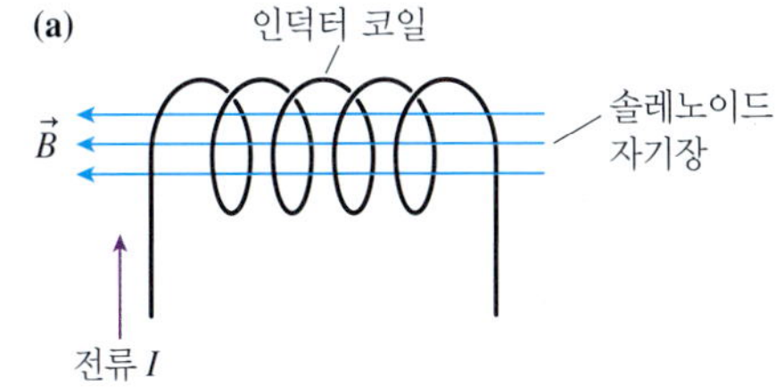

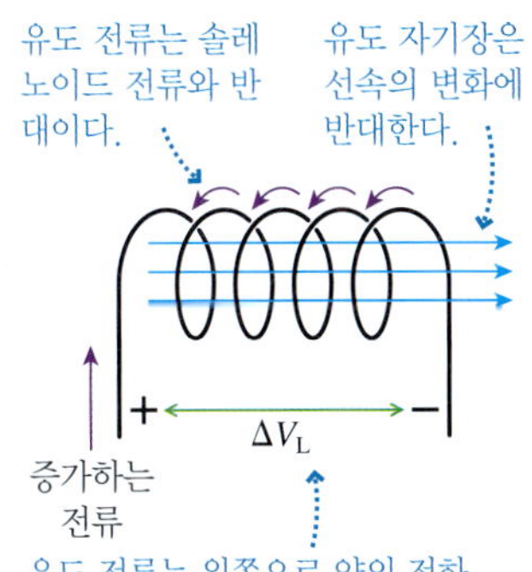

그림 30.39 인덕터를 통과하는 전류의 감소

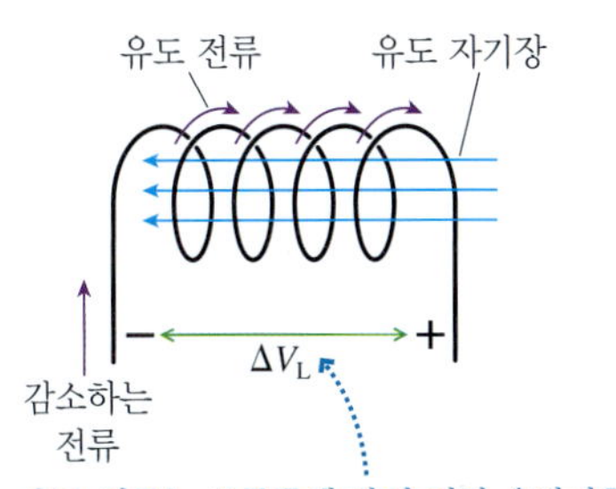

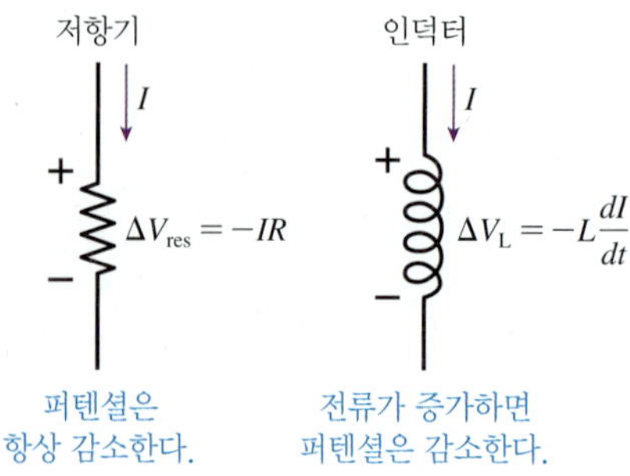

그림 30.40 저항기와 인덕터 양단의 퍼텐셜차

오른쪽으로 전하를 운반하고, 그림 30.38b와 반대의 퍼텐셜차를 형성한다.

회로에서 인덕터를 사용하려면 앞에서의 회로 분석과 일치하는 부호에 대한 규칙을 세워야 한다. 그림 30.40은 먼저 저항기를 통과하는 전류 I를 보여준다. 28장에서 저항기 양단의 퍼텐셜차가 $\Delta V_{res} = -\Delta V_R = -IR$임을 알았다. 여기서 음(−)의 부호는 퍼텐셜이 전류 방향에서 감소함을 나타낸다.

인덕터에 대해 동일한 규칙을 사용한다. 전류의 방향을 따라 측정된 인덕터 양단의 퍼텐셜차는 다음과 같다.

$$\Delta V_L = -L\frac{dI}{dt} \tag{30.36}$$

전류가 증가하면($dI/dt > 0$), 인덕터의 입력 측이 출력 측보다 퍼텐셜이 높고 퍼텐셜은 전류의 방향을 따라 감소한다($\Delta V_L < 0$). 이것은 그림 30.38b의 상황이다. 전류가 감소하면($dI/dt < 0$) 입력 측의 퍼텐셜이 낮고 퍼텐셜은 전류의 방향을 따라 증가한다($\Delta V_L > 0$). 이는 그림 30.39의 상황이다.

전류가 아주 갑자기 변화하면(큰 dI/dt) 인덕터 양단의 퍼텐셜차가 매우 커질 수 있다. 그림 30.41은 전지에 연결된 인덕터를 보여준다. 인덕터에는 큰 전류가 흐르고 전지의 내부 저항에 의해서만 제한된다. 스위치가 갑자기 열렸다고 가정해보자. 전류가 급격히 0으로 떨어지면 매우 큰 유도 전압이 인덕터에 생성된다. 이 퍼텐셜차 $+\Delta V_{bat}$가 스위치가 열릴 때 스위치의 틈 양단에 나타난다. 작은 틈 양단에 큰 퍼텐셜차가 생기면 스파크가 발생한다.

그림 30.41 스파크 만들기

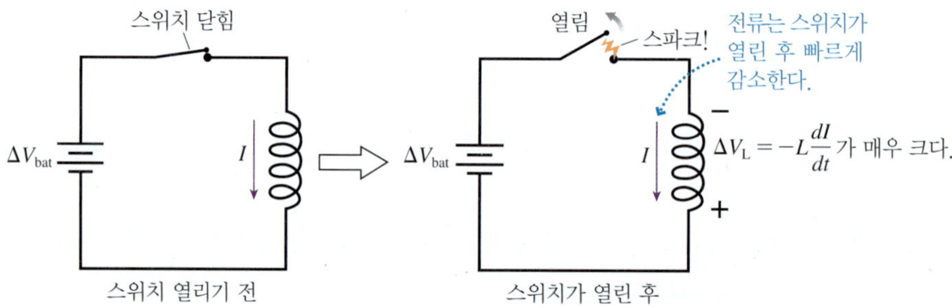

사실, 이것이 바로 자동차 시동 시 점화 플러그가 작용하는 방법이다. 자동차의 발전기는 큰 인덕터인 **코일**을 지나는 전류를 보낸다. 스위치가 갑자기 열리면 전류를 차단하여 유도 전압(일반적으로 수천 볼트)이 점화 플러그의 단자에 나타나고 가솔린을 점화시키는 불꽃을 일으킨다. 오래된 자동차는 **배전기**를 사용하여 실제 스위치를 열고 닫는다. 최근의 자동차는 기계적 스위치가 트랜지스터로 대체된 **전자 점화**를 사용한다.

예제 30.13 | 인덕터 양단의 큰 전압

1.0 A 전류가 10 mH 인덕터 코일을 통과한다. 5.0 μs 동안 전류가 0으로 떨어지면 코일에 어떤 퍼텐셜차가 생기는가?

핵심 여기서 인덕터는 $R = 0\ \Omega$인 이상적인 인덕터라고 가정하고, 전류는 시간에 대해 선형적으로 감소한다고 가정하자.

풀이 전류 감소율은 다음과 같다.

$$\frac{dI}{dt} \approx \frac{\Delta I}{\Delta t} = \frac{-1.0\ \text{A}}{5.0 \times 10^{-6}\ \text{s}} = -2.0 \times 10^5\ \text{A/s}$$

유도 전압은 다음과 같다.

$$\Delta V_L = -L\frac{dI}{dt} \approx -(0.010\ \text{H})(-2.0 \times 10^5\ \text{A/s}) = 2000\ \text{V}$$

검토 인덕터는 물리적으로 작을 수 있지만, 인덕터를 통과하는 전류를 아주 빨리 변화시키면 강력한 효과를 얻을 수 있다.

인덕터와 자기장에서의 에너지

전력은 $P_{\text{elec}} = I\Delta V$이다. 전류가 인덕터를 통과할 때 $\Delta V_L = -L(dI/dt)$인 경우 전력은 다음과 같다.

$$P_{\text{elec}} = I\Delta V_L = -LI\frac{dI}{dt} \tag{30.37}$$

P_{elec}는 전류가 증가하는 회로가 전기 에너지를 **잃어버리기** 때문에 음이다. 그 에너지는 인덕터로 옮겨지고 있으며, 인덕터는 에너지 U_L을 아래의 비율로 **저장하고** 있다.

$$\frac{dU_L}{dt} = +LI\frac{dI}{dt} \tag{30.38}$$

여기서 전력이 에너지의 변화율이라는 것을 주목하라.

식 (30.38)을 $U_L = 0$인 $I = 0$으로부터 최종 전류 I까지 적분하여 인덕터에 저장된 총에너지를 구할 수 있다. 그렇게 하면 다음과 같다.

$$U_L = L\int_0^I I\,dI = \tfrac{1}{2}LI^2 \tag{30.39}$$

인덕터에 저장된 퍼텐셜 에너지는 이를 통과하는 전류의 제곱에 따라 달라진다. 축전기에 저장된 에너지 $U_C = \frac{1}{2}C(\Delta V)^2$와의 유사함에 주목하라.

회로로 작업할 때 에너지가 "인덕터에 저장되어 있다"고 한다. 엄밀히 말하면, 에너지는 인덕터의 자기장에 저장되며, 축전기가 전기장에 에너지를 저장하는 것과 유사하다. 인덕터의 에너지를 자기장 세기와 관련시키기 위해 솔레노이드의 인덕턴스 [식 (30.33)]를 사용할 수 있다.

$$U_L = \tfrac{1}{2}LI^2 = \frac{\mu_0 N^2 A}{2l}I^2 = \frac{1}{2\mu_0}Al\left(\frac{\mu_0 NI}{l}\right)^2 \tag{30.40}$$

식 (30.40)의 마지막 부분 $\mu_0 NI/l$은 솔레노이드 내부의 자기장이다. 따라서

전기장 및 자기장의 에너지

전기장	자기장
축전기 저장 에너지	인덕터 저장 에너지
$U_C = \frac{1}{2}C(\Delta V)^2$	$U_L = \frac{1}{2}LI^2$
전기장 에너지 밀도는	자기장 에너지 밀도는
$u_E = \frac{\epsilon_0}{2}E^2$	$u_B = \frac{1}{2\mu_0}B^2$

$$U_L = \frac{1}{2\mu_0}AlB^2 \qquad (30.41)$$

이다. 그런데 Al은 솔레노이드 내부의 부피이다. Al로 나누면, 솔레노이드 내부의 자기장 에너지 밀도(m^3당 에너지)는 다음과 같다.

$$u_B = \frac{1}{2\mu_0}B^2 \qquad (30.42)$$

솔레노이드의 특성에 기초하여 에너지 밀도에 대한 이 식을 유도했지만, 이 식은 자기장이 있는 어느 곳에서도 성립하는 에너지 밀도 식이다. 이것을 26장에서 구한 전기장 $u_E = \frac{1}{2}\epsilon_0 E^2$의 에너지 밀도와 비교해보자.

예제 30.14 | 인덕터에 저장된 에너지

예제 30.12의 10 μH 인덕터는 길이가 5.7 cm이고 지름이 4.0 mm이다. 100 mA 전류가 흐른다고 가정한다. 인덕터에 저장된 에너지, 자기장 에너지 밀도 및 자기장 세기는 얼마인가?

풀이 저장된 에너지는 다음과 같다.

$$U_L = \tfrac{1}{2}LI^2 = \tfrac{1}{2}(1.0\times10^{-5}\text{ H})(0.10\text{ A})^2 = 5.0\times10^{-8}\text{ J}$$

솔레노이드의 부피는 $(\pi r^2)l = 7.16\times10^{-7}\text{ m}^3$이다. 이것을 사용하여 자기장 에너지 밀도를 구할 수 있다.

$$u_B = \frac{5.0\times10^{-8}\text{ J}}{7.16\times10^{-7}\text{ m}^3} = 0.070\text{ J/m}^3$$

식 (30.42)로부터, 이 에너지 밀도를 갖는 자기장은 다음과 같다.

$$B = \sqrt{2\mu_0 u_B} = 4.2\times10^{-4}\text{ T}$$

30.9 *LC* 회로

라디오, 텔레비전, 휴대 전화와 같은 통신은 잘 정의된 진동수로 진동하는 전자기 신호를 기반으로 한다. 이러한 진동은 인덕터와 축전기로 구성된 간단한 회로로 생성되고 감지된다. 이를 ***LC* 회로**(*LC* circuit)라고 한다. 이 절에서는 어떻게 *LC* 회로가 진동하여 진동 주파수를 결정하는지 배운다.

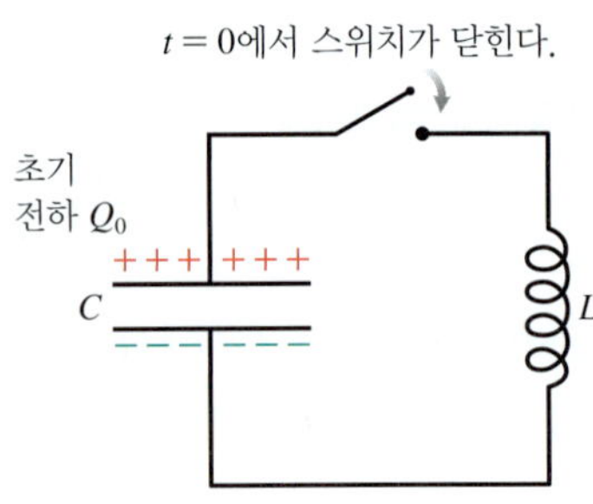

그림 30.42 *LC* 회로

그림 30.42는 초기 전하가 Q_0인 축전기, 인덕터 및 스위치를 보여준다. 스위치가 장시간 열려 있어 회로에 전류가 흐르지 않는다. 이어서, $t=0$에서 스위치가 닫힌다. 회로는 어떻게 반응하는가? 수식으로 들어가기 전에 그것을 정성적으로 생각해보자.

그림 30.43에서 보듯이 인덕터는 축전기를 방전하기 위한 도체 경로를 제공한다. 그러나 방전 전류는 인덕터를 통과해야 하며, 인덕터는 전류의 변화에 저항한다. 결과적으로, 전류는 축전기 전하가 0에 도달할 때 멈추지 않는다.

늘어난 용수철에 부착된 물체는 유용한 역학적 비유이다. 축전기를 방전시키기 위해 스위치를 닫는 것은 물체를 자유롭게 움직일 수 있게 해주는 것과 같다. 물체가 원점에 도달할 때 물체는 멈추지 않는다. 물체의 관성은 용수철이 완전히 압축될 때까지 물체를 계속 움직인다. 마찬가지로, 전류는 반대 극성으로 축전기를 충전할 때까

그림 30.43 축전기 전하는 용수철에 부착된 물체처럼 진동한다.

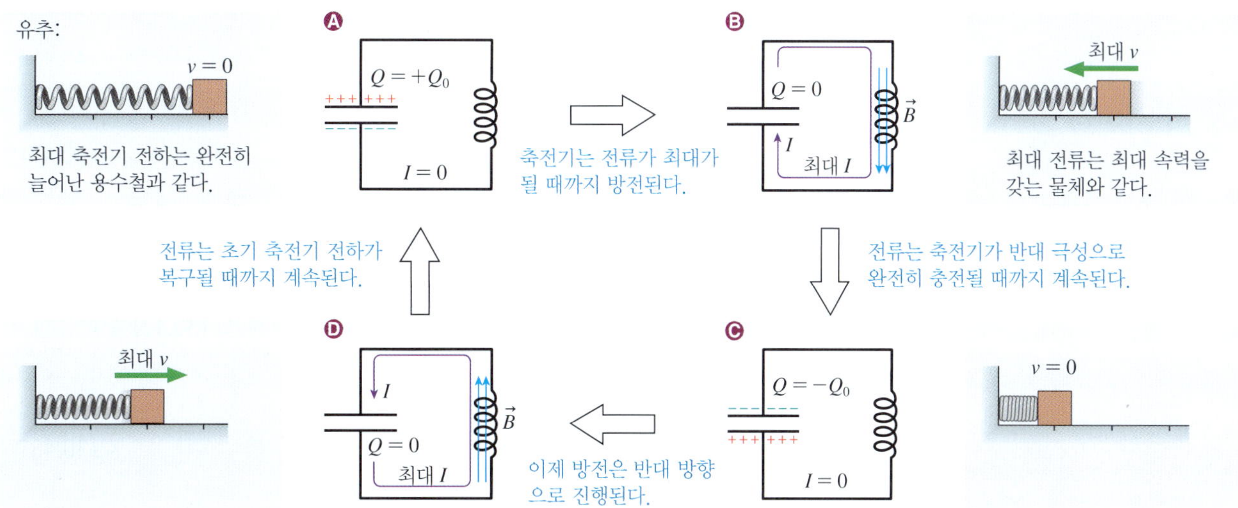

지 계속된다. 이 과정은 반복적으로, 축전기를 먼저 한 방향으로 충전한 다음 다른 방향으로 충전한다. 즉, 축전기 전하 및 전류는 **진동**한다.

회로 분석의 목표는 축전기 전하 Q와 인덕터 전류 I가 시간에 따라 어떻게 변하는지를 보여주는 식을 찾는 것이다. 언제나 그렇듯이 회로 분석의 출발점은 키르히호프의 전압 법칙이다. 이 법칙은 닫힌 고리 주변의 모든 퍼텐셜차가 0이 되어야 한다는 것이다. 시계 방향의 전류 I를 선택하면, 키르히호프의 법칙은 다음과 같다.

$$\Delta V_C + \Delta V_L = 0 \tag{30.43}$$

축전기 양단의 퍼텐셜차는 $\Delta V_C = Q/C$이며, 식 (30.36)에서 인덕터 양단의 퍼텐셜차를 구할 수 있다. 이들을 사용하면 키르히호프의 법칙은 다음과 같아진다.

$$\frac{Q}{C} - L\frac{dI}{dt} = 0 \tag{30.44}$$

식 (30.44)는 2개의 미지수 Q와 I를 가지고 있다. Q와 I 사이에 또 다른 관계를 찾아서 미지수 중 하나를 제거할 수 있다. 전류는 전하 이동의 비율로, $I = dq/dt$이지만 인덕터를 통해 흐르는 전하는 축전기를 떠난 전하이다. 즉, 축전기 전하가 $dQ = -dq$만큼 변화할 때 인덕터에는 미소 전하 dq가 흐른다. 따라서 인덕터를 통과하는 전류는 다음과 같이 축전기의 전하와 관련이 있다.

$$I = -\frac{dQ}{dt} \tag{30.45}$$

이제 예측하였던 것처럼, Q가 감소할 때 I는 양(+)의 값이다. 이것은 우리의 이론 전개에서 미묘하지만 중요한 점이다.

식 (30.44)와 (30.45)는 미지수가 2개인 두 식이다. 이를 해결하기 위해 먼저 식 (30.45)에 시간의 미분을 취한다.

휴대 전화는 실제로 매우 정교한 양방향 무선 장치로, 고주파 라디오파(대략 1000 MHz)를 통해 가장 가까운 기지국과 통신한다. 모든 라디오 또는 통신 장치와 마찬가지로 전달 진동수는 LC 회로의 진동 전류에 의해 설정된다.

$$\frac{dI}{dt} = \frac{d}{dt}\left(-\frac{dQ}{dt}\right) = -\frac{d^2Q}{dt^2} \tag{30.46}$$

이 결과를 식 (30.44)에 대입할 수 있으며, 다음과 같다.

$$\frac{Q}{C} + L\frac{d^2Q}{dt^2} = 0 \tag{30.47}$$

이제 축전기 전하 Q에 대한 방정식을 얻었다.

식 (30.47)은 Q에 대한 2계 미분 방정식이다. 다행히도, 이것은 전에 보았던 방정식이며 이미 풀 수 있는 방법을 알고 있다. 이것을 보기 위해 식 (30.47)을 다음과 같이 다시 쓴다.

$$\frac{d^2Q}{dt^2} = -\frac{1}{LC}Q \tag{30.48}$$

15장에서 비감쇠의 용수철에 매달린 물체에 대한 운동 방정식은 다음과 같았다.

$$\frac{d^2x}{dt^2} = -\frac{k}{m}x \tag{30.49}$$

식 (30.48)은 x가 Q로 대체되고 k/m이 $1/LC$로 대체된 것과 정확히 같은 방정식이다. 용수철에 매달린 물체가 LC 회로의 역학적 유추라는 것을 이미 보았기 때문에 이것은 놀랄만한 일이 아니다.

우리는 식 (30.49)에 대한 해답을 알고 있다. 각진동수 $\omega = \sqrt{k/m}$ 인 단순 조화 운동 $x(t) = x_0 \cos \omega t$이다. 따라서 식 (30.48)의 해는 다음과 같아야 한다.

$$Q(t) = Q_0 \cos \omega t \tag{30.50}$$

여기서 Q_0는 $t = 0$에서의 초기 전하이며, 각진동수는 다음과 같다.

$$\omega = \sqrt{\frac{1}{LC}} \tag{30.51}$$

축전기의 상부 평판에서의 전하는 $T = 2\pi/\omega$의 주기를 가지고 $+Q_0$ 및 $-Q_0$(반대 극성) 사이에서 앞뒤로 진동한다.

축전기 전하가 진동함에 따라 인덕터를 통과하는 전류도 변한다. 식 (30.45)로부터 인덕터를 통과하는 전류는 다음과 같다.

$$I = -\frac{dQ}{dt} = \omega Q_0 \sin \omega t = I_{max} \sin \omega t \tag{30.52}$$

여기에서 $I_{max} = \omega Q_0$는 최대 전류이다.

LC 회로는 진동수 $f = \omega/2\pi$에서 진동하는 **전기 진동자**이다. 그림 30.44는 시간의 함수로써 축전기 전하 Q와 인덕터 전류 I의 그래프를 보여준다. Q와 I는 90° 위상차가 있다. 예상대로 축전기가 완전히 충전되면 전류는 0이고, 전류가 최대일 때 전하량은 0이다.

그림 30.44 LC 회로의 진동

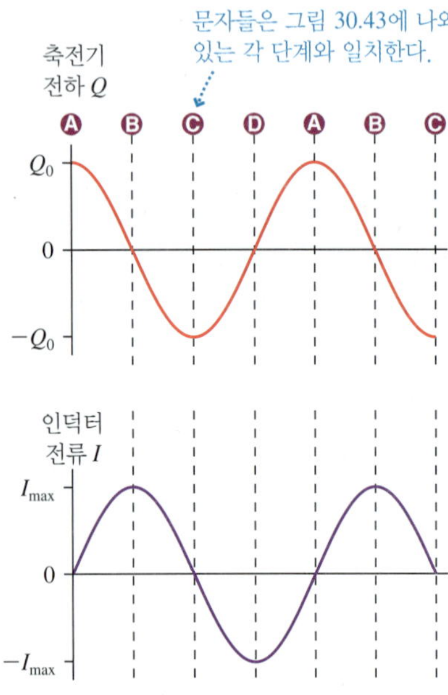

예제 30.15 | **AM 라디오 진동자**

1.0 mH의 인덕터를 가지고 있다. 920 kHz의 진동수를 가진 진동자를 만들기 위해 어떤 축전기를 선택해야 하는가?(이 진동수는 AM 라디오 대역의 중심 근처에 있다.)

풀이 각진동수는 $\omega = 2\pi f = 5.78 \times 10^6$ rad/s이다. ω에 대해 식 (30.51)을 사용하면 요구되는 축전기는 다음과 같다.

$$C = \frac{1}{\omega^2 L} = 3.0 \times 10^{-11}\ \text{F} = 30\ \text{pF}$$

LC 회로는 용수철에 매달린 물체와 같이 고유 진동수 $\omega = 1/\sqrt{LC}$에서만 응답하려 한다. 15장에서 고유 진동수에서의 강한 반응을 **공명**으로 정의하였고, 공명은 모든 통신의 기초이다. 라디오, 텔레비전 및 휴대 전화의 입력 회로는 안테나로 포착된 신호에 의해 구동되는 *LC* 회로이다. 이 신호는 지역의 각 송신기로부터 하나씩, 서로 다른 진동수를 갖는 수백 개의 사인 모양 파동이 중첩된 신호이며, 회로는 회로의 고유 진동수와 일치하는 신호 하나에만 응답한다. 이 특정 신호는 큰 진폭 전류를 생성하여 더 증폭되고 디코딩되어 사용자가 듣는 출력이 된다.

30.10 *LR* 회로

인덕터, 저항기 및 (아마도) 전지로 구성된 회로를 ***LR* 회로**(*LR* circuit)라고 한다. 그림 30.45a는 *LR* 회로의 예이다. 스위치가 오랜 시간 제 위치에 있어 전류의 상태가 안정되고 변함이 없다고 가정하자. $dI/dt = 0$이기 때문에 인덕터 양단에는 퍼텐셜차가 없으며, 단지 도선 조각과 같은 역할을 한다. 회로 둘레에 흐르는 전류는 전지와 저항기에 의해 전적으로 결정된다. 즉, $I_0 = \Delta V_{bat}/R$이다.

$t = 0$에서 스위치가 갑자기 b 위치로 이동하면 어떻게 되는가? 전지가 회로에 없는 상태에서 전류가 즉시 멈출 것으로 예상할 수도 있다. 그러나 인덕터는 그렇게 하지 않을 것이다. 인덕터의 자기장이 0으로 떨어지면서 얼마 동안은 전류가 계속 흐를 것이다. 본질적으로 인덕터에 저장된 에너지는 짧은 시간 동안 전지처럼 작동할 수 있다. 여기서의 목적은 스위치를 옮긴 후 전류가 어떻게 감소하는지 결정하는 것이다.

그림 30.45 *LR* 회로

(a)

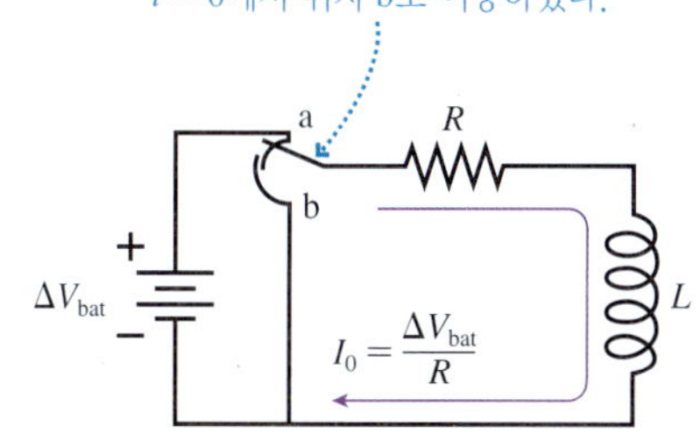

(b)

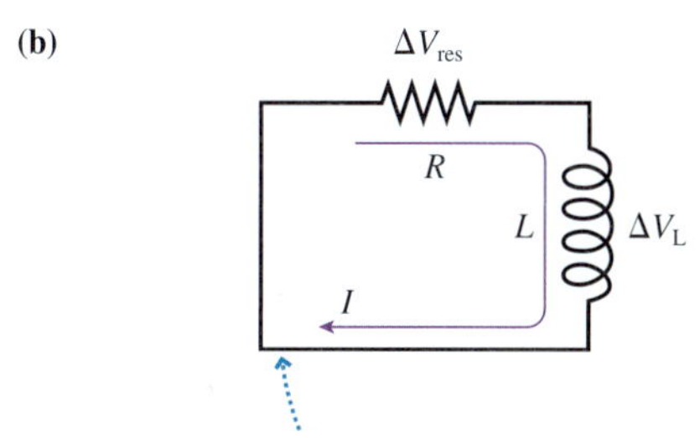

그림 30.45b는 스위치가 변경된 후의 회로를 보여준다. 출발점은 키르히호프의 전압 법칙이다. 닫힌 고리 주변의 퍼텐셜차는 0이 되어야 한다. 이 회로에서 키르히호프의 법칙은 다음과 같다.

$$\Delta V_{res} + \Delta V_L = 0 \tag{30.53}$$

전류 방향의 퍼텐셜차는 저항기의 경우는 $\Delta V_{res} = -IR$이고, 인덕터의 경우는 $\Delta V_L = -L(dI/dt)$이다. 이들을 식 (30.53)에 대입하면 다음과 같다.

$$-RI - L\frac{dI}{dt} = 0 \tag{30.54}$$

시간의 함수인 전류 I를 찾기 위해 적분할 필요가 있다. 이렇게 하기 전에, 식 (30.54)를 다시 정리하여 식의 한쪽에 모든 전류의 항을 모으고, 다른 쪽에는 모든 시간의 항을 모은다.

$$\frac{dI}{I} = -\frac{R}{L}dt = -\frac{dt}{(L/R)} \tag{30.55}$$

스위치가 움직일 때 $t=0$에서의 전류는 I_0임을 알았다. 이러한 초기 조건으로부터 불특정 시간 t에서의 전류 I까지 적분한다. 즉,

$$\int_{I_0}^{I}\frac{dI}{I} = -\frac{1}{(L/R)}\int_0^t dt \tag{30.56}$$

이다. 둘 다 일반적인 적분이며, 다음과 같이 주어진다.

$$\ln I\bigg|_{I_0}^{I} = \ln I - \ln I_0 = \ln\left(\frac{I}{I_0}\right) = -\frac{t}{(L/R)} \tag{30.57}$$

양쪽에 지수를 취한 다음 I_0를 곱하여 전류 I를 풀 수 있다. 그렇게 하여 I를 구하며, 시간의 함수인 전류는 다음과 같다.

$$I = I_0 e^{-t/(L/R)} \tag{30.58}$$

예상했던 대로 $t=0$에서 $I=I_0$임을 주목하라.

지수 함수의 인수는 차원이 없어야 하므로 L/R은 시간 차원을 가져야 한다. LR 회로의 **시간 상수**(time constant) τ를 다음과 같이 정의한다.

$$\tau = \frac{L}{R} \tag{30.59}$$

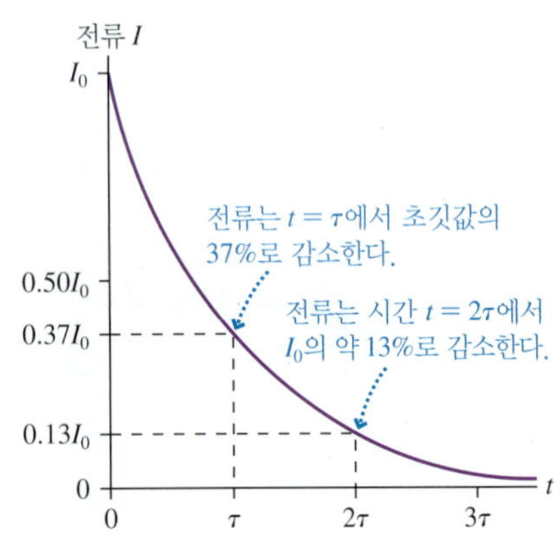

그림 30.46 LR 회로의 전류 감쇠

식 (30.58)을 다음과 같이 쓸 수 있다.

$$I = I_0 e^{-t/\tau} \tag{30.60}$$

시간 상수는 전류가 초깃값의 e^{-1}(약 37%)로 감소하는 시간이다. 시간 $t=\tau$에서의 전류를 계산함으로써 이것을 확인할 수 있다.

$$I(\text{at } t=\tau) = I_0 e^{-\tau/\tau} = e^{-1}I_0 = 0.37I_0 \tag{30.61}$$

따라서 LR 회로의 시간 상수는 29장에서 분석한 RC 회로의 시간 상수와 똑같은 방식으로 작용한다. 시간 $t=2\tau$에서 전류는 $e^{-2}I_0$, 즉 초깃값의 약 13%로 감소한다.

전류는 그림 30.46에 그려져 있다. 전류가 지수 함수적으로 감소함을 알 수 있다. 그래프의 모양은 시간 상수 τ의 특정값에 관계없이 항상 같다.

예제 30.16 LR 회로의 지수 함수적 감쇠

그림 30.47의 스위치는 오랜 시간 동안 제 위치에 있다가 $t=0$ s에서 b 위치로 변경된다.

a. $t=5.0\ \mu$s에서 회로의 전류는 얼마인가?

b. 전류가 얼마만에 초깃값의 1%까지 감쇠하였는가?

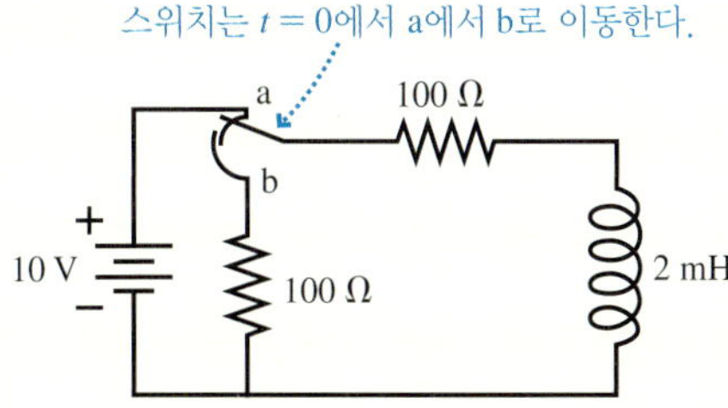

그림 30.47 예제 30.16의 *LR* 회로

핵심 이것은 *LR* 회로이다. 이상적인 도선과 이상적인 인덕터로 가정한다.

시각화 2개의 저항기는 스위치를 b로 옮기면 직렬로 연결된다.

풀이 스위치를 b로 옮기기 전 $\Delta V_L=0$일 때, 전류는 다음과 같다.

$$I_0=\frac{10\ \text{V}}{100\ \Omega}=0.10\ \text{A}=100\ \text{mA}$$

이것은 인덕터를 통과하는 전류가 즉시 바뀔 수 없기 때문에 스위치를 b로 옮긴 후 초기 전류이다. 스위치를 b로 옮긴 후의 회로 저항은 $R=200\ \Omega$이므로 시간 상수는 다음과 같다.

$$\tau=\frac{L}{R}=\frac{2.0\times10^{-3}\ \text{H}}{200\ \Omega}=1.0\times10^{-5}\ \text{s}=10\ \mu\text{s}$$

a. $t=5.0\ \mu$s에서 전류는 다음과 같다.

$$I=I_0e^{-t/\tau}=(100\ \text{mA})e^{-(5.0\ \mu\text{s})/(10\ \mu\text{s})}=61\ \text{mA}$$

b. 특정 전류에 도달하는 시간을 찾으려면 식 (30.57)로 되돌아가서 t에 대해 풀어야 한다.

$$t=-\frac{L}{R}\ln\left(\frac{I}{I_0}\right)=-\tau\ln\left(\frac{I}{I_0}\right)$$

전류가 1 mA(I_0의 1 %)로 감소한 시간은 다음과 같다.

$$t=-(10\ \mu\text{s})\ln\left(\frac{1\ \text{mA}}{100\ \text{mA}}\right)=46\ \mu\text{s}$$

검토 실사용 목적으로, 전류는 50 μs 이내에 사라졌다. 이 회로의 인덕턴스는 크지 않기 때문에, 짧은 감쇠 시간은 놀라운 것이 아니다.

응용 예제 30.17 | 유도 가열

유도 가열은 유도 전류를 사용하여 표면 경화, 경납땜 또는 심지어 융해와 같은 응용 분야에서 금속 물체를 고온으로 가열한다. 이 아이디어를 설명하기 위해, 4.0 cm × 4.0 cm 정사각형 고리 형태의 구리 도선이 고리 평면에 수직하고, 1000 Hz의 진동수와 0.010 T의 진폭으로 진동하는 자기장 내에 놓인다고 생각하자. 도선의 초기 온도 상승은 몇 '°C/분'인가?

핵심 고리를 지나는 변화하는 자기 선속은 전류를 유도할 것이며, 도선의 저항으로 인해 도선을 가열하게 될 것이다. 도선이 뜨거워지면 복사 또는 대류를 통한 열손실로 인해 온도 상승이 제한될 수 있지만, 처음에는 전류에 의한 가열에 의해 온도 변화를 고려할 수 있다. 도선의 지름이 고리의 폭 4.0 cm보다 훨씬 작다고 가정한다.

시각화 그림 30.48은 자기장 내의 구리 고리를 보여준다. 도선의 단면의 넓이 A는 알 수 없지만 얇은 도선을 가정할 때 고리의 정의된 영역이 L^2임을 의미한다. 구리의 저항률, 밀도 및 비열의 값은 이 책의 뒤 표지 안쪽의 표에서 가져 왔다. 질량 밀도 ρ_{mass}와 비저항 ρ_{elec}을 구별하기 위해 아래 첨자를 사용했는데, 아마도 기호 중복으로 인해 혼란스러울 것이다.

풀이 전류에 의한 전력 손실($P=I^2R$)은 도선을 가열한다. 열손실을 무시할 수 있다면 가열 비율과 도선의 비열 c를 사용하여 온도 변화율을 계산할 수 있다. 첫 번째 임무는 유도 전류를 찾는 것이다.

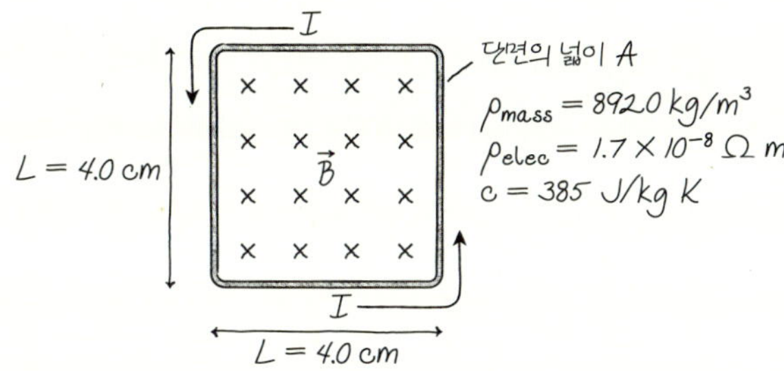

그림 30.48 유도로 가열되는 구리 도선

다. 패러데이의 법칙에 따르면,

$$I=\frac{\mathcal{E}}{R}=-\frac{1}{R}\frac{d\Phi_m}{dt}=-\frac{L^2}{R}\frac{dB}{dt}$$

이고, 여기에서 R은 고리의 저항, $\Phi_m=L^2B$는 넓이 L^2의 고리를 통과하는 자기 선속이다. 진동 자기장은 $B_0=0.010$ T이고 $\omega=2\pi\times1000$ Hz $=6280$ rad/s인 $B=B_0\cos\omega t$로 쓸 수 있다. 따라서

$$\frac{dB}{dt}=-\omega B_0\sin\omega t$$

이고, 이로부터 유도 전류는 다음과 같이 진동한다.

$$I=\frac{\omega B_0L^2}{R}\sin\omega t$$

전류가 진동함에 따라 도선의 전력 손실은 다음과 같다.

(계속)

$$P = I^2R = \frac{\omega^2 B_0^2 L^4}{R}\sin^2\omega t$$

전력 손실도 진동하지만 몇 초 또는 몇 분에 걸쳐 발생할 것으로 예상되는 온도 상승과 비교할 때 매우 빠르게 변동한다. 결과적으로 진동하는 P를 **평균값** P_{avg}로 대체하는 것이 타당하다. 함수 $\sin^2\omega t$의 시간 평균은 $\frac{1}{2}$이며, $\sin^2\omega t$ 그래프가 0과 1 사이에서 대칭으로 진동한다는 것을 주목하여 적분으로 증명할 수 있다. 따라서 도선의 평균 전력 손실은 다음과 같다.

$$P_{avg} = \frac{\omega^2 B_0^2 L^4}{2R}$$

전력은 에너지 전달 **비율**이라는 것을 기억하자. 이 경우, 도선에서 소비되는 전력은 도선의 가열 비율이다($dQ/dt = P_{avg}$). 여기서 Q는 열이며 전하가 아니다. 열역학의 $Q = mc\,\Delta T$를 사용하여 다음과 같이 쓸 수 있다.

$$\frac{dQ}{dt} = mc\frac{dT}{dt} = P_{avg} = \frac{\omega^2 B_0^2 L^4}{2R}$$

계산을 완료하려면 도선의 질량과 저항이 필요하다. 도선의 총 길이는 $4L$이며, 단면의 넓이는 A이다. 따라서

$$m = \rho_{mass}V = 4\rho_{mass}LA$$

$$R = \frac{\rho_{elec}(4L)}{A} = \frac{4\rho_{elec}L}{A}$$

이다. 이것들을 식에 대입하면 다음과 같다.

$$4\rho_{mass}LAc\frac{dT}{dt} = \frac{\omega^2 B_0^2 L^3 A}{8\rho_{elec}}$$

흥미롭게도, 도선의 단면의 넓이는 상쇄된다. 도선의 온도는 초기에 다음과 같은 비율로 증가한다.

$$\frac{dT}{dt} = \frac{\omega^2 B_0^2 L^2}{32\rho_{elec}\rho_{mass}c}$$

오른쪽 모든 항은 알려져 있다. 계산하면 다음과 같다.

$$\frac{dT}{dt} = 3.3\ \text{K/s} = 200°\text{C/min}$$

검토 이것은 작은 물체에 대해 빠르지만 실제적인 온도 상승이다. 하지만 물체가 복사 또는 대류를 통해 환경으로 열을 잃기 시작할 때 증가율이 느려질 것이다. 유도 가열은 몇 분 안에 물체의 온도를 수백 도로 올릴 수 있다.

서술형 질문

1. 그림 Q30.1에서 유도 전류의 방향은 어느 쪽인가?

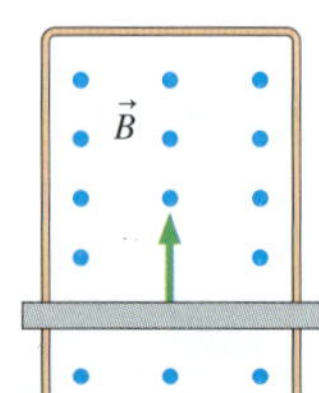

그림 Q30.1

2. 구리 도선의 수직 직사각형 고리에 그림 Q30.2의 수평 자기장의 절반만 통과한다.(점선 아래의 자기장은 0이다.) 고리가 놓아져 떨어지기 시작한다. 고리에 알짜 자기력이 존재하는가? 그렇다면 어떤 방향인가? 설명하시오.

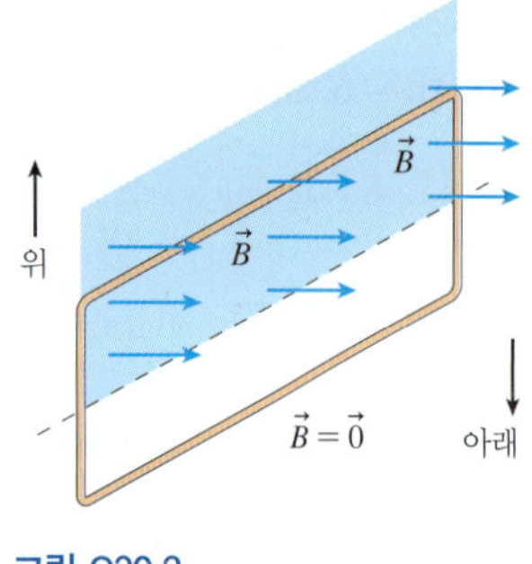

그림 Q30.2

3. 동일한 코일 A, B 그리고 C는 그들의 면이 서로 평행하게 놓여 있다. 코일 A와 C에는 그림 Q30.3과 같이 전류가 흐른다. 코일 B와 C는 제 위치에 고정되고 코일 A는 등속도로 B를 향해 이동한다. B에 유도 전류가 있는가? 그렇지 않다면 이유를 설명하시오. 만약 그렇다면 유도 전류의 방향은 어느 쪽인가?

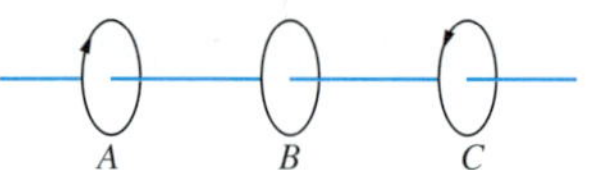

그림 Q30.3

4. 막대자석을 그림 Q30.4와 같이 도선 고리를 향해 밀었다. 고리에 전류가 있는가? 그렇다면 어떤 방향으로 흐르는가? 그렇지 않다면 왜 없는가?

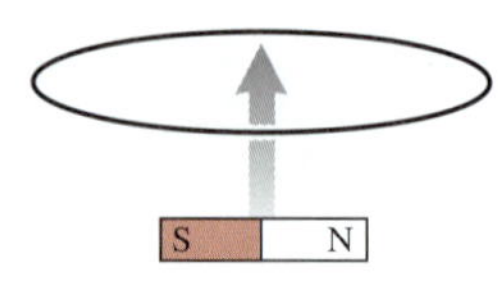

그림 Q30.4

5. 그림 Q30.5의 자기장 세기가 증가, 감소 또는 정상 상태 중 어느 것인가? 설명하시오.

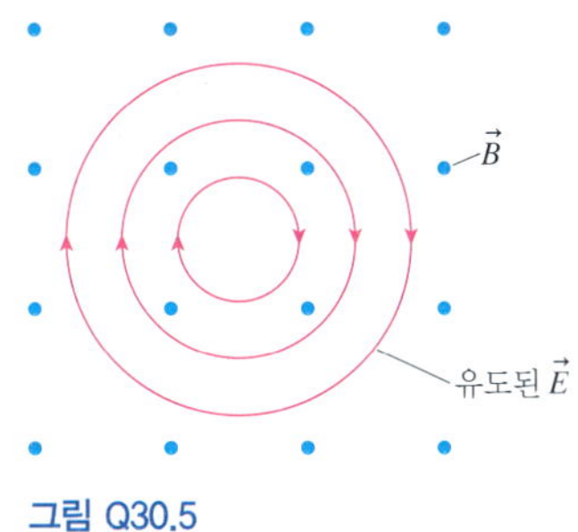

그림 Q30.5

6. a. 그림 Q30.6의 인덕터 중 어느 것이 더 큰 전류를 가지고 있는지 알 수 있는가? 그렇다면 어느 것인가? 설명하시오.

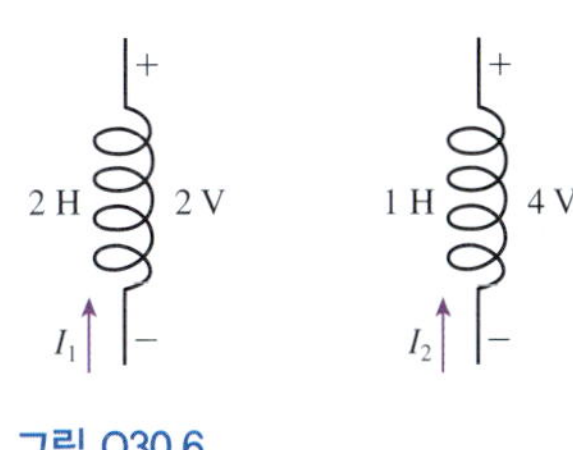

그림 Q30.6

b. 어떤 인덕터를 통해 전류가 더 빨리 변하는지를 알 수 있는가? 그렇다면 어느 것인가? 설명하시오.

c. 전류가 하단에서 인덕터로 들어가면 전류가 증가, 감소 또는 동일하게 유지되는지 알 수 있는가? 그렇다면 어느 것인가? 설명하시오.

7. 그림 Q30.7의 세 회로에 대해 3개의 시간 상수 τ_a에서 τ_c까지 큰 것부터 작은 것 순으로 순서를 매기시오. 설명하시오.

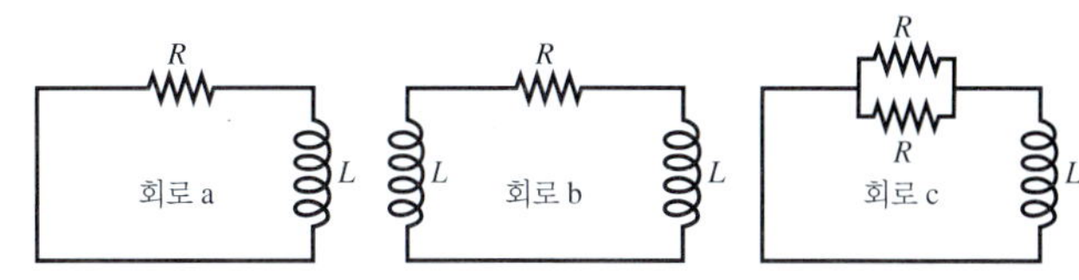

그림 Q30.7

연습문제

표시가 된 연습문제들은 이전 장들에서 다룬 내용과 관련이 있다.

연습

30.2 운동 기전력

1. | 지구의 자기장 세기는 5.0×10^{-5} T이다. 1.5 m 높이의 라디오 안테나를 따라 2.0 V 운동 기전력를 생성하려면 얼마나 빨리 자동차를 운전해야 하는가? 안테나의 움직임이 $\vec{B}$에 수직이라고 가정한다.

2. | 10 cm 길이의 도선이 수직 자기장에서 U자형 도체 레일을 따라 당겨진다. 도선과 레일의 전체 저항은 0.20 Ω이다. 4.0 m/s의 일정한 속력으로 도선을 당기면 회로에서 4.0 W의 전력이 소모된다.
   a. 당기는 힘은 얼마나 큰가?
   b. 자기장 세기는 얼마인가?

30.3 자기 선속

3. || 그림 EX30.3은 90° 각도로 구부러진 10 cm × 10 cm 정사각형을 보여준다. 균일한 0.050 T 자기장은 45° 각도에서 아래를 향한다. 고리를 통과하는 자기 선속은 얼마인가?

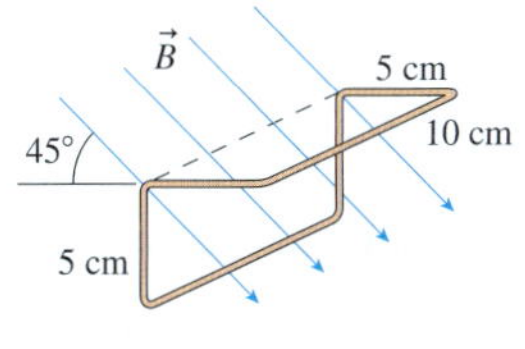

그림 EX30.3

4. | 그림 EX30.4에 표시된 고리를 통과하는 자기 선속은 얼마인가?

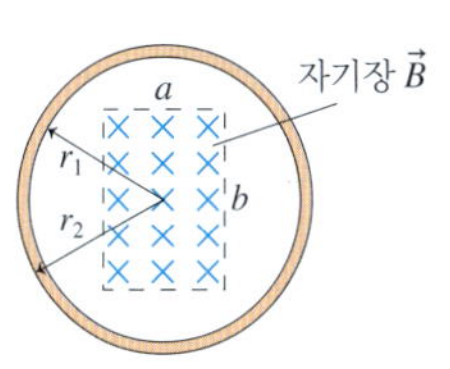

그림 EX30.4

30.4 렌츠의 법칙

5. | 그림 EX30.5의 도체 고리에 시계 방향 유도 전류가 흐른다. 고리 내부의 자기장 세기가 증가하는가, 감소하는가, 또는 안정적인가?

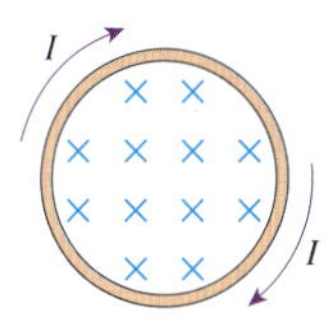

그림 EX30.5

6. | 그림 EX30.6의 양변이 20 cm인 금속 정삼각형의 중간에 0.10 T의 자기장이 위치한다.
   a. 삼각형을 통과하는 자기 선속은 얼마인가?
   b. 자기장 세기가 감소하면 삼각형에서 유도 전류의 방향은 어느 쪽인가?

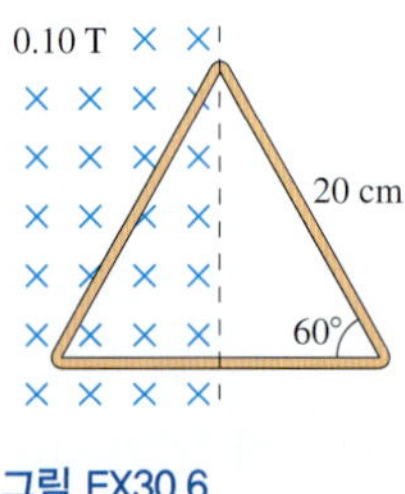

그림 EX30.6

30.5 패러데이의 법칙

7. | 그림 EX30.7의 고리가 0.20 T 자기장 속으로 50 m/s로 밀려 들어간다. 고리의 저항은 0.10 Ω이다. 고리에서 전류의 방향과 크기는 얼마인가?

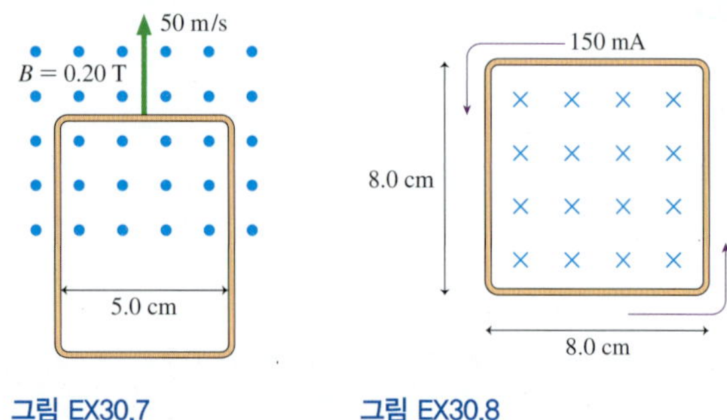

그림 EX30.7 그림 EX30.8

8. | 그림 EX30.8의 고리 저항은 0.20 Ω이다. 자기장 세기가 증가하는가, 감소하는가? 비율(T/s)은 얼마인가?

9. || 지름 6 cm의 코일이 50회 감겨 있으며, 저항은 1.0 Ω이다. 코일에 수직인 자기장은 $B=0.020t+0.010t^2$이며, 여기서 B는 테슬라이고 t는 초이다.
CALC
   a. 시간의 함수로 유도 전류 $I(t)$에 대한 식을 찾으시오.
   b. $t=6$ s 및 $t=12$ s에서 I를 계산하시오.

30.6 유도장

10. || 그림 EX30.10의 자기장은 0.10 T/s의 비율로 감소하고 있다. a에서 d까지 각 지점에서 처음에 정지해 있는 양성자의 가속도(크기와 방향)는 얼마인가?

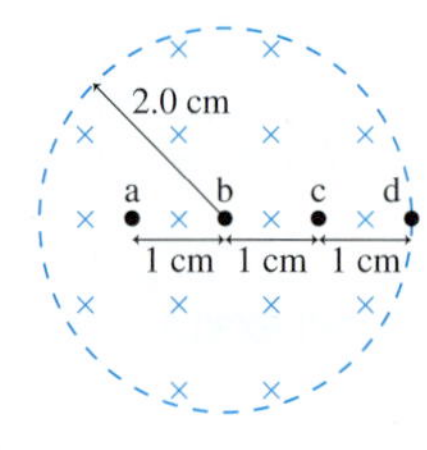

그림 EX30.10

11. || 비정상 자기장을 연구하는 과학자들은 자기장에 수직인 평면에 원형 전기장을 유도한다는 것을 알게 된다. 원의 중심으로부터 1.0 m 위치의 전기장 세기는 3 mV/m이다. 자기장의 변화율은 얼마인가?

30.7 유도 전류: 세 가지 응용

12. | 어떤 전자 장치의 충전기는 변압기이다. 50 Hz의 220 V 출력 단자 전압을 6.0 V 장치의 전압으로 줄여야 한다고 가정하자. 전자 장치에 연결된 변압기 쪽은 도선이 80회 감겨 있다. 콘센트에 꽂혀있는 쪽은 몇 번 감겨 있을까?

30.8 인덕터

13. | 10 μs 동안 10 mH 인덕터를 통과하는 전류가 150 mA에서 50 mA로 떨어지면 인덕터 양단의 퍼텐셜차는 얼마인가? 이 퍼텐셜차 방향은 무엇인가? 즉, 퍼텐셜차는 전류의 방향을 따라 증가하는가, 감소하는가?

14. || 지름 3.0 cm이고 길이 12 cm인 솔레노이드에 도선이 200회 감겨 있고, 0.80 A의 전류를 운반한다. 얼마나 많은 에너지가 저장되어 있는가?

30.9 *LC* 회로

15. || FM 라디오 방송국이 100 MHz 진동수로 방송한다. 이 방송국의 수신기 회로를 만들기 위해 얼마만큼의 인덕턴스가 10 pF 축전기와 짝을 이루어야 하는가?

16. || MRI 기기는 매우 높은 진동수에서 진동하는 신호를 감지해야 한다. 그것은 15 mH 코일을 포함하는 *LC* 회로에서 그렇게 한다. 450 MHz 신호를 감지하려면 전기 용량으로 어떤 값을 설정해야 하는가?
BIO

17. || 그림 EX30.17의 스위치는 오랜 시간 동안 위치 1에 있었다. $t=0$ s에서 위치 2로 변경된다.
    a. 인덕터를 통과하는 최대 전류는 얼마인가?
    b. 전류가 최대인 첫 번째 시간은 얼마인가?

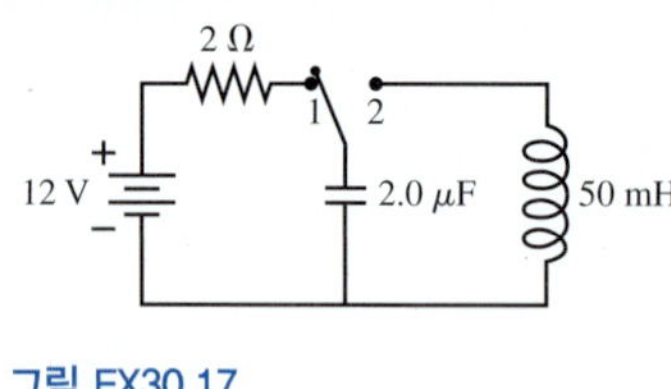

그림 EX30.17

30.10 *LR* 회로

18. || 그림 EX30.18의 회로에서 전류는 $t=0$ s일 때 I_0이다. 전류가 $\frac{1}{2}I_0$가 되는 시간을 구하시오.

그림 EX30.18

문제

19. || 20 cm × 20 cm 정사각형 고리의 저항은 0.10 Ω이다. 고리에 수직인 자기장은 $B = 4t - 2t^2$이며, 여기서 B는 테슬라이고 t는 초이다. $t = 0.0$ s, $t = 1.0$ s, 그리고 $t = 2.0$ s에서 고리의 전류는 얼마인가?
CALC

20. || 100회 감긴, 지름 8.0 cm의 코일은 지름 0.50 mm의 구리 도선으로 만들어졌다. 자기장은 코일의 축에 평행하다. 코일에서 2.0 A의 전류를 유도하려면 B가 어느 비율로 증가해야 하는가?

21. || 10 cm × 10 cm 정사각형 고리가 xy평면에 놓인다. 이 공간 영역의 자기장은 $\vec{B} = (0.30t\,\hat{\imath} + 0.50t^2\,\hat{k})$ T이며, 여기서 t는 s이다. 고리에서 (a) $t = 0.5$ s와 (b) $t = 1.0$ s일 때 유도된 기전력은 얼마인가?
CALC

22. ||| xy평면에서 $z = 0$에 위치한 3.0 cm 지름의 10번 감긴 코일 도선은 2.5 A의 전류를 유지한다. 2.0×10^{-4} Ω 저항을 지닌 2.0 mm 지름의 도체 고리 또한 코일의 중심에 있는 xy평면에 있다. $t = 0$ s에서, 고리는 75 m/s의 일정한 속력으로 z축을 따라 움직이기 시작한다. $t = 200$ μs에서 도체 고리의 유도 전류는 얼마인가? 도체 고리의 지름은 코일의 지름보다 훨씬 작으므로 고리를 통과하는 자기장은 코일의 축 어디에나 있다고 가정할 수 있다.
CALC

23. ||| 저항이 0.010 Ω인 도선의 2.0 cm × 2.0 cm 정사각형 고리는 반듯한 도선에 평행한 한 모서리를 갖는다. 고리의 가까운 가장자리는 도선에서 1.0 cm 떨어져 있다. 도선의 전류가 100 A/s의 비율로 증가하고 있다. 고리의 전류는 얼마인가?

24. ||| 그림 P30.24는 지름 2.0 cm인 솔레노이드 내부에 있는 $R = 0.50$ Ω인 지름 1.0 cm의 고리를 보여준다. 솔레노이드는 길이가 8.0 cm이고, 120번 감겼으며 그래프에 표시된 전류를 전달한다. 양의 전류는 왼쪽에서 볼 때 시계 방향이다. $t = 0.010$ s에서 고리의 전류를 결정하시오.

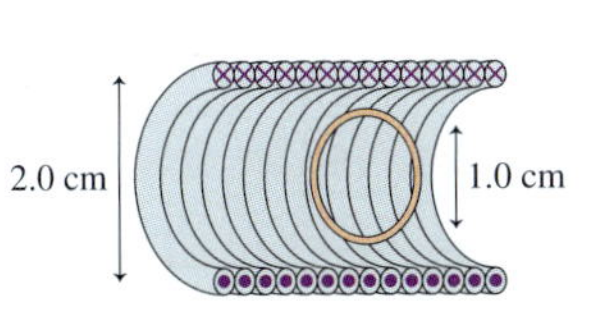

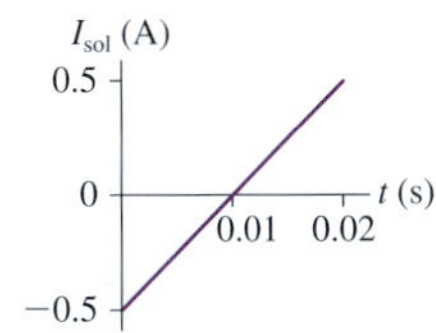

그림 P30.24

25. || 발전기는 회전축에 수직인 균일한 자기장에서 60 Hz로 회전하는 18 cm 지름의 120번 감긴 코일을 가지고 있다. 170 V의 봉우리 전압을 발생시키기 위해 필요한 자기장 세기는 얼마인가?
CALC

26. ||| $R = 0.020$ Ω인 2.0 mm 지름의 작은 원형 고리는 100 mm 지름의 큰 원형 고리의 중심에 있다. 두 고리 모두 같은 평면에 있다. 외부 고리의 전류는 0.10 s 동안 +1.0 A에서 −1.0 A로 변한다. 내부 고리의 유도 전류는 얼마인가?

27. || 그림 P30.27에 표시된 정사각형 고리는 10 m/s의 일정 속력으로 0.80 T의 자기장으로 이동한다. 고리는 0.10 Ω의 저항을 가지며 $t = 0$ s에서 자기장으로 들어간다.
CALC
   a. 고리의 전류를 시간의 함수로 찾으시오. $t = 0$ s에서 $t = 0.020$ s까지 t-I 그래프로 답하시오.
   b. 최대 전류는 얼마인가? 전류가 최대일 때 고리의 위치는 어디인가?

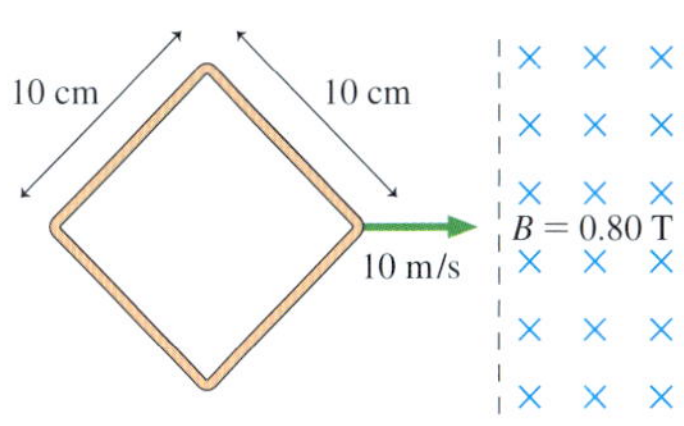

그림 P30.27

28. || 20 cm 길이의 이동하는 무저항 도선은 0.10 T 자기장에서 10 m/s의 일정한 속력으로 무저항 레일 위에서 바깥쪽으로 이동한다(그림 30.26 참조). 반대쪽에서 1.0 Ω 탄소 저항기가 2개의 레일을 연결하여 회로를 완성한다. 저항기의 질량은 50 mg이다.
   a. 회로에서 유도 전류는 얼마인가?
   b. 이 속력으로 도선을 당기는 데 필요한 힘은 얼마인가?
   c. 도선이 10초 동안 당겨지면 탄소의 온도는 얼마나 상승하는가? 탄소의 비열은 710 J/kg K이다.

29. | 그림 P30.29에서처럼 10 cm 폭의 이동하는 무저항 도선이 0.50 m/s의 일정한 속력으로 2.0 Ω 저항 쪽으로 밀린다. 자기장 세기는 0.50 T이다.
   a. 미는 힘은 얼마나 큰가?
   b. 미는 힘이 도선에 제공하는 전력은 얼마인가?
   c. 유도 전류의 방향과 크기는 무엇인가?
   d. 얼마나 많은 전력이 저항에서 소모되는가?

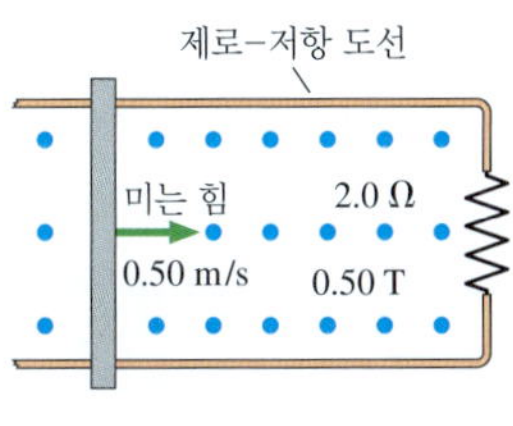

그림 P30.29

30. ∥ 그림 P30.30은 수평 자기장에서 수직으로 배향된 U자형 도체 레일을 보여준다. 레일은 전기 저항이 없고 움직이지 않는다. 질량 m이고 저항이 R인 이동하는 도선은 레일과의 전기 접촉을 유지하면서 마찰 없이 상하로 움직일 수 있다. 이동하는 도선을 정지 상태에서 놓는다.

a. 이동하는 도선이 종단 속력 v_{term}에 도달함을 보이고, v_{term}에 대한 식을 구하시오.

b. $l = 20$ cm, $m = 10$ g, $R = 0.10\ \Omega$ 및 $B = 0.50$ T인 경우 v_{term}의 값을 구하시오.

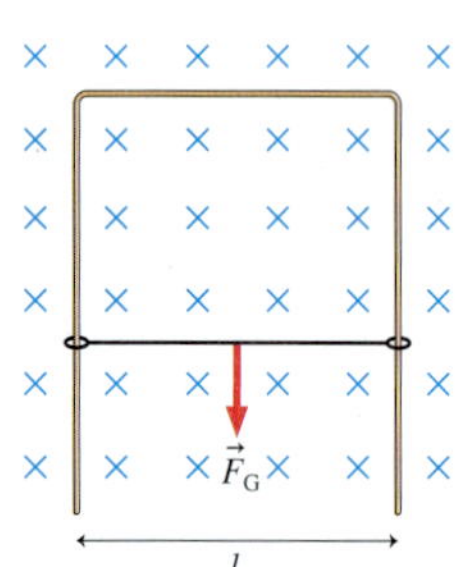

그림 P30.30

31. ∥ 1.0 cm의 지름과 0.20 Ω의 저항을 갖는 10번 감긴 도선 코일이 1.0 mT의 자기장 내에 있고, 최대 선속 방향을 향한다. 코일은 전류계가 아닌 충전되지 않은 1.0 μF 축전기에 연결된다. 이 코일이 자기장 밖으로 빠르게 빠져 나온다. 그 후, 축전기 양단의 전압은 얼마인가? CALC

힌트 : 축전기로 흐르는 전하의 양과 선속의 알짜 전하를 관련시키려면 $I = dq/dt$를 사용하라.

32. ∥ 식 (30.26)은 솔레노이드 내($r < R$)의 유도 전기장에 대한 식이다. 자기장이 dB/dt의 비율로 변화하는 솔레노이드 외부($r > R$)의 유도 전기장에 대한 식을 구하시오. CALC

33. ∥ MRI에 대한 한 가지 우려는 자기장을 너무 빨리 켜거나 끄는 것이다. 체액은 도체이며 자기장의 변화로 인해 전류가 환자를 통해 흐를 수 있다. 일반적인 환자의 최대 단면의 넓이를 0.060 m^{2}라고 가정하자. 환자 몸 주위의 유도 기전력이 0.10 V 미만으로 유지되어야 하는 경우, 5.0 T 자기장을 끄거나 끌 수 있는 최소 시간 간격은 얼마인가? BIO

34. ∥ 그림 P30.34는 50 mH 인덕터 양단의 퍼텐셜차를 보여준다. $t = 0$ s에서 인덕터를 통과하는 전류는 0.20 A이다. $t = 0$ s에서 $t = 40$ ms까지 인덕터를 통과하는 전류를 보여주는 그래프를 그리시오.

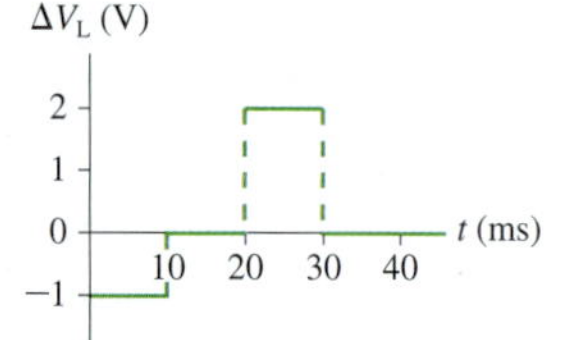

그림 P30.34

35. ∥ 인덕턴스 L인 인덕터를 통과하는 전류는 $I = I_0 \sin \omega t$이다. CALC

a. 인덕터 양단의 퍼텐셜차 ΔV_L에 대한 식을 구하시오.

b. $L = 50\ \mu$H 및 $f =$ 500 kHz일 때, 인덕터 양단의 최대 전압은 0.20 V이다. I_0는 얼마인가?

36. ∥ LC 회로가 20 mH 인덕터와 8.0 pF 축전기로 구성된다. 축전기 전압은 $t = 0$ s에서 최댓값이 25 V이다.

a. 축전기가 처음 완전히 방전될 때까지 얼마나 걸리는가?

b. 그 시점의 인덕터 전류는 얼마인가?

37. ∥ 전자공학 최종 시험에서 10 kHz로 진동하는 LC 회로를 제작해야 한다. 또한 최대 전류는 0.10 A이어야 하며 축전기에 저장된 최대 에너지는 1.0×10^{-5} J이어야 한다. 어떤 값의 인덕턴스와 전기 용량을 사용해야 하는가?

38. ∥ 그림 P30.38의 300 μF 축전기는 처음에 100 V로 충전되어 있었고, 1200 μF 축전기는 충전되지 않았으며 스위치는 모두 개방되어 있다.

a. 두 스위치의 적절한 닫힘과 열림으로 1200 μF 축전기를 충전할 수 있는 최대 전압은 얼마인가?

b. 어떻게 할 것인가? 스위치를 닫고 여는 순서와 시간을 말하시오. 첫 번째 스위치는 $t = 0$ s에서 닫힌다.

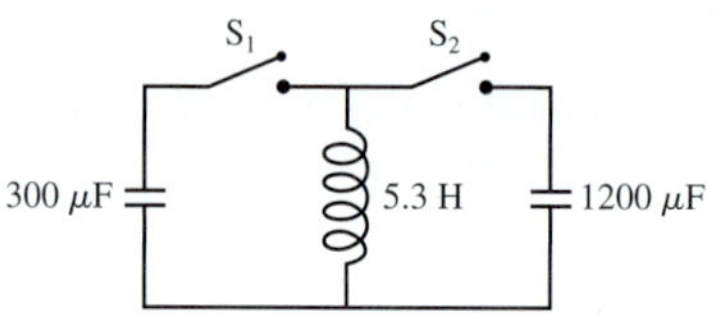

그림 P30.38

39. ∥ 그림 P30.39의 스위치가 오랜 시간 열려 있다. 스위치는 $t = 0$ s에서 닫힌다.

a. 스위치를 오랜 시간 닫은 후에 회로의 전류는 얼마인가? 이 전류를 I_0라 하자.

b. 시간의 함수로 전류 I에 대한 표현식을 구하시오. I_0, R, L의 항으로 표현하시오.

c. $t = 0$ s에서 전류가 더 이상 변하지 않을 때까지 전류-시간 그래프를 그리시오.

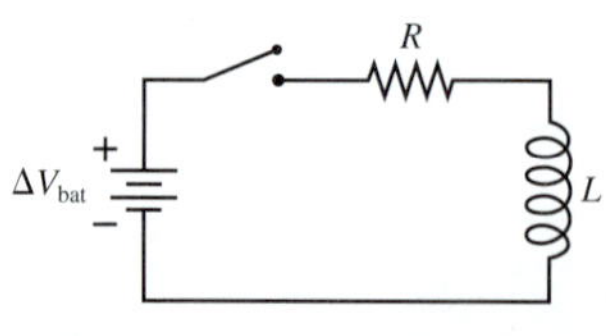

그림 P30.39

40. ||| 그림 P30.40의 스위치가 a에서 b로 이동한 다음 5.0 μs 후, 인덕터에 저장된 자기 에너지가 절반으로 감소했다. 인덕턴스 L의 값은 얼마인가?

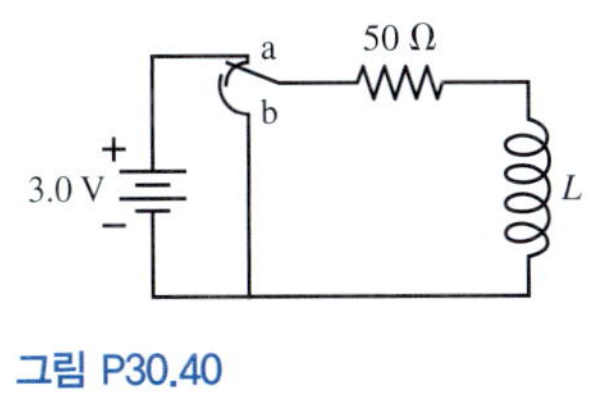

그림 P30.40

응용 문제

41. ||| 최근에 1.0 F 축전기를 구입할 수 있었다. 엄청난 양의 전기 용량이다. 1.0 F 축전기를 가진 1.0 Hz 진동기를 만들기를 원한다고 가정해보자. 0.25 mm 지름 도선이 감긴 롤과 4.0 cm 지름의 플라스틱 실린더를 가지고 있다. 2개의 층으로 빽빽하게 감으려면 인덕터의 길이는 얼마가 필요한가?

42. ||| 맴돌이 전류 제동 장치의 세부 사항을 살펴보자. 각 변의 길이가 l인 정사각형 고리가 균일한 자기장 B 속으로 속도 v_0로 투입된다. 이 자기장은 고리 평면에 수직이다. 고리는 질량 m과 저항 R을 가지며 $t=0$ s에서 자기장으로 들어간다. 고리가 x축을 따라 오른쪽으로 이동하고 자기장이 $x=0$ m에서 시작한다고 가정한다.
CALC
   a. 자기장에 들어갈 때 시간의 함수로 고리 속도에 대한 표현식을 구하시오. 중력을 무시할 수 있으며 고리의 뒤쪽 가장자리는 자기장에 들어가지 않았다고 가정할 수 있다.
   b. $v_0=10$ m/s, $l=10$ cm, $m=1.0$ g, $R=0.0010\,\Omega$ 및 $B=0.10$ T인 경우, 간격 $0\text{ s} \le t \le 0.04$ s에 걸쳐 v의 그래프를 계산하고 그리시오. 이 시간 간격 동안 고리의 뒤쪽 가장자리는 자기장에 도달하지 않았다.

43. ||| 지름 2.0 cm의 솔레노이드는 미터당 1000회 감겨 있다. 축으로부터 0.50 cm 위치에서 유도 전기장의 세기는 5.0×10^{-4} V/m이다. 솔레노이드를 통과하는 전류가 변하는 비율 dI/dt는 얼마인가?
CALC

31 전자기장과 전자기파

Electromagnetic Fields and Waves

편광된 빛으로 보는 설탕 결정. 결정은 편광면을 회전시키고, 두께가 다른 결정은 다른 색으로 나타낸다.

이 장에서는 전자기장과 전자기파의 특성을 공부한다.

전기장과 자기장은 어떻게 변환되는가?

한 지점에서 장이 전기장인지 자기장인지의 여부는 놀랍게도, 전하와 전류에 대한 관찰자의 상대적인 움직임에 따라 달라진다. 첫 번째 기준계에서 측정된 전기장이나 자기장을, 상대적으로 움직이는 두 번째 기준계로 변환하는 방법을 배울 것이다.

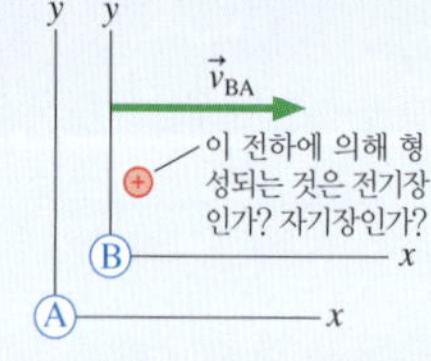

«« 되돌아보기: 4.3절 상대성 운동

맥스웰의 전자기학은 무엇인가?

전기와 자기는 전자기장에 대한 4개의 맥스웰 방정식으로 요약될 수 있다. 이 방정식은 전기장이나 자기장에 대해 전하가 어떻게 반응하는지 알려준다.

- 가우스의 법칙: 전하는 전기장을 발생시킨다.
- 자기에 대한 가우스의 법칙: 고립된 자기 홀극은 존재할 수 없다.
- 패러데이의 법칙: 전기장은 자기장의 변화에 의해서도 발생될 수 있다.
- 앙페르–맥스웰의 법칙: 자기장은 전류나 변화하는 자기장에 의해서 발생된다.

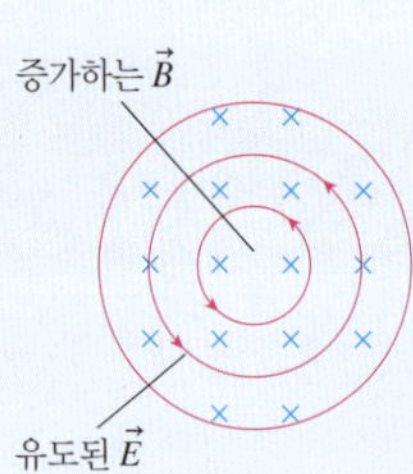

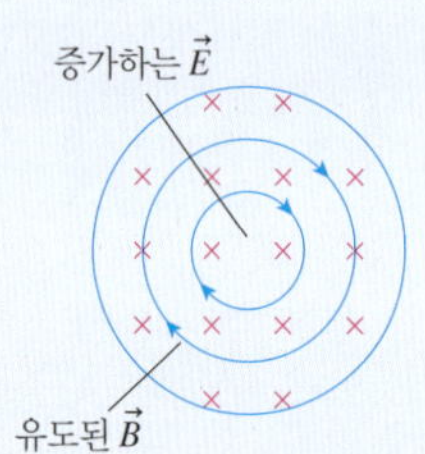

«« 되돌아보기: 24.4절 가우스의 법칙
«« 되돌아보기: 29.6절 앙페르의 법칙
«« 되돌아보기: 30.5절 패러데이의 법칙

전자기파는 무엇인가?

맥스웰 방정식은 전기장과 자기장이 스스로 진동하는 전자기파의 존재를 예측한다. 전자기파는 전하 또는 전류가 없는 공간도 이동할 수 있다.

- 진공에서 모든 전자기파(라디오파에서 X선에 이르기까지)의 속도 v_{em}는 광속 $c = 1/\sqrt{\epsilon_0\mu_0}$과 같다.
- $\vec{E}$와 $\vec{B}$는 진행 방향에 대해 서로 수직이다.
- 전자기파는 진동하는 쌍극자에 의해 발생되어지는데, 이 쌍극자를 안테나라고 한다.
- 전자기파는 에너지를 전달한다.
- 전자기파는 운동량을 전달하고 복사압도 가한다.

«« 되돌아보기: 16.4절 파동방정식

편광이란 무엇인가?

전기장이 항상 같은 평면(편광면)에서 진동하면, 전자기파는 편광된다. 편광판은 편광된 빛을 분해하거나 생성할 수 있다. 편광판을 통해 전달되는 빛의 세기를 계산하는 법을 배울 것이다. 교차된 편광판에 의해 빛은 완전히 차단될 수 있다. 편광은 현대의 많은 광학 기기에서 사용된다.

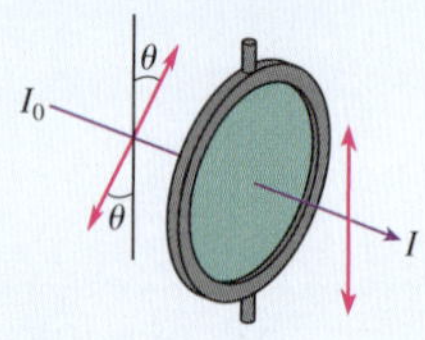

31.1 전기장(E)이냐 자기장(B)이냐? 이것은 여러분의 관점에 의존한다

지금까지 전하가 전기장을 유도하고, 움직이는 전하 또는 전류가 자기장을 유도한다고 알고 있었다. 그러나 그림 31.1a처럼 전하 q를 가지고 있는 브리트니가 $\vec{v}$의 속도로 알렉을 지나치는 경우를 고려해보자. 알렉은 이 전하가 움직이는 것으로 볼 것이고, 움직이는 이 전하에 의해 자기장이 유도되는 것으로 생각할 것이다. 그러나 브리트니의 관점에서 보면, 전하는 정지해 있다. 정지해 있는 전하는 자기장을 유도할 수 없기 때문에 브리트니는 자기장이 없다고 주장할 것이다. 이 경우, 자기장은 존재할까? 존재하지 않을까?

그림 31.1 전하를 가진 브리트니가 알렉을 지나간다.

(a)

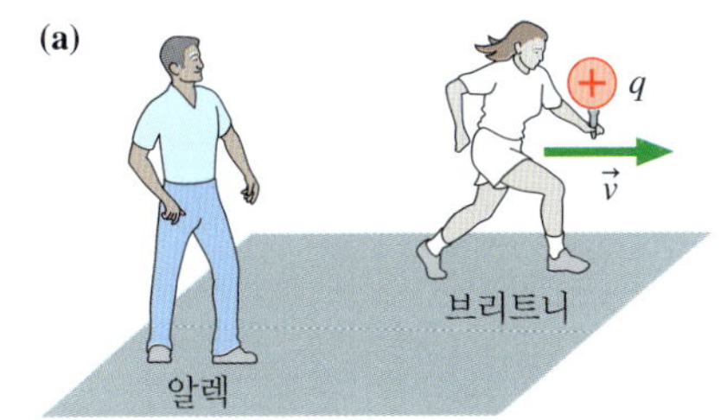

전하 q는 알렉에 대해 상대 속도 $\vec{v}$로 움직인다.

(b)

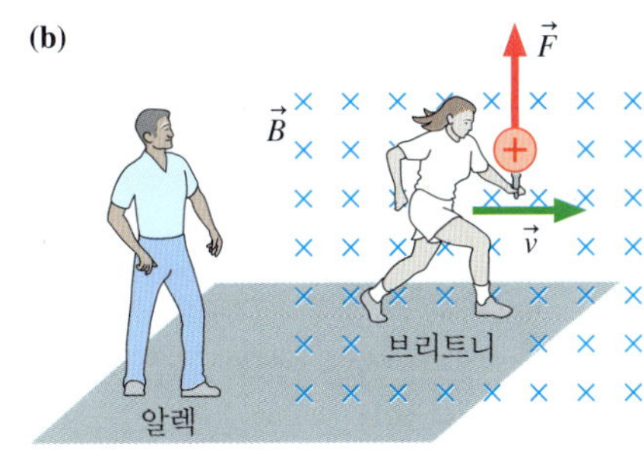

전하 q는 알렉이 만든 자기장을 통과하여 움직인다.

이제 그림 31.1b처럼 브리트니가 알렉이 만들어낸 자기장 내에서 전하를 들고 이동하는 경우를 고려해보자. 알렉은 전하가 자기장 내에서 움직이는 것을 보기 때문에, 전하가 받는 힘은 $\vec{F} = q\vec{v} \times \vec{B}$라고 생각할 것이다. 그러나 브리트니의 입장에서 보면 전하는 여전히 정지 상태로 인식된다. 정지해 있는 전하는 자기장의 영향을 받지 않기 때문에, 브리트니는 전하가 받는 힘은 $\vec{F} = \vec{0}$이라고 주장할 것이다.

자기장의 존재에 대해서는 의견에 불일치가 있을 수 있어도, 힘에 대해서는 그렇지 않다. 왜냐하면 힘은 관찰 가능하고 측정 가능한 효과이기 때문이다. 그래서 알렉과 브리트니 모두, 전하가 느끼는 힘이 있는지 없는지에 대해서는 서로 동의할 것이다. 또 브리트니가 일정한 속도로 달린다면, 알렉과 브리트니 모두 **관성계** 안에 있게 된다. 4장에서 이 계들은 뉴턴의 법칙이 유효한 기준계임을 배웠다. 그래서 알렉과 브리트니의 관측이 이상하거나 특이한 점이 있다고 할 수는 없다.

이러한 역설(paradox)은 자기장과 자기력이 속도에 의존하기 때문에 발생한다. 그러나 **누구에 의해 측정된** 속도인지, **무엇에 대한 상대** 속도인지에 대해서는 따져보지 않았다. 이 역설을 해결하는 과정에서 전기장 $\vec{E}$와 자기장 $\vec{B}$가 우리가 그 동안 가정한 것처럼 별개의 독립적 존재가 아니라는 결론에 이르게 될 것이다. 그것들은 밀접하게 얽혀 있다.

기준계

4장에서 기준계와 상대성 운동을 공부하였다. 그것을 다시 상기하기 위해서 그림 31.2에서는 A, B라는 2개의 기준계를 보여준다. 두 각각의 기준계에서 알렉과 브리트니는 정지해 있고, 기준계 B는 기준계 A에 대해 속도 $\vec{v}_{BA}$로 움직인다. 다시 말하면, 기준계 A에 정지해 있는 관찰자(알렉)는 기준계 B의 원점(브리트니)이 속도 $\vec{v}_{BA}$로 움직이고 있는 것처럼 보인다. 물론, 브리트니는 알렉의 속도를 자신의 기준계에 비해 상대적으로 $\vec{v}_{AB} = -\vec{v}_{BA}$로 인식할 것이다. 2개의 기준계는 모두 관성계로, $\vec{v}_{BA}$는 일정하다.

그림 31.2 기준계 A와 B

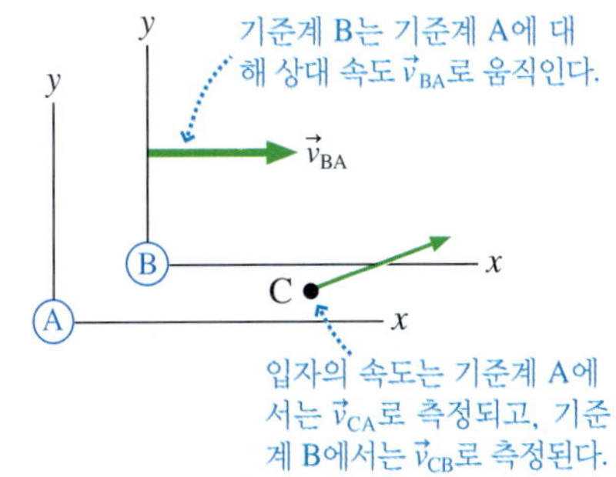

그림 31.2에서 입자 C에 대해서도 살펴볼 수 있다. 기준계 A에서 입자의 운동 속도는 $\vec{v}_{CA}$로 측정된다. 동시에, 기준계 B에서는 입자의 속도는 $\vec{v}_{CB}$로 측정된다. 4장에

서, $\vec{v}_{CA}$와 $\vec{v}_{CB}$는 다음 식 (31.1)과 같은 관계가 있다는 것을 배웠다.

$$\vec{v}_{CA} = \vec{v}_{CB} + \vec{v}_{BA} \tag{31.1}$$

갈릴레이의 속도 변환(Gallilean transformation of velocity)인 식 (31.1)은 기준계 A에 대한 입자의 상대 속도가 기준계 B에 대한 상대 속도와 기준계 A에 대한 기준계 B의 상대 속도의 벡터 덧셈이라는 것을 의미한다.

그림 31.2에서 입자가 가속된다고 가정하면, 기준계 A에서 측정되는 가속도 $\vec{a}_{CA}$는 얼마일까? 기준계 B에서 측정되는 가속도 $\vec{a}_{CB}$와 비교해보자. 식 (31.1)을 시간에 대해 미분하면 그 해답을 얻을 수 있다.

$$\frac{d\vec{v}_{CA}}{dt} = \frac{d\vec{v}_{CB}}{dt} + \frac{d\vec{v}_{BA}}{dt}$$

$\vec{v}_{CA}$와 $\vec{v}_{CB}$의 미분값은 기준계 A와 B에서 입자의 가속도 $\vec{a}_{CA}$와 $\vec{a}_{CB}$이다. 그러나 $\vec{v}_{BA}$는 등속이므로, $d\vec{v}_{BA}/dt = \vec{0}$이다. 따라서 갈릴레이의 가속도 변환은 간단히 다음과 같아진다.

$$\vec{a}_{CA} = \vec{a}_{CB} \tag{31.2}$$

브리트니와 알렉이 측정한 입자의 속도와 위치는 다른 값을 보이겠지만, 가속도는 같은 값이다. 만약 가속도가 같음을 인정한다면, 뉴턴의 제2법칙에 의해 입자에 작용하는 힘도 같게 된다. 즉, **모든 관성계에서 입자에 작용하는 힘은 동일하다.**

전기장과 자기장의 변환

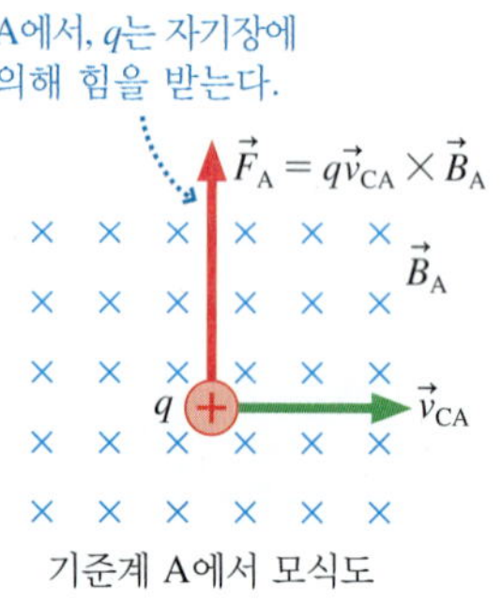

그림 31.3 대전된 전하는 기준계 A의 자기장을 통과하면서 자기력을 받는다.

알렉이 기준계 A에서 전기장 $\vec{E}_A$와 자기장 $\vec{B}_A$를 측정하였다고 상상해보자. 지금까지는 브리트니의 측정값과 알렉의 측정값이 다를 것이라고 생각할 이유가 없었다. 어쨌든 전기장과 자기장이 그저 "그곳에" 있으면서 측정되기를 기다리고 있는 것 같다.

이것이 옳은지 알아보기 위해서, 알렉의 관점에서 볼 때 전기장은 없고($\vec{E}_A = \vec{0}$) 자기장($\vec{B}_A$)은 균일한 공간 영역을 설정해보자. 그런 다음, 그림 31.3에서 보여지는 것처럼, 알렉은 자기장을 통과하는 양(+)전하 q를 발사한다. q의 수평 속도가 $\vec{v}_{CA}$이면, 입자는 위쪽 방향으로 힘($\vec{F}_A = q\vec{v}_{CA} \times \vec{B}_A$)을 받는 것으로 관측된다.

이제 기준계 B에 있는 브리트니의 관점에서 보자. 그녀가 전하와 같은 속도($\vec{v}_{BA} = \vec{v}_{CA}$)로 움직인다고 가정하면, 전하는 그녀에게 정지 상태로 보일 것이다. 그럼에도 불구하고, 두 실험에서 전하가 받는 힘은 같아야 한다. 알렉이 관찰한 전하처럼 브리트니도 전하가 위쪽 방향으로 힘을 받는 것으로 관측되어야 한다. 그러나 정지해 있는 전하에 작용하는 자기력은 없다. 어떻게 이럴 수가 있는가?

정지한 전하가 위쪽 방향으로 힘을 받는 것을 관측한 브리트니가 유추할 수 있는 결론은 위쪽 방향으로 작용하는 **전기장**이 있다는 것이다. 아무튼 전기장은 정지해 있는 전하가 받는 힘에 기초하여 처음 정의되었다. 만약, 기준계 B에서 전기장이 $\vec{E}_B$이면, 전하가 받는 힘은 $\vec{F}_B = q\vec{E}_B$이다. 그러나 알다시피 $\vec{F}_B = \vec{F}_A$이고, 알렉은

$\vec{F}_A = q\vec{v}_{CA} \times \vec{B}_A = q\vec{v}_{BA} \times \vec{B}_A$라는 것을 이미 측정하였다. 그래서 다음과 같은 결론을 이끌어 낼 수 있다.

$$\vec{E}_B = \vec{v}_{BA} \times \vec{B}_A \qquad (31.3)$$

브리트니는 알렉을 지나치면서 알렉의 자기장의 일부가 전기장이 된다는 것을 발견한다! **장이 '전기장'으로 보여지는지 '자기장'으로 보여지는지의 여부는 그것의 샘(source)에 대한 기준계의 상대 운동에 따라 달라진다.**

그림 31.4는 브리트니의 관점에 대한 모식도이다. 전하 q가 받는 힘은 그림 31.3에서 알렉이 측정한 힘과 같다. 그러나 브리트니는 이 힘이 자기장이 아닌 전기장에 의해 가해지고 있다고 관측한다. (브리트니가 자기력을 측정하기 위해서는 움직이는 전하가 필요하기 때문에 기준계 B에 자기장이 있는지 여부를 확인하기 위해서는 다른 실험이 필요하다.)

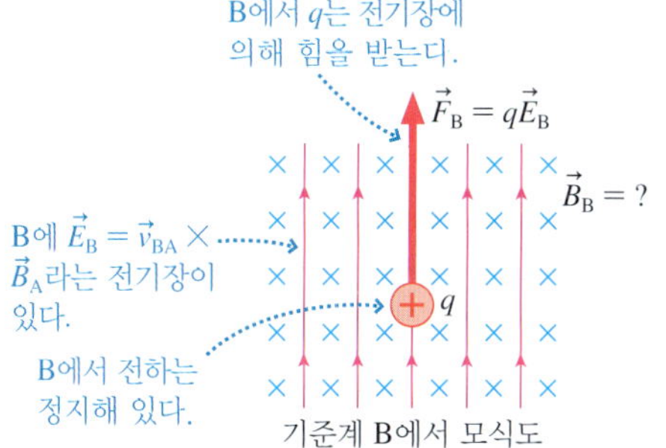

그림 31.4 기준계 B에서, 전하는 전기력을 받는다.

조금 더 일반적으로, 기준계 A에 있는 실험자가 전기장과 자기장을 모두 생성한다고 가정하자. 그림 31.5a에서처럼, A에서 속도 $\vec{v}_{CA}$로 움직이는 전하는 힘 $\vec{F}_A = q(\vec{E}_A + \vec{v}_{CA} \times \vec{B}_A)$를 받는다. $\vec{v}_{BA} = \vec{v}_{CA}$의 속도로 움직이는 기준계 B에서 전하는 정지 상태에 있다. 그래서 B에서 전하가 받는 힘은 오직 전기장에 의한 전기력 $\vec{F}_B = q\vec{E}_B$이다. 모든 관성계에서 힘은 동일하기 때문에 다음과 같은 식을 얻을 수 있다.

$$\vec{E}_B = \vec{E}_A + \vec{v}_{BA} \times \vec{B}_A \qquad (31.4)$$

식 (31.4)는 기준계 A에서 측정된 전기장과 자기장을 A에 대해 $\vec{v}_{BA}$의 속도로 이동하는 기준계 B에서의 전기장으로 변환시킨다. 그림 31.5b는 그 결과를 보여준다. 식 (31.4)는 전하를 도입하여 구해냈지만, 이 식은 전하에 대한 언급이 전혀 없이, 서로 다른 기준계의 장들로 이루어진 식이다.

그림 31.5 기준계 A에서 전하는 전기력과 자기력을 받는다. 기준계 B에서도 전하는 같은 힘을 받지만 그 힘은 전기장에 의해서 가해진다.

(a) 기준계 A에서 전기장과 자기장

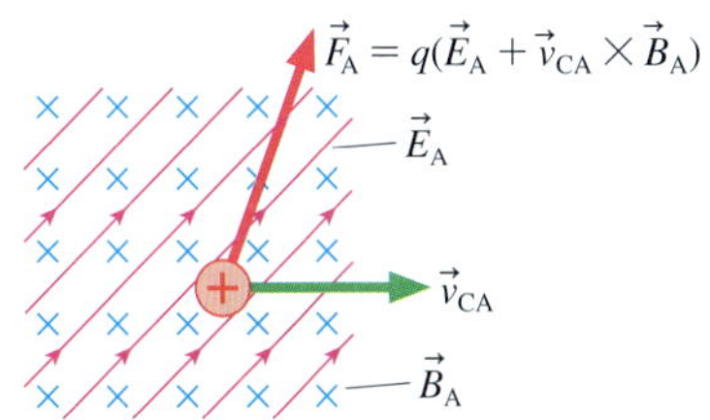

(b) 전하가 정지해 있는 기준계 B에서 전기장

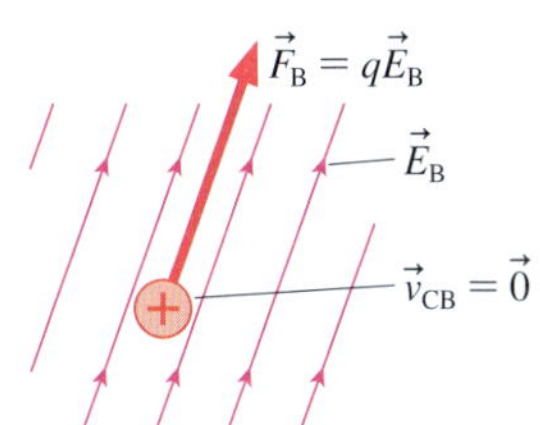

예제 31.1 전기장 변환

실험실에서 전기장과 자기장을 평행하게 생성했다. 전기장은 $\vec{E} = 10{,}000\,\hat{\imath}$ V/m이고 자기장은 $\vec{B} = 0.10\,\hat{\imath}$ T이다. 양성자를 속도 $\vec{v} = 1.0 \times 10^5\,\hat{\jmath}$ m/s로 발사하면, 양성자의 기준계에서 전기장은 얼마인가?

핵심 실험실 기준계 A와 양성자와 함께 움직이는 기준계 B의 상대 속도는 $\vec{v}_{BA} = 1.0 \times 10^5\,\hat{\jmath}$ m/s이다.

(계속)

시각화 그림 31.6은 기하를 보여준다. 실험실에서 형성되는 전기장과 자기장에는 A라고 첨자를 붙인다. 이 전자기장은 x축에 평행하다. 반면에 속도 $\vec{v}_{BA}$는 y축 방향을 향한다. 그래서 $\vec{v}_{BA} \times \vec{B}_A$는 음의 z축 방향을 가리킨다.

그림 31.6 전기장 $\vec{E}_B$ 찾기

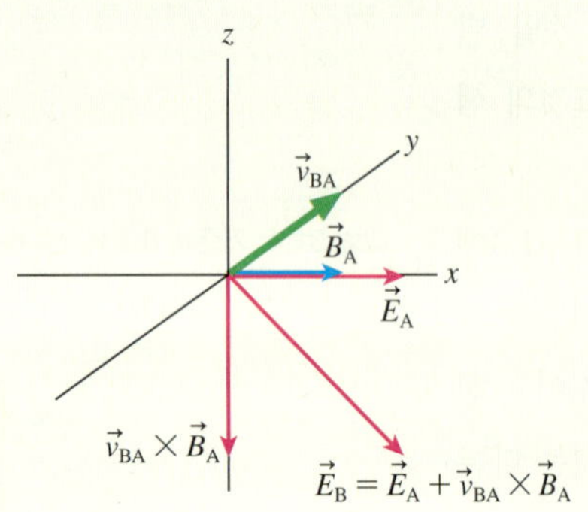

풀이 $\vec{v}_{BA}$와 $\vec{B}_A$는 수직이고, 그래서 $\vec{v}_{BA} \times \vec{B}_A$의 크기는 $(1.0 \times 10^5\ \text{m/s})(0.10\ \text{T})(\sin 90°) = 10{,}000\ \text{V/m}$이다. 결국 양성자의 기준계인 B에서 전기장은 다음과 같다.

$$\vec{E}_B = \vec{E}_A + \vec{v}_{BA} \times \vec{B}_A = (10{,}000\,\hat{\imath} - 10{,}000\,\hat{k})\ \text{V/m}$$
$$= (14{,}000\ \text{V/m},\ x\text{축에서 아래로 } 45°\ \text{기울어짐})$$

검토 양성자가 받는 힘은 두 기준계에서 같다. 그러나 양성자의 기준계에서 보면 힘은 전적으로 x축에 45° 기울어진 전기장에 의해 가해진다.

그림 31.7 기준계 A에서 정지해 있는 전하는 기준계 B에서는 움직인다.

(a) 기준계 A에서, 점전하는 전기장은 생성하나 자기장은 생성하지 않는다.

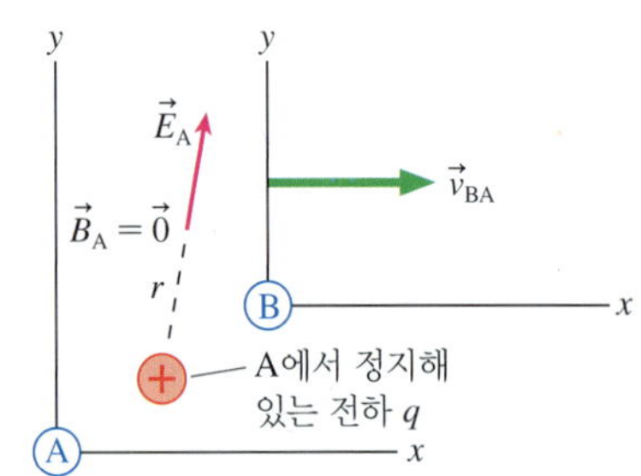

(b) 기준계 B에서, 움직이는 전하는 전기장과 자기장을 생성한다.

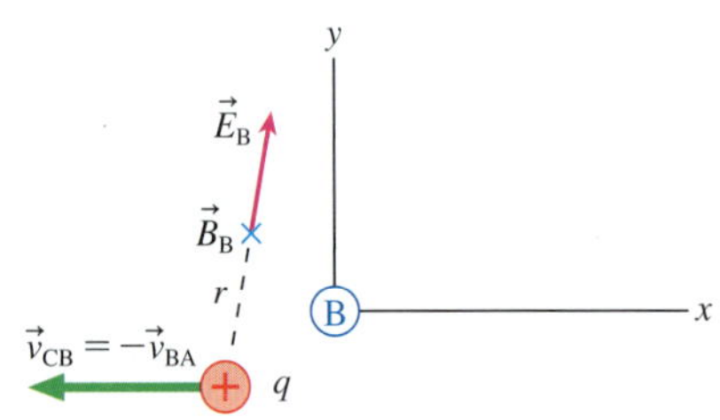

자기장에 대한 변환식을 찾기 위해서 그림 31.7a를 참고하라. 기준계 A에서 전하 q가 정지해 있다. 알렉은 정지해 있는 점전하에 의한 전기장과 자기장을 측정한다.

$$\vec{E}_A = \frac{1}{4\pi\epsilon_0}\frac{q}{r^2}\hat{r} \qquad \vec{B}_A = \vec{0}$$

기준계 B에 있는 브리트니가 이 지점에서 측정하는 장은 어떤 것인가? 식 (31.4)를 이용하여 $\vec{E}_B$를 계산해보자. $\vec{B}_A = \vec{0}$이기 때문에, 기준계 B에서 전기장은 다음 식과 같다.

$$\vec{E}_B = \vec{E}_A = \frac{1}{4\pi\epsilon_0}\frac{q}{r^2}\hat{r} \tag{31.5}$$

즉, 쿨롱의 법칙은 점전하가 움직이는 계에서도 여전히 유효하다.

그러나 브리트니는 자기장 $\vec{B}_B$도 측정할 수 있다. 왜냐하면 그림 31.7b에서 알 수 있는 것처럼, 기준계 B에서 관측하면 전하 q는 움직이고 있기 때문이다. 움직이는 점전하의 자기장은 비오·사바르 법칙으로 구할 수 있다.

$$\vec{B}_B = \frac{\mu_0}{4\pi}\frac{q}{r^2}\vec{v}_{CB} \times \hat{r} = -\frac{\mu_0}{4\pi}\frac{q}{r^2}\vec{v}_{BA} \times \hat{r} \tag{31.6}$$

여기서 기준계 B에서 전하의 속도는 $\vec{v}_{CB} = -\vec{v}_{BA}$라는 사실을 이용하였다.

식 (31.6)은 다음과 같이 표현하는 것이 유용하다.

$$\vec{B}_B = -\frac{\mu_0}{4\pi}\frac{q}{r^2}\vec{v}_{BA} \times \hat{r} = -\epsilon_0\mu_0\vec{v}_{BA} \times \left(\frac{1}{4\pi\epsilon_0}\frac{q}{r^2}\hat{r}\right)$$

괄호 안의 표현은 단순히 기준계 A에서 전기장 $\vec{E}_A$로 쓸 수 있다. 그래서 식 (31.6)은 다음과 같이 표현된다.

$$\vec{B}_B = -\epsilon_0\mu_0\vec{v}_{BA} \times \vec{E}_A \tag{31.7}$$

그래서 우리는 **움직이는 점전하가 만드는 자기장에 대한 비오·사바르 법칙은 정지된 점전하가 만드는 쿨롱 전기장을 움직이는 기준계로 변환한 것에 불과하다**는 놀라운 사실을 발견한다.

만약 기준계 A에서 전기장 $\vec{E}_A$와 자기장 $\vec{B}_A$가 생성되어 있다면, 자기장 $\vec{B}_B$는 다음과 같다는 것을 증명 없이 주장할 수 있을 것이다.

$$\vec{B}_B = \vec{B}_A - \epsilon_0\mu_0\vec{v}_{BA} \times \vec{E}_A \tag{31.8}$$

이것은 전기장 $\vec{E}_B$에 대한 식 (31.4)와 부합되는 일반적인 변환식이다.

다음의 흥미로운 점에 주목하여보자. 상수 μ_0의 단위는 Tm/A이고, ϵ_0의 단위는 C^2/Nm^2이다. 정의에 의하면, 1 T = 1 N/Am이고 1 A는 1 C/s이다. 따라서 결과적으로, $\epsilon_0\mu_0$의 단위는 s^2/m^2이 된다. 다시 말하면, $1/\sqrt{\epsilon_0\mu_0}$는 단위가 m/s이므로 속력의 단위가 된다. 그러나 어떤 속력을 이야기하는 것일까? 이 상수들은 정전기장과 정자기장의 측정에 의해 잘 알려진 값이고, 따라서 다음과 같이 계산할 수 있다.

$$\frac{1}{\sqrt{\epsilon_0\mu_0}} = \frac{1}{\sqrt{(8.85 \times 10^{-12}\ \mathrm{C^2/N\,m^2})(1.26 \times 10^{-6}\ \mathrm{T\,m/A})}} = 3.00 \times 10^8\ \mathrm{m/s}$$

$1/\sqrt{\epsilon_0\mu_0}$ 계산에서 얻을 수 있는 값은 광속인 c가 된다. 이것은 우연의 일치가 아니다. 31.5절에서 전기장과 자기장이 진행파로 존재할 수 있다는 것을 확인할 것이고, 그 파동이 속력은 다음 식에 의해 예측된다.

$$v_{em} = c = \frac{1}{\sqrt{\epsilon_0\mu_0}} \tag{31.9}$$

이제부터는 $\epsilon_0\mu_0 = 1/c^2$으로 쓸 것이다. 따라서 **갈릴레이 장 변환 방정식**(Galilean field transformation equations)은 다음과 같다.

$$\begin{aligned}\vec{E}_B &= \vec{E}_A + \vec{v}_{BA} \times \vec{B}_A \\ \vec{B}_B &= \vec{B}_A - \frac{1}{c^2}\vec{v}_{BA} \times \vec{E}_A\end{aligned} \tag{31.10}$$

여기서 $\vec{v}_{BA}$는 기준계 A에 대한 기준계 B의 상대 속도이며, 장들은 각 기준계에서 정지해 있는 실험자에 의해 같은 지점에서 측정된 것이다.

우리는 더 이상 전기장과 자기장이 분리되는 독립적인 존재라고 믿을 수 없다. 이것은 하나의 기준계에서 다른 기준계로 변경하면 혼합되고 재배열된다. 예를 들어 대전된 입자의 편향과 같은 하나의 사건에 대해, 다른 실험자가 측정하더라도 결과는 동일할 것이다. 그러나 전기장과 자기장의 조합은 다를 것이다. 결론적으로, **관찰자에 따라 $\vec{E}$와 $\vec{B}$와 같이 다르게 나타나는 단일 전자기장이 존재한다**는 것이다.

예제 31.2 **자석에 대한 두 가지 견해**

실험실에 1.0 T의 자기장이 위쪽을 향하는 거대한 자석이 놓여 있다. 발사된 로켓이 지표면과 평행을 이루면서 1000 m/s의 속력으로 실험실을 지나가고 있다. 로켓 안에서 측정된 자극 사이의 자기장은 얼마인가?

핵심 실험실을 기준계 A라 하고, 로켓과 움직이는 계를 기준계 B로 놓자.

시각화 그림 31.8은 자석과 좌표계를 보여준다. 상대 속도는 $\vec{v}_{BA} = 1000\,\hat{\imath}$ m/s이다.

그림 31.8 로켓과 자석

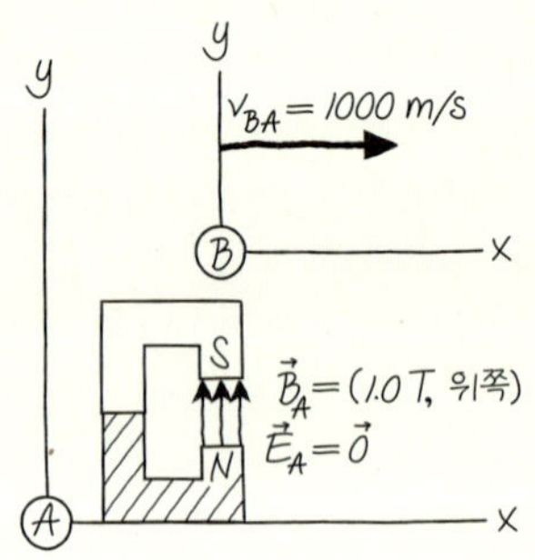

풀이 실험실 기준계에서 $\vec{E}_A = \vec{0}$이고 $\vec{B}_A = 1.0\,\hat{\jmath}$ T이다. 첫 번째 기준계에서 로켓의 기준계로 전기장을 변환하면, 전기장은 다음과 같다.

$$\vec{E}_B = \vec{E}_A + \vec{v}_{BA} \times \vec{B}_A = \vec{v}_{BA} \times \vec{B}_A$$

오른손 규칙에 의해, $\vec{v}_{BA} \times \vec{B}_A$는 z축 방향으로 지면을 뚫고 나오는 방향이다. $\vec{v}_{BA}$와 $\vec{B}_A$는 서로 수직이다. 따라서 $\vec{E}_B$는 다음과 같다.

$$\vec{E}_B = v_{BA} B_A \hat{k} = 1000\,\hat{k} \text{ V/m}$$

이와 유사하게 자기장에 대한 값은 다음과 같다.

$$\vec{B}_B = \vec{B}_A - \frac{1}{c^2}\vec{v}_{BA} \times \vec{E}_A = \vec{B}_A = 1.0\,\hat{\jmath} \text{ T}$$

그래서 로켓에 타고 있는 과학자들이 측정한 전기장과 자기장은 다음과 같다.

$$\vec{E}_B = 1000\,\hat{k} \text{ V/m} \quad \text{그리고} \quad \vec{B}_B = 1.0\,\hat{\jmath} \text{ T}$$

거의 상대론적인

그림 31.9a는 기준계 A에서 $\vec{v}_{CA}$의 속도로 나란히 움직이는 2개의 양전하를 보여준다. 전하 q_1은 전하 q_2가 있는 지점에 전기장과 자기장을 생성한다. 이것은 다음 식으로 표현된다.

$$\vec{E}_A = \frac{1}{4\pi\epsilon_0}\frac{q_1}{r^2}\hat{\jmath} \quad \text{그리고} \quad \vec{B}_A = \frac{\mu_0}{4\pi}\frac{q_1 v_{CA}}{r^2}\hat{k}$$

여기서 r은 전하 사이의 거리이고, $\hat{r} = \hat{\jmath}$과 $\vec{v} \times \hat{r} = v\hat{k}$이다.

전하가 정지해 있고, $\vec{v}_{BA} = \vec{v}_{CA}$의 속도로 움직이는 기준계 B에서 전기장과 자기장은 어떻게 표현될까? 장 변환 방정식으로부터 다음과 같이 표현할 수 있다.

$$\begin{aligned}\vec{B}_B &= \vec{B}_A - \frac{1}{c^2}\vec{v}_{BA} \times \vec{E}_A = \frac{\mu_0}{4\pi}\frac{q_1 v_{CA}}{r^2}\hat{k} - \frac{1}{c^2}\left(v_{CA}\hat{\imath} \times \frac{1}{4\pi\epsilon_0}\frac{q_1}{r^2}\hat{\jmath}\right) \\ &= \frac{\mu_0}{4\pi}\frac{q_1 v_{CA}}{r^2}\left(1 - \frac{1}{\epsilon_0\mu_0 c^2}\right)\hat{k}\end{aligned} \tag{31.11}$$

여기서 $\hat{\imath} \times \hat{\jmath} = \hat{k}$이다. 그러나 $\epsilon_0\mu_0 = 1/c^2$이므로 괄호 안의 값은 0이다. 그래서 $\vec{B}_B = \vec{0}$가 된다. 이 결과는 기준계 B에 있는 전하 q_1이 정지 상태이고 자기장을 형성하지 않기 때문에 이미 예상되었다.

그림 31.9 서로 평행하게 움직이는 두 전하

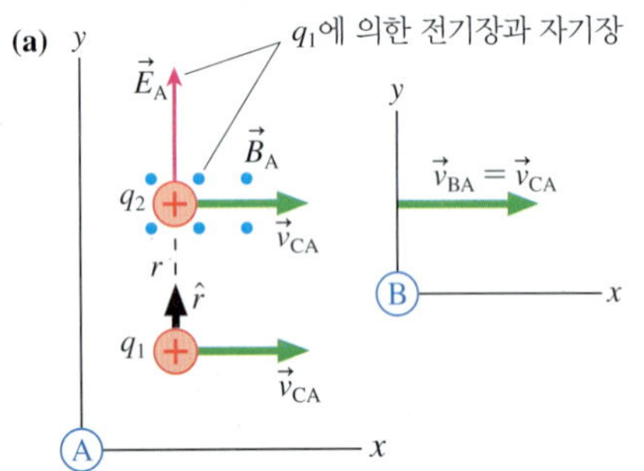

기준계 A에서 보여지는 전기장과 자기장

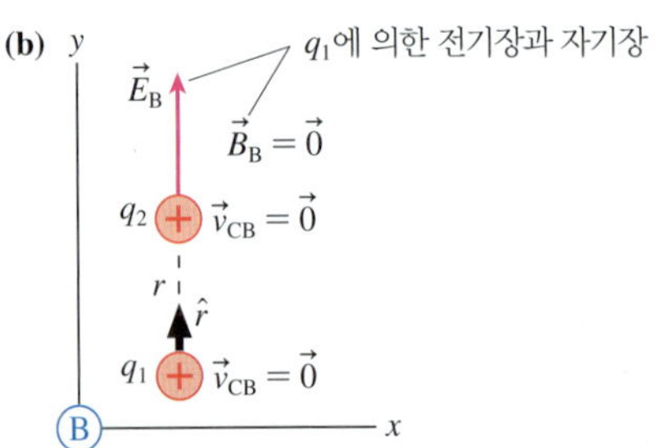

기준계 B에 의해 보여지는 전기장과 자기장

전기장의 변환도 유사하다.

$$\begin{aligned}\vec{E}_{\mathrm{B}} &= \vec{E}_{\mathrm{A}} + \vec{v}_{\mathrm{BA}} \times \vec{B}_{\mathrm{A}} = \frac{1}{4\pi\epsilon_0}\frac{q_1}{r^2}\hat{\jmath} + v_{\mathrm{BA}}\hat{\imath} \times \frac{\mu_0}{4\pi}\frac{q_1 v_{\mathrm{CA}}}{r^2}\hat{k} \\ &= \frac{1}{4\pi\epsilon_0}\frac{q_1}{r^2}(1-\epsilon_0\mu_0 v_{\mathrm{BA}}^2)\hat{\jmath} = \frac{1}{4\pi\epsilon_0}\frac{q_1}{r^2}\left(1-\frac{v_{\mathrm{BA}}^2}{c^2}\right)\hat{\jmath}\end{aligned} \tag{31.12}$$

여기서 $\hat{\imath} \times \hat{k} = -\hat{\jmath}$, $\vec{v}_{\mathrm{BA}} = \vec{v}_{\mathrm{CA}}$, 그리고 $\epsilon_0\mu_0 = 1/c^2$이다. 그림 31.9b는 기준계 B에서 전하와 전기장, 자기장을 보여준다.

그러나 여기서 문제가 발생한다. 2개의 전하가 정지해 있는 기준계에서 보면 거리 r만큼 떨어진 곳에서 전하 q_1에 의한 전기장은 다음과 같이 간단하게 표현된다.

$$\vec{E}_{\mathrm{B}} = \frac{1}{4\pi\epsilon_0}\frac{q_1}{r^2}\hat{\jmath}$$

그러므로 장 변환 방정식 (31.12)는 전기장 $\vec{E}_{\mathrm{B}}$에 대해 '잘못된' 결과를 도출한다.

이것은 갈릴레이의 상대성에 기초한 장 변환 방정식 (31.10)이 그다지 옳지 않다는 것을 의미한다. 그래서 정확한 변환을 할 수 있는 아인슈타인의 상대성 원리가 필요하다. 아인슈타인의 상대성 원리는 36장에서 다룰 것이다. 그러나 식 (31.10)에서 갈릴레이 장 변환 방정식은 $v^2/c^2 \ll 1$인 경우, 즉 $v \ll c$일 때는 상대론적으로 올바른 변환과 대등하다. 사실상 v_{BA}^2/c^2을 무시할 수 있다면, 전기장 $\vec{E}_{\mathrm{B}}$에 대한 두 가지 표현이 일치함을 알 수 있다.

그래서 장 변환 방정식을 사용하기 위해서는 $v^2/c^2 = 0$으로 놓아야 한다는 부가적인 규칙을 고려해야 한다. 이것은 $v < 10^7$ m/s일 때 적합한 규칙이다. 이러한 한계에도 불구하고, 이로 인해 전기장과 자기장을 더 깊이 이해하게 되었다.

패러데이의 법칙 재검토

전기장과 자기장의 변환은 우리에게 패러데이의 법칙에 대한 새로운 통찰력을 준다. 그림 31.10a는 기준계 A에서 도선 고리가 자기장이 걸린 곳으로 $\vec{v}$의 속도로 움직이는 것을 보여준다. 여러분은 30장에서 자기장 내에서 움직이는 도선의 전하에 위쪽 방향의 자기력 $\vec{F}_{\mathrm{B}} = q\vec{v} \times \vec{B}$이 작용한다고 배웠다. 이때, 고리에 전류를 유도하는 기전력 $\mathcal{E} = vLB$가 생겨나고, 이것을 **운동 기전력**이라고 한다.

고리와 함께 속도 $\vec{v}_{\mathrm{BA}} = \vec{v}$로 움직여서 고리가 정지해 있는 것으로 보이는 기준계 B에서는 어떻게 나타날까? 다른 관성계에서도 실험 결과는 같다는 것을 배웠다. 그래서 기준계 B에서도 고리에 전류가 유도된다. 그러나 기준계 B에 정지해 있는 전하에 작용하는 자기력은 없다. 어떻게 기준계 B에서 기전력(emf)이 생성될까?

기준계 B에서 전기장과 자기장을 구하기 위해 다음과 같이 장 변환을 사용할 수 있다.

$$\begin{aligned}\vec{E}_{\mathrm{B}} &= \vec{E}_{\mathrm{A}} + \vec{v} \times \vec{B}_{\mathrm{A}} = \vec{v} \times \vec{B} \\ \vec{B}_{\mathrm{B}} &= \vec{B}_{\mathrm{A}} - \frac{1}{c^2}\vec{v} \times \vec{E}_{\mathrm{A}} = \vec{B}\end{aligned} \tag{31.13}$$

그림 31.10 2개의 다른 기준계에서 보여지는 운동 기전력

(a) 실험실계 A

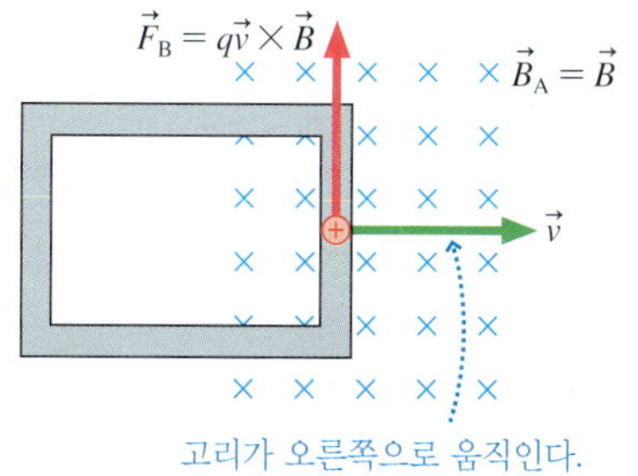

(b) 고리계 B

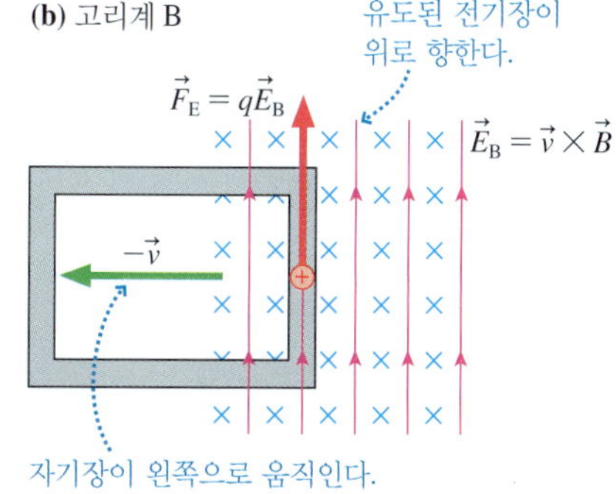

여기서 기준계 A에서 전기장 $\vec{E}_A = \vec{0}$라는 사실을 사용하였다.

그림 31.10b에서 보여지는 것처럼 고리계에서는 자기장뿐만 아니라 전기장 $\vec{E}_B$도 관측된다. 이 계에서는 전하가 정지해 있기 때문에 자기장은 전하에 힘을 가하지 못한다. 그러나 전기장이 존재한다. 전하 q에 작용하는 힘은 $\vec{F}_E = q\vec{E}_B = q\vec{v} \times \vec{B} = (qvB$, 위쪽 방향)이다. 이것은 실험실계에서 측정된 것과 같은 힘이다. 그래서 그것은 같은 기전력과 전류를 유도한다. 그 결과는 우리가 알고 있던 것과 일치한다. 그러나 B에서 기전력은 전기장 때문이고, 반면 A에서는 자기장에 기인한다.

사실상, 전기장 $\vec{E}_B$는 패러데이 법칙에서 말한 **유도된 전기장**이다. 패러데이의 법칙은 기본적으로 **자기장의 변화가 전기장을 생성한다**고 언급한다. 그러나 고리계인 기준계 B에서만 자기장이 변한다. 그래서 유도된 전기장은 고리계에서는 보여지지만 실험실계에서는 없다.

31.2 지금까지 전자기장의 법칙들

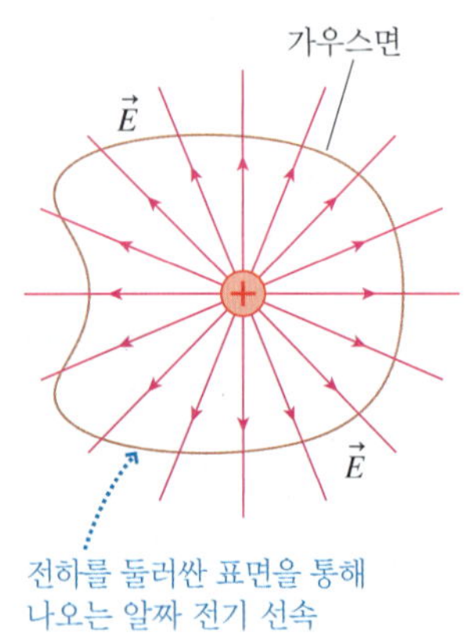

그림 31.11 전하를 둘러싼 가우스면

우리는 전자기장에 관한 법칙을 공부하는 중임을 기억하자. 24장에서 공부한 가우스의 법칙은 전기장의 매우 일반적인 특성을 언급한다. 그것은 전하를 둘러싼 닫힌 표면을 통과해서 나오는 전기 선속은 곡면에 무관하게 항상 같다는 것을 알려준다. 그림 31.11은 전하를 둘러싼 닫힌 곡면인 가우스면을 통과해서 나오는 전기장선을 보여줌으로써 이러한 개념을 설명한다.

전기장에 대한 가우스의 법칙을 수학적으로 표현해보면 총 전하 Q_{in}를 둘러싼 **닫힌 곡면**에 대해, 그 표면을 통과해서 나오는 알짜 전기 선속이 다음과 같다.

$$(\Phi_e)_{\text{closed surface}} = \oint \vec{E} \cdot d\vec{A} = \frac{Q_{in}}{\epsilon_0} \tag{31.14}$$

원의 표시가 있는 적분 기호는 닫힌 곡면 전체에 대한 적분을 나타낸다. 가우스의 법칙은 4개의 전자기장 방정식 중 첫 번째 법칙이다.

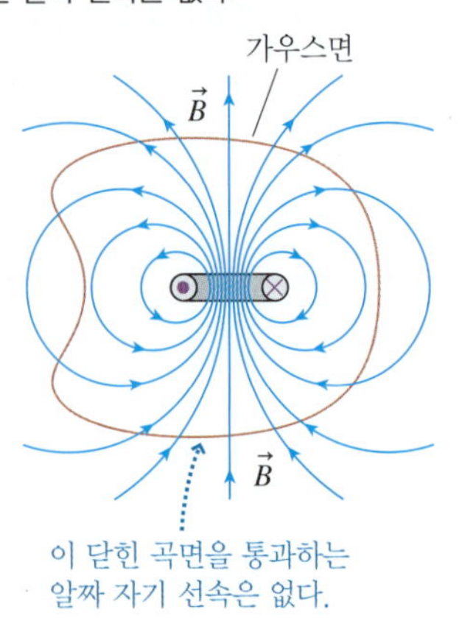

그림 31.12 자기 쌍극자를 둘러싼 가우스면을 통과하는 알짜 선속은 없다.

자기장에 대해서도 유사한 방정식이 있는데, 29장에서 고립된 북극(N)과 남극(S)이 존재하지 않는다고 언급했고 명시적으로 적어두지는 않았다. 그림 31.12는 자기 쌍극자를 둘러싼 가우스면을 보여준다. 자기장선은 시작점이나 끝점이 없는 연속적인 곡선을 형성한다. 그래서 어떤 지점의 가우스면에서 나오는 모든 자기장선은 다른 지점에서 다시 들어가야 한다. 결과적으로, 닫힌 곡면에 대한 알짜 자기 선속은 0이다.

우리는 단지 하나의 닫힌 면과 하나의 자기장선 형태를 보여주었지만 이것은 자기장에 대한 일반적인 특성으로 결론지어진다. 모든 북극은 남극을 동반하기 때문에, 표면 내부에 '알짜 극'만을 감쌀 수 없다. 그래서 자기장에 대한 가우스의 법칙은 다음과 같다.

$$(\Phi_m)_{\text{closed surface}} = \oint \vec{B} \cdot d\vec{A} = 0 \tag{31.15}$$

식 (31.14)는 쿨롱 전기장선이 전하에서 시작해서 전하에서 끝난다는 사실의 수학적 설명이고, 식 (31.15)는 자기장선이 닫힌 고리를 형성한다는 사실의 수학적 설명이다. 자기장은 출발하거나 멈추지 않는다. (즉, 고립된 자극은 존재하지 않는다.) 이러한 가우스 법칙의 두 가지 종류는 어떤 형태의 전자기장이 존재할 수 있고 없는지에 대한 중요한 설명이다. 이것이 맥스웰 방정식 중 2개의 식이다.

세 번째 전자기장 법칙은 패러데이의 법칙이다.

$$\mathcal{E} = \oint \vec{E} \cdot d\vec{s} = -\frac{d\Phi_m}{dt} \tag{31.16}$$

여기서 $\vec{E}$의 선적분은 자기 선속 Φ_m이 나오는 표면의 가장자리 곡선을 따라 적분되는 값이다. 식 (31.16)은 변화하는 자기장에 의해 전기장이 생성될 수 있다는 수학적 설명이다. 패러데이의 법칙을 올바르게 사용하려면 자기 선속이 양수인지 음수인지 부호를 결정해야 한다. 부호에 대해서는 다음 절에서 설명할 것이고, 마지막 네 번째 전자기장 법칙, 즉 자기장에 대한 비슷한 방정식을 논의할 것이다.

31.3 변위 전류

29장에서 전류에 의한 자기장을 계산하기 위해 비오·사바르 법칙 대신 앙페르의 법칙을 소개하였다. 총 전류 $I_{through}$가 통과하는 면의 가장자리 닫힌 곡선을 따라 자기장을 선적분하면 다음과 같다.

$$\oint \vec{B} \cdot d\vec{s} = \mu_0 I_{through} \tag{31.17}$$

그림 31.13은 앙페르의 법칙을 기하학적으로 보여준다. 각 전류의 부호는 풀이 전략 31.1에 의해 결정한다. 총 전류 $I_{through} = I_1 - I_2$인 경우이다.

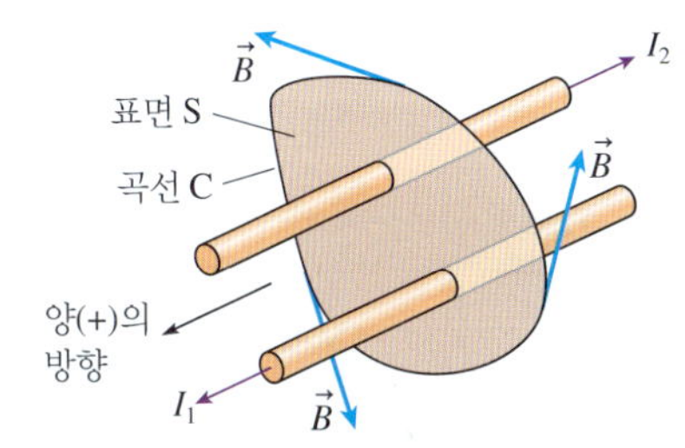

그림 31.13 앙페르의 법칙은 표면 S를 통과하여 흐르는 전류 주위의 곡선 C를 따라 선적분한 자기장 $\vec{B}$와 관련 있다.

풀이 전략 31.1

선속과 전류의 부호 결정하기

❶ 닫힌 곡선 C에 의해 형성된 표면 S에 대해서, 시계 방향인지 반시계 방향인지 선택한다.

❷ 선택한 방향으로 오른손의 손가락을 구부리면 표면에 수직으로 엄지손가락이 위치하게 된다. 이때 엄지손가락의 방향이 양(+)의 방향이다.

- 만약 자기장의 방향이 엄지손가락과 같은 방향이면 곡면을 따라 형성되는 선속 Φ는 양수이고, 반대 방향이면 음수이다.
- 표면을 통과하는 전류가 엄지손가락 방향이면 양수이고, 반대 방향이면 음수이다.

앙페르의 법칙은 **전류가 자기장을 생성한다**고 설명한다. 앙페르의 법칙은 대칭성이 있는 상황에서 자기장을 계산하는 데 유용하지만, 어떤 형태의 자기장이 존재할 수 있고 없는지에 대한 설명이라는 것이 더 중요하다.

앙페르의 법칙에서 누락된 것

앙페르 법칙의 경계면이 평평해야 한다는 제한은 없다. 그림 31.14에서, 평면 S_1을 통과해 흐르는 전류는 곡면 S_2도 통과한다는 것은 확실하다. 앙페르의 법칙을 적절히 해석하기 위해, 전류 $I_{through}$는 가장자리 곡선이 C인 임의의 면 S를 통과하는 알짜 전류라는 것을 말해 두자.

그림 31.14 평평한 면 S_1과 곡면 S_2를 통과하는 알짜 전류

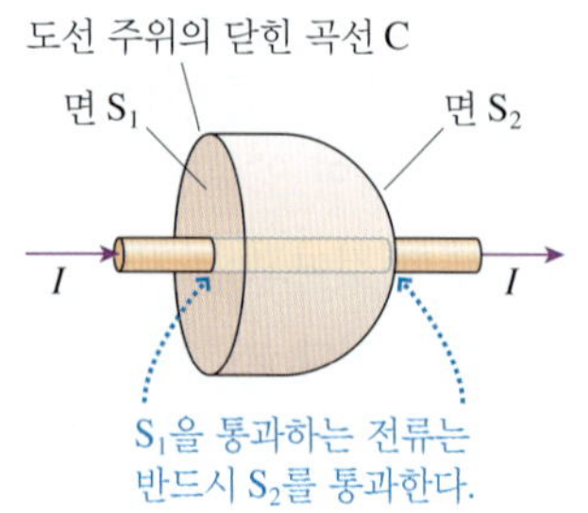

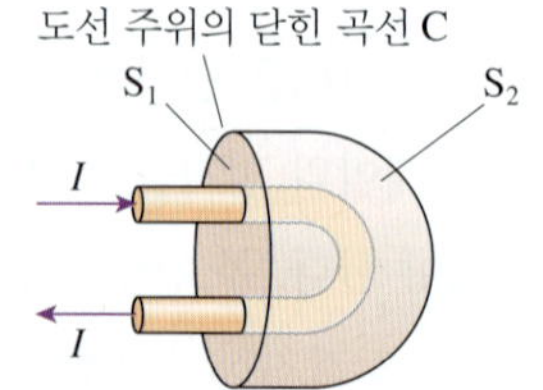

그림 31.15 축전기를 충전할 때 곡면 S_2를 통과하는 전류는 없지만 전기 선속의 변화는 있다.

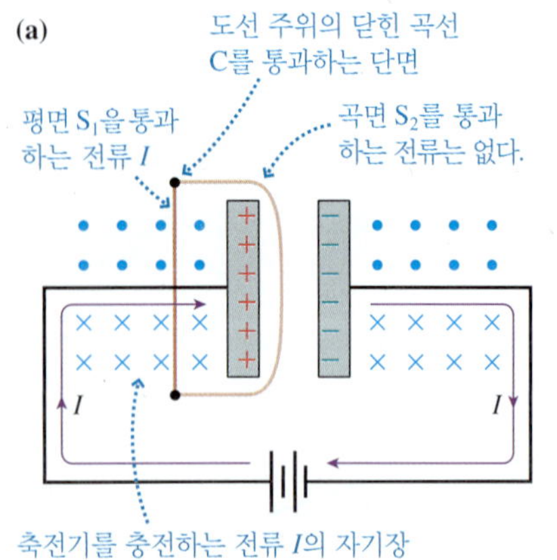

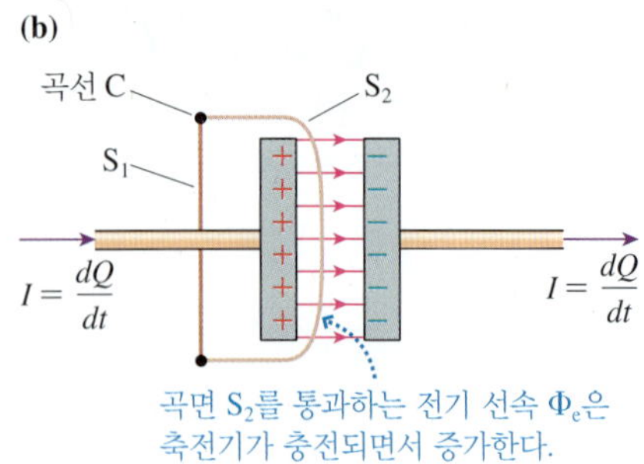

그러나 이것은 재밌는 퍼즐로 이어진다. 그림 31.15a는 충전된 축전기를 보여준다. 왼쪽으로부터 흐르는 전류 I는 양전하를 왼쪽 축전기 판으로 옮긴다. 같은 전류가 오른쪽 축전기 판으로부터 전하를 가져가서 오른쪽 판은 음(−)전하로 대전된다. 이것은 도선에 흐르는 보통의 전류이고, 보여준 것처럼 자기장을 확인하기 위해 오른손 규칙을 사용할 수 있다.

곡선 C는 왼쪽에 있는 도선을 둘러싸는 닫힌 곡면이다. 전류는 C를 가로지르는 평평한 면 S_1을 통과하고, 우리는 직선 도선의 자기장을 찾기 위해 앙페르의 법칙을 사용할 수 있다. 그러나 전류 $I_{through}$ 를 결정하기 위해 곡면 S_2를 이용한다면 어떻게 해야 할까? 앙페르의 법칙은 곡선 C에 의해 닫힌 표면을 고려할 수 있다고 설명한다. 그러나 전류는 S_2를 통과하지 못한다. 전하가 축전기의 왼쪽 판으로 전달되고, 오른쪽 판에서 제거되지만, 전하가 판 사이의 틈을 가로질러 이동하지 않는다. 평면 S_1을 통과하는 전류 $I_{through} = I$이지만 곡면 S_2를 통과하는 전류 $I_{through} = 0$이다. 이것은 또 다른 딜레마이다!

이것으로 앙페르의 법칙이 잘못되거나 불완전한 것처럼 보인다. 맥스웰은 처음으로 이 문제의 심각성을 인식하였다. 맥스웰은 곡면 S_2에 전류가 흐르지 않을 수도 있지만, 그림 31.15b에서 보듯이 축전기 내부의 전기장으로 인해 S_2를 통과하는 전기 선속 Φ_e이 있음을 주목하였다. 또한 이 전기 선속은 축전기가 충전되면서 전기장의 세기가 증가하면 시간에 따라 **변한다**. 패러데이는 변화하는 자기 선속의 중요성을 발견했지만, 아무도 전기 선속의 변화를 고려하지 않았다.

전류 I는 S_1을 통과하여 흐른다. 그래서 S_1에 적용되는 앙페르의 법칙은 다음과 같다.

$$\oint \vec{B} \cdot d\vec{s} = \mu_0 I_{\text{through}} = \mu_0 I$$

이 결과는 도선에 흐르는 전류가 만드는 자기장을 정확히 알려준다. 여기서 선적분은 곡선 C의 점들에서의 자기장에만 의존한다. 그래서 전류를 계산하기 위해 다른 면 S를 선택하여도 그 값은 변경되지 않는다. 문제는 앙페르 법칙의 우변에서 발생한다. 만약 이 법칙을 곡면 S_2에 적용한다면 0이라는 오류가 생긴다. 그래서 앙페르의 법칙은 곡면 S_2를 통과하는 전류보다는 전기 선속을 이용하는 식으로 수정될 필요가 있다.

넓이 A인 축전기의 두 판 사이의 전기 선속은 다음과 같다.

$$\Phi_e = EA$$

축전기의 전기장은 $E = Q/\epsilon_0 A$이다. 그래서 전기 선속은 실제로 판 크기와 무관하다.

$$\Phi_e = \frac{Q}{\epsilon_0 A} A = \frac{Q}{\epsilon_0} \qquad (31.18)$$

전기 선속의 변화율은 다음과 같다.

$$\frac{d\Phi_e}{dt} = \frac{1}{\epsilon_0}\frac{dQ}{dt} = \frac{I}{\epsilon_0} \qquad (31.19)$$

여기서 전류 $I = dQ/dt$를 사용하였다. 시간에 따른 전기 선속의 변화율은 충전 전류 I에 비례한다.

식 (31.19)는 물리량 $\epsilon_0(d\Phi_e/dt)$가 전류 I와 '동등'하다는 것을 의미한다. 맥스웰은 이 물리량을 **변위 전류**(displacement current)라고 불렀다.

$$I_{\text{disp}} = \epsilon_0 \frac{d\Phi_e}{dt} \qquad (31.20)$$

맥스웰은 전기장과 자기장을 유체와 비슷한 모형으로 인식했고, 변위 전류를 유체의 변위와 유사하다고 생각했다. 그 이후 유체 모형은 버려졌고, 실제로도 어떤 것의 위치 변화가 있는 것도 아니지만, 그 이름은 계속 사용하고 있다.

맥스웰은 변위 전류가 앙페르 법칙의 '누락' 부분이라고 가정하여, 앙페르의 법칙을 다음과 같이 수정하였다.

$$\oint \vec{B} \cdot d\vec{s} = \mu_0 (I_{\text{through}} + I_{\text{disp}}) = \mu_0 \left(I_{\text{through}} + \epsilon_0 \frac{d\Phi_e}{dt} \right) \qquad (31.21)$$

식 (31.21)은 이제 앙페르-맥스웰(Ampère-Maxwell)의 법칙으로 알려져 있다. 그림 31.15b에 적용하면, 앙페르–맥스웰의 법칙은 다음과 같은 결과를 준다.

$$S_1: \quad \oint \vec{B} \cdot d\vec{s} = \mu_0 \left(I_{\text{through}} + \epsilon_0 \frac{d\Phi_e}{dt} \right) = \mu_0 (I + 0) = \mu_0 I$$

$$S_2: \quad \oint \vec{B}\cdot d\vec{s} = \mu_0\left(I_{\text{through}} + \epsilon_0 \frac{d\Phi_e}{dt}\right) = \mu_0(0+I) = \mu_0 I$$

여기서 곡면 S_2에 대한 것은 $d\Phi_e/dt$의 식 (31.19)를 사용했다. 면 S_1과 S_2 모두에 대해 닫힌 곡선 C를 따라 $\vec{B}\cdot d\vec{s}$를 선적분하면 같은 결과를 준다.

유도 자기장

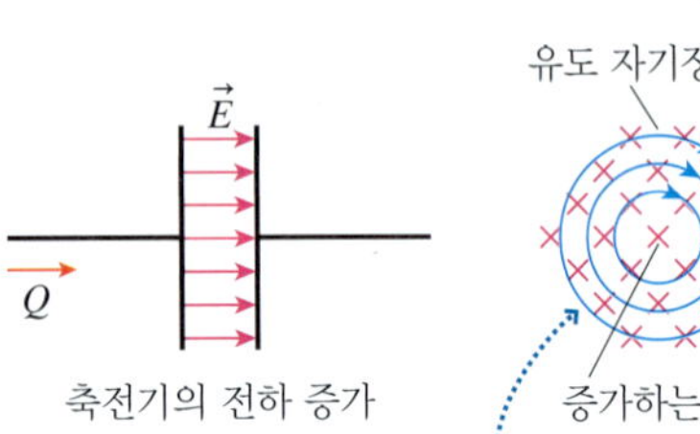

그림 31.16 유도 전기장과 유도 자기장의 밀접한 유사성

일반적인 쿨롱 전기장은 전하에 의해 생성되지만, 전기장을 생성하는 두 번째 방법은 변화하는 자기장에 의한 것이다. 그것이 패러데이의 법칙이다. 일반적인 자기장은 전류에 의해 생성된다. 이제, 두 번째 방법으로, 변하는 전기장에 의해 자기장이 생성되는 것을 살펴보자. 변화하는 $\vec{B}$에 의해 생성된 전기장을 유도 전기장이라 하는 것과 같이, 변화하는 $\vec{E}$에 의해 생성된 자기장을 **유도 자기장**이라고 한다.

그림 31.16은 패러데이 법칙의 유도 전기장과, 앙페르-맥스웰 법칙의 두 번째 항에 의한 유도 자기장 사이의 밀접한 유사성을 보여준다. 솔레노이드 전류가 증가하면 자기장이 증가한다. 결국, 변화하는 자기장은 원형 전기장을 유도한다. 패러데이 법칙의 음수 부호는 자기장이 향하는 방향으로 볼 때 유도 전기장 방향은 반시계 방향임을 가리킨다.

축전기 전하량의 증가는 전기장의 세기를 증가시킨다. 결국, 변하는 전기장은 원형 자기장을 유도한다. 그러나 앙페르-맥스웰 법칙의 부호는 패러데이 법칙의 부호와 반대로 양(+)이다. 따라서 유도된 자기장의 방향은 전기장이 향하는 방향으로 볼 때 시계 방향이다.

예제 31.3 | 대전된 축전기 내의 자기장

간격이 1.0 mm이고 지름이 2.0 cm인 원형 평행판 축전기가 0.50 C/s의 속도로 충전되고 있다. 축에서 0.50 cm 떨어진 지점에서 축전기 내부의 자기장 세기는 얼마인가?

핵심 평행판 축전기 내부의 전기장은 균일하다. 축전기가 충전되면서 변하는 자기장은 자기장을 유도한다.

시각화 그림 31.17은 전기장과 자기장을 보여준다. 유도 자기장선은 축전기 내에서 동심원꼴로 유도된다.

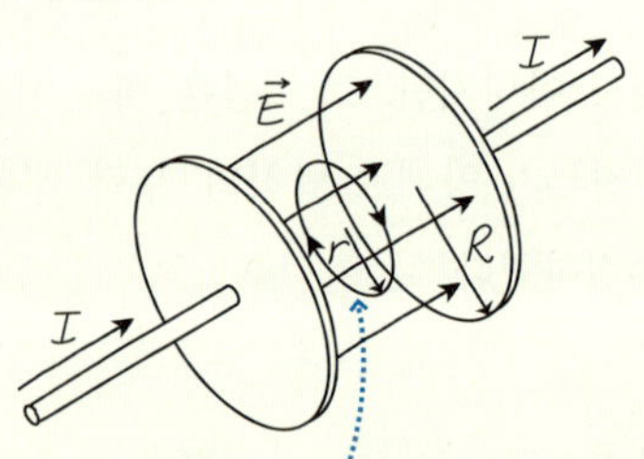

그림 31.17 자기장 세기는 반지름 r인 닫힌 곡선을 따라 적분하면 구할 수 있다.

풀이 평행판 축전기의 전기장은 $E = Q/\epsilon_0 A = Q/\epsilon_0 \pi R^2$이다. 반지름이 r인 원을 통해 나오는 전기 선속(축전기의 전체 전기 선속은 아님)은 다음과 같다.

$$\Phi_e = \pi r^2 E = \pi r^2 \frac{Q}{\epsilon_0 \pi R^2} = \frac{r^2}{R^2}\frac{Q}{\epsilon_0}$$

그래서 앙페르-맥스웰의 법칙은 다음과 같다.

$$\oint \vec{B}\cdot d\vec{s} = \epsilon_0\mu_0 \frac{d\Phi_e}{dt} = \epsilon_0\mu_0 \frac{d}{dt}\left(\frac{r^2}{R^2}\frac{Q}{\epsilon_0}\right) = \mu_0 \frac{r^2}{R^2}\frac{dQ}{dt}$$

각 점에서 자기장의 방향은 반지름이 r인 원의 접선 방향이므로 원 주변의 $\vec{B}\cdot d\vec{s}$의 적분은 간단히 $BL = 2\pi rB$로 표현된다. 그래서 앙페르–맥스웰의 법칙은 다음과 같이 된다.

$$2\pi rB = \mu_0 \frac{r^2}{R^2}\frac{dQ}{dt}$$

$$B = \frac{\mu_0}{2\pi}\frac{r}{R^2}\frac{dQ}{dt} = (2.0 \times 10^{-7}\ \text{T m/A})\frac{0.0050\ \text{m}}{(0.010\ \text{m})^2}(0.50\ \text{C/s})$$

$$= 5.0 \times 10^{-6}\ \text{T}$$

검토 0.5 C/s의 속도로 충전되는 축전기는 0.5 A의 충전 전류를 필요로 한다. $I \approx 1$ A인 전류가 흐르는 도선 근처에 마이크로테슬라 정도의 자기장을 생성하는 예를 많이 보아왔기 때문에 이 결과는 합리적으로 보인다.

만약 변하는 자기장이 전기장을 유도할 수 있고, 변하는 전기장이 자기장을 유도할 수 있다면, 전기장과 자기장이 동시에 변할 때는 어떻게 될까? 맥스웰은 변위 전류를 유도하기 위해 앙페르의 법칙을 수정한 후에 이 질문에 대답할 수 있었다. 그리고 이것이 다음 주제이다.

31.4 맥스웰 방정식

맥스웰(James Clerk Maxwell)은 수학적으로 뛰어난 스코틀랜드의 젊은 물리학자였다. 1855년 겨우 24세의 나이에 케임브리지 철학 학회(Cambridge Philosophical Society)에 〈패러데이의 역선에 관하여〉(On Faraday's Lines of Force)라는 논문을 발표했다. 전자기학은 외르스테드(Oersted), 앙페르, 패러데이 등의 과학자들의 발견한 지 30년이 지난 후에도 현상과 개념을 연결하는 이론이 없는 '경험의 법칙(rules of thumb)'으로 남아있었다.

맥스웰의 목표는 이 지식 체계를 종합하여 전자기장 이론을 구성하는 것이었다. 그 중요한 단계는 앙페르의 법칙에 변위-전류 항을 포함시켜야 할 필요성을 인식한 것이었다.

전자기에 대한 맥스웰 이론은 4개의 식으로 구체화되었는데, 오늘날 이것을 **맥스웰 방정식**(Maxwell's equations)이라고 한다.

$\oint \vec{E} \cdot d\vec{A} = \frac{Q_{\text{in}}}{\epsilon_0}$	가우스의 법칙
$\oint \vec{B} \cdot d\vec{A} = 0$	자기에 대한 가우스의 법칙
$\oint \vec{E} \cdot d\vec{s} = -\frac{d\Phi_{\text{m}}}{dt}$	패러데이의 법칙
$\oint \vec{B} \cdot d\vec{s} = \mu_0 I_{\text{through}} + \epsilon_0\mu_0\frac{d\Phi_{\text{e}}}{dt}$	앙페르-맥스웰의 법칙

맥스웰의 주장은 이 4개의 방정식이 전기장과 자기장에 대한 완벽한 묘사라는 것이다. 이 방정식들은 전기장이나 자기장이 전하와 전류에 의해 어떻게 생성되는지, 그

리고 창이 다른 장의 변화에 의해 어떻게 유도되는지 설명한다. 완벽을 기하기 위해서 물질이 전자기장에 어떻게 반응하는지에 대한 식이 하나 더 필요하다. 일반적인 힘에 대한 식은 **로런츠 힘 법칙**(Lorentz force law)으로 알려져 있는 다음이다.

$$\vec{F} = q(\vec{E} + \vec{v} \times \vec{B}) \quad \text{(로런츠 힘 법칙)}$$

전자기장에 대한 맥스웰 방정식은, 전자기장에 의해 물질이 받는 힘에 대한 로런츠 힘 법칙과 함께, 전자기학의 완전한 이론을 형성한다.

맥스웰 방정식은 고전 물리학의 정점에 있다. 맥스웰 방정식과 로런츠 힘 법칙에 뉴턴의 세 가지 운동 법칙, 만유인력의 법칙, 열역학 제1법칙과 제2법칙을 결합하면 고전 물리학의 11개 방정식이 나온다.

고전 물리학

- 뉴턴의 제1법칙
- 뉴턴의 제2법칙
- 뉴턴의 제3법칙
- 뉴턴의 만유인력의 법칙
- 가우스의 법칙
- 자기에 대한 가우스의 법칙
- 패러데이의 법칙
- 앙페르-맥스웰의 법칙
- 로런츠 힘 법칙
- 열역학 제1법칙
- 열역학 제2법칙

일부 물리학자들은 11개의 방정식이 모두 근본적인지에 대해 의문을 제기하기도 하지만, 중요한 것은 개수가 아니라 물리적 세계의 많은 경험을 설명하기 위해 얼마나 적은 방정식이 필요한가 하는 것이다. 개수가 적다고 해서 이 책의 한 장에 모두 설명할 수 있을 것 같지만 실제는 그렇지 않다. 그 이유는 각각의 방정식이 엄청난 물리적 현상과 개념의 발전에 대한 통합으로 이루어졌기 때문이다. 물리학을 아는 것은 단지 식을 아는 것이 아니라 그 식의 의미와 사용 방법을 아는 것이다. 그것이 이 시점에 도달하기 위해 책의 많은 장을 거치면서 노력을 들였던 이유이다. 각각의 방정식은 책에 있는 정보 가치를 짧게 요약한 것이다!

이제 5개의 전자기학 방정식의 물리적 의미를 요약해보자.

- **가우스의 법칙:** 대전된 전하는 전기장을 생성한다.
- **패러데이의 법칙:** 전기장은 변하는 자기장에 의해서도 생성될 수 있다.
- **자기에 대한 가우스의 법칙:** 고립된 자극(자기 홀극)은 없다.
- **앙페르-맥스웰의 법칙(전반):** 전류는 자기장을 생성한다.
- **앙페르-맥스웰의 법칙(후반):** 자기장은 또한 변하는 전기장에 의해 생성된다.
- **로런츠 힘 법칙(전반):** 전기력은 전기장 하에 있는 대전된 입자에 작용한다.
- **로런츠 힘 법칙(후반):** 자기력은 자기장 하에서 움직이는 전하에 작용한다.

이것은 전자기학의 기본 개념이다. 옴의 법칙, 키르히호프의 법칙, 렌츠의 법칙과 같은 다른 중요한 개념들은 실용적이지만 기본 개념은 아니다. 그 법칙들은 맥스웰 방정식으로부터 유도될 수 있으며, 때로는 저항과 같은 경험적 개념이 필요하기도 하다.

맥스웰 방정식은 뉴턴 방정식보다 수학적으로 더 복잡하고, 실용적인 문제를 해결하기 위해서는 더 고난도 수학이 필요하다. 다행스럽게도 우리에게는 충분한 수학적 도구가 있어서 맥스웰 방정식으로부터 전자기파의 존재를 알아낼 수 있다.

31.5 심화 주제: 전자기파

맥스웰은 19세기 중반에 정전기장과 자기장의 특성과 패러데이의 전자기 유도의 발견을 바탕으로 전기와 자기에 대해 알려진 내용을 수학적으로 요약한 4개의 방정식을 만들었다. 맥스웰은 변하는 전기 선속이 자기장을 생성한다는 **변위 전류**라는 개념을 도입하였다. 이 개념은 실험적인 근거 없이 순전히 이론에만 기초하였지만 맥스웰의 성공에 대한 열쇠가 되었다. 왜냐하면 예상하지 못했던 놀라운 **전자기파**(electromagnetic waves)라는 예측을 이끌어 냈기 때문이다. 전자기파는 자체 진동하는 전기장과 자기장이 전하와 전류의 필요 없이 공간을 통해 전파되는 것이다.

이와 같은 대형 레이다는 로켓과 미사일을 추적하는 데 사용된다.

이 절의 목표는 맥스웰 방정식이 전기장과 자기장에 대한 **파동 방정식**을 유도하고, 진동수에 관계없이 모든 전자기파가 동일한 속력으로 진공 중에서 이동한다는 것을 발견하는 것이다. 이 속력을 **광속**이라고 한다. 완벽한 파동 방정식은 이 책에서 다루기에는 수학적으로 너무 어렵다. 그래서 유도된 전자기장을 공부해 온 우리로서 꽤 합리적으로 보일 몇 가지 가정을 통해 설명할 것이다.

우선, 전기장과 자기장이 **자유** 공간에서 전하와 전류에 무관하게 존재한다고 가정하자. 그것은 매우 중요한 가정이다. 왜냐하면 **전기장과 자기장**이 단순히 전하와 전류를 알려주는 그림이 아니라 **실체**라는 것을 의미하기 때문이다. 전하 또는 전류가 없는 경우, 맥스웰 방정식은 다음과 같다.

$$\oint \vec{E}\cdot d\vec{A} = 0 \qquad \oint \vec{E}\cdot d\vec{s} = -\frac{d\Phi_m}{dt}$$
$$\oint \vec{B}\cdot d\vec{A} = 0 \qquad \oint \vec{B}\cdot d\vec{s} = \epsilon_0\mu_0\frac{d\Phi_e}{dt} \qquad (31.22)$$

빈 공간에서 이동하는 모든 전자기파는 이 방정식과 일치해야 한다.

전자기파의 구조

패러데이는 변하는 자기장이 유도 전기장을 생성한다는 것을 발견했으며, 맥스웰이 가설한 변위 전류는 변하는 전기장이 유도 자기장을 생성한다고 설명한다. 그림 31.18에서 볼 수 있는 전자기파 이면에는, 만약 자기장의 변화가 전기장을 생성하고 교대로 전기장이 원래의 자기장을 재생하는 방법으로 변화된다면, 전자기장이 자체 유도로 존재할 수 있다는 개념이 있다. 다시 말하면 변화하는 전기장과 자기장이 서로를 유도함으로써 **전자기파**의 생성이 가능하다는 것이다. 순수한 전기파 또는 순수한 자기파는 존재할 수 없다.

그림 31.18 유도 전자기장은 자체 유도될 수 있다.

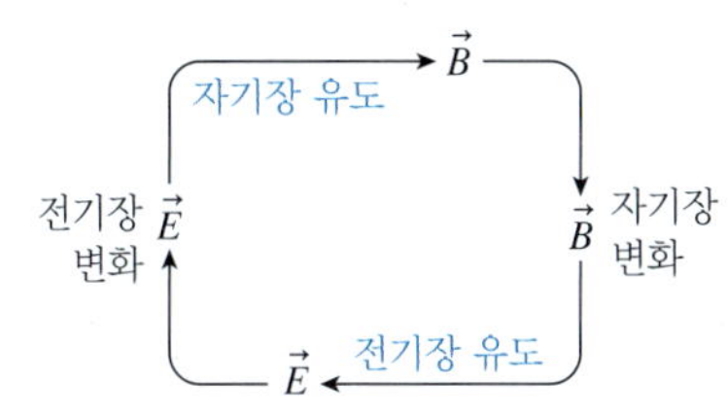

30.6절에서 보여진 것처럼 도선 고리 주변에 전류를 유도하는 유도 전기장은 변화하는 자기장과 수직이다. 이 장의 앞에서, 변위 전류가 유도되었을 때, 대전된 축전기 내의 유도 자기장은 변화하는 전기장과 수직이었다. 따라서 전자기파에서 **$\vec{E}$와 $\vec{B}$가 서로 수직**이라는 가정을 할 것이다. 게다가, 곧 정당화할 것이지만, **$\vec{E}$와 $\vec{B}$는 진행**

그림 31.19 전자기 평면파

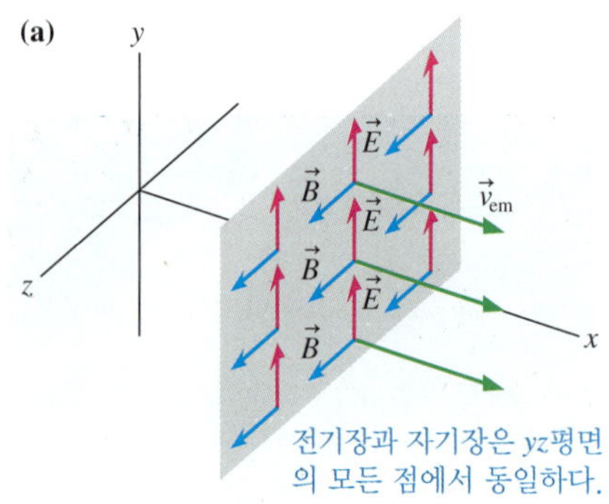

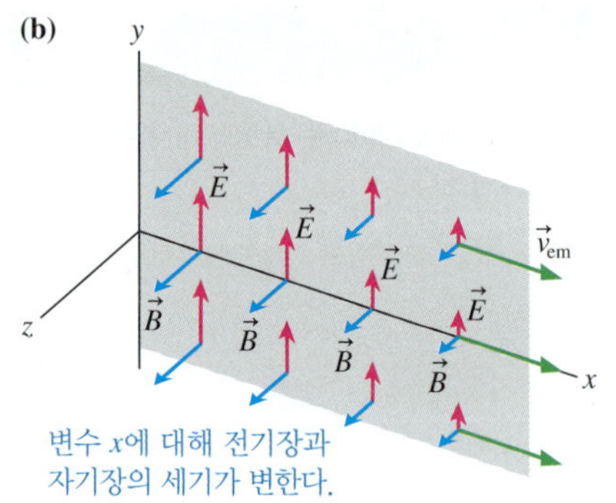

그림 31.20 닫힌 곡면은 전기장과 자기장에 대한 가우스의 법칙을 확인하기 위해 사용될 수 있다.

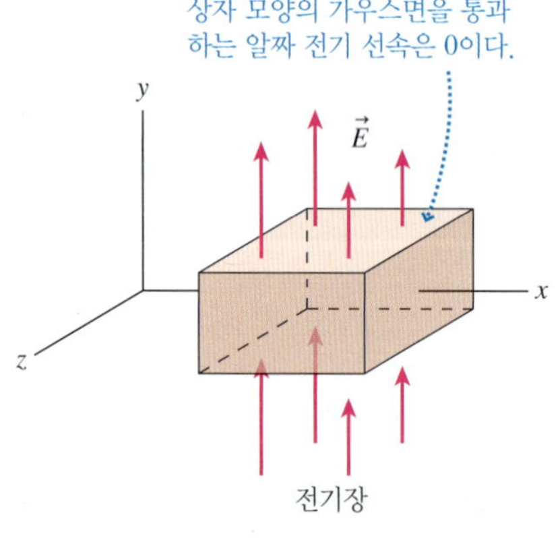

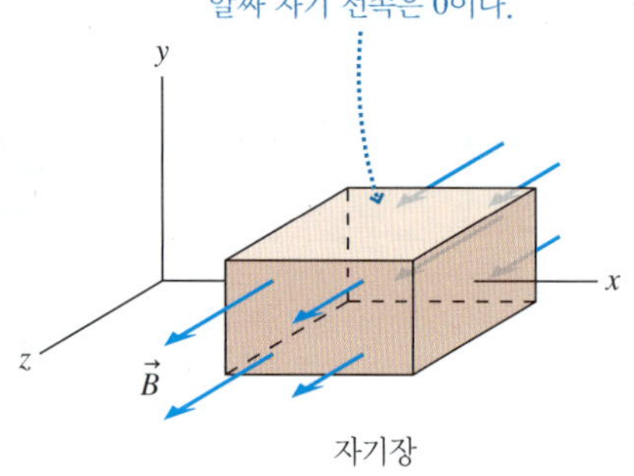

방향에 대해 서로 수직이다. 그래서 전자기파는 음파와 같은 종파가 아니라 현의 진동과 유사한 **횡파**이다.

가능한 한 수학이 간단해지도록 하기 위해, 전자기파는 **평면파**로 진행할 수 있다고 가정할 것이다. 16장에서 보았듯이 평면파는 진행 방향에 수직인 평면에서는 어디서나 같다. 그림 31.19a는 전자기 평면파가 x축을 따라 속력 v_{em}으로 진행하는 것을 보여준다. $\vec{E}$와 $\vec{B}$는 가정한 대로 서로 수직이고 진행 방향에도 수직이다. $\vec{E}$와 $\vec{B}$에 평행한 축을 각각 y축과 z축이라고 정의했다. x축에 대해 단면을 자르는 yz평면의 모든 점에서 전기장과 자기장이 어떻게 동일한지 확인하라.

파동은 이동하는 교란이기 때문에 그림 31.19b는 어떤 순간의 한 점에서 전기장과 자기장이 x축을 따라 바뀌는 것을 보여준다. 이렇게 변하는 전기장과 자기장은 속력 v_{em}으로 x축을 따라 움직이는 교란이다. 그래서 평면파인 $\vec{E}$와 $\vec{B}$는 두 변수 x와 t의 함수이다. 단순히 파동이 x축을 따라 진행하는 횡파라고 가정했지만, 파동이 어떤 특정한 모양이라고 가정하고 있지는 않다. 파동의 모양은 우리가 맥스웰 방정식으로부터 예측하고 싶은 것이다.

이제 파동의 구조에 관해서 알게 되었으므로, 이것이 맥스웰 방정식과 잘 합치되려면 어떻게 되어야 하는지 알아보자. 그림 31.20은 x축을 중심으로 하는 상자 모양의 가우스면을 보여준다. 전기장과 자기장 벡터는 공간의 각 점에 존재한다. 그러나 그림은 알아보기 쉽도록 그것들을 분리하여 보여준다. $\vec{E}$는 y축을 따라서 진동한다. 그래서 모든 전기장선은 상자의 하단에서 들어가고 상단에서 나온다. 전기장선은 상자의 측면을 통과하지 않는다.

이것은 평면파이기 때문에 상자의 하단으로 들어가는 각 전기장 벡터의 크기는 상단에서 나오는 전기장 벡터의 크기와 정확히 일치한다. 상자의 상단을 통과하는 전기 선속은 하단으로 들어가는 전기 선속과 크기는 같지만 부호는 반대이다. 그리고 측면을 통과하는 전기 선속은 0이다. 그래서 **알짜** 전기 선속은 $\Phi_e = 0$이다. 이 공간 내에 전하가 없기 때문에 상자 안에도 전하가 없다. 그래서 $Q_{in} = 0$이다. 그래서 평면파의 전기장은 전하와 전류가 없는 경우의 맥스웰 방정식의 첫 번째 방정식, 즉 가우스 법칙과 모순되지 않는다.

자기장에서도 완전히 같은 논점을 갖는다. 알짜 자기 선속은 $\Phi_m = 0$이다. 그래서 자기장은 두 번째 맥스웰 방정식과 모순되지 않는다.

$\vec{E}$ 또는 $\vec{B}$가 이동 방향인 x축을 따라 성분을 가지고 있다고 가정해보자. x축에 따라 변하는 전기장이나 자기장들의 경우, 우측면에서 나오는 선속이 매 순간 좌측면에서 나오는 선속을 정확하게 상쇄하는 것은 불가능할 것이다. 그래서 에워싼 파원이 없을 때 전기장이나 자기장의 x성분은 알짜 선속을 생성하여 가우스의 법칙을 위반할 수 있다. 따라서 전자기파는 이동하는 방향에 수직인 횡파여야 한다는 것은 가우스 법칙의 요구사항이다.

패러데이의 법칙

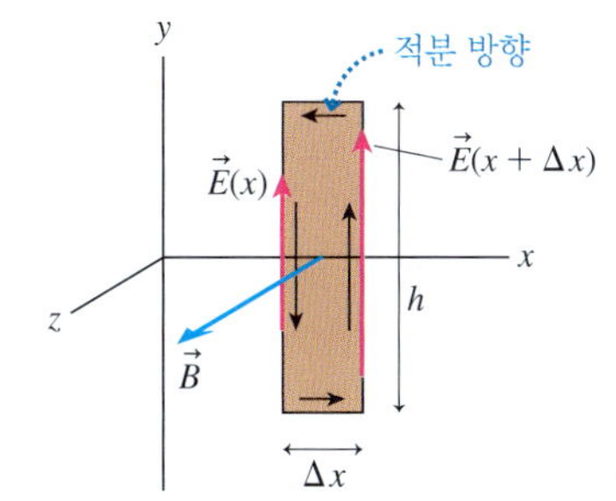

그림 31.21 패러데이 법칙의 응용

가우스의 법칙은 전자기파가 반드시 횡파여야 한다는 것을 보여준다. 패러데이의 법칙은 무엇을 말하는가? 패러데이의 법칙은 닫힌 곡선을 통과하는 자기 선속의 변화와 관련된 것이므로, 그림 31.21에 표시된 xy평면에 있는 좁은 직사각형에 패러데이의 법칙을 적용하자. Δx가 아주 작아서 $\vec{B}$가 직사각형의 폭에 걸쳐 본질적으로 일정하다고 가정할 것이다.

자기장 $\vec{B}$는 사각형에 수직이며, 따라서 자기 선속은 $\Phi_m = B_z A_{rectangle} = B_z h\Delta x$이다. 파동이 진행되면서 자기 선속의 **변화율**은 다음과 같다.

$$\frac{d\Phi_m}{dt} = \frac{d}{dt}(B_z h\Delta x) = \frac{\partial B_z}{\partial t} h\Delta x \tag{31.23}$$

가능한 모든 B의 전체 변화율인 미분 dB_z/dt는, 이 상황에서는 자기 선속이 B_z의 공간 변화에는 전혀 영향이 없고 시간에 따른 B_z의 변화에 완전히 의존하기 때문에 편미분 $\partial B_z/\partial t$가 된다.

기호 규칙에 따르면, 그 직사각형 경계를 반시계 방향으로 도는 흐름을 양의 방향으로 해야 한다. 따라서 선적분도 마찬가지로 반시계 방향으로 해야 한다.

$$\oint \vec{E}\cdot d\vec{s} = \int_{right} \vec{E}\cdot d\vec{s} + \int_{top} \vec{E}\cdot d\vec{s} + \int_{left} \vec{E}\cdot d\vec{s} + \int_{bottom} \vec{E}\cdot d\vec{s} \tag{31.24}$$

전기장 $\vec{E}$는 y방향을 가리키므로, 상단 및 하단 모서리의 모든 점에서 $\vec{E}\cdot d\vec{s} = 0$이고 이 두 적분은 0이다.

x축에서 고리의 왼쪽 모서리를 따라가는 $\vec{E}$는 모든 점에서 같은 값을 갖는다. 그림 31.21은 전기장 $\vec{E}$의 방향이 $d\vec{s}$와 반대 방향임을 보여준다. 따라서 $\vec{E}\cdot d\vec{s} = -E_y(x)ds$이다. $x+\Delta x$ 위치인 고리의 오른쪽 모서리에서는, $\vec{E}$는 $d\vec{s}$와 평행이고 $\vec{E}\cdot d\vec{s} = E_y(x+\Delta x)ds$이다. 따라서 직사각형 주위의 $\vec{E}\cdot d\vec{s}$의 선적분은 다음과 같다.

$$\oint \vec{E}\cdot d\vec{s} = -E_y(x)h + E_y(x+\Delta x)h = [E_y(x+\Delta x) - E_y(x)]h \tag{31.25}$$

미적분학에서 함수 $f(x)$의 미분이 다음과 같음을 배웠다.

$$\frac{df}{dx} = \lim_{\Delta x\to 0}\left[\frac{f(x+\Delta x) - f(x)}{\Delta x}\right]$$

식 (31.25)에서 Δx가 매우 작다고 가정했었다. 이제 직사각형의 폭이 0으로 간다면 $(\Delta x \to 0)$, 식 (31.25)는 다음과 같아진다.

$$\oint \vec{E}\cdot d\vec{s} = \frac{\partial E_y}{\partial x} h\Delta x \tag{31.26}$$

E_y는 위치 x와 시간 t의 함수이므로 편미분을 사용한다.

이제 식 (31.23)과 (31.26)을 사용하여 패러데이의 법칙을 다음과 같이 쓸 수 있다.

$$\oint \vec{E}\cdot d\vec{s} = \frac{\partial E_y}{\partial x} h\Delta x = -\frac{d\Phi_m}{dt} = -\frac{\partial B_z}{\partial t} h\Delta x$$

직사각형의 넓이 $h\Delta x$가 약분되면, 식은 다음과 같아진다.

$$\frac{\partial E_y}{\partial x} = -\frac{\partial B_z}{\partial t} \tag{31.27}$$

위치에 따른 E_y의 변화율과 시간에 따른 B_z의 변화율을 비교한 식 (31.27)은 전자기파가 맥스웰 방정식과 모순되지 않아야 한다는 필수 조건이다.

앙페르-맥스웰의 법칙

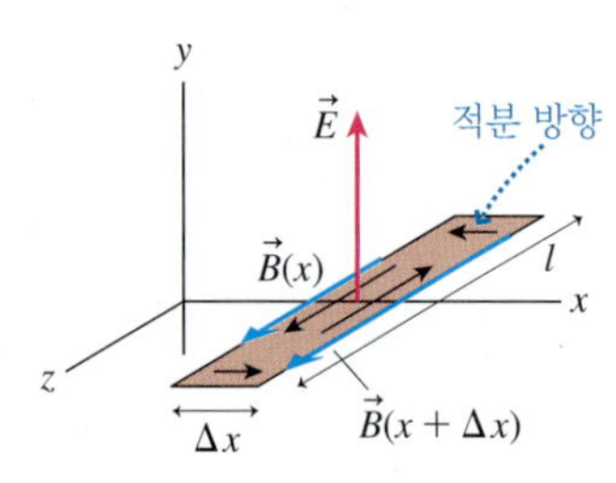

그림 31.22 앙페르-맥스웰 법칙의 응용

이제 방정식은 하나만 남았고, 이것은 더 쉬울 것이다. 앙페르-맥스웰(Ampère-Maxwell)의 법칙은 닫힌 곡선을 통과하는 전기 선속의 변화와 관련 있다. 그림 31.22는 xz평면에 놓여 있는 매우 좁은 직사각형을 보여준다. 전기장은 이 직사각형에 수직이다. 그래서 그것을 통과하는 전기 선속은 $\Phi_e = E_y A_{\text{rectangle}} = E_y l \Delta x$이다. 이 전기 선속의 변화율은 다음과 같다.

$$\frac{d\Phi_e}{dt} = \frac{d}{dt}(E_y l \Delta x) = \frac{\partial E_y}{\partial t} l \Delta x \tag{31.28}$$

닫힌 곡선인 직사각형 주위를 따라 $\vec{B}\cdot d\vec{s}$를 선적분하면, 그림 31.21에서 $\vec{E}\cdot d\vec{s}$의 선적분처럼 계산된다. $\vec{B}$는 직사각형의 좁은 변에서 $d\vec{s}$와 수직이고, 그래서 그곳에서 $\vec{B}\cdot d\vec{s}=0$이다. 왼쪽 모서리의 모든 점에서 자기장은 $\vec{B}(x)$이고, 이 자기장은 $d\vec{s}$와 평행하여 $\vec{B}\cdot d\vec{s} = B_z(x)ds$가 된다. 유사하게, 오른쪽 모서리의 모든 점에서 $\vec{B}$는 $d\vec{s}$와 반대 방향이므로 $\vec{B}\cdot d\vec{s} = -B_z(x+\Delta x)ds$이다. 그래서 만약 $\Delta x \to 0$이면, $\vec{E}\cdot d\vec{s}$의 선적분은 다음과 같다.

$$\oint \vec{B}\cdot d\vec{s} = B_z(x)l - B_z(x+\Delta x)l = -[B_z(x+\Delta x) - B_z(x)]l = -\frac{\partial B_z}{\partial x} l \Delta x \tag{31.29}$$

식 (31.28)과 (31.29)를 앙페르-맥스웰의 법칙에 적용하면 다음을 얻는다.

$$\oint \vec{B}\cdot d\vec{s} = -\frac{\partial B_z}{\partial x} l \Delta x = \epsilon_0 \mu_0 \frac{d\Phi_e}{dt} = \epsilon_0 \mu_0 \frac{\partial E_y}{\partial t} l \Delta x$$

여기서 직사각형의 넓이를 제거하면 다음과 같은 식이 남는다.

$$\frac{\partial B_z}{\partial x} = -\epsilon_0 \mu_0 \frac{\partial E_y}{\partial t} \tag{31.30}$$

식 (31.30)은 전기장과 자기장들이 충족해야 하는 두 번째 조건이다.

파동 방정식

«16.4절에서 진행파를 공부하면서 다음과 같이 파동 방정식을 유도하였다.

$$\frac{\partial^2 D}{\partial t^2} = v^2 \frac{\partial^2 D}{\partial x^2} \tag{31.31}$$

여기서 변위 D가 이 식을 만족하는 모든 물리계는 x축을 따라 속력 v로 진행하는 파동을 가질 수 있다는 것을 배웠다.

전자기파에 대한 패러데이의 법칙 요구 조건인 식 (31.27)에서 x에 대한 2계 미분을 계산하면 다음과 같다.

$$\frac{\partial^2 E_y}{\partial x^2} = -\frac{\partial^2 B_z}{\partial x \partial t} \tag{31.32}$$

미적분학에서 미분 순서는 중요하지 않다는 것을 배웠다. 그래서 $\partial^2 B_z/\partial x \partial t = \partial^2 B_z/\partial t \partial x$이다. 따라서 식 (31.30)으로부터 다음 식을 유도할 수 있다.

$$\frac{\partial^2 B_z}{\partial t \partial x} = -\epsilon_0 \mu_0 \frac{\partial^2 E_y}{\partial t^2} \tag{31.33}$$

이 식을 (31.32)에 대입하고 상수를 다른 우변으로 옮기면, 다음과 같은 식을 얻을 수 있다.

$$\frac{\partial^2 E_y}{\partial t^2} = \frac{1}{\epsilon_0 \mu_0} \frac{\partial^2 E_y}{\partial x^2} \quad \text{(전자기파에 대한 파동 방정식)} \tag{31.34}$$

식 (31.34)는 파동 방정식이다! 그리고 E_y 대신 B_z를 두 번 미분하면 자기장 B_z가 같은 파동 방정식을 따른다는 것을 쉽게 보일 수 있다.

예상했던 대로, 맥스웰 방정식은 전자기파를 예측하였다. 일반적인 파동 방정식인 식 (31.31)에 따르면, 전자기파는 진공에서 다음과 같은 속력으로 진행해야 한다.

$$v_{\text{em}} = \frac{1}{\sqrt{\epsilon_0 \mu_0}} \tag{31.35}$$

상수 ϵ_0와 μ_0는 점전하에 의한 $\vec{E}$와 $\vec{B}$의 크기가 결정되는 정전기학과 정자기학으로부터 알려져 있다. 그래서 다음을 계산할 수 있다.

$$v_{\text{em}} = \frac{1}{\sqrt{\epsilon_0 \mu_0}} = 3.00 \times 10^8 \text{ m/s} = c \tag{31.36}$$

이것은 놀라운 결론이다. ϵ_0와 μ_0가 처음 도입된 쿨롱의 법칙과 비오·사바르 법칙은 파동과는 아무 관련이 없다. 그러나 맥스웰의 전자기학 이론에 따르면 전기장과 자기장이 속력 $v_{\text{em}} = 1/\sqrt{\epsilon_0 \mu_0}$로 움직이면 스스로 유지되는 전자기파를 형성할 수 있다는 것이 예측된다. 다른 속력은 맥스웰 방정식을 만족시키지 못할 것이다.

실험적으로 빛이 3.0×10^8 m/s로 이동한다고 이미 측정되었다. 그래서 빛이 전자기파에 포함된다고 결론을 내린 맥스웰은 완전히 정당화되었다. 나아가, 파동의 진동수에 대한 가정을 하지 않았으므로, 라디오파에서부터 X선까지의 모든 진동수의 전자기파는 분명히 광속 c로 진공 상태에서 이동한다.

E와 B의 연결

전자기파의 전기장과 자기장은 모두 진동하지만 서로 독립적이지 않다. 전기장과 자기장의 세기는 연관되어 있다. E_y와 B_z는 모두 파동 방정식을 만족한다. 그래서 현의 진동처럼 진행파들은 다음 식을 만족한다.

$$
\begin{aligned}
E_y &= E_0 \sin(kx - \omega t) = E_0 \sin\left[2\pi\left(\frac{x}{\lambda} - ft\right)\right] \\
B_z &= B_0 \sin(kx - \omega t) = B_0 \sin\left[2\pi\left(\frac{x}{\lambda} - ft\right)\right]
\end{aligned}
\tag{31.37}
$$

여기서 E_0와 B_0는 전자기파의 전기적 부분과 자기적 부분의 진폭이다. 사인 모양 파동과 마찬가지로 $k = 2\pi/\lambda$, $\omega = 2\pi f$, 그리고 $\lambda f = v = c$이다. 이러한 파동은 식 (31.27)을 만족해야 한다. 그래서 다음과 같이 쓸 수 있다.

$$
\frac{\partial E_y}{\partial x} = \frac{2\pi E_0}{\lambda}\cos\left[2\pi\left(\frac{x}{\lambda} - ft\right)\right] = -\frac{\partial B_z}{\partial t} = 2\pi f B_0 \cos\left[2\pi\left(\frac{x}{\lambda} - ft\right)\right] \tag{31.38}
$$

식 (31.38)은 $E_0 = \lambda f B_0 = cB_0$일 때만 만족된다. 그리고 전기장과 자기장은 같이 진동하기 때문에 두 진폭 사이의 연관성은 어느 지점에서나 유효해야 한다. 그래서 **파동의 어느 점에서나 $E = cB$**이다.

31.6 전자기파의 특성

19세기 초반부터 간섭과 회절을 이용한 실험을 통해 빛은 파동이라는 것이 알려져 있었지만, 무엇이 요동치는 것인지는 아무도 이해하지 못했다. 패러데이는 빛이 전기와 자기와 연결되어 있다고 추측했지만, 맥스웰은 빛이 전자기파일뿐만 아니라 가시광선의 진동수에만 국한되지 않고 어떤 진동수에서도 전자기파가 존재할 수 있다는 것을 처음으로 이해했다.

우리는 앞에서 맥스웰 방정식을 사용하여 다음과 같은 것을 발견했다.

1. 맥스웰 방정식은 전하나 전류가 없는 진공에서 진행되는 사인 모양의 전자기파의 존재를 예측하였다.
2. 전자기파는 $\vec{E}$와 $\vec{B}$가 진행 방향 $\vec{v}_{em}$에 수직인 횡파이다.
3. $\vec{E}$와 $\vec{B}$는 서로 수직이며 $\vec{E} \times \vec{B}$는 $\vec{v}_{em}$ 방향을 향한다.
4. 모든 전자기파는 파장 또는 진동수에 관계없이 진공에서 광속 $v_{em} = 1/\sqrt{\epsilon_0 \mu_0} = c$로 진행한다.
5. 모든 전기장과 자기장의 세기는 파동의 모든 지점에서 $E = cB$로 연관된다.

그림 31.23은 이러한 전자기파의 특성을 보여준다. 이것은 어느 책에서나 볼 수 있는 그림인데, 주의 깊게 생각하지 않으면 심각한 오류의 소지가 있다. 첫째, $\vec{E}$와 $\vec{B}$는

공간 벡터가 아니다. 즉, 특정 거리만큼 y 또는 z방향으로 공간적으로 늘어나지 않는다. 대신, 이 벡터들은 x축을 따라서 전기장이나 자기장의 방향과 세기를 보여준다. y 방향을 가리키는 $\vec{E}$ 벡터는 "화살표의 방향과 크기는 x축 위의 이 지점에서 전기장의 방향과 세기다"라는 것을 말해준다. x축 위의 점에 '도달'하는 것은 없다.

둘째, 우리는 이것이 **평면파**라고 가정하였다. 즉, 파동은 $\vec{v}_{em}$과 수직인 **모든** 면에서 동일하다. 그림 31.23은 한 축을 따라 진행하는 전기장과 자기장을 보여준다. 그러나 전기장과 자기장이 x축 위의 한 점에서 어떻게 되든지 x축에 수직인 yz평면의 모든 지점에서 동일하다. 이를 염두에 두고, 전자기파의 다른 특성을 탐구해보자.

그림 31.23 사인 모양 전자기파

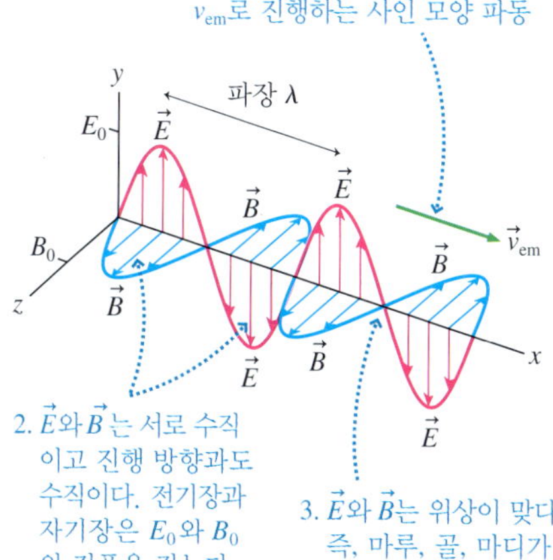

에너지와 세기

파동은 에너지를 전달한다. 바다의 파도는 해변을 침식하고, 음파는 고막을 진동시키고, 태양의 빛은 지구를 따뜻하게 한다. 전자기파의 에너지 흐름은 다음과 같이 정의된 **포인팅 벡터**(Poynting vector) $\vec{S}$에 의해 묘사된다.

$$\vec{S} \equiv \frac{1}{\mu_0}\vec{E} \times \vec{B} \tag{31.39}$$

그림 31.24에서 보이는 포인팅 벡터는 두 가지 중요한 특성을 가지고 있다.

그림 31.24 포인팅 벡터

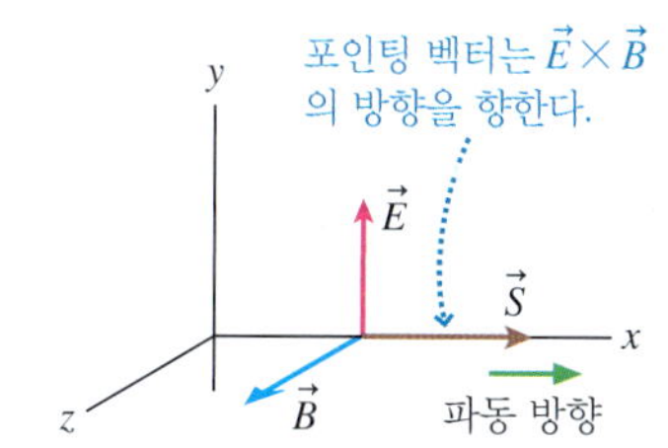

1. 포인팅 벡터는 전자기파가 이동하는 방향을 가리킨다. 그림 31.23을 다시 보면 알 수 있다.
2. S의 단위가 W/m^2 또는 단위 넓이당 전력[줄(J)/초(s)]임을 보이는 것은 간단하다. 따라서 포인팅 벡터의 크기 S는 파동의 단위 넓이당 에너지 전달률을 가늠한다.

전자기파의 $\vec{E}$와 $\vec{B}$는 서로 수직이고 $E = cB$이므로, 포인팅 벡터의 크기는 다음과 같다.

$$S = \frac{EB}{\mu_0} = \frac{E^2}{c\mu_0} = c\epsilon_0 E^2$$

포인팅 벡터는 시간의 함수로, 파동의 각 주기 동안 0에서 $S_{max} = E_0{}^2/c\mu_0$까지 진동하고 다시 0으로 두 번씩 진동한다. 즉, 전자기파 내에서 에너지 흐름이 연속적이지 않고, 전기장과 자기장이 진동하는 세기에 따라 '펄스' 형태가 된다. 우리가 감지할 수 있는 전자기파인 빛의 파동은 매우 높은 진동수를 가지고 있기 때문에 이 펄스를 인지하지 못한다.

진동의 한 주기에 대해 평균을 구한 것인 **평균** 에너지 전달이 더 흥미로운데, 그것이 파동의 **세기**(intensity) I이다. 파동의 초기 연구에서, 파동의 세기는 $I = P/A$로 정의하였다. 여기서 P는 단면의 넓이 A에 작용하는 파동의 출력(초당 전달된 에너지)이다. $E = E_0 \sin[2\pi(x/\lambda - ft)]$이고 $\sin^2[2\pi(x/\lambda - ft)]$의 한 주기 평균은 1/2이므로, 전자기파의 세기는 다음과 같다.

$$I = \frac{P}{A} = S_{avg} = \frac{1}{2c\mu_0}E_0^2 = \frac{c\epsilon_0}{2}E_0^2 \quad (31.40)$$

식 (31.40)은 쉽게 측정할 수 있는 전자기파의 세기와 전자기파의 전기장 진폭 E_0을 연결짓는다.

일정한 전기장 진폭 E_0을 갖는 평면파의 세기는 거리에 따라 변하지 않을 것이다. 그러나 평면파는 이상적인 파동이기 때문에 사실상 자연계에서 평면파는 존재하지 않는다. 16장에서 에너지 보존 때문에 파원으로부터의 파동의 세기는 거리의 역제곱에 따라 감소한다는 것을 배웠다. 만약 출력이 P_{source}인 파원에서 전자기파가 모든 방향으로 **균일하게** 방출되면, 파원으로부터 거리 r에서의 전자기파의 세기는 다음과 같다.

$$I = \frac{P_{source}}{4\pi r^2} \quad (31.41)$$

식 (31.41)은 파동의 에너지가 겉넓이 $4\pi r^2$의 구 표면으로 퍼져 나간다는 단순한 표현이다.

예제 31.4 | 휴대 전화의 전자기장

디지털 휴대 전화는 1.9 GHz의 주파수에서 0.60 W 신호를 방출한다. 사용자의 뇌 중심까지의 대략 거리인 10 cm 떨어진 지점에서 전기장과 자기장의 진폭은 얼마인가?

핵심 휴대 전화는 전자기파의 파원으로 취급한다.

풀이 10 cm 떨어진 지점에서 0.60 W 파원에서 방출되는 전자기파의 세기는

$$I = \frac{P_{source}}{4\pi r^2} = \frac{0.60\ \text{W}}{4\pi(0.10\ \text{m})^2} = 4.78\ \text{W/m}^2$$

이다. 전자기파의 세기로부터 전기장의 진폭을 계산할 수 있다.

$$E_0 = \sqrt{\frac{2I}{c\epsilon_0}} = \sqrt{\frac{2(4.78\ \text{W/m}^2)}{(3.00\times10^8\ \text{m/s})(8.85\times10^{-12}\ \text{C}^2/\text{N m}^2)}} = 60\ \text{V/m}$$

전기장과 자기장의 진폭은 광속으로 연결되어 있다. 그래서 자기장의 진폭을 계산하면 다음과 같다.

$$B_0 = \frac{E_0}{c} = 2.0\times10^{-7}\ \text{T}$$

검토 전기장의 진폭은 보통이며, 자기장의 진폭은 매우 작다. 이것은 전자기파와 물질의 상호작용이 대부분 전기장에 의한 것임을 의미한다.

복사압

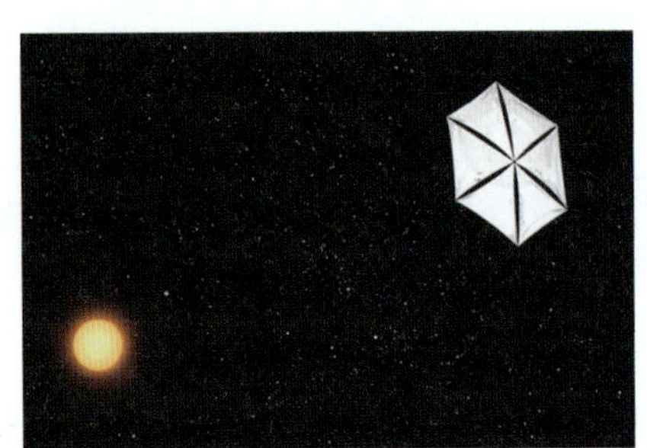

태양의 복사압에 의해 추진되는 미래 우주선에 대한 예술가의 상상도

전자기파는 에너지뿐만 아니라 운동량을 전달한다. 물체는 전자기파를 흡수할 때 운동량이 증가한다. 움직이는 공에 충격을 받으면 운동량이 증가하는 것과 같다.

빛에너지를 완전히 흡수하는 물체에 빛살을 비춘다고 가정하자. 물체가 Δt 시간 동안 에너지를 흡수하면, 운동량은 다음과 같이 변한다.

$$\Delta p = \frac{\text{흡수된 에너지}}{c}$$

이것은 맥스웰 이론의 결과이다(증명은 생략한다).

운동량 변화는 빛이 물체에 힘을 가하고 있음을 의미한다. 운동량에 대한 뉴턴의 제2법칙은 $F = \Delta p/\Delta t$이다. 빛살에 인한 복사력은 다음과 같다.

$$F = \frac{\Delta p}{\Delta t} = \frac{(\text{흡수된 에너지})/\Delta t}{c} = \frac{P}{c}$$

여기서 P는 빛이 가진 일률(J/s)이다.

단위 넓이당 물체에 작용하는 힘이 더 중요한 의미를 갖는데, 이것을 **복사압**(radiation pressure) p_{rad}라고 한다. 빛을 모두 흡수하는 물체의 복사압은 다음과 같다.

$$p_{\text{rad}} = \frac{F}{A} = \frac{P/A}{c} = \frac{I}{c} \tag{31.42}$$

여기서 I는 광파의 세기이다. 복사압 p_{rad}의 첨자는 운동량 p와 구별하기 위해 중요하다.

예제 31.5 | **태양 돛**

우주선을 다른 행성으로 보내는 저렴한 방법은 복사압을 사용하는 태양 돛이다. 지구 궤도 근처의 거리에서 태양의 전자기 복사의 세기는 약 1300 W/m^{2}이다. 10,000 kg 우주선을 화성 쪽으로 0.010 m/s^{2}으로 가속하기 위해서 얼마 크기의 돛이 필요한가?

핵심 태양 돛이 전자기 복사를 완벽하게 흡수한다고 가정하라.

풀이 0.010 m/s^{2}의 가속도를 주는 데 필요한 힘은 $F = ma = 100$ N이다. 식 (31.42)를 사용하여, 빛을 흡수하여 태양으로부터 100 N의 힘을 얻기 위한 돛의 넓이는 다음과 같다.

$$A = \frac{cF}{I} = \frac{(3.00 \times 10^8 \text{ m/s})(100 \text{ N})}{1300 \text{ W/m}^2} = 2.3 \times 10^7 \text{ m}^2$$

검토 만약 돛이 정사각형이라고 한다면 4.8 km × 4.8 km 또는 대략 3 mi × 3 mi의 넓이가 필요하다. 이것은 크지만 우주에서 펼칠 수 있는 박막을 이용한다면 완전히 불가능한 것은 아니다. 그러나 승무원들은 화성에서 어떻게 돌아올까?

안테나

전자기파가 전하나 전류와 무관하게 스스로 유지된다는 것을 확인했다. 그러나 전자기파의 **파원**에서는 전하와 전류가 필요하다. 전자기파가 안테나에 의해 어떻게 생성되는지 간단히 살펴보자.

그림 31.25는 전기 쌍극자의 전기장이다. 쌍극자가 수직이면, 수평선 위의 점에서

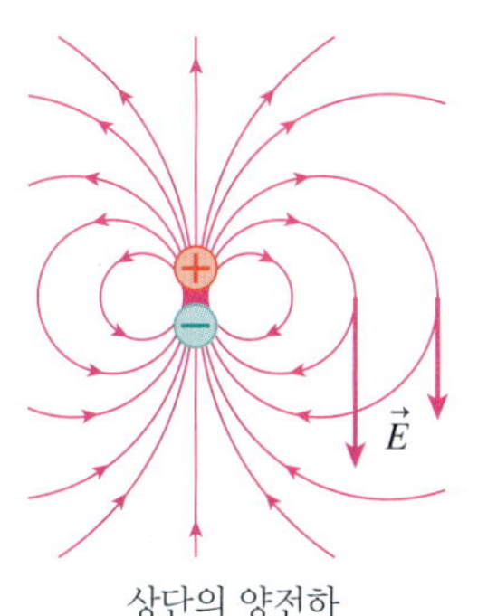

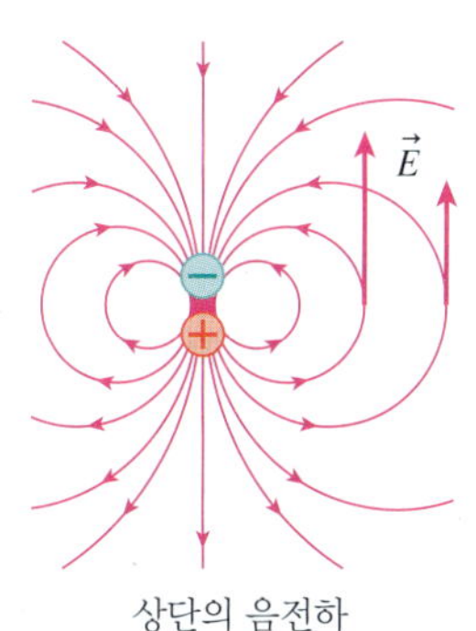

◀ 그림 31.25 전기 쌍극자는 전기장을 생성하고, 쌍극자 전하가 반대로 되면 전기장도 반대로 된다.

그림 31.26 안테나는 자동으로 유지되는 전자기파를 생성한다.

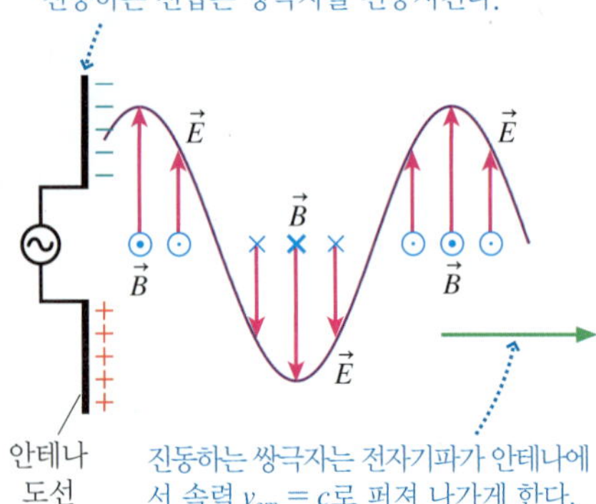

전기장 $\vec{E}$도 수직이다. 전하의 위치를 바꾸어 쌍극자를 반대로 바꾸면 $\vec{E}$도 반대로 된다. 전하가 위아래로 진동한다면, 즉 진동수 f로 위치가 뒤바뀌면 $\vec{E}$는 수직면에서 진동된다. 변하는 $\vec{E}$는 유도 자기장 $\vec{B}$를 생성할 것이고, 그것은 또 $\vec{E}$를 유도하고, 또 다시 $\vec{B}$를 생성하고, ……, 그래서 진동수가 f인 전자기파가 공간으로 복사될 것이다.

이것이 **안테나**(antenna)이다. 그림 31.26은 진동하는 전원 단자에 부착된 2개의 금속 도선을 보여준다. 그림은 상단의 도선은 음극이고 하단의 도선은 양극인 순간을 보여준다. 반주기마다 극이 전환된다. 도선은 기본적으로 진동하는 쌍극자이고 이것은 진동하는 전기장을 생성한다. 진동하는 $\vec{E}$는 진동하는 $\vec{B}$를 유도한다. 이것은 속력이 $v_{em} = c$인 전자기파를 방출한다. 파동은 파원으로서 진동하는 전하를 필요로 하지만, 일단 생성되면 파원과 무관하게 자체적으로 유지된다. 안테나가 파손될 수 있지만, 파동은 맥스웰의 유산을 지니고 수십억 광년 동안 우주를 횡단할 수도 있을 것이다.

31.7 편광

전기장 벡터 $\vec{E}$와 포인팅 벡터 $\vec{S}$(전파의 방향으로)의 평면을 전자기파의 **편광면**(plane of polarization)이라고 한다. 그림 31.27은 x축을 따라 움직이는 2개의 전자기파를 보여준다. 그림 31.27a의 전기장은 수직으로 진동하기 때문에, 이 파동은 **수직으로 편광**되었다고 말할 수 있다. 유사하게 그림 31.27b의 파동은 **수평으로 편광**되어 있다. 수평에서 30° 기울어진 파동과 같은 편광도 가능하다.

그림 31.27 편광면은 전기장 벡터가 진동하는 평면이다.

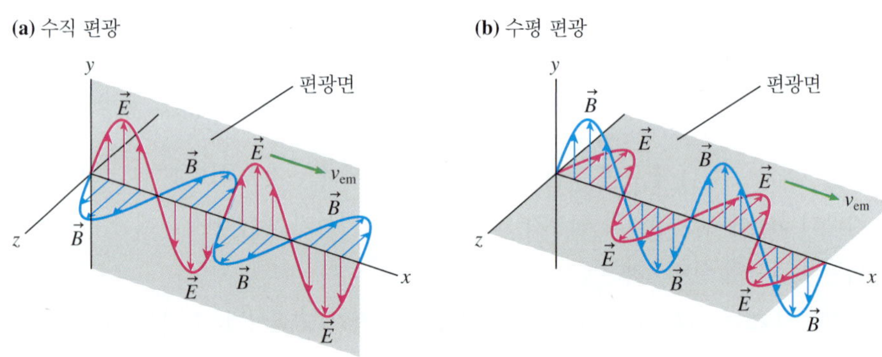

레이저나 라디오 안테나 같은 일부 파원은 **편광된** 전자기파를 방출한다. 반면에 전자기파 복사의 자연 파원은 대부분 편광되지 않은 것으로, 전기장이 모든 가능한 방향으로 무작위하게 진동하는 파동을 방출한다.

일부 자연 파원은 **부분적으로 편광**되어 있는데, 이것은 한쪽 편광이 우세한 것을 의미한다. 태양 빛이 나가는 방향에 대해 직각으로 바라볼 때 산란되어서 오는 태양 빛은 부분적으로 편광된다. 왜냐하면 이 광선은 공기 분자에 의해 산란되기 때문이다. 벌과 같은 곤충들은 부분 편광을 이용하여 이동한다. 길이나 호수 같은 평평한 수평면에서 반사되는 빛은 주로 수평으로 편광된다. 이것이 편광된 선글라스를 사용하는 이유이다.

인공적으로 편광된 가시광선을 생성하는 가장 일반적인 방법은 편광되지 않은 빛을 **편광 필터**를 통해 보내는 것이다. 널리 사용되는 최초의 편광 필터는 1928년 에드윈 랜드(Edwin Land)가 발명한 것으로, 그가 아직 대학생일 때 발명하였다. 그는 1938년에 폴라로이드라고 불리는 개선된 버전을 개발하였다. 그림 31.28에서 볼 수 있듯이 폴라로이드는 고분자로 알려진 매우 긴 유기 분자가 들어 있는 얇은 플라스틱 판이다. 얇은 판은 고분자들이 바베큐 그릴의 쇠막대처럼 그리드를 이루게 정렬되는 방식으로 만들어진다. 이 얇은 판은 화학적으로 처리하여 고분자가 다소 전도성을 가지도록 한다.

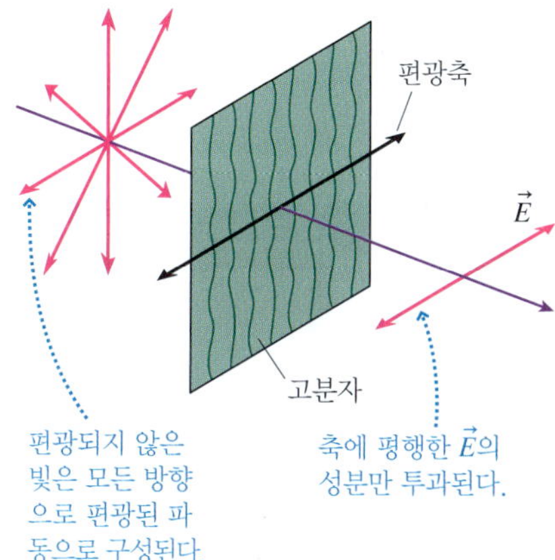

그림 31.28 편광 필터

광파가 폴라로이드를 통해 진행할 때, 폴리머 그리드와 평행하게 진동하는 전기장 성분은 전자를 분자의 위아래로 구동시킨다. 전자는 광파의 에너지를 흡수하므로 $\vec{E}$의 수평 성분이 필터에 흡수된다. 그러나 전자는 분자에 대해 수직으로 진동할 수 없기 때문에 고분자 그리드에 수직인 $\vec{E}$ 성분은 흡수 없이 통과한다. 따라서 편광 필터를 지나는 광파는 폴리머 그리드에 수직으로 편광된다. 투과된 편광의 방향을 **편광축**이라고 한다.

말루스의 법칙

빛의 세기가 I_0인 편광된 빛이 편광 필터로 입사된다고 가정하자. 필터를 통과하는 빛의 세기는 얼마인가? 그림 31.29는 진동하는 전기장이 편광축과 평행인 성분과 수직인 성분으로 분해될 수 있다는 것을 보여준다. 편광축이 y축이라면 입사 전기장은 다음과 같다.

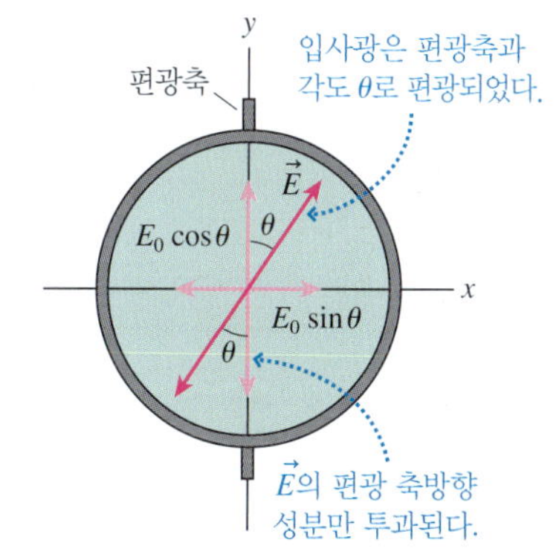

그림 31.29 입사 전기장은 편광축과 수평인 성분과 수직인 성분으로 분해 될 수 있다.

$$\vec{E}_{\text{incident}} = E_{\perp}\hat{\imath} + E_{\parallel}\hat{\jmath} = E_0 \sin\theta\,\hat{\imath} + E_0 \cos\theta\,\hat{\jmath} \tag{31.43}$$

여기서 θ는 입사하는 빛의 편광면과 편광축 사이의 각이다.

편광판이 이상적이면, 즉 편광축에 평행하게 편광된 빛은 100% 투과되고 축에 수직한 빛은 100% 차단된다면, 이러한 필터를 투과한 빛의 전기장은 다음과 같다.

$$\vec{E}_{\text{transmitted}} = E_{\parallel}\hat{\jmath} = E_0 \cos\theta\,\hat{\jmath} \tag{31.44}$$

빛의 세기는 전기장 진폭의 제곱에 의존하기 때문에, 투과광의 세기는 입사광의 세기와 다음과 같은 관계가 있다.

$$I_{\text{transmitted}} = I_0 \cos^2\theta \quad \text{(편광된 입사광)} \tag{31.45}$$

1809년에 실험적으로 발견된 이 결과를 **말루스의 법칙**(Malus's law)이라고 한다.

그림 31.30a는 말루스의 법칙을 2개의 편광 필터로 구현한 것이다. **편광판**이라고 하는 첫 번째 필터는 빛의 세기 I_0로 편광된 빛을 생성하기 위해 사용하고, **검광판**이라고 하는 두 번째 필터는 편광판에 대해 어떤 각도 θ만큼 회전한다. 그림 31.30b의 사

그림 31.30 투과된 빛의 세기는 편광 필터 사이의 각도에 의존한다.

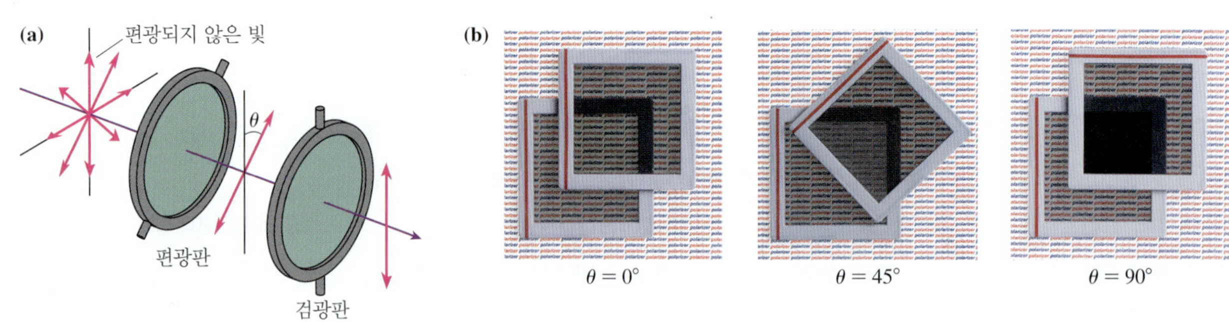

수직 편광판은 수면에서 수평으로 편광된 눈부심을 차단한다.

진에서 보듯이, $\theta = 0°$일 때 검광판의 투과도가 (이상적으로) 100%이고, 점점 감소하여 $\theta = 90°$일 때 0이 된다. **교차 편광판**이라 하는 서로 수직인 2개의 편광 필터는 모든 빛을 차단한다.

그림 31.30a처럼, 왼쪽에서 편광판으로 입사하는 빛이 **편광되지 않았다**고 가정하자. 편광되지 않은 빛의 전기장은 가능한 모든 θ값을 가지며 무작위로 변한다. $\cos^2\theta$의 **평균**값이 $\frac{1}{2}$이기 때문에, 편광 필터에 의해 투과된 빛의 세기는 다음과 같다.

$$I_{\text{transmitted}} = \frac{1}{2} I_0 \quad \text{(편광되지 않은 입사광)} \tag{31.46}$$

즉, 편광 필터는 편광되지 않은 빛을 50% 투과시키고 50%를 차단한다.

편광 선글라스의 고분자 그리드는 수평으로 정렬되어 있기 때문에 수직으로 편광된 빛을 투과한다. 대부분의 자연광은 편광되지 않으므로 이 선글라스는 빛의 세기를 50%까지 감소시킨다. 그러나 **눈부신 빛**(직사광선이나 자연광이 도로와 같은 수평면에 반사된 것)은 강한 수평 편광을 가지고 있다. 이 빛은 폴라로이드에 의해 거의 완전히 차단되므로 선글라스는 여러분의 시야에는 영향을 주지 않고 눈부심을 차단한다.

선글라스를 들고 수평면에서 반사되는 눈부신 빛을 보면서 이를 돌려보면 여러분의 선글라스가 편광처럼 되어 있는지 확인할 수 있다. 편광 선글라스는 안경 방향이 '정상'일 때 눈부심을 현저하게 줄이지만 안경이 90°로 회전되어 있을 때는 그렇지 않다. (편광 처리된 선글라스가 있다면 여러분의 선글라스를 이것과 교차할 때 모든 빛이 차단되는지 확인하여 이를 테스트할 수도 있다.)

응용 예제 31.6 | 가벼운 추진력

미래의 우주 로켓은 배출 가스보다는 레이저빔을 발사하여 스스로 추진할 수 있다. 가속도는 작지만 우주의 진공 상태에서 수개월 또는 수년간 지속할 수 있다. 15 MW 레이저로 구동되는 무인 우주 탐색기 1200 kg을 고려하라. 1년 후, 얼마나 멀리 여행하고 얼마나 빨리 갈 것인가?

핵심 레이저 효율이 매우 높다고 가정하면 무시할 수 있는 연료 질량으로 1년 동안 동력을 공급받을 수 있다.

풀이 광파는 에너지뿐만 아니라 운동량도 전달한다. 이것이 복사 압력이 가해지는 원리이다. 출력이 P인 빛살의 복사력은 다음과 같다.

$$F = \frac{P}{c}$$

뉴턴의 제3법칙에서, 방출된 광파는 광원에 동일하지만 반대 방향의 반작용을 가한다. 이 경우, 방출된 빛은 레이저가 부착된 탐색기에 같은 크기의 힘을 가한다. 이 반작용력은 다음의 가속도로 탐색기를 가속시킨다.

$$a = \frac{F}{m} = \frac{P}{mc} = \frac{15 \times 10^6 \text{ W}}{(1200 \text{ kg})(3.0 \times 10^8 \text{ m/s})} = 4.2 \times 10^{-5} \text{ m/s}^2$$

예상대로, 가속도는 매우 작다. 그러나 1년은 매우 긴 시간이다($\Delta t = 3.15 \times 10^7$ s). 1년의 가속 후에,

$$v = a\,\Delta t = 1300 \text{ m/s}$$
$$d = \tfrac{1}{2}a(\Delta t)^2 = 2.1 \times 10^{10} \text{ m}$$

이다. 우주 탐색기는 2.1×10^{10} m 이동할 것이고, 속도는 1300 m/s가 될 것이다.

검토 1년 후에도, 속력은 단지 4680 km/h로서 놀라울 정도로 빠르지는 않다. 그러나 탐색기는 화성까지의 거리의 약 25%를 이동할 것이다.

서술형 질문

1. 실험실에 있는 영구 자석이 2 T의 자기장(위쪽 방향)을 생성한다. 그림 Q31.1과 같이 2개의 로켓 P와 Q가 500 m/s의 같은 속력으로 각각 실험실의 x축과 y축을 따라 비행하고 있다. 두 로켓에 타고 있는 과학자들에 의해 자극 사이에서 측정되는 장은 무엇인가?

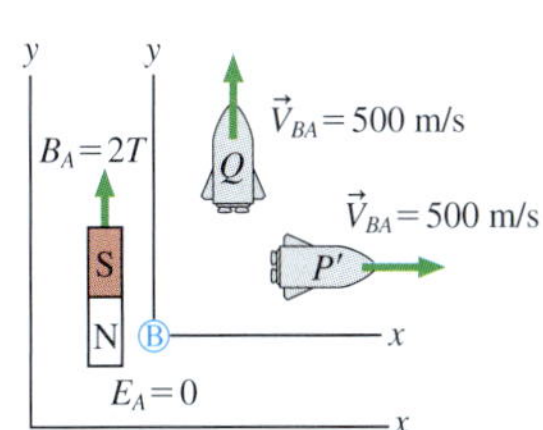

그림 Q31.1

2. 그림 Q31.2의 각각의 경우에 그림과 같이 오른손가락을 감으면 전기 선속은 양(+)인가, 음(−)인가?

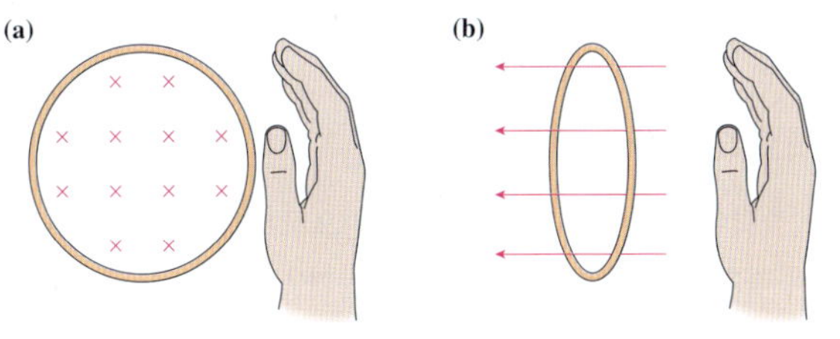

그림 Q31.2

3. 그림 Q31.3의 전기장 세기는 어떻게 되는지 설명하시오. (증가, 감소, 변화 없음)

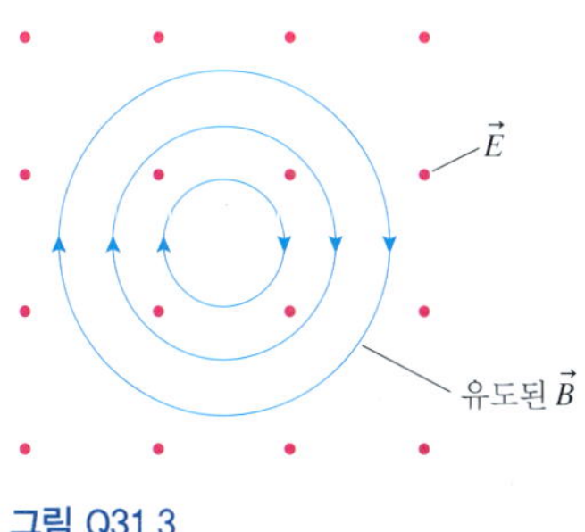

그림 Q31.3

4. 그림 Q31.4에서 전자기파는 어느 방향으로 진행하는가?

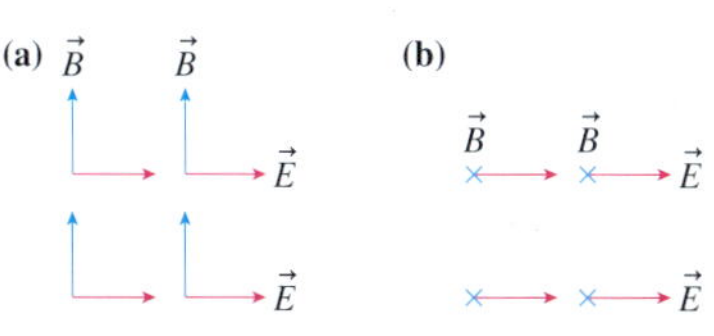

그림 Q31.4

5. 구형 텔레비전은 그림 Q31.5와 같은 고리 안테나를 사용하였다. 이 안테나는 어떻게 작동하는가?

그림 Q31.5

연습문제

표시가 된 연습문제들은 이전 장들에서 다룬 내용과 관련이 있다.

연습

31.1 전기장(E)이냐 자기장(B)이냐? 이것은 여러분의 관점에 의존한다

1. | 그림 EX31.1은 기준계 A에서 전기장과 자기장을 보여준다. 기준계 B의 로켓은 좌표계 A의 한 축과 평행하게 이동한다. 로켓 내부의 과학자들이 (a) $B_B > B_A$, (b) $B_B = B_A$, 그리고 (c) $B_B < B_A$임을 측정하기 위해서는 어느 축을 따라, 어느 방향으로 이동해야 하는가?

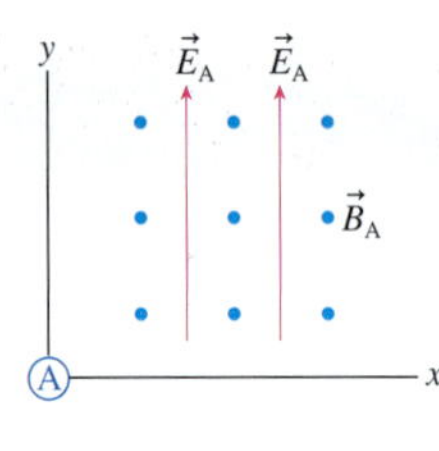

그림 EX31.1

2. || 실험실 과학자들은 그림 EX31.2에 표시된 전기장과 자기장을 만들었다. 1.0×10^6 m/s의 속도로 x축 방향을 따라 움직이는 로켓 내부의 과학자들도 이 전기장과 자기장을 본다. 로켓 내부의 과학자들에 따르면 전기장은 로켓의 축과 어떤 각도를 이루는가?

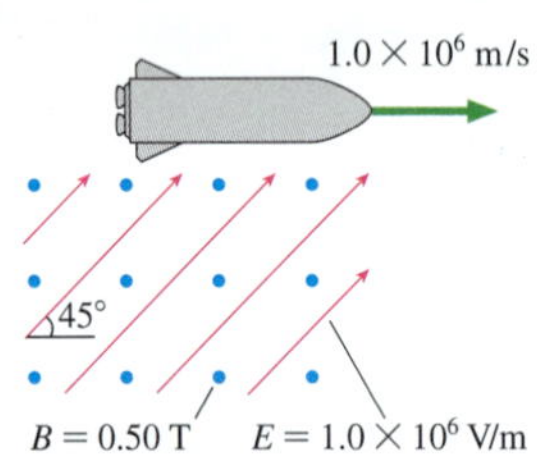

그림 EX31.2

3. || 로켓이 $v = 2.0 \times 10^6$ m/s로 빠르게 지구를 지나가고 있다. 로켓에 있는 과학자들은 그림 EX31.3에서 보여지는 전기장과 자기장을 만들었다. 지구상의 과학자들에 의해 측정된 전기장과 자기장은 얼마인가?

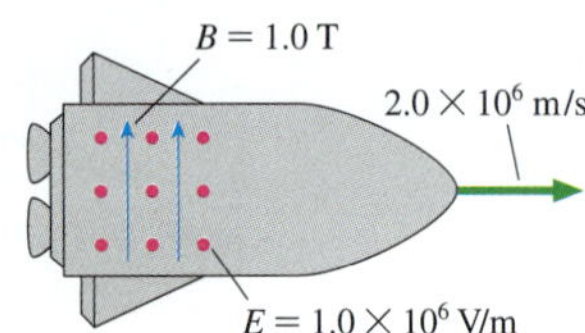

그림 EX31.3

31.2 지금까지 전자기장의 법칙들

31.3 변위 전류

4. | 물리량 $\epsilon_0(d\Phi_e/dt)$는 전류의 단위를 가짐을 보이시오.

5. | 축전기의 변위 전류가 1.5 A이고, 전기 퍼텐셜차가 2.0×10^6 V/s로 증가하는 경우, 전기 용량은 몇 μF인가?

6. ||| 지름이 8 cm인 평행판 축전기의 간격이 0.5 mm이다. 판 사이의 전기장이 2.0×10^6 V/ms의 비율로 증가한다. (a) 축에서의 자기장 세기, (b) 축으로부터 2 cm인 지점에서의 자기장 세기, (c) 축으로부터 5.0 cm인 지점에서의 자기장 세기는 얼마인가?

31.5 전자기파

7. | 자기장의 진폭이 5.0 mT인 전자기파에서 전기장의 진폭은 얼마인가?

8. | 진공 중에서 전자기파의 전기장은 $E_y = (20.0 \text{ V/m}) \cos[(6.28 \times 10^8)x - \omega t]$일 때, (a) 파장, (b) 진동수, 그리고 (c) 자기장의 진폭은 얼마인가? 여기서 x는 m로, t는 s로 측정한 것이다.

31.6 전자기파의 특성

9. | 라디오파가 y축과 반대 방향으로 진행하고 있다. $\vec{B}$가 x축 방향을 향할 때 $\vec{E}$의 방향은 어디를 향하는가?

10. || 헬륨-네온 레이저는 1.0 mW의 출력으로 지름이 1.0 mm인 레이저빔을 방출한다. 이 광파의 전기장과 자기장의 진폭은 얼마인가?

11. || 200 MW 레이저 펄스를 지름이 2.0 μm인 렌즈로 집속했다.
    a. 초점에서 레이저빔의 전기장 진폭은 얼마인가?
    b. 수소 원자의 양성자에 전자가 묶여 있도록 하는 전기장에 대한 이 레이저빔의 전기장 비율은 얼마인가? 전자의 궤도 반지름은 0.053 nm이다.

12. || 출력이 10 W인 전자기파의 파원으로부터 얼마나 떨어진 점에서 자기장의 진폭이 1.0 μT가 되는가?

31.7 편광

13. | 그림 EX31.13에서 보는 바와 같이, 진동수가 1.0×10^6 Hz이며 수직으로 편광된 라디오파가 진행되고 있다. 최대 전기장의 세기는 1000 V/m이다.

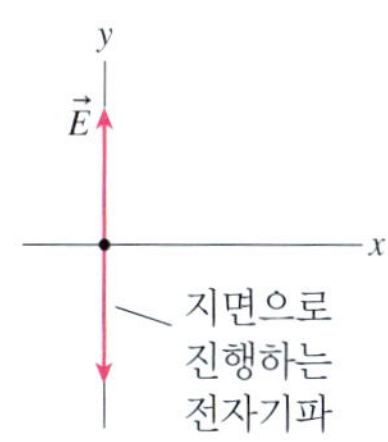

그림 EX31.13

a. 최대 자기장의 세기는 얼마인가?

b. $\vec{E}=(500\ \text{V/m},\ \text{아래 방향})$인 지점에서 자기장의 세기와 방향은 무엇인가?

14. ‖ 출력이 200 mW인 수직 편광된 레이저빔이 편광 필터를 통과한다. 편광축이 수평축에서 35°만큼 기울어져 있다면 필터에서 나오는 레이저빔의 출력은 얼마인가?

문제

15. ‖ 그림 P31.15에서처럼 전기장과 자기장이 걸린 곳에서 움직이는 양성자가 받는 힘의 크기와 방향을 구하시오. 방향은 수직으로부터 시계 방향이나 반시계 방향의 각도로 지정하라.

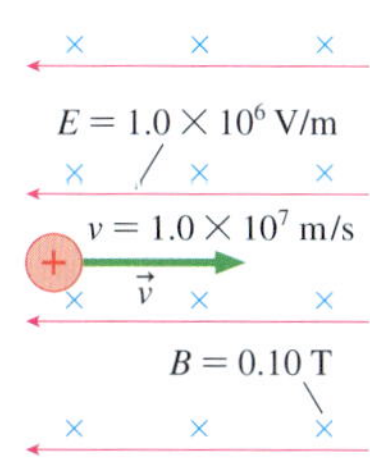

그림 P31.15

16. | 그림 P31.16에서처럼 평행판 축전기 내로 양성자를 1.0×10^6 m/s의 속력으로 발사하였다. 축전기의 전기장은 $\vec{E}=(1.0\times10^5\ \text{V/m},\ \text{아래 방향})$이다.

a. 양성자가 속력과 방향이 변하지 않고 축전기를 통과하려면 얼마만한 자기장을 어떤 방향으로 가해야 하는가?

b. 양성자의 기준계에서 전기장과 자기장을 찾으시오.

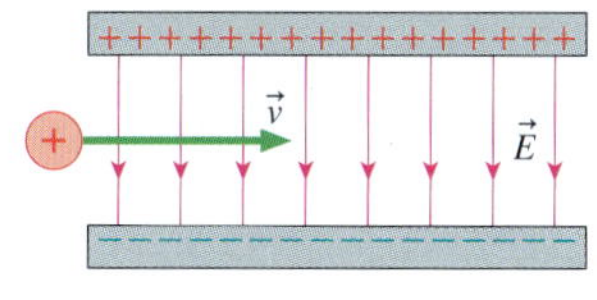

그림 P31.16

17. ‖ 그림 P31.17에서처럼 반지름 r인 원형 고리는 선전하 밀도 λ를 갖는 대전된 도선을 따라 속력 v로 이동한다. 도선은 실험실계에 놓여 있고, 고리의 중심을 통과한다.

a. 실험실에 있는 과학자에 의해 측정된 고리의 한 점에서 $\vec{E}$와 $\vec{B}$는 얼마인가? 크기와 방향을 모두 표현하시오.

b. 고리의 기준계에 있는 과학자에 의해 측정되는 고리의 한 점에서 $\vec{E}$와 $\vec{B}$는 얼마인가?

c. 고리의 기준계에 있는 실험자가 보는 고리의 중심을 통과하는 전류가 $I=\lambda v$임을 보이시오.

d. 고리의 기준계에 있는 실험자가 문항 c의 전류로부터 거리 r만큼 떨어진 지점에서 본 전기장과 자기장은 얼마인가?

e. 문항 b와 d의 전기장과 자기장이 같음을 보이시오.

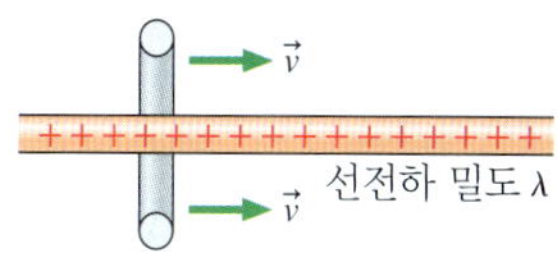

그림 P31.17

18. ‖ 간단한 직렬 회로가 150 Ω의 저항기, 25 V의 전지, 스위치, 그리고 판 사이의 간격이 5.0 mm인 2.5 pF 평행판 축전기(초기에는 충전되어 있지 않음)로 구성되어 있다. 스위치는 $t=0$ s에서 닫힌다.

a. 스위치를 닫은 후 축전기를 통과하는 최대 전기 선속과 최대 변위 전류를 구하시오.

b. $t=0.50$ ns에서 전기 선속과 변위 전류를 구하시오.

19. ||| 10 A의 전류로 1.0 cm 간격의 평행판 축전기를 충전한다.

a. 축전기로 이어지는 도선의 중심에서 지름 방향으로 2.0 mm인 지점에서 자기장 세기는 얼마인가?

b. 축전기의 중심에서 지름 방향으로 2.0 mm인 지점에서 자기장 세기는 얼마인가?

20. ‖ 그림 P31.20는 반지름 $R=3.0$ mm인 원통 내부의 전기장을 보여준다. 전기장 세기가 시간에 따라 $E=1.0\times10^8 t^2$ V/m로 증가한다. 시간의 단위는 초(s)이다. 원통 밖의 전기장은 항상 0이다. 그리고 원통 내의 전기장은 $t<0$일 때는 0이다.

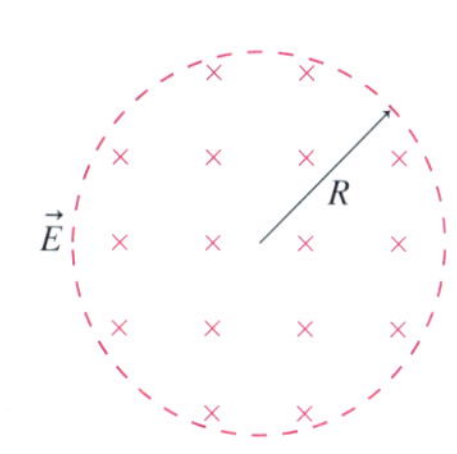

그림 P31.20

a. 시간의 함수로써 원통 전체를 통해 나오는 전기 선속 Φ_e을 표현하시오.

b. 원통의 내부와 외부의 자기장선을 화살표를 이용하여 그려보시오. 장의 방향을 나타내는 화살촉을 포함하시오.

c. 중심으로부터 거리가 $r<R$인 점에서 시간의 함수로써 자기장의 세기를 표현하시오. $t=2.0$ s, $r=2.0$ mm에서 자기장의 세기를 계산하시오.

d. 중심으로부터 거리가 $r>R$인 점에서 자기장의 세기를 시간의 함수로써 표현하시오. $t=2.0$ s, $r=4.0$ mm에서 자기장의 세기를 계산하시오.

21. ‖ 1.0 μF의 축전기가 $t=0$ s에서 대전되어 있지 않다. 판을 통

과하는 변위 전류는 $I_{disp} = (10\text{ A})\exp(-t/2.0\ \mu\text{s})$이다. 축전기의 초기 전압 $(\Delta V_C)_0$는 얼마인가?

22. ‖ a. 전기장과 자기장의 에너지 밀도 u_E와 u_B가 전자기파에서 서로 동일하다는 것을 보이시오. 즉, 파동 에너지가 전기장과 자기장 사이에서 균등하게 분배되었다는 것을 보이시오.
    b. 세기가 1000 W/m^{2}인 전자기파의 총 에너지 밀도는 얼마인가?

23. ‖ 지름이 7.0 cm인 100 W의 전구가 모든 에너지를 가시광선의 단일 파장으로 방출한다고 가정하라. 전구의 표면에 전기장과 자기장의 세기를 예측하시오.

24. | 보이저 2호 우주선이 1989년에 해왕성을 지나갈 때 지구로부터 4.5×10^9 km 떨어져 있었다. 그것의 라디오 송신기는 데이터와 이미지를 21 W의 출력으로 송출한다. 송신기가 모든 방향으로 동일하게 방송했다고 가정하면,
    a. 지구상에서 수신되는 신호 강도는 얼마인가?
    b. 검출되는 전기장의 진폭은 얼마인가?

    우주선이 지향성 안테나를 사용했기 때문에 수신된 신호는 계산 결과보다 다소 강했지만 큰 차는 아니다.

25. ‖ 공기 중에서 만들어질 수 있는 전기장의 최대 세기는 3.0 MV/m이다. 강한 전기장은 공기를 이온화하고 스파크를 만들어 낸다. 공기를 통해 전파되는 지름이 1.0 cm 레이저빔으로 전달할 수 있는 최대 출력은 얼마인가?

26. ‖ 지구에 도달하는 태양빛의 세기는 1360 W/m^{2}이다. 모든 태양빛이 흡수된다고 가정하면, 지구상의 복사압은 얼마인가? (a) 단위 N(뉴턴)을 이용하여 답하시오. (b) 지구상에 미치는 태양의 중력에 대한 비로 답하시오.

27. ‖ 레이저빔이 질량이 m인 검고 평평한 호일 위에 수직으로 쪼여진다.
    a. 호일을 공중에 뜨게 하기 위해 필요한 레이저 출력 P의 표현식을 구하시오.
    b. 질량이 25 μg인 호일에 대해 P를 계산하시오.

28. ‖ 여러분은 최근에 지름이 20 cm이고 출력이 25 MW인 레이저빔을 방출하는 화학 레이저에 대해 읽었다. 어느날 물리학 수업 후, 여러분은 이 레이저빔의 복사압을 이용하여 작은 물체를 궤도에 발사할 수 있는지 궁금해졌다. 이것이 가능한지 알아보기 위하여 지름이 20 cm이고 질량이 100 kg이며 복사를 완전히 흡수하는 블록이 받는 가속도를 계산한다. 레이저를 사용하여 블록을 마찰이 없는 트랙을 따라 수평으로 100 m 밀어내면, 이 블록의 속력은 얼마가 되는가?

29. ‖ 세기가 I_0인 편광되지 않은 빛이 2개의 편광 필터에 입사된다. 투과된 빛의 세기는 $I_0/10$이다. 2개 필터의 편광축 사이의 각은 얼마인가?

응용 문제

30. ‖| 물이 담긴 한 변이 10 cm인 정육면체 상자에 $E_0 = 11$ kV/m의 마이크로파 빔을 쪼인다. 마이크로파는 이 상자의 한 면에 조사되고 물은 입사 에너지의 80%를 흡수한다. 수온을 50°C까지 올리는 데 얼마나 걸리는가? 이 시간 동안 물의 열손실이 없다고 가정한다.

31. ‖| 전자가 $\vec{v} = 5.0 \times 10^6\,\hat{\imath}$ m/s의 속도로 $\vec{B} = 0.10\,\hat{\jmath}$ T인 공간의 한 점을 지나간다. 이 점에서 전자에 가해지는 힘은 $\vec{F} = (9.6 \times 10^{-14}\,\hat{\imath} - 9.6 \times 10^{-14}\,\hat{k})$ N이다. 전기장은 얼마인가?

32. ‖| 태양계가 만들어진 이후에 많은 양의 먼지가 남았다. 검댕이나 모래 알갱이와 비슷한 크기를 가진 큰 먼지 입자들도 흔하다. 그것은 지구 대기와 충돌할 때 유성을 만든다. 그러나 아주 작은 먼지 입자는 눈에 띄지 않는다. 천문학자들은 매우 작은 입자가 태양에 의해 태양계 밖으로 날아갔다고 믿고 있다. 먼지 입자에 가해지는 힘을 비교함으로써 태양계에 장시간 있을 수 있는 가장 작은 먼지 입자의 지름을 결정하라. 먼지 입자는 구형이고 검은색이며, 밀도가 2000 kg/m^{3}라고 가정한다. 태양은 3.9×10^{26} W의 출력으로 전자기 방사선을 방출한다.

32 교류 회로
AC Circuits

송전선은 500,000 V를 초과하는 전압에서 교류 전류를 전달한다.

이 장에서는 AC 회로를 배우고 분석한다.

AC 회로는 무엇인가?

28장에서 공부한 회로는 전류가 한 방향으로 일정하게 흐르는 직류 회로라고 한다. 진동하는 기전력을 가진 회로를 AC 회로(alternating current)라고 한다. 전국에 전기를 전송하는 전력망은 교류를 사용한다.

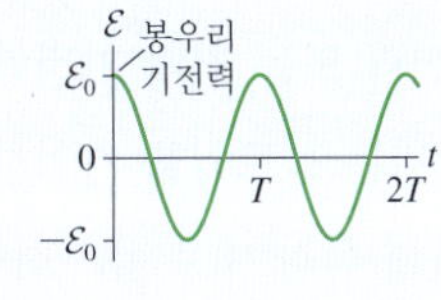

《 되돌아보기: 28장 회로

회로 요소는 AC 회로에서 어떻게 작용하는가?

AC 회로의 저항기는 DC 회로에서처럼 작동한다. 그러나 축전기와 인덕터는 DC 회로보다 AC 회로에서 더 유용하다는 것을 알게 될 것이다.

- 축전기와 인덕터를 지나는 전압과 전류는 90° 위상차가 있다. 하나가 0일 때 다른 하나는 봉우리에 도달하고, 하나가 봉우리일 때 다른 하나는 0에 도달한다.
- 봉우리 전압 V와 봉우리 전류 I는 옴의 법칙과 유사한 $V = IX$ 관계를 가지며, 여기서 진동수에 의존하는 X를 리액턴스라고 한다.
- 저항기와 달리 축전기와 인덕터는 에너지를 소모하지 않는다.

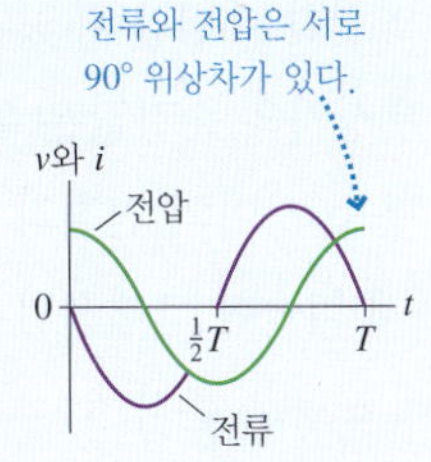

《 되돌아보기: 26.5절 축전기

《 되돌아보기: 30.8절 인덕터

위상자란 무엇인가?

AC 전압은 사인 모양으로 진동하므로 AC 회로의 수학은 SHM의 경우와 같다. 진동하고 있는 양을 표현하는 새로운 방법으로서 위상자라고 하는 회전 벡터를 배운다. 위상자라는 양의 순간값은 이를 수평 투영한 것이다.

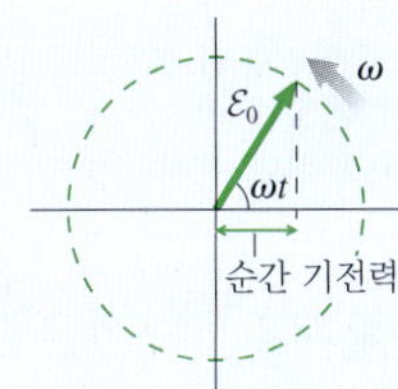

《 되돌아보기: 15장 단순 조화 운동과 공명

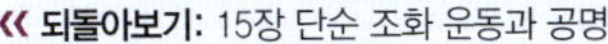

RLC 회로란 무엇인가?

저항기, 인덕터 및 축전기가 직렬로 연결된 회로를 *RLC* 회로라고 한다. *RLC* 회로는 좁은 진동수 범위에서 큰 전류를 흐르게 하는 공명을 일으켜서 특정 진동수를 선택할 수 있게 해준다. 그 결과, *RLC* 회로는 통신에서 매우 중요하다.

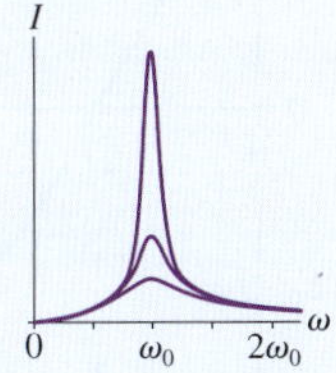

AC 회로가 중요한 이유는 무엇인가?

AC 회로는 우리 기술 사회의 중추이다. 발전기는 진동하는 기전력을 자동으로 생성하고, AC 전력은 장거리에 걸쳐 쉽게 전달되며, 기술자는 변압기를 통해 AC 전압을 승압 또는 강압할 수 있다. 라디오, 텔레비전 및 휴대 전화는 진동하는 전압 및 전류로 작동하기 때문에 AC 회로를 쓴다. 이것들은 전력망보다 훨씬 높은 진동수에서 작동하지만 원리는 동일하다.

32.1 AC 전원과 위상자

30장에서 인용된 패러데이의 법칙의 예 중 하나는 발전기였다. 증기를 팽창시켜 동력을 공급할 수 있는 터빈 또는 낙하하는 물은 자기장에서 도선 코일을 회전시킨다. 코일이 회전함에 따라 기전력과 유도 전류는 사인 모양으로 진동한다. 기전력은 전하가 한 방향으로 흐른 다음 반주기 후에 다른 쪽으로 흐르게 하며, 양과 음의 값을 번갈아 갖는다. 북미 및 남미 지역의 전력망의 진동수는 $f = 60$ Hz인 반면 나머지 국가에서는 대부분 50 Hz 진동수를 사용한다.

발전기의 봉우리 기전력, 즉 봉우리 전압은 변함이 없이 고정되어 있기 때문에 발전기를 **교류 전압 전원**이라고 하는 것은 논리적으로 보일 수 있다. 그럼에도 불구하고 사인 모양 기전력을 공급받는 회로를 **AC 회로**라 하는데, 여기서 AC는 **교류 전류**를 나타낸다. 대조적으로, 28장에서 공부한 정상 전류 회로는 **직류 전류**이기 때문에 **DC 회로**라 한다.

AC 회로는 50 Hz 또는 60 Hz 전원의 전압에만 제한되지 않는다. 오디오, 라디오, 텔레비전 및 통신 장비는 모두, 약 10^2 Hz를 쓰는 오디오 회로에서 약 10^9 Hz를 쓰는 휴대 전화에 넓은 진동수 영역에서 AC 회로를 광범위하게 사용한다. 이 장치들은 사인 모양의 기전력을 생성하기 위해 발전기가 아닌 **전기 진동자**(electrical oscillator)를 사용하지만 회로 분석의 기본 원리는 동일하다.

AC 발전기 또는 진동자는 출력 전압이 사인 모양으로 진동하는 전지라고 생각할 수 있다. **그림 32.1a**에 보인 AC 발전기 또는 진동자의 순간 기전력은 다음과 같이 쓸 수 있다.

$$\mathcal{E} = \mathcal{E}_0 \cos \omega t \tag{32.1}$$

여기서 $\mathcal{E}_0$는 봉우리 기전력 또는 최대 기전력이고, $\omega = 2\pi f$는 라디안/초 단위의 각진동수이다. 기전력의 단위는 볼트임을 기억하라. 상상할 수 있듯이 AC 회로 분석의 수학은 단순 조화 운동의 수학과 매우 유사하다.

그림 32.1
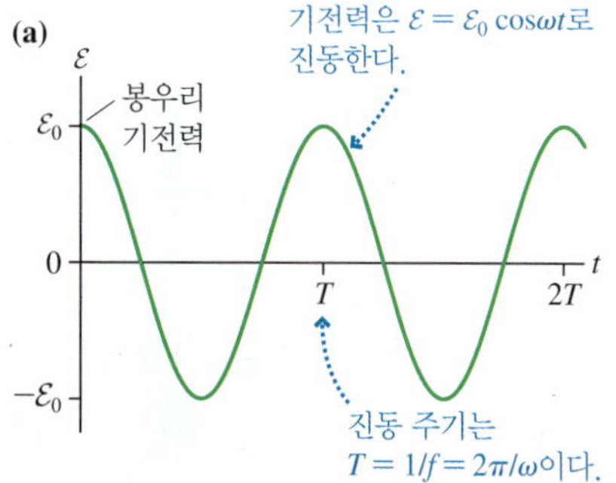

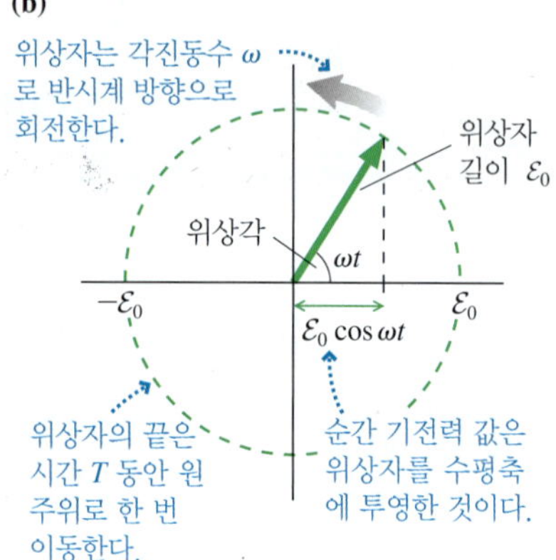

그림 32.1 진동하는 기전력은 그래프 또는 위상자 도형으로 나타낼 수 있다.

기전력과 함께 진동의 다른 양을 나타내는 또 다른 방법은 **그림 32.1b**에서 보여준 **위상자 도형**을 사용하는 것이다. **위상자**(phasor)는 원점을 중심으로 각진동수 ω로 반시계 방향으로 회전하는 벡터이다. 위상자의 길이 또는 크기는 진동량의 최댓값이다. 예를 들어, 기전력 위상자의 길이는 $\mathcal{E}_0$이다. 각도 ωt는 **위상각**이다. 15장에서는 원운동과 단순 조화 운동을 연결한 개념을 배웠다.

시간 t에서 측정하는 위상자의 순간값은 위상자를 수평축에 대한 투영값이다. 이것은 원운동과 단순 조화 운동 사이의 연결과 유사하다. **그림 32.2**는 원의 몇몇 특정 지점에서 위상자가 우리에게 익숙한 그래프와 어떻게 대응하는지 보여줌으로써 위상자의 회전을 시각화하는 데 도움을 준다.

그림 32.2 위상자와 그래프 상 위치의 대응

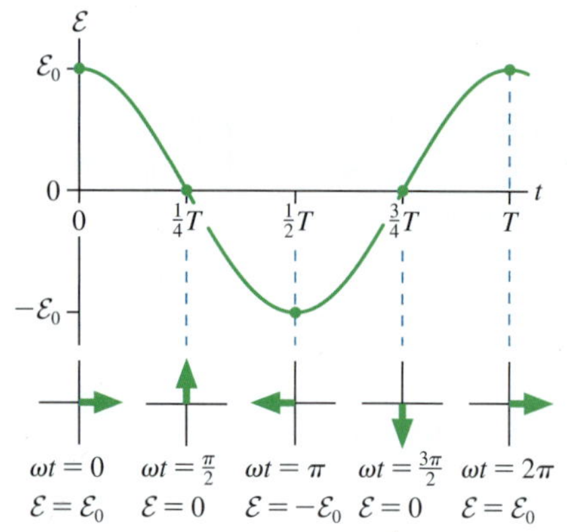

저항기 회로

28장에서 전류 I, 전압 V 및 퍼텐셜차 ΔV의 관점에서 회로를 분석하는 방법을 배웠다. 전류와 전압이 진동하므로 회로 요소를 지나가는 순간 전류를 나타내기 위해 소문자 i를 사용하고, 회로 요소의 순간 전압을 나타내기 위해 소문자 v를 사용한다.

그림 32.3은 저항기 R을 지나는 순간 전류 i_R을 보여준다. 저항기 전압(v_R)이라 하는 저항기 양단의 퍼텐셜차는 옴의 법칙에 의해 다음과 같다.

$$v_R = i_R R \tag{32.2}$$

그림 32.4는 AC 기전력 $\mathcal{E}$에 연결된 저항기 R을 보여준다. AC 발전기에 대한 회로 기호는 —⊙—이다. DC 저항기 회로를 분석한 것과 동일한 방식으로 이 회로를 분석할 수 있다. 키르히호프의 고리 법칙에서 닫힌 경로 둘레의 모든 퍼텐셜차의 합은 0이며, 다음과 같이 쓸 수 있다.

$$\sum \Delta V = \Delta V_{source} + \Delta V_{res} = \mathcal{E} - v_R = 0 \tag{32.3}$$

전류의 방향을 따라서 저항기를 지날 때 퍼텐셜이 감소하므로, DC 회로에 대한 식에서와 똑같이 음(−)의 부호가 나타난다. 따라서 고리 법칙으로부터 $v_R = \mathcal{E} = \mathcal{E}_0 \cos \omega t$임을 알 수 있다. 이것은 저항기가 기전력의 단자 양단에 직접 연결되었기 때문에 놀랄 일은 아니다.

AC 회로에서 저항기 전압은 다음과 같이 쓸 수 있다.

$$v_R = V_R \cos \omega t \tag{32.4}$$

이 식에서 V_R은 봉우리 전압 또는 최대 전압이다. 그림 32.4의 단일 저항기 회로에서 $V_R = \mathcal{E}_0$임을 볼 수 있다. 따라서 저항기를 지나는 전류는 다음과 같다.

$$i_R = \frac{v_R}{R} = \frac{V_R \cos \omega t}{R} = I_R \cos \omega t \tag{32.5}$$

여기에서 $I_R = V_R/R$은 봉우리 전류이다.

저항기의 순간 전류와 전압은 위상이 같으며, 둘 다 $\cos\omega t$로 진동한다. 그림 32.5는 전압과 전류를 그래프와 위상자 도형에서 동시에 보여준다. 전류 위상자가 전압 위상자보다 짧다는 사실은 아무런 의미가 없다. 전류와 전압이 다른 단위로 측정되었으므로, 하나의 길이와 다른 것의 길이를 비교할 수 없다. 단일 그래프에 2개의 다른 양을 보여주어(조심하지 않으면 오해하기 쉬운 전략), 그들이 같은 위상으로 진동하고, 그들의 위상자들이 같은 각도와 같은 진동수로 함께 회전한다는 것을 설명한다.

그림 32.3 저항기를 지나는 순간 전류 i_R

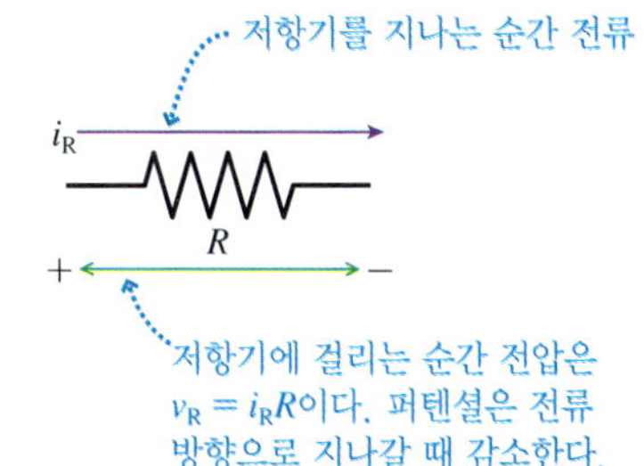

그림 32.4 AC 저항기 회로

그림 32.5 저항기 전류 및 전압의 그래프와 위상자 도형

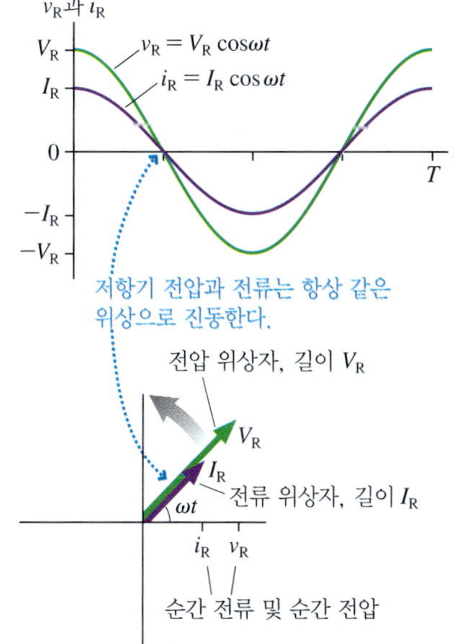

예제 32.1 | 저항기 전압 구하기

그림 32.6의 회로에서, (a) 각 저항기 양단의 봉우리 전압과 (b) $t = 20$ ms일 때 각 저항기에 걸리는 순간 전압은 얼마인가?

시각화 그림 32.6은 회로도를 보여준다. 2개의 저항기는 직렬로 연결된다.

그림 32.6 AC 저항기 회로

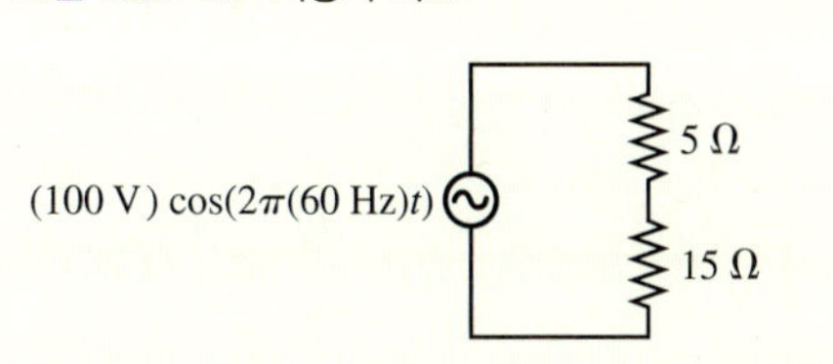

(계속)

풀이 a. 2개의 직렬 저항기의 등가 저항은 $R_{eq} = 5\ \Omega + 15\ \Omega = 20\ \Omega$이다. 등가 저항을 흐르는 순간 전류는 다음과 같다.

$$i_R = \frac{v_R}{R_{eq}} = \frac{\mathcal{E}_0 \cos\omega t}{R_{eq}} = \frac{(100\ \text{V})\cos(2\pi(60\ \text{Hz})t)}{20\ \Omega}$$
$$= (5.0\ \text{A})\cos(2\pi(60\ \text{Hz})t)$$

봉우리 전류는 $I_R = 5.0$ A이며, 이는 또한 20 Ω의 등가 저항을 형성하는 2개의 저항기를 통과하는 봉우리 전류이기도 하다. 따라서 각 저항기의 봉우리 전압은 다음과 같다.

$$V_R = I_R R = \begin{cases} 25\ \text{V} & 5\ \Omega\ \text{저항기} \\ 75\ \text{V} & 15\ \Omega\ \text{저항기} \end{cases}$$

b. $t = 0.020$ s일 때 순간 전류는

$$i_R = (5.0\ \text{A})\cos\big(2\pi(60\ \text{Hz})(0.020\ \text{s})\big) = 1.55\ \text{A}$$

이고, 이때 각 저항기에 걸리는 전압은 다음과 같다.

$$v_R = i_R R = \begin{cases} 7.7\ \text{V} & 5\ \Omega\ \text{저항기} \\ 23.2\ \text{V} & 15\ \Omega\ \text{저항기} \end{cases}$$

검토 순간 전압의 합인 30.9 V는 $t = 20$ ms에서 $\mathcal{E}$를 계산하면 알 수 있다. 이러한 일관성은 해답에 대한 확신을 준다.

32.2 축전기 회로

그림 32.7 AC 축전기 회로

(a)

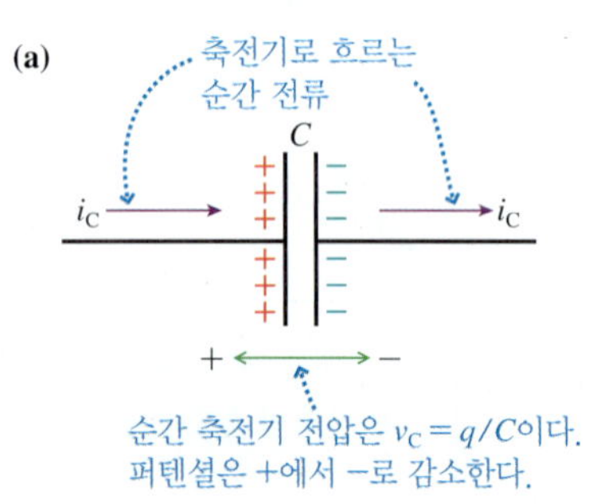

(b)

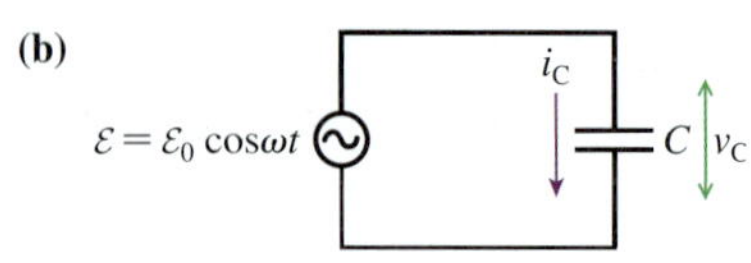

그림 32.7a는 전기 용량이 C인 축전기를 충전하는 전류 i_C를 보여준다. 축전기에 걸리는 순간 전압은 $v_C = q/C$이며, 여기서 $\pm q$는 그 순간 두 축전기 판에 대전된 전하이다. 그림 32.7a와 저항기에 대한 그림 32.3을 비교해보면 유용하다.

전기 용량 C가 기전력 $\mathcal{E}$의 AC 전원에 연결되어 있는 그림 32.7b는 가장 기본적인 축전기 회로이다. 축전기는 전원과 병렬로 연결되어 있으므로 축전기 전압은 기전력 $v_C = \mathcal{E} = \mathcal{E}_0 \cos\omega t$와 같다. 그것을 다음과 같이 쓰면 유용하다.

$$v_C = V_C \cos\omega t \tag{32.6}$$

V_C는 축전기 양단의 봉우리 전압 또는 최대 전압이다. 이와 같은 단일 축전기 회로에서 $V_C = \mathcal{E}_0$임을 알 수 있다.

축전기로 들어가고 나오는 전류를 알아내기 위해 다음과 같이 전하를 계산한다.

$$q = Cv_C = CV_C \cos\omega t \tag{32.7}$$

전류는 전하가 도선을 통해 흐르는 비율 $i_C = dq/dt$이고, 따라서

$$i_C = \frac{dq}{dt} = \frac{d}{dt}(CV_C \cos\omega t) = -\omega CV_C \sin\omega t \tag{32.8}$$

이다. 축전기에 걸리는 전압과 축전기를 지나가는 전류 사이의 관계는 삼각함수의 항

등식 $-\sin(x) = \cos(x + \pi/2)$를 이용하여 다음과 같이 나타낼 수 있다.

$$i_C = \omega C V_C \cos\left(\omega t + \frac{\pi}{2}\right) \tag{32.9}$$

저항기와 달리 축전기의 전류와 전압은 위상이 같지 않다. 순간 전압 v_C와 순간 전류 i_C의 그래프인 그림 32.8a에서 전류 봉우리가 전압 봉우리보다 한 주기의 1/4 앞서는 것을 볼 수 있다. 그림 32.8b의 위상자 도형에서 전류 위상자의 위상각은 전압 위상자의 위상각보다 $\pi/2$ rad(원의 1/4)만큼 더 크다.

이와 같은 결과를 요약하면 다음과 같다.

축전기의 AC 전류는 축전기 전압보다 $\pi/2$ rad 또는 90°만큼 앞선다.

축전기가 완전히 방전되고 $v_C = 0$이 되는 순간에 전류는 최댓값 I_C에 도달한다. 축전기가 완전히 충전된 순간의 전류는 0이다.

단순 조화 진동자는 전류와 전압 사이의 위상차가 90°라는 사실에 대한 역학적 유사성을 제공한다. 15장에서 단순 조화 진동자의 위치와 속도는 다음과 같이 주어짐을 배웠다.

$$x = A\cos\omega t$$

$$v = \frac{dx}{dt} = -\omega A \sin\omega t = -v_{max}\sin\omega t = v_{max}\cos\left(\omega t + \frac{\pi}{2}\right)$$

축전기의 전류가 축전기의 전압을 앞서는 것과 같은 방식으로 진동자의 속도가 진동자의 변위보다 90°만큼 앞서는 것을 볼 수 있다.

그림 32.8 축전기 전류와 축전기 전압의 그래프와 위상자 도형

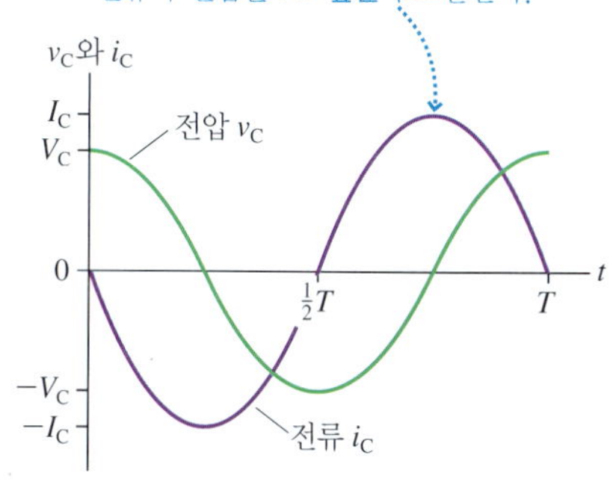

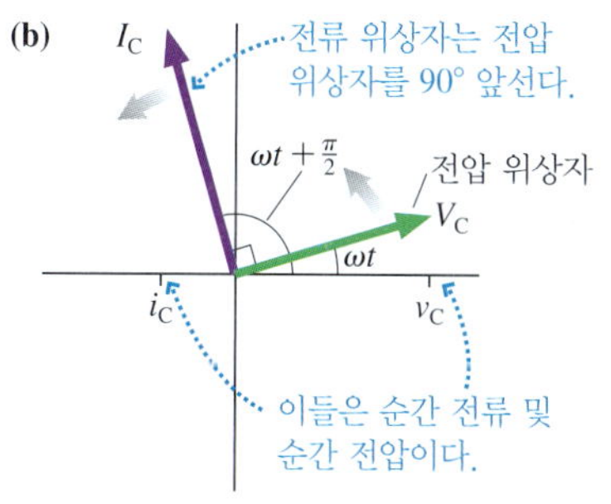

용량 리액턴스

식 (32.9)를 사용하여 축전기로 흐르는 봉우리 전류가 $I_C = \omega C V_C$임을 알 수 있다. 봉우리 전압과 봉우리 전류 간의 이러한 관계는 다음과 같은 **용량 리액턴스**(capacitive reactance) X_C를 정의하면 저항기에 대한 옴의 법칙과 매우 유사하게 된다.

$$X_C \equiv \frac{1}{\omega C} \tag{32.10}$$

이와 같은 정의로부터

$$I_C = \frac{V_C}{X_C} \quad \text{또는} \quad V_C = I_C X_C \tag{32.11}$$

이다. 저항과 마찬가지로 리액턴스의 단위는 옴이다.

저항기의 저항 R은 기전력의 진동수와 무관하다. 대조적으로, 그림 32.9에서 보듯이, 축전기의 리액턴스 X_C는 진동수에 반비례한다. 리액턴스는 낮은 진동수에서 매우 커진다(즉, 축전기는 전류에 대한 큰 장애물이다). $\omega = 0$인 회로는 비진동 DC 회로이고, 일정한 DC 전류가 축전기를 통과할 수 없다는 것을 알기 때문에 이것은 일리가 있다. 매우 높은 진동수에서 $X_C \approx 0$이 되고 진동수가 증가하면 리액턴스는 감

그림 32.9 진동수의 함수인 용량 리액턴스

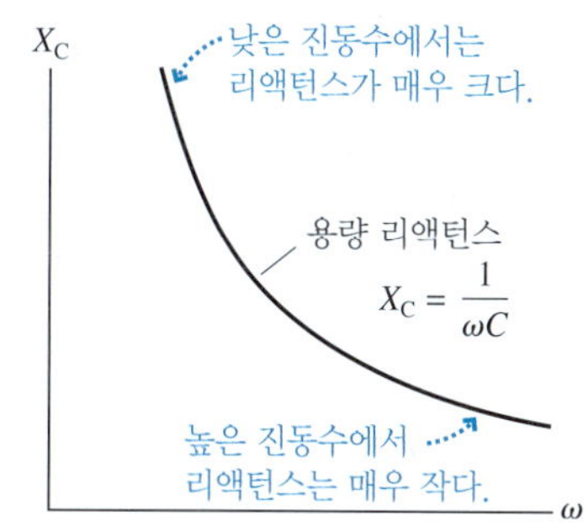

소한다. 축전기는 이상적인 도선처럼 작동한다. 이와 같은 결과는 많은 회로에서 축전기가 사용되는 방법에 중요한 영향을 미친다.

예제 32.2 | 용량 리액턴스

100 Hz(오디오 진동수)와 100 MHz(FM 라디오 진동수)에서 0.10 μF 축전기의 용량 리액턴스는 얼마인가?

풀이 100 Hz에서

$$X_C(\text{at } 100 \text{ Hz}) = \frac{1}{\omega C} = \frac{1}{2\pi(100 \text{ Hz})(1.0 \times 10^{-7} \text{ F})} = 16{,}000 \ \Omega$$

이고, 진동수를 10^6배 증가시키면 X_C가 10^6배 감소하므로

$$X_C(\text{at } 100 \text{ MHz}) = 0.016 \ \Omega$$

이다.

검토 오디오 진동수에서 상당한 리액턴스를 갖는 축전기는 FM 라디오 진동수에서는 사실상 리액턴스를 갖지 않는다.

예제 32.3 | 축전기 전류

10 μF 축전기가 5.0 V의 봉우리 기전력을 가진 1000 Hz 진동자에 연결되었다. 축전기의 봉우리 전류는 얼마인가?

시각화 그림 32.7b는 회로도를 보여준다. 이것은 단순히 축전기가 하나인 회로이다.

풀이 $\omega = 2\pi f = 6280$ rad/s에서 용량 리액턴스는 다음과 같다.

$$X_C = \frac{1}{\omega C} = \frac{1}{(6280 \text{ rad/s})(10 \times 10^{-6} \text{ F})} = 16 \ \Omega$$

축전기 양단의 봉우리 전압은 $V_C = \mathcal{E}_0 = 5.0$ V이므로 봉우리 전류는 다음과 같다.

$$I_C = \frac{V_C}{X_C} = \frac{5.0 \text{ V}}{16 \ \Omega} = 0.31 \text{ A}$$

검토 리액턴스를 사용하는 것은 옴의 법칙을 사용하는 것과 같지만 순간 전류가 아닌 **봉우리** 전류 및 **봉우리** 전압에만 적용된다는 점을 잊지 말아야 한다.

32.3 *RC* 필터 회로

28장에서 저항 R은 시간 상수 $\tau = RC$로 축전기를 충전하거나 방전하는 것을 배웠다. 이것을 RC 회로라고 하였다. 앞에서 저항기와 축전기를 개별적으로 살펴보았다. RC 회로가 교류 전원에 의해 지속적으로 구동되는 경우 어떻게 되는지 알아보자.

그림 32.10 AC 전원과 연결된 RC 회로

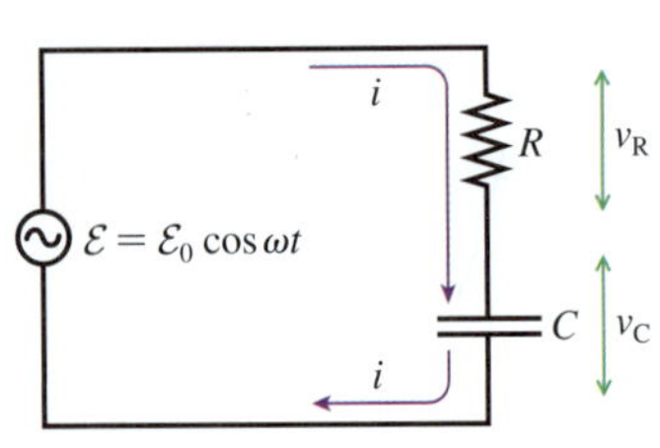

그림 32.10은 저항기 R과 축전기 C가 각진동수 ω로 진동하는 기전력 $\mathcal{E}$와 직렬로 연결된 회로를 보여준다. 실제로 분석을 시작하기 전에, 진동수가 변화함에 따라 이 회로가 어떻게 반응하는지를 정성적으로 이해하려고 노력해보자. 진동수가 매우 낮으면 용량 리액턴스가 매우 커져서 봉우리 전류 I_C가 매우 작아진다. 저항기를 통과하는 봉우리 전류는 축전기로 흐르는 봉우리 전류와 동일하며(DC 회로와 마찬가지로 전하의 보존 때문에 $I_R = I_C$이다), 따라서 저항기의 봉우리 전압 $V_R = I_R R$은 매우 낮은 진동수에서 매우 작을 것으로 예상된다.

반면에 진동수가 매우 높다고 가정하자. 그러면 용량 리액턴스가 0에 가까워지고

위상자를 사용한 *RC* 회로 분석

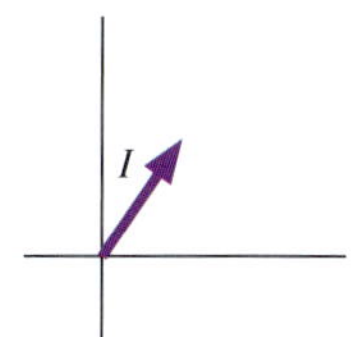

길이 I인 전류 위상자를 그려놓고 시작한다. 이것은 직렬 회로 요소에는 동일한 전류 i가 흐르기 때문에 유용하다. 위상자가 그려지는 수평에 대한 각도는 중요하지 않다.

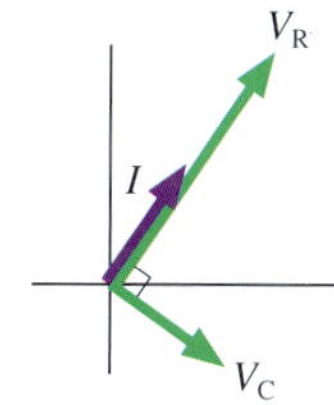

저항기의 전류와 전압은 위상이 같으므로 전류 위상자 I에 평행한 방향으로 길이가 V_R인 저항기 전압 위상자를 그린다. 축전기 전류는 축전기 전압을 90° 앞서므로, 길이가 V_C인 축전기 전압 위상자를 전류 위상자로부터 뒤로, 즉 시계 방향 아래 90°인 곳에 그린다.

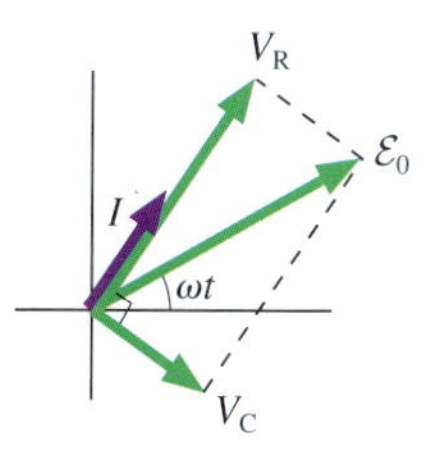

직렬 저항기와 축전기는 기전력과 병렬이므로, 그들의 순간 전압은 $V_R + V_C = \mathcal{E}$를 만족시킨다. 이것은 위상자의 벡터의 덧셈이므로 두 전압 위상자의 벡터합으로 기전력 위상자를 그린다. 기전력은 $\mathcal{E} = \mathcal{E}_0 \cos\omega t$이므로 기전력 위상자는 수평에 대해 각도 ωt에 있다.

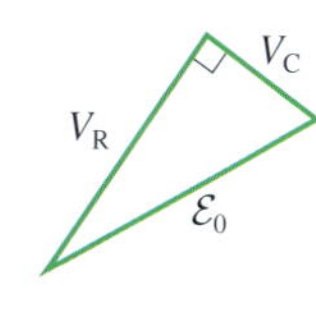

기전력 위상자의 길이 $\mathcal{E}_0$는 저항기와 축전기의 위상자에 의해 형성된 직각삼각형의 빗변이다. 따라서 $\mathcal{E}_0^2 = V_R^2 + V_C^2$이다.

저항기만으로 결정되는 봉우리 전류는 $I_R = \mathcal{E}_0/R$이 될 것이다. 저항기의 봉우리 전압 $V_R = IR$은 매우 높은 진동수에서 봉우리 전원 전압 $\mathcal{E}_0$에 접근한다.

이와 같은 추론은 ω가 0에서 매우 높은 진동수로 증가함에 따라 V_R이 0에서 $\mathcal{E}_0$까지 꾸준히 증가할 것으로 기대하게 한다. 키르히호프의 고리 법칙이 만족되므로 축전기 전압 V_C는 동일한 진동수의 변화에 대해 $\mathcal{E}_0$에서 0으로 감소한다. 정량 분석을 해보면 이러한 행동이 필터로 사용될 수 있음을 알 수 있다.

정량 분석의 목표는 봉우리 전류 I와 두 봉우리 전압 V_R 및 V_C를 기전력 진폭 $\mathcal{E}_0$와 진동수 ω의 함수로 결정하는 것이다. 분석의 기반은 순간 전류 i가 2개의 직렬 회로 요소에 대해 동일하다는 사실이다.

관계 $\mathcal{E}_0{}^2 = V_R{}^2 + V_C{}^2$은 순간값이 아닌 봉우리 값을 기반으로 한다. 봉우리 값은 직각삼각형의 빗변의 길이이기 때문이다. 봉우리 전압은 $V_R = IR$과 $V_C = IX_C$를 통해 봉우리 전류 I와 관련되므로 다음과 같다.

$$\begin{aligned} \mathcal{E}_0{}^2 &= V_R{}^2 + V_C{}^2 = (IR)^2 + (IX_C)^2 = (R^2 + X_C{}^2)I^2 \\ &= (R^2 + 1/\omega^2 C^2)I^2 \end{aligned} \tag{32.12}$$

결과적으로 *RC* 회로의 봉우리 전류는 다음과 같다.

$$I = \frac{\mathcal{E}_0}{\sqrt{R^2 + X_C{}^2}} = \frac{\mathcal{E}_0}{\sqrt{R^2 + 1/\omega^2 C^2}} \tag{32.13}$$

I를 알면 2개의 봉우리 전압을 얻을 수 있다.

$$\begin{aligned} V_R &= IR = \frac{\mathcal{E}_0 R}{\sqrt{R^2 + X_C{}^2}} = \frac{\mathcal{E}_0 R}{\sqrt{R^2 + 1/\omega^2 C^2}} \\ V_C &= IX_C = \frac{\mathcal{E}_0 X_C}{\sqrt{R^2 + X_C{}^2}} = \frac{\mathcal{E}_0/\omega C}{\sqrt{R^2 + 1/\omega^2 C^2}} \end{aligned} \tag{32.14}$$

진동수 의존성

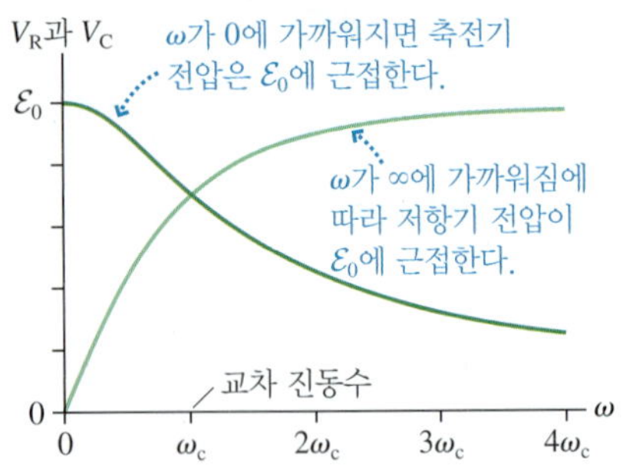

그림 32.11 기전력의 각진동수 ω의 함수로 저항기의 봉우리 전압과 축전기 봉우리 전압을 그린 그래프

우리의 목표는 봉우리 전류와 봉우리 전압이 진동수 ω의 함수로서 어떻게 변하는지를 보는 것이다. 식 (32.13)과 (32.14)는 다소 복잡하지만 그래프로 그려 보면 잘 설명된다. **그림 32.11**은 V_R과 V_C를 ω의 함수로 나타낸 그래프이다.

우리의 정성적인 예측이 뒷받침되었음을 알 수 있다. 즉, ω가 증가함에 따라 V_R은 0에서 $\mathcal{E}_0$로 증가하고, V_C는 $\mathcal{E}_0$에서 0으로 감소한다. 이러한 성질은 용량 리액턴스 X_C가 ω가 증가함에 따라 감소하기 때문이다. $X_C \gg R$인 낮은 진동수의 경우, 회로는 주로 용량적이다. $X_C \ll R$인 높은 진동수의 경우, 회로는 주로 저항적이다.

$V_R = V_C$인 진동수를 **교차 진동수**(crossover frequency) ω_c라고 한다. 교차 진동수는 식 (32.14)의 두 식을 서로 같게 설정하여 쉽게 구할 수 있다. $\mathcal{E}_0$와 마찬가지로 분모가 동일하여 상쇄되며 다음과 같다.

$$\omega_c = \frac{1}{RC} \tag{32.15}$$

실제로 $f_c = \omega_c/2\pi$도 교차 진동수라고 한다.

$\omega = \omega_c$일 때 $V_R = V_C = \mathcal{E}_0/\sqrt{2}$임을 증명하는 문제는 숙제로 남겨 둔다. 이것은 놀라운 것처럼 보일 수 있다. V_R과 V_C를 합치면 $\mathcal{E}_0$이 되지 않을까?

안된다! V_R과 V_C는 순간값이 아니라 진동 전압의 **봉우리 값**이다. 실제로 순간값은 모든 시간에서 $v_R + v_C = \mathcal{E}$를 만족시킨다. 그러나 위상자 도형에 보여지듯이 저항기와 축전기의 전압들은 서로 위상이 다르기 때문에 두 회로 요소는 동시에 봉우리 값에 도달하지 않는다. 봉우리 값은 $\mathcal{E}_0^2 = V_R^2 + V_C^2$과 관련이 있으며, $V_R = V_C = \mathcal{E}_0/\sqrt{2}$가 이 방정식을 만족한다는 것을 알 수 있다.

필터

그림 32.12 저대역 통과 및 고대역 통과 필터 회로

(a) 저대역 통과 필터

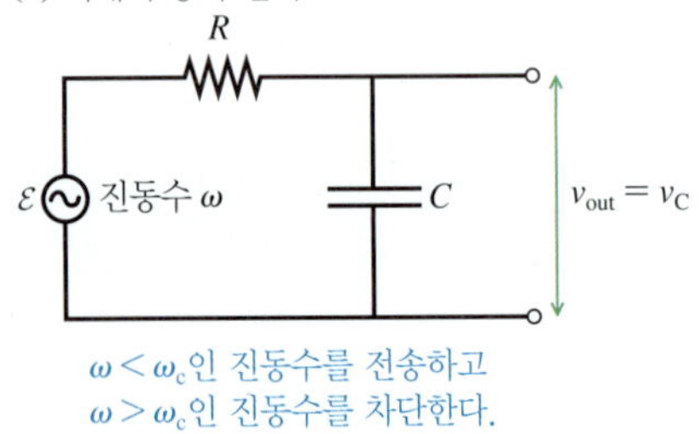

(b) 고대역 통과 필터

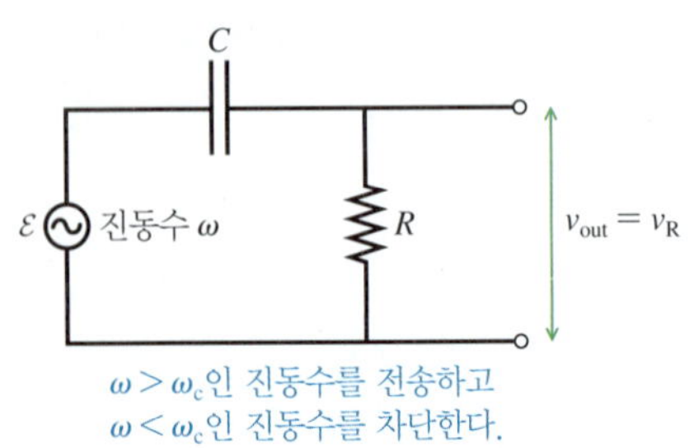

그림 32.12a는 방금 분석한 회로이다. 유일한 차이점은 축전기 전압 v_C가 이제 **출력 전압** v_{out}으로 식별된다는 것이다. 아마도 이 전압은 측정할 수 있는 전압이거나 전자 장치의 여러 곳에서 사용되는 증폭기로 보낼 수 있는 전압일 것이다. 그림 32.11의 축전기 전압 그래프에서 봉우리 출력 전압은 $\omega \ll \omega_c$일 경우 $V_{out} \approx \mathcal{E}_0$이지만 $\omega \gg \omega_c$일 경우 $V_{out} \approx 0$임을 알 수 있다. 다시 말하면 다음과 같다.

- 입력 신호의 진동수가 교차 진동수보다 훨씬 낮으면 입력 신호가 손실 없이 출력으로 전송된다.
- 입력 신호의 진동수가 교차 진동수보다 훨씬 높으면 입력 신호가 크게 감쇠되고 출력은 거의 0이다.

이 회로를 **저대역 통과 필터**(low-pass filter)라고 한다.

출력 v_{out} 대신 저항기 전압 v_R을 사용하는 **그림 32.12b**의 회로는 **고대역 통과 필터**(high-pass filter)이다. 출력은 $\omega \ll \omega_c$일 경우 $V_{out} \approx 0$이지만, $\omega \gg \omega_c$일 경우 $V_{out} \approx$

$\mathcal{E}_0$이다. 즉, 진동수가 교차 진동수보다 훨씬 높은 입력 신호는 손실 없이 출력으로 전송된다.

필터 회로는 전자 제품에 널리 사용된다. 예를 들어, $f_c = 100\text{ Hz}$로 설계된 고대역 통과 필터는 음성과 관련된 오디오 진동수($f > 200\text{ Hz}$)를 통과시키며 전력선에서 유입될 수 있는 60 Hz '노이즈'는 차단한다. 유사하게 오래된 레코드판의 높은 진동수 잡음은 낮은 진동수 오디오 신호가 통과할 수 있는 저대역 통과 필터로 감쇠될 수 있다.

단순한 *RC* 필터는 $V_R \approx V_C$인 교차 영역이 상당히 광범위하다는 약점이 있다. 더 정교한 필터는 $V_{out} \approx 0$인 오프(off)에서 $V_{out} \approx \mathcal{E}_0$인 온(on)으로 가는 전환이 훨씬 급격하지만, 원래는 여기에서 분석되는 *RC* 필터와 기본적으로 같다.

예제 32.4 | 필터 설계

과학 프로젝트에서, 진동수가 1 MHz 근방인 AM 라디오 방송을 청취하기 위해 라디오를 제작했다. 기본 회로는 전자기파의 에너지를 수신할 때 매우 작은 진동 전압을 생성하는 안테나와 증폭기로 되어 있다. 불행히도, 이웃 사람의 단파 라디오 방송이 10 MHz로 수신을 방해한다. 안테나와 증폭기 사이에 필터를 배치하여 이 문제를 해결하기로 결정했다. 우연히 500 pF 축전기를 구하였다. 필터의 교차 진동수로 어떤 진동수를 선택해야 하는가? 이 필터를 만들려면 필요한 저항값은 얼마인가?

핵심 1 MHz의 낮은 진동수 AM 신호를 통과시키면서 10 MHz의 신호를 차단하려면 저대역 통과 필터가 필요하다.

시각화 그림 32.12a에서 회로는 저대역 통과 필터처럼 보일 것이다. 안테나에 의해 생성된 진동 전압은 기전력이 되고, v_{out}은 증폭기로 보내진다.

풀이 1 MHz와 10 MHz 사이의 중간 정도인 5 MHz 근처의 교차 진동수가 가장 잘 작동한다고 생각할 수 있다. 그러나 5 MHz는 1 MHz보다 5배 높고 10 MHz보다 2배 낮다. 같은 배수로 1 MHz보다는 높고 10 MHz보다는 낮은 교차 진동수를 사용하는 것이 최상의 결과를 줄 수 있다. 실제로, $f_c = 3\text{ MHz}$를 선택하는 것으로 충분할 것이다. 그러면 식 (32.15)를 사용하여 적절한 저항값을 선택할 수 있다.

$$R = \frac{1}{\omega_c C} = \frac{1}{2\pi(3\times10^6\text{ Hz})(500\times10^{-12}\text{ F})}$$
$$= 106\ \Omega \approx 100\ \Omega$$

검토 교차 진동수가 단 하나의 유효 숫자로 결정되었기 때문에 100 Ω으로 반올림하는 것이 적절하다. 구별할 필요가 있는 2개의 진동수가 잘 분리되어 있을 때에는 이러한 '엉성한 디자인'도 적당하다.

32.4 인덕터 회로

그림 32.13a는 인덕터를 통과하는 순간 전류 i_L을 보여준다. 전류가 변하고 있으면 순간 인덕터 전압은 다음과 같다.

$$v_L = L\frac{di_L}{dt} \tag{32.16}$$

전류가 흐르는 방향으로 갈 때, 퍼텐셜은 전류가 증가하면($di_L/dt > 0$) 감소하고 전류가 감소하면($di_L/dt < 0$) 증가한다는 것을 30장에서 배웠다.

그림 32.13b는 가장 간단한 인덕터 회로이다. 인덕터 L은 AC 전원에 연결되므로 인

그림 32.13 AC 회로에서 인덕터 사용

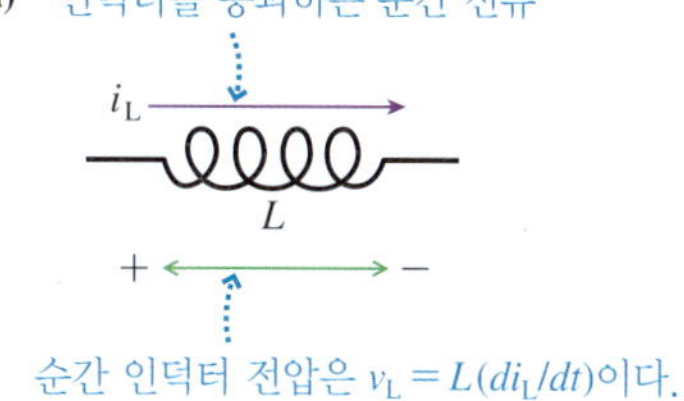

(b)
$\mathcal{E} = \mathcal{E}_0 \cos\omega t$
i_L
L
v_L

덕터 전압은 $v_L = \mathcal{E} = \mathcal{E}_0 \cos \omega t$와 같으므로 다음과 같이 쓸 수 있다.

$$v_L = V_L \cos \omega t \tag{32.17}$$

여기서 V_L은 인덕터 양단의 봉우리 전압 또는 최대 전압이다. 이 단일 인덕터 회로에서 $V_L = \mathcal{E}_0$임을 알 수 있다.

식 (32.17)을 적분하면 인덕터 전류 i_L을 구할 수 있다. 먼저 식 (32.17)을 사용하여 식 (32.16)을 다음과 같이 쓴다.

$$di_L = \frac{v_L}{L}dt = \frac{V_L}{L}\cos \omega t\, dt \tag{32.18}$$

이를 적분하면

$$\begin{aligned} i_L &= \frac{V_L}{L}\int \cos \omega t\, dt = \frac{V_L}{\omega L}\sin \omega t = \frac{V_L}{\omega L}\cos\left(\omega t - \frac{\pi}{2}\right) \\ &= I_L \cos\left(\omega t - \frac{\pi}{2}\right) \end{aligned} \tag{32.19}$$

이다. 여기서 $I_L = V_L/\omega L$은 봉우리 또는 최대 인덕터 전류이다.

이제 용량 리액턴스와 유사한 **유도 리액턴스**(inductive reactance)를 정의하며, 다음과 같다.

$$X_L \equiv \omega L \tag{32.20}$$

그러면 봉우리 전류 $I_L = V_L/\omega L$과 봉우리 전압은 다음과 같이 관련된다.

$$I_L = \frac{V_L}{X_L} \quad 또는 \quad V_L = I_L X_L \tag{32.21}$$

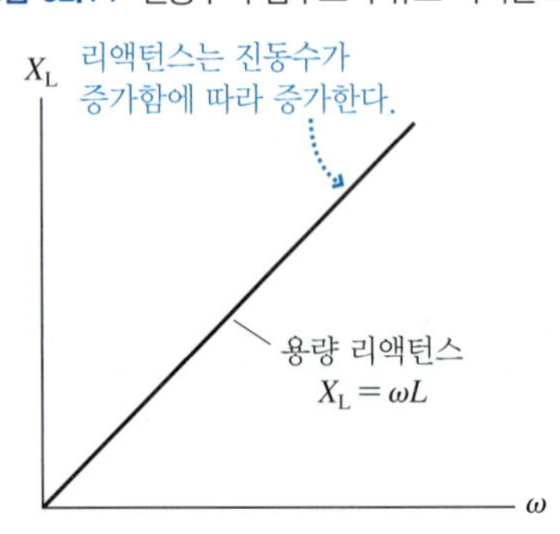

그림 32.14 진동수의 함수로서 유도 리액턴스

그림 32.14는 진동수가 증가함에 따라 유도 리액턴스가 증가함을 보여준다. 이것은 일리가 있다. 패러데이의 법칙에 따르면 $\vec{B}$의 시간 변화율이 증가함에 따라 코일을 가로지르는 유도 전압이 증가하고, $\vec{B}$는 또한 인덕터 전류에 정비례함을 알고 있다. 주어진 봉우리 전류 I_L에 대해, $\vec{B}$는 낮은 진동수에서보다 높은 진동수에서 더 빠르게 변화하고, 따라서 V_L은 낮은 진동수에서보다 높은 진동수에서 더 크다.

그림 32.15a는 인덕터 전압과 인덕터 전류의 그래프이다. 전류의 봉우리는 전압의

그림 32.15 인덕터 전류와 인덕터 전압의 그래프와 위상자 도형

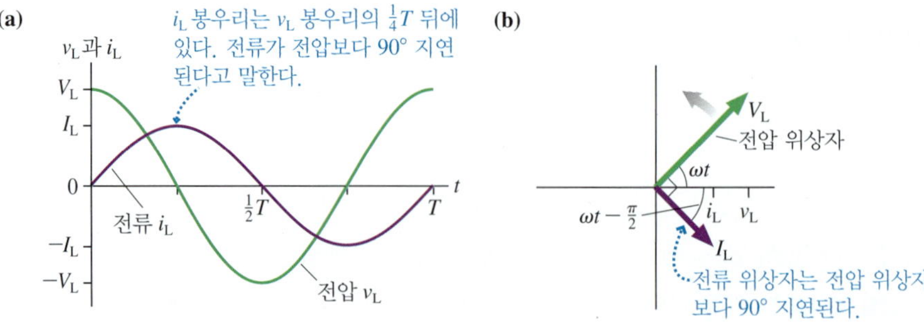

봉우리보다 4분의1 주기 후에 나타난다. 그림 32.15b의 위상자 도형에서 전류 위상자의 각도는 전압 위상자의 각도보다 $\pi/2$ rad만큼 작다. 이 결과를 다음과 같이 요약할 수 있다.

인덕터를 통과하는 AC 전류는 인덕터 전압보다 $\pi/2$ rad, 즉 90°만큼 지연된다.

예제 32.5 인덕터의 전류 및 전압

100 kHz에서 진동하는 회로에는 25 μH 인덕터가 사용된다. 인덕터를 통과하는 전류는 $t = 5.0\ \mu$s에서 20 mA의 봉우리 값에 도달한다. 봉우리 인덕터 전압은 얼마이며, $t = 5.0\ \mu$s에 가장 가까이 언제쯤 나타나는가?

핵심 인덕터 전류는 전압보다 90°만큼 지연되거나, 등가적으로 전압은 전류보다 1/4 주기 앞에서 봉우리 값에 도달한다.

시각화 회로는 그림 32.15b와 같다.

풀이 $f = 100$ kHz에서 유도 리액턴스는

$$X_L = \omega L = 2\pi(1.0 \times 10^5\ \text{Hz})(25 \times 10^{-6}\ \text{H}) = 16\ \Omega$$

이다. 따라서 봉우리 전압은 $V_L = I_L X_L = (20\ \text{mA})(16\ \Omega) = 320\ \text{mV}$이다. 전압 봉우리는 전류 봉우리보다 1/4 주기 앞에 발생하며, $t = 5.0\ \mu$s에서 전류 봉우리가 있다고 했다. 100 kHz 진동의 주기는 10.0 μs이므로 전압 봉우리가 나타나는 시간은 다음과 같다.

$$t = 5.0\ \mu\text{s} - \frac{10.0\ \mu\text{s}}{4} = 2.5\ \mu\text{s}$$

32.5 직렬 *RLC* 회로

저항기, 인덕터 및 축전기가 직렬 연결된 그림 32.16의 회로는 **직렬 *RLC* 회로**(series *RLC* circuit)라 한다. 직렬 *RLC* 회로는 중요한 용도로 많이 사용된다. 알게 되겠지만 공명 현상을 보이기 때문이다.

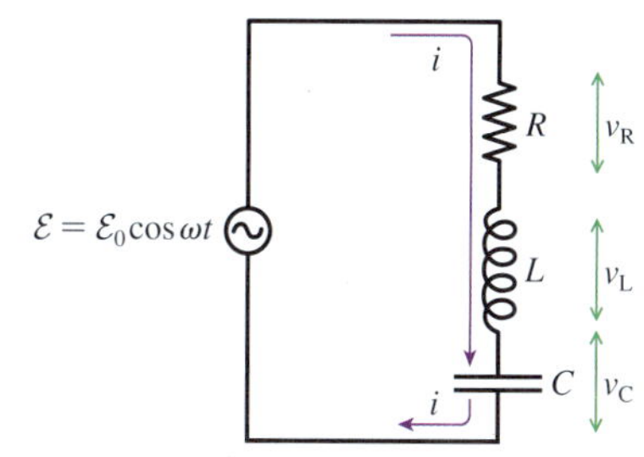

그림 32.16 직렬 *RLC* 회로

분석은 32.3절의 *RC* 회로 분석과 매우 유사하며, 위상자 도형을 기반으로 한다. 3개의 회로 요소는 서로 직렬로 연결되어 있으며, 기전력과 병렬로 연결된다. 분석의 기초로서 다음 두 가지 결론을 사용한다.

1. 세 회로 요소의 순간 전류는 동일하다: $i = i_R = i_L = i_C$
2. 순간 전압의 합은 기전력과 같다: $\mathcal{E} = v_R + v_L + v_C$

$V_L > V_C$라고 가정하면, 순간 전류 i는 기전력보다 위상각 ϕ만큼 뒤쳐진다. 전류를 ϕ로써 다음과 같이 쓸 수 있다.

$$i = I\cos(\omega t - \phi) \qquad (32.22)$$

물론 V_L이 V_C보다 클 것이라는 보장은 없다. 반대의 경우, $V_L < V_C$이면, 전류 위상자는 기전력 위상자보다 위상이 앞선다. $\mathcal{E}$로부터 i가 반시계 방향에 있을 때 ϕ가 음수라고 하면 이 분석은 여전히 유효하다. 따라서 ϕ는 −90°에서 +90° 사이에 있을 수 있다.

이제 *RC* 회로에서 했던 것처럼 계속할 수 있다. 직각삼각형에서 $\mathcal{E}_0{}^2$은 다음과 같다.

위상자를 사용한 *RLC* 회로 분석

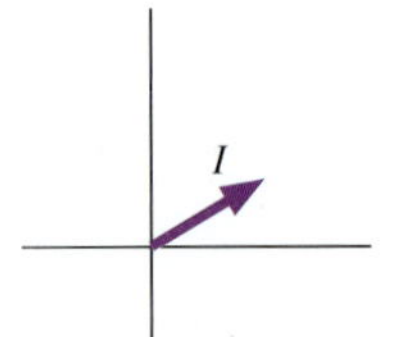

우선 길이 I인 전류 위상자를 그린다. 이것은 직렬 회로 요소가 동일한 전류 i를 가지므로 좋은 출발점이다.

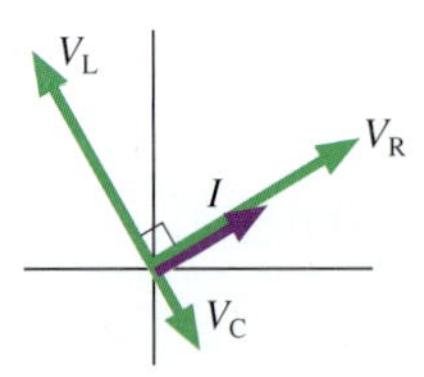

저항기의 전류와 전압은 위상이 같기 때문에 전류 위상자 I에 평행하게 저항기 전압 위상자를 그린다. 축전기 전류는 축전기 전압을 90°만큼 앞서므로, 전류 위상자보다 90° 뒤에 축전기 전압 위상자를 그린다. 인덕터 전류는 전압에 90°만큼 **지연**되므로 전류 위상자 90° 앞에 인덕터 전압 위상자를 그린다.

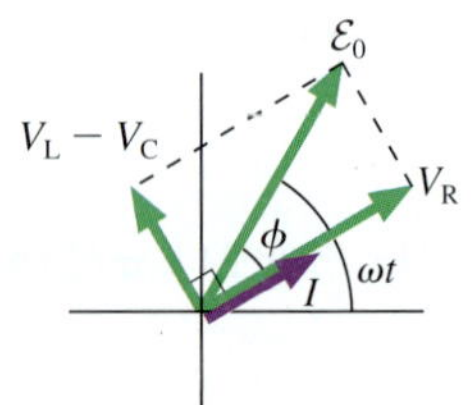

순간 전압은 $\mathcal{E} = v_R + v_L + v_C$를 만족시킨다. 위상자의 측면에서 이것은 벡터의 덧셈이다. 두 단계로 더할 수 있다. 축전기와 인덕터 위상자는 반대 방향이기 때문에 벡터합의 길이는 $V_L - V_C$이다. 서로 직각인 저항 위상자를 더하면 각도 ωt의 기전력 위상자 $\mathcal{E}$가 된다.

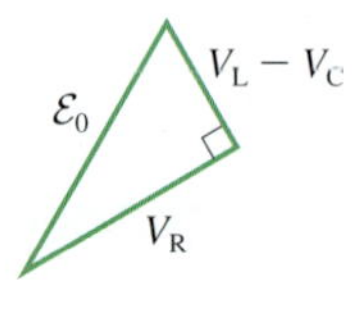

기전력 위상자의 길이 $\mathcal{E}_0$는 직각삼각형의 빗변이다. 따라서 $\mathcal{E}_0^2 = V_R^2 + (V_L - V_C)^2$이다.

$$\mathcal{E}_0^2 = V_R^2 + (V_L - V_C)^2 = \left[R^2 + (X_L - X_C)^2\right]I^2 \tag{32.23}$$

여기서 각각의 봉우리 전압을 봉우리 전류 I, 저항, 리액턴스의 항으로 썼다. 결과적으로, *RLC* 회로의 봉우리 전류는

$$I = \frac{\mathcal{E}_0}{\sqrt{R^2 + (X_L - X_C)^2}} = \frac{\mathcal{E}_0}{\sqrt{R^2 + (\omega L - 1/\omega C)^2}} \tag{32.24}$$

이다. 세 봉우리 전압은 $V_R = IR$, $V_L = IX_L$, 그리고 $V_C = IX_C$이다.

임피던스

식 (32.24)의 분모를 회로의 **임피던스**(impedance) Z라고 한다.

$$Z = \sqrt{R^2 + (X_L - X_C)^2} \tag{32.25}$$

저항과 리액턴스와 같은 임피던스는 옴 단위로 측정된다. 회로의 봉우리 전류는 기전력 전원과 회로 임피던스의 항으로 다음과 같이 쓸 수 있다.

$$I = \frac{\mathcal{E}_0}{Z} \tag{32.26}$$

식 (32.26)은 I를 표현하는 간결한 방법이지만 식 (32.24)에 새로운 것을 추가하지 않는다.

위상각

기전력보다도 전류가 늦는 위상각 ϕ를 아는 것이 종종 유용하다. 그림 32.17에서 다음을 알 수 있다.

$$\tan\phi = \frac{V_L - V_C}{V_R} = \frac{(X_L - X_C)I}{RI}$$

전류 I를 삭제하면 다음과 같다.

$$\phi = \tan^{-1}\left(\frac{X_L - X_C}{R}\right) \tag{32.27}$$

식 (32.27)이 단일 요소 회로에 대한 분석과 일치한다는 것을 확인할 수 있다. 저항기만의 회로는 $X_L = X_C = 0$이므로 $\phi = \tan^{-1}(0) = 0$ rad이다. 즉, 앞에서 살펴보았듯이 기전력과 전류는 같은 위상이다. AC 인덕터 회로는 $R = X_C = 0$이고 $\phi = \tan^{-1}(\infty) = \pi/2$ rad이므로 인덕터 전류가 전압보다 90°만큼 지연된다는 앞에서 살펴본 결과와 일치한다.

다른 관계는 위상자 도형에서 찾을 수 있으며 위상각의 항으로 표현된다. 예를 들어 저항기의 봉우리 전압을 다음과 같이 쓸 수 있다.

$$V_R = \mathcal{E}_0 \cos\phi \tag{32.28}$$

저항기 전압은 $\phi = 0$ rad인 경우에만 기전력과 같은 위상으로 진동한다.

그림 32.17 전류가 기전력과 같은 위상이 아니다.

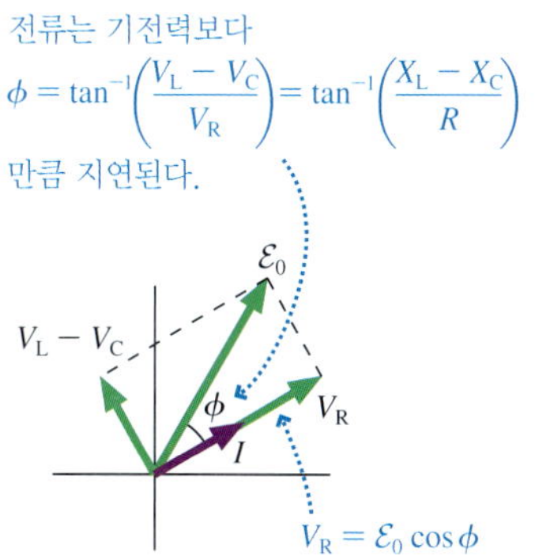

공명

다른 모든 것을 일정하게 유지하면서 기전력 진동수 ω만 변화시킨다고 가정해보자. 매우 낮은 진동수에서 용량 리액턴스 $X_C = 1/\omega C$ (즉, Z)가 매우 크기 때문에 전류가 거의 없다. 마찬가지로 매우 높은 진동수에서 유도 리액턴스 $X_L = \omega L$이 매우 커지므로 전류가 거의 발생하지 않는다.

매우 낮은 진동수와 매우 높은 진동수에서 전류 I가 0에 가까워지면 I가 최대인 중간 진동수가 있어야 한다. 실제로, 식 (32.24)에서 $X_L = X_C$일 때 분모가 최소가 되고, I가 최대가 되는 것을 알 수 있다. 즉,

$$\omega L = \frac{1}{\omega C} \tag{32.29}$$

이다. 식 (32.29)를 만족하는 진동수 ω_0를 **공명 진동수**(resonance frequency)라 한다.

$$\omega_0 = \frac{1}{\sqrt{LC}} \tag{32.30}$$

이것은 직렬 *RLC* 회로에서 **최대 전류**를 주는 진동수이다. 최대 전류

$$I_{max} = \frac{\mathcal{E}_0}{R} \tag{32.31}$$

는 저항기만 있는 회로의 경우와 같은데, 이것은 공명 시 임피던스가 $Z = R$이기 때

문이다.

이 ω_0는 30장에서 분석하였던 LC 회로의 진동수와 같음을 알 수 있다. 이상적인 LC 회로의 전류는 에너지가 축전기와 인덕터 사이를 오가면서 영원히 진동한다. 이것은 에너지가 운동 에너지와 퍼텐셜 에너지 사이에서 연속적으로 변환되는, 이상적이고 마찰이 없는 단순 조화 진동자와 유사하다.

회로에 저항기를 추가하는 것은 역학적 진동자에 감쇠 장치를 추가하는 것과 같다. 기전력은 사인 모양 구동 힘이며 직렬 RLC 회로는 15장에서 공부한 구동 감쇠 진동자와 아주 유사하다. 역학적 진동자는 구동 진동수가 계의 고유 진동수와 일치할 때 큰 진폭으로 반응하는 **공명**을 일으킨다. 식 (32.30)은 직렬 RLC 회로의 고유 진동수이며, 전류가 진동하기를 원하는 진동수이다. 결과적으로 진동 기전력이 이 진동수와 일치할 때 회로는 큰 응답 전류를 갖는다.

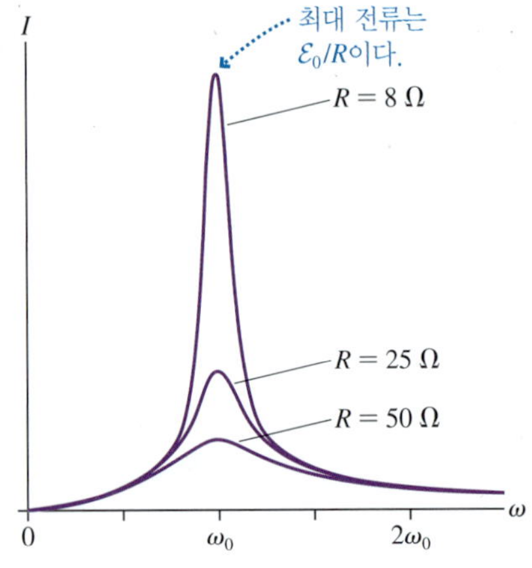

그림 32.18 직렬 RLC 회로에서 기전력의 진동수로 전류 I를 그린 그래프

그림 32.18은 기전력 진동수 ω가 변할 때 직렬 RLC 회로의 봉우리 전류 I를 보여준다. 전류가 진동수 ω_0에서 최댓값에 도달할 때까지 어떻게 증가하고 이어서 어떻게 감소하는지 확인해보자. 이것이 공명의 특징이다.

R이 작아지면 감쇠가 감소하여 최대 전류가 커지고, 그림 32.18의 곡선이 좁아진다. 역학적 구동 진동자에서 똑같은 동작을 보았다. 가볍게 감쇠된 계가 응답하기 위해서는 기전력 진동수가 ω_0에 매우 가까워야 하지만, 공명 시의 반응은 매우 크다.

그림 32.19는 다른 관점, 즉 ω_0과 그 이하 및 이상에서 진동수에 대한 순간 기전력 $\mathcal{E} = \mathcal{E}_0 \cos \omega t$ 및 전류 $i = I\cos(\omega t - \phi)$를 그래프로 나타낸 것이다. 공명 진동수에서 축전기와 인덕터는 기본적으로 서로 상쇄되어 순수한 저항성 회로를 제공하기 때문에 전류와 기전력은 같은 위상이다($\phi = 0$ rad). 식 (32.27)에서, $X_L < X_C$일 때 위상각은 음수이고(즉, 진동수가 공명 진동수보다 낮음), $X_L > X_C$일 때 양수임(진동수가 공명 진동수보다 높음)을 알 수 있다.

공명 회로는 다른 진동수를 억제하면서 특정 진동수(또는 매우 좁은 진동수 범위)에 응답할 수 있는 기능 때문에 라디오, 텔레비전 및 통신 장비에 널리 사용된다. 저항이 감소함에 따라 공명 회로의 선택도가 향상되나, 도선의 고유 저항과 인덕터 코일의 R이 0 Ω이 되지는 않는다.

그림 32.19 공명 진동수 ω_0과 그 이하, 이상의 진동수에서의 기전력 $\mathcal{E}$와 전류 i의 그래프

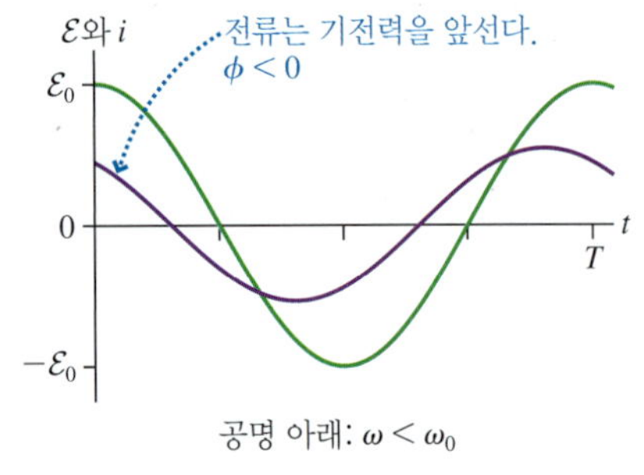

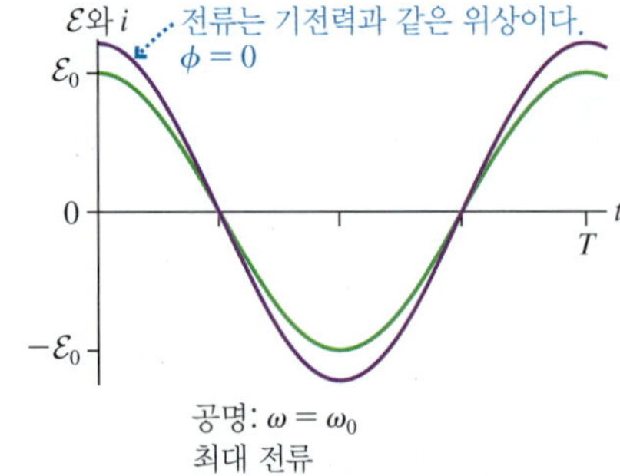

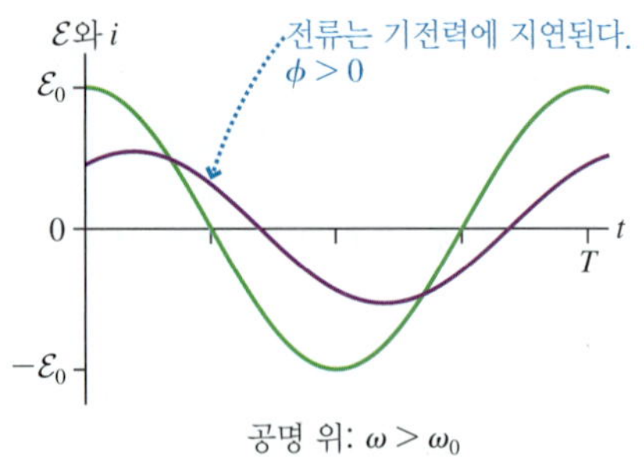

예제 32.6 | 라디오 수신기 설계

AM 라디오 안테나는 봉우리 전압이 5.0 mV인 1000 kHz 신호를 포착한다. 동조 회로는 가변 축전기와 직렬로 연결된 60 μH 인덕터로 구성된다. 인덕터 코일의 저항은 0.25 Ω이며 나머지 회로의 저항은 무시할 수 있다.

a. 이 라디오 방송국을 청취하기 위해서는 축전기를 어떤 값으로 조정해야 하는가?

b. 공명 시 회로를 통과하는 봉우리 전류는 얼마인가?

c. 더 강한 방송국은 1050 kHz에서 10 mV짜리 안테나 신호를 송출한다. 라디오가 1000 kHz에 동조되었을 때, 이 진동수에서의 전류는 얼마인가?

핵심 인덕터의 0.25 Ω 저항은 인덕턴스와 직렬로 연결된 저항으로 모형화할 수 있다. 따라서 직렬 *RLC* 회로를 구성한다. $\omega = 2\pi \times 1000$ kHz의 안테나 신호는 기전력이다.

시각화 회로는 그림 32.16과 같다.

풀이 축전기는 $\omega_0 = 2\pi \times 1000$ kHz에서 축전기와 인덕터가 공명하도록 동조되어야 한다. 적절한 값은 다음과 같다.

$$C = \frac{1}{L\omega_0^2} = \frac{1}{(60 \times 10^{-6}\ \text{H})(6.28 \times 10^6\ \text{rad/s})^2}$$
$$= 4.2 \times 10^{-10}\ \text{F} = 420\ \text{pF}$$

b. 공명 시 $X_L = X_C$이므로, 봉우리 전류는 다음과 같다.

$$I = \frac{\mathcal{E}_0}{R} = \frac{5.0 \times 10^{-3}\ \text{V}}{0.25\ \Omega} = 0.020\ \text{A} = 20\ \text{mA}$$

c. 1050 kHz 신호는 '비공명'이므로 $\omega = 2\pi \times 1050$ kHz에서 $X_L = \omega L = 396\ \Omega$ 및 $X_C = 1/\omega C = 361\ \Omega$은 값이 다르다. 이 신호의 봉우리 전압은 $\mathcal{E}_0 = 10$ mV이다. 이 값을 사용하면 봉우리 전류에 대한 식 (32.24)는 다음과 같다.

$$I = \frac{\mathcal{E}_0}{\sqrt{R^2 + (X_L - X_C)^2}} = 0.28\ \text{mA}$$

검토 AM 라디오의 입력 수준에 대한 현실적인 값이다. 라디오가 1000 kHz로 동조되면 1050 kHz 방송국의 신호가 크게 억제되는 것을 알 수 있다.

32.6 AC 회로에서의 전력

기전력의 주요 역할은 에너지를 공급하는 것이다. 모터 및 전구와 같은 일부 회로 장치는 에너지를 사용하여 유용한 작업을 수행한다. 다른 회로 장치는 에너지를 구성 요소나 주위 공기에 열에너지로 소모시킨다. 28장에서는 DC 회로에서 전력의 주요 문제를 살펴보았다. 이제 AC 회로에 대해서도 유사한 분석을 수행할 수 있다.

기전력은 다음과 같은 비율로 회로에 에너지를 공급한다.

$$p_{\text{source}} = i\mathcal{E} \tag{32.32}$$

여기서 i와 $\mathcal{E}$는 기전력을 가로지르는 순간 전류와 퍼텐셜차이다. 이것이 순간 전력임을 나타내기 위해 소문자 p를 사용했다. 개별 회로 요소의 전력 손실을 살펴볼 필요가 있다.

저항기

저항기는 다음과 같은 비율로 에너지를 발산한다.

$$p_R = i_R v_R = i_R^2 R \tag{32.33}$$

$i_R = I_R \cos\omega t$를 사용하면 저항기의 순간 전력 손실을 다음과 같이 쓸 수 있다.

그림 32.20 저항기의 순간 전력 손실

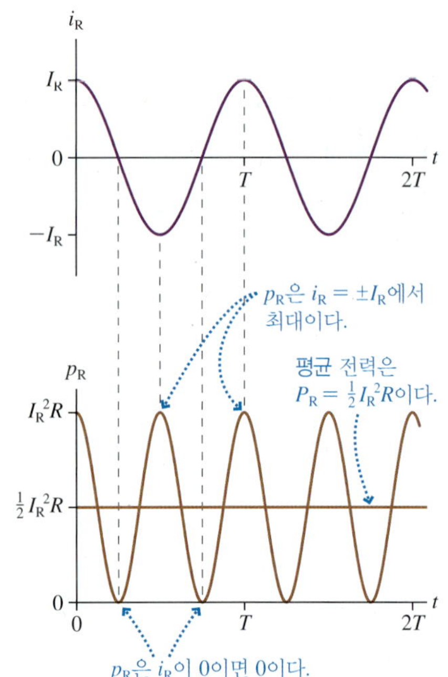

$$p_R = i_R^2R = I_R^2R\cos^2\omega t \tag{32.34}$$

그림 32.20은 순간 전력을 그래프로 보여준다. 코사인의 제곱이기 때문에 전력은 기전력의 주기마다 두 번 진동하는 것을 알 수 있다. 에너지 소모는 $i_R = I_R$일 때와 $i_R = -I_R$일 때 둘 다 봉우리를 이룬다.

실제로는 순간 전력보다 **평균 전력**에 더 관심이 있다. **평균 전력**(average power) P는 초당 소비되는 총에너지이다. 항등식 $\cos^2(x) = \frac{1}{2}(1 + \cos 2x)$를 사용하여 저항기에 대한 P_R을 다음과 같이 구할 수 있다.

$$P_R = I_R^2R\cos^2\omega t = I_R^2R\left[\tfrac{1}{2}(1 + \cos 2\omega t)\right] = \tfrac{1}{2}I_R^2R + \tfrac{1}{2}I_R^2R\cos 2\omega t$$

$\cos 2\omega t$항은 기전력의 각 주기 동안 두 번씩 양의 값과 음의 값을 나타낸다. 따라서 저항기에서 손실되는 평균 전력은 다음과 같다.

$$P_R = \tfrac{1}{2}I_R^2R \quad \text{(저항기의 평균 전력 손실)} \tag{32.35}$$

식 (32.35)를 다음과 같이 쓰면 유용하다.

$$P_R = \left(\frac{I_R}{\sqrt{2}}\right)^2 R = (I_{rms})^2R \tag{32.36}$$

여기서 **제곱평균제곱근 전류**(root-mean-square current) 또는 rms 전류 I_{rms}는 다음과 같이 정의되었다.

$$I_{rms} = \frac{I_R}{\sqrt{2}} \tag{32.37}$$

기술적으로 rms 값은 제곱된 양의 평균의 제곱근이다. 사인 모양 진동의 경우, rms 값은 봉우리 값을 $\sqrt{2}$로 나눈 값으로 나타난다.

rms 전류를 사용하면 식 (32.36)을 DC 회로의 저항기에서 소모되는 에너지와 직접 비교할 수 있다($P = I^2R$). $I_{rms} = 1$ A인 AC 회로에서 저항기의 평균 전력 손실은 $I = 1$ A인 DC 회로에서와 동일하다는 것을 알 수 있다. **전력에 관한 한, rms 전류는 동일한 값의 DC 전류와 같다.**

마찬가지로 제곱평균제곱근 전압과 기전력을 각각 다음과 같이 정의할 수 있다.

$$V_{rms} = \frac{V_R}{\sqrt{2}} \qquad \mathcal{E}_{rms} = \frac{\mathcal{E}_0}{\sqrt{2}} \tag{32.38}$$

rms 값으로 저항기의 평균 전력 손실을 표현하면 다음과 같다.

$$P_R = (I_{rms})^2R = \frac{(V_{rms})^2}{R} = I_{rms}V_{rms} \tag{32.39}$$

그리고 기전력이 제공하는 평균 전력은 다음과 같다.

$$P_{source} = I_{rms}\mathcal{E}_{rms} \tag{32.40}$$

전구에 적힌 전력은 $V_{rms} = 120$ V에서 전구가 방출하는 평균 전력이다.

32.1절에서 분석한 단일 저항기 회로에서 $V_R = \mathcal{E}$인데, 또는 동등하게 $V_{rms} = \mathcal{E}_{rms}$이다. 식 (32.39)와 (32.40)에서 저항기에 의한 전력 손실이 기전력이 공급하는 전력과 정확히 일치함을 알 수 있다. 이것은 에너지가 보존되기 위해 반드시 성립되어야 하기 때문이다.

예제 32.7 전구 점등

100 W 백열전구가 120 V/60 Hz 콘센트에 연결되어 있다. 전구의 필라멘트의 저항은 얼마인가? 전구를 통과하는 봉우리 전류는 얼마인가?

핵심 전구의 필라멘트는 저항으로 작용한다.

시각화 그림 32.21은 간단한 단일 저항기 회로이다.

그림 32.21 전구가 저항기로 된 AC 회로

풀이 100 W로 표시된 전구는 $V_{rms} = 120\text{V}$에서 평균 100 W를 발산하도록 설계되었다. 식 (32.39)를 사용하면 다음과 같다.

$$R = \frac{(V_{rms})^2}{P_R} = \frac{(120\text{ V})^2}{100\text{ W}} = 144\ \Omega$$

rms 전류는 다음에서 찾을 수 있다.

$$I_{rms} = \frac{P_R}{V_{rms}} = \frac{100\text{ W}}{120\text{ V}} = 0.833\text{ A}$$

봉우리 전류는 $I_R = \sqrt{2}I_{rms} = 1.18\text{ A}$이다.

검토 rms 값을 사용한 계산은 DC 회로의 계산과 같다.

축전기 및 인덕터

32.2절에서 축전기로 흐르는 순간 전류는 $i_C = -\omega CV_C \sin\omega t$임을 알 수 있다. 따라서 축전기의 순간 에너지 소모는 다음과 같다.

$$p_C = v_C i_C = (V_C\cos\omega t)(-\omega CV_C\sin\omega t) = -\tfrac{1}{2}\omega CV_C^2\sin 2\omega t \quad (32.41)$$

여기에서 $\sin(2x) = 2\sin(x)\cos(x)$를 사용하였다.

그림 32.22는 식 (32.41)을 그래프로 보여준다. 에너지는 충전됨에 따라 축전기로 전달되지만(양의 전력), 저항기와 같이 소모하는 대신에 축전기 전기장에 퍼텐셜 에너지로 저장된다. 그런 다음, 축전기가 방전됨에 따라 이 에너지가 회로로 되돌려 보내진다. 전력은 회로에서 에너지가 제거되는 비율이므로, 축전기가 회로로 에너지를 다시 보낼 때에는 p가 음수이다.

역학적 유추를 사용해보면 축전기는 마찰이 없는 단순 조화 진동자와 같다. 운동에너지와 퍼텐셜 에너지는 끊임없이 교환되고 있지만, 에너지가 열에너지로 변환되지 않기 때문에 소모가 없다. 중요한 결론은 **축전기의 평균 전력 손실이 0이라는 것이다($P_C = 0$).**

인덕터도 마찬가지이다. 전류가 증가함에 따라 인덕터는 자기장에 에너지를 저장하고, 전류가 감소하면 에너지를 회로로 다시 보낸다. 순간 전력은 양과 음의 값 사이에서 변동하지만 **인덕터의 평균 전력 손실은 0이다($P_L = 0$).**

그림 32.22 에너지는 충전 및 방전될 때 축전기로 유입 및 유출된다.

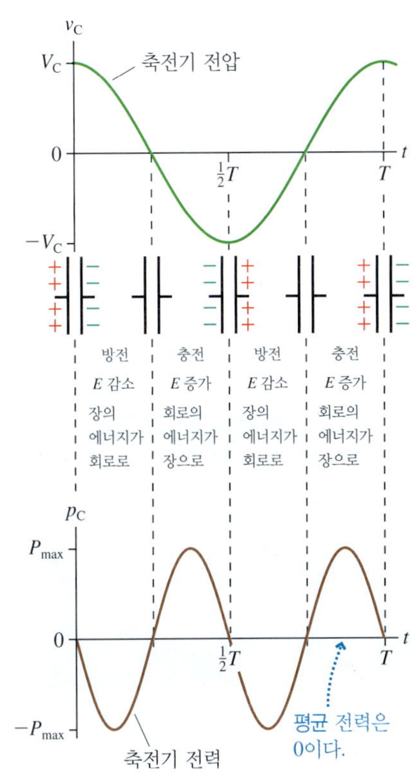

전력 인자

RLC 회로에서, 에너지는 기전력에 의해 공급되고 저항기에 의해 소모된다. 그러나 *RLC* 회로에서는 전류와 기전력의 퍼텐셜차가 위상이 같지 않기 때문에 저항기만의 회로와는 다르다.

식 (32.22)에서 *RLC* 회로의 순간 전류는 $i = I\cos(\omega t - \phi)$이며, 여기서 ϕ는 전류가 기전력보다 지연된 위상각이다. 따라서 기전력에 의해 공급되는 순간 전력은 다음과 같다.

$$p_{\text{source}} = i\mathcal{E} = (I\cos(\omega t - \phi))(\mathcal{E}_0 \cos\omega t) = I\mathcal{E}_0 \cos\omega t \cos(\omega t - \phi) \quad (32.42)$$

여기에서는 $\cos(x - y) = \cos(x)\cos(y) + \sin(x)\sin(y)$라는 표현을 사용하여 전력을 다음과 같이 기술한다.

$$p_{\text{source}} = (I\mathcal{E}_0 \cos\phi)\cos^2\omega t + (I\mathcal{E}_0 \sin\phi)\sin\omega t \cos\omega t \quad (32.43)$$

저항기와 축전기의 전력 손실에 대한 분석에서 $\cos^2\omega t$의 평균은 $\frac{1}{2}$이고 $\sin\omega t \cos\omega t$의 평균은 0이라는 것을 알았다. 따라서 기전력이 제공하는 **평균** 전력은 다음과 같다.

$$P_{\text{source}} = \tfrac{1}{2} I\mathcal{E}_0 \cos\phi = I_{\text{rms}}\mathcal{E}_{\text{rms}} \cos\phi \quad (32.44)$$

rms 값은 $I/\sqrt{2}$ 및 $\mathcal{E}_0/\sqrt{2}$이다.

전력 인자(power factor)로 불리는 $\cos\phi$ 항은 직렬 *RLC* 회로의 전류와 기전력이 같은 위상이 아니기 때문에 나타난다. 전류와 기전력이 함께 밀고 당기지 않기 때문에 전원은 회로에 더 적은 에너지를 전달한다.

RLC 회로의 봉우리 전류가 $I = I_{\max}\cos\phi$로 표현될 수 있다는 것을 숙제로 남겨두고자 하는데, 여기에서 $I_{\max} = \mathcal{E}_0/R$은 식 (32.31)로 주어졌다. 즉, 식 (32.44)의 전류 항은 전력 인자의 함수이다. 결과적으로 평균 전력은 다음과 같다.

$$P_{\text{source}} = P_{\max}\cos^2\phi \quad (32.45)$$

여기서, $P_{\max} = \frac{1}{2} I_{\max}\mathcal{E}_0$는 전원이 회로에 전달할 수 있는 최대 전력이다.

전원은 $\cos\phi = 1$인 경우에만 최대 전력을 제공한다. 이것은 저항기만의 회로 또는 공명 진동수 ω_0에서 작동하는 *RLC* 회로가 요구하는 $X_L - X_C = 0$인 경우이다. 평균 전력 손실은 위에서 발견한 바와 같이, $\phi = -90°$ 또는 $\phi = +90°$인 순수 용량성 또는 순수 유도성 부하의 경우 0이다.

다양한 유형의 모터, 특히 산업용 대형 모터는 산업화된 국가에서 생산되는 전기 에너지의 상당 부분을 사용한다. 모터는 전력 인자가 가능한 한 1에 가까울 때 초당 최대 작업을 수행하면서 가장 효율적으로 작동한다. 그러나 모터는 전자석 코일로 인한 유도 장치이며, 너무 많은 모터가 전력망에 연결되면 전력 인자가 1에서 떨어진다. 보완 조치로 전기 회사는 전송 시스템 전체에 대형 축전기를 배치한다. 축전기는 에너지를 소모하지 않지만, 전력 인자를 1에 가깝게 유지함으로써 전기 시스템이 좀

산업용 모터는 미국에서 생산된 상당량의 전기 에너지를 사용한다.

더 효율적으로 에너지를 전달할 수 있게 한다.

마지막으로, 식 (32.28)에서 *RLC* 회로의 저항기 봉우리 전압은 기전력 봉우리 전압과 $V_R = \mathcal{E}_0 \cos\phi$의 관계가 있음을 알 수 있는데, 이 식의 양쪽을 $\sqrt{2}$로 나누면 $V_{rms} = \mathcal{E}_{rms}\cos\phi$가 되는 것을 알 수 있다. 이 결과를 사용하면 저항기에 의한 에너지 손실은 다음과 같음을 알 수 있다.

$$P_R = I_{rms}V_{rms} = I_{rms}\mathcal{E}_{rms}\cos\phi \qquad (32.46)$$

그러나 식 (32.44)에서 구한 것처럼 이 표현은 P_{source}이다. 따라서 기전력에 의해 *RLC* 회로에 공급되는 에너지는 궁극적으로 저항기에 의해 소모된다.

응용 예제 32.8 | *RLC* 회로의 전력

오디오 증폭기는 8.0 Ω 라우드 스피커, 160 μF 축전기, 그리고 1.5 mH 인덕터로 구성된 직렬 *RLC* 회로를 사용한다. 증폭기 출력은 500 Hz에서 15.0 V rms이다.

a. 스피커에 얼마 만큼의 전력이 전달되는가?

b. 증폭기가 제공할 수 있는 최대 전력은 얼마이며, 어떻게 축전기를 변경해야 하는가?

핵심 *RLC* 회로의 기전력과 전압은 같은 위상이 아니며 회로에 공급되는 전력에 영향을 미친다. 모든 전력은 회로의 저항(이 경우 라우드 스피커)에 의해 소모된다.

시각화 회로는 그림 32.16과 같다.

풀이 a. 기전력은 전력 $P_{source} = I_{rms}\mathcal{E}_{rms}\cos\phi$를 전달하며, 여기서 ϕ는 기전력과 전류 사이의 위상각이다. rms 전류는 $I_{rms} = \mathcal{E}_{rms}/Z$이며, 여기서 Z는 임피던스이다. Z를 계산하기 위해서는 축전기와 인덕터의 리액턴스가 필요하며, 이것들은 진동수에 의존한다. 500 Hz에서 각진동수는 $\omega = 2\pi(500\text{ Hz}) = 3140\text{ rad/s}$이다. 이것으로 다음을 구할 수 있다.

$$X_C = \frac{1}{\omega C} = \frac{1}{(3140\text{ rad/s})(160\times10^{-6}\text{ F})} = 1.99\ \Omega$$

$$X_L = \omega L = (3140\text{ rad/s})(0.0015\text{ H}) = 4.71\ \Omega$$

이를 이용하여 임피던스를 계산하면 다음과 같다.

$$Z = \sqrt{R^2 + (X_L - X_C)^2} = 8.45\ \Omega$$

그러므로

$$I_{rms} = \frac{\mathcal{E}_{rms}}{Z} = \frac{15.0\text{ V}}{8.45\ \Omega} = 1.78\text{ A}$$

이다. 마지막으로 기전력과 전류 사이의 위상각이 필요한데,

$$\phi = \tan^{-1}\left(\frac{X_L - X_C}{R}\right) = 18.8°$$

이다. 전력 인자는 $\cos(18.8°) = 0.947$이므로 기전력에 의해 전달되는 전력은 다음과 같다.

$$P_{source} = I_{rms}\mathcal{E}_{rms}\cos\phi = (1.78\text{ A})(15.0\text{ V})(0.947) = 25\text{ W}$$

b. 전류가 기전력과 위상이 같을 때 최대 전력이 전달되어 전력 인자는 1.00이 된다. 이것은 $X_C = X_L$일 때 발생하며, 임피던스 $Z = R = 8.0\ \Omega$ 및 전류 $I_{rms} = \mathcal{E}_{rms}/R = 1.88\text{ A}$를 만든다. 따라서 다음과 같다.

$$P_{source} = I_{rms}\mathcal{E}_{rms}\cos\phi = (1.88\text{ A})(15.0\text{ V})(1.00) = 28\text{ W}$$

최대 전력을 전달하려면 $X_C = X_L = 4.71\ \Omega$이 되도록 축전기를 변경해야 한다. 필요한 전기 용량은 다음과 같다.

$$C = \frac{1}{(3140\text{ rad/s})(4.71\ \Omega)} = 68\ \mu\text{F}$$

따라서 최대 전력을 공급하려면 축전기를 160 μF에서 68 μF으로 낮추어야 한다.

검토 축전기를 변경하면 전력 인자가 증가할 뿐만 아니라 전류도 증가한다. 둘 다 더 높은 전력에 기여한다.

서술형 질문

1. 그림 Q32.1은 기전력 위상자 a, b 및 c를 보여준다.
   a. 각각에 대해 기전력의 순간값은 얼마인가?
   b. 이 순간에 각 기전력의 크기가 증가하는가, 감소하는가, 또는 일정하게 유지되는가?

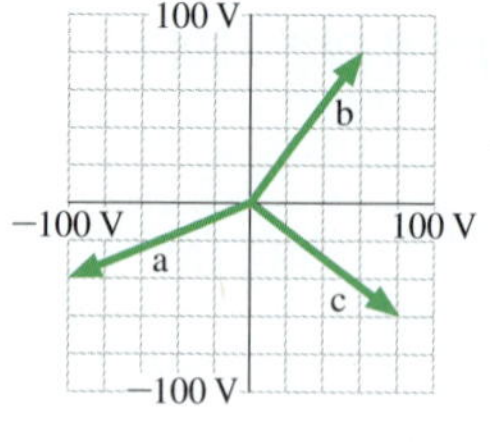

그림 Q32.1

2. 축전기가 진동하는 기전력에 연결된다. 축전기를 통과하는 봉우리 전류는 1 A이다.
   a. 전기 용량 C가 반으로 줄면 봉우리 전류는 얼마인가?
   b. 봉우리 기전력 $\mathcal{E}_0$가 반으로 줄면 봉우리 전류는 얼마인가?
   c. 진동수 ω가 반으로 줄면 봉우리 전류는 얼마인가?
3. 인덕터가 진동하는 기전력에 연결되었다. 인덕터를 통과하는 봉우리 전류는 2.0 A이다.
   a. 인덕턴스 L이 두 배가 되면 봉우리 전류는 얼마인가?
   b. 봉우리 기전력 $\mathcal{E}_0$가 두 배가 되면 봉우리 전류는 얼마인가?
   c. 진동수 ω가 두 배가 되면 봉우리 전류는 얼마인가?
4. 그림 Q32.4의 위상자로 표현된 직렬 RLC 회로에서, 기전력 진동수는 공명 진동수 ω_0보다 작은가, 같은가, 큰가? 설명하시오.

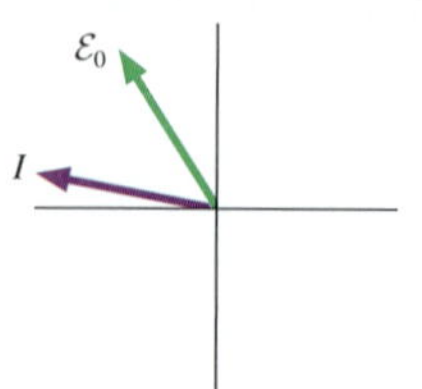

그림 Q32.4

5. 직렬 RLC 회로의 전류는 기전력보다 20°만큼 지연된다. 기전력은 변경할 수 없다. 기전력에 의해 회로에 전달되는 전력을 증가시키려면 회로에 할 수 있는 두 가지 방법은 무엇인가?

연습문제

표시가 된 연습문제들은 이전 장들에서 다룬 내용과 관련이 있다.

연습

32.1절 AC 전원과 위상자

1. | 그림 EX32.1의 기전력 위상자는 $t = 2.0$ ms에 대해서 나타낸 것이다.
   a. 각진동수는 얼마인가? 단, 아직 한 바퀴 돌지 않았다고 가정한다.
   b. 기전력의 봉우리 값은 얼마인가?

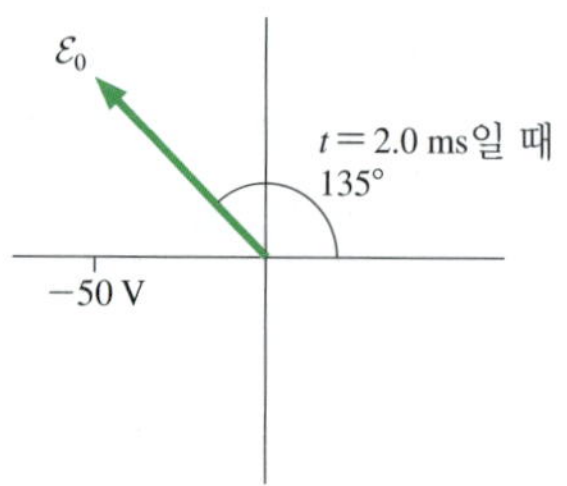

그림 EX32.1

2. | 110 Hz의 기전력은 50 V의 봉우리 전압을 갖는다. $t = 3.0$ ms에서의 기전력 위상자를 그리시오.
3. | 그림 EX32.3은 어떤 저항기에 대한 전압 및 전류 그래프를 보여준다.
   a. 기전력 진동수 f는 얼마인가?
   b. 저항 R의 값은 얼마인가?
   c. 저항기의 전압 및 전류 위상자를 $t = 15$ ms일 때에 대해 그리시오.

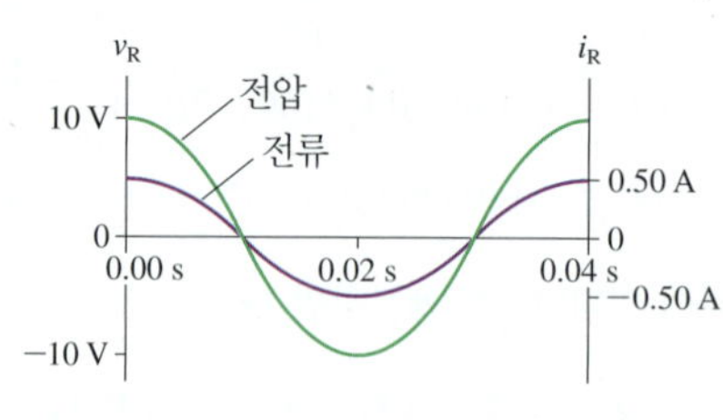

그림 EX32.3

32.2절 축전기 회로

4. | 축전기로 흐르는 전류의 봉우리 값은 20 mA이다.
   a. 기전력 진동수가 두 배가 되면 봉우리 전류는 얼마인가?
   b. 기전력 봉우리 전압이 두 배가 되면(원래의 진동수에서) 봉우

리 전류는 얼마인가?

5. ‖ 그림 EX32.5는 어떤 축전기의 전압 및 전류 그래프를 보여준다.
   a. 기전력 진동수 f는 얼마인가?
   b. 전기 용량 C의 값은 얼마인가?

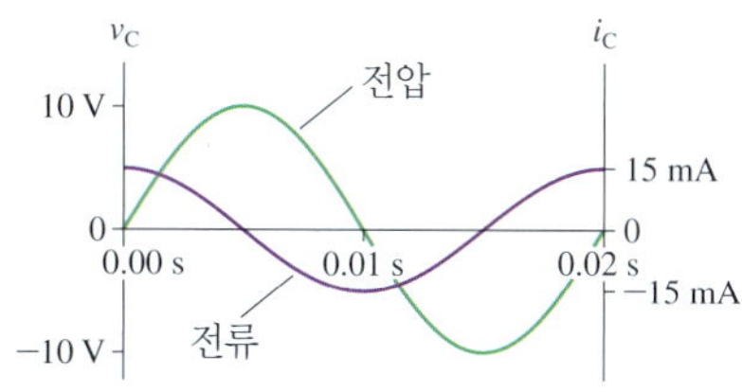

그림 EX32.5

6. | 축전기가 15 kHz 진동자에 연결되었다. 기전력 전압이 6.0 V일 때 봉우리 전류는 65 mA이다. 전기 용량 C의 값은 얼마인가?

7. ‖ a. 기전력의 진동수가 1, 3, 10, 30 및 100 kHz일 때 그림 EX32.7의 V_C를 계산하시오.
   b. 진동수에 대한 V_C의 그래프를 그리시오. 단, 5개 점을 지나는 부드러운 곡선으로 그려야 한다.

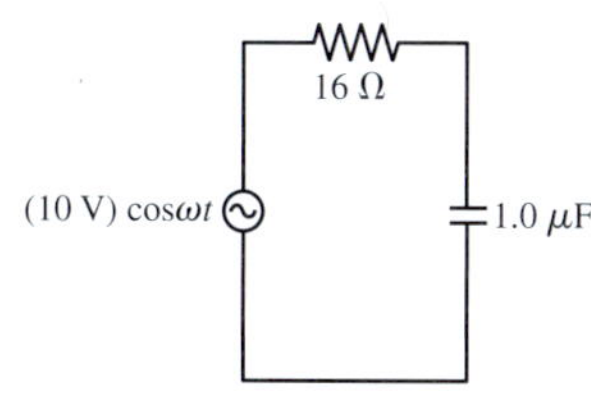

그림 EX32.7

32.3절 *RC* 필터 회로

8. ‖ 고대역 통과 RC 필터가 봉우리 전압이 15 V인 AC 전원에 연결되었다. 봉우리 축전기 전압은 5 V이다. 저항기 전압은 얼마인가?

9. ‖ 교차 진동수가 500 Hz인 저대역 통과 RC 필터는 50 Ω의 저항기를 사용한다. 축전기 값은 얼마인가?

10. ‖ 그림 EX32.10의 기전력 진동수가 10 kHz인 경우 V_R 및 V_C는 얼마인가?

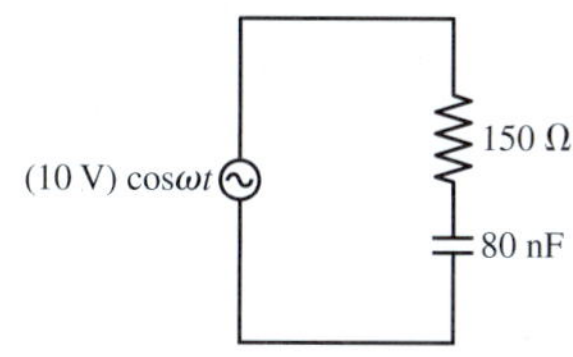

그림 EX32.10

11. ‖ 전기 회로는 단순한 전구이든 복잡한 증폭기이든 출력 전원 단자 2개에 연결된 입력 단자 2개를 가지고 있다. 두 입력 단자 사이의 임피던스(종종 진동수의 함수)는 회로의 입력 임피던스이다. 대부분의 회로는 큰 입력 임피던스를 갖도록 설계되었다. 이유를 알아보기 위하여, 1.2 kΩ 저항기와 15 μF 축전기로 구성된 고대역 통과 필터의 출력을 증폭해야 할 필요가 있다고 가정하자. 여러분의 증폭기는 순전히 저항적 입력 임피던스를 가지고 있다. 60 Hz 신호에서, 증폭기의 입력 임피던스가 (a) 1.5 kΩ과 (b) 150 kΩ일 때, 증폭기가 연결된 필터(load)와 연결되지 않은 필터(no load)의 봉우리 전압 출력의 비율 $V_{R\,load}/V_{R\,no\,load}$는 얼마인가?

32.4절 인덕터 회로

12. | 인덕터를 통과하는 봉우리 전류의 값은 10 mA이다.
    a. 기전력 진동수가 두 배가 되면 봉우리 전류는 얼마인가?
    b. 기전력 봉우리 전압이 두 배가 되면(원래의 진동수에서) 봉우리 전류는 얼마인가?

13. ‖ 인덕터가 15 kHz 진동자에 연결되었다. rms 전압이 6.0 V일 때 봉우리 전류는 65 mA이다. 인덕턴스 L의 값은 얼마인가?

32.5절 직렬 *RLC* 회로

14. | 직렬 RLC 회로는 200 kHz 공명 진동수를 갖는다. 축전기 값이 두 배가 되고 동시에 인덕터 값이 반으로 줄어들면 공명 진동수는 얼마인가?

15. ‖ 100 Ω 저항기와 20 mH 인덕터와 축전기가 직렬로 연결되어 공명 진동수가 1000 Hz이면 축전기의 전기 용량은 얼마인가?

16. ‖ 1.0 μF 축전기와 1.0 μH 인덕터가 어떤 진동수 f에서 동일한 리액턴스를 갖는가? 이 진동수에서의 리액턴스 값은 얼마인가?

17. | 그림 EX32.17의 회로에서,
    a. 공명 진동수는 rad/s와 Hz 단위로 각각 얼마인가?
    b. 공명 상태에서 V_R과 V_C를 구하시오.
    c. V_C는 어떻게 $\mathcal{E}_0$보다 커질 수 있는가? 설명하시오.

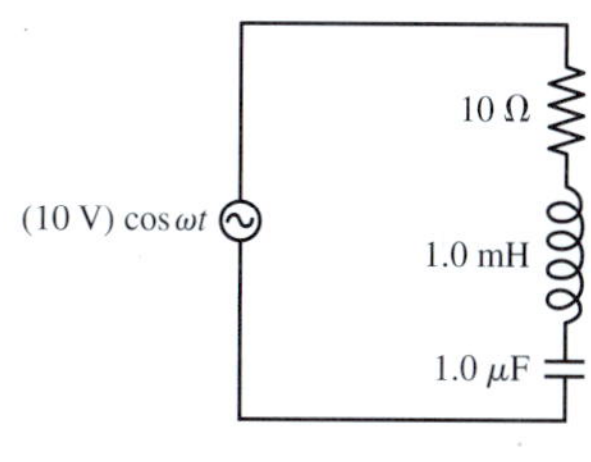

그림 EX32.17

32.6절 AC 회로에서의 전력

18. ‖ 기전력의 rms 전압이 10.0 V일 때 저항기가 2.0 W를 소모한다. 저항기에 어떤 rms 전압이 걸릴 때 10.0 W가 소모되는가?

19. | 전기 드릴의 모터는 120 V rms의 전력선 전압에서 3.5 A rms 전류를 소비한다. 전류가 전압보다 20°만큼 지연된 경우 모터의

전력은 얼마인가?

20. ‖ 100 Ω 저항기를 갖는 직렬 RLC 회로는 120 V/60 Hz 전력선에 연결될 때 80 W를 소모한다. 전력 인자는 얼마인가?

문제

21. ‖ a. RC 회로의 경우, $V_C = \frac{1}{2}\mathcal{E}_0$일 때 각진동수에 대한 표현을 구하시오.
    b. 이 진동수에서 V_R은 얼마인가?

22. ‖ 어떤 직렬 RC 회로는 12 kΩ의 저항기와 지름이 15 cm인 전극을 가진 평행판 축전기로 구성된다. 12 V, 36 kHz 전원은 회로를 통해 0.65 mA의 봉우리 전류가 흐르게 한다. 축전기 판 사이의 간격은 얼마인가?

23. ‖ a. 그림 P32.23에서 기전력이 제공하는 봉우리 전류는 얼마인가?
    b. 3.0 μF 축전기의 봉우리 전압은 얼마인가?

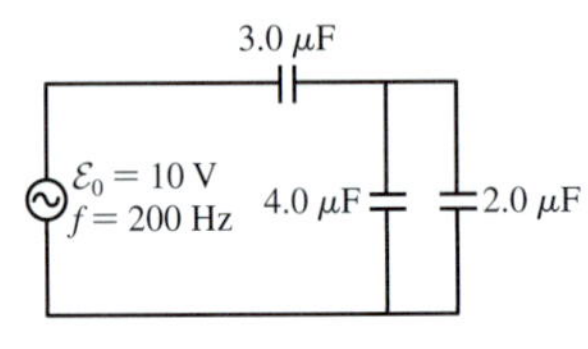

그림 P32.23

24. ‖ 그림 P32.24는 병렬 RC 회로를 나타낸다.
    a. 봉우리 전류 I_R 및 I_C에 대한 식을 찾기 위해 위상자 도형 분석을 사용하시오.
    힌트: 저항기와 축전기에 무엇이 공통으로 있는가? 이것을 초기 위상자로 사용하라.
    b. 봉우리 기전력 전류 I에 대한 식을 찾아서 위상자 분석을 완료하시오.

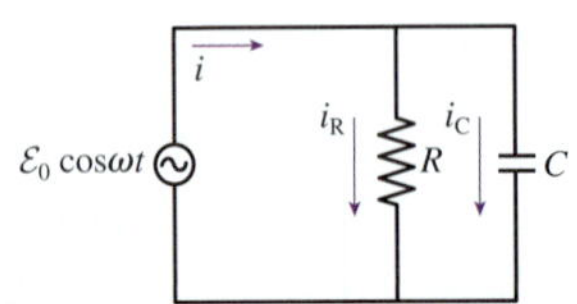

그림 P32.24

25. ‖ 위상자 도형을 사용하여 그림 P32.25의 RL 회로를 분석하시오. 특히,

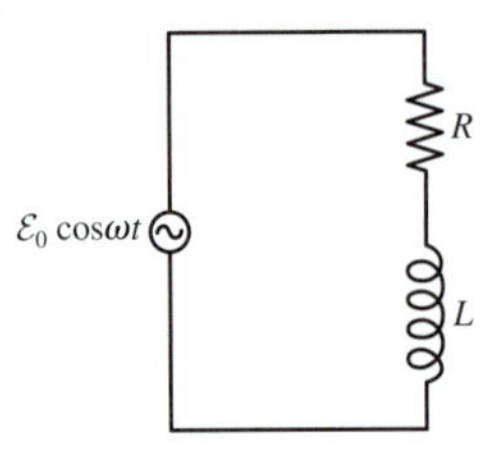

그림 P32.25

a. I, V_R 및 V_L에 대한 식을 찾으시오.
b. $\omega \to 0$과 $\omega \to \infty$의 극한에서의 V_R은 얼마인가?
c. 출력이 저항기에서 나온 경우, 이 필터는 저대역 통과 필터인가? 아니면 고대역 통과 필터인가? 설명하시오.
d. 교차 진동수 ω_c에 대한 식을 찾으시오.

26. ‖‖ 직렬 RLC 회로는 75 Ω 저항기, 0.12 H 인덕터 및 30 μF 축전기로 구성된다. 그것이 120 V/60 Hz 전력선에 연결된다. (a) 봉우리 전류 I, (b) 위상각 ϕ, (c) 평균 전력 손실은 얼마인가?

27. ‖ 직렬 RLC 회로가 550 Ω 저항기, 2.1 mH 인덕터 및 550 nF 축전기로 구성되었다. 이것을 진동수 조정이 가능한 50 V rms 교류 전압 전원에 연결되었다. 길고 곧은 회로 도선의 중심에서부터 2.5 mm 지점에서 진동하는 자기장이 관찰된다. 생성될 수 있는 최대 자기장 진폭은 얼마인가?

28. ‖ $\mathcal{E}_0 = 10$ V 및 $R = 50\ \Omega$인 직렬 RLC 회로에서 전류가 기전력보다 30°만큼 지연된다. 회로를 통과하는 봉우리 전류는 얼마인가?

29. ‖ 직렬 RLC 회로는 50 Ω의 저항기, 3.3 mH 인덕터 및 480 nF 축전기로 구성되었다. 그것이 5.0 V의 봉우리 전압을 가진 3.0 kHz 진동자에 연결된다. 다음의 경우에 순간 기전력 $\mathcal{E}$는 얼마인가?
    a. $i = I$일 때
    b. $i = 0$ A이고 감소하고 있을 때
    c. $i = -I$일 때

30. ‖ 직렬 RLC 회로의 경우, 다음을 증명하시오.
    a. 봉우리 전류는 $I = I_{max} \cos\phi$로 쓸 수 있다.
    b. 평균 전력은 $P_{source} = P_{max} \cos^2\phi$로 쓸 수 있다.

31. ‖ 텔레비전 채널에는 54 MHz~60 MHz의 진동수 범위가 할당된다. TV 수신기의 직렬 RLC 동조 회로는 이 진동수 범위의 중간에서 공명한다. 이 회로는 16 pF 축전기를 사용한다.
    a. 인덕터 값은 얼마인가?
    b. 제대로 작동하려면 이 진동수 범위를 통해 전류는 공명 진동수에서의 전류 값의 50 % 이상이어야 한다. 회로의 저항의 최솟값은 얼마인가?

32. ‖ 도선을 500회 감은 12 cm × 16 cm 직사각형 고리가 25 mT의 균일한 자기장에서 60 Hz로 회전하고 있는 발전기가 있다. 발전기 출력은 120 Ω 저항기와 35 μF 축전기로 구성된 직렬 RC 회로에 연결된다. 회로에 공급되는 평균 전력은 얼마인가?

33. ‖ 여러분은 15,000 V rms, 60 Hz 전기 변전소의 운영자이다. 어느 날 변전소가 0.90의 전력 인자로 6.0 MW의 전력을 공급하고 있는 것을 알았다.
    a. 변전소에서 나가는 rms 전류는 얼마인가?
    b. 전력 인자를 1.0으로 올리기 위해 직렬 축전기를 얼마나 추가

해야 하는가?

c. 그러면 변전소는 어느 정도의 전력을 제공할 수 있는가?

34. ‖ 120 V/60 Hz 전력선에 연결된 모터는 8.0 A 전류를 소비한다. 평균 에너지 손실은 800 W이다.

a. 전력 인자는 얼마인가?

b. rms 저항기의 전압은 얼마인가?

c. 모터의 저항은 얼마인가?

d. 전력 인자를 1.0으로 높이려면 직렬 축전기를 얼마나 추가해야 하는가?

응용 문제

35. ‖| a. 직렬 *RLC* 회로의 평균 전력 손실이 다음과 같음을 증명하시오.

$$P_{avg} = \frac{\omega^2(\mathcal{E}_{rms})^2 R}{\omega^2 R^2 + L^2(\omega^2 - \omega_0{}^2)^2}$$

b. $\omega = \omega_0$에서 에너지 손실이 최대임을 증명하시오.

36. ‖| 그림 CP32.36의 전기통신회로는 인덕터와 축전기를 병렬로 연결한 후 이들 저항기와 직렬로 연결한 것이다.

a. 위상자 도형을 사용하여 저항기를 흐르는 봉우리 전류가 다음과 같음을 증명하시오.

$$I = \frac{\mathcal{E}_0}{\sqrt{R^2 + \left(\frac{1}{X_L} - \frac{1}{X_C}\right)^{-2}}}$$

힌트 : 인덕터 위상자 v_L로 시작하라.

b. $\omega \to 0$과 $\omega \to \infty$의 극한에서 I는 얼마인가?

c. 공명 진동수 ω_0은 얼마인가? 이 진동수에서 전류 I는 얼마인가?

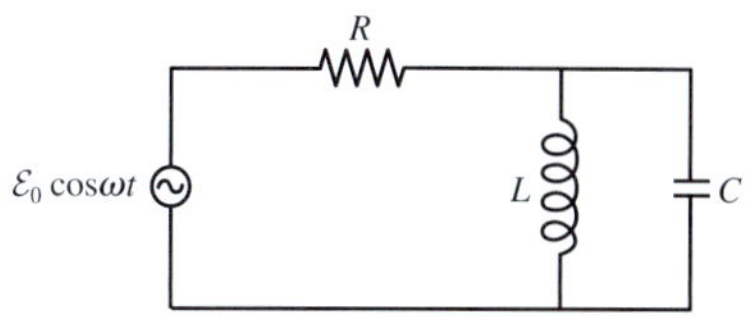

그림 CP32.36

VII부 광학 Optics

관을 통해서 흐르는 물처럼, 레이저 광을 잘 보내는 유리로 된 가늘고 잘 구부러지는 이 광섬유들이 고속 인터넷을 실현시켰다.

훑어보기

빛 이야기

광학은 빛의 성질 및 응용과 관련된 물리 영역으로, 빛이 어떻게 물질과 상호작용하는지를 포함한다. 그런데 빛은 무엇인가? 이는 간단히 대답하기 어려운 질문이다. 여기서는 빛의 이론 모두를 아우르기보다는 어떤 물리적 상황 내에서의 빛의 거동을 각각 표현하고 설명하는 세 가지 다른 **모형**들을 정립할 것이다.

파동 모형은 빛이 파동, 구체적으로는 전자기파라는 잘 알려진 사실에 바탕을 두고 있다. 이 모형은 이미 이 책의 IV부에서 배운 파동을 기반으로 한다. 모든 파동과 같이 광파는 분산되고, 공간을 퍼져나가며, 중첩과 간섭을 나타낸다. 빛의 파동 모형은 다음과 같이 여러 분야에 응용된다.

- 정밀측정
- 렌즈, 센서, 그리고 창 표면의 광학 코팅
- 광 컴퓨팅

또 다른 잘 알려진 사실은 빛이 직선으로 진행한다는 것으로 이는 **광선 모형**의 바탕이 된다. 이 모형에 의해 다음을 이해할 수 있다.

- 렌즈와 거울에 의한 결상
- 광섬유
- 카메라에서 망원경까지 다양한 광학기기

가장 놀라운 광학기기들 중의 하나는 바로 여러분의 눈이다. 여기서는 눈 광학을 공부하고 안경과 콘택트렌즈가 어떻게 시력의 결함을 보정하는지를 배운다.

빛의 모형들을 완성하기 위해서 양자물리학의 한 부분인 **광자 모형**에 관하여 여기서 말은 하겠지만, 이 책의 VIII부 이전에는 다루지 않을 것이다. 양자세계에서 보면 빛은 작은 에너지 덩어리인 광자로 이루어져 있으며, 파동과 입자의 성질을 모두 가지고 있다. 광자는 원자가 어떻게 빛을 방출하고 흡수하는지를 이해하는 데 도움을 준다.

많은 경우, 이 세 가지 모형들은 서로 배타적이다. 따라서 언제 각 모형들이 타당한지에 대한 기준을 설정하는 데 세심하게 주의해야 한다.

33 파동광학
Wave Optics

보는 각도가 달라지면 색이 변하는 이 공작새 깃털의 선명한 색은 물감 때문이 아니고 광파의 간섭에 의한 것이다.

이 장에서는 빛의 파동 모형과 그 응용을 공부한다.

빛은 무엇인가?

빛이 파동과 입자의 두 가지 양상을 모두 갖고 있음을 알게 될 것이다. 빛의 세 가지 모형을 소개한다.

- 이 장의 주제로서 빛의 파동 모형은 광파가 어떻게 퍼져나가고 여러 광파들이 어떻게 중첩되어 간섭을 일으키는지를 보여준다.
- 빛이 직선으로 진행하는 빛의 광선 모형은 거울과 렌즈들이 어떻게 작용하는지를 설명한다. 이는 34장의 주제이다.
- VIII부에서 논의하게 될 광자 모형은 양자물리학의 중요한 부분이다.

파동 모형

광선 모형

광자 모형

각 모형들이 어느 경우에 적절한지를 배운다.

« **되돌아보기:** 16.5, 16.7절, 그리고 16.8절 광파, 파면, 위상, 그리고 세기

회절은 무엇인가?

회절은 파동이 작은 구멍을 통과하거나 모서리를 돌아갈 때 퍼지는 현상이다. 빛의 회절은 빛이 파동이라는 것을 보여준다. 한 가지 흥미로운 발견은 구멍이 작을수록 더 많이 퍼진다는 사실이다.

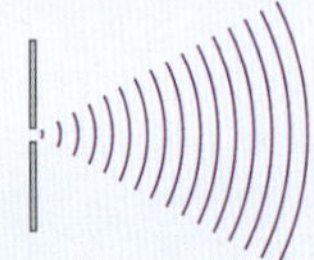

빛이 간섭을 나타내는가?

그렇다. 이미 앞에서 두 표면에서 반사하는 빛의 박막 간섭을 공부하였다. 이 장에서는 불투명한 스크린 상에 있는 2개의 좁고 밀접한 슬릿을 지난 후에 생기는 간섭 줄무늬들을 배운다.

« **되돌아보기:** 17.7절 간섭

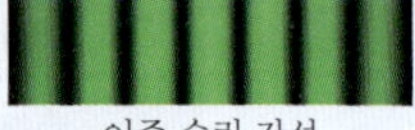

이중 슬릿 간섭

회절격자는 무엇인가?

회절격자는 밀접한 슬릿이나 홈(grooves)의 주기적 배열이다. 빛이 회절격자를 지나면, 서로 다른 파장들의 빛이 각기 다른 방향으로 진행한다. 비슷한 두 파장의 빛이 구분되어질 수 있다. 왜냐하면 각각의 줄무늬들이 매우 좁고 정밀하게 위치하기 때문이다.

회절격자 줄무늬

간섭은 어떻게 쓰이는가?

회절격자들은 그들이 방출하는 파장에 의해 물질의 구성 성분을 분석하기 위한 도구인 분광학의 기본이 된다. 간섭계는 간섭현상을 세심하게 사용하여 날개의 진동에서부터 대륙의 이동까지를 정밀하게 측정한다. 또한 간섭은 광 컴퓨터에서 주요한 역할을 한다.

간섭 무늬들

33.1 빛의 모형들

빛을 연구하는 학문을 **광학**(optics)이라 한다. 그런데 빛은 무엇인가? 최초의 그리스 과학자들은 빛과 시각을 구분하지 않았다. 그들에 의하면 빛은 보는 것과 불가분의 관계였다. 그러나 빛은 실재 '존재'하고 빛은 일종의 물리적 실체로서 누가 보는가에 상관없이 존재한다는 견해가 점점 생기게 되었다.

뉴턴은 1660년대에 수학과 역학에서의 선구적인 업적을 이뤘을 뿐만 아니라 빛의 성질도 조사하였다. 뉴턴은 물결파가 구멍을 지난 후 구멍 뒤의 공간을 채우면서 퍼져나간다는 것을 알았다. 이는 그림 33.1a에서 알 수 있다. 왼쪽에서 다가온 평면파가 장벽에 있는 구멍을 지난 후 원호 형태로 퍼져나간다. 이러한 멈출 수 없는 파동의 퍼짐을 **회절**(diffraction) 현상이라 한다. 회절은 구멍을 통과하는 것이 무엇이든 간에 파동이라는 확실한 증거이다.

그에 반해서, 그림 33.1b는 태양빛이 뚜렷한 가장자리의 그림자를 만드는 것을 보여준다. 빛이 틈새를 지난 후 원호 형태로 퍼짐을 볼 수 없다. 만약 빛이 직선으로 진행하며 상호작용하지 않는 입자로 이루어져 있다면, 이러한 빛의 거동을 예상할 수 있다. 어떤 입자들은 틈새를 통과하여 바닥에 밝은 영역을 만들고 다른 입자들은 막혀서 뚜렷한 그림자를 이루게 된다. 이러한 추론은 뉴턴으로 하여금 빛이 매우 작고, 가볍고, 빠른 소위 **미립자**(corpuscles)라는 결론에 이르게 하였다.

이러한 상황은 1801년에 영국의 과학자 영(Thomas Young)이 빛의 간섭을 얻었다고 발표함으로써 급격히 변하였다. 다음 절에서 분석하게 될 영의 실험은 빛의 파동이론이 우세한 것으로 논란에 종지부를 찍었다. 왜냐하면 간섭은 뚜렷하게 파동적 현상이기 때문이다. 그러나 만약 빛이 파동이라면, 무엇이 물결치는가? 결국에는 빛은 매질이 없어도 진행이 가능한 전자기장의 진동인 **전자기파**임이 확립되었다.

그러나 이러한 만족스런 결론도 20세기 초엽의 새로운 발견에 의해 곧 기반이 약화되었다. 아인슈타인(Albert Einstein)이 도입한 **광자** 개념은 파동이 입자와 같은 성질을 가진다는 것이다. 이에 따라 **고전물리학**의 종말이 오고 **양자물리학**이라는 새로운 시대가 시작되었다. 또한 중요한 것은 아인슈타인의 이론이 빛을 이해하려는 우리의 오래된 노력에 또 다른 전환점을 가져온 것이다.

그림 33.1 물결파가 장벽에 있는 작은 구멍 뒤에서 퍼져나가지만 아치형 입구를 지나는 빛은 가장자리가 뚜렷한 그림자를 이룬다.

(a)

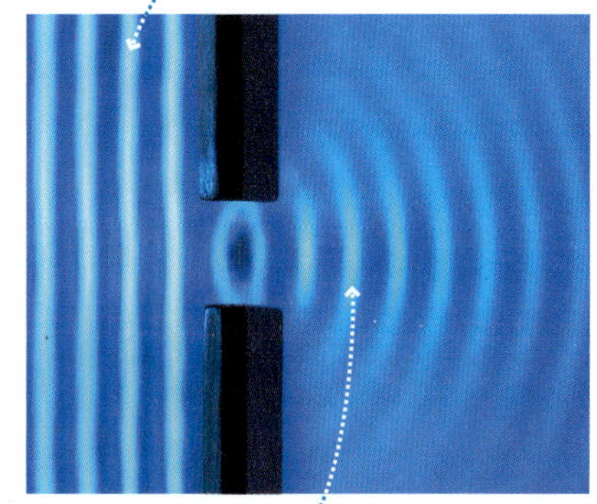

(b)

세 가지 견해

빛은 실재하는 물리적인 실체이지만 빛의 성질은 포착하기 어렵다. 빛은 물리적 세계의 카멜레온이다. 어떤 상황에서는 빛이 똑바로 진행하는 입자처럼 거동한다. 그러나 상황이 바뀌면 빛이 음파나 물결파처럼 파동과 같은 종류의 거동을 보인다. 상황을 또 바꾸면 빛은 파동 같지도, 입자 같지도 않고 둘 다의 특성을 가진 거동을 보여준다.

모두를 아우르는 '빛의 이론'보다는 각각의 물리적 상황의 범위 내에서는 세 가지

빛의 모형(models of light)을 발전시키는 것이 낫다. 이 책은 두 부분으로 되어 있다.

1. 확실하고 분명한 빛의 모형을 개발하는 것
2. 각 모형이 유용한 조건과 상황을 알게 되는 것

세 가지 모형 모두의 간단한 요약과 함께 시작한다.

빛의 세 가지 모형

파동 모형

빛의 파동 모형은 빛이 **파동**이라는 잘 알려진 '사실'에 기인한다. 실제로 여러 상황에서 빛이 음파나 물결파와 같은 거동을 보인다. 레이저와 전기광학 소자들은 빛의 파동 모형에 의해 가장 잘 표현된다. 파동 모형의 몇 가지 양상이 16장과 17장에 소개되었으며, 이는 이 장의 주된 관심사이다.

광선 모형

동일하게 잘 알려진 '사실'은 빛이 직선으로 진행한다는 것이다. 이러한 직선경로를 **광선**이라 한다. 프리즘과 거울, 그리고 렌즈들의 성질이 광선으로 가장 잘 이해된다. 불행히도 "빛은 직선으로 진행한다"와 "빛은 파동이다"는 조화시키기가 어렵다. 대부분의 경우, 파동과 광선은 서로 배타적인 빛의 모형이다. 이 장에서 중요한 한 가지는 언제 각 모형이 적절한지를 알게 되는 것이다. 광선광학은 34장과 35장의 주제이다.

광자 모형

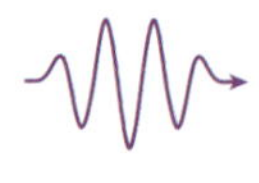

현대의 기술은 점점 양자물리학에 의존되어가고 있다. 양자 세계에서는 빛이 파동도 아니고 입자도 아닌 거동을 한다. 그 대신 빛은 파동과 같고 입자와도 같은 성질을 가진 **광자**로 이루어져 있다. 많은 빛의 양자론이 이 책의 범위를 벗어나지만 VIII부에서 약간의 중요한 개념을 엿보게 된다.

33.2 빛의 간섭

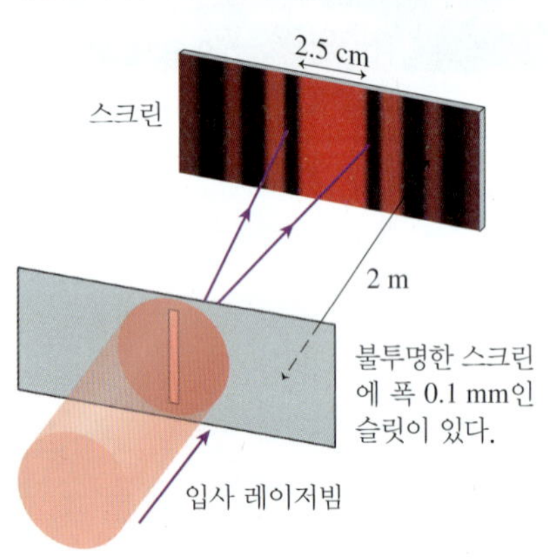

그림 33.2 만약 틈새가 매우 좁다면, 빛은 물결파처럼 틈새 뒤에서 퍼져나간다.

빛의 성질에 대해 뉴턴이 도달한 결론은 그림 33.2에서 나타낸 실험의 결론과는 달랐을 것이다. 여기서는 단일 파장(혹은 색깔)의 빛이, 폭이 0.1 mm에 불과하여 사람 머리카락의 두 배 정도인 좁은 슬릿을 통과한다. 그 영상은 슬릿 뒤 2 m에 있는 스크린에 빛이 어떻게 나타나는지를 보여준다. 뉴턴이 생각한 것처럼 만약 빛이 직선으로 진행한다면, 폭이 약 0.1 mm이고 양옆에 어두운 그림자가 있는 좁은 빛띠를 보아야 한다. 그 대신, 우리는 양옆에 좀 더 멀리 확장된 어두운 빛띠들이 있는, 틈새보다 훨씬 넓은 약 2.5 cm까지 확장된 빛띠를 보게 된다.

만약 그림 33.2를 그림 33.1a의 물결파와 비교하면, 틈새 뒤에서 **빛이 퍼져나감**을 알게 된다. 빛은 회절을 보이며, 이는 파동이라는 확실한 증거이다. 우리는 이 장에서 나중에 회절을 더 자세히 보게 될 것이다. 현재로서는 빛이 실제로 매우 좁은 틈새 뒤에서 퍼져나가는 것을 단지 **관찰**만 하면 된다. 빛이 파동처럼 행동하므로, 영이 한 것처럼 광파의 간섭을 관찰할 수 있어야 한다.

간섭의 간단한 검토

파동들은 **중첩 원리**를 따른다. 만약 두 파동이 겹치면, 그들의 변위는 그것이 음파에서 공기 분자의 변위이든 광파에서의 전기장이든 더해진다. 이미 « 17.5절~« 17.7절에서 두 파동의 마루가 겹칠 때, 두 파동이 더해져서 진폭이 커지고, 따라서 세기가 큰 파동이 생기는 **보강 간섭**이 발생한다는 것을 배웠다. 반대로, 한 파동의 마루가 다른 파동의 골과 겹치면 진폭이 줄어든 파동(경우에 따라서는 진폭이 0이 되는 파동), 즉 세기가 감소한 파동이 발생한다. 이것이 **상쇄 간섭**이다.

그림 33.3은 위상이 같은 2개의 사인 모양 파원을 보여준다. 동그라미들은 **파동의 골**이라 기억할 것이며 그들은 파장 λ만큼씩 떨어져 있다. 비록 그림 33.3이 멈추어진 시간 동안의 순간적인 그림이지만, 파원들이 진동함에 따라 두 세트의 원들이 바깥쪽으로 진행하고 있음을 마음속에 그려야 한다.

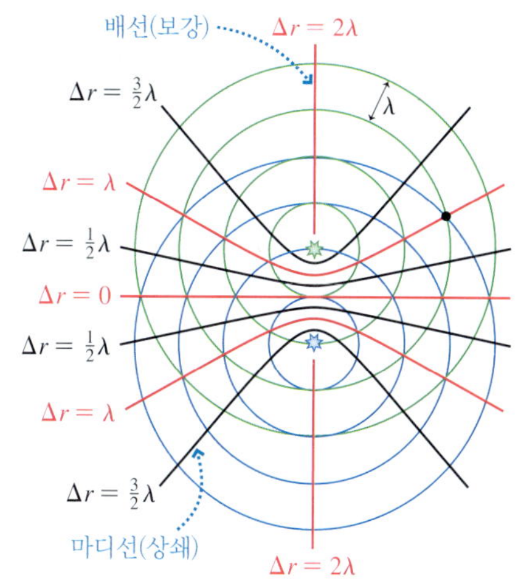

그림 33.3 보강 간섭과 상쇄 간섭이 배선과 마디선을 따라서 발생한다.

원의 개수를 세어서 간단히 거리를 측정할 수 있다. 예를 들어서, 오른쪽의 점이 위쪽 파원으로부터 정확히 세 파장거리에, 아래쪽 파원으로부터는 네 파장거리에 있어서 $r_1 = 3\lambda$ 그리고 $r_2 = 4\lambda$임을 알 수 있다. 이때, **경로차**는 $\Delta r = r_2 - r_1 = \lambda$이다. **$\Delta r$이 파장의 정수배인 점들은 보강 간섭 지점들이다.** 파동들이 각기 다른 거리를 진행할 수 있지만, 마루와 마루가 나란하고 골과 골이 나란하여 큰 진폭의 파동이 발생한다.

만약 경로차가 파장의 반홀수배이면, 한 파동의 마루가 다른 파동의 골과 만나게 된다. 따라서 **Δr이 파장의 반홀수배인 점들은 상쇄 간섭 지점들이다.** 수학적으로, 간섭 조건들은 다음과 같다.

$$\begin{aligned} &\text{보강 간섭:} \quad \Delta r = m\lambda \\ &\text{상쇄 간섭:} \quad \Delta r = \left(m + \tfrac{1}{2}\right)\lambda \end{aligned} \qquad m = 0, 1, 2, \cdots \qquad (33.1)$$

만약 두 파동의 진폭이 정확히 같다면, 상쇄 간섭은 진폭이 0인 **완전 상쇄 간섭**이 된다.

$\Delta r = m\lambda$인 모든 점들의 모임을 **배선**이라 한다. 최대 보강 간섭은 이 선을 따라 모든 점에서 발생한다. 만약 이들이 음파라면, 배선 상에 서 있을 때 가장 큰 소리를 들을 것이다. 만약 이들이 광파라면, 스크린의 배선에 있는 점에서 가장 밝은 빛을 볼 것이다.

이와 유사하게, 1차원 정상파의 **마디**처럼, 최대 상쇄 간섭은 **마디선**을 따라 발생한다. 만약 이들이 광파라면, 마디선에 닿는 스크린 상의 모든 곳이 어둡게 될 것이다.

영의 이중 슬릿 실험

간섭에 관한 이러한 발상들이 어떻게 광파에 적용되는지 알아보자. 레이저빔이 2개의 길고 좁은 슬릿이 매우 가까이 있는 불투명한 스크린으로 향하는 실험을 그림 33.4a가 보여준다. 이 한 쌍의 슬릿을 **이중 슬릿**(double slit)이라 하며, 보통의 실험에서 그들은 폭이 대략 0.1 mm이고 0.5 mm 떨어져 있다. 레이저빔이 두 슬릿 모두를 균일하게 비추고 슬릿을 통과한 모든 빛들이 스크린에 도달한다고 가정한다. 영이 레이저 대신 태양광을 썼음에도 이것이 1801년에 행해진 영의 실험의 본질이다.

스크린에서 무엇을 보기를 기대해야 하는가? 그림 33.4b는 실험장치 위에서 슬릿의 상단 끝과 스크린 상단의 가장자리를 내려다 본 것이다. 슬릿들이 매우 좁으므로, 그림 33.2에서와 같이 **각 슬릿 뒤에서 빛이 퍼져나간다.** 퍼지는 이 두 광파들이 마치 2개의 큰 스피커에서 방출되는 음파처럼 서로 겹치고 간섭한다. 보강 간섭의 배선들이 그림 33.3의 배선들과 어떻게 흡사한지 주목하라.

그림 33.4 이중 슬릿 간섭 실험

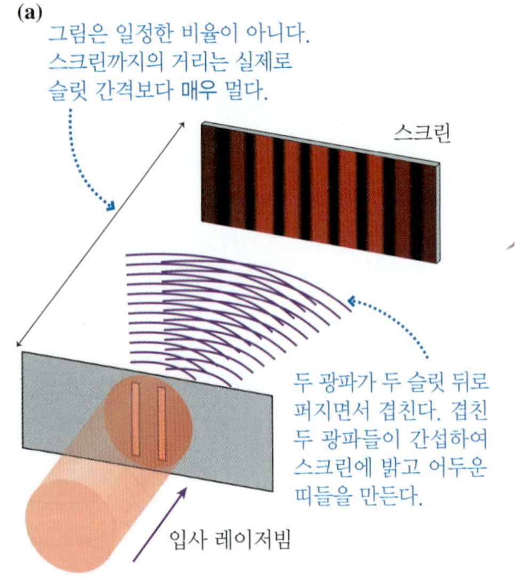

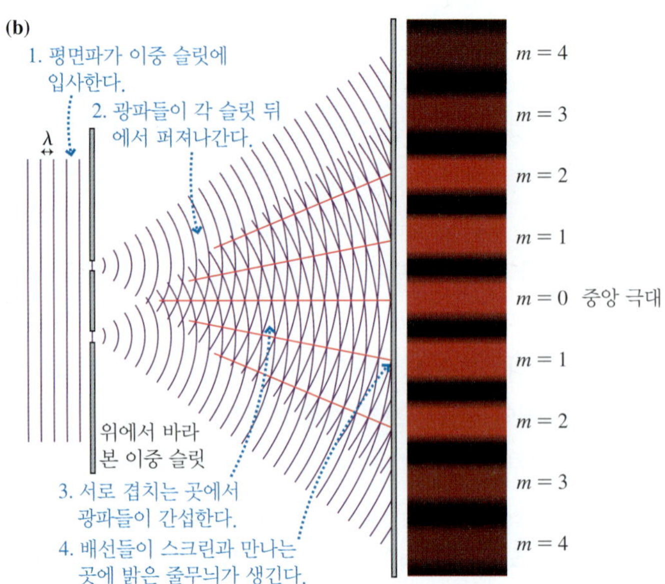

그림 33.4b의 상은 스크린이 실제로 어떻게 보이는지 나타낸다. 예상과 같이, 배선이 스크린과 만나는 곳에 있는 점들에서 빛이 밝다. 마디선이 스크린과 만나는 곳의 점들에서는 어둡다. 보강 간섭과 상쇄 간섭에 의한 이러한 밝고 어두운 띠의 반복을 **간섭 줄무늬**(interference fringe)라 한다. 중심에서 바깥으로 나가면서 줄무늬들의 번호를 $m=0, 1, 2, 3, \cdots$으로 매긴다. $m=0$인 스크린 중심점의 가장 밝은 줄무늬를 **중앙 극대**(central maximum)라 한다.

그림 33.5 이중 슬릿 실험 형상

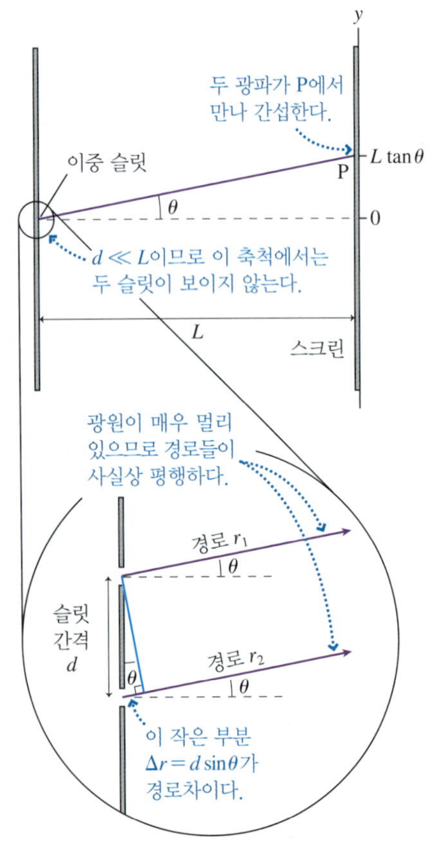

이중 슬릿 간섭의 분석

그림 33.4는 각 슬릿 뒤에서 퍼져나가는 광파들이 겹쳐서 어떻게 이중 슬릿 뒤에서 간섭이 일어나는지를 정성적으로 보여준다. 이제 이 실험을 좀 더 주의 깊게 분석해 보자. 그림 33.5는 슬릿 사이의 간격이 d이고 스크린까지의 거리가 L인 이중 슬릿 실험을 보여준다. L이 d보다 훨씬 크다고 가정한다. 따라서 그림 33.5의 위 그림에서 각각의 슬릿을 볼 수 없다.

점 P가 스크린 상 각 θ에 있다고 하자. 우리의 목적은 점 P에서의 간섭이 보강, 상쇄, 혹은 그 중간인지를 판단하는 것이다. 그림 33.5의 확대한 그림에서 각각의 슬릿과 이 슬릿들로부터 점 P까지의 경로를 보여준다. 이 축척에서 P는 멀리 떨어져 있으므로 두 경로는 거의 평행하며 둘 다 각 θ를 이룬다. 두 슬릿 모두 같은 레이저 파면으로 비추어지므로, 슬릿들이 동일한 위상의 같은 광원으로 작용한다($\Delta\phi_0=0$). 따라서 만약 그 점에서 $\Delta r=m\lambda$이면 점 P에서의 간섭은 보강이며, 밝은 줄무늬가 형성된다.

$y=0$인 스크린의 중심점은 두 슬릿으로부터 같은 거리($\Delta r=0$)에 있으므로 보강 간섭 지점이 된다. 이는 그림 33.4b의 중앙 극대로 확인된 밝은 줄무늬이다. 스크린 중앙으로부터 멀어짐에 따라 경로차가 증가하여 $m=1$인 줄무늬들은 $\Delta r=1\lambda$인 점

들에서 생기며, 이들은 한 광파가 다른 광파보다 정확히 한 파장을 더 진행한 지점들이다. 일반적으로 **m번째 밝은 줄무늬는 한 슬릿으로부터의 광파가 다른 슬릿으로부터의 광파보다 m 파장거리만큼 더 진행한 곳, 즉 $\Delta r = m\lambda$에서 생긴다.**

그림 33.5의 확대된 부분에서 아래쪽 슬릿으로부터의 광파가 다음과 같이 추가로 더 진행한 것을 볼 수 있다.

$$\Delta r = d \sin\theta \tag{33.2}$$

이를 식 (33.1)에 쓰면, 밝은 줄무늬들(보강 간섭)이 다음과 같이 각 θ_m에서 생김을 알게 된다.

$$\Delta r = d\sin\theta_m = m\lambda \quad m = 0,\ 1,\ 2,\ 3,\ \cdots \tag{33.3}$$

여기서 θ_m이, 중심인 $m = 0$에서 출발해서 m번째 밝은 줄무늬가 생기는 각이라는 것을 나타내기 위하여 아래 첨자 m을 붙였다.

실제로, 이중 슬릿 실험에서 각 θ는 매우 작으므로($<1°$) 작은 각 근사인 $\sin\theta \approx \theta$를 사용할 수 있다. 여기서 θ는 라디안 단위이며 식 (33.3)을 다음과 같이 쓸 수 있다.

$$\theta_m = m\frac{\lambda}{d} \qquad m = 0, 1, 2, 3, \cdots \quad \text{(밝은 줄무늬가 나타나는 각)} \tag{33.4}$$

이 식이 간섭 무늬에서 밝은 줄무늬가 생기는 각 위치를 라디안 단위로 보여준다.

줄무늬의 위치

대개 각도보다는 거리를 재는 것이 쉬우므로, 두 슬릿의 중심점에서 출발하여 직접 만나는 원점을 기준으로 y축 상의 점 P의 위치를 명시할 수 있다. 그림 33.5로부터 다음 식을 알 수 있다.

$$y = L\tan\theta \tag{33.5}$$

이번에는 $\tan\theta \approx \theta$인 작은 각 근사를 한 번 더 사용하여, 식 (33.5)의 $\tan\theta_m$에 식 (33.4)의 θ_m을 대입할 수 있으며 m번째의 밝은 줄무늬가 다음 위치에서 생김을 알게 된다.

$$y_m = \frac{m\lambda L}{d} \qquad m = 0, 1, 2, 3, \cdots \quad \text{(밝은 줄무늬가 나타나는 위치)} \tag{33.6}$$

간섭 무늬들이 대칭이므로 중심의 양쪽 편 같은 거리에서 m번째의 밝은 줄무늬가 생긴다. 이는 그림 33.4b에서 볼 수 있다. 앞에서 말했듯이, **$m = 1$번째 줄무늬들은 한 슬릿에서 나온 빛이 다른 슬릿에서 나온 빛보다 정확히 한 파장을 더 진행한 스크린 상의 점에서 생긴다.**

식 (33.6)은 스크린 상에서 **간섭 무늬가 등간격의 밝은 선들이 (그림 33.4b에서 보인 것과 똑같이) 연속적으로 나타난** 것으로 예측한다. 줄무늬들이 등간격임을 어떻게 알 수 있는가? m번째와 $m+1$번째 줄무늬 사이의 간격은 다음과 같다.

$$\Delta y = y_{m+1} - y_m = \frac{(m+1)\lambda L}{d} - \frac{m\lambda L}{d} = \frac{\lambda L}{d} \qquad (33.7)$$

Δy가 m과는 무관하므로, 어떤 인접한 두 줄무늬들의 간격도 같게 된다.

상에서의 어두운 줄무늬들은 상쇄 간섭에 의해서 생기는 띠들이다. 그들은 두 광파의 경로차가 파장의 반홀수배인 위치에서 발생한다.

$$\Delta r = \left(m + \tfrac{1}{2}\right)\lambda \qquad m = 0, 1, 2, \cdots \quad (\text{상쇄 간섭}) \qquad (33.8)$$

Δr 대신 식 (33.2)와 작은 각 근사를 써서 어두운 줄무늬들이 다음 위치에 생김을 알 수 있게 된다.

$$y'_m = \left(m + \tfrac{1}{2}\right)\frac{\lambda L}{d} \qquad m = 0, 1, 2, \cdots \quad (\text{어두운 줄무늬 위치}) \qquad (33.9)$$

m번째의 극소 위치를 y_m인 m번째 극대 위치와 구분하기 위하여 프라임 부호가 붙은 y'_m을 썼다. 식 (33.9)로부터 **어두운 줄무늬들이 밝은 줄무늬들 사이 중간에 생김**을 알 수 있다.

시간이 얼마 걸리지 않는 예제로써, 헬륨-네온(He-Ne) 레이저($\lambda = 633$ nm)로부터의 빛이 0.40 mm 떨어진 두 슬릿을 비추고 스크린은 슬릿 뒤 2.0 m에 있다고 가정하자. $m=2$인 밝은 줄무늬가 다음 위치에 생긴다.

$$y_2 = \frac{2\lambda L}{d} = \frac{2(633 \times 10^{-9}\text{ m})(2.0\text{ m})}{4.0 \times 10^{-4}\text{ m}} = 6.3\text{ mm}$$

이와 비슷하게, $m=2$인 어두운 줄무늬는 $y'_2 = \left(2 + \tfrac{1}{2}\right)\lambda L/d = 7.9\,\text{mm}$에서 생긴다. 중심으로부터 바깥으로 줄무늬를 세므로, $m=2$인 밝은 줄무늬는 $m=2$인 어두운 줄무늬 앞에 생긴다.

예제 33.1 빛의 파장 측정하기

간격이 0.30 mm인 두 슬릿 뒤 1.0 m에 있는 스크린에서 이중 슬릿 간섭 무늬가 관측되었다. 10개의 밝은 줄무늬가 1.7 cm 사이에 걸쳐 있다. 빛의 파장은 얼마인가?

핵심 어떤 줄무늬가 중앙 극대인지 항상 분명하지는 않다. 미세한 슬릿의 불완전함에 의해 간섭 줄무늬가 흐릿하게 나타날 수 있다. 그러나 $m=0$인 줄무늬를 확인할 필요는 없다. 왜냐하면 줄무늬 간격 Δy가 균일하다는 것을 이용할 수 있기 때문이다. 밝은 줄무늬가 10개면 그들 사이에는 9개의 간격이 있다. (10개가 아니다. 조심하라!)

시각화 간섭 무늬가 그림 33.4b의 상처럼 보이게 된다.

풀이 줄무늬 간격은 다음과 같다.

$$\Delta y = \frac{1.7\text{ cm}}{9} = 1.89 \times 10^{-3}\text{ m}$$

식 (33.7)에 이 줄무늬 간격을 대입하면, 파장은 다음과 같다.

$$\lambda = \frac{d}{L}\Delta y = 5.7 \times 10^{-7}\text{ m} = 570\text{ nm}$$

가시광의 파장을 나노미터로 나타내는 것은 관례이다. 문제를 풀 때 이에 유의하라.

검토 영의 이중 슬릿 실험은 빛이 파동임을 보여줄 뿐만 아니라 파장을 측정하는 수단도 제공한다. 가시광의 파장이 400~700 nm에 걸쳐 있음을 16장에서 배웠다. 이 길이는 짧아서 쉽게 알아볼 수 없다. 가시광 스펙트럼의 중간인 파장 570 nm는 사람 머리카락 지름의 1%에 불과하다.

이중 슬릿 간섭 무늬의 세기

식 (33.6)과 (33.9)는 각각 극대와 세기 0인 곳의 위치를 알려준다. 스크린 상의 모든 점에서 빛의 세기를 계산하면, 완전한 분석이 가능하다. 간섭을 도입한 17장에서 중첩된 두 파동의 알짜 진폭은 다음과 같았다.

$$E = \left|2e\cos\left(\frac{\Delta\phi}{2}\right)\right| \tag{33.10}$$

여기서 e는 광파에서 각 파동의 전기장 진폭이다. 두 광원, 즉 두 슬릿이 동일 위상이므로 두 파동이 만나는 점에서의 위상차 $\Delta\phi$는 오직 경로차에만 기인한다.

$$\Delta\phi = 2\pi\,(\Delta r/\lambda)$$

Δr에 대하여 계속해서 식 (33.2)의 작은 각 근사를 쓰고 y에 대해서 식 (33.5)를 쓰면, 스크린 상의 위치 y에서의 위상차는 다음과 같게 된다.

$$\Delta\phi = 2\pi\frac{\Delta r}{\lambda} = 2\pi\frac{d\sin\theta}{\lambda} \approx 2\pi\frac{d\tan\theta}{\lambda} = \frac{2\pi d}{\lambda L}y \tag{33.11}$$

식 (33.11)을 식 (33.10)에 대입하면, 위치 y에서 파동의 진폭이 다음과 같음을 알게 된다.

$$E = \left|2e\cos\left(\frac{\pi d}{\lambda L}y\right)\right| \tag{33.12}$$

빛의 세기는 알고 있듯이 진폭의 제곱에 비례한다. 진폭이 e인 단일 슬릿에서의 빛의 세기는 $I_1 = Ce^2$이며 C는 비례 상수이다. 이중 슬릿의 경우에, 스크린 상의 위치 y에서의 세기는 다음과 같다.

$$I = CE^2 = 4Ce^2\cos^2\left(\frac{\pi d}{\lambda L}y\right) \tag{33.13}$$

Ce^2을 I_1으로 바꾸면, 위치 y에서 **이상적인** 이중 슬릿 간섭 무늬의 세기는 다음과 같게 됨을 알 수 있다.

$$I_{\text{double}} = 4I_1\cos^2\left(\frac{\pi d}{\lambda L}y\right) \tag{33.14}$$

각 파동의 전기장 진폭을 스크린 전체를 통하여 일정한 e라 가정했으므로 '이상적'이라고 했다.

그림 33.6a는 위치 y에 따른 이상적 이중 슬릿의 빛 세기 그래프이다. 그래프의 방향에 유의하자. 실험 결과와 비교하기 위해 빛의 세기가 증가하는 방향을 **왼쪽**으로 하여, y축이 왼쪽 방향으로 증가하도록 그래프를 표현하였다. 세기가 어두운 줄무늬($I_{\text{double}} = 0$)와 밝은 줄무늬($I_{\text{double}} = 4I_1$) 사이를 진동함을 알 수 있다. 극대는 $y_m = m\lambda L/d$인 점들에서 발생한다. 이는 앞에서 본 밝은 줄무늬의 위치들이므로 식 (33.14)는 우리의 초기 분석과 잘 맞는다.

그림 33.6 이중 슬릿 실험에서 간섭 줄무늬의 세기

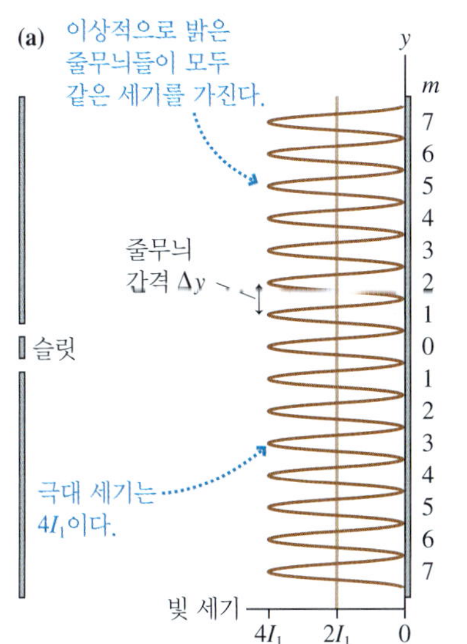

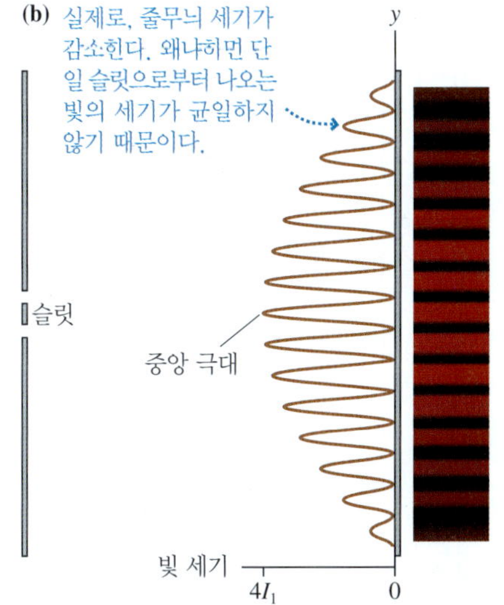

한 가지 궁금한 사항은 극대점의 빛 세기가 $I = 4I_1$으로서 각 슬릿 하나로부터의 세기의 4배인 것이다. 2개의 슬릿이 1개보다 두 배 밝은 빛을 낸다고 생각되지만 간섭에 의해 다른 결과를 얻는다. 2개의 슬릿은 보강 간섭 지점에서 수학적으로 두 배 큰 **진폭**을 만들기 때문에($E = 2e$), 세기는 $2^2 = 4$배로 증가한다. 물리적으로 이것은 에너지 보존이다. 그림 33.6a에서 $2I_1$으로 표시된 선은, 만약 두 파가 간섭하지 않았다면 2개의 슬릿에서 나온 일정한 빛 세기이다. 간섭은 두 슬릿으로부터 나오는 빛에너지를 스크린에 재분배할 뿐 에너지의 총량을 바꾸지는 않는다. 진동하는 곡선의 **평균** 세기가 $2I_1$임을 알 수 있지만, 어두운 줄무늬의 세기는 $2I_1$에서 0으로 줄어들고 밝은 줄무늬의 세기는 $2I_1$에서 $4I_1$으로 증가한다.

식 (33.14)에 따르면 모든 간섭 줄무늬가 똑같은 밝기이지만, 그림 33.4b에서는 중앙으로부터 멀어질수록 줄무늬의 밝기가 감소함을 알 수 있다. 잘못된 예측은 각 슬릿으로부터 나오는 파의 진폭 e가 스크린에서 일정하다는 가정에서 비롯되었다. 33.5절에서 행하게 될 좀 더 자세한 계산에서는 각 슬릿에서 회절되는 빛의 세기 변화를 고려해야 한다. y가 커질 때 만약 I_1이 느리게 감소한다면, 식 (33.14)의 예측은 실험 결과와 유사할 것이다.

그림 33.6b는 y가 커질 때 I_1이 느리게 감소하는 빛 세기 그래프[식 (33.14)]로 이러한 분석을 요약하고 있다. 이 그래프를 실제 상과 비교하면, 빛의 파동 모형이 영의 이중 슬릿 간섭 실험을 탁월하게 설명할 수 있음을 알게 된다.

33.3 회절격자

이중 슬릿을 N개의 밀접한 간격의 슬릿들이 있는 불투명한 스크린으로 바꾸었다고 하자. 한쪽에서 빛을 비추면 각 슬릿들이, 슬릿 뒤에서 빛이 회절되거나 퍼져나가는 광원이 된다. 이러한 다중 슬릿 소자를 **회절격자**(diffraction grating)라 한다. 회절격자 뒤쪽 스크린에 비친 상의 빛 세기 분포 형태는 N개의 중첩된 광파의 간섭에 기인한다.

그림 33.7 $N = 10$개 슬릿인 회절격자를 위에서 본 그림

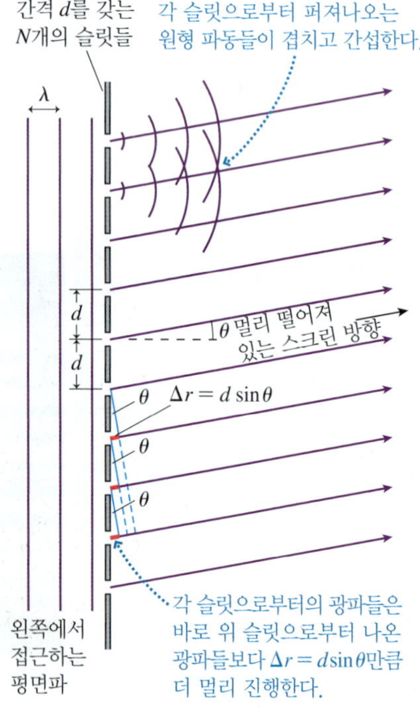

그림 33.7은 N개의 슬릿이 균일하게 거리 d만큼 떨어져 있는 회절격자를 보여준다. 이는 실험장치를 내려다보았을 때 위에서 본 격자이며, 슬릿은 지면 위에서 아래 끝까지 뻗어 있다. 여기서는 오직 10개의 슬릿만 보여주지만 실제 격자에는 수백 개 혹은 수천 개까지의 슬릿이 있다. 파장이 λ인 평면파가 왼쪽에서 접근한다고 하자. 평면파의 마루가 **동시에** 각 슬릿에 도달하여 각 슬릿에서 생겨난 파가 다른 슬릿들에서 나오는 파들과 동일 위상이 된다. 이렇게 생겨난 파들이 그림 33.2의 광파처럼 퍼져나가서 짧은 거리를 진행한 후 서로 겹쳐서 간섭하게 된다.

우리는 회절격자 뒤의 스크린 상에서 회절 무늬가 어떻게 나타나는지를 알고자 한다. 스크린 상의 광파는 N개의 슬릿으로부터 퍼져나와서 겹쳐진 N개 파가 중첩된 것이다. 이중 슬릿에서 했던 것처럼, 슬릿 간격 d에 비해서 스크린까지의 거리 L이 매

우 멀다고 가정한다. 그러면 한 슬릿으로부터 나온 빛의 스크린까지의 경로가 인접 한 슬릿으로부터 나온 빛의 경로와 거의 평행하다. 물론 경로가 완전히 평행할 수는 없다. 만약 그렇다면 만나서 간섭할 수가 없다. 그러므로 알아챌 수 없을 정도로 완전 평행에서 아주 조금 벗어난다. 그림 33.7로부터, 한 슬릿으로부터의 광파가 바로 위의 슬릿으로부터의 광파보다 거리 $\Delta r = d\sin\theta$만큼 더 길게, 그리고 바로 아래 광파보다는 $\Delta r = d\sin\theta$만큼 더 짧게 진행한다는 것을 알 수 있다. 이는 그림 33.5에서 이중 슬릿 실험의 분석에서 사용한 추론과 같다.

그림 33.7은 확대된 슬릿을 보여준다. 그림 33.8은 우리가 스크린을 볼 수 있도록 먼 곳에서 실험장치를 바라본 경우이다. 만약 각 θ가 $\Delta r = d\sin\theta = m\lambda$($m$은 정수)와 같다면, 한 슬릿으로부터 스크린에 도달한 광파는 바로 다음 두 슬릿으로부터 도달한 광파와 정확히 같은 위상이다. 그런데 격자 끝까지 계속해서 각 파들이 그 다음 파들과 같은 위상이 된다. 즉, **N개의 서로 다른 슬릿으로부터의 N개의 광파들 모두가 스크린과 각 θ_m을 이루며 도달한 점에서 다음과 같이 동일 위상을 갖는다.**

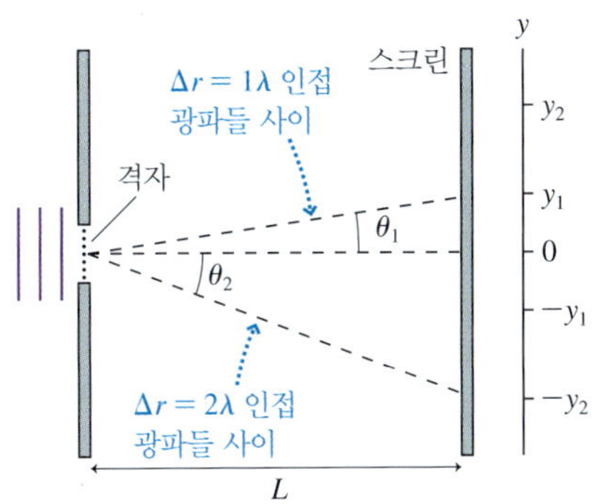

그림 33.8 보강 간섭 각도

$$d\sin\theta_m = m\lambda \qquad m = 0, 1, 2, 3, \cdots \tag{33.15}$$

식 (33.15)에서 주어진 θ_m값에서, 스크린에는 밝은 보강 간섭 줄무늬가 형성된다. 우리는 "빛이 각 θ_m에서 회절되었다."고 한다.

보통 각보다는 거리 측정이 쉬우므로, 다음과 같이 m번째 극대가 생기는 위치 y_m을 구한다.

$$y_m = L\tan\theta_m \qquad \text{(밝은 줄무늬가 생기는 위치들)} \tag{33.16}$$

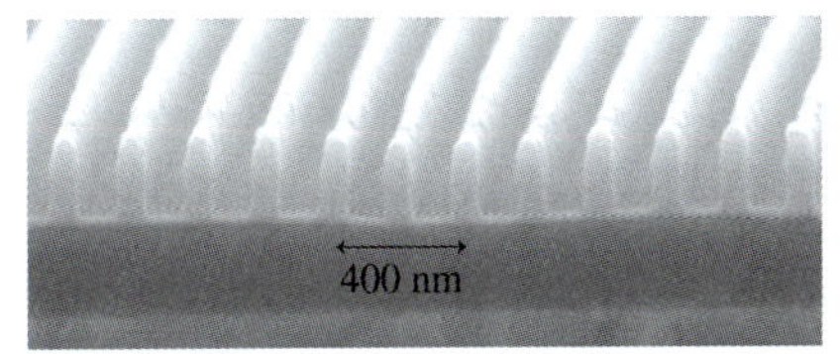

회절격자를 옆에서 본 현미경 사진

정수 m을 회절 **차수**(order)라 한다. 예를 들어서, 각 θ_2에서 회절된 빛은 제2차 회절광이라 한다. 실제 격자들에서는 d가 매우 작으므로, 오직 몇 차만 나타낸다. 보통 d가 매우 작으므로, 격자를 밀리미터당 선의 개수로 특징짓는 것이 관습이다. 여기서 '선'은 '슬릿'과 같은 뜻이므로 밀리미터당 선의 개수는 단순히 슬릿 간격 d가 밀리미터일 때의 그 역수이다.

보강 간섭 지점에서 파의 진폭은, 진폭이 e인 N개의 파가 같은 위상에서 결합하므로, Ne이다. 세기는 진폭의 제곱에 관계하므로, 회절격자의 밝은 무늬들의 세기는 다음과 같다.

$$I_{max} = N^2 I_1 \tag{33.17}$$

앞에서와 같이 여기서 I_1은 단일 슬릿으로부터의 파의 세기이다. 슬릿 개수가 증가함에 따라 세기가 빠르게 증가함을 알 수 있다.

N이 증가함에 따라 줄무늬가 밝아질 뿐만 아니라 점점 좁아진다. 이 역시 에너지 보존 문제이다. 만약 광파들이 간섭하지 않았다면, N개 슬릿으로부터의 빛 세기는 NI_1이 될 것이다. 간섭에 의해 밝은 줄무늬의 세기가 N배 더해진 만큼 증가하므로,

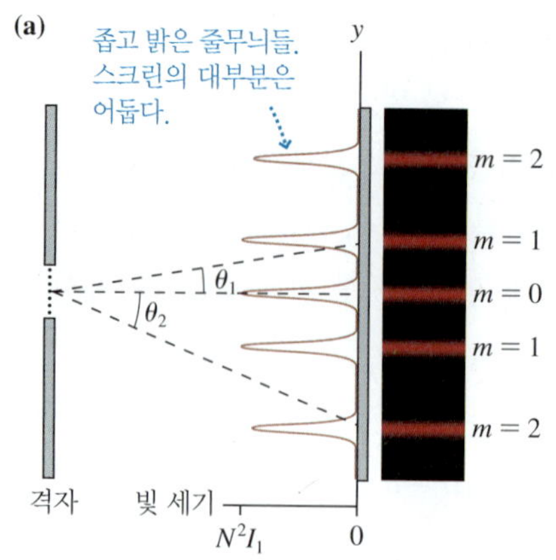

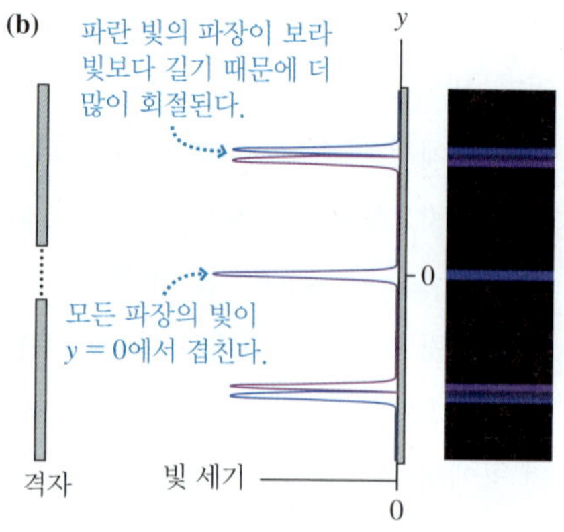

그림 33.9 회절격자 뒤의 간섭 무늬

에너지 보존을 위해서는 밝은 줄무늬의 폭은 $1/N$에 비례해야 한다. 현실적인 회절격자는 $N > 100$이므로, 스크린의 대부분은 어두운 반면에 간섭 무늬는 적은 수의 매우 밝고 좁은 줄무늬들로 이루어진다. 그림 33.9a는 회절격자 뒤의 간섭 무늬를 스크린 상의 시뮬레이션과 함께 그래프로 보여준다. 그림 33.6b와 비교하면, 이중 슬릿 줄무늬보다 회절격자의 밝은 줄무늬들이 더 예리하고 뚜렷하다.

밝은 줄무늬들이 매우 뚜렷하므로, 회절격자들은 빛의 파장 측정에 쓰인다. 입사광이 약간 다른 두 파장으로 이루어졌다고 하자. 만약 N이 충분히 크다면, 각 파장의 빛들이 약간 다른 각으로 회절되므로 스크린 상에서 2개의 뚜렷한 줄무늬를 보게 될 것이다. 그림 33.9b는 이러한 원리를 보여준다. 이와는 대조적으로, 이중 슬릿에서는 밝은 줄무늬들이 너무 넓어서 한 파장의 빛에 의한 줄무늬를 다른 파장 빛의 줄무늬와 구분할 수 없다.

예제 33.2 | 나트륨 원자로부터 나오는 빛의 파장 측정하기

나트륨램프로부터 나온 빛이 밀리미터당 1000개의 슬릿이 있는 회절격자를 지나간다. 회절 무늬가 격자 뒤 1.000 m에 있는 스크린에 맺혔으며 2개의 밝은 노란색 줄무늬가 중앙 극대로부터 각각 72.88 cm와 73.00 cm에 나타났다. 이 두 줄무늬를 형성한 빛의 파장은 각각 얼마인가?

시각화 이는 그림 33.9b와 같은 상황이다. 두 줄무늬가 매우 가까이 있으므로 두 파장들이 약간 다름을 예상할 수 있다. 다른 노란색의 줄무늬들은 관측되지 않으므로 두 줄무늬들이 제1차($m = 1$) 회절광이다.

풀이 중앙 극대로부터 밝은 줄무늬의 거리 y_m은 회절각과 $y_m = L\tan\theta_m$의 관계를 갖는다. 따라서 두 줄무늬의 회절각은 다음과 같다.

$$\theta_1 = \tan^{-1}\left(\frac{y_1}{L}\right) = \begin{cases} 36.08^\circ & 72.88\text{ cm에 있는 줄무늬} \\ 36.13^\circ & 73.00\text{ cm에 있는 줄무늬} \end{cases}$$

이 각들은 간섭 조건 $d\sin\theta_1 = \lambda$를 만족하므로 파장은 $\lambda = d\sin\theta_1$이다. d는 얼마인가? 만약 길이 1 mm인 격자에 1000개의 슬릿이 있다면, 한 슬릿과 그 다음 슬릿과의 간격은 1/1000 mm, 즉 $d = 1.000 \times 10^{-6}$ m이다. 따라서 밝은 두 줄무늬를 형성하는 빛의 파장들은 다음과 같다.

$$\lambda = d\sin\theta_1 = \begin{cases} 589.0\text{ nm} & 72.88\text{ cm에 있는 줄무늬} \\ 589.6\text{ nm} & 73.00\text{ cm에 있는 줄무늬} \end{cases}$$

검토 유효 숫자 4자리까지의 정확도로 계산하였으며 두 파장을 구분짓는 데 4자리 유효 숫자가 필요하다.

원자나 분자가 방출하는 빛의 파장을 측정하는 학문을 **분광학**(spectroscopy)이라 한다. 이 예제에서의 두 파장을 **나트륨 이중선**이라 한다. 이는 한 가지 원소로 이루어진 원자에서 방출되는 두 빛이 매우 가까운 간격으로 있기 때문에 붙여진 이름이다. 이 이중선이 나트륨을 확인하는 특징이다. 이 두 파장의 빛을 내는 다른 원자들이 없으므로 이 이중선이, 구성성분을 모르는 시료 속에 나트륨이 매우 소량으로 들어 있어도 나트륨의 존재를 확인하는 데 사용될 수 있다. 이러한 과정을 **스펙트럼 분석**이라 한다.

반사 회절격자

지금까지 많은 평행한 슬릿을 가진 **투과 회절격자**를 분석하였다. 실제로 대부분의 회절격자들은 **반사 회절격자**로 만들어진다. 그림 33.10a에 보이는 가장 간단한 반사 회절격자는 수백이나 수천 개의 좁고 평행한 홈이 표면에 새겨진 거울이다. 홈들이 표면을 빛을 반사하는 평행한 많은 띠들로 나누어서, 표면에 빛을 비추면 각각이 확산하는 광파의 광원이 된다. 따라서 입사광이 N개의 겹쳐진 파동으로 나누어진다. 이 간섭 무늬가 N개의 평행한 슬릿을 통해서 지나간 빛의 간섭 무늬와 정확히 같다.

그림 33.10 반사 회절격자

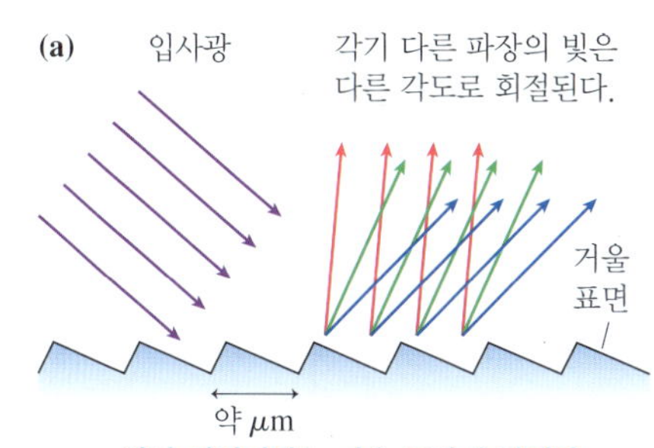

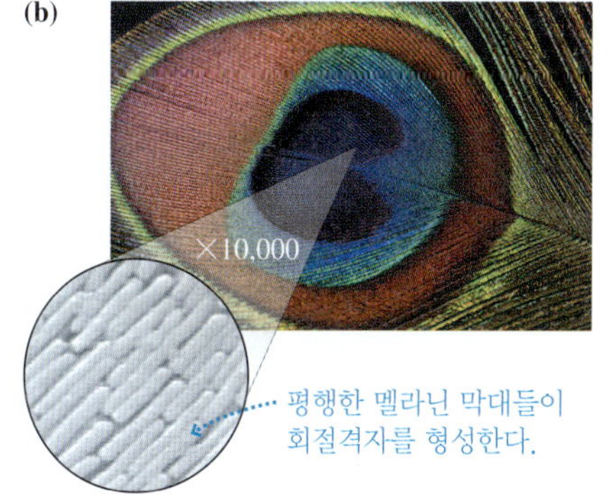

자연적으로 존재하는 반사 회절격자들은 자연 속에 나타나는 어떤 색깔의 원인이 된다. 그림 33.10b의 현미경 사진이 보여주듯이, 공작새 날개는 거의 평행한 멜라닌 막대로 이루어져 있다. 이들이 반사 회절격자로 작용하여, 회절격자를 바라보는 눈의 각도가 변함에 따라 무지개와 같은 변화무쌍하고 다양한 색조를 만든다. 몇몇 곤충들이 내는 무지개 색은 껍질에 있는 평행한 미세 마루들에서의 회절 때문이다.

DVD 표면에서 반사되는 무지개 색이 비슷한 간섭 현상이다. DVD 표면은 거울과 같은 반사코팅으로 된 매끈한 플라스틱인데, 미시적으로는 디지털 정보를 암호화한 지름이 1 μm 정도인 수백만 개의 미세한 구멍이 있다. 광학적 관점에서 볼 때, 빛나는 표면에 배열된 구멍들은 그림 33.10a에 나타난 반사 회절격자의 2차원 버전이다. 반사 회절격자는 단순히 구멍이나 홈들을 빛을 반사시키는 표면에 압인공정법으로 매우 저렴하게 만들어질 수 있으므로 장난감과 장식품으로 널리 팔린다. 무지개 색은 백색광의 각 파장의 빛들이 특정한 각에서 회절되기 때문에 나타난다.

33.4 단일 슬릿 회절

장벽에 있는 구멍을 통하여 지나가는 물결파가 반대쪽으로 퍼져나가는 사진(그림 33.1a)과 함께 이 장을 시작하였다. 그리고 빛이 매우 좁은 슬릿을 지난 후 역시 반대쪽으로 퍼져나가는 것을 보여주는 영상(그림 33.2)를 보았다. 이것을 **회절**이라 한다.

그림 33.11 단일 슬릿 회절 실험

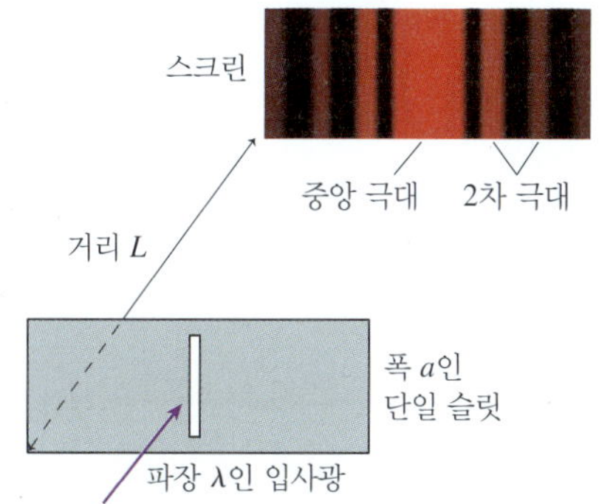

그림 33.11은 폭 a의 좁은 슬릿을 통한 빛의 회절을 관측하기 위한 실험 배치를 보여준다. 길고 좁은 슬릿을 통한 회절은 **단일 슬릿 회절**(single slit diffraction)로 알려져 있다. 슬릿 뒤편 거리 L에 스크린이 있고 $L \gg a$라 가정하자. 스크린 상의 빛 무늬

는, 일련의 약한 **2차 극대들**(secondary maxima)과 어두운 줄무늬가 측면에 있는 중앙 극대로 이루어져 있다. 중앙 극대가 2차 극대보다 확실히 넓음에 주목하라. 또한 이는 2차 극대보다 확실히 밝지만 여기서는 설명하기 어렵다. 왜냐하면 2차 극대를 잘 나타내기 위해서 이 영상을 과도하게 밝게 했기 때문이다.

하위헌스의 원리

그림 33.12 평면파와 구면파의 진행에 적용된 하위헌스의 원리

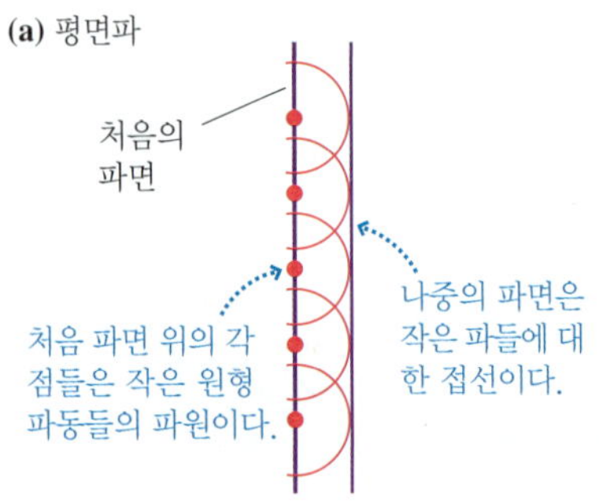

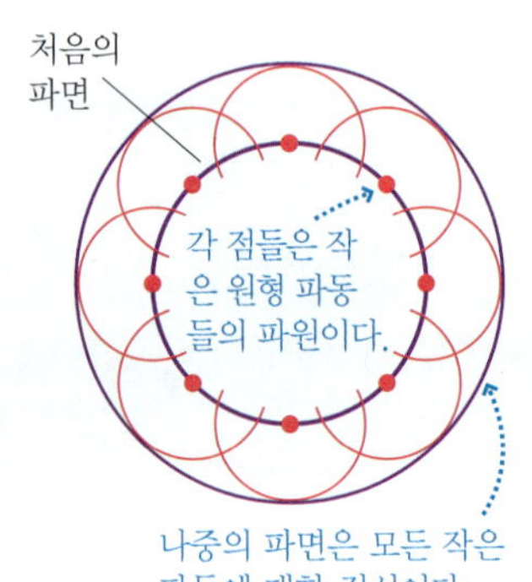

큰 소리를 내는 스피커나 이중 슬릿 실험에서의 두 슬릿과 같은 뚜렷한 파원으로부터의 파동의 중첩에 대한 우리의 분석에서 묵시적으로 파원이 **점광원**이며 크기가 매우 작다는 것을 가정하였다. 회절을 이해하기 위해서, **확장된** 파면의 진행에 대하여 이해할 필요가 있다. 이것이 뉴턴과 동시대의 네덜란드 과학자 하위헌스(Christiaan Huygens)가 처음으로 생각한 문제이다.

하위헌스는 파동의 수학적 이론이 만들어지기 전의 사람이라 파동의 진행에 관한 기하학적 모형을 만들었다. **하위헌스의 원리**(Huygens' principle)라 하는 그의 아이디어는 두 단계로 이루어져 있다.

1. 파면의 각 점들은 파동의 속력으로 퍼져나가는 작은 파(wavelet)의 파원이다.
2. 나중에 파면의 모양은 전체 작은 파들의 접선으로 이루어진다.

그림 33.12는 평면파와 구면파에 대한 하위헌스의 원리를 보여준다. 그림에서 볼 수 있듯이, 평면파의 작은 파에 대한 접선이 오른쪽으로 진행한 파면이 된다. 구면파의 작은 파에 대한 접선은 더 큰 구가 된다.

하위헌스의 원리는 파동 이론이 아니라 눈으로 보는 방법이다. 그럼에도 불구하고 전체 파동의 수학적 이론은 19세기에 발전되어 하위헌스의 기본 아이디어를 정당화하였다. 이를 증명하는 것은 이 책의 범위 밖이지만 말이다.

단일 슬릿 회절 분석

그림 33.13a는 폭이 a인 좁은 슬릿을 지나가는 파면을 보여준다. 하위헌스의 원리에 의하면, 파면 위의 각 점들은 작은 원형 파동들의 파원으로 생각될 수 있다. 이 작은 파들은 중첩되고 간섭하여 스크린에 보이는 회절 무늬를 형성한다. 파면 위의 모든 점을 사용한 완전한 수학적 분석은 대수학에서 꽤 어려운 문제이다. 이 책에서는 단지 몇 개의 작은 파를 바탕으로 한 기하학적만 다루도록 하자.

그림 33.13b는 스크린의 중심점을 향해서 바로 진행하는 몇 개의 작은 파들의 경로를 보여준다.(이 확대된 슬릿에서 스크린은 오른쪽으로 아주 멀리 떨어져 있다.) 경로들은 서로 아주 평행에 가까우므로 모든 작은 파들은 같은 거리를 진행하여 서로 같은 위상으로 스크린에 닿는다. 작은 파들이 서로 보강 간섭하여 $\theta=0$에서 회절의 중앙 극대를 만든다.

중심에서 먼 곳은 상황이 다르다. 그림 33.13c의 작은 파 1과 2는 거리가 $a/2$만큼

그림 33.13 파면 위의 각 점들이 작은 원형 파동의 파원이다. 이 작은 파들의 중첩이 스크린 상에 회절 무늬를 만든다.

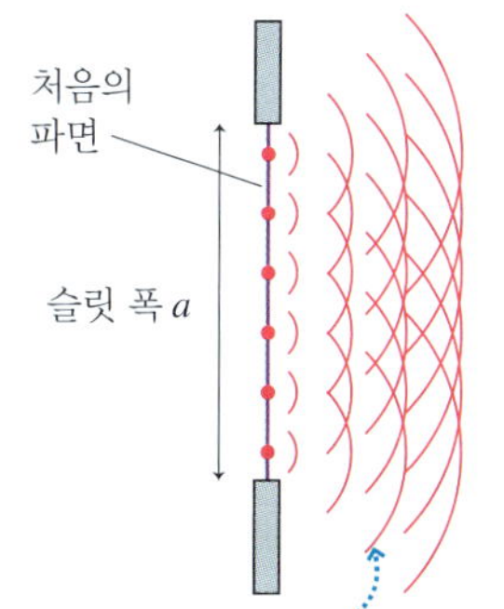

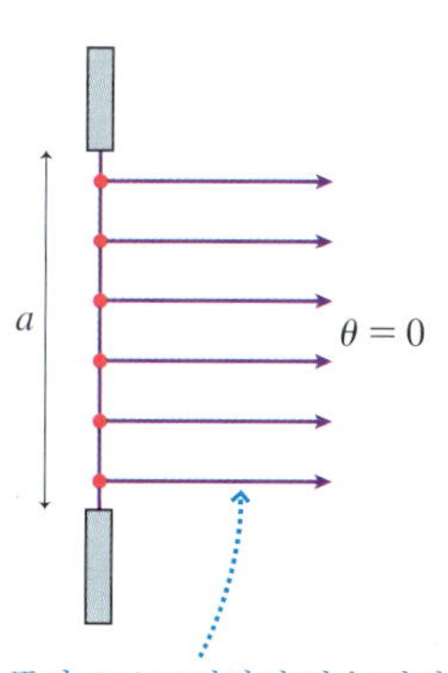

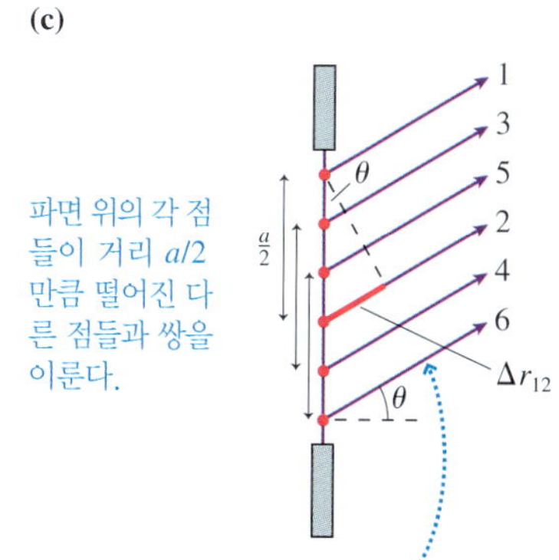

떨어진 두 점에서 출발한다. 만약 작은 파 2가 진행하는 추가 거리 Δr_{12}가 $\lambda/2$가 되게 기울어지면, 작은 파들이 서로 반대 위상으로 도달하여 상쇄 간섭이 일어난다. 그런데 만약 Δr_{12}가 $\lambda/2$가 되면, 경로 3과 4 사이의 차이 Δr_{34}, 그리고 경로 5와 6 사이의 차이 Δr_{56}도 $\lambda/2$가 된다. 이러한 작은 파의 쌍들은 상쇄 간섭을 하게 된다. 모든 작은 파들의 중첩에 의해 완전 보강 간섭이 발생한다.

그림 33.13c는 6개의 작은 파들을 보여주지만 우리의 결론은 작은 파의 개수와 관계없이 유효하다. 주된 아이디어는 **파면 위의 모든 점들이 거리 $a/2$만큼 떨어진 다른 점들과 쌍을 이룰 수 있다**는 것이다. 만약 경로차가 $\lambda/2$이면, 이 두 점으로부터의 작은 파는 반대 위상을 갖고 스크린에 도달하여 상쇄 간섭하게 된다. N개의 모든 작은 파들의 변위를 한 쌍씩 합하면 0이 된다. 스크린 상의 이 부분은 어둡게 된다. 이것이 분석의 주된 아이디어로서 아주 중요하다.

그림 33.13c로부터 $\Delta r_{12} = (a/2)\sin\theta$임을 알 수 있다. 만약

$$\Delta r_{12} = \frac{a}{2}\sin\theta_1 = \frac{\lambda}{2} \tag{33.18}$$

이거나 이와 동등하게 $a\sin\theta_1 = \lambda$이면, 경로차는 상쇄 간섭 조건인 $\lambda/2$가 된다.

이 아이디어를 확장해서 완전 상쇄 간섭이 발생하는 다른 각들도 찾을 수 있다. 각 작은 파들이 $a/4$만큼 떨어진 다른 작은 파들과 쌍을 이룬다고 생각하자. 만약 이 작은 파들 사이의 Δr이 $\lambda/2$라면, 모든 N개의 작은 파들 쌍은 다시 상쇄되어 완전 상쇄 간섭이 된다. 이것이 발생할 때 각 θ_2는, 식 (33.18)에서 $a/4$가 $a/2$를 대신함으로써, 다음 조건 $a\sin\theta_2 = 2\lambda$로 이어진다. 이 과정은 계속될 수 있고, 완전 상쇄 간섭에 대한 일반적인 조건이 다음과 같음을 알 수 있게 된다.

$$a\sin\theta_p = p\lambda \qquad p = 1, 2, 3, \cdots \tag{33.19}$$

$\theta_p \ll 1$ rad일 때, 이는 광파에 대해서 항상 거의 사실이며, 작은 각 근사를 써서 다음과 같이 쓸 수 있다.

그림 33.14 벡터 쌍에 의한 상쇄 간섭은 알짜 상쇄 간섭으로 이어지지만, 벡터 쌍에 의한 보강 간섭은 알짜 보강 간섭으로 꼭 이어지지는 않는다.

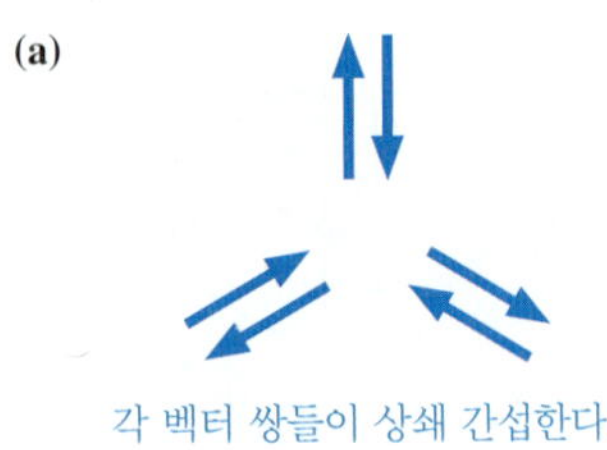

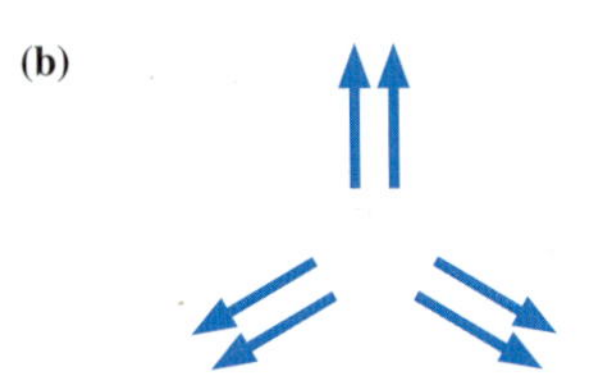

$$\theta_p = p\frac{\lambda}{a} \qquad p = 1, 2, 3, \cdots \quad \text{(어두운 줄무늬일 때의 각)} \tag{33.20}$$

식 (33.20)은 그림 33.11의 회절 무늬에서 어두운 극소를 라디안으로 나타낸 것이다. 바로 앞 위치인 $\theta = 0$인 경우에 해당하는 $p = 0$이 확실히 배제되었음에 주의하자. 그림 33.11과 그림 33.13b에서 $\theta = 0$은 극소가 아니고 중앙 극대임을 이미 알고 있다.

회절 무늬에서 극대 조건을 찾는 데 파면의 서로 다른 점에서 온 작은 파들을 짝짓는 방법을 사용할 수 있다. 파면 위에서 거리가 $a/2$만큼 떨어진 두 점을 정하고, 그들로부터의 작은 파들이 동일 위상이어서 보강 간섭을 할 때, 파면 위의 모든 점들에 대해서 더해보자. 그런데 미묘하지만 중요한 차이가 있다. 그림 33.14는 6개의 벡터 화살표를 보여준다. 그림 33.14a는 각 쌍의 두 벡터들이 서로 상쇄되게 배열되어 있다. 6개 벡터의 총합은 확실히 상쇄 간섭을 나타내는 영벡터 $\vec{0}$이다. 이는 그림 33.13c에서 식 (33.18)을 얻기 위해 사용한 방법이다.

그림 33.14b의 화살표들은 각 쌍들 속의 벡터들이 같은 방향인 보강 간섭을 이루도록 배열되어 있다! 그렇더라도, 6개 벡터의 총합은 여전히 $\vec{0}$이다. N개의 파가 보강 간섭하기 위해서는, 단순히 각 쌍들 자체가 보강 간섭하는 것 말고도 요구되는 것이 있다. 각 쌍들이 다른 쌍들과도 같은 위상이어야 하는데, 그림 33.14b에서는 만족되지 않는다. 각 쌍들이 보강 간섭을 한다고 해서 보강 간섭이 만족되지는 않는다. 단일 슬릿 간섭 무늬에서 극대 위치를 나타내는 간단한 공식은 없다.

심화 주제를 다루는 33.5절에서 단일 슬릿의 전체 무늬의 세기를 계산할 것이다. 그 결과가 그림 33.15에 그래프로 나와 있다. $\theta = 0$일 때의 밝은 중앙 극대, 약간 어두운 2차 극대, 그리고 식 (33.20)으로 주어진 각들에서의 상쇄 간섭에 의한 어두운 지점들을 볼 수 있다. 이 그래프를 그림 33.11의 상과 비교하고 반드시 그 둘이 일치함을 확인하라.

그림 33.15 단일 슬릿 회절 무늬의 세기 그래프

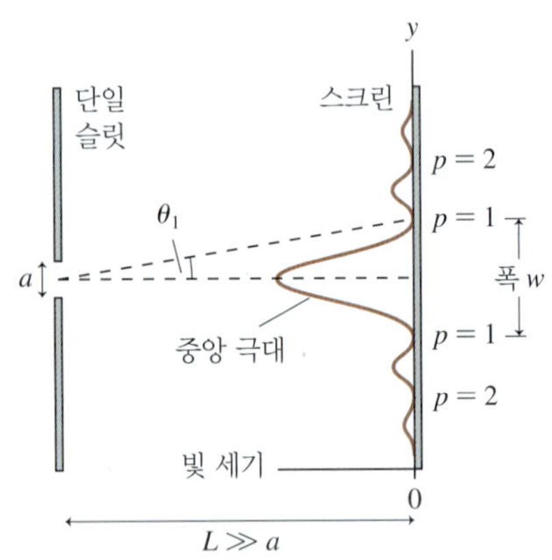

예제 33.3 슬릿을 통한 레이저의 회절

He-Ne 레이저($\lambda = 633$ nm)가 좁은 슬릿을 지나서 슬릿 뒤 2.0 m에 있는 스크린에 나타났다. 회절 무늬의 1차 극소가 중앙 극대로부터 1.2 cm 떨어져 있다. 슬릿의 폭은 얼마인가?

핵심 좁은 슬릿에 의해 단일 슬릿 회절 무늬가 발생한다. 200 cm 진행에서 변위가 단 1.2 cm만 생기는 것은 각 θ_1이 확실히 작기 때문이다.

시각화 세기 분포는 그림 33.15와 같이 보일 것이다.

풀이 작은 각 근사를 써서 1차 극소에 해당하는 각을 구할 수 있다.

$$\theta_1 = \frac{1.2\ \text{cm}}{200\ \text{cm}} = 0.00600\ \text{rad} = 0.344^\circ$$

1차 극소는 각이 $\theta_1 = \lambda/a$일 때이며, 이로부터 슬릿 폭을 다음과 같이 구한다.

$$a = \frac{\lambda}{\theta_1} = \frac{633 \times 10^{-9}\ \text{m}}{6.00 \times 10^{-3}\ \text{rad}} = 1.1 \times 10^{-4}\ \text{m} = 0.11\ \text{mm}$$

검토 이는 단일 슬릿 회절을 관측하는 데 쓰이는 보통의 슬릿 폭이다. 작은 각 근사가 잘 만족됨을 알 수 있다.

단일 슬릿 회절 무늬의 폭

단일 슬릿의 경우에도, 이중 슬릿에서와 같이 각보다는 스크린 상의 위치를 측정하는 것이 유용하다. 각 θ_p에서의 p번째 어두운 줄무늬의 위치는 $y_p = L\tan\theta_p$이며, 이때 L은 슬릿과 스크린 사이의 거리이다. θ_p에 대해서 식 (33.20)을 쓰고, 작은 각 근사인 $\tan\theta_p \approx \theta_p$를 사용하면 단일 슬릿 무늬에서 어두운 무늬들이 다음 위치에 있음을 알게 된다.

$$y_p = \frac{p\lambda L}{a} \qquad p = 1, 2, 3, \cdots \qquad \text{(어두운 무늬들 위치)} \qquad (33.21)$$

회절 무늬는 중앙 극대에 의해서 두드러지며 이는 2차 극대보다 훨씬 밝다. 그림 33.15에 보이듯이 중앙 극대의 폭 w는 중앙 극대 양쪽의 $p=1$인 두 극소 사이의 거리다. 무늬가 대칭이므로, 폭은 단순히 $w = 2y_1$, 즉 다음과 같다.

$$w = \frac{2\lambda L}{a} \qquad \text{(단일 슬릿)} \qquad (33.22)$$

중앙 극대의 폭은 어느 한쪽의 어두운 줄무늬들 사이 간격 $\lambda L/a$의 두 배이다. 스크린이 멀수록(L이 크면), 스크린 위의 무늬가 넓어진다. 즉, 광파가 슬릿 뒤에서 퍼져나가서 멀리 갈수록 더 넓은 영역으로 퍼진다.

식 (33.22)가 가진 중요한 뜻은, 상식과는 다르게 좁은 슬릿(작은 a)이 넓은 회절 무늬를 형성한다는 것이다. **구멍을 좁게 할수록 밖으로 더 퍼지게 된다.**

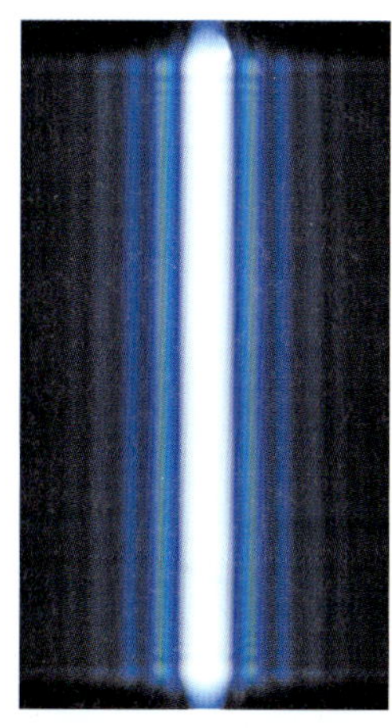

과다 노출 때문에 단일 슬릿 회절 무늬의 중앙 극대가 희게 보인다. 중앙 극대의 폭이 선명하다.

예제 33.4 **파장의 결정**

빛이 폭 0.12 mm인 슬릿을 지나서 슬릿 뒤 1.00 m 떨어진 스크린에 회절 무늬를 맺는다. 중앙 극대의 폭은 0.85 cm이다. 빛의 파장은 얼마인가?

풀이 식 (33.22)로부터 파장은 다음과 같다.

$$\lambda = \frac{aw}{2L} = \frac{(1.2\times 10^{-4}\ \text{m})(0.0085\ \text{m})}{2(1.00\ \text{m})}$$
$$= 5.1\times 10^{-7}\ \text{m}$$
$$= 510\ \text{nm}$$

33.5 심화 주제: 회절을 좀 더 자세히

간섭과 회절은 중첩의 표시이다. 수학적으로, 공간의 한 고정점(r_1과 r_2가 일정)에 있는 파동들의 중첩은 $e\cos(\omega t) + e\cos(\omega t + \Delta\phi)$와 같은 합과 관련된다. 여기서 e는 각 파동의 전기장 진폭이며, $\Delta\phi$는 파동들이 서로 다른 경로를 진행함에 따라 생긴 위상차이다. 흥미롭게도, 간섭 및 회절과 관련한 합을 계산하는 데 기하학을 쓸 수 있다.

그림 33.16a는 각각 진폭이 e이며 xy평면을 각진동수 ω로 회전하는 두 벡터를 보여준다. 어느 순간에, x축과 이루는 각이 벡터의 위상 ωt 혹은 $\omega t + \Delta\phi$이다. 진폭과 위

그림 33.16 이중 슬릿 간섭에 관한 위상자 도형

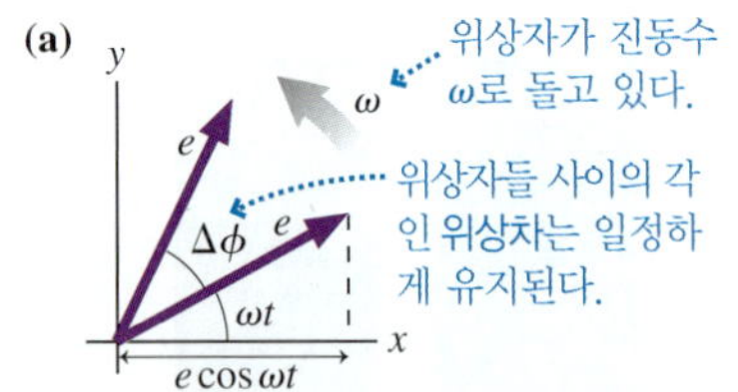

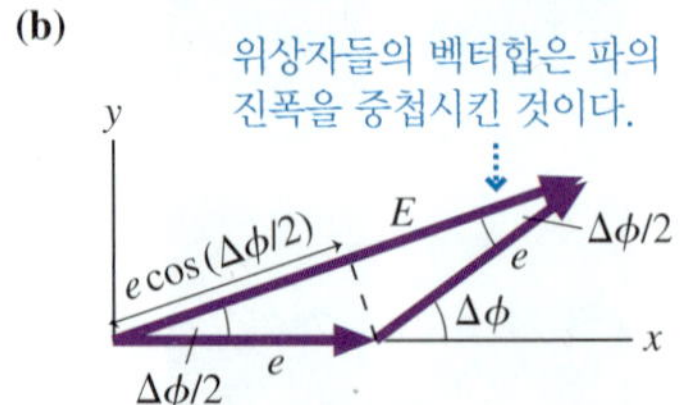

상 정보를 표현하는 회전 벡터를 **위상자**(phasor)라 하며, 그림 33.16a가 위상자 도형이다. 두 가지 특징에 주목하자. 첫째, 두 벡터가 사이의 각 $\Delta\phi$를 고정한 채로 같이 회전한다. 둘째, 위상자들의 x축 위의 그림자가 $e\cos(\omega t)$와 $e\cos(\omega t + \Delta\phi)$로서 정확히 중첩 계산에서 합한 것들이다.

이것이 어떻게 작용하는지 보기 위해서, 영의 이중 슬릿 실험으로 돌아가자. 밝고 어두운 간섭 줄무늬들은 두 파의 중첩에 의해 생기며, 이는 각 슬릿에서 하나씩 나와서 경로차 Δr에 의한 위상차 $\Delta\phi = 2\pi\,\Delta r/\lambda$에 기인한다. 그림 33.16b는 각 파들을 진폭이 e인 위상자로 나타내었다. 진동수 ω로 빠르게 진동하는 것보다는 파들의 중첩에 관심이 있으므로, 첫 번째 위상자를 수평 방향으로 그렸다. 만약 위상자들을 벡터로서 두미연결법(tip-to-tail method)으로 더하면, **그들 벡터합의 진폭 E는 중첩된 두 파의 전기장 진폭이 된다**.

기하학과 삼각함수를 쓰면 E를 결정할 수 있다. 이등변삼각형은 큰 각이 $\Delta\phi$의 여각인 $180° - \Delta\phi$이다. 따라서 2개의 작은 각은 각각 $\Delta\phi/2$로 같으므로 이등변삼각형 밑변의 길이는 $E = 2e\cos(\Delta\phi/2)$이다. 그림에서는 $\cos(\Delta\phi/2)$가 양인 삼각형을 보여주지만, 이중 슬릿 무늬에서 어떤 경우에는 $\cos(\Delta\phi/2)$가 음이 될 수도 있다. 그러나 진폭은 양이어야 하므로 보통 다음과 같다.

$$E = \left|2e\cos\left(\frac{\Delta\phi}{2}\right)\right| \tag{33.23}$$

식 (33.23)은 앞에서 본 이중 슬릿 간섭 무늬를 나타낸 식 (33.10)과 같다. 간섭 무늬의 세기는 E^2에 비례한다.

단일 슬릿의 재고

그림 33.17 단일 슬릿 회절에 대한 위상자 도형

(a) 슬릿 폭 a

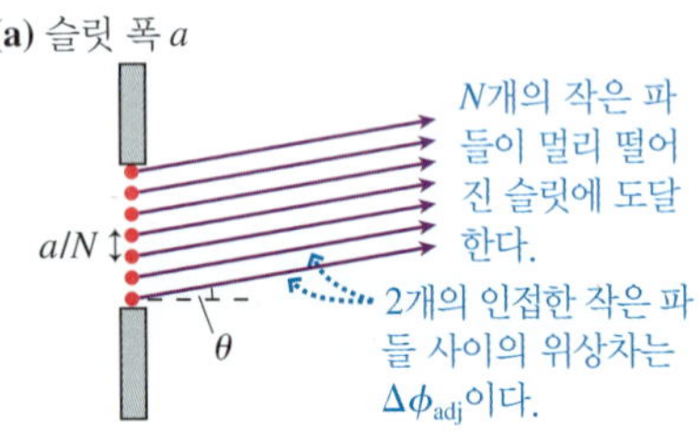

(b) 회절 무늬의 한 가운데

$\theta = 0$, $E_0 = Ne$

(c) 회절 무늬 상 임의의 점

N개의 작은 파들의 중첩; 각 위상자들이 $\Delta\phi_{adj}$만큼씩 회전한다; $\beta = N\Delta\phi_{adj}$; 사슬 전체 길이 $= E_0 = Ne$

단일 슬릿의 회절 무늬의 세기를 구하기 위해 위상자들을 사용하자. 그림 33.17a는 거리가 a/N씩 떨어진 하위헌스의 작은 파 N개의 점광원을 가진 폭 a인 슬릿을 보여준다. (우리는 곧 $N \to \infty$를 택하여 전체 파면을 고려하게 된다.) 멀리 떨어진 스크린 상의 한 점에서 N개의 작은 파들의 중첩을 계산할 수 있다. 슬릿 폭 a에 비해 워낙 거리가 멀기 때문에 방향들은 근본적으로 각 θ로 평행하다.

이중 슬릿 실험에서, 거리 d만큼 떨어진 두 슬릿으로부터의 파의 위상차가 $\Delta\phi = 2\pi\,d\sin\theta/\lambda$였다. 정확히 같은 이유로, 거리가 a/N만큼 떨어진 두 인접한 작은 파들의 위상차는 $\Delta\phi_{adj} = 2\pi(a/N)\sin\theta/\lambda$이다. 이는 인접한 모든 작은 파 쌍들의 위상차이다.

그림 33.17b는 회절 무늬의 중앙인 $\theta = 0$에서의 회절을 분석한다. 여기서는 모든 작은 파들이 똑바로 앞으로 진행하므로 인접한 두 작은 파들의 위상차가 $\Delta\phi_{adj} = 0$이 된다. 따라서 위상자 도형은 N개의 위상자가 직선으로 배열되어 전체 진폭이 $E_0 = Ne$임을 보여준다.

그림 33.17c는 $\theta \neq 0$인 스크린 상 임의의 점에서의 위상자 도형이다. N개의 모든 위

상자들은 같은 길이 e를 갖고 있으므로 위상자 사슬 전체의 길이는 $E_0 = Ne$이지만 각 위상자들이 바로 앞의 위상자에 비해 각 $\Delta\phi_{adj}$씩 회전하였다. N번 돌아간 후인 마지막 위상자의 각은 다음과 같다.

$$\beta = N\Delta\phi_{adj} = \frac{2\pi a \sin\theta}{\lambda} \qquad (33.24)$$

β가 N과는 무관함에 주의하자. 이는 슬릿 위쪽 가장자리로부터의 작은 파와 이로부터 a만큼 떨어진 아래쪽 가장자리로부터의 작은 파 사이의 위상차이다.

E는 중첩된 작은 파 N개의 진폭이다. E를 결정하기 위해 $N \to \infty$로 두자. 이는 계산을 정확하게 하기 위함이다. 왜냐하면 파면 위의 모든 점을 고려하고 있기 때문이다. 이제 위상자 사슬 길이 E_0가 단순히 원호의 길이이므로 계산은 쉬워진다.

그림 33.18은 기하학적 구조를 보여준다. 오른쪽 위의 삼각형이 직각삼각형이므로 $\alpha + \beta = 90°$이다. 그러나 α와 원호를 마주 보는 각을 합하면 90°이므로 원호를 마주 보는 각은 β이어야 한다. E를 따라 2개의 직각을 얻기 위해 이 β를 2개의 $\beta/2$로 나누었다. $E = 2R\sin(\beta/2)$임을 알 수 있다. 또한 만약 β가 라디안이라면, 원호의 길이는 $E_0 = \beta R$이다. R을 소거하면 중첩된 파의 진폭이 다음과 같게 된다.

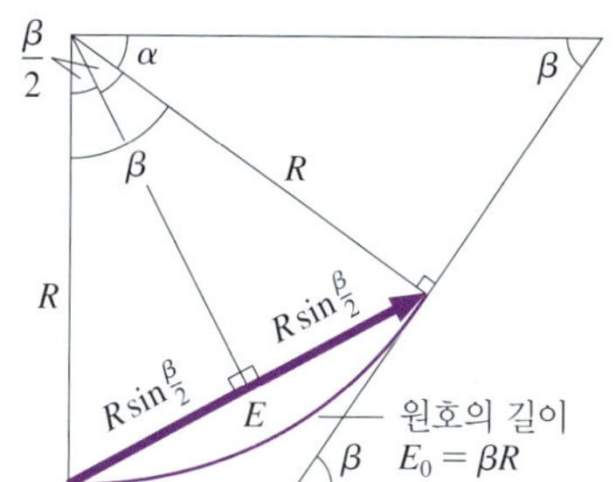

그림 33.18 중첩의 계산

$$E = E_0\frac{\sin(\beta/2)}{\beta/2} = E_0\frac{\sin(\pi a\sin\theta/\lambda)}{\pi a\sin\theta/\lambda} \qquad (33.25)$$

회절 무늬 세기는 E^2에 비례하므로

$$I_{slit} = I_0\left[\frac{\sin(\pi a\sin\theta/\lambda)}{\pi a\sin\theta/\lambda}\right]^2 \qquad (33.26)$$

이 된다. 여기서 I_0(E_0^2에 비례)는 $\theta = 0$인 중앙 극대의 가운데 세기이다. ($x \to 0$일 때 $\sin x/x \to 1$인 로피탈의 규칙을 기억하라.) 그림 33.19는 식 (33.26)의 그래프이다. 양쪽에 약한 2차 극대가 있는 밝은 중앙 극대를 볼 수 있는데, 이것은 단일 슬릿 회절에서 관찰한 결과와 정확히 같다. 극소는 식 (33.26)의 분자가 0인 곳에서 생긴다. 이는 $p = 1, 2, 3, \cdots$일 때 $\sin\theta_p = p\lambda/a$에 해당되며, 정확히 앞에서 본 어두운 줄무늬의 결과이다.

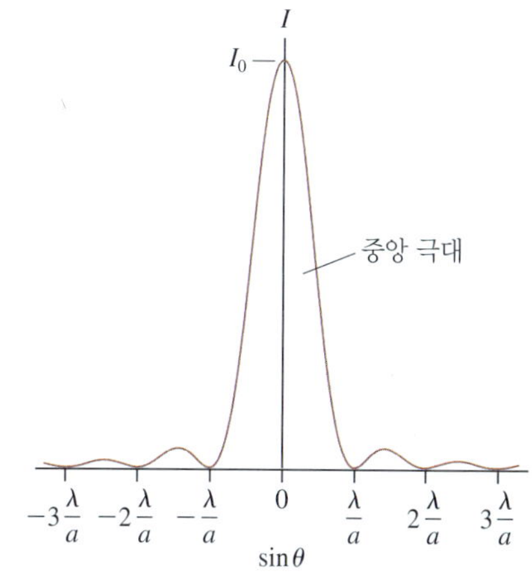

그림 33.19 단일 슬릿 회절 무늬

보통 각보다는 스크린 상의 위치를 측정한다. 거리가 L인 스크린 상에서 무늬의 중심으로부터 y만큼 떨어진 점은 각 $\theta = \tan^{-1}(y/L)$에 해당된다. 매우 작은 각에 대해 보통 작은 각 근사 $\tan\theta \approx \sin\theta \approx \theta$에 의하여 위치 y에서 세기는 다음과 같이 쓸 수 있다.

$$I_{slit} = I_0\left[\frac{\sin(\pi ay/\lambda L)}{\pi ay/\lambda L}\right]^2 \quad \text{(작은 각)} \qquad (33.27)$$

이 경우, 극솟값들은 $y_p = p\lambda L/a$에 생기며 이미 앞에서 보았다.

아마도 극댓값은 식 (33.27)의 분자가 1인 곳에서 발생한다고 생각될 것이다. 그러나 y가 분모에도 있으므로 그것이 극댓값에 영향을 미친다. 극댓값의 위치를 찾아내기 위해 식 (33.27)의 도함수(미분)를 0으로 두면 **초월 방정식**이 되므로, 대수적으로는 해를 구할 수 없게 된다. 이는 수치적으로 풀 수 있는데 작은 각일 때, 처음 두 극댓값이 $y_{\max 1} = 1.43\,\lambda L/a$와 $y_{\max 2} = 2.46\lambda L/a$에서 발생한다.

예제 33.5 | 단일 슬릿 세기

파장 500 nm인 빛이 폭 150 μm인 슬릿을 통과하여 슬릿 뒤 2.5 m 지점에 있는 스크린에 닿는다. 극댓값 세기의 50%인 지점은 회절 무늬 중앙으로부터 얼마나 떨어져 있는가?

핵심 슬릿은 단일 슬릿 회절 무늬를 생성한다. 회절각이 충분히 작아서 작은 각 근사를 써도 무방하다고 가정한다.

시각화 그림 33.19가 세기 분포 그래프를 보여주었다. 1차 극소 이전에, 세기가 극댓값의 50%로 떨어지고 1차 극소 이후에 50%로 복원되지 않았다.

풀이 식 (33.27)로부터, 위치 y에서의 세기는 다음과 같다.

$$I = I_0\left[\frac{\sin(\pi ay/\lambda L)}{\pi ay/\lambda L}\right]^2$$

이 세기는

$$\frac{\sin(\pi ay/\lambda L)}{\pi ay/\lambda L} = \sqrt{\frac{1}{2}} = 0.707$$

일 때 극댓값 I_0의 50%로 떨어진다. 이는 정확한 해가 존재하지 않는 초월 방정식이다. 그러나 약간의 시행착오만 거치면 계산기로 쉽게 풀 수 있다. 만약 $x = \pi ay/\lambda L$이라 두면, 풀어야 할 식은 $\sin x/x = 0.707$이 되며 x는 라디안 단위이다. 계산기를 라디안 모드로 두고 x값을 추정한 후, $\sin x/x$를 계산한다. 그리고 그 결과를 향상된 추정값을 구하는 데 쓴다. 1차 극소는 $x = \pi$일 때 $y_1 = \lambda L/a$에서 발생하며, 해가 이보다 작음을 알게 된다.

첫 번째 시도: $x = 1.0$ rad이면 $\sin x/x = 0.841$.
두 번째 시도: $x = 1.5$ rad이면 $\sin x/x = 0.665$.

오직 두 번의 추정에 의해 범위를 $1.0 \text{ rad} < x < 1.5 \text{ rad}$로 좁혔다. 세 번만 더 시도하면 유효 숫자가 3자리인 해답 $x = 1.39$에 도달하게 된다. 따라서 세기는 다음 위치에서 극댓값의 50%로 떨어진다.

$$y = \frac{1.39}{\pi}\frac{\lambda L}{a} = 3.7 \text{ mm}$$

검토 실험실에서 얻게 되는 회절 무늬는 대개 1~2 cm의 폭을 갖고 있다. 이 점은 중앙 극대 내부에 있게 되므로 중앙으로부터 ≈4 mm 정도가 적절하다. 그리고 거리 2.5 m일 때, 중앙으로부터 ≈4 mm이면 작은 각 근사를 사용하는 것이 확실히 정당해 보인다.

완전한 이중 슬릿 세기

그림 33.4는 2개의 겹쳐진 파들 사이에서 '파동들이 두 슬릿 뒤로 퍼져나감에 따라' 발생하는 이중 슬릿 간섭을 보여준다. 빛이 좁은 두 슬릿을 지나가므로 파들이 퍼진다. 이중 슬릿에서 본 것은 확실히 2개의 겹쳐진 단일 슬릿 회절 무늬이다. 간섭에 의해 줄무늬가 생기지만, 회절 무늬는 스크린에 도달하는 빛의 양으로서 줄무늬들이 얼마나 밝은지를 결정한다.

앞서 이상적 이중 슬릿의 세기 $I_{\text{double}} = 4I_1\cos^2(\pi dy/\lambda L)$를 거리 d만큼 떨어진 두 슬릿에 대해 계산하였다. 그러나 각 슬릿의 폭이 a이므로, 이중 슬릿 무늬들이 폭 a인 슬릿에 대한 단일 슬릿 회절 세기에 의해 **변조**된다. 따라서 작은 각에 대해서 현실적인 이중 슬릿 세기는 다음과 같다.

$$I_{double} = I_0 \left[\frac{\sin(\pi ay/\lambda L)}{\pi ay/\lambda L} \right]^2 \cos^2(\pi dy/\lambda L) \qquad (33.28)$$

코사인 항은 줄무늬의 진동을 발생시키지만 여기서 전체 세기는 각 슬릿의 회절에 의해 결정된다. 만약 앞에서 암묵적으로 가정했듯이 슬릿이 극도로 좁으면($a \ll d$), 단일 슬릿 무늬의 중앙 극대가 매우 넓어서 세기가 천천히 감쇠하는 많은 줄무늬들을 보게 된다. 이것이 그림 33.6b의 경우였다.

많은 이중 슬릿들은 슬릿 간격 d보다 슬릿 폭 a가 약간 작아서 회절과 간섭이 복잡한 상호작용으로 이어진다. 그림 33.20은 폭이 0.055 mm인 두 슬릿이 0.35 mm 떨어진 이중 슬릿 간섭 무늬와, 비교를 위해서 폭 0.055 mm인 단일 슬릿 회절 무늬를 보여준다. 각 슬릿에서의 회절은 슬릿 뒤쪽에서의 빛이 퍼짐으로써 스크린 전체의 밝기를 결정하며, 이 내부에서 두 슬릿으로부터 온 광파들의 간섭을 보게 된다. 빛이 파동이라는 이보다 더 나은 증거는 없을 것 같다!

$m=7$의 간섭 줄무늬가 없는 것에 주목하라. (그리고 $m=8$은 매우 약해서 거의 보이지 않는다.) 만약 간섭 극대가 정확히 단일 슬릿 회절 무늬의 극소(0인 점)와 일치하면, **결손 차수**(missing order)를 갖는다. 간섭 극대는 $y_m = m\lambda L/d$에서 일어나며 회절 극소는 $y_p = p\lambda L/a$에서 일어나고 m과 p는 정수들이다. 그들이 어디서 겹치는지 알아보기 위하여 이 둘을 같게 두면

$$m_{missing} = p\frac{d}{a} \qquad p = 1, 2, 3, \cdots \qquad (33.29)$$

일 때, m이 결손 차수가 됨을 알 수 있다. m은 정수여야 하므로 사실은 어떤 슬릿 폭에 대한 간격의 비 d/a일 때만 결손 차수가 된다. 그림 33.20의 경우, $d/a=7$이므로 $m=7$이 결손 차수이다.(이는 $p=1$ 회절 극소와 일치한다.) $m=14$도 그렇다. 실제로, 1개 혹은 여러 개의 간섭 극대는 매우 약해서 그들이 식 (33.29)를 정확히 만족하지 않더라도 잘 보이지 않는다.

그림 33.20 이중 슬릿 간섭 무늬 전체의 세기는 각 슬릿을 통한 단일 슬릿 회절에 의해 좌우된다.

단일 슬릿: 폭 0.055 mm

이중 슬릿: 폭 0.055 mm, 0.35 mm 떨어짐

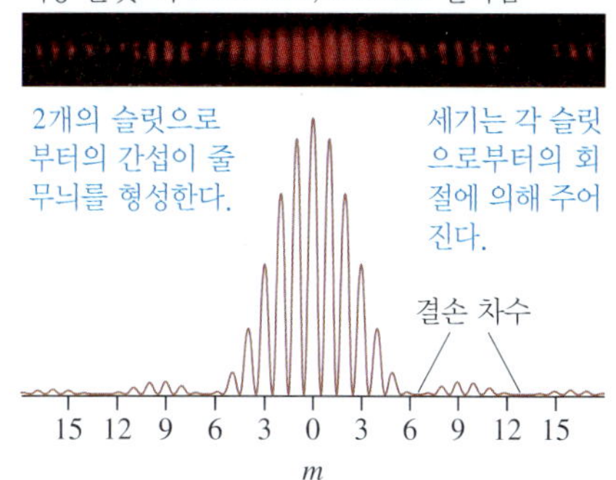

33.6 원형 구멍 회절

만약 파동이 어떤 형태의 구멍을 통해서라도 지나간다면, 회절이 발생한다. 단일 슬릿에 의한 회절이 회절의 기본개념을 정립하였지만, 보통 진짜로 중요한 상황은 **원형 구멍**(circular aperture)에 의한 파동의 회절이다. 원형 회절은 슬릿에서의 회절보다 수학적으로 복잡하므로 여기서는 유도과정 없이 결과를 보여줄 것이다.

몇 가지 예를 생각해보자. 큰 소리를 내는 스피커 콘은 막의 빠른 진동에 의해 소리를 발생시키지만 음파는 방 바깥으로 진행하기 전에 스피커 콘의 바깥 둘레로 정해진 원형 구멍을 통과해야 한다. 이것이 원형 구멍에 의한 회절이다. 망원경과 현미경은 그 반대이다. 바깥으로부터의 광파가 기기 속으로 들어와야 하기 때문이다. 그러

그림 33.21 원형 구멍에 의한 빛의 회절

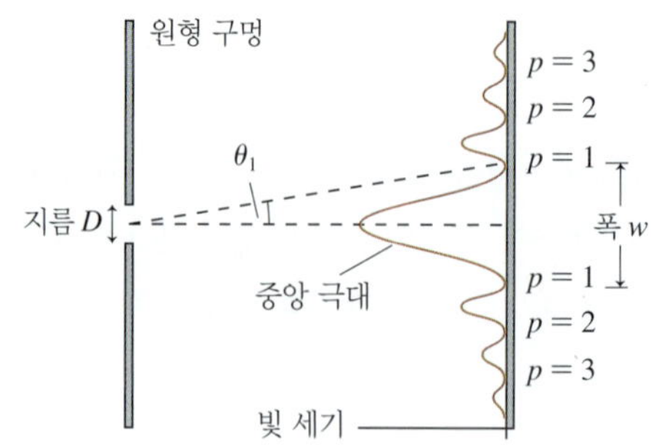

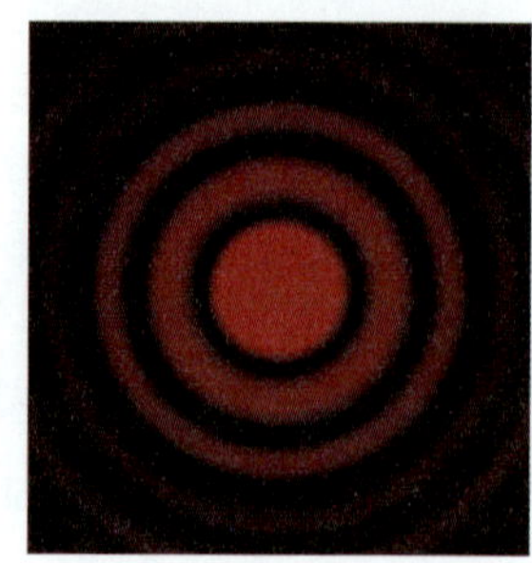

기 위해서 광파들은 원형 렌즈를 통과해야 한다. 광학기기 성능의 한계는 파동이 통과하는 원형 구멍의 회절에 의해 결정된다. 이는 35장에서 다루게 될 주제이다.

그림 33.21은 지름이 D인 원형 구멍을 보여준다. 이 구멍을 지나는 광파들이 퍼져 나가서 **원형** 회절 무늬를 이룬다. 비슷한 점과 차이점에 주목하기 위해서는 이를 단일 슬릿에 관한 그림 33.11과 비교해야 한다. 구멍의 경우에는 회절 무늬의 모양이 원형이지만 여전히 **중앙 극대**를 갖고 있으며, 2차 밝은 무늬들로 둘러싸여 있다.

완전 상쇄 간섭이 발생하는 곳인 각 θ_1에서 세기의 1차 극소가 생긴다. 원형 회절의 수학적 분석에 의해 다음을 구할 수 있다.

$$\theta_1 = \frac{1.22\lambda}{D} \tag{33.30}$$

여기서 D는 원형 구멍의 **지름**이다. 식 (33.30)은, 빛의 회절에서는 거의 항상 유효하지만 긴 파장인 음파에서는 보통 유효하지 않은 작은 각 근사를 가정한 것이다.

작은 각 근사 범위에서 중앙 극대의 폭은 다음과 같다.

$$w = 2y_1 = 2L\tan\theta_1 \approx \frac{2.44\lambda L}{D} \quad \text{(원형 구멍)} \tag{33.31}$$

L이 커질수록 회절 무늬 지름이 증가하여 빛이 원형 구멍 뒤로 퍼지지만, 만약 구멍의 D가 커지면 회절 무늬 지름이 줄어든다.

예제 33.6 | 레이저로 원형 구멍 비추기

He-Ne 레이저($\lambda = 633$ nm)로부터의 빛이 지름 0.50 mm인 구멍을 통과하여 지나간다. 중앙 극대의 지름이 3.0 mm인 회절 무늬를 관측하려면 스크린이 얼마나 떨어져 있어야 하는가?

풀이 식 (33.31)에 의해 적절한 스크린 거리는 다음과 같이 구할 수 있다.

$$L = \frac{wD}{2.44\lambda} = \frac{(3.0\times 10^{-3}\ \text{m})(5.0\times 10^{-4}\ \text{m})}{2.44(633\times 10^{-9}\ \text{m})} = 0.97\ \text{m}$$

33.7 빛의 파동 모형

이 장의 시작에서 어떤 상황의 범위 내에서는 각각 유효한 빛의 세 가지 모형에 관하여 주목하였다. 지금 빛의 파동 모형을 빛의 광선 모형으로부터 분리하는 중요한 조건을 확립할 수 있는 지점에 있다.

빛이 크기가 a인 구멍을 지나갈 때, 1차 회절 극소가 발생하는 각은 다음과 같다.

$$\theta_1 = \sin^{-1}\left(\frac{\lambda}{a}\right) \tag{33.32}$$

식 (33.32)는 슬릿일 때이지만 만약 a가 원형 구멍의 지름이라도 결과는 아주 똑같다. 구멍의 형태와는 무관하게, **구멍 뒤로 빛이 얼마나 많이 퍼져나가는지를 결정하는 요소는 구멍의 크기와 비교되는 파장 크기의 비 λ/a이다.**

그림 33.22는 파장이 구멍 크기보다 아주 작은 파와 파장이 구멍과 비슷한 두 번째 파의 차이를 보여준다. $\lambda/a \approx 1$인 파는 빠르게 퍼져서 구멍 뒤 부분을 채운다. 광파는 파장이 매우 짧아서 거의 항상 $\lambda/a \ll 1$이며 회절 후 천천히 퍼지는 '빛줄기'가 생긴다.

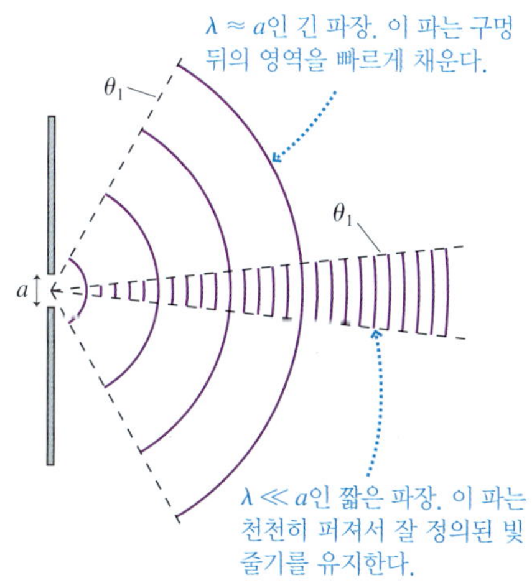

그림 33.22 긴 파장의 빛과 짧은 파장의 빛이 같은 구멍에서 회절된다.

이제 우리는 뉴턴의 딜레마에 좀 더 고마워할 수 있다. 일상에서 만나는 구멍들의 크기에서는 음파와 물결파가 $\lambda/a \approx 1$이며 회절되어 구멍 뒤의 공간을 채운다. 결과적으로, 이것이 파의 거동에 대하여 우리가 기대하려는 것이다. 이제 실제로 빛이 구멍 뒤에서 퍼지지만, 보통 λ/a가 아주 작으면 회절 무늬가 너무 작아서 볼 수 없다는 것을 알 수 있다. 회절이 발생하기 시작하려면, 밀리미터보다는 최소한 작아야 한다. 만약 회절된 광파가 구멍 뒤 공간($\theta_1 \approx 90°$)을 채우기 원했다면, 음파에서처럼 구멍 크기를 $a \approx 0.001$ mm로 줄일 필요가 있었다!

그림 33.23은 빛이 지름 D인 구멍을 통과하는 것을 보여준다. 광선 모형에 따르면, 광선이 구멍을 지나서 똑바로 진행하여 스크린에 지름이 D인 밝은 점을 이룰 것이다. 이는 슬릿의 기하학적 상이다. 실제로, 회절에 의해 빛이 슬릿 뒤로 퍼져나가지만 **만약 빛의 퍼짐이 기하학적 상의 지름 D보다 작다면, 그것을 인지하지 못하게 된다** (이것이 중요한 점이다). 그것은, 만약 스크린 상의 밝은 점의 지름이 커지지 않는 한 회절을 인식할 수 없다는 뜻이다.

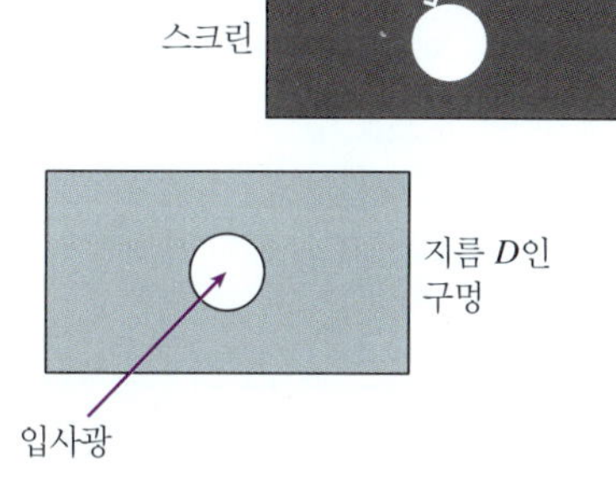

그림 33.23 스크린 상의 밝은 점이 D보다 큰 경우에만 회절이 인식될 것이다.

이러한 생각이 언제 광선광학를 쓸지, 언제 파동광학를 쓸지에 대한 기준을 제공한다.

- 만약 회절에 의한 빛의 퍼짐이 구멍 크기보다 작으면, 광선 모형을 쓰고 빛이 직선으로 진행한다고 생각한다.
- 만약 회절에 의한 빛의 퍼짐이 구멍 크기보다 크면, 빛의 파동 모형을 쓴다.

이 두 가지 경우의 교차점은 회절에 의한 빛의 퍼짐이 구멍 크기와 같을 때 발생한다. 원형 구멍의 회절 무늬 중앙 극대의 폭은 $w = 2.44\,\lambda L/D$이다. 만약 이 회절 폭을 구멍 자체의 지름과 같게 두면 다음과 같게 된다.

$$\frac{2.44\lambda L}{D_c} = D_c \tag{33.33}$$

여기서 D_c에서의 아래 첨자 c는 이것이 광선 모형과 파동 모형의 교차점임을 나타낸다. 광선 모형에서 파동 모형으로의 변화가 급격하지 않고 점진적이므로, 유효 숫자 한 자리로 추정하여 다음을 얻는다.

$$D_c \approx \sqrt{2\lambda L} \tag{33.34}$$

이것이 거리 L에서 회절 무늬 폭이 $w \approx D$인 원형 구멍의 지름이다. 우리는 가시광선이 $\lambda \approx 500$ nm이며 보통의 실험실 활동에서 $L \approx 1$ m임을 알고 있다. 이 값들에서 다음을 얻는다.

$$D_c \approx 1 \text{ mm}$$

따라서 빛이 대략 1 mm보다 작은 구멍을 통과해서 지나갈 때 회절은 중요하며 파동 모형을 써야 한다. 다음 장에서 공부하게 될 광선 모형은 빛이 대략 1 mm보다 큰 구멍을 통과하여 지나갈 때 더 적절하다. 실제로 렌즈와 거울들은 거의 대부분 1 mm 보다 크므로 광선 모형으로 분석될 것이다.

이제 이 모든 생각들을 가다듬어서 빛의 파동 모형을 좀 더 완전하게 소개할 수 있다.

모형 33.1

빛의 파동 모형

회절이 뚜렷할 때 적용하기 위해서.

- 빛은 전자기파이다.
  - 빛은 진공 속을 속력 c로 진행한다.
  - 파장 λ와 진동수 f 사이에는 $\lambda f = c$의 관계가 있다.
  - 대부분의 광학은 빛의 전자기파적 성질이 아닌 파동적 성질에만 관계한다.
- 빛은 회절과 간섭을 나타낸다.
  - 빛은 구멍을 통과한 후 퍼진다. 퍼지는 정도는 구멍 크기에 반비례한다.
  - 파장이 같은 두 광파가 간섭한다. 보강 간섭과 상쇄 간섭은 경로차에 관계한다.

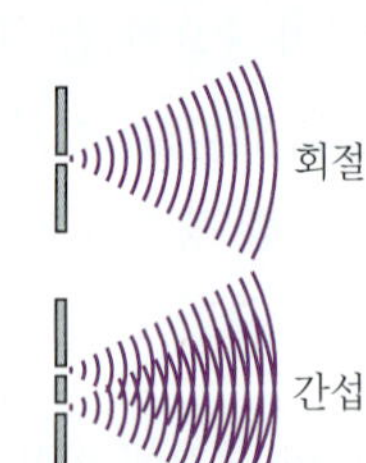

- 한계:
  - 회절이 일어나지 않는 경우는 **광선 모형**이 더 적절하다.

    구멍 크기 < 1 mm일 때는 파동 모형을 쓴다.

    구멍 크기 > 1 mm일 때는 광선 모형을 쓴다.
  - 극도로 약한 빛이나 원자의 전이에서 발생하는 빛은 **광자 모형**이 더 잘 표현한다.

33.8 간섭계

과학기술자들이 간섭현상을 써서 빛의 흐름을 조절하고 광파를 써서 매우 정밀한 측정을 하기 위해 많은 기발한 방법들을 고안하였다. 간섭을 실제로 사용하기 위한 장치를 **간섭계**(interferometer)라 한다.

간섭이 일어나려면 파장이 **정확**히 같은 2개의 파가 있어야 한다. 정확히 같은 파장을 가진 두 파를 보장하는 한 방법은 한 파를 진폭이 작은 두 파로 나누는 것이다. 나중에 공간상의 다른 곳에서, 두 파는 만나게 된다. **간섭계는 1개의 파를 나누고 다시 더하는 것에 바탕을 두고 있다.**

마이컬슨 간섭계

미국 과학자로서 최초로 노벨상을 받은 마이컬슨(Albert Michelson)이 그림 33.24와 같이, 부분적으로 은이 코팅되어 빛의 절반을 반사시키고 나머지 절반은 투과시키는 **빔가르개**(beam splitter)에 의해 들어오는 광파가 나누어지는 광학적 간섭계를 발명하였다. 그 두 파들은 각각 거울 M_1과 M_2를 향하여 진행한다. M_1으로부터 반사된 빛의 절반은 빔가르개를 지나서 투과하며 거기에서 M_2로부터 돌아오는 파의 반사된 절반과 재결합하게 된다. 겹쳐진 파들은 광검출기 쪽으로 진행한다. 원래는 사람이 관측했지만 지금은 전자적 광검출기가 더 흔하게 쓰인다.

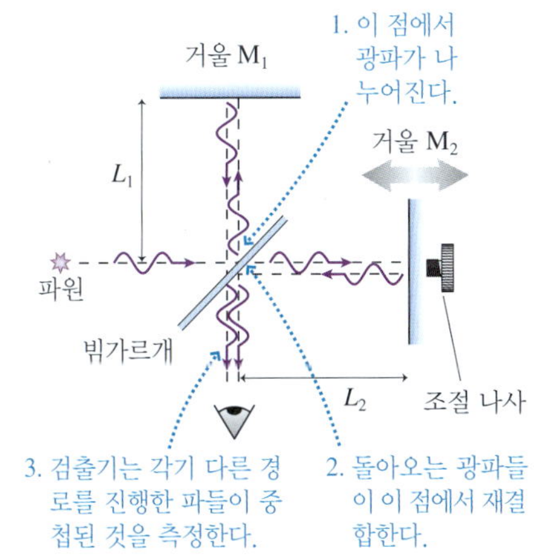

그림 33.24 마이컬슨 간섭계

분리된 후 재결합되기 전까지 두 파들은 거리 $r_1 = 2L_1$과 $r_2 = 2L_2$를 진행한다. 여기서 인자 2는 파들이 거울까지 갔다가 돌아오기 때문에 생긴다. 따라서 두 파의 경로차는 다음과 같다.

$$\Delta r = 2L_2 - 2L_1 \tag{33.35}$$

재결합한 두 빔 사이의 보강 간섭과 상쇄 간섭 조건들은 이중 슬릿 간섭의 경우와 같이 각각 $\Delta r = m\lambda$와 $\Delta r = \left(m + \frac{1}{2}\lambda\right)$이다. 따라서 보강 간섭과 상쇄 간섭은

$$\begin{aligned} &\text{보강 간섭:} \quad L_2 - L_1 = m\frac{\lambda}{2} \\ &\text{상쇄 간섭:} \quad L_2 - L_1 = \left(m + \tfrac{1}{2}\right)\frac{\lambda}{2} \end{aligned} \qquad m = 0, 1, 2, \cdots \tag{33.36}$$

일 때 발생한다.

아마도 간섭계 출력이 '밝음' 혹은 '어두움'이라 예상하겠지만, 그 대신에 그림 33.25에 보인 것과 같이 스크린 상에서는 원형 간섭 무늬가 나타난다. 우리는 광파들이 거울 표면에 정확히 수직으로 부딪히는 경우에 대해서 분석하였다. 실제 실험에서, 일부분의 광파들이 약간씩 다른 각으로 간섭계에 들어가므로, 그 결과 재결합된 파들이 약간씩 달라진 경로차 Δr을 갖게 된다. 이러한 파들에 의해, 무늬의 중심에서 바깥으로 옮겨감에 따라 밝고 어두운 무늬가 교대로 나오게 된다. 이에 대한 분석은 상급반 광학 강좌로 남겨놓는다. 식 (33.36)은 원형 무늬의 중앙에서 유효하다. 따라서 식

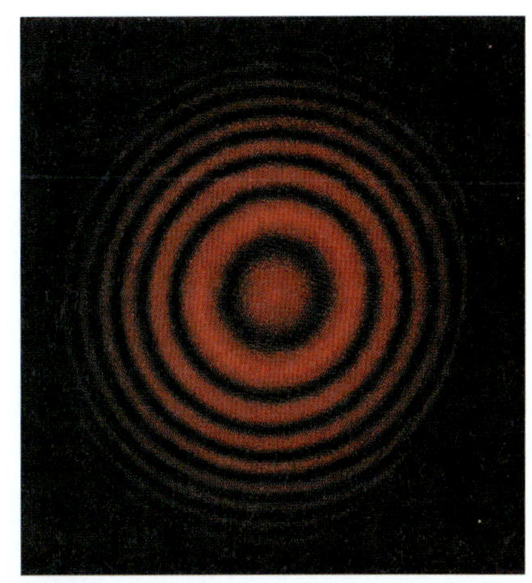
그림 33.25 마이컬슨 간섭계에 의해 생성된 간섭 무늬를 찍은 사진

(33.36)에 있는 조건 중 한 가지가 사실이면 밝거나 어두운 중앙점이 생긴다.

거울 M_2는 정밀한 나사를 돌려서 앞뒤로 움직일 수 있으며, 그에 따라 중앙점이 주기적으로 밝고–어둡고–밝고–어둡고를 반복한다. 이는 쉽게 관측되거나 광검출기에 의해 포착된다. 만약 밝은 중앙점이 생기도록 간섭계를 조절했다고 하자. 그 다음 번 밝은 점은 M_2가 반파장만큼 움직였을 때 나타나는데, 이는 경로차가 완전히 한 파장으로 증가했기 때문이다. 거울이 ΔL_2만큼 움직임에 따라 극대들이 나타나는 횟수 Δm은 다음과 같다.

$$\Delta m = \frac{\Delta L_2}{\lambda/2} \tag{33.37}$$

새로운 밝은 점이 무늬의 중앙에 나타나는 횟수를 세면서 거울을 움직임에 따라 매우 정밀한 빛의 파장을 측정할 수 있다. 횟수 Δm은 정확히 측정되어 알 수 있게 된다. 이러한 방법으로 얼마나 정밀하게 λ를 측정할 수 있는지에 대한 유일한 한계는 거리 ΔL_2가 정밀하게 측정되어지는 데에 있다. 미시적인 λ와는 달리, ΔL_2는 보통 수 밀리미터로서 정밀 나사, 마이크로미터, 그리고 다른 방법으로 측정 가능한 거시적 거리이다. 마이컬슨의 발명에 따라 거시적 거리를 빛의 파장 측정과 동일한 정밀도로 측정할 수 있게 되었다.

예제 33.7 | 빛의 파장 측정하기

한 실험자가 마이컬슨 간섭계를 써서 네온(Ne) 원자로부터 나오는 빛의 파장들을 측정한다. 그녀는 10,000개의 새로운 밝은 중앙점이 생길 때까지 거울 M_2를 천천히 움직였다. (현대의 실험에서는 광검출기와 컴퓨터에 의해 무늬 개수 측정 때 발생하는 실험 오차의 발생 가능성을 없앤다.) 그녀는 거울이 이동한 거리를 3.164 mm로 측정하였다. 빛의 파장은 얼마인가?

핵심 간섭계는 L_2가 $\lambda/2$씩 증가함에 따라 새로운 극대를 생성한다.

풀이 거울이 $\Delta L_2 = 3.164\ \text{mm} = 3.164 \times 10^{-3}\ \text{m}$만큼 움직였다. 식 (33.37)을 써서 다음을 구한다.

$$\lambda = \frac{2\,\Delta L_2}{\Delta m} = 6.328 \times 10^{-7}\ \text{m} = 632.8\ \text{nm}$$

검토 ΔL_2를 유효 숫자 4자리의 정확도로 측정함에 따라 λ를 유효 숫자 4자리로 측정할 수 있다. 이는 He-Ne 레이저에서 네온에서 발생하여 레이저빔으로 방출되는 빛의 파장이다.

홀로그래피

과학적이고 예술적인 응용이 가능한 홀로그래피를 취급하지 않고서는 파동광학을 완성할 수 없다. 기본 아이디어는 간섭현상을 간단히 확장한 것이다.

그림 33.26a는 어떻게 **홀로그램**(hologram)이 만들어지는지 보여준다. 빔가르개가 레이저빔을 2개의 파로 나누며, 그 중 한 파가 관심 물체를 비추게 된다. 물체에서 산란된 빛은 필름의 위치에서 물체를 볼 경우 보게 되는 광파로써 매우 복잡한 파형을 가진다. 기준빔이라 하는 다른 파는 바로 반사되어 필름으로 향한다. 산란된 광과 기준빔이 필름에서 만나 간섭하며, 필름은 그들의 간섭 무늬를 기록한다.

이 장에서 본 간섭 무늬들은, 광파들이 잘 거동하는 평면파와 구면파였으므로, 단

그림 33.26 홀로그래피는 파동광학의 중요한 응용 분야이다.

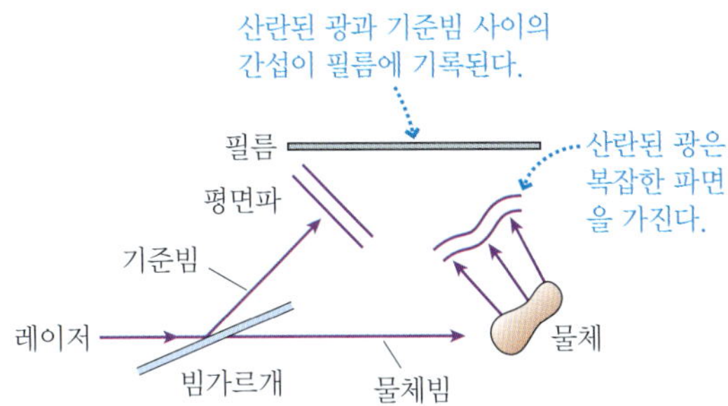

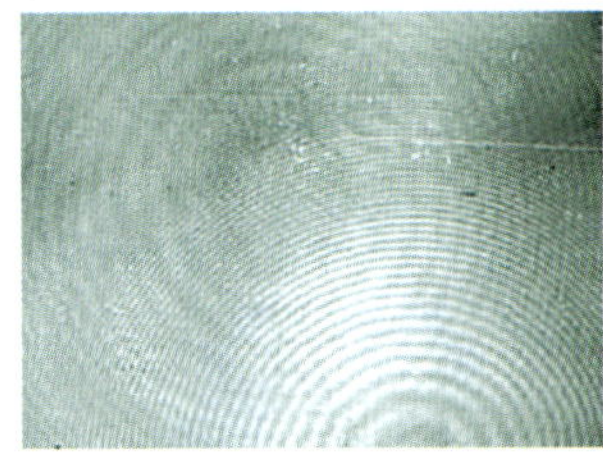

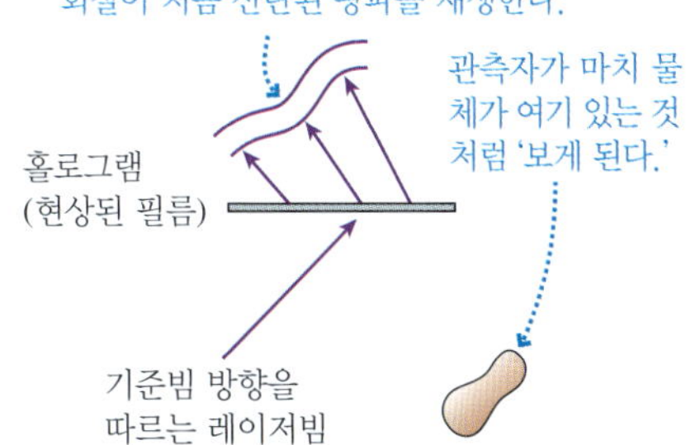

순한 무늬인 줄모양이나 원형이었다. 그림 33.26a에서 물체에 의해 산란된 광파는 극도로 복잡하다. 그 결과, 필름에 기록된 간섭 무늬(이것이 홀로그램이다)는 나선형 지문이나 반점처럼 보인다. 그림 33.26b는 홀로그램 일부분을 확대한 사진이다. 이 무늬에 정보가 저장되었는지 명백하지는 않지만 확실히 저장되어 있다.

그림 33.26c에 보인 바와 같이 홀로그램은 기준빔만 쬠으로써 '작용한다.' 회절격자의 슬릿에서처럼, 기준빔은 홀로그램의 투명한 부분을 통하여 회절된다. 놀랍게도, 회절된 파는 물체에 의해 산란된 광파와 **정확히 같다**! 즉, 회절된 기준빔은 처음 산란된 파가 **재생된** 것이다. 홀로그램으로부터 먼 곳에서 이 회절된 파를 보게 된다면, 있었던 자리에 정확히 물체가 있는 것처럼 '보게 된다.' 홀로그램에 대해서 머리를 움직이면 파면의 다른 부분들을 볼 수 있으므로 시야는 3차원이 된다.

홀로그램

응용 예제 33.8 기체의 굴절률 측정하기

마이컬슨 간섭계는 파장이 $\lambda_{vac} = 633$ nm인 He-Ne 레이저를 쓴다. 한쪽 팔에서 빛이 두께 4.00 cm인 유리 셀을 지나간다. 처음에 셀을 진공처리하고 중앙점이 밝게 되도록 간섭계를 조정하였다. 그 후 대기압이 되도록 셀을 천천히 기체로 채운다. 셀이 채워질 때까지 43개의 밝고-어두운 무늬 이동이 보였다. 이 파장에서 기체의 굴절률은 얼마인가?

핵심 왕복 경로에 한 파장이 더해지면 밝고-어두운 한 무늬가 이동한다. 팔 길이의 변화가 한 파장을 늘이는 방법 중의 하나이지만, 유일한 방법은 아니다. 굴절률 증가도 파장을 늘이게 된다. 왜냐하면 빛이 큰 굴절률을 가진 물질을 통과해서 지나갈 때 짧은 파장을 갖기 때문이다.

시각화 그림 33.27은 한쪽 팔에 두께 d인 셀이 있는 마이컬슨 간섭계를 보여준다.

풀이 시작 전에 셀 속의 모든 기체를 펌프로 퍼낸다. 빛이 빔가르개로부터 거울까지 갔다가 올 때, 셀 내부의 파장 개수는 다음과 같다.

그림 33.27 굴절률 측정

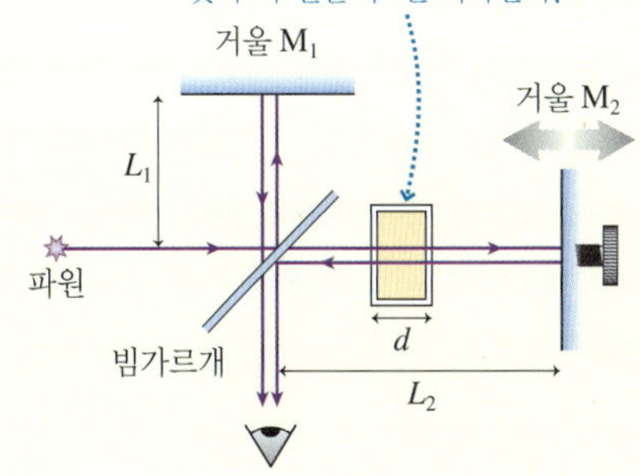

$$m_1 = \frac{2d}{\lambda_{vac}}$$

(계속)

여기서 인자 2는 빛이 셀을 두 번 지나기 때문이다.

그 후에 셀이 1기압이 되게 기체를 채운다. 빛은 기체 속에서 천천히 $v = c/n$으로 진행하고, 16장에서 배운 바와 같이 속력의 감소가 파장을 λ_{vac}/n으로 줄인다. 셀이 채워짐에 따라, 거리 d에 해당되는 파장 개수는 다음과 같다.

$$m_2 = \frac{2d}{\lambda} = \frac{2d}{\lambda_{vac}/n}$$

물리적 거리는 변하지 않았지만 경로를 통한 파장의 개수는 변했다. 셀을 채움에 따라 경로가 다음 파장의 개수만큼 늘어난다.

$$\Delta m = m_2 - m_1 = (n-1)\frac{2d}{\lambda_{vac}}$$

한 파장씩 늘어남에 따라 한 번의 밝고–어두운 무늬가 출력 쪽에서 이동한다. n에 대해서 풀면 다음을 얻게 된다.

$$n = 1 + \frac{\lambda_{vac}\Delta m}{2d} = 1 + \frac{(6.33 \times 10^{-7}\ \text{m})(43)}{2(0.0400\ \text{m})} = 1.00034$$

검토 이 결과는 유효 숫자 6자리인 것처럼 보이지만, 실제로는 두 자리뿐이다. 우리는 n을 측정하는 것이 아니고 $n-1$을 측정한다. 무늬 개수를 유효 숫자 2자리까지 알고 있으며 이에 따라 $n - 1 = \lambda_{vac}\Delta m/2d = 3.4 \times 10^{-4}$로 계산할 수 있다.

서술형 질문

1. 그림 Q33.1은 가까이 위치한 2개의 좁은 슬릿을 통하여 빛이 지나감을 보여준다. 그래프는 슬릿 뒤의 스크린에 생긴 빛의 세기를 보여준다. 이중 슬릿 줄무늬에 있는 영점과 눈금을 포함한 그래프 축을 다시 그리고, 만약 오른쪽 슬릿이 막혀서 빛이 오직 왼쪽 슬릿만 지나간다면 빛의 세기 무늬가 어떻게 나타날지를 그려보시오. 여러분의 의견을 설명하시오.

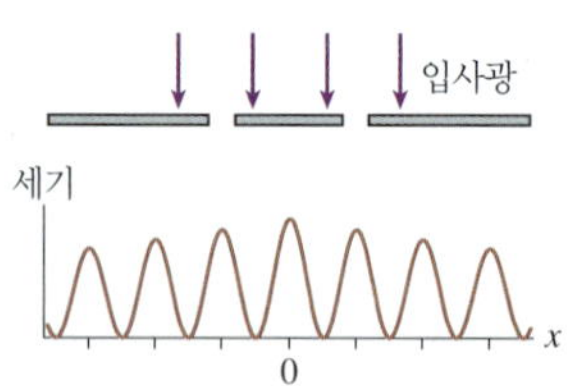

그림 Q33.1

2. 그림 Q33.2는 스크린에 나타난 이중 슬릿 실험을 보여준다. 줄무늬 C가 중앙 극대이다. 다음의 경우에 줄무늬 간격에 어떤 일이 발생하겠는가?
   a. 빛의 파장이 줄어든다면?
   b. 슬릿 간격이 줄어든다면?

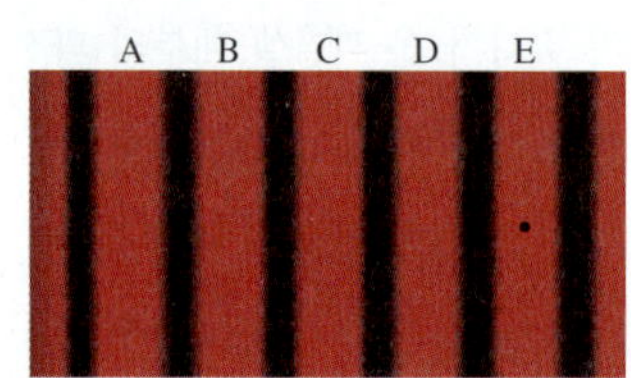

그림 Q33.2

   c. 스크린까지의 거리가 줄어든다면?
   d. 빛 파장을 500 nm라 하자. 스크린 위의 줄무늬 E의 가운데에 있는 점으로부터 왼쪽 슬릿까지의 거리가 오른쪽 슬릿까지의 거리보다 얼마나 더 먼가?

3. 그림 Q33.3은 폭 a인 단일 슬릿 뒤에 있는 스크린에 나타난 빛의 세기를 보여준다. 빛 파장은 λ이다. $\lambda < a$, $\lambda = a$, $\lambda > a$ 중 어느 것인가, 혹은 말하기 어려운가? 설명하시오.

그림 Q33.3

4. 회절격자 뒤의 스크린에서 좁고 밝은 줄무늬들이 관측되었다. 회절격자로부터 스크린까지의 거리가 증가된다고 하자. 스크린 상의 줄무늬들은 가까워지는가, 멀어지는가, 같게 유지되는가, 혹은 없어지는가? 설명하시오.

5. 600 nm를 사용하는 마이컬슨 간섭계가 밝은 중앙 극대가 생기도록 조절되었다. 그리고 한쪽 거울이 앞으로 150 nm 움직이고 다른 거울이 150 nm 뒤로 움직였다. 그 후에 중앙점은 밝겠는가, 어둡겠는가, 혹은 그 중간이 되겠는가? 설명하시오.

연습문제

연습

33.2 빛의 간섭

1. | 이중 슬릿에 파장 630 nm인 주황색 빛과 파장을 모르는 빛을 동시에 쬐였다. 파장을 모르는 빛의 $m=5$인 밝은 줄무늬와 주황색 빛의 $m=3$인 줄무늬가 겹쳤다. 모르는 빛의 파장은 얼마인가?

2. | 파장 600 nm의 빛으로 이중 슬릿 실험을 수행하였다. 스크린에서 밝은 줄무늬들이 1.5 mm 간격으로 떨어져 형성되었다. 만약 파장이 420 nm로 바뀐다면, 줄무늬 간격은 얼마가 되겠는가?

3. || 파장 630 nm인 빛이 0.25 mm 떨어진 두 슬릿을 비추었다. 그림 EX33.3이 슬릿 뒤의 스크린에 나타난 세기 무늬를 보여준다. 스크린까지의 거리는 얼마인가?

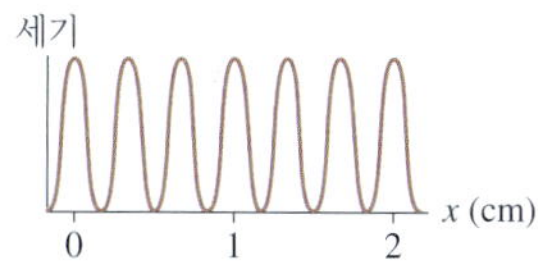

그림 EX33.3

4. || 나트륨램프($\lambda = 589$ nm)로부터의 빛이 좁은 두 슬릿을 비춘다. 슬릿 뒤 100 cm에 있는 스크린에 나타난 줄무늬 간격이 4 mm이다. 두 슬릿 사이의 간격은 몇 mm인가?

33.3 회절격자

5. | 폭 3 cm인 회절격자에 슬릿이 2000개 있으며, 파장 450 nm의 빛으로 쬐어졌다. 처음 두 회절 차수들의 회절각은 (각도로) 얼마인가?

6. || 회절격자가 각 20.0°에서 1차 극대를 생성한다. 2차 극대의 각은 얼마인가?

7. || 수소방전램프로부터 나오는 2개의 가장 현저한 빛의 파장이 656 nm(빨간색)와 486 nm(파란색)이다. 수소램프로부터의 빛이 500선/mm인 회절격자를 비추고 격자 뒤 1.50 m에 있는 스크린에서 빛을 관측하였다. 1차 빨간 줄무늬와 파란 줄무늬 사이의 거리는 얼마인가?

33.4 단일 슬릿 회절

8. || 단일 슬릿 회절에서, 슬릿 폭이 빛 파장의 200배이다. 슬릿 뒤 2.0 m에 있는 스크린 상에서 중앙 극대의 폭은 몇 mm인가?

9. || 파장 630 nm의 빛이 폭 0.15 mm인 단일 슬릿을 쬐었다. 그림 EX33.9는 슬릿 뒤에 있는 스크린에 보인 세기 무늬이다. 스크린까지의 거리는 얼마인가?

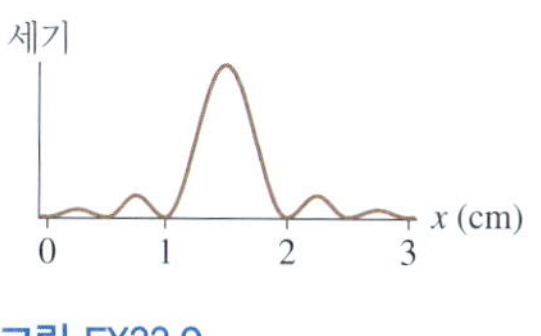

그림 EX33.9

10. || 여러분이 800 MHz의 신호를 송출하는 휴대 전화를 써야 하지만, 서로 15 m 떨어져 있고 라디오파를 흡수하는 2개의 큰 건물 뒤에 있다. 전자기파가 두 건물 사이에서 방출될 때, 각 폭은 몇 도인가?

11. | He-Ne 레이저($\lambda = 633$ nm)로부터의 빛이 단일 슬릿에 입사한다. 회절 무늬에 극소가 생기지 않는 가장 큰 슬릿 폭은 얼마인가?

33.5 회절을 좀 더 자세히

12. || 폭 50 μm이고 서로 0.25 mm 떨어진 두 슬릿이 파장 450 nm인 파란 레이저광으로 비추어졌다. 슬릿 뒤 2.0 m에 있는 스크린에서 간섭 무늬가 관측되었다. 한쪽의 첫 번째 결손 차수로부터 다른 쪽 첫 번째 결손 차수 사이에 걸친 **중앙 극대**에 얼마나 많은 밝은 줄무늬가 보이겠는가?

33.6 원형 구멍 회절

13. || 지름 0.50 mm인 구멍에 파장이 550 nm인 빛이 쬐어졌다. 슬릿 뒤 2.0 m에 있는 스크린 상의 중앙 극대의 폭은 몇 mm인가?

14. || 중앙 극대의 지름이 1.0 cm인 원형 회절 무늬를 사진 찍으려고 한다. He-Ne 레이저($\lambda = 633$ nm)를 갖고 있으며 바늘구멍의 지름은 0.12 mm이다. 바늘구멍 뒤 얼마나 먼 곳에 사진 찍기 위한 스크린을 설치해야 하는가?

15. || He-Ne 레이저($\lambda = 633$ nm)로부터 나온 빛이 원형 구멍을 지나서 구멍 뒤 4.0 m에 있는 스크린에서 관측되었다. 중앙 극대의 폭이 2.5 cm이면 구멍의 지름은 몇 mm인가?

33.8 간섭계

16. | 마이컬슨 간섭계의 거울 M_2를 100 μm 움직이면 500개의 밝고-어두운 줄무늬가 이동한다. 사용한 빛의 파장은 얼마인가?

문제

17. | 그림 P33.17은 구멍 뒤 2.5 m에 있는 스크린 상의 빛 세기를 보여준다. 구멍은 파장이 620 nm인 빛으로 쬐어졌다.
   a. 구멍이 단일 슬릿인지 이중 슬릿인지 설명하시오.
   b. 만약 구멍이 단일 슬릿이라면, 그 폭은 얼마인가? 만약 이중 슬릿이라면 슬릿 사이 간격은 얼마인가?

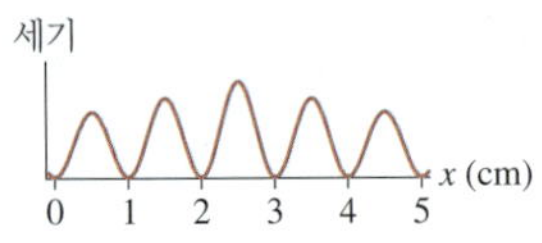

그림 P33.17

18. ‖ He-Ne 레이저($\lambda = 633$ nm)로부터 나온 빛이 좁은 2개의 슬릿을 비추는 데 사용된다. 슬릿 뒤 3.0 m에 있는 스크린에서 회절무늬가 관측되며, 12개의 밝은 무늬가 52 mm에 걸쳐서 보였다. 슬릿 사이 간격은 몇 mm인가?

19. ‖ 그림 P33.19는 이중 슬릿 뒤에 있는 스크린 상의 빛 세기이다. 슬릿 간격은 0.20 mm이며 스크린은 슬릿 뒤 2.0 m에 있다. 빛의 파장은 몇 nm인가?

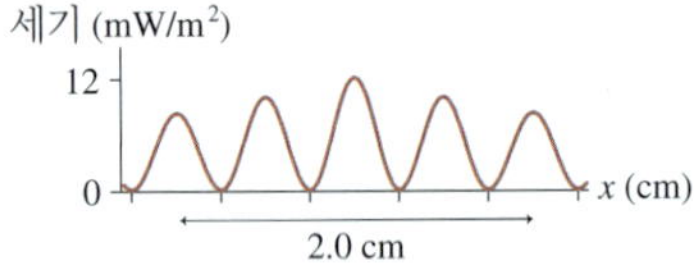

그림 P33.19

20. ‖ 밀리미터당 500개의 선이 있는 회절격자가 30° 방향으로 가시광을 회절시킨다. 빛의 파장은 얼마인가?

21. ‖ 간격 d로 균일한 3개의 좁은 슬릿이 파장 λ인 빛으로 쬐어지는 삼중 슬릿 실험이 이루어졌다. 각 슬릿들은 거리 L만큼 떨어진 스크린에 세기 I_1인 빛들을 각각 생성시킨다.
   a. 인접한 두 슬릿에서의 경로차가 λ인 멀리 떨어진 스크린 상의 한 점을 생각하자. 이 점에서 빛의 세기는 얼마인가?
   b. 인접한 두 슬릿에서의 경로차가 $\lambda/2$인 점에서 빛 세기는 얼마인가?

22. ‖ 밀리미터당 600개의 선이 있는 회절격자에 파장 510 nm의 빛이 쬐어졌다. 매우 넓은 스크린이 회절격자 뒤 2.0 m에 있다.
   a. $m = 1$인 두 밝은 줄무늬 사이의 거리는 얼마인가?
   b. 스크린 상에서 얼마나 많은 밝은 줄무늬를 볼 수 있는가?

23. ‖ 밀리미터당 600개의 선이 있는 회절격자에 입사한 백색광(400~700 nm)이 회절광의 무지개를 형성한다. 회절격자 뒤 2.0 m에 있는 스크린 상에서 1차 무지개의 폭은 얼마인가?

24. ||| a. 만약 작은 각 근사인 $\tan\theta \approx \sin\theta \approx \theta$가 유효하도록 줄 간격이 충분히 크다면, 회절격자의 1차 줄무늬의 위치 y_1은 어떻게 나타낼 수 있는가? d, L, 그리고 λ를 써서 나타내시오.
   b. 문항 a의 표현을 사용하여, 파장이 $\Delta\lambda$만큼 다른 빛에 대한 스크린 상의 두 줄무늬의 거리 Δy를 나타내시오.
   c. 스크린을 쳐다보는 대신, 현대식 분광계는 디지털카메라와 비슷한 여러 픽셀로 나누어진 광검출기를 사용한다. 333선/mm인 회절격자와 이 격자 뒤 12 cm에 위치한 100픽셀/mm인 광검출기로 구성된 분광계를 고려하자. 분광계의 분해능은 믿을 수 있게 측정 가능한 최소 파장 분리 $\Delta\lambda_{min}$이다. 가시광 스펙트럼의 중심인 550 nm 부근의 파장에 대한 이 분광계의 분해능은 얼마인가? 하나의 특정 파장에 의한 줄무늬는 오직 한 줄의 픽셀만 비출 만큼 충분히 가늘다고 가정할 수 있다.

25. ‖ 그림 P33.25는 800선/mm인 회절격자의 1.0 m 뒤에 있는 스크린에 생긴 간섭 무늬이다. 빛의 파장은 몇 nm인가?

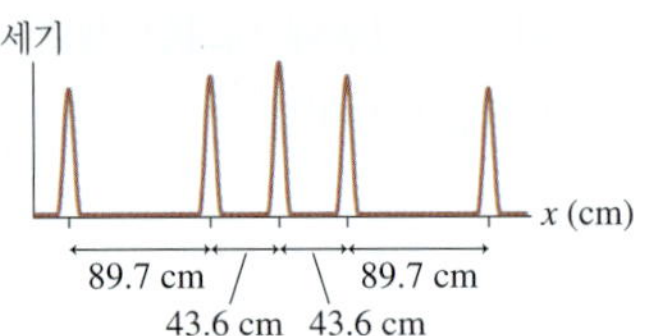

그림 P33.25

26. ‖ 나트륨램프로부터의 빛($\lambda = 589$ nm)이 좁은 슬릿을 비추고, 슬릿 뒤 75 cm에 있는 스크린에서 관측되었다. 첫 번째와 세 번째 어두운 줄무늬 사이의 거리가 7.5 mm이다. 슬릿 폭은 몇 mm인가?

27. | 햇빛이 공작새의 날개를 똑바로 비추면, 입사광 빔의 양쪽 15°에서 보았을 때 밝은 푸른빛이 보인다. 푸른빛은, 977쪽의 사진에서 보인 바와 같이, 날개깃에 있는 평행한 멜라닌 막대들로부터의 회절에 의해 생긴다. 입사광 속의 다른 파장들은 다른 각으로 회절되어 푸른빛만 보이게 된다. 푸른빛의 평균 파장은 470 nm이다. 이를 1차 회절이라 가정하면, 날개 속의 멜라닌 막대들 간격은 얼마가 되는가?
BIO

28. ||| 슬릿 간격이 d인 회절격자가 있고, 거리 L에 있는 스크린에 줄무늬가 보인다. 회절격자의 중심으로부터 거리 L에 있는 스크린에 보이는 1차 줄무늬를 생성하는 빛의 파장에 대한 표현을 구하시오.

29. ‖ 그림 P33.29는 단일 슬릿 뒤의 스크린 상의 빛의 세기이다. 빛 파장은 600 nm이고 슬릿 간격은 0.15 mm이다. 슬릿으로부터 스크린까지의 거리는 얼마인가?

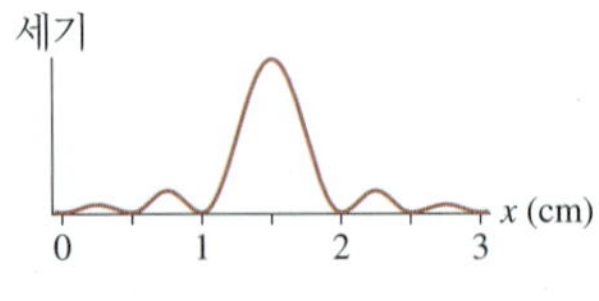

그림 P33.29

30. ‖ 이중 슬릿 실험을 수행하는 학생이 파장 530 nm인 초록색 레이저를 사용한다. 그녀는 $m=5$인 극대가 보이지 않아서 혼란스러웠다. 그녀는 이 밝은 줄무늬가 슬릿 뒤 1.5 m에 있는 스크린의 중앙 극대로부터 1.6 cm에 나타날 것으로 예상하였다.
    a. 무엇이 5차 극대가 관측되지 못하게 했는지 설명하시오.
    b. 그녀의 슬릿 폭은 얼마인가?

31. ‖ He-Ne 레이저($\lambda=633$ nm)로부터 나온 빛이 원형 구멍을 비춘다. 구멍 뒤 50 cm에 있는 스크린에 생긴 중앙 극대의 지름이 기하학적 상의 지름과 일치한다. 구멍의 지름은 몇 mm인가?

32. ‖ 어느 날 창문 블라인드를 당겨 편 후 햇빛이 블라인드에 있는 구멍을 통해 들어와서 멀리 있는 벽에 반점을 형성하였다. 최근의 물리학 강의에서 광학을 공부하였기에, 원형 회절 무늬로 보이는 반점 모양의 빛을 보더라도 별로 놀라지 않을 것이다. 중앙 극대의 폭이 약 1 cm 정도로 보이며 블라인드로부터 벽까지의 거리는 약 3 m 정도라 추측한다. 다음을 추정하시오.
    a. 햇빛의 평균 파장은 몇 nm인가?
    b. 작은 구멍의 지름은 몇 mm인가?

33. ‖ 과학자들은 달까지의 거리를 아주 정확하게 측정하기 위하여 **레이저 거리측정법**을 사용한다. 짧은 레이저 펄스가 달을 향해 발사된 뒤, '반사광(echo)'이 망원경에 잡힐 때까지 경과한 시간이 측정된다. 레이저빔은 원형 출구를 통하여 회절되므로 진행하면서 퍼져나간다. 산란된 광이 검출될 수 있을 정도로 충분히 밝기 위해서는, 달 표면의 레이저 반점의 지름이 1.0 km를 넘어서는 안 된다. 특별이 지름이 큰 레이저를 사용함으로써 이보다 작은 크기의 지름을 유지할 수 있다. 만약 $\lambda=532$ nm라면, 레이저빔이 나오는 원형 구멍의 최소 지름은 얼마인가? 지구-달 거리는 384,000 km이다.

34. ‖ 600선/mm의 회절격자가 빈 수족관 물탱크 속에 있다. 유리벽의 굴절률은 $n_{glass}=1.50$이다. He-Ne 레이저($\lambda=633$ nm)가 수족관 밖에 있다. 레이저빔이 유리벽을 지나서 회절격자를 비춘다.
    a. 레이저빔의 1차 회절각은 얼마인가?
    b. 수족관을 물($n_{water}=1.33$)로 채운 후 레이저빔의 1차 회절각은 얼마인가?

35. ‖‖ 광 컴퓨터는 신호를 켰다 껐다 하는 데 미세한 광 스위치를 필요로 한다. 이를 위한 한 장치가 그림 P33.35와 같은, 집적 회로에서 사용될 수 있는 **마하-젠더 간섭계**이다. 칩 위에 만들어진 적외선 레이저($\lambda=1.000\ \mu$m)에서 나온 빛이 두 파로 나누어져서 간섭계 팔들을 같은 거리씩 진행한다. 한쪽 팔에서는 인가된 전압에 의해 굴절률이 변화되는 투명한 물질인 **전기-광학 결정**을 통과한다. 두 팔 모두 정확히 같은 길이이며 전압을 인가하지 않았을 때 결정의 굴절률은 1.522라 가정하자.
    a. 전압을 인가하지 않으면 스위치가 닫혀서 광 신호가 통과하여 출력이 밝을지 혹은 스위치가 열려서 신호가 나오지 못해서 어두울지 설명하시오.
    b. 문항 a에서 본 것과는 반대의 상태로 광 스위치를 바꾸는, 1.522보다 큰 전기-광학 결정의 첫 번째 굴절률은 얼마인가?

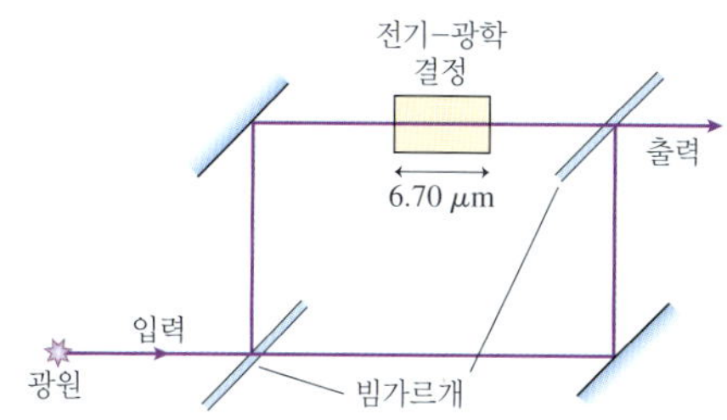

그림 P33.35

응용 문제

36. ‖‖‖ He-Ne 레이저($\lambda=633$ nm)를 사용한 이중 슬릿 실험이 설치되었다. 매우 얇은 유리조각($n=1.50$)이 한쪽 슬릿 위에 덮여졌다. 그 후에, 스크린 상의 중앙점이 $m=10$인 어두운 줄무늬였던 곳으로 옮겨졌다. 유리는 얼마나 두꺼운가?

37. ‖‖‖ 그림 CP33.37은 회절격자(그림 33.9b 참조)에 의해 만들어질 수 있는 유형의 거의 겹쳐진 2개의 세기 봉우리를 보여준다. 실제로, 두 봉우리는 그늘의 간격 Δy가 각 봉우리들의 폭 w와 같을 때 겨우 분해된다. w는 봉우리의 반에서 측정된 것이다. 두 봉우리가 w보다 가까워지면 하나의 봉우리로 합쳐진다. 이러한 생각을 회절격자의 **분해능**을 이해하는 데 적용할 수 있다.
    a. 작은 각 근사에서, 회절격자의 $m=1$ 봉우리의 위치가 이중 슬릿의 $m=1$ 줄무늬와 같은 위치에 오게 된다($y_1=\lambda L/d$). 같은 시각에, $\Delta\lambda$만큼 다른 2개의 파장이 회절격자를 지나간다고 하자. 그들의 1차 봉우리의 분리인 Δy에 대한 표현을 구하시오.
    b. 우리는 밝은 줄무늬들의 간격이 $1/N$에 비례(N은 회절격자의 슬릿 개수)한다고 이미 주지하였다. 줄무늬 폭이 $w=y_1/N$이라 가설을 세우자. 이것이 이중 슬릿 무늬에서 참인지 보이시오. 그러면 N이 커져도 그것이 참이라 가정할 것이다.

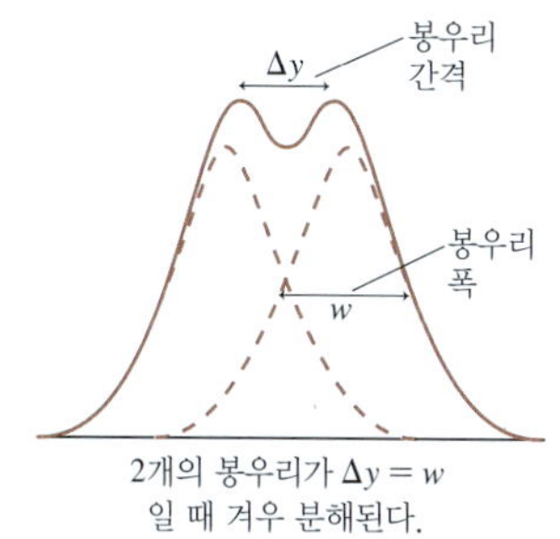

그림 CP33.37

c. $\Delta y_{\text{min}} = w$라는 아이디어와 문항 a 및 b의 결과를 써서 (1차에서) 회절 줄무늬들이 겨우 분해되는 최소 파장 분리인 $\Delta\lambda_{\text{min}}$에 대한 표현을 구하시오.

d. 보통의 수소 원자들은 파장이 656.45 nm인 붉은 빛을 낸다. 수소의 '무거운' 동위원소인 중수소에서는 그 파장이 656.27 nm이다. 1차 회절 무늬에서 이 두 파장을 겨우 분리해낼 수 있는 회절격자의 최소 슬릿 개수는 얼마인가?

38. ||| 그림 CP33.38의 핀홀카메라는 매우 가는 광선다발만 구멍을 지나가서 필름에 닿게 하여 상을 맺게 한다. 만약 빛이 입자로 이루어져 있다면, (좀 더 어두워지기는 하겠지만) 구멍을 더 작게 만들어서 좀 더 선명한 상을 얻을 수 있을 것이다. 실제로 원형 구멍에 의한 빛의 회절 때문에 얻어질 수 있는 상의 최대 선명도가 제한된다. 멀리 떨어진 가로등처럼 떨어진 두 광점을 생각하자. 각각 필름에 원형 회절 무늬를 생성시킬 것이다. 만약 한 상의 중앙 극대가 다른 상의 첫 번째 어두운 무늬의 위치에 오게 된다면, 두 상은 겨우 분리될 수 있다. (이를 레일리의 기준이라 하며 35장에서 광학기기들에 미치는 영향을 탐색할 것이다.)

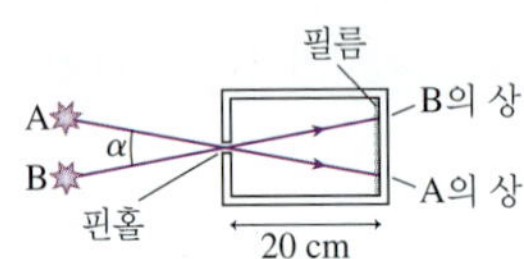

그림 CP33.38

a. 한 상의 최적 선명도는 중앙 극대의 지름이 핀홀의 지름과 같을 때 생긴다. 필름이 핀홀 뒤 20 cm에 있는 핀홀카메라의 최적 구멍 크기는 얼마인가? $\lambda = 550$ nm를 가시광의 평균값이라 가정하라.

b. 이 구멍 크기에서, 겨우 분리될 수 있는 2개의 먼 광원 사이의 각 α는 몇 도인가?

c. 1 km 떨어진 두 가로등이 겨우 분해될 수 있는 거리는 얼마인가?

34 광선광학
Ray Optics

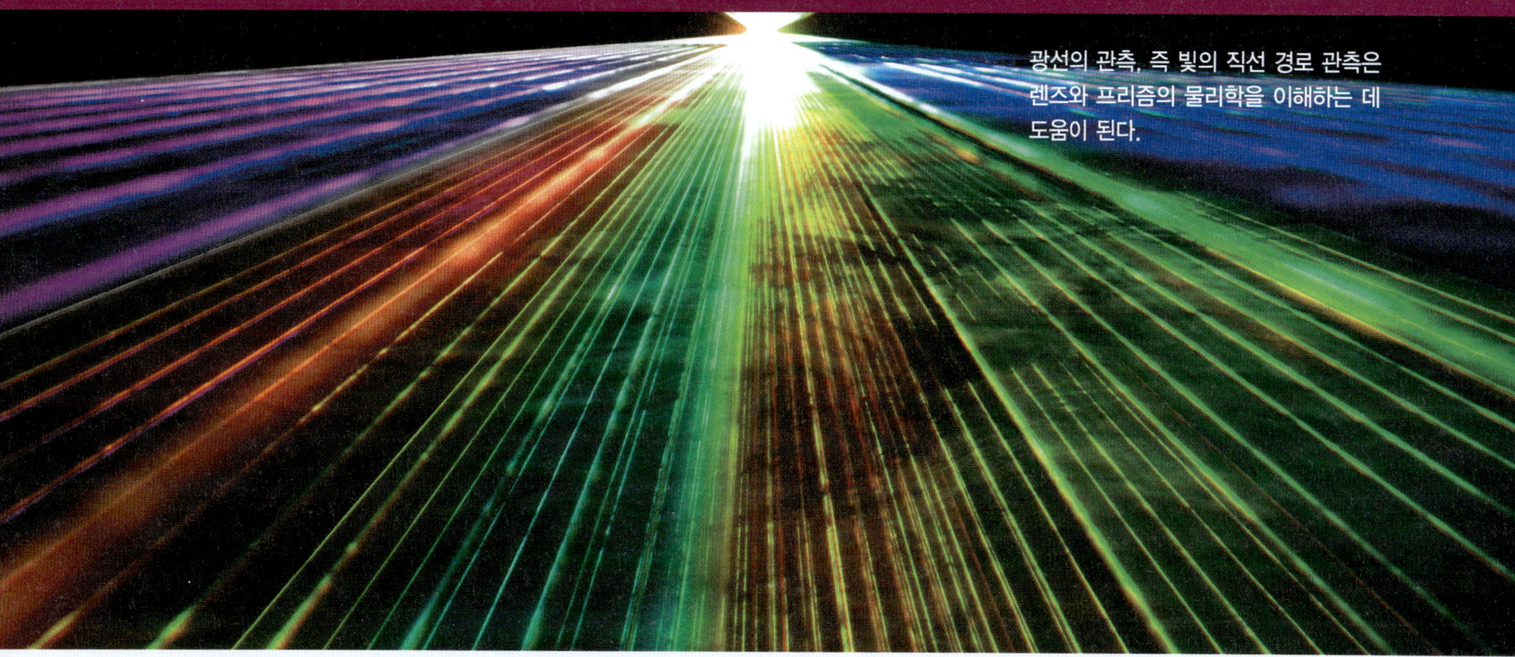

광선의 관측, 즉 빛의 직선 경로 관측은 렌즈와 프리즘의 물리학을 이해하는 데 도움이 된다.

이 장에서는 빛의 광선 모형과 응용을 배운다.

광선은 무엇인가?

광선은 빛에너지 흐름을 따르는 선이다. 이는 개념적인 것으로 물리적인 것은 아니다.

- 광선은 직선으로 진행한다. 두 광선은 서로 방해하지 않고 교차할 수 있다.
- 물체는 광선의 출발점이다.
- 거울과 렌즈에 의한 반사와 굴절이 물체의 상을 만든다. 광선이 수렴하는 점들을 실상이라 한다. 광선이 발산하는 점들을 허상이라 한다.
- 눈의 동공으로 광선다발이 들어가 집속되어 망막에 실상을 맺을 때, 눈이 물체나 상을 보게 된다.

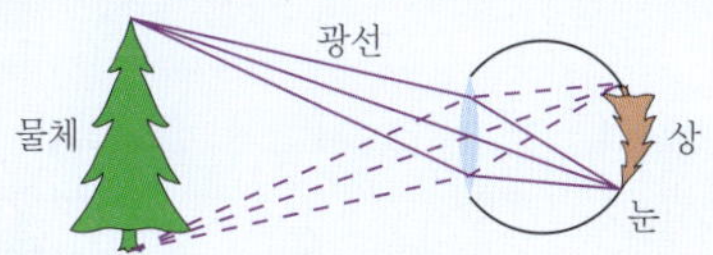

광선이 어떻게 진행하고 상이 형성되는지 도해적 방법과 수학적 방법을 모두 활용하여 분석한다.

반사 법칙은 무엇인가?

광선은 표면에서 되튀거나 반사한다.

- 정반사는 거울 반사와 같다.
- 난반사는 이 책의 지면으로부터의 빛 반사와 같다.

반사 법칙은 반사각이 입사각과 같다는 뜻이다. 평면거울과 곡면거울에서 반사에 의해 상이 어떻게 보이는지를 배운다.

굴절은 무엇인가?

광선이 한 매질에서 다른 매질로 이동할 때, 경계면에서 그 방향을 바꾼다. 이를 굴절이라 한다. 굴절은 렌즈에 의한 상형성의 기본 원리이다. 스넬의 법칙에 의해 경계면 양쪽에서 광선의 진행 각도를 알 수 있다.

« 되돌아보기: 16.5절 굴절률

렌즈는 어떻게 상을 맺는가?

렌즈는 굴절에 의해 상을 맺는다.

- 상이 어떻게, 어디에 맺히는지 도해적으로 찾는 방법인 광선 추적을 배운다.
- 그 후에, 좀 더 정량적인 결과를 얻기 위한 얇은 렌즈 방정식을 배운다.

같은 방법들이 곡면거울에 의한 상형성에 적용된다.

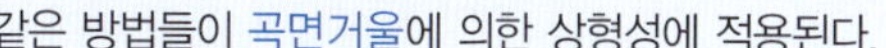

왜 광학이 중요한가?

광학은 여러분의 스마트 폰 카메라와 자동차 전조등에서부터 레이저프린터와 바코드를 읽는 광학스캐너까지, 어디에나 있다. 광학기기를 이용하여 미시세계와 우주에 대한 지식을 얻는다. 물론 우리 눈은 모든 광학장치 중에서 가장 놀라운 장치들 중의 하나이다. 현대의 광공학을 광자학이라 한다. 광자학은 필요에 따라 빛의 세 가지 모형 모두 이용하지만, 광선광학이 광학기기 설계에서 주로 활용되는 기본 모형이 된다.

34.1 빛의 광선 모형

섬광은 어둔 밤을 지나는 빛줄기를 만든다. 햇살이 블라인드의 작은 구멍을 통하여 어두운 방을 비춘다. 레이저빔은 더욱 잘 정의되어 있다. 빛이 직선으로 진행한다는 일상의 우리 경험이 빛의 **광선 모형**의 바탕이 된다.

광선 모형은 현상을 지나치게 단순화한 것이지만 타당한 범위 내에서는 매우 유용하다. 특히 광선 모형은 빛이 지나가는 어떤 틈새(렌즈, 거울 그리고 구멍들)라도 그것이 빛의 파장보다 매우 크면 유효하다. 이 경우, 회절과 빛의 여러 파동 특성들은 미미하여 무시할 수 있다. 33.7절의 분석에서 구멍의 지름이 대략 1 mm일 때가 파동광학과 광선광학의 경계라는 것을 알았다. 렌즈와 거울들은 늘 거의 대부분 1 mm보다 크므로, 빛의 광선 모형은 실용적인 상형성 광학계를 위한 탁월한 밑바탕이 된다.

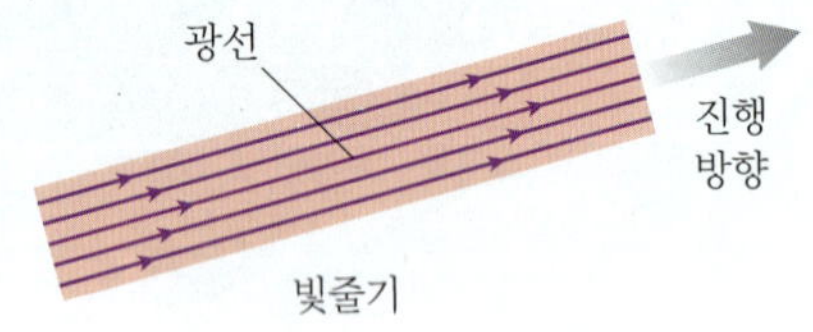

그림 34.1 레이저빔이나 빛줄기는 평행한 광선 다발이다.

광선(light ray)을 빛에너지가 흐르는 방향의 선으로 정의하자. 광선은 물리적인 '것'이나 실체가 아니고 추상적인 아이디어이다. 그림 34.1의 레이저빔과 같은 어떤 좁은 빛줄기는 사실 여러 개의 평행한 광선다발이다. 단일 광선은 지름이 거의 0에 가까운 레이저빔의 극한이라 생각할 수 있다. 레이저빔은 광선의 좋은 근사이지만, 실제 어떤 레이저빔이라도 여러 개의 평행한 광선 다발이다.

33장은 광선의 세 가지 모형을 짧게 소개하였다. 여기서는 이 장의 주제인 광선 모형을 자세하게 다룬다.

모형 34.1

빛의 광선 모형

회절이 미미할 때,

- 광선은 직선으로 진행한다.
  - 빛의 속력은 $v = c/n$이며 n은 매질의 굴절률이다.
  - 광선들은 상호작용하지 않고 교차할 수 있다.
- 광선은 매질과 상호작용하지 않으면 영원히 진행한다.
  - 두 매질의 경계면에서 광선은 반사하거나 굴절한다.
  - 매질 내에서 광선은 산란되거나 흡수될 수 있다.

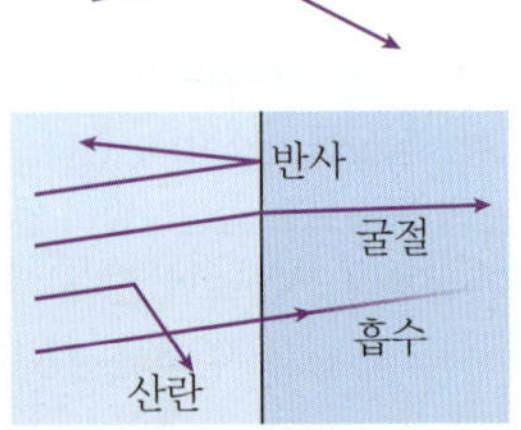

- **물체**는 광선의 출발점이다.
  - 광선들은 물체의 모든 점에서 시작된다.
  - 광선들은 모든 방향으로 퍼져 나간다.

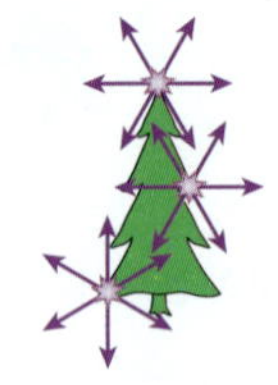

- 눈은 퍼져 나가는 광선다발을 집속하여 본다.
  - 발산하는 광선들은 동공으로 들어가서 망막에 집속된다.
  - 사람의 뇌는 광선들이 퍼져 나가는 지점을 물체로 인식한다.
- 한계: 만약 회절이 뚜렷하면 파동 모형을 사용하라. 광선 모형은 틈새가 대략 1 mm보다 클 때 유효하다. 이보다 작은 틈새인 경우 파동 모형이 더 적절하다.

물체

그림 34.2는 태양, 섬광, 그리고 전구, 반사체와 같이 스스로 빛을 내거나 빛을 반사하는 것들 모두 물체가 될 수 있다는 것을 보여준다. 대부분의 물체들은 빛을 반사한다. 만약 나무가 불타고 있지 않다면, 나무에서 반사된 햇빛이나 채광을 통해 나무를 보거나 사진 찍을 수 있다. 사람, 집 그리고 이 책의 지면은 스스로 빛을 내는 발광체의 빛을 반사한다. 이 장에서는 빛이 어떻게 생겨났는지보다 빛이 물체를 떠난 후 어떻게 거동하는지 살핀다.

그림 34.2 스스로 빛을 내거나 빛을 반사하는 물체들

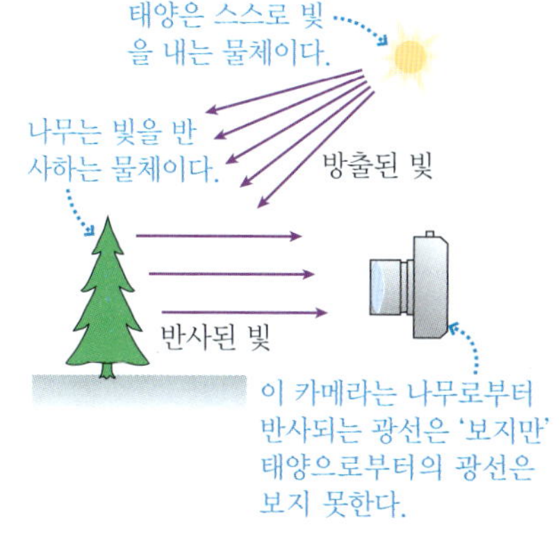

광선은 물체로부터 모든 방향으로 진행하지만, 광선이 눈의 동공에 들어가지 않으면 인식할 수 없다. 결과적으로, 우리는 대부분의 광선을 알아채지 못한다. 예를 들어서, 그림 34.2의 햇빛 광선이 나무로 진행하지만, 나무에서 햇빛 광선의 일부가 반사되지 않는다면 우리는 나무를 인식할 수 없다. 혹은 레이저빔을 생각해보자. 아마도 공기 중에 먼지가 없다면 레이저빔을 옆에서 보는 것은 거의 불가능할 것이다. 먼지가 소량의 레이저 빛을 산란시켜 눈으로 볼 수 있겠지만, 먼지가 없다면 매우 강력한 빛줄기가 우리 옆을 지나가는 것을 거의 인식하지 못할 것이다. 광선들은 **우리가 그것을 보든 그렇지 않든 독립적으로 존재한다**.

그림 34.3은 광선의 두 가지 이상적인 경우를 보여준다. **점광원**(point source)으로부터 발산하는 광선들은 모든 방향으로 나온다. 물체의 각 점들이 광선의 점광원이라 생각하면 유용하다. **평행 광선다발**(parallel bundle)은 레이저빔이거나 멀리 있는 물체를 나타낼 수 있다. 별처럼 아주 멀리 있는 물체에서 관측자에게 도달하는 광선들은 서로 평행하다.

그림 34.3 점광원과 평행 광선다발로 표현된 이상적인 물체

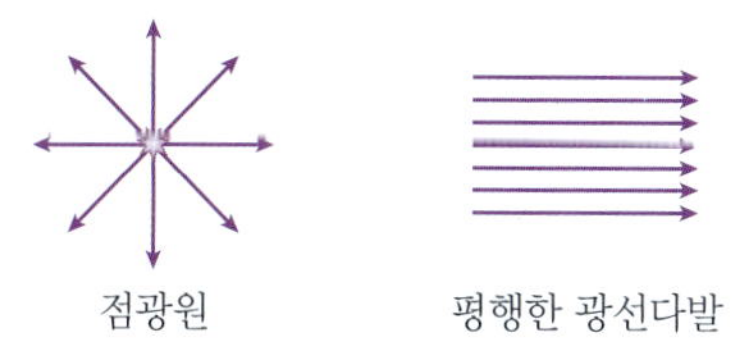

광선 도형

광선들은 물체 위의 모든 점에서 시작되어 모든 방향으로 진행되어 나오지만, 이 모든 광선을 보여주기 위한 그림은 엉망이고 혼란스럽다. 그림을 단순화하기 위해서, 몇 개의 광선만 보여주는 **광선 도형**(ray diagram)을 쓴다. 예를 들어 그림 34.4는 광선 물체의 꼭대기와 바닥점에서 나와 오른쪽으로 진행하는 것을 보여주는 광선 도형이다. 이 광선 도형은 어떻게 렌즈나 거울에 의해서 물체의 상이 맺히는지를 보여주는 데 충분하다.

그림 34.4 광선 도형은 오직 몇 개의 광선만 보여줌으로써 상황을 단순화한다.

구멍

고대 로마시대에 인기 있었던 오락 형태 중 하나가 **어둠상자**('암실'에 해당되는 라틴어 camera obscura) 방문이다. 그림 34.5a가 보여주듯이, 어둠상자는 바깥세상과 통하는 작은 구멍이 있는 검게 칠해진 방이다. 눈이 어두운 데 적응된 후, 방문자들은 희미하지만 완전한 색(full color)의 바깥세상 모습을 방 뒷벽에 나타난 상으로 볼 수 있었다. 그러나 그 상은 거꾸로 되어 있었다! **핀홀카메라**는 어둠상자의 축소판이다.

그림 34.5 어둠상자

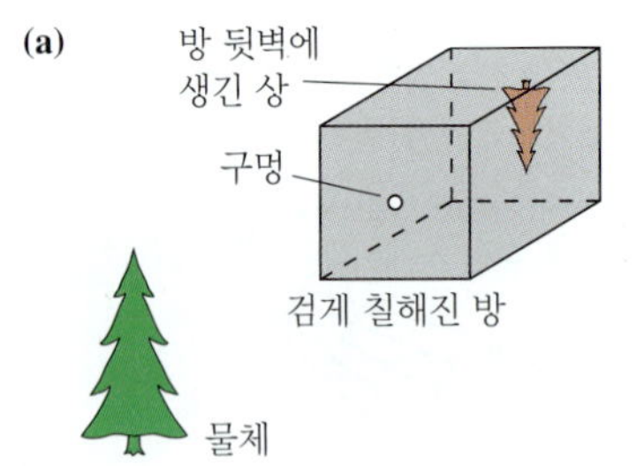

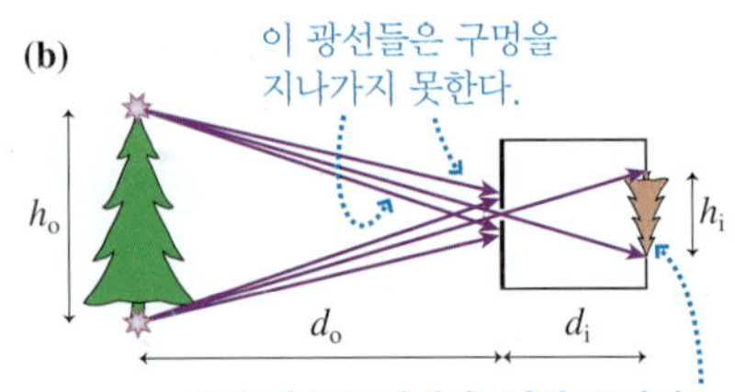

빛이 지나가는 작은 구멍을 **틈새**라 한다. 그림 34.5b는 작은 구멍을 통과하여 지나가는 빛의 광선 모형을 이용하여 어둠상자가 어떻게 작동하는지 보여준다. 물체의 각 점에서 광선들이 모든 방향으로 나오지만, 이들 중 아주 적은 광선들이 구멍을 지나서 뒷벽에 도달한다. 그림에서 보는 바와 같이, 광선기하학에 의해 상이 거꾸로 된다.

실제로, 여러분이 알 수 있었듯이, 물체의 한 **점**에서 발산한 광선은 점보다 확대된 면적으로 뒷벽을 비춘다. 이는 물체의 한 점에서 발산한 여러 광선이 크기가 0이 아닌 구멍을 약간씩 다른 각도로 지나갈 수 있기 때문이다. 그 결과, 상이 약간 흐릿하고 초점이 맞지 않게 된다. (충분한 밝기의 상을 보기 위해 크기가 0이 아닌 구멍이 필요하며, 구멍이 너무 작으면 빛의 회절도 상에 영향을 준다.) 우리는 현대의 카메라가 렌즈를 써서 어둠상자를 어떻게 개선하게 되었는지 알게 될 것이다.

그림 34.5b의 닮은꼴 삼각형에서 물체와 상의 높이에는 다음 관계가 있음을 알 수 있다.

$$\frac{h_i}{h_o} = \frac{d_i}{d_o} \tag{34.1}$$

여기서 d_o는 물체까지의 거리, d_i는 어둠상자의 깊이이다. 모든 실제적인 어둠상자는 $d_i < d_o$이므로 상은 물체보다 작다.

그림 34.6 구멍을 통한 빛

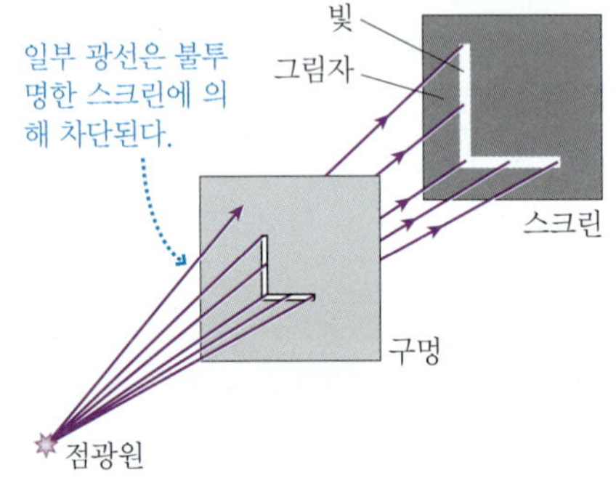

광선 모형을 그림 34.6과 같이 L형태의 좀 더 복잡한 구멍들에 적용할 수 있다. 스크린 상의 빛 무늬는 점광원에서 출발하여 구멍을 통과하는 모든 직선경로(광선 궤적)를 추적하여 알 수 있다. 우리는 스크린에서 상과 어두운 그림자 사이에 뚜렷한 경계를 가진 확대된 L을 보게 된다.

34.2 반사

빛의 반사는 일상의 경험에서 익숙하다. 우리들은 매일 아침 일찍 욕실 거울에서 반사된 자신을 보고, 자동차 후사경으로 반사된 후방 상황을 살피며, 잔잔한 물웅덩이에서 반사된 하늘을 본다. 거울이나 연마된 금속조각과 같은 편평하고 매끈한 표면으로부터의 반사를 **정반사**(specular reflection)라 한다. 이는 '거울'의 라틴어 *speculum*으로부터 왔다.

그림 34.7 빛의 정반사

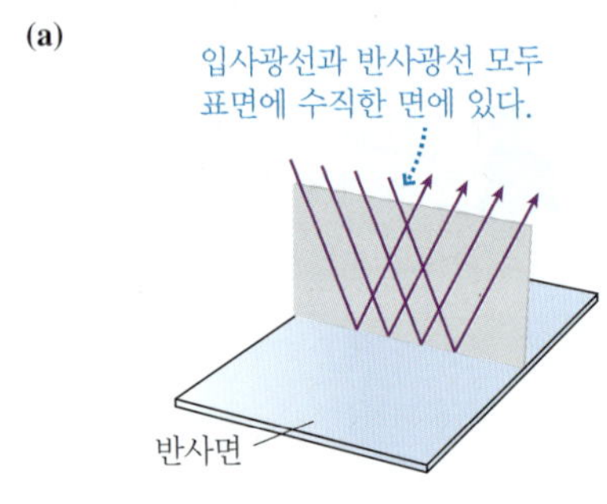

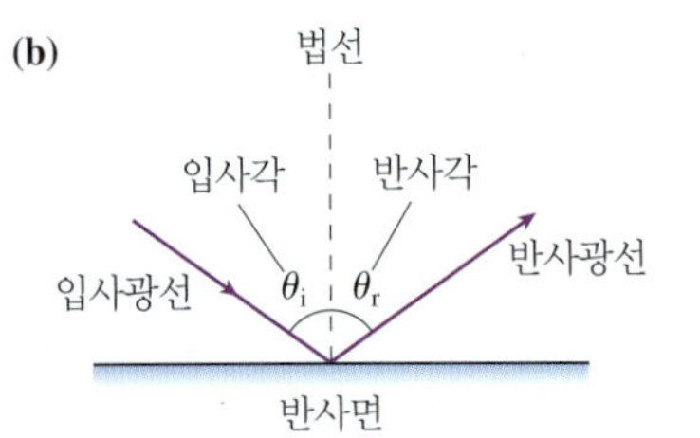

그림 34.7a는 거울과 같은 표면으로부터 반사되는 광선다발을 보여준다. 입사광선과 반사광선 모두 반사면에 수직 혹은 직각인 면에 있음을 알 수 있다. 3차원 입체적 관점은 광선과 표면 사이의 관계를 정확히 보여주지만, 이와 같은 그림은 손으로 그리기 어렵다. 그 대신 관습적으로 그림 34.7b와 같이 좀 더 단순한 그림으로 반사를 나타낸다. 이 그림에서,

- 지면의 면이 **입사면**이며 이는 입사광선과 반사광선 모두를 포함하는 면이다. 반사면은 지면에 수직한 방향으로 연장된다.

- 단일 광선이 전체 광선다발을 대표한다. 이는 지나치게 단순화한 것 같지만 그림과 분석을 명확하게 해준다.

표면에 수직한 선[표면의 법선(normal)]과 입사광선 사이의 각 θ_i를 **입사각**(angle of incidence)이라 한다. 이와 비슷하게, **반사각**(angle of reflection) θ_r은 표면의 법선과 반사광선 사이의 각이다. **반사 법칙**(law of reflection)은 간단한 실험으로 쉽게 검증되며, 이는 다음과 같다.

1. 입사광선과 반사광선은 동일한 면에 있으며, 이 면은 반사면에 수직하다.
2. 반사각과 입사각은 같다($\theta_r = \theta_i$).

예제 34.1 | 거울로부터의 빛 반사

옷장 문에 있는 화장대 거울은 높이가 1.50 m이다. 거울 아래쪽은 마룻바닥으로부터 0.50 m 위에 있다. 전구가 옷장 문으로부터 1.00 m 거리에, 바닥으로부터 높이 2.50 m에 달려 있다. 거울에서 반사된 빛이 바닥을 비추는 길이는 얼마인가?

핵심 전구를 점광원으로 취급하고 빛의 광선 모형을 이용한다.

그림 34.8 거울로부터 반사되는 광선의 그림 표현

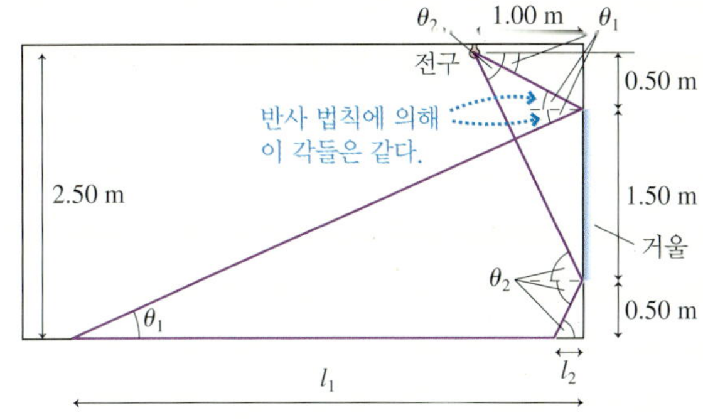

시각화 그림 34.8은 그림을 이용한 광선의 표현이다. 우리는 거울 가장자리와 닿은 2개의 광선만 고려하면 된다. 다른 모든 반사광선들은 이 두 광선 사이에 속한다.

풀이 그림 34.8은 반사각과 입사각을 같게 둔 반사 법칙을 사용하였다. 다른 각들은 간단한 기하학으로 확인되었다. 두 입사각은 다음과 같다.

$$\theta_1 = \tan^{-1}\left(\frac{0.50\ \text{m}}{1.00\ \text{m}}\right) = 26.6°$$

$$\theta_2 = \tan^{-1}\left(\frac{2.00\ \text{m}}{1.00\ \text{m}}\right) = 63.4°$$

두 광선이 바닥에 닿은 지점의 거리는 다음과 같다.

$$l_1 = \frac{2.00\ \text{m}}{\tan\theta_1} = 4.00\ \text{m}$$

$$l_2 = \frac{0.50\ \text{m}}{\tan\theta_2} = 0.25\ \text{m}$$

따라서 반사된 빛이 바닥을 비추는 길이는 $l_1 - l_2 = 3.75$ m이다.

난반사

우리는 대부분의 물체에서 반사된 빛을 본다. '거친' 표면의 경우, 표면의 각 점에서 반사되는 빛은 반사 법칙 $\theta_r = \theta_i$을 따르지만 표면의 불규칙성 때문에 반사광선이 무작위의 여러 방향으로 진행한다. 그림 34.9에 나타난 이러한 상황을 **난반사**(diffuse reflection)라 한다. 난반사로 인해 책의 지면, 벽, 사람의 손, 여러분의 친구를 볼 수 있다.

'거친' 표면은 빛의 파장과 비교하여 거칠거나 불규칙하다는 의미이다. 가시광 파장은 대략 0.5 μm이므로, 직물, 흠집 혹은 1 μm보다 큰 것들로 이루어진 불규칙한 표면은 정반사보다는 난반사를 일으킨다. 종잇조각을 손으로 만지면 매우 부드럽다고 느끼겠지만, 현미경으로는 종이 표면이 1 μm보다 큰 뚜렷한 섬유로 이루어진 것을 볼 수 있다. 이와 반대로, 거울이나 연마된 금속조각들의 불규칙성은 1 μm보다 작다.

그림 34.9 불규칙한 표면으로부터의 난반사

각 광선들은 각 점에서 반사 법칙을 따르나 불규칙한 표면에 의해 반사 광선이 무작위의 여러 방향으로 진행한다.

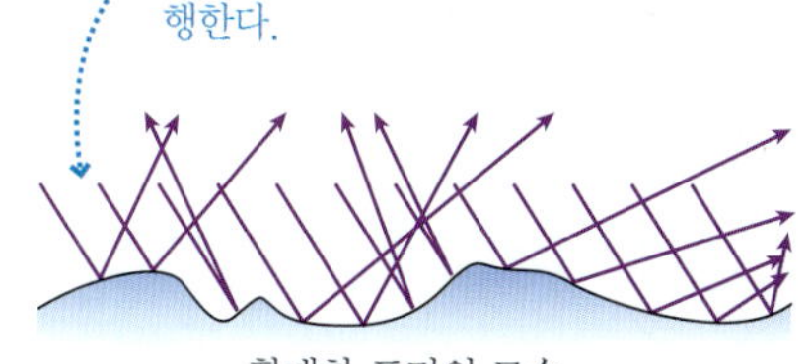

확대한 표면의 모습

평면거울

아주 흔한 관찰들 중의 하나가 거울로 자기 자신을 보는 것이다. 어떻게 볼 수 있는가? 그림 34.10a는 점광원 P의 광선들이 거울에서 반사되는 것을 보여준다. 그림 34.10b와 같이 특정한 광선을 생각하자. 반사된 광선은 거울 '뒤편'에 있는 점 P′을 지나는 선을 따라 진행한다. $\theta_r = \theta_i$이므로, 간단한 기하학에 의해 거울 뒤의 P′은 거울 앞의 P와 거울로부터 같은 거리에 있음을 알 수 있다. 즉, $s' = s$이다.

그림 34.10 평면거울로부터 반사되는 광선들

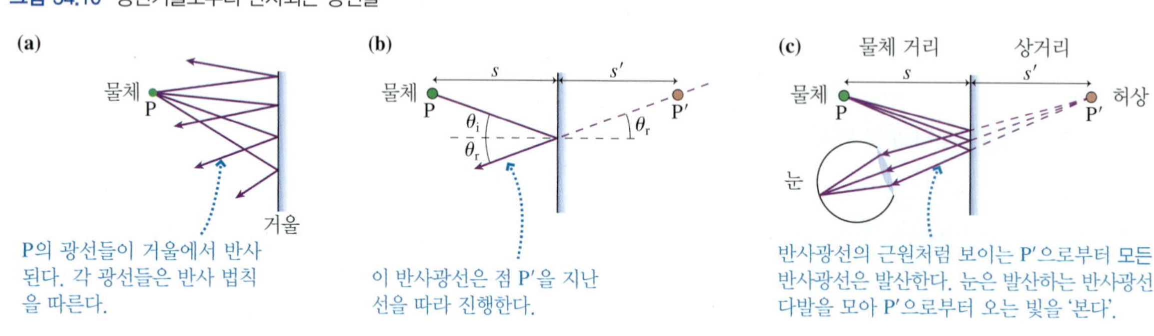

그림 34.10b의 점 P′의 위치는 θ_i값과 무관하다. 따라서 그림 34.10c가 보여주듯이 **반사된 광선들은 모두 점 P′으로부터 오는 것처럼 보인다.** 평면거울에서, P′까지의 거리 s'은 물체까지의 거리 s와 같다.

$$s = s' \qquad (\text{평면거울}) \qquad (34.2)$$

만약 광선들이 물체의 점 P에서 발산되어 거울에서 반사되면, 반사광선들은 점 P′으로부터 발산하여 P′으로부터 오는 것처럼 보이므로 P′을 점 P의 **허상**(virtual image)이라 한다. 허상이라는 것은 실제로 거울 뒤 어두운 곳에 있는 P′으로부터 어떠한 광선도 오지 않는다는 뜻이다. 그러나 눈으로 보는 상황에서, 광선은 정확히 P′으로부터 시작되는 것처럼 작용한다. 따라서 거울에서 P를 본다고 말할 때 실제로 보는 것은 P의 허상이다. 거리 s'은 상거리이다.

그림 34.11 물체 위의 각 점은 거울 반대편의 같은 거리에 있는 상점과 대응한다.

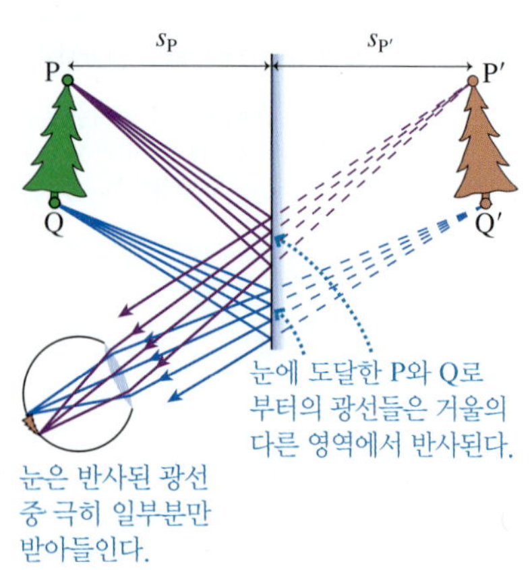

그림 34.11과 같이 물체에서 출발한 광선의 거울 반사로 인해, 물체의 각 점에 대응하는 상점이 거울 반대편의 같은 거리에 형성된다. 눈은 상의 각 점으로부터 발산하는 광선다발을 모아 집속하여 거울 속의 전체 상을 본다. 다음과 같은 중요한 두 가지 사실이 있다.

1. 물체의 각 점에서 발산한 광선은 모든 방향으로 진행하며 거울의 모든 점과 부딪힌다. 이들의 극히 일부만 우리 눈으로 들어가며, 나머지 광선들은 다른 관찰자들에 의해 관측된다.
2. 점 P와 Q로부터의 광선들은 거울의 서로 다른 영역에서 반사되어 눈으로 들어간다. 이것이 왜 우리가 항상 매우 작은 거울에서 전체 상을 볼 수 없는지에 대한 이유이다.

예제 34.2 거울의 크기와 설치 높이는 얼마인가?

키가 h인 사람이 벽에 걸린 거울을 보고 있다.이 사람이 거울로 자신의 전신을 보기 위한 거울의 최소 크기는 얼마인가? 어디에 거울의 상단이 걸려야 하는가?

핵심 빛의 광선 모형을 사용한다.

시각화 그림 34.12가 광선을 그림으로 보여준다. 거울에서 반사하여 눈으로 들어오는 광선 중 머리와 발에서 각각 출발한 두 광선만 고려하면 된다.

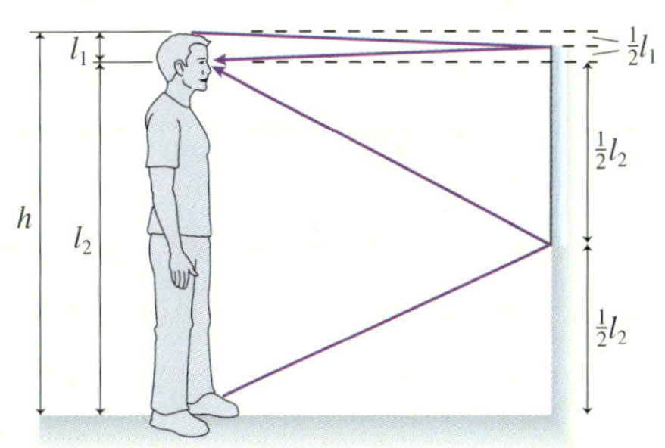

그림 34.12 머리와 발에서 각각 출발한 두 광선의 거울 반사 그림 표현

풀이 머리끝에서 눈까지 거리를 l_1, 눈에서 발까지 거리를 l_2로 한다. 키는 $h = l_1 + l_2$이다. 머리끝에서 나와 거울에서 $\theta_r = \theta_i$로 반사되어 눈으로 들어가는 광선은 삼각형의 합동에 의해 눈 위의 $\frac{1}{2}l_1$ 위치에서 거울과 만난다. 이와 유사하게, 발에서 나와 눈으로 들어가는 광선은 눈 아래 $\frac{1}{2}l_2$ 위치에서 거울과 만난다. 거울 위의 이 두 점 사이의 거리는 $\frac{1}{2}l_1 + \frac{1}{2}l_2 = \frac{1}{2}h$이다. 몸의 다른 모든 곳에서 나온 광선도 이 두 점 사이에서 거울과 만나면 눈에 도달한다. 거울의 이 두 점 바깥부분에 도달한 광선은 거울에서 반사되어도 눈에 도달하지 않기 때문에 이 두 점 바깥부분은 필요 없다. 따라서 전신을 볼 수 있는 거울의 최소 크기는 $\frac{1}{2}h$이다. 그러나 이는 거울의 상단이 눈과 머리끝 사이에 걸려있을 때만 가능하다.

검토 흥미로운 것은 이 사람이 거울로부터 얼마나 멀리 떨어져 있는가에 상관없이 거울의 크기와 설치 높이는 항상 동일한 것이다.

34.3 굴절

광선이 공기와 유리 사이의 경계면과 같은 투명한 두 매질 사이의 매끄러운 경계면에 입사했을 때, 두 가지 일이 발생한다.

1. 경계면에서 빛의 일부가 반사 법칙에 따라 **반사**한다. 이는 수영장 물이나 가게 유리창에서 일어나는 반사를 보는 것과 같다.
2. 일부분의 빛이 두 번째 매질 속으로 계속 진행한다. 이를 **투과**라 하며 투과된 광선은 경계면을 지날 때 방향을 바꾸게 된다. 한 매질에서 다른 매질로 빛이 투과할 때 방향이 바뀌는 것을 **굴절**(refraction)이라 한다.

그림 34.13의 사진은 빛살이 유리 프리즘을 통과할 때 빛살의 굴절을 보여준다. 광선 방향이 유리로 들어갈 때와 유리에서 나갈 때 바뀐다는 것에 주목하라. 이 절의 목표는 굴절을 이해하는 것이므로 보통 약한 반사는 무시하고 투과한 빛에 대해서만 초점을 맞출 것이다.

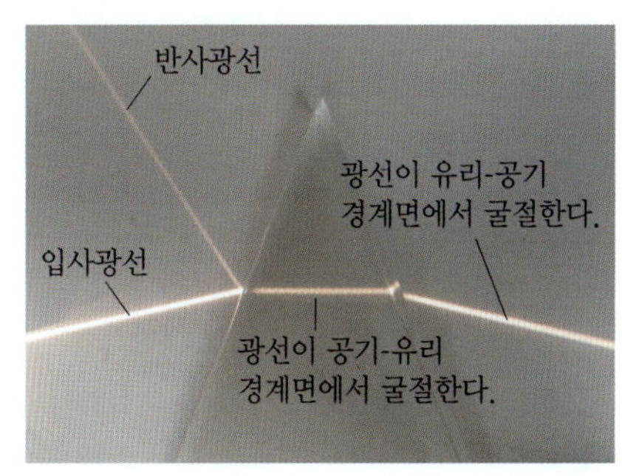

그림 34.13 빛살이 유리 프리즘을 지나면서 두 번 굴절한다.

그림 34.14a는 레이저빔과 같은 평행한 빛살의 광선과 점광원에서 출발한 광선의 굴절을 보여준다. 그러나 만약 우리가 하나의 광선에만 집중하면 분석이 좀 더 쉬워진다. 그림 34.14b는 매질 1과 매질 2 사이의 경계에서 발생하는 단일 광선의 굴절을 보여준다. 매질 1에 있는 광선과 법선 사이의 각을 θ_1이라 하고, 매질 2에 있는 광선과 법선 사이의 각을 θ_2라 하자. 경계면으로 접근하는 광선이 있는 매질에서 정의된 각을 **입사각**(angle of incidence)이라 한다. 투과된 매질 쪽에서 법선으로부터 측정된 각

그림 34.14 광선의 굴절

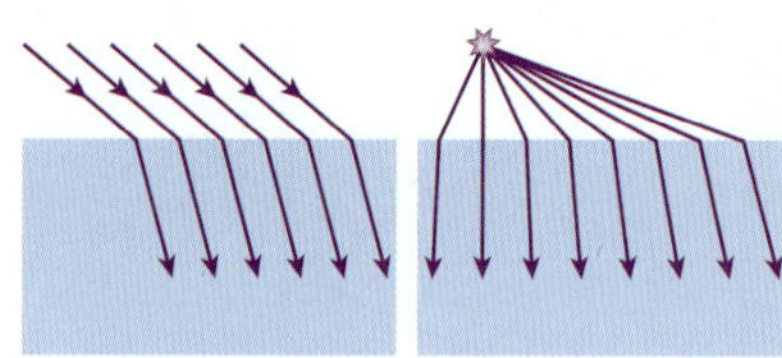
(a) 평행 광선과 점광원에서 나온 광선의 굴절

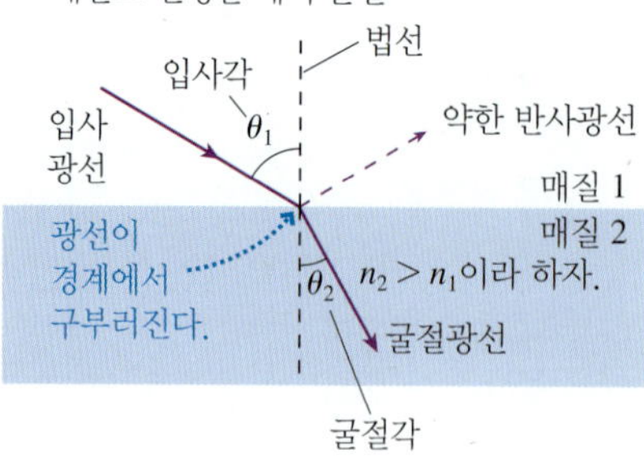

(b) 낮은 굴절률의 매질로부터 높은 굴절률의 매질로 진행할 때의 굴절

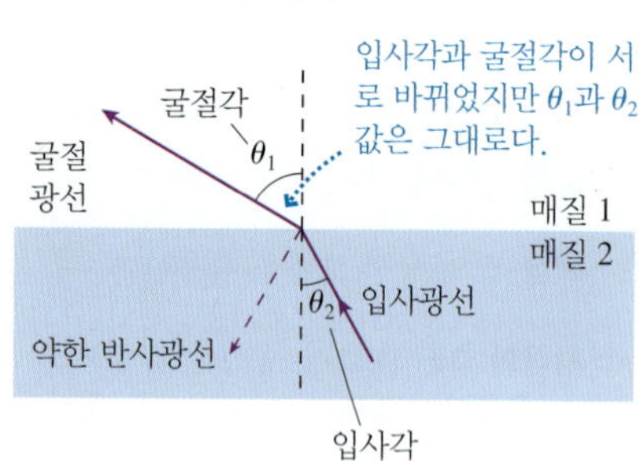

(c) 반대로 진행하는 광선

을 **굴절각**(angle of refraction)이라 한다. 그림 34.14b에서 θ_1이 입사각인데 반해, 광선이 반대 방향으로 진행하는 그림 34.14c에서는 θ_1이 굴절각이 된다는 것에 주의하라.

굴절은 약 1000년경에 아랍의 과학자 이븐 알하이삼(Ibn al-Haitham)에 의해 처음 연구되었고, 그 후에 네덜란드의 과학자 스넬(Willebrord Snell)에 의해서 실험적으로 연구되었다. 광선이 굴절률이 각각 n_1과 n_2인 매질 1과 매질 2 사이에서 굴절했을 때, 두 매질에서의 광선각 θ_1과 θ_2는 다음 관계를 갖는다는 것이 **스넬의 법칙**(Snell's law)이다.

$$n_1 \sin\theta_1 = n_2 \sin\theta_2 \qquad \text{(스넬의 굴절 법칙)} \tag{34.3}$$

스넬의 법칙에서 어느 것이 입사각이고 어느 것이 굴절각인지 언급하지 않은 것에 주의하라.

굴절률

스넬과 그 동시대 사람들은 n을 단순히 투명한 매질의 '굴절력 계수'로 여겼다. 굴절률과 광속의 관계는 빛의 파동 이론이 정립되는 19세기 전까지 밝혀지지 않았다. 빛이 유리나 물과 같은 투명한 매질 속을 진행할 때 진공에서의 광속 c보다 느리게 진행한다는 것이 이론적 예측과 실험적 검증을 통해 밝혀졌다. 16.5절에서 투명한 매질의 **굴절률**을 다음과 같이 정의하였다.

$$n = \frac{c}{v_{\text{medium}}} \tag{34.4}$$

여기서 v_{medium}은 매질 속에서의 광속이다. 물론 이는 $v_{\text{medium}} = c/n$을 의미한다. 매질의 굴절률은 진공을 제외하면 항상 $n > 1$이다.

표 34.1은 측정된 여러 매질들의 굴절률을 보여준다. 굴절률이 조금씩 다른 다양한 종류의 유리가 있으므로, 단순함을 유지하기 위해, 우리는 $n = 1.50$을 유리의 대표적인 굴절률 값으로 할 것이다. 모조 보석류를 만드는 데 쓰이는 입방체 지르코니아(zirconia)의 굴절률이 유리보다 훨씬 큼에 주목하라.

표 34.1 굴절률

매질	n
진공	(정확히) 1.00
공기(실제의)	1.0003
공기(인정된)	1.00
물	1.33
에틸알콜	1.36
기름	1.46
유리(보통의)	1.50
폴리스틸렌 플라스틱	1.59
입방체 지르코니아	2.18
다이아몬드	2.41
실리콘(적외선)	3.50

스넬의 법칙을 단순히 빛에 대한 경험적 발견 정도로 받아들일 수 있다. 그러나 놀랍게도, 우리는 빛의 파동 모형을 이용하여 스넬의 법칙을 정당화할 수 있다. 주된 아

이디어는 다음과 같다.

- 파면은 파동의 마루를 나타낸다. 파면은 한 파장씩 떨어져 있다.
- 굴절률 n인 매질 내에서의 파장은 $\lambda = \lambda_{vac}/n$이며 λ_{vac}는 진공 중에서의 파장이다.
- 파면은 파동의 진행 방향에 수직이다.
- 파동이 한 매질에서 다른 매질을 가로지를 때, 파면들이 정렬 상태를 유지한다.

그림 34.15는 $n_2 > n_1$이라 가정한 두 매질의 경계면을 가로지르는 파동을 보여준다. **경계면의 양쪽 매질에서 파장이 서로 다르므로, 두 매질의 파동들이 서로 다른 방향으로 진행해야만 파면들이 정렬 상태를 유지할 수 있다.** 즉, 파동의 마루가 정렬 상태를 유지하기 위해 파동은 경계면에서 굴절해야 한다.

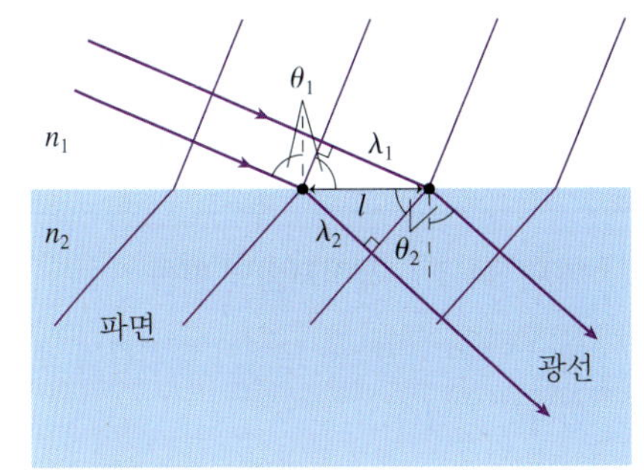

그림 34.15 스넬의 법칙은 빛의 파동 모형의 결과이다.

그림 34.15를 분석하기 위해 두 파면 사이의 길이 l인 경계면의 일부분을 생각해 보자. 이 부분은 두 직각삼각형의 공통 빗변이다. 한쪽 변의 길이가 λ_1인 위쪽 삼각형으로부터 다음을 알 수 있다.

$$l = \frac{\lambda_1}{\sin\theta_1} \tag{34.5}$$

여기서 θ_1은 입사각이다. 이와 유사하게, 아래쪽 삼각형에서는 다음과 같다.

$$l = \frac{\lambda_2}{\sin\theta_2} \tag{34.6}$$

여기서 θ_2는 굴절각이다. l에 관한 이 두 식을 같게 두고 $\lambda_1 = \lambda_{vac}/n_1$과 $\lambda_2 = \lambda_{vac}/n_2$를 활용하여 다음을 얻는다.

$$\frac{\lambda_{vac}}{n_1\sin\theta_1} = \frac{\lambda_{vac}}{n_2\sin\theta_2} \tag{34.7}$$

식 (34.7)은 다음의 경우에만 성립하며,

$$n_1\sin\theta_1 = n_2\sin\theta_2 \tag{34.8}$$

이는 스넬의 법칙과 같다.

굴절의 예

그림 34.14를 다시 보자. 그림 34.14b에서 광선이 매질 1에서 매질 2로($n_2 > n_1$) 진행하므로, 굴절된 광선이 법선 쪽으로 가까이 굽어진다. 광선이 매질 2에서 매질 1로 진행하는 그림 34.14c에서는 굴절된 광선이 법선에서 멀리 굽어진다. 이는 스넬의 법칙에 따른 결론으로,

- 굴절률이 좀 더 큰 매질로 광선이 투과했을 때, 굴절된 광선이 법선 쪽으로 가까이 굽어진다.
- 굴절률이 좀 더 작은 매질로 광선이 투과했을 때, 굴절된 광선이 법선에서 멀리 굽어진다.

이 규칙이 굴절 문제를 분석하는 과정에서 중심 아이디어가 된다.

풀이 전략 34.1

굴절의 분석

❶ **광선 도형을 그린다.** 빛살을 하나의 광선으로 나타낸다.

❷ **경계면에 수직한 직선을 그린다.** 광선이 경계면과 교차하는 각 점에서 이를 반복한다.

❸ **굽어지는 광선을 옳은 방향으로 그린다.** 굴절률이 작은 쪽에서 그 각이 크다. 이것이 스넬의 법칙을 정성적으로 적용하는 것이다.

❹ **입사각과 굴절각을 표시한다.** 모든 각을 법선으로부터 잰다.

❺ **스넬의 법칙을 사용한다.** 미지의 각이나 미지의 굴절률을 계산한다.

예제 34.3 레이저빔의 편향

레이저빔이 1.0 cm 두께의 유리판에 표면으로부터 30°의 각도로 입사하고 있다.

a. 유리 내에서 레이저빔의 방향은?

b. 반대편 공기에서 레이저빔의 방향은?

c. 레이저빔은 얼마만큼 변위되었나?

핵심 레이저빔을 단일 광선으로 표현하고 빛의 광선 모형을 사용한다.

시각화 그림 34.16은 풀이 전략 34.1의 네 단계를 보여주는 그림 표현이다. 입사각이 문제에서 주어진 30°가 아니고 $\theta_1 = 60°$임을 주의하라.

그림 34.16 유리판을 지나가는 레이저빔의 광선 도형

❶ 광선 도형을 그린다.
❷ 경계면에 수직한 직선을 그린다.
$n_1 = 1.00$ 30° θ_1
$n_2 = 1.50$ θ_2 θ_3
$n_1 = 1.00$ θ_4
❸ n이 클수록 각을 작게 나타낸다.
❹ 법선으로부터 측정된 각의 이름을 붙인다.

풀이 a. 풀이 전략의 마지막 단계인 스넬의 법칙 $n_1 \sin\theta_1 = n_2 \sin\theta_2$을 이용한다. $\theta_1 = 60°$를 사용하여 유리 내부에서 광선 방향을 다음과 같이 구한다.

$$\theta_2 = \sin^{-1}\left(\frac{n_1 \sin\theta_1}{n_2}\right) = \sin^{-1}\left(\frac{\sin 60°}{1.5}\right)$$
$$= \sin^{-1}(0.577) = 35.3°$$

b. 두 번째 경계에서 스넬의 법칙은 $n_2 \sin\theta_3 = n_1 \sin\theta_4$이다. 그림 34.16으로부터 내부 각들은 서로 같음을 알 수 있다($\theta_3 = \theta_2 = 35.3°$). 따라서 광선이 공기 중으로 θ_4의 각도로 다시 나온다.

$$\theta_4 = \sin^{-1}\left(\frac{n_2 \sin\theta_3}{n_1}\right) = \sin^{-1}(1.5 \sin 35.3°)$$
$$= \sin^{-1}(0.867) = 60°$$

이는 초기 입사각 θ_1과 같다. 유리는 레이저빔의 방향을 바꾸지 않는다.

c. 유리를 거쳐서 나오는 레이저빔이 처음과 평행하지만 옆 방향으로 거리 d만큼 이동하였다. 그림 34.17은 d를 구하기 위한 기하학적 그림이다. 삼각함수로부터 $d = l \sin\phi$를 얻는다. 여기서 $\phi = \theta_1 - \theta_2$와 $l = t/\cos\theta_2$이며, t는 유리 두께이다. 이들을 정리하여 다음을 얻는다.

$$d = l \sin\phi = \frac{t}{\cos\theta_2}\sin(\theta_1 - \theta_2)$$
$$= \frac{(1.0\text{ cm})\sin 24.7°}{\cos 35.3°} = 0.51\text{ cm}$$

유리판에 의해 레이저빔이 옆으로 0.51 cm 이동하였다.

그림 34.17 레이저빔이 옆으로 거리 d만큼 편향되었다.

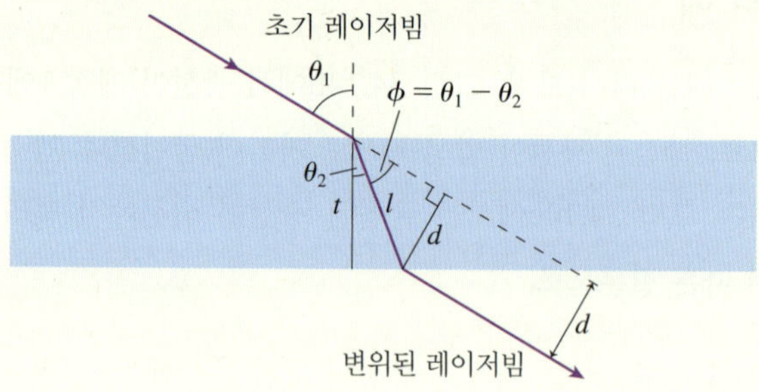

검토 레이저빔이 유리판에 입사할 때와 여전히 똑같은 방향으로 유리판에서 나온다. 이것은 빛이 매질을 평행하게 통과한다는 일반적인 결과이다. $t \to 0$인 극한일 때 변위 d가 0임에 주의하라. 이는 렌즈를 취급할 때 중요한 관찰점이 될 것이다.

예제 34.4 굴절률 측정하기

그림 34.18은 30°-60°-90° 프리즘에 의한 레이저빔의 편향을 보여준다. 프리즘의 굴절률은 얼마인가?

그림 34.18 프리즘이 레이저빔을 편향시킨다.

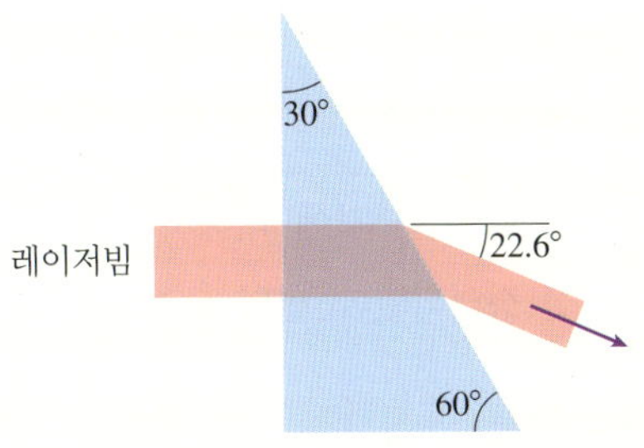

핵심 레이저빔을 단일 광선으로 나타내고 빛의 광선 모형을 사용한다.

시각화 그림 34.19는 광선 도형을 그리기 위해 풀이 전략 34.1의 단계들을 적용했다. 광선이 프리즘 앞면에 수직으로 입사($\theta_{\text{incident}} = 0°$)하므로 첫 번째 경계에서는 편향 없이 투과한다. 두 번째 경계의 입사점에서 **표면에 법선을 그리는 것과 법선으로부터 각을 재는 것**이 특히 중요하다.

풀이 삼각형의 기하학으로부터 프리즘의 빗변에 입사하는 레이저빔의 입사각이 $\theta_1 = 30°$로 프리즘 꼭짓각과 같음을 알 수 있다. 광선이 프리즘으로부터 각 θ_2로 나오므로 편향은 $\phi = \theta_2 - \theta_1 = 22.6°$가 된다. 따라서 $\theta_2 = 52.6°$이다. 두 각과 공기의 굴절률 $n_2 = 1.00$을 알고 있으므로 n_1을 구하기 위해 스넬의 법칙을 활용한다.

그림 34.19 프리즘을 통과하는 레이저빔의 그림 표현

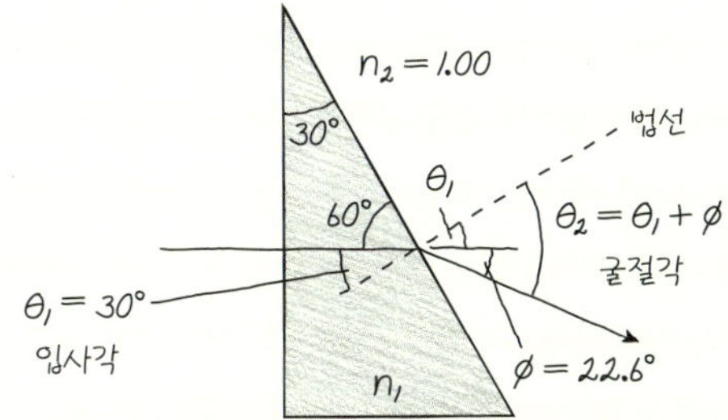

θ_1과 θ_2는 법선으로부터 측정된다.

$$n_1 = \frac{n_2 \sin\theta_2}{\sin\theta_1} = \frac{1.00 \sin 52.6°}{\sin 30°} = 1.59$$

검토 표 34.1의 굴절률을 참고하면, 프리즘이 플라스틱으로 만들어졌음을 알 수 있다.

내부전반사

예제 34.4에서 만약 프리즘 각이 30° 대신 45°라면 어떤 일이 있어났을까? 광선이 프리즘의 뒷면으로 입사각 $\theta_1 = 45°$로 접근했을 것이다. 광선이 공기 중으로 나오는 곳에서 굴절각을 계산하고자 할 때, 다음과 같이 구할 수 있다.

$$\sin\theta_2 = \frac{n_1}{n_2}\sin\theta_1 = \frac{1.59}{1.00}\sin 45° = 1.12$$
$$\theta_2 = \sin^{-1}(1.12) = ???$$

각 θ_2는 계산되지 않는다. 왜냐하면 사인 값이 1보다 클 수 없기 때문이다. 광선이 경계를 통해서 굴절될 수 없다. 그 대신, 빛이 경계에서 100 % 반사하여 프리즘으로 돌아온다. 이 과정을 **내부전반사**(total internal reflection)라 하고 종종 줄여서 TIR이라 한다. 이는 실제로 일어나며 그림 34.20에 나타나 있다. 왼쪽에서 3개의 레이저빔이 프리즘으로 들어온다. 밑의 2개는 굴절하여 프리즘 오른쪽으로 나간다. 프리즘 위쪽 면으로 입사한 파란색 빔은 내부전반사를 겪고 오른쪽 면으로 나온다.

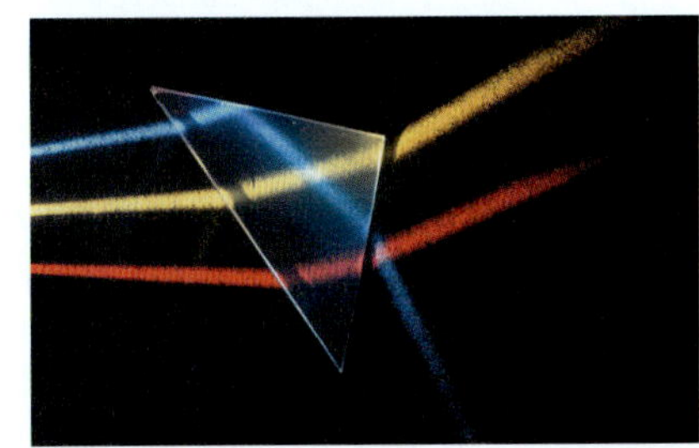

그림 34.20 파란색 레이저빔은 프리즘 내부에서 내부전반사를 겪는다.

그림 34.21은 굴절률 n_1인 매질 내의 점광원에서 나오는 여러 광선을 보여준다. 다른 쪽 매질의 굴절률은 $n_2 < n_1$이다. 앞에서 보았듯이, 경계에서 낮은 굴절률을 지닌 물질로 광선이 가로지르면 법선으로부터 멀리 굽어진다. θ_1이 증가할수록 두 가지 일

그림 34.21 입사각 증가에 따른 광선의 굴절과 반사

입사각이 증가한다.
투과가 점점 약해진다.
$n_2 < n_1$
n_1
$\theta_2 = 90°$
θ_c
$\theta_1 > \theta_c$
$\theta_2 = 90°$일 때 임계각
반사가 점점 강해진다.
$\theta_1 \geq \theta_c$일 때 내부 전반사가 일어난다.

이 일어난다. 첫째로, 굴절각 θ_2가 90°에 접근한다. 둘째로, 빛에너지의 투과되는 부분은 감소하지만 반사되는 부분은 증가한다.

$\theta_2 = 90°$일 때, **임계각**(critical angle)에 도달한다. $\sin 90° = 1$이므로, 스넬의 법칙 $n_1 \sin\theta_c = n_2 \sin 90°$에 의해 임계입사각을 얻게 된다.

$$\theta_c = \sin^{-1}\left(\frac{n_2}{n_1}\right) \tag{34.9}$$

임계각에서 굴절광은 사라지고 $\theta_1 \geq \theta_c$인 어떤 각에 대해서도 반사가 100% 된다. $n_2 < n_1$이라 가정했으므로 임계각은 잘 정의되었다. **만약 $n_2 > n_1$이면 임계각과 내부 전반사는 없다.**

간단한 예제로, 유리-공기 경계에서 보통의 유리조각에서의 임계각은 다음과 같다.

$$\theta_{c\ glass} = \sin^{-1}\left(\frac{1.00}{1.50}\right) = 42°$$

임계각이 45°보다 작다는 사실에 의해 중요한 응용이 가능하다. 예를 들면, 그림 34.22는 쌍안경을 보여준다. 렌즈들이 두 눈의 간격보다 더 멀리 떨어져 있어서, 광선들이 접안렌즈로 나가기 전에 합쳐질 필요가 있다. 때가 묻고 정렬이 필요한 거울을 쓰는 대신 쌍안경은 양편에 한 쌍씩의 프리즘을 쓴다. 따라서 빛이 두 번의 내부전반사를 겪은 후 접안렌즈로 나온다. (좌-우 반전을 피하기 위해 실제 정렬은 그림 34.22보다 약간 복잡하지만, 이 그림이 기본 아이디어를 나타낸다.)

그림 34.22 쌍안경은 내부전반사를 활용한다.

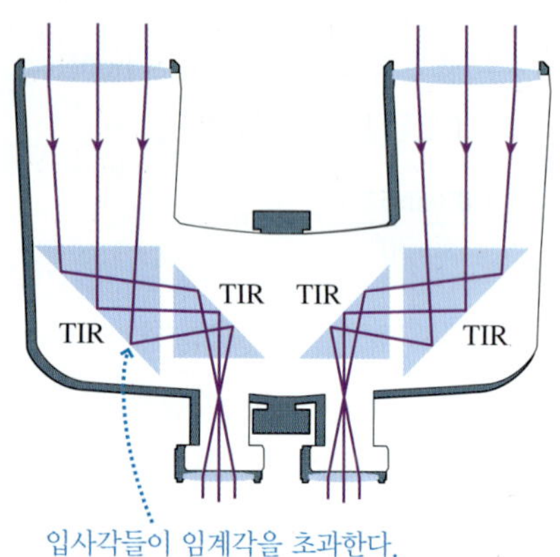

예제 34.5 내부전반사

꼬마전구가 3.0 m 깊이의 수영장 바닥에 설치되어 있다. 위에서 수면에 보이는 빛 동그라미의 지름은 얼마인가?

핵심 빛의 광선 모형을 이용한다.

시각화 그림 34.23은 그림 표현이다. 전구가 광선을 모든 방향으로 방출하지만 일부분의 광선만 공기 중으로 굴절되어 위에서 보인다. 임계각보다 큰 각으로 수면과 만나는 광선들은 내부전반사를 겪어서 물속에 머무르게 된다. 빛 동그라미의 지름은 광선들이 임계각으로 수면과 만나는 두 점 사이 거리이다.

풀이 삼각함수에서, 원의 지름은 $D = 2h\tan\theta_c$이며 h는 물의 깊이이다. 물-공기 경계에서 임계각은 $\theta_c = \sin^{-1}(1.00/1.33) = 48.7°$이다. 따라서 다음과 같다.

그림 34.23 수영장 바닥의 전구에서 나오는 광선들의 그림 표현

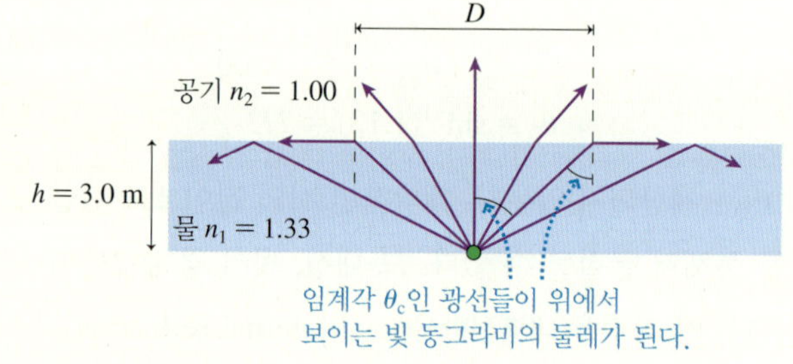

$$D = 2(3.0\text{ m})\tan 48.7° = 6.8\text{ m}$$

섬유 광학

내부전반사의 가장 중요한 현대적 응용은 광섬유를 통한 빛의 전송이다. 그림 34.24a는 길고 좁은 지름의 유리관 끝에 레이저빔이 안쪽으로 비춰지는 것을 보여준다. 광선들이 공기로부터 유리로 쉽게 진행하지만, 90° 가까운 입사각 θ_1으로 내벽과 부딪힌다. 이는 임계각보다 훨씬 커서 레이저빔이 내부전반사를 겪게 되어 유리 내부에서 머물게 된다. 마치 빛이 관 속에 있는 것처럼, 레이저빔이 반복적으로 '튀어서' 관 속을 진행한다. 실제로, 광섬유는 종종 '광관'으로 불렸다. 광선이 마지막에 광섬유 끝에 닿으면 임계각보다 작아서($\theta_1 \approx 0$) 별로 어렵지 않게 밖으로 굴절되어 나와 검출될 수 있다.

단순한 유리관이 빛을 전송시킬 수는 있지만 유리-공기 경계를 그대로 상용화하기엔 경계면의 신뢰성이 낮다. 관 옆쪽에 어떠한 작은 흠집도 광선의 입사각을 바꾸어 빛의 누출을 일으키기 때문이다. 그림 34.24b는 실질적인 광섬유의 구성을 보여준다. 작은 지름의 유리 **코어**가 유리 **클래딩** 층으로 둘러싸여 있다. 코어와 클래딩으로 쓰이는 유리의 굴절률은 $n_{core} > n_{cladding}$이므로 코어-클래딩 경계에서 빛이 내부전반사를 겪어서 코어 내에 갇혀 머무르게 된다. 코어-클래딩 경계는 주변에 노출되어 있지 않으므로 거친 환경에서도 온전한 상태를 유지한다.

최고 순도의 유리라도 완전히 투명하지는 않다. 유리의 빛 흡수는 그 크기가 아무리 작다 하더라도 빛 세기를 점점 줄이는 원인이 된다. 광섬유의 코어로 쓰이는 유리는 적외선 빛인 파장 1.3 μm에서 흡수가 최소이므로, 장거리 신호 전송을 위해 이 파장의 레이저 빛을 사용한다. 이 파장의 빛은 광섬유를 통해 큰 손실 없이 수백 킬로미터를 진행할 수 있다.

그림 34.24 광선들이 내부전반사에 의해 광섬유 내부에 갇힌다.

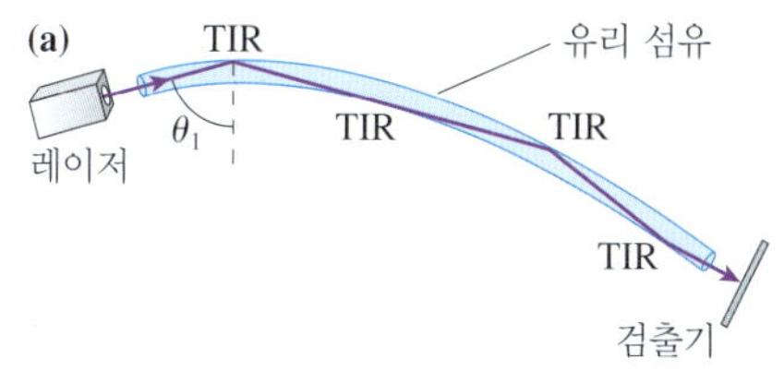

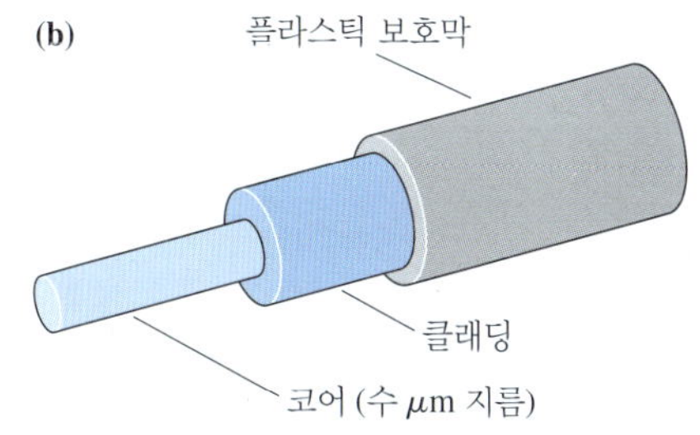

34.4 평면굴절에 의한 상형성

만약 수족관 앞 유리창 가까이서 헤엄치는 물고기를 본다 해도 수족관 옆을 통해서 보게 되면, 물고기가 실제로는 생각보다 유리창에서 더 멀리 있음을 알게 된다. 왜 그런가?

먼저, 발산하는 광선다발을 망막에 집속시키는 시각 작용을 기억하자. 광선들이 발산하는 지점들은 물체로 인식된다. 그림 34.25a는 물 바깥의 거리 d에서 물고기가 어떻게 보이는지를 보여준다.

이제 물고기를 다시 수족관 내의 같은 거리 d에 놓는다. 단순화를 위해서 수족관 유리벽을 무시하고 물-공기 경계를 고려한다. (보통의 얇은 창은 광선의 굴절에 미치는 영향이 미미하다.) 광선이 물고기로부터 다시 출발하였지만 이번에는 물-공기 경계에서 굴절된다. 광선들이 굴절률이 높은 데서 낮은 곳으로 가므로, 광선들이 굴절하여 법선에서 멀어진다. 그림 34.25b는 그 결과를 보여준다.

발산하는 광선다발이 여전히 눈에 들어가지만, 이제 이 광선들은 더 가까운 점 d'

그림 34.25 광선의 굴절에 의해 수족관 속의 물고기가 거리 d'에서 보인다.

(a) 물 바깥의 물고기

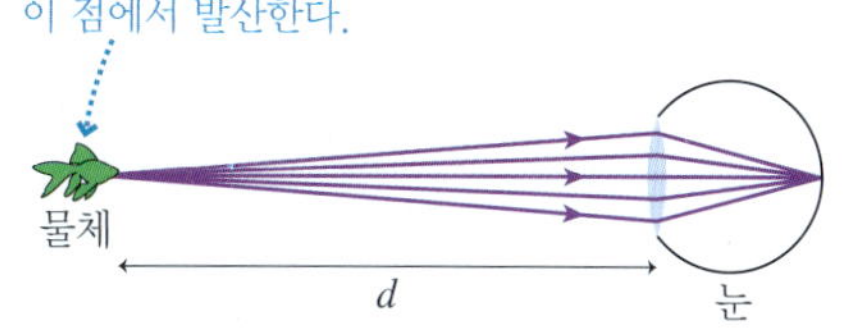

(b) 수족관 속의 물고기

굴절에 의해 경계에서 광선이 굽어진다.

물체

상

d'

이제 눈에 도달하는 광선들은 이 상의 이 점에서 발산한다.

에서 발산한다. 우리의 눈이 물고기를 볼 때, 확실히 광선들이 마치 거리 d'에서 시작되는 것처럼 보게 되어, 물고기가 이 위치에 있는 것처럼 보게 된다. **경계에서 빛이 굴절하므로 물체가 실제보다 더 가까이 보이게 된다.**

우리는 거울로부터 반사되는 광선들이 물체 위의 점이 아닌 곳에서 발산함을 알게 되었다. 그 점을 **허상**이라 한다. 이와 유사하게, 만약 물체의 점 P에서 나온 광선이 두 매질의 경계에서 굴절하여 광선이 점 P′에서 발산한다면, P′을 점 P의 허상이라 한다. **우리가 보게 되는 것은 물고기의 허상이다.**

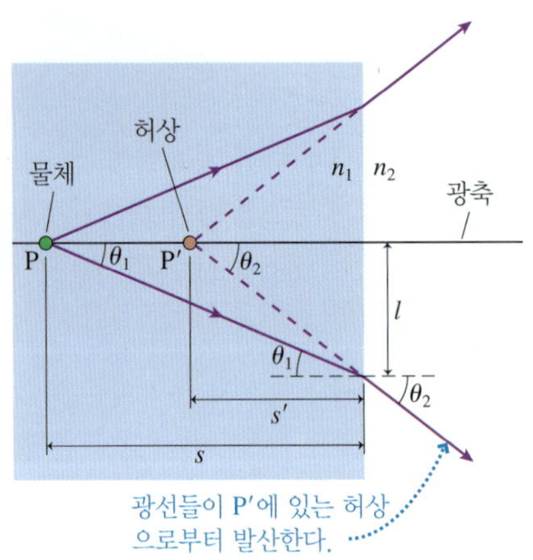

그림 34.26 점 P에 있는 물체의 허상 P′ 찾기. $n_1 > n_2$라 가정한다.

이러한 상형성을 좀 더 조심스럽게 살펴보자. 그림 34.26은 굴절률이 각각 n_1과 n_2인 투명한 두 매질 사이의 경계를 보여준다. 광선의 근원인 점 P가 물체이다. 광선이 발산하는 것처럼 보이는 점 P′이 P의 허상이다. 거리 s를 **물체 거리**(object distance)라 한다. 목표는 **상거리**(image distance)인 s'을 정하는 것이다. **둘 다 경계로부터 측정된다.**

경계면에 수직한 선을 **광축**(optical axis)이라 한다. 광축과 각 θ_1을 이루며 물체에서 나오는 광선을 생각하자. θ_1은 광선이 각 θ_2로 굴절하여 두 번째 매질로 투과하는 경계에서의 입사각이기도 하다. 굴절광선을 반대 방향으로 추적하면 θ_2가 점 P′에서 굴절광선과 광축 사이의 각임을 알 수 있다.

거리 l은 입사광선과 굴절광선에 대해 공통이며 $l = s\tan\theta_1 = s'\tan\theta_2$임을 알 수 있다. 그러나 **광학에서 관습적으로 허상의 거리를 음으로 정한다.** (그 이유는 렌즈를 써서 상형성을 할 때 명확해진다.) 따라서 음의 부호를 넣으면 다음과 같다.

$$s' = -\frac{\tan\theta_1}{\tan\theta_2}s \tag{34.10}$$

스넬의 법칙에 의해 각 θ_1과 θ_2 사이에는 다음과 같은 관계가 있다.

$$\frac{\sin\theta_1}{\sin\theta_2} = \frac{n_2}{n_1} \tag{34.11}$$

사실상 눈의 동공 크기는 눈과 물체 사이 거리보다 매우 작으므로 이러한 광선들과 광축 사이의 각도 매우 작다. (그림에서의 각은 크게 과장되었다.) **광축**과 거의 **평행한** 광선을 **근축광선**(paraxial ray)이라 한다. 작은 각 근사 $\sin\theta \approx \tan\theta \approx \theta$ (θ는 라디안 단위)를 근축광선에 적용하여 다음의 결과를 얻는다.

$$\frac{\tan\theta_1}{\tan\theta_2} \approx \frac{\sin\theta_1}{\sin\theta_2} = \frac{n_2}{n_1} \tag{34.12}$$

식 (34.10)의 결과를 쓰면 상거리를 다음과 같이 구할 수 있다.

$$s' = -\frac{n_2}{n_1}s \tag{34.13}$$

음의 부호는 허상이 맺혔음을 말한다.

예제 34.6 유리창의 공기 방울

물고기와 선원이 잠수함의 두께 5.0 cm인 둥근 유리창을 통해서 서로 마주 보고 있다. 유리의 정중앙에 공기 방울이 생겼을 때, 유리면 뒤의 얼마나 먼 거리에서 공기 방울이 물고기에게, 그리고 선원에게 보이겠는가?

핵심 공기 방울을 점광원으로 나타내고 빛의 광선 모형을 사용한다.

시각화 공기 방울로부터의 근축광선이 굴절하여 한쪽에서는 공기로, 그리고 다른 쪽에서는 물속으로 들어간다. 광선 도형은 그림 34.26과 같다.

풀이 유리의 굴절률은 $n_1 = 1.50$이다. 공기 방울이 유리창 정중앙에 있으므로 유리창 양쪽 모두로부터의 물체 거리는 $s = 2.5$ cm이다. 물 쪽에서의 상거리는 다음과 같다.

$$s' = -\frac{n_2}{n_1}s = -\frac{1.33}{1.50}(2.5\text{ cm}) = -2.2\text{ cm}$$

음의 부호는 허상임을 뜻한다. 물리적으로, 물고기는 공기 방울을 유리창 뒤의 2.2 cm에서 보게 된다. 공기 쪽에서의 상거리는 다음과 같다.

$$s' = -\frac{n_2}{n_1}s = -\frac{1.00}{1.50}(2.5\text{ cm}) = -1.7\text{ cm}$$

따라서 선원은 공기 방울을 유리창 뒤 1.7 cm에서 보게 된다.

검토 선원에게는 상거리가 더 짧다. 왜냐하면 두 매질의 굴절률 차이가 더 크기 때문이다.

34.5 얇은 렌즈: 광선 추적

어둠상자 혹은 핀홀카메라는 스크린에 상을 맺지만 상이 희미하고 완전한 초점을 맺지 못한다. 밝고 초점이 잘 맺힌 상을 만드는 능력은 렌즈에 의해 크게 향상되었다. **렌즈**(lens)는 곡면에서의 굴절을 이용하여 발산하는 광선으로부터 상을 형성하는 투명한 물체이다. 렌즈의 수학적 분석은 다음 절까지 미룬다. 먼저, 상형성을 이해하기 위한 도해법을 정립하고자 한다. 이 방법을 **광선 추적**(ray tracing)이라 한다.

그림 34.27은 평행한 광선들이 2개의 다른 렌즈로 들어가는 것을 보여준다. **수렴 렌즈**(converging lens)라 하는 왼쪽 렌즈는 광선들이 광축을 향해서 굴절되도록 한다. 처음에 평행했던 광선들이 지나가는 공통의 점을 렌즈의 **초점**(focal point)이라 한다. 렌즈로부터 초점까지의 거리를 렌즈의 **초점 거리**(focal length) f라 한다. **발산 렌즈**(diverging lens)라 하는 오른쪽 렌즈는 평행한 광선들이 굴절되어 광축으로부터 멀어지게 한다. 이 렌즈 또한 초점을 가지나 분명하지는 않다.

그림 34.27 평행한 광선들이 수렴 렌즈와 발산 렌즈를 지나가고 있다.

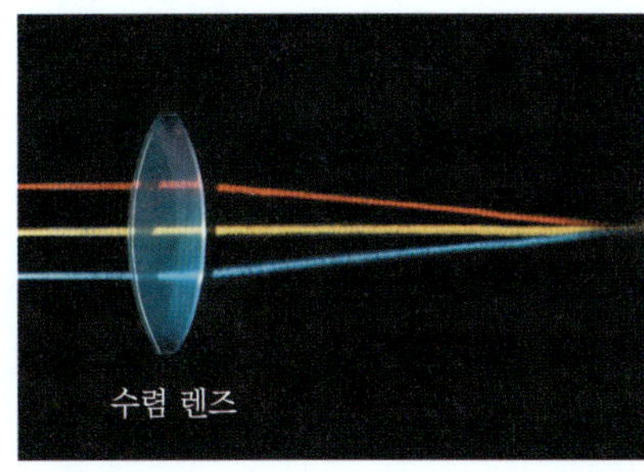

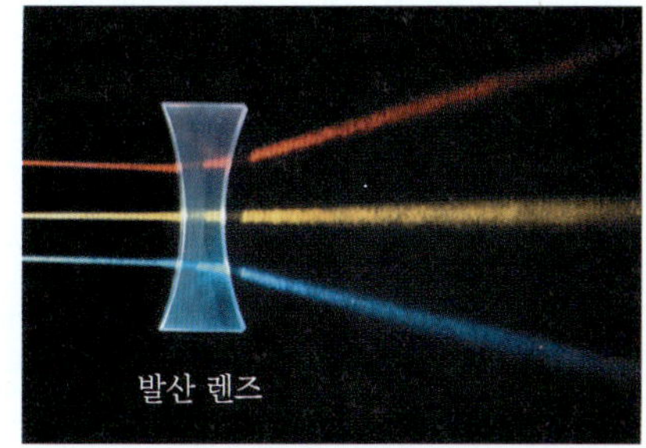

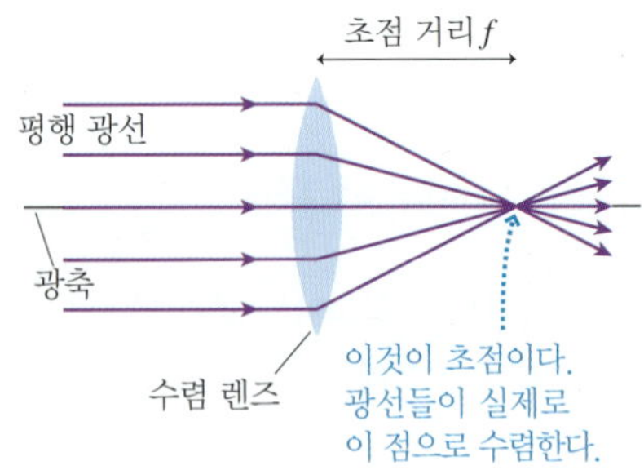

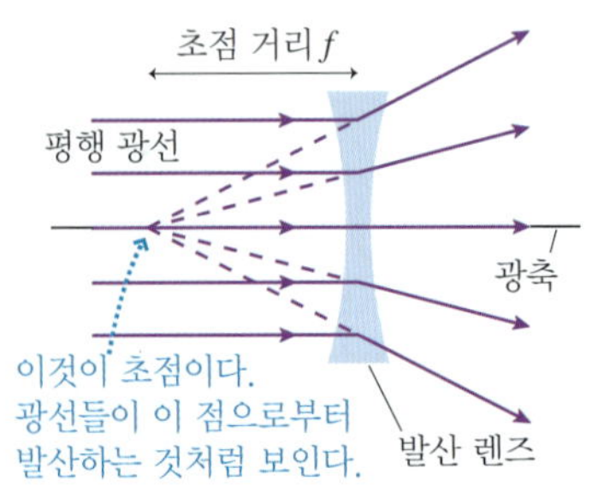

그림 34.28 수렴 렌즈 및 발산 렌즈의 초점 거리

그림 34.28은 상황을 분명하게 한다. 발산 렌즈의 경우, 후방으로 투사된 발산광선들이 같은 점에서 출발한 것처럼 보여준다. 이 지점이 발산 렌즈의 초점이며 렌즈로부터 이 거리가 렌즈의 초점 거리이다. 다음 절에서 초점 거리를 렌즈의 곡률 및 굴절률과 관련짓겠지만 지금은 **광선이 광축에 수렴하는 지점부터 렌즈까지 거리 혹은 광선이 광축에서 발산하는 지점부터 렌즈까지 거리를 초점 거리**로 하는 실질적인 정의를 사용하고자 한다.

수렴 렌즈

렌즈에 대한 이러한 기본적인 관측들은 얇은 렌즈에 의한 상형성을 이해하기에 충분하다. **얇은 렌즈**(thin lens)는 그 두께가 초점 거리와 비교해서, 그리고 물체 거리 및 상거리와 비교해서 매우 작은 렌즈이다. 우리는 얇은 렌즈의 두께가 0이고 렌즈가 **렌즈면**(lens plane)이라는 평면에 있다고 근사할 것이다. 이 근사 범위 내에서, **광선들이 렌즈면을 지날 때 모든 굴절이 일어나고 모든 거리들은 렌즈면으로부터 측정된다.** 다행히도, 얇은 렌즈 근사는 대부분의 실질적 렌즈 응용에서 매우 잘 맞는다.

그림 34.29는 광선들이 얇은 수렴 렌즈를 통과할 때 나타나는 세 가지 중요한 상황을 보여준다. 그림 34.29a는 그림 34.28로부터 친숙하다. 만약 그림 34.29a의 각 광선들의 방향이 반대가 되면, 스넬의 법칙에 의해 각 광선들이 왔던 길을 정확히 되돌아가서 렌즈로부터 광축에 평행하게 나온다. 이것이 그림 34.29a의 '거울상'인 그림 34.29b가 된다. 실제로 렌즈는 거리 f인 2개의 초점을 렌즈 양쪽으로 갖고 있다는 것에 주의하라.

그림 34.29 얇은 수렴 렌즈를 통과하는 광선들의 중요한 세 가지 경우

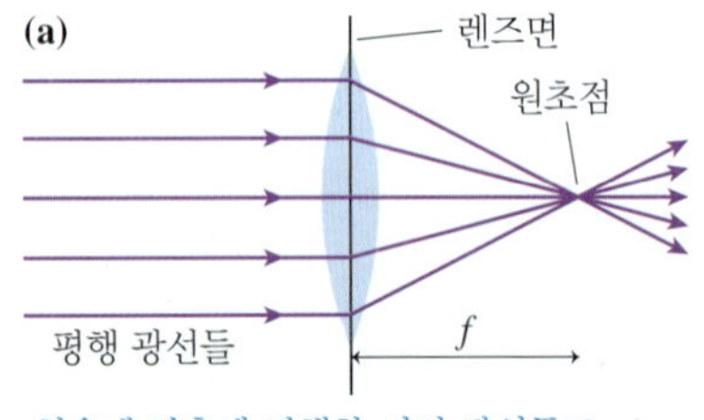

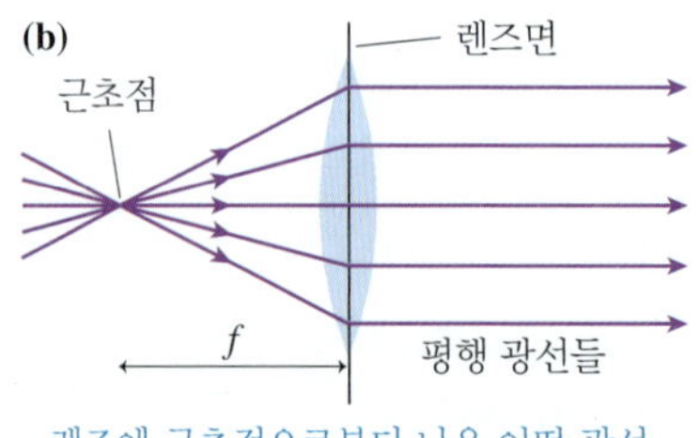

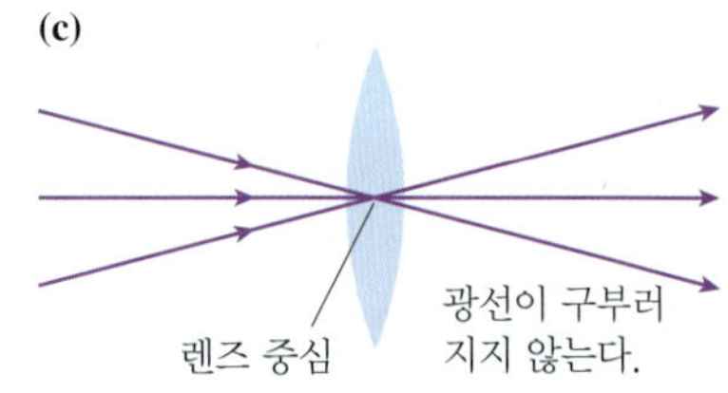

그림 34.29c는 렌즈 중심을 지나는 세 광선을 보여준다. 렌즈 중심에서 렌즈의 두 면은 서로 거의 평행하다. 앞의 예제 34.3에서, 광선이 평행한 두 옆면을 지닌 유리판을 지날 때 편향되지 않고 변위만 됨을 알았으며, 유리판의 두께가 0에 접근할 경우 변위도 0이 됨을 알았다. 결론적으로, 두께 0인 얇은 렌즈의 중심을 지나는 광선은 편향되거나 변위되지 않고 똑바로 진행한다.

이 세 가지 경우가 광선 추적의 기본이 된다.

실상

그림 34.30은 렌즈로부터의 **물체 거리** s가 초점 거리보다 긴 렌즈를 보여준다. 물체 위의 점 P로부터의 광선들이 렌즈에 의해 굴절되어 상거리 s'에 있는 렌즈 반대쪽의 점 P′에 수렴한다. 만약 광선들이 물체의 점 P로부터 발산하고 렌즈와 상호작용하여 굴절광선들이 점 P′에 **수렴**한다면(실제로 점 P′에서 만난다면), P′을 점 P의 **실상**(real image)이라 한다. 이는 실제로 광선들이 만나지 않지만 광선들이 **발산하는** 것처럼 보이는 점을 **허상**으로 정의한 앞선 내용과 대조된다. 실상의 상거리 s'은 **양**이다.

그림 34.30 물체의 점 P로부터의 광선이 렌즈에 의해 굴절되어 P′에 있는 실상으로 수렴한다.

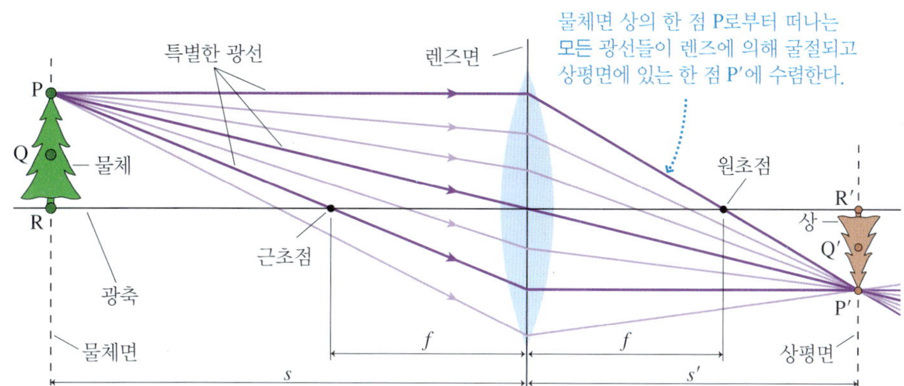

물체면(object plane)에 있는 물체 위 모든 점들은 **상평면**(image plane)에 있는 상점에 수렴한다. 그림 34.30에서 물체면의 점 Q와 R은 점 P′과 같은 평면의 상점 Q′과 R′에 수렴한다. 상평면에서 P′과 같이 한 점이 정해지면 전체 상이 같은 평면에 생김을 알 수 있다.

그림 34.30으로부터 두 가지 중요한 사실을 알 수 있다. 첫째, 상이 물체에 대해 거꾸로 서 있다. 이를 **도립상**(inverted image)이라 한다. 이는 수렴 렌즈로 실상을 맺는 경우의 표준적인 특성이다. 둘째, 점 P에서 나온 광선들이 렌즈 표면 전체를 채우고 렌즈의 모든 부분이 상에 기여한다. 더 큰 렌즈는 더 많은 광선을 '모아서' 더 밝은 상을 만든다.

그림 34.31은 상평면에 매우 가까운 곳에서 광선을 근접해서 본 것이다. 상평면에 스크린을 두지 않는다면 광선들이 P′에 멈추지 않는다. 스크린을 두게 되면, 스크린에 매우 선명하고 잘 집속된 상을 보게 될 것이다. 상을 집속하기 위해, 스크린을 움직여서 상평면과 일치시키거나 렌즈 혹은 물체를 움직여서 상평면이 스크린과 일치되도록 해야 한다. 예를 들어서, 투영기의 미동나사는 상평면이 스크린 위치와 맞을 때까지 렌즈를 앞 혹은 뒤로 움직인다.

그림 34.31 상평면 부근에서 광선을 가까이 봄

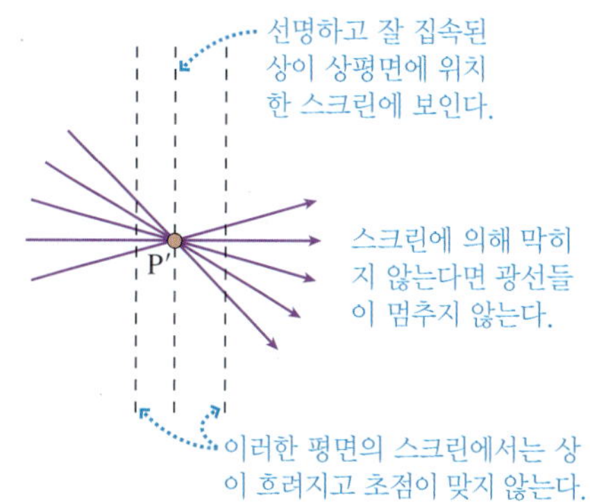

그림 34.30은 그림 34.29의 세 경우에 기초한 3개의 '특별한 광선'을 강조하고 있다. 이 세 가지 광선만으로도 상점 P′을 위치시키기에 충분하다. 즉, 그림 34.30에 있는 모든 광선들을 그릴 필요가 없다는 것이다. **광선 추적**으로 알려진 절차는 오직 이 3개의 광선만을 써서 상의 위치를 알아내도록 한다.

풀이 전략 34.2

수렴 렌즈에 관한 광선 추적

❶ **광축을 그린다.** 모눈종이나 자를 사용한다! 적절한 눈금을 정한다.

❷ **축 중앙에 렌즈를 위치시킨다.** 양쪽 면에서 거리 f가 되는 점에 초점 거리를 표시한다.

❸ **거리 s에 바로 선 화살표로 물체를 나타낸다.** 화살표의 바닥을 축에 위치시키고 화살표를 렌즈 반지름의 반 정도가 되도록 그린다.

❹ **화살표 끝에서부터 3개의 '특별한 광선'을 그린다.** 직선 자를 사용한다.

a. 축과 평행한 광선은 굴절하여 원초점을 지난다.

b. 근초점을 지나서 렌즈로 들어가는 광선은 축과 평행하게 나온다.

c. 렌즈 중심을 지나는 광선은 굽어지지 않는다.

❺ **수렴할 때까지 광선들을 연장한다.** 이것이 상점이다. 상의 나머지 부분을 상평면에 그린다. 만약 물체의 바닥이 축 위에 있다면, 상의 바닥도 축 위에 있을 것이다.

❻ **상거리 s'을 측정한다.** 또한 필요하다면 물체 높이에 대한 상의 높이를 측정한다.

예제 34.7 | **꽃의 상 찾기**

지름 4.0 cm인 꽃이 초점 거리 50 cm인 카메라 렌즈 앞 200 cm에 있다. 잘 집속된 상을 기록하기 위해서 광검출기가 렌즈 뒤 얼마나 먼 곳에 위치해야 하는가? 검출기에서의 상의 지름은 얼마인가?

핵심 꽃은 물체면에 있다. 상의 위치를 정하기 위해 광선 추적을 사용한다.

시각화 그림 34.32는 광선 추적 도형과 풀이 전략 34.2의 과정들을 보여준다. 상은 3개의 특별한 광선이 수렴하는 평면에 그려졌다. 그림으로부터 상거리가 $s' \approx 67$ cm임을 알 수 있다. 이곳이 집속된 상을 기록하기 위한 검출기를 놓는 곳이다.

풀이 물체와 상의 높이를 각각 h와 h'으로 두자. 렌즈 중심을 지나가는 광선은 직선이므로 물체와 상 모두 같은 각 θ를 대하고 있다. 삼각형의 닮은꼴을 써서 다음을 얻는다.

$$\frac{h'}{s'} = \frac{h}{s}$$

h'에 대해서 나타내면 다음과 같다.

$$h' = h\frac{s'}{s} = (4.0 \text{ cm})\frac{67 \text{ cm}}{200 \text{ cm}} = 1.3 \text{ cm}$$

꽃의 상은 지름이 1.3 cm이다.

검토 간단한 기하학적 과정으로부터 상에 관한 많은 것을 배울 수 있었다.

그림 34.32 예제 34.7을 위한 광선 추적 도형

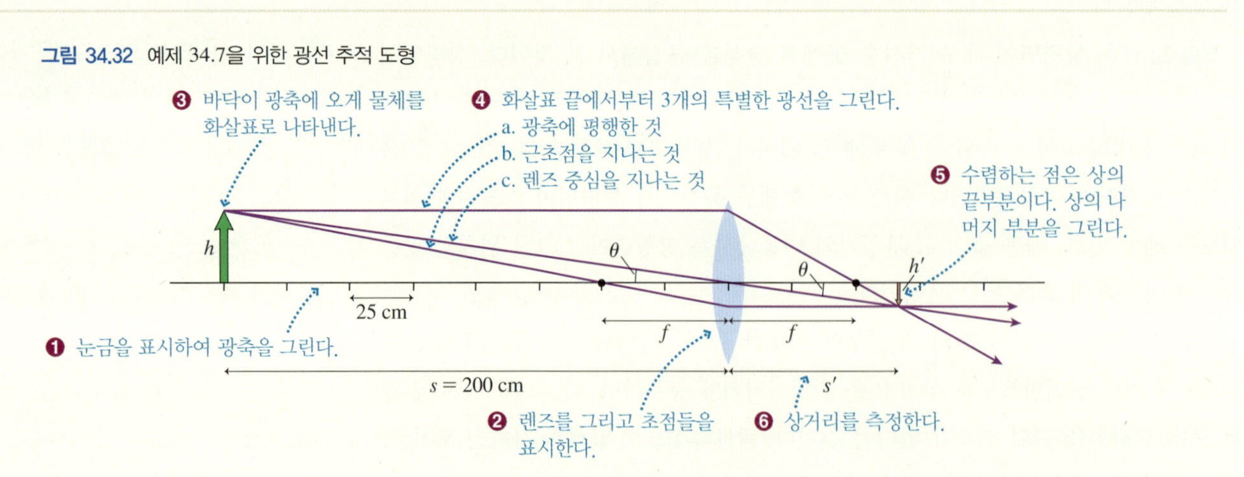

가로배율

위치와 초점 거리에 따라 상은 물체보다 클 수도 작을 수도 있다. 크기뿐만 아니라 상에 대해서 더 나타낼 것이 있다. 우리는 물체에 대한 **방향**도 알고 싶다. 그것은 상이 바로 서 있는지 혹은 거꾸로 서 있는지이다. 상 크기와 방향 정보는 하나의 숫자로 결합하는 것이 관습이다. **가로배율**(lateral magnification) m은 다음과 같이 정의된다.

$$m = -\frac{s'}{s} \tag{34.14}$$

이미 예제 34.7에서 물체에 대한 상의 높이 비가 $h'/h = s'/s$임을 배웠다. 따라서 가로배율 m을 다음과 같이 설명할 수 있다.

1. m이 양수이면 상이 물체에 대해서 바로 서 있음을 나타낸다.
m이 음수이면 상이 물체에 대해서 거꾸로 서 있음을 나타낸다.

2. m의 절댓값은 상과 물체의 크기 비율이다. $h'/h = |m|$

예제 34.7에서 가로배율은 $m = -0.33$이었으며, 이는 상이 거꾸로 되었고 물체 크기의 33%라는 것을 나타낸다.

허상

앞 절에서는 물체 거리가 $s > f$인 수렴 렌즈에 대해서 알아보았다. 이는 물체가 초점바깥에 있다는 것이었다. 만약 물체가 초점 안쪽 거리 $s < f$에 있다면 어떻게 되는가? 그림 34.33은 이러한 상황을 보여준다. 이를 분석하기 위해 광선 추적을 사용한다.

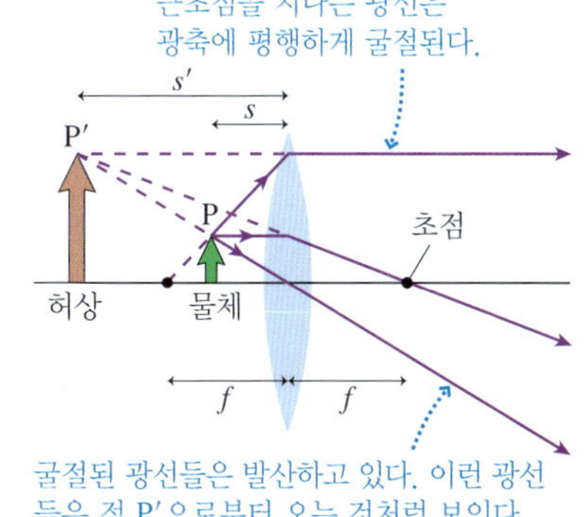

그림 34.33 거리 $s < f$인 물체로부터의 광선들이 렌즈에 의해 굴절되고 분산되어 허상을 형성한다.

처음에 광축에 평행한 광선과 렌즈 중심을 지나는 광선에는 어려움이 없다. 그러나 근초점을 지나는 광선은 왼쪽으로 진행하여 렌즈에 도달하지 않는다! 그림 34.29b로 돌아가서 참고하면, 광축에 평행하게 나오는 광선들은 근초점을 지나는 **선을 따라** 렌즈로 들어갔다는 것을 알 수 있다. 광선이 실제로 초점을 지나는 것에 상관없이 중요한 것은 광선이 렌즈로 입사하는 각도이다. 이것이 풀이 전략 34.2에 있는 단계 4b의 기본이며 그림 34.33에 보인 세 번째 특별한 광선이다.

굴절된 세 광선이 수렴하지 않는 것을 알 수 있으며, 세 광선 모두 점 P′으로부터 발산하는 것처럼 보이는 것을 알 수 있다. 이는 거울로부터 반사되는 광선과 수족관 밖으로 굴절하는 광선들에서 발견되는 상황과 일치한다. 점 P′은 물체 점 P의 허상이다. 뿐만 아니라 이는 물체와 같은 방향인 **바로 선 직립상**(upright image)이다.

렌즈 오른쪽에 있는 모든 굴절광선들은 P′으로부터 오는 것으로 **보이지만** 어떠한 광선도 그 점에서 오지 않았다. 상평면인 P′에 둔 스크린에는 상이 보이지 않는다. 그러면 허상이 무슨 소용이 있는가?

눈은 발산하는 광선다발을 모아 집속하기 때문에 그림 34.34a가 보여주듯이, 렌즈를 **통하여** 허상을 볼 수 있게 된다. 이것이 우리가 확대경을 써서 확대된 모습을 보는 과

그림 34.34 물체 거리가 f보다 짧을 때 수렴 렌즈는 확대경이 된다.

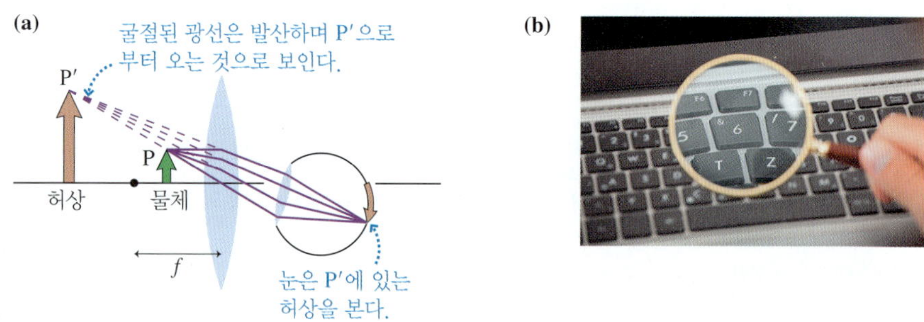

정으로 그림 34.34b와 같은 장면을 볼 수 있다. 실제로 현미경이나 쌍안경의 접안렌즈를 통하여 보는 것은 허상이다.

앞에서와 같이, **허상의 상거리 s'은 음수로 정의된다($s' < 0$).** 이는 렌즈에 대해 실상과는 반대쪽에 있다는 것을 의미한다. 이러한 부호선택에 대해 배율의 정의 $m = -s'/s$는 여전히 유효하다. 음수 s'인 허상의 배율은 $m > 0$이므로 직립상을 얻는다. 그림 34.33의 광선들과 그림 34.34b의 사진과 일치한다는 것을 알 수 있다.

예제 34.8 꽃의 확대

꽃을 더 잘 보기 위해서 꽃으로부터 4.0 cm 떨어진 위치에 초점 거리 6.0 cm의 확대경을 놓았다. 배율은 얼마인가?

핵심 꽃은 물체면에 있다. 광선 추적을 써서 상의 위치를 정한다.

시각화 그림 34.35는 광선 추적을 보여주는 그림이다. 3개의 특별한 광선이 렌즈로부터 발산하지만, 우리는 광선들이 발산하기 시작하는 점까지 선을 연장할 수 있다. 상점인 이 점이 렌즈의 왼쪽 12 cm 지점에 있다. 이것은 허상이므로 상거리는 음수 $s' = -12$ cm이다. 따라서 배율은 다음과 같다.

$$m = -\frac{s'}{s} = -\frac{-12\text{ cm}}{4.0\text{ cm}} = 3.0$$

그림 34.35 예제 34.8에 대한 광선 추적 도형

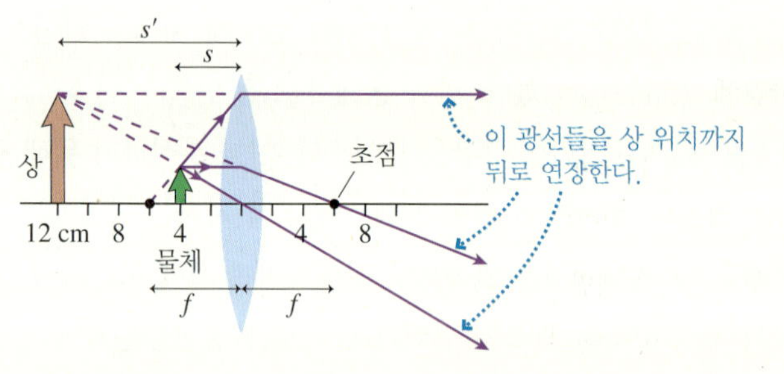

상은 물체보다 세 배 크며, m이 양수이므로 직립상이다.

발산 렌즈

가장자리가 가운데보다 더 두꺼운 렌즈를 발산 렌즈라 한다. 그림 34.36은 발산 렌즈를 통과해서 지나가는 세 가지 중요한 광선들을 보여준다. 이들은 그림 34.27과 34.28에서 보았던 것처럼 광축에 평행한 광선들이 발산 렌즈를 통과한 후 발산하는 사실에 기반한다.

발산 렌즈의 광선 추적은 수렴 렌즈의 풀이 전략 34.2와 거의 동일하다. 단, 4단계의 특별한 세 광선 중 2개만 수렴 렌즈와 다르다.

그림 34.36 얇은 발산 렌즈를 통과하는 광선들의 중요한 세 가지 경우

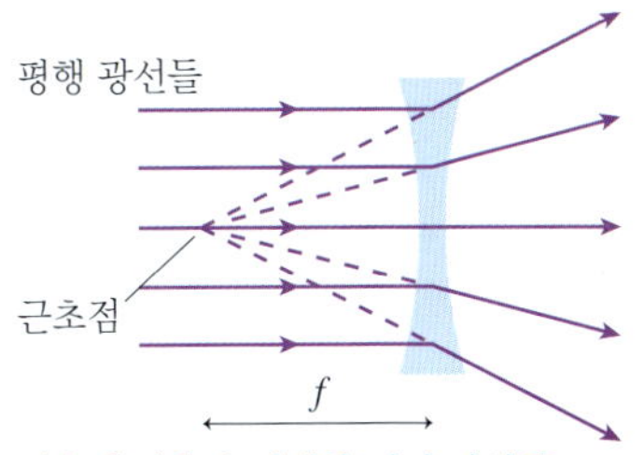

처음에 광축과 평행한 어떤 광선들도 근초점을 지나는 직선을 따라 발산한다.

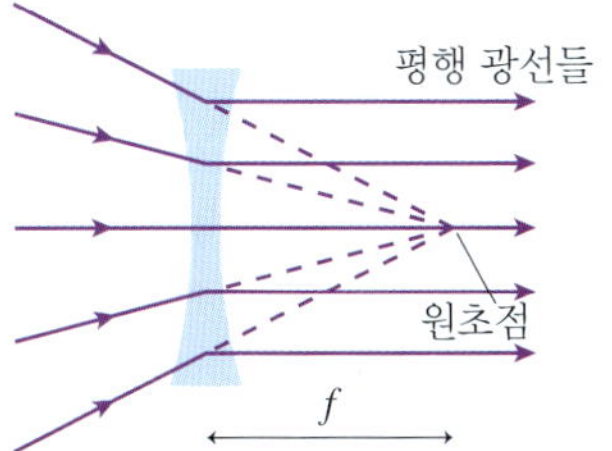

원초점을 향한 직선을 따라가는 어떤 광선 들도 렌즈로부터 광축에 평행하게 나온다.

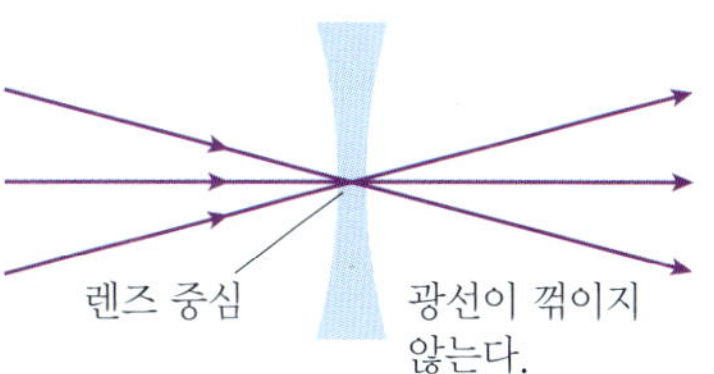

렌즈 중심을 향한 어떤 광선들도 똑바로 지난다.

풀이 전략 34.3

발산 렌즈에 관한 광선 추적

❶–❸ **풀이 전략 34.2의 1–3단계를 따른다.**

❹ **화살표 끝에서부터 3개의 '특별한 광선'을 그린다.** 직선 자를 사용한다.

- **a.** 축과 평행한 광선은 근초점을 지나는 직선을 따라 발산한다.
- **b.** 원초점을 향해 직선으로 따라가는 광선은 광축에 평행하게 나온다.
- **c.** 렌즈 중심을 지나는 광선은 꺾이지 않는다.

❺ **발산광선들을 역추적한다.** 발산광선들이 나오는 점이 항상 허상인 상점이다.

❻ **상거리 s'을 측정한다.** 이는 음수가 될 것이다.

예제 34.9 | 꽃의 축소

초점 거리 50 cm인 발산 렌즈가 꽃으로부터 100 cm에 위치해 있다. 배율은 얼마인가?

핵심 꽃이 물체면에 있다. 광선 추적으로 상의 위치를 정한다.

시각화 그림 34.37은 광선 추적 도형이다. 특별한 3개의 광선(풀이 전략과 일치시키기 위하여 a, b, 그리고 c로 표시함)들은 수렴하지 않는다. 그러나 광선들은 렌즈 뒤쪽의 교차점 ≈33 cm까지 역추적할 수 있다. 허상이 $s' = -33$ cm에 배율

$$m = -\frac{s'}{s} = -\frac{-33\text{ cm}}{100\text{ cm}} = 0.33$$

으로 형성된다. 렌즈를 통해서 볼 수 있는 상은 물체 크기의 1/3이며 바로 서 있다.

그림 34.37 예제 34.9를 위한 광선 추적 도형

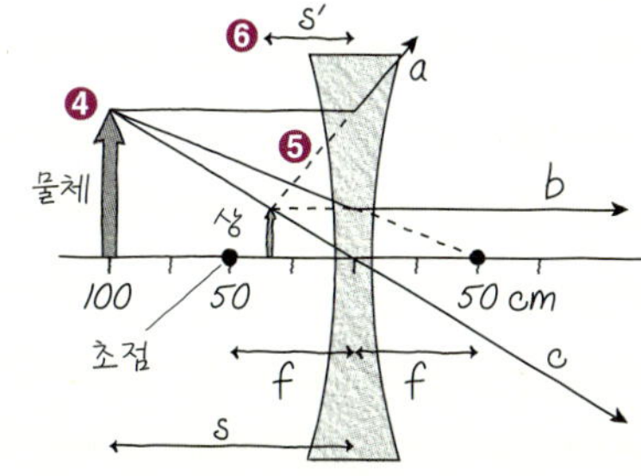

검토 발산 렌즈에서의 광선 추적은 수렴 렌즈에 비해 어느 정도 난해하므로 이 예제는 주의 깊게 다룰 필요가 있다.

발산 렌즈는 항상 허상을 만들기 때문에 단독으로는 잘 쓰이지 않는다. 그러나 다른 렌즈와 결합되어 사용될 때는 요긴하게 사용된다. 카메라, 접안렌즈, 그리고 안경 렌즈 등 여러 응용에서 발산 렌즈를 활용한다.

34.6 얇은 렌즈: 굴절 이론

광선 추적은 상형성을 이해하기 위한 효과적인 시각적 접근법이지만 상에 대한 자세한 정보를 제공해주지는 않는다. 물체 거리 s와 상거리 s' 사이의 정량적인 관계를 정립할 필요가 있다.

먼저, 그림 34.38은 굴절률이 각각 n_1과 n_2인 두 투명한 물질 사이의 **구형** 경계면을 보여준다. 구는 곡률 반지름 R을 갖고 있다. 물체의 점 P를 각 α로 출발하여 나중에 굴절 후 점 P′에 도달하는 광선을 생각하자. 그림 34.38은 그림을 명확하게 하기 위해 각들을 과장하였지만 우리의 분석은 광축에 거의 평행하게 진행하는 **근축광선**에 한정할 것이다. 근축광선들에 대하여, 모든 각들이 작으므로 작은 각 근사를 쓸 수 있다.

P로부터의 광선은 경계면에 수직인 면에서 측정한 각 θ_1으로 입사해서 매질 n_2로 각 θ_2로 들어간다. 스넬의 법칙은 $n_1 \sin\theta_1 = n_2 \sin\theta_2$이며 작은 각 근사로 다음을 얻는다.

$$n_1\theta_1 = n_2\theta_2 \tag{34.15}$$

그림 34.38에서 각 α, β, 그리고 ϕ는 다음과 같은 관계를 가짐을 알 수 있다.

$$\theta_1 = \alpha + \phi \quad \text{그리고} \quad \theta_2 = \phi - \beta \tag{34.16}$$

식 (34.15)에 이 식들을 적용하면, 스넬의 법칙을 다음과 같이 쓸 수 있다.

$$n_1(\alpha + \phi) = n_2(\phi - \beta) \tag{34.17}$$

이는 각들 사이 관계에 대한 하나의 중요한 식이다.

축에서부터 입사점까지의 높이 t를 나타내는 선은 예각 꼭짓점이 각각 P, C, 그리고 P′인 3개의 다른 직각삼각형의 수직변이다. 따라서 다음을 얻을 수 있다.

$$\tan\alpha \approx \alpha = \frac{t}{s+d} \qquad \tan\beta \approx \beta = \frac{t}{s'-d} \qquad \tan\phi \approx \phi = \frac{t}{R-d} \tag{34.18}$$

근축광선에 대해서 $d \to 0$을 적용하면 다음과 같다.

$$\alpha = \frac{t}{s} \qquad \beta = \frac{t}{s'} \qquad \phi = \frac{t}{R} \tag{34.19}$$

이는 그림 34.38로부터 나온 두 번째 중요한 관계식이다.

그림 34.38 구면에서의 굴절에 의한 상형성. 각들은 과장되었다.

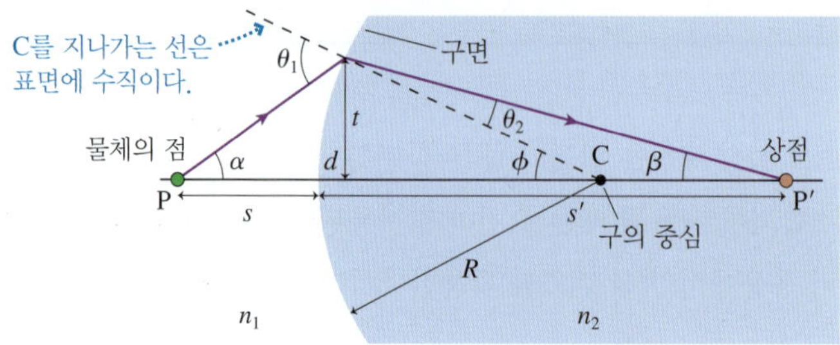

만약 식 (34.19)를 식 (34.17)에 적용하면 t가 소거되어 다음을 얻는다.

$$\frac{n_1}{s} + \frac{n_2}{s'} = \frac{n_2 - n_1}{R} \tag{34.20}$$

식 (34.20)은 각 α와는 무관하다. 결론적으로, **점 P를 떠나는 모든 근축광선들은 점 P′으로 수렴한다.** 만약 물체가 구형의 굴절면으로부터 s만큼 떨어진 곳에 위치한다면, 상은 식 (34.20)에 의해서 주어지는 거리 s'에 형성된다.

식 (34.20)은 물체를 향하여 볼록한 표면에 대하여 유도되었고 상은 실상이다. 그러나 표 34.2에 나타난 **부호 규약**을 적용할 경우 그 결과는 허상이나 물체를 향하여 오목한 표면에 대해서도 유효하다.

34.4절은 평면에서의 굴절에 의한 상형성을 논의하였다. [식 (34.13)에서] 상거리가 $s' = -(n_2/n_1)s$임을 알았다. 평면은 구의 극한 $R \to \infty$이라 생각될 수 있으므로 식 (34.20)에서도 같은 결론에 도달할 수 있어야 한다. 실제로 $R \to \infty$임에 따라 $(n_2 - n_1)/R \to 0$이 되므로 식 (34.20)은 $s' = -(n_2/n_1)s$가 된다.

표 34.2 굴절면에 대한 부호 규약

	양	음
R	물체를 향해 볼록	물체를 향해 오목
s'	실상, 물체와 반대쪽	허상, 물체와 같은 쪽

예제 34.10 유리막대 내에서의 상형성

지름 4.0 cm인 유리막대의 한쪽 끝이 반구처럼 생겼다. 꼬마전구가 막대 끝으로부터 6.0 cm에 있다. 전구의 상은 어디에 생기겠는가?

핵심 전구를 점광원이라 여기고 근축광선들이 굴절하여 막대 속으로 들어간다고 하자.

시각화 그림 34.39는 상황을 나타낸다. 공기에 대해 $n_1 = 1.00$이며 유리에 대해 $n_2 = 1.50$이다.

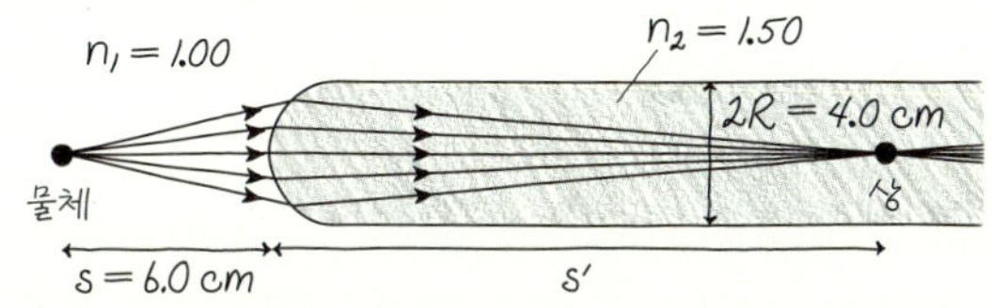

그림 34.39 곡면이 빛을 굴절시켜 실상을 형성한다.

풀이 곡률 반지름이 막대 지름의 반이므로 $R = 2.0$ cm이다. 식 (34.20)은 다음과 같게 된다.

$$\frac{1.00}{6.0\text{ cm}} + \frac{1.50}{s'} = \frac{1.50 - 1.00}{2.0\text{ cm}} = \frac{0.50}{2.0\text{ cm}}$$

상거리 s'에 대해서 풀면 다음을 얻는다.

$$\frac{1.50}{s'} = \frac{0.50}{2.0\text{ cm}} - \frac{1.00}{6.0\text{ cm}} = 0.0833\text{ cm}^{-1}$$

$$s' = \frac{1.50}{0.0833} = 18\text{ cm}$$

검토 이는 유리막대 내부 18 cm에 위치한 실상이다.

예제 34.11 어항 속의 금붕어

금붕어가 지름 50 cm의 구형 어항에서 살고 있다. 만약 금붕어가 어항의 가장자리에서 10 cm 위치에 있다면, 밖에서 보았을 때 금붕어가 어디에 있는 것처럼 보이겠는가?

핵심 금붕어를 점광원으로 모형화하고 물에서 굴절하여 공기로 가는 근축광선을 고려하자. 얇은 유리벽은 효과가 미미하여 무시한다.

시각화 그림 34.40은 광선들이 굴절하여 물에서 공기로 갈 때 법선으로부터 멀어진다. 우리는 10 cm보다 더 가까운 거리에서 허상을 보게 될 것으로 예상된다.

풀이 물체가 물속에 있으므로 $n_1 = 1.33$ 그리고 $n_2 = 1.00$이다. 안쪽 면은 오목[여러분은 '오목(concave)'을 기억할 수 있다. 왜냐하

(계속)

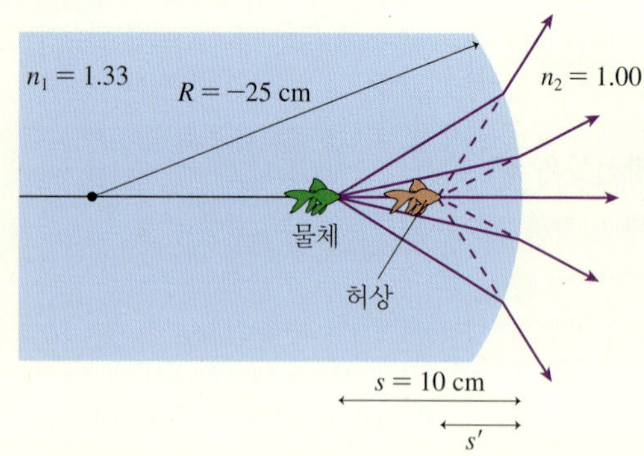

그림 34.40 어항의 곡면에 의해 금붕어의 허상이 생긴다.

면 동굴(cave)을 보는 것과 비슷하기 때문이다]이므로 $R = -25$ cm이다. 물체 거리는 $s = 10$ cm이다. 따라서 식 (34.20)은 다음과 같게 된다.

$$\frac{1.33}{10\text{ cm}} + \frac{1.00}{s'} = \frac{1.00 - 1.33}{-25\text{ cm}} = \frac{0.33}{25\text{ cm}}$$

상거리 s'에 대해서 풀면 다음과 같다.

$$\frac{1.00}{s'} = \frac{0.33}{25\text{ cm}} - \frac{1.33}{10\text{ cm}} = -0.12\text{ cm}^{-1}$$

$$s' = \frac{1.00}{-0.12\text{ cm}^{-1}} = -8.3\text{ cm}$$

검토 상은 경계면의 왼쪽에 위치한 허상이다. 어항 속을 보게 되면 금붕어가 어항의 가장자리로부터 8.3 cm에 보이게 된다.

렌즈

얇은 렌즈 근사는 광선이 하나의 렌즈면에서 한 번 굴절하는 것으로 가정한다. 실제로, 그림 34.41이 보여주듯이, 곡률 반지름이 R_1과 R_2인 구면에서 광선들이 두 번 굴절한다. 렌즈의 두께가 t, 그리고 렌즈가 굴절률이 n인 물질로 만들어졌다고 하자. 단순화하기 위해서 렌즈가 공기로 둘러싸여 있다고 가정하자.

그림 34.41 렌즈에 의한 상형성

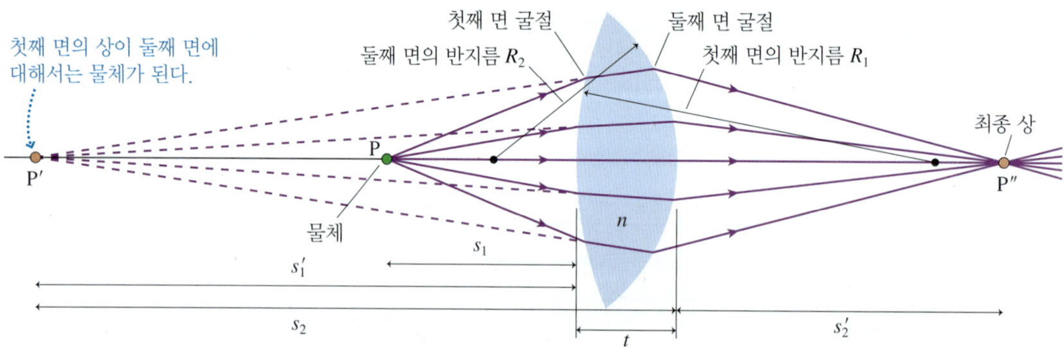

점 P에 있는 물체는 렌즈 왼쪽 거리 s_1에 있다. 반지름 R_1인 렌즈의 첫째 면은 P로부터의 광선을 굴절시켜 점 P′에 상을 형성한다. 상거리 s_1'을 구하기 위하여 구면에 관한 식 (34.20)을 쓸 수 있다.

$$\frac{1}{s_1} + \frac{n}{s_1'} = \frac{n-1}{R_1} \tag{34.21}$$

여기서 공기에 대해 $n_1 = 1$ 그리고 렌즈에 대해 $n_2 = n$을 썼다. 상 P′이 허상이라 가정할 것이지만 결과에 꼭 필수적이지는 않다.

두 굴절면을 가진 렌즈에서 첫째 면의 상 P′이 둘째 면의 물체가 된다. 말하자면,

둘째 면에서 굴절되는 광선들은 P′으로부터 오는 것처럼 보이게 된다. 물체 거리인 P′으로부터 둘째 면까지의 거리 s_2는 $s_2 = s_1' + t$인 것처럼 보이지만 P′이 허상이므로 s_1'이 음수이다. 따라서 둘째 면까지의 거리는 $s_2 = |s_1'| + t = t - s_1'$이 된다. P′의 상을 식 (34.20)을 다시 적용하여 얻을 수 있지만, 지금 광선들이 렌즈 내부로부터 입사하므로 $n_1 = n$ 그리고 $n_2 = 1$이다. 결론적으로 다음과 같다.

$$\frac{n}{t - s_1'} + \frac{1}{s_2'} = \frac{1 - n}{R_2} \tag{34.22}$$

얇은 렌즈에 대해서, $t \to 0$이므로 식 (34.22)는 다음과 같게 된다.

$$-\frac{n}{s_1'} + \frac{1}{s_2'} = \frac{1 - n}{R_2} = -\frac{n - 1}{R_2} \tag{34.23}$$

목표는 렌즈에 의해 전체적으로 상이 형성되는 P″까지의 거리 s_2'을 구하는 것이다. 단순히 식 (34.21)과 (34.23)을 더한다면, s_1'을 소거하여 다음을 얻을 수 있다.

$$\frac{1}{s_1} + \frac{1}{s_2'} = \frac{n - 1}{R_1} - \frac{n - 1}{R_2} = (n - 1)\left(\frac{1}{R_1} - \frac{1}{R_2}\right) \tag{34.24}$$

s_1과 s_2'의 아래 첨자인 숫자들은 더 이상 도움이 되지 않는다. 만약 s_1을 렌즈로부터 물체까지의 거리 s로 대신하고 s_2'을 s'으로 대신한다면, 식 (34.24)는 **얇은 렌즈 방정식**(thin-lens equation)이 된다.

$$\frac{1}{s} + \frac{1}{s'} = \frac{1}{f} \quad \text{(얇은 렌즈 방정식)} \tag{34.25}$$

여기서 렌즈의 초점 거리는 다음과 같다.

$$\frac{1}{f} = (n - 1)\left(\frac{1}{R_1} - \frac{1}{R_2}\right) \quad \text{(렌즈 제작자 공식)} \tag{34.26}$$

식 (34.26)은 **렌즈 제작자 공식**(lens maker's equation)으로 알려져 있다. 이에 따라 얇은 렌즈의 모양과 렌즈를 만드는 데 쓰인 물질로부터 초점 거리를 결정할 수 있다.

광축에 평행한 광선들이 원초점을 지나는 것을 기억한다면 f에 대한 식 (34.26)이 실제 렌즈의 초점 거리라는 것을 확인할 수 있다. 이것은 사실 렌즈 초점 거리에 대한 우리의 정의였다. 평행 광선은 물체 거리가 $s \to \infty$인 매우 멀리 있는 물체로부터 와야 하며, 따라서 $1/s = 0$이다. 이 경우에, 식 (34.25)는 예상한 대로, 평행 광선들이 렌즈의 원초점인 $s' = f$로 수렴할 것이라고 말해준다.

얇은 렌즈 방정식과 그림 34.41에 보인 렌즈의 한 가지 구체적인 기하학적 구조로부터 렌즈 제작자 공식을 유도하였지만, 그 결과는 적절한 부호 규약을 따르는 한 모든 렌즈에 대해서 유효하다. 식 (34.25)와 (34.26)에 쓰이는 부호 규약이 표 34.3에 주어졌다.

표 34.3 얇은 렌즈에 대한 부호 규약

	양	음
R_1, R_2	물체를 향해 볼록	물체를 향해 오목
f	중심이 두꺼운 수렴 렌즈	중심이 얇은 발산 렌즈
s'	실상, 물체와 반대쪽	허상, 물체와 같은 쪽

예제 34.12 초승달 렌즈의 초점 거리

그림 34.42에 보인 유리로 된 초승달 렌즈의 초점 거리는 얼마인가? 이는 수렴 렌즈인가 혹은 발산 렌즈인가?

그림 34.42 초승달 렌즈

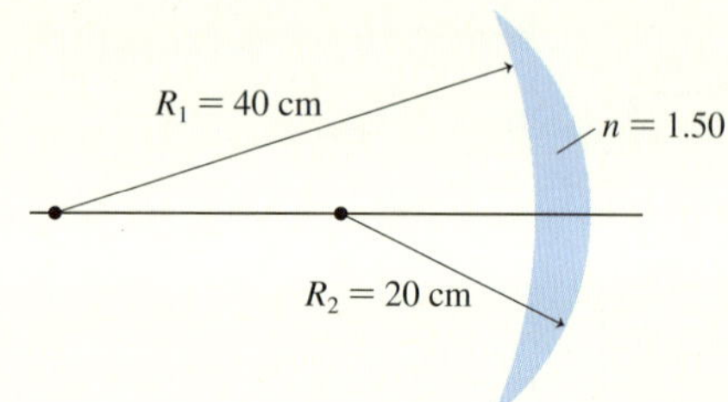

풀이 만약 물체가 왼쪽에 있다면, 첫째 면은 $R_1 = -40$ cm(물체에 대해 오목)이며 둘째 면은 $R_2 = -20$ cm(이 면도 물체에 대해 오목)이다. 유리의 굴절률은 $n = 1.50$이므로 렌즈 제작자 공식은 다음과 같게 된다.

$$\frac{1}{f} = (n-1)\left(\frac{1}{R_1} - \frac{1}{R_2}\right) = (1.50 - 1)\left(\frac{1}{-40\text{ cm}} - \frac{1}{-20\text{ cm}}\right)$$
$$= 0.0125\text{ cm}^{-1}$$

이 표현의 역수를 취하면 $f = 80$ cm가 된다. 이는 f값이 양이며 렌즈 중심이 두껍다는 것으로 보아 수렴 렌즈이다.

얇은 렌즈 상형성

얇은 렌즈 방정식에 의해 자세한 계산과 더불어 광선 추적에 관한 사항들도 기억하기 바란다. 광학적 분석의 가장 강력한 도구는 광선 궤적의 직관적 이해를 얻기 위한 광선 추적과 얇은 렌즈 방정식의 결합이다.

예제 34.13 렌즈 설계

현미경은 평볼록 유리 렌즈를 대물렌즈로 사용하며 평면이 시료를 향하도록 한다. 렌즈가 시료로부터 8.0 mm 거리에 있을 때, 렌즈 뒤 160 mm에 실상이 형성된다. 렌즈 곡면의 반지름은 얼마인가?

핵심 렌즈를 얇은 렌즈로, 시료를 물체로 취급한다. 렌즈의 초점 거리는 렌즈 제작자 공식으로 주어진다.

시각화 그림 34.43은 렌즈 형상을 명확하게 하고 R_2를 정의한다. 굴절률은 표 34.1로부터 얻는다.

그림 34.43 평볼록 현미경 대물렌즈

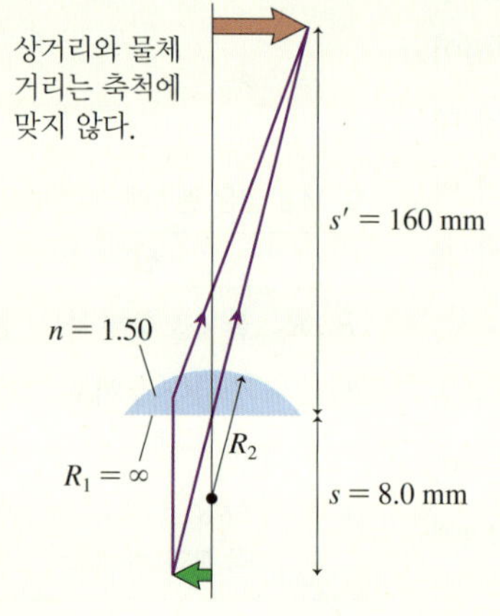

풀이 만약 렌즈의 초점 거리를 알고 있다면, R_2를 표현하기 위해 렌즈 제작자 공식을 쓸 수 있다. 물체 거리와 상거리 모두를 알고 있으므로 얇은 렌즈 방정식을 써서 다음을 구한다.

$$\frac{1}{f} = \frac{1}{s} + \frac{1}{s'} = \frac{1}{8.0\text{ mm}} + \frac{1}{160\text{ mm}} = 0.131\text{ mm}^{-1}$$

초점 거리는 $f = 1/(0.131\text{ mm}^{-1}) = 7.6$ mm이지만 렌즈 제작자 공식에서 필요한 것은 $1/f$ 뿐이다. 렌즈의 앞면은 구에서 $R_1 \to \infty$로 간주할 수 있는 평면이다. 따라서 $1/R_1 = 0$이다. 이를 써서 렌즈 제작자 공식을 풀어서 R_2를 얻을 수 있다.

$$\frac{1}{R_2} = \frac{1}{R_1} - \frac{1}{n-1}\frac{1}{f} = 0 - \left(\frac{1}{1.50 - 1}\right)(0.131\text{ mm}^{-1})$$
$$= -0.262\text{ mm}^{-1}$$
$$R_2 = -3.8\text{ mm}$$

곡면이 물체를 향해서 오목이므로 음의 부호가 나타났다. 곡면의 반지름은 3.8 mm이다.

검토 렌즈의 실제 두께는 R_2보다 작아야 하는데, 아마도 약 1.0 mm에 지나지 않을 것이다. 이 두께는 물체 거리와 상거리보다 명백히 작으므로 얇은 렌즈 방정식은 정당화된다.

예제 34.14 **확대경**

우표수집가가 확대경을 우표 위 2.0 cm에 두고 쓴다. 배율은 4.0이다. 렌즈의 초점 거리는 얼마인가?

그림 34.44 확대경의 그림 표현

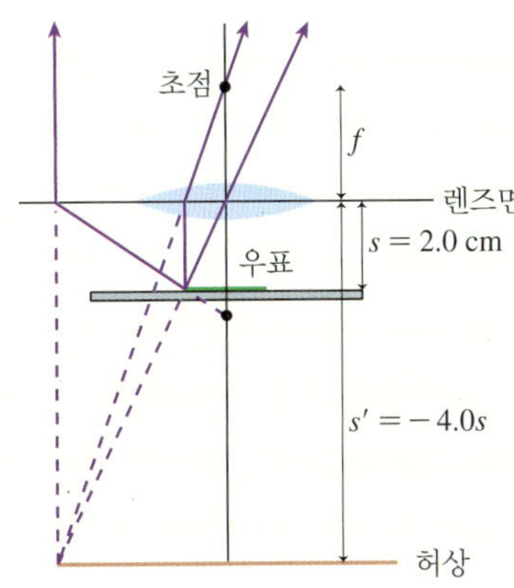

핵심 확대경은 물체 거리가 초점 거리보다 작은($s < f$) 수렴 렌즈이다. 이를 얇은 렌즈로 가정한다.

시각화 그림 34.44는 렌즈와 광선 추적 도형을 보여준다. 렌즈의 실제 형상을 알 필요가 없으므로 그림은 일반적인 수렴 렌즈를 보여준다.

풀이 허상이 바로 서 있으므로 $m = +4.0$이다. 배율은 $m = -s'/s$이므로

$$s' = -4.0s = -(4.0)(2.0\text{ cm}) = -8.0\text{ cm}$$

이다. 얇은 렌즈 방정식에서 s와 s'를 써서 초점 거리를 구할 수 있다.

$$\frac{1}{f} = \frac{1}{s} + \frac{1}{s'} = \frac{1}{2.0\text{ cm}} + \frac{1}{-8.0\text{ cm}} = 0.375\text{ cm}^{-1}$$

$$f = 2.7\text{ cm}$$

검토 예측한 대로 $f > 2$ cm이다.

34.7 구면 거울에 의한 상형성

곡면 거울은 망원경, 감시거울, 후사경, 전조등 등 여러 곳에서 상을 형성하는 데 사용된다. 곡면 거울의 상 형성은 렌즈에서 사용된 광선 도형으로 해석할 수 있다. 여기서는 중요한 경우인 표면이 구의 일부분인 **구면 거울**(spherical mirrors)에 대해서만 다룰 것이다.

오목 거울

그림 34.45는 가장자리가 광원을 향하여 굽어진 **오목 거울**(concave mirror)을 보여준다. 광축에 평행한 광선들은 거울 표면에서 반사되어 광축 상의 한 점을 지나간다. 이것이 거울의 초점이다. 초점 거리는 거울 표면으로부터 초점까지의 거리이다. 오목 거울은 수렴 렌즈와 유사하나 오직 1개의 초점만 있다.

그림 34.45 오목 거울의 초점과 초점 거리

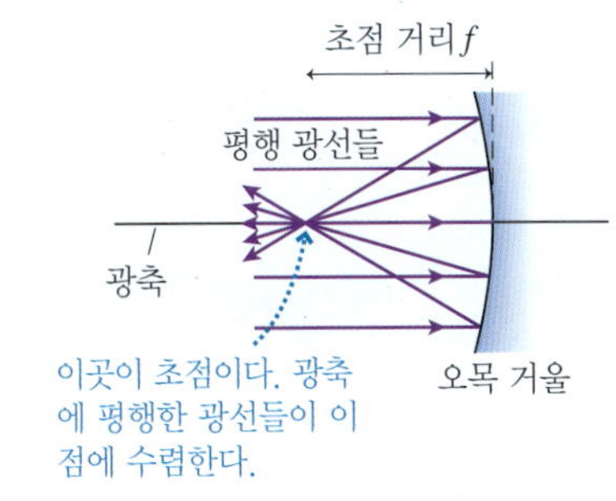

그림 34.46에서 보인 바와 같이 거울로부터의 물체 거리가 초점 거리보다 긴($s > f$) 경우에 대해서 먼저 생각해보자. 물체의 점 P로부터의 광선들이 상점에 있는 점 P′에 수렴하므로 상이 실상(그리고 거꾸로 된 상)임을 알 수 있다. P로부터 나온 무한개의 광선 모두가 P′에서 만나지만, 각 광선은 반사 법칙을 따르며 상의 위치와 크기를 결정하는 데는 3개의 '특별한 광선'이면 충분하다는 것을 알 수 있다.

- 광축에 평행한 광선은 반사하여 초점을 지난다.
- 초점을 지나는 광선은 반사하여 광축에 평행하게 된다.
- 거울 중심과 만나는 모든 광선들은 같은 각으로 광축의 반대쪽으로 반사된다.

그림 34.46 오목 거울에 의해 형성된 실상

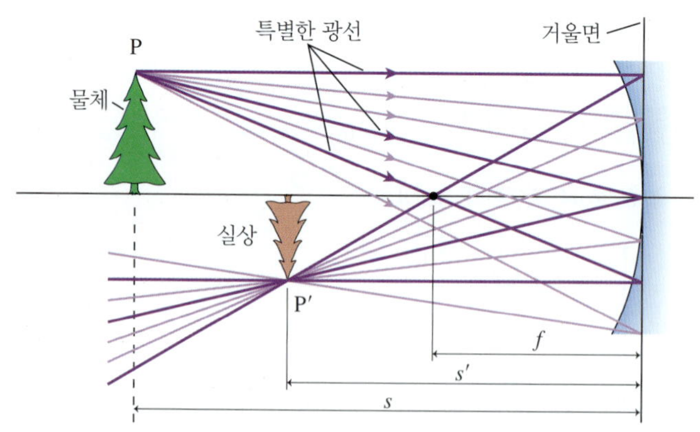

만약 $s < f$라도, 이 세 광선들에 의해 상의 위치가 결정되며 이 경우엔 허상이 거울 뒤에 생긴다. 다시 한번 허상은 상거리 s'이 음이다.

볼록 거울

그림 34.47 볼록 거울의 초점과 초점 거리

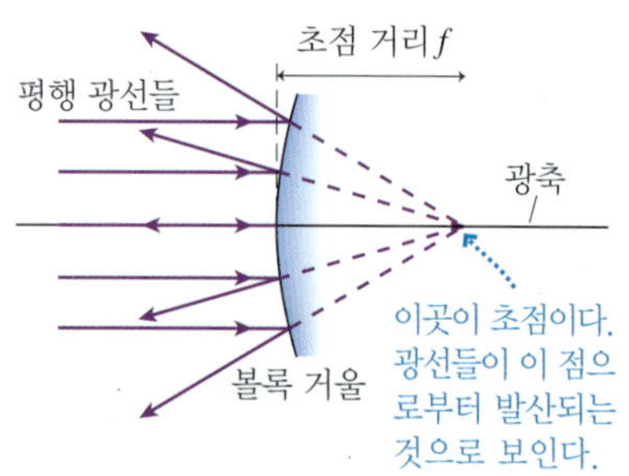

그림 34.48 도시의 스카이라인이 연마된 구에서 반사되었다.

그림 34.47은 가장자리 곡면이 광원으로부터 멀어진 거울로 입사하는 평행 광선들을 보여준다. 이러한 거울을 **볼록 거울**(convex mirror)이라 한다. 이 경우, 반사된 광선들이 거울 뒤의 한 점으로부터 오는 것처럼 보인다. 이 점이 볼록 거울의 초점이다.

볼록 거울의 흔한 예가 트리 장식용으로 은 코팅된 공이다. 만약 이 공에 반사된 여러분을 보면, 여러분의 모습이 바로 서 있지만 매우 작게 보일 것이다. 다른 예로, 그림 34.48은 연마된 금속구에서 반사된 도시의 스카이라인을 보여준다. 고층건물들이 왜 모두 이렇게 작게 보이는지 알아보기 위해서 광선 추적을 해보자.

그림 34.49는 볼록 거울 앞의 물체를 보여준다. 이 경우, 각각 반사 법칙을 따는 반사된 광선들에 의해 크기가 작아진 직립상이 거울 뒤에 생긴다는 것을 알 수 있다. 어떠한 광선도 실제로 점 P′에 수렴하지 않으므로, 이 상이 허상임을 알 수 있다. 대신

그림 34.49 볼록 거울에 의해 형성된 허상

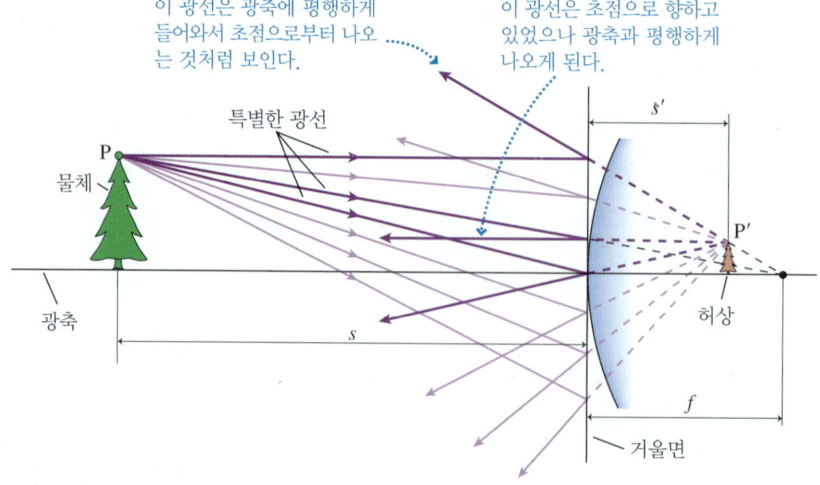

에, 발산하는 광선들이 이 점으로부터 오는 것처럼 보인다. 이 역시 상을 찾는 데 3개의 특별한 광선만으로도 충분하다.

볼록 거울은 조수석의 사이드미러와 손님을 지켜보기 위한 가게의 둥근 거울과 같이 안전과 감시용으로 다양하게 쓰이고 있다. 물체가 볼록 거울에서 반사될 때, 상은 물체보다 작게 나타난다. 어떤 의미에서는 상이 물체의 축소판이므로 같은 크기의 평면 거울에서 볼 수 있는 것보다 거울 가장자리 내에서 더 많은 것을 볼 수 있다.

풀이 전략 34.4

구면 거울에서의 광선 추적

❶ **광축을 그린다.** 모눈종이나 자를 사용한다! 적절한 눈금을 정한다.

❷ **축 중앙에 거울을 위치시킨다.** 거울면으로부터 거리 f 되는 점에 초점 거리를 표시한다.

❸ **거리 s에 바로 선 화살표로 물체를 나타낸다.** 화살표의 바닥을 축에 위치시키고 화살표를 거울 반지름의 반 정도가 되도록 그린다.

❹ **화살표 끝에서부터 3개의 '특별한 광선'을 그린다.** 모든 반사는 거울면에서 일어난다.

a. 축과 평행한 광선은 반사하여 초점을 지나거나(오목 거울) 초점을 떠난다(볼록 거울).

b. 초점을 지나거나(오목 거울) 혹은 초점을 향하는(볼록 거울) 입사광선은 반사되어 광축에 평행하게 된다.

c. 거울 중심과 만나는 광선은 같은 각으로 광축의 반대쪽으로 반사된다.

❺ **앞으로 혹은 뒤로 광선들을 수렴할 때까지 연장한다.** 이것이 상점이다. 상의 나머지 부분을 상평면에 그린다. 만약 물체의 바닥이 축 위에 있다면, 상의 바닥도 축 위에 있을 것이다.

❻ **상거리 s'을 측정한다.** 또한 필요하다면 물체 높이에 대한 상의 높이를 측정한다.

예제 34.15 오목 거울의 분석

높이가 3.0 cm인 물체가 오목 거울로부터 60 cm에 있다. 거울의 초점 거리는 40 cm이다. 광선 추적을 사용하여 상의 위치와 높이를 구하시오.

핵심 풀이 전략 34.4의 광선 추적 단계들을 사용한다.

시각화 그림 34.50은 풀이 전략 34.4의 단계들을 보여준다.

풀이 직선 자를 써서 상의 위치가 거울 앞 $s' \approx 120\,\text{cm}$이고 높이가 $h' \approx 6\,\text{cm}$임을 구할 수 있다.

검토 광선들이 상점에 수렴하므로 상은 실상이다.

그림 34.50 오목 거울에서의 광선 추적 도형

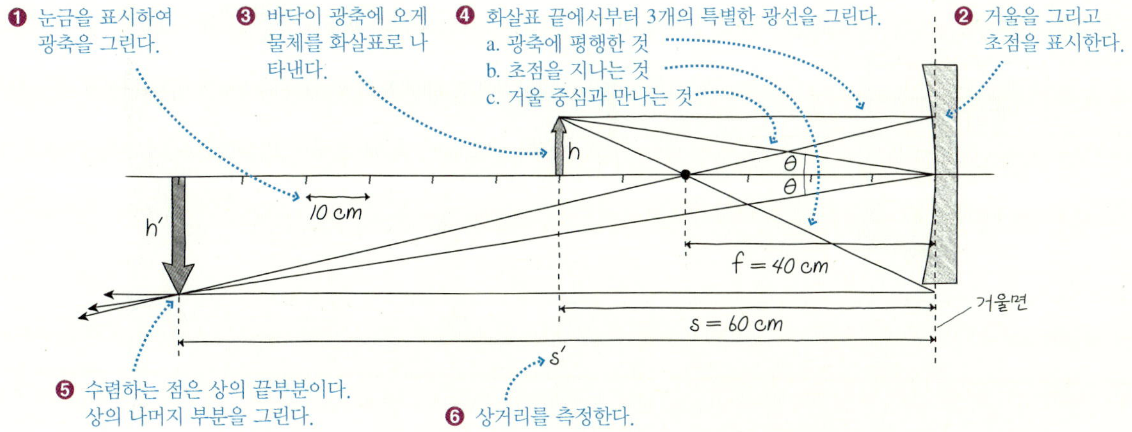

거울 방정식

얇은 렌즈 방정식은 렌즈면에서 단일 굴절만 발생할 정도로 렌즈의 두께가 얇고 광선들이 광축에 거의 평행한(근축광선) 것을 가정한다. 만약 구면 거울에 대해서도 같은 가정을 한다면, 즉 근축광선이 무시 가능한 두께를 지닌 거울의 거울면에서 반사된다면 물체 거리와 상거리의 관계는 얇은 렌즈의 경우와 정확히 같다.

$$\frac{1}{s}+\frac{1}{s'}=\frac{1}{f} \qquad \text{(거울 방정식)} \tag{34.27}$$

거울의 초점 거리는 거울의 곡률 반지름과 다음의 관계를 갖는다.

$$f=\frac{R}{2} \tag{34.28}$$

표 34.4 구면 거울에 대한 부호 규약

	양	음
R, f	물체를 향해 오목	물체를 향해 볼록
s'	실상, 물체와 같은 쪽	허상, 물체와 반대쪽

표 34.4는 구면 거울에서 쓰이는 부호 규약을 보여준다. 이는 렌즈의 부호 규약과 다르므로 이 표를 표 34.3과 주의해서 비교할 필요가 있다. 수렴 렌즈와 유사한 오목 거울은 음의 초점 거리를 가진다. 구면 거울의 가로배율은 정확히 렌즈에서와 같이 계산된다.

$$m=-\frac{s'}{s} \tag{34.29}$$

예제 34.16 | 오목 거울의 분석

높이 3.0 cm인 물체가 오목 거울로부터 20 cm에 위치해 있다. 거울의 곡률 반지름은 80 cm이다. 상의 위치, 방향, 그리고 높이를 결정하시오.

핵심 거울을 얇은 거울로 취급한다.

시각화 거울의 초점 거리는 표 34.4의 부호 규약을 써서 $f=R/2=+40$ cm이다. 초점 거리를 알고 있으므로 그림 34.51의 3개의 특별한 광선들로부터 상이 확대되고 거울 뒤의 허상이 됨을 보여준다.

그림 34.51 예제 34.16의 그림 표현

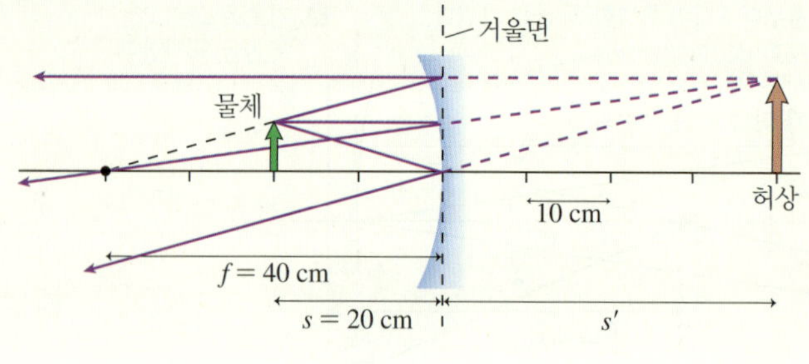

풀이 얇은 거울 방정식은 다음과 같다.

$$\frac{1}{20\text{ cm}}+\frac{1}{s'}=\frac{1}{40\text{ cm}}$$

이는 쉽게 풀려서 $s'=-40$ cm를 얻게 되고 광선 추적과 일치하는 결과를 얻는다. 음의 부호는 거울 뒤의 허상임을 말해준다. 배율은 다음과 같다.

$$m=-\frac{-40\text{ cm}}{20\text{ cm}}=+2.0$$

결론적으로 상은 높이가 6.0 cm이며 직립상이다.

검토 광선들이 상점으로부터 발산하므로 이는 허상이다. 물체 뒤에 서서 거울을 쳐다봄으로써 이 확대된 상을 볼 수 있다. 실제로, 이것이 화장용 거울이 확대하는 방법이다.

응용 예제 34.17 | 광섬유에 의한 상형성

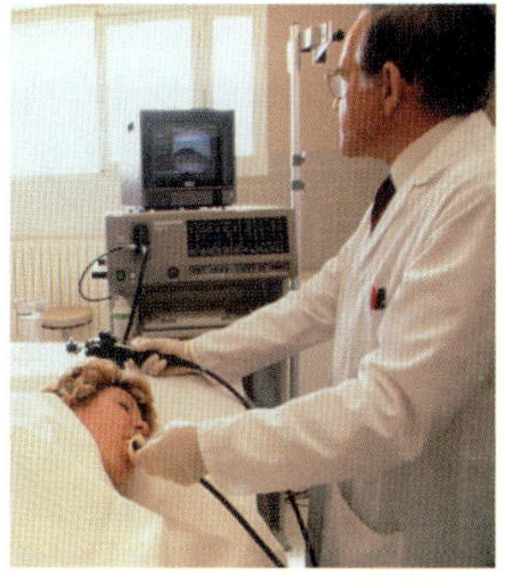

내시경은 신체의 내부를 보기 위하여 몸에 난 구멍이나 작은 절개를 통하여 몸 속에 삽입할 수 있는 가는 광섬유 다발이다. 그림 34.52가 보여주듯이, **대물렌즈**가 광섬유 다발의 입구면에 실상을 형성한다. 각 광섬유들은 내부전반사를 이용하여 빛이 나오는 광섬유 출구면까지 빛을 전달한다. 의사(혹은 TV카메라)는 **접안렌즈**를 통하여 출구면을 봄으로써 물체를 관찰한다.

그림 34.52 내시경

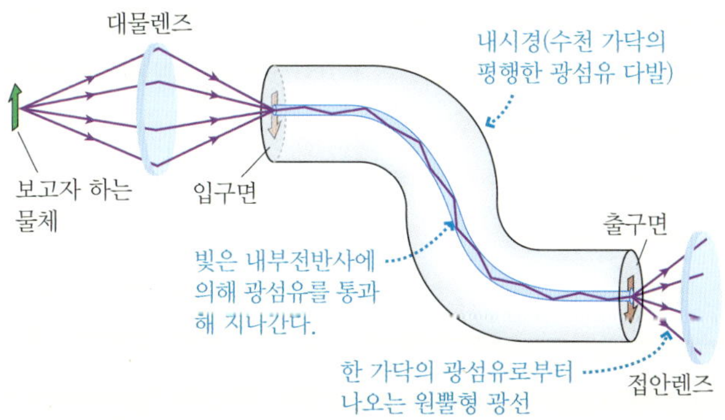

지름이 3.0 mm이고 초점 거리가 1.1 mm인 대물렌즈가 있는 내시경을 생각하자. 이들은 일반적인 값들이다. 광섬유 코어와 클래딩의 굴절률은 각각 1.62와 1.50이다. 축 위에 있는 물체에서 출발한 광선이 렌즈의 바깥쪽을 지나 광섬유에 들어갈 때 내부전반사가 일어날 수 있는 최대 입사각이 되도록 렌즈를 위치시켜 최대 밝기를 얻는다. 의사가 보고자 하는 물체로부터 얼마나 먼 곳에 대물렌즈를 놓아야 하는가?

핵심 물체를 축 위의 점광원으로 나타내고 빛의 광선 모형을 사용한다.

시각화 그림 34.53은 내시경의 입구면에 집속되는 실상을 보여준다. 광섬유 내부에서, 임계각 θ_c보다 큰 입사각으로 클래딩에 닿는 광선들은 내부전반사를 겪어서 광섬유 내에 계속 있게 된다. 만약 그 광선들의 입사각이 θ_c보다 작으면, 광선들을 잃게 된다. 최대 밝기를 위해서는, 바깥쪽을 지나는 광선이 광섬유 내부로 굴절해 들어갈 때 내부전반사가 가능하도록 최대 입사각 θ_{max}을 가질 수 있게 렌즈를 위치시킨다. 지름이 작은 렌즈는 빛 집속 성능이 작다. 이에 반해 지름이 큰 렌즈로부터 오는 바깥쪽 광선들은 코어-클래딩 경계에서 θ_c보다 작은 각으로 들어와서 내부전반사가 발생하지 않는다.

그림 34.53 확대된 광섬유 입구의 모양

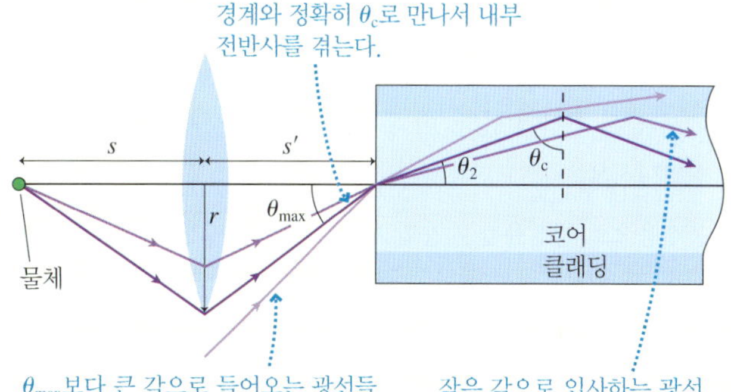

풀이 렌즈의 초점 거리를 알고 있다. 상거리 s'을 구하기 위해 임계각에서 광선의 기하학적 구조를 이용할 수 있고, 물체 거리 s를 구하기 위해 얇은 렌즈 방정식을 사용한다. 광섬유 내부에서 내부전반사를 위한 임계각은 다음과 같다.

$$\theta_c = \sin^{-1}\left(\frac{n_{cladding}}{n_{core}}\right) = \sin^{-1}\left(\frac{1.50}{1.62}\right) = 67.8°$$

코어-클래딩 경계에 정확히 임계각으로 입사한 광선은 입구면에서 $\theta_2 = 90° - \theta_c = 22.2°$로 광섬유에 들어가야 한다. 최적의 렌즈 위치를 위해서, 이 광선은 렌즈의 바깥으로 지나가며 입구면에는 각 θ_{max}로 입사한다. 입구면에서의 스넬의 법칙은

$$n_{air}\sin\theta_{max} = 1.00\sin\theta_{max} = n_{core}\sin\theta_2$$

이므로

$$\theta_{max} = \sin^{-1}(1.62\sin 22.2°) = 37.7°$$

가 된다.

렌즈 반지름 $r = 1.5$ mm를 알고 있으므로 상거리 s'인 광섬유로부터 렌즈까지의 거리는 다음과 같다.

$$s' = \frac{r}{\tan\theta_{max}} = \frac{1.5\text{ mm}}{\tan(37.7°)} = 1.9\text{ mm}$$

이제 물체의 위치를 정하기 위해 얇은 렌즈 방정식을 사용하면,

$$\frac{1}{s} = \frac{1}{f} - \frac{1}{s'} = \frac{1}{1.1\text{ mm}} - \frac{1}{1.9\text{ mm}}$$

$$s = 2.6\text{ mm}$$

이다. 광섬유 다발의 출구면을 보는 의사는 대물렌즈가 의사가 보고자 하는 물체로부터 2.6 mm에 있을 때 집속된 상을 보게 될 것이다.

검토 물체 거리와 상거리 모두 초점 거리보다 길며, 이는 실상을 형성하기에 적절하다.

서술형 질문

1. 사진을 찍기 위해 카메라를 사용하는데, 한 경우에는 과도한 빛을 막기 위해 정사각형 조리개를 쓰고 다음 경우엔 직사각형 조리개를 쓴다. 그러나 두 조리개의 넓이는 같으며 둘 다 카메라 면에서 같은 거리에 있다. 이 두 경우에서 얻은 사진들이 다른가? 설명하시오.
2. 통신용으로 광섬유를 사용할 때 한 가지 문제가, 광섬유 중심을 직접 지나가는 광선이 한쪽 끝에서 다른 끝까지 진행하는 데 걸리는 시간이 지그재그와 같이 좀 더 긴 경로의 광선보다 적게 걸린다는 것이다. 따라서 동시에 출발하지만 약간 다른 방향들로 진행하는 광선들은 다른 시각에 도달한다. 이 문제는 유리의 굴절률을 광섬유 중심에서는 더 크고 가장자리 부근에서는 작게 점진적으로 변화시킴으로써 해결할 수 있다. 이 방법으로 어떻게 진행시간 차를 줄일 수 있는지 설명하시오.
3. 자동차 조수석의 사이드미러에서 물체가 실제 크기보다 작게 보인다. 이런 형의 거울과 왜 이러한 상황에서 물체가 작게 보이는지를 설명하시오.
4. 그림 Q34.4의 물체와 렌즈는 스크린에 상이 잘 집속되고 거꾸로 선 상이 형성되도록 위치해 있다. 이 렌즈의 절반을 가리기 위해 렌즈 바로 앞에 작은 판지를 내린다. 판지가 렌즈의 절반을 가릴 때 스크린에서 무엇을 보는지 설명하시오.

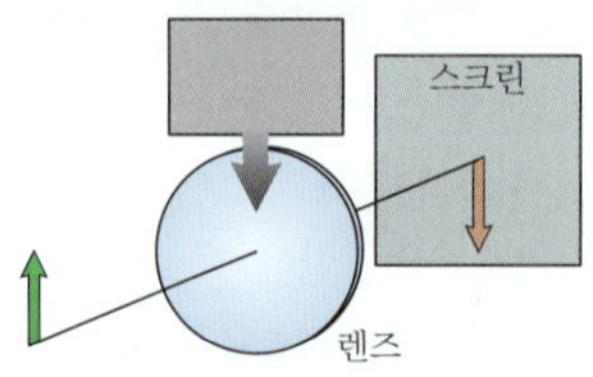

그림 Q34.4

5. 오목 거울은 거울 앞에 태양광선을 집속시킨다. 이 거울이 수영장에 잠겼지만 여전히 태양을 향해 있다고 가정하자. 태양광선이 거울로부터 더 가까이, 더 멀리 혹은 같은 거리에 집속되는가? 설명하시오.
6. 숟가락의 오목한 부분에서 반사된 여러분의 모습을 보면 거꾸로이다. 왜 그런가?

연습문제

표시가 된 연습문제들은 이전 장들에서 다룬 내용과 관련이 있다.

연습

34.1 빛의 광선 모형

1. ‖ 점광원이 3 m 떨어진 곳에 있는 슬릿을 비추고 있다. 폭 12 cm의 밝은 빛이 조리개 뒤 1 m 지점에 있는 스크린에 나타났다. 슬릿의 폭은 얼마인가?
2. | 한 학생이 과학전람회를 위하여 길이가 10 cm인 핀홀카메라를 만들었다. 이 학생이 키가 180 cm인 친구의 사진을 찍어 필름에 5 cm의 높이로 나타나게 하려고 한다. 카메라는 학생의 친구로부터 얼마나 멀리 떨어져 있어야 하는가?

34.2 반사

3. | 그림 EX34.3의 점 A로부터 광선이 출발하여 거울에서 반사되어 점 B에 도달한다. 광선이 거울과 만나는 점은 거울 상단으로부터 얼마나 밑으로 떨어져 있는가?

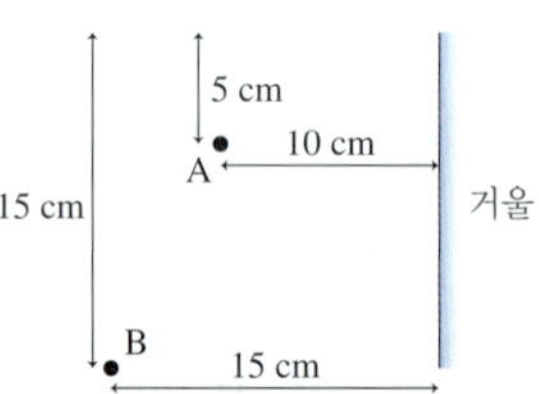

그림 EX34.3

4. | 그림 EX34.4의 레이저빔이 멀리 있는 벽의 정중앙에 닿으려면 거울로 된 천장을 향하는 각 ϕ가 얼마이어야 하는가?

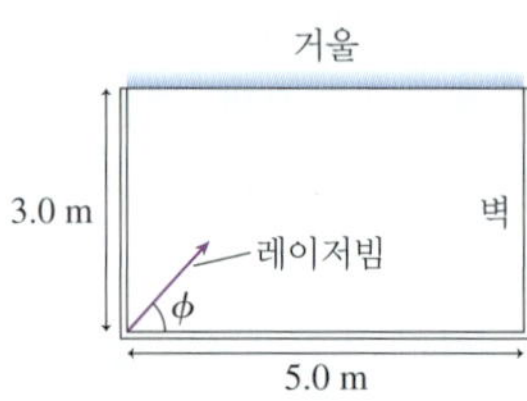

그림 EX34.4

5. Ⅰ 발끝에서 눈까지가 165 cm인 사람이 큰 거울 앞 200 cm에 서 있다. 눈에서 발끝의 상까지 거리는 얼마인가?

34.3 굴절

6. Ⅱ 두께 1 cm의 물이 수평 유리판 위에 있다. 공기 중에서 물로 광선이 법선에 대해 45°로 입사한다. 유리 속에서 광선의 진행 방향을 구하시오.

7. Ⅱ 수중 잠수부가 수평 위 60°의 태양을 보고 있다. 잠수부 위에 배를 타고 있는 어부에게는 태양이 얼마나 높이 있는가?

8. Ⅱ 얇은 유리막대가 기름 속에 잠겼다. 막대 속을 진행하는 빛의 임계각은 얼마인가?

34.4 평면굴절에 의한 상형성

9. Ⅰ 평면으로 된 수족관 속의 물고기가 카운터 위의 생선통조림을 바라본다. 물고기의 눈에는 통조림이 수족관 밖 30 cm에 있는 것으로 보인다. 통조림과 수족관 사이의 실제 거리는 얼마인가? (수족관의 얇은 유리벽은 무시할 수 있다.)

10. Ⅰ 물이 가득 차 있는 수영장 바닥에 키 150 cm의 잠수부가 완전히 물에 잠겨서 서 있다. 여러분은 잠수부의 거의 바로 위에 있는 다이빙대에 앉아 있다. 잠수부 키가 얼마인 것으로 보이겠는가?

34.5 얇은 렌즈: 광선 추적

11. Ⅱ 초점 거리 10 cm인 수렴 렌즈 앞 20 cm에 물체가 있다. 광선 추적을 써서 상의 위치를 구하시오. 상은 바로 서 있는가, 거꾸로 있는가?

12. Ⅱ 초점 거리 10 cm인 수렴 렌즈 앞 6 cm에 물체가 있다. 광선 추적을 써서 상의 위치를 구하시오. 상은 바로 서 있는가, 거꾸로 있는가?

34.6 얇은 렌즈: 굴절 이론

13. Ⅱ 그림 EX34.13에서 유리 렌즈의 초점 거리를 구하시오.

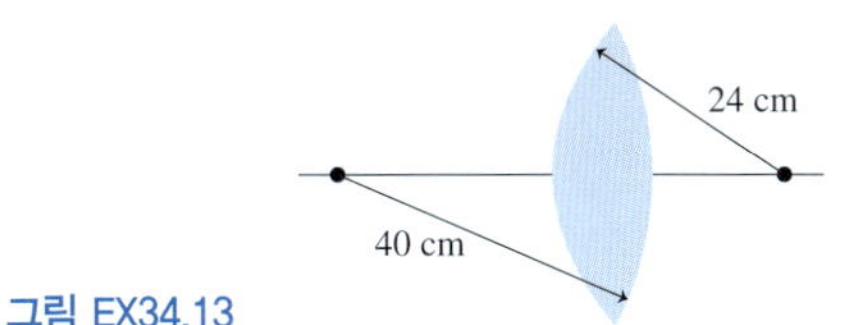

그림 EX34.13

14. Ⅱ 그림 EX34.14에서 유리 렌즈의 초점 거리를 구하시오.

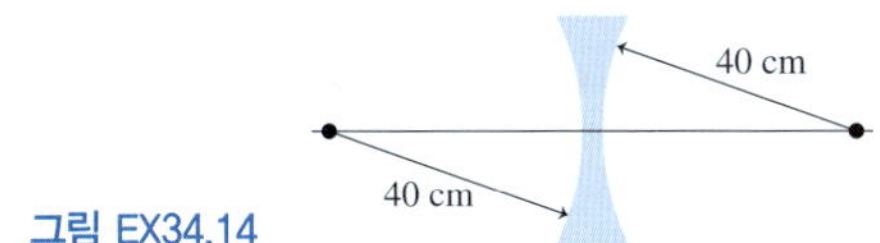

그림 EX34.14

15. Ⅱ 지름 8.0 cm의 플라스틱 공 안에 공기 방울이 표면으로부터 2.0 cm에 있다. 공기 방울이 여러분을 향하게 하여 공을 쳐다보았을 때, 공기 방울이 표면으로부터 얼마나 아래에 보이겠는가?

16. Ⅰ 높이 1.0 cm의 촛불이 초점 거리 20 cm의 렌즈 앞 60 cm에 있다. 상거리와 촛불 상의 높이는 얼마이겠는가?

17. Ⅱ 높이 2.0 cm의 물체가 초점 거리 20 cm의 수렴 렌즈 앞 40 cm에 있다.
    a. 광선 추적을 써서 상의 위치와 높이를 구하시오. 이를 자세히 하기 위해서는 직선 자와 모눈종이를 써야 한다. 여러분의 그림에서 거리를 측정하여 상거리와 상의 높이를 정하시오.
    b. 상거리와 상의 높이를 계산하시오. 문항 a의 광선 추적 결과와 비교하시오.

18. Ⅱ 높이 2.0 cm의 물체가 초점 거리 20 cm의 수렴 렌즈 앞 15 cm에 있다.
    a. 광선 추적을 써서 상의 위치와 높이를 구하시오. 이를 자세히 하기 위해서는 직선 자와 모눈종이를 써야 한다. 여러분의 그림에서 거리를 측정하여 상거리와 상의 높이를 정하시오.
    b. 상거리와 상의 높이를 계산하시오. 문항 a의 광선 추적 결과와 비교하시오.

19. Ⅱ 높이 2.0 cm의 물체가 초점 거리 −20 cm의 발산 렌즈 앞 15 cm에 있다.
    a. 광선 추적을 써서 상의 위치와 높이를 구하시오. 이를 자세히 하기 위해서는 직선 자와 모눈종이를 써야 한다. 여러분의 그림에서 거리를 측정하여 상거리와 상의 높이를 정하시오.
    b. 상거리와 상의 높이를 계산하시오. 문항 a의 광선 추적 결과와 비교하시오.

3.7 구면 거울에 의한 상형성

20. Ⅱ 물체가 초점 거리 20 cm인 오목 거울 앞 12 cm에 있다. 광선 추적을 써서 상의 위치를 구하시오. 상은 바로 서 있는가 거꾸로 있는가?

21. Ⅰ 높이 1.0 cm인 물체가 초점 거리 60 cm인 오목 거울 앞 20 cm에 있다. 상의 위치와 높이를 계산하시오. 상이 거울의 앞에 있는지 뒤에 있는지 말해보시오. 그리고 상이 바로 서 있는지 거꾸로인지도 말해보시오.

문제

22. Ⅱ 고성능 컴퓨터가 광섬유 속을 전파하는 적외선 광 펄스를 통하여 정보를 여러 부분으로 보낸다. 저장장치로부터 데이터를 받기 위해서 중앙처리장치가 저장장치에 필요한 광 펄스를 보낸다. 저장장치는 요구사항을 처리하고 데이터 펄스를 다시 중앙처리장

치로 보낸다. 저장장치가 요구사항을 처리하는 데는 0.5 ns가 걸린다. 만약 저장장치로부터 2.0 ns 내에 정보가 얻어져야 한다면 저장장치가 중앙처리장치로부터 최대 얼마나 떨어져 있을 수 있는가?

23. ‖ 여러분이 머리를 자르는 곳에는 거의 평행한 두 장의 거울이 5.0 m 떨어져 있다. 여러분이 의자에 앉아 있을 때, 머리가 가까운 거울로부터 2.0 m 거리에 있다. 이 거울을 향해서 먼저 여러분의 얼굴을 보고 멀리 떨어져서 머리 뒤를 본다.(만약 머리 뒷면을 볼 수 있으려면 거울들이 살짝 평행에서 벗어나야 하지만 이 문제에서는 이를 평행으로 취급해도 좋다.) 여러분의 머리 뒷면이 얼마나 멀리 있는 것처럼 보이겠는가? 머리 두께는 무시한다.

24. ‖ 광선이 공기 중에서 굴절률이 n인 투명한 매질로 입사한다.
   a. 굴절각이 입사각(0이 아닌)의 반이 되는 입사각에 대한 표현을 구하시오.
   b. 유리에 입사하는 빛에 대한 표현에서 값을 구하시오.

25. ‖ 그림 P34.25에서 보인, 높이 80 cm, 폭이 65 cm인 탱크에 물이 가득 차 있다. 탱크의 한쪽 벽에 10 cm마다 표시가 되어 있고 0 cm 표시가 간신히 잠겨 있다. 관찰자가 반대쪽 벽에 서 있을 때, 관찰자의 눈이 수면과 수평이다.
   a. 탱크의 꼭대기(0 cm 표시)에서 내려가면서 혹은 탱크 바닥(80 cm 표시)으로부터 올라가면서 표시들을 볼 수 있는가? 설명하시오.
   b. 문항 a에서의 답과 관계하여 관찰자가 볼 수 있는 가장 낮은 혹은 가장 높은 표시는 무엇인가?

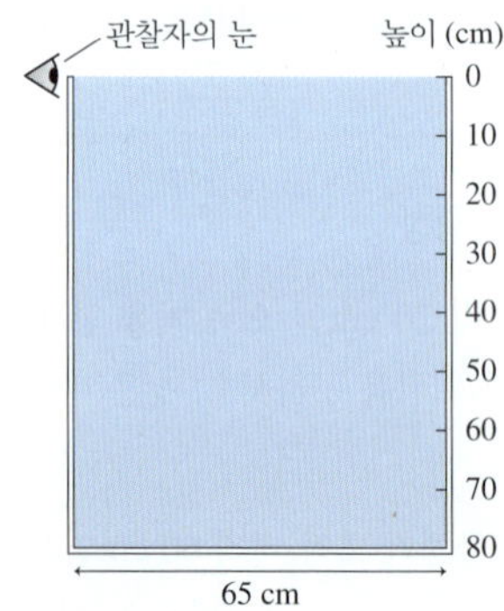

그림 P34.25

26. ‖ 폭 4.0 m인 수영장에 꼭대기까지 물이 차 있다. 태양이 지평선보다 20° 위에 있는 오후에 수영장 바닥은 완전히 그늘져 있다. 수영장 깊이는 얼마인가?

27. ‖ 한 우주비행사가 미지의 행성을 탐험하고 있을 때, 그녀가 갑자기 미지의 액체로 가득 차 있는 1.50 m 깊이의 수영장에 산소통을 떨어뜨렸다. 그녀가 가장자리로부터 21 cm인 곳에 떨어뜨렸지만 그녀가 가장자리에서 응시했을 때 31 cm 떨어진 것으로 보였다. 그 액체의 굴절률은 얼마인가? 행성의 대기는 지구 대기와 비슷하다고 가정한다.

28. ‖ 빛살은 투명한 고체 원통 내에서, 만약 N이 충분히 크다면 반사에 의해 닫힌 N면의 다면체를 형성할 수 있다. (a) 물, (b) 폴리스티렌 플라스틱, 그리고 (c) 입방체 지르코니아의 원통 내부에서 가능한 N의 최솟값은 얼마인가? 원통은 공기에 의해 둘러싸여 있다고 가정한다.

29. ||| 학교축제에서 한 가지 시합이 수영장 바닥에 편평하게 있는 표적에 창을 던지는 것이다. 물의 깊이는 1.0 m이다. 여러분은 수영장 바닥으로부터 3.0 m 높이에 눈이 위치하도록 작은 의자에 서 있다. 여러분이 표적을 볼 때, 시선은 수평에 대해 30° 아래이다. 표적을 맞추려면 수평에 대해 몇 도 아래로 창을 던져야 하는가? 창을 던질 때 팔이 창을 눈높이까지 올리며, 이 짧은 거리를 창은 포물선 궤도보다는 직선으로 날아간다고 가정할 수 있다.

30. ‖ 수족관에 갔을 때, 상어 탱크에서 길이 2.5 m의 상어가 2.0 m/s로 다가오는 것을 보았다고 하자. 물속에서 상어의 실제 속력은 얼마인가? 탱크의 유리벽은 무시할 수 있다.

31. ‖ 렌즈의 초점 거리를 결정하기 위해서 렌즈를 꼬마전구 앞에 놓고 선명하게 집속된 상을 얻기 위해서 스크린을 조정하였다. 렌즈 위치를 바꾸면서 다음 데이터들을 얻었다.

전구와 렌즈 사이 거리 (cm)	렌즈와 스크린 사이 거리 (cm)
20	61
22	47
24	39
26	37
28	32

적절한 그래프의 가장 잘 맞는 직선을 써서 렌즈의 초점 거리를 결정하시오.

32. ‖ 치과의사가 위턱 안쪽의 치아를 보기 위해서 곡면 거울을 사용한다. 의사는 거울이 치아로부터 1.2 cm 떨어져 있을 때, 배율이 1.5인 바로 선 직립상을 보고자 한다. 의사는 볼록 거울을 써야 하는가 혹은 오목 거울을 써야 하는가? 거울의 초점 거리는 얼마이어야 하는가?
BIO

33. ‖ 그림 P34.33의 거울이 유리판으로 덮여 있다. 점광원이 유리 바깥쪽에 있다. 이 광원의 상은 거울로부터 얼마나 먼 곳에 생기겠는가?

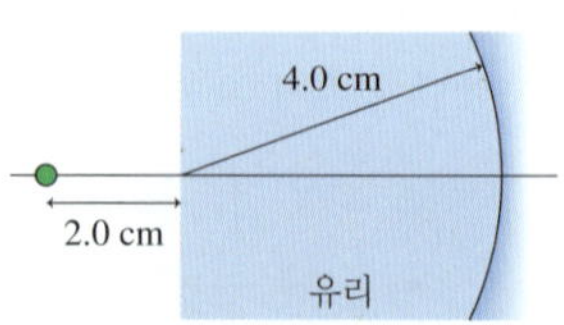

그림 P34.33

34. ‖ 25 g의 고무공이 오목 거울의 가운데 수평 위의 3.0 m 높이에서 떨어졌다. 공이 떨어진 0.65 s 후에 공과 그 상이 만나게 되었다. 거울의 곡률 반지름은 얼마인가?

35. ‖ 전구가 벽에서 3.0 m 떨어져 있다. 벽에 전구 크기의 두 배인 상을 맺는 렌즈의 초점 거리와 (전구로부터 측정된) 위치는 얼마인가?

36. ‖ 몇 가지 **전기광학 물질**들은 인가전압에 반응하여 그들의 굴절률을 변화시킬 수 있다. 보통의 굴절률이 1.500인 물질로 만들어진 평볼록 렌즈(한쪽 면은 평면, 다른 쪽 면은 곡률 반지름이 15.0 cm)가 렌즈로부터 50.0 cm 떨어진 물체의 상을 형성한다고 하자. 상을 렌즈 쪽으로 5.0 cm 더 가까이 이동시키려면 굴절률을 얼마나 더 높여야 하는가?

37. ‖ 물체로부터 10 cm 앞에 있는 렌즈가 물체 높이의 두 배인 바로 선 직립상을 형성한다. 그리고 렌즈는 물체 높이의 두 배인 거꾸로 된 상을 맺을 때까지 광축을 따라서 움직였다. 렌즈는 얼마나 멀리 움직였겠는가?

38. ‖ 초점 거리 200 mm인 망원렌즈 카메라를 가진 한 야생동물 사진작가가 100 m 떨어진 곳의 코뿔소 사진을 찍고 있다. 코뿔소가 갑자기 사진작가를 향해서 5.0 m/s로 돌진해 오기 시작했다. 코뿔소 상의 속력은 몇 μm/s인가? 상은 렌즈로 다가 오는가 혹은 멀어지는가?
CALC

39. ‖‖ 높이 2.0 cm인 물체가 거울 앞에 있다. 물체로부터 150 cm 위치인 거울 뒤에 높이 1.0 cm인 바로 선 직립상이 형성된다. 거울의 초점 거리는 얼마인가?

응용 문제

40. ‖‖ 굴절률이 n_2이고 표면 반지름이 각각 R_1과 R_2인 렌즈를 생각하자. 이 렌즈가 굴절률이 n_1인 유체에 잠겼다.
   a. 렌즈가 공기가 아닌 매질, 즉 $n_1 \neq 1$인 매질에 둘러싸였을 때, 식 (34.26)을 대신하는 일반화된 렌즈 제작자 공식을 유도하시오.
   b. 대칭(즉, 곡률이 같은 두 면) 수렴 렌즈가 반지름 40 cm인 두 면을 갖고 있다. 이 렌즈의 공기 중에서 초점 거리와 물속에서의 초점 거리를 구하시오.

41. ‖‖ 점쟁이의 '수정 구슬'(실제로는 유리임)의 지름이 10 cm이고, 비밀반지는 구슬의 가장자리에서 6.0 cm 떨어져 있다.
   a. 반지의 상이 수정 구슬의 반대쪽에 나타난다. 상은 구슬의 중심에서 얼마나 떨어져 있는가?
   b. 상형성을 보여주는 광선 도형을 그리시오.
   c. 수정 구슬을 치우고 구슬의 중심이 있던 자리에 얇은 렌즈를 놓았다. 만약 상이 여전히 같은 위치에 있다면, 렌즈의 초점 거리는 얼마인가?

35 광학기기
Optical Instruments

세계 최대 크기의 망원경은 태평양에 위치한 하와이의 마우나 케아 산 정상(해발고도 4200 m)에 있다.

이 장에서는 일반적인 광학기기와 그것들의 한계를 배운다.

광학기기란 무엇인가?

카메라, 현미경 및 망원경 같은 광학기기는 상을 보거나 검출하려는 상을 만들기 위하여 사용한다. 성능 향상을 위해 몇 개의 렌즈를 결합하여 사용한다. 복합 렌즈계를 어떻게 분석할 것인지 배운다.

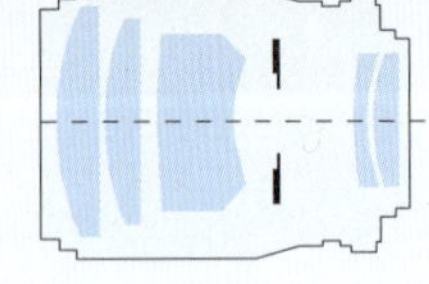

« **되돌아보기:** 34.5~34.6절 얇은 렌즈

카메라는 어떻게 작동하는가?

카메라는 여러 개의 렌즈로 이루어진 렌즈계를 이용하여 빛에 민감한 광검출기에 실상을 투영한다. 디지털카메라의 광검출기는 수백만 개의 작은 화소로 이루어져 있다.

- 초점 맞추기와 줌을 배운다.
- 렌즈의 f수, 셔터 속도, 노출 등을 어떻게 계산하는지 배울 것이다.

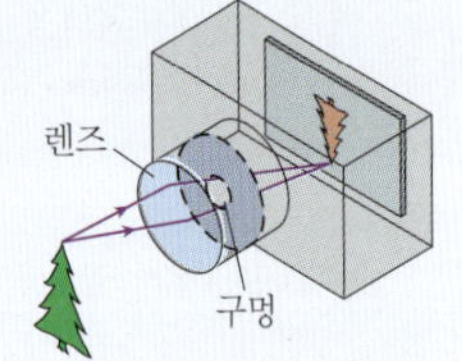

시각은 어떻게 동작하는가?

인간의 눈은 많은 점에서 카메라와 유사하다. 각막과 렌즈가 망막에 실상을 맺는다. 시각의 두 가지 시력저하인 근시와 원시를 배운다. 그리고 두 시력 감소가 안경으로 어떻게 보정되는지를 배운다.

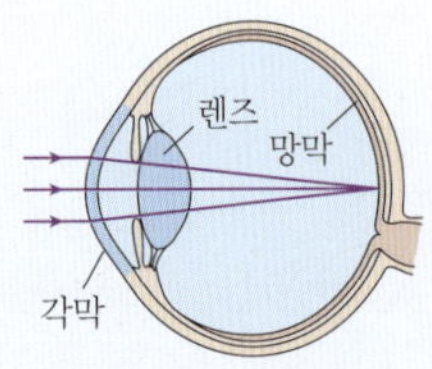

사물을 확대하기 위하여 어떤 광학계가 사용되는가?

렌즈와 거울은 가깝거나 먼 물체의 상을 확대하는 용도로 사용될 수 있다.

- 간단한 확대경은 2배 또는 3배의 저배율을 갖는다.
- 현미경은 1000배까지 확대하기 위하여 2개의 렌즈 조합을 이용한다.
- 망원경은 먼 거리의 물체를 확대한다.

교과서를 확대할 수 있다.

색이 광학에서 중요한가?

색은 빛의 파장에 의해 결정된다.

- 굴절률은 파장에 따라 변한다. 그래서 파장이 다르면 다른 각도로 굴절한다. 이것이 무지개를 만드는 주요 이유이다.
- 물질에 따라 특정한 파장의 빛을 더 잘 흡수하거나 산란시킨다.

태양빛
무지개

광학계의 분해능은 무엇인가?

렌즈를 통과한 빛은 원형 구멍을 통과한 빛처럼 회절한다. 상은 완전한 점이 아닌 회절 무늬를 보인다. 이 회절 무늬는 2개의 근접한 물체를 정확히 구별할 수 없도록 한다. 2개 상의 분해에 대한 레일리의 기준을 배운다.

« **되돌아보기:** 33.6절 원형 구멍 회절

35.1 렌즈 결합

가장 간단한 확대경은 34장에서 배운 단일 렌즈로 만들어진다. 현미경, 카메라 같은 광학기기는 상의 질을 높이기 위해 여러 개의 렌즈로 이루어진다.

복합렌즈계의 해석은 단 하나의 새로운 규칙을 요구한다. **첫 번째 렌즈의 상이 두 번째 렌즈에 대하여 물체처럼 행동한다.** 왜 그런지 보이기 위하여, 그림 35.1은 대물렌즈라고 하는 지름이 큰 수렴 렌즈와 **접안렌즈**라고 하는 지름이 작은 수렴 렌즈로 이루어진 간단한 망원경을 보여준다(이 장의 뒷부분에서 더 자세히 망원경을 분석할 것이다). 굵은 선은 34장에서 배운 3개의 특별한 광선이다.

- 광축에 나란한 광선은 초점을 통과하도록 굴절한다.
- 초점을 지나는 광선은 광축에 나란하다.
- 렌즈의 중심을 지나는 광선은 꺾이지 않는다.

그림 35.1 간단한 천체 망원경의 광선 추적 도형

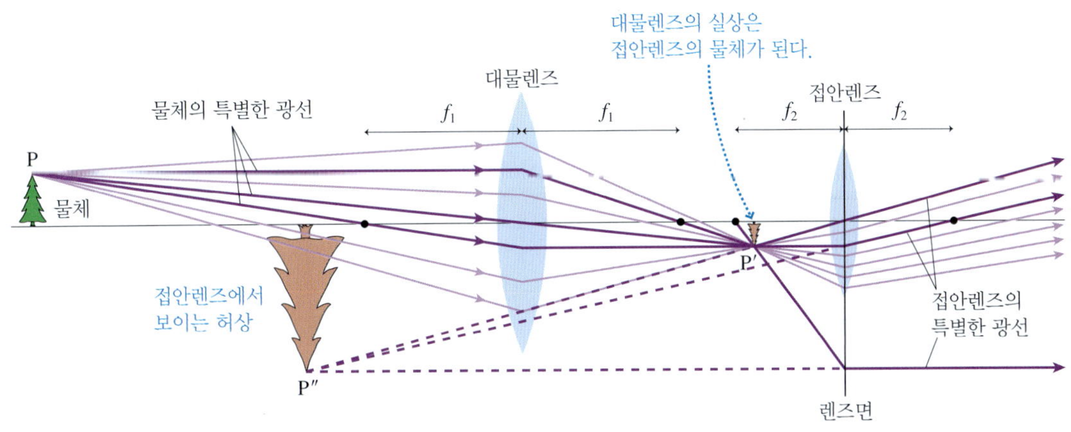

물체를 통과하는 광선은 P′에서 실상으로 수렴한다. **그러나 거기서 멈추지 않는다.** 대신에, 광선은 두 번째 렌즈에 접근하면서 P′에서 발산한다. **접안렌즈에 대하여 광선들은 P′에서 오며, 따라서 P′은 두 번째 렌즈에 대하여 물체처럼 행동한다.** 대물렌즈를 통과하는 3개의 특별한 광선은 상 P′에 충분히 위치하지만, 이 광선들은 두 번째 렌즈에 대하여 특별한 광선은 아니다. 그러나 P′에 수렴한 광선들 중 몇몇의 다른 광선들은 접안렌즈에 대해 특별한 광선이 될 수 있다. 즉, 새로운 특별한 광선이 점 P′으로부터 두 번째 렌즈까지 그려지고 최종 상 P″을 알기 위하여 사용된다.

예제 35.1 | 카메라 렌즈

카메라 '렌즈'는 일반적으로 2개 이상의 단일 렌즈 결합으로 이루어진다. 빛이 초점 거리 $f_1 = -120$ mm인 발산 렌즈를 최초로 지나고 60 mm 떨어진 위치에 $f_2 = 42$ mm인 수렴 렌즈를 갖는 카메라를 생각하자. 이 렌즈 결합의 **유효 초점 거리**는 단일 렌즈를 렌즈 결합의 중간 지점에 두었을 때 같은 위치에서 상을 만들 수 있는 단일 렌즈의 초점 거리로 정의한다. 10 cm 크기의 물체가 첫 번째 렌즈로부터 500 mm 떨어져 있다.

a. 상의 위치, 크기 그리고 방향은 어떤가?

b. 이 카메라에서 사용된 이중 렌즈계의 유효 초점 거리는 얼마인가?

핵심 각 렌즈는 얇은 렌즈다. 첫 번째 렌즈의 상은 두 번째 렌즈의 물체가 된다.

시각화 그림 35.2의 광선 추적 도형은 두 번째 렌즈 뒤 ≈55 mm에 위치한 도립 실상을 보여준다.

풀이 a. $s_1 = 500$ mm는 첫 번째 렌즈의 물체 거리다. 얇은 렌즈 방정식으로부터 이 렌즈의 허상 위치를 찾는다.

$$\frac{1}{s_1'} = \frac{1}{f_1} - \frac{1}{s_1} = \frac{1}{-120\text{ mm}} - \frac{1}{500\text{ mm}} = -0.0103\text{ mm}^{-1}$$

$$s_1' = -97\text{ mm}$$

이것은 광선 추적 도형과 일치한다. 이제 첫 번째 렌즈의 상은 두 번째 렌즈에 대하여 물체처럼 행동한다. 렌즈들이 60 mm 떨어져 있기 때문에, 물체 거리는 $s_2 = 97\text{ mm} + 60\text{ mm} = 157\text{ mm}$이다. 얇은 렌즈 방정식의 두 번째 적용은

$$\frac{1}{s_2'} = \frac{1}{f_2} - \frac{1}{s_2} = \frac{1}{42\text{ mm}} - \frac{1}{157\text{ mm}} = 0.0174\text{ mm}^{-1}$$

$$s_2' = 57\text{ mm}$$

이다. 결합렌즈의 상은 두 번째 렌즈의 뒤 57 mm이다. 2개의 렌즈의 배율은 다음과 같다.

$$m_1 = -\frac{s_1'}{s_1} = -\frac{-97\text{ cm}}{500\text{ cm}} = 0.194$$

$$m_2 = -\frac{s_2'}{s_2} = -\frac{57\text{ cm}}{157\text{ cm}} = -0.363$$

두 번째 렌즈는 첫 번째 렌즈의 상을 확대하여 물체를 확대한다. 그래서 **전체 배율은 각각의 배율의 곱이 된다.**

$$m = m_1 m_2 = -0.070$$

이와 같이 상은 두 번째 렌즈 뒤 57 mm에 위치하고, 도립(m은 음수)이며 0.70 cm 크기이다.

b. 만일 이들 두 렌즈 사이의 중간 지점에 단일 렌즈가 같은 평면에 상을 만든다면, 물체와 상거리는 $s = 500\text{ mm} + 30\text{ mm} = 530\text{ mm}$이며, $s' = 57\text{ mm} + 30\text{ mm} = 87\text{ mm}$이다. 얇은 렌즈 방정식의 마지막 적용으로 유효 초점 거리를 얻는다.

$$\frac{1}{f_{\text{eff}}} = \frac{1}{s} + \frac{1}{s'} = \frac{1}{530\text{ mm}} + \frac{1}{87\text{ mm}} = 0.0134\text{ mm}^{-1}$$

$$f_{\text{eff}} = 75\text{ mm}$$

검토 이런 결합렌즈는 '75 mm 렌즈'처럼 팔린다.

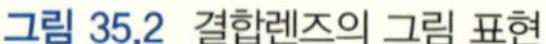
그림 35.2 결합렌즈의 그림 표현

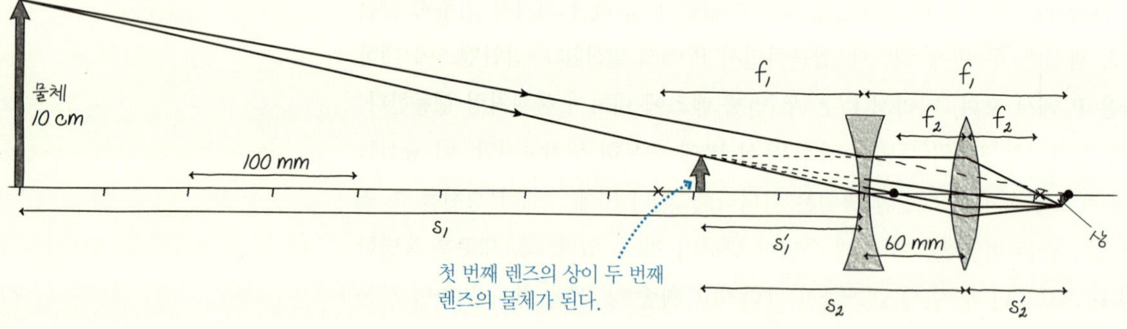

35.2 카메라

그림 35.3의 **카메라**(camera)는 밀폐된 공간 안에 있는 고감도 광검출기 위에 렌즈를 이용하여 도립 실상을 형성하고 그 '상을 찍는다'. 필름은 백년에 걸쳐서 즐겨 사용된 검출기였으나, 오늘날의 디지털카메라는 **전하 결합 장치**(CCD, charge-coupled device)라고 하는 전자 장치를 사용한다.

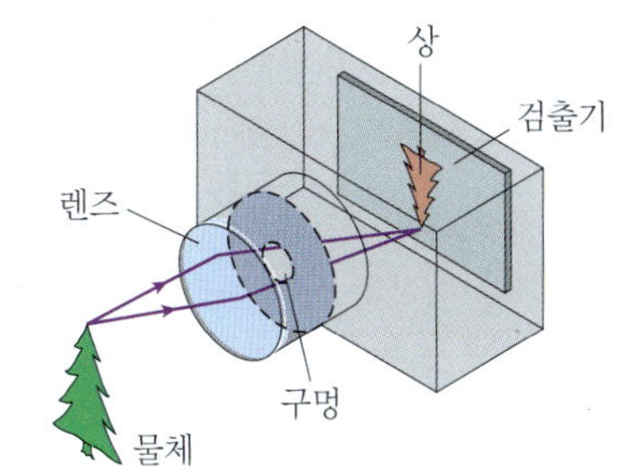

그림 35.3 카메라

카메라 '렌즈'는 항상 2개 이상의 렌즈 결합으로 이루어진다. 그림 35.4에 보이는 간단한 결합렌즈는 수렴 렌즈와 어느 정도 약한 발산 렌즈로 구성된다. 이러한 양과 음렌즈의 결합은 단일 렌즈에 있는 본래의 결함을 보정한다. 이것은 이 장 뒤에서 설명할 것이다. 예제 35.1이 보여주는 것처럼, 결합렌즈를 **유효 초점 거리** f를 갖는 단일 렌즈로 모델할 수 있다(간단히 결합렌즈의 '초점 거리'라고 부른다). **줌 렌즈**는 수렴 렌즈와 발산 렌즈 사이의 거리를 바꾸어 줌으로써 유효 초점 거리를 변화시킬 수 있다. 우리가 디지털카메라의 줌 기능을 이용하여 렌즈 경통을 앞뒤로 움직일 때 유효 초점 거리가 변화한다. 일반적인 디지털카메라는 유효 초점 거리를 6 mm에서 18 mm까지 변형시킬 수 있으며, 이는 3배줌에 해당한다.

그림 35.4 간단한 카메라 렌즈는 결합렌즈이다.

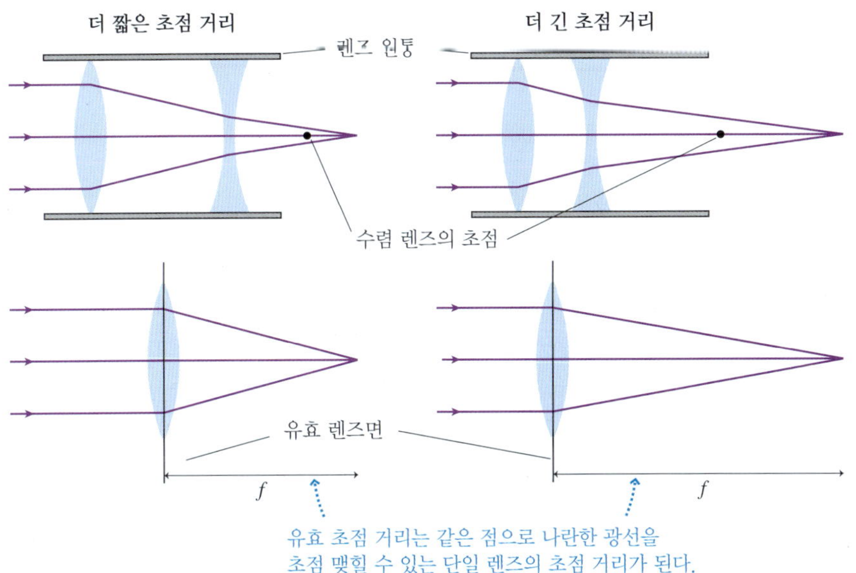

카메라는 두 가지 중요한 기능을 수행해야만 한다. 검출기에 상 초점을 맺히고 노출을 조절해야 한다. 카메라는 상이 검출기에 잘 맺힐 때까지 렌즈를 앞뒤로 이동시켜 초점을 맞춘다. 현대 대부분의 카메라는 이것을 자동으로 수행한다. 그러나 옛날 카메라는 수동으로 초점을 맞춰야 했다.

예제 35.2 | 카메라 초점 맞추기

유효 초점 거리가 10.0 mm인 디지털카메라 렌즈가 20.0 cm 떨어진 꽃에 초점을 맞추었다. 이제 먼 거리의 전경 사진을 찍으려 한다. 전경에 초점을 맞추려면 얼마나 멀리, 어느 방향으로 렌즈를 이동해야 하는가?

핵심 카메라의 결합렌즈를 초점 거리 $f = 10.0$ mm인 단일 렌즈로 모델한다. 물체와 상의 거리는 유효 렌즈면으로부터 측정된다. 조합된 모든 렌즈는 카메라가 재초점 맺을 때 함께 이동한다고 가정한다.

풀이 카메라가 초점을 맞출 때, 꽃은 물체 거리 $s = 20.0$ cm $= 200$ mm에 있다. 유효 렌즈면과 검출기 사이의 상거리는 얇은 렌즈 방정식 $1/s + 1/s' = 1/f$를 풀면 다음과 같다.

$$s' = \left(\frac{1}{f} - \frac{1}{s}\right)^{-1} = \left(\frac{1}{10.0\text{ mm}} - \frac{1}{200\text{ mm}}\right)^{-1} = 10.5\text{ mm}$$

멀리 있는 전경은 물체 거리 $s = \infty$에 있다고 여길 수 있다. 그래서 상거리는 $s' = f = 10.0$ mm가 된다. 상을 이동시켜서 검출기에 재초점 맺기 위해, 렌즈는 0.5 mm 검출기에 더 가깝게 이동하여야 한다.

검토 요구되는 렌즈의 이동은 연필에 사용되는 연필심의 지름 정도로 매우 작다.

줌 렌즈

렌즈로부터 초점 거리 10배 이상 떨어진 물체에 대하여(일반적인 디지털카메라에 대하여 대략 $s > 20$ cm), 어림하면 $s \gg f$ ($1/s \ll 1/f$)는 $s' \approx f$가 된다. 달리 말하면, 초점 거리보다 10배 이상 멀리 떨어진 물체는 본질적으로 '무한히' 멀리 있으며 무한히 먼 물체로부터 나란한 광선은 렌즈 뒤 초점 거리에 모인다. 그런 물체에 대하여, 상의 가로배율은

$$m = -\frac{s'}{s} \approx -\frac{f}{s} \tag{35.1}$$

이다.

$s \gg f$이기 때문에, 배율은 1보다 훨씬 작다. 그래서 검출기에 맺히는 상은 물체보다 훨씬 작다. 이것은 놀라운 것이 아니다. 더 중요한 점은 **상의 크기는 렌즈의 초점 거리에 정비례한다**는 것이다. 그림 35.4에서 보았듯이 결합렌즈의 유효 초점 거리는 각 렌즈 사이의 거리 변화로 쉽게 바뀌며, 이것이 바로 줌 렌즈가 동작하는 방식이다. $f_{\text{min}} = 6$ mm에서 $f_{\text{max}} = 18$ mm까지 바뀔 수 있는 렌즈는 배율 범위가 3배까지 확대 가능하여 3배줌 렌즈로 불린다.

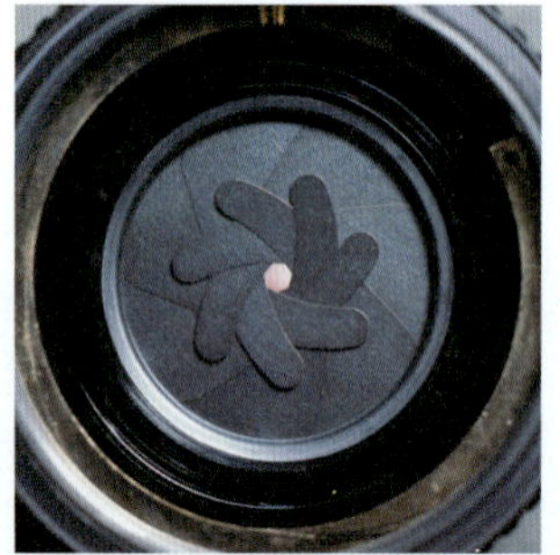

조리개는 렌즈의 유효 지름을 바꾸어서 검출기에 도달하는 빛의 양을 바꾼다.

노출 조절

카메라는 검출기에 도달하는 빛의 양을 조절해야 한다. 너무 적은 양의 빛으로 **노출부족**의 사진을 얻게 되며, 너무 많은 빛으로 **노출과다**의 사진을 얻게 된다. 셔터와 렌즈 지름을 제어하여 노출을 조절할 수 있다.

셔터는 상이 기록되는 일정한 시간 동안 '열려' 있다. 옛날 카메라는 문자 그대로 열림과 닫힘을 용수철이 장착된 기계적인 셔터를 사용하였다. 디지털카메라는 검출기가 작동하는 시간을 전기적으로 제어한다. 어느 방법이든 노출(검출기에 의해 포획되는 빛의 양)은 셔터가 열린 시간에 비례한다. 일반적인 노출 시간은 맑고 청명한 날씨

의 경우 1/1000초나 그 이하이고 어둑한 빛이나 실내의 경우 1/30초나 그 이상이다. 노출 시간은 일반적으로 **셔터 속도**로 표현된다.

렌즈를 통과하는 빛의 양은 **조리개**(iris)라고 하는 조절용 **구멍**(aperture)으로 제어되는데, 사람 눈의 홍채(iris)와 비슷한 기능을 한다. 구멍은 렌즈의 유효 지름 D를 결정한다. 조리개가 완전히 열리면 렌즈 전체가 사용되지만 **좁혀진**(stopped-down) 조리개를 통해 빛이 렌즈의 중앙 부분만 통과할 수 있다.

검출기에서 빛의 세기는 렌즈의 넓이에 정비례한다. 넓이가 두 배가 된 렌즈는 물체에서 나온 광선을 두 배 더 모아 초점을 맺어서 상이 두 배로 밝게 된다. 렌즈의 넓이는 지름의 제곱에 비례하므로, 빛의 세기 I는 D^2에 비례한다. 빛의 세기(단위넓이당 일률) 또한 상의 넓이에 반비례한다. 즉 검출기에 도달하는 빛은 물체로부터 모아진 광선이 큰 넓이로 퍼져나가는 것보다 작은 넓이로 초점 맺힌다면 더 큰 세기가 된다. 식 (35.1)에서 본 것처럼, 상의 실제 크기는 렌즈의 초점 거리에 비례한다. 그래서 상의 넓이는 f^2에 비례하며, I는 $1/f^2$에 비례한다. 결국 $I \propto D^2/f^2$이 된다.

오랜 전통으로, 렌즈의 집광 능력은 ***f*수**(f-number)로 표시되며, 다음과 같이 쓴다.

$$f\text{수} = \frac{f}{D} \tag{35.2}$$

렌즈의 f수 $f/4.0$ 또는 F4.0의 경우 f수가 4.0임을 의미하는 것으로 쓰인다. 일부 디지털카메라에 딸린 지침서는 이것을 f수라기보다 **조리개 값**으로 부른다. 디지털카메라의 완전 자동 모드는 셔터 속도나 f수를 표시하지 않지만, 카메라를 다른 모드로 놓으면 이 정보가 표시된다. 예를 들어, 1/125 F5.6의 경우 카메라가 렌즈 구멍의 지름을 $f/D = 5.6$으로 셔터 속도를 1/125초로 조절한다는 것을 의미한다. 만일 렌즈의 유효 초점 거리가 10 mm라면, 렌즈 구멍의 지름은 다음과 같다.

$$D = \frac{f}{f\text{수}} = \frac{10\text{ mm}}{5.6} = 1.8\text{ mm}$$

구멍의 지름은 f수의 분모에 있으므로 구멍의 **지름이 더 크면** f수는 더 **작아지고**, 더 많은 빛을 모아 더 밝은 상을 만든다. 검출기에서 빛의 세기는 렌즈의 f수에 관계되는데

$$I \propto \frac{D^2}{f^2} = \frac{1}{(f\text{수})^2} \tag{35.3}$$

로 주어진다. 역사적으로, 렌즈의 f수는 2.0, 2.8, 4.0, 5.6, 8.0, 11, 16으로 조절된다. 이 값은 이웃한 값에 $\sqrt{2}$의 배수로 증가한다. 렌즈의 'f-스톱(f stop)'을 하나씩 바꾸는 것은 빛의 세기를 2배만큼씩 바꾸는 것이다. 현대의 디지털카메라는 f수를 연속적으로 조절할 수 있다.

셔터가 열려 있는 동안 검출기에 도달하는 빛으로 정의되는 노출은 $I\Delta t_{\text{shutter}}$에 따라 결정된다. 작은 f수(큰 구멍 지름 D)와 짧은 $\Delta t_{\text{shutter}}$는 큰 f수(작은 지름)와 더 긴 $\Delta t_{\text{shutter}}$는 같은 노출을 만들 수 있다. 먼 산을 찍을 때는 별 차이가 없겠지만, 움직이는 피사체의 사진을 찍을 때 움직이는 순간을 '포착하기' 위해 매우 짧은 셔터 시간

초점 거리와 f수 정보가 카메라 렌즈에 적혀 있다. 이 렌즈는 5.8–23.2 mm 1:2.6–5.5로 써 있다. 첫 번째 수는 초점 거리의 범위이다. 4배수로 확장되는 4배줌 렌즈이다. 두 번째 수는 최소 f수가 $f/2.6$($f = 5.8$ mm 초점 거리)에서 $f/5.5$($f = 23.2$ mm 초점 거리) 범위이다.

을 필요로 한다. 그래서 움직이는 피사체를 찍을 때 작은 f수를 갖는 큰 지름의 렌즈를 필요로 한다.

예제 35.3 | 움직임 포착

달리기 경기 전에, 사진사는 셔터 속도 1/250초, 렌즈 $f/8.0$으로 놓고 사진을 찍으면 최적의 경주로(트랙) 사진을 얻을 수 있다는 것을 알았다. 주자가 지나갈 때 움직임을 포착하기 위하여, 셔터 속도를 1/1000초로 사용하려고 한다. 렌즈의 f수는 얼마로 놓아야 하는가?

핵심 노출은 $I\Delta t_{shutter}$에 의해 결정되며 빛의 세기는 f수의 제곱에 반비례한다.

풀이 셔터 속도를 1/250초에서 1/1000초로 변화시키면 검출기에 도달하는 빛의 세기는 4배 줄어들 것이다. 이것을 보상하려면 렌즈를 통과하는 4배의 더 많은 빛을 필요로 한다. $I \propto 1/(f\text{수})^2$이기 때문에, f수를 2배 줄이면 세기는 4배 증가할 것이다. 그래서 정확한 렌즈 설정은 $f/4.0$이다.

광검출기

필름은 과거에 주로 사용되던 광검출기였다. 오늘날 디지털카메라는 **전하 결합 장치** 또는 **CCD**라고 하는 광반응 표면을 사용한다. CCD는 **화소**(pixel)라고 하는 수백만 개의 작은 광검출기가 직사각형 모양의 배열을 이룬 구조로 되어 있다. 빛이 이 화소들 중의 어느 하나를 때리면 빛의 세기에 비례하는 전기 전하를 만들어낸다. 그래서 상이 각 화소에 작은 전하 뭉치로 CCD 위에 기록된다. CCD가 노출된 후 각 화소의 전하 신호를 읽어 카메라의 디지털 메모리에 사진으로 저장된다.

그림 35.5 디지털카메라에서 사용되는 CCD 광검출기

(a)

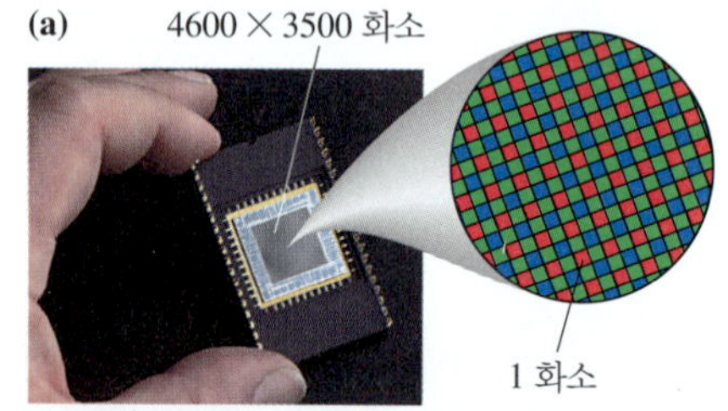

(b)

그림 35.5a는 CCD 칩과, 그 표면에 있는 화소의 확대된 모습을 개략적으로 보여준다. 색깔 정보를 기록하기 위하여, 각 화소에 빨간색, 녹색, 혹은 파란색 필터를 적용한다. 예를 들어, 빛이 녹색 필터가 적용된 화소를 때리면 입사된 빛 중 녹색의 세기만 기록한다. 후에 카메라의 마이크로프로세서가 각 화소의 실제 색깔을 구현한다. 화소의 크기가 매우 작기 때문에 사진을 어느 정도 확대한 후에도 '부드럽게' 보이지만, 그림 35.5b에서 볼 수 있는 것처럼, 충분히 확대하면 개개의 화소를 구분할 수 있다.

35.3 시각

인간의 눈은 놀랍고도 복잡한 기관이다. 만일 생물학적 관점을 떠나 눈의 광학적 특성에 초점을 맞춘다면, 눈이 카메라와 매우 유사하게 작동함을 알 수 있다. 카메라와 유사하게, 눈은 입사광선을 모으는 굴절면과 빛의 세기를 조절하는 조리개 그리고 광검출기를 갖고 있다.

그림 35.6은 눈의 기본 구조를 보여준다. 눈은 지름 약 2.4 cm의 구형에 가까운 모양을 갖고 있다. 다소 곡률이 큰 곡면인 투명한 **각막**과 **수정체**가 눈의 굴절 요소이다. 눈은 **수양액**(수정체의 앞부분에 있는)이라고 하는 맑고 젤리 같은 유동체와 **유리액**(렌즈의 뒤쪽에 있는)으로 채워져 있다. 수양액과 유리액의 굴절률은 1.34로 물과

그림 35.6 사람의 눈

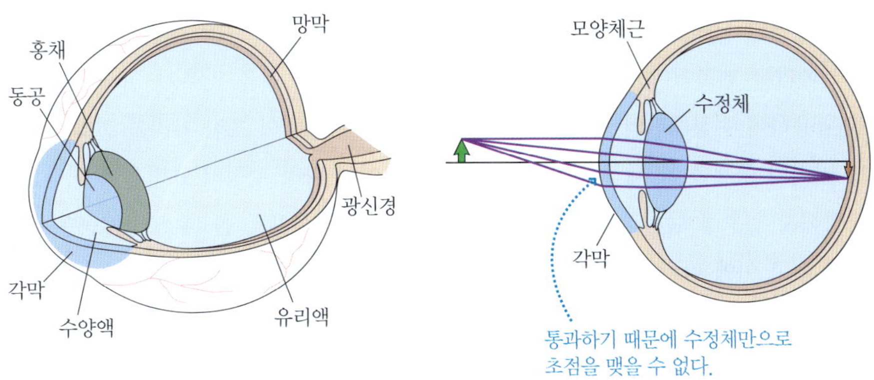

약간 다르다. 비록 일정하지는 않으나 수정체는 평균 1.44의 굴절률을 갖는다. **홍체**(iris)에 의해 조절되는 가변 구멍인 **동공**(pupil)은 빛의 세기를 조절하기 위해 자동으로 열리고 닫힌다. 아주 어두운 곳에 적응된 눈의 동공은 ≈8 mm까지 열리고, 밝은 빛에서 동공은 ≈1.5 mm까지 닫힌다. 이는 카메라의 f수로 대략 $f/3$에서 $f/16$에 해당된다.

눈의 광검출기인 **망막**(retina)은 빛에 반응하는 독특한 세포인 **간상세포**와 **원추세포**로 이루어져 있다. 밝음과 어둠에 주로 반응하는 간상세포는 아주 희미한 밝기에서 매우 중요하게 활용된다. 간상세포보다 더 많은 빛을 필요로 하는 세 가지 형태의 원추세포는 색 시각에서 사용된다. 그림 35.7은 세 가지 원추세포의 반응 파장을 보여준다. 이들 파장영역은 서로가 겹칠 수 있으며(특히 빨간색과 녹색 원추세포의 영역), 따라서 항상 하나의 파장 빛에 대해 2개 혹은 3개의 원추세포가 반응한다. 우리 뇌는 서로 다른 원추세포의 상대적인 반응으로 빛의 색을 특정한다. 색깔은 감각 및 신경계의 반응인 **지각작용**(perception)이며, 빛 자체의 물리적인 특성은 아니다. 약간 다른 종류의 망막 세포를 갖는 다른 동물들은 우리가 보지 못하는 자외선이나 적외선 파장을 볼 수 있다.

그림 35.7 인간의 망막에 있는 세 가지 원추세포의 파장 감도

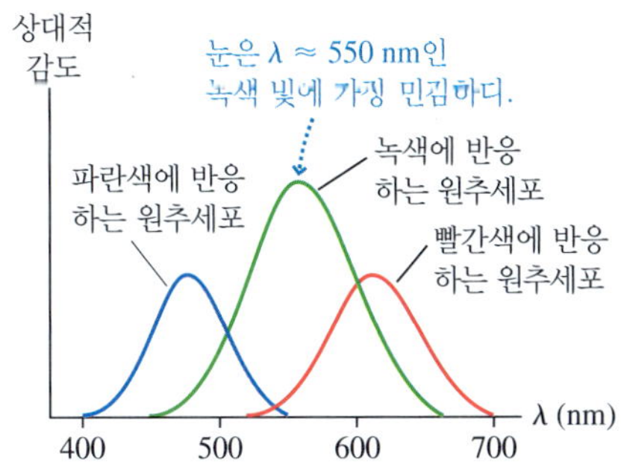

초점 맞추기와 원근조절

카메라와 유사하게 눈은 망막 위에 도립 실상을 맺도록 광선을 모은다. 놀랍게도 눈의 대부분 굴절력은 수정체가 아닌 각막에 의한 것이다. 각막은 곡률이 매우 큰 구면이다. 34장에서 배웠듯이 상은 구면에서 굴절되어 형성된다. 공기와 수양액 간의 큰 굴절률 차이가 각막에서 큰 굴절을 일으킨다. 이와는 대조적으로, 수정체와 수정체를 둘러싼 액체 간의 굴절률 차이는 작다. 그래서 수정체면에서 굴절은 약하다. 수정체는 미세 조정을 위해 중요하게 활용되며, 공기-각막 경계면에서 일어나는 주된 굴절은 상 형성을 위해 활용된다.

우리가 수중에서 눈을 뜬다면 각막의 역할을 더 분명히 알 수 있다. 모든 것이 흐릿하다! 빛이 공기보다 오히려 물을 통해 각막에 들어오면, 각막 표면에서 물과 수양

액 사이에 굴절률 차이가 거의 없다. 광선이 대부분 굴절 없이 각막을 통과하기 때문에 수정체만으로 초점을 맺을 수 없다.

카메라는 렌즈를 이동시켜서 초점을 맞춘다. 눈은 초점을 맞추기 위해, **모양체근**을 활용하여 수정체면의 곡률을 바꾸고 이를 통해 수정체의 초점 거리를 변화시킨다. 먼 거리의 물체를 볼 때 모양체근은 이완된다. 이에 따라 수정체 표면은 상대적으로 평평해지며 수정체는 긴 초점 거리를 갖는다. 가까운 물체를 볼 때 모양체근은 수축하게 되고 이에 따라 수정체는 부푼 모양이 된다. **원근조절**(accomodation)이라고 하는 이 과정은 렌즈의 곡률 반지름을 줄여서 초점 거리를 줄인다.

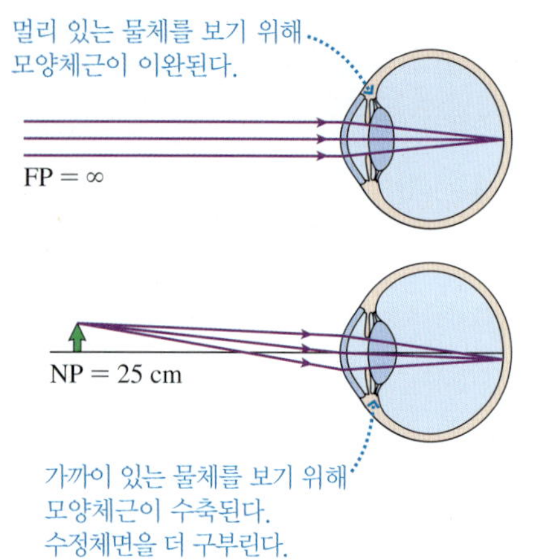

그림 35.8 원거리 및 근거리에 있는 물체에 대한 정상적인 시력

이완된 눈이 초점을 맞출 수 있는 가장 먼 거리를 눈의 **원점**(FP, far point)이라고 한다. 일반적인 눈의 원점은 무한대이다. 즉 눈은 아주 멀리 있는 물체에도 초점을 맞출 수 있다. 원근조절을 통해 초점을 맞출 때 눈이 초점을 맞출 수 있는 가장 가까운 거리를 눈의 **근점**(NP, near point)이라 한다. (근점보다 물체가 가까이 있어도 볼 수 있지만, 망막에 선명한 상을 맺지 못한다.) 그림 35.8에 두 가지 상황을 나타냈다.

시력저하와 보정

정상적인 시력의 경우 근점이 25 cm라고 알려져 있다. 하지만 근점은 나이에 따라 변한다. 어린아이의 근점은 10 cm 정도로 짧다. 젊은 성인의 경우 '정상적인' 25 cm의 근점을 가지며, 나이가 40~45세가 되면서 길어지기 시작해 60세가 되면 근점이 200 cm까지 길어질 수 있다. 수정체가 유연성을 잃으면서 발생하는 원근조절 기능 상실을 **노안**(presbyopia)이라 한다. 노안 외에 특별히 시력에 문제가 없는 경우에도 독서하기 편한 근점인 25 cm 혹은 30 cm을 확보하기 위해 독서용 안경이 필요하다.

노안은 눈의 **굴절이상**으로 알려져 있다. 흔한 두 가지 굴절이상으로 **원시안**(hyperopia)과 **근시안**(myopia)이 있다. 세 가지 모두 눈의 초점 맞추기를 도와주는 렌즈(안경이나 콘택트렌즈)로 보정할 수 있다. 보정 렌즈는 초점 거리가 아닌 **굴절력**(power)으로 규정한다. 렌즈의 굴절력은 초점 거리의 역으로, 다음과 같다.

$$\text{렌즈의 굴절력} = P = \frac{1}{f} \tag{35.4}$$

시력 처방은 오른쪽 눈 −2.25 D, 왼쪽 눈 −2.50 D이다. 음의 기호는 발산 렌즈임을 가리킨다. 안경사들은 D를 쓰지 않는데 처방이 디옵터로 된다는 것을 알기 때문이다. 일반적으로 사람의 양쪽 눈은 다르다. 그래서 일반적으로 다른 렌즈를 착용한다.

굴절력이 큰 렌즈(짧은 초점 거리)는 광선을 더 큰 각으로 굴절시킨다. 렌즈 굴절력의 SI 단위는 **디옵터**(diopter)로, 약자로 D이며, $1\ \text{D} = 1\ \text{m}^{-1}$로 정의된다. 그래서 $f = 50$ cm $= 0.50$ m인 렌즈는 $P = 2.0$ D인 굴절력을 갖는다.

원시안을 지닌 사람은 약간의 원근조절만으로도 멀리 있는 물체를 볼 수 있다. 그러나 그 사람의 근점은 25cm보다 더 길다. 그래서 가까운 물체에 초점을 맞출 수 없다. **원시안**(hyperopia)인 사람은 각막과 수정체의 굴절력에 비해 짧은 안구 길이를 갖는다. 그림 35.9a와 b가 보여주는 것처럼, 어떠한 원근조절로도 눈이 정상적인 근점(25 cm)에 있는 물체에 초점을 맞출 수 없다.

원시안인 눈은 가까이 있는 물체로부터 오는 광선을 모아 정상보다 가까이 있는

그림 35.9 원시안

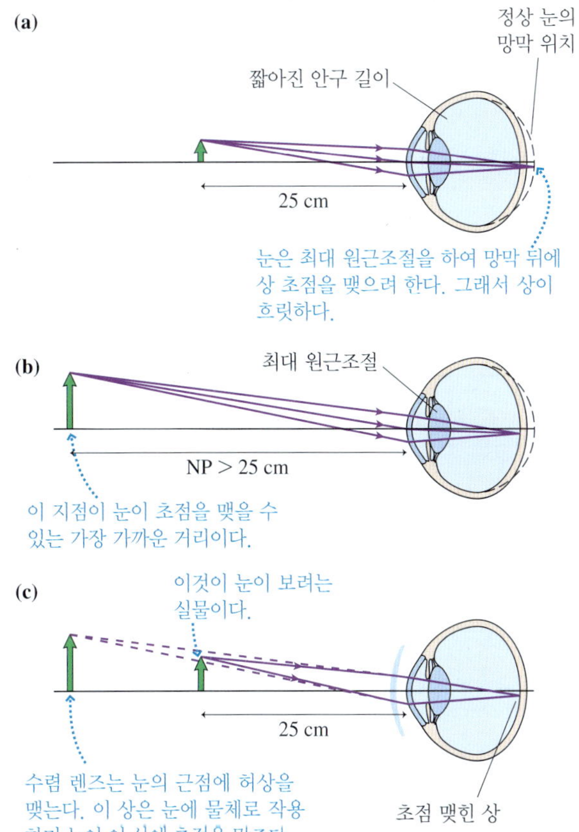

그림 35.10 근시안

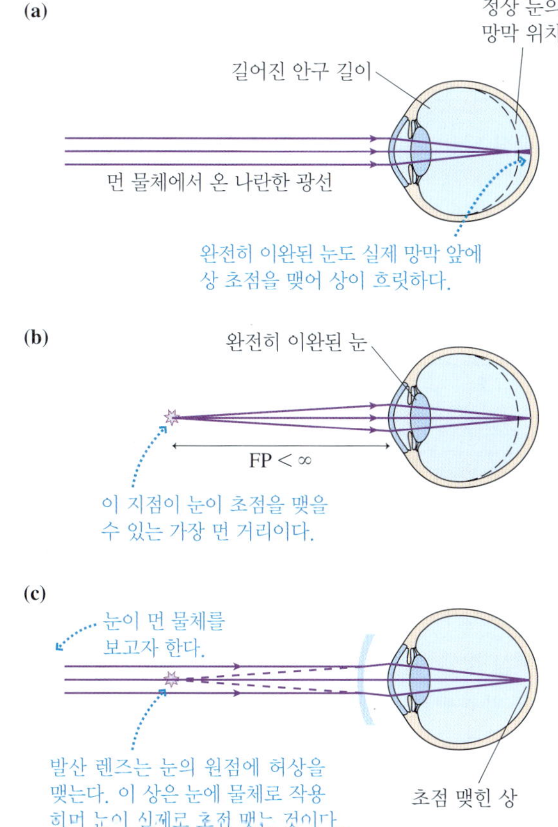

망막에 초점을 맞출 수 있도록 도와주는 도구가 필요하다. 그림 35.9c에 보이는 수렴 렌즈로 굴절력을 더해 원시안의 시력저하를 교정할 수 있다. 어떻게 이것이 작동하는지 이해하기 위하여, 첫 번째 렌즈의 상이 두 번째 렌즈의 물체임을 기억하자. 목표는 사람들로 하여금 25 cm 거리에 있는 물체에 초점을 맞추도록 하는 것이다. 만일 교정 렌즈가 사람의 실제 근점에 직립 허상을 형성한다면, 이 허상은 눈에 대해 물체로 작동하여 최대 원근조절과 함께 이 광선들을 망막에 상으로 모을 수 있다. 나이가 들어 원근조절 기능을 상실한 노안도 같은 방법으로 교정한다.

근시안인 사람은 눈이 이완되어 가까운 물체뿐 아니라 원근조절을 통해 극히 가까운 물체도 선명하게 볼 수 있지만 먼 거리의 물체를 이완하는 정도로는 볼 수 없다. **근시안**(myopia)은 너무 긴 안구 길이로 인해 발생한다. 그림 35.10a가 보여주는 것처럼, 먼 물체로부터 오는 광선은 망막 앞에 초점 맺게 되며 망막에 도달하면 발산하게 된다. 그림 35.10b에 보이는 눈의 원점이 무한대보다 가깝다.

그림 35.10c에 보이는 것처럼 근시안을 교정하기 위하여 광선을 약간 덜 모아주는 방식으로 상점을 망막 뒤로 맺게 하는 발산 렌즈를 활용한다. 매우 먼 물체에 초점을 맞추기 위해 실제 원점에 직립 허상을 만드는 교정 렌즈를 사용한다. 완전히 이완된 눈에 대해 이 허상은 물체가 되며 눈은 이 허상의 광선을 망막에 상으로 초점 맺는다.

예제 35.4 원시안 교정

산자이는 원시안이다. 그의 왼쪽 눈의 근점은 150 cm이다. 어떤 처방의 렌즈가 그의 시력을 정상 시력으로 복원시킬 것인가?

핵심 정상 시력은 산자이가 25 cm 떨어진 물체에 초점을 맞추게 할 것이다. 거리를 측정함에 있어서, 렌즈와 눈 사이의 작은 공간은 무시할 것이다.

풀이 산자이가 150 cm 거리에 있는 물체를 볼 수 있으므로, 최대 원근조절을 하여 $s=25$ cm에 있는 물체의 허상을 위치 $s'=-150$ cm(허상이기 때문에 음의 부호이다)에서 맺도록 하는 렌즈가 필요하다. 얇은 렌즈 방정식으로부터

$$\frac{1}{f}=\frac{1}{s}+\frac{1}{s'}=\frac{1}{0.25\ \text{m}}+\frac{1}{-1.50\ \text{m}}=3.3\ \text{m}^{-1}$$

을 얻는다. $1/f$는 렌즈의 굴절력이며, m^{-1}은 디옵터이다. 그래서 처방은 굴절력 $P=3.3$ D인 렌즈가 된다.

검토 원시안은 항상 수렴 렌즈로 교정한다.

예제 35.5 근시안 교정

마르티나는 근시안을 가졌다. 그녀의 왼쪽 눈의 원점은 200 cm이다. 어떤 처방의 렌즈가 그녀의 시력을 정상 시력으로 복원시킬 것인가?

핵심 정상 시력은 마르티나가 매우 멀리 떨어져 있는 물체에 초점을 맞추게 할 것이다. 거리를 측정함에 있어서, 렌즈와 눈 사이의 작은 공간은 무시할 것이다.

풀이 마르티나가 충분히 이완된 눈으로 물체를 200 cm에서 볼 수 있도록 $s=\infty$ cm에 있는 물체의 허상을 위치 $s'=-200$ cm(허상이기 때문에 음의 부호이다)에서 맺도록 하는 렌즈가 필요하다. 얇은 렌즈 방정식으로부터

$$\frac{1}{f}=\frac{1}{s}+\frac{1}{s'}=\frac{1}{\infty\,\text{m}}+\frac{1}{-2.0\,\text{m}}=-0.5\,\text{m}^{-1}$$

을 얻는다. 그래서 처방은 굴절력 $P=-0.5$ D인 렌즈가 된다.

검토 근시안은 항상 발산 렌즈로 교정한다.

35.4 확대하는 광학계

우리의 눈이 포착하기 어려운 순식간에 지나가는 장면도 빠른 셔터 속도를 가진 카메라로 찍을 수 있다. 광학계의 또 다른 용도는 우리 눈이 볼 수 있는 것보다 더 작고 가까운 물체를 보기 위하여 확대하는 것이다.

물체를 확대하는 가장 쉬운 방법은 특별한 광학계 없이 그저 가깝게 다가가는 것이다. 가까이 할수록 물체는 더 크게 보인다. 물론 우리가 가까이 다가가도 물체의 실제 크기는 변하지 않는다. 그렇다면 과연 '더 크게'란 무엇인가? 그림 35.11a에서 녹색의 화살표를 살펴보자. 렌즈의 중심을 지날 때 꺾이지 않는 광선을 추적하여 망막 위의 상의 크기를 결정할 수 있다. (여기서 눈의 광학계를 얇은 렌즈처럼 모형화하였다.) 만일 화살표에 더 가까이 접근하면, 빨간색 화살표처럼 망막 위에 더 큰 상을 형성하게 된다. 우리 뇌는 더 큰 상을 더 크게 보이는 물체로 해석한다. 물체의 실제 크기는 변하지 않지만, **외견상 크기**는 가까워짐에 따라 더 크게 된다.

그림 35.11 각크기

(a) 2개의 다른 거리에 있는 같은 물체

물체가 더 가까워지면 그에 대한 각은 더 커진다. 각크기는 증가한다.

θ_1

θ_2

더욱이 망막 위의 상의 크기는 더 커진다. 물체의 외견상 크기는 증가한다.

(b)

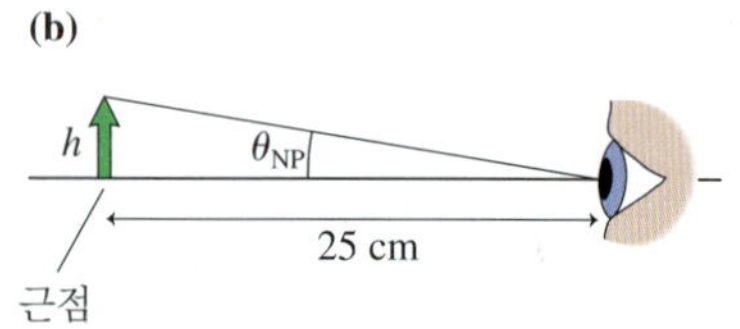

기술적으로 더 가까워진 물체는 더 크게 보인다고 하는데, 이는 물체의 **각크기**(angular size)라고 하는 각 θ가 더 커진다는 것을 말한다. 빨간색 화살표는 녹색 화살표보다 더 큰 각크기($\theta_2>\theta_1$)를 갖는다. 그래서 빨간색 화살표는 더 크게 보이며

좀 더 세밀하게 볼 수 있다. 그러나 근점보다 더 가까이 있는 물체에는 초점을 맞출 수 없기 때문에 계속적으로 물체의 각크기를 증가시킬 수는 없다. 앞으로 근점을 25 cm로 정하도록 하겠다. 그림 35.11b는 근점에서 각크기 θ_{NP}를 정의한다. 만일 물체의 높이가 h이고 작은 각 근사 $\tan\theta \approx \theta$로 한다면, 육안으로 볼 수 있는 최대 각크기는 다음과 같다.

$$\theta_{NP} = \frac{h}{25 \text{ cm}} \tag{35.5}$$

그림 35.12에서 단일 수렴 렌즈를 통해서 높이 h인 같은 물체를 관찰한다고 하자. 만일 렌즈로부터 물체의 거리가 렌즈의 초점 거리보다 짧다면, 확대된 직립상을 보게 될 것이다. 이런 방법으로 사용되는 렌즈를 **확대경**(magnifier) 또는 돋보기(magnifying glass)라고 한다. 눈은 각 θ에 해당하는 허상을 보게 되며, 상거리가 25 cm 이상이면 이 허상에 초점을 맞출 수 있다. 작은 각 근사로, 상은 각 $\theta = h/s$에 대응한다. 일반적으로 상이 거리 $s' \approx \infty$가 되어 편안한 상태로 '먼 거리의 물체'를 보는 것처럼 되기를 원한다. 이것은 물체가 초점에 매우 가까이 있을 때($s \approx f$) 사실이다. 이런 경우에, 상은 다음의 각 θ에 대한다.

$$\theta = \frac{h}{s} \approx \frac{h}{f} \tag{35.6}$$

그림 35.12 확대경

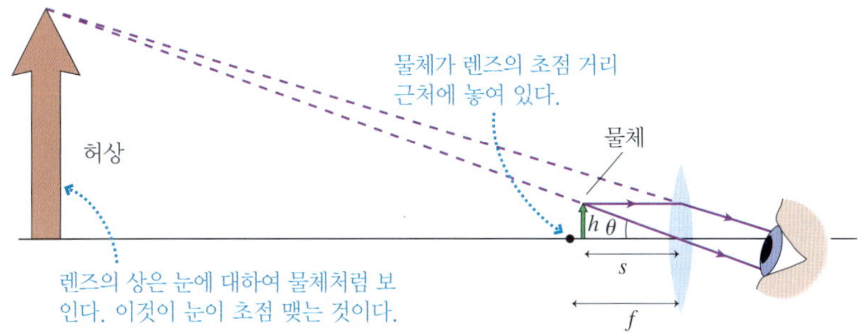

각배율(angular magnification) M은

$$M = \frac{\theta}{\theta_{NP}} \tag{35.7}$$

로 정의된다. 각배율은 근점에 물체를 놓았을 때 대비 확대경을 썼을 때 외견상의 크기 증가이다. 식 (35.5)와 (35.6)으로부터 돋보기의 각배율이

$$M = \frac{25 \text{ cm}}{f} \tag{35.8}$$

가 됨을 알게 된다. 각배율은 렌즈의 초점 거리에 의존하지만 물체의 크기와는 상관없다. 매우 짧은 초점 거리를 갖는 렌즈를 써서 각배율을 크게 증가시킬 수 있을 것 같지만, 이 장의 뒤에서 설명할 렌즈의 본래 한계 때문에 단순한 렌즈의 경우 배율이

약 4배로 제한된다. 2개의 렌즈로 구성된 복합확대경의 경우 배율이 20배까지 가능하지만 그 이상의 경우 현미경을 사용한다.

현미경

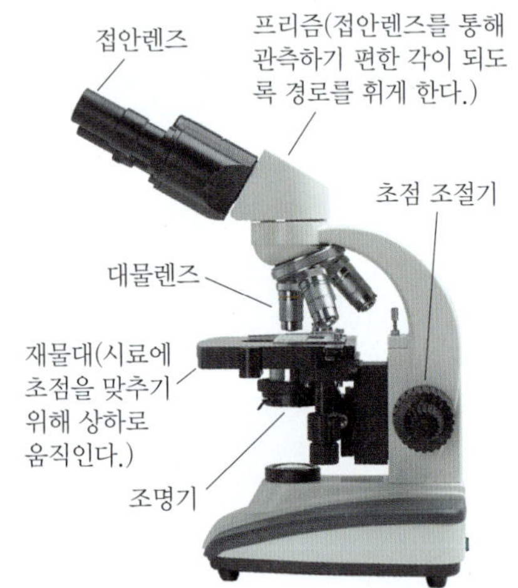

그림 35.13 현미경

그림 35.13은 현미경의 주요 부분을 보여준다. 현미경은 두 단계의 확대 과정으로 1000배까지 확대할 수 있다. 상대적으로 짧은 초점 거리를 갖는 수렴 렌즈인 **대물렌즈**(objective) 바로 아래에 관측될 시료가 현미경의 재물대에 놓인다. **접안렌즈**(eyepiece)는 대물렌즈로 얻어진 확대된 실상을 더 확대한다. 대물렌즈와 접안렌즈 모두 복합결합렌즈이지만, 각각의 렌즈를 얇은 단일 렌즈로 모형화할 것이다. 접안렌즈를 통해 관측하기 편한 각이 되도록 프리즘으로 광선 경로를 꺾는 것이 일반적이다. 그러나 우리는 빛이 똑바른 경통을 지나는 단순한 경우만 고려할 것이다.

그림 35.14는 2개의 렌즈로 만들어진 간단한 현미경 모형이다. 물체는 대물렌즈의 초점 바로 앞에 위치한다. 대물렌즈는 배율 $m=-s'/s$로 크게 확대된 실상을 만든다. 물체는 초점에 아주 가까워서 $s \approx f_{obj}$로 충분히 근사 가능하다. 이에 더하여, 현미경의 설계 방식에 따라 상거리 s'은 거의 경통 길이 L이 되도록 한다($s' \approx L$). 이와 같은 근사 방법으로 가로배율을 다음과 같이 얻는다.

$$m_{obj} = -\frac{s'}{s} \approx -\frac{L}{f_{obj}} \tag{35.9}$$

그림 35.14 현미경의 광학계

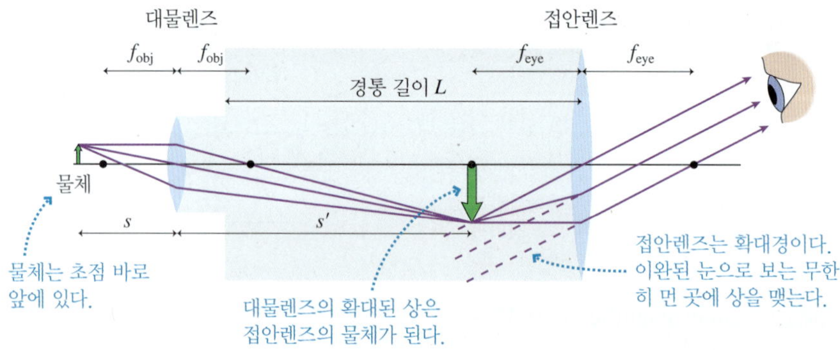

대물렌즈의 상은 접안렌즈의 물체가 되는데, 접안렌즈는 간단한 확대경처럼 작동한다. 접안렌즈의 각배율은 식 (35.8)과 같이 주어지며, $M_{eyes} = (25\text{ cm})/f_{eye}$로 주어진다. 대물렌즈와 접안렌즈를 모두 고려한 각배율은

$$M = m_{obj}M_{eye} \approx -\frac{L}{f_{obj}}\frac{25\text{ cm}}{f_{eye}} \tag{35.10}$$

가 된다. 음의 부호는 현미경에 보이는 상이 도립임을 보여준다.

실제로 대물렌즈(음의 부호 없음)와 접안렌즈의 배율은 경통에 찍혀 있다. 회전하는 렌즈 교환 장치(터릿)에 10×, 20×, 40×, 100×의 배율을 갖는 대물렌즈 세트

가 장착될 수도 있다. 10배율 접안렌즈와 결합하여 현미경의 전체 각배율은 100×, 200×, 400×, 1000×가 될 수 있다. 대부분의 생물현미경은 경통 길이가 $L = 160$ mm로 표준화되어 있다. 그래서 이 현미경의 대물렌즈는 초점 길이 $f_{obj} = 160$ mm/40 = 4.0 mm를 갖는다.

예제 35.6 | **혈액 세포 관찰**

병리학자가 현미경에서 지름 7 μm의 혈액 세포 시료를 조사한다. 그녀는 40배율 대물렌즈와 10배율 접안렌즈를 선택하였다. 25 cm에서 관찰된 어떤 크기의 물체가 현미경을 통해서 보이는 혈액 세포와 같은 외견상 크기를 갖는가?

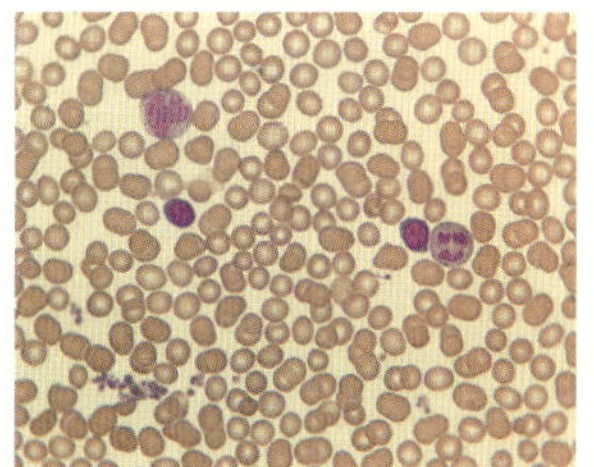

핵심 각배율은 확대된 각크기를 25 cm의 근점 거리에서 보이는 각크기의 비율로 나타낸다.

풀이 현미경의 각배율은 $M = -(40) \times (10) = -400$이다. 확대된 세포는 25 cm 거리에서 보이는 지름의 물체 400 × 7 μm ≈ 3 mm인 외견상 크기를 가질 것이다.

검토 3 mm는 이 책에 있는 문자의 크기와 거의 같다. 그래서 현미경을 통해서 보이는 혈액 세포의 외견상 크기는 편안한 거리에서 읽는 문자의 크기와 비슷할 것이다.

망원경

현미경은 작고 근접한 물체를 크게 보이도록 확대한다. 망원경은 멀리 있는 상대적으로 큰 물체를 확대하여 볼 수 있도록 하는데, 맨눈으로 볼 때 흐릿하여 잘 안보이는 세부사항까지 확대하여 자세히 볼 수 있도록 한다.

그림 35.15는 간단한 망원경의 광학계를 보여준다. 큰 지름의 대물렌즈(큰 렌즈는 더 많은 빛을 모으고 그래서 희미한 물체를 볼 수 있게 한다)는 멀리 있는 물체($s = \infty$)로부터 나란한 광선을 모아, 거리 $s' = f_{obj}$에 도립 실상을 형성한다. 짧은 초점 거리를 사용하는 현미경과 달리, 망원경 대물렌즈의 초점 거리는 망원경의 경통 길이와 거의 같다. 현미경에서와 마찬가지로, 접안렌즈는 간단한 확대경처럼 작동한다. 관측자는 도립상을 관측하지만, 그것은 천문학에서 중요한 문제가 아니다. 지구에 있는 물체를 보는 것에 사용하는 망원경은 직립상을 얻기 위하여 약간 다른 설계를 한다.

그림 35.15 굴절 망원경

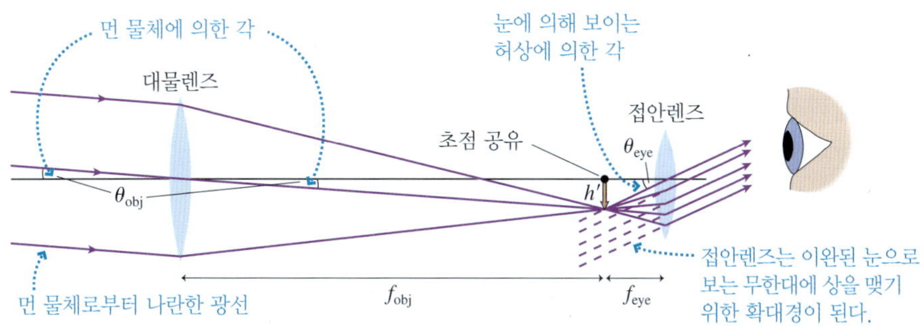

대물렌즈로 보이는 멀리 있는 물체가 각 θ_{obj}에 해당한다고 가정하자. 만일 접안렌즈를 통해서 보이는 상이 더 큰 각 θ_{eye}에 해당한다고 하면, 각배율은 $M = \theta_{eye}/\theta_{obj}$이다. 대물렌즈의 중심을 지나는 곧은 광선으로부터 (작은 각 근사를 써서)

$$\theta_{obj} \approx -\frac{h'}{f_{obj}}$$

이 된다. 여기서 음의 부호는 도립상을 가리킨다. 높이 h'의 상은 접안렌즈의 물체가 되며, 관측자에 의해 관측되는 마지막 상이 각

$$\theta_{eye} = \frac{h'}{f_{eye}}$$

에 해당한다는 것을 알 수 있다. 결론적으로, 망원경의 각배율은

$$M = \frac{\theta_{eye}}{\theta_{obj}} = -\frac{f_{obj}}{f_{eye}} \tag{35.11}$$

가 된다. 각배율은 단순히 대물렌즈의 초점 거리에 대한 접안렌즈의 초점 거리 비율이다.

별과 은하가 너무 멀리 있기 때문에, 천문학자에게는 배율보다 빛을 모으는 능력이 더 중요하다. 많은 빛을 모으기 위해 큰 지름의 대물렌즈가 필요하지만, 큰 렌즈는 실용적이지 못하다. 렌즈 자체의 무게로 인해 늘어지기 시작한다. 그래서 2개의 렌즈를 갖는 **굴절 망원경**(refractive telescope)은 상대적으로 작다. 천문학의 중요한 발견들은 그림 35.16에 보이는 것과 같은 **반사 망원경**(reflecting telescope)으로 이루어졌다.

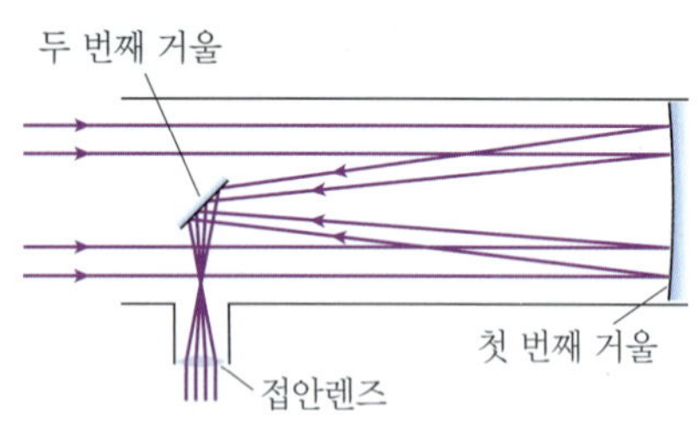

그림 35.16 반사 망원경

큰 지름의 거울(**첫 번째 거울**)이 실상을 맺기 위하여 광선의 초점을 맺는다. 그러나 실용적인 이유로, 광선이 초점에 도달하기 전에 **두 번째 거울**을 이용하여 이 광선을 옆으로 반사시킨다. 이 과정으로 첫 번째 거울의 상을 망원경 가장자리에 있는 접안렌즈를 이용하여 볼 수 있도록 한다. 이러한 구조 변화는 망원경의 전체적인 해석에 영향을 주지 않으며, f_{obj}가 첫 번째 거울의 초점 거리인 f_{pri}로 대체되면 각배율은 식 (35.11)로 주어진다.

35.5 색과 분산

빛의 가장 명료한 시각적인 양상 중의 하나가 색의 현상이다. 그러나 우리가 색에 대한 분명한 감각이 있음에도 불구하고 색은 빛의 근본적인 특성이 아니다. 색은 인식이지 물리적인 양이 아니다. 색은 빛의 파장과 관련되지만 650 nm의 파장을 갖는 빛을 '빨간색'으로 보는 것은 우리들의 시각계가 이런 파장의 전자기파에 어떻게 반응하는지를 말해준다. 광파 그 자체와 관련된 '빨강'은 없다.

대부분의 광학계는 색에 의존하지 않는다. 현미경은 빨간색과 파란색에 대해 똑같이 작동한다. 그럼에도 불구하고 굴절률이 파장에 따라 약간 변화하는 특성은 광학기

기의 분해능을 고려하는 다음 절에서 매우 중요하게 다뤄질 것이다. 그리고 자연에서 색은 재미있는 주제이므로 잠깐 본론에서 벗어나 좀 더 다룰 가치가 있다.

색

불규칙한 모양의 유리와 수정이 태양광을 여러 가지 색으로 나눈다는 것은 고대로부터 알려져 왔다. 유리나 수정이 빛에 어느 정도 색을 **더해서** 빛의 성질을 바꾼다는 것이 일반적인 생각이었다. 그러나 뉴턴은 다른 방식의 해석을 제안하였다. 그는 태양 빛살을 프리즘에 통과시켜서 무지개 빛을 처음으로 만들었다. 이것을 프리즘이 빛을 **분산**한다고 말한다. 그림 35.17a에 보이는 뉴턴의 새로운 생각은 두 번째 프리즘을 써서, 첫 번째에 대해 역으로 색을 '다시 모으는(reassemble)' 것이었다. 그는 두 번째 프리즘으로부터 나온 빛이 순수한 백색광의 빛살임을 알았다.

그러나 나온 빛살은 **모든** 광선이 2개의 프리즘 사이를 이동할 때만 백색이었다. 그림 35.17b에서 보이는 것처럼, 작은 장애물을 가지고 광선 일부를 차단하면 들어온 빛살이 색을 갖는다. 이것은 색이 빛 그 자체와 관련된 것이고 프리즘은 빛에 어떠한 역할도 하지 않는다는 것을 암시한다. 뉴턴은 녹색의 광선만이 통과하도록 프리즘 사이에 작은 틈을 삽입하여 이런 생각을 시험하였다. 만일 프리즘이 빛의 성질을 바꾼다고 하면, 두 번째 프리즘은 녹색을 다른 색으로 바꾸어야 한다. 그러나 두 번째 프리즘에서 나오는 빛은 프리즘으로 들어간 녹색의 빛으로부터 변하지 않았다.

이런 실험들로부터 다음을 알 수 있다.

1. 우리는 백색광이 모든 색의 혼합이라는 것을 알 수 있다. 백색광은 여러 가지 색으로 분산될 수 있으며, 마찬가지로 모든 색을 혼합하면 백색광을 만들 수 있다.
2. 투명 물체의 굴절률은 다른 색의 빛에 대하여 약간씩 다르다. 유리는 녹색이나 빨간색보다 보라색에 대하여 약간 더 큰 굴절률을 갖는다. 결과적으로, 다른 색의 빛은 약간 다른 각도로 굴절한다. 프리즘은 빛을 바꾸지 않고 빛에 어느 것도 더하지 않는다. 프리즘은 백색광에 들어 있는 다른 색의 빛들을 조금씩 다른 경로로 진행하게 할 뿐이다.

그림 35.17 뉴턴은 색을 연구하기 위하여 프리즘을 이용했다.

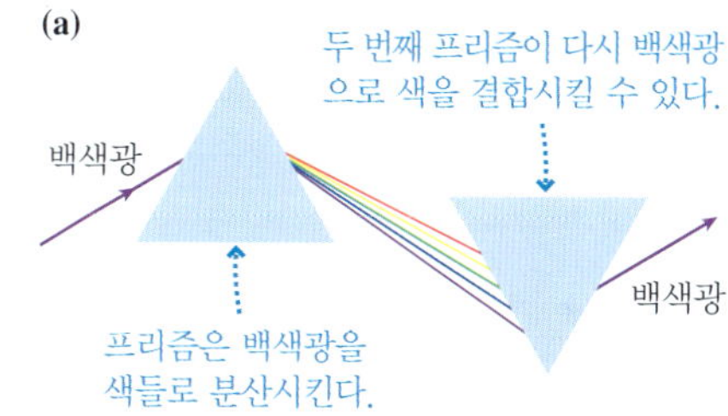

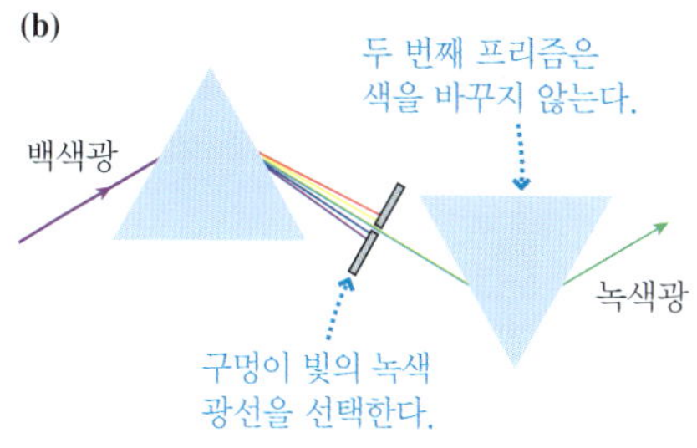

표 35.1 빛의 가시광선 대역의 요약

색	근사 파장
가장 진한 빨간색	700 nm
빨간색	650 nm
녹색	550 nm
파란색	450 nm
진한 보라색	400 nm

분산

영(Thomas Young)은 색이 빛의 파장과 관련된다는 것을 이중 슬릿 간섭 실험으로 보였다. 가장 긴 파장은 빨간색으로, 가장 짧은 파장은 보라색으로 인식되었다. 표 35.1은 빛의 **가시광선 대역**을 간단히 요약한 것이다. 이 짧은 표가 기억할만한 가치가 있을 만큼 가시광선 파장은 아주 빈번히 사용된다.

파장에 따라 굴절률이 조금씩 달라지는 것을 **분산**(dispersion)이라고 한다. 그림 35.18은 두 가지 일반적인 유리의 분산 곡선을 보여준다. ***n*값은 파장이 더 짧아지면 더 커진다.** 그래서 보라색은 빨간색보다 더 굴절한다.

그림 35.18 분산 곡선은 파장에 따른 굴절률 변화를 보여준다.

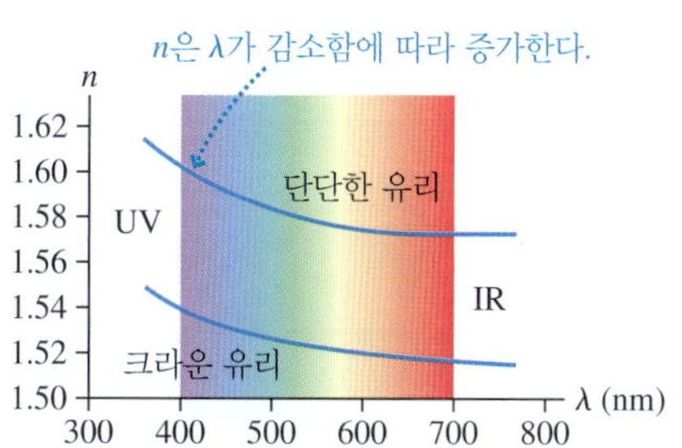

예제 35.7 | 프리즘을 이용한 빛 분산

예제 34.4에서 30°로 프리즘에 입사한 광선은 프리즘의 굴절률이 1.59라면 22.6°로 편향된다는 것을 보았다. 이것은 가장 진한 빨간색과 진한 보라색의 굴절률이 1.54임을 가정한다.

a. 가장 진한 빨간색에 대한 편향각은 얼마인가?

b. 백색광의 빛살이 프리즘에 의해 분산된다면, 2.0 m 떨어진 스크린 위에 무지개 스펙트럼이 얼마나 넓게 퍼지겠는가?

시각화 그림 34.19는 프리즘과 광선의 기하학적 모형을 보여준다. 어떤 파장의 광선이 프리즘 빗면에 $\theta_1 = 30°$로 입사한다.

풀이 a. 가장 진한 빨간색에 대하여 $n_1 = 1.54$라고 하면, 굴절각은

$$\theta_2 = \sin^{-1}\left(\frac{n_1 \sin\theta_1}{n_2}\right) = \sin^{-1}\left(\frac{1.54 \sin 30°}{1.00}\right) = 50.4°$$

이다. 예제 34.4에서 편향각은 $\phi = \theta_2 - \theta_1$이다. 그래서 가장 진한 빨간색은 $\phi_{red} = 20.4°$로 편향된다. 이 각은 앞서 관측된 $\phi_{violet} = 22.6°$보다 약간 더 작다.

b. 전체 스펙트럼은 $\phi_{red} = 20.4°$와 $\phi_{violet} = 22.6°$ 사이로 퍼진다. 각 퍼짐은

$$\delta = \phi_{violet} - \phi_{red} = 2.2° = 0.038 \text{ rad}$$

이다. 거리 r에서 스펙트럼에 퍼져 있는 호의 길이

$$s = r\delta = (2.0 \text{ m})(0.038 \text{ rad}) = 0.076 \text{ m} = 7.6 \text{ cm}$$

이다.

검토 각은 호의 길이와 직선 길이 사이에 인식할 만한 차이가 없을 정도로 작다. 스펙트럼은 2.0 m의 거리에서 7.6 cm의 폭으로 퍼진다.

무지개

자연에서 가장 흥미로운 색 중 하나가 무지개이다. 내용은 약간 복잡하지만, 그림 35.19a는 무지개의 근본 원인이 굴절, 반사 및 분산의 결합이라는 것을 보여준다.

그림 35.19a는 무지개의 꼭대기 모서리가 보라색이라 생각하도록 이끌지도 모른다. 실제로는 꼭대기 모서리는 빨간색이고, 보라색은 아래 바닥 쪽이다. 그림 35.19a에서 물방울을 떠난 광선은 멀리 퍼지기 때문에 우리의 눈에 모두 도달할 수는 없다. 그림 35.19b가 보여주는 것처럼, 눈에 도달한 빨간색 광선은 보라색의 광선보다 더 높은 하늘의 물방울로부터 온다. 달리 말하면, 무지개에서 보이는 색은 같은 빗방울이 아닌 다른 빗방울로부터 눈으로 굴절된다. 빨간색 빛을 보기 위해서는 보라색 빛을 보는 것보다 더 높은 하늘을 보아야 한다.

그림 35.19 무지개에서 보이는 빛은 빗방울에서 굴절 + 반사 + 굴절을 겪는다.

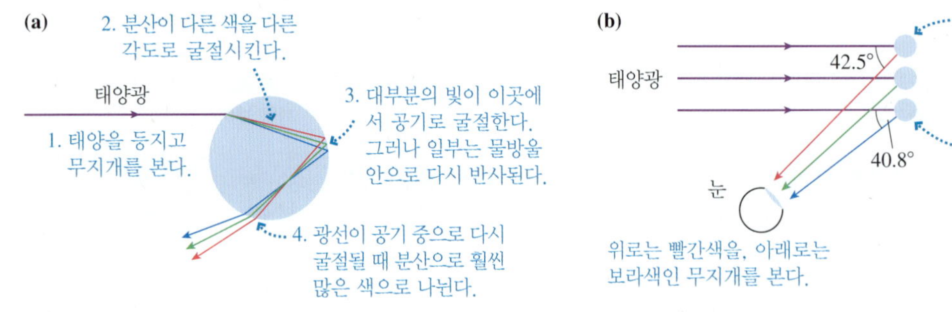

색 필터와 색 물체

녹색 유리를 통과한 백색광은 녹색으로 보인다. 녹색 유리가 백색광에 '녹색'을 더했다는 설명이 가능할 것이다. 그러나 뉴턴은 다른 방법을 발견하였다. 녹색 유리는 '녹색이 아닌' 다른 빛을 **흡수하기** 때문에 녹색이다. 유색 유리나 플라스틱을 선택된 몇 가지를 제외한 모든 파장을 제거하는 **필터**로 생각할 수 있다.

그림 35.20에서처럼, 만일 녹색 필터와 빨간색 필터를 겹치면, 어떤 빛도 통과하지 못한다. 녹색 필터는 오직 녹색만을 투과시킨다. 그런 다음 녹색 빛은 '빨간색이 아니기' 때문에 빨간색 필터에 의해 흡수된다.

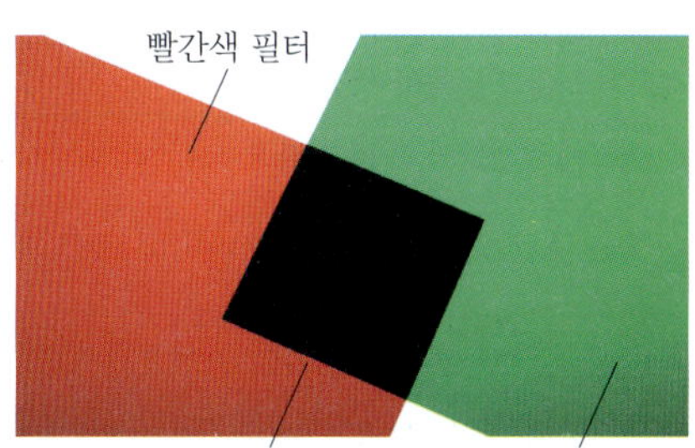

그림 35.20 빛은 녹색과 빨간색 필터를 동시에 통과하지 못한다.

이런 거동은 빛을 투과하는 유리 필터뿐만 아니라 일부 파장의 빛을 흡수하고 다른 파장에서 빛을 **반사**하는 **색소**에 대해서도 사실이다. 예를 들어, 빨간색 페인트는 650 nm 근처의 파장에서 빛을 반사하지만 모든 다른 파장의 빛을 흡수하는 색소를 갖는다. 립스틱의 빨간색에서 블루베리의 파란색에 이르기까지 이 세상에서 보게 되는 대부분의 색은 페인트, 잉크, 자연에 있는 물체들의 색소 때문이다.

예를 들어, 그림 35.21은 **엽록소**의 흡수 곡선을 보여준다. 엽록소는 녹색 식물의 광합성에 가장 중요하다. 광합성의 화학 반응은 빨간색과 파란색/보라색을 이용할 수 있다. 그래서 엽록소는 태양으로부터 빨간색과 파란색/보라색을 흡수해서 그것을 이용한다. 그러나 녹색과 노란색은 흡수되지 않는다. 대신에 에너지 보존 법칙을 따라 녹색과 노란색은 반사되고 물체는 녹황색을 띠게 된다. 녹색의 나뭇잎을 보는 것은 광합성에 필요 없어 반사된 빛을 보는 것이다.

그림 35.21 엽록소의 흡수 곡선

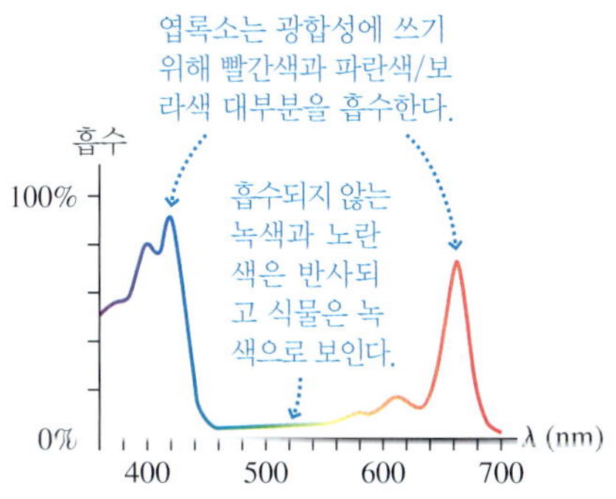

빛 산란: 푸른 하늘과 붉은 노을

34.1절의 광선 모형에서, 매질 내에서 빛이 산란되거나 흡수된다는 것을 주목하였다. 지금까지 살펴본 것처럼 빛의 흡수는 파장에 의존하며 물체의 색을 만들 수 있다. 산란 효과는 무엇인가?

빛은 매질에 있는 작은 입자로부터 산란된다. 입자들이 빛의 파장에 비해 크다고 한다면, 그것들이 비록 미세하고 맨눈으로 볼 수 없을지라도 빛은 입자들에서 반사된다. 반사 법칙은 파장에 의해 결정되지 않으며, 그래서 모든 색은 똑같이 산란된다. 많은 작은 입자로부터 산란된 백색광은 매질을 흐릿하거나 희게 보이도록 한다. 잘 알려진 두 가지 예는 구름과 우유다. 구름에서 마이크로미터 크기의 물방울이 빛을 산란하고, 콜로이드 형태의 현탁액인 우유 안의 미세 크기 유지와 단백질 입자가 빛을 산란한다.

더 재미있는 산란은 원자 수준에서 일어난다. 투명 매질의 원자와 분자는 빛의 파장보다 훨씬 더 작다. 그래서 그것들은 단순히 반사로 빛을 산란시킬 수 없다. 대신에, 광파의 진동하는 전자기장과 원자에 있는 전자가 상호작용하여 빛을 산란한다. 이런 원자 수준의 산란을 **레일리 산란**(Rayleigh scattering)이라고 한다.

태양광이 대기를 통과할 때 모든 파란색 빛이 산란되므로 일몰은 붉다.

작은 입자에 의한 산란과 달리, 원자와 분자 크기의 레일리 산란은 파장에 의해 결정된다. 자세한 분석으로 산란된 빛의 세기가 파장의 네제곱에 역비례한다($I_{\text{scattered}} \propto \lambda^{-4}$)는 것이 알려졌다. 이런 파장 관계는 하늘이 파랗고 노을이 붉은 이유를 설명한다.

태양광이 대기를 통과하면, 레일리 산란의 λ^{-4} 관계식에 따라 더 짧은 파장이 우선적으로 산란된다. 빨간색 빛과 파란색 빛의 파장으로 650 nm와 450 nm를 택한다면, 산란된 빨간색 빛에 대한 산란된 파란색 빛의 세기의 비는

$$\frac{I_{\text{blue}}}{I_{\text{red}}} = \left(\frac{650}{450}\right)^4 \approx 4$$

이므로 빨간색 빛보다 파란색 빛이 4배 더 산란될 것이다. 그래서 그림 35.22가 보여주는 것처럼, 하늘은 푸르게 보인다.

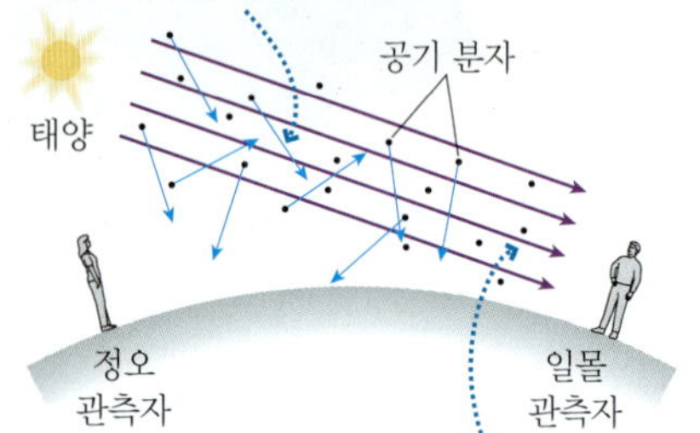

그림 35.22 공기 중의 분자에 의한 레일리 산란 때문에 하늘과 일몰이 색을 띤다.

지구의 곡률 때문에, 태양광은 정오 시간 중에 있을 때보다 일출이나 일몰 시간에 대기를 훨씬 더 많이 지나게 된다. 실제로 일몰 중에 대기를 통과하는 경로가 아주 길어서 모든 짧은 파장이 레일리 산란으로 사라지고 더 긴 파장의 빛인 주황색과 빨간색만이 남는다. 그리고 그것들이 일몰의 색을 만든다.

35.6 광학기기의 분해능

카메라는 단일 렌즈로 빛을 모을 수 있다. 현미경 대물렌즈 역시 단일 렌즈로 만들어질 수 있다. 그런데 왜 단일 렌즈 대신에 결합렌즈를 사용하는가? 두 가지 주요 이유가 있다.

첫째, 앞 절에서 배운 것처럼 렌즈는 분산을 한다. 즉 렌즈의 굴절률은 파장에 따라 조금씩 바뀐다. 보라색 굴절률이 빨간색보다 더 크다. 렌즈의 초점 거리가 빨간색보다 보라색에서 더 짧다. 결과적으로, 다른 색의 빛은 렌즈에서 약간씩 다른 위치에 초점 맺는다. 빨간색이 관찰 스크린에 선명하게 초점 맺혔다면 파란색과 보라색은 초점을 잘 맞추지 못할 것이다. 그림 35.23a에서 보이는 것처럼, 이런 상 형성 오차를 **색수차**(chromatic aberration)라고 한다.

둘째, 얇은 렌즈에 대한 해석은 광축에 거의 나란하게 지나는 근축광선을 근거로 한다. 모든 광선을 고려했을 때 더 정확한 분석은 바깥쪽 구면 모서리로 들어오는 광선은 중심 가까이로 들어오는 광선과는 정확히 같은 점에 초점 맺지 못한다는 사실을 알려준다. 그림 35.23b에 보이는, 이러한 상 형성 오차를 **구면수차**(spherical aberration)라고 한다. 상을 약간 흐릿하게 하는 구면수차는 렌즈 지름을 확대할수록 나빠진다.

다행히도, 수렴 렌즈와 발산 렌즈의 색수차와 구면수차는 반대로 작동한다. 수렴 렌즈와 발산 렌즈가 결합되어 사용된다면, 전체적인 수차는 줄어들게 될 것이다. 그림 35.23c에서와 같은 결합렌즈는 똑같은 초점 거리를 갖는 단일 렌즈보다 더 선명한 초점을 만들 수 있다. 결과적으로 대부분의 광학기기는 단일 렌즈보다 결합렌즈를 이용한다.

그림 35.23 색수차와 구면수차는 단일 렌즈가 완전한 상을 형성하지 못하게 한다.

(a) 색수차

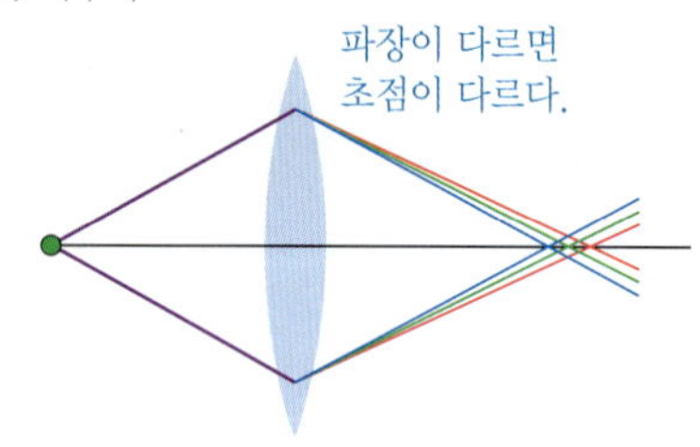

(b) 구면수차

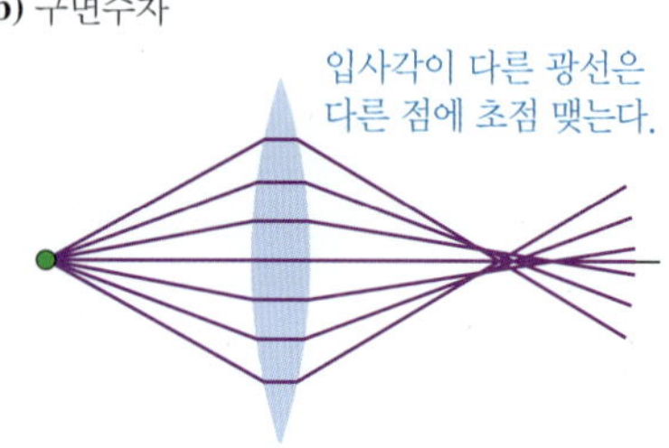

(c) 수차 보정

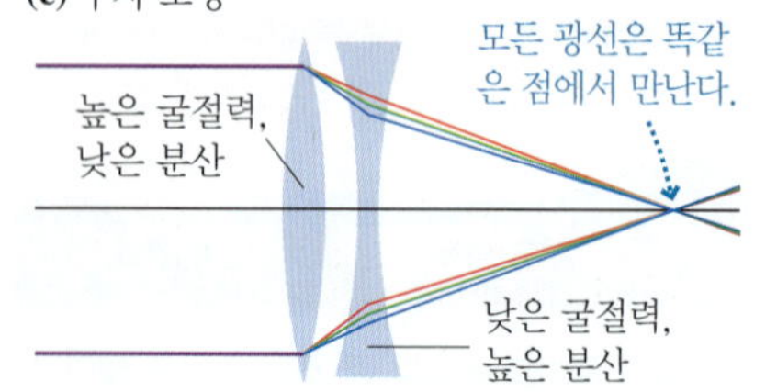

회절

빛의 광선 모형에 따르면, 수차가 없는 완전한 렌즈는 완전한 상을 만들 수 있다. 그러나 매우 좋은 렌즈 모형일지라도, 빛에 대한 광선 모형은 빛을 절대적으로 정확하게 묘사하지 못한다. 빛의 파동 측면이 완전히 사라지지 않았기 때문이다. 실제로 광학 장비의 성능은 빛의 회절로 인하여 제한된다.

그림 35.24a는 평행 광선인 평면파가 지름 D인 렌즈를 통해 초점 맺히는 것을 보여준다. 빛의 광선 모형에 따르면, 완벽한 렌즈는 평행 광선을 완벽한 점으로 초점 맺힐 수 있다. 파면의 일부분만이 렌즈를 **통과해서** 초점 맺는다는 것을 주목하라. 요컨대 **렌즈는** 불투명한 벽에 있는 **원형 구멍처럼** 파면의 일부분만 통과시키는 것처럼 **작동한다**. 결과적으로 **렌즈는 빛을 회절시킨다.** 회절은 일반적으로 매우 작은데, 일반적으로 D가 빛의 파장보다 훨씬 더 크기 때문이다. 그럼에도 불구하고, 이런 작은 회절 때문에 렌즈를 이용한 초점 형성이 제한된다.

그림 35.24b는 지름이 D인 구멍을 '이상적인' 회절이 없는 렌즈 앞에 놓음으로써 렌즈를 모형화하고 이를 통해 초점과 회절을 분리한다. 33장에서 배운 것처럼 원형 구멍은 원형의 밝은 부분과 함께 어두운 띠 모양으로 이루어진 회절 무늬를 만든다. 그림 35.24c에 보이는 것처럼, 수렴 렌즈는 이 회절 무늬를 상평면에 1개의 초점으로 가져온다. 그 결과, 예상하였듯이, 완벽한 렌즈는 평행한 광선을 완벽한 점이 아닌 원형 회절 무늬로 초점 맺는다.

첫 번째 극소 원형 회절 무늬의 각은 $\theta_1 = 1.22\lambda/D$이다. 렌즈의 중심을 지나는 광선은 꺾이지 않는다. 그래서 그림 35.24c는 이 광선을 어두운 무늬의 위치가 $y_1 = f\tan\theta_1 \approx f\theta_1$임을 보여주기 위해 사용한다. 그래서 초점면에서 중앙 극대의 폭은

$$w_{\min} \approx 2f\theta_1 = \frac{2.44\lambda f}{D} \quad \text{(최소 점 크기)} \qquad (35.12)$$

이다. 이것이 렌즈가 초점 맺을 수 있는 **최소 점 크기**(minimum spot size)이다.

렌즈는 수차에 의한 한계가 있으므로 모든 렌즈가 광선을 작은 점으로 초점 맺을

그림 35.24 빛을 초점 맺고 회절시키는 렌즈

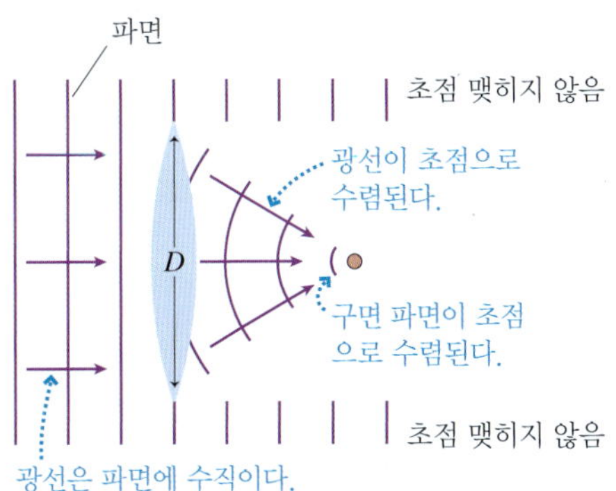

(a) 렌즈가 원형 구멍이 된다.

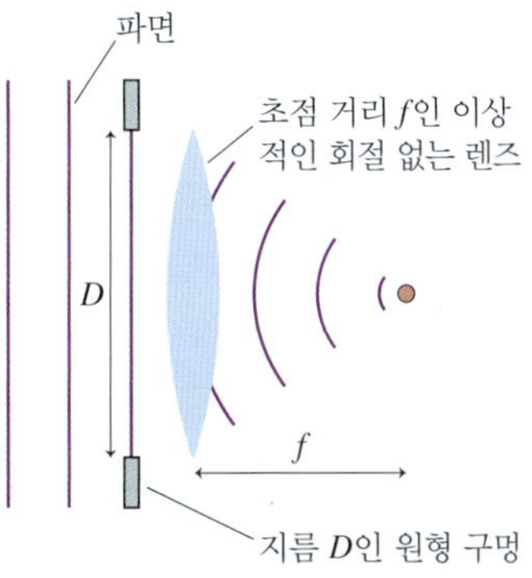

(b) 구멍과 초점 효과가 나뉠 수 있다.

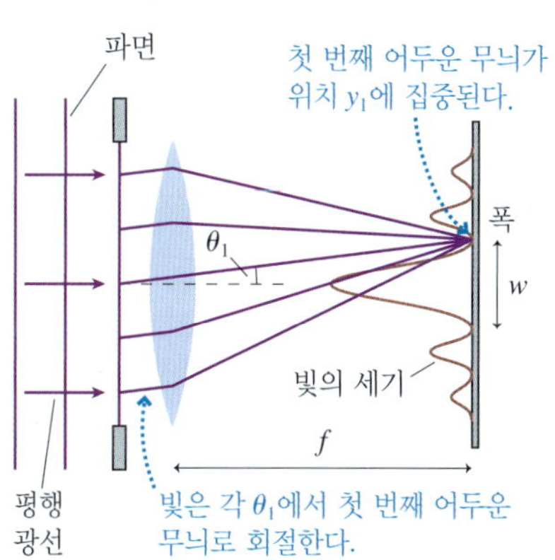

(c) 렌즈는 초점면에 회절 무늬를 집중시킨다.

수 있는 것은 아니다. 식 (35.12)가 최소 점 크기인 잘 만들어진 렌즈를 **회절 한계 렌즈**라고 한다. 어떤 광학 설계도 회절로 인한 빛의 퍼짐을 극복할 수는 없으며, 이런 퍼짐으로 인하여 상점이 최소 점 크기를 갖는 것이다. 평행 광선이 아닌 실물의 상은 중복된 회절 무늬의 짜깁기가 된다. 그래서 가장 완벽한 렌즈조차도 약간 희미한 상을 형성하는 것을 피할 수 없다.

여러 가지 이유로, 회절 한계 렌즈가 지름보다 훨씬 작은 초점을 갖도록 만들기는 어렵다. 가장 좋은 현미경 대물렌즈가 $f \approx 0.5D$이다. 이것은 **아무리 노력해도, 빛을 한 점으로 초점 맺을 수 있는 가장 작은 지름이 $w_{\min} \approx \lambda$라는 것**을 의미한다. 이것이 광학 장비의 성능에 대한 근본적인 한계이다. 회절은 아주 현실적인 결과를 낳는다!

이런 결과 중의 한 가지 예가 집적 회로 제작에서 발견된다. 집적 회로는 모든 부품과 부품의 연결을 보여주는 '마스크'를 이용하여 만들어진다. 렌즈는 **포토레지스트**라고 하는 물질이 코팅된 반도체 웨이퍼 표면에 이 마스크 영상을 만든다. 마스크 아래 밝은 부분의 포토레지스트를 노광시키고 노광된 부분을 화학적으로 제거하여 마스크 아래 그늘진 부분을 남긴다. 이런 처리 과정을 **광리소그래피**라고 한다.

마이크로프로세서의 용량과 기억 소자의 기억 용량은 얼마나 작은 회로 소자를 만드느냐에 따라 결정된다. 회절은 회로 소자가 빛이 초점 맺힐 수 있는 가장 작은 점보다 더 작을 수 없다는 것을 가리킨다. 만일 마스크가 $\lambda \approx 200$ nm인 자외선으로 투사된다고 하면, 가장 작은 소자는 약 200 nm 폭이 된다. 실제 이것이 현재 기술의 한계이다.

집적 회로에서 구조의 크기가 빛의 회절로 제한된다.

예제 35.8 | **별 보기**

12 cm 지름의 망원경 렌즈가 1.0 m인 초점 거리를 갖는다. 렌즈가 회절 한계이고 지구의 대기가 주는 제한이 없다고 한다면 초점면에서 별의 지름은 얼마인가?

핵심 별은 멀리 떨어져 있어서 우주에서 점으로 보인다. 이상적인 회절 없는 렌즈는 빛을 임의의 작은 점으로 초점 맺을 것이다. 회절은 이것을 방해한다. 이 망원경 렌즈를 초점 거리 1.0 m인 이상적인 렌즈 앞에 12 cm 지름의 구멍으로 모형화한다.

풀이 이 렌즈의 초점면에서 최소 점 크기는

$$w = \frac{2.44\lambda f}{D}$$

이며, 여기서 D는 렌즈 지름이다. λ는 무엇인가? 별은 백색광을 내기 때문에, 가장 긴 파장이 가장 넓게 퍼지고, 보이는 상의 크기를 결정한다. 만일 가시광 파장의 한계인 $\lambda = 700$ nm를 사용한다면, $w = 1.4 \times 10^{-5}$ m $= 14\ \mu$m이다.

검토 이것은 확실히 작아서, 육안으로는 점으로 보인다. 그럼에도 불구하고, 점의 크기는 필름에 기록되어 확대된다면 쉽게 알아볼 수 있다. 별의 '반짝거림'의 원인인 난류와 온도의 효과가 지면에 설치된 망원경을 방해해서 이렇게 좋게 되지 못하지만, 우주에 설치된 망원경일지라도 회절 한계가 있다.

분해능

망원경으로 아주 멀리 떨어진 은하에 있는 근접한 2개의 별을 본다고 하자. 최고 성능의 검출기를 쓴다고 했을 때 두 별을 구분할 수 있는 사진을 찍을 수 있을까? 아니면 빛이 퍼진 모양인 하나의 얼룩진 점으로 보일까? 현미경에도 유사한 문제가 있다. 충분한 배율을 지닌 현미경을 사용하면 근접한 2개의 미시적인 물체를 구분할 수 있을까? 또는 그들의 상이 흐릿해서 결코 구분할 수 없는 어떤 크기 한계가 있을까? 이것은 광학기기의 **분해능**에 대한 중요한 문제들이다.

회절 때문에, 멀리 떨어진 별의 영상은 점이 아닌 원형 회절 무늬가 된다. 그러면 우리의 질문은 "2개의 회절 무늬가 얼마나 가까우면 더 이상 구분할 수 없을까?" 하는 것이다. 19세기 과학자 중의 한 사람인 레일리 경이 이런 문제를 연구해서 오늘날 **레일리의 기준**(Rayleigh's criterion)이라고 하는 합리적인 규칙을 제안하였다.

그림 35.25는 렌즈 지름 D로 맺힌 2개의 멀리 떨어진 점광원을 보여준다. 렌즈에서 보이는 것처럼 물체 사이의 각분리는 α이다. 레일리의 기준은

- 2개의 물체는 $\alpha > \theta_{\text{min}}$이면 식별 가능하다. 여기서 $\theta_{\text{min}} = \theta_1 = 1.22\lambda/D$는 원형 회절 무늬에서 첫 번째 어두운 무늬의 각이다.
- 2개의 물체는 $\alpha < \theta_{\text{min}}$이면 식별할 수 없다. 그것들의 회절 무늬가 너무 겹치기 때문이다.
- 2개의 물체가 $\alpha = \theta_{\text{min}}$이면 가장자리로 식별 가능하다. 상의 중심 최댓값이 다른 상의 첫 번째 어두운 무늬 지점에 있다. 그림은 이 상황을 보여준다.

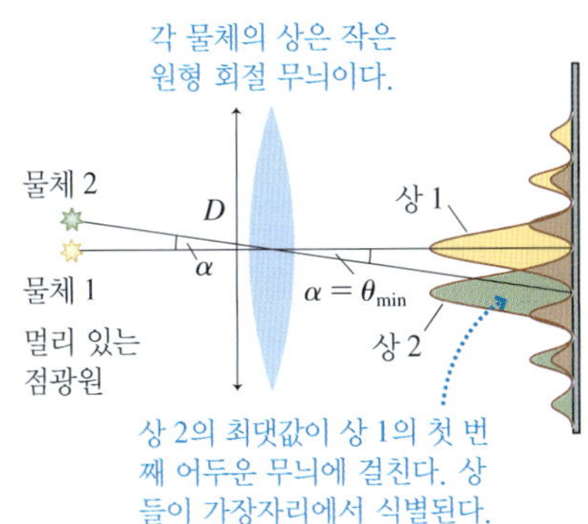

그림 35.25 가장자리가 식별되는 2개의 상

그림 35.26은 두 점광원의 상을 확대한 사진을 보여준다. 상이 원형 회절 무늬이며 점이 아니다. 물체가 $\alpha > \theta_{\text{min}}$로 나누어져 있으면, 2개의 상이 가깝지만 구별된다. 가장 아래에 있는 사진은 두 상의 각분리가 $\alpha < \theta_{\text{min}}$인 경우로 두 상이 얽혀 있는 것을 볼 수 있다. $\alpha = \theta_{\text{min}}$인 중간 사진에서, 2개의 상이 약간 식별되는 것을 볼 수 있다.

그림 35.26 두 점광원의 상을 확대한 사진

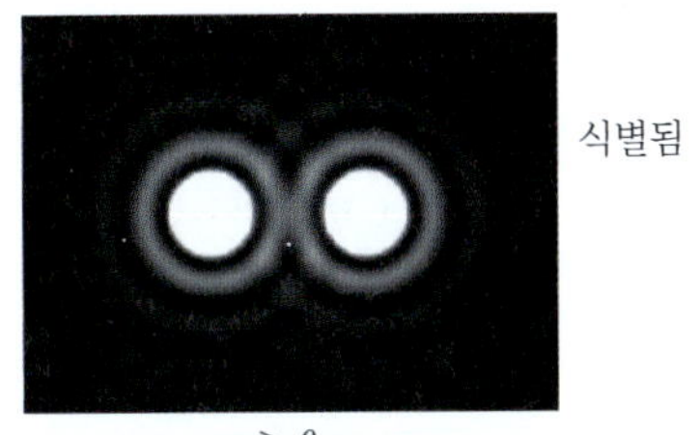

식별됨

$\alpha > \theta_{\text{min}}$

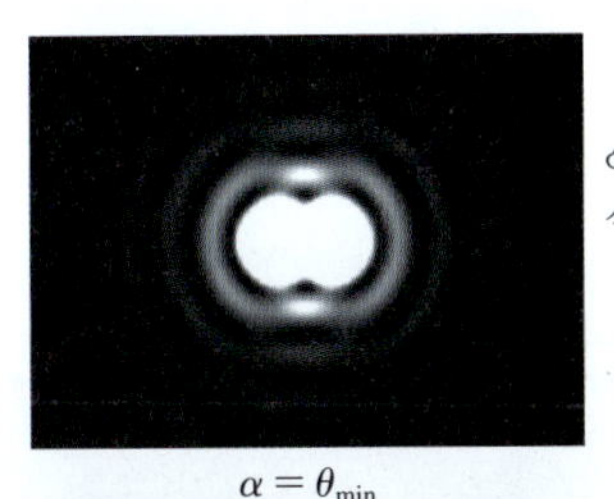

아주 조금 식별됨

$\alpha = \theta_{\text{min}}$

식별 안됨

$\alpha < \theta_{\text{min}}$

각

$$\theta_{\text{min}} = \frac{1.22\lambda}{D} \quad \text{(렌즈의 각분해능)} \qquad (35.13)$$

을 렌즈의 **각분해능**(angular resolution)이라고 한다. 망원경의 각분해능은 대물렌즈(또는 첫 번째 거울)의 지름과 빛의 파장에 따라 달라진다. 각분해능에 배율은 영향을 미치지 않는다. 각분리가 θ_{min}보다 작으면 어떤 배율일지라도 2개의 상은 중첩되어 식별할 수 없다. λ가 거의 고정된 가시광에 대하여, 천문학자들이 조절하는 유일한 인자는 망원경 렌즈나 거울의 지름이다. 각분해능을 향상시키려는 노력의 일환으로 더 큰 망원경을 만들려고 한다. (더 큰 망원경을 만들려는 또 다른 동기는 훨씬 더 멀리 떨어진 물체를 보기 위해서 빛 집속 능력을 더 향상시키기 위한 것이다.)

또한 현미경의 성능은 대물렌즈를 지나는 빛의 회절에 의해 제한된다. 빛의 파장보다 더 작은 점으로 초점 맺힐 수 없어서 가장 완전한 현미경도 한 파장 이하의 거리(대략 500 nm)로 분리된 물체의 특징을 구분할 수 없다. (빛의 위상을 이용하는 교묘한 수법은 200 nm로 분해능을 향상시킬 수 있다. 그러나 회절은 여전히 제한 요인

중 하나다.) 원자의 지름이 0.1 nm로, 가시광이나 자외선의 파장보다 훨씬 더 작기 때문에 광학 현미경으로는 원자를 직접 관찰할 수 없다. 이런 한계는 그저 더 좋은 설계나 더 정밀한 부품을 필요로 하는 수준의 문제가 아니다. 이것이 우리가 아는 빛의 파동성으로 인한 근본적인 한계이다.

응용 예제 35.9 | 시각의 예민함

일반적인 인간의 눈은 동공의 지름이 약 3 mm인 경우에 최대로 예민한 시각을 갖는다. 더 큰 동공인 경우에는 수차를 증가시키기 때문에 예민함이 감소한다. 작은 동공인 경우에는 회절을 증가시키기 때문에 예민함이 감소한다. 밝은 빛에서 만일 동공의 지름이 2.0 mm라고 하면, 20 ft 표준 거리에 있는 시력표 위의 원을 뿌연 얼룩이 아니라 선명한 원으로 인지할 수 있는 가장 작은 원의 지름은 얼마인가? 눈 안의 굴절률은 1.33이다.

핵심 2.0 mm 지름의 동공이 회절 한계라고 하자. 각분해능은 레일리의 기준으로 주어진다. 회절은 파장에 따라 증가한다. 그래서 눈의 예민함은 더 짧은 파장보다 더 긴 파장에 의해 영향을 받을 것이다. 가장 긴 빛의 파장은 600 nm라고 가정하자.

시각화 원의 지름을 d라 하자. 그림 35.27은 거리 $s = 20\ \text{ft} = 6.1\ \text{m}$에 있는 원을 보여준다. '원을 보는 것'은 모서리에 보이는 위아래 선을 구분하는 것이다.

풀이 원의 위아래 선의 각분리가 $\alpha = d/s$이다. 레일리의 기준은 구경 D인 완벽한 렌즈가 이들 2개의 선을 분해하려면

$$\alpha = \frac{d}{s} = \theta_{\text{min}} = \frac{1.22\lambda_{\text{eye}}}{D} = \frac{1.22\lambda_{\text{air}}}{n_{\text{eye}}D}$$

이면 된다. 회절은 눈 안에서 일어난다. 반면 파장은 $\lambda_{\text{eye}} = \lambda_{\text{air}}/n_{\text{eye}}$으로 짧아진다. 그래서 완전한 시각으로 분해할 수 있는 원의 지름은

$$d = \frac{1.22\lambda_{\text{air}}s}{n_{\text{eye}}D} = \frac{1.22(600\times10^{-9}\ \text{m})(6.1\ \text{m})}{(1.33)(0.0020\ \text{m})} \approx 2\ \text{mm}$$

이다. 이것은 이 책에 있는 문자의 크기와 거의 같다. 밝은 빛 아래에서 20 ft 거리에 있는 문자의 크기와 같은 원을 인식할 수 있음을 의미한다.

검토 시력표에서, 충분한 시력의 표준인 20/20 시력을 위한 문자의 크기는 약 7 mm 크기이다. 그래서 비록 적당한 범위에 있지만 계산된 2 mm는 너무 작다. 두 가지 이유가 있는데, 하나는 비록 더 작아진 동공으로 눈의 수차가 줄어들었지만, 수차가 완전히 사라지지 않았다. 다음으로 20 ft에 있는 2 mm 크기의 물체에 대하여, 망막에 맺히는 상의 크기는 원추 세포 사이의 간격과 거의 같다. '검출기'의 분해능 또한 인자가 된다. 눈은 아주 좋은 광학기기지만 완전하지는 않다.

그림 35.27 지름 d인 원

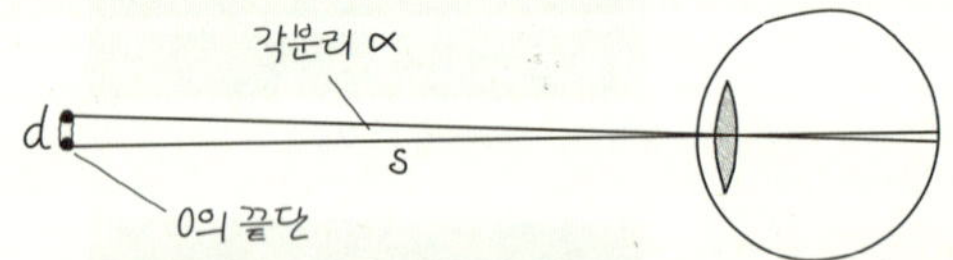

서술형 질문

1. 렌즈의 초점 거리가 5 mm일 때 카메라의 노출이 정확하다고 하자. 렌즈 구멍의 지름을 바꾸지 않고 초점 거리만 15 mm로 줌되었다고 하면 사진은 과다 노출인가, 과소 노출인가 아니면 정상인가? 설명하시오.
2. 발산 렌즈에 대하여 물체가 초점 거리보다 멀리 위치한다면, 상은 어디에 어떻게 보일까? 물체를 초점 거리 안으로 가져오면 광선 도형은 어떻게 바뀔까?
3. 은하의 중심은 빛을 산란시키는 낮은 밀도의 수소 가스로 채워져 있다. 천문학자가 은하 중심의 사진을 찍고 싶어 한다. 자외선, 가시광선, 적외선 중 어떤 빛을 사용하면 더 잘 보겠는가? 설명하시오.
4. 회절 한계 렌즈가 스크린에 10 μm 크기의 점으로 빛을 초점 맺을 수 있다. 다음 네 가지 변화가 점의 크기를 더 크게 하는가, 더 작게 하는가 또는 변하지 않고 놔두는가?

A. 빛의 파장을 줄인다.

B. 렌즈 지름을 줄인다.

C. 렌즈 초점 거리를 줄인다.

D. 렌즈와 스크린 사이 거리를 줄인다.

5. 천문학자가 2개의 먼 별을 관측하려고 한다. 파장 550 nm 근처의 녹색을 통과시키는 필터를 통해서 별을 보면 가까스로 분해된다. 다음의 어느 변화가 분해능을 향상시킬 수 있는가? 분해능은 대기에 의해 제한받지 않는다고 하자.

A. 필터를 다른 파장으로 바꿔서 더 짧거나 더 긴 파장을 쓴다면?

B. 같은 지름이지만 다른 초점의 대물렌즈인 망원경을 써서 더 짧거나 더 긴 초점 거리를 선택한다면?

C. 같은 초점 거리지만 다른 지름을 갖는 대물렌즈를 갖는 망원경을 써서 더 크거나 아니면 더 작은 지름을 선택한다면?

D. 다른 배율을 갖는 접안렌즈를 써서 더 크거나 더 작은 배율을 갖는 접안렌즈를 선택한다면?

연습문제

표시가 된 연습문제들은 이전 장들에서 다룬 내용과 관련이 있다.

연습

35.1 렌즈 결합

1. | 초점 거리가 60 cm, 30 cm인 2개의 수렴 렌즈가 15 cm 떨어져 있다. 3 cm 크기의 물체가 초점 거리 60 cm인 렌즈의 앞 22.5 cm에 있다.
   a. 광선 추적을 써서 상의 위치와 높이를 구하시오. 이를 자세히 하기 위해서는 직선 자와 모눈종이를 써야 한다. 여러분의 그림에서 거리를 측정하여 상거리와 상의 높이를 정하시오.
   b. 상거리와 상의 높이를 계산하시오. 문항 a의 광선 추적 결과와 비교하시오.

2. | 1 cm 크기의 물체가 초점 거리 5 cm인 렌즈의 왼쪽 10 cm 떨어져 있다. 초점 거리 7.5 cm인 두 번째 렌즈가 첫 번째 렌즈의 오른쪽 15 cm 지점에 있다.
   a. 광선 추적을 써서 상의 위치와 높이를 구하시오. 이를 자세히 하기 위해서는 직선 자와 모눈종이를 써야 한다. 여러분의 그림에서 거리를 측정하여 상거리와 상의 높이를 정하시오.
   b. 상거리와 상의 높이를 계산하시오. 문항 a의 광선 추적 결과와 비교하시오.

3. | 2.0 cm 크기의 물체가 초점 거리 10 cm인 렌즈의 왼쪽 20 cm 떨어져 있다. 초점 거리 −5 cm인 두 번째 렌즈가 첫 번째 렌즈의 오른쪽 30 cm 지점에 있다.
   a. 광선 추적을 써서 상의 위치와 높이를 구하시오. 이를 자세히 하기 위해서는 직선 자와 모눈종이를 써야 한다. 여러분의 그림에서 거리를 측정하여 상거리와 상의 높이를 정하시오.
   b. 상거리와 상의 높이를 계산하시오. 문항 a의 광선 추적 결과와 비교하시오.

35.2 카메라

4. | 초점 거리 35 mm이고 구멍의 지름이 7.0 mm인 렌즈의 f수는 얼마인가?

5. | 카메라는 $f/5.6$과 1/125 s에서 적당히 노출된 사진을 찍는다. 렌즈가 $f/4.0$으로 바뀌면 셔터 속도는 얼마를 사용해야 하는가?

35.3 시각

6. | 라몬이 +2.0 D인 콘택트렌즈를 착용하고 있다.
BIO
   a. 라몬은 어떤 눈의 상태를 가지고 있는가?
   b. 렌즈 없는 그의 근점은 얼마인가?

7. | 8.0 mm로 충분히 넓혀진 동공을 갖는 이완된 눈의 f수는 얼마인가? 눈을 망막 앞에 단일 렌즈 2.4 cm로 모델화하시오.
BIO

35.4 확대하는 광학계

8. | 현미경은 20 cm 경통 길이를 갖는다. 초점 거리 5.0 cm 갖는 접안렌즈를 쓸 때 대물렌즈가 500배율을 갖도록 하려면 얼마의 초점 거리가 되어야 하는가?

9. | 6.0 mm 지름의 대물렌즈가 초점 거리 9.0 mm이다. 가로배율이 −40이 되려면 물체 거리는 얼마여야 하는가?

10. | 반사 망원경이 초점 거리 1.00 m이고 지름 20 cm인 거울로 만들어졌고 10배율의 접안렌즈가 사용되었다. 망원경의 (a) 배율과 (b) f수는 얼마인가?

35.5 색과 분산

11. | 좁은 백색광의 빛살이 수정판으로 입사한다. 빛살은 수정에서 수직에 30°의 각도로 진행하는 빨간색($\lambda \approx 700$ nm)과 27°로 진행하는 보라색($\lambda \approx 400$ nm)으로 분산한다. 빨간색에 대한 수정의 굴절률은 1.45이다. 보라색에 대한 수정의 굴절률은 얼마인가?

12. Ⅱ 특수한 적외선 검출기를 사용하는 적외선 망원경은 은하의 별 형성을 자세히 볼 수 있는데, 적외선이 새로운 별이 생성되는 희박한 수소 가스 구름에 의해 가시광선보다 강하게 산란되지 않기 때문이다. 500 nm의 가시광 파장을 갖는 빛의 1%만 산란되는 것은 어떤 파장의 빛인가?

35.6 광학기기의 분해능

13. Ⅱ 2개의 전구가 1.5 m 떨어져 있다. 이들 전구가 5 cm의 지름의 대물렌즈를 갖는 작은 망원경으로 얼마의 거리에서 가까스로 분해될 수 있는가? 렌즈는 회절 한계이며 $\lambda = 600$ nm이다.

문제

14. Ⅱ 그림 P35.14의 2개의 부품을 가진 광학계를 떠난 광선이 1.0 cm 크기의 물체의 상을 2개 만든다. 상의 위치(렌즈에 상대적인), 방향, 그리고 크기는 얼마인가?

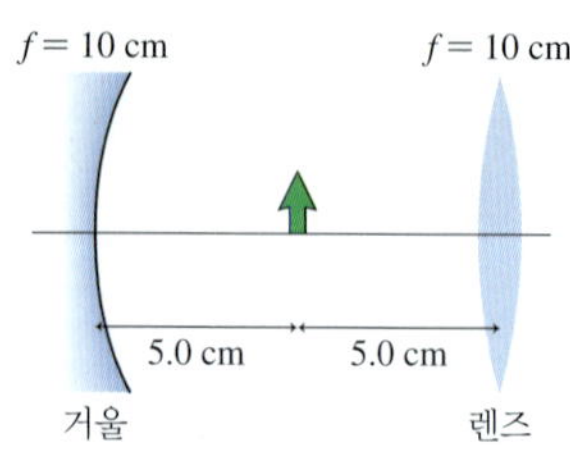

그림 P35.14

15. Ⅰ 레이저 실험실에서 일반적인 광학기기는 **빛살 확대기**이다. 빛살 확대기의 한 형태를 그림 P35.15에 보였다. 선폭 w_1인 레이저빔의 나란한 광선이 왼쪽에서 입사한다.
   a. 나란한 레이저빔이 오른쪽부터 나오려면 렌즈 간격 d는 얼마여야 하는가?
   b. 나오는 레이저빔 선폭 w_2는 얼마인가?

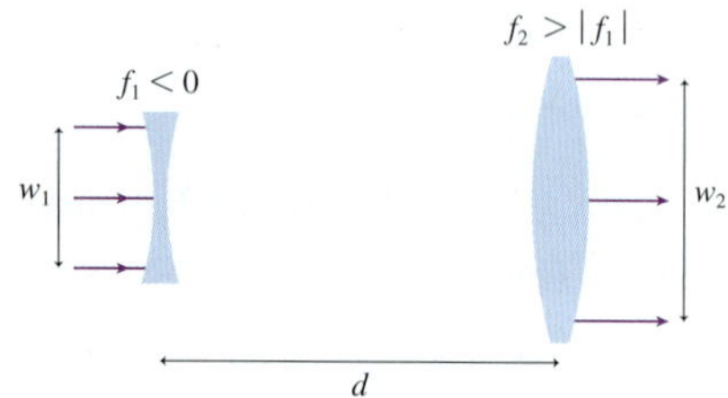

그림 P35.15

16. Ⅱ 1.0 cm 크기의 물체가 스크린으로부터 110 cm에 있다. 초점 거리 −20 cm인 발산 렌즈가 물체 앞 20 cm에 있다. 스크린에 2.0 cm 크기의 잘 초점 맺힌 상을 맺으려면 두 번째 렌즈의 위치는 스크린으로부터 얼마나 떨어져야 하며 초점 거리는 얼마인가?

17. Ⅱ 샘은 이완된 눈으로 150 cm 떨어진 물체에 초점 맺을 수 있다. 최대 원근조절로 20 cm 떨어진 물체에도 초점 맺을 수 있다. 원거리 시력을 보정한 후, 안경을 쓴 상태에서 근점은 얼마인가?
BIO

18. Ⅰ 망원경의 대물렌즈는 100 cm의 곡률 반지름을 갖는 대칭 유리 렌즈이다. 접안렌즈 또한 대칭 유리 렌즈이다. 망원경의 배율을 20배로 하려면 접안렌즈의 곡률 반경은 얼마로 하여야 하는가?

19. Ⅱ 2.0배율 렌즈와 5.0배율 렌즈로 망원경을 만들도록 요청받았다.
   a. 얻을 수 있는 최대 배율은 얼마인가?
   b. 어떤 렌즈가 대물렌즈로 사용될 수 있는가? 설명하시오.
   c. 망원경의 길이는 얼마인가?

20. Ⅱ 경통 길이 180 mm인 현미경이 40배율의 대물렌즈와 20배율의 접안렌즈로 800배율을 이룬다. 현미경은 이완된 눈의 시력에 초점 맺힌다. 대물렌즈로부터 시료는 얼마나 멀리 있는가?

21. Ⅱ 백색광이 그림 P35.21에 보이는 것처럼 40° 각에서 30° 프리즘으로 입사한다. 보라색이 프리즘의 뒷면에 수직으로 나온다. 이 유리에서 보라색의 굴절률은 빨간색의 굴절률보다 2.0% 더 크다. 빨간색은 뒷면에서 어떤 각(ϕ)으로 나오는가?

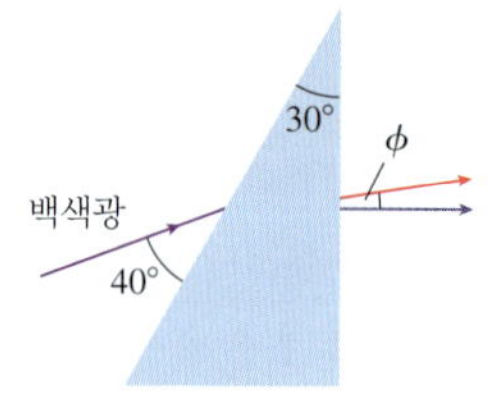

그림 P35.21

22. Ⅱ 고출력 레이저는 레이저빔을 아주 작은 점으로 초점 맺혀서 절단과 용접을 위하여 사용된다. 이것은 태양 빛을 물건을 태울 수 있는 작은 점으로 초점 맺기 위하여 확대경을 사용하는 것과 같다. 엔지니어는 절단될 매질을 렌즈 뒤편 5.0 cm에 위치시키는 레이저 절단 장치를 설계하고, 1.06 μm 파장의 고출력 레이저를 선택하였다. 절단하기 위한 충분한 성능을 갖기 위하여 5.0 μm 크기의 점으로 초점 맺혀야 한다. 설치할 렌즈의 최소 지름은 얼마인가?

23. Ⅱ 디지털카메라의 분해능을 제한하는 두 가지 요인이 있다. 바로 모든 광학계의 한계인 렌즈에 의한 회절, 그리고 센서가 불연속적인 화소로 나누어진다는 점이다. 20 mm 초점 거리 렌즈와 2.5 μm 폭의 화소를 갖는 전형적인 전자동 카메라를 생각하라.
   a. 먼저 회절이 없는 이상적인 렌즈를 가정하자. 100 m의 거리에서, 카메라가 거의 분해할 수 없는 점광원 사이의 가장 작은 거리는 몇 cm인가? 이 질문에 답하려면, 하나보다는 오히려 2개의 상점을 보기 위한 센서를 생각하라. $s \gg f$이기 때문에, $s' = f$를 사용할 수 있다.
   b. 각 상점의 회절 폭이 지름으로 1개 화소보다 더 크지 않는 경우에만 한계 화소 분해능을 얻을 수 있다. 어떤 렌즈 지름이 화소의 폭과 같은 최소 점 크기인가? 빛의 파장은 600 nm를

사용하라.

c. 문항 b에서 알게 된 지름에 대한 렌즈의 f수는 얼마인가? 화소 한계로부터 회절 한계로 카메라가 변하는 시기의 실제적인 f수의 값이 그 답이다. 이것보다 작은 f수(더 큰 지름의 구멍)에 대하여, 분해능은 화소의 크기에 의해 제한되며, 구멍을 바꾸어도 변하지 않는다. 이것보다 더 작은 f수(더 작은 지름의 구멍)에 대하여, 분해능은 회절에 의해 제한되며, 더 작은 구멍으로 '스톱을 내리면' 더 나빠진다.

24. ‖ 우리 태양계에 가장 가까운 별인 알파 센타우리(Alpha Centauri)는 4.3광년 떨어져 있다. 알파 센타우리에 앞선 문명을 가진 행성이 있다. 행성의 천문학 연구소에 있는 Dhg 교수는 어떤 행성이 태양을 궤도로 돌고 있는지 알 수 있는 망원경을 만들고 싶다.

a. 목성과 태양을 거의 분해할 수 없는 대물렌즈의 최소 지름은 얼마인가? 목성의 궤도 반지름은 7.8×10^8 km이며, $\lambda = 600$ nm이다.

b. 필요한 크기의 망원경을 제작하는 것이 주요한 문제로 보이지 않는다. Dhg 교수의 실험을 성공하지 못하게 하는 실제 어려움은 무엇인가?

응용 문제

25. ‖‖ 그림 CP35.25에서 보이는 렌즈는 무색의 이중 렌즈라고 하는데, 색수차가 없는 것을 의미한다. 왼쪽은 편평하고 다른 면들은 곡률 반지름 R이다.

a. 왼쪽으로 들어오는 나란한 광선에 대하여, 이 두 렌즈계의 유효 초점 거리가 $f = R/(2n_2 - n_1 - 1)$임을 보이시오. 여기서 n_1과 n_2는 발산 렌즈와 수렴 렌즈의 상대적인 굴절률이다. 얇은 렌즈 근사를 잊지 마시오.

b. 분산 때문에, 한 렌즈만으로는 빨간색 광선과 파란색 광선이 다른 점으로 초점 맺는다. Δn_1과 Δn_2를 2개의 렌즈에 대하여 $n_{blue} - n_{red}$로서 정의한다. $\Delta n_1/\Delta n_2$ 비의 어떤 값이 두 렌즈계에 대하여 $f_{blue} = f_{red}$을 만드는가? 즉 2개의 렌즈계는 색수차를 나타내지 않는다.

c. 두 가지 형태의 유리 굴절률이 표에 있다. 무색의 이중 렌즈를 만들기 위하여, 수렴 렌즈와 발산 렌즈로 각각 어느 유리를 사용해야 하는가? 설명하시오.

	n_{blue}	n_{red}
크라운 유리	1.525	1.517
플린트 유리	1.632	1.616

d. 10.0 cm인 초점 거리는 얼마의 R값을 가지는가?

그림 CP35.25

A

APPENDIX

수식 다시보기

Algebra

Using exponents: $a^{-x} = \frac{1}{a^x}$ $a^x a^y = a^{(x+y)}$ $\frac{a^x}{a^y} = a^{(x-y)}$ $(a^x)^y = a^{xy}$

$a^0 = 1$ $a^1 = a$ $a^{1/n} = \sqrt[n]{a}$

Fractions: $\left(\frac{a}{b}\right)\left(\frac{c}{d}\right) = \frac{ac}{bd}$ $\frac{a/b}{c/d} = \frac{ad}{bc}$ $\frac{1}{1/a} = a$

Logarithms: If $a = e^x$, then $\ln(a) = x$ $\ln(e^x) = x$ $e^{\ln(x)} = x$

$\ln(ab) = \ln(a) + \ln(b)$ $\ln\left(\frac{a}{b}\right) = \ln(a) - \ln(b)$ $\ln(a^n) = n\ln(a)$

The expression $\ln(a + b)$ cannot be simplified.

Linear equations: The graph of the equation $y = ax + b$ is a straight line. a is the slope of the graph. b is the y-intercept.

Slope $a = \frac{\text{rise}}{\text{run}} = \frac{\Delta y}{\Delta x}$

y-intercept $= b$

Proportionality: To say that y is proportional to x, written $y \propto x$, means that $y = ax$, where a is a constant. Proportionality is a special case of linearity. A graph of a proportional relationship is a straight line that passes through the origin. If $y \propto x$, then

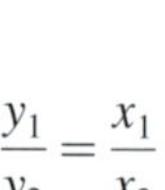

$$\frac{y_1}{y_2} = \frac{x_1}{x_2}$$

Quadratic equation: The quadratic equation $ax^2 + bx + c = 0$ has the two solutions $x = \frac{-b \pm \sqrt{b^2 - 4ac}}{2a}$.

Geometry and Trigonometry

Area and volume:

Rectangle
$A = ab$

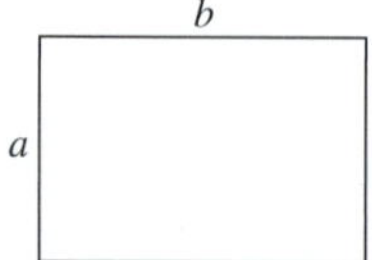

Rectangular box
$V = abc$

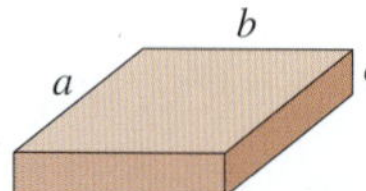

Triangle
$A = \frac{1}{2}ab$

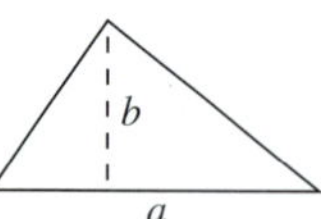

Right circular cylinder
$V = \pi r^2 l$

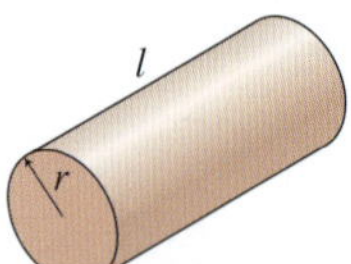

Circle
$C = 2\pi r$
$A = \pi r^2$

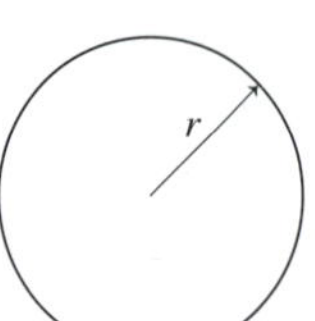

Sphere
$A = 4\pi r^2$
$V = \frac{4}{3}\pi r^3$

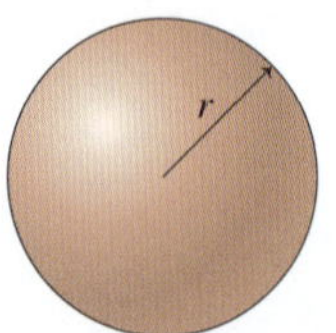

Arc length and angle: The angle θ in radians is defined as $\theta = s/r$.

The arc length that spans angle θ is $s = r\theta$.

$2\pi \text{ rad} = 360°$

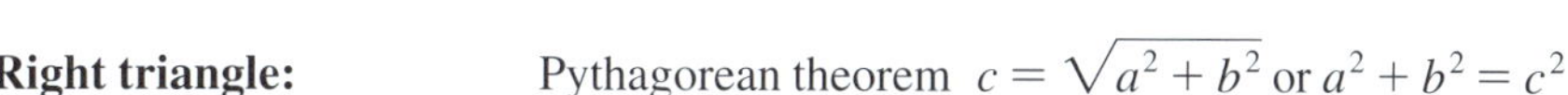

Right triangle: Pythagorean theorem $c = \sqrt{a^2 + b^2}$ or $a^2 + b^2 = c^2$

$\sin\theta = \dfrac{b}{c} = \dfrac{\text{far side}}{\text{hypotenuse}}$ $\qquad \theta = \sin^{-1}\left(\dfrac{b}{c}\right)$

$\cos\theta = \dfrac{a}{c} = \dfrac{\text{adjacent side}}{\text{hypotenuse}}$ $\qquad \theta = \cos^{-1}\left(\dfrac{a}{c}\right)$

$\tan\theta = \dfrac{b}{a} = \dfrac{\text{far side}}{\text{adjacent side}}$ $\qquad \theta = \tan^{-1}\left(\dfrac{b}{a}\right)$

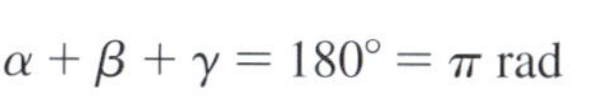

General triangle: $\alpha + \beta + \gamma = 180° = \pi \text{ rad}$

Law of cosines $c^2 = a^2 + b^2 - 2ab\cos\gamma$

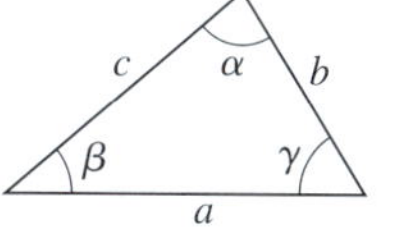

Identities:

$\tan\alpha = \dfrac{\sin\alpha}{\cos\alpha}$ $\qquad \sin^2\alpha + \cos^2\alpha = 1$

$\sin(-\alpha) = -\sin\alpha$ $\qquad \cos(-\alpha) = \cos\alpha$

$\sin(\alpha \pm \beta) = \sin\alpha\cos\beta \pm \cos\alpha\sin\beta$ $\qquad \cos(\alpha \pm \beta) = \cos\alpha\cos\beta \mp \sin\alpha\sin\beta$

$\sin(2\alpha) = 2\sin\alpha\cos\alpha$ $\qquad \cos(2\alpha) = \cos^2\alpha - \sin^2\alpha$

$\sin(\alpha \pm \pi/2) = \pm\cos\alpha$ $\qquad \cos(\alpha \pm \pi/2) = \mp\sin\alpha$

$\sin(\alpha \pm \pi) = -\sin\alpha$ $\qquad \cos(\alpha \pm \pi) = -\cos\alpha$

Expansions and Approximations

Binomial expansion: $(1 + x)^n = 1 + nx + \dfrac{n(n-1)}{2}x^2 + \cdots$

Binomial approximation: $(1 + x)^n \approx 1 + nx \quad \text{if} \quad x \ll 1$

Trigonometric expansions: $\sin\alpha = \alpha - \dfrac{\alpha^3}{3!} + \dfrac{\alpha^5}{5!} - \dfrac{\alpha^7}{7!} + \cdots$ for α in rad

$\cos\alpha = 1 - \dfrac{\alpha^2}{2!} + \dfrac{\alpha^4}{4!} - \dfrac{\alpha^6}{6!} + \cdots$ for α in rad

Small-angle approximation: If $\alpha \ll 1$ rad, then $\sin\alpha \approx \tan\alpha \approx \alpha$ and $\cos\alpha \approx 1$.

The small-angle approximation is excellent for $\alpha < 5°$ (≈ 0.1 rad) and generally acceptable up to $\alpha \approx 10°$.

APPENDIX A

Calculus

The letters a and n represent constants in the following derivatives and integrals.

Derivatives

$$\frac{d}{dx}(a) = 0$$

$$\frac{d}{dx}(ax) = a$$

$$\frac{d}{dx}\left(\frac{a}{x}\right) = -\frac{a}{x^2}$$

$$\frac{d}{dx}(ax^n) = anx^{n-1}$$

$$\frac{d}{dx}\left(\ln(ax)\right) = \frac{1}{x}$$

$$\frac{d}{dx}(e^{ax}) = ae^{ax}$$

$$\frac{d}{dx}\left(\sin(ax)\right) = a\cos(ax)$$

$$\frac{d}{dx}\left(\cos(ax)\right) = -a\sin(ax)$$

Integrals

$$\int x\,dx = \frac{1}{2}x^2$$

$$\int x^2\,dx = \frac{1}{3}x^3$$

$$\int \frac{1}{x^2}\,dx = -\frac{1}{x}$$

$$\int x^n\,dx = \frac{x^{n+1}}{n+1} \qquad n \neq -1$$

$$\int \frac{dx}{x} = \ln x$$

$$\int \frac{dx}{a+x} = \ln(a+x)$$

$$\int \frac{x\,dx}{a+x} = x - a\ln(a+x)$$

$$\int \frac{dx}{\sqrt{x^2 \pm a^2}} = \ln\left(x + \sqrt{x^2 \pm a^2}\right)$$

$$\int \frac{x\,dx}{\sqrt{x^2 \pm a^2}} = \sqrt{x^2 \pm a^2}$$

$$\int \frac{dx}{x^2 + a^2} = \frac{1}{a}\tan^{-1}\left(\frac{x}{a}\right)$$

$$\int \frac{dx}{(x^2 + a^2)^2} = \frac{1}{2a^3}\tan^{-1}\left(\frac{x}{a}\right) + \frac{x}{2a^2(x^2 + a^2)}$$

$$\int \frac{dx}{(x^2 \pm a^2)^{3/2}} = \frac{\pm x}{a^2\sqrt{x^2 \pm a^2}}$$

$$\int \frac{x\,dx}{(x^2 \pm a^2)^{3/2}} = -\frac{1}{\sqrt{x^2 \pm a^2}}$$

$$\int e^{ax}\,dx = \frac{1}{a}e^{ax}$$

$$\int xe^{-x}\,dx = -(x+1)e^{-x}$$

$$\int x^2e^{-x}\,dx = -(x^2 + 2x + 2)e^{-x}$$

$$\int \sin(ax)\,dx = -\frac{1}{a}\cos(ax)$$

$$\int \cos(ax)\,dx = \frac{1}{a}\sin(ax)$$

$$\int \sin^2(ax)\,dx = \frac{x}{2} - \frac{\sin(2ax)}{4a}$$

$$\int \cos^2(ax)\,dx = \frac{x}{2} + \frac{\sin(2ax)}{4a}$$

$$\int_0^\infty x^n e^{-ax}\,dx = \frac{n!}{a^{n+1}}$$

$$\int_0^\infty e^{-ax^2}\,dx = \frac{1}{2}\sqrt{\frac{\pi}{a}}$$

APPENDIX B

원소의 주기율표

Atomic number — 27 Co 58.9 — Symbol; Atomic mass — 58.9

Period			Transition elements															
1	1 H 1.0																	2 He 4.0
2	3 Li 6.9	4 Be 9.0											5 B 10.8	6 C 12.0	7 N 14.0	8 O 16.0	9 F 19.0	10 Ne 20.2
3	11 Na 23.0	12 Mg 24.3											13 Al 27.0	14 Si 28.1	15 P 31.0	16 S 32.1	17 Cl 35.5	18 Ar 39.9
4	19 K 39.1	20 Ca 40.1	21 Sc 45.0	22 Ti 47.9	23 V 50.9	24 Cr 52.0	25 Mn 54.9	26 Fe 55.8	27 Co 58.9	28 Ni 58.7	29 Cu 63.5	30 Zn 65.4	31 Ga 69.7	32 Ge 72.6	33 As 74.9	34 Se 79.0	35 Br 79.9	36 Kr 83.8
5	37 Rb 85.5	38 Sr 87.6	39 Y 88.9	40 Zr 91.2	41 Nb 92.9	42 Mo 95.9	43 Tc [98]	44 Ru 101.1	45 Rh 102.9	46 Pd 106.4	47 Ag 107.9	48 Cd 112.4	49 In 114.8	50 Sn 118.7	51 Sb 121.8	52 Te 127.6	53 I 126.9	54 Xe 131.3
6	55 Cs 132.9	56 Ba 137.3	71 Lu 175.0	72 Hf 178.5	73 Ta 180.9	74 W 183.9	75 Re 186.2	76 Os 190.2	77 Ir 192.2	78 Pt 195.1	79 Au 197.0	80 Hg 200.6	81 Tl 204.4	82 Pb 207.2	83 Bi 209.0	84 Po [209]	85 At [210]	86 Rn [222]
7	87 Fr [223]	88 Ra [226]	103 Lr [262]	104 Rf [265]	105 Db [268]	106 Sg [271]	107 Bh [272]	108 Hs [270]	109 Mt [275]	110 Ds [281]	111 Rg [280]	112 Cn [285]	113	114 Fl [289]	115	116 Lv [293]	117	118

Inner transition elements

Lanthanides 6	57 La 138.9	58 Ce 140.1	59 Pr 140.9	60 Nd 144.2	61 Pm 144.9	62 Sm 150.4	63 Eu 152.0	64 Gd 157.3	65 Tb 158.9	66 Dy 162.5	67 Ho 164.9	68 Er 167.3	69 Tm 168.9	70 Yb 173.0
Actinides 7	89 Ac [227]	90 Th 232.0	91 Pa 231.0	92 U 238.0	93 Np [237]	94 Pu [244]	95 Am [243]	96 Cm [247]	97 Bk [247]	98 Cf [251]	99 Es [252]	100 Fm [257]	101 Md [258]	102 No [259]

An atomic mass in brackets is that of the longest-lived isotope of an element with no stable isotopes.

APPENDIX C

원자와 원자핵 관련 자료

Atomic Number (Z)	Element	Symbol	Mass Number (A)	Atomic Mass (u)	Percent Abundance	Decay Mode	Half-Life $t_{1/2}$
0	(Neutron)	n	1	1.008 665		β^-	10.4 min
1	Hydrogen	H	1	1.007 825	99.985	stable	
	Deuterium	D	2	2.014 102	0.015	stable	
	Tritium	T	3	3.016 049		β^-	12.33 yr
2	Helium	He	3	3.016 029	0.000 1	stable	
			4	4.002 602	99.999 9	stable	
			6	6.018 886		β^-	0.81 s
3	Lithium	Li	6	6.015 121	7.50	stable	
			7	7.016 003	92.50	stable	
			8	8.022 486		β^-	0.84 s
4	Beryllium	Be	7	7.016 928		EC	53.3 days
			9	9.012 174	100	stable	
			10	10.013 534		β^-	1.5×10^6 yr
5	Boron	B	10	10.012 936	19.90	stable	
			11	11.009 305	80.10	stable	
			12	12.014 352		β^-	0.020 2 s
6	Carbon	C	10	10.016 854		β^+	19.3 s
			11	11.011 433		β^+	20.4 min
			12	12.000 000	98.90	stable	
			13	13.003 355	1.10	stable	
			14	14.003 242		β^-	5 730 yr
			15	15.010 599		β^-	2.45 s
7	Nitrogen	N	12	12.018 613		β^+	0.011 0 s
			13	13.005 738		β^+	9.96 min
			14	14.003 074	99.63	stable	
			15	15.000 108	0.37	stable	
			16	16.006 100		β^-	7.13 s
			17	17.008 450		β^-	4.17 s
8	Oxygen	O	14	14.008 595		EC	70.6 s
			15	15.003 065		β^+	122 s
			16	15.994 915	99.76	stable	
			17	16.999 132	0.04	stable	
			18	17.999 160	0.20	stable	
			19	19.003 577		β^-	26.9 s
9	Fluorine	F	17	17.002 094		EC	64.5 s
			18	18.000 937		β^+	109.8 min
			19	18.998 404	100	stable	
			20	19.999 982		β^-	11.0 s
10	Neon	Ne	19	19.001 880		β^+	17.2 s
			20	19.992 435	90.48	stable	
			21	20.993 841	0.27	stable	
			22	21.991 383	9.25	stable	

Atomic Number (Z)	Element	Symbol	Mass Number (A)	Atomic Mass (u)	Percent Abundance	Decay Mode	Half-Life $t_{1/2}$
11	Sodium	Na	22	21.994 434		β^+	2.61 yr
			23	22.989 770	100	stable	
			24	23.990 961		β^-	14.96 hr
12	Magnesium	Mg	24	23.985 042	78.99	stable	
			25	24.985 838	10.00	stable	
			26	25.982 594	11.01	stable	
13	Aluminum	Al	27	26.981 538	100	stable	
			28	27.981 910		β^-	2.24 min
14	Silicon	Si	28	27.976 927	92.23	stable	
			29	28.976 495	4.67	stable	
			30	29.973 770	3.10	stable	
			31	30.975 362		β^-	2.62 hr
15	Phosphorus	P	30	29.978 307		β^+	2.50 min
			31	30.973 762	100	stable	
			32	31.973 908		β^-	14.26 days
16	Sulfur	S	32	31.972 071	95.02	stable	
			33	32.971 459	0.75	stable	
			34	33.967 867	4.21	stable	
			35	34.969 033		β^-	87.5 days
			36	35.967 081	0.02	stable	
17	Chlorine	Cl	35	34.968 853	75.77	stable	
			36	35.968 307		β^-	3.0×10^5 yr
			37	36.965 903	24.23	stable	
18	Argon	Ar	36	35.967 547	0.34	stable	
			38	37.962 732	0.06	stable	
			39	38.964 314		β^-	269 yr
			40	39.962 384	99.60	stable	
			42	41.963 049		β^-	33 yr
19	Potassium	K	39	38.963 708	93.26	stable	
			40	39.964 000	0.01	β^+	1.28×10^9 yr
			41	40.961 827	6.73	stable	
20	Calcium	Ca	40	39.962 591	96.94	stable	
			42	41.958 618	0.64	stable	
			43	42.958 767	0.13	stable	
			44	43.955 481	2.08	stable	
			47	46.954 547		β^-	4.5 days
			48	47.952 534	0.18	stable	
24	Chromium	Cr	50	49.946 047	4.34	stable	
			52	51.940 511	83.79	stable	
			53	52.940 652	9.50	stable	
			54	53.938 883	2.36	stable	
26	Iron	Fe	54	53.939 613	5.9	stable	
			55	54.938 297		EC	2.7 yr
			56	55.934 940	91.72	stable	
			57	56.935 396	2.1	stable	
			58	57.933 278	0.28	stable	

Atomic Number (Z)	Element	Symbol	Mass Number (A)	Atomic Mass (u)	Percent Abundance	Decay Mode	Half-Life $t_{1/2}$
27	Cobalt	Co	59	58.933 198	100	stable	
			60	59.933 820		β^-	5.27 yr
28	Nickel	Ni	58	57.935 346	68.08	stable	
			60	59.930 789	26.22	stable	
			61	60.931 058	1.14	stable	
			62	61.928 346	3.63	stable	
			64	63.927 967	0.92	stable	
29	Copper	Cu	63	62.929 599	69.17	stable	
			65	64.927 791	30.83	stable	
47	Silver	Ag	107	106.905 091	51.84	stable	
			109	108.904 754	48.16	stable	
48	Cadmium	Cd	106	105.906 457	1.25	stable	
			109	108.904 984		EC	462 days
			110	109.903 004	12.49	stable	
			111	110.904 182	12.80	stable	
			112	111.902 760	24.13	stable	
			113	112.904 401	12.22	stable	
			114	113.903 359	28.73	stable	
			116	115.904 755	7.49	stable	
53	Iodine	I	127	126.904 474	100	stable	
			129	128.904 984		β^-	1.6×10^7 yr
			131	130.906 124		β^-	8 days
54	Xenon	Xe	128	127.903 531	1.9	stable	
			129	128.904 779	26.4	stable	
			130	129.903 509	4.1	stable	
			131	130.905 069	21.2	stable	
			132	131.904 141	26.9	stable	
			133	132.905 906		β^-	5.4 days
			134	133.905 394	10.4	stable	
			136	135.907 215	8.9	stable	
55	Cesium	Cs	133	132.905 436	100	stable	
			137	136.907 078		β^-	30 yr
56	Barium	Ba	131	130.906 931		EC	12 days
			133	132.905 990		EC	10.5 yr
			134	133.904 492	2.42	stable	
			135	134.905 671	6.59	stable	
			136	135.904 559	7.85	stable	
			137	136.905 816	11.23	stable	
			138	137.905 236	71.70	stable	
79	Gold	Au	197	196.966 543	100	stable	
81	Thallium	Tl	203	202.972 320	29.524	stable	
			205	204.974 400	70.476	stable	
			207	206.977 403		β^-	4.77 min
82	Lead	Pb	204	203.973 020	1.4	stable	
			205	204.974 457		EC	1.5×10^7 yr

Atomic Number (Z)	Element	Symbol	Mass Number (A)	Atomic Mass (u)	Percent Abundance	Decay Mode	Half-Life $t_{1/2}$
			206	205.974 440	24.1	stable	
			207	206.975 871	22.1	stable	
			208	207.976 627	52.4	stable	
			210	209.984 163		α, β^-	22.3 yr
			211	210.988 734		β^-	36.1 min
83	Bismuth	Bi	208	207.979 717		EC	3.7×10^5 yr
			209	208.980 374	100	stable	
			211	210.987 254		α	2.14 min
			215	215.001 836		β^-	7.4 min
84	Polonium	Po	209	208.982 405		α	102 yr
			210	209.982 848		α	138.38 days
			215	214.999 418		α	0.001 8 s
			218	218.008 965		α, β^-	3.10 min
85	Astatine	At	218	218.008 685		α, β^-	1.6 s
			219	219.011 294		α, β^-	0.9 min
86	Radon	Rn	219	219.009 477		α	3.96 s
			220	220.011 369		α	55.6 s
			222	222.017 571		α, β^-	3.823 days
87	Francium	Fr	223	223.019 733		α, β^-	22 min
88	Radium	Ra	223	223.018 499		α	11.43 days
			224	224.020 187		α	3.66 days
			226	226.025 402		α	1 600 yr
			228	228.031 064		β^-	5.75 yr
89	Actinium	Ac	227	227.027 749		α, β^-	21.77 yr
			228	228.031 015		β^-	6.15 hr
90	Thorium	Th	227	227.027 701		α	18.72 days
			228	228.028 716		α	1.913 yr
			229	229.031 757		α	7 300 yr
			230	230.033 127		α	75.000 yr
			231	231.036 299		α, β^-	25.52 hr
			232	232.038 051	100	α	1.40×10^{10} yr
			234	234.043 593		β^-	24.1 days
91	Protactinium	Pa	231	231.035 880		α	32.760 yr
			234	234.043 300		β^-	6.7 hr
92	Uranium	U	233	233.039 630		α	1.59×10^5 yr
			234	234.040 946		α	2.45×10^5 yr
			235	235.043 924	0.72	α	7.04×10^8 yr
			236	236.045 562		α	2.34×10^7 yr
			238	238.050 784	99.28	α	4.47×10^9 yr
93	Neptunium	Np	236	236.046 560		EC	1.15×10^5 yr
			237	237.048 168		α	2.14×10^6 yr
94	Plutonium	Pu	238	238.049 555		α	87.7 yr
			239	239.052 157		α	2.412×10^4 yr
			240	240.053 808		α	6 560 yr
			242	242.058 737		α	3.73×10^6 yr

해답

Chapter 1

1\.

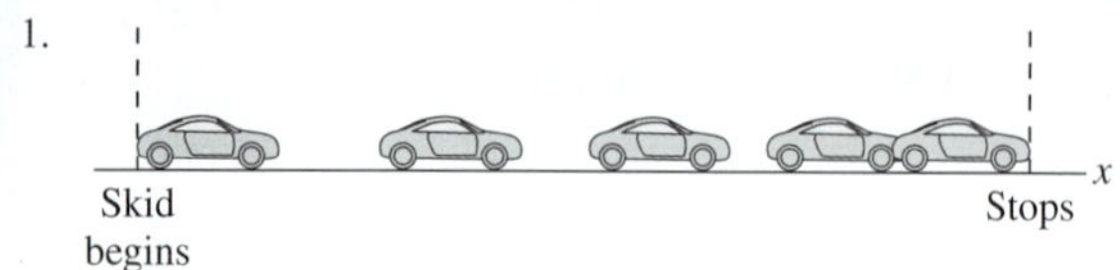

2\.

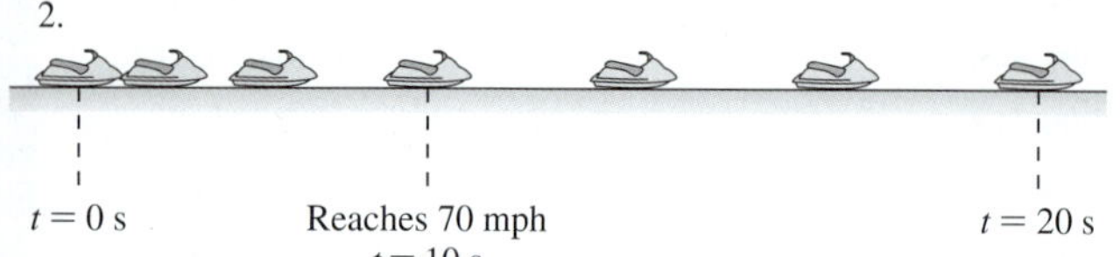

3\.

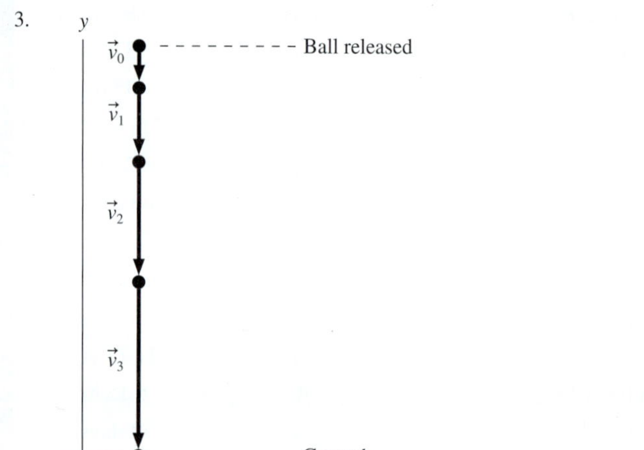

4\.

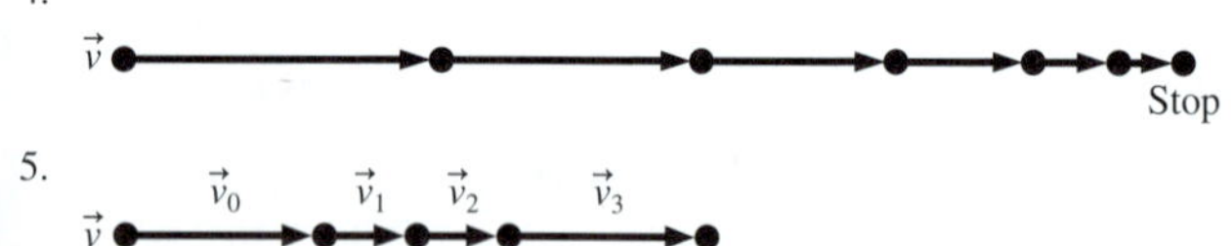

5\.

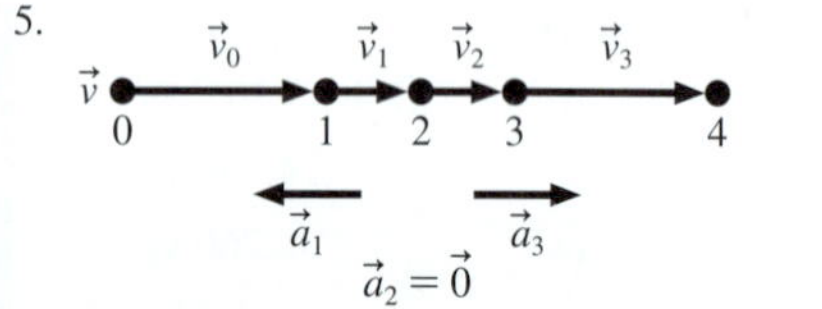

6\. a.

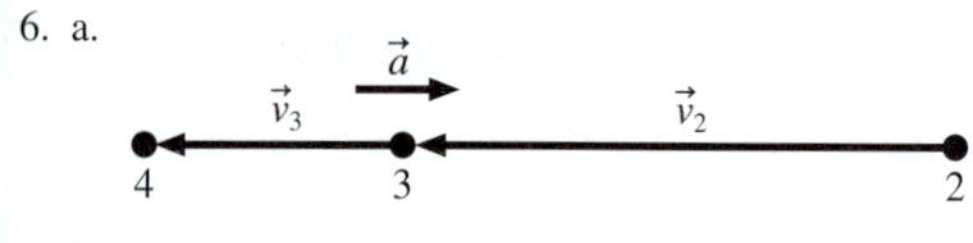

b\.

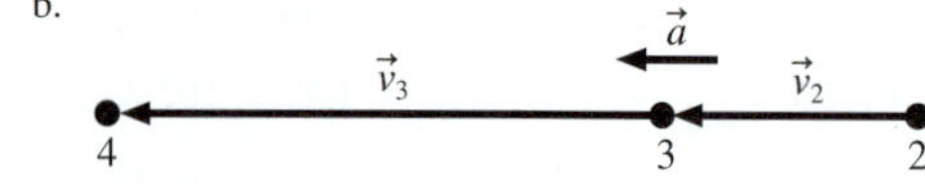

7\.

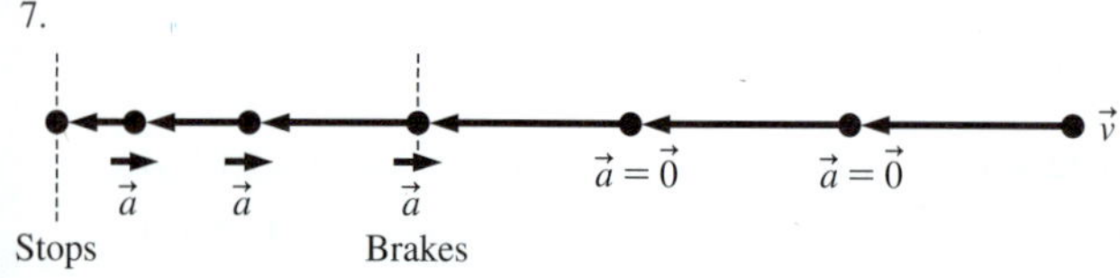

8\.

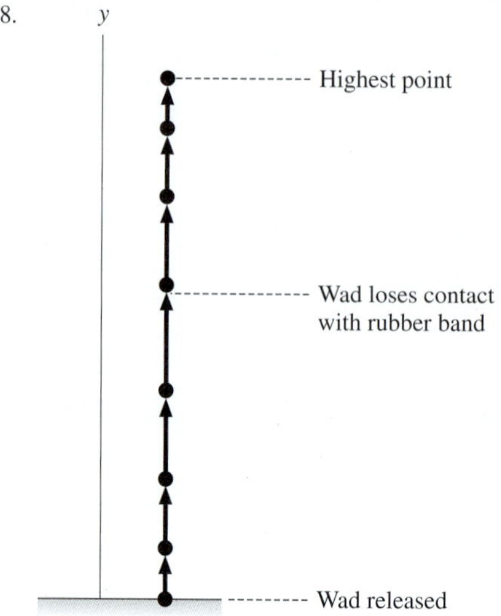

9\.

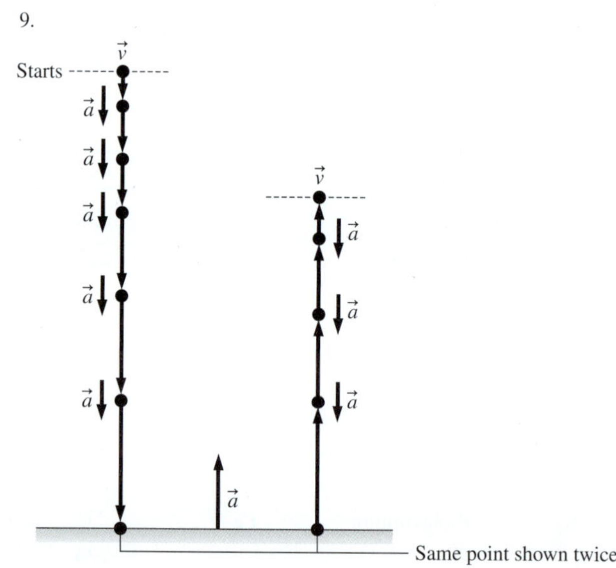

11\.

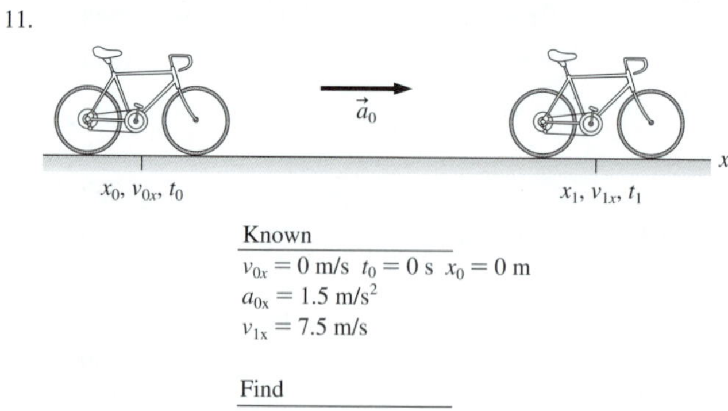

Known

$v_{0x} = 0$ m/s $t_0 = 0$ s $x_0 = 0$ m

$a_{0x} = 1.5$ m/s^2

$v_{1x} = 7.5$ m/s

Find

x_1

12. a. 1 b. 3 c. 2 d. 5
13. a. 1.52 m b. 3.15×10^{13} s c. 1.76×10^{-4} m/s d. 5.18×10^{10} m^2
14. a. 7 m d. 100,000 m c. 30 m/s d. 0.2 m
15. a. 32,590 b. 9.0 c. 0.237 d. 4.78
16. a. 15 m
17. 32 ms
18.

Pictorial representation

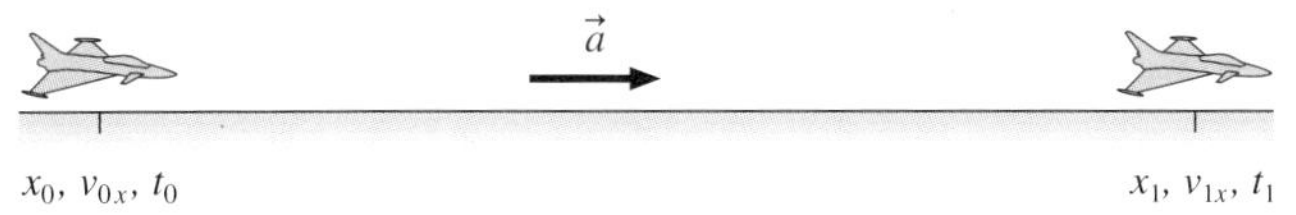

Motion diagram

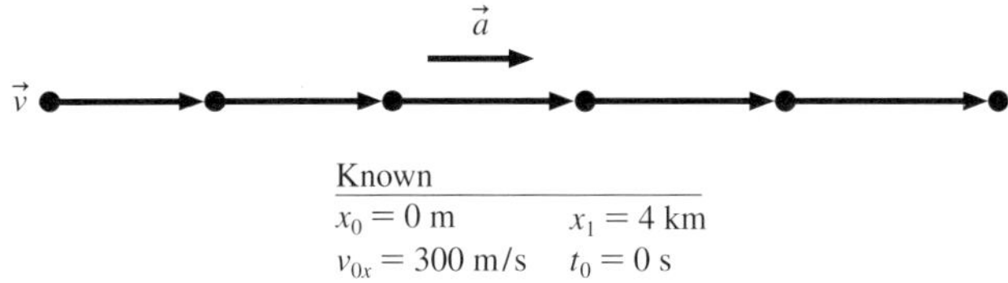

Known
$x_0 = 0$ m $x_1 = 4$ km
$v_{0x} = 300$ m/s $t_0 = 0$ s

Find
a_x

19. **Pictorial representation** **Motion diagram**

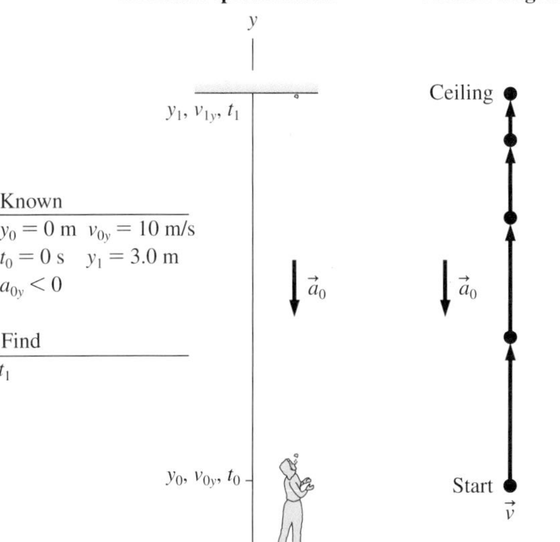

Known
$y_0 = 0$ m $v_{0y} = 10$ m/s
$t_0 = 0$ s $y_1 = 3.0$ m
$a_{0y} < 0$

Find
t_1

20. **Pictorial representation**

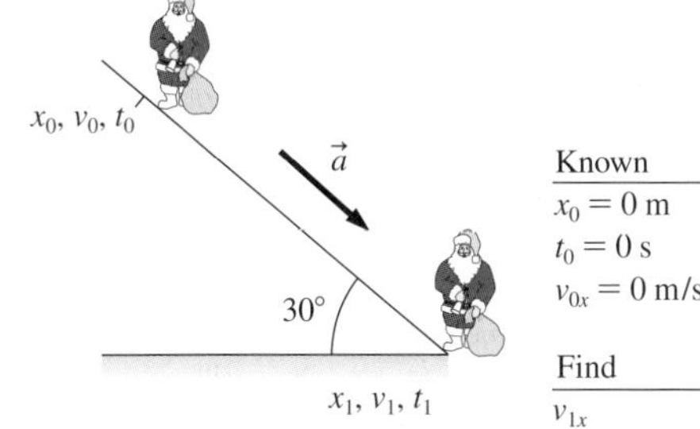

Known
$x_0 = 0$ m $x_1 = 10$ m/s
$t_0 = 0$ s
$v_{0x} = 0$ m/s

Find
v_{1x}

Motion diagram

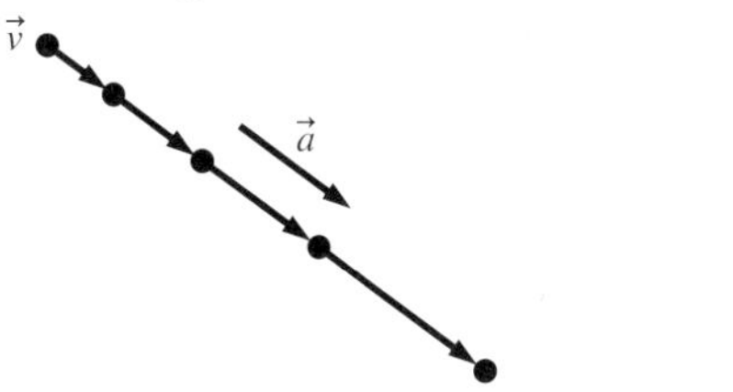

21. **Pictorial representation**

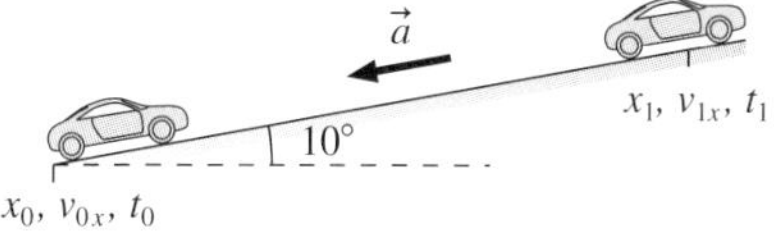

Motion diagram

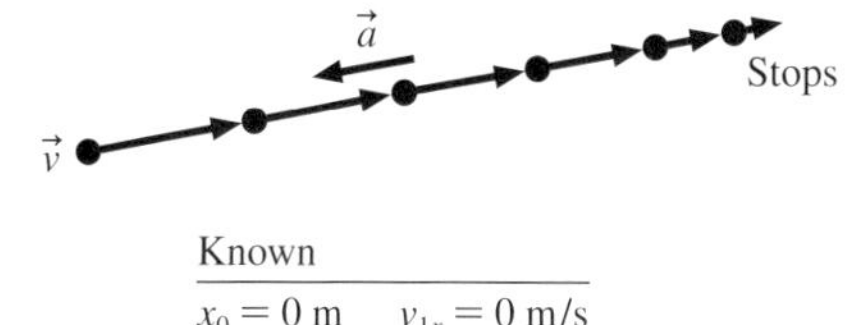

Known
$x_0 = 0$ m $v_{1x} = 0$ m/s
$t_0 = 0$ s
$v_{0x} = 30$ m/s

Find
x_1

22.

Pictorial representation

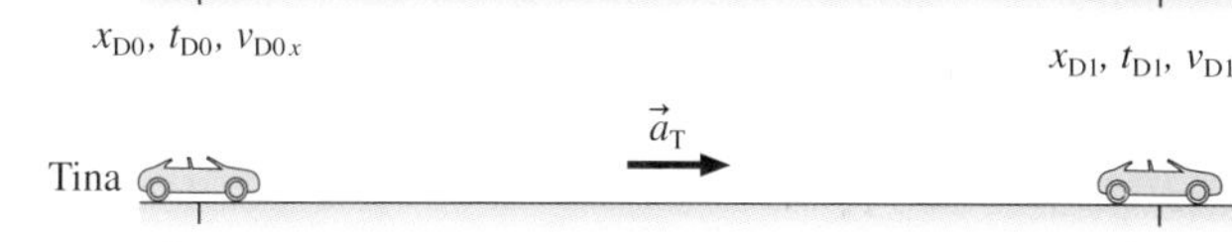

Motion diagram

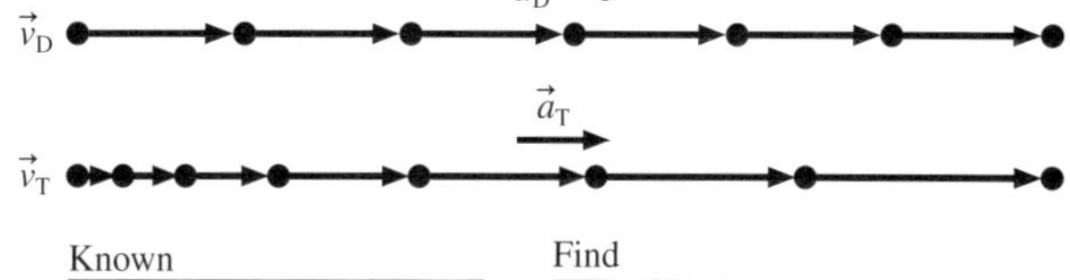

Known
$x_{D0} = 0$ m $x_{T0} = 0$ m
$t_{D0} = 0$ s $t_{T0} = 0$ s
$v_{D0x} = 30$ m/s $v_{T0x} = 0$ m/s
$a_{D0x} = 0$ m/s^2
$a_T = 2.0$ m/s^2

Find
x_{T1}

25. a.

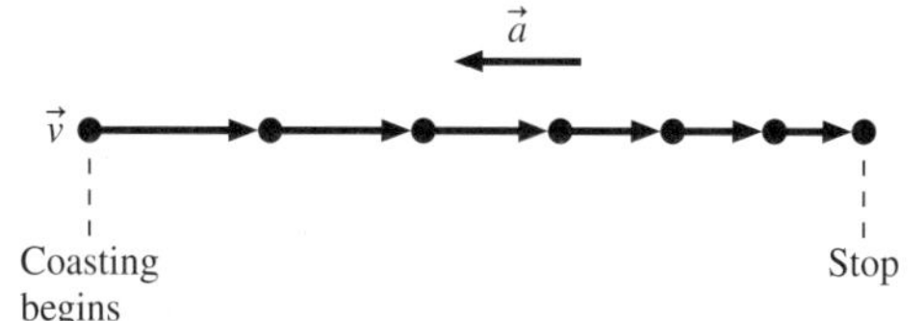

26. a.

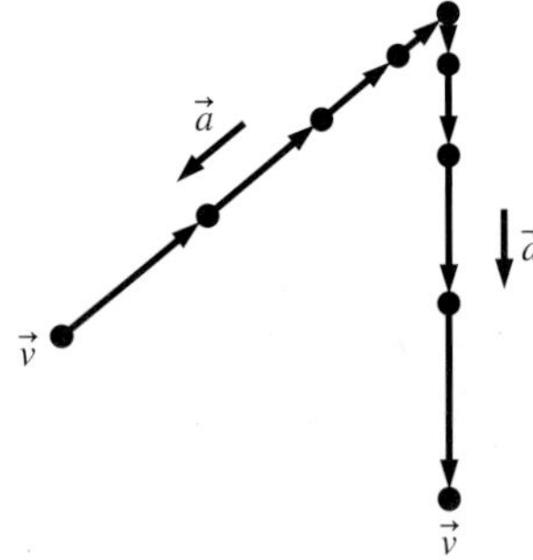

27. Smallest: 1.6×10^3 m^2, largest: 2.06×10^3 m^2
28. 2.36×10^{-4} m^3
29. a. 7.1×10^{-4} kg/m^3 b. 7.7×10^{-4} kg/m^3

Chapter 2

1. a. Beth b. 35 min
2. a. 48 mph b. 50 mph
3. a. b. None

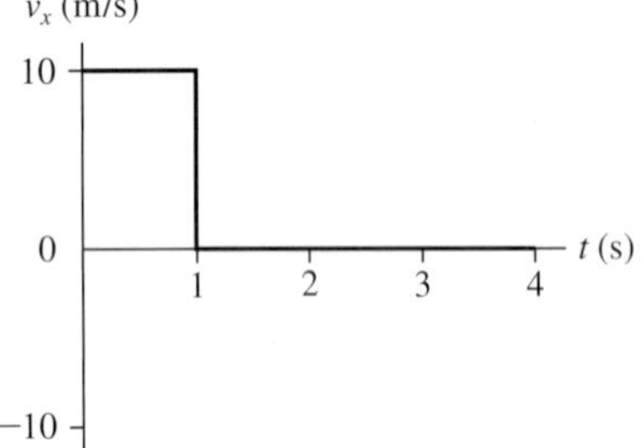

4. 8.0 cm
5.

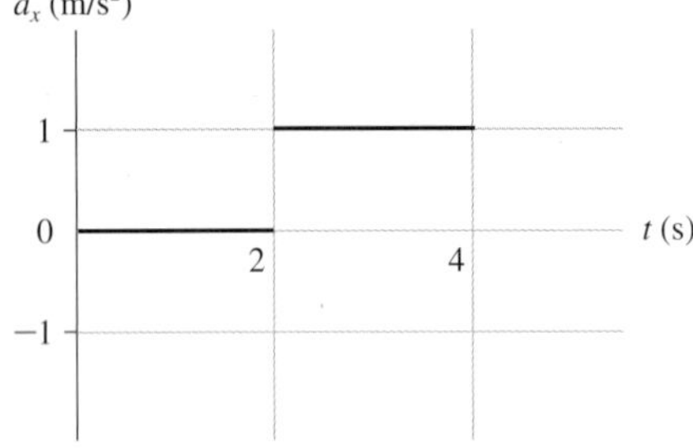

6. a. 8.0 m b. 2.0 m/s c. –2.0 m/s^2
7. a. 2.7 m/s^2 b. 1.3×10^2 m = 4.3×10^2 feet
8. a. 360 d b. 4.6×10^{15} m c. 0.49
9. −1.95 m/s^2
10. 536 m
11. 3.2 s
12. 5.2 cm
13. 11 m
14. 265 m
15. a. 16 m/s b. 31 m
16. 16 m/s
17. a. 23 m b. 33 m/s c. 36 m/s^2
18. a. 0 s and 3 s
    b. 12 m and –18 m/s^2; –15 m and 18 m/s^2
19. a. –10 m/s b. –20 m/s c. 95 m/s
20. a. 2 s, 5 s b. –3 m/s^2, 3 m/s^2
21. a. 20 s b. 667 m
22.

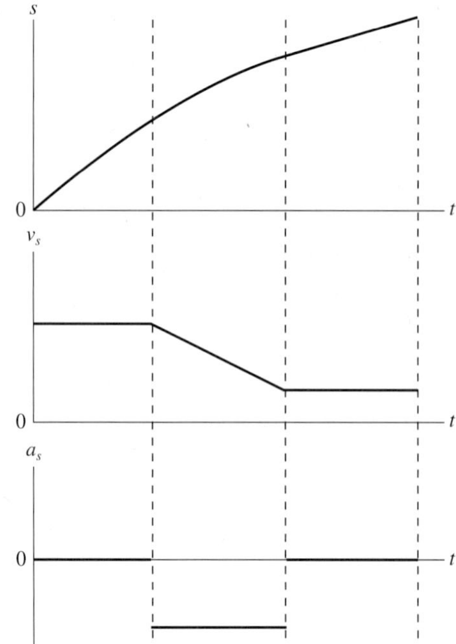

23.

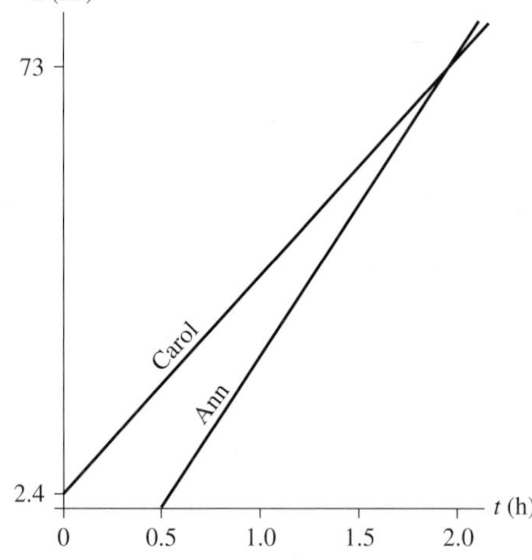

24. a. Yes b. 35 s c. No
25. a. 5 m b. 22 m/s
26. 5.7 m/s
27. Yes, 10 m
28. a. 54.8 km b. 228 s
29. 19.7 m
30. 55 cm
31. a. 2.0 h b. 73 m
    c.

32. $v_f = \sqrt{2gh}$
33. 17 cm
34. 14 m/s
35. 0.36 m
36. 4.4 m/s^2
37. gh/d
39. c. 17.2 m/s

40. c. 750 m
41. a. 10 s b. 3.8 m/s^2 c. 5.6%
42. 12.5 m/s
43. 4500 m/s^2

Chapter 3

1. a. b.

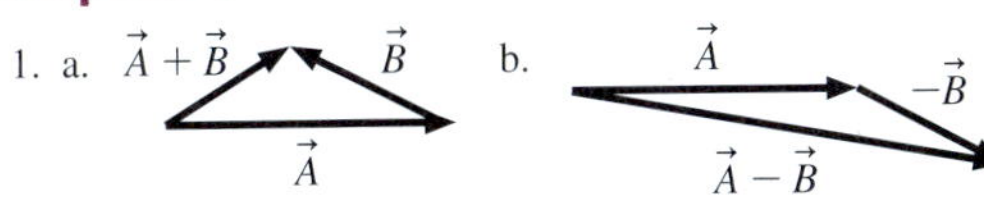

2. a. $E\sin\theta$, $-E\cos\theta$ b. $E\cos\phi$, $-E\sin\phi$
3. 6.6 m
4. a. 3.8 m/s, 6.5 m/s b. –1.3 m/s^2, 0.80 m/s^2 c. –30 N, 40 N
5. 40 m, south
6. a. 7.6, 67° b. 4.9 m/s^2, 66° c. 18 m/s, 38° d. 4.0 m, 34°
7. a. $1\hat{\imath}+3\hat{\jmath}$
   b.

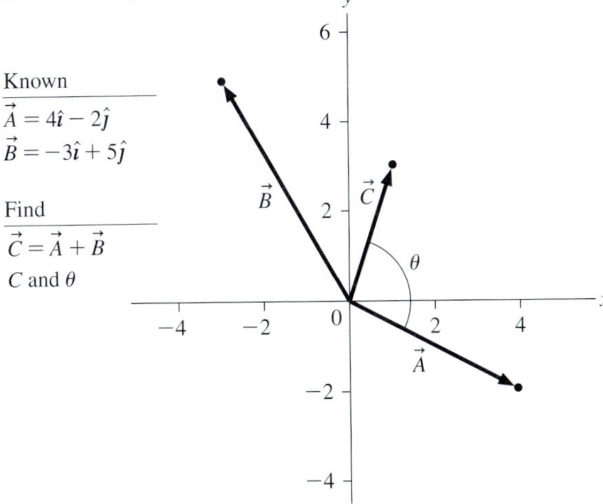

   c. 3.2, 72° above the $+x$-axis
8. a. $-1\hat{\imath}+11\hat{\jmath}$ c. 11, 5.2° ccw from the $+y$-axis
9. a. 2.8 b. 4.1 c. 6.1
10. $v_x=-50$ m/s, $v_y=-87$ m/s
11. $B=2.2$ T, $\theta=27°$
12. a. 0 m, 26 m, 160 m b. $\vec{v}(t)=(10\hat{\imath}+8.0\hat{\jmath})\,t$ m/s
    c. 0 m/s, 26 m/s, and 6 m/s
13. $\vec{C}=0.8\hat{\imath}-4.5\hat{\jmath}$
14. $\vec{B}=\dfrac{1}{\sqrt{2}}\hat{\imath}+\dfrac{1}{\sqrt{2}}\hat{\jmath}$
15. a. $\Delta\vec{r}=(1.3\text{ cm})\hat{\imath}-(2.25\text{ cm})\hat{\jmath}$ b. $\Delta\vec{r}=0.0$ cm
16. 90 m, 46° south of west
17. $v_x=3$ m/s, $v_y=1.75$ m/s
18. a. –3.4 m/s b. –9.4 m/s
19. 280 N, 350 N
20. 570 N, –380 N
21. 5.2 μm/s at 27° below the positive x-axis
22. 4.4 units at 83° below the negative x-axis
23. 7.3 N at 79° below the negative x-axis

Chapter 4

2. C
3. E
4. 2.2 m/s^2
5. $(2\hat{\imath}-8\hat{\jmath})$ m/s^2
6. 19.6 m
7. 404 m
8. $r=16.4$ m
9. $v_x=36$ m/s
10. 30 s
11. a. 49° west of north b. 30.8 s
12. 10 rev
13.

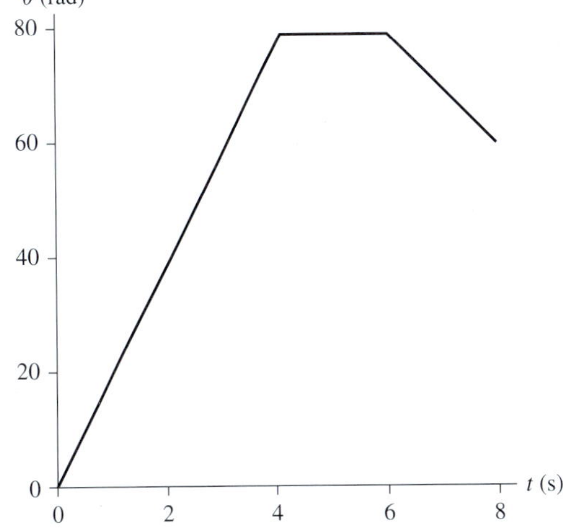

14. a. 7.5 rad/s b. 0.83 s
15. 680 km/h, 1040 mph
16. 43 m
17. a. 3.0×10^4 m/s b. 2.0×10^{-7} rad/s c. 6.0×10^{-3} m/s^2
18. $v=5.7$ m/s, $a_r=108$ m/s^2
19. a. 3.75 rad/s b. 5.0 rad/s c. 5.0 rad/s
20. 98 rpm
21. 47 rad/s^2
22. 38 rev
23. $\left(\frac{1}{2}bt^2+v_{0x}\right)\hat{\imath}+(e^{-ct}+v_{0y})\hat{\jmath}$
24. a. $\dfrac{v_0^2\sin^2\theta}{2g}$ b. 14.4 m, 28.8 m, 43.2 m
25. a. 12 m/s b. 0.90 m
26. Clears by 1.0 m
27. 7.4 m/s
28. a. 13 m/s b. 48°
29. 470 m/s^2
30. 4.8 m/s
31. a. 39 mi b. 20 mph
32. No. The angular acceleration is negative.
33. a. 1.75×10^4 m/s^2 b. 4.4×10^3 m/s^2
34. 69 m/s at 21° with the vertical
35. a. -100 rad/s^2 b. 50 rev
36. 0.75 rad/s^2
37. a. $v=\sqrt{2\alpha\,\Delta\theta R}$ b. $a=2\alpha\,\Delta\theta R$
38. 1940 rpm
39. 550 rpm
40. b. 30 m west
41. 34.3°
42. 3.8 m
43. 10°

Chapter 5

1. Gravity, normal force, static friction
2. Gravity, normal force, kinetic friction
3. Gravity, drag
4. a. 2.4 m/s^2 b. 0.60 m/s^2
5. $m_1=0.080$ kg, $m_3=0.50$ kg

6. 3.0 J
7. a. 4 m/s^2 b. 2 m/s^2
8. 25 kg
9.

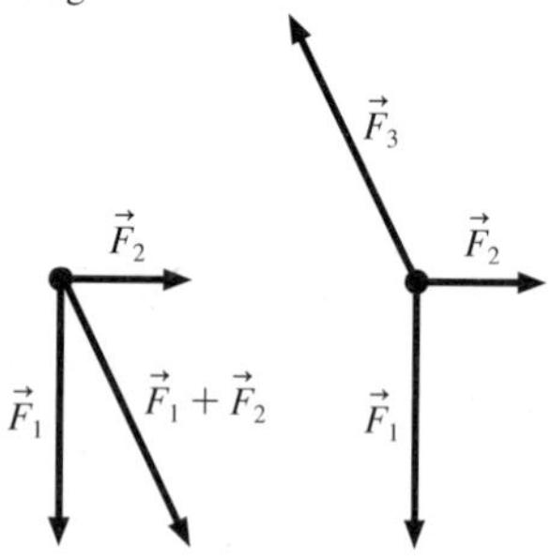

10. $\vec{F}_1$ $\vec{F}_3$ $\vec{F}_2$

11.

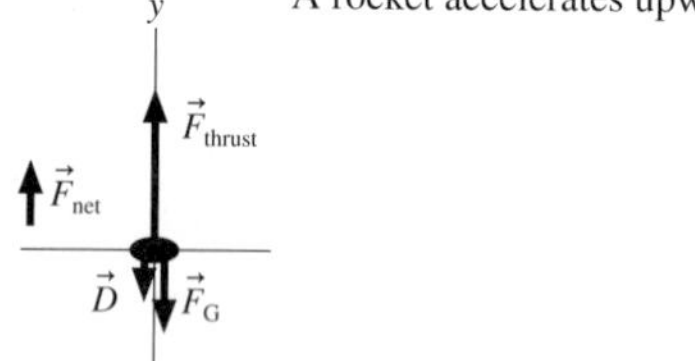

12. **Force identification** **Free-body diagram**

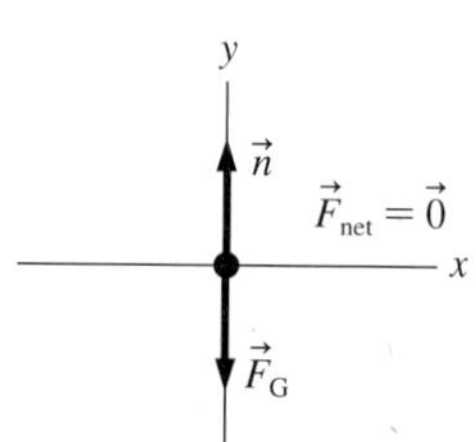

13. **Force identification** **Free-body diagram**

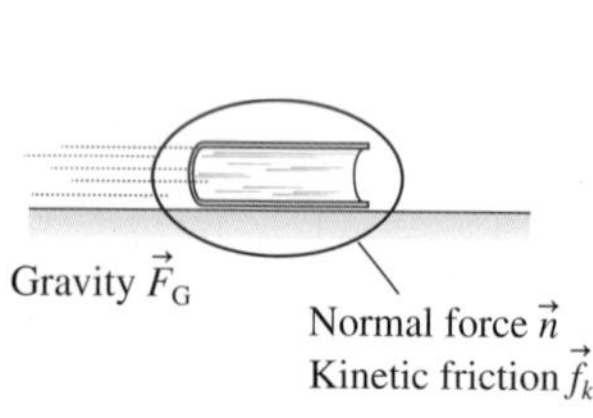

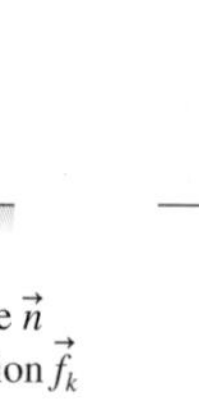

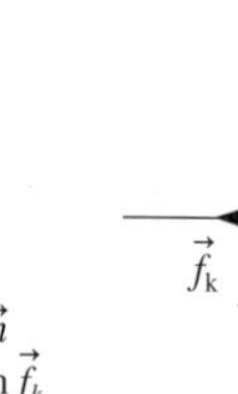

14.
Force identification **Free-body diagram**

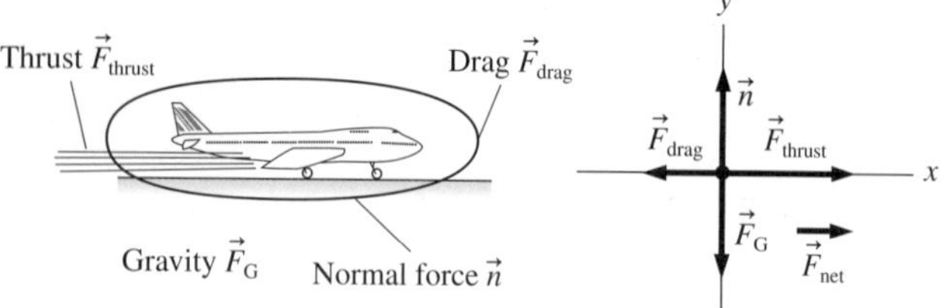

15. F_x (N)

t (s)

16.

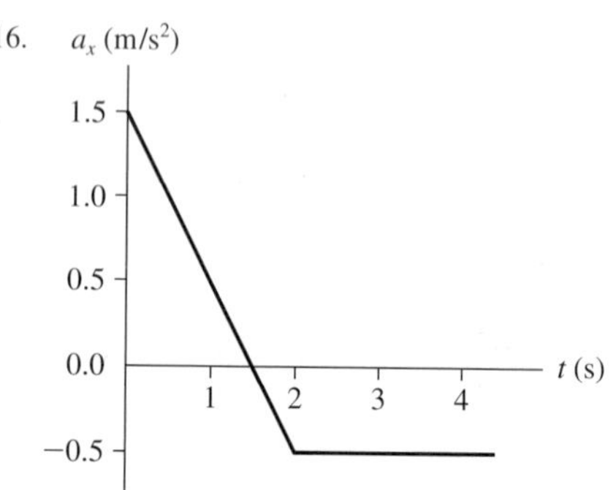

17. a. 12 m/s^2 b. 3.0 m/s^2 c. 6.0 m/s^2 d. 24 m/s^2

18.

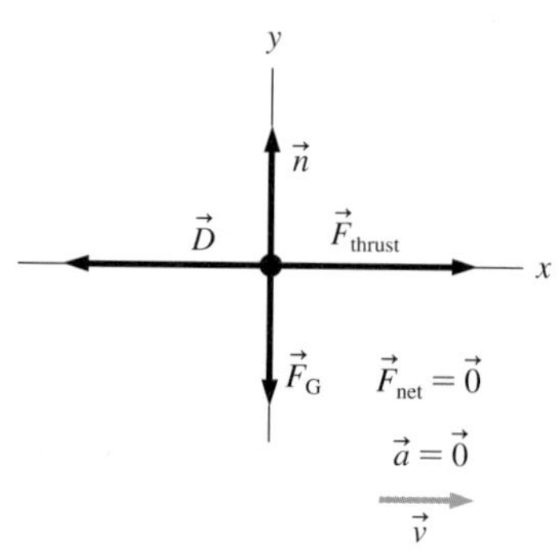

19.

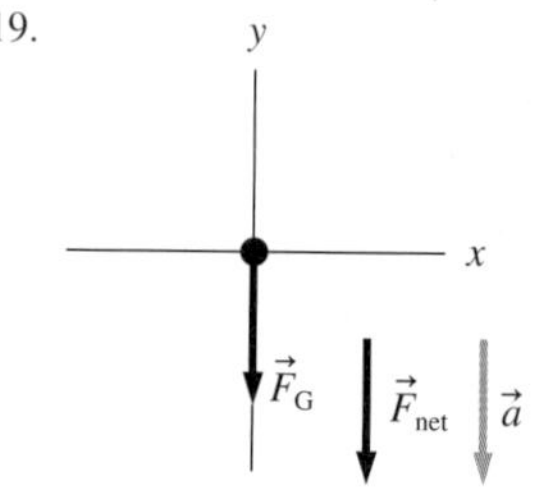

20.

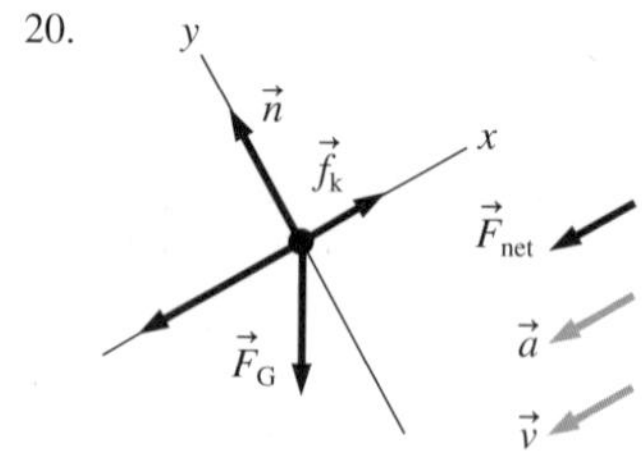

21. a.

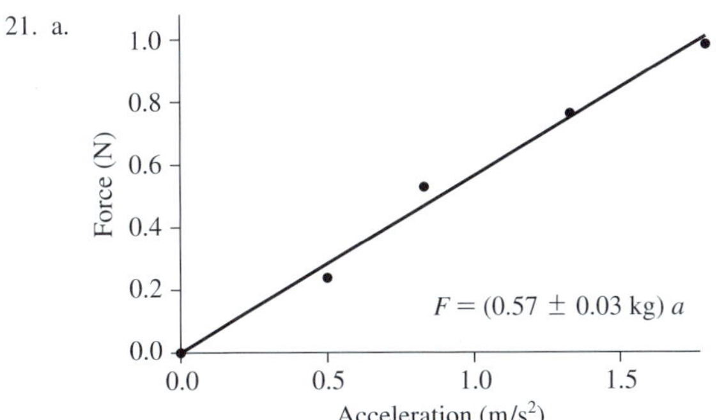

b. Yes. 0 m/s^2, 0 N c. 57 kg

22.

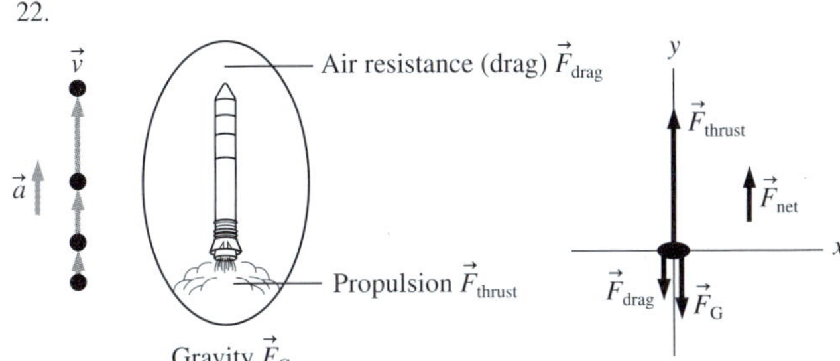

24.

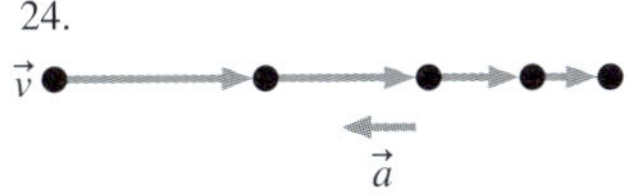

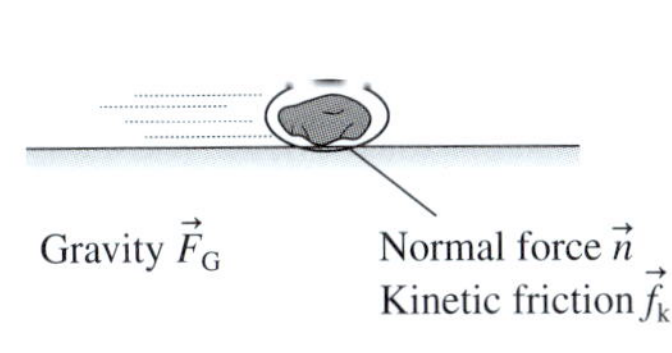

y, $\vec{n}$, $\vec{F}_{net}$, x, $\vec{f}_k$, $\vec{F}_G$

25.

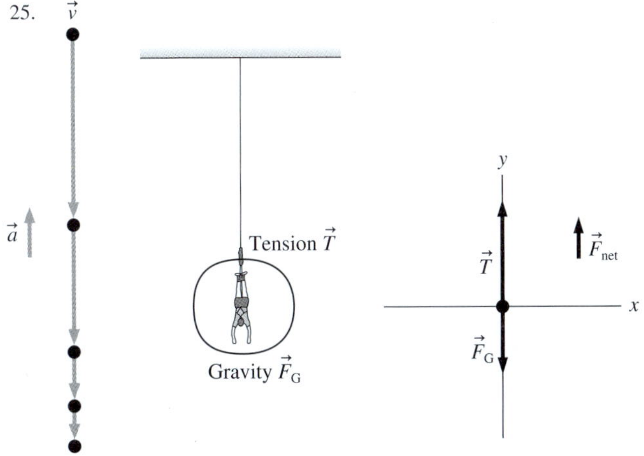

26.

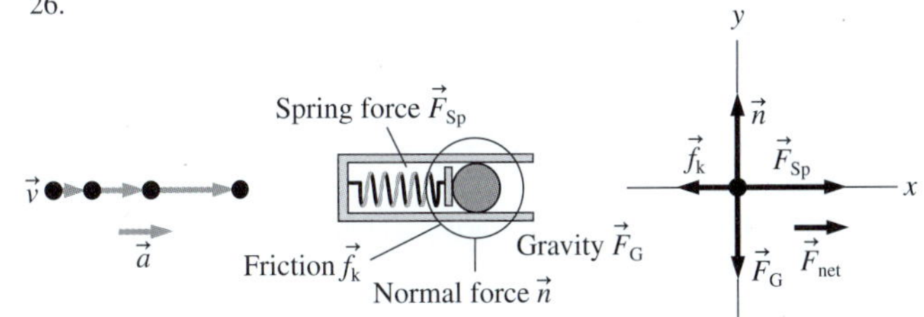

27.

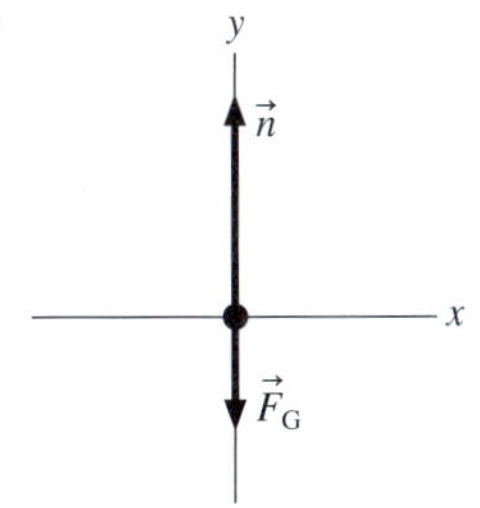

28. −9265 N. 50 m is too small (and unsafe) a distance to maintain between cars.

29. a.

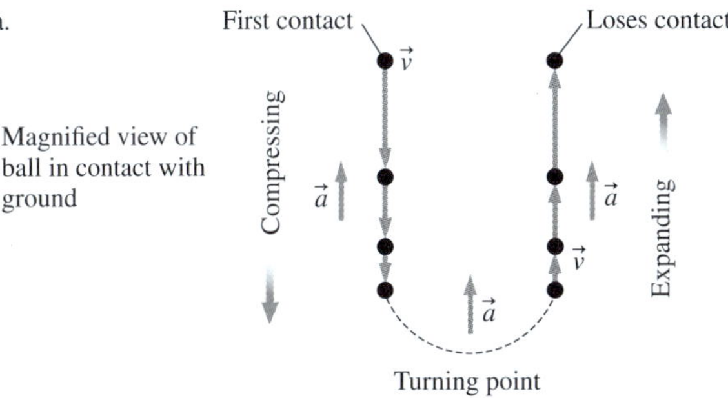

b. c.

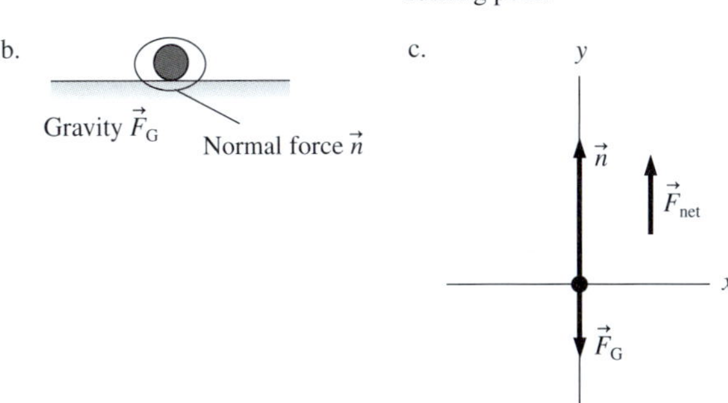

Chapter 6

1. 94 N, 58° below the horizontal
2. 1016 N
3. 147 N
4. a. 0.0036 N b. 0.010 N
5. $a_x = 1.5\ m/s^2$, $a_y = 0\ m/s^2$
6. 0 m/s^2, 4 m/s
7. a. 196 N b. 196 N c. 336 N d. 56 N
8. 40 s
9. a. 540 N b. $m = 55$ kg; $mg = 210$ N
10. a. 7.8×10^2 N b. 1.1 kN
11. a. 3.96 N b. 2.32 N
12. $5.90 \times 10^{-3}\ m/s^2$
13. Yes
14. 100 N
15. 10,000 N
16. 2.6×10^3 m
17. 190,000 N
18. 140 m/s
19. 4.5 m/s
20. 6400 N, 4380 N
21. a. 59 N b. 68° c. 79 N
22. 59 N
23. a. $v(h) = \sqrt{2\left(\frac{F_{thrust}}{m} - g\right)h}$ b. 54 m/s
24. 2800 kg
25. a. 16.9 m/s b. 229 m

26. a. 3.8 m b. 7.0 m/s
27. $T_{max} = (M + m)\mu_s g$
28. a. Yes b. Yes
29. Stay at rest
30. a. $-5g$ b. $3g$
31. a. 0 N b. 220 N
32. a. $\frac{F_0}{m}\frac{T}{2}$ b. $\frac{F_0}{m}\frac{T^2}{3}$
33. a. 9.4×10^{-10} N, 5.7×10^{-13} N b. 1.8 m/s^2, 130 m/s^2
34. a. $v_{term} = \frac{mg}{6\pi\eta R}$ b. 27 min
35. b. 32 m/s
36. c. 144 N
37. b. $v_x(L) = \sqrt{L\left(\frac{2F_0}{m} - \mu_0 g\right)}$
38. a. $a_x = (2x)g$ b. 3.9 m/s^2
39. b. $v_x(x) = v_0 - \frac{6\pi\eta R}{m}x$ c. Not reasonable

Chapter 7

1. a. **Interaction diagram**

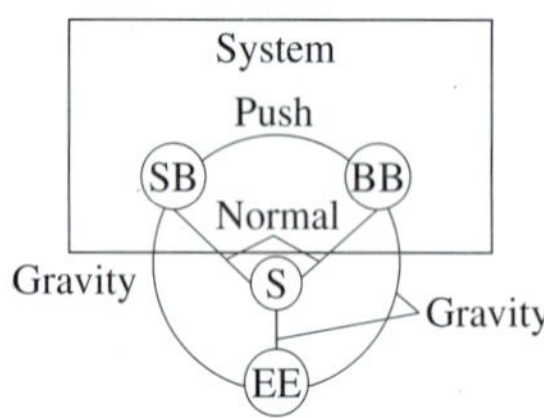

SB = Soccer ball
BB = Bowling ball
S = Surface
EE = Entire Earth

b. The system is the soccer ball and bowling ball.

c. **Free-body diagrams**

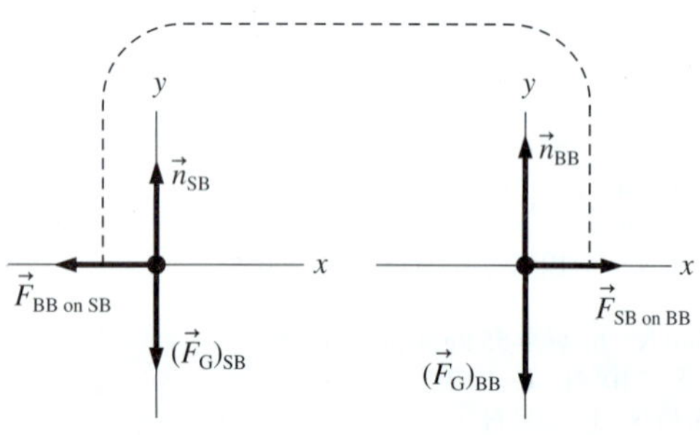

2. a. **Interaction diagram**

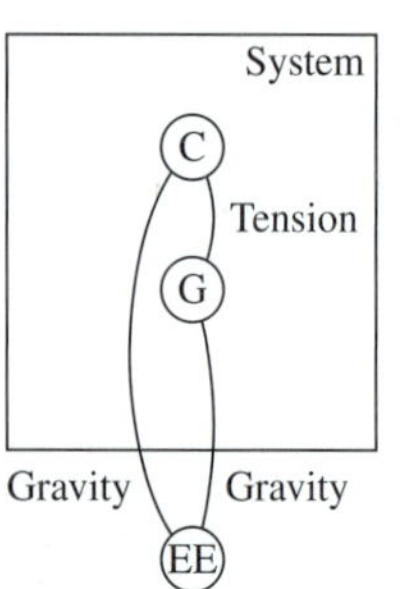

b. The system is the cable and the girder.

c. **Free-body diagrams**

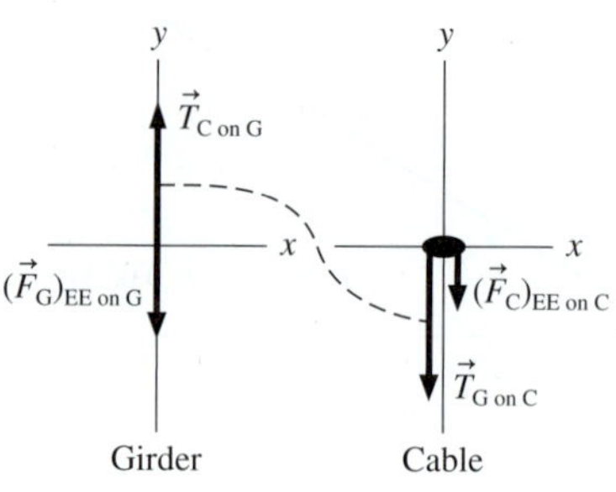

3. a. **Interaction diagram**

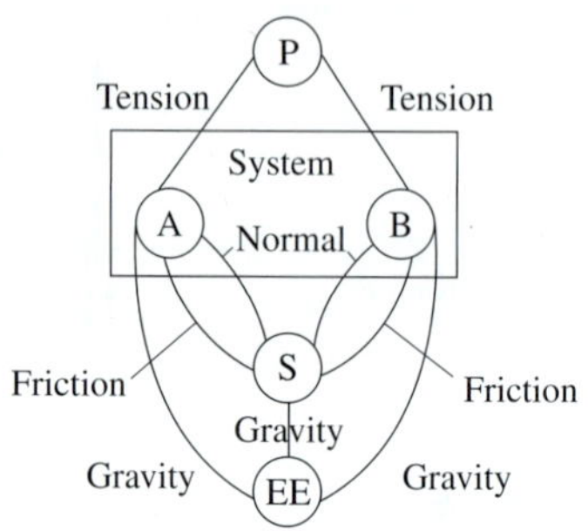

P = Pulley S = Surface
A = Block A B = Block B
EE = Entire Earth

b. The system is block A and block B.

c. **Free-body diagrams**

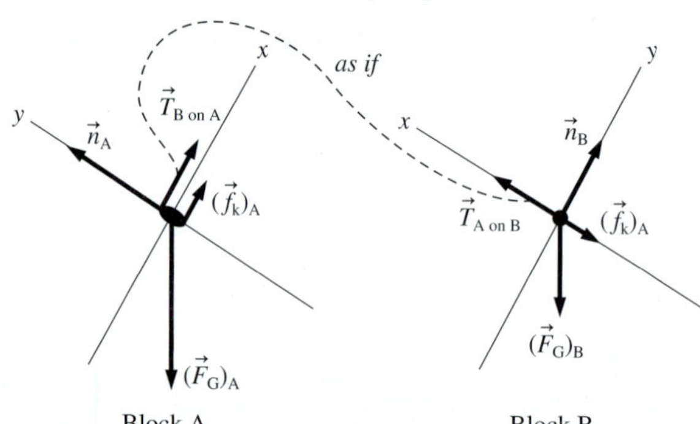

4. $m_A = 12$ kg
5. a. 6 N b. 10 N
6. 440 N
7. 42 m
8. 6.5 m/s^2
9. 590 N
10. 250 N
11. 9800 N
12. 67 N, 36°
13. 99 kg
14. a. 4 N b. 3 N
15. No
16. a. 2800 N b. 2800 N c. Cheek, not forehead
17. 1.5 s
18. 1.8 s
19. $T_1 = 100$ N, $T_2 = T_3 = T_5 = F = 50$ N, and $T_4 = 150$ N

20. a. 1.8 kg b. 1.3 m/s^2
21. a. 0.67 m b. Slides back down
22. a. 8.2×10^3 N b. 4.8×10^2 N
23. 4.0×10^2 N
24. 2.4×10^{-6} N
25. $F = (m_1 + m_2)g \tan\theta$
27. 1.8 m/s^2
28. 2.8 m/s^2
29. 920 g

Chapter 8

1. 39 m
2. c. 0.107°
3. 9.4 kN, static friction
4. a 3.9 m/s b. 6.2 N
5. 2.01×10^{20} N
6. 45 s
7. $v = \sqrt{\dfrac{m_2 r g}{m_1}}$
8. 6.0×10^{-3} m/s^2
9. a. 24.0 h b. 0.223 m/s^2 c. 0 N
10. 12 m/s
11. 20 m/s
12. a. 3.77 m/s, 0.95 m/s^2 b. 0.90 c. 1.1
13. a. 4.9 N b. 2.9 N c. 32 N
14. 1.6 s
15. a. 2.2×10^6 N b. $-27°$
17. 0.034 N
18. 8.6 m
19. a. 165 m b. Straight line
21. a. $\omega = \sqrt{\dfrac{g}{L\sin\theta}}$ b. 72 rpm
22. 0.79 N
23. a. 2.9 m/s b. 14 N
24. a. $T = \dfrac{mgL}{\sqrt{L^2 - r^2}}$ b. $\omega = \sqrt{\dfrac{g}{\sqrt{L^2 - r^2}}}$ c. 5.0 N, 30 rpm
25. 24 rpm
26. a. 320 N, 1400 N b. 5.7 s
27. 0. 38 N
28. a. $\sqrt{gL}$ b. 5.9 mph
29. 1.4 m to the right
30. 13 N
31. a. 1.90 m/s^2 at 21° b. 15.7 m/s
32. a. 3.8 m/s b. 19 m/s^2
33. b. 19.8 m/s
34. a. $\theta = \frac{1}{2}\tan^{-1}(mg/F)$ b. 11.5%
35. $\sqrt{gL}$

Chapter 9

1. The bullet
2. $\sqrt{3}$
3. a. 3 J b. 0 J
4. 0 J
5. a 1.9 J b. 26 m/s
6. a. −2 b. 0
7. 125°
8. a. –2.7 b. –20 c. 10
9. a. 0.20 J b. 3.0 m/s
10. 1.7 kJ, 1.1 kJ, −2.0 kJ
11. 8.0 m/s, 10 m/s, 11 m/s
12. $\frac{1}{3}qd^3$
13. 38 N
14. a. 3.9×10^2 N/m b. 17.5 cm
15. a. 49 N b. 1450 N/m c. 3.4 cm
16. 1360 m/s
17. 0.037
18. 540 J
19. a. $W_{net} = 176$ J b. $P = 59$ W
21. Runner: $P_{avg} = 1.2$ kW; greyhound: $P_{avg} = 2.0$ kW
22. a. -9.8×10^4 J b. 1.1×10^5 J c. 1.0×10^4 J
23. 2.4 m/s
24. $2h$
25. a. 2.2 m/s b. 0.0058
26. a. 2.9 J b. 3.6%
27. a. $Gm_1m_2\left(\dfrac{x_2 - x_1}{x_1x_2}\right)$ b. 2.1×10^5 m/s
28. 19 m/s
29. 33 N/m
30. 3.7 m/s
31. 2.5×10^5 kg/s
32. 1.4 kW
33. 1.2×10^8 ly
36. 24 W

Chapter 10

1. a. $\Delta K_{tot} = 17$ J, $\Delta U_{int} = 0$ b. $\Delta K_{tot} = 12$ J, $\Delta U_{int} = 5$ J
2. $\Delta U = 2.9 \times 10^6$ J
3. a. 13 m/s b. 14 m/s
4. 7.7 m/s
5. 2.1 m/s
6. 1.4 m/s
7. 76.6 m/s
8. 0.632 m
9. 2.0 m/s
10. 3.0 m/s
11. 9.7 J
12. $v_0/\sqrt{2}$
13. 3.5 m/s, 2.8 m/s, 4.5 m/s
14. a. 7.7 m/s b. 10 m/s
15. 6.3 m/s
16. −60 N at $x = 1$ m, 15 N at $x = 4$ m
17. 2.5 N, 0.40 N, 0.16 N
18. a. 50 J b. 50 J c. 50 J, yes
19. 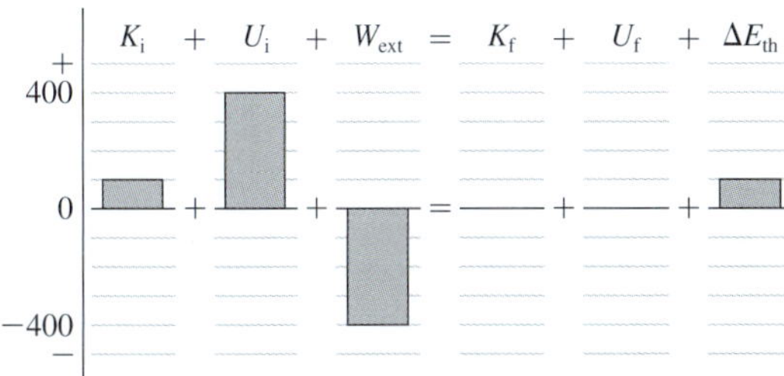

20. −1 J of work is done to the environment
21. 2.3 m/s
22. a. 2.2×10^4 N/m b. 19 m/s
23. $\dfrac{5}{2}R$
24. 65 g
25. 1.53 m
26. a. 1.7 m/s b. No
27. a. 0.51 m b. 0.38 m
28. 1.37×10^8 m/s

29. a. $\frac{\pi}{3}$ and $\frac{2\pi}{3}$ b. $\frac{\pi}{3}$ is unstable, $\frac{2\pi}{3}$ is stable
30. a. 20 J, 40 J, 60 J, 70 J b. 2.6 m
31. a. $-\pi B/L$ b. $-AL$ c. $-2AL+\pi B/L$
32. a. a^2b b. a^2b c. Yes
35. 80.4°
36. 11 m
37. 6.7 m

Chapter 11

1. 50 m/s
2. 4.0 Ns
3. 1.0×10^3 N
4. 80 m/s to the left
5. 3.0 m/s to the right
6. a. 1.5×10^4 Ns b. 30 s, 110 m/s
7. 6.0 m/s
8. 2.4 m/s
9. v_0
10. 0.80 m/s
11. 7.6 cm in the direction Brutus was running
12. -1.69×10^7 m/s, 3.1×10^6 m/s
13. a. 2.6 m/s b. 33 cm
14. a. 1.92 m/s b. 1.90 m/s
15. 13 s
16. $(1\hat{\imath}+5\hat{\jmath})$ kg m/s
17. 45° north of east at 1.7 m/s
18. 1800 m/s
19. 1000 m/s
20. a. 6.4 m/s b. $F_{avg}=3.6\times10^2\text{ N}=612(F_G)_B$
21. 9.3×10^2 N
22. $12t$ N
23. a. 6.7×10^{-8} m/s b. 2.2×10^{-10}%
24. $v_0/\sqrt{2}$, 45° east of north
25. a. $v_{bullet}=\frac{m+M}{m}\sqrt{2\mu_k gd}$ b. 4.4×10^2 m/s
26. 4.0×10^2 m
27. 0.021 m/s
28. 25.8 cm
29. a. $v_m=\frac{m+M}{m}\sqrt{5Rg}$ b. $v_m=\frac{1}{2}\frac{m+M}{m}\sqrt{5Rg}$
30. 14 m
31. 16 m/s
32. 7.9 m/s
33. a. 100 g ball: 5.3 m/s to the left; 200 g ball: 1.7 m/s to the right
    b. Both balls: 0.67 m/s to the left
34. 14.0 u
35. a. -1.4×10^{-22} kg m/s b. and
    c. 1.4×10^{-22} kg m/s in the direction of the electron
36. 0.85 m/s, 72° below the $+x$-axis
37. 780 m/s, 1900 m/s, 4000 m/s
40. 5.7 m/s
41. 90 m/s
42. 8 bullets

Chapter 12

1. a. 3.35×10^2 rad/s^2 b. 1.5 rev
2. a. 1.0 m/s b. 20 rev
3. 4.7×10^6 m
4. 8.0 cm, 5.0 cm
5. 2.0 m/s
6. a. 0.032 kg m^2 b. 16 J
7. a. 0.063 m, 0.050 m b. 0.0082 kg m^2
8. a. (0.060 m, 0.040 m) b. 0.0020 kg m^2
   c. 0.0013 kg m^2
9. a. 5.88 kg m^2 b. 3.0 kg m^2
10. 50 N
11. –14.7 N
12. a. $\tau=31.0$ N m b. $\tau=21.9$ N m
13. 0.50 rad/s
14. a. 1.75×10^{-3} N m b. 50 rev
15. 1.4 m
16. $F_1=0.75$ kN, $F_2=1.0$ kN
17. a. 6.4×10^2 rpm b. 40 m/s c. 0 m/s
18. a. 88 rad/s b. 2/7
19. a. $\vec{A}\times\vec{B}=(17,\text{ out of the page})$ b. $\vec{C}\times\vec{D}=\vec{0}$
20. a. $\vec{D}=n\hat{\imath}$, where n could be any real number
    b. $\vec{E}=2\hat{\jmath}$ c. $\vec{F}=1\hat{k}$
21. $-(38\text{ N m})\hat{k}$
22. $-0.025\,\hat{\imath}$ kg m^2/s
23. 91 rpm
24. 83 rpm
25. 1.8 J
26. $\frac{L^2}{4}\left(\frac{M}{3}+m_1+\frac{m_2}{4}\right)$
27. $\frac{M}{3L}[(L-d)^3+d^3]$
28. a. $I_{disk}=\frac{1}{2}M(R^2+r^2)$ c. 1.4 m/s or 75%
29. 0.91 m
30. 15,300 N
31. Yes, $d_{max}=\frac{25}{24}L$
32. 800 N
33. a. $a=\frac{m_2g}{m_1+m_2}$, $T=\frac{m_1m_2g}{m_1+m_2}$
    b. $a=\frac{m_2g}{m_1+m_2+\frac{1}{2}m_p}$, $T_1=\frac{m_1m_2g}{m_1+m_2+\frac{1}{2}m_p}$, $T_2=\frac{m_2(m_1+\frac{1}{2}m_p)g}{m_1+m_2+\frac{1}{2}m_p}$
34. 0.52 N
35. 4.3 m
36. $\frac{1}{3}\tan\theta$
37. a. $\sqrt{\frac{3}{4}Lg}$ b. $\sqrt{Lg}$
38. $h=2.7(R-r)$
40. 50 rpm
41. 22 rpm
42. a. 137 km b. 8.6×10^6 m/s
43. a. 2.9×10^{-5} N m b. 7.0 m/s
44. a. kg/m^3 b. $\frac{12M}{L^3}$ c. $\frac{3}{20}ML^2$
45. $v_f=\frac{1}{5}v_0$ to the right

Chapter 13

1. 6.00×10^{-4}
2. a. 8.0×10^{-8} N b. 5.4×10^{-8}
3. 88 N
4. 12 cm
5. a. 1.62 m/s^2 b. 5.90×10^{-3} m/s^2
6. 1.35 m/s^2
7. $0.58R_e$
8. 39 m
9. 10 km/s

10. 4.3 km/s
11. a. 1.80×10^7 m b. 9.41 km/s
12. 33 km/s
13. $M_p = 1.5 \times 10^{25}$ kg, $M_s = 5.2 \times 10^{30}$ kg
14. 2.9×10^9 m
15. 4.3×10^{26} kg
16. 458 km/s, 1.53×10^9 m
17. a. 7.0 m/s b. 12 m/s
18. a. 1.3×10^{-6} N, 83° cw from the $+y$-axis
    b. 2.3×10^{27} N, 7.5° ccw from the $-y$-axis
19. -1.48×10^{-7} J
20. 46 kg and 104 kg
21. $2000 R_e$
22. 4.2×10^5 m
23. 1.6 s
24. a. 2.3 km/s b. 11 km/s
25. $0.414R$
26. 6.7×10^8 J
27. 1.8×10^{25} J
28. a. 0.17 m/s b. 1.0×10^{13} kg c. 0.84 m/s
29. $T = \left[\dfrac{4\pi^2 r^3}{G}\dfrac{1}{(M + m/4)}\right]^{1/2}$
30. a. 6.3×10^4 m/s
    b. 1.3×10^{12} m/s^2
    c. 1.3×10^{12} N
    d. 6.29×10^{-4} s
    e. 1.5×10^6 m
31. 10 yr
32. a. 14,000 km b. 2000 km
34. 3.0×10^4 m/s
35. a. 5.8×10^{22} kg b. 1.3×10^6 m
36. b. $v_1 = 7730$ m/s, $v'_1 = 10{,}160$ m/s
    c. 2.17×10^{10} J
    d. $v'_2 = 1600$ m/s, $v_2 = 3070$ m/s
    e. 3.43×10^9 J
    f. 2.52×10^{10} J

Chapter 14

1. 50 mL
2. a. 8.1×10^2 kg/m^3 b. 8.4×10^2 kg/m^3
3. 4.05×10^3 kg
4. 0.4 m
5. 1.2×10^5 Pa
6. 0.71 kN
7. 10.3 m
8. 3.2 m
9. 6.7×10^2 kg/m^3
10. 750 kg/m^3
11. 1.9 N
12. 2.42×10^3 kg/m^3
13. 1.1 kN
14. $1.27\ v_0$
15. 2.12 m/s
16. a. 0.38 N b. 20 m/s
17. 1.0 cm
18. a. 5.1×10^7 Pa b. -0.025 c. 1056 kg/m^3
19. 2.4 μm
20. a. 2.9×10^4 N b. 30 players
21. 27 psi
22. 55 cm
23. a. Down by 3.0 cm b. 3.5 cm
24. a. $F = \rho g D W L$ b. $F = \frac{1}{2}\rho g D^2 L$ c. 0.78 kN, 1.4 kN
25. 8.01%
26. $(\rho - \rho_1)/(\rho_2 - \rho_1)$
27. 0.16 kg
28. $m = 29$ g, $\rho = 1.1 \times 10^3$ kg/m^3
29. 5.5 m/s
30. 187 nm/s
31. 76 cm
32. 4.0 cm
33. a. Lower b. 0.83 kPa c. Blow out
34. a. $v_1 = 1.4 \times 10^2$ m/s, $v_2 = 5.8$ m/s b. 4.5×10^{-3} m^3/s
35. a. $v_{\text{hole}} A_{\text{hole}} = \pi r^2 \sqrt{\dfrac{2gd}{1 - (r/R)^4}}$ b. 1.1 mm/min
36. 14 cm
37. $\dfrac{h}{l} = \left(1 - \dfrac{\rho_0}{\rho_f}\right)^{1/3}$
38. a. $\dfrac{2R^2 g}{9\eta}(\rho - \rho_f)$ b. $v_t\left(1 - e^{(-6t\pi\eta R/m)}\right)$ c. 3.1 s

Chapter 15

1. a. 2 s b. 0.50 Hz c. 3.14 rad/s d. 0.25 m e. 0.785 m/s
2. 4.55 ms
3. a. 20 cm b. 0.13 Hz c. 60°
4. a. $-\frac{2}{3}\pi$ rad b. 13.6 cm/s c. 15.7 cm/s
5.

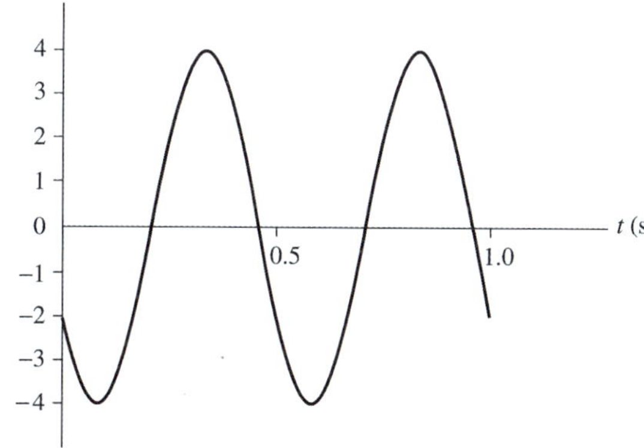

6. $x(t) = (2.0 \text{ cm})\cos[(4.0\pi \text{ rad/s})t - \frac{1}{2}\pi \text{ rad}]$
7. a. $\phi_0 = -\frac{2}{3}\pi$ rad, or $-120°$ b. $\phi = -\frac{2}{3}\pi$ rad, 0 rad, $\frac{2}{3}\pi$ rad, $\frac{4}{3}\pi$ rad
8. 5.48 N/m
9. a. 2.0 cm b. 0.63 s c. 5.0 N/m
   d. $-\frac{1}{4}\pi$ rad e. 14 cm/s
   f. 20 cm/s g. 1.00×10^{-3} J h. 1.5 cm/s
10. 0.13 s
11. a. 25 N/m b. 0.90 s c. 0.70 m/s
12. 3.5 Hz
13. 36 cm
14. 33 cm
15. 3.67 m/s^2
16. 54 cm
17. 5.00 s
18. 250 N/m
19. 0.0955 s
21. 1.02 m/s
22. a. 55 kg b. 0.73 m/s
23. a. 3.2 Hz b. 7.1 cm c. 5.0 J
24. 1.6 Hz
25. 8.1×10^9 N/m^2
26. a. 4.7×10^4 N/m b. 1.8 Hz
27. 5.0×10^2 m/s

28. a. 7.5 m b. 0.45 m/s
29. a. 0.84 s b. 7.1°
30. 8.7×10^{-2} kg m^2
31. a. 2.0 Hz b. 1.2 cm
32. 7.9×10^{13} Hz
33. 5.86 m/s^2
34. a. 9.5 N/m b. 0.010 kg/s
35. 25 s
36. 21 oscillations
38. $\sqrt{\dfrac{f_1^2 f_2^2}{f_1^2 + f_2^2}}$
39. $\dfrac{1}{2\pi}\sqrt{\dfrac{5\,g}{7\,R}}$
40. 1.8 Hz
41. 0.58 s

Chapter 16

1. 141 m/s
2. 2.0 m
3.

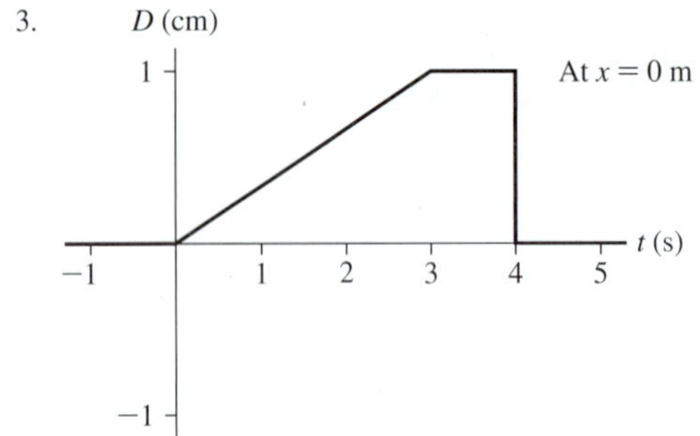

4.

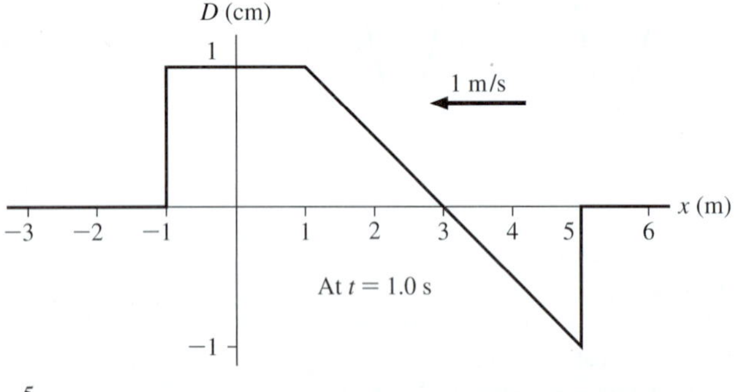

5.

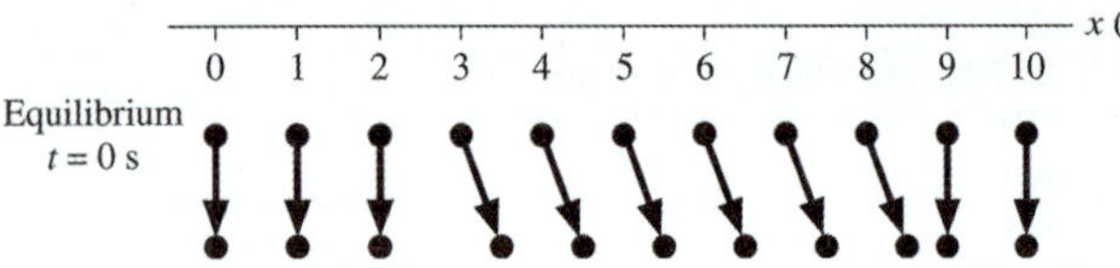

6. a. 3.14 m b. 100 Hz
7. a. 10.5 Hz b. 3.49 m c. 36.65 m/s
8. $v = \sqrt{d/c}$
9. a. 1.61 mm b. 1.87×10^{11} Hz
10. a. 6×10^{14} Hz b. 7.5×10^{14} Hz c. 1.33
11. a. 10 GHz b. 0.17 ms
12. a. 8.6×10^8 Hz b. 23 cm
13. a. 1.88×10^8 m/s b. 4.48×10^{14} Hz
14. a. 311 m/s b. 361 m/s
15. 40 cm
16. 2.5 m
17. 3.4×10^{-6} J
18. a. 1.1×10^{-3} W/m^2 b. 1.1×10^{-7} J
19. 2700 W/m^2, 1400 W/m^2, 610 W/m^2
20. 5.0 W
21. a. 432 Hz b. 429 Hz
22. 86 m/s
23. a. 0.80 m b. $-\frac{\pi}{2}$ rad
    c. $D(x, t) = (2.0\text{ mm})\sin\left(2.5\pi x - 10\pi t - \frac{1}{2}\pi\right)$
24. 2.3 m, 1.7 m
25. 410 μs
26. 1230 km
27. 987 m/s
28. a. $-x$-direction b. 12 m/s, 5.0 Hz, 2.6 rad/m c. −1.5 cm
29. −19 m/s, 0 m/s, 19 m/s
30. 8
31. 9.4 m/s
32. 16 Hz and 2.0 cm
33. 4.0 m/s
34. a. 6.67×10^4 W b. 8.5×10^{10} W/m^2
35. a. 3.10×10^9 W/m^2 b. 19 AU
36. 49 mW
37. 1.5
38. 19 m/s
40. Receding at 1.5×10^6 m/s
41. 0.07°C
42. 18 mJ
43. 29 s

Chapter 17

1.

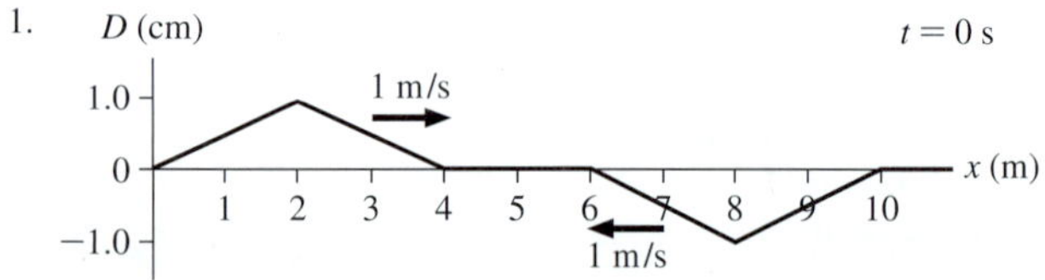

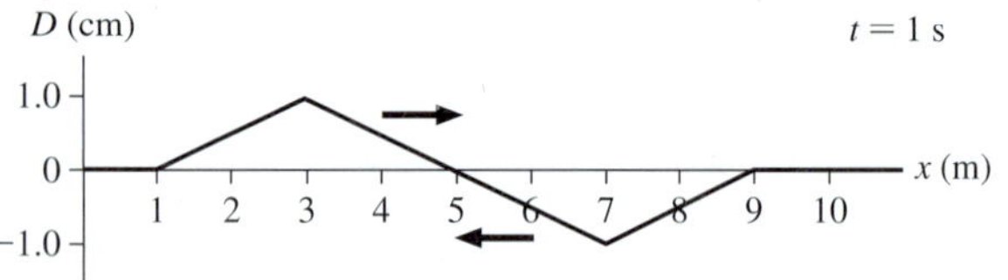

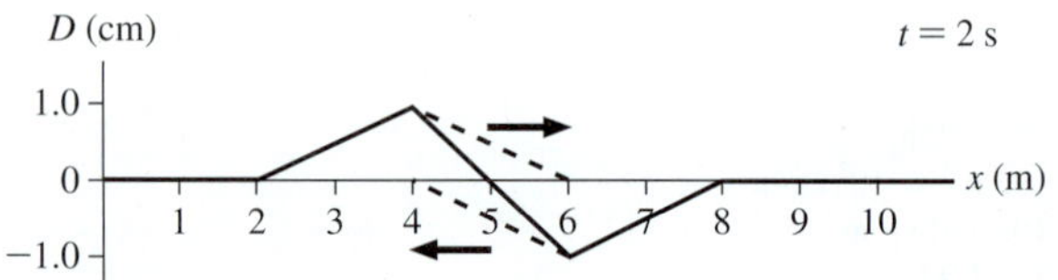

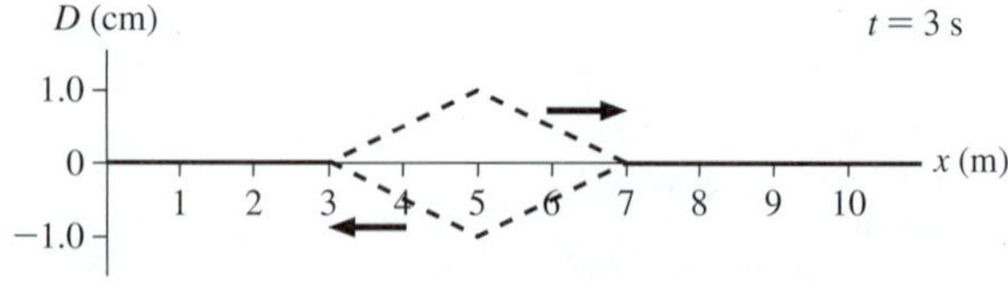

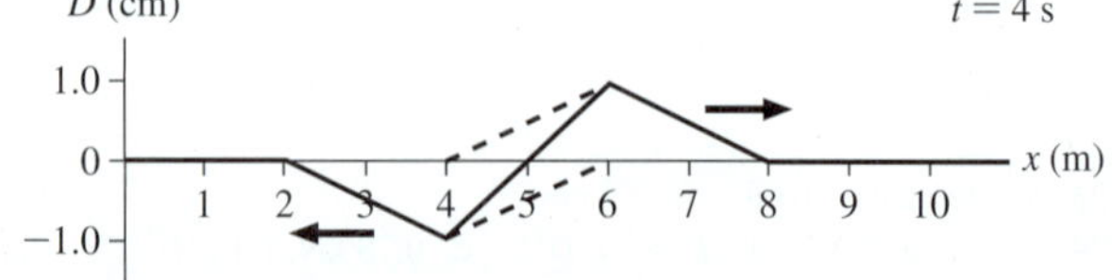

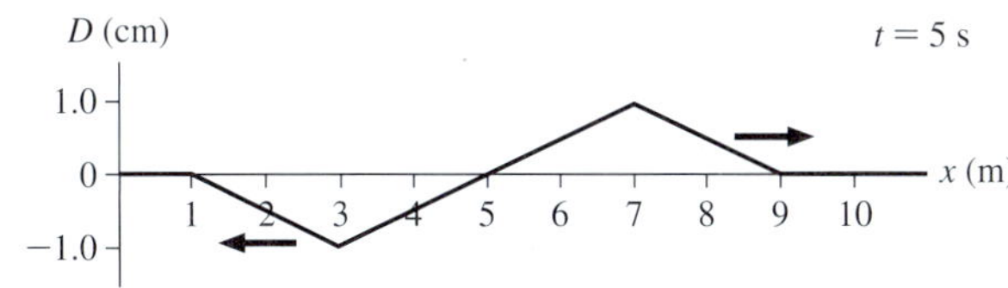

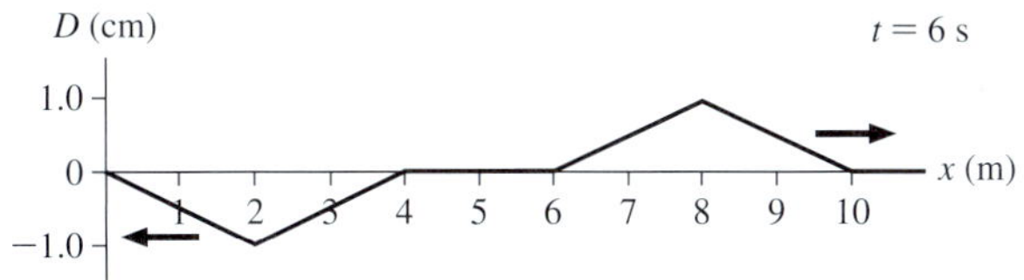

2. 4 s
3. 20 m/s
4. a. 8 b. 200 Hz
5. a. 12 Hz, 24 m/s b.

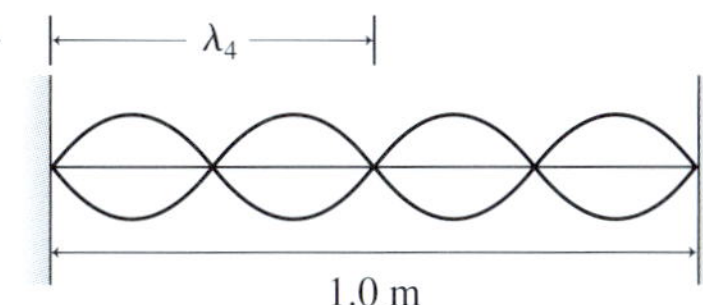

6. 12 kg
7.

m	f_m(GHz)
7	10.5
8	12.0
9	13.5
10	15.0
11	16.5
12	18.0
13	19.5

8. 400 m/s
9. 35 cm
10. 4.96 Hz
11. 1.6 kHz
12. a. 25 cm b. 25 cm
13. 207.39 nm
14. a. In phase b.

m	r_1	r_2	Δr	C/D
P	3λ	4λ	λ	C
Q	$\frac{7}{2}\lambda$	2λ	$\frac{5}{2}\lambda$	D
R	$\frac{5}{2}\lambda$	$\frac{7}{2}\lambda$	λ	C

15. 5.0 m
16. Maximum destructive interference
17. 527 Hz
18. 1.255 cm
19. 5.4 m
20. 2.4×10^{-4} N
21. 260 N
22. 8.50 m/s^2
23. $T' = \dfrac{T_0}{4}$
24. 0.54 s
25. 11 g/m
26. 13.0 cm
27. 328 m/s
28. 26 cm, 56 cm, 85 cm
29. 450 N
30. 7.9 cm
31. a. 80 cm b. $\dfrac{3\pi}{4}$ c. 0.77a
32. a. 473 nm b. 406 nm, 568 nm c. Reflected light is blue and transmitted light is yellowish green.
33. a. $\lambda_C = \dfrac{2.66d}{m + \frac{1}{2}}$, $m = 0, 1, 2, 3, \ldots$
    b. 692 nm and 415 nm; this gives a purplish color.
34. 679 nm, 428 nm
35. 170 Hz
36. a. a b. 1.0 m c. 9
37. a. 5 b. 4.6 mm
38. 7.0 m/s
39. 4.0 cm, 35 cm, 65 cm
40. 2.0 kg
41. a. $\lambda_1 = 20.0$ m, $\lambda_2 = 10.0$ m, $\lambda_3 = 6.67$ m
    b. $v_1 = 5.59$ m/s, $v_2 = 3.95$ m/s, $v_3 = 3.22$ m/s
    c. $T_1 = 3.58$ s, $T_2 = 2.53$ s, $T_3 = 2.07$ s

Chapter 18

1. 154.4 cm^3
2. 1.67 cm
3. 3.76 mol
4. a. 6.02×10^{28} atoms/m^3 b. 3.28×10^{28} atoms/m^3
5. 3.25 cm
6. 309.89 K, 315.22 K
7. a. 171°Z b. 671°C = 944 K
8. 12 mm
9. 1.68 L
10. a. 2 b. Unchanged
11. a. 0.050 m^3 b. 1.3 atm
12. 2.4×10^{22} molecules
13. 1.1×10^{15} particles/m^3
14. a. $T_2 = T_1$ b. $\dfrac{p_1}{2}$
15. a. 0.73 atm b. 0.52 atm
16. a. 105,600 Pa b. 42 cm
17. a. 93 cm^3
    b.

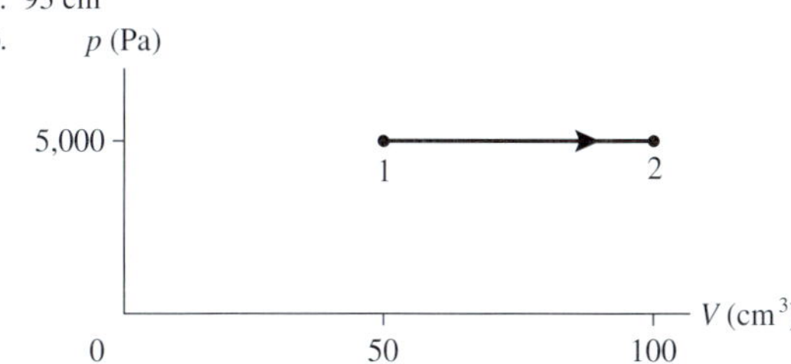

18. a. Isochoric b. 1556°C, 337°C
19. a. Isothermal b. −29°C c. 133 cm^3
20.

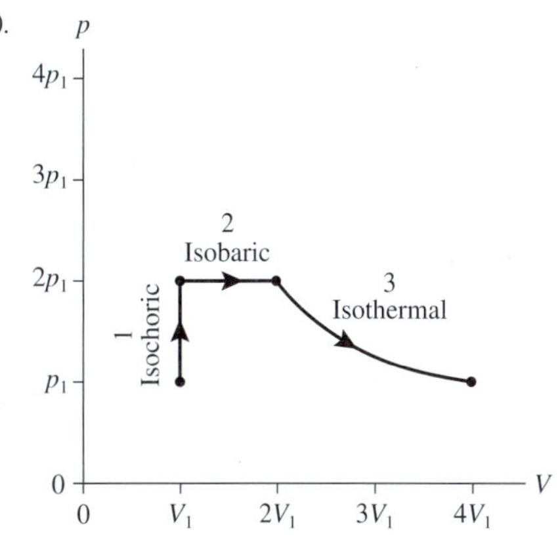

21. 0.228 nm

22. 333°C
23. a. 1.3×10^{-13} b. 1.2×10^{11} molecules
24. 1.0×10^{-16} atm
25. 10 g
26. a. 2.7 m b. 11 atm
27. 35 psi
28. 93 cm^3
29. 24 cm
30. 1.8 cm
31. a. 880 kPa b. $T_2 = 323°\text{C}$, $T_3 = -49°\text{C}$, $T_4 = 398°\text{C}$
32. −152°C
33. a. 4.0 atm, −73°C

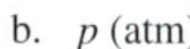

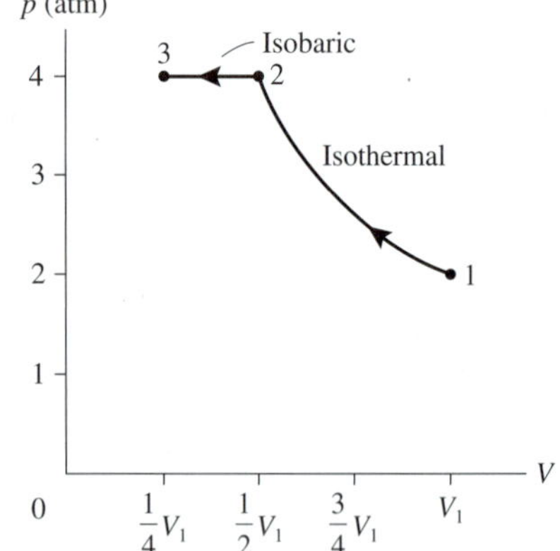

34.

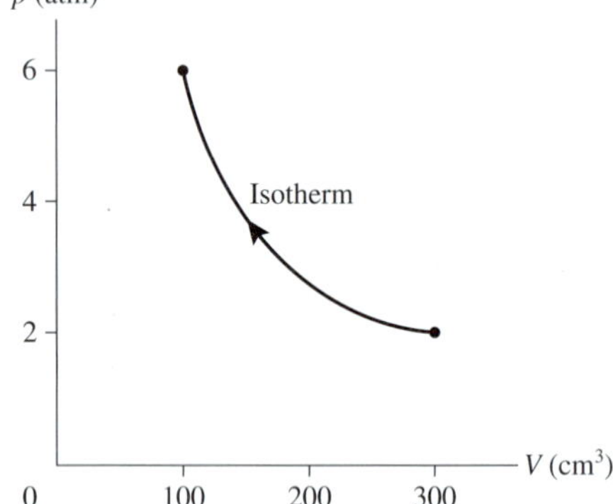

c. 6 atm

35. b.

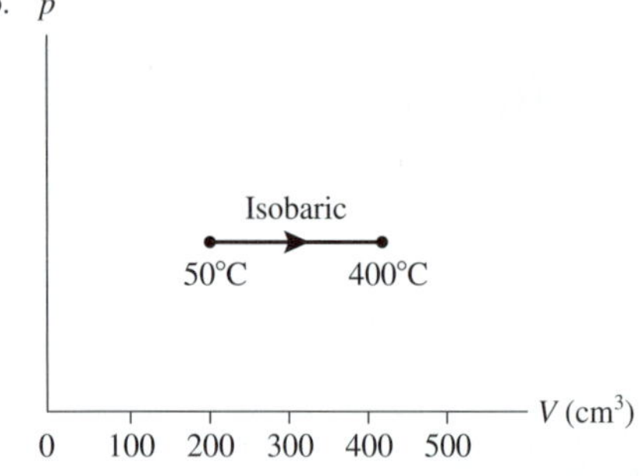

c. 417 cm^3

36. 1.8 g
37. 4.0×10^5 Pa

Chapter 19

1. −80 J
2. 200 cm^3

5. 16.6 kJ
4.

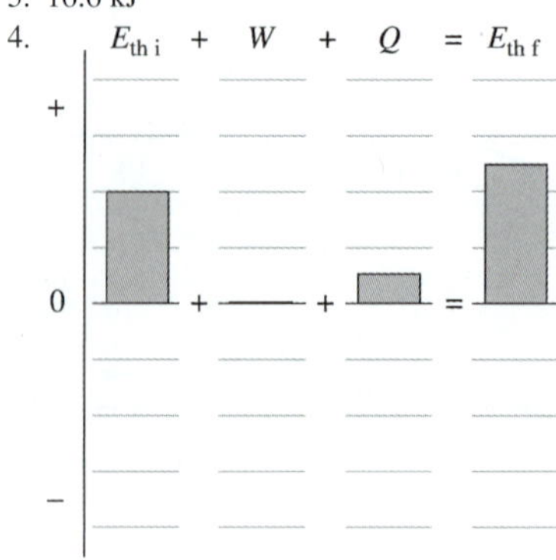

5.

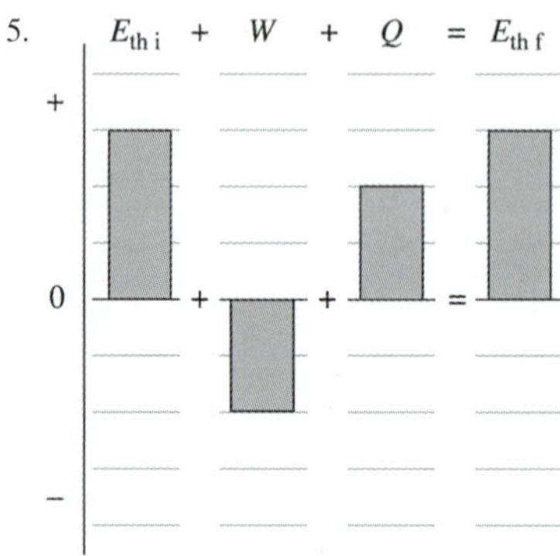

6. −700 J
7. a. 0 J b. 4.19 kJ
8. 5.5 kJ
9. 1200 W
10. 0.55°C
11. 28°C
12. 72.82°C
13. 13.1%
14. a. 91 J b. 140°C
15. a. $1.9 \times 10^{-3}\ \text{m}^3$ b. 74°C
16. A: −1000 J, B: 1400 J
17. $3.14 \times 10^{-4}\ \text{m}^2$
18. 5.8 s
19. 26 W
20. 8.7 h
21. 12 J/s
22. 87 min
23. 1.1×10^5 L
24. 61 g
25. a. 5.5 kJ b. 3.4 kJ
    c. p (atm)

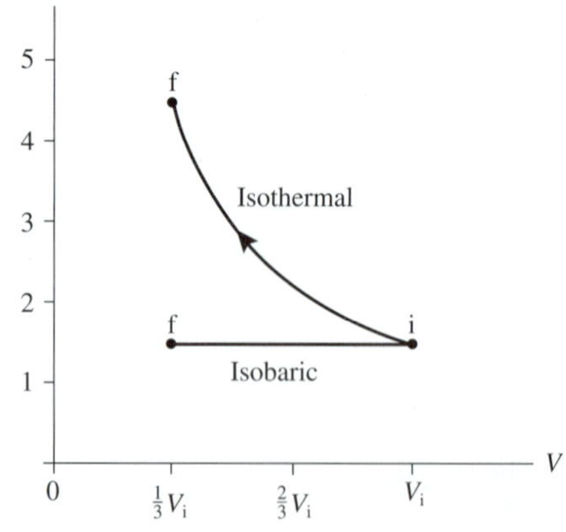

26. 5800 J
27. a. 250°C b. 33 cm
28. a. 110 kPa b. 24 cm
29. a. 4300 cm^3, 610°C b. 3000 J c. 1.0 atm d. −2200 J
e. 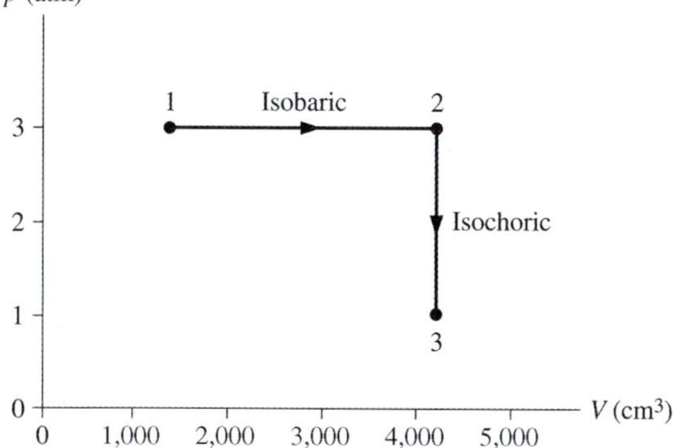

30. 15 atm
31. a. $T_{Af} = 300$ K, $V_{Af} = 2.5 \times 10^{-3}$ m^3, $T_{Bf} = 220$ K, $V_{Bf} = 1.8 \times 10^{-3}$ m^3
b. 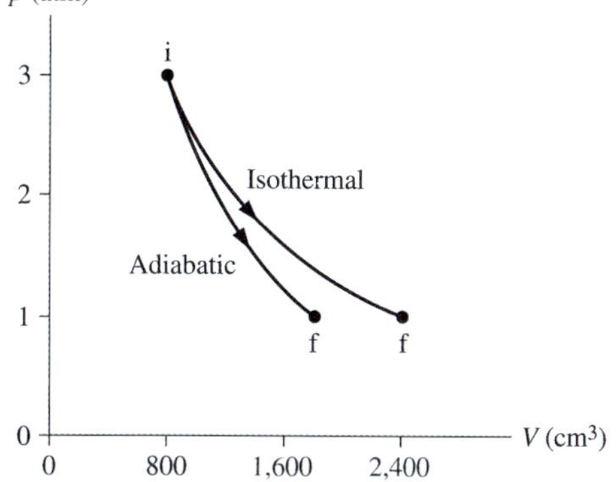

32. 28°C
33. a. 5500 K b. 0 J c. 54 kJ d. 20
e. 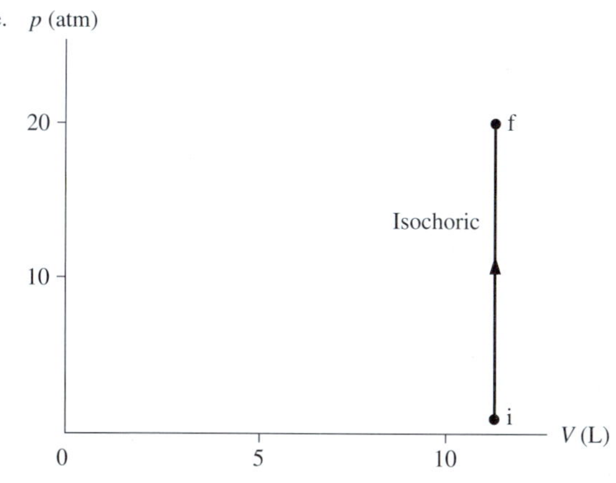

34. 43°C, 109°F
35. 26°C
36. 12,000 K
37. −18°C
38. b. 217°C
39. −56°C
40. 36 J
41. 150 J

Chapter 20

1. $\dfrac{N}{V} = 2.69 \times 10^{25}\ \text{m}^{-3}$
2. 0.023 Pa
3. a. 200 nm b. 100 nm
4. 84.8
5. a. 20.0 m/s b. 20.2 m/s
6. a. 55.4 kPa b. 200.73 kPa
7. Nitrogen
8. a. 790 m/s b. 3530 m/s
9. −246°C
10. 2.12
11. a. 3400 J b. 3400 J c. 3400 J
12. a. 310 nm b. 250 m/s c. 2.1×10^{-22} J
13. a. 1.24×10^{-19} J b. 1.22×10^4 m/s
14. 490 J
15. a. 0.080°C b. 0.048°C c. 0.040°C
16. 25°C
17. a. 62 J b. 100 J c. 150 J
18. 5000 J
19. 61
20. 9.6×10^{-5} m/s
21. a. 310 m b. 2900 m
22. 5.8×10^{-22} K
23. a. $\lambda_{electron} = \dfrac{1}{\sqrt{2}\pi(N/V)r^2}$ b. 1.82×10^{-6} Pa or 1.80×10^{-11} atm
24. a. 640 m/s b. 2.6 nm
25. $8.9 \times 10^{25}\ \text{s}^{-1}$
26. a. $E_{helium\,i} = 30$ J, $E_{argon\,i} = 122$ J b. $E_{helium\,f} = 47$ J, $E_{argon\,f} = 105$ J
c. Helium gains 16.9 J and argon loses 16.9 J. d. 307°C
e. $p_{helium\,f} = 3.1$ atm, $p_{argon\,f} = 3.4$ atm
27. 482 K
28. 22 kJ
30. b. $\dfrac{15n+3}{2}p_iV_i$
31. a. 1.6 kJ b. 2.7 kJ c. 1550 m/s
32. a. $C_V = \dfrac{(3n_1 + 5n_2)}{2(n_1 + n_2)}R$
33. $\frac{1}{2}$

Chapter 21

1. 0.375
2. a 0.25 b. 15 kJ
3. 3.0
4. a. 13 kJ/cycle b. 50 kJ
5.

	ΔE_{th}	W_s	Q
A	−	+	0
B	+	0	+
C	0	−	−

6. 40 J
7. a. 30 J, 0.15 kJ b. 0.21
8. a. 0.13 b. 320 J
9. 0.24
10. a. 660 W b. 760 W
11. a. 5.0 kW b. 1.7
12. a. Engine c violates the first law. b. Engine b violates the second law.
13. a. 40% b. 215°C
14. a. 33% b. 2424 W c. 1624 W
15. 0. 56 kJ
16. 1.7

17. a. 60 J b. −23°C
18. a.

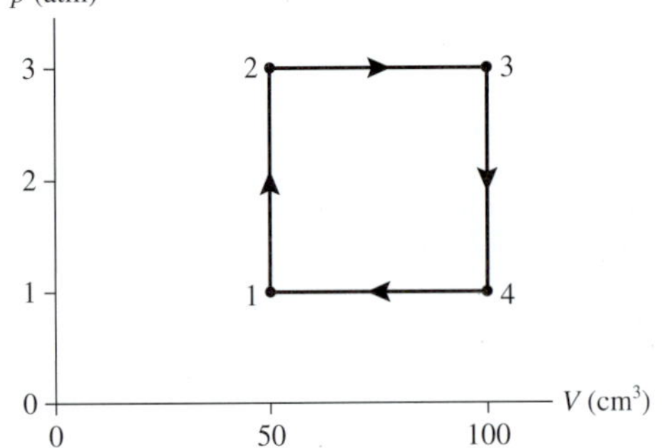

b. 10 J c. 0.13

19. 250 N/m
20. 28 kW
21. a. 3.6×10^6 J b. 3.0×10^5 J
22. 8.3%
23. 6.4 J
24. 8.57 J
25. 57 g
26. a. 48 m b. 32%
27. 37%
28. a.

	W_s (J)	Q (kJ)	ΔE_{th} (kJ)
$1 \rightarrow 2$	0	3750	3750
$2 \rightarrow 3$	4990	12,480	7490
$3 \rightarrow 4$	0	−7500	−7500
$4 \rightarrow 1$	−2490	−6230	−3740
Net	2500	2500	0

b. 15%

29. a. 1.10 kW b. 9.01%
30. a. 1000 cm³, 696 kPA, 522 K

b.

	ΔE_{th} (J)	W_s (J)	Q (J)
$1 \rightarrow 2$	741.1	0	741.1
$2 \rightarrow 3$	−741.1	741.1	0
$3 \rightarrow 1$	0	−554.5	−554.5
Net	0	186.6	186.6

c. 25%

31. a.

	p (atm)	T (K)	V (cm³)
1	1.0	406	1000
2	5.0	2030	1000
3	1.0	2030	5000

b. 29% c. 80%

32. a. $T_1 = 1.6$ kK, $T_2 = 2.4$ kK, $T_3 = 6.5$ kK

b.

	ΔE_{th} (J)	W_s (J)	Q (J)
$1 \rightarrow 2$	327	−327	0
$2 \rightarrow 3$	1692	677	2369
$3 \rightarrow 1$	−2019	0	−2019
Net	0	350	350

33. b. 1.1×10^3°C
34. b. $Q_C = 80$ J
35. 5.3×10^4 J
36. a. 1.19 b. 227 W
37. c.

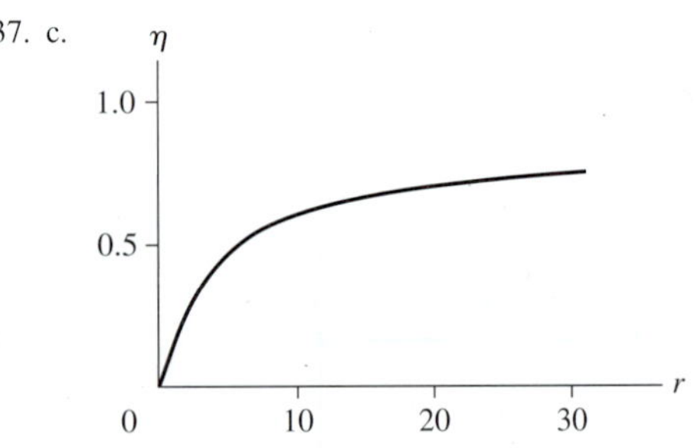

Chapter 22

1. a Electrons removed b. 2.5×10^{10}
2. a. Electrons transferred to the sphere b. 1.25×10^{10}
3. -9.6×10^7 C
4. 2, negative
7. a. 0.225 N b. 0.122 m/s²
8. −40 nC
9. 0 N
10. 3.1×10^{-4} N, upward
11. $\vec{F}_{\text{B on A}} = +(7.2 \times 10^{-4}\text{ N})\hat{\jmath}$, $\vec{F}_{\text{A on B}} = -(7.2 \times 10^{-4}\text{ N})\hat{\jmath}$
12. a. 0.36 m/s² toward glass bead b. 0.18 m/s² toward plastic bead
13. 3.3 kN/m
14. a. $(6.4\hat{\imath} + 1.6\hat{\jmath}) \times 10^{-17}$ N b. $-(6.4\hat{\imath} + 1.6\hat{\jmath}) \times 10^{-17}$ N
    c. 4.0×10^{10} m/s² d. 7.3×10^{13} m/s²
15. 0.11 nC
16. 12 nC
17. $-6.8 \times 10^4\hat{\imath}$ N/C, $3.0 \times 10^4\hat{\imath}$ N/C, $(8.1 \times 10^3\hat{\imath} - 4.1 \times 10^4\hat{\jmath})$ N/C
18. 1.4×10^5 C, -1.4×10^5 C
19. a. 5.0×10^2 N b. 3.0×10^{29} m/s²
20. 8.4×10^{21}
21. 4.3×10^{-3} N, 73° counterclockwise from the $+x$-axis
22. 2.0×10^{-4} N, 45° clockwise from the $+x$-axis
23. $1.1 \times 10^{-5}\hat{\jmath}$ N
24. a. −2.4 cm b. Yes
25. −20 nC
26. $(2 - \sqrt{2})\dfrac{KQq}{L^2}$
27. a. 2.4×10^2 N b. Yes
28. 8.1 nC
29. 7.3 m/s
30. 33 nC
31. a. 1.1×10^{18} m/s² b. 1.0×10^{-12} N c. 6.3×10^6 N/C d. 69 nC
32. $-1.0 \times 10^5\hat{\jmath}$ N/C, $(-2.9 \times 10^4\hat{\imath} - 2.2 \times 10^4\hat{\jmath})$ N/C, $-5.6 \times 10^4\hat{\imath}$ N/C
33. a. (−1.0 cm, 2.0 cm) b. (3.0 cm, 3.0 cm) c. (4.0 cm, −2.0 cm)
34. 0.18 μC
35. b. 1.0×10^3
36. b. 5.0 cm
37. 0.75 μC
38. 41 g
39. a. $KQq\left(\dfrac{1}{(r - s/2)^2} - \dfrac{1}{(r + s/2)^2}\right)\hat{\imath}$ b. Toward Q

Chapter 23

1. 7.6×10^3 N/C along the $+x$-axis
2. 7.6×10^3 N/C vertically downward
3. a. 2.0 nC b. 180 N/C
4. 2.9×10^{-3} N
5. 2.3×10^5 N/C, 1.67×10^5 N/C, 2.3×10^5 N/C

6. 25 nC
7. 15 nC
8. a. 0 N/C b. 4.1×10^3 N/C
9. 27 nC
10. 1.41×10^5 N/C
11. -0.35 pC
12. 25 nC, -25 nC
13. 0.9995 cm
14. a. 0.0023 b. 43 kN/C, up
15. 0.28 MN/C
16. 6.4 μC/m^2
17. a. $\frac{1}{4\pi\epsilon_0}\frac{qQs}{r^3}$ b. $\frac{1}{4\pi\epsilon_0}\frac{qQs}{r^2}$
18. a. $(1.0 \times 10^5\hat{\imath} - 3.6 \times 10^4\hat{\jmath})$ N/C
    b. 1.1×10^5 N/C, 19.4° ccw from the $+x$-axis
19. a. $(-4.7 \times 10^3\hat{\imath} + 8.6 \times 10^4\hat{\jmath})$ N/C
    b. 8.6×10^4 N/C, 93° cw from the $+x$-axis
20. $\frac{1}{4\pi\epsilon_0}\left(\frac{q}{5\sqrt{5}a^2}\right)(3\hat{\imath} + 2\hat{\jmath})$, $-\frac{1}{4\pi\epsilon_0}\left(\frac{17q}{9a^2}\right)\hat{\imath}$, $-\frac{1}{4\pi\epsilon_0}\left(\frac{7q}{9a^2}\right)\hat{\imath}$,
    and $\frac{1}{4\pi\epsilon_0}\left(\frac{q}{5\sqrt{5}a^2}\right)(3\hat{\imath} - 2\hat{\jmath})$
21. $\frac{1}{4\pi\epsilon_0}\frac{16\lambda y}{4y^2 + d^2}$
22. a. $\frac{1}{4\pi\epsilon_0}\frac{Q}{x^2 - L^2/4}$ b. $\frac{1}{4\pi\epsilon_0}\frac{Q}{x^2}$
    c. 9.8×10^4 N/C
24. a. $\frac{1}{4\pi\epsilon_0}\left(\frac{2\pi Q}{L^2}\right)\hat{\imath}$ b. 1.70×10^5 N/C
25. 1.4×10^5 N/C
26. 2.2 mm
27. 1.19×10^7 m/s
28. 1.13×10^{14} Hz
29. a. $\frac{\frac{4}{3}\pi r^3\rho g + qE}{6\pi\eta r}$ b. 0.067 mm/s
    c. 0.049 mm/s
30. 6.56×10^{15} Hz
32. b. 1.0 mm
33. b. $\frac{R}{\sqrt{3}}$
34. a.

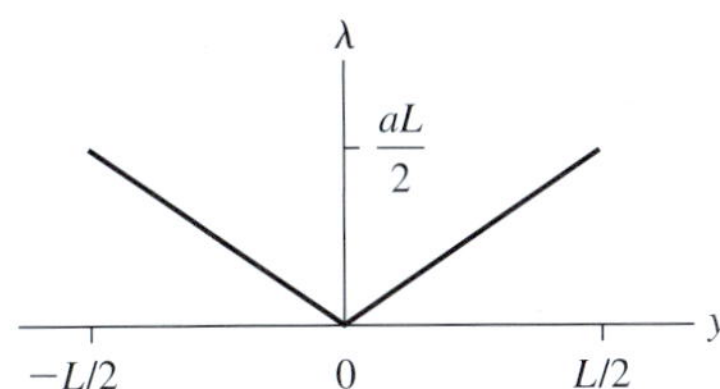

    b. $\frac{4Q}{L^2}$
    c. $\frac{8Q}{4\pi\epsilon_0 L^2}\left[1 - \frac{x}{\sqrt{x^2 + L^2/4}}\right]$
35. a. $\frac{2\eta}{4\pi\epsilon_0}\ln\left(\frac{2x + L}{2x - L}\right)\hat{\imath}$
    c.

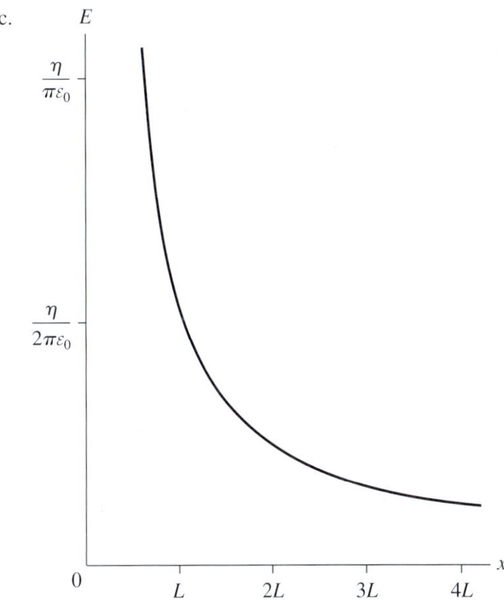

36. 8.8×10^5 N/C
37. c. 2.0×10^{12} Hz

Chapter 24

1.

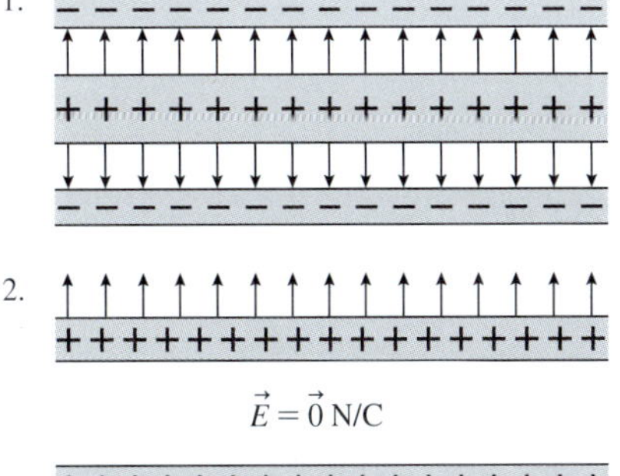

2.

$\vec{E} = \vec{0}$ N/C

3. Positive charge
4. Into the front face of the cube; field strength must exceed 5 N/C
5. -2.3 N m^2/C
6. 1.4×10^3 N/C
7. a. 0.0 N m^2/C b. 0.016 N m^2/C
8. 5×10^{-4} N m^2/C
10. $+2q$, $+q$, $-3q$
11. 0.11 kN m^2/C
12. -0.7 N m^2/C
13. 17.7×10^{-9} C/m^2
14. $\frac{Q}{\epsilon_0}$
15. $\Phi_1 = -3.2$ kN m^2/C, $\Phi_2 = \Phi_3 = \Phi_5 = 0.0$ N m^2/C,
    $\Phi_4 = 3.2$ kN m^2/C
16. a. -3.5 N m^2/C b. 1.2 N m^2/C
17. 0.19 kN m^2/C
18. a. -100 nC b. $+50$ nC
19. a. 2.4×10^{-6} C/m^3 b. 1 nC, 10 nC, 80 nC
    c. 4.5 kN/C, 9.0×10^3 N/C, 1.8×10^4 N/C
20. -4.51×10^5 C

21. 2.5×10^4 N/C, outward, 0 N/C, 7.9×10^3 N/C, outward
22. 0 N/C, $\frac{1}{4\pi\epsilon_0}\frac{Q}{r^2}\hat{r}$
23. $\vec{0}$ N/C, $(\eta/2\epsilon_0)\hat{j}, -(\eta/2\epsilon_0)\hat{j}, \vec{0}$ N/C
25. a. $\frac{\lambda}{2\pi\epsilon_0}\frac{\hat{r}}{r}$ b. $\frac{3\lambda}{2\pi\epsilon_0}\frac{\hat{r}}{r}$
26. 6.2×10^{-11} C^2/N m^2
27. $\frac{\rho}{6\epsilon_0}r$
28. b. 0, because this is a neutral atom
 c. 4.6×10^{13} N/C
29. a. $\frac{\lambda L^2 dy}{4\pi\epsilon_0[y^2 + (L/2)^2]}$ b. $\lambda L/(4\epsilon_0) Q_{in}/\epsilon_0$
30. a. $C = \frac{Q}{4\pi R}$ b. $\frac{1}{4\pi\epsilon_0}\frac{Q}{Rr}\hat{r}$ c. Yes
31. a. $\frac{Q}{4\pi\epsilon_0 R^2}$ b. $\frac{3Qr^3}{2\pi R^6}$

Chapter 25

1. 2.8×10^8 m/s
2. 1.7×10^6 m/s
3. -2.2×10^{-19} J
4. -4.7×10^{-6} J
5. 1.61×10^8 N/C
6. 6.19×10^5 m/s
7. 2.84 V
8. a. Higher b. 2557 V
9. 8.18×10^{-6} V
10. a. 4.2×10^3 m/s b. 1.8×10^6 m/s
12. a. 200 V b. 6.3×10^{-10} C
13. a. 1000 V b. 7.0×10^6 m/s
14. a. 1800 V, 1800 V, 900 V b. 0 V, 900 V
15. a. 27 V b. -4.3×10^{-18} J
16. −1600 V
17. a. No b. Yes, at $x = 0$
 c.

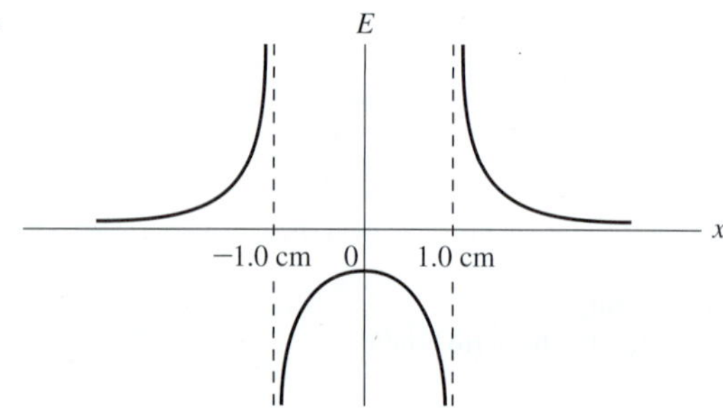

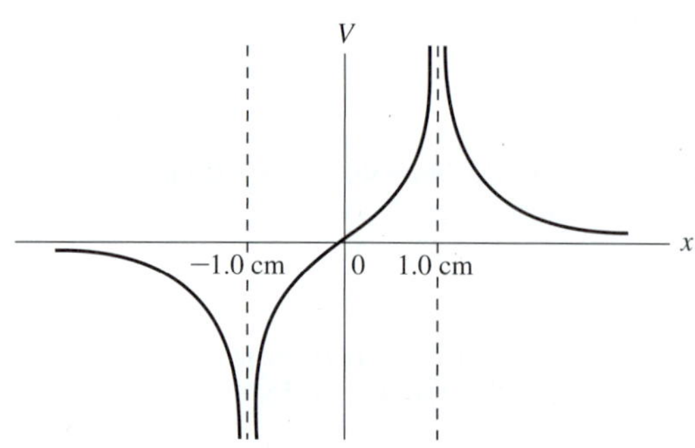

18. 0 V
19. −10 nC, 40 nC
20. 3.0 cm, 6.0 cm
21. a. 0.72 J b. 14 N c. 2.0 g cube: 22 m/s, 4.0 g cube: 11 m/s
22. 1.0×10^5 m/s
23. 2.5 cm/s
24. a. 2.1×10^6 V/m b. 9.4×10^7 m/s
25. 150 nC
26. 8.0×10^7 m/s
27. -5.1×10^{-19} J
28. 310 nC
29. 6.8 fm
30. a. Yes c. 8.21×10^8 m/s
31. a. 15 V, 3.0 kV/m, 2.1×10^{-10} C b. 15 V, 1/5 kV/m, 1.0×10^{-10} C
 c. 15 V, 3.0 kV/m, 8.3×10^{-10} C
32. a. $\frac{V_0}{R}$ b. 100 kV/m
33. a. 8.3 μC b. 3.3×10^6 V/m
34. a. $\frac{2q}{4\pi\epsilon_0 x}\frac{1}{\sqrt{1 + s^2/4x^2}}$
 b.

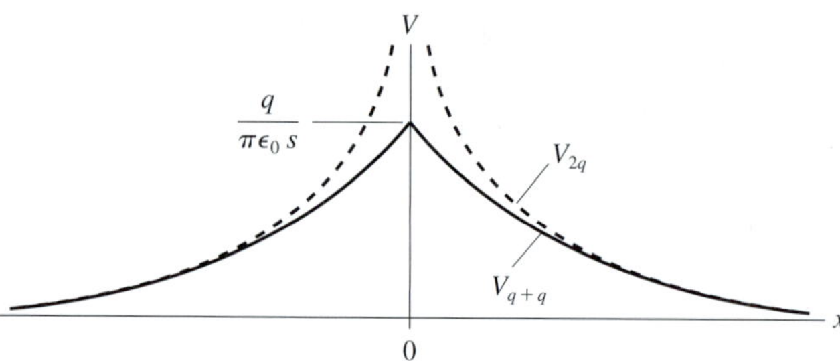

35. $\frac{Q}{4\pi\epsilon_0 L}\ln[(x + L/2)(x - L/2)]$
36. $Q/4\pi\epsilon_0 R$
37. $\frac{\lambda}{4\epsilon_0 R}\left(1 + \frac{2\ln(3)}{\pi}\right)$
38. b. 1.67×10^6 m/s
39. 0.28 rad/s
40. 0.018 m/s, 0.011 m/s
41. a. $2Q/L$ b. $\frac{K\lambda_0}{L}\left[L + d\ln\left(\frac{d}{L+d}\right)\right]$

Chapter 26

1. −0.1 kV
2. −200 V
3. a. A b. −70 V
4. $-(20\hat{j})$ kV/m
5. a. −5 V/m b. 10 V/m c. −5 V/m
6.

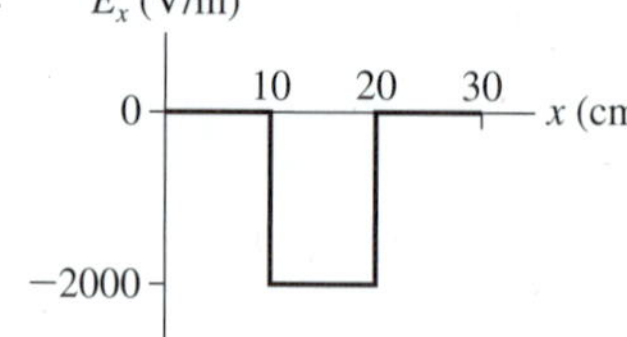

7. −7.5 kV/m
8. a. 27 V/m b. 3.7 V/m
9. 9×10^{-6} J
10. 1.6×10^{-13} J

11. a. 17.37 pF b. 1.56 nC
12. 4.8 cm
13. 3.0 μF
14. 7.5 μF
15. 20 μF, parallel
16. 1.4 kV
17. a. 1.1×10^{-7} J b. 0.71 J/m^3
18. a. 0.15 nF b. 12 kV
19. 89 pF
20. a.

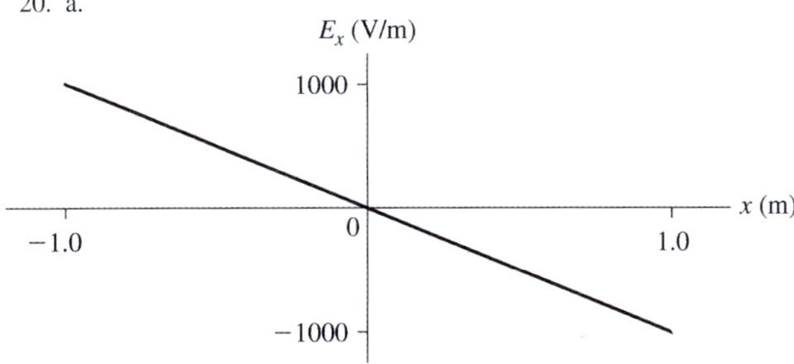

b. 25 V

21. a. $-(1.4 \times 10^7 \hat{\imath})$ V/m, 7×10^4 V b. 0.0 V/m, 1.4×10^5 V
    c. $1.4 \times 10^7 \hat{\imath}$ V/m, 7×10^4 V
22. a. $\dfrac{Q}{4\pi\epsilon_0 L}\ln\left(\dfrac{x + L/2}{x - L/2}\right)$ b. $\dfrac{Q}{4\pi\epsilon_0}\dfrac{1}{x^2 - L^2/4}\hat{\imath}$
23. $2V_0/3d$
24. 40 V/m, 27° ccw from $+x$-axis
25. $Q_{1f} = 2$ nC, $Q_{2f} = 4$ nC
26. 1.1 nC
27. a. $\pm 3.2 \times 10^{-11}$ C, 9.0 V b. $\pm 3.2 \times 10^{-11}$ C, 18 V
28. a. NC b. $\dfrac{C}{N}$
29. $Q_1 = 4\ \mu$C, $\Delta V_1 = 1.0$ V; $Q_2 = 12\ \mu$C, $\Delta V_2 = 1.0$ V; $Q_3 = 16\ \mu$C, $\Delta V_3 = 8$ V
30.

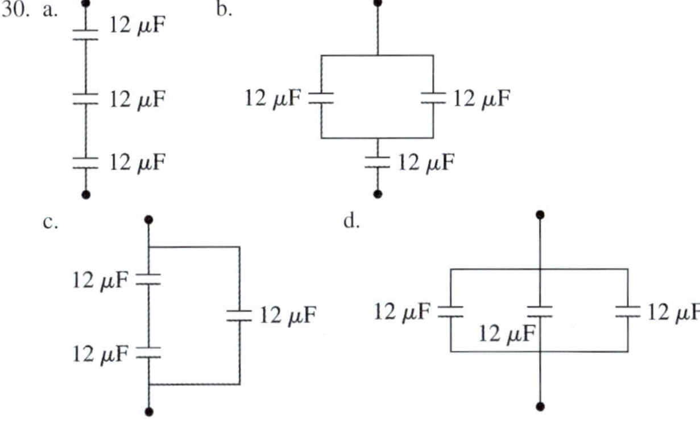

31. $Q_1 = 0.83$ mC, $Q_2 = Q_3 = 0.67$ mC, $\Delta V_1 = 55$ V, $\Delta V_2 = 34$ V, $\Delta V_3 = 22$ V
32. $Q'_1 = 33\ \mu$C, $Q'_2 = 67\ \mu$C, $\Delta V'_1 = \Delta V'_2 = 3.3$ V
33. a. $\dfrac{C(\Delta V_C)^2}{2d}$ b. 5.0 mN
34. 22 μF
35. 20 A
36. 2.4×10^{-14} J
38. b. $(10 - az^2)$ V, with z in m
39. b. 2 μF
40. a. $\dfrac{q}{4\pi\epsilon_0}\left[\dfrac{1}{\sqrt{x^2 + (y - s/2)^2}} - \dfrac{1}{\sqrt{x^2 + (y + s/2)^2}}\right]$
    b. $\dfrac{qsy}{4\pi\epsilon_0(x^2 + y^2)^{3/2}}$
    c. $E_x = \dfrac{qs(3xy)}{4\pi\epsilon_0(x^2 + y^2)^{5/2}}$, $E_y = -\dfrac{qs(2y^2 - x^2)}{4\pi\epsilon_0(x^2 + y^2)^{5/2}}$
    d. $\vec{E}_{\text{on-axis}} = \dfrac{2p}{4\pi\epsilon_0 r^3}\hat{\jmath}$, yes
    e. $\vec{E}_{\text{bisecting axis}} = -\dfrac{p}{4\pi\epsilon_0 r^3}\hat{\jmath}$, yes
41. a. $\dfrac{1}{4\pi\epsilon_0}\dfrac{Q}{R}\left[\dfrac{3}{2} - \dfrac{r^2}{2R^2}\right]$ b. 3/2
    c.

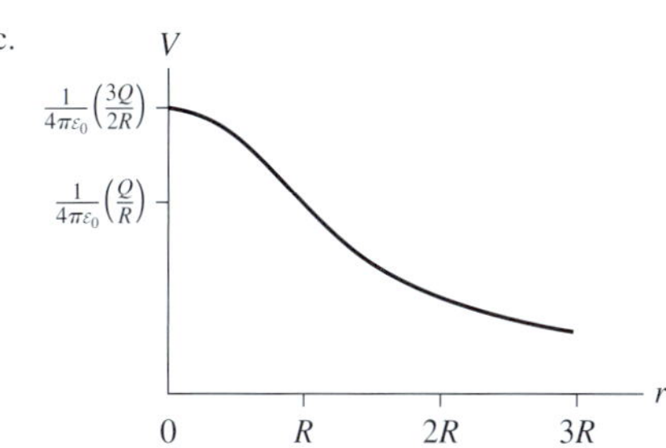

42. 2 C

Chapter 27

1. 18.7 μm/s
2. 1.66 mm
3. 0.0853 V/m
4. a. 2.65×10^{-6} m/s b. 3.77×10^{-15} s
5. a. 0.80 A b. 7.0×10^7 A/m^2
6. 0.161 C
7. 1.8 μA
8. 4.2×10^6 A/m^2
9. a. 2.1×10^{-14} s b. 4.3×10^{-15} s
10. a. 10 V/m b. 6.7×10^6 A/m^2 c. 0.62 mm
11. Nichrome
12. a. 1.64×10^{-3} V/m b. 1.10×10^{-5} m/s
13. a. 0.50 C/s b. 1.5 J c. 0.75 W
14. a. 1.5 Ω b. 3.5 Ω
15. 1.5 mV
16. 2.3 mA
17. 1.6 A
18. 50 Ω
19. 0.87 V
20. 0.10 V/m
21. 6.2×10^6
22. 23 mA
23. Yes, $2.2 \times 10^5\ \Omega^{-1}\text{m}^{-1}$
24. a. 120 C b. 0.45 mm
25. 71°C
26. 100 V
27. a. $\dfrac{(\Delta V)A[1 - \alpha(T - T_0)]}{\rho_0 L}$ b. 4.4 A c. −0.017 A/°C
28. 0.50 mm
29. a. $\dfrac{I}{4\pi\sigma r^2}$ b. $E_{\text{inner}} = 3.3 \times 10^{-4}$ V/m, $E_{\text{outer}} = 5.3 \times 10^{-5}$ V/m
30. a. $I(t) = (10\text{ A})e^{-t/2.0\text{ s}}$ b. 10 A

c.

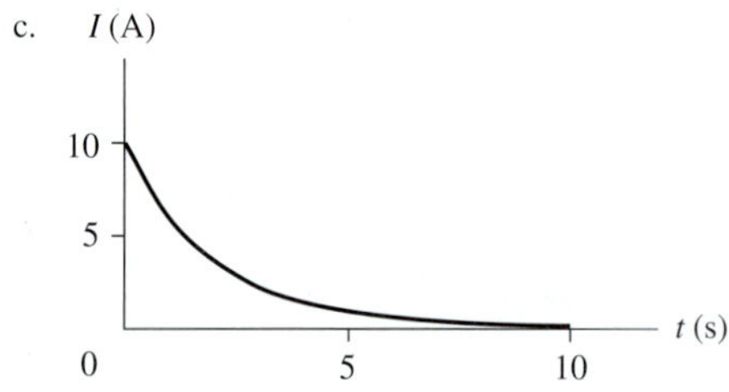

31. 1.01×10^{23}
32. 7.2 mm
33. $\frac{3}{2}\frac{I}{\pi R^3}$
34. 36 A
35. 1.80×10^3 C
36. $4R$
37. a. 9.4×10^{15} b. 115 A/m^2
38. 1.0 s

Chapter 28

1.

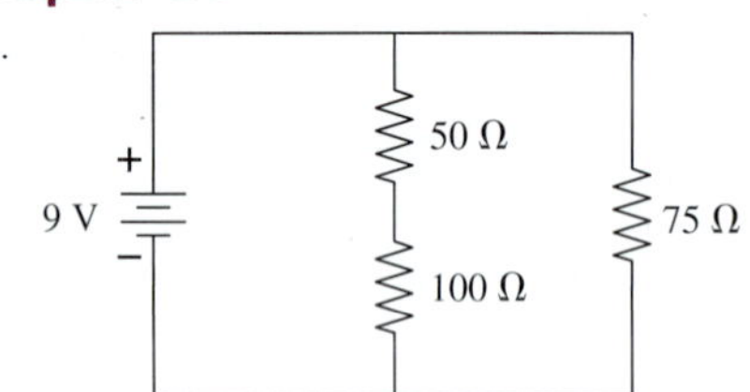

2. 1 A to the left
3. a. 0.5 A to the right

   b.

4. 48.4 Ω, 4.55 A
5. a. 60 W b. 23 W, 14 W
6. D
7. 12 μm
8. $263
9. a. 0.65 Ω b. 3.5 W
10. 1.11 Ω
11. 60 V, 10 Ω
12. 12 Ω
13. 10 Ω
14. 183 Ω
15. 20 W, 45 W
16. 5 V, −2 V
17. 8 ms
18. 6.9 ms
19. 1.243 kΩ
20. $65 for the incandescent bulb, $20 for the fluorescent tube
21. 19 W
22.

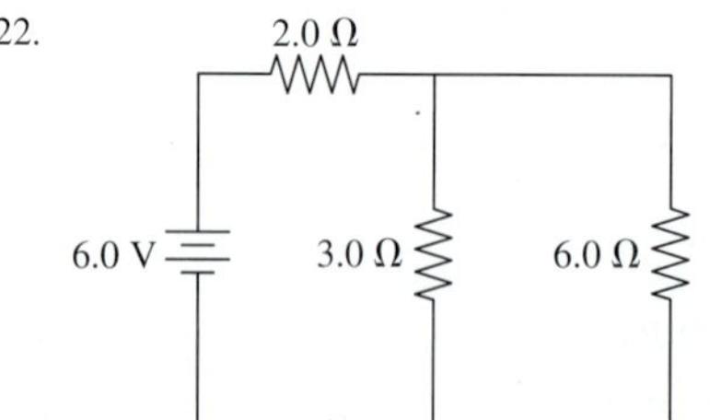

23. 7 Ω
24. 1.04
25. 9.5
26. a. $R = r$ b. 20 W
27. 3 A
28. a. 8 V b. 0 V
29. a. 0.505 Ω b. 0.500 Ω
30.

Resistor	Potential difference (V)	Current (A)
2 Ω	8	4
4 Ω	8	2
6 Ω	8	4/3
8 Ω	16	2
12 Ω	8	2/3

31. 2.0 A
32. 0.12 A, left to right
33. a. 200 A b. 15 A c. 200 A d. 4 A
34. a. 6.9 ms b. 3.5 ms
35. 89 Ω
36. 63 μJ
37. a. $\mathcal{E}$ b. $C\mathcal{E}$ c. $I = +dQ/dt$ d. $I = \frac{\mathcal{E}}{R}e^{-t/\tau}$

   e.

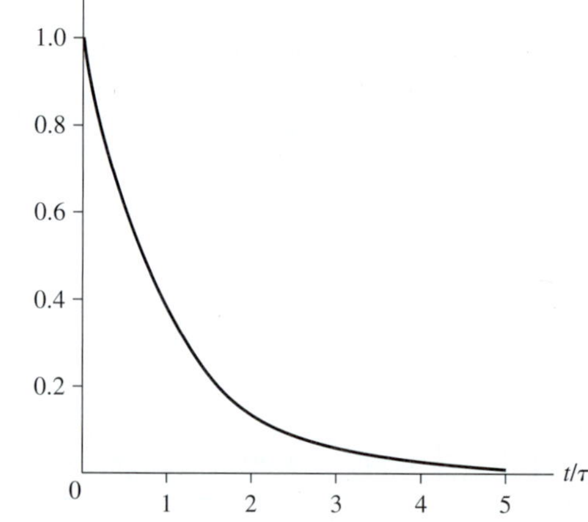

38. a. 1.2 ms b. 4.2 kW c. 2.9 J
39. 140 Ω, 72 Ω
40. 2.0 m, 0.49 mm
42. b. 5.1 kΩ

Chapter 29

1. $B_2 = 40$ mT, $B_3 = 0$ T, $B_4 = 40$ mT
2. a. 0 T b. $0.8 \times 10^{-15}\hat{k}$ T c. $3.2 \times 10^{-16}\hat{k}$ T
3. $2.83 \times 10^{-16}\hat{k}$ T
4. 10 A, 1000 A, 20,000 A to 200,000 A, 2,000,000 A
5. a. 20 μT b. 4.0%
6. a. 32 A b. 3.2×10^{-3} m
7. $\vec{0}$ T

8. 0.12 mT
9. a. 1.4×10^{-3} A m^2 b. 5.52×10^{-7} T
10. a. 6.2×10^{-5} T b. 6.3×10^{8} A
11. 0
12. 23.0 A, into the page
13. 2.4 kA
14. a. $8.0 \times 10^{-13}\hat{j}$ N b. $5.7 \times 10^{-13}(-\hat{j} - \hat{k})$ N
15. a. 1.4442 MHz b. 1.6450 MHz c. 1.6457 MHz
16. a. 86 mT b. 1.62×10^{-14} J
17. 0.131 T, out of page
18. 0.025 N, right
19. 240 A
20. 0.28 A m^2
21. a. $x = 0.50$ cm b. $x = 8.0$ cm
22. 4.1×10^{-4} T, into page
23. $\dfrac{\mu_0 I\theta}{4\pi R}$
24. 2.4×10^{-8} Ω m
25. #18, 4.1 A
26. a. 1.13×10^{10} A b. 0.014 A/m^2 c. 1.3×10^{6} A/m^2
27. a. 5.7×10^{-6} A b. 2.9×10^{-8} A m^2
28. a. Circular b. $\dfrac{\mu_0 NI}{2\pi r}$
29. $0; \dfrac{\mu_0 I}{2\pi r}\left(\dfrac{r^2 - R_1^2}{R_2^2 - R_1^2}\right); \dfrac{\mu_0 I}{2\pi r}$
30. 2.0 mT, into page
31. 2.4×10^{10} m/s^2, up
32. 16 cm
33. 0.82 mm, 3.0 mm
34. $\sqrt{v_0^2 + \left(\dfrac{qE_0}{m}t\right)^2}$
35. a. 0.45 s b. 2.8×10^{9} s
36. 0.12 T
37. 0.16 T
38. a. Into the page b. $\sqrt{\dfrac{2IlBd}{m}}$
39. a.

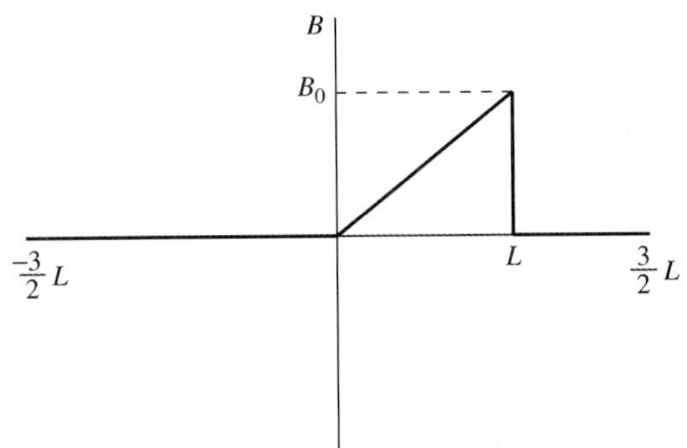

b. $\dfrac{1}{2}ILB_0\hat{j}$ c. $\dfrac{1}{3}IL^2B_0$
40. 2.0 cm
41. $\dfrac{\mu_0 \omega Q}{2\pi R}$
42. a. Horizontal and to the left above the sheet; horizontal and to the right below the sheet b. $\frac{1}{2}\mu_0 J_s$

Chapter 30

1. 2.67×10^{4} m/s
2. a. 1.0 N b. 2.2 T
3. 3.5×10^{-4} Wb
4. *Bab*
5. Decreasing
6. a. 8.7×10^{-4} Wb b. Clockwise
7. 1.6 V
8. 4.7 T/s, increasing
9. a. $2.83 \times 10^{-3}(1 + t)$ A b. 1.98×10^{-2} A, 3.68×10^{-2} A
10. a. 4.8×10^{4} m/s^2, up b. 0 m/s^2 c. 4.8×10^{4} m/s^2, down d. 9.6×10^{4} m/s^2, down
11. 6.0 mT/s
12. 2933
13. 100 V, increases
14. 9.5×10^{-5} J
15. 0.25 μH
16. 3.8×10^{-18} F
17. a. 76 mA b. 0.50 ms
18. 2.50×10^{-4} s
19. 1.6 A, 0.0 A, −1.6 A
20. 8.7 T/s
21. a. 5.0 mV b. 10.0 mV
22. 44 mA
23. 44 μA
24. −15 μA
25. 0.15 T
26. 4.0 nA
27. a. b. 11 A

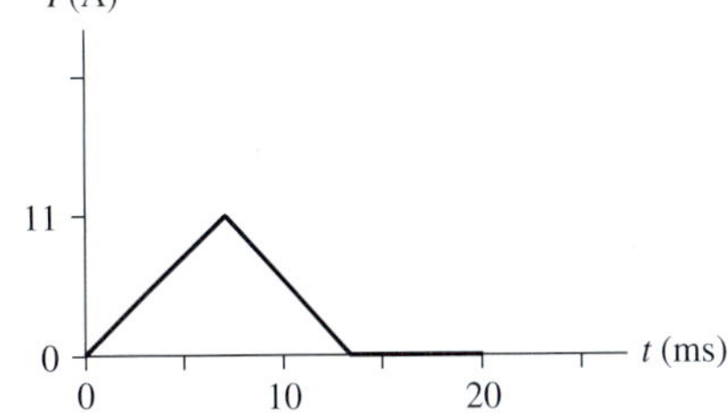

28. a. 0.20 A b. 4.0 mN c. 11 K
29. a. 6.3×10^{-4} N b. 3.1×10^{-4} W c. 1.3×10^{-2} A, ccw d. 3.1×10^{-4} W
30. a. $\dfrac{\mathcal{E}_{bat}}{Bl}$ b. 0.98 m/s
31. 3.9 V
32. $(R^2/2r)(dB/dt)$
33. 3.0 s
34.

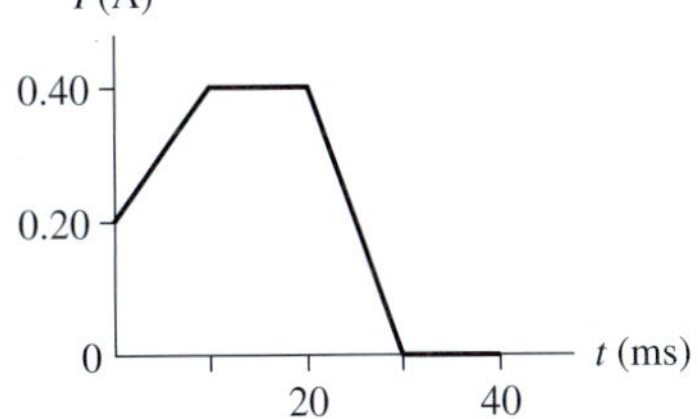

35. a. $-L\omega I_0 \cos \omega t$ b. 1.3 mA
36. a. 6.3×10^{-7} s b. 0.050 mA
37. 2.0 mH, 0.13 μF
38. a. 50 V b. Close S_1 at $t = 0$ s, open S_1 and close S_2 at $t = 0.0625$ s, then open S_2 at $t = 0.1875$ s
39. a. $I_0 = \Delta V_{bat}/R$ b. $I = I_0(1 - e^{-t/(L/R)})$
40. 0.72 mH
41. 0.50 m

42. a. v_0e^{-bt}, where $b = l^2B^2/(mR)$
b.

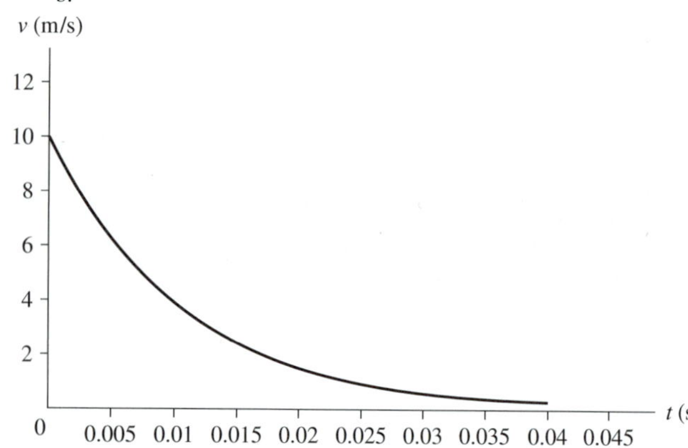

43. 1.6×10^2 A/s

Chapter 31

1. a. Along the $-x$-axis b. Along the y-axis (+ or −) c. Along the $+x$-axis
2. 16.3° above the x-axis
3. $-1.0 \times 10^6\hat{k}$ V/m, $0.99998\hat{j}$ T
5. 0.75 μF
6. a. 0 T b. 2.22×10^{-13} T c. 1.78×10^{-13} T
7. 1.50×10^6 V/m
8. a. 10.0 nm b. 3.00×10^{16} Hz c. 6.67×10^{-8} T
9. $-z$-direction
10. 980 V/M, 3.3 T
11. a. 5.1×10^{11} V/m b. 0.43
12. 16 cm
13. a. 3.33×10^{-6} T b. 1.67×10^{-6} T
14. 66 mW
15. 2.3×10^{-13} N, 45° ccw
16. a. (0.10 T, into page)
b. 0 V/m, (0.10 T, into page)
17. a. $\vec{E} = \dfrac{\lambda}{2\pi\epsilon_0 r}$, away from wire; $\vec{B} = \vec{0}$ T
b. $\vec{E} = \dfrac{\lambda}{2\pi\epsilon_0 r}$, away from wire; $\vec{B} = \dfrac{1}{c^2\epsilon_0}\dfrac{v\lambda}{2\pi r}$, into page at top
d. $\vec{E} = \dfrac{\lambda}{2\pi\epsilon_0 r}$, away from the wire; $\vec{B} = \dfrac{1}{c^2\epsilon_0}\dfrac{v\lambda}{2\pi r}$, into page at top
18. a. 7.1 V m, 0.17 A b. 5.2 V m and 0.044 A
19. a. 1.0 mT b. 0.160 mT
20. a. $(2.8 \times 10^3 t^2)$ V m b.

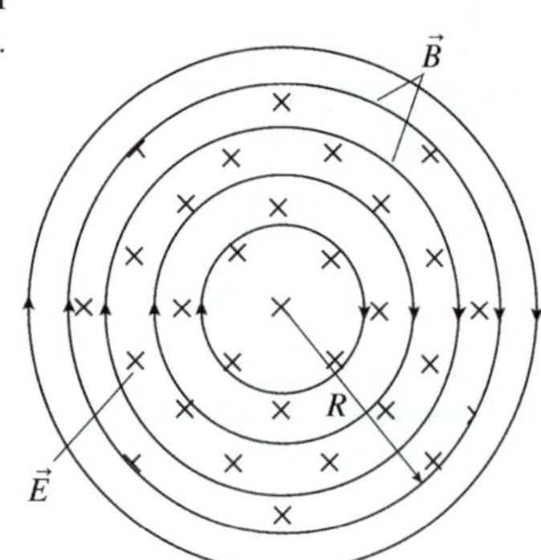

c. $(1.11 \times 10^{-9} rt)$ T, 4.4×10^{-12} T
d. $\left(1.00 \times 10^{-14}\dfrac{t}{r}\right)$ T, 5.0×10^{-12} T

21. 20 V
22. b. 6.67×10^{-6} J/m^3
23. 2200 V/m, 7.4×10^{-6} T
24. a. 8.3×10^{-26} W/m^2 b. 7.9×10^{-12} V/m
25. 9.4×10^7 W
26. a. 5.78×10^8 N b. 1.64×10^{-14}
27. a. cmg b. 73.5 W
28. 0.41 m/s
29. 63°
30. 160 s
31. $(-6.0 \times 10^5\hat{\imath} + 1.0 \times 10^5\hat{k})$ V/m
32. 0.58 μm

Chapter 32

1. a. 1200 rad/s c. 71 V
2.

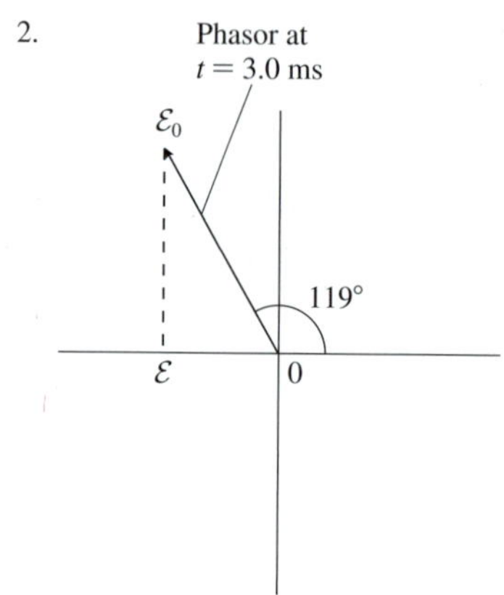

3. a. 25 Hz b. 20 Ω c.

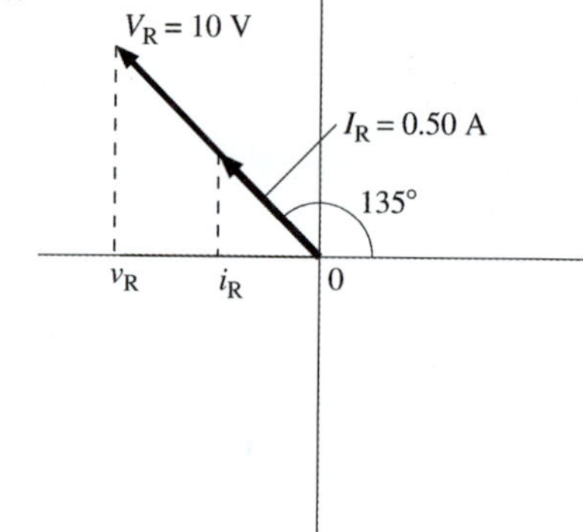

4. a. 40 mA b. 40 mA
5. a. 50 Hz b. 4.8 μF
6. 81 nF
7. a. 9.95 V, 9.57 V, 7.05 V, 3.15 V, 0.990 V
b.

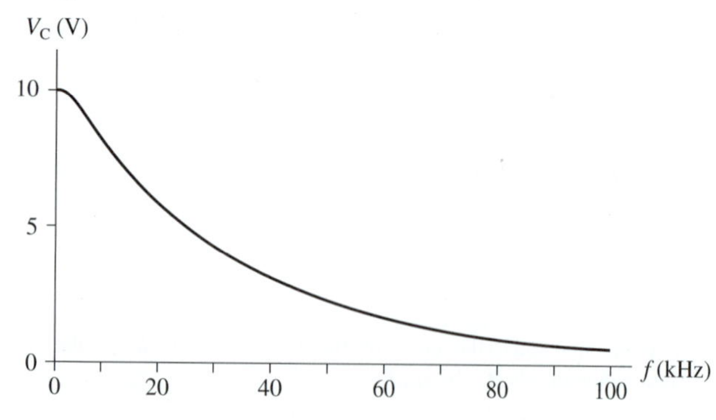

8. 14.14 V
9. 6.37 μF
10. $V_R = 6.0$ V, $V_C = 8.0$ V
11. a. 0.9770 b. 0.9998
12. a. 0.80 A b. 0.80 mA
13. 1.4 mH
14. 200 kHz
15. 1.3 μF
16. 1.0 Ω
17. a. 5.0×10^3 Hz b. 10 V, 32 V
18. 22 V
19. 0.40 kW
20. 0.75
21. a. $\dfrac{\sqrt{3}}{RC}$ b. $\dfrac{\sqrt{3}}{2}\mathcal{E}_0$
22. 0.50 mm
23. a. 25 mA b. 6.7 V
24. a. $I_R = \dfrac{\mathcal{E}_0}{R}, I_C = \dfrac{\mathcal{E}_0}{(\omega C)^{-1}}$ b. $\mathcal{E}_0\sqrt{(\omega C)^2 + \dfrac{1}{R^2}}$
25. a. $\mathcal{E}_0/\sqrt{R^2 + \omega^2 L^2}$, $\mathcal{E}_0 R/\sqrt{R^2 + \omega^2 L^2}$, $\mathcal{E}_0 \omega L/\sqrt{R^2 + \omega^2 L^2}$
    b. $V_R \to \mathcal{E}_0$, $V_R \to 0$ c. Low pass d. R/L
26. a. 2.0 A b. $-30°$ c. 150 W
27. 10 μT
28. 0.17 A
29. a. 3.6 V b. 3.5 V c. -3.6 V
31. a. 0.49 μH b. 10.3 Ω
32. 24 W
33. a. 0.44 kA b. 1.8×10^{-4} F c. 7.4 MW
34. a. 0.83 b. 100 V c. 13 Ω d. 3.2×10^{-4} F
36. b. $I = \mathcal{E}_0/R$ in both cases c. 0

Chapter 33

1. 378 nm
2. 1.05 mm
3. 1.3 m
4. 0.14 mm
5. 1.7°, 3.4°
6. 43.2°
7. 14.5 cm
8. 20 mm
9. 1.2 m
10. 2.9°
11. 633 nm
12. 9
13. 5.4 mm
14. 78 cm
15. 0.25 mm
16. 400 nm
17. a. Double slit b. 0.16 mm
18. 0.40 mm
19. 500 nm
20. 500 nm
21. a. $9I_1$ b. I_1
22. 1.3 m
23. 43 cm
24. a. $L\lambda/d$ b. $(L/d)\Delta\lambda$ c. 0.250 nm
25. 500 nm
26. 0.12 mm
27. 1.8 μm
28. $\dfrac{\sqrt{2}}{2}d$
29. 1.3 m
30. b. 50 μm
31. 0.88 mm
32. a. 550 nm b. 0.40 mm
33. 50 cm
34. a. 22.3° b. 16.6°
35. a. Dark b. 1.597
36. 12.0 μm
37. a. $\Delta y = \dfrac{\Delta\lambda L}{d}$ c. $\Delta\lambda_{min} = \dfrac{\lambda}{N}$ d. 3646 lines
38. a. 0.52 mm b. 0.074° c. 1.3 m

Chapter 34

1. 9.0 cm
2. 3.6 m
3. 9.0 cm
5. 433 cm
6. 28°
7. 41.7°
8. 76.7°
9. 23 cm
10. 113 cm
11. 20 cm behind lens, inverted
12. 15 cm in front of lens, upright
13. 30 cm
14. -40 cm
15. 1.5 cm
16. 30 cm, 0.50 cm
17. b. 40 cm, 2.0 cm, agree
18. b. -60 cm, 8.0 cm, agree
19. b. -8.6 cm, 1.1 cm, agree
20. 30 cm, behind mirror, upright
21. 30 cm, 1.5 cm, behind, upright
22. 6.4 cm
23. 10 m
24. a. $2\cos^{-1}\left(\dfrac{n}{2n_{air}}\right)$ b. 82.8°
25. b. 60 cm
26. 4.0 m
27. 1.46
28. a. 5 b. 4 c. 3
29. 35°
30. 2.7 m/s
31. 15.1 cm
32. Concave, 3.6 cm
33. 2.8 cm
34. 93 cm
35. 0.67 m, 1.0 m
36. 0.014
37. 20 cm
38. 20 μm away from the lens
39. -100 cm
40. a. $\dfrac{(n_2 - n_1)}{n_1}\left(\dfrac{1}{R_1} - \dfrac{1}{R_2}\right)$ b. 40 cm, 1.6 m
41. a. 24 cm
    b.

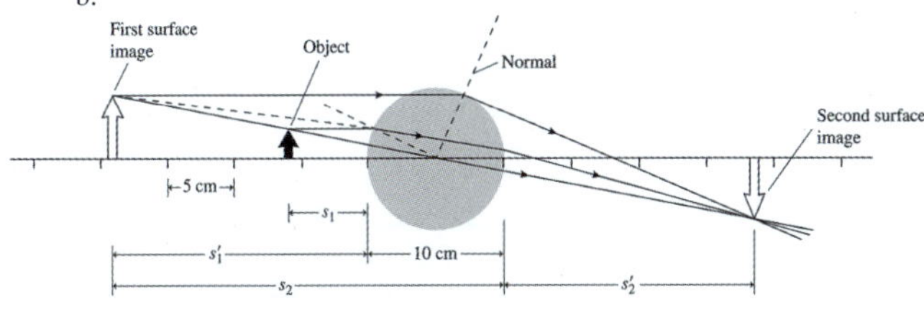

    c. 7.5 cm

Chapter 35

1. b. $s'_2 = 73$ cm, $h'_2 = 6.85$ cm
2. b. $s'_2 = -15$ cm, $h'_2 = 3.0$ cm
3. b. $s'_2 = -3.33$ cm, $h'_2 = 0.66$ cm
4. 5.0
5. 1/250 s
6. a. Hyperopia b. 50 cm
7. 3.0
8. 2.0 mm
9. 9.2 mm
10. a. 40 b. 5.0
11. 1.61
12. 1600 nm
13. 102 km
14. Both images are 2.0 cm tall; one upright 10 cm left of lens, the other inverted 20 cm to right of lens
15. a. $f_2 + f_1$ b. $\frac{f_2}{|f_1|} w_1$
16. 16 cm placed 80 cm from screen
17. 23 cm
18. 5.0 cm
19. a. 2.5 × b. 2.0 × lens c. 17.5 cm
20. 4.6 mm
21. 1.0°
22. 2.6 cm
23. a. 1.3 cm b. 1.2 cm c. $f/1.7$
24. a. 3.8 cm b. Sun is too bright
25. b. $\Delta n_2 = \frac{1}{2}\Delta n_1$ c. Crown converging, flint diverging d. 4.18 cm

찾아보기

ㅈ

ㅊ

ㅋ

ㅌ

ㅍ

ㅎ

기타

감수
심경무

번역
강석일 · 강지훈 · 고태준 · 김석원 · 김영태 · 김혜림 · 문 걸 · 서정화 · 손영수
송종현 · 신내호 · 심경무 · 양순철 · 오병성 · 유영준 · 이병학 · 이용산 · 이응원
이지우 · 이혁재 · 정양준 · 황인찬 (가나다 순)

교정
■ 대진대
신홍기 · 이용산 · 이정재
■ 동아대
김 용 · 노태익 · 박홍준 · 서정화 · 이재열 · 정태훈 · 최보훈
■ 부산대
강해용 · 계범석 · 길원평 · 김복기 · 김영철 · 문한섭 · 박성균 · 안재석
양임정 · 유인권 · 이재광 · 이주연 · 이창환 · 정광식 · 정윤철 · 진형진
차명식 · 홍덕기 · 황춘규
■ 충북대
강병원 · 김가현 · 김경완 · 김경호 · 김동현 · 민병준 · 이만희 · 이원식
이현석 · 정진수 · 한정호

(4판)
대학물리학
Physics for Scientists and Engineers
A Strategic Approach with Modern Physics, FOURTH EDITION

2019년 2월 25일 4판 1쇄 펴냄 | 2022년 2월 1일 4판 4쇄 펴냄
지은이 Randall D. Knight | **옮긴이** 심경무 외 | **펴낸이** 류원식 | **펴낸곳** **교문사**

편집팀장 김경수 | **책임진행** 안영선 | **본문편집** 신성기획 | **표지디자인** 유선영
제작 김선형 | **홍보** 김은주 | **영업** 함승형 · 박현수 · 이훈섭

주소 (10881) 경기도 파주시 문발로 116(문발동 536-2)
전화 031-955-6111~4 | **팩스** 031-955-0955
등록 1968. 10. 28. 제406-2006-000035호
홈페이지 www.gyomoon.com | E-mail genie@gyomoon.com
ISBN 978-89-363-1818-5 (93420) | 값 43,500원
978-89-363-1817-8 (세트)

Astronomical Data

Planetary body	Mean distance from sun (m)	Period (years)	Mass (kg)	Mean radius (m)
Sun	—	—	1.99×10^{30}	6.96×10^{8}
Moon	3.84×10^{8}*	27.3 days	7.36×10^{22}	1.74×10^{6}
Mercury	5.79×10^{10}	0.241	3.18×10^{23}	2.43×10^{6}
Venus	1.08×10^{11}	0.615	4.88×10^{24}	6.06×10^{6}
Earth	1.50×10^{11}	1.00	5.98×10^{24}	6.37×10^{6}
Mars	2.28×10^{11}	1.88	6.42×10^{23}	3.37×10^{6}
Jupiter	7.78×10^{11}	11.9	1.90×10^{27}	6.99×10^{7}
Saturn	1.43×10^{12}	29.5	5.68×10^{26}	5.85×10^{7}
Uranus	2.87×10^{12}	84.0	8.68×10^{25}	2.33×10^{7}
Neptune	4.50×10^{12}	165	1.03×10^{26}	2.21×10^{7}

*Distance from earth

Typical Coefficients of Friction

Material	Static μ_s	Kinetic μ_k	Rolling μ_r
Rubber on dry concrete	1.00	0.80	0.02
Rubber on wet concrete	0.30	0.20	0.002
Steel on steel (dry)	0.80	0.60	0.002
Steel on steel (lubricated)	0.10	0.05	
Wood on wood	0.50	0.20	
Wood on snow	0.12	0.06	
Ice on ice	0.10	0.03	

Heats of Transformation

Substance	T_m (°C)	L_f (J/kg)	T_b (°C)	L_v (J/kg)
Water	0	3.33×10^{5}	100	22.6×10^{5}
Nitrogen (N_2)	−210	0.26×10^{5}	−196	1.99×10^{5}
Ethyl alcohol	−114	1.09×10^{5}	78	8.79×10^{5}
Mercury	−39	0.11×10^{5}	357	2.96×10^{5}
Lead	328	0.25×10^{5}	1750	8.58×10^{5}

Properties of Materials

Substance	ρ (kg/m^3)	c (J/kg K)
Air at STP*	1.29	
Ethyl alcohol	790	2400
Gasoline	680	
Glycerin	1260	
Mercury	13,600	140
Oil (typical)	900	
Seawater	1030	
Water	1000	4190
Aluminum	2700	900
Copper	8920	385
Gold	19,300	129
Ice	920	2090
Iron	7870	449
Lead	11,300	128
Silicon	2330	703

*Standard temperature (0°C) and pressure (1 atm)

Coefficients of Thermal Expansion

Material	α (°C^{-1})
Aluminum	2.3×10^{-5}
Brass	1.9×10^{-5}
Concrete	1.2×10^{-5}
Steel	1.1×10^{-5}
Invar	0.09×10^{-5}

Material	β (°C^{-1})
Gasoline	9.6×10^{-4}
Mercury	1.8×10^{-4}
Ethyl alcohol	1.1×10^{-4}

Thermal Conductivities

Material	k (W/m K)
Diamond	2000
Silver	430
Copper	400
Aluminum	240
Iron	80
Stainless steel	14
Ice	1.7
Concrete	0.8
Glass	0.8
Styrofoam	0.035
Air (20°C, 1 atm)	0.023

Molar Specific Heats of Gases

Gas	C_P (J/mol K)	C_V (J/mol K)
Monatomic Gases		
He	20.8	12.5
Ne	20.8	12.5
Ar	20.8	12.5
Diatomic Gases		
H_2	28.7	20.4
N_2	29.1	20.8
O_2	29.2	20.9

Resistivity and Conductivity of Conductors

Metal	Resistivity (Ω m)	Conductivity (Ω^{-1}m^{-1})
Aluminum	2.8×10^{-8}	3.5×10^{7}
Copper	1.7×10^{-8}	6.0×10^{7}
Gold	2.4×10^{-8}	4.1×10^{7}
Iron	9.7×10^{-8}	1.0×10^{7}
Silver	1.6×10^{-8}	6.2×10^{7}
Tungsten	5.6×10^{-8}	1.8×10^{7}
Nichrome	1.5×10^{-6}	6.7×10^{5}
Carbon	3.5×10^{-5}	2.9×10^{4}

Indices of Refraction

Material	Index of refraction
Vacuum	1 exactly
Air	1.00
Water	1.33
Ethyl alcohol	1.36
Oil	1.46
Glass	1.50
Plastic	1.59
Diamond	2.42

Atomic and Nuclear Data

Atom	Z	Mass (u)	Mass (MeV/c^2)
Electron	—	0.000 548	0.51
Proton	—	1.007 276	938.28
Neutron	—	1.008 665	939.57
^{1}H	1	1.007 825	938.79
^{2}H	1	2.014 102	
^{4}He	2	4.002 602	
^{12}C	6	12.000 000	
^{14}C	6	14.003 242	
^{14}N	7	14.003 074	
^{16}O	8	15.994 915	
^{20}Ne	10	19.992 435	
^{27}Al	13	26.981 538	
^{40}Ar	18	39.962 384	
^{207}Pb	82	206.975 871	
^{238}U	92	238.050 784	

Hydrogen Atom Energies and Radii

n	E_n (eV)	r_n (nm)
1	−13.60	0.053
2	−3.40	0.212
3	−1.51	0.476
4	−0.85	0.848
5	−0.54	1.322

Work Functions of Metals

Metal	E_0 (eV)
Potassium	2.30
Sodium	2.75
Aluminum	4.28
Tungsten	4.55
Iron	4.65
Copper	4.70
Gold	5.10